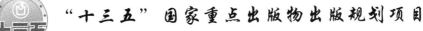
"十三五"国家重点出版物出版规划项目

钒钛磁铁矿综合利用技术手册

主　编　杨绍利
副主编　陈东辉　杨保祥
　　　　马　兰　李千文

北　京
冶金工业出版社
2021

内 容 提 要

本手册系统地总结了半个多世纪以来钒钛磁铁矿综合利用技术及其应用和研发成果，既有成熟并工业应用的技术成果，也有前沿工艺技术的研发进展，全面反映了钒钛磁铁矿资源及其综合利用的基本原理、工艺路线、工艺技术及装备、钒钛材料新技术、钒钛二次资源回收利用新技术等内容。

本手册可供钒钛磁铁矿综合利用、钒钛新材料、钒钛二次资源综合利用及环境保护等相关领域的生产人员、技术研发人员、设计人员、管理人员、高校师生及相关投资人阅读参考。

图书在版编目（CIP）数据

钒钛磁铁矿综合利用技术手册/杨绍利主编. —北京：冶金工业出版社，2021.11

"十三五"国家重点出版物出版规划项目

ISBN 978-7-5024-8654-9

Ⅰ.①钒… Ⅱ.①杨… Ⅲ.①钒钛磁铁矿—综合利用—技术手册
Ⅳ.①P578.4-62

中国版本图书馆 CIP 数据核字（2020）第 246246 号

钒钛磁铁矿综合利用技术手册

出版发行	冶金工业出版社	电　　话	(010)64027926
地　　址	北京市东城区嵩祝院北巷 39 号	邮　　编	100009
网　　址	www.mip1953.com	电子信箱	service@ mip1953.com

责任编辑　刘小峰　曾　媛　美术编辑　彭子赫　版式设计　郑小利
责任校对　李　娜　王永欣　石　静　责任印制　禹　蕊
北京捷迅佳彩印刷有限公司印刷
2021 年 11 月第 1 版，2021 年 11 月第 1 次印刷
787mm×1092mm　1/16；89.25 印张；2168 千字；1395 页
定价 498.00 元

投稿电话　(010)64027932　投稿信箱　tougao@cnmip.com.cn
营销中心电话　(010)64044283
冶金工业出版社天猫旗舰店　yjgycbs.tmall.com
（本书如有印装质量问题，本社营销中心负责退换）

本书编委会

主　　任：潘复生

副主任：张一敏　石维富

委　　员：潘复生　白晨光（重庆大学）

张一敏（武汉科技大学）

石维富　杨绍利　田从学（攀枝花学院）

刘　颖（四川大学）

赵庆杰　薛向欣（东北大学）

朱　荣　张建良　焦树强（北京科技大学）

朱德庆　黄柱成（中南大学）

鲁雄刚（上海电机学院）

文书明（昆明理工大学）

钟庆东（上海大学）

龙剑平（成都理工大学）

李兴华（国家钒钛制品质量监督检验中心）

陈东辉（中国钢铁工业协会钒业分会）

洪益成（中国钢研科技集团有限公司）

张邦绪（四川钒钛钢铁产业协会）

汤慧萍（西北有色金属研究院）

车小奎（北京有色金属研究总院）

朱庆山　郑诗礼（中国科学院过程工程研究所）

王洪彬　（攀钢集团矿业有限公司设计研究院）

曾维龙　（长沙矿冶研究院有限责任公司）

廖祥文　（成都矿产资源综合利用研究所）

刘武汉　（攀钢集团钒钛资源股份有限公司）

李兰杰　（河钢集团承德钢铁集团有限公司）

和奔流　（龙佰集团股份有限公司）

董进明　（北京建龙重工集团有限公司）

杨延安　（西部金属材料股份有限公司）

朱向前　（四川德胜集团钒钛有限公司）

谢建国　（四川省川威集团有限公司）

主要编写人员及分工

第1章	综述	杨绍利	张裕书	陈东辉	么秋阳	肖军辉
		秦仲明	钟声	刘毅	马兰	曾志勇
第2章	钒钛磁铁矿加工技术	王洪彬	曾维龙	文孝廉	徐国印	王普蓉
		石鑫				
第3章	钒钛铁精矿高炉冶炼技术	储满生	郭宇峰	薛向欣	曾华峰	柳政根
第4章	钒钛磁铁矿非高炉冶炼工艺及技术进展	郭宇峰	杨绍利	张建良	周强	陶江善
		杨宁川	马兰	吴恩辉	王振阳	李宏
第5章	提钒-炼钢技术	李扬洲	陈守俊	董进明	杨绍利	
第6章	钒渣提钒及综合利用技术	李千文	李鸿义	杜浩	杨绍利	
第7章	钒钛磁铁矿直接提钒技术	陈东辉	杨绍利			
第8章	钒合金及金属钒生产技术	王永钢	陈东辉	杨保祥		
第9章	含钒钛钢铁产品生产技术	龚永民	陶功明	杨绍利		
第10章	钛渣生产技术	杨绍利	马兰	盛继孚	张利民	廖鑫
第11章	硫酸法钛白粉生产技术	龚家竹	杨保祥	马兰	张树立	
第12章	酸溶性钛渣熔盐氯化技术	杨绍利	刘长河			
第13章	钛铁矿盐酸法生产人造金红石及富钛料技术	陈树忠	车小奎			
第14章	金属钛生产技术	兰光铭	张静			

序 一

我国钒钛磁铁矿资源储量丰富，已探明储量约 100 亿吨，远景储量在 300 亿吨以上，主要分布在四川攀枝花-西昌（简称攀西）、河北承德、辽宁朝阳、陕西安康和洋县、新疆哈密和巴楚等地区，其中以四川攀西和河北承德为其重要分布地。

钒钛磁铁矿是国家战略矿产资源，其开发利用自 20 世纪 60 年代即纳入国家战略，在"三线建设"中以举国体制进行普通高炉冶炼钒钛磁铁矿技术攻关，建设以攀钢为龙头的大型钒钛磁铁矿综合利用企业并取得了重大技术突破，解决了普通高炉冶炼高钛型钒钛磁铁矿的世界级技术难题，并实现了大规模工业应用，先后建成了四川攀钢、河北承钢、云南昆钢、四川德胜、川威集团、黑龙江建龙等钒钛磁铁矿资源开发利用基地，为我国国防建设和地方经济社会发展做出了突出贡献。

经过 50 多年持续的工艺技术研发攻关和产业建设，我国钒钛磁铁矿综合利用取得了巨大成就，突破了多项重大关键技术，实现了铁、钒、钛元素的规模化回收利用，形成了相对完整的产业链。基于钒钛磁铁矿综合利用，形成了含钒钛钢铁、钒产品及钛原料生产三条重要产业链。含钒钛钢铁材料因其优异的机械性能，在国防、军工、机械制造、汽车、家电、建筑等行业获得了广泛应用；钒产业的发展使我国由钒进口国成为钒出口国，并建成了全球第一规模的钒制品生产基地，提供了全国 70% 左右的钒原料，形成了具有自主知识产权的氧化钒、钒氮合金及钒铝合金等的制造及其应用技术；钛产业提供了全国 80% 以上的钛原料，形成了具有自主知识产权的从钒钛磁铁矿到钛精矿、钛渣、钛白、海绵钛及钛合金产品的全流程钛工业制造技术，其工艺技术水平总体上处于国际先进水平。

随着我国社会经济的不断发展进步，钒钛磁铁矿资源的战略地位愈加重要。2008 年国家矿业联合会授予攀枝花为"中国钒钛之都"，2010 年国家认定河北承德为国家钒钛新材料高新技术产业化基地；2012 年 8 月，国家发改委发布了《钒钛资源综合利用和产业发展"十二五"规划》，明确建设以钒钛磁铁矿资源开发为主要内容的攀西国家级战略资源创新开发试验区，并纳入《国家中长期科学和技术发展规划纲要（2006—2020年）》。2013年2月，国家发改委正式批准设立攀西国家战略资源创新开发试验区，这是目前国家批准设立的唯一一个资源开发综合利用试验区；2015年科技部授予攀枝花钒钛产业园区为国家级高新技术产业园区；2019年5月成立全国钒钛磁铁矿综合利用标准化技术委员会，2020年发布《2020年全国钒钛磁铁矿资源开发利用白皮书》。这些举措均将引导我国钒钛磁铁矿资源开发利用向高效率、高价值、绿色化、智能化方向发展，向更高质量方向发展。

《钒钛磁铁矿综合利用技术手册》（简称《手册》）全面反映了钒钛磁铁矿综合利用全流程中各环节的工艺流程、技术基本原理、技术经济指标、二次资源及其回收利用、钒钛新材料、钒钛相关标准等内容，并提出了今后相关工艺技术研发及其应用的发展方向。《手册》中同时介绍了大量国内外生产实例和研发实例，体现了"权威性、实用性和前瞻性"，具有重要的参考价值，是一部全面反映我国钒钛磁铁矿综合利用技术应用及其研发成果的巨著。可以预期，《手册》一定会受到钒钛磁铁矿综合利用及其相关的钒、钛、钢铁等行业产业工作者的欢迎，并将对提升我国钒钛资源综合利用科学研究和生产技术水平、指导相关行业可持续高质量发展起到积极的推动作用。

《手册》由攀枝花学院杨绍利教授会同冶金工业出版社以及攀钢、承钢、重庆大学、北京科技大学、东北大学、中科院过程所、中国钢研科技集团、国家钒钛制品质量监督检验中心等二十余家钢铁钒钛企业、高校及研究院所和分析检测单位的专家学者共同完成，各位编审人员为此付出了大量而艰辛的劳动。

作为一位毕生致力于我国钢铁钒钛事业发展的科技工作者，看到《手册》即将出版，甚感欣慰。我也借此机会感谢冶金工业出版社及《手册》的全体编审人员，感谢他们为我国钢铁钒钛产业做了一件好事。

2021年9月

序 二

作为毕生致力于我国炼铁事业、亲历钒钛磁铁矿高炉冶炼技术攻关的科技工作者，看到凝结了几代人汗水和智慧的《钒钛磁铁矿综合利用技术手册》即将出版，感到十分高兴和欣慰。

党和国家领导人对攀枝花钒钛磁铁矿综合利用非常重视，20世纪60年代初组织全国力量开展钒钛磁铁矿高炉冶炼技术攻关。方毅副总理曾多次到渡口（现攀枝花）、西昌主持、参加钒钛磁铁矿综合利用会议。经过广大参与者的共同努力、艰苦奋斗，普通高炉冶炼高钛型钒钛磁铁矿的世界级技术难题取得了重大突破，并实现了大规模工业应用。先后建成了四川攀钢、河北承钢、云南昆钢、黑龙江建龙等钒钛磁铁矿资源开发利用基地，为我国国防建设和地方经济社会发展，特别是钢铁产业、钒钛产业发展做出了突出贡献。

本人受原东北工学院（现东北大学）指派先后参加马钢255m³高炉、承钢100m³高炉、西昌410厂28m³高炉钒钛磁铁矿冶炼和0.8m³小高炉的试验并取得成功，在现场和试验组全体同志的努力下，总结出精料、低硅冶炼、渣口喷吹等综合技术，获得高炉顺行、渣铁畅流、生铁合格，这为攀枝花钒钛磁铁矿高炉冶炼试验指明了可行性、增强了信心，为高炉冶炼钒钛磁铁矿奠定了理论基础，为攀钢基地建设和生产提供了必要的科学依据，以此确定了攀枝花钢铁基地的高炉冶炼工艺流程，并为攀钢1号高炉（1000m³）建设及1970年7月出铁奠定了坚实的技术基础，活跃炉缸、强化氧势、大料批分装、无料钟多环布料等强化冶炼操作成为攻克高炉冶炼钒钛磁铁矿难题的重要措施，攀钢高炉相继取得较好的技术经济指标。攀枝花钒钛磁铁矿高炉冶炼技术在1978年获得国家发明奖一等奖（集体），钒钛磁铁矿高炉强化冶炼新技术使我国在多金属共伴生铁矿资源综合利用领域达到国际领先水平，在1999年获得国家科技进步奖一等奖。

钒钛磁铁矿除含有铁以外，还共伴生有钒、钛、钴、铬等多种具有战略意义的金属。勘查表明，攀枝花矿钒、钛保有储量分别为1017万吨、4.28亿吨，占全国储量的 63% 和 93%，居世界第三和第一。随着普通高炉冶炼钒钛磁铁矿这一世界级技术难题的突破和持续优化，我国钒钛磁铁矿综合利用相继突破了多项重大关键技术，实现了铁、钒、钛资源的规模化回收利用，形成了较为完整的钢铁、钒钛材料产业链。钒钛磁铁矿综合利用工艺技术总体上达到了国际先进水平。

《手册》是从事钒钛磁铁矿综合利用技术几代人技术成果的汇总，是集体智慧的结晶，全面反映了我国钒钛磁铁矿综合利用技术研发及其应用情况，提出了当前存在的主要工艺技术问题及其今后发展方向。《手册》对钒钛磁铁矿资源的深度开发利用将具有重要的参考价值。

相信随着我国国民经济的高质量发展，钒钛磁铁矿战略资源的地位和作用将愈加凸显。《手册》的编辑出版，将大大促进资源综合利用技术水平的提高和发展。

杜码桂

2021 年 5 月 22 日

前　言

钒钛磁铁矿是战略矿产资源。全球钒钛磁铁矿资源探明总储量在 400 亿吨以上，主要分布在中国、俄罗斯、南非、加拿大、芬兰、挪威等国家。

钒钛磁铁矿在我国储量巨大。据不完全统计，目前远景储量在 300 亿吨以上，探明储量 100 亿吨左右（不含超贫钒钛磁铁矿），其主要分布在四川攀枝花-西昌（简称攀西）、河北承德、陕西安康和汉中、辽宁朝阳、新疆哈密和巴楚等地区。其中，四川攀西地区钒钛磁铁资源已探明储量 95.35 亿吨，有关潜力资源量评估预测为 190 亿吨，其中铁矿资源占全国的 19.6%，钛资源（TiO_2）储量 8.7 亿吨，占全国的 90.5%，占世界的 35.2%，位居世界第一，钒资源（V_2O_5）储量 1862 万吨，占全国的 52%，占世界的 11.6%，居世界第三。四川攀西地区钒钛磁铁矿资源包括攀枝花、红格、白马、太和四大矿区以及外围中小矿床等 70 余处；河北承德地区是我国北方著名的钒钛磁铁矿资源基地，是仅次于四川攀西地区的全国第二大钒钛磁铁矿矿区，其矿床主要分布在黑山、大庙、崇礼南天门等地。其中，"大庙式"钒钛磁铁矿已探明储量 3.65 亿吨，超贫钒钛磁铁矿资源储量 78.25 亿吨，伴生钒金属 703.06 万吨，伴生钛金属 1.28 亿吨，国土资源部门批复新探明钒钛磁铁矿资源量 1.82 亿吨，上述资源量合计达 83 亿吨以上。正在做地质工作的资源量约 15 亿吨。

20 世纪 60 年代，在轰轰烈烈的"大三线建设"中，攀西地区钒钛磁铁矿开发利用即纳入国家战略，当时的冶金工业部组织全国的科研技术力量在承钢、首钢等普通高炉上进行冶炼钒钛磁铁矿冶炼技术攻关，同时建设攀枝花钢铁基地（攀钢）。1964~1967 年，在党中央和毛主席的领导关怀下，冶金工业部在全国范围内抽调十多家大专院校、科研院所和大型企业的专家、教授、专业技术人员等组成工作组（史称"108 将"），开展了我国冶金工业史上规模最大的一次科技大会战——攀枝花钒钛磁铁矿高炉冶炼试验攻关。在极其艰苦的条件下，工作组因陋就简、艰辛探索，先后在承德、西昌、北京等生产和试验现场进行了攀枝花钒钛磁铁矿选矿—烧结—高炉冶炼的大量工业试验，克服了重重困难，解决了道道难题，终于攻克了用普通高炉冶炼高钛型钒钛磁铁矿这一世界性技术难题，实现了将外国专家判为"呆矿"的钒钛磁铁矿变为"宝藏"的梦想，奠定了攀钢高炉顺利出铁、全国钒钛产业可持续发展的坚实工业技术根基，深刻影响和改变了我国工业和经济布局，为新中国在风云激荡的世界形势下巩固发展国防安全做出了巨大贡献，成为"艰苦创业、无私奉献、团结协作、勇于创新"的"三线精神"的生动诠释和光辉缩影。在1978年全国科技大会上，攀枝花钒钛磁铁矿高炉冶炼获得国家发明奖一等奖（集体）。经过多年技术推广应用后，先后建成了河钢承钢、四川德胜、川威集团、黑龙江建龙等钒钛磁铁矿资源开发利用基地，为地方经济社会高质量发展做出了重要贡献。

时至今日，我国钒钛磁铁矿综合利用经过了近60年的开发建设和持续攻关，已取得了巨大成就，铁、钒、钛资源实现大规模利用，形成了完整的钒、钛、钢铁产业链，为国民经济建设和国防建设做出了重要贡献。

金属钛被誉为"21世纪的生物金属、海洋金属、太空金属"，具有低密度、高强度、强耐腐蚀等优良性能；钒是钢铁的"维生素"，有人说"钢是虎，钒是翼，钢含钒犹如虎添翼"；含钒钛的钢铁因其优异的力学性能，在交通、机械、建筑、冶金、化工等行业获得了广泛应用。

我国从战略层面上高度重视钒钛磁铁矿战略资源的持续深入开发及钒钛产业的高质量发展。先后授予四川攀枝花为"中国钒钛之都"，认定河北承德为国家钒钛新材料高新技术产业化基地；批准设立攀西国家级战略资源创新开发试验区；成立全国钒钛磁铁矿综合利用标准化技术委员会；发布《2020年全国钒钛磁铁矿资源开发利用白皮书》，等等。这些举措将引导我国钒钛磁铁矿资源开发利用向高效率、高价值、绿色化和智能化方向发展。

国家《钒钛资源综合利用和产业发展"十二五"规划》及《攀西试验区建设规划（2017~2020年）》指出，我国钒钛磁铁综合利用虽然取得了巨大成就，但仍然存在资源开发粗放、利用水平不高，深度加工不足、未形成集聚优势，产品档次较低、创新能力不强，工艺装备落后、环境污染严重四大主要问题。这四大主要问题实质上可归为一个问题，即发展质量不高，具体表现为钒钛磁铁矿资源综合利用水平总体上不高。如当前四川攀西地区钒钛磁铁矿资源综合利用现流程中铁、钒、钛的回收率分别为70.09%（从原矿到高炉铁水）、44.25%（从原矿到五氧化二钒）和29.30%（从原矿到钛精矿），其中共伴生的铬、镓、钪、铂等有益金属元素仍处于实验室研究阶段，尚未实现工业规模回收利用；钒产品、钛产品虽然种类较多、产量较大，但均为原料类产品，产业链下游高端的高附加值材料产品较少且产业起步较晚；低品位矿、表外矿及选铁尾矿中有益元素的选别提取利用不充分，提钒尾渣、含钒钢渣、高钛型高炉渣等含钒二次资源的回收利用关键技术还需进一步突破；以高钙镁钛精矿冶炼沸腾氯化钛白生产用高钛渣关键技术亟待研发突破；高钛型高炉渣中 TiO_2 资源的大规模工业化提取利用新工艺还需进一步突破；硫酸法钛白生产副产的废硫酸、绿矾及钛石膏回收利用关键技术还需攻关突破等。

不忘国家开发钒钛磁铁矿资源的初心，积极推动我国钒钛磁铁矿综合利用高质量发展；应建立高层次的协同创新机制，尝试新型举国体制来努力突破重大关键技术，以推动和支撑钒钛磁铁矿综合利用产业的健康科学可持续发展，重点应在突破钒钛资源综合利用重大关键技术这个"短板"上发力。一是进一步提高钛资源回收率，突破高钛型高炉渣提钛及其全资源化综合利用工艺技术、钒钛磁铁矿非高炉冶炼新工艺大规模工业化技术；二是延长钛产业链，突破钛原料短流程低成本制备航空航天用高质量钛及钛合金技术、钛及钛合金高端/高附加值零部件制备关键工艺技术；三是突破高质量钛原料制备技术，特别是突破攀枝花高钙镁钛精矿制取沸腾氯化钛白用高钛渣关键技术、攀枝花微细粒级钛精矿制备硫酸法钛白用高品质酸溶性钛渣技术；四是突破钒钛二次资源利用工艺技术，发展无机非金属材料产业，特别是突破钒钛尾矿/尾渣等二次资源大规模综合利用工艺技术、硫酸法钛白副产物全资源化综合回收利用新技术，大力发展固废+液废/气废的全资源化以废利废、以废治废回收利用技术；五是突破攀枝花红格南矿区高铬型钒钛磁铁矿提铬及全资源大规模综合利用工艺技术、钒钛磁铁矿中共伴生钪、镓、铂等共伴生有价金属工业化回收利用技术。

《钒钛磁铁矿综合利用技术手册》（以下简称《手册》）汇总了近60年来钒钛磁铁矿综合利用技术研发及其工业应用成果，包括钒钛磁铁矿选矿、烧结球团、高炉炼铁、转炉提钒-炼钢技术，含钒钛钢铁材料、钒渣及钒产品、钛渣、钛白、钛金属及钛合金技术，钒钛磁铁矿共伴生有价元素综合利用、含钒钛二次资源综合利用技术，含钒新材料、含钛新材料技术等，全面反映了钒钛磁铁矿综合利用全流程中各环节的工艺技术流程、基本原理、主要装备、技术经济指标及主要钒钛产品相关标准等内容。《手册》中介绍了大量国内外生产实例和研发实例，并提出了今后钒钛磁铁矿综合利用技术研发及应用发展方向。

《手册》全面反映了我国钒钛磁铁矿综合利用技术研发成果及其应用情况，凝结了众多钒钛人的心血和智慧，希望《手册》能对提升我国钒钛资源综合利用科学研究和生产技术水平、指导相关行业高质量发展，起到积极的推动和指导作用，为国家制订相关产业发展战略规划提供参考和有力支撑。

《手册》自2016年被列入"十三五"国家重点出版物出版规划项目，编撰工作前后历时5年多。本人会同冶金工业出版社共同组织邀请攀钢、承钢、重庆大学、东北大学、北京科技大学、中南大学、四川大学、上海大学、西南科技大学、昆明理工大学、攀枝花学院、中国科学院过程工程研究所、钢铁研究总院、国家钒钛制品监督检验中心、四川钒钛钢铁产业协会、钒钛资源综合利用四川省重点实验室、钒钛资源综合利用产业技术创新战略联盟、全国非高炉冶炼技术产业联盟及攀枝花市钒钛产业协会等二十余家单位的长期耕耘在钒钛磁铁矿综合利用技术领域的专家、教授、学者、科技研发及工程技术人员进行编写、审稿。参加编审工作的全体人员付出了大量心血。

特别感谢中国工程院干勇院士和东北大学杜鹤桂教授为《手册》作序。特别感谢杨天钧教授、周渝生教授推荐《手册》评选"十三五"国家重点出版物出版规划项目。感谢中国工程院潘复生院士长期以来对钒钛磁铁矿综合利用产业发展给予的指导和对《手册》编审工作的大力支持，感谢攀枝花市科技局对《手册》编写出版工作的鼎力支持，感谢攀枝花学院对编写组织工作的大力支持。感谢冶金工业出版社对《手册》工作的全力支持和帮助。

感谢所有为《手册》编审、出版付出辛勤劳动的人们，向所有参与钒钛磁铁矿综合利用工作的人致敬。

杨绍利

2021 年 11 月

目　　录

1 综　　述

1.1　钒钛磁铁矿资源概述

钒钛磁铁矿是一种多元金属共伴生复合铁矿，成分差异大。根据钛含量（TiO$_2$）高低不同，可分为高钛型、中钛型和低钛型钒钛磁铁矿，根据铬含量（Cr$_2$O$_3$）高低不同，又可分为普通型（低铬型）钒钛磁铁矿和高铬型钒钛磁铁矿。

钒钛磁铁矿资源是我国战略矿产资源，是我国特有的一类重要共伴生金属矿产资源，主要分布在四川省攀枝花—西昌地区及河北省承德地区。

1.1.1　钒钛磁铁矿矿床类型

钒钛磁铁矿是一种含钒、钛、铁和其他有价元素，如钪、铬、钴、镍、铜等多种元素共生的复合矿，因而钒钛磁铁矿具有很高的利用价值。其矿床主要产在基性、超基性侵入岩中，矿石以富含铁、钛为特征。矿床的形成与基性、超基性杂岩体有密切关系。含矿岩体的岩石类型为富铁质超基性岩及基性岩。按矿床生成方式可分为晚期岩浆分异型矿床和晚期岩浆贯入型矿床。含矿岩石组合类型有辉长岩型和辉长岩—辉石岩—橄榄岩型等。我国钒钛磁铁矿矿床类型见表1-1。

表1-1　我国钒钛磁铁矿矿床类型

成因类型	岩石组合类型	典型矿床
晚期岩浆分异型	辉长岩型	四川攀枝花、太和
	辉长岩—橄榄岩—橄榄辉长岩型	四川白马、巴洞
	辉长岩—辉石岩—橄榄岩型	四川红格
	辉长岩—苏长岩型	陕西毕机沟、望江山
	辉绿岩型	陕西铁佛寺—桃园
晚期岩浆贯入型	斜长岩—辉长岩—苏长岩型	河北大庙、黑山

1.1.2　钒钛磁铁矿资源分布概况

全球钒钛磁铁矿资源探明储量总量估计在400亿吨以上，分布在中国、俄罗斯、南非等国家。国外钒钛磁铁矿主要分布在俄罗斯、南非、加拿大、芬兰、挪威等国。世界钒钛磁铁矿的分布见表1-2。

表 1-2　世界钒钛磁铁矿分布（不包括中国）及其主要元素成分

国家/地区	矿床名称或所在地	储量/Mt		矿石		精矿中/%	
		富矿	贫矿	类型	Fe/TiO$_2$	TiO$_2$	V$_2$O$_5$
南非	布什维尔德	2000	—	TTK-TCTK	4	12.0~18.0	1.5~2.0
	里甘加	1200			4.5		
原苏联	古谢沃戈尔	3500		TCTK	10~13	2~4	0.6
	卡奇卡纳尔	889					0.5~0.6
	乌拉尔库萨					12~14	0.54
	切尔诺烈申斯克					10~16	0.4~0.8
	卡巴斯克					14	
	科拉半岛普道日戈尔				3.6	7~10	0.17
	谢布里雅夫尔			GTK-TCTK	1.0~1.5	7.8	0.2
	格列木雅哈			TTK-TCTK	2~3	14.0	0.4
	科夫多尔			GTK-TCTK	5~20		
	恰津			TTK-TCTK	4~6	11.0~12.0	0.5~0.6
	萨尔马戈尔			GTK-TCTK	1~3	3.4~10.4	0.05~0.1
	维里雅尔维			GTK-TCTK	1.5~4.0	5.8~7.8	0.1~0.2
	叶列却吉尔			GTK-TCTK	2~3	9.4~12.0	0.6~0.8
	阿弗里坎德			GTK-TCTK	1~5	9.0~10.4	0.1~0.2
	维亚姆			TCTK	15~20	1.3~2.0	0.3~0.7
	沃尔柯夫			TCTK		5.0~8.0	1.0~1.2
	第一乌拉尔			TCTK	6~13	1~4	0.5~1.0
	斯瓦兰茨			TCTK	10~15	3.2~4.5	0.2~0.6
	沃林			TCTK-TTK	1.5~4.0	8~20	0.7~1.0
	诺沃谢尔科夫			TTK-CTK	6	0.5~1.9	0.9
	米德维杰夫			TTK-TCTK	3	9.0~13.0	0.5~1.0
	科潘			TTK-TCTK	3~4	9.0~15.0	0.5~0.9
	马特卡尔			TTK-TCTK	3~4	10.0~15.0	0.5~1.0
	维里霍夫			TCTK	10	3.9~5.0	0.6~0.8
	苏洛亚姆			LHS-TCTK	10	3.4	0.2~0.3
	杰宾布拉克			TCTK	8	4.7~5.6	0.1~0.5
	库林			GTK-TCTK	4~5	10.3~18.8	0.1~0.25
	库格达			GTK-TCTK	7~8	8.0~11.0	0.1~0.22
	波尔尤思赫			GTK-TCTK	5~8	10.0~14.0	0.1~0.2
	哈尔洛夫			TTK-TCTK	2.5~3.0	5.0~12.0	0.5~0.9
	帕延			TTK-TCTK	3.5	11.0~19.0	0.2~0.54

国家/地区	矿床名称或所在地	储量/Mt		矿石		精矿中/%	
		富矿	贫矿	类型	Fe/TiO₂	TiO₂	V₂O₅
原苏联	里山			TTK-TCTK	1~3	7.0~15.0	0.2~0.3
	马洛-塔古尔			CTK-TCTK	2.5~5.0	2.0~8.0	0.4~1.5
	基吉			TTK-TCTK	2~4	7.0~18.0	0.2~0.5
	哈克特格			TTK-TCTK	4.3	8.0~14.0	0.2~0.5
	吉多依			TTK-TCTK	0.9~2.0	12.0~16.0	0.02
	阿尔申吉叶夫			TTK-TCTK	3.0~3.5	3.0~8.0	0.1~0.5
	斯留金			TCTK-TTK	2.0~2.5	5.0~15.0	0.6~1.0
	唯吉姆康			TCTK-TTK	2~3	5.0~11.0	0.7~1.0
	齐涅			TTK-TCTK	6	8.0~12.0	0.7~1.4
	安格莎			TTK-TCTK	2.5	7.0~14.0	0.1~0.7
	朱格朱尔			TTK-TCTK	2~4	14.0~20.0	0.01~0.3
美国	纽约州阿德朗打克					(16)	
	圣弗尔德·列克	200		TCTK-TTK	1.5~2.5	9.0~12.0	0.6~0.9
	艾伦·梅津	58	120	TTK-TCTK	2.0~2.5	19.0	
	纽约州桑福德湖	200				18.0~20.0	0.5
	加利福尼亚州洛杉矶圣加勃里山					20.0	0.5
	德卢斯矿山					(1.0)	
	科罗拉多州加里布和铁山					(0.3)	
	怀俄明铁山					(0.4)	
	罗得岛铁矿山					(0.3)	
	阿拉斯加西南部		10000	TCTK	7~10	2.0~3.0	0.3~0.5
加拿大	魁北克阿德湖					(35)	0.3~0.4
	摩林	5	2000	TCTK-CTK	1.5~4.0	1.5~6.0	0.3~0.5
	多里列克、齐博嘎梅	—	72	TTK-TCTK	3~6	10.0~12.0	1.2~1.4
	拉克圣焦	3	200	TTK-TCTK	2~4	0.1~16.0	0.1~0.8
	圣依列斯	2	1000	TTK-TCTK	1.8~3.0	7.6~9.2	0.5~0.54
	魁北克马格皮矿床	1000	—	TTK-TCTK	4	7.6~9.2	约0.5
芬兰	奥坦马克	35		TTK-CTK	3	4.7	1.1
	木斯塔瓦拉		38	TCTK	8~9	4.0~8.0	1.6
瑞典	塔贝格		1500	TCTK	3~5	15.3	0.5~1.0
	鲁乌特瓦尼矿山					(10~20)	(0.26)
	克腊姆斯塔						(0.4)
	基律纳						(0.1~0.2)

国家/地区	矿床名称或所在地	储量/Mt		矿石		精矿中/%	
		富矿	贫矿	类型	Fe/TiO₂	TiO₂	V₂O₅
挪威	特尔尼斯	3000				18.4	0.5~1.0
	罗弗敦群岛（捷尔涅斯）	400		TTK	1	3.2	
	勒德萨德	100				4.0	0.3
	鲁济瓦拉	50		TTK-TCTK	4		
印度	比哈尔						(1.5~3)
	辛格布胡姆			TTK-TCTK	2~5		1.5~5.0
	梅尔布罕兹	8		TTK-TCTK	4	14.0	0.5~1.8
	迈索尔						1.5~3
澳大利亚	新南威尔士						(0.2~1.5)
	巴拉姆比	400		TTK-TCTK	1.7	29.0	1.2
	文多维	40		TTK-TCTK	5	7.5	1.6
	西部钛铁矿						(0.2~0.5)
新西兰	北岛						0.3~0.5
智利							<0.5

注：1. TTK—钛铁矿，TCTK—钛磁铁矿，CTK—磁铁矿，GTK—钙钛矿，LHS—磷灰石。

2. 含量有括弧的为原矿。

我国钒钛磁铁矿储量丰富，已探明储量约 100 亿吨（不包括超贫钒钛磁铁矿），远景储量在 300 亿吨以上。我国钒钛磁铁矿资源主要分布在四川攀枝花—西昌（简称攀西地区）地区、河北承德地区、陕西汉中地区等。其中，四川攀西地区、河北承德地区是我国最重要的钒钛磁铁矿资源区。我国钒钛磁铁矿资源主要分布情况见表 1-3。

表 1-3　我国主要钒钛磁铁矿资源分布及其主要元素品位

省份	矿区	储量/亿吨	TFe/%	TiO₂/%	V₂O₅/%	Cr₂O₃/%
四川	攀枝花	8.22	16.7~43.0	7.7~16.7	0.16~0.44	<0.01
	白马	11.78	17.2~34.4	3.9~8.2	0.13~0.15	<0.02
	红格	37.23	16.2~38.4	7.6~14.0	0.14~0.56	0.02~0.60
	太和	9.00	18.1~36.6	7.7~17.0	0.16~0.42	<0.01
河北	承德	约85	21~38	7~9	0.3~0.5	<0.01
辽宁	朝阳	>100（超贫矿）	10.19	16~20	0.3~0.5	<0.01
山西	代县	—	22.85	5.33	0.35	—
广东	兴宁	4.50	27.40	7.87	0.37	—
湖北	均县	—	15.05	5.53	0.13	—
陕西	洋县+安康	10+20	27.89	5.85	0.29	<0.08
新疆	巴楚+哈密	6.0+11.12	18.34	8.11	—	—

1.2 国外钒钛磁铁矿资源储量分布及其特点

1.2.1 俄罗斯钒钛磁铁矿资源

俄罗斯钒钛磁铁矿矿床有 40 个以上，其中主要矿物是钛磁铁矿和钛铁矿，有的矿床的主要矿物是钙钛矿和磁铁矿，脉石矿物有斜晶辉石、橄榄石、角闪石、斜长石、绿帘石、蛇纹石。

俄罗斯的钒钛磁铁矿资源有低钛型和高钛型两种，其中，卡奇卡纳尔矿储量 8.89 亿吨，古谢沃格尔矿储量 35 亿吨，绝大部分属于低钛型，典型矿石成分为：全铁 TFe 含量 14%～33%，TiO_2 含量 0.43%～1.88%，V_2O_5 含量 0.05%～0.31%，是俄罗斯最早开发的钒钛磁铁矿资源；高钛型矿床以普道日戈尔矿床为代表，矿石平均成分为：全铁 TFe 含量 28.8%，TiO_2 含量约 8%，V_2O_5 含量 0.36%～0.45%，Al_2O_3 含量 8%～12%，CaO 含量 4%～5%，MgO 含量 2.5%～3.5%，SiO_2 含量 29%～37%。

1.2.2 南非钒钛磁铁矿资源

南非钒钛磁铁矿主要分布于德兰士瓦东部地区的布什维尔德矿区和马波茨矿山中，钒钛磁铁矿中很少存在钛铁矿，钒以固溶体形式赋存于钛铁晶石中，钛主要以固溶体形式存在于钛磁铁矿相（Fe_2TiO_4，即 $2FeO \cdot TiO_2$）中。钛磁铁矿由于其矿物组成很难选出单独的含钛矿物。马波茨矿山是南非极具代表性的钒钛磁铁矿矿区，储量 2 亿吨以上，矿石成分为：全铁 TFe 含量 53%～57%，TiO_2 含量 12%～15%，V_2O_5 含量 1.4%～1.9%，Al_2O_3 含量 2.5%～3.5%，SiO_2 含量 1.0%～1.8%。

1.2.3 加拿大钒钛磁铁矿资源

加拿大钒钛磁铁矿主要分布于马格皮、摩林、拉克圣桥等几个矿区，以魁北克省七星岛东北部的马格皮矿床为代表，其矿石主要含钛磁铁矿，钒以固溶体形式存在于磁铁矿中。矿石成分为：全铁 TFe 含量 46.3%，TiO_2 含量 12.0%，V_2O_5 含量 0.4%，Al_2O_3 含量 9.7%，MgO 含量 5.3%，CaO 含量 0.3%。

1.2.4 芬兰钒钛磁铁矿资源

芬兰钒钛磁铁矿主要集中于奥坦梅基和穆斯塔瓦拉两个地区。奥坦梅基地区的矿物主要成分为钛铁矿及磁铁矿，呈颗粒状致密结构，主要成分为：全铁 TFe 含量 35%～40%，TiO_2 含量 13%，V_2O_5 含量 0.38%，主要回收其中的铁和钛；穆斯塔瓦拉地区的矿石主要是钛磁铁矿，矿石主要成分为：全铁 TFe 含量 17%，TiO_2 含量 3%，V_2O_5 含量 0.36%，矿石经选别后精矿中 V_2O_5 含量为 1.6%，主要回收利用钒。

1.2.5 挪威钒钛磁铁矿资源

挪威有两个重要的钒钛磁铁矿，即特尔尼斯矿和勒德萨德矿。所属挪威钛公司的特尔尼斯矿是世界两个硬岩钛铁矿之一，储量 3 亿吨以上，矿体 TiO_2 含量 18%、磁铁矿含量

2%、硫化物含量 0.25%，矿石经强磁选产出含钒低的钛磁铁矿精矿。

其他有少量钒钛磁铁矿资源的国家还有美国、瑞典、印度、澳大利亚、巴西等。

1.3　我国钒钛磁铁矿资源储量分布及其特点

我国钒钛磁铁矿床分布广泛，储量丰富，已探明储量约 100 亿吨（不包括超贫矿），远景储量在 300 亿吨以上，主要分布在四川攀西地区、河北承德、辽宁朝阳、陕西洋县和安康、湖北均县、新疆哈密和巴楚、广东兴宁、湖北郧阳和襄阳、山东临沂、山西代县、黑龙江呼玛县等地，其中以四川攀西地区和河北承德地区为最重要分布地。

1.3.1　四川攀西地区钒钛磁铁矿资源

四川攀西地区钒钛磁铁矿资源量极为丰富且分布集中，分布于攀枝花至西昌一带，是我国最大的钒钛磁铁矿区。依据《攀西国家级战略资源创新开发试验区建设规划（2014—2017 年）》数据，攀西地区钒钛磁铁资源已探明储量为 95.35 亿吨，有关潜力资源量评估预测为 190 亿吨。其中，铁矿资源占全国的 19.6%，钛资源（TiO_2）储量 8.7 亿吨，占全国的 90.5%、占世界的 35.2%；钒资源（V_2O_5）储量 1862 万吨，占全国的 52%、占世界的 11.6%。整个攀西地区钒钛磁铁矿资源包括攀枝花、红格、白马、太和四大矿区以及外围中小矿床，共查明大中型矿床 70 余处。

攀西地区钒钛磁铁矿是一种多金属元素共伴生的复合铁矿石，以含铁、钒、钛、铬等重要金属为主，共伴生有微量的铬、钴、镍、镓、钪、铂族、铜、硫等多种有用元素。化学光谱分析表明，攀西地区钒钛磁铁矿中含有各类化学元素 30 余种、有益元素 10 余种，是全球最复杂的钒钛磁铁矿。

攀西钒钛磁铁矿常见的矿物有钛磁铁矿、钛铁矿和磁铁矿，其次为赤铁矿、褐铁矿、黄铁矿，硫化物以磁黄铁矿为主；还有钴镍黄铁矿、硫钴矿、黄铜矿等。钛磁铁矿是一种含有钛铁矿、钛铁晶石、铝镁尖晶石的固溶体分离物，经固相变化结晶为钛铁矿和磁铁矿，其含钛矿物主要是粒状钛铁矿和钛铁晶石。

与国外钒钛磁铁矿相比，攀西地区钒钛磁铁矿开发利用难度较大，主要原因是钛铁致密共生，钛、钒、铬等元素取代了磁铁矿中的铁使其呈类质同象存在，同时，矿石中 90% 以上的钒赋存于钛磁铁矿的主晶磁铁矿中，TiO_2 含量远超过一般高炉冶炼对炼铁原料中 TiO_2 的极限含量，冶炼加工难度大。矿石的铁钛组合是由钛铁矿和钛磁铁矿组成铁钛混合物，而钛磁铁矿的钛铁晶石和片状钛铁矿的粒度极细并以网络状镶嵌，用机械选矿方法难以实现铁钛分离，只约有 50% 的粒状钛铁矿可以通过选矿流程获得分离。钛磁铁矿中含有 4%~7% 的镁铝尖晶石，进入钒钛铁精矿后会使 MgO 和 Al_2O_3 含量偏高。钛铁矿中的镁铝尖晶石也会造成钛精矿氧化镁含量偏高。

（1）攀枝花矿区。攀枝花地区是我国钒钛磁铁矿的主要成矿带，也是世界上同类矿床的重要产区之一，南北长约 300km，已探明大型、特大型矿床 7 处，中型矿床 6 处。攀枝花矿区岩体主要为基性岩，在岩体中下部分布有少量超基性岩。基性岩体和超基性岩由上到下颜色逐渐变深，都分布有浅色和暗色辉长岩相带。在暗色辉长岩相带上部存在一套暗色流状辉长岩，表明攀枝花矿区的基性岩体和超基性岩具有相近的侵入深度及相似的岩浆源和围岩性质。

本矿区从北东至南西依次为朱家包包、兰家火山、尖包包、倒马坎、公山、纳拉箐等六个矿段，矿区已探明储量8.22亿吨，平均全铁TFe含量29.03%，TiO_2含量11.50%，V_2O_5含量0.26%。

攀枝花矿区经过几十年的开发生产，开采境界内保有储量仅余2亿多吨（截至2019年）。根据《四川省铁矿勘查规划》，通过对其深部及外围的资源勘查，可新增资源量7亿吨左右。攀枝花矿区六个矿段中，朱家包包、兰家火山、尖包包三个矿段由攀钢集团矿业有限公司开采，年开采原矿1350万吨，年产钒钛铁精矿530万吨、钛精矿95万吨。攀枝花矿区的倒马坎矿段已经停止采矿，公山、纳拉箐矿段目前尚未设置采矿权。

（2）白马矿区。白马矿区位于攀枝花市米易县白马乡境内，矿区从北向南依次由夏家坪、及及坪、田家村、青杠坪及马槟榔五个矿段组成，其中及及坪和田家村是主要矿段，钒钛磁铁矿成矿规模较大，矿体厚度大，且距地表近，适合露天开采。矿石中金属矿物结构主要呈不规则稀散状，特点明显；矿区钒钛磁铁矿磁异常和区域磁异常特征显著，磁法勘探在该矿区的岩体、构造单元及构造位置划分等方面作用明显。

白马矿区探明储量11.78亿吨，平均全铁TFe含量28.06%，TiO_2含量6.42%，V_2O_5含量0.34%，属于高铁低钛型矿石，钒高、钛低，可选可磨性较好，钒钛铁精矿品位超过55%。

白马矿区及及坪和田家村矿段由攀钢集团矿业有限公司开采，设计年产原矿1550万吨，年产钒钛铁精矿510万吨、钛精矿15万吨。青杠坪矿段由德胜集团、中禾矿业开发，马槟榔矿段由中禾开发，夏家坪矿段目前尚未设置采矿权。

（3）红格矿区。红格矿区位于攀枝花市红格乡和会理小黑箐乡交界的路枯一带，分为南矿区和北矿区，具有我国目前最大的钒钛磁铁矿矿床，总面积约14km²。南矿区南部面积较大，分为铜山、马松林、路枯三个矿段，北矿区相对较小，仅有两个矿段，分为东西两部分，已探明储量37.23亿吨，其中，表内矿储量18.29亿吨，平均全铁TFe含量27.48%，TiO_2含量10.87%，V_2O_5含量0.24%，是目前攀枝花地区探明储量最大的钒钛磁铁矿床。

红格矿区属低铁高钛型矿石，具有储量大、共伴生有益元素多特别是富含铬资源等特点。相比攀西其他矿区，红格矿区矿石铁含量低、嵌布粒度较细，平均嵌布粒度仅0.1mm，对矿区的开发利用技术提出了更高的要求。

铬（Cr）是全球性的稀缺战略物资，我国铬矿资源较贫乏，每年都需高成本大量进口。攀西地区红格钒矿区钛磁铁矿中的铬含量是全国已探明储量的近两倍，是目前我国最大的铬矿资源，折合铬资源总量约为696万吨（以Cr_2O_3计），极具开发利用价值。

北矿区攀枝花部分由龙蟒矿冶公司（现属龙蟒佰利联集团公司）开采，年产钒钛铁精矿350万吨、钛精矿90万吨；凉山会理部分庙子沟矿由攀枝花丰源矿业公司开发。南矿区已探明储量19.51亿吨，暂实行封闭性保护，尚未设置采矿权。

（4）太和矿区。太和铁矿位于凉山州，已探明储量9亿吨，是国内特大型矿山之一，主要矿石类型为辉长岩型，主要有用矿物为钛铁矿和磁铁矿。矿区矿石具有海绵陨铁结构、半自形—自形粒状结构及碎裂结构等多种结构，构造类型主要有块状构造、斑杂状构造及米状构造等，富含铁、钒、钛、钴、镍、硫、磷、铜、镍、锰等多种资源，共伴生金属中含二氧化钛 7791 万吨、五氧化二钒 165.9 万吨、钴 9.43 万吨、镍 8.28 万吨。重庆钢铁集团公司西昌矿业公司取得太和矿区采矿权，年产钒钛铁精矿 230 万吨、钛精矿 45 万吨。

（5）其他矿区。米易潘家田钒钛磁铁矿位于米易县垭口镇，该矿岩体为含钒钛磁铁矿基性~超基性岩体的一部分，属岩体最北转折端部位，资源量 4.11 亿吨，其中低品位矿约 1.42 亿吨。潘家田钒钛磁铁矿由攀枝花安宁铁钛公司开采，年产钒钛铁精矿 180 万吨、钛精矿 55 万吨。

红格矿区外围铁矿分为中干沟、湾子田、中梁子三个矿段，合计钒钛磁铁矿资源储量 3.66 亿吨，目前尚未开发利用。

攀西钒钛磁铁矿资源特点：钒钛磁铁矿储量大、品位低，丰而不富，是世界上最复杂的钒钛磁铁矿；矿石结构复杂，多金属共生，仅靠选矿手段难以完全分离出钛钒铁；易开采，难选、难冶炼；资源综合开发条件好，钒钛磁铁矿资源分布集中，矿山水文、工程地质条件较好，宜露天开采；相关资源匹配条件好，组合优势突出，综合利用潜力大，是攀西资源的显著特征，其中水能资源丰富，可开发水能资源超过 8000 万千瓦。

攀西地区钒钛样铁矿的矿物组成及其特征，见第 2 章。

1.3.2 河北承德地区钒钛磁铁矿资源

1.3.2.1 概述

河北承德地区是我国北方著名的钒钛磁铁矿基地，其钒钛磁铁矿探明储量仅次于四川省攀西地区，位居全国第二位。

承德地区钒钛磁铁矿资源矿物类型主要有"大庙式"和超贫钒钛磁铁矿两种，伴生有磷、硫、钴、铬等有价元素，不含其他稀有元素。矿床主要分布在黑山、大庙、崇礼的南天门等地。目前"大庙式"钒钛磁铁矿已探明储量 3.65 亿吨，超贫钒钛磁铁矿资源量 78.25 亿吨，伴生钒金属量 703.06 万吨，伴生钛金属量 1.28 亿吨，是仅次于攀西地区的全国第二大钒钛磁铁矿矿区。国土资源部门批复新探明钒钛磁铁矿资源量 1.82 亿吨，上述资源量合计达 83 亿吨以上。另外，正在做地质工作的资源量约 15 亿吨。

承德地区钒钛磁铁矿中主要金属矿物为钛磁铁矿、钛铁矿、黄铁矿，主要脉石矿物为绿泥石、角闪石等。承德地区钒钛磁铁矿属半自熔性矿石，矿物结晶颗粒粗，矿石结构松散、硬度小，而且埋藏浅、结晶颗粒粗，易开采、易磨、易选、开发成本较低。尤其是大庙式钒钛磁铁矿中多种金属和矿物质并存，全铁含量 20% 以上，含钒地质品位为 0.15% ~ 0.5%，含钛地质品位为 5% ~ 9%，折合 V_2O_5 资源量 48.4 万吨、TiO_2 资源量 1593.26 万吨，可以提钒、选钛、选磷。超贫钒钛磁铁矿全铁 TFe 含量 10% ~ 20%，TiO_2 含量 1% ~ 7%，V_2O_5 含量 0.1% ~ 0.3%。

1.3.2.2 承德地区钒钛磁铁矿分布及其特征

承德地处河北省北部，是我国钒钛磁铁矿的两大主要成矿区之一，属于冀东—密云成矿区带，是我国最早发现钒钛磁铁矿的地方。其矿区位于内蒙古地轴东端，处在受东西向宣化—承德—北票深断裂控制的基性—超基性岩带内，长达数百公里。

承德钒钛磁铁矿按成矿类型可分为岩浆分异型矿床和岩浆贯入式矿床两类。按有用组分可分为钒钛磁铁矿、铁磷矿、超贫钒钛磁铁矿等三类。承德域内钒钛磁铁矿资源主要分布于承德北部大庙—平泉一线和宽城县境内，集中分布于承德大庙—黑山—头沟一带；此外，在承德地区宽城县孤山子尚有一处超基性岩型钒钛磁铁矿。其中，大庙式钒钛磁铁矿有 1 个主矿体（处于承德市双滦区大庙、隆化县韩麻营至中关及承德县黑山、高寺台至头沟一带两县一区交界的斜长岩杂岩体中）；超贫钒钛铁磁铁矿共有 15 个区块主矿体，其中，宽城县 1.5 个、平泉县 1.5 个、滦平县 4 个、隆化县 1 个、承德县 2 个、丰宁县 3 个、围场县 1 个、双滦区 1 个。

承德是我国最早开发利用钒钛磁铁矿的地方。从 1933 年到 1939 年，日本侵略者对大庙区域铁矿进行了系统地质勘察、矿样采集、化验分析和冶炼试验；于 1940 年设立了专门机构，开始着手矿山、选矿及冶炼厂的开发建设，其计划是以承德大庙、黑山两处开采钒钛磁铁矿石作为原料基地，在双头山（今双塔山）建设选矿场生产钒精矿粉，在锦州女儿河建设提钒车间、制炼车间和水泥车间，生产钒铁和副产品水泥；从 1942 年正式生产到 1945 年日本投降，三年时间内日本侵略者从大庙铁矿共掠走钒钛铁精矿粉 14.4 万吨，在锦州制炼所共炼出钒铁 110 余吨。

1954 年，根据我国政府与苏联政府签订的 141 项援建项目协议书，中央重工业部钢铁局下文设立中央人民政府重工业部钢铁工业管理局热河铁矿厂（河钢集团承钢公司前身），并于 1954 年 10 月 5 日正式命名、运行。我国钒钛磁铁矿资源的地质、选矿、冶炼及综合利用也由此全面启动；由于资源储量丰富，承德至今仍可保持大规模、持续开发利用钒钛磁铁矿资源。

截至 2013 年底，承德域内已探明钒钛磁铁矿资源总量 84.72 亿吨。其中，大庙式钒钛磁铁矿 5.72 亿吨；超贫钒钛磁铁矿 78.25 亿吨。已探明钒钛磁铁矿资源总体共伴生钒金属量（V_2O_5）895 万吨；钛金属量（TiO_2）1.85 亿吨；钒钛磁铁矿资源中磷的矿石资源储量 3.81 亿吨，共伴生磷（P_2O_5）1714.5 万吨。此外，河北地勘局第四地质大队提交的《河北省超低品位钒钛磁铁矿调查报告》显示，探测垂深到 300m 以浅时，承德地区钒钛磁铁矿资源量可达 234 亿吨。其中，大庙式钒钛磁铁矿 10 亿~15 亿吨、超贫钒钛磁铁矿 219 亿~224 亿吨，可选矿加工含钒铁精矿粉 23 亿吨以上；其矿石中的铁、钒、钛、磷等有价元素具有巨大的综合利用价值，资源优势明显。

1.3.2.3 大庙式钒钛磁铁矿

承德大庙岩浆型铁矿主要受丰宁—隆化与尚义—平泉两条近东西向深大断裂带控制，与钒钛磁铁矿有关的基性、超基性岩体产于其间。大庙式钒钛磁铁矿主要产于大庙斜长岩杂岩体中（苏长岩和斜长岩），超贫钒钛磁铁矿赋存在基性、超基性岩体中。

大庙斜长岩杂岩体是我国唯一典型的岩体型斜长岩杂岩体，赋存有丰富的 Fe-Ti-P 矿床，自 1929 年王曰伦、孙健初先生（中华民国政府农矿部直辖北平地质调查所地质调查员，后均为我国著名地质学家）发现，后经日本满洲矿山株式会社、重工业部地质局沈阳地质勘探公司 104 队、河北省冶金工业厅 514 队、华北地质勘查局五一四地质大队等地勘队伍，对该区进行了大比例尺地质填图、物化探及槽探、钻探等系统勘查工作。历经多轮次的勘探，发现了多个中~大型的钒钛磁铁—铁磷矿床和磷矿床，如大庙铁矿、黑山铁矿、马营铁矿等，查明了区内地层、构造、岩浆岩、矿体分布、数量、赋存部位、规模、形态、产状、矿石质量及其变化规律；查明了矿床成因及工业类型，并建立了著名的大庙式铁矿模式。

承德矿区内较大的矿床有罗锅子沟、大乌苏沟两个大型铁磷矿床（资源储量达 3.1 亿吨），大庙、黑山、东大洼、压青地—龙潭沟、乌龙素沟等 5 个中型钒钛磁铁矿床（东大洼有望成为大型矿床）资源储量达 3 亿吨以上；还有铁马大型超贫磁铁矿（资源储量大于 7 亿吨）和中小型的超贫磁铁矿床。黑山钒钛磁铁矿位于王营北沟至压青地—龙潭沟，面积约 10km²，累计探明资源储量：铁矿 14724.08 万吨，属大型矿床；铁磷资源储量 1070.00 万吨。罗锅子沟—大乌苏沟铁磷矿，该矿位于承德市罗锅子沟至隆化县大乌苏沟，面积约 15km²，由罗锅子沟铁磷矿、大乌苏沟铁磷矿和罗锅子沟深部铁矿组成，累计探明铁磷矿资源储量 31861.07 万吨，深部铁矿资源储量 400 万吨。

承德大庙式钒钛磁铁矿属于前寒武纪铁矿床类型中的岩浆型（晚期）铁矿床，亚类为岩浆分凝—贯入型钒钛磁铁矿矿床；其矿床生成方式为晚期岩浆贯入型，成矿是其深部岩浆在液态重力分异作用下，分离成不混熔的铁矿浆液，沿岩体内断裂或接触带贯入而成，形成分凝—贯入型和分凝型矿体。岩浆型铁矿床在成因上与不同地质时代的基性、超基性杂岩体有关，矿体直接产于岩体内，以铁矿物中富含钒、钛为特征，又称钒钛磁铁矿床；成矿时代主要为古生代及元古宙。岩浆型钒钛磁铁矿床总体是以贫矿为主，但也存在一定量的块状富矿石，这些富矿石的形成通常被认为是岩浆熔离的结果；承德岩浆型铁矿常是铁、钛、钒、磷共生的综合矿床。岩浆晚期贯入型铁矿床规模一般为中小型，主要分布于河北省承德地区大庙、黑山一带，因我国首先发现在河北省大庙，故惯称为大庙式铁矿床。

承德大庙式钒钛磁铁矿的含矿岩石组合类型为斜长岩—辉长岩—苏长岩型（含矿岩体为中元古代斜长岩杂岩体，杂岩体分斜长岩带、苏长岩带、纹长二长岩带，苏长岩中有浸染状矿化，斜长岩中有贯入的矿脉）；大庙斜长岩体型 Fe-Ti-P 矿床作为我国唯一一个与岩体型斜长岩相伴生的 Fe-Ti-P 矿床，比之于北美和欧洲的许多斜长杂岩体，体积较小（约 120km²），但是岩石类型齐全，并赋存有丰富的钒钛磁铁矿—磷灰石矿石。

大庙斜长岩套内的钒钛磁铁矿床、钒钛磁铁—磷灰石矿床。目前已知的有大庙、马营、黑山、罗锅子沟、大乌苏沟、乌龙素沟等矿床（点）、矿化点近百处，以大庙、黑山钒钛磁铁矿床最具典型代表。大庙式钒钛磁铁矿其矿床、矿体形态不规则，多呈扁豆状或脉状，成群出现，作雁行式排列。矿体与围岩界线清楚，产状陡立。从地表到深部，矿体常见分支复合现象，多为盲矿体。单个矿体长至数百米，厚至数十米，延深数十至数百米。主要矿物有（钒钛）磁铁矿、钛铁矿、赤铁矿、金红石、硫钴矿、针镍矿和黄铁矿等。脉石矿物有斜长石、辉石、绿泥石、阳起石、纤闪石和磷灰石。矿石结构均匀，常见陨铁结构。具浸染状和块状构造。贫富矿石均有，含钒、钛以及镍、钴、铂等硫化物。

　　A　矿床地质特征

大庙杂岩体内已经发现的铁、铁磷矿床和矿化点多达几十处，已经勘探发现的大型矿床有大庙钒钛磁铁矿床、马营铁磷矿床、黑山钒钛铁—铁磷矿床、罗锅子沟铁磷矿床、头沟铁磷矿床等，其中钒钛磁铁矿矿体产出于斜长岩中或斜长岩与苏长岩的接触带。产于斜长岩中的矿体不论规模大小，一般以致密型矿石为主，与浸染型矿石共同构成矿体，矿体与斜长岩接触一侧界线清楚，与苏长岩一侧为渐变关系；产于苏长岩之中的矿体，大部分为浸染型矿石构成，多为超贫钒钛磁铁矿。矿区铁矿石类型按主要组成矿物的组合形式可分为：钒钛磁铁矿石（主要由钒钛磁铁矿组成，简称铁矿）、铁磷矿石（主要由钒钛磁铁矿和磷灰石组成）、含硫化物铁矿石（由钒钛磁铁矿、磷灰石、磁黄铁矿、黄铁矿、少量黄铜矿等组成）。

黑山矿区：黑山矿区位于大庙斜长岩体的南部王营北沟、龙潭沟、黑山压青地一带，是大庙斜长岩体内规模最大、品位最高、储量最多、最具典型的一个矿化集中区，也是全区唯一产有硫化物矿体的矿区。矿体形态多呈脉状、透镜状、囊状等，常见分支复合现象，上部多矿囊，矿体长一般几百米，厚度数米至数十米，矿体延深大于延长，延深是延长的 2~5 倍。矿体品位相对较富，TFe 一般大于 30%，伴生钒、钛，含 TiO_2 一般大于 8%，高者可大于 12%，含 V_2O_5 一般在 0.3% 左右。矿石构造以致密块状构造为主。钒以类质同象主要赋存在钛磁铁矿和磁铁矿中。

黑山矿区矿石结构主要为自形~半自形晶粒状结构、格状熔离结构、海绵陨铁结构。矿石构造有致密块状构造、浸染状构造。矿石金属矿物主要为含钒钛磁铁矿（含量 3%~60%）、钛铁矿（含量 2%~19%）、含钒磁铁矿（含量 7%~27%），次有少量含钴黄铁矿、黄铜矿。脉石矿物主要为绿泥石（含量 7%~33%），次为斜长石（0~45%）及其他少量矿物。黑山的矿源苏长岩和我国及世界同类岩石有显著不同，Si、Al、Fe、Ti、P、Na、K 含量高，Ca、Mg 含量低，这类岩体为形成铁磷矿床提供了物质来源。

大庙矿区：位于大庙斜长岩体的西部靠南部边缘，1929 年王曰伦、孙健初先生最早发现，是大庙矿田最早发现并勘探的矿区，也是著名"大庙式铁矿"的命名地。大庙斜长岩体与国外和世界同类型岩体的最大差别，表现在 Fe_2O_3+FeO、K_2O 含量较高，特别是 P_2O_5 含量，高出近 3~9 倍。SiO_2 含量（在 51% 左右）和 CaO 含量低 2%~3%，岩石化学类型属铝过饱和岩石系列。Cr 在各类岩石中的含量和变化与 V 有很多相似的情况。V 和 Cr 在本区尚未发现独立矿物存在，它们主要以类质同象的形式分散于钛铁氧化物之中。Co、Ni、S 在各类型岩石中的含量与变化也有类似的情况。与四川攀枝花钒钛磁铁矿床中钒钛磁铁矿相比有显著的差别，SiO_2、TiO_2、Cr_2O_3、MgO、FeO 明显偏低，而 V_2O_5、Fe_2O_3 则明显偏高。钛铁矿中 MgO 的含量同攀枝花钒钛磁铁矿区的钛铁矿相比偏低，这是本矿区的一个显著特点。

矿石结构主要为自形~半自形晶粒状结构、格状熔离结构、海绵陨铁结构三种。构造有致密块状构造、浸染状构造。矿石中金属矿物主要为含钒钛磁铁矿、钛铁矿、含钒磁铁矿，次有少量含钴黄铁矿、黄铜矿。脉石矿物主要为绿泥石，次为斜长石，还有其他少量矿物，其矿物含量见表 1-4。

表 1-4 铁矿石矿物成分含量

矿石类型	金属矿物/%						脉石矿物/%									备注
	含钒磁铁矿	含钒钛磁铁矿	钛铁矿	含钴黄铁矿	黄铜矿	磁黄铁矿	绿泥石	碳酸盐矿物	硅化石英	阳起石	斜长石	绢云母	绿帘石	镁铁尖晶石	氟磷灰石	金红石	榍石	
致密块状铁矿石	11~16	50~60	7~19	0~1	少		7~17	0~3	0~1		0~6			少	少	0~1	少	
稠密浸染状铁矿石	23~27	120	7~16	0~2	0~1		10~26	0~9	少		0~45			少	0~2	少	少	斜长石为残留矿物
稀疏浸染状铁矿石	7~18	3~6	4	0~3	0~1	少	18~33	0~42	少	0~27	0~15	0~5	0~3	少	0~6	0~1	少	

B　主要金属矿物特征

含钒钛磁铁矿：指含钒磁铁矿母晶中由固溶体分离出来的钛铁矿或钛铁晶石等钛铁氧化物矿物集合体，钛铁矿片晶沿含钒磁铁矿（100）和（111）节理产出，常构成格状结构，具强磁性，含量3%~60%。

含钒磁铁矿：少数呈自形八面体，多数呈不规则粒状，粒径0.5~5mm，常与钛铁矿、含钒钛磁铁矿镶嵌，具强磁性，含量7%~27%。

钛铁矿：指粒状钛铁矿，不包括含钒钛磁铁矿中固溶体分离的钛铁矿片晶。呈半自形板柱状和不规则粒状，具强电磁性。粒径0.5~5mm，含量2%~19%。

含钴黄铁矿：分布广泛，多呈自形立方体和半自形粒状，粒径小于2mm，交代上述铁矿物，含量一般小于1%，浸染于铁矿石中，具强电磁性，为气成热液阶段产物。还有与磁黄铁矿、黄铜矿共生的晚期黄铁矿，一般为细粒，含量很少。

黄铜矿：呈半自形~他形不规则粒状，粒径较细，常与磁黄铁矿镶嵌，溶蚀含钴黄铁矿，含量很少。

磁黄铁矿：产出较少，呈半自形~他形不规则粒状，与黄铜矿镶嵌，具较强磁性。

绿泥石：以铁绿泥石和叶绿泥石为主，为铁矿石中主要脉石矿物，呈显微鳞片状集合体，交代斜长石及上述铁矿物，有时充填于铁矿物的解理、裂隙中，含量7%~33%。

斜长石：分布不均匀，呈残余不规则粒状，常有绢云母化、硅化、绿泥石化、碳酸盐化。分布不均匀，含量变化不大，为0~45%。

磷灰石：呈残余不规则粒状，被绿泥石等矿物溶蚀交代，含量小于1%。

金红石和榍石：为钛铁矿片晶蚀变产物；有的是新生矿物。前者交代钛铁矿片晶；后者与绿泥石嵌生。

C　矿石化学成分

矿石化学成分见表1-5。从表1-5中可知铁矿石化学成分主要为Fe_2O_3和FeO，占铁矿石总量的64%，其次为TiO_2，占13%，其余成分含量偏低，主要为SiO_2、CaO、MgO、Al_2O_3，各占总量的10%以下，MnO、K_2O、Na_2O含量更低。依据矿石化学成分：TiO_2/TFe比值为0.28，V_2O_5/TFe为0.011%，它们呈正比关系。SiO_2、CaO、MgO、Al_2O_3等成分含量与TFe呈消长关系。

1.3.2.4　超贫钒钛磁铁矿及其矿床地质特征

超贫磁铁矿是指"达不到现行铁矿地质勘查规范边界品位要求，在当前技术经济条件下可以进行开发利用的含铁岩石的统称"。一般矿石品位TFe<20%，需通过选矿工艺使其人为富集成为富矿后予以利用的贫矿。

按主要物质成分划分为：超贫磁铁矿（指沉积变质型的磁铁石英岩）、超贫钒钛磁铁矿（超基性岩型为主）、超贫磷铁矿（指基性岩型和变质角闪岩型超贫铁矿）三类。

所谓超贫（钒钛）磁铁矿，是一个全新的概念，是指"在当前技术和经济条件下，对磁铁矿石低于中国现行《铁矿地质勘探规范》边界品位（TFe<20%），全铁（TFe）平均品位在10%~20%之间，钒（V_2O_5）平均品位在0.02%~0.30%之间，钛（TiO_2）平均品位在1%~6%之间，属易采易选、能产生经济效益、符合市场需求的铁矿石，也可称为超低品位铁矿"。

表 1-5 铁矿石化学分析结果

矿石类型	样号编号	分析结果/%																合量	$\dfrac{TiO_2}{TFe}$	$\dfrac{V_2O_5}{TFe}$	备注
		FeO_2	FeO	MnO	TiO_2	V_2O_5	SiO_2	CaO	MgO	Al_2O_3	K_2O	Na_2O	P_2O_5	S	Cr	Co	Ni				
致密块状铁矿石	01	45.58	24.83	0.20	12.33	0.633	6.60	0.59	1.34	4.22	0.68	0.06	0.10	0.26	0.65	0.048	0.080	98.20	0.24	0.012	
	02	45.68	26.65	0.16	14.13	0.620	4.40	1.28	1.13	2.43	0.72	0.05	0.10	0.26	0.60	0.034	0.060	98.304	0.27	0.012	
	03	50.10	23.18	0.27	14.63	0.664	4.20	0.98	1.91	1.30	0.71	0.06	0.10	0.44	0.32	0.036	0.056	99.28	0.26	0.013	
	平均	47.12	24.89	0.21	13.70	0.639	5.07	0.95	1.46	2.65				0.32	0.52	0.039	0.065		0.26	0.012	
稠密浸染状铁矿石	09	38.30	27.99	0.20	13.64	0.457	9.04	2.36	1.06	2.26	0.70	0.06	0.94	0.94	0.26	0.026	0.048	98.28	0.28	0.009	
	10	39.00	28.32	0.24	13.03	0.455	9.08	2.56	0.92	1.85	0.69	0.07	0.81	0.98	0.28	0.031	0.052	98.368	0.27	0.009	
	平均	38.65	28.16	0.22	13.34	0.456	9.06	2.46	0.99	2.06			0.88	0.96	0.27	0.029	0.050		0.275	0.009	
稀疏浸染状铁矿石	04	30.45	20.94	0.02	11.16	0.387	12.52	14.67	4.18	0.94	0.66	0.07	1.68	0.60	0.23	0.024	0.040	98.571	0.30	0.010	含磷
	05	33.10	25.84	0.14	12.85	0.557	14.02	2.76	2.12	4.21	0.64	0.08	0.14	0.30	0.76	0.036	0.060	97.613	0.30	0.013	
	平均	31.78	23.39	0.08	12.01	0.472	13.27	8.72	3.15	2.58			0.91	0.45	0.50	0.03	0.050		0.30	0.012	
	平均	39.18	25.48	0.17	13.02	0.522	9.13	5.09	1.86	2.43			0.63	0.58	0.43	0.032	0.055		0.28	0.011	

　　承德以超贫钒钛磁铁矿、超贫磷铁矿为主，资源储量极为丰富，且分布较为集中，开发规模也较大。超贫钒钛磁铁矿中除主要含铁组分外，还含有钒、钛、磷、硫、钴、铬等组分，具有一定的综合利用价值。

　　承德超贫（钒钛）磁铁矿的成矿母岩为超基性岩体和基性岩体。矿床成因类型属晚期岩浆矿床。基性岩型超贫磁铁矿床的主要矿物为基性斜长石，次要矿物为普通辉石、紫苏辉石、角闪石，副矿物为磁铁矿、钛磁铁矿、钛铁矿、金红石和刚玉等。含铁矿物为磁铁矿、钛磁铁矿。主要分布在承德市承德县、滦平县一带的基性杂岩体中。在该类岩石中，如果岩浆分异作用较好，则为传统的钒钛磁铁矿矿床，典型的有承德大庙钒钛磁铁矿矿床、承德县黑山钒钛磁铁矿矿床和赞皇县北水峪钒钛磁铁矿矿床。

　　承德基性岩型超贫磁铁矿其成因及产出时空特征与超基性岩型超贫磁铁矿基本相同。矿石结构一般为细粒他形结构或中、细及粗粒半自形结构，自形结构者少见。矿石构造一般为致密块状、稀疏或稠密浸染状构造。矿石矿物以磁铁矿为主，其次为钛铁矿，其他矿物偶见黄铁矿及黄铜矿，少见磷灰石。脉石矿物以透辉石为主，其次为黑云母、角闪石、方解石、蛇纹石等。

　　承德超贫钒钛磁铁矿主要分布于东西向红石砬—大庙—娘娘庙深断裂和北东向密云—喜峰口大断裂宽城县孤山子次一级断裂两大成矿构造带上，形成宽城县碾子峪—亮甲台、滦平县铁马—哈叭沁、平泉县娘娘庙、隆化县大乌苏沟—官地、丰宁县团榆树、承德县高寺台等 6 大成矿集中区。从行政区域看，宽城县、滦平县、隆化县、双滦区、丰宁县、平泉县、承德县等 7 个县区是超贫钒钛磁铁矿资源大县（区），占全市钒钛（超贫）磁铁矿资源总储量的 98% 以上。其中宽城县 176335.14 万吨、滦平县 163036 万吨、隆化县 29977.07 万吨、双滦区 21927.80 万吨、丰宁县 19960 万吨、平泉县 14846 万吨、承德县 7478.41 万吨。此外，在围场县杨家湾一带也有少量超贫钒钛磁铁矿分布。

　　承德最具代表性超贫钒钛磁铁矿区主要有：滦平县铁马矿区、承德市双滦北梁矿区、平泉县刁窝矿区、平泉县娘娘庙矿区、宽城县孤山子矿区、隆化县韩麻营及丰宁县前营等矿区。矿石的结构构造有晶粒结构、交代结构、海绵陨铁结构、希勒结构、固溶体分解结构，构造有浸染状构造、斑杂状构造及块状构造。

　　超贫（钒钛）磁铁矿开发是承德市发展矿业经济的最大亮点。在超贫磁铁矿分布的四个集中区，除现已基本查明的 22 个大中型基性、超基性岩体外，承德市还有近 180 个小型基性、超基性岩体或磁异常区，绝大多数未进行正规勘查评价，超贫磁铁矿资源开发前景十分广阔。

　　超贫钒钛磁铁矿中有用矿物主要是指磁铁矿、钛铁矿及磷灰石等有关的独立矿物或赋存于其中元素的矿物，其中铁、钛、磷、硫、钴和钒的赋存状态为：铁（Fe）主要以氧化物—磁铁矿和钛铁矿形式出现，其次是赤铁矿和褐铁矿，约占总量的 74%，其中磁铁矿中的铁占 51%，钛铁矿中的铁占 9%，赤铁矿和褐铁矿中的铁占 14%；硫化物中也含有一部分铁，以黄铁矿、磁黄铁矿和黄铜矿的形式出现，约占铁总量的 2.5%。另外，约 23% 的铁分布于硅酸盐矿物中，以角闪石、辉石为主，少见黑云母。钛（Ti）主要以氧化物—钛铁矿独立矿物存在，其中的钛约占总量的 81%；其次约 19% 的钛以分散状态分布于角闪石、辉石和黑云母中。钒（V）的含量普遍很低，电子探针分析结果显示，磷灰石和褐铁矿中还含有钒，钒的面分布点稀疏。磷（P）主要赋存于磷灰石中，呈独立矿物存在，约占总量的99%以上。磷灰石中的磷元素密集均匀分布，很好地显示了磷灰石的颗粒外形。硫（S）的含量很低，仅观察到少量的黄铁矿、磁黄铁矿和黄铜矿，是赋存硫元素的矿物。钴（Co）的含量很低，主要赋存于硫化物矿物中，钴元素均分布于硫化物矿物中。另外，磁铁矿中也含少量的钴。矿石的化学组成见表1-6。

表1-6　超贫钒钛磁铁矿原矿多元素分析结果　　　　　　　　　　（%）

项目	TFe	平均	FeO	平均	SiO$_2$	平均	Al$_2$O$_3$	平均	CaO	平均
含量	13.54~20.65 (16.68)	17.01	7.40~13.87	10.12	32.25~41.50 (35.83)	36.52	3.24~12.99 (6.78)	7.67	7.68~15.07 (16.68)	10.77
项目	K$_2$O	平均	Na$_2$O	平均	Cu	平均	Pb	平均	Zn	平均
含量	0.23~0.78	0.45	0.28~1.78	1.10	0.007~0.023	0.02	0.012~0.014	0.013	0.011~0.088	0.04
项目	P$_2$O$_5$	平均	V$_2$O$_5$	平均	TiO$_2$	平均	MgO	平均	S	平均
含量	0.36~3.03 (1.41)	1.61	0.066~0.132	0.109	1.09~5.77 (2.00)	2.93	6.05~10.45	8.68	0.05~0.14	0.09

1.3.3　其他钒钛磁铁矿资源

1.3.3.1　辽宁朝阳地区

辽宁朝阳地区矿产资源比较丰富，钒钛磁铁矿以贫矿为主，属于超贫钒钛磁铁矿，储量巨大。2008年发现辽宁朝阳钒钛磁铁矿后，2011年进一步查清了当地钒钛磁铁矿的矿藏与性质，已发现6处钒钛磁铁矿矿床，预计资源量超过100亿吨，远景储量在200亿吨以上，成为我国新发现的储量较大的钒钛磁铁矿矿区。

朝阳地区钒钛磁铁矿属于贫矿、风化矿床残坡积矿体。选矿所得钒钛磁铁精矿中钒含量（以V$_2$O$_5$计）为1.2%~1.8%、钛含量（以TiO$_2$计）为16%~20%，远高于攀枝花、承德地区钒钛磁铁矿所选的钒钛铁精矿相应品位（钒品位0.5%~0.8%和钛品位6%~12%），与世界上含钒量最高的南非钒钛磁铁矿基本相当，是我国独有的高钒钛、低铁型钒钛磁铁矿。

朝阳地区钒钛磁铁矿为风化矿床残坡积矿体，难以选别出合格的钒钛铁精矿和钛精矿。目前还未进行大规模的开采利用，已开采的钒钛磁铁矿经选矿得到的精矿品位为全铁TFe含量30%~45%、V$_2$O$_5$含量1.2%~1.8%、TiO$_2$含量20%~35%，由于钛含量高，目前还没有成熟的多组分综合利用技术，不适于采用普通高炉炼铁工艺，但适用于非高炉冶炼工艺。朝阳地区钒钛磁铁矿原矿铁品位低，而钒、钛品位高，具有较好的综合利用潜力。攀枝花、承德、朝阳钒钛磁铁矿的主要化学成分比较见表1-7。

表1-7　攀枝花、承德、朝阳的钒钛磁铁矿主要化学成分比较　　　　（%）

原矿成分	TFe	TiO$_2$	V$_2$O$_5$	P	SiO$_2$	Al$_2$O$_3$	CaO	MgO
攀枝花	30.55	10.40	0.30	0.013	21.36	7.11	6.51	6.68
承德（贫矿）	13.12	8.63	0.102	0.061	33.53	16.26		4.18
朝阳（贫矿）	10.19	2.83	0.18	0.12	45.90	7.49	5.57	2.29

精矿成分	TFe	TiO_2	V_2O_5	P	SiO_2	Al_2O_3	CaO	MgO
攀枝花	56.56	12.73	0.564	0.004	4.64	4.69	1.57	3.91
承德（贫矿）	52.43	10.03	0.372	0.006	4.67	3.84	1.52	2.68
朝阳（贫矿）	50.38	19.96	1.5	0.009	4.69	2.04	2.24	0.79

从表 1-7 看出：（1）朝阳钒钛磁铁矿含 MgO 特别低，进一步提高铁品位，脉石含量有望降低到 5%以下，非常适用于采用非高炉冶炼工艺（如竖炉气基还原工艺、转底炉煤基直接还原工艺等）处理，实现全面回收铁、钒、钛资源。（2）朝阳钒钛磁铁矿的全铁、钛品位偏低，钒大大高于攀枝花、承德两地区的钒钛磁铁矿的钒含量，是该两地区的 3 倍以上，在世界上也是少有的（只有南非 V_2O_5 含量高于 1.5 以上）含钒矿产资源。

1.3.3.2　新疆喀什巴楚县和哈密尾亚村

新疆喀什巴楚县钒钛磁铁矿为辉石岩型高钛型贫矿石，已探明资源储量 6 亿吨以上。原矿全铁 TFe 含量 18.34%、TiO_2 含量 8.11%，主要金属矿物为钛磁铁矿、钛铁矿、磁黄铁矿和黄铁矿等。矿石的主要结构类型为自形晶～半自形晶、稀疏粒状结构、固溶体分解结构和不规则他形结构。原矿中的主要矿物钛磁铁矿、钛铁矿、脉石矿物粒度都比较粗，直径大于 0.2mm 的占大部分。采用粗粒抛尾—阶段磨选工艺选铁，可获得 TFe 含量 57.08%、TiO_2 含量 11.90%的铁精矿。采用强磁选—粗粒再磨—浮选工艺，可获得 TiO_2 含量 48.20%的钛精矿产品。

新疆有色地质勘查局 704 地质队于 20 世纪 60 年代初发现了哈密尾亚钒钛磁铁矿矿床，该矿床属于与碱性超钛镁—镁铁质杂岩有关的岩浆型矿床，床位于新疆东天山地区哈密市东南 145km、尾亚火车站南 1km 处。尾亚地区地处东天山造山带的东段。704 地质队对该矿床进行了勘探，结果表明：铁矿石储量 1088 万吨，二氧化钛储量 81 万吨，五氧化二钒 2301.5t，为一中型规模的钒钛磁铁矿矿床。

尾亚钒钛磁铁矿矿石中主要有用矿物为含钒钛的磁铁矿和富钛的钛铁矿，含少量黄铁矿、黄铜矿、磁黄铁矿等硫化物。

1.3.3.3　陕西洋县和安康地区

陕西的钒钛磁铁矿主要分布在洋县、安康地区。

A　洋县毕机沟钒钛磁铁矿资源概况

陕西洋县毕机沟钒钛磁铁矿位于洋县、佛坪县、石泉县三县交界处，主体属洋县桑溪乡范围。

a　矿区地质概况

毕机沟钒钛磁铁矿矿床赋存下元古代基性～超基性岩体中，由毕机沟、周家砭、崔家坪和钻天梁等 4 个矿段组成，矿区面积 9km²。全矿床已知矿体 144 个，已探明铁矿石储量 4280.88 万吨、TiO_2 储量 213.5 万吨、V_2O_5 储量 13 万吨。主矿体长 960～1360m，厚1.9～27.4m，单矿体储量在 10 万吨以上的共有 16 个。毕机沟矿段已发现铁矿体 51 个，储量为 1574.5 万吨（A+B+C 级 315.2 万吨，D 级 1259.3 万吨），矿石中全铁含量 30%、TiO_2 含量 6%、V_2O_5 含量 0.31%。毕机沟四个矿段主要矿体的基本情况见表 1-8。

表 1-8　毕机沟矿段主要矿体的基本情况

矿体	矿体规模	矿石储量/万吨	品位/%
1 号	长 62m，厚 2.94~47.80m，控制斜深 250m	铁矿石 312.02，TiO$_2$ 21.8，V$_2$O$_5$ 0.92	TFe 21.31~31.96，平均 26.72
2 号	长 1200m，厚 14~27.20m，控制斜深 500m	铁矿石 603.19，TiO$_2$ 32.64，V$_2$O$_5$ 2.26	TFe 21.12~32.96
20 号	地表长 510m，深部控制长 563m，厚 9.13~15.5m	铁矿石 87.33，TiO$_2$ 6.06，V$_2$O$_5$ 0.33	TFe 25.01~45.40
22 号	地表长 960m，深部控制长 1130m，厚 15.75~21.86m	铁矿石 462.15，TiO$_2$ 25.92，V$_2$O$_5$ 1.97	TFe 28.80

　　以上矿体在毕机沟矿段平行密集展布于沟谷 680m 标高以上的山坡上，裸露较好，有利于前期露天开采。矿区水文地质条件简单，地表水只有毕机沟小溪常年流水，地下水靠大气降雨补给，赋存于岩石中裂缝中的水量极小。

　　b　矿石化学成分

　　原矿多元素化学分析结果见表 1-9。

表 1-9　矿石化学成分　　　　　　　　　　（%）

TFe	FeO	Fe$_2$O$_3$	TiO$_2$	V$_2$O$_5$	Cu	Co	Ni
27.89	12.95	25.48	5.83	0.29	0.101	0.013	0.011
Ga	Cr$_2$O$_3$	SiO$_2$	Al$_2$O$_3$	CaO	MgO	MnO	Na$_2$O
0.0036	0.22	27.42	11.40	6.10	4.24	0.21	1.04
K$_2$O	S	P	C$_总$	H$_2$O$^+$	灼失	TFe/FeO	（CaO+MgO）／（SiO$_2$+Al$_2$O$_3$）
0.13	0.059	0.033	0.045	3.50	3.71	2.15	0.27

　　由表 1-9 可以看出，矿石中可供选矿回收的主要组分中铁和钛，TFe/FeO 值为 2.15；V$_2$O$_5$、钴、镓的含量分别为 0.29%、0.013%、0.0036%，均达到了综合利用的要求；需要选矿排除的组分主要有硅、铝、钙、镁；有害元素硫、磷含量很低，对选矿产品质量影响不大。因此，本区矿石属低硫低磷的酸性贫钒钛磁铁矿矿石，与四川攀西地区和河北承德地区等地同类型矿床相比，主要差别在于钛、硫含量较低。

　　c　矿物组成及含量

　　经显微镜观察的 XDR 分析及电子探针分析，矿石中金属矿物以磁铁矿、半假象赤铁矿和钛铁矿为主，其次是假象赤铁矿、黄铁矿和褐铁矿，另见黄铜矿和铜蓝零星分布。脉石矿物含量较高的有普通角闪石、钛闪石、阳起石、斜长石、紫苏辉石、透辉石，其次是黝帘石、黑云母、绢云石、高岭石、绿泥石、锐钛矿、尖晶石，偶见菱铁矿、方解石、滑石、榍石等。表 1-10 列出了矿石中主要矿物的含量。

表 1-10　矿石中主要矿物的含量　　　　　　　　　　（%）

磁铁矿	半假象赤铁矿	假象赤铁矿	钛铁矿	黄铁矿	黄铜矿铜蓝	角闪石	紫苏辉石	斜长石
23.5	4.8	0.6	9.2	0.1	微量	25.4	6.9	16.5
黝帘石	黑云母绢石	高岭石	绿泥石	尖晶石	锐钛矿	菱铁矿	磷灰石	其他
4.1	3.0	4.3	0.7	0.2	0.1	0.1	微量	0.5

d　主要矿物特征及嵌布关系

铁矿物：包括磁铁矿、半假象赤铁矿和假象赤铁矿，它们是选矿回收铁的主要对象。磁铁矿常呈半自形、他形粒状集合体与钛铁矿一起沿脉石矿物粒间充填，形成海绵陨铁结构和粒状镶嵌结构。部分磁铁矿被脉石矿物交代而呈板片状、网格状残余，还有少量磁铁矿以乳滴状、蠕虫状嵌布在脉石矿物中构成似文象结构。在磁铁矿集合体中常见少量粒度 0.01~0.15mm 的脉石矿物包裹体分布，局部由于交代作用，磁铁矿与脉石矿物之间形成纤闪石的反应边。

磁铁矿集合体的粒度变化较大，小者小于 0.01mm，大者大于 1.0mm，一般介于 0.1~0.8mm。粒度细小的磁铁矿大多呈星散状嵌布在脉石矿物粒间或沿角闪石、透辉石解理分布。总的来看，矿石中磁铁矿虽然分布十分广泛，但很不均匀，铁品位较高的富矿中，其自形程度较高，集合体粒度配对较粗，分布也较为密集；而在铁品位较低的矿石中磁铁矿分布稀疏，多呈不规则粒状产出，而且粒度粗细不一。

钛铁矿：是最主要的含钛矿物，分布广泛。在矿石中，钛铁矿主要以粒状和片状微晶两种形式产出。粒状钛铁矿含量占钛铁矿总量的 85% 左右，是选矿回收钛的主要对象，它常呈半自形、他形粒状，集合体为不规划状，粒度细小者 0.05~0.02mm，粗者大于 0.8mm，一般 0.04~0.5mm。大部分粒状钛铁矿以各种形态沿脉石粒间充填，或分布在磁铁矿粒间及边缘，部分呈包裹体嵌布在磁铁矿集合体中。

片状钛铁矿除以固溶体析出物形式包含在磁铁矿中以外，另有少量呈分散状态嵌布在脉石矿物粒间。此外，在部分钛闪石中沿晶面或解理常见极为细小的钛铁矿片晶分布，而形成特征的闪烁构造，这显然也是由固溶体分离作用形成的，这种片晶宽度多在 0.0005~0.002mm。在选矿过程中它们将随同钛闪石一起排入尾矿。

与磁铁矿相比，钛铁矿的质地较纯，内部包含的杂质矿物较少，裂隙不甚发育。但部分钛铁矿发生轻微的赤铁矿化。赤铁矿分化为两种形式：一是呈形态各异的斑点状、团块状；二是呈较为规则的乳滴状、串珠状、网格状，说明原先以类质同象形式赋存在钛铁矿内部的 Fe_2O_3 分子部分已发生溶离。

褐铁矿：矿床中褐铁矿尽管含量不多，但在各矿体中均可见及，特别是在氧化较为强烈的矿石中分布较为普遍。根据显微镜下观察，褐铁矿主要以四种类型产出：一是沿半假象~假象赤铁矿的粒间、边缘及残裂隙交代，这可能是半假象~假象赤铁矿经进一步氧化形成的产物；二是交代矿石中黄铁矿等硫化物，部分褐铁矿中仍见黄铁矿残余或保留了粒状黄铁矿的外形，粒度 0.1~0.6mm，以这种形式产出的褐铁矿是矿石中褐铁矿的主体，而且常发育胶状构造；三是呈细脉状、网脉状沿矿石裂隙充填，并且褐铁矿细脉穿插交代钛铁矿的现象，脉宽 0.005~0.4mm 不等；四是由角闪石、辉石等含铁硅酸盐类矿物蚀变形成，其特征是褐铁矿沿硅酸盐类矿物的解理分布。

黄铁矿：是矿石中最主要的金属硫化物，各矿体中均可见及，但分布很不均匀，常呈半自形、他形粒状集合体零星散布在脉石矿物中，少数呈不规则状、短脉状沿磁铁矿或钛铁矿边缘及裂隙分布，从而构成较为复杂的镶嵌关系。黄铁矿的粒度变化极大，小者仅 0.005~0.02mm，大者可至 1.8mm，一般 0.004~0.2mm。粒度较粗的黄铁矿中也可包裹大量的脉石矿物，部分黄铁矿已蚀变形成褐铁矿。

铜矿物：含量极少，包括黄铜矿和铜蓝。黄铜矿常与黄铁矿一起出现，多呈不规则细粒状零星嵌布在脉石中，粒度 0.02~0.1mm，部分被黄铁矿包裹。沿少数黄铜矿边缘可见铜蓝交代。

尖晶石：此种矿物虽然含量较少，但分布广泛，主要以微粒状、片状和粒状三种形式产出。微粒状和片状尖晶石多以固溶体分离物的形式嵌布在磁铁矿中。粒状尖晶石通常呈等轴晶粒状或粒状集合体沿磁铁矿粒间、裂隙及边缘分布，少数呈包裹体嵌布在磁铁矿中，在部分钛铁矿与其他矿物的接触面中也见粒状尖晶石充填。

锐钛矿：常呈不规则粒状集合体沿钛铁矿或磁铁矿边缘、粒间交代，粒度一般 0.01~0.10mm，个别可至 0.3mm。总的说来，交代钛铁矿的锐钛矿粒度相对较粗。

菱铁矿：较少出现，常呈细脉状沿矿石裂隙充填，脉宽 0.08~0.30mm，部分以不规则团块状的形式零星嵌布在脉石矿物粒间。菱铁矿是晚期热液自作用形成的产物。

脉石矿物：矿石中脉石矿物种类很多，主要有角闪石、斜长石、紫苏辉石等。其中角闪石以普通角闪石和钛闪石为主，后者常围绕前者呈环带状分布，或沿磁铁矿、钛铁矿边缘嵌布。斜长石常呈半自形板柱状晶体，聚片双晶、肖钠双晶常见，环带构造不发育，属于拉长石~培长石范围。在氧化程度较高的矿石中，大部分斜长石均已受到不同程度的蚀变，与之共生的角闪石和辉石等含铁硅酸盐类矿物则发生绿泥石化、纤闪石化。

e 金属赋存状态及分布规律

铁的赋存状态及分布规律：矿石中含铁的矿物虽然很多，但选矿回收的主要对象是磁铁矿和半假象~假象赤铁矿。原矿中铁的化学物相分析结果表明，矿石中磁性铁的分布率占 53.46%，以半假象赤铁矿形式存在的铁占 15.06%，二者合计分布率为 68.52%。如采用弱磁选回收矿石中的铁矿物，即为选矿铁的最大理论回收率。赋存在钛铁矿中的铁占 14.41%，选矿过程中将随同钛铁矿进入钛精矿。至于矿石中以赤褐铁矿形式存在的高价氧化铁和赋存在碳酸盐类矿物中的铁一起进入尾矿，这部分铁的比例合计为 17.07%。

钛的赋存状态及分布规律：原矿中钛的化学物相分析结果表明，矿石中钛主要赋存在磁铁矿和钛铁矿中，分布率分别为 16.81% 和 76.16%，其中赋存在钛铁矿中的钛是选矿回收的主要对象，所以选矿钛的最大理论回收率为 76.16%。分布在磁铁矿中的钛，主要有两种形式：一是呈钛铁帮片晶包含在磁铁矿内；二是磁铁矿晶格本身也含有少量的 TiO_2，这可能是固溶体分离作用不完全的结果。因此，选矿过程中后者和包裹在磁铁矿内粒度细小的钛铁矿片晶将随同磁铁矿一起进入铁精矿。以锐钛形式产出的 TiO_2 占 1.03%。由于锐钛矿既可与钛铁矿共生，又可与磁铁矿共生，所以磨矿后如与磁铁矿连生，则将进入铁精矿，反之则进入钛精矿。赋存在硅酸盐类矿物中的钛也主要以两种形式产出：一是呈极为细小的钛铁矿固溶体分离物沿硅酸盐类矿物解理分布；二是部分 TiO_2 呈类质同象的形式进入钛闪石等硅酸盐类矿物的晶格中。

钒的赋存状态及分布规律：原矿含 V_2O_5 为 0.29%，未发现独立的钒矿物。磁铁矿是矿石中钒的主要载体矿物，V_2O_5 含量达 0.75%，而钛铁矿和脉石中 V_2O_5 含量都很低。钒在磁铁矿中有一定程度的富集，而且是均匀分布的，可见 V_2O_5 是以类质同象形式存在于磁铁矿晶格中，因此，选矿过程中将随同磁铁矿一起进入铁精矿。

总之，毕机沟钒钛磁铁矿属低硫低磷酸性贫原生磁铁矿砂石，可供选矿回收的主要组分是铁和二氧化钛，品位分别为 27.89% 和 5.83%，钒、钴、镓等均可作为综合利用对象；矿石中主要金属矿物为磁铁矿和钛铁矿，二者共生关系密切，多呈中~细粒浸染状均匀嵌布在含铁硅酸盐等脉石矿物中，很少构成大的集合体。与国内同类型矿床相比，磁铁矿具有铁高钛低的特征，而钛铁矿的二氧化钛含量偏低，所以选出的铁精矿质量明显优于国内其他钒钛磁铁矿，钛精矿指标不理想。

B　安康地区钒钛磁铁矿资源

陕西省安康市紫阳县、岚皋县境内近年也发现了钒钛磁铁矿，主要分布在石泉两河—紫阳高桥—岚皋官元—镇坪夭魔岩一带，长约 135km、宽约 20km，属于我国三大钒钛磁铁矿成矿（区）带之中带（秦岭成矿带）的核心部位。

目前在紫阳—岚皋一带发现钛磁铁矿大型矿床 2 处、中型矿床 1 处、小型矿床 1 处、矿产地和矿点多处。通过钛磁铁矿资源量定量预测，估算钛磁铁矿 334_1 类矿石资源量 11.5637 亿吨、334_2 类矿石资源量 1.4872 亿吨、334_3 类矿石资源量 6.0753 亿吨，总计 19.1262 亿吨。其中，初步查明铁资源量矿石量 4.72 亿吨，远景资源量 20 亿吨；查明钒资源储量 50 余万吨，远景资源量 200 万吨；查明共生的 TiO_2 资源储量 600 多万吨，预测资源量超过 2000 万吨。

汉滨区大河金红石矿，具有结晶粗大、矿化均匀、矿体规模大、金红石矿物单独成矿的特征，查明资源储量 14.97 万吨，加上镇坪洪石金红石矿，全安康市累计查明金红石资源/储量 63 万吨。

紫阳县安沟—朱溪河一带钛磁铁矿，圈定估算资源量钛磁铁矿体 7 条，估算保有矿石量 1.24 亿吨，全铁 TFe 平均品位 20.06%；伴生 TiO_2 资源量 921.18 万吨，品位 6%~10.7%、平均品位 7.44%。

岚皋钛磁铁矿矿区内典型矿床为岚皋官元钛磁铁矿，圈定并估算资源量钛磁铁矿体 4 条，估算保有矿石量 1.44 亿吨，全铁 TFe 平均品位 16.18%，TiO_2 资源量 759.58 万吨，平均品位 5.29%。

紫阳—岚皋钛磁铁矿赋存于细、中细粒辉绿岩（暗色相带）中，矿体呈层状、似层状。矿石矿物主要成分为磁铁矿、钛铁矿、钛磁铁矿以及少量磁黄铁矿、黄铁矿、黄铜矿等，脉石矿物主要为辉石、斜长石、角闪石、黑云母，此外有磷灰石、绿泥石、方解石等，具自形、半自形和他形、辉绿结构，呈稀疏浸染状、浸染状构造。矿石的矿物成分与母岩（围岩）基本相同，差别在于其含量的不同，辉绿岩即是成矿围岩又是成矿母岩，矿体与围岩呈渐变过渡关系。

安康市钛磁铁矿由于该类型矿石铁品位偏低，加之钛、铁分离有一定难度，其选矿—冶炼技术难度较大，目前正攻关研究当中。

1.3.3.4　其他地区

广东省兴宁市霞岚钒钛磁铁矿：兴宁市霞岚钒钛磁铁矿矿区位于广东省兴宁市罗岗镇。经普查和详查，探明矿山远景储量达 4.5 亿吨，已普查探明的矿石量为 9345.4 万吨，

矿石中 TiO_2 平均品位为 6.08%。

甘肃大滩钛铁矿：大滩钛铁矿地处天祝藏族自治县赛什斯镇，该矿是特大型单一钛铁矿，具有矿物组分简单、规模巨大、品位低等特点。目前共发现 9 个矿区，55 个矿体，资源储量约 3300 万吨，其中 TiO_2 平均品位 6.17%。

安徽马鞍山凹山等地含钒磁铁矿：该矿 V_2O_5 含量 0.21%，探明 V_2O_5 储量 190.22 万吨，经济储量 64.7 万吨。过去曾作为提钒原料，用高炉—转炉工艺生产钒渣，对我国钒工业做出过较大贡献，但近十几年来，由于考虑到生产成本等因素，已经停止开发利用。

另外，在湖北郧阳、山东临沂、黑龙江呼玛等地区也有钒钛磁铁矿存在，但储量相对较少。

1.4 钒钛磁铁矿资源综合利用简史及工艺流程

20 世纪 20 年代，为了满足对钒、铁的需求，南非、苏联、美国、加拿大、芬兰、挪威等国家开始研究钒钛磁铁矿的分选和冶炼工艺技术。

我国在 20 世纪 30 年代开始，由常隆庆等人勘探并发现了四川省攀西地区钒钛磁铁矿资源，新中国成立后的 50 年代以及 21 世纪的"十二五"期间，又先后进行了详细的勘查；河北承德地区在 20 世纪 20 年代末由王曰伦、孙健初等人发现了钒钛磁铁矿资源，后经日本伪满洲矿山株式会社、新中国重工业部地质局沈阳地质勘探公司 104 队、河北省冶金工业厅 514 队、华北地质勘查局 514 地质大队等进行了多次系统的勘查工作。

1.4.1 钒钛磁铁矿资源综合利用简史

1.4.1.1 国外钒钛磁铁矿综合利用简史

从 20 世纪 20 年代开始，苏联、南非、新西兰等国拉开了钒钛磁铁矿综合利用的序幕，对钒钛磁铁矿的分选和冶炼问题进行了研究，但实现工业化应用的国家主要有苏联、南非、新西兰等。

苏联地区钒钛磁铁矿资源丰富，二次世界大战之前，苏联科学院巴依科夫冶金研究所、科学院乌拉尔分院冶金研究所、乌拉尔金属研究所等单位即开始进行钒钛磁铁矿冶炼技术试验研究。二次世界大战爆发后，研究工作停止。但下塔吉尔钢铁厂、丘索夫钢铁厂的高炉冶炼一直进行，含钛高炉渣中含二氧化钛 9%~12%，最高可达 16%（当时国际公认的"禁区"、上限）。同时还进行了大量的含钒铁水提钒试验研究。乌拉尔金属研究所（院）钒钛磁铁矿综合利用的研究范围涉及从原料准备到生产合金化的金属产品等的整个生产流程环节。著名的炼铁教授巴甫洛夫、肖米克还进行大量的提钒试验研究。1936 年丘索夫钢铁厂进行钒铁产品生产。60 年代中期乌拉尔金属研究所与下塔吉尔钢铁公司联合开发出 120t 转炉提钒炼钢二步法新工艺。苏联解体后俄罗斯是世界钒产品最重要的生产大国和出口大国。

苏联（现俄罗斯）采用高炉—转炉冶炼工艺处理钒钛磁铁矿，高炉冶炼生产的含钒铁水用于吹炼钒渣，附产的含钛高炉渣因含二氧化钛品位偏低（含二氧化钛 9%~12%），未回收钛资源，作为弃渣或铺路材料。

南非海威尔德钢钒公司主要以钒钛磁铁矿为原料、采用回转窑直接还原—电炉熔分—

摇包提钒—氧气转炉炼钢工艺流程（非高炉流程）生产钢及钒渣。海威尔德钢钒公司可有效回收钒钛磁铁精矿中的铁和钒。但因矿石中钛含量低并且在配料中加入大量白云石及石英调渣，得到的钛渣中 TiO_2 含量低（约 35%），所以钛资源未能得到有效回收利用，通常被丢弃或者铺路使用。该公司目前已停产。

新西兰钢铁公司主要采用新西兰北岛西海岸的钒钛磁铁矿海砂矿作为原料、采用多层炉预热—回转窑直接还原—电炉熔分—摇包提钒—氧气转炉炼钢工艺流程（非高炉流程）生产钒渣和半钢。新西兰钢铁公司从钒钛磁铁矿海砂矿中只回收铁、钒资源，但含钛炉渣 TiO_2 含量在 32%~35%，品位低，故钛资源未回收利用。

采用摇包法从含钒铁水中提钒，是南非海威尔德钢钒公司、新西兰钢铁公司处理钒钛磁铁矿的主要工艺特色，并同时回收铁、钒资源，但含钛炉渣 TiO_2 含量在 32%~35%，品位低，钛资源无法回收利用。

总之，国外有俄罗斯、南非、新西兰等多个国家处理钒钛磁铁矿，采用的工艺流程既有高炉—转炉流程，也有非高炉流程。但无论采用何种工艺流程，都只回收其中的铁、钒资源，钛资源未能回收。

1.4.1.2　我国钒钛磁铁矿综合利用简史

钒钛磁铁矿资源是国家战略资源，钒钛磁铁矿资源开发利用是国家战略。自 1958 年开始，国家组织全国力量在承德钢铁厂进行当地低钛型大庙钒钛磁铁矿（含二氧化钛 10% 以下）高炉冶炼技术试验。

自 20 世纪 60 年代起，面对严峻复杂的国际国内形势，将攀枝花钒钛磁铁矿资源开发利用及建设攀钢，确立为"三线建设"的重中之重，由原国家冶金工业部在全国范围内抽调十多家大专院校、科研院所和大型企业的专家、教授、专业技术人员等组成工作组，开展了我国冶金工业史上规模最大的一次科技大会战——攀枝花钒钛磁铁矿高炉冶炼试验攻关。先后在承德、西昌、北京等地生产和试验现场进行了选矿—烧结—高炉冶炼大规模工业试验，克服重重困难，解决道道难题，终于攻克了用普通高炉冶炼高钛型钒钛磁铁矿这一世界性技术难题，实现了将国外专家判定为"呆矿"的高钛型钒钛磁铁矿变为"宝藏"的梦想。并以此技术为依托和突破口，建设了攀枝花、承德等钒钛磁铁矿资源开发利用基地，实现了对钒钛磁铁矿资源中铁、钒、钛元素的规模化提取利用，使我国由钒进口国成为钒出口国，建成了全球第一的钒制品生产基地，提供了全国 50% 左右的钒原料（V_2O_5）、75% 以上的钛原料（钛精矿），形成了具有自主知识产权的钒钛磁铁矿综合利用全流程工艺技术，为国防军工产业发展、地方经济建设做出了特殊贡献。

随着我国社会发展，钒钛磁铁矿资源的战略地位进一步凸显。2012 年 8 月，在国家发改委发布的《钒钛资源综合利用和产业发展"十二五"规划》中明确建设攀西国家级战略资源创新开发试验区（简称攀西试验区），并纳入《国家中长期科学和技术发展规划纲要（2006—2020 年）》，2013 年 2 月国家发改委正式批准设立攀西试验区，这是目前国家批准设立的唯一一个资源开发利用试验区；2010 年国家认定承德市为国家钒钛新材料高新技术产业化基地；2011 年 7 月成立全国钒钛资源综合利用技术创新战略联盟；2019 年 5 月成立全国钒钛磁铁矿综合利用标准化技术委员会，引导我国钒钛磁铁矿资源开发利用向高效化、高质化、绿色化、智能化方向发展。

攀枝花钒钛磁铁矿综合开发历程大致可分为五个阶段：

1965~1973 年，大规模建设阶段，只回收铁阶段，未回收钒钛。标志：1970 年 7 月 1 日攀钢 1 号高炉建成出铁。

1974~1990 年，开始回收钒。标志：1974 年攀钢 2 座雾化提钒炉建成，1988 年建设五氧化二钒车间，进入同时回收铁和钒阶段。

1980~2002 年，开始回收钛（与回收钒有交叉）。标志：1980 年攀钢选钛车间建成投产（1997 年改为选钛厂），进入同时回收铁、钒、钛阶段。2002 年攀钢生产出钒氮合金产品，打破国外技术垄断。

2003~2007 年，开始回收钴镍硫。标志：攀钢选钛厂选出硫钴精矿产品，处理硫钴精矿的民企德铭化工建成投产，进入综合回收铁、钒、钛和稀贵金属元素阶段。

2007 年以后，钒钛资源深度综合开发利用、创新开发，打造全流程钒钛产业链。标志：2007 年 10 月 31 日民企恒为制钛公司出炉攀枝花市、四川省第一炉海绵钛。攀枝花钒钛基地基本上形成了全流程的钒钛产业链。

1.4.2 钒钛磁铁矿综合开发利用工艺流程

现有技术条件下钒钛磁铁矿综合开发利用总的简略工艺流程如图 1-1 所示。图 1-1（以攀钢集团公司为例）是当前技术条件下从采矿、选矿、高炉冶炼、转炉提钒—炼钢、连铸—轧制等几个主要工序的简略流程，并以高炉冶炼—转炉提钒炼钢为核心工序。钒钛磁铁矿原矿经过选矿工序后，所得的选矿产品有钒钛铁精矿、钛精矿和硫钴精矿，其余为尾矿。冶炼和轧制环节的主要产品有钒渣、钢材以及高钛型高炉渣、含钒钢渣等副产品。

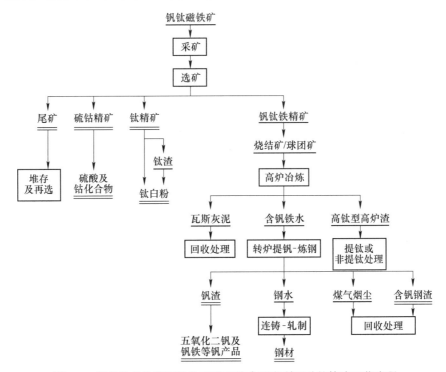

图 1-1 现有技术条件下钒钛磁铁矿综合开发利用总的简略工艺流程

图 1-2 为（以攀西地区为例）在当前技术条件为背景的、较详细的总工艺流程。

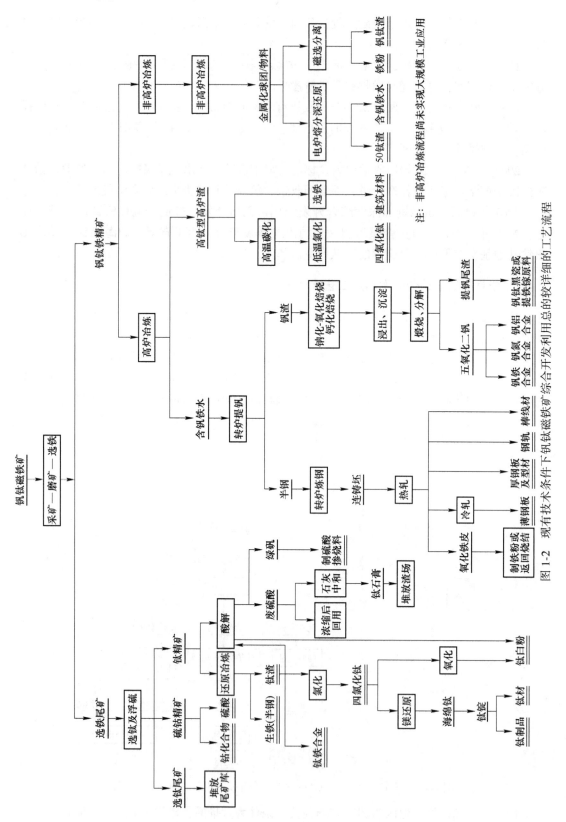

图 1-2 现有技术条件下钒钛磁铁矿综合开发利用总的较详细的工艺流程

1.4.3 钒钛磁铁矿资源综合利用现状及其存在的主要问题

1.4.3.1 钒钛磁铁矿资源综合利用现状概述

A 国外钒钛磁铁矿资源综合利用现状

目前，国内外处理钒钛磁铁矿的工艺流程有高炉流程和非高炉流程。其中我国和俄罗斯主要采用高炉流程，以回收铁、钒、钛资源为主，特别是我国已进入深度提取利用钛资源阶段。目前俄罗斯还没有从低钛型钒钛磁铁矿中选出钛精矿；南非和新西兰采用非高炉流程，以提取铁、钒资源，未提取钛资源。

国外统计的钛资源中 80% 以上是钛铁砂矿，20% 左右是金红石矿，钒钛磁铁矿基本不作为钛资源，只有加拿大和挪威的含钛高达 37%~70% 的钛磁铁矿才作为提钛原料。

国外钒钛磁铁矿非高炉冶炼主要利用回转窑煤基直接还原工艺。新西兰钢铁公司用钒钛海砂矿经回转窑直接还原及电弧炉熔炼，生产出合格铁水（V 0.4%、Ti 0.1%、S 0.04%、P 0.1%），进一步氧化吹炼获得钒渣（V_2O_5 18%~20%）；南非海威尔德钢钒公司采用回转窑直接还原—电弧炉熔炼，得到含钒铁水和含钛炉渣，含钒铁水经转炉吹钒得到钒渣和半钢，钒渣进一步采用湿法提钒，含钛炉渣因玻璃体相存在而未利用。

在工艺研究开发方面，俄罗斯开发了钠化焙烧—磨选工艺，可回收 94%~99% 的 Fe、85% 的 TiO_2 和 80% 的 V_2O_5；南非布什维尔德公司采用钠化焙烧—水浸提钒—预还原—电炉冶炼工艺处理钒钛磁铁矿。此外，国外还进行了多种火法和湿法工艺的实验室研究，但均未形成产业化应用。

高炉流程是钒钛磁铁矿大规模利用的主要方式，工艺技术较成熟。但从长期发展趋势看，非高炉工艺是钒钛磁铁矿利用的战略技术发展方向，短期内可作为高炉流程的辅助和补充，因为非高炉流程的大规模利用工艺还有很多技术难题有待解决。

B 我国钒钛磁铁矿资源综合利用现状

经过 50 多年的开发，我国钒钛磁铁矿资源综合利用取得了巨大成就，做出了重要贡献，解决了其中的铁资源回收利用问题，基本上解决了钒资源回收利用问题，初步解决了钛资源回收利用问题。如四川攀枝花基于钒钛磁铁矿综合利用的产业发展实现了从无到有、从小到大、从弱到强的跨越，形成了以矿业、钢铁、新材料、能源、化工、机械制造、太阳能等为主导的钒钛+产业体系。攀枝花已成为我国西部最大的钢铁基地、世界第一大钒产品基地和国内最大的钛原料基地、国内重要的全流程钛工业基地，既曾是"三线建设"的龙头，又是当今攀西试验区的龙头。

特别是在科技研发方面获得了许多高水平研究成果。1978 年，普通高炉冶炼高钛型钒钛磁铁矿技术荣获国家科技发明奖一等奖，居国际领先、国内首创。2000 年攀钢"钒钛磁铁矿高炉强化冶炼新技术"获国家科技进步奖一等奖、冶金科技进步奖特等奖，支撑了攀钢、承钢等钒钛磁铁矿高炉—转炉冶炼企业 50 多年的发展。

四川攀西地区钒钛磁铁矿开发利用，通过多年的科技攻关和自主创新，逐步形成了综合回收钒钛磁铁矿中铁、钒和钛的技术路线，创造性地实现了钒钛磁铁矿中铁、钒、钛资源的同时回收利用，形成了"采矿—选矿—烧结—炼铁—炼钢—连铸—轧钢—精加工"产业链。攀西地区已成为我国重要的钢铁生产基地和不可取代的钛资源基地，中国第一、世界第三的钒产品生产基地。攀枝花矿区是西部钒钛磁铁矿中开发最早、最具代表性的矿区，其开发利用状况集中反映了钒钛磁铁矿开发和综合利用的最高水平，为国家经济建设做出了巨大的、特殊的贡献，成为我国复合共伴生矿产资源综合利用的典范。

国内钒钛磁铁矿非高炉流程仍处于工业试验研究阶段。先后研发了气基竖炉还原—电炉熔分工艺、回转窑/隧道窑直接还原—电炉熔分工艺、转底炉煤基直接还原—电炉熔分（含深还原）工艺、煤基竖炉直接还原—电炉熔分（含磁选分离）工艺等多种非高炉冶炼新工艺流程，打通了工艺流程，获得了含钒生铁、50钛渣、钒钛渣及微合金化铁粉等样品或产品，铁的回收率达85%以上，钒回收率高者达80%~90%，钛的回收率高者达85%以上，特别是电炉熔分获得的含 TiO_2 达50%左右的钛渣（50钛渣）可用于硫酸法钛白原料。

但是，由于受经济危机影响及经济指标不理想等，当前钒钛磁铁矿非高炉流程工业试验基本处于停滞状态。如四川龙蟒集团采用转底炉—电炉工艺进行了工业试验，获得金属化球团的金属化率在70%~80%，钛渣 TiO_2 品位达到50%左右；攀钢采用转底炉直接还原—电炉深还原—含钒铁水提钒—含钛炉渣提钛工艺流程进行工业试验，钒、钛、铁元素回收率分别为42%、75%、88%。

1.4.3.2　我国钒钛磁铁矿资源综合利用存在的主要问题

在国家《钒钛资源综合利用和钒钛产业发展"十二五"规划》中，针对钒钛磁铁矿综合利用提出存在的四大主要问题：资源开发粗放、利用水平不高，深度加工不足、未形成集聚优势，产品档次较低、创新能力不强，工艺装备落后、环境污染严重。

在《攀西试验区建设规划（2017—2020年）》中，也提出了攀西地区钒钛磁铁矿资源开发中存在的五个突出问题：一是综合利用水平不高，存在大矿小开、采富弃贫等现象，共伴生稀有金属未实现规模化回收；二是技术创新不够，一些关键技术仍未突破，制约产业向高端发展；三是体制机制不活，资源长期在封闭环境下进行开发，在要素配置、技术引进和区域合作等方面受到制约；四是传统的开发利用技术和方式对资源、能源依赖重、消耗高，也带来生态建设和环境保护等方面的问题，节能减排任务艰巨；五是部分钒钛磁铁矿当作普通铁矿利用、产业链条短、产品档次低等。

从2011年开始的"十二五"规划，至今已近十年。虽然环境政策在不断优化、相关科学技术在不断创新进步，但上述主要问题在不同程度上依然存在。根据我国钒钛磁铁矿综合利用当前的实际情况，在宏观上存在的主要问题可进一步归纳为四个：资源开发粗放、综合利用水平不高，深度加工不足、产品档次亟待提升，智能制造落后、产业体系配套不足，关键技术突破不足，二次资源利用弱小。这四个问题实质上是一个问题：发展质量不高。

资源开发与综合利用水平有待进一步提高。攀西地区钒钛磁铁矿资源流程中，目前铁、钒、钛的回收率分别为70.09%（从原矿到高炉铁水）、44.25%（从原矿到五氧化二钒）和29.30%（从原矿到钛精矿），并不算高，还有一定的提升空间；钒钛磁铁矿中共伴生的铬、镓、钪、铂族金属元素等稀贵元素，因其分散、赋存状态复杂、分离提取技术难度大，目前尚处于实验室研究阶段，未实现工业规模回收，发展前景不明朗。

生产的多品种规格的大量含钒钛钢材深加工及其配套的机械装备制造产业发展不足，智能制造工艺落后；钒产品、钛产品种类虽然较多，但均为原料级或原料类产品，产业链的下游高端的高附加值材料产品太少、起步较晚。

低品位矿、表外矿及选铁尾矿中有益元素的选别提取利用不充分，提钒尾渣、含钒钢渣等含钒二次资源的回收利用关键技术还需进一步突破；以高钙镁钛精矿冶炼氯化钛白法用高钛渣关键技术还需研发突破；钒钛铁精矿中的钛几乎全部进入高炉渣中，高炉渣中的 TiO_2 资源的大规模工业化提取利用工艺还需进一步突破；硫酸法钛白生产工艺流程中副产的废硫酸、绿矾及钛石膏回收利用关键技术还需攻关突破。

1.4.4 有关铁、钒、钛资源的回收率

钒钛磁铁矿的综合利用率是指其中铁、钒、钛、铬、镓、钪、钴、镍等有益元素在选—冶过程中的回收利用程度，但实际的计算过程比较复杂，一般不常用。通常以钒钛磁铁矿中某一种或几种主要元素的回收率表示。某主要元素的回收率是指当前技术条件下从工艺流程中 A 环节（物料）到 B 环节（物料）时该元素的回收率。目前常以铁、钒、钛三种主要元素的回收率来表示钒钛磁铁矿综合利用率的高低。

（1）铁的回收率。当前技术条件下钒钛磁铁矿综合利用高炉—转炉冶炼工艺流程中，从原矿到含钒铁水中铁的质量占原矿中金属铁质量的百分数，即为当前技术条件下铁的回收率，以 n_{Fe} 表示，用式（1-1）计算：

$$n_{Fe} = \frac{含钒铁水中铁的质量}{原矿中金属铁质量} \times 100\% \tag{1-1}$$

（2）钒的回收率。当前技术条件下钒钛磁铁矿综合利用高炉—转炉冶炼工艺流程中，从原矿到含钒铁水中钒的质量占原矿中金属钒质量的百分数，即为当前技术条件下钒的回收率，以 n_V 表示，用式（1-2）计算：

$$n_V = \frac{含钒铁水中钒的质量}{原矿中金属钒质量} \times 100\% \tag{1-2}$$

（3）钛的回收率。

1）钛的回收率。当前技术条件下钒钛磁铁矿综合利用高炉—转炉冶炼工艺流程中，从原矿到钛精矿（含钛中矿及 50 钛渣等含钛产品）环节各产品中二氧化钛质量占原矿中二氧化钛总质量的百分数，即为前技术条件下钛的回收率，以 n 表示，用式（1-3）计算：

$$n = \frac{钛精矿等钛产品中二氧化钛质量}{钒钛磁铁矿原矿中二氧化钛质量} \times 100\% \tag{1-3}$$

2）钛的总回收率。当前技术条件下钛的回收率 n 与采用新工艺技术后再提高的钛回收率 Δn 之和，即为钛的总回收率 n_Σ，按式（1-4）计算：

$$n_\Sigma = n + \Delta n \tag{1-4}$$

采用新工艺技术后再提高的钛回收率 Δn 按下式计算：

$$\Delta n = \sum (n_d + n_t + n_{b1} + n_{b2} + n_f) \tag{1-5}$$

式中　Δn——采用新工艺技术后再提高的钛回收率，%；

n_d——采用非高炉新工艺技术处理钒钛铁精矿回收 50 钛渣而提高的钛回收率，%；

n_t——提高从选铁尾矿中选取钛精矿产量而提高的钛回收率，%；

n_{b1}——从抛弃的低品位矿、表外矿中选取钛精矿或钛中矿而提高的钛回收率，%；

n_{b2}——采用其他选矿新技术从选钛尾矿中再选钛精矿或钛中钛而提高的钛回收率，%；

n_f——采用高钛型高炉渣提钛新工艺技术提高的钛回收率，%。

1.4.5   钒钛磁铁矿资源利用关键技术概述

（1）经过 50 多年开发，攀西地区钒钛磁铁矿综合利用突破了 10 项重大关键技术并实现了大规模工业应用。1）攀枝花型钒钛磁铁矿采矿—选矿技术。2）普通高炉冶炼钒钛磁铁矿技术。3）含钒铁水提钒—炼钢技术。4）钒渣提取五氧化二钒技术。5）钒氮合金制备技术。6）百米长含钒钢轨及其全长淬火技术。7）攀枝花高钙镁钛精矿冶炼酸溶性钛渣技术。8）攀枝花高钙镁钛精矿制备硫酸法钛白技术。9）酸溶性钛渣/高钛型高炉渣氯化法制取四氯化钛新技术。10）钒钛磁铁矿中硫钴镍资源部分回收及制备硫酸技术。

这 10 项重大关键技术的特点：多数处在总流程的上中游的矿业—冶炼—化工环节，其产品多为原料级（原料类）产品。

（2）尚未突破或需进一步突破的 10 项重大瓶颈技术。1）钒钛磁铁矿非高炉冶炼新工艺大规模工业化技术。2）高钛型高炉渣提钛及其全资源化综合利用工艺技术。3）攀枝花高钙镁钛精矿制取氯化法钛白用高钛渣技术。4）攀枝花超微细粒级钛精矿制备硫酸法钛白用高品质酸溶性钛渣技术。5）硫酸法钛白附产物全资源化综合回收利用新技术。6）攀枝花钛原料短流程低成本制备航空航天用高质量钛及钛合金技术。7）钛及钛合金高端/高附加值零部件制备关键工艺技术。8）红格南矿区高铬型钒钛磁铁矿全资源大规模综合利用工艺技术。9）钒钛尾矿/尾渣等二次资源大规模综合利用工艺技术。10）钒钛磁铁矿中钴镍钪镓铂等稀贵金属工业化回收利用技术。

这 10 项瓶颈技术的核心在于钛的回收利用技术，有 9 项（前 9 项）涉及钛资源的回收利用问题。基于钒钛磁铁矿综合利用的整个钛产业链中存在的三个主要问题：一是钛的回收率偏低；二是钛产业链的上游粗壮、下游弱小（"头重、脚轻"）；三是与副产物（实为二次资源）回收利用配套的技术研发和应用发展严重滞后。

1.4.6   钒钛磁铁矿资源开发利用典型的工业化工艺流程简介

世界上已经工业化利用钒钛磁铁矿的国家主要是我国、俄罗斯、南非和新西兰，其钒钛磁铁矿和铁精矿的主要成分见表 1-11。其中我国和俄罗斯采用高炉—转炉流程，而南非和新西兰采用非高炉流程。

表 1-11   典型的钒钛磁铁矿成分对比　　　　　　　　　（%）

矿区	原矿			铁精矿		
	TFe	TiO_2	V_2O_3	TFe	TiO_2	V_2O_5
攀枝花（攀钢）	31.80	10.25	0.32	54	12.73	0.56
卡奇卡纳尔（俄罗斯）	16~17	1.5	0.1~0.12	63	2.4	0.60
布什维尔德（南非）	53~57	12~15	1.4~1.7	53~57	12~15	1.4~1.7
新西兰（北岛）	22.1	4.33	0.14	57.0	8.0	0.42

研究和报道表明，国内外对钒钛磁铁矿利用的工艺流程有十余种，其中具有代表性的流程有高炉—转炉流程，预还原—熔分流程，钠化提钒—还原—熔分流程，还原—磨选流程等，这些流程按各自特点大致可分为高炉法和非高炉法两大类。

1.4.6.1 中国和俄罗斯钒钛磁铁矿开发利用高炉—转炉流程

对钒钛磁铁矿中铁的冶炼主要是以钒钛铁精矿为原料进行冶炼提取，高炉—转炉流程是目前为止唯一可以大规模冶炼钒钛铁精矿的工艺技术。目前俄罗斯（原苏联）耶弗拉兹和我国攀钢、承钢、建龙、德胜、川威等企业采用高炉—转炉流程，得到钢铁产品和钒产品。采用此工艺生产的钢铁产品已经广泛用于国防军工、汽车家电、机械加工、交通运输、建筑等行业。

高炉—转炉工艺流程如图 1-3 所示。该流程是将钒钛磁铁精矿粉进行烧结造球或造球团后送入高炉中进行冶炼。在冶炼过程中大部分钒被还原进入铁水生成含钒铁水，只有小于1%的钛进入铁水，而绝大多数进入高炉渣中。含钒铁水再经转炉吹炼，使大部分钒被选择性氧化进入渣相，得到半钢和钒渣。半钢在转炉中进一步冶炼成含钒钛的钢水，钢水再进行铸锭及轧制成钢材（简称钒钛钢）。钒渣可用于再提取含钒产品的原料等。

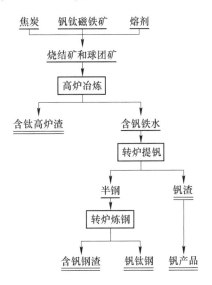

图 1-3 钒钛磁铁矿高炉—转炉冶炼工艺流程

到目前为止，世界上只有俄罗斯、我国攀钢及河钢承钢掌握了大规模冶炼钒钛磁铁矿工艺技术。其中，攀钢以高钛型钒钛磁铁矿、承钢以中钛型钒钛磁铁矿、俄罗斯以低钛型钒钛磁铁矿为原料，副产的含钛高炉渣分别称为高钛型高炉渣、中钛型高炉渣和低钛型高炉渣。其中以我国攀钢高钛型钒钛磁铁矿冶炼难度最大。高钛型高炉渣综合利用工艺技术见第16章含钛冶金化工"三废"及其综合利用技术。

俄罗斯（原苏联）丘索夫厂和下塔吉尔钢铁公司是世界上最早采用高炉流程利用钒钛磁铁矿的企业，其钒钛磁铁精矿中 TiO_2 含量为 2.5%～3.0%，经过高炉冶炼之后含钛高炉渣中 TiO_2 含量 9%～10%，为低钛型高炉渣，铁—渣分离容易，钒回收率达80%～84%。目前俄罗斯只有下塔吉尔钢铁公司采用高炉—转炉工艺处理含铁高的卡奇卡纳尔低钛型钒钛磁铁矿，冶炼温度高、渣量少（400kg/tFe），钒回收率在80%以上，但含钛高炉渣中的钛资源没有提取利用。

鞍钢集团攀钢高炉—转炉冶炼流程以高钛型钒钛磁铁矿（钒钛铁精矿）为原料，回收其中的铁和钒两种元素，而钛进入高钛型高炉渣中。高炉渣中 TiO_2 含量 23%～25%，为高钛型高炉渣，铁—渣分离困难。由于冶炼高钛型钒钛磁铁矿时的冶炼温度比低钛型的低 100℃ 以上，同时，由于高钛型钒钛磁铁矿含铁低、产生的渣量大（约 600kg/tFe）、冶炼温度低，因此对钒的回收率带来一定的负面影响，钒进入铁水的回收率相对为 70% 左右。通过长期的科技攻关，技术经济指标不断优化，实现了稳定工业化生产，但因高钛型高炉渣的矿相组成复杂，难以用常规方法从中提取 TiO_2。

攀钢钒钛磁铁矿高炉—转炉冶炼流程已经流畅运行多年，综合利用技术水平处于世界领先地位，但因资源特性其短板明显，主要是工艺流程长、碳排放高、对焦煤依赖严重、环境负荷大，铁、钒和钛的资源回收率偏低，钴、镍、钪、镓等有益金属元素还没有规模化提取利用，这些对高炉—转炉流程的长远发展产生了制约。20 世纪 80 年代以来，我国科研人员先后开展了对高铬型钒钛磁铁矿卓有成效的选矿—冶炼实验室研究和工业试验研究，初步实现了铁、钒、钛、铬的综合回收，初步打通了高铬型钒钛磁铁矿高炉冶炼工艺流程，获得了多项高水平阶段性研究成果。

河钢集团承钢、建龙集团承德建龙钢铁有限公司和黑龙江建龙钢铁有限公司采用高炉—转炉工艺、以承德地区低钛型钒钛磁铁矿（钒钛铁精矿）为原料（钒钛磁铁矿原矿中 TiO_2 含量为 1%～8%，钒钛铁精矿中 TiO_2 含量为 5%～8%），高炉冶炼的渣量为 400kg/tFe，钒的回收率为 80% 以上，含钛高炉渣中 TiO_2 含量为 8%～18%，属于中钛型高炉渣。含钒铁水转炉提钒后所得钒渣中钒的回收率在 80%～82%。

其他如四川德胜集团、四川威远钢铁公司、达县钢铁公司及云南昆明钢铁公司等，采用与攀钢相同的高炉—转炉工艺处理攀西地区钒钛铁精矿。

上述采用高炉—转炉冶炼流程处理钒钛磁铁矿的企业的不同点是所用钒钛磁铁矿的钛含量有所区别，共同特点是进入含钛高炉渣中的钛难以得到有效的提取利用。

1.4.6.2 南非和新西兰的钒钛磁铁矿利用流程（非高炉流程）

南非钒钛磁铁矿利用流程：南非海威尔德使用的布什维尔德等地区钒钛磁铁矿特点是含铁钒钛都高，矿石中含 TFe 57%，TiO_2 13%～15%，V_2O_5 1.5%～1.9%，不需要选矿直接破碎就是很好的精矿，按照磁选工艺进行选矿的结果是铁精矿产率 97% 以上。其原因是矿物结构中钛以钛铁晶石为主，紧密与钛磁铁矿共生，几乎没有钛铁矿矿物，因此也选不出钛铁矿精矿（钛精矿）。针对这种矿物特点，南非主要有两种处理钒钛磁铁矿的工艺流程。

（1）只提取钒的工艺。将钒钛磁铁矿矿石磨碎到 -200 目占 60% 左右，采用回转窑钠化焙烧、水浸、沉淀生产 V_2O_5，水浸残渣丢弃。这种工艺的主要优点是钒回收率高，从矿石到 V_2O_5 的总回收率可达到 75%～80%；缺点是铁和钛没有利用。

（2）回转窑—电炉—转炉流程（详见第 4 章钒钛磁铁矿非高炉冶炼及综合利用技术）。这种工艺的优点是铁的回收率高（因为是电炉炼铁，冶炼温度比高炉高，避免了钛的影响）。钒的回收率也相应提高；缺点是钛没有回收利用。

新西兰钒钛磁铁矿资源开发利用回转窑—电炉流程：详见第 4 章钒钛磁铁矿非高炉冶炼及综合利用技术。

1.4.7　钒钛磁铁矿资源开发利用技术发展方向

1.4.7.1　技术发展方向

建立协同创新机制,努力突破重大关键技术,推动和支撑钒钛磁铁矿综合利用技术进步。不忘国家开发钒钛磁铁矿资源的初心,积极推动我国钒钛磁铁矿综合利用向高质量方向发展。根据当前国家产业政策及相关政策要求,具体的发展方向应该是高效化、高质化、绿色化、智能化。在工艺技术发展层面,发展方向的重点应放在突破钒钛资源综合利用重大关键技术这个"短板"上。

(1) 进一步提高钛资源回收率。突破高钛型高炉渣提钛及其全资源化综合利用工艺技术、钒钛磁铁矿非高炉冶炼新工艺大规模工业化技术。

(2) 延长钛产业链。突破攀枝花钛原料短流程低成本制备航空航天用高质量钛及钛合金技术、钛及钛合金高端/高附加值零部件制备关键工艺技术。

(3) 突破高质量钛原料制备技术。突破攀枝花高钙镁钛精矿制取氯化法钛白用高钛渣关键技术、攀枝花微细粒级钛精矿制备硫酸法钛白用高品质酸溶性钛渣技术、航空航天及军工产品用高质量钛和钛合金生产技术。

(4) 突破钒钛二次资源利用工艺技术,发展无机非金属材料产业。突破钒钛尾矿/尾渣等二次资源大规模综合利用工艺技术、硫酸法钛白附产物全资源化综合回收利用新技术。

钒钛二次资源综合利用产业发展的原则和出路:标本兼治,源头减量(减少增量),消化存量实现绿色化、无害化;以废治废、以废利废、废废变宝,实现全资源化、产业化回收利用。最终出路是发展基于二次资源综合利用的无机非金属新材料产业,培育经济新增长点。

大力发展废钢铁+钒钛铁精矿直接还原铁的电炉炼钢短流程技术,大力发展固废+液废/气废的全资源化以废利废、以废治废回收利用技术。

(5) 钒钛磁铁矿中稀贵金属工业化回收利用技术。突破攀枝花红格南矿区高铬型钒钛磁铁矿提铬及全资源大规模综合利用工艺技术、钒钛磁铁矿中共伴生钪镓铂等稀贵金属工业化回收利用技术。

1.4.7.2　推荐的钒钛磁铁矿综合利用若干前沿新技术方向

(1) 选矿新技术。如:1) 超微细粒级钛铁矿($-38\mu m$) 回收利用新技术(强磁+浮选联合技术);2) 高铬型钒钛磁铁矿/高钒低钛低铁型钒钛磁铁矿选矿技术;3) 钒钛磁铁矿精细选矿技术;4) 钛铁矿浮选柱浮选技术;5) 中低品位钛渣除杂提钛及其应用技术等。

(2) 冶炼新技术。如:1) 高铬型钒钛磁铁矿高炉冶炼技术;2) 钒钛磁铁矿钠化冶炼提取钒钛新技术(还原—熔分—钠化技术);3) 钒钛磁铁矿熔融状态下冶炼分离新技术;4) 钒钛磁铁矿氢还原新技术;5) 钛精矿+镁反应制取钛酸镁新技术等。

(3) 提钒新技术。如:1) 铬钒渣氯化—氧化提钒技术;2) 钒渣氟化/氯化法提钒新技术;3) 钙化、镁化、锰化及钙镁化提钒新技术;4) 钒渣无盐焙烧清洁提钒新技术;5) 萃取法短流程制备硫酸氧钒/高纯五氧化二钒技术;6) 高氮型氮化钒铁制备新技术等。

（4）钒钛化工新技术。如：1）攀枝花高钙镁酸溶性钛渣大型熔盐氯化法钛白生产技术；2）钒钛磁铁矿电炉冶炼钛渣—氟化法钛白新技术；3）VPO（钒磷氧系）催化剂（短链烷烃选择氧化催化剂等）制备新技术；4）电解法三价钛制备技术（直接电解还原酸解钛液）；5）纳米氧化钛光催化制氢新技术；6）废硫酸钠短流程制备碳酸氢钠/硫酸铵技术等。

（5）钒钛金属及合金新技术。如：1）3D打印原料及其装备智能制造技术；2）3D打印用钛及钛合金球形粉制备技术；3）3D打印用钛及钛合金丝制备技术；4）3D打印成套装备智能制造技术；5）钒合金3D激光打印技术；6）钢/钛复合材料及其智能制造装备技术；7）钛及钛合金等温轧制工艺及其装备技术；8）钛铝基合金高硬度、易碎、吸能材料技术；9）短流程钛冶炼技术（如生物冶金—浸取—电解新技术）；10）钛原料超重力铝热还原法制备钛铝基多元合金技术；11）核反应堆用钒合金制备新技术等。

（6）钒钛二次资源回收利用新技术。如：1）钒钛磁铁矿尾矿制备泡沫陶瓷等无机非金属材料技术；2）钛、铁、硫、磷二次资源耦合循环利用技术；3）海绵钛氯化废盐资源综合利用技术；4）含钒钢渣与钛白废硫酸耦合协同提钒技术；5）提钒尾渣制备热物理功能材料技术等。

参 考 文 献

[1] 杨绍利. 钒钛材料 [M]. 北京：冶金工业出版社，2007.

[2] 朱俊士. 钒钛磁铁矿选矿 [M]. 北京：冶金工业出版社，1996.

[3] 中国地质科学院矿产综合利用研究所. 攀西钒钛磁铁矿资源及综合利用技术 [M]. 北京：冶金工业出版社，2015.

[4] 王茜，廖阮颖子，田小林，等. 四川省攀西地区钒钛磁铁矿 [M]. 北京：科学出版社，2015.

[5] 王京彬，王玉往. 新疆尾亚钒钛磁铁矿矿床成矿年龄探讨 [J]. 矿床地质，2006（S1）：327-330.

[6] 岳宗泰. 中华企业发展史丛书·河北卷 [M]. 北京：文化教育出版社，1989.

[7] 胡忠孝，晋心翠. 承钢发展史（1929~2005）. 2006：1-10（内部资料）.

[8] 河北省国土资源厅. 河北省矿产资源储量表 [R]. 2014.

[9] 秦振宇，袁海波，潘洪儒，等. 河北省铁矿类型及勘查开发现状 [J]. 矿产与地质，2015，29（3）：277-282.

[10] 沈保丰，翟安民，杨春亮，等. 中国前寒武纪铁矿床时空分布和演化特征 [J]. 地质调查与研究，2005，28（4）：96-205.

[11] 崔立伟，夏浩东，王聪，等. 中国铁矿资源现状与铁矿实物地质资料筛选 [J]. 地质与勘探，2012，48（5）：894-905.

[12] 郭静粉，张立剑. 承德地区铁矿类型及其地质特征 [J]. 中国锰业，2016，34（5）：35-37.

[13] 陈正乐，陈柏林，李厚民，等. 河北承德大庙铁矿床地质构造特征与找矿预测 [J]. 地质学报，2014，88（2）：2339-2350.

[14] 周久龙，罗照华，潘颖，等. 岩浆型铁矿床中脉状铁矿体的成因：以承德黑山铁矿床为例 [J]. 岩石学报，2013，29（10）：3555-3566.

[15] 王萌. 元古宙斜长岩体型铁钛磷灰岩的成因研究 [D]. 北京：中国地质大学，2014.

[16] 杜美艳. 赤峰东南部大西沟磷-铁矿矿床地球化学特征及成因 [J]. 吉林：吉林大学，2012，11.

[17] 江少卿，郝梓国，孙静，等. 河北承德大庙黑山钒钛磁铁矿床岩石地球化学特征 [J]. 地质与勘探，2013，49（3）：458-468.

［18］叶东虎.河北省承德市黑山钒钛磁铁矿床、钒钛磁铁—磷灰石矿床地质特征及成矿机理内部报告［R］，1989.

［19］河北省地质矿产勘查开发局第四地质大队.河北省承德县黑山铁矿区①、②号矿体0～28线（650m以下）补充勘探地质报告［R］.2005.

［20］孙静，杜维河，王德忠，等.河北承德大庙黑山钒钛磁体矿床地质特征与成因探讨［J］.地质学报，2009，83（9）：1344-1363.

［21］薛燕萍，袁小平.承德大庙铁矿深部找矿探析［J］.矿产勘查，2012，3（4）：476-482.

［22］李厚民，王登红，李立兴等.中国铁矿成矿规律及重点矿集区资源潜力分析［J］.中国地质，2012，39（3）：559-580.

［23］孙绍利，陈立武，徐连勇，等.承德地区超贫钒钛磁铁矿矿石特征［J］.科协论坛，2013（4）：112-114.

［24］河北省质量技术监督局.超贫磁铁矿勘查技术规范［S］.2011.

［25］谢承祥，张晓华，王少波，等，承德市超贫（钒钛）磁铁矿特征［J］.矿床地质，2006（S1）：487-490.

［26］李厚民，王瑞江，肖克炎，等.中国超贫磁铁矿资源的特征、利用现状及勘查开发建议［J］.地质通报，2009，28（1）：85-90.

2 钒钛磁铁矿加工技术

2.1 钒钛磁铁矿工艺矿物学特征

2.1.1 矿石工业品级及类型

根据有益有害组分的含量和工艺性质的差异，可将矿石划分为不同的品级，而按矿石的含铁量则可划分为富矿、中矿、贫矿和表外矿，但不同时期对矿石类型的划分标准有所变动。变动情况见表2-1。

表 2-1　钒钛磁铁矿不同时期矿石品级　　　　　　（%）

矿　　区	TFe 含量			
	≥45.00	44.99~30.00	29.99~20.00	19.99~15.00
攀枝花矿区（1958 年）	富矿（Fe$_1$）	中矿（Fe$_2$）	贫矿（Fe$_3$）	表外矿（Fe$_4$）
太和矿区（1969 年）	富矿（Fe$_1$）	中矿（Fe$_2$）	贫矿（Fe$_3$）	表外矿（Fe$_4$）
红格矿区（1980 年）	表内矿（Fe$_2$+ Fe$_3$）			表外矿（Fe$_4$）
白马矿区（1989 年）	表内矿（Fe$_2$+ Fe$_3$）			表外矿（Fe$_4$）
攀西整装勘查（2010 年至今）	工业矿石（TFe≥17%，矿床平均品位 TFe≥19%、TiO$_2$≥4%、V$_2$O$_5$≥0.1%。）			低品位矿石（TFe≥13%）

富矿（Fe$_1$）：多呈致密块状产出，钛磁铁矿含量 75%~80%、钛铁矿含量 6%~8%、金属硫化物含量 1.5%；脉石矿物主要是钛辉石，其次为钛闪石和斜长石。

中矿（Fe$_2$）：常多具稠密浸染状构造，其次为致密块状，钛磁铁矿含量 50%~65%、钛铁矿含量 6%~8%、金属硫化物含量 1%~2%；脉石矿物以钛辉石和斜长石居多，其次是橄榄石和钛闪石。

贫矿（Fe$_3$）：主要具稀疏浸染状构造，少数为稠密浸染状，钛磁铁矿含量 25%~30%、钛铁矿含量 5%~8%、金属硫化物含量约 1%；脉石矿物主要为斜长石，其次为钛辉石和少量橄榄石及钛闪石。

表外矿（Fe$_4$）：主要具星散~稀疏浸染状构造，钛磁铁矿含量 8%~18%、钛铁矿含量 6%~12%、金属硫化物含量约 1%；脉石矿物主要为斜长石，其次为钛辉石和少量橄榄石。

2.1.2 矿石结构构造

根据矿石中钛磁铁矿和钛铁矿分布的密集程度，可将攀西地区钒钛磁铁矿矿石的构造类型分为致密块状构造、稠密浸染状构造、中等稠密浸染状构造、稀疏浸染状构造和星散浸染状构造等。在攀枝花矿区，致密块状构造矿石约占 20%、稠密浸染状构造矿石约占 16%、中等稠密浸染状构造矿石约占 9%、稀疏浸染状构造矿石约占 31%、星散浸染状构造矿石约占 24%。

矿石中钛磁铁矿和钛铁矿多为形态较规则的自形、半自形粒状，粒度变化较大，中细粒～细粒为主，部分具中粗粒嵌布特征；钛磁铁矿和钛铁矿与脉石之间常构成海绵陨铁结构、填隙结构；富矿石（Fe_1）中，因钛磁铁矿和钛铁矿含量较高而具其粒状镶嵌结构或嵌晶结构。除上述主要结构类型以外，在钛磁铁矿晶粒内部，固溶体分离结构十分发育，特征是微细的钛铁矿片晶和镁铝尖晶石（或铁钛晶石）微粒常呈网格状、雁行状、针线状、串珠状广泛分布。

2.1.3 矿石的主要组成矿物种类及含量

攀西地区钒钛磁铁矿矿石的组成矿物主要由氧化物、硫（砷）化物和硅酸盐三部分构成，矿物种类可达 90 余种，但可供回收利用的金属矿物主要是钛磁铁矿（包括铁钛晶石和镁铝尖晶石）、钛铁矿和少量的钴镍硫化物（包括磁黄铁矿、黄铁矿、黄铜矿、钴镍黄铁矿、硫钴矿等）；脉石矿物以斜长石、钛辉石、钛闪石和橄榄石居多，其次为黑云母、纤闪石、绿泥石、蛇纹石和伊丁石等。攀枝花、白马和红格等三个矿区矿石中主要矿物的含量见表 2-2。

表 2-2　矿石中主要矿物的含量　　　　　（%）

矿区		钛磁铁矿	钛铁矿	金属硫化物	钛辉石[①]	斜长石及其他
攀枝花矿区	朱家包包	44.90	10.40	1.50	26.70	16.50
	兰尖矿	43.50	8.00	1.50	28.50	18.50
白马矿区		32.50	5.60	0.90	50.00	11.00
红格矿区	南矿区	41.50	11.00	0.80	39.50	7.20
	北矿区	31.20	14.50	1.00	47.30	6.00

① 包括橄榄石、钛闪石、黑云母、绿泥石等。

2.1.4 主要金属矿物的嵌布特征

钛磁铁矿：钛磁铁矿是最主要的工业矿物，也是钛、钒、铬、镓等有益元素的主要载体矿物。常呈自形、半自形粒状沿斜长石、钛辉石、橄榄石等脉石矿物粒间充填而形成海绵陨铁结构或粒状镶嵌结构。沿钛磁铁矿的（100）和（111）晶面常见由固溶体分离作用析出的钛铁矿片晶或尖晶石、铁钛晶石微粒分布，这些出溶物多呈网格状、雁行状、针线状、串珠状、布纹状、纺锤状或乳滴状与钛磁铁矿交生，其中钛铁矿片晶宽度多在 0.02mm 以下，尖晶石和铁钛晶石粒度则通常介于 0.001～0.01mm 之间。研究表明，钛磁铁矿中 TFe、TiO_2 之间呈正相关关系，平均 TFe 品位 55%～61%、TiO_2 品位 8%～15%、V_2O_5 品位 0.4%～0.8%、Cr_2O_3 品位 0.04%～0.7%（红格南矿区最高）、Ga 品位 0.003%～0.009%。

钛铁矿：按晶体形态和产出形式的差异，钛铁矿可分为粒状和片状微晶两种类型，后者主要作为固溶体析出物分布在钛磁铁矿中，少数沿钛辉石、钛闪石等含铁硅酸盐类矿物的解理充填。粒状钛铁矿是选矿富集回收的主要钛矿物，约占矿石中钛铁矿总量的 80%～90%，常呈自形、半自形板片状、粒状沿钛磁铁矿粒间、边缘嵌布，部分见于脉石矿物粒间，粒度通常 0.1～0.4mm 不等。钛铁矿平均 TiO_2 品位 48%～52%、TFe 品位 30%～36%、V_2O_5 品位 0.02%～0.08%、MnO 品位 0.2%～0.9%、MgO 品位 2%～7%。

金属硫化物：虽然种类较多，但磁黄铁矿和黄铁矿合计约占硫化物总量的 95% 以上，而钴镍黄铁矿和硫钴矿等钴镍硫化物仅占 0.5% 左右。其中，磁黄铁矿和黄铁矿主要呈不规则状或粒状以浸染状的形式沿钛磁铁矿、钛铁矿边缘或粒间充填交代，部分零星分布在脉石中，也常呈微粒状包含在钛磁铁矿或钛铁矿晶粒中，相对而言与钛铁矿的关系较为密切，粒度一般为 0.01～0.2mm，个别粗者可至 1.0mm 左右。钴镍硫化物极少与钛磁铁矿、钛铁矿直接镶嵌，而是常呈微细的粒状、叶片状、火焰状沿磁黄铁矿边缘或粒间嵌布，部分则包裹在磁黄铁矿晶粒中，少数与黄铜矿镶嵌，粒度大多在 0.005～0.03mm，极个别可至 0.5mm 左右。显然，如果能通过浮选作业将矿石中金属硫化物有效富集，可获得一种含钴镍的硫精矿。

2.1.5 矿石中有益元素的赋存状态及分布规律

虽然钒钛磁铁矿矿石中有益元素种类较多，但实际上可供选矿富集回收的矿物并不复杂，除钪以外，钒、镍、钴、铜、铬、镓等伴生有益元素几乎都分别富集于含钒铁精矿、钛精矿和含钴镍的硫精矿等三种选矿产品中。现已查明，矿石中上述有益元素既可呈独立的矿物相存在，也常以类质同象的形式赋存于其他矿物的晶格中。不同矿区矿石中主要有益组分的含量见表 2-3。

表 2-3　不同矿区矿石中有益组分的含量 　　　　　　　　（%）

矿石品级	矿区	TFe	TiO_2	V_2O_5	Cr_2O_3	Co	Ni	Cu
岩石	红格	12.05	3.69	0.11	0.0035	0.005	0.009	0.005
	白马	13.38	3.12	0.128	0.009	0.009	0.023	0.022
	太和	12.29	3.50	0.13	—	0.002	0.027	0.018
Fe_4	红格	17.91	7.81	0.14	0.098	0.011	0.028	0.014
	攀枝花	16.99	7.76	0.16	0.20	0.014	0.009	—
	白马	17.29	3.93	0.127	0.034	0.011	0.022	0.043
	太和	18.13	7.72	0.161	—	0.005	0.004	0.010
Fe_3	红格	24.07	9.12	0.21	0.267	0.018	0.083	0.042
	攀枝花	23.87	8.98	0.20	0.169	0.014	0.015	—
	白马	25.84	5.98	0.247	0.103	0.015	0.029	0.031
	太和	22.34	9.41	0.172	—	0.007	0.002	0.017
Fe_2	红格	38.38	14.04	0.359	0.415	0.024	0.105	0.038
	攀枝花	38.00	14.08	0.364	0.141	0.017	0.017	—
	白马	34.41	8.17	0.350	0.07	0.019	0.070	0.045
	太和	39.13	16.17	0.356	—	0.011	0.010	0.017

矿石品级	矿区	TFe	TiO_2	V_2O_5	Cr_2O_3	Co	Ni	Cu
Fe_1	攀枝花	48.04	16.72	0.44	0.12	0.023	0.0157	—
	太和	46.63	17.05	0.42	—	0.013	0.006	0.014

2.1.5.1　铁、钛、钒

与 Fe、Ti、V 系列紧密相关的元素还有 Cr、Sc、Ga。各矿区矿石中铁毫无疑问均主要赋存于钛磁铁矿中，而分布于钛铁矿和含铁硅酸盐类矿物中的铁居于次要地位。通常赋存于钛磁铁矿中铁的分布率随矿石品级增高而增高，一般 Fe_1 为 93% 左右、Fe_2 为 78%~88%、Fe_3 为 67%~75%、Fe_4 为 51%~63%；与钛磁铁矿不同的是，存在于钛铁矿中铁分布率随矿石品级增高而降低，Fe_1 一般为 5% 左右、Fe_2 为 6%~13%、Fe_3 为 7%~17%、Fe_4 为 10%~27%；金属硫化物中铁的分布率基本上均在 5% 以下。

钛铁矿和钛磁铁矿均为矿石中钛的最主要赋存矿物。通常存在于钛铁矿中的钛分布率：Fe_1 为 26%~30%、Fe_2 为 32%~40%、Fe_3 为 47%~58%、Fe_4 为 60%~75%；与钛铁矿相反的是，钛磁铁矿中钛的分布率随矿石品级增高而增高，Fe_1 为 69%~73%、Fe_2 为 57%~65%、Fe_3 为 31%~49%、Fe_4 为 14%~33%。

钒主要呈类质同象存在于钛磁铁矿中，其分布率也和铁一样随矿石品级增高而增高，Fe_1 为 98%、Fe_2 为 95%、Fe_3 为 90%、Fe_4 为 80% 左右。

铬的赋存形式与钒基本一致，即呈类质同象集中分布在钛磁铁矿中，分布率随矿石品级增高而增高。红格矿区存在于钛磁铁矿中铬的平均分布率：Fe_1 为 99%、Fe_2 为 98%、Fe_3 为 90%、Fe_4 为 87%。

钪主要呈类质同象分布于硅酸盐类脉石矿物（以钛辉石为主）和钛铁矿中。红格矿石中硅酸盐类脉石和钛铁矿含 Sc 品位分别为 17.6~56.2g/t 和 18.2~28.4g/t，分别占 70.88%~92.17% 和 6.5%~23.39%。

2.1.5.2　钴、镍、铜和铂族元素

钴、镍、铜主要以硫化物的形式存在，还有部分分布在钛磁铁矿和脉石矿物中。在硫化物中钴的分布率 21%~80%，一般 45%~60%；镍的分布率 13%~91%，一般 40%~60%；铜的分布率 13%~85%，一般 30%~70%。

铂族元素矿物已发现砷铂矿和硫锇钌矿等，其分布主要受含矿母岩岩相和岩石类型所控制，在基性程度较高的橄榄岩、辉石岩中相对较高，并随铜镍硫化物富集而增高。经元素分布平衡计算，95% 左右的铂族元素赋存于金属硫化物中。

2.1.6　主要矿物的嵌布粒度

各矿区矿石中钛磁铁矿、钛铁矿和金属硫化物的主要粒度变化范围见表 2-4。

由表 2-4 可看出，各矿区矿石中钛磁铁矿和钛铁矿均属中粗粒~中细粒嵌布的范围，但钛铁矿的粒度相对略为细小；金属硫化物除白马矿区略粗以外，大多小于 0.25mm，具细粒嵌布的特征。单纯根据嵌布粒度分析，在 -200 目占 60% 左右的磨矿细度条件下，即可使矿石中绝大部分钛磁铁矿和钛铁矿得到较充分的解离。

表 2-4　矿石主要矿物的粒度变化范围　　　　　　　　（mm）

矿物	粒度	红格	攀枝花	白马	太和
钛磁铁矿	最大	4~7	2	1.5	10
	一般	0.5~1	0.3~1.5	0.3~1.5	0.25~2
	最小	<0.5	<0.3	<0.3	<0.2
钛铁矿	最大	2	>1.5	2.2	2
	一般	0.3~1	0.4~1.5	0.1~1	0.2~1.5
	最小	0.01~0.2	<0.4	<0.1	<0.2
硫化物	最大	0.7~2	>0.5	>1	0.5
	一般	0.05~0.25	0.1~0.2	0.2~0.5	0.05~0.25
	最小	0.002	0.01	<0.1	0.025

2.2　钒钛磁铁矿磨选加工技术

2.2.1　矿石性质及破碎工艺

2.2.1.1　矿石物理性质

对矿石进行破碎磨矿时，矿石的物理性质是主要影响因素，如矿石的硬度、密度、脆性及其他物理性质等。攀枝花钒钛磁铁矿石各品级矿石的物理性质测定结果见表 2-5。

表 2-5　攀枝花钒钛磁铁矿石物理性质

物理性质	高品位矿石	中品位矿石	低品位矿石	表外矿石	岩石
铁含量/%	>45	45~30	30~20	20~15	>15
矿石的构造类型	致密块状	稠密块状	稀疏浸染状	星散浸染状	
矿石硬度	8	12	17		20
矿石密度/t·m⁻³	4.42	3.98	3.66	3.31	3.17
相对可磨度	1	0.84~0.91	0.76~0.80		
采场内矿石量/%	19.57	34.65	47.58		

攀枝花钒钛磁铁矿石物理性质中，普氏硬度系数 8~17，岩石硬度系数 20 以上。密度为 3.17~4.42t/m³，这与其他类型矿石一样，主要取决于铁含量或金属矿物含量。矿石构造也与金属矿物含量有关，致密块状构造矿石金属矿物含量约占 80% 以上，稀疏或星散漫染状矿石金属矿物含量约占 50%~30% 左右。相对可磨度也从高品位矿石到低品位矿石呈逐渐难磨趋势。

2.2.1.2　矿石性质与破碎磨矿功耗规律

破碎功耗与矿石硬度关系密切，表示矿石硬度特性最广泛采用的是普氏硬度系数。该指标用捣碎法并按式（2-1）计算：

$$a = A/S$$

$$（2-1）$$

式中 a——单位破碎功，J/m²；

  A——消耗功，J；

  S——新生成的表面积，m²。

单位破碎功与普氏硬度系数之间的关系为 $r = 1.95a^{0.7}$。

昆明理工大学对红格钒钛磁铁矿石的四个矿样进行破碎磨矿功耗规律研究，得出矿石的力学性能见表 2-6。

表 2-6　红格钒钛磁铁矿石的力学性能

试样		抗压强度/kPa	抗剪强度/kg·cm⁻²	弹性模量/kg·cm⁻²	泊松比	密度/g·cm⁻³
编号	采样点					
T_{101}	南矿区	218800	309	15.3	0.358	4.11
T_{102}	南矿区	138000	549	11.4	0.471	3.41
T_{103}	北矿区	198800	439	13.4	0.332	3.75
T_{104}	北矿区	160500	465	15.2	0.410	3.59

根据破碎功耗与产品粒度的微分方程：

$$dE = - C \frac{dx}{x^n} dx \tag{2-2}$$

式中 x——矿石粒度，μm；

  dE——单位重量矿石粒度变化所需的能量，J/kg；

  C——与破碎机械性能有关的系数；

  n——与矿石性质有关的系数。

对红格矿石（T_{101}、T_{102}、T_{103} 及 T_{104} 四个矿样）用单肘复摆型破碎机破碎，得出其功耗规律通式：

$$dE_{101} = - C \frac{dx}{x^{1.65 \sim 1.49}} dx \tag{2-3}$$

$$dE_{102} = - C \frac{dx}{x^{1.47 \sim 1.45}} dx \tag{2-4}$$

$$dE_{103} = - C \frac{dx}{x^{1.48}} dx \tag{2-5}$$

$$dE_{104} = - C \frac{dx}{x^{1.43 \sim 1.41}} dx \tag{2-6}$$

对红格矿磨矿功耗规律研究也是用上述功耗与产品粒度特性关系的理论，在实验室条件下，进行了不连续磨矿及连续磨矿的功耗规律研究，其规律大致相同，得出红格矿石四个矿样的磨矿功耗规律通式：

$$dE_{T101} = - C \frac{dx}{x^{1.77 \sim 1.85}} dx \tag{2-7}$$

$$dE_{T102} = - C \frac{dx}{x^{1.93 \sim 1.96}} dx \tag{2-8}$$

$$dE_{T103} = - C \frac{dx}{x^{1.92 \sim 1.93}} dx \tag{2-9}$$

$$dE_{T104} = - C \frac{dx}{x^{1.95 \sim 1.93}} dx \tag{2-10}$$

通过对红格矿石四个矿样的破碎磨矿功耗规律研究表明，破碎磨矿所需的能量是产品粒度的连续函数，随着产品粒度的变细，破碎比增加，功耗规律将由基克学说向邦德学说过渡，再向雷廷智学说过渡。具体就是红格矿石的破碎功耗规律是由基克学说向邦德学说过渡，磨矿功耗是由邦德学说向雷廷智学说过渡。

2.2.1.3　矿石可磨度研究

矿石的可磨度是矿石破碎性能的综合参数，也是可以通过试验测定的矿石特征常数，在不同磨矿条件下，其值不变或按一定比例变化。目前，应用最广泛的测定方法是邦德提出的功指数法。邦德认为磨矿时有效消耗的总能量 W 与磨矿产品粒度的平方根成反比。

$$W = W_i \left(\frac{10}{\sqrt{P}} - \frac{10}{\sqrt{F}} \right) \tag{2-11}$$

式中　W_i——邦德功指数，$kW \cdot h/t$，代表将每吨矿石由无限大磨到 $P = 100\mu m$ 所需的功，W_i 的数值可通过不同方法由试验求得；

F——给矿粒度，μm。

随着工业磨机计算方法的不同，可磨度的测定方法也不同，除功指数法外，还有能量效率法、新生比表面法及单位容积生产量法等。过去国内长期应用单位容积生产量法，测定相对可磨度系数。

2.2.1.4　冲击破碎功指数

冲击破碎功指数测定法是测定矿石可碎性及可磨性的典型方法之一，是利用落重装置使自由落下的重物（球）冲击冲模而击碎矿石，可磨度用每焦耳功所产生的新表面来度量。根据试样冲击破坏强度计算功指数。一般采用双摆锤式冲击试验机，该机由两个相对称的摆锤组成，每个锤重 13.61kg，测定方法是从原矿中抽取 20 块试样，其尺寸为 75 ~ 50mm，测定其密度及被冲击的相对两侧面厚度，并将其置于两锤之间的砧座上，提升摆锤，然后使其自由落下，使两锤同时打击在试样上，摆锤提升角度以 5°间隔逐渐升高，直至使试样被击碎为止，记录下最终的摆锤提升角度。并计算出试样抗冲击强度。

冲击破碎功指数按下式计算：

$$W_{ic} = 52.42 E_p / B\delta \tag{2-12}$$

式中　W_{ic}——冲击破碎功指数，$kW \cdot h/t$；

E_p——矿样的抗冲击强度，$kg \cdot m$；

B——矿样的厚度，cm；

δ——矿样密度，g/cm^3。

白马及红格钒钛磁铁矿石的冲击破碎功指数测定数据见表 2-7。

表 2-7　冲击破碎功指数测定结果

试　　样	冲击破碎功指数/kW·h·t⁻¹
白马及及坪混合样	11.68
白马田家村矿混合样	13.19
红格南矿区表内矿样	11.37
红格北矿区表内矿样	13.84

2.2.1.5　棒磨及球磨功指数

棒磨功指数表示物料以棒作磨矿介质时的磨矿特性。测定试验用棒磨机的规格为 $\phi 305\text{mm} \times 610\text{mm}$。内装 6 根 $\phi 31.75\text{mm}$ 及 2 根 $\phi 44.45\text{mm}$ 的钢棒，钢棒长 53.34mm，总重 33.38kg。磨介质的表面积约为 4839cm^2，试样粒度为 -12.7mm，每次给矿总体积 1250cm^3（其质量为 1250×松散密度）。根据矿石性质确定第一周期转数，每个周期运转后，都按规定尺寸筛出筛下产品，并用原试样补足到 1250cm^3，再做下一周期运转用料，直至磨机达到进出料稳定为止，大约需 10 个周期左右，达到循环负荷为 100%，磨机每转筛下产品质量在最后 2~3 个周期达到平衡。根据筛析和计算出的试验数据，棒磨功指数 W_{ir}，按下列公式求得：

$$W_{ir} = \frac{68.32}{P_i^{0.23} G_{rp}^{0.625} \left(\dfrac{10}{\sqrt{P_{80}}} - \dfrac{10}{\sqrt{F_{80}}} \right)} \tag{2-13}$$

式中　W_{ir}——棒磨功指数，kW·h/t；
　　　P_i——试验筛孔尺寸，μm；
　　　G_{rp}——棒磨机每转新生成的试验筛下产量，g；
　　　P_{80}——给矿中 80% 物料通过试验筛的筛孔尺寸，μm；
　　　F_{80}——磨矿产品中 80% 物料通过试验筛的筛孔尺寸，μm。

白马及红格钒钛磁铁矿石棒磨试验磨矿粒度在 6 目、7 目、10 目及 20 目时的棒磨功指数测定数据见表 2-8。

表 2-8　棒磨功指数测定结果

试　　样	棒磨功指数/kW·h·t⁻¹			
	6 目	7 目	10 目	20 目
白马及及坪混合样编号 9	18.73		20.72	21.04
白马及及坪矿混合样编号 10	20.86		21.11	21.18
白马及及坪矿混合样编号 11	20.42		20.79	21.58
白马田家村矿混合样编号 12	17.96		18.44	18.84
白马田家村矿混合样编号 13	18.58		19.97	20.41
白马田家村矿混合样编号 14	19.00		19.94	20.05
白马全矿区混合样编号 15	20.67		21.18	21.24

试　样	棒磨功指数/kW·h·t^{-1}			
	6目	7目	10目	20目
红格南矿区辉长岩型矿样		21.82		
红格南矿区辉石岩型矿样		20.08		
红格南矿区橄辉岩型矿样		19.97		
红格南矿区混合矿样		20.55		
红格北矿区辉长岩型矿样		22.80		
红格北矿区辉石岩型矿样		20.03		
红格北矿区橄辉岩型矿样		21.58		
红格北矿区混合矿样		20.11		

　　球磨功指数表示物料以球作磨矿介质时的磨矿特性。与棒磨功指数的测定一样，测定球磨功指数也要按标准程序进行。试验用球磨机的规格为 XMGQ-ϕ305mm×305mm，有效体积 22.3L，筒体转速 70r/min，机内磨矿介质为钢球，数量 285 个，质量 20.125kg，试样粒度为−6mm，规定给矿总容量为 700cm^3（其质量为 700×松散密度），规定循环负荷为 250%，当循环负荷达到 250%±5% 时，且最后 2~3 个周期 G_{rp} 值相近时，即认为达到平衡。根据筛析和计算出的试验数据，球磨功指数 W_{ir} 按下列公式求得：

$$W_{ir} = \frac{49.04}{P_i^{0.23} G_{rp}^{0.82}\left(\dfrac{10}{\sqrt{P_{80}}} - \dfrac{10}{\sqrt{F_{80}}}\right)} \qquad (2-14)$$

式中　W_{ir}——球磨功指数，kW·h/t；

　　其他符号意义同前。

　　白马钒钛磁铁矿石及红格钒钛磁铁矿石各试样试验磨矿粒度在 40 目、65 目及 100 目时的球磨功指数测定数据见表 2-9。

表 2-9　球磨功指数测定结果

试　样	球磨功指数/kW·h·t^{-1}		
	40目	65目	100目
白马及及坪混合样编号9	16.12	16.59	
白马及及坪混合样编号10	16.13	16.32	
白马及及坪混合样编号11	15.62	16.87	
白马田家村混合样编号12	15.39	16.26	—
白马田家村混合样编号13	15.44	16.16	
白马田家村混合样编号14	14.52	15.79	
白马全矿区混合样编号15	16.41	17.17	

试　样	球磨功指数/kW·h·t^{-1}		
	40目	65目	100目
红格南矿区辉长岩型矿样			16.89
红格南矿区辉石岩型矿样			17.57
红格南矿区橄辉岩型矿样	—	—	16.42
红格北矿区霏长岩型矿样			17.56
红格北矿区辉石岩型矿样			17.00
红格北矿区橄辉岩型矿样			16.93

2.2.1.6　自磨功指数

自磨功指数主要是用来判断被试验矿石是否适宜采用自磨机进行磨矿，首先要根据球磨功指数 W_{iB} 值做出初步判断：

$W_{iB}<8$，矿石软，易碎，矿石自磨时介质量有可能不足。

$W_{iB}=8\sim14$，可考虑采用自磨。

$W_{iB}=14\sim20$，矿石有一定硬度，可采用球磨。

$W_{iB}>20\sim25$，矿石很硬，矿石自磨时，处理能力低，功耗高，易形成难磨矿块（顽石）。

其次要进行自磨介质适应性测定试验，其目的在于判断被磨矿石在进行自磨生产中能否提供足够的适宜自磨的介质。试验所采用的设备是 $\phi180mm\times400mm$ 封闭型自磨介质试验机，试样是将被测矿石分为 $100\sim113mm$、$113\sim125mm$、$125\sim138mm$、$138\sim150mm$、$150\sim163mm$ 五种粒级，每粒级中取 10 块，共 50 块，分别称重后一起放入介质试验机中。运转 500 转后，将矿石产品全部倒出，并按规定要求进行粒度分析及计算。求出大于 100mm 以上矿块个数 n_{+100} 及产率 $\gamma_{+100}\%$。再求出产品中最大的 50 个矿块产率 $\gamma_{50}\%$。在此基础上计算自磨介质功指数、自磨介质适应基准及功指数比率，自磨介质功指数 W_{iA} 按下列公式计算：

$$W_{iA}=\frac{2.755}{\dfrac{10}{\sqrt{P}}-\dfrac{10}{\sqrt{F}}}\qquad(2-15)$$

式中　W_{iA}——自磨介质功指数，kW·h/t；

其他符号意义同前。

自磨介质适应性基准 $\overline{N}_{om}$ 按下列公式计算：

$$\overline{N}_{om}=\frac{1}{4}\sum_{i=1}^{4}N_{om\text{-}i}\qquad(2-16)$$

式中，$i=1$、2、3、4。

$i=1$，$N_{om\text{-}1}$ 称为大块个数基准，其算式：

$$N_{om\text{-}1}=1.102\frac{n_{+100}}{W_{ic}}\qquad(2-17)$$

式中　W_{ic}——破碎（冲击）功指数，$i=2$。

$N_{om\text{-}2}$ 称为大块质量基准，其算式：

$$N_{\text{om-2}} = \frac{\gamma_{+100}}{1.13W_{\text{ic}}} \tag{2-18}$$

$i = 3$，$N_{\text{om-3}}$ 称为介质比率基准，其算式：

$$N_{\text{om-3}} = \frac{\gamma_{50}}{2.26W_{\text{ic}}} \tag{2-19}$$

$i = 4$，$N_{\text{om-4}}$ 称为粉碎比率基准，其算式：

$$N_{\text{om-4}} = \frac{P_{80}}{5898W_{\text{ic}}} \tag{2-20}$$

式中 P_{80}——介质适应性试验后产品总重的 80% 过筛的粒度。

求出上述四个基准后，代入公式 $\overline{N}_{\text{om}} = \frac{1}{4}\sum_{i=1}^{4} N_{\text{om-}i}$，求平均值 $\overline{N}_{\text{om}}$，一般说来 $\overline{N}_{\text{om}}$ 值越大，表明矿石越适于自磨，当 $\overline{N}_{\text{om}} < 1$ 时，表明矿石不适于自磨。

功指数比率 R_{w}，其算式：

$$R_{\text{w}} = \frac{W_{\text{iA}}}{W_{\text{ic}}} \tag{2-21}$$

R_{w} 的数值相当于矿石自磨时介质量与被粉碎物料量的大致比例。R_{w} 值太小说明介质供应不足，自磨生产中易形成难磨矿块。

根据以上几个指标的综合比较可大致判断被试验矿石是否可以采用自磨磨矿。

白马及红格钒钛磁铁矿石的自磨介质功指数试验结果见表 2-10。

表 2-10 自磨介质功指数测定结果

矿 样	自磨介质/kW·h·t^{-1}
白马及及坪矿混合样	199.3
白马田家村矿混合样	193.3
白马全矿区混合样	196.5
红格南矿区混合样	212.9
红格北矿区混合样	221.8

2.2.1.7 单位容积生产量法

用单位容积生产量法测定矿石可磨度，是一种比较简单及适用性很强的一种方法，长期被沿用。用磨机单位容积产出的新生 $-75\mu\text{m}$ 物料量来确定可磨度，测定时取待测定矿石与基准矿石在比较标准的磨机上同时进行试验，采用比较法求得相对可磨性系数 K。

$$K = \frac{q}{q_0} = \frac{t_0}{t} \tag{2-22}$$

式中 q，q_0——待测及基准矿石的容积生产量，按磨矿时新生的 $-75\mu\text{m}$ 物料量计，t/(m³·h)；

t，t_0——待测及基准矿石磨到指定粒度所需的时间，s。

对红格钒钛磁铁矿进行相对可磨度试验时，棒磨相对可磨度试验采用包头矿（中贫氧化矿）为基准矿石；球磨相对可磨度试验采用攀枝花钒钛磁铁矿生产样为基准矿石。

当磨矿至−75μm 占 75%时，其相对可磨度系数 K 值见表 2-11。

表 2-11 红格钒钛磁铁矿相对可磨度系数 *K*

矿　样	棒　磨		球　磨	
	基准矿石	被测矿石	基准矿石	被测矿石
南矿区混合样	1.0	0.51	1.0	1.0
北矿区混合样	1.0	0.52	1.0	1.02

2.2.1.8 破碎工艺流程

A　常规破碎工艺流程

攀西钒钛磁铁矿石破碎广泛应用三段开路或三段一闭路破碎工艺流程。分设粗碎、中碎及细碎工序。

第一段粗碎完成矿石计量、破碎及运输作业，粗碎产品粒度一般为 350/300~0mm，主要采用皮带运输机将其运到中碎工序。

中碎前设有贮矿槽及板式给矿机，用来控制破碎机给矿量及计量。经过中碎之后，矿石粒度一般为 75/70~0mm。中碎前常设置预先筛分，用来提高破碎机的生产能力及改善工作条件。

细碎是最后破碎工序，要生产合格产品，供给磨矿，所以对其要求较高。开路破碎通常设置预先筛分，筛上产品再进行破碎，使其达到合格粒度的产品后，再与筛下产品合并，成为最终破碎产品。经过细碎之后，矿石粒度一般为 25/20~0mm。

矿石经过多段破碎，多次运转及贮矿槽贮存等过程，从而达到矿石的混匀要求，这对磨矿及选矿过程的稳定将起到重要作用。

攀枝花密地选矿厂 2004 年之前采用三段开路破碎流程，原矿给矿粒度为 1000~0mm。破碎最终产品粒度为 25~0mm。

粗碎采用 PX1200/180 型旋回破碎机进行开路破碎，破碎产品粒度为 350~0mm。

中碎采用 φ2000 弹簧标准圆锥破碎机，给矿为粗碎产品经 70mm 条筛进行预先筛分的筛上产品。中碎产品粒度为 70~0mm。

细碎采用 PY-2200 型短头液压圆锥破碎机，给矿为中碎产品经 25mm 振动筛进行预先筛分的筛上产品，细碎产品粒度为 25~0mm，经破碎后的最终产品由皮带运输到露天贮矿场。

B　高压辊磨超细碎

自 1985 年德国 Krupp Polgsius 公司制造出第一台高压辊磨机在水泥行业应用以来，国内外已有数百台成功地应用于生产之中。如智利 Los Colorados 铁选矿厂在铁矿石破碎流程中采用了德国 KHD Hombuldt Weldag 的 RP-BR16-170/180 型高压辊磨机，毛里塔尼亚 SNIM/Zouerat 用于将 25~0mm 铁矿石闭路破碎至−1.6mm 占 65%左右；智利 CMH 用于将 65~0mm 铁矿石破碎至 7~0mm、澳大利亚 One Steel 公司用于将 25~0mm 磁铁矿碎至 3.15~0mm；美国 Empire Iron Ore Mine 用于破碎自磨机顽石；葡萄牙某矿用于破碎锡矿石、波兰 KGHM Polish Copper, Polkowice 用于破碎铜矿；俄罗斯 Alrosa 矿用于破碎金矿石等。

目前，国内已采用和即将使用高压辊磨机粉碎金属矿石的有马钢凹山选厂、金堆城钼业公司、姑山选矿厂、司家营矿业公司、武钢矿业公司程潮铁矿和柳钢矿业公司球团厂等。马钢凹山选厂引进了一台德国魁伯恩公司生产的型号为 RP630/17-1400 的高压辊磨机，采用高压辊磨技术处理低品位混合矿石，节能减排效果显著，破碎效果好，主厂房处理量可由 500 万吨/年提高至 700 万吨/年。

姑山选矿厂在 2000 年采用 GM1000×200 型高压辊磨机用于磁选粗粒级中矿的预磨工艺流程，并于 2004 年开始采用新型的镶嵌组合式压辊进行矿石的粉磨工业化生产试验。我国武钢矿业公司程潮铁矿和柳钢矿业公司球团厂分别从德国洪堡公司（KHD）引进了不同规格的高压辊磨机，用于球团给料铁精矿的粉磨生产上，并取代了国内近年来开发的球团给料采用润磨机粉磨作业的方法。

高压辊磨机作为一种超细碎设备具有单位破碎能耗低、破碎产品粒度均匀、占地面积少、设备作业率高等特点。采用高压辊磨机进行破碎可显著降低破碎的能耗，在选矿厂的传统三段一闭路破碎流程中，如果第三段破碎采用高压辊磨机代替圆锥破碎机，破碎和磨矿作业的综合能耗可降低 $5 \sim 10 kW \cdot h/t$。仅以我国的铁矿山为例，2008 年我国铁矿山处理铁矿石约 8 亿吨，如果有 50% 采用高压辊磨机进行细破碎，至少每年可节约电耗 20 亿 ~ 40 亿千瓦时。如果我国黑色、有色、黄金等金属矿山的矿石破碎均采用高压辊磨机，每年的节电量就将更大。

在高压辊磨机超细碎方面，目前的发展趋势是设备的大型化、自动检测与控制水平的提高，研制强度高、寿命长，适合破碎硬度更大、强度更高、磨蚀性更强的金属矿石的辊面材料和辊面结构；研究高压辊磨机在冶金矿山的应用，特别是在铁矿磁选预处理，铁矿石入磨前进行超细粉碎—预选抛尾是选矿厂节能、降耗、增效的重要途径。由于预选抛尾技术的发展，使得国内许多磁铁矿选矿厂都降低了开采边界品位，将大量的表外矿纳入资源体系。由于磁性材料的发展，磁选设备的发展也较快，配合高压辊磨的超细粉碎，将这类强磁设备用于弱磁性矿物的预选抛尾是未来的发展方向。

2.2.2　磨选工艺流程

攀西钒钛磁铁矿石磨矿广泛采用一段磨矿或二段磨矿流程，其中包括矿仓、给矿计量、磨矿、分级及产品输送等工序。

一段闭路磨矿按照矿石合理解离的原则是处理粗粒及中粒嵌布矿石首先被考虑采用的最佳方案。其优点是在能保证合格粒度产品条件下，生产能力高，这种优点与分级效率有较大关系。进行以回收钛磁铁矿（连晶体）为铁精矿产品的磨矿过程，广泛采用球磨机与螺旋分级机组成闭路磨矿。螺旋分级机应用得最广泛，它同时起到运输及按粒度分级物料的作用，在第一段磨矿中螺旋分级机能够比较可靠的达到此目的。但在第一段磨矿时，也可采用细筛，在第二段磨矿时，或再进一步磨矿时，常采用水力旋流器。

攀枝花密地选矿厂 2004 年之前采用一段闭路磨矿流程，给矿是 15 ~ 0mm 高堰式双螺旋分级机，构成一段闭路磨矿，球磨机单台生产能力为 100t/h 左右。

承德双塔山选矿厂采用二段闭路磨矿流程。最终磨矿粒度为 0.15/0.2 ~ 0mm（-200 目占 65% ~ 75%）。

影响磨矿过程的工艺参数很多，如被磨物料性质、磨机结构及操作制度等。这些参数本身又互相影响，因此，关于磨矿作为最佳生产工艺参数的选择及计算多是采用试验方法来制定。但也有很多学者在这方面进行过研究，推导出很有应用价值的计算公式，也是可以参考及应用的。

2.2.2.1 一段磨矿磁选工艺流程

钛磁铁矿选矿最佳分选方法是磁选工艺，其主要过程包括磁选前的磨矿，使物料达到解离后，进行磁力分选，排出解离的含钛等弱磁性矿物及脉石，获得铁精矿产品。

从钛磁铁矿的工艺矿物学研究及其分选特性结果得知，影响钛磁铁矿分选富集的主要因素是磨矿粒度，尤其是将钒钛磁铁矿石中的钛磁铁矿作为富集产品时，应将其作为一种含磁铁矿、钛铁晶石、尖晶石及板状钛铁矿的复合磁铁矿物相整体来考虑，其嵌布粒度是比较粗大的，在磨矿作业中是属粗、中粒嵌布粒度物料，所以，首先考虑以较粗粒级磨矿作业的一段磨矿为主要磨矿方案。

磨矿磁选流程的制定，主要是以矿石磨矿粒度与磁选结果的关系为基础。以球磨机为主要磨矿设备的磨矿磁选流程，以磨矿粒度不同分为一段及二段磨矿磁选流程。当磨矿粒度在-200目占55%以上时，多采用二段磨矿磁选流程；当磨矿粒度在-200目占30%左右时，多采用一段磨矿磁选流程。

在不同磨矿粒度下，可获得不同品位的铁精矿产品。但是，攀枝花—西昌地区钒钛磁铁矿石选矿的合理铁精矿品位，更应取决于选矿—冶炼的最佳技术经济指标。基于此，在工业试验中，生产不同含铁量的铁精矿产品作为高炉冶炼原料，进行高炉冶炼工业试验。我国在利用高钛型铁矿石高炉冶炼中取得了突破，能在高炉渣含 TiO_2 量在30%左右时获得高炉冶炼较好的技术经济指标：生铁合格率达99%以上，铁损降低到3%以下，焦比接近同样原料条件下的普通矿高炉冶炼水平，钒回收率70%以上。最后确定以含铁量为53%±1%及 TiO_2 品位13%左右的铁精矿进行高炉较长时间的冶炼，其冶炼结果是炉况顺行、生铁合格、铁损低到同等高炉水平。

为了确定适宜的磁选工艺，进行了各矿区矿石不同入选粒度物料自磁选试验及磁选工艺参数试验，包括磁场强度、精选次数及扫选作业等对分选指标的影响试验。

入选粒度对磁选指标的影响是确定磁选工艺流程的主要因素。对各矿区矿石进行大量试验工作，试验方法是将各矿区矿样在实验室球磨机中进行不同粒度的磨矿并将已磨细的物料进行磁选，得到铁（钒）精矿及含钛、硫化物的尾矿。然后经综合分析得出不同磨矿粒度对磁力分选指标的影响规律。

2.2.2.2 阶磨阶选工艺流程

攀西地区钒钛磁铁矿石嵌布粒度较粗并且属不均匀嵌布，在破磨时，较粗粒物料中，就可产生部分单体脉石或贫连生体矿物产品，对其进行磁力分选，就能排出部分粗粒尾矿。因此，对各矿区矿进行了全面的包括粗粒干式磁选作业的两段或多段磨矿磁选工艺流程试验。

在第一段磨矿粒度为0.6~2mm，第二段磨矿粒度为0.2mm条件下，分别进行阶段粗选、精选及扫选，都可排出粗粒尾矿及获得TFe品位54%~56%的铁精矿产品。

红格钒钛磁铁矿石选矿工艺流程试验：该试验是在完成实验室及半工业试验之后，在西昌攀枝花410厂进行选矿工业试验，着重研究包括干式磁选的预选作业及阶段磨矿磁选工艺流程，预选粒度为-75mm，对第一段磨矿机分别进行棒磨及球磨磁选试验，第二段磨矿机都采用球磨磨至最终分选粒度。共进行三种工艺流程试验：（1）破碎—干式磁选—棒磨—球磨—阶段磁选工艺流程（简称棒—球流程）；（2）破碎—干式磁选—球磨—球磨—阶段磁选工艺流程（简称球—球流程）；（3）破碎—干式磁选—球磨—球磨连续磨矿—磁选工艺流程（简称连磨流程）。

白马钒钛磁铁矿石选矿工艺流程工业试验：在实验室及半工业选矿试验结果基础上，主要进行二段磨矿磁选工业试验，第一、二段磨矿都是采用球磨机。第一、二段分级设备除主要采用螺旋分级机外，为了强化分级作业，还对直线振动筛进行试验。共组合成四种流程，对及及坪及田家村混合样分别进行试验。

攀枝花钒钛磁铁矿经过40多年的开发利用，攀枝花采场现已形成年产铁矿石1500万吨的生产能力。1970年建成的攀枝花密地选矿厂，流程结构简单，采用的是三段开路破碎、一段闭路磨矿、一粗一精一扫的原则工艺流程，年生产TFe品位52.5%的铁精矿430万吨。2005年，攀枝花密地选矿厂完成"提质、稳钛、增产"工程改造，采用两段磨矿替代一段磨矿、"旋流器+高频振动细筛"组合分级替代螺旋分级机，实现了攀枝花钒钛磁铁矿固有矿石性质与工艺流程和选矿设备的合理匹配，使得选矿生产技术装备上了一个新台阶，铁精矿TFe品位提高到54%以上，精矿中TiO_2品位稳定在13%以下，选矿厂铁精矿生产能力达到500万吨/年。

2.2.2.3 半自磨球磨联合工艺流程

自磨机和半自磨机与球磨机和棒磨机同属卧式放置的筒式磨矿设备。与球磨机和棒磨机不同的是，借助于被处理物料本身（或加入少量介质）在筒体内相互连续的冲击、滚落磨削而使物料粉碎。根据磨机筒体内钢球充填率的不同分为自磨机和半自磨机，半自磨机主要用于湿式流程中粉磨各种硬度的矿石、岩石和其他适磨物料。

半自磨流程中，半自磨机都配有自返砂筛，磨矿产物的粒度较粗，上限可达到3mm，有利于重选和磁选的粗粒抛尾，流程简单；当磨矿细度为0.2mm左右时，可与螺旋分级机或水力旋流器组成回路。

半自磨球磨联合工艺流程主要应用在攀枝花的白马矿区，在采场旁进行粗破碎，经半自磨磨矿到3mm以下后，矿浆通过管道输送至选矿主厂房。白马矿区半自磨球磨联合工艺流程建设的目的，就在于应对当时建厂之初风化矿比例较高、在雨季经常堵塞矿仓下料口的问题。实践证明，含有风化矿的白马矿采用半自磨球磨联合工艺更有利于磨选工艺的顺畅，且在较粗粒度实现了选铁抛尾。

2.2.3 主要选矿设备

2.2.3.1 破碎设备

破碎设备分为粗碎机、中碎机和细碎机。选矿厂的破碎是由串联的各个破碎段组成的，其中粗碎给矿粒度1500~300mm、产品粒度350~100mm，中碎给矿粒度350~100mm、产品粒度100~40mm，细碎给矿粒度100~40mm、产品粒度30~5mm。

A 粗碎机

钒钛磁铁矿矿石较为坚硬，粗碎主要采用颚式破碎机和旋回式破碎机，中小型矿山以颚式破碎机为主，大型矿山多以旋回式破碎机为主。

颚式破碎机是出现较早的破碎设备，多用于粗碎，因其构造简单、坚固、工作可靠、维护和检修容易以及生产和建设费用比较少，因此广泛应用在金属矿山和选矿厂。

颚式破碎机由机架、偏心轴、动颚板、定颚板、肘板共五个主体机构组成。另有其他辅助零件，如固定齿板、衬板、挡罩、垫片、滑块、推力板、止动螺钉、锁紧装置，其结构件如图2-1所示。颚式破碎机工作原理是在动颚绕悬挂心轴向固定颚摆动的过程中，位于两颚板之间的物料受到压碎、劈裂和弯曲等综合作用。开始时，压力较小，使物料的体积缩小，物料之间互相靠近、挤压；当压力上升超过物料所能承受的强度时，发生破碎。当动颚离开固定颚向相反方向摆动时，物料靠自身重力向下运动。动颚的每一个周期性运动就使物料受一次压碎作用，并向下运动一段距离。经若干周期后，被破碎的物料就从排矿口排出机外。

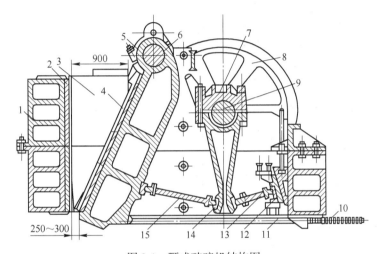

图 2-1 颚式破碎机结构图

1—机架；2，4—破碎板；3—侧面衬板；5—动颚；6—心轴；7—连杆；8—皮带轮；9—偏心轴；10—弹簧；11—拉杆；12—楔铁；13—后推力板；14—肘板座；15—前推力板

旋回式破碎机的生产能力比颚式破碎机的大3~4倍，多用于大型矿山粗碎各种坚硬矿石。

旋回式破碎机由机架、工作机构、排料口调节装置、传动机构、保险装置、防尘装置和润滑系统等组成。旋回式破碎机的工作原理是活动圆锥偏心地安装在中空的固定锥体内，中心轴旋转时，活动圆锥向固定圆锥靠近，位于两者间的矿石被压碎；反之，当活动圆锥离开固定锥时，已破碎物料靠自重排出。由于在任一时间，都有一部分物料受到挤压，而它对面的那一部分矿石同时向下排出，因此整个破碎工作是连续的。旋回式破碎机结构如图2-2所示。

 B 中碎机和细碎机

中破碎和细破碎多采用圆锥破碎机，偶有用颚式破碎机。根据破碎作业的需要，圆锥破碎机可分为标准型、中间型和短头型3种，其结构如图2-3所示。标准型主要用于矿石的中碎；中间型主要用于矿石的中、细碎；短头型主要用于矿石的细碎。三者除了为适应不同的给料和排料粒度的要求而破碎腔形状有所不同之外，其基本结构是相同的，圆锥破碎机结构如图2-4所示。

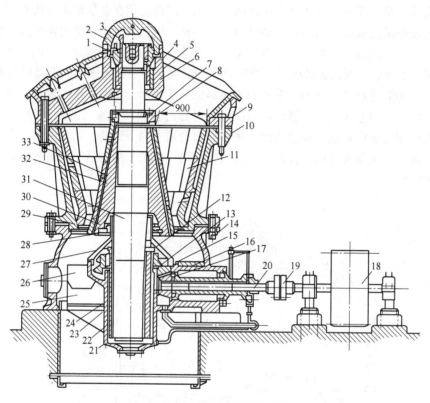

图 2-2 旋回式破碎机结构图

1—锥形压套；2—锥形螺母；3—楔形键；4, 23—衬套；5—锥形衬套；6—支承环；7—锁紧板；8—螺母；
9—横梁；10—固定锥（中部机架）；11, 33—衬板；12—挡油环；13—青铜止推圆船；14—机座；
15—大圆锥齿轮；16, 26—护板；17—小圆锥齿轮；18—带轮；19—联轴节；20—传动轴；21—机架下盖；
22—偏心轴套；24—中心套筒；25—筋板；27—压盖；28~30—密封套环；31—主轴；32—破碎锥

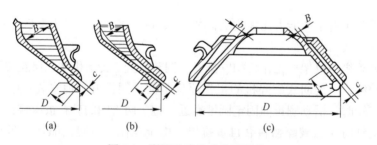

图 2-3 圆锥破碎机破碎腔形状

(a) 标准型；(b) 中间型；(c) 短头型

圆锥破碎机的工作原理和旋回式破碎机基本相同，只是某些零部件的结构特点有所不同，其主要区别有以下几个方面：

（1）破碎腔形状不同。旋回式破碎机的两个圆锥都是急倾斜型，其动锥正置，固定锥为倒头的截头圆锥（主要是为了满足给料粒度的要求）；而圆锥破碎机的两个圆锥均是缓倾斜型的正立截头圆锥；而且为了控制所排产品粒度，在破碎腔的下部设置了一段平行

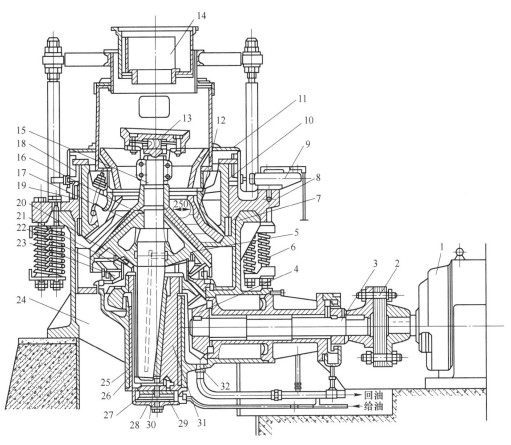

图 2-4　圆锥破碎机结构图

1—电动机；2—联轴节；3—传动轴；4—小圆锥齿轮；5—大圆锥齿轮；6—弹簧；7—机架；8—支承环；
9—推动液压缸；10—调整环；11—防尘罩；12，16—衬板；13—给料盘；14—给料箱；15—主轴；
17—破碎锥体；18—锁紧螺母；19—活塞；20—球面轴瓦；21—球面轴承座；22—球形颈圈；
23—环形槽；24—筋板；25—中心套筒；26—衬套；27—止推轴承；28—机架下盘；
29—进油孔；30—锥形衬套；31—偏心轴套；32—排油孔

碎矿区，这都导致两者的破碎腔形状不同。

（2）动锥的悬挂方式不同。旋回式破碎机的动锥悬挂在机架的横梁上；圆锥破碎机的动锥则由球面轴承支承。

（3）防尘装置不同。旋回式破碎机一般采用干式防尘装置，而圆锥破碎机通常采用水封防尘装置。

（4）排料口调节方式不同。旋回式破碎机利用动锥的升降调节排料口宽度，而圆锥破碎机则利用固定锥的高度来调节排料口宽度。

为保证最终产品粒度，在破碎过程中通常都带有筛分作业，一般在中碎前设置固定条筛做预先筛分，在细碎前设置预先和检查筛分。

2.2.3.2　磨矿分级设备

钒钛磁铁矿常用的磨矿分级设备为球磨机、螺旋分级机、水力旋流器和高频筛。

A　球磨机

磨矿是入选矿料准备的最后一道作业,磨矿作业不仅能耗和材料消耗高,而且产品质量直接影响后序选别作业的指标,磨矿的处理量实际上决定了选矿厂的处理量。因此,磨矿是选矿前重中之重的作业。经过多年生产及试验证明,球磨机是较好的钒钛磁铁矿磨矿设备,在生产中被广泛应用。

球磨机由给料部、出料部、回转部、传动部(减速机、小传动齿轮、电机、电控)等主要部分组成,其结构如图2-5所示。球磨机按照按排矿方式可分为溢流型球磨机、格子型球磨机和周边型球磨机3种。

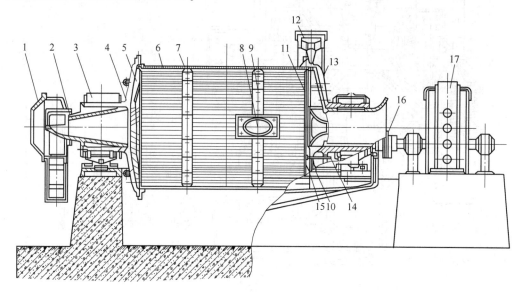

图 2-5　球磨机结构图

1—联合给料器;2,14—轴颈内套;3—主轴承;4—给料端盖;5—扇形衬板;6—筒体;7—衬板;
8—入孔;9—楔形压条;10—中心衬板;11—格子衬板;12—齿圈;13—排料端盖;
15—楔块;16—弹性联轴节;17—电动机

球磨机的原理是原料通过空心轴颈给入筒体进行磨碎,圆筒内装有各种直径的磨矿介质(钢球、钢棒或砾石等)。当圆筒绕水平轴线以一定的转速回转时,装在筒内的介质和原料在离心力和摩擦力的作用下,随着筒体达到一定的高度,当自身的重力大于离心力时,便脱离筒体内壁抛射下落或滚下,由于冲击力而击碎矿石。同时,在磨机转动过程中,磨矿介质相互间的滑动运动对原料也产生研磨作用。磨碎后的物料通过空心轴颈排出。

B　螺旋分级机

螺旋分级机虽是一种老式分级机,但至今仍广泛应用在金属矿选矿厂的第一段、第二段磨矿分级回路中。螺旋分级机构造简单、工作稳定可靠、操作方便,易与球磨机组成闭路作业;其缺点也比较明显:笨重、占地面积大、分级效率低,尤其是作为细粒分级时溢流浓度太低,不利于下段选别作业。

螺旋分级机主要由传动装置、螺旋体、槽体、升降机构、下部支座(轴瓦)和排矿阀组成,其结构如图2-6所示。

螺旋分级机按照螺旋轴的数目可分为单螺旋和双螺旋,按溢流堰高度可分为高堰式、

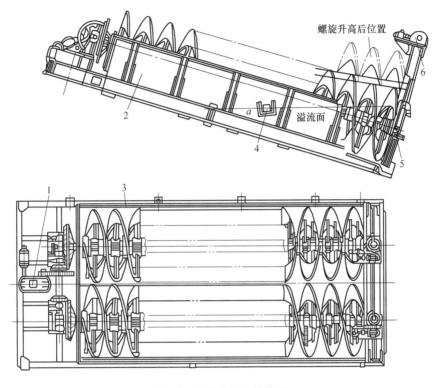

图 2-6 螺旋分级机结构图

1—传动装置；2—水槽；3—左、右螺旋轴；4—进料口；5—下部支座；6—提升机构

低堰式和沉没式 3 种。

高堰式螺旋分级机的溢流堰位置高于螺旋轴下端的轴承中心，但低于溢流段螺旋的上缘，具有一定的沉降区域，适用于粗粒分级，可以获得大于 100 目的溢流粒度。低堰式螺旋分级机的溢流堰低于溢流端的轴承中心，因此沉降区面积小，溢流生产能力低，通常不用于分级作业，而用来冲洗砂矿进行脱泥。沉没式螺旋分级机溢流端的整个螺旋都浸没在沉降区的液面下，其沉降区具有较大的面积和深度，适用于细粒分级，可以获得小于 100 目的溢流粒度。

螺旋分级机的原理是细磨后的矿浆从位于沉降区中部的给料口进入水槽，倾斜安装的水槽下端是矿浆分级沉降区，螺旋低速转动，对矿浆起搅拌作用，使轻细颗粒悬浮到上面，流到溢流边堰处溢出，进入下一道工序处理，粗中颗粒则沉降到槽底，由螺旋输送到排料口作为返砂排出。通常螺旋分级机和磨机组成闭路，将粗砂返回磨机再磨。

C 水力旋流器

水力旋流器是一种利用离心力将矿浆分级的设备，也是水力分级设备的一种结构形式。水力旋流器由上部一个中空的圆柱体，下部一个与圆柱体相通的倒锥体，组成水力旋流器的工作筒体。除此以外，水力旋流器还有给矿管、溢流管、溢流导管和沉砂口。其结构如图 2-7 所示。

水力旋流器在选矿厂用作分级设备，主要用来与磨机组成磨矿分级系统。水力旋流器的优点：（1）构造简单，轻便灵活，没有运动部件；（2）设备费用低，易装拆，维修方便，占地面积小，基建费用少；（3）单位容积处理能力大；（4）分级粒度细，可达 $10\mu m$

左右；（5）分级效率高；（6）矿浆在旋流器中滞留的时间和量少，停机时易处理。水力旋流器的缺点：（1）给矿用泵动力消耗大，磨损快，单位电耗约为螺旋分级机的数倍，但分级效率高可弥补此损失；（2）机件磨损快，主要是给料口和沉砂口磨损宽，因此衬有橡胶等耐磨件且易更换；（3）给矿浓度、粒度、黏度和压力的微小波动对指标影响很大，需配置相应的自动控制装置。

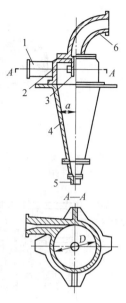

图 2-7 水力旋流器结构图
1—给矿管；2—圆柱形筒体；
3—溢流管；4—圆锥形筒体；
5—沉砂口；6—溢流导管

水力旋流器的原理是工作时矿浆以 49~245kPa 的压力、5~12m/s 的速度。从给矿管按切线方向进入圆柱形筒体，随即绕轴线高速旋转，产生很大的离心力。矿浆中粒度和密度不同的颗粒由于受到的离心力不同，所以它们在旋流器中的运动速度、加速度及方向也各不相同：粗而重的颗粒受的离心力大，被抛向筒壁，按螺旋线轨迹下旋到底部，作为沉砂从沉砂口排出；细而轻的颗粒受的离心力小，被带到中心，在锥形筒体中心形成内螺旋矿流向上运动，作为溢流从溢流管排出。

D 高频筛

高频筛是细粒物料筛分分级的有效设备，广泛用于金属矿选矿厂的筛分或分级作业。在钒钛磁铁矿选矿厂中，高频筛通常用于检查筛分。

高频筛由激振器、矿浆分配器、筛框、机架、悬挂弹簧和筛网等部件组成。高频筛具有效率高、振幅小、筛分频率高等优点，其缺点在于处理能力小。

高频筛的原理是采用高频率破坏矿浆表面的张力，高频率使细粒物料在筛面高速振荡，加速矿物析离作用，提高了小于分离粒度物料与筛孔接触的概率，造成了较好的分离条件，从而使小于分离粒度的物料，尤其是大密度的物料和矿浆一起透过筛孔筛出。

2.2.3.3 磁选设备

磁选设备按磁感应强度分为弱磁场和强磁场（包括高梯度磁场）两类；按磁源可分为电磁和永磁两类；按分选主机形状分为带式、筒式、辊式、环式等；按给料粒度分为粗粒和细粒等磁选设备。钒钛磁铁矿选矿生产中主要使用的弱磁机和强磁机两大类中，弱磁机又分为干式弱磁选机和湿式弱磁选机，强磁机又分为干式强磁机和湿式强磁机。

A 干式弱磁选机

干式弱磁选机包括磁力滚筒（又称磁滑轮）和永磁筒式磁选机两类。磁力滚筒有永磁和电磁两种，其结构如图 2-8 所示。磁力滚筒结构简单，可直接安装在皮带运输机的头部，也可以配置成单独的干式磁选机。

磁力滚筒的原理是磁性物料随皮带移动到滚筒顶部时被吸附，转到底部时自动脱落，而非磁性物料沿水平抛物线轨迹直接落下。磁力滚筒可用于物料除铁，特别是用于磁铁矿块矿预选，普通磁力滚筒的给矿粒度为 75~10mm，大块磁力滚筒的给矿粒度可达 350mm。

筒式磁选机原理和磁力滚筒相同，不同点在于筒式磁选机给矿方式有所不同，筒式磁选机可通过皮带或给料机给矿，磁性物料吸附在筒壁上，当滚筒转到底部时，磁性物料脱落，而非磁性物料直接沿着筒壁跌落。

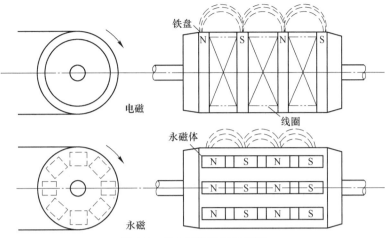

图 2-8 磁力滚筒结构示意图

干式磁选机非常适用于干旱缺水地区，节省水资源，降低选矿成本，为超贫磁铁矿开采和利用开辟了一条新途径。

B 湿式弱磁选机

湿式永磁筒式磁选机广泛应用于钒钛磁铁矿分选，主要由磁系、圆筒、分选槽、传动装置以及给料、排料和溢流装置组成。磁系排列和磁极数量对分选结果有决定性影响，根据筒径大小，磁极一般为 4~7 极，极性沿周边方向交替。圆筒用来吸附和运送磁性颗粒，并防止矿浆浸入磁系。圆筒及其端盖用非磁性、高电阻率和耐腐蚀材料制造。分选槽一般用奥氏体不锈钢制造，用橡胶或合成材料做内衬，以防止磨损。一般用齿轮电动机或 Y 系列电动机通过减速器驱动圆筒旋转。

湿式筒式磁选机有 3 种槽体结构形式，即顺流型（S）、逆流型（N）和半逆流型（B），其适宜的分选粒度依次为 -6mm、-2mm、-0.5mm，可根据矿石性质和选矿工艺流程选择合适的槽体形式。永磁筒式磁选机的一般结构如图 2-9 所示，图中为半逆流槽体。

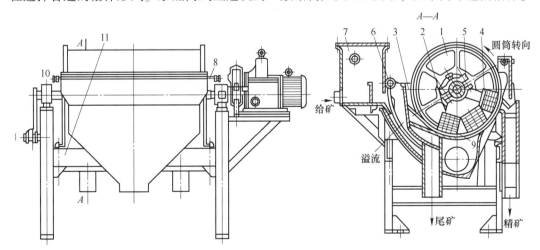

图 2-9 永磁筒式磁选机结构

1—圆筒；2—磁系；3—槽体；4—磁导板；5，11—支架；6—喷水管；7—给矿箱；
8—卸矿水管；9—底板；10—磁偏角调整装置

2.2.3.4 脱水过滤设备

A 脱水设备

选矿厂常用的脱水设备主要是周边传动浓缩机、中心传动浓缩机和斜板浓密机。浓缩机作为一种连续工作的浓缩和澄清设备，广泛应用于选矿厂的精矿和尾矿脱水。周边传动浓缩机和中心传动浓缩机结构基本相同，主要由浓缩池、耙架、传动装置、耙架提升装置、给料装置、卸料装置和信号安全装置构成，浓缩机在工作时，在池底中心有一个排出浓缩产品的卸料斗，池子上部周边设有环形溢流槽，两者的不同之处在于传动部件所在位置不同。

斜板浓密机主要由壳体及斜板组模块组成。壳体包含上部箱体和下部浓缩锥斗两部分。斜板组群由若干个相互独立的斜板单元构成，处理物料由斜板下端两侧进入，斜板组群上方有一贯通全长的溢流槽，槽底开有节流孔，造成外排溢流的水力背压，保证各斜板单元载荷均匀，防止径向紊流。侧向半逆流的给料方式能使下沉的固体颗粒、上行的澄清液各行其道，互不干扰，沿斜板下滑的沉砂进入下部后压缩脱水，并靠重力外排，也可借助于机械振动使沉砂顺利外排，斜板浓密机示意图如图 2-10 所示。

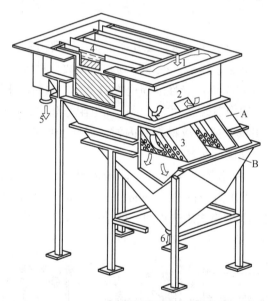

图 2-10　斜板浓密机示意图

1—给料口；2—给料槽；3—斜板组；4—溢流槽；5—溢流口；6—底流；

A—上箱；B—下锥斗

B 过滤设备

钒钛磁铁矿选矿厂常用的过滤设备是筒式真空过滤机，按照过滤方式可分为外滤式和内滤式两种。若在过滤机中设置磁系，又可分为筒型外滤式磁力真空过滤机和筒型内滤式磁力真空过滤机，不仅有过滤脱水作用，还有分选作用。

筒式真空过滤机主要由转筒、分配头和滤浆槽组成，其结构如图 2-11 所示。筒式真空过滤机转筒是一个能转动的水平圆筒，其表面覆盖一层金属网，网上覆盖滤布，滤布通常采用帆布或金属丝织布。金属网的作用是支持滤布。转筒内被等分成多个彼此不相通的扇形格，并通过分配头分别与滤液罐、洗水罐和压缩空气源相通。转筒转动时，扇形格内交替处于真空或加压状态。过滤时，转筒的下半部浸入滤浆槽中，浸没于滤浆中的过滤面积约占全部面积的30%~40%。滤浆槽中设置有搅拌器，用以搅拌滤浆使之均匀。

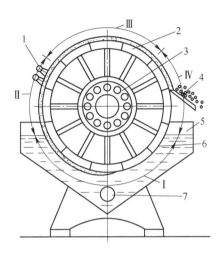

图 2-11　筒式真空过滤机结构图

Ⅰ—过滤区；Ⅱ—脱液洗涤区；Ⅲ—脱水区；Ⅳ—滤渣剥离区
1—清水喷头；2—转筒；3—分配头；4—刮刀；5—滤浆槽；6—滤布；7—搅拌器

筒式真空过滤机的工作原理是处于过滤区的扇形格浸入滤浆中，并与真空源相通，滤液在负压作用下穿过滤布进入扇形格内，再经分配头上的管道排出。脱水区的扇形格也处于负压区，它使滤渣完全脱水干燥。在滤渣剥离区内，其扇形格与压缩空气源相通，高压空气把已被吸干的滤渣吹松。由于转筒的旋转，滤渣随同滤布在通过刮刀时，因机械力的作用使滤渣得到剥离。这样便完成了一个过滤循环。每旋转一周，就经历了一个操作循环。

2.3　钛铁矿及伴生硫化矿加工技术

2.3.1　重选法

矿物密度的差异是矿物分选中采用重选进行有用矿物分离的主要依据，矿石用重选法处理的难易性可用下列可选性准则 e 大致判断：

$$e = \frac{\rho_1 - \Delta}{\rho_2 - \Delta} \qquad (2\text{-}23)$$

式中，ρ_1、ρ_2、Δ 分别为轻矿物、重矿物和分选介质的密度。

矿石重选的难易性主要取决于轻重矿物的密度差，但介质的密度越高分选越容易进行，按 e 值的不同可将矿石重选的难易性分成如表 2-12 所示的几个等级，随着 e 值的减小，重选分选难度加大。

表 2-12　矿物按密度分选的难易度

e 值	e>2.5	2.5>e>1.75	1.75>e>1.5	1.5>e>1.25	e<1.25
难易度	极容易	容易	中等	困难	极困难

攀西四大矿区中各个矿物的密度对比结果见表 2-13。

表 2-13　攀西四大矿区中主要矿物密度　　　　　　　　　　　（t/m³）

矿区	钛磁铁矿	钛铁矿	硫化物	橄榄石	辉石	角闪石	长石
攀枝花	4.77	4.63	4.68	3.35	3.32	3.21	2.66
白马	4.83	4.63	4.64	3.45	3.33	3.23	2.68
太和	4.79	4.64	4.65	3.27	3.32	3.23	2.79
红格	4.81	4.65	4.66	3.28	3.32	3.17	2.68

注：表中脉石的密度均为平均密度。

从表 2-13 结果可见，四大矿区中同种矿物的密度基本相同，对攀枝花选铁磁选尾矿中钛铁矿与脉石矿物的可选度进行计算，其结果见表 2-14。

表 2-14　攀枝花钛铁矿与几种脉石矿物的分选难易度（用水作为介质）

矿物	长石	角闪石	辉石	橄榄石
密度/t·m⁻³	2.66	3.21	3.32	3.45
e 值	2.19	1.64	1.56	1.48
难易度	容易	中等	中等	困难

从钛铁矿与脉石的分选难易度可见，攀枝花磁选尾矿采用重选只能将钛铁矿与长石分开，角闪石和辉石与钛铁矿的分选难度中等，在粒级较窄、分选条件较好时有可能进行部分分离，与橄榄石分开比较困难。由于攀枝花矿的脉石中辉石占了绝大部分，因此对攀枝花磁选尾矿采用单一重选对钛铁矿进行回收困难很大。

由于硫化矿物的密度与钛铁矿相近，所以重选时硫化矿与钛铁矿一起进入重选产品中，然后再用浮选将硫化矿分选出来。

重选过程包括多种选矿方法，如重介质选矿、跳汰选矿、摇床选矿、螺旋溜槽选矿、离心选矿等，其选别原理和应用范围都不一样。摇床的富集比大，分选效果好，运行可靠，但其缺点是单位占地面积处理能力小，在某些地方，尤其是在山区难以大量使用。螺旋溜槽可利用其单位占地面积处理量大的特点作为一次粗选设备，其粗选精矿再用摇床进行精选。为了保证重选作业回收率，需对中矿进行再选。

重选所处理物料的入选粒度一般较粗，不同粒度的物料要求选用不用的设备，即使可以用同一类设备处理，为了提高效率，物料也常常分级选别。

攀枝花红格矿中的脉石矿物主要为钛普通辉石、斜长石、钛角闪石、橄榄石、磷灰石等。对红格磁选尾矿分级后的粗粒级进行了螺旋粗选—摇床精选试验。试验结果见表 2-15。

由表 2-15 可看出，红格磁选粗粒尾矿通过螺旋粗选—摇床精选试验，可得到产率 3.87%、TiO₂ 品位 47.86%、TiO₂ 回收率 25.49% 的钛精矿；摇床中矿 TiO₂ 品位 41.00%，可返回再选。

表 2-15 红格磁选粗粒尾矿螺旋—摇床试验结果 （%）

工艺	产品	产率	TiO$_2$ 品位	TiO$_2$ 回收率
螺旋溜槽粗选	精矿	35.11	14.95	72.30
	尾矿	64.89	3.10	27.70
	给矿	100.00	7.26	100.00
摇床精选	精矿	3.87	47.86	25.49
	中1	1.92	41.00	10.82
	中2	12.64	15.90	27.68
	尾矿	16.69	6.63	8.32
	给矿	35.11	14.95	72.30

2.3.2 浮选法

浮选是在气、液、固三相界面分选矿物的科学技术。随着工业矿床向贫细杂的趋向转移，浮选工业日益发展。大规模工业化的浮选法在19世纪末才发展起来。20世纪40年代末钛铁矿的浮选法成功地用于工业生产，例如芬兰的奥坦麦基（Otanmaiki）、原苏联的库辛（Kychh）、挪威的太尔尼斯（Tellnes）选厂、美国麦金太尔（Macintyle）选厂对细粒级物料采用浮选回收钛铁矿。

钛铁矿的选矿一般是以选铁后的磁选尾矿为原料。选矿方法的选择首先决定于选铁时的磨矿细度，当选铁的磨矿细度为0.15~0.2mm时，直接采用浮选法分选钛铁矿，例如芬兰的奥坦麦基和原苏联的库辛。若磨矿细度大于0.2mm时，则筛分后将+0.2mm物料磨至-0.2mm以后采用浮选法分选钛铁矿。

随着矿石的深部开采，富矿减少，贫矿增加，钛铁矿在磁选尾矿的含量随之减少，直接采用浮选法分选钛铁矿会增加浮选量、增加浮选药剂，目前首先要将钛铁矿富集，去除部分脉石、少量的钛磁铁矿和硫化物。

进行钛铁矿浮选之前，先要用浮选法分选出硫化物，然后再浮选钛铁矿。硫化物浮选采用常规的浮选药剂制度，即黄药为捕收剂，2号油为起泡剂，硫酸或硫酸铜为活化剂、调整剂。

2.3.2.1 硫化矿浮选

攀西地区的硫化矿种类很多，主要为磁黄铁矿、黄铁矿，占硫化物总数的80%以上，其次为黄铜矿、黄铁矿、镍黄铁矿等，其他矿物含量很少。根据硫化物的走向，一部分硫化物进入铁精矿中，一部分进入选铁磁选尾矿。为提高钛精矿的品质，浮选钛铁矿之前必须除硫化物，硫化物又是钴、镍、铜的载体，硫化矿的浮选尤为重要。

长期以来，对硫化矿浮选的捕收剂很多，乙基黄药、丁基黄药、复合黄药和黑药，攀枝花某选钛厂浮硫生产采用丁基黄药为浮硫捕收剂，浮硫效果比较明显。目前攀枝花某选钛厂粗粒强磁精矿（浮硫原矿）浮硫试验结果见表2-16，细粒强磁精矿浮硫试验结果见表2-17。捕收剂丁基黄药用量200~300g/t，调整剂H$_2$SO$_4$用量1000~1500g/t，2号油50g/t。

表 2-16   攀枝花某选钛厂粗粒强磁精矿浮硫试验结果　　　　　　（%）

产品	产率	S 品位	S 回收率
精矿	3.14	10.650	78.133
尾矿	96.86	0.097	21.952
原矿	100.00	0.428	100.000

表 2-17   攀枝花某选钛厂细粒强磁精矿浮硫试验结果　　　　　　（%）

产品	产率	S 品位	S 回收率
精矿	4.33	8.490	71.800
尾矿	95.67	0.151	28.215
原矿	100.00	0.512	100.000

由表 2-16、表 2-17 可看出，强磁精矿浮硫硫精矿 S 品位 8%～11%，尾矿 S 品位 0.1%～0.16%，去除大部分硫，降低钛精矿中硫的品位，硫精矿可以进一步浮选获得硫钴精矿，这也是钒钛磁铁矿伴生矿物的回收，使资源更进一步回收。

对攀枝花某铁精矿进行提质降硫试验研究，原矿（铁精矿）中 TFe 品位 54.01%、S 品位 0.574%。采用"一粗+二次扫选"流程进行浮选试验，在浮硫粗选硫酸用量 300g/t、2 号油用量 100g/t，同时浮硫粗选、一次扫选、二次扫选的捕收剂丁基黄药用量分别为 700g/t、300g/t、100g/t 时，可将铁精矿中的 S 品位降低到 0.284%、硫粗精矿中 S 品位达 3.25%，达到进一步富集成硫钴精矿的可能，具体流程如图 2-12 所示。

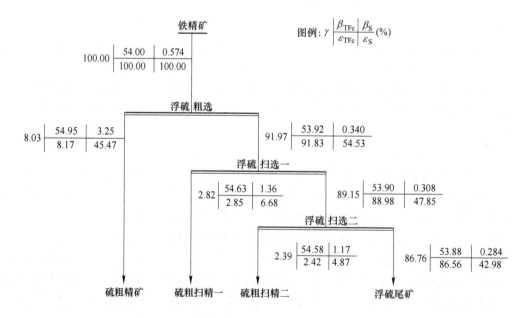

图 2-12   铁精矿浮硫数质量流程

2.3.2.2 钛铁矿浮选

钛铁矿浮选的原矿是硫化矿浮选后的尾矿。钛铁矿的主要工艺因素是捕收剂的选择和矿浆最佳 pH 值的确定。

对钛铁矿浮选药剂的研究较多，但主要研究捕收剂的选择。国内常用的捕收剂有脂肪酸类，国外多用油酸及其盐类，如塔尔油皂或使用捕收剂与煤油混合。我国已经研究使用了氧化石蜡皂、苯乙烯膦酸、水杨羟肟酸、烷基 2 双膦酸、乳化塔尔油、F968、MOS 等捕收剂。近年来，大量用于钛铁矿浮选的新型捕收剂也相继被研制利用，如 R-2、ROB、RZY、XT、TAO 系列、MOH 等。

MOH 新型捕收剂：由朱建光研制而成，黑色固体，弥补了 MOS 捕收剂用量大、调整剂用量多、回收率不高等缺点。采用攀枝花某选钛厂细粒强磁精矿作为浮选原矿，进行了捕收剂 MOH 的选钛试验，细粒浮选原矿的粒级筛析见表 2-18。

表 2-18 细粒浮选原矿全粒级筛析结果 （%）

粒级/目	产率	TiO$_2$ 品位	TiO$_2$ 分布率
100	4.68	12.66	2.56
120	5.61	16.58	4.02
160	9.98	18.95	8.16
200	14.24	20.68	12.71
320	32.43	23.54	32.95
400	13.72	27.08	16.04
-400	19.33	28.24	23.57
合计	100.00	23.17	100.00
化验		23.05	S 含量 0.517%

由表 2-18 可看出，细粒浮选原矿 -200 目含量达 65.49%，TiO$_2$ 主要分布在 -160 ~ +400 目，达到 61.70%，较难回收的 -400 目 TiO$_2$ 分布率达 23.57%。

浮选采用"一次浮硫+一粗两精浮钛"流程，在浮硫硫酸用量 1000g/t、黄药 300g/t、98 号油 50g/t，浮钛粗选细粒 MOH 捕收剂用量 1800g/t、硫酸用量 700g/t、辅助捕收剂用量 400g/t，浮钛精 I 硫酸用量 250g/t、精 II 硫酸用量 200g/t 时，开路浮选可获得产率 37.76%、TiO$_2$ 品位 47.32%、TiO$_2$ 回收率 77.89% 的钛精矿，浮选尾矿 TiO$_2$ 品位 4.17%，试验流程及加药制度如图 2-13 所示，试验结果见表 2-19。

2.3.3 联合工艺流程

为生产 TiO$_2$ 品位 46% ~ 49% 的钛精矿，根据各种矿物性质的不同，也采用重选、磁选、浮选、电选等选矿方法中的两种以上的方法进行联合分选，达到有效分离的目的。

2.3.3.1 重—电选联合工艺流程

电选是利用自然界各种矿物和物料电性质的差异使之进行分离的一种选矿方法。如常见矿物磁铁矿、钛铁矿、锡石、自然金等，其导电性都比较好；石英、锆英石、长石、方解石、白钨矿以及硅酸盐类矿物，则导电性很差，从而可以利用它们的电性差异，用电选的方法分开。

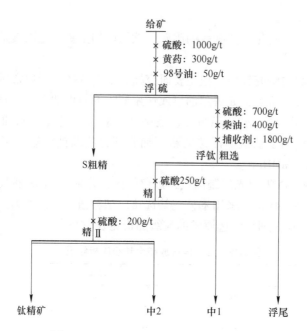

图 2-13 MOH 浮选开路试验流程及加药制度

表 2-19 浮选开路试验结果 （%）

产品	产率	TiO$_2$ 品位	TiO$_2$ 回收率
S 粗精	5.76	13.26	3.33
钛精矿	37.76	47.32	77.89
中 1	13.52	8.98	5.29
中 2	6.49	24.24	6.86
浮尾	36.47	4.17	6.63
给矿	100.00	22.94	100.00

转鼓接地，鼓筒旁边通以高压直流负电的尖削电极，此电极对着鼓面放电而产生电晕电场，矿物经给矿斗落到鼓面而进入电晕电场，由于空间带有电荷，此时不论导体和非导体矿物均能获得负电荷（如果电极为正电，则矿粒带正电荷）。但由于两者电性质不同，导体矿粒获得的电荷立即经鼓筒至地线传走，并受到鼓筒转动所产生的离心力及重力分力的作用，在鼓筒的前方落下。非导体矿粒则不同，由于其导电性差，所获电荷不能立即传走，甚至较长时间也不能传走，吸附于鼓筒面上而被带到后方，然后用毛刷强制刷下而落到矿斗中，两者之轨迹显然不同，故能使之分开。由此可见，要实现电选分离，首先是涉及矿物电性质和高压电场，还有机械力的作用，即：对导体矿粒 $\sum f_{机} < f_{电}$；对非导体矿粒 $f_{电} > \sum f_{机}$。

根据各矿物物理性质测定资料可见，钛铁矿与钛辉石的比电阻差为 8 个数量级，钛铁矿与斜长石的比电阻差达 9 个数量级。比电阻这样大的差异为电选有效分选提供了有利条件。

表 2-20 列出了摇床分选得到 TiO_2 品位 40% 粗精矿电选结果。为保证分选效果，先分成 +0.074 与 -0.074mm 两个粒级。

表 2-20 摇床粗钛精矿电选结果 （%）

粒级/mm	产品	产率	TiO_2 品位	TiO_2 回收率
+0.074	钛精矿	80.03	48.50	99.03
	尾矿	19.97	1.88	0.97
	给矿	100.00	39.27	100.00
-0.074	钛精矿	76.08	47.60	92.35
	尾矿	23.92	12.53	7.65
	给矿	100.00	39.22	100.00

电选的效果十分理想，不但分选效率高，而且作业回收率也高。但是，如前所述用重选法获得 TiO_2 品位 40% 粗精矿时，重选法的作业回收率较低。

图 2-14 示出电选入选物料含 TiO_2 量与电选钛精矿品位及回收率之间的关系。可见，欲得含 TiO_2 品位 48% 的钛精矿，且保持较高的回收率，电选给矿含 TiO_2 不应低于 25%。

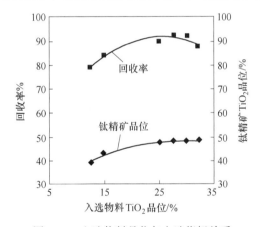

图 2-14 入选物料品位与电选指标关系

A 重选设备的选择

可以考虑选用的重选设备有摇床、螺旋选矿机、螺旋溜槽、扇形溜槽（圆锥选矿机）等。上述设备的分选效果和应用粒级范围见表 2-21。

摇床作为选别设备已有成熟的生产实践，但单位占地面积处理量不大的缺点也是明显的。尤其当选钛厂是建立在山区，平地难找，就更突出了摇床的缺点。表 2-22 中列举的螺旋选矿机与摇床的比较。

表 2-21 各重选设备分选效果与应用范围

设备	适用粒级/mm	有效选别粒级/mm	一次选别富集比
摇床	3~0.04	0.4~0.05	4~6
螺旋选矿机	2~0.074	0.4~0.1	3~4

设备	适用粒级/mm	有效选别粒级/mm	一次选别富集比
螺旋溜槽	0.15~0.02	0.1~0.04	3~4
扇形溜槽	3~0.04	0.4~0.1	1.3~1.5

表 2-22   螺旋选矿机与摇床比较

项　　目	螺旋选矿机	摇床
单位设备面积的生产率/t·(m²·h)⁻¹	0.650	0.137
单位地面生产率/t·(m²·h)⁻¹	0.37	0.034
每吨矿砂水量消耗/m³·t⁻¹	6	4
每小时处理1t矿量设备费比较	1	1.4
设备生产率为1t/h的体积/m³·(t·h)⁻¹	3.5	12.6

根据表 2-22 所列数据可以考虑选用螺旋选矿机处理 0.4~0.1mm 粒级物料,用螺旋溜槽处理 0.1~0.04mm 粒级物料。-0.04mm 物料可用摇床、离心选矿机或其他分选方法处理。

B　重选

对于攀枝花某选矿厂磁选尾矿的 0.4~0.1mm 和 0.1~0.04mm 粒级物料用螺旋选矿机和螺旋溜槽分别选别的结果见表 2-23 和表 2-24。

表 2-23   螺旋选矿机一次选别结果　　　　　　　　　　　　　（%）

产品	产率	TiO₂ 品位	回收率
粗钛精矿	11.51	27.97	46.54
中矿	39.36	6.05	34.47
尾矿	49.13	2.67	18.99
给矿	100.00	6.91	100.00

表 2-24   螺旋溜槽一次选别结果　　　　　　　　　　　　　（%）

产品	产率	TiO₂ 品位	回收率
粗钛精矿	12.74	30.00	45.66
中矿	74.01	5.23	46.13
尾矿	13.25	5.19	8.21
给矿	100.00	8.38	100.00

由表 2-23 和表 2-24 可看出,螺旋选矿机和螺旋溜槽一次选别时都产生一个中矿,且中矿回收率很高,需要通过再次选别。两种中矿再选的结果分别见表 2-25 和表 2-26。可以看出,中矿再选效果是明显的,提高了螺旋选矿机和螺旋溜槽分选的回收率。

将螺旋选矿机和螺旋溜槽两次选别的综合指标列于表 2-27 和表 2-28,从表可以看出,对攀枝花某选矿厂磁选尾矿的 0.4~0.1mm 和 0.1~0.04mm 两个粒级分别采用螺旋选矿机和螺旋溜槽两次选别流程，可以获得适合电选需要的粗钛精矿。

表 2-25　螺旋选矿机一次选中矿再选结果　　　　　　　　（%）

产品	产率	TiO$_2$ 品位	回收率
粗钛精矿	2.65	27.96	10.73
中矿	18.28	6.33	16.73
尾矿	18.43	2.63	7.01
给矿	39.36	6.05	34.47

表 2-26　螺旋溜槽一次选中矿再选结果　　　　　　　　（%）

产品	产率	TiO$_2$ 品位	回收率
粗钛精矿	6.56	20.34	15.91
中矿	28.51	4.71	16.03
尾矿	28.44	2.21	7.51
矿泥	10.50	5.36	6.68
给矿	74.01	5.23	46.13

表 2-27　螺旋选矿机两次选别综合指标　　　　　　　　（%）

产品	产率	TiO$_2$ 品位	回收率
粗钛精矿	14.16	27.97	57.274
综合中矿	18.28	6.33	16.734
综合尾矿	67.56	2.66	26.00
给矿	100.00	6.91	100.00

表 2-28　螺旋溜槽两次选别综合指标　　　　　　　　（%）

产品	产率	TiO$_2$ 品位	回收率
粗钛精矿	19.30	26.72	61.55
综合中矿	28.51	4.71	16.03
综合尾矿	28.44	2.21	7.50
矿泥	23.75	5.26	14.92
给矿	100.00	8.38	100.00

　　对螺旋选矿机两次选别获得的综合中矿进行了钛铁矿单体解离度的测定，查明综合中矿中钛铁矿的单体解离度 84.5%~88.3%，脉石单体解离度高于钛铁矿。研究采用中矿再磨矿和中矿不磨矿的摇床分选方案。中矿不磨矿入摇床选别可以获得产率 3.67%、TiO$_2$ 品位 36.83%、TiO$_2$ 回收率 22.53% 的粗钛精矿。中矿再磨入摇床选别获得产率 7.79%、TiO$_2$ 品位 28.26%、TiO$_2$ 回收率 34.82% 的粗钛精矿。

　　C　硫化矿物浮选

　　浮选硫化矿物采用常规的硫化物浮选的工艺条件和药剂制度。对于 0.4~0.1mm 和

0.1~0.04mm 粒级粗钛精矿分别进行闭路浮硫试验。两个粒级的硫化矿物浮选的试验结果见表 2-29 和表 2-30。

表 2-29　0.4~0.1mm 粒级粗钛精矿浮硫结果　　　　　　　　（%）

产品	产率	品位			回收率		
		TiO$_2$	Co	Ni	TiO$_2$	Co	Ni
硫钴精矿	4.51	0.81	0.27	0.20	0.13	58.90	61.15
尾矿	95.49	28.66	0.0089	0.0060	99.87	41.10	38.85
给矿	100.00	27.40	0.0207	0.0148	100.00	100.00	100.00

表 2-30　0.1~0.04mm 粒级粗钛精矿浮硫结果　　　　　　　　（%）

产品	产率	品位			回收率		
		TiO$_2$	Co	Ni	TiO$_2$	Co	Ni
硫钴精矿	6.47	0.61	0.372	0.27	0.15	72.04	77.07
尾矿	93.53	28.09	0.01	0.005	99.85	27.96	22.93
给矿	100.00	26.32	0.0332	0.0203	100.00	100.00	100.00

通过浮选可以获得含钴镍的硫化物精矿，-0.4~0.1mm 粒级物料硫化物精矿含钴 0.27%，0.1~0.04mm 粒级物料硫化物精矿含钴 0.44%，在硫化物精矿中 Co 和 Ni 的回收率以-0.1~0.04mm 粒级最高，达到 70% 以上。

在硫化物中 TiO$_2$ 的损失很小。经浮硫后粗钛精矿 TiO$_2$ 品位提高 1.22~1.77 个百分点，使粗钛精矿含 TiO$_2$ 达到 28% 以上，满足了下步电选精选的要求。

D　电选

电选有两个特点：（1）干式分选，入选物料事先要烘干，使其含水量小于 1%；（2）入选物料要分级。窄分级物料的分选效果好于宽分级与不分级。

影响电选分选效果的工艺参数有工作电压、分选辊筒转速、选别次数等。表 2-31 列出螺旋选矿机的粗钛精矿不同选别次数的分选指标。表 2-32 列出螺旋溜槽的粗钛精矿不同选别次数的分选指标。

表 2-31　螺旋选矿机粗钛精矿不同电选次数分选指标　　　　　　（%）

选别次数	产品	产率	TiO$_2$ 品位	回收率	备注
第一次	钛精矿 1	62.66	45.14	96.06	YD-2 型电选机
	尾矿 1	37.34	3.11	3.94	工作电压：20kV
	给矿	100.00	29.45	100.00	圆筒转速：150r/min
第二次	钛精矿 2	56.57	48.96	94.09	
	尾矿 2	6.10	9.43	1.94	工作电压：22kV
	给矿	62.66	45.13	96.06	圆筒转速：150r/min
第三次	钛精矿 3	55.36	49.58	93.28	
	尾矿 3	1.20	20.37	0.81	工作电压：25kV
	给矿	56.56	48.96	9+4.09	圆筒转速：150r/min

表 2-32　螺旋溜槽粗钛精矿不同电选次数分选指标　　　　　　　　（%）

选别次数	产品	产率	TiO₂ 品位	回收率	备　注
第一次	钛精矿 1	76.62	35.76	96.31	YD-2 型电选机 工作电压：20kV 圆筒转速：220r/min
	尾矿 1	23.38	4.49	3.69	
	给矿	100.00	28.45	100.00	
第二次	钛精矿 2	57.51	46.19	93.36	工作电压：25kV 圆筒转速：220r/min
	尾矿 2	19.11	4.40	2.95	
	给矿	76.62	35.76	100.00	
第三次	钛精矿 3	54.61	47.96	92.06	工作电压：320kV 圆筒转速：220r/min
	尾矿 3	2.90	12.80	1.30	
	给矿	57.51	46.19	93.36	

由表 2-31 和表 2-32 可看出，当螺旋选矿机的粗钛精矿 TiO₂ 品位 29.45% 时，经两次选别作业后就可获得 TiO₂ 品位 48.96%、TiO₂ 回收率 94.09% 的钛精矿；当螺旋溜槽的粗钛精矿 TiO₂ 品位 28.45% 时，经三次选别可获得 TiO₂ 品位 47.96%、TiO₂ 回收率 92.06% 的钛精矿。相比较而言，粗粒级的（螺旋选矿机）粗钛精矿的分选效果好于细粒级的（螺旋溜槽）粗钛精矿的分选效果。由此可以认为电选的工艺参数中分选次数甚为重要。

采用重—电联合法能够获得 TiO₂ 品位 47%～49% 的高质量钛精矿。重—电联合法工程化，首先必须解决工业型设备以及工程化过程中出现的若干问题。为促进工程化顺利实施，专门研制了螺旋选矿机、气流干燥系统、YD-3 型高压电选机等。

对于攀枝花矿来说，重—电选联合法的原则工艺流程如图 2-15 所示。

2.3.3.2　强磁—浮选联合工艺流程

单一浮选法选别钛铁矿药剂用量较大，药剂费用一般占生产费用 50% 左右，所以单一浮选法生产成本较高。而通过强磁选预先抛尾，可以抛出约 50% 的尾矿，这样就大大减少浮选给矿量，同时提高浮选给矿品位，从而降低药剂用量，降低选钛生产成本。

强磁—浮选流程包括弱磁选、强磁选、硫化物浮选、钛铁矿浮选等作业步骤。

弱磁选的作用是为了除去残留于磁选尾矿中的钛磁铁矿，从而有利于强磁选的顺利进行。弱磁选采用湿式永磁筒式弱磁选机，磁场强度要求 0.15～0.25T。

强磁选是为分离出合格尾矿，提高钛浮选的入浮品位，减少钛浮选矿量。强磁选采用 SLon 或 SSS-Ⅱ型高梯度强磁选机。产地不同，钛铁矿的磁性有所差异，强磁选时不同产地的钛铁矿选用的磁场强度要有所不同，例如双塔山钛铁矿强磁选时用 0.7T，而攀枝花钛铁矿却要求 0.85～0.9T。

浮选要求一定的给矿粒度，对浮选流程来说入浮原矿粒度达到 -0.074mm 占 50% 左右。

A　强磁选

强磁选的选别次数与排出尾矿的产率和强磁精矿的富集比有很大关系。表 2-33 列出不同产地矿样一次强磁选的效果。

由表 2-33 可看出，不同产地矿样强磁的效果均比较理想，一次强磁选矿样抛除产率 50% 左右的尾矿，强磁精矿的富集比为 1.46～1.89，回收率达 83%～90%。

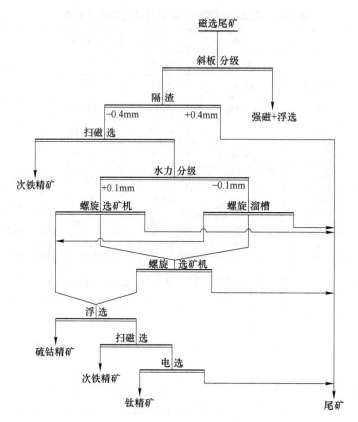

图 2-15 重—电联合法的原则工艺流程

表 2-33 不同产地矿样一次强磁选结果

产地	给矿粒度-0.074mm 含量/%	给矿 TiO$_2$/%	磁场强度/T	强磁精矿/%			备注
				产率	品位	回收率	
攀枝花	47.70	8.83	0.712	61.96	12.91	90.43	小型试验
红格	27.12	9.28	1.032	49.77	15.77	84.57	小型试验
白马	26.00	4.40	0.677	57.99	6.32	83.29	小型试验
太和	49.12	11.25	0.810	48.10	21.23	84.86	工业试验

将一次强磁精矿再经强磁选,两次强磁选的结果见表 2-34。

表 2-34 不同产地矿样二次强磁选结果

产地	给矿粒度-0.074mm 含量/%		给矿 TiO$_2$/%	强磁精矿/%			备注
	一次	二次		产率	TiO$_2$ 品位	回收率	
攀枝花	47.70	62.61	8.83	34.65	19.96	78.18	小型试验
红格	27.12	66.90	9.28	28.16	24.55	74.45	小型试验

由表 2-34 可看出，两次强磁选需经一次磨矿，使二次强磁选给矿粒度达到-0.074mm 占 60%以上；强磁选尾矿产率增加 10%以上；二次强磁选精矿的富集比为 1.55 左右；强磁选精矿回收率下降约 10 个百分点。

强磁选还具有脱泥的效果，为下步分选提供更好的条件。综上所述可以看出，强磁选具有减少入浮选矿量、提高浮选入选品位、减少药剂用量、提高选别指标的作用，从而降低了生产成本。

B 浮选

钛铁矿浮选在前面章节已经阐述，此处不再赘述。

2.3.3.3 强磁—重选联合工艺流程

对红格南矿区的磁选尾矿分级后的粗粒级进行了强磁—摇床选矿流程的实验室研究。试验结果见表 2-35。

表 2-35 强磁—摇床流程指标 （%）

产品	产率	TiO₂ 品位	TiO₂ 回收率
钛精矿	4.37	47.61	28.65
中矿	31.86	8.39	36.82
尾矿	63.77	3.93	34.53
给矿	100.00	7.26	100.00

由表 2-35 可看出，中矿 TiO₂ 品位 8.39%，TiO₂ 回收率 36.82%，此部分的中矿可返回再进行摇床处理，这样就可以提高钛铁矿的回收率。此时得到的钛精矿含有硫化物，若要降低铁精矿的硫化物含量，需对钛精矿进行浮选脱硫得到更为优质的钛精矿。强磁—重选流程对粗粒级分选效果较好，强磁—重选分选的原则工艺流程如图 2-16 所示。

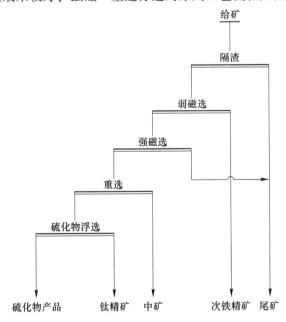

图 2-16 强磁—重选的原则工艺流程

2.3.3.4 强磁—重选—浮选联合工艺流程

对攀枝花白马矿区的选铁磁选综合尾矿进行了强磁—重选—浮选选钛流程的实验室研究。白马矿区选铁磁选综合尾矿的粒度组成见表2-36，化学多元素分析结果见表2-37。

表 2-36 选铁磁选综合尾矿粒度组成结果　　（%）

粒级/mm	产率	品　位		金属分布率	
		TFe	TiO$_2$	TFe	TiO$_2$
+2	7.05	11.57	2.62	5.57	3.84
-2~+0.90	5.60	10.77	2.73	4.11	3.18
-0.90~+0.45	11.15	11.74	2.89	8.93	6.70
-0.45~+0.28	14.60	13.59	3.80	13.54	11.53
-0.28~+0.20	14.80	15.52	5.02	15.67	15.44
-0.20~+0.154	7.20	16.74	5.96	8.22	8.92
-0.0154~+0.125	2.65	17.07	6.72	3.09	3.70
-0.0125~+0.098	9.75	16.18	6.65	10.76	13.48
-0.098~+0.074	1.20	16.55	6.63	1.35	1.65
-0.074~+0.045	8.60	16.55	6.23	9.71	11.14
-0.045	17.40	16.04	5.65	19.04	20.43
合计	100.00	14.66	4.81	100.00	100.00

表 2-37 选铁磁选综合尾矿化学多元素分析结果　　（%）

元素	TFe	FeO	Fe$_2$O$_3$	TiO$_2$	P	S	SiO$_2$	K$_2$O
含量	14.64	13.74	4.78	4.81	0.048	0.340	38.93	0.62
元素	CaO	MgO	Al$_2$O$_3$	V$_2$O$_5$	MFe	As	Na$_2$O	
含量	5.46	11.04	10.75	0.061	2.70	<0.01	1.75	

对白马矿区选铁磁选综合尾矿采用强磁选预先抛出部分脉石矿物，强磁选精矿用重选—浮选流程可以得到合格的钛精矿。强磁—重选—浮选的原则工艺流程如图2-17所示，分选指标见表2-38。

2.3.3.5 强磁—重选—电选联合工艺流程

对攀枝花白马矿区选铁磁选综合尾矿分级后的粗粒级进行了强磁—重选—电选选矿流程的实验室研究。试验原矿全粒级筛析结果见表2-39，化学多元素分析结果见表2-40。

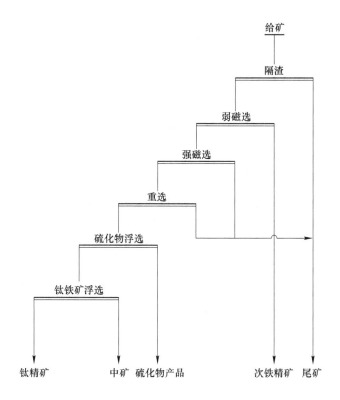

图 2-17 强磁—重选—浮选的原则工艺流程

表 2-38 强磁—重选—浮选流程指标 （％）

产品	产率	TiO₂ 品位	TiO₂ 回收率
钛精矿	1.05	47.46	10.46
中矿	6.24	20.94	27.43
硫化物产品	1.01	7.32	1.55
次铁精矿	7.97	10.56	17.67
尾矿	83.73	2.44	42.89
给矿	100.00	4.76	100.00

表 2-39 试验原矿全粒级筛析结果 （％）

粒级/mm	产率	累计产率	TiO₂ 品位	TiO₂ 分布率
+0.9	10.08	10.08	1.92	5.34
+0.45	18.92	29.00	2.20	11.49
+0.28	18.61	47.61	3.09	15.88
+0.18	11.95	59.56	3.70	12.21
+0.154	7.28	66.84	3.92	7.88

粒级/mm	产率	累计产率	TiO₂ 品位	TiO₂ 分布率
+0.125	11.75	78.59	4.72	15.31
+0.098	5.51	84.10	5.53	8.41
+0.074	4.78	88.88	5.20	6.86
-0.074	11.12	100.00	5.41	16.61
合计	100.00		3.62	100.00
化验			3.59	

注：试验原矿品位以 3.59% 为准。

表 2-40 原矿化学多元素分析结果　　　　　　　　（%）

TFe	MFe	TiO₂	V₂O₅	P	S	CaO	MgO	Al₂O₃	SiO₂
10.68	<0.10	3.66	0.042	0.048	0.300	6.95	9.94	12.75	42.90

对白马矿区选铁磁选综合尾矿粗粒级采用强磁选预先排出部分脉石矿物，强磁选精矿用重选—电选流程可以得到合格的钛精矿。强磁—重选—电选的原则工艺流程如图 2-18 所示，分选指标见表 2-41。

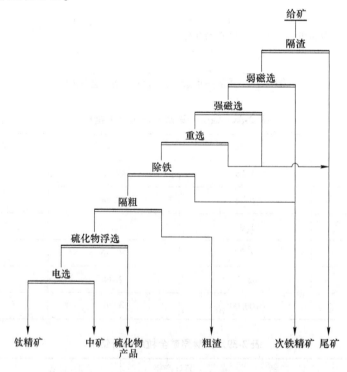

图 2-18 强磁—重选—电选的原则工艺流程

表 2-41 粗粒级强磁—重选—电选流程指标　　　　　　（%）

产品	产率	TiO₂ 品位	TiO₂ 回收率
钛精矿	1.94	46.31	25.03

产品	产率	TiO$_2$ 品位	TiO$_2$ 回收率
中矿	1.62	11.69	5.28
次铁精矿	0.76	20.16	4.27
粗渣	0.36	22.66	2.27
尾矿	95.32	2.38	63.16
给矿	100.00	3.59	100.00

2.3.3.6 分级联合工艺流程

由于每种选矿方法或者选矿设备都有自身的选别粒度范围，为了提高选别效率，可采用分级联合工艺。分级联合工艺流程主要是将宽粒级选别变为窄粒级选别，其代表流程主要有"分级+两段强磁+浮选""分级+粗粒强磁重选浮选+细粒强磁浮选""分级+粗粒强磁重选电选+细粒强磁浮选"。

目前对攀枝花矿区选铁磁选尾矿主要进行"分级+两段强磁+浮选"工艺回收其中的钛铁矿，针对原有流程斜板分级机存在沉砂粗中夹细和溢流跑粗的问题，在流程优化研究中，除了对细粒原料增设隔渣设备，还将原矿斜板分级机的分级粒度由 0.074mm 下调至 0.063mm，这样使细粒部分的粒级变窄，可避免因粗粒钛铁矿进入细粒回收流程造成矿物流失，同时可确保细粒浮选的正常运行和取得良好的浮选指标。

对攀枝花白马矿区选铁磁选尾矿采用"分级+强磁+重选+强磁+浮选"流程进行试验。结合以往试验及攀西地区钛铁矿 -0.154mm 粒级单体解离度达 90% 以上的研究结论，实验室将 -2mm 筛下产品作为给矿采用筛孔尺寸 0.154mm 的 GPS 高频细筛进行粗、细分级。然后粗粒级进行强磁重选，细粒级进行强磁，粗粒级重选精矿进行磨矿后与细粒级强磁精矿混合，混合样进行除铁后再强磁浮选。

2.3.4 主要选矿设备

2.3.4.1 重选设备

重选设备大体可分为摇床、溜槽选矿设备、跳汰机和重介质选矿设备四类。重选设备主要是根据目的矿物与脉石矿物的密度差进行选别的设备。因此，不同矿物的密度差是影响选别指标的主要因素，同时，矿粒的粒度大小、形状和介质性质对选别指标也有影响。

不同的重选设备能获得不同的产品质量，对攀枝花粗粒钛铁矿（+0.074mm）的选别主要采用的重选设备为螺旋溜槽。微细粒钛铁矿（-0.038mm）可采用离心选矿机和悬振锥面选矿机进行预先富集，目前仅进行了实验室研究，工业上还没应用。

A 螺旋溜槽

螺旋溜槽是溜槽选矿设备中的一种，其结构示意图如图 2-19 所示。

螺旋溜槽分选原理如下。

（1）螺旋溜槽断面环流的产生：液流在螺旋槽面上运动的过程中，由于不断地改变其运动方向，因而在螺旋槽横断面上产生了离心力，离心力使液流在螺旋槽横断面上形成从横面的外缘到内缘的横向液面坡降。横向离心力和横向液面坡降综合作用的结果，在螺旋槽的横断面上，上层水流中的液体质点受横向合力流向槽的外缘，下层水流中液体质点

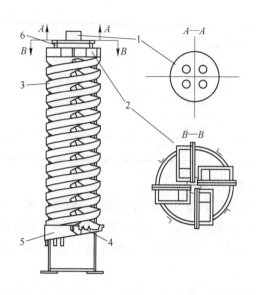

图 2-19 螺旋溜槽结构示意图

1—分矿斗；2—给矿槽；3—螺旋槽；4—产品截取槽；5—接矿槽；6—槽钢支架

因横向液面坡降流向内缘流动，中层流液横向流速为零。这种水流运动的连续性形成了螺旋槽断面环流，而内缘水层薄，流速小；外缘水层厚，流速大。另外槽面横向倾角也对断面环流有强化作用。

（2）矿粒在螺旋槽中的分离过程：矿粒在螺旋槽中的分离过程大致经过三个阶段。第一阶段是颗粒群的分层。颗粒群在槽面上的运动过程中，重矿物沉降速度快，沉入液流下层，轻矿物沉降速度慢，浮于液流上层，液流沿竖直方向的扰动作用强化了矿粒按密度分层。这一阶段还伴随着轻矿物在横向水流的向外推力及离心力的联合作用向外缘移动。横向水流向内的推力，克服离心力和槽底摩擦阻力使重矿物向槽的内缘移动。紧接着进入第二阶段，是轻、重矿物在第一阶段的基础上，沿横向展开。沉于下层的重矿物所受离心力小，横向水流向内缘的推力和矿粒重力产生的下滑力，克服槽底摩擦力及离心力的作用，将重矿物沿收敛的螺旋线逐渐移向内缘。浮于上层的轻矿物离心力大，加上横向水流向外缘推力的联合作用沿扩展螺旋线逐渐移向中间偏外区域，矿泥被甩到最外缘。与之相伴随的是误入槽底的轻矿粒及误入上层的重矿粒的重新分层、分带。这一阶段持续时间最长，需反复几次循环才能完成，最后到第三阶段运动达到平衡。不同密度的矿粒沿各自的回转半径运动，轻、重矿物沿横向从外缘至内缘均匀排列，使设在排料端部的截取器将矿带沿横向分割成精、中、尾矿、矿泥四个部分（见图 2-20），并使其通过各自的排料管排出，从而完成分选过程。

螺旋溜槽由于投资及运行成本低，无噪声，但处理量与强磁设备相比而言较小，因而，攀枝花规模较小的选钛厂大多采用螺旋溜槽对钛铁矿进行回收。

B 离心选矿机

离心选矿机是近代发展起来的，回收微细泥中有用矿物的新型设备，其选别过程是在离心力场中进行的，利用微细矿粒在离心力场中所受离心力大大超过重力，从而加速了矿

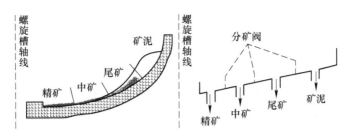

图 2-20　螺旋产品分布情况

粒的沉降（即加大径向沉降速度），扩大了不同密度矿粒沉降速度的差别，从而强化了重选过程。离心选矿机的结构示意图如图 2-21 所示。

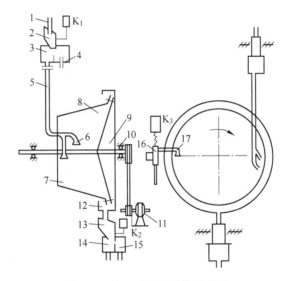

图 2-21　离心选矿机结构示意图

1—给矿管；2—给矿分配器；3—给矿槽；4—回浆槽；5—给矿导管；6—给矿嘴；7—转鼓；8—底盘；
9—转动轴；10—滚动轴承；11—电动机；12—接矿槽；13—排矿分配器；14—尾矿槽；15—精矿槽；
16—高压水阀门；17—冲洗水鸭嘴；$K_1 \sim K_3$—控制机构

　　离心选矿过程：矿浆随转鼓高速旋转，在离心力的作用下，重矿物沉积于转鼓的内壁上并随转鼓一起旋转，矿浆中的轻矿物以一定的差速随转鼓旋转，在旋转过程中以一定的螺旋角由给矿端沿转鼓坡度方向向排矿端旋转流动，到末端经排矿分矿器排出，即为尾矿。以过 3min 的选别后给矿分矿器自动转离原来正常位置，停止向转鼓内给矿，待尾矿排完后，排矿分矿器自动转离原正常位置准备截取精矿，然后高压冲洗水阀自动打开，高压冲洗水将沉积在转鼓内壁上的精矿冲下，精矿冲完后高压水阀自动关闭，待精矿排完后，排矿分矿器、给矿分矿器自动复位开始下一个选别循环。

　　离心选矿机的优点：（1）离心选矿机对微细矿泥的处理比较有效，对 37～19μm 的粒级回收率高达 90% 左右，因为矿粒在离心选矿机中的分选是借离心力和横向流膜的联合作用，所以富集比高于平面重力溜槽；（2）由于离心选矿机利用离心力的作用，因而强化了重选过程，缩短了分选时间，因此其处理能力大，为自动溜槽的 10 倍左右。（3）占地面积小，自动化程度高。缺点是耗水耗电比平面溜槽大，鼓壁坡度不能调节，生产过程为间断作业，不能连续给矿。

C　悬振锥面选矿机

悬振锥面选矿机是依据拜格诺剪切松散理论和流膜选矿原理研制而成的新型微细粒重选设备。悬振锥面选矿机主要由主机、分选面、接矿装置、给矿装置、给水装置及电控系统等 6 大部分组成。其结构如图 2-22 所示。

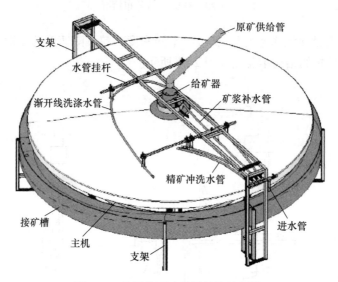

图 2-22　悬振锥面选矿机结构示意图

悬振锥面选矿机的行走电动机驱动主动轮，带动从动轮在圆形轨道上做圆周运动，从而带动分选面做匀速圆周运动；同时，振动电动机驱动偏心锤做圆周运动，使分选面产生有规律的振动。

当搅拌均匀的矿浆经矿浆补水管补水后从给矿器进入分选面粗选区域时，矿浆流即成扇形铺展开来并向周边流动，在其流动过程中流膜逐渐由厚变薄，流速也随之逐渐降低。矿粒群在自身重力和旋回振动产生的剪切斥力作用下，在分选面上适度地松散、分层，分选面的转动以及渐开线洗涤水、精矿冲洗水的分选作用，将不同密度的矿物依次带进尾矿槽、中矿槽和精矿槽。

分选面上矿层的分布符合层流矿浆流膜结构，最上面的表流程主要是粒度小且密度小的轻矿物，该层的脉动速度不大，其值大致决定了回收矿物粒度的下限，大部分悬浮矿物在粗选区即被排入尾矿槽。中间的流变层主要是由粒度小而密度大的重矿物或粒度大而密度小的轻矿物组成，该层厚度最大，拜格诺力也最强。由于该层矿粒群的密集程度较高，又没有大的垂直介质流的干扰，故能够接近按静态条件进行分层。所以流变层是按密度分层的较有效区域，随着分选面的转动，部分矿物在中间区渐开线洗涤水的分选作用下，被排入中矿槽。最下层的沉积层主要是密度大的重矿物，越靠近分选面锥顶矿物粒度越小，越靠近接矿槽矿物粒度越大。随着分选面的转动，该层与分选面附着较紧的细粒、微细粒重矿物，在精选区精矿冲洗水的分选作用下，被排入精矿槽。

2.3.4.2 强磁设备

由于钛铁矿为弱磁性矿物，可采用强磁设备对钛铁矿进行回收。对攀枝花钛铁矿的选别主要采用的强磁设备为湿式强磁机，部分选矿厂也采用干式强磁机对螺旋精矿进行精选以获得高品位的钛精矿。

A 干式强磁机

目前，我国主要生产 ϕ885mm 单盘和 ϕ580mm 双盘干式强磁机，其中 ϕ580mm 双盘干式强磁机结构如图 2-23 所示。

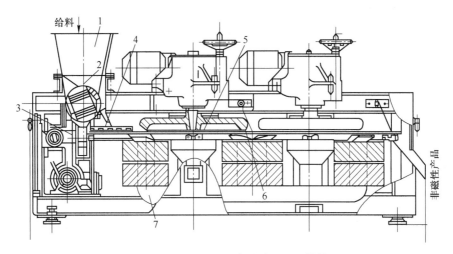

图 2-23 ϕ580mm 双盘干式强磁机结构

1—给料斗；2—弱磁筒；3—强磁产品接料斗；4—筛料槽；5—振动槽；6—分选圆盘；7—磁系

干式强磁机的磁系成山字形，通过振动槽（或皮带）与圆盘构成闭合磁路。分选过程在槽面和盘尖之间的气隙进行，气隙间距可以调节，为防止强磁性物料干扰磁选过程，在给料段设置弱磁机，以预先选出强磁性物料。

干式强磁机的原理是分选矿物进入给料斗，通过弱磁场滚筒将给矿中的强磁性矿物分选出来，其余给矿均匀地呈薄层状落在运转的输送皮带上。当矿物被送到磁盘下面时，磁盘将弱磁性矿物吸出，并随着转动的磁盘被带到非磁场区。弱磁性矿物在自重和离心作用下离开磁盘落入精矿斗，未被吸出的矿物继续随皮带运行并落入尾矿斗，从而达到分选目的。

B 湿式强磁机

目前，国内应用最广泛的湿式强磁机是立环脉动高梯度强磁机，这是一种利用磁力、脉动流体力和重力等综合立场选矿的新型高效连续选矿设备，适用于粒度为−200 目占60%~100%（或 1mm 以下）的细粒弱磁性矿物的分选。

高梯度强磁机主要由脉动机构、激磁线圈、铁轭和转环等组成，其结构如图 2-24 所示。

高梯度强磁机的原理是转换顺时针旋转，矿浆从给矿斗给入，沿上铁轭缝隙流经转环，矿浆中的磁性颗粒吸附在磁介质表面，由转环带至顶部无磁场区，被冲洗水冲入精矿斗；非磁性颗粒则沿着下铁轭缝隙流入尾矿斗。

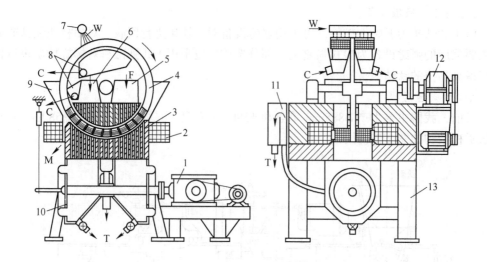

图 2-24 高梯度强磁机结构

1—脉动机构；2—激磁线圈；3—铁轭；4—转环；5—给矿斗；6—漂洗水；7—精矿冲洗水管；8—精矿斗；9—中矿斗；
10—尾矿斗；11—液面斗；12—转环驱动机构；13—机架；F—给矿；W—清水；C—精矿；M—中矿；T—尾矿

2.3.4.3 浮选设备

浮选设备按充气和搅拌方式可分为机械搅拌式浮选机、充气搅拌式浮选机和充气式浮选机三类。

A 机械搅拌式浮选机

利用叶轮—定子系统作为机械搅拌器实现充气和搅拌的浮选机统称为机械搅拌式浮选机，根据供气方式的不同又细分为机械搅拌自吸式和机械搅拌压气式两类。当机械搅拌式浮选机工作时，随着叶轮的旋转，槽内矿浆从四周经槽底由叶轮下端吸到叶轮叶片之间。同时，由鼓风机给入的低压空气经空心轴和叶轮的空气分配器，也进入其中。矿浆与空气在叶片之间充分混合后，从叶轮上半部周边斜向上推出，由定子稳流和定向后进入整个槽子中。气泡上升到泡沫稳定区，经过富集过程，泡沫从溢流堰自流溢出，进入泡沫槽。还有一部分矿浆向叶轮下部流去，再经叶轮搅拌，重新混合形成矿化气泡，剩余的矿浆流向下一槽，直到最终成为尾矿。

转子—定子的结构不同形成了不同的浮选机系列，如 XJ 型、XJQ 型、GF 型、SF 型等。XJ 型机械搅拌式浮选机结构示意如图 2-25 所示。

机械搅拌自吸式浮选机具有如下特点：（1）搅拌力强，可保证密度、粒度较大的矿粒悬浮，并可促进难溶药剂的分散与乳化。（2）对分选多金属矿的复杂流程，自吸式可依靠叶轮的吸浆作用实现中矿返回，省去了循环砂泵。（3）对难选和复杂矿石或希望得到高品位精矿时，可保证得到较好的稳定指标。（4）运动部件转速高、能耗大、磨损严重、维修量大。

机械搅拌压气式浮选机具有以下特点：（1）充气量大，便于调节，对提高产量和调整工艺有利。（2）搅拌不起充气作用，故转速低、磨损小、能耗低、维修量小。（3）液面稳定、矿物泥化少、分选指标好，但需压气系统和管路。

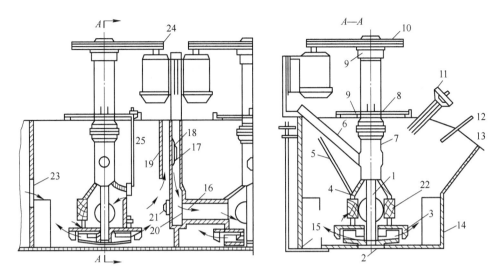

图 2-25 XJ 型机械搅拌式浮选机结构

1—主轴；2—叶轮；3—盖板；4—连通管；5—砂孔闸门丝杆；6—进气管；7—导气管；8—座板；
9—轴承；10—带轮；11—溢流闸门手轮及丝杆；12—刮板；13—泡沫溢流唇；14—槽体；15—放砂闸门；
16—给矿管（吸浆管）；17—溢流堰；18—溢流闸门；19—闸门壳（中间室外壁）；20—砂孔；21—砂孔闸门；
22—中矿返回孔；23—直流槽前溢流堰；24—电动机及带轮；25—循环孔调节杆

B 充气搅拌式浮选机

充气搅拌式浮选机既利用机械搅拌装置，又利用外部特设的风机强制吹入空气。机械搅拌装置一般只起搅拌矿浆和分布气流的作用，空气主要靠外部风机压入，矿浆充气与搅拌是分开的。

由于机械搅拌器不起吸气作用，叶轮（转子）转速比机械搅拌式浮选机低，因而转子—定子组磨损较轻，使用寿命较长，处理单位矿量的电耗也较小；由于机械搅拌器的搅拌作用不甚强烈，浮选脆性矿物时不易产生泥化现象，同时液面也较平稳，易于形成稳定的泡沫层，有利于提高浮选技术指标；由于充气与搅拌分开，充气量容易单独调节，且可按生产工艺要求保持恒定等。

充气搅拌式浮选机的工作原理是叶轮旋转时，槽内矿浆从四周经槽底由叶轮下端吸入叶轮叶片间，同时由鼓风机给入的低压空气经风道、空气调节阀、空心主轴进入叶轮腔中。矿浆与空气在叶轮叶片间进行充分混合后，由叶轮上半部周边排出，排出的矿流向斜上方运动，由安装在叶轮四周斜上方的定子稳定和定向后，进入到整个槽子中。矿化气泡上升到槽子表面形成泡沫，泡沫流到泡沫槽中，矿浆再返回叶轮区进行再循环，另一部分则通过槽间壁上的流通孔进入下槽进行再选别。

与自吸气机械搅拌式浮选机通过叶轮旋转搅拌矿浆形成负压抽吸空气来实现充气不同，充气机械搅拌式浮选机浮选时所需的气体主要是由外力（鼓风机）强制给入的，其特点在于充气量调节范围大，大小精确可调，特别适用于充气量要求较大的矿物的浮选，且随着浮选机的大型化，消耗的总功率较自吸气的小，易于优化设计、优化操作。这类浮选机型号有 CHF-X 型、XJC 型、BS-X 型、BS-K 型、KYF 型、LCH-X 型、CLF 型等，其中 CHF-X 型充气搅拌式浮选机结构如图 2-26 所示。

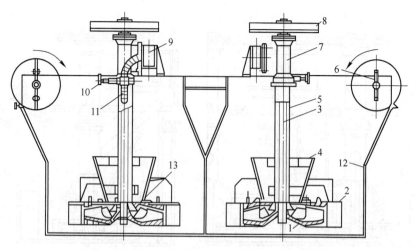

图 2-26　CHF-X 型充气搅拌式浮选机结构

1—叶轮；2—盖板；3—主轴；4—循环筒；5—中心筒；6—刮泡装置；7—轴承座；

8—带轮；9—总风筒；10—调节阀；11—充气管；12—槽体；13—钟形物

C　充气式浮选机

充气式浮选机的特点是没有机械搅拌装置，也没有传动部件，由专门设置的压风机提供充气用的空气。浮选柱就属于充气式浮选机，其优点是结构简单，容易制造。缺点是没有搅拌器，浮选效果受到影响，同时充气器容易结钙，不利于空气弥散。旋流微泡浮选柱的结构如图 2-27 所示。

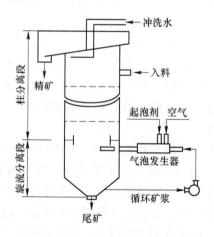

图 2-27　旋流微泡浮选柱结构图

2.3.4.4　电选设备

到目前为止，电选设备已经发展成许多类型，其分类形式各不相同，常有以下几种分类：

（1）按矿物带电方法分类，可分为传导带电分选机、摩擦电选机、介电分选机和热电黏附分选机。

（2）按电场分类，可分为静电场分选机、电晕电场电选机和复合电场电选机，也有按高压直流电场及高压交流电场来分。

（3）按设备结构形式特征分类，可分为鼓筒式（小直径称滚筒式）电选机、室式电选机、自由下落式电选机、溜板式电选机、皮带式电选机、圆盘式电选机、摇床式电选机和旋流式电选机。

（4）按分选或处理的粒度粗细分类，可分为粗粒电选机、中粒电选机和细粒电选机。

实际中人们普遍采用以结构特征为主，并加上其他分类的含义结合起来，例如鼓筒式高压电选机、旋流式细粒电选机等。国内外现在主要应用的电选机为鼓筒式电选机，攀枝花钛铁矿的选别就采用此类型的电选机。

鼓筒式电选机已由单鼓发展成多鼓，小鼓径发展成大鼓径。我国出产的电选机最小鼓径为120mm，最大鼓径为320mm，国外最大鼓径达350mm。此设备是在空气中进行分选的干式作业，采用电源均为高压直流电源，主要结构有电极结构和转鼓，电极结构多数采用复合电场，转鼓是影响分选效果的重要因素之一，实践证明，在相同条件下，大鼓径的分选效果要好于小鼓径。现生产的鼓筒式电选机转鼓直径有120mm、130mm、150mm、200mm、250mm、300mm、320mm和350mm，鼓筒式电选机结构如图2-28所示。

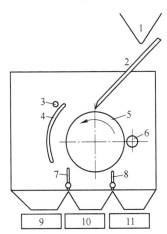

图 2-28　鼓筒式电选机结构示意图

1—给矿斗；2—给矿槽；3—偏转电极；4—电晕电极；5—鼓筒；6—毛刷；
7，8—分矿板；9—精矿槽；10—中矿槽；11—尾矿槽

2.4　选矿产品特性

2.4.1　钒钛铁精矿产品特性

我国最具代表性的钒钛磁铁矿两大矿床为攀西和河北承德，依据两大矿床原矿石 TFe 与 TiO_2 的比值差别，划分为高钛型、中钛型和低钛型钒钛磁铁矿，不同类型的钒钛磁铁矿所采用的冶炼工艺差异很大。

2.4.2　钛精矿产品特性

钛铁矿是生产海绵钛、制取钛白粉的主要原料，也是生产钛铁和电焊条的不可缺少的

原料。欲使钒钛磁铁矿中的钛铁矿与砂矿钛铁矿一样，成为钛及钛制品工业的主要原料，需要对其工艺性质进行考查。

表示钛铁矿化学组分的化学式为 $FeTiO_3$，也可写成 $FeO \cdot TiO_2$。按 $FeO \cdot TiO_2$ 计算，其中 TiO_2 含量为 52.66%。然而，实际矿物因含有杂质其 TiO_2 量常低于此值。在光学显微镜下挑选出"纯"钛铁矿进行化学分析结果表明，不同矿产地钛铁矿的化学成分存在差异。表 2-42 列出四川攀西和河北承德两大矿区钛铁矿物化学成分。

表 2-42　不同产地钛铁矿化学成分　　　　　　　　（%）

产地	TiO_2	FeO	Fe_2O_3	SiO_2	Al_2O_3	CaO	MgO	MnO
四川攀西	51.38	36.33	6.45	0.45	0.62	0.31	5.31	0.63
河北承德	51.83	43.70	2.89	0.37	1.27	0.10	0.80	0.78

显然可见，两地钛铁矿化学成分有较大差异：

（1）TiO_2 含量相近，FeO、Fe_2O_3 含量不同，攀西钛铁矿 FeO 低于河北承德钛铁矿，Fe_2O_3 含量则相反；

（2）攀西钛铁矿 SiO_2 含量高于河北承德钛铁矿，而 Al_2O_3 则相反；

（3）攀西钛铁矿 CaO、MgO 含量均明显高于河北承德钛铁矿，尤其攀西钛铁矿 MgO 含量高达 5.31%，与河北承德钛铁矿相比，可以说攀西钛铁矿是一种 CaO、MgO 含量高的钛铁矿。

经多年研究及生产实践，可以认为岩矿型钛铁矿加工出的钛精矿 TiO_2 含量在 46%~48% 较适宜，它符合钛精矿自身特性。表 2-43~表 2-45 列出了攀西和河北承德这两大矿床目前工艺生产的铁精矿、钛精矿的化学分析和粒度。

表 2-43　不同产地铁精矿化学分析　　　　　　　　（%）

元素		TFe	TiO_2	V_2O_5	Cr_2O_3	SiO_2	Al_2O_3	CaO	MgO	Co	Ni	S	P	MnO
四川攀西	攀枝花	54.45	12.93	0.541	0.063	2.58	3.79	1.03	2.76	0.022	0.013	0.612	0.004	0.374
	白马	56.29	10.50	0.744	0.023	4.73	2.67	0.92	3.04	0.02	0.02	0.307	0.010	0.440
	红格	55.86	11.75	0.62	0.39	2.96	2.87	0.85	2.94	0.018	0.049	0.583	0.014	0.273
	太和	55.34	12.01	0.676	0.025	4.87	1.75	1.37	2.39	0.010	0.010	0.350	0.017	0.310
河北承德	黑山	60.74	7.62	0.700	0.101	2.84	2.42	0.63	1.03	0.010	0.020	0.108	0.020	0.342

表 2-44　不同产地铁精矿粒度筛析　　　　　　　　（%）

产地		参数	粒级/mm					
			0.154	0.098	0.074	0.038	-0.038	合计
四川攀西	攀枝花	产率	9.34	28.34	8.73	24.13	29.46	100.00
		TFe 品位	49.39	52.97	54.23	55.15	56.82	54.40
		分布率	8.48	27.59	8.70	24.46	30.77	100.00
	白马	产率	7.60	13.78	9.73	22.29	46.61	100.00
		TFe 品位	52.17	55.33	55.07	56.53	57.53	56.36
		分布率	7.03	13.53	9.50	22.36	47.58	100.00

产地		参数	粒级/mm					
			0.154	0.098	0.074	0.038	-0.038	合计
四川攀西	红格	产率	1.37	9.77	16.27	30.80	41.79	100.00
		TFe品位	48.03	54.12	54.71	55.75	57.06	55.86
		分布率	1.18	9.47	15.93	30.74	42.69	100.00
	太和	产率	7.40	13.79	11.46	25.96	41.38	100.00
		TFe品位	45.39	53.46	54.36	56.16	57.55	55.36
		分布率	6.07	13.32	11.25	26.34	43.02	100.00
河北承德	黑山	产率	6.22	15.36	8.94	30.62	38.86	100.00
		TFe品位	48.54	67.97	59.51	61.07	62.78	60.34
		分布率	5.01	14.76	8.81	30.99	40.43	100.00

表 2-45　不同产地钛精矿化学分析　　　　　　　　　（%）

元素		TiO_2	TFe	FeO	Fe_2O_3	CaO	MgO	SiO_2	Al_2O_3	MnO	V_2O_5	Cr_2O_3	S	P
四川攀西	攀枝花	47.35	32.81	35.95	5.31	1.12	6.05	3.03	0.59	0.65	0.091	0.088	0.096	0.028
	白马	47.97	33.33	38.42	4.78	0.70	3.65	3.80	0.17	0.86	0.083	0.013	0.323	0.035
	红格	47.25	33.45	38.87	4.91	1.13	2.47	2.41	0.57	0.81	0.094	0.031	0.19	0.008
	太和	48.12	33.07			1.04	3.30	4.17	0.50	0.84	0.114	0.010	0.319	0.044
河北承德	黑山	46.18	34.43	36.41	8.75	0.58	1.46	1.70	2.38	0.79	0.12	0.11	0.21	0.013

2.5　钒钛磁铁矿选矿新技术及进步方向

2.5.1　钒钛磁铁矿选矿新技术

2.5.1.1　重磁拉抛尾预选技术

长沙矿冶研究院有限责任公司与湖南科源磁力装备有限公司联合研发出一种新型的ZCLA 磁选机，适用于钒钛磁铁矿的抛尾预选。

A　设备结构和原理

ZCLA 磁选机综合了磁选机、离心选矿机、摇床等多种选矿设备的特点，是一种复合力场的选矿设备。它由电机、减速机、外环磁系、分选转筒、耐磨涂层、机架、转筒托辊、聚磁介质、转筒坡度液压调节装置、自动控制系统，以及给料装置、磁性物料卸料装置、非磁性物料卸料装置等辅助部件组成，如图 2-29 所示。

物料给入分选转筒中，在分选区内受到磁力、重力、离心力和流体黏滞力等。磁性物料受到的磁力大于重力，吸附在分选转筒内的聚磁介质上随之向磁性物料卸矿区运动，在漂洗水和多极磁翻转的作用下将夹杂其中的非磁性颗粒清除，最终运动到磁性物料卸料区，在冲洗水的作用下卸入磁性产品料斗中。非磁性矿物所受竞争力大于磁力，随矿浆流沿着分选转筒底部向尾矿排料口运动，最终被排入非磁性产品区，从而实现了磁性矿物和非磁性矿物的分离。该设备可以通过不同磁系结构设计实现不同磁场强度的要求，适应不

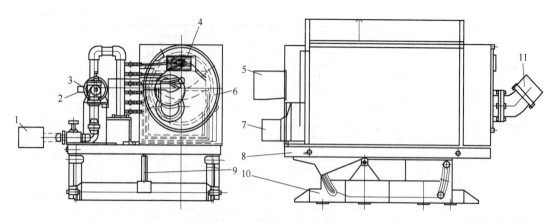

图 2-29　ZCLA 永磁高梯度磁选机结构
1—离心增压泵（1.5kW）；2—电机、减速机；3—LZ 金属管浮子流量计；4—磁系；5—精矿出料口；
6—漂洗水管；7—尾矿出料口；8—底座；9—升降液压缸；10—机架；11—给料口

同种类矿物的分选；通过调节分选转筒转速、底座倾斜角度、漂洗水量、耐磨内衬的阻力等参数来调节分选指标；通过改变转筒的直径和长度来满足设备不同处理能力的要求。

B　设备特点及优点

（1）磁系采用特殊形状高磁能积磁块叠加挤压，在筒体横截面上间歇排列，磁系包角可达到 120°~270°。筒体纵向根据分选区需要的长度设置磁系区间。设备分选区最高磁场强度可根据需要，在 0.02~1.6T 间进行设计。磁系采用多极设计，最高可以达到 32 极。

（2）特殊结构的磁系与外筒一起固定在机架上，分选转筒采用托辊固定，在电机的带动下通过齿轮传动在磁系产生的磁场中旋转。

（3）分选时磁性物料受到磁力的作用，重力、离心力变成了非竞争力，增加细颗粒磁性物料在分选转筒壁上和介质上的黏附力，根据矿物类在圆筒壁上的黏附力的大小，在冲洗水与多极磁翻滚力的联合作用下，实现磁性矿物与非磁性矿物的分离。

（4）相对于普通筒式磁选机，分选间隙更大，不容易造成堵塞；磁包角大，能够增加被选物料的翻滚次数，有利于精矿品位的提高；分选转筒表面磁场梯度高，磁场衰减比较慢，有利于提高回收率。

（5）相对于电磁强磁选机，采用永磁材料，既能产生高梯度磁场，又能大大节约能耗（ZCLA 选矿机能耗仅为电磁强磁选机的 1/10），符合国家提倡的低碳经济要求；设备总质量轻，适应入选物料的粒度范围广，能够减少隔粗、分级、除铁等项目的基建投资和设备投资。

（6）ZCLA 选矿机的转速和坡度调节可以无极变化，能够满足自动化要求。

C　抛尾预选指标

a　攀枝花矿区钒钛磁铁矿

2011 年，长沙矿冶研究院有限责任公司与湖南科源磁力装备有限公司采用 ϕ630 型 ZCLA 选矿机对攀枝花某选钛厂粗粒钛铁矿进行了富集试验。试验矿样为 SLon 型高梯度强磁选机原矿和隔渣陆凯筛筛上物，见表 2-46。

表 2-46　攀枝花某选钛厂粗粒钛铁矿采用 φ630 型 ZCLA 选矿机富集试验结果　　（%）

矿样	产品	产率	TiO₂ 品位	回收率	试验条件
SLon 型高梯度强磁选机原矿	精矿	56.78	16.74	90.27	坡度 4°，转速 15r/min
	尾矿	43.22	2.37	9.73	
	给矿	100.00	10.53	100.00	
SLon 型高梯度强磁选机原矿（连续生产）	精矿	66.81	14.44	89.83	坡度 4°，转速 15r/min
	尾矿	33.19	3.41	10.17	
	给矿	100.00	10.74	100.00	
隔渣陆凯筛筛上物	精矿	48.83	7.58	77.44	坡度 10°，转速 3r/min
	尾矿	51.17	1.91	22.56	
	给矿	100.00	4.78	100.00	

b　白马矿区钒钛磁铁矿

2014 年 10 月，长沙矿冶研究院有限责任公司与湖南科源磁力装备有限公司采用 φ630 型 ZCLA 选矿机对攀枝花白马矿区半自磨排矿进行了预先抛尾试验。试验矿样为半自磨排矿（见表 2-47）。

表 2-47　攀枝花白马矿区半自磨排矿采用 φ630 型 ZCLA 选矿机预先抛尾试验结果　　（%）

矿样	产品	产率	品位		回收率	
			TFe	TiO₂	TFe	TiO₂
半自磨排矿 1	精矿	78.37	35.52	8.11	93.54	94.20
	尾矿	21.63	8.89	1.81	6.46	5.80
	给矿	100.00	29.76	6.75	100.00	100.00
半自磨排矿 2	精矿	58.54	31.04	7.44	88.33	89.06
	尾矿	41.46	5.79	1.29	11.67	10.94
	给矿	100.00	20.57	4.89	100.00	100.00

c　红格矿区钒钛磁铁矿

四川龙蟒矿冶有限公司二选厂预分选作业采用"弱磁粗选+强磁扫选"对 -12mm 矿样进行预先抛尾，抛尾尾矿采用"直线筛隔粗（1mm）+斜板浓缩+高频筛隔粗（1mm）+高梯度强磁选别"来进行降低抛尾尾矿中 TiO₂ 品位，但是整个预选流程长，设备数量多，其设备维护费高，水、电能耗高。在前期实验室探索试验的基础上，四川龙蟒矿冶有限公司 2014 年引进了 1 台 φ950×3000ZCLA 选矿机在二选厂预分选作业进行预先抛尾工业试验，以达到缩短预选流程，降低能耗的目的（见表 2-48）。

由表 2-48 可以看出，同现有磨前预选流程相比，采用 ZCLA 选矿机进行预选，虽然总抛尾产率减少了约 2.23 个百分点，但其预选总精矿中 TiO₂ 品位几乎没有降低，TFe 品位也仅降低了 0.87 个百分点；预选总尾矿的 TFe 品位由之前的 9.27% 降低至了 8.25%，降低了 1.17 个百分点；TiO₂ 品位由之前的 3.79% 降低至了 3.22%，降低了 0.57 个百分点；同时，ZCLA 选矿机预选作业 TFe 回收率达到了 91.25%，TiO_2 回收率达到了 90.95%。尾矿中钛铁品位明显降低，预选作业钛铁总回收率大幅提高。

表 2-48 原预选流程与 ZCLA 选矿机预选流程工业试验对比指标 （%）

流程	产品	产率	品位		回收率	
			TFe	TiO_2	TFe	TiO_2
原预选流程	精矿	73.01	29.26	11.53	89.53	89.17
	尾矿	26.99	9.27	3.79	10.47	10.83
	给矿	100.00	23.86	9.44	100.00	100.00
ZCLA 选矿机预选流程	精矿	75.24	28.39	10.65	91.25	90.95
	尾矿	24.76	8.25	3.22	8.75	9.05
	给矿	100.00	23.41	8.81	100.00	100.00

因此，ZCLA 选矿机预选选别效果更优，对于龙蟒矿冶公司二选厂矿石来讲，该设备能够通过一次选别作业，抛出 24.76% 的合格尾矿，同时又可以保证尾矿中钛和铁的回收率大于 90%，从选别指标上来看，完全可以满足龙蟒矿冶有限责任公司二选厂对预选流程改造的要求指标。

d 太和矿区钒钛磁铁矿

2016 年，长沙矿冶研究院有限责任公司与湖南科源磁力装备有限公司采用 ϕ630 型 ZCLA 选矿机对重钢西昌矿业有限公司低品位钒钛磁铁矿进行了预先抛尾试验（见表 2-49、表 2-50）。

表 2-49 太和铁矿低品位钒钛磁铁矿采用 ϕ630 型 ZCLA 选矿机预先抛尾试验结果 （%）

编号	产品	产率	品位		回收率		试验条件
			TFe	TiO_2	TFe	TiO_2	
1	精矿	63.82	20.11	7.61	84.27	87.03	8mm 介质，9°，15rad，无漂洗水
	尾矿	36.18	6.62	2.00	15.73	12.97	
	给矿	100.00	15.23	5.58	100.00	100.00	
2	精矿	54.67	21.53	7.62	77.75	75.02	无介质，无漂洗水，9°，15rad
	尾矿	45.33	7.43	3.06	22.25	24.98	
	给矿	100.00	15.14	5.55	100.00	100.00	
3	精矿	69.78	19.42	7.55	87.55	89.94	4mm 介质，无漂洗水，9°，15rad
	尾矿	30.22	6.38	1.95	12.45	10.06	
	给矿	100.00	15.48	5.86	100.00	100.00	

由表 2-50 可以看出，ZCLA 选矿机对 TiO_2 的回收，由于粒级分布较宽，粗粒级的回收率比细粒级要好，对 +0.038mm 的回收率都在 82% 以上，对 -0.038mm 粒级的回收率效果较差，该粒级回收率 52.68%。

表 2-50　太和铁矿低品位钒钛磁铁矿采用 ϕ630 型 ZCLA 选矿机预先抛尾试验结果 （%）

矿样	粒级/mm	产率	TiO$_2$ 品位	TiO$_2$ 分布率	粒级回收率	相对于原矿产率
精矿	+0.154	76.65	6.25	63.63	92.04	48.92
	−0.154+0.074	14.47	11.39	21.89	91.66	9.24
	−0.074+0.038	4.49	13.21	7.88	82.12	2.87
	−0.038	4.39	11.30	6.59	52.68	2.80
	合计	100.00	7.53	100.00	86.86	63.82
尾矿	+0.154	50.05	1.46	36.37	7.96	18.11
	−0.154+0.074	20.51	1.29	13.17	8.34	7.42
	−0.074+0.038	10.36	2.20	11.34	17.88	3.75
	−0.038	19.09	4.12	39.13	47.32	6.91
	合计	100.00	2.01	100.00	13.14	36.18
原矿	+0.154	67.02	4.96	60.05	100.00	67.02
	−0.154+0.075	16.66	6.89	20.75	100.00	16.66
	−0.074+0.038	6.61	6.97	8.33	100.00	6.61
	−0.038	9.71	6.19	10.87	100.00	9.71
	合计	100	5.53	100.00	100.00	100

e　陕西洋县钒钛磁铁矿

2013 年陕西有色集团洋县钒钛磁铁矿有限公司引进了 1 台 ϕ950×3000ZCLA 选矿机对青沟选厂的选矿原矿和选铁尾矿进行了回收（见表 2-51）。

表 2-51　洋县钒钛磁铁矿有限公司预先抛尾试验结果　　　　　　　　　（%）

矿样	产品	产率	品位		回收率	
			TFe	TiO$_2$	TFe	TiO$_2$
选矿原矿	精矿	63.82	24.88	5.15	83.39	85.58
	尾矿	36.18	8.74	1.53	16.61	14.42
	给矿	100.00	19.04	3.84	100.00	100.00
选铁尾矿	精矿	49.22	20.00	7.75	72.01	78.48
	尾矿	50.78	7.53	2.06	27.99	21.52
	给矿	100.00	13.67	4.86	100.00	100.00

2.5.1.2　浮选柱选钛技术

针对我国的煤泥特点及分选需要，在充分借鉴已有研究成果与技术的基础上，以刘炯天教授为首的洁净煤研究所开发出了一种新型浮选柱—旋流静态微泡浮选柱，其原理如图 2-30 所示。

A　结构及工作原理

旋流静态微泡浮选柱主体结构包括浮选柱分选段（或称柱分离段装置）、旋流段（或称旋流分离段)、气泡发生与管浮选（或总称管浮选装置）三部分。整个浮选柱为一个柱体，柱分离段位于整个柱体上部。旋流分离段采用柱—锥相连的水介质旋流器结构，并与柱分离段呈上、下结构的直通连接，从旋流分选角度，柱分离段相当于放大了的旋流器溢流管，在柱分离段的顶部。设置了喷淋水管和泡沫精矿收集槽。给矿点位于柱分离段中上部，最终尾矿由旋流分离段底口排出。气泡发生器与浮选管段直接相连成一体，单独布置在浮选柱的柱体外；其出流沿切向方向与旋流分离段柱体相连，相当于旋流器的切线给料管。气泡发生器上设导气管。

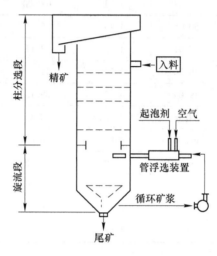

图 2-30 旋流静态微泡浮选柱工作原理

管浮选装置包括气泡发生器与管浮选段两部分。气泡发生器是浮选柱的关键部件，它采用类似于射流泵的内部结构，具有依靠射流负压自身引入气体并把气体粉碎成气泡的双重作用（又称自吸式微泡发生器）。在旋流静态微泡浮选柱内，气泡发生器的工作介质为循环的中矿。经过加压的循环矿浆进入气泡发生器内，引入气体并形成含有大量微细气泡的气、固、液三相体系。含有气泡的三相体系在浮选管段内高度紊流矿化，然后仍保持较高能量状态沿切向高速进入旋流分离段。这样，管浮选装置在完成浮选充气（自吸式微泡发生器）与高度紊流矿化（浮选管段）功能的同时，又以切向入料的方式在浮选柱底部形成了旋流力场。管浮选装置为整个浮选柱的各类分选提供了能量来源，并基本上决定了浮选柱的能量状态。

当大量气泡沿切向进入旋流分离段时，由于离心力和浮力的共同作用，迅速以选装方式向旋流分离段中心汇聚，进入柱分离段并在柱体断面上得到分散。与此同时，由上部给入的矿浆连同矿物（煤）颗粒呈整体向下塞式流动，与呈整体向上升浮的气泡发生逆向运行与碰撞，气泡在上升过程中不断矿化。与其他浮选柱不同的是，气泡一进入浮选柱就被水流很快分散，减少了沿柱体断面扩散所需的路径，从而为降低浮选柱高度创造了条件。

旋流分离段不仅加速了气泡在柱体断面上的分散，更重要的是对经过柱分离段分选的中矿以及循环中矿具有再选作用。在旋流力场作用下，两部分中矿按密度发生分离，低密度物料（包括绝大部分气泡和矿化气泡）汇聚旋流分离段中部并向上进入柱分离段，再次经历柱分离的精选过程。因此，作为表面浮选的补充，旋流器分离段强化了分选与回收。对于煤泥的降灰脱硫来说，柱分离段和旋流分离段的联合分选具有十分重要的意义，柱分离段的优势在于提高选择性，保证较高的产品质量；而旋流分离段的相对优势在于提高产量，保证较高的产品数量。

旋流分离段的底流口采用倒锥型套锥结构，把经过旋流力场充分作用的底部矿浆机械地分流成两部分：少量微细气泡以及大量中间密度物料进入内倒锥，单独引出后作为循环中矿；而大量高密度的粗颗粒物料则由内外倒锥之间排出，成为最终尾矿。循环中矿作为工作介质完成充气并形成旋流力场。倒锥型套锥结构具有以下功能：（1）减少了高灰物质循环对分选的影响；（2）中矿循环恰好使一些中等可浮性的待浮物，在管浮选装置内实现高度紊流矿化；（3）减少了循环系统，特别是关键部件自吸式微泡发生器的磨损，保证了设备的正常运转，延长了设备寿命。因此，倒锥型套锥结构对整个分选作业具有十分重要的意义。

B　特点和优势

旋流—静态微泡柱分选设备独特的循环中矿加压喷射自吸气成泡、针对物料分选过程难易程度而实施的多样化矿化方式的集成以及梯级优化分选的实现，使得该浮选柱具有富集比高、回收率高的显著优势，在微细粒物料分选方面具有常规浮选机不可比拟的分选效果。

旋流—静态微泡浮选柱实现了三种矿化方式的梯级组合，如图2-31所示。柱浮选用于原料预选，并得到高质量精矿；旋流分选用于柱浮选中矿的进一步分选，并通过高回收能力得到合格尾矿；管流矿化用于旋流分选的进一步分选并形成循环。即独特的多重高效矿化模式使得柱分选环境逐步得到加强，矿化效率逐步提高，适应了物料性质随着矿化反应过程而逐渐变差的趋势，弥补了最初柱浮选设备单一矿化模式的不足。

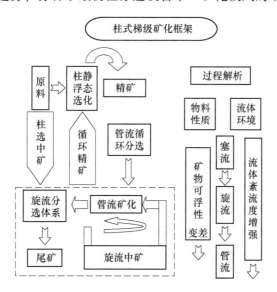

图2-31　三种矿化原理的梯级组合

旋流—静态微泡浮选柱利用循环泵将中矿加压，自吸产生气泡，在射流吸气过程中，矿浆中产生过饱和的气体,到浮选柱底部压力降低时自动释放产生更多的微泡。微泡提供了细颗粒矿化条件。由于直径小,微泡周围多呈层流状态,使得微细物料容易吸附且不易脱落。此外,矿化碰撞概率与气泡直径的二次方成正比,浮选速率常数与气泡直径的三次方成反比。显然,形成微泡是实现微细物料分选的重要条件。

物料在旋流—静态微泡柱内从上向下运动,下降到一定高度时,物料开始向上和向下分离。在该高度以下,柱体环境内的物料,其可浮性随着柱体位置的降低而变差,而这部分难浮颗粒的回收需要越来越强的矿化环境,旋流—静态微泡浮选柱中部的旋流离心环境正好提供了一个紊流度更高的矿化环境,为中等及难浮颗粒提供了进一步矿化和分离的环境。最下部的物料大部分为极难浮物料,其对矿化分离环境的紊流度提出了更高的要求,在旋流静态浮选柱内的中矿循环及管流矿化不仅给极难浮颗粒又提供了上浮的机会,而且其管流段高度紊流为矿物矿化提供了更好的环境。柱体上部的介质充填进一步强化了上部静态分离环境,下部的管流矿化进一步提高了下部的紊流矿化环境,从而构成从上到下分选环境为静态—湍流—紊流。

C   浮选柱选钛指标

2012 年,我国矿业大学采用型号 FCSMC $\phi50\times2000$mm 的旋流—静态微泡浮选柱对攀枝花某选钛厂细粒钛铁矿进行了回收试验,见表 2-52。

表 2-52   细粒钛铁矿矿样粒度分析结果   (%)

粒级/μm	产　　率		TiO$_2$ 品位		TiO$_2$ 分布率	
	个别	累积	个别	累积	个别	累积
+154	9.53	9.53	4.73	4.73	2.22	2.22
−154+100	7.71	17.24	12.51	8.21	4.76	6.98
−100+74	18.86	36.10	16.17	12.37	15.05	22.03
−74+38	42.39	78.49	24.01	18.66	50.24	72.27
−38+30	9.06	87.55	29.41	19.77	13.15	85.42
−30+20	8.75	96.30	26.60	20.39	11.49	96.91
−20	3.70	100.00	16.90	20.26	3.09	100.00
总计	100.00		20.26		100.00	

2.5.1.3   超细粒级钛铁矿选别技术

A   物料性质

超细粒级钛铁矿主要指−0.038mm 的钛铁矿,该类型矿物的化学多元素分析、钛物相分析和矿物组成及含量见表 2-53~表 2-55。

表 2-53   试验原矿化学多元素分析结果   (%)

成分	TFe	TiO$_2$	MFe	SiO$_2$	Al$_2$O$_3$	CaO
含量	14.06	8.80	0.43	33.61	12.65	7.96
成分	MgO	Cr$_2$O$_3$	MnO	S	P	—
含量	0.28	0.022	0.28	0.619	0.025	—

表 2-54 试验原矿钛物相分析 （%）

钛物相	含量	分布率
钛铁矿中钛	7.12	80.91
钛磁铁矿中钛	0.15	1.70
硅酸盐中钛	1.53	17.39
合　计	8.80	100.00

表 2-55 主要矿物含量 （%）

钛磁铁矿	钛铁矿	赤褐铁矿	硫化物	辉石	中-拉长石	橄榄石	绿泥石	角闪石	黑云母	合计
14.86	1.57	0.65	1.29	30.96	33.54	0.11	9.35	5.11	2.56	100.00

由表 2-53~表 2-55 可看出，超细粒级钛铁矿 TiO_2 含量 8.80%，主要分布在钛铁矿中，少量在钛磁铁矿，部分损失在硅酸盐中，理论回收率为 80.91%。

该类型矿物中钛铁矿含量达到 14.86%，少量的钛磁铁矿和硫化物，选钛过程中要注重硫的走向。脉石矿物主要为辉石和中-拉长石，还有部分绿泥石和角闪石。

针对该类型矿物粒度组成微细的特点，对其进行马尔文粒度分析试验和上升水流法水析（连续水析）试验。按式（2-24）计算分级室上升水流量：

$$Q = v_0 \cdot A = \frac{d^2 \times (\delta - 1000) \times 9.8}{18 \times \mu} \cdot \frac{\pi}{4} D^2 \qquad (2\text{-}24)$$

式中　Q——某分级室流量，m^3/s；

　　　v_0——自由沉降终速，m/s；

　　　A——某分级室断面积，m^2；

　　　d——分级粒度，m；

　　　δ——物料密度，kg/m^3；

　　　D——某分级室断面直径，m；

　　　μ——水的黏度系数，取 $0.001Pa \cdot s$。

计算好上升水流量后严格按连续水析试验步骤进行试验。试验结果如图 2-32 所示，试验粒度分布见表 2-56。

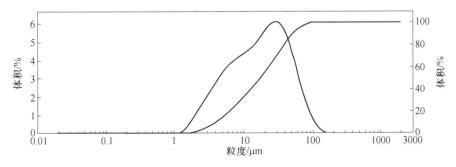

图 2-32 马尔文试验粒度分布曲线

表 2-56　马尔文试验粒度分布表　　　　　　　　　　（%）

粒级/mm	产率	累积产率
+0.038	13.40	13.40
−0.038+0.027	11.06	29.46
−0.027+0.019	15.83	45.29
−0.019+0.014	12.35	57.64
−0.014+0.010	11.08	68.72
−0.010	31.28	100.00
合　计	100.00	—

试验使用的水析室横断面直径分别为 40mm、56mm、80mm、112mm、160mm。所得产品粒级依次为+0.038mm、−0.038+0.027mm、−0.027+0.019mm、−0.019+0.014mm、−0.014+0.0095mm、−0.0095mm。

由式（2-24）计算分级室上升水流量为 1.876mL/s。连续水析试验结果见表 2-57 和表 2-58。

表 2-57　上升水流法水析试验粒度分布及 TFe 金属分布结果　　　　　　（%）

粒级/mm	产率		TFe 品位	TFe 金属分布率	
	级别	累计		级别	累计
+0.038	15.21	15.21	12.01	12.85	12.85
−0.038+0.027	19.98	35.19	13.07	18.37	31.22
−0.027+0.019	19.49	54.68	14.27	19.57	50.79
−0.019+0.014	11.82	61.50	14.79	12.30	63.09
−0.014+0.0095	9.02	75.52	14.99	9.51	72.60
−0.0095	24.48	100.00	15.91	27.40	100.00
合　计	100.00	—	14.21	100.00	—

由表 2-57 可看出，随着粒级的减小，各粒级产品的铁品位逐渐提高，但变化不大，品位最低为 12.01%，最高为 15.91%。由于各粒级产品铁品位变化不大，所以各粒级产品铁金属分布率比较均匀，即各粒级产品产率越高，金属分布率越大（见表 2-58）。

表 2-58　连续水析试验粒度分布及金属（TiO_2）分布结果　　　　　（%）

粒级/mm	产率		TiO_2 品位	金属（TiO_2）分布率	
	级别	累计		级别	累计
+0.038	15.21	15.21	8.72	15.09	15.09
−0.038+0.027	19.98	35.19	10.13	23.03	38.12
−0.027+0.019	19.49	54.68	9.72	21.55	59.67
−0.019+0.014	11.82	61.50	8.98	12.08	71.74
−0.014+0.0095	9.02	75.52	8.61	8.84	80.58

粒级/mm	产率		TiO₂ 品位	金属（TiO₂）分布率	
	级别	累计		级别	累计
-0.0095	24.48	100.00	1.97	19.42	100.00
合　计	100.00	—	8.79	100.00	—

由表 2-58 可看出，除了-0.014mm+0.0095mm 粒级钛分布较少外，各粒度钛分布相当。

B　工艺流程

超细粒级钛铁矿由于粒度较细，目前生产实践尚无回收利用，仅对该类型矿物进行试验探索。探索试验主要回收流程为强磁+浮选和重选+浮选。

a　SLon 强磁+浮选联合试验

联合流程所取得的数质量流程如图 2-33 所示，最终获得的钛精矿产品分析见表 2-59。

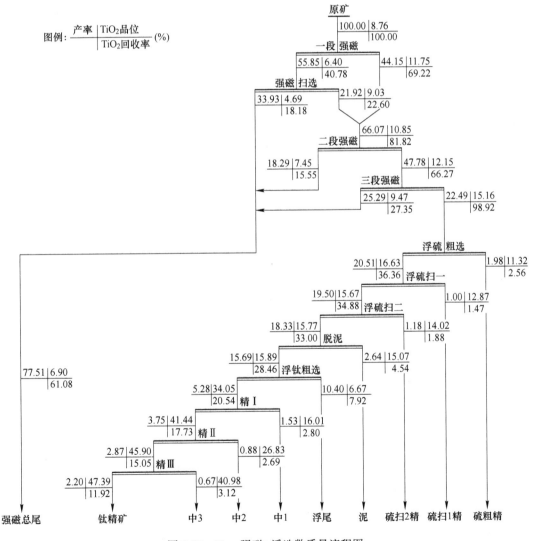

图 2-33　SLon 强磁+浮选数质量流程图

表 2-59　钛精矿多元素分析结果　　　　　　　　　(%)

成分	TFe	TiO$_2$	S	P	Cr$_2$O$_3$	MnO
含量	32.10	47.30	0.156	0.037	0.010	0.60
成分	SiO$_2$	Al$_2$O$_3$	CaO	MgO	As	—
含量	4.60	0.62	0.87	5.85	<0.01	—

b　ZH 盘式强磁+浮选联合试验

ZH 型组合式湿式强磁选机采用隔粗装置加三道分选盘式结构，前置专门配套的隔粗装置隔除矿浆中粗渣，再采用梯度高达 104 的多层感应磁极介质及三盘对应的介质参数，形成多种磁感应工作场，分别对强、弱磁性和粗、细粒级的混合矿物进行分段磁选，极大增强对目的物料（特别是细粒级目的物料）的捕收能力。组合式强磁选机将两道甚至六道磁选在一台机器内完成，能实现低场强磁选—强磁选—强磁精选和或扫选，充分提高精矿收率降低尾矿品位。组合磁选机比单一功能的磁选机功能强，操作简易，占地少，电耗不增加。由于前端隔粗和隔磁，完全消除了粗物堵塞和磁性堵塞，分选畅通无阻，分段磁选效果十分明显，具有很好且更广泛的实用性。组合磁选机适用于回收细粒弱磁性矿物，如赤铁矿、镜铁矿、褐铁矿、菱铁矿、钛铁矿、锰铁矿、铬铁矿、黑钨矿、镍矿等磁性金属矿物，也可用于从硅砂、长石、耐火材料等非金属物料中除去磁性杂质。

该联合流程采用长沙矿冶研究院生产的 ZH 盘式强磁选机。该机型外形特点如图 2-34 所示，联合流程所取得的数质量流程如图 2-35 所示，最终获得的钛精矿产品分析见表 2-60。

图 2-34　ZH 强磁机外形图

c　离心+浮选联合试验

离心选矿机是近代发展起来的，回收微细泥中有用矿物的新型设备。离心选矿机选矿是在离心力场中进行的，它的特点是利用微细矿粒在离心力场中所受离心力大大超过重力，从而加速了矿粒的沉降（即加大径向沉降速度），扩大了不同密度矿粒沉降速度的差别，从而强化了重选过程。

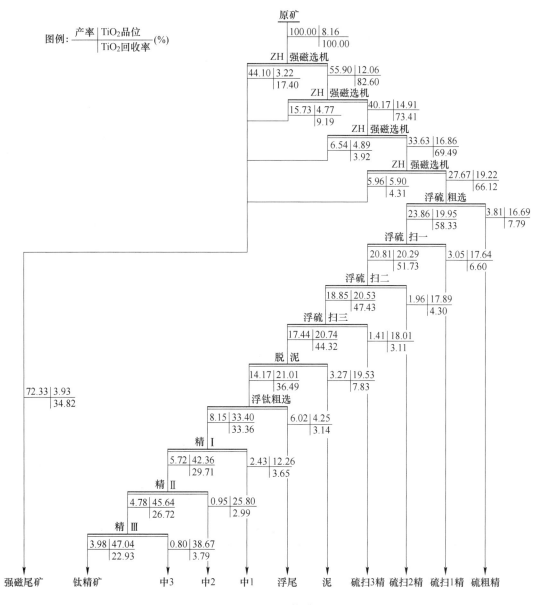

图 2-35 ZH 强磁+浮选数质量流程图

表 2-60 超细粒级钛精矿多元素分析结果 （%）

成分	TFe	TiO$_2$	S	P	Cr$_2$O$_3$	MnO
含量	31.95	47.15	0.190	0.031	0.017	0.57
成分	SiO$_2$	Al$_2$O$_3$	CaO	MgO	As	—
含量	3.65	0.69	0.98	1.03	<0.01	—

该联合流程采用江西赣州金环磁选设备有限公司生产的离心选矿机。联合流程所取得的数质量流程如图 2-36 所示，最终获得的钛精矿产品分析见表 2-61。

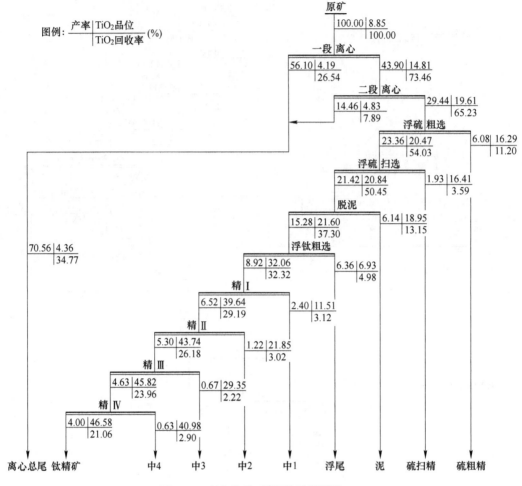

图例： $\dfrac{\text{产率}\ |\ \text{TiO}_2\text{品位}}{\text{TiO}_2\text{回收率}}$ (%)

图 2-36　离心选矿+浮选数质量流程

表 2-61　钛精矿多元素分析结果　　　　　　　　　　　　　　（%）

成分	TFe	TiO₂	S	P	Cr₂O₃	MnO
含量	30.68	46.41	0.411	0.019	0.015	0.56
成分	SiO₂	Al₂O₃	CaO	MgO	As	—
含量	3.83	1.55	1.15	1.18	<0.01	—

d　悬振锥面选矿+浮选联合试验

悬振锥面选矿机是依据拜格诺剪切松散理论和流膜选矿原理研制而成的新型微细粒重选设备，特别适用于 39~19μm（400~800 目）范围内的微细粒矿物的选别，富集率比较高。它的分选原理是：当搅拌均匀的矿浆从分选锥面中心的给矿器进入盘面的初选区时，矿浆流即成扇形铺展开向周边流动，在其流动过程中流膜由厚逐渐变薄，流速也随之逐渐降低。矿粒群在自身重力和旋回振动产生的剪切斥力的作用下在盘面上适度地松散、分层。圆锥盘的转动将不同密度的矿物依次带进尾矿槽、中矿槽和精矿槽。

该联合流程采用云南德商矿业有限公司生产的 LXZ-1200A 型悬振锥面选矿机。联合流程所取得的数质量流程如图 2-37 所示,最终获得的钛精矿产品分析见表 2-62。

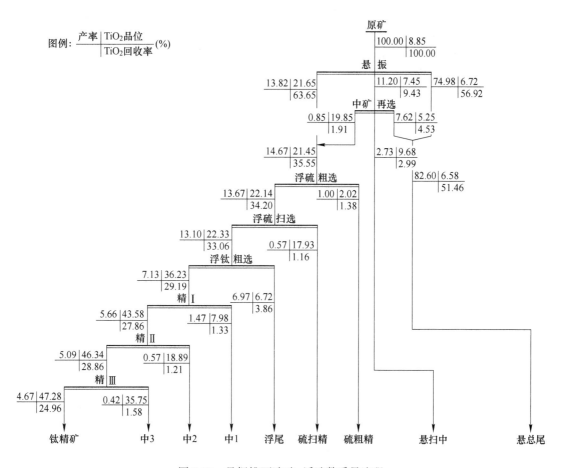

图 2-37 悬振锥面选矿+浮选数质量流程

表 2-62 钛精矿多元素分析结果 （%）

成分	TFe	TiO₂	S	P	Cr₂O₃	MnO
含量	30.64	47.27	0.075	0.057	0.018	0.66
成分	SiO₂	Al₂O₃	CaO	MgO	As	—
含量	2.74	1.25	1.66	4.80	<0.01	—

2.5.2 钒钛磁铁矿选矿技术存在的主要问题及进步方向

2.5.2.1 钒钛磁铁矿选矿存在的问题

(1) 产业集中度低。2012 年的统计资料表明,在攀枝花地区,有 10 家地方矿山企业和 35 家地方选矿厂从事钒钛磁铁矿资源开发。主要具备两个特点:一是选矿厂分布广泛,东区有 7 家,仁和区 1 家,米易县有 7 家,盐边县有 20 家;二是规模参差不齐,其中铁精矿产能达 100 万吨/年以上的主要为攀枝花、龙蟒矿冶、安宁铁钛、立宇矿业,这四家企业 2012 年铁精矿产量达 1410 万吨,占攀枝花地区铁精矿总量的 70%以上。

（2）部分企业未对选铁尾矿中的钛进行综合回收。部分企业或选矿厂受工艺流程与资金影响，仅采用螺旋重选方法将选铁尾矿中的钛铁矿加工成钛中矿或者未对选铁尾矿中的钛铁矿进行回收，生产的钛中矿再用双辊干式磁选机进行除铁和强磁选，不仅最终的钛精矿品位达不到国家质量标准，且丢弃的强磁选尾矿含钛量较高，造成钛资源综合利用率低。

（3）低品位铁矿石中的钛尚未有效回收。截至 2010 年底，攀西地区已经探明的储量中含铁品位 15%~20%、TiO_2 6%~9% 的低品位矿 37 亿吨，伴生 TiO_2 量 2.52 亿吨。但由于这部分低品位铁矿石铁品位和钛品位均较低，选矿比大、生产成本高，受市场影响不能经济回收。因此，绝大部分未进行选别而直接作为表外矿堆存或进入排土场。

（4）超细粒级钛铁矿回收效果不佳。为进一步提高钒钛铁精矿的品质，选矿厂不断提高磨矿细度，选铁尾矿中细粒级及超细粒级（$-38\mu m$）钛铁矿呈不断上升的趋势，造成选钛流程中浓缩、分级、脱泥作业超细粒钛铁矿的损失加大。再加上现有强磁选设备和浮选设备对超细粒级钛铁矿回收率效果差，造成超细粒级钛铁矿回收率严重偏低。

（5）选钛流程长，钛损失点多。因为选钛流程中采用的设备对入选粒级和强磁性矿物含量有严格的要求，造成选钛流程中存在多次浓缩脱泥作业，多次弱磁除铁作业，多次选别作业，如现选钛常用的"两段强磁+浮选"流程，普遍设置原矿浓缩脱泥、一段强磁精矿浓缩、二段强磁精矿浓缩、一段除铁、二段除铁，造成钛资源损失作业点比较多。

（6）装备水平低，设备效率低。受技术进步、制造水平及选矿规模影响，选矿厂破碎、磨矿、选别设备规格小，很少采用大型化、高效节能的国内外先进设备，选矿厂装备水平低，设备总体效率低。

（7）选矿自动化程度低。近年来电子技术、计算机技术的飞速发展同样极大地促进了选矿自动化的技术进步，新型的控制系统、检测仪表、执行仪表、控制技术层出不穷。但受设计开发不合理、自动检测仪表没有突破性的进展、对自动化系统的长期使用和维护方面缺乏必要的重视，选矿在自动化装备程度以及自动化水平方面均较低。

（8）安全环保问题严重。部分企业或选矿厂为降低投资，采取"因陋就简"的建厂方式，导致安全设施或设备不到位；同时，攀西地区的选矿尾矿通常采用上游筑坝法入尾矿坝堆存，也有较少部分选矿厂采用干堆法堆存，但受库容、地形等的影响，部分尾矿坝设置不合理，存在坝中坝等现象，安全问题严重。

选矿过程中破碎、磨矿、干燥等作业为粉尘、噪声严重的部位，虽采取了除尘、降噪等一系列措施，但仍对作业环境和周边环境有不同程度的影响。

（9）其他有益元素综合回收程度低。钒钛磁铁矿中铁、钛、钒的回收都实现了产业化，伴生的硫、钴、镍、铜等其他有益元素主要以硫化物形式存在，且少部分硫化物以独立相存在于矿石中，大部分以硫化物微细矿物的形式赋存于铁相和硅酸盐相矿物中，但这部分元素含量低，经济回收难度大，造成总体回收程度低。

2.5.2.2 钒钛磁铁矿高效选矿技术进步方向

钒钛磁铁矿高效选矿技术的进步方向如下：

（1）实现集中选钛。以有先进技术和雄厚实力的企业为主体，通过兼并联合、有偿转让等方式，有选择、有计划地对规模较小的选矿厂进行整合，建立大中型规模的选矿厂，促进选矿企业的做大做强，提高资源的综合利用率。

（2）兼顾铁、钛回收流程及技术研究。减少钛铁矿过磨泥化，提高钛铁矿入选粒度，采用窄粒级选钛流程，实现钛铁矿的高效回收。对选铁的粗选尾矿进行强磁选回收钛铁矿，抛出粗颗粒合格尾矿，对强磁精矿进行分级，+0.4mm 粗粒级进行磨矿；将 0.15～0.4mm 中粗粒级进行强磁选（或重选）—电选选钛，将−0.15mm 级别细粒级矿石和选铁二段弱磁尾矿合并进入强磁选—浮选（浮选机或浮选柱）选钛。建议原则工艺流程如图 2-38 所示。

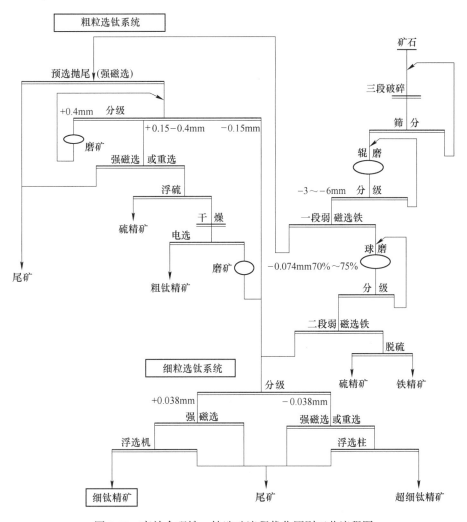

图 2-38　高效合理铁、钛选矿流程优化原则工艺流程图

（3）超细粒级钛铁矿高效经济回收技术及装备研究。超细粒级占选铁尾矿的四分之一，但因超细粒级钛铁矿粒度细、比表面积大，采用普通强磁选设备和浮选设备难以对其有效回收，且浮选药剂成本高。以超细粒级钛铁矿工艺矿物学研究和物理、化学性质分析为理论基础，对超细粒级矿物的高效浓缩分级技术、强磁选别技术、浮选技术及脱水干燥技术进行系统研究，形成超细粒级钛铁矿高效、经济回收技术及成套装备，将有利于提高攀西地区钛资源利用水平。

（4）低品位钒钛磁铁矿的高效经济回收技术研究。低品位钒钛磁铁矿选矿工艺及装备能否开发成功，对于目前难以利用的近 37 亿吨低品位钒钛磁铁矿能否得到开发利用至关重要。按照"铁钛综合回收""多碎少磨""能抛早抛"的原则，采用高效节能的大型化设备，以高压辊磨（或半自磨）—强磁选机粗粒湿式抛尾、阶磨阶选技术为基础，突破此类低品位矿利用成本高的瓶颈，形成攀西地区低品位钒钛磁铁矿高效、经济利用成套工艺及装备技术，建议原则工艺流程如图 2-39 所示。

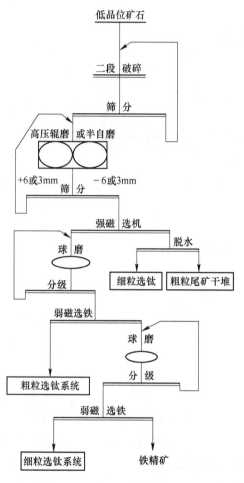

图 2-39 攀枝花钒钛磁铁矿低品位矿原则工艺流程图

（5）提高选矿自控水平。借鉴国内选厂自动控制经验，对关键工序或作业点配备先进、可靠的自动监测或自动控制仪表，并做好长久的系统维护计划，不断提高维护检修能力。通过自控控制水平的提高，降低生产成本，减轻劳动强度，提高设备有效作业率。

（6）新型高效、无毒捕收剂的研究。目前钛铁矿浮选常用的捕收剂在选矿效果、选矿品位、浮选回收率等方面都得到了较高的评价，但从工业生产实践情况来看，仍然存在捕收剂成本高、干燥成本高、环境污染严重、尾矿处理难等问题。为降低选矿成本、提高选矿效果、减少浮选药剂带来的环境污染，提高钛资源的利用率，针对现有的浮选捕收剂进行优化改进，开发研制更加安全、高效的浮选捕收剂，具有重要的经济价值和学术价值。

（7）铁精矿脱硫技术的研究。攀西地区钒钛铁精矿普遍存在含硫高的问题，开展铁精矿脱硫技术研究，不仅能降低铁精矿中硫含量，降低冶炼成本，保护环境，且脱硫产品能进一步加工成硫钴精矿，为后续产业发展提供资源基础。

参 考 文 献

［1］朱俊士．我国钒钛磁铁矿选矿［M］．北京：冶金工业出版社，1996．

［2］许时．矿石可选性研究［M］．北京：冶金工业出版社，1989：96-97．

［3］罗溪梅，童雄．钛铁矿浮选药剂的研究概况［J］．矿冶，2009（6）：13-19．

［4］王洪彬，王建平，吴雪红，等．提高攀枝花钛铁矿回收率新技术研究［R］．攀钢集团矿业有限公司，2016．

［5］王洪彬，祝勇涛，等．高铬型钒钛磁铁矿高效清洁选矿新技术及装备研究［R］．攀钢集团矿业有限公司，2012．

［6］王洪彬，王勇，等．白马选铁尾矿钛铁矿流程优化研究［R］．攀钢集团矿业有限公司．

［7］王洪彬，王勇，肖良初，等．白马选矿厂钛产品选别工艺试验及应用研究［R］．攀钢集团矿业有限公司．

［8］安登气，曾维龙．新型ZCLA永磁高梯度磁选机及选别攀枝花钛铁矿的研究［J］．矿冶工程，2010（30）：151-152．

［9］徐宏祥，曹亦俊，孔令同．旋流—静态微泡浮选柱的结构原理及分选理论研究［J］．矿山机械，2009（21）：76-78．

［10］邓清华，曹亦俊，胡厚勤，等，浮选柱回收攀枝花细粒钛铁矿半工业试验研究［R］．攀钢集团矿业有限公司，2012．

［11］吴雪红．攀西某超细粒级钛铁矿选矿试验［J］．金属矿山，2015（7）：56-59．

3 钒钛铁精矿高炉冶炼技术

3.1 钒钛铁精矿高炉冶炼基本原理

3.1.1 高炉冶炼钒钛铁精矿还原热力学

以高炉解剖调查为依据,按反应热力学和动力学条件,解析高炉冶炼钒钛磁铁矿烧结矿的基本反应。

3.1.1.1 含钛矿物中铁、钛、钒等氧化物还原热力学数据

以 C 和 CO 还原铁、钛和钒氧化物的热力学数据见表 3-1,关于铁、钛和钒氧化物生成自由能与温度关系如图 3-1 所示。

表 3-1 铁、钒和钛氧化物还原反应的自由能与温度关系

化学反应式	反应自由能/J
$FeO + CO = Fe + CO_2$	$\Delta G^{\ominus} = -17542.69 + 21.56T$
$Fe_2TiO_4 + CO = Fe + FeTiO_3 + CO_2$	$\Delta G^{\ominus} = -4270.54 + 17.21T$
$FeTiO_3 + CO = Fe + TiO_2 + CO_2$	$\Delta G^{\ominus} = 5359.10 - 18.80T$
$FeO + C = Fe + CO$	$\Delta G^{\ominus} = 153278.75 - 153.11T$
$Fe_2TiO_4 + C = Fe + FeTiO_3 + CO$	$\Delta G^{\ominus} = 166550.90 - 157.38T$
$FeTiO_3 + C = Fe + TiO_2 + CO$	$\Delta G^{\ominus} = 176180.54 - 155.29T$
$V_2O_3 + C = 2VO + CO$	$\Delta G^{\ominus} = 255185.46 - 172.50T$
$VO + C = V + CO$	$\Delta G^{\ominus} = 319243.50 - 162.87T$
$V_2O_3 + 3C = 2V + 3CO$	$\Delta G^{\ominus} = 868342.32 - 500.83T$
$V_2O_3 + 5C = 2VC + 3CO$	$\Delta G^{\ominus} = 664026.48 - 481.65T$
$V_2O_3 + 3C + N_2 = 2VN + 3CO$	$\Delta G^{\ominus} = 438776.64 - 335.87T$
$3TiO_2 + C = Ti_3O_5 + CO$	$\Delta G^{\ominus} = 193848.84 - 184.01T$
$2Ti_3O_5 + C = 3Ti_2O_3 + CO$	$\Delta G^{\ominus} = 258744.24 - 170.19T$
$Ti_2O_5 + C = 2TiO + CO$	$\Delta G^{\ominus} = 366135.66 - 167.47T$
$TiO + C = Ti + CO$	$\Delta G^{\ominus} = 400258.08 - 176.89T$
$TiO_2 + 3C = TiC + 2CO$	$\Delta G^{\ominus} = 531304.92 - 339.88T$
$TiO_2 + 2C + 1/2N_2 = TiN + 2CO$	$\Delta G^{\ominus} = 379533.42 - 257.78T$
$3TiO_2 + 7C + N_2 = 2TiN + TiC + 6CO$	$\Delta G^{\ominus} = 1290371.76 - 855.49T$
$Ti_2O_3 + 5C = 2TiC + 3CO$	$\Delta G^{\ominus} = 794235.96 - 499.11T$
$Ti_3O_5 + 8C = 3TiC + 5CO$	$\Delta G^{\ominus} = 1317585.96 - 819.65T$
$Ti_3O_5 + 5C + 3/2N_2 = 3TiN + 5CO$	$\Delta G^{\ominus} = 862271.46 - 573.34T$

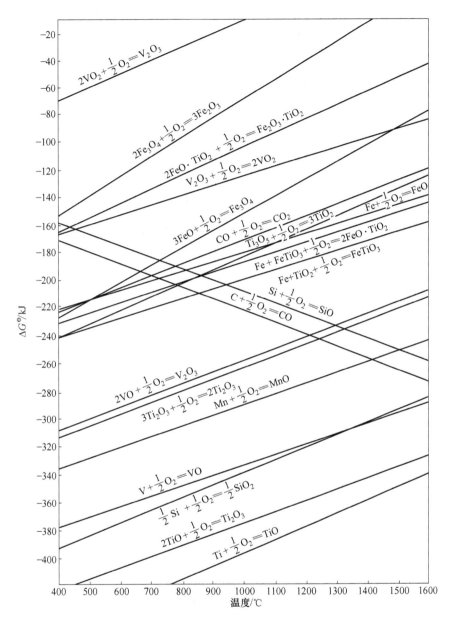

图 3-1 反应自由能变化与温度的关系

3.1.1.2 高炉冶炼钒钛磁铁矿过程的基本反应

高炉冶炼钒钛磁铁矿的原料，实际上是钒钛磁铁矿烧结矿（有的配入部分钒钛磁铁矿球团矿或钒钛磁铁矿天然块矿）。就钒钛磁铁矿烧结矿而言，其矿物组成是钛赤铁矿、钛磁铁矿、钙钛矿和含钛硅酸盐，以及少量的铁酸钙、铁板钛矿和残存的钛铁矿。原燃料从高炉炉顶装入后，钒钛磁铁矿烧结矿从炉喉下降到炉腹，经过温度不断升高的温度场和上升煤气流的作用，钒钛磁铁矿烧结矿经历了还原、软化熔融到渣铁形成熔化滴落的过程。在这个过程中，钒钛磁铁矿经过不同温度区间，经煤气流传热传质的作用发生一系列复杂反应。

高炉冶炼钒钛磁铁矿过程的基本反应和物相组成特点具体如下：

（1）块状带大致分三个温度区间进行化学反应和相变过程。

1）从炉喉到炉身上部的 650~900℃ 区间，钒钛磁铁矿烧结矿原有的钛赤铁矿、钛磁铁矿、铁酸钙、铁板钛矿被还原失氧，主要反应为式（3-1）~式(3-5)。经反应后的物相组成是钛磁铁矿、钛铁晶石、浮氏体及少量的细小铁粒。

$$3Fe_2O_3 + CO \longrightarrow 2Fe_3O_4 + CO_2 \uparrow \tag{3-1}$$

$$Fe_3O_4 + CO \longrightarrow 3FeO + CO_2 \uparrow \tag{3-2}$$

$$3CaO \cdot Fe_2O_3 + CO \longrightarrow 2Fe_3O_4 + 3CaO + CO_2 \uparrow \tag{3-3}$$

$$m(Fe_3O_4) + n(Fe_2TiO_4) \longrightarrow m(Fe_3O_4) \cdot n(Fe_2TiO_4) \tag{3-4}$$

$$Fe_2O_3 \cdot TiO_2 + CO \longrightarrow 2FeO \cdot TiO_2 + CO_2 \uparrow \tag{3-5}$$

2）炉身中部 900~1150℃ 温度区间，钛磁铁矿被还原，主要化学反应为式（3-6）~式(3-8)，反应生成浮氏体和钛铁晶石固溶体以及部分浮氏体被还原为金属铁。

$$m(Fe_3O_4) \cdot n[2(Fe \cdot Mg \cdot Mn)O \cdot TiO_2 \cdot FeO \cdot V_2O_3] + 3mCO \longrightarrow$$
$$3mFeO + n[2(Fe \cdot Mg \cdot Mn) \cdot TiO_2 \cdot FeO \cdot V_2O_3 + 3mCO_2 \tag{3-6}$$

$$FeO \cdot TiO_2 + FeO \longrightarrow 2FeO \cdot TiO_2 \tag{3-7}$$

$$FeO + CO \longrightarrow Fe + CO_2 \uparrow \tag{3-8}$$

3）炉身下部 1150~1250℃ 温度区间，为钛铁晶石还原分解阶段。主要反应为式（3-9）~式(3-12)，反应后生成的物相有金属铁、钛铁晶石、少量浮氏体、钛铁矿、板钛矿固溶体出现，钙钛矿增加。

$$FeO + CO \longrightarrow Fe + CO_2 \uparrow \tag{3-9}$$

$$2FeO \cdot TiO_2 + CO \longrightarrow Fe + FeO \cdot TiO_2 + CO_2 \uparrow \tag{3-10}$$

$$FeO \cdot TiO_2 + CO \longrightarrow Fe + TiO_2 + CO_2 \uparrow \tag{3-11}$$

$$TiO_2 + CaO \longrightarrow CaO \cdot TiO_2 \tag{3-12}$$

（2）软熔带是从炉身下部到炉腹的 1250~1350℃ 温度区间，直接还原得到发展，以烧结矿软熔形成黏结物为特征。软熔带下部，初渣开始形成，铁粒聚合。主要还原反应为式（3-13）~式(3-18)：

$$2FeO \cdot TiO_2 + CO \longrightarrow Fe + 2TiO_2 + CO \uparrow \tag{3-13}$$

$$FeO + C \longrightarrow Fe + CO \uparrow \tag{3-14}$$

$$MgO \cdot TiO_2 + TiO_2 \longrightarrow MgO \cdot 2TiO_2 \tag{3-15}$$

$$CaO \cdot FeO \cdot SiO_2 + C \longrightarrow CaO \cdot SiO_2 + Fe + CO \uparrow \tag{3-16}$$

$$Al_2O_3 + TiO_2 \longrightarrow Al_2O_3 \cdot TiO_2 \tag{3-17}$$

$$Al_2O_3 + MgO \longrightarrow MgO \cdot Al_2O_3 \tag{3-18}$$

反应生成的 $MgO \cdot 2TiO_2$、$Al_2O_3 \cdot TiO_2$ 和原烧结矿中的硅酸盐反应生成钛辉石等低熔点炉渣物相，金属铁在渣中扩散聚合成较大铁珠。此外，钒氧化物还原反应按式（3-19)和式（3-20）进行。

$$FeO \cdot V_2O_3 + C \longrightarrow Fe + 2VO + 2CO \uparrow \tag{3-19}$$

$$VO + C \longrightarrow V + CO \uparrow \tag{3-20}$$

（3）滴落带是从炉腹到风口的大于 1350℃ 区间。此区间内，金属铁渗碳和初渣形成，炉渣熔化性温度下降，渣铁开始熔化滴落。钒钛磁铁矿高炉冶炼过程，滴落带反应特点为碳还原钛氧化物和钒氧化物，可能发生的主要反应为式 (3-21)~式(3-27)：

$$2TiO_2 + C \longrightarrow Ti_2O_3 + CO \uparrow \qquad (3-21)$$

$$TiO_2 + C \longrightarrow TiO + CO \uparrow \qquad (3-22)$$

$$TiO_2 + 3C \longrightarrow TiC + 2CO \uparrow \qquad (3-23)$$

$$TiO_2 + 1/2N_2 + 2C \longrightarrow TiN + 2CO \uparrow \qquad (3-24)$$

$$TiO_2 + 2C \longrightarrow [Ti] + 2CO \uparrow \qquad (3-25)$$

$$V_2O_3 + C \longrightarrow 2VO + CO \uparrow \qquad (3-26)$$

$$VO + C \longrightarrow [V] + CO \uparrow \qquad (3-27)$$

反应生成的 TiC、TiN 以 Ti(C，N) 固溶体形式存在于熔渣中，呈弥散分布。Ti(C，N)固溶体中 TiN 比例与形成时温度和氮分压有关，一般规律是温度高、氮分压大，固溶体中 TiN 比例增大，随之形成不同色调的 Ti(C，N) 固溶体。此外，还原生成的 [Ti]、[V] 进入铁相。

渣—铁界面反应主要是碳氮饱和熔铁和渣中 TiO_2 的反应，如式 (3-28) 和式 (3-29) 所示，反应生成的 Ti(C，N) 弥散于渣中，并吸附于渣中铁珠周围形成 Ti(C，N) 薄壳，使熔渣中铁珠不易聚合长大，致使含钛高炉渣铁损高于普通高炉渣。

$$(TiO_2) + 3[C] \longrightarrow TiC + 2CO \uparrow \qquad (3-28)$$

$$(TiO_2) + 1/2N_2 + 2[C] \longrightarrow TiN + 2CO \uparrow \qquad (3-29)$$

熔铁在滴落过程中，逐渐形成过饱和的钛碳氮熔铁滴落至炉缸。随温度下降，熔铁溶度积发生变化，而析出 Ti(C，N)。析出的 Ti(C，N) 固溶体和因周而复始的出渣出铁作业，使含有 Ti(C，N) 的炉渣沉积于高炉炉底，形成不同色调的高熔点含钛堆积物而利于护炉，但如果冶炼操作不当就会造成炉底上涨和炉缸堆积。滴落至炉缸的熔铁和炉渣成为冶炼终铁——含钒钛碳钢铁和终渣——含钛高炉渣。冷却后的含钛高炉渣矿物组成为：钛辉石、巴依石、钙钛矿、尖晶石、Ti(C，N) 固溶体等矿物。Ti(C，N) 固溶体存在形态呈条带状、星散状、环焦状，铁珠周围呈花边或薄壳状。

3.1.1.3　含钛矿物中氧化物的还原

钒钛磁铁矿烧结含钛矿物中各氧化物存在形态与普通烧结矿不同，也不同于原钒钛磁铁矿精矿，使高炉冶炼过程含铁氧化物还原复杂化。

A　含钛矿物中铁氧化物的还原

钒钛磁铁矿是磁铁矿（Fe_3O_4）-钛铁晶石（$2FeO \cdot TiO_2$）-镁铝尖晶石（$MgO \cdot Al_2O_3$）-钛铁矿（$FeO \cdot TiO_2$）构成的复合体。钒钛磁铁矿烧结矿主要含铁矿物是钛赤铁矿（$mFe_2O_3 \cdot nFeO \cdot TiO_2$）和钛磁铁矿 [$mFe_3O_4 \cdot n(2FeO \cdot TiO_2)$] 的固溶体及铁酸钙（$CaO \cdot FeO$）。而钒钛氧化球团含铁矿物则由赤铁矿（$Fe_2O_3$）和铁板钛矿（$Fe_2O_3 \cdot TiO_2$）组成。可见，含钛矿物中铁氧化物处于还原难易程度各不相同的形态中，使高炉冶炼过程铁氧化还原过程复杂化。钒钛磁铁矿烧结矿中以固溶体存在的 Fe_2O_3、Fe_3O_4 和球团矿中 Fe_2O_3 的还原与普通矿相同，即按 $Fe_2O_3 \rightarrow Fe_3O_4 \rightarrow FeO \rightarrow Fe$ 逐级还原顺序进行；而不同的是钛铁氧化物按照 $Fe_2O_3 \cdot TiO_2 \rightarrow Fe_2TiO_4 \rightarrow FeTiO_3 \rightarrow FeTi_2O_5$ 的途径还原。除铁板钛矿易还原为钛铁晶石外，其他的钛铁氧化物的气体还原需在浮氏体还原后，方能逐步进行，且要求越来越高的温度和强还原势。另外，在 Fe_3O_4 大量还原为浮氏体阶段，会发生钛铁矿的钛铁晶石化，即 $FeO \cdot TiO_2 + FeO \rightarrow 2FeO \cdot TiO_2$。另外，在钛铁晶石及钛铁矿中都固溶有

MgO，这就增加了其中铁氧化物还原的难度。

实验室研究钒钛磁铁矿含碳球团矿的铁氧化物还原的结果表明，钛磁铁矿在 1050℃ 前全部还原，钛铁氧化物在 900~1050℃ 之间以钛铁晶石存在，于 1100℃ 时转变为钛铁矿，1200℃ 则形成亚铁板钛矿（$FeTi_2O_5$）的渣相，因而还原性变差。对于钒钛磁铁矿氧化球团的还原，经 28m^3 高炉冶炼试验，从不同部位取样分析计算铁的平均还原度，见表 3-2。可见，随炉料中球团矿配比增加，炉腰物料中铁的还原度总体上是逐渐增加的。而风口平面物料样中铁的还原度是逐渐降低的。这表明，在高炉中上部球团矿还原性好于烧结矿。而炉腰以下到风口平面，球团矿的还原性则不如烧结矿。这与实验室测定的球团矿和烧结矿的低温和高温还原性结果（见表 3-3）相一致。经矿相分析，当赤铁矿还原到浮氏体阶段时，铁板钛矿还原为难还原的钛铁矿和钛铁晶石，这是钒钛球团矿高温还原性差的原因。

表 3-2 试验阶段取样位铁氧化物平均还原度　　　　　　　　　　　（%）

球团配比/%	0	30	50	70	100
炉身	16.26	10.90	15.09	19.30	36.00
炉腰	29.27	31.26	24.07	49.60	53.30
风口	98.50	95.70	90.70	84.20	81.70

表 3-3 钒钛氧化球团矿和钒钛烧结矿在升温还原条件下的还原度　　　　（%）

温度/℃	900（恒温 1h）	1320
氧化焙烧酸性球团矿	59.12	79.40
烧结矿（碱度 1.75）	53.72	79.78
烧结矿（碱度 2.0）	56.84	81.46

B 含钛矿物中钒氧化物的还原

钒钛磁铁矿中钒以 V_2O_3 的形态固溶于磁铁矿晶格内，形成钒尖晶石 $[FeO \cdot (Fe \cdot V)_2O_3]$。钒钛磁铁矿烧结矿中钒也是以钒尖晶石形式赋存于钛磁铁矿固溶体中。钒钛磁铁矿烧结矿中钒的还原实验室研究表明，钒钛磁铁矿烧结矿中铁的还原度达 90% 以上时，铁中才出现钒。在熔化滴落过程中，钒的还原比较充分，铁相中钒与铁水含钒量相近，表明含钒氧化物的还原在铁氧化物还原之后才开始还原，且高炉内钒的还原主要发生在风口以上软熔滴落带，改善这一区域的还原条件将是提高钒收得率的主要途径。钒钛磁铁矿烧结矿深度还原且有铁相产生可认为在软熔带中，钒以 $FeO \cdot V_2O_3$ 的形式进行还原。其反应为式（3-30）~式(3-32)：

$$FeO \cdot V_2O_3 + 2C \longrightarrow Fe + 2VO + 2CO \qquad \Delta G^{\ominus} = 426928 - 318.82T \qquad (3-30)$$

$$FeO \cdot V_2O_3 + 6C \longrightarrow Fe + 2VC + 4CO \qquad \Delta G^{\ominus} = 840409.9 - 624.21T \qquad (3-31)$$

$$VO + C \Longrightarrow V + CO \qquad \Delta G^{\ominus} = 310493.1 - 154.62T \qquad (3-32)$$

a_{vc}、a_v 设为 1，取 $a_{FeO \cdot V_2O_3}$ 为 0.1 时，反应生成 VO 和 VC 的反应温度为 1152℃、1103℃，即在块状带下的软熔温度区反应都可进行。但从反应动力学条件考虑，反应进行受到限制。生成金属钒的反应开始温度高达 1598℃，这说明钒的二价氧化物难以被还原为金属钒。但若有液态铁存在时，钒的还原反应可按式（3-33）~式（3-35）进行。

$$VO + C \rightleftharpoons [V] + CO \qquad \Delta G^{\ominus} = 289768.43 - 210.64T \qquad (3-33)$$

$$VC + C \rightleftharpoons [V] + C \qquad \Delta G^{\ominus} = 81433.26 - 55.22T \qquad (3-34)$$

$$FeO \cdot V_2O_3 + 4C \rightleftharpoons Fe + 2[V] + 4CO \qquad \Delta G^{\ominus} = 993276.43 - 734.66T \qquad (3-35)$$

在标准状态下，上述反应的开始温度分别为 1090℃、1202℃ 和 1079℃，如 $aFeO \cdot V_2O_3 = 0.1$，$a_{vc} = 1$，则 $FeO \cdot V_2O_3$ 的还原反应开始温度为 1115℃，在软熔温度下反应可以进行。因此，在软熔带中若存在液相铁，将会改善钒的还原条件。在高炉冶炼中钒属于较难还原的元素，据高炉冶炼高钛型炉渣的实际数据统计，得到的二元回归方程为 $[V] = 0.0766 + 0.3208T + 0.2137R$。这表明，生铁钒含量随炉温和碱度提高而增加，但碱度对钒的还原作用小于炉温。实际冶炼的高钛型炉渣，由于碱度和炉温的控制，钒的收得率低于中钛渣和低钛渣，且随渣中 TiO_2 含量提高而降低。

C 含钛矿物中钛氧化物的还原

钒钛磁铁矿中的钛主要以氧化物（TiO_2）的形式存在于钛铁晶石（$2FeO \cdot TiO_2$）和钛铁矿（$FeO \cdot TiO_2$）中。钒钛磁铁精矿经烧结后，钛的存在形式发生了变化，大部分 TiO_2 与 CaO 结合生成钙钛矿（$CaO \cdot TiO_2$），其余部分进入赤铁矿（Fe_2O_3）和磁铁矿（Fe_3O_4）的晶格中，形成钛赤铁矿（$mFe_2O_3 \cdot nFeO \cdot TiO_2$）和钛磁铁矿 $[mFe_3O_4 \cdot n(2FeO \cdot TiO_2)]$ 固溶体。含钛矿物在高炉冶炼过程中，将有部分 TiO_2 被还原，即由高价钛氧化物还原为低价钛氧化物，最后生成钛的碳、氮化物和 [Ti] 进入铁中。

根据以 CO 还原钒钛磁铁矿烧结矿的研究，在有铁氧化物存在的条件下，低于 1100℃ 的温度未发现 TiO_2 的还原，但有安诺石矿物出现。这说明该温度下 TiO_2 还原为三价钛。从实际冶炼钒钛矿高炉取样和对 $0.8m^3$ 高炉的解剖分析，在高炉软熔带以上基本没有低价钛出现，说明初渣形成前主要是铁氧化物的还原。当钒钛磁铁矿烧结矿经深度还原后，一般在炉腹出现初渣，这时钛铁氧化物经还原分解出的 TiO_2 开始还原，到软熔带钛的还原度很低，只有 3% 左右。但在滴落带铁氧化物还原基本结束，又有钛氧化物还原的良好热力学和动力学条件，从而促进了渣焦和渣铁反应，使钛的还原发展，直到风口区钛的还原度达到 20% ~ 29%。

关于 TiO_2 高温还原为金属钛和 TiC、TiN 及其固溶体 Ti(C, N) 的机制，目前尚无统一的见解。过去，国内外研究认为钛的氧化物还原是按下列顺序进行：$TiO_2 \rightarrow Ti_3O_5 \rightarrow Ti_2O_3 \rightarrow TiO \rightarrow Ti \rightarrow TiC$，类似于铁氧化物的还原顺序。但从反应热力学分析，由 $Ti_2O_3 \rightarrow TiO \rightarrow Ti$ 的反应式和反应自由能与温度关系为式（3-36）和式（3-37）：

$$Ti_2O_3 + C \longrightarrow 2TiO + CO \qquad \Delta G^{\ominus} = 366135.66 - 167.47T \qquad (3-36)$$

$$TiO + C \longrightarrow Ti + CO \qquad \Delta G^{\ominus} = 400258.08 - 176.89T \qquad (3-37)$$

反应（3-36）$\Delta G^{\ominus} = 0$ 时，$T = 2186K$。反应（3-37）$\Delta G^{\ominus} = 0$ 时，$T = 2263K$。可见，两个反应进行的开始温度，远高于高炉冶炼实际温度范围。因此，在高炉冶炼过程中上述反应不可能进行。到目前为止，在高温还原熔炼高钛型钒钛磁铁矿所产生的各种高钛渣中，尚未发现 TiO 和 Ti 这两种还原产物。因此，类似于铁逐级还原的看法值得怀疑。最近研究认为，TiO_2 被碳还原的过程为：$TiO_2 \rightarrow Ti_2O_3 \rightarrow TiC_{0.67}O_{0.33} \rightarrow Ti_xO_y \rightarrow TiC$，$Ti_3O_5$ 的进一步还原的平衡相不是 Ti_2O_3，而是钛的碳氧化物，并且在 1580K 时，确定其化学组成为 $TiC_{0.67}O_{0.33}$，相应的反应式与自由能变化关系为式（3-38）：

$$Ti_3O_5 + 6.02C \longrightarrow TiC_{0.67}O_{0.33} + 4.01CO \quad \Delta G^\ominus = 356275.75 - 224.50T \quad (3-38)$$

反应（3-38）$\Delta G^\ominus = 0$ 时，$T = 1587K$。从高钛型钒钛矿电炉熔炼的高钛渣 X 射线分析得知，钛的存在形态主要是黑钛石（Ti_3O_5），可以认为 TiO_2 被碳还原的末级还原反应是：$Ti_xO_y + 2yC \rightarrow TiC + yCO$（式中 $x+y=1$）。高炉冶炼过程中由于有过剩碳的存在及渣焦的润湿良好，在高温条件下也可进行下列直接还原反应式（3-39）~式(3-41)：

$$TiO_2 + 3C \longrightarrow TiC + 2CO \quad \Delta G^\ominus = 1304.92 - 339.88T \quad (3-39)$$

$$TiO_2 + 2C + 1/2N_2 \longrightarrow TiN + 2CO \quad \Delta G^\ominus = 79533.42 - 257.78T \quad (3-40)$$

$$TiO_2 + 2C \longrightarrow [Ti] + 2CO \quad \Delta G^\ominus = 686886.41 - 397.96T \quad (3-41)$$

反应（3-39）$\Delta G^\ominus = 0$ 时，$T = 1563K$。反应（3-40）$\Delta G^\ominus = 0$ 时，$T = 1472K$。反应(3-41)$\Delta G^\ominus = 0$ 时，$T = 1726K$。

当 [Ti] 过其冶炼温度的溶解度时，将产生 TiC、TiN 析出反应，如式（3-42）~式(3-44) 所示：

$$[Ti] + C \longrightarrow TiC(s) \quad \Delta G^\ominus = -145281.96 + 48.11T \quad (3-42)$$

$$[Ti] + [C] \longrightarrow TiC(s) \quad \Delta G^\ominus = -166634.64 + 93.20T \quad (3-43)$$

$$[Ti] + 1/2N_2 \longrightarrow TiN(s) \quad \Delta G^\ominus = -280096.92 + 129.41T \quad (3-44)$$

高炉内还原的钛量可用式（3-45）表示：

$$\lg \frac{[Ti\%]_R}{[Ti\%]_N} = \frac{-2180}{T} + 17.32 - 2\lg P_{CO} + \lg R_{TiO_2} + \lg N_{TiO_2} \quad (3-45)$$

由式（3-45）可见，高炉内实际钛的还原量受气氛温度、TiO_2 浓度的制约。温度影响最大，已为高炉冶炼实践所证明。温度升高、还原气氛增强及 TiO_2 浓度增加有利于钛的还原。

D　含钛矿物中其他氧化物还原

在钒钛矿高炉冶炼过程中，TiO_2 与 SiO_2 的生成自由能相近，因此 SiO_2 的还原与 TiO_2 相似。据研究，高炉内硅的还原，首先是 SiO_2 与 C 发生气化反应：$SiO_2 + C \rightarrow SiO(g) + CO$，然后进行 $SiO(g) + C \rightarrow [Si] + CO$ 的反应。因焦炭灰分中呈自由状态的 SiO_2 在风口前燃烧带极易气化，且滴落带内液态含钛炉渣与焦炭有良好的接触条件，促进了 SiO_2 的气化反应。气化反应产生的 SiO 随气流上升而被滴落中铁液所吸收，被其中的 [C] 所还原，产生 [Si] 进入铁水中。对 $0.8m^3$ 高炉的解剖发现，炉腹第一批出现的铁粒中含有 0.40% Si，高于终铁 1 倍；下降到风口平面时，生铁中 Si 含量达到最高值 1.26%。可见，铁中硅含量增加是在风口平面以上区域，即硅氧化物的还原从软熔带开始到风口平面区域完成的。这与普通矿冶炼硅的还原有相同规律。铁滴穿过风口带下降到炉缸过程中硅被再氧化，含量有明显的下降，使铁含硅量达最低值。

钒钛磁铁矿烧结矿中锰存在于钛赤铁矿和钛磁铁矿固溶体中，在其还原之前可以认为是以 $2MnO \cdot TiO_2$ 和 $MnO \cdot TiO_2$ 形态存于渣中。关于锰在高炉内还原的研究表明，锰的还原在高炉滴落带内完成，主要是炉渣中 MnO 被碳还原为液态锰滴落汇合铁滴溶于熔铁中。滴落带温度一般高于 1400℃，铁还原已完成，此时存在的锰氧化物已进入渣相。因此，锰是从熔渣中还原。当渣铁并存时，渣焦反应生成液态锰而进入熔铁中。其化学反应式和自由能变化为式（3-46）~式(3-48)：

$$(MnO) + C \longrightarrow [Mn] + CO \qquad \Delta G^{\ominus} = 293771.01 - 210.22T \qquad (3-46)$$

$$(2MnO \cdot TiO_2) + C \longrightarrow [Mn] + TiO_2 + 2CO \quad \Delta G^{\ominus} = 624804.54 - 422.11T \qquad (3-47)$$

$$(MnO \cdot TiO_2) + C \longrightarrow [Mn] + TiO_2 + CO \quad \Delta G^{\ominus} = 318283.79 - 211.48T \qquad (3-48)$$

标准状态下，各反应式开始反应温度分别为 1123℃、1207℃ 和 1231℃。$2MnO \cdot TiO_2$ 和 $MnO \cdot TiO_2$ 比自由的 MnO 开始还原温度提高约 84℃ 和 108℃，锰的还原随温度升高、炉渣碱度和还原时间增加而增加，随渣中 TiO_2 提高而降低。用高钛型炉渣冶炼时，根据高炉热平衡测试资料，计算出锰的收得率为 28% 左右。

　　E　高炉内含钛矿物中铁、钛、钒、硅元素的选择还原

氧化物还原的难易程度与其稳定性有关，而稳定性可由氧化物生成自由能 $\Delta G^{\ominus}$ 表示：

$$2Fe(s) + O_2 \longrightarrow 2FeO(s) \qquad \Delta G^{\ominus} = -519581.88 + 125.19T \qquad (3-49)$$

$$4/3V(s) + O_2 \longrightarrow 2/3V_2O_3(s) \qquad \Delta G^{\ominus} = -821450.16 + 165.38T \qquad (3-50)$$

$$Si(s) + O_2 \longrightarrow SiO_2(s) \qquad \Delta G^{\ominus} = -906442.20 + 175.85T \qquad (3-51)$$

$$Ti(s) + O_2 \longrightarrow TiO_2(s) \qquad \Delta G^{\ominus} = -944123.40 + 179.20T \qquad (3-52)$$

上述氧化物生成自由能与温度的关系如图 3-2 所示。可见，铁、钛、钒硅氧化物的稳定性存在一定差异。按 $FeO \rightarrow V_2O_3 \rightarrow SiO_2 \rightarrow TiO_2$ 的顺序递增。V_2O_3、SiO_2、TiO_2 都是较难还原的氧化物。高温下将从熔渣中被碳所还原进入熔铁中，反应式为 (3-53)~(3-55)。

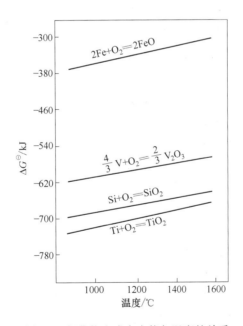

图 3-2　氧化物生成自由能与温度的关系

$$2/3(V_2O_3) + 2C \longrightarrow 4/3[V] + 2CO \qquad \Delta G^{\ominus} = 131667 - 94.28T \qquad (3-53)$$

$$(SiO_2) + 2C \longrightarrow [Si] + 2CO \qquad \Delta G^{\ominus} = 133700 - 89.49T \qquad (3-54)$$

$$(TiO_2) + 2C \longrightarrow [Ti] + 2CO \qquad \Delta G^{\ominus} = 164060 - 95.05T \qquad (3-55)$$

在标准状态下上述反应中开始反应的温度分别为 1123℃、1321℃、1453℃。可见，

用碳还原的难度逐渐增加。热力学分析可知，高炉内 V_2O_3 的还原比 SiO_2 和 TiO_2 的还原要容易。

SiO_2 与 TiO_2 的性质相似，因此，TiO_2 在高炉内还原与 SiO_2 的还原密切相关。根据两相间共同反应原理，可得式（3-56）：

$$(TiO_2) + [Si] \longrightarrow [Ti] + (SiO_2) \quad K_{Ti\text{-}Si} = \frac{a_{SiO_2}}{a_{Si} \cdot a_{TiO_2}} \cdot a_{Ti} \tag{3-56}$$

在熔渣组分变化不大的范围内，其活度系数不随熔渣组成显著变化时，可将这些活度视为常数，而合并到 $K_{Si\text{-}Ti}$ 中去，则上式变为：

$$K_{Ti\text{-}Si} = \frac{[Ti\%]}{(TiO_2\%)} \times \frac{(SiO_2\%)}{[Si\%]} \tag{3-57}$$

由此可得钛的分配比 $L_{Ti} = [Ti\%]/(TiO_2\%) = K_{Ti\text{-}Si} = [Si\%]/(SiO_2\%)$，由分配比关系可见，$L_{Ti}$ 与 L_{Si} 成正比关系。生产实践证明，它们的还原主要受温度的影响，冶炼含不同 TiO_2 炉渣，铁中 [Si]、[Ti] 与炉温 $\sum[Ti+Si]$ 的关系如图 3-3 所示。

在高炉冶炼的炉温范围内，各自回归直线无交点，且总是铁中 [Si]>[Ti]（见图 3-3（a）、（b））。而冶炼 TiO_2 含量 26%~30% 的炉渣，在正常的炉缸工作状态下，铁中 [Si]>[Ti] 但随炉温降低两条回归直线有个交点。于交点以上随炉温降低，[Si] 与 [Ti] 的差值逐渐减小。而在交点以下，[Si] >[Ti]（见图 3-3（c））。可见此交点为炉凉或由凉转热的分界点。此特点是高钛型炉渣冶炼判断炉温变化趋势的很好依据。解决钒钛矿高炉冶炼的困难，就是控制不同 TiO_2 含量的炉渣冶炼，[Si]、[Ti] 变化与炉温的关系。显然，选择合理的热制度至关重要。实

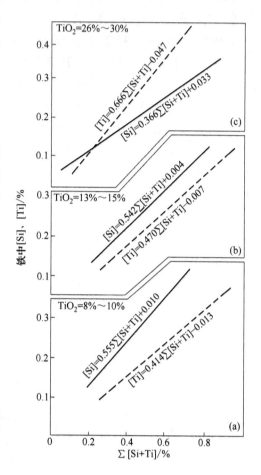

图 3-3　不同 TiO_2 含量的炉渣铁中 [Si]、
[Ti] 与 $\sum(Ti+Si)$ 的关系

际高炉冶炼的温度控制，应使铁和钒大量还原，硅和钛少还原，保证渣铁畅流，炉况顺行。

3.1.1.4　高炉实际取样及解剖调查各元素的还原

对钒钛矿高炉冶炼的试验和对 $0.8m^3$ 高炉解剖调查的研究可知，尽管高炉容积不同，温度分布有所差异，但铁、钛、钒元素的还原过程基本上具有相同的规律。

A　铁的还原

对冶炼钒钛磁铁矿的 0.8m³ 高炉进行解剖,观察沿高炉方向铁的还原度变化。从高炉纵向部位取样来看,从炉身取出的是散粒状烧结矿,铁的还原度变化在 20%~40% 范围内。从炉腰取出的烧结矿有热变形,局部软化并成渣,铁的还原度达 40%~80%;炉腹区的初渣大量形成,铁急剧还原,到风口水平面铁的还原基本结束。当铁的还原度达 80% 左右时,还原速率减慢,其原因是由于有相当数量的浮氏体与钛氧化结合成难还原的矿物,如钛铁晶石、板钛矿固溶体之类,从而降低了铁的还原速率。

B　钒的还原

用钒的金属化率 $\eta_V = \dfrac{[V\%]}{\{[V\%] + (V\%)\}} \times 100\%$ 来表示钒在高炉内沿高度方向的变化,如图 3-4 所示。以钒尖晶石（$FeO \cdot V_2O_3$）状态存在于烧结矿的钒还原与铁结合,当铁还原度达 90% 时,最初出现的铁粒中已有相当数量的钒,平均含量达 0.103%。到炉腹下部达 0.26%,继续下降到风口平面时,钒含量增至 0.316%,已相当于终铁含钒水平。在炉缸熔池钒又有所提高,终铁含钒达到 0.32%。另外发现风口区铁珠中钒含量高达 0.52%,说明铁珠中存在钒的富集现象。

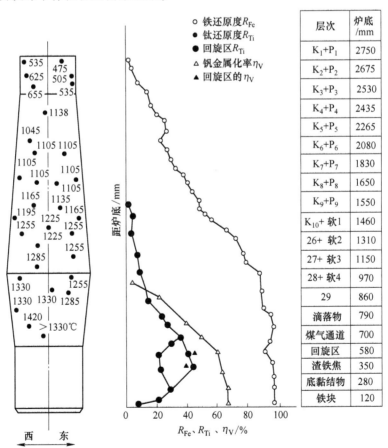

图 3-4　不同高度上 R_{Fe}、R_{Ti}、η_V 的变化

C 钛的还原

一般钛的还原开始出现在炉腹，表3-4为0.8m³试验高炉的取样分析结果。炉腹部位钛的还原度较低，从炉腹至风口区之间钛大量被还原，钛还原度猛增至20.47%。

表 3-4 0.8m³ 试验高炉钛还原度分析 (%)

部位	4月5日	4月12日	4月15日	4月18日	4月19日	4月21日	平均
炉腹	2.55	2.63	3.68	2.21	2.76	2.98	3.30
风口平面	20.0	20.56	18.65	27.52	17.40	21.92	20.47
还原区铁口终渣							
铁口终渣	13.26	6.21	16.88	15.40	14.40	10.49	12.16

注：表中时间为 1982 年。

对0.8m³高炉的解剖调查发现，钛的还原结果同上述情况类似，在软熔带以上没有低价钛出现，到软熔带也较少，R_{Ti} 只有 3%~4%。但在滴落带还原急剧发展，直到风口区 R_{Ti} 达 29% 左右。钛经风口区有强烈再氧化现象下达炉缸的终渣钛的还原为 4%~8%。

对0.8m³高炉的解剖调查发现，TiN 从炉身下部的边缘开始出现，温度约1250℃。而 TiC 最初出现是在温度约1300℃。炉身下部至风口下，TiN、TiC 的变化见表3-5。由表可见，炉料进入软熔带后，TiN、TiC 含量缓慢增加，但从滴落带到风口水平面，其含量迅速增加。如 TiN 由 0.384% 增加到 1.48%，而 TiC 由 0.132% 增加到 4.52%。风口间死区 TiC 达到最大值 6.75%。显然炉腹下部到风口平面以及风口之间死区是 TiC、TiN 生成部位。

表 3-5 炉身下部至风口下 TiN、TiC 的变化

层次	边缘		环带		中心		平均	
	TiN/%	TiC/%	TiN/%	TiC/%	TiN/%	TiC/%	TiN/%	TiC/%
P_9	0.254	0	0.271	0	0	0	0.263	0
K_{10}	0.344	0.006	0.400	0.009	0.402	0	0.382	0.008
16	0.217	0.048	0.351	0.013	0.457	0.061	0.342	0.041

炉渣通过风口区及在下达到炉缸的过程中 TiC、TiN 被大量氧化。其含量快速降低，但 TiC 的氧化速度高于 TiN，因而炉缸中 TiN 的含量仍高于 TiC，其含量分别为 0.261% 和 0.037%。

3.1.2 高炉冶炼造渣过程

高炉冶炼的炉渣，主要成分来源于原燃料所带入的脉石成分。为使所形成的炉渣冶金性质能满足高炉冶炼过程的要求而选择并确定炉渣主要成分的组成，其冶炼操作通称"造渣制度"。冶炼普通矿形成四元（$CaO-MgO-SiO_2-Al_2O_3$）渣系；而冶炼钒钛矿则为五元（$CaO-MgO-SiO_2-Al_2O_3-TiO_2$）渣系。冶炼含 TiO_2 的五元炉渣，按其 TiO_2 含量不同可划分为高钛渣（>20% TiO_2）、中钛渣（10%~20% TiO_2）和低钛渣（<10% TiO_2），各类含 TiO_2 的五元炉渣的冶金性质不仅不同于四元炉渣，而且含钛炉渣由于 TiO_2 含量不同，其冶金性质也有显著区别。

3.1.2.1 含钛炉渣的化学成分和矿物组成

高炉冶炼钒钛矿，由于冶炼原料所带入的 TiO_2 不同，冶炼的含铁炉渣中 TiO_2 含量也不同，其他造渣组分也随之变化。表 3-6 为国内实际冶炼含钛炉渣代表性化学组成。从化学组成看，马钢冶炼的含钛炉渣是低钛渣，承钢为中钛渣，而攀钢则为高钛型炉渣。其 SiO_2/TiO_2 的比值分别为大于 3.0、大于 1.40 和接近 1.0，这是不同类型含钛炉渣的又一显著区别。

表 3-6 实际冶炼的含钛炉渣成分　　　　　　　　（%）

组成	TiO_2	CaO	SiO_2	Al_2O_3	MgO	V_2O_5	FeO	MnO	S	CaO/SiO_2
马钢	8.57	37.35	32.08	13.02	8.70	0.340	0.42	0.25	0.60	1.16
承钢	17.39	32.80	24.43	13.49	5.38	0.386	1.77	—	0.87	1.34
攀钢	23.83	26.54	24.37	13.76	8.48	0.340	1.59	0.53	0.42	1.09

含钛炉渣的矿物组成见表 3-7。与普通四元炉渣不同，含钛炉渣有钙钛矿物，虽然低钛渣基体矿物仍为黄长石，但增加了钙钛矿和 Ti(C，N) 固溶体新矿物。随着 TiO_2 增加，中钛渣与高钛型炉渣中，黄长石消失，基体矿物为钛辉石，除钙铁矿、Ti(C，N) 固溶体外，又增加了巴依石新矿物。钙钛矿、巴依石随 TiO_2 增加而增加，钛辉石随 TiO_2 升高而降低。高熔点矿物相增加，致使含钛炉渣熔体呈非均质性，并由于 Ti(C，N) 固溶体形成而导致高炉冶炼过程呈现一系列物理化学的特殊性质，这显然有别于普通四元炉渣的特性。

表 3-7 不同含钛炉渣的矿物组成　　　　　　　　（%）

TiO_2	CaO/SiO_2	钙钛矿	钛辉石	巴依石	尖晶石	Ti(C，N)	黄长石	钙镁橄榄石
10.37	1.13	11.64	—	—	微	0.80	47.6	34.5
18.60	1.21	10.00	78.0	9.0		<0.50	—	—
22.80	1.05	14.30	62.87	14.20	0.10	0.33	—	—

3.1.2.2 含钛炉渣的熔化性温度及其影响因素

A 含钛炉渣熔化性温度

炉渣熔化性温度是指 45°斜线与 $\eta\text{-}t$ 曲线相切点所对应的温度。该点被认为是炉渣能自由流动的温度，当温度低于该点后，炉渣黏度急剧上升，流动性严重变坏。炉渣熔化性温度主要取决于炉渣化学组成和矿物组成。

国内外对含钛炉渣的熔化性温度曾进行过大量研究工作，由图 3-5 和图 3-6 可见，低钛渣的熔化性温度与普通四元渣相近。中钛渣的熔化性温度高于四元渣 50~60℃，而高钛型炉渣则高出 100℃ 左右。高钛型炉渣的熔化性温度一般为 1380~1450℃，高温时炉渣黏度较低，但由流动性较好至完全失去流动的温度区间极窄，只有 20~30℃。其原因是由于高钛型炉渣大多为熔点高而结晶性强的矿物，如钙铁矿、巴依石、尖晶石等所组成，故呈短渣性。可见随渣中 TiO_2 含量增加，高熔点矿物相应增加，熔化性温度升高、短渣性越显著。

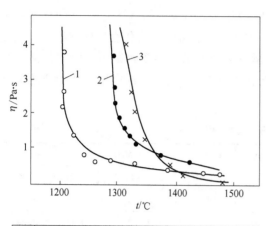

曲线	TiO$_2$/%	MgO/%	Al$_2$O$_3$/%	R	T_M/℃
1	9.0	9.0	12.0	1.20	1250
2	18.7	6.2	15.8	1.35	1360
3	23.3	8.8	14.3	1.15	1410

图 3-5　不同 TiO$_2$ 含量炉渣的 η-t 曲线

曲线	TiO$_2$/%	CaO/SiO$_2$	T_M/℃
1	20	1.20	1400
2	25	1.20	1400
3	30	1.20	1410

图 3-6　炉渣的 η-t 曲线（MgO 8%，Al$_2$O$_3$ 15%）

B　影响高钛型炉渣熔化性温度的因素

（1）碱度。实验室研究结果（见图 3-7）表明，相同 TiO$_2$ 含量的炉渣，其熔化性温度随碱度增加而升高。图 3-8 示出了实测的高钛型炉渣熔化性温度与碱度的关系。由图可见，渣中 TiO$_2$ 含量在 24.55%~27.85% 范围内，炉渣熔化性温度随碱度增加而提高。另

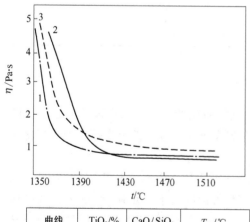

曲线	TiO$_2$/%	CaO/SiO$_2$	T_M/℃
1	20	1.10	1348
2	25	1.10	1395
3	30	1.10	1400

图 3-7　η-t 曲线（MgO 8%，Al$_2$O$_3$ 15%）

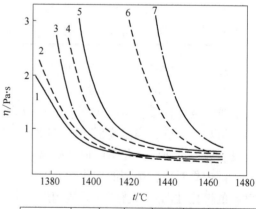

曲线	1	2	3	4	5	6	7
TiO$_2$/%	27.85	27.10	28.75	25.85	25.50	25.88	24.55
CaO/SiO$_2$	1.02	1.15	1.15	1.24	1.26	1.31	1.36
T_M/℃	1380	1387	1395	1400	1402	1430	1440

图 3-8　现场渣 η-t 曲线

据实验室研究，不同 TiO_2 含量的炉渣，随碱度的变化都有个低熔区，如图 3-9 所示，且渣中 TiO_2 含量越高其低熔区对应的碱度越高，低熔区的熔化性温度也随之升高。

以现场渣为基础添加少量纯试剂配制的系列渣，如图 3-10 所示。该系列渣的熔化性温度随碱度变化的特点是，碱度小于 1.10 时，随碱度升高熔化性温度稍有升高；当碱度大于 1.10 时，熔化性温度则随碱度升高而急剧提高。碱度由 1.10 增加到 1.40，熔化性温度升高 51℃，主要原因是高熔点钙钛矿增多所致。

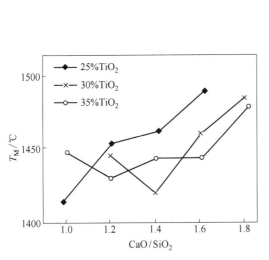

图 3-9　不同 TiO_2 含量、CaO/SiO_2 对 T_M 的影响

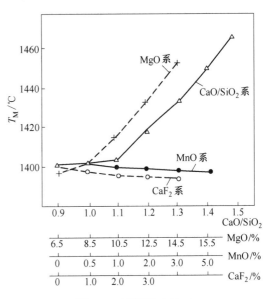

图 3-10　不同渣系的 T_M

（2）TiO_2 含量。由图 3-11 可知，在一定碱度下，随 TiO_2 含量增加，熔化性温度升高。特别是 TiO_2 含量差别大的炉渣，熔化性温度有明显的差异。这主要是因为矿物组成发生较大变化的原因。另外，根据肖米克实验研究数据（见表 3-8），在碱度 1.063 的情况下，TiO_2 由 7.19% 增加到 30% 时，含钛炉渣熔化性温度升高 80℃。

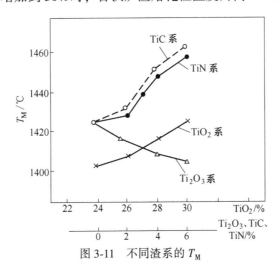

图 3-11　不同渣系的 T_M

表 3-8   渣中 TiO_2 对熔化性温度的影响

炉渣化学成分/%								熔化性温度/℃
TiO_2	SiO_2	Al_2O_3	CaO	MgO	MnO	FeO	V_2O_5	
7.19	31.43	17.62	33.43	8.00	1.41	0.70	0.22	1290
10.35	30.37	17.61	32.29	7.73	1.36	0.67	0.22	1295
13.70	29.22	16.40	31.07	7.44	1.31	0.65	0.21	1310
18.00	27.76	15.58	29.53	7.07	1.25	0.61	0.20	1320
22.30	26.32	14.75	27.99	6.69	1.18	0.58	0.19	1360
26.75	24.80	13.90	26.38	6.31	1.11	0.55	0.18	1370
30.00	23.71	13.30	25.21	6.03	1.06	0.52	0.17	1370

（3）低价钛氧化物含量。在图 3-11 中，对于 Ti_2O_3 系列渣，当渣中 TiO_2 为 30%时，随 Ti_2O_3 量增加，炉渣熔化性温度逐渐降低。据研究，把低价钛氧化物添加到四元（CaO-MgO-SiO_2-Al_2O_3）炉渣中（见图 3-12），当低价钛氧化物添加到 10%时，炉渣熔化性温度（0.5Pa·s 时温度）降低；而添加量超过 10%后，炉渣的熔化性温度急剧升高。可见，低价钛氧化物含量低时有助熔作用。

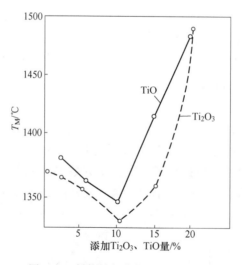

图 3-12   低价钛氧化物对 T_M 的影响

（4）TiC 和 TiN 含量。由图 3-11 可见，当渣中 TiO_2 为 30%时，随着 TiC 或 TiN 含量增加，炉渣的熔化性温度迅速提高。在实际高炉冶炼过程中，TiO_2 行为与冶炼温度有密切关系，并且决定了 Ti_2O_3、TiO 以及 Ti(C,N) 生成量之间的关系。对实际生产的炉渣和铁进行相分析和化学分析的数据进行回归分析的结果如图 3-13 所示。可见，随炉温升高 [Ti]%增加，渣中 Ti(C,N) 含量和 TiO 含量呈直线增加。而 TiO 与 Ti(C,N) 也呈正相关的关系。因此，低价钛氧化物尽管有助熔作用，但实际冶炼中，Ti(C,N) 与其相伴生，其综合结果仍导致高钛型炉渣熔化性温度升高。

（5）MgO 含量。MgO 含量对高钛型炉渣熔化性温度的影响如图 3-14 所示。可见，在

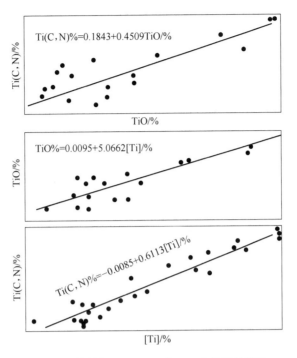

图 3-13 炉温与 Ti(C,N) 和 TiO 含量间的关系

CaO/SiO$_2$ 比值不变的情况下，随渣中 MgO 含量增加，而导致熔化性温度升高。渣中 MgO 含量由 8% 增加到 12%～14% 时，适当降低 CaO/SiO$_2$ 比值，可适当降低熔化性温度，这与实际冶炼结果相一致。因此，当增加 MgO 含量时，必须同时相应地代替部分 CaO 量，使 MgO 含量与 CaO/SiO$_2$ 比值相适应，才能利于熔化性温度的降低。

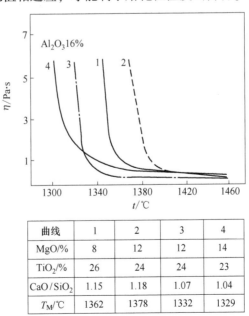

曲线	1	2	3	4
MgO/%	8	12	12	14
TiO$_2$/%	26	24	24	23
CaO/SiO$_2$	1.15	1.18	1.07	1.04
T_M/℃	1362	1378	1332	1329

图 3-14 不同 MgO 含量的 η-t 曲线

（6）Al_2O_3 含量。实验室研究结果如图 3-15 所示。炉渣中 TiO_2 含量为 35%时，MgO 含量在 14%~20%之间，含 16%Al_2O_3 的炉渣，熔化性温度最低。Al_2O_3 含量增加或降低都使炉渣熔化性温度升高。

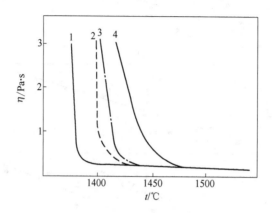

图 3-15   不同 Al_2O_3 含量的 η-t 曲线

1—14%Al_2O_3；2—16%Al_2O_3；3—18%Al_2O_3；4—20%Al_2O_3

C   改善钛渣熔化性温度的措施

结合高炉冶炼实际，除上述影响炉渣熔化性温度的因素外，重点研究可能添加的物质对熔化性温度的影响。

MnO 对炉渣熔化性温度影响的研究如图 3-16 所示。实验用合成渣，添加 0~1.5% MnO 时，随 MnO 增加，熔化性温度降低。当 MnO 超过此值后，含 20%TiO_2 和 30%TiO_2 炉渣的熔化性温度开始回升，且随 MnO 增加而显著升高。而对实际冶炼的高钛型炉渣和中钛渣，添加 0~6%的 MnO，随添加量增加，熔化性温度逐渐降低，无回升现象。若添加 1.5%MnO，对于高钛型炉渣，其熔化性温度降低约 30℃，而对中钛渣则降 10℃左右。

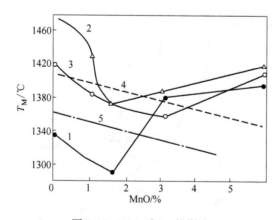

图 3-16   MnO 对 T_M 的影响

1—20%TiO_2；2—25%TiO_2；3—30%TiO_2；4—攀钢渣；5—承钢渣

CaF_2 对熔化性温度的影响。CaF_2 由 0 到 3%时，熔化性温度随 CaF_2 增加而下降。配加萤石的工业试验的渣样测定结果见表 3-9。可见，渣中 CaF_2 为 1%左右时，在

$CaO/SiO_2 \approx 1.10$ 的情况下,熔化性温度有所降低。而当 $CaO/SiO_2 > 1.15$ 后,熔化性温度则升高,其原因是由于碱度升高引起高钛型炉渣熔化性温度升高超过了 CaF_2 的助熔效果。因此,添加 CaF_2 必须与适宜的炉渣碱度相结合,才能起到助熔作用。

表 3-9 不同碱度炉渣添加 CaF_2 对 T_M 的影响

CaO/SiO_2	1.09	1.09	1.14	1.20
$CaF_2/\%$	1.0	1.0	1.35	0.75
$T_M/℃$	1403	1393	1399	1408

由上可见,冶炼高钛型炉渣,添加适量 MnO 或 CaF_2 可以起到降低熔化性温度的作用,并且在生产实际中用铁锰矿或萤石是可能的。

3.1.2.3 含钛炉渣变稠的特性

含钛炉渣在还原气氛并有炽热焦炭存在的高炉冶炼条件下,随高温或还原时间延长,其黏度增大,此即含钛炉渣变稠的特殊性,也是与四元炉渣冶炼最本质的区别。根据实际冶炼的表现,低钛渣的变稠速度缓慢,而高钛型炉渣变稠速度最快,中钛渣则介于两者之间。

关于含钛炉渣在冶炼过程中变稠机理问题,国内外做了大量研究工作。普遍认为是由于冶炼过程中 TiO_2 被还原生成了 TiC、TiN 或 Ti(C,N) 固溶体所致。在实验室合成渣研究中,钛渣还原变稠后,总有一定量的 TiC,而高炉冶炼的实际炉渣中虽含有不高的 Ti(C,N) 量,但也会使炉渣变稠,甚至形成憨渣而导致高炉冶炼行程中断。

A 钛渣冶炼变稠机理

实验室研究和冶炼实际都表明,含钛炉渣随还原温度升高和还原时间延长而黏度增大。对高钛型炉渣的黏度与还原温度和时间的关系的研究如图 3-17、图 3-18 所示。在还原开始,钛渣黏度略有降低,还原到一定程度后,黏度开始急剧增大。同一钛渣化学组成,在相同还原温度下,钛渣黏度随还原时间延长而增长,当还原时间延长后表现出钛渣变黏的特征。还原温度对黏度的影响。如图 3-18 所示。熔化性温度相同的钛渣,在相同还原时间内 1500℃时的黏度比 1450℃时的低,这主要是由于过热度提高所致。

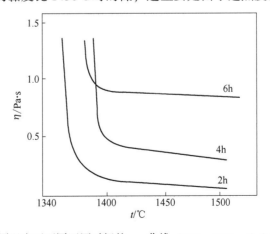

图 3-17 不同温度下不同还原时间的 η-t 曲线（$TiO_2 = 33\%$，$CaO/SiO_2 = 1.1$）

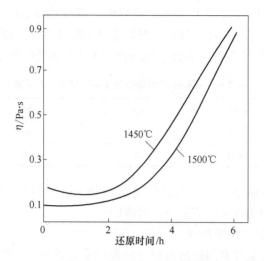

图 3-18　还原时间与黏度的关系

　　钛渣变黏是在还原到一定时间后表现的特征。当 TiO_2 被还原，产物 TiC 生成一定量后，炉渣黏度才开始增大且随 TiC 含量增加而变稠（见图 3-19），甚至形成黏渣。在还原时间 2h 内，低价钛含量急剧升高，还原 2h 后，随时间延长，低价钛增加缓慢，以后基本不变。但反应产物发生极大变化，Ti^{3+} 急剧下降，Ti^{2+} 逐渐增加，而 TiC 含量也随之增加。由于反应产物 TiC 的增加，炉渣黏度显著增大，因此，变稠的炉渣反应产物特点是生成一定量 TiC。如图 3-20 所示，试验坩埚中的中层和底层炉渣黏度与 TiC 含量的关系，可见越靠近渣铁界面的渣越黏。

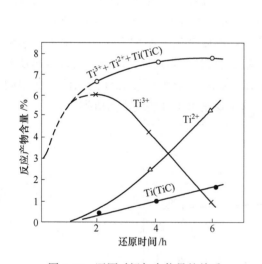

图 3-19　还原时间与产物量的关系

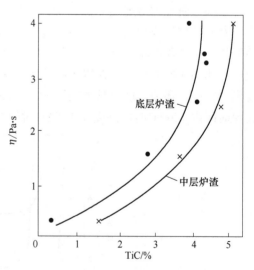

图 3-20　TiC 含量对 η 的影响

　　高炉冶炼实际也表明，在高炉内的高温区，通过渣铁、渣焦界面形成 TiC、TiN，并以固溶体 Ti(C,N) 形式弥散于炉渣中。若炉温控制不当，熔渣因 Ti(C,N) 量增加而变黏。此外，在炉缸渣铁界面处因 Ti(C,N) 形成一层黏稠层，出铁时下渣刚来时，往往出现一股黏渣，甚至会导致所谓"热结"。

根据试验研究数据，进行回归得出炉渣黏度与渣中 Ti(C,N) 含量之间数学式如式 (3-58) 所示：

$$\eta = 2817e^{105.34}\varphi \tag{3-58}$$

式中　2817——相当纯液相 ($\varphi = 0$) 的黏度，$\eta_0 = 0$；

　　　　φ——渣中 Ti(C,N) 体积分数浓度（$0 \leqslant \varphi \leqslant 1$）。

由上式可见，$\eta - \varphi$ 之间呈指数函数关系，即随 φ 增大，Ti(C,N) 含量增加，而 η 值将越来越急剧增大。含有 Ti(C,N) 的熔渣，不但从结构上具有形成胶体高度弥散的固体质点这一物质基础，而且具有良好润湿性，对炉渣的物理特性产生巨大影响，表现了胶体溶液的重要特征。因此，含钛炉渣变稠就是因 Ti(C,N) 形成各种胶体所引起的。

B　含钛炉渣变稠的影响因素

从含钛炉渣变稠机理可知，高炉冶炼过程中，钛渣变稠的影响因素也是 Ti(C,N) 生成的影响因素。实验室研究了影响钛渣变稠特性的主要因素，如炉渣 TiO_2 含量、温度及炉渣碱度等。

(1) TiO_2 含量。含钛炉渣由于 TiO_2 含量不同，炉渣变稠的特性也有差异，主要表现在变稠速度上。实验室研究结果如图 3-21 所示。

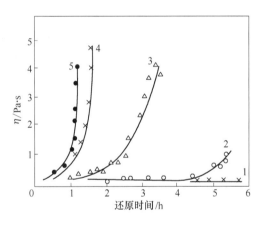

图 3-21　TiO_2 含量不同时还原时间与 η 关系

1—15%TiO_2；2—20%TiO_2；3—25%TiO_2；4—30%TiO_2；5—35%TiO_2

当 TiO_2 含量增加时变稠速度大大加快。低于 20%TiO_2 的炉渣随着还原时间增长，炉渣黏度增加很小。而大于 20%TiO_2 的炉渣随还原时间延长，变稠急剧加快，特别是达到 30%TiO_2 或更高的炉渣，其变稠速度更快。由图 3-22 可见，在相同碱度下，随渣中 TiO_2 含量增加，变稠的时间显著缩短。这是由于在同样还原条件下，渣中 TiO_2 浓度增加，使还原产物增多，而使炉渣变稠速度加剧的结果。

(2) 温度。温度对变稠速度的影响如图 3-23 所示。变稠至 1Pa·s 时，在 1500℃、1525℃、1550℃温度下，所需时间分别为 300min、160min、60min。可见随温度升高，TiO_2 还原反应速度加快，反应产物 TiC 增加，致使含钛炉渣变稠速度加快。因此，高炉冶炼含钛炉渣必须控制适宜炉温。

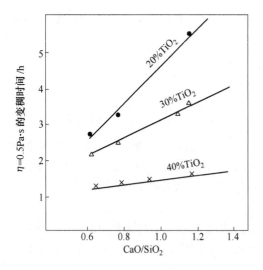

图 3-22 TiO_2 和 CaO/SiO_2 对变稠时间的影响

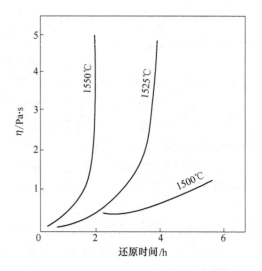

图 3-23 不同温度下 η 与还原时间的关系
（$TiO_2 = 35\%$，$CaO/SiO_2 = 0.75$）

（3）碱度。碱度对炉渣变稠的影响如图 3-24 所示。可见在 1520℃ 下，TiO_2 为 35% 时，随炉渣碱度增加，变稠时间延长。由图 3-22 也可看出，不同 TiO_2 含量的炉渣，随碱度升高，其开始变稠的时间都相应增加。TiO_2 含量增加，变稠越快。这是由于 TiO_2 在炉渣中呈酸性。因此，CaO/SiO_2 比值增加，由于钙钛矿生成量增加而降低了渣中 TiO_2 活度，对 TiO_2 还原有抑制作用所致。但高钛型炉渣因碱度升高而使其熔化性温度升高，所以实际冶炼不能用提高碱度的办法来抑制钛的还原，而应在选择适于冶炼的熔化性温度下，确定稍高的碱度，以抑制变稠。

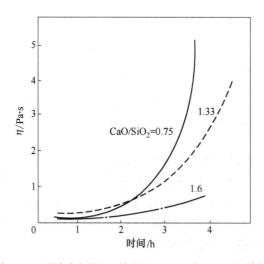

图 3-24 不同碱度的 $\eta\text{-}t$ 关系（$TiO_2 = 35\%$，$t = 1520℃$）

（4）MgO 含量。MgO 含量对高钛型炉渣冶炼变稠的影响如图 3-25 和图 3-26 所示。在一定碱度下，随 MgO 含量增加，炉渣变稠程度减小，相当于提高 CaO/SiO_2 的作用。由

图 3-25 可见，低碱度下 MgO 对抑制变稠的作用更为明显。图 3-26 表示用等量 MgO 取代 CaO 对炉渣变稠的影响。随 MgO 取代 CaO 量增加，炉渣变稠程度加大。因此，从抑制变稠角度出发，低碱度高 MgO 渣有利。另外，考虑脱硫能力则应选择适宜的 MgO 含量且相应代替部分 CaO，而适当地降低 CaO/SiO$_2$ 比值和提高 (CaO+MgO)/SiO$_2$ 比值，使渣系具有适于冶炼的熔化性温度，既有一定的脱硫能力又利于抑制变稠。

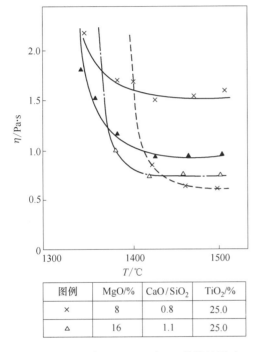

图例	MgO/%	CaO/SiO$_2$	TiO$_2$/%
×	8	0.8	25.0
△	16	1.1	25.0

图 3-25 还原 6h，MgO 对 η-T 曲线的影响

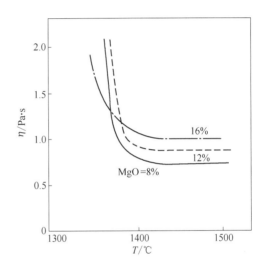

图 3-26 还原 6h，MgO 对 η-T 曲线的影响

3.1.3 高炉冶炼脱硫过程

无论实验室研究还是高炉冶炼实践都表明，除 TiO$_2$ 含量很低的炉渣外，含钛五元 (CaO-MgO-SiO$_2$-Al$_2$O$_3$-TiO$_2$) 炉渣的脱硫性能，一般都比普通四元 (CaO-MgO-SiO$_2$-Al$_2$O$_3$) 炉渣的脱硫能力要低。其脱硫能力的变化特点是，随渣中 TiO$_2$ 含量增加脱硫能力降低。

3.1.3.1 含钛炉渣的脱酸性能

根据实验室研究，25%~30%TiO$_2$ 炉渣的脱硫能力结果表明，未变稠的含钛炉渣脱硫过程与普通炉渣相似。按离子理论，渣铁间的脱硫反应式如式（3-59）所示：

$$[S] + [O^{2-}] \longrightarrow [O] + [S^{2-}] \tag{3-59}$$

对于二级反应：
$$1/[S] = kt + 常数$$

式中　[S]——在时间 t 时生铁含硫量；

　　　k——反应速度常数。

图 3-27 为铁水脱硫速度。由图 3-28 可见，1/[S] 与 t 呈明显的直线关系，证明未变稠的含钛炉渣脱硫反应与普通炉渣一样都为二级反应。由图 3-29 的直线斜率可求出该二

级反应的速度常数。在 1475℃ 和 1500℃ 时，其反应速度常数分别为 $K = 5.14 \times 10^{-3}$ 和 $K = 10.00 \times 10^{-3}$，其相应温度下的 K 值低于普通炉渣。根据试验数据计算出脱硫反应活化能约为 628kJ/mol，远高于硫在渣中的扩散活化能（205kJ/mol），且总反应速度受化学反应速度限制。

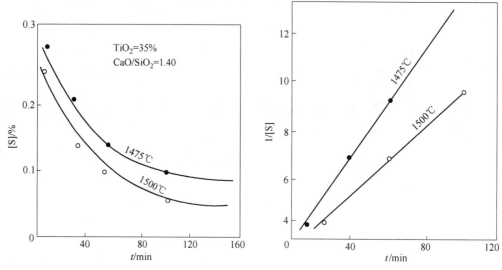

图 3-27　铁水脱硫速度（$TiO_2 = 35\%$，$CaO/SiO_2 = 1.40$）　　图 3-28　$1/[S]$ 与 t 的关系

　　按脱硫离子反应理论，铁中 [S] 的脱除，是通过 [S] 与渣中（O^{2-}）的迁移作用完成的。渣中（O^{2-}）越多，脱硫进行越完全。而（O^{2-}）是由金属氧化物离解供给的。金属阳离子与氧之间静电势越小越易供给（O^{2-}）。金属离子半径 r 与静电势 I 值关系见表 3-10。

表 3-10　金属阳离子 r 与静电势 I 的关系

金属阳离子	Ca^{2+}	Mn^{2+}	Ti^{2+}	Fe^{2+}	Mg^{2+}	Ti^{3+}	Al^{3+}	Ti^{4+}	Si^{4+}
离子半径 r/nm	0.099	0.080	0.076	0.075	0.065	0.069	0.050	0.068	0.039
静电势 I/a.u.	0.70	0.83	0.86	0.87	0.93	1.38	1.06	1.85	2.51

　　由表中 I 值可见，Si^{4+} 与 O^{2-} 之间静电势最大，Ti^{4+} 与 O^{2-} 之间次之，而 Ca^{2+} 与 O^{2-} 之间最小，因此，它们对脱硫起相反作用。含钛炉渣中有比 SiO_2 酸性弱但比 Al_2O_3 酸性强的 TiO_2 存在，降低了渣中 CaO 活度。如高钛型炉渣含 CaO 仅为 26%，只是普通炉渣含 CaO 量的 60%。如欲提高冶炼高钛型炉渣的碱度或冶炼温度，以改善炉渣脱硫能力，但又受到其高熔化性温度和变稠的特性的限制，只能维持适宜的炉温和炉渣碱度。魏寿昆教授以离子理论计算得出实际冶炼的高钛型炉渣硫的分配比为小于 10。而实际冶炼中，高钛型炉渣硫的分配比仅 5~8，中钛渣约 18~20，而低钛渣近 30。

　　对于变稠的钛渣脱硫过程则大不相同。因为渣铁界面的黏稠层妨碍了硫的扩散，严重阻碍了脱硫反应进行，所以变稠的钛渣脱硫反应受反应动力学条件限制。

3.1.3.2 含钛炉渣脱硫性能的影响因素

含钛炉渣的脱硫性能主要是受含钛五元渣系的性质及其冶炼的特殊性影响，与普通炉渣有明显的差别。

A 渣中 TiO_2 含量的影响

实验室研究合成渣在平衡条件下，含钛炉渣脱硫能力如图 3-29 所示。显而易见，高钛型炉渣脱硫能力远比普通炉渣低。含钛炉渣随 TiO_2 增加 L_S 下降。在碱度 0.90~1.20 范围内，不同 TiO_2 炉渣随碱度升高 L_S 都有所提高。

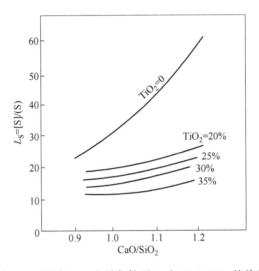

图 3-29 不同 TiO_2 含量条件下 L_S 与 CaO/SiO_2 的关系

在常用碱度（$CaO/SiO_2 = 1.10$）、实验平衡条件下，四元普通炉渣的脱硫能力，L_S 达 48，而含 20%、25%、30% 和 35% TiO_2 炉渣，L_S 分别为 22.5、19.5、16.4 和 13.0。但实际生产条件下，脱硫反应难以达到平衡，因此比平衡条件下的低得多。

结合高钛型炉渣冶炼实际条件，对五元（$CaO-MgO-SiO_2-Al_2O_3-TiO_2$）炉渣进行了研究。当固定 $MgO = 9.0\%$ 时，不同 TiO_2 含量下，碱度由 0.80 增至 1.20 时，L_S 的变化如图 3-30 所示。在相同碱度下，L_S 随 TiO_2 含量增加而下降。在碱度 1.10 时，TiO_2 含量变

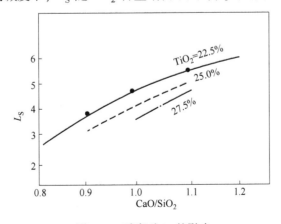

图 3-30 碱度对 L_S 的影响

化对 L_S 影响减弱。TiO_2 对炉渣脱硫能力的影响，从理论上讲有其双重性：一是 TiO_2 属于两性氧化物，在 $CaO/SiO_2 > 0.63$ 的炉渣中，TiO_2 属于酸性，不利于脱硫；二是在冶炼过程中 TiO_2 被还原生成低价钛，在炉渣中呈碱性（见表 3-10），有利于脱硫。但实际冶炼和实验室试验研究都表明，综合作用结果是因 TiO_2 属于酸性而使炉渣脱硫能力降低。

实验室研究，在 1500℃ 下，随渣中 TiO_2 含量的增加，低价钛氧化物增加，见表 3-11。实际上随低价钛增加的同时，$Ti(C,N)$ 随之伴生，并且低价钛氧化物增加，渣中 $Ti(C,N)$ 随之增加。使炉渣流动性变差，特别是渣铁界面的黏稠层形成，阻碍脱硫反应进行。因此，含钛炉渣还原生成的低价钛氧化物有增加黏度作用，远不能补偿炉渣变稠的不利影响。从脱硫角度而言，钛渣冶炼也必须抑制 $Ti(C,N)$ 的生成，使炉渣具有较好流动性，才能使高钛型炉渣具有一定的脱硫能力。

表 3-11 TiO_2 含量对低价钛生铁生成的影响

渣中 TiO_2/%	25.0	30.0	35.0
低价钛 $Ti^{2+}+Ti^{3+}$/%	3.67	5.20	6.40

B 碱度的影响

图 3-29 表示碱度对含钛炉渣脱硫能力的影响。在 TiO_2 含量不变的情况下，碱度在 0.80~1.20 范围内，高钛型炉渣的脱硫能力随碱度增加而提高。各种碱度下的脱硫能力随 TiO_2 含量增加而下降。不同 TiO_2 含量的炉渣随碱度升高，L_S 提高幅度并不大。这主要是由于 TiO_2 存在，且呈酸性，降低了 CaO 活度的结果。此外，高钛型炉渣的硫容比 (S/CaO) 高于普通渣。

如像普通炉渣那样提高高钛型炉渣碱度，增加 CaO 活度来提高脱硫能力，会因高熔点的钙铁矿增加，使高钛型炉渣熔化性温度提高而不适于冶炼。

C 温度的影响

实验室对 TiO_2 25.84%、$CaO/SiO_2 = 1.14$ 的含钛炉渣的脱硫能力与温度的关系研究结果如图 3-31 所示。可见，随温度升高硫的分配系数显著提高，生铁含硫降低。但对含钛炉渣而言，在未变稠的温度范围内，提高温度可改善脱硫能力。但由于温度升高，引起含钛炉渣变稠时，反而使脱硫能力下降，如图 3-32 所示。

这表明在脱硫反应初期，不同温度下的脱硫效果相差很大。随反应时间延长，由于 $Ti(C,N)$ 的生成而使炉渣变稠，使脱硫效果减小。高炉冶炼实践证明，当炉温高至使含钛炉渣变稠时，其脱硫能力反而下降。致使含钛炉渣开始变稠的温度与渣中的 TiO_2 含量有关，即随 TiO_2 含量增加，变稠的开始温度越低，且开始变稠的反应时间越短。

D MgO 含量的影响

普通炉渣冶炼，根据不同造渣主成分的含量，保持渣中适宜的 MgO 含量，能提高炉渣的稳定性和改善炉渣的流动性，从而改善炉渣脱硫能力。高钛型炉渣的 MgO 含量对脱硫能力的影响如图 3-33 所示。在 MgO<10% 的炉渣中，增加 MgO 含量，L_S 升高，可提高炉渣脱硫能力。但当渣中 MgO>10% 时，增加 MgO 含量，反而使脱硫能力下降。因此，高钛型炉渣冶炼的适宜 MgO 含量为 10% 左右，CaO/SiO_2 比值约 1.10。

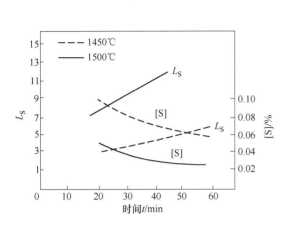

图 3-31 不同温度时 [S]、L_S 与 t 的关系

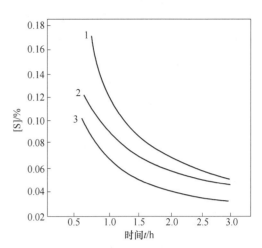

图 3-32 温度对脱硫的影响

（$TiO_2 = 35\%$，$CaO/SiO_2 = 1.40$）

1—1475℃；2—1510℃；3—1550℃

增加 MgO 含量的冶炼试验结果表明，基准期渣中 MgO 含量平均为 7.64%，炉渣中 $CaO/SiO_2 = 1.10 \sim 1.15$，$L_S = 5 \sim 7$。试验期 MgO 提高到 8.04% ~ 9.50%，$CaO/SiO_2 = 1.05 \sim 1.13$，（$CaO+MgO$）$/SiO_2$ 为 1.45，L_S 则达 6 ~ 10。因此，工业试验证明，增加 MgO 至适宜含量范围，控制适宜的二元碱度，适当地提高三元碱度，可一定程度地改善高钛型炉渣脱硫能力。

3.1.3.3 探讨改善高钛型炉渣脱硫能力的研究

在实验室研究添加剂对高钛型炉渣脱硫能力的影响，结果如图 3-34 所示。可见添加

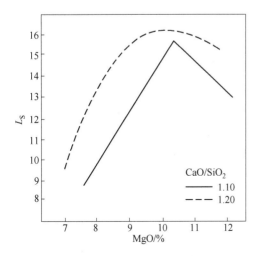

图 3-33 MgO 对 L_S 的影响

（$TiO_2 = 25\%$，$Al_2O_3 = 15\%$）

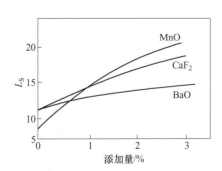

图 3-34 添加剂对 L_S 的影响

MnO、CaF_2 可使 L_S 升高，而 BaO 则不明显。将计算的脱硫反应速率常数 k_m 与黏度值绘于图 3-35。由图可见，添加 MnO、CaF_2，随其添加量增加，炉渣黏度降低，改善脱硫反应动力学条件，因而脱硫反应速率常数 k_m 提高，L_S 升高。添加 BaO 则因炉渣黏度增大，不利于脱硫能力改善。

添加 CaF_2 的高炉冶炼试验表明，渣中 CaF_2 约 1%，适当提高碱度，CaO/SiO_2 比值由原 1.06 提高至 1.10，硫的分配系数 L_S 由 5.22 提高到 5.77，生铁含硫有所降低。因此，添加 CaF_2 可使高钛型炉渣的脱硫能力得到一定程度的改善。

高钛型炉渣脱硫能力低是致使含钒生铁硫高的关键问题。按高炉冶炼常用办法，如提高温度和碱度，又受冶炼特殊性所制约而不能达到。添加剂可取得一定的效果，却不能从根本上解决高钛型钒钛矿冶炼含钒生铁质量问题。因此，从实际出发除控制较低入炉原燃料的硫负荷外，还必须采取炉外脱硫的办法来解决。

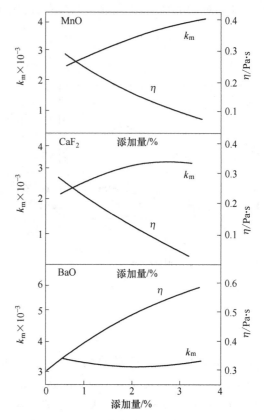

图 3-35　添加剂与 k_m、η 的关系

3.2　钒钛铁精矿烧结矿和球团矿生产技术

烧结球团是钢铁企业原料加工的重要工序，为高炉冶炼提供 60% ~ 100% 的铁矿原料，对高炉冶炼技术经济指标与后续钢材成本具有重要作用。钒钛磁铁矿具有低铁、低硅、高钛、高铝等特点，烧结矿强度低、产量低、能耗高、冶金性能差；因其亲水性能差，钒钛磁铁精矿球团生产时成球性能差，球团矿强度低，低温还原粉化性能差。钒钛磁铁矿高炉冶炼出现泡沫渣和铁损现象，对冶炼过程造成不利影响。本节将详细介绍钒钛磁铁矿烧结矿和球团矿的生产技术，为钒钛磁铁精矿的烧结球团过程生产强化提供理论指导。

3.2.1　钒钛铁精矿烧结矿生产技术

3.2.1.1　烧结过程基本理论

烧结过程是铁矿、熔剂与燃料等混合料在高温下进行抽风烧结，通过燃烧反应与传热过程，使烧结混合料自上而下发生一系列物理和化学变化，当烧结料层中燃烧反应结束，烧结过程完成，获得烧结矿。

烧结过程是一个复杂的物理和化学变化的综合过程，在该过程所发生的水分的蒸发与冷凝，固体物料的分解、氧化、还原，固相反应，化合物的熔化与冷凝等一系列的物理化学变化，关系到烧结过程的顺利进行及烧结矿的产量和质量。

钒钛磁铁精矿的烧结生产遵循普通铁精矿烧结生产规律，但由于其矿物组成的不同，尤其是硅酸盐含量少、钛磁铁矿含量多等因素，导致其固体物料分解和液相生成的规律都有所变化。

本节将主要讨论钒钛磁铁精矿在烧结过程中的物理和化学变化，为其烧结生产的顺行及高产、优质提供理论基础。

A　水分的行为

a　水分在烧结过程中的作用

水分在烧结过程中可以起到制粒、导热、润滑、助燃作用，是保证烧结过程顺利进行、提高烧结矿产质量必不可少的条件之一。不同烧结料的适宜水分含量不同。烧结适宜水分与原料类型，物料粒度有关。

b　水分的蒸发与冷凝

在烧结过程中，水分的蒸发主要指的是烧结混合料中物理水的蒸发，该过程发生在干燥预热带内。含有水分的混合料与来自上部燃烧带的热废气先接触，混合料中的水分开始蒸发而转移到气相中。

从干燥带带下来的废气，其中含有较多的水汽，由于废气温度进一步降低，致使其水蒸气分压 (p_a) 大于物料表面上的饱和蒸气压 (p_s)；废气中的水汽再次返回到物料中，即在物料表面冷凝下来，导致烧结料层中部分物料超过原始水分，而形成所谓"过湿带"。

当水汽分压为 p_a 的湿空气在露点温度下达到饱和蒸气压 (p_s)，湿空气中的水汽开始在料面冷凝的温度称为"露点"，烧结废气的露点约为60℃左右。钒钛磁铁精矿的烧结中，高钛型原料的露点较低，为50~55℃。

水分对烧结过程不利的影响，主要是在烧结过程中，水分在烧结料层中发生的蒸发及冷凝等一系列变化，导致烧结料层中部分物料超过原始水分，而形成所谓"过湿带"，"过湿带"中的过量水分有可能使混合料制成的小球遭到破坏，甚至冷凝水充塞粒子间空间，料层阻力增大，烧结过程进行缓慢，引起烧结矿的产量和质量下降。

B　固相反应

固相反应促进易熔物质的形成，加快液相生成的速度。研究钒钛磁铁精矿烧结过程的固相反应，对于控制烧结料层易熔物质的形成和液相生成速度具有重要意义。烧结过程生成的固相反应产物虽不能决定烧结矿最终矿物成分，但能形成原始烧结料所没有的低熔点的新物质，在温度继续升高时，就成为液相形成的先导物质，使液相生成的温度降低。因此，固相反应最初形成的产物对烧结过程具有重要作用。凡是能够强化烧结过程固相反应，或其他使烧结料中易熔物增加的措施，均能强化烧结过程。如过分松散的烧结料采用压料的方法，能改善颗粒接触界面，有效地促进固相反应，提高烧结矿强度。

当温度高于500℃时，钒钛磁铁精矿各矿物组分开始发生一系列固相反应。原精矿中的磁铁矿—钛铁矿—钛铁晶石—镁铝尖晶石固溶体结构分离消失，成为均一的钛赤铁矿和钛磁铁矿。在还原条件下，温度高于800℃时，钛铁矿开始与周围的钛磁铁矿进行固相反应生成钛铁晶石。温度高于1100℃时，钛铁晶石与钛铁矿形成固溶体，镶嵌在钛磁铁矿—钛铁矿连晶中的镁铝尖晶石向钛磁铁矿扩散。随着温度的升高，镁铝尖晶石消失，形成均一的钛磁铁矿固溶体。石灰石分解生成的CaO，在约600℃的温度下开始与周围的脉石及铁氧化物进行固相反应，形成铁酸钙和钙钛矿，其生成量随氧化钙含量的增加而增加。其固相反应如下：

$$CaO + Fe_2O_3 \longrightarrow CaO \cdot Fe_2O_3 \tag{3-60}$$

$$2CaO + SiO_2 \longrightarrow 2CaO \cdot SiO_2 \tag{3-61}$$

$$CaO + TiO_2 \longrightarrow CaO \cdot TiO_2 \tag{3-62}$$

由于低温下CaO可与Fe_2O_3、SiO_2进行固相反应，因此与TiO_2的固相反应受到限制。

C 液相形成

液相形成及冷凝是烧结矿固结的基础，决定了烧结矿的矿相成分和显微结构，进而决定了烧结矿的质量。烧结料中最早产生液相的区域，一是燃料周围的高温区；二是存在低熔点组分的区域。当初生液相形成后，就可以通过对周围物料的熔解和离子扩散使液相不断增加和改变成分。

当烧结温度升至1050℃以上时，形成局部高温和强还原气氛，部分磁铁矿被还原生成浮氏体进而和与其接触的脉石作用，生成铁橄榄石。反应生成的铁橄榄石在高温下熔化形成铁硅酸盐液相。钙铁橄榄石与固相反应生成的$CaO \cdot SiO_2$可形成钙镁橄榄石有限固溶体，出现低熔点共晶并熔化为液相。在低温下通过固相反应生成的铁酸钙，其熔点为1205℃，随烧结温度升高而熔化进入液相。

由于液相的形成，加速了传热传质作用，加快了烧结过程的物理化学反应。随温度的升高与还原气氛的增强，部分钛铁矿进入液相。钙钛矿与钙镁橄榄石的共晶点为1290℃，在此温度下，钙钛矿可能以共晶形式进入液相。

在局部存在的还原气氛中，一部分钛磁铁矿被氧化成为钛赤铁矿，后者与CaO作用生成铁酸钙后进入液相。当配碳低、氧化气氛强时，钛磁铁矿和未化合的FeO生成钛赤铁矿。

D 钙钛矿的形成

从钒钛磁铁精矿的烧结过程可以发现，钙钛矿的形成主要有两个途径：

（1）在高温下钛铁矿和钛铁晶石还原分解，生成的TiO_2与CaO结合生成。

（2）在还原条件下，当烧结料层温度达到1200℃以上时，铁酸钙熔化和还原离解，离解的CaO与钛铁晶石或钛铁矿进行固—液反应，形成物化性质稳定的钙钛矿。

生成的钙钛矿，通常以细小颗粒的分散集合体的形式，分散在钛磁铁矿和钛赤铁矿之间及铁酸钙的外围。其含量随烧结混合料中TiO_2含量和配碳量的增加而增加。

3.2.1.2 烧结工艺及生产特点

A 烧结工艺流程

与普通铁精矿的烧结流程类似，钒钛磁铁精矿的烧结工序主要分为四个部分：烧结原料的准备、混合料的制备、混合料的烧结、烧结矿的处理。图3-36为现代烧结生产的典型工艺流程。

a 原料准备

为保证烧结矿的质量和产量，烧结原料的准备工作是一个十分重要的生产环节。烧结矿原料数量大，品种多，化学成分复杂，物化性质极不均一。原料的准备工作一般包括：

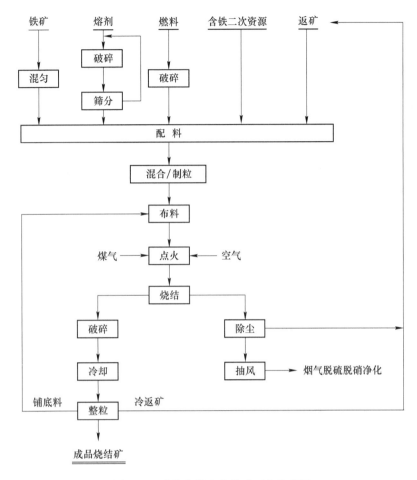

图 3-36　现代烧结生产典型工艺流程图

接受、贮存、中和混匀、破碎、筛分等作业。

（1）原料接受。原料接受指烧结所用的各种原料通过各种工具从外部运输到烧结厂后，用专门卸料机械从运输工具中卸出这一工作环节。原料的接受方式根据运输方式和原料性质的不同而改变。烧结厂地理位置、生产规模、原料来源及性质的不同都会改变运输方式和接受方式。内陆地区的含铁原料的运输主要以火车运输为主，大多使用翻车机进行卸料，再由皮带机输送至仓库或料场；也有少数采用抓斗吊车或门式卸料机从火车车厢中将原料卸至仓库货受料槽。

（2）原料贮存。为了保证烧结生产连续稳定进行而贮存一定量的原料。贮存量根据生产规模和原料基地的距离、运输条件等因素确定。通常设置原料场或原料仓库实现原料贮存，其中原料场有贮存量大、中和混匀能力强等优势。设置原料场能够简化烧结厂贮矿设施和给料系统，改善场地和设备的利用。

（3）含铁原料中和。由于原料品种繁多，且同一种原料的成分、粒度、物化性质也会出现波动，为了保证烧结原料的物化性能稳定，需要进行中和作业，将原料充分混匀。根据料场使用的设备，烧结原料中和方法分为四种形式：推料机—取料机法、堆取料法、桥式吊车法、门型吊车法。目前广泛使用的是推料机—取料机法。

（4）熔剂和燃料的破碎筛分。烧结生产对熔剂和燃料的粒度都有严格的要求，一般要求 0~3mm 的含量大于 85%，为达到这一粒度要求，需要进行破碎与筛分。

熔剂的破碎的常用设备有锤式破碎机和反击式破碎机，锤式破碎机具有产量高、破碎比大、单位产品的电耗小等特点；反击式破碎机重量轻、体积小、生产能力大、单位电能耗低，适合熔剂细破碎。与破碎机配合使用的筛子多采用自定中心振动筛，也有部分采用惯性筛和其他类型的振动筛。

烧结厂常用的固体燃料为碎焦和无烟煤，具体破碎流程根据进厂粒度和性质决定。燃料的粗碎常用设备为对辊破碎机和反击式破碎机；细碎常用设备为四辊破碎机。由于我国烧结用煤和焦粉的来料都含有相当高的水分，在筛分时易堵塞筛孔，降低效率。因此，固体燃料破碎多不设筛分。

b　烧结混合料的制备

（1）配料。烧结矿应具有稳定的物理性能和化学成分以达到冶炼要求，同时应具有一定透气性以提高烧结生产率。这需要在生产过程中，根据钒钛磁铁精矿的烧结特性和烧结矿质量要求，将含铁原料、熔剂和燃料等按照一定比例进行精确配料。

生产实践证明，配料偏差是影响烧结过程顺利进行和烧结矿质量产量的重要因素。固体燃料配入量影响烧结矿强度和还原性，烧结矿的含铁量和碱度影响高炉炉温和造渣制度。在钒钛磁铁精矿的烧结配料过程中，尤其注意配碳比和碱度。碳含量不适当增加会缩短烧结有效时间，使液相生成不充分，烧结矿强度降低；碱度过低会产生大量的钙钛矿，削弱连晶作用，使烧结强度降低。

在实际生产中，钒钛磁铁精矿的烧结配矿中除返矿外，经常配加其他含铁原料，如澳矿粉和普通铁精粉。原料的种类和配比都对烧结过程和烧结成品矿的性能有重要影响。在烧结配矿结构中适当增加澳矿粉的配比，能改善烧结料层透气性，从而提高垂直烧结速度和烧结矿产量，但配比过高会影响烧结成品率和冷态机械强度；适当增加普通铁精粉的配比，提高烧结矿成品率、垂直烧结速度和利用系数，同时也为改善钒钛烧结矿的冷态机械强度和低温还原粉化性能创造有利条件，在不影响铁水提钒效果的前提下，普通铁精粉的配比可以适当提高。在钒钛磁铁精矿的烧结工艺中，返矿作为主要的成球核心，其数量和粒度组成对混合料制粒有关键性作用，但增大返矿的配比，会导致成品率降低，同时会增加固体燃耗，使高温保持时间短，对烧结矿质量不利。

配料的方法很大程度决定了配料的精确性，目前常用的主要有容积配料法和重量配料法。配料的设备主要有圆盘给料机、螺旋给料机和电子皮带秤。

（2）混合和制粒。在烧结生产过程中，混匀作业的目的主要是：将配料中各物料充分混匀；加水湿润和制粒，进而得到粒度适宜且具有良好透气性能的烧结混合料。

为了达到混匀和制粒这两个要求，实际生产中通常采用两段混合，将配好的物料依次在两台设备上进行。一次混合的主要任务是加水润湿和混匀，二次混合完成制粒作业，改善烧结料层的透气性。影响混合制粒的因素主要有：原料的性质、加水量与加水方式、混合时间、混合机的填充率以及添加剂。

研究表明，在粒度相同的情况下，多棱角和形状不规则的颗粒更易成球且制粒小球强度更高，有利于晶型不规则的钒钛磁铁精矿混匀制粒；但由于钛磁铁矿结构致密，亲水性差且湿容量小，导致钒钛磁铁精矿的适宜水分比普通精矿低，因此在制粒过程中需注意加水量及加水方式。

c 混合料的烧结

（1）布料。在混合料布料之前，要先在烧结台车的箅条上铺一层约30mm厚烧结矿（粒度通常为10~20mm）作为铺底料。采用铺底料工艺使烧结利用系数提高，质量也有所改善。

烧结混合料布料在铺底料上面，布料时要求混合料的粒度、化学组成及含水量等沿台车宽度方向均匀分布，料面平整，并保持料层具有透气性；另一方面，由于烧结混合料的粒度较大，布料时产生一定的偏析可以改善料层的气体动力学特性，充分利用料层蓄热，提高烧结矿质量。

布料的装置很大程度上决定了布料好坏，烧结机布料系统通常由梭式布料机+圆辊布料机+反射板（或多辊布料器）组成。

（2）点火。点火的目的是供给混合料表层足够的温度，使其中的固体燃料着火燃烧，形成表层燃烧带，同时使表层混合料在点火炉内的高温烟气作用下干燥和烧结，并借助抽风使烧结过程自上而下进行。为达到良好的点火效果，应满足如下操作要求：1）有足够的点火温度；2）有一定的点火时间；3）有适宜的点火负压；4）点火烟气中氧含量充足；5）沿台车宽度方向点火均匀。

点火的工艺参数主要有点火的温度与时间、点火的强度、烟气含氧量等。普通精矿烧结点火温度一般超过1300℃时，料层表面往往形成一层硬壳，影响烧结过程的顺利进行。全钒钛磁铁精矿烧结时，点火温度高达1400℃，料层仍未出现硬壳。这是因为点火烧结过程中，生成的高熔点矿物（如钙钛矿、钙镁橄榄石、钛磁铁矿等）多，低熔点矿物（如硅酸盐、铁酸盐等）少。当中高钛型钒钛磁铁精矿配入部分普通铁精矿烧结点火时，由于低熔点硅酸盐含量增加，点火温度可由1400℃适当降低。

（3）烧结。烧结是将混合料加工成烧结矿的中心环节，直接影响烧结生产的质量和产量，上游工序环节的作业效果也将在烧结过程中得到集中反映。合理选择烧结工艺参数，如风量与负压、料层厚度、返矿量、混合料水分、燃料等，对确保烧结矿优质高产非常重要。

d 烧结矿处理

从烧结机上卸下的烧结饼，都夹带有未烧好的矿粉，且烧结饼块度大，温度高达700~1000℃，对运输、贮存及高炉生产都有不良影响，因此需要进一步破碎筛分、冷却、整粒处理。烧结饼通过剪切式单辊破碎机，降低破碎过程中的粉化程度，提高成品率，使烧结矿粒度趋于合理，方便转运和输送，促进高炉的上中部充分还原。

B 生产特点

钒钛磁铁精矿既有"低硅"难烧的特点，又因TiO_2含量高，与普通低硅烧结有很大不同。表现在操作上混合料适宜水分和含碳量都较低，点火温度高，料层相对较薄。实际生产操作中有以下特点：

（1）风量与负压。生产实践证明，在一定范围内增加通过单位烧结面积的风量，能有效提高烧结矿的产量和质量。钒钛磁铁精矿钛磁铁矿的氧化耗氧量较高，为了保证烧结过程有足够的风量通过料层以满足燃料燃烧和物理化学反应的需要，实际生产中需要提高抽风负压增加通过料层的风量。但负压的增加，会使料层被压实，烧结矿孔隙率减少，不利于进一步还原。

(2) 料层厚度。由于钒钛磁铁精矿的制粒性较差，为了烧结的顺利进行，布料时通常料层较薄，防止厚料烧结时增强自动蓄热能力，扩大高温区，使气体体积膨胀量增加，透气性恶化。但薄料层烧结影响烧结成品率，不符合生产效益要求。因此，各企业都在研究和发展钒钛磁铁精矿的厚料层烧结技术，以改善烧结成品矿的质量和产量。

(3) 返矿平衡。返矿是烧结饼后序加工过程中的筛下产物，其中包括未烧透和没有烧结的混合料，以及强度较差在运输过程中产生的小块烧结矿。返矿的成分和成品烧结矿基本相同，但其 TFe 和 FeO 较低，且含有少量的残碳，它是整个烧结过程中的循环物。烧结过程中，返矿的产生是必然的，其数量主要取决于烧结成品矿的强度。返矿平衡是指烧结生产及运输过程中产生的返矿与加入到烧结混合料中的返矿数量相同。返矿粒度较粗，气孔多，适当地配加在烧结原料中可以改善料层的透气性，并有利于制粒过程。

由于钒钛磁铁精矿烧结强度低，因此实际生产属于高返矿量条件下生产，这会大大降低烧结成品率，增大能耗，提高成本。为了消除返矿的恶性循环，使返矿量在适宜水平下进行，烧结厂采取了诸如尽可能提高料层厚度、确保铺平烧透提高成品率等措施。

(4) 混合料水分。烧结最适宜水分是以使混合料达到最高成球率或最大料层透气性来评定的，最适宜的水分范围越小，实际水分变化对混合料的成球性影响越显著。致密的磁铁矿烧结时适宜水分范围为 6%~9%。钒钛磁铁精矿 TiO_2 含量较高，颗粒坚硬光滑不亲水，当水分过大时，过湿层增厚，影响料层透气性，同时使铁酸钙生成量减少；水分过小，造球不好，也会影响料层的透气性。

(5) 燃料。与水分一样，燃料同样是烧结混合料不可缺少的组分，其作用是给烧结过程提供足够的热量。燃料种类、配比、粒度的变化改变了烧结过程的气氛性质和温度水平，对烧结的矿物组成影响很大。钒钛磁铁精矿的烧结过程中，烧结温度提高，还原气氛加强，磁铁矿增多，赤铁矿减少，FeO 含量升高，钙钛矿增多。

(6) 烧结点火。普通精矿烧结点火温度一般超过 1300℃ 时，料层表面往往形成一层硬壳，影响烧结过程的顺利进行。全钒钛磁铁精矿烧结时，点火温度高达 1400℃，料层仍未出现硬壳。这是因为点火烧结过程中，生成的高熔点矿物（如钙钛矿、钙镁橄榄石、钛磁铁矿等）多，低熔点矿物（如硅酸盐、铁酸盐等）少。因此，通常采用高强度、短时间的点火方式，提高点火强度，保证点火质量。

(7) 料层透气性。钒钛磁铁精矿烧结时阻力损失主要在预热带和燃烧带，其中预热带阻力损失最大，其次为燃烧带，这是钒钛磁铁精矿烧结不同于普通精矿烧结的特点之一。应通过适当提高水分改善烧结造球及小球的热稳定性，进而改善料层的透气性，减少阻力损失。

钒钛磁铁精矿烧结生产在总体特征方面呈现"两低两高"的趋势。

(1) 烧结利用系数低。烧结实验表明，在没有强化措施的条件下，钒钛磁铁精矿烧结利用系数仅为 $1.0t/(m^2 \cdot h)$；采用生石灰或消石灰占熔剂 50% 的条件下，其系数仅达到 $1.10~1.15t/(m^2 \cdot h)$。这表明钒钛磁铁精矿烧结的强化要比普通精矿困难。其主要原因是精矿粒度大，导致烧结料层透气性较差，烧结生产效率低。

(2) 烧结矿强度低，返矿率高。钒钛磁铁精矿烧结矿强度低，造成实际烧结生产是处于高返矿量下进行。为了消除返矿的恶性循环，使返矿量在适宜水平下平衡，采取了尽可能提高料层厚度、确保铺平烧透提高成品率、控制适宜 FeO 含量范围、定期更换筛板等措施。

(3) 工序能耗高。钒钛磁铁精矿烧结生产实践表明，其工序能耗较高。主要原因是成品率低，返矿量大，热量消耗在返矿循环上；另外，料层薄，料层自动蓄热不好，热利用率差。点火煤气消耗高和电耗高都是烧结利用系数低的直接反映。

3.2.1.3 烧结生产实例

A 攀钢钒钛磁铁精矿烧结

攀钢烧结厂自20世纪70年代初建成投产以来，依托攀西地区丰富的钒钛磁铁矿资源，一直以烧结钒钛磁铁精矿为主。攀钢烧结系统自2009年以来相继建成两台360m²和一台260m²烧结机，总占地面积达14.836hm²，利用系数均在1.5t/(m²·h)左右，作业率均在90%以上。攀钢钒钛磁铁矿烧结经过近50年的艰苦发展，以技术创新为依托，烧结生产取得了长足进步，特别是近年来开展大规模的技术升级改造，烧结矿产量和质量水平不断提高，技术经济指标不断优化，部分指标达到国内先进水平，有力地保证了高炉用料。

a 原料

攀钢烧结所用原料主要包括：（1）含铁原料：钒钛磁铁矿精矿，富矿粉（大宝山、白塔、澳矿等），高炉、转炉、提钒炉尘，轧钢铁皮等；（2）熔剂：石灰石、消石灰、钢渣等；（3）固体燃料：焦粉或无烟煤等。主要原料成分和粒度组成见表3-12~表3-14。

表3-12 烧结主要原料化学成分 （%）

原料名称	TFe	FeO	TiO_2	V_2O_5	SiO_2	CaO	Al_2O_3	MgO
钒钛磁铁精矿	53.85	30.93	12.30	0.56	3.50	1.20	4.36	2.92
返矿	49.35	7.50	7.07	0.38	5.83	10.74	3.30	2.19
钢渣	20.06	10.83	0.24	1.02	10.81	39.0	0.34	5.70
石灰石	0.42	0.22	<0.01	—	1.46	52.58	0.54	0.85
生石灰	0.28	0.13	0.023	—	3.16	87.54	0.55	0.88
焦粉	0.80	—	—	—	8.45	0.8	4.29	0.12

表3-13 铁精矿粒度组成

名称	粒度组成/%					平均粒度/mm
	0.5~0.25mm	0.25~0.15mm	0.15~0.1mm	0.1~0.074mm	<0.074mm	
钒钛磁铁精矿	3.45	7.35	15.4	8.05	65.75	0.11

表3-14 烧结主要原料粒度组成

原料	粒度组成/%						平均粒度/mm
	>8mm	5~8mm	3~5mm	1~3mm	<1mm	<0.5mm	
返矿	3.0	8.60	28.80	23.20	36.40	24.20	4.13
石灰石	0	0	21.30	36.20	42.50	33.58	1.79
生石灰	0	0.58	10.57	30.63	58.22	47.42	1.25
焦粉	0.56	3.79	10.51	26.21	58.93	46.58	1.36

b　烧结工艺流程

攀钢炼铁厂烧结工艺流程主要包括铁精矿、燃料、熔剂的配料，混合，燃料与熔剂的二次分布，铺底与布料，点火，烧结与冷却，抽风除尘，烧结矿筛分等。工艺流程如图 3-37 所示。

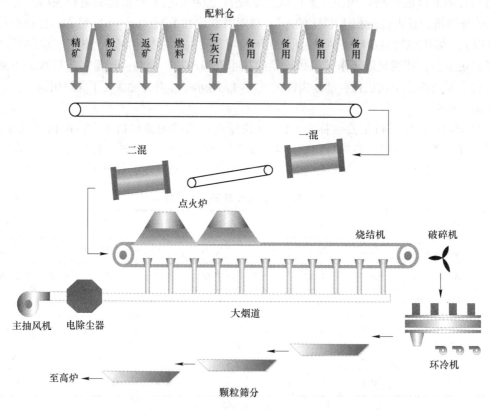

图 3-37　攀钢烧结厂工艺流程

（1）配料。为保证配料精确，含铁原料、熔剂、燃料、返矿、生石灰、除尘粉等根据预先设定的比例，通过定量给料装置自动配料，由计算机自动控制给料量（见表 3-15）。各配料槽均设有称重式料位计，连续在线显示测定值。

表 3-15　烧结物料配比

物料	精矿	澳矿	国内高品位矿	高硅料	石灰石	生石灰	钢渣	瓦斯灰	洗精煤	焦粉
配比/%	47.2	8.5	19.6	4.7	4.6	7.2	0.8	3.8	1.2	4.0

（2）混合与制粒。在露天布置下，采用两段式混合，混合设备均为圆筒混合机，水分稳定在 7.2%~7.3% 左右。一次混合的目的主要为混匀并加水，混匀时间 2.9min，填充率为 13.35%；二次混合主要是制粒并调整混合料水分，混合时间 4.1min，填充率为 11.53%。采用红外水分仪传感器对一混和二混现场实现水分自动测量和闭环控制。

（3）铺底与布料。采用分料板铺平料面和铺底料工艺，将台车边缘料压平，抑制边缘效应，提高点火效果。铺底料粒度为 10~16mm，由摆动漏斗将其均匀布在烧结机台车上，厚度为 20~40mm。混合料布料采用梭式布料机，圆辊给料机和多角度的 11 辊布料装置，将混合料均匀布在烧结机台车上，厚度为 650~720mm。

（4）点火。使用焦炉煤气进行烧结点火，采用二次连续低温型双斜式点火器进行低负压点火操作，一次点火器长度为 4m，点火温度约为 850~950℃，二次点火器长度为 1.5m，点火温度为 800℃ 左右，保温段长度为 2.5m 左右。

（5）烧结。采用低机速和厚料层烧结，延长高温烧结时间，烧结过程结晶充分，烧结矿强度可以得到提高。同时将冷却机的热废气引入点火保温炉后的密封罩内，对烧结矿表层加热，能有效降低固体燃料消耗，减少粉尘的排放。在烧结机风箱两侧设有温度、负压检测点。

（6）主抽风。在烧结机台车宽度两侧布置由 20 个风箱，分两侧抽风。集气管细端设有支管阀门，外接两台电除尘器，再进入两台风量为 19800m³/min 双吸入离心式烧结抽风机，收集烧结产生的粉尘，并可调节风量和烟气温度的平衡。两台抽风机排出的烟气经烟道、烟囱排入大气。烟囱高度为 100m，烟囱出口直径 6m。

（7）热破碎及冷却。烧结饼经过机尾导料槽卸入水冷单辊破碎机至粒度小于 150mm，破碎后的热烧结矿进入鼓风环式冷却机，冷却后的平均温度小于 150℃，冷却时间大于 60min。

（8）筛分。采用三次筛分整粒流程，筛分机构均为三轴驱动的上振式椭圆等厚筛。一、二、三筛分粒径为 10mm、16mm、5mm，分出烧结矿、铺底料和返矿，总筛分效率为 75%。

c 烧结矿产量、质量及能耗

近几年来攀钢烧结矿产量、质量逐年提高，烧结矿年产量在 1000 万吨以上。烧结矿质量合格率、一级品率、品位稳定率、碱度稳定率、FeO 稳定率等质量指标均进入全国同行业先进水平。攀钢炼铁工作者围绕如何提高烧结矿产质量做了大量工作，主要集中在加强烧结工艺操作管理、优化烧结原料结构、采用新技术新工艺、开发先进烧结技术装备等方面，明显改善了攀钢烧结矿强度低、成品率低、粉末率高等问题。攀钢烧结机主要技术指标见表 3-16。

表 3-16 攀钢烧结机主要技术指标

机台	年份	产量 /万吨	利用系数 /t·(m²·h)⁻¹	台时产量 /t·h⁻¹	固体燃耗 /kg·t⁻¹	作业率 /%	转鼓指数 /%	备注
260m²	2009	182.33	1.196	430.50	49.49	89.58	72.56	2009 年 6 月 2 日投产
	2010	428.51	1.414	508.97	41.91	96.11	73.28	
	2011	441.15	1.429	514.57	42.94	97.87	73.50	
	2012	460.88	1.495	538.31	40.01	97.47	73.46	
	2013	422.21	1.391	500.63	40.39	96.28	73.17	

机台	年份	产量 /万吨	利用系数 /t·(m²·h)⁻¹	台时产量 /t·h⁻¹	固体燃耗 /kg·t⁻¹	作业率 /%	转鼓指数 /%	备　注
360m²	2010	6.17	1.105	355.00	48.91	71.82	71.61	2010 年 12 月 20 日投产
	2011	426.50	1.388	499.54	42.97	97.46	73.18	
	2012	466.97	1.528	549.97	38.26	96.66	73.46	
	2013	422.69	1.436	516.92	41.38	93.35	73.20	
360m²	2012	103.16	1.455	379.39	39.18	91.61	73.59	2012 年 8 月 20 日投产
	2013	331.12	1.502	390.58	37.26	96.78	73.27	

d　烧结矿冶金性能（表 3-17）

攀钢钒钛烧结矿含铁品位低，SiO_2 低，形成难还原的硅酸盐相较少，氧化度高，FeO 低，有时还原性比普通烧结矿好。钒钛磁铁矿中铁酸钙和硅酸盐相对较少，转鼓强度较普通烧结矿低（TiO_2 含量高，加 CaO 后易于形成脆性的钙钛矿，熔化温度高，一般烧结温度下液相少）。攀钢采用提高烧结矿碱度、低温氧化性烧结的工艺，有效抑制钙钛矿生成和发展成铁酸钙，适当配加普通矿粉促进硅酸盐液相，提高了烧结矿强度。

表 3-17　烧结矿的冶金性能

$RDI_{+6.3}$/%	$RDI_{+3.15}$/%	$RDI_{-0.5}$/%	TFe/%	FeO/%	RI/%	$T_{10\%}$/℃	ΔT/℃
24.43	51.38	14.92	54.12	9.47	77.34	1259	93

钒钛烧结矿的 $RDI_{+3.15}$ 只有 51.38%，低于普通烧结矿近 30%；烧结矿的含铁品位也较低，平均只有 54%；FeO 含量较低，平均 RI 为 77%，还原性能较好；钒钛烧结矿的软化开始温度 $T_{10\%}$ 较高，为 1259℃，软化区间 ΔT 较窄，荷重软化性能较一般烧结矿要好。

B　承钢钒钛磁铁精矿烧结

承钢依托承德地区的钒钛资源优势，开采和筛选出的精矿铁品位达 64%~66%。目前承钢炼铁厂总共有 6 台烧结机，1、2、3 号烧结机为 360m²，4 号烧结机为 275m²，5、6 号烧结机 180m²，其中三台 360m² 烧结机的利用系数均在 1t/(m²·h) 以上，平均作业率在 94% 左右。承钢为了达到可持续发展的目的，大力发展循环经济和清洁生产，正朝着原料多元化、装备大型化、工艺自动化、生产洁净化等方面进行改革，使烧结技术各项指标达到同行业先进水平，为承钢高炉冶炼发展创造有利条件。

a　原料参数

承钢烧结所用原料主要包括：（1）含铁原料：含钒钛铁精粉等；（2）熔剂：含镁生石灰、石灰石粉、轻烧白云石等；（3）固体燃料：焦粉。主要原料成分和粒度组成见表 3-18、表 3-19。

表 3-18 烧结主要原料化学成分 （%）

种类	TFe	FeO	CaO	SiO$_2$	MgO	Al$_2$O$_3$	TiO$_2$	V$_2$O$_5$
矿业钒钛粉	63.25	—	2.13	4.57	1.52	1.25	1.65	0.432
天宝钒钛粉	64.51	—	1.13	2.60	0.96	0.79	4.06	0.484
前进钒钛粉	63.73	—	1.83	3.84	1.16	1.14	2.48	0.445
远通钒钛粉	63.64	—	1.66	3.58	1.19	1.35	2.61	0.517
源通钒钛粉	64.26	—	1.59	3.15	0.86	1.25	2.63	0.525
宏政钛铁粉	60.67	—	0.78	2.84	1.02	2.22	6.86	0.675
源通钛铁粉	58.73	—	1.07	4.08	1.38	1.98	8.71	0.601
京通钛铁粉	61.36	—	0.82	4.61	0.89	2.12	4.47	0.607
生石灰	—	—	79.19	3.30	8.52	—	—	—
石灰石粉	—	—	48.81	3.36	3.41	—	—	—
白云石粉	—	—	29.48	3.00	20.59	—	—	—
焦 粉	1.76	—	1.81	5.79	0.25	3.91	0.28	—

表 3-19 含铁原料粒度占比 （%）

粒度组成	矿业钒钛粉	天宝钒钛粉	前进钒钛粉	远通钒钛粉	源通钒钛粉	宏政钛铁粉	源通钛铁粉	京通钛铁粉
<0.5mm	71.11	72.06	70.74	70.75	72.86	66.49	73.49	67.23

b 烧结工艺流程

承钢炼铁厂烧结的工艺流程主要包括铁精矿、燃料、熔剂的配料、混合、燃料与熔剂的二次分布、铺底与布料、点火、烧结与冷却、抽风除尘、烧结矿筛分等。工艺流程如图 3-38 所示。

（1）配料。配料主控室将含铁原料、熔剂、除尘灰等原料的配料比例（表 3-20）下发至 PLC，通过控制圆盘给料机和振动漏斗自动给料。各料仓下方均设有皮带电子秤，由 PLC 在线实时监测，闭环控制配料。

（2）混合与制粒。采用二次圆筒混合机进行混料，水分控制在 7.5% 左右。一混采用加热水 90%，混匀时间 2.1min，填充率为 15%；二混制粒，加水 10%，混合时间 3.2min，填充率为 12.8%，采用预热蒸汽加热混合料，保证料温在 65℃以上。同时在二混配加焦粉，改善烧结混合料原始料层透气性，提高产能。

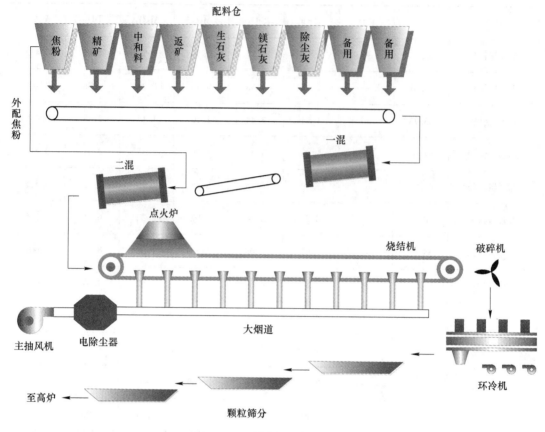

图 3-38　承钢烧结厂工艺流程

表 3-20　烧结物料配比

物料	混合料	杂料	煤焦	钙灰	镁灰	碱度中值（－）
配比/%	76.4	8	5.5	7.1	3.5	2.05

（3）铺底与布料。采用混合布料方式，铺底料粒度为 10~20mm，由铺底料斗将其均匀布在烧结机台车上，厚度为 20~40mm。混合料圆辊布料机和多角度的 9 辊布料装置，将混合料均匀布在烧结机台车上，厚度为 700mm 左右。点火之前由刮料板将料面刮平，然后经压料辊对料面进行压实。

（4）点火。使用焦炉煤气进行烧结点火，采用幕帘式焦炉煤气点火炉进行低负压点火操作，设有预热段和热风烧结段，使用烧结矿废气预热助燃风气，保证点火温度在 1050℃ 以上。

（5）烧结。坚持厚料层烧结，延长高温烧结时间，提高自蓄热能力。双侧式风箱，配置双系列大烟道，设有温度、负压检测点。烧结机正常生产时速在 1~1.5m/min。同时将冷却机的热废气引入点火保温炉后的密封罩内，对烧结矿表层加热，能有效降低固体燃料消耗，减少粉尘的排放。

（6）主抽风。在烧结机台车两侧布置 20 个风箱，分南北两侧抽风。抽风系统由集气管、机头处的电除尘器、主抽风机组成，正常生产时负压 16000Pa，风量 18000m³/min，机头和机尾部分风向设有风量调节阀。

（7）热破碎及冷却。烧结饼经过机尾导料槽经辊破碎到 150mm 以下，破碎后的热烧结矿进入鼓风环式冷却机，冷却后的平均温度小于 150℃，冷却时间大于 60min。

（8）筛分。采用三次筛分工艺，筛分机构均为三轴驱动的上振式椭圆等厚筛。一次筛分的筛上物直接进入二次筛分，筛下物小于 5mm 经皮带运送至配料室参加原料配比，二次筛下物 5~10mm 的部分进入成品皮带，三次筛下物 10~20mm 烧结矿部分作铺底料，三次筛上物大于 20mm 的进入成品。

c　烧结矿产量、质量及能耗

承钢曾为了提高烧结矿产量，操作中往往提高机速，"薄拉快跑"，使烧结终点滞后，机上冷却时间和高温保持时间缩短，固相反应和液相的生成都受到影响，同时出现"生烧"的现象，烧结矿强度变差。目前承钢已经达到年产 800 万吨铁水的生产能力，烧结产能不断扩大，自产精粉无法满足烧结生产需要，原料结构过渡为"外矿+钒钛铁精粉+当地普粉"，外矿配加比例达到 30%，在保证烧结矿产量的同时，质量也有所增加。同时，承钢炼铁工作者进一步在混合设备、制粒工艺等方面进行改造，完善合理的生产工艺制度，使烧结矿的产量和质量大幅度提高。

d　烧结矿冶金性能（表 3-21）

承钢钒钛磁铁精矿粒度较细、烧结性能差、钙钛矿含量较多，熔点高且质脆，影响烧结矿的转鼓强度。SiO_2 含量较低，作黏结相的硅酸盐含量少，碱度低。烧结矿的含铁品位普遍较低，平均只有 53.78%。FeO 含量较低，平均 RI 为 76.67%，还原性能较好。钒钛烧结矿的软化开始温度 $T_{10\%}$ 较高，为 1240℃，软化区间 ΔT 较窄，荷重软化性能较一般烧结矿要好。

承钢近几年烧结矿低温还原粉化率（$RDI_{+3.15}$）平均 46.57%。对生产设备和工艺改造，提高熔剂配比，调整烧结矿碱度为 2.15±0.15 倍，向烧结矿喷洒 $CaCl_2$ 复合防粉化剂（添加了硼酸）等一系列措施，烧结矿低温还原粉化率（$RDI_{+3.15}$）一般在 72% 左右，使低温还原粉化指标提高近 30%。工艺参数和烧结指标均有所改善。

表 3-21　烧结矿的冶金性能

种类	$RDI_{+6.3}$ /%	$RDI_{+3.15}$ /%	$RDI_{-0.5}$ /%	TFe /%	FeO /%	RI /%	$T_{10\%}$ /℃	ΔT /℃
未喷防粉化剂	24.90	46.57	15.92	53.78	7.6	76.67	1240	100
已喷防粉化剂	53.70	72.63	8.95	—	—	—	—	—

3.2.2　钒钛铁精矿球团矿生产技术

3.2.2.1　成球的理论基础

A　成球过程

钒钛磁铁矿成球机理与普通铁精矿的成球机理类似。连续造球过程大致分为成核阶段、球核长大阶段、生球紧密阶段。

（1）成核阶段。当铁矿颗粒表面达到最大分子结合水后，继续加水会在颗粒表面形成水膜。在水膜表面张力的作用下颗粒间形成液体连接桥使颗粒连接在一起，形成最初的疏松聚集体，此时的聚集体液体填充率较低，内部孔隙体积较大。在机械力作用与增加水分的情况下，聚集体部分孔隙被水填充，孔隙体积变小，逐渐形成坚实的球核，也称母球。成核阶段成核的速度与原料的比表面积和水分有关，该阶段球核强度不高。

（2）球核长大阶段。已经形成的球核，在机械力作用下，使颗粒彼此靠拢，所有孔隙被水充满。毛细水在球核表面孔隙中形成弯液面，毛细力将矿粒保持在一起。在继续滚动过程中，球核被进一步压密，过剩的毛细水被挤到球核表面而均匀地裹住球核，很容易黏上一层湿度较低的物料使核长大。这种长大过程重复进行，使得球核逐渐长大，球主要以成层方式长大。

（3）生球紧密阶段。当生球长大到粒度符合要求后，便进入紧密阶段。此阶段停止加水，在造球机产生的滚动与搓动作用下，生球中挤出的多余水分被未充分润湿的物料吸收，生球内的颗粒被进一步压实。薄膜水沿颗粒表面迁移，不同颗粒可以为同一薄膜水所包围，颗粒间靠着分子力、毛细力和内摩擦阻力作用黏结。

B　水分在细磨物料中的形态和作用

成球过程中水分的存在状态有吸附水、薄膜水、毛细水、重力水四种，不同形态水的形成及其对成球过程的影响各不相同。

（1）吸附水。当干燥的钒钛磁铁精矿颗粒与水接触时，由于颗粒表面带有电荷，在静电引力的作用下水分子被吸附在颗粒表面形成吸附水层。当水蒸气压达到100%时，吸附水含量达到最大值，称为最大吸附水。吸附水润湿矿粒表面，为薄膜水、毛细水的发展创造条件，但物料层中如果仅存在吸附水，成球过程就不会开始。

（2）薄膜水。当钒钛磁铁矿颗粒表面达到最大吸附水后，进一步润湿颗粒，在吸附水的周围便形成薄膜水。薄膜水的形成主要是颗粒表面的引力以及吸附水内层的分子引力作用。吸附水与薄膜水组成分子结合水，当物料达到最大分子结合水时，物料就能在外力作用下表现出塑性，成球过程才明显开始。

（3）毛细水。当物料继续被润湿，超过最大分子水时便出现毛细水，毛细水是在超出分子结合水作用范围外受毛细力作用保持的水分。毛细水将周围的颗粒拉向水滴中心而形成小球。在成球过程中，毛细水起主导作用，使物料成球以及维持生球强度，毛细水的迁移速度决定物料的成球速度。

（4）重力水。当物料层完全为水饱和，超出的水分则不能被毛细力所保持，而是在重力的作用下沿着钒钛磁铁矿颗粒孔隙向下移动，这种水称为重力水。重力水在成球过程中是有害的，会使钒钛磁铁矿生球粘结、变形、强度下降。

C　黏结剂

膨润土是在钒钛磁铁矿球团生产中主要采用的黏结剂，其主要成分是蒙脱石。由于蒙脱石是层状结构，遇水后不仅表面吸水，还将颗粒间的自由水转化为层间水，因而它能减弱造球对水分的敏感性，有利于造球过程的稳定。同时，由于蒙脱石晶层间的分子引力较弱，在造球过程中层片容易滑动，产生润滑作用。这种润滑作用不仅可以降低颗粒间的摩擦力与生球的孔隙率，还可以降低铁矿颗粒的粗糙度与颗粒间的距离，增强粒子间的引力，从而提升生球的强度。

D 生球干燥过程

钒钛磁铁矿生球的干燥机理与普通精矿类似。钒钛磁铁矿生球的干燥过程由表面汽化和内部扩散构成。根据干燥速率的变化，干燥过程可分为三个阶段。

(1) 等速干燥阶段：在这一阶段生球表面的水分等速蒸发，干燥速度保持不变。生球内外产生的湿度差使水分由生球内部向表面扩散，且水分扩散速度大于或等于表面的蒸发速度，生球表面可以保持潮湿。这一阶段的干燥速度为表面汽化控制。

(2) 第一降速阶段：在这一阶段生球的干燥速率不断下降。内部扩散的速度小于表面汽化速度，即表面水分蒸发后，内部水分来不及扩散到表面，致使生球表面局部出现干燥外皮，干燥速率下降。同时由于球团导热性差，生球表面与内部产生的温度差又引发"热导湿现象"，促使表面的水分向内部迁移，因此干燥速度不断下降。这一阶段的干燥速度为内部扩散控制。

(3) 第二降速阶段：这一阶段干燥速度继续下降直至为零。生球表面完全形成干燥外壳，热量逐步向内部传导，水分的汽化面开始向内部移动，水分从此界面蒸发后需扩散到生球表面，再被介质带走。随着生球内水分减少，干燥速度不断下降，当达到平衡湿度时干燥过程停止，此时的干燥速度为零。这一阶段的干燥速率取决于蒸汽在球内的扩散速率。

在生球的干燥过程中可能会发生结构的破坏，一种是生球表面出现裂纹，另一种是整个生球爆裂散开。爆裂通常发生在降速干燥阶段，在这一阶段内部扩散起控制作用，水分的汽化面向内部移动。水分从内部蒸发后需扩散至表面再被干燥介质带走。如果供热过多，生球内部产生的大量蒸汽便不能及时扩散到表面，引起内部蒸气压的升高。当蒸气压超过干燥表面的径向和切向抗拉强度时，球团发生爆裂。使生球结构发生破坏的最低温度称为生球爆裂温度。

E 球团的高温固结机理

钒钛磁铁精矿球团的固结机理与一般球团矿类似，以固相固结为主，液相粘结为辅。通过固体质点扩散形成连接桥（或称连接颈），以及少量的液相把矿物颗粒粘结起来。

在焙烧前，钒钛磁铁矿球团的主要矿物组成为磁铁矿（Fe_3O_4）、钛磁铁矿（$Fe_{2.75}Ti_{0.25}O_4$）、钛铁矿（$FeTiO_3$）。

随着焙烧过程的进行，首先发生磁铁矿的氧化。在200℃左右时，Fe_3O_4开始氧化为γ-Fe_2O_3，由于γ-Fe_2O_3不稳定，随着温度的升高晶型发生转变，从立方晶系转变为斜方晶系，γ-Fe_2O_3转化为成α-Fe_2O_3，并在500℃左右时转化完全。此时，球团矿的物相组成为钛磁铁矿（$Fe_{2.75}Ti_{0.25}O_4$）、赤铁矿（Fe_2O_3）和钛铁矿（$FeTiO_3$）。

当温度达到700℃以上时，钛磁铁矿（$Fe_{2.75}Ti_{0.25}O_4$）开始大量氧化为钛赤铁矿（Fe_9TiO_{15}）（钛铁矿与赤铁矿的固溶体）。焙烧温度达到900℃时，铁板钛矿（Fe_2TiO_5）出现，并随着温度升高逐渐增加。当焙烧温度大于1000℃时，钒钛磁铁矿球团的物相基本保持不变。

在球团焙烧过程中主要发生的反应有：

$$Fe_3O_4 + 1/4O_2 === 3/2Fe_2O_3 \tag{3-63}$$

$$(Fe_2TiO_4)_x(Fe_3O_4)_{1-x} + 1/4O_2 === 3/2(FeTiO_3)_{2/3x}(Fe_2O_3)_{1-2/3x} \tag{3-64}$$

$$(FeTiO_3)_{2/3x}(Fe_2O_3)_{1-2/3x} + x/6O_2 === 2/3xFe_2TiO_5 + (1-x)Fe_2O_3 \tag{3-65}$$

焙烧完成后的球团主要物相为钛赤铁矿（Fe_9TiO_{15}）、铁板钛矿（Fe_2TiO_5）、赤铁矿（Fe_2O_3）。

钒钛磁铁矿球团的固结强度主要依靠赤铁矿（Fe_2O_3）晶粒的再结晶、钛磁铁矿（$Fe_{2.75}Ti_{0.25}O_4$）氧化成钛赤铁矿（Fe_9TiO_{15}）形成的连晶或集合体，以及铁板钛矿（Fe_2TiO_5）与钛赤铁矿（Fe_9TiO_{15}）固结反应形成的集合体。其余还有铁铝榴石、钙铝榴石、钛榴石等固溶体。

3.2.2.2 球团工艺及生产特点

钒钛磁铁矿球团生产流程与普通矿球团生产工艺流程类似，主要包括原料准备、生球制备、球团焙烧等环节。图3-39为国内典型的钒钛磁铁矿球团生产工艺流程。

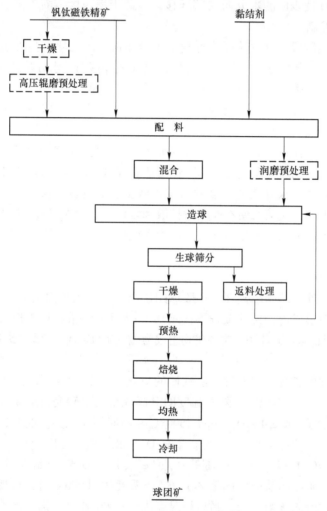

图 3-39 钒钛球团矿生产工艺流程

A 原料的准备

钒钛磁铁矿球团制备的主要原料包括钒钛磁铁矿、膨润土等。原料的准备主要包括接收、贮存以及性能调整方面。

a 原料的接收和贮存

原料的接收采用火车、船运等多种运输方式,采用翻车机卸料,再通过皮带输送至原料场或仓库。膨润土属于轻质细粉料,通常采用密封罐车运输,采用风动卸料输送至密封料槽。一般在球团厂内设有原料仓库,起贮存和缓冲的作用,以保证球团生产的连续性。除原料的接受与贮存外,许多球团厂也对原料的中和采取相关措施,以减少成分的波动,使原料粒度与水分更均匀。目前国内除了部分有条件的厂家在原料场通过堆取料进行中和外,大部分都在原料仓库通过抓斗吊车采用倒堆法进行中和。

b 原料的干燥

水分对于造球过程极为重要,不同的原料其适宜的造球水分不同。钒钛磁铁矿的干燥可分为配料前干燥与配料后干燥。

当使用高压辊磨预处理时,钒钛磁铁矿的干燥在配料之前。钒钛磁铁矿通过运输皮带从料场进入圆筒干燥机,干燥后进行高压辊磨,后与膨润土进行配料。

当使用润磨预处理时,钒钛磁铁矿与膨润土先进行配料,混匀料通过皮带进入圆筒干燥机内,干燥完成后进行润磨。

c 原料预处理

钒钛磁铁精矿的粒度较大,比表面积小,成球性能较差,为使原料达到理想的造球性能,需要对其进行预处理。预处理方式通常包括高压辊磨与润磨两种。

当使用高压辊磨时,钒钛磁铁矿进入高压辊磨机的两辊(动辊与定辊)之间,依靠动辊上安装的液压缸提供的挤压力,在辊子的转动过程中使钒钛磁铁矿颗粒相互碾压破碎,从而达到改善精矿粒度与比表面积的效果。

当使用润磨工艺时,干燥物料通过给料端进入旋转的筒体,研磨介质(钢球)在衬板的摩擦力与离心力共同作用下,提升到一定高度后瀑落下来,使得钒钛磁铁精矿中的大颗粒粉碎。精矿与研磨介质、衬板之间的研磨作用,也使得其形成大量细小颗粒,并与膨润土充分混合。物料最后通过筒体的排料孔排出润磨机,完成润磨作用。

B 配料、混合和造球

a 配料

配料是保证球团矿化学成分稳定的重要环节。钒钛磁铁矿球团使用原料主要为钒钛磁铁精矿和膨润土。钒钛磁铁矿的膨润土用量较普通矿偏高。

配料设备上钒钛磁铁精矿采用圆盘给料机,膨润土采用螺旋给料机,通过电子皮带秤与给料调节系统保证配料精度。配好的物料进入混合系统(高压辊磨)或者干燥系统(润磨)。

b 混合

钒钛磁铁矿精矿与膨润土按给定比例配料后,需进行混合,这是为了使获得的混合料成分与粒度均匀,以及使膨润土在物料中均匀分散。目前生产常采用的混合设备主要有圆筒混合机、强力混合机,圆筒干燥机与润磨机也兼具混合的功能。

早期钒钛铁矿球团生产采用类似于烧结混合机的一段圆筒机混合,随着筒体的转动,物料沿着筒体轴向方向移动,形成螺旋状运动,经多次循环,完成混合过程,但圆筒混合机混合效率一般,且存在制粒作用,对于球团的生产不利。

目前的钒钛球团厂家多采用强力混合机代替圆筒混合机,强力混合机根据筒体中心轴的方向分为卧式与立式。配好的物料进入筒体内，在混合耙旋转所产生的机械作用下，物料发生抛洒、摩擦、剪切、撞击等过程，使得物料在筒体内充分混匀，并向着设备出料端移动。这种混合方式不仅提高了混合效率，缩短了混合时间，同时物料不易结块、起团。

c 造球

钒钛磁铁矿球团的造球工艺与普通铁精矿类似，主要包括造球、生球筛分、返料处理等环节，造球设备普遍采用圆盘造球机。

圆盘以一定的倾角、速度绕着中心轴旋转，物料通过皮带机从圆盘上方洒入圆盘内，上方喷头喷水，在水的凝聚作用下散料开始形成母球。物料在盘边、盘底产生的摩擦力作用下向上提升，当被带至一定高度时又向下滚落。细粒物料粘结在潮湿的母球表面，不断滚粘散料而长大。不同大小的母球在上、下滚动的过程中逐渐密实，并长大到规定的尺寸。不同尺寸的生球自然分级，小颗粒继续沿圆盘滚动，而大颗粒集中往排料端滚动，最后从盘边排出。

造好的钒钛磁铁矿生球落入输送皮带，经过生球筛分系统选出粒度合格的生球，直接进入焙烧设备。粒度不符合要求的生球需破碎后返回混合机或造球缓冲料仓。一般要求生球的抗压强度不低于10N/球，落下强度不得低于4次/0.5m。

C 球团焙烧工艺

经过筛分的合格生球进入球团焙烧系统，焙烧工艺主要有链箅机—回转窑法、竖炉法、带式焙烧机法三种。

a 链箅机—回转窑法

链箅机—回转窑法是国内球团厂家最为普遍采用的铁矿球团预热焙烧方法。具有单机生产能力大，原料适应性强，焙烧均匀和操作灵活的特点。链箅机—回转窑工艺示意图如图3-40所示。

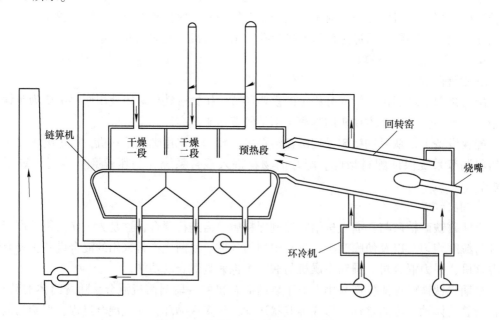

图3-40 链箅机—回转窑工艺示意图

生球通过皮带布料器或辊式布料器均匀、平整地布到链箅机上，随着链箅机的移动，通过鼓风和抽风，气流垂直通过球层进行传质与传热，生球依次发生干燥和预热过程。经过干燥与预热、生球脱除了各种水分，同时磁铁矿氧化成赤铁矿，预热球具有了一定的强度。

预热后的球团由链箅机尾部的溜槽进入回转窑，随着回转窑四周翻滚的同时，沿轴向方向从窑尾向窑头移动。烧嘴设在窑头，由它燃烧燃料提供窑内热量，烟气由窑尾排出进入链箅机。球团在翻滚的过程中，经过高温焙烧后，在靠近窑头的区段内进行均热，最后从排料口卸出。

为了方便皮带的运输和热量的回收，高温球团从回转窑卸出后需进入冷却机。冷却方式通常采用环式冷却机鼓风冷却。冷却料层高度一般在 500mm 以上，冷却时间 26～30min，冷却后的球团温度控制在 100℃左右。

b 竖炉法

竖炉法在国外是最早用来焙烧球团的方法，由于其单机产量小，原料适应性差，较少应用在大型钢铁企业。但竖炉由于其结构简单、能利用煤气、操作维修方便，较适合中小型钢铁企业及铁合金行业。竖炉设备示意图如图 3-41 所示。

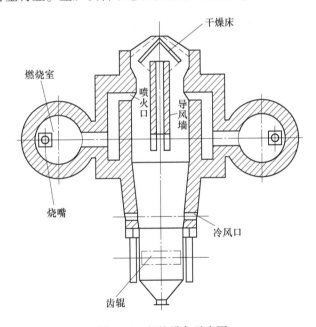

图 3-41 竖炉设备示意图

布料车在干燥床顶部通过往返运动将生球均匀撒到干燥床上，混合废气穿过干燥床与下滑生球发生热交换，达到干燥的目的。生球在干燥床上经过 5～6min 基本完成干燥过程进入预热区，热气流自下而上继续加热球层，同时气流中的氧气由内向外将 Fe_3O_4 氧化成 Fe_2O_3，并放出热量，球层温度进一步提高。

经干燥预热后生球下降到竖炉焙烧段，从焙烧带往下进入均热带，球团发生进一步的收缩与致密，强度进一步提高。球团经过均热带后进入炉膛部分的冷却带，与鼓入的冷空气发生逆流热交换，温度逐渐下降。一般球团矿排出炉外的温度为 300～600℃，若温度高于600℃时还需进行二次冷却。

c　带式焙烧法

带式焙烧法是国外广泛采用的球团焙烧方法,在我国应用较少,具有单机生产能力大,设备简单可靠,原料适应性强,热效率高等特点,但对设备材质要求高。设备主要由布料设备、带式焙烧机与附属风机组成,带式焙烧机设备示意图如图3-42所示。

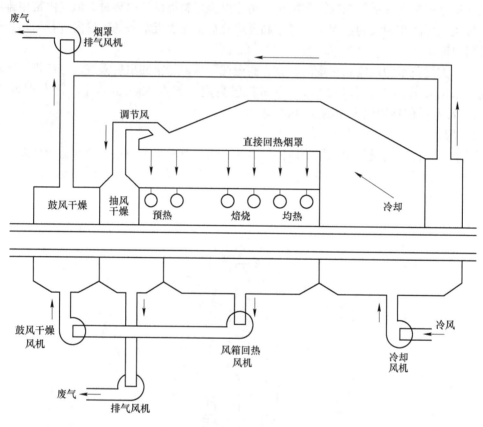

图 3-42　带式焙烧机设备示意图

生球首先通过辊式布料器均匀布到台车上,首先进入干燥段,为了强化干燥过程,一般设有鼓风干燥与抽风干燥两段。随着台车的移动,干燥后的球团依次进入预热段与焙烧段,球团在焙烧段完成固相反应与再结晶,结构致密及少量液相形成的过程。焙烧温度一般在1250~1340℃。均热带不再由燃料供热,而是由冷却段的热气体提供热量。冷却段一般采用二段鼓风冷却,加热后的气体送往均热段、干燥段或作为助燃风,达到节省能耗的目的。所有的工艺过程全在带式焙烧机一台设备上进行。

d　三种工艺的比较

针对链算机—回转窑工艺,其优点如下:(1)焙烧设备简单,球团焙烧过程均匀;(2)设备易于实现大型化,单机生产能力大;(3)原料的适应性较竖炉广,且生产操作灵活。但是干燥、预热、焙烧与冷却需要在三台不同的设备上进行,设备环节多,投资较大。同时由于球团在回转窑内翻滚容易破损,因此对于预热球的强度要求高,还存在回转窑易结圈的问题。

针对竖炉工艺，其具有设备简单，对材质无特殊要求，操作维护方便，热效率高的优点，但是存在以下缺点：单机生产能力小，不能满足大型生产需求；原料的适应性窄，一般适用于磁铁矿球团的生产；由于炉内热场与球团运行速度的不均匀特性，球团的焙烧不均匀；球团焙烧过程热制度不能单独控制，操作灵活性较差。

针对带式焙烧机工艺，所有的工艺流程都在一台设备上进行，设备环节少，设备简单、可靠，维护方便，操作灵活。同时，其原料的适应性较广，适合焙烧各种原料，热效率高，单机生产能力大。但是存在以下缺点：对耐热合金钢的用量大，质量要求高，投资较前两种工艺大；全部过程都在带式机上完成，对原料的稳定性要求高；带式机的作业温度高且波动大，成品球质量不均匀；必须使用高热值的煤气或者重油。

D 钒钛磁铁矿球团生产特点

（1）原料准备上需要进行高压辊磨或润磨预处理，以改善钒钛磁铁矿粒度粗、比表面积小、成球性差的特性。

（2）膨润土用量高，为改善其造球性能，膨润土的配比较普通矿高。

（3）当使用链箅机—回转窑工艺时，所需的预热焙烧时间更长，回转窑易结圈。由于钒钛磁铁矿的 FeO 含量高，钛铁矿与磁铁矿共生，因此氧化难度比普通矿大，造成所需的预热焙烧时间长，焙烧区间窄，操作难度大。且预热球团强度低，入窑粉末多，导致回转窑结圈严重。

3.2.2.3 球团工艺生产实例

A 攀枝花钢城集团白马球团厂

攀枝花钢城集团白马球团厂现有一台链箅机，有效长度 36m，宽度 4m；一台回转窑，直径 5m，长 35m，球团冷却所用的环冷机中径 12.5m，有效冷却面积 69m²。其造球用钒钛磁铁矿精矿的主要化学成分见表 3-22。

表 3-22 钒钛磁铁精矿化学成分 （%）

TFe	FeO	SiO$_2$	CaO	MgO	Al$_2$O$_3$	TiO$_2$	V$_2$O$_5$	K$_2$O	Na$_2$O	P	S	LOI
55.28	31.40	6.40	0.50	3.68	3.36	9.31	0.63	0.03	0.17	0.01	0.52	1.33

原料经过配料混合，强力混合后，经过高压辊磨混匀后，在圆盘造球机内滚动形成直径 8~15mm 的生球，然后经干燥、焙烧，固结成型，得到含钛品位更高的球团，造球具体工艺流程如图 3-43 所示，所得的成品球团的主要化学成分见表 3-23。

B 重钢太和铁矿球团厂

重钢太和铁矿扩建 1 条氧化球团矿生产线，形成年产氧化球团矿 150 万吨的生产能力；同时配套建设煤气生产系统、烟气脱硫系统以及辅助生产系统等配套设施。所用的竖炉球团焙烧工艺在国内比较典型，造球所用的原料和辅料的主要化学成分和物理化学性能分别见表 3-24~表 3-27。

（1）原料接收、贮存及配料：铁精矿由汽车运进厂区，经卸料后堆存于原料堆场，用抓斗机造堆、混合、上料，经胶带机运至原料准备室矿槽内；膨润土采用袋装汽车运入厂，经人工拆袋卸至原料准备室的膨润土矿槽内；矿仓内的原料经仓下振动装置给料，经配料秤计量后在配料间按一定的比例配料，配合料由胶带机送至原料准备室内的湿精矿槽内。

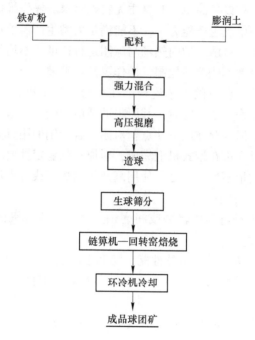

图 3-43   球团生产流程图

表 3-23   成品球团的主要化学成分   （%）

TFe	TiO$_2$	Al$_2$O$_3$	V$_2$O$_5$	Zn	S	P	K	Na
53.06	9.6	4	0.6	0.04	0.005	0.006	0.038	0.07

表 3-24   钒钛磁铁精矿化学成分   （%）

TFe	FeO	SiO$_2$	CaO	MgO	Al$_2$O$_3$	V$_2$O$_5$	TiO$_2$	S	P
54.30	21.98	5.17	1.20	2.91	3.10	≤0.6	6.53	0.16	0.017

表 3-25   钒钛磁铁精矿物理性能

-0.076mm/%	-0.045mm/%	比表面积/cm^2·g^{-1}	堆密度/t·m^{-3}
≥45.00	≥60.00	~1300	2

表 3-26   膨润土化学成分   （%）

SiO$_2$	Al$_2$O$_3$	CaO	MgO	MnO	P$_2$O$_5$	Na$_2$O	K$_2$O	S	Fe$_2$O$_3$
72.59	14.50	1.43	2.15	0.01	0.02	2.01	1.05	0.03	1.29

表 3-27   膨润土物理性能

蒙脱石含量/%	胶质价/%	膨胀倍数	吸蓝量 /mol·g^{-1}	吸水率/%	-0.076mm /%
88	100	23	0.651	167.17	99.00

球团生产工艺流程如图 3-44 所示。

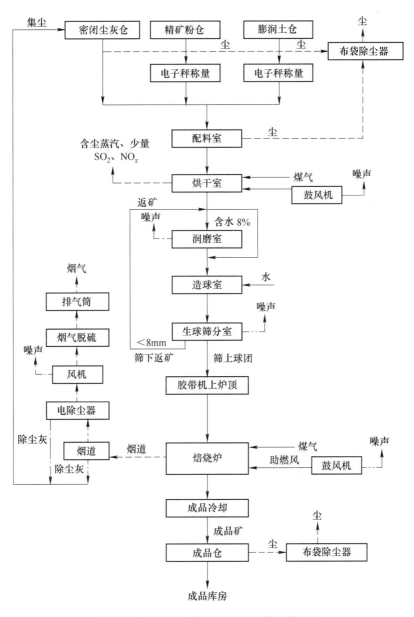

图 3-44 球团矿生产工艺流程及产污位置图

（2）干燥：配合料自动卸至胶带机上，由胶带机运至烘干均匀间进行干燥和混合，将配合料充分混匀并控制其水分在 8%；干燥机以煤气发生炉产生的煤气为燃料，干燥温度约 700℃，顺流式干燥。干燥后的混合料，由胶带机返回原料准备室内的干精矿槽内。

（3）润磨：干精矿槽内的混合料自动卸至胶带机上，由胶带机运至润磨室内润磨，润磨后的物料进入混合室混匀，最后由胶带机运至造球室。磨细后的混合料比表面积增大，表面特性改善，可大大提高物料的混合程度和成球性能。

（4）造球及生球筛分：运至造球室的混合料送入圆盘造球机并添加 0.5%～1% 的水进

行造球，将混合料变成具有一定强度的生球。生球经胶带机运至生球筛分间，将生球中的粉末、碎球块以及不合格小球筛除。筛出的生球在大于正常生球范围±6mm部分的为不合格生球，经胶带机返回润磨机处理后再造球。

（5）竖炉氧化焙烧：合格生球（9~16mm）由胶带机输送到炉台布料机上，然后均匀布入双层伞形烘干床对其干燥后落入圆环形焙烧室进行预热和焙烧。焙烧炉以煤气发生炉产生的煤气为燃料，煤气在炉体中部燃烧室燃烧后进入焙烧带与球团矿逆向流动，生球在炉内下降过程中与上升的热气体相遇，在竖炉内经1250~1300℃温度焙烧，在炉内完成干燥、预热、焙烧、均热、冷却等过程变成成品球团矿。

（6）成品系统：焙烧好的球团矿经分布在炉体的排料口排到环形平台（出炉温度300℃）冷却，排料口分布于圆环的四周，下有呈环形布置的料车接收成品球，通过料斗卸入链板运输机运至成品堆场。

生产出来的氧化球团矿主要物理性能、化学成分见表3-28和表3-29。

表 3-28　球团矿物理性能

粒度/mm	抗压强度 /N·个$^{-1}$	转鼓指数 (+6.3mm)/%	抗磨指数 (−0.5mm)/%	筛分指数 (−5mm)/%	膨胀率/%	还原度指数 RI/%
5~16 (>90%)	≥2000	≥90	<8	<4	<15	≥65

表 3-29　球团矿化学成分　　　　　　　　　　（%）

TFe	FeO	CaO	MgO	SiO$_2$	Al$_2$O$_3$	S	CaO/SiO$_2$	碱度 R（−）
≥52	≤1.00	1.81	0.71	4.95	0.28	0.06	0.37	0.44

3.3　钒钛铁精矿高炉冶炼工艺流程

3.3.1　概述

高炉冶炼是综合利用钒钛磁铁矿资源的一种传统方法，19世纪前半叶，美国、英国、瑞典、挪威等国就开始了钒钛磁铁矿高炉冶炼的试验探索，但没有实现大规模工业化生产。20世纪30年代初，苏联开始在不同容积高炉上探索研究冶炼钒钛磁铁矿的工艺，我国也从20世纪60年代步入了高炉冶炼钒钛磁铁矿研究的行伍。迄今为止，世界上掌握了大规模高炉冶炼钒钛磁铁矿技术的只有我国的攀钢、承钢及俄罗斯。

用普通大型高炉冶炼钒钛磁铁矿技术，是我国冶金界自行研究开发的重要技术成果，是我国炼铁技术独立发展的重要标志。随着对高炉冶炼钒钛磁铁矿的特点和规律的认识逐步提高，我国冶金工作者成功解决了 TiO$_2$ 含量20%~25%的高钛型钒钛磁铁矿高炉冶炼的技术难题，并在攀钢成功生产，高炉各项技术经济指标良好。攀钢高炉冶炼钒钛磁铁矿技术的发展主要经历了三个阶段。第一阶段为1970~1977年，该阶段高炉炉料为全钒钛烧结矿，高炉生产不正常，泡沫渣现象严重；第二阶段为1978~1994年，该阶段在优化炉料结构上有了重大的突破，高炉配加适量的普通块矿，泡沫渣现象减少，高炉利用系数达到1.5~1.7；第三阶段为1995年至今，为高钛型钒钛磁铁矿高炉强化冶炼阶段，不但高炉利用系数有较大的提高，而且焦比、煤比等各项技术经济指标都明显改善，创造了巨大的经济效益和社会效益。

钒钛磁铁矿高炉—转炉冶炼工艺流程如图3-45所示。高炉法冶炼钒钛磁铁矿一般与转炉相结合，形成完整的钒资源综合利用工艺。具体而言，该工艺是先将钒钛磁铁原矿经选矿处理后得到钒钛磁铁矿精矿；然后，精矿经造块处理后送入高炉冶炼，在高炉内大部分的钒被选择性还原进入铁水；此后，含钒铁水进入转炉吹炼提钒，吹炼过程中钒被氧化进入渣中，得到钒渣和半钢；最后，半钢进一步吹炼得到钢水。根据高炉炉渣中 TiO_2 含量的不同，国内一般把高炉法冶炼钒钛磁铁矿分为低钛渣高炉冶炼（$TiO_2<10\%$）、中钛渣高炉冶炼（$10\%<TiO_2<20\%$）和高钛渣高炉冶炼（$TiO_2>20\%$）三种方法。一般情况下，钒钛磁铁矿高炉冶炼的难度随着渣中 TiO_2 含量的提高而加大。当渣中 TiO_2 含量高于25%后，高炉渣的黏性会大幅上升，且还原过程中析出大量 TiC 和 TiN，出现泡沫渣和铁损增加的现象，对冶炼造成不利影响。

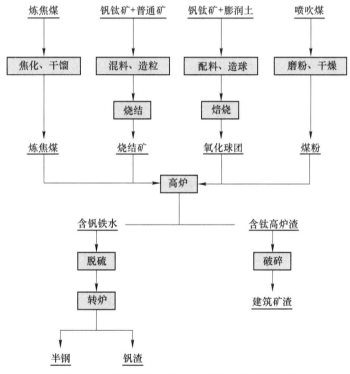

图3-45 钒钛磁铁矿高炉—转炉冶炼工艺流程

高炉法冶炼钒钛磁铁矿具有生产效率高、可大规模生产的显著优点，但由于现有技术的限制，进入钛渣中的有价元素 Ti 无法高效、经济地回收，大部分钛渣只能堆积，不仅浪费资源，而且对生态环境构成威胁。

3.3.2 原料处理

3.3.2.1 钒钛磁铁矿选矿

由于钒钛磁铁矿中有价元素品位低，无法直接提取利用，一般要先经选矿预处理后，再对选矿产品进行加工利用。通过合理的分选处理，可获得含钒铁精矿、钛铁矿精矿、硫化物精矿和尾矿。含钒铁精矿用于生产高炉生铁和钒渣，钛精矿用于生产海绵钛和钛白粉，用硫钴镍精矿制取钴镍及其氧化物，并从制钛、制钒过程中回收钪、镓等有价元素。

针对不同的选矿产物，钒钛磁铁矿选矿工艺不同。针对钛磁铁矿，可采用的工艺包括一段磨矿磁选工艺（粒度粗大）、阶段磨矿磁选工艺（粒度较粗且属不均匀嵌布）和阶段磨矿分级磁选工艺（极贫矿石）；针对钛铁矿，可选择的选矿技术包括重选法、磁选法、浮选法、电选法、联合分选法、重—浮选联合法、重—电选联合法、强磁—浮选法和分级联合选矿法。根据钒钛磁铁矿的性质，首先采用单一弱磁选分选出钛磁铁矿，从磁尾中分选钛铁矿和硫化矿的选矿方法较多，国内外针对钒钛磁铁矿较成熟的分选工艺为：用弱磁选回收钛磁铁矿，浮选法回收硫化物，重选—浮选联合流程或重选（选别粗粒）—强磁选（选别细粒）—强磁精矿浮选联合流程回收钛铁矿。图 3-46 为某选矿厂选铁数质量流程图。

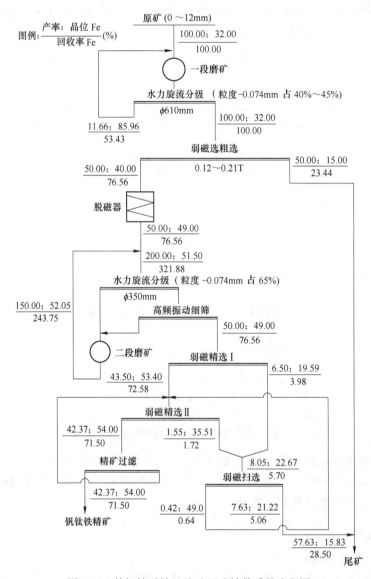

图 3-46　某钒钛磁铁矿选矿厂选铁数质量流程图

我国钒钛磁铁矿大规模开发利用，主要是从攀枝花—西昌地区钒钛磁铁矿矿产资源综合利用科研工作开始，并取得一系列重大科研成果，建立起一套完整的钒钛磁铁矿选矿工艺，经对攀枝花—西昌地区钒钛磁铁矿选矿过程的主要基本特性研究，将矿石中含磁铁矿、钛铁晶石、尖晶石及板状钛铁矿的复合钛磁铁矿作为一整体矿物相，加以富集成为铁钒精矿（钛铁矿精矿）；矿石中硫化物可富集成硫钴镍精矿（含钴镍及多种贵金属矿物的硫化矿物精矿）；矿石中粒状钛铁矿可富集成钛精矿。表 3-30 为我国主要钒钛磁铁矿矿区选矿产品的化学成分。

表 3-30 我国钒钛磁铁矿选矿产品化学成分

矿区	选矿产品	化学成分/%										
		TFe	TiO$_2$	V$_2$O$_5$	Co	Ni	Al$_2$O$_3$	SiO$_2$	CaO	MgO	S	P
攀枝花	铁钒精矿	51.56	12.73	0.56	0.02	0.013	4.69	4.64	1.57	3.91	0.53	0.004
太和	铁钒精矿	53.28	13.75	0.58			3.47	3.52	0.81	2.62	0.05	
白马	铁钒精矿	55.68	11.05	0.74	0.021	0.026	3.58	3.63	0.20	3.40	0.20	0.007
红格	铁钒精矿	53.4	13.60	0.54	0.012	0.062	3.21	2.95	1.62	3.42	0.25	0.010
大庙	铁钒精矿	61.25	7.46	0.71			2.16	1.40	1.24	2.63	0.06	0.025
兴宁	铁钒精矿	57.75	12.87	0.92			2.50	2.01	1.00	0.26	0.01	0.016
攀枝花	钛精矿	31.56	47.53	0.68	0.016	0.006	1.16	2.78	1.20	4.48	0.01	
大庙	钛精矿	35.24	45.92	0.14			1.46	1.93	1.23	1.16	0.25	0.08
太和	钛精矿	32.25	46.95	0.08	0.015	0.009	1.05	2.55	0.90	5.08	0.85	0.004

3.3.2.2 钒钛磁铁矿造块

A 钒钛烧结矿

钒钛烧结矿的矿物形成过程，包括固相反应、氧化还原、受热分解、熔体形成、冷却结晶和再氧化，同烧结过程的进行紧密相关。其中石灰石热分解和铁氧化物的还原，以及氧化过程与普通矿烧结基本相同。下面是钒钛烧结矿物相的形成过程。

（1）固相反应。固相反应产物可影响下一步熔体形成的温度，在低温烧结的条件下也可能将固相反应的产物保留在最终的矿物组成中。据热力学分析，以钛铁矿和钛铁晶石状态的 TiO$_2$ 在固相状态下是完全可以同 CaO 和铁酸钙形成钙钛矿。CaO 同 SiO$_2$ 和 Fe$_2$O$_3$ 经固相反应可以生成硅酸钙和铁酸钙。后两者反应的发展将限制钙钛矿的固相形成。

（2）液相熔体的形成。随温度逐渐升高，烧结料中低熔点物质首先熔化形成初生液相。对于熔剂性钒钛磁铁精矿烧结料，石灰石分解后的 CaO 可同磁铁矿（钛铁矿和钛铁晶石）被氧化生成的 Fe$_2$O$_3$ 反应形成低熔点铁酸钙，到 1200℃ 生成液相熔体。CaO 同 SiO$_2$ 反应生成硅酸钙的热力学可能性虽较其他反应大，但由于矿粉中 SiO$_2$ 少，且又多以辉石和长石等复杂硅酸盐矿物存在，实际反应条件差，难以形成硅酸钙矿物。而 CaO 可同 FeO（还原产物）和辉石等脉石矿物形成低熔点的液相矿物。含 Ti 矿物（钛铁矿和钛铁晶石）也可以同 CaO 作用形成较低熔点的液相（在 CaO-FeO-TiO$_2$ 系中有 1288℃ 和 1299℃ 共晶物）。初生液相在高温下可以同周围的固态物质起熔蚀作用，不断改变液相成分。因此，烧结液相熔体是一个十分复杂的体系。在烧结温度下，烧结层是一个固、液共存的体系。

（3）冷却凝固。高温液相熔体在冷却过程中，产生结晶和凝固，钒钛烧结矿中的液相熔体是一个成分复杂的多元体系，目前尚无此类多元系相图可供研究。但是，其中 Fe_xO（Fe 及 Fe_2O_3）、CaO 及 TiO_2 之和接近 90%，故可用 $CaO-Fe_xO-TiO_2$ 三元系相图研究其液相结晶过程。在冷却过程中，首先结晶出的是高熔点的钙钛矿，熔体中铁氧化物浓度提高，继而析出的是铁赤铁矿（如氧化性气氛强）和钛磁铁矿（如还原性气氛强）。因为 SiO_2 不高，故硅酸钙析出较少，此后将是熔点较低的铁酸钙。由于 TiO_2、CaO 及 Fe_xO 的析出，因此残余液相 SiO_2 中含量升高，随后析出的将是低熔点的含有少量 Ca、Fe、Mg、Al、Ti 等成分的复杂硅酸盐矿物，来不及结晶的将以玻璃相出现。烧结矿的固结将由钛赤铁矿和钛磁铁矿的连晶、铁酸钙和低熔点硅酸盐液相粘结来实现。由于在高温的烧结层中并非全部都是液态熔体，而是液固共存体系，所以它的冷却结晶过程要比单一液态熔体的冷却结晶过程复杂多。如在 1200~1300℃ 之间，熔融的铁酸钙可同尚处于固态的钛铁矿和钛铁晶石反应生成钙钛矿。

国内外冶金工作者对钒钛磁铁矿烧结工艺过程和烧结矿产品性能进行研究，提出了主要的影响因子，并在此情况下，做出了一些科学合理的探索研究。研究表明，为生产适合高炉冶炼的烧结矿产品，最大程度地降低企业生产成本，必须对工厂自身原料条件进行改善和合理分配，从而达到烧结高产优产的目的。主要的影响因素主要有以下方面：

（1）富矿的影响。配加富矿可以改善烧结混合料粒度组成，从而提高烧结料层透气性，改善垂直烧结速度。但是垂直烧结速度过快，高温时间变短，高温区变窄，不利于铁氧化物的固相扩散和结晶，冷却速度提高，引起非晶质结构玻璃质生成，使得烧结矿的微观结构变差。对于烧结杯利用系数而言，成品率有所下降，但是垂直烧结速度提高明显，利用系数呈现上升趋势。由于富矿对钒钛矿生产、烧结矿的成品率、烧结杯利用系数、烧结矿强度、烧结矿产量和质量等影响大，因此现场应根据具体原料条件和经济成本进行适宜富矿配加量。

（2）返矿的影响。不同粒级的返矿在混合料制粒过程中的制粒效果是不一样的，粒度 3~5mm 的返矿易成为核心颗粒，而且黏附率高，对促进混合料制粒，改善料层透气性，强化烧结过程有利。返矿的化学成分对混合料成分乃至烧结矿化学成分也有影响，当其粒度在 3~5mm 时，化学成分最接近烧结矿成分，因此对烧结矿的化学成分波动最少，是最理想的成球核心。再者，由于返矿是烧结过程中动态变量最大的物料，对水分、燃料影响极大。根据前人研究结果表明，增加返矿量，有利于成球制粒，透气性变好，垂直烧结速度提高，成品率降低，烧结利用系数降低，水碳不稳定，燃耗增加，因此提高成品率是降低生产成本、增加效益的主要方向。

（3）配碳量的影响。在相同碱度的条件下，钒钛铁精矿烧结时，烧结料配碳量对烧结矿的质量有较大的影响。随着烧结料配碳量的增加，烧结矿中 FeO 含量增加，转鼓强度相应提高，低温还原性则相应降低。减少配碳量可降低烧结矿中 FeO 含量，提高低温还原性，但对烧结矿的强度影响较大。另一方面，焦炭是烧结过程中热量的主要来源，配比过高，烧结矿会产生过熔现象，而配碳低，烧结料黏结不完全，液相少，无法完成烧结。近年来，为了更好地发挥焦炭效应，大量学者做了燃料配比和燃料配加方式的研究。针对某一特定混合料，燃料配比应选取一个最佳值，从而使烧结过程最优，烧结矿产量、质量最佳。燃料分加技术的出现为烧结混料、制粒，以及混合料烧结过程中热量均衡做出了巨大的贡献，有利于烧结过程中燃料的合理利用。

（4）黏结剂的影响。钒钛磁铁矿粒度大，成圆球形，比表面积小，因此不易成球，经过两次混合后，大于3mm粒径的混合料含量少，一些专家使用有机黏结剂来提高烧结料的成球形能，进一步提高烧结矿的强度。

（5）生石灰的影响。近年来，钒钛磁铁矿烧结主要使用生石灰作为熔剂，一方面可以起到增产、节能的作用，另一方面因为改善了透气性，提高料层厚度，有利于烧结过程的自动蓄热，降低固体燃耗，提高料层透气性，提高料层中氧势，促进烧结矿中铁酸钙生成，改善了烧结矿的强度和冶金性能。但是生石灰消化不完全会引起料层膨胀破坏料球，恶化料层的透气性，在烧结矿中还降低烧结矿强度。研究表明，使用生石灰，需结合"低水、低碳、厚料、铺平、烧透"的操作方针，以便更好发挥生石灰效果。

研究总结钒钛烧结矿的特殊性是一个持续必要的过程，从普通烧结矿的冶金性能到钒钛烧结矿特殊性能认识的不断深入是钒钛矿高炉冶炼指标不断进步、高炉稳定的理论基础之一，是高炉操作制度建设与设计的理论支撑。钒钛烧结矿质量优化主要集中在常规性能及高温性能等方面，常规性能主要有铁矿粉的化学成分、粒度组成、颗粒形貌、吸水性等。高温性能主要包括同化性、液相流动性、黏结相强度、连晶强度以及熔化特性等。此外，以钒钛烧结矿矿物固结机理为基础，从黏结相数量、质量以及其他元素（MgO、CaO/SiO$_2$等）对烧结矿质量的影响进行研究。在工艺优化方面，结合烧结矿的固结机理、制粒工艺的优化、低温高料层技术的发展以及适宜的配碳量（影响温度及气氛）等，均可有效地提高钒钛烧结矿的质量。

B 钒钛磁铁球团矿

氧化球团矿具有改善高炉炉料结构、提高高炉利用系数、降低焦比等优点，是优质的高炉炉料，在炼铁生产中起着越来越重要的作用。近年来，我国高炉工作者认为：高碱度烧结矿配加酸性球团矿是理想的高炉炉料结构。最初，高炉冶炼钒钛磁铁矿的炉料结构以钒钛烧结矿为主，配加少量块矿。但是，随着为改善高炉技术经济指标，开始探索钒钛磁铁矿球团在高炉上使用的可能性。

攀钢为了进一步强化高炉冶炼，降低烧结原料中钒钛矿的配比，减小TiO$_2$对烧结的影响，改善钒钛烧结矿产质量，进行了全钒钛矿氧化球团的生产研究，并进行了配加高钛型氧化球团工业试验。全钒钛球团矿配比提高后，烧结配料中攀精矿配比和进口矿大幅降低，在烧结机机速略有提高的情况下，烧结矿的质量较基准期提高。入炉烧结矿的返矿率较基准期降低。工业试验取得成功后，从2009年6月份开始，攀钢钒炼铁厂全面推广使用全钒钛球团矿进行高炉冶炼，高炉应用全钒钛球团矿后综合炉料性能得以有效改善，高炉各项经济技术指标全面优化，煤比增加，焦比降低，高炉增铁和铁水中钒含量增加，降焦增铁效果十分显著。

酒钢进行了生产钒钛球团矿的工业试验，通过配矿、焙烧试验、总结，摸索出了利用竖炉生产钒钛球团矿的基本配矿结构和工艺参数，生产出了满足酒钢高炉个性化的护炉需求的钒钛球团。全钒钛磁铁矿球团生产工艺如图3-47所示。

经过多年的研究积累，结果表明：（1）随钒钛精矿的比例增加，除TFe含量降低，TiO$_2$、P含量升高外，成品球抗压强度呈下降趋势，这主要由于钒钛精矿颗粒粗，导致球团内部晶粒粗大，孔隙率较高所致，但球团矿强度基本能满足高炉生产需要；（2）随钒

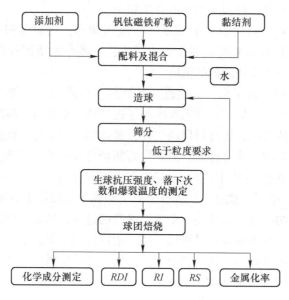

图 3-47　全钒钛磁铁矿球团生产流程

钛精矿的比例增加，球团矿的生产条件受到一定的制约，球团矿的强度呈下降趋势，在生产钒钛球团时，钒钛精矿的使用比例不宜超过 50%；（3）钒钛球团矿在干燥预热过程中，爆裂温度低，破损剥落严重，且需要较高的焙烧温度。通过适当降低生球水分、缩小球径、提高生球的落下强度，可以在干燥预热过程中，提高钒钛球团的爆裂温度；（4）实验室检测钒钛球团矿的还原膨胀率约在 11% 左右，冶金性能良好。在高炉上的使用效果良好，对高炉的顺行没有明显影响，很好地满足了高炉个性化的护炉需求。

3.3.3 炉料结构

合理的高炉炉料结构有利于高炉顺行和生铁产量、质量的提高，对促进高炉技术经济指标的提升具有重要的意义。而高炉冶炼钒钛磁铁矿时，炉渣中 TiO_2 是高炉稳定顺行的决定性因素。因此，合理的炉料结构对于钒钛磁铁矿高炉冶炼更为关键。攀钢高炉自投产以来，一直致力于炉料结构的优化探索。

（1）全钒钛烧结矿。1978 年之前，一直采用全钒钛烧结矿冶炼，炉渣含 TiO_2 高达 27%~30%，泡沫渣现象严重。全钒钛矿炉料熔化速度低，Ti(C,N) 生成量多，料柱透气性差，且烧结矿粒度小于 5mm 的粉末高达 24%，致使高炉处于不正常状态下工作，炉况周期性失常，需较频繁地用普通矿洗炉恢复。因此，在这一时期高炉指标较差，生产水平较低，高炉利用系数最好的 1977 年仅为 0.931t/（m^3·d），焦比 750kg/t。

（2）高碱度钒钛烧结矿+普通块矿。1978 年以后，高炉采用高碱度钒钛烧结矿配加 10%~15% 的普通块矿，或用配加 6%~8% 普通矿粉的钒钛烧结矿加 5%~8% 的普通块矿进行冶炼。这种炉料结构由于控制渣中合适的 TiO_2 含量，同时由于添加高 SiO_2 含量的普通矿石，改善了炉料的软熔滴落性能，炉料的高温熔化速度加快，透气性变好，基本消除了黏渣和泡沫渣，冶炼强度提高，生产指标逐年改善。

（3）钒钛烧结矿+普通块矿+萤石。1989 年在攀钢 2 号高炉（1200m^3）进行了配加萤石的冶炼试验，试验结果表明，炉渣中含 1% 的 CaF_2，可降低高钛型高炉渣的黏度，改善炉渣的流动性，同时 CaF_2 有助于初渣和滴落渣性能的改善。

（4）钒钛烧结矿+钒钛氧化球团矿。为探索新的炉料结构，在试验高炉上进行了用全钒钛烧结矿配加 30%~50% 自然碱度氧化球团矿的冶炼试验。由于这种球团矿的中温还原性好，高温还原性差，冶炼过程中能抑制 Ti(C,N) 生成，因而取得了焦比降低的好效果。

攀钢高炉从 2003 年 2 月开始使用球团矿，到 2006 年上半年球团矿配比已经达到 27% 左右。近年来，攀钢高炉的炉料结构及主要技术经济指标见表 3-31。由表可见，攀钢高炉已适应了大规模使用球团矿的冶炼技术。2010 年攀钢炼铁厂 5 号烧结机关停，在 4 号高炉进行全钒钛球团高配比冶炼工业试验，全钒钛球团配比提升至 41%，高炉日产量由 3586.1t 提高到 3618.5t，冶炼强度比基准期有所上升，炉况保持稳定。总体来看，提高球团矿配比，可提高高炉对 TiO_2 的承受能力，并获得更好的技术经济指标。

表 3-31 攀钢高炉近年来炉料结构及主要技术经济指标

年份	利用系数 /t·(m³·d)⁻¹	综合焦比 /kg·t⁻¹	入炉品位 /%	炉料结构		
				烧结矿/%	块矿/%	球团矿/%
2000	2.242	543	47.97	91.9	8.0	0.1
2002	2.335	588	49.00	90.5	9.3	0.2
2004	2.208	619	49.39	86.3	8.8	4.9
2006	2.415	552	50.86	65.8	6.6	26.5
2008	2.430	587	50.33	66.9	5.8	27.3
2010	2.419	577	50.35	65.7	6.2	28.1
2012	2.455	575	49.82	68.1	6.3	25.6
2014	2.468	569	49.36	68.9	7.8	23.3

3.3.4 钒钛铁精矿高炉冶炼制度

高炉冶炼的操作技术，一般是根据冶炼条件（原燃料、装备水平）来合理选择并确定高炉冶炼的基本操作制度（送风制度、装料制度、造渣制度、热制度），以及时调剂由于冶炼过程中错综复杂的变动因素引起冶炼行程的失常，如煤气流分布失常、造渣制度或热制度失常等，从而使高炉冶炼行程稳定顺行，实现高炉冶炼的"优质、低耗、高产、长寿"的综合冶炼效果。

由于含钛炉渣系五元（CaO-MgO-SiO_2-Al_2O_3-TiO_2）渣系，具有冶炼特殊性，而且含钛炉渣由于 TiO_2 含量不同，其冶炼特殊性有明显差异。例如，低钛渣冶炼在冶炼过程中由于钛的过还原会使炉渣缓慢变稠；高钛型炉渣则因 TiO_2 含量较高会快速变稠，并可能在变稠前形成泡沫渣；而中钛渣的变稠速度则介于两者之间，且无泡沫渣形成。因此，高炉冶炼含钛渣的基本制度的选择与确定，就要依据其不同的冶炼特性，结合高炉冶炼的共性综合考虑。

3.3.4.1 煤气流合理分布

对含钛炉渣的冶炼而言，合理煤气流分布的调节控制除需考虑高炉冶炼的共性外，针对其冶炼特性抑制含钛炉渣的变稠是至关重要的。其煤气流分布的调控与普通矿冶炼相似，但对高钛型炉渣冶炼，则要从高钛型钒钛烧结矿软化温度高、滴落温度范围宽的特点出发，保证软熔带根部具有较好的熔化能力而过热度高于普通矿冶炼的特点，严防"中部结厚"并确保炉缸工作活跃，这是高钛型炉渣冶炼调节煤气流合理分布的关键。

高炉冶炼高钛型钒钛磁铁矿的典型煤气流分布模式主要有四种，其冶炼特征及冶炼的最终结果比较见表3-32。各种典型煤气流分布形式下的冶炼特征有着明显的区别，这关系到抑制钛的过还原，最大限度预防钛渣变稠。如处于炉缸中心堆积的"馒头式"煤气曲线形式下，为解决炉缸温度不足必须要提高 [Si] 含量，但对含钛炉渣冶炼而言，[Ti] 含量也随之增加，这就意味着钛的过还原增加，增大了含钛炉渣变稠程度，铁损增加，脱硫能力下降。可见，这种煤气流分布不利于含钛炉渣的冶炼。若按边缘重、中心发展的煤气流分布，一是更难避免"中部结厚"；二是不能实现"充沛的物理热、低化学热"，而不利于高钛型炉渣冶炼。从高钛型炉渣冶炼的特殊性出发，煤气流分布调控不是只单纯地强调低"化学热"，需要满足渣铁"物理热"充沛，因此，边缘与中心适宜的煤气流分布适合高钛型炉渣的冶炼，它具有稳定及必需的冶炼温度，又能最大限度地抑制钛的过还原。实践认为，高钛型炉渣冶炼的合理煤气流分布，其曲线形式如图3-48所示。

表 3-32　煤气流分布形式与冶炼现象及结果比较

		"馒头"式	双峰式	边缘重、中心发展	边缘与中心适宜
煤气流分布		边缘过分发展，中心气流不足	边缘和中心两条通路	最高点 CO_2 在边缘，与中心 CO_2 差值大于5%	边缘较重，与中心适宜差值约3%左右
推测软熔带形状		V 形	W 形	倒 V 形	小 W 形
冶炼行程表象	炉缸工作状况	边缘发展，中心堆积	边缘与中心都发展	边缘过重，中心活跃	边缘适宜，中心活跃
	冶炼行程状况	顺行欠佳，易产生崩、悬料	顺行可，但煤气利用不好	顺行，冶炼过程易变差，易产生结厚	顺行好，煤气利用好
	容许压差水平	能接受的压差低	一般	接受压差较高，当结厚行程，接受压差下降	能接受较高压差，且风压活而稳
	炉体温度	温度水平高，炉顶温度分散	炉体温度较高，炉顶温度带分散且较高	炉体温度低、炉顶温度低且窄	炉体温度较低，炉顶温度带较窄
	渣铁物理热	低	一般	较充沛	充沛
冶炼最终效果	利用系数	低	一般	一般	高
	质量	不好（高硅钛，高硫）	一般（中硅钛，中硫）	中硅钛，硫偏低	低硅钛，低硫
	炉体寿命	严重损坏炉体	不利维护，易损坏炉体	利于维护，但因结厚洗炉，损坏冷却设备和炉体	利于维护，可防结厚
	优质低耗高产长寿	做不到	难做到	较难做到	能达到

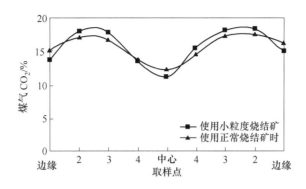

图 3-48　炼铁厂煤气流分布

其特点是边缘 CO_2 含量高于中心，差值约 3% 左右，且 CO_2 含量最高点的位置在取样位置的第二点处，既不靠近炉喉边缘，也不远离炉墙，以保证软熔带根部的软熔物有一定的过热度，防止重复性的"中部结厚"失常产生。

含钛炉渣冶炼调节煤气流分布的方法与普通矿冶炼相似，"以下部调剂为基础，上、下部调剂相结合"为主，既要适合于传统冶炼的共性，又要适合于含钛渣冶炼的特殊性，这是高炉冶炼含钛炉渣防稠的基础，主要与装料制度和送风制度有关。含钛炉渣冶炼原料以钒钛烧结矿为主，钒钛烧结矿平均粒度组成比普通烧结矿平均粒度小，但由于入炉前经筛分后小于 5mm 的粉末一般小于 10%，因此布料无反常现象。通过实践及研究钒钛烧结矿的布料规律，无论钟式炉顶或是无钟炉顶布料都和普通矿炉顶布料的规律一致，因此，装料制度各因素对炉顶布料的影响关系，不再详述。

A　送风制度的选择与优化

对于含钛炉渣的冶炼，选择送风制度的基本原则与普通炉渣的冶炼基本相似，即根据高炉冶炼的具体条件，按不同冶炼强度确定适宜的鼓风动能，以使初始煤气流合理分布，保证炉缸工作活跃。高钛型炉渣冶炼根据实际冶炼调整风口直径，增加进风面积，在冶炼强度变化范围不算太大的情况下，计算的鼓风动能和实际风速与冶炼强度变化关系如图 3-49 所示。

可见高钛型炉渣冶炼，适宜鼓风动能随冶炼强度提高而降低。为了保证均匀活跃的炉缸工作状态及初始煤气流合理分布，同时有利于钒钛磁铁矿冶炼防稠与消稠，尽可能地抑制炉渣 TiO_2 过还原，高钛型钒钛磁铁矿高炉冶炼的风量和鼓风动能远远大于普通矿冶炼，其风耗为 1550m³/t，鼓风动能为 160~190kJ/s。

为了增强钒钛磁铁矿高炉冶炼强度和降低能耗，根据理论及实验，在实际生产过程中对送风制度进行了几点优化：

（1）增加风量。在高炉冶炼过程中风量是最积极的因素，风量与综合冶炼强度如图 3-50 所示。冶炼强度与风量相关性极强，增加风量是提高冶炼强度的重要措施。

（2）提高风温和富氧率。热风带入的热量在高炉下部可以完全被有效利用，提高 100℃ 风温，可以节约焦炭 15~20kg/t，同时增产 3%~5%，并且可为高炉提高喷煤比创造条件。高风温是强化冶炼、降低焦比、提高产量的有效措施，是当今世界炼铁技术发展的方向。

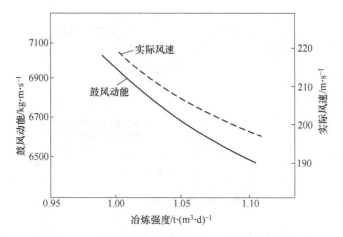

图 3-49　鼓风动能、实际风速与冶炼强度的关系

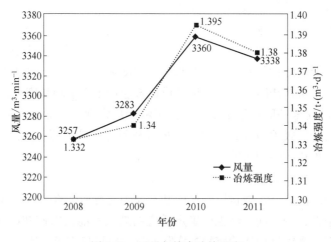

图 3-50　风量与综合冶炼强度

高炉富氧能够提高冶炼强度，增加产量，并有利于改善喷吹燃料的燃烧。富氧鼓风能提高风口前理论燃烧温度，有利于提高炉缸温度，补偿喷煤引起的理论燃烧温度的下降。富氧率增加 1%，增产 3.5%，降焦比 1%，煤气发热值升高 3.4%，风口理论燃烧温度提高 40℃，允许多喷煤 12kg/t。

（3）提高顶压。提高高炉顶压不但是强化高炉冶炼的有效手段，也是提高 TRT 发电量的有效措施。高炉提高顶压后煤气流速降低、煤气体积减小，为加风强化冶炼创造了条件，同时煤气流速降低后，煤气与炉料间的传质、传热更加充分，有利于降低焦比和改善炉缸工作。表 3-33 表明，风量、风温、富氧率以及喷煤量均呈上升趋势，促进了强化冶炼。

（4）提高喷煤比。提高喷煤比，用资源丰富、廉价的煤粉代替昂贵的冶金焦是国内外高炉炼铁技术发展的大趋势，也是优化炼铁成本的中心环节，同时是强化高炉冶炼、丰富高炉下部调剂的有效手段。

表 3-33 送风制度参数

参数	2008 年	2009 年	2010 年	2011 年
风量/$m^3 \cdot min^{-1}$	3257	3283	3360	3338
风温/℃	1184	1195	1199	1204
富氧率/%	2.42	2.60	2.89	2.89
喷煤量/$kg \cdot t^{-1}$	109.6	124.6	124.4	128.6

高炉高钛渣冶炼,在生产过程中存在一些不利于喷煤的因素:入炉品位低,渣量高达 700kg/t 铁以上,渣量大,气—液渗透性差,不利于喷煤;炉渣中 TiO_2 含量高达 22.5%,风口区未燃煤粉与炉渣中 TiO_2 发生还原反应,生成高熔点的 Ti(C,N),导致炉渣黏稠,恶化高炉冶炼行程。但近年来,随着富氧率、风温以及高炉操作调剂水平的提高,煤比逐年上升,焦比有效下降。

B 装料制度的选择与优化

钒钛矿炉料具有含铁品位低、堆密度小、烧结矿粒度细、低温粉化率高、软化温度高、焦炭粒度大、热强度差等特点,炉料的分布规律与普通矿有一定区别,相同炉容下钒钛矿冶炼的批重比普通矿小 30%~40%,料速高 30%~40%。对于钒钛矿炉料而言,小批重、高料速的装料模式能抑制边缘,发展中心,高炉顺行较好,适应原料质量波动能力强。

根据高钛型钒钛烧结矿粒度较细的特点,通过模型研究和高炉生产实践探索,对高钛型烧结矿在炉喉分布炉顶布料技术探讨如下:

(1)料线对矿焦堆角的影响:改变料线主要是改变焦炭堆角。当批重一定时,随料线的降低,焦炭和烧结矿的堆角差越来越小,最后相交于某一临界点,临界点左侧焦炭堆角大于烧结矿,右侧焦炭堆角小于烧结矿,临界点所在的料线叫做"临界料线"。当料线高于临界料线,布料会造成异常;而低于临界料线,布料符合传统规律。

(2)批重对堆角的影响:随着烧结矿批重增大,堆角逐渐下降,当批重增大到一定值后变化缓慢,焦炭批重影响规律相同。

(3)径向矿焦比的影响:批重一定的条件下,矿石与焦炭的堆角差越大,中心矿焦比越小而边缘矿焦比越大。随着批重的增大,烧结矿和焦炭堆角均降低。因此可采用烧结矿分装制,焦炭一次装入制,增加烧结矿堆角,减小焦炭堆角,增大边缘矿焦比,减小中心矿焦比。

(4)装料顺序和批重变化对径向矿焦比分布的影响:随着烧结矿批重增加,边缘与中心矿石层均加厚,但中心加厚更为明显,故中心气流迅速降低而边缘气流下降较小。因此为防止中心受堵,批重变化需要与装料顺序或料线等相配合。

需要注意的是,当送风制度不合理,调整炉顶布料以期达到合理煤气流分布是难以奏效的。反之送风制度基本合理,而装料制度不合适,也不能实现煤气流合理分布的目标。因此,只有在送风制度合理的基础上,装料制度与之相配合,才能达到调节合理煤气流分布的目的。

3.3.4.2 造渣制度的选择与优化

高炉冶炼的 $CaO\text{-}MgO\text{-}SiO_2\text{-}Al_2O_3$ 四元渣系炉渣,一般确定了主要造渣成分组成后,

选取适宜的渣中 CaO/SiO_2 比值,就可确定冶炼炉渣的冶金性质(如矿物组成、熔化性温度及黏度),实现其造渣功能。而含钛炉渣,特别是高钛型炉渣,其冶金性质不仅取决于主要造渣成分,还与冶炼的工艺制度密切相关,因为冶炼工艺制度关系到渣中 TiO_2 在冶炼过程中的行为,从而使高钛型炉渣矿物组成发生较大变化(高温矿物的种类及数量),因而其冶金性质具有特殊性。随着渣中 TiO_2 的显著提高,二元碱度虽然基本保持稳定,但是三元碱度有所上升,随着渣中 TiO_2 的升高,炉渣成分中的 CaO 含量下降,炉渣脱硫能力降低(图 3-51),为生铁质量带来不利影响,导致其 [S] 含量增加,如图 3-52 所示。低钛和中钛渣的性质近似普通炉渣,造渣制度的选择与普通矿冶炼类似,可适当增加MgO,有利于改善渣的脱 S 和排碱能力。高钛型炉渣造渣制度的选择要求主要造渣成分和矿物组成及冶金性质都要适应于冶炼的要求,如熔化性温度、黏度及有一定的脱硫能力和利于抑制泡沫渣,并利于操作。

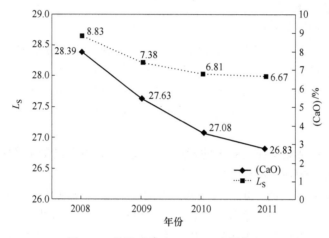

图 3-51 炉渣成分中(CaO)含量与 L_S

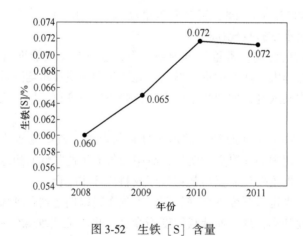

图 3-52 生铁 [S] 含量

实际冶炼中,典型炉渣的主成分是 TiO_2 24.19%,CaO 25.8%,MgO 9.1%,SiO_2 24.19%,Al_2O_3 14%。其中 TiO_2 含量一般在 23%~25% 之间变化,也就基本上确定了渣中 SiO_2/TiO_2 的比值,并选定适宜的 $CaO/SiO_2 = 1.07 \sim 1.13$。所确定的高钛型炉渣主成分及

其冶炼终渣的矿物组成，其冶金性质具有以下特点：

（1）熔化性温度适于冶炼，熔化性温度为 1380~1400℃，是高钛型炉渣较低熔化性温度的炉渣。在冶炼温度下有较好流动性，其黏度小于 0.5Pa·s。

（2）有较好的冶炼操作适应性。主要表现为可消除泡沫渣，避免高炉冶炼处于炉缸工作不良状态下的行程出现，从而为抑制钛的过还原创造条件，可实现"较充沛物理热和较低化学热"的目标。

（3）在现有操作调剂技术水平下，可杜绝"热结"和严重变稠的行程产生，使高炉冶炼高钛型炉渣实现长期稳定顺行，技术经济指标不断得以改善和优化。

3.3.4.3 热制度的选择与优化

众所周知，炉温是高炉冶炼行程顺行的基础，过低或过高的炉温都会导致炉况不顺，并导致生铁质量满足不了炼钢的要求；过高的炉温还使高炉能耗指标升高，生铁成本上升。高钛型钒钛矿冶炼会导致渣铁流动性急剧下降，渣铁不分和出黏渣，如果渣铁抢出不及时还会导致炉缸"热结"重大事故。因此，正确选择合理的热制度并维持热制度的稳定，对高炉冶炼高钛型钒钛矿有着重要意义。

含钛炉渣冶炼的是 $CaO\text{-}MgO\text{-}SiO_2\text{-}Al_2O_3\text{-}TiO_2$ 五元渣系，其中 TiO_2 与 SiO_2 在高炉冶炼的炉渣中性质相似，故含钛炉渣冶炼可以 $\sum[Si+Ti]\%$ 相对代表炉温。但由于含钛炉渣中 TiO_2 含量范围差别较大，可视 $[Si]\%$ 和 $[Ti]\%$ 随炉温变化的灵敏程度，按 $[Si]\%$ 或 $[Ti]\%$ 相对表示炉温。含钛炉渣由于其冶炼的特殊性，热制度的选择与普通炉渣冶炼有明显区别。选择热制度的原则是首先按炉渣中 TiO_2 含量选择适宜的炉温，其次是在保证冶炼顺行的前提下，选择利于抑制钛的过还原的炉温，防止钛渣变稠，并有好的脱硫能力和较低铁损，对于高钛渣还要抑制"泡沫渣"的形成。因此，含钛炉渣的冶炼都要在煤气流合理分布、炉缸工作活跃的基础上，按渣中 TiO_2 含量范围所划分的低钛渣、中钛渣、高钛渣，分别选择适宜炉温，这是冶炼含钛炉渣的关键。

为选择冶炼含钛炉渣的热制度，必须掌握各种含钛炉渣冶炼时，铁中 $[Si]$ 和 $[Ti]$ 以及二者之间关系随炉温变化的规律及特点。并通过实际冶炼，探明影响变稠的炉温与控制较低铁损以及炉渣脱硫能力之间关系等，从而综合优化各种含钛炉渣冶炼的适宜炉温范围。经各种含钛炉渣的实际冶炼，其各自规律及特点如下：

（1）低钛渣冶炼，铁中 $[Si]$ 和 $[Ti]$ 都随炉温升高而增加，且 $[Si]>[Ti]$，冶炼时铁中 $[Si]$ 随炉温变化较 $[Ti]$ 灵敏，故可以 $[Si]$ 相对表示炉温。

（2）中钛渣冶炼，铁中 $[Si]$ 和 $[Ti]$ 都随炉温升高而增加，而铁中 $[Si]$ 仍大于 $[Ti]$。由于渣中 TiO_2 含量增加，虽然 $[Si]>[Ti]$，但相同炉温下，$[Si]$ 与 $[Ti]$ 差值减小。

（3）高钛渣冶炼，铁中 $[Si]$ 和 $[Ti]$ 都随炉温升高而增加，而铁中 $[Ti]>[Si]$，因此高钛型炉渣冶炼时可以用 $[Ti]$ 表示炉温，当冶炼凉行时，铁中 $[Ti]$ 逐渐接近 $[Si]$，铁中 $[Ti]<[Si]$ 则是高钛型炉渣冶炼炉缸中心堆积的重要标志之一。

由上可知，不同 TiO_2 含量的炉渣冶炼 $[Si]$ 和 $[Ti]$ 含量均随炉温呈正相关变化，而 $[Ti]$ 与 $[Si]$ 关系也呈正相关。因此，在冶炼含钛炉渣时，可根据渣中 TiO_2 含量范围选择适宜炉温控制生铁 $[Ti]$ 含量，既能适应冶炼的特殊性又能抑制钛的过还原防止炉渣变稠。

3.4 钒钛铁精矿高炉冶炼主要技术经济指标

3.4.1 有效容积利用系数

高炉有效容积利用系数是指每昼夜、每 $1m^3$ 高炉有效容积的合格生铁产量，即高炉每昼夜的炼钢生铁产量 Pk 与高炉有效容积 V_u 之比：

$$\eta_V = \frac{Pk}{V_u} \qquad (3\text{-}66)$$

式中　η_V——高炉有效容积利用系数，$t/(m^3 \cdot d)$；

P——高炉一昼夜生铁合格产量，t；

V_u——高炉有效容积，是指从铁口中心线到炉喉间的高炉容积，m^3；

k——生铁折合为炼钢生铁的折算系数。

高炉有效容积利用系数是评价高炉生产高效的重要指标，η_V 越大，高炉生产率越高。目前，一般大型高炉的利用系数超过 $2.0t/(m^3 \cdot d)$，一些先进高炉可达到 $2.2 \sim 2.3t/(m^3 \cdot d)$。小型高炉的 η_V 更高，一般能达到 $2.8 \sim 3.2t/(m^3 \cdot d)$。我国钒钛磁铁矿的高炉冶炼技术历经了攻关、巩固提高、强化冶炼、高效低耗冶炼及设备大型化的过程。高炉利用系数也随着冶炼技术的进步和高炉容积的扩容发生了巨大变化。承钢 $2500m^3$ 高炉和攀钢 $1200m^3$ 不同发展阶段高炉利用系数见表 3-34 和表 3-35。随着钒钛磁铁矿高炉冶炼技术的不断进步，高炉利用系数逐渐从不到 $1.0t/(m^3 \cdot d)$ 增加到 $2.5t/(m^3 \cdot d)$ 及以上。随着高炉容积由 $450m^3$ 扩大到 $2500m^3$，高炉利用系数逐渐从 $3.0t/(m^3 \cdot d)$ 以上降低到 $2.0 \sim 2.9t/(m^3 \cdot d)$。

表 3-34　承钢 $2500m^3$ 高炉不同阶段利用系数　　　　　$(t/(m^3 \cdot d))$

年份	2011	2012	2013	2014	2015	2016	2017
利用系数	2.09	2.26	2.30	2.33	2.34	2.43	2.94

表 3-35　攀钢 $1200m^3$ 高炉不同发展阶段利用系数　　　　　$(t/(m^3 \cdot d))$

年份	2007	2008	2009	2010	2014	2015	2016
利用系数	2.59	2.64	2.60	2.48	2.54	2.60	2.60

3.4.2 焦比

焦比 (K) 是指高炉每冶炼 $1t$ 合格生铁所消耗的焦炭量（干焦）。焦比是高炉生产过程中的一个重要技术经济指标，也是实际生产中需要进行控制的目标之一。对高炉生产而言，焦比 (K) 越低，能耗越低。

$$K = \frac{Q}{P} \qquad (3\text{-}67)$$

式中　Q——焦炭日消耗量，kg/d；

P——高炉一昼夜生铁产量，t。

综合焦比（$K_{综}$）是生产1t合格生铁实际耗用的焦炭量（焦比K）以及各种辅助燃料折算为相应的干焦（$K_{干}$）的综合。

$$K_{综} = K + K_{干} \tag{3-68}$$

不同辅助燃料对干焦的置换比差异较大。通常煤粉为 0.7~0.8kg/kg，天然气为 0.65kg/kg，重油为 1.2kg/kg，焦粉为 0.9kg/kg，沥青为 1.0kg/kg。

现代大中型高炉焦比一般在400kg/t左右。2019 年我国 8 个级别的高炉焦比平均值为 366.26kg/t，较 2018 年降低了 2.26kg/t，较 2017 年降低了 6.7kg/t。随着钒钛磁铁矿高炉冶炼技术的发展，我国钒钛磁铁矿高炉的焦比也发生了巨大变化。表 3-36 为攀钢 2500m³ 和承钢 1200m³ 高炉不同发展阶段的焦比。

表 3-36　攀钢和承钢不同发展阶段的高炉焦比　　　　　（kg/t）

高　　炉	2009 年	2010 年	2011 年	2012 年	2013 年	2014 年
承钢 1200m³	459	481	471	446	443	422
攀钢 2500m³	399	378	374	360	382	389

3.4.3　煤比

煤比（$K_{煤粉}$）是指高炉每冶炼 1t 合格生铁所喷吹的煤粉量。高炉喷吹煤粉是炼铁系统结构优化的中心环节，是国内外高炉炼铁技术发展的大趋势，也是我国钢铁工业发展的三大重要技术路线之一，所以应当努力提高喷煤比。

$$K_{煤粉} = \frac{Q_{煤粉}}{P} \tag{3-69}$$

式中　$Q_{煤粉}$——煤粉日消耗量，kg/d；

　　　P——高炉一昼夜生铁产量，t。

我国钢铁企业高炉大部分喷煤比在 120~190kg/t 范围，喷煤比较高的有宝钢、武钢等高炉，宝钢过去曾实现了高炉喷煤比长期保持在 200kg/t 以上的水平。近年来，随着钒钛磁铁矿高炉冶炼技术的发展，我国钒钛磁铁矿高炉的煤比也发生了巨大变化。每一座高炉以及同一座高炉在不同炉龄阶段的经济喷煤比都不相同。表 3-37 为攀钢 2500m³ 和承钢 1200m³ 高炉不同发展阶段的煤比。

表 3-37　攀钢和承钢不同发展阶段的高炉煤比　　　　　（kg/t）

高　　炉	2011 年	2012 年	2013 年	2014 年	2015 年	2016 年
承钢 1200m³	120	124	135	143	141	136
攀钢 2500m³	125	127	133	129	130	140

3.4.4　燃料比

喷吹燃料时，高炉的能耗情况用燃料比（$K_{燃}$）表示。燃料比是指高炉每冶炼 1t 合格生铁所耗用的各种入炉燃料之总和。

$$K_{燃} = (K_{焦炭} + K_{煤粉} + K_{重油} + \cdots) \tag{3-70}$$

国际先进水平的炼铁燃料比是在 500kg/t 以下，领先水平是在 450kg/t 左右。我国现代大中型高炉燃料比一般在 500kg/t 左右。2019 年我国重点钢铁企业燃料比如宝钢股份 495.82kg/t、太钢 499.81kg/t、唐钢 502.10kg/t、首钢 503.36kg/t 等。

近年来，我国钒钛磁铁矿高炉冶炼技术逐渐成熟，高炉能耗降低已经逐步接近先进水平。攀钢和承钢不同容积高炉以及不同发展阶段燃料比见表 3-38。

表 3-38　攀钢和承钢不同容积高炉不同发展阶段的燃料比　　　　（kg/t）

高　炉	2009 年	2010 年	2011 年	2012 年	2013 年	2014 年
承钢 1200m³	581	593	591	570	578	565
承钢 2000m³	599	604	588	590	593	584
攀钢 2500m³	517	557	532	529	521	519

3.4.5　焦炭负荷

焦炭负荷是指每批炉料中铁、锰矿石的总重量与焦炭重量之比，即单位焦炭熔炼的矿石量。焦炭负荷是用以评估燃料利用水平、调节配料的重要参数。焦炭负荷的调整方式有直接和间接两种。直接方式是改变高炉布料每批炉料的矿焦比数，以加重或减轻焦炭负荷；间接方式是集中或间隔地向高炉装入若干批净焦或空焦，然后在往后的料批中补加或不补加相应矿石和熔剂以减轻焦炭负荷。我国承钢 2500m³ 钒钛磁铁矿高炉焦炭负荷水平见表 3-39。

表 3-39　承钢 2500m³ 高炉焦炭负荷　　　　（t/(m³·d)）

年份	2012	2013	2014	2015	2016	2017
焦炭负荷	4.21	4.43	4.38	4.51	4.71	4.81

3.4.6　入炉品位

入炉铁矿品位是指入炉铁矿（包括人造铁矿和天然铁矿石）的平均含铁量。一般计算方法为：（烧结品位×烧结量+球团品位×球团量+块矿品位×块矿量）/总矿量。如今资源与能源的短缺已经逐渐成为限制炼铁工业发展的重要因素，如图 3-53 所示，自 2003 年以来，高炉入炉品位一直呈现降低趋势。我国钒钛磁铁矿高炉入炉品位也不例外，承钢 1200m³ 和攀钢 2500m³ 高炉入炉品位变化情况见表 3-40。

3.4.7　铁水钒收得率

铁水钒收得率为生铁中 [V] 含量占入炉含铁炉料中钒总量的百分比。攀钢钒钛磁铁矿烧结矿中 V_2O_5 含量为 0.45%，生铁中 [V] 含量为 0.35%~0.37%。俄罗斯的钒钛磁铁矿烧结矿 V_2O_5 含量为 0.57%，生铁中 [V] 含量为 0.45%。承钢的钒钛磁铁矿球团矿中 V_2O_5 含量为 0.75%，生铁中 [V] 含量为 0.55%。国内外钒钛磁铁矿冶炼高炉铁水钒收得率情况见表 3-41。攀钢高炉铁水钒收得率见表 3-42、表 3-43。

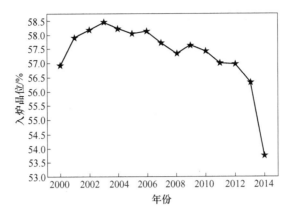

图 3-53 我国高炉入炉品位的变化趋势

表 3-40 攀钢和承钢不同时期的高炉入炉品位变化情况 （%）

高 炉	2012 年	2013 年	2014 年	2015 年
承钢 1200m³	49. 87	49. 51	49. 46	
攀钢 2500m³	57. 11	56. 63	56. 46	56. 19

表 3-41 国内外钒钛磁铁矿冶炼高炉铁水钒收得率

厂别	炉容/m³	生铁 [V] /%	炉渣 V₂O₅/%	钒分配系数 L_V	钒收得率/%
西昌 410 厂	28	0. 375	0. 260	2. 57	53. 99
西昌 410 厂	28	0. 477	0. 183	4. 65	77. 40
西昌 410 厂	28	0. 482	0. 265	3. 25	83. 26
攀钢	1200	0. 386	0. 350	1. 97	68. 97
攀钢	1200	0. 326	0. 273	2. 12	71. 40
承钢	100	0. 452	0. 414	1. 95	62. 00
承钢	100	0. 480	0. 330	2. 60	75. 00
承钢	100	0. 510	0. 290	3. 14	…
重钢	620	0. 189	0. 048	7. 03	…
俄罗斯下塔吉尔厂	1242	0. 430	0. 190	4. 04	84. 63

表 3-42 攀钢高炉铁水钒收得率

年份	入炉总钒量 /kg·tFe⁻¹	生铁 [V] /%	炉渣 V₂O₅/%	钒分配系数 L_V	钒收得率 /%
1992	4. 976	0. 344	0. 326	1. 880	69. 06
1993	4. 923	0. 349	0. 340	1. 994	70. 91
1994	4. 944	0. 352	0. 323	1. 945	71. 28
1995	4. 926	0. 354	0. 310	2. 034	71. 89
1996	4. 852	0. 340	0. 310	1. 943	70. 07

年份	入炉总钒量 /kg·tFe⁻¹	生铁 [V] /%	炉渣 V₂O₅/%	钒分配系数 L_V	钒收得率 /%
1997	4.778	0.321	0.287	1.994	67.19
1998	4.510	0.322	0.273	2.108	71.40

表 3-43　攀钢 2002~2008 年高炉铁水钒收得率

年份	2002	2003	2004	2005	2006	2007	2008
生铁 [V] /%	0.277	0.282	0.290	0.285	0.281	0.285	0.290
钒收得率/%	66.00	67.70	68.30	69.80	70.00	71.00	71.60

3.4.8　炉渣 TiO_2 含量

高炉冶炼钒钛磁铁矿按照炉渣中 TiO_2 含量的高低划分为高钛渣冶炼（$TiO_2>20\%$）、中钛渣冶炼（$10\%<TiO_2<20\%$）和低钛渣冶炼（$TiO_2<10\%$）。攀枝花地区的钒钛磁铁矿 TiO_2 含量较高（5%~17%），高炉炉渣 TiO_2 含量为 23%~25%，攀钢高炉为高钛渣冶炼。马钢和俄罗斯的钒钛磁铁矿 TiO_2 含量较低（2.5%~3%），高炉冶炼后渣中 TiO_2 含量维持在 9%~10% 之间，马钢高炉和俄罗斯高炉为低钛渣冶炼。承德地区的钒钛磁铁矿 TiO_2 含量介于两者之间（1%~8%），冶炼渣中 TiO_2 含量为 17%~18%，承钢高炉为中钛渣冶炼。

钒钛磁铁矿高炉冶炼除了有冶炼普通矿的规律外，还受炉渣中 TiO_2 含量的影响，而且炉渣中的 TiO_2 是高炉稳定操作与顺行的决定性因素。炉渣中 TiO_2 含量的增加，会引起炉渣变稠，严重时会导致高炉出渣困难、炉况失常、炉缸堆积和渣中严重带铁等。特别是攀钢高炉属于高钛渣冶炼，炉渣 TiO_2 含量将达到 20% 以上，使炉渣熔化性温度升高，流动性变差，渣铁不分，高炉生产不顺。因此，攀钢高炉冶炼主要围绕如何降低炉渣中的 TiO_2 来进行。国内外钒钛磁铁矿冶炼高炉炉渣 TiO_2 含量见表 3-44。攀钢、攀钢新 3 号高炉（2000m³）、承钢高炉炉渣 TiO_2 含量列于表 3-45~表 3-47。

表 3-44　国内外钒钛磁铁矿冶炼高炉炉渣 TiO_2 含量

厂　　别	炉容/m³	炉渣 TiO_2/%
西昌 410 厂	28	27.77
西昌 410 厂	28	28.63
西昌 410 厂	28	30.24
攀钢	1200	27.08
攀钢	1200	22.16
承钢	100	29.52
承钢	100	19.56
承钢	100	17.60
重钢	620	9.33
俄罗斯下塔吉尔厂	1242	8.03
俄罗斯下塔吉尔厂	1242	9.01

表 3-45　攀钢高炉炉渣 TiO₂ 含量

年份	1992	1993	1994	1995	1996	1997	1998	1999	2000
炉渣 TiO₂/%	23.00	23.39	23.04	23.20	22.30	21.63	22.15	22.12	22.08

表 3-46　攀钢新 3 号高炉（2000m³）炉渣 TiO₂ 含量

年份	2005	2006	2007	2008	2009	2010	2011	2012	2013
炉渣 TiO₂/%	17.23	21.63	21.46	20.90	21.41	21.47	22.05	22.03	22.27

表 3-47　承钢高炉炉渣 TiO₂ 含量

年份	1981	1982	1983	1984	1985	1986	1987	1988
炉渣 TiO₂/%	23.00	23.39	23.04	23.20	22.30	21.63	22.15	22.12

3.4.9　风温

风温是高炉炼铁的重要热源之一，占高炉热量总收入量的 20%~30%。随着高风温技术的广泛推广，2007 年以来，我国重点企业的高炉平均风温逐年提高，2012 年我国重点企业的平均风温已经达到 1194℃。但是近两年风温有所降低，2017 年全国高炉的平均热风温度为 1154.7℃，比 2016 年 1164℃低了 9.3℃。一些操作良好的高炉，风温长期维持在 1200~1250℃ 的水平上。风温水平的提高有效地补偿了近年来原燃料质量恶化带来的负面影响。我国钒钛磁铁矿高炉风温也逐渐接近先进高炉水平，攀钢 1200m³ 高炉不同时期风温水平发展情况见表 3-48。

表 3-48　攀钢 1200m³ 高炉不同时期风温水平发展情况

年份	2008	2009	2010	2011	2012	2013	2014	2015	2016
风温/℃	1176	1200	1190	1185	1202	1215	1207	1211	1191

3.4.10　煤气利用率

煤气利用率是衡量在高炉炼铁过程中高炉内气固相还原反应中一氧化碳转化为二氧化碳的程度的指标。这一指标用来说明高炉内碳氧化的程度和间接还原发展的程度，以判断能量利用的好坏。煤气利用率一般表示为：

$$\eta_{CO} = \frac{CO_2\%}{CO\% + CO_2\%} \tag{3-71}$$

2017 年全国高炉煤气利用率平均为 44.69%，比 2016 年的 45.01% 低 0.31%。2018 年全国高炉煤气利用率平均为 45.35%，2019 年全国高炉煤气利用率平均为 45.14%。我国钒钛磁铁矿高炉河钢承钢和攀钢高炉煤气利用率水平见表 3-49。

表 3-49　承钢 1260m³ 高炉不同时期煤气利用率情况

年份	2012	2013	2014	2015	2016	2017
煤气利用率/%	48.56	48.15	48.57	48.39	48.39	48.22

3.4.11　炼铁工序能耗

炼铁工序能耗是指冶炼 1t 合格生铁所消耗得的，以标准煤计量的（每千克标准煤规定的发热量为 29310kJ）各种能量消耗的总和。2010 年国家建设部和质量监督局公布《钢铁企业节能设计规范》（GB 50632—2010）中提出不同容积高炉工序能耗的要求：$1000m^3$ 级高炉不大于 400kgce/t，$2000m^3$ 级高炉不大于 395kgce/t，$3000m^3$ 级高炉不大于 390kgce/t，$4000m^3$ 级高炉不大于 385kgce/t。据统计，2018 年中钢协会员单位炼铁工序能耗为 392.13kgce/t，比上年下降 0.77kgce/t。2019 年上半年钢协能源指标统计平均炼铁工序能耗为 389.38kgce/t，比上年同期下降 3.68kgce/t。我国钒钛磁铁矿高炉炼铁工序能耗要高于普通矿冶炼，攀钢 $1280m^3$ 高炉工序能耗见表 3-50。

表 3-50　攀钢 $1280m^3$ 高炉工序能耗发展情况

年份	2008	2009	2010	2011	2012	2013	2014
工序能耗/kgce·t^{-1}	446.47	419.59	425.87	421.89	49.87	49.51	49.46

3.5　钒钛磁铁矿高炉冶炼新技术

钒钛磁铁矿的高效、综合利用一直是冶金工作者关心的问题，而高炉冶炼钒钛磁铁矿过程中易出现炉渣过还原、黏度增加、渣铁分离困难、铁损高等现象。针对这些问题国内外众多学者展开了相关研究，经过多年的努力与探索，积累形成了众多钒钛磁铁矿高炉冶炼新技术，这些技术不仅丰富和完善了钒钛磁铁矿冶炼相关理论体系，还为提高钒钛磁铁矿资源利用率、改善高炉技术经济指标提供了重要借鉴。

3.5.1　入炉原料处理新技术

3.5.1.1　钒钛烧结矿质量优化

A　提高烧结矿品位

攀钢高炉使用的烧结原料主要有钒钛铁精矿、周边普通粉矿和进口粉矿等，其中大部分为钒钛铁精矿，由于钒钛铁精矿品位低（TFe 54%左右）、TiO_2 高（达 12%~13%）、SiO_2 含量低（5.6%左右），其烧结性能差，攀钢钒钛烧结矿转鼓强度一般只有 70%左右，较普通烧结矿低 6~8 个百分点，低温还原粉化率高，对高炉冶炼带来很大的影响，导致高炉炉内料柱透气性差、压差高、煤气利用率低、焦比高，制约了高炉技术经济指标的提高。因此，提高钒钛烧结矿质量是强化高炉冶炼的重要基础。

提高入炉矿石品位是高炉强化冶炼的一个有力措施，攀钢高炉冶炼钒钛磁铁矿，由于铁精矿品位长期只有 52%~54%，致使烧结矿的品位长期偏低，1994 年以前烧结矿的品位在 46%以下。通过采取阶磨阶选以提高自产钒钛铁精矿的品位，攀钢钒钛铁精矿的品位从过去的 51%左右提高到现在的 54.5%左右，另外还不断采取提高烧结矿中的普通矿配比等措施。普通矿比例增加及自产铁精矿品位的提高，使烧结矿的品位逐年稳步提高，1990 年以来攀钢烧结矿成分 TFe 的变化如图 3-54 所示。

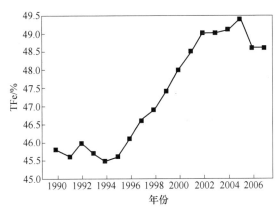

图 3-54 烧结矿成分的变化

由图 3-54 可见，1994 年以前攀钢烧结矿品位较低，平均为 46.5%，从 1995 年以后开始逐渐提高烧结矿品位，到 2002 年以后烧结矿品位平均提高到 49% 左右。品位的不断提高，对强化高炉冶炼起到了显著的作用。

B 降低烧结矿中钒钛铁精矿配比

为了优化烧结原料结构，采用锥形法检测不同钒钛铁精矿比例下的烧结液相生成特性，包括液相生成的温度和数量，并进行了不同钒钛铁精矿比例对烧结矿质量的影响研究。结果见表 3-51。

表 3-51 钒钛精矿比例对烧结矿质量的影响

钒钛磁铁精矿 配比/%	液相生成温度/℃	1300℃的液相 生成量/%	转鼓强度/%	烧结速度 /mm·min^{-1}
46	1253	55.65	57.73	19.79
49	1278	49.94	56.93	19.43
52	1266	38.76	57.07	18.93
55	1285	32.55	56.80	18.21
58	1278	38.43	56.40	17.89
61	1318	34.75	56.47	17.63

研究结果表明：随着烧结中钒钛铁精矿配比的增加，烧结的液相生成温度增加，液相生成量减少，烧结速度减慢，烧结矿转鼓强度降低，对烧结矿质量不利。所以优化烧结原料结构主要采取了降低钒钛铁精矿配比，提高普通矿粉的比例，使高品位普通矿在烧结矿中的配比保持在 20%~40%，这样既保证了钒钛烧结矿的品位，还有效降低了烧结矿 TiO_2 含量，促进了烧结矿质量、成品率提高。

C 提高烧结矿碱度

攀钢高炉投产以来，使用的烧结矿碱度变化较大。在投产初期，烧结矿的碱度主要为 1.5，后为了保证烧结矿强度，碱度降至 1.2；1980 年在配加普通矿冶炼以后，烧结矿碱度提高到了 1.7 左右，并维持了 20 年，至 2001 年开始逐渐提高，攀钢烧结矿的碱度变化如图 3-55 所示。

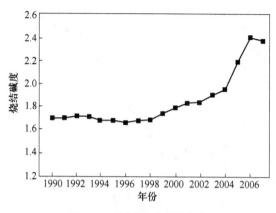

图 3-55 烧结矿碱度的变化

由图 3-55 可见，1999 年以前，由于高炉冶炼的炉料结构变化不大，烧结矿的碱度均在 1.7 左右，1999 年后，随着炉料结构的变化，烧结矿品位的增加以及高炉使用球团矿配比的增加，烧结矿的碱度在逐渐提高，特别是 2004 年高炉开始大量使用球团矿以后碱度提高较明显，最高达到了 2.4。烧结矿碱度提高后，显著改善了烧结矿的强度和冶金性能，为高炉强化冶炼打下了坚实的基础。

提高烧结矿碱度能降低烧结熔点，有利于增加液相量，发展以强度高还原性好的铁酸钙体系，从而改善烧结矿强度与冶金性能，SiO_2 是生成硅酸盐粘结相的主要物质。因此，为了提高烧结矿强度，采用了高碱度高硅烧结技术，烧结矿的碱度从 2.0 左右提高到 2.2~2.3，碱度提高后使烧结矿物相结构发生了较大的变化，见表 3-52。近年来烧结矿的质量指标见表 3-53。

表 3-52 烧结矿物相组成及体积含量 （%）

项 目	钛赤铁矿	磁铁矿	铁酸盐	钙铁矿	硅酸盐相
低碱度烧结矿	24~27	31~34	21~24	2~3	10~13
高碱度烧结矿	23~26	30~33	23~26	1~2	12~15

表 3-53 近年攀钢烧结矿质量指标

年份	烧结矿成分/%					R	转鼓强度 /%
	TFe	FeO	SiO_2	CaO	TiO_2		
2009	49.02	7.30	5.53	12.04	6.93	2.19	71.79
2010	48.99	7.75	5.66	12.76	5.96	2.26	72.20
2011	49.03	7.81	5.62	12.45	6.35	2.22	73.16
2012	48.61	8.04	5.79	12.49	6.76	2.16	73.40

由表 3-52 可以看出，与低碱度烧结矿相比，高碱度烧结矿的铁酸盐相增加了 2 个百分点，硅酸盐相增加了 2 个百分点，钛赤铁矿和钛磁铁矿分别降低了 1 个百分点，钙钛矿降低了 1 个百分点，矿物结构中铁酸钙和硅酸盐相含量提高，有效提高了烧结矿黏结相。由表 3-53 可见，通过优化烧结物料结构和提高烧结矿碱度，适当提高生石灰和高 SiO_2 矿

石的配比，烧结矿中 SiO_2 和 CaO 含量均有一定的提高，2009 年后烧结矿碱度一直保持在 2.2 左右，SiO_2 保持在 5.6%以上，这些调整有效提高了烧结矿的质量，使烧结矿的转鼓强度从 71%~72%提高到 73%~74%，为高炉冶炼提供了较好的原料条件。

D　提高烧结矿强度

烧结矿的入炉粉末对高炉冶炼有很大的影响，特别对高炉的透气性影响比较显著。攀钢高炉投产以来由于钒钛烧结矿强度差，粉末多，特别是在 1987 年以前入炉粉末平均在 15%以上，1988 年以后降至 10%以下。为了改善高炉的入炉原料条件，主要采取了改变矿槽出料口的方向；增大振动筛的激振力；调整双层筛上下层料的负荷分配；加长上层筛的筛底长度；改造矿槽下料口，严格控制筛分时间等措施，使筛分效率大大提高，烧结矿的入炉粉末也大大减少，从 1995 年的 8.45%逐渐下降到 2003 年的 1.91%。显著地改善了高炉的透气性，为高炉强化冶炼提供良好的原料基础。1990 年以来高炉入炉烧结矿粉末占比的变化如图 3-56 所示。

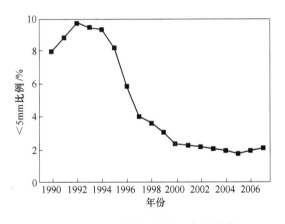

图 3-56　入炉烧结矿粉末比例的变化

由图 3-56 可见，攀钢高炉入炉粉末从 1994 年开始逐渐下降，通过优化烧结原料结构，随着烧结矿强度的提高并加强了沟下过筛，使入炉矿粉末呈显著降低的趋势，2000 年以后高炉的入炉粉末比例降低到 2%以下。入炉粉末的降低，显著改善高炉的透气性，强化高炉冶炼。

3.5.1.2　钒钛球团矿优化技术

A　提高球团矿中钒钛铁精矿占比

合理的炉料结构能获得高产、低耗、长寿的冶炼效果。高炉配加酸性氧化球团矿是较为合理的炉料结构。然而，攀枝花钒钛铁精矿粒度粗、成球性差、造球难的特点，一直困扰攀钢球团矿的生产，所以长期以来攀钢高炉炉料结构仍以钒钛烧结矿为主。由于钒钛烧结矿强度差，粉末多，影响高炉上部块状带透气性，下部软熔带和滴落带阻损大，高炉冶炼压差高，冶炼指标始终处于较低的水平。随着攀钢选矿工艺的优化，进一步提高了钒钛铁精矿的品位和-200 目所占的比例，为生产球团矿创造了条件。通过努力，由钒钛铁精矿和普通铁精矿混合生产的球团矿可满足高炉冶炼的要求，使用球团矿后，高炉炉料结构得到了优化，高炉指标有所改善。

B　采用全钒钛球团替代混合球团

为了进一步优化炉料结构，进行了钒钛铁精矿生产的全钒钛球团矿研究，通过优化球团生产工艺，生产出合格的全钒钛球团矿，于 2009 年在高炉成功进行了全钒钛球团矿替代混合球团矿工业试验，球团矿比例逐步提高到 30% 左右。采用全钒钛球团矿后，使综合炉料的冶金性能得到了明显的改善，高炉炉料结构中配加 30% 的全钒钛球团矿与配加 30% 的混合球团矿的综合炉料软熔性能见表 3-54。

表 3-54　综合炉料软熔性能

球团种类	软化开始温度/℃	软化终了温度/℃	软化区间/℃	压差陡升温度/℃	开始滴落温度/℃	熔滴区/℃	料柱最高压差/Pa	滴落带厚度/mm
混合球团	1141	1228	87	1281	1481	200	9870	35.25
全钒钛球团矿	1132	1226	94	1255	1439	184	8720	33.11

从表 3-54 可见，高炉炉料结构中使用 30% 的全钒钛球团矿后，虽然软化开始温度降低，软化区间增加了 7℃，软化性能稍差，但其滴落温度区间降低，使滴落带厚度变薄，整个综合炉料的料柱最大压差降低，有利于改善炉内高温区的透气性。所以使用全钒钛球团矿后，使高炉的炉料结构进一步优化，对强化高炉冶炼起到了较好的作用。

3.5.1.3　钒钛磁铁矿高炉冶炼新炉料

传统的高炉炉料冶炼钒钛磁铁矿炉料结构为高碱度烧结矿添加一定比例的酸性球团矿，从生产实践来看，综合炉料透气性差、高炉渣黏稠、渣中带铁以及泡沫渣的存在等是高炉冶炼钒钛矿存在的主要问题。

东北大学储满生等人提出了一种制备钒钛磁铁矿含碳复合炉料的新技术，其工艺流程如图 3-57 所示。

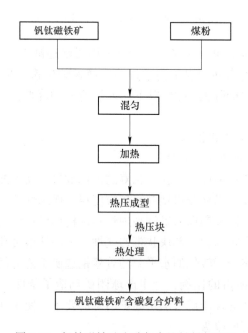

图 3-57　钒钛磁铁矿含碳复合炉料制备流程

含碳复合炉料作为一种新型高炉入炉原料，具有以下优点：（1）其自身自带还原剂，且煤粉与矿粉紧密接触，使得还原过程中限制环节由传统的传质过程转变为了界面化学过程，大大改善了还原过程动力学条件；（2）原料适应性强。含碳复合炉料可以处理多种含铁粉尘，包括高炉瓦斯泥、电炉粉尘以及其他特色的冶金资源，此外含碳复合炉料可以大量使用非炼焦用煤，大大节约焦煤；（3）含碳复合炉料的制备过程省去了烧结、焦化等高能耗过程，大大降低了碳排放，减轻了对环境的负荷。

对含碳复合炉料的低温还原粉化性能、还原膨胀性能以及还原性能研究表明，经过热处理温度650℃、热处理时间5h的热处理，复合炉料强度能够达到2620N，失重率达到7.76%，强度满足高炉冶炼要求。含碳复合炉料具备良好的冶金性能，其还原粉化率 $RDI_{+3.15}$ 为99.34%，还原膨胀指数 RSI 为-2.16%，还原性能优于钒钛球团矿，符合高炉冶炼对炉料质量的要求。熔滴试验结果表明，随着综合炉料中含碳复合炉料加入量的增加，综合炉料的软化区间逐渐变宽，从146.1℃增至266.1℃；熔化区间先收窄后变宽，当添加比例为20%时，熔化区间最窄，为129.5℃；透气性能明显改善，滴落率先增加后下降，添加比例为10%时，滴落率最高，达72.4%；初铁中V、Cr含量及其收得率均呈先降低后升高的趋势，当添加比例为25%时，V、Cr含量及其收得率达到最大值。可见，适量加入钒钛磁铁矿含碳复合炉料有利于强化冶炼。钒钛磁铁矿含碳复合高炉炉料的使用，将对钒钛矿的高效清洁利用提供新的方向，同时也对缓解我国铁矿资源短缺现状具有重要的意义。

东北大学储满生团队使用钒钛海砂矿进行含碳复合炉料制备，热压温度300℃、1/3焦煤配比27.5%、瘦煤配比5%、海砂配比10%、创远配比27.5%、海砂配比40%、海砂润磨时间80min、创远粒度小于150目、热处理温度500℃、热处理时间4h。复合炉料抗压强度达3196.33N，低温还原粉化率 $RDI_{+3.15}$ 为97.51%，还原膨胀指数 RSI 为-4.25%，满足入炉原料冶金性能的要求，提高了海砂利用率。同时，合理添加一定量的海砂含碳复合炉料改善了综合炉料的软熔性能、滴落性能、透气性能。

3.5.2 高炉强化冶炼技术措施

3.5.2.1 高炉炉料管理

A 炉料结构优化

合理的炉料结构能获得高产、低耗、长寿的冶炼效果。高炉配加酸性氧化球团矿是较为合理的炉料结构，国内许多钢铁企业的炉料均配加了一定量的球团矿。

2012年以前，承钢炉料结构为72%烧结矿+20%自产竖炉球团矿+8%外购球团矿，综合入炉料含铁品位在56%左右。2012年大修后，自产竖炉球团矿比例逐步减小直至停加，炉料结构调整为68%烧结矿+26%高镁球团矿+6%高品位生矿，综合入炉料（铁）品位达到56.5%。通过以上炉料结构的调整，提高了入炉料含铁品位，减少了入炉原料粉末，改善了料层以及料柱的透气性，高炉各项技术经济指标逐步提升。

合理的炉料结构能获得高产、低耗、长寿的冶炼效果。高炉配加酸性氧化球团矿是较为合理的炉料结构，国内许多钢铁企业的炉料均配加了一定量的球团矿。攀钢高炉长期使用的炉料结构为"高碱度烧结矿（90%~93%）+普通块矿（7%~10%）"。随着对高炉炉料结构认识的不断深化，采用"高碱度烧结矿+酸性球团矿"的炉料结构对强化高炉冶炼、提高炼铁生产水平起到了显著的作用。

攀钢从 2000 年开始进行高炉配加球团矿试验研究，随着工业试验的成功，2003 年开始在全厂高炉上进行推广应用，球团矿比例不断增加，烧结矿的碱度相应提高，烧结矿的质量也随之提高。虽然烧结矿的碱度增加后会导致烧结 TFe 降低，但由于球团矿的 TFe 明显高于烧结矿，在球团矿配比增加后，高炉的综合入炉品位提高，炉料结构得到了优化，对强化高炉冶炼起到了明显的作用。

B 槽下筛分管理

定期更换筛底并加强对筛底的管理，发现断齿或磨损比较严重的筛底要及时处理。通过在仓嘴加插棍来控制机烧和球团的料层厚度在 8~15cm，提高振动筛的筛分效果。将烧结机的机头和机尾料装入固定仓，在布料时，固定仓的机烧不作为料头和料尾，避免对边缘和中心的气流造成影响。燃料配加焦炭以捣固焦为主，焦炭中的粉末较多，易将筛孔堵死，要求焦炭筛子每班清理 1 次。岗位人员关注返矿量的大小，将返矿率控制在 8%~10%。

C 仓位管理

为避免仓位落差大而造成炉料摔碎粉化，规定工长必须每班到槽下查看仓位，设定仓位警戒值不低于 50%，低于 30% 必须停用。出现仓位低立即联系供料上料，坚决杜绝低仓位、空仓现象的发生。减少炉料二次摔碎，防止因原料粒度偏析造成粉末集中入炉。

D CaCl$_2$ 溶液喷洒管理

由于钒钛矿固有的化学性能，在块状带的低温还原粉化率较普通矿高，影响高炉料柱的透气性。故在烧结矿入仓前必须喷洒 CaCl$_2$ 溶液，安排专人定期检查 CaCl$_2$ 的喷洒状态，确保同步喷洒率 100%，降低钒钛烧结矿的低温还原粉化率。出于环保等原因，除非必要的情况下，最好不要喷洒 CaCl$_2$ 溶液。

3.5.2.2 高炉操作制度优化

钒钛磁铁矿高炉冶炼在原燃料质量改善的基础上，通过优化高炉操作制度，上部采用适当开放中心的装料制度，下部适当缩小风口的进风面积，有效强化高炉的冶炼，改善炉渣性能等。

攀钢近年来高炉冶炼钒钛磁铁矿的主要操作参数见表 3-55。

表 3-55 攀钢高炉主要操作参数

年份	冶炼强度 /t·(m^3·d)$^{-1}$	风量 /m^3·min^{-1}	风温 /℃	富氧率 /%	钒钛矿比例 /%
2008	1.332	3257	1184	2.42	61.62
2009	1.340	3283	1195	2.60	63.94
2010	1.395	3360	1199	2.89	64.86
2011	1.380	3338	1204	2.89	66.07
2012	1.374	3302	1204	2.41	67.71

优化钒钛磁铁矿高炉冶炼操作制度坚持以下部调剂为主，上部调剂为辅，上下部调剂相结合，稳定合理的煤气流分布为原则，保证高炉指标的进一步优化。具体包括装料制度关键技术、送风制度关键技术、热制度与造渣制度关键技术、冷却制度关键技术和出渣出铁管理关键技术等。

A 装料制度关键技术

攀钢5座高炉有2座钟式高炉、3座无料钟炉顶高炉。钟式高炉主要采用加重边缘的装料制度，变化较小。而无料钟炉顶高炉装料制度的变化是比较大的，为了发挥无料钟炉顶装料设备的布料优势，提高钒钛磁铁矿的冶炼水平，1990~1993年采用的是单环布料，1994年实现了双环布料，1995年以后高炉实现了多环布料。采用多环布料后，能很好地将炉料的落点控制在靠近边缘且占较大面积的中间环带区内，形成不同的落点环带，使细粒炉料分布均匀化，减少炉料的粒度偏析，建立合理的料面平台，对控制煤气流的分布，延长高炉的寿命起到了积极的作用。

为了进一步优化布料制度，从1998年后高炉布料又实现了中心加焦，矿、焦角度进一步增大，中心气流明显增强，进一步抑制了边缘煤气流，批重也有所增加，显著减少了煤气流对炉墙的冲刷。在操作中根据原燃料条件、风温、喷煤量的变化，及时调整进风面积，选择合适的送风参数，保证开放中心，吹活炉缸，适当抑制边缘气流。在下部稳定的基础上加强上部装料制度的调剂，进一步提高了煤气利用率，从而实现了强化高炉冶炼的目的。

B 送风制度关键技术

钒钛矿冶炼有其自身的特殊性。由于钒钛烧结矿铁分低，渣量大，炉渣中TiO_2还原后使炉渣与焦炭的润湿性改善，因此在滴落带和高炉中心料柱的空隙易被还原的炉渣所堵塞，高炉中心难以吹透，表现为风压高，高炉不接受风量。随着矿批的扩大，矿焦比逐渐提高，入炉焦比降低，入炉风量出现萎缩，压差升高，鼓风动能降低。

通过多年的高炉冶炼实践，为了提高冶炼强度，在改善入炉原料的同时，钒钛矿高炉冶炼应保证有较高的鼓风动能，才能改善炉缸的工作状况。因此在送风制度的调整上，首先，要保证较高的鼓风动能、增加风量来适应大料批，全炉压差控制在合理的范围，结合钒钛矿中心穿透能力较低的实际，以高炉接受能力为基础大幅提高风氧量；其次，随着上部边缘气流的稳定，下部增大送风面积。随着富氧率提高，风口前理论燃烧温度上升，煤气体积膨胀，炉缸径向温度梯度陡增。再通过增加喷煤量降低风口前理论燃烧温度的同时，为保证合理的鼓风动能，高炉风口面积扩大2.27%，高炉实际风速维持在270m/s以上，鼓风动能在13000kJ/s以上，顶压由原来的235kPa提高至240kPa，保证了合理的炉缸煤气流初始分布，同时炉缸的活跃程度得到明显改善。实施提高富氧率新技术后，攀钢主要经济指标变化见表3-56。

表 3-56 2500m³ 高炉主要经济技术指标

年份	富氧率/%	利用系数 /t·(m³·s)⁻¹	焦比/kg·t⁻¹	煤比 /kg·t⁻¹	燃料比 /kg·t⁻¹	[Si+Ti]/%	铁元素/kg·t⁻¹
2015	1.91	2.34	389.10	129.60	518.70	0.351	948.10
2016	2.76	2.43	376.20	139.40	515.60	0.290	947.40
2017	3.13	2.94	351.38	142.74	530.76	0.280	956.05
2018	3.07	2.70	337.31	119.52	519.49	0.300	951.17

C   热制度与造渣制度关键技术

坚持"低硅钛"冶炼的技术方针，有效缓解炉渣黏稠的问题，降低铁损，促进炉缸活跃。在冶炼钒钛磁铁矿生产过程中，铁水［Si］与［Ti］存在良好的线性关系，使用［Si+Ti］表征炉温的高低。钒钛矿冶炼受炉温波动影响较大，炉温过高易使渣铁变黏稠，并产生"热结"，造成渣铁流动性差，不易出净，造成热压升高，进而引发炉况波动。高炉在炉渣 R_2 由 1.15±0.05 提至 1.18±0.05，保证铁水质量的同时，进行铁水低［Si+Ti］冶炼。铁水中的［Si+Ti］控制在 0.4%±0.1% 之间，铁水测温为 1470±15℃，以保证炉缸热量充足。通过缩短冶炼周期，减少滴落带中的 SiO 与铁水中碳发生还原反应的时间，达到控制铁水中硅含量的目的；控制炉渣中（MgO）含量在 10%~12%，（Al_2O_3+TiO_2）含量不超过 28%，保证炉渣具有良好的流动性。

生产数据表明，随着温度的升高，Ti(C,N) 数量增多，且钛的溶解度随温度的升高而增加，因此，随铁水温度不断降低，铁中金属钛不断析出，在铁水碳饱和条件下形成 TiC 集中在铁滴表面。为了降低生铁［Ti］，必须提高铁水物理热，提高炉缸热储备。通过对上下部操作制度的优化，使高炉达到了上稳下活的工作状态，推行低硅钛冶炼。生产结果表明，炉渣碱度由 1.15 提高至 1.20，铁水物理热由 1465℃ 提高至 1475℃，铁水［Si+Ti］均值由 0.351% 降低至 0.290%。

D   喷煤关键技术

喷煤量对高炉利用系数及焦比有显著的影响。攀钢 1982 年开始在 1 号高炉上进行了单风口氧煤枪喷煤试验，喷煤比逐步达到了 60kg/t，为了进一步探索喷煤对高炉强化冶炼的影响，1990 年初在高炉冶炼条件改善后，又进行了氧煤混喷试验，最高的喷煤比达到了 88.6kg/t，喷煤风口达到 12 个，富氧率 0.91%。1995 年后喷煤技术在攀钢开始快速发展，高炉喷煤后，可以抑制炉缸风口区 TiO_2 的还原，降低了炉渣黏度、改善炉渣流动性，现高炉的喷煤量平均在 120~130kg/t。1990 年以后喷煤比变化如图 3-58 所示。

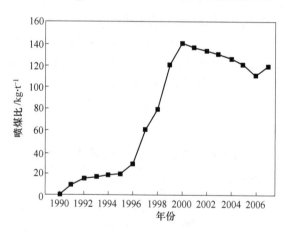

图 3-58   高炉喷煤比的变化

由图 3-58 可见，喷煤量从 1990 年至 1994 年均处于较低水平，从 1995 年开始喷煤量以较快的速度增加。2000 年的喷煤比年均达到了 140kg/t 的较好水平，由于使用高风温、大风量，提高富氧率等措施，随着喷煤比的增加，焦比得到了显著降低。

E　冷却制度关键技术

通过"稳定中心，抑制边缘煤气流"的操作制度，形成了"炉体超低热流强度"控制技术。其核心是"全炉热流强度为 $11000W/m^2$，铜冷热流强度 $21000W/m^2$"，维护了高炉合理的操作炉型，为高炉的稳定、长寿创造了良好的条件。

F　出渣出铁管理制度关键技术

炉前作业指标的好与坏，会直接影响高炉的稳定顺行及各项指标的提升。随着高炉冶炼强度的提高，该作业区对炉前作业加大了管控力度，保证铁口孔道深度 3.0~3.5m；控制日平均铁次为 10~12 炉，铁口合格率不小于98%；全风堵口率100%。铁间隔严格控制在35min 之内，铁水的流速不得低于 4.5t/min，出铁正点率不低于99%，确保渣铁及时出净，为稳定炉况及改善指标创造有利条件。生产实践证明，见渣率保证在 0.7 以上时炉渣基本出净，不会对炉内造成憋压现象。另外，改善炮泥的抗侵蚀性，可以保证出渣时间。加强设备点检，减少设备休慢风率；炉前维护好铁口，保证铁口深度 3.0m 以上；改善炮泥的开口性能，防止发生断流、渗铁、开不动现象，保证及时排净渣铁。一旦出现憋渣铁情况，减风一定要果断，避免发生憋渣造成悬料等恶性事故。

G　炉身静压力与静压差的控制

高炉炉身静压检测技术是承钢在 2005 年从宝钢引进的，技术人员深入探索静压在高炉的应用，希望用它来解释高炉的阻力损失问题、炉型变化问题、边缘气流与中心气流分配比例变化问题，从而取代十字测温等检测手段，有效指导高炉生产。通过研究和生产实践，用"压差分析法"系统地归纳了以炉身静压指导高炉操作的方法。在操作中应密切关注炉身静压的变化，结合具体高炉的特点，确定出本高炉合理的静压控制范围，制定工艺技术要点。静压的推广应用，指导了高炉炉况变化的预判，同时也指导了高炉的制度调整，调整准确率达到100%，保证了炉况能较长周期的稳定顺行。

H　重负荷、间隙加焦冶炼新技术

攀钢 $2000m^3$ 高炉冶炼钒钛磁铁矿，采用重负荷、间隙加焦的冶炼新技术，加重了焦炭负荷，将原焦炭负荷增加了9%，加到 4.736t/t，同时每 20 批料附加一组循环净焦。

采用技术的前提是高炉炉况必须稳定顺行，主要包括焦炭负荷选取、加焦量和加入方式的选择以及加焦时间的确定。该钢厂通过实践摸索，发现适宜的加焦量在 1~1.5 倍之间，加焦量过少则起不到提高炉温的作用。焦炭的加入方式一般根据加焦量在 2~3 批料间加完，不采用在一批料间加完，主要是考虑到焦批太大，将导致炉内焦炭层过厚而影响高炉煤气分布。加焦时间的选择与冶炼周期有关，就该钢厂高炉而言，冶炼周期在 6h 左右，一般停止喷煤后 2~3h 炉温有向凉趋势，所以选择间隔20 批料附加一组循环净焦。

重负荷、间隙加焦新技术缩短了低炉温的时间，每两个半小时就会有一组附加焦下达到风口平面提炉温，相应减少了因炉凉而减风的时间。由于负荷较重，大风量时间维持长一点，炉温就会有下行趋势，保证了炉前渣铁排放顺畅。这样一来，总体上既保证了全风所需要的充沛炉温，又实现了炉温的下行趋势，利于渣铁顺行排出。该技术解决了钒钛磁铁矿全风操作和出渣、出铁的矛盾，实现了高炉的强化冶炼。附加焦炭时，控制料流阀开度不变，则附加焦炭都布在高炉中心，达到了高炉中心加焦的效果。在高炉中心气流被抑制的时候附加焦作用最为明显，能快速达到打开中心的效果，变相实现了"抑制边缘，发展中心"的目的。

　　攀钢 2000m³ 高炉结合大批重冶炼新技术与重负荷、间隙加焦新技术后，各项操作参数趋于平稳，小时料批数稳定在 8 批/h 左右，小时喷煤量波动不超过 5t/h，班与班之间料批数稳定，炉前出渣铁也实现了稳定，高炉各项技术经济指标大幅度好转，炉况稳定性明显增强，为目前攀钢稳定性最好的高炉，大幅度降低了铁厂的生产成本，为钒钛磁铁矿高炉操作开辟了一个新的方向。

　　大批重冶炼技术与重负荷、间隙加焦技术是强化冶炼的新技术，但要保证高炉长期稳定顺行、高产低耗，必须做好以下基础工作：维持原燃料质量的稳定；不断提高烧结矿质量；加强炉前管理；加强设备保护，减少因设备原因引起的无计划休、减风。

3.5.3　高炉冶炼设备新技术

　　攀钢高炉投产以来高炉的装备水平不断提高，20 世纪 70 年代至 80 年代投产第 1 号、2 号、3 号高炉主要采用的为钟式炉顶、内燃式热风炉；1989 年投产的 4 号高炉以及 2005 年投产的 5 号高炉均采用了外燃式热风炉、无料钟炉顶、铜冷却壁及软水密闭循环等先进技术；热风炉采用了助燃空气、煤气双预热以及快速燃烧等技术，使高炉的风温得到显著提高，1990 年以后风温的变化如图 3-59 所示。随着风温的提高，煤气利用及操作稳定性明显提高，焦比下降，为高炉强化冶炼创造了条件。

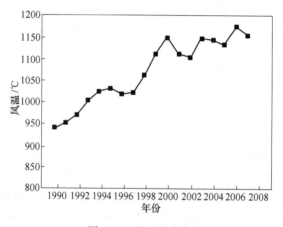

图 3-59　风温的变化

　　针对钒钛磁铁矿高炉冶炼遇到的各种问题，承钢根据生产实际，针对 2500m³ 高炉钒钛磁铁矿冶炼探索了多项设备新技术，主要包括：铁口设置、使用储铁式大沟、中钛渣风水淬渣渣处理、无重力除尘器全干式布袋除尘技术、大型旋流顶燃式热风炉使用新型燃烧器等，确保了 2500m³ 高炉冶炼钒钛矿炉况的稳定顺行，经济技术指标不断提高。

3.5.3.1　增加高炉铁口数量

　　为确定大高炉冶炼钒钛矿最佳的铁口数和角度，解决高炉炉前工作难度大和炉缸不活跃的问题，为高炉的稳定顺行和强化奠定基础，承钢拟增加铁口数量。高炉设 4 个铁口，采用双矩形出铁场，出铁场采用平坦化设计，如图 3-60 所示。

　　4 个铁口轮流出铁，一个铁口堵口后，马上打开另一个铁口出铁，另外两个铁口处于停用检修状态。高炉设置 4 个铁口有效地解决了冶炼钒钛矿出渣出铁困难、炉缸不活跃的

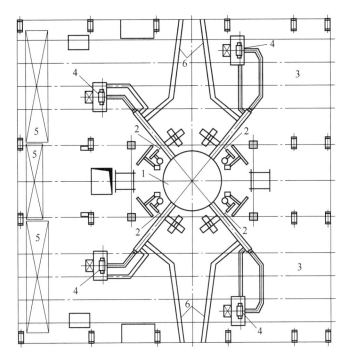

图 3-60　矩形出铁场和 4 个出铁口布置简图
1—高炉；2—铁口；3—出铁场；4—摆动流槽；5—炉前吊车；6—下渣沟

问题，实现了铁口 180°夹角出铁，减少了死区，有利于炉缸活跃；解决了炉内下料不均造成的偏料现象，有利于炉况的稳定顺行；能够保证每日铁次 15 次以上，及时出净渣铁，减少了因炉前出渣出铁造成炉温波动和炉况顺行。4 个铁口轮流使用，解决了修补主沟时间长对炉前出渣出铁的影响，有利于大沟的正常修补和掌握合理的出铁节奏，实现了零间隔出铁，为高炉顺行奠定了基础；铁口 180°夹角出铁，能及时出净渣铁，大大降低了渣铁黏度和渣中带铁量，减少了铁损；有利于铁口和渣铁沟的正常维护，避免了因冶炼钒钛矿铁口寿命短造成的炉前事故。

3.5.3.2　高炉使用储铁式主沟

储铁式主沟在冶炼普通矿的高炉上应用较普遍，极大地改善了炉前工作环境，降低了炉前操作人员的劳动强度。而在冶炼钒钛矿的高炉中，由于渣铁黏度高，主沟容易被黏渣堵死，所以没有使用储铁式主沟。

承钢炼铁厂技术人员首先以 5 号高炉作为试点，对 2 号主沟进行储铁式改造。采取渣铁消稠措施，对结壳进行及时处理和预防，对沟侧壁堆积采取预防和维护措施。2 号主沟经过 2 个月的试验，在未进行修补的前提下，通铁量达到 13.5 万吨。放净残铁后对主沟进行观察，仅在渣线位置侵蚀了 100~150mm；在铁水落点至以下 3m 处侵蚀了 150~200mm；其他部位侵蚀均小于 20mm，主沟形状基本完好。在合理的操作制度下，储铁式主沟的通铁量可达 17 万吨，成功地解决了制约生产的黏渣问题，降低了生产成本，改善了炉前的劳动环境。以后又相继在 3 号高炉、4 号高炉成功应用，承钢钒钛矿 2500m³ 高炉实现了告别干式主沟这种陈旧落后的生产方式。

3.5.3.3　风水淬渣处理

承钢炼铁厂 1 号高炉原设计南北各有一套渣处理设备，北面为嘉恒法，南面为图拉法，两套设备工艺基本一样。承钢钒钛矿炉渣本身含铁量较高，再加上炉渣容易发生大泻现象，渣处理设备无法处理，发生频繁的渣处理爆炸事故，每次设备都有不同程度的破坏。因此，研究用高压冷风与水结合作为喷嘴，在渣沟沟头进行淬渣，在红渣落地之前进行粉碎。首先在 6 号高炉（450m³）上做试验，在试验过程中发现落地后打水的渣有红块，而且粒化效果不理想。接着改进方案，在 4 号高炉进行试验，效果比前一次试验有很大改善，基本达到试验的预期目标。之后又在前两次试验的基础上，设计了一套简易风水混合器，在 1 号高炉北场旧渣坑处做试验，并且取得了成功。在 2008 年投产的 4 号高炉和 2009 年投产的 3 号高炉上，均采用了风水淬渣渣处理工艺，各配有两套风水淬渣系统，使用效果良好。

采用风水淬渣工艺后，明显减少了各种炉前事故的发生；有利于提高出渣出铁速度，缓解了炉内憋渣憋铁状况；外围事故的减少，加强了高炉的长周期稳定顺行。

3.5.3.4　无重力除尘器的应用

在无重力除尘器布袋除尘系统设计中，取消原重力除尘器的储灰罐部分，保留遮断阀及支架部分，该管道除了连接高炉煤气下降管和通向布袋除尘的两个管道外，其他部位均采取密封方式。眼镜阀体尤其是波纹管采用耐磨内衬，积灰仓用来储灰以防止高速煤气对管道壁的直接冲击。眼镜阀和蝶阀安装在通向布袋的管道上，在必要时可以隔断煤气。承钢 5 号 2500m³ 高炉设计时取消了重力除尘器，2006 年 12 月 1 日点火生产后对各种参数进行了详细的跟踪测量与记录。

生产实践证明，取消重力除尘器后的 2500m³ 高炉净煤气含尘率远远低于国家标准要求，煤气含尘平均在 4~5mg/Nm³，系统安全稳定运行，布袋使用寿命达到两年以上。在之后投产的 3 号、4 号高炉上，也采取了无重力除尘器布袋除尘工艺。

3.5.3.5　大型旋流顶燃式热风炉使用新型燃烧器

对原烧嘴的结构和布置形式进行了改造，取消了传统烧嘴的套筒结构，改造成每个烧嘴仅通过一种气体介质（空气或煤气），分别通过两种介质的烧嘴呈交叉间隔式布置，如图 3-61 所示。分别从两个不同烧嘴通过的助燃风、煤气到燃烧室后才进行混合燃烧，避免了在烧嘴出口处燃烧损坏拱顶砌体现象的发生。新型烧嘴全部由堇青石、莫来石组合砖砌筑而成，结构稳固、使用寿命长，它的应用将彻底解决热风炉烧嘴外部炉皮温度过高的问题。同时，对进一步提高热风温度，降低燃料消耗起到积极作用。

3.5.3.6　应用激光对高炉炉顶布料模型的研究

开炉时进行布料测量，可以获得布料轨迹的数据，给高炉生产者提供重要操作信息。这种高炉生产操作信息的获取可以利用激光的散射原理，形成光学定位栅格来获得料流的分布信息。

承钢第一座 2500m³ 高炉（5 号高炉）2006 年 12 月投产时，在布料规律的探索上耗费了大量时间，达产用了 31 天，开炉后的 31 天铁量 46323t，平均 1494t/d。研究认为在开炉布料上存在一定问题，为此应用激光测料面的原理，建立了布料模型，为 4 号高炉和 3 号高炉的开炉提供了合理的布料参数。4 号高炉 2008 年 9 月开炉，开炉 6 天达产，开炉后的 31 天铁量 122375t，平均 3947t/d；3 号高炉 2009 年 8 月开炉，开炉 5 天达产，开炉

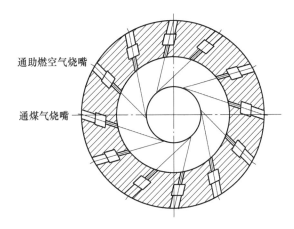

图 3-61　燃烧器烧嘴布置形式

后的 31 天铁量 151732t，平均 4894t/d。应用这项技术后，优化了高炉装料等制度，在开炉技术上日渐成熟，企业创造了巨大的效益。

3.5.4 高钒高铬型钒钛铁精矿高炉冶炼关键技术

近十年来，东北大学钒钛磁铁矿资源利用研发团队将研发方向由不含铬的普通钒钛磁铁矿变成了含铬型钒钛磁铁矿上，包括高钒高铬型钒钛磁铁矿（成分见表 3-57）。关于高钒高铬型钒钛磁铁矿的利用，有两种方案：

（1）东北大学与黑龙江建龙钢铁集团的烧结（球团）—高炉分离—转炉吹钒渣—钠化提钒，以国外高钒高铬型钒钛磁铁矿（TiO_2 低于攀矿）为原料，进行了多年的实验室和三座 530m^3 高炉同时冶炼的现场试验，实现了年产 230 万吨含钒生铁、200 万吨钢和 7000t V_2O_5。

表 3-57　试验用铁矿粉的化学成分　　　　　　　　　　（%）

铁矿粉	TFe	FeO	CaO	SiO$_2$	MgO	Al$_2$O$_3$	V$_2$O$_5$	TiO$_2$	Cr$_2$O$_3$
高钒高铬型钒钛粉	61.42	28.63	0.32	2.54	1.20	2.95	1.03	5.05	0.58
红格 HG	56.36	27.74	0.64	2.52	2.49	2.46	0.38	11.48	0.44
红格 1	53.32	28.9	1.05	4.22	3.46	2.26	1.18	11.89	0.9
红格 2	52.53	27.08	0.67	3.69	3.26	2.34	1.11	12.89	1.03
红格 3	55.31	28.41	0.71	3.33	2.96	2.36	1.32	11.21	0.62
红格 4	56.36	27.74	0.64	2.52	2.49	2.46	1.36	11.48	0.44

（2）攀枝花钢铁集团选择了转底炉直接还原球团—电炉熔分—熔分渣钙（钠）化提钒。以攀西红格矿为原料，进行了多年的实验室和中试试验，取得了重要的阶段性成果，积累了大量宝贵的经验。

高钒高铬型钒钛磁铁矿作为一类特殊的钒钛磁铁矿资源，矿物组成复杂，综合利用难度极大，该研究之前国内外无工业化生产实践。本节通过实验室基础研究与现场应用研究并行的方法，获得烧结和球团生产的合理工艺条件及其冶金性能优化措施，确定高炉合理炉料结构和最优操作制度，掌握了 V、Cr、Ti 组元高效清洁化分离提取技术途径，实现了含铬提钒弃渣返回烧结的工艺循环，从而最终实现高钒高铬型钒钛磁铁矿资源高效清洁综合利用关键技术产业化。研究成果可为 36 亿吨的红格高钒高铬型钒钛磁铁矿资源规模化利用提供参考借鉴，他山之石，可以攻玉。

3.5.4.1　铁矿粉烧结基础特性指标测试技术

烧结过程的各项技术经济指标不仅仅取决于铁矿石的常温性能，更大程度上依赖于高温状态下的铁矿石的烧结基础特性。通过铁矿石烧结基础特性研究，对揭开铁矿石种类与烧结效果之间的"黑箱"、完善烧结精料的理论基础、有效利用铁矿石资源、优化烧结工艺过程均具有重要意义。

因此，采用微型烧结装置，系统研究了高钒高铬型钒钛磁铁矿以及现场实际使用的若干种烧结用铁矿粉的烧结基础特性，包括同化性、液相流动性、黏结相强度、连晶固结强度等指标。

表 3-58 为黑龙江建龙钢铁有限公司试验用铁矿粉的化学成分。含钛矿物赋存形态主要为钛磁铁矿，V 和 Cr 主要以类质同象形式赋存于磁铁矿中。得到基础特性综合评价见表 3-59。

研究发现：从烧结基础特性角度出发，基于企业当前的原料条件进行高钒高铬型钒钛磁铁矿烧结生产时，高钒高铬型钒钛磁铁矿应尽可能与国产混合粉合理搭配使用，以优化高钒高铬型钒钛磁铁矿烧结工艺，合理调整工艺参数，获得高产质量的烧结矿。

表 3-58　试验用铁矿粉的化学成分　　　　　（%）

铁矿粉	TFe	FeO	SiO_2	CaO	MgO	Al_2O_3	TiO_2	Cr_2O_3	V_2O_5
高钒高铬型钒钛粉	61.42	28.63	2.54	0.32	1.20	2.95	5.05	0.58	1.03
国混粉	62.99	26.56	5.30	0.49	1.01	3.36	—	—	—
俄粉	63.73	24.24	3.24	1.09	3.03	2.15	—	—	—

表 3-59　烧结基础特性综合评价

项　目	高钒高铬型钒钛粉	国混粉	俄粉
同化性	+	++	+++
液相流动性	+	+++	++
黏结相强度	+	+++	++
连晶强度	+	+++	+++
综合评价	+	+++	++

3.5.4.2　铁矿粉烧结优化配矿技术

本节介绍用微型烧结装置对烧结用铁矿粉的同化性、液相流动性、黏结相强度、连晶固结强度等的研究，介绍了高钒高铬型钒钛烧结矿的制备及性能。

A　高钒高铬型钒钛粉配比试验

图 3-62 为高钒高铬型钒钛粉配比试验指标。随高钒高铬型钒钛粉配比的提高，垂直烧结速度变慢，成品率先升后降，转鼓指数下降，烧结杯利用系数先升高后下降；高钒高铬型钒钛粉配比 20% 以内综合指标良好。

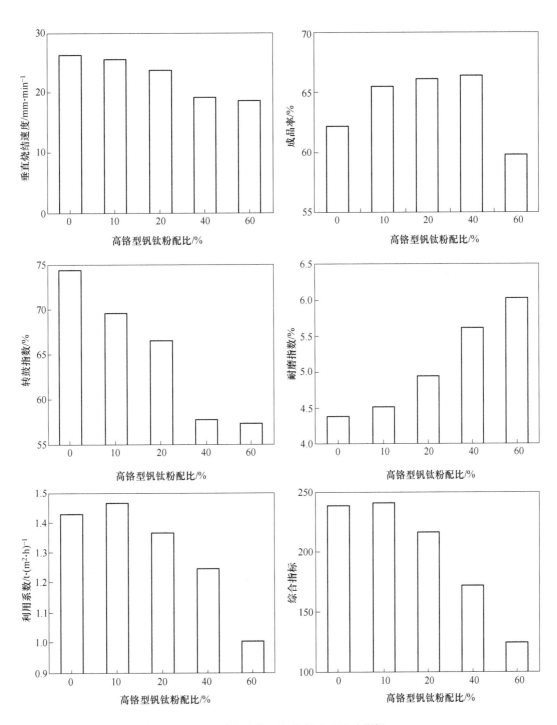

图 3-62 高钒高铬型钒钛粉配比试验指标

图 3-63 为高钒高铬型钒钛粉配比 0%时特征矿相，图 3-64 为高钒高铬型钒钛粉配比 60%时特征矿相。高钒高铬型钒钛粉烧结矿矿相结构复杂，随高钒高铬型钒钛粉配比的提高，铁酸钙含量降低，出现大量钙钛矿及玻璃相等导致综合指标迅速下降。

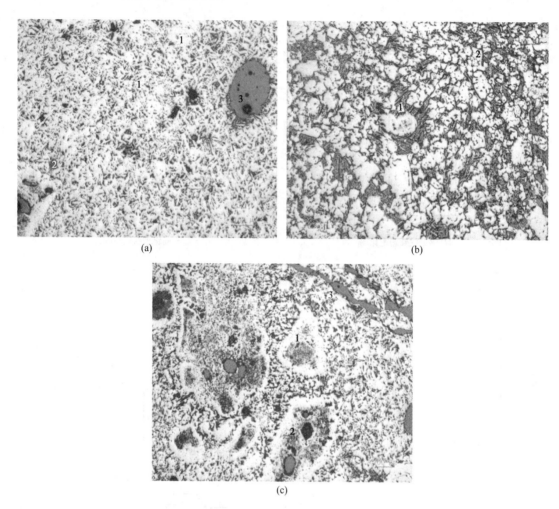

(a)

(b)

(c)

图 3-63 高钒高铬型钒钛粉配比 0% 时特征矿相

1—磁铁矿；2—硅酸二钙；3—气孔、裂纹

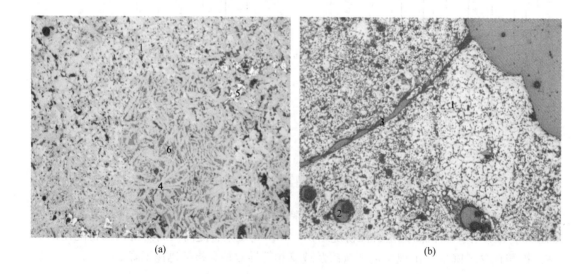

(a)

(b)

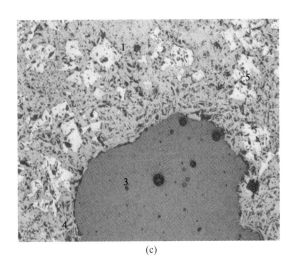

图 3-64　高钒高铬型钒钛粉配比 60%时特征矿相
1—磁铁矿；2—硅酸二钙；3—气孔、裂纹；4—铁酸钙；5—赤铁矿；6—玻璃质

B　配碳量试验

据现场条件及前期研究结果调整基准设计方案。保持碱度恒定 $R=2.25$，基准配碳量 5.0%，调整配碳量。表 3-60 为配碳量试验方案。图 3-65 为配碳量对烧结参数与产品质量的影响结果，表 3-61 为不同配碳量下低温还原粉化性能。随配碳量升高，垂直烧结速度、烧成率与转鼓指数逐渐降低，成品率与烧结杯利用系数呈先升高后降低的趋势，低温还原粉化指标逐渐改善。配碳量为 5.0%时综合指标最高，冶金性能最优。

表 3-60　配碳量试验方案　　　　　　　　　　　　　　　（%）

编号	配碳量	碱度	高钒高铬型钒钛粉	俄粉	国混粉	矿业粉	其他
1	4.0	2.25	13	12	15	20	40
2	4.5	2.25	13	12	15	20	40
3（基准）	5.0	2.25	13	12	15	20	40
4	5.5	2.25	13	12	15	20	40
5	6.0	2.25	13	12	15	20	40

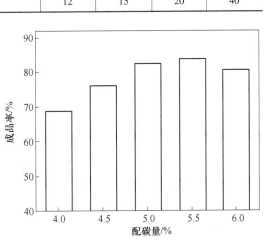

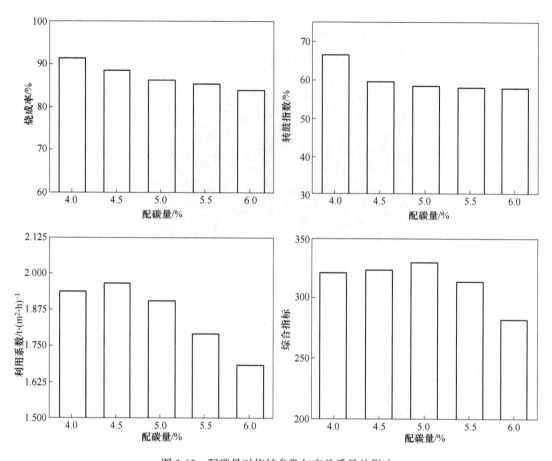

图 3-65　配碳量对烧结参数与产品质量的影响

表 3-61　不同配碳量下的低温还原粉化性能

编号	配碳量 / %	m_{D0} /g	$m_{+6.3}$ /g	$m_{3.15\sim6.3}$ /g	$m_{0.5\sim3.15}$ /g	$RDI_{+6.3}$/%	$RDI_{+3.15}$ /%	$RDI_{-0.5}$ /%
1	4.0	498	211	73	142	42.37	57.03	14.46
2	4.5	499	260	76	118	52.10	67.33	9.02
3	5.0	499	340	69	70	68.14	81.96	4.01
4	5.5	498	376	51	58	75.50	85.74	2.61
5	6.0	499	430	35	27	86.77	93.19	1.40

C　碱度试验

据现场生产条件以及前期研究结果调整基准设计方案，碱度 $R = 2.25$ 保持恒定，配碳量 5.0%，调整碱度。表 3-62 为碱度试验方案。图 3-66 为碱度对烧结参数与产品质量的影响，表 3-63 为碱度对低温还原粉化性能的影响。

研究表明：随碱度升高，垂直烧结速度、成品率、转鼓指数和烧结杯利用系数逐渐升高；烧成率逐渐降低，低温还原粉化指标逐渐改善。在碱度为 2.70 时，综合指标最高，冶金性能最优。

表 3-62 烧结杯试验方案 （%）

编号	配碳量	碱度	高钒高铬型钒钛粉	俄粉	国混粉	矿业粉	其他
1	5.0	2.1	13	12	15	20	40
2	5.0	2.25	13	12	15	20	40
3	5.0	2.40	13	12	15	20	40
4	5.0	2.55	13	12	15	20	40
5	5.0	2.70	13	12	15	20	40

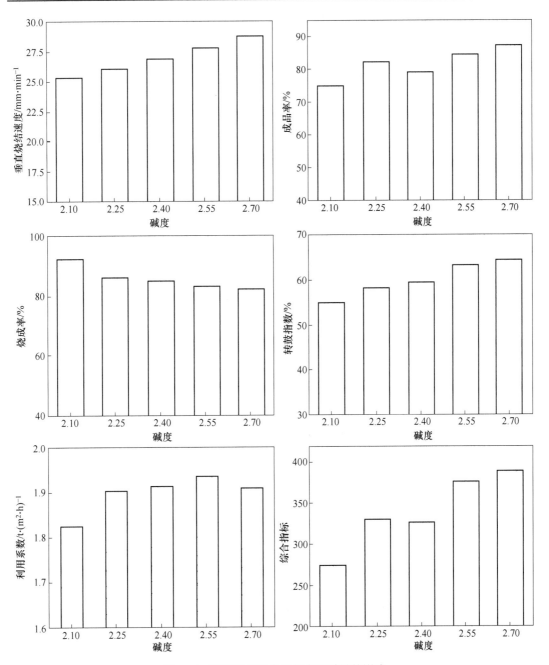

图 3-66 碱度对烧结参数与产品质量的影响

表 3-63 不同碱度下的低温还原粉化性能

试样号	碱度	m_{Do} /g	$m_{+6.3}$ /g	$m_{3.15\sim6.3}$ /g	$m_{0.5\sim3.15}$ /g	$RDI_{+6.3}$ /%	$RDI_{+3.15}$ /%	$RDI_{-0.5}$ /%
1	2.10	499	259	104	103	51.90	72.75	6.61
2	2.25	499	340	69	70	68.14	81.96	4.01
3	2.40	498	347	64	68	69.74	82.36	3.82
4	2.55	499	354	75	57	70.94	85.97	2.61
5	2.70	498	379	63	44	76.10	88.76	2.40

3.5.4.3 铁矿粉球团优化配矿技术

A 试验原料与特性

研究试验用含铁原料的化学成分、粒度、颗粒形貌、连晶强度及物相组成，分别如图 3-67~图 3-69 所示。高钒高铬型钒钛磁铁矿粒度较大，小于 0.074mm 的占 30%，连晶强度较差，仅有 365N。

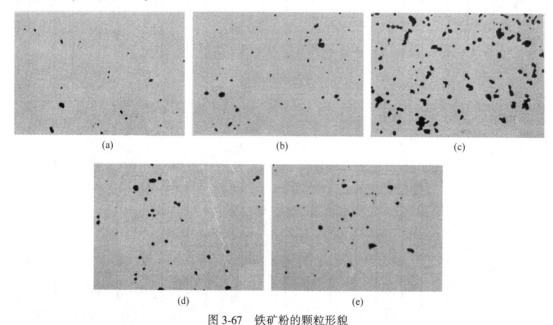

图 3-67 铁矿粉的颗粒形貌

（a）高钒高铬型钒钛粉；（b）国产混合粉；（c）矿业粉；（d）高品位欧控粉；（e）低品位欧控粉

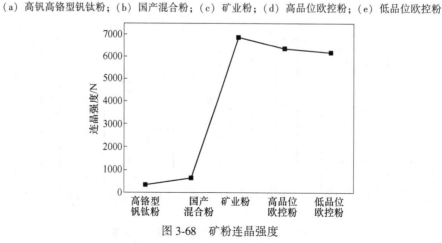

图 3-68 矿粉连晶强度

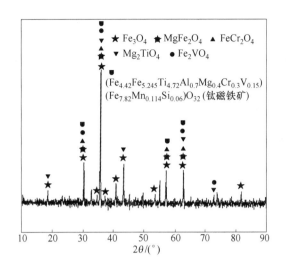

图 3-69 高钒高铬型钒钛磁铁矿物相组成

表 3-64 为含铁原料成分，表 3-65 为膨润土成分表，表 3-66 为铁矿粉的颗粒参数。

表 3-64 含铁原料成分 （%）

组分	TFe	FeO	CaO	SiO$_2$	MgO	TiO$_2$	V$_2$O$_5$	Cr$_2$O$_3$	S	P
高钒高铬型钒钛粉	62.45	27.29	0.21	2.69	0.71	5.05	1.032	0.58	0.16	0.02
国产混合粉	64.57	28.03	1.28	6.04	0.74	—	—	—	0.02	0.03
矿业粉	63.66	22.21	0.05	5.17	0.14	—	—	—	0.04	0.02
高品位欧控粉	68.32	27.04	0.13	4.27	0.30	—	—	—	0.09	0.01
低品位欧控粉	65.02	23.90	0.17	8.35	0.19	—	—	—	0.01	0.02

表 3-65 膨润土成分 （%）

膨润土成分	SiO$_2$	MgO	Al$_2$O$_3$	CaO	Na$_2$O	K$_2$O
含量	67.45	4.61	14.47	2.47	1.68	1.19

表 3-66 铁矿粉的颗粒参数

矿粉种类	圆形度	最大粒径/mm	最小粒径/mm	平均粒径/mm	长径比	中位径 D_{50}/mm
高钒高铬型钒钛粉	0.87	0.89	0.002	0.17	1.38	0.210
国产混合粉	0.81	0.69	0.002	0.13	1.39	0.056
矿业粉	0.86	0.78	0.002	0.15	1.54	0.087
高品位欧控粉	0.87	0.57	0.002	0.02	1.31	0.028
低品位欧控粉	0.89	0.63	0.002	0.03	1.25	0.032

B　高钒高铬型钒钛磁铁矿对球团工艺及性能的影响

为考察对球团冶金性能的影响，在现场生产用矿（矿业粉+国产混合粉）中分别配入 0%、10%、15%、20%、25%、100%的含铬型钒钛磁铁矿制备氧化球团，具体配料方案见表 3-67。

表 3-67　高钒高铬型钒钛矿球团试验配料方案　　　（质量百分比,%）

编号	高钒高铬型钒钛磁铁矿	矿业粉	国产混合粉	膨润土（外配）
1（基准）	0	30	70	1
2	10	30	60	1
3	15	30	55	1
4	20	30	50	1
5	25	30	45	1
6	100	0	0	1

图 3-70 为高钒高铬型钒钛磁铁矿对球团抗压强度影响，图 3-71 为氧化球团物相组成，球团原料中高钒高铬型钒钛矿配量小于 20% 时，球团强度无显著变化；高于 20%，球团的抗压强度不足 2000N，不能满足高炉生产的要求。

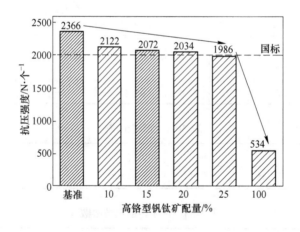

图 3-70　高钒高铬型钒钛磁铁矿对球团抗压强度影响

图 3-72 为高钒高铬型钒钛磁铁矿对成品球团还原膨胀影响，图 3-73 为各球团试样还原后 SEM 图。随球团原料中高钒高铬型钒钛矿配量增加，成品球还原膨胀逐渐降低。

C　高钒高铬型钒钛磁铁矿增量化利用措施——细磨处理

为考察细磨矿对球团性能的影响，现场用矿中配入不同量细磨后高钒高铬型钒钛磁铁矿（小于 0.074mm 的占 100%）制备氧化球团。图 3-74 为细磨处理前后生球落下强度，

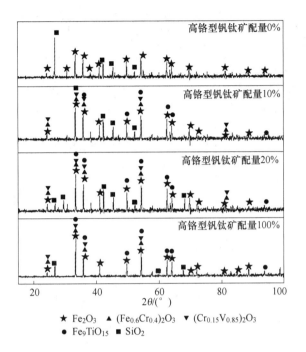

★ Fe_2O_3 ▲ $(Fe_{0.6}Cr_{0.4})_2O_3$ ▼ $(Cr_{0.15}V_{0.85})_2O_3$
● Fe_9TiO_{15} ■ SiO_2

图 3-71   氧化球团物相组成

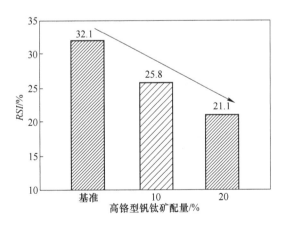

图 3-72   高钒高铬型钒钛磁铁矿对成品球团还原膨胀影响

图 3-75 为细磨处理前后生球抗压强度，图 3-76 为细磨对成品球团抗压强度的影响，图 3-77为细磨处理前后成品球团抗压强度，图 3-78 细磨对球团还原膨胀的影响，图 3-79为细磨处理前后球团的还原膨胀。

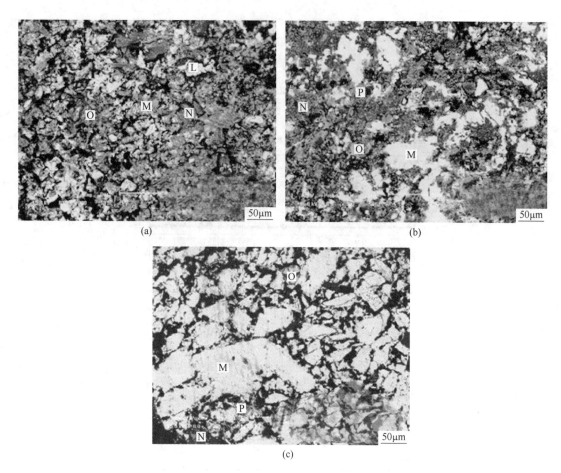

图 3-73　各球团试样还原后 SEM 图（×300）

（a）0%；（b）10%；（c）20%

L—铁；M—铁浮氏体；N—硅酸盐矿物（Fe、Si、Al、O，少量 Ca、S）；

O—SiO$_2$；P—较多 Fe、Ti、O、V、Cr、Si

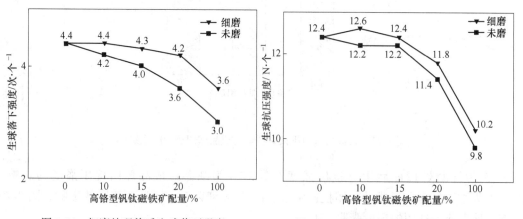

图 3-74　细磨处理前后生球落下强度　　　　图 3-75　细磨处理前后生球抗压强度

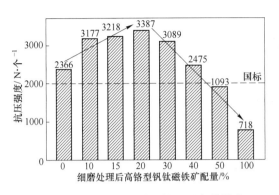

图 3-76 细磨对成品球团抗压强度的影响

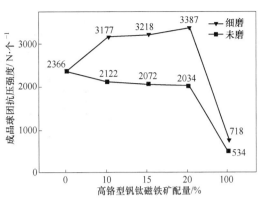

图 3-77 细磨处理前后成品球团的抗压强度

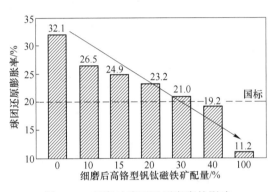

图 3-78 细磨对球团还原膨胀的影响

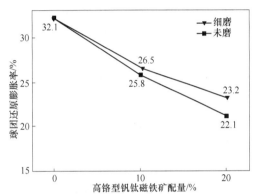

图 3-79 细磨处理前后球团的还原膨胀

D 增量化利用措施——采用细粒度廉价进口矿粉

研究了利用粒度较细的两种廉价进口精矿（高品位欧控粉-0.074mm 占 88%+低品位欧控粉-0.074mm 占 84%）代替现场生产用矿。

图 3-80 为高钒高铬型钒钛磁铁矿对球团抗压强度影响，图 3-81 为高钒高铬型钒钛磁铁矿对球团还原膨胀影响。采取"细磨处理"和"粒度较细廉价进口矿粉"两种优化措施，有效改善了球团抗压强度。当高钒高铬型钒钛矿配量达 40%时，球团抗压强度和还原膨胀仍满足高炉要求。后者在成本方面更具优势。

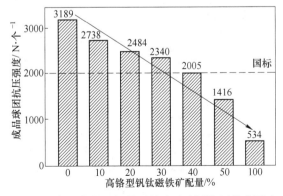

图 3-80 高钒高铬型钒钛磁铁矿对球团抗压强度影响

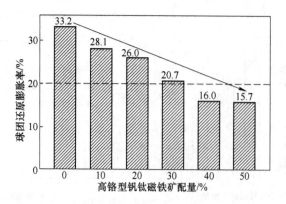

图 3-81　高钒高铬型钒钛磁铁矿对球团还原膨胀影响

3.5.4.4　合理炉料结构

据生产条件，确保渣碱度 $R = 1.15$，以不同碱度的高 MgO（2.63%）烧结矿配加低 MgO（1.14%）球团矿为综合炉料，研究炉料结构软熔滴落性能，试验方案见表 3-68。

表 3-68　试验方案

编号	炉渣理论碱度	烧结矿碱度	球团碱度	球团比例/ %
1	1.149	2.10	0.04	28.53
2	1.147	2.25	0.04	33.65
3	1.149	2.40	0.04	39.53
4	1.150	2.55	0.04	43.41
5	1.149	2.70	0.04	46.88

图 3-82 为不同炉料结构的 T_4、T_{40} 及软化区间图，图 3-83 为不同炉料结构的 T_S、T_D 及熔化区间，图 3-84 为不同炉料结构的指标。可知在试验条件下，"高碱度烧结矿配高比例酸性球团矿" 的炉料结构能使高炉冶炼高钒高铬型钒钛磁铁矿具有更优的效果。

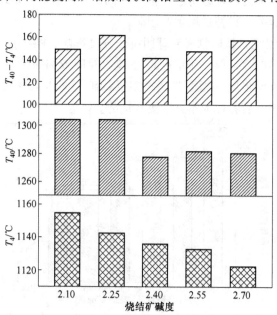

图 3-82　不同炉料结构的 T_4、T_{40} 及软化区间

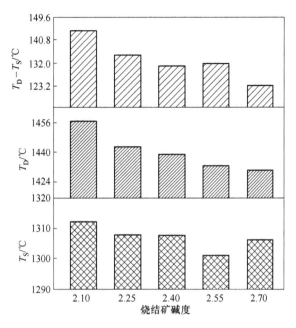

图 3-83 不同炉料结构的 T_S、T_D 及熔化区间

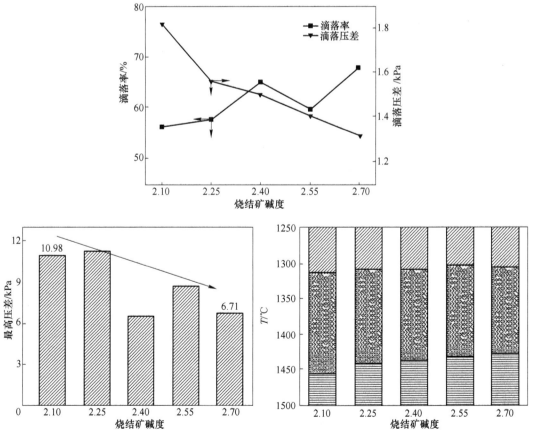

图 3-84 不同炉料结构的指标

3.5.4.5 造渣制度

A 正交试验方案

据现场实际,确定各因素范围为:二元碱度 1.05~1.2,MgO 含量 8%~12%,TiO$_2$ 含量 6%~10%,Al$_2$O$_3$ 含量 11%~15%。正交配料方案见表 3-69。

表 3-69 试验方案

序号	CaO/%	SiO$_2$/%	MgO/%	TiO$_2$/%	Al$_2$O$_3$/%	CaO/SiO$_2$
1	38.41	36.59	8	6	11	1.05
2	35.34	33.66	10	8	13	1.05
3	32.27	30.73	12	10	15	1.05
4	36.91	32.09	8	8	15	1.15
5	36.91	32.09	10	10	11	1.15
6	36.91	32.09	12	6	13	1.15
7	37.64	31.36	8	10	13	1.2
8	37.64	31.36	10	6	15	1.2
9	37.64	31.36	12	8	11	1.2

B 评价分析

表 3-70 为评价分析情况,可知最适宜渣系:二元碱度 1.15,MgO 含量 10%,TiO$_2$ 含量 8%,Al$_2$O$_3$ 含量 15%。该条件下,渣的熔化性温度、初始黏度及高温黏度较合理。同时,对渣系综合指标的影响大小依次为:Al$_2$O$_3$ 含量、MgO 含量、TiO$_2$ 含量、二元碱度。

表 3-70 评价分析

序号	因素				指标值			综合加权评分值 f_i
	A	B	C	D	T_m/℃	η_0/Pa·s	η_h/Pa·s	
1	1.05	8	6	11	1245	1.077	0.38	72.31
2	1.05	10	8	13	1230	0.99	0.358	55.47
3	1.05	12	10	15	1250	0.578	0.311	35.63
4	1.15	8	8	15	1260	0.941	0.163	36.98
5	1.15	10	10	11	1290	0.719	0.35	72.17
6	1.15	12	6	13	1260	0.776	0.277	46.64
7	1.2	8	10	13	1295	0.708	0.181	46.28
8	1.2	10	6	15	1290	0.783	0.297	66.96
9	1.2	12	8	11	1270	0.706	0.328	56.71
k_1	54.47	51.86	61.97	67.06	$w_1=0.36$, $w_2=0.28$, $w_3=0.36$			
k_2	51.93	64.87	49.72	49.46	因素主次:D→B→C→A			
k_3	56.65	46.33	51.36	46.52	水平优劣:D3-B3-C2-A2			
R	4.72	18.54	12.25	20.54	最优组合:A2-B3-C2-D3			

3.5.4.6 高炉冶炼工业化实践

上述实验室研究结果在两台 $90m^2$ 烧结机、三座 $10m^2$ 竖炉、三座 $530m^3$ 高炉上进行了工业化试验，结果见表 3-71、表 3-72。

表 3-71 俄罗斯钒钛矿配比情况

日 期	烧结（钒钛矿配比/%）	球团（钒钛矿配比/%）	炼铁（球比/%）
2011 年 1 月 7 日	10	10	40
2011 年 2 月 24 日	13	13	40
2011 年 3 月 19 日	16	20	40
2011 年 5 月 31 日	16	30	40
2011 年 6 月 24 日	13	40	40
2011 年 7 月 29 日	13	45	40
2011 年 11 月 23 日	10	45	40
2011 年 11 月 28 日	8	45	40
2011 年 12 月 17 日	6	45	40
2011 年 12 月 24 日	0	45	40
2012 年 6 月 30 日	0	55	40
2012 年 11 月	0	55	41
2013 年 5 月 16 日	0	68	41
2013 年 7 月 29 日	0	73	41

表 3-72 工业试验成功后主要技术经济指标

项 目	烧结利用系数 /t·(m²·h)⁻¹	球团利用系数 /t·(m³·h)⁻¹	高炉利用系数 /t·(m³·h)⁻¹	高炉综合焦比 /kg·t⁻¹
2012 年 3 月	1.679	6.463	3.73	498.94
2012 年 4 月	1.631	6.431	3.7	491.11
2012 年 5 月	1.658	6.444	3.59	489.24
2012 年 6 月	1.587	6.379	3.65	487.57
2012 年 7 月	1.581	6.649	3.7	503.89
2012 年 8 月	1.587	6.852	3.79	504.19
2012 年 9 月	1.506	6.580	3.765	507.81
2012 年 10 月	1.408	6.450	3.528	510.1
2012 年 11 月	1.567	6.575	3.796	498.2
2012 年 12 月	1.450	6.936	3.724	497.3
2013 年 1 月	1.456	6.789	3.557	506.8
2013 年 2 月	1.466	6.827	3.794	498.1
2013 年 3 月	1.576	6.789	3.816	494.9

项　　目	烧结利用系数 /t·(m²·h)⁻¹	球团利用系数 /t·(m³·h)⁻¹	高炉利用系数 /t·(m³·h)⁻¹	高炉综合焦比 /kg·t⁻¹
2013 年 4 月	1.593	7.013	3.829	500.6
2013 年 5 月	1.473	6.658	3.574	508.3
2013 年 6 月	1.459	6.680	3.424	521.7
2013 年 7 月	1.430	6.793	3.716	503.8
2013 年 8 月	1.467	6.634	3.654	501.4

3.5.4.7　应用情况及效果

该成果在国际上率先实现了高钒高铬型钒钛磁铁矿资源工业化利用，并在黑龙江建龙钢铁有限公司形成了年产 220 多万吨含钒、钛、铬生铁，8 万多吨钒渣，7000 多吨 V_2O_5 的能力。该成果改变了国内钒钛产业的布局，不仅填补了东北地区相关产业空白，而且为工业化利用我国高钒高铬型钒钛磁铁矿资源提供了重要的技术参照。

参 考 文 献

[1] 任世赢. 我国矿产资源综合利用现状、问题及对策分析 [J]. 中国资源综合利用, 2017, 35 (12): 78-80.

[2] 王帅, 郭宇峰, 姜涛, 等. 钒钛磁铁矿综合利用现状及工业化发展方向 [J]. 中国冶金, 2016, 26 (10): 40-44.

[3] 蒋大军, 何木光, 宋剑, 等. 攀钢 260m² 烧结机工艺技术优化 [J]. 南方金属, 2014 (6): 40-44.

[4] 刘树芳. 攀钢 260m² 烧结机技术与生产实践 [J]. 四川冶金, 2013, 35 (2): 6-12, 17.

[5] 杨启峰. 攀钢新二号 360m² 烧结机工程新技术的应用 [J]. 四川冶金, 2012, 34 (5): 24-27.

[6] 何木光, 肖均, 杜斯宏, 等. 提高攀钢钒 360m² 烧结机产质量的实践 [J]. 中国冶金, 2012, 22 (8): 30-35.

[7] 崔庆爽. 攀钢 360m² 烧结机的工艺优化 [J]. 四川冶金, 2012, 34 (4): 1-3.

[8] 杨吉海, 李玉洪. 攀钢新建 360m² 烧结机的生产实践 [J]. 四川冶金, 2012, 34 (3): 17-20.

[9] 王强. 钒钛磁铁精矿烧结特性及其强化技术的研究 [D]. 长沙: 中南大学, 2012.

[10] 肖均, 何木光, 李程, 等. 攀钢 360m² 烧结机工艺、设计特点及生产实践 [J]. 四川冶金, 2010, 32 (3): 35-38.

[11] 王文山. 承德钒钛磁铁矿烧结优化研究 [D]. 沈阳: 东北大学, 2011.

[12] 吕庆, 王文山, 金玉臣, 等. 海砂配比对承钢钒钛烧结矿冶金性能的影响 [J]. 钢铁钒钛, 2010, 31 (3): 80-83.

[13] 郭宇峰. 钒钛磁铁矿固态还原强化及综合利用研究 [D]. 长沙: 中南大学, 2007.

[14] 马建明, 陈从喜. 我国铁矿资源开发利用的新类型——承德超贫钒钛磁铁矿 [J]. 国土资源情报, 2006 (11): 53.

[15] 孟繁奎. 承德钛资源利用现状及展望 [J]. 钛工业进展, 2001 (5): 11-12.

[16] 张建强. 承钢 1#360m² 烧结机工艺冷却制度研究 [C]. 河北省冶金学会. 2013 年河北省炼铁技术暨学术年会论文集, 2013: 66-70.

[17] 李鸿斌. 承钢 2#360m² 烧结机工艺特点及生产实践 [C]. 中国金属学会. 2012 年全国炼铁生产技术会议暨炼铁学术年会文集 (上), 2012: 335-337.

［18］韦火明，蔡承生，刘欣．承钢 2#烧结机优化生产过程参数的实践［J］.北方钒钛，2014（4）：37-42.

［19］董志民．承钢 3#360m² 烧结机生产实践［C］.河北省冶金学会.2010 年河北省冶金学会炼铁技术暨学术年会论文集，2010：114-116.

［20］钟闯．承钢 5#、6#烧结机配加球面镍矿生产实践［J］.北方钒钛，2014（3）：58-60.

［21］王文山，杨树明，隋孝利．承钢提高钒钛烧结矿产量的实践［J］.烧结球团，2003，28（6）：51-53.

［22］姜汀．承钢含钒钛烧结矿的熔滴试验［J］.河北冶金，2012（12）：15-18.

［23］董志民，徐桂芬，韦火明，等．承钢烧结机提高烧结矿碱度的实践［C］.2012 年河北省炼铁技术暨学术年会，2012.

［24］郝素菊，蒋武峰，方觉．高炉炼铁设计原理［M］.北京：冶金工业出版社，2012.

［25］王筱留．高炉生产知识问答［M］.北京：冶金工业出版社，2013.

［26］李海军，马登榜，姜汀．承钢 2500m³ 高炉钒钛矿低硅冶炼实践［C］.2015 年全国炼铁共性技术研讨会会议论文集，2015：115-118.

［27］修鹤．钒钛矿大高炉提高富氧率的工艺措施［J］.河北冶金，2019（5）：31-35.

［28］刘希，刘仁检．攀钢 3#高炉低风温强化冶炼实践［J］.四川冶金，2019，41（6）：19-25.

［29］张勇．高铬型钒钛磁铁矿高炉冶炼关键技术研究［D］.沈阳：东北大学，2014.

［30］蒋大军，杜斯宏，宋剑．攀钢高炉冶炼钒钛磁铁矿降低铁损的生产实践［J］.冶金丛刊，2014（1）：31-34.

［31］陈党杰，杨博，李海东．降低 2500m³ 高炉铁元素消耗的生产实践［J］.河北冶金，2015（9）：31-34.

［32］付卫国，文永才，谢洪恩．攀钢钒钛磁铁矿高炉强化冶炼技术与生产实践［J］.钢铁钒钛，2013，34（3）：50-53.

［33］王勋，韩跃新，李艳军，等．钒钛磁铁矿综合利用研究现状［J］.金属矿山，2019（6）：33-37.

［34］魏洪如，张振峰，等．钒钛磁铁矿大高炉超低硅钛冶炼集成技术与创新［J］.中国冶金，2018，28（11）：89.

［35］赵伟．钒钛磁铁矿含碳热压块新型高炉炉料研究［D］.沈阳：东北大学，2015.

［36］张泽栋．某钢厂钒钛矿含碳热压块新型高炉炉料探索研究［D］.沈阳：东北大学，2017：14-20.

［37］朱建秋，纪恒．承钢钒钛矿强化冶炼实践［J］.河北冶金，2016（2）：40-43.

［38］李海军．承钢 2500m³ 高炉钒钛磁铁矿冶炼新技术［J］.河北冶金，2014（8）：42-45.

4 钒钛磁铁矿非高炉冶炼工艺及技术进展

4.1 我国钒钛磁铁矿非高炉冶炼工艺的背景

攀西钒钛磁铁矿是世界上最复杂的钒钛磁铁矿，是我国为数不多的特大型多元素共生矿。20世纪60年代至70年代，国家为应对国际形势的不断恶化，在全国范围内进行工业布局调整，进行大规模的"三线建设"，攀枝花钢铁基地建设是其中的重中之重。为了给攀钢建设提供技术支撑，国家举全国之力进行攀枝花钒钛磁铁矿普通高炉冶炼技术攻关，到1970年7月1日实现攀钢高炉出铁，冶炼钒钛磁铁矿技术攻关取得重大突破。随后对高炉冶炼工艺技术指标不断地进行改进和优化，钒钛磁铁矿高炉冶炼工艺在国内相关钢铁联合企业得到推广应用。

攀西钒钛磁铁矿综合开发利用取得了巨大成就。继钒钛磁铁矿普通高炉冶炼技术取得突破后，陆续推动和带动了一批重大关键技术也取得了突破并实现了工业应用。这些重大关键技术的工业应用支撑了攀钢和攀枝花市50多年的建设和发展，在国民经济和国防建设中发挥了重要作用。除了普通高炉冶炼钒钛磁铁矿技术外，已突破并实现工业应用的重大关键技术主要有：攀枝花型钒钛磁铁矿采矿—选矿技术、含钒铁水提钒—炼钢技术、钒渣提取五氧化二钒技术、钒氮合金制备技术、百米长含钒钢轨及其全长淬火技术、攀枝花高钙镁钛精矿冶炼酸溶性钛渣技术、攀枝花高钙镁钛精矿/钛渣制备硫酸法钛白技术、酸溶性钛渣氯化法制取四氯化钛新技术以及钒钛磁铁矿中硫钴镍资源部分回收及制备硫酸技术等，这些重大关键技术已达到国际领先或国际先进水平。

钒钛磁铁矿的价值在于综合利用价值高。攀西钒钛磁铁矿还富含铬、镍、钴、镓、钪、铂、铜、硫等共伴生有益元素。我国钒钛磁铁矿综合利用产业经过50多年的发展，目前已解决了铁的回收利用难题，基本上解决了钒的回收利用难题，但还未解决钛及稀贵金属元素回收利用难题。进一步优化现有工艺技术，提升钒钛磁铁矿资源利用率还有较大空间，产业发展前景光明。

攀枝花钒钛磁铁矿中的各种可利用元素的分离、提取、综合利用一直是研究的重点。由于钒钛磁铁矿矿石多金属共生、矿物结构复杂、矿物颗粒细、选矿难度大等原因，我国攀钢集团采用的传统的高炉—转炉工艺，以钢铁为主业的现有生产系统对钛资源的利用率仅约为30%，钒资源的利用率不足45%，每年排放含TiO_2 23%~25%的高钛型高炉渣约600万吨，资源浪费严重，并且占用土地、污染环境。

随着我国钛工业的发展对钛原料的需求不断增加，国内高品质钛原料供应紧张。虽然我国钛资源丰富，但目前我国仍要大量进口钛原料（高品位钛矿、高钛渣）。为保证我国经济发展的安全和可持续性，提高经济效益，发展地方经济，对钒钛资源进行综合利用，实现钒钛磁铁矿铁、钒、钛的高效分离，满足钢铁工业、钒工业、钛工业发展的需求，减少对国外资源的依赖度有着重要战略意义。因此，开展钒钛磁铁矿中铁、钒、钛的高效分离的新工艺研究是我国经济发展的必然需要，是提高资源利用率、保护资源、保护环境，将资源优势转化为产业优势、经济优势、发展经济的迫切需要。

4.2 非高炉冶炼工艺特点

4.2.1 高炉冶炼工艺的特点

4.2.1.1 钒钛磁铁矿高炉冶炼工艺的优点

我国和俄罗斯冶炼钒钛磁铁矿主要采用传统的高炉—转炉流程，主要用于回收钒和铁资源。自20世纪70年代始，我国钒钛磁铁矿普通高炉冶炼技术取得了重大突破并实现了工业应用，支撑了攀钢、承钢及相关钒钛磁铁矿高炉冶炼企业以及攀枝花市50多年的发展，为国民经济和国防建设做出了重要贡献。其优点是生产效率高、规模大，工艺技术成熟。

4.2.1.2 钒钛磁铁矿高炉冶炼工艺的缺点

钒钛磁铁矿高炉冶炼工艺的缺点有：

(1) 高炉冶炼钒钛磁铁矿"为取铁钒而丢掉了钛"。占资源总量52%的钛进入高炉渣中形成高钛型高炉渣（攀钢）。高钛型高炉渣因其含钛品位较低，难以作为钛原料回收利用，既严重浪费钛资源，又形成了巨大的环境压力，在后续加工过程中钛的利用率几乎为零。目前攀钢研发的高钛型高炉渣高温碳化—低温氯化制取四氯化钛新技术，虽已取得工业应用的技术突破，但经济指标较差，成本竞争力较弱。

另外，传统的高炉—转炉流程冶炼钒钛磁铁矿过程中钒的回收率较低，只有40%左右（从原矿到含钒铁水）。

攀钢高钛型高炉渣产量约360万吨/年（攀枝花本部），目前已堆存6000万~8000万吨。其中含二氧化钛23%~25%，折算成二氧化钛82.8万吨/年（以含二氧化钛23%计），约占全国钛白粉产量（2019年305万吨）的27.1%，约为攀枝花钛白粉总产量（2019年45万吨）的1.84倍。

目前，攀钢产高钛型高炉渣主要是非提钛利用——用于建筑材料（骨料），攀枝花的建设工地随处可见，造成其中的钛资源的大量的、不可逆性的流失。

(2) 必须以宝贵的焦炭作原料。由于高炉炼铁必须使用焦炭作为还原剂和发热剂，而且对焦炭品级要求苛刻（尤其是大高炉），冶炼钒钛磁铁矿也是如此，同时能耗较冶炼普通铁矿高。

(3) 工艺流程较长，生产成本较高。

4.2.2 非高炉冶炼工艺的特点

经过几十年的发展和工艺不断改进和优化，高炉—转炉流程虽已较成熟，但随着焦炭资源的日渐枯竭，高炉流程面临着焦炭短缺的危机。所以，应用高炉工艺冶炼钒钛磁铁矿的可持续发展受到了一定的限制。非高炉冶炼工艺不用焦炭作还原剂和发热剂，应用普通煤炭、天然气或煤气均可。同时，非高炉冶炼工艺冶炼钒钛磁铁矿还有利于实现钒钛磁铁矿中铁、钒、钛资源的综合回收利用。因此，大力发展钒钛磁铁矿非高炉冶炼技术大有可为，应用前景广阔。

4.2.2.1 非高炉炼铁工艺冶炼钒钛磁铁矿的优点

非高炉炼铁工艺冶炼钒钛磁铁矿不但摆脱了焦煤/焦炭资源短缺的羁绊，以煤代焦，可以省去高炉流程的炼焦与烧结工序，缩短工艺流程，减少环境污染。以普通煤或天然气、煤气等作为还原剂，原料适应性强，而且适应日益提高的环境保护要求，降低钢铁生产能耗，改善钢铁产品结构和提高产品质量，解决了焦煤短缺问题，并可实现铁钒钛资源的综合回收利用。所以，钒钛磁铁矿非高炉冶炼技术是适合我国资源特点的重要的发展方向，具有广阔的应用前景。

非高炉新工艺是高炉流程的重要补充，对提升钛、铁、钒、铬资源利用率的贡献最大：可回收钒钛磁铁矿中约50%的钛资源，使钛资源回收率提高至约65%；钒回收率可达到80%左右；铁回收率可达到95%以上，超过当前高炉冶炼工艺的对应回收率水平。

非高炉流程中的转底炉煤基直接还原流程，具有还原温度高、还原时间短（从入转底炉到出转底炉20~30min，而高炉冶炼周期为6~8h）、还原金属化率高，生产效率高，可容易地开炉、停炉和调整产量；建设投资省，是高炉流程的50%，较经济的规模为20~50万吨/年；还原过程中炉料相对不动，可解决回转窑或竖炉还原时炉料强度急剧下降而造成结圈或黏结等问题；还原尾气可集中回收，经处理后再利用，对环境影响小，至少比高炉少排放20%的CO_2、97%的NO_x和90%的SO_2。

攀枝花曾进行过工业实践的钒钛磁铁矿煤基直接还原新工艺：转底炉煤基直接还原工艺（四川龙蟒、攀钢），隧道窑、环形隧道窑煤基直接还原工艺（攀阳公司、立宇公司），多管式竖炉煤基直接还原工艺（创盛公司），斜坡炉煤基直接还原工艺（四川恒鼎公司）等。

4.2.2.2 非高炉工艺冶炼钒钛磁铁矿的缺点

目前技术不够成熟，尚未实现主体设备工业层面的大型化（50万吨/台套及以上），总体规模相对较小，部分关键技术尚未取得突破。

虽然目前非高炉工艺处理钒钛磁铁矿面临许多困难，工艺也不够成熟，但是不能放弃，它符合科学发展观和循环经济发展要求，是国家支持和鼓励的未来战略技术发展方向。

对于攀西地区，发展钒钛磁铁矿非高炉冶炼的有利条件已经具备。缅甸天然气已于2018年底引入攀枝花，利用天然气采用非高炉工艺处理钒钛磁铁矿具有较大的发展空间和发展潜力。

4.3 我国钒钛磁铁矿非高炉冶炼工艺研发简要回顾

我国钒钛磁铁矿非高炉冶炼工艺研发及其应用，主要可分为两个阶段。

4.3.1 第一阶段：钒钛磁铁矿综合利用新流程攻关取得重要成果

我国继普通高炉冶炼攀枝花钒钛磁铁矿技术实现重大突破后，随后在20世纪70~80年代再举全国之力进行钒钛磁铁矿综合利用新流程（实际上为非高炉流程）研究，取得了许多研究成果，但因多种原因仍未能实现大型工业化生产。

针对钒钛磁铁矿综合利用新流程工艺技术研发，国家投入大量的人力、物力，动员了国内众多科研院所、大专院校的科技力量进行了攻关。1978~1987年，方毅同志8次亲临攀枝花，指导攀枝花资源综合利用科研工作，有力推动了攀枝花资源综合利用新流程工作的开展。在国家统一领导、组织下，开展了多次大型半工业化、工业化试验，取得了一系列研究成果，为钒钛磁铁矿的综合利用新流程工业化奠定了坚实的基础。主要成果可归纳如下：

（1）攀枝花钒钛磁铁矿选矿分离铁、钛、钒以及其他稀有元素的提取和富集取得突破，并实现了工业化生产。钒钛磁铁矿首先进行磁选，分离出磁性矿物——钒铁精矿，磁选尾矿再通过磁、重、浮、电等多种选别方法分离出钛精矿、硫钴精矿等其他稀有金属精矿，为后续工序提供高品位原料。钒铁精矿富集了原矿中约70%的铁、钒元素，成为高炉—转炉流程的含铁原料。钛精矿的 TiO_2 可富集到48%，成为我国最重要的钛工业原料来源之一。

（2）对钒铁精矿中的铁钛钒分离工艺技术研究，获得阶段性的成功。当时在"攀枝花钒钛磁铁矿综合利用新流程"研究过程中，提出了两种工艺流程，即"先提钒的北方流程"和"后提钒的南方流程"，并分别进行了半工业化试验或工业化试验，流程均基本打通，完成了全流程的试验。但通过试验发现一些技术或经济性问题短期内难以解决，故两种流程均未能实现工业化生产。

1）"先提钒的北方流程"。钒铁精矿加入钠化剂混合造球，球团在回转窑中进行氧化钠化焙烧，将钒铁精矿中的 V_2O_5 转化为可以溶于水的偏钒酸钠。钒铁精矿氧化钠化球团经热水浸出，从水溶液中萃取 V_2O_5。浸钒后的球团采用煤基回转窑还原后，用电炉熔化分离，最终产品为钢水和液态钛渣。

"北方流程"最大的特点是钒的回收率高，以钒铁精矿为基础计算得 V_2O_5 钒回收率约90%，而高炉—转炉流程钒的回收率仅40%~45%。还原后的浸钒球团电炉熔化分离获得的炉渣 TiO_2 含量接近于理论计算值，远高于高炉—转炉流程炉渣的 TiO_2 品位；电炉熔化分离冶炼时，因没有还原钒的任务，铁水中没有过量的 Ti，炉渣中的 TiO_2 没有产生还原或过还原，没有高炉—转炉流程中出现的铁水"粘罐"等问题。但先提钒的"北方流程"的缺点是提钒时处理物料量过大，提钒后球团因残留的钠盐的影响，球团还原膨胀、粉化严重；回转窑还原提钒后球团时的操作稳定性差；工业化生产单机生产规模难以满足攀枝花发展需要等。因此，该流程未能实现工业化生产。

2）"后提钒的南方流程"。该流程依据钒的走向又可分为还原钒（深还原）和不还原钒（浅还原）两个分流程。

还原钒的流程：钒铁精矿经造球——步法回转窑还原（链箅机—回转窑煤基直接还原）—还原产品通过矿热电炉加碳深度还原/熔化分离，所得电炉产品为含钒铁水和含钛炉渣。其中，含钒铁水通过吹氧获得钒渣和半钢。全流程的产品是：钒渣、半钢、含钛炉渣。

不还原钒的流程：钒铁精矿经造球——步法回转窑还原（链箅机—回转窑煤基直接还原）—还原产品通过矿热电炉熔化分离，所得电炉产品为半钢和钒钛炉渣。其中，钒钛炉渣用于化学法提钒原料，提钒后的尾渣为富钛原料。

"后提钒的南方流程"特点：采用一步法回转窑还原（链箅机—回转窑煤基直接还

原）进行钒铁精矿球团的还原。由于一步法回转窑还原法的固有缺陷——球团在链箅机上温度较低（<700℃），回转窑尾气是弱还原性（含有 CO 和还原剂的挥发分），球团不能固结成有一定强度和足够耐磨强度的球团，球团进入回转窑后耐磨性能差，易于产生粉末，造成回转窑运行的稳定性差、能耗高，单机生产规模难以扩大；还原产品采用深度还原和分离或分离电炉型式的选择、电能供应、钛渣 TiO_2 品位偏低等问题，未能实现工业化生产。

同时，还进行了钒铁精矿的预还原气基竖炉半工业化试验（在成都钢铁厂进行）并获得了成功。但因天然气资源的限制，被迫终止。

中科院过程工程研究所（原化工冶金研究所）还进行了钒铁精矿流化床预还原工艺研究，进行半工业化（吨级连续生产实验装置）试验。试验结果表明，钒铁精矿通过流化床还原铁的金属化率可达约 85%，在产品金属化率控制在适当水平条件下运行正常，还原产品完全不受还原气体的"污染"，且钒铁精矿中的部分硫在还原过程中被脱除。但因还原气体来源困难，还原气体一次通过流化床的利用率低，流化床尾气的回收，净化，脱 H_2O、CO_2，重新加压的过程能耗过高，还原产品后加工缺乏成熟技术等原因，未实现工业化。

4.3.2   第二阶段：进入 21 世纪以来以煤基直接还原为主的多种非高炉冶炼新工艺迅速发展

进入 2000 年以来，以四川龙蟒集团和攀钢集团为代表的多家企业，先后进行了以钒铁精矿转底炉预还原—电炉熔分/深还原工艺为代表的非高炉冶炼新工艺研究，研发了多条工艺路线，在攀枝花建成了多条中试线或工业试验生产线，实现了小型工业化生产，取得了重大进展。

四川龙蟒集团、攀钢集团先后建成了规模为 7 万~10 万吨/年的工业试验性生产线，成功进行了工业试生产，打通了工艺流程，生产出了含钒生铁和 50 钛渣。但生产实践表明，由于转底炉采用辐射加热为主对还原团块进行快速加热，其还原率难以稳定达到预期（约 90%）；转底炉生产规模大型化造价过高（处理年产 10 万吨投资超过 1.0 亿元），以及采用矿热电炉熔化分离/深还原工序电耗高（>500kW·h/t 铁水）；转底炉采用内配碳团块为原料，还原剂中的灰分进入钛渣，降低了钛渣的 TiO_2 品位，TiO_2 品位偏低（约 50%），难以单独用于钛白生产，仅能作为配料使用等原因，该工艺流程的大型化工业生产尚需进一步发展和验证。

在此阶段，许多企业、科研院所还开展了钒钛磁铁矿车底炉、煤基竖炉、流化床还原后再进行熔化分离、磁选分离的试验研究，取得了实验室或工业性试验的成功，但均未实现大规模工业生产。

4.4   钒钛磁铁矿非高炉冶炼工艺及其分类

钒钛磁铁矿非高炉冶炼新工艺是除高炉外不使用焦炭冶炼钒钛磁铁矿的各种工艺方法的统称，其工艺总流程如图 4-1 所示（以攀枝花钒铁精矿为例）。

非高炉冶炼工艺的分类：

（1）按预还原用还原剂种类不同，分为气基预还原—电炉深还原/熔分工艺流程、煤

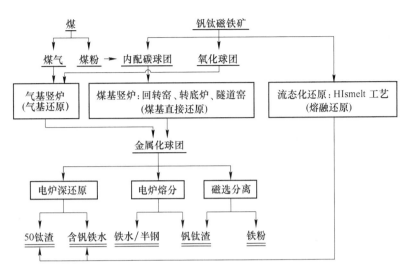

图 4-1 钒钛磁铁矿非高炉冶炼工艺总流程

基预还原—电炉深还原/熔分工艺流程。其中，气基预还原主要有气基竖炉预还原；煤基预还原主要有转底炉煤基预还原、回转窑煤基预还原、隧道窑煤基预还原、车底炉煤基预还原及煤基竖炉预还原。

（2）按两步还原的预还原设备不同+熔分深还原工艺组合，分为转底炉预还原—电炉深还原熔分工艺流程、回转窑预还原—电炉深还原熔分工艺流程、隧道窑/车底炉预还原—电炉深还原熔分工艺流程、煤基竖炉预还原—电炉深还原熔分工艺流程、气基竖炉预还原—电炉深还原熔分工艺流程。其中，气基竖炉预还原有 Midrex 法、HYL 法及 MME 法（Pered 法，实际上是 Midrex 法的伊朗版），但三种竖炉的原理、装备及其水平、控制等没有明显区别。

（3）按一步深还原不同+分离工艺不同的组合，可分为煤基深还原+熔分炉（电炉等）熔分工艺、煤基深还原+磁选分离工艺、气基深还原+熔分炉（电炉等）熔分离工艺、气基深还原+磁选分离工艺。

（4）按被还原的钒钛磁铁矿还原形态不同，分为固态还原工艺、熔融还原工艺及流态化还原工艺。其中，固态还原工艺又可分为氧化球团还原、内配碳球团还原及冷固结球团还原；熔融还原工艺主要有 HIsmelt 熔融还原工艺、流态化还原工艺等。

（5）按钒钛磁铁矿冶炼过程铁、钒、钛的提取先后顺序不同，分为先铁后钒流程、先钒后铁流程、铁钒钛同时提取三种流程。对于钒钛磁铁矿非高炉冶炼新工艺的研究实践而言，研究较多且进行过工业实践的主要有：转底炉预还原—电炉深还原熔分工艺流程、回转窑预还原—电炉深还原熔分工艺流程、隧道窑预还原—电炉深还原熔分工艺流程、气基竖炉预还原—电炉深还原熔分工艺流程、煤基竖炉预还原—电炉深还原熔分工艺流程，这些工艺流程都属于先铁后钒流程。而其他工艺流程有的归类于先铁后钒流程，有的归类于先钒后铁流程或铁钒钛同时提取流程，但仍处于试验室研究或中试研究阶段。

先钒后铁流程归类于钒钛磁铁矿直接提钒部分，详见手册第 7 章。

本章主要介绍几种国内外进行过工业实践的钒钛磁铁矿非高炉冶炼工艺流程。

4.5　钒钛磁铁矿非高炉冶炼基本原理

4.5.1　钒钛磁铁矿的矿物特征及还原特点

4.5.1.1　钒钛磁铁矿的矿物特征

钒钛磁铁矿还原过程表现的种种特点都是由它的矿物组成及结构特征和精矿处理过程（如钠化—氧化）所导致的变化而引起的。

钒钛磁铁矿的主要金属矿物为钛磁铁矿和钛铁矿，其次为磁铁矿、褐铁矿、针铁矿、次生黄铁矿；硫化物以磁黄铁矿为主，另有钴镍黄铁矿、硫钴矿、硫镍钴矿、紫硫铁镍矿、黄铜矿、黄铁矿和墨铜矿等；脉石矿物以钛普通辉石和斜长石为主，另有钛闪石、橄榄石、绿泥石、蛇纹石、伊丁石、透闪石、榍石、绢云母、绿帘石、葡萄石、黑云母、石榴子石、方解石和磷灰石等。某单位对太和铁精矿的矿相组成鉴定结果为：钛磁铁矿占92%，钛铁矿占3%，硫化物占1.5%，脉石占3.5%。

化学光谱分析表明，攀西地区钒钛磁铁矿中含有各类化学元素30多种，有益元素10多种，若按矿物含量进行排序，依次为 Fe、Ti、S、V、Mn、Cu、Co、Ni、Cr、Sc、Ga、Nb、Ta、Pt；若以矿物经济价值排列，则排序为 Ti、Sc、Fe、V、Co、Ni。

钛磁铁矿是由磁铁矿（Fe_3O_4）、钛铁晶石（$2FeO \cdot TiO_2$）、铝镁尖晶石（$MgO \cdot Al_2O_3$）、钛铁矿（$FeO \cdot TiO_2$）所组成的复合体。钛铁晶石是磁铁矿固溶体分解的连晶，交织成网格状，片宽仅 0.0002~0.0006mm。镁铝尖晶石呈粒状及片晶状与磁铁矿晶体密切共生，其粒度一般为 0.002~0.030mm，片晶宽度一般为 0.002~0.008mm。钛铁矿多为片状、板格状，粒晶多为 0.01mm，片晶一般宽 0.030~0.0015mm。

由于精矿磨矿粒度要求-200 目（0.074mm）占80%，因此上述与磁铁矿共生的各种矿物无法机械分离，在铁富集时钛也富集了。这就是钒钛磁铁矿不能通过选矿将铁与钛分离的根本原因。

4.5.1.2　钒钛磁铁矿还原的难点

（1）含 Ti 的铁氧化物较难还原。钛磁铁矿矿物中的铁处于还原难易程度不同的状态中，与磁铁矿相比，钛铁晶石、钛铁矿等含 Ti 的铁氧化物较难还原。根据 Ti 与 Fe 的结合的形式不同，含 Ti 的铁氧化物还原的难易程度又有很大差异，这部分铁占全铁的比率对球团还原的金属化率影响较大。

攀枝花红格矿区钒钛铁精矿的化学成分组成见表4-1。

表 4-1　钒钛铁精矿化学分析结果　　　　　　　　　　　　　　　（%）

TFe	FeO	Fe_2O_3	TiO_2	V_2O_5	Cr_2O_3	SiO_2	Al_2O_3	CaO	MgO	Cu	Co	Ni	S	P
59.20	24.55	57.37	10.98	0.65	0.069	1.28	2.59	0.47	2.32	0.012	0.014	0.024	0.034	0.014

根据表4-1，红格钒钛铁精矿中铁量为 $n_{Fe} = 59.20/55.85 = 1.06$mol。与钛结合的铁量计算如下：

TiO_2 占的比例为：$n_{TiO_2} = 10.98/79.87 = 0.137$mol（79.87 为 TiO_2 的分子量）。根据峨眉综合所对红格矿的物相鉴定，红格矿中钛主要以钛铁矿（$FeO \cdot TiO_2$）为主，则 FeO 中

的铁量为 0.137mol，与钛结合的铁量占总铁量比率为 0.137/1.06＝12.92%；如果钛主要以钛铁晶石（$2FeO \cdot TiO_2$）为主，则 FeO 中的铁量为 $2 \times 0.137 = 0.274$mol，与钛结合的铁量占总铁量比率为 $2 \times 12.92\% = 25.84\%$，是难还原的，而有 74% 左右的铁是容易还原的。

根据某研究所的研究数据，攀枝花矿区和太和矿区铁精矿中钛磁铁矿矿物组成为：全铁 $n_{Fe} = 1.0199$mol，钛铁晶石（$2FeO \cdot TiO_2$）中铁 $n_{2FeO \cdot TiO_2} = 0.3294$mol，钛铁矿（$FeO \cdot TiO_2$）中铁 $n_{FeO \cdot TiO_2} = 0.0105$mol，因此，与 TiO_2 结合的铁占全铁的百分数为：$(0.3294 + 0.0105)/1.0199 = 33.32\%$。也就是说，铁精矿中大约有 33% 的铁是和钛结合的，且较难还原，容易还原的铁只占 66% 左右。

由此可知，红格钒钛铁精矿比攀枝花矿区和太和矿区的钒钛铁精矿容易还原。

（2）钛磁铁矿、钛铁晶石、钛铁矿中固溶有 MgO 以及 Mg^{2+} 离子取代部分 Fe^{2+} 离子，更增加了铁氧化物的还原难度。

随着 Fe^{2+} 的还原，如果有足够的 MgO 取代（置换）钛铁矿或钛铁晶石中的 FeO，则这些被置换出来的 FeO 就成为容易还原的了。

以红格钒钛铁精矿为例来探究 MgO 分布的数量特征，与 Al_2O_3 结合的 MgO 数量可通过如下计算所得：Al_2O_3 含量为 2.59%，相当于 2.59/102 = 0.02539mol（102 为 Al_2O_3 的分子量），与其结合的 MgO 相当于 $0.02539 \times (24.31 + 16) = 1.023\%$，占总 MgO 量：1.023/2.32 = 44.12%，因此有 55.88% 的 MgO 是与钛磁铁矿、钛铁晶石和钛铁矿结合的（与 FeO 共溶的）。

以上的分析说明，红格矿铁精矿中，在空间上的特点是 Fe_3O_4-Fe_2TiO_4-$MgO \cdot Al_2O_3$-$FeO \cdot TiO_2$ 密切共生的复合矿物。在化学结构的特点是铁分别赋存在较易还原的 Fe_3O_4 及较难还原的 $2FeO \cdot TiO_2$ 及 $FeO \cdot TiO_2$ 中，而且 MgO 取代了部分 FeO，大大加剧了还原的困难。在铁精矿还原过程中，这些特点都将表现在还原条件（温度和还原气氛）对所能达到的金属化率的影响上。

4.5.1.3 钒钛磁铁矿的还原反应及其特点

通过岩相观察可以研究钒钛磁铁矿精矿还原相变的过程，找出其还原的历程。当前，关于钒钛磁铁矿的还原历程已经有很多研究，并取得了可喜的成果。

据长沙矿冶研究院对兰尖铁精矿进行的反复多次氧化-还原实验研究，发现其还原性能并无改善，说明钒钛磁铁矿的难还原性主要取决于其化学特点，而非物理状态。

研究发现，氧化球团中的钛铁晶石和钛铁矿全部被破坏（FeO 仅剩有 0.05% 左右），而还原球团及非磁性部分中的 TiO_2 是以 $MgO \cdot 2TiO_2$ 形态存在。

据北京钢铁研究总院研究，钠化的生球团（没有氧化）在 1100℃氢气还原时，钛铁晶石、钛铁矿、尖晶石均已消失，产生了新的渣相，主要成分是 Ti_3O_5。峨嵋综合利用研究所通过对比钠化和不钠化的氧化球团也得出相似的结果，钠化的氧化球团除了磁铁矿转化为赤铁矿外，尖晶石也不见了，这对研究钠盐的作用很有启发。

对于不同温度非用回转窑煤粉还原的球团岩相鉴定表明，还原过程中钛铁矿要发生钛铁晶石化，而钛铁晶石继续还原将生成较难还原的含铁黑钛石 $(Fe, Mg)Ti_2O_5$。在实验室研究用气体（$H_2 + CO$）还原的球团也观察到同样的相变化。对于钠化的球团还原后的球团与不钠化的球团显著差别在于磁铁矿消失得早，不出现钛铁晶石与钛铁矿，但还原到最后仍有黑钛石出现。

　　根据上述试验事实和岩相观察结果，结合热力学的计算，得出钛磁铁矿的还原历程见表 4-2。

表 4-2　钛磁铁矿的间接还原历程

序号	化学反应	说　　明
1	$3Fe_2O_3 + CO \rightarrow 2Fe_3O_4 + CO_2$	赤铁矿先被还原成磁铁矿
2	$Fe_3O_4 + CO \rightarrow 3FeO + CO_2$	磁铁矿被还原成浮氏体
3	$xFeO + yCO \rightarrow xFe + yCO_2$	部分浮氏体还原成金属铁
	$xFeO + (x-y)FeO \cdot TiO_2 \rightarrow (x-y)Fe_2TiO_4$	部分浮氏体与连晶钛铁矿结合成钛铁晶石
4	$(mFe, nMg)TiO_4 + qCO \rightarrow [(m-q)Fe, nMg]_2TiO_4 + qFe + 1/2qTiO_2 + qCO_2$	含 MgO 的钛铁晶石中部分铁被还原，N_{MgO} 增大，生成富镁钛铁晶石，并析出部分 TiO_2
5	$[(m-q)Fe, nMg]_2TiO_4 + q'CO + qTiO_2 \rightarrow (1+q)[\{m-q-q'\}Fe, Mg]TiO_3 + q'Fe + CO_2$	富镁钛铁晶石中 FeO 继续被还原，当 $(m-q-q')+n=1+q$ 时，转变成含镁钛铁矿
6	$[\{m-q-q'\}Fe, Mg] \cdot TiO_3 + q''CO \rightarrow 1/2[(M-q-q'-q'')Fe, nMg]Ti_2O_5 + q''Fe + q''CO_2$	含镁钛铁矿中 FeO 继续被还原，当 $(m-q-q'-q'')+n=0.5$ 时，转变成含铁的黑钛石

　　钒钛磁铁矿的还原反应的特点主要有：

　　（1）钛磁铁矿矿物在还原过程中，亚铁存在不同的状态：FeO（浮氏体）、$2FeO \cdot TiO_2$、$FeO \cdot TiO_2$，并有 MgO 固溶于钛铁晶石和钛铁矿中。就红格矿而言，由于以钛铁矿为主，其中 FeO 中的铁约占全铁的 87.08%。

　　（2）在还原过程中，在有磁铁矿存在的条件下，$FeO \cdot TiO_2$ 会与一部分 FeO 生成 $2FeO \cdot TiO_2$。这是一个动力学现象，而它正反映了钒钛磁铁矿中钛磁铁矿矿物成分与结构的特点。由于 Fe_3O_4 还原速度快：

$$Fe_3O_4 + CO \longrightarrow 3FeO + 2CO_2 \tag{4-1}$$

生成的 FeO 的一部分继续还原：

$$FeO + CO \longrightarrow Fe + CO_2 \tag{4-2}$$

而生成的金属铁又是尚存的 Fe_3O_4 的还原剂：

$$Fe_3O_4 + Fe \longrightarrow 4FeO \tag{4-3}$$

反应（4-2）消耗的 FeO 远不及反应（4-1）、（4-3）产生的 FeO 量，在此情况下 FeO 与 $FeO \cdot TiO_2$ 反应：

$$FeO + FeO \cdot TiO_2 \longrightarrow 2FeO \cdot TiO_2 \tag{4-4}$$

矿物颗粒中 $FeO \cdot TiO_2$ 与 Fe_3O_4 紧密共生，为钛铁矿的钛铁晶石化提供了空间上的有利条件。

　　（3）钒钛磁铁矿中的钛铁晶石实际上总溶有 MgO。溶镁的钛铁晶石（$(Fe, Mg)_2TiO_4$）在还原过程中，由于 FeO 的不断减少，MgO 相对含量不断提高，逐渐转变为富镁的钛铁晶石。

　　（4）富镁的钛铁晶石中 FeO 继续被还原，就逐渐变成含镁的钛铁矿。也就是说，在 FeO 过剩时，钛铁矿转变成钛铁晶石，而在 TiO_2 过剩时，钛铁晶石转变成钛铁矿。

　　（5）含镁的钛铁矿中 FeO 继续被还原，就逐渐转变成含铁黑钛石，其化学式为 $(Fe, Mg)Ti_2O_5$。

MgO 在 FeO 中的固溶体与 TiO_2 结合就生成了富镁钛铁晶石或含镁钛铁矿（由 nFeO+MgO 与 TiO_2 比例而定），而 FeO 在 MgO 中的固溶体与 TiO_2 结合，则生成含铁的黑钛石。

上述反应历程反映了钒钛磁铁矿矿物的化学成分与结构的特点，说明即使将球团氧化，把钛铁矿和钛铁晶石全部破坏，但在下一步还原过程中，仍然要重新生成钛铁矿及钛铁晶石（其中固溶有 MgO）的结果仍然是难还原的矿物，因此其还原性在没有添加剂的情况下不会得到改善，这就是前述矿冶研究院实验结果的实质。

4.5.1.4　各种含铁矿物还原时允许的最大 CO_2/CO 值

引起铁矿石还原难易程度差异的原因有两个方面，一方面是由矿石的物理状态（致密性、多孔等）造成的；另一方面则是由矿物的化学组成特点而造成的。前者可以用预处理的方法，如用氧化焙烧来改善原料的还原性能，后者则需要用不同的添加剂来改善还原性能。

往往判断矿物的还原难易程度的标志为还原温度，但这种判断只有单变体系，如用固体碳还原有固定组成的矿物体系才是正确的。而钒钛磁铁矿是由多种复杂的矿物组成的，还原过程的相变也是非常复杂的体系，因此是双变体系，除了指定温度外，还要指定还原的气氛，即气相组成，才能确定体系的状态。在这种情况下，铁氧化物还原难易应以一定温度下所允许的最大 CO_2/CO 值来判断。

由于"自由的"FeO、含镁的钛铁晶石、含镁的钛铁矿及含铁的黑钛石总亚铁的还原难度依次增大，所以钒钛磁铁矿球团还原金属化率的阶段性，必然反映为要求还原气体还原能力的突变性。球团金属化率与还原气体成分的关系可计算如下：

（1）球团金属化率在 0~64.38% 之间时为"自由的"氧化亚铁的还原反应：

$$FeO + CO = Fe + CO_2 \quad \Delta G_1^{\ominus} = -4650 + 5.0T \quad (4-5)$$

$$\lg \frac{CO_2}{CO} = \frac{1016.3}{T} - 1.093$$

（2）球团金属化率在 64.33%~83.31% 之间时为含镁的黑钛石还原为含镁的钛铁矿的反应。在做这个反应的热力学计算时，需做如下假定：把 $(Fe,Mg)O$ 看成是 MgO 在 FeO 中的理想固溶体。这个固溶体与 TiO_2 结合成钛铁晶石和钛铁矿时自由能的变化与纯 FeO 和 TiO_2 结合成相应化合物时相同。这样假定条件下的热力学计算当然是近似的，但根据以下两点，这种近似是接近实际的：1）FeO 和 MgO 都是 NaCl 型立方晶体。前者点阵常数 0.4299nm，后者 0.4213nm，而且 FeO-MgO 确实是形成无限互溶的固溶体；2）$2FeO \cdot TiO_2$ 与 $2MgO \cdot TiO_2$、$FeO \cdot TiO_2$ 与 $MgO \cdot TiO_2$ 由各个氧化物生成相应的化合物时，它们的生成自由能数值是很接近的（在实验误差范围内）。

这样，可以把含镁的钛铁晶石还原为含镁的钛铁矿的反应看成（在做热力学计算时，而不是指反应历程）是：

1）含镁的钛铁矿分解为 $(FeO-MgO)$ 固溶体；

2）$(FeO-MgO)$ 固溶体分解出其中部分 FeO；

3）分解出 FeO 被 CO 所还原；

4）较贫铁而富镁的 $(FeO-MgO)$ 与 TiO_2 结合生成含镁的钛铁矿。

上述各步骤的自由能变化可表示如下：

$$(FeO,MgO)_2 \cdot TiO_2 \Longrightarrow (FeO\text{-}MgO)_2 + TiO_2 \qquad \Delta G_a^\ominus = 8100 - 1.4T$$

$$(FeO\text{-}MgO)_2 \Longrightarrow (FeO\text{-}2MgO) + FeO \qquad \Delta G_{FeO}^\ominus = -RT\ln N_{FeO}$$

$$(FeO\text{-}2MgO) + TiO_2 \Longrightarrow (FeO\text{-}2MgO) \cdot TiO_2 \qquad \Delta G_b^\ominus = -8000 + 2.9T$$

$$+) \qquad FeO + CO \Longrightarrow Fe + CO_2 \qquad \Delta G_1^\ominus = -4650 + 5.0T$$

$$(FeO,MgO)_2 \cdot TiO_2 + CO \Longrightarrow (FeO\text{-}2MgO) \cdot TiO_2 + Fe + CO_2 \qquad (4\text{-}6)$$

$$\Delta G_2^\ominus = \Delta G_a^\ominus + \Delta G_{FeO}^\ominus + \Delta G_b^\ominus + \Delta G_a^\ominus = -4500 + 6.5T - RT\ln N_{FeO}$$

故而

$$\lg \frac{CO_2}{CO} = \frac{994.2}{T} - 1.420 + \lg N_{FeO}$$

其中，N_{FeO} 为镁的钛铁晶石中 FeO 的分子分数，变化范围为 0.94~0.88。

（3）球团金属化率变化在 83.31%~92.82% 范围内时，是含镁的钛铁矿还原为含铁的黑钛石的反应。按照前述同样的假定及计算方法，反应的自由能变化可表示如下：

$$2(FeO\text{-}2MgO) \cdot TiO_2 + CO \Longrightarrow (FeO\text{-}4MgO) \cdot 2TiO_2 + Fe + CO_2 \qquad (4\text{-}7)$$

$$\Delta G_3^\ominus = 3350 + 2.1T - RT\ln(p_{CO_2}/p_{CO})$$

其中，N'_{FeO} 为含镁的钛铁晶矿中 FeO 的分子分数，变化范围为 0.88~0.75。

（4）球团金属化率超过 92.82% 时为含铁的黑钛石的还原反应。可以表示如下：

$$\frac{1}{y}[yFe, (1-y)Mg]O \cdot \frac{2}{y}TiO_2 + CO \Longrightarrow \frac{1-y}{y}(MgO \cdot 2TiO_2) + Fe + 2TiO_2 + CO_2$$

$$(4\text{-}8)$$

这个反应可分为如下各反应：

$$\frac{1}{y}[yFe, (1-y)Mg]O \cdot \frac{2}{y}TiO_2 \Longrightarrow \frac{1}{y}[yFe, (1-y)Mg]O + \frac{2}{y}TiO_2$$

$$\frac{1}{y}[yFe, (1-y)Mg]O \Longrightarrow FeO + \frac{1-y}{y}MgO$$

$$FeO + CO \Longrightarrow Fe + CO_2$$

$$+) \quad \frac{1-y}{y}MgO + \left(\frac{1-y}{y}\right) \cdot 2TiO_2 \Longrightarrow \frac{1-y}{y}(MgO \cdot 2TiO_2)$$

$$\frac{1}{y}[yFe, (1-y)Mg]O \cdot \frac{2}{y}TiO_2 + CO \Longrightarrow \frac{1-y}{y}(MgO \cdot 2TiO_2) + Fe + 2TiO_2 + CO_2$$

$$\Delta G_4^\ominus = \frac{1}{y}(-\Delta G_{MgO \cdot 2TiO_2}^\ominus) - \frac{1}{y}RT\ln y + \Delta G_1^\ominus + \frac{1-y}{y}\Delta G_{MgO \cdot 2TiO_2}^\ominus$$

$$= -\frac{1}{y}RT\ln y + \Delta G_1^\ominus - \Delta G_{MgO \cdot 2TiO_2}^\ominus$$

其中，$\Delta G_{MgO \cdot 2TiO_2}^\ominus = -6600 + 0.15T$，$\Delta G_1^\ominus = -4650 + 5.0T$。

故而

$$\Delta G_4^\ominus = 1950 + 4.85T - \frac{1}{y}RT\ln y$$

式中，$y=N''_{FeO}$，N''_{FeO} 为含铁的黑钛石中 FeO 的分子分数，变化范围为 0.75~0。

$$\lg \frac{CO_2}{CO} = -\frac{426.2}{T} - 1.066 + \frac{1}{y}\lg y$$

现在可以根据上述计算公式 $\left[\lg \dfrac{CO_2}{CO} = f(T, N_{FeO})\right]$ 来做钒钛磁铁矿球团的还原特性图，即球团金属化率与所要求的还原气体中 CO_2/CO 值的关系表，见表 4-3。

表 4-3 球团金属化率与所要求的平衡 CO_2/CO 值

球团金属化率 /%	CO_2/CO 值				被还原的 矿物相
	1200K	1300K	1400K	1473K	
0~34.38	0.5670	0.4881	0.4300	0.3955	"自由的" FeO
64.38~83.31	0.2408~0.2254	0.2480~0.1930	0.1832~0.1714	0.1691~0.1583	含镁钛铁晶石
83.31~92.82	0.0768~0.0655	0.0839~0.0714	0.0918~0.0782	0.0996~0.0830	含镁钛铁矿
82.82~100	0.0258~0	0.0276~0	0.02904~0	0.0301~0	含铁黑钛石

将表 4-3 的数据做成图 4-2 及图 4-3。

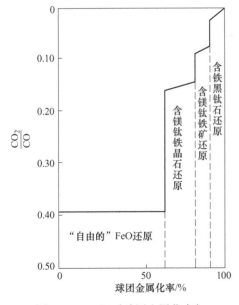

图 4-2 1200℃时球团金属化率与平衡 CO_2/CO 值关系

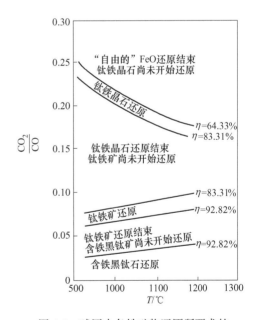

图 4-3 球团中各铁矿物还原所要求的 CO_2/CO 和能达到的金属率

图 4-3 清楚地表现出钒钛磁铁矿球团中各含铁矿物还原的阶段性，即球团金属化率的阶段性与所要求的还原气体的 CO_2/CO 值之间的关系。由图 4-3 可知，达到 64% 的金属化率是轻而易举的，但欲超过 64% 金属化率时，则要求气体的质量（以 CO_2/CO 值表示）有一个飞跃。而且每当一个含铁矿物还原结束，另一个含铁矿物开始还原时，都要求气体

的质量有一个飞跃。对于含镁钛铁晶石、含镁钛铁矿及含铁的黑钛石的还原过程，其相应的 CO_2/CO 是渐变的，反映出这三个含铁矿物中的含铁量有渐变的性质，而金属化率越高，渐变线段的斜率越大，表明在金属化率高的情况下，每提高1%的金属化率所要求还原气体的质量（以 CO_2/CO 表示）降低更多。图4-3表明在不同温度下各含铁矿还原的顺序及每个含铁矿物开始还原和还原结束所要求的 CO_2/CO 值。

4.5.2　钒铬氧化物的还原

4.5.2.1　钒氧化物的还原

在钛磁铁矿精矿中，钒和铬都是以三价离子的氧化物状态取代了磁铁矿中三价铁离子以 $(Fe, V, Cr)_2O_3 \cdot FeO$ 为主要存在形式，固溶于磁铁矿中。在用碳还原过程中，随着铁氧化物的还原，钒和铬氧化物也将被逐级还原。可以进行热力学计算，计算所需的有关基础热力学数据见表4-4。

表4-4　钒氧化物还原计算用基础热力学数据

编号	反应式	$\Delta G^{\ominus}/J \cdot mol^{-1}$
1	$2V+C \rightarrow V_2C$	$-146400 + 3.35T$
2	$V+C \rightarrow VC$	$-102100 + 9.58T$
3	$2V+1.50_2 \rightarrow V_2O_3$	$-1202900 + 237.53T$
4	$V+0.50_2 \rightarrow VO$	$-424700 + 80.04T$
5	$C+0.50_2 \rightarrow CO$	$-114400 - 85.77T$

（1）生成VO：
$$V_2O_3 + C \Longrightarrow 2VO + CO \qquad \Delta G_1^{\ominus} = 239100 - 163.22T \tag{4-9}$$
（2）生成VC：
$$V_2O_3 + 5C \Longrightarrow 2VC + 3CO \qquad \Delta G_2^{\ominus} = 665500 - 475.68T \tag{4-10}$$
（3）生成 V_2C：
$$V_2O_3 + 4C \Longrightarrow V_2C + 3CO \qquad \Delta G_3^{\ominus} = 713300 - 490.49T \tag{4-11}$$
（4）生成金属钒：
$$V_2O_3 + 3C \Longrightarrow 2V + 3CO \qquad \Delta G_4^{\ominus} = 859700 - 494.84T \tag{4-12}$$

通过上述热力学数据，可计算出上述各式的标准开始反应温度：
$$T_1^{\ominus} = 1464.89K = 1192℃$$
$$T_2^{\ominus} = 1399.04K = 1126℃$$
$$T_3^{\ominus} = 1454.26K = 1181℃$$
$$T_4^{\ominus} = 1737.32K = 1464℃$$

在还原温度为1350℃（1623K）的条件下，可以计算出上述反应的标准生成自由能：
$$\Delta G_1^{\ominus} = 1.085J/mol$$
$$\Delta G_2^{\ominus} = 0.86J/mol$$
$$\Delta G_3^{\ominus} = 0.89J/mol$$
$$\Delta G_4^{\ominus} = 1.07J/mol$$

从上述热力学计算结果可以得出钒氧化物还原难易程度（从易到难）：

$$VC > V_2C > VO > V$$

因此，可以认为在直接还原温度条件下，首先生成碳化钒，再生成 V_2C，而金属钒和 VO 是难以生成的，这样就为下一步处理金属化球团提供了重要参考：钒在金属化球团中有一部分可能以碳化钒形式存在，而不是金属钒，采用熔化分离工艺可实现钒、钛与铁的分离。

4.5.2.2 铬氧化物的还原

用同样的方法可以计算出铬氧化物的还原，计算所需的有关基础热力学数据见表 4-5。

表 4-5 铬氧化物还原计算用基础热力学数据

编号	反应式	$\Delta G^{\ominus}/J \cdot mol^{-1}$
1	$4Cr+C \rightarrow Cr_4C$	$-96200 - 11.7T$
2	$3Cr+2C \rightarrow Cr_3C_2$	$-791000 - 17.7T$
3	$23Cr+6C \rightarrow Cr_{23}C_6$	$-3096000 - 77.4T$
4	$7Cr+3C \rightarrow Cr_7C_3$	$-153600 - 37.2T$
5	$C+0.5O_2 \rightarrow CO$	$-114400 - 85.77T$
6	$2Cr+1.5O_2 \rightarrow Cr_2O_3$	$-1110140 + 247.32T$

从表 4-5 的数据分析说明，几种碳化铬的生成自由能均为负值，不用计算就可以判断在还原条件下生成碳化铬比金属铬要容易得多，金属铬是不会生成的。

铬 90% 赋存在钛磁铁矿中，三价铬离子置换了三价铁离子，呈类质同象存在。因此在选出铁精矿的同时，铬也与钒钛铁同时回收，特别是铬与钒在冶炼过程中走向是一致的，一起进入铁水中，在吹炼钒渣的同时，大部分铬也进入钒渣，因此在用钒渣生产五氧化二钒的同时，也可以得到三氧化二铬产品。

在生产铬铁的还原过程中，铬是从 Cr_2O_3 中还原出来的。碳热还原按下式进行：
$$(Cr_2O_3) + 3C \rightleftharpoons 2[Cr] + 3CO \quad \Delta G_T^{\ominus} = 187650 - 124.95T, \Delta G_{1773}^{\ominus} = 0$$
生成碳化铬的反应式为：
$$(Cr_2O_3) + 13/3C \rightleftharpoons 2/3[Cr_3C_2] + 3CO \quad \Delta G_T^{\ominus} = 174450 - 122.27T, \Delta G_{1703}^{\ominus} = 0$$
铬铁矿石中铬氧化物以尖晶石形式存在时，还原反应式为：
$$(MgO \cdot Cr_2O_3) + 3C \rightleftharpoons 2[Cr] + (MgO) + 3CO \quad \Delta G_T^{\ominus} = 192650 - 124.300T, \Delta G_{1823}^{\ominus} = 0$$
在大多数情况下，铬铁矿石中的主要成分是 $FeO \cdot Cr_2O_3$，还原反应按下式进行：
$$3(FeO \cdot Cr_2O_3) + 3C \rightleftharpoons 3[Fe] + (Cr_2O_3) + 3CO \quad \Delta G_T^{\ominus} = 117300 - 99.15T, \Delta G_{1353}^{\ominus} = 0$$
当有铁存在时，对纯三氧化二铬的还原有利，因为形成铬铁合金可以降低铬的活度。
$$2[Fe] + (Cr_2O_3) + 3C \rightleftharpoons 2[Cr-Fe] + 3CO$$
由于含钒铬生铁水中的 FeO 含量高，在还原炉中同时还原氧化铬和氧化铁是比较容易的，但是，Cr_2O_3 对炉渣起稠化作用，还需要采取一些特别的措施。

4.5.3 钛铁复合氧化物的直接还原

钒钛磁铁矿中的钛主要以氧化物（TiO_2）的形式存在于钛铁晶石（$2FeO \cdot TiO_2$）和

钛铁矿(FeO·TiO$_2$)中。钒钛磁铁矿经选矿得到钒铁精矿（铁精矿）和钛铁精矿（钛精矿）。钒铁精矿的主要矿相成分是钛磁铁矿、钛铁矿等。

钒钛铁精矿直接还原的原理是：使用直接还原的方法将钒钛磁铁精矿中的钛磁铁矿、钛铁矿、钛铁晶石等矿物在 900~1200℃ 温度下还原为金属铁和其他金属化率较高的直接还原产品，再经电炉熔化分离，使铁水与含钒钛炉渣分离。

以钛精矿为例，钛精精矿中主要矿相成分为钛铁矿（FeO·TiO$_2$ 或 FeTiO$_3$），其中主要伴生的铁氧化物为 FeO 和 Fe$_2$O$_3$。由于钛和铁对氧的亲和力不同，它们的氧化物生成自由熔有较大的差异，因此经过选择性还原熔炼，可以分别获得生铁和钛渣。由于钛渣的熔点高（大于 1723K），且黏度大，所以含钛量高的铁矿不宜在高炉中冶炼，但可在电弧炉中还原熔炼。

用碳还原钛铁矿时，随着温度和配碳量的不同，整个体系的反应比较复杂，可能发生的反应较多，随温度和配碳量的不同，可能有如下的反应。

$$\text{FeTiO}_3 + \text{C} = \text{Fe} + \text{TiO}_2 + \text{CO} \qquad \Delta G^\ominus = 190900 - 161T \qquad (4\text{-}13)$$

$$\frac{3}{4}\text{FeTiO}_3 + \text{C} = \frac{3}{4}\text{Fe} + \frac{1}{4}\text{Ti}_3\text{O}_5 + \text{CO} \qquad \Delta G^\ominus = 209000 - 168T \qquad (4\text{-}14)$$

$$\frac{2}{3}\text{FeTiO}_3 + \text{C} = \frac{2}{3}\text{Fe} + \frac{1}{3}\text{Ti}_2\text{O}_3 + \text{CO} \qquad \Delta G^\ominus = 213000 - 171T \qquad (4\text{-}15)$$

$$\frac{1}{2}\text{FeTiO}_3 + \text{C} = \frac{1}{2}\text{Fe} + \frac{1}{2}\text{TiO} + \text{CO} \qquad \Delta G^\ominus = 252600 - 177T \qquad (4\text{-}16)$$

$$2\text{FeTiO}_3 + \text{C} = \text{FeTi}_2\text{O}_5 + \text{Fe} + \text{CO} \qquad \Delta G^\ominus = 185000 - 155T \qquad (4\text{-}17)$$

$$\frac{1}{4}\text{FeTiO}_3 + \text{C} = \frac{1}{4}\text{Fe} + \frac{1}{4}\text{TiC} + \text{CO} \qquad \Delta G^\ominus = 182500 - 127T \qquad (4\text{-}18)$$

$$\frac{1}{3}\text{FeTiO}_3 + \text{C} = \frac{1}{3}\text{Fe} + \frac{1}{3}\text{Ti} + \text{CO} \qquad \Delta G^\ominus = 304600 - 173T \qquad (4\text{-}19)$$

钛精矿中伴生的三价铁氧化物可看作是游离的 Fe$_2$O$_3$，其被还原的反应为：

$$\frac{1}{3}\text{Fe}_2\text{O}_3 + \text{C} = \frac{2}{3}\text{Fe} + \text{CO} \qquad \Delta G^\ominus = 164000 + 176T \qquad (4\text{-}20)$$

按上面给出的各反应的标准自由能变化与温度的关系，计算出在不同温度下的标准自由能变化值（$\Delta G^\ominus$）并将其绘制成 $\Delta G^\ominus$-T 关系图，如图 4-4 所示。

电炉还原熔炼钛铁矿的最高温度约达 2000K，由图 4-4 可见，在这样高的温度下，式（4-13）~式（4-19）反应的 $\Delta G^\ominus$ 均是负值，从热力学上表明这些反应均可进行，并随着温度的升高反应趋势均增大。但以上各反应的开始温度（即 $\Delta G^\ominus = 0$ 时的相应温度）是不相同的，在同一温度下各反应进行的趋势大小也不一样，其反应顺序为：

（4-20）>（4-13）>（4-17）>（4-14）>（4-15）>（4-16）>（4-18）>（4-19）

在低温（<1500K）的固相还原中，主要是矿中铁氧化物的还原，TiO$_2$ 的还原量很少，即主要按式（4-20）、式（4-13）、式（4-17）进行还原反应生成金属铁和 TiO$_2$ 或 FeTi$_2$O$_5$；在中温（1500~1800K）液相还原中，除了铁氧化物被还原外，还有相当数量的 TiO$_2$ 被还原，即主要按式（4-14）~式（4-16）进行还原反应生成金属铁和低价钛氧化物；在高温（1800~2000K）下按式（4-18）和式（4-19）进行反应生成 TiC 和金属 Ti（溶于

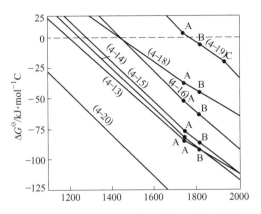

图 4-4 钛铁矿还原熔炼反应的 $\Delta G^{\ominus}$-T 关系

A—FeTiO$_3$ 熔化温度 1743K；B—Fe 熔点 1809K；C—Ti 熔点 1933K

铁中）的量增加。

虽然反应式（4-13）～式（4-16）在高温下能够进行，但对 1mol FeTiO$_3$ 而言，所消耗的还原剂碳量不同，其化学计量配碳量按反应式（4-13）～式（4-16）的顺序为 $1:\dfrac{4}{3}:\dfrac{3}{2}:2$，若是控制一定配碳量，比如对 1mol C 而言，可还原 FeTiO$_2$ 的摩尔数按顺序则为 $1:\dfrac{3}{4}:\dfrac{2}{3}:\dfrac{1}{2}$；因此，控制一定配碳量及在一定温度的条件下，反应主要按式（4-13）进行生成 Fe 和 TiO$_2$，而反应式（4-14）～式（4-16）只能是部分进行；在足够高的温度及过量还原剂存在的条件下，TiO$_2$ 也能被还原为钛的低价氧化物及碳化物；在给定的温度压力下，当几个反应都可以进行时，配碳量就会影响到反应的最后结果，当控制配碳量时，反应即具有选择性。

当温度高于 FeO·TiO$_2$ 的熔点 1743K 时，还原反应在液相中进行。固体碳与熔态钛铁矿可有如下反应：

$$\frac{2}{3}(\text{FeO}\cdot\text{TiO}_2)+\text{C}=\!=\!=\frac{2}{3}\text{Fe}+\frac{1}{3}\left[\text{Ti}_2\text{O}_3\right]_{\text{FeO}\cdot\text{TiO}_2}+\text{CO}\qquad \Delta G^{\ominus}=121000-132.9T$$

$$(4\text{-}21)$$

$$2(\text{FeO}\cdot\text{TiO}_2)+\text{C}=\!=\!=\text{FeO}+2\text{TiO}_2+\text{Fe}+\text{CO}\qquad \Delta G^{\ominus}=174000-157.2T\qquad(4\text{-}22)$$

$$\frac{5}{6}(\text{FeO}\cdot\text{TiO}_2)+\text{C}=\!=\!=\frac{5}{6}\text{Fe}+\frac{1}{6}\text{Ti}_5\text{O}_9+\text{CO}\qquad \Delta G^{\ominus}=177000-157.8T\qquad(4\text{-}23)$$

$$\frac{2}{3}\left[\text{FeO}\cdot\text{TiO}_2\right]_{\text{Ti}_2\text{O}_3}+\text{C}=\!=\!=\frac{2}{3}\text{Fe}+\frac{1}{3}\text{Ti}_2\text{O}_3+\text{CO}\qquad \Delta G^{\ominus}=156000-142.1T\qquad(4\text{-}24)$$

因为钛铁矿（FeO·TiO$_2$）和 Ti$_2$O$_3$ 都是三方晶系的刚玉型结构，还原过程不需要重建晶格而另外耗能，所以从热力学参数上看反应最易进行。还原 $\left[\text{FeO}\cdot\text{TiO}_2\right]_{\text{Ti}_2\text{O}_3}$ 中 FeO 则由于需要重建新晶格而比较困难。因此，由于晶格相似性因素的影响，FeO·TiO$_2$ 还原的顺序如下：

$$\text{FeO}\cdot\text{TiO}_2 \begin{array}{l} \nearrow \left[\text{Ti}_2\text{O}_3\right]_{\text{FeO}\cdot\text{TiO}_2}\rightarrow\left[\text{FeO}\cdot\text{TiO}_2\right]_{\text{Ti}_2\text{O}_3}\rightarrow\text{Ti}_2\text{O}_3\rightarrow\text{TiO} \\ \searrow \left[\text{TiO}_2\right]_{\text{FeO}\cdot 2\text{TiO}_2}\rightarrow\text{TiO}_2\rightarrow\text{Ti}_5\text{O}_9\rightarrow\text{Ti}_2\text{O}_3\rightarrow\text{TiO} \end{array}$$

对上述反应的实验研究证明，在还原钛铁矿中铁氧化物的理论配碳量为120%以下，从1000℃开始的固相还原阶段便在还原产物中发现有Ti_2O_3型固溶体——纤维钛石（塔基石，Tagirovite）。而且在液相还原时更是优先生成Ti_2O_3且反应激烈。在理论配碳量下，温度高于1100℃时还原产物主要是$FeO \cdot 2TiO_2$而未见有Ti_2O_3，考虑到每个$FeO \cdot 2TiO_2$分子能溶解达10个分子的TiO_2，故钛铁矿的固体碳还原过程在1100℃以上（尚处于固相）时，可表示为下列反应式：

$$12(FeO \cdot TiO_2) + 11C = (FeO \cdot 2TiO_2) \cdot 10TiO_2 + 11Fe + 11CO$$

因而，在固相还原阶段就形成了Ti_3O_5型固溶体——黑钛石和少量Ti_2O_3。在高温熔炼过程中，Ti_3O_5和Ti_2O_3都能溶解FeO和$FeTiO_3$，并且它们与TiO_2和TiO能形成固溶体。由于这个缘故，炉渣冷凝后形成成分复杂的化合物，其中主要是在Ti_3O_5晶格基础上所生成的黑钛石。其组成为：

$$m\{(Mg, Fe, Ti)O \cdot 2TiO_2\} \cdot n\{(Al, Fe, Ti)_2O_3 \cdot TiO_2\}$$

在黑钛石组成中，钛以各种形态存在。除黑钛石、低价钛氧化物和$FeTiO_3$在Ti_2O_3中形成的固溶体外，还有若干钛的碳、氮和氧等化合物的固溶体［即Ti(C, N, O)］。它们在约1600K以上，有过量的碳存在就能产生。低价钛氧化物尤其是钛—氧—氮—碳固溶体的存在，会使炉渣的熔点升高，黏度增大。因此，电炉熔炼钛铁矿是否生成Ti_2O_3和TiO主要决定于配碳量。

4.5.4　硅锰氧化物的还原

4.5.4.1　硅氧化物的还原

锰和硅一样，以高硅生铁和硅铁的各种合金形式在炼钢过程中作脱氧剂和合金剂使用，是炼钢生产中不可缺少的金属附加料，吨钢平均消耗硅铁约7kg（含硅50%的硅铁）。

根据氧化物标准生成自由能随温度变化的理查德图（见图4-5），Si比Mn更难还原，SiO_2只能成液态才能和赤热焦炭进行还原，在高炉冶炼过程中Si的还原程序取决于温度和炉渣碱度，当CaO/SiO_2较低，渣中自由SiO_2较多时，Si容易还原，反之则难还原。根据研究，Si的还原情况如下：

$$SiO_2 + C = SiO(g) + CO - Q$$
$$SiO + C = Si + CO - Q$$

硅氧化物的还原次序是先生成碳化硅和一氧化硅，这两种中间产物相互反应或同炉料反应生成Si。碳化硅生成反应：

$$SiO_2 + 3C = SiC + 2CO$$
$$\Delta G_T^\ominus = 148200 - 1.3T \cdot \lg T - 77.7T (T < 1686K)$$
$$\Delta G_T^\ominus = 147200 - 2.73T \cdot \lg T - 72.5T (T > 1686K)$$

当温度为1537℃时，$\Delta G = 0$。

不完全还原反应：

$$SiO_2 + C = SiO + CO(Si损失)$$
$$\Delta G_T^\ominus = 165000 + 6.54T \cdot \lg T - 103.85T (T < 1700K)$$
$$\Delta G_T^\ominus = 178000 + 6.45T \cdot \lg T - 111.05T (T > 1700K)$$

当温度为1727℃时，$\Delta G_T^\ominus = 0$（CO+SiO 为0.1MPa）。

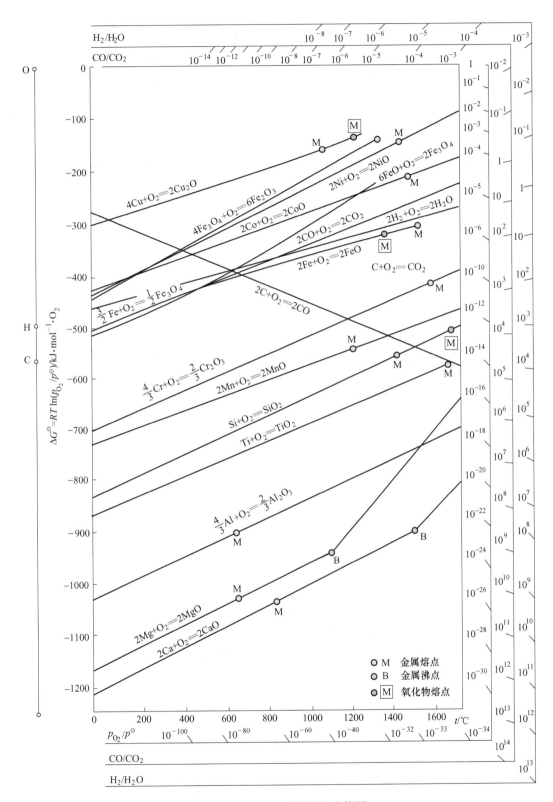

图 4-5 氧化物的吉布斯自由能图

SiO_2 和 SiC 的反应：

$$SiO_2 + 2SiC = 3Si + 2CO$$

$$\Delta G_T^{\ominus} = 190200 + 2.3T \cdot \lg T - 94.76T \quad (T < 1700K)$$

$$\Delta G_T^{\ominus} = 228400 + 5.46T \cdot \lg T - 126.8T \quad (T > 1700K)$$

当温度为 1827℃ 时，$\Delta G_T^{\ominus} = 0$。

SiO 的还原反应：

$$SiO + C = Si + CO$$

根据反应自由能方程式 $[\Delta G_T^{\ominus} = -7400 - 12.9T \cdot \lg T + 40.9T \, (T > 1700K)]$ 计算出的 $(p = 0.1MPa)$ 各反应的开始温度为：

$$SiO_2 + C \longrightarrow Si, \quad 1650℃$$
$$SiO_2 + C + Fe \longrightarrow FeSi90, \quad 1627℃$$
$$SiO_2 + C + Fe \longrightarrow FeSi75, \quad 1587℃$$
$$SiO_2 + C + Fe \longrightarrow FeSi45, \quad 1540℃$$
$$SiO + C + Fe \longrightarrow FeSi33, \quad 1430℃$$
$$SiO_2 + C \longrightarrow SiC, \quad 1537℃$$
$$SiO_2 + SiC \longrightarrow Si, \quad 1827℃$$

冶炼硅铁时的各反应的标准生成自由能同温度的关系如图 4-6 所示。

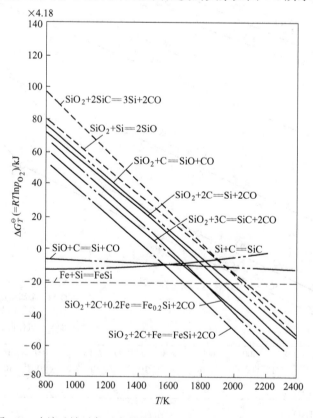

图 4-6　冶炼硅铁时各反应的标准生成自由能 $\Delta G_T^{\ominus}$ 同温度的关系

4.5.4.2 锰氧化物的还原

A 锰氧化物分解的特点

锰的熔点为 1244℃，熔化热为 14.630kJ/mol；锰的沸点为 2150℃，蒸发热为 2.3×10^5J/mol，液体的蒸气压在 1750℃时达到 10kPa。

锰与铁在液体状态时能相互无限溶解，但 Mn 和 Fe 不生成化合物。

锰有四种氧化物，其含氧量（质量分数）为：MnO 含氧 22.5%、Mn_3O_4 含氧 27.97%、Mn_2O_3 含氧 30.41%、MnO_2 含氧 36.81%。

氧化亚锰的结构与氧化亚铁类似，也是缺位式固溶体，氧在此固溶体中的最低含量是 23.09%，最高含量（950℃）是 25.5%。MnO 在 1778℃熔化，熔化热为 59kJ/mol。

锰氧化物分解反应仍然是按照巴依科夫的逐级转化原则进行的，在 Mn-O 体系中，锰的氧化分解反应如下：

$$4MnO_2 \Longrightarrow 2Mn_2O_3 + O_2 \quad \Delta H_{298}^{\ominus} = 151\text{kJ/mol}$$

$$6Mn_2O_3 \Longrightarrow 4Mn_3O_4 + O_2 \quad \Delta H_{298}^{\ominus} = 210\text{kJ/mol}$$

$$2Mn_3O_4 \Longrightarrow 6MnO + O_2 \quad \Delta H_{298}^{\ominus} = 478\text{kJ/mol}$$

$$2MnO_2 \Longrightarrow 2Mn + O_2 \quad \Delta H_{298}^{\ominus} = 778\text{kJ/mol}$$

锰氧化物还原顺序与铁相似，由高价还原到低价，各阶段中氧的损失是：

$$MnO_2 \xrightarrow[25\%]{} Mn_2O_3 \xrightarrow[8.5\%]{} Mn_3O_4 \xrightarrow[16.5\%]{} MnO \xrightarrow[50\%]{} Mn$$

其反应自由能与温度的关系如图 4-7 所示。

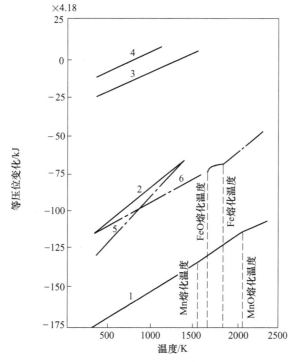

图 4-7 Mn-O 及 Fe-O 系统反应等压位变化与温度的关系

1—2MnO ═ 2Mn+O_2；2—2Mn_3O_4 ═ 6MnO+O_2；3—6Mn_2O_3 ═ 4Mn_3O_4+O_2；

4—2MnO_2 ═ 2Mn+2O_2；5—2Fe_3O_4 ═ 6FeO+O_2；6—2FeO ═ 2Fe+O_2

图 4-7 表明，锰的高级氧化物不如低级氧化物稳定，MnO_2 和 Mn_2O_3 加热过程中极易分解，它们的分解压力与温度的关系用下式表示：

$$Mn_2O_3:\qquad\qquad \lg p_{O_2} = -\frac{7052}{T} + 5.14$$

$$MnO_2:\qquad\qquad \lg p_{O_2} = -\frac{4543}{T} + 5.52$$

由上式可计算出，MnO_2 在 733K 时分解压为 21kPa，在 823K 时分解压为 100kPa；Mn_2O_3 在 1213K 时分解压为 21kPa，在 1373K 时分解压为 100kPa。因此，它们都可以用热分解的办法转变为氧化程度低的氧化锰。

　　B　锰氧化物还原的热力学

MnO 是各级氧化锰中最稳定的氧化物，其分解压比 FeO 小得多，从图 4-7 可看出，曲线 1 和曲线 6 的相对位置，说明锰对氧的亲和力比铁大得多。MnO 与 FeO 生成自由能（$\Delta G^{\ominus}$）与温度（T）的关系见表 4-6。

表 4-6 的数据表明，MnO 比 FeO 稳定得多。

表 4-6　MnO 与 FeO 生成自由能（$\Delta G^{\ominus}$）与温度（T）的关系　　　　（J/mol）

T/K	1000	1400	1800
MnO	−624253	−566179	−502708
FeO	−399028	−341791	−289910

按热力学计算分析，MnO 不能用 CO 间接还原出锰。MnO 的还原反应用下式表示：

$$MnO + CO \Longrightarrow Mn + CO_2 - 121503J/mol$$
$$CO_2 + C_{焦} \Longrightarrow 2CO - 165686J/mol$$
$$MnO + C_{焦} \Longrightarrow Mn + CO - 287190J/mol$$

氧化物还原的难易，取决于元素同氧亲和力的大小，即取决于氧化物分解压力的大小。根据各种氧化物分解压力或其生成自由能的大小来选择适当的还原剂。

4.6　钒钛磁铁矿非高炉冶炼工艺主要生产流程介绍

目前，国外采用非高炉冶炼工艺应用于工业生产处理钒钛磁铁矿的企业主要有南非海威尔德钢钒公司、新西兰钢铁公司，其在工业实践中积累了丰富的生产实践经验，取得了较好的生产效果。南非海威尔德钢钒公司、新西兰钢铁公司处理钒钛磁铁矿生产流程，一般是先采用煤粉等固体还原剂预还原钒钛磁铁矿，通常采用回转窑为直接还原设备，得到金属化物料。将金属化物料送至电炉内冶炼。冶炼得到含钒铁水和含钛炉渣，再对含钒铁水进行摇包提钒，将钒分离至钒渣中，实现铁、钒的回收。但是，因得到的钛渣中钛资源品位低而没有实现回收利用。

目前，国内采用非高炉冶炼工艺应用于工业生产处理钒钛磁铁矿的企业主要有四川龙蟒集团和攀钢集团。其中，四川龙蟒集团建成了一条规模为 7 万吨/年的转底炉—电炉熔分深还原工业试验性生产线，攀钢建成了一条规模为 10 万吨/年的转底炉—电炉熔分深还原工业试验性生产线，取得了较好的试验研究成果。

4.6.1 南非海威尔德钢钒公司非高炉冶炼工艺

南非海威尔德钢钒公司（Evraz Highveld Steel & Vanadium, Emalahleni, South Africa）分为两个生产厂：钢厂和 Vanchem 分公司。钢厂位于 Witbank 附近，主要采用钒钛磁铁矿生产钢及钒渣；Vanchem 分公司利用钢厂生产的钒渣进行钒化学品的生产。其工艺设备流程如图 4-8 所示。

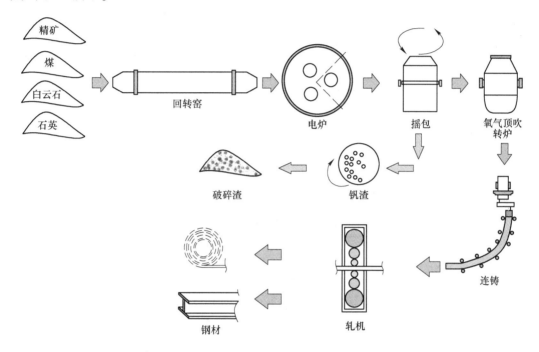

图 4-8　南非海威尔德钢钒公司钢厂直接还原—电炉法工艺设备流程

4.6.1.1　工艺流程

（1）原料。采用位于 Stofberg 和 Steelpoort 之间的布什维尔德露天矿开采的钒钛磁铁矿作为原料，其化学成分见表 4-7，采用次烟煤粉作为还原剂，其工业分析见表 4-8，采用白云石及石英作助熔剂。

表 4-7　海威尔德钢钒公司钒钛磁铁矿化学成分　　　　　　　　　　（%）

TFe	FeO	Fe$_2$O$_3$	TiO$_2$	V$_2$O$_5$	SiO$_2$	Al$_2$O$_3$	MgO	CaO	MnO	Cr$_2$O$_3$
54.5	16.5	60.0	12.70	1.65	2.00	4.80	1.60	0.10	0.30	0.40

表 4-8　次烟煤工业分析　　　　　　　　　　（%）

名称	水分	挥发分	灰分	固定碳	S
次烟煤	3	31	15	54	0.60

（2）配料。通常采用 63% 的钒钛磁铁精矿、28% 的煤、白云石和石英共占比 9% 的配比进行物料的混匀。

（3）直接还原。将混合料造球后送至回转窑内进行预热及预还原处理。回转窑内还原温度在1140℃左右，还原产物的金属铁含量在60%左右。该公司拥有13座长60m的回转窑，回转窑产生的热烟气用于发电，为电弧炉提供电力。

（4）深还原。还原后的物料通过输送机送入电炉内进行冶炼，冶炼周期为3.5~4h，得到含钒铁水与含钛炉渣，炉渣和铁水的化学成分见表4-9和表4-10。该公司拥有7座电炉，以回转窑热烟气发电作为能源运行。

表4-9　含钛炉渣化学成分组成　　　　　　　　　（%）

TiO$_2$	FeO	SiO$_2$	Al$_2$O$_3$	MgO	CaO	MnO	V$_2$O$_5$	Cr$_2$O$_3$
35.60	1.00	16.20	18.00	14.10	14.10	0.40	0.90	0.20

表4-10　铁水化学成分组成　　　　　　　　　（%）

Ti	Fe	Si	Mn	V	Cr	C
0.20	94.50	0.20	0.20	1.29	0.34	3.20

（5）提钒。含钒铁水热装入摇包中，并添加一定比例的生铁及废钢，吹入氧气进行吹炼，吹氧管的压力在0.15~0.25MPa，吹氧时间为52min，所得钒渣中V$_2$O$_5$平均含量为24%，炉渣的化学成分见表4-11。该公司拥有4个摇包，钒渣年产量折合成V$_2$O$_5$约为1.8万吨。

表4-11　钒渣化学成分组成　　　　　　　　　（%）

FeO	V$_2$O$_5$	CaO	MgO	SiO$_2$	Al$_2$O$_3$	TiO$_2$	Cr$_2$O$_3$	MnO
29	24	5	4	15	5	9	5	3

（6）炼钢。将提钒之后的铁水（半钢）运至氧气顶吹转炉中进行吹炼，合格钢水经过连铸等处理后生产出钢材。该公司拥有3座70t氧气顶吹转炉、2个钢包炉及4台连铸机，每年的钢铁产量约为90万吨。

4.6.1.2　副产品处理

海威尔德钢钒公司采用的工艺可以有效地回收钒钛磁铁精矿中的铁和钒，采用回转窑运行过程产生的热气进行发电供电炉使用，可以有效降低生产成本。但因矿石中钛含量低，并且在配料中加入大量白云石及石英调渣，得到的钛渣中TiO$_2$含量低，其中的钛资源未能得到有效回收利用，通常被丢弃或者铺路使用。

4.6.2　新西兰钢铁公司非高炉冶炼工艺

新西兰钢铁公司（New Zealand Steel Limited）位于奥克兰东南65km处的格伦布鲁克，其主要采用新西兰北岛西海岸的钒钛磁铁矿海砂矿作为原料生产钒渣和钢，其工艺流程图如图4-9所示。

4.6.2.1　工艺流程

（1）原料。采用钒钛海砂磁铁矿精作为原料，其颗粒形貌呈圆形，平均粒度为125μm。采用产于亨特利的Waikato煤田的煤作为还原剂，并配加一定量产于奥托罗杭阿-Waitomode石灰石作为助熔剂。海砂矿精矿的化学成分、粒度组成及褐煤的工业分析见表4-12~表4-14。

（2）配料。将海砂矿精矿、褐煤、石灰石按比例充分混匀。

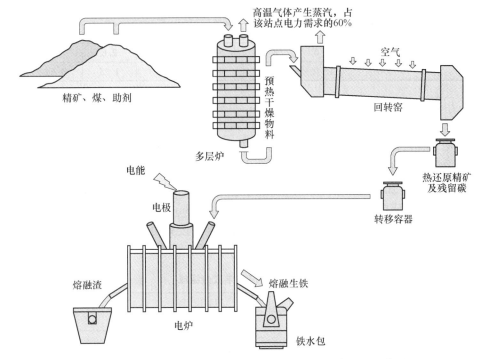

图 4-9 新西兰钢铁公司直接还原—电炉法工业设备流程示意图

表 4-12 新西兰钒钛海砂磁铁精矿化学成分 （%）

项 目	TFe	TiO_2	V_2O_5	SiO_2	CaO	MgO	Al_2O_3
钒钛海砂磁铁矿	57.43	8.0	0.51	3.5	1.0	3.0	4.2

表 4-13 新西兰钒钛磁铁精矿粒度组成

粒度/mm	1~0.5	0.5~0.25	0.25~0.125	0.125~0.063	-0.063	MS
占比/%	15.1	26.8	39.3	10.5	8.3	0.3

表 4-14 焦煤工业分析 （%）

发热量	水分	挥发分	灰分	固定碳	S
4000×4.18kJ/kg	20	35	4.5	40	0.25

（3）预热、干燥。将混合物料通过浆体输送管道输送至多层炉中对混合物料进行干燥预热处理，多层炉中的热量可以将煤中的挥发物除去，其中包括焦油、石油、丙烷、丁烷和甲烷等碳氢化合物。挥发物的燃烧可为该过程提供能量。该厂拥有4个多层炉，物料从4个炉子的12个炉膛层下降，离开炉床后的温度约为650℃。多层炉产生的热烟气用于联合发电。

（4）直接还原（预还原）。预热后的物料通过盘式运输机送至回转窑内进行直接还原处理，回转窑内还原最高温度在1100℃左右，煤被多层炉加热干燥处理后的残余碳可用于铁氧化物的还原。物料在窑内的停留时间为3h，还原产物的金属化率为80%，物料排出温度约为950℃，产物简称为RPCC，其中包括直接还原铁（DRI）和还原剂残余物，RPCC及DRI的主要成分见表4-15。

表 4-15　RPCC 及 DRI 主要成分　　　（%）

产物	TFe	MFe	FeO	TiO$_2$	SiO$_2$	Al$_2$O$_3$	CaO	MgO	C
RPCC	65	51.6	16.6	8.9	5.3	5.35	2.6	3.4	5
DRI	70	56.5	18.0	9.7	4.2	4.2	1.25	3.68	0.2

该公司拥有 4 座卧式回转窑，窑长 65m，直径 4.6m，炉衬厚度 30cm，斜率为 1.5%，还原气体温度在 1000℃左右，回转窑产生的热烟气可用于联合发电供电炉使用。

（5）电炉深还原。将回转窑直接还原后的金属化物料通过密闭储罐输送至熔分电炉上部，并采用螺旋给料机进行装料。物料在电炉中冶炼后将含钒铁水和炉渣排出，铁水温度约为 1480℃，炉渣温度约为 1530℃，炉渣与铁水的化学成分分别见表 4-16、表 4-17。

该公司拥有两座电炉，炉长 26m，宽 7.6m，高 3.8m，含有 6 根直径为 1.5m 的电极，单炉的最大功率为 45MW，加料的能力为 70t/h，电炉设有两个出铁口，一个出渣口，每座电炉的设计产能为 30 万吨。

表 4-16　炉渣化学成分组成　　　（%）

TiO$_2$	SiO$_2$	Al$_2$O$_3$	CaO	MgO	FeO
32~35	11~13	19	16	12~13	2~4

表 4-17　铁水化学成分组成　　　（%）

Fe	C	V	Ti	Si	Mn	S	P
95.50	3.40	0.42	0.16	<0.11	0.33	0.06	0.06

（6）摇包提钒。在 1380~1420℃温度下，铁水被转移至摇包中，向摇包内吹氧时间在 8~12min 之间，整个提钒周期在 26~45min 之间，钒的氧化率为 60%~70%。钒渣中 V$_2$O$_5$ 含量为 15.5%，TFe 含量为 34%，TiO$_2$ 含量为 13.3%。

（7）炼钢。将铁水转运至氧气炼钢炉进行冶炼，添加铁合金在钢包炉内精炼达到所需规格，后转移到连铸机铸成钢坯。海绵铁年产量为 12.5 万吨，钢的年产量为 16 万吨。

4.6.2.2　副产品处理

新西兰钢铁公司采用钒钛海砂磁铁矿作为原料，其在还原过程中可以保持原有颗粒形状，未采用造球工艺，有利于降低成本。以直接还原—电炉法生产含钒铁水和含钛炉渣，该工艺可以使钒几乎全部进入铁水，然后通过摇包提钒得到钒渣，铁水用于炼钢，可回收铁、钒资源，但含钛炉渣 TiO$_2$ 含量在 32%~35%，品位低，钛资源无法回收利用。直接还原—电炉工艺环境污染小，其烟气发电量可提供内部电力需求的 60%，降低生产成本，但同时也存在着生产规模小、回转窑结圈、还原时间长等问题。

4.6.3　四川龙蟒集团/攀钢集团转底炉预还原—电炉熔分/深还原冶炼工艺

根据钒钛磁铁矿不同预还原设备如回转窑、隧道窑、气基竖炉、煤基竖炉、斜坡炉等因存在各种问题最终都没有实现工业化生产的实际情况，针对钒钛磁铁矿矿相结构复杂（含钛磁铁矿、钛铁矿、钛铁晶石等）、还原难度大（还原温度高、还原时间长、还原时球团强度急剧降低易粉化）等特点，四川龙蟒集团为了寻求更加合理的、经济的综合利用钒钛磁铁矿技术新途径，综合国内外经验大胆地提出了转底炉预还原钒钛磁铁矿的技术思路，并从 2004 年起多次组织国内外专家进行座谈、咨询论证，认为转底炉煤基直接还原钒钛磁铁矿技术路线可行。2005 年，首次提出了钒钛磁铁矿转底炉预还原—电炉熔化分离深还原回收铁钒钛铬的技术路线。

国外最初采用转底炉来处理含铁粉尘、污泥、轧钢氧化铁皮等工业废弃物，以回收铁、锌、铅等金属元素。后来也配加一些普通铁精矿或完全用普通铁精矿。但是没有用转底炉来处理钒钛磁铁矿的先例。因此，转底炉还原钒钛磁铁矿综合回收其中的有益元素没有经验可以借鉴，需要靠自行探索来解决问题。

为了验证转底炉还原钒钛磁铁矿的可行性，四川龙蟒集团先后在国内外著名的研究单位如北京钢铁研究总院、地质科学院成都综合利用研究所、宝钢技术中心、美国匹兹堡 MR&E 股份有限公司、加拿大 McMaster 大学等单位进行了转底炉或模拟转底炉处理攀枝花红格钒钛铁精矿（以攀枝花当地产普通煤为还原剂）的实验室小试和中试试验。同时，在攀枝花学院建立了钒钛磁铁矿综合利用联合实验室，在 2.2m 直径中试转底炉和50kV·A 中试电炉上进行了大量的全流程试验研究。试验结果均表明，攀枝花钒钛磁铁矿转底炉预还原—电炉熔分深还原新工艺可行，效果理想。

在此基础上，2006 年四川龙蟒集团在攀枝花安宁工业园区建设了一套钒钛磁铁矿转底炉预还原—电炉熔分深还原新工艺工业试验生产线，并进行了大量工业试验。通过 3 年多的生产线工业试验，打通了包括钒钛铁精矿+煤粉+黏结剂压块造球、转底炉布料排料及预还原、金属化球团制备及其入电炉熔分深还原、含钒铬铁水及 50 钛渣制备、含钒铬铁水脱硫及铸块等工序环节；进行了 50 钛渣及含钒铬铁水的应用途径试验研究，综合评价技术经济指标，取得了好的试验研究成效，拥有了多项自主创新的知识产权，取得了一系列的重要进展和阶段性科技成果，并于 2006 年 6 月通过了四川省科技厅组织的专家鉴定，总体上达到国际领先水平。以下主要介绍四川龙蟒集团的工业试验情况。

4.6.3.1 试验工艺流程及试验条件

试验工艺流程：试验的工艺流程如图 4-10 所示。

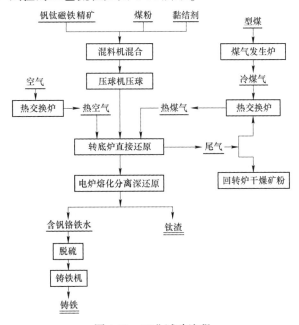

图 4-10 工业试验流程

　　试验原料及燃料：试验的主要原料钒钛铁精矿、煤粉和型煤，其平均化学成分分析见表 4-18~表 4-20。

表 4-18　钒钛铁精矿主要化学成分　　　　　　（%）

TFe	FeO	Fe_2O_3	TiO_2	V_2O_5	Cr_2O_3	SiO_2	Al_2O_3	CaO	MgO	MnO	S
54.85	23.32	52.50	13.85	0.62	0.53	1.97	3.28	1.11	2.20	0.20	0.22

表 4-19　煤粉化学成分分析　　　　　　（%）

C	V^f	S	W^f	A^f	灰分组成（A^f）				
					SiO_2	Al_2O_3	CaO	MgO	FeO
78.03	10.62	0.69	0.61	9.38	46.69	34.92	3.11	1.56	5.80

表 4-20　型煤化学成分分析　　　　　　（%）

固定碳	灰分	挥发分	水分	S	发热值/kJ·kg^{-1}
65.73	23.80	9.65	0.81	0.7	25117.8

　　试验用燃料为发生炉煤气，其平均成分见表 4-21。

表 4-21　煤气平均成分　　　　　　（体积分数,%）

CO_2	O_2	CO	CH_4	H_2	N_2	发热值/kJ·Nm^{-3}
5.57	0.62	27.55	1.756	16.97	47.53	5975.32

4.6.3.2　试验的主要设备

　　（1）原料系统设备。原料系统的主要设备包括制粉系统、造球系统和煤气发生炉系统三部分。制粉系统是将无烟煤磨制成一定粒度的煤粉，以满足试验煤粉需要，其主要设备为 HR-800 中速磨；造球系统的主要设备有 350t 压球机、混料机及配料螺旋等；煤气发生炉系统主要有煤气发生炉、热循环泵、玻璃钢冷却塔、蒸汽锅炉等。

　　（2）转底炉系统。转底炉系统主要由转底炉炉体、炉体驱动机械、加料系统、排料系统、煤气管线及烧嘴燃烧系统、热风交换炉系统、烟气余热回收系统、自动控制系统等组成。转底炉本体基本结构参数见表 4-22，热交换炉主要结构参数见表 4-23。

表 4-22　转底炉本体基本结构参数　　　　　　（m）

中心直径	炉膛外径	炉膛内径	炉膛宽度	炉膛高度	炉底转速/r·h^{-1}
12.58	17.00	8.25	4.38	1.30	2~4

表 4-23　热交换炉主要结构参数

名　称	单位	数　值
热交换炉座数	座	3
热交换炉全高	m	12.239
热交换炉钢壳直径（上/下）	m	4.974/4.000
蓄热室断面积	m^2	7.069
球床高度，高铝球（ϕ60mm）	m	5.0

名　称	单位	数　值
装球量	t	65
每座热交换炉加热面积	m²	2520
热交换温度	℃	≥900
废气温度	℃	250~300

（3）电炉系统。主体设备为9000kV·A熔分电炉成套设备，由加料系统、辅料添加系统、变压器及电极柱系统、液压站、电炉本体、出渣出铁系统、循环冷却水系统、烟气处理系统、电炉自动控制系统及其硬件等组成，其基本性能参数见表4-24。

表4-24　9000kV·A熔分电炉基本性能参数

项　目	单　位	电炉参数
电炉类型		半密闭
电炉容量	MW	9.0
二次电压	V	160.1~300.4
二次电压级数		27
二次电流	A	24901~17296
把持器类型		波纹管
炭素电极直径	mm	700
电流密度	A/cm²	4.5~6.5
极心圆直径	mm	2200
炉膛内径	mm	6400
炉壳内径	mm	8450
炉膛高度	mm	4405
炉壳高度	mm	6135
电极最大行程	mm	1800

4.6.3.3　试验结果

（1）原料。采用较为成熟的煤气发生炉系统自产煤气，主要成分指标见表4-25。煤气发生炉系统经过数次开车实践，在煤气热值和稳定性上都可以满足工业生产的能源需要。

表4-25　自产煤气成分指标　　　　（体积分数，%）

项目	CO	CO₂	H₂	CH₄	O₂	N₂	热值/kJ·m⁻³
平均值	27.55	5.58	16.97	1.75	0.62	47.52	5975.30
最优值	30.86	4.07	17.99	3.21	0.81	43.06	7054.2

（2）造球系统。可完全满足转底炉还原对球团质量的要求，取得主要技术指标：煤粉粒度-60mm（0.3mm以下）；黏结剂A浓度4.5%~6%，用量6%；钒钛铁精矿粉粒度-200目（0.074mm）占60%；配比为钒钛铁精矿：煤粉=3:1~4:1，成球压力200t，成球率90%以上；入炉球块含粉率小于3%，全运输线上没有半球和碎球；生球300mm落下次数25次以上，湿球直接入转底炉。

（3）转底炉。先后对给料机、煤气蓄热装置及喷嘴等重要设备进行了11项重大装备改造，为转底炉系统的工艺连续稳定生产运行创造了条件。

稳定试验条件：生球给料量 8t/h，转底炉转速 20min/r，煤气温度 180℃ 以上，助燃空气温度 1000℃。转底炉内各区域温度分布见表 4-26。

表 4-26　转底炉炉内各区域温度分布

区域名称	预热区	加热区	高温区	控制区
炉内温度/℃	1150~1200	1300~1330	1330~1370	1330~1370

转底炉直接还原稳定试验期间，热态 DRI 中残碳、金属化率数据统计结果见表 4-27，残碳平均值为 7.27%，金属化率平均值为 78.9%，为电炉冶炼优质含钒铁水及 50 钛渣创造良好条件。

表 4-27　转底炉 DRI 的技术指标统计

稳定生产的 DRI	残碳/%	金属化率/%
范围	9.13~6.32	86.40~75.23
平均值	7.27	78.90

转底炉预还原钒钛铁精矿试验结果表明，使用低热值发生炉煤气为燃料达到了转底炉快速还原的热工工艺要求，较好地保证了转底炉预还原的长周期试验运行；采用转底炉烟气余热嫁接高炉热风炉技术，实现了空气、煤气的双预热，在提高还原温度的同时还达到了节能减排与环境保护的目标，有力地保证了转底炉预还原的热工制度长周期运行的工艺要求。

（4）电炉。应用自制热态 DRI 环形布料机。加料点全面地覆盖电炉炉膛高温区，并可根据需要调整布料点，很好地满足了热 DRI 球团连续加料、连续冶炼的工艺要求，有力保障了加料连续可控，实现了电炉及全流程的稳定生产运行。

对电炉炉体采用铜质冷却板的保护措施，可为炉衬挂渣避免钛渣对炉衬侵蚀创造条件；对炉底设置风冷系统，有利于保护炉底安全稳定运行。这一系列保护措施应用效果十分明显，保障了全流程稳定试验的顺利进行。

电炉连续冶炼基本供电制度：电炉变压器档位为 △10~15；二次电压为 200~250V，热态 DRI 投料量 4.2~6t/h。得到的含钒铁水和 50 钛渣成分见表 4-28、表 4-29。

表 4-28　稳定运行期间的铁水化学成分　　　　　　　　　　（%）

项　目	C	S	V	Cr
范围	2.75~3.52	0.26~0.54	0.39~0.70	0.29~0.70
平均值	3.07	0.38	0.47	0.37

表 4-29　稳定运行期间的钛渣化学成分　　　　　　　　　　（%）

项目	FeO	TiO$_2$	V$_2$O$_5$	CaO	MgO	Al$_2$O$_3$	SiO$_2$	CaO/SiO$_2$	Cr$_2$O$_3$
范围	0.27 ~5.12	48.50 ~56.43	0.29 ~0.90	5.23 ~8.49	7.76 ~11.45	12.70 ~16.54	10.94 ~17.72	0.41 ~0.84	0.16 ~0.81
平均值	3.07	51.44	0.45	6.56	9.75	14.83	12.74	0.49	0.22

理论计算的吨铁电耗为 986kW·h/t 铁，而实际冶炼电耗高达 1718kW·h/t 铁，电耗

略显偏高。其原因主要是试验生产未达到设计产能（设计产能为每天产铁140t，而实际只有84t，仅为设计产能的60%），以及电炉工艺及冶炼操作仍需要进一步优化等。

电炉冶炼小结：

1）9000kV·A电炉熔分深还原工业试验稳定运行，以"转底炉煤基直接还原—电炉熔炼"为核心的钒钛磁铁矿综合利用新工艺流程实现全流程贯通。热态DRI环形加料机多点加料，冶炼过程平稳，挂渣技术有利于保护炉墙，电炉设备系统能够满足冶炼工艺技术要求。工业试验结果表明：电炉进行热金属化球团DRI连续进料、连续冶炼、周期性出铁排渣的冶炼工艺可行，冶炼过程自动控制系统稳定可靠。

2）渣铁易分离，V、Cr充分地进入铁水，钛渣中TiO_2得以富集。铁水中含C最大值为3.52%，平均值为3.07%，含V最大值为0.7%，平均值为0.468%，含S最大值为0.54%，平均值为0.38%；钛渣中含TiO_2最大值为56.43%，平均值为51.44%。

（5）铁水脱硫及吹钒。铁水脱硫采用KR搅拌法，脱硫剂为$CaO+CaF_2$，另加少量添加剂，完善工艺操作后铁水含硫[S]0.35%~0.45%，脱硫率75%~85%，铁水含硫降到不超过0.10%，实现了试验目标。

在180kW感应炉上对所得的含钒铁水进行吹炼钒铬渣实验研究，制取钒铬渣和半钢，操作顺行。试验结果表明：含钒生铁中钒的质量分数平均为0.386%，铬的质量分数平均为0.492%；半钢中含钒平均0.023%，含铬平均为0.168%，钒的氧化率91.63%，钒回收率为85.0%，铬氧化率64.44%，铬回收率73.98%，见表4-30、表4-31。

表 4-30　生铁和半钢分析结果　　　　　　　　　　　　　（%）

项目	V	C	S	Si	Ti	P	Cr	Mn	氧化率
生铁	0.344~ 0.450	3.01~ 3.60	0.240~ 0.242	0.227	0.038	0.048	0.492	0.083	V91.63
半钢	0.021~ 0.026	1.48~ 2.90	0.175~ 0.175	0.101	0.020	—	0.168	—	

表 4-31　钒铬渣化学分析统计结果　　　　　　　　　　　（%）

V_2O_5	TFe	MFe	FeO	CaO	SiO_2	Cr_2O_3	P_2O_5
12.50	40.55	10.42	47.23	0.76	11.39	10.88	0.020

4.6.3.4　环境评价

（1）转底炉排放烟气中含矿粉排放浓度约$30mg/m^3$，基本上看不到粉尘痕迹，SO_2浓度$400mg/m^3$，符合环保要求。

（2）电炉烟气中含尘$60mg/m^3$左右，洗涤水量$600m^3/h$，烟气中SO_2浓度$300mg/m^3$，符合环保要求。

（3）渣口、铁口、铁水罐，脱硫站烟尘排放浓度$60mg/m^3$，符合环保要求。

（4）转底炉冷却水密闭循环，不外排。

（5）熔分电炉冷却水采用软水密闭循环，不外排。电炉烟气经水洗涤进入浊水循环系统，不外排。

（6）煤气发生炉洗涤水进入成浊水循环系统，有少量蒸发，但不外排。

煤气发生炉燃烧型煤产生的煤渣可用于烧制建筑砖回收利用。煤泥全部回收返回型煤厂制型煤。熔分电炉烟气水洗涤粉尘回收返回压块工序。矿粉干燥烟气水洗涤矿粉回收返回压块工序。脱硫渣作为山区填坑土方处理。总之，该流程产生的工业废弃物都得到了有效回收利用，没有造成环境污染。

4.6.3.5 技术经济分析

技术指标分析：在投料量为 8t/h（设计能力的 8/11.5 = 70%）时，转底炉预还原—电炉熔分深还原流程工业试验连续稳定运行，其具体指标见表 4-32。

表 4-32 转底炉—电炉流程主要指标

分类	项目	指 标	备 注
工艺技术指标	生球团	成球率 90% 以上	满足工艺要求
		300mm 高落下 25 次/球以上	满足工艺要求
	煤气	烧渣残碳 6%~8%	国家标准 12%~15%
		平均热值 5900~7000kJ/m³	同行平均 5225kJ/m³
	DRI	金属化率 75%~85%	满足工艺要求
		平均残碳 5%~8%	满足工艺要求
	铁水	V、Cr 含量 0.4%~0.6%	是传统高炉流程 1.5 倍以上
	钛渣	TiO_2 品位 47%~55%	符合生产硫酸法钛白要求
		钒铬氧化物总量 1% 以下	符合生产硫酸法钛白要求
回收率	Fe	97.68%	传统高炉流程 95%
	V	86.06%	传统高炉流程 70%
	Cr	80.00%	缺乏传统高炉流程数据
	TiO_2	99.23%	传统高炉流程
吨铁物耗	钒钛铁精矿	1.7274t	省去传统高炉流程的焦化、烧结、球团等工序，且不需要配入普通铁矿
	洗精煤	0.5352t	
	黏结剂	0.006t	
	水	8.06t	
吨铁能耗	电炉电/kW·h	1568.7[①]	最好的已降到 1100~1200
	辅助电/kW·h	362.7[②]	
	型煤/t	0.316	
吨铁排放	固相	79kg 型煤烧渣	
		少量粉尘	符合排放要求
	气相	硫 1.81kg	比传统流程降低 70%~80% 以上
		碳氧化物	比传统高炉流程降低 20% 以上
		氮氧化物	比传统高炉流程降低 80% 以上
	工业水	零排放	
	生活污废	少量生活污废	符合排放要求

①新西兰钒钛磁铁矿回转窑直接还原电炉熔分工业化流程电炉用电在 800~950kW·h/t 铁水，因球团金属化率的选择有所波动；

②大规模冶金行业辅助用电范围是 150~200kW·h/t 铁。

经济效益预算：将70%试验规模（7万吨/年的70%）、试验规模（7万吨/年）及工业规模50万吨/年三种情况下的吨铁成本及盈利估算，列于表4-33。

表4-33 三种生产规模下的吨铁成本及盈利估算

项　目		7万吨/年的70% /元·t铁$^{-1}$	7万吨/年 /元·t铁$^{-1}$	50万吨/年 /元·t铁$^{-1}$
完全成本	运行成本	2680.09	2384.37	2169.77
	折旧成本	543.89	380.72	152.29
	其他成本	322.40	276.51	232.21
	小计	3546.38	3041.60	2554.27
收益	新流程钛渣	347.20	347.20	347.20
	钒	0	0	606.90
	铬	0	0	110.53
综合成本		3199.18	2694.40	1489.64
税后价格		2400~2650	2400~2650	2400~2650
盈利能力		亏549.18~799.18	亏44.40~294.40	910.36~1160.36

4.6.3.6 总结

（1）钒钛磁铁矿转底炉预还原—电炉熔分利用新流程工业试验装置能够长周期、稳定运行，获得了较好的工艺技术指标。生球团成球率90%以上，30mm高落下25次以上，满足工艺要求；金属化球团的金属化率75%~85%，平均残碳5%~8%，满足工艺要求；含钒铁水中含V 0.4%~0.6%、Cr 0.4%~0.6%，是传统高炉流程1.5倍以上；钛渣TiO_2品位47%~55%，钒铬氧化物总含量1%以下；Fe的回收率97.68%，V的回收率86.06%，Cr的回收率80.00%，TiO_2的回收率99.23%，分别比传统高炉流程提高2%、16%~26%、80%、99.23%；三废排放均达国家要求或实现完全内循环、零排放。

（2）主要经济指标。因工业试验装置规模较小、产能小、运行成本较高，折旧成本高，钒、铬两元素的经济价值未体现，亏损面较大；若工业化规模达50万吨/年，则吨铁产出的铁、钒、钛、铬的经济价值都能得以体现，经估算后全流程综合盈利能力可达约1000元/t铁。

试验期间实际能量消耗1294.7kg标煤/t铁，经测算达产（7万吨/年）后能耗将降到1216kg标煤/t铁，在大型化（50万吨/年）后将降低到1097kg标煤/t铁。能耗将随达产率上升和大型化后将下降6%~15%，吨产品盈利价值将是高炉流程的2倍。

（3）工艺的优越性。该流程符合国家科学发展观、循环经济政策要求，环境友好，符合低碳经济的需要，是国家鼓励类产业项目；该流程单套装置工业生产规模达50万吨/年时将具有较好的经济效益；该流程具有普通铁矿非高炉冶炼流程的所有优点，应用发展前景广阔。

4.6.3.7 攀钢钒钛铁精矿转底炉直接还原—电炉深还原—含钒铁水提钒—含钛炉渣提钛工艺流程

攀钢结合自身资源特点，开发了钒钛铁精矿转底炉直接还原—电炉深还原—含钒铁水提钒—含钛炉渣提钛工艺流程，建成了规模为10万吨/年的工业生产试验线，取得了良好的试验效果。其产品为含钒铁水和低品位钛渣。其中，电炉生产的含钒铁水经脱硫后采用钢包提钒，获得的钒渣 V_2O_5 含量大于 12%，钒氧化率在 70% 以上，该钒渣用于制取符合国家标准的片状 V_2O_5 产品。低品位钛渣采用硫酸法制取钛白粉，钛回收率超过 80%。采用该工艺处理攀西钒钛磁铁精矿的铁、钒、钛金属回收率分别为 90.77%、43.82% 和 72.65%。

4.6.4　ML-HIsmelt 处理钒钛磁铁矿新工艺技术

4.6.4.1　HIsmelt 技术发展历程

HIsmelt 是一种熔融还原炼铁工艺，该工艺可直接熔炼经预热处理的铁矿粉和其他适合的含铁原料，并喷吹煤粉作为系统的还原剂及热量来源。相对传统的高炉炼铁工艺，HIsmelt 熔融还原炼铁工艺省去了烧结及焦化两个环节，在同样产能下节省了大量的投资及运行成本，并且这种工艺在生产过程中产生的大量蒸汽及富余煤气均可以用于发电，使其生产系统的能源利用效率提高，应用前景广阔。

力拓集团在西澳大利亚地区拥有巨量的高磷矿石储量，HIsmelt 是力拓从基础研发开始倾力打造的最先进矿石冶炼技术。该技术的发展历程如下：

1981 年，澳大利亚 CRA 矿业公司（力拓集团前身）对德国 Klöckner Werke 的底吹氧气转炉工艺 OBM（Oxygen Boden Maxhutte Process）产生浓厚兴趣，认为该工艺能够直接用于炼铁。

1982 年，CRA 与德国 Klöckner Werke 成立合资公司共同开发研究，并在 60t 的 OBM 转炉上进行了实验，结果表明：通过煤粉喷吹和二次燃烧，能够直接熔融还原铁矿粉。双方决定在德国巴伐利亚州建设产能 1.2 万吨的小型中试厂 SSPP（Small Scale Pilot Plant）。1984 年，在德国马克斯冶金工厂（Maxhutte）建立了 10t 的 SSPP。从 1984 年开始至 1990 年，SSPP 进行了为期 6 年的熔融还原试验，研究了熔融还原的具体工艺参数，结果表明这种熔融还原法有其优越性。1987 年，CRA 开始全权负责 SSPP。

1989 年至 1994 年，澳大利亚 CRA 公司和美国米德里克斯（Midrex）公司合资，各出一半资金组建了 HIsmelt 公司，继续开发这一熔融还原技术，并正式命名为 HIsmelt。1989 年 12 月开始，HIsmelt 公司投资 1 亿美元，至 1991 年建立 HIsmelt 流程研究开发装置——HRDF（HIsmelt Research and Development Facility）。HRDF 的设计能力为年产 10 万吨铁水，是 SSPP 的 8 倍。该装置于 1992 年 11 月开始冷态试验，其后进行热态试验。1993 年 10 月出第一炉铁水，同年 11 月宣布 HRDF 正式建成。HRDF 第一期工程的第一次试验生产延续了 12 个月，以 5t/h 的产量证实了 SSPP 的放大结果令人满意。

经历 6 次炉役后改造为立式炉，1996 年立式炉建成，实验结果表明：立式炉从产能、产率、可靠性、连续运行时间等各项指标均远高于卧式炉，且工艺设备更加简单，试验结果完全达到预期，符合工业化扩大工厂的要求。

此后，HIsmelt 公司建设了年产 50 万吨工业规模的 HIsmelt 熔融还原装置，1997 年开始试车，并于 1999 年投产。HIsmelt 奎那那工厂布置如图 4-11 所示。

2002 年，澳大利亚力拓集团与世界几家有实力的钢铁公司成立合资公司，在澳大利亚奎那那筹建年产 80 万吨的示范性工厂。2004 年示范性工厂建成，2005 年试生产，断断续续运行至 2008 年金融危机。期间经历了耐材重砌、引入渣区冷却器、矿粉/煤粉喷枪改

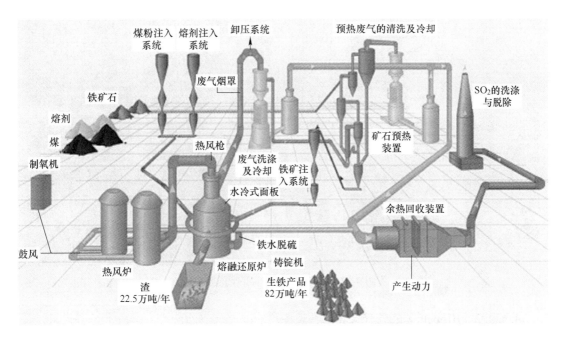

图 4-11　HIsmelt 奎那那工厂的生产装置布置

进、渣口升级、热风喷枪升级、烟气脱硫扩大升级等一系列从无到有的摸索改进。

2008 年 12 月，力拓集团暂停了该工厂的生产。2010 年 4 月，力拓集团停止了 HIsmelt 示范工厂的保养和维护工作，该工厂关闭。

2012 年，山东墨龙石油机械股份有限公司（以下简称山东墨龙）确定引进 HIsmelt 熔融还原炼铁技术，并在国内建厂。2012 年该企业向澳大利亚现场派驻工程师，将部分有价值的设备拆迁回山东。2013 年开始同设计院合作设计，2014 年开始建设，2016 年初建成，同年 1~5 月完成单体调试。2016 年 6 月进行首次装铁矿试车。

2017 年 8 月 24 日，山东墨龙与力拓集团正式签约，以向山东墨龙转让 HIsmelt 技术的所有知识产权、专利及商标等，至此，山东墨龙完成了 HIsmelt 技术的完全消化吸收，新技术更名为 ML-HIsmelt 工艺。

HIsmelt 技术经过 30 多年的研发和实验室验证，实现工业化生产，并已经历两次工业化生产。

第一次：澳大利亚奎那那（Kwinana）工厂，2005~2008 年，约生产生铁块 388273t，受世界金融危机影响，HIsmelt 奎那那示范厂 2008 年停产。

第二次：山东墨龙于 2012 年确定引进 HIsmelt 熔融还原炼铁技术，在原工艺流程的基础上经过优化、升级等措施，于 2016 年 6 月建成投产。投产至今经过不断的优化完善，累积操作经验，优化生产指标，先后经历十多次的停开炉探索实践。通过不断调试摸索，随着现场工作人员对工艺流程和生产操作的逐步熟悉，以及对故障设备的检修更换、工艺流程的进一步修改完善，ML-HIsmelt 工艺无论从作业率、操作稳定性以及能耗指标方面都有了质的提高，其各项生产指标均超过澳大利亚奎那那的 HIsmelt 工厂。图 4-12 为山东墨龙 HIsmelt 工厂俯瞰。

图 4-12　山东墨龙 HIsmelt 工厂俯瞰

4.6.4.2　HIsmelt 工艺流程及其主要设备

A　HIsmelt 工艺流程

首先，来自原料场的铁矿粉、石灰石经转运皮带机运到矿粉预热系统，经计量设施计量给料进入矿粉预热系统烘干、预热、预还原，预还原后热矿粉经矿粉预热系统排出，经热矿斗式提升机输送到热矿喷吹系统中，然后由热矿喷吹系统经热矿输送管路喷入熔融还原炉（SRV）内在高温铁水熔池内进行还原反应，生产铁水；使用的煤经料场、转运皮带、煤粉制备、煤粉喷吹系统进入 SRV 炉内，作为反应的还原剂及冶炼热源；同时，来自电动/气动鼓风机的冷风经热风炉系统加热后通过热风喷枪进入 SRV 内熔池顶部，与喷入煤粉分解产生的挥发分气体反应，产生热量维持熔炼反应的持续进行。

SRV 内生产的铁水经前置炉流出，通过铁沟、摆动流嘴进入铁水罐，在铁水罐内脱硫后，经扒渣机扒渣再倒入铸铁机铸铁，或者由汽车直接运走，进入下游炼钢工序。产生的熔渣定期从渣口排出，经渣沟进入水渣粒化系统，输出副产品粒化渣。

HIsmelt 熔融还原工艺流程如图 4-13 所示。

B　HIsmelt 工艺主要设备

熔融还原炉（SRV）：SRV 是 HIsmelt 工艺的核心设备，如图 4-14 所示，它是由上部水冷炉壳和下部砌耐材的炉缸组成。将铁矿粉和煤粉通过倾角向下的水冷喷枪直接喷入还原炉内铁浴中。喷入的煤粉经过加热和裂解后熔于铁水中，并且使其保持 4% 的含碳量。喷入的矿石与含碳铁水反应开始熔炼。熔融还原炉下部保持低氧势，使反应得以进行，炉渣中氧化亚铁含量保持在 5% ~ 6%。

热风炉系统：熔池产生的气体主要为 CO，其在炉内上部空间进行二次燃烧，提供热平衡所需的能量。富氧热风（含氧 35%，温度 1200℃）通过顶部热风喷枪鼓入炉内，燃烧反应在氧势相对较高的上部区域进行，煤气二次燃烧率约为 50% ~ 60%。HIsmelt 热风炉系统如图 4-15 所示。

空气在热风炉中被加热到 1200℃，热风炉用的燃料为 SRV 炉自身产生的煤气，并辅以部分天然气或其他富化煤气。该热风炉系统的理想风温为 1200℃。一般为了提高产量，

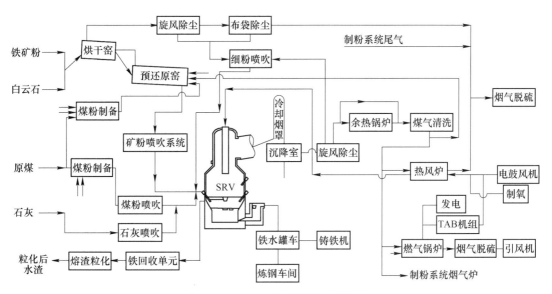

图 4-13　HIsmelt 熔融还原工艺流程

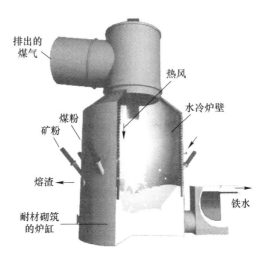

图 4-14　奎那那 HIsmelt 工厂 80 万吨 SRV 内部结构

会对冷风进行富氧操作，其含氧量在 30%~40%。

煤气系统：SRV 产生的 1500℃ 的高温煤气经废气罩降温（相当于余热锅炉）后约 800℃，然后经沉降室除去煤气中大颗粒物，进入高温旋风除尘器进一步除尘。经高温旋风除尘的高温煤气进入余热锅炉进一步降温回收热量。预热锅炉出口约 200℃ 左右的煤气进入湿法煤气洗涤系统进行终除尘，产生的净煤气作为燃料供厂区其他系统使用，主要用户有煤粉制备烟气炉、矿粉预热系统、热风炉系统、燃气锅炉系统。所有自产煤气全部燃烧，各系统产生的烟气均进入脱硫系统脱硫后外排。奎那那 HIsmelt 厂煤气系统如图 4-16 所示。

从 SRV 气化烟罩排出烟气温度大约为 1450℃，经冷却降至大约 1000℃，冷却产生的蒸汽用于发电；随后约 50%、温度为 1000℃ 的 SRV 煤气送至预热器，剩余的煤气则经过除尘、

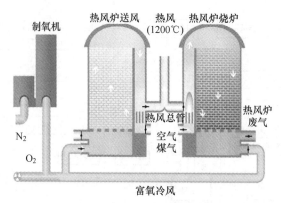

图 4-15 HIsmelt 热风炉系统

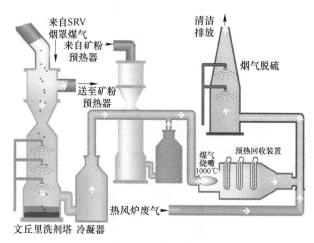

图 4-16 煤气系统

冷却后，用作电厂燃料或热风炉烧炉煤气。SRV 产生的煤气热值大约为 2~3GJ/Nm³。

矿粉喷吹系统：矿粉在预热器中预热至约 800℃，随后矿粉送至喷吹系统并喷吹进入 SRV 炉。矿粉粒度一般在 6mm 左右，矿粉的来源较为宽泛，可以使用赤铁矿、磁铁矿、褐铁矿或者高磷矿和工艺废料，如高炉和转炉尘灰、灰泥和轧钢铁皮等。奎那那 HIsmelt 厂矿粉喷吹系统如图 4-17 所示。

4.6.4.3 SRV 炉内的基本物理化学反应原理

A SRV 炉不同区域划分

HIsmelt 工艺的核心是 SRV 炉，SRV 炉由圆筒形钢壳、耐火材料和冷却设施组成，按照 SRV 炉内物料发生的物理化学变化及所处位置不同，将 SRV 炉分为铁浴区域、过渡区域和二次燃烧区域。

（1）铁浴区域主要由高温铁水和熔渣构成，该区域主要完成入炉铁矿粉、煤粉的高温熔化、裂解以及溶解后的铁矿石与碳的还原反应，生成铁水，同时熔化后的脉石、煤灰与熔剂的作用形成熔渣。在铁浴区内因大量入炉煤粉热解和生铁渗碳所含的碳元素的存在，因此属于还原性区域，因裂解煤粉和铁矿石发生还原反应，在该区域会产生大量还原

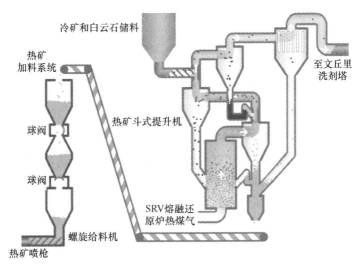

图 4-17 矿粉喷吹系统

性气体，气体在上浮过程中会对熔池产生搅拌作用，进而形成泉涌。

（2）由于气体搅拌和射流的作用，大量渣铁混合物被喷到熔池上部，渣铁液滴形成泉涌或者喷溅的区域称为过渡区域。过渡区的主要功能是通过喷溅的渣铁液滴的上下涌动将二次燃烧区域产生的热量传递到铁浴区域内。该区域存在矿粉熔化部分还原后的浮氏体 FeO 以及在熔融渣铁液滴喷溅回落过程中带入的上部空间的氧，使得该区域上部属于氧化性气氛，而底部与铁水接触部位又因大量煤粉喷入存在碳质材料，属于还原性气氛，因此也可认为是 SRV 炉内还原区与氧化区的隔离带，可避免铁水的二次氧化。

（3）在 SRV 炉的上部区域，在该区域铁矿石还原以及煤粉分解产生的还原性气体与热风携带入炉的氧气发生燃烧反应，由氧气、一氧化碳和氢气进行的燃烧反应称为二次燃烧（PC），因此该区域称为二次燃烧区。该区域主要功能是通过燃烧提供大量的热量，保证 SRV 内矿石还原反应、渣铁生产所需的热量。因为与富氧热风发生燃烧，其二次燃烧率较高，所以属于氧化性区域。

B　SRV 炉内主要化学反应

（1）铁矿石的还原。在有预还原存在的情况下，进入 SRV 熔池内的铁氧化物的形式取决于铁矿石的预还原度。在不同的预还原度下，进入 SRV 内的铁氧化物的形式见表 4-34。

表 4-34　不同预还原度对应的入炉铁矿物的形式

预还原度	铁氧化物形式
0~1/6	$Fe_2O_3 + Fe_3O_4$
1/6~1/3	$Fe_3O_4 + FeO$
1/3~1	$FeO + Fe$

根据各种铁氧化物的熔点及分解压相关知识可知，Fe_2O_3 固体在进入 SRV 炉熔池时很容易被热分解或者被炉内的煤气还原成 Fe_3O_4，因此，在 SRV 内的 Fe_2O_3 在熔化之前已

被还原成 Fe_3O_4，而 Fe_3O_4 在炉内被分解的可能性不存在，但却极易被煤气还原为 $FeO(s)$ 或 $FeO(l)$。

所以铁矿石在熔池中主要还原反应为：

$$3Fe_2O_3 + CO == 2Fe_3O_4 + CO_2 \tag{4-25}$$

$$Fe_3O_4 + CO == 3FeO + CO_2 \tag{4-26}$$

$$FeO + CO == Fe + CO_2 \tag{4-27}$$

$$FeO + C == Fe + CO \tag{4-28}$$

（2）煤粉的分解及燃烧。喷入高温熔池中的煤粉快速裂解析出挥发分，一部分碳元素溶于铁水中，而另一部分碳元素参与铁矿石的还原反应（4-28），产生的 CO 气体与挥发产生的还原性气体在上升过程中参与铁矿石还原反应（4-25）~（4-27），绝大部分还原性气体进入二次燃烧区与从 SRV 炉顶部吹入的富氧空气燃烧，发生反应（4-29）、（4-30），产生的热量用来补充铁矿石还原吸收的热量，维持铁水熔池的热量平衡。

$$CO + \frac{1}{2}O_2 == CO_2 \tag{4-29}$$

$$H_2 + \frac{1}{2}O_2 == H_2O \tag{4-30}$$

（3）熔渣的形成。煤粉中的灰分、喷入炉内的熔剂以及脉石熔解后形成炉渣。

4.6.4.4　普通铁矿试验结果

在 SSPP 和 HRDF 试验中，所用的铁矿粉主要产自澳大利亚，在 SSPP 试验中使用的熔剂是马克斯冶金工厂（Maxhutte）的石灰，而在 HRDF 试验中使用的石灰产自澳大利亚。所用各种原料及试验结果见表 4-35~表 4-41。

表 4-35　各种煤的化学成分   （%）

煤种	水分	灰分	挥发分	全硫	C	H	N	O	发热值/MJ·kg^{-1}
德国无烟煤	0.6	7.4	5.8	1.0	84.3	3.0	0.6	2.5	32.430
高挥发分煤	1.1	3.8	31.3	0.8	83.2	5.0	1.6	4.5	32.900
褐煤焦	1.5	9.2	3.6	0.4	86.2	0.6	0.3	1.8	29.760
烟煤	0.5	4.9	19.8	0.9	83.7	4.3	1.2	4.7	32.910

表 4-36　煤粉成分   （%）

原料	水分	灰分	挥发分	全硫	C	H	N	O
SSPP	0.73	7.65	5.80	0.78	85.06	3.15	1.49	0.63

表 4-37　矿石化学成分   （%）

原料	TFe	SiO$_2$	CaO	Al$_2$O$_3$	MgO	MnO	P$_2$O$_5$	Cr$_2$O$_3$	H$_2$O
SSPP	65.56	3.10	0.30	1.50	0.30	0.07	0.39	0.03	0.70
HRDF	62.46	4.42	0.15	2.61	0.14	0.08	0.16	0.02	3.16
Kwinana	62.40	4.40	—	3.06	0.47	0.04	0.067	—	—

表 4-38　石灰化学成分　　　　　　　　　　　　（%）

原料	Fe_2O_3	SiO_2	MnO	P_2O_5	Al_2O_3	Cr_2O_3	CaO	MgO	H_2O
SSPP 用石灰	0.62	0.74	1.37			0.45	95.10	0.67	0.94
HRDF 用石灰	0.36	1.33	6.95	0.01	0.16	0.52	84.64	5.62	
HRDF	1.61	9.76	7.80	—	0.49		80.18	3.33	1.36	3.12
Kwinana	—	12.00	9.80	73.20	—		—	—	—

表 4-39　SSPP 及 HRDF 操作结果

原料消耗	矿粉/kg·t^{-1}	煤粉/kg·t^{-1}	石灰/kg·t^{-1}	CH_4（标态）/m^3·t^{-1}	N_2（标态）/m^3·t^{-1}	空气（标态）/m^3·t^{-1}	二次燃烧率/%	炉尘吹出量/kg·t^{-1}
SSPP	1629	814	120	38	226	3915	61.5	125
HRDF	1648	992	169	27	421	4486	59.8	102

表 4-40　SSPP 及 HRDF 的热平衡

试验项目	SSPP 热收入/GJ·t^{-1}	占比/%	HRDF 热收入/GJ·t^{-1}	占比/%	试验项目	SSPP 热支出/GJ·t^{-1}	占比/%	HRDF 热支出/GJ·t^{-1}	占比/%
煤粉燃烧热	25.86	77.19	29.91	78.10	铁水物理热	1.19	3.55	1.30	3.39
甲烷燃烧热	1.60	4.78	0.97	2.53	铁水化学热	1.59	4.74	0.99	2.58
鼓风物理热	6.04	18.03	7.42	19.37	炉渣物理热	0.49	1.46	1.01	2.63
炉料物理热	0	0	0	0	炉渣化学热	-0.04	-0.12	-0.11	-0.28
					煤气物理热	12.78	38.15	15.42	40.26
					煤气化学热	8.09	24.15	10.00	9.62
					炉尘物理热	0.17	0.507	-0.05	-0.13
					还原反应热	7.66	22.87	8.16	21.31
					热损失	1.57	4.69	1.58	4.13
总计	33.50	100.00	38.30	100.00	总计	33.50	100.00	38.30	100.00

表 4-41　HIsmelt 铁水质量成分分析　　　　　　　　　（%）

项目	标准分析	可能范围	说明
[C]	4.3±0.2	3.5~4.5	易于控制
[Si]	—		在该工艺中没有 SiO_2 还原
[Mn]	0.1	0~0.2	取决于矿石 Mn 含量
[S]	0.08±0.02	0.05~0.1	需要铁水脱硫
[P]	0.03±0.01	0.02~0.05	矿石 P 含量为 0.12%
反应温度/℃	1480±15	1450~1550	易于控制

　　在表 4-39 中 SSPP 及 HRDF 试验的结果表明，HIsmelt 工艺的吨铁煤耗为 814~992kg/t。但是这些都是单体操作的结果。从库萨克（B. L. Cusack）等人报道的 SSPP 和 HRDF 试验

过程的热平衡结果（见表4-40）来看，从卧式终还原炉逸出的煤气中物理热很大，高达占总输入热量的40%。在这些单体操作中，矿粉是未经预热和预还原直接喷入熔池的，煤气中的物理热和其所具有的还原能未得到利用，因此煤耗较高。

　　从1994年底开始，HIsmelt工艺研究者进行预还原炉和终还原炉联动研究，在联动操作时循环流化床把矿粉预热还原成850℃的浮氏体，然后喷入熔池。和以前的单体试验结果相比，可望降低煤耗200kg/t，最终的HIsmelt工艺流程的煤耗将降至600~800kg/t，这和HIsmelt原来估计的640kg/t很相近。

4.6.4.5　主要技术指标对比

　　山东墨龙ML-HIsmelt工厂于2016年8月建成并开始热试，至2020年6月共进行了多次热试车。热试车期间最长连续运行157天，单日最大产量为1930t，单月最大产量为5.3万吨。通过3年多时间的连续运行，较好地掌握了铁浴法冶炼的操作规律。从2017年9月开始，工厂运行趋于稳定，设备故障率显著降低。截至目前共生产铁水超过120万吨。2018年实际生产292天，达到年设计作业率的92.2%，最大月产量达到设计产能的80%。

　　通过生产实践检验，ML-HIsmelt工艺的优越性得到充分体现，无论是原、燃料选取的灵活性、适应性、较低的冶炼成本、操作简单灵活、环境友好，还是铁水质量的稳定和优质等优点，均得到了很好的验证，也更进一步说明ML-HIsmelt技术是可行的。

　　ML-HIsmelt工艺生产高纯生铁产品低Si、低P、五害元素极低（见表4-42），脱硫后满足我国铸造用高纯生铁一级标准，可以用于高铁、核电等领域。

表4-42　ML-HIsmelt生产高纯生铁产品指标

典型值	高　炉	ML-HIsmelt
碳	4.5%	4.4%±0.15%
硅	0.5%±0.3%	<0.01%
锰	0.4%±0.2%	<0.02%
磷	0.09%±0.02%	0.02%±0.01%
硫	0.04%±0.02%	0.08%±0.05%
五害元素	0.001%~0.01%	0.0001%~0.001%

　　ML-HIsmelt技术自投产以来的典型生产数据与澳大利亚奎那那工厂（HIsmelt）对比数据见表4-43。

表4-43　ML-HIsmelt与奎那那HIsmelt工厂操作数据对比

项　目	ML-HIsmelt	时间	HIsmelt	时间
日最高产量/t	1930	2017年12月	1834	2008年12月
月最高产量/t	53000	2019年3月	37345	2008年5月
最低煤耗/t·t^{-1}	0.780	2018年3月	0.810	2007年8月
连续生产记录/天	157	2018年5~10月	68	2006年4~6月
炉衬寿命	生产90万吨未更换炉衬		生产38.8万吨，更换5次炉衬	

　　通过两次生产指标的对比可以看出，ML-HIsmelt工厂的生产指标均超过澳大利亚奎

那那工厂生产指标。究其原因主要有两方面：

（1）ML-HIsmelt 工厂设计是在原澳大利亚工厂设计生产实践经验的基础上完成的，其工艺流程更加完善、设备配置及选型更加合理。

（2）随着 ML-HIsmelt 工艺技术在国内的深入发展，以及从业人员对 ML-HIsmelt 工艺技术更加熟悉，操作经验的逐步积累优化，对工艺操作参数的选取以及优化控制变得更加成熟。

4.6.4.6 HIsmelt 工艺特点

结合澳大利亚奎那那地区 80 万吨/年工业生产实践经验，总结出 HIsmelt 工艺特点如下：

（1）单体生产效率高、产品质量稳定。燃料全部从铁浴底部喷入，而且燃料中的碳迅速溶解进入铁液，这样进入熔池的氧化亚铁主要被铁液中的溶解碳所还原。由于溶解碳还原氧化亚铁的速度比固体碳还原氧化亚铁的速度高 1~2 个数量级，故其还原速度比其他熔融还原方法快。加上喷入煤粉在铁浴中爆裂和分解加强了对熔池的搅拌，这种搅拌效果比单纯底吹氮气好得多，加强了熔池中渣—铁的混合，进一步提高了熔池中氧化亚铁还原速度。此外，浸入式喷吹铁矿粉或用顶吹将矿粉喷入搅拌区，可保证喷入矿粉快速和熔池中的碳反应，此时反应产生的一氧化碳气体又进一步加强了对熔池的搅拌。矿粉和铁浴中溶解碳的直接还原过程，有利于限制渣中的氧化亚铁含量。这是因为矿粉不会像在其他熔融还原过程中那样先熔于炉渣，然后再和熔渣中固体碳或铁液中溶解的碳反应。因此，铁浴中矿粉的直接还原速度并不受限于反应区的工作状态和熔渣中的氧化亚铁含量，故而单体生产效率高于其他熔融还原流程，且铁水质量稳定，可生产低硅、低磷铁水。

（2）铁浴中碳的回收率高。碳的回收率是一项重要参数。向铁浴底部喷吹煤粉可以提高碳的回收率，向熔融反应器中浸入式喷吹煤粉不仅可以回收煤中的固定碳，而且可以使煤粉挥发分中的碳氢化合物裂解产生碳。SSPP 研究表明，当煤粉在铁水和熔渣温度下进行快速裂解时，其挥发分中碳的回收率比通常的近似分析法获得的数据高出 10%~30%。因为未溶解在铁浴中的碳可能和炉气中的氧或二氧化碳反应降低二次燃烧率。同时未溶解在铁浴中的碳还会随炉气逸出炉外，这将大大降低燃料的利用率和冶炼强度。

（3）渣中氧化亚铁含量低、渣层薄、炉衬侵蚀量小。由于采用了底喷煤粉，提高了碳的回收率，促进了煤中挥发分的分解，强化了熔池搅拌，从而促进了矿粉的快速还原。同时由于采用热风操作，减少对溅入上部炉气中铁液液滴的氧化，可保证熔渣中氧化亚铁含量处于较低的水平。SSPP 和 HRDF 试验结果表明，熔渣的氧化亚铁含量可控制在 4% 以下。因此，对炉衬的侵蚀程度小于其他采用低预还原度操作的熔融还原工艺。此外，由于不采用厚渣层操作，渣层厚度小，则熔渣对炉衬的侵蚀区域小。

（4）二次燃烧率高。由于煤粉从铁浴底部直接喷入铁液中，同时这些煤粉很快被铁液所溶解，可最大限度地降低散入炉气中的碳量，避免碳和炉气中的氧或二氧化碳反应，从而有利于提高二次燃烧率。在 SSPP 和 HRDF 试验过程中，其二次燃烧率均可稳定地控制在 60% 左右。而在日本 DIOS 半工业试验中，其二次燃烧率只控制在 30%~50%。美国 AISI 半工业试验中二次燃烧率只控制在 40%。此外，采用热风操作可以限制气相中的氧浓度，缩短溅入气相中的铁液液滴和氧的接触时间，从而进一步提高二次燃烧率。

（5）熔池上部反应强烈、二次燃烧传热速度快。底部喷吹引起熔池强烈搅拌和产生大量液滴，为在熔池上方形成一个理想的传热区提供了有利的条件。金属液滴就像喷泉形成的喷溅那样进入上部空间，将燃烧区热量迅速带入熔池。

（6）投资较低，电力消耗低，适应电力不足的地区。由于采用热风操作，省略了制氧工序，大大减低了工艺过程的电力消耗。相对而言，建造鼓风机和热风炉的费用要比建造相应供氧量的制氧机的费用要低，而除鼓风机和热风炉或制氧机以外的其他设备费用和其他熔融还原流程相仿，因此，HIsmelt 流程的总投资将比其他熔融还原流程的低。另外，因工艺流程较短，占地面积较小，故工厂建设总投资较低。

（7）吨铁煤耗低。由于直接向铁液喷吹煤粉，在提高了煤粉中固定碳回收率的同时，能够充分回收煤粉挥发分中的碳。再加上采用温度高达 1200℃ 的热风操作，可直接向铁浴提供大量物理热，相当于铁浴总热收入的 18%～20%。因此，吨铁煤耗较其他熔融还原法低得多。根据 SSPP 和 HRDF 试验结果和考虑预还原和终还原联动后操作结果，预测采用低挥发分煤时煤耗可降至 600kg/t，采用高挥发分煤时可降至 800kg/t。日本 DIOS 报道的煤耗为 850kg/t。

（8）对环境污染较小。由于直接向铁熔池喷吹煤粉，煤粉挥发分在铁浴温度下可充分裂解，从而将无任何碳氢化合物进入煤气，因此完全消除了煤粉挥发分中有害的碳氢化合物对环境的污染。同时煤粉中的硫磺也将直接被铁液和熔渣所吸收，减少进入煤气的可能性，因此也减少了煤气中硫氧化物（SO_x）含量，没有二次污染物排放，环保优势明显，因取消焦炉、烧结工序，基本上可遏制二恶英、呋喃、焦油和酚的污染排放。

（9）原料要求低、物料范围广。可使用低品质的矿粉和非焦煤。

HIsmelt 工艺冶炼普通铁矿的最好作业指标见表 4-44。

表 4-44　HIsmelt 工艺的最好作业指标

项　目	指　标
日最高产量/t	1834
周最高产量/t	11106
月最高产量/t	37345
最低煤耗/kg·t^{-1}	810
周最高作业率/%	99.0
连续生产记录/天	68
产量/t	114870

总的说来，HIsmelt 工艺虽然可以直接使用粉料喷吹，具有很多优势，但有一些瓶颈性问题仍在开发解决中，距离大规模工业化还有一段距离。如至今未见其熔融还原炉耐火材料寿命经济运行的报道，因其铁水中不含 Si，还不能直接用于转炉炼钢。

4.6.4.7　HIsmelt 冶炼钒钛磁铁矿

HIsmelt 技术的成功可以为铁矿石—钢铁行业产业链从资源供给面提供更多的原料选择，为下游冶炼企业提供更多的技术方案路线。从造块/造球工艺转变为直接喷粉的冶炼工艺后，由于 HIsmelt 工艺可生产高质量的超低磷铁水，产品能够在生产高质量高纯度钢材中发挥重要作用，因此也为下游炼钢技术提供了更加丰富的可选原料。

A HIsmelt 工艺具备冶炼钒钛磁铁矿的理论依据和条件

钒钛磁铁矿是以铁、钒、钛元素为主，是共伴生有其他有用元素（钴、镍、铬、钪、镓等）的多元素共生矿，其中，铁、钛元素紧密共生构成钛磁铁矿，钒以类质同象赋存于钛磁铁矿中。通过高炉—转炉流程处理钒钛磁铁矿，以铁水和钒渣的形式提取钒钛磁铁矿中的铁、钒资源。但由于高炉冶炼钒钛磁铁矿过程中的还原性气氛导致产生的 TiC、TiN 悬浮于渣、铁中，使得渣、铁黏度增加，恶化冶炼条件，制约了高炉进一步提升钒钛磁铁矿配比。此外，高炉流程冶炼钒钛磁铁矿时钛资源进入炉渣形成含钛炉渣（高炉钛渣），特别是高钛型高炉渣，目前尚未实现对其中钛资源的大规模工业化提取利用。

值得注意的是，得益于 HIsmelt 工艺熔融还原炉内特殊的弱氧化性冶炼气氛以及渣铁成分，理论上可有效抑制高熔点 TiC、TiN 的生成，降低钒钛磁铁矿对渣、铁流动性的劣化影响，并利于炉渣中 TiO_2 有效富集。因此，HIsmelt 工艺具备冶炼钒钛磁铁矿同时回收铁、钛、钒资源的理论依据和条件，具有处理钒钛磁铁矿的潜在能力和优势。

但是，HIsmelt 工艺冶炼钒钛磁铁矿，将出现与高炉炉渣截然不同的渣系成分，液态炉渣中的硅氧四面体、铝氧四面体等网状结构，以及金属阳离子 Ca^{2+}、Mg^{2+}、Fe^{2+}、Ti^{4+} 等对炉渣液态微观结构有较大影响，会显著影响炉渣各微观离子和离子团的聚合程度，进而一定程度上影响炉渣黏度和流动性。

B HIsmelt 工艺处理钒钛磁铁矿的优势

HIsmelt 工艺在处理钒钛磁铁矿方面具有先天优势：一方面，在 SRV 炉冶炼过程中炉内没有固体料柱和软熔带，无需考虑料柱的透气性，因此可以完全不使用焦炭，而且对含铁物料的冷热态强度、还原粉化等常规冶金性能没有要求；另一方面，其独特的炉内氧化性气氛，炉渣中氧势较高，可以实现高效脱 P 和足以有效抑制 TiO_2 还原和高熔点 TiC（TiN）生成，同时不影响钒的回收和在高温下还原钛铁矿。原则上说，只要保证炉内炉渣一定的流动性，就可以实现 HIsmelt 工艺的正常冶炼，这就使得 HIsmelt 工艺可以很好地处理传统高炉工艺难以冶炼的钒钛磁铁矿、高磷铁矿、高铝铁矿、冶金含锌污泥固废等多种含铁物料，极大地扩大了其原料适用性。

图 4-18 中对比了高炉工艺和 HIsmelt 工艺在处理钒钛磁铁矿时炉渣黏度随温度的变化情况。从图 4-18 中可见，在 1400~1450℃ 范围内使用钒钛磁铁矿的 HIsmelt 工艺的炉渣黏度明显低于高炉工艺，并且冶炼钒钛磁铁矿还有利于 SRV 炉水冷壁挂渣和形成冷凝渣皮以保护炉衬耐材。

在西澳沙漠、中亚平原、东南亚海滩，以及俄罗斯、南非、我国四川和河北承德都有大量的海砂矿和钒钛磁铁矿，这些资源目前都还未被充分开发。目前全世界还未对钒钛磁铁矿和海砂矿资源做详细统计，在粗略报告中简述过在西澳、南非、俄罗斯、印度总计有超过 400 亿吨的钒钛磁铁矿正等待被开发利用。我国境内公开资料显示，仅四川攀枝花—西昌地区钒钛磁铁矿资源即超过 70 亿吨。HIsmelt 工艺以其简单灵活的工艺将为钒钛磁铁矿资源投资运营者提供新的选择。

总的来说，HIsmelt 工艺是一种具有发展应用前景的非高炉炼铁工艺流程，具有直接采用原矿、不需要造球、使用非焦煤、流程短、操作简单、经济环保等优势。该工艺流程将有助于解决我国焦煤资源和优质矿资源紧缺问题，并从理念及工艺流程上改善传统炼铁行业的污染问题。结合该工艺反应器中特殊的弱氧化性气氛，在工艺机理上特别适合于冶炼钒钛磁铁矿，具备大规模冶炼全钒钛磁铁矿的潜在优势。

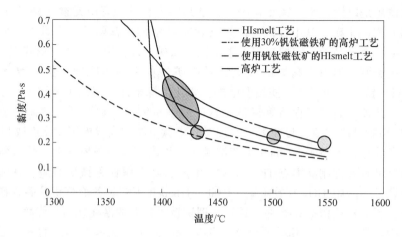

图 4-18　高炉和 HIsmelt 工艺炉渣黏度对比

C　钒钛铁精矿 HIsmelt 工艺流程

将钒钛铁精矿粉送入矿粉预热装置，经干燥预热后进入预还原装置进行预还原，经预还原的矿粉通过转运输送设备送入矿粉喷吹系统，经过热矿喷吹管路喷入 SRV 炉中铁水熔池内，煤粉及石灰通过煤粉喷吹系统，再经煤粉喷吹管道喷入 SRV 熔池内，进入 SRV 的矿粉与煤粉在高温熔池内发生反应，完成还原熔炼过程，生产含钒铁水与钛渣，其工艺流程如图 4-19 所示。

原料去除烧结工序后，不用再考虑矿粉粒度的分布，不用考虑烧结后成品的强度，不用考虑铁酸钙的形成，不用考虑熔化温度的高低，没有了矿石烧结性能要求的制约，没有了原料含磷要求的限制，在技术上将会主要考虑矿石全铁含量和熔炼后的炉渣黏度。

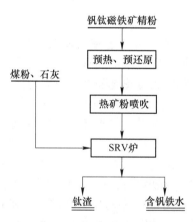

图 4-19　钒钛铁精矿 HIsmelt
工艺流程

D　钒钛铁精矿 HIsmelt 工艺实践

2019 年 7 月，山东墨龙与四川龙蟒正式签署《HIsmelt 技术冶炼钒钛磁铁矿联合试验协议》，确定了工业试验的框架结构；同年 8 月，四川龙蟒免费提供价值 1200 万元的钒钛铁精矿进行工业化试验，并于月底全部到厂。

2019 年 9~10 月，两家单位依据院校理论试验结果、专家意见以及试验框架等，不断细化工业试验计划方案，完善并制定了详细的分步试验方案及风险管理预案。

2019 年 11 月初，山东墨龙正式进行四川龙蟒集团钒钛铁精矿试验。经过近一个月的工业试验，钒钛铁精矿使用比例达到甚至超过现有钒钛磁铁矿高炉冶炼水平，炉况运行正常，炉渣流动性良好，炉渣各项分析指标得到验证。

HIsmelt 工艺冶炼钒钛磁铁矿工业试验，是我国钒钛磁铁矿非高炉冶炼工艺的有力技术补充，在 HIsmelt 工艺发展史乃至世界非高炉工艺发展史上都具有里程碑式的意义。

E 钒钛磁铁矿 HIsmelt 工艺应用前景设想与展望

HIsmelt 工艺是一种具有发展前景的非高炉炼铁工艺,具有直接采用原矿、不需烧结矿和球团矿、不需焦煤、流程短、操作简单、经济环保、投资较低等优势,有助于解决我国焦煤资源和优质铁矿资源紧缺问题,有助于改善传统炼铁行业的污染问题。特别是核心反应器中有特殊的弱氧化性气氛区域,在工艺机理上比较适于冶炼低钛型钒钛磁铁矿。但大规模冶炼及全钒钛矿冶炼的潜在优势尚需进一步验证。

4.6.5 煤基竖炉处理钒钛磁铁矿新工艺技术

4.6.5.1 背景

针对钒钛磁铁矿非高炉冶炼工艺中预还原过程,特别是回转窑预还原法存在产量小、能耗高、易结圈、污染大等缺点,转底炉预还原法具有产能低、设备大型化困难、产品强度差等不足,隧道窑预还原法具有还原效率低、产能较小、生产成本较高的缺点,以及气基竖炉预还原法虽然产能大但不适于我国天然气贫乏的现实条件等,武汉科思瑞迪(COSRED)公司、中冶赛迪及陕西有色冶矿集团联合开发了针对低钛型钒钛磁铁矿的煤基竖炉直接还原—电炉熔分新工艺技术。该工艺技术是钒钛磁铁矿非高炉冶炼工艺的一种新途径,可有效解决此类钒钛铁精矿中铁、钒资源高效分离回收利用问题,并可进一步提高钒资源综合回收利用率和铁资源的高附加值利用。

该新工艺由 COSRED 煤基竖炉直接还原工艺及电炉熔分新工艺两部分组成,分别介绍如下。

4.6.5.2 COSRED 煤基竖炉直接还原工艺

COSRED(科思瑞迪)煤基竖炉直接还原工艺是武汉科思瑞迪科技有限公司基于多年的直接还原铁的生产经验,于 2005 年发明的新型直接还原技术。经过科思瑞迪研发人员十多年的不懈努力和反复摸索、改进和迭代,先后进行了小型工业试验、中型工业试验和大型工业试验的开发实践,最终实现了装备的工业化运行。COSRED 煤基竖炉直接还原工艺成功地解决了隧道窑、转底炉和回转窑直接还原工艺无法实现大规模生产的问题,并且能够确保产品质量的稳定性,能够稳定地生产出合格的直接还原铁产品。

A 钒钛磁铁矿还原热力学

钒钛铁精矿中的主要矿物组成是钛磁铁矿,是以磁铁矿为基体的磁铁矿—钛铁矿—钛铁晶石—镁铝尖晶石固溶体分离结构。钒钛铁精矿中的铁分布赋存于比较容易还原的磁铁矿和较难还原的钛铁晶石及钛铁矿中,而钒以类质同象形式赋存于磁铁矿晶格中,形成钒尖晶石。

钒钛铁精矿的直接还原过程由其矿物结构决定。存在于磁铁矿(Fe_3O_4)与赤铁矿(Fe_2O_3)中的铁氧化物等被固体碳还原的热力学趋势较大。当温度高于 866K 时,还原生成 FeO,温度高于 1047K 时,FeO 还原为 Fe。存在于铁板钛矿(Fe_2TiO_5)和钛铁矿中的铁氧化物还原较难,只有当温度高于 1137K 时,才开始发生部分还原生成金属铁的反应。通过对各还原反应进行热力学计算,可以得出含铁矿物被碳还原的难易程度按以下顺序依次增大:

$$Fe_2O_3 < Fe_2TiO_5 < Fe_3O_4 < FeO < Fe_2TiO_4 < FeTiO_3 < FeTi_2O_5$$

钒钛磁铁矿中的钒氧化物主要以钒尖晶石的形式存在。以钒尖晶石形式存在的钒氧化物较铁氧化物难还原, 当温度高于 1668K 时, 才能被固体碳还原为金属钒; 在有液态铁存在时会大大改善钒氧化物还原的热力学条件, 温度高于 1360K 时开始还原生成金属钒。煤基竖炉直接还原工艺通过低温选择性还原来控制铁氧化物被还原, 钒仍以化合物形式存在于金属化球团中。通过控制还原剂配比、还原温度、还原时间等工艺参数以保证钒钛铁精矿中的铁氧化物充分还原, 避免钒氧化物被还原为金属钒。

钒钛磁铁精矿中的钛氧化物比铁和钒氧化物更难还原, 随还原产物中钛的价态越低, 其需要的反应温度越高, 导致还原进行的难度增大。当有杂质组分 MgO、CaO 存在时, 进一步增大了存在于铁板钛矿和钛铁矿中的钛氧化物还原的难度。

B　工艺流程及其特点

图 4-20 为 COSRED 煤基竖炉直接还原工艺流程。COSRED 煤基竖炉直接还原工艺采用冷固球团作为炉料, 首先将钒钛铁精矿粉与少量黏结剂混合后, 压制成冷固球团并在低温下烘干使其达到一定强度; 烘干后的球团按照一定比例与煤颗粒进行混合, 从炉顶加入竖炉还原室; 气体燃料通过燃烧器在竖炉燃烧室内燃烧, 燃烧产生的热量通过导热材料对还原室的炉料进行间接隔焰加热; 还原室内的混合炉料从还原室顶部下移的过程中被加热至还原温度, 球团被还原成海绵铁后进入还原室下部的冷却装置, 经冷却降温后排出竖炉。还原后的混合料经过磁选或筛分处理后, 最终获得海绵铁产品, 磁选或筛分剩余的煤颗粒作为还原剂循环使用。

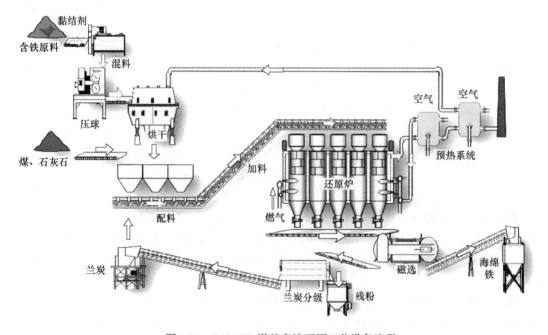

图 4-20　COSRED 煤基直接还原工艺设备流程

a　煤基竖炉结构特点

COSRED 煤基竖炉本体横截面呈矩形结构, 竖炉本体内部设有多个直立式还原室, 还原室和燃烧室通过高导热复合型耐火材料进行隔离。沿竖炉高度方向, 在燃烧室设有多层燃烧器; 气体燃料通过燃烧器在燃烧室内燃烧, 燃烧产生的热量通过上述高导热复合型耐火材料向还原室内的物料提供热量。还原室下部设有冷却设备和排料设备,以保证还原产品能够及时冷降温并排出竖炉。

COSRED 煤基竖炉的主要特点如下:

(1) 物料依靠重力"从上往下"运行,从而实现了"顶进底出"的物料运行方式,这不仅实现了高效连续生产,而且为规模化生产创造了好的条件;

(2) 竖炉为多膛结构的宽断面多罐位排列炉型,采用专用烧嘴进行加热,炉内温度及温度场均可控可调;

(3) 在立式竖炉内炉料的预热、还原和冷却在一套整体装置内完成,结构布置紧凑,占地面积较小;

(4) 一炉多罐位,能实现一炉多品种生产;

(5) 反应时间可控,还原气氛独立,球团产品金属化率高,质量稳定;

(6) 炉顶连续布料、炉底连续排料,还原后的炉料可实现冷排料,也可以实现热排料。

b　技术特点

COSRED 煤基竖炉直接还原工艺具有以下技术特点:

(1) 产能规模大且灵活。通过模块化布置和组合反应罐体的数量,从而可实现不同的生产规模,单条生产线的年产量规模可以实现 50 万吨以上。

(2) 原燃料适应范围广。可以处理各类含铁原料,还原剂可以采用煤炭、兰炭、焦炭、石油焦或木炭中的任何一种或几种,燃气可以采用高炉煤气、转炉煤气、发生炉煤气、天然气或液化气中的任何一种或混合气。

(3) 产品质量高。还原时间灵活可控,产品金属化率高 (≥90%),产品质量稳定。

(4) 产品形式多。产品可以采用冷排料或热排料工艺,可与电炉炼钢工序直接衔接;还可以采用冷压块或热压块工艺,以便于产品的储存和运输。

(5) 生产稳定顺行。炉内物料运行顺畅,作业率高,生产稳定顺行。

(6) 操作简单便捷。工艺控制简单、自动化程度高、生产操作简便可靠。

(7) 节能降耗。烟气余热充分回收利用 (排烟温度不高于 200℃),节能降耗效果明显。

(8) 环境友好。氮氧化物、硫氧化物及粉尘排放量均达标排放,环境除尘灰作为原料返回配料系统再次利用,工艺过程无工业废水和二次固体废弃物产生。

(9) 综合优势明显。生产成本低、环保效果好、投资有竞争力。

C　工业试验情况

武汉科思瑞迪科技有限公司在宜昌建设了一条年产 1 万吨海绵铁的 COSRED 煤基竖炉直接还原工艺的工试生产线。工试生产线建成后,分别对河砂矿、普通铁精粉、铁鳞固废、赤铁矿、钒钛磁铁矿、高钒铁精矿粉、含锌除尘灰等多种含铁原料的还原特性进行了生产测试,为 COSRED 煤基竖炉直接还原技术的推广积累了大量宝贵的生产经验。

针对国内外不同的钒钛磁铁矿,先后在宜昌工试基地分别开展了探索性工业试验,均成功验证了 COSRED 煤基竖炉直接还原工艺处理钒钛磁铁矿的工艺可行性;在前期工业试验积累的工艺参数基础上,于 2019 年成功地进行了钒钛磁铁矿金属化球团的工业生产。

a　试验原料

试验采用国内低钛型钒钛铁精矿为原料，还原剂、黏结剂和脱硫剂分别为神木兰炭、有机专用黏结剂和石灰石。钒钛铁精矿和神木兰炭的理化指标见表4-45和表4-46。按照生产工艺要求，钒钛磁铁矿精粉的水分含量需脱至6%以下，神木兰炭的水分含量需烘干至1%以下。

表 4-45　钒钛铁精矿化学成分　　　　　　　　　　　（%）

TFe	FeO	Fe$_2$O$_3$	TiO$_2$	V$_2$O$_5$	SiO$_2$	Al$_2$O$_3$	CaO
64.38	29.67	59.08	2.98	0.95	2.97	2.06	0.67
MgO	K$_2$O	Na$_2$O	C	P	S	水分	
0.83	<0.01	0.078	0.025	<0.005	0.26	11.41	

表 4-46　神木兰炭原料主要成分及粒度

固定碳/%	全 S/%	挥发分/%	灰分/%	水分/%	粒度/mm
86.05	0.28	4.63	9.32	20.1	3~15

表4-47为神木兰炭的灰熔融特性指标。入炉石灰石的粒度控制在3mm以下。

表 4-47　神木兰炭的灰熔融特性

变形温度/℃	软化温度/℃	半球温度/℃	流动温度/℃
1130	1200	1260	1270

b　试验结果

试验分两批进行，共生产了94t钒钛铁精矿金属化球团。其中，第一批工业试验共生产了87.4t金属化球团，还原温度为1130℃，产品金属化率为92.85%~99.81%，平均为96.60%；第二批工业试验共生产9.6t金属化球团，还原温度为1180℃，产品金属化率为88.17%~97.22%，平均金属化率为93.59%。与第一批工业试验相比，第二批工业试验提高了还原温度，生产效率提高了30%以上，还原时间缩短至14~16h。金属化球团产品中碳含量也从第一批工业试验的1.79%降低到了0.66%，表明COSRED煤基竖炉直接还原工艺可以通过调整工艺参数来调整金属化球团产品中的碳含量，以适应后续电炉熔分工艺对产品不同碳含量的需求。

c　主要技术经济指标

COSRED煤基竖炉直接还原工艺的主要技术经济指标，见表4-48。

表 4-48　主要技术经济指标

序号	项目	单位	指标	备　注
1	铁精粉	t/tDRI	1.30~1.35	干基
2	还原剂	kg/tDRI	280~330	无烟煤，干基
3	脱硫剂	kg/tDRI	20~40	石灰石
4	黏结剂	kg/tDRI	20~25	
5	电	kW·h/tDRI	60~80	

序号	项目	单位	指标	备注
6	新水	t/tDRI	0.4~0.6	
7	燃气	GJ/tDRI	4.5~5.0	热值≥3100kJ/Nm³
8	氮气	Nm³/tDRI	20~25	
9	还原温度	℃	1050~1180	
10	金属化率	%	90~94	
11	年工作日	d/a	330~350	

从第一批工业试验生产的金属化球团产品中随机抽取试样检测，检测结果见表4-49。

表4-49 金属化球团的主要化学成分 （%）

TFe	MFe	FeO	TiO$_2$	V$_2$O$_5$	SiO$_2$	Al$_2$O$_3$	CaO
83.94	80.50	4.49	3.66	1.20	3.93	2.67	0.977

MgO	K$_2$O	Na$_2$O	P	S	全C	游离C	—
1.13	0.016	0.129	<0.005	0.025	2.33	2.04	—

D 工艺技术评价

工业试验的稳定运行高度验证了COSRED煤基竖炉直接还原工艺处理钒钛铁精矿的工艺可行、装备可靠、产品质量稳定、金属化率高。无论是产品质量还是装备可靠性，均优于转底炉预还原工艺和回转窑预还原工艺。

COSRED煤基竖炉直接还原工艺具有规模灵活可调、流程短、操作简单、能耗低、环境友好、生产成本低等优势，并可实现规模化处理钒钛磁铁矿，与电炉熔分工艺配合能够实现高的铁、钒和钛的综合收得率，特别是钒的综合收得率比现有的高炉—转炉长流程工艺高出30%以上，具有推广价值和市场前景，可作为我国钒钛磁铁矿综合利用技术的工业化发展方向之一。

4.6.5.3 金属化球团电炉熔分新工艺技术

A 金属化球团熔分基本原理

采用电炉熔分金属化球团，通过电弧和供氧等产生的高温条件和氧化性气氛，控制钒化合物进入渣相中，铁进入金属相中。

电炉熔分过程以预还原后得到的金属化球团为原料，通过合理的配料制度，将炉料加入电炉内，并将电极埋入炉料中，依靠电弧放热和电流通过炉料而产生的电阻热加热熔化炉料，同时辅以吹氧等操作实现钒进入炉渣。熔化后的铁水和炉渣由于密度的不同进行渣铁分离，通过出铁口和出渣口定时出铁、出渣。熔分原理如图4-21所示。

金属化球团的电炉熔分过程中一个重要问题是钒在渣—金间的走向控制，它关系到整个熔分工艺条件的设定。为促进钒进入渣相，可采用以下两个思路：

（1）创造氧化性环境，将钒氧化入渣；

（2）在氧化性条件受限时，通过调整炉渣性质，促进钒的化合物进入炉渣中。

熔分过程中可能发生的化学反应如式（4-31）~式（4-34）所示。热力学理论分析研究证明，熔分过程中渣—金反应平衡主要受金属化球团中碳含量、熔分温度、供氧量的影响。

$$(FeO) + [C] \Longrightarrow Fe(l) + CO(g) \tag{4-31}$$

$$(V_2O_3) + 3[C] \Longrightarrow 2[V] + 5CO(g) \tag{4-32}$$

$$(SiO_2) + 2[C] \Longrightarrow [Si] + 2CO(g) \tag{4-33}$$

$$(TiO_2) + 2[C] \Longrightarrow [Ti] + 2CO(g) \tag{4-34}$$

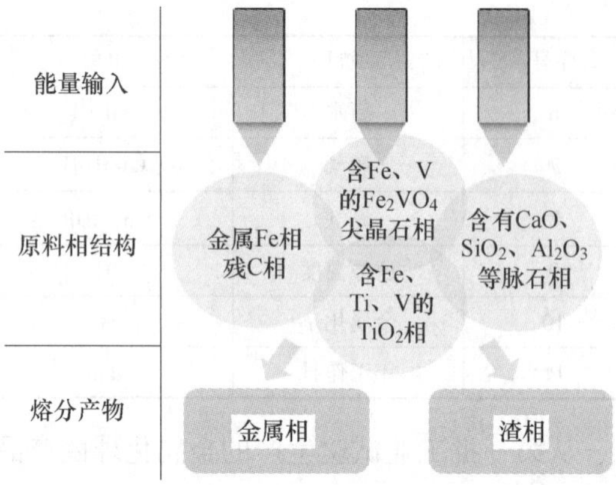

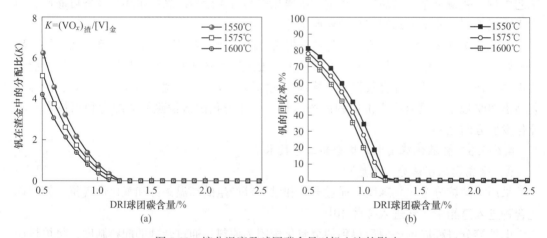

图 4-21　熔分原理示意图

不同熔分温度、不同球团碳含量对渣—金间钒分配比的影响如图 4-22（a）所示。随着温度的升高，钒在渣—金间分配比逐渐降低；随着球团中碳含量的升高，钒在渣—金间分配比迅速降低。温度对钒在渣—金间分配比的影响不如球团中碳含量显著。在当前球团成分条件下，当球团中碳含量高于 1.2% 时，钒将全部进入铁水。

熔分温度和球团碳含量对钒回收率的影响如图 4-22（b）所示。在球团碳含量 0.5%、无外加供氧条件下，球团中钒的回收率约 80%；随着碳含量的升高，钒的回收率迅速下降；在碳含量约为 1.2% 时，钒的回收率降为 0。熔分温度较低时有助于促进钒进入炉渣，提高钒的回收率。

图 4-22　熔分温度及球团碳含量对钒入渣的影响

（a）渣—金间钒的分配比；（b）钒的回收率

随着熔分过程对熔池的吹氧，钒在渣金间的分配比逐渐提高。当分配电增加到一定程度后，由于铁氧化物大量进入渣相，钒渣品位开始降低，因此需在制定冶炼工艺时注意掌握平衡点。

在生产操作中，电炉需要创造良好的氧化性条件，以利于钒进入炉渣中。熔分阶段通过控制金属化球团的装料方式、供电制度、炉内供氧方式、供氧流量和时间等参数，使得球团中的铁熔分进入铁水中，钒化合物及脉石等进入炉渣中，实现铁、钒资源的高效分离。

B　工艺流程

图 4-23 为煤基竖炉直接还原—电炉熔分新技术的工艺流程。该新工艺以钒钛铁精矿为原料,通过煤基竖炉直接还原(预还原)后得到金属化球团,将金属化球团经电炉熔分后分别得到钒钛渣和高纯铁水。

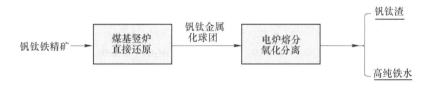

图 4-23　煤基竖炉直接还原—电炉熔分工艺流程

C　熔分电炉

电炉熔分的主要任务在于实现金属化球团的熔化,并将球团中的铁、钒资源进行分离,其工艺系统主要由连续加料系统、电炉本体及辅助系统组成,熔分电炉装置如图 4-24 所示。

图 4-24　熔分电炉装置图

电炉以煤基竖炉提供的金属化球团为原料,可采用料罐充氮保护后装运至原料跨加进高位料仓,也可采用热送热装方式直接进入电炉加料系统连续加入熔分电炉内进行冶炼。金属化球团热装连续入炉,既节约电能,又能提高电炉变压器利用率,减少对电网的冲击,缩短冶炼时间,提高生产率,故金属化球团入炉应以热送热装为主。理论计算表明: 700℃的金属化球团热装热送至电炉车间,可降低电耗约 100~150kW·h/t 铁水。

电炉熔分采用 100%金属化球团操作,为保证熔化速度,需采用大量留铁操作,以保证下一炉有充分的熔池。

按照工艺要求完成电炉熔分操作,根据电炉热平衡情况及输入功率,通过计算机控制加料速度。由于金属化球团密度小,熔化过程中容易漂浮在炉渣上面,需解决好金属化球团在电炉的冷区结团挂炉壁问题。同时需要在熔分冶炼过程中做好炉内配碳、吹氧及炉渣发泡操作。根据需要配置相关装备,处理好炉渣中钒还原和熔池铁大量损失的平衡关系。熔分结束后可得到钒钛渣和高纯铁水,熔分产物钒钛渣和高纯铁水的典型化学成分见表

4-50、表4-51，对典型钒渣相结构采用 XRD 进行了检测分析，如图4-25所示。

电炉熔分后的钒钛渣通过炉下渣罐和渣罐车运送至炉渣跨并进行冷却，然后运送至钒钛渣处理车间进一步深加工；熔分电炉产出的高纯铁水，由铁水罐车运至铁水接受跨，由起重机吊运至后续精炼工位进行处理。

表4-50　熔分钒钛渣典型化学成分　　　（%）

钒钛渣状态	CaO	SiO$_2$	V$_2$O$_5$	Al$_2$O$_3$	TFe	MgO	MnO	Na$_2$O	TiO$_2$	S
初渣	6.29	26.56	5.88	12.60	16.08	7.41	0.98	0.72	18.74	0.018
终渣	6.20	26.15	6.01	12.63	15.84	8.10	0.92	0.66	18.84	0.011

表4-51　熔分高纯铁水典型化学成分　　　（%）

熔分阶段	C	P	S	Ti	V	Fe
熔清	0.20	0.005	0.06	0.002	0.06	约99.6
出钛	0.15	0.004	0.06	0.001	0.07	约99.7

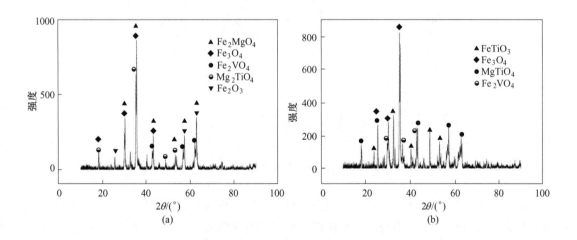

图4-25　典型钒钛渣 XRD 分析结果

（a）炉内终渣；（b）罐内渣

D　主要技术指标

煤基竖炉直接还原—电炉熔分新工艺技术处理低钛型钒钛铁精矿获得了先进的技术经济指标：煤基竖炉直接还原工序的金属化率达到93%，比同等规模回转窑直接还原工艺高3%~5%，达到国际先进水平。整个工艺流程从钒钛铁精矿至钒钛渣的钒回收率最高可达95%，达到国际领先水平，比同等规模高炉工艺高约35%~38%。熔分后获得了铁含量高于99.5%的高纯铁水。主要技术指标对比见表4-52。

表 4-52 新工艺主要技术指标对比

序号	项目	煤基竖炉+电炉	高炉	回转窑+矿热炉
1	直接还原金属化率/%	93	—	88~90
2	钒回收率/%	95	45	65

4.6.5.4 工业化测试效果情况

（1）低温选择性还原关键技术工业测试在 1 万吨/年煤基竖炉直接还原装置上进行，其应用效果表明：工艺装备运行可靠性高，运行过程顺行、通畅，未发生任何设备故障，还原后金属化球团产品的金属化率达到 93.5%以上。

（2）金属化球团高温氧化性熔分关键技术工业测试在 10t 电炉熔分装置上进行，其应用效果表明：电炉熔分加热、吹氧过程可实现钒入炉渣，得到 V_2O_5 含量为 5%~7%的钒钛渣和［Fe］≥99.5%的高纯铁水（铁水中 C、P、S 等含量均很低），实现钒在渣中高效富集；电炉装备适应性强，可以根据不同球团碳含量采取不同的冶炼工艺操作，从而实现钒入炉渣并与铁分离。

煤基竖炉直接还原—电炉熔分提钒新工艺采用低温选择性还原、高温氧化性熔分等关键技术，可实现钒钛铁精矿中有价资源的高质化、绿色化高效提取。新工艺已完成了从小试、中试到万吨级规模的工业化测试，技术重现性好，工艺流程与装备的成熟度较高。研究成果通过了由中国有色金属学会组织的科技成果评价，专家组一致认定该成果达到国际领先水平。

综上所述，煤基竖炉直接还原—电炉熔分新工艺的开发及核心装备的工业实践，形成了短流程、低成本的钒钛磁铁矿资源综合利用新技术，促进了钒钛磁铁矿资源综合利用的科技进步。

4.7 钒钛磁铁矿非高炉冶炼主要流程技术的创新发展

4.7.1 煤基直接还原—电炉熔分技术

直接还原—电炉熔分技术是先将钒钛磁铁精矿进行直接还原，再将还原产物在电炉内进行熔化分离，钒和钛选择性进入渣相得到钒钛渣，然后对钒钛渣进行湿法提钒或深还原提钒。直接还原流程可采用煤基竖炉、回转窑、转底炉、隧道窑等设备，可根据具体情况选择直接还原设备。

对于电炉熔分流程，钒的走向控制较困难，为保证钒进入渣相，要求电炉熔分时必须正确配碳，合理调整电炉供电功率，控制加料速度，准确掌握冶炼终点和及时出渣、出铁。若操作不当，则易产生泡沫渣现象，操作难度极大。

4.7.1.1 技术流程

直接还原—电炉熔分技术基本流程如图 4-26 所示。该流程主要工艺过程为：

（1）首先将钒钛铁精矿、碳质还原剂、黏结剂等原料按配比进行混匀，然后压制造球或装罐放入到还原设备中进行高温直接还原；

（2）将直接还原后的金属化产品装入电炉进行熔分，得到铁水（半钢）和钒钛渣；

（3）钒钛渣可使用钠化焙烧—水浸提钒法提取钒、钛等有价元素，也可将钒钛渣进行深还原，得到含钒铁水，再经转炉吹炼后得到半钢和钒渣。

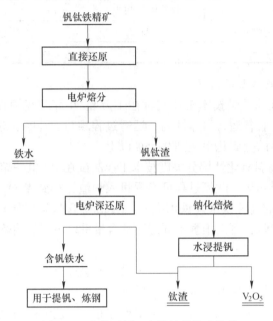

图 4-26 直接还原—电炉熔分技术路线

4.7.1.2 技术原理

直接还原—电炉熔分技术的原理是使用直接还原的方法将钒钛铁精矿中的磁铁矿、钛铁矿、钛铁晶石等矿物在 900~1200℃ 温度下还原为金属化率较高的直接还原产品，再经电炉熔化分离，使铁水与钒钛渣分离。直接还原—电炉熔分中发生的主要化学反应式如下：

$$C + O_2 \longrightarrow CO_2 \tag{4-35}$$

$$CO_2 + C \longrightarrow CO \tag{4-36}$$

$$Fe_3O_4 + CO \longrightarrow FeO + CO_2 \tag{4-37}$$

$$FeO + CO \longrightarrow Fe + CO_2 \tag{4-38}$$

$$Fe_3O_4 + Fe \longrightarrow FeO \tag{4-39}$$

$$FeO + FeTiO_3 \longrightarrow Fe_2TiO_4 \tag{4-40}$$

$$FeTiO_3 + C \longrightarrow Fe + TiO_2 + CO \tag{4-41}$$

$$FeTiO_3 + C \longrightarrow FeTi_2O_5 + Fe + CO \tag{4-42}$$

$$V_2O_3 + C \longrightarrow VC + CO \tag{4-43}$$

$$V_2O_3 + C \longrightarrow V_2C + CO \tag{4-44}$$

4.7.2 直接还原—电炉深还原技术

直接还原—电炉深还原技术是将钒钛铁精矿的直接还原产品在电炉内进行深度还原，使钒氧化物得到还原，得到含钒铁水和钛渣。含钒铁水在经过转炉吹炼后可得钒渣和半钢。目前该路线在南非和新西兰实现了工业化应用，但所得钛渣 TiO_2 品位低于 35%，炉渣黏滞，电炉熔炼操作难度大，目前主要用于回收铁和钒，炉渣中钛资源未实现回收利用。

4.7.2.1　技术流程

直接还原（预还原）—电炉深还原技术基本流程如图 4-27 所示。该技术流程主要包括：

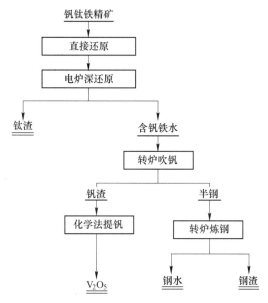

图 4-27　预还原—电炉深还原技术路线

（1）将钒钛铁精矿、煤粉、添加剂等原料按配比混匀；

（2）混匀料压制成球团或直接加入还原设备中，在适宜温度和时间条件下还原得到直接还原产品（金属化球团）；

（3）将直接还原产品直接加入电炉中继续进行深还原，使钒被还原进入铁水形成含钒铁水，钛绝大部分进入渣相形成钛渣；

（4）将含钒铁水在摇包、铁水包或提钒转炉中进行氧化吹炼得到半钢和钒渣；

（5）半钢继续经转炉炼钢而获得钢水和钢渣；

（6）钒渣采用化学法进行提钒，得到五氧化二钒产品。

钒钛铁精矿直接还原—电炉深还原技术的难点是其高效固态还原和电炉冶炼过程渣型制度选择及元素走向控制。其中，高效固态还原与直接还原—电炉熔分技术中直接还原工序相同。

钒钛铁精矿直接还原后制备的金属化球团在电炉深还原过程中通过控制还原势，实现铁和钒的还原，钛不发生过还原，达到铁和钒进入铁水，钛进入炉渣的目的。

目前，钒钛铁精矿金属化球团电炉深还原过程中渣型，多以含镁、铝黑钛石为主，通过适量配碳和严格控温可控制冶炼过程中元素的走向。

4.7.2.2　技术原理

直接还原—电炉深还原技术就是将钒钛铁精矿的直接还原产品在电炉中进行深度还原，使钒进入铁水，钛富集于渣相中。直接还原—电炉深还原过程发生的主要化学反应有：

$$C + O_2 \longrightarrow CO_2 \tag{4-35}$$

$$CO_2 + C \longrightarrow CO \tag{4-36}$$

$$Fe_3O_4 + CO \longrightarrow FeO + CO_2 \tag{4-37}$$

$$FeO + CO \longrightarrow Fe + CO_2 \tag{4-38}$$

$$Fe_3O_4 + Fe \longrightarrow FeO \tag{4-39}$$

$$FeO + FeTiO_3 \longrightarrow Fe_2TiO_4 \tag{4-40}$$

$$FeTiO_3 + C \longrightarrow Fe + TiO_2 + CO \tag{4-41}$$

$$FeTiO_3 + C \longrightarrow FeTi_2O_5 + Fe + CO \tag{4-42}$$

$$FeTiO_3 + C \longrightarrow Fe + Ti_3O_5 + CO \tag{4-45}$$

$$FeTiO_3 + C \longrightarrow Fe + Ti_2O_3 + CO \tag{4-46}$$

$$FeTiO_3 + C \longrightarrow Fe + TiO_2 + CO \tag{4-47}$$

$$V_2O_3 + C \longrightarrow VC + CO \tag{4-43}$$

$$V_2O_3 + C \longrightarrow V_2C + CO \tag{4-44}$$

$$V_2O_3 + C \longrightarrow VO + CO \tag{4-48}$$

$$V_2O_3 + C \longrightarrow V + CO \tag{4-49}$$

4.7.3　还原—磨选技术

还原—磨选技术是将钒钛铁精矿在固态条件下进行选择性还原，还原设备包括回转窑、隧道窑、转底炉等，还原后得到高金属化率产品，再经细磨、磁选获得直接还原铁粉和钒钛渣。

还原—磨选法的优点是在固态条件下实现铁钛分离，避免熔态条件下易出现泡沫渣或黏滞渣的难题。但是，还原—磨选法要求还原过程金属化率要大于90%，并且为保证分选效果，铁晶粒要长大到一定粒度。由于钒钛铁精矿难还原，为达到上述要求，必须在比普通矿高得多的温度下进行还原。此外，在生产规模上还原—磨选法无法与高炉法和回转窑—电炉法相比，这也是其工业应用难度大的原因之一。

4.7.3.1　技术流程

还原—磨选技术基本流程如图 4-28 所示。主要流程为：

（1）首先将钒钛铁精矿、还原剂、添加剂等按照配比混匀，并进行造球或装罐；

（2）将球团或还原罐在直接还原设备中还原焙烧，得到金属化率较高的金属化球团；

（3）高金属化球团经过破碎、细磨，再经磁选分离后便可得具有磁性的直接还原铁粉和非磁性的钒钛渣；

（4）直接还原铁粉可直接外销或经造块成型后用于电炉炼钢；

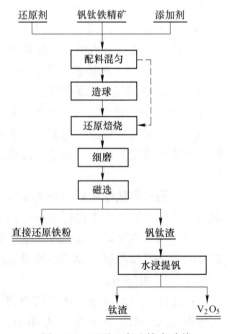

图 4-28　还原—磨选技术路线

（5）钒钛渣采用"钠化焙烧—水浸提钒"处理达到提钒目的；

4.7.3.2 技术原理

还原—磨选技术是将钒钛铁精矿配加一定量还原剂造球，利用铁、钒、钛氧化物还原性之间的差异，在 1000~1400℃ 温度范围内将钒钛铁精矿中的铁氧化物还原为金属铁，还原过程中需使铁氧化物充分还原为金属铁，并使金属铁长大到一定粒度，同时保证钒、钛氧化物不被还原而留存在渣相中。还原后的金属化产品经细磨处理后进行弱磁选分离，得到高品位金属铁粉和钒钛渣。还原—磨选技术涉及的主要反应有：

$$C + O_2 \longrightarrow CO_2 \tag{4-35}$$
$$CO_2 + C \longrightarrow CO \tag{4-36}$$
$$Fe_3O_4 + CO \longrightarrow FeO + 2CO_2 \tag{4-37}$$
$$FeO + CO \longrightarrow Fe + CO_2 \tag{4-38}$$
$$Fe_3O_4 + Fe \longrightarrow FeO \tag{4-39}$$
$$FeO + FeTiO_3 \longrightarrow Fe_2TiO_4 \tag{4-40}$$
$$FeTiO_3 + C \longrightarrow Fe + TiO_2 + CO \tag{4-41}$$
$$FeTiO_3 + C \longrightarrow FeTi_2O_5 + Fe + CO \tag{4-42}$$

4.7.4 气基竖炉还原—熔化分离流程

钒钛铁精矿气基竖炉还原—熔化分离工艺可分为两个子流程。子流程一：气基竖炉还原—控制还原熔化分离；子流程二：气基竖炉还原—钒还原/熔化分离。

4.7.4.1 子流程一的特点

子流程一：气基竖炉还原—控制还原熔化分离工艺（钒氧化物不还原），如图 4-29 所示。其主要特点如下：

（1）原料为钒钛铁精矿氧化球团，其生产采用技术先进成熟的大型工业化的链箅机-回转窑将钒钛铁精矿粉制成氧化球团，氧化球团的物理性能和冶金特性均可满足气基还原竖炉还原的要求。

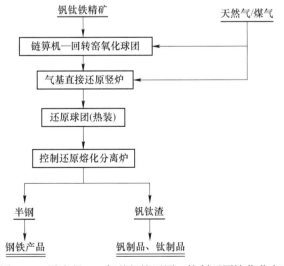

图 4-29 子流程一：气基竖炉还原—控制还原熔化分离工艺

（2）预还原工序采用较为成熟的气基竖炉还原技术。气基竖炉是还原生产能力最大（占世界直接还原铁总产量约 75%，单机生产能力最大达年产 250 万吨）、能耗最低（<11.0GJ/t DRI，而高炉能耗约 16.0GJ/t DRI，转底炉能耗约 18.0GJ/t DRI）、对环境影响最小的工艺。

（3）整个流程的主要能源及还原剂来源范围较广。还原剂为还原性气体（H_2+CO），也可直接使用天然气。在缺乏天然气的地区或天然气价格高而动力煤价格低的地区，可以利用成熟的煤制气技术来制备还原气。

（4）还原产品——钒钛铁精矿金属化球团不受还原剂灰分的污染和贫化，则可提高最终产品——钛渣的 TiO_2 品位，减少钛渣后续处理加工费用，提高钛渣利用价值。

（5）气基竖炉还原的产品——钒钛铁精矿金属化球团可实现热出料、热装入熔化分离炉，可大幅度降低能耗，提高熔化分离炉的生产能力。

（6）原料中的钒、钛全部富集在钒钛渣中。后续处理钒钛渣多采用化学法分离钒、钛和制取钒钛产品。

4.7.4.2　子流程二的特点

子流程二：气基竖炉还原—钒还原熔化分离工艺如图 4-30 所示。其主要特点如下：

（1）与上述竖炉还原—控制还原熔化分离工艺的区别在于钒的走向，前者钒进入炉渣，后者钒还原并进入铁水。由此，后续工艺中钒的分离、利用路线有大的差异。

（2）化学反应过程与传统的高炉—转炉流程基本相同。原料中的铁、钒氧化物全部还原为金属并形成含钒铁水，钛以氧化物形态保持在渣相中，含钒铁水与熔融炉渣依靠比重之差实现分离。

因在气基竖炉中钒的氧化物不可能被还原，钒的还原必须在电炉中高温下完成。为了保证钒的还原，电炉必须加入足够的还原剂，在高温下将原料中的钒全部还原为金属钒，并进入铁水。即铁的还原、钒的还原分别在气基竖炉、熔化分离电炉两个反应器中分别进行和完成。在气基竖炉中还原铁氧化物时可不考虑钛氧化物的还原，但在电炉中还原钒的

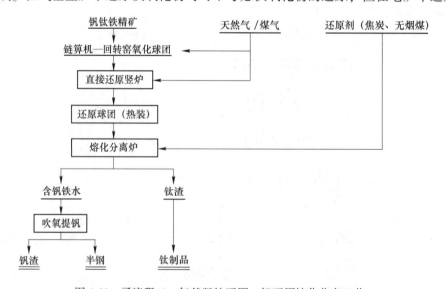

图 4-30　子流程二：气基竖炉还原—钒还原熔化分离工艺

氧化物时需考虑钛氧化物还原对还原过程的影响。电炉还原熔化过程的产品为含钒生铁和含钛炉渣。

含钒生铁通过吹氧提钒，产品为钒渣、半钢。由于铁氧化物还原时还原剂中灰分不进入炉渣，所以含钛炉渣中的 TiO_2 品位高于高炉流程。

（3）除气基竖炉—电炉外，含钒生铁的处理工序与高炉—转炉工艺流程相同，后者的工业化生产实践经验可以借鉴。

（4）在电炉熔融分离过程中，因含钛炉渣中 TiO_2 品位较高，为了保证钒的还原率即钒的回收率，必然同时造成钛的部分还原，进而引发含钒铁水流动性变差、"粘罐"、铁的回收率降低等传统高炉流程所遇到的问题。

钒钛铁精矿气基竖炉还原工艺在众多的非高炉工艺中具有突出的特点：能耗低、对环境污染少、单机产能大（单机产能可达 200 万吨/年以上）、自动化程度高、生产稳定性高、单位产能投资低、还原剂对还原产品无贫化和污染等，是钒钛铁精矿非高炉冶炼工艺的重要工艺方法。

4.7.4.3 钒钛磁铁矿氧化球团制备及气基竖炉对球团的要求

通过对中国攀枝花、印度尼西亚、南非、新西兰等钒钛铁精矿的大量实验室研究及工业化生产实践，证明选择适当的黏结剂、采用链算机—回转窑氧化球团工艺，可生产出满足气基竖炉还原要求的钒钛铁精矿氧化球团。

对钒钛铁精矿的粒度要求应满足比表面积不小于 $2200 \sim 2400 cm^2/kg$，为减少造球黏结剂对产品的污染，可采用有机黏结剂（PVA 等）或有机—无机复合黏结剂。

以攀枝花钒钛铁精矿为原料生产的氧化球团试验研究表明：钒钛铁精矿氧化球团在使用 $100\%H_2 \sim 100\%CO$ 气体，在 $850 \sim 1050℃$ 下还原时，未发现异常膨胀和破损，未发现球团产生"灾难性"膨胀和粉化，球团可以满足气基竖炉直接还原的要求。

但值得注意的是：

（1）因钒钛铁精矿氧化球团中存在一定量的铁钛复合矿物（如铁板钛矿、钛铁矿），在竖炉还原条件下还原产品的金属化率通常只能达到约 92%，难以超过 93%。在后续工艺中必须采取适当措施进行弥补，以确保铁与钒钛的高效分离。如当还原气中含 H_2 量较高时，还原产品的金属化率可有一定程度的提高。

（2）当氧化球团中添加含钾、钠盐等添加剂时，其还原过程可产生异常膨胀。

（3）球团生产应使用适宜的黏结剂。生产钒钛铁精矿氧化球团的黏结剂除应满足造球及球团冶金性能要求外，还应在球团焙烧后黏结剂残留少、对产品无污染，以及黏结剂残留物（如黏结剂中的钙、镁化合物）对后续提取钒钛产品无不良影响和干扰。

4.7.4.4 钒钛磁铁矿气基竖炉还原工艺的还原气气源问题

气基竖炉还原工艺在全球直接还原铁生产中占有主导地位，其产量占全球直接还原铁的 75%。但由于我国天然气资源和天然气价格的限制，至今没有实现铁矿石气基竖炉还原的工业化生产。我国天然气资源条件及能源政策和天然气价格，决定了我国发展气基竖炉还原所需的还原气气源将主要依靠煤的气化方法来解决。

还原气气源问题是发展我国气基竖炉还原工艺最重要的前提条件和主要发展瓶颈。煤气化（煤制气）技术是我国煤化工行业成熟的工业化生产技术，应该是解决我国气基竖炉还原工艺所需还原气气源问题的技术发展方向。在现行市场煤炭价格条件下煤制气生产的还原气（按 H_2+CO 计）价格低于天然气裂解后生产的还原气价格，在技术和经济性上是可行的。煤层气、焦炉煤气也可作为气基竖炉还原的还原气气源。

4.7.4.5 气基竖炉还原—熔化分离工艺中熔化分离技术及设备的选择

A 熔化分离技术的选择

竖炉还原产品为钒钛铁精矿金属化球团，通过熔化实现铁与钒钛的分离是本工艺中一个重要工序。

熔化分离的技术原理：利用电炉内高温将钒钛铁精矿金属化球团熔化，或在熔化的同时采用控制氧化度的方式完成竖炉未完成的还原（如铁或钒氧化物的还原），利用熔化后铁水或含钒铁水与炉渣的密度差实现生铁与炉渣的分离。

为了保证分离的效果，要求竖炉还原产品——钒钛铁精矿金属化球团应有适宜的还原度（金属化率），并要求其在熔化炉内在熔化的同时实现选择性还原的功能。

（1）在子流程一：竖炉还原—控制还原熔化分离工艺中，要求竖炉还原产品—钒钛铁精矿金属化球团具有适当高的还原度，以保证铁最大限度地进入铁水，并保证在限制钒氧化物还原条件下渣中铁含量最低，保证钒、钛保留在渣中，实现铁与钒钛的分离。

（2）在子流程二：竖炉还原—钒还原熔化分离工艺中，则要求竖炉还原产品—钒钛铁精矿金属化球团的还原度尽可能高，保证铁最大限度地进入铁水，保证在熔化炉内加入还原剂及高温作用下，能快速将钒氧化物最大限度地还原为金属钒并进入铁水，仅钛氧化物及原料中脉石保留在渣中，实现铁、钒与钛的分离。

B 熔化分离设备的选择

为了降低能耗，可采用竖炉热出料—熔化炉采用连续热装的方式。由于钒钛铁精矿金属化球团是高金属化率的物料，不但其电导率远大于矿石，而且在高温下极易产生再氧化；熔化分离后的产品铁水含碳低，炉渣是较高 TiO_2 含量的钛渣，无论是金属相或渣相的熔点均较高，因而要求熔化炉应具备的条件是：能快速加热、快速熔化、炉内保持较高温度；可以控制炉料上方炉气的氧化度（氧势）以减少炉料的再氧化；在钒还原熔化分离工艺中能形成强的还原能力，即能准确地控制还原能力和配加还原剂；单位炉容（单位炉膛面积）功率高；是全封闭式高温炉，且能保证炉膛上方的空间气氛可控等。

（1）采用埋弧式电炉。目前，已开发的钒钛铁精矿预还原—熔化分离工艺多采用埋弧式电炉，即铁合金冶炼电炉。这类电炉以固态矿石和还原剂的混合物为原料。在钒钛铁精矿预还原—熔化分离工艺中，由于原料是高金属化率的金属化球团，其电导率与铁矿石有明显差异，因而其供电参数应在铁合金电炉的基础上做相应调整才能满足冶炼工艺的需要。

在 20 世纪 80 年代进行的钒钛铁精矿预还原—熔化分离工艺试验研究中，采用以炉渣的电阻为发热体的"有衬电渣炉"熔化分离多金属复合矿的预还原产品，获得了电耗低、炉衬消耗少（以炉渣替代砌筑炉衬）的良好结果。随着电渣炉技术的发展，开展以"有衬电渣炉"作为钒钛铁精矿预还原—熔化分离工艺中的熔化分离设备研究，是一个可以尝试的非常有意义的新课题。

（2）采用以煤气为能源的反射炉（类似平炉）。采用反射炉来熔化热态的、高金属化率的炉料是一种新技术，是人们寻求回避熔化分离对电力依赖的期盼方向，但至今未见其大规模工业化生产成功的报道，需要进一步试验和工业化生产验证。

采用煤气为能源的反射炉熔化热态、高金属化率炉料工艺的难点在于煤气燃烧焰是氧化性的，且燃烧焰直接接触热态高金属化率炉料，将不可避免地造成金属化炉料的氧化。

采用煤气燃烧焰不接触炉料的单一辐射传热，将大幅度降低熔化分离炉的加热速度和加热能力，同时热效率将大幅度下降。以煤气为能源熔化热态的高金属化率炉料的设想和期盼需要工业化生产实践的验证。

采用煤气为能源的反射炉熔化热态、高金属化率炉料工艺尚需进一步改进和优化，其发展方向应是尽量避免燃烧焰与热态高金属化率炉料直接接触，可将二者分区设置；或尽量降低煤气燃烧焰的氧化性，合理确定煤气燃烧的氧过剩系数等。

4.7.4.6 气基竖炉还原—熔化分离工艺中熔化分离产品的后续处理工艺

根据钒钛铁精矿球团在竖炉中预还原程度的不同，气基竖炉还原—熔化分离工艺的产品有：低碳铁水或含钒低碳铁水、钒钛渣或钛渣。

熔化分离产品的后续处理工艺，将依据最终产品不同而不同。

(1) 低碳含钒铁水处理工艺。通常采用转炉提钒-炼钢工艺处理，即先吹氧提钒获得钒渣和半钢水，其中钒渣作为提取五氧化二钒等钒产品的原料，而半钢水则作为转炉炼钢原料继续冶炼成钢。这项工艺较为成熟，已成功地在攀钢等大型企业工业化应用。

(2) 钒钛渣处理工艺。通常采用化学法或冶金法处理，作为生产钒产品和钛产品的原料，可从中再提取出钒化合物及钒合金产品（如五氧化二钒、钒酸盐、钒硅合金等）、氧化合物及钛合金产品（如钛白、钛硅合金等）。钒钛渣处理后续处理工艺目前还不够成熟，尚需进一步研发。

(3) 钛渣处理工艺。可采用化学法或冶金法处理，作为生产钛产品的原料，可从中再提取出钛氧化合物及钛合金产品（如硫酸法钛白、钛硅合金、钛铁合金等）。这种钛渣处理工艺目前还不够成熟，需进一步研发。

4.7.5 气基竖炉深度还原—磁选分离工艺

钒钛铁精矿经过气基竖炉深度还原后，所得的金属化球团也可采用磁选分离工艺进行铁、钒、钛的分离，其分离产品为直接还原铁粉、钒钛渣。

4.7.5.1 工艺概述

气基竖炉深度还原—磁选分离工艺，如图 4-31 所示。

钒钛铁精矿经造球、焙烧制成钒钛铁精矿氧化球团。氧化球团在气基竖炉内完成铁氧化物的还原，并使新还原出来的铁原子聚合长大形成一定粒度（>0.10mm）的铁颗粒。为了区别一般气基直接还原竖炉对还原的要求，将这种还原称为"深度还原"，即铁氧化物不仅仅完成还原（铁的金属化率大于 90%），还要使新还原出来的铁原子聚合长大成铁颗粒，保证铁颗粒长大到 0.10mm 以上粒度，能够与脉石分离。

通过提高气基竖炉还原温度、加强渗碳、向球团中加入促进固相造渣的添加剂，可创造强化铁原子聚合长大条件，加速铁原子的聚合长大。

还原产品金属化球团经高温热出料、水淬、破碎、分段磨选，将导磁性高的铁颗粒与非导磁性钒钛渣有效分离。磁性物为以金属铁为主要组成（全铁 TFe>85%~90%）的直接还原铁粉，非磁性物为以钒钛氧化物为主的钒钛渣，以此实现铁与钒钛的分离。

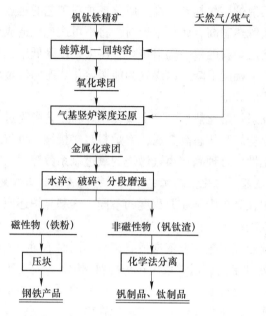

图 4-31   气基竖炉深度还原—磁选分离工艺流程

4.7.5.2   气基竖炉深度还原—磁选分离工艺的特点

气基竖炉中的还原剂不污染还原产品；还原能耗低，对环境影响小；单机生产能力大（单机年处理量可超过 300 万吨）；可实现热出料，有益于还原产品的水淬，降低产品处理能耗；还原产品不再进行高温熔化，可大幅度降低工艺总能耗，以及降低高温熔化带来的运行难度。

已完成的试验研究表明，钒钛铁精矿球团深度还原所得的金属化球团，可采用磁选分离工艺实现铁与钒钛的有效分离。但这些金属化球团不是采用气基竖炉还原的，因此气基竖炉深度还原—磁选分离工艺至今仅仅是一个设想的工艺流程，建议对该流程进行规模化的验证性试验研究。

4.7.5.3   存在的主要问题

钒钛铁精矿气基竖炉深度还原—磁选分离工艺研究存在的主要问题是：气基竖炉还原允许的最高温度能否满足深度还原（铁颗粒长大）的要求；气基竖炉还原的合理时间能否满足铁颗粒长大所需要的时间；促进铁颗粒长大的措施（添加促进铁颗粒长大的添加剂）在竖炉中是否允许；深度还原对竖炉运行的影响、对能耗影响的经济可行性不明确。

4.7.5.4   设备的选择

气基竖炉深度还原—磁选分离设备选择可参考粒铁生产设备的选择经验，可采用破碎、分段磨细、分段选分方式进行。要求磨细设备仅将铁颗粒与渣相分离而不破坏铁颗粒形貌，以减少磨细能耗和减轻磁选分离难度。磨细系统可参考粒铁生产的对应设备系统。

4.8   钒钛磁铁矿非高炉冶炼技术发展前景展望

进入 21 世纪以来，我国钒钛磁铁矿非高炉冶炼技术取得了很多研究进展，先后试验研究了转底炉预还原—电炉熔分深还原/浅还原（不还原钒氧化物）新工艺、隧道窑（含车底炉）预还原—电炉熔分深还原/浅还原（不还原钒氧化物）新工艺、煤基竖炉深还原—电炉熔分/磁选分离等近十种新工艺。其中，转底炉预还原—电炉熔分深还原新工艺、煤基竖炉深还原—电炉熔分/磁选分离等新工艺先后成功地进行了工业性试验，打通了工艺流程、取得了好的试验效果。

我国钒钛铁矿综合利用经过 50 多年的研发和工业应用，虽然获得了很多宝贵的实践经验，但也有许多失败的教训，很值得认真分析总结。

钒钛磁铁矿通过高炉—转炉工艺流程、非高炉工艺流程都可以实现铁、钒、钛的分离，但至今未达到全面深度综合利用的预期效果。

钒钛磁铁矿非高炉冶炼新工艺的分支工艺较多，每个分支都有各自的特点。如钒钛铁精矿煤基直接还原、气基还原工艺以及熔融还原等，都是钒钛磁铁矿选择性还原、实现铁钒钛分离的有效技术手段，在工艺上都是可行的。表 4-53 为钒钛铁精矿几种预还原—电炉熔分法工艺的主要特点。

表 4-53 钒钛铁精矿几种预还原—电炉熔分工艺主要特点

预还原工艺	设备产能 /万吨·年$^{-1}$	能耗/GJ·t^{-1}	对钛渣品位影响	可否热装入电炉	技术成熟度
气基竖炉法	200	11 左右	无影响	可	尚需进行工业试验
煤基竖炉法	170	14 左右	分离残碳后无影响	可	工业试验成功
回转窑法	15	18 左右	分离残煤后无影响	不分离残煤可热装	有工业试验经验
转底炉法	10	15 左右	加无机黏结剂时有影响	可	有工业性试验经验
隧道窑法	2	25 左右	内配煤时有影响	否	有工业性试验经验

钒钛磁铁矿非高炉冶炼新工艺至今未能实现大规模的工业应用，但是国家产业发展的鼓励类项目，是今后钒钛磁铁矿综合利用的重要发展方向，是高炉工艺流程的重要补充，存在大量需要完善和攻关的技术难题。

由于受金融危机的影响，进入 2011 年以后，钒钛磁铁矿非高炉冶炼工艺技术的工业试验研究大部分处于停滞或半停滞状态。但是，相关科研院所、高校和部分企业的实验研究和基础研究一直未停止，仍在进行中。

（1）钒钛铁精矿氧化球团气基竖炉还原—熔化分离工艺在技术上是可行的，是可实现大规模工业生产且可与转炉提钒—炼钢工艺相匹配衔接的工艺流程，是钒钛磁铁矿大规模非高炉冶炼工艺的首选工艺方法。该工艺实现工业化的主要问题是还原气气源问题以及熔化分离装备的选型和控制问题。但至今未能完成系统的工业规模的试验验证，无法实施工业化生产设计，应开展进一步的工业试验研究。随着我国煤制气技术的突破和工业应用，该工艺的还原气气源问题有望尽快得到解决。

综合比较可知，气基竖炉法产能大、能耗低、污染小，且预还原产品不含还原剂灰分，有利于保证电炉冶炼的产品品质，可实现电炉热装，降低电炉冶炼电耗，是一种比较合理的非高炉冶炼工艺。

（2）钒钛铁精矿氧化球团气基竖炉深度还原—磁选分离工艺是理论上更为合理、经济的方法,但至今未能完成系统的试验研究和规模化试验验证,无法实施工业化生产设计,应开展进一步的系统试验研究。

(3)钒钛铁精矿煤基直接还原—电炉熔分工艺是钒钛铁精矿选择性还原实现铁、钒、钛分离的重要而有效的手段,其经济合理的工业生产规模为单机产能50万~80万吨/年。

综合比较可知,钒钛铁精矿煤基直接还原—电炉熔分工艺存在的主要问题是电炉熔分时要求金属化球团的金属化率要高,且电炉熔分过程钒的走向控制困难,必须严格控制熔炼条件,准确掌握冶炼终点和及时出渣、出铁,操作不当便会产生泡沫渣,恶化熔分炉况;所产的钒钛渣后续处理流程长、生产能耗高。其中,预还原过程中的转底炉产能小、炉渣品位较低;回转窑产能小、易结圈且残煤影响渣品位;隧道窑生产效率低、还原的金属化率较低。因此,直接还原—电炉熔分工艺处理钒钛磁铁矿无明显优势。

(4)钒钛铁精矿煤基直接还原—电炉深还原熔分工艺,有利于回收铁和钒,同时深还原后的金属化球团电炉熔分流程短、能耗低。南非及新西兰都已成功实现钒钛铁精矿直接还原—电炉深还原工艺的工业化生产。电炉深还原流程比电炉熔分流程短,且含钒铁水后续的提钒—炼钢技术成熟,环境污染相对较小。但该工艺中的电炉深还原过程钒钛走向控制较困难,如能解决电炉深还原冶炼过程中钒的走向控制问题,则电炉深还原是电炉冶炼工序的理想选择,这也是推动我国钒钛磁铁矿直接还原—电炉深还原技术实现工业化的关键所在。

(5)钒钛铁精矿还原—磨选工艺,其优点在于固态条件下便可实现钛铁分离,从而避免了熔融条件下出现泡沫渣和黏滞渣导致炉内冶炼过程难以进行的问题。但是,还原—磨选对还原球团金属化率要求较为严苛,需要达到90%以上,并且铁晶粒在还原过程中需要长大到一定粒度。由于钒钛铁精矿难还原,因此需要较高的还原温度和还原势,还原铁晶粒长大困难,致使细磨磁选后钛铁分离不彻底。适当加入碱金属盐类助剂能强化还原过程,但会造成炉内结瘤和腐蚀炉衬,且引入大量新杂质,降低钒钛渣中的 TiO_2 品位。此外,还原—磨选后获得的还原铁粉易被二次氧化,不能直接作为铁产品利用,且还原—磨选法生产规模较之于高炉法和预还原—电炉法存在较大差距,这也是制约其工业化应用的原因之一。固态还原过程中实现铁高金属化率的同时促使金属铁颗粒长大至磨选分离要求,是钒钛铁精矿的还原—磨选技术的重点和难点。

(6)流态化还原工艺,是一种一步法还原技术,还原效率高、生产效率高,但还原过程控制难,熔融物料易黏结失流,操作要求高。

(7)钒钛铁精矿 HIsmelt 工艺也是一种具有发展前景的钒钛磁铁矿一步法非高炉冶炼工艺,但还需进一步试验验证。

参 考 文 献

[1] 王帅,郭宇峰,姜涛,等. 钒钛磁铁矿综合利用现状及工业发展方向 [J]. 中国冶金,2016,26(10):40-44.

[2] 黄丹. 钒钛磁铁矿综合利用新流程及其比较研究 [D]. 长沙:中南大学,2011:20-25.

[3] 龙飞虎. 攀西钒钛磁铁矿直接还原两种工艺的技术分析与选择 [J]. 四川冶金,2011,33 (5):1-4.

[4] 郭新春. 钒钛磁铁矿的理论基本和工艺研究 [J]. 国外钢铁钒钛,1989 (4):93-94.

［5］　http：∥www. highveldsteel. co. za/processTechnologyDoc1. htm.

［6］　Steinberg W S, Geyser W, Nell J. The history and development of the pyrometallurgical processes at Evraz Highveld Steel & Vanadium ［J］. Southern African Institute of Mining and Metallurgy, 2011, 111（10）：705-710.

［7］　张向国, 贾利军, 王冰, 等. 钒钛磁铁矿冶炼工艺比较分析 ［J］. 山东冶金, 2019, 41（1）：39-42.

［8］　Steinberg, Pistorius. Control of open slag bath furnaces at Highveld Steel and Vanadium Ltd：development of operator guidance tables ［J］. Ironmaking & Steelmaking, 2009, 36（7）：500-504.

［9］　刘淑清. 南非海威尔德钢钒公司 ［J］. 钢铁钒钛, 2000（3）：43.

［10］　https：∥www. nzsteel. co. nz/new-zealand-steel.

［11］　Hukkanen E, Walden H. The production of vanadium and steel from titanomagnetites ［J］, International Journal of Mineral Processing, 1985, 15（1-2）：89-102.

［12］　李志强, 张洋. 新西兰钒钛海砂磁铁矿冶炼工艺分析 ［J］. 现代冶金, 2017, 45（4）：31-33.

［13］　温大威. 新西兰钢铁公司的直接还原生产线 ［J］. 烧结球团, 1991（1）：26-28.

［14］　Kelly B F, Ironmaking at BHP New Zealand Steel Limited, Glenbrook, New Zealand, Australasian Mining and Metallurgy［R］. The Sir Maurice Mawby Memorial, Volume, Vol. 2, Victoria, Australia, Australasian Institute of Mining and Metallurgy, 1993：348-353.

［15］　彭英健, 吕超. 钒钛磁铁矿综合利用现状及进展 ［J］. 矿业研究与开发, 2019, 39（5）：130-135.

［16］　张仁礼. 芬兰钠化球团——湿法提钒 ［J］. 烧结球团, 1979（3）：55-66.

［17］　郭宇峰. 钒钛磁铁矿固态还原强化及综合利用研究 ［D］. 长沙：中南大学, 2007.

［18］　石玉洪. 钒钛磁铁矿预还原球团及熔分渣的理化性能 ［J］. 钢铁钒钛, 1996（2）：20-24.

［19］　张艳华, 龙红明, 春铁军, 等. 钒钛磁铁矿深度直接还原熔分提铁 ［J］. 钢铁研究学报, 2016, 28（9）：17-23.

［20］　胡俊鸽, 周文涛, 郭艳玲, 等. 气基竖炉直接还原球团技术的发展 ［J］. 烧结球团, 2012, 37（2）：40-57.

［21］　韩子文. 钒钛磁铁矿气基竖炉直接还原—电炉熔分新工艺的实验研究 ［D］. 沈阳：东北大学, 2011.

［22］　王雪松. 钒钛磁铁矿直接还原技术探讨 ［J］. 攀枝花科技与信息, 2005, 30（1）：3-8.

［23］　何桂珍, 都兴红, 曲赫威, 等. 非高炉冶炼技术的发展现状与展望 ［J］. 矿产综合利用, 2014（3）：1-7.

［24］　秦洁, 刘功国, 李占军, 等. 直接还原处理钒钛矿资源的几种典型工艺评述 ［J］. 矿冶, 2014, 23（4）：79-82.

［25］　刘功国. 基于转底炉直接还原工艺的钒钛磁铁矿综合利用试验研究 ［J］. 钢铁研究, 2012, 40（2）：4-7.

［26］　洪陆阔. 钒钛磁铁矿钠碱低温冶炼基础研究 ［D］. 北京：钢铁研究总院, 2018.

［27］　陈乾业, 张俊, 程相魁, 等. 钒钛磁铁精矿低温综合利用新工艺 ［J］. 钢铁钒钛, 2017, 38（2）：11-15.

［28］　Zhao L S, Wang L N, Chen D S , et al. Behaviors of vanadium and chromium in coal-based direct reduction of high-chromium vanadium-bearing titanomagnetite concentrates followed by magnetic separation ［J］. Transactions of Nonferrous Metals Society of China, 2015, 25（4）：1325-1333.

［29］　白云. 低品位钒钛磁铁精矿直接还原–磨选工艺研究 ［D］. 昆明：昆明理工大学, 2017.

［30］　Geng C, Sun T, Yang H, et al. Effect of Na_2SO_4 on the embedding direct reduction of beach titanomagnetite and the separation of titanium and iron by magnetic separation ［J］. ISIJ International. 2015, 55

（12）：2543-2549.

[31] 刘东华，钱晓泰，梁毅，等．还原-磨选法制备铁粉的组织与性能 [J]．金属材料与冶金工程，2013，41（1）：8-11.

[32] Lv C，Yang K，Wen S M，et al. A New Technique for Preparation of High-Grade Titanium Slag from Tit-anomagnetite Concentrate by Reduction-Melting-Magnetic Separation Processing [J]. JOM，2017，69（10）：2543-2549.

[33] 李朋．钒钛磁铁矿固态还原法铁与钒钛分离研究 [D]．沈阳：东北大学，2013.

[34] 中国地质科学院矿产综合利用研究所．钒钛磁铁矿分离提取铁、钒和钛的方法 [P]：中国，201110094990.6. 2011-09-14.

[35] 张俊，严定鎏，齐渊洪．钒钛磁铁矿利用新工艺的理论分析 [J]．钢铁钒钛，2015，36（3）：1-5.

[36] 付自碧．钒钛磁铁精矿先提钒工艺研究现状及产业化前景分析 [J]．矿产综合利用，2009（4）：45-49.

[37] 常福增，赵备备，李兰杰，等．钒钛磁铁矿提钒技术研究现状与展望 [J]．钢铁钒钛，2018，39（5）：71-78.

[38] 孟庆文，张金良．朝阳某钒钛磁铁矿精矿钠化焙烧–水浸提钒试验研究 [J]．矿业工程，2017（3）：34-36.

[39] 章苇玲．钒钛磁铁精矿预提钒新工艺研究 [D]．沈阳：东北大学，2015.

[40] 郑海燕，孙瑜，董越，等．钒钛磁铁矿钙化焙烧-酸浸提钒过程中钒铁元素的损失 [J]．化工学报，2015，66（3）：1019-1025.

[41] 郑海燕．钒钛磁铁矿钙化焙烧的基础研究 [C]．中国金属学会、冶金反应工程学分会．第十七届（2013年）全国冶金反应工程学学术会议论文集（上册）．2013：389-394.

[42] 付自碧．钒钛磁铁矿提钒工艺发展历程及趋势 [J]．中国有色冶金，2011，40（6）：29-33.

[43] 李兰杰，张力，郑诗礼，等．钒钛磁铁矿钙化焙烧及其酸浸提钒 [J]．过程工程学报，2011，11（4）：573-578.

[44] 廖世明，柏谈论．国外钒冶金 [M]．北京：冶金工业出版社，1985.

[45] 张菊花，张伟，张力，等．酸浸对钙化焙烧提钒工艺钒浸出率的影响 [J]．东北大学学报（自然科学版），2014，35（11）：1574-1578.

[46] 王勋，韩跃新，李艳军，高鹏．钒钛磁铁矿综合利用研究现状 [J]．金属矿山，2019（6）：33-37.

[47] 韩吉庆，张力，崔东，等．提钒后钒钛磁铁精矿直接还原研究 [J]．材料与冶金学报，2018，17（2）：101-106.

[48] Zhang Y，Yi L，et al. A novel process for the recovery of iron，titanium from vanadium-bearing titano-magnetite：sodium modification-direct reduction coupled process [J]. International Journal of Minerals，Metallurgy，and Materials，2017，24（5）：504-511.

[49] 陈露露．我国钒钛磁铁矿资源利用现状 [J]．中国资源综合利用，2015，33（10）：31-33.

[50] Chen D，Zhao L，Liu Y，et al. A novel process for recovery of iron，titanium，and vanadium from titano-magnetite concentrates：NaOH molten salt roasting and water leaching processes [J]. Journal of Hazardous Materials，2013，244-245：588-595.

5 提钒-炼钢技术

5.1 从含钒铁水提取钒氧化物和钒渣的主要方法

5.1.1 钒钛磁铁矿直接提取五氧化二钒

用钒钛磁铁矿作为提取钒的主要原料时,对含钒较高的钒钛磁铁矿(V_2O_5的质量分数可达 1%~2%),可采用直接进行提取 V_2O_5 的方法,也称水法提钒。世界上使用这种原料直接提钒的国家主要有南非海威尔德公司以及芬兰、澳大利亚等(芬兰于 1987 年停产;我国 1980 年前以承德钒铁精矿为原料,1980 年以后以钒渣为原料)。

此方法的优点:原料处理简单;钒回收率高,从精矿到 V_2O_5 的收得率达 80%以上。

此方法的缺点:处理物料量大,设备投资大;焙烧温度高(1200℃以上),动力及辅助原材料消耗大;不回收铁。

5.1.2 含钒铁水提取钒渣的主要方法

目前,世界各国主要还是从含钒铁水中提取钒渣。从含钒铁水中吹炼钒渣,是将高炉或电炉冶炼的含钒铁水在雾化提钒炉、氧气转炉(中国、俄罗斯)、摇包(南非)、铁水包(新西兰)等吹炼设备内通入氧化性气体(氧气、空气),使铁水中的钒氧化,得到钒渣,钒渣作为提取 V_2O_5 的原料。此方法的优点:钒渣作为提取 V_2O_5 的原料,含钒高,处理量少;可回收铁;焙烧温度低(800℃左右),辅助原材料消耗少。此方法的缺点:钒回收率低(从精矿到 V_2O_5 收得率为 60%~70%)。

5.1.2.1 雾化提钒法

雾化提钒法是攀钢 1978~1995 年采用从铁水中吹炼钒渣的方法。从炼铁厂输送来的含钒铁水罐经过倾翻机倒入中间罐,对含钒铁水进行撇渣和整流,然后进入雾化器内进行雾化和氧化。

雾化提钒的最大特点就在于雾化器。雾化器外形如马蹄,在雾化器的两个内侧面各有一排形成一定交角的风孔。当富氧空气(氧气+空气:10%+90%)从风孔高速射出时,形成一个交叉带,当含钒铁水从交叉带流过时高速富氧空气流股将铁水击碎成雾状,雾状铁水和富氧空气强烈混合使二者的反应界面急剧增大,氧化反应迅速进行。同时,富氧压缩空气中其他成分的进入对反应区进行非常有效的冷却,使反应温度限制在对钒氧化有利的范围内。被击碎的含钒铁水在进行氧化反应后汇集到雾化室底部,通过半钢出钢槽进入半钢罐,钒渣漂浮于半钢表面形成渣层,最后将半钢与钒渣分离。

由于铁水从中间罐水口到半钢罐的时间差很短,因此雾化提钒中钒的氧化有 50%~60%是在雾化炉中完成的,其余的 40%~50%是在半钢罐中完成的。

雾化提钒工艺流程如图 5-1 所示，主要设备如图 5-2 所示，雾化炉结构如图 5-3 所示。

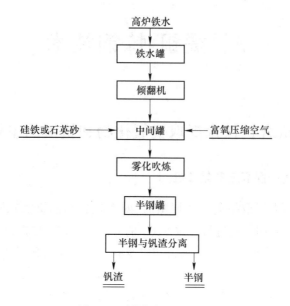

图 5-1　雾化提钒工艺流程

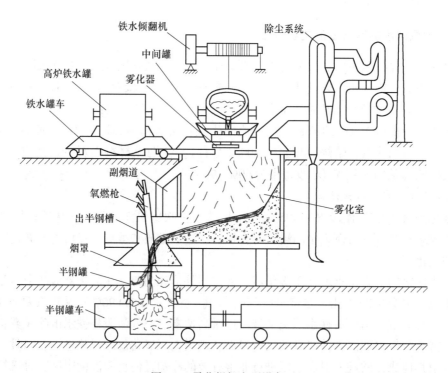

图 5-2　雾化提钒主要设备

由于雾化铁水提钒工艺所得钒渣含铁高，以及钒的回收率较低、钒氧化率低等原因而被淘汰。

5.1.2.2 氧气顶吹转炉提钒法

目前世界上采用此法提钒的厂家有俄罗斯下塔吉尔钢铁公司和我国的攀钢、河钢集团承钢等。攀钢钒（攀枝花基地）有两座120t氧气顶吹提钒转炉，设计年可处理含钒铁水600万吨，年产钒渣（实物量）22万吨。攀钢西昌钢钒也有两座210t氧气顶吹提钒转炉，2019年产钒渣（实物量）17.39万吨；承钢100t、120t、150t的氧气顶吹提钒转炉各一座，年产钒渣20万吨。

氧气顶吹转炉提钒法优点：半钢温度高，制取的钒渣含钒高，CaO、P等杂质少，钒渣金属夹杂物少，有利于下一步提取V_2O_5；转炉衬砖寿命高，钒氧化率高。

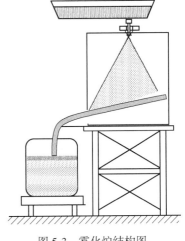

图5-3　雾化炉结构图

5.1.2.3 空气底吹转炉提钒法

俄罗斯丘索夫冶金工厂用底吹空气转炉生产钒渣。有3座转炉，装料量为18~22t/炉，炉膛容积为20m³，炉壁用镁砖砌衬，炉底用硅砖砌筑。在炉底上设有6个黏土砖风嘴，每个风嘴都装有7个直径各为2.2cm的喷管。

底吹转炉提钒方法的优点：建设投资省，厂房较低，不用炉顶上部喷枪、料仓和支撑等设置；生产效率高、成本低；吹钒时吹炼平稳、喷溅少、搅拌强度大、反应迅速；热利用率高，烟尘少等。

此方法的缺点：终点靠时间控制和倒炉测温取样判断；挡渣劳动强度大且钒渣损失多，钒渣含金属铁高；炉底风口管道系统复杂，更换修理任务重；炉龄短、容量小；生产环境粉尘多，劳动条件差。

5.1.2.4 顶底复吹转炉提钒法

为了提高熔池的搅拌强度，采用炉底吹入搅拌气体、炉顶吹氧的办法即为顶底复合吹钒工艺。钒在铁水侧扩散是钒氧化反应的限制性环节。钒氧化速度与钒浓度呈线性关系，而钒从钒渣向半钢的逆向还原位于化学反应限制环节内，钒还原速度跟温度呈指数关系。因此，为了有效脱钒，从热力学角度上应使熔体及元素与氧化剂接触表面保持适宜的温度；从动力学角度上应加速钒在铁侧扩散传质，是加快低钒铁水中钒氧化的首要条件。加强搅拌不仅可以加快低钒铁水传质，还可增加反应界面，是加快钒氧化的主要手段。

5.1.2.5 摇包提钒法

向摇包中吹氧使含钒铁水中的钒变为钒渣的铁水提钒工艺即为摇包提钒法。通过摇包偏心摇动可对铁水产生良好的搅拌，使氧气在较低压力下能够传入金属熔池，以获得较高的钒氧化率并可防止粘枪。摇包法铁水提钒是由南非海威尔德钒钢有限公司于1968年开始用于生产的，60t摇包如图5-4所示。

工艺操作过程：放在摇包架上的摇包以30次/min的频率做偏心摇动。根据铁水成分和温度计算出吹氧量和冷却剂加入量。冷却剂为铁块和废钢，在开始吹氧前加入。吹炼过程中枪位高度750mm，氧气流量28~42m³/min，氧压为0.15~0.25MPa。当吹氧量达到预定值时即提枪停止吹氧；停氧后继续摇包5min以降低渣中氧化铁含量并提高钒渣品位。

提钒结束后即将半钢兑入转炉并将钒渣运至渣场冷却。

南非海威尔德钒钢有限公司的摇包提钒工艺条件及主要指标：铁水装入量 66.8t，铁矿石加入量 1.5t，铁块装入量 6.0t，河沙加入量 0.19t；半钢产量 68.2t，钒渣产量 5.85t；钒的氧化率 93.4%，金属收得率 93%；耗氧量 21.54m³/t。其含钒铁水、半钢及钒渣成分见表 5-1 和表 5-2。

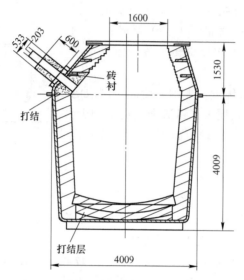

图 5-4   南非海威尔德钒钢公司 60t 摇包图

表 5-1   摇包提钒铁水、半钢成分   (%)

成分	C	V	Si	Ti	Mn	P	S	Cr	Cu	Ni
铁水	3.95	1.1	0.24	0.22	0.22	0.08	0.037	0.29	0.04	0.11
半钢	3.17	0.07	0.01	0.01	0.01	0.09	0.040	0.04	0.04	0.11

表 5-2   摇包提钒钒渣成分   (%)

V_2O_5	FeO	CaO	MgO	SiO_2	Al_2O_3	Fe
27.8	22.4	0.5	0.3	17.3	3.5	13.0

摇包提钒法虽可得到高的钒提取率，但其炉衬寿命短、生产效率低，综合指标低于转炉提钒法。

5.1.2.6   铁水包吹氧提钒法

新西兰钢铁公司采用回转窑—电炉炼铁—铁水包提钒法。工艺操作过程：先将含钒铁水从电炉内兑入到铁水包中，然后将铁水包安放在吹钒装置下面并盖上包盖，包盖上面有烟罩。由于含钒铁水含碳低需要渗碳，渗碳后扒出熔渣；插入氧枪和氮枪吹炼铁水，完毕后取样，用扒渣机扒出钒渣，将铁水包中的半钢送氧气顶吹转炉炼钢。

提钒工艺条件及主要指标：整个吹炼周期为 62min，其中安放铁水包 4min，再渗碳 5min，扒熔渣 5min，吹氧 39min，取样 2min，扒钒渣 5min，移动铁水包 2min；钒渣品位为 V_2O_5 质量分数 18%~22%。

5.2 含钒铁水提钒基本原理

5.2.1 含钒铁水中元素氧化转化温度

提钒过程是铁水中铁、钒、碳、硅、锰、钛、磷等元素的氧化反应过程，这些元素的氧化反应进行的速度取决于铁水本身的化学成分、吹钒时的热力学和动力学条件。在氧势图（见图 5-5）中，碳氧势线与钒氧势线有一个交点，此点对应的温度称为碳钒转化温度。低于此温度时钒优先于碳氧化，高于此温度时碳优先于钒氧化。提钒就是利用选择氧化原理，采用高速纯氧射流在顶吹转炉中对含钒铁水进行搅拌并将铁水中钒氧化成高价稳定的钒氧化物制取钒渣的一种化学反应过程。在反应过程中通过加入冷却剂控制熔池温度在碳钒转换温度以下，达到"去钒保碳"的目的。

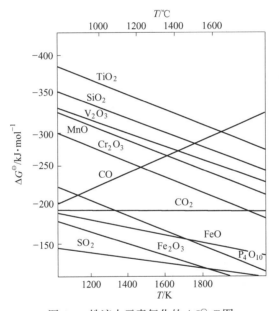

图 5-5　铁液中元素氧化的 $\Delta G^{\ominus}$-T 图

通过铁水成分可以计算碳钒转化温度，根据工艺要求规定出适当的半钢成分，在吹炼过程中控制温度不超过此温度，做热平衡计算以估计需用的冷却剂量，并算出吹炼的终点温度。

（1）气-液相间发生的反应。氧气射流与含钒铁水之间的化学反应通式如下：

$$m/n[\,\mathrm{Me}\,] + 1/2\{\mathrm{O}_2\} \Longrightarrow 1/n(\mathrm{Me}_m\mathrm{O}_n) \tag{5-1}$$

式中，Me 表示铁水中所含元素；m、n 为系数。

式（5-1）反应能力的大小取决于铁水组分与氧的化学亲和力即标准生成自由能 $\Delta G^{\ominus}$，$\Delta G^{\ominus}$ 值越负则氧化反应越容易进行。由图 5-5 可见各元素的氧化能力从大到小顺序如下：

钛→硅→钒→锰→铬

同时，从图 5-5 中还可以求出标准状态下铁水中某元素与碳的氧化顺序交换的温度——选择性氧化转化温度 $T_{转}$（p_{co} = 0.1MPa 时被固体碳还原的初始温度），即 CO 的 $\Delta G^{\ominus}$ 线段与其他氧化物的相应线段的交点温度。如钒的 $T_{转}$ 为 V_2O_5 与 CO 线段交点的温度。吹钒时 $T_{转}^{\ominus}$ 极为重要，因为当铁水中组元 Ti、Si、Cr、Mn、C、Fe 等氧化时要放出大量热，会使熔池温度快速上升，当温度超过 $T_{转}^{\ominus}$ 时铁水中碳将大量氧化，将抑制钒的氧化，因此需要加入冷却剂来降低溶池温度。

实际的 $T_{转}$ 与标准状态下的 $T_{转}$ 是有差距的，它随铁水成分和炉渣成分的变化而变化。

（2）$T_{转}^{\ominus}$ 的计算方法。标准状态下钒的 $T_{转}^{\ominus}$ 计算如下：

已知条件：

$$C(s) + 1/2\{O_2\} \rightleftharpoons CO(g) \qquad \Delta G_1^{\ominus} = -114400 - 85.77T \qquad (5\text{-}2)$$

$$C(s) \rightleftharpoons [C] \qquad \Delta G_2^{\ominus} = -22590 - 42.26T \qquad (5\text{-}3)$$

$$2/3V(s) + 1/2\{O_2\} \rightleftharpoons 1/3V_2O_3 \qquad \Delta G_3^{\ominus} = -40096 + 79.18T \qquad (5\text{-}4)$$

$$V(s) \rightleftharpoons [V] \qquad \Delta G_4^{\ominus} = -20710 - 45.61T \qquad (5\text{-}5)$$

求反应 $2/3[V] + CO(g) \rightleftharpoons 1/3(V_2O_3) + [C]$ 的 $T_{转}^{\ominus}$？

解 由式（5-2）-式（5-3）得碳的氧化反应：

$$[C] + 1/2\{O_2\} \rightleftharpoons CO(g) \qquad \Delta G_5^{\ominus} = \Delta G_1^{\ominus} - \Delta G_2^{\ominus} = -136990 - 43.51T \qquad (5\text{-}6)$$

由式（5-4）-2/3 式（5-5）得钒的氧化反应：

$$2/3[V] + 1/2\{O_2\} \rightleftharpoons 1/3(V_2O_3) \qquad \Delta G_6^{\ominus} = \Delta G_3^{\ominus} - 2/3\Delta G_4^{\ominus} = -387160 + 109.58T \qquad (5\text{-}7)$$

由式（5-7）-式（5-6）得：

$$2/3[V] + CO(g) \rightleftharpoons 1/3(V_2O_3) + [C] \qquad \Delta G_7^{\ominus} = \Delta G_6^{\ominus} - \Delta G_5^{\ominus} = -250170 + 153.09T \qquad (5\text{-}8)$$

当 $\Delta G^{\ominus} = 0$ 时，得 $T_{转}^{\ominus} = 250170/153.09 = 1634K = 1361℃$。

实际吹钒过程的转化温度随着铁水中钒的浓度升高和氧分压增大，转化温度略有升高，同时随着铁液中钒浓度的降低即半钢中余钒含量越低，则转化温度越低，保碳就越难。在脱钒到一定程度后而要求半钢温度升高时，则只有在多氧化一部分碳的条件下才能做到。实际操作温度控制在 1340~1400℃最好。

5.2.2 含钒铁水中铁-钒-碳元素氧化反应规律

（1）铁质初渣与金属熔体间的氧化反应。铁水中的铁在吹钒初期强烈氧化并形成铁质初渣，这是提钒操作的主要特点。当铁质渣出现在表面上以后，由于其具有氧化性，在金属-渣界面上随即进行如下氧化反应：

$$(FeO) + m/n[Me] \rightleftharpoons [Fe] + 1/n(Me_mO_n)$$

例如 $(FeO) + 2/3[V] = [Fe] + 1/3(V_2O_3)$，$(FeO) + 1/2[Si] = [Fe] + 1/2(SiO_2)$。

（2）转炉提钒脱钒规律。吹炼前期熔池处于"纯脱钒"状态，脱钒量占总提钒量的 70%，进入中后期碳氧化逐渐处于优先，而且钒含量降低，脱钒速度也随之降低。

（3）转炉提钒脱碳规律。在熔池区域碳的氧化按下列发生进行：

$$[C] + [O] \rightleftharpoons CO \qquad (5\text{-}9)$$

在射流区域，碳的氧化按下列发生进行：

$$2[C] + \{O_2\} \Longrightarrow 2CO \tag{5-10}$$

在吹炼前期脱碳较少，反应速度较低，中后期脱碳速度明显加快，碳氧化率达 70%。另外在倒炉及出半钢期间，也有少量碳氧化。

5.3 含钒铁水转炉提钒

转炉提钒基本工艺：兑铁—取样—测温—吹炼—加冷却剂—吹炼结束—倒炉取样—测温—出半钢—出钒渣。转炉提钒与雾化炉提钒指标对比见表 5-3 和表 5-4。

表 5-3 转炉提钒与雾化炉提钒钒渣指标对比

钒渣种类	化学成分/%						折合产渣率/%
	V_2O_5	SiO_2	CaO	P	TFe	MFe	
雾化提钒	15~22	12~14	0.4~1.0	0.02~0.40	28~40	16~30	3.5~4.6
转炉提钒	16~22	14~17	1.5~2.5	0.06~0.10	26~32	8~12	3.2~4.5

表 5-4 转炉提钒与雾化炉提钒半钢和钒氧化率及回收率指标对比

指标	半钢温度/℃	半钢碳含量/%	钒氧化率/%	钒回收率/%
雾化提钒	1300~1380	3.3~3.90	75~85	60~75
转炉提钒	1360~1400	3.60~4.00	80~90	70~85

从表 5-3、表 5-4 可以看出转炉提钒与雾化提钒指标的对比：

（1）转炉提钒的半钢温度、半钢碳含量比雾化炉高，有利于后工序半钢炼钢。

（2）转炉提钒的钒渣品位与雾化炉提钒相当，但钒渣中 TFe、MTe 少，有利于下一步提取 V_2O_5。

（3）转炉提钒的钒氧化率和钒回收率比雾化炉高。

含钒铁水提钒的主要任务：（1）最大限度地把铁水中的钒氧化使其进入钒渣；（2）通过提钒得到适合于下一步提取 V_2O_5 要求的钒渣；（3）把含钒铁水吹炼成满足下一步炼钢要求的半钢。

5.3.1 转炉提钒主要原料

5.3.1.1 含钒铁水

含钒铁水是提钒的主要原料，其化学成分决定着钒渣质量和提钒工艺流程。含钒铁水中硅和锰含量的总和不超过 0.6%，这对于转炉提钒获得优质钒渣是有利的。

经过脱硫工序处理后的含钒铁水称为脱硫含钒铁水，其区别在于铁水中 [S] 含量大幅度降低，而其他元素基本无变化（在使用钙基脱硫剂的脱硫工艺条件下）。无论高炉含钒铁水还是脱硫含钒铁水，在进入提钒转炉前都必须经过扒渣处理，以去除高炉渣和脱硫渣，以避免带入的氧化钙等杂质污染钒渣，经测定入转炉的铁水带渣量要求小于铁水质量的 0.5%。

5.3.1.2 辅助原料

为了达到"去钒保碳"的目的，整个提钒过程中需将熔池温度控制在一定范围。在吹钒过程中含钒铁水中的其他元素也随之氧化并放出热量，使得熔池温度升高而超出提钒所需控制的温度范围。由此可见，选择合适的冷却材料及其合理配比对提钒非常重要。

转炉提钒由于具有散状料设备系统，故其在冷却剂的种类选用上具备可选性。目前，在提钒上采用的冷却剂有：生铁块、铁矿石、冷固球团、铁皮球等。

（1）铁矿石。铁矿石化学成分见表5-5。铁矿石粒度不大于40mm，其中小于10mm的部分应不大于5%。

表 5-5   铁矿石的化学成分　　　　　　　　　　　　（%）

TFe	SiO$_2$	CaO	S	P	水分
≥40.0	≤10.0	≤0.60	≤0.060	≤0.050	≤2.0

（2）冷固球团。冷固球团化学成分见表5-6。冷固球团粒度5~50mm，小于5mm的粉末量应不大于5%；在2m高处落下到钢板上不粉碎。

表 5-6   冷固球团的化学成分　　　　　　　　　　　（%）

TFe	SiO$_2$	CaO	S	P	V$_2$O$_5$	水分
≥65.0	2.0~6.0	≤0.50	≤0.04	≤0.04	≥0.40	≤1.0

（3）铁皮球。氧化铁皮球（以下简称铁皮球）主原料只能采用热轧氧化铁皮，其成分应符合表5-7的要求，其余原料由加工厂根据需要添加。铁皮球理化指标见表5-8。

表 5-7   氧化铁皮球的主原料成分　　　　　　　　　（%）

TFe	SiO$_2$	CaO	P
>70	≤4	≤0.5	≤0.04

表 5-8   铁皮球理化指标　　　　　　　　　　　　　（%）

TFe	SiO$_2$	CaO	P、S	H$_2$O
>68	≤6	≤0.5	≤0.05	≤1.0

铁皮球的规格粒度为5~50mm，粒度小于5mm的不大于5%；任取10个球在距离钢板2m高的距离自由落下不破碎。

5.3.1.3   半钢覆盖剂

半钢覆盖剂主要有碳化硅、半钢复合增碳剂、半钢脱氧覆盖剂等。半钢是介于铁水与钢水之间的半成品。虽然铁水吹钒后所得的半钢的氧化性不如钢液强，但其中仍有部分氧，再加上转炉提钒出钢过程中（7~9min）造成半钢碳的烧损（据统计在该过程中［C］损失约0.06%，温降达36℃）；另外出半钢过程及出半钢后钢水裸露，易产生大量烟尘污染环境，所以，在出半钢前向罐内加入一定量的碳化硅、增碳剂或半钢脱氧覆盖剂，可有效减少半钢［C］的烧损及温降。

（1）碳化硅。碳化硅主要成分见表5-9。

表 5-9   碳化硅的主要成分　　　　　　　　　　　　（%）

SiC	C$_{游离}$	SiO$_2$	H$_2$O	S	
50±5	≤26	≤10	≤1.5	≤0.2	

（2）半钢复合增碳剂。半钢复合增碳剂的化学成分见表5-10，其粒度要求3~15mm，小于3mm的部分应不大于5%。

表5-10 半钢复合增碳剂的化学成分 （%）

C固	SiC	S	P	挥发分	水分
≥65.0	≥8.0	≤0.15	≤0.09	≤4.0	≤1.0

（3）半钢脱氧覆盖剂。半钢脱氧覆盖剂主要成分见表5-11。

表5-11 半钢脱氧覆盖剂的主要成分 （%）

C固	SiC	S	P	SiO$_2$	H$_2$O	CaO
6~12	15~21	≤0.15	≤0.15	26~32	<1.0	<5.0

5.3.1.4 提钒转炉维护用原材料

提钒转炉维护用原材料主要用于提钒炉炉衬的扣补和喷补用耐火材料。

（1）提钒转炉喷补料。提钒转炉喷补料的化学成分见表5-12。

表5-12 提钒转炉喷补料的化学成分 （%）

MgO	CaO	SiO$_2$	Al$_2$O$_3$	S	P	水分
≥75	≤1.5	≤5	≤5	≤0.02	≤1.5	≤1.0

性能指标：耐火度不小于1690℃，体积密度不小于2.1g/cm^3，常温抗折强度不小于1.0MPa。

粒度组成：2~5mm的占5%~15%，0.5~2mm的占20%~30%，0.088~0.5mm的占25%~35%，≤0.088mm的占25%~45%。

附着率不小于80%，耐用性不小于5炉。

（2）提钒转炉用沥青结合补炉料。转炉用沥青结合补炉料的化学成分见表5-13。耐火度不低于1770℃，灼烧减量不大于10%。

表5-13 转炉用沥青结合补炉料的化学成分 （%）

MgO	CaO	SiO$_2$	Al$_2$O$_3$	沥青
≥80	≤1.5	≤1	≤1	7~8

5.3.2 转炉提钒主要影响因素

影响提钒的主要因素：铁水成分及温度、吹炼终点温度、冷却剂种类及其加入量和加入时间、供氧制度等。

5.3.2.1 铁水成分的影响

A 铁水钒含量的影响

研究统计雾化提钒和转炉提钒的铁水原始成分与半钢余钒含量对V$_2$O$_5$浓度影响的规律：

$$(V_2O_5) = 6.224 + 31.916[V] - 10.556[Si] - 8.964[V]_余 - 2.134[Ti] - 1.855[Mn] \quad (R = 0.77)$$

上述规律说明，铁水中原始钒含量高有利于钒渣 V_2O_5 浓度的提高。

B　铁水硅含量的影响

$$Si + O_2 \Longrightarrow SiO_2 \qquad \Delta G^\ominus = -946350 + 197.64T \qquad (5\text{-}11)$$

$$2V + 3/2O_2 \Longrightarrow V_2O_3 \qquad \Delta G^\ominus = -1202900 + 237.53T \qquad (5\text{-}12)$$

从式（5-11）、式（5-12）可知，Si 与氧的亲和力比 V 与氧的亲和力强，铁水中 [Si] 含量较高时将抑制钒的氧化。

铁水中 [Si] 氧化后生成 SiO_2，初渣中（SiO_2）与（FeO）、（MnO）等作用生成铁橄榄石等低熔点的硅酸盐相，从而使初渣熔点降低、钒渣黏度下降、流动性增加。在铁水中 [Si] 含量低（≤0.05%）时，则有利于钒的氧化。但在铁水中 [Si] 含量偏高（≥0.15%）时，由于渣中低熔点相过高，渣态过稀，反而会增加出钢过程中钒渣的损失。

铁水中 [Si] 含量偏高则造成熔池升温加快，会阻碍钒的氧化，且 Si 被氧化进入渣相使粗钒渣中 SiO_2 含量上升，稀释了钒渣 V_2O_5 品位。

俄罗斯下塔吉尔公司统计了 130t 氧气转炉 1000 炉次的吹钒过程中铁水中 [Si]、[Ti] 对钒渣中（V_2O_5）含量的影响规律，如下式所示：

$$(V_2O_5) = 29.11 - 22.08[Si] - 11.38[Ti] \quad (R = 0.77)$$

上式说明，随着铁水中的 Si、Ti 含量增加，会降低钒渣中的 V_2O_5 浓度。

研究吹钒过程中铁水中的 Si 对钒渣 V_2O_5 浓度的影响规律（见图 5-6），得到如下关系式：

$$(V_2O_5) = 22.255 - 0.4873[Si] \quad (R = 0.58, n = 610)$$

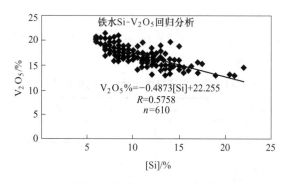

图 5-6　铁水 Si-V_2O_5 回归分析

通过以上分析得知，铁水中 [Si] 含量上升对钒渣中（V_2O_5）含量的影响主要在于：(1) [Si] 对钒氧化的抑制。(2) [Si] 氧化成渣对钒渣中（V_2O_5）含量有"稀释"作用。(3) [Si] 氧化放热使提钒所需的低温熔池环境时间缩短。(4) 铁水中 [Si] 含量偏高（≥0.15%）时，则渣态过稀，使出钢过程中钒渣的损失增加。

5.3.2.2　铁水温度的影响

入炉铁水温度上升，不利于提钒所需的低温熔池环境。研究统计钒渣品位（V_2O_5）%

与铁水温度 T 的回归关系：$(V_2O_5)\% = -0.1247T + 175.67(R^2 = 0.5533)$，如图 5-7 所示。

5.3.2.3 吹炼终点温度的影响

由 1998 年 4~7 月生产的 600 炉数据统计分析得到钒氧化率（η_V）、半钢残钒 $[V]_半$ 与半钢终点温度（$T_终$）的关系如下：

$$\eta_V = 189.985 - 0.0769T_终 \qquad (5-13)$$

$$[V]_半 = -0.4497 + 0.00035T_终 \qquad (5-14)$$

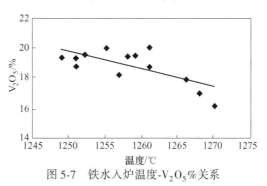

图 5-7　铁水入炉温度-$V_2O_5\%$关系

由式（5-13）和式（5-14）可知，半钢终点温度增高，则钒氧化率降低，而半钢残钒升高。

5.3.2.4 冷却剂的种类、加入量和加入时间的影响

加入冷却剂的目的是为了控制熔池温度，使之低于吹钒的转化温度，达到脱钒保碳的目的。一般冷却剂的种类有生铁块、废钢、水蒸气、氮气、废钒渣、污泥球、铁皮球、铁矿石、烧结矿、球团矿、水等。

冷却剂中的氧化性冷却剂（铁皮球、球团矿等）既是冷却剂又是氧化剂，其中铁皮球最好。铁皮球的杂质少，除有氧化作用外还可以与氧化到渣中的 V_2O_3 结合生成稳定的铁钒尖晶石（$FeO \cdot V_2O_3$），但是这种冷却剂的加入与加入非氧化性冷却剂（铁块、废钢、N_2 等）相比，会使钒渣中氧化铁含量显著增高，特别是加入时间过晚则更为严重。

用废钢作冷却剂可增加半钢产量，但会降低半钢中钒浓度，影响钒在渣与铁间的分配，影响钒渣质量。用水做冷却剂冷却效果好，但会使炉内烟气量增加，易喷溅、粘枪。

冷却剂尽量在吹炼前期加入，吹炼后期不再加入任何冷却剂，使熔池温度接近或稍超过转化温度，适当发展碳燃烧，有利于降低钒渣中的氧化铁含量，提高半钢温度和金属收得率。

冷却剂的加入量主要取决于含钒铁水发热元素氧化放出的化学热与吹钒终点目标温度。可根据加入冷却剂吸收的热量和铁水中发热元素 C、Si、Ti、Mn、V 等氧化放出的热量，以及使半钢从初始温度升高到吹钒转化温度所吸收的热量来计算，见式（5-15）。

$$
\begin{aligned}
M_冷 &= \frac{Q_冷}{q_冷} = \frac{Q_化 - Q_半}{q_冷} \\
&= M_铁 \frac{(x_C q_C + x_{Si} q_{Si} + x_{Ti} q_{Ti} + x_{Mn} q_{Mn} + x_V q_V) - (c_铁 + kc_渣)(T_半 - T_铁)}{q_冷}
\end{aligned} \qquad (5-15)
$$

式中　　　　　　$M_冷$——冷却剂加入量，kg；

$\qquad\qquad\qquad Q_冷$——冷却剂吸收的热量，J；

$\qquad\qquad\qquad q_冷$——冷却剂的冷却效应，J/kg；

$\qquad\qquad\qquad Q_化$——铁水中碳、硅、钛、钒等发热元素氧化放出的热量，J；

$\qquad\qquad\qquad Q_半$——半钢从初始温度上升到转化温度所需要的热量，J；

$\qquad\qquad\qquad M_铁$——铁水质量，kg；

x_C，x_{Si}，x_{Ti}，x_{Mn}，x_V——铁水中碳、硅、钛、锰、钒等元素含量，kg；

q_C，q_{Si}，q_{Ti}，q_{Mn}，q_V——铁水中碳、硅、钛、锰、钒等氧化的单位热效应，J/kg；

$c_{铁}$, $c_{渣}$——铁水和钒渣（包括炉衬）的质量热容，J/(kg·K)，铁水取
　　　　　1040J/(kg·K)，钒渣和炉衬取1230J/(kg·K)；

k——钒渣（包括炉衬）相当于铁水质量的比例（可近似取14%）；

$T_{半}$, $T_{铁}$——半钢和铁水的温度，℃。

5.3.2.5 供氧制度的影响

供氧制度包括供氧强度、吹氧时间、供氧压力、氧枪枪位、供氧量等诸因素，是控制吹钒过程的中心环节。

供氧强度的大小影响吹钒过程的氧化反应程度，过大时喷溅严重，过小时反应速度慢。吹氧时间长，会造成熔池温度升高，超过转化温度，导致脱碳反应急剧加速，半钢余钒量重新升高。一般在吹氧初期可提高供氧强度，后期则降低供氧强度。

在同样的供氧量条件下，供氧压力大可加强熔池搅拌，强化动力学条件，有利于提高钒等元素的氧化速度。

当氧压一定时，低枪位时喷枪离液面距离小，吹入深度大，可强化氧化速度，但易喷溅和粘枪。一般采用恒压变枪位操作，低—高—低枪位操作模式。

5.3.2.6 渣铁分离

当转炉提钒时半钢和钒渣的分离具有特殊的意义。在转炉倒出半钢过程中大约有5%~10%的钒渣随半钢流出，这是造成钒渣损失的主要原因。

通过试验研究得出如下减少钒渣损失的措施：（1）减少钒渣损失的最有效的办法是在转炉中积累两炉渣，而在渣很干时可积累3炉渣。俄罗斯下塔吉尔公司采用这种方法使商品钒渣回收率提高3%以上。（2）在转炉操作时间有潜力情况下，缩小出钢口直径，提高渣的黏度，当渣较稀时通过出钢口部位添加特殊添加剂来提高渣的黏度，以降低钒渣的损失。（3）提高转炉旋转速度并使转速与出钢速度同步，以保持出钢口上面的半钢—炉渣界面高于其临界值。出半钢前加挡渣锥也可有效减少钒渣流失。通过上述措施，可使钒渣回收率提高到90%。

5.3.3 转炉提钒工艺

5.3.3.1 转炉提钒工艺流程

转炉提钒工艺流程如图5-8所示。

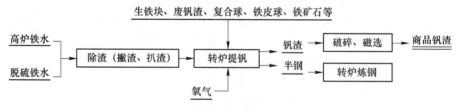

图5-8 转炉提钒工艺流程

5.3.3.2 装入制度

装入制度就是确定转炉合理的铁水装入量和合适的生铁块装入量，以保证转炉提钒过程正常进行。

（1）装入量。装入量是指转炉冶炼中每炉装入的金属总量，主要包括铁水量和生铁块量。对转炉提钒而言，控制合理的装入量非常重要。在确定合理的装入量时必须综合考虑以下因素：

1）炉容比。大多数顶吹提钒转炉的炉容比选择在 0.7~1.10 之间。

2）熔池深度。熔池深度 H 应大于氧气射流对熔池的最大穿透深度 h，实践证明 h/H ≤0.7 较为合理。120t 转炉的熔池深度为 1.5~1.7m。

3）入炼钢炉的装入量。为了保证每炉半钢尽可能地一一对应转炉炼钢，减少半钢组罐，因此提钒转炉的装入量应尽可能地接近炼钢炉装入量。

（2）120t 转炉提钒装入量。通常大炉子多采用定量装入，小炉子多采用分阶段定量装入。装入量平均达到 125t 左右，其分布频率如图 5-9 所示。

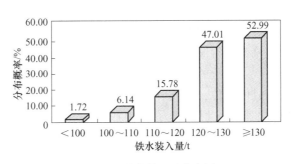

图 5-9　铁水装入量分布图

5.3.3.3　供氧制度

转炉提钒的供氧制度就是使氧气流股合理地供给熔池，以及确定合理的喷头结构、供氧强度、供氧压力、氧枪枪位，为熔池创造良好的物理化学反应条件。供氧制度是控制吹钒过程的核心要素。

（1）耗氧量：指将 1t 含钒铁水吹炼成半钢时所需的氧量，单位为 m^3/t。

一般铁水成分和吹炼方式不同，耗氧量有很大差异，同时耗氧量的多少也影响半钢中碳和余钒的多少。耗氧量还与供氧强度和熔池搅拌情况有关，是多者交互作用的。

（2）供氧强度：指单位时间内每吨金属的耗氧量，单位为 $Nm^3/(t \cdot min)$。

供氧强度的大小影响吹钒过程的氧化反应程度，过大时喷溅严重，过小时反应速度慢。吹炼时间长会造成熔池温度升高，超过转化温度导致脱碳反应急剧加速，半钢残钒量重新升高。一般在吹氧初期可提高供氧强度，后期减少。

（3）氧气工作压力：指氧气测定点的压力，也就是氧气进入喷枪前管道内压力，它不是喷头前的压力，更不是氧气出口压力。氧压高则对熔池搅拌强度高，化学反应和升温速度较快。氧压小则形成软吹，渣中（FeO）高、温度和成分不均匀，易烧伤氧枪喷头。

在同样的供氧量条件下，氧气工作压力大可加强熔池搅拌，强化动力学条件，有利于提高钒等元素的氧化速度。

（4）氧气流量：指单位时间内向熔池供氧的数量，单位为 m^3/min。氧气流量根据每吨金属所需要的氧气量、金属装入量和供氧时间等因素来确定的。氧气流量大使反应和升温加快，钒得不到充分氧化；氧气流量过小使供氧强度不够，搅拌不力，反应进行的不完全。

（5）氧枪枪位：指氧枪喷头顶端与熔池平静液面的距离，它是吹炼过程调节最灵活的参数。氧枪枪位可以分为实际枪位、显示枪位和标准枪位。

实际枪位：指某时刻的枪头距平静液面的高度，它与氧枪的位置和装入量及熔池直径有关。

显示枪位：指操作计算机的显示值也是工控机的记录枪位，等于标准枪位与液面设定值的差值。

标准枪位：指枪头距零米标高的距离，是计算机以激光检测点作为初值计算得来的。液面高度是人工设定的某一时期铁水液面（一般以平均装入量120t为准）相对于0m的标高。液面高度值只有在测枪确定误差较大时才改变，一般为定值。

当实际枪位不变时，装入量减少，标准枪位降低，显示枪位也随之降低；当显示枪位不变时，标准枪位也不变，如果装入量减少，实际枪位增加；当标准枪位不变（即枪不动），调低液面高度值，显示枪位相应增加。

由于转炉提钒的氧枪枪位经常波动，因此要求每周两次采用插入法标定枪位，每班吹炼前必须在上极限校枪一次。测枪的目的是校正熔池下降情况和氧枪显示枪位的准确性。

当氧压一定时，采用过低枪位，氧气射流对熔池的冲击深度大但冲击面积小，熔池的搅拌力增强，可强化氧化速度，但加速了炉内脱碳反应，熔池碳氧反应剧烈，渣中（FeO）降低，炉渣变干，流动性差，易喷溅和粘枪，而且对炉底损害大；当氧压一定时，采用过高枪位，氧气射流对熔池的冲击深度小但冲击面积大，表面铁的氧化加快，钒渣的（FeO）含量上升，炉渣流动性变好，化渣容易，但对炉壁冲刷加大，熔池的搅拌力减弱，氧化速度慢。因此，只有合理控制氧枪枪位才能获得良好的吹炼效果。

氧枪枪位控制主要考虑的因素：保证氧气射流有一定的冲击面积；保证氧气射流在不损坏炉底的前提下有足够的冲击深度。

现一般采用恒压变枪位操作，低—高—低枪位操作模式。

（6）氧气喷枪的结构：包括喷嘴直径和喷嘴的孔数、（与喷嘴轴线所夹的）角度等参数。这些条件直接影响氧气的冲击深度、分布和利用率的高低。在选择氧枪时，以上几个方面要统筹考虑，这几个方面是彼此交互作用来共同影响吹钒过程的。

氧枪喷头：顶吹氧气转炉大都采用超音速拉瓦尔型的氧枪喷头。由于拉瓦尔型的氧枪喷头能够最大限度地把氧气压力能转变为动能，可以得到稳定的和最大流速的超声速射流，因此这种氧枪喷头目前已被各国广泛使用。拉瓦尔型氧枪喷头每个喷孔结构分为3段，即收缩段、稳定段和扩张段，收缩段和扩张段相交处的稳定段为最小断面，其直径为临界直径，又叫喉口。

为保证安全，高压氧气在输送管道中的流动速度不能太快（流速一般控制在60m/s以下）。当氧气流经过收缩段时，静压力减小，流速增大，到达喉口时，氧气流的速度达到临界条件下的声速。在氧气流进入扩张段以后，静压力继续降低，产生绝热膨胀，同时射流在逐渐加速，当氧气流的压力与外界压力相等时，就可以获得设计要求的超声速氧气射流。氧气射流的速度越高，动能也就越大，只有当动能大到一定数值后（射流速度不小于1.8m/s），才能对熔池中金属液起到良好的搅拌作用。

喷头的选择原则：氧枪喷头有单孔、多孔和双流道等多种结构。对喷头的选择要求如下：

1）应获得超声速流股，有利于氧气利用率的提高。

2）合理的冲击面积，使熔池液面成渣快，对炉衬冲刷少。

3）有利于提高炉内的热效率。

4）便于加工制造，使用寿命能满足生产要求。

目前提钒转炉采用分阶段恒压变枪，低—高—低供氧操作方式。此操作方式的优点是操作简单、灵活，吹炼过程比较稳定。

目前提钒纯供氧时间控制在 2.5~4.5min。

5.3.3.4 冷却制度

提钒冷却制度就是确定合理的冷却剂加入数量、加入时间以及各种冷却剂加入的配比。转炉提钒加入冷却剂的目的是为了调节过程温度，防止过程温度上升过快，提高钒的氧化率，达到"去钒保碳"的目的。

（1）冷却剂加入量。冷却剂加料量的主要依据有装入量、入炉温度、冷却剂的冷却强度和已经加入生铁块重量等。

（2）冷却剂加入时间。冷却剂加入时间控制主要考虑：1）能够降低前期升温速度；2）保证冷却剂在提钒终点时能够充分熔化。

（3）冷却剂的加入方式及数量。1）用铁矿石、氧化铁皮、铁皮球、冷固球团、废钒渣、生铁块等作冷却剂。2）兑铁后，生铁块、废钒渣用废钢槽由转炉炉口加入；铁矿石、氧化铁皮、铁皮球、冷固球团从炉顶料仓加入炉内。生铁块、废钒渣在开吹前加完。

（4）提钒冷却剂的比较。

1）生铁块的优点：增加了铁和钒的来源；缺点：成本较高，冷却强度低，熔化慢。

2）冷固球团的优点：冷却强度适中，调渣作用明显；缺点：质量不稳定，粉尘量较大，利用率比铁矿石低，成本比铁矿石高。

3）铁矿石的优点：冷却强度大，成本低；缺点：含（SiO_2）低，含（TiO_2）较高，调渣性能差，容易带入硫及（CaO）等杂质。

4）废钒渣的优点：产渣率高；缺点：熔化慢，操作不当容易出质量事故。

5）氧化铁皮的优点：可以减少铁的氧化，成渣快，冷却强度大，有利于提高钒渣品位；缺点：从炉口加入存在安全隐患，从料仓加入比较困难。因此，目前采用把氧化铁皮压制成铁皮球的形式加入炉内。

5.3.3.5 终点控制

提钒终点控制主要指半钢温度控制、半钢碳控制及钒渣（渣态、质量）控制三个方面。要求半钢温度控制在 1360~1400℃，半钢碳含量不低于 3.7%，钒渣 V_2O_5 品位要求不低于 17.0%。为了保证钒渣品位和半钢质量合格，要求用于提钒的铁水含钒量高，硅、锰、钛应低，硫、磷元素应尽量低。

出半钢和倒钒渣要求：

（1）吹钒结束后，倒炉测温取样，然后出半钢，出半钢前向半钢罐内加入适量增碳剂或脱氧剂。

（2）出半钢时间不大于 4min 时必须维修出钢口。

（3）若渣太稀则出半钢 1/3~2/3 时必须向炉内加入挡渣锥。

（4）终点温度低于 1340℃或渣态不好、废钒渣未化完则不出钒渣。

（5）出尽半钢后摇炉至炉前出钒渣。禁止未出完半钢的炉次出钒渣。钒渣可2~3炉出一次，每出一次钒渣必须取钒渣样。

2~3炉倒一次钒渣的优点：

（1）留渣操作可以使钒尖晶石进一步长大，有利于提高钒回收率；（2）有利于铁在渣中沉降，降低（TFe）含量；（3）可加快生产节奏。

5.3.3.6 复吹提钒工艺

正如炼钢采用复吹工艺一样，转炉提钒的较佳工艺是复吹，即顶吹氧气、底吹惰性气体。底部供气可有效地调节金属和钒渣的氧化度，加快下列反应：

$$3(FeO) + 2[V] \Longrightarrow (V_2O_3) + 3[Fe] \tag{5-16}$$

$$(FeO) + [C] \Longrightarrow [Fe] + CO(g) \tag{5-17}$$

$$[C] + [O] \Longrightarrow CO(g) \tag{5-18}$$

因此，采用底吹惰性气体强化搅拌时渣中（FeO）能更有效地参与铁水中元素的氧化反应，钒进入渣中的速度、氧化率、回收率及渣中（V_2O_5）含量得到提高，同时（FeO）含量相应降低，效果十分明显。对于低钒铁水，因其本身含钒低，钒在铁水侧扩散阻力大，采用复吹工艺吹钒比高中钒铁水复吹提钒显得更为重要。由此可见，复吹提钒是含钒铁水（尤其是低钒铁水）转炉提钒的发展方向。

复吹提钒的特点：

（1）吹炼过程平稳，不粘枪、不结料；

（2）与顶吹相比，半钢余碳含量提高；

（3）钒渣全铁含量降低，（V_2O_5）含量提高；

（4）与顶吹相比，耗氧量降低。

A 提钒复吹透气砖的结构及布置

提钒转炉复吹透气结构及布置如图5-10和图5-11所示。

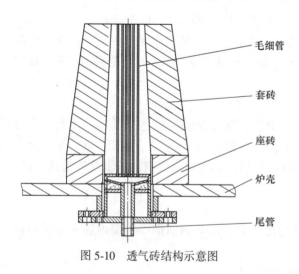

图 5-10 透气砖结构示意图

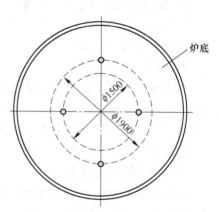

图 5-11 转炉复吹透气砖布置图

B 提钒转炉复吹效果

复吹提钒试验炉次与同期顶吹提钒炉次的对比结果见表5-14，在铁水条件基本相当条件下复吹提钒效果优于顶吹提钒。

表 5-14　转炉提钒复吹改造前后提钒效果对比

项目	半钢 [C] /%		半钢 [V] /%		炉样钒渣/%		罐样钒渣/%		钒氧化率 /%	样本数 /个
	成分	≥3.4% 比例/%	成分	≤0.05% 比例/%	V_2O_5	TFe	V_2O_5	TFe		
顶吹	$\dfrac{3.83}{3.27\sim4.35}$	97.0	$\dfrac{0.034}{0.01\sim0.09}$	59.1	$\dfrac{15.8}{13.0\sim20.0}$	$\dfrac{27.8}{21.7\sim30.7}$	$\dfrac{15.4}{12.0\sim18.1}$	$\dfrac{28.4}{25.7\sim31.7}$	$\dfrac{84.7}{72.0\sim93.5}$	1305
复吹	$\dfrac{3.93}{3.17\sim4.14}$	97.3	$\dfrac{0.032}{0.01\sim0.08}$	76.7	$\dfrac{16.3}{11.8\sim20.6}$	$\dfrac{26.9}{17.0\sim29.3}$	$\dfrac{15.8}{11.3\sim18.6}$	$\dfrac{27.2}{24.0\sim29.3}$	$\dfrac{87.1}{78.2\sim92.5}$	1803

注：分子为平均值，分母为波动范围。

（1）复吹提钒炉次的半钢含 [C] 为 3.93%，较顶吹提钒炉次（3.83%）高 0.10 个百分点，而半钢含 [V] 相当。

（2）由于复吹 N_2 搅拌改善了熔池动力学条件，增加了渣铁反应界面，从而使复吹提钒炉次的钒渣（TFe）含量降到 26.9%（炉样）和 27.2%（罐样）。分别较顶吹提钒炉次降低了 0.9 个百分点（炉样）和 1.2 个百分点（罐样），钒渣质量提高，复吹炉次的钒渣品位较顶吹炉次高 0.5 个百分点（炉样）和 0.4 个百分点（罐样）。

（3）复吹提钒炉次的钒氧化率达到 87.1%，比顶吹炉次高 2.4 个百分点。

5.3.4　转炉提钒产品及主要指标

提钒转炉的产品有两大类：钒渣和半钢。

5.3.4.1　钒渣

含钒铁水经过吹炼氧化而富含钒氧化物和铁氧化物的炉渣。典型钒渣的主要成分见表 5-15。

表 5-15　钒渣的主要成分　　　　　　　　（%）

CaO	SiO_2	V_2O_5	TFe	MFe	P
$\dfrac{2.1}{1.5\sim2.5}$	$\dfrac{15.5}{14\sim17}$	$\dfrac{17}{16\sim22}$	$\dfrac{28}{26\sim32}$	$\dfrac{12}{8\sim14}$	$\dfrac{0.070}{0.06\sim0.10}$

注：分子为平均值，分母为波动范围。

A　钒渣的物相结构

（1）含钒物相。许多研究证明钒在钒渣中以三价离子存在于尖晶石中。尖晶石相是钒渣中主要含钒物相，其一般式可写成 $MeO \cdot Me_2O_3$，其中 Me^{2+} 代表 Fe^{2+}、Mg^{2+}、Mn^{2+}、Zn^{2+} 等两价元素离子；Me^{3+} 代表 Fe^{3+}、V^{3+}、Mn^{3+}、Al^{3+}、Cr^{3+} 等三价元素离子。钒渣中所含元素最多的是铁和钒，因此可称为铁钒尖晶石。纯的铁钒尖晶石熔点在 1700℃ 左右。因此在用铁水提钒时，首先结晶的是铁钒尖晶石相。

（2）黏结相。钒渣物相中还含有硅酸盐相，其中最主要的是橄榄石，其通式为 Me_2SiO_4，式中 Me 为 Fe^{2+}、Mn^{2+}、Mg^{2+} 等二价金属离子。其中，铁橄榄石 Fe_2SiO_4 的熔点为 1220℃，是成渣的主要矿相。在提钒时铁橄榄石最后凝固，将尖晶石包裹起来，也是钒渣的黏结相。

对于含硅、钙、镁高的钒渣中有时还会有另一种硅酸盐——辉石，其一般式可写成 $Me_2Si_2O_4$（或 $MeSiO_3$），式中 Me 为 Fe^{2+}、Mg^{2+}、Ca^{2+} 离子，有时为 Na^+、Fe^{3+}、Al^{3+}、Ti^{3+} 等离子。其中，钙辉石 $CaSiO_3$ 和镁辉石 $MgSiO_3$ 的熔点分别为 1540℃ 和 1577℃。当含硅高时钒渣中还可能存在游离的石英相 α-SiO_2。

（3）夹杂相。钒渣中还含有金属铁。金属铁以两种形式存在于钒渣中，一种是以细小弥散的金属铁微粒夹杂在钒渣物相中；而另一种是以球滴状、网状、片状等形式夹杂在钒渣中。用肉眼可观察到夹杂在钒渣中的粒度较大的金属铁。

钒渣结构对钒渣下一步提取 V_2O_5 的影响主要表现在：钒渣中钒的氧化速度及氧化率的高低，取决于钒渣中含钒尖晶石颗粒的大小和硅酸盐黏结相的多少。钒渣中尖晶石粒度一般为 $20\sim100\mu m$。影响尖晶石颗粒大小的主要因素取决于生产钒渣时钒渣的冷却速度。冷却速度慢时，尖晶石结晶颗粒大，反之，钒渣冷却速度快时尖晶石结晶细小，且分布不均匀。尖晶石结晶颗粒越大，破碎后表面积越大，越有利于其氧化。

黏结相硅酸盐相越少，则包裹尖晶石程度越小，越容易氧化分解破坏其包裹，使尖晶石越容易氧化。但辉石含量高的钒渣因其在氧化焙烧时不易分解，会影响钒渣焙烧时钒氧化率的提高。

同时，固溶于尖晶石、硅酸盐中的杂质种类和数量对转化率也有一定的影响。

B 钒渣的化学成分

钒渣化验出的成分有：V_2O_5、CaO、SiO_2、TFe 和 P，罐样还包括 MFe。另外，钒渣中还有锰的氧化物、钛的氧化物、镁的氧化物等成分。

C 钒渣质量

钒渣中各组分是评价钒渣质量好坏的主要因素，下面分述各组分对钒渣质量的具体影响：

（1）钒含量的影响。钒渣中钒含量对钒渣的焙烧转化率的影响规律，原则上是钒含量高有利于提高其焙烧转化率。钒渣中钒含量主要取决于铁水的钒含量及杂质（硅、锰、钛、铬等）含量，大量的杂质氧化和加入会降低钒渣中的钒含量，也与提取钒渣过程的操作制度有关（如冷却剂加入量、温度控制、终点控制条件等）。

（2）氧化钙的影响。钒钙比指钒渣中 V_2O_5 含量与 CaO 含量的比值（V_2O_5/CaO），它是评价钒渣质量的重要指标。钒渣中的 CaO 对钒的焙烧转化率影响极大，因为在焙烧过程中 CaO 易与 V_2O_5 反应生成不溶于水的钒酸钙 $CaO \cdot V_2O_5$ 或含钙的钒青铜，资料研究表明，CaO 含量每增加 1% 则带来 4.7%~9.0% 的 V_2O_5 损失。具体影响程度与钒渣中的钒含量的多少有关系，钒钙比 V_2O_5/CaO 越高，则影响程度越小，当（V_2O_5/CaO）<9 时影响比较明显。钒渣中 CaO 的来源主要是吹钒前铁水表面的炉渣（高炉渣、电炉渣或混铁炉渣等），因此吹钒前要尽量将铁水表面的炉渣去除干净。

一般情况下，转炉提钒的钒渣 CaO 含量比雾化炉提钒的高，其主要原因是：1）转炉提钒的撇渣铁水流量（$12\sim15t/min$）大于雾化炉使用的雾化器要求铁水流量（$5\sim6t/min$）。2）雾化炉大部分使用的是未脱硫的高炉铁水，铁温高、渣量少且结块流动性差，渣铁易分离；转炉提钒大部分采用脱硫铁水，铁温降低，渣量大且疏松流动性好，渣铁分离困难，部分未完全反应的钙基脱硫剂未从铁水中上浮也进入铁水。3）转炉提钒加入的冷却剂带入少量 CaO 进入了钒渣。

（3）二氧化硅的影响。提取 V_2O_5 时钒渣中 SiO_2 对钒渣氧化焙烧有影响，因反应 $Na_2CO_3 + SiO_2 \rightarrow Na_2SiO_3 + CO_2$ 生成的可溶性玻璃体在水中发生水解，析出胶质 SiO_2 沉淀，使 V_2O_5 浸出及浸出液澄清困难，堵塞过滤网孔，降低过滤机生产效率。当然，影响程度也和钒渣中的钒硅比（V_2O_5/SiO_2）有关。当 $V_2O_5/SiO_2 < 1$ 时影响比较明显。钒渣中硅主要来自铁水，其次也与冷却剂种类及加入量有关。

（4）铁的影响。钒渣中铁有两种形态存在：金属铁 MFe 和氧化铁。钒渣中 MFe（也称明铁）和全铁 TFe 的区别在于，MFe 是指粗钒渣制样过程磁选出的铁；TFe 是指 MFe 含量与铁氧化物中铁的含量之和。

钒渣在破碎处理时都要将大部分金属铁通过各种方法除去。但含量过高会影响钒渣处理时的难度。同时过细的金属铁在钒渣氧化焙烧过程中发生氧化反应放出大量热量，会使物料黏结。反应式如下：

$$2Fe + 3/2O_2 \Longrightarrow Fe_2O_3 - 825.50 kJ/mol$$

钒渣混合料的质量热容估算为 $0.85 J/(g \cdot K)$。

假定在绝热情况下全部金属铁都氧化，1kg 钒渣中含有金属铁量为 10%，则其氧化放出热量为 738.82kJ，升温 869.2℃。但实际上金属铁不可能同时全部氧化，颗粒大的金属铁仅是表面氧化而已。以上说明金属铁氧化放热是有影响的，除去钒渣中的 MFe 是必要的。

氧化铁的影响主要是少量的钒溶解于 Fe_2O_3 中造成钒损失。当 Fe_2O_3 含量超过 70% 时影响明显。钒渣中的铁含量与铁水提取钒渣的方法、过程的温度操作制度、渣铁分离方法等因素有关。

（5）砣子渣的危害：砣子渣指夹铁较多的钒渣，主要危害是破碎、磁选困难，降低了钒渣成品率。产生原因主要有：1）冷却剂加入时间太晚，未熔化完全；2）生铁块黏结在炉底，出钒渣时进入渣罐；3）半钢未出完，出钒渣时未确认；4）钒渣氧化性强或渣稀，渣与半钢分离困难。

（6）磷的影响。钒渣中磷的来源主要是铁水。钒渣中的磷主要影响在于焙烧过程中磷与钠盐反应生成溶于水的磷酸盐。在浸出时磷酸盐被浸出到溶液中，磷对钒的沉淀影响极大，同时也影响产品的质量。

（7）锰的影响。钒渣中锰主要来自铁水。钒渣中锰对后步工序的影响存在着不同的看法。实践表明，锰的化合物是水浸熟料时生成"红褐色"薄膜的原因之一，这将使过滤十分困难。同时，部分锰将转入 V_2O_5 熔片中，进入钒铁后将影响对锰含量要求严格的钢种质量。我国钒渣标准中对锰没有限制，但俄罗斯限制钒渣中 MnO 含量不大于 12%。

（8）氧化铝、氧化钛、氧化铬的影响。这些氧化物在钒渣中与钒置换固溶于尖晶石中，实践表明，当其含量高时将影响钒的转化率。但在钒渣标准中没有限制规定，目前关于它们的影响研究尚少。

　　D 钒渣质量的评价

目前评价钒渣质量的主要内容是以化学成分为依据。为了满足后部工序提取 V_2O_5 的需要，标准中对 V_2O_5 含量越高及 CaO、P、SiO_2、MFe 等其他元素含量越低的钒渣评级越高。因此，判断钒渣质量首先是对 V_2O_5 品位进行判定，并按照其他成分的相应含量对钒渣行评级（见表 5-16）。

表 5-16   我国钒渣标准（YB/T 008-8—2006）

牌号	化学成分（质量分数）/%								CaO/V_2O_5		
	V_2O_5	SiO_2			P						
		一级	二级	三级	一级	二级	三级	一级	二级	三级
		不大于									
FZ1	8.0~10.0										
FZ2	>10.0~14.0	16.0	20.0	24.0	0.13	0.30	0.50	0.11	0.16	0.22
FZ3	>14.0~18.0										
FZ4	>18.0										

注：水分含量不作交货条件，但供方应按批向需方提供测定结果。

交货钒渣中的金属铁含量应不大于 19%；钒渣以块状交货，其块度应不大于 200mm。需方对钒渣块度有特殊要求时，由供需双方商定。

5.3.4.2   半钢

半钢指含钒铁水经转炉或雾化炉提取钒渣之后余下的金属。半钢是一种提钒与炼钢的中间产品，其特点是硅全部氧化、锰大部分氧化、碳少量氧化，除碳以外，半钢中的 Ti、Si、Mn、V 等元素的含量甚微。转炉提钒的半钢温度一般在 1360~1400℃，半钢碳含量一般在 3.6%~4.0%。转炉提钒所得半钢的主要成分见表 5-17。

表 5-17   钒转炉提钒半钢的主要成分   （%）

C	Si	Mn	V	Ti
3.6~4.0	0.01~0.02	0.1~0.2	0.03~0.05	<0.01

评价半钢质量的指标主要有半钢碳含量、半钢温度及余钒量（对炼钢来说还包括半钢硫）。为了给后部工序提供较好的条件，保证炼钢品种炼成率，一般要求半钢入炼钢转炉的［C］含量不低于 3.7%，温度不低于 1360℃，半钢余钒量不大于 0.05%。

半钢碳、硫含量和温度的高低对后续工序的主要影响：

（1）半钢碳低使炼钢过程生产高、中碳钢种困难，化学热量不够，消耗废钢少或容易造成低吹；半钢碳高则使炼钢过程吹炼时间长，一般要求半钢碳较高为好。

（2）半钢硫高使炼钢过程脱硫任务加重、石灰等材料消耗高、热源更加不足，甚至不能生产对硫要求高的钢种。一般要求半钢硫越低越好。

（3）半钢温度是炼钢过程的物理热源，温度低则炼钢过程来渣慢、脱硫、磷效果差，或容易造成低吹。要求半钢温度越高越好。

半钢余钒量高的原因：（1）吹钒时间不够；（2）终点温度过高；（3）吹钒过程升温快。半钢余钒量越高，则钒氧化率、钒回收率越低，因此要求半钢余钒量低为好。

5.3.4.3   转炉提钒主要技术经济指标

（1）钒回收率。转炉提钒工序的钒回收率指生产钒渣中钒的绝对量占铁水中钒的绝对量的比例。钒回收率低于钒氧化率的主要原因是部分钒流失，包括烟尘喷溅损失、出渣过程喷溅损失和钒渣精整磁选过程损失。钒回收率以下式计算：

$$钒回收率 = \frac{进入成品的钒总量}{铁水及铁块含钒总量} \times 100\%$$

$$= \frac{折合标准钒渣质量 \times 10\%}{铁水质量 \times 铁水含钒量 + 含钒生铁块质量 \times 铁块含钒量} \times 100\%$$

（2）钒氧化率：

$$钒氧化率 = \frac{铁水含钒总量 - 半钢余钒总量}{铁水含钒总量} \times 100\%$$

（3）实物产渣率：

$$实物产渣率 = \frac{钒渣实物质量}{提钒铁水质量 + 含钒生铁块质量} \times 100\%$$

（4）折合产渣率：

$$折合产渣率 = \frac{钒渣折合质量}{提钒铁水质量 + 含钒生铁块质量} \times 100\%$$

（5）吨渣铁耗。吨渣铁耗指生产 1t 折合钒渣所吹损的含钒金属料的质量，单位为 kg 铁/t 渣，计算式：

$$吨渣铁耗 = \frac{提钒铁水质量 + 含钒生铁块质量 - 半钢质量}{钒渣折合质量}$$

（6）钒渣折合质量。钒渣折合质量指粗钒渣扣除明铁后按 V_2O_5 含量 10% 折算的钒渣质量。

$$钒渣折合质量 = \frac{(钒渣实物质量 - 绝废渣质量) \times (V_2O_5)\% \times (1 - (MFe)\%)}{10\%}$$

（7）铁水提钒率：

$$铁水提钒率 = \frac{提钒铁水质量}{进厂铁水总质量} \times 100\%$$

（8）提钒纯吹氧时间。提钒纯吹氧时间指从开氧至该炉关氧的时间。

（9）提钒炉龄。提钒炉龄指一个炉役期间提钒（炼钢）的所有炉数。

（10）提钒冶炼时间。提钒冶炼时间指从开始兑铁水至该炉出半钢结束的时间。

（11）提钒冶炼周期。提钒冶炼周期指某一段日历时间除以生产炉数（扣除炉役检修时间）。

$$提钒冶炼周期 = \frac{日历时间(不含修炉时间)}{提钒炉数}$$

5.4 转炉半钢炼钢

20 世纪 40 年代，由于制冷技术的提高和大型空气分离机的出现，大大降低了氧气制造成本，使得大量使用氧气进行炼钢成为可能，奠定了氧气在炼钢中应用基础。瑞典人罗伯特·杜勒首先进行了氧气转炉炼钢试验并取得成功。1952 年奥地利在林茨（Linz）和多纳维兹（Donawitz）先后建成了 30t 氧气顶吹转炉车间并投入生产，所以氧气转炉炼钢法又称为 LD 法；美国又称为 BOF（Basic Oxygen Furnace）法或 BOP（Basic Oxygen Process）法。

氧气转炉炼钢具有生产率高、成本低、热效率高、钢水质量好、便于自动化控制等诸多优点，一经问世便在世界范围内得到迅速普及与推广，到 20 世纪 70 年代便已取代平炉成为世界上主要的炼钢方法。

1964 年 12 月，我国第一座 30t 氧气顶吹转炉在首钢投产，而后又在唐山、上海、杭州等地改建了一批 3.5~5t 的小型氧气顶吹转炉。此后，氧气顶吹转炉在我国得到迅速发展，到 2019 年，我国转炉钢产量占到年总钢产量的 90%。

5.4.1　转炉半钢炼钢用原料

原材料是炼钢的基础，原材料质量及其供应条件对炼钢生产的各项技术经济指标有重要的影响。对炼钢原材料的基本要求：既要保证原料具有一定质量和相对稳定的成分，又要因地制宜充分利用本地区原料资源，不宜苛求。

按性质分类，炼钢原材料可分为金属料、非金属料和气体。金属料包括铁水（半钢）、废钢、铁合金、直接还原铁等；非金属料包括石灰、白云石、萤石、合成造渣剂等；气体包括氧气、氮气、氩气等。按用途分类，炼钢原材料可分为金属料、造渣剂、氧化剂、增碳剂、脱氧剂等。

5.4.1.1　金属料

A　半钢

半钢炼钢除个别情况使用含钒铁水外，与一般炼钢不同之处在于主要使用含钒铁水吹钒后的半钢，半钢成分见表 5-18。

表 5-18　半钢成分及温度

成分/%						温度/℃
C	Si	Mn	P	S	V	
3.2~3.80	≤0.02	0.03~0.06	0.05~0.08	0.003~0.03	0.01~0.05	1300~1360

为保证转炉炼钢稳定操作、均衡生产和改善技术经济指标，对半钢的化学成分、温度都做了明确要求。

（1）碳。碳是转炉炼钢过程中的主要发热元素，铁水中碳的含量一般为 4.2%~4.5%。铁水在提钒过程中会损失一部分碳。提钒后的半钢中碳的含量通常为 3.2%~3.8%，同时由于在提钒过程中硅、锰的大量氧化，所以半钢在转炉冶炼过程中存在热量不足的问题。

（2）硅。硅也是转炉炼钢过程中的重要发热元素之一。铁水硅含量越高，则供给转炉的化学热也就越多。转炉炼钢用铁水中硅含量在 0.3%~0.5% 较为合适。但是，由于高炉冶炼钒钛磁铁矿的特殊性致使铁水硅含量不能太高，通常硅的含量只有 0.10%~0.15%，经提钒后半钢中硅含量为痕量。这样，不仅使本来就热源不足的铁水条件更加恶化，而且在转炉造渣操作中不得不配加石英砂，来保证合适的炉渣碱度。

（3）锰。锰也是铁水中的重要元素之一，在铁水中锰的含量一般为 0.4%~0.6%。锰在吹炼过程中可获得加速成渣、减少萤石消耗、促进脱硫、减少粘枪、提高炉龄等效果。铁水锰的质量分数一般为 0.3%~0.4%，属低锰铁水，因此在吹炼过程中还要加入一定量的锰矿造渣，以加速成渣和提高终渣中（MnO）含量，使炉渣黏稠，易于粘涂于炉衬上，从而达到提高炉龄的目的。

（4）磷。磷也是重要的发热元素之一。然而对于大多数钢种来说磷也是钢中有害元素，必须在炼钢过程中去除。尽管氧气顶吹转炉炼钢过程中脱磷效率可达85%~95%，但在出钢过程中若控制不好很易回磷。因此，希望铁水中含磷量越少越好。

（5）硫。硫在成品钢材中会使钢产生"热脆"现象，故对大多数钢来讲要求铁水中硫含量越低越好。氧气顶吹转炉炼钢过程中脱硫效率只有30%~40%。冶炼普碳钢时要求铁水中硫含量不超过0.07%，冶炼低硫钢时要求铁水中硫含量不得高于0.025%，连铸工艺要求铁水硫含量更低，因为铁水硫含量越低，则转炉内脱硫效率也就越低。铁水条件差的最突出表现就是硫含量太高，硫的质量分数为0.04%~0.18%。这不仅给转炉冶炼操作带来很大困难，而且还严重地影响钢的质量。因此要求进入转炉内的铁水一般要经过预脱硫，铁水经预脱硫后一般均能确保入转炉硫控制在0.02%以内。

（6）温度。铁水温度的高低对于发挥转炉的生产能力有重要作用。一般要求铁水温度在1250℃以上，半钢温度应在1300℃以上。因此，必须尽可能减少铁水在运输过程中的温度损失。目前，铁水温度一般为1330~1350℃，提钒后半钢温度为1300~1360℃。

综上所述，转炉理想的铁水条件为：[C]=4.0%~4.5%，[Si]=0.3%~0.5%，[Mn]=0.4%~0.6%，而[P]、[S]的含量分别小于0.1%、0.02%，温度大于1250℃。采用提钒后的半钢冶炼，入炉条件总的可概括为"三低一高"，即碳低、硅锰低、温度低和硫高，集中在冶炼操作中表现为"热量明显不足"。

B 废钢

转炉冶炼过程中部分炉次半钢入炉热量有一定富余，加入一定量的废钢可调整终点温度和出钢量，同时加入废钢降低了冶炼前期熔池的温度，有利于前期脱磷。

自产废钢主要来源于生产及检修设备过程中产生的废钢，如连铸坯切头、切尾，轧钢切头、切尾及轧废，报废的陈旧设备及钢结构等。除自产废钢外，还外购部分含Ni、Cr、Mo等贵重合金元素的废不锈钢和铬钼废钢，在冶炼含Ni、Cr、Mo钢种时使用。

废钢质量对炼钢技术经济指标有重要影响，对于加入转炉的废钢有如下要求：

（1）应尽量干燥、清洁，不能混有泥沙、油类和大量的氧化铁；不能有封闭容器及爆炸物品；不能混有合金铸铁、铁合金、有色金属和钢丝绳等其他杂物。

（2）块度和单重要合适，以保证能从炉口顺利加入，及时熔化，不致于对炉衬造成较大的冲击力。其尺寸为长度小于1.2m，最大面积不超过0.5m²，单重不大于350kg。

（3）废钢中的P、S含量应分别不大于0.08%，As含量应不大于0.025%，Sn含量应不大于0.020%。

C 铁合金

铁合金的作用主要是在出钢过程中用来脱除钢水中的残余氧，同时满足钢种对化学成分的要求。可以根据钢种、出钢量及合金成分等来计算合适的合金加入量。

目前常用的铁合金化学成分见表5-19~表5-27。

表5-19 硅钙钡合金牌号及成分

牌号	化学成分/%						
	Si	Ca	Ba	Al	S	P	C
FeBa14Ca14Si60	55.0~65.0	≥14	≥14	≤1.5	≤0.10	≤0.10	≤0.50
FeBa14Ca10Si60-A		≥10		≤1.0			
FeBa14Ca10Si60-B		≥10		≤2.0			

表 5-20 硅钙钡合金牌号及成分

牌号	化学成分/%						
	Si	Ca	Ba	Al	S	P	C
FeBa14Ca14Si60	55.0~65.0	≥14	≥14	≤1.5	≤0.10	≤0.10	≤0.50
FeBa14Ca10Si60-A		≥10		≤1.0			
FeBa14Ca10Si60-B		≥10		≤2.0			

表 5-21 铝铁合金牌号及成分

项 目		化学成分/%				
		Al	Si	C	P	S
指标	FeAl40	40.0±1.0	≤1.0	≤0.10	≤0.05	≤0.05
	FeAl44	44.0±1.0	≤1.0	≤0.10	≤0.05	≤0.05

表 5-22 金属锰合金牌号及成分

牌号	化学成分/%					
	Mn	C	P	S	Si	Fe
JM97	≥97	≤0.08	≤0.04	≤0.05	≤0.4	≤2.0
JM98	≥98	≤0.08	≤0.04	≤0.05	≤0.4	≤1.5

表 5-23 硅铝钙合金牌号及成分   (%)

牌号	化学成分/%				Fe
	Ca	Al	P	C	
Ca22Al20	20.0~25.0	18.0~22.0	≤0.08	≤0.90	余量
Ca20Al25	18.0~23.0	23.0~27.0	≤0.08	≤0.90	
Ca18Al30	16.0~21.0	28.0~32.0	≤0.08	≤0.90	

表 5-24 锰铁合金牌号及成分

牌号	化学成分/%				
	Mn	C	Si	P	S
FeMn82C1.5	78.0~85.0	≤1.5	≤1.5	≤0.20	≤0.03
FeMn74C7.5	70.0~77.0	≤7.5	≤2.0	≤0.25	
FeMn68C7.0	65.0~72.0	≤7.0	≤2.5	≤0.35	

表 5-25 硅锰合金牌号及成分

牌号	化学成分/%						
	Mn	C	Si	P			S
				Ⅰ	Ⅱ	Ⅲ	
FeMn68Si18	65.0~72.0	≤1.8	17.0~20.0	≤0.10	≤0.15	≤0.25	≤0.04
FeMn64Si14	60.0~67.0	≤1.8	17.0~20.0	≤0.10	≤0.15	≤0.25	
FeMn68Si16	65.0~72.0	≤2.5	14.0~17.0	≤0.10	≤0.15	≤0.25	
FeMn64Si16	60.0~67.0	≤2.5	14.0~17.0	≤0.20	≤0.25	≤0.30	

表 5-26 硅铁合金牌号及成分

牌号	化学成分/%							
	Si	Al	Ca	Mn	Cr	P	S	C
FeSi75Al0.5	74.0~80.0	≤0.5	≤1.0	≤0.4	≤0.3	≤0.035	≤0.02	≤0.1
FeSi75Al1.0	74.0~80.0	≤1.0	≤1.0	≤0.4	≤0.3	≤0.035	≤0.02	≤0.1

表 5-27 铬铁合金牌号及成分

牌号	化学成分/%								
	Cr		C	Si		P		S	
	I	II		I	II	I	II	I	II
FeCr55C200	≥60.0	≥52.0	≤2.0	≤2.5	≤3.0	≤0.04	≤0.06	≤0.03	≤0.05
FeCr55C600	≥60.0	≥52.0	≤6.0	≤3.0	≤5.0	≤0.04	≤0.06	≤0.04	≤0.06

5.4.1.2 非金属材料

转炉炼钢用非金属材料主要指造渣材料、增碳剂、脱氧剂及脱硫剂等。造渣材料主要有石灰、白云石、萤石、锰矿和石英砂等。

A 石灰

石灰是转炉炼钢的主要造渣材料，其主要成分是 CaO。在冶炼过程中加入石灰的目的在于造适当碱度的炉渣，以去除硫、磷等杂质。石灰质量的好坏直接影响脱硫效率及其消耗量的大小。

衡量石灰质量的指标有活性度、生过烧率、粉化率等。目前应用最多的是在回转窑煅烧的石灰，因为这种石灰的气孔率高（达 40%），体积密度小（1.7~2.0g/m^3），比表面积大（0.5~1.3m^3/g），晶粒细小，溶解能力极强，有利于快速成渣和脱硫、脱磷；活性度可达 350mL 以上，因此称其为活性石灰。其理化指标见表 5-28。

表 5-28 活性石灰理化指标

CaO/%	CaO+MgO/%	S/%	活性度（4mol/L，40±1℃，10min）/mL
≥85	≥88	≤0.04	≥330

B 白云石

白云石是转炉造渣的辅助材料，其主要成分为 MgO、CaO。转炉一般使用轻烧白云石，主要是起调整渣中 MgO 含量、利于溅渣护炉、加速成渣的作用。其理化指标见表 5-29。

表 5-29 轻烧白云石理化指标

等级	MgO/%	MgO+CaO/%	S/%	P/%	灼烧减量/%
I	≥35.0				
II	≥32.5	≥75.0	≤0.09	≤0.06	≤20.0
III	≥30.0				
IV	≥30.0	≥73.0			≤24.0

C 造渣剂

（1）萤石。萤石是造渣的助熔剂，其主要成分是 CaF_2，熔点较低，为 1418℃。在炉渣未化好时加入少量萤石可迅速降低炉渣熔点，加速化渣。但如果萤石用量太多，会增加喷溅，还会造成炉衬的严重侵蚀，所以操作中尽量不用或少用。

（2）锰矿。锰矿是造渣辅助材料之一，加入锰矿不仅有利于加速化渣，而且有利于提高炉龄。在近年发展较快的使用铁水"三脱"后的半钢少渣冶炼技术，既可利用锰矿造渣，同时半钢中的碳将锰还原，还可获得较高的残锰含量。

（3）石英砂。用石英砂造渣是半钢冶炼的一大特点，石英砂主要成分是 SiO_2，其主要用途是调整炉渣碱度从而达到良好的去硫、去磷效果。萤石、锰矿和石英砂的主要成分见表 5-30。

表 5-30 萤石、锰矿和石英砂的主要成分 （%）

名称	TMn	TFe	CaF_2	Fe_2O_3	SiO_2	S	P	H_2O
萤石	—	—	≥80	—	≤19	≤0.10	≤0.06	—
锰矿	≥18	5~25	—	—	—	≤0.20	≤0.20	—
石英砂	—	—	—	1.0~2.0	≥90.0	≤0.05	≤0.05	≤3.0

（4）复合造渣剂。根据半钢炼钢特点，利用转炉除尘污泥、锰矿和石英砂进行造球，开发出适合转炉使用的复合造渣剂，既达到了促进化渣、调整炉渣碱度和保护炉衬的目的，还充分利用了转炉污泥等二次资源，取得了较好的效果。复合造渣剂主要化学成分见表 5-31。

表 5-31 复合造渣剂主要化学成分 （%）

SiO_2	MnO	TFe	P	S
47.0~55.0	≥4.5	≥12.0	≤0.10	≤0.15

D 提温剂

采用半钢冶炼时因入炉热源不足，部分炉次需加入提温剂实现温度补偿。常用的提温剂有无烟煤、焦炭、碳化硅等，也使用类石墨和无烟煤两种提温剂，其主要成分见表 5-32。

表 5-32 提温剂主要成分 （%）

类别	灰分	挥发分	水分	硫	碳
无烟煤提温剂	≤5.5	≤1.0	≤0.5	≤0.3	≥93
类石墨提温剂	—	—	≤1.0	≤0.3	≥85

5.4.1.3 常用气体

A 氧气

氧气是一种无色、无味、无毒的气体。在一个大气压下、0℃时的密度为 $1.43kg/m^3$。在 -182.96℃时，气态氧就变成浅蓝色的液态氧，在 -218.1℃时液态氧又变成浅蓝色的固态晶体氧。工业用一级氧的纯度为 99.2% 以上，二级氧纯度在 98.5% 以上。

液态氧不含水分可用管道输送；工业上常用的由液态氧挥发而成的氧气也不含水分。

氧气本身不会燃烧，但有很强的助燃作用。很多物质在纯氧中都会发生激烈氧化而燃烧起来，燃烧比在空气中猛烈得多。氧气与乙炔、氢气及其他可燃性气体达到一定的混合比例时就会形成爆炸性气体；氧可与油脂类物质发生化学反应，引起发热、自燃或强烈爆炸。因此，氧气瓶须有明显的标志，不能用氧气瓶去充灌其他可燃性气体，也不能用其他可燃性气体充灌氧气瓶。如误灌，一旦点火，即猛烈燃烧引起爆炸。

压缩的气态氧与矿物油、油脂或细微分散的可燃性物质接触时，在常温下也会发生自燃，时常成为失火或爆炸的主要原因。失火后，因有氧的帮助火势蔓延既快又广，往往难以扑灭。

氧气突然压缩所放出的热量、摩擦热和金属固体微粒随氧气在管道里高速流动时与管壁相互作用所产生的碰撞热及静电火花等，都可以成为发火的最初因素。因此，在压缩气态氧的管路中或氧气瓶内应尽量避免混入异物。一般压缩氧气的流速超过 60m/s、氧压及流量的波动过大、管道内有异物时，均是氧化起火的主要原因。

压缩气态氧的管道应有良好的接地装置，同时应设置明显的标志。

氧气顶吹转炉炼钢用氧气的主要指标：纯度 99.8%，压力 0.8~0.9MPa，温度 40℃。

B 惰性气体

氮气、氩气及 CO_2 等为冶金工业上常用的惰性气体。此类气体本身多为无色、无味、无毒的气体，对人体的危害表现为窒息性伤害，一般当浓度达到 $25g/m^3$ 时就有危险，浓度达到 $162g/m^3$ 时，即可致命。凡进入有此类危险的气体浓度区域内作业时，应戴好氧气呼吸器。

在炼钢工序中，应用惰性气体（如氮气、氩气），主要是用于转炉复吹时对熔池的搅拌，保护钢水避免二次氧化，以及对钢水精炼时的搅拌、吸气、去杂质等。

C 煤气

高炉煤气、焦炉煤气和转炉煤气是冶金生产中主要的气体燃料，其中以高炉煤气和焦炉煤气的应用最为广泛，它们所提供的热量通常占钢铁联合企业总热量收入的 80% 以上。

(1) 高炉煤气。高炉煤气是高炉冶炼的副产品，主要可燃成分为 CO、H_2 和 CH_4 的含量很少，有大量的 N_2 和 CO_2，所以它的发热值很低，一般只有 $3000~3800kJ/m^3$，着火点为 530℃。

高炉煤气的主要成分：$N_2 = 54\% ~ 57\%$，$CO = 25\% ~ 31\%$，$CO_2 = 15\% ~ 18\%$，$H_2 = 1.0\% ~ 4.0\%$。标准状态下高炉煤气的密度为 $1.33kg/m^3$。高炉煤气的理论燃烧温度约为 1350~1450℃，在多数情况下必须将空气和煤气预热来提高它的燃烧温度，才能满足用户的要求。

(2) 焦炉煤气。焦炉煤气是炼焦生产的副产品，1t 煤在炼焦过程中可产生 300 ~ 500m³ 煤气。从焦炉出来的荒煤气经过回收其中的化学产品后可作燃料使用，有时还需脱除其中的硫化氢和萘。

焦炉煤气的主要成分：$H_2 = 56.0\% ~ 60.0\%$，$CH_4 = 22.0\% ~ 26.0\%$，$CO = 6.0\% ~ 9.0\%$，$C_2H_4 = 1.6\% ~ 2.3\%$，$N_2 = 2.0\% ~ 4.0\%$，$O_2 = 0.4\% ~ 0.6\%$，$CO_2 = 2.0\% ~ 3.0\%$，$C_mH_n = 2.2\% ~ 2.6\%$。

焦炉煤气中的可燃成分主要是氢、甲烷和一氧化碳，惰性气体很少，因此焦炉煤气的发热值很高，一般为 $17598 ~ 18855kg/m^3$。焦炉煤气燃烧时，由于氢含量很多、火焰透明、黑度较小，影响了火焰的辐射能力。另外，焦炉煤气的密度较小（0.452kg/m³），燃烧火焰刚性较差，容易上浮，对于要求火焰有足够刚性以便实现定向传热的炉窑来说必须与高炉煤气混合使用。焦炉煤气的着火点约为 500℃。

焦炉煤气是现代钢铁联合企业的重要燃料之一，主要用户为炼钢厂、轧钢厂加热炉、高炉及热风炉等。由于其中的一氧化碳含量少、毒性低、发热值高，故可作为民用燃料，其毒性低于高炉煤气和转炉煤气。

（3）转炉煤气。氧气顶吹转炉炼钢过程中产生大量的煤气，每炼 1t 钢可得 50～100m³ 的转炉煤气，其主要成分：$CO = 60.0\% \sim 90.0\%$，$CO_2 = 5.0\% \sim 30.0\%$，$N_2 = 0.8\% \sim 4.0\%$，$H_2 = 1.0\% \sim 2.0\%$。

转炉煤气不但可以作为冶金炉的燃料，它也是一种非常理想的化工原料。转炉煤气的密度为 1.363kg/m³，发热值为 7524～8360kJ/m³，着火点为 640～650℃。转炉煤气中含有大量的一氧化碳，使用时应预防中毒。

（4）乙炔等气体。乙炔又名电石气，主要成分为 C_2H_2，是电石（CaC_2）与水反应生成的气体，无色、毒性弱、有轻度麻醉作用，浓度很高时有显著毒性，一般吸入质量浓度为 35% 以上的乙炔 5min 就发生神志不清而昏迷；轻度中毒的症状表现为精神兴奋、多言、嗜睡、走路不稳。乙炔中毒比较少见。

工业用乙炔中由于混有许多杂质，常具有特别刺鼻的气味。

乙炔的纯度为 96.5%。在一个标准大气压下、20℃ 时的密度为 1.09kg/m³，沸点为 -83.6℃，液化点为 -81.6℃，冰点为 85.0℃。液体和固体乙炔在一定条件下可能因摩擦、冲击而爆炸。

乙炔气可溶解于水、丙酮等多种液体中，特别是溶于丙酮后因乙炔分子被液体隔离，爆炸连锁反应受阻，需要 1.1MPa 的压力才可能发生爆炸，利用这种特性，可以安全制造、贮存、运输和使用乙炔混合气和乙炔液体。

乙炔是一种易燃易爆气体，当温度在 580℃ 以上、压力达 0.25MPa 时乙炔就开始分解爆炸。一般在 200～300℃ 时乙炔的聚合反应便开始，聚合生成苯、苯乙酸、萘、甲苯，放出热量，若无有效冷却温度会越来越高，最后导致乙炔爆炸。

氧化铁和氧化铜是乙炔气爆炸的触媒剂，因此与乙炔接触的金属件应除锈。供乙炔使用的器材不能用银、铜含量大于 70% 的合金制造。

乙炔和氧气、次氯酸盐等化合会发生燃烧和爆炸，因此禁止用四氯化碳来灭乙炔火。乙炔和氧气混合提高了乙炔的爆炸性，氧气中含乙炔的质量浓度为 2.8%～93.0% 时，可以发生燃烧爆炸。因此，空气是有害成分要尽量除去，一般空气质量浓度要求小于 1.5%。

乙炔中混入水蒸气和不与乙炔发生反应的气体（如氮、甲烷、石油气等），会降低乙炔的自行分解能力和阻碍连锁反应引起的爆炸，使其不容易发生爆炸。

乙炔发生爆炸有三要素：乙炔气、空气或氧气、明火或高温。三者缺一，则不会发生爆炸。

5.4.2　转炉半钢炼钢基本原理

5.4.2.1　钢液的物理性质

A　钢液的密度

钢液的密度指单位体积钢液所具有的质量，单位通常为 kg/m³。钢液的温度和化学成分是影响其密度的两个主要因素。

B 钢的熔点

钢的熔点指钢完全转变成液体状态时或凝固时开始析出固体的温度。钢的熔点是确定冶炼和浇注温度的重要参数。纯铁的熔点在 1536~1539℃，当某元素溶入后纯铁原子之间的作用力减弱，铁的熔点则降低，其降低的程度取决于加入元素的浓度、相对原子质量和凝固时该元素在熔体与析出固体之间的分配。

计算钢的熔点通常采用以下经验公式：

$$t_{熔} = 1536 - (78[C]\% + 7.6[Si]\% + 4.9[Mn]\% + 34[P]\% + 30[S]\% + 5.0[Cu]\% +$$
$$3.1[Ni]\% + 1.3[Cr]\% + 3.6[Al]\% + 2.0[Mo]\% + 2.0[V]\% + 18[Ti]\%)$$

或

$$t_{熔} = 1536 - (90[C]\% + 6.2[Si]\% + 1.7[Mn]\% + 28[P]\% + 40[S]\% + 2.6[Cu]\% +$$
$$2.9[Ni]\% + 1.8[Cr]\% + 5.1[Al]\%) \tag{5-19}$$

C 钢液的黏度

黏度是钢液的一个重要性质，它对冶炼温度参数的制定、非金属夹杂物和气体的上浮去除以及钢的凝固组织都有很大的影响。各种以不同速度运动的液体各层之间会产生内摩擦力，通常将内摩擦系数或黏度系数统称为黏度。

黏度有两种形式，一种为动力黏度，用符号 μ 表示，单位为 Pa·s；另一种为运动黏度，通常用符号 ν 表示，单位为 m²/s，即 $\nu = \mu/\rho$。

钢液的黏度比熔渣的黏度要小得多，1600℃时其值通常为 0.002~0.003Pa·s；纯铁液 1600℃时的黏度为 0.0005Pa·s。

影响钢液黏度的因素主要是温度和成分。温度升高则黏度降低。钢液成分中碳含量对黏度的影响非常大，主要是因为钢中的碳含量使钢液的密度和熔点发生变化。同一温度下高碳钢钢液的流动性比低碳钢钢液的好。合金元素对钢液黏度的影响有：（1）Si、Mn、Ni 使钢的熔点降低，其含量增加则钢液的黏度降低；（2）Ti、W、V、Mo、Cr 等元素由于易形成高熔点、大体积的各种碳化物，其含量增加则钢液的黏度增加。

除成分和温度外，钢液中的非金属夹杂物也对钢液黏度造成影响。非金属夹杂物含量增加，则钢液的黏度增加，流动性变差。钢液中的脱氧产物对流动性的影响也很大，当钢液分别用 Si、Al 或 Cr 脱氧时，初期由于氧化物生成，夹杂物含量高，黏度增大；随着夹杂物不断上浮或形成低熔点夹杂物，黏度又会下降。因此，如果脱氧不良，则钢液的流动性一般不好。

D 钢液的表面张力

液体表面的分子若受到外部分子的吸引力小于受到的液体内部分子的吸引力，则导致液体表面具有向内缩小的趋势，这种收缩力称为表面张力，单位为 N/m。

钢液的表面张力对新相的生成（如 CO 气泡的产生、钢液凝固过程中结晶核心的形成等）有影响，而且对相间反应（如夹杂物和气体从钢液中排除）、渣钢分离、钢液对耐火材料的侵蚀等也产生影响。影响钢液表面张力的因素很多，但主要有温度、钢液成分和钢液接触物。

钢液的表面张力随温度的升高而增大。1550℃时纯铁液的表面张力约为 1.7~1.9N/m。溶质元素对纯铁液表面张力的影响程度取决于它与铁的性质差别的大小。如果溶质元素的性质与铁相近，则对铁液的表面张力影响较小，反之则较大。

图 5-12 为合金元素对熔铁表面张力的影响。可见［Co］、［V］、［Mo］由于与铁的性质相近，其含量对铁液的表面张力几乎没有影响；而［Mn］、［Sn］对铁液的表面张力有较强的降低作用；［Cr］的表面活性不高，对表面张力有一定的降低作用，但影响不明显。

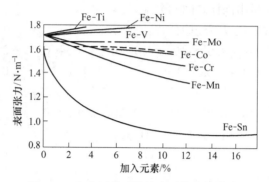

图 5-12　合金元素对熔铁表面张力的影响

除合金元素外，钢液中的［S］、［O］是较强的表面活性物质，其在钢液中的含量增加能显著降低表面张力，如图 5-13 所示。

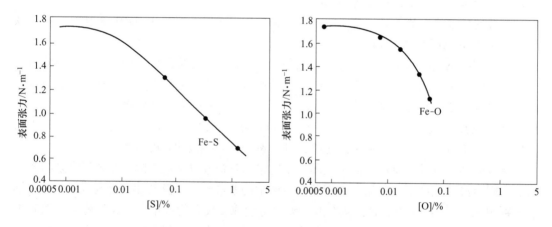

图 5-13　钢液中［S］、［O］含量对表面张力的影响

碳对钢液表面张力的影响较为复杂，由于钢的结构和密度随着碳含量的增加而发生变化，表面张力也随着碳含量的变化而变化。

5.4.2.2　炉渣的物理化学性质

在炼钢过程中炉渣起着极为重要的作用。为获得符合要求（成分和温度）的钢液，提高铸坯的内部质量和表面质量，需要有符合一定要求的炉渣以保证炼钢全过程顺利进行。熔渣的结构决定着炉渣的物理化学性质，而炉渣的物理化学性质又影响着炼钢的化学反应平衡及反应速率。因此，在炼钢过程中必须控制和调整好炉渣的物理化学性质。

A　炉渣的作用

炉渣是炼钢过程中的必然产物，又是实现一系列重要冶金反应的基本条件。它直接参与炼钢过程的物理化学反应和传热、传质过程。具体作用如下：

（1）炉渣的导热性和密度均比金属小，它覆盖于金属表面可减少金属的热散失，防止金属直接被空气氧化，减缓金属从空气中吸收氮、氢等气体，所以炉渣起着保护金属的作用。

（2）通过对炉渣成分、性能及数量的调整，可以控制金属中各元素的氧化和还原过程，使有利的反应进行得更快、更完全，使不利的反应得到抑制，从而使有害杂质尽可能转移到炉渣中。因此，炉渣起着收集杂质、对金属的净化作用。

（3）向钢中输送氧以氧化各种杂质，如炉气和矿石中的氧均通过炉渣传入钢水。

（4）其他作用，如浇铸过程中采用保护渣可改善铸坯质量等。在氧气顶吹转炉中，炉渣、金属液滴和气泡形成高度弥散的乳化相，增大浸出面积，加速吹炼过程。

因此，炉渣在控制冶金反应保证冶炼操作的顺利进行、冶炼产品质量、金属的回收率以及冶炼的各项技术经济指标方面，都起了决定性的作用。

除上述有利作用外，炉渣也有不利的一面，即炉渣能侵蚀炉衬。同时，因渣中夹带金属小珠及未还原的金属氧化物，因而使金属的回收率降低；微小的渣粒混入钢中成为外来夹杂等。

炉渣的上述作用都是通过控制炉渣的组成、温度及其物理化学性质来实现的。炉渣的物理化学性质与其结构有关，所以通过对炉渣结构的研究可说明炉渣物理化学性质的变化规律，从而达到控制炉渣冶金反应的目的。

B 炉渣的组成

炼钢炉渣来源于金属氧化物、被侵蚀的炉衬及加入的造渣材料等。

炉渣的组成以各种氧化物为主，氧化物来自炼钢过程中的金属炉料、造渣材料、熔剂及合金中所含的各种元素被氧化后的杂质产物和炉衬侵蚀物，如 CaO、SiO_2、MnO、Al_2O_3、MgO、FeO、Fe_2O_3、P_2O_5、TiO_2、V_2O_5、Cr_2O_3 等。炉渣还含有少量的硫化物（CaS、MnS 等）、氟化物（CaF_2）等。

炼钢过程的炉渣一般多选用 CaO-SiO_2-FeO 三元渣系的基础渣系，在此基础渣系的基础上通过加入某些物质来调整渣系的性质。表 5-33 为渣系中主要物质及其加入物质的主要作用。

表 5-33 渣的主要组成及其作用

组　分	作　用
CaO	调节碱度、脱磷、脱硫
SiO_2	调节碱度、黏度
Al_2O_3	调整炉渣熔点
BaO	调整渣系光学碱度，有利于脱硫
MnO	调整渣系黏度
MgO	调整渣系黏度，保护镁质炉衬
FeO	调整渣系氧化性
CaF_2	调整渣系熔点、黏度

C　炉渣的物理性质

（1）炉渣的熔点。一般所说的炉渣熔点是指炉渣完全转变为均匀液态时的温度。而炉渣的凝固点是指液态炉渣冷却开始析出固体时的温度。在炼钢生产中为了充分发挥炉渣的作用，使其具有适当的流动性，要求控制炉渣的熔化温度，也就是控制炉渣的成分，使其在炼钢温度条件下能早化渣、化好渣，为炼钢生产的顺利进行创造良好的条件。

（2）炉渣的导热性。炉渣的导热性是指炉渣传递热的能力大小，一般用导热系数 λ 来表示。λ 大则导热性好，λ 小则导热性差。在炼钢生产中为达到节省热能并加速熔池升温的目的，根据炉渣这一特性制定合理的热工制度，如在熔池沸腾时供给大的电功率或热功率，具有典型的指导意义。

（3）炉渣的表面张力。炉渣的表面张力主要影响渣—钢间的物理化学反应及炉渣对夹杂物的吸附等，它与其成分、温度有关，也和气氛的组成和压力有关。

（4）炉渣的黏度。炼钢过程中炉渣的黏度直接影响炼钢过程的传输速度和扩散速度。黏度过高则不利于脱磷、脱硫、脱碳及脱氧等反应的进行，加剧转炉吹炼过程的金属喷溅；而黏度过低则会加剧炉渣对炉衬的侵蚀和冲刷，加剧转炉吹炼过程的喷溅。因此，炼钢过程要求炉渣有合适的黏度。在1600℃的炼钢温度下，钢液的黏度在 0.0025Pa·s 左右，合适的炉渣黏度应为钢液黏度的 10 倍左右，因此，炼钢炉渣合适的黏度在 0.02～0.05Pa·s。

炉渣的黏度主要受炉渣组成和温度的影响。炼钢生产中氧化渣的黏度和温度、碱度的关系如图 5-14 所示。从图 5-14 中可以看出，碱度较高时随温度降低则黏度迅速增大，这主要是由于碱度较高时渣中含有大量的 $2CaO \cdot SiO_2$（熔点高于2000℃），渣中 CaO 的颗粒也会增多。这些高熔点的固相颗粒弥散分布在渣中产生了较大的内摩擦力，从而使炉渣的黏度大幅升高。碱度在1.8～2.2 之间时炉渣黏度的变化比较平稳。对碱度 $R<0.9$ 的酸性渣，随温度降低黏度变化不大，但在较高温度下酸性渣的黏度相对较高，原因是酸性渣内有较复杂的复合阴离子。当温度下降时 $Si_xO_y^{z-}$ 的结构越复杂，移动越慢，因此黏度随温度下降的曲线比较平稳。

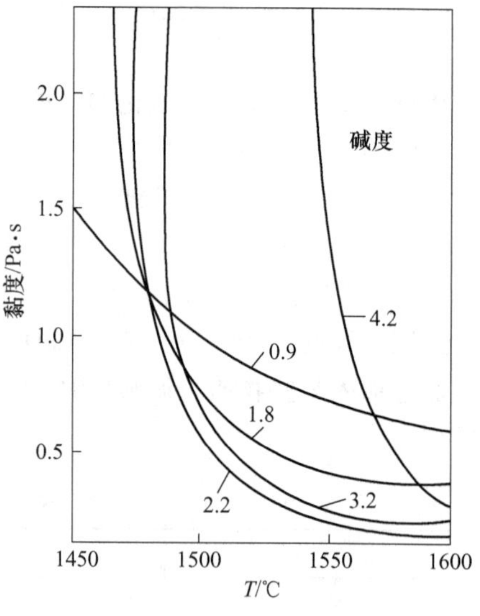

图 5-14　氧化性炉渣碱度、温度与黏度的关系

D　炉渣的化学性质

a　炉渣的碱度

碱度是碱性氧化物和酸性氧化物浓度的比值，用符号 R 表示。碱度是熔渣最基本最重要的物理化学性质之一。炼钢过程高碱度渣有利于脱磷脱硫，低碱度渣容易引起回磷，因此碱度对操作影响很大，同时也影响炉衬耐火材料的寿命。

常用的碱度表示方法和计算公式：

（1）二元碱度。二元碱度是冶金炉渣最普遍的碱度表示方法，适用于炉料中的磷含量小于 0.30% 时的情况。计算公式为：

$$R = \frac{(CaO)}{(SiO_2)}$$

（2）四元碱度。四元碱度可表示为：

$$R = \frac{(CaO) + (MgO)}{(SiO_2) + (Al_2O_3)}$$

（3）磷含量较高时的碱度。当炉料中 $0.30\% \leqslant P \leqslant 0.60\%$ 时，碱度可表示为：

$$R = \frac{(CaO)}{(SiO_2) + (P_2O_5)}$$

采用白云石造渣时渣中 MgO 较高，碱度可表示为：

$$R = \frac{(CaO) + (MgO)}{(SiO_2)}$$

（4）光学碱度。某些氧化物中氧离子得失电子的能力与自由氧化物中氧离子得失电子的能力之比，称为该氧化物的光学碱度（以 CaO 为标准定义光学碱度值为 1.00），用符号 Λ 表示。

b　炉渣的氧化性

炼钢过程中为使钢水中的杂质元素如 C、P、Mn、Si 实现氧化去除，需要向钢水中吹氧，同时炉渣中氧的化学位要高于钢水中化学位，以促进渣中的氧向金属中转移，这就需要炉渣具有一定的氧化性。因此，炉渣的氧化性是指炉渣向金属熔池供氧的能力，即炉渣氧化金属熔池杂质的能力。由于氧化物的分解压不同，只有（FeO）和（Fe_2O_3）才能向钢中传氧，而（Al_2O_3）、（SiO_2）、（CaO）、（MgO）等不能供氧。

炉渣的氧化性通常是用 $\Sigma(FeO)\%$ 表示，$\Sigma(FeO)\%$ 包括（FeO）本身和（Fe_2O_3）折合成（FeO）两部分。将（Fe_2O_3）折合成（FeO）有两种方法。

全铁折合法（最普遍）：

$$\Sigma(FeO)\% = (FeO)\% + 0.9(Fe_2O_3)\% \tag{5-20}$$

全氧折合法：

$$\Sigma(FeO)\% = (FeO)\% + 1.35(Fe_2O_3)\% \tag{5-21}$$

通常用全铁折合法将（Fe_2O_3）折合成（FeO），原因是取出的渣样在冷却过程中其表面的低价铁有一部分被空气氧化成高价铁，即（FeO）氧化成（Fe_2O_3）。

炉渣的氧化性在炼钢过程中的作用体现在对炉渣自身、钢水和炼钢工艺操作方面：

（1）影响化渣速度和炉渣黏度。渣中（FeO）能促进石灰溶解，加速化渣，改善炼钢反应动力学条件，加速传质过程；渣中（Fe_2O_3）和碱性氧化物反应生成铁酸盐，降低炉渣熔点和黏度，避免炼钢渣"返干"。

（2）影响炉渣向熔池传氧和钢水氧含量。低碳钢水氧含量明显受炉渣氧化性影响。当钢水碳含量相同时炉渣氧化性强，则钢水氧含量高。

（3）影响钢水脱磷。炉渣氧化性强，有利于脱磷。

（4）影响合金收得率。氧化性强，合金收得率降低。

5.4.2.3　氧气转炉半钢炼钢主要反应

在通常的氧气转炉炼钢过程中，总要根据冶炼钢种的要求将铁水中的 C、Si、Mn、P、S 去除到规定的要求。虽然从热力学平衡条件来看，不论炼钢方法之间差异如何，其气—渣—金属相之间的反应平衡都是相同的。但是由于各种炼钢方法所处环境的动力学条件不同，在冶炼过程中对反应平衡的偏差程度也不同。

A 吹炼过程

氧气转炉炼钢是在十几分钟内完成的，在这么短的时间内要完成脱碳、脱磷、脱硫、去夹杂、去气和升温的任务，炉内发生了复杂的物理化学变化，半钢吹炼过程的反应状况与铁水吹炼不同，一般可做如下描述：

（1）Mn 在吹炼前期被氧化到很低，随着吹炼进行而逐步回升，发生回锰现象。在复吹转炉中锰的回升趋势比顶吹转炉要快些，其终点锰含量也要高些。其原因是因为复吹转炉渣中 FeO 比顶吹转炉低些。

（2）P 在吹炼前期快速降低，进入吹炼中期略有回升，而到吹炼后期再度降低。

（3）S 在吹炼过程中是逐步降低的。

（4）半钢吹炼一开始就进入脱碳期，但前期脱碳速度慢，中后期脱碳速度快。

（5）熔池温度在吹炼过程中逐步升高，尤以吹炼前期升温速度快。

（6）吹炼一开始，由于 Si、P 的迅速氧化和石灰尚未融化成渣，所以炉渣中配加的酸性氧化物为 SiO_2 和 P_2O_5。其浓度在吹炼前期逐步提高，其后由于石灰的逐步溶解入渣，渣中 CaO 含量不断升高，因而渣中 SiO_2、P_2O_5 的浓度相对地逐渐降低，熔渣碱度值逐渐升高。

（7）吹炼过程中渣中 FeO 具有规律性变化，即前后期高、中期低。而复吹转炉在冶炼后期 FeO 比顶吹转炉更低一些。

（8）随着吹炼的进行，石灰在炉内溶解增多，渣中 CaO 逐步增高，炉渣碱度也随之变大。

根据一炉钢在吹炼过程中化学成分、炉渣成分、熔池温度的变化规律。仍然可以把冶炼过程大致分为三个阶段：

（1）吹炼前期。在吹炼初期由于半钢温度不高。由于基本无 Si、Mn 的氧化，开吹即进入脱碳铁的氧化，形成 FeO 进入渣中，石灰逐步溶解，使 P 也被氧化进入炉渣中。P、Fe 的氧化放出大量热使熔池迅速升温。吹炼前期的任务是化好渣、早化渣、化透渣，以利于磷、硫的去除；同时也要注意防止炉渣碱度过低，这样炉渣会侵蚀炉衬耐材。

（2）吹炼中期。熔池温度升高，炉渣也基本化好，C 的氧化速度加快。吹炼中期是碳氧化反应最剧烈时期，此间供入熔池中的氧几乎 100% 与碳发生反应，使脱碳速度达到最大。由于碳的激烈氧化会大大降低渣中的氧化铁（FeO）含量，往往会使炉渣出现"返干"现象，磷和锰在渣—金属液间分配发生变化，产生回磷和回锰现象。但此间由于高温、低 FeO、高 CaO 存在，使脱硫反应得以大量进行。同时，由于熔池温度升高使废钢大量熔化。

吹炼中期的任务是脱碳和去硫，因此既要控制碳的氧化反应能均衡进行，又要保证炉渣中有适量的氧化铁含量。

（3）吹炼后期。在吹炼后期，铁水中碳含量低，脱碳速度减小，这时吹入熔池中的氧气使部分铁氧化，使渣中 FeO 和钢水中 ［O］ 含量增加。同时温度达到出钢要求，钢水中磷、硫得以去除。

吹炼后期主要是进行终点控制，其首要任务是在拉碳的同时确保硫、磷满足钢种控制要求，钢水温度达到精炼的要求，控制好炉渣的氧化性，确保钢水不过氧化，降低脱氧剂用量。对于复吹转炉则应增大底吹供气流量，以均匀成分、温度，去除夹杂等。若终点控制失误，则要补加渣料和补吹，禁止加烧结矿和锰矿，防止钢水过氧化。

B 炉渣的形成

由于氧气转炉炼钢过程时间很短，前期就必须做到快速成渣，使炉渣尽快具有适当的碱度、氧化性和流动性，以便迅速地把铁水中的磷、硫等杂质去除到所炼钢种的要求。

炉渣一般是由半钢中的 Si、P、Mn、Fe 的氧化产物和配加的 SiO_2 以及加入的石灰溶解而生成。另外还有少量的其他渣料（白云石、萤石等）、带入转炉内的高炉渣、侵蚀的炉衬等。

炉渣的氧化性和化学成分在很大程度上决定了吹炼过程中的反应速度。如果吹炼要在脱碳时同时脱磷，则必须控制 FeO 在一定范围内，以保证石灰溶解完全，形成一定碱度、一定数量的泡沫炉渣。

开吹后半钢中 Mn、Fe 等元素氧化生成 FeO、MnO 等氧化物与配加的 SiO_2 进入炉渣中。这些氧化物相互作用生成许多矿物质，冶炼初期渣中主要矿物组成为各类橄榄石（Fe、Mn、Mg、Ca）$\cdot SiO_2$ 和玻璃体 SiO_2。随着炉渣中石灰溶解，由于 CaO 和 SiO_2 的亲和力比其他氧化物大，CaO 逐渐取代橄榄石中的其他氧化物形成硅酸钙。随碱度增加而形成 $CaO \cdot SiO_2$、$3CaO \cdot 2SiO_2$、$2CaO \cdot SiO_2$、$3CaO \cdot SiO_2$，其中最稳定的是 $2CaO \cdot SiO_2$。到吹炼后期 C-O 反应减弱，FeO 有所提高，石灰进一步溶解，渣中可能产生铁酸钙。

C 脱碳

C-O 反应是炼钢过程中的重要反应，这不仅是为了脱去铁水中多余的碳，而且也是因为 C-O 反应生成的 CO 气体造成了熔池搅拌，形成泡沫炉渣，使传热和传质过程加速，有利于钢水中有害气体、夹杂物去除和金属液成分和温度的均匀，并且碳的氧化放热还是转炉炼钢的重要热源之一。

a 吹炼过程中碳的氧化

氧气转炉炼钢中碳的氧化按下列反应进行（其中温度 T 为绝对温度，单位 K）：

$$[C] + [O] = \{CO\} \qquad \lg K_C = \frac{1168}{T} + 2.07 \qquad (5\text{-}22)$$

$$[C] + 1/2\{O_2\} = \{CO\} \qquad \lg K_C = \frac{7200}{T} + 2.22 \qquad (5\text{-}23)$$

$$[C] + \{CO_2\} = 2\{CO\} \qquad \lg K_C = \frac{6460}{T} + 6.175 \qquad (5\text{-}24)$$

$$[C] + 2[O] = \{CO_2\} \qquad \lg K_C = \frac{10175}{T} - 2.88 \qquad (5\text{-}25)$$

一般认为在金属熔池内的 C-O 反应是以式（5-22）为主，只有当熔池金属液中 [C] 含量小于 0.05% 时式（5-23）才比较显著。

在氧气射流冲击区碳的反应以式（5-23）为主，即铁水中的碳与吹入的氧气直接反应；而底吹 CO_2 气体时则发生反应式（5-24），即 CO_2 成为供氧物质，直接参加反应。

研究认为，所有这些脱碳反应的动力学过程都是复杂的，其过程的控制环节大都受物质扩散控制；只有当气相与金属间传质很快时，反应的限制环节才决定于化学反应。

b　吹炼过程的脱碳速度

氧气转炉吹炼过程中金属熔池中脱碳速度变化如图 5-15 所示。脱碳速度的变化在整个吹炼过程分为三个阶段：吹炼前期以 Fe、Mn 氧化为主，脱碳速度由于温度升高而逐步加快；吹炼中期以碳的氧化为主，脱碳速度达到最大，几乎为常数；吹炼后期随着金属熔池中碳含量的减少，脱碳速度逐渐降低。

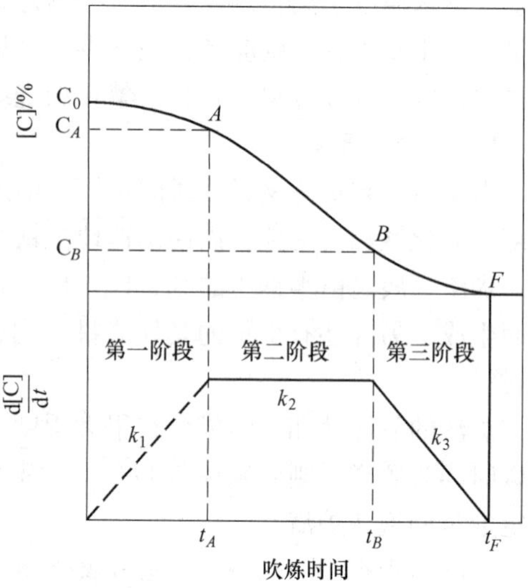

由此可见，整个冶炼过程中脱碳速度的变化曲线近似于梯形。根据这种梯形模型，可以对氧气转炉炼钢过程各阶段的脱碳速度写出下列表达式：

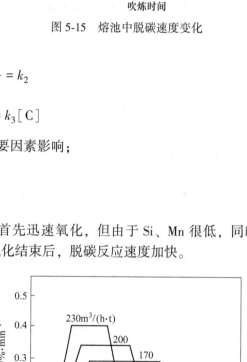

图 5-15　熔池中脱碳速度变化

第一阶段：
$$-\frac{d[C]}{dt}=k_1 t$$

第二阶段：
$$-\frac{d[C]}{dt}=k_2$$

第三阶段：
$$-\frac{d[C]}{dt}=k_3[C]$$

式中　k_1，k_2，k_3——系数，分别受各阶段主要因素影响；

t——吹炼时间，min；

$[C]$——熔池液相中碳含量，%。

各阶段脱碳速度的分析如下。

（1）第一阶段。吹炼一开始 Si、Mn、P 首先迅速氧化，但由于 Si、Mn 很低，同时 Fe、C 也开始氧化，熔池中 Si、Mn、P 很快氧化结束后，脱碳反应速度加快。

（2）第二阶段。熔池中 FeO 升高，C 开始剧烈氧化，在此阶段氧枪供氧几乎都消耗在脱碳反应上。这个阶段脱碳速度主要受供氧强度的影响。当供氧强度一定时脱碳速度系数 k_2 为常数，供氧强度越大则脱碳速度也越大。不同供氧强度的脱碳速度模型如图 5-16 所示。

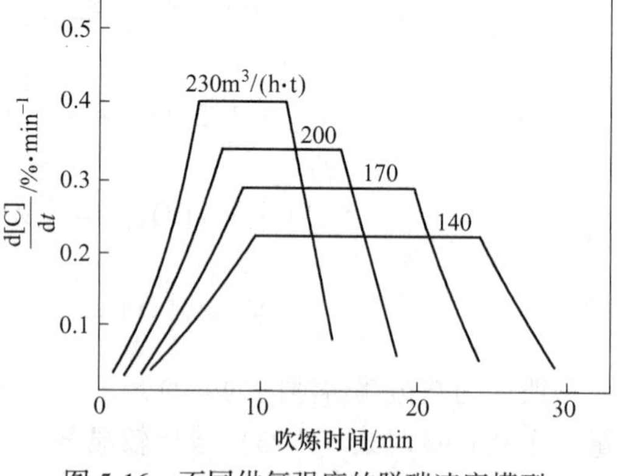

（3）第三阶段。当脱碳反应进行到一定时间，即当熔池碳含量达到临界碳含量时，随着钢水中碳含量减少其脱碳速度降低。对第三阶段脱碳系数 k_3 的影响因素，研究认为主要受熔池运动状况和临界碳含量 C_β 的影响较大。当脱碳速度大、熔池搅拌好时则 k_3 增大；临界碳含量 C_β 增大时则 k_3 减小。对顶吹转炉研究的结果如图 5-17 所示，得到了很好的线性关系：

图 5-16　不同供氧强度的脱碳速度模型

$$k_3 = \frac{0.966 k_2^2}{2C_\beta} - 0.0002 \tag{5-26}$$

由上述分析可见，碳的氧化速度在各个时期是不同的。在通常的生产条件下脱碳反应的限制性环节是扩散过程，为了确定碳和氧的扩散哪一个是限制环节，巴普基兹曼斯基从理论分析中推导得出：

$$\frac{v_C}{v_O} = \frac{[C]}{[O]} \left(\frac{D_C}{D_O}\right)^{0.5} \tag{5-27}$$

式中　　v——扩散传质速度，%/s，$v = \beta S \Delta[C]$（β 为传质系数，cm/s；S 为接触面积，cm²；$\Delta[C]$ 为单位体积浓度差，%/cm³）；

　　　　D——扩散系数，cm²/s。

虽然各研究者得出的 D_C 与 D_O 在数据上有所差别，但对这些数据的分析表明，在 Fe-C 溶液中 D_C 与 D_O 的数值都在 $10^{-5} \sim 10^{-4}$ cm²/s 的数量级上，而 D_C 比 D_O 略大些，$(D_C/D_O)^{0.5} \geq 1$。

根据各种氧气转炉生产实际中 C-O 平衡关系得到图 5-18。

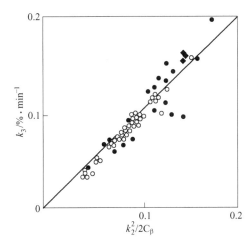

图 5-17　k_3 与 $k_2^2/2C_\beta$ 的关系

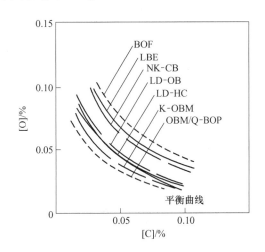

图 5-18　氧气转炉炼钢中 C-O 关系

在底吹转炉中，当 [C] > 0.05% 时，[C]/[O] > 1，则 $v_C > v_O$，供氧是限制性环节；当 [C] < 0.05% 时，[C]/[O] < 1，则 $v_C < v_O$，供碳是限制性环节。同样道理，在复吹转炉中，当 [C] > 0.07% 时，在顶吹转炉终点；当 [C] > 0.10% 时，若 [C]/[O] > 1，则 $v_C > v_O$，供氧是限制性环节。

关于第二阶段向第三阶段过渡时的碳含量 C_β 的问题，有种种研究和观点且差别很大。通常在实验室条件下得出 C_β 为 0.1% ~ 0.3% 或 0.07% ~ 0.1%，而在实际生产中则为 0.1% ~ 0.2% 或 0.2% ~ 0.3%，甚至高达 1.0% ~ 1.2%。C_β 依供氧速度和供氧方式、熔池搅拌强弱和传质系数的大小而定。川合保治指出，随着单位面积的供氧强度加大，或熔池搅拌的减弱，C_β 有所增高。

　　D　脱磷和脱硫

炼钢过程中脱碳是至关重要的，对于半钢中含有的有害元素 S、P 的去除则更加重要。虽然近年来铁水预处理技术有了很大的发展，减轻了转炉炼钢过程的脱磷、脱硫的负担，但吹炼过程中磷、硫的去除仍应引起高度的重视，否则将会影响钢水质量。

a 吹炼过程脱磷

金属的脱磷要求渣中 CaO 和 FeO 含量要高，而且二者的含量应妥当地相互配合（在碱度 $R = 2.2 \sim 2.5$ 时 FeO 含量应为 $15\% \sim 20\%$），要有适宜而不太高的温度，以便从热力学和动力学两个方面满足脱磷的需要，必要时采用换渣操作。

众所周知，脱碳要求高温，所以脱碳和脱磷在温度方面的要求相矛盾。为了调和这一矛盾并达到早期多脱磷的目的，在氧气转炉吹炼过程中应该做到吹炼前期热行，吹炼中期温度适中（$1600 \sim 1630℃$）。

转炉冶炼各期的脱磷情况如下：

（1）吹炼前期。与吹炼中、后期相比，前期熔池温度偏低，这对脱磷是个极有利的条件。决定前期脱磷效率的主要因素是化渣情况。保证迅速造好具有较高碱度和氧化铁含量、具有一定数量和流动性好的熔渣，可以使脱磷过程快速进行。为了加速石灰的溶解和促进泡沫渣的生成，应该适当地提高枪位，使渣中（ΣFeO）达到 $18\% \sim 25\%$。但应该注意，过高的枪位会减弱对熔池的搅拌，对于脱碳和脱磷都是不利的。

影响初期脱磷效率的另一个因素是碱度，渣中 SiO_2 含量过高会由于 $a(SiO_2)$ 高而阻碍石灰的溶解，使吹炼初期脱磷的缓滞阶段拖长。

（2）吹炼中期。这时熔池温度已经升高，又因碳的氧化速度趋于峰值，强烈地消耗渣中的 FeO，使（ΣFeO）降低到 $7\% \sim 10\%$，不仅碱度上升迟缓而且出现炉渣"返干"现象。金属中磷含量变化不大，甚至于发生"回磷"现象。

为了防止中期"回磷"，应该防止中期炉渣"返干"，为此应该保证（ΣFeO）达到 $10\% \sim 12\%$ 以上，必要时加入适量的萤石。

（3）吹炼末期。到吹炼末期，由于脱碳速度 v_C 减小，渣中 FeO 逐渐积聚，加之此时金属温度已经接近出钢温度，石灰得以充分溶解，熔渣碱度得以进一步提高，因而金属中磷含量得以进一步降低。脱氧前金属中磷含量一般为 $0.015\% \sim 0.025\%$，取决于熔渣碱度、（ΣFeO）、温度、是否倒渣和终渣量。

总之，吹炼过程中为了脱磷，应根据脱磷反应的热力学条件，首先做好前期化渣，尽快形成高氧化性炉渣，以便在吹炼前期低温脱磷。若半钢磷含量高，还可在化好渣的情况下倒掉部分高磷炉渣以提高脱磷效果。而在吹炼后期则要控制好炉渣碱度和渣中（FeO）含量，保证磷被稳定在渣中而不发生"回磷"现象。

b 吹炼过程脱硫

（1）转炉中气化去硫：转炉吹炼过程中金属中的部分硫通过气化进入气相，其反应可能按以下形式进行：

金属中的硫直接氧化： $[S] + \{O_2\} === \{SO_2\}$ （5-28）

渣中的硫间接氧化：$(S^{2-}) + 6(Fe^{3+}) + 2(O^{2-}) === \{SO_2\} + 6(Fe^{2+})$ （5-29）

渣中的硫直接氧化： $(S^{2-}) + 3/2\{O_2\} === \{SO_2\} + (O^{2-})$ （5-30）

对以上三个反应的热力学分析表明，金属中的硫直接氧化反应平衡时 SO_2 分压为 0.02Pa，反应很容易达到平衡，故可以认为钢水中硫的氧化去除作用不大。渣中硫的气化反应是主要的。在氧气转炉炼钢中，一般认为铁水硫含量的 10% 左右是通过气化脱硫去除的。

（2）炉渣脱硫：渣中碱性氧化物的脱硫能力顺序由强而弱为：$CaO > MnO > MgO$，即 CaO 是最有效的脱硫组元。(MnO) 的有效作用主要表现在它对于渣中石灰的溶解有促进作用。

碱性渣中当 $(\sum FeO) < 1\%$ 时可以保证脱硫的顺利进行，但在氧气转炉中 $(\sum FeO)$ 远高于此值。所以氧气顶吹转炉中的脱硫条件是不够理想的。

随铁水预处理技术的发展，铁水脱硫一般在脱硫工序完成，转炉已不再承担脱硫任务。但对硫含量要求较高，转炉冶炼需严格控制过程"回硫"。

控制转炉过程"回硫"，一方面要减少入转炉的各种原材料的硫含量，尤其是要减少脱硫渣带入转炉，另一方面要合理控制过程造渣，形成高 L_S（硫在渣钢中的分配比）的炉渣以减少钢水的"回硫"。

5.4.2.4 吹氧特征

供氧是转炉炼钢的重要过程，在吹炼过程中起主导作用。射流的作用是向熔池输送氧气，促进熔池运动和氧化反应，加快熔池内部的传质和传热。

A 超声速射流概述

a 超声速射流结构

超声速射流结构可分为三个区段，如图 5-19 所示。从喷嘴喷出的氧气流股在一段长度内其流速不变，称为等速段。由于流股吸收了周围的气体相互混合而减速，随着流股向前运动达到一定距离后，流股轴线上某一点速度达到声速，即马赫数 $Ma = 1$，在这点以前的区域包括等速段称为流股的超声速核心段。此点以后的区域气流速度低于声速，流股横截面不断扩大，称为亚声速气流。在超声速区域内流股的扩张角较小，为 $10° \sim 12°$；亚声速区域流股的扩张角一般为 $22° \sim 26°$。

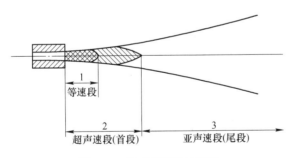

图 5-19 超声速射流的结构

超声速核心段的长度与气流的出口速度有关，一般随出口马赫数成正比例增加。超声速核心段的长度是决定喷枪高度的基础，也关系到流股对熔池的冲击能力。

b 获得超声速射流所需条件

要想获得超声速的射流必须具备两个基本条件，即：

（1）喷管必须是先收缩后扩张，这种喷管称为拉瓦尔（Lavel）型喷管。喷管中由收缩段过渡到扩张段的一段称为过渡段，该段具有的最小截面称为临界截面。

（2）喷管出口处的氧气压强 $p_{出}$ 与进口处的氧气压强 p_0 之间应该符合一定的比例关系，即 $p_{出}/p_0 < 0.5283$。

B　转炉中的氧射流

顶吹氧气转炉是将高压、高纯度（含 O_2 量99.5%以上）的氧气通过水冷氧枪，以某种距离（喷头到熔池面的距离约为1~3m）从熔池上面吹入熔池。为了使氧流有足够的能力穿入熔池，使用出口为拉瓦尔型的多孔喷头。

氧射流射入转炉炉膛内，是具有反向流（主要是由炉内 C-O 反应产生的 CO 气流）、非等温、超声速的湍流射流运动，与自由射流有很大差异。归纳起来有如下几个方面：

（1）在现代转炉生产中，从氧枪喷头射出的氧气射流均是马赫数大于1的超声速流股。它与自由流股明显不同，在射流的初始段上几乎不扩展并且不与周围介质相作用。继射流的初始段以后射流仍按照一般流股的混合规律及扩张角流动。实际氧气射流的初始段相对长度与喷孔前的压力和马赫数成正比。因此，实际氧射流的射程和轴心速度都相应的超过自由射流。根据研究结果，氧气射流到达液面时都具有超声速或声速的流速。

（2）在超声速射流的边界层里，除了发生氧与周围介质之间的传质和传动量之外，还要抽引炉膛里的烟尘、渣滴和金属液滴等密度较大的质点，有时还会受到炉内喷溅的冲击，使射流速度降低，扩展角减小。

（3）在转炉炉膛内氧气射流会遇到熔池排出的以 CO 气体为主的反向气流的混合与作用，它阻碍了氧气射流的运动使射程减小。反向气流的阻碍作用在吹炼不同时期是不同的，在吹炼中期碳氧剧烈反应，CO 排出量大且流速快，因而对氧气射流的阻碍作用影响最大；而在吹炼初期和末期，碳氧反应较少，对氧气射流的影响也较小。

（4）氧气射流进入炉膛时，其温度比周围介质温度低（从氧枪里流出的超声速氧气射流的滞止温度一般为室温，但炉内气氛的温度却高达1600℃左右）而密度高（$\rho_{O_2} = 1.429 kg/m^3$，$\rho_{CO} = \rho_{N_2} = 1.25 kg/m^3$，$\rho_{CO_2} = 1.963 kg/m^3$）。因此，氧气射流与炉内介质混合后温度升高，而密度略有降低。气体密度降低和受热膨胀，有利于射流的射程和扩张角增加。

（5）氧气射流在炉内抽吸的气体主要是 CO，在高温下会产生燃烧反应，使氧射流外围形成一股高温气体火焰。燃烧的结果，促使了射流的扩张，从而增加了多孔流股间的汇合。

（6）当采用多孔喷头时射流截面及射流与介质的接触面积增大，另外，每股射流内侧与介质间的传输过程弱于外侧，因而内侧的衰减较慢。这将使射流断面上速度和分布发生变化。

上述分析表明，实际氧气射流比自由流股复杂得多，虽然它们都是一种扩散流，都具有抽吸周围介质并与之相混合、射流截面逐渐扩大、流速逐渐衰减的规律，但是由于炉膛内多种因素的影响，实际氧射流的结构与自由流股相比存在很大差异。因此在应用自由流股规律分析转炉内状况时应特别注意实际炉况的特点。鉴于目前尚未找到计算炉内实际氧气射流的速度分布、温度分布、流股扩张率的适宜公式，因而实际氧射流在炉膛内的流动规律有待进一步研究。

C　顶吹氧射流与熔池间的相互作用

在转炉炼钢中不论是顶吹、底吹还是顶底复吹供气，其气体射流都将与熔池发生相互作用。了解和讨论这些相互作用间的物理和化学现象，弄清它们的变化规律，无疑将对确定冶炼过程的供气参数、强化冶炼、加速造渣和维护炉衬起到积极作用。

在顶吹氧气转炉中，高压氧流从喷孔流出后经过高温炉气以很高的速度冲击金属熔池。由于高速氧流与金属熔池间的摩擦作用，氧流的动量传输给金属液，引起金属熔池的循环运动，起到机械搅拌作用，并且在熔池中心（即氧射流和熔池冲击处）形成一凹坑状的氧流作用区。由于氧射流对熔池的冲击是在高温下进行的，实际测定有不少困难，目前常用冷模型或小的热模型进行研究。图 5-20 所示的氧流作用下熔池的循环运动是从水力学模型试验中观察到的。

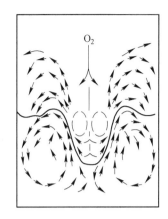

图 5-20　氧流作用下熔池的循环运动

冷模型试验结果表明，当氧气射流冲击在金属熔池液面时，被冲击的铁水液面所受到的冲击力超过了冲击区以外熔池表面所承受的压力时，就会把金属液排开而形成凹坑。显然，凹坑的形状和深度取决于氧气射流到达熔池表面处的射流截面的形状及气体动力学参数和速度分布。与液面相遇的氧气射流参数不仅取决于射流的衰减规律，还与射流的出口直径、氧枪高低等有关。

（1）冲击深度。氧射流到达液面后形成的冲击深度又叫穿透深度，它是指从水平液面到凹坑最低点的垂直距离。冲击深度是凹坑的重要标志，也是确定转炉操作工艺的重要依据。很多研究者从理论和实践上对氧气射流的冲击深度进行了大量研究，得出了不下数十个公式，但所有公式的计算结果都和转炉里的实际情况有不同程度的偏离。这里只介绍比较简单的经验公式。

原苏联巴普契兹曼斯基根据冷热试验结果提出的近似计算冲击深度的经验公式如下：

$$h_{冲} = 3.194 \times 10^{-3} K \frac{p_0^{0.5} d_{出}^{0.6}}{\rho_{金}^{0.4} \left(1 + \dfrac{H_{枪}}{d_{出}} B\right)} \tag{5-31}$$

应用较为广泛的 Filin 公式主要用来计算单孔氧枪对熔池的冲击深度，公式如下：

$$h_{冲} = 346.7 \frac{p_0 \, d_{喉}}{\sqrt{H_{枪}}} + 3.81 \tag{5-32}$$

式中　$h_{冲}$——冲击深度，m；

　　　p_0——氧气的滞止压力，式（5-31）中单位为 Pa，式（5-32）中单位为 MPa；

　　　$d_{出}$——喷管出口直径，m；

　　　$d_{喉}$——喷管喉口直径，m；

　　　$H_{枪}$——枪位，m；

　　　$\rho_{金}$——金属的密度，kg/m³；

　　　B——常数，对低黏度的液体取 40；

　　　K——考虑到转炉实际吹炼特点的系数，一般取 40。

在转炉冶炼中希望氧射流对熔池有一定的冲击深度，这样才能保证良好的氧气利用和脱碳速度。实践证明，冲击深度与熔池深度之比（$h_{冲}/H_{池}$）应控制在 0.2~0.7 之间。$h_{冲}/H_{池}<0.2$ 时，氧气利用率和脱碳速度大大降低；当 $h_{冲}/H_{池}>0.7$ 时会对炉底造成冲击。

日本钢厂习惯把 $h_冲/H_池 = 0.4 \sim 0.6$ 时叫中吹，把 $h_冲/H_池 > 0.6$ 时叫硬吹，把 $h_冲/H_池 < 0.4$ 时叫软吹。在 2t 和 55t 转炉上的试验结果表明，当 $h_冲/H_池 = 0.5$ 时，可获得良好的技术经济指标。

（2）冲击面积。在冶炼进程中一般把氧气射流与静止熔池接触时的流股截面积称为冲击面积。一般按自由射流的断面扩张公式来计算。但这个冲击面积并不是氧射流与金属液真正接触的面积，能较好地代表氧射流与金属液接触面积的应是凹坑表面积。由于凹坑在吹炼过程中的变化是无规律的，鞭岩等人从数学观点出发对凹坑形状进行了简化处理，从而推导出计算凹坑表面积公式：

$$A = \frac{\pi(H+h)}{6(\beta h)^2}\{[4h^2\beta + (h+H)^2]^{3/2} - (h+H)^3\} \tag{5-33}$$

式中　A——凹坑表面积，m^2；

h——冲击深度，m；

H——氧枪高度，m；

β——系数，$\beta = (2.526 \times 10^{-5}p_0)^2$，其中 p_0 为氧气滞止压力，Pa。

研究表明，炉气温度对凹坑形状有很大影响，图 5-21 说明了这种情况。随着炉气温度的增加，凹坑表面积和冲击深度有所增加。

（3）冲击区温度。氧气射流作用下的金属熔池冲击区即凹坑区，是熔池中温度最高区，其温度可达 2200 ~ 2600℃，界面处的温度梯度高达 200℃/mm。

冲击区的温度决定于氧化反应放出热量的多少，以及因熔池搅动而引起的传热速度的快慢。供氧增加，元素氧化放热增多，则冲击区温度升高，加速脱碳和增强熔池搅拌，使热交换过程加速，冲击区温度梯度降低。

冲击区具有很高的温度，是长期以来解析转炉炼钢具有很高的反应速度的重要依据。但是熔池内的温度分布是不均匀的，特别是在吹炼后期，靠近炉壁及炉底部位钢水温度比熔池中部低 30 ~ 100℃。

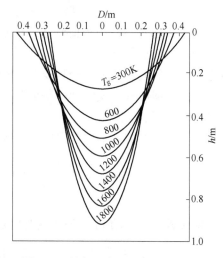

图 5-21　炉气温度 T_g 对凹坑表面积和冲击深度的影响

D　熔池的运动

在氧气射流作用下熔池将受到搅拌作用，产生上涨、飞溅、环流和振荡等几种运动，氧射流和液面相遇时射流参数不同，则熔池的运动状态也不同。

a　熔池的搅拌

在顶吹转炉内由于氧射流的直接和间接作用，造成了熔池的强烈运动，使熔池强烈运动的能量一部分是射流动能直接传输给熔池，另一部分是在氧射流作用下发生碳氧反应生成的 CO 气泡提供的浮力，另外还有温度差和浓度差引起的少量对流运动。因此，熔池搅拌运动的总功率是这些能量提供的功率之和，即：

$$N_\Sigma = N_{O_2} + N_{CO} + N_{T,C} \tag{5-34}$$

式中 N_Σ——熔池搅拌运动的总功率，kW/t；

        N_{O_2}——氧射流提供的功率，kW/t；

        N_{CO}——CO 气泡提供的搅拌功率，kW/t；

       $N_{T, C}$——温度差和浓度差引起的少量对流运动提供的搅拌功率，kW/t。

在熔池搅拌运动的总功率中主要是氧射流提供的功率和 CO 气泡提供的搅拌功率，温度差和浓度差引起的少量对流运动提供的搅拌功率一般占比例较少。下面主要介绍氧射流和 CO 气泡提供的功率。

氧射流提供的功率 N_{O_2}

氧射流与熔池金属液相遇时，其作用是按非弹性物体碰撞和能量守恒定律来分析的。在一般情况下氧射流的动能消耗于以下几个方面：

(1) 搅拌熔池所耗能量 E_1；

(2) 克服炉气对射流产生的浮力 E_2；

(3) 射流冲击液体产生非弹性碰撞时的能量消耗 E_3；

(4) 把液体破碎成液滴产生新的表面的能量消耗 E_4；

(5) 损失于反射气流的能量 E_5。

据有关研究和资料计算，E_4 和 E_5 一般值很小，约为氧射流初始动能 E_0 的 3%，而非弹性碰撞的能量消耗 E_3 为 70% ~ 80%，克服浮力的能量消耗 E_2 为 5% ~ 10%，搅拌熔池的能量消耗于 E_1 为 20% 左右。

假定把氧气看成理想气体，则氧气射流在喷头出口处具有的初始能量 E_0 可用下式计算：

$$E_0 = \frac{k}{k-1} R T_0 \left[1 - \left(\frac{p_{出}}{p_0} \right)^{\frac{k-1}{k}} \right] \tag{5-35}$$

式中 E_0——氧气射流初始动能，kJ/kg；

    T_0，p_0——氧气滞止温度，K 和压力，Pa；

        $p_{出}$——氧气射流出口处的压力，Pa；

         R——氧气绝热指数，为 1.4。

         k——常数。

从上面的分析可以看出，在一般吹炼条件下用于搅拌熔池能量仅占射流原始动量的 20% 左右，即氧射流提供的比搅拌功率（单位时间每吨金属消耗的氧量而产生的搅拌能量）为：

$$N_{O_2} = 0.2 E_0 W_{O_2} \tag{5-36}$$

式中 W_{O_2}——每吨金属单位时间消耗的氧流的质量流量，kg/(s·t)。

CO 气泡提供的搅拌功率 N_{CO}

射流进入熔池，由于碳氧反应生成的气泡搅拌熔池的能量，一般可认为等于气泡在上浮过程中浮力所做的膨胀功 N_{CO}，其大小可用下式计算：

$$N_{CO} = \frac{p_e V T \ln \left(1 + \dfrac{h g \rho_m}{p_0} \right)}{273} \tag{5-37}$$

式中 V——标态下单位时间内生成的 CO 气泡体积，m³/s；

        T——金属液的温度，K；

ρ_m——金属液的密度，kg/m^3；

p_e——炉内液面压力，MPa；

p_0——供氧压力，MPa；

h——气泡生成处的上方金属液层的高度，m，可近似为 $H_池/2$。

由式（5-37）可以看出：N_{CO} 与 CO 气泡体积成正比，供氧强度增加，脱碳速度增加，CO 气体对熔池的搅拌功率增大；吹炼中期脱碳速度大，产生 CO 气泡多，搅拌比功率大；吹炼前期和末期，脱碳速度小，搅拌比功率低，CO 气泡的比功率与熔池深度（$H_池$）有关，$H_池$ 大则搅拌比功率大。

经过测算认为，100~300t 转炉的熔池搅拌总功率 N_Σ 为 25~33kW/t。如果假定 $p_0 = 0.9MPa$，$T_0 = 298K$，$p_e = 0.1MPa$，$T = 1873K$，$\rho_{O_2} = 1.41kg/m^3$，$\rho_m = 7000kg/m^3$，$H_池 = 1.5m$，供氧强度为 $0.05m^3/(s \cdot t)$，脱碳速度为 $0.30\%/min$，应用以上各式所计算的 N_{O_2} 和 N_{CO} 结果如下：

$$N_{O_2} = 1.82kW/t, \quad N_{CO} = 23.2kW/t$$

比较测算和计算结果可知，在熔池搅拌中 CO 气泡提供的功率对熔池运动起决定性作用。在顶吹转炉末期熔池内的成分与温度不均匀的事实说明，氧气射流的单独搅拌作用是不够的。

b 熔池的运动形式

氧气射流冲击液面形成凹坑，而凹坑形状受冲击力的影响。动能较小的氧气射流即采用低氧压或高枪位"软吹"时，射流将液面冲击成表面光滑的浅凹坑，氧流股沿着表面反射并流散（见图 5-22），在这种情况下，由于反射流股对液面的摩擦作用带动液体流动，导致靠近凹坑周围的液体向上运动，距凹坑较远的液体向下运动，环状流较弱，熔池底层液体未被拖动，熔池搅拌不强烈。

当氧射流的动能较大时即在高氧压或低枪位"硬吹"时，射流对熔池冲击出来的凹坑较深，射流的边缘部分发生反射并有明显的液体喷溅。射流的主要部分则深深地穿入熔池，同时将周围的液体抽引入射流并将它们击碎成细小的液滴，随后这些小液滴又被氧射流带动向下运动同时被氧化。射流在穿透熔池运动中虽然大部分气体溶于液体，但仍有部分气体被液体反作用力破碎成气泡，这些被氧化的液滴和气泡继续向下运动参与熔池的循环运动。研究表明，在氧枪下面的中心区液体向下运动，射流产生的凹坑周围由于气泡上浮使液体向上运动，而靠近炉壁区液体向下运动，产生的环状流较强，使整个熔池处于强烈的搅拌状态（见图 5-23）。

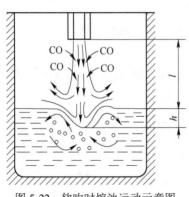

图 5-22 软吹时熔池运动示意图

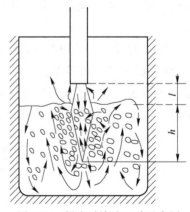

图 5-23 硬吹时熔池运动示意图

在氧射流冲击液面形成凹坑时，由于凹坑形状是不断变化的，因而熔池内的运动形式也有变化，软吹时沿流股中心形成两个环流区，硬吹时形成四个环流区。同时由于射流和凹坑的不稳定，还会在熔池内产生凹坑振荡运动，其运动形式如图5-24所示。

伸缩　　弯曲　　旋转

图 5-24　熔池的振荡运动

E　熔池与射流间的相互破碎与乳化

转炉吹炼中由于氧气射流与炉内产生的 CO 气体共同作用，引起氧气射流与金属液和炉渣之间的相互冲击破碎，形成液滴和气泡，产生金属—炉渣—气泡的乳化液，它们之间的接触面积剧烈增大。这是吹氧炼钢的特点，是转炉反应速度快、生产率高的原因。因此，在研究转炉内传质、传热和反应速度时，仅仅把进入金属熔池的氧射流周围的凹坑表面积当作氧气与金属液的接触面积是不全面的。

a　乳化液的概念

当一种液体（如炉渣）里含有另外一种液体（如钢水）的液滴或液滴和气泡（如 CO），且液滴和液滴之间或液滴和气泡之间有一定的理论距离，液滴、气泡能够独立移动，这种不稳定的混合物体系称为乳化液（金属—炉渣乳化液、金属—气泡—炉渣乳化液）。当乳化液中存在悬浮固体颗粒时则称为乳浊液。当乳化液中的液体（如炉渣）的总容积小于气泡的总容积时，液体只能成为薄膜将气泡分开，使气泡不能自由移动和聚合长大，这种现象叫泡沫（渣）。

乳化液和泡沫（渣）这两个物理现象是密切相关的，但也存在不同。在炼钢生产上乳化液和泡沫（渣）在理论上的界限是很清楚的，但在实际生产中难以确切划分。乳化现象或乳化和泡沫现象的结果使熔池液面上涨，其上涨的高度以 $(H_{涨} - H_{池})/H_{池}$ 表示（$H_{涨}$ 为上涨后的液面高度，$H_{池}$ 为金属液面原来的高度），此数值高则表示熔池乳化严重，产生了严重的泡沫（渣）；此数值小则表明乳化程度小，炉渣泡沫化不严重。在实际生产上一般对乳化或泡沫（渣）的控制是以炉渣不能从炉门溢出、不产生严重喷溅为原则，顶吹氧时熔池的乳化现象如图5-25所示。

b　乳化过程

超声速氧射流对熔体的冲击和破碎，使大量细小的金属滴和渣液滴相互掺混、高度弥散，即出现了强烈的乳化过程。

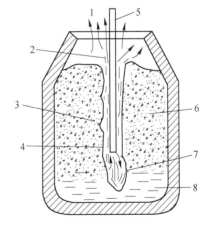

图 5-25　氧气顶吹转炉熔池和乳化相示意图
1—烟尘；2—溅出的金属液滴；
3—气—液—金属乳化物；4—CO 气泡；5—氧枪；
6—CO 气泡；7—火点；8—金属熔池

与此同时，由于密度上的差别，金属和熔渣又逐渐分离，即进行着乳化消除过程。

在乳化过程中，金属、熔渣和氧气的接触面积剧烈增大，这给参与反应组元的传输和异相反应的进行提供了极其有利的条件。

有人做过如下计算，设渣量为金属量的18%，渣中金属珠的含量为32%，金属液滴在乳浊液中停留1min，则参与乳化的金属量为18%×32%＝5.76%。若吹炼时间为18min，则乳化金属总量的理论值为5.76%×18＝103.68%。即使所取渣量再少一些，吹炼时间再短一些，被乳化的金属还是相当可观的。

从冶炼工艺方面，希望在精炼期间炉内出现高度乳化，以便增大相间界面，加快反应进程；而在出钢之前乳化过程应基本消除，以便减少金属损失。

F　氧射流与熔池的化学作用

a　元素的氧化方式

高速氧射流进入熔池后，金属中元素的氧化分为直接氧化和间接氧化两种方式。

直接氧化即气相中的氧与熔池中各种元素（如Si、Mn、C、P、Fe等）直接发生作用，反应趋势的大小取决于各种元素氧化反应的自由能差值的大小。其反应通式为：

$$m[X] + n/2\{O_2\} = X_mO_n \tag{5-38}$$

间接氧化是吹入熔池的氧首先生成FeO，然后再由FeO与金属中的其他元素反应。其反应步骤如下：

$$2[Fe] + O_2 = 2(FeO) \tag{5-39}$$

$$(FeO) = [FeO] \tag{5-40}$$

$$m[X] + n[FeO] = X_mO_n + n[Fe] \tag{5-41}$$

实际吹炼过程很难严格区分是直接氧化还是间接氧化，一般两种氧化方式同时存在，只是随供氧条件的不同各自所占比例不同而已。

目前大多数观点认为，在顶吹氧气转炉中是以间接氧化方式为主，理由是：

（1）氧流是集中于作用区附近，而不是高度分散在熔池中；

（2）作用区附近温度高，使硅和锰对氧的亲和力减弱；

（3）从反应动力学角度看，熔池中碳向氧气泡表面传质的速度比化学反应速度慢，并且在氧气同熔池接触的表面上大量存在的是铁原子，所以氧应当首先和铁结合；

（4）当碳的氧化处于稳定状态时，氧和碳向单位界面的扩散传质流应相等，即：

$$q_{O_2} = q_C = \beta_C\Delta[C] \tag{5-42}$$

$$\Delta[C] = \frac{q_{O_2}}{\beta_C} \tag{5-43}$$

式中　q_{O_2}——单位界面上氧的扩散流；

q_C——单位界面上碳的扩散流；

β_C——碳的传质系数；

$\Delta[C]$——金属内部与反应表面之间碳的浓度梯度。

氧流速度很小（<4m/s），q_{O_2}、$\Delta[C]$值均不大时，则碳在反应表面附近的活度与在金属内的活度几乎相等，此时元素氧化的限制性环节是供氧速度，在金属表面不会形成氧化膜。所以，前面提到的部分被击碎射流产生的氧气气泡进入熔池，由于气泡的运动速度很小，元素进行直接氧化是可能的。

当氧气射流速度很大，q_{O_2}、$\Delta[C]$ 值均很大时，碳从金属内部向反应表面的扩散过程成为碳氧化过程的限制性环节，而其他元素的传质系数比碳还要低。因此，在 q_{O_2} 很大，其他元素达到反应表面时，氧已经和界面上的铁发生反应。此时，金属表面被一层 FeO 或 Fe_2O_3 薄膜覆盖，在这种情况下元素的氧化必然是间接氧化。实验室的研究表明，氧气在与金属相遇处的速度大于 4m/s 时就产生氧化膜。

b　熔池的传氧机理

当高速氧射流进入熔池后，射流周围凹坑中的金属表面以及卷入射流中的金属液滴表面被氧化成 FeO（从凹坑处取样分析，发现该处金属液主要为铁的氧化物，大部分为 FeO，其质量分数可达 85%~98%），一部分（FeO）与射流中的部分氧直接接触可以进一步氧化成 Fe_2O_3。载氧液滴随射流急速前进参与熔池的循环运动，将氧传给金属，成为重要的氧的传递者。与此同时，在金属液和炉渣界面上可以发生 Fe_2O_3 的还原反应，将氧传给金属和进行杂质元素的氧化反应。

此外，射流被熔池的反作用击碎产生的氧气气泡除参与熔池的循环运动外，有一部分直接被金属液所吸收，与熔池中的杂质发生反应；射流中部分氧直接与炉渣接触，也会将氧直接传给炉渣。反应式如下：

$$\{O_2\} = 2O_{吸} = 2[O] \tag{5-44}$$

$$[O] + [C] = \{CO\} \tag{5-45}$$

$$[O] + 2[Si] = (SiO_2) \tag{5-46}$$

$$[O] + [Mn] = (MnO) \tag{5-47}$$

$$1/2\{O_2\} + 2(FeO) = (Fe_2O_3) \tag{5-48}$$

综上所述，吹入熔池的气体氧可溶解于金属中，也可同熔池中的元素发生反应。

c　炉渣的氧化作用

在炼钢炉内熔渣中的（FeO）和氧化性气体接触时被氧化成高价氧化物；除了氧气以外，CO_2 也可使低价氧化铁氧化。而在与金属接触时高价氧化铁又被还原成低价氧化铁。所以气相中氧可通过熔渣层传递给金属熔池，其过程如图 5-26 所示，在顶吹氧气转炉低氧压或高枪位操作时，具有这种传氧特性。

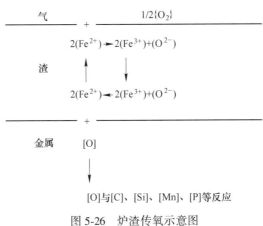

图 5-26　炉渣传氧示意图

当这个传氧过程达到平衡时，金属中的氧含量由熔渣的氧化性确定。

应该指出，顶吹氧气转炉中氧流下面的高温反应区内，氧流可以直接和金属液作用，形成一层氧化膜，但很快被高速气流排除。在这种情况下炉渣不再是传氧的媒介。

5.4.3 转炉半钢炼钢工艺

5.4.3.1 概述

在各钢铁企业中，由于入转炉的铁水条件和冶炼钢种不同，其吹炼工艺也各有差异。对于用普通铁水炼钢而言，通常的生产工艺流程如图 5-27 所示。

图 5-27 普通铁水炼钢工艺流程

铁水入炼钢厂以后一般只经过脱硫预处理。因此，进入转炉的铁水除了硫含量降低以外，其他成分基本未发生改变，而转炉冶炼难度则有所降低。

含钒铁水冶炼生产工艺流程有所不同，如图 5-28 所示。

图 5-28 含钒铁水炼钢工艺流程

含钒铁水先经过脱硫预处理，然后扒去脱硫渣，经过提钒后所得的半钢供给转炉作为主原料。提钒前铁水成分和提钒后半钢成分见表 5-34。

表 5-34 铁水和半钢的成分和温度

类别	成分/%						温度/℃
	C	Si	Mn	P	S	V	
铁水	3.90~4.60	0.05~0.20	0.10~0.30	0.50~0.90	0.05~0.15	0.20~0.40	1180~1300
半钢	2.80~4.00	≤0.02	0.03~0.08	0.50~0.90	0.003~0.25	0.02~0.05	1300~1360

从表 5-34 可见，半钢与含钒铁水相比有如下特点：碳的含量降低 0.8%~1.2%，硅已为痕量，锰的含量降低了 0.07%~0.10%。虽然半钢温度有所上升，但炼钢所需热源已非常紧缺，不仅减少了废钢的加入量，而且在造渣时不得不采取少渣量操作，从而使脱磷、脱硫率降低，并导致从转炉熔池内产生大量的金属喷溅，氧枪喷嘴易被金属堵塞。由于终点钢水中残锰含量很低，故也增加了锰铁耗量。

半钢的以上特点决定了转炉炼钢也具有其特殊性。转炉几乎在开吹的同时即进入碳的氧化期，而缺少了硅、锰氧化期。这样只有外加辅助造渣材料如石英砂、复合造渣剂等来调整炉渣碱度，同时还要通过控制氧枪枪位变化以确保熔池相当高的 ΣFeO 含量，才能保证炉渣的迅速形成。从整个造渣过程控制来看氧枪枪位的控制至关重要，转炉造渣过程枪位控制见表 5-35。

表 5-35　120t 转炉造渣过程枪位控制

项目	吹炼前期	吹炼中期	吹炼后期
氧枪枪位/m	开吹枪位 1.4，化渣枪位 2.2	多次变化枪位 1.5~2.0	终点枪位 1.3

氧气顶吹转炉炼钢的供氧时间仅为十几分钟，如果没有合理的工艺制度，在这短短的时间内要完成造渣、脱碳、去杂质及升温等基本任务是很困难的。

炼钢操作过程简介如下：转炉出完钢后将氧枪供气调整为吹氮气进行溅渣护炉，溅完渣后倒掉炉内钢渣（如采用留渣操作，则炉内留部分钢渣）并检查炉体，确认可以兑铁后将转炉摇至兑铁位置，将准备好的半钢兑入转炉内；根据半钢成分、温度并结合冶炼钢种适当加入废钢，然后把转炉摇到垂直位置（零位）；将氧枪供气调整为吹氧气，降下氧枪开始吹炼，开吹后按规定依次加入造渣材料。

在开吹的几分钟内炉内噪声较大，炉口喷出的火焰亮度较暗；随着熔池温度的升高碳的氧化速度加快，从炉口喷出的火焰变大，亮度也随之提高，同时炉内的渣料熔化，炉渣形成，炉内噪声也随之减弱；之后炉渣逐渐开始起泡并变得活跃，炉口有少量炉渣喷出，此时应加入第二批渣料，防止出现大喷。随着吹炼过程的继续进行，熔池中碳含量不断降低，炉口燃烧的火焰也逐渐减弱、收缩和发软，表明吹炼已接近终点，这时便可停止吹炼，倒炉测温、取样。

根据测温、取样分析的结果，决定补吹时间，当钢水成分和温度均已合格，即可倒炉出钢。在出钢过程中将计算和准备好的合金缓慢加入钢包内进行脱氧合金化（利用出钢时的钢流冲击力搅拌合金，使其熔化）。出完钢后进行溅渣，继续进行下一炉的冶炼。

5.4.3.2　开新炉

A　开新炉的意义

开新炉操作的好坏对转炉炉衬的使用寿命影响很大。生产实践证明，新转炉炉衬的侵蚀速度要比炉役中期和后期快得多。开新炉如果操作不当，不但会影响炉衬的烧结导致炉衬的大面积剥落，严重时甚至会造成炉衬塌落现象，而且还影响正常的炼钢生产。因此，开新炉操作是能否使该炉役生产尽快进入良性循环的关键。其具体要求为：开吹后炉内迅速升温，并保证足够的冶炼烧结时间（纯吹氧时间不少于 30min），在保证烘烤、烧结好炉衬的基础上，同时要炼出合格的钢水，做到开炉、生产两不误。

B　开新炉前的准备工作

开炉前由专人负责对所有设备做全面的检查和调试，确认各设备和操作系统正常后方可组织兑铁开炉炼钢。

（1）砌完炉之后，由相关技术人员对炉衬修砌质量进行确认，然后将转炉炉口向炉后摇至偏离"零位"30°角，防止水漏入炉内。

（2）由设备管理人员对转炉倾动系统、氧枪提升机构、散状料供应设备、合金料槽、炉下钢、渣车等设备是否处于正常运转状态进行确认。

（3）烟气净化回收系统的设备必须由专人确认是否能够正常运行。

（4）各设备系统的水、气压力和流量应符合要求，所有管路必须畅通。

（5）炉底复吹尾管焊接，与穿过耳轴的复吹管道连接。

C 烘炉

烘炉操作实际上就是炉衬的烘烤和烧结过程。处于常温状况的炉衬砖经加热达到一定温度时，炉衬砖的物性发生了一系列物理化学变化。随着这些变化的进行，炉衬砖气孔率降低，体积密度增大，使炉衬形成具有一定强度的整体，具备了很好的抗渣性能，且能承受高温钢水的直接作用。

烘炉的方法很多，大致可归纳为硅铁烘炉法、焦炭烘炉法、铁水-焦炭烘炉法等。目前普遍采用的是铁水-焦炭烘炉法，即在新砌好的转炉中直接兑入铁水，然后在吹炼过程中分批加入焦炭（根据铁水条件也可加入适量的硅铁提温和化渣），保持较长的吹氧冶炼时间，总吹氧时间为 30~40min，然后尽可能快速出钢，快速再次兑铁连续炼钢不少于 3炉。这种烘炉方法能够在炼钢的同时使炉衬得到快速升温和良好烧结。这种烘炉方法的特点是：操作简便，衬砖能快速均匀烧结，生产工艺顺行。

D 操作要点

开炉的操作要点如下：

(1) 入炉要求。开新炉时炉膛容积较小，装入量不宜过大（比正常装入量低 5% ~10%），同时为保证热量充足应采用全铁水冶炼，根据铁水条件也可配加适量硅铁，以补充热量及辅助化渣。

(2) 供氧压力。因烘炉时以炉衬烧结为主，故宜采用低氧压操作，其供氧压力一般为 0.7~0.8MPa。

(3) 加入焦炭。加入焦炭是为了使炉内有充足的热源来延长烘炉时间，通常第一批焦炭在转炉开吹时加入炉内，然后分多批少量加入，确保炉渣化好、化透及焦炭完全燃烧，并有较高的热效率。

(4) 供氧时间。为保证炉衬烧结质量，供氧时间需大于 30min 以上，并尽可能使钢水快速升温至 1700℃ 以上。

5.4.3.3 装入制度

装入制度就是确定转炉合理的装入量、合适的半钢及废钢比，以保证转炉炼钢过程的正常进行。

A 装入量

装入量是指转炉冶炼中每炉装入的金属料总重量，主要包括半钢和废钢。对转炉炼钢而言，控制合理的装入量非常重要。不同容量的转炉以及同一转炉在不同的炉役时期，都有其不同的合理的金属装入量。装入量过大，会导致喷溅增加，不但增加金属损失，而且熔池搅拌不充分，造渣困难；另外还使炉衬特别是炉帽寿命缩短；同时，供氧强度也因喷溅大而被迫降低，使冶炼时间增长，反而造成炼钢生产不顺行。装入量过小不仅降低生产率，并且更为严重的是因熔池过浅，炉底易受氧气射流区的高温和高氧化铁的环流冲击而过早损坏，严重时甚至可能烧穿炉底造成漏钢事故。在确定合理的装入量时，必须综合考虑以下因素：

(1) 炉容比。炉容比是指转炉新砌砖后转炉内部自由空间的容积 (V) 与金属装入量 (T) 之比，以 V/T 表示，单位 m^3/t。转炉的喷溅和生产率均与其炉容比密切相关，公称吨位一定的炉子，都要有一个合适的炉容比。合适的炉容比是从生产实践中总结出来的，它主要与铁水成分、氧枪喷头结构、供氧强度有关。

目前，大多数顶吹转炉的炉容比选择在 0.7~1.10 之间，表 5-36 为国内外转炉炉容比的统计情况。

表 5-36　转炉炉容比

炉容量/t	≤30	50	100~150	150~200	200~300	>300
炉容比/m³·t⁻¹	0.92~1.15	0.95~1.05	0.85~1.05	0.70~1.09	0.70~1.10	0.68~0.94

（2）熔池深度。确定装入量时，除了要考虑转炉的炉容比外，还必须要考虑熔池深度，以保证炼钢各项技术经济指标达到最佳组合。熔池深度 H 应大于氧气射流对熔池的最大穿透深度 h，实践证明 $h/H \leqslant 0.7$ 较为合理。120t 转炉的熔池深度为 1.5~1.7m。

（3）钢包净空。由于钢厂普遍采用了连铸工艺，确定装入量时不必考虑钢锭单重因素，但对需进行 RH 和 LF 处理的钢种，必须保证钢包有一定的净空高度，因此，确定装入量时要考虑钢包容量和净空高度。

此外，确定装入量时，还要考虑转炉的倾动机械、铸锭行车的起重能力等因素。所以在制订装入制度时，既要发挥现有设备能力，又要防止片面、不顾实际地盲目多装，以免造成严重后果。

B　装入方式

目前国内外氧气顶吹转炉的装入方式主要有如下三种：

（1）定量装入。在整个炉役期间，保持每炉的金属装入量不变。这种装入制度的优点是生产组织简便，原材料供给稳定，有利于实现过程自动控制和均衡生产，特别适合于和连铸配合的大型转炉。缺点是容易造成炉役前期装入量偏大而使熔池偏深，炉役后期装入量又偏小使熔池偏浅，转炉的生产能力不能很好地发挥，尤其对于转炉容量较小的炉子来讲，炉役前、后期炉子的横断面积及内部容积差别较大，上述缺点就更为突出。

（2）定深装入。在整个炉役期间，随着炉膛的不断扩大，装入量逐渐增加，以保持每炉金属熔池的深度不变。这种装入制度的优点是氧枪操作稳定，有利于提高供氧强度和减少喷溅，不必担心氧枪射流冲击炉底，可以充分发挥转炉的生产能力。

（3）分阶段定量装入。为了使整个炉役期间均有较为合适的熔池深度，便于组织生产和发挥转炉的生产能力，将整个炉役按炉膛扩大的程度划分为若干阶段，每个阶段实行定量装入。这种装入制度大体保持了比较合适的熔池深度和相对稳定的装入量，既能满足吹炼工艺要求，又便于组织生产，但在实际生产过程中很难严格执行。

通常大炉子多采用定量装入，小炉子多采用分阶段定量装入。转炉目前多采用定量装入方式，对于 120t 转炉每炉装入量为 135±5t。

5.4.3.4　供氧制度

供氧制度就是在氧枪喷头结构一定的条件下使氧气流股最合理地供给熔池，创造良好的物理化学反应条件，它的主要内容是确定合理的喷头结构、供氧压力、供氧强度以及氧枪枪位。

A　氧枪喷头

顶吹氧气转炉大都采用超声速氧枪喷头。由于拉瓦尔型的氧枪喷头能够最大限度地把氧气压力能转变为动能，可以得到稳定和最大流速的超声速射流，因此，这种氧枪喷头目前已被各国广泛使用。

拉瓦尔型氧枪喷头每个喷孔的结构如图 5-29 所示。喷孔结构分为三段，即收缩段、稳定段和扩张段，收缩段和扩张置相交处的稳定段为最小断面，其直径为临界直径，又叫喉口。

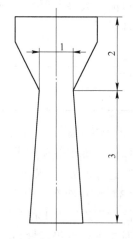

为保证安全，高压氧气在输送管道中的流动速度不能太快（流速一般控制在 60m/s 以下）。当氧气流经过收缩段时，静压力减小，流速增大，到达喉口时氧气流的速度达到临界条件下的声速。在氧气流进入扩张段以后，静压力继续降低，产生绝热膨胀，同时射流在逐渐加速，当氧气流压力与外界压力相等时，就可获得设计要求的超声速氧气射流。氧气射流的速度越高，动能也就越大，只有当动能大到一定数值后（射流速度不小于 18m/s），才能对熔池中的金属液起到良好的搅拌作用。

图 5-29   拉瓦尔型喷孔结构示意图
1—喉口；2—收缩段；3—扩张段

氧枪喷头有单孔、多孔和双流道等多种结构。对喷头的选择要求如下：

（1）应获得超声速流股，有利于氧气利用率的提高。

（2）合理的冲击面积，使熔池液面化渣快，对炉衬冲刷少。

（3）有利于提高炉内的热效率。

（4）便于加工制造，使用寿命能满足生产要求。

目前多使用的氧枪喷头为 536 型喷头。

B　供氧压力

氧气工作压力是氧气测定点的压力，也就是氧气进入喷枪前管道中的压力，它不是喷头前的压力，更不是氧气出口压力。由于测定点到喷头前还有一段距离，必然存在一定的压力损失，故喷孔前的氧气压力低于测量点的工作压力（约为 0.1~0.2MPa）。

理论和实践证明，氧气实际工作压力应该等于或稍高于设计压力，绝对不能在低于设计压力下操作，否则气流未到出口之前，在喷头内部就提前完成膨胀，以致到达出口时产生过膨胀，使气流在喷头内部提前离开喷头管壁，造成炉内高温金属液进入喷孔而将其烧坏。如果操作压力高于设计压力，则气流在到达喷头出口时尚未完成膨胀，仍然具有一定的压力能，待气流离开喷头出口之后继续进行膨胀，这将会产生激波，使流股发生相互干扰，不但能量损失大，而且会造成严重的金属喷溅。

一般来说，转炉容量越大，使用的供氧压力越高，并且在生产实际中一般都采用分阶段恒压操作，即随着炉龄增加装入量增大，供氧压力相应提高。转炉氧气工作压力为 0.8~0.9MPa。

C　供氧强度

（1）氧气流量。氧气流量 Q 是指单位时间内向熔池供氧的数量（单位为 m^3/min 或 m^3/h）。氧气流量是根据冶炼中每吨金属料所需要的氧气量、金属装入量和供氧时间等因素来确定的，即：

$$氧气流量\ Q = \frac{每吨金属的耗氧量}{供氧时间} \times 金属装入量$$

在生产实际中，由于供氧压力的波动和氧枪喷头加工尺寸的误差，致使不同的喷头在相同的工作氧压下其流量差别较大，因此有的企业以氧气流量作为供氧制度的控制参数。

（2）供氧强度。供氧强度是指单位时间内每吨金属料消耗氧气的数量，单位为 m³/(t·min)，即：

$$供养强度 = \frac{氧气流量}{金属量}$$

如何控制供氧强度的大小取决于炉内喷溅的情况。通常在不影响喷溅的情况下可使用较大的供氧强度，国内转炉的供氧强度控制见表 5-37。

表 5-37　不同容量转炉的供氧强度

炉容量/t	<12	15~50	120~200	>200
供氧强度/m³·(t·min)⁻¹	4.0~4.5	2.8~4.0	2.3~3.5	2.5~4.0

随着钢铁工业的发展，如何在原有设备基础上提高炼钢生产率已成为当前炼钢领域的一个重要课题，而提高氧枪喷头的供氧强度、缩短冶炼时间、加快生产节奏是较为经济有效的方法。国内外大型转炉近年来都有提高供氧强度的趋势。转炉目前的供氧强度一般为 2.8~3.8m³/(t·min)。

D　氧枪枪位

氧枪喷头端面与熔池内静止金属液面的相对距离称为氧枪枪位。目前，顶吹氧气转炉多采用恒氧压变枪位操作，即在吹炼一炉钢过程中氧压基本保持不变，而只是根据吹炼情况不断地变化枪位。这种操作方法的优点是操作简单、灵活，吹炼时间比较稳定，也比较容易做到使氧枪在接近设计要求下工作，因而吹炼比较平稳。

氧枪枪位控制主要考虑两方面的因素：一是保证氧气射流有一定的冲击面积；二是保证氧气射流在不损坏炉底的前提下有足够的冲击深度。一般来说，在同一工作氧压下枪位越低，氧气射流对熔池的冲击动能越大，熔池搅拌力越强且氧气利用率越高，但冲击面积减小。其结果是加速了炉内脱碳反应，渣中（FeO）含量降低，化渣效果减弱。如果枪位过低，则不利于成渣，还有可能冲击炉底。而枪位过高，将使熔池的搅拌能力减弱，使冲击面积增大，表面铁的氧化也相应增加，使渣中（FeO）含量上升，导致炉渣严重泡沫化而引起喷溅。由此可见，只有合理地控制枪位才能获得良好的吹炼效果。

转炉的供氧采用分阶段恒氧压变枪位操作。由于入炉半钢（铁水）温度偏低，发热元素少，吹炼时常采用先低枪位加强搅拌和快速升温再软吹化渣的方式操作，并且吹炼过程中根据炉内实际情况常需交替变换氧枪枪位，以使其达到化好渣、不喷溅、快速炼钢的吹炼效果。转炉开吹枪位为 1.4m，化渣枪位为 2.2m，终点前枪位为 1.3m。

5.4.3.5　造渣制度

氧气顶吹转炉的供氧时间只有十几分钟，在此期间内必须快速形成具有合适碱度、较好流动性和一定氧化性的炉渣，以便迅速把铁水（半钢）中的磷、硫等杂质元素去除，保证炼出合格的优质钢水。此外，所造炉渣还应具有较少侵蚀炉衬，尽可能不引起喷溅，保证终点钢水适当的氧化性，渣中金属铁最少，出完钢后易于溅渣等特性。由此可见，造好渣是炼好钢的关键，千万不能忽视。

造渣制度就是根据原材料和冶炼钢种要求确定合理的造渣方法它包括渣料配比数量和加入时间，以及如何加速成渣和维护炉衬等方面的内容。

A　造渣方法

根据半钢成分和冶炼钢种要求确定造渣方法。目前转炉炼钢的造渣方法主要有以下三种：

（1）单渣法。单渣法操作是指在整个吹炼过程中只造一次渣，中途不倒渣、不扒渣，直至吹炼终点的造渣方法。这种造渣方法工艺简单，吹炼时间短，热损失少，劳动条件也较好；其脱磷率可达80%左右，脱硫率约为35%，适合于磷、硫含量较低的半钢条件或者对磷、硫含量要求不高的钢种。

（2）双渣法。双渣法操作是指在吹炼过程中途提枪暂停吹炼，倒出部分炉渣后再加渣料重新造渣的方法。这种造渣方法可以提高脱硫、脱磷效率，可以消除因大渣量引起的喷溅，防止因渣量过大而使射流穿透深度不够，但由于吹炼中途倒炉倒渣，造成热量和金属损失大，冶炼时间长，工艺操作复杂。通常在半钢含磷、硫较高或冶炼优质钢时采用该方法造渣，其脱磷率可达90%以上，脱硫率可达50%以上。转炉在吹炼含P较多（[P]>0.15%）时也常采用此方法。

（3）留渣法。留渣法操作是指将上一炉冶炼的终渣在出钢后留一部分或全部留在转炉内，供下一炉冶炼时作为部分初期渣使用。由于终渣一般有高的碱度和较高的$\sum$(FeO)含量，并且熔点不高，本身还含有大量的物理热，因此，将这种炉渣部分甚至全部留在炉内，可以显著加速下一炉初期渣的成渣过程，提高吹炼前期的去磷和去硫率，节省石灰用量和提高炉子的热效率。但是，这种渣有一定的氧化性（尤其是低碳钢的终渣），兑半钢时往往会产生爆发性喷溅，不利于安全生产，但在兑半钢前先加入少量石灰稠化炉渣，细流慢兑，安全事故也是完全可以避免的。留渣法操作适用于成渣困难的半钢，其脱磷率可达85%左右，脱硫率也可达40%~50%，目前已被许多转炉炼钢厂接受和采用。

转炉采用半钢冶炼成渣困难，在造渣操作上采用留渣法，不但加速了初期渣的形成，而且较好地缓解了冶炼过程温度不足的矛盾。

B　渣料配比

（1）石灰加入量。要造好炉渣，选择合适的渣料配比非常重要。加入炉内的渣料，主要是指石灰和镁质材料，另外还有少量的助熔剂。石灰加入量通常是根据钢水要求，入炉半钢中的磷、硫含量来确定的。120t转炉石灰加入量按表5-38执行。

表 5-38　活性石灰加入量　　　　　（kg/t 钢）

钢种 P/%	入炉 P/%			
	≤0.070	0.071~0.080	0.081~0.090	>0.090
≤0.035	2.5~3.0	3.0~3.5	3.5~4.0	4.0~4.5
≤0.025	2.8~3.2	3.4~4.0	4.0~4.5	4.5~5.0
≤0.020	3.0~4.0	3.5~4.5	4.5~5.0	5.0~5.5
≤0.015	4.0~4.5	4.5~5.0	5.0~5.5	5.5~6.0
≤0.010	4.0~5.0	5.0~5.5	5.0~5.5	5.5~6.0

（2）其他辅助材料的加入量。除活性石灰外，冶炼时加入的主要造渣材料还有复合造渣剂和轻烧白云石，其中复合造渣剂主要作用是促进化渣和调整碱度，而轻烧白云石的作用主要在于提高渣中MgO含量，使其达到溅渣护炉的要求。

因此，复合造渣剂的加入量由加入的石灰量和碱度决定，即：

$$复合造渣剂加入量 = \frac{活性石灰中的\ CaO + 轻烧白云石中的\ CaO}{碱度 \times 复合造渣剂中的\ SiO_2\ 含量}$$

实际生产中，复合造渣剂加入量可根据化渣情况做适当调整。而轻烧白云石加入量主要由渣量决定，以保证渣中 MgO 含量在 8%~12%。

C 渣料的加入时间和炉渣控制

渣料的加入时间对炉渣的形成有直接影响，因而应根据各厂的冶炼工艺来确定。转炉造渣采用单渣留渣操作，渣料一般都分两批加入，第一批占总渣料的 1/2~2/3，其余的在第二批加入。如果拉碳后需要调整炉渣或炉温则再加入第三批渣料。

通常情况下，第一批渣料是在兑半钢前或开吹时加入；包括石灰、镁质材料和酸性材料。第二批渣料是在第一批渣料化好、化透以后分小批量多次加入（每次加料不超过 0.5t），这样有利于石灰熔化，避免炉渣"返干"，同时还可以较好地控制炉内泡沫渣，防止喷溅和溢渣。第二批渣料一般在来渣后 3~5min 至吹炼终点前 3~5min 之间全部加完。第三批渣料应根据拉碳以后硫、磷去除情况而决定是否加入，其加入量和时间均应根据冶炼实际情况及冶炼钢种而定。无论加几批渣料或加多少渣料，都必须保证终点炉渣化好，确保渣料的有效利用。

在冶炼过程中对炉渣的控制要遵循"初期渣早化，过程渣化透，终渣要做黏，出钢后挂渣"的原则，对于半钢冶炼，要使初期渣能早化，则第一批渣料必须是低碱度、多组元、高氧化性渣。在初渣中，矿物组分越多，初渣熔点相应越低，成渣速度就越快。此外，在吹炼过程中，通常采用高枪位或底吹供气强度较小的操作来保持渣中较高的（FeO）含量，即按铁质成渣途径控制，这样也有利于初期渣的形成。吹炼中期由于碳的激烈氧化，渣中（RO）被大量消耗，炉渣矿物发生变化，往往出现炉渣"返干"，此时要适当提高枪位，保证渣中有合适的（FeO）含量，保持炉渣具有良好的流动性，使过程渣化透。吹炼后期渣中（FeO）又继续升高，生成大量低熔点矿物，这不利于炉衬维护，因此要适当降低枪位，控制终渣（FeO）含量不能过高，这样，终点倒炉出钢时，随着炉温的降低，有 MgO 微粒的析出，使炉渣黏稠，能挂渣于炉壁上，起到保护炉衬的作用。

5.4.3.6 温度制度

温度在炼钢过程中既是决定各元素的反应方向和程度以及各元素之间相对反应速度的重要因素，也是决定传热和传质速度的重要因素。温度制度主要是指过程温度控制和终点温度控制。温度控制对炉内反应、渣料熔化、炉衬寿命和钢水质量等均有重大影响，尤其是对全连铸工艺，温度必须控制在相对稳定的范围内，才能保证整个浇铸过程的顺利和铸坯的质量。吹炼任何钢种，其出钢温度都有一定的要求，出钢温度过低，则后续精炼工序升温压力增大；出钢温度过高，则钢水中的氧活度和磷含量偏高，增加钢中的夹杂物和气体含量，不利于质量控制。因此，控制好过程温度，不仅有利于加速化渣，提高脱硫、脱磷效率，减少喷溅，提高炉龄，而且对钢的实物质量和生产的顺行都非常有利。

综上所述，控制好冶炼温度是转炉冶炼操作的重要一环，而控制好过程温度是控制好终点温度的关键。如何制定合理的温度制度，应考虑以下几方面因素。

A 炼钢热源

转炉炼钢的突出优点是炼钢过程中无需外加燃料，依靠铁水中元素的氧化放热即可满足炼钢所需的全部热量。氧气转炉炼钢的热量来源主要是铁水（半钢）的物理热和化学热，半钢的物理热是半钢自身带入的热量，它与半钢温度有直接关系。半钢的化学热则是半钢中各元素氧化后所放出的热量，它与半钢化学成分直接相关。

对于采用钒钛磁铁矿的高炉，其冶炼特点决定，高炉含钒铁水的物理热较普通铁水低100~150℃，进厂的含钒铁水温度为1180~1300℃。经提钒后的物理热虽然有所增加（1300~1360℃），但由于硅、锰、碳等发热元素烧损较多（硅已为痕量，锰的质量分数仅为0.03%~0.20%，碳的质量分数也只有2.80%~3.80%），造成热源严重不足，加之铁水硫含量高，炼钢脱硫任务重，使渣量不能太少，致使炼钢条件更加恶化。近几年来，随着各项技术的不断进步，特别是铁水炉外脱硫技术的不断进步，使炼钢渣量也逐年减少，温度紧张的局面得到了一定的缓解。

B　过程温度控制

温度对吹炼过程影响很大，它直接影响到磷、硫的去除，金属吹损以及终点控制。过程温度的控制主要是正确确定各种冷却剂（渣料、废钢等）加入的数量和时间，使炼钢吹炼过程均匀快速升温，满足工艺要求。

吹炼进程的温度控制应考虑以下因素：

（1）满足快速成渣的要求。保证尽快形成各组元和物理特性符合要求的炉渣。

（2）满足去除磷、硫和其他杂质的要求。

（3）满足吹炼过程平稳和顺行的要求。吹炼的前中期，特别是强烈脱碳期，温度过高或过低都容易产生喷溅。

（4）合理控制熔池的升温和脱碳，满足准确控制终点命中的要求。

120t转炉常用材料对熔池温度的影响程度见表5-39。

表5-39　常用材料对熔池温度的影响程度

因素	造渣材料	废钢	污泥球	提温剂
温度影响/℃·t^{-1}	-10	-10	-30	10

在生产实际中，过程温度的控制主要是根据半钢条件、冶炼钢种、炉子状况等因素来综合考虑。如半钢硫高，前中期的温度要控制高一些；如为了脱磷，吹炼初期和中期温度应控制得适当低一些，同时要保持适当的氧枪枪位。

C　终点温度控制

终点温度控制就是确定合理的出钢温度，以保证钢水能满足二次精炼和连铸的要求。出钢温度的高低取决于钢种、精炼方法、浇铸过热度等多方面的因素，主要根据以下原则确定：

（1）所炼钢种的凝固温度，这与钢种的化学成分有关。

（2）保证在正常浇铸时间内，钢水经自然温降后的温度仍略高于所炼钢种的凝固温度，即保证合适的钢水过热度。

（3）从出钢到开浇之间钢水的温度损失（自然温度降），这与出钢时间、钢包温度、镇静时间、钢水运输等有关。

出钢温度可用下式计算：

$$T_{出} = T_f + \Delta T_1 + \Delta T_2 \tag{5-49}$$

式中　　$T_{出}$——出钢温度,℃；

　　　　T_f——钢水凝固温度,℃；

　　　　ΔT_1——钢水过热度,℃；

　　　　ΔT_2——从出钢到开浇期间钢水的温度降,℃。

其中，钢水凝固温度 T_f 可用下式计算：

$$T_f = 1539 - \sum [x] \Delta T_i \qquad (5-50)$$

式中　　$[x]$——钢水中元素 x 的含量,%；

　　　　ΔT_i——含量为1%的 x 元素使纯铁凝固点降低值,℃，其数据见表5-40。

表 5-40　1%元素含量使纯铁凝固点降低值

元素	适用范围/%	ΔT/℃	元素	适用范围/%	ΔT/℃
C	<1.0	65	V	<1.0	2
Si	<3.0	8	Ti		18
Mn	<1.5	5	Cu	<0.3	5
P	<0.7	30	H_2	<0.003	1300
S	<0.08	25	N_2	<0.03	80
Al	<1.8	3	O_2	<0.03	90

特别指出，在保证钢水浇铸完毕时的温度略高于凝固温度的前提下，应努力设法减小从出钢到浇铸完毕的整个过程中钢水的温降（确保钢水镇静时间和必需的浇铸时间符合工艺要求），而使出钢温度尽可能降低。这对提高炉龄、提高钢质量、增加废钢比等各项技术经济指标都极为有利，可采用钢包内衬加绝热层、钢包加盖、钢包烘烤、加速钢包周转等技术和管理措施。

5.4.3.7　终点控制及脱氧合金化制度

A　终点控制

终点控制主要是指终点温度和成分的控制。所谓终点是指转炉兑入半钢后在炉内吹氧和造渣过程中发生了一系列物理化学反应，当炉内钢水的各主要化学成分和温度达到所炼钢种要求的时刻。到达终点的具体标志如下：

（1）钢水中碳含量达到所炼钢种的控制范围。

（2）钢水中磷、硫含量低于所炼钢种规格下限要求的一定范围。

（3）钢水温度达到冶炼钢种要求，能保证顺利浇铸。

转炉的终点控制，主要包括经验控制和计算机模型自动控制两种方式。

B　终点控制方法

a　拉碳法

拉碳法是指吹炼操作中当熔池钢水碳含量达到出钢要求时停止吹氧，此时钢水中[P]、[S]和温度必须符合出钢要求。拉碳法在生产实际中又分为一次拉碳和高拉补吹两种操作控制。一次拉碳是在停止吹氧时钢水成分和温度已满足出钢要求，此时可立刻倒炉出钢（设置副枪的转炉主要采用此方法）；高拉补吹操作是在停止吹氧时钢水中的碳含量高于出钢要求的一定范围，温度低于终点温度的上限，测温取样后还需再进行补吹。

拉碳法对高中碳钢的冶炼具有较大优势，出钢碳可根据冶炼钢种的要求控制在较高水平，终渣（FeO）含量低，金属收得率高，终点钢水气体含量较低，有利于减少钢中非金属夹杂物。

b 增碳法

增碳法是指在吹炼过程中钢水中碳的含量一律控制到 0.08% 以下时停止吹氧并出钢，然后根据所炼钢种的碳含量要求，在钢包内钢水增碳（出钢时向钢包内加入增碳剂或向钢包内喂入碳包芯线等）。增碳法采用的增碳剂应选用含硫低、灰分少、干燥的材料，增碳钢水必须进行吹氩处理以防成分不均。

增碳法所具有的优点是：（1）终点命中率高，减少倒炉取样时间，使生产率提高；（2）工艺操作简单，有利于稳定吹炼工艺；（3）炉内热量收入较多，可以增加废钢消耗。

C 半钢冶炼终点控制方法

转炉冶炼过程中由于入炉热量不足，目前终点控制采用增碳法，终点碳含量控制在 0.05% ~ 0.08%。近年来为降低冶炼成本、提高钢水质量，冶炼中高碳钢时，终点碳含量的控制呈提高趋势。

a 终点碳的判断

转炉开吹后，熔池中的碳便不断被氧化。碳氧化时，生成大量的 CO 气体，高温的 CO 气体从炉口排出时，与周围的空气相遇，立即燃烧形成火焰。炉口火焰的亮度、形状、长度是熔池温度和炉内 CO 气体排出量的标志，而 CO 气体排出量又直接和熔池中脱碳速度有关。在一炉钢的吹炼过程中，脱碳速度的变化是有规律的，它主要随熔池碳含量的变化而变化，因此可通过观察炉口火焰、火花和供氧时间、耗氧量等来综合判断终点碳含量。

（1）看火焰。吹炼前期，熔池温度较低，脱碳速度慢，炉口的火焰短，颜色呈暗红色。吹炼中期，熔池温度升高，熔池中的碳大量氧化，生成的 CO 气体数量增多，炉口火焰白亮、有力、长度增加。进入吹炼后期，碳氧化高峰期已过，脱碳速度变慢，生成 CO 气体数量减少，此时炉口火焰开始有规律收缩，变得柔和，看起来火焰也稀薄些。这时，炼钢工按冶炼钢种要求，根据自己的观察经验合理掌握拉碳时机。

实际生产中，有许多因素会影响炼钢工观察火焰使其难以做出正确的判断，诸如熔池温度、炉龄、枪位、氧压及炉渣状况等。总之，在判断火焰时，要综合考虑各种影响因素，才能对钢水终点碳含量做出准确无误的判断。

（2）看火花。从炉口被炉气带出的金属液滴在空气中要产生爆裂，金属粒碳含量越高，爆裂程度越大，表现为火球状和羽毛状。随着碳含量的降低，爆裂程度也减弱，碳火花表现为多叉、三叉、两叉，当碳含量很低（[C]<0.02%）时，火花几乎消失，跳出来的均是小火星和流线。

利用火花判断碳含量时，同时还需与钢水温度结合起来，钢水温度高，火花分叉显得要多些。因此在炉温较高时，估计的碳含量可能比实际碳含量要偏高。

（3）供氧时间和耗氧量。当氧枪喷头结构参数一定时，采用恒压操作，单位时间内的供氧量是一定的。在装入量、冷却剂用量和冶炼钢种等都没有什么变化时，每吨金属的耗氧量是一定的。因此，吹炼一炉钢的供氧时间和耗氧量也变化不大，这样就可以用统计数据所确定的供氧时间和耗氧量，结合平均降碳速度来判断炉内碳含量。

b 终点温度的判断

在生产实际中，对钢水终点温度的控制主要是以热电偶测温为主，再结合经验判断。经验判断钢水温度主要有以下几种手段：

（1）火焰判断。熔池温度高，炉口火焰白亮而浓厚有力，火焰周围有白烟；熔池温度低，炉门火焰发暗，形状有刺且无力，喷出的渣子发红。

（2）炉膛判断。炉膛白亮而刺眼，渣层上有气泡和火焰冒出，表明炉温高；若炉膛不白亮刺眼，渣面暗红，没有火焰冒出，则炉温较低。

（3）取样判断。取出钢样后，样勺内渣子很容易拨开，样勺周围有青烟，钢水白亮，倒入样模内，钢水活跃，结膜时间长，则钢水温度高；如果不容易拨开渣子，钢水呈暗红色，混浊发黏，倒入样模内钢水不活跃，结膜时间短，则钢水温度低。

（4）根据氧枪冷却水温度差判断。若进、出冷却水温差大，则说明炉温较高；反之，则说明炉温较低。

D 脱氧合金化

在转炉吹炼过程中，由于不断向熔池供氧，使钢水中溶解了一定数量的氧，而溶解氧的存在对钢的实物质量有严重危害，吹炼结束后，如果不将其脱除到一定程度，不但影响顺利浇铸，而且也不能得到质量合格的铸坯。因此，必须根据冶炼钢种要求选择合适的脱氧剂（合金）及合理的加入量，在出钢过程中加入到钢水中使其脱氧并达到符合规定的脱氧程度。在脱氧的同时，也使钢水中硅、锰及其他合金元素的含量达到冶炼钢种的标准要求，达到合金化的目的。

a 脱氧原则

钢水的脱氧，就是选择一些与氧亲和力大的元素加入到钢水中，使其降低钢水的氧化性。选择的脱氧剂除应具有一定的脱氧能力外，同时还应使脱氧产物易于上浮从钢水中排出。另外，选择的脱氧剂应来源广、价格低、使用方便。为了既能达到良好的脱氧，又能使脱氧产物顺利上浮及合金收得率相对稳定，脱氧剂的加入应遵循以下原则：

（1）脱氧剂的加入顺序是先弱后强，即脱氧能力弱的先加，脱氧能力强的后加。这样既能保证钢水的脱氧程度达到钢种的要求，又能使脱氧产物易于上浮，保证质量合乎钢种的要求。

（2）以脱氧为目的的元素先加，合金化的元素后加。这样可保证合金收得率相对稳定，防止不必要的合金烧损。

（3）易氧化的贵重合金应在脱氧良好的情况下加入，如钒铁、铌铁、硼铁等合金应在锰铁、硅铁、铝等脱氧剂全部加完后再加，以提高其收得率。

（4）难熔的、不易被氧化的合金，如铬铁、钨铁、钼铁、镍板、铜板等应加在炉内。

b 脱氧操作

根据脱氧剂和合金元素加入的方法，可分为炉内脱氧合金化和钢包内脱氧合金化两种脱氧操作方法。

（1）炉内脱氧合金化。炉内脱氧合金化一般在合金加入数量多和加入难熔合金的情况下采用。它具有合金熔化快、成分均匀、对出钢温降影响小、脱氧产物易于上浮等优点，但也存在合金收得率低且波动大、冶炼周期长、钢水回磷量增加等缺点。

（2）钢包内脱氧合金化。在出钢过程中，将全部脱氧剂和合金逐渐加入到钢包内，这种操作方法习惯上称为钢包内脱氧合金化。加入钢包内的合金应加在钢流的冲击区，以利于合金的熔化和搅拌均匀，同时应掌握好合金的加入时间及严格控制下渣量，以确保合金的收得率和防止回磷、回硫。

目前普遍采用的是钢包内脱氧合金化。这种脱氧方法的优点是合金收得率高且相对稳定，冶炼周期短，但因钢水温度所限，合金加入量受到限制。

c　合金加入量

生产实际中，脱氧与合金化操作常常是联系在一起的，出钢过程中加的铁合金既可脱氧，又能使钢水合金化。各种铁合金加入量根据钢种要求可按下式计算：

$$铁合金加入量 = \frac{钢种元素含量中限 - 终点残余成分}{铁合金中合金元素含量 \times 合金元素收得率} \times 出钢量$$

准确判断合金元素的收得率是控制脱氧程度和钢水成分的关键。影响合金收得率的主要因素有：终点钢水氧含量、炉渣氧化性、炉渣进入钢包中的数量以及出钢温度等。转炉所炼钢种合金收得率参考值如下：

高中碳镇静钢　　　　$\eta_{Mn} = 88\% \sim 93\%$；$\eta_{Si} = 85\% \sim 90\%$

低碳铝镇静钢　　　　$\eta_{Mn} = 88\% \sim 90\%$；$\eta_{Si} = 85\% \sim 88\%$

沸腾钢　　　　　　　终点 $[C] \geq 0.05\%$，$\eta_{Mn} = 80\% \sim 85\%$

　　　　　　　　　　终点 $[C] < 0.05\%$，$\eta_{Mn} = 75\% \sim 80\%$

为提高钢水质量及合金收得率，开发了钢包内预脱氧和炉后钢水喂铝线终脱氧工艺、出钢过程加增碳剂进行预脱氧工艺、复合脱氧剂脱氧工艺等。这些新工艺不仅能有效脱去钢水中的溶解氧和提高合金的收得率，还能改变夹杂物形态，使其易于上浮，从而提高钢水洁净度。

E　红包出钢

红包出钢就是在出钢前对钢包进行有效的烘烤，使钢包内衬温度达到 $800 \sim 1000℃$，以减少钢包内衬的吸热，从而达到降低出钢温度的目的。采用红包出钢，主要有以下好处：

(1) 可以降低出钢温度，增加废钢比，并进一步解放转炉，极有利于炉龄的提高。

(2) 使钢水在包内的温降减少，从而使钢包内钢水温度梯度减小，有利于钢包内钢水温度的均匀化，从而稳定浇铸工艺，提高铸坯质量。

F　挡渣出钢

为有效控制转炉炉渣进入钢包，各钢厂广泛采用了挡渣出钢技术。挡渣的方法有挡渣球（锥）、挡渣塞、滑板挡渣等多种方式。大多数转炉目前采用的是滑板挡渣或挡渣锥的方法来控制出钢过程中的下渣量。采用挡渣出钢，主要有以下好处：

(1) 减少钢包内的炉渣量和钢水回磷、回硫量。

(2) 提高合金收得率。

(3) 降低钢中夹杂物含量，尽可能减少外来夹杂物，提高钢水洁净度。

(4) 可提高钢包使用寿命。

5.4.3.8　转炉顶底复合吹炼工艺技术

A　复吹基本原理及其主要特性

顶底复合吹炼工艺兼有顶吹和底吹的优点。

顶吹法的主要冶金特性为:

(1) 氧枪喷孔喷出的氧气动能穿透渣层后传递给金属熔池的已很有限,因此,熔池内的动力学条件较差,因而导致熔池内的浓度和温度梯度较大,从而易诱发间断性的喷溅发生。

(2) 炼钢过程中的氧化反应特别是脱碳反应主要是在熔池内金属渣气混合的乳化液中进行,因此,能形成良好的泡沫渣。

(3) 能将金属和熔渣击碎成极细小的熔滴,促进乳化液的形成。

(4) 从熔池逸出的 CO 有一部分被二次燃烧生成 CO_2,因而对提高热效率和增加废钢比有利。

(5) 通过控制氧枪枪位,可控制炉渣中的(FeO)含量,以达到快速成渣和提高脱硫及脱磷效率的良好效果。

底吹法的主要冶金特性为:

(1) 吹入熔池的氧能迅速转变为强有力的搅拌力,其强度是顶吹法的 10 倍以上,基本消除了会造成喷溅的浓度和温度梯度,使氧的利用率提高。

(2) 氧气从底部穿过熔池上升,因此,熔池上部缺少乳化液区,渣中(FeO)形成较少,从而成渣困难,不利于脱硫和脱磷的进行。

(3) CO 在炉内二次燃烧生成的 CO_2 量极少,热效率比顶吹法差。

(4) 冶金反应,尤其是碳氧反应能很快趋于平衡,从而使渣铁中的过氧化率很低。

B 复吹法基本原理及其特性

所谓复吹法就是同时采用顶吹和底吹的炼钢方法,只是在供气种类和流量上有所区别,目前世界上采用较多的顶底复合吹炼法的底部供气强度为 $0.01 \sim 0.20 m^3/(min \cdot t)$,供气种类主要有 N_2、Ar、CO_2 等,少部分复吹转炉底吹部分 O_2、CO_2。

复吹法的主要冶金特性如下:

(1) 减少熔池内的浓度和温度梯度,以改善吹炼的可控性,减少喷溅和提高供氧强度;

(2) 加强了炉内的搅拌,炉内的动力学条件较好,促进了炉渣的快速熔化,缩短了炼钢时间;

(3) 减少了渣和金属的过氧化,提高了钢水和铁合金的收得率,减缓了炉衬的侵蚀;

(4) 使冶金反应(尤其是碳氧反应)能很快趋于平衡,从而改善了脱硫和脱磷的效率,缩短了纯吹氧时间,提高了氧的利用率;

(5) 改善了炼钢的综合技术经济指标,能有效地降低钢的生产成本,提高产品的产量和质量。

C 120t 转炉顶底复吹的特点

a 透气砖及其分布

底吹透气砖,目前使用的是外装式透气砖,透气砖砖型如图 5-30 所示。为方便砌筑和砖芯的在线热更换,确保透气砖使用的安全,砌筑时先安装 450/450mm×450/420mm×1100mm 的套砖再安装砖芯。透气砖布置 26 根直径为 φ5mm 的毛细管供气。

底部透气砖布置有 4 块透气砖和 6 块透气砖两种方式,透气砖在炉底上的分布情况如图 5-31 所示。

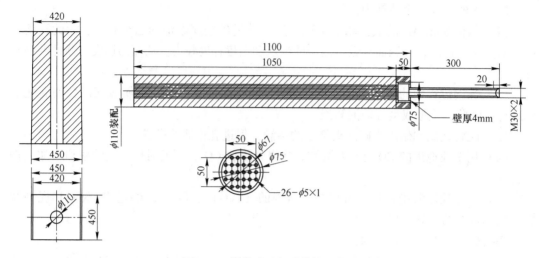

图 5-30 外装式透气砖结构示意图

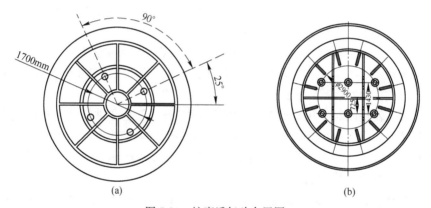

图 5-31 炉底透气砖布置图

b 供气模式

（1）供气种类与供气方式。复吹底部供气为氮气（N_2）和氩气（Ar）两种。因为 N_2 的成本大大低于 Ar，且气源十分充足，所以在复吹底部供气过程中以供 N_2 为主，但随着吹炼的进行，炉内熔池中金属液的温度逐渐上升，[N] 在钢中的溶解度也随之上升，造成钢水 [N] 含量偏高，钢材的机械性能变差。因此，在考虑成本和钢质两方面的综合因素情况下，底部供气采用吹炼前、中期供 N_2；吹炼后期及补吹时供 Ar；倒炉取样和出钢以及空炉状态时小气量供 N_2 的方式进行。

（2）供气模式与供气强度。由于转炉是以半钢为主要原料进行吹炼，其成渣速度慢、吹炼时间较短、冶炼品种多（碳素钢及各种低合金钢），因此，其底吹供气模式有着自身的特点，即为了尽快化好渣，前期底吹供气量较小，渣化好后为防止喷溅，其供气量相应增加，但供气强度不宜太大（见图 5-32 和图 5-33）。

c 透气砖热更换技术

转炉底吹透气砖在整个炉役的使用过程中，容易出现堵塞、漏气以及侵蚀严重等问

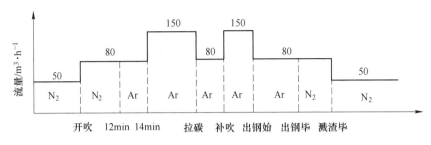

图 5-32 复吹供气模式一

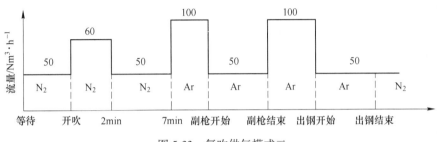

图 5-33 复吹供气模式二

题，此时为保证转炉复吹效果，就需要对损坏的透气砖进行更换。以前透气砖的更换采用的是直接拔出的方式，由于透气砖上部的钢渣层容易与砖芯内部的透气管粘连，在拔出砖芯时砖芯常发生断裂或砖芯拔不出的情况，很难一次更换成功。

现在大多采用透气砖钻孔设备，并对透气砖的砌筑方式和砖芯结构进行了优化，采用钻孔方式进行透气砖热更换。更换成功率大大提高，更换时间也从之前的 5~6h 缩短至 3h 以内，从而实现了全炉役的稳定复吹。

5.4.3.9 转炉炼钢常见异常及处理

(1) 吹炼过程喷溅严重。喷溅是转炉炼钢过程中经常出现的一种异常，严重喷溅会造成金属料损失、危及人身和设备安全、影响脱磷脱硫效果、增加炉前清渣强度等问题。

转炉冶炼过程常会出现爆发性喷溅、泡沫性喷溅和金属喷溅。引起爆发性喷溅的根本原因是熔池内碳氧反应不均衡，瞬时产生大量 CO 气体，从炉口排出时将炉渣和金属带出炉口。泡沫性喷溅是在渣量较大、炉渣泡沫化严重、渣中 TFe 含量较高的情况下，造成炉渣从炉口的溢出。金属喷溅则是因为渣中 TFe 含量过低，炉渣黏稠，熔池被氧流吹开后熔渣不能及时返回覆盖液面，CO 气体的排出带着金属液滴飞出炉口而形成的。

对吹炼过程的喷溅，重点在于预防，其核心是防止炉渣中 FeO 的聚集。要点是合理控制氧枪枪位，选择适当的加料时机，控制合适的炉容比和渣量。如果控制不当出现喷溅，应及时加入部分活性石灰或高镁石灰，稠化炉渣来抑制喷溅。

(2) 吹炼过程"返干"。转炉在吹炼过程中，尤其是在碳氧反应激烈的中期，吹入转炉内的氧气几乎全部与钢水中的 [C] 反应，从而导致炉渣中 FeO 含量急剧下降，此时如果枪位控制或加料不当，炉渣中高熔点的 $2CaO \cdot SiO_2$、MgO 等矿物析出，炉渣黏度增加，不能覆盖金属液面，即造成了炉渣的"返干"。返干严重时会导致金属喷溅，容易粘枪，同时，返干时前期吹炼氧化进入炉渣中的 P 会重新回到钢水中，造成终点 [P]

超标。

吹炼过程中如果出现返干，要及时提高枪位，增加渣中 FeO 含量，同时可适当补加造渣剂等化渣材料，保证炉渣熔化良好，对返干严重的炉次，终点需取样分析［P］含量，在确认［P］合格后才可出钢。

（3）氧枪粘枪。粘枪主要产生于吹炼中期，由于化渣不好，渣中析出高熔点物质，炉渣黏稠而导致金属喷溅，很容易在枪身黏结一层钢—渣混合物，使枪身逐渐变粗。在钢水未出完的情况下溅渣，也会引起氧枪粘枪。氧枪粘上的钢—渣混合物，很难通过刮渣器去除，氧枪粘枪后导致枪头冷却效果变差，容易引起枪头的熔损，粘枪严重时，甚至造成氧枪无法提出氧枪孔。

防止氧枪粘枪的措施主要有：

1）在吹炼中控制好枪位，化好过程渣；

2）出钢时应出净炉内钢水，若锅炉内有剩钢，不能进行溅渣操作。

如果发现氧枪开始粘粗，在下炉吹炼时应增大造渣剂用量，适当提高吹炼枪位，使炉渣具有良好的流动性，并适当提高吹炼过程温度，可在吹炼后期将枪身上的黏结物熔化去除。如果在吹炼过程无法去除黏结物，可采用人工烧氧切割粘钢，当粘粗超过规定标准时应更换新氧枪，如果氧枪无法提出氧枪孔，则需割断氧枪再换新枪。

（4）钢水未出净。转炉出钢时，由于装入量过大、钢包过小、操作工对下渣和钢包净空判断失误等原因，有时会出现钢水未能出净的情况。钢水未出净除直接影响到该炉不能进行溅渣护炉，还会对下一炉的冶炼造成影响，如果连续几炉钢水未出净，会对炉衬造成较大的侵蚀。此外，留在炉内的高氧化性钢水和钢渣，如果控制不好，在下一炉兑铁时还可能发生炉口大喷的安全事故。

防止钢水出不净的措施主要有：

1）控制好装入量。在兑铁前提前了解半钢装入量、钢包容量、冶炼钢种合金量等信息，及早判断该炉是否能出净，如果半钢装入量过大，可不加废钢，来确保出钢量不超过钢包容量。

2）做好出钢过程操作。一般情况下，出钢后期发现下渣或钢包内净空高度低于下限，就停止出钢。因此，出钢过程对下渣和净空的判断必须准确，才能保证钢水能出净。

如果发现钢水未出净，应及时通知中控工停止溅渣，将转炉摇至炉前，将炉内的炉渣倒掉一部分，同时判断炉内剩余钢水量。倒掉炉渣后，向炉内加入一定量的活性石灰、轻烧白云石等渣料，将炉内的液态钢渣裹干，在确认好后才可进行兑铁，兑铁过程应缓慢操作，并注意站位，防止炉内出现大喷。

5.4.4　转炉半钢炼钢主要设备

转炉炼钢设备较为复杂，主要设备有散状料及合金供应系统、转炉及其倾动机构、氧枪及其升降机构和烟气净化及回收系统等。

5.4.4.1　散状料及合金供应系统

散状料供应系统主要由地下料仓、皮带运输机、高位料仓、称量料斗等组成。

地下料仓的作用是存放用火车或汽车运输来的散状料，保证转炉连续生产的需要。各种散状料的贮存量取决于吨钢消耗量、钢产量和贮存天数。在保证生产需要的前提下贮存量应尽量缩减。

皮带运输机的作用是把贮存在地下料仓的各种散状料提升运输到高位料仓,供给炼钢生产使用。这种皮带运输上料方式的优点是安全可靠,运输能力大,可连续供料。高位料仓的作用是临时贮料,保证转炉随时用料的需要,料仓的大小决定于不同散状料的消耗和贮存时间。

振料下料装置包括振料电机、挂钩、中位料斗、插板阀、下料溜管等,用于散状料的称量及加入炉内或钢包内。图 5-34 为攀钢老转炉散状料供应系统示意图。

转炉合金供应系统示意图如图 5-35 所示。

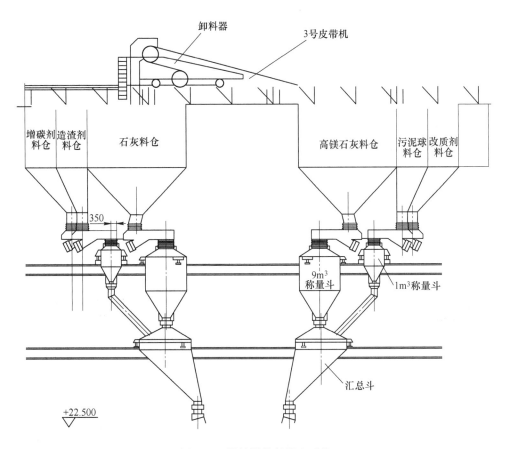

图 5-34 转炉散状料供应系统

5.4.4.2 转炉及其倾动机构

转炉及其倾动机构包括转炉炉体、托圈及耳轴、减速机、电动机、制动装置等,如图 5-36 所示。

A 转炉炉体

转炉炉体是炼钢转炉的主体设备,按结构可分为炉帽、炉身及炉底三部分,各部分均由炉衬和相应的金属炉壳构成。

炉壳是用钢板制成型后再焊接成整体的。炉壳的作用是保证转炉具有固定的形状,同时,炉壳应有足够的刚度和强度,以保证能承受相当大的倾动力矩和耐火材料及炉料的重

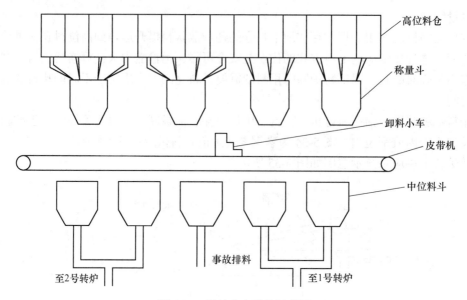

图 5-35　转炉合金系统示意图

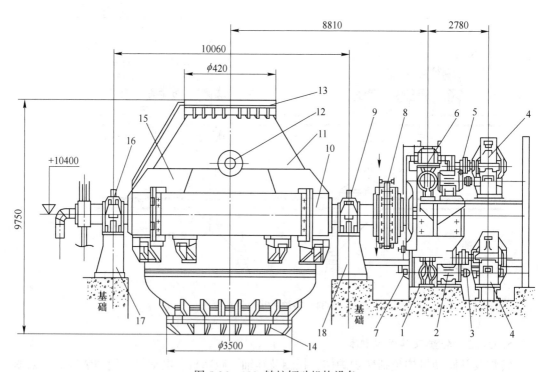

图 5-36　120t 转炉倾动机构设备

1—制动器；2—电动机；3—CLT 联口；4—分减速机；5—轴承；
6—主减速机；7—润滑系统；8—主联轴器；9—固定端轴承；10—托圈；
11—炉体；12—出钢口；13—炉口；14—小炉底小炉裙；15—浮动端轴承；16—复吹装置；17，18—支座

量产生的应力，以及炉壳钢板各向温度梯度所产生的热应力、炉衬的膨胀应力等。

（1）炉帽。炉帽做成圆锥形，目的在于减少吹炼时的喷溅和热损失，并有利于炉气

的收集。为了减少因高温引起的炉口变形,提高炉帽寿命,减少炉口结渣,炉口采用通水冷却。

(2)炉身。炉身为圆筒形,它是整个炉壳受力最大的部分,转炉的整体重量通过炉身钢板支撑在托圈上,并承受倾动力矩。

(3)炉底。炉底为球形,其下部焊有底座以加强刚性。

炉帽、炉身和炉底三部分之间采用不同曲率的圆滑曲线连接,以减少应力集中。

炉衬是转炉炼钢的基础,由里向外依次为工作层、填充层和永久层。永久层和炉壳之间应有隔热材料,以防炉壳变形。

B 托圈及耳轴

托圈及耳轴主要起着支撑炉体,传递倾动力矩的作用。托圈是由钢板焊成的断面呈矩形的中空圆环,如图 5-37 所示。

为增加托圈的刚度,中间焊有直立的带孔钢板,托圈两侧各固定了两个耳轴,为使炉壳受热膨胀不受限制和通风冷却,在托圈和炉壳之间留有 100mm 的间隙。120t 转炉托圈内径为 6870mm,外径为 4235mm。

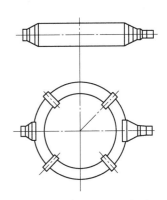

图 5-37 托圈结构示意图

耳轴在转炉的两侧,一侧称为固定端,另一侧称为浮动端。耳轴是阶梯形圆柱体零件,在耳轴固定端将转动力矩从倾动机构传递给托圈和炉体。为了用水冷却耳轴轴承、炉口等,将耳轴做成空心的,耳轴与托圈通过法兰盘螺栓连接。耳轴两端距离为 11760mm。

由于托圈与耳轴要承受多种应力的作用,因此,对托圈及耳轴的材质要求很高,一般要求冲击韧性高,焊接性能好,并且有足够的强度和刚度。

C 倾动机构

转炉倾动机构的作用是倾动炉体,以满足兑铁、加废钢、取样、测温和倒渣等工艺操作要求。转炉倾动机构的主要设备有电机、减速机、联轴器及制动装置等。

转炉倾动机构的配置形式为半悬挂式,其最末一级大小齿轮通过减速箱悬挂在耳轴上,其余部分安装在地基上。

转炉的倾动机构应保证炉体正反旋转 360°角,在启动、旋转和制动时能保持平稳,并能准确地停留在要求的位置,且安全可靠。大中型转炉大都采用多级转速,其范围为 0.1~1.3r/min,在实际生产中,空炉及刚从垂直位置摇下时采用高速,以减少非生产时间;在接近要停的位置时则采用低速,以使转炉能停在准确的位置,而使炉内液面平稳。攀钢转炉的倾动速度为 0.1~1.0r/min。

5.4.4.3 氧枪及其升降机构

氧枪及其升降机构主要包括氧枪、滑道、升降小车、换枪装置、平衡锤、卷扬等设备,以保证氧枪的正常运行及更换。

A 氧枪

氧枪是保证把氧气有效供给金属熔池的重要设备,对转炉冶炼工艺起直接作用,氧枪由喷头、枪身和枪尾三部分组成,如图 5-38 所示。

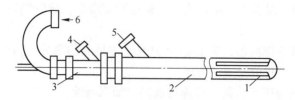

图 5-38 氧枪结构示意图

1—喷头；2—枪身；3—枪尾；4—进水口；5—出水口；6—进氧口

　　喷头是氧枪的关键部件，是用导热性好的紫铜经锻造和切削加工制成的，它与枪身的连接是通过手工焊接来实现的。喷头的种类很多，按孔数可分为单孔喷头和多孔喷头；按供氧管道可分为单流道和多流道喷头。120t 转炉现使用的氧枪喷头是 536 型单流道喷头。

　　喷头的主要参数有：

　　(1) 喉口直径。对供氧强度的大小起着重要的作用。

　　(2) 出口直径。当喉口直径一定时，出口直径越大，射流出口流速也越大。

　　(3) 喷孔夹角。夹角越大，各流股的相互干扰就越小，对化渣就越有利。

　　(4) 喷孔个数。孔数多，氧气流股的冲击面积大，但并不是孔数越多越好。

　　枪身由三层同心套管构成，中心管通氧气，中层管是冷却水的进水通道，外层管是冷却水的出水通道。枪尾是和氧气、冷却水进出软管的连接装置。

　　B　氧枪升降及平移机构

　　每座转炉只安装一支氧枪，氧枪不具备平移功能。其升降机构由升降小车、导轨、平衡锤、卷扬机、横移装置、钢丝绳滑轮、氧枪高度指示标尺等组成，如图 5-39 所示。

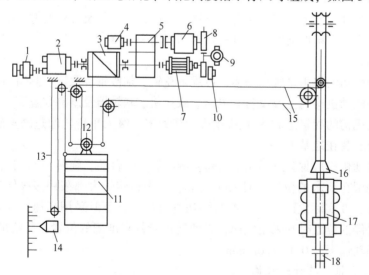

图 5-39　转炉氧枪升降机构示意图

1—凸 50/A 自整角机发动机；2—LK4-168/4 主令控制器；3—升降卷筒；
4—数字显示仪发送器；5—减速机；6—电动机；7—行程指示仪器；8—制动器；9—气缸；
10—吹氧管配置记录发送器；11—平衡锤；12—平衡锤钢绳；13—标尺钢绳；14—标尺指针；
15—牵引钢绳；16—吊具；17—升降小车；18—氧枪

氧枪固定在升降小车上,升降小车沿导轨上下移动,利用钢丝绳将升降小车与平衡锤连接起来。当需要下降氧枪时,开动卷扬机将平衡锤提起,氧枪及升降小车因自重而下降,再通过制动器使其准确地停留在预定位置。当需要提起氧枪时,卷扬放下平衡锤,平衡锤下降并依靠其重量将氧枪及升降小车提起。因平衡锤的重量比氧枪及升降小车和胶管等重量的总和还要重 20%~30%(即过平衡系数为 1.2~1.3),这样就保证了能依靠平衡锤的重量把氧枪提起。

5.4.4.4 烟气净化及回收系统

烟气净化及回收系统包括烟罩及烟道、各种除尘器和脱水器、风机、煤气柜等。

A 烟罩及烟道

烟罩及烟道都是烟气的收集和冷却设备,烟罩的主要作用是收集烟气使其顺利地进入烟道,既不使烟气外逸,又不使系统吸入大量空气,提高回收煤气的质量。烟罩包括固定段和活动段两部分,两者用水封连接,为使烟罩在高温下不变形,目前对烟罩的冷却采用汽化冷却,通常称之为汽化烟罩。烟道的作用是把烟气引入净化系统,并且冷却烟气和进行余热回收。进入烟道的烟气温度很高,为了保护设备,烟道必须进行冷却。

转炉采用的是汽化冷却烟道,汽化冷却烟道的结构形式为密排围管形,用无缝钢管密排成圆筒形烟道,每根钢管都以一定的间隔点焊在加固圈上,管内通水汽化冷却。

B 文氏管除尘器

文氏管除尘器是一种湿法净化设备,用于转炉烟气的净化,主要起降温和聚尘作用。文氏管由收缩段、喉口和扩张段三部分组成,在喉口上部或在收缩段管壁安装喷嘴。在烟气净化系统中,常用的文氏管除尘器有两级:定径文氏管作为第一级,并加以溢流水封,主要起降温和粗除尘作用;可调喉口文氏管作为第二级,在其喉口装有可调设备,对喉口直径进行调节,在流程中主要起精除尘作用。

文氏管除尘器的特点是冷却能力大、除尘效率高,而且结构简单、占地面积少等。主要问题是阻力损失大、对风机要求高、水和能量消耗多、运转费用大、泥浆不易处理等。

5.4.4.5 副枪及炉气分析系统

副枪和炉气分析系统可实现对钢水碳含量和温度的在线快速检测。

A 传统副枪系统

副枪主要由传动机构、枪体和探头三部分构成,此外,还包括探头自动装卸和回收机构及其他附属装置。图 5-40 为副枪系统结构,该副枪系统能够实现快速检测熔池的碳含量、氧含量、温度并取样。副枪的运行主要有安装探头循环、测量循环和拆除探头循环三部分,分别实现副枪探头的自动装卸和自动测量。

B 投弹式副枪系统

投弹式副枪如图 5-41 所示。该副枪在测量时,探头从高处落入炉内,通过自身重量穿透渣层进入钢液并快速检测钢液温度和氧含量,通过连接在副枪与探头间的耐高温导线将数据传输至工控机。相比传统副枪,投弹式副枪具有设备简单、投资成本低、运行可靠性高等优点,但投弹式副枪无法对钢水进行取样分析,不利于终点 P、S 等的控制。

C 炉气分析系统

早在 20 世纪 60 年代,国外已在转炉炉气动态控制上进行了大量的研究,利用转炉冶炼过程中检测到的炉气成分、温度和流量等信息,对转炉进行动态控制,但是由于炉气分

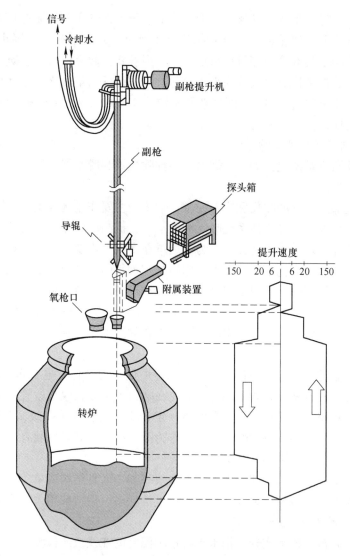

图 5-40　副枪系统结构示意图

析设备（红外分析仪）延时时间过长、分析精度不高，发展较为缓慢。进入 20 世纪 90 年代，用于炉气分析的设备由质谱仪替代了红外分析仪，其响应时间、分析精度均大幅改善，使得基于炉气分析的转炉动态控制再次引起人们的关注。

转炉炉气分析系统有气体取样系统、质谱仪和专用计算机组成，图 5-42 为炉气分析系统组成示意图。气体取样系统由采样探头、气体过滤装置（PLC 控制）和传输管道组成。LOMAS 烟气采集和处理系统可以采集温度高达 1800℃、烟尘含量高达 100mg/m³ 的气体。分析系统借助每一转炉上的两个探头来保证无间断连续测量的进行，其中一个探头用于烟气周期性取样，另一个进行清洗备用，将多余的测量烟气反吹到烟气冷却段。质谱仪对采集到的烟气进行成分分析，其核心部件是磁扇式分析仪，它由离子源、质量过滤器和检测系统等组成。质谱仪分析速度快，精度高，可分析不同流量烟气中 6 种主要气体 CO、CO_2、O_2、N_2、Ar、H_2 成分，分析周期小于 1.5s。

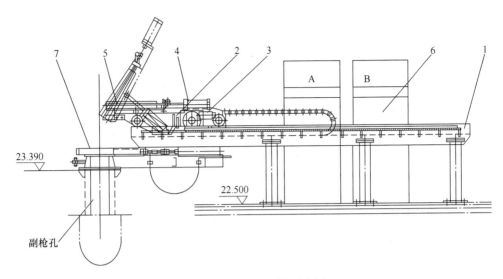

图 5-41　投弹式副枪示意图

1—机架；2—小车；3—驱动电机；4—把持器；5—上推槽；6—A、B 探头箱；7—氮封水冷滑动门

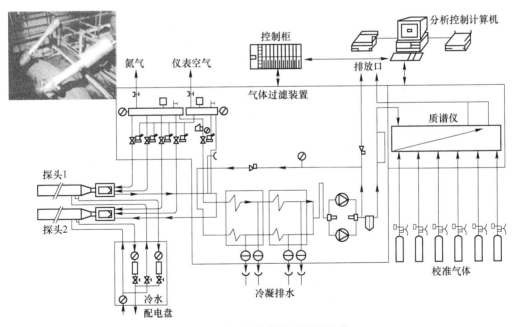

图 5-42　转炉炉气分析系统的组成

5.4.4.6　出钢挡渣装置

A　红外下渣检测系统

红外下渣检测系统用于对出钢过程和出钢结束时的下渣进行自动检测报警，提示摇炉工及时抬炉，减少出钢过程的下渣量。

红外下渣检测系统检测下渣的原理：根据钢水与钢渣的红外发射率不同，通过红外热像仪在出钢末期对钢流进行照射得到钢水钢渣混流图像，通过视频处理算法得出钢渣占钢流的比例而判断下渣。含钒钛钢水和钢渣的红外热辐射率如图 5-43 所示。可见钢水和钢渣的红外热辐射率相差较大，采用红外热像仪能较容易区分。

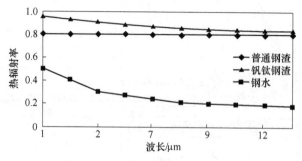

图 5-43 不同波长范围内辐射率比对

图 5-44 为红外下渣检测系统的结构。红外检测法具有灵敏度高、安装操作简单、维护容易、运行成本低的特点，越来越多地应用到转炉下渣检测中。

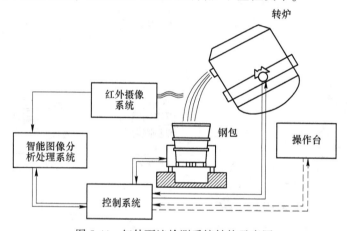

图 5-44 红外下渣检测系统结构示意图

B 挡渣锥

为减少出钢过程因涡流作用造成的下渣，有的转炉出钢过程采取了加挡渣锥出钢工艺。挡渣装置由两部分组成：挡渣锥投放车和挡渣锥。

挡渣锥投放车如图 5-45 所示。其主要组成部分如下：

轨道：轨道中心距 1200mm，轨长约 7400mm。

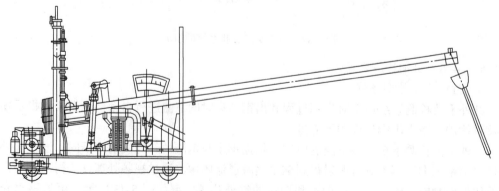

图 5-45 挡渣锥投放车示意图

平台车：包括车架、驱动轮对、行走减速机、被动轮对、电控柜，主要功能为行走、回转。主要技术参数为：宽度：1400mm；长度：2700mm；行程：4595mm；行走速度：0~31.5m/min；定位精度：±10mm。

挡渣锥由导向杆和锥体两个部分组成（见图 5-46）。起定位导向作用的导向杆采用 ϕ14mm 的螺纹钢筋外包裹耐火材料制成，它可有效防止挡渣锥的四处"漂移"。挡渣锥由耐火材料及其包裹的铁芯块组成，密度为 4.2g/cm³，界于钢渣密度和钢水密度之间。

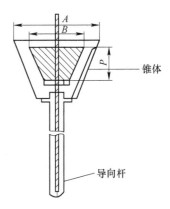

图 5-46 挡渣锥结构示意图

5.4.4.7 其他辅助设备

转炉冶炼设备除氧枪、倾动等 5 大系统及副枪、炉气分析设备外，另有一些辅助设备，用于对转炉的炉体维护等操作。

A 激光测厚仪

激光测厚仪能够迅速测量转炉炉衬厚度。图 5-47 为 LCS 激光测厚仪。利用快速激光测距设备，结合简便的软件即可完成炉衬厚度的测量。激光扫描速度为每秒 8000 点以上，扫描一座转炉能够获得 50 万点以上的轮廓测量数据，能获得较高的轮廓分辨率和精确的熔池高度。

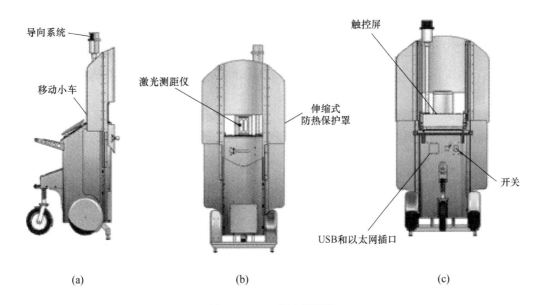

图 5-47 LCS 激光测厚仪
（a）侧视图；（b）主视图；（c）后视图

B 喷补设备

对转炉的炉体维护主要有溅渣护炉和补炉两种措施，而对炉体特定部位（出钢口附近、耳轴渣线、炉帽）可通过喷补方式维护。转炉喷补设备如图 5-48 所示。

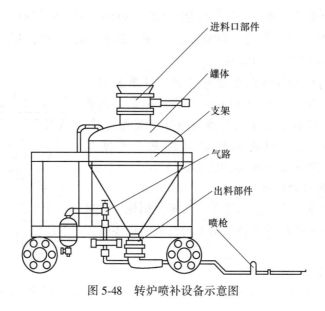

图 5-48 转炉喷补设备示意图

5.5 含钒铁水直接炼钢及生产含钒钢渣工艺技术（后提钒工艺技术）

5.5.1 先提钒后炼钢工艺的缺点

经过 30 多年的发展，含钒铁水先提钒后炼钢工艺（提钒—炼钢工艺）得到了大规模的工业化应用，其工艺技术已比较成熟，为我国钒产业发展壮大，成为全球产钒大国和钒工业大国做出了突出重要的贡献。虽然如此，但先提钒后炼钢工艺流程的缺点或先天不足并未得到解决。

从理论上讲，含钒铁水直接炼钢提钒工艺（即后提钒工艺）有其明显的优点，虽然未获得工业化应用，但其研发工作也一直未停止，有关研发人员做了大量的研究工作，得出了许多研究成果。

提钒—炼钢工艺的缺点分析如下：

（1）半钢炼钢热量不足、温度偏低。提钒后的半钢尽管其温度（物理热）有所提高，但化学热损失巨大，Si、Mn、V、Ti 全部被氧化为微量元素，C 元素也损失约 1%（由 4.5% 降到 3.5% 左右）。由于 C、Si、Mn、V、Ti 等元素的烧损使炼钢化学热损失 100~180℃之间，给炼钢工序带来了很大的困难，是炼钢系统长期工艺不顺的根源之一。

近年来虽然在解决半钢炼钢热源不足的问题上采取了很多技术措施，有的措施也很奏效，但都不是治本之策，不能从根本上彻底解决半钢炼钢热源不足的难题。众所周知，目前炼钢工序的炉龄问题、脱氧工艺、钢质量、钢种炼成率等无不与炼钢热源不足有一定关系。

（2）金属吹损大。先提钒后炼钢流程的金属吹损包括脱硫、扒渣、提钒、炼钢四个工序。脱硫和扒渣的铁损分别为 1.0% 和 1.42%。提钒过程的金属吹损为 6.06%~7.00%，半钢炼钢工序金属吹损为 8.1%。半钢炼钢实际操作过程有一个特殊现象，即在冶炼低碳钢（特别是冶炼连铸低碳钢）时，往往由于温度偏低而烧铁升温，渣中 TFe 达 35%～45%，较普通铁水炼钢时高 10% 左右，仅此一项就造成钢铁料消耗增加 6.4kg/t 钢，即铁损增加 0.64%，造成半钢炼钢工序的钢铁料消耗为 1088kg/t 钢，如果考虑提钒工序在内，则实际钢铁料消耗应为 1160～1170kg/t 钢。

（3）工序间铁水/半钢吊运复杂、耗时长。工序间铁水/半钢吊运复杂、耗时长，致使生产效率低，其过程的温度损失大。表 5-41 为含钒铁水进厂至炼钢转炉前各工序间占用时间，表 5-42 为提钒后出半钢到炼钢转炉内半钢温度变化。

表 5-41   铁水进厂至炼钢转炉前各工序间占用时间

工序	进厂至脱硫前	脱硫过程	脱硫至扒渣	扒渣过程	扒渣至提钒	提钒吹氧
时间/min	$\dfrac{45.6}{5\sim150}$	$\dfrac{13.8}{7\sim21}$	$\dfrac{24.9}{2\sim95}$	$\dfrac{7.7}{5\sim9}$	$\dfrac{24.3}{2\sim81}$	$\dfrac{6.2}{5\sim7.5}$
工序	等罐	出半钢	至栈桥南	至翻铁	翻铁过程	至炼钢
时间/min	$\dfrac{9.2}{1\sim27}$	$\dfrac{5.7}{4\sim13}$	$\dfrac{36.2}{5\sim112}$	$\dfrac{14.1}{3\sim55}$	$\dfrac{6.1}{3\sim10}$	$\dfrac{70}{17\sim135}$

表 5-42   提钒终点至炼钢炉前温度变化

工序点	转炉提钒终点	出半钢后	混铁炉测温平台	炼钢炉内
温度/℃	$\dfrac{1378}{1322\sim1436}$	$\dfrac{1354}{1294\sim1387}$	$\dfrac{1309}{1267\sim1350}$	$\dfrac{1267}{1243\sim1320}$

由表 5-41 可见，铁水进厂后经过脱硫、提钒两步骤的预处理，最后到达炼钢转炉的总时间消耗达 193min，仅此一项就损失温度约 96℃（温降速度 0.5℃/min）。

另外，由表 5-42 可知，从转炉提钒终点到炼钢炉前之间的钢水吊运过程温度损失也很大，达 100℃ 左右。造成这一现象固然有管理上的因素，但铁水预处理工艺复杂、场地狭小、流程布置不尽合理以及铁水吊运距离长且复杂等是主要原因。

5.5.2   后提钒工艺技术的优点

后提钒工艺技术具有以下优点：

（1）后提钒可解决炼钢温度不足的问题。后提钒工艺能从根本上理顺炼钢系统工艺流程，使转炉炼钢工艺得到进一步完善、优化，从而彻底解决长期困扰半钢炼钢热量不足难题；可有效降低炼钢终点的钢、渣氧化性，这对稳定脱氧工艺、提高钢质量、提高炉龄、提高合金收得率、提高冶炼终点命中率等都将起到重要的作用。

具体表现在如下几个方面：

1）全钒铁水炼钢可解决提钒后化学热量热源不足问题，铁水吹钒前后 C、V 等元素的变化情况见表 5-43。

表 5-43   含钒铁水半钢成分比较   （%）

成分	C	Si	Mn	V	Ti	S	P	温度/℃
脱硫前铁水	4.4	0.12	0.19	0.302	0.11	0.078	0.06	1280

成分	C	Si	Mn	V	Ti	S	P	温度/℃
脱硫后铁水	4.4	0.10	0.20	0.30	0.08	0.013	0.057	1250
吹钒后半钢	3.2~3.8	≤0.02	0.03~0.20	0.02~0.05	≤0.02	0.01~0.05	0.03~0.07	1300~1360

通过上述对比可以看出，铁水中的 C、Si、V、P、Ti、Mn 等发热元素可在炼钢中脱出，提供较充足的热量。

2）简化炼钢之前的铁水处理工序。据统计，从铁水到转炉炼钢之前平均达到 193min，温度损失 0.5℃/min，损失温度将近约 100℃。后提钒可取消提钒过程的时间、减少温度损失。提钒过程的周期见表 5-44。

表 5-44 生产与设计冶炼时间对比

项 目	设计时间/min	实际生产时间/min
兑铁（含扒渣）	10	2
吹炼	8	6~8
取样测温	2	3
出半钢	5	7~10
出钒渣	3（其余2）	1
合计	30	约23

3）后提钒可减少吹钒过程多次翻铁（每次翻罐温度降 30~40℃），缩短铁水停留时间，减少温降。

（2）后提钒工艺的金属吹损量将大大降低。由于把提钒工序放在炼钢之后，所以提钒过程的金属吹损量将大大降低。而炼钢过程由于避免了烧铁升温的不良操作，吹损也将减少 0.64% 左右。这样钢铁料消耗将由现流程 1160~1170kg/t 钢（提钒—炼钢之和）下降到 1080kg/t 钢左右。

后提钒工艺可减少金属损失，最少可提高 7% 的铁回收率。这主要节省在先提钒铁损（6.6%）和炼钢过程由于发热元素少、铁多烧损（0.6%）两个方面。

同时还可增加废钢比，提高钢产量，降低生产成本。采用后提钒流程后再配合铁水预处理（脱磷、脱硫），实施少渣炼钢，低碳钢和中高碳钢的废钢比预计可分别达 14% 和 6%，或综合废钢比达到 12.96%，从而可较大幅度地提高钢产量。增加废钢比后钢产量也随之增加，由于其他的生产成本不会有大的增加（如散状料消耗、人工工资等），因而吨钢成本将大幅度降低。

（3）先炼钢后提钒流程的钢渣可资源利用。还原提钒的尾渣——还原渣可用于白水泥生产原料，从而可以最大限度地实现提钒后二次资源的回收利用，减少对环境的污染。

5.5.3 国外后提钒工艺技术研发情况——以俄罗斯下塔吉尔钢铁公司提钒工艺为例

5.5.3.1 原双联法提钒工艺简介

原下塔吉尔钢铁公司采用的氧气转炉提钒工艺是乌拉尔黑色冶金科学研究院研制的。

自从 1963 年进行工业试验以来，工艺流程从未改变，1978～1979 年，转炉容积从 86m³（装料量为 100～130t）扩大为 135m³（装料量为 160～180t），并使第四座转炉和第三座混铁炉投产（三座混铁炉的容量均为 1300t）。

含钒铁水化学成分见表 5-45。

表 5-45 下塔吉尔提钒转炉用含钒铁水化学成分 （%）

C	V	Si	Mn	Ti	Cr
4.2～4.5	0.45～0.48	0.20～0.25	0.27～0.33	0.15～0.25	4.2～4.5

铁水温度 1300℃。

用 160t 铁水罐注入混铁炉中，定期扒放混铁炉渣并将其返回高炉车间。

铁水注入转炉后，加入冷却—氧化剂轧钢铁皮 40～80kg/tFe（根据铁水中的硅含量和钢的用途定）。轧钢铁皮的成分见表 5-46。

表 5-46 下塔吉尔提钒转炉用冷却-氧化剂成分 （%）

FeO	Fe₂O₃	SiO₂	MgO	CaO
37～58	36～57	2.3～3.0	0.6～0.9	0.5～0.7

氧气喷枪带有水冷，喷枪直径为 219mm，喷嘴临界直径为 32～35mm，并与喷枪轴线成 20°倾斜角的 4 孔或 5 孔喷头。以 280～320Nm³/min 的供氧强度喷吹工业氧气。吹炼初期枪位通常为 2m 左右，以后降低到 0.9～1.2m。当铁水硅含量高时，整个冶炼期间枪位始终保持下限。

吹钒操作时间 5～8min，吹炼过程中钢水温度从 1230～1260℃提高到 1340～1410℃，半钢残钒 0.03%～0.04%，碳降低到 2.8%～3.6%。抬起喷枪停止吹氧，将半钢倒入铁水罐车，在另一座转炉炼钢。钒渣倒入渣罐或留在炉内（留渣操作时）。半钢收率 94%～97%，转炉钒渣的产率为 38～42kg/t 半钢。商品钒渣回收率为 82%～84%。

转炉钒渣的化学成分中有 9%～11%的金属夹杂物，其他成分见表 5-47。

表 5-47 下塔吉尔转炉钒渣的化学成分 （%）

V₂O₅	TFe	Fe弥散	MnO	Cr₂O₃	TiO₂	SiO₂	CaO	P
15～22	26～32	1～3	9～10	2～4	8～9	17～18	1.2～1.5	0.03～0.04

5.5.3.2 俄罗斯单联法提钒工艺简介

转炉双联法钒的优点：（1）可保证生产各品种的钢；（2）制取的钒渣含钒高，CaO、P 等杂质少，有利于下一步提取五氧化二钒。但是有如下的缺点：（1）转炉车间炼钢的生产率低，半钢周转需要一定时间，使冶炼周期从 40～45min 延长到 60～70min；（2）双联法吹钒时要加入冷却剂致使半钢温度较低（1370～1420℃），半钢炼钢时转炉冶炼的热平衡紧张，不能处理数量可观的废钢；（3）由于炼钢渣量小，金属脱硫率极低（12%～15%），而传统的氧气顶吹转炉炼钢法脱硫率为 30%～50%。

由于上述原因，俄罗斯下塔吉尔钢铁公司提出了转炉单联法提钒炼钢工艺，并进行了一系列工业试验。以此为依据，从 1997 年起对原有的转炉提钒车间进行了大规模的改造。

单联法提钒试验用的含钒铁水成分见表 5-48。

表 5-48   下塔吉尔单联法提钒试验用的含钒铁水成分   （%）

C	V	Si	Mn	Ti	P	S
4.0~4.5	0.46~0.48	0.14~0.20	0.23~0.28	0.12~0.14	0.04	0.031~0.039

铁水温度为 1280~1300℃，铁水量 132t。

一炉钢加入冷却剂废钢 0~12t、铁矿球团 3.5~6.5t 和氧化铁皮 0~4t，加入造渣剂石灰 5~11t、萤石 0.9t 和锰矿 1t。

在中间扒渣试验中，吹炼开始时先加入石灰总量的 30%~50%，剩下的石灰在扒渣后加入。吹氧强度为 240~270m³/min，总耗氧量为 5000~6500m³（根据冶炼钢种确定）。当氧耗量达到 2400~4000m³ 后进行中间扒渣。

试验研究了脱钒、脱碳、脱硫和脱磷的规律。此工艺脱钒和脱碳同时进行，当碳含量达到 2.0%~2.5% 时钒浓度降低到 0.02%~0.03%，此时采用中间扒渣的单联法时渣中 V_2O_5 含量最高，同时到扒渣时熔池温度应不超过 1450~1460℃，炉渣碱度应控制在 3.3~3.4，脱钒率可达到 90%~96%。

脱硫率取决于炉渣的碱度，当炉渣碱度从 1.8 增加到 4.5~5.0 时，脱硫率从 0% 提高到 25%~44%。单联法脱硫效果大大高于双联法的脱硫率（10%~20%）。

单联法冶炼过程中脱磷均无困难，当扒中间渣时随着炉渣碱度从 2.0 提高到 3.4 时，脱磷率从 0% 提高到 75%。以后随着碱度提高对脱磷率没有影响。

单联法得到的钒渣成分见表 5-49。

表 5-49   单联法试验钒渣的化学成分   （%）

试验编号	CaO	V_2O_5	SiO_2	MgO	TFe	P_2O_5	S
不扒中间渣冶炼终渣							
1	53.7	7.7	13.2	—	4.0	—	—
2	54.4	6.4	10.8	—	8.0	—	—
3	50.4	8.3	10.2	—	8.3	—	—
4	50.7	10.6	10.2	—	4.3	—	—
5	50.7	11.5	10.5	—	3.4	—	—
扒中间渣冶炼中间钒渣							
6	46.6~39.1	11.6~9.73	14.5~12.7	8.0~11.8	8.8~13.2	0.82~0.93	0.14~0.10
7	38.7~43.1	16.9~9.7	14.7~14.2	6.6~9.4	8.0~11.7	0.93~0.85	0.09~0.09
8	35.1~42.2	11.7~10.9	19.2~15.3	11.0~11.1	8.3~7.8	0.37~0.75	0.04~0.09
9	42.8~48.0	14.1~7.2	14.6~10.9	4.9~6.6	9.2~9.8	1.39~0.87	0.10~0.28
10	38.6~44.8	14.4~5.3	11.7~7.7	5.8~6.6	12.2~21.1	1.73~0.28	0.12~0.20

在供氧强度为 300m³/min 条件下的单联法转炉工业试验冶炼指标，见表 5-50。

尽管单渣法冶炼对炼钢有利，但是从得到的钒渣质量上看，主要问题是钒渣含钒低，V_2O_5 含量平均 8% 左右；氧化钙含量高达 40% 左右；磷含量高。俄罗斯还没有开发出从这种高钙磷、低钒钢渣中有效地提取五氧化二钒的方法。

表 5-50 单联法转炉试验冶炼指标

试验编号	吹炼时间/min	钢水温度/℃	钢水化学成分/%				炉渣化学成分/%					炉渣碱度
			C	V	Mn	P	FeO	CaO	V_2O_5	SiO_2	MnO	
1	19.5	1605	0.63	$\dfrac{0.23}{0.19}$	$\dfrac{0.20}{0.17}$	$\dfrac{0.058}{0.046}$	5.0	39.8	6.4	21.6	3.3	2.2
2	24.5	1615	0.09	$\dfrac{0.01}{0.02}$	$\dfrac{0.06}{0.04}$	$\dfrac{0.010}{0.008}$	25.7	40.0	6.2	8.8	3.2	5.1
3	21.0	1580	0.45	$\dfrac{0.19}{0.17}$	$\dfrac{0.21}{0.15}$	$\dfrac{0.049}{0.042}$	5.6	38.8	9.7	20.9	5.0	2.2
4	22.4	1570	0.26	$\dfrac{0.05}{0.13}$	$\dfrac{0.16}{0.11}$	$\dfrac{0.042}{0.038}$	7.7	38.0	11.8	16.7	5.2	2.7
5	23.4	1560	0.16	$\dfrac{0.02}{0.08}$	$\dfrac{0.11}{0.07}$	$\dfrac{0.021}{0.018}$	13.5	40.8	10.8	11.6	5.0	4.0

注：1. 分子—实际数据,%；

2. 分母—对原始铁水成分下的计算数据：V 0.45%、Mn 0.28%、Si 0.25%、Ti 0.20%、P 0.06%。

5.5.4 我国后提钒工艺技术研究情况

我国曾进行过钢渣提钒研究，主要采用水法和火法两种工艺路线。

5.5.4.1 水法工艺

A 原成都无缝钢管厂平炉钢渣提钒试验研究

1972 年 5 月由某研究院负责"用成都无缝钢管厂平炉钢渣提取五氧化二钒"任务，用平炉初期渣（含 V_2O_5 为 10%～12%，含 CaO 为 20%）进行了小试和扩试。添加 Na_2CO_3 和 Na_2SO_4 各 15%，950℃焙烧 2h，钒转化率可达到 80%。

对平炉大翻渣（含 V_2O_5 为 6.66%，含 CaO 为 30%）在 6m 长、直径 40cm 的回转窑上进行了扩大试验，添加 Na_2CO_3 和 Na_2SO_4 各 35%，900～930℃焙烧 2h，钒转化率可达到 83%，钒浸出率达到 98%，水解沉钒率达到 95%以上，钒总收率达到 70%以上。

经济分析（以 1973 年价格计算）见表 5-51。

表 5-51 平炉钢渣提取 V_2O_5 的物料消耗 （元）

物料名称	单耗（tV_2O_5）
钢渣（V_2O_5 含量 6.5%）	13.8
苏打	4.75
芒硝	6.22
硫酸	2.0
水	200
电/kW·h	3500
煤气/Nm^3	10900

1979～1980 年，成都科技大学用原成都无缝钢管厂平炉钢渣（中期渣含 V_2O_5 为 2.59%、含 CaO 为 42.15%，初期渣含 V_2O_5 为 6.36%、含 CaO 为 23.11%，按 60：40 混合）进行了苏打（20%）+食盐（8%～10%）的焙烧（950～1050℃，2.5～3h），用 CO_2 碳酸化浸取，固液比 1：5，浸出温度 60～70℃，浸出时间 1h，进出控制 pH = 8.2～8.5，

钒转浸率达到 70%。

B 钢渣提钒试验研究

1976 年冶金部下达"钢渣水法提钒"科研项目，1976～1978 年进行了小试、中试及在南京铁合金厂进行了半工业和工业试验。工业试验采用钢渣情况见表 5-52 和表 5-53。

表 5-52   转炉钢渣的化学成分 （%）

CaO	V₂O₅	FeO	TFe	SiO₂	MgO	TiO₂	MnO	Al₂O₃	P₂O₅	S
51.23	6.25	10.66	11.70	10.05	4.55	5.33	1.54	1.69	0.374	0.285

表 5-53   钢渣的物相组成 （%）

硅酸三钙	钒钙钛氧化物	镁方铁矿	硅钒酸钙	碳酸钙	金属铁
46.81	30.91	15.40	0.32	5.00	1.56

（1）钒钙钛氧化物（$Ca_3(Ti,V)_2O_7$）：呈黑色或黑绿色、厚薄不等的片状物，长轴小于 0.1mm，主要在 0.04～0.07mm 之间，密度 3.75g/cm³，比磁化率 10.11×10^{-6} cm³/g，其化学成分见表 5-54。

表 5-54   钒钙钛氧化物的化学成分 （%）

V₂O₅	SiO₂	TiO₂	Cr₂O₃	Al₂O₃	Fe₂O₃	CaO	MgO	MnO	FeO
9.59	1.25	31.42	3.05	1.69	4.90	45.91	1.13	0.19	0.08
9.78	1.54	30.85	1.25			48.23	0.78	0.23	4.71

钒钙钛氧化物是钢渣中主要含钒矿物，分布不均，与之共生的还有硅酸三钙、硅钒酸钙和镁方铁矿。用盐酸处理后才能得到单矿物。

（2）硅钒酸钙（$Ca_5(SiO_4)(VO_4)_2$）：一般呈完好的柱状，断面呈对称六边形，密度 3.09g/cm³，比磁化率 3.80×10^{-6} cm³/g，不稳定，在弱酸性介质中迅速溶解。平均粒径 0.05～0.1mm，其化学成分见表 5-55。

表 5-55   硅钒酸钙的化学成分 （%）

V₂O₅	SiO₂	TiO₂	Cr₂O₃	TFe	CaO	MgO	MnO	合计
31.99	11.22	1.21	3.05	0.33	61.42	0.14	0.06	106.37

（3）硅酸三钙（Ca_3SiO_5）：钢渣中主要物相，自形性较差，结晶较晚，充填于其他矿物格架之间，易被酸分解。颗粒大小悬殊，直径一般为 0.1～0.3mm，密度 3.09g/cm³，比磁化率 5.51×10^{-6} cm³/g，其化学成分见表 5-56。

表 5-56   硅酸三钙的化学成分 （%）

V₂O₅	SiO₂	TiO₂	TFe	CaO	MgO	MnO
1.47	22.18	2.10	1.86	67.86	0.32	0.74

（4）镁方铁矿（RO 相）：由方镁石、方铁矿、方锰矿构成，成分不稳定，密度

$4.56g/cm^3$，比磁化率$96.53×10^{-6}cm^3/g$，颗粒大小悬殊，直径一般为$0.005~0.06mm$，其化学成分见表5-57。

表 5-57　镁方铁矿的化学成分　　　　　　　　　　（%）

V_2O_5	SiO_2	TiO_2	Cr_2O_3	Fe_2O_3	FeO	CaO	MgO	MnO
2.66	1.48	5.76	0.67	0.55	47.03	6.42	27.30	7.20
0.25	0.15	0.47			46.51	2.23	39.95	8.32

上述四种主要矿物中钒的分配，见表5-58。

表 5-58　四种主要矿物中钒的分配

矿物	W/%	V_2O_5	
		品位/%	分布率/%
Ca_3SiO_5	46.81	1.47	17.88
镁方铁矿	15.40	0.20	0.81
$Ca_3(Ti,V)_2O_7$	30.91	9.78	78.66
$Ca_6[(SiO_4)(VO_4)_2]$	0.32	31.99	2.65
碳酸盐	5.0		
MFe	1.56		
Σ	100.00		

转炉钢渣配入18%的苏打，在长40.5m、内径1.95m工业回转窑进行氧化焙烧，最高温度控制在$1100~1150℃$，焙烧时间3~4h，钒平均转化率81.03%。

焙烧熟料经湿球磨制成泥浆，浸出时通入石灰窑尾气（含有CO_2气体12%~20%，压力$20kg/cm^2$）进行碳酸化浸出，浸出温度53~64℃，pH值8.5左右，浸出4~5h，钒转浸率达到78%。钒溶液采用水解沉钒，沉淀率达到95%，钒总收率为61%。工厂成本分析（以1978年价格）见表5-59。

表 5-59　钢渣提取 V_2O_5 原料消耗　　　　　　　（t）

原料名称目	规　格	单　耗
钢渣	V_2O_5，4%	40.98
苏打	Na_2CO_3，98%	7.38
硫酸	H_2SO_4，92%	2.8
窑气/Nm^3	CO_2，12%~20%	23189
重油		12.72
水		1400
电/kW·h		7711

加碳酸钠15%~20%，在1050℃下焙烧2h后，钢渣的物相变化：镁方铁矿仍然保留原来形态。$Ca_3(Ti,V)_2O_7$大部分已经与钠盐作用形成红棕色、黄色隐晶玻璃质，主要是$Na_3(VO_4)_2·nH_2O$。硅酸三钙和硅钒酸钙已经玻璃化，仍可见完好的蓝绿色柱状物。新

生成一些游离的氧化钙。

C 钢渣提钒的其他方法探索

将国内其他实验室钢渣水法提钒探索试验及其结果，汇总列于表5-60中。

表 5-60 钢渣提钒的其他方法探索

钢渣处理方法	焙烧条件	浸出条件	钒浸出率/%
	无	4%H_2SO_4 80mL 煮沸	89.6
	无	10%HCl 80mL，煮沸	98.0
$NaNO_3$ 10%	1100℃，2h	10%Na_2CO_3	20.48
$CaCO_3$ 20%，$NaNO_3$ 10%	1100~1300℃，1~2h	10%Na_2CO_3	10.50~19.92
$CaCl_2$ 20%	800℃，1h	10%Na_2CO_3	22.10
$CaCl_2$ 20%，MnO 20%	1180℃，1~2h	10%Na_2CO_3	18.50~22.10
硅酸钠 50%	900℃	5%Na_2CO_3，水	31.20~63.20
硅酸钠 25%，硫酸钠 25%	900~1000℃	5%Na_2CO_3	45.95~82.80
长石 50%	1050℃	5%Na_2CO_3	36.48
长石 60%，硫酸钠 10%	1100℃	5%Na_2CO_3	42.53
SiO_2 30%，硫酸钠 20%	1080℃	5%Na_2CO_3	58.00
SiO_2 20%，硫酸钠 25%，Na_2CO_3 15%	1000℃	5%Na_2CO_3	66.19
Na_2CO_3 15%，NaCl 5%	950℃	5%Na_2CO_3，水	32.30
Na_2CO_3 15%，硅酸钠 15%	1100℃	5%Na_2CO_3，水	47.30
Na_2CO_3 10%，SiO_2 30%	1100℃	5%Na_2CO_3，水	30.40~35.60
Na_2CO_3 15%，硫酸钠 15%	1000℃，2h	水（先），5%Na_2CO_3（后）	81.58~92.45
Na_2CO_3 15%	1000℃	70~80℃，固液比 1:5，通 CO_2，pH 值 8~9	70~80

D 雾化钒渣石灰提钒

1990~1991 年，某研究院按照俄罗斯图拉厂的石灰提钒法进行了焙烧、浸出和沉钒的实验室条件研究。采用雾化钒渣（含 V_2O_5 15.43%）配入石灰石，使混合料中的 CaO/V_2O_5 为 0.6，焙烧温度 950℃，焙烧 1.5h。用 10%硫酸溶液浸出，固液比 1:5，浸出温度 65℃，pH 值控制在 2.5~3.2，钒转浸率达到 92.6%。采用水解沉淀法沉钒，钒沉淀率达到 98%~99%，钒总回收率比传统的苏打法提高了 1%~2%。

5.5.4.2 火法提钒

1983 年冶金工业部下达任务，由某研究院和十九冶建研所承担"用含钒钢渣冶炼高钒生铁和配烧白色无熟料水泥主要原料的研究"，在 1981 年实验室研究基础上在 100kV·A 矿热炉做了 88 炉次试验，1984 年在 250kV·A 矿热炉上做了 22 炉扩大试验。钢渣和河沙成分见表 5-61，煤粉成分见表 5-62。

表 5-61　钢渣和河沙成分　　（%）

成分	CaO	SiO$_2$	Al$_2$O$_3$	MgO	MFe	FeO	Fe$_2$O$_3$	V$_2$O$_5$	MnO	TiO$_2$	P	S
钢渣	43.21	6.63	1.66	4.70	3.60	12.52	8.78	1.54	0.71	0.70	0.23	0.32
河沙	3.44	73	13.34	1.17	—	—	—	—	—	—	—	—

表 5-62　煤粉成分　　（%）

水分	固定碳	挥发分	灰分	灰分成分					
				FeO	SiO$_2$	Al$_2$O$_3$	MgO	TiO$_2$	CaO
2.38	48.5	28.35	38.15	5.60	58.60	22.35	3.79	1.18	4.65

　　试验结果表明：冶炼工艺顺行，渣铁分离良好，指标稳定，用碳素炉衬可满足要求。取得如下指标：钒回收率 90.15%，电能单耗 1623kW·h/t 钢渣，还原剂煤粉消耗 160kg/t 钢渣；产率：高钒生铁 0.22t/t 钢渣，还原渣 0.58t/t 钢渣。产品质量见表 5-63。还原渣的平均成分见表 5-64。

表 5-63　高钒生铁的成分　　（%）

C	Si	Mn	P	S	V	Ti
5.32	0.38	0.75	0.74	0.005	3.62	0.51

表 5-64　还原渣的平均成分　　（%）

CaO	SiO$_2$	Al$_2$O$_3$	MgO	FeO	f-CaO
60.39	23.29	6.63	6.66	0.46	0.26

　　以还原渣为原料进行了制取白水泥试验，白水泥可达到国家三级品，强度可达到 325~425 号标准要求。

　　1984 年在 5000kV·A 矿热炉上进行冶炼钢渣试验，物料收支情况见表 5-65。

表 5-65　物料收支表

支　出		收　入	
品名	数量/t	品名	数量/t
钢渣	20000	生铁	4622.7
河沙	1600	生铁中钒	157.3
无烟煤	6000	白水泥	14146
石膏	2546		
自焙电极	260		
石墨电极	52		

　　对高钒生铁进行了吹钒探索试验，据介绍得到的钒渣含 V$_2$O$_5$ 30%~40%。

5.5.5　后提钒工艺的可行性及可能存在的问题

5.5.5.1　后提钒工艺的可行性

后提钒主要技术难点在于钢渣提钒。

从 1972 年起我国即开展以含钒钢渣为原料提取 V$_2$O$_5$ 的试验研发工作，使用过不同

354 · 5 提钒-炼钢技术

含钒钢渣提钒，无论湿法还是火法都积累了很多经验，研究比较深入、全面，最后都取得了成功。

1997~1998 年俄罗斯下塔吉尔曾进行过后提钒的试验工作，主要是在图拉黑色冶金厂进行的试验研究。俄罗斯图拉黑色冶金厂传统的石灰法提钒工艺，原来使用的是含 V_2O_5 17%~22%、含 CaO 2% 左右的钒渣，再配入一定量的 CaO 使 CaO/V_2O_5 比在 0.6 左右，在此条件下可以得到较好的指标。但是钢渣含 V_2O_5 只有 8% 左右，而 CaO 含量 40% 左右，这种钢渣的 CaO/V_2O_5 比已经达到 5.0，因此焙烧后酸浸率极低，而且大量的 CaO 使原酸浸工艺过程产生大量石膏（$CaSO_4$）堵塞了过滤滤布，工艺不顺行，试验失败了。

需要指出，这只是俄罗斯的情况，不能说明世界的钢渣提钒工艺不行，因为我国在钢渣提钒试验研究方面掌握的技术比俄罗斯要全面，俄罗斯失败不等于我国也失败。特别需要指出，由于我国钒渣产量已能满足我国国内需要，虽然我国的钢渣提钒试验研究工作从 20 世纪 80 年代中期停止，但随着科学技术的不断发展进步，在原来的基础上对钢渣提钒新工艺的研究可能会取得新的突破。

5.5.5.2 后提钒工艺可能存在的问题

(1) 后提钒后，由于全钒铁水炼钢与全半钢炼钢是有区别的，需要在具体的炼钢工艺技术参数和指标上做出调整。

(2) 原来的两座提钒转炉，相应的炉型、水、电、风、气及原料系统等都要适当改造才能适应全铁水炼钢需要。同时铁水输送、出钢出渣及与连铸工序的匹配需要做研究和调整。

(3) 尽管后提钒工艺可增加钢产量，但是火法处理钢渣与先提钒工艺相比，标准钒渣的产量可能会减少。计算如下：

固定条件：铁水 600 万吨，含钒 0.30%。总钒量：600×0.30% = 1.80 万吨。

1) 先提钒工艺。如果 100% 铁水提钒，钒收率为 85%，钒渣中含有钒：1.80×85% = 1.53 万吨。相当于 V_2O_5 = 1.53×1.785 = 2.73 万吨，折合标准钒渣产量 27.3 万吨。

2) 后提钒工艺（以火法提钒做比较）。炼钢过程钢水平均残钒量 0.01%，相当于含钒：0.01%×600 = 0.06 万吨，转炉吹损钒 0.03 万吨。则在钢渣中应该剩下钒：1.80−0.06−0.03 = 1.71 万吨，相当于 V_2O_5 = 3.05 万吨。

600 万吨钢产钢渣量：8%×600 = 48 万吨。

钢渣含 V_2O_5 量：3.05/48 = 6.35%。

若火法冶炼钢渣得到高钒铁水的产率为 22%，则相当于 48×22% = 10.56 万吨高钒铁水；若冶炼高钒铁水时钒进铁率取 90%，则铁水含钒：1.71×90% = 1.539 万吨，相当于 V_2O_5 = 1.539×1.785 = 2.747 万吨。

铁水含钒浓度：1.539/10.56 = 14.57%。

如果吹钒收率 85%，则钒渣中含有 V_2O_5：2.747×0.85 = 2.335 万吨。相当于产标准钒渣 23.35 万吨，比先提钒减少标准钒渣产量 3.95 万吨左右。

5.6 提钒-炼钢新技术

5.6.1 含钒铁水恒压恒枪炼钢新技术

转炉的吹氧和造渣是氧气转炉炼钢最为重要的操作过程，它不仅是为了生成有足够流动性和碱度的熔渣以便把硫、磷含量降到计划钢种要求以内，还要使吹氧时喷溅和溢渣量减至最小，实现转炉生产的高效化和生产过程的清洁化。

转炉炼钢高效化的主要矛盾就是造渣速度低于铁水的氧化反应速度，因此加快造渣速度达到快速成渣，可使其提高脱硫、脱磷率，而且在吹炼过程中不喷溅、不返干、不粘枪，能适应快速冶炼需要，就是转炉炼钢技术的核心。

造好渣是实现炼钢生产优质、高产、低耗的重要保证，实际生产中常讲的"炼钢就是炼渣"就是这个道理。要做好炼钢造渣就是在转炉冶炼过程中对炉渣的控制遵循"初期早化渣，过程化透渣，终渣要做稠"，在整个过程中供氧操作的枪位控制十分重要。

含钒铁水转炉炼钢分为含钒铁水提钒和半钢炼钢两种方式，其炼钢过程中一个重要步骤就是供氧制度。供氧制度的主要内容包括确定合理的喷头结构、供氧强度、氧压和枪位控制。氧气顶吹转炉炼钢的供氧制度是使氧气射流最合理地供给熔池，创造良好的物理化学反应条件，是控制整个吹炼过程的中心环节，直接影响吹炼效果和钢的质量。转炉炼钢的供氧操作是保证熔池升温速度、造渣速度、控制喷溅和去除钢中气体与夹杂物的关键环节。

转炉炼钢的喷头结构、供氧强度和氧压确定以后，供氧制度的关键就是控制氧枪枪位。转炉炼钢吹炼过程是一个复杂的物理、化学反应过程。理论研究和生产实践证明，控制好氧枪枪位也就是优化了造渣过程，氧枪枪位是炼钢造渣过程的主要控制参数，合理的操作枪位对于抑制炉渣返干、减少喷溅、提高炉渣冶金性能，有效去除钢中有害杂质，提高钢的质量都具有重要的意义。

5.6.1.1　炼钢的枪位控制

转炉炼钢枪位的变化范围可据经验公式确定：

$$H = (37 \sim 46)pD_{出}$$

式中　　p——供氧压力，MPa；

　　　　$D_{出}$——喷头的出口直径，mm；

　　　　H——枪位，mm。

转炉炼钢枪位控制就是利用氧枪枪位的升降（也称滑动枪位）操作，通过控制炉渣中的（FeO）来加速石灰的熔化而实现造渣功能。从某种程度上讲氧气顶吹转炉炼钢的操作就是通过氧枪枪位的变化来调节和控制炉渣中有合适的（FeO）含量，以满足吹炼过程各时期的需要。

实际操作中枪位控制通常遵循"高—低—高—低"原则。一般采用高—低—高六段式操作法（见图5-49）和高—低—高五段式操作法（见图5-50）。

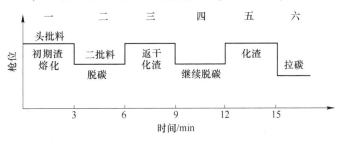

图 5-49　高—低—高六段式操作法

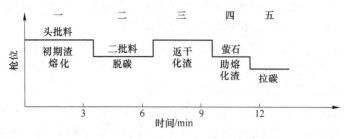

图 5-50 高—低—高五段式操作法

（1）前期高枪位化渣并防止炉渣喷溅。吹炼前期铁水中的硅迅速氧化，渣中（SiO_2）较高而熔池的温度较低。为了加速头批渣料的熔化（尽早去 P 并减轻炉衬侵蚀），除加适量化渣助熔剂外应采用较高的枪位，保证渣中（FeO）达到并维持在 25% 左右，否则石灰表面生成 C_2S 外壳阻碍石灰溶解。枪位也不可过高，过高的枪位使炉内聚积大量（FeO），温度上升后 C-O 反应激烈易发生喷溅。合适的枪位是使炉内泡沫渣液面到达略低于炉口而又不溢出。

（2）中期低枪位脱碳并防止炉渣返干。吹炼中期主要是脱碳，枪位应低些，但此时不仅吹入的氧几乎全部用于碳的氧化，而且渣中（FeO）也被大量消耗，易出现"返干"现象而影响 S、P 的去除，故不应太低，应使渣中（FeO）保持在 15% 左右。

（3）后期提枪调渣控制好终点。吹炼后期 C-O 反应已弱，产生喷溅的可能性不大，此时的基本任务是调好炉渣的氧化性和流动性，继续去除 S、P 并控制好终点碳，因此枪位应适当高些。

（4）终点前压枪点吹破坏泡沫渣。临近终点出钢前应压低枪位（较正常吹炼枪位低 50~100mm），点吹 30~60s，均匀钢液成分和温度，同时降低炉渣的氧化铁含量并破坏泡沫渣，以提高金属和合金的收得率并有利于溅渣护炉。

以上控制氧枪枪位的操作方法的最大缺陷是依赖人工经验，通过观察炉口火焰并倾听炉内反应声响来判断是否成渣，为了早化渣则采用高枪位吹氧，以便炉内迅速聚积（FeO）来加速石灰的熔化。由于人工判断炉内温度是一个限制性瓶颈，绝大多数炼钢工在吹炼的前、中期都不能准确判断炉内温度，导致温度升高后炉内渣中因聚积过量的（FeO）使 C-O 反应激烈造成大喷溅，此时炼钢工被迫进行压枪（低枪位）操作并加料破渣（破坏泡沫渣），使炉渣中（FeO）迅速降低，炉渣又进入返干状态。

上述循环过程就是造成炼钢渣料消耗大、钢铁料消耗高、技术经济指标差的最重要的原因。

长期以来转炉炼钢供氧的枪位控制基本上依赖于岗位职工的操作经验，吹炼水平的高低依赖于操作人员的个人能力，把炼钢原材料消耗和钢的质量与产量依赖于个人技能上，极不适应当今的科学发展。

5.6.1.2 恒压恒枪炼钢新工艺

为有效避免人工经验炼钢的缺陷，在炼钢过程中的吹氧采用恒压恒枪位操作，造渣通过采用化渣助熔剂技术并进行调渣改善炉渣结构的方法，能有效实现低枪位、低碱度、低氧化铁的"三低炼钢技术"，并且实现在吹炼过程中不喷溅、不返干、不粘枪。

　　转炉炼钢采用恒枪调渣炼钢法，其核心技术就是以铁水成分为基础，通过调配渣料使炉渣物相结构适应炼钢任务需求，在氧压不变、枪位恒定的条件下实现"前期早化渣、过程化透渣、终渣要做稠"，炉渣不仅具有合适的碱度和黏度，而且其渣—钢界面反应能力增强。其氧枪枪位控制如图 5-51 所示。

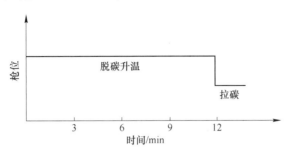

图 5-51　转炉恒压恒枪操作法

　　转炉炼钢调渣恒压恒枪操作方法的恒枪指氧压不变的恒定枪位，是经过计算选定的一个科学的合适枪位，该枪位既能保证脱碳升温快还能确保不强行夺取渣中（FeO）；一般经验为脱碳升温阶段的恒定枪位比正常工作枪位高 100mm，后期拉碳前的压枪操作枪位比正常工作枪位低 100mm。

　　转炉炼钢实现恒压恒枪操作的基本条件是调渣。调渣是指经过精确计算并使用复合调渣剂配制满足炼钢需求的合适炉渣，该炉渣不仅具有合适的碱度、黏度和较强的渣—钢界面反应能力，而且炉渣的物相结构满足"前期早化渣、过程化透渣、终渣能做稠"，并做到全程炉渣不返干，提高了炉渣脱硫、脱磷的能力，实现了快速炼钢。

　　转炉炼钢采用调渣恒压恒枪操作法是转炉炼钢的一项创新技术，它的基本原理来源于含钒铁水经提钒后的半钢配渣炼钢技术和预熔渣技术。采用恒压恒枪位操作的关键是调整炉渣物相结构，其手段就是精确配渣炼钢。调渣恒压恒枪操作法能使炼钢纯吹氧时间缩短，炼钢造渣不依赖吹氧化渣枪位聚积的（FeO），不仅使吹氧时喷溅和溢渣量减至最小，而且能有效降低渣料消耗和铁损。另外，该方法不依赖人工经验，使炼钢人才培训简单化，为炼钢技术简单化和标准化奠定了基础，实现了转炉生产的高效化和生产过程的清洁化。

5.6.1.3　恒压恒枪炼钢新工艺应用

A　在半钢炼钢上的应用

　　某炼钢厂采用含钒铁水经提钒后的半钢炼钢，其转炉容量为 50t，氧枪为 5 孔喷头，夹角 11°，喉口直径 25.4mm，出口直径 32.3mm，氧气流量 11000 ~ 12000Nm³/h，氧压0.75 ~ 0.80MPa，氧枪枪位 1200 ~ 1600mm。该厂采用恒压恒枪炼钢新工艺后的效果如下：

　　（1）半钢成分。某厂转炉炼钢用半钢成分见表 5-66。

表 5-66　某炼钢厂的半钢成分

半钢	成分/%							温度/℃
	C	Si	Mn	V	Ti	P	S	
范围	3.5 ~ 3.7	0.03 ~ 0.05	0.05 ~ 0.07	0.03 ~ 0.06	0.02 ~ 0.03	0.16 ~ 0.46	0.030 ~ 0.045	1300 ~ 1350
平均	3.55	0.04	0.055	0.045	0.025	0.35	0.036	1320

（2）炉渣成分。某炼钢厂供氧枪位高—低—高多段式操作法与恒压恒枪炼钢新工艺炉渣成分见表 5-67。

表 5-67　某厂枪位多段式操作与恒压恒枪操作炉渣成分

炉渣		成分/%							R
		CaO	SiO₂	MgO	MnO	P₂O₅	FeO	TFe	
多段式操作法	范围	29.32~37.22	3.27~5.54	5.93~10.60	1.22~1.55	5.09~6.14	16.10~19.50	26.18~32.20	5.32~9.63
	平均	34.48	4.10	9.33	1.41	5.66	17.55	28.82	7.41
恒压恒枪操作法	范围	30.89~36.34	6.86~8.12	8.06~9.46	1.46~1.63	5.08~5.59	13.53~16.40	19.76~20.50	4.38~5.64
	平均	33.67	7.33	8.41	1.50	5.33	15.20	20.02	4.60

由表 5-67 可见，某厂的半钢炼钢采用调渣恒压恒枪操作替代原来的供氧枪位多段式操作后，其炉渣各组元成分波动范围收窄，平均值更趋科学合理，尤其炉渣碱度 R 和 TFe 降低明显，表明有效降低了渣料消耗和钢铁料消耗。

（3）综合效果。某厂半钢冶炼采用调渣恒压恒枪炼钢新工艺后，枪位全程恒定 1200mm；渣料进行配渣计算并使用调渣剂改善炉渣物相结构，确保恒枪过程中炉渣全程不返干，基本做到不喷溅。与原来高—低—高多段式操作法比较，纯吹氧时间减少 22s，石灰消耗降低了 15kg/t 钢，轻烧白云石消耗降低了 10kg/t 钢，渣料综合消耗降低了 22kg/t 钢，另外渣中 TFe 降低了 8.8%，降低钢铁料消耗 8kg/t 钢以上。由此可见，采用调渣恒压恒枪炼钢新工艺，技术经济指标优，经济效果显著。

B　含钒铁水炼钢的应用

某炼钢厂采用含钒铁水炼钢，其转炉容量为 80t，氧枪为 4 孔喷头，夹角 12°，喉口直径 34mm，出口直径 44.2mm，氧气流量 17000~18500Nm³/h，氧压 0.80~0.85MPa，氧枪枪位 1300~1800mm。该厂采用恒压恒枪炼钢新工艺后的效果如下：

（1）铁水成分。某厂转炉炼钢用含钒铁水成分见表 5-68。

表 5-68　某炼钢厂的含钒铁水成分

含钒铁水	成分/%							温度/℃
	C	Si	Mn	V	Ti	P	S	
范围	3.9~4.3	0.13~0.25	0.25~0.35	0.20~0.26	0.10~0.13	0.09~0.16	0.030~0.045	1300~1350
平均	4.1	0.20	0.33	0.23	0.11	0.12	0.036	1320

（2）渣料消耗。渣料消耗对比见表 5-69。

表 5-69　渣料消耗对比　　　　　　　　　　　　　　　　（kg/t 钢）

渣料消耗	石灰	轻烧	菱镁球	调渣剂	渣料消耗合计值
恒压恒枪操作法	42.44	19.58	2.41	4.72	69.15
多段式操作法	52.51	22.73	3.21	—	78.45
对比值	−10.07	−3.15	−0.80	4.72	−9.30

由表5-69可见，采用调渣恒压恒枪操作与供氧枪位多段式操作对比，其渣料总消耗降低9.3kg/t钢。

（3）炼钢一倒指标命中率。炼钢一倒指标命中率对比见表5-70。

表5-70 炼钢一倒控制指标命中率

项目	一倒C命中率 (0.10%~0.30%)		一倒P命中率 (≤0.035%)		一倒温度命中率 (1620~1660℃)		两倒出钢比例 /%
	炉数	比例/%	炉数	比例/%	炉数	比例/%	
恒压恒枪操作法	259	70.1	286	77.51	302	81.8	86.54
多段式操作法	146	62.93	159	68.53	171	73.7	75.6
对比值/%	—	7.17	—	8.98	—	8.1	10.94

由表5-70可见，采用调渣恒压恒枪操作与供氧枪位多段式操作对比，转炉炼钢一倒C、P、温度命中率及两倒出钢比例都有显著提高。

（4）转炉吹炼喷溅情况。转炉吹炼喷溅情况见表5-71。

表5-71 转炉冶炼喷溅情况对比

项 目		大喷	中喷	小喷	喷溅合计	未喷	总炉数
恒压恒枪操作法	炉数	0	13	56	69	300	369
	比例/%	0	3.52	15.18	18.69	—	
多段式操作法	炉数	7	98	51	156	76	232
	比例/%	3.02	42.24	21.98	67.24	—	
对比值/%		-3.02	-38.45	-6.8	-48.55		

由表5-71可见，采用调渣恒压恒枪操作与供氧枪位多段式操作对比，转炉炼钢喷溅大幅度降低，为有效降低消耗奠定了基础。

（5）终渣成分。转炉炼钢终渣成分对比见表5-72。

表5-72 转炉炼钢终渣成分对比

项目	特征值	终渣成分/%					样本数 /炉
		TFe	CaO	MgO	SiO₂	R(-)	
恒压恒枪操作法	平均	17.79	37.67	9.94	10.66	3.56	68
	最大	25.80	44.33	12.35	12.51	5.09	
	最小	12.09	31.41	8.20	7.33	2.88	
多段式操作法	平均	19.66	41.09	9.14	10.55	3.95	46
	最大	26.37	46.38	12.93	13.18	5.15	
	最小	14.86	31.55	8.01	7.14	3.02	

由表5-72可见，某厂的含钒铁水炼钢采用调渣恒压恒枪操作与供氧枪位多段式操作对比，炉渣碱度R和TFe降低，降低了渣料消耗和钢铁料消耗。

（6）综合效果。某厂含钒铁水采用调渣恒压恒枪炼钢新工艺后，枪位全程恒定1400mm；渣料进行配渣计算并使用调渣剂改善炉渣物相结构，确保恒枪过程中炉渣全程不返干，喷溅大幅度降低。与原来高—低—高多段式操作法比较，纯吹氧时间减少13s，渣料综合消耗降低了9.3kg/t钢，降低钢铁料消耗3kg/t钢以上。由此可见，含钒铁水采用调渣恒压恒枪炼钢新工艺有很好的技术经济效果。

转炉炼钢技术可以总结为三句话：（1）采取措施实现低枪位、低碱度、低氧化铁的"三低炼钢技术"；（2）炼钢过程做到"前期早化渣、过程不返干、终渣要做稠"；（3）炼钢终点控制好，努力提高一倒合格率。

调渣恒压恒枪炼钢新工艺通过科学配渣并采用复合调渣剂调整炉渣结构，改变传统的化渣模式，使炼钢过程前期早化渣和过程炉渣不返干，为实现低枪位、低碱度、低氧化铁的"三低炼钢技术"奠定了基础，达到了降本增效的目的，该新工艺不仅适用于含钒铁水炼钢和半钢炼钢，还可有效推广到普通铁水炼钢工艺上。

5.6.2　转炉半钢炼钢技术发展趋势

5.6.2.1　自动化炼钢技术

自动化炼钢技术是20世纪70年代随着计算机应用在转炉控制系统而逐渐发展起来的一项技术。其特点是构建三级计算机系统，对冶炼数据进行准确自动采集，通过冶金模型对吹炼过程参数进行计算并根据计算结果由计算机自动控制整个吹炼过程。

自动化炼钢技术随着副枪和炉气分析系统在转炉上的应用而得到快速发展，世界大多数先进钢厂都投入较大力量进行自动化炼钢技术研究，也取得了较好的效果。目前世界上日本、欧洲的一些钢厂，国内的宝钢、武钢、首钢等钢厂均实现了吹炼过程的自动控制。

自动化炼钢技术的主要目的：

（1）使每炉钢水吹炼终点的成分和温度命中在允许的范围内，提高终点控制的稳定性；

（2）减少补吹次数，缩短冶炼时间，提高生产率；

（3）降低原材料消耗；

（4）促进生产管理水平的提高，实现冶炼操作的合理化与规范化。

自动化炼钢技术的核心是冶金模型的建立和完善，目前开发的模型主要有静态模型和动态模型两种。

A　静态模型

静态模型是根据初始条件（如铁水质量、成分、温度、废钢质量、分类）、终点目标（如终点温度、终点成分）以及参考炉次等参考数据，计算得到本炉次的耗氧量、各种副原料的加入量和吹炼过程中氧枪高度的计算模型。

静态模型计算是假定整个炉役的冶炼参数与目标值的关系是一个连续函数，即在同一原料条件下采用同样的吹炼工艺应获得相同的冶炼效果。静态模型的工作概况如图5-52所示。

转炉冶炼的静态模型以终点碳和终点温度控制模型为中心，还包括装入量模型、供氧模型、冷却剂加入量模型、造渣模型和铁合金加入量模型等。

B　动态模型

转炉动态模型是在静态模型基础上，在吹氧量达到计算氧耗量90%左右时通过副枪测量或根据烟气分析结果确定当时熔池内的温度和碳含量，对静态模型进行修正，随后启

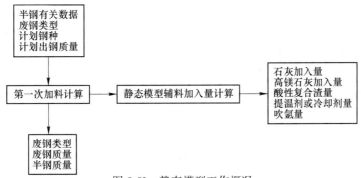

图 5-52 静态模型工作概况

动动态模型计算出达到目标温度和目标碳含量所需补吹的氧量和冷却剂量，并动态计算温度和碳含量，在达到终点控制目标要求时发出停吹命令。

与静态模型相比，动态模型能更准确地对转炉的终点进行预报和控制，达到吹炼过程自动控制的要求。目前动态模型有基于副枪测量和基于炉气分析两种，基于副枪测量的模型在吹炼前期对脱碳和升温的计算都是用静态模型，在副枪测量后对结果进行修正，然后进行终点的动态预报。而基于炉气分析的模型，在吹炼过程中即可通过对排除烟气中 CO、CO_2、N_2 的分析，动态预报熔池内的脱碳和升温情况。图 5-53 为基于炉气分析的动态模型工作概况。

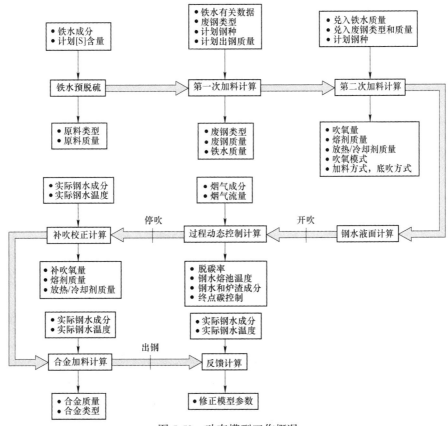

图 5-53 动态模型工作概况

5.6.2.2　转炉少渣炼钢技术

转炉少渣炼钢技术是伴随着铁水"三脱"处理技术而发展起来的，通过在铁水预处理脱硫、脱磷和脱硅使得转炉的主要功能变为升温与脱碳，由于入炉铁水不含硅且不再承担脱硫、脱磷任务，转炉吹炼过程无需加入大量的渣料造渣，渣量得以大幅减少。渣量的降低减少了过程喷溅和吹损，提高了氧气利用效率，缩短了吹炼时间。少渣冶炼还为炉内使用锰矿造渣创造了条件，可降低终点钢水氧含量，提高残锰含量，从而大幅降低转炉冶炼成本。

转炉少渣炼钢主要有转炉双联和双渣两种工艺，其过程情况如图 5-54 和图 5-55 所示。国内首钢京唐炼钢厂采用转炉双联工艺，其脱碳炉采用少渣冶炼技术，供氧强度达到 4.5m³/(min·t) 以上，300t 转炉吹炼时间可控制在 10min 以内，冶炼周期可控制在 25~30min。脱碳炉渣除部分满足溅渣护炉要求外，剩余部分返回脱磷炉使用，常规冶炼渣量大幅度降低，平均仅为 24.4kg/t 钢。

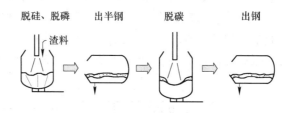

图 5-54　转炉双联工艺

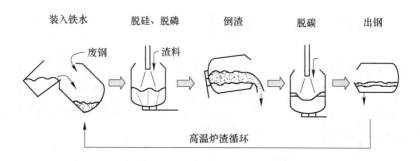

图 5-55　转炉双渣留渣工艺

对于转炉产能不足的部分钢厂实现双联冶炼较为困难，而采用双渣留渣工艺较为合适。首钢迁钢、沙钢等钢厂均开发出其相应的双渣留渣技术，取得较好效果。迁钢采用双渣留渣工艺，转炉活性石灰消耗降低 47.3%，轻烧白云石消耗降低 55.2%。沙钢采用双渣留渣技术，活性石灰消耗从 26kg/t 钢下降至 17kg/t 钢，减少总渣量 24kg/t 钢。

含钒铁水需经过转炉提钒，工艺流程与转炉双联类似，但由于钒渣要求 CaO 含量不能超过 3%，使得提钒过程脱磷效果受到很大限制，半钢 [P] 含量在 0.07% 左右，导致炼钢转炉还有一定的脱磷任务，实现转炉双联和脱碳炉少渣冶炼较为困难。在 120t 转炉进行留渣试验，渣料消耗得到大幅降低，达到 75kg/t 钢左右。

5.6.2.3 炼钢二次资源利用技术

资源是钢铁工业生产的基础。进入 21 世纪后，中国钢铁工业生产持续高速增长，对资源的需求量大幅增加，而矿产资源是不可再生的纯消耗资源，同时，钢铁工业生产中不可避免地产生大量废弃物，对环境保护造成了极大的压力，并给钢铁工业的可持续发展带来不利影响。因此，《中国钢铁工业科学与技术发展指南》中明确提出"资源技术的开发、优化和回收利用是钢铁工业可持续发展的根本保证"。

在炼钢生产中产生的可回收利用资源主要有冶金炉渣、除尘灰、污泥、转炉煤气、蒸汽、废钢等，如何实现对这些二次资源的最大限度利用是钢铁企业研究的重点，也是实现钢铁工业清洁生产和科技发展的重点之一。

冶金炉渣处理工艺经历了渣山冷弃法、热泼法、滚筒法、粒化法、风淬法、转盘法等工艺的发展。钢渣应用于冶金原料、水泥工业、基本建设、农业等方面，国外冶金炉渣利用率在 80% 以上；除尘灰、污泥回收后主要用于烧结、转炉冶炼；转炉煤气、蒸汽主要应用于发电等；废钢进行分类回收应用于冶金行业。

A　冶金炉渣利用

冶金炉渣包括脱硫渣、转炉钢渣、铸余渣，不同的冶金炉渣有不同的成分。根据冶金炉渣的成分不同，利用方式也不相同，简述如下：

（1）脱硫渣。脱硫渣来源于铁水或半钢在脱硫过程中形成的炉渣。主要成分为：TFe 含量 49.75% 左右、MFe 含量 41.67% 左右。脱硫渣经过冷却—机械分离后进行磁选回收铁，部分脱硫渣可加工为渣精粉，产品能够满足烧结工序使用。

（2）转炉钢渣。转炉钢渣来源于转炉炼钢时产生的炉渣，主要成分为：TFe 含量 25.59% 左右，MFe 含量 6.03% 左右。钢渣经过冷却破碎后进行磁选回收铁。

（3）铸余渣。钢水连铸完毕后残留在钢包中的钢渣和钢水称为铸余渣。不同钢种产生的铸余渣渣中 TFe 含量相差较大，目前主要有冷态循环利用和在线热态循环利用方式。铸余渣经过冷却—机械分离后进行磁选回收铁，主要用于烧结和炼钢。对铸余渣在线热态循环利用尚处在探索阶段。

B　除尘灰利用

地下料仓除尘灰中 CaO 含量平均为 51.6%，MgO 平均为 17.0%，SiO_2 平均为 5.76%，$CaO+MgO+SiO_2$ 含量较高，占总成分的 74.36%，其成分组成比较接近转炉炉渣成分。因此把地下料仓除尘灰加工成转炉终渣调整剂用于转炉稠渣和溅渣护炉。

C　提钒转炉污泥利用

提钒污泥中 TFe 含量较高，在 75% 左右，杂质较少，因此，可用提钒污泥代替部分冷却剂，以提钒转炉污泥为主要原料开发出提钒冷却剂。由于提钒冷却剂的用量较大，年需要量 15 万吨以上，而提钒污泥年产生量仅为 4 万吨~5 万吨，完全使用转炉提钒污泥难以满足生产用量需求，为此必须配加部分其他原料。为保证一定的冷却强度及钒渣品位，配加轧钢氧化铁皮、钒钛铁精矿粉、连铸氧化铁皮、结合剂压制成球，并保证具有一定的强度和粒度，防止运输和储存中粉化。

D　炼钢转炉污泥利用

炼钢污泥成分为：CaO 含量平均 15.66%，SiO_2 含量平均 3.3%，TFe 含量平均 38.56%。炼钢污泥 TFe 含量较高（以 FeO、Fe_2O_3 的形式存在），同时含有部分 CaO、

SiO_2，3 项之和占总成分的 57.52%。以转炉炼钢污泥为主要原料开发出造渣剂用于半钢炼钢造渣，考虑到炉渣碱度控制的需要，配加石英砂和锰矿压制成球，将造渣剂中的 SiO_2 控制在 45% ~ 55% 之间，污泥配加量按 25% ~ 35% 控制，造渣剂中 MnO 成分控制在 4% ~ 6% 之间。

E　炼钢转炉煤气、蒸汽回收利用

转炉煤气可以全部实现煤气回收，初始回收条件 CO ≥ 25%，吹炼过程回收条件 CO ≥ 20%（吹炼过程中 CO 含量会有波动）。每炼 1t 钢可回收转炉煤气 $70m^3$ 左右，转炉煤气的发热值在 5500 ~ 6000kJ/m^3 之间，全部用于热电锅炉发电。

转炉蒸汽部分送至能动中心，大部分转炉蒸汽被放散。现正在开展厂内转炉蒸汽回收项目工作。

F　废旧金属分类回收利用

炼钢厂生产钢种达到 300 余种，除生产普通碳素结构用钢、低碳铝镇静钢外，还生产含 Cu、Ni、Mo 等贵重金属的各类合金钢。这些合金钢在炼钢、轧钢等工序均会产生一定的废钢，同时每年电器、电缆维护、更换也将产生大量的废旧金属物资。可利用这些二次资源代替合金钢转炉冶炼时的部分贵重铁合金。

Cu、Ni、Mo 等元素在转炉冶炼中的氧化损失很小，元素回收率较高，均在 90% ~ 95% 之间，表明废钢中这些重金属元素基本得到了良好的回收利用。

参 考 文 献

[1] 黄道鑫. 提钒炼钢 [M]. 北京：冶金工业出版社，2000.

[2] 夏玉红，杨春城. 提钒与转炉炼钢技术 [M]. 北京：冶金工业出版社，2015.

[3] 夏玉红. 含钒铁水吹炼提钒. 四川机电职业技术学院，2015（内部资料）.

[4] 张岩，张红文. 氧气转炉炼钢工艺现设备 [M]. 北京：冶金工业出版社，2010.

[5] 李荣，史学红. 转炉炼钢操作与控制 [M]. 北京：冶金工业出版社，2012.

[6] 冯捷，张红文. 转炉炼钢生产 [M]. 北京：冶金工业出版社，2006.

[7] 张海臣，冯捷. 转炉炼钢实训 [M]. 北京：冶金工业出版社，2012.

[8] 雍岐龙，阎生贡，裴和中，等. 钒在钢中的物理冶金学基础数据 [J]. 钢铁研究学报，1998，10（5）：67-70.

[9] 梁英教，车荫昌. 无机物热力学数据手册 [M]. 沈阳：东北大学出版社，1994.

[10] 陈春寿. 重要无机化学反应 [M]. 3 版，上海：上海科学技术出版社，1993.

[11] 瓦托林 H A. 钒渣的氧化 [M]. 王长林，译. 北京：冶金工业出版社，1982.

6 钒渣提钒及综合利用技术

6.1 钒渣提钒主要产品

6.1.1 钒渣的定义

广义的钒渣是指含有钒元素的炉渣。本章中的钒渣是指钒钛磁铁矿先冶炼成含钒铁水，然后通过氧化处理得到的含钒氧化渣，并满足标准（YB/T 008—2006）要求，其主要成分见表 6-1。

表 6-1 钒渣标准（YB/T 008—2006）的主要成分及分级规定

牌号	化学成分（质量分数）/%							CaO/V_2O_5（质量比）		
	V_2O_5	SiO_2			P					
		一级	二级	三级	一级	二级	三级	一级	二级	三级
		不大于								
FZ1	8.0~10.0									
FZ2	10.0~14.0	16.0	20.0	24.0	13.0	0.30	0.50	0.11	0.16	0.22
FZ3	14.0~18.0									
FZ4	>18.0									

为了便于比较与度量，提出了标准钒渣的概念。标准钒渣是指不含机械杂物、水、金属铁，并且 V_2O_5 含量10%的钒渣。每吨实物钒渣能够折合成标准钒渣的数据，称为实物钒渣折合成标准钒渣的折合系数。

6.1.2 钒渣提钒产品种类

钒渣提钒的方法通常是将钒渣中不溶性的钒氧化物转化成可溶解的钒酸盐后，采用浸出溶解的方法将钒酸盐分离转入钒溶液。处理钒溶液得到钒的产品，通常包括钒酸盐、氧化钒、氧化钒深加工产品等。

6.1.2.1 钒酸盐
常见的钒酸盐有钒酸钠、钒酸铵，除此之外，还有钒酸钾、钒酸钙、钒酸铁等。

A 钒酸（HVO_3）

钒酸是钒酸根溶于酸性水溶液生成的弱酸，实质上是水合五氧化二钒（$mV_2O_5 \cdot nH_2O$）。钒酸盐水溶液相图如图 6-1 所示。

从图 6-1 中看出，水溶液中的钒酸根具有两个显著的特点：

（1）较强的缩合能力。钒酸盐溶液从碱性开始，逐渐降低溶液 pH 值，钒聚合度增大，溶液颜色逐渐加深，从无色到黄色再到深红色。在工业生产钒含量条件下，基本缩合规律如下：

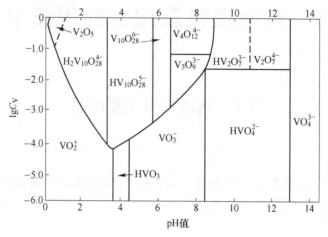

图 6-1 钒酸盐水溶液相图

pH>12.9 时，溶液中钒以正四面体型的正钒酸根离子 VO_4^{3-} 的形式存在。

pH = 12.9~10.8 时，溶液中钒以焦钒酸根 $V_2O_7^{4-}$ 的形式存在。

pH = 10.8~8.9 时，溶液中钒以酸式焦钒酸根 $HV_2O_7^{3-}$ 的形式存在。

pH = 8.9~6.6 时，溶液中钒以四钒酸根 $V_4O_{12}^{4-}$（偏钒酸根离子）的形式存在。

pH = 6.6~5.7 时，溶液中钒以 $V_{10}O_{28}^{6-}$ 的形式存在。

pH = 5.7~3.6 时，溶液中钒以 $HV_{10}O_{28}^{5-}$ 的形式存在。

pH = 3.6~2.0 时，溶液中钒以 $H_2V_{10}O_{28}^{4-}$ 的形式存在。

pH = 2.0 左右时，钒以钒多酸（即水合五氧化二钒）沉淀析出，同时部分缩合的钒多酸根离子遭到破坏，沉淀物中出现了 $V_6O_{16}^{2-}$、$V_6O_{17}^{4-}$、$V_{12}O_{31}^{2-}$ 等多种聚合形态。

pH 值继续下降到 2 以下时，钒酸根离子进一步脱氧，部分转化为水溶性的 VO_2^+。

pH 值继续下降到 1 以下时，钒酸根离子全部转化为水溶性的 VO_2^+。

（2）较强的杂多酸生成能力。钒酸根离子与其他酸根离子生成的络合物，常见的含钒杂多酸盐是 $Na_7PV_{12}O_{36}$，它在钒溶液中能够稳定存在。

工业上钒酸的制备通常是用硫酸酸化处理五氧化二钒获得。

B 钒的钠盐

在研究 V_2O_5-Na_2O 体系相图时发现，存在 Na_3VO_4、$Na_4V_2O_7$、$NaVO_3$、NaV_6O_{15}、$Na_8V_{24}O_{23}$ 五种钒的化合物，前三种为水溶性的，后两种为水不溶性的。工业生产中常见的是前三种。

水溶性钒酸钠包括：正钒酸钠（Na_3VO_4），熔点为 850~866℃；焦钒酸钠（$Na_4V_2O_7$），熔点为 625~668℃；偏钒酸钠（$NaVO_3$），熔点为 605~630℃。

Na_3VO_4 水溶液加酸来降低 pH 值时，VO_4^{3-} 加合质子聚合成数目更大的不同含氧离子。

除了上述的钠盐外，在酸性溶液中还可制得十二钒酸钠 $Na_2V_{12}O_{31}$（熔点 635~

645℃）、六钒酸钠 $Na_2V_6O_{16}$（熔点 548℃）和十钒酸钠 $Na_4V_{10}O_{27}$（熔点 581℃）等。

其中，V_5O_{14}、$V_2O_5 \cdot [H_2O]_n$ 是沉淀出的具有此结构的物质。

非水溶性钒酸钠就是常说的钒青铜，它是同时含有 V^{4+} 和 V^{5+} 的钒化合物，包括 NaV_6O_{15} 和 $Na_8V_{24}O_{23}$。

钒酸钠水溶性与非水溶性之间可以转化。钒青铜和可溶性钒酸盐之间的转变具有可逆性，钒青铜在空气中氧化可变为可溶性钒酸盐，而可溶性钒酸盐熔体缓慢冷却结晶脱氧时又会变成钒青铜。

除此之外，还有四价钒（V^{4+}）的钠盐 Na_2VO_3 和 $Na_2V_2O_5$，属于四方晶系，不溶于水，溶于稀硫酸。三价钒（V^{3+}）的钠盐 $NaVO_2$，是六方晶系。

工业上，钒酸钠的制备通常有钒酸钠溶液结晶法以及五氧化二钒与钠盐高温合成法等。溶液结晶法可以制备出 $Na_3VO_4 \cdot nH_2O$、$Na_4V_2O_7 \cdot nH_2O$、$NaVO_3 \cdot nH_2O$、$xNa_2O \cdot yV_2O_5 \cdot zH_2O$ 等钠盐。

C 钒的铵盐

钒的铵盐是氧化钒生产中的一种最重要的产物，即可以作为终端产销进入市场，也可以作为中间产品进一步深加工。最常见的钒的铵盐是偏钒酸铵（NH_4VO_3），它是白色或带淡黄色的结晶粉末，在水中的溶解度较小，20℃时为 0.48g/100g 水，50℃时为 1.78g/100g 水，随温度升高而增大。

钒酸铵是弱酸弱碱盐，在高温下稳定性差，常用这个特性来生产五氧化二钒。在真空中加热到 135℃开始分解，超过 210℃时分解生成 V_2O_4 和 V_2O_5。偏钒酸铵在不同气氛下热分解，会得到很多的中间产物，见表 6-2。

表 6-2 偏钒酸铵热分解条件及产物

温度/℃	气氛	分解产物
250	空气和氧气 NH_3	V_2O_5
250	空气	$(NH_4)_2O \cdot 3V_2O_5$
340	空气	$(NH_4)_2O \cdot V_2O_4 \cdot 5V_2O_5$
420~440	空气	NH_3，V_2O_5
310~325	氧气	V_2O_5
约 200	氢气	$(NH_4)_2O \cdot 3V_2O_5$
约 320	氢气	$(NH_4)_2O \cdot 3V_2O_5$
约 400	氢气	$(NH_4)_2O \cdot V_2O_4 \cdot 5V_2O_5$
约 1000	氢气	V_6O_{13}，V_2O_3，V_2O_4
350	二氧化碳、氮或氩	$(NH_4)_2O \cdot V_2O_4 \cdot 5V_2O_5$
400~500	二氧化碳、氮或氩	V_6O_{13}
200~240	氮气和氢气	$(NH_4)_2O \cdot 3V_2O_5$
320	氮气和氢气	$(NH_4)_2O \cdot V_2O_4 \cdot 5V_2O_5$
400	氮气和氢气	V_6O_{13}

温度/℃	气　氛	分解产物
225	水蒸气	$(NH_4)_2O \cdot 3V_2O_5$

五价钒的铵盐还有：$(NH_4)_2V_4O_{11}$、$(NH_4)_2V_6O_{16}$、$(NH_4)_4V_6O_{17}$、$(NH_4)_4V_{10}O_{27}$、$(NH_4)_6V_{10}O_{33}$、$(NH_4)_2V_{12}O_{31}$、$(NH_4)_6V_{14}O_{38}$、$(NH_4)_{10}V_{18}O_{40}$、$(NH_4)_6V_{20}O_{53}$、$(NH_4)_8V_{26}O_{69}$ 等。

工业上生产 V_2O_5 时，采用弱碱性铵盐沉钒工艺制备偏钒酸铵（$NH_4VO_3 \cdot nH_2O$）；采用酸性铵盐沉钒工艺制备多钒酸铵（英文缩写为 APV），在不同钒浓度和 pH 值等沉钒条件下，可得到种类繁多的钒酸铵沉淀混合物，它是制取 V_2O_5 的中间产品，多为橙红色或橘黄色，也称为"黄饼"。

APV 在水中的溶解度较小，随着温度升高，溶解度降低。

APV 在空气中煅烧脱氨后，得到工业 V_2O_5。

D　钒的钙盐

在 CaO-V_2O_5 体系中有 $Ca_3(VO_4)_2$、$Ca_2V_2O_7$、$Ca(VO_3)_2$、$Ca_7V_4O_{17}$、$Ca_4V_2O_9$、$Ca_5V_2O_{10}$ 六种钒酸钙，工业生产中常见前三种钒酸钙。

偏钒酸钙 $Ca(VO_3)_2$，熔点为 778℃；焦钒酸钙 $Ca_2V_2O_7$，熔点为 1015℃；正钒酸钙 $Ca_3(VO_4)_2$，熔点为 1380℃。它们在水中溶解度都很小，但溶解于稀硫酸和碱溶液。四钒酸钙（$Ca_7V_4O_{17}$）、聚合钒酸钙（$Ca_4V_2O_9$）、$Ca_5V_2O_{10}$ 在工业生产中不常见。

除此之外，钒的钙盐还有：有四价钒的钙盐 CaV_2O_5、$CaVO_3$、四价钒和五价钒的钙钒青铜 $Ca_xV_2O_5$（$0.17 \leqslant x \leqslant 0.33$），如 $CaO \cdot V_2O_4 \cdot 5V_2O_5$、三价钒的钙盐 CaV_2O_4 等。

工业上制备钒酸钙的方法有高温合成法与溶液沉淀法两种。溶液沉淀法多用于从低钒溶液中富集钒，得到的产物通常是水合物，可表示为 $xCaO \cdot yV_2O_5 \cdot zH_2O$。

E　钒的镁盐

MgO-V_2O_5 体系比较复杂，不同研究条件得到的钒酸镁也不同。

偏钒酸镁（$MgO \cdot V_2O_5$），熔点为 742~760℃；焦钒酸镁（$2MgO \cdot V_2O_5$），熔点为 950~980℃；正钒酸镁（$3MgO \cdot V_2O_5$），熔点为 1074~1212℃；多钒酸镁（$3MgO \cdot 2V_2O_5$），熔点为 760℃；多钒酸镁（$2MgO \cdot 3V_2O_5$），熔点为 640℃；多钒酸镁（$7MgO \cdot 3V_2O_5$），熔点为 1162℃ 等。大部分钒酸镁在室温下可溶于水，其溶解度随温度变化规律不一。

工业上制备钒酸美的方法通常是高温合成法，可得到无水钒酸镁。

F　钒的铁盐

在 Fe_2O_3-V_2O_5 体系中发现有 $FeVO_4$、$Fe_2O_3 \cdot 2V_2O_5$ 两种钒酸铁。

正钒酸铁（$FeVO_4$），当温度在 870~880℃ 时，它分解成液态的 V_2O_5 和固态的 Fe_2O_3。二钒酸铁（$Fe_2O_3 \cdot 2V_2O_5$），在 700℃ 分解为正钒酸铁 $FeVO_4$ 和熔融物。除此之外，还有铁的钒青铜（$Fe_2O_3 \cdot V_2O_4 \cdot V_2O_5$），它在 450℃ 开始氧化得到转化为二钒酸铁（$Fe_2O_3 \cdot 2V_2O_5$）。另外，铁钒尖晶石（$FeO \cdot V_2O_3$）在钒的提取中有重要的意义，它是三价钒（$V^{3+}$）与 FeO 生成的复合氧化物，密度为 4.89g/cm³，属立方晶系。在钒钛磁铁矿和钒渣中，钒主要以三价钒（V^{3+}）存在于这种尖晶石相中。

常见钒酸铁的制备方法有高温合成法与溶液沉淀法两种。溶液沉淀法常用于低钒溶液中钒的富集，得到的产物通常是水合物，可表示为 $x\mathrm{Fe_2O_3} \cdot y\mathrm{V_2O_5} \cdot z\mathrm{H_2O}$。

G　钒的锰盐

在 $\mathrm{MnO\text{-}V_2O_5}$ 系存在 $\mathrm{Mn_3(VO_4)_2}$、$\mathrm{Mn_2V_2O_7}$、$\mathrm{Mn(VO_3)_2}$ 三种钒酸锰，在钒的提取中有重要意义。偏钒酸锰（$\mathrm{Mn(VO_3)_2}$），熔点为 805℃；焦钒酸锰（$\mathrm{Mn_2V_2O_7}$），熔点为 1023℃；正钒酸锰（$\mathrm{Mn_3(VO_4)_2}$），热稳定性差，在高温空气加热条件下分解为焦钒酸锰 $\mathrm{Mn_2V_2O_7}$ 和 $\mathrm{Mn_2O_3}$。

除此之外，四价钒与 MnO 反应可以生成锰盐（$\mathrm{MnO \cdot 3VO_2}$）；三价钒与 MnO 反应可以生成锰钒尖晶石（$\mathrm{MnO \cdot V_2O_3}$），密度为 $4.76\mathrm{g/cm^3}$，它是钒渣中钒的主要赋存物相之一。

6.1.2.2　氧化钒

常见的氧化钒是 $\mathrm{V_2O_5}$ 与 $\mathrm{V_2O_3}$，除此之外，还有 VO、$\mathrm{V_2O_4}$ 等。

A　一氧化钒（VO 或 $\mathrm{V_2O_2}$）

浅灰色带有金属光泽的晶体粉末。是非整比氧化物，组成为 $\mathrm{VO_{0.94\sim1.12}}$。固体是离子型的化合物并具有氯化钠型晶体结构。具有较高的导电性。

它是碱性氧化物，不溶于水及碱，是强还原剂；能溶于酸中生成强还原性的紫色钒盐 $[\mathrm{V(H_2O)_6}]^{2+}$。稳定性很差，在空气与水中不稳定，容易氧化成 $\mathrm{V_2O_3}$。在真空中它发生歧化反应生成金属钒和 $\mathrm{V_2O_3}$。

用氢在 1700℃ 下还原 $\mathrm{V_2O_5}$ 或 $\mathrm{V_2O_3}$ 制得。

B　三氧化二钒（$\mathrm{V_2O_3}$）

$\mathrm{V_2O_3}$ 是灰黑色有光泽的结晶粉末。非整比的化合物 $\mathrm{VO_{1.35\sim1.50}}$，晶体结构为 $\alpha\text{-}\mathrm{Al_2O_3}$ 型的菱面体晶格。熔点很高（2070℃），属于难熔化合物，并具有导电性。

它是碱性氧化物，不溶于水及碱，是强还原剂；溶于酸生成蓝色的三价钒盐 $[\mathrm{V(H_2O)_6}]^{3+}$，该离子有相当大的八面体络合，在水中会部分水解生成 $\mathrm{V(OH)^{2+}}$ 和 $\mathrm{VO^+}$。稳定性较差，在空气中缓慢氧化成 $\mathrm{V_2O_4}$，直至 $\mathrm{V_2O_5}$，在氯气中迅速氧化成三氯氧钒（$\mathrm{VOCl_3}$）和 $\mathrm{V_2O_5}$；常温下暴露于空气中数月后，它变成靓青蓝色的 $\mathrm{VO_2}$。

此外，$\mathrm{V_2O_3}$ 具有金属—非金属转变的性质（也称为 MST 或 MIT），低温相变特性好，电阻突变可达六个数量级，晶格由菱形变为单斜（低温相）反铁磁性半导体。$\mathrm{V_2O_3}$ 具有两个相变点：150~170K 和 500~530K，其高性能的低温相变使其在低温装置中有着良好的应用前景。

高温下用碳或氢还原 $\mathrm{V_2O_5}$ 制备 $\mathrm{V_2O_3}$。纯的 $\mathrm{V_2O_3}$ 可用 $\mathrm{V_2O_5}$ 粉末在氢气流中（流速 10L/h）于 500℃ 下还原 20h 制得。工业上用 $\mathrm{H_2}$、CO、$\mathrm{NH_3}$、$\mathrm{CH_4}$、煤气等气体还原 $\mathrm{V_2O_5}$ 或钒酸铵制取。

C　二氧化钒（$\mathrm{VO_2}$ 或 $\mathrm{V_2O_4}$）

二氧化钒是深蓝色晶体粉末，温度超过 128℃ 时为金红石型结构。$\mathrm{VO_2}$ 是整比化合物。

它是两性氧化物，主要呈碱性，溶于酸和碱。在强碱性溶液中可生成 $\mathrm{M_2V_4O_9}$ 或 $\mathrm{M_2V_2O_5}$ 四价亚钒酸盐。$\mathrm{VO_2}$ 溶于酸中时不能生成 $\mathrm{V^{4+}}$，而生成正 2 价钒氧基 $\mathrm{VO^{2+}}$。$\mathrm{VO^{2+}}$

在水溶液中呈浅蓝色，钒氧基盐如 $VOSO_4$、$VOCl_2$ 在酸性溶液中非常稳定，加热煮沸也不分解。

将 V_2O_5 与草酸共熔进行温和的还原作用来制备。由 V_2O_5 与 V_2O_3、C、CO、SO_2 等还原剂作用制得。工业上可用钒酸铵或五氧化二钒用气体还原制得。

此外，二氧化钒也具有金属—非金属转变的性质（也称为 MST 或 MIT）。这种材料发生相变时，光学和电学性质会发生明显的变化：当温度低时，在一定温度范围内，材料会突然从金属性质转变到非金属（或半导体）性质，同时还伴随着晶体在纳秒级时间范围内（约 20ns）向对称形式较低的结构转化，光学透过率也会从低到高转变。

D 五氧化二钒（V_2O_5）

V_2O_5 是一种无味、无嗅、有毒的橙黄色或红棕色的粉末，微溶于水（约 0.07g/L），溶液呈微黄色。熔点 650～690℃。冷却结晶成黑紫色正交晶系的针状晶体。因结晶热很大，当迅速结晶时会因灼热而发光。

V_2O_5 是两性氧化物，但主要呈酸性。V_2O_5 溶解在极浓的 NaOH 中，得到一种含有八面体钒酸根离子 VO_4^{3-} 的无色溶液。V_2O_5 是一种中等强度的氧化剂，可被还原成各种低氧化态的氧化物。与 Cl_2 或干燥的 HCl 作用可生成五氧化二钒的三氯氧化物。V_2O_5 可被氢还原制得一系列低价钒氧化物，可被硅、钙、铝等还原为金属钒。

用偏钒酸铵在空气中于 500℃ 左右分解制得。但空气流通要好，否则生成的 V_2O_5 可能被分解的氨气还原成中间氧化物 $(NH_4)_2O \cdot 2V_2O_5$ 及 $(NH_4)_2O \cdot 3V_2O_5$ 等。需要通入足量的空气煅烧 3h 左右才能得到纯净的 V_2O_5。工业 V_2O_5 用含钒矿石、钒渣、含碳的油灰渣等提取，制得粉状或片状五氧化二钒。

V_2O_5 大量作为制取钒合金的原料，少量作为催化剂。

V_2O_5 具有挥发性。V_2O_5 在高温下与水蒸气作用生成 $V_2O_3(OH)_4$、$VO(OH)_3$ 等具有挥发性的钒化合物；除此之外，在 700℃ 以上，V_2O_5 显著地挥发，其蒸气压随温度的升高呈直线上升。

V_2O_5 具有一定的导电性。根据导电率和热电势的测定结果，可以确认 V_2O_5 是 N-型半导体，其导电性来自氧原子的晶格缺陷。

V_2O_5 具有较好的催化特性，从而使得它在工业上具有广泛的应用前景。因为在 V_2O_5 晶格中比较稳定地存在着脱除氧原子而得的阴离子空穴，因此在 700～1125℃ 范围内，可逆地失去氧，从而使得 V_2O_5 具有较好的催化性质。

6.1.2.3 氧化钒深加工产品

氧化钒深加工产品主要有钒的硅化物、硫化物、碳化物、氮化物、磷化物、硼化物、钒铁、钒铝合金等，常用的有钒铁、钒氮合金、钒铝合金、硅钒合金等。

A 钒的硅化物

由 V-Si 状态图可知，已经查明的钒的硅化物主要有 V_3Si、V_5Si_3、V_5Si_2 三种，它是硅热法冶炼的钒铁中的主要含钒物相。此外，又发现了新相 V_5Si_4，它是在（1670±10）℃下按包晶反应形成的，即：$V_5Si_3 + L = V_5Si_4$。

B 钒的硫化物

钒的硫化物有 VS_3、V_2S_5、VS_4、V_2S_3、VS 五种。

VS$_3$ 是在 1400℃由包晶反应生成的。

V$_2$S$_5$ 是在隔绝空气下将 V$_2$O$_5$ 与 S 一起加热到 400℃制得的。V$_2$S$_5$ 加热时氧化转变成 V$_2$O$_5$，V$_2$S$_5$ 不溶于水，稍溶于盐酸和热的稀硫酸，能溶于热的浓硫酸和热的稀硝酸，溶于氨水和碱液中。

VS$_4$ 是自然界绿硫矿中存在的形式，能溶于氢氧化钾溶液，但不被酸氧化，高于 500℃会分解。

V$_2$S$_3$ 是 V$_2$O$_5$ 与 H$_2$S 在 750℃反应生成的，是最稳定、最典型的硫化物，在空气中加热氧化生成 V$_2$O$_5$ 和 SO$_2$。

VS 是在 1000℃用 H$_2$ 还原 V$_2$S$_3$ 或在 N$_2$ 中 1000℃使 V$_2$S$_3$ 热分解得到，VS 在空气不稳定，加热时迅速生成 V$_2$O$_5$ 并放出 SO$_2$。在钒铁生产中，当钒含量很高时，也会生成 VS 物相。

C　钒的磷化物

在钒磷化合物中，已知存在 V$_3$P、V$_2$P、VP、VP$_3$ 四种磷化物，其中 VP 最稳定，呈灰黑色，具有面心立方晶格，1230℃分解。将 P 与 V 在高温下直接反应可得到磷化物。

D　钒的硼化物

钒的硼化合物中，已经确定的有 VB$_2$、V$_3$B$_4$、VB、V$_3$B$_2$ 四个物相，其中 VB$_2$ 是十分稳定的化合物，溶于硝酸和高氯酸，加热时除草酸外，溶于一切已知酸。硼化物易在空气中氧化，而 VB$_2$ 开始氧化的温度为 1100℃。利用 V$_2$O$_5$ 与硼用碳还原可制得，硼化合物在工业上的应用越来越广泛。

E　钒的碳化物

已知钒的碳化物有 VC、V$_2$C 两种。VC 表观呈暗黑色，面心立方晶格，NaCl 型结构；熔点 2830℃，密度 5.649g/cm^3。V$_2$C 表观呈暗黑色，密排六方晶格；熔点 2200℃，在 1850℃时分解；密度 5.665g/cm^3。钒的碳化物在钒氮合金生产中具有重要意义，VC 是钒氮合金的主要含碳物相。

F　钒的氮化物

V-N 系中常见的氮化物有 VN、V$_2$N 两种。目前工业生产的钒氮合金中主要物相是 VN，它表观呈灰紫色，具有面心立方晶格，熔点 2050℃，密度 5.63g/cm^3。

G　钒铁

钒铁是钒和铁之间生成的连续固溶体。V-Fe 化合物为正方晶系，晶格常数 $a=0.859$nm，$c=0.462$nm，$c/a=0.516$。最低共熔点为 1468℃（含 V 31%）。钒铁的基本牌号分类见表 6-3。

表 6-3　钒铁标准（GB/T 4139—2012）

牌号	化学成分（质量分数）/%						
	V	C	Si	P	S	Al	Mn
		不大于					
FeV50-A	48.0~55.0	0.40	2.0	0.06	0.04	1.5	
FeV50-B	48.0~55.0	0.60	3.0	0.10	0.06	2.5	

牌号	化学成分（质量分数）/%						
	V	C	Si	P	S	Al	Mn
		不大于					
FeV50-C	48.0~55.0	5.0	3.0	0.10	0.06	0.5	
FeV60-A	58.0~65.0	0.40	2.0	0.06	0.04	1.5	
FeV60-B	58.0~65.0	0.60	2.5	0.10	0.06	2.5	
FeV60-C	58.0~65.0	3.0	1.5	0.10	0.06	0.5	
FeV80-A	78.0~82.0	0.15	1.5	0.05	0.04	1.5	0.50
FeV80-B	78.0~82.0	0.30	1.5	0.08	0.06	2.0	0.50
FeV80-C	75.0~80.0	0.30	1.5	0.08	0.06	2.0	0.50

通常 FeV50 密度 $6.7g/cm^3$，熔点 1450℃；FeV60 密度 $7.0g/cm^3$，熔点 1450~1600℃；FeV80 密度 $6.4g/cm^3$，熔点 1680~1800℃。

H　钒铝合金

钒铝合金是钒与铝生成的金属间化合物，主要包括 VAl_3、VAl_{11}、VAl_6、V_5Al_8 四种。钒铝中间合金的基本牌号分类见表 6-4。

表 6-4　钒铝中间合金标准（YS/T 579—2014）　　（%）

牌号	主成分		杂质元素，不大于				
	V	Al	Fe	Si	C	O	N
AlV55	50.0~60.0	余量	0.25	0.25	0.10	0.18	0.04
AlV65	>60.0~70.0	余量	0.25	0.25	0.10	0.18	0.04
AlV75	>70.0~80.0	余量	0.30	0.25	0.15	0.30	0.05
AlV85	>80.0~90.0	余量	0.30	0.25	0.25	0.50	0.05

通常 V80Al 密度为 $5.2g/cm^3$，熔点 1850~1870℃；V40Al 密度为 $3.8g/cm^3$，熔点 1500~1600℃。

I　钒氮合金

钒氮合金又叫氮化钒，它是钒与氮生成的化合物。工业生产采用氧化钒、碳、氮气反应合成。主要物相是 VN 与 VC，通常 VN 含量占总氮化物量的 80%，VC 含量占总氮化物量的 20%。其物性参数介于 VC 与 VN 之间。钒氮中间合金的基本牌号分类见表6-5。

表 6-5　钒氮合金标准（GB/T 20567—2006）

牌号	化学成分（质量分数）/%				
	V	N	C	P	S
VN12	77~81	10.0<14.0	≤10.0	≤0.06	≤0.10
VN16		14.0~18.0	≤6.0		

钒氮合金的表观密度通常要求在 $3.0g/cm^3$ 以上。

J 其他钒合金

除了上述钒的化合物、合金之外，还有 V-Cr、V-W、V-Ti、V-Nb 等钒合金，它们都是其他合金元素与钒生成的无限固溶体，最低共熔点分别是 V-Cr 1750℃、V-W 1630℃、V-Ti 1620℃、V-Nb 1820℃。

6.2 钒渣钠化法提钒技术

6.2.1 钒渣性能及其要求

钒渣钠化提钒工艺的实质是钒渣添加钠盐高温氧化焙烧，将其中的钒元素转化成水溶性的钒酸钠，然后用水浸的方法实现钒元素与渣的分离。因此，钠化提钒工艺用钒渣的性能及要求必须与钠化工艺相适应，具体要求如下：

（1）化学成分要求。通常钒渣的化学成分应满足《钒渣》（YB/T 008—2006）的要求。钒渣的钒含量越高越好；磷含量越低越好；CaO 含量越低越好，但至少应满足 CaO/V_2O_5（质量比）的关联要求；SiO_2 含量应尽可能低，但最好能满足 SiO_2/V_2O_5（质量比）≤1.0 的要求。

（2）粒度要求。一般情况下，应采用研磨等方式将钒渣研磨成粉末状，钒渣颗粒尺寸不超过 0.100mm。在此基础上，钒渣粉末的粒度越细越好。

（3）金属铁含量要求。一般情况下，应采用研磨、磁选、筛分、风选等方式充分分离钒渣中的金属铁，控制金属铁含量不超过 5.0% 的稳定含量即可。

（4）钒渣物相要求。钒渣尽可能缓冷，让其中的各种物相充分结晶、长大，特别是其中的玻璃质含量最好不超过 1%。

钒渣中的尖晶石要充分长大，尖晶石颗粒尺寸不得小于 5μm。

6.2.2 钒渣钠化法提钒基本原理

钒渣钠化提钒的关注点是水溶性的钒酸钠。它的实质是将钒渣中稳定的以钒尖晶石（$(Mn，Fe)V_2O_4$）形式存在的钒元素通过氧化、钠化的方法转化成水溶性的钒酸钠。钒渣微观构造由表及里依次是硅酸盐层→钛铁晶石层→钒尖晶石层，反应过程中由表及里逐层推进，直到生成钒酸钠。因此，其基本反应原理包括三个层次的破坏与反应，直到生成钒酸钠，基本反应原理如下（以 Na_2CO_3 作添加剂来说明）。

6.2.2.1 钒渣氧化钠化焙烧反应

铁橄榄石生成锥辉石：

$$Fe_2SiO_4 + Na_2CO_3 + 2O_2 === 2(NaFe)(SiO_3)_2 + 3Fe_2O_3 + CO_2\uparrow$$
$$\Delta_r G^\ominus = -954.76 + 0.3168T, \ kJ$$

铁橄榄石生成硅酸钠：

$$2Fe_2SiO_4 + 2Na_2CO_3 + O_2 === 2Na_2SiO_3 + 2Fe_2O_3 + 2CO_2\uparrow$$
$$\Delta_r G^\ominus = -350.74 - 0.0264T, \ kJ$$

铁辉石生成硅酸钠：

$$4FeSiO_3 + 4Na_2CO_3 + O_2 === 4Na_2SiO_3 + 2Fe_2O_3 + 4CO_2\uparrow$$

$$\Delta_r G^{\ominus} = -226.07 - 0.2561T, \quad kJ$$

锰橄榄石生成硅酸钠：

$$2Mn_2SiO_4 + 2Na_2CO_3 + O_2 === 2Na_2SiO_3 + 2Mn_2O_3 + 2CO_2\uparrow$$

$$\Delta_r G^{\ominus} = -136.49 - 0.0221T, \quad kJ$$

锰辉石生成硅酸钠：

$$4MnSiO_3 + 4Na_2CO_3 + O_2 === 4Na_2SiO_3 + 2Mn_2O_3 + 4CO_2\uparrow$$

$$\Delta_r G^{\ominus} = -7.1183 - 0.3077T, \quad kJ$$

钛铁晶石氧化转化成铁板钛矿：

$$2Fe_2TiO_4 + O_2 === 2Fe_2TiO_5$$

$$\Delta_r G^{\ominus} = -471.42 + 0.2166T, \quad kJ$$

锰钒尖晶石生成钒酸钠：

$$4MnV_2O_4 + 4Na_2CO_3 + 5O_2 === 8NaVO_3 + 2Mn_2O_3 + 4CO_2\uparrow$$

铁钒尖晶石生成钒酸钠：

$$4FeV_2O_4 + 4Na_2CO_3 + 5O_2 === 8NaVO_3 + 2Fe_2O_3 + 4CO_2\uparrow$$

$$\Delta_r G^{\ominus} = -841.05 + 0.0483T, \quad kJ$$

硅酸盐、钒尖晶石与 Na_2CO_3 反应生成了低熔点的锥辉石（$(NaFe)(SiO_3)_2$）、硅酸钠（Na_2SiO_3）、钒酸钠（$NaVO_3$）等物相，造成焙烧过程物料熔结，对过程控制不利。通常采用物料中添加惰性物料来稀释液相。

6.2.2.2　钠化焙烧熟料水浸反应

钠化熟料用水浸出，pH 值可能在 9.0~10.5，从图 6-1 可知，钒溶液中钒可能以 $HV_2O_7^{3-}$ 或 $V_4O_{12}^{4-}$ 的形式存在，浸出反应如下：

$$2NaVO_3 + OH^- === 2Na^+ + HV_2O_7^{3-}$$

$$4NaVO_3 === 4Na^+ + V_4O_{12}^{4-}$$

钒渣钠化熟料水浸得到了钒酸钠溶液与浸出残渣，浸出残渣排出体系（部分返回焙烧工序作为惰性物料利用），钒酸钠溶液进入铵盐沉钒工序沉淀钒酸铵。

6.2.2.3　从钒酸钠溶液中分离钒的反应

水解法从钒酸钠溶液中分离钒的反应：

$$V_4O_{12}^{4-} + 4H^+ === 4HVO_3\downarrow$$

铵盐沉淀法从钒酸钠溶液中分离钒的反应：

沉淀偏钒酸铵：

$$V_4O_{12}^{4-} + 4NH_4^+ === (NH_4)_4V_4O_{12}\downarrow$$

沉淀钒酸铵钠：

沉淀时通常控制反应的 pH 值在 5~7，此时的沉淀产物以或的形式存在，沉淀反应如下：

$$5HV_2O_7^{3-} + xNa^+ + 9H^+ + (6-x)NH_4^+ === (NH_4)_{6-x}Na_xV_{10}O_{18}\downarrow + 7H_2O$$

$$5V_4O_{12}^{4-} + 2xNa^+ + 8H^+ + 2(6-x)NH_4^+ === 2(NH_4)_{6-x}Na_xV_{10}O_{28}\downarrow + 4H_2O$$

$$5HV_2O_7^{3-} + xNa^+ + 10H^+ + (5-x)NH_4^+ === (NH_4)_{5-x}Na_xHV_{10}O_{28}\downarrow + 7H_2O$$

$$5V_4O_{12}^{4-} + 2xNa^+ + 10H^+ + 2(5-x)NH_4^+ === 2(NH_4)_{5-x}Na_xHV_{10}O_{28}\downarrow + 4H_2O$$

沉淀多钒酸铵：

$$3HV_2O_7^{3-} + 7H^+ + 2NH_4^+ = (NH_4)_2V_6O_{16}\downarrow + 5H_2O$$

$$3V_4O_{12}^{4-} + 8H^+ + 4NH_4^+ = 2(NH_4)_2V_6O_{16}\downarrow + 4H_2O$$

铁盐沉淀法从钒酸钠溶液中分离钒的反应：

$$HV_2O_7^{3-} + H^+ + Fe^{2+} + H_2O \longrightarrow xFeO \cdot yV_2O_5 \cdot zH_2O\downarrow$$

$$HV_2O_7^{3-} + H^+ + Fe^{3+} + H_2O \longrightarrow xFe_2O_3 \cdot yV_2O_5 \cdot zH_2O\downarrow$$

$$V_4O_{12}^{4-} + H^+ + Fe^{2+} + H_2O \longrightarrow xFeO \cdot yV_2O_5 \cdot zH_2O\downarrow$$

$$V_4O_{12}^{4-} + H^+ + Fe^{3+} + H_2O \longrightarrow xFe_2O_3 \cdot yV_2O_5 \cdot zH_2O\downarrow$$

钙盐沉淀法从钒酸钠溶液中分离钒的反应：

$$2HV_2O_7^{3-} + 2H^+ + 2Ca^{2+} = Ca_2V_4O_{12}\downarrow + 2H_2O$$

$$V_4O_{12}^{4-} + 2Ca^{2+} = Ca_2V_4O_{12}\downarrow$$

现在常用的方法是铵盐沉淀法，以沉淀偏钒酸铵、多钒酸铵最多。沉淀后可得到钒酸铵等沉淀产物与沉淀废水，沉淀废水进入废水处理系统处理，钒酸铵等既可以作为钒酸盐对外销售，也可以用作后步深加工的原料。

铁盐沉淀法、钙盐沉淀法、水解沉淀法、钒酸铵钠沉淀法在特殊应用时采用。

6.2.2.4　钒酸铵氧化煅烧制备粉状五氧化二钒（V_2O_5）的反应

偏钒酸铵煅烧分解：

$$(NH_4)_4V_4O_{12} + 3O_2 \xrightarrow{\text{高温煅烧}} 2V_2O_5 + 2N_2\uparrow + 8H_2O\uparrow$$

多钒酸铵煅烧分解：

$$(NH_4)_2V_6O_{16} + 1.5O_2 \xrightarrow{\text{高温煅烧}} 3V_2O_5 + N_2\uparrow + 4H_2O\uparrow$$

反应中看出，钒酸铵实质上是由 V_2O_5、NH_3、H_2O 三部分组成。氧化条件下，钒酸铵煅烧的产物是粉末状的棕红色的五氧化二钒。实际上，钒酸铵还可以直接在还原条件下生成三氧化二钒（V_2O_3）。

6.2.2.5　制备片状五氧化二钒（V_2O_5）的反应

五氧化二钒的熔点通常在 $670 \sim 690℃$，通常将五氧化二钒在熔化炉中加热到 $800℃$ 以上，使五氧化二钒熔融变成液体，然后在铸片设备上冷却、结晶，便得到了片状五氧化二钒产品，反应如下：

熔化条件下，五氧化二钒从固态变成液态：

$$V_2O_5(s) \xrightarrow{>670℃} V_2O_5(l)$$

冷却条件下，五氧化二钒从液态变成固态结晶：

$$V_2O_5(l) = V_2O_5(cr)$$

6.2.2.6　制备三氧化二钒（V_2O_3）

三氧化二钒（V_2O_3）是五氧化二钒或者钒酸铵高温还原的产物，常用的还原剂有碳（C）、氢气（H_2）、一氧化碳（CO）、甲烷（CH_4）等，还原反应如下：

（1）氢气（H_2）还原：

多钒酸铵还原反应：

$$(NH_4)_2V_6O_{16} + 3H_2 = 3V_2O_3 + N_2\uparrow + 7H_2O\uparrow$$

五氧化二钒还原反应：

$$V_2O_5 + 2H_2 \rightleftharpoons V_2O_3 + 2H_2O \uparrow$$

（2）一氧化碳（CO）还原：

多钒酸铵还原反应：

$$(NH_4)_2V_6O_{16} + 3CO \rightleftharpoons 3V_2O_3 + N_2 \uparrow + 3CO_2 \uparrow + 4H_2O \uparrow$$

五氧化二钒还原反应：

$$V_2O_5 + 2CO \rightleftharpoons V_2O_3 + 2CO_2 \uparrow$$

（3）甲烷（CH₄）还原：

多钒酸铵还原反应：

$$4(NH_4)_2V_6O_{16} + 3CH_4 \rightleftharpoons 12V_2O_3 + 4N_2 \uparrow + 3CO_2 \uparrow + 22H_2O \uparrow$$

五氧化二钒还原反应：

$$2V_2O_5 + CH_4 \rightleftharpoons 2V_2O_3 + CO_2 \uparrow + 2H_2O \uparrow$$

（4）碳（C）还原：

多钒酸铵还原反应：

$$2(NH_4)_2V_6O_{16} + 3C \rightleftharpoons 6V_2O_3 + 2N_2 \uparrow + 3CO \uparrow + 8H_2O \uparrow$$

多钒酸铵还原反应：

$$2(NH_4)_2V_6O_{16} + 6C \rightleftharpoons 6V_2O_3 + 2N_2 \uparrow + 6CO \uparrow + 8H_2O \uparrow$$

五氧化二钒还原反应：

$$V_2O_5 + C \rightleftharpoons V_2O_3 + CO_2 \uparrow$$

钒渣钠化提钒，最终得到的产品可以是粉状五氧化二钒（V_2O_5）、片状五氧化二钒（V_2O_5）、工业级三氧化二钒（V_2O_3）。

6.2.2.7　废水处理

钒渣钠化提钒废水中，主要组成有硫酸钠（Na_2SO_4）、硫酸铵（$(NH_4)_2SO_4$）、钒酸钠（$Na_4H_2V_{10}O_{28}$）、铬酸钠（$Na_2Cr_2O_7$）、硅酸（H_4SiO_4）等。一般的废水处理分三步进行：

（1）还原—沉淀法分离重金属钒、铬（用亚硫酸钠作还原剂、氢氧化钠作中和剂来加以说明）：

重金属钒、铬还原反应：

钒的还原反应：

$$H_2V_{10}O_{28}^{4-} + 5SO_3^{2-} + 24H^+ \rightleftharpoons 10VO^{2+} + 5SO_4^{2-} + 13H_2O$$

铬的还原反应：

$$Cr_2O_7^{2-} + 3SO_3^{2-} + 8H^+ \rightleftharpoons 2Cr^{3+} + 3SO_4^{2-} + 4H_2O$$

中和沉淀反应：

$$VO^{2+} + 2OH^- \rightleftharpoons VO_2 \downarrow + H_2O$$

$$Cr^{3+} + 3OH^- \rightleftharpoons Cr(OH)_3 \downarrow$$

$$SiO_4^{4-} \xrightarrow{H^+} HSiO_4^{3-} \xrightarrow{H^+} H_2SiO_4^{2-} \xrightarrow{H^+} H_3SiO_4^- \xrightarrow{H^+} H_4SiO_4 \downarrow$$

（2）蒸馏法脱氨—硫酸吸收氨的反应：

硫酸铵转型吹脱反应：

$$NH_4^+ + OH^- \rightleftharpoons NH_3 \uparrow + H_2O$$

氨气吸收反应:

$$NH_3 + H^+ \Longrightarrow NH_4^+$$

(3)蒸发结晶分离硫酸钠的反应:

蒸发结晶过程:

$$2Na^+ + SO_4^{2-} \xrightarrow{\text{蒸发浓缩结晶}} Na_2SO_4 \text{(cr)}$$

蒸汽冷凝过程:

$$H_2O(g) \xrightarrow{\text{冷凝}} H_2O(l)$$

至此,完成了钒渣钠化提钒的废水处理,废水中的钒、铬、硅中和沉淀后以废水污泥的形式排出体系,硫酸铵采用蒸馏脱氨—硫酸吸收的方式得到了稀硫酸铵返回沉淀循环利用,硫酸钠溶液采用蒸发结晶工艺,得到了硫酸钠晶体,排出体系资源化利用,水蒸气冷凝后返回浸出循环利用。

废水污泥的主要组成是硅酸(H_4SiO_4)、二氧化钒(VO_2)、氢氧化铬($Cr(OH)_3$)以及吸附夹带的硫酸钠(Na_2SO_4)、硫酸铵($(NH_4)_2SO_4$)等,需要进一步处理。

6.2.3 工艺流程及其主要设备

6.2.3.1 基本工艺流程

根据现在的钒渣钠化提钒工业生产实际情况,基本生产工艺如图6-2所示。

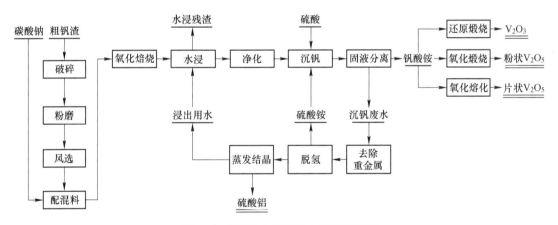

图 6-2 钒渣钠化提钒基本工艺流程图

从图6-2中看出,钒渣钠化提钒工艺中,主要包括原料预处理、焙烧与浸出、沉淀、钒酸铵深加工、废水处理等五大工序。

原料预处理包括粗钒渣破碎去除大块铁、精钒渣粉磨进一步去除金属铁、钒渣粉风选将钒渣粉控制到粒度不超过0.100mm、碳酸钠的配料与混合等工艺环节。本工序投入的是粗钒渣与碳酸钠,产出的是含有大块铁的绝废渣、铁粒、精钒渣粉与碳酸钠的混合料。

焙烧浸出工序包括钒渣混合料氧化焙烧、熟料冷却、熟料水浸与固液分离、钒溶液净化与固液分离等工艺环节。本工序投入的是精钒渣粉与碳酸钠的混合料、水、净化剂,产出的是水浸残渣、净化渣、合格钒溶液。

　　沉钒工序主要是采用铵盐沉淀钒酸铵，包括加入硫酸调节 pH 值、加入硫酸铵、沉钒与固液分离等工艺环节。本工序投入的是合格钒溶液、硫酸、硫酸铵，产出的是沉钒废水、钒酸铵。

　　钒酸铵深加工工序的主要任务是将钒酸铵分解脱除其中的氨与水，得到纯度高的氧化钒产品。采用不同的处理方法可得到不同的产品，氧化煅烧处理得到粉状的五氧化二钒产品；氧化煅烧并熔化铸片处理得到片状五氧化二钒产品；还原煅烧处理得到三氧化二钒产品。

　　废水处理是本工艺的重要环节之一，工业生产应用最多的工艺包括去除重金属、脱氨、蒸发结晶脱盐的工艺。用还原中和沉淀法去除钒、铬等重金属；用转型、蒸馏、吸收的方法脱氨；用蒸发结晶的方法分离硫酸钠等盐类。

6.2.3.2　主要设备

　　图 6-3 为钒渣钠化提钒基本设备流程图。

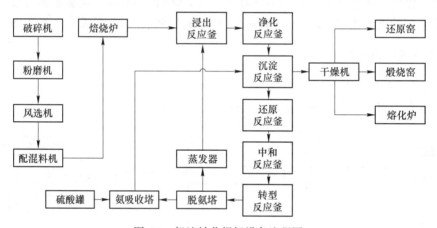

图 6-3　钒渣钠化提钒设备流程图

　　从图 6-3 中可以看出，钒渣钠化提钒工艺流程中，主要设备如下：

　　原料及预处理系统包括：桥式起重机、破碎机、粉磨机、磁选设备、风选机、称量设施、混料机。

　　焙烧与浸出系统包括：热风炉、焙烧炉、熟料冷却机、湿球磨、浸出反应釜、水平真空带式过滤机、真空泵、钒溶液净化反应釜等。

　　沉钒系统：硫酸储罐、沉淀反应釜、带式过滤机（板框压滤机、离心机等）。

　　干燥系统：热风炉、干燥机（闪蒸干燥机等）。

　　还原系统：还原窑等。

　　熔化系统：熔化炉、水冷圆盘铸片机。

　　废水处理系统：板框压滤机（精密过滤机等）、还原反应釜、中和反应釜、浓缩池、板框压滤机、脱氨系统、蒸发结晶系统等。

　　除此之外，还有锅炉系统、煤气发生系统、纯净水制备系统等辅助系统。

　　常用的焙烧设备原理如图 6-4 和图 6-5 所示。

　　常用的五氧化二钒熔化与制片系统原理如图 6-6 和图 6-7 所示。

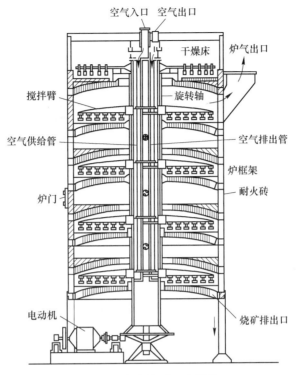

图 6-4 多膛炉原理示意图

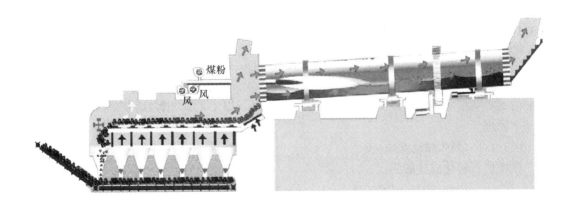

图 6-5 回转窑原理示意图

6.2.4 生产主要技术指标

生产的主要技术指标,可能会因工艺细节、原料等的不同而变化。现以 V_2O_5 含量为 15%的钒渣为计算基础,其主要技术指标如下:

(1)钒收率指标。原料预处理工序:≥98.0%。焙烧浸出工序:≥86%。沉淀工序: ≥96%。钒酸铵深加工工序:1)氧化煅烧钒收率:≥99.0%;2)氧化煅烧—熔化—铸片 工序:≥96.0%;3)还原煅烧工序:≥99.0%。钒总收率:≥82.0%。

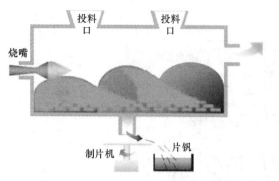

图 6-6   五氧化二钒熔化炉原理示意图

图 6-7   五氧化二钒制片系统原理示意图

（2）主要原辅材料消耗指标。钒渣（折合成标准钒渣）：≤12.2t/t V_2O_5。纯碱（98%Na_2CO_3）：≤1.83t/t V_2O_5（苏打比1.50、片钒品位100%计算）。净化剂（无水氯化钙）：≤0.025t/t V_2O_5。硫酸（98%）：≤0.90t/t V_2O_5。工业硫酸铵：≤0.80t/t V_2O_5。

（3）燃料及动力消耗。生产水：≤40.0t/t V_2O_5。蒸汽：≤8.0t/t V_2O_5。压缩空气：≤1350.0Nm³/t V_2O_5。电：≤2800kW·h/t V_2O_5。焦炉煤气（15.9MJ/Nm³）：≤4750.0Nm³/t V_2O_5。

6.3   钒渣钙化法提钒技术

6.3.1   钒渣钙化法提钒基本原理

钒渣钙化提钒工艺与钠化提钒工艺不同，它的关注点是酸溶性的钒酸钙。它是将钒渣添加钙盐进行高温氧化焙烧，将钒渣中的钒元素转化成酸溶性或者碱溶性的钒酸盐，然后用酸溶或者碱溶的方法来浸出钙化熟料中的钒。以下以 $CaCO_3$ 作为焙烧添加剂来举例说明基本原理。

6.3.1.1   钙化焙烧反应

铁橄榄石转化成硅酸钙：

$$2Fe_2SiO_4 + 2CaCO_3 + O_2 = 2CaSiO_3 + 2Fe_2O_3 + 2CO_2 \uparrow$$
$$\Delta_r G^\ominus = -323.63 - 0.0853T, \text{ kJ}$$

锰橄榄石转化成硅酸钙：

$$2Mn_2SiO_4 + 2CaCO_3 + O_2 = 2CaSiO_3 + 2Mn_2O_3 + 2CO_2 \uparrow$$
$$\Delta_r G^\ominus = -109.38 - 0.0810T, \text{ kJ}$$

铁辉石转化成硅酸钙：

$$4FeSiO_3 + 4CaCO_3 + O_2 = CaSiO_2 + 2Fe_2O_3 + 4CO_2 \uparrow$$
$$\Delta_r G^\ominus = -171.85 - 0.3739T, \text{ kJ}$$

锰辉石转化成硅酸钙：

$$4MnSiO_3 + 4CaCO_3 + O_2 = CaSiO_3 + 2Mn_2O_3 + 4CO_2 \uparrow$$

$$\Delta_r G^{\ominus} = 47.1010 - 0.4255T, \text{ kJ}$$

镁辉石转化成硅酸钙：

$$MgSiO_3 + CaCO_3 = CaSiO_3 + MgO + CO_2 \uparrow$$

$$\Delta_r G^{\ominus} = 111.8000 - 0.1409T, \text{ kJ}$$

钛铁晶石氧化转化成铁板钛矿：

$$2Fe_2TiO_4 + O_2 = 2Fe_2TiO_5$$

钒尖晶石生成钒酸盐的反应：

锰钒尖晶石生成钒酸锰：

$$MnV_2O_4 + O_2 = Mn(VO_3)_2$$

铁钒尖晶石生成钒酸钙：

$$4FeV_2O_4 + 4CaCO_3 + 5O_2 = 4CaV_2O_6 + 2Fe_2O_3 + 4CO_2 \uparrow$$

$$\Delta_r G^{\ominus} = -922.290 + 0.2554T, \text{ kJ}$$

铁钒尖晶石生成钒酸锰：

$$2FeV_2O_4 + Mn_2O_3 + 2O_2 = 2Mn(VO_3)_2 + Fe_2O_3$$

$$\Delta_r G^{\ominus} = -1176.000 + 0.8922T, \text{ kJ}$$

铁钒尖晶石生成钒酸镁：

$$2FeV_2O_4 + 2MgO + 2.5O_2 = 2Mg(VO_3)_2 + Fe_2O_3$$

$$\Delta_r G^{\ominus} = -1323.800 + 0.9784T, \text{ kJ}$$

硅酸盐、钒尖晶石与 O_2、$CaCO_3$ 反应生成了较低熔点的钒酸钙（$Ca(VO_3)_2$）、钒酸锰（$Mn(VO_3)_2$）等物相，依然会在较高的氧化焙烧温度下，造成焙烧过程物料熔结，对过程控制不利。通常采用控制焙烧物料中金属铁含量、添加惰性物料来抑制焙烧物料温度上升。

6.3.1.2 钙化熟料的酸浸反应

钙化熟料中钒的浸出通常可以采用酸浸或者碱浸的方法来实现。酸浸时考虑到价格、作业环境、设备腐蚀等因素，几乎都是采用硫酸来浸出钒，硫酸浸出钙化焙烧熟料过程中，控制浸出料浆 pH = 2.5 ~ 3.5，故从图 6-1 知，钒溶液中的钒以 $H_2V_{10}O_{28}^{4-}$ 形式存在，主要反应如下：

钒酸钙浸出反应：

$$5Ca(VO_3)_2 + 6H^+ + 3SO_4^{2-} = H_2V_{10}O_{28}^{4-} + 2Ca^{2+} + 3CaSO_4 \downarrow + 2H_2O$$

钒酸锰浸出反应：

$$5Mn(VO_3)_2 + 6H^+ = H_2V_{10}O_{28}^{4-} + 5Mn^{2+} + 2H_2O$$

6.3.1.3 从硫酸浸出钒液中分离钒的主要反应

水解沉淀法：

$$H_2V_{10}O_{28}^{4-} + 4H^+ + 2H_2O = 10HVO_3 \downarrow$$

铵盐沉淀法：

$$3H_2V_{10}O_{28}^{4-} + 2H^+ + 10NH_4^+ = 5(NH_4)_2V_6O_{16} \downarrow + 4H_2O$$

钒酸铵的深加工与钒渣钠化提钒工艺相同。

6.3.1.4 钙化熟料的碱浸反应

实际浸出过程中，溶液的 pH 值通常在 10 左右，从图 6-1 中可知，溶液中钒以

$HV_2O_7^{3-}$ 的形式存在；碱浸反应的浸出剂主要与碳酸根/碳酸氢根有关，与之匹配的阳离子有 Na^+、NH_4^+，考虑到作业环境等因素，基本上只能用 Na^+，故对应的浸出剂为 $Na_2CO_3/NaHCO_3$-H_2O 体系，浸出反应如下：

$$Mn(VO_3)_2 + CO_3^{2-} + OH^- \Longrightarrow HV_2O_7^{3-} + MnCO_3 \downarrow$$

$$Ca(VO_3)_2 + CO_3^{2-} + OH^- \Longrightarrow HV_2O_7^{3-} + CaCO_3 \downarrow$$

$$Mn(VO_3)_2 + 2HCO_3^- + OH^- \Longrightarrow HV_2O_7^{3-} + MnCO_3 \downarrow + H_2O + CO_2 \uparrow$$

$$Ca(VO_3)_2 + 2HCO_3^- + OH^- \Longrightarrow HV_2O_7^{3-} + CaCO_3 \downarrow + H_2O + CO_2 \uparrow$$

钒酸钠（$NaVO_3$）溶液按照钒渣钠化提钒工艺相关工序进行即可。

6.3.1.5　硫酸浸出液分离钒后的废水处理

钒渣钙盐提钒工艺的沉钒废水，与钠化提钒工艺的废水有很大的不同，其主要组成有 Mn^{2+}、Mg^{2+}、Ca^{2+}、NH_4^+、SO_4^{2-}、$H_2V_{10}O_{28}^{4-}$ 等，废水处理的主要目的是去除这些组分，采用还原沉淀工艺处理，主要分两步进行。

用 Fe^{2+} 还原 $H_2V_{10}O_{28}^{4-}$：

$$H_2V_{10}O_{28}^{4-} + 10Fe^{2+} + 34H^+ \Longrightarrow 10VO^{2+} + 10Fe^{3+} + 18H_2O$$

用石灰中和沉淀分离钒、铁、硫酸钙、锰、镁：

$$VO^{2+} + SO_4^{2-} + CaO \Longrightarrow VO_2 \downarrow + CaSO_4 \downarrow$$

$$2Fe^{3+} + 3SO_4^{2-} + 3CaO + 3H_2O \Longrightarrow 2Fe(OH)_3 \downarrow + 3CaSO_4 \downarrow$$

$$Mn^{2+} + SO_4^{2-} + CaO + H_2O \Longrightarrow Mn(OH)_2 \downarrow + CaSO_4 \downarrow$$

$$Mg^{2+} + SO_4^{2-} + CaO + H_2O \Longrightarrow Mg(OH)_2 \downarrow + CaSO_4 \downarrow$$

$$2NH_4^+ + SO_4^{2-} + CaO \Longrightarrow 2NH_3 \uparrow + CaSO_4 \downarrow + H_2O$$

该工艺能够有效地去除废水中的钒、镁、锰、铁等元素，但过程中将铵离子转化成了气态的氨分子，恶化了作业环境，需要进一步治理。处理后的水可以直接返回硫酸浸出系统循环利用。

6.3.2　钒渣钙化法提钒工艺流程

钒渣钙化提钒工艺与钠化工艺有相似的地方，基本工艺流程如图 6-8 所示。

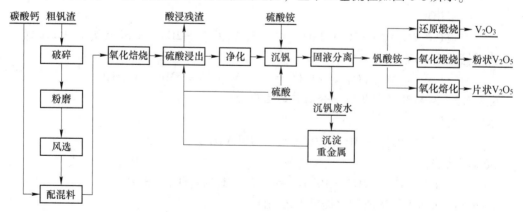

图 6-8　钒渣钙化提钒基本工艺流程图

从图 6-8 中看出，钒渣钙化提钒工艺流程中包括原料预处理、焙烧与浸出、沉淀、钒酸铵深加工、废水处理等工序。

钙化焙烧对钒渣粉的粒度要求更高，粒度更细、金属铁含量更少。同时，要求焙烧温度更高、焙烧时间更长。最大的不同是，浸出用硫酸与钒酸钙反应，得到钒溶液的同时，石膏渣进入残渣排出体系。钒溶液 pH = 2.5 ~ 3.5，溶液净化难度更大。采用酸性铵盐沉钒工艺时，硫酸铵消耗量更少；采用水解沉钒工艺时，产品中 Mn 容易超标。废水处理比钠化工艺简单，用石灰沉淀废水中的 Ca^{2+}、Mg^{2+}、Mn^{2+} 后返回硫酸浸出工序循环利用。

6.3.3　钒渣钙化法提钒技术展望

钒渣钙法提钒工艺采用氧化钙作焙烧添加剂，焙烧过程中生成了以钒酸钙为主的钒酸盐物相。钒酸钙不溶于水，但可以溶于酸、碱。考虑到后续废水的处理难度，目前世界上仅有的两家工厂都采用硫酸浸出工艺。

俄罗斯图拉钒厂采用硫酸浸出钙化熟料，浸出残渣堆存，酸浸钒液采用水解沉淀法制备高锰氧化钒，沉钒废水中和处理后排放。我国攀钢西昌钒厂采用硫酸浸出钙化熟料，浸出残渣外加工进一步提取氧化钒，酸浸钒液采用铵盐沉淀法制备高品质氧化钒，沉钒废水中和处理后循环利用。

自 2008 年以来，图拉钒厂已经面临浸出残渣、沉钒废水的环保问题，攀钢西昌钒厂浸出残渣问题、废水处理后的残渣问题目前尚未显现出来。随着环保要求的日益严格，浸出残渣、废水处理残渣的环保问题会逐步显现。

就钒渣钙化提钒工艺而言，需要进一步完善工艺，提高钒的转浸率。同时，还需要在酸浸残渣分离石膏、废水残渣处置等方面探索研究，消除"三废"对环境的影响，提高工艺的生命力。

6.4　钠化钒渣提钒技术

6.4.1　钠化钒渣提钒基本原理

钠化钒渣是 20 世纪 80 ~ 90 年代比较热门的一种提钒原料，是在转炉提钒渣的时候往含钒铁水中加入钠盐，得到的钒渣中的钒元素主要以水溶性的钒酸钠的形式存在，故称为钠化钒渣。钠化钒渣的基本特点是"三高一低"：

（1）钠含量高：钠盐高温处理含钒铁水时，钠离子几乎与所有的氧化物反应生成钠盐，钠盐消耗量大，钠化钒渣钠含量高。

（2）磷高：钠盐处理含钒铁水时，除磷效果非常好，几乎把所有的磷都转化成了磷酸钠转入钠化钒渣中。

（3）硅高：钠盐处理含钒铁水时，几乎把全部的硅都转化成了硅酸钠转入钠化钒渣中。

（4）铁含量低：钠盐处理含钒铁水时，大量的一价钠离子替代了二价铁离子，大幅度降低了钠化钒渣中二价铁离子，总铁含量一般不超过 8%。

除此之外，钠化钒渣中钒元素主要以水溶性的钒酸钠存在，理论上讲钠化钒渣不需要高温氧化焙烧，只需要直接用水浸出其中的钒酸钠。这是区别于普通钒渣提钒的显著特点。但带来的新问题是钒浸出液中磷高、硅高、钠高，对应地需要解决浸出液的除磷、除硅、回收钠盐等难题。因此，在此设想了钠钙联合无铵提钒工艺，其提钒的基本原理如下：

（1）钠化钒渣中钠盐的浸出反应：

钒酸钠的浸出反应：

$$Na_3VO_4 = 3Na^+ + VO_4^{3-}$$

亚钒酸钠的浸出反应：

$$2Na_2VO_3 + 0.5O_2 = 4Na^+ + V_2O_7^{4-}$$

硅酸钠的浸出反应：

$$Na_4SiO_4 = 4Na^+ + SiO_4^{4-}$$

磷酸钠的浸出反应：

$$Na_3PO_4 = 3Na^+ + PO_4^{3-}$$

钛酸钠的浸出反应：

$$Na_2TiO_3 + H_2O = 2Na^+ + 2OH^- + TiO_2 \downarrow$$

（2）浸出液中杂质的净化反应：

除硅反应：

$$2SiO_4^{4-} + 2Al^{3+} + 3H_2O = Al_2Si_2O_5(OH)_4 \downarrow + 2OH^-$$

除磷反应：

$$2PO_4^{3-} + 3CaSO_4 = Ca_3(PO_4)_2 \downarrow + 3SO_4^{2-}$$

碱性条件下硫酸铝除硅生成了多水高岭石。

（3）钒酸钠溶液中钠盐的回收反应：

设想的工艺采用沉淀钒酸钙、硅酸钙的方法，实现钠与钒、硅的分离，主要反应如下：

$$3VO_4^{3-} + 5CaO + 5H_2O = Ca_5(OH)(VO_4)_3 \downarrow + 9OH^-$$

$$2SiO_4^{4-} + 3CaO + 4H_2O = 3CaO \cdot 2SiO_2 \downarrow + 8OH^-$$

经氧化钙沉淀后，钒及少量的硅进入沉淀中，与钠盐分离。含钠溶液经蒸发结晶，得到混合钠盐返回转炉提钒循环利用，制备钠化钒渣，实现了过量钠盐的循环利用。

（4）钒酸钙溶解反应：

$$10Ca_5(OH)(VO_4)_3 + 88H^+ + 50SO_4^{2-} = 3H_2V_{10}O_{28}^{4-} + 50CaSO_4 \downarrow + 46H_2O$$

钒酸钙溶解得到钒溶液，石膏渣排出体系。

（5）水解沉钒反应：

$$H_2V_{10}O_{28}^{4-} + 4H^+ = H_6V_{10}O_{28} \downarrow$$

水解沉钒后得到了红钒沉淀，水解沉钒母液返回钒酸钙溶解过程循环利用。

（6）红钒煅烧反应：

煅烧分解反应：

$$H_6V_{10}O_{28} = 5V_2O_5 + 3H_2 \uparrow$$

熔化反应：

$$V_2O_5(s) \xrightarrow{\text{>670℃}} V_2O_5(l)$$

液态的五氧化二钒铸片冷却后就得到了片状五氧化二钒产品。

6.4.2　钠化钒渣提钒技术流程

6.4.2.1　基本工艺流程

钠化钒渣提钒工艺在 20 世纪红极一时，后无疾而终，没有实现产业化，故只能从技术的角度提出产业化的技术思路。建议的工艺流程如图 6-9 所示。

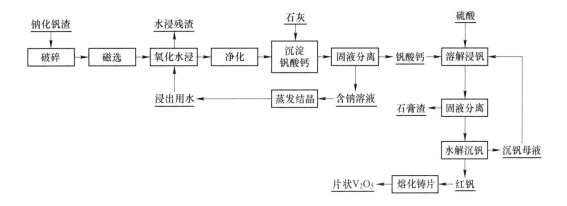

图 6-9　钠化钒渣提钒基本工艺流程图

根据钠化钒渣的特性，钠化钒渣提钒工艺显著区别于钒渣钠化提钒工艺，工艺的重点在除杂保钠。从图 6-9 中看出，建议的工艺流程主要包括钠化钒渣预处理、氧化浸出与净化、沉淀钒酸钙、钒酸钙浸钒、钒溶液沉淀红钒、红钒深加工、含钠溶液处理等工序。

钠化钒渣预处理主要是破碎，选出其中的金属铁。

氧化浸出在浸出磷酸钠、硅酸钠、钒酸钠的同时，用氧化剂氧化其中的 S^{2-}，实现低价钒的氧化。钒溶液经除磷、除硅后，得到合格的正钒酸钠溶液。

正钒酸钠溶液直接采用石灰沉淀钒酸钙，得到钒酸钙沉淀（$Ca_5(OH)(VO_4)_3$）与含钠溶液。

钒酸钙用硫酸溶解后，得到石膏渣（$CaSO_4$）与钒溶液，石膏渣排出体系。

钒溶液采用水解沉钒工艺，沉淀出红钒（$mV_2O_5 \cdot nH_2O$），水解母液返回钒酸钙溶解工序循环利用。红钒经煅烧生产出粒块状的五氧化二钒，或者经过熔化铸片生产出片状五氧化二钒产品。

6.4.2.2　主要设备

根据前面设想的钠化钒渣提钒基本工艺，其设备流程如图 6-10 所示。

从图 6-10 中看出，钠化钒渣提钒工艺的主要设备有：破碎机、磁选机、氧化浸出反应釜、净化反应釜、沉淀钒酸钙反应釜、硫酸罐、钒酸钙溶钒反应釜、沉淀红钒反应釜、带式过滤机、板框压滤机、熔化炉、蒸发器等。

除此之外，还有锅炉系统、煤气发生系统、纯净水制备系统等辅助系统。

6.4.3　钠化钒渣提钒技术展望

钠化钒渣提钒工艺在 20 世纪 80~90 年代风靡一时，成为全世界研究的热点，但在钠

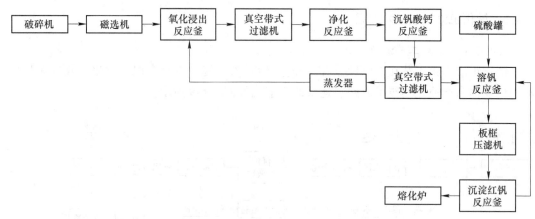

图 6-10 钠化钒渣提钒设备流程图

盐处理含钒铁水时存在钠盐消耗量大、炉衬寿命极短、碱金属蒸气对收尘系统的腐蚀严重等致命问题，一直未能推广应用。钠化钒渣的制备技术一直处于停滞状态，这也限制了钠化钒渣提钒技术的研究。未来也不会大规模推广应用，但有可能在个别、小规模、特殊条件下临时应用，不会作为提钒原料、提钒技术的主流。未来在提钒技术应用方面，可借鉴该技术的原理，把该技术与亚熔盐提钒技术、直接还原提钒技术等结合起来，开发一种新的钒渣提钒工艺。

6.5 含钒钢渣提钒技术

钢渣提钒技术是钒钛磁铁矿提钒的第三代技术，也是最有前景的一种提钒技术，但到目前为止还未取得技术上的突破。

钒钛磁铁矿还原得到含钒铁水，含钒铁水转炉炼钢后得到含钒钢渣。钢渣中含有 $2\% \sim 6\% V_2O_5$、$30\% \sim 50\% CaO$，可以作为提钒的原料。自 20 世纪 70 年代以来，我国冶金工作者开展了大量的实验研究，如直接酸浸法、碱浸或加盐焙烧-碳酸化浸出等湿法工艺以及还原制备高钒铁水后，再吹炼钒渣的火法工艺。最有代表性的湿法工艺是将含钒钢渣配加苏打，在焙烧炉中高温氧化焙烧，焙烧温度控制在 800℃ 左右，然后水浸，同时通入 CO_2 气体固定熟料中的 CaO。钒浸出液水解沉钒生产 V_2O_5，钒总回收率 68%。最具代表性的火法工艺是将含 V_2O_5 1.54%、CaO 43% $\sim$ 47% 的含钒钢渣配入河沙与煤粉，在三相矿热电炉内还原冶炼，得到含 V 2.59% $\sim$ 3.99% 的高钒铁水，高钒铁水按照含钒铁水吹炼钒渣的方法处理得到钒渣。含钒钢渣到高钒铁水的钒回收率达到 90% 以上。

正因为钢渣提钒的技术难度大，所以目前世界上还没有产业化的技术。下面结合近二十年来的技术研究进展，提出钢渣水法提钒的建议工艺。

6.5.1 含钒钢渣提钒基本原理

含钒钢渣与普通钒渣相比，最大的特点是 CaO 含量高，通常在 30% 以上，同时，钢渣中 P 含量高，通常在 0.50% 以上。这就决定了提取钢渣中的钒不能简单采用现有的钠化提钒工艺或者钙化提钒工艺。含钒钢渣的典型含钒物相为 $Ca_3V_2O_{8-m}$，钠化提钒时利用钠盐氧化焙烧，破坏矿物结构，将 $Ca_3V_2O_{8-m}$ 分解转化成氧化钙、钒酸钠与钒酸钙等。在水浸过程中同步通入 CO_2 气体，将钒酸钙浸出转化成钒酸钠溶解进入浸出液中，实现钒的提取分离。

6.5.1.1　含钒钢渣钠化焙烧反应

含钒钢渣氧化钠化焙烧过程中的主要反应如下：

$$2Ca_3V_2O_{8-m} + 3Na_2CO_3 + mO_2 =\!=\!= 3CaO + Ca_3(VO_4)_2 + 2Na_3VO_4 + 3CO_2\uparrow$$

焙烧反应的结果是将物相 $Ca_3V_2O_{8-m}$ 分解转化成了 CaO、$Ca_3(VO_4)_2$、Na_3VO_4 三种新的物相，使得含钒钢渣中钒的提取成为可能。

6.5.1.2　钢渣钠化熟料浸出

A　传统的水浸工艺

钢渣钠化熟料在水浸过程中的主要反应如下：

钒酸钠溶解浸出：

$$Na_3VO_4 =\!=\!= 3Na^+ + VO_4^{3-}$$

钒酸钠转沉反应：

$$2VO_4^{3-} + 2CaO + 3H_2O =\!=\!= Ca_2V_2O_7\downarrow + 6OH^-$$
$$2VO_4^{3-} + 3CaO + 3H_2O =\!=\!= Ca_3(VO_4)_2\downarrow + 6OH^-$$

显然，钢渣中超高的 CaO 含量在焙烧过程中生成了水不溶性的钒酸钙，降低了钒的浸出率；同时，溶于水中的钒酸钠与钢渣中 $Ca_3V_2O_{8-m}$ 物相分解出来的 CaO 发生转沉反应，生成了水不溶性的钒酸钙，进一步降低了钒的浸出率。

B　碳酸化浸出反应

碳酸化水浸时，主要化学反应如下：

$$OH^- + CO_2 =\!=\!= HCO_3^-$$
$$VO_4^{3-} + 2CO_2 + H_2O =\!=\!= VO_3^- + 2HCO_3^-$$
$$Ca_2V_2O_7 + 2OH^- + 2CO_2 =\!=\!= 2VO_3^- + 2CaCO_3\downarrow + H_2O$$
$$Ca_3(VO_4)_2 + 2OH^- + 3CO_2 =\!=\!= 2VO_3^- + 3CaCO_3\downarrow + H_2O$$

碳酸化浸出的结果是提高了钒的转浸率，获得了杂质含量低的钒酸钠溶液，该溶液为 $NaVO_3$-$NaHCO_3$ 体系，不能用传统的工艺来处理。

6.5.1.3　钒酸钠溶液的处理

根据钒酸钠溶液的特点，建议采用两步处理工艺。首先蒸发结晶分离 $NaHCO_3$，然后将结晶母液冷却结晶，分离钒酸钠晶体。最后的结晶母液返回浸出循环利用，分离得到的 $NaHCO_3$ 返回焙烧循环利用，钒酸钠经体采用传统的工艺进行处理。

钒酸钠溶液蒸发结晶分离碳酸氢钠：

$$NaHCO_3(aq) =\!=\!= NaHCO_3(cr)$$

碳酸氢钠结晶母液冷却结晶钒酸钠：

$$NaVO_3(aq) =\!=\!= NaVO_3(cr)$$

6.5.2　含钒钢渣提钒主要技术流程

钢渣提钒是冶金工作者的梦想，到现在为止还没有理想的工艺流程。从已经做的研究来看，还是以钠化提钒效果最好，基本工艺流程如图 6-11 所示。

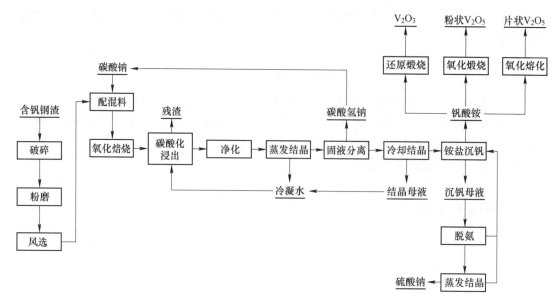

图 6-11 含钒钢渣钠化提钒建议工艺流程图

从图 6-11 中看出，采用钠化提钒工艺提钒时，钠化提钒与钙化提钒的基本工艺相似，针对含钒钢渣的特点，在浸出工艺、保钠工艺上体现出明显的不同。钢渣氧化钙含量高，决定了氧化钠化焙烧的配碱量大，后续处理需要考虑钠盐的保质与回收利用；同时在浸出过程中，大量氧化钙的存在，必须采用碳酸化浸出的方法保钒的转浸率，避免钒酸钠转沉为钒酸钙进入残渣，降低钒的转浸率。

6.5.3 含钒钢渣提钒新技术

冶金工作者把含钒钢渣提钒技术称作钒钛磁铁矿提钒的第三代技术，到目前为止都没有实现产业化。无论是钠化工艺，还是钙化工艺，都没有解决钢渣中碱土金属含量高带来的钒提取技术难题，虽然含钒钢渣钠化焙烧碳酸化水浸工艺完成了工业试验，但药剂消耗高、生产效率低、过程控制难度大、经济性差等问题有待进一步研究完善。

近年来随着亚熔盐工艺的问世，也在含钒钢渣提钒开展了研究。高明磊等研究了含钒钢渣亚熔盐法浸出提钒过程与机理，最佳反应条件为：碱渣比、反应温度 240℃、反应时间 120min、常压氧气流量 1L/min、搅拌转速 600r/min，钠系钒转浸率 85% 以上，钾系钒转浸率 97% 以上。反应过程中 Ca_2SiO_4、Ca_3SiO_5、$Ca_2Fe_2O_5$ 均转化成了 $Ca(OH)_2$ 与对应的碱金属盐，过程中由于 H_2O 参与反应，区别于传统的高温钠化焙烧，同时反应过程中保持足够高的碱势，确保了钒的转浸效果。

蔡永红等研究了含钒钢渣在熔融 NaOH 体系中钒的转化情况，最佳的参数为：碱渣比 5、把烧温度 450℃、焙烧时间 60min，钒的转浸率 90% 以上。反应过程中 CaO 转化成水不溶性的 $Ca(OH)_2$、MgO 解离成游离状态、FeO 转化成水不溶性的 Fe_2O_3 与 Fe_3O_4、SiO_2 转化成水溶性的 Na_4SiO_4、TiO_2 转化成水溶性的 Na_2TiO_3、V_2O_3 转化成水溶性的 $NaVO_3$，从而实现了含钒钢渣中钒的分离提取。

6.6 钒渣直接合金化技术

6.6.1 钒渣直接合金化基本原理

钒渣中的钒是以氧化钒的形式存在，没有合金化的作用。通常所说的钒渣直接合金化技术指的是钒渣中钒的还原与合金化应用一体化技术，即在钢水中还原剂首先还原钒渣中的氧化钒为元素钒，然后元素钒与钢水发生合金化作用。常用的还原剂是硅铁、金属铝。

6.6.1.1 钒渣中氧化钒的还原

$$3(VO_x) + 2xAl \Longrightarrow 3[V] + x(Al_2O_3)$$
$$2(VO_x) + xSi \Longrightarrow 2[V] + x(SiO_2)$$

通常是将钒渣研磨成粉末，与硅铁粉、铝粉混合均匀后压制成块。将料块加入到钢水中完成上述反应，反应生成的元素钒固溶到钢水中，生成的二氧化硅、氧化铝上浮汇集到钢渣中排出体系。

6.6.1.2 元素钒合金化

固溶于钢水中的元素钒与外加的含钒合金一样，溶解于奥氏体中，起到固溶强化、沉淀强化等合金化作用。

实际上，氧化钒的还原与元素钒的合金化没有明显的先后之分，还原与合金化是同步进行的，合金化的同时也加快了氧化钒的还原速率。

钒渣直接合金化最好的方法是在钢包内进行。在出钢时将钒渣和还原剂组成的混合物倒入钢包，可避免在钢脱氧时造成的烧损。混合物之间的相互作用就可达到合金化的目的。钢水的作用是使钒氧化物发生金属热还原反应，还原出的钒转入钢水中。钒还原率可达 60%～80%。混合物的组成可用钒渣粉+硅铁粉制成块，也可加入铝粉组成的放热的团块。

我国攀钢在 120t 氧化顶吹转炉冶炼低合金钢过程中用钒渣直接合金化。采用的方法是在钢包中进行合金化，用攀钢雾化钒渣粉（$(V_2O_5) = 15\%～20\%$；$\sum Fe = 42\%～48\%$），配入硅铁粉（FeSi75）和萤石粉，按 100∶30∶5 比例，加入水玻璃作黏结剂，压制成块，干燥后使用。加入混合物快的方法与其他合金的方法相同，钒回收率平均 80%。攀钢用钒渣直接合金化的方法炼制了 09V、22MnSiV、16MnSiVN 等含钒钢种，其性能均达到了与用钒铁合金化相同水平，同时也降低了生产成本。

6.6.2 钒渣直接合金化技术流程

钒渣直接合金化的技术流程包括钒渣预处理、适宜于合金化的料块制备、添加到钢水中合金化三大环节，基本技术流出如图 6-12 所示。

钒渣预处理包括破碎、粉磨、分级等步骤，制备粒度合适、成分清楚的粉料，然后配加合适的还原剂混合均匀，压块干燥后备用。炼钢使用时通常加入钢包中，然后在钢水的加入下发生还原反应，将钒渣中的氧化钒还原为金属钒，金属钒溶入奥氏体中实现钒的合金化。

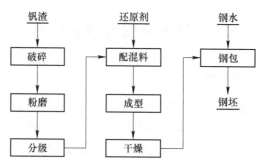

图 6-12　钒渣直接合金化技术流程图

6.6.3　钒渣直接合金化技术特点

钒渣直接合金化技术作为早期的合金化技术之一，有几个主要特点：

（1）工艺流程短，钒总收率高。由于省去了化学法制备氧化钒、金属热钒制备钒合金等工艺环节，整个工艺流程大大缩短，也没有产出提钒尾渣、钒合金炉渣等，钒收率大大提高，可达 80% 左右。

（2）省去了氧化钒生产、钒合金生产等场地、设施，投资省。

（3）该技术适用的钢种较少，应用范围受到限制。钒渣直接合金化的技术本质上是钒渣中钒的还原与合金化一体化的技术，还原过程的选择性较差，钒渣中伴随的 FeO、MnO、Cr_2O_3、TiO_2 等氧化物也被同步还原，在完成钢水钒合金化的同时，也伴随着 Mn、Cr、Ti 等元素的合金化。

6.7　钒渣提钒前沿新技术

随着提钒工业对清洁、高效、产品附加值高等需求的日益增长和新型钒渣——高铬型钒渣（也称钒铬渣）的产生，各种钒渣提钒新技术应运而生。本节将分类介绍钒渣清洁提钒新技术、以生产高附加值的高纯钒制品为目的提钒新技术和针对高铬型钒渣的提钒技术。

6.7.1　亚熔盐提钒新技术

亚熔盐是含少量水分的特殊熔体，通常是碱金属盐的高浓度水溶液，属于新型反应介质。亚熔盐提钒技术是以 30%~80% $NaOH$ 或 KOH 溶液或 $NaOH$-$NaNO_3$ 二元熔盐为介质，在 200~400℃ 下通过拟均相反应对钒渣进行液相氧化分解的过程。相对传统钒渣焙烧——浸出提钒技术而言，亚熔盐法提钒技术的固废产生率显著降低，属于钒渣清洁提钒技术。该技术由中国科学院过程所张懿院士团队提出并发展，已于 2017 年在承德钢铁集团有限公司建成工业示范生产线。

6.7.1.1　亚熔盐提钒技术的主要原理

A　NaOH 亚熔盐

钒渣中主要物相铁橄榄石 Fe_2SiO_4 和钒铁尖晶石 FeV_2O_4 在 $NaOH$ 亚熔盐介质中发生

如下氧化分解与复分解反应：

$$2Fe_2SiO_4 + O_2 \Longrightarrow 2Fe_2O_3 + 2SiO_2 \tag{6-1}$$

$$SiO_2 + 2NaOH \Longrightarrow NaSiO_3 + H_2O \tag{6-2}$$

$$4FeV_2O_4 + 24NaOH + 5O_2 \Longrightarrow 2Fe_2O_3 + 12H_2O + 8Na_3VO_4 \tag{6-3}$$

亚熔盐富含高化学活性的活性氧物种，能强化铁橄榄石转化为 Na_2SiO_3，钒铁尖晶石氧化转化为 Na_3VO_4。在后续水浸时，Na_3VO_4 转入水相形成 Na_3VO_4 水溶液，经结晶得到 Na_3VO_4 产品。但由于水浸过程中，Na_2SiO_3 发生水解形成大量硅酸胶体，阻碍了 Na_3VO_4 的浸出，导致钒回收率偏低。

B　KOH 亚熔盐

采用 KOH 亚熔盐提钒时，其原理与 NaOH 亚熔盐分解转化钒渣的原理类似。发生的主要化学反应如下：

$$2Fe_2SiO_4 + O_2 \Longrightarrow 2Fe_2O_3 + 2SiO_2 \tag{6-4}$$

$$SiO_2 + 2KOH \Longrightarrow K_2SiO_3 + H_2O \tag{6-5}$$

$$4FeV_2O_4 + 24KOH + 5O_2 \Longrightarrow 2Fe_2O_3 + 12H_2O + 8K_3VO_4 \tag{6-6}$$

钒渣的主要物相铁橄榄石 Fe_2SiO_4 和钒铁尖晶石 FeV_2O_4 分别转化形成了 K_2SiO_3 和 K_3VO_4 以及 Fe_2O_3。亚熔盐分解产物经水浸得到 K_3VO_4 水溶液，再经结晶得 K_3VO_4 产品。

C　NaOH-NaNO₃ 二元亚熔盐体系

由于 $NaNO_3$ 氧化性强、在高温下不稳定，因此在 NaOH 亚熔盐中加入 $NaNO_3$，可直接氧化或通过分解产生 O_2，间接氧化钒渣中 V（Ⅲ）和 Fe（Ⅱ）。NaOH-NaNO₃ 二元亚熔盐体系分解氧化钒渣所涉及的化学反应除式（6-1）~式（6-3）外，还有如下反应：

$$2NaNO_3 \Longrightarrow 2NaNO_2 + O_2 \tag{6-7}$$

$$2FeV_2O_4 + 12NaOH + 2NaNO_3 \Longrightarrow Fe_2O_3 + 6H_2O + 4Na_3VO_4 + 2NaNO_2 \tag{6-8}$$

$NaNO_3$ 的加入，降低了 NaOH 用量，在保证钒铁尖晶石充分氧化转化为 Na_3VO_4 的同时，减少了 Na_2SiO_3 的形成，从动力学方面有助于后续 Na_3VO_4 的浸出。然而，欲使 $NaNO_3$ 充分分解与利用，必须将提钒温度提高至 375℃ 以上、反应时间增加至钒渣分解所需时间的 2~3 倍，这显著增加了提钒过程的能耗。

6.7.1.2　亚熔盐提钒技术的主要流程

无论采用哪种亚熔盐体系，其主要工艺流程均大致相同，如图 6-13 所示。

钒渣与 NaOH 或 KOH（图 6-13 中用 MeOH 表示）、水或硝酸盐水溶液按一定比例混合，通入空气或氧气，加热至 200~400℃ 发生液相氧化反应。反应完毕后，对反应浆料进行稀释、过滤，进行第一次固液分离，得到稀释的碱性溶液和钒酸钠与富铁残渣的固相混合物。收集该混合物，实施水浸后，进行固液分离。所得液相即为 Na_3VO_4 水溶液，经结晶得 Na_3VO_4 产品。加入水对水浸残渣进行洗涤，获得富铁残渣；洗涤水循环用于稀释或水浸步骤。第一次固液分离所得稀释的碱性溶液和结晶母液混合，蒸发浓缩至一定浓度后，循环用于液相氧化步骤。

6.7.1.3　亚熔盐提钒技术的特点与展望

亚熔盐钒渣提钒技术与传统的焙烧—浸出技术相比，其清洁程度显著提高。具体表现在：

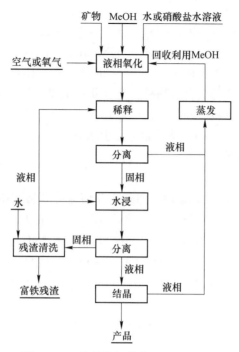

图 6-13 亚熔盐提钒技术的主要流程图

（1）操作温度低，从传统技术的 850℃ 降低至 200～400℃；

（2）无有害气体或有毒尾渣产生；

（3）固废产生率从传统技术的 7～8t/t V_2O_5 降低在 1t/t V_2O_5。

虽然亚熔盐提钒技术已在承钢开展工业示范，但其仍然存在着系列问题，有待进一步完善和发展：

（1）亚熔盐介质碱性极高，具有强烈的腐蚀性，对设备的抗腐蚀性能提出了更高的要求。

（2）亚熔盐法直接所得提钒产品为 Na_3VO_4 或 Na_3VO_4。若需转化为被市场广泛接收的 V_2O_5 产品，还需通过离子交换、电解等深加工工序。相应的深加工技术与设备还需进一步发展与完善。

（3）由于钒渣中硅酸盐含量高，钒渣经液相氧化、稀释步骤后，还需加钙除硅。这不但增加了固废产生量，还会造成显著的钒损失。

6.7.2 镁化焙烧—酸浸提钒新技术

从钒渣钠化焙烧—水浸提钒技术到钙化焙烧—酸浸提钒技术，再到亚熔盐提钒技术，提钒过程的清洁化程度、环境友好性得以逐步提升，但仍然未能彻底解决固废排放量大、资源利用率低等问题，这与我国"绿色制造"工程发展战略导向尚存在较大偏差。究其根本原因，是由于提钒添加剂中碱性金属元素留存于提钒固废并难以选择性分离，导致提钒固废或废水难以利用且造成严重的资源浪费。针对此，重庆大学李鸿义教授团队提出了基于镁循环的钒渣镁化焙烧—酸浸提钒新技术，通过焙烧剂 MgO 的循环使用带动提钒废水全组元在提钒体系内循环使用和提钒固废的全量化循环利用，从而实现"三废"零排放，显著提升钒渣的资源利用率。

6.7.2.1 镁化焙烧—酸浸提钒技术的主要原理

以 MgO 为焙烧添加剂，将钒渣中主要物相铁橄榄石 Fe_2SiO_4 和钒铁尖晶石 FeV_2O_4 分别转化为硅酸镁和各种钒酸镁：

$$2MgO + 2Fe_2SiO_4 + O_2 === 2MgSiO_3 + 2Fe_2O_3 \qquad (6-9)$$

$$4MgO + 4FeV_2O_4 + 5O_2 === 4MgV_2O_6 + 2Fe_2O_3 \qquad (6-10)$$

$$8MgO + 4FeV_2O_4 + 5O_2 === 4Mg_2V_2O_7 + 2Fe_2O_3 \qquad (6-11)$$

$$12MgO + 4FeV_2O_4 + 5O_2 === 4Mg_3V_2O_8 + 2Fe_2O_3 \qquad (6-12)$$

钒渣镁化焙烧熟料用稀硫酸浸出。在较强酸性（pH<1）条件下，将硅酸镁转化为硫酸镁和二氧化硅固体、钒酸镁转化为硫酸氧钒（V）进入酸浸液中：

$$MgSiO_3 + H_2SO_4 === MgSO_4 + SiO_2 \downarrow + H_2O \qquad (6-13)$$

$$MgV_2O_6 + 2H_2SO_4 === (VO_2)_2SO_4 + MgSO_4 + 2H_2O \qquad (6-14)$$

$$Mg_2V_2O_7 + 3H_2SO_4 === (VO_2)_2SO_4 + 2MgSO_4 + 3H_2O \qquad (6-15)$$

$$Mg_3V_2O_8 + 4H_2SO_4 === (VO_2)_2SO_4 + 3MgSO_4 + 4H_2O \qquad (6-16)$$

含钒酸浸液通过加硫酸铵实施酸性铵盐沉钒，得多钒酸铵沉淀，再经煅烧得 V_2O_5 产品。收集该分解过程产生的氨气用于后续提钒废水 pH 值调节。

提钒后废水主要成分为 $MnSO_4$、$MgSO_4$ 和 $(NH_4)_2SO_4$。$MnSO_4$ 的产生是由于钒渣中含有少量锰钒尖晶石，在镁化焙烧过程中转化为钒酸锰，酸浸时转变为硫酸氧钒（V）和 $MnSO_4$。采用氨水逐步调节 pH 值，将锰和镁元素分别在中性和强碱性条件下沉淀回收：

$$MnSO_4 + 2NH_3 \cdot H_2O === Mn(OH)_2 \downarrow + (NH_4)_2SO_4 \qquad (6-17)$$

$$MgSO_4 + 2NH_3 \cdot H_2O === Mg(OH)_2 \downarrow + (NH_4)_2SO_4 \qquad (6-18)$$

收集 $Mn(OH)_2$ 沉淀，煅烧得 MnO，实现钒渣中锰资源的回收。该 MnO 产品可直接用于制备铬铁或者用作转炉炼钢所需合金元素添加剂。收集 $Mg(OH)_2$ 沉淀并煅烧得 MgO，循环用于钒渣焙烧步骤。由于初始加入的 MgO 经焙烧、酸浸步骤已几乎全部转入溶液，因此镁元素可被近全量回收、全量循环利用。沉淀余液主要为硫酸铵溶液，结晶回收硫酸铵晶体，其 90% 循环用于酸性铵盐沉钒步骤、10% 作为硫酸铵副产品；余水循环用作酸浸步骤的稀释液。

提钒尾渣主要含 Fe_2O_3 和 SiO_2。由于酸浸过程中硫酸镁溶解于浸出液中，因而提钒尾渣不含 S 等有害元素，可循环至高炉回收提钒尾渣中的铁资源和残钒。

因此，通过焙烧剂 MgO、硫酸铵、氨气、水资源在钒渣提钒体系的内循环和提钒尾渣、MnO 产品的全量资源化利用，实现"三废"零排放，同时显著提升钒渣的资源利用率。

6.7.2.2 镁化焙烧—酸浸提钒技术的主要流程

钒渣镁化焙烧—酸浸提钒技术的主要流程如图 6-14 所示。

以 MgO 为焙烧添加剂，将其与钒渣混合进行镁化焙烧。采用稀硫酸溶液对所得镁化焙烧熟料进行酸浸，固液分离得提钒尾渣和含钒酸浸液。将提钒尾渣返回高炉炼铁步骤回收其中铁资源和残钒。对含钒酸浸液，通过加入氨水逐步调高 pH 值以分步沉淀多钒酸

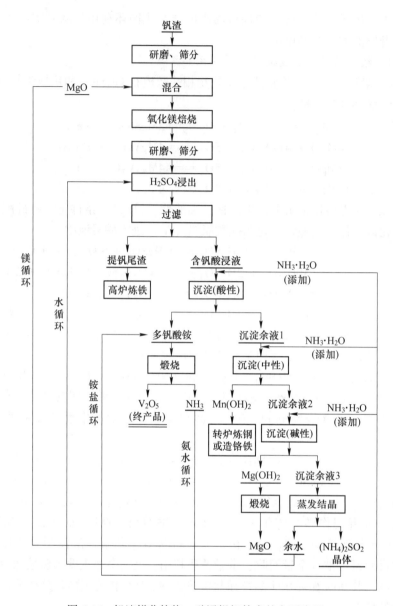

图 6-14　钒渣镁化焙烧—酸浸提钒技术的主要流程

铵、氢氧化锰和氢氧化镁。当 pH 值调高至较弱酸性时，向酸浸液中加入硫酸铵，实施酸性铵盐沉钒。收集多钒酸铵沉淀，煅烧得 V_2O_5 产品，同时收集分解产生氨气制备为氨水。向沉钒后余液继续加入氨水，调节溶液 pH 值至中性，收集 $Mn(OH)_2$ 沉淀并煅烧得 MnO 产品，以用作转炉炼钢合金化元素添加剂或冶炼铬铁。分离 $Mn(OH)_2$ 后，继续向溶液中加入氨水调 pH 值至碱性，收集 $Mg(OH)_2$ 沉淀并煅烧得 MgO，循环利用于镁化焙烧步骤。对沉淀余液通过蒸发结晶，分离出硫酸铵晶体循环用于酸性铵盐沉钒步骤，余水循环用作酸浸步骤的硫酸稀释剂。

技术效果：钒回收率高达 95%，V_2O_5 产品纯度 99% 以上。镁回收率 90%，回收 MgO 纯度为 99% 以上。钒渣中约 80% 锰可被回收，MnO 纯度 91%，该纯度满足转炉炼钢或冶炼铬铁的需求。

6.7.2.3　镁化焙烧—酸浸提钒技术的特点与展望

钒渣镁化焙烧—酸浸提钒技术由于采用了可选择性分离回收并循环利用的焙烧添加剂，使得其清洁化程度与资源利用率均比前述钒渣提钒技术有了巨大提升，是一种绿色提钒新技术。具体优势表现在：

（1）实现了"三废"近零排放。提钒过程无废气产生。提钒废水的全部主要成分均实现了分离与回收，并在提钒体系内部循环使用。提钒尾渣由于成分与高炉内衬友好，可全量返回高炉炼铁步骤进行资源化循环利用。因此，通过"三废"的内循环与提钒过程的耦合，该技术实现了近零排放。

（2）资源利用率显著增加。提钒废水中锰元素通过分步沉淀回收，提钒尾渣中铁元素和残钒在高炉炼铁工序得以回收。与传统钒渣提钒技术仅回收钒资源相比，该技术不但进一步提高了钒资源回收率，还使钒渣中铁与锰资源得以回收利用。

（3）提钒成本显著降低。焙烧剂 MgO 的全量回收与循环使用以及水、铵盐的循环使用，降低了原料的消耗成本。无大量固废或废水排放，节省了相应的治理成本。

然而，该技术仍存在着如下问题有待进一步解决：

（1）硫酸铵晶体纯度的均一性问题。在硫酸铵结晶过程中，可能存在着先后析出的晶体纯度不均匀的问题。硫酸铵晶体纯度对沉钒的影响还有待研究。

（2）杂质元素累积后的除去技术。水资源在钒渣提钒体系内循环使用，其中杂质会在循环过程中不断累积。在累积到何种程度需要除去、相应的除去技术等，均是需要继续研究的问题。

6.7.3　锰化焙烧—酸浸提钒新技术

钒渣本身含有碱性的锰元素（MnO<10%）且主要以锰尖晶石形式存在。鉴于此，东北大学姜涛教授团队提出了钒渣锰化焙烧—酸浸提钒新技术。

6.7.3.1　锰化焙烧—酸浸提钒技术的主要原理

以 $MnCO_3$ 为焙烧添加剂，对钒渣进行锰化焙烧。钒渣的主要物相铁橄榄石 Fe_2SiO_4 和钒铁尖晶石 FeV_2O_4 发生如下焙烧反应，形成 Fe_2O_3、SiO_2、焦钒酸锰 $Mn_2V_2O_7$ 和 $FeMnO_3$：

$$Fe_2SiO_4 + 2MnCO_3 + O_2 \rightleftharpoons 2FeMnO_3 + SiO_2 + 2CO_2 \tag{6-19}$$

$$2FeV_2O_4 + 4MnCO_3 + 2.5O_2 \rightleftharpoons Fe_2O_3 + 2Mn_2V_2O_7 + 4CO_2 \tag{6-20}$$

采用稀硫酸溶液（pH=2.5）对钒渣锰化焙烧熟料进行酸浸。焙烧熟料中仅 $Mn_2V_2O_7$ 与硫酸反应，溶解形成多钒酸锰和硫酸锰于酸浸液中。含钒酸浸液通过酸性铵盐沉钒，煅烧多钒酸铵即获得 V_2O_5 产品。

沉钒废水中主要含硫酸锰和硫酸铵。采用 20% NaOH 将其 pH 值调至 7，通入 CO_2 气体获得碳酸沉淀，循环用于焙烧步骤：

$$CO_2 + 2OH^- \rightleftharpoons CO_3^{2-} + H_2O \tag{6-21}$$

$$Mn^{2+} + CO_3^{2-} \rightleftharpoons MnCO_3 \downarrow \tag{6-22}$$

该沉锰过程所使用 CO_2 收集自焙烧过程产生的 CO_2 气体，以消除 CO_2 排放所带来的环境问题。沉淀余液主要成分为硫酸钠，含有少量硫酸铵，循环用于酸浸步骤。

该技术所产生的提钒尾渣主要含 Fe_2O_3、SiO_2、$FeMnO_3$ 和 Fe_2TiO_5。不含 S，但 Mn 含量较高。

6.7.3.2 锰化焙烧—酸浸提钒技术的主要流程

钒渣锰化焙烧—酸浸提钒技术的主要流程如图 6-15 所示。

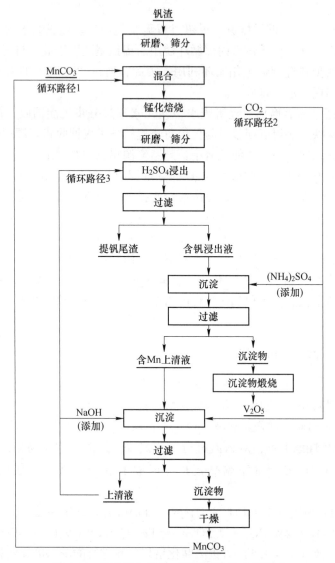

图 6-15 钒渣锰化焙烧—酸浸提钒技术流程图

以 $MnCO_3$ 为焙烧添加剂，与钒渣混合后进行锰化焙烧，收集产生的 CO_2 用于后续锰沉淀回收。对钒渣锰化焙烧熟料，采用稀硫酸（pH = 2.5）进行酸浸，经过滤固液分离后得提钒尾渣和含钒浸出液。向含钒浸出液中添加硫酸铵，通过酸性铵盐沉钒得到多钒酸铵沉淀。过滤并收集多钒酸铵沉淀，煅烧得 V_2O_5 产品。沉钒余液为含锰的上清液，向其中加入 20% NaOH 溶液调节 pH 值至 7，再通入焙烧过程产生的 CO_2 气体，获得 $MnCO_3$ 沉淀以回收锰。收集 $MnCO_3$ 沉淀并循环用于焙烧工序，剩余上清液循环用于硫酸浸出工序。

该技术流程中，共有 3 个物料循环路径，分别是：焙烧剂 $MnCO_3$ 循环、CO_2 循环、含 Na_2SO_4 和（NH_4）$_2SO_4$ 的废水循环。

技术效果：钒回收率 89%，V_2O_5 产品纯度 99% 以上。占初始添加量 84% 的 $MnCO_3$ 焙烧添加剂可被回收与循环利用。

6.7.3.3　锰化焙烧—酸浸提钒技术的特点与展望

钒渣锰化焙烧—酸浸提钒新技术的清洁化程度与传统提钒技术相比，其清洁化程度显著提高：

（1）焙烧剂 $MnCO_3$ 循环使用，降低了生产成本。

（2）废水、CO_2 废气在钒渣提钒体系内的循环使用，降低了"三废"排放量。

（3）所产生的提钒尾渣不含 S 等有害元素，具有返回高炉进行资源化利用的潜力。

然而，该技术尚存在如下几点亟待解决的问题：

（1）钒回收率偏低。实验室实施数据仅为 89%，若工业化应用，其钒回收率将低于现行提钒工艺。

（2）为构建焙烧剂 $MnCO_3$ 的循环使用路径，加入了大量 NaOH。由于沉钒后溶液中含有约 1g/L NH_4^+，此时会产生大量 NH_3 污染环境。

（3）84% 的 Mn 元素虽然得到了循环，但在提钒尾渣中残留了 16%，该部分锰无法得到有效利用，这造成了一定程度的锰资源浪费。

（4）废水虽然可循环使用，但当循环次数增加后，其中高浓度的 Na_2SO_4 和 （NH_4）$_2SO_4$ 将影响钒的浸出。如结晶回收，将得到 Na_2SO_4/（NH_4）$_2SO_4$ 复盐，该复盐正是当前钒渣钠化焙烧提钒技术所面临的难利用固废，这便造成了难利用固废的再次产生。

6.7.4　其他焙烧—浸出提钒新技术

这些新技术的焙烧过程本质上是钒渣钙化焙烧、镁化焙烧、锰化焙烧的一种或几种的组合，浸出过程可是酸浸，也可是铵盐碱浸。

6.7.4.1　钒渣钙化焙烧-碳酸铵浸出提钒新技术

该技术是针对钒渣焙烧熟料中钒、磷分离而发展的，目的是避免在溶液中形成钒磷杂多酸而影响钒的沉淀回收。

A　主要原理

钒渣钙化焙烧时，钒尖晶石和含磷物相分别形成钒酸钙和磷酸钙。因此，在碳酸铵浸出过程中仅钒酸钙与碳酸铵反应形成偏钒酸铵溶于 70~90℃热溶液：

$$Ca_2V_2O_7 + 2(NH_4)_2CO_3 + H_2O = 2CaCO_3 + 2NH_4VO_3 + 2NH_3 \cdot H_2O \quad (6-23)$$

$$CaV_2O_6 + (NH_4)_2CO_3 = CaCO_3 + 2NH_4VO_3 \quad (6-24)$$

由于磷酸钙的溶度积远小于碳酸钙，碳酸铵浸出时磷酸钙不能与碳酸铵发生反应，因而保留于提钒尾渣：

$$Ca_3(PO_4)_2 + 3(NH_4)_2CO_3 = 3CaCO_3 + 2(NH_4)_3PO_4 \quad (6-25)$$

由此，通过碳酸铵选择性浸出钒酸根，实现了钒、磷分离。

B　主要流程

由于偏钒酸铵在热溶液中溶解度较大，冷却至室温后偏钒酸铵晶体能直接析出，过滤即可回收钒，不需额外沉钒步骤。偏钒酸铵煅烧即得 V_2O_5 产品。

因此，该技术的主要流程除省去了沉钒工序外，其余与钒渣钠化焙烧—水浸提钒或钙化焙烧—酸浸提钒技术的主要流程相同。

C　技术特点

该技术首次实现了固相钒、磷的分离。但由于碳酸铵热稳定性欠佳，导致碳酸铵用量大、氨气难回收并循环利用。

6.7.4.2　钒渣无盐焙烧提钒新技术

钒渣无盐焙烧提钒技术由中科院过程所杜浩研究员团队提出。该技术无需添加焙烧剂而直接进行空白焙烧，充分利用钒渣自身所带 Ca、Mg、Mn 元素协助钒渣的钒铁尖晶石转化为相应钒酸盐。然后采用草酸铵或者碳酸氢铵对焙烧熟料进行浸出，实现钒提取的目的。

A　主要原理

钒渣无盐焙烧所涉及的化学反应如下：

$$2Fe_2SiO_4 + O_2 = 2Fe_2O_3 + 2SiO_2 \tag{6-26}$$

$$4FeV_2O_4 + 4CaO + 5O_2 = 2Fe_2O_3 + 4CaV_2O_6 \tag{6-27}$$

$$4FeV_2O_4 + 4MgO + 5O_2 = 2Fe_2O_3 + 4MgV_2O_6 \tag{6-28}$$

$$4FeV_2O_4 + 8MgO + 5O_2 = 2Fe_2O_3 + 4Mg_2V_2O_7 \tag{6-29}$$

$$4FeV_2O_4 + 4MnO + 5O_2 = 2Fe_2O_3 + 4MnV_2O_6 \tag{6-30}$$

$$4FeV_2O_4 + 8MnO + 5O_2 = 2Fe_2O_3 + 4Mn_2V_2O_7 \tag{6-31}$$

对无盐焙烧熟料采用草酸铵浸出的化学原理为：

$$CaV_2O_6 + (NH_4)_2C_2O_4 = 2NH_4VO_3 + CaC_2O_4 \tag{6-32}$$

$$MgV_2O_6 + (NH_4)_2C_2O_4 = 2NH_4VO_3 + MgC_2O_4 \tag{6-33}$$

$$MnV_2O_6 + (NH_4)_2C_2O_4 = 2NH_4VO_3 + MnC_2O_4 \tag{6-34}$$

或对无盐焙烧熟料采用碳酸氢铵浸出，其化学原理为：

$$Mg_2V_2O_7 + 2NH_4HCO_3 = 2NH_4VO_3 + 2MgO + 2CO_2 + H_2O \tag{6-35}$$

$$Mn_2V_2O_7 + 2NH_4HCO_3 = 2NH_4VO_3 + 2MnO + 2CO_2 + H_2O \tag{6-36}$$

浸出时温度为 70℃（碳酸氢铵）或 90℃（草酸铵），此时偏钒酸铵溶解度较大。与钙化焙烧—碳酸铵浸出提钒技术类似，不需额外沉钒步骤，仅需冷却即可回收钒。

B　主要流程

与钒渣钙化焙烧—碳酸铵浸出提钒技术的流程相同。

C　技术特点

该技术的主要优势在于：无需额外添加焙烧剂，无需沉钒步骤，降低了生产成本。但该技术存在严重的局限性：（1）由于无盐焙烧过程主要利用了钒渣自带的 Mg 和 Mn 等碱性元素，因而只适用于 Mg、Mn 含量较高的钒渣；（2）钒渣成分的波动将导致生产不稳定。

6.7.4.3　钒渣钙镁复合焙烧提钒新技术

钒渣钙镁复合焙烧—酸浸提钒新技术，是通过同时添加钙盐和镁盐对钒渣进行焙烧。然后对焙烧熟料采用硫酸浸出获得含钒浸出液，实现钒的提取。

A　主要原理

钒渣钙镁复合焙烧过程所涉及的化学反应主要是两类：（1）钒渣的铁橄榄石分别与

钙盐、镁盐反应形成硅酸钙、硅酸镁，如式（6-9）所示。（2）钒铁尖晶石分别与钙盐、镁盐发生焙烧反应形成偏钒酸钙、焦钒酸钙和偏酸镁、焦钒酸镁、正钒酸镁，如式（6-10）~式（6-12）所示。

钒渣钙镁复合焙烧熟料的酸浸过程，是上述硅酸钙、钒酸钙、硅酸镁、钒酸镁与硫酸发生反应的过程。其化学原理如式（6-13）~式（6-16）所示。

B　主要流程

与钒渣钙化焙烧—酸浸提钒技术的流程相同。

C　技术特点

在钒渣钙化焙烧熟料中钒酸镁的存在，会减少浸出反应产物硫酸钙对钒酸钙的包裹现象，从而利于提高钒浸出率。因此，从理论上讲，该技术的钒回收率应优于钒渣钙化焙烧提钒技术。

6.7.5　氯化法提取高纯五氧化二钒新技术

为制备高附加值的高纯 V_2O_5 产品，该技术建立了全新的提钒流程。采用氯气气化 $V(V)$，取代传统浸出工序，可制备纯度高达 99.99% 的 V_2O_5 产品。该技术由中科院过程所朱庆山研究员团队提出。

6.7.5.1　氯化法提取高纯五氧化二钒新技术的主要原理

先将钒渣预氧化，即无盐焙烧，使钒渣中橄榄石相分解、钒尖晶石转化为 $Mn_2V_2O_7$ 等钒酸盐，其化学原理如式（6-26）、式（6-30）所示。然后采用碳氯化法将 $V(V)$ 气化为三氯氧钒 $VOCl_3$ 气体：

$$2Mn_2V_2O_7 + 5C + 10Cl_2 = 4MnCl_2 + 4VOCl_3 + 5CO_2 \tag{6-37}$$

同时存在产生 $FeCl_3$ 气体的副反应：

$$2Fe_2O_3 + 3C + 6Cl_2 = 4FeCl_3 + 3CO_2 \tag{6-38}$$

反应式（6-37）的反应趋势大于反应式（6-38），$Mn_2V_2O_7$ 优先发生氯化反应，因此可选择性氯化 $Mn_2V_2O_7$ 以实现钒的选择性提取。

6.7.5.2　氯化法提取高纯五氧化二钒新技术的主要流程

钒渣氯化提钒新技术的主要流程如图 6-16 所示。

钒渣无盐焙烧熟料与石油焦混合，置入流态化反应器，通入 Cl_2 发生流态化氯化反应。剩余残渣为提钒尾渣。收集挥发物，经集尘、洗脱获得粗 $VOCl_3$，再经精馏获得纯化的 $VOCl_3$ 气体。通入流态化反应器，同时通入 O_2，发生流态化催化氧化反应，制备出高纯 V_2O_5 产品，收集所产生 Cl_2 循环用于流态化氯化反应工序。

6.7.5.3　氯化法提取高纯五氧化二钒新技术的特点与展望

该技术具有如下优势：

（1）V_2O_5 产品纯度可高达 99.99%，这是其他钒渣提钒技术在不采用特殊纯化工序情况下所不能达到的。

（2）从源头上消除了高毒氨氮废水的产生。

（3）氯气可循环使用。

然而，该技术还存在如下问题有待进一步完善：

（1）提钒率偏低。实验室规模性下，钒提取率仅为 87%。若工业化应用，其提钒率将显著低于现行钒渣提钒工艺。

（2）流态化氯化所得粗 $VOCl_3$ 混有一定量的 $FeCl_3$ 气体，钒渣焙烧熟料中 87% 的 V 和 19% 的 Fe 元素进入了该混合气体。这对后续精馏工序生产工艺的控制提出了高要求。

（3）提钒尾渣含氯，其资源化利用还需发展相应的脱氯技术。

6.7.6 萃取法短流程制备高纯五氧化二钒技术

现行高纯 V_2O_5 制备技术是由 V_2O_5 产品多次重溶—沉淀获得，其流程繁冗复杂。针对此，发展了直接从含钒浸出液萃取制备高纯钒制品的短流程制备技术，是钒渣提钒技术（从钒渣到含钒浸出液）的有效补充。

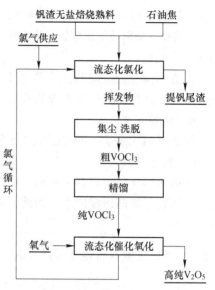

图 6-16 氯化法提取高纯五氧化二钒新技术的流程

6.7.6.1 伯胺萃取技术

以伯胺 N1923（分子式 $CH_3(CH_2)_{8\sim10}CH(NH_2)(CH_2)_{8\sim10}CH_3$）为萃取剂，萃取酸性浸出液中钒酸根阴离子，碱性反萃后获得含钒浸出液。经沉钒、煅烧，可制备纯度为 99.9% 的 V_2O_5 产品。

A　主要原理

溶液中 V(V) 以多钒酸根阴离子形式存在，其形态随溶液 pH 值和 V(V) 浓度变化而改变。调节浸出液 pH 值至适宜酸度，使 V(V) 以 $V_{10}O_{26}^{2-}$ 和 $HV_4O_{11}^-$ 形式存在。与伯胺（RNH_2）发生如下萃取反应形成萃合物：

$$V_{10}O_{26}^{2-} + 2H^+ + x\overline{RNH_2} = \overline{(RNH_2)_xH_2V_{10}O_{26}} \tag{6-39}$$

$$HV_4O_{11}^- + H^+ + xRNH_2 = \overline{(RNH_2)_xH_2V_4O_{11}} \tag{6-40}$$

萃合物 $\overline{(RNH_2)_xH_2V_{10}O_{26}}$ 和 $\overline{(RNH_2)_xH_2V_4O_{11}}$ 进入有机相，从而将 V(V) 从水相萃取至有机相。采用离心萃取，水相与有机相接触时间短，钒酸根离子由于形成上述萃合物而快速地从水相转移至有机相，其他杂质元素如 Cr(VI) 从水相至有机相的传质速率相对低而留存于水相，实现 V(V) 与杂质元素的分离。

对负载 V(V) 有机相，采用氨水反萃，改变萃合物中伯胺的质子化状态从而释放多钒酸根阴离子至水相，实现 V(V) 从有机相到水相的反萃过程：

$$\overline{(RNH_2)_xH_2V_{10}O_{26}} + 2NH_3 \cdot H_2O = V_{10}O_{26}^{2-} + 2NH_4^+ + x\overline{RNH_2} + 2H_2O \tag{6-41}$$

$$\overline{(RNH_2)_xH_2V_4O_{11}} + NH_3 \cdot H_2O = HV_4O_{11}^- + NH_4^+ + x\overline{RNH_2} + H_2O \tag{6-42}$$

对反萃液进行碱性铵盐沉钒，获得偏钒酸铵，煅烧得高纯 V_2O_5 产品：

$$2NH_4VO_3 = 2NH_3 + V_2O_5 + H_2O \tag{6-43}$$

B 主要流程

该技术的流程就是常规溶剂萃取的流程，如图6-17所示。含钒浸出液调节pH值后，与伯胺N1923在环形离心接触器中混合，离心萃取。收集负载V（V）的有机相，加入氨水进行反萃。调节碱性反萃液的pH值至弱碱性，添加铵盐沉淀得NH$_4$VO$_3$，沉淀煅烧得高纯V$_2$O$_5$。与反萃液分离的有机相可循环用于萃取。

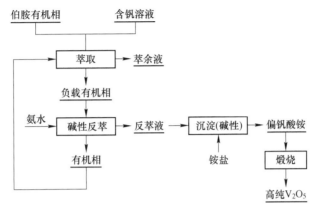

图6-17 伯胺萃取技术制备高纯V$_2$O$_5$的流程图

C 主要特点与展望

该技术优势：（1）V$_2$O$_5$产品纯度高达99.9%；（2）有机相可循环使用。其存在的问题主要表现在：（1）需要离心萃取设备，设备成本相对较高；（2）离心过程易造成萃取剂分解。

6.7.6.2 微乳液萃取技术

微乳液是有萃取剂、助表面活性剂、有机溶剂、水组成的稳定分散体系。本技术所采用的微乳液为油包水型（Winsor Ⅱ）微乳液，其有机溶剂含有许多分散的纳米级水球（内水相）。萃取剂分子就存在于这些水球表面，可萃取水溶液（外水相）中待萃物。

A 主要原理

以季铵盐（R$_4$NCl）为萃取剂配置微乳液。调节含钒浸出液至弱酸性，使V（V）以H$_2$V$_{10}$O$_{28}^{4-}$形式存在。微乳液通过以下反应萃取V（V）：

$$2\,\overline{R_4NCl} + 2H^+ + H_2V_{10}O_{28}^{4-} \Longrightarrow \overline{(R_4N)_2V_{10}O_{26}} + 2H_2O + 2Cl^- \tag{6-44}$$

负载V（V）的微乳液，采用NaOH溶液反萃，其原理是OH$^-$竞争性地与季铵盐阳离子结合，释放出多钒酸根阴离子至外水相（反萃液）。由于反萃液为碱性，多钒酸根阴离子转变为偏钒酸根阴离子：

$$\overline{(R_4N)_2V_{10}O_{26}} + 10OH^- \Longrightarrow 2\,\overline{R_4NOH} + 10VO_3^- + 4H_2O \tag{6-45}$$

对含有VO$_3^-$的含钒溶液，加入硫酸铵进行碱性铵盐沉钒，收集偏钒酸铵沉淀，煅烧获得纯度高达99.9%以上的V$_2$O$_5$产品。

剩余微乳液用HCl复原萃取剂，使微乳液循环使用：

$$\overline{R_4NOH} + HCl \Longrightarrow \overline{R_4NCl} + H_2O \tag{6-46}$$

B　主要流程

微乳液萃取制备高纯 V_2O_5 产品的流程如图 6-18 所示。微乳液与含钒浸出液混合发生萃取反应。萃取后，分离萃余液和负载微乳相。萃余液可循环用于钒渣熟料浸出工序。负载钒的微乳相经洗涤后，收集洗涤水反复使用。向洗涤后的微乳相加入 NaOH 溶液进行碱性反萃，收集水相即为含钒反萃液。调节反萃液 pH 值至适宜范围，加入 $(NH_4)_2SO_4$ 进行铵盐沉钒，收集偏钒酸铵并煅烧得高纯 V_2O_5。反萃后剩余有机相经 HCl 溶液复原，循环使用微乳液进行下一次萃取。

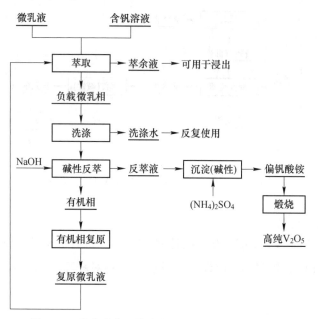

图 6-18　微乳液萃取技术制备高纯 V_2O_5 的流程图

C　特点与展望

微乳液萃取技术与传统萃取技术相比，拥有如下显著优势：（1）萃取效率高，即使高浓钒溶液（几十克/升）也能达到 80% 以上萃取效率，这是由于其内部纳米水球可作为被萃物的纳米容器，增加了萃取容量；（2）分相快、萃取速率快，这得益于大量纳米水球增加了发生萃取反应的界面面积。然而，如何保证工业应用过程中微乳液体系的高稳定性是下一步亟待解决的问题。

6.7.7　高铬型钒渣提取钒铬技术

高铬型钒渣，又称钒铬渣，是由高铬型钒钛磁铁矿冶炼产生的一种新型钒渣。钒、铬在高铬型钒渣中均以铁、锰尖晶石形式存在，并共生于尖晶石颗粒中。由于钒、铬的化学性质高度相似，如何从高铬型钒渣中分离并提取钒、铬成为提钒行业的新挑战。基于普通钒渣的提钒方法，已发展了多种高铬型钒渣提钒、铬技术。

6.7.7.1　钠化焙烧—水浸钒铬同步提取技术

该技术实则是用现行普通钒渣的钠化提钒工艺将高铬型钒渣的钒、铬转入浸出液，只是进行了工艺参数的调整。其焙烧—水浸工序可在现有提钒生产线上直接实施。

A 主要原理

以 NaOH 或者 Na_2CO_3 为焙烧添加剂，通过焙烧反应将高铬型钒渣的橄榄石相与钒尖晶石相分别转化为硅酸钠、钒酸钠（与普通钒渣钠化焙烧相同），同时将铬尖晶石转化为铬酸钠：

$$4FeCr_2O_4 + 16NaOH + 7O_2 = 2Fe_2O_3 + 8Na_2CrO_4 + 8H_2O \qquad (6-47)$$

或 $\qquad 4FeCr_2O_4 + 8Na_2CO_3 + 7O_2 = 2Fe_2O_3 + 8Na_2CrO_4 + 8CO_2 \qquad (6-48)$

高铬型钒渣钠化焙烧熟料水浸，将钒酸钠、铬酸钠均转入水浸液。利用钒酸铵、铬酸铵溶解度的差异，将大部分钒通过铵盐沉淀回收，实现溶液中钒、铬的初步分离。沉淀余液中钒、铬难以分离，需利用离子交换树脂、溶剂萃取等分离技术分别回收 V_2O_5、Cr_2O_3。

B 主要流程

钠化焙烧—水浸工序与普通钒渣钠化焙烧—水浸提钒技术的流程相同。水浸液中钒、铬的完全回收需增加额外的分离纯化工序。

C 特点与展望

该技术能很好地与现行普通钒渣的钠化焙烧—水浸提钒生产线兼容，易于产业化应用。然而，该技术还需解决如下问题：（1）水浸液中钒、铬的高效分离问题；（2）尾渣和废水的资源化利用问题。

6.7.7.2 分步钠化焙烧—水浸提取技术

该技术第一步钠化焙烧—水浸提钒，水浸残渣经第二步钠化焙烧—水浸提铬，在焙烧步骤实现了钒、铬分离。

A 主要原理

第一步钠化焙烧—水浸提钒：以 Na_2CO_3 为焙烧添加剂，高铬型钒渣的钒尖晶石氧化转化为钒酸钠；少量铬尖晶石氧化分解为 Fe_2O_3 和 Cr_2O_3 的固溶体 $(Fe_{0.6}Cr_{0.4})_2O_3$：

$$4FeCr_2O_4 + O_2 + 4Fe_2O_3 = 10(Fe_{0.6}Cr_{0.4})_2O_3 \qquad (6-49)$$

高铬型钒渣钠化焙烧熟料水浸形成钒浸出液，$(Fe_{0.6}Cr_{0.4})_2O_3$ 固溶体留存于水浸残渣。经铵盐沉钒，得钒酸铵，煅烧得 V_2O_5 产品。

第二步钠化焙烧—水浸提铬：以 Na_2CO_3 为焙烧添加剂，将第一步的水浸残渣进行钠化焙烧，使剩余铬尖晶石转化为铬酸钠（见式（6-40））、固溶体 $(Fe_{0.6}Cr_{0.4})_2O_3$ 氧化钠化为铬酸钠：

$$10(Fe_{0.6}Cr_{0.4})_2O_3 + 8Na_2CO_3 + 5O_2 = 8Na_2CrO_4 + 4Fe_3O_4 + 8CO_2 \qquad (6-50)$$

第一步水浸残渣的焙烧熟料水浸，获得铬浸出液。加入还原剂将 CrO_4^{2-} 还原为 Cr^{3+}，加碱沉淀得 $Cr(OH)_3$，煅烧得 Cr_2O_3 产品。

B 主要流程

高铬型钒渣分步钠化焙烧—水浸分离与提取钒、铬技术的主要流程如图 6-19 所示。高铬型钒渣与 Na_2CO_3 混合，通入氧气进行第一步钠化焙烧。焙烧熟料水浸，过滤分别收集浸出液和水浸残渣。向浸出液加入硫酸铵，得钒酸铵沉淀，煅烧得 V_2O_5 产品。

水浸残渣干燥、研磨，与 Na_2CO_3 混合，通入氧气进行第二步钠化焙烧。以上述沉钒余液为浸出剂，对焙烧熟料进行水浸，过滤分离尾渣和水浸液。向水浸液加入还原剂，然后加碱获得 $Cr(OH)_3$ 沉淀，煅烧得 Cr_2O_3 产品。

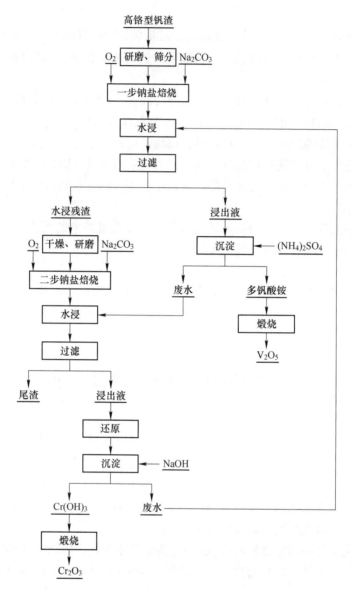

图 6-19 高铬型钒渣分步钠化焙烧—水浸提取技术的流程图

C 特点与展望

该技术的优势主要为：（1）在焙烧步骤实现了钒、铬分离，避免了溶液态 V(V)、Cr(VI) 的分离问题；（2）所得 V_2O_5 产品和 Cr_2O_3 产品纯度高，不需额外纯化工序。但该技术由于采用了两次焙烧而使能耗显著升高；Cr_2O_3 产品经济价值不高导致该技术的经济性偏低。

6.7.7.3 钙化焙烧提钒—钠化焙烧提铬技术

该技术在高铬型钒渣分步钠化焙烧—水浸提取技术基础上发展而来。首先采用钙化焙烧—酸浸法选择性提取高铬型钒渣中钒元素，再对酸浸残渣进行钠化焙烧—水浸提取其中铬元素。

A 主要原理

钙化焙烧—酸浸提钒：钙化焙烧过程中，高铬型钒渣中钒尖晶石发生焙烧反应形成钒酸钙，而铬尖晶石仅能发生部分氧化形成 $(Fe_{0.6}Cr_{0.4})_2O_3$ 固溶体（见式（6-41））。硫酸浸出时，钒酸钙的钒酸根进入酸浸液，而 $(Fe_{0.6}Cr_{0.4})_2O_3$ 固溶体留存于酸浸残渣，从而实现了钒、铬分离。酸浸液采用酸性铵盐沉钒法，收集多钒酸铵沉淀并煅烧得 V_2O_5 产品。

钠化焙烧—水浸提铬：对酸浸残渣进行钠化焙烧，使 $(Fe_{0.6}Cr_{0.4})_2O_3$ 固溶体中 Cr（Ⅲ）转化为铬酸钠（见式（6-42））。经水浸，铬酸钠转入水浸液，实现铬的提取。将水浸液中 CrO_4^{2-} 还原为 Cr^{3+}，加碱得 $Cr(OH)_3$ 沉淀，煅烧制得 Cr_2O_3 产品。

B 主要流程

与 6.7.7.2 节分步钠化焙烧—水浸提取技术的主要流程相同。

C 特点与展望

该技术的优势在于提取过程不会大量产生水溶性 Cr（Ⅵ），环境友好性有提升。

6.7.7.4 焙烧提钒—尾渣造铬铁技术

无论是 6.7.7.2 节分步钠化焙烧—水浸提取技术还是 6.7.7.3 节钙化焙烧提钒—钠化焙烧提铬技术，均由于从提钒尾渣提取 Cr_2O_3 产品的经济成本显著低于 Cr_2O_3 产品自身经济价值而存在技术经济性偏低的问题。针对此，发展了先提钒、再以提钒尾渣冶炼铬铁的技术。

A 主要原理

钙化焙烧—酸浸提钒：原理与 6.7.7.3 节提钒原理相同。

提钒尾渣冶炼铬铁：由于提钒尾渣中铬含量偏低，配加少量铬矿以提高铬含量。以石墨、焦炭或煤为还原剂，采用碳热还原法将混合物料中铁氧化物、Cr_2O_3 还原为金属态并形成 Fe-Cr 合金：

$$Fe_2O_3 + 3C === 2Fe + 3CO \tag{6-51}$$

$$Fe_3O_4 + 4C === 3Fe + 4CO \tag{6-52}$$

$$FeO + C === Fe + CO \tag{6-53}$$

$$Cr_2O_3 + 3C === 2Cr + 3CO \tag{6-54}$$

B 主要流程

焙烧提钒—尾渣造铬铁技术的主要流程如图 6-20 所示。

高铬型钒渣经研磨破碎后，与石灰石混合，通入氧气进行钙化焙烧。焙烧熟料用硫酸进行酸浸，过滤分离含钒浸出液和尾渣。向含钒浸出液加入 $(NH_4)_2SO_4$，酸性铵盐沉钒得多钒酸铵沉淀，煅烧得 V_2O_5 产品。提钒尾渣干燥后，与石墨、铬矿按一定比例混合置于硅钼炉，在氮气气氛、1580~1640℃下反应 30min，分离液态金属相，冷却获得符合国标 GB/T 5683—2008 的铬铁合金。余下还原渣中 Cr（Ⅵ）含量达到我国固废排放标准。

C 特点与展望

该技术以较高的经济性实现了高铬型钒渣中钒资源的高效提取与铬资源的高效利用，

同时也是一种提钒尾渣的脱毒技术。然而，该技术还需配套研发提钒尾渣脱硫技术等配套技术，以使铬铁合金产品成分与性能更稳定。

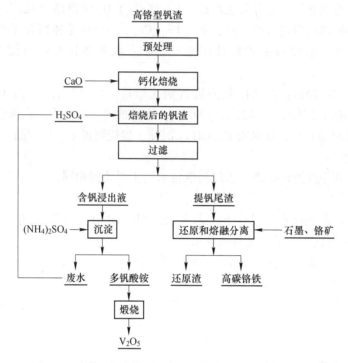

图6-20 高铬型钒渣焙烧提钒—尾渣造铬铁技术的流程图

参 考 文 献

[1] 张懿，黄焜，王少娜，等. 神奇的亚熔盐 [J]. 科技纵览，2017，67（4）：66-67.

[2] Wang Z H, Zheng S L, Wang S N, et al. Research and prospect on extraction of vanadium from vanadium slag by liquid oxidation technologies [J]. Transactions of Nonferrous Metals Society of China, 2014, 24 (5): 1273-1288.

[3] 郑诗礼，薛玉冬，杜浩，等. 碱性介质活性氧调控技术在湿法冶金中的研究进展 [J]. 过程工程学报，2019，9（S1）：58-64.

[4] Li H Y, Wang C J, Yuan Y H, et al. Magnesiation roasting-acid leaching: A zero-discharge method for vanadium extraction from vanadium slag [J]. Journal of Cleaner Production, 2020, 260: 121091.

[5] Wen J, Jiang T, Wang J, et al. An efficient utilization of high chromium vanadium slag: Extraction of vanadium based on manganese carbonate roasting and detoxification processing of chromium-containing tailings [J]. Journal of Hazardous Materials, 2019, 378: 120733.

[6] Li H Y, Wang K, Hua W H, et al. Selective leaching of vanadium in calcification-roasted vanadium slag by ammonium carbonate [J]. Hydrometallurgy, 2016, 160: 18-25.

[7] Li M, Du H, Zheng S L, et al. Extraction of vanadium from vanadium slag via non-salt roasting and ammonium oxalate leaching [J]. JOM, 2017, 69 (10): 1970-1975.

[8] Li M, Liu B, Zheng S L, et al. A cleaner vanadium extraction method featuring non-salt roasting and ammonium bicarbonate leaching [J]. J. Clean Prod., 2017, 149: 206-217.

［9］ Du G C, Fan C L, Yang H T, et al. Selective extraction of vanadium from pre-oxidized vanadium slag by carbochlorination in fluidized bed reactor ［J］. J Clean Prod., 2019, 237: 10.

［10］ Wen J, Ning P, Cao H, et al. Recovery of high-purity vanadium from aqueous solutions by reusable primary amines n1923 associated with semiquantitative understanding of vanadium species ［J］. ACS Sustain Chem. Eng., 2018., 6 (6): 7619-7626.

［11］ Guo Y, Li H Y, Zhang X, et al. Steering polyoxometalate transformation from octahedral to tetrahedral coordination by counter-cations ［J］. Dalton Transactions, 2020, 49 (3): 583-587.

［12］ Ji Y L, Shen S B, Liu J H, et al. Green and efficient process for extracting chromium from vanadium slag by an innovative three-phase roasting reaction ［J］. ACS Sustain Chem. Eng., 2017, 5 (7): 6008-6015.

［13］ Ji Y L, Shen S B, Liu J H, et al. Cleaner and effective process for extracting vanadium from vanadium slag by using an innovative three-phase roasting reaction ［J］. J Clean Prod., 2017, 149: 1068-1078.

［14］ Li H Y, Wang C, Lin M, et al. Green one-step roasting method for efficient extraction of vanadium and chromium from vanadium-chromium slag ［J］. Powder Technology, 2020, 360: 503-508.

［15］ Li H Y, Fang H X, Wang K, et al. Asynchronous extraction of vanadium and chromium from vanadium slag by stepwise sodium roasting - water leaching ［J］. Hydrometallurgy, 2015, 156: 124-135.

［16］ Wen J, Jiang T, Xu Y Z, et al. Efficient separation and extraction of vanadium and chromium in high chromium vanadium slag by selective two-stage roasting-leaching ［J］. Metall. Mater. Trans. B-Proc. Metall. Mater. Proc. Sci., 2018, 49 (3): 1471-1481.

［17］ Jiang T, Wen J, Zhou M, et al. Phase evolutions, microstructure and reaction mechanism during calcification roasting of high chromium vanadium slag ［J］. J Alloy Compd., 2018, 742: 402-412.

［18］ Wang G, Lin Mm, Diao J, et al. Novel strategy for green comprehensive utilization of vanadium slag with high-content chromium ［J］. ACS Sustain Chem Eng., 2019, 7 (21): 18133-18141.

7 钒钛磁铁矿直接提钒技术

7.1 钒钛磁铁矿直接提钒用矿概述

钒钛磁铁矿是一种含钒、钛、铁等有价元素的多金属共生矿，具有极高的综合利用价值，也是一种极为重要的钒矿资源。按照全球目前的消费用量（10 万吨金属钒/年），已知钒钛磁铁矿中的钒可以满足人类数百年的供应需求。

采用钒钛磁铁矿作为提钒原料始于 20 世纪 40 年代，但由于第二次世界大战的原因，并没有形成持续的产出，在 1950 年之前几乎没有从这种原材料中直接获得钒。从 20 世纪 60 年代开始，钒钛磁铁矿就跃居为全球第一大钒矿原料，1970 年全球钒供应量的约 75% 来自钛磁铁矿，至 20 世纪 80 年代这一比例已达到 80% 以上。目前，全球近 90% 的钒产品来自钒钛磁铁矿及其深加工原料（钒渣），其中约 15% 来自钒钛磁铁矿的直接提钒（2018 年），如图 7-1 所示。

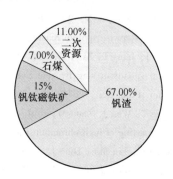

图 7-1 钒生产原料类型比例（2018 年）

钒钛磁铁矿是以铁（Fe）、钒（V）、钛（Ti）元素为主，伴生钴（Co）、镍（Ni）、铬（Cr）、钪（Sc）、镓（Ga）和铂族元素等多种有价元素的多元共（伴）生铁矿，由磁铁矿、钛铁晶石、铁铝尖晶石和钛铁矿片晶四个主要物相组成，矿石中的铁主要赋存于钛磁铁矿中（属于钛铁矿和脉石矿物部分的铁，居于次要地位）；矿石中的钛主要集中在钛铁矿和钛磁铁矿中。由于 Fe、Ti 紧密共生，V 以类质同象赋存在钛磁铁矿中，无法用机械方法彻底分选，故通常称为钒钛磁铁矿（钒在磁铁矿晶格内形成钒尖晶石），其次钒在原矿中也赋存于钛铁矿和辉石中。

钒钛磁铁矿岩体分为基性岩（辉长岩）型和基性-超基性岩（辉长岩-辉石岩-辉岩）型两大类。总的来说，两种类型的地质特征基本相同，前者相当于后者的基性岩相带部分的特征，后者除铁、钛、钒外，伴生的铬、钴、镍和铂族组分含量较高，伴生有 90 多种矿物，主要是铁、钛、铬的氧化物和各种硅酸盐类矿物，还有少量的硫、砷化物，磷酸盐矿物等，因而综合利用价值更大。

钒钛磁铁矿从矿种存在形式分为岩矿和砂矿两种。（1）岩矿，即分布在地壳岩石体内的钒钛磁铁矿岩体；（2）砂矿，即以"砂粒"状形式规模化分布在海滩、海底及陆地的钒钛磁铁矿散料集合体。钒钛磁铁矿砂矿通常是由海底火山喷发与海水的共同作用"次生"形成。

表 7-1 为典型的钒钛磁铁矿原矿化学成分与等级，表 7-2 为已应用于工业直接提钒的钒钛磁铁矿精矿的化学成分。

表 7-1 典型钒钛磁铁矿原矿化学成分与等级

等级	成分/%					
	Fe	V	TiO$_2$	SiO$_2$	P$_2$O$_5$	S
富矿	45~56	0.5~1.3	12~15	2~4	约0.08	约0.13
中等矿	30~45	0.3~0.5	7~10	16~20	约0.125	约0.2
贫矿	20~30	0.1~0.3	5~7	24~30	约2.6	约0.3
超贫矿	8~20	0.03~0.08	1~4	40~49	约0.92	约0.35

表 7-2 钒钛磁铁矿精矿的化学成分

产区	成分/%						备注
	Fe	V$_2$O$_5$	TiO$_2$	SiO$_2$	Al$_2$O$_3$	MgO	
南非 Bushveld	53~57	1.4~2.1	12~15	1.0~3.0	2.5~3.5	1.0~2.0	在产
巴西 Maracás Menchen Mine	60~64	3.0~3.6	5.7~9.0	0.5~2.2	1.5~2.5	0.4~1.4	在产
澳大利亚 Windimurra	51~54	0.95~1.2	15~19	2.0~3.3	2.5~3.5	0.4~1.0	停产
芬兰（Otmmki）	68	1.1~1.2	3.2~4.0	0.4	约0.5	约0.24	停产
芬兰	63	1.6~1.7	6.5	2.5	1.1	1.0	停产
中国辽西朝阳	43~51	1.1~2.0	17~22	4.5~8.0	1.8~2.1	0.3~0.8	在产

截至目前，全球已探明的钒钛磁铁矿矿床的矿石品位差异很大：全铁含量为16%~60%，TiO$_2$含量为1.5%~38%和V$_2$O$_5$含量为0.1%~2.0%。

一般用于直接提钒的钒钛磁铁矿是由钒钛磁铁矿原矿石选冶出来的富钒铁精矿。（1）用于先提钒后提铁钛联合流程的钒钛磁铁矿V$_2$O$_5$品位一般≥0.6%；（2）对于单一提钒流程，考虑到提钒成本与市场竞争需要，实际生产选用的钒钛磁铁矿V$_2$O$_5$品位一般为≥1.0%。具备产出单一提钒品位要求的富钒铁精矿，国外只有从南非、巴西、芬兰、加拿大、澳大利亚的部分优质岩矿中选出，国内只有从辽西朝阳超贫型岩矿原矿中经选冶流程富集而得。

7.2 钒钛磁铁矿直接提钒技术分类

钒钛磁铁矿作为一种铁（Fe）、钒（V）、钛（Ti）等多种有价元素共生的矿产资源，高效与综合利用是其价值的根本体现。由于各地钒钛磁铁矿在元素的量-质构成、市场价值及产业技术等方面存在显著差异，因此导致其提钒流程与综合利用技术的多样性与复杂性。截至目前，随着人类环境与绿色发展理念的不断更新，钒钛磁铁矿综合利用与清洁提钒技术也在不断地创新发展。

7.2.1 钒钛磁铁矿直接提钒发展简史

人类自1801年发现钒元素（西班牙矿物学家德里奥 A. M. Del Rio）之后，直至20世纪初由于美国汽车用钢的需要，才开始规模化从钒钛磁铁矿中提取钒资源。自从

1912 年 W. F. Bleecker 在美国发表第一个钠盐焙烧-水浸提钒专利（从含钒矿石生产钒酸铜、钒酸铅或钒酸铁的方法，Process of producing copper，lead，or iron vanadate from vanadiferous ores）以来，钠化焙烧-水浸工艺一直是含钒物料提钒的主要方法，并一直沿用至今。

1907~1920 年钒矿原料基本为产自秘鲁的绿硫钒矿（Patronite VS_4），1920~1955 年美国科罗拉多州的钒砂岩矿、非洲赞比亚和纳米比亚的铅锌铜钒酸盐矿开始加入钒矿供给，并逐步取代资源日益枯竭的秘鲁绿硫钒矿（Minerals Yearbook，US-Bureau of Mines）；1938 年德国以不含钛的低钒（0.06%~0.10%V）铁矿为原料生产出低钒钢渣（0.5%V），用来生产钒铁、氧化钒；第二次世界大战之后，美国科罗拉多州的陆相沉积钒钾铀矿（Carnotite）和爱达华州的海相沉积磷酸盐钒矿（Phosphate Rock）也成为钒的重要矿产来源。1955 年之前，美国的钒产量曾经占据世界钒产量的 50% 以上。

图 7-2 显示了从 1910~1970 年每十年的相关地质类型钒矿的钒产量（Fischer，1973 年），以"砂岩"和其他类型代表总计。美国的钒生产主要来自含钒的砂岩矿石，但其中一些来自碱金属钒酸盐矿床、磷酸盐岩、与碱液浸入有关的矿床以及石油残渣。类型"沥青质"代表秘鲁 Mina Ragra 含钒沥青质矿床的总产量。

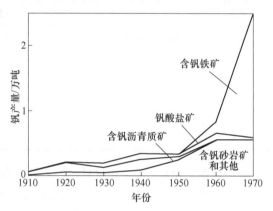

图 7-2 1910~1970 年世界钒生产原料构成

（1）采用钒钛磁铁矿作为（钒渣）提钒工业原料，始于 20 世纪 30 年代。1936 年苏联以第一乌拉尔斯克和库辛斯克矿山的钒钛磁铁矿为原料，在丘索夫钢铁厂（OAO Chusovoy Metallurgical Works）采用高炉—平炉—回转窑—电炉流程，生产含钒铁水、钒渣、五氧化二钒和钒铁；1937 年丘索夫钢铁厂化工车间的钒铁产量达到 500t，该厂也成为苏联能工业化生产钒铁的首家企业，也是当时唯一一家钒产品生产企业。

（2）钒钛磁铁矿直接提钒研究，始于 20 世纪 40 年代。美国的 S. S. Cole 与 J. S. Breitenstein 在 1942~1943 年开始研究从 Mark Kintyre 钒钛磁铁矿精矿中提取钒的方法。试验用矿含 47.4% Fe_2O_3、29.1% FeO、10.1% TiO_2、0.4% V、0.2% Cr，矿石粒度小于 0.074mm，添加 5%NaCl 和 10%Na_2CO_3，在空气中 900℃下焙烧 2h，得到钒的转化率大于 80%；水浸浸出率 98%~100%，浸出液除杂后采用硫酸酸化、水解沉钒得到"红钒"产品；沉钒母液回收钠盐返回焙烧使用，并在实验室试验的基础上制定了半工业试验的流程，如图 7-3 所示。

该半工业试验采用回转窑（外径 0.924m、内径 0.610m、长 9.144m）焙烧，以 C 号油为燃料，投矿量 75.7kg/h；粉矿配加 NaCl、Na_2CO_3 与水（含水 12%~16%）混合造粒（球径 12.7~76.8mm）后入窑焙烧，在 910~930℃温度下焙烧 45~75min，料层厚度 152~305mm，填充系数 1921~2082kg/m³；熟料（碎至 -0.47mm）采用 4 级逆流浸出（碳酸化），水浸前全钒 0.38%，浸后全钒 0.08%，浸出温度 60~80℃，各级浸出时间：一级 20min、其余各级 1~5min。合格浸出液含钒（V）16~20g/L，采用硫酸酸化、水解沉钒

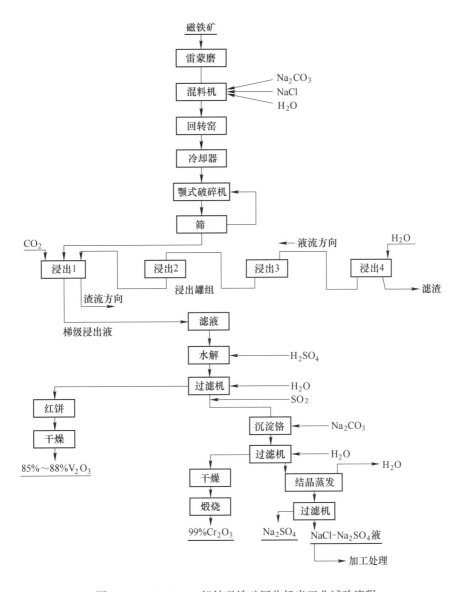

图 7-3 Mark Kintyre 钒钛磁铁矿回收钒半工业试验流程

得到"红钒"产品（含 V_2O_5 为 85%~88%）；沉钒母液还原沉铬、煅烧后得到纯度 99% Cr_2O_3 的副产品。该试验开创的工艺流程奠定了钒钛磁铁矿直接提钒的产业化技术基础，其基本技术线路至今仍在沿用。

（3）钒钛磁铁矿直接提钒工业生产，始于 1943 年的中国锦州。1929 年 6 月，中华民国政府农矿部地质调查员孙建初和王曰伦首次在河北滦平、隆化两县交界地域七家子村（今承德市大庙镇）发现了中国首个钒钛磁铁矿矿脉。

1933~1939 年，日本侵略者多次对大庙铁矿进行地质勘察和采集矿样，并进行化验分析和冶炼试验，最终认定"大庙磁铁矿内含有重要的稀有元素钒和钛"，同时解决了二氧化钛单体分离问题。大庙铁矿石当时分析结果见表 7-3。

表 7-3　大庙铁矿石化验分析结果　　　　　　　　　（%）

元素	第一个试验	第二个试验
Fe	52.6	50.37
TiO_2	15.34	16.41
V_2O_5	0.47	0.50

之后，日本勘探人员对大庙铁矿周边进行勘查又发现了黑山铁矿，其主要元素品位见表 7-4。

表 7-4　黑山铁矿石化验分析结果　　　　　　　　　（%）

元素	平均品位	最高品位
Fe	48.09	55.71
SiO_2	5.49	18.68
TiO_2	12.20	15.31
V_2O_5	0.45	0.70

1941 年，"满洲特殊铁矿株式会社"开始建设大庙铁矿以及双头山选矿厂。经过一年多建设，在大庙矿区开凿了 16 个探矿坑口和两个小竖井，建起了 5 个生产坑口和 9 个露天采场；在双头山选矿厂建成了月处理矿石 2 万吨的阶梯自流式选矿厂房（建筑面积 11712m²）；铺设了 23km 的大庙-双头山铁路。其选矿生产工艺流程如图 7-4 所示。

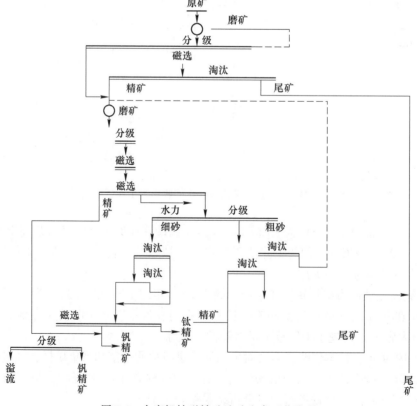

图 7-4　大庙钒钛磁铁矿选矿生产工艺流程

大庙矿从 1942 年 8 月正式开采，到 1945 年平均日出矿量约为 1000t，矿石用火车运往双头山选矿场选取精矿。从 1942~1945 年，日本从承德共运走钒铁精矿 14.4 万吨。图 7-5 为 1941 年建设的承德双头山钒钛选矿厂外景。

图 7-5 1941 年建设的承德双头山钒钛选矿厂外景

1940 年 10 月，伪满锦州制炼所开始动工建设，1942 年 9 月建成提钒车间，制炼车间 1943 年完工，同时修筑了由锦州女儿河东站到厂区的铁路专用线及从厂区到锦西煤矿的铁路等；1943 年 1 月提钒车间建成投产，采用的工艺是：用承德钒钛铁精矿粉配加钠块经过回转窑焙烧，然后进行化工处理得到钒酸铁，再用电炉冶炼钒铁。1943 年锦州制炼所生产钒铁 40t，1944 年生产钒铁 71t，1945 年 8 月日本投降，工厂停产，产量不详。钒铁产品全部运至日本和新京（今长春市），这是世界有记载的第一批钒钛磁铁矿直接提钒的工业钒制品。

1956 年之后，钒钛磁铁矿直接提钒产线陆续在南非、中国、澳大利亚、巴西等国的资源产地建成投产，投产时序见表 7-5。

表 7-5 全球钒钛磁铁矿精矿直接提钒企业与投产时序

生产企业	项目概况					备注
	国别	投产时间	焙烧设备	V_2O_5 产能/t	钒收率/%	
锦州制炼所	中国	1943 年	回转窑	300	<50	1945 年停产
Ootmmäki	芬兰	1956 年	竖炉	2500	78~80	1986 年停产
Witbank（1957）；Vantra（1960）；Vanchem（1996）	南非	1957 年	多膛炉、回转窑	7500	约 85	2015 年停产
锦州铁合金厂	中国	1958 年	回转窑	200	71~75	承德精矿
上海第二冶炼厂	中国	1960 年	回转窑	200	74	1994 年停产
Vametco	南非	1967 年	回转窑	5000	80~82	生产
Transvaal Alloy	南非	1974 年	回转窑（球团）	2000	约 85	1996 年停产
Mustavara	芬兰	1976 年	竖炉	3000	约 83.5	1985 年停产

生产企业	项目概况					备注
	国别	投产时间	焙烧设备	V_2O_5 产能/t	钒收率/%	
Agnew Clough Ltd.	澳大利亚	1980 年	沸腾炉	2300		1982 年停产
Vansa	南非	1992 年	回转窑	3000		停产
Vantach	南非		回转窑	6000	80	停产
Rhovan	南非	1989 年（矿）1994 年（钒）	回转窑	9000	78~82	生产
PMA-Windimurra；Atlantic Ltd.（2012）	澳大利亚	2002 年初产2012 年复产	回转窑	11000	75~78	2003 年初停2014 年再停
Maracás Menchen Mine	巴西	2014 年	回转窑	12000	83~89	生产
朝阳鑫鸣钒钛科技有限责任公司	中国	2018 年	竖炉	1000	75	生产

注：至今全球钒钛磁铁矿直接提钒工业化生产均是采用钠化氧化焙烧生产工艺。

必须强调的是，钒钛磁铁矿的产业化开发利用，始于 20 世纪 30 年代苏联的钒渣提钒，兴起于 1956 年之后芬兰、南非等国的直接提钒，壮大于 1964 年之后苏联、南非、中国陆续实施的钒渣提钒（伴随钒钛磁铁矿的钢铁冶炼流程同步扩大）。之前的文献把钒钛磁铁矿直接提钒工艺认为是"第一代以钒钛磁铁矿为主要原料提取钒的工艺（钒为主产品，铁为副产品）"，把钒钛磁铁矿经高炉（或电炉）→转炉（或平炉、钢包）→钒渣的提钒工艺认为是钒钛磁铁矿第二代提钒工艺（铁为主产品，钒为副产品），从钒钛磁铁矿产业化提钒工艺技术形成的时间顺序上是颠倒的，这是苏联与西方缺乏技术交流的结果，需要给予纠正。

钒钛磁铁矿直接提钒虽然在 20 世纪 40 年代已经开始进行工业生产，但在这一阶段由于第二次世界大战的原因，并没有形成持续的产出。因此，在 1950 年之前，人类几乎没有从这种原材料中获得到钒。

从 20 世纪 60 年代开始，随着南非、芬兰、苏联、挪威等国家钒钛磁铁矿直接提钒与钒渣提钒产业的兴起、壮大，钒钛磁铁矿就跃居为全球第一大钒矿原料。1970 年全球钒供应量的大约 75% 来自钒钛磁铁矿，至 20 世纪 80 年代这一比例已达到 80% 以上。目前，全球约 85% 以上的钒产品来自钒钛磁铁矿及其深加工原料（钒渣），并且约 15% 来自钒钛磁铁矿的直接提钒。

7.2.2　钒钛磁铁矿直接提钒技术构成与类别

至今，全球钒钛磁铁矿直接提钒工业化生产均采用钠化氧化焙烧生产工艺，采用的焙烧生产设备有竖炉、多膛炉、回转窑及流化床（沸腾炉）。目前在用的炉窑基本改为大型化的回转窑，一般年产万吨级氧化钒的钒钛磁铁矿直接提钒工厂只需一条回转窑生产线；所用钠盐添加剂为碳酸钠、硫酸钠、氯化钠、草酸钠（副产品），目前以碳酸钠、硫酸钠或两者的混合物为主要的钠化添加剂；浸出设备为罐、槽、浓密池，以槽浸设置为主。浸出方式均为逆流水浸，浸出液净化之后多采用加热酸沉方法罐沉产出多钒酸铵 APV，再经氧化煅烧生产粉状五氧化二钒、氧化煅烧-熔片（电炉、反射窑）生产片状五氧化二钒，或者采用还原煅烧（专用外加热还原回转窑）生产粉状三氧化二钒。

以上钒钛磁铁精矿直接提钒工艺是按照钒钛磁铁精矿先提钒工艺流程总体设计的，即直接用钒钛磁铁精矿配加钠盐进行氧化钠化焙烧，提取氧化钒，提钒后的铁精矿再进一步按照图 7-6 设计的综合利用流程实施铁、钛分离。

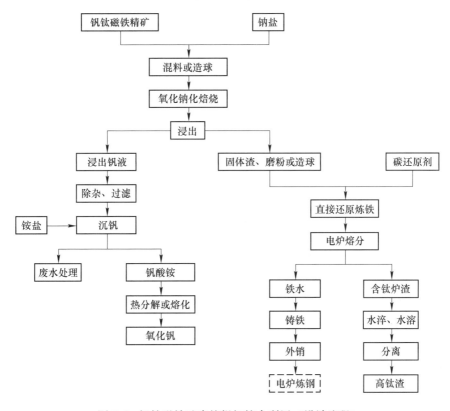

图 7-6　钒钛磁铁矿直接提钒综合利用（设计流程）

该工艺可回收钒钛磁铁精矿中约 80% 的钒，也是目前钒提取率最高、最经济（对高品位精矿）的提钒工业路线，同时铁、钛也能得到充分回收；不足之处是与高炉—转炉流程相比，提钒物料处理量大、整体流程较长，铁、钛分离技术难度大，设施投资大，较难实现大规模生产。因此，目前在全球范围内该流程的铁、钛分离部分基本没有得到工业实施。

在不能完整实现上述流程任务的情况下，钒钛磁铁精矿直接钠化提钒工艺就暴露出不可持续发展的流程缺陷：（1）提钒尾矿因碱金属残留不能大比例用于常规高炉炼铁（钠、钾氧化物在高炉料柱内循环富集，造成炉料粉化及炉衬腐蚀，严重影响高炉顺行），既形成宝贵的铁、钛资源浪费，又堆存损害环境；（2）沉钒形成的高钠盐氨氮废水处理难度大、成本高。因此，长期以来各国的专业工作者一直在探索更为高效、清洁的钒钛磁铁矿直接提钒技术。目前，在这个领域中国的相关研究成果最多，最有发展前景。

图 7-7 示出了目前已系统报道的各种钒钛磁铁矿直接提钒技术流程。

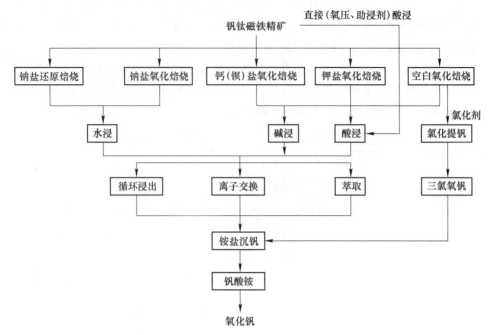

图 7-7　钒钛磁铁矿直接提钒技术工艺流程

从图 7-7 可知，钒钛磁铁矿直接提钒工艺分类如下：

（1）从焙烧和添加剂角度分类，可分为钠（钾）盐氧化焙烧、钙（钡）盐氧化焙烧、空白氧化焙烧、钠（钾）盐还原焙烧、氯化焙烧、免焙烧等技术工艺。

（2）从钒的提取分离角度分类，可分为水浸分离、碱浸分离、酸浸（解）分离、氯化气化分离等技术工艺。

（3）从钒的富集角度分类，可分为循化梯度富集、离子交换富集、萃取富集、氯化气化富集等技术工艺。

另外，该产业化技术还可以依据所设计采用的主体装备进行分类。

上述各分类技术又可以在流程中相互组合成更多的具体流程，相关流程如在产业中应用还需结合矿产构成、能源、规模、环保、经济、技术指标等多方面因素综合决策（见表 7-6）。

表 7-6　钒钛磁铁矿精矿直接提钒技术特点与分类

工艺技术类别	工艺技术概况		
	特点、优点	不足	备注
钠盐氧化焙烧水浸提钒	提钒率高（≥80%）、技术成熟、稳定、适用性好、钠盐添加剂种类多（可二次利用），可水法提钒	提钒率受精矿 SiO$_2$ 含量影响较大；钠盐消耗量大；提钒尾矿因碱金属残留不能再大比例用于常规高炉炼铁；沉钒形成的高钠盐氨氮废水处理难度大、成本高	唯一应用的产业化流程技术

工艺技术类别	工艺技术概况		备注
	特点、优点	不足	
钾盐氧化焙烧酸浸提钒	提钒率较高（≥80%），焙烧温度较低（950℃），对"高钒低铁、高硅型"钒钛磁铁矿提钒效果更突出	钾盐消耗量大；浸出酸耗高，铁损高，提钒尾矿因碱金属残留不能再大比例用于常规高炉炼铁；不能铵盐沉钒，化工废水处理难度大、成本高	经济性较差
钙盐氧化焙烧酸浸提钒	提钒率较高（>70%），添加剂成本低，可适用于较高 SiO_2 含量精矿的焙烧提钒，化工废水可循环使用	钙化焙烧温度高于钠化焙烧温度，酸浸形成一定精矿铁损，设备要求防腐，硫酸浸出尾矿需脱硫后才可大比例用于高炉炼铁	其改进工艺产业化前景较好
钙盐氧化焙烧碱浸提钒	添加剂成本低，可适用于较高 SiO_2 含量精矿的焙烧提钒，可水法提钒，尾矿含钠量较钠盐焙烧低	提钒率较酸浸低（常需要加压浸出），浸出时间长，提钒尾矿因碱金属残留不能再大比例用于常规高炉炼铁；沉钒形成的高钠盐氨氮废水处理难度大、成本高	方法竞争力较低
钡盐氧化焙烧酸浸提钒	提钒率较钙法高（>75%），钡盐添加量较钙法低，硫酸钡添加剂成本较低，可适用于较高 SiO_2 含量精矿的焙烧提钒，酸浸 pH 值较高，铁损低，化工废水可循环使用	钡盐焙烧温度高于钠化焙烧温度，添加剂如采用碳酸钡成本较高、应用受限，设备要求防腐，硫酸浸出尾矿需脱硫后才可大比例用于高炉炼铁	在石煤提钒领域有较好应用
空白氧化焙烧浸出提钒	无盐焙烧完全避免了其他添加剂的介入，不会降低矿石中铁的品位，降低了焙烧工序操作难度	无盐焙烧温度过高会导致氧化钒的挥发损失，无论是碱浸还是酸浸，其提钒率都低于其他方法	方法竞争力较低
空白氧化焙烧氯化提钒	钒钛磁铁精矿经氧化焙烧后再配加氯化剂进行中温选择氯化，钒以气态 $VOCl_3$ 的形式提取，氯化后的铁精矿不引入杂质并可增加全铁品位，后续深加工高品位钛渣和高炉炼铁无障碍	提钒率（32%）低，氯化剂配入量大（铁矿与氯化剂配比1:2），钒矿需要预先进行富氧焙烧，然后再中温氯化，流程较长，氯化设备要求高，氯化尾气处理量大、利用困难，流程需密封防泄漏	方法暂不适合钒钛磁铁矿规模化提钒
还原氯化焙烧提钒	钒钛磁铁精矿直接配加氯化剂和碳粉进行中温选择氯化，钒以气态 $VOCl_3$ 的形式提取，然后通过沉钒、煅烧得到 V_2O_5，氯化后的铁精矿不引入杂质并可增加全铁品位，后续深加工高品位钛渣和高炉炼铁无障碍，提钒率≥95%	氯化剂配入量大（铁矿与氯化剂配比1:2），氯化设备要求高，氯化尾气处理量大、利用困难，流程需密封防泄漏，对实现钒钛磁铁矿规模化提钒形成较多限制	方法需进行中试以上规模的试验评价
酸解提钒	免去焙烧工序，能耗少，提钒反应时间最短，可实现较高的酸解提钒率（85%）	高酸解提钒率需要较高的酸浓度，并配加 5% CaF_2，100℃ 酸浸易形成 HF 酸雾，设备防腐要求高，矿石铁损大，浸出液杂质多，后续浸出液处理难度大、成本高	方法暂不适用

工艺技术 类别	工艺技术概况		备注
	特点、优点	不足	
钠盐还原 焙烧提钒	可以较好地解决铁、钛、钒的分离（钒 收率>90%），避免了先提钒含钠尾矿难以 高炉—转炉利用的难题，可有效提升钒收 率，原料选择面较宽	钠盐消耗量过大（约30%配比），相关 研究与工业试验较少，尚待进一步进行还 原法铁、钛、钒分离的效果、参数及产物 深度利用方式等方面的开发研究	方法较 有前景

7.2.3　钒钛磁铁矿直接提钒的技术和经济意义

7.2.3.1　技术意义

钒是最具绿色价值的金属，在钢铁、化学、新材料、新能源中的应用具有极为显著的"绿色"功能。钒在钢铁材料中的应用占比高达90%以上，在我国钢铁国家标准中现有含钒钢种139项，除合金钢种之外，常用的钒微合金化钢铁材料有：高强螺纹钢、H型钢、角钢、槽钢、球扁钢、CSP带钢等大宗钢铁品种。

目前，我国每年仅钢筋产销量达2亿吨以上，钒在微合金化钢（钒添加量≤0.1%）中的应用，极大地促进了大宗钢铁材料的生产、使用向"减量""减灾"的"绿色"方向发展，如HRB500高强含钒钢筋经建筑工程使用证明，替代HRB400钢筋，可减少用量≥10%，替代HRB335钢筋可减少用量≥20%。

经测算，钢材消耗每减少1000万吨，可减少铁精矿消耗约1600万吨，减少能源消耗约600万吨标准煤，减少CO_2排放约2000万吨及大量SO_2、氮氧化物及烟尘排放。应用高强钢筋在减少钢筋用量的同时还可减少混土结构施工中钢筋加工和连接工作量，改善混凝土结构中节点、基础等部位钢筋密集分布的现状，有利于混凝土浇筑，对促进各类建筑和基础设施提高质量和寿命，具有显著的经济与社会效益。

由于钢铁产业规模宏大，且钢铁材料质量、标准的升级要求及世界钢铁产量的持续增长，钒在钢铁中的消费量和市场比例仍将保持首位；钒如何做好绿色生产、绿色使用并且应该以"绿色使用"带动"绿色生产"，这一原则就是钒产业未来的发展方向。

钒如何做好高效提取、高效使用，并且应该以钒的"高效使用"带动钒的"高效提取"，这一原则也可以说是钒产业未来的主要发展方向。何为钒的"高效提取"与"高效使用"？下面以钒在钢铁中的应用方式为例进行阐述，如图7-8所示。

钒在钢中金属收率高低，定量显示出钒钛磁铁矿各提钒流程的"提取"与"使用"效果。图7-8中各方框内的数字代表钒的阶段"提取"收率，最下方横线上的数字代表各路径钒的最终"使用"收率，显然数字越大代表效率越高。结果显示：（1）在所有产业化提钒路径中，钒钛磁铁矿直接提钒的钒"提取"收率及钒的"使用"收率均为最高；（2）在所有"钒产品"合金化路径中钒钛磁铁矿直接还原球团钒的"使用"收率最高。

7.2.3.2　经济意义

钒钛磁铁矿直接提钒综合利用流程与高炉—转炉流程的经济指标比较，先提钒工艺流程与高炉—转炉工艺流程的技术指标及特点对比见表7-7。表7-8为两种流程比较所用的钒钛磁铁精矿主要化学成分。

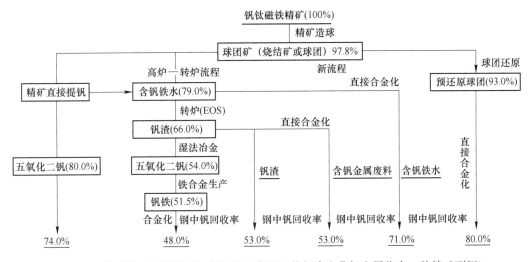

图 7-8 钒钛磁铁矿各路径钒生产流程"产品"炼钢合金化钒金属收率（从精矿到钢）

表 7-7 钒钛磁铁矿直接提钒流程与高炉—转炉流程的技术指标及特点

金属收率	工 艺 流 程	
	直接提钒流程	高炉—转炉流程
钒收率/%	75%～85%（另有10%～15%返回钢铁冶金流程进入铁水，综合收率80%～93%）	45%～55%
钛收率/%	>80%，最初产品为 TiO₂>45%的钛渣	钛进入高炉渣，暂未得到提取利用
铁收率/%	约90%（精矿-炼钢）	约90%（精矿-炼钢）
特点	提钒物料处理量比钒渣大一个数量级，钠盐消耗量大，能耗较高	钒渣提钒成本低，钛未得到利用

表 7-8 两种流程比较所用的钒钛磁铁精矿主要化学成分 （%）

TFe	FeO	TCr	TiO₂	V₂O₅	P	SiO₂	CaO	S
59.75	26.89	<0.1	9.88	0.767	0.007	1.01	<0.1	<0.01

由表 7-7 可以看出，与钒钛磁铁矿高炉—转炉流程相比，钒钛磁铁矿直接提钒综合利用流程钒、钛回收率高，钒钛磁铁矿中的铁、钒、钛可以得到高效利用。

在钛渣市场价格不变的情况下，钒钛磁铁精矿直接提钒综合利用流程提钒、钛和高炉—转炉流程提钒时的利润与五氧化二钒的市场价格关系如图 7-9 所示。

由图 7-9 可见，钒钛磁铁精矿直接提钒综合利用流程钒收率按 80% 计算，五氧化二钒市场价格在 8 万元/吨以上时，钒钛磁铁矿（$V_2O_5 \geq 0.77\%$）湿法提钒部分已有利润；五氧化二钒市场价格在 15 万元/吨以上时，钒钛磁铁精矿直接提钒流程产生的利润高于高炉—转炉流程提钒产生的利润。与高炉—转炉流程提钒产生的利润相比，只要五氧化二钒市场价格在 8 万元/吨以上，钒钛磁铁精矿直接提钒流程钒和钛产生的总利润将高于高炉—转炉流程。

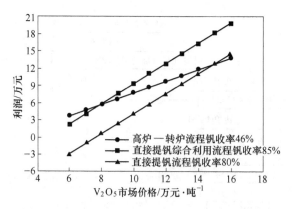

图 7-9 各流程金属回收利润与钒市场价格的关系

图 7-10 为不同原料生产五氧化二钒时的生产成本曲线。

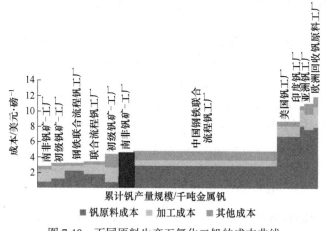

图 7-10 不同原料生产五氧化二钒的成本曲线

国外钒钛磁铁精矿直接提钒的运行证明，当钒钛磁铁矿中 $V_2O_5 \geqslant 1.80\%$ 时，仅直接提钒部分的利润就与国际主流钒渣提钒的利润基本持平。

综合以上分析认为：钒钛磁铁精矿直接提钒综合利用流程经济上可行，产业化前景较好，并且改进后的直接提钒综合利用流程将具有更好的技术经济价值。目前，只是由于湿法提钒后续的铁、钛流程制约和延误了钒钛磁铁精矿直接提钒综合利用流程的规模化生产。该工艺可以作为无高炉—转炉的企业综合利用钒钛磁铁精矿的优先选择。

7.3 钒钛磁铁矿直接提钒产业化技术

目前，虽然全球 85% 以上的钒产品来自钒钛磁铁矿，但至今钒钛磁铁矿提取五氧化二钒仍然只有如下两种传统工艺流程。

（1）高炉—转炉流程。钒钛磁铁矿先通过高炉炼铁，使钒与铁一同还原进入铁水，随后在专门的氧气转炉炼钢吹炼工序制备特种富钒钢渣，再将钒渣运至湿法提钒工厂提取氧化钒及其他深加工产品。该工艺优点是以炼铁为主，副产回收钒渣及氧化钒，生产规模大、效率高、成本较低，工艺成熟；不足之处是：经过高炉还原→转炉提钒→钒渣化产等多道提钒工序之后，金属钒收率仅有 40%~50%，且钛在高炉冶炼过程中大部分转入高炉渣（含二氧化钛 10%~25%），高炉渣暂未得到有效利用。目前，中国、俄罗斯基本采用这种工艺。

（2）钒钛磁铁精矿直接提钒综合利用流程，即先提钒、后提铁钛流程。该流程是将钒钛磁铁精矿直接配加钠盐进行氧化钠化焙烧，先提取五氧化二钒，提钒后的铁精矿再进一步实施铁钛冶金分离。该工艺一般可以回收钒钛磁铁精矿中 80% 以上的钒，同时铁和钛也能得到充分回收；不足之处是提钒物料处理量大，后续的铁钛冶金分离大规模化生产困难。

7.3.1　钒钛磁铁矿直接提钒产业特点

全球钒钛磁铁矿直接提钒产业有如下特点：（1）提钒企业全部设置在资源产出国，并且全都紧邻采矿区域设置（类似于煤矿的坑口电站）；（2）提钒所用的钒钛磁铁精矿含 $V_2O_5 \geq 1.0\%$，并且目前坚持在产的提钒企业所用钒钛磁铁精矿 $V_2O_5 \geq 1.8\%$；（3）企业全部采用氧化-钠化焙烧提钒工艺，焙烧装备全部改用大型回转窑（自 20 世纪 90 年代之后，一般年产万吨级五氧化二钒钒厂只建设一条大型回转窑）；（4）企业全部没有实施后续铁钛分离提取，尾矿均堆存在企业周边。

目前，钒钛磁铁矿直接提钒产业集中在南非（Rhovan 钒厂，隶属于瑞士 Glencore 集团；Vametco 钒厂，隶属于南非 Bushveld Vametco Limited）、巴西（Maracás Menchen Mine 钒厂，隶属于 Largo Resources Ltd.）。历史上芬兰、南非、澳大利亚等国家的其他直接提钒企业均因成本和环保等原因，处在关闭或停产状态。

中国朝阳鑫鸣钒钛科技有限责任公司利用辽西高钒型钒钛磁铁矿精矿，采用石煤提钒竖窑直接提钒流程生产 V_2O_5，是目前中国唯一一家钒钛磁铁矿直接提钒在产企业。但由于"精矿"V_2O_5 品位不如国外，且"精矿"中的 SiO_2 成倍高于国外优质"精矿"中的 SiO_2 含量，其提钒成本相对较高，目前尚不具备与国内钒渣提钒成本相竞争的优势。

钠化焙烧提钒法工艺相对成熟、操作简单，早期投入小，因对钒选择性强、钒回收率高，是目前钒钛磁铁矿直接提钒的唯一产业化方法。

7.3.2　钒钛磁铁矿直接提钒的技术基础

7.3.2.1　钒钛磁铁矿含钒矿相及其结构

钒钛磁铁矿的工艺矿物学研究表明，钒主要以类质同象富集在钛磁铁矿中以固溶体形式存在于磁铁矿的钛铁晶石中（在选矿之后，钒与铁主要进入磁选铁精矿中，与钛铁矿、脉石等相分离），V^{3+} 取代 Fe^{3+}，分布于磁铁矿的八面体结构中，其结构式为：$(Fe^{2+}, Mg^{2+})(Fe^{3+}, Cr^{3+}, Mn^{3+}, V^{3+}, Ti^{3+}, Al^{3+})_2O_4$，图 7-11 为 AB_2O_4 型尖晶石结构示意图。

为了便于钒钛磁铁矿利用的机理研究，上述

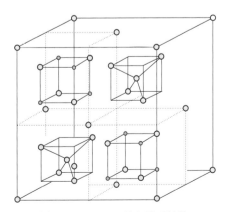

图 7-11　AB_2O_4 型尖晶石结构

结构式常化简为（$FeO \cdot V_2O_3$）。故钒铁尖晶石以 FeV_2O_4 的形式存在，生成 FeV_2O_4 和 Fe_2VO_4（FeV_2O_4 与 Fe_3O_4 形成的复合尖晶石）的反应分别为：

$$V_2O_3 + FeO \Longrightarrow FeV_2O_4 \qquad \Delta G^\ominus = -24700 - 2.25T \text{ J/mol} \tag{7-1}$$

$$V_2O_3 + 2FeO + Fe_2O_3 \Longrightarrow 2Fe_2VO_4 \tag{7-2}$$

图 7-12 为复合尖晶石 Fe_2VO_4 的晶体结构图。其结构可看作是 O^{2-} 作立方最密堆积，而 Fe^{3+} 代替了部分 Fe^{2+} 有序地占据四面体空隙的 1/8 位置，V^{3+} 有序地占据八面体空隙的 1/4 位置，另外 1/4 的八面体空隙由 Fe^{2+} 占据，剩下的 7/8 四面体空隙和 1/2 八面体空隙无离子占据。同正式尖晶石一样，复合尖晶石晶体也为立方面心结构，空间群为 O7h-Fd3-m，其晶包中 O^{2-} 的数目共为 8×4＝32 个，Fe^{3+} 的数目为 8 个。Fe^{3+} 呈四面体配位，即占据 O^{2-} 密堆积中的四面体空隙。V^{3+} 和 Fe^{3+} 的数目一样均为 8(4×2)，且均呈八面体配位存在，即占据 O^{2-} 密堆积中的八面体空隙。

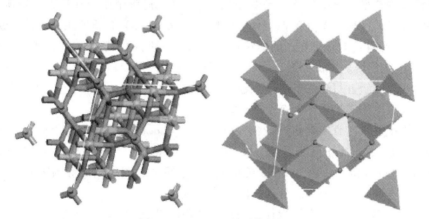

图 7-12 Fe_2VO_4 的晶体结构

图 7-13 为钒钛磁铁矿精矿的 XRD 图谱。

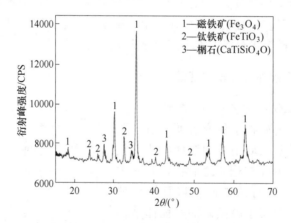

图 7-13   钒钛磁铁矿精矿的 XRD 图谱

由图 7-13 可知，钒钛磁铁矿精矿的主要物相组成为磁铁矿、钛铁矿和榍石，但对于含铁、钒品位较高的精矿，榍石在 XRD 图谱上一般显示不出来。对直接钠化提钒用钒钛磁铁矿要求其精矿纯度高，含钒品位高。表7-9为直接钠化提钒用钒钛磁铁精矿的一般技术指标。

表 7-9 直接钠化提钒用钒钛磁铁精矿一般技术指标　　　　　　（%）

V_2O_5	SiO_2	粒度
≥1	< 2.5	−0.074mm≥60

7.3.2.2 钒钛磁铁矿氧化-钠化焙烧提钒技术基础流程

钒钛磁铁矿氧化-钠化焙烧提钒工艺流程主要分为四个环节：

（1）焙烧转化。将钒钛磁铁矿精矿与钠盐混合（或造球），然后在专用窑炉中进行氧化-钠化焙烧，使钒钛磁铁矿精矿中的低价钒氧化物在高温焙烧过程中转化成高价钒氧化物并与钠盐分解产物反应生成可溶性钒酸钠。

（2）钒、矿分离。将焙烧熟料通过水浸使钒酸钠溶于水中，之后再经过固-液分离实现钒与铁钛尾矿的分离，得到高钒水溶液。

（3）钒、液分离。将除杂净化后的高钒水溶液加入铵盐沉钒剂、配合酸调 pH 值将钒以钒酸铵结晶的形式与水相分离，得到较高纯度钒酸铵（偏钒酸铵、多钒酸铵 APV）结晶产品。

（4）钒、铵分离。钒酸铵（偏钒酸铵、多钒酸铵 APV）产品经过氧化煅烧得到粉状 V_2O_5 产品，氧化煅烧-熔融得到片状 V_2O_5 产品，还原煅烧得到粉状 V_2O_3 产品。

7.3.2.3 焙烧转化

钒钛磁铁矿氧化-钠化焙烧的效果主要看熟料中钒的浸出率，业内常用钒转化为水溶性钒的百分率来衡量。焙烧转化是钒钛磁铁矿直接提钒流程中最重要的关键环节，有四项关键工艺条件：原料（钒钛磁铁精矿）、钠盐添加剂、焙烧温度、氧化气氛；原料（钒钛磁铁精矿）见表7-9，其他三项条件见表7-10。

表 7-10 钒钛磁铁精矿直接钠化提钒一般技术条件

项　目	钠盐添加剂		
	Na_2CO_3	Na_2SO_4	NaCl
钠盐添加比例/%	1.5~6.0	2.2~8.0	3~10.0
焙烧温度/℃	900~1200	1200~1300	800~900
氧化气氛 O_2/%	焙烧尾气中≥10	焙烧尾气中≥8	焙烧尾气中≥10

注：1. 钠盐添加剂可以是三者的"混盐"，也可以是其他钠盐（如草酸钠），钠盐添加比例与精矿中的 SiO_2 含量成正比；焙烧温度与钠盐品种和添加量密切相关，添加比例一般在 2%~8% 之间，钠盐添加比例较高时，焙烧温度相对较低。

2. 焙烧时间：回转窑焙烧，炉料窑内停留时间 2~4h；竖炉焙烧，球料炉内停留时间 10~12h。

A　钠盐添加剂的作用

研究表明，钠盐添加剂在钒钛磁铁矿氧化-钠化焙烧的作用有：（1）分解产生 Na_2O，Na_2O 再与焙烧炉料中钒的氧化产物 V_2O_5 化合生成水溶性钒酸钠，为钒、矿分离创造条件；（2）Na_2O 的配加量（或 Na/V 比）可以影响到焙烧炉料中钒的存在价态与比例，提高炉料反应界面氧位，促进钒转化为可溶性钒酸盐；（3）钒钛磁铁矿精矿加入碱金属添加剂焙烧后，其浸出过程的表观活化能将比空白焙烧显著降低，即碱金属添加剂能提高矿物活性，减少浸出反应对浸出温度的依赖性。

工业应用选用的钠盐添加剂为：$NaCl$、Na_2CO_3、Na_2SO_4。

$NaCl$（食盐）是一种无氧酸盐，优点是钠化反应温度低、原料经济、易得。其缺点是：（1）焙烧耗氧，分解产物在有水汽存在时产生 HCl，在无水汽存在时产生 Cl_2，需要回收或严格治理；（2）单独使用时钒转化率较低，至今只有南非的 Vantra 于 1957~1974 年在 Skinner 焙烧炉中焙烧钒钛磁铁矿使用过氯化钠。

Na_2SO_4（芒硝）做添加剂有三大优点：（1）分解不需要水蒸气；（2）Na_2SO_4 在反应温度下具有氧化性，在焙烧分解时放出的氧气对钒的氧化转化有利，可适应低氧焙烧；（3）原料经济、易得，焙烧综合转化效果较好，浸出钒液中 Si、Al、Cr 杂质含量较低，氧化钒产品质量较好（至今仍在国外应用）。其缺点是：分解温度较高、配加量较大、焙烧分解产物形成的 SO_2 尾气需要严格治理。

Na_2CO_3（纯碱）做添加剂优点：（1）Na_2CO_3 有碱性、分解温度适中，比芒硝和食盐更易破坏磁铁矿尖晶石结构，对钒钛磁铁矿钒焙烧氧化有特效；（2）在焙烧分解时只放出 CO_2 对环保有利。其缺点是：用碳酸钠做添加剂焙烧，浸出钒液中水溶性铝酸钠、铬酸盐、硅酸盐的杂质含量相对要高得多，过滤、除杂、沉钒尾液处理负荷较大；碳酸钠做添加剂不适用缺氧焙烧；另外，碳酸钠往往需要专门的工业生产，价格相对较贵。

B　钒钛磁铁矿氧化焙烧的转化过程

文献表明：在空气气氛条件下，对钒钛磁铁精矿（空白焙烧）进行 TG-DSC 分析（见图 7-14）的结果表明：（1）测试样品氧化增重的温度范围为 250~1000℃，并在 1000℃ 左右完成充分氧化；（2）钒钛磁铁精矿在高温下（>1000℃）会发生钒的蒸发损失。

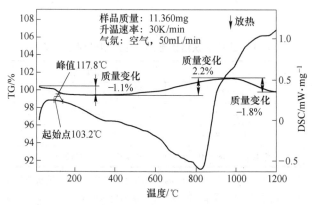

图 7-14　钒钛磁铁精矿的 TG-DSC 分析

钒钛磁铁精矿在空白氧化焙烧过程中，其钒铁尖晶石氧化可能发生的反应如下：

$$6FeV_2O_4(s) + O_2 === 2Fe_3O_4(s) + 6V_2O_3(s) \qquad \Delta G^{\ominus} = -572125.8 + 306T \text{ J/mol}$$

$$(7\text{-}3)$$

$$6/7FeV_2O_4(s) + O_2 === 2/7Fe_3O_4(s) + 6/7V_2O_5(s) \quad \Delta G^{\ominus} = -364272 + 186.5T \text{ J/mol}$$

$$(7\text{-}4)$$

$$4FeV_2O_4(s) + O_2 = 2Fe_2O_3(s) + 4V_2O_3(s) \qquad \Delta G^{\ominus} = -533669.2 + 272.4T \text{ J/mol} \tag{7-5}$$

$$4/5FeV_2O_4(s) + O_2 = 2/5Fe_2O_3(s) + 4/5V_2O_5(s) \quad \Delta G^{\ominus} = -371721.3 + 191T \text{ J/mol} \tag{7-6}$$

将反应（7-3）~（7-6）画在图 7-15 中。图 7-16 为钒钛磁铁矿矿样焙烧前后 X 射线衍射图谱。

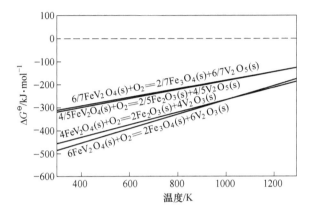

图 7-15　FeV_2O_4 氧化 $\Delta G^{\ominus}$ 与温度关系

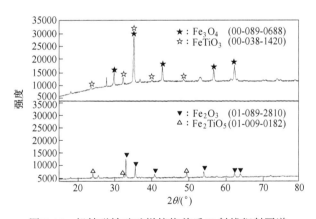

图 7-16　钒钛磁铁矿矿样焙烧前后 X 射线衍射图谱

由图 7-15、图 7-16 可知，钒钛磁铁矿经空白氧化焙烧转化为 Fe_2O_3 和 Fe_2TiO_5，在空白氧化焙烧过程中，从热力学分析矿物中的低价 FeO 将优先被氧化，其次才是低价氧化钒的氧化。

P. P. Stander 研究了 FeV_2O_4 在高温下的氧化过程，研究指出，在 360~380℃ 时 FeV_2O_4 分解为 Fe_2O_3 和 V_2O_3；在 400~460℃ 时氧化产物有 VO_2、V_2O_5 以及 $FeVO_4$；在 470~580℃ 时，氧化产物变得更为复杂，主要有 FeV_2O_6、V_6O_{13}、V_2O_5、$FeVO_4$ 等；在 600~900℃ 时最终的氧化产物主要有 V_2O_5 以及 $FeVO_4$。

钒钛磁铁矿氧化焙烧过程的晶型转变的研究结果为：钒钛磁铁矿焙烧提钒的实质是含

钒磁铁矿转化为赤铁矿的过程，且含钒磁铁矿（$FeO(Fe,V)_2O_3$）转化为赤铁矿（α-Fe_2O_3）的过程，其晶型转变关系如图 7-17 所示。

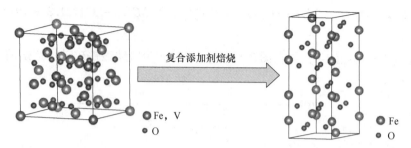

图 7-17　含钒磁铁矿（$FeO(Fe,V)_2O_3$）转化为赤铁矿（α-Fe_2O_3）的晶型转变关系

含钒磁铁矿（$FeO(Fe,V)_2O_3$）的晶体结构为立方晶系，其晶胞参数为：$a=b=c=0.8375nm$，$\alpha=\beta=\gamma=90°$。赤铁矿（α-Fe_2O_3）的晶体结构为三方晶系，其晶胞参数为：$a=b=0.5038nm$，$c=1.3756nm$，$\alpha=\beta=90°$，$\gamma=120°$。一般情况下，晶体间的转变形式可分为改造式转变与重建式转变。对于改造式转变，晶体中化学键的断裂和重新连接不会发生，且不会形成新的晶体结构；对于重建式转变，晶体中会出现大面积化学键的断裂，且会有新的晶体结构出现。

由图 7-17 可知：（1）含钒磁铁矿（$FeO(Fe,V)_2O_3$）转变为赤铁矿（α-Fe_2O_3）的过程中有新的晶体结构出现，由立方晶系的含钒磁铁矿（$FeO(Fe,V)_2O_3$）向三方晶系的赤铁矿（α-Fe_2O_3）的转变为晶体的重建式转变，大部分 $Fe(V)$—O 键在该重建式转变过程中断裂，且 $V(III)$ 随之解离出来，并进一步氧化、转化为可溶的钒酸盐。

C　钒钛磁铁矿氧化-钠化焙烧的转化过程

一般认为，钒钛磁铁矿中的钒铁尖晶石与钠盐添加剂在氧化-钠化焙烧过程中发生如下反应：

$$4FeV_2O_4 + 4Na_2CO_3 + 5O_2 = 8NaVO_3 + 2Fe_2O_3 + 4CO_2 \uparrow \tag{7-7}$$

$$4FeV_2O_4(s) + 4Na_2SO_4 + 3O_2 = 8NaVO_3 + 2Fe_2O_3 + 4SO_2 \uparrow \tag{7-8}$$

$$4FeV_2O_4(s) + 8NaCl + 4H_2O + 5O_2 = 8NaVO_3 + 2Fe_2O_3 + 8HCl \uparrow（有水蒸气存在时）$$
$$\tag{7-9}$$

$$4FeV_2O_4(s) + 8NaCl + 7O_2 = 8NaVO_3 + 2Fe_2O_3 + 4Cl_2 \uparrow（无水蒸气存在时）$$
$$\tag{7-10}$$

$$Na_2SO_4 = Na_2O + SO_2 \uparrow + 1/2O_2 \uparrow \tag{7-11}$$

$$Na_2CO_3 = Na_2O + CO_2 \uparrow \quad \Delta G^{\ominus} = -79800 - 39.4T \text{ J/mol}$$
$$\tag{7-12}$$

表 7-11 为钒钛磁铁精矿钠化焙烧炉料的主要化合物理化指标。

表 7-11　钒钛磁铁精矿钠化焙烧炉料的主要化合物理化指标

化合物	分子式	熔点/℃	低共熔点或转熔点/℃	V_2O_5/Na_2O（摩尔比）
偏钒酸钠	$NaVO_3$	630	525	64∶36

化合物	分子式	熔点/℃	低共熔点或转熔点/℃	V_2O_5/Na_2O（摩尔比）
焦钒酸钠	$Na_4V_2O_7$	632~654	562	37:63
正钒酸钠	Na_3VO_4	850~856	645	32:68
五氧化二钒	V_2O_5	670~690		
偏钒酸钙	$Ca(VO_3)_2$	778	618	
正钒酸铁	$FeVO_4$	870	645	
碳酸钠	Na_2CO_3	850	604	
硫酸钠	Na_2SO_4	884		
氯化钠	$NaCl$	801	604	
硅酸钠	Na_2SiO_3	1089	799	
霞石	$NaSiAlO_4$	1526	767	

以往文献对钒原料在焙烧过程中生成钒酸钠的机理存在两种看法：一种认为是钒先被氧化，从尖晶石相析出，之后再与 Na_2O 反应生成钒酸钠；另一种认为是由钠化熔融作用先破坏尖晶石相生成低价钒的钠盐，然后再氧化成五价钒的钠盐。但近来一系列研究认为，在钒料钠化焙烧条件下，钠盐并不分解而是直接与钒的氧化物反应生成钒酸钠，如图 7-18 所示。

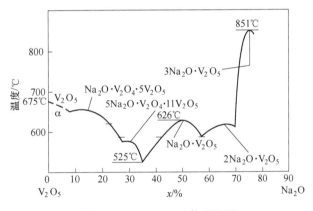

图 7-18　V_2O_5-Na_2O 体系相图

有文献以硫酸钠添加剂为例，对钒钛磁铁矿氧化-钠化焙烧过程的转化机制从热力学计算和实验验证两个方面进行了系统阐述，结果如图 7-19 所示。

从图 7-19 可清楚地看出这三个过程的关系。钒钛磁铁矿大约在 280℃ 时氧化开始（钒钛磁铁矿 FeV_2O_4 尖晶石中的 FeO 优先被氧化），至 950℃ 时钒钛磁铁矿的氧化（FeO+ V_2O_3）基本结束，氧化率可达 98% 以上；钒的氧化+转化约在 700℃ 时开始，随着氧化的即将结束，在 880~900℃ 时钒的转化率迅速增加；与钒转化（V_2O_5 生成）的同时 Na_2SO_4 也开始分解，但从曲线的斜率可以看出，两者的增长率是不同的；880~900℃ 时钒转化率增长很快，而此时反应消耗的 Na_2SO_4 并不多，随温度的升高钒转化率增长变得慢了，但

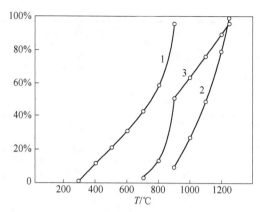

图 7-19　钒钛磁铁矿钠化球团在焙烧时氧化、硫酸钠分解、钒转化率三者之间的关系
1—钒钛磁铁矿氧化实验曲线；2—硫酸钠失重分解实验曲线；3—钒转化率实验曲线

Na_2SO_4 的分解则越来越快；从钒转化率和硫酸钠分解关系来看，两者的增长差别很大，在 900℃时钒转化率已达一半以上，而硫酸钠只消耗了 10%，还有 90%的硫酸钠没有发生反应，但在之后钒后续转化率的 40%竟消耗了 90%的硫酸钠。

　　这种情况充分表明：（1）在钒钛磁铁矿氧化钠化焙烧过程中，硫酸钠不是先分解之后再与 V_2O_5 反应，而是分解与 V_2O_5 反应同时进行；同时文献中的热力学计算也证明在焙烧的温度范围之内（＜1300℃），硫酸钠不能直接分解，必须是在和钒的氧化产物反应时才会分解，这时 V_2O_5 对硫酸钠的分解不是起催化作用而是直接相互反应。（2）用硫酸钠作添加剂时，钒钛磁铁矿的氧化不是影响钒转化率的限制环节，其限制环节是钒与钠盐的转化反应。因此用硫酸钠作添加剂时，提钒的合理焙烧制度应使偏钒酸钠的反应得以充分发展，即在 900~1000℃时缓慢升温或保温一段时间是合理的。

　　文献还证明，硫酸钠和钒氧化物相互作用生成不同的钠化钒酸盐是由温度决定的，不同的焙烧温度得到不同的反应产物，其中偏钒酸钠最先最易生成；生成偏钒酸钠的第一个反应从 700~800℃开始进行；生成焦钒酸钠的第二个反应大约从 1000℃开始进行；生成正钒酸钠的第三个反应大约从 1100℃开始；由偏钒酸钠生成焦钒酸钠的第四个反应大约从 1200℃开始。由此可知，在这三个水溶性钠化钒酸盐中，偏钒酸钠最先最易生成，而且一旦形成之后再变成焦钒酸钠或正钒酸钠将是困难的。

　　以碳酸钠做焙烧添加剂时，钒钛磁铁矿依旧是 FeV_2O_4 尖晶石先进行氧化反应，之后再进行钠化反应，机制过程与硫酸钠基本类似，区别是：碳酸钠与 V_2O_5 的反应活性要高于硫酸钠，反应的起点温度要显著低于硫酸钠。由图 7-20 可知，碳酸钠与 V_2O_5 的反应在 ＞1050K（约 777℃）之后将优先 FeV_2O_4 尖晶石的氧化反应。碳酸钠与 V_2O_5 的反应产物在焙烧温度条件下，还与 FeV_2O_4：Na_2CO_3 配比有关，FeV_2O_4：Na_2CO_3=1:1 时，其产物主要为偏钒酸钠 $NaVO_3$；FeV_2O_4：Na_2CO_3=2:5 时，其产物主要为正钒酸钠 Na_3VO_4 和焦钒酸钠 $Na_4V_2O_7$；FeV_2O_4：Na_2CO_3=1:5 时，产物主要为正钒酸钠 Na_3VO_4 和铁酸钠 $NaFeO_2$。

　　热力学计算说明，在钠化焙烧过程中，Na_2CO_3 与 V_2O_5 反应生成偏钒酸钠 $NaVO_3$ 的反应更容易发生，三种钒酸盐中以偏钒酸钠 $NaVO_3$ 最稳定。因此在钒钛磁铁矿钠化焙烧

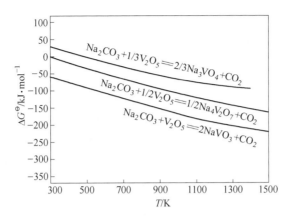

图 7-20 钒酸盐的标准生成自由能 $\Delta G^{\ominus}$

过程中，如果物料中 Na_2CO_3 和 O_2 充足，最易形成的产物为偏钒酸钠 $NaVO_3$。

文献分别以碳酸钠和硫酸钠作添加剂，以 V_2O_5 含量 0.76%、SiO_2 含量 1.01%的钒钛磁铁精矿为原料进行对比试验，在达到最佳钒转化率时，选择钠化剂 Na_2SO_4 所需焙烧温度要比 Na_2CO_3 高 100℃，钠盐配比要高 1%，试验得到钒转化率与焙烧温度的关系如图 7-21 所示。

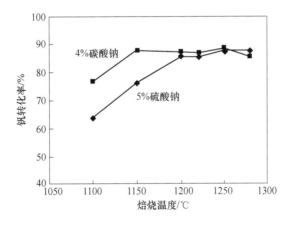

图 7-21 钒转化率与钠盐添加剂和焙烧温度的关系

钒钛磁铁矿钠化焙烧过程中钠盐参与的副反应如下，并画在图 7-22 中。

$$Na_2CO_3(s) + SiO_2(s) = Na_2SiO_3(s) + CO_2 \uparrow \quad \Delta G^{\ominus} = 78342 - 193.89T \quad (7-13)$$

$$Na_2CO_3(s) + 2TiO_2(s) = Na_2TiO_3(s) + CO_2 \uparrow \quad \Delta G^{\ominus} = 89208 - 200.65T \quad (7-14)$$

$$Na_2CO_3(s) + Al_2O_3(s) = 2NaAlO_2(s) + CO_2 \uparrow \quad \Delta G^{\ominus} = 138214 - 211.09T$$

$$(7-15)$$

$$M_xO_y + zNa_2CO_3 = 2Na_2O \cdot M_xO_y + zCO_2 \uparrow \quad (7-16)$$

由图 7-22 可知，在钒钛磁铁矿钠化焙烧过程中 Na_2CO_3 优先与体系中 V_2O_5 发生钠化

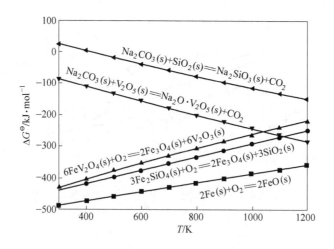

图 7-22　钒钛磁铁矿焙烧过程氧化钠化反应综合图

反应，其次，体系中过量的钠盐再与 SiO_2 发生反应。

钒钛磁铁矿中的 SiO_2 对提钒生产危害较大：（1）导致提钒生产钠盐消耗大幅增加；（2）导致钒焙烧转化率明显下降；（3）导致焙烧熟料浸出、过滤困难；（4）导致浸出钒液杂质增加，处理负荷加大，工序钒损增加。图 7-23 为钒钛磁铁矿中氧化硅含量对钒浸出率的影响。图 7-24 为 $Na_2O\text{-}SiO_2$ 二元系统相图。

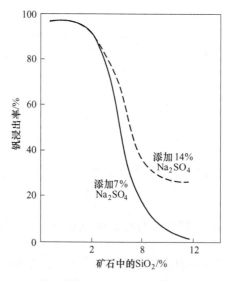

图 7-23　钒钛磁铁矿中氧化硅含量对钒浸出率的影响

7.3.2.4　钒、矿分离

钒、矿分离是将钒钛磁铁矿焙烧熟料通过水浸使钒酸钠溶于水中，并将浸出液钒浓度达到工艺要求的标准之后，再经过固-液分离实现钒与铁、钛尾矿的分离，得到高钒水溶液供下道沉钒工序使用，铁、钛尾矿转到贮存场地。表 7-12 为钒钛磁铁矿焙烧熟料水浸的一般技术条件。

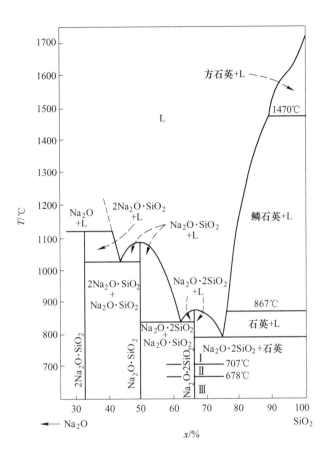

图 7-24 Na$_2$O-SiO$_2$ 二元系统相图

表 7-12 钒钛磁铁矿焙烧熟料水浸的一般技术条件

项 目	浸 出 条 件				
	浸出温度/℃	浸出固：液	浸出时间/h	钒液浓度/g·L^{-1}	浸出方式（钒液、水）
球团焙烧、浸出	50~70	2:1	48	20~30	间歇式（球浸）+逆流
散料焙烧、浸出	50~90	(2~3):1	直浸<24 磨浸<2	20~30	间歇式（直浸）+逆流 连续式（磨浸）+逆流

注：1. 间歇式浸出是指焙烧熟料在料罐或料槽内不动，浸出液逆向移动浸出；

　　2. 直浸是指出窑熟料不经破磨直接浸出；

　　3. 磨浸是指出窑熟料经湿球磨磨浸。

$$钒浸出率(\%) = \frac{待浸物料中的可溶性钒含量}{浸出溶液中的全钒含量} \times 100\% \qquad (7\text{-}17)$$

由于钒钛磁铁矿中的钒含量较钒渣通常低一个数量级左右，为了得到 [V] > 20g/L 的钒液浓度，除了控制（提高）浸出固液比（一般≥2:1）之外，一般均采用液（水）相逆流多级浸出的技术方式，极少采用离子交换或萃取等二次增浓手段。

图 7-25 为 V-H$_2$O 体系的 E-pH 值图，表 7-13 为钒溶液中主要平衡反应。

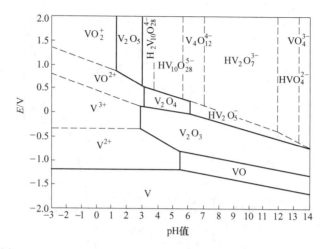

图 7-25　V-H$_2$O 体系 E-pH 值图（298K，$C_{T(V)} = 1.0 \times 10^{-2}$ mol/L）

表 7-13　钒溶液中主要平衡反应

平　衡　反　应	pH 值范围
$VO_4^{3-} + H^+ \rightleftharpoons HVO_4^{2-}$	14~13
$2HVO_4^{2-} \rightleftharpoons V_2O_7^{4-} + H_2O$	13~12
$2V_2O_7^{4-} + 4H^+ \rightleftharpoons V_4O_{12}^{4-} + 2H_2O$	12~7
$5V_4O_{12}^{4-} + 8H^+ \rightleftharpoons 2V_{10}O_{28}^{6-} + 4H_2O$	7~5.5
$V_{10}O_{28}^{6-} + H^+ \rightleftharpoons HV_{10}O_{28}^{5-}$	5.5~4
$HV_{10}O_{28}^{5-} + H^+ \rightleftharpoons H_2V_{10}O_{28}^{4-}$	4~3
$H_2V_{10}O_{28}^{4-} + 4H^+ + 2H_2O \rightleftharpoons 5V_2O_5 \cdot H_2O$	3~1.5
$V_2O_5 + 2H^+ \rightleftharpoons 2VO_2^+ + H_2O$	<1.5

注：钒溶液平衡反应与 pH 值相对应的区间范围、钒液浓度密切相关。

几种常见钒酸根离子的晶体构型如图 7-26 所示。

通常钒钛磁铁矿钠化焙烧熟料水浸溶液的 pH 值在 9~12 范围，由图 7-25 和表 7-12 可知，熟料中的钒酸钠进入水溶液之后将主要以 $V_2O_7^{4-}$ 形式存在浸出水溶液之中，同时还有部分硅、磷的钠盐杂质一起进入浸出水溶中。

$$Na_2SiO_3(s) + H_2O \rightleftharpoons NaHSiO_3 + NaOH \tag{7-18}$$

$$Na_3PO_4(s) + H_2O \rightleftharpoons Na_2HPO_4 + NaOH \tag{7-19}$$

钒液中的硅、磷是影响最终氧化钒产品质量的主要有害杂质，钒钛磁铁矿钠化焙烧熟料水浸钒液中的 SiO_2 含量几乎都要高于 200mg/L 的沉钒限制上限，P 含量也往往要高于 20mg/L 的沉钒限制上限要求，并且浸出钒液中的悬浮物含量也常在 3g/L 以上。因此，为保证氧化钒产品质量，在沉钒之前需要对原始浸出钒液进行专门的净化处理。

目前化学沉淀法除杂仍然是产业内部采用的唯一方式，化学沉淀法是工业上常见的去除硅、磷、铁、铬杂质元素精制五氧化二钒的方法，向钒液中加入的除杂剂或沉钒剂（一般是钙盐、镁盐、钡盐、铁盐、铝盐等），与溶液中的硅、磷、铬或者钒等反应生成

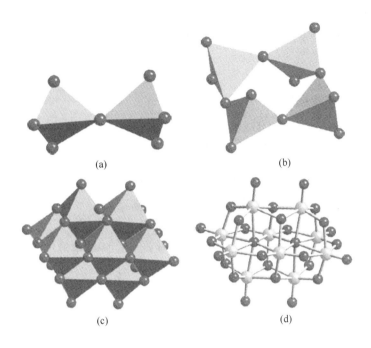

图 7-26 多面体与球形结构视图

(a) $[V_2O_7]^{4-}$; (b) $[V_4O_{12}]^{4-}$; (c), (d) $[V_{10}O_{28}]^{6-}$

沉淀物,达到钒与其他杂质固液分离的目的。

图 7-27 显示了工业常用除硅、除磷沉淀剂对去除钒液中硅、磷及钒损失影响的试验评价。结果表明,铝盐除硅、磷的综合效果最佳;铝盐兼有良好的除硅、除磷、保钒的功效,并且还可以通过其自身较强的絮凝能力,同时完成对浸出钒液中悬浮物的有效去除,因此铝盐(通常是硫酸铝)在钒钛磁铁矿钠化提钒的工业生产中被首选应用。

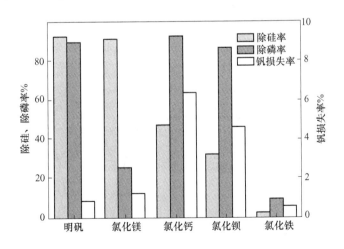

图 7-27 不同试剂对除硅、磷效果及钒损失的影响

传统铝盐混凝剂主要有硫酸铝、氯化铝、明矾等,其作用机理是通过对水中胶体粒子

的压缩双电层作用、吸附架桥作用和卷扫作用使胶体粒子脱稳发生聚集或沉降。自 1884 年由美国将硫酸铝用于给水处理中并取得专利以来，一直是水和废水处理中最主要的无机混凝剂品种。

A　除磷

铝盐除磷的化学反应如下：

$$Al^{3+} + PO_4^{3-} \longrightarrow AlPO_4 \downarrow \qquad (7-20)$$

在常用《给水排水设计手册》和德国设计规范中都提到了化学沉淀法除磷可按 1mol 磷投加 1.5mol 的铝盐来考虑，为了计算方便，实际计算中将摩尔换算成质量单位，如：1mol Al = 27g Al，1mol P = 31g P，也就是说去除 1kg 磷，当采用铝盐时需投加：$1.5 \times (27/31) = 1.3$kg Al；对于间歇式除杂设计，一般除磷率为 60%~95%。

B　除硅

铝盐除硅的化学反应比较复杂，反应式与反应产物、除硅溶液的 pH 值密切相关。在强碱性溶液中（pH>12），溶液中的硅酸钠和铝盐形成的铝酸钠发生化学反应，生成铝硅酸盐沉淀：

$$2Na_2SiO_3 + 2NaAl(OH)_4 + 2H_2O \Longrightarrow Na_2O \cdot Al_2O_3 \cdot 2SiO_2 \cdot 2H_2O \downarrow + 4NaOH$$

$$(7-21)$$

对浸出钒液除硅如图 7-28 所示。为保证达到最佳的除硅（兼顾除磷、除悬浮物）、保钒效果，一般将溶液终点 pH 值控制在 9.0 左右，结果如图 7-29~图 7-31 所示。

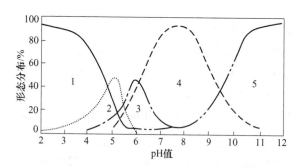

图 7-28　Al(Ⅲ)水解形态的变化

1—$Al(H_2O)^{3+}$；2—$Al(OH)(H_2O)_5^{2+}$；3—$Al(OH)_2(H_2O)_4^{+}$；4—$Al(OH)_3$；5—$Al(OH)_4^{-}$

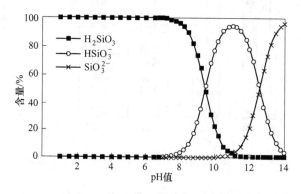

图 7-29　pH 值对硅酸形态的影响

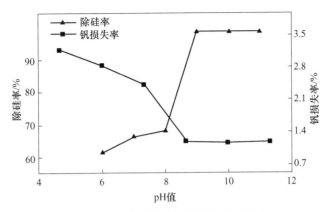

图 7-30 pH 值对除硅及钒损失率的影响

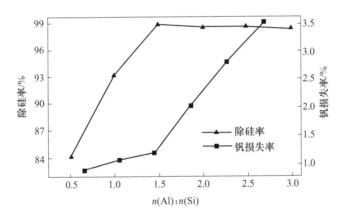

图 7-31 沉淀剂用量对除硅及钒损失率的影响

除硅操作是将新配置的硫酸铝溶液加入已调整好 pH 值的钒液中，铝盐在水中主要以三价铝的化合物——水合铝络合离子 $Al(H_2O)_6^{3+}$ 的状态存在（新生成的铝盐沉淀是溶解硅的优良吸附剂），pH>3 时 $Al(H_2O)_6^{3+}$ 发生水解，生成羟基铝离子，通过复杂的水解和缩聚反应最终生成氢氧化铝沉淀，溶解硅主要通过吸附携带在氢氧化铝沉淀表面而除去；部分硅则是通过溶液中水合的硅、铝阴离子互相接触，发生缩聚反应而生成的铝硅酸盐阴离子沉淀、降低溶解度的机制来实现将水体中硅酸脱除的过程；其简化反应见式（7-22）。

$$[\text{HO} \overset{\text{O}}{\underset{\text{O}}{-}} \text{Si} - \text{OH}]^{2-} + [\text{HO} \overset{\text{OH}}{\underset{\text{OH}}{-}} \text{Al} - \text{OH}]^{-} \longrightarrow [\text{HO} \overset{\text{O}}{\underset{\text{O}}{-}} \text{Si} - \text{O} \overset{\text{OH}}{\underset{\text{OH}}{-}} \text{Al} - \text{OH}]^{3-} + \text{H}_2\text{O} \qquad (7-22)$$

除硅效果的影响因素有：

（1）温度。铝盐除硅的最适宜温度是 40~90℃。

（2）接触时间。铝盐加入被处理的水溶液中，搅拌接触 30min 可吸附脱除水中大多数的氧化硅，硫酸铝盐对水体中高聚硅酸的去除效果要明显优于单体硅酸及二聚硅酸。

（3）pH 值。许多研究表明，铝盐除硅最适宜的 pH 值范围是 8.3~9.0。

（4）电解质。电解质的存在对硅溶胶的稳定性不利，这是由于硅胶粒子表面带有负电荷，吸附阳离子；阳离子会促进胶粒的聚集，产生胶、水分离，有利于沉淀析出。

（5）铝盐的结晶状态和物理性质。如果铝盐沉淀物在溶液之外生成（尤其是经过干燥后），其除硅效果将大大降低。铝盐的结晶状态对氧化硅的去除效果顺序为：

$$AlO(OH) > Al_2O_3 \cdot 3H_2O > Al(OH)_3$$

综上所述，高浓度钒浸出液适宜的除硅、除磷条件为：间歇式作业，钒浓度 $[V] \leqslant 30g/L$，控制浸出钒液 pH 值约为 9.0，沉淀剂加入量按铝、硅摩尔比为 0.9 ~ 1.5，反应时间为 1 ~ 1.5h，沉淀温度控制在 40 ~ 90℃，静置时间为 1h。此条件下除硅率大于 90%，除磷率大于 80%，钒的损失率小于 2%。

7.3.2.5　钒、液分离

将除杂净化后的高钒水溶液加入铵盐（通常为氯化铵、硫酸铵）沉钒剂、配合酸（通常为盐酸或硫酸）调节 pH 值，将钒以钒酸铵结晶的形式与水相分离，得到较高纯度钒酸铵（偏钒酸铵 AMV、多钒酸铵 APV）结晶产品。

钒、液分离设计、选择的技术条件：（1）最终产品氧化钒质量要求；（2）钒酸盐沉淀的溶解度；（3）形成钒酸盐沉淀阳离子的竞争选择性顺序；（4）工艺技术经济指标、成本、环保效果。

对于钒酸钠水溶液，依据反应：$H_2V_{12}O_{31} + 2M^+ \rightleftharpoons M_2V_{12}O_{31} + 2H^+$ 的平衡参数 K 选择 NH_4^+ 为沉钒阳离子，见表 7-14。

表 7-14　碱金属及铵离子的十二钒酸盐平衡常数

离子	Li$^+$	Na$^+$	K$^+$	NH$_4^+$
K	0.4±0.05	3.5±0.3	11.9±0.8	9.96±1.50

M^+ 选择性顺序为：$K^+ > NH_4^+ > Na^+ > H^+ > Li^+$。

（1）偏钒酸铵沉钒。将净化后的钒酸钠水溶液调整 pH 值约为 8.0，在较低室温（< 30℃）条件下，加入氯化铵或硫酸铵（为保证沉钒效果，要求铵盐按沉钒摩尔比例过量加入），实施结晶沉钒。代表性反应式：

$$NaVO_3 + NH_4Cl \Longrightarrow NH_4VO_3 \downarrow + NaCl \qquad (7-23)$$

由于偏钒酸铵沉钒铵盐消耗较高、沉钒母液余钒较高、产品及母液环保脱氨负荷较大，钠盐回收后无法工艺再利用等原因，自 1980 年之后已不在钒钛磁铁矿直接提钒生产中采用。

（2）多钒酸铵沉钒。将净化后的钒酸钠水溶液先调整 pH 值到 5~6，在加热溶液的同时，按实验选定的加铵系数加入氯化铵或硫酸铵（为保证沉钒母液钠盐回用要求，工业产线一般都选择硫酸铵做沉淀剂）；将钒液继续加热到 ≥90℃，加硫酸调整 pH 值到 2 ~ 2.5，保持沉钒温度 95 ~ 100℃实施结晶沉钒，待沉钒母液中 $[V] \leqslant 0.15g/L$ 时结束沉钒操作。代表性反应式：

$$Na_4H_2V_{10}O_{28} + (NH_4)_2SO_4 + H_2SO_4 \longrightarrow (NH_4)_2V_6O_{16} \downarrow + Na_2SO_4 + H_2O$$

$$(7-24)$$

$$沉钒率(\%) = 1 - \frac{沉钒上清液中钒含量}{沉钒原液中钒含量} \times 100\% \qquad (7-25)$$

$$加铵系数\ K = \frac{加入(NH_4)_2SO_4\ 的质量(g)}{沉钒原液中\ V_2O_5\ 的质量(g)} \tag{7-26}$$

影响多钒酸铵产品质量的因素有：（1）沉钒溶液中的硅、磷杂质含量（一般要求沉钒溶液含 $SiO_2 \leqslant 200mg/L$，含 $P \leqslant 20mg/L$）；（2）沉钒溶液中的悬浮物杂质含量；（3）沉钒溶液中的 Na^+、K^+ 含量；对于多钒酸铵中的 Na^+、K^+ 含量控制，除了设定沉钒溶液钒酸钠 [V] $\leqslant 30g/L$ 的浓度限值之外，还有提高沉钒加铵系数、降低钒酸铵滤饼水分、实施滤饼洗涤等辅助措施。

7.3.2.6 钒、铵分离

钒酸铵（偏钒酸铵、多钒酸铵 APV）产品经过氧化煅烧（450~550℃）得到粉状 V_2O_5 产品、氧化煅烧-熔融（800~1000℃）制备片状 V_2O_5 产品；还原煅烧（500~600℃）得到粉状 V_2O_3 产品。

由钒酸铵制备五氧化二钒与三氧化二钒的主要反应方程式如下：

（1）脱水反应：

$$(NH_4)_2V_6O_{16} \cdot nH_2O\ 或\ (NH_4)_6V_{10}O_{28} \cdot nH_2O \longrightarrow (NH_4)_6V_{10}O_{28} + nH_2O \tag{7-27}$$

（2）脱氨及氨分解反应：

$$(NH_4)_6V_{10}O_{28} \longrightarrow 5V_2O_5 + 3H_2O + 6NH_3 \tag{7-28}$$

（3）还原反应：

$$V_2O_5 + 2H_2 \longrightarrow V_2O_3 + 2H_2O \tag{7-29}$$

相关细节详见手册第 6 章。

7.3.3 钒钛磁铁矿直接提钒产业化流程与装备

7.3.3.1 概述

目前，工业上钒钛磁铁矿直接提钒多采用钠化提钒工艺流程，其产业化生产流程主要是指钠化焙烧—回转窑—电炉法流程。该流程多采用 Na_2CO_3 作为添加剂，采用高温氧化-钠化焙烧法将钒钛铁精矿中的钒转化为易溶水的钠盐，然后采用水浸处理使钒与铁、钛分离。水浸后的残球经过回转窑还原-电炉熔分获得钢水和钛渣，使铁、钒、钛均得以回收利用。

但该工艺的钠盐消耗量大，水浸残球的强度低并且含有钠盐，其在回转窑内进行还原处理时，存在易粉化、还原温度高、易结圈等问题。如果将水浸残球送至高炉中应用，则会造成高炉运行不顺等问题。由于存在上述问题，其工业化应用受到很大限制。在南非和芬兰等国家虽然将其工业化应用，但仅限于回收钒，后续还原及电炉冶炼部分未应用。目前该工艺工业化应用的有芬兰的莫斯塔瓦拉厂和奥坦梅基厂。

截至目前，钒钛磁铁矿直接提钒的产业化流程按照焙烧炉窑分为 4 类：

（1）竖炉流程。该流程以芬兰劳特鲁基（Rautaruuki）公司 Otommki 和 Mustavara 两大提钒厂为代表。

（2）回转窑流程。该流程是业内应用最多的，代表性企业为南非的 Rhovan、Vanchem 钒厂、巴西的 Largo Resources Ltd.、澳大利亚的 Windimurra 钒厂。

（3）多膛炉流程。代表性企业为南非的 Vantra 钒厂。

（4）沸腾炉（流化床）流程。代表性企业为澳大利亚的 Agnew Clough Ltd. 钒厂。

这四种流程的特点见表 7-15。

表 7-15　钒钛磁铁矿直接提钒的产业化流程比较

产业化流程	特　　点	不　　足	备注
竖炉流程	流程紧凑，炉窑占地面积小，自动化程度高，操控稳定，能源利用效率高，可适用各种钠盐做添加剂，钒回收率高（约80%），氧化钒产品纯度高（99%）	竖炉装置设计难度高、放大困难，万吨级氧化钒工厂需要多台炉窑；炉料需要造球入炉，停留时间长（12h）；燃料要求高（必须是燃气、燃油），能源成本高	产线停产，未再发展
回转窑流程	流程紧凑，自动化程度高，操控稳定，装置易放大设计（万吨级氧化钒工厂只需一台炉窑及产线），入窑炉料不需造球（可造球），可适用各种钠盐做添加剂，炉料停留时间较短（2~4h），燃料要求低（可燃煤），钒回收率高（约80%），氧化钒产品纯度较好	炉窑能源利用率较低，炉窑尾气量大、炉尘含量高，烟气处理投资较大，炉窑窑尾有一定的返料比例；钠盐配比较竖炉高；熟料浸出时，达到同样浸钒浓度所需逆流浸出级数较球团高	行业首选
多膛炉流程	流程紧凑，炉窑占地面积小，自动化程度高，操控稳定，能源利用效率高，入窑炉料不需造球（可造球），炉料停留时间短（2~4h），燃料要求低（可燃煤）	炉窑装置放大困难，单机产量最低，制造成本高，万吨级氧化钒工厂需要更多炉窑配置；炉窑运行温度低（<1000℃），维护成本较高，钠盐配比最高、不适用难分解钠盐	已在行业退出
沸腾炉流程	流程紧凑，炉窑占地面积小，自动化程度高，入窑炉料不需造球，炉料停留时间最短（<2h），燃料要求低（可燃煤）	炉窑装置设计难度高、放大困难，单机产量较低，万吨级氧化钒工厂需要较多炉窑；炉窑尾气量大、炉尘含量高，烟气处理投资较大、不适用难分解钠盐	已在行业退出

从表 7-15 可知，在已经产业化应用的四种产线流程，从 1956 年开始经过 30 年的运行实践与比较之后，自 1990 年起钒钛磁铁矿直接提钒的所有新建产线（南非 Rhovan、澳大利亚 PMA-Windimurra、巴西 Maracás Menchen Mine）均最终选择了回转窑流程。

下面结合实际产线介绍竖炉流程与回转窑流程。

7.3.3.2　竖炉流程

钒钛磁铁矿竖炉直接提钒产线流程同属于芬兰劳塔鲁基（Rautaruuki）钢铁公司所属的奥坦梅基（Otommki，1956 年投产）和莫斯塔瓦拉（Mustavara，1976 年投产）两家湿法提钒工厂。

Mustavara 矿床位于库萨莫市西南 75km 处，由芬兰国有公司 Rautaruuki Oy 在 1976~1985 年开采，从 Mustavara 及其附近的 Otommki 矿床生产的钒约占当时世界钒产量的 10%~14%。该流程是目前世界上唯一在工业领域成功解决钒钛磁铁矿钠化球团竖炉高温焙烧难题的产业化流程，虽然这两家工厂因 1980~1986 年国际原油价格成倍上涨及不利的市场条件导致关停（1985~1986 年停产，Mustavara 加工设施于 2001 年被拆除），但其作为代表性工程技术典范已被载入史册。

A 莫斯塔瓦拉（Mustavara）钒厂

该钒厂属于同一公司的后建企业，其产线流程更具代表性（见图 7-32 和图 7-33）。

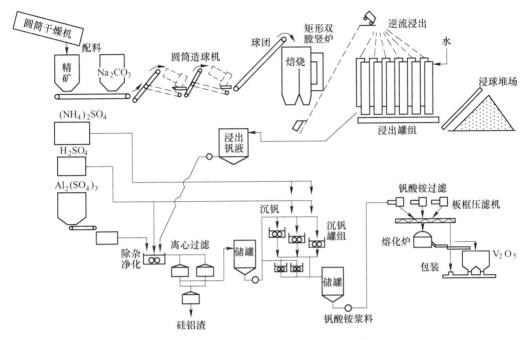

图 7-32 莫斯塔瓦拉钒厂球团水法提钒工艺设备流程

图 7-33 莫斯塔瓦拉提钒工厂投产初期全景照片

工艺流程描述：

（1）原料。莫斯塔瓦拉钒厂设计年产 3000t V_2O_5，球团年处理量约 24 万吨，所用原矿及钒钛铁精矿化学成分见表 7-16、表 7-17；精矿粒度 -0.074mm>60%，采用碳酸钠为钠盐添加剂（经球磨磨细至 -0.074mm ≥82% 后配入矿粉并混合），配入量为 3.5% ~ 4.0%，另有约占矿重 2.1% 的铝质添加剂一同配入。

表 7-16　莫斯塔瓦拉钒厂的原矿成分　　　　　　　　　　　　　（%）

V	TFe	FeO	Fe₂O₃	TiO₂	SiO₂	Al₂O₃	CaO	MgO	Na₂O	S	K₂O
0.197	17.26	11.50	11.90	3.10	41.3	15.0	9.2	4.7	2.3	0.08	0.32

表 7-17　莫斯塔瓦拉钒厂的钛铁精矿化学成分　　　　　　　　　（%）

TFe	TiO₂	SiO₂	V	CaO	MgO	Al₂O₃	Na₂O	K₂O	P₂O₅	S
63	6.5	2.5	0.92	1.0	1.0	1.1	0.05	0.05	0.03	0.01

（2）配料。将干燥处理的精矿与球磨处理后的 Na_2CO_3 采用皮带混合机进行充分混合，其中 Na_2CO_3 的配加量为 3.5%~4.0%。筛分后的球团经皮带布料机送入双腔矩形竖炉焙烧，球团焙烧温度 1150~1200℃，炉内停留时间约 12h。

（3）造球。混合料经混合机混合后进圆筒造球机造球（造球适宜水分为 9% 左右），生球直径 10~20mm，抗压强度为 1~1.5kg/球。造球机由 2 台 ϕ3000mm×9000mm 的圆筒造球机串联组成，物料在圆筒内停留时间为 3~4min，成品球的直径约为 20mm。

（4）焙烧。生球经过皮带机输送至矩形双腔竖炉中进行焙烧处理，焙烧时间为 12h（高温停留 10h），最高焙烧温度为 1250℃，焙烧后的成品球温度约为 400℃；竖炉高度为40m，有效高度为 20m，处理能力约为 40t/h。

（5）水浸。熟球经风冷换热后（出球温度约 400℃），与破碎后的烧结大块料一同输送到浸出罐组进行 6 级逆流浸出处理，浸出时间为 48h，浸出固液比为 2：1，浸出温度为50~70℃，浸出率为 97%。浸后球团（含 V 0.15%~0.20%，Na_2O 0.9%~1.5%）被送至堆放场地，浸出钒液（含 V 20~25g/L）经储罐澄清后泵入除杂反应罐作进一步处理。该厂有 12 个浸出槽，每个浸出槽的容积约为 105m³。浸后球团约 24 万吨，水浸残球的化学组成见表 7-18。残球中的 Na_2O 及 TiO_2 含量多，导致其应用存在技术及经济问题，故堆放处理，未得到有效利用。

表 7-18　莫斯塔瓦拉钒厂的水浸残球化学成分

化学成分	Na₂O	V	TiO₂	Al₂O₃
含量/%	0.9~1.5	0.15~0.2	7	1.2

（6）沉淀、压滤。对净化后的浸出液进行连续沉淀处理，2 个沉淀罐串联作业，沉淀作业时先在沉淀罐内加入 H_2SO_4 调整 pH 值，之后补加 $(NH_4)_3SO_4$ 溶液，使含钒溶液中的五价钒与铵生成偏钒酸铵，沉淀温度 90~95℃，沉淀时间为 1h，沉淀效率可达到99.5%。沉淀工序中设置了热交换器，待浆液完全冷却后，采用板框式压滤机进行过滤处理，压滤后的废液中钒含量不超过 0.02g/L。

除杂剂为硫酸铝（硫酸调 pH 值到 8.5~9.0），除杂过滤后的净化钒液被送入沉淀罐，加入硫酸铵（或液氨）后，用硫酸调 pH 值到 2.0~2.5，在 90~95℃实施沉钒（约 1h），沉钒率 99.5%。沉淀多钒酸铵浆料经压滤、水洗（滤饼含水 20%~30%，滤后沉钒母液含V≤0.02g/L），再由压缩空气吹干后送往熔化炉熔化、铸片。

（7）熔化、铸片。将压滤得到的滤饼输送到熔化炉内进行熔化，熔化温度为900~1000℃，熔炉的直径为4m，高3~3.5m。采用盘式铸片机铸片后得到V_2O_5产品，产品纯度为99.5%。该厂有2座熔炉，每座熔炉设有一台盘式铸片机。

莫斯塔瓦拉钒厂1976~1986年在产期间共生产五氧化二钒23600t。该工艺钒的回收率大于80%，年产量超3000t。

工艺流程设备见表7-19。

表7-19 莫斯塔瓦拉钒厂主要流程设备

设 备	设 备 参 数	功 能
圆筒干燥机	ϕ2200mm×14000mm（1台），烧重油加热	干燥湿磨、湿选铁精矿水分
圆筒造球机	ϕ3000mm×9000mm	铁精矿造球
双膛竖炉	矩形双膛（1座），炉顶设移动式皮带布料机，炉体总高40000mm，容积280m³，加料40t/h，设4个燃烧室（重油燃烧器设在炉身中部），设计有炉料风冷换热及换热器，炉底输料为振动运输机	焙烧球团炉料，设计最高加热温度1250℃、作业率85%，为流程核心设备
浸出罐组	12个浸出罐分为并联两组，每组6个罐，每个罐的容积约100m³（罐的外形尺寸估算是ϕ=3m，H=15m），罐组总容积为1200m³，设计浸出停留时间48h	实施熟料球团间歇式逆流浸出（50~70℃），浸出固液比2:1，浸出率≥98%
沉淀罐	设计3个沉淀罐（两个串联、一个备用），每个沉淀罐容积为15m³（罐槽的外形尺寸估算是ϕ=3m，H=2.6m），设置加热用蒸汽热交换器	将净化钒液实施钒液分离-沉淀多钒酸铵
压滤机	板框压滤机1台，800mm×800mm、40板框，总过滤面积50m²，处理能力300kg/h	实施多钒酸铵固液分离，滤饼水分含量20%~30%
熔化炉	2台熔化炉（一开、一备）ϕ=4m，容积1m³，每台配备1台盘式铸片机，每小时入炉加料量为3t	实施多钒酸铵分解、熔化制备片状V_2O_5

B 奥坦梅基（Otommki）钒厂

奥坦梅基钒厂是芬兰的第一个钠化球团-湿法提钒厂，和莫斯塔瓦拉钒厂同属于芬兰劳特鲁基公司。其生产工艺设备流程示意图如图7-34所示。

工艺流程描述：

（1）原料。奥坦梅基钒厂采用含钒磁铁原矿选矿得到的磁铁精矿作为主要原料，其化学成分见表7-20。该厂原采用的添加剂为Na_2SO_4，由于生产过程中Na_2SO_4焙烧过程中会产生大量SO_2有害气体，之后改用Na_2CO_3作为添加剂。

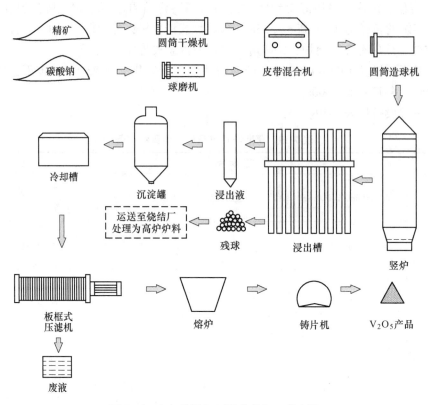

图 7-34   奥坦梅基钒厂钠化提钒工艺流程

表 7-20   奥坦梅基钒厂矿石的化学成分 (%)

化学成分	TFe	TiO$_2$	V	CaO	SiO$_2$	MgO	Al$_2$O$_3$	FeS$_2$
钒钛磁铁矿原矿	40	15.5	0.26	—	—	—	—	1.0
钒钛磁铁精矿	68	3.2	0.63	0.06	0.4	0.24	0.5	—

（2）配料。用混合机对精矿与添加剂进行混料处理，精矿的水分含量约为 7%，Na$_2$CO$_3$ 作为添加剂的配加量为 1.6%~1.8%。

（3）造球。用圆筒造球机对混合料进行造球处理，2 台圆筒造球机串联组成，一次圆筒造球机为 φ2700mm×9000mm，二次圆筒造球机为 φ1800mm×5000mm；物料在圆筒内停留时间为 3~4min，生球水分为 9%，生球粒度约为 12mm，抗压强度为 1~1.5kg/球，落下强度为 25cm 高度落下 10 次。造球机处理能力为 40t/h。

（4）焙烧。生球通过胶带机输送到圆形竖炉内焙烧处理，焙烧温度为 1300℃，焙烧时间为 12h（高温停留 10h），焙烧后的成品球温度为 600℃。在焙烧过程中三价钒转变为五价钒，并生成可溶性钒酸钠。该厂有 2 座竖炉，竖炉总高度为 17m，有效高度为 10m，单座竖炉的生产能力为 20t/h。

（5）水浸。对焙烧的成品球进行水浸处理，球团温度在 150~200℃之间，浸出温度为 50~70℃，时间为 48h，固液比为 2:1，浸出液含钒 20~25g/L，浸出效率为 99%。该厂有 20 个圆柱形水浸槽，每个水浸槽的容积为 60m^3。浸出采用间歇作业，球团在槽内不动，浸出液逆向移动，每 10 个浸出槽组成一组。水浸残球中 Na_2O 的含量为 0.2% 左右，残球抗压强度为 20~40kg/球。水浸后残球年产量为 26 万吨。残球送至钢铁厂烧结处理为高炉原料。

（6）沉淀、压滤。对含钒溶液进行沉淀处理，加入 H_2SO_4 和（NH_4）$_3SO_4$ 作为沉淀剂，使沉淀产品中的钒酸钠转化为钒酸铵，防止难分解的钠化物杂质混合，加快沉淀速度，提高产品的纯度，沉淀的温度为 90~95℃，沉淀时间为 1h，沉淀效率为 99%。沉淀废液中钒含量为 0.08g/L，钠含量为 18g/L，呈酸性，与选矿厂中的碱性废液中和后排出。沉淀后的产物采用 800mm×800mm 压滤机进行压滤处理。该压滤机含有 40 块压滤板，总压滤面积为 50m^2，生产能力为 300kg/h，产物水分含量为 20%~30%。

（7）熔化、铸片。将压滤得到的产物输送到熔化炉内进行熔化处理，熔化温度约为 900℃，每小时加料量为 3t。用盘式铸片机对熔化产物进行铸片。该厂有 2 座熔炉，各熔炉设有 1 台盘式铸片机。该工艺精矿中钒的回收率为 78%~80%，生产得到的 V_2O_5 产品纯度达到 99.5%。V_2O_5 产品的年产量超过 2300t。

奥坦梅基厂水浸后的球团矿铁含量高，但强度不好，造渣物少（SiO_2 含量低），同时还含有 Na_2O，所以不能直接进高炉，而是要再配加 90% 的铁精矿，经烧结加工后，再作为高炉炼铁原料使用。

7.3.3.3 回转窑流程

钒钛磁铁矿回转窑直接提钒产线流程诞生于 1943 年中国锦州制炼所（现锦州铁合金公司前身），1957 年后钒钛磁铁矿直接提钒产线陆续在南非、中国、澳大利亚、巴西等国的资源产地建成投产。其中南非共有 6 家，南非的第一家提钒工厂在威特班克（Witbank，Vanchem 前身）建造，并于 1957 年由美国公司 Minerals Engineering of South Africa 委托投产，流程初期采用两种焙烧炉窑：（1）3 个外壳直径为 1.52m，长度为 18.3m 的小型回转窑（20 世纪 80 年代增建一条外壳直径为 2.6m，长度为 36.5m 回转窑并将 3 座回转窑淘汰）；（2）4 个外壳直径为 6.1m 的 10 层 Skinner 多膛炉，其焙烧浸出工艺被用于生产偏钒酸铵（AMV）和五氧化二钒。

钠化提钒—回转窑—电炉法是将钠盐同钒钛磁铁精矿混匀造球后，通过氧化-钠化焙烧得到可以溶于水的钒酸盐，再经水浸提钒，使钒同铁、钛分离。该法可使铁、钒、钛均得到回收利用，尤其是钒，其回收率明显高于高炉法和非高炉法的先铁后钒流程。但其缺点是钠盐消耗量大，水浸提钒后残球强度低并含有钠盐，球团在窑内易粉化，还原温度要求高，回转窑易结圈，如送高炉炼铁则影响高炉顺行。虽然完成了扩大试验和工业试验，由于存在上述问题，而未获工业应用。

经过生产运行检验发现，对于焙烧钒钛磁铁矿的多膛焙烧炉，存在单机产量低、制造维护成本高、炉窑装置放大受限、炉窑运行温度低（<1000℃）、钠盐配比高（且不适用难分解的钠盐）等多种不足和缺陷；而回转窑产线因流程紧凑、操控稳定、装置易放大设计（万吨级氧化钒工厂只需一台炉窑及产线）、入窑炉料不需造球（可造球）、可高温运行、适用各种钠盐添加剂、炉料停留时间较短（2~4h）、燃料要求低（可燃煤）、钒回收率高（约为 80%）等优势，逐步取代多膛炉、竖炉、沸腾炉，成为钒钛磁铁矿直接提钒的独选装备，并日趋大型化（1990 年之后，威特班克钒厂经过技术升级改造，淘汰多膛炉，现有 3 条回转窑产线：其中 φ3.5m×60m 回转窑产线 2 条，φ4m×90m 回转窑产线 1 条）。

钠化提钒-回转窑-电炉法技术流程的基本过程描述：

（1）将钠盐同钒钛磁铁精矿混合后造球。

（2）在1000℃左右进行氧化-钠化焙烧，使钒同钠盐形成溶于水的钒酸钠。

（3）得到的钒酸盐经水浸提钒，使钒同铁、钛分离从而得到含钒溶液和残球。

（4）含钒溶液加入铵盐（酸性铵盐沉淀法）制得偏钒酸铵沉淀或多钒酸铵沉淀，经焙烧得到粗五氧化二钒。再经碱溶、除杂并用铵盐二次沉钒得偏钒酸铵，焙烧后可得到纯度大于95%的V_2O_5。

（5）残球经回转窑还原——电炉冶炼，可获得钢水和钛渣。

回转窑法技术原理：以钠盐为添加剂，通过焙烧将钒钛磁铁精矿中多价态的钒转化为水溶性五价钒的钠盐，再对钠化焙烧产物直接水浸，可得到含钒及少量铝杂质的浸取液。以硫酸钠为例，反应式如下：

$$5Na_2SO_4 \longrightarrow 5Na_2O + 5SO_2 + 5/2O_2 \tag{7-30}$$

$$2(FeO \cdot V_2O_3) + 5/2O_2 \longrightarrow Fe_2O_3 + 2V_2O_5 \tag{7-31}$$

$$V_2O_5 + Na_2O \longrightarrow 2NaVO_3 \tag{7-32}$$

然后用水浸处理得到含钒溶液，含钒溶液在沉淀过程中通常用H_2SO_4及（NH_4）$_3SO_4$作沉淀剂，使钒酸钠转化为多钒酸铵，多钒酸铵经过干燥焙烧后得到V_2O_5，反应式如下：

$$2NaVO_3 + H_2SO_4 \longrightarrow Na_2SO_4 + H_2O + V_2O_5 \tag{7-33}$$

$$6NaVO_3 + 2H_2SO_4 + (NH_4)_2SO_4 \longrightarrow (NH_4)_2V_6O_{16} + 3Na_2SO_4 + 2H_2O \tag{7-34}$$

$$(NH_4)_2V_6O_{16} \longrightarrow 3V_2O_5 + 2NH_3 + H_2O \tag{7-35}$$

下面对代表提钒发展历程的Vanchem钒厂等几个主要的钒钛磁铁矿回转窑直接提钒流程进行介绍。

（1）Vanchem钒厂。设计年产能（全部采用钒钛磁铁矿）折合金属钒4200t，所用Mapochs钒钛铁精矿化学成分见表7-21，精矿粒度-0.074mm>70%。用碳酸钠+硫酸钠混盐为焙烧添加剂，配入量为4.0%~6.0%；矿粉与钠盐经混合机混合后送入回转窑焙烧，烧成段焙烧温度1100~1150℃，炉内停留时间3~4h。

表7-21　Mapochs钒钛铁精矿典型化学成分　　　　　　　　　　（%）

Fe	V_2O_5	TiO_2	SiO_2	Al_2O_3	CaO	MgO	Cr_2O_3
56.4	1.65	14.1	1.2	3.1	0.08	1.4	0.4

熟料用链斗输送机输送至换热器，经换热后输送到长方形斜坡浸出池（共3个，高端3m，低端0.5m，长20m，宽8m）进行逆流泡浸（24h），浸后尾渣（含V_2O_5约0.30%）送至堆放场地，浸出钒液（含V_2O_5为50~60g/L）经储罐澄清后泵入除杂反应罐；除杂剂为硫酸铝（硫酸调pH值为8.5~9.0）。除杂过滤后的净化钒液送入沉淀罐，加入硫酸铵后用硫酸调pH值到2.0~2.5，在90~95℃沉钒约1h，沉钒率99.5%。沉淀多钒酸铵浆料经压滤、水洗（滤饼含水约20%，滤后沉钒母液含$V_2O_5 \leqslant 0.5g/L$）、热风干燥后，一部分送往还原窑制备三氧化二钒，一部分送往旋转式干燥器+脱氨器脱氨后到电热熔化炉熔化、铸片，熔化温度为850℃，熔片五氧化二钒产品成分为：95.5%V_2O_5，3.5%V_2O_4，0.25%Na_2O，0.15%Fe，0.006%S，0.002%P。

沉钒废水经过蒸发浓缩，结晶盐返回焙烧，富铵母液返回沉钒，蒸馏水返回浸出；浸后尾渣送至厂边专属堆放场地。其工艺流程如图 7-35 所示，工厂全景如图 7-36 所示。

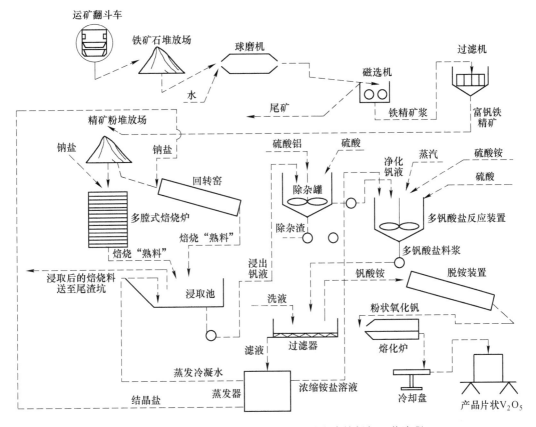

图 7-35 Vanchem 钒厂钒钛磁铁矿回转窑直接提钒工艺流程

图 7-36 Vanchem 钒厂全景图

（2）Bushveld Vametco 钒厂。1967 年建成投产，有一条回转窑产线（目前已经过环保、节能改造），设计年产能（全部采用钒钛磁铁矿）折金属钒 3000t，所用钒钛铁精矿平均含 1.98%V_2O_5；矿粉与钠盐经混合机混合后送入回转窑焙烧，烧成段焙烧温度约 1150℃（炉窑尾气与入窑炉料换热后经除尘、脱硫后排放）；焙烧熟料经冷却窑换热冷却后，进入湿球磨磨浸，浆料分离后，浸后尾渣入渣场；钒液除杂剂为硫酸铝（用硫酸调 pH 值到 8.5~9.0），除杂过滤后的净化钒液送入沉淀罐，加入硫酸铵后用硫酸调 pH 值到 2.0~2.5，在 90~95℃沉钒约 1h，最终产品为氧化钒及氮化钒。沉钒废水蒸发浓缩，结晶盐返回焙烧，富铵母液返回沉钒，蒸馏水返回浸出；浸后尾渣送至专属堆放场地。

2019 年 Bushveld Vametco 收购兼并了 Vanchem 钒厂。图 7-37 为 Bushveld Vametco 的工艺流程，图 7-38 为工厂全景图片。

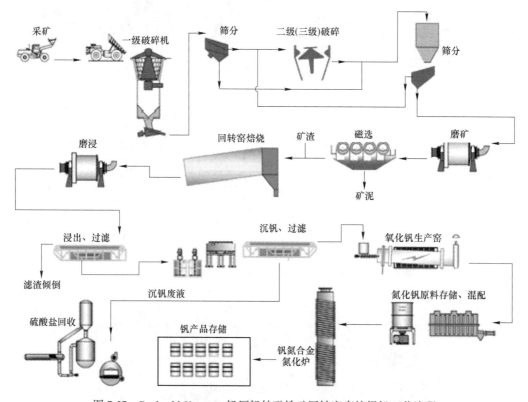

图 7-37　Bushveld Vametco 钒厂钒钛磁铁矿回转窑直接提钒工艺流程

（3）Xstrata Rhovan 钒厂。南非 Rhovan 钒厂 1994 年建成投产（1989 年开始钒矿开采，1994 年开始生产五氧化二钒，2000 年开始产钒铁），有一条回转窑产线（目前已经过环保、节能改造），设计年产能（全部采用钒钛磁铁矿）10000t 五氧化二钒及 7800t 80 钒铁；所用钒钛铁精矿平均含 2.0%V_2O_5；回转窑外壳直径为 4.2m，长度为 90m。其提钒工艺流程与 Vanchem 钒厂基本相同，只是流程过程更加细化、完整，装备和自动化水平显著提升，最终产品为氧化钒及 80 钒铁。沉钒废水经过蒸发浓缩，结晶盐返回焙烧，富铵母液返沉钒，蒸馏水返浸出；浸后尾渣送至专属堆放场地。

图 7-39 为 Rhovan 钒厂的工艺流程，图 7-40 为工厂全景。

图 7-38 Bushveld Vametco 钒厂全景图

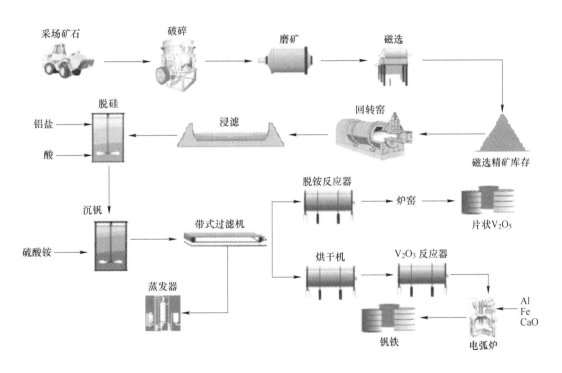

图 7-39 Rhovan 钒厂钒钛磁铁矿提钒工艺流程

（4）Largo Resources Ltd. 钒厂。该钒厂 2014 年建成投产，有一条回转窑产线，回转窑外壳直径为 4.0m，长度为 90m（配备长度 34m 冷却窑）；设计年产能（全部采用钒钛磁铁矿，化学成分见表 7-22）10000t 五氧化二钒；钒矿来自钒厂旁边的 Maracás Menchen Mine 自有矿山，所用钒钛铁精矿（成分见表 7-22）平均含 3.2% V_2O_5，是目前全球最优质的钒钛磁铁矿；浸出钒液 V_2O_5 为 100~110g/L，浸后尾渣含 V_2O_5 约 0.3%；采用硫酸铵低温沉钒（AMV），其提钒工艺过程（见图 7-41）与 Bushveld Vametco 钒厂基本相同，只

图 7-40　Rhovan 钒厂全景图

是流程过程更加细化、完整、密闭，设计、装备和自动化水平显著提升，达到 21 世纪产业最高水平。目前，该厂的最终产品为 98% 及高纯五氧化二钒（2020 年建设三氧化二钒产线）。

表 7-22　Maracás Menchen Mine 钒钛铁精矿典型化学成分　　（%）

Fe	V_2O_5	TiO_2	SiO_2	Al_2O_3	CaO	MgO	Na_2O	K_2O	MnO	P_2O_5	Cr_2O_3
63	3.2	6.3	1.7	1.9	0.13	0.75	0.06	0.02	0.15	0.01	0.02

沉钒废水经过蒸发浓缩，结晶盐返回焙烧，富铵母液返沉钒，蒸馏水返浸出；浸后尾渣送至专属堆放场地。从原矿到成品钒金属收率大于 75%，最好达到 79%。图 7-42 为工厂全景。

7.3.3.4　钒钛磁铁矿直接提钒产线装备

目前，经过 80 年的工业发展历程，全球钒钛磁铁矿提钒产线流程的生产装备模式已基本定型（都是参照 Vanchem 产线设计，流程大同小异，只是装备设计、配置、自动化及能源、环保水平在持续进步），主要特点如下：

（1）矿山全部露天开采，产线全部建在自有矿山旁边（精矿 V_2O_5 品位 >1.5%），选冶、化产流程实施一体化设计。

（2）产线已全部采用回转窑直接钠化提钒流程，并且万吨级 V_2O_5 产能只设计一条回转窑产线，装备全部大型化、自动化配套。

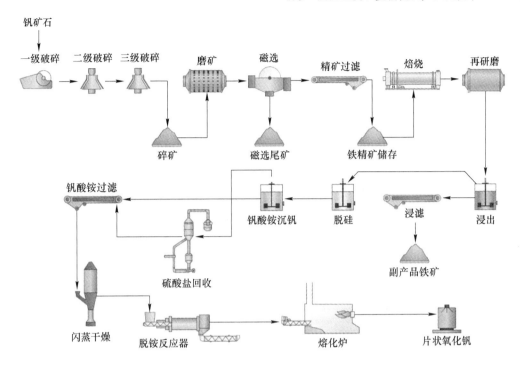

图 7-41 Largo Resources Ltd. 钒厂钒钛磁铁矿提钒工艺流程

（3）产线环保（已解决废气治理及废水利用问题）及能源（以低价值煤粉为焙烧燃料）利用水平较高，处理成本较低；缺点是提钒尾矿均没有继续综合利用（也不能被高炉—转炉流程利用）。

（4）产品质量稳定、纯度高，产线定员少于国内钒渣提钒企业，综合成本低于国内大型钒渣提钒企业，在全球业内具有较高的市场竞争能力。

钒钛磁铁矿提钒产线装备在原矿开采和选冶部分基本与常规铁矿的对应流程相同：由大型挖掘机、装载机、自卸式矿用汽车、大型皮带输送机、颚式破碎+圆锥破碎机、大型球磨机、分级机、磁选机、浓密池等构成，这里不再赘述。

钒钛磁铁矿提钒化产流程装备，是以焙烧回转窑系统为中心设计配置，其主要产线装备与功能见表7-23，其他装备基本以容器、反应罐、泵、阀、电气、仪表为主，其配置除需保证系统量化匹配之外，正确选择好工艺适用材质非常重要。

图 7-42 Largo Resources Ltd. 钒厂全景

表 7-23 钒钛磁铁矿直接提钒主要产线装备与功能（化产部分）

设备	设备参数	功能
回转窑	（1）ϕ3.5m×60m 回转窑为年产 V_2O_5 5000t 级产线配置；（2）ϕ4(4.2)m×90m 回转窑为年产 V_2O_5 10000t 级产线配置；（3）在入料端配置预热器（同水泥生产），完成入窑炉料预热及出窑炉气热能回收；（4）窑内耐火层要满足耐 1300℃高温及窑筒保温设计（一般采用 300mm 厚扇形高铝砖砌筑）；（5）窑体安装倾斜角的斜度为 3%~5%，窑筒采用变频电机调速	（1）建立物料焙烧所需要的温度场；（2）利用回转窑筒体的持续旋转运动，实现窑内炉料的同步翻动，不断形成新的暴露料面，并与逆流运行的高温烟气进行传热、传质，进而完成预定的化学物理反应
冷却窑	（1）ϕ3.0m×25m 冷却窑为年产 V_2O_5 5000t 级产线配置；（2）ϕ4m×34m 冷却窑为年产 V_2O_5 10000t 级产线配置；（3）窑内耐火层要满足窑筒保温及 1200℃耐温设计；（4）窑体安装倾斜角与回转窑相一致，窑筒采用变频电机调速配置	（1）实现出窑高温炉料降温，为熟料安全水浸创造适宜的工艺条件；（2）预热入窑及助燃空气，实现生产节能
浓密机	规格与数量需根据：（1）出窑炉料量；（2）浸出固液比、浸出钒液预定逆流浸出级数、浓度；（3）浸出浆料停留时间等工艺条件具体确定	（1）提高并稳定浸出效果；（2）调节、稳定浸出钒液浓度；（3）降低浸出料浆固液分离的过滤负荷
带式真空滤机	规格与数量需根据：（1）过滤料量的体积、浓度；（2）滤料洗涤级数、洗滤效果；（3）滤后尾渣设定的可溶性钒含量等条件确定	（1）完成浓密后浆料的固液分离；（2）提升、稳定钒的浸出收率
压滤机	规格与数量需根据：（1）待过滤钒酸铵料量的体积、浓度；（2）钒酸铵滤饼的洗滤效果；（3）滤后钒酸铵设定的滤饼水分等条件确定	（1）完成钒酸铵浆料的固液分离；（2）获得低水分钒酸铵料饼，提升产品纯度，降低能耗
干燥机	一般选用流态化热风干燥设备，规格需根据：（1）待干燥钒酸铵的料量、水分；（2）钒酸铵干燥出料水分等条件确定	（1）完成钒酸铵的脱水干燥；（2）实现钒酸铵对产品粒度要求
脱氨窑	可以选用：（1）流态化煅烧脱氨设备；（2）外热式回转窑煅烧脱氨设备。规格需根据：（1）待煅烧钒酸铵的料量；（2）煅烧氧化钒产品对低价氧化钒含量的设定要求等条件确定	（1）完成钒酸铵的分解、脱氨；（2）实现粉状氧化钒的价态调控；（3）制备粉状氧化钒产品
熔化炉	2 台熔化炉（一开、一备）ϕ=4m，容积 1m^3，每台配备一台盘式铸片机，每小时入炉加料量为 3t	实施多钒酸铵分解、熔化制备片状 V_2O_5 产品

设备	设 备 参 数	功 能
还原窑	材质、规格与数量需根据：(1) 待处理钒酸铵的料量;(2) 钒酸铵还原所用还原气体的品种等条件确定	(1) 完成钒酸铵的分解、还原;(2) 产出质量合格的三氧化二钒产品
蒸发器	MVR 蒸发器的材质、规格需根据：(1) 每小时待处理沉钒废水的单位数量;(2) 达到工艺设定硫酸钠结晶条件所需每小时蒸出的水量等条件确定;(3) 废水的腐蚀性	(1) 实现沉钒废水的零排放;(2) 回收钠盐做焙烧添加剂;(3) 回收铵盐及蒸发冷凝水补充产线消耗
余热锅炉	设备规格、材质需根据：(1) 待利用回转窑外排烟气的温度，流量;(2) 余热锅炉设定的外供蒸汽压力;(3) 烟气的腐蚀性等条件确定	(1) 为 MVR 蒸发器提供运行所需的蒸汽供给; (2) 为工厂提供产线、生活用汽及热能需要

7.3.3.5 中国钒钛磁铁矿直接提钒

A 攀西试验流程

20 世纪 70 年代，为了全面完成国家"大三线"建设的重点任务，并实现攀西地区钒钛磁铁精矿的综合开发利用，在 1978~1982 年期间，国家组织了国内本行业精英院所和企业单位开展合作，在对攀西地区钒钛磁铁精矿直接提钒工艺分工进行了实验室试验研究基础上，顶层策划、设计、实施了"钒钛磁铁精矿综合利用新流程（先提钒流程）的中间实验工作"任务，具体有：(1) 链算机—回转窑钠化球团氧化焙烧流程;(2) 水法提钒流程;(3) 浸后球团回转窑直接还原流程;(4) 渣电阻炉法（或电弧炉法）熔化分离铁、钛流程;(5) 电炉冶炼优质钢流程;(6) 钛渣制取钛白流程。

通过联合攻关，上述中间试验流程目标基本实现，新流程（见图 7-43）全线贯通。其中钒钛磁铁精矿（西昌太和钒钛精矿）先提钒中试在 3000t/a 的中试装置上进行了两次扩大试验，大量的生产数据和试验结果表明：从钒钛磁铁精矿中直接提钒，钒总收率可达 80% 左右;国内扩大试验的主要技术参数和指标如下：添加剂为硫酸钠，用量 6%~8%，焙烧温度 1250~1280℃，球团浸出温度 95℃，球团浸出时间 3~5h，回转窑还原温度 1150℃，回转窑还原时间 4.5~7.5h，焙烧钒转浸率 85%，浸出液 V_2O_5 浓度 10g/L，球团还原金属化率 90%~92%。

虽然该流程因产能及配套钢铁流程规模限制没能继续实现产业化，但产业化的技术障碍已基本得到解决;受国内钒钛磁铁精矿钒含量较低的限制，国内钒钛磁铁精矿直接提钒不适宜单独实施。

B 上海第二冶炼厂流程

上海第二冶炼厂是中华人民共和国成立之后建设的第二家钒钛磁铁精矿提钒工厂，以锦州铁合金厂为蓝本设计，建设有 φ2.3m×40m 回转窑 2 座，设计铁精矿年处理能力 45000t、五氧化二钒年产能 200t;流程采用回转窑钠化焙烧—湿球磨浸出—真空内滤机固液分离—沉钒罐间歇式水解沉钒工艺路线，产品为红钒钠（V_2O_5 含量 85%）;工艺控制条件：铁精矿（0.72% V_2O_5，2.5% SiO_2）+钠盐配比（碳酸钠 6.5%~10%），烧成带焙烧温度 1150℃，焙烧时间（窑内停留时间）4~4.5h,浸出温度 90℃，固液比（2.5~3）:1,

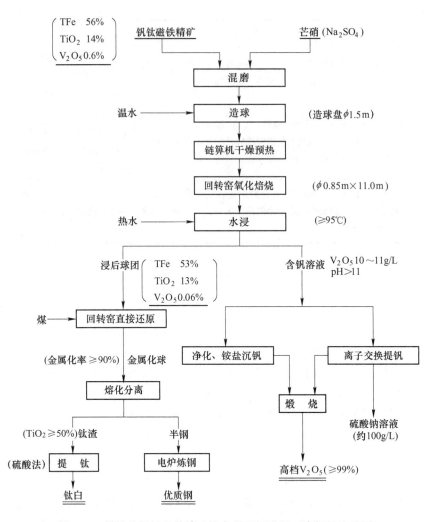

图 7-43 攀枝花钒钛磁铁精矿综合利用新流程 (先提钒流程图)

钒浸出率 95%~97%,盐酸水解沉钒,沉钒率 98%,钒流程总收率约 74%;五氧化二钒实际年产量约 160t,提钒尾矿渣场堆存。上海第二冶炼厂后来改为钒渣提钒。

7.4 钒钛磁铁矿直接提钒流程的创新发展

综合以上分析,钒钛磁铁矿直接提钒的产业现状是:(1) 产钒企业均为钠化提钒单一流程,都没有实施资源综合利用流程,未实现钒钛磁铁矿中铁、钒、钛的同期回收利用;(2) 钒钛磁铁矿直接提钒工艺具有提钒流程短、钒回收率高的突出优点,对于高钒铁精矿 (V_2O_5>1.6%),先提钒工艺流程 (尽管物料处理量大),在技术经济指标及规模、质量上是可行的,并且已较好地解决了产线废水、废气问题,基本实现了能源的梯次利用,具有较强的市场竞争力及产业生存前景;(3) 钒钛磁铁矿中铁钛资源的浪费、提钒尾矿堆存且不能被现有钢铁及有色冶金利用,是其流程目前存在的根本缺陷。

钒钛磁铁矿直接提钒产业的发展方向与展望，依然必须要坚持资源全面综合利用、流程高效、绿色这一基本原则，可参照以下流程进行创新发展。

7.4.1 钒钛磁铁精矿钙法提钒清洁流程

为解决钒钛磁铁精矿钠化焙烧过程中存在的废气污染、炉料结块结圈、产生高钠氨氮废水以及提钒尾矿难以被现有钢铁流程规模化利用的等问题，国内外相关研究者或研究机构提出了钙化焙烧-酸浸工艺。

该工艺的过程是：在钒钛磁铁精矿焙烧过程中用石灰或石灰石等钙盐作为钙化焙烧剂，使钒氧化、转化成不溶于水而溶于酸的钙盐，如 $Ca(VO_3)_2$、$Ca_2V_2O_7$、$Ca_3(VO_4)_2$ 等，再用适宜的酸性水溶液将其浸出、净化后，采用铵盐法沉钒、钒酸铵煅烧得到氧化钒产品。

7.4.1.1 钙法提钒流程及特点

钙法提钒流程的优点：提钒尾矿不含钠盐可配矿用于高炉冶炼流程；化产提钒废水（无钠盐积累）可返回提钒流程循环使用，实现钒化工废水免蒸发、零排放。

综合已有的钒钛磁铁精矿钙化焙烧–酸浸提钒+铁钛综合利用的工艺试验研究，将钒钛磁铁精矿钙法提钒综合利用流程汇总在图 7-44（先提钒钙法流程）中，上述研究成果若想实现产业化应用，尚需进行必要的工艺改进。

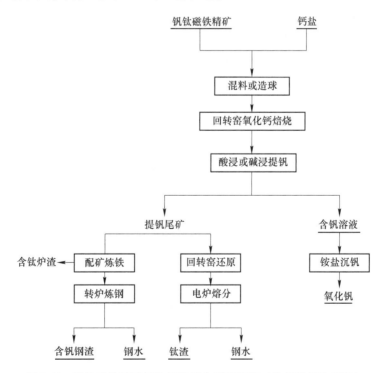

图 7-44 钒钛磁铁精矿钙法提钒综合利用流程（先提钒钙法流程）

7.4.1.2 钙法提钒的基本原理

钒钛磁铁矿钙化焙烧反应的实质为钒氧化物与钙化剂反应生成酸溶性或碱溶性的钒酸钙盐。相关研究表明，钒钛磁铁精矿钙化焙烧过程大致分为 3 个阶段：钒矿物的组织结构被破坏；低价钒氧化物氧化生成 V_2O_5；V_2O_5 与 CaO 结合生成钒酸钙 XCaO·V_2O_5（X =1，2，3）。Ca(VO_3)$_2$（偏钒酸钙）熔点 778℃，$Ca_2V_2O_7$（焦钒酸钙）熔点 1015℃，$Ca_3(VO_4)_2$（正钒酸钙）熔点 1380℃，如图 7-45 所示。

三种钒酸钙在水中的溶解度都很小（但溶解于酸和碱溶液），在酸性溶液中其溶解度都有一定差异，溶解性大小顺序为：Ca(VO_3)$_2$ > $Ca_2V_2O_7$ > $Ca_3(VO_4)_2$。因此，应尽量选择易生成偏钒酸钙的温度区间。

钙化焙烧反应的实质为低价钒氧化物的氧化并与钙盐添加剂发生反应，生成酸溶性

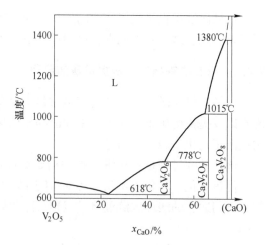

图 7-45　V_2O_5-CaO 体系相图

或碱溶性的钒钙盐。因此，钙盐添加剂的优化选择是工艺实现的首要条件。

相关研究选用的钙盐添加剂为硫酸钙、碳酸钙、氢氧化钙、氧化钙。依据试验结果，硫酸钙做添加剂（按 Ca∶V 摩尔比 5∶2 配加，钒钛磁铁精矿含 0.75% V_2O_5）时钒的焙烧转浸率为 79%，比其他钙盐要高出数个百分点。如果采用硫酸钙做添加剂，按 3% 的配比量添加，炉料在高温焙烧过程中将产生大量的 SO_2 烟气，形成得不偿失的环境负荷与治理成本。因此，工业应用的清洁流程不支持选硫酸钙作添加剂。

文献对碳酸钙、氢氧化钙、氧化钙做钙盐添加剂进行了系统研究。

当钒钛磁铁矿精矿与碳酸钙进行焙烧时，与体系有关反应式有：

$$4(FeO·V_2O_3)(s) + 5O_2(g) = 2Fe_2O_3(s) + 4V_2O_5(l) \tag{7-36}$$

$$2Fe_3O_4(s) + 1/2O_2(g) = 3Fe_2O_3(s) \tag{7-37}$$

$$CaCO_3(s) = CaO(s) + CO_2(g) \tag{7-38}$$

$$3CaO(s) + V_2O_5(l) = 3CaO·V_2O_5(s) \tag{7-39}$$

$$2CaO(s) + V_2O_5(l) = 2CaO·V_2O_5(s) \tag{7-40}$$

$$CaO(s) + V_2O_5(l) = CaO·V_2O_5(s) \tag{7-41}$$

钒钛磁铁矿精矿与碳酸钙焙烧反应体系中有关的热力学数据见表 7-24、图 7-46。

表 7-24　钒钛磁铁矿精矿与碳酸钙焙烧反应体系中有关的热力学数据

化学反应式	$\Delta G^{\ominus}/J·mol^{-1}$	温度范围/℃
(7-36)	$\Delta G_1^{\ominus} = -6264846 + 1539.36T$	750~1536
(7-37)	$\Delta G_2^{\ominus} = -238829 + 138.84T$	25~1462
(7-39)	$\Delta G_4^{\ominus} = -64762.2 + 68.32T$	670~1484
化学反应式	$\log p$	分解温度/℃
(7-38)	$\log p_{CO_2} = -\dfrac{8920}{T} + 7.54$	534[①]

①该温度是以空气中 CO_2 分压 p_{CO_2} = 30Pa 计算所得，当加热到此温度时 $CaCO_3$ 即可分解。当 p_{CO_2} = 0.1MPa 时，得出 T_b = 910℃。

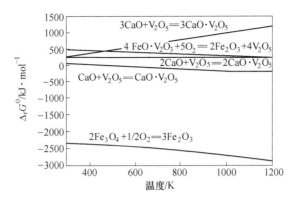

图 7-46　碳酸钙焙烧反应标准自由能与温度的关系

为考察不同钙盐添加剂对钒浸出率的影响，在钒钛铁精矿（1.23% V_2O_5，7.46% SiO_2）中分别添加 10%CaO、$CaCO_3$ 和 $Ca(OH)_2$，固定液固质量比 5∶1、浸出温度 80℃、浸出时间 3h、硫酸调节溶液 pH 值为 0.5 的浸出条件，焙烧后熟料中钒的浸出率如图 7-47 所示。试验结果表明：在焙烧温度高于 800℃时，以 $CaCO_3$ 为添加剂时钒的浸出率最高，并且选择 $CaCO_3$ 作为钙化添加剂工业应用最清洁经济。

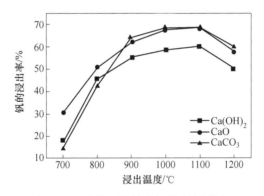

图 7-47　不同钙盐添加剂下钒的浸出率

图 7-48 为钒钛铁精矿中添加 10%$CaCO_3$ 的差热-热重曲线，可知：（1）焙烧温度低于 200℃时体系水分蒸发；（2）焙烧温度在 550℃时 $CaCO_3$ 分解释放 CO_2，体系失重，并伴有一个微小的分解放热峰；（3）温度超过 700℃时 FeO·V_2O_3 和 Fe_3O_4 等物相被氧化，体系增重；（4）温度超过 1200℃时 V_2O_5 不稳定，释放 O_2，体系失重；（5）焙烧体系的热流量一直在减小，由此可知焙烧过程总体为吸热过程。

图 7-48 同时也说明，当焙烧温度高于 600℃时，钒铁尖晶石相开始分步氧化，最终氧化为 Fe_2O_3 和 V_2O_5；但当焙烧温度低于 1000℃时 $Ca(VO_3)_2$ 的转化速率较慢，高于此温度转化过程加快；当焙烧温度增至 1200℃时只需 1h 则 $Ca(VO_3)_2$ 就达到最大转化率，说明提高焙烧温度可促进 $Ca(VO_3)_2$ 的形成。

7.4.1.3　浸取剂的选择

钙化焙烧熟料浸取剂的选择不仅事关钒浸出率的高低，而且对浸钒尾矿的资源化清洁利用同等重要。文献中采用常规碱浸与酸浸进行了对比实验，表 7-25 为钒钛铁精矿添加

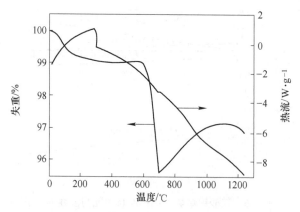

图 7-48　钒钛铁精矿中添加 10%CaCO$_3$ 的差热-热重分析

10%CaCO$_3$ 于 1000℃焙烧 3h 的物料，在液固比 10∶1、浸出温度 70℃、采用 5%NaHCO$_3$ 溶液常压及通入 CO$_2$ 加压（压力为 0.3MPa）浸出的结果。

表 7-25　不同浸取剂钒的浸出收率　　　　　　　　　　　　（%）

浸出条件	常压浸出	0.3MPa 加压浸出	5%H$_2$SO$_4$ 浸出
钒回收率	46.4	50.2	58.4

实验结果表明：钒钛磁铁精矿钙化焙烧碱浸提钒不仅浸出收率低于酸浸，而且钠盐浸出将同样导致浸钒尾矿中的钠盐含量超标，不能无害化地被后续的高炉流程利用。

研究表明：钒钛磁铁精矿钙化焙烧采用酸浸提钒效果最好。钒钛磁铁矿精矿钙化焙烧、CaCO$_3$ 添加量为 10%、焙烧温度为 1200℃、焙烧时间为 1h 时，钒的转化率可达到 72.1%，其焙烧料采用 H$_2$SO$_4$ 浸出液固比 5∶1、H$_2$SO$_4$ 浓度 5%、浸出时间 3h、浸出温度 90℃，此时 V$_2$O$_5$ 的浸出率为 71.4%。

但钒钛磁铁矿精矿钙化焙烧物料如果采用硫酸酸浸提钒，虽然浸出效果较好，但攀钢西昌钙法焙烧-硫酸酸浸提钒的工业实践表明，其硫酸酸浸提钒尾渣由于硫酸钙残留量较高，导致该提钒尾渣虽然不含钾、钠，但因硫元素超标，同样不能直接规模化返回高炉流程利用。因此，必须继续对绿色酸浸剂进行研究。

文献研究了 60℃下 Ca(VO$_3$)$_2$ 在不同 pH 值、在盐酸溶液中的溶解度，如图 7-49 所示。实验结果表明，pH = 7 ~ 12 时，随 pH 值降低，则 Ca(VO$_3$)$_2$ 溶解度变化不大；到 pH = 7 时突然急剧增加，此时随酸量增大，Ca(VO$_3$)$_2$ 逐渐与酸反应，形成 VO$_3^-$ 进入溶液；而当 pH = 1.65 ~ 6.00 时，随 pH 值减小，Ca(VO$_3$)$_2$ 溶解度又迅速降低形成水解沉淀；当 pH<1 之后，Ca(VO$_3$)$_2$ 逐渐达到最大溶解度。

钒钛铁精矿添加 10%CaCO$_3$ 于 1000℃下焙烧 3h 的熟料，在 pH = 0.5 的盐酸溶液中浸出，则 V$_2$O$_5$ 浸出率达 69.2%。虽然盐酸因其钙盐 CaCl$_2$ 溶于水而不能用作钙化提钒酸浸剂使用，但是其展示的偏钒酸钙溶解度与 pH 值的关系，为酸浸提钒奠定了技术基础。

为保证实现清洁酸浸，建议采用可与 Ca(VO$_3$)$_2$ 反应生成低钙盐溶解度的有机酸作为钒钛磁铁矿钙化焙烧的酸浸剂。如：（1）草酸。草酸钙在 100g 水中溶解 0.67mg(13℃)、1.4mg(95℃)；（2）柠檬酸。柠檬酸钙在 100g 水中溶解 0.085g/100mL(18℃)、0.095g/

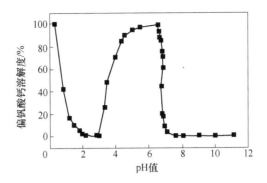

图 7-49 偏钒酸钙溶解度与 pH 值的关系

100mL(25℃)。这些均低于硫酸钙的 0.255g/L(20℃)。

中科院过程所郑诗礼团队对钒钛磁铁矿钙化焙烧柠檬酸提钒进行了系统研究，效果良好。该研究证明利用有机酸酸浸提钒虽然在浸出剂成本方面单项提高，但其浸后尾矿可以无害化、规模化、清洁化应用于后续的高炉及直接还原流程提铁、提钛，使钒钛磁铁矿钙化焙烧酸浸提钒方法具有产业化应用的绿色价值（见图 7-50）。

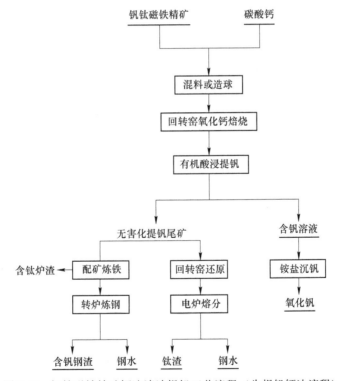

图 7-50 钒钛磁铁精矿钙法清洁提钒工艺流程（先提钒钙法流程）

上述推荐的钒钛磁铁精矿钙法提钒清洁流程，采用廉价、无污染的 $CaCO_3$ 为钙化添加剂（也适用于高 SiO_2 含量的钒钛铁精矿），以有机酸为酸浸剂，在保障高效提钒的基础上，实现了提钒尾矿利用的无害化与价值增值；同时，该项工艺技术基本不需改变现有钠化提钒流程的产线装备与配置，不需改变焙烧温度、焙烧时间与浸出方式（需增加浸出设备防腐层设计），有利于现有工业产线及工艺的便捷置换和转型发展。

7.4.2 钠化还原焙烧-磨选法提钒流程

7.4.2.1 基本过程

将碳酸钠加入钒钛磁铁精矿中进行还原焙烧，还原焙烧产品于热态下直接投入水中，在磨细、磁选过程中，同时获得金属铁粉、钛酸钠和溶于水的钒酸钠。因铁、钒、钛同时提取，故也称铁钒钛同时提取流程，如图 7-51 所示。

具体描述如下：

（1）在钒钛磁铁精矿中添加过量钠化剂（Na_2CO_3）和固体还原剂（木炭、煤、焦炭等）进行还原焙烧。

（2）还原焙烧产品于热态下直接投入水中。

（3）将焙烧产品及其水溶液放入球磨机中细磨。

（4）将球磨机排出的矿浆进行磁选分离、过滤，分别回收磁性的还原铁粉、非磁性的钛酸钠、滤液中的钒酸钠。

7.4.2.2 基本原理

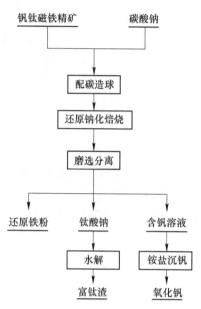

图 7-51　钠化还原焙烧-磨选法提钒流程

通过焙烧将钒钛磁铁精矿中铁氧化物（$mFeO \cdot Fe_2O_3 \cdot n(2FeO \cdot TiO_2)$）、$FeO \cdot V_2O_3$ 还原成金属铁和含钒钛化合物。在钠化剂处理下，含钛化合物转化为偏钛酸钠，钒转化为五价的可溶性钒酸盐，再通过细磨、磁选将铁、钒、钛进行分离。主要反应式如下：

$$3Fe_2O_3 + CO === 2Fe_3O_4 + CO_2 \tag{7-42}$$

$$Fe_3O_4 + CO === 3FeO + CO_2 \tag{7-43}$$

$$FeO + CO === Fe + CO_2 \tag{7-44}$$

$$FeTiO_3 + C === Fe + TiO_2 + CO \tag{7-45}$$

$$FeO + FeTiO_3 === Fe_2TiO_4 \tag{7-46}$$

$$Fe_2TiO_4 + CO === Fe + FeTiO_3 + CO_2 \tag{7-47}$$

$$FeTiO_3 + Na_2CO_3 === FeO + Na_2TiO_3 + CO_2 \tag{7-48}$$

$$FeTiO_3 + Na_2CO_3 + 2C === Fe + Na_2TiO_3 + 3CO \tag{7-49}$$

$$Na_2CO_3 + V_2O_5 === 2NaVO_3 + CO_2 \tag{7-50}$$

$$Na_2CO_3 + V_2O_5 + C === 2NaVO_3 + 2CO \tag{7-51}$$

金属铁粉可用于高炉炼铁和粉末冶金，偏钛酸钠沉淀经水解干燥之后得到 TiO_2。向浸取液中加入铵盐作为沉淀剂，使钒酸钠转化为多钒酸铵，钒酸铵经过干燥焙烧后得到 V_2O_5。主要反应式如下：

$$Na_2TiO_3 + H_2SO_4 === H_2TiO_3 + Na_2SO_4 \tag{7-52}$$

$$TiO_2 \cdot xSO_3 \cdot yH_2O === TiO_2 + xSO_3 + yH_2O \tag{7-53}$$

$$VO_3^- + NH_4^+ === NH_4VO_3 \tag{7-54}$$

$$2NH_4VO_3 === 2NH_3 + V_2O_5 + H_2O \tag{7-55}$$

日本和俄罗斯进行过该流程的研究，其中日本的研究结果为：当钒钛铁矿砂配加30%的 Na_2CO_3、25%的无烟煤于1000℃下还原2h，经细磨磁选，可获得含 TFe=97%的金属铁粉，钒的回收率可达98%，钛的回收率为95%。该流程在日本申请了专利。

有关文献对上述过程进行了系统的热力学分析，结论是：

（1）在850~1155℃的温度范围内，钒钛磁铁矿钠化完全；在低于1400℃温度下钠化产物不会被碳还原，可以采取低温钠化、高温还原的方式处理钒钛磁铁矿。

（2）钠化剂的存在促进了钛铁矿的分解与还原，同时，碳的存在促进了钠化反应的发生，还原钠化体系处理钒钛磁铁矿具有优势。

（3）通过控制铝硅比可以降低浸出液中的杂质含量。采取碳分工艺时，理论上可以得到只含钒、钛的产品，实现与杂质元素的分离，但钒、钛的分离需要进一步研究。

（4）采取 NaOH 溶液与 $NaHCO_3$ 钠化剂双循环工艺，可以避免浓缩蒸发过程，大幅降低能耗。

相关研究均证明：钠化剂能显著改善钒钛磁铁矿的还原性、提升金属化率以及磁选和熔分效果。目前，钒钛铁精矿制取还原铁粉研究较全面的是以中南大学为首的冷固球团—回转窑—磨选法和长沙矿冶研究院为首的隧道窑—磨选法，两种工艺各有优劣，但与产业化还有差距。

国内尚未有钒钛磁铁精矿一步钠化还原分离铁、钒、钛的相关试验报道。但这项研究非常有利于从根本上解决钒钛磁铁精矿综合利用所需应对的复杂产业流程的难题，其技术、经济、环境意义十分重大，应该进行重点攻关，力求在技术、产业方面实现突破。

该流程的优点：一步即可分离铁、钒、钛，但是从目前研究结果来看，添加剂必须采用 Na_2CO_3，而且钒酸钠的生成条件也比较苛刻；操作过程不但取决于还原剂种类和用量、还原温度，还可能同 Na_2CO_3 降低还原反应系统中 CO 分压程度以及精矿中的杂质含量等因素有关，操作过程不易掌握。

7.4.3 直接还原-$FeCl_3$ 浸出技术

直接还原-$FeCl_3$ 浸出法是将钒钛磁铁精矿配加一定比例煤粉等还原剂后在直接还原设备中还原，使得钒钛磁铁矿中的铁氧化物尽可能转变为金属铁，然后将还原产品细磨处理，再采用 $FeCl_3$ 溶液浸出，实现铁、钒钛组分的分离。

7.4.3.1 技术流程

直接还原-$FeCl_3$ 浸出法技术工艺流程如图7-52所示。

该技术流程包含：

（1）将钒钛磁铁精矿、添加剂、还原剂等按照一定比例混匀处理。

（2）将原料在回转窑、隧道窑等还原设备中还原焙烧。

（3）经还原焙烧处理后得到的金属化球团用破磨设备进行破碎细磨，再将磨碎后的粉料用 $FeCl_3$ 溶液浸出，使金属铁转化为 $FeCl_2$ 进入溶液，钒和钛仍留在固体物相中，从而实现铁和钒钛分离，获得富钒钛料和 $FeCl_2$ 浸出液。

（4）$FeCl_2$ 浸出液再经氧化过滤处理，可制得水合氧化铁产品，$FeCl_3$ 尾液可循环再利用。

（5）富钒钛料可采用湿法工艺制备含钒产品和钛白粉。

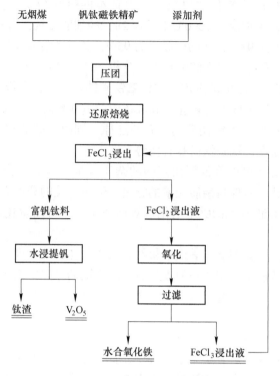

图 7-52 直接还原-FeCl₃ 浸出技术工艺流程

7.4.3.2 技术原理

直接还原-FeCl₃ 浸出法是使用 FeCl₃ 溶液浸出钒钛磁铁矿的直接还原产物，浸出过程发生氧化还原反应，金属铁氧化为亚铁离子进入溶液中，钒和钛仍留在固相渣中，达到铁和钒钛分离的目的，从而选择性提铁的方法。该过程涉及的反应式有：

$$C + O_2 \Longrightarrow CO_2 \tag{7-56}$$

$$CO_2 + C \Longrightarrow 2CO \tag{7-57}$$

$$Fe_3O_4 + CO \Longrightarrow 3FeO + CO_2 \tag{7-58}$$

$$FeO + CO \Longrightarrow Fe + CO_2 \tag{7-59}$$

$$Fe_3O_4 + Fe \Longrightarrow 4FeO \tag{7-60}$$

$$FeO + FeTiO_3 \Longrightarrow Fe_2TiO_4 \tag{7-61}$$

$$FeTiO_3 + C \Longrightarrow Fe + TiO_2 + CO \tag{7-62}$$

$$2FeTiO_3 + C \Longrightarrow FeTi_2O_5 + Fe + CO \tag{7-63}$$

$$2FeCl_3 + Fe \Longrightarrow 3FeCl_2 \tag{7-64}$$

$$6FeCl_2 + O_2 \Longrightarrow 4FeCl_3 + 2FeO \tag{7-65}$$

7.4.3.3 直接还原-浸出技术应用前景

A 研究进展

钒钛磁铁矿直接还原-浸出技术可在金属铁颗粒较小的条件下实现铁、钛分离，其技术难点为钒钛磁铁矿的高效固态还原，以及还原产物中铁或者钛的选择性浸出。

李朋提出了钒钛磁铁矿直接还原-FeCl₃ 浸出分离铁钛的技术思路，研究结果表明，添加 13%的还原剂、3%的碳酸钙和 0.3%的氟化钙时，在 1100℃下还原 2h，获得 TFe 含量为 61.10%的还原产品；细磨后采用氯化铁浸出分离，在浸出温度为 30℃、液固比为 6、Fe^{3+} 浓度为 500g/L 条件下浸出 30min，可在浸出过程中除去大部分铁，所得浸出渣中 TFe 含量为 13.18%，TiO_2 含量 34%，V_2O_5 含量为 2.23%。

李元坤等将钒钛磁铁精矿、还原剂和纯碱进行还原熔炼后的钛渣采用硫酸浸出提纯钛渣，在硫酸浓度为 11%、浸出温度为 90℃、液固比为 4 的条件下浸出搅拌 1h，高温下烘干，可获得 TiO_2 回收率高于 99%的高钛渣产品（TiO_2>92%）。

张俊等提出钒钛磁铁矿、煤粉以及钠化剂混合制备成含碳球团，经过钠化还原后进行破碎；然后采用 NaOH 溶液浸出，分离可溶性钠盐，分离后的铁渣通过磁选回收铁，实现铁、钒、钛的回收利用，该法仍处于理论研究阶段。

B 前景展望

直接还原-浸出法可克服还原-磨选法还原铁晶粒难长大致使磁选分离效果不佳的问题，也可避免高炉法和电炉法高温熔炼过程。浸出过程采用 $FeCl_3$ 浸出，有利于实现闭路循环。但是直接还原-浸出过程铁选择性浸出效果差，当 Fe 与 Ti、Al、Si 等元素形成复杂化合物或 Fe 被非铁杂质相包裹时，金属铁的溶解会被阻碍，铁的浸出率会下降，达不到较好的铁钛分离效果。

与还原-磨选法相比，直接还原-浸出法工艺流程更长，浸出效率低，浸出渣中铁含量较高，铁钛分离不彻底，钛渣综合利用困难。直接还原-浸出法还需加强对还原产品的预处理，使 Fe 尽可能还原成金属铁或者铁的简单氧化物形式，强化浸出条件，促使 Fe 元素更多的进入液相，提高浸出效率。

参 考 文 献

[1] 梁经冬，高仁万，等. 钒钛磁铁矿精矿中铁、钛、钒的分离法 [J]. 湖南冶金，1986 (3)：9-13.
[2] 杜鹤桂. 高炉冶炼钒钛磁铁矿原理 [M]. 北京：科学出版社，1996：1-16.
[3] 李亮，罗建林. 攀枝花地区某钒钛磁铁矿工艺矿物学研究 [J]. 金属矿山，2010 (4)：89-92.
[4] 朱俊士. 中国钒钛磁铁矿选矿 [M]. 北京：冶金工业出版社，1996.
[5] 梁经冬，等. 还原磨选法从攀枝花铁精矿制取天然微合金铁粉及综合利用钒钛的研究 [R]. 长沙矿冶研究院，1990.
[6] Bleecker W F. Process of producing copper, lead, or iron vanadate from vanadiferous ores [P]. US10154-69A，1912.
[7] 廖世明，柏谈论. 国外钒冶金 [M]. 北京：冶金工业出版社，1996.
[8] 杜厚益. 俄罗斯钒工业及其发展前景 [J]. 钢铁钒钛，2001，22 (1)：71-75.
[9] 锦州铁合金厂志 (1940~1983). 1985 (内部资料).
[10] 胡忠孝，晋心翠. 承钢发展史 (1929~2005). 2006 (内部资料).
[11] 高官金，付自碧，张磊. 含钒铁精矿钠化焙烧及离子交换法提钒工艺研究 [J]. 钢铁钒钛，2012 (1)：24-29.
[12] 付自碧. 钒钛磁铁精矿先提钒工艺研究现状及产业化前景分析 [J]. 矿产综合利用，2009 (4)：45-49.
[13] 青雪梅，谢兵，李丹柯，等. 铁水中钒氧化及钒铁尖晶石形成的研究 [J]. 过程工程学报，2009，9 (Z1)：122-126.
[14] 曾晓兰. 精品-钒渣物化性质与相图研究 [D]. 重庆：重庆大学，2012.

[15] Howard R L, Richards S R, Welch B J, et al. Vanadium distribution in melts intermediate to ferroalloy production from vanadiferous slag [J]. Metallurgical and materials transactions B, 1994 (25B)：27-32.

[16] 李仁敏. 复合焙烧添加剂强化钒钛磁铁矿直接提钒的工艺及机理研究 [D]. 武汉：武汉科技大学, 2019.

[17] 章苇玲. 钒钛磁铁精矿预提钒新工艺研究 [D]. 沈阳：东北大学, 2015.

[18] 李新生. 高钙低品位钒渣焙烧-浸出反应过程机理研究 [D]. 重庆：重庆大学, 2011.

[19] 董建宏. 富钒资源选择性氯化提钒技术的相关研究 [D]. 沈阳：东北大学, 2011.

[20] Stander P, Van Vuuren C. The high temperature oxidation of FeV_2O_4 [J]. Thermochimica Acta, 1990, 157 (2)：347-355.

[21] 廖立兵. 晶体化学及晶体物理学 [M]. 北京：地质出版社, 2000：107-109.

[22] 赵云良. 低品级云母型含钒页岩焙烧过程的理论研究 [D]. 武汉：武汉理工大学, 2014.

[23] 陈鉴, 何晋秋, 林京, 等. 钒及钒冶金 [R]. 1983：55-56.

[24] 肖松文, 梁经东. 钠化焙烧提钒机理研究的新进展 [J]. 矿冶工程, 1994, 14 (2)：53-55.

[25] 杨振声, 黄开华, 蔡博. 钒钛磁铁矿钠化氧化提钒的研究 [J]. 钢铁研究总院学报, 1983 (3)：521-528.

[26] Van Vuuren C P J, Stander P P. The oxidation of FeV_2O_4 by oxygen in a sodium carbonate mixture [J]. Minerals Engineering, 2001, 14 (7)：803-808.

[27] 李尉. 高钒渣钠化焙烧反应行为研究 [D]. 沈阳：东北大学, 2014.

[28] 徐松. 提高钒渣制取五氧化二钒浸出率的实验及机理研究 [D]. 重庆：重庆大学, 2014.

[29] 郑海燕, 等. 钒钛磁铁矿钙化焙烧-酸浸提钒过程中钒铁元素的损失 [J]. 化工学报, 2015, 66 (3)：10-20.

[30] 陈益超. 多聚钒酸铵纯化制备高纯五氧化二钒 [D]. 吉首：吉首大学, 2018：12-20.

[31] 周维芝. SO_4^{2-} 和或 SiO_3^{2-} 对部分水解铝盐混凝剂性能的影响研究 [D]. 济南：山东大学, 2006：9-18.

[32] 杨绍利, 刘国钦, 陈厚生. 钒钛材料 [M]. 北京：冶金工业出版社, 2009：28-31.

[33] 攀枝花资源综合利用办公室. 攀枝花资源综合利用科研报告汇编第六卷 (上册) [R]. 1985：1-6.

[34] 李兰杰, 张力, 郑诗礼, 等. 钒钛磁铁矿钙化焙烧及其酸浸提钒 [J]. 过程工程学报, 2011, 11 (4)：573-578.

[35] 郑海燕, 孙瑜, 董越, 等. 钒钛磁铁矿钙化焙烧-酸浸提钒过程中钒铁元素的损失 [J]. 化工学报, 2015, 66 (3)：1019-1025.

[36] 陈厚生. 钒渣石灰焙烧法提取 V_2O_5 工艺研究 [J]. 钢铁钒钛, 1992, 13 (6)：1-9.

[37] 郑海燕. 钒钛磁铁矿钙化焙烧的基础研究 [C]. 第十七届 (2013年) 全国冶金反应工程学学术会议论文集 (上册), 2013.

[38] 梁英教, 车荫昌. 无机物热力学手册 [M]. 沈阳：东北大学出版社. 1999：449-479.

[39] 李兰杰. 钒钛磁铁矿精矿钙化焙烧直接提钒研究 [D]. 沈阳：东北大学, 2013.

[40] 张俊, 严定鎏, 齐渊洪. 钒钛磁铁矿利用新工艺的理论分析 [J]. 钢铁钒钛, 2015 (3)：1-5.

[41] 白云. 低品位钒钛磁铁精矿直接还原-磨选工艺研究 [D]. 昆明：昆明理工大学, 2017.

[42] 郭新春. 钒钛磁铁矿的理论基本和工艺研究 [J]. 国外钢铁钒钛, 1989 (4)：93-94.

[43] http：//www. highveldsteel. co. za/processTechnologyDoc1. htm.

[44] Steinberg W S, Geyser W, Nell J. The history and development of the pyrometallurgical processes at Evraz Highveld Steel & Vanadium [J]. Southern African Institute of Mining and Metallurgy, Johannesburg, 2011：63-76.

［45］张向国，贾利军，王冰，等.钒钛磁铁矿冶炼工艺比较分析［J］.山东冶金，2019，41（1）：39-42.

［46］Steinberg, Pistorius. Control of open slag bath furnaces at Highveld Steel and Vanadium Ltd：development of operator guidance tables［J］. Ironmaking & Steelmaking, 2009, 36（7）：500-504.

［47］刘淑清.南非海威尔德钢钒公司［J］.钢铁钒钛，2000（3）：43.

［48］https：//www. nzsteel. co. nz/new-zealand-steel.

［49］Hukkanen E, Walden H. The production of vanadium and steel from titanomagnetites［J］. International Journal of Mineral Processing, 1985, 15（1-2）：89-102.

［50］李志强，张洋.新西兰钒钛海砂磁铁矿冶炼工艺分析［J］.现代冶金，2017，45（4）：31-33.

［51］温大威.新西兰钢铁公司的直接还原生产线［J］.烧结球团，1991（1）：26-28.

［52］Hukkanen E, Walden H. The production of vanadium and steel from titanomagnetites［J］. Hukkanen E.；Walden H., 1985, 15（1-2）：89-102.

［53］Kelly B F. Ironmaking at BHP New Zealand Steel Limited, Glenbrook, New Zealand, Australasian Mining and Metallurgy［R］. The Sir Maurice Mawby Memorial Volume, Victoria, Australia, Australasian Institute of Mining and Metallurgy, 1993, 2：348-353.

［54］彭英健，吕超.钒钛磁铁矿综合利用现状及进展［J］.矿业研究与开发，2019，39（5）：130-135.

［55］张仁礼.芬兰钠化球团——湿法提钒［J］.烧结球团，1979（3）：55-66.

8 钒合金及金属钒生产技术

8.1 钒合金与金属钒概述

钒（V）位于元素周期表第四周期第ⅤＢ族，能和许多金属或非金属元素如 N、C、Fe、Al、Ti、Mo、Ni、Cr、Si 等形成固溶体。钒合金（Vanadium alloy）是以钒和其他金属（或非金属）元素组成的具有特定性能和用途的固体金属产品。

钒合金一般是由富钒化合物（通常为氧化钒）经过高温冶金还原过程及其产物深加工制得，以钒为主导元素，含有碳、氮、铁、铝、硅、铌、锆、铬、钼、钛等合金元素。

金属钒则专指由纯钒化合物（通常为高纯氧化钒、高纯卤化钒）经过高温冶金还原过程及其产物深加工制得的纯钒金属产品。

8.1.1 钒合金分类

钒合金种类繁多，一般分为金属类钒合金（如钒铁、钒铝、钒铌、钒钛等二元合金，与锆钒铁等多元合金）及非金属类钒合金（如钒氮、钒碳、钒硅、钒氢等二元合金，氮化钒铁、氮化硅钒铁等多元合金）。通常作为大宗工业产品的钒系合金主要指钒铁、钒铝、钒氮合金等，这也是本章要介绍的工业钒合金品种。

按照含钒合金的应用及性能不同，可把含钒合金分为四类。

第一类，钢铁用钒合金：包括钒铁、钒氮合金、氮化钒铁、钒铬铁、钒铬硅等，主要用作炼钢的合金添加剂。

第二类，有色行业用钒合金：如钒铝合金、钒铝铁、钒铝钼、钒铝铬锡等，主要用于钛合金等有色合金的添加剂，改善有色合金的物理性能。

第三类，含钒功能合金：如钒基储氢合金、钒基高磁性合金、钒基合金靶材等。

第四类，特殊结构用钒合金：如 TiAlV、V-4Cr-4Ti 等，可用于航空工业、核工业的结构材料。

工业用钒系铁合金按照其"功能"分类，见表 8-1。

表 8-1 钒系铁合金产品性能对比

合金品种	主要化学成分（质量分数）/%							合金特点、质量指标	适用钢种
	V	N	C	Si	P	S	Al		
			不大于						
50 钒铁	48～55	—	0.40	2.0	0.06	0.04	1.5	可用电硅热法（含磷稍高）与电铝热法生产，成本较低	适用于碳素钢、HSLA 钢、合金钢、不锈钢等含钒钢种
		—	0.60	2.5	0.10	0.05	2.0		

合金品种	主要化学成分（质量分数）/%							合金特点、质量指标	适用钢种
	V	N	C	Si	P	S	Al		
			不大于						
80钒铁	78~82	—	0.15	1.5	0.05	0.04	1.5	（电）铝热法生产成本较高，杂质含量较低	适用于碳素钢、HSLA钢、合金钢、不锈钢等含钒钢种
			0.20	1.5	0.06	0.05	2.0		
钒氮合金	77~81	10~14	10	—	0.06	0.10	—	将廉价N作为合金化元素使V的强化效果显著提升；可节钒20%~40%；不足：产品密度较低（3g/cm³），C含量较高（≥4%），氮钒比低（≤0.19），熔点高（≥2000℃）	适用上述多数钢种，受限于部分高钒合金钢及低氮钢使用
		14~18	6	—	0.06	0.10	—		
VN19（企标）	77~81	18~20	4	—	0.06	0.10	—	比VN12、VN16氮化钒产品的氮钒比高（约0.2）、C含量低、微合金化效果更佳	适用上述多数钢种，受限于部分高钒合金钢及低氮钢使用
氮化钒铁	43~47	9~12	0.50	2.5	0.09	0.05	1.0	兼有钒铁与氮化钒两种钒合金优点，杂质含量小、C含量低、熔化温度低（1450~1650℃）、氮钒比高（>0.2）、密度高（5~6g/cm³），微合金化效果最佳；比氮化钒节钒10%以上，钢材力学性能波动最小	适用钢种同氮化钒，但受限品种较氮化钒少
	53~57	10~13	0.5	2.0	0.07	0.05	1.0		
	63~67	12~15	0.40	1.5	0.06	0.05	2.0		
高氮钒铁	25~45	15~18	0.40	18~25	0.09	0.05	1.0	兼有钒铁与氮化钒两种钒合金优点，杂质含量小、C含量低、熔化温度低（1400~1500℃）、氮钒比高（0.4~0.6，是常规氮化钒的1倍以上）、密度高（4~5g/cm³），微合金化效果最佳；比氮化钒节钒15%以上，钢材力学性能波动最小	适用钢种同氮化钒，但更适用于微合金化长材品种

8.1.2 钒合金的应用

钒素有"钢铁维生素"的美誉，钢中微量的钒就能改善钢材性能。钒在钢中主要以碳化物的形式存在，是重要的微合金化元素，其主要作用是细化钢的组织和晶粒，降低钢的强度和韧性，提高钢的持久强度，改善钢的韧性和塑性，同时还提高抗热强度和抗短时蠕变能力。钒在合金结构钢中由于在一般热处理条件下会降低淬透性，故在结构钢中钒常和锰、铬、钼以及钨等元素联合使用。钒在工具钢中细化晶粒，降低过热敏感性，增加回火稳定性和耐磨性，从而延长了工具的使用寿命。钒能显著改善合金钢的回火稳定性。有关合金元素对合金钢的回火稳定性影响大小顺序为：钒、钨、钛、铬、钼、钴、硅等。

目前世界上 90% 以上的钒消耗在钢铁中，因此钢铁行业的景气情况直接影响到钒市场的繁荣。

钒也是有色合金重要相变稳定元素，约 8% 应用于有色金属行业。钒在钛合金中是一种很强的 β 稳定剂，能降低 α→β 相变温度；通过热处理改善钛合金的结晶结构，可提高高温稳定性、耐热性、冷加工性，显著改善钛合金的性能。

8.2 钒氮合金生产技术

8.2.1 钒氮合金用途及特点

钒氮合金是一种重要的钒合金添加剂，它加入钢中可提高钢的耐磨性、耐腐蚀性、韧性、强度、延展性、硬度及抗疲劳性等综合力学性能，并使钢具有良好的可焊接性能。尤其是在高强度、低合金钢、微合金钢以及其他特殊钢中，钒氮合金能有效地强化和细化晶粒，节约含钒原料，从而降低炼钢生产成本。国内生产 HRB400MPaⅢ级螺纹钢筋的主要措施是添加钒等元素进行微合金化，钒可以提高钢的强度、韧性、耐磨性及抗冲击负荷能力；氮与钢能相互作用，通过增加钢中的氮含量，有利于促进钒的析出，从而有效地强化和细化晶粒，充分发挥钒在钢中的强化作用。

通过对比钒铁、钒氮合金微合金化生产的 HRB400MPaⅢ级和英标 460B 级高强度热轧钢筋的化学成分、力学性能等，在达到相同强度水平条件下采用钒氮合金微合金化钢筋，比用钒铁生产的钢筋钒含量平均可降低 30%，每增加 0.01% 的钒，钒氮合金对钢筋强度的贡献率高于钒铁，且钒氮合金微合金化生产钢筋性能波幅最小。因此，钒氮合金产品的应用可以降低钢铁行业用户的成本，提高资源利用率。

钒氮合金有两种晶体结构：一是 V_3N，六方晶体结构，硬度极高，显微硬度约为 HV1900，熔点不可测；二是 VN，密度 $6.13g/cm^3$，相对分子质量 64.95，面心立方晶体结构，显微硬度约为 HV1520，熔点为 2360℃。它们都具有很高的耐磨性。钒氮合金国家标准见表 8-2。

表 8-2 钒氮合金国家标准 （GB/T 20567—2020）

牌 号	化学成分（质量分数）/%				
	V	N	C	P	S
VN12	77.0~81.0	10.0~14.0	≤10.0	≤0.06	≤0.10
VN16		14.0~18.0	≤6.0		
VN19	76.0~81.0	18.0~20.0	≤4.0		

注：1. 经供需双方协商并在合同中注明，供方可提供氧、铝、硅、锰含量的检验结果。

2. 表观密度：VN12、VN16 牌号产品的表观密度应不小于 $3.0g/cm^3$，VN19 牌号产品的表观密度应不小于 $2.6g/cm^3$。

3. 粒度：产品的粒度应不大于 50mm，其中小于 10mm 粒级应不大于总量的 5%。

8.2.2 钒氮合金制备基本原理

钒氮合金是以钒的氧化物（V_2O_5、V_2O_3）以及钒的化合物钒酸铵（NH_4VO_3）、多钒酸铵等为原料，以碳质、氢气、氨气、CO 等为还原剂，在高温下进行还原，之后再通入氮气或氨气进行氮化而制备的。目前，世界上制备钒氮合金的方法分类如下：

（1）按制备体系、条件的不同，分为高温真空法和高温非真空法两大类，主要有 V_2O_3 为原料高温真空法、V_2O_3 为原料高温非真空法以及 V_2O_5 为原料高温非真空法。

（2）按加热炉的不同，可分为电加热隧道窑（推板窑）法、回转窑法、竖式中频炉法等。

（3）按使用原料的不同，可分为以 C 和 V_2O_3、C 和 V_2O_5、C 和 NH_4VO_3 固态碳还原氮化的方法。

（4）按反应步骤的不同，分为一步法和两步法。

钒氮合金生产通常是以氧化钒（V_2O_5 或 V_2O_3）为原料，配加碳质还原剂，在氮气的保护下通过高温反应来实现的。以 V_2O_5 或 V_2O_3 为原料生产钒氮合金时，在标准状态下可能发生的反应式如下：

$$V_2O_5 + C \Longrightarrow 2VO_2 + CO\uparrow \qquad \Delta G^{\ominus} = 49070 - 213.42T \text{ J/mol} \qquad (8\text{-}1)$$

$$V_2O_5 + 7C \Longrightarrow 2VC + 5CO\uparrow \qquad \Delta G^{\ominus} = 79824 - 145.64T \text{ J/mol} \qquad (8\text{-}2)$$

$$2VO_2 + C \Longrightarrow V_2O_3 + CO\uparrow \qquad \Delta G^{\ominus} = 95300 - 158.68T \text{ J/mol} \qquad (8\text{-}3)$$

$$V_2O_3 + 3C \Longrightarrow 2V + 3CO\uparrow \qquad \Delta G^{\ominus} = 859700 - 495.64T \text{ J/mol} \qquad (8\text{-}4)$$

$$V_2O_3 + 5C \Longrightarrow 2VC + 3CO\uparrow \qquad \Delta G^{\ominus} = 655500 - 475.68T \text{ J/mol} \qquad (8\text{-}5)$$

$$V_2O_3 + 4C \Longrightarrow V_2C + 3CO\uparrow \qquad \Delta G^{\ominus} = 713300 - 491.49T \text{ J/mol} \qquad (8\text{-}6)$$

$$VC + 0.5N_2 \Longrightarrow VN + C \qquad \Delta G^{\ominus} = -112549 + 72.844T \text{ J/mol} \qquad (8\text{-}7)$$

$$V_2C + 0.5N_2 \Longrightarrow VN + VC \qquad \Delta G^{\ominus} = -170340 + 88.663T \text{ J/mol} \qquad (8\text{-}8)$$

用 C 还原 V_2O_3 时生成 VC、V_2C 的起始温度都比生成金属钒的起始温度低，生成 V_2C 的温度比生成 VC 的温度高 73.27℃，所以用碳还原 V_2O_5 或 V_2O_3 时将优先生成 VC，也会有少量的 V_2C 生成，而不会生成金属钒；另外，V_2C 比 VC 氮化的起始温度高得多，如果碳化反应生成了 V_2C，则在氮化反应时 V_2C 不易转化成 VN，渗氮困难，因此 V_2C 的生成对提高产品的氮含量不利。

根据钒的性质可知，钒具有显著的亲碳性与亲氮性，即钒在碳化与氮化过程中将会生成钒的碳化物与氮化物，在标准状态下这两种化合物生成的自由能变化如图 8-1 所示。

从图 8-1 中可以看出，钒氮合金合成制备过程中，钒的碳化与氮化都可以进行，既有脱氧的碳化反应，也有渗氮的氮化反应，但 1545.07K 为反应的临界温度，在此温度以下钒的氮化物与碳化物都能够稳定存在，但氮化物比碳化物更稳定；随着脱氧反应的进行，原料中的碳不断消耗，最终得到的产物是以氮化物为主。

8.2.3 钒氮合金生产工艺及其主要装备

美国联合碳化物公司（Evraz Stratcor 的前身）于 1964 年申请了以 V_2O_3 为原料采用高温真空法制备钒氮合金的专利，开始了工业生产钒氮合金的历程，其具体做法是：将

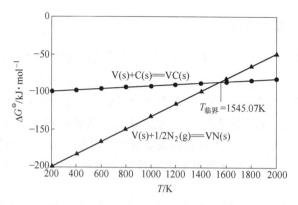

图 8-1　碳化与氮化时 $\Delta G^{\ominus}$ 与温度的关系

V_2O_3、炭粉、树脂胶、铁粉混匀后在 21.1MPa 压力下压制成型，然后装入真空炉内抽真空至压力 26Pa，升温至 1658K，压力回升到 266Pa；保温 60h 后压力下降到 22.7Pa 得到碳化钒，将温度降到 1373K 通入 N_2，并保持分压为 $p_{N_2}=700\sim1000$Pa 恒温渗氮 2h，然后将炉温降至 1273K，再渗氮 6h 后电炉停止加热，在 N_2 气氛下冷却至室温出炉，得到钒氮合金。最初的钒氮合金中 N 含量偏低，为 7%~10%，而 C 含量偏高，定义为碳氮化钒更为准确。随后联合碳化物公司不断改进工艺，提升产品中 N 含量，降低产品中 C、O 含量。

以 V_2O_3 为原料高温真空法制备钒氮合金是世界上最早工业化生产钒氮合金的方法。Evraz Vametco 公司（原美国 Stratcor 在南非的子公司）是世界上最早采用该方法工业生产钒氮合金的企业，也是目前世界上唯一采用此方法的企业。

1998 年，钒氮合金引入中国，2002 年攀钢开发出一步高温非真空法生产钒氮合金工艺，碳化及氮化反应同步进行，工艺流程简单，运行周期短，大大提高了钒氮合金的生产效率，降低了生产成本，使钒氮合金得以广泛应用。其主要做法是：由氧化钒、炭粉、活性剂等原材料制成的坯件，在常压、氮气氛保护下在连续式氮气氛推板窑中采用硅钼棒等电热元件获取热源，在 1400~1700℃ 高温状态下反应生成钒氮合金。

8.2.3.1　钒氮合金生产工艺流程

钒氮合金制备包括磨粉、混配料、压球、煅烧等工序，首先将氧化钒研磨至很小粒度（-140 目）并与还原剂（炭粉）、催化剂、黏结剂等按比例混匀，压制成球后送入双推板窑在氮气气氛下煅烧。其生产工艺流程如图 8-2 所示。

8.2.3.2　钒氮合金生产主要设备

A　磨粉设备

大部分厂家采用雷蒙磨粉机完成氧化钒的磨粉作业。该设备主要由主机、分析器、风机、成品旋风分离器、微粉旋风分离器及风管组成，具有占地面积小、效率高、可靠性高的优点。

雷蒙磨工作时由斗式提升机将需加工物料输送到储料仓，然后由电磁振动给料机均匀地送到主机的磨室内，进入到磨室内的物料被铲刀铲起进入磨辊与磨环之间被研碎、鼓风机将空气从分流盘吹入研磨室，把粉碎粉末送到风选室、经调速电机通过传动装置带动旋转分选叶轮分选，大颗粒物料落回磨室、重新研磨，合格的细粉末随气流进入成品旋风集粉器，与空气分离后从卸料口排出即为成品。

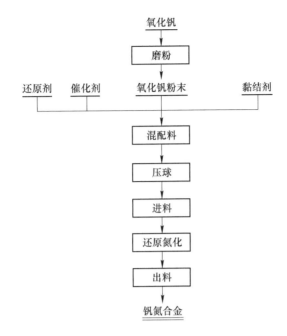

图 8-2 钒氮合金通用工艺流程图

B 氮化煅烧设备

（1）推板窑，又称卧式隧道窑，是一种卧式的隧道式电加热炉。目前攀钢、承钢以及国内的大部分企业都采用此设备生产钒氮合金。生产过程中生料球放在石墨料罐内，石墨料罐放置于石墨推板上，通过液压装置推动推板，料球在隧道窑内依次穿过预热段、高温段、冷却段。推板窑内通入氮气，料球在氮气气氛下发生还原、氮化反应，最终产品从推板窑另一端出来，得到钒氮合金产品。推板窑在相关人员的不断改进下发展很快，由最先的单推板改为双推板，窑体长度由试验窑的 12m 不断增加到 30m、36m、42m，甚至拟建造 56m 超长推板窑，单窑钒氮合金日产量也由最先的不足 0.5t 提高到目前最高的 6t。

推板窑是目前国内应用最广、发展最成熟的钒氮合金生产装备，国内 95% 以上厂家采用推板窑生产钒氮合金。其工作原理如图 8-3 所示。

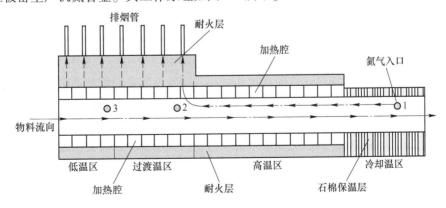

图 8-3 钒氮合金推板窑的工作原理

推板窑优点：可在非真空条件下稳定生产钒氮合金，生产效率较高。

推板窑缺点如下：

1）能耗高。由于推板窑的长度较长，采用加热元件间接加热物料，而炉内反应温度高（1480~1580℃），热效率低。

2）损耗高。炉内温度高，用于加热的炭棒、硅碳棒的消耗量很大；在高温下进行反应，所用石墨坩埚、推板使用寿命低，损耗量大；在发生碳氮化反应时反应温度高，使得反应物中所带 Na^+、K^+ 等对炉衬腐蚀严重，影响炉龄，而更换一次炉体的费用昂贵。

3）投资大，设备占地面积大。

（2）竖式中频炉。国内少数厂家采用竖式中频炉进行钒氮合金的生产。该反应炉采用中频电磁加热，线圈产生电磁后石墨内衬通过感应发热产生热量，对反应物料进行加热。通过下部的 N_2 管向炉内通入 N_2，N_2 自下而上流动。反应物料为 V_2O_3（或 V_2O_5）、石墨粉、黏结剂三者混合均匀压成的料球，生料球自反应炉上部加入，熟料在出料转辊的作用下自底部放出，实现连续生产。每次生产前先将反应炉内加满料，随着生产过程中底部不断出料，需要从上部不断加料，以保持反应炉内物料的料位。

竖式中频炉生产钒氮合金缺点：稳定性差、工艺操作难度大等，目前只有极少数厂家在使用。

（3）直热式回转窑。其工艺原理是在回转窑内两端设置电源的正极和负极，电流通过窑内的反应物料，将物料作为电阻而直接加热物料。从原理来讲，因物料直接发热，较推板窑的加热元件间接加热具有更高的热效率，同时无需石墨坩埚和加热元件的消耗，具备降低生产成本的可能，或是未来极具发展潜力的钒氮合金生产工艺设备。

8.2.4　钒氮合金新技术

2002 年以前，钒氮合金主要由美国战略矿物公司以 V_2O_3 为原料高温真空法制备，2002 年攀钢开发出推板窑一步非真空法制备钒氮合金工艺后，国内采用推板窑制取钒氮合金企业迅速增加，至 2019 年底，采用推板窑生产钒氮合金的企业已发展到 50 余家，年产能达 8 万余吨。2002~2009 年为第一代单通道推板窑阶段，2009 年以后发展成熟第二代双通道推板窑工艺，比第一代推板窑的钒氮合金生产成本有较大降低，其中电耗由第一代的 10000kW·h/t 以上降低到 5000kW·h/t 以内，相应氮气、石墨坩埚、加热元件等的消耗都有较大下降，每吨钒氮合金加工成本较第一代推板窑降低 20%~40%。国内现在运行的推板窑生产线超过 100 条，大部分都已经改造成第二代双通道推板窑，窑体长度 30~56m 不等，最大单窑日产量可达 6t。推板窑工艺是现今最成熟、应用最广的钒氮合金生产工艺。

相较于推板窑采用电加热元件间接加热物料，新发展起来的物料通电直接发热的回转窑工艺是最具潜力的钒氮合金生产新技术。成都某科技公司拥有知识产权的钒氮合金回转窑工艺原理是在回转窑内两端设置电源的正极和负极，电流通过窑内的反应物料，将物料作为电阻而直接加热物料。从加热原理来讲，因物料直接发热，较推板窑的加热元件间接加热具有更高的热效率，同时无需石墨坩埚和加热元件的消耗，也就具备降低成本的可能。

图 8-4 为直热式回转窑结构示意图，表 8-3 为年产能 1000t 钒氮合金的单窑直热式回转窑工艺与推板窑工艺指标对比。

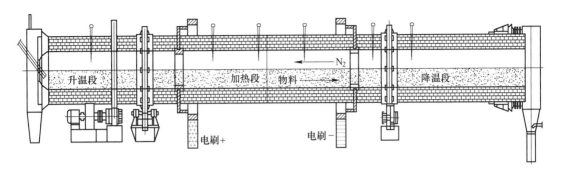

图 8-4　直热式回转窑制取钒氮合金工作原理

表 8-3　年产能 1000t 钒氮合金的单窑直热式回转窑工艺与推板窑工艺指标对比

项　　目	回转窑工艺	推板窑工艺
主体设备尺寸	窑体直径 1.8m×18m	主窑 42m，宽 2.5m
装机容量	300~500kV·A	550~600kV·A
升温时间	4 天	干砌 12 天，湿砌 23 天
加热方式	物料直接发热	硅钼棒加热，间接传热
耗材	加热段内层耐材	坩埚、推板、硅钼棒、耐材
表观密度	≥4.3g/cm^3	≥3.4g/cm^3
氮含量	稳定≥15.5%，成分均匀	14.9%~18.2%，不同部位产品成分有波动
产能情况	3.0~3.5t/d	2.8~3.0t/d
气耗	≤1200Nm^3/t	约 1800Nm^3/t
电耗	约 3500kW·h/t（炉窑部分）	约 5000kW·h/t（炉窑部分）
粉化率	6%~8%	6%~10%

从表 8-3 中的对比指标看出，回转窑工艺均有优势，是极具发展潜力的钒氮合金生产新技术。

8.3　钒铁合金生产技术

钒铁是钒和铁高温固溶后形成的含钒合金，也是最重要、消耗量最大的钒制品之一，约占钒制品最终用量的 40% 以上。钒铁由于具有合金化程度高、钒收率高、杂质含量低等一系列优点，成为冶炼含钒钢种的主要合金添加剂，所有含钒钢中的钒均可以通过添加钒铁而获得，是炼钢过程中万能的钒添加剂。

8.3.1　钒铁合金发展及应用

19 世纪末，研究发现了钒在钢中能显著改善钢材的机械性能，从而使钒在工业上得到广泛应用。20 世纪初，俄罗斯开始利用碳还原法还原铁和钒氧化物，首次制备出钒铁合金（含 V 35%~40%）。随后俄罗斯又进行了铝热法制取钒铁的试验。至此，钒铁作为一种产品正式展现在世人面前。

1953 年 5 月，由国家顶层设计、周恩来总理亲自审定的"热河钒钛联合工厂"项目被列为国家"一五"时期苏联援建的 156 项重点工程之一，然后分出成立锦州铁合金厂。1958 年锦州铁合金厂炼出了新中国成立后第一炉钒铁（含 V 35%），从此中国的钒工业走上了创业之路。

1967 年，在锦州铁合金厂生产出 V_2O_5 和中钒铁（含 V 50%）。1978 年，峨眉铁合金厂采用电硅热法生产中钒铁，稍后时期南京铁合金厂也开始冶炼钒铁，主要是中钒铁。但这一时期国内生产的钒铁无论数量还是质量，均难以满足钢铁工业的需要，钒铁产业成长缓慢。

1991 年 6 月，攀钢第一炉铝热法生产高钒铁（V 品位 78%~82%）试验成功，这也是中国第一次工业装置冶炼高钒铁。1992 年，攀钢建成了用电铝热法冶炼高钒铁的生产车间，年生产能力为 600t，拉开了国内高钒铁发展的大幕，从此中国钒铁产业进入快速成长时期，优质、大批量的高钒铁供应给国内外钢铁企业使用，催生了含钒钢的冶炼和钢铁材料的升级，使钒产业迈向繁荣发展的轨道。

按含钒量不同，国内钒铁品种设置 FeV50、FeV60、FeV80，其中生产和应用较多的主要是 FeV50、FeV80 两种，一般俗称中钒铁和高钒铁，其标准见表 8-4。

表 8-4　GB/T 4139—2012 钒铁标准

牌号	化学成分（质量分数）/%						
	V	C	Si	P	S	Al	Mn
		不大于					
FeV50-A	48.0~55.0	0.40	2.0	0.06	0.04	1.5	—
FeV50-B	48.0~55.0	0.60	3.0	0.10	0.06	2.5	—
FeV50-C	48.0~55.0	5.0	3.0	0.10	0.06	0.5	—
FeV60-A	58.0~65.0	0.40	2.0	0.06	0.06	1.5	—
FeV60-B	58.0~65.0	0.60	2.5	0.10	0.06	2.5	—
FeV60-C	58.0~65.0	3.0	1.5	0.10	0.06	0.5	—
FeV80-A	78.0~82.0	0.15	1.5	0.05	0.04	1.5	0.50
FeV80-B	78.0~82.0	0.30	1.5	0.08	0.06	2.0	0.50
FeV80-C	75.0~80.0	0.30	1.5	0.08	0.06	2.0	0.50

注：经供需双方协商并在合同中注明，可供应其他化学成分要求的钒铁。

钒铁生产方法分类有以下几种：

（1）按还原设备分类：有电炉法（在电炉中冶炼，包括碳热法、电硅热法和电铝热法）、炉外法（不用电炉加热，只依靠自身反应放热来维持冶炼进行）。

（2）按还原剂分类：可分为碳热法、硅热法和铝热法三种（碳热法，仅有美国 Stratcor 公司使用该方法生产少量高碳钒铁）。

（3）按含钒原料分类：分为以 V_2O_5 或 V_2O_3 为原料冶炼钒铁、以钒酸盐为原料冶炼钒铁、以钒渣为原料直接冶炼钒铁。

（4）按冶炼步骤分类：有一步法（还原和精炼一次完成）、两步法（还原和精炼分开，先还原后精炼）。

钒铁冶炼一般采用钒氧化物加还原剂在电炉内经还原冶炼得到，生产工艺相对比较成熟，装备水平也比较先进，产品质量稳定，钒冶炼回收率达到95%以上。如奥地利 TCW 采用还原和精炼两步法冶炼钒铁，钒冶炼回收率超过98%；德国 GFE 公司、卢森堡 CASA 厂采用一步法冶炼钒铁，钒冶炼回收率在96%左右。攀钢北海铁合金公司采用电铝热法冶炼、辅助喷吹铝粉强化冶炼措施，钒回收率可达98%以上。

8.3.2 硅热法钒铁合金生产技术

8.3.2.1 概述

硅热法用硅铁作还原剂，还原钒的氧化物时由于热量不足，反应进行得很缓慢且不完全。为了加速反应，须外加热源。原料也使用发热值较高的 V_2O_5。硅热法冶炼钒铁一般将 V_2O_5 铸片在电炉内通电用硅铁还原，也称电硅热法。

根据库塔涅（A. Coutange）的资料，20世纪初法国冶金工作者已开始研究电硅热法生产中、低碳铬铁（锰铁）的工艺，其中如贝克特（F. M. Becket）等自1906年起就从事这一领域的研究。但是工业化生产是瑞典首先报道的，1920年前后公布了在瑞典用铬矿生产低碳铬铁的三步法工艺，通称"瑞典法"，电硅热法就是这种三步法工艺的最后一步。

有记载的电硅热法用于钒铁生产的技术研发是在1933年的苏联，由莫斯科国家稀有金属研究院的研究人员开发完成，其工艺是以钒酸钙为原料在电炉中用硅热法生产钒铁，这一成果于1936年1月在俄罗斯邱索夫冶金厂电冶车间开始投入工业应用，生产 FeV35 和 FeV40 两个牌号的钒铁产品。截至目前电硅热法依然是俄罗斯与我国中、低钒铁生产的主要方法。电硅热法钒铁产品的钒含量一般控制在35%~60%。

8.3.2.2 电硅热法冶炼钒铁基本原理

硅热法冶炼钒铁的实质就是用硅还原钒化合物制备钒铁合金。鉴于原料钒化合物通常为五氧化二钒，原料硅通常为硅铁，按照氧化钒逐级还原的过程，五氧化二钒的硅还原反应如下：

$$2/5V_2O_5 + Si = 4/5V + SiO_2 \quad \Delta G^\ominus = -326026 + 75.2T \text{ kJ/mol} \quad (8-9)$$
$$2/3V_2O_3 + Si = 4/3V + SiO_2 \quad \Delta G^\ominus = -105038 + 54.8T \text{ kJ/mol} \quad (8-10)$$
$$2VO + Si = 2V + SiO_2 \quad \Delta G^\ominus = -25414 + 50.5T \text{ kJ/mol} \quad (8-11)$$

用碳、硅、铝还原钒氧化物的化学反应标准自由能 $\Delta G^\ominus$ 与温度的关系，如图8-5所示。

由图8-5可知，在硅热还原的温度区间内，反应（8-10）、（8-11）的自由能变化接近正值，其自由能变化靠近"零线"，说明单纯用硅还原 VO、还原 V_2O_3 的反应难以进行。此外，这些低价钒氧化物可与二氧化硅反应生成硅酸盐（使钒更难以被还原）。因此，为保证钒的硅热还原反应能够有效完成，需向冶炼炉料中配加比低价 VO 碱性更强的经济型原料如 CaO、MgO 等（通常为生石灰 CaO），其反应式为：

$$2/5V_2O_5 + Si + 2CaO = 4/5V + 2CaO \cdot SiO_2 \quad \Delta G^\ominus = -472564 + 75.2T \text{ kJ/mol}$$
$$(8-12)$$

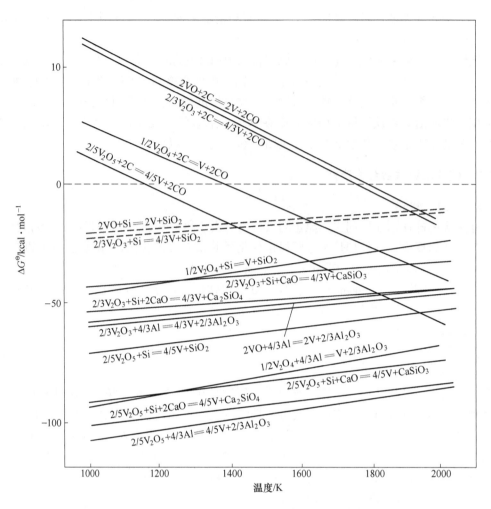

图 8-5 还原钒氧化物的反应标准自由能 $\Delta G^{\ominus}$ 与反应温度之间关系

（1kcal = 4.184kJ）

图 8-6 为 $CaO-SiO_2$ 相图，图 8-7 为 $CaO-SiO_2$ 体系中各组元活度图。

从图 8-5~图 8-7 可知，生石灰的作用是：（1）与硅热还原产物二氧化硅反应生成稳定的硅酸钙，改善还原体系的热力学条件，促进"钒"的硅热还原反应正向完成。（2）降低渣相熔点及黏度，改善炉渣性能，优化冶炼体系的动力学条件，有利于渣与合金分离，提高钒冶炼收率及产品质量，缩短冶炼时间，降低生产能耗。（3）有利于钒铁生产脱磷、脱硫。

此外，由图 8-5 可知，在高温冶炼条件下，硅还原低价钒氧化物的能力不如碳、铝，为了强化钒的还原效果、提高钒冶炼收率（同时避免钒铁产品增碳），在生产实际中常用铝或硅铝铁做出渣前的后期还原剂，其反应式如下：

$$2/5V_2O_5 + 4/3Al \Longrightarrow 4/5V + 2/3Al_2O_3 \quad \Delta G^{\ominus} = -54007 + 87.8T \text{ kJ/mol} \quad (8\text{-}13)$$

必须强调的是，对于硅热还原反应，除 NiO 与 FeO 外，其余金属氧化物的硅还原反应所产生的热量均不足以使还原过程依靠自身反应热来实现，都需要外加热源，输入电能

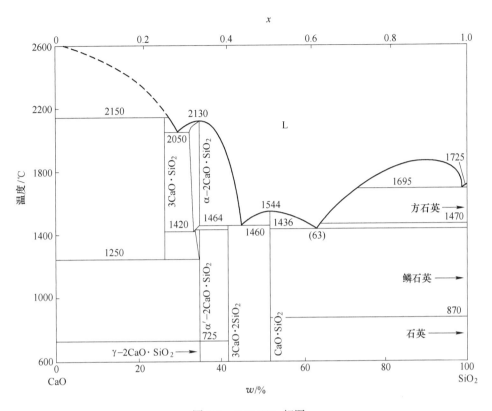

图 8-6 CaO-SiO$_2$ 相图

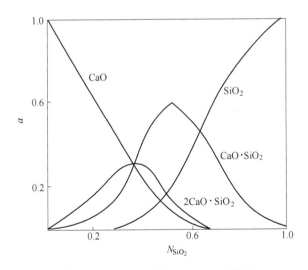

图 8-7 CaO-SiO$_2$ 体系中各组元活度图

补充热量,才能完成还原反应;一般硅热法冶炼钒铁是将 V$_2$O$_5$ 铸片在炼钢电弧炉内用硅铁还原冶炼钒铁。表 8-5 为电硅热法冶炼 50(含氮)钒铁的热量(设定冶炼温度 1750℃)平衡总表。从表 8-5 可知,V$_2$O$_5$ 的硅热还原反应的自有热量小于 50%,必须外辅热源。

表 8-5　电硅热法冶炼 50（含氮）钒铁的热量平衡总表（设定冶炼温度 1750℃）

收　入			支　出		
项　　目	热量/kJ	占比/%	项　　目	热量/kJ	占比/%
炉料物理热	923023	6.59	钢水物理热	1724868	12.31
氧化热、成渣热及化学反应放热	5716749	40.81	炉渣物理热	7220724	51.54
其中 C 氧化	34120	0.24	炉气物理热	828541	5.91
Si 氧化	441944	3.15			
Mn 氧化	7681	0.05	烟尘物理热	39573	0.28
Al 氧化	192350	1.37			
Cr 氧化	3698	0.03	冷却水物理热	1674000	11.95
Fe 氧化	133296	0.95			
Al 与 V_2O_5 反应	1208904	8.63			
Si 与 V_2O_5 反应	2479014	17.70	其他热损失	1400940	10.00
SiO_2 成渣	1144336	8.17			
N_2 渗入	71406	0.51			
电能	7369624	52.6	变压器系统热损失	1120752	8.00
合计	14009396	100.00	合计	14009396	100.00

8.3.2.3　硅热法冶炼钒铁工艺

A　原料

原料设计与保障是获得高品质钒铁产品及良好生产技术指标的重要基础。（1）鉴于还原冶炼的原理限制，钒铁冶炼过程尽管炉渣碱度很高，但其脱硫、脱磷能力极为有限，因此必须严格规定和限制各种入炉原料中的磷、硫含量；（2）石灰既是硅热还原反应的促进剂，又是主造渣剂，其 CaO 含量足够高才能在保证反应效果的同时减少渣量，使 V 损降低、能耗下降（硅热法钒铁冶炼炉渣支出 50% 以上的冶炼能耗），而且生石灰必须要煅烧良好。表 8-6 为 3t 级钒铁电炉硅热法钒铁主要原料技术指标要求。

表 8-6　硅热法钒铁主要原料技术指标要求（3t 级钒铁电炉）

原料品种		化学成分/%	物理指标	备　　注
钒原料	五氧化二钒	$V_2O_5 \geq 90$，$P \leq 0.030$，$S \leq 0.020$，$Na_2O+K_2O \leq 2.0$	尺寸 ≤55mm×55mm×5mm 片状，细分 ≤10.0%	干燥，无外来杂物
	钒化合物	钒酸钙、钒酸铁等，$P \leq 0.050$，$S \leq 0.020$，$Na_2O+K_2O \leq 1.5$	粒径 10~60mm，粒径 <10mm 或 >60mm 部分各 <5%	干燥，配入量 ≤20% 炉料总量
	回收钒物料	钒铁冶炼除尘灰、片钒熔化炉熔池废砖、钒铁冶炼喷溅物精炼富渣	粒径 10~60mm，粒径 <10mm 或 >60mm 部分各 <5%	干燥，配入量 ≤20% 炉料总量，钒铁冶炼除尘灰压块后加入

原料品种		化学成分/%	物理指标	备 注
生石灰	冶金石灰	CaO>85（最好>88），$SiO_2 \leqslant$ 3.0，P<0.015，S≤0.080	粒径 10～70mm，灼减 ≤5.0%，活性度≥280mL	干燥，无外来杂物
	镁质石灰	CaO≥84，CaO+MgO≥91，$SiO_2 \leqslant$2.5，P≤0.030，S≤0.060	粒径 10～70mm，灼减 ≤5.0%，活性度≥300mL	干燥，无外来杂物
硅铁	FeSi75-A	Si≥72，其余成分符合该牌号硅铁国标要求	粒径 30～50mm，粒径<30mm 或>50mm 部分各<5%	干燥，无外来杂物
硅铝铁	65 硅铝铁	Al≥63.5，Si≥25，P≤0.020，S≤0.020	粒径 30～60mm，粒径<20mm 或>60mm 部分各<5%	干燥，无外来杂物
铝块	金属铝	Al≥99，P≤0.020	粒径 10～40mm	干燥，无外来杂物
废钢	小型废钢 1 类	Fe≥96，P≤0.030，S≤0.040	尺寸<加料孔、炉门及炉内堆放尺寸，厚度≥4mm	清洁，无密封容器、无带镀层轻薄料

注：对 1.5t 级以下的钒铁电炉，其中部分入炉料的适宜尺寸范围要适当缩减。

B 主要生产设备

电硅热法钒铁生产设备是以改进型三相电弧炉为中心，由供配电、配料、吊运、循环水、除尘、煤气烘烤、铁水包、渣罐、精整破碎等装置构成。表 8-7 为 3t 级钒铁电弧炉的主要设计参数。

表 8-7 钒铁电弧炉（3t 级）主要设计参数

序号	参数名称	单位	数 值
1	炉壳尺寸	mm	φ2740×1840
2	额定单位产量	t	3t FeV50/炉次
3	变压器额定容量	kV·A	2500
4	变压器一次电压	kV	6
5	变压器二次电压（加电抗）	V	210-92
6	额定电流	kA	6.870
7	最大电流	kA	8.500
8	石墨电极直径	mm	250
9	电极分布圆直径	mm	740
10	电极行程	mm	1400
11	电极升/降速度	m/min	2.5/2
12	出钢最大倾角	(°)	45
13	出渣最大倾角	(°)	15
14	炉盖最大旋开角度	(°)	85
15	炉盖提升高度	mm	200

序号	参数名称	单位	数　值
16	冷却水压力	MPa	0.4
17	冷却水进/回水温度	℃	≤35/55
18	冷却水耗量	t/h	35

注：1.5t 级电硅热法钒铁电炉的变压器容量为 1800kV·A，工作电压为 127/220V，额定电流为 4750A，石墨电极直径为 200mm。

图 8-8 为 3t 级钒铁电弧炉平面布置图，图 8-9 为 3t 级钒铁电弧炉侧面布置图，图 8-10 为 3t 级钒铁电弧炉炉体砌筑图。

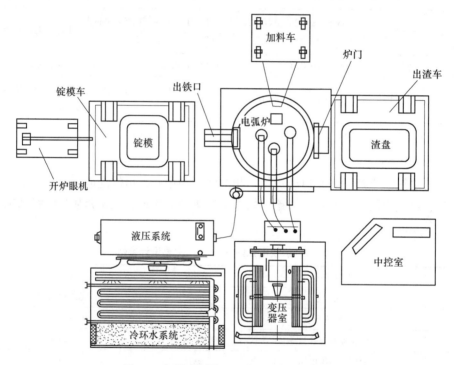

图 8-8　钒铁电弧炉（3t 级）平面布置图

C　生产工艺流程

电硅热法冶炼钒铁技术是在电弧炉内进行，分还原期和精炼期。还原期又分为二期冶炼法（适用于 FeV40 牌号以下的钒铁冶炼）和三期冶炼法（适用于 FeV50 牌号以上的钒铁冶炼），用过量的硅铁还原上炉的精炼渣（获取钒硅铁合金及贫渣），至炉渣中含 V_2O_5 低于 0.35% 时从炉内排出贫渣开始精炼。

精炼是向完成还原期后的炉内铁水中加入五氧化二钒和石灰等混合料，对高硅钒铁水实施脱硅增钒冶炼。当合金中 Si 含量小于 2%、钒含量达标后完成整个炉期冶炼；实施出炉作业时，先排出精炼渣（含 V_2O_5 10%～15%，装罐待返回下炉冶炼使用），再进行出铁铸锭。国内普遍采用的三期还原冶炼钒铁工艺流程如图 8-11 所示。

D　冶炼配混料计算

以冶炼 1t 钒铁为例进行配混料计算。

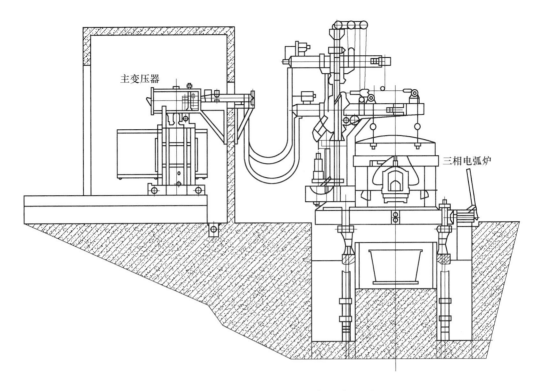

图 8-9　钒铁电弧炉（3t 级）侧面布置图

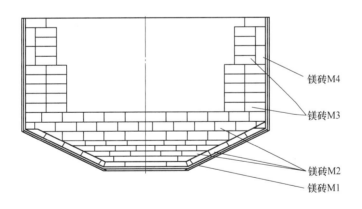

图 8-10　钒铁电弧炉（3t 级）炉体砌筑图

（1）五氧化二钒配入量：理论需 V_2O_5 量 $W_1 = 1 \times$ 钒铁含钒(%) $\times 182/102$，其中 $182/102$ 为 V_2O_5 中的含 V 比。

$$五氧化二钒配入量\ W = \frac{W_1}{V_2O_5\ 纯度\ \% \times 回收率\ \%} \tag{8-14}$$

（2）硅铁需要量：还原中有 80% 的五氧化二钒用硅铁还原，20% 用铝还原；由于烧损，需要 Si 过剩 10%，Al 过剩 30%，石灰过剩 10%。

按反应 $2V_2O_5 + 5Si = 4V + 5SiO_2$，计算出还原 1kg V_2O_5 理论需硅量 0.385kg，则：

$$硅铁配入量\ W_2 = \frac{W_1 \times 80\% \times 0.385}{硅铁中\ \text{Si}\%} \times 110\% \qquad (8\text{-}15)$$

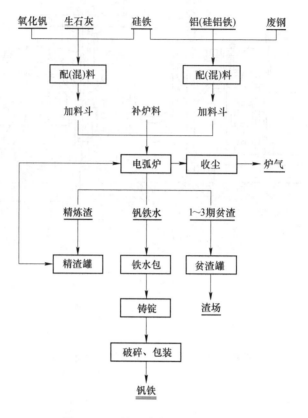

图 8-11 硅热法冶炼钒铁工艺流程

（3）铝块及硅铝铁配入量：按反应 $3V_2O_5+10Al \rightleftharpoons 6V+5Al_2O_3$，计算出还原 1kg V_2O_5 理论需铝 0.4945kg，则：

$$铝块配入量\ W_3 = \frac{W_1 \times 20\% \times 0.4945}{铝纯度\ \%} \times 130\%$$

$$硅铝铁配入量\ W_3 = \frac{W_1 \times 20\% \times 0.4945}{铝纯度\ \% \times 硅铝铁中\ \text{Al}\%} \times 130\% \qquad (8\text{-}16)$$

（4）废钢配入量：

需废钢量 $W_4 = 1 \times [\,1 - 钒铁含钒(\%) - 钒铁杂质(\%)\,] - 硅铁带入铁量$ (8-17)
其中，硅铁带入铁量=硅铁配入量 $W_2 \times (1-硅铁含\ \text{Si}\%)$。

（5）石灰配入量：

$$石灰配入量 = \frac{W_1 \times 硅铁\ \text{Si}\% \times \dfrac{60}{28} \times 碱度}{石灰\ \text{CaO}\%} \times 110\% \qquad (8\text{-}18)$$

（6）配料完成后，必须对所有入炉料中影响钒铁产品品质的有害杂质 P、S 进行元素平衡核算，核算时可以参考下面的行业经验数据：钒铁冶炼时 P、S 进入铁水中的量为磷 85%~90%，硫 3%~5%。

E 冶炼过程的炉料分配与技术经济指标

二期还原冶炼 40 钒铁各阶段炉料分配见表 8-8，单耗见表 8-9。

表 8-8 二期还原冶炼 40 钒铁各阶段炉料分配 (%)

炉料	1 还原期	2 还原期	3 精炼期
V_2O_5	15~18	47~50	35
硅铁	75~80	20~25	0
铝块	35	65	0
石灰	20~25	45~50	约 30
废钢	100	0	0

注：贫渣含钒，含 $V_2O_5 \leqslant 0.35\%$，还原冶炼时间 80min/t。

表 8-9 冶炼 1t FeV40 的原料单耗 (kg/t)

$V_2O_5$100%	FeSi75	铝锭	废钢	电极	镁砖	镁砂	石灰	水	压缩空气 /$m^3 \cdot t^{-1}$	综合电耗 /kW·h·t^{-1}	冶炼电耗 /kW·h·t^{-1}
735.6	340	130	250	28	130	130	1540	80	500	1600	1520

三期还原冶炼 50 钒铁各阶段炉料分配见表 8-10，冶炼 1t FeV50 的原料单耗见表 8-11。

表 8-10 三期还原冶炼 50 钒铁各阶段炉料分配 (%)

物料名称	1 还原期	2 还原期	3 还原期	4 精炼期
五氧化二钒	15~18	27~30	26~29	26~29
75%硅铁	54~60	22~25	20~24	—
硅铝合金	25~30	30~35	40~45	—
石灰	18~24	26~32	25~31	18~24
废钢	100	—	—	—

表 8-11 冶炼 1t FeV50 的原料单耗 (kg/t)

$V_2O_5$100%	FeSi75	折金属铝	废钢	电极	镁砖	石灰	综合电耗 /kW·h·t^{-1}	冶炼电耗 /kW·h·t^{-1}
906~922	545~555	19~26	300~320	23~33	90~130	1800~2150	2600~2800	2100~2200

F 冶炼操作（以冶炼 50 钒铁 1250kV·A 电炉为例）

50 钒铁分四期冶炼，前三期为还原期冶炼，每期冶炼的基本操作步骤为加料、（熔）化料、还原、出渣四步；第四期为精炼，其冶炼操作步骤为加料、化料、取样、出渣、出铁五步。

电硅热法冶炼 50 钒铁的外加热源为电能，因此冶炼温度控制取决于电能输入控制，电能控制来源于二次电压、电流的控制，因此二次电压、电流控制是影响冶炼温度的关键环节。

第一还原期：（1）开炉前，首先检查电炉冶炼系统电器、电极、机械、液压、循环水、除尘装置是否处在正常状态，检查正常之后开启电炉循环水。（2）每一炉出铁完毕，抓紧时间扒渣，用镁火泥料（镁砂粉和浓度大于30%卤水拌和的镁砂泥膏）对高温炉壁实施快速补炉（从第2炉开始），补炉要求快补、均补、薄补。（3）补炉后，向炉内加入冷态精炼渣或其他含钒物料（从第2炉开始）铺垫炉底，并迅速向炉内加入所需全部废钢（先加大块废钢，加废钢也是第1炉开始冶炼的首项加料工作），然后通电起弧，通电的工作电压210V，电流4800~5400A。（4）随即将上一炉液态精炼渣返回炉内（从第2炉开始）加到电极周围，然后从炉顶加料口加入第一期冶炼所需的石灰、氧化钒、硅铁的混匀炉料，并用作业耙推到三相电极周围，保持埋弧操作，提高热效率；这期炉渣的碱度（CaO/SiO_2）要求控制在2.0~2.5，并要求有比较合适的流动性。检查炉渣好坏的方法是：用铁棍蘸取部分熔渣，铁棍上粘有均匀厚度为2~3mm熔渣时为适宜。（5）当炉底形成熔池后，将通电的工作电压调到210V（电抗）档，电流增大到电炉变压器的较大允许值（5400~6800A），以加快炉料熔化的速度；待炉料基本全熔、炉温升高后，调整通电电压至210V，电流约5400A；从炉门加入第一期配料留下的20%硅铁进行深度还原，加入速度（一般约15min）视炉内温度及反应激烈程度而定，要不断人工搅拌，把炉底、炉壁上的生料耙入熔池，以加快还原速度；硅铁加完后，马上加入硅铝铁合金对炉渣进行强还原贫化，加硅铝铁合金时要集中快速，由于铝还原反应放热大、反应激烈，这时冶炼电流要调低控制（3800~4000A），如反应过于激烈向外喷溅，可停止供电。（6）通过炉前目测与化学分析确定炉渣中的钒含量，当炉渣含 V_2O_5 小于0.35%时出渣（该渣通称为贫渣），出渣时停止电极供电。一期合金成分为：V 18%~20%，Si 15%~25%；贫渣成分为 CaO 50%~55%，SiO_2 25%~28%，MgO 5%~8%，Al_2O_3 5%~10%，V_2O_5<0.35%。

第二还原期：调整电压至210V，电流5200~5400A，然后从炉顶加料口加入第二期冶炼所需的石灰、氧化钒、硅铁的混匀炉料，下料速度要根据炉温情况而定，以保证炉内无较多堆积冷料和炉温不下降为原则，用作业耙推到三相电极周围，保持埋弧操作，提高热效率，并及时观察炉渣碱度（$CaO/SiO_2=2.0~2.2$）和流动性，必要时要进行调整；待炉料基本全熔、炉温升高后，调整电压至210V，电流约5200A；从炉门加入第二期配料留下的20%硅铁进行深度还原，加入速度视炉内温度及反应激烈程度而定，要不断人工搅拌，把炉底、炉壁上的生料耙入熔池，以加快还原速度。第二还原期是钒铁冶炼的关键期，一定要把炉内（尤其是炉壁、炉底）的全部炉料熔化，铁水中的钒含量冶炼到位；硅铁加完后，马上加入硅铝铁合金对炉渣进行强还原贫化，加硅铝铁合金时要集中快速，由于铝还原反应放热大、反应激烈，加铝前要将电压调整至160V，电流要调低控制在约3800A，如反应过于激烈向外喷溅，可停止供电。通过炉前目测与化学分析确定炉渣中的钒含量，当炉渣含 V_2O_5 小于0.35%时出渣，出渣时停止电极供电。二期合金成分为：V 31%~37%，Si 8%~12%。

第三还原期：调整电压至210V，电流5200~5400A，然后从炉顶加料口加入第三期冶炼所需的石灰、氧化钒、硅铁的混匀炉料，下料速度要根据炉温情况而定，以保证炉内无较多堆积冷料和炉温不下降为原则，用作业耙推到三相电极周围，保持埋弧操作，提高热效率，并及时观察炉渣碱度（$CaO/SiO_2=2.0~2.2$）和流动性，必要时要进行调整；待炉料基本全熔、炉温升高后，调整电压至210V，电流约5200A，并不断人工搅拌，把炉底、炉壁上的生料耙入熔池。第三还原期合金成分是否正常是完成本炉冶炼任务的关键，假如此时合金中钒含量较低，硅含量也不高，要通过精炼期使合金中的钒达到50%以上是困难的，同样如果此时合金中硅含量过高，要在精炼期中脱去大量的硅也是困难的。因此，如果合金成分不正常，要及时调整；如果铁水中硅和钒含量都较高，本期可适当降低还原用硅铁用量；如果铁水硅高而钒含量不高，则可补加 V_2O_5 降硅；如果铁水中钒、硅都低，则需要同时补 V_2O_5 和硅铁。如果合金成分正常，便可以从炉门加入第三期配料留下的硅铁进行深度还原，加入速度视炉内温度及反应激烈程度而定，要不断人工搅拌，以加快还原速度；硅铁加完后，马上加入硅铝铁合金对炉渣进行强还原贫化，加硅铝铁合金时要集中快速，由于铝还原反应放热大、反应激烈，加铝前要将电压调整至160V档位，电流要调低控制在约3800A，如反应过于激烈向外喷溅，可停止供电。通过炉前目测与化学分析确定炉渣中的钒含量，当炉渣含 V_2O_5 小于0.35%时出渣，出渣时停止电极供电。三期合金成分为：V 45%~48%，Si 4%~8%，P < 0.07%。

精炼期：调整通电电压至210V，电流约5200A，然后从炉顶加料口加入第三期冶炼所需的石灰、氧化钒的混匀炉料，并用作业耙推到三相电极周围，保持埋弧操作，提高热效率；如果第三期的合金成分正常，这一期的混合料可按配料单配入；若不正常，本期的混合料比例要适当调整；待炉料全部化清，反应炉温正常后，调整通电电压至121V档位，电流约5200A，用操作耙在炉内搅拌均匀后，取铁样分析；当合金成分：V 48%~55%、Si<2.5%、P<0.08%、S<0.06%时便可出炉；如果合金成分不正常，是硅含量偏高，精炼渣中 V_2O_5 含量又不高时，则可补加适量的五氧化二钒和石灰进行处理；如果合金中磷、碳偏高，合金中钒含量又比较高时，可补加废钢"稀释"合金。合金成分合格后，先从炉门倒出精炼渣于精渣罐中，精炼渣成分为：CaO 45%~50%、SiO_2 20%~25%、MgO 10%~15%、V_2O_5 10%~15%。碱度 $CaO/SiO_2 = 1.8~2.0$，返回下炉使用；出完渣后立即倾炉出铁，同时停电，抬起电极，严防电极增碳；铁水倒入铁水包后，马上进行浇铸；浇铸钒铁的锭模是由上下两节合并而成的，中间接触部分用石棉绳垫好，防止跑铁；浇铸前锭模底部垫上少许合金氧化皮或合金碎屑；浇铸时，开始要慢，以免将锭模冲刷坏；浇铸完毕冷却15~20h后脱模，精整清除铁锭表面渣子，然后按标准或客户规定的粒度范围破碎、包装入库。

G 影响冶炼指标及产品质量的因素

影响钒铁冶炼的主要因素有：

(1) 渣系碱度的影响。由图8-7可知，当炉渣碱度 $CaO/SiO_2 = 1$ 时，渣中的 SiO_2 活度依然>0.15，只有当炉渣碱度 $CaO/SiO_2 = 3$ 时，渣中的 SiO_2 活度才能降至零。因此，在冶炼炉渣碱度低时，硅还原氧化钒的反应不能得到充分、有效实现；当用铝强化还原时，铝还可以将渣中的活性 SiO_2 还原，造成合金中的 Si、Al 含量难以定量控制；当碱度过高时，V_2O_5 同CaO结合，生成 $2CaO \cdot V_2O_5$ 的倾向增加，V_2O_5 活度下降，增加了硅还原 V_2O_5 的困难。此外，由图8-12可知，当炉渣碱度 $CaO/SiO_2>1.5$ 之后，在高碱度下，炉渣的黏度急剧增大，造成炉内渣系、渣铁之间的反应动力学条件变差，对硅还原 V_2O_5 的反应不利；较适宜的炉渣碱度 CaO/SiO_2 为 1.2~1.4。

(2) 冶炼温度的影响。在炉渣的碱度确定之后，为了保证硅热还原反应在全液相的条件下完成，形成并保持足够高的炉温是钒铁冶炼顺利进行的重要条件，适宜的炉温才能有效保障冶炼过程的高效完成，实现产品品质的均一及稳定；但炉温过高不仅浪费电能、降低炉龄，还将加大渣系氧化钒的烟气化损失；参照 V-Fe 相图（见图 8-13）及渣系相图，电硅热法冶炼 50 钒铁的适宜冶炼温度（铁水温度）为 1600~1650℃。

（3）炉料的影响。原料质量对钒铁冶炼过程及产品质量均有影响。

1）五氧化二钒：五氧化二钒品位高、有害杂质少，对钒铁生产最有利；五氧化二钒中对产品品质最有害的杂质是磷、硫，在整个冶炼过程中磷基本不能被渣系脱除，85%~90%进入到铁水中，因此必须严格控制五氧化二钒中磷的含量；硫在五氧化二钒中以 Na_2SO_4 的形式存在，虽然绝大部分硫能在冶炼中去除，但硫含量过高时也容易造成合金含硫超标，其分解产生的 SO_2 气体在冶炼过

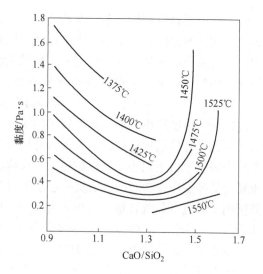

图 8-12 CaO-SiO_2 渣系黏度图

程中也易发生炉渣的起泡现象；五氧化二钒中的 Na_2O 及 K_2O 易与 SiO_2 形成低熔点的硅酸盐化合物（如 $Na_2O \cdot SiO_2$ 熔点 570℃），Na_2O、K_2O 超量将使炉渣变稀、热容量减少、炉温提不上来、不易贫化、热辐射量大、炉壁及炉顶寿命降低。

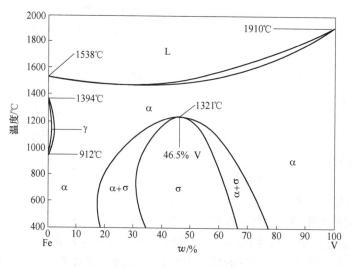

图 8-13   V-Fe 二元相图

2）生石灰：如果石灰生烧或吸温严重，在冶炼过程中易造成炉渣碱度偏低，其分解不仅要消耗电能，而且分解产生的 CO_2、H_2O 等气体在冶炼过程中易形成炉渣起泡、溢料现象。此外，生产实践证明：煅烧良好、活性度≥300mL、$CaO > 90\%$ 的优质石灰，其炉役冶炼时间要比使用活度 260mL、CaO 85% 的普通石灰降低 30~50min，节能降耗效果非常显著。

（4）炉龄的影响。在一个炉役期内电硅热法钒铁冶炼属于连续作业、连续冶炼，炉龄对钒铁冶炼耐材消耗、电耗、成本、产量、设备作业率等指标均有显著影响，延长炉龄

的关键在于冶炼期间对电炉的用、养、护。

1）用：正确的作业规程是用好电炉、延长炉龄的首要条件；炉衬耐材选择、砌衬、极心圆设计、炉温控制、渣系碱度、配电操作均对炉体炉龄有较大影响；冶炼炉温过高、电流过大、碱度过低都将对延长炉龄不利。

2）养：通过对冶炼渣系的成分设计优化，可以在保证炉渣适宜碱度的同时降低高温熔渣对炉衬的浸蚀速率和浸蚀程度；用硅铝铁替代铝块做强化还原剂，可有效降低铝块还原因反应剧烈、放热集中、弧光火焰强烈对炉衬造成的冲击性烧蚀。

3）护：出铁完毕、在下一炉冶炼之前，用镁火泥料对高温炉壁实施快速补炉（从第2炉开始），对延长电炉侧壁渣线浸蚀区间的炉衬寿命至关重要，必须要严格执行，不能停补、漏补、缺补。另外，对炉底采用冷渣、灰层养护对均衡延长炉衬寿命也是同等重要。

炉衬的用、养、护得当，可以数倍或十倍地延长冶炼炉龄。

8.3.2.4 电硅热法特点

硅热法优点：由于使用的硅铁价格较低，相应成本较低，回收率高。采用两步冶炼，弃渣中残钒可降至很低，钒回收率可达97%以上。

硅热法缺点：流程较复杂，难以生产高品位的钒铁，电耗较高，冶炼粉尘较大，环保问题严重。随着国家对高耗能的铁合金行业进行限制，国内硅铁生产成本不断上升，硅铁价格不断上涨，硅铁和电解铝的价格比由十年前的1:（3~4）上升到1:（2.0~2.5），硅热法的成本优势相应减弱，同时冶炼周期较长、冶炼烟尘较大、弃渣粉化产生的环保问题较突出等，硅热法冶炼有被铝热法取代的趋势。

电硅热法是比较成熟的工艺。目前，中国攀钢、承德钒钛、中信锦州、峨眉铁合金厂等均使用过该法生产中钒铁，俄罗斯也使用该方法生产中低钒铁，但欧美国家基本不采用。

电硅热法与（电）铝热法钒铁工艺特点与比较见表8-12。

表8-12 电硅热法与（电）铝热法钒铁工艺特点与比较

项目	工艺流程	
	电硅热法	（电）铝热法
特点	钒金属收率较高（96%~98.6%），可使用低钒原料和各种回收钒原料（要求P含量不超标）；冶炼炉龄较长（100~300炉），耐火材料消耗较低；产品低铝，适宜生产中钒、低钒及复合钒铁产品；成本较低	钒铁生产效率高（冶炼时间<1h），产量大，冶炼能耗低；产品纯度高、杂质少、低磷；炉渣产出少（可高值利用）；冶炼烟气、炉尘量较少，生产人员劳动强度较低；电炉作业可采用大比例低价氧化钒作原料；适宜生产中高钒的钒铁产品
不足	冶炼周期较长（3~4h/炉），电耗较高，渣量较大（约是铝热法的3倍，利用价值较低）；烟气总量较大；生产作业劳动强度高，冶炼操作要求较高；产品P含量较铝热法高	钒金属收率（96%~98%）较硅热法稍低；对原料氧化钒质量要求较高，还原剂铝粒价格较高；对耐火材料质量要求较高、消耗较大；产品破碎难度较大、破碎细粉产出率较高
备注	目前只在中俄两国生产应用	钒铁生产主流工艺，国际普遍采用

8.3.3 铝热法钒铁合金生产技术

铝热法生产钒铁用铝作为还原剂,在高温下将钒氧化物还原成金属钒,然后与熔融的铁水结合,形成钒铁合金。其主要化学反应式如下:

$$3V_2O_5 + 10Al \Longrightarrow 6V + 5Al_2O_3 \qquad \Delta G^{\ominus} = -681180 + 112.773T \text{ J/mol} \qquad (8\text{-}19)$$

$$V_2O_3 + 2Al \Longrightarrow 2V + Al_2O_3 \qquad \Delta G^{\ominus} = -236100 + 37.835T \text{ J/mol} \qquad (8\text{-}20)$$

$$3VO_2 + 4Al \Longrightarrow 3V + 2Al_2O_3 \qquad \Delta G^{\ominus} = -307825 + 40.11751T \text{ J/mol} \qquad (8\text{-}21)$$

$$3VO + 2Al \Longrightarrow 3V + Al_2O_3 \qquad \Delta G^{\ominus} = -200500 + 36.54T \text{ J/mol} \qquad (8\text{-}22)$$

从理论上讲,铝热法还原含有钒氧化物的原料,如钒渣、石油提炼后的含钒废料到冶金用的 V_2O_5 及 V_2O_3,均可制取钒铁。但是,为保证较高的钒铁质量,钒铁的制取基本上采用还原较纯的钒氧化物 V_2O_5 和 V_2O_3 而获得。

铝热法冶炼钒铁的原料为 V_2O_5 时,由于 V_2O_5+Al 是剧烈的放热反应,其单位炉料热效应为 4535kJ/kg 炉料,远大于铝热反应能自热进行的单位炉料热效应 2717kJ/kg,反应能自发进行,不需要外加热源即完成冶炼,俗称炉外法。由于热量过高,需配加一定量的冷料,一般是配入回收的含钒富料和能降低炉渣熔点的熔剂,调整炉料热效应在 3218~3344kJ/kg,控制反应过程比较平稳。

炉外法冶炼钒铁由于冶炼过程简单,在钒铁生产早期有一些企业采用。由于冶炼反应时间短、熔渣合金微粒沉降不充分、过程控制力弱等不足,目前铝热法冶炼钒铁均辅以通电加热熔池,提高钒铁收率和质量,俗称电铝热法。

根据炉料特性和装备的不同,电铝热法冶炼有一步法和两步法的差别。

8.3.3.1 一步电铝热法冶炼钒铁

一步电铝热法冶炼反应一次完成,还原和精炼过程均不出渣、出铁,冶炼操作简单,冶炼效率较高,但冶炼技术经济指标和产品质量不是最佳。冶炼时炉料中氧化钒和还原剂铝在用耐火材料砌筑的可分拆炉筒内反应后,形成密度较小、含 Al_2O_3 较高的刚玉渣和密度较大合金液,两者在炉体内实现分离,刚玉渣聚集在炉体上方,合金液沉降在炉筒底部,为保障渣中的合金颗粒充分沉降,对炉筒内熔渣通电加热。冶炼完毕,炉筒整体在冷却场地冷却,合金和炉渣随炉冷却 24h 以后分拆炉筒,分离清除在炉筒上部的炉渣,取出沉积凝固在炉筒下部的合金饼,将合金饼进行水淬、砸铁、破碎、包装等相关工序而得到钒铁产品。冶炼为间断进行,一炉冶炼完毕,吊出炉筒,换上新的炉筒接着进行下一炉冶炼。

为提高钒收率,在铝热冶炼反应结束后,普遍采用对熔渣喷吹铝粉和铁粉的强化措施,充分还原熔渣中的残留钒氧化物,同时凝聚熔渣合金微粒使之充分沉降。

喷粉工艺主要原理:在铝热法冶炼高钒铁的精炼期后期,铝热反应基本完成、熔渣与合金实现主体分离后,停止电极加热,然后使用喷粉装置,利用氮气(惰性气体)为载体将精炼用铝粉和铁粉喷入熔渣中,同时剧烈搅拌熔池,使铝粉和铁粉在喷吹气流冲击和熔渣翻滚作用下与熔渣充分接触,还原熔渣中尚未被还原的钒氧化物;促进悬浮在熔渣中的合金微粒相互吸附,使其聚集成大液滴沉降进入合金池,减少熔渣中的钒铁合金含量,从而提高钒的回收率。

一步电铝热法冶炼钒铁工艺流程如图 8-14 所示。

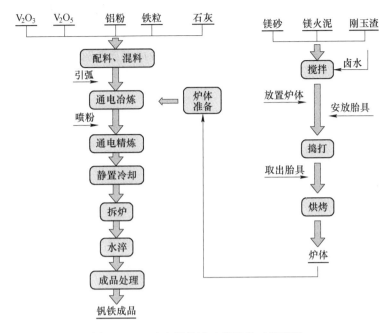

图 8-14　一步电铝热法冶炼钒铁工艺流程

V_2O_3 冶炼高钒铁的原理与 V_2O_5 冶炼高钒铁基本类似，不同之处在于 V_2O_3 和 Al 反应时单位炉料热效应为 2378kJ/kg 炉料，小于铝热反应能自热进行的单位炉料热效应 2717kJ/kg，其反应热不足以使反应自发进行，需补充外加热源，这一过程通过在电炉内对炉料通电加热来实现。

V_2O_3 为粉状，与 V_2O_5 在物化性能上存在明显的差异，冶炼回收率除与还原剂铝的配入量、渣态有关外，还与 V_2O_3 的表观密度、V_2O_3 品位、冶炼过程的动力学等条件有关。

电铝热法冶炼钒铁的突出优点：钒铁品位高，杂质含量少，流程较简单；缺点：消耗昂贵的还原剂铝，成本较高。

电铝热法冶炼高钒铁由于铝的价格昂贵，使高钒铁成本中铝的消耗占总成本的 15%～20%。使用钒的低价氧化物来冶炼高钒铁，降低昂贵还原剂铝的消耗，是十分有前途、富有竞争力的方法。钒的低价氧化物中 V_2O_3 比较容易制取、性质相对较为稳定，较适合用来冶炼高钒铁。原因：首先，V_2O_3 与金属铝反应的起始温度适中，约为 1000℃，在补充热量条件下 V_2O_3 与铝可以稳定地反应，工艺操作可行；其次，V_2O_3 消耗的金属铝比 V_2O_5 理论上少 40%，可以有效地节约铝；最后，V_2O_3 比 V_2O_5 毒性小，可减少对人体和环境的危害。

国内外都进行过低价钒氧化物冶炼高钒铁的研究，其中以德国电冶金公司（GFE）开发的 V_2O_3 电铝热法冶炼高钒铁的技术最成熟和先进；奥地利的特雷巴赫（TCW）也跟着进行，其节铝率达到 34% 左右，并已工业化。国内攀钢公司在 1998 年开发 V_2O_3 冶炼钒铁工艺并成功应用，节铝率达 32%，钒回收率达 96.5% 以上，目前已成为钒铁冶炼的主流工艺。

计算物料配比时，除了要考虑热量计算外，还必须考虑冶炼时一些元素在渣中和合金中的分配。试验表明，主要元素的分配见表 8-13。

表 8-13　铝热炉外法冶炼钒铁时的主要元素分配　　　　（%）

元素	在合金中的部分	在渣中的部分
V	97	3
Si	90	10
P	90	10
S	80	20
Fe	99	1
C	99	1

由于铝热冶炼的炉渣是以 Al_2O_3 为主的刚玉渣，炉渣熔点高，脱 P、S 能力弱，原料中 P、S 杂质进入合金的比率明显高于硅热法，故铝热冶炼对原料氧化钒中的杂质 P、S 要求较高。

8.3.3.2　两步电铝热法冶炼钒铁

两步电铝热法冶炼钒铁是将冶炼的还原和精炼两个过程完全分开，炉料在电炉内加入反应，先采用过量的还原剂贫化炉渣以最大幅度地降低渣中钒的含量，还原所得的贫渣（含 V<0.2%）排出炉外，剩余的铝含量较高的钒铁合金液在炉内电加热条件下，加入氧化钒和石灰的混合物以脱除合金液中的过量铝和超标 S、P 等，同时调整合金中钒品位，得到杂质含量极低的优质钒铁合金液和含钒较高的富渣，精炼合格后钒铁合金液和富渣放出电炉，浇铸成钒铁锭，排出的富渣再返回炉内进行冶炼回收。两步电铝热法冶炼钒铁工艺流程如图 8-15 所示。

采用两步电铝热法冶炼钒铁，使得炉料中的氧化钒能在过量铝的条件下得以充分还原，理论上 99.9% 的氧化钒均可在冶炼过程中被铝还原。同时，在精炼冶炼过程中杂质 Al、S、P 可以得到脱除控制，冶炼过程质量控制能力大大增强，故两步电铝热法冶炼钒铁可得到极高的冶炼回收率和极好的产品质量。两步电铝热法冶炼钒铁的钒收率可达 98% 以上，合金成分稳定性也明显提高。

两步电铝热法冶炼钒铁在炉内合金液出炉后，对炉内耐火层进行简单修补即可进行下一炉冶炼，故两步冶炼可有效利用炉内余热，同时回炉消纳含钒料的能力也大为增强。实践表明，两步电铝热法的产品单位电耗、耐材消耗较一步法低 10%~30%，成本相对降低；但操作过程复杂，对操作人员技能要求相对较高。

8.3.4　钒铁生产主要设备

钒铁生产根据冶炼工艺需要不同的工艺装备，通常电硅热法和两步电铝热法均采用可出渣、出铁的倾翻电弧炉，而一步电铝热法通常采用直筒型电弧炉。电硅热法和两步电铝热法钒铁冶炼电炉如图 8-16 所示。

目前，两步电铝热法钒铁冶炼炉发展均比较成熟，配备较高的自动控制设备和方便的炉前操作系统，大大提高冶炼操作效率，降低了工人劳动强度。

一步电铝热法钒铁冶炼炉如图 8-17 所示。

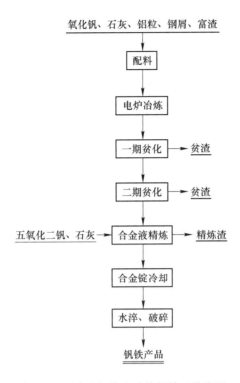

图 8-15 两步电铝热法冶炼钒铁工艺流程

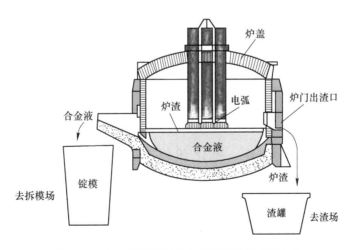

图 8-16 电硅热法和两步电铝热法钒铁冶炼电炉

8.3.5 钒铁合金用途及产品标准

钒铁合金广泛用作冶炼含钒合金钢和合金铸铁的元素加入剂，以及用来制造永久磁铁原料。国际上根据钒铁合金含钒量不同，分为低钒铁 FeV35~50，一般用硅热法生产；中钒铁 FeV55~65 和高钒铁 FeV70~80，一般用铝热法生产。

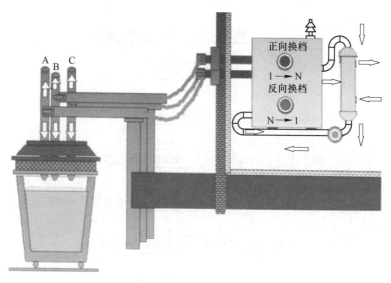

图 8-17 一步电铝热法钒铁冶炼炉

我国国家质量监督检验检疫总局和国家标准化管理委员会于 2012 年发布了现行钒铁产品标准，按钒和杂质含量分为 9 个牌号，其化学成分应符合表 8-4 规定，其粒度要求应符合表 8-14 规定。

表 8-14 国家标准规定的钒铁粒度要求 （GB/T 4139—2012）

粒度组别	粒度/mm	小于下限粒度/%	大于上限粒度/%
		不大于	
1	5~15	5	5
2	10~50	5	5
3	10~100	5	5

8.4 氮化钒铁生产技术

氮化钒铁外观为暗灰色固体块状，也是一种用于钢中的钒合金添加剂，是一种由钒、氮、金属铁复合构成的钒氮合金，化学式为 FeVN。目前国内氮化钒铁主要有 FeV45N10、FeV55N12、FeV68N14 三个牌号，其中铁的含量为 14%~45%，氮的含量为 9%~16%，表观密度为 5.5~6.5g/cm³，熔点为 1450~1650℃，呈致密块状物形态。南非和俄罗斯有氮化钒铁的生产，中国氮化钒铁生产基地主要在华北，年产量为 0.5 万~0.8 万吨，其用户主要是华北、东北地区等钢厂。

8.4.1 氮化钒铁用途及特点

和钒氮合金作用类似，氮化钒铁通过细化晶粒和沉淀强化作用，大幅度提高钢的强度和改善钢的韧性等综合特性。加入氮化钒铁的钢筋具有成本低、性能稳定、强度波动小、冷弯、焊接性能优良、基本无时效等特点。加入氮化钒铁无需改变国内钢铁企业目前Ⅱ级螺纹钢的生产工艺，对控温、控轧无特殊要求，在现有生产设备和工艺条件下尤其适合我国钢铁企业，可迅速实现螺纹钢产品由Ⅱ级向Ⅲ级、Ⅳ级乃至Ⅴ级螺纹钢的升级换代。

氮化钒铁还广泛应用于薄板坯连铸连轧高强度带钢、非调质钢、高强度 H 型钢、高速工具钢、高强度管线钢等产品中，是通过微合金化提高钢的强度、改善和提高钢的韧性等综合性能的一条经济有效途径。

氮化钒铁主要成分为钒、氮、铁，含有两种金属，是真正意义上的钒氮合金。它加入钢中可显著提高钢的耐磨性、耐腐蚀性、韧性、强度、延展性、硬度及抗疲劳性等综合力学性能，并使钢具有良好的可焊接性能，而且能起到除夹杂物等作用。尤其是在高强度低合金钢中，氮化钒铁中的氮比碳化钒、钒铁更有效地强化和细化晶粒，节约含钒原料，从而降低炼钢生产成本。由于氮化钒铁中氮成分稳定、不易流失、对保存环境要求不高，它比钒氮合金密度大，杂质 C、O、S 含量低，具有加入钢中比钒铁合金化容易、V 回收率高等优点，也具有更高的使用性价比。表 8-15 为氮化钒铁标准（GB/T 30896—2014）中的成分要求。

表 8-15 GB/T 30896—2014 氮化钒铁标准的成分要求

牌 号	化学成分（质量分数）/%								氮钒比（N/V）
	V	N	C	Si	P	S	Al	Mn	不小于
			不　大　于						
FeV45N10-A	43.0~47.0	9.0~12.0	0.50	3.0	0.09	0.05	2.5	—	
FeV45N10-B	43.0~47.0	9.0~12.0	3.00	2.5	0.09	0.05	2.0	—	0.2
FeV55N11	53.0~57.0	10.0~13.0	0.50	2.5	0.07	0.05	2.0	—	
FeV65N13	63.0~67.0	11.0~15.0	0.40	1.5	0.06	0.05	2.0	0.50	

注：氮钒比是指质量比；粒度 10~50mm。

8.4.2 氮化钒铁制备基本原理

生产氮化钒铁的方法主要有钒铁自蔓延高温合成法和氧化钒还原渗氮法。

8.4.2.1 钒铁粉自蔓延高温合成法

该法是利用化学反应自身放热、依靠燃烧波自我维持反应进行的材料合成技术。可通过控制自维持反应速度、燃烧温度、反应转化率等条件，获得具有指定成分和结构的产物。

具体做法：以 50 钒铁细粉及 80 钒铁细粉为原料，粉碎成较细粒度（-100 目）后按一定配比混合均匀，将混合料置于充满氮气的高压容器内进行燃烧合成。合成过程中所需的能源完全来自氮化反应所释放出的热能。反应完成后在氮气气氛下冷却，取出破碎后成为产品出售。

钒铁粉氮化反应为：

$$V(s) + 1/2N_2(g) \Longrightarrow VN(s) \quad \Delta G^\ominus = -214639 + 82.43T \text{ J/mol} \quad (8-23)$$

反应（8-23）为放热反应，在常温常压下该反应难以进行，选择较小的物料粒度并在高压氮气条件下钒铁粉经引燃料点燃后，可自发在高压氮气中燃烧反应，钒铁粉氮化烧结成致密的合金块，经破碎加工处理后即为氮化钒铁产品。

自蔓延物料被点燃后形成的燃烧区像波浪一样向前稳态传播，俗称燃烧波，其反应过程如图 8-18 所示。

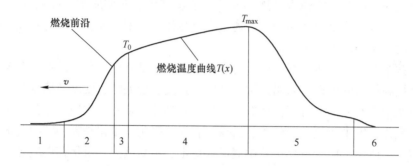

图 8-18 自蔓延过程反应区域转变示意图

1—原料区；2—预热区；3—初始燃烧区；4—合成转化区；5—冷却区；6—产物区

从图 8-18 可以看出，燃烧波前沿的区域是预热区，当该区内温度从 T_0 上升到着火温度时，热量释放速率和转化率开始由 0 逐渐上升，这样就进入燃烧区，在这一区域内实现由反应物结构转化为产物结构，当转化率达到 100% 时反应结束，不再放热，温度下降，经过冷却区后进入产物区。

采用自蔓延燃烧合成工艺的氮化钒铁特点：每批氮化钒铁成分极其稳定（V 含量波动±0.2%）。由于自蔓延高压冶炼工艺的整个过程在高压密闭容器中进行且冶炼时间很短，不受外界因素影响，所以只要入炉前原料成分稳定，就能做到合成后的氮化钒铁成分高度一致，所得合金致密、表观质量好、C 含量低；利用氮化反应热自发进行，能耗低；由于采用昂贵的钒铁粉做原料，生产成本较高。

8.4.2.2 氧化钒还原渗氮工艺

按比例配入炭粉和铁粉（或氧化铁粉），压块后在氮化炉内煅烧，由炭粉还原氧化钒，同时渗氮生成氮化钒铁。据报道，陕西省和华北地区部分钒氮合金推板窑企业采用此法生产氮化钒铁。

氧化钒还原渗氮工艺制备氮化钒铁的主要反应和钒氮合金生产相同，即 V_2O_5、V_2O_3 的碳还原及氮化反应：

$$V_2O_5 + 7C \Longrightarrow 2VC + 5CO\uparrow \qquad \Delta G^{\ominus} = 79824 - 145.64T \text{ J/mol} \qquad (8-24)$$

$$V_2O_3 + 3C \Longrightarrow 2V + 3CO\uparrow \qquad \Delta G^{\ominus} = 859700 - 495.64T \text{ J/mol} \qquad (8-25)$$

$$V_2O_3 + 5C \Longrightarrow 2VC + 3CO\uparrow \qquad \Delta G^{\ominus} = 655500 - 475.68T \text{ J/mol} \qquad (8-26)$$

$$V_2O_3 + 4C \Longrightarrow V_2C + 3CO\uparrow \qquad \Delta G^{\ominus} = 713300 - 491.49T \text{ J/mol} \qquad (8-27)$$

$$VC + 0.5N_2 \Longrightarrow VN + C \qquad \Delta G^{\ominus} = -112549 + 72.844T \text{ J/mol} \qquad (8-28)$$

$$V_2C + 0.5N_2 \Longrightarrow VN + VC \qquad \Delta G^{\ominus} = -170340 + 88.663T \text{ J/mol} \qquad (8-29)$$

主反应为吸热反应，故一般在充氮的加热炉内完成。由于采用氧化钒还原氮化，生产成本较低。

8.4.3 氮化钒铁生产工艺流程及其主要装备

8.4.3.1 钒铁粉自蔓延高温合成法

钒铁粉自蔓延高温合成法工艺流程如图8-19所示。

工艺过程：将钒铁细粉在制样磨样机内进行研磨，用多层筛进行筛分分级，然后按配料要求配制还原所需成分的钒铁粉，将称量好的物料混合均匀；将混合物料加入石墨槽内并将物料分布均匀，将石墨槽放入氮化反应器内；之后安装好点火丝，确保点火丝不埋入物料中，加入点火剂，关紧炉门。开启真空泵抽真空，排出反应器内空气。当反应器内真空度小于1kPa时停止抽真空，并根据装料量充入高压氮气，待氮气压力（≥8MPa）满足反应需要后进行点火，点火成功后注意观察炉内温度及压力的变化，不断补充氮气，维持反应器内氮气压力。反应结束后，待反应器内温度降至60℃以下时打开放气阀，反应器内压力为零后打开炉门取出产品。

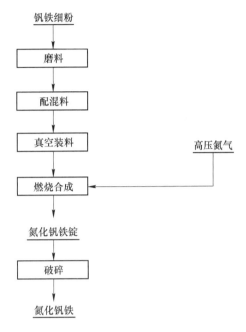

图8-19 钒铁粉自蔓延高温合成工艺流程

工艺特点：得到的合金密度较高，在短时间和低电耗条件下便可得到氮含量波动范围很窄的高质量氮化钒铁合金。

技术要求特点：钒铁粉必须磨粉较小粒度，以增加物料的比表面积，提高反应活性；钒铁粉磨料需防止氧化，随着氧含量升高，单位物料氮化反应的放热量明显下降，影响氮化反应的完成和合金的致密度；采用氮气必须是高压氮气，高压氮气可以降低氮化反应起始温度，使反应更完全。氮气压力越高，则产品渗氮效果越好，产品N含量也越高，同时产品致密程度高、表观质量好。

自蔓延高温合成氮化钒铁的主要装备如图8-20所示。自蔓延高温合成氮化钒铁反应器由耐高压的密闭反应筒体、真空抽气系统、点火控制系统、氮气供应系统组成，采用间断生产，一炉反应结束并待炉内温度下降到≤60℃以下时打开气阀泄压，开启炉门，取出氮化钒铁块，就可准备下一炉作业。反应得到的氮化钒铁块经简单破碎即成为产品。

8.4.3.2 氧化钒还原渗氮工艺

该法与钒氮合金生产工艺相同，其工艺过程为：按产品要求的品位将氧化钒（V_2O_3、V_2O_5）磨粉至一定粒度与石墨粉、氧化铁粉（铁粉）混合，压制成块，在氮气气氛加热炉内进行碳还原渗氮，得到氮化钒铁产品。主要区别在于：配入的氧化铁（铁粉）提供氮化钒铁中铁的来源，在高温还原渗氮时铁粉易熔化形成铁珠溢出产品表面，导致产品成分不均匀；而采用氧化铁粉在高温还原渗氮时和氧化钒形成高碳钒铁然后氮化，其中的Fe和V形成固溶体，故采用配入氧化铁粉的氮化钒铁产品成分均匀性更优。还原渗氮生产钒氮合金的工艺流程如图 8-21 所示。

氧化钒还原渗氮工艺采用的装备和钒氮合金生产装备相同，主要为推板窑。

图 8-20 自蔓延高温合成氮化钒铁反应器

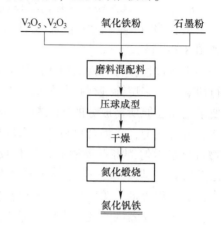

图 8-21 还原渗氮生产钒氮合金工艺流程

8.5 钒铝合金生产技术

钒铝合金是钒和铝组成的合金，外观呈银灰色金属光泽块状。随合金中钒含量的增高，其金属光泽增强，硬度增大，氧含量提高。当钒含量大于 85% 时，钒铝合金产品不易破碎，长期存放表面易产生氧化膜。

钒铝合金是制造钛合金的重要合金添加剂，添加在钛合金中用于炼制各种牌号的含钒钛基合金，各种含钒的钛合金因具有各项特殊的性能而广泛应用于航天、航空、船舶等耐高温、耐腐蚀、比强度高的领域。

20 世纪 40 年代，苏联和美国的钛合金材料学家发现钛合金加入钒能显著改善钛合金的切削性能、强度、焊接等多方面性能，为钒在钛金属领域的应用打开了大门。20 世纪 50 年代，美国开发出 TC4 钛合金后，以海绵钛添加钒铝合金形式炼制钛合金的工艺迅速发展，钛合金领域应用钒铝合金的消费量不断增长。

20 世纪 50 年代我国钛工业开始起步，经过 60 多年已发展成世界最大的钛制品生产国，也是最大的钒铝合金消费国。

8.5.1 钒铝合金用途及特点

钒在钛合金中是一种很强的 β 稳定剂，通过热处理钒能强化 α-β 钛合金，由 β 相转变为 α 相，因而能改善钛合金的结晶结构，提高高温稳定性、耐热性、冷加工性，显著改善钛合金的性能。钒用于钛合金中主要是通过钒铝合金形式添加。

钛合金根据相的组成可分为三类：α 合金、β 合金和 α+β 合金，我国分别以 TA、TB、TC 表示。从国家标准《钛及钛合金牌号和化学成分》（GB/T 3620.1—2016）可以看出，现有 81 个钛合金牌号中有 32 个牌号含钒，其中最高的 TB12 合金含钒 24%~28%，最常用的 TC4 含钒为 3.5%~4.5%。TC4 在耐热性、强度、塑性、韧性、成型性、可焊性、耐蚀性和生物相容性方面均达到较好水平，是应用最广泛的钛合金，其使用量已占全部钛合金的50%以上。

目前，世界上已研制出的钛合金有数百种，许多钛合金可以看作是TC4合金的改型。TC4合金具有质量轻、强度大的特点，用于飞机发动机，可减轻重量，提高发动机性能，如制造飞机发动机底盘、叶片隔套、防护板、飞机主翼、助梁、横梁、水平尾翼、飞机起落架等，还用于宇航中的船舱骨架、导弹预警搜索箱等承力构件和压力容器、火箭发动机壳以及军舰的水翼和引进器、蒸汽涡轮机叶片和耐腐蚀弹簧等，此外还用于装甲、火炮和人员的防弹保护装置方面。

TC4还可用于体育用品如自行车赛车、高尔夫球杆、网球拍等方面。由于钛及其合金具有良好的生物相容性，在医药工程领域也得到了广泛的应用，医用TC4因其抗疲劳强度大、重量轻、耐腐蚀、生物相容性好，是国际公认的安全系数比较高的植入物材料。在汽车制造方面、民用生活用品、体育用品方面，TC4均有广泛应用。

由于钛合金中的碳、氢、氮和氧间隙原子会显著增加合金的脆性，降低钛合金的性能，故熔炼钛合金对钒铝合金的质量要求较高，尤其是航空、航天用的钛合金对合金质量要求极为苛刻，所以对相应的钒铝合金要求也极严格，生产航空航天级的钒铝合金难度也非常大。

8.5.2 钒铝合金制备基本原理

铝热法是目前生产钒铝合金普遍采用的工艺，采用较为纯净的 V_2O_5，配入高质量的铝粉混合后放入刚玉材料制备的炉体中，在封闭良好的反应室内点燃自热反应，冷却分离炉渣后得到钒铝合金产品。

铝热还原 V_2O_5 的主要反应为：

$$3V_2O_5 + 10Al \Longrightarrow 6V + 5Al_2O_3 \quad \Delta G^\ominus = -681180 + 112.773T \text{ J/mol} \quad (8\text{-}30)$$

上述反应的单位炉料热效应为4535kJ/kg炉料，远大于铝热反应能自热进行所需的单位炉料热效应2717kJ/kg，反应能自发进行。由于热量过高，需配加一定量的冷料，一般配入回炉的钒铝合金残次料和能降低炉渣熔点的熔剂，调整炉料热效应在3218~3344kJ/kg，使反应过程平稳自发进行。

根据含钒量的不同，国内钒铝合金有 AlV55、AlV65、AlV75 和 AlV85 四个牌号，分别会产生不同的物相，而不同物相必然导致不同的结构和物化性能。

结合 Al-V 系二元合金相图分析钒铝合金物相结构，如图 8-22 所示。

从图 8-22 可以看出，Al-V 系二元合金体系中有 14 个相区，分别是：（1）L；（2）Al_3V+L；（3）Al_8V_5+L；（4）bcc(V)+L；（5）$Al_{23}V_4+L$；（6）$Al_{45}V_7+L$；（7）fcc(Al)；（8）$Al_{21}V_2+fcc(Al)$；（9）$Al_{21}V_2+Al_{45}V_7$；（10）$Al_{23}V_4+Al_{45}V_7$；（11）$Al_{23}V_4+Al_3V$；（12）$Al_8V_5+Al_3V$；（13）$Al_8V_5+bcc(V)$；（14）bcc(V)。

Al-V 系二元合金存在 $Al_{21}V_2$、$Al_{45}V_7$、$Al_{23}V_4$、Al_3V 和 Al_8V_5 五种金属间化合物。

Al_3V 和 Al_8V_5 为主要的钒铝金属间化合物，其晶型分别为正方晶格和体心立方晶格。金属间化合物主要是以单晶和多晶混合的形式存在于合金中，可在一定程度上导致复杂相的形成，进而影响不同品位钒铝合金的物化性质。

由图 8-22 还可看出，AlV55 处于 $Al_8V_5+bcc(V)$ 包晶相区，而 AlV65、AlV75 和

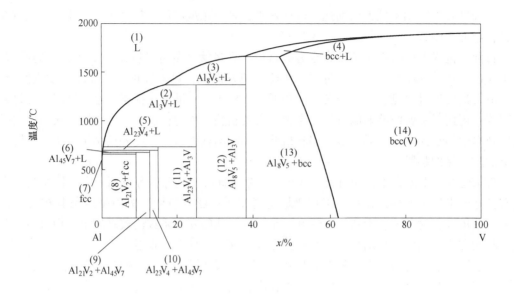

图 8-22   Al-V 系各相区物相分布

AlV85 均处于 bcc（V）单相区，故 AlV55 和 AlV65、AlV75 和 AlV85 表现为不同的形态和金属光泽。四种牌号的钒铝合金结晶断面情况如图 8-23 所示。

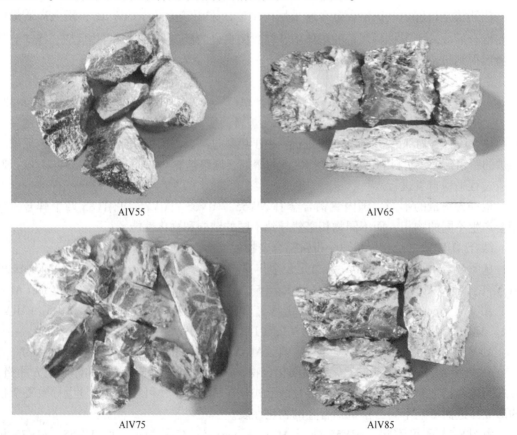

图 8-23   钒铝合金结晶断面外观形态

从图 8-23 中四种牌号钒铝合金的结晶断面来看，AlV55 晶粒比较小，金属光泽较暗，而 AlV65、AlV75 和 AlV85 是晶粒较大的柱状晶，具有较明亮的金属光泽。国内钒铝合金交货标准见表 8-16。

表 8-16 钒铝合金标准要求（YS/T 579—2014） （%）

牌号	主成分		杂质元素（不大于）				
	V	Al	Fe	Si	C	O	N
AlV55	50.0~60.0	余量	0.25	0.25	0.10	0.18	0.04
AlV65	>60.0~70.0	余量	0.25	0.25	0.10	0.18	0.04
AlV75	>70.0~80.0	余量	0.30	0.25	0.15	0.30	0.05
AlV85	>80.0~90.0	余量	0.30	0.25	0.25	0.50	0.05

注：1. 化学成分有特殊要求时，由供需双方协商确定。

2. 产品按粒状交货，粒度范围为 0.25~6.3mm。

3. 允许有少量超出粒度范围的产品，但其数量应不超过交付批重的 4%。

4. 需方若对产品的粒度有特殊要求时，由供需双方协商确定。

5. 产品表面应洁净，不允许有目视可见的氧化膜、氮化膜及其他金属和非金属夹杂物。

6. 产品中应无高密度夹杂等其他外来物质。

8.5.3 钒铝合金生产工艺流程及其主要装备

钒铝合金由五氧化二钒铝热反应而得，反应在刚玉质内衬（或石墨内衬）的反应炉内进行，其结构与铝热炉外法冶炼钒铁炉相似，冶炼的钒回收率可达 95% 左右。由于钒铝合金要求杂质含量低，因此原料五氧化二钒必须经过提纯，使其杂质含量降低到冶炼钒铝合金的要求范围，一般要求使用纯度高的铝，钒铝合金生产场地也要保持清洁，以免受杂质污染。产品质量与采用炉料的纯度有很大关系，例如要求五氧化二钒的纯度不小于98.5%，杂质铁不大于 0.1%，硅不大于 0.1% 等。在良好情况下可控制合金中杂质 $Fe \leqslant$ 0.15%，$Si \leqslant 0.20\%$，使用刚玉质内衬炉时碳含量较低，一般 $C \leqslant 0.02\%$；而使用石墨内衬时碳含量较高，一般在 0.1% 以上。

所得的合金锭在冷却与脱渣过程中要注意防止合金的氧化，合金锭在精整破碎过程中要严格防止产品内夹杂有任何炉渣等杂质。为此，对产品除进行肉眼检查外，还得用 X 射线透视来协助检验，必要时还要作二次真空熔炼来清除气体与炉渣等夹杂物，以提高钒铝合金的纯度。

钒铝合金生产工艺分为一步法和两步法两种，由铝热法冶炼钒铝合金称为一步法；两步法工艺是先在大气条件下铝热还原冶炼得到含钒高的钒铝合金初品，然后将初品配入一定铝和回用料，在真空炉内熔化脱气、均化成分，在真空或惰性气体保护条件下浇铸成成分均匀、致密的合金锭，经精整、破碎、分选得到钒铝合金。

8.5.3.1 一步法生产钒铝合金

美国战略矿物公司（现 Evraz Stratcor）是世界上第一家生产钒铝合金的公司，采用高纯氧化钒和高纯铝通过铝热还原法生产钒铝合金，其一步法冶炼钒铝合金工艺流程如图 8-24 所示。

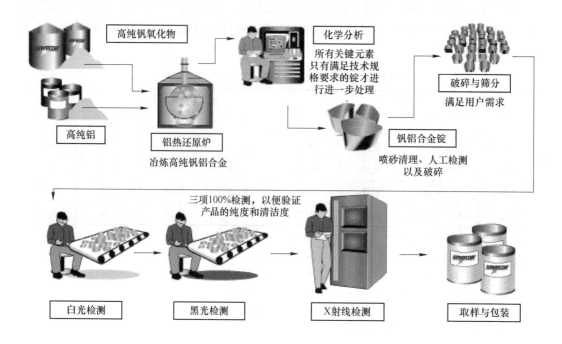

图 8-24 Evraz Stratcor 钒铝合金一步法生产工艺流程

8.5.3.2 两步铝热法生产钒铝合金

为提高钒铝合金成分均匀性、降低部分气体及回收利用钒铝合金残次料，以德国 GFE 公司为代表的部分钒铝合金厂家采用两步法生产 AlV55。第一步：在大气压下进行铝热还原，制得含钒大于 65% 的高品位钒铝合金；第二步：将这种合金进行二次真空感应熔炼，在熔炼过程中通过加入金属铝来达到所需的合金成分，并将含氧量进一步降低。用这种方法制备的钒铝合金，纯度高、均匀、致密，含氧量能降至 0.06%，工艺流程如图 8-25 所示。

8.5.3.3 主要装备

（1）冶炼系统：完成炉外法铝热还原反应，由刚玉耐火材料（部分厂家采用石墨坩埚）砌筑的可分拆炉体、冶炼反应室、除尘系统等组成。部分企业借鉴钒铁电铝热法工艺，在铝热反应结束后对熔池通电加热，延长熔渣液态保持时间，可调整渣温，促进、保障渣与合金分离，大幅度降低渣中合金夹杂，提高产品收率。

（2）喷砂系统：一般采用喷砂机或抛丸机，将磨料不断打击合金块表面，去除合金块表面粘渣、氧化及氮化表皮。

（3）成品破碎系统：利用破碎机械将大块钒铝合金加工至需要粒度，筛分得到合格粒度产品。

（4）成品分选装置：分选出肉眼可见的不合格产品。

（5）真空感应炉：精炼除气、去杂，得到满足航天航空、军工要求的产品。

（6）三光检测装置："可见光"去除带瑕疵的颗粒，"黑光"去除夹渣颗粒，"X 光"去除高密度金属杂质，"磁选"去除磁性杂质。

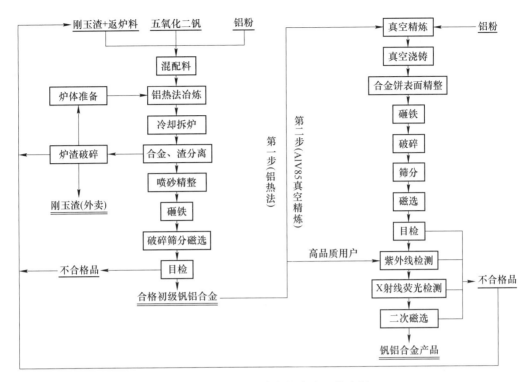

图 8-25 两步法生产钒铝合金工艺流程

8.6 金属钒生产技术

金属钒是指纯度为≥99%的钒。按钒纯度99%（2N）、99.9%（3N）、99.99%（4N）和99.999%（5N）的标准，可将金属钒分为四类，纯度超过99.9%则称为高纯金属钒；按品种来分，金属钒还可制备成圆盘、颗粒、铸锭、球团、碎片、粉末、棒材、线材和溅射靶等。

8.6.1 金属钒用途及特点

金属钒具有银灰色的金属光泽，根据使用领域的不同，有金属钒粉、钒锭、钒棒、钒丝、钒箔等。金属钒作为一种新兴金属材料日益被重视，金属钒具有较好的耐腐蚀性能，对盐酸和硫酸的抗腐蚀能力优于不锈钢和钛，能耐淡水和海水的侵蚀，也能耐碱溶液的侵蚀，还有较好的耐液体金属和合金（钠、铅、铋）腐蚀的能力。同时，因为金属钒的核性能良好并易于加工变形，所以金属钒是原子能、火箭、导弹、航空、宇宙航行以及冶金工业中不可缺少的宝贵材料，两种三元钒合金 V-Cr-Ti、V-Ti-Si 是制作核反应堆第一壁及包裹结构的优良材料，而制造这些合金必须用纯金属钒。

金属钒还用作钛、铝、锆、铜等合金的添加剂，喷气机和火箭的耐热材料、溅射靶、真空管蒸镀等，由于金属钒的快中子吸收截面小，对液态钠有良好的耐蚀性，并有抗高温蠕变强度，可作快中子增殖堆燃料棒的包覆材料和释热元件，金属钒及合金还应用于液体金属冷却快中子反应堆的结构材料，聚变反应堆的容器材料。钒箔是优良屏蔽材料和金属黏合材料，以钒箔作为钛钢复合板的中间层，可改善界面结合效果和稳定性，提高产品质量。轧制后获得的钛钢复合板板型良好，表面无明显缺陷形成，结合界面无金属间化合物的生成，结合效果良好，稳定性好，结合强度远高于国家标准中同类钛钢复合板的结合强度。

钒的产品分类及应用见表 8-17，金属钒的国家标准见表 8-18。

表 8-17 金属钒产品分类及应用

产品	应 用 领 域
钒丝	科研材料，如实验合金用原料、各种试剂、分析标准试药、还原剂等
钒棒	耐腐蚀行业
钒箔	屏蔽材料，黏合材料
钒片	科研材料，如实验合金用原料、各种试剂、分析标准试药、还原剂等
钒靶材	适用于工业级镀膜，实验或研究级别用、电子、光电、军用、装饰、功能薄膜
钒粉	特种钢材添加剂，超硬材料添加剂，硬质合金添加剂，加大合金强度、韧性、抗腐蚀能力、耐磨能力和承受冲击负荷的能力等
钒粒	熔炼行业，镀膜行业
电解钒	熔炼添加
钒锭	钒基合金

表 8-18 金属钒国家标准 （GB 4310—1984）

牌号	化学成分/%							
	V	Fe	Cr	Al	Si	O	N	C
	不小于	不大于						
V-1	余量	0.005	0.006	0.005	0.004	0.025	0.006	0.01
V-2	余量	0.02	0.02	0.01	0.004	0.035	0.01	0.02
V-3	99.5	0.10	0.10	0.05	0.05	0.08		
V-4	99	0.15	0.15	0.08	0.08	0.10		

注：状态为粉状或块状。

8.6.2 金属钒制备方法

金属钒一般是通过钙、铝、镁等金属热还原钒的氧化物和氯化物而得到，还有氢还原钒的氯化物、真空碳还原钒氧化物等制取方法。用这些方法制得的钒含碳、氧、氮及氢的量较高，需进一步提纯精炼，将还原得到的金属粗钒进一步精炼，去除部分杂质得到纯度很高的金属钒。提纯钒的方法有熔盐电解精炼法、真空熔炼法、区域熔炼法、碘化物热分解法及电子束熔炼法，经过精炼提纯后的金属钒含钒量可达 99.99% 以上。

8.6.2.1 钙热还原法

将五氧化二钒配以过量 50%~60% 的金属钙及氯化钙溶剂，置于充氩气密封的反应罐内加热到 700℃ 后开始反应。其反应为放热反应，温度可超过钒的熔点，反应产物氧化钙与熔剂形成流动性较好的炉渣与金属分离，金属钒以滴状聚集于炉底而得到。

其反应式为：

$$V_2O_5 + 5Ca \xrightarrow{} 2V + 5CaO + 1620.07 kJ/mol \tag{8-31}$$

$$V_2O_3 + 3Ca \xrightarrow{} 2V + 3CaO + 683.24 kJ/mol \tag{8-32}$$

钙还原熔点低的五氧化二钒的反应速度很快，而还原高熔点的三氧化二钒的反应速度则很慢。还原三氧化二钒所需钙量比还原五氧化二钒少 40%，因此用氢将五氧化二钒还原成三氧化二钒，然后再用钙还原后者的工艺方法是值得考虑采用的方法。

用钙还原法生产金属钒对原料的纯度要求较高，钒收得率只有 75%~85%，且钙的价格昂贵，该法成本较高，在工业上推广应用受到限制。

8.6.2.2　铝热还原法

先将高纯五氧化二钒与高纯铝充分混合，在纯净的刚玉质耐火材料制作的炉筒内，采用炉外法铝热冶炼得到的钒铝中含钒不小于 85%，含铝小于 15%，再将钒铝合金破碎后在真空炉内加热到 1790℃，精炼除去大多数的铝、氧和其他杂质，得到海绵钒；再经过真空电子束熔炼除去海绵钒中残留的铝和氧，或直接用电子束熔炼钒铝中间合金，经过两次以上熔炼提纯，得到含钒纯度 99.9% 的高纯钒锭。由于真空电子束炉对高温蒸汽压较低的难挥发元素如 Fe、Si、Cr、Cu 以及能和 V 形成固溶体的 N 的蒸发去除率较低，故要求原料 V_2O_5 以及铝的纯度尽可能高，方能使精炼的金属钒纯度较高。

中色东方采用质量适当的 AlV85 合金为原料，经电子束熔炼提纯得到初步熔炼钒（粗钒），再将熔炼钒进一步经真空电子束熔炼提纯制备出适合挤压、轧制等压力加工的纯金属钒锭，然后加工成管状钒靶材。其金属钒熔炼工艺流程如图 8-26 所示。

该工艺是利用同一温度下金属饱和蒸气压不同而提纯，在钒的熔点 1890℃ 附近，Mo、W、Nb、Ta、Hf、Zr、Ti、Ni、Si 等元素的饱和蒸气压低于钒，而 Al、Fe、Mn 等元素饱和蒸气压高于金属钒，因此后者元素可在熔炼中脱除。C、N 杂质元素在钒铝合金中分别以 VC、VN 形式存在，在真空下难以解离；O 杂质元素可和 Al 结合挥发去除，故 O 含量通过钒铝合金中 Al 的量进行脱除控制。

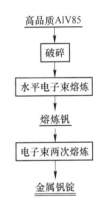

图 8-26　铝热还原真空电子束炉精炼金属钒工艺流程

8.6.2.3　镁还原法

镁热还原法是借鉴钛的 Kroll 法而来。由于镁的纯度高、价格比钙低、容易加工处理、生成的 $MgCl_2$ 挥发性比 $CaCl_2$ 高，易与产物金属钒分离，所以较钙热还原法更经济合理。镁还原的钒氯化物可以用 VCl_3，也可用 VCl_2，其反应式为：

$$2VCl_3 + Mg \xrightarrow{} 2VCl_2 + MgCl_2 \tag{8-33}$$

$$VCl_2 + Mg \xrightarrow{} V_2 + MgCl_2 \tag{8-34}$$

A　镁还原三氯化钒

研究表明，在钒的各种氯化物（二氯化钒、三氯化钒、四氯化钒）中以三氯化钒制备的金属钒纯度最高，因此钒氯化物的金属热还原法首先是制备纯净的三氯化钒。

以钒铁为原料通过氯化、还原等过程制取金属钒，具体步骤为：（1）氯化钒铁制取粗四氯化钒；（2）蒸馏去掉粗四氯化钒中的三氯化铁；（3）在载流气体中用回流法将四氯化钒转化为三氯化钒；（4）用蒸馏法从三氯化钒中去除三氯氧钒；（5）将三氯化钒置于氩气保护气氛下的熔融镁中还原成海绵状金属钒；（6）用真空蒸馏法从钒中去除镁和氯化镁；（7）用水浸出残留的氯化镁，经洗涤、干燥得到钒粉。

以化学纯五氧化二钒为原料氯化制取三氯化钒，再用镁与钠还原制取金属钒。其具体步骤为：将四氯化钒加热分解成三氯化钒，再经36h回流处理后，约90%的四氯化钒转化为三氯化钒，再加热去除四氯化钒与三氯氧钒，冷却后将三氯化钒破碎，在真空条件下除去四氯化钒与四氯化硅。

B　镁还原二氯化钒

用镁还原二氯化钒来生产金属钒，相较于还原三氯化钒有优势：（1）镁的用量减少三分之一；（2）反应坩埚得到充分利用；（3）二氯化钒比三氯化钒稳定，对坩埚腐蚀程度较轻；（4）二氯化钒不会从空气中吸收潮气，储运问题容易解决。

用镁还原二氯化钒制取纯钒的方法。该方法工艺描述：（1）将高纯 V_2O_5 用碳还原成低价钒氧化物；（2）氯化低价钒氧化物成 VCl_4 和 $VOCl_3$；（3）将两者混合后再进行氯化，以便将 $VOCl_3$ 氯化为 VCl_4；（4）将 VCl_4 热分解为 VCl_3，再将 VCl_3 热分解为 VCl_2 和 VCl_4，或用氢直接将三氯化钒还原为 VCl_2；（5）用镁还原 VCl_2 得到金属钒。

C　镁还原法特点

对于镁热还原法而言，由于金属钒熔点很高，镁与金属氯化物反应放出的热量一般不足以使金属钒熔成致密固态。此外，由于镁与钙和铝相比会在较低的温度沸腾，必须使用密闭容器来防止镁的损失，因此该法的使用范围受到了限制。

以钒铁或 V_2O_5 为原料，500℃下氯化制取液态 VCl_4，蒸馏除去 VCl_4 中的主要杂质 $FeCl_3$，吹炼使 VCl_4 分解成 VCl_3，蒸馏以除去 VCl_3 中的 $VOCl_3$ 和 $SiCl_4$；在氩气气氛中以熔融镁还原 VCl_3 为金属钒，还原反应在碳钢制成的反应器内进行，温度为 750~800℃。只需在反应开始时加热，后续则依靠反应本身放出的热量进行。得到的海绵钒、$MgCl_2$ 和残余镁块，在 920~950℃下真空蒸馏除去海绵钒中的 $MgCl_2$ 和镁，浸出海绵钒中残余的 $MgCl_2$，滤洗出海绵钒，所得金属钒的纯度可达 99.5%~99.6%。

8.6.2.4　真空碳热还原法

真空碳热还原法制备金属钒一般是在 1.0kPa 以下、1000℃以上的条件下进行，使碳与钒氧化物发生还原反应得到金属钒。其反应式为：

$$V_2O_5 + 7C = 2VC + 5CO\uparrow \qquad \Delta G^\ominus = 79824 - 145.64T \text{ J/mol} \qquad (8-35)$$

$$V_2O_3 + 3C = 2V + 3CO\uparrow \qquad \Delta G^\ominus = 859700 - 495.64T \text{ J/mol} \qquad (8-36)$$

采用 V_2O_3 为原料的经济性优于 V_2O_5，并可提高真空炉的生产效率。一般而言，真空碳热还原法所得到金属钒的纯度与钙热还原法相当，但 C、O 和 N 含量较钙热还原法要低。由于真空碳热还原法的还原条件较为苛刻，加之仍含有较多的间隙杂质，产品质地脆硬，还需经过精炼处理后才能制得塑性钒。

8.6.2.5　碘化钒热解法

VI_2 在高温下首先升华，然后热分解而得到金属钒，其反应式如下：

$$VI_2 \xrightarrow{\text{加热}} V + I_2 \qquad (8-37)$$

碘化钒热解法制得的金属钒含杂质最少，含间隙杂质 0.02%~0.03%。

8.6.2.6 熔盐电解法

熔盐电解是制备许多活泼金属采用的方法，例如铝、镁等电解制取，具有工艺简单、易于操作、设备投资较少、过程可控、成本低廉、环保节能的优点，由于熔盐无毒、电导率高、流动性好，被广泛应用于生产和科学研究领域中，从核能到新材料的合成熔盐电解均发挥不可替代的作用。通过对钒氧化物的熔盐电解，可直接得到纯度较高的金属钒产品。

通过选择合适的熔盐体系、电解电极、电解参数以及保护气氛，可实现多种活泼金属及高熔点金属的电解制取。

图 8-27 示出了 NaCl、LiCl、CaCl$_2$、SrCl$_2$、BaCl$_2$ 和氧化钒的分解电压与温度的关系。氯化物盐的分解电压高于钒氧化物的分解电压，只要电压介于氧化物和氯化物之间进行电解过程，就能电解得到还原金属钒。

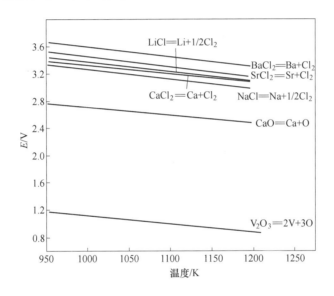

图 8-27　与电解制备钒相关的化合物分解电压与温度的关系

几种典型的金属钒制备技术的优劣势汇总在表 8-19 中。

表 8-19　典型金属钒制备技术优劣势

工艺	优　势	劣　势
铝热还原工艺	操作简单且流程短、生产成本低、易制备金属钒或钒铝合金、易规模化	纯度不高（94%~97%），为获得金属钒还需通过电子束熔炼反复脱除铝
镁还原 VCl$_2$ 工艺	可获得高纯度金属钒、产品氧含量低，还原剂用量小	生产效率低、成本高、工艺复杂
真空碳热还原工艺	流程短、生产成本低、易规模化、纯度为 99.5%左右	还原条件较苛刻，产品质地脆硬，需通过精炼提高塑性
碘化物热分解工艺	可获得高纯度金属钒，产品氧、氮含量低	生产效率低，仅适于小规模生产

工艺	优势	劣势
钙热还原工艺	流程短，易制备金属钒	金属与熔盐难分离，不可避免造成还原剂/熔盐中杂质混入，生产不连续化现象严重，产率低
熔盐电解法	流程短，生产成本低，纯度为>99.0%	产品为粉状，需通过进一步精炼提高塑性

8.6.3 金属钒的精炼

工业采用的钒精炼方法有真空精炼、熔盐电解精炼、碘化物热分解、电子束区域熔炼和电迁移法精炼等。

8.6.3.1 真空精炼法

真空精炼法是一种可以大量生产纯钒的方法，先用高纯铝还原 V_2O_5 得到钒铝合金，再将钒铝合金破碎，在真空炉中加热至 1973K 除铝而得到海绵钒。海绵钒压成锭后在电子束炉熔炼进一步去除残余的铝、氧、铁及其他挥发性杂质，可生产出纯度为 99.9% 的纯钒。目前，中色东方和五洲钒业已经通过电子束炉真空精炼获得了工业应用的 99.9% 工业钒锭。

8.6.3.2 熔盐电解精炼法

由于钒在含水电解质中电解沉积会导致带有氧化膜的钒沉淀层，因此只有采用熔盐电解精炼钒。通过熔盐电解精炼不仅能提高钒的纯度，还能降低间隙元素含量，从而达到增加钒塑性的目的。该方法可以采用脆性钒或低纯度钒作为原料来进行大规模提纯生产。

熔盐电解精炼法以粗钒为阳极、钼棒为阴极，在一定温度、电压下电解。电解过程中阳极粗钒不断溶解到熔盐中，最后在阴极析出。用电解法将粗钒提纯的方法可制备出纯度达 99.995% 的高纯金属钒。

由不同的方法制备的粗钒，所用的熔盐电解质不同，但普遍采用的是氯化物熔盐（氯化物熔盐电解温度低、电解速率快）。具体而言，钙热还原制备的粗钒采用 KCl-LiCl-VCl_2 熔盐体系最佳；铝热还原法制备的粗钒采用的熔盐体系以 KCl-LiCl-VCl_2、$CaCl_2$-NaCl-VCl_2 为最好；碳热还原法制备的粗钒采用的熔盐体系以 NaCl-LiCl-VCl_2、$BaCl_2$-KCl-NaCl-VCl_2 为较好。

熔盐电解精炼法除杂效率较高，所得的金属钒塑性较好，适宜于直接熔铸加工成材。但是，该精炼法存在生产能力小、能耗高、电解过程中产生的废盐需进一步处理等不足。

8.6.3.3 碘化物热分解法

碘化物热分解法的原理类似于重结晶，主要利用的是碘化物的气化、沉淀、再气化的方法。反应过程为：

$$V(粗) + I_2 \Longrightarrow VI_2 \qquad 800 \sim 900℃ \qquad (8-38)$$

$$VI_2 \Longrightarrow V(纯) + I_2 \qquad 1000 \sim 1400℃ \qquad (8-39)$$

1934 年，van Arkel 首先提出了用热分解碘化钒来制备高纯钒的方法。将钠还原得到的粗钒和碘混合放在石英管内，用真空泵抽真空后密封处理，加热至 800~1000℃生成碘化钒，碘化钒蒸气传输至 1000℃的钨丝上，经热分解为碘和钒，钒沉积在钨丝上，碘再与粗钒反应生成碘化钒。此后，O. N. Carlson 等利用碘化物热分解对粗钒进行精炼，得到纯度为99.95%的钒。实验表明，碘化钒热分解精炼钒的最佳反应温度为850℃。通过碘化物热分解主要去除粗钒中的非金属杂质，以提高钒的抗拉强度、硬度、晶格参数和电阻等物理性能。

碘化物热分解法主要是去除粗钒中的气体杂质以及形成稳定不蒸发的碘化物的金属杂质，可以制备出纯度达99.95%的纯钒。但是，由于收率低，此法仅适用于科研制备的小型样品。

8.6.3.4　电子束区域熔炼法

在铝热还原再真空熔炼提纯金属钒的工艺基础上，直接用电子束熔炼得到纯钒的工艺即电子束熔炼精炼法。以铝热还原五氧化二钒后的产品粗钒为原料，通过电子束熔炼的方法不仅得到了纯度大于99.9%的金属钒，而且产品的硅含量为0.03%，其余金属杂质含量均处于规定范围的下限。

目前，商业化的工艺流程大多采用电子束熔炼法对铝热还原的粗钒进行直接还原，得到金属钒。

8.7　钒基储氢合金技术

8.7.1　钒基储氢合金特点及用途

8.7.1.1　钒基储氢合金特点

储氢合金是一种能储存氢气的合金，它所储存的氢的密度大于液态氢，因而被称为氢海绵。氢储入合金中时不仅不需要消耗能量，反而能放出热量。储氢合金释放氢时所需的能量也不高，加上工作压力低，操作简便、安全，因此是最有前途的储氢介质。

由于钒元素具有较独特的原子结构，在一定条件下吸收氢生成金属氢化物并放出热量，改变条件后生成的金属氢化物又放出氢，其吸放氢性能较其他金属具有储氢量大、吸放氢环境要求不苛刻、衰减小、循环性能稳定等优点。传统的储氢合金的储氢量不超过2%（质量），而bcc结构的钒系储氢合金的吸氢量约为4%，有效放氢量为2.1%~2.7%，电化学容量达420mA·h/g，并且室温吸放氢动力学良好，不需高温活化和催化剂辅助，是有很大发展前景的储氢材料。

在钒基固溶体储氢合金体系中，目前广泛研究的合金主要包括Ti-V-Cr、Ti-V-Mn、Ti-V-Fe和Ti-V-Ni等4种体系。从整体上看，Ti-V-Fe合金的吸放氢条件并不十分苛刻，同时合金的储氢性能也可以应用在不同场合，并且可望利用廉价的V-Fe合金作钒原料研制出合适成分的Ti-V-Fe合金而大幅度降低成本，且Ti-V-Fe系储氢合金具有优异的综合性能，因此最有希望得到大规模商业应用。在这方面国内的研究院所和大学等开展了大量的研究工作，如中科院微系统与信息技术研究所，中科院大连化物所、北京有色研究总院、浙江大学、南京大学、四川大学、北京科技大学等。国外的研究机构主要分布在日本、印度、乌克兰等。

储氢合金在吸放过程中伴随着十分可观的热效应、机械效应、电化学效应、磁性变化、明显的表面吸附效应和催化作用，因此在氢提纯、重氢分离、空调、热泵、压缩机、氢汽车、催化剂和镍金属氢化物电池等方面均有广阔的前景。

钒基储氢合金是未来可有效延伸钒产业链的产品，低成本、高储氢量钒基储氢合金的成功开发及应用，将极大拓展钒的消费量，仅在氢燃料汽车和氢燃料电池车上小规模应用，即使应用钒基储氢合金的新能源车占比为1%、每辆消耗100kg钒基储氢合金，就使钒消费量增加万吨级以上。

8.7.1.2 钒基储氢合金的开发应用路线

（1）作为氢燃料电池——镍氢电池的负极材料，开发高容量的氢燃料电池应用于氢燃料电池车、插电式充电电动车上。

（2）作为氢燃料汽车或分布式氢燃料储能基站的储氢源，目前丰田已有加氢一次可续航600km以上的氢燃料汽车销售，但氢燃料汽车的推广需要全生态链的建立，包括加氢站的建设、氢来源的保障、氢的运输等，需要与国家战略对接。

（3）利用吸放氢过程的热效应，制造新型环保空调。北京有色金属研究总院利用储氢合金储放氢过程的吸放热循环效应，制造了一台可以制冷到77K的制冷机，该机器可用于工业、医疗等行业需要低温环境的场合。钒基储氢合金在空调领域将有较大潜力，是延伸钒产业链的较好突破口。

（4）回收氢能资源和提纯氢气。利用储氢合金回收分离工业废气中的 H_2，如用 MINi5+MI4.5M0.5 二级分离床分离 He、H_2，氢回收率达99%；分离合成氨生产中的 H_2，利用储氢合金对氢的选择性吸收，可制高纯氢，用于电子、光纤工业生产。

8.7.2 钒基储氢合金制备方法

迄今为止，已开发出的合成储氢合金的主要方法有：

（1）熔炼法。通常在高纯氩气保护下，将一定配比的合金组分加入到磁悬浮真空高频感应炉或非自耗式电弧炉中反复熔炼多次，以保证合金组分的均匀。该法几乎适于熔炼所有储氢合金，只是在熔炼含易挥发组分时烧损较为严重而难以达到预期的合金配比。

（2）氢化燃烧法。该法分为自蔓延式和热爆式（反应烧结法），自蔓延式适合制备生成焓高的化合物，热爆式适合生成焓低的弱放热反应。由于大多数金属间化合物均属于低放热体系，因此其制备更多地采用热爆式。氢化燃烧制备储氢合金的反应是在无氧条件下的一种固态燃烧反应，以合成镁合金 Mg_2Ni 为例，其主要反应式为：

$$2Mg + Ni == Mg_2Ni \qquad \Delta H^\ominus = -372kJ/mol \tag{8-40}$$

$$2Mg + H_2 == 2MgH \qquad \Delta H^\ominus = -74.5kJ/mol \tag{8-41}$$

$$Mg_2Ni + 2H_2 == Mg_2NiH_4 \qquad \Delta H^\ominus = -64.4kJ/mol \tag{8-42}$$

这三个反应属于自热反应。传统方法制备的 Mg_2Ni 合金至少要经过10次反复吸放氢后才能活化，而氢化燃烧法不需活化过程，合成后即可放氢，并且效果很好，也没有熔炼过程，节约了时间和能量，制备的合金储氢活性和容量都很稳定。但氢化燃烧法仅限于合成镁基或 Ti-Fe 系储氢合金，用于其他系储氢合金的制备还未见报道。

（3）还原扩散法。目前该法仅用于合成镁基储氢合金，利用金属镁易于扩散的特点将各种原料混合压片后在惰性气体保护下高温扩散从而合成产物，可视为对熔炼法的改进。由于采取了一定措施如高压惰性气体保护等抑制了镁的挥发。

此法优点：合金比表面积大，工艺周期较短，条件温和，不需要高温，简单方便，易于操作和控制合金的组成，特别适用于熔点相差比较大的金属元素合成。此外，该法制备的样品活化容易，得到的合金气固相反应性能突出，容量和吸放氢平台都很好。

缺点：设备要求比熔炼法高，合金电化学性能不能令人满意。

（4）机械合金化法。机械合金化是指利用机械能的驱动在固态下实现原子扩散、固态反应、相变等过程制备出合金和化合物的一种材料制备方法。

实现机械合金化的技术主要有高能球磨、反复轧制、反复挤压等，其中高能球磨适用面最广，是使用最广泛的方法。由于机械合金化过程在合金粉中引入大量的应变、缺陷等，使得该过程在较低的温度下即可完成，可制备出常规条件下难以合成的新型储氢材料，并赋予它独特的储氢性能。

机械合金化法的特点：1）可制备出几种熔点相差较大金属的合金，如 Mg-M（M = Ti、Co、Ni、Nb）体系。Mg 的熔点较低，且与其他的金属熔点相差较大，难以用常规的方法制备，采用机械合金化则可在低于复合体系中熔点最低的金属熔点以下制备；2）粒子间不断地细化可产生大量的新鲜表面及晶格缺陷，从而增强其吸放氢过程中的反应速度并有效降低活化能；3）简化工艺流程，机械合金化制备的储氢合金为超细粉末，使用时不需要再粉碎。

前述合成储氢合金的方法中，氢化燃烧法和机械合金化法作为高效率的制备工艺备受青睐。如能结合氢化燃烧法与机械合金化法各自的优点，在高压氢气的诱导下进行机械合金化，以氢化反应及机械研磨过程放出的热能促进合成反应的快速进行和合金组成的均匀化，通过合金组分、机械合金化的参数如球/料比、转速、时间、氢压等的调控，来改善其他方法所合成的该体系储氢合金活化困难、吸释氢动力学性能较差、滞后现象严重、有效释氢量较低、循环稳定性较差等的不足，极有希望显著改善氢化燃烧法产物活化困难和储放氢动力学性能差以及机械合金化作业周期过长、效率低的缺陷，制备出综合性能优良、成本较低的钒基固溶体储氢合金，从而在提高活化性能、优化动力学性能、作业效率、降低成本上取得较大的进展。

8.8　钒合金重要生产企业

8.8.1　国外钒合金生产企业

8.8.1.1　耶弗拉兹集团

耶弗拉兹集团（Evraz Group）是世界上除攀钢外最大的钒产品生产企业。该集团是一个跨国上市公司，产业涉及冶金、焦炭、矿山、化工、钒制品的生产和贸易以及物流，其中钒合金有关生产企业有 5 家（见表 8-20）。

表 8-20　耶弗拉兹集团钒合金相关企业情况

公司名	所在国	主要产品	Evraz 股份/%	职工人数
Evraz Highveld	南非	钢、钒渣、钒铁	85.11	2353
Evraz Stratcor	美国	钒氧化物、钒铝合金、特殊钒化合物	100	95
Evraz Vamteco	南非	V_2O_3、氮化钒（VN）	66.95	407

公司名	所在国	主要产品	Evraz 股份/%	职工人数
Vanady-Tula	俄罗斯	V_2O_5、FeV50、FeV80	100	599
Evraz Nikom	捷克	钒铁	100	52

该集团生产的高纯钒氧化物可用于集团内部生产钒铝中间合金，也销售给催化剂用户。

耶弗拉兹集团的钒产品结构是世界上最齐全的，从钒钛磁铁矿到钒铁、钒铝合金，主要产品有五氧化二钒、三氧化二钒、偏钒酸铵、三氯氧化钒、四氯化钒、钒钛混合物（CAB 催化剂）、硫酸氧钒、钒氧基以及特殊钒化合物、50 钒铁、80 钒铁、钒氮合金、钒铝合金，主要产品及产能见表 8-21。

表 8-21 耶弗拉兹集团的主要钒合金产品及产能

公司名	工厂所在地	产品	产能/万吨
Evraz Highveld	南非	钢	81.5
		钒渣（实物）	4.5
		钒铁[①]	0.69
Evraz Stratcor	美国	钒氧化物、钒铝	0.275[②]
Evraz Vamteco	南非	V_2O_3	0.6[②]
		氮化钒（VN）	0.30[②]
Vanady-Tula	俄罗斯	V_2O_5	0.75[②]
		FeV50、FeV80	0.50[②]
Evraz Nikom	捷克	钒铁	0.494[②]

①Evraz Highveld 的钒铁是由 Highveld 与 Treibacher 的合资企业 Hochvanadium 利用 Treibacher 的生产设备生产的；
②折合为金属钒量。

耶弗拉兹集团下属 Stratcor 的钒铝中间合金生产工艺也是世界首创。该公司的钒氮合金生产采用高温真空工艺，也是世界唯——家采用这种工艺的企业。耶弗拉兹集团在生产技术方面的竞争力强。

耶弗拉兹集团是国际钒产品技术开发的领先者之一，拥有多项世界独创的生产技术以及高端钒产品，三氧化二钒、钒氮合金等产品都是该公司第一家生产的，具有很强的研发竞争力。

8.8.1.2 瑞士嘉能可斯特拉塔集团

2013 年 5 月，瑞士的斯特拉塔（Xstrata）与嘉能可（Glencore）国际公司完成合并，成立了嘉能可斯特拉塔（Glencore Xstrata）集团。新成立后的公司总部设在瑞士的巴尔，Glencore 是全球重要的综合生产商和商品贸易商之一。Glencore 和 Xstrata 的业务高度互补，双方签订过大量合金、煤及镍钴等产品的销售协议，有超过十年的合作关系。合并后的嘉能可斯特拉塔集团是世界上最大的多样化自然资源公司之一，其 90 个生产场所和销售业务遍布全球 50 个以上的国家。该集团主要由三个独立的业务部门构成：金属和矿物、能源产品及农产品，钒业务归属于金属和矿物业务部门。

该公司采用铝热法和电铝热法两种工艺生产钒铁。

（1）铝热法：加入五氧化二钒、铝、石灰、废铁，混合后放入衬耐火材料的炉中，反应完全依靠自生的热量进行。反应完成后钒铁在炉子底部，三氧化二铝含量高的渣在钒铁上面。冷却后分开渣和钒铁，破碎、筛分钒铁，按用户要求包装。破碎后的渣一部分返回到炉中，另一部分用于销售。过程中产生的烟气收集在气体净化设备中回收利用。

（2）电铝热法：用于生产 80 钒铁，将三氧化二钒、铝、石灰以及废铁混合后加入电炉中，尽管三氧化二钒与铝之间的反应是放热的，但反应仍然需要额外加热，通过直流电炉供应电能。反应完成后将钒铁和渣从电炉倒出装入罐中，在冷却和凝固期间腾空罐，将钒铁和渣分开，电炉装有袋式过滤器用于收集冶炼过程中产生的烟气。

瑞士 Glencore Xstrata 公司的钒产品只有钒铁和五氧化二钒，产品品种比较单一。

8.8.1.3 荷兰 AMG 集团

荷兰 AMG 集团是一家先进冶金公司，在阿姆斯特丹泛欧证券交易所上市。由 AMG（AMG Processing）、AMG 工程（AMG Engineering）和 AMG 采矿（AMG Mining）三个业务部门组成，在德国、英国、法国、捷克、美国、中国、墨西哥、巴西以及斯里兰卡有生产厂，在俄罗斯和日本有销售处和用户服务中心。

该集团与钒制品生产相关的企业有两家，都归属于 AMG 加工分部，德国 GFE 公司（现更名为 AMG Titanium Alloys & Coatings）和美国冶金钒公司（Metallurg Vanadium Corporation，MVC），现更名为 AMG Vanadium, Inc.，这两家公司都生产钒合金及钒化学品。

8.8.1.4 德国电冶金公司

德国电冶金公司（GFE）（另一个名字为 AMG Titanium Alloys & Coatings）是欧洲仅有的几家生产钒铁、五氧化二钒、钒铝合金等产品的厂商之一。GFE 成立于 1911 年，目前在国内外有 400 名雇员，其主要产品有中间合金、粉末、钒化工产品、涂层材料、半成品零件、热喷涂。

GFE 的钒合金生产工艺有以下几种：

（1）铝热还原：用铝还原金属氧化物（V_2O_5、Cr_2O_3、Nb_2O_5 等）生产高熔点二元及多元合金，冶炼在瓷坩埚中进行。点火后所有反应都是放热反应，冶炼期间温度达到 2000℃以上。采用铝热法生产的合金通常有钒铝、镍铌、铁铌、钼铝及铌铝。

（2）真空感应冶炼：真空感应冶炼炉在空气中不能冶炼纯金属和合金，冶炼在陶瓷、石墨或黏土-石墨坩埚中进行，有时也可以采用氮化铝或碳化硅坩埚。

采用中频感应加热金属有两个重要的优点：减少熔体与坩埚之间的反应以及熔体的均匀性好，感应冶炼技术也用于精炼金属和合金（脱气、除渣），处理的金属熔点最高为 1800℃。

该公司在其 6 个厂有不同容积的坩埚，每炉可生产 10～2000kg，典型产品包括钒铝、镍镧、钴铝、钴铝钛、镍铬铝、锰钒钛锆以及镍铝。真空感应冶炼能够在真空或惰性气氛下加热及浇注金属。

（3）真空电弧炉：在真空电弧炉中，金属在水冷铜坩埚中冶炼，这样能防止杂质进入，采用高能等离子弧加热，熔化材料的熔点最高为 2200℃，真空电弧炉的冶炼容量最高为 300kg；冶炼的典型合金包括：钛铝、γ-钛铝、钛锆、钛铌、钛铪、钛钽、钛钒、锆铬、锆铝、锆钇、铌钛以及镍铝。

（4）电子束炉：GFE 的电子束炉主要用于生产超纯钒，铝热法生产的原料钒铝合金运到电子束炉精炼，可以熔化熔点高达 3000℃的金属。

GFE 公司的 50 钒铝合金采用两步法生产，第一步：在大气中常压下进行铝热还原，制得含钒 85%的高钒合金。第二步：将这种合金进行二次真空感应冶炼，在熔炼过程中通过加入金属铝来达到所需的合金成分，并将含氧量进一步降低。用这种方法制备的钒铝合金纯度高、均匀、致密，含氧量能降至 0.06%。该公司其他牌号的钒铝合金采用一步铝热法生产。

GFE 公司的钒制品主要有钒铝合金、钒铁、精细化工产品，见表 8-22。目前 GFE 的钒铝合金质量是世界上最好的，用于生产航空航天工业用钛合金。

表 8-22 德国 GFE 公司主要钒合金产品

合金牌号	合金名称	含量比例	形状	用途
VAl	钒铝	65∶35	块状	钛合金、铝工业
VAl	钒铝	40∶60	粒状	钛合金、铝工业
VAl	钒铝	50∶50	块状	钛合金、铝工业
VAl	钒铝	85∶15	粒状	钛合金、铝工业
VAl	钒铝	65∶35	粒状	钛合金、铝工业
VAl	钒铝	50∶50	粒状	钛合金、铝工业
VAl	全检查的钒铝	85∶15	粒状	钛合金、铝工业
VAl	全检查的钒铝	65∶35	粒状	钛合金、铝工业
VAl	全检查的钒铝	50∶50	粒状	钛合金、铝工业
AlVCr	铝钒铬	根据用户要求	粒状	钛合金、有色合金等
AlVCr	铝钒铬	43∶43∶14	粒状	钛合金、有色合金等
VAlFe	钒铝铁	69∶19∶12	粒状	钛合金
VCrAl	钒铬铝	根据用户要求	粒状	钛合金、有色合金等
FeV	钒铁	60%V	粉末	粉末冶金
FeV	钒铁	80%V	粉末	铸造及钢铁工业、粉末冶金
AlMoV	铝钼钒	50∶25∶25	粒状	钛合金、铁合金等
NiV	镍钒	35∶65	块状	超耐热合金

8.8.2 国内钒合金企业

8.8.2.1 攀钢集团

攀钢集团是目前世界最大的钒制品生产企业，主要产品有五氧化二钒、三氧化二钒、高纯五氧化二钒、50 钒铁、80 钒铁、钒氮合金。攀钢集团与钒产业相关的企业集中于攀钢集团钒钛资源股份有限公司，有五氧化二钒、三氧化二钒、中钒铁、高钒铁、钒氮合金、钒铝合金、钒电解液系列钒产品，已成为世界规模最大和品种较全的钒制品企业。2017 年在国内钒产品市场占有率达 45%，国际钒产品市场占有率达 25%，钒合金年加工能力钒铁 2.5 万吨、钒氮合金 1 万吨、钒铝合金 600t。

攀钢钒铁从 20 世纪 90 年代开始生产，采用铝热法冶炼 FeV80，原料以 V_2O_3 为主，辅以 V_2O_5 引弧，可以节约 35% 以上的金属铝还原剂，成本大幅度降低。钒氮合金是攀钢自主开发的产品，采用高温非真空连续生产方式，为双推板窑连续生产。钒铝合金采用两步法冶炼工艺技术。

攀钢集团钒产品品种比较齐全，有钒渣、V_2O_5、V_2O_3、FeV50、FeV80、钒氮、钒铝合金等。攀钢集团的钒产品质量好，其产品产量目前已经排名世界第一。攀钢集团在产品结构、规模及质量方面的竞争力较强，如三氧化二钒、高钒铁、钒氮以及钒铝合金生产工艺都是国内首创、国际领先，具有较强竞争力。

攀钢集团是国际和中国钒产品技术开发的领先者之一，拥有多项世界独创及领先的生产技术，钒生产方面专利数量多达 575 件，具有很强的研发竞争力。

8.8.2.2 河钢集团承钢公司

承钢目前是我国第二大、世界第三大钒生产企业，其主要产品与攀钢相似，为河钢集团全资子公司，目前名称为河钢集团承钢分公司（简称承钢）。承钢始建于 1954 年，是国家"一五"时期苏联援建的 156 项重点工程之一。1965 年，钒钛磁铁矿高炉冶炼技术攻关在承钢获得成功，解决了钒钛磁铁矿高炉冶炼技术的世界性难题，奠定了中国钒钛钢铁产业的发展基础。2006 年 1 月，承钢与唐钢、宣钢组建成立了唐钢集团。2008 年 6 月，唐钢集团与邯钢集团组建成立了河北钢铁集团（现为河钢集团），承钢成为河钢集团一级子公司。

2014 年 3 月，由承钢钒制品厂、黑山选钛厂、钒钛研究所合并成立承德钒钛分公司，直属于承钢；该公司的钒制品生产主要在承德钒钛分公司。

承钢的 FeV50 采用国内企业普遍应用的电硅热法技术，FeV80 采用电铝热法技术，钒氮合金采用高温非真空推板窑生产，氮化钒铁以 FeV50 和 FeV80 作为原料采用自蔓延燃烧法生产。

承钢具有 V_2O_5 2.2 万吨/年、V_2O_3 5000t/a、FeV50 4600t/a、FeV80 8000t/a、钒氮合金 3000t/a、氮化钒铁 4000t/a 的生产能力。

承钢钒产品品种比较齐全，有钒渣、V_2O_5、V_2O_3、FeV50、FeV80、钒氮、氮化钒铁、钒铝合金等。承钢的钒产品质量好，在钒产品结构、规模及质量方面的竞争力较强。

承钢拥有一些世界先进水平的生产技术，钒生产方面的专利数量多达 137 件，具有较强的研发竞争力。

8.8.2.3 建龙集团

北京建龙重工集团有限公司（简称"建龙集团"）是集资源、钢铁、船运、机电等新产业于一体的大型企业集团。该集团经营的产业涵盖多种资源勘探、开采、选矿、冶炼、加工、机电产品制造等完整产业链条，目前拥有 1800 万吨/年矿石（铁、铜、钼、钒、煤、磷矿等）的开采和选矿能力，1500 万吨/年粗钢冶炼和轧材能力、350 万载重吨/年造船能力、80 万载重吨/年远洋运输能力、1500 万千瓦/年防爆电机和风力电机制造能力、5 万吨/年阴极铜和 6000t/a 钴的冶炼能力（目前国内最大），以及 1.5 万吨/年五氧化二钒的冶炼能力、30 万吨/年煤化工等。

建龙集团旗下有承德建龙特殊钢有限公司和黑龙江建龙钢铁公司两个提钒与钒产品生

产基地，五氧化二钒生产能力已达到1.5万吨/年，资源综合利用已具规模。

黑龙江建龙已建成6000t/a钒氮合金生产线，采用高温非真空的双通道推板窑工艺。

参 考 文 献

[1] 杨才福，张永权，王瑞珍. 钒钢冶金原理与应用 [M]. 北京：冶金工业出版社，2012.

[2] 杨绍利，刘国钦，陈厚生. 钒钛材料 [M]. 北京：冶金工业出版社，2013.

[3] 廖世明，柏谈论. 国外钒冶金 [M]. 北京：冶金工业出版社，1985.

[4] 杨守志. 钒冶金 [M]. 北京：冶金工业出版社，2010.

[5] 中国冶金百科全书总编辑委员会，《钢铁冶金》卷编辑委员会，冶金工业出版社《中国冶金百科全书》编辑部. 中国冶金百科全书·钢铁冶金 [M]. 北京：冶金工业出版社，2001：61-64.

[6] 赵乃成，张启轩. 铁合金生产实用技术手册 [M]. 北京：冶金工业出版社，1998：227-232.

[7] 刘文娟. 液相增氮法生产含氮钒铁合金工艺基础研究 [D]. 北京：北京科技大学，2014.

[8] 杨保祥，何金勇，张桂. 钒基材料制造 [M]. 北京：冶金工业出版社，2014.

[9] 利亚基舍夫 HЛ. 钒及其在黑色冶金中的作用 [M]. 崔可忠，译. 北京：北京科技文献出版社，1987.

[10] 黄道鑫. 提钒炼钢 [M]. 北京：冶金工业出版社，2000.

[11] 王永钢. 钒铁"两步法"冶炼工艺研究 [J]. 铁合金，2011，42（5）：7-10.

9 含钒钛钢铁产品生产技术

9.1 钒钛对钢铁材料性能的影响

9.1.1 钒对钢性能的影响

钒在化学元素周期表中的位置决定了其化学性质。钒在化学元素周期表上位于第4周期、第ⅤB族，其3d层电子数为3，是强碳化物和氮化物形成元素。钒具有体心立方结构，在任何温度都可以固溶在钢中。钢中含有一定量的碳和氮，它们会与钒化合，以碳化物、氮化物或者碳氮化物形式在钢中析出。固溶和析出的钒会影响钢的组织演变，这些组织特征将会影响到钢的各种性能。

在氮含量低的情况下，碳氮化钒在奥氏体中的溶解度比碳化铌要高得多。在900℃以下，碳氮化钒可完全溶于奥氏体中，此外钒在奥氏体中的固溶度大于在铁素体中，因此钒的主要作用是在 $\gamma \to \alpha$ 转变过程中的相间析出和在铁素体中的析出强化。从固溶度积可以认识到钒在钢中的作用，如图9-1所示。

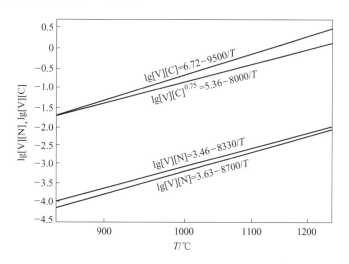

图 9-1 奥氏体中碳化钒和氮化钒的溶解度

钒在钢中的作用（钒在钢中的合金化作用及应用）有以下几点：

（1）细化钢的组织和晶粒，提高晶粒粗化温度，从而降低过热敏感性，并提高钢的强度和韧性。

（2）在高温溶入奥氏体时，增加钢的淬透性；相反，如以碳化物存在时却会降低钢的淬透性。

（3）增加淬火钢的淬透性和回火稳定性，细化晶粒，并产生二次硬化效应。

（4）碳化钒和氮化钒在奥氏体中的固溶度积较高，因此在高温时不易产生由于析出导致的裂纹，在凝固过程中钢坯出现裂纹的趋势较小。

（5）碳氮化钒的析出温度较低，固溶在奥氏体中，晶界迁移的拖曳力低。这将有利于奥氏体再结晶，容易实施再结晶控轧，沿钢材截面的金相组织分布均匀。在很宽的温度范围内能得到均匀再结晶晶粒，终轧温度对钢的力学性能影响不大。相比较其他微合金钢和合金钢而言，含钒钢的轧制抗力较小，与碳锰钢相当。

（6）在铁素体或马氏体中析出，产生析出强化作用，一般在铁素体中的析出强化增量在 50～100MPa。通过提高钢中氮含量可以促进钒的析出，获得更大的析出强化效果。这在高强度热轧带肋钢筋的生产中是一项有益技术，达到节约钒的使用量、提高析出强化量的目的。

（7）钒与氮的结合力强，可以形成氮化钒，有利于减少钢材的应变时效，这一特性对经历了冷变形的钢筋在服役过程中很重要。

（8）马氏体钢中添加钒可以增大钢的抗回火软化性能，使钢在回火过程中保持马氏体板条形态，或者在回火过程中析出碳化钒，产生二次硬化效应。

9.1.2 钛对钢性能的影响

钛（Titanium）在元素周期表中位于第四周期第Ⅳ副族，属于过渡族金属元素，原子序数是 22，相对原子质量为 47.9。钛的化学性质非常活泼，在钢的连铸、热变形和冷却过程中容易与钢中的氧、氮、硫、碳等元素结合形成化合物，并显著地影响钢材的物理、化学性质和力学性能。常温下，钛在钢中的固溶度极小，通常在凝固和加工过程中形成了各种含钛的第二相，主要有 TiO_2、TiN、TiS、$Ti_2(CS)$、$Ti(C,N)$ 和 TiC 等。这些第二相在奥氏体中的固溶度积差异较大，析出粒子的特性各不相同，并对钢材组织结构和性能产生不同的影响。由于钛与氧的亲和力非常强，TiO_2 在钢的熔炼过程中首先析出，因而钢液通常用铝硅合金或铝充分脱氧之后方可加入钛铁，以抑制 TiO_2 的形成与长大。下面重点论述氮、硫、碳与钛结合形成第二相的特性及其对组织性能的影响。

TiN 在铁基体中的固溶度积很小，在连铸过程的钢液中溶解的氮和钛极易形成稳定的化合物，其固溶度积见式（9-1）和式（9-2），[Ti] 和 [N] 分别为固溶钛和氮的平衡溶解度。

$$\lg[Ti][N] = 5.90 - 16586/T \quad (T < 1600℃) \qquad (9-1)$$

$$\lg[Ti][N] = 5.63 - 15780/T \quad (T > 1600℃) \qquad (9-2)$$

TiN 具有非常优异的高温稳定性，在很高的奥氏体化温度下仍不会发生明显的固溶，并且保持很小的粗化速率，因而 TiN 粒子的尺寸一般约为 100nm。大量的研究及实际生产结果表明，弥散分布的亚微米级 TiN 在钢的高温均热过程与焊接热循环过程中能有效地钉扎原始奥氏体晶界，阻止奥氏体晶粒的过度长大。微合金钢中 TiN 对原始奥氏体晶界的钉扎作用可持续到 1300℃以上。

TiN 在钢水中的固溶度积很小，容易在高温液相区析出，这种液析的 TiN 粒子一般能达到几微米至几十微米。这些微米尺寸的 TiN 粒子既未能钉扎奥氏体晶界，也起不到沉淀强化效果，还消耗了钢中的"有效钛"。因此，需要控制液析 TiN 的析出与长大。液析 TiN 的析出与长大主要取决于钢水中的钛、氮含量以及凝固过程中的过冷度；钛、氮含量越低，凝固过程中的过冷度越大，则液态析出的 TiN 越细越弥散。钛微处理钢中的钛含量一般控制在 0.012%~0.025%，以获得足够体积分数的高温未溶 TiN，同时避免液析 TiN 的产生。Medina 等指出，钢中的 Ti/N 化学配比接近 2 时，阻止奥氏体晶粒长大的效果最大。

除了生成 TiN 之外，Ti 在高温奥氏体中还能与碳、硫化合生成 Ti(C,N)、TiS、$Ti_2(CS)$ 等第二相粒子。Ti(C,N) 也可以表示为 $Ti(C_xN_{1-x})$，x 表示析出粒子中含碳比，在 0~1 之间。通常，在高温奥氏体中析出的 Ti(C,N) 粒子含氮量较高，x 值偏小；在低温奥氏体中析出的 Ti(C,N) 粒子含碳量较高，x 值偏大。Ti(C,N) 粒子的特性存在过渡性，含氮高的 Ti(C,N) 粒子的特性与 TiN 的相近似，含碳高的 Ti(C,N) 粒子的特性与形变诱导析出的 TiC 相近似。

硫在钢中可以与锰和钛化合生成 MnS，TiS 与 $Ti_2(CS)$ 等，这些析出相存在竞争析出的关系，析出次序主要取决于钛、硫和锰在钢中的含量。Liu 等通过估算奥氏体中 TiS 和 $Ti_2(CS)$ 形成的吉布斯自由能，认为含钛量较高的钢中优先析出 $Ti_2(CS)$，而在含钛量较低的微钛处理钢中，TiS 和 $Ti_2(CS)$ 可能同时存在。Naoki Yoshinaga 等研究表明，加热温度 1100℃、钛含量一定（0.02%）时，随着硫含量的增加，$Ti_2(CS)$ 趋于减少，而 TiS 趋于增加；当硫含量一定（0.02%）时，随着钛含量的增加，$Ti_2(CS)$ 趋于增多，而 TiS 趋于减少。

阎凤义等研究表明，硫含量较高（0.026%）时，钛微处理钢中会生成条状 MnS，但随着钛含量的增加，MnS 趋于减少，$Ti_2(CS)$ 趋于增多；当钛含量达到 0.11% 时，长条状 MnS 基本上被弥散的球状 $Ti_2(CS)$ 取代。可见，Ti 的加入有助于改善硫化物的形态和分布状况，减少 MnS 引起的热脆性，减少钢板纵横向性能之间的差异。

钛在钢中的作用可以归纳如下：

（1）钛可以固定钢中的氮而形成 TiN 或富氮 Ti(C,N) 粒子，通过钉扎晶界可以在钢的轧前均热阶段，以及钢的焊接过程中有效阻止奥氏体晶粒过度长大，改善钢板的韧性和可焊接性能，钛的微处理作用在钢中被广泛采用。

（2）钛与钢中的硫也有较强的亲和力，可以替换 MnS 和 FeS 而生成 $Ti_2(CS)$，控制含硫夹杂物形态，从而减少轧制过程中钢的热脆性和改善钢板的横向性能。

（3）对于含钛量较高的钢，高温变形可以诱导 TiC 析出，形变诱导析出的 TiC 能有效钉扎晶界，抑制奥氏体再结晶，同时阻止奥氏体晶粒长大，提高铁素体相变形核点，从而细化相变组织。

（4）冷却过程中，TiC 能够在铁基体中弥散析出，TiC 析出粒子的尺寸很小，一般在 5nm 左右，可产生强烈的沉淀强化效果。

9.1.3 钒钛对铸铁性能的影响

钒钛对铸铁性能的影响为：

（1）钒钛在铸铁中主要以固溶于 α-铁中、析出相、块状化合物形态存在，它们同时作用于铸铁，是强化铸铁的重要因素。钒钛的存在状态和分布是随着铸铁成分、金属的冷却速度以及热处理制度的不同而变化，因此控制一定的化学成分、冷却速度、采用适当的处理制度，并根据铸件的不同用途可调整钒钛在铸铁中存在的状态和分布。

（2）钒钛在铸铁各相组织中的分配不是一个固定常数，钒钛在块状化合物中的分配大都在 50% 以上，钒在 α-铁中的固溶量要高于钛。

（3）钒钛块状化合物是钒钛铸铁的主要存在状态之一。钒易形成碳化物，钛易形成碳氮化物，当钛含量较高时还形成碳（氮）硫化钛。

（4）钒钛铸铁经过析出相的粗化处理，材料的硬度虽有下降，但强度和耐磨性提高。经过处理后特定成分的钒钛铸铁适用于各种耐磨铸铁件制作，如有利于改善型钢轧辊孔槽深部的耐磨性能。

（5）在凝固温度范围内的缓冷试验结果说明，材料由于多种原因所致，性能仍不致于下降，因此钒钛铸铁不仅适用于一般中小型铸件，也适用于厚壁重型铸件。

（6）钒钛铸铁具有良好的高温抗拉强度，特别是钒的影响更为明显。含钛铸铁具有良好的抗氧化性和耐热疲劳性，为钒钛铸铁的推广使用打开了新的领域，可向耐热铸铁的方向发展。

9.1.4 钒钛对铸钢性能的影响

钒钛对铸钢性能的影响为：

（1）钒主要以 VC、VN、V（CN）和 VTi（CN）析出相和固溶方式存在于铸钢中，而钢中的钛大部分以 TiC、TiN、Ti（CN）存在于基体之中。在中碳铸钢中，钒在析出相中的分配量约为 2/3，固溶体中的分配量为 1/3 左右。钒钛的析出相和固溶是强化铸钢的主要原因。当铸钢钒含量为 0.1%~0.5% 时，其析出相颗粒直径大多数为 10~20nm，随着铸钢中钒含量的增加，其析出相颗粒直径也增大。铸钢中钒钛析出相粒子的形貌主要为圆形、近似圆形和椭圆形。在小于 0.5% 钒含量的铸钢中，钒不易形成块状夹杂物。当钒铸钢中加入 0.01%~0.07% 的钛时，就会在铸钢中出现四边形、三角形、多边形等以钛为主的钒钛块状夹杂物。

（2）含钒铸钢中的析出相（碳化钒）随着温度的变化有一个溶解和析出过程，不同的温度其固溶和析出量是不同的，并且直接影响铸钢的性能。根据铸件的不同用途，选择不同的热处理制度，会得到不同的使用效果。

（3）钒的析出相像钉扎一样沉淀在铸钢的铁素体晶内、晶界上和珠光体中的铁素体上。析出相和固溶作用细化铸钢的铁素体、珠光体和奥氏体晶粒，并使珠光体层间距缩短 5%~23%。含钒铸钢的铁素体和珠光体显微硬度比相应的普碳钢提高 10%~40%。

（4）含钒铸钢具有强度高和耐磨的特点，屈服强度 σ_s 和抗拉强度 σ_b 比无钒铸钢提高 10% 以上。尽管韧性有所降低，但根据含钒铸钢的特点，选择适当的钒量或钒钛量，钒钛铸钢的抗压、抗磨、抗冲击和抗高温的特点将充分显露，钒钛铸钢将在生产上得到更加广泛的应用。

9.2 含钒钛钢铁材料品种及其主要应用

9.2.1 含钒钛钢主要品种及其应用

9.2.1.1 钒在我国钢铁品种中的应用领域

钒在我国钢铁品种中的应用领域如下：

（1）建筑钢筋：Ⅲ级、Ⅳ级、Ⅴ级高强度钢筋。

（2）高强度低合金钢：涵盖建筑、造船、海洋工程、管线、桥梁、汽车等行业使用的板、带、型钢等品种。

（3）中碳结构钢：非调质钢、无缝管、合金结构钢。

（4）热轧高碳钢：钢轨、线棒材、轴承钢等。

（5）特殊钢：工模具钢、高速钢、不锈钢、耐热钢等。

目前国内主要含钒钢的典型应用见表9-1。

表 9-1　国内主要含钒钢的典型应用

序号	钢类	常用品种	标准	钒含量/%
1	热轧带肋钢筋	20MnSiV（不规定钢号）	GB 1499.2—2007	0.02～0.10
2	低合金高强度结构钢	Q345、Q390、Q420、Q460、Q500、Q550、Q620、Q690	GB/T 1591—2008	≤0.20
3	合金结构钢	35CrMoV	GB/T 3077—1999	0.10～0.20
4	非调质机械结构钢	F49MnVS	GB/T 15712—2009	0.08～0.15
5	弹簧钢	50CrV4	DIN 17221—1988	0.10～0.25
6	轴承钢	M50（8Cr4Mo4V）	AMS 6491	0.90～1.10
7	热作模具钢	H13（4Cr5MoSiV1）	ASTM A681—1999	0.80～1.20
8	冷作模具钢	D2（Cr12MoV）	ASTM A681—1999	0.50～1.10
9	高速钢	M2（W6Mo5Cr4V2）	ASTM A600—1999	1.75～2.20
10	铁素体耐热钢	15Cr11MoV	GB/T 1221—2008	0.25～0.40
11	马氏体不锈钢	90Cr18MoV	GB/T 1220—2008	0.07～0.12
12	超高强度钢	300M（42Si2CrNi2MoV）	AMS 6257	0.05
13	重轨钢	U71Mn、U75V、U75V（R）、900A、PG4、SS、LA(60)	GB 2585、ASTM A1、DIN 536	≤0.03、0.040～0.12、0.04～0.08、≤0.030、0.07～0.12、≤0.010

9.2.1.2　钛在我国钢铁品种中的应用领域

20 世纪 20 年代，钛作为微合金化元素开始得到应用。初期主要用作微钛处理，改善钢材的焊接性能。随着钛在钢中作用机理研究的不断深入，以及冶炼、轧制等钢材生产技术的不断进步，钛在钢中的作用进一步凸显，产品种类不断增加，代表性产品主要包括德国的 QStE 系列钢（钛含量不大于 0.16%）、美国杨森（Youngstown）公司生产的 YS-T50、日本新日铁开发的汽车大梁钢 NSH52T（钛含量为 0.08%～0.09%）等。

我国在钛微合金化技术和产品开发方面的研究起步较晚，在 20 世纪 60 年代左右才首次开发出钛微合金钢，代表产品为 15MnTi(屈服强度为 390MPa)，随后又陆续开发出船体结构用钢（14MnVTiRE，钛含量为 0.07%～0.16%）、汽车大梁钢（06TiL、08TiL 和 10TiL，钛含量为 0.07%～0.20%）以及耐候钢（09CuPTi）等。2000 年以来，随着珠钢薄板坯连铸连轧工程的建成投产，国内在薄板坯连铸连轧流程钛微合金化技术和高强钢产品开发方面开展了大量的研究工作，并取得跨越式发展，开发出屈服强度450~700MPa级钛微合金化高强钢系列产品，主要用于集装箱、汽车和工程机械等领域。

目前国内主要含钛钢的典型应用见表9-2。

表9-2 国内主要含钛钢的典型应用

序号	钢 类	常用品种	标准	钛含量/%
1	低合金高强度结构钢	Q345、Q390、Q420、Q460、Q500、Q550、Q620、Q690	GB/T 1591—2008	≤0.20
2	锰钛合金结构钢	20MnTiB、25MnTiBRE	GB/T 3077	0.0005~0.0035
3	铬锰钛合金结构钢	20CrMnTi、30CrMnTi	GB/T 3077	0.04~0.10
4	保证淬透性结构钢	20MnTiBH、20CrMnTiH	GB/T 5216	0.04~0.10
5	冷镦和冷压用钢	ML20MnTiB	GB/T 6478	0.04~0.10
6	高耐候结构钢	Q295GNH、Q345GNH、Q390GH	GB/T 4171	≤0.1、0.03、0.01
7	奥氏体不锈钢	1Cr17Ni12Mo2Ti、0Cr17Ni12Mo2Ti、1Cr18Ni12Mo3Ti、0Cr18Ni12Mo3Ti、1Cr18Ni9Ti、0Cr18Ni10Ti	GB/T 1220	$5×(C-0.02)~0.80$、$5×C-0.70$、$5×(C-0.02)~0.80$、$5×C-0.70$、$5×(C-0.02)~0.80$、$≥5×C$
8	奥氏体-铁素体不锈钢	1Cr18Ni11Si4AlTi	GB/T 1220	0.40~0.70
9	奥氏体不锈钢	0Cr15Ni25Ti2MoAlVB	GB/T 1221	1.90~2.35
10	高强度 IF 钢	170P1、HC180Y、210P1、HC220Y、250P1、HC260Y	GB/T 20564.3—2017	≤0.12

9.2.2 含钒钛铸铁主要品种及其应用

钒钛铸铁作为一种新型材料，已广泛应用在冶金、机械等领域，并逐步形成钒钛铸铁系列。钒钛铸铁包括钒钛灰铸铁、钒钛球墨铸铁、钒钛耐磨铸铁以及钒钛耐热铸铁、钒钛可锻铸铁等。

9.2.2.1 含钒钛铸铁主要品种

A 钒钛灰铸铁

灰铸铁在铸铁中占据了相当大的比重。灰铸铁由于生产工艺简单、控制方便、成本低廉而又不需消耗特殊材料，因此被广泛采用，特别是被应用在"低质易耗"备品备件上。各种牌号灰铸铁的配料、成分、性能和组织分别见表9-3和表9-4。

表9-3 各种牌号灰铸铁的配料、成分 （%）

牌号	炉料配比				化学成分						
	废钢	钒钛生铁	硅铁	锰铁	C	Si	Mn	P	S	V	Ti
HT150	11	85	3	1	3.84	2.27	0.64	0.029	0.057	0.312	0.097
HT200	16.5	80	2.5	1.0	3.56	1.92	0.67	0.035	0.062	0.232	0.104
HT250	26	70	2.5	1.5	3.38	1.66	0.72	0.034	0.037	0.220	0.050

表 9-4　各种牌号灰铸铁的力学性能和金相组织

牌号	抗拉强度 /MPa	抗弯强度 /MPa	金相组织				
			石墨形态	石墨大小	珠光体/%	铁素体/%	莱氏体/%
HT150	150	400	A（部分 D）	4	70	30	
HT200	209	413	A	5	80	20	
HT250	257	504	A	6	>95	<5	微量

在合理的选择材质以后，必须要有相适应的工艺措施来控制铸铁的质量，这对具有新的工艺特征的钒钛铸铁的生产具有重要意义。对高牌号铸铁在实际生产中更要给予足够的重视，其中重要的三个控制环节是：

（1）炉料的准备，包括原材料分门别类的管理和堆放；合理的配料计算。根据生产的实践，在冷风冲天炉中生产铸铁可参照表 9-3 的数据进行配料。

（2）铁水温度控制，一般认为中小型铸件的出炉温度控制在 1340~1360℃，浇铸温度控制在 1300℃ 以上，可以得到稳定质量的钒钛铸铁件。生产中应注意控制出炉温度，正确选择风机的风量和风压，合理的炉型和风眼大小及排列，适当块度的底焦和层焦的高度，以使炉内燃料完全燃烧，从而达到要求的出炉温度，保证钒钛铸铁具有良好的流动性。出炉温度和浇铸温度的高低，直接影响到铸件的质量，温度偏低时降低了铁液的流动性，增加了白口倾向性，当浇铸温度低于 1220℃ 时铸件废品率可达 50% 以上。因此，合适的浇铸温度往往是保证产品质量的重要因素之一。

值得注意的是生产高牌号 HT300 时，由于废钢加入量较大，为保证获得所需的出炉温度，以免铁液流动性能过低，宜采用电炉生产。

（3）应用覆盖剂。由于钒钛铸铁中钒、钛元素的存在，在液相就可能存在着难熔的钒钛的碳化物。碳化物漂浮在铁液表面上易结壳，降低铁液的流动性和造成严重的粘包现象。因此，铁液表面采用覆盖剂对保持液态表面高温是十分有利的，最简单的方法是覆盖稻草灰或珍珠岩。

B　钒钛球墨铸铁

生产实践表明，用钒钛生铁生产铸制球墨铸铁是完全可行的。用包钢 1 号稀土合金、包钢 4 号稀土-镁合金和纯镁三种球化剂进行处理，均能获得良好的效果。特别是稀土镁中间合金处理效果最好，基本上消除了夹杂的片状石墨，球墨铸铁性能达到要求而且稳定。攀枝花地区各厂生产的钒钛球墨铸铁成分、力学性能及组织结构分别见表 9-5 和表 9-6。

表 9-5　攀枝花地区各厂生产的钒钛球墨铸铁成分

厂名	球墨铸铁 牌号	化学成分/%								
		C	Si	Mn	P	S	V	Ti	RE	Mg
煤炭机修厂	QT450-2	3.42	3.38	0.28	0.015	0.022	0.341	0.125	0.062	0.040
	QT600-2	3.09	3.62	0.65	0.013	0.031	0.345	0.159	0.052	0.041
养路总段	QT500-2	3.05	3.85	0.77	0.039	0.020	0.150	0.100	0.060	0.043
	QT600-2	3.46	3.25	0.33	0.037	0.040	0.250	0.111	0.037	0.034

厂名	球墨铸铁牌号	化学成分/%								
		C	Si	Mn	P	S	V	Ti	RE	Mg
攀钢研究院	QT450-2	3.44	3.43	0.74	0.019	0.033	0.260	0.054	0.062	0.041
	QT600-2	3.56	2.95	0.75	0.015	0.032	0.330	0.060	0.065	0.042

表 9-6 攀枝花地区各厂生产的钒钛球墨铸铁力学性能及金相组织

厂名	球墨铸铁材质	力学性能			金相组织			
		抗拉强度/MPa	伸长率/%	冲击韧性/J·cm⁻²	球化分级	珠光体/%	铁素体/%	莱氏体/%
煤炭机修厂	QT450-2	485	1.8	12	2	30	70	少量
	QT600-2	697	—	14	1	40	0	20
养路总段	QT500-2	520~580	9.2	14	2	30~40	60~70	
	QT600-2	558	9.2	15	1	40	60	
攀钢研究院	QT450-2	535		16	2	30	70	少量
	QT600-2	615		10	1	40	40	20

　　虽然国内外有资料介绍钒钛为石墨球化的干扰元素，并对其做了最大允许量的规定，但通过试验和生产的实践说明用钒钛生铁可以生产球墨铸铁。

　　钛：钒钛铸铁中的钛含量均超过 0.07% 的上限，通常为 0.1%~0.3%。在试验过程中钛存在着一定干扰作用，对于不同的球化剂其干扰的程度不同。采用 1 号稀土合金和纯镁进行处理，其结果经常出现球化不良，而用稀土镁中间合金则球化良好。

　　钒：通过试验和大量生产数据统计的结果表明，钒在 0.1%~0.4% 试验范围内，并未起干扰石墨球化作用。试验表明，在普通铸铁中加入 0.3% 的钒与不加钒的普通铸铁同时配制成 QT450-2 和 QT600-2 成分，用稀土镁作球化剂，在相同的条件下进行处理，在同一铸型条件下浇铸楔形试棒，结果球状石墨的圆正程度是完全一样的。

　　钒钛球墨铸铁的质量控制关键点：

　　(1) 要选择合适的球化剂和适量的加入量同时要对铸铁化学成分，特别是碳和硅的含量进行调整控制，以保证获得各种牌号的球墨铸铁，而且消除铸造缺陷。在实际生产中可适当加入部分回炉料（20%~50%），以达到降碳的目的。铁水中的硅含量控制在 2.5%~28%，终硅含量控制在 2.9%~3.2%。锰通常为生铁中的原锰含量，0.3%~0.5%，这样可得到延性和强度较好的钒钛球铁。

　　(2) 球化处理和浇铸工艺的控制对保证产品质量和成品率也是极为重要的因素。例如处理 2t 铁水时，出炉温度若低于 1340℃，处理时间超过 20min，浇铸温度仅为 1240℃ 左右，则铸件会出现大量的皮下气孔，铸件的废品率可达 70% 以上，并引起球化的严重衰退。因此要获得稳定的球铁质量，出炉温度必须控制在 1380~1400℃ 之间，从处理到浇铸的时间不超过 15min，浇铸温度高于 1300℃ 为最好。

　　(3) 其他相应控制措施要跟上，如加强炉前三角试块的检验。为保证获得球铁，三角断口必须是银灰色，带缩松并有电石的气味；又如浇包的铁液面覆盖草灰、冰晶石等，以防铁液表面结壳发黏或粘包等影响浇铸质量。

（4）球铁的孕育剂用量在 0.5%～0.8% 之间，孕育硅铁在浇包中冲入铁水 1/2～2/3 后再由出铁槽加入。

C 钒钛黑心可锻铸铁的生产

常用的黑心可锻铸铁生产分为两个过程：首先生产白口铸铁件，然后白口铸铁件按其要求进行可锻化退火。

可锻化退火是生产可锻铸铁的基本特征过程。对黑心可锻铸铁的退火过程分为下面的几个阶段（见图 9-2）：

（1）石墨化的第一阶段，将铸件加热到 850～1050℃，碳化物按照 ES 线相应地溶解而形成饱和 γ 相；随后在一定温度下保持使得自由碳化物石墨化，并完全消失，按 E'S' 线确定新的稳定平衡（图 9-3），此时铸铁中的组织由奥氏体和石墨组成。

（2）石墨化中间阶段，当温度下降时，也就是由第一阶段石墨化温度向第二阶段过渡时，溶解度按照 E'S' 线下降，自奥氏体中析出石墨，此为石墨化的中间阶段。

（3）石墨化的第二阶段，约在 720℃，为石墨化最后一个过程，此阶段可按两种形式进行。1）冷却至共析转变温度下进行保持（见图 9-3 中的实线）。由于很快通过临界温度范围而形成珠光体，其中的碳化物在随后的保持时间内进行分解。2）慢慢通过共析转变范围（见图 9-2 中的虚线），当缓慢冷却时奥氏体中结晶出石墨并同时形成铁素体；钒钛黑心可锻铸铁生产一般均采取这种方式，即虚线方式。第二阶段石墨化进行得完全与否，决定着组织中珠光体量的多少，也决定是黑心铁素体还是黑心珠光体可锻铸铁。若通过临界温度时速度过快或保持时间过短，或温度过低均会在组织中保留有较多的珠光体，即为珠光体可锻铸铁。

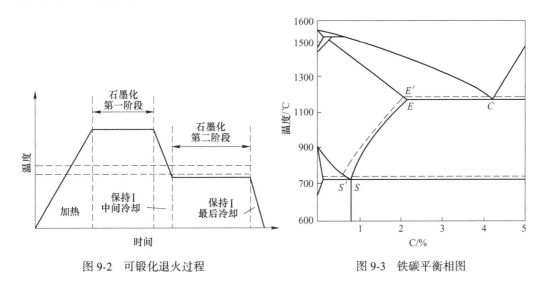

图 9-2 可锻化退火过程　　　　　　　图 9-3 铁碳平衡相图

可锻铸铁中的石墨全部是一种退火石墨，是在固溶体内进行的，析出石墨后通常为团絮状。

用钒钛铸铁进行可锻化退火，钒是碳化物形成元素，会起到阻碍石墨化的作用。但是通过 X 射线衍射的相分析，测出碳化钒通常是以小于 $0.5\mu m$ 的颗粒弥散地沉积在铸铁的基体上。这种颗粒可作为晶核，碳从周围向其扩散而形成一种近似圆形的退火石墨。试验和生产的实践均已说明，钒钛生铁作原材料生产的可锻铸铁并不比普通生铁逊色。

D　钒钛高铬铸铁

高铬铸铁开辟了我国铸造生产的新领域。高铬铸铁在建材、电力、冶金等行业得到较广泛应用，并已取得实效，在低冲击磨损范围内已逐步取代了高锰钢。

实践证明，对于承受高温冲击磨损的高炉和烧结机备件，钒钛高铬铸铁也有实用价值，通常视备件工况条件而异，采用多元合金化，加入 Mo、W、Ni。下面着重介绍钒钛元素取代部分其他合金元素的钒钛高铬铸铁备件的应用。

a　钒钛高铬铸铁的成分

钒钛高铬铸铁成分的设计主要是针对烧结机台车算条、烧结机各个混料系统中的漏斗衬板、无料钟高炉布料溜槽、高炉上料小车迎料板、沟下系统中各种耐磨衬板等几十种冶金备件的综合工作情况，根据其工作环境，如温度、炉料落差、铸件受冲击及介质磨损程度和方式，铸造方法等设计四种材质成分见表 9-7。

表 9-7　钒钛高铬铸铁成分范围

牌号	化学成分/%											使用范围
	C	Si	Mn	P	S	Cr	Mo	W	Ni	V	Ti	
RTCr16VTi	1.5~2.2	1.3~2.0	0.6~1.2	≤0.05	≤0.05	15.0~18.0				0.1~0.2	加入量0.4	烧结机算条
KmTBCr17MoVTi	2.2~2.6	0.6~1.1	0.6~1.2	≤0.05	≤0.05	16.0~19.0	1.5~2.5			0.5~1.0	加入量0.2	高炉旋转溜槽、衬板
KmTBCr15WVTi	2.6~3.0	0.6~1.1	0.6~1.2	≤0.05	≤0.05	14.0~17.0		1.0~1.5		0.5~1.0	加入量0.2	烧结机标准衬板
KmTBCr25NiMoV	1.4~1.8	0.5~0.8	0.4~0.7	≤0.05	≤0.05	24.0~26.0	0.7~1.2		1.8~2.2	0.1~0.3	0.03~0.10	高炉沟下系统衬板

b　钒钛高铬铸铁的质量控制

钒钛高铬铸铁熔炼的特点是合金元素加入种类较多，如钨、镍、钼、钒、钛等元素量大而且熔点较高，高铬铸铁出炉温度要求在 1500~1550℃，浇铸温度在 1420~1450℃。为此，钒钛高铬铸铁熔炼只能在电炉中进行，即在中频炉或电弧炉中熔炼。

钒钛高铬铸铁的炉料必须严格控制，废钢需用滚筒除锈，去油污和砂泥，合金必须严格管理和分类，并进行烘干处理，保证在熔炼过程中铁水有较高的纯净度；在出铁前必须用 0.5kg/t 铝块进行脱氧，并往钢包中加入 0.2%~0.4% 稀土元素或 0.3%Si-Fe 进行孕育处理，以减少柱状晶的形成。表 9-8 为合金元素最佳加入时间和收得率。

表 9-8　合金元素最佳加入时间和收得率

金属或合金	金属铜	钼铁合金	铬铁合金	钒铁合金	硅铁合金	钛铁合金	钨铁合金
最佳加入时间	装料时	装料时	装料加 1/2，熔池形成加 1/2	出炉前	出炉前	出炉前 5min	装料时
收得率/%	100	95	92~95	95	95	60	95~98

保证钒钛高铬铸铁质量的另一重要环节是采用高温打箱工艺，即利用铸件余热，在900~1100℃之间进行打箱，从而使铸件表面层硬度提高 HRC5~10，见表 9-9 两种打箱制度硬度对比。铸件金相组织检验表明，共晶区域的奥氏体部分转变为马氏体，初生奥氏体的边缘也有少部分转为马氏体，其结果使韧性基体组织中镶嵌硬的质点，这对增加铸件的抗磨性起到良好的作用，保证了铸件的质量。

表 9-9 两种打箱制度衬板硬度（HRC）对比

编号	1	2	3	4	5	平均值
普通打箱	44.0	45.5	45.0	49.3	44.9	45.7
高温打箱	51.0	56.0	54.5	53.5	55.5	54.1

9.2.2.2 含钒钛铸铁的典型应用

A 钒钛铸铁钢锭模

随着钢铁冶金技术的大幅度进步，国内多数钢铁企业连铸比已高达 99% 以上，但在一些大尺寸钢铁锻件领域，还离不开模铸生产，钢锭模则是炼钢企业生产中消耗量较大的备件之一。

由于钢锭模是在急冷急热交变载荷下工作的，因此要求铸件有一定的高温强度和足够的刚度，同时又应具有良好的抗氧化性。钒钛铸铁恰好满足了上述要求。

20 世纪 90 年代，攀钢用钒钛生铁生产钒钛铸铁钢锭模的研究实践表明，应用钒钛铸铁钢锭模后，其模耗已达到国内先进水平（10.80kg/t 钢）。使用寿命对比研究发现，钒钛铸铁钢锭模寿命比普通铸铁（本溪参铁铸造）高 33%。钒钛铸铁钢锭模具有较高的寿命，主要是由于钒钛强化铸铁基体的缘故。测定铁素体型的钒钛铸铁和不含钒钛铸铁钢锭模实体的显微硬度，钒钛铸铁比不含钒钛的高 20%。

生产实践表明，钒钛铸铁钢锭模最佳的化学成分为：C 3.5%~4.0%，Si 1.5%~2.0%，Mn 0.3%~0.5%，P≤0.1%，S≤0.1%，V 0.15%~0.4%，Ti 0.05%~0.15%。

B 钒钛铸铁轧辊

轧辊是冶金生产上消耗较大的重要备件，据统计，轧辊综合消耗水平通常在 2~4kg/t 钢材，其中 80% 为铸铁轧辊。一个年产 100 万吨的轧钢厂每年将消耗 2000~4000t 轧辊，同一些先进国家（1~2kg/t 钢材）相比仍存在较大差距。多年来国外对提高轧辊质量一直给予足够的重视，在铸铁轧辊生产上，集中在熔炼、工艺和材质方面的改进，如采用工频感应炉或双联熔炼，采用离心浇注，双层复合浇注、共装、无限冷硬以及新的脱硫和处理工艺；材质上采用半钢、石墨化钢、高铬铸铁和其他合金铸铁等。

C 钒钛铬半球半蠕铁素体型铸铁高炉镶砖冷却壁

高炉镶砖冷却壁处于恶劣的工作环境，因此要求它不仅有足够的强度，还需要有良好的耐热性能、抗高温磨损性能、导热性和铸造性能等。传统的牌号含铬灰铸铁，如 HT150HT200 除具有一定力学性能外，导热性和铸造性均比较好，但抗高温中温侵蚀和磨损能力较差，铸铁中的粗片状石墨被炉气中的 O_2、SO_2、K_2O 等侵蚀，形成一个像蚂蚁窝似的损伤部位，该部位更易被磨损冲刷而损坏。

攀钢钒 2 号高炉大修时更换下的镶砖冷却壁壁体上镶砖已不存在，冷却壁本体已被冲刷磨损很多，并有大块脱落，最薄处不到 100mm，冷却水管已外露或破损。经检验分析为低硅铬灰铸铁，基体组织中珠光体含量大于 95%，石墨为中粗片状，抗拉强度小于 150MPa。

因此，研究一种较为适宜的材质是非常迫切的工作。实践表明，用钒钛生铁作原料，加入适当的合金调整硅锰铬成分，控制变质剂加入量而获得一种铁素体型的钒、钛、铬半球半蠕铸铁。这种铸铁充分利用了球铁、蠕铁的优点而避开其弱点，既保证了铸铁的力学性能、耐热性、耐磨性，也具有适当的导热性、抗热裂倾向性、刚性和良好的铸造性能，用它作为高炉冷却壁材质是比较适宜的。

D 钒钛铸铁球

我国冶金矿山、建材、发电等行业每年需磨球约 100 万吨，目前国内外使用的磨球品种繁多，美国、加拿大、日本和俄罗斯使用的磨球大多是高碳钢锻钢球、低合金锻钢球及高铬铸铁球，国内根据各地资源的情况先后有锻钢淬火球、中锰铸铁球、低铬铸铁球、高铬铸铁球、磷铜钛低合金铸铁球、奥贝铸铁球、钒钛铸铁球等。为了充分应用钒钛资源，钒钛铸铁球的研制工作取得了明显的经济效果，如 5 万千瓦发电厂采用钒钛铸铁球后，其球耗从 300t/a 降至 200t/a，如矿山 $\phi3.6m \times 4m$ 大型球磨机采用钒钛铸铁淬火球，其磨耗从 1.016kg/t 矿降至 0.852kg/t 矿。

E 钒钛铸铁渣罐

铸铁渣罐是炼钢厂用于装运钢渣的工具，容积为 16.5m³ 的铸铁渣罐单重为 27t，渣罐在使用过程中，罐身温度在 150~900℃ 之间急冷急热地变化。为便于倾渣，经常需要承受 3t 的重锤冲击，渣罐主要报废方式为早期裂纹，其中以纵裂和横裂居多。裂纹位置在罐身大面、罐底和罐耳处，其中以罐身大面裂纹为主。据国内不完全统计，鞍钢渣罐使用次数为 40~50 次，武钢为 35~40 次，攀钢为 40~50 次。为了满足炼钢生产的需要，利用钒钛生铁作为原料生产出具有良好高温性能，又具有良好塑性的钒钛铸铁渣罐。通过多年来的研究与实践，钒钛铸铁渣罐的使用寿命比普通铸铁渣罐提高了 2 倍多，创造了较大的经济效益。

F 钒钛黑心可锻铸铁建筑扣件

近年来建筑行业普遍采用扣件式钢管脚手架，扣件承受较大的张力、剪切力和摩擦力。扣件要求达到性能：（1）在滑动性能试验时，要求在垂直方向上施加 1500kg 荷重，扣件的转动范围相对水平轴线不得超过 5°，同时不得滑动；（2）在做破坏性能试验时，有防滑装置条件下，垂直方向上施加 3000kg 荷重，扣件不发生任何变形和破坏。上述指标是较为严格的。攀钢研究院与攀枝花铸造厂合作，利用钒钛生铁本身硅、磷、硫含量较低，白口倾向性较大，易于得到白口铸铁的特点，成功地生产出合乎要求 KTH350-10 的钒钛可锻铸铁扣件。

G 高炉原料系统衬板和高炉旋转溜槽衬板

a 高炉原料系统衬板

KmTBCr25NMoV 主要应用在高炉原料系统受冲击磨损部位的衬板上，这些衬板的工作温度最高可达 200℃ 以上，受冲击载荷部位落料高度为 2.0~3.5m，约 80% 烧结块度为 40~60mm，有约 10% 的烧结矿单块质量在 700g 以上，加上钒钛后烧结矿尖角丰富且锋利。为此，衬板首先要求具有足够的韧性，避免在冲击磨损过程中大块剥落和脆断；其次要有较高的硬度，能抵抗烧结矿的侵入和刮削，有较好的抗磨性；最后生产工艺流程简单，衬板在铸态下直接使用。过去传统用 16Mn 钢板层层加焊的办法，难以满足高炉现代化生产的要求，而 KmTBCr25NMoV 恰好满足上述的要求，经过几年的应用证实在技术上是可行的、经济上是合理的。

b 高炉旋转溜槽衬板

无料钟高炉旋转溜槽衬板使用条件恶劣，磨损失效快，是国内各厂家使用无料钟高炉的难题。对该材质要求：较高的宏观硬度，组成相有较高的显微硬度；一定的冲击韧性和抗弯性能；较好的抗中温回火软化能力。国内旋转溜槽衬板材质部分为 KmTBCr25MoNi。根据使用条件，攀钢利用钒钛元素取代部分镍、铬，成功地铸造出 KmTBCr17MoTi 旋转溜槽衬板，并已在攀钢 1 号、4 号高炉上使用 9 套 KmTBCr1MoVTi 旋转溜槽衬板，均取得满意的结果，该溜槽衬板使用 8.5 个月，过矿量 107.50kt，产生铁 51.20kt，溜槽衬板仍未磨漏。KmTBCr25MoNi 溜槽衬板使用 7 个月，过矿量为 840kt，产铁 400kt 后被磨穿。从实践中看，KmTBCr17MoTi 铸造溜槽衬板在技术上可行，经济上合理，完全可取代 KmTBCr25MoNi。

9.2.3 含钒钛铸钢主要品种及其应用

9.2.3.1 含钒钛铸钢主要品种及性能

我国现行铸钢钢种为 70 余种，其中 80% 为碳素铸钢，据统计 2018 年全国铸钢件约生产 575 万吨。随着工业的发展，对铸钢材料已提出新的要求。由于近年来材料科学的发展和铸造技术的改进，铸钢品种规格的增多，特别在低合金铸钢方面，如 Cr、Mn、Mo、V、Ti 等元素的合金化有较大的进展，为提高铸件的耐用性提供了技术基础。我国有丰富的钒铁资源，钒钛磁铁矿资源的综合利用，为研制钒钛低合金铸钢提供了充分的物质基础。

生产和研究表明，钒钛铸钢比国内同类型的不含钒钛铸钢有较好的综合性能。在成分相近的情况下，加入适量的钒和钛，其屈服强度提高 15%~30%，抗拉强度提高 15%~23%，耐磨性提高 24% 以上，特别是加钒后屈强比都有较大的提高，铸钢的抗压溃性能明显增加。主要钒钛低合金铸钢的化学成分及力学性能分别见表 9-10 和表 9-11。

表 9-10 钒钛低合金铸钢的化学成分

牌号	化学成分/%								
	C	Si	Mn	P	S	V	Ti	Cr	Mo
ZG30V	0.3	0.39	0.79	0.018	0.022	0.13			
ZG45VTi	0.49	0.34	0.71	0.022	0.015	0.15	0.055		
ZG55VTi	0.52	0.28	0.91	0.02	0.013	0.14	0.02		
ZG35CrMoVTi	0.34	0.39	0.65	0.019	0.017	0.12	0.03	0.98	0.24
ZG45MnVTi	0.45	0.48	1.26	0.027	0.013	0.12	0		
ZG50MnVTi	0.55	1.4	1.6	0.04	0.03	0.2	0.022		
ZG70Mn2VTi	0.68	0.43	1.84	0.02	0.027	0.16	0.013		
ZG65MnVTi	0.66	0.25	0.99	0.009	0.008	0.12			
ZG30Cr3SiVTi	0.23	2.74	0.29	0.025	0.029	0.33	0.05	3.38	0.29
ZGMn13CrV	1.24	0.49	13	0.049	0.005	0.18		1.15	

表 9-11 钒钛低合金铸钢的力学性能

牌号	屈服强度 /MPa	抗拉强度 /MPa	伸长率 /%	断面收缩率 /%	冲击韧性 /J·cm^{-2}	硬度	热处理工艺
ZG30V	285.0	575.5	24.3	44.0	47.0	HB154	900℃退火
ZG45VTi	418.0	667.2	18.3	26.4	24.2	HB191	900℃退火
ZG55VTi	397.7	747.0	19.7	27.3	28.4	HB212	900℃退火
ZG35CrMoVTi	1177.5	1240.3	9.0	22.6	19.4	HRC38.7	880℃淬火+550℃回火
ZG45MnVTi	738.0	882.0	13.4		31.0	HB269	907℃淬火+650℃回火
ZG50MnVTi		894.0					890℃油淬+300℃回火
ZG70Mn2VTi		1088.0	8.0	12.5	12.3	HB303	920~950℃正火+ 520~640℃回火
ZG65MnVTi	702.8	931.4	18.6	44.8	27.1	HB269	810℃油淬+580℃回火
ZG30Cr3SiVTi	466.5	527.1		1.0	23.5	HB216	900℃退火
ZGMn13CrV	494.7	927.9	42.6	32.8	131.4	HB230	1080℃水韧处理

9.2.3.2 含钒钛铸钢典型应用

A 钒钛普通铸钢 ZG30V

(1) 高炉大漏斗。大型高炉为了提高技术经济指标、强化冶炼，采用高熟料比、高风温、高压操作，加剧漏斗的损坏，寿命一般在 12 个月左右。高炉大漏斗在长期使用中承受着高温磨料磨损（工作温度在 400~550℃），高温、高压气流的冲刷（有时是超声速的），以及氧化和腐蚀磨损，这些因素的交互作用，导致在大漏斗本体上的铸件质量薄弱位置上被磨穿和吹漏。

大漏斗使用条件恶劣，要求材质具有较高的强度、中温硬度和耐磨性，要求有较低的弹性模量，以及良好的焊接性能，以满足"刚性钟和弹性斗"的配合，保证使用安装的需求等。实践证明，使用 ZG30V 能够显著地提高大漏斗的强度和耐用性，是制造大漏斗的理想材料。

(2) 钢渣罐。采用 ZG30V 钢渣罐比 ZG30 钢渣罐寿命提高 65%，特别在使用过程中不易受撞击变形和裂纹，在铸造过程中必须按铸造工艺设计操作，保证铸件的质量。

根据渣罐的结构特点，选用黏土砂，实样造型，并设计了专用砂箱工具。为减少冒口的钢水消耗，渣罐的浇铸位置为罐口朝下。外型设有三个分型面，芯子分两段制作（见图 9-4 中芯 1、芯 2）。此种工艺方法主要优点是工艺收得率高，渣罐的内壁质量容易保证。

B 钒钛锰结构铸钢

(1) ZGMn45VTi 锚链轮。锚链轮是煤矿用的刮板运输机上易消耗的主动传动备件，使用条件恶劣，要求强度高、韧性好，且齿不卷边、不断齿并要求有较高的使用寿命，国内曾先后使用过 45 号锻钢、ZG45Mn、ZG35CrMoSi、ZG45 等钢种，均未获得如期的使用效果，一般使用时间约为 6 个月。德国、美国采用 40NiCr 钢锻造锚链轮，其寿命在 24 个月左右。考虑我国实情，立足于我国攀西地区丰富的钒钛资源，采用钒渣直接合金化冶炼

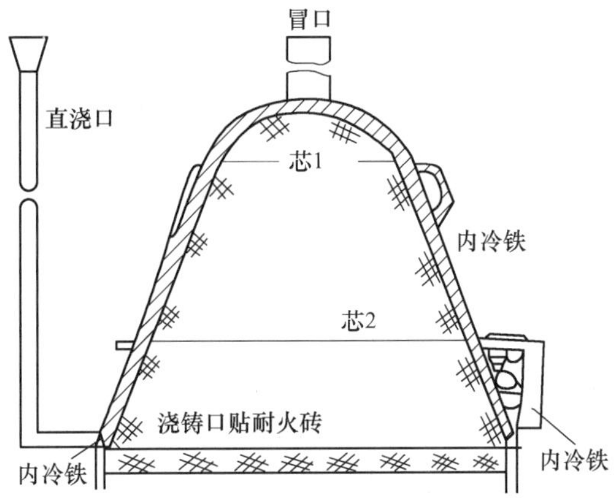

图 9-4　渣罐铸造工艺图

工艺，生产出优质的 ZG45MnVTi 的锚链轮，其寿命在 24 个月以上，达到国外同类型产品的先进水平。

（2）ZG65MnVTi 走行轮。这是锰结构铸钢，经调质后具有较好的耐磨性。一般用于矿山起重设备的车轮和天车走行轮等。攀钢轨梁厂天车走行轮（主动轮和被动轮），若采用 ZG65Mn，其寿命一般不到 8 个月，不能满足生产的需要。采用 ZG65MnVTi 后，走行轮使用寿命提高 1 倍以上，深受用户欢迎。

C　ZG35CrMoVTi 低合金铸钢

ZG35MoVTi 是一种中碳低合金结构铸钢，这种材料强度高、韧性好，具有一定耐磨性及抗热耐蚀性，广泛用于制造齿轮、链轮、轴套及电铲等零件。试验证明 ZG35CrMoVTi 是一种具有良好耐磨性和一定综合性能的低合金铸钢，达到了国家规定的技术经济指标。

ZG35CrMoVTi 铸钢是在 ZG35CrMo 铸钢的基础上，添加 0.1%～0.15%V 和 0.02%～0.04%Ti，铸钢性能有了明显的改善。ZG35CrMoVTi 低合金铸钢件安装在攀矿兰尖铁矿 WK-4m^3 电铲上使用；与 ZG35CrMo 铸钢的支轮进行比较，含钒钛铸件的耐磨性、抗压溃性明显比不含钒钛铸件高。

D　含钒高锰钢

含钒高锰钢是一种抗冲击的耐磨钢，广泛应用于冶金、矿山、建材等行业。由于实际使用中其加工硬化能力不足，使耐磨性不能充分发挥。为了提高其耐磨性，国内外一直在进行试验研究，并取得了一定程度的进展。目前，国内外对高锰钢的研究一方面是调整成分进行合金化，另一方面改进高锰钢件的铸造工艺以提高铸件质量，达到提高耐磨性的目的。研究表明，在高锰钢中加入少量钒进行合金化，改善了加工硬化性能，延长了铸件使用寿命，取得明显的技术经济效益。

E　钒钛耐热钢 ZG30Cr3Si3VTi

ZG30Cr3Si3 是一种合金耐热铸钢，与其他的耐热铸钢相比具有合金含量低、铸造性能优良和易于生产的优点，可用于生产烧结机机尾的一些备件如箅条、箅板和刮板等，这些备件长期经受热烧结矿的冲刷磨损和大块烧结矿的冲击，使用寿命较低；国外制造这部分零件采用的是高镍铬合金钢，以保证铸件优良的耐热性和一定的耐磨性，但成本较高。

近年来我国利用攀枝花的钒钛资源，创制出多种钒钛铸钢新钢种，生产的备件在使用过程中均取得了满意效果。在 ZG30Cr3Si3 钢中加入一定量的钒钛元素，利用其一系列优良的作用，以提高钢的高温性能及耐磨性，延长铸件的使用寿命，将是一条切实可行的途径。

9.3　典型含钒钛钢生产技术

9.3.1　含钒钛重轨钢

铁路对重轨使用性能的要求随铁路的发展而不断变化。在传统铁路线上，磨损是重轨的主要损坏形式，因此传统铁路主要强调重轨的耐磨性能。近年来随着铁路行车速度的不断提高，重轨的损坏由过去的磨损转变成各种形式的疲劳损坏，尤其铁路高速化以后，行车的安全性及舒适性就显得更为重要。因此，良好的抗疲劳性能和焊接性能是提速和高速铁路用重轨的基本特征，这些特征在重轨内部质量上的反映就是高的纯净度和成分控制精度。

9.3.1.1　重轨钢质量要求

由于重轨生产技术不断向现代化以及高速铁路的发展，世界各地现有重轨根据化学成分和硬度不同规定了 7 个钢种等级，并对每个等级钢种的金相组织做了准确的规定。表 9-12 示出了欧洲重轨 7 个等级钢种的化学成分和力学性能。

表 9-12　欧洲重轨不同等级钢种的化学成分及力学性能

| 钢种等级 | 化学成分/% | | | | | | | | | | | σ_b /MPa | δ_b /% | 硬度 (HB) |
	C	Si	Mn	P	S	Cr	Al	V	N	O	H			
200	0.38~ 0.62	0.13~ 0.60	0.65~ 1.25	≤0.040	0.008~ 0.040	残留	≤0.004	残留	≤0.010	≤0.002	≤0.0003	≥680	≥14	200~ 240
220	0.50~ 0.60	0.20~ 0.60	1.00~ 1.25	≤0.025	0.008~ 0.035	残留	≤0.004	残留	≤0.010	≤0.002	≤0.0003	≥770	≥12	200~ 260
260	0.60~ 0.82	0.13~ 0.60	0.65~ 1.25	≤0.025	0.008~ 0.035	残留	≤0.004	残留	≤0.010	≤0.002	≤0.00025	≥880	≥10	260~ 300
260Mn	0.53~ 0.77	0.15~ 0.60	1.25~ 1.75	≤0.025	0.008~ 0.035	残留	≤0.004	残留	≤0.010	≤0.002	≤0.00025	≥880	≥10	260~ 300
320Cr	0.58~ 0.82	0.48~ 0.12	0.75~ 1.25	≤0.025	0.008~ 0.035	0.75~ 1.25	≤0.004	≤0.20	≤0.010	≤0.002	≤0.00025	≥1080	≥9	320~ 360
350HT	0.70~ 0.82	0.13~ 0.58	0.65~ 1.26	≤0.025	0.008~ 0.035	残留	≤0.004	残留	≤0.010	≤0.002	≤0.00025	≥1175	≥9	260~ 300
350LHT	0.70~ 0.82	0.13~ 0.60	0.65~ 1.25	≤0.025	0.008~ 0.035	≤0.30	≤0.004	残留	≤0.010	≤0.002	≤0.00025	≥1175	≥9	350~ 390

9.3.1.2　国外高质量重轨的生产技术

A　生产工艺

国外重轨生产工艺为：高炉铁水→铁水三脱→顶底转炉复吹→LF 炉→RH 真空脱气→连铸（大方坯）→步进式分加热炉（保温隧道）→高压除鳞→万能轧机→热锯定尺→在线

余热淬火→自动打印→带预弯装置的步进式冷床→双向平立可变辊距 10 辊矫直机→轨端四面液压矫直机→双向平直度自动测量仪→在线超声波探伤（16 个探头）→联合锯钻机床→轨端帽形淬火→成品检查入库，采用上述工艺生产的重轨完全可以满足现代高速重载铁路运输对重轨高质量的要求。近年来国际上的重轨生产厂家进行了一系列的技术开发和改造：

（1）取消铝脱氧工艺。铝脱氧形成的 Al_2O_3 夹杂物是重轨主要的疲劳源。采用 SiCa 等不含铝的新型脱氧剂辅以其他的炉外脱氧，可有效地提高重轨的疲劳性能。

（2）高强度重轨的在线热处理。

（3）重轨残余应力控制。

（4）长重轨生产。

（5）重轨的在线检测和控制。

重轨钢的化学成分按照表 9-12 控制。

钢水温度的控制：转炉出钢（1645℃）→炉下钢水罐车（1605℃）→炉后吹氩、添加合金、顶渣（1600~1570℃）→钢水进入 LF 炉温度（1560℃）→LF 炉精炼完毕（1620℃）→VD 炉真空处理（1615~1565℃）→回转台（1560℃）→中间包（≥1525℃）。

B 炉外精炼工艺

重轨钢对炉外精炼的要求包括温度控制、成分微调、夹杂物控制、气体控制。在国外的重轨厂家中，除法国 Sailor 公司采用 VAD 法外，其他重要的重轨生产厂家都采用 RH 真空循环脱气法对钢液进行真空处理，如德国蒂森钢公司和克虏伯钢公司、日本的新日铁和日本钢管公司、英国钢公司及瑞典钢铁公司等。采用 RH 法处理钢水需要的时间短、生产效率高、温降少且处理效果好，但投资和生产成本较高；采用 VAD 法可以达到同样的处理效果，但所需时间长、温降大，而且要求一定的净空（在新砌钢包内，钢液净空应超过 900mm），但投资与生产成本较低。

生产重轨钢依靠真空处理将钢液中的氢含量降至 0.0002% 以下，再将连铸坯进行缓冷除氢，使钢中氢含量降至 0.0001% 左右，可保证重轨不产生白点。据报道，具有百余年重轨生产经验的英国沃金顿重轨厂，在生产含铬耐磨重轨时，钢液经真空处理后，再将连铸坯在相变温度下（700℃左右）放入缓冷坑缓冷，利用相变时钢中氢溶解度大幅度下降的热力学原理，进行固态扩散除氢。但是余热淬火后，钢已完成相变过程，而且温度一般都在 550℃ 以下；如果再移送到缓冷坑，温度更低，扩散除氢将很困难，而且还不能进行中温矫直。因此，在采用在线余热淬火及中温矫直工艺条件下，必须进行钢液真空脱氢。也就是说，真空处理是采用余热淬火和中温矫直工艺的先决条件。

此外，国内外研究一致确认，铝脱氧钢中的 Al_2O_3 夹杂是重轨产生疲劳断裂的主要根源。因此，蒂森钢公司采用了无铝脱氧工艺，出钢时只在钢包中加 FeMn 和 FeSi 脱氧，从根本上消除 Al_2O_3 夹杂来源，是彻底解决重轨疲劳断裂问题的较好方法。

除真空处理法外，目前国内外仍有许多重轨厂家采用钢包吹氩气等较简单的炉外精炼方法生产重轨钢，如加拿大阿尔戈马钢公司、南非海威尔德钢公司、俄罗斯及我国的各重轨厂。美国伯利恒钢公司斯蒂尔顿厂在技术改造前也采用钢包吹氩法处理钢水。

为了补偿炉外精炼的钢水温降，通常采用 RH-OB 法和钢包炉（LF）法加热钢水。RH-OB 法采用向钢水中加铝同时吹氧，利用铝氧化产生的热量加热钢水，加热速度一般为 4~8℃/min。在加铝吹氧加热钢水后，使钢水继续循环 6min，可把钢液中 Al_2O_3 含量降到加热前的水平。钢包炉采用电极埋弧加热，升温易控制，加热速度为 3~6℃/min，不产生 Al_2O_3 夹杂。

为了满足重轨钢对化学成分、气体含量及非金属夹杂的严格要求，并按时向连铸机提供质量、温度合格的钢水，达到稳定连铸生产和保证铸坯质量的目的，选用的炉外精炼设备应具有以下功能：（1）具有合金微调功能，可准确控制钢水化学成分；（2）具有升温和保温功能，可调整和控制钢水温度；（3）具有真空脱气功能，可有效降低钢中气体含量；（4）具有脱硫功能，可去除钢中有害杂质；（5）具有吹氩搅拌功能，能均匀钢水成分和温度；（6）能在转炉与连铸之间起到缓冲协调作用。

C 连铸工艺

由于模铸工艺本身固有的缺点，给重轨钢生产带来一系列问题：多次切头切尾使金属收得率低；钢锭均热及热轧开坯造成能耗高；由于钢液中氧含量高、二次氧化及模壁粗糙等导致重轨钢表面质量差，钢锭缩孔大小不定，造成初轧坯短尺；多种轨型兼用一种锭模导致初轧坯尺寸不足或多余，造成短尺浪费降低成材率等。而采用连铸是解决上述问题最好的方法，目前国外用连铸坯生产的重轨钢已占全部重轨产量的 90% 以上。重轨钢连铸质量控制主要是改善铸坯的中心偏析和提高钢水的纯净度。为了防止或减轻重轨钢连铸时的中心偏析，国内外主要采取以下措施：（1）合理选择大方坯的断面尺寸，以保证中心偏析集中在轨腰，不进入轨头或轨底；（2）控制钢水的过热度；（3）电磁搅拌；（4）轻压下；（5）严格控制拉速；（6）合理的冷却制度。

重轨钢夹杂物和含氢量控制的措施为：（1）正确选择脱氧制度；（2）全程保护浇铸；（3）中间包冶金。

为避免重轨中形成白点，冶炼时通过合金和耐火材料充分烘干及对钢液进行真空处理脱氢，还须将连铸坯缓冷，以控制钢中氢含量。

钢水在连铸过程中存在许多增氢的可能性：新砌中间包耐火内衬的脱气过程，可使浇铸的第一炉钢水 [H] 由 0.0015% 增至 0.00045%，第二炉钢水 [H] 由 0.00015% 增至 0.00029%。中间包使用的绝热板或涂料，向钢包、中间包和结晶器钢液表面添加保护渣，都可能因其水分增加使钢液增氢。因此，即使钢液经真空脱气后 [H] ≤0.0002%，连铸后钢中 [H] 仍高于发生白点的临界氢含量；连铸坯必须进行堆垛缓冷除氢，高强度低合金重轨及热处理重轨的连铸坯需采用缓冷坑或保温罩缓冷除氢。

国外许多著名重轨生产厂家均采用这种综合除氢工艺，如日本钢管福山厂、新日铁八幡厂，采用钢液真空处理和连铸坯堆垛并加保温隔热罩缓冷相结合的综合除氢工艺。德国蒂森钢公司采用 RH 真空处理后，[H] ≤0.0002%，一般重轨采用堆垛缓冷。但含铬的连铸坯采用箱式缓冷，一般 [H] ≤0.0001%，不发生白点。

9.3.1.3 国内高质量重轨的生产技术

国内重轨钢典型的生产工艺为：高炉铁水→铁水预处理→转炉→钢包吹氩、喂复合线→连铸→初轧→推钢式加热炉→轧机→热锯定尺→冷床→缓冷坑→平立联合矫直机→轨端四面液压矫直机→联合锯钻机床→轨端帽形淬火→在线超声波探伤→人工检查入库。

国内重轨钢成分见表 9-13。

表 9-13　国内重轨钢的牌号和化学成分　　　　（%）

牌号	C	Si	Mn	V	P	S	Al	Cr	Cu	Ni	Mo	Sb	Sn	Ti	Nb	As
U71Mn	0.65~0.76	0.15~0.35	1.10~1.40	≤0.03				≤0.15								
U75V	0.71~0.80	0.50~0.80	0.75~1.05	0.040~0.12	≤0.030	≤0.025	—	≤0.15								
U75V（R）	0.75~0.80	0.65~0.80	0.80~1.00	0.04~0.08				0.10~0.15	≤0.15	≤0.10						
900A	0.66~0.77	0.15~0.35	1.10~1.28	≤0.030				≤0.15			≤0.020		≤0.040	≤0.025	≤0.010	
PG4	0.76~0.82	0.70~0.80	0.80~0.90	0.07~0.12	≤0.025	≤0.025		0.40~0.46								
SS	0.78~0.84	0.50~0.60	1.13~1.25	≤0.010	≤0.020	≤0.020	≤0.005	0.20~0.25	≤0.40	≤0.25						≤0.020
LA（60）	0.75~0.80	0.40~0.50	1.00~1.08					0.36~0.40	0.40	≤0.15						

　　转炉冶炼采用增碳法工艺，终点碳含量按≤0.10%控制，出钢温度1660~1690℃，红包出钢，出钢过程中必须挡渣。合金在出钢1/3时开始加入，出钢至2/3时加完。

　　钢水到LF站后，每炉加入适量顶渣后方能加热。

　　RH采用本处理模式，RH真空处理后必须取样和在线定氢，钢液氢含量不得大于0.00015%（中间包第一、二炉不得大于0.00012%），其余钢轨钢液氢含量不得大于0.0002%（中间包第一、二炉不得大于0.00015%），否则改钢。使用低铝合金调整钢水成分。V、Ti合金在RH工序脱氢处理结束合金化阶段加入。

　　连铸采用全程保护浇铸，即钢包到中间包采用长水口和保护套管，中间包到结晶器采用浸入式水口浇铸。钢包开浇前先套长水口，中间包采用有碳覆盖剂覆盖。

　　铸坯表面质量：钢坯表面不得有深度或高度大于1mm的划痕、压痕、气孔、皱纹、冷溅、凸块、凹坑、横向振痕。对钢坯进行清理时应纵向清理，清理部位应圆滑无棱角。清理宽度应不小于深度的10倍，长度应不小于深度的10倍。清理深度单面不得大于公称厚度8%，两相对面清理深度之和不应大于公称厚度的12%。

　　钢坯加热制度见表9-14。

表 9-14　重轨钢参考加热制度

牌　号	加热温度/℃		
	均热段	加热Ⅰ段	加热Ⅱ段
U71Mn、900A	1200~1270	1000~1250	1220~1300
U75V、U75V（R）	1200~1280		
SS、LA（60）、PG4		1000~1150	1220~1290

9.3.2　IF 钢

采用转炉吹炼+RH 真空循环脱气等先进的冶炼技术，将钢中的碳含量降到很低（0.001%~0.01%），加入钛、铌固定碳、氮元素，从而得到无间隙原子的纯净的铁素体钢，即为无间隙原子钢（Interstitial-Free Steel），简称 IF 钢。

IF 钢具有优良的深冲性能，具有优异的塑性应变比（$\bar{\gamma}$）、高的应变硬化指数（n）、良好的伸长率及非时效的特性。以 IF 钢为基础发展起来的高强度 IF 钢、热镀锌和电镀锌 IF 钢、高强度烘烤硬化（BH）钢板等品种系列，能满足汽车工业对材料的轻量、耐蚀、抗凹和成型等综合性能的需要。

目前世界上以无间隙原子钢（IF 钢）为代表的新一代汽车用薄板超低碳钢系列得到了迅猛的发展，其中包括：以减重节能为目标的高强度钢板系列；以提高成型性能为目标的深冲钢板系列；以提高防腐能力为目标的镀层钢板系列。宝钢、武钢、日本川崎钢铁公司生产的 IF 钢性能比较见表 9-15。

表 9-15　宝钢、武钢、日本川崎钢铁公司生产的 IF 钢性能比较

厂家	板厚/mm	屈服强度 σ_s/MPa	抗拉强度 σ_b/MPa	屈强比 σ_s/σ_b	伸长率 δ/%	应变硬化指数 n	应变硬化指数 $\bar{\gamma}$	$\Delta\gamma$
日本川崎	0.8	130	290	0.45	52.9	0.27	2.25	0.53
中国宝钢	1.2	141	289	0.49	49.0	0.24	2.63	0.44
中国武钢	1.0	89	277	0.32	45.0	0.30	2.11	0.55

9.3.2.1　IF 钢的牌号与化学成分

间隙原子碳、氮对冲压用钢的织构、$\bar{\gamma}$ 值与时效特性等影响极为重要，固溶的碳、氮不利于 {111} 织构的形成，急剧降低 $\bar{\gamma}$ 值。此外，碳、氮含量高（特别是氮）还将明显增大冲压用钢的时效硬化倾向。钛、铌元素在冲压用钢中主要起"净化"作用，即将碳、氮间隙原子从铁素体中清除出来，从而获得较纯净的铁素体，有利于 {111} 织构的形成而增大 $\bar{\gamma}$ 值；保证了冲压用钢的非时效性，因而 IF 钢必须具有超低碳（≤0.005%）、氮（≤0.003%），微量的钛或铌合金化，杂质含量低等特点。国内外部分钢铁厂 IF 钢的化学成分见表 9-16。

表 9-16　国内外部分钢铁厂 IF 钢的化学成分

厂家	化学成分（质量分数）/%								
	C	Si	Mn	P	S	Ti	Al_s	N	Nb
攀钢	≤0.0050	≤0.03	0.10~0.25	≤0.015	≤0.015	0.050~0.085	0.020~0.070	—	—
宝钢	0.002~0.008	0.010~0.030	0.10~0.20	0.003~0.015	0.007~0.01	0.02~0.04	0.020~0.070	0.001~0.004	0.004~0.010

厂家	化学成分（质量分数）/%								
	C	Si	Mn	P	S	Ti	Al_s	N	Nb
Armco	0.002~ 0.012	0.007~ 0.025	0.25~ 0.50	0.001~ 0.01	0.008~ 0.02	0.08~ 0.31	0.003~ 0.012	0.004~ 0.008	0.06~ 0.25
NSC	0.001~ 0.006	0.009~ 0.02	0.10~ 0.20	0.003~ 0.015	0.002~ 0.013	0.004~ 0.060	0.020~ 0.050	0.001~ 0.006	0.004~ 0.039
KSC	0.002~ 0.006	0.010~ 0.020	0.10~ 0.20	0.005~ 0.015	0.002~ 0.013	0.010~ 0.060	0.020~ 0.07	0.001~ 0.004	0.005~ 0.015

碳含量：传统的 IF 钢碳含量为 0.005%~0.01%；现代 IF 钢采用转炉冶炼，经过改进的 RH 处理，在连铸中采用防增碳措施等，在经济条件下可以使碳含量大大降低，一般 C<0.005%，N<0.003%。日本新日铁公司生产 IF 钢的碳含量已稳定控制在 0.0015% 以下，这包括炼钢时碳低于 0.001%，后续过程增碳不超过 0.0002%。德国蒂森钢铁公司 IF 钢碳含量稳定地控制在 0.002%~0.003%，氮在 0.003% 以下。

碳含量变化对 IF 钢性能的影响显著，降低钢中碳含量可以提高钢板的延性和 $\bar{\gamma}$ 值，同时钢的屈服强度和抗拉强度也呈下降趋势。工业数据统计分析也显示，随着碳含量的增加，产品性能稳定性也在下降，最终影响到 IF 钢的成材率。

钛含量：工业生产的超低碳钢（C 0.001%~0.005%）若不经过钛、铌处理，其 $\bar{\gamma}$ 值不高，这是由于基体中少量的碳会严重阻碍 {111} 再结晶织构的发展。因此，必须进行微合金化处理，以消除碳间隙原子的不利影响，从而促进钢中有利织构充分发展，提高钢板的成型性能。根据宝钢生产数据统计，为获得良好的综合深冲性能，应保证 IF 钢的成分为：C≤0.005%，N≤0.003%，S≤0.01%，Ti/C=3~5，过剩钛 0.02%~0.04%。

9.3.2.2 IF 钢的生产工艺特点

IF 钢的生产工艺流程一般为：转炉→RH 真空脱气→连铸→热轧→冷轧→退火→平整。生产过程的每一步工序，从成分控制到热轧、冷轧、退火、平整，都影响 IF 钢的最终性能。冶炼工艺主要解决脱碳和防止增碳、降氮和防止增氮、纯净度控制及微合金化问题。

（1）铁水预处理。生产优质 IF 钢必须进行铁水脱硫预处理，通过同时喷吹含 Mg 和 CaC_2 的混合物使硫含量降到 ≤0.01% 以下，并吹氩搅拌使成分均匀。

（2）转炉冶炼。常规转炉生产的终点碳含量一般控制在 0.01%~0.04%。目前冶炼中降氮主要依靠转炉，真空处理时原始氮含量少于 0.002% 时，基本不降氮，若密封性能不好会导致增氮。因此，转炉停吹后，避免钢水与空气接触是防止后期增氮的关键。

（3）出钢操作。生产 IF 钢转炉终点渣 $\sum FeO = 15\%~25\%$，包内渣层应控制在 50mm 以下，出钢带渣过多会造成严重的二次氧化。出钢后立即向钢包内加入炉渣改性剂，改性剂由 $CaCO_3$ 和金属铝组成，铝含量为 30%~55%，可将 TFe 含量降低到 4% 左右，甚至 2%。

（4）RH 精炼。加强 RH 处理过程的精确控制，其措施为：1）严格控制前工序的碳、氧含量和温度；2）前期吹氧强制脱碳；3）建立合理的工艺控制模型；4）进行炉气在线分析、动态控制。RH 脱碳终了合理的氧含量应小于 0.025%。

（5）残余元素控制。奥钢联林茨厂采用转炉→RH 真空脱气→连铸流程生产超低碳 IF 钢，钢液在 RH 处理到 14~16min 时，加入铝粒作为脱氧剂和合金元素；在第 18~20min 时，加入 FeTi 合金以形成氮和碳化合物。有时需要加入 FeMn 合金调整锰含量，加入废钢调整温度。随着铬镁炉衬中铬氧化物的减少，铬在钢中的浓度会有所增加，处理到第 19~20min 时，由于 FeTi 合金的加入，铬含量会有暂时性的增加。

（6）严格的保护浇铸措施。1）加强钢包-长水口之间的密封；2）中间包使用前用氩气清扫；3）高的滑动水口开启成功率；4）浸入式水口；5）保证中间包钢水高于临界高度；6）中间包碱性覆盖渣。

（7）防止增碳。在 RH 中真空脱碳后，后步工序的增碳因素很多，具体如下：RH 脱碳结束（0.0015%~0.002%）→合金（增碳）→RH 真空室内的冷钢（增碳）→钢包保温剂（增碳）→包衬水口、滑板（增碳）→中间包保温剂（增碳）→耐火材料、塞杆、长水口、滑板、浸入式水口等（增碳）→结晶器保护渣（增碳）。若选用低碳保温材料、低碳保护渣、无碳耐火材料等有效措施，其增碳可控制在 0.001% 以下。

（8）板坯参考加热制度，见表 9-17。

表 9-17　IF 钢参考加热制度

板坯宽度/mm	出钢目标温度/℃	各段炉温控制/℃			
		均热段	加热段	预热段	炉尾段
200×(750~949)	1200±20	1190~1250	1200~1270	1000~1200	不限
200×(950~1099)	1210±20	1200~1260	1210~1280	1050~1220	
200×(1100~1249)	1220±20	1210~1270	1220~1290	1050~1240	
200×(1250~1300)	1230±20	1220~1280	1230~1300	1050~1260	

注：轧制节奏较快和板坯断面规格较大时，各段炉温按上限控制；当轧制节奏慢，超过加热制度规定的加热时间时，炉温按下限控制。若轧制节奏很慢，可根据生产实际情况适当降低加热炉温；入炉板坯温度≥500℃时炉温按下限控制。

（9）参考终轧温度、卷取温度和层流冷却方式，见表 9-18。

表 9-18　IF 钢参考终轧温度、卷取温度和层流冷却方式

牌　号	轧制厚度/mm	终轧温度/℃	卷取温度/℃	层流冷却方式
170P1/HC180Y/210P1/HC220Y/250P1/HC260Y	2.0~2.5	860~920	750±20	前段冷却
	>2.5~2.75	900±20	750±20	
	>2.75	920±20	760±20	

9.3.3　含钒钛管线钢

9.3.3.1　管线钢的质量要求

管线钢主要用于石油、天然气的输送，随着石油天然气开采量的增加，对管线钢的需求量也日益增多，对钢材质量要求更严格，在成分和组分上要求"超高纯、超细化"。

管线钢可分为高寒地区、高硫地区和海底铺设用三类。由于工作环境比较恶劣，高寒地区管线、海底管线和高硫管线要求钢有良好的力学性能，即高屈服强度、高韧性和良好的可焊接性能，还应具有良好的耐低温性能、耐腐蚀性、抗海水和抗 HSSCC 等，要防止出现管线的低温脆性断裂和断裂扩展以及失稳延性断裂扩展等。这些性能的提高需要降低钢中杂质元素碳、磷、硫、氧、氮和氢的含量到较低的水平，其中要求 [S]<0.001%；输送酸性介质时，管线钢要能抗氢脆，要求 [H]≤0.0002%；对于钢中的夹杂物，要求最大直径小于 100μm，控制氧化物形状，消除条形硫化物夹杂的影响。

石油管线钢强度一般要求达到 600~700MPa，管线钢中 T[O]+[S]+[P]+[N]+[C]+[H]≤0.0092%，钢中脆性 Al_2O_3 夹杂物和条状 MnS 夹杂为痕迹，晶粒细化，满足管线钢的力学性能和使用性能要求。因此，为了满足石油天然气的输送，超低硫钢的生产工艺迅速发展，目前大工业生产中已可以稳定生产 [S]≤0.001% 的超低硫钢。

9.3.3.2 国外管线钢生产

部分管线钢的实物成分，见表 9-19。

表 9-19 国外部分管线钢的实物成分

钢种	成分/%															
	C	Si	Mn	P	S	Cr	Mo	Ni	Nb	V	Ti	Cu	Al	N	Ca	B
X52	0.08	0.14	0.87	0.008	0.003	0.035	0.004	0.013	0.022	0.005	0.008	0.015	≤0.03	0.091	0.002	—
X60	0.04	0.27	1.19	0.005	0.002	0.03	0.02	0.110	0.049	0.04	0.015	0.23	0.034	0.0071	0.0023	—
X70	0.07	0.11	1.53	0.008	0.001	0.03	0.11	0.017	0.027	0.05	0.015	0.27	0.019	0.0029	—	0.0001
X80	0.07	0.26	1.59	0.006	0.0016	0.18	0.01	0.46	0.042	0.067	0.017	0.025	0.003	—	0.0001	
X100	0.06	0.18	1.8	0.008	0.003	—	0.25	0.42	0.04	—	0.008	0.17		0.0023		0.0003
X120																

钢水净化，特别是硫含量的降低，是高韧性管线钢不可缺少的前提条件。钢水钙处理，确保夹杂物球化、变性，是提高管线钢横向冲击韧性的重要保证；微钛处理是保证管线钢晶粒细化、横向冲击值稳定的有效手段；而冶炼工艺的优化是高韧性管线钢生产的关键。

管线钢的生产路线分为两条：（1）铁水预处理→转炉→炉外精炼→连铸或模铸；（2）电炉→炉外精炼→连铸或模铸。

A 转炉冶炼超低硫钢的生产工艺

生产超低硫钢，应包括铁水预处理、转炉冶炼和钢水精炼 3 个基本工序。

a 铁水预处理

铁水脱硫技术：铁水脱硫应做到金属液和渣中氧含量要低，使用高硫容量碱性渣，钢渣要混合均匀。

铁水脱磷技术：铁水脱磷必须先脱硅，在高炉出铁沟和铁水包中投放脱硅剂，可将铁水中硅含量由 0.7% 降到小于 0.15%。高碳铁水脱磷存在着碳和磷的选择氧化问题，通常采用向铁水深部适度吹氧的方法，一方面抑制 CO 气体生成来延缓碳的氧化，另一方面使铁水局部有过量的氧，足以使磷优先氧化或同碳一起氧化。

b 转炉冶炼

前期脱磷：为了降低硫含量，应避免加入硫含量较高的废钢，甚至采用全铁水冶炼；但那样转炉前期脱磷时的温度高，不利于脱磷，所以转炉冶炼要使用适量废钢作为冷却剂，而且要用低硫返回废钢。

脱氮技术：转炉内可以进行有效脱氮，脱氮程度一般为 0.002%~0.004%。较高的矿石加入量和兑铁水比可降低终点钢中氮含量，复吹工艺对降低氮含量作用大。这主要由底吹气体的性质和用于保护喷嘴的介质种类所决定。吹炼末期不补吹、控制出钢口不散流以及在钢包中添加含 CaO 的顶渣，都可有效地防止钢水吸氮。

出钢深脱磷技术：不脱氧或弱脱氧出钢可以防止出钢过程中回磷；在出钢过程中对炉渣进行改性，还可以进行深脱磷处理。在 CaO 基钢包渣系中加入 Li_2O，当 Li_2O 含量为 15% 时，该渣系处理钢液时的脱磷率不小于 70%，处理终了时 [P]≤0.009%，达到了理想的脱磷效果。若出钢时磷含量为 0.008%，处理终了时能达到 [P]≤0.004% 的水平。

硫的控制技术：由于兑入铁水硫含量极低（≤0.001%），转炉冶炼一般为增硫过程。控制转炉终点硫含量≤0.005% 是冶炼低硫钢的技术关键，通常采用以下措施：（1）适当增大铁水比，采用低硫清洁废钢做冷却剂；（2）采用高碱度炉渣，控制（FeO）≤20%；（3）准确命中终点，避免钢水过氧化；（4）挡渣出钢并在出钢过程中进行炉渣改质，防止回硫。

c 炉外精炼

转炉冶炼根据生产钢种决定是否需要真空处理，可进一步划分 LF 炉精炼和真空喷粉精炼两大类。

RH 真空脱碳：RH 和其他的精炼设备相比，真空度较高，适合于精炼超低碳钢时钢水的剧烈沸腾，并且采用大氩气量循环，精炼强度大。目前常用的增大脱碳速度的方法有：增大环流量；增大驱动氩气流量；增大泵的抽气能力；向驱动氩气中掺入氢气，在碳含量小于 0.002% 时可使脱碳速率增加 1 倍；减少真空室的法兰盘数可提高真空度，减少漏气，减少钢水污染；在真空室侧墙安装氩气喷嘴，吹氩到真空室内，可增大反应界面面积，尤其在碳含量小于 0.003% 时可显著提高脱碳速率，该方法在 10min 内可将碳含量从 0.021% 降至 0.001%。

炉外精炼脱硫：出钢钢液硫含量平均值为 0.004%，硫含量在较低的水平，精炼有一定的难度。炉外精炼方法主要有喷粉、真空、加热造还原渣、喂丝和吹气搅拌等，实践中常常是几种手段综合使用。

真空喷粉脱氮、脱氢：钢液去氮主要靠搅拌处理、真空脱气或两种工艺的组合来促进气体与金属的反应来实现。[S]≤0.001%，[O]≈0.002%，会有较好的脱氮效果。

钢中的氢主要在炼钢初期通过 CO 剧烈沸腾去除，自从真空技术出现后钢中氢已可稳定控制在 0.0002% 水平。要杜绝在后续工序中加入的造渣剂、变性剂、合金剂、保护渣、覆盖剂等受潮，避免碳氢化合物、空气与钢水接触，这样有助于降低钢中的氢含量。

钢包喂钙：钢包喂钙技术是解决脱硫、脱氧、合金化、合金化微调、改变夹杂物形态、防止水口堵塞等可靠措施。其中，需要强调的是，钙处理可改变钢中夹杂物形态和数量，使得氧化物和硫化物夹杂转变为外包硫化钙的低熔点钙铝酸盐球状复合夹杂物，夹杂细化且分布均匀，改善了钢的质量，减少连铸时的水口结瘤。

B 电炉冶炼超低碳钢的生产工艺

电炉冶炼超低碳钢需要对炉料进行调整，采用直接还原铁代替部分废钢，保证电炉出钢时 [S]≤0.02% 是关键环节。电炉冶炼超低碳钢生产工艺流程如图 9-5 所示。

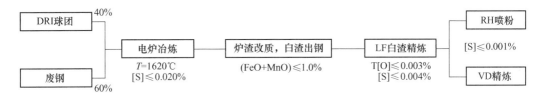

图 9-5 电炉冶炼超低碳钢生产工艺流程

C 连铸工艺

为了防止浇铸过程的钢液氧化和吸氮，宜采用吹氩保护浇铸或中间包密封、真空浇铸等，并要基本上实现恒速浇铸。

9.3.3.3 国内管线钢的生产

A 宝钢

宝钢是国内管线钢产品和技术的引领者，涵盖了 X52~X120 系列产品。为提高钢材强韧性，所有产品均进行了 V、Ti、Nb 等微合金化处理。

从 1995 年开始，宝钢高韧性管线钢由研究试制阶段转为工业性批量生产，到 1996 年底，为我国三个重要的输油、输气管道工程提供了 X52、X60、X65 高韧性管线钢板。其化学成分见表 9-20。

表 9-20 宝钢部分管线钢化学成分

钢种	成分/%										
	C	Si	Mn	P	S	Nb	V	Ti	N	C_{eq}	P_{cm}
X52	≤0.15	≤0.35	0.75~1.35	≤0.025	≤0.01	Nb+V+Ti≤0.15			≤0.009		
X60	≤0.11	≤0.35	≤1.55	≤0.025	≤0.01				≤0.009	≤0.40	≤0.20
X65	≤0.11	≤0.35	≤1.55	≤0.022	≤0.01				≤0.009	≤0.40	≤0.20

注：碳当量 $C_{eq}=C+Mn/6+(Cr+Mo+V)/5+(Cu+Ni)/15$；冷裂纹敏感系数 $P_{cm}=C+Si/30+(Cr+Mo+Cu)/20+Mo/15+V/10+Ni/60+5B$。

宝钢高韧性管线钢的生产工艺主要包括：铁水脱硫（TDS）→顶吹转炉（LD）→顶渣→循环真空脱气（RH）→喷粉（KIP）→连铸（CC），这样的工艺确保钢水的洁净度、夹杂物球化、晶粒细化和微合金化的效果。在冶炼工艺上，主要采用以下几项措施：

（1）原料。将铁水在混铁车中喷吹石灰粉和电石粉进行深脱硫，保证入炉铁水中 [S]≤0.003%，入炉铁水比不小于 85%，入炉前将铁水包中铁水面上的渣扒净，同时入炉废钢全用本厂的返回废坯，保证低硫、低夹杂物。

（2）顶吹转炉。1）确定合适的吹止碳，控制 [C]≥0.035%，避免过吹，防止钢水的过氧化。2）吹炼中调整供氧流量及氧枪位置，确保全程化渣，达到良好的去磷效果，

使成品钢水 [P] ≤0.015%。3) 出钢时，使用挡渣帽和挡渣球，确保挡渣效果良好，钢包中渣层不大于100mm。4) 出钢中、后期加顶渣，每吨钢加入4~6kg，用于调整钢包渣的成分。确保钢渣碱度大于3，全铁含量小于5%，为提高钢包 KIP 喷粉脱硫率打下基础。

（3）RH 真空循环脱气和合金微调。RH 处理过程真空度不大于 1kPa，脱气时间不小于 18min，纯脱气时间不小于 15min，以保证钢中夹杂物充分上浮，去除氧、氮气体。针对铌、钒、钛、锰等元素的合金要求进行合金化微调，确保元素成分控制在规定的范围内。

（4）KIP 喷粉脱硫。根据钢包中钢水硫含量的高低，采用 CaO 和 CaF$_2$ 混合剂进一步降低钢中硫含量，确保成品钢水 [S] ≤0.003%；喷吹 Ca-Si 粉，对钢水进行钙处理，保证夹杂物球化。

（5）连铸吹氩。开浇前钢包进行小流量吹氩 3min，均匀钢水成分和温度，让夹杂物上浮去除。同时，确认钢包到中间包到浸入式水口之间氩封良好，防止浇铸过程中钢水的二次氧化和吸氮。

按上述工艺路线，管线钢的中间包钢水成分可达到 [S] ≤0.002%，[P] ≤0.009%，T[O] ≤0.0025%，[N] ≤0.0035%，[H] ≤0.0001%的水平。

　　B　鞍钢

鞍钢管线钢的化学成分和力学性能要求，见表 9-21 和表 9-22。

表 9-21　鞍钢管线钢的化学成分　　　　　　　　　　　　（%）

牌号	C	Si	Mn	P	S	Al	Nb	V	Mo	Cr+Ni+Cu
L360										
L360MB	0.05~	0.15~	0.90~	≤0.020	≤0.010	0.015~	0.010~	0.020~	≤0.15	≤0.20
S360	0.10	0.35	1.20			0.060	0.050	0.050		
X52										

表 9-22　鞍钢管线钢的力学性能

牌号	规定总延伸强度 $R_{t0.5}$/MPa	抗拉强度 R_m/MPa	屈强比大值 $R_{t0.5}/R_m$
X52			
S360	360~530	460~755	0.93
L360			
L360MB			

钢水必须进行微钛处理，采用 Fe-Mn-Al 或铝铁脱氧，不能加钒氮合金进行钒合金化。合金化后出钢过程中，每炉钢水加入高碱度精炼渣控制磷硫含量。合金加入顺序：Fe-Mn-Al(Fe-Al)、Fe-Mn、Mn-Si、Fe-Si、Fe-Nb、Fe-V、Fe-Ti。

LF 炉吹氩时，钢水裸露面直径不大于 φ300mm。加热炉在加热过程加入泡沫渣埋弧。根据钢中 Al 含量进行补喂铝线，要求边喂铝线边吹氩。在 LF 工位补喂铝线后进行钙处理，处理中吹氩以钢水搅动而不裸露为原则。连铸全程保护浇铸，结晶器用低合金钢保护渣覆盖。

板坯加热制度见表9-23。

表 9-23 管线钢板坯参考加热制度

板坯宽度/mm	出钢目标温度/℃	各段炉温控制/℃			
		均热段	加热段	预热段	炉尾段
750~949	1200±20	1200~1260	1220~1280	1000~1200	≤950
950~1099	1210±20	1210~1270	1220~1290	1000~1210	
1100~1249	1220±20	1210~1280	1230~1300	1050~1220	
1250~1300	1230±20	1210~1290	1230~1310	1050~1230	

9.3.4 含钒钛轴承钢

轴承钢是主要用来制造滚动轴承的零件，如滚珠、滚柱和轴承套圈等。它们在工作时承受着高的集中交变载荷，由于滚珠与轴承套圈之间的接触面积小，在高速转动的同时还有滑动，会产生很大的摩擦。因此，滚动轴承钢应具有高的硬度、耐磨性和疲劳强度，对钢的金相组织、化学成分要求是十分严格的，否则会显著缩短轴承的使用寿命。轴承钢生产技术不断朝着净化钢水、减少气体和非金属夹杂物含量的方向发展，它是我国特殊钢生产中投入人力、财力最多的钢种。目前，国外多采用电炉→炉外精炼→大方坯连铸的工艺生产以轴承钢、齿轮钢等为主要产品的特殊钢。

9.3.4.1 轴承钢的质量要求

轴承寿命是轴承钢要求的主要性能指标，轴承的疲劳寿命是一个统计概念：即在一定的载荷条件下，用破坏概率与循环次数之间的关系来表示。除疲劳寿命之外，轴承还必须满足高速、重载、精密的工艺要求，因而要求轴承钢具备高强韧性、表面高硬度、高耐腐蚀、淬透性好、尺寸精度高、尺寸稳定性好等性能指标。表9-24给出了轴承钢的性能指标要求。提高轴承钢疲劳寿命的技术关键在于：尽最大可能减少钢中夹杂物，提高钢材纯净度；严格控制和消除钢中碳化物缺陷，提高钢材的组织均匀性。图9-6给出了影响轴承钢疲劳寿命的主要因素。

表 9-24 轴承钢的性能指标要求

轴承性能要求	轴承具有的特性	对轴承钢的材料要求
耐高荷重	抗形变强度高	硬度高
能高速回转	摩擦和磨损小	耐磨强度高
回转性能好	回转精度与尺寸精度高	纯洁度、均匀度高
具有互换性	尺寸稳定性好	
能长期使用	具有耐久性	疲劳强度高

A 轴承钢的氧含量

氧含量是轴承钢洁净度重要的标志之一。轴承钢接触疲劳寿命试验结果表明，[O]≤0.001%时疲劳寿命可提高15倍，[O]≤0.0005%时疲劳寿命可提高30倍。国外已将[O]控制在0.0008%左右，如山阳特殊钢公司已降到0.0054%，最低降到0.003%~

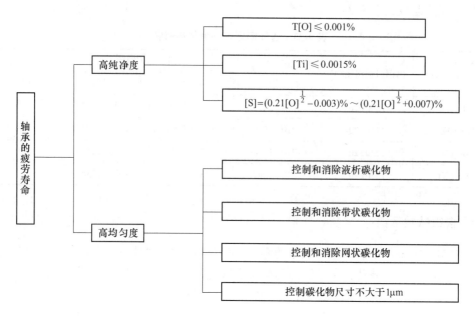

图 9-6 影响轴承钢疲劳寿命的主要因素

0.0004%；瑞典 SKF 公司一般为 0.0005%~0.0008%，波动偏差为 0.00006%。

我国轴承钢主要生产企业经过设备改造及技术革新，在产量和质量方面有很大的提高。大冶钢厂的真空脱气精炼 GCr5 钢的氧含量已由电炉熔炼的 0.003% 降到 0.0011%，材质的疲劳寿命提高 2 倍以上，与瑞典 SKF 轴承钢相比无明显差异，接近 ESR 钢水平。宝钢特钢在电炉中氧化、精炼，将磷、钛含量降到较低水平，用钢包炉真空脱气，把氢含量降到 0.0003% 以下，然后吹氩综合精炼，生产出氢、氧、硫、钛含量总计小于 0.0007% 的超纯轴承钢。两家轴承钢的 D 型夹杂物也达到了国际先进水平。

B 轴承钢的非金属夹杂物

非金属夹杂物的含量是衡量轴承钢洁净度的又一项重要指标，世界各国对轴承钢都有严格的标准规定。轴承钢非金属夹杂物的评级见表 9-25。

表 9-25 轴承钢非金属夹杂物的评级

厂名	工 艺	非金属夹杂物评级							
		A 细	A 粗	B 细	B 粗	C 细	C 粗	D 细	D 粗
SKF	100t EAF→除渣→ASEA-SKF→IC	1.32	0.79	0.88	0	0	0	0	0
山阳	90t EAF→TST→LF→RH→CC	0.34	0.10	0.72	0	0	0	0.98	0.37
山阳	90t EAF→EBT→LF→RH→CC	1.35	0.12	1.4	0	0	0	0.9	0.04
蒂森	EAF→RH→IC			1.5	0.1			1.0	0
蒂森	TBM（转炉）→RH→IC			1.3	0			1.2	0.2
蒂森	TMB→RH→CC			1	0.2			0.7	0.22
蒂森	TBM→钙处理→CC							1.0	0.5

C 国外轴承钢中微量元素、残余元素和气体的含量

国外主要轴承钢厂家采用的工艺方法及钢中微量元素的含量，见表9-26。

表9-26 国外主要轴承钢厂家采用的工艺方法及钢中微量元素的含量

厂名	生产工艺	T[O]	Ti	Al	S	P
SKF	100t EAF→除渣→ASEA→SKF→IC	0.00081	0.00134	0.036	0.020	0.008
山阳	90t EAF→倾动式出钢→LF→RH→IC	0.00083	0.0014~0.0015	0.011~0.022	0.002~0.013	
山阳	90t EAF→倾动式出钢→LF→RH→CC	0.00058	0.0014~0.0015	0.011~0.022	0.002~0.013	
山阳	90t EAF→偏心炉底出钢→LF→RH→IC	0.00054	0.0014~0.0015	0.011~0.022	0.002~0.013	
神户	铁水预处理→转炉→除渣→LF→RH→CC	0.0009	0.0015	0.016~0.024	0.0026	0.0063
爱知	80t EAF→真空除渣→LF→RH→CC	0.0007	0.0015	0.030	0.002	0.001
和歌山	转炉→CC	0.001	0.0022		0.008	
和歌山	EAF→ASEA-SKF	0.0006	0.0012			
高周波	EAF→ASEA-SKF	0.0009	0.002	0.015	0.007	0.014
高周波	EAF→ASEA-SKF 吹氩	0.0005	0.0009	0.014	0.014	0.008

在世界各国高碳铬轴承钢中，对残余元素的规定仅有钼、铜、镍三种元素，而瑞典 SKF 标准则增加了对磷、砷、锡、锑、铅、钛、钙等的规定。瑞典 SKF 已在轴承钢标准中明确规定，砷、锡、锑、铅含量应分别控制在 0.04%、0.03%、0.0005%、0.0002% 以下。高碳轴承钢的氮含量一般控制在 0.008% 左右。氢为间隙元素，使轴承钢在压力加工应力条件下会产生白点缺陷，且分布极不均匀。瑞典 OVAKO 公司轴承实物中 [H] 均不大于 0.0001%。

9.3.4.2 轴承钢的生产工艺

A 轴承钢电炉生产技术

轴承钢最传统的生产是采用电炉工艺。目前，国际上电炉生产轴承钢按是否采用连铸技术，可分为两类：一类是以瑞典 SKF 公司为代表的"UHPEAF→IF→IC"工艺；另一类是以日本山阳公司为代表的"UHPEAF→LF→RH→CC"工艺。

近年来，SKF 工艺流程出现取消真空精炼，采用钢包内铝沉淀脱氧和 SKF 精炼炉内吹氩加电磁搅拌的工艺，生产出高质量轴承钢。山阳厂轴承钢生产工艺的特点之一是采用高碱度渣精炼，生产超纯净轴承钢，控制 [S]≤0.002%。

B 轴承钢转炉生产技术

采用转炉工艺生产轴承钢，出现于 20 世纪末期。转炉工艺生产特殊钢具有明显的技术优势：

(1) 原料条件好，铁水的纯净度和质量稳定性均优于废钢。

(2) 采用铁水预处理工艺，进一步提高铁水的纯净度，适宜低成本生产高纯净度的优质特殊钢。

（3）转炉终点控制水平高，钢渣反应比电炉更趋近平衡。

（4）转炉钢的气体含量低。

（5）连铸和炉外精炼装备和工艺水平与电炉基本相当。

采用转炉生产轴承钢，日本和德国采用完全不同的生产工艺，两者主要的技术差别在于对炼钢终点碳的控制。日本采用全量铁水"三脱"预处理工艺，转炉采用少渣冶炼、高碳出钢技术，生产低磷低氧钢。德国采用转炉低拉碳工艺，保证转炉后期脱磷效果，依靠出钢时增碳生产轴承钢。

C　轴承钢炉外精炼技术

轴承钢的炉外精炼工艺，根据对硫含量的不同控制要求，分为"高碱度渣"和"低碱度渣"两种精炼工艺。

（1）高碱度渣精炼工艺。控制渣中碱度 $(CaO+MgO)/(SiO_2+Al_2O_3) \geqslant 3.0$，渣中 TFe $<1.0\%$。其特点是具有很高的脱硫能力，可生产 $[S] \leqslant 0.002\%$ 的超低硫轴承钢。同时，高碱度渣的脱氧能力强，可大量吸附 Al_2O_3 夹杂，使钢中基本找不到 B 类夹杂物。但由于渣中 CaO 含量高，容易被 $[Al]$ 还原生成 D 类球形夹杂物，对轴承钢的质量危害很大。因此，对钢中铝含量要严格控制，尽可能避免 D 类夹杂物的生成。

（2）低碱度渣精炼工艺。控制炉渣碱度 $(CaO+MgO)/(SiO_2+Al_2O_3) = 1.2$，渣中 TFe $<1.0\%$。该渣系由于碱度低，消除含 CaO 的 D 类夹杂物，对 Al_2O_3 夹杂也有较强的吸附能力和一定的脱硫能力，并有利于改变钢中夹杂物的形态，大幅度提高塑性夹杂的比例，有利于提高钢材质量。

国内外生产实践证实，各种炉外精炼方法（真空或非真空）采用合适的脱氧工艺，加强对钢液的搅拌，都能将氧含量降到很低。而要降低 A 类和 D 类夹杂物的数量，则主要依赖于精炼渣的化学成分。

用含高 CaO 的精炼渣处理轴承钢液，可以提高脱硫效率，将钢中硫含量降到相当低；在精炼过程中 CaO 被还原，钢中含钙量增加，使不变形的球状夹杂物数量升高。另外，由于在真空处理时容易溢渣，烧断氩气管造成事故，或被迫放慢真空处理节奏，造成钢液温降大。用酸性渣处理钢液时，夹杂物的性质和形态得到明显改善，但氧含量仍较高，夹杂物的数量并未减少。

D　轴承钢连铸工艺技术

（1）钢水准备。轴承钢模铸时钢中含铝为 $0.02\% \sim 0.04\%$，相应的钢中氧含量约为 0.0009%；由于连铸的浸入式水口直径小，如果采用与轴承钢模铸同样的精炼工艺，易产生水口结瘤，影响铸坯表面质量，甚至造成堵水口事故。

连铸其他钢种时，一般采用喂 SiCa 线的办法，形成合适的 Ca/Al 比，以防 Al_2O_3 堵水口。但滚珠轴承钢不准使用钙处理钢水，钙处理后残留在钢中的铝酸钙夹杂物直径为 $10 \sim 30 \mu m$，很难在精炼时去除，对轴承钢的疲劳寿命有害。

据资料介绍，德国萨尔钢厂按不含铝（钢中 Al 0.001%）的方案生产滚珠轴承钢，出钢时只用硅脱氧。该厂 176 炉不含铝滚珠轴承钢成分统计结果如下：C $0.94\% \sim 0.97\%$（占大部分）、Ti 0.001%（占 90%）、Al 0.001%（占 80%）、T$[O]$ $0.0008\% \sim 0.0015\%$。浇铸时水口内没有沉积物，虽然 T$[O]$ 比含铝钢高，但宏观和显微纯度与含铝钢相等，滚珠寿命显著高于含铝钢。

另外，由于动力学的原因，在精炼过程中，真空下碳的脱氧速度很慢且效果差。如果在真空条件下依靠碳脱氧，钢中氧含量可能会大于0.002%，但通常要求T[O]≤0.001%，[N]≤0.008%，[H]≤0.0003%，T[Ti]≤0.002%，Mn/S≥30。

（2）铸坯断面。连铸轴承钢一般用较大断面的铸坯，借助大压缩比达到改善中心偏析和中心疏松的目的。据资料介绍，矩形坯较方坯的中心疏松和中心偏析程度轻，所以选用180mm×220mm的矩形坯，宽厚比为1.22。根据计算，采用此种矩形坯，在同等条件下，拉速可以是200mm×200mm方形坯的1.23倍，因此用矩形坯等量钢水的浇铸时间可以缩短。

（3）温度控制。研究和实践表明，降低过热度有利于提高等轴晶率，改善铸坯内部质量。低过热度和降低拉速应合理匹配。重要的是，要确保中间包钢水温度的连续稳定，尽可能降低浇铸过程钢液的降温速度，掌握钢包和中间包温降规律。加强钢包和中间包的烘烤，钢包和中间包加盖，并加足合适的覆盖剂以及红包出钢等措施，确保中间包钢的温度波动小，拉速稳定，以保证铸坯质量。为了避免连铸坯中碳的严重偏析，要求采用低过热度浇铸工艺，钢水过热度应控制在15~20℃范围内。

（4）全程保护浇铸，防止钢水二次氧化。应采用长水口接缝吹氩工艺，控制浇铸过程中钢水增氮量小于0.0005%。为防止铸流二次氧化，用机械手将长水口安装在钢包滑动水口下水口的下方，并用氩气环密封。中间包采用碱性工作层，为T形罐。使用塞棒和整体浸入式水口保护浇铸。例如某厂的中间包内设挡渣墙，工作液面高度800mm、溢流面高度850mm，工作状态容量约12.5t、溢流状态约13.5t。深中间包及挡渣墙有利于夹杂物上浮，提高钢水的纯净度，同时采用轴承钢专用结晶器保护渣，提高铸坯表面质量。

（5）低拉速弱冷工艺。轴承钢属于裂纹敏感钢种，二冷需要弱冷。采用气-雾冷却系统，系统使用的压缩空气压力一般为0.15~0.20MPa，二冷比水量很小，配合慢拉速，确保矫直时铸坯温度高于900℃。轴承钢拉速一般控制在0.6~0.8m/min,视铸坯断面尺寸适当调整拉速，二冷配水量通常为0.25~0.3L/kg。

（6）结晶器液面检测及控制系统，是保证稳定操作和良好铸坯质量的重要环节。

9.3.5 含钒钛齿轮钢

9.3.5.1 齿轮钢技术条件

用于制造齿轮的齿轮钢品种多、用量大，是合金结构钢中一个典型钢种，受到各冶金厂家的重视。齿轮在工作时，齿根受弯曲应力作用易产生疲劳断裂，齿面受接触应力作用易导致表面金属剥落，因此要求齿轮钢必须具有良好的抗疲劳强度。齿轮一般经机加工成型，为保证表面光洁度，要求齿轮钢具有良好的切削性能。机加工后经淬火和回火处理，为保证齿间啮合精度，减少振动和噪声，又要求齿轮钢具有良好的淬透性和尺寸稳定性。正因为齿轮用钢有上述种种特殊要求，而且用量又大，工业发达国家都立足本国资源研制出各自的齿轮钢品种系列。

国家标准GB 5216—2014《保证淬透性结构钢技术条件》见表9-27，力学性能、淬透性、低倍高倍组织见表9-28。该技术条件是冶金厂与用户签订供货协议的技术基础。

表 9-27　GB 5216—2014《保证淬透性结构钢技术条件》钢种及化学成分

钢种	钢种成分/%								
	C	Si	Mn	P	S	V	Ti	Cr	B
20MnVBH	0.17~0.23	0.17~0.37	1.05~1.45	≤0.030	≤0.035	0.007~0.12	—	—	0.0008~0.0035
20MnTiBH	0.17~0.23	0.17~0.37	1.20~1.55	≤0.030	≤0.035	—	0.04~0.10	—	0.0008~0.0035
20CrMnTiH	0.17~0.23	0.17~0.37	0.80~1.20	≤0.030	≤0.035	—	0.04~0.10	1.00~1.45	—

表 9-28　齿轮钢的力学性能、淬透性、低倍高倍组织

钢种	退火或高压痕直径/mm	回火硬度（HB）	冲击功/J	淬透性（J_9）	HRC（J_{15}）	低倍组织	非金属夹杂物	晶粒度/级
20MnVBH	≥4.2	≤207	55	44~32	38~23	一般疏松与中心疏松：优质钢≤3级，高级优质钢≤2级。偏析：优质钢≤3级，高级优质钢≤2.5级	氧化物、硫化物各≤3级，两者之和≤5.5级	≥6
20MnTiBH	≥4.4	≤187	55	44~32	≥37			≥6
20CrMnTiH	≥4.1	≤217		42~30	35~22			≥5

9.3.5.2　齿轮钢的质量要求与控制措施

齿轮钢的质量要求见表 9-29。

表 9-29　齿轮对齿轮钢强度性能和工艺性能的影响

钢材质量		齿轮性能	
项目	具体表现	工艺性能	强度性能
成分	元素波动	切削性变化且热变形波动大，杂质元素 Mo>0.04%，即对切削性产生不良影响	有些元素会降低齿轮硬化层表面质量（如硅含量多时，促使表面层晶界氧化），从而降低齿轮寿命
	杂质元素		
淬透性	高	切削困难且热变形大	易断齿（因齿心部位强度过高）
	低	粗糙度高，去毛刺困难，热处理后心部硬度偏低	易产生齿面硬化层压溃失效现象
	波动大	因齿轮钢的硬度波动，而使制齿精度下降，热变形波动增加	
纯净度	氧含量超标		降低齿轮材料接触疲劳强度
	夹杂物		降低齿轮疲劳寿命
	硫含量过低	降低切削性	
	晶粒度	晶粒过细切削性差	
		晶粒过粗热变形大	疲劳寿命低
		混晶热变形波动大	

钢材质量		齿轮性能	
项目	具体表现	工艺性能	强度性能
高倍组织	魏氏组织超标	切削性差，热变形波动大	
	带状组织超标	切削性差，热变形波动大	
	粒状贝氏体过多	切削性差（料硬），热变形越大	
低倍缺陷	偏析	热变形波动大	
	疏松		降低齿轮强度
	发纹		降低齿轮强度
弯冲值（ZF 标准）	不足		影响齿轮疲劳寿命

质量控制措施：

（1）建立严格的质量保证体系，制定企业内部控制标准。执行 ISO9000 系列标准，建立严格的质量保证体系，制定并执行企业内部控制标准，是国际公认并普遍采用的质量管理和质量保证模式。齿轮钢作为许多特殊钢生产厂家的主导产品，为稳定提高产品质量水平都制定了严于国家标准的企业标准，如宝钢特钢企标 Q/YB 04069—89Y 规定 20CrMnTi 钢淬透性 J_9 值为 HRC30～37、抚顺特钢企标 Q/FB 26—90 20CrMnTiH 保证淬透性技术条件等。企标是企业长期生产经验的总结，是大量科研成果的结晶，也是高质量产品的保证。

（2）运用数理统计和计算机控制技术，确定最佳化学成分控制目标，实现窄淬透性带控制。抚顺特钢通过对数百炉生产数据的统计分析，得出 20CrMnTiH 钢淬透性 J_9 值与合金元素含量关系的回归方程式：$J_9 = 5.563 + 56.559[C] + 5.42[Mn] + 7.48[Si] + 8.487[Cr] - 20.186[Ti]$。此式在生产中应用仍然有一定难度，为此对生产给出合金元素调整目标值，[C] 0.20%，[Mn] 0.95%，[Cr] 1.15%，[Ti] 0.07%，指导炉前加料。大冶钢厂利用计算机进行淬透性带预报和化学成分微调，将 20CrMnTiH 钢 J_9 值压窄到 HRC 6～9。

（3）应用喂线技术，准确控制易氧化元素含量。易氧化元素钛、铝、硼的控制曾经是电炉炼钢的老大难问题，自从使用钢包吹氩、喂线技术以后，此问题被顺利解决，不但提高了化学成分命中率，而且减少合金加入量，降低了冶炼成本。根据抚顺特钢经验，喂硼铁包芯线时应注意外包铁皮不能氧化生锈，否则影响硼的收得率。用铝板包硼铁插入包中也是一种有效的加硼方法。电炉冶炼 40MnB 钢，包中喂钛插硼，硼收得率为 20%～48.6%，平均为 42.7%。

（4）炉外精炼脱氧，去除非金属夹杂物。随着冶金企业炉外精炼设备的普及，20CrMnTiH、20MnVBH 等钢种已广泛采用超高功率电炉→偏心底出钢→LF（V）的工艺路线生产。汽车用新型齿轮钢明确要求进行真空脱气处理，因此炉外精炼已成为齿轮钢生产的主导生产工艺。宝钢特钢采用包中吹氩、喂钛铁线后再喂入 1.071kg/t 硅钙线，控制 [Ca] 0.005%，[Al] 0.025%，通过钢包吹氩、钙处理洁净钢液，试验取得了明显效果。

（5）加铌细化晶粒。微合金化技术已得到广泛应用，钢中加入微量铌（0.005%~0.025%）生成 Nb（C,N）弥散在钢中，可以同铝一样起到细化晶粒和防止晶粒长大的作用。冶炼新型齿轮钢真空脱气结束前 3~5min，按 0.02% 计算加入铌铁，收得率约为100%，晶粒度可达 8~9 级。

9.3.5.3 齿轮钢生产技术要点

（1）低氧含量控制。现代渗碳钢对氧含量的限制并不逊于轴承钢，国内外大量研究表明，随着氧含量的降低，齿轮的疲劳寿命大幅度提高。这是由于钢中氧含量的降低，氧化物夹杂随之减少，减轻了夹杂物对疲劳寿命的不利影响。通过 LF 钢包精炼加 RH（VD）真空脱气后，模铸钢材氧含量不大于 0.0015%，日本采用双真空工艺（真空脱气，真空浇铸）可以达到不大于 0.001% 的超低氧水平。

（2）窄淬透性带的控制。渗碳齿轮钢要求淬透性带必须很窄，且要求批量之间的波动性很小，以使批量生产的齿轮的热处理质量稳定，配对啮合性能提高，延长使用寿命。压窄淬透性带的关键在于化学成分波动范围的严格控制和成分均匀性的提高，可通过建立化学成分与淬透性的相关式、计算机辅助预报和补加成分、收得率的精确计算进行控制。

（3）组织控制技术。细小的奥氏体晶粒对钢材及制品的性能稳定有重要意义。日本企标规定晶粒度必须在 6 级以上。带状组织影响齿轮组织和性能均匀性的重要原因，从钢的冶炼到齿轮的热处理各个环节适当控制，可以显著减小带状组织的影响。

（4）表面强化技术。强力喷丸可焊合齿轮表面的发纹，去除表面黑色氧化物，提高表面硬度和致密度，减少切削加工造成的表面损伤，改善齿轮的内应力分布，是提高齿轮寿命和可靠性的重要措施。

9.3.6 大梁钢

大梁钢的质量要求见表 9-30 和表 9-31。

表 9-30 大梁钢的牌号和化学成分

牌 号	化学成分（质量分数）/%					
	C	Si	Mn	P	S	V
P420L	0.08~0.10	0.15~0.30	0.50~0.80	≤0.020	≤0.015	0.05~0.10
P440L	0.08~0.10	0.15~0.30	0.50~0.80	≤0.020	≤0.015	0.05~0.10
P510L	0.08~0.10	0.15~0.30	1.10~1.20	≤0.020	≤0.015	0.07~0.09
P560L	0.08~0.10	0.15~0.30	1.10~1.20	≤0.020	≤0.015	0.04~0.10
P590L	0.06~0.08	0.15~0.30	1.40~1.60	≤0.020	≤0.010	0.07~0.09
P610L	0.06~0.08	0.15~0.30	1.40~1.60	≤0.020	≤0.010	0.07~0.09
09SiVL	0.08~0.10	0.70~0.90	0.45~0.65	≤0.020	≤0.015	0.06~0.10

表 9-31 大梁钢钢板和钢带力学性能与工艺性能

牌 号	下屈服强度 R_{eL}/MPa	抗拉强度 R_m/MPa	断后伸长率 A/%
P420L	≥290	430~510	≥27

牌 号	下屈服强度 R_{eL}/MPa	抗拉强度 R_m/MPa	断后伸长率 A/%
P440L	≥305	450~530	≥29
P510L	≥355	510~580	≥25
P560L	≥450	570~660	≥23
P590L	≥500	600~700	≥23
P610L	≥500	610~710	≥22
09SiVL	≥355	510~580	≥25

冶炼技术：

（1）转炉冶炼。采用铝铁或铝锰铁脱氧、Fe-V 进行钒合金化，合金化时应考虑 LF 炉喂 Ca-Si 线增 Si 量。出钢过程中每炉钢水加高碱度精炼渣，出钢后向渣面加入调渣剂，炉后小平台吹氩搅拌，吹氩强度以钢包液面不出现大翻为准。

（2）LF 炉在加热过程中视钢包来渣情况加入泡沫渣，以保证起弧时渣不裂开为原则。钙处理在电加热及补喂铝线后进行。连铸全流程保护浇铸，生产中尽量采用恒速浇铸。

热处理工艺见表 9-32。

表 9-32 大梁钢板坯加热制度

板坯宽度/mm	出钢目标温度/℃	各段炉温控制/℃			
		均热段	加热段	预热段	炉尾段
750~949	1220	1220~1280	1240~1310	1000~1220	≤950
950~1099	1225	1230~1290	1250~1320	1000~1220	
1100~1249	1230	1240~1300	1260~1330	1050~1230	
1250~1300	1235	1240~1310	1270~1340	1050~1240	

9.3.7 低合金高强度结构钢

低合金高强度结构钢的质量要求见表 9-33。

表 9-33 低合金高强度结构钢的牌号和化学成分

牌 号	化学成分（质量分数）/%										
	C	Si	Mn	P	S	Al_s	Cr、Ni、Cu	Mo	Nb	V	Ti
Q345B	0.14~0.20	0.15~0.35	0.25~0.45	≤0.025	≤0.020	0.015~0.050	≤0.30	≤0.10	≤0.07	≤0.15	0.25~0.50

冶炼技术：

（1）转炉冶炼。入炉硫按不大于 0.015% 控制，废钢只能作为调温使用。出钢温度不小于 1670℃。转炉出钢终点碳含量按不小于 0.05% 控制。红包出钢，出钢挡渣，渣层厚度控制在 100mm 以内，出钢过程向钢包内加入 500~800kg 高碱度精炼渣或 400~700kg 活性石灰和80~140kg萤石（其CaF含量应不低于78%，如CaF含量低于78%应进行适当调整）。采用硅钙钡或铝铁进行脱氧，吹氩6min以上，小平台补喂铝线200m；采用铝铁脱氧，小平台不喂铝线。

（2）LF炉精炼。钢水进站至少先吹氩3min后取样，根据进站样的检测结果调整钢中成分至内控要求中限，出站Al$_s$含量按0.030%~0.040%控制，合金化后软吹时间不少于6min。不需补喂线的炉次，也必须吹氩，吹氩时间不少于4min。LF炉出站温度：包次第一炉为1580~1595℃，第二炉起为1570~1585℃；根据过程节奏情况和浇铸断面，出站温度可适当调整。

（3）连铸工序。中间包目标温度按照1540~1560℃控制，钢包长水口必须采用密封圈+吹氩全程保护浇铸，浇铸过程中中间包钢液重量保持在20t以上。采用低合金钢保护渣。连铸过程尽量采用恒速浇钢，目标拉速为1.0~1.2m/min。

热处理工艺见表9-34和表9-35。

表9-34 参考板坯加热制度

板坯宽度 /mm	出钢目标温度 /℃	各段炉温控制/℃			
		均热段	加热段	预热段	炉尾段
750~949	1200	1190~1250	1200~1270	1020~1200	≤950
950~1099	1210	1200~1260	1210~1280	1050~1220	
1100~1249	1220	1210~1270	1220~1290	1050~1240	
1250~1300	1230	1220~1280	1230~1300	1050~1260	

注：轧制节奏较快和板坯断面规格较大时，各段炉温按上限控制；当轧制节奏慢，超过加热制度规定的加热时间时，炉温按下限控制。若轧制节奏很慢，可根据生产实际情况适当降低加热炉炉温；入炉板坯温度≥500℃时炉温按下限控制。

表9-35 终轧温度、卷取温度和层流冷却方式

轧制厚度/mm	终轧温度/℃	卷取温度/℃	层流冷却方式
<7.0	850±20	610±20	稀疏冷却
≥7.0	850±20	600±20	

9.3.8 钢筋钢

钢筋钢的质量要求见表9-36。

表9-36 钢筋钢牌号和化学成分

牌号	化学成分（质量分数）/%									
	C	Si	Mn	P	S	V	Cr、Cu、Ni	C_{eq}	Nb	Ti
HRB400	0.19~0.25	0.50~0.80	1.30~1.60	≤0.025	≤0.025	0.04~0.07	≤0.30	≤0.54	—	—
HRB500	0.19~0.25	0.50~0.80	1.30~1.60	≤0.025	≤0.025	0.02~0.16		—	≤0.050	≤0.040

注：$C_{eq}=C+Mn/6+(Cr+V+Mo)/5+(Cu+Ni)/15$。

冶炼技术：

（1）原料要求。入炉铁水或半钢必须经过脱硫处理，硫含量按不大于 0.020% 控制。

（2）转炉冶炼。冶炼过程中可加入废钢，对加入废钢的化学成分进行控制，转炉冶炼过程中不得加入含铜、钼、镍合金废钢。采用低拉碳增碳法工艺，终点碳含量按 0.05%~0.15% 控制。红包出钢，出钢时挡渣，渣层厚度控制在 100mm 以内，钢包净空高度按 250~550mm 控制。出钢温度不小于 1670℃；出钢时间应不小于 3.5min。采用硅钙钡脱氧，出钢至 1/3 时加入所需合金，合金化后再加入活性石灰和萤石；出钢至 2/3 时加完，出钢过程保证全程吹氩。出完钢后向钢包渣面加入白渣精炼剂。

（3）LF 炉精炼。钢水进站化渣后测温取样，然后加热处理。按要求调整成分，加完合金后的均匀时间应不少于 5min。

（4）连铸。采用碳化稻壳全程保护浇铸，中间包温度按 1530~1555℃ 控制。

9.3.9 合金结构钢

合金结构钢的质量要求见表 9-37 和表 9-38。

表 9-37 合金结构钢的牌号和化学成分（1）

牌号	化学成分（质量分数）/%										
	C	Si	Mn	P	S	Cr	Ti	Al_s	Cu	Ni	Mo
20CrMnTi	0.17~0.23	0.17~0.37	0.80~1.10	≤0.025	≤0.025	1.00~1.30	0.04~0.10	—	≤0.20	≤0.30	≤0.10
20CrMnTiH	0.17~0.21	0.17~0.37	0.80~1.15	≤0.025	≤0.025	1.00~1.35	0.04~0.10	—	≤0.20	≤0.30	—

表 9-38 合金结构钢的牌号和化学成分（2）

牌号	化学成分（质量分数）/%										
	C	Si	Mn	P	S	Cr	V	Al_s	Cu	Ni	As	Sn
36Mn2V	0.34~0.38	0.25~0.40	1.45~1.70	≤0.02	≤0.02	≤0.15	0.11~0.16	≤0.020	≤0.20	≤0.20	—	—
25MnV	0.25~0.29	0.17~0.37	1.40~1.60	≤0.025	≤0.025	≤0.20	0.07~0.12	—	≤0.20	≤0.20	≤0.030	≤0.010

冶炼技术：

（1）原料要求。入炉铁水或半钢必须经过脱硫处理，硫含量按不大于 0.020% 控制。冶炼过程中可加入废钢，对加入废钢的化学成分进行控制；转炉冶炼过程中不得加入含铜、钼、镍合金废钢，确保钢的化学成分符合表 9-37 和表 9-38 的规定。

（2）转炉冶炼。采用低拉碳增碳法工艺，终点碳含量按 0.05%~0.15% 控制。红包挡渣出钢，渣层厚度控制在 80mm 以内，钢包净空高度按 250~550mm 控制。出钢温度不小于 1670℃；出钢时间不应小于 3.5min。采用铝铁脱氧，出钢至 1/3 时，加入除钛以外所需合金，钛的合金化在 RH（或 LF）进行，合金化后按要求再加入活性石灰和萤石（其

CaF_2 含量不应低于 78%，如 CaF_2 含量低于 78% 应进行适当调整）；出钢至 2/3 时加完，出钢过程保证全程吹氩。出完钢后每炉向钢包渣面加调渣剂。

（3）LF 炉精炼。钢水进站化渣后测温取样。加入适量熔渣发泡剂，然后按要求在渣面上加入精炼用料，化渣后加入第二批精炼用料。硫含量控制目标为 ≤0.015%，超过控制目标时，可再加入适量高碱度精炼渣或活性石灰进行脱硫。LF 处理后期适当降低吹氩流量，20CrMnTi 出站 Al_s 含量控制目标 0.030%，20CrMnTiH 出站 Al_s 含量控制目标 0.040%。LF 处理结束后喂 CaSi 线，喂线后软吹，软吹时间不少于 6min。

（4）RH 真空处理。真空处理插入深度 450~600mm；氩气流量 1200~1400NL/min，处理时间不小于 12min，其中不大于 300Pa 真空度的纯处理时间应不小于 10min，真空度及处理时间达到要求时定氢，氢含量不大于 0.0002%。按判钢成分要求计算增碳剂和合金的加入量，加完合金后的均匀时间应不少于 5min。真空处理结束后进行软吹氩，软吹时间不少于 6min。RH 出站温度按 1575~1590℃ 进行控制（中间包第一炉及大、小修罐在此基础上提高 10℃）。连铸采用全程保护浇铸。

9.3.10　耐候钢

耐候钢的质量要求见表 9-39 和表 9-40。

表 9-39　耐候钢的牌号和化学成分

牌 号	化学成分（质量分数）/%						
	C	Si	Mn	P	S	Cr	V
YQ450NQR1	0.10~0.15	0.30~0.50	1.25~1.45	≤0.020	≤0.015	0.20~0.40	0.08~0.15
	Cu	Ni	Sn	As	Pb	Sb	
	0.20~0.40	0.15~0.25	≤0.015	≤0.020	≤0.010	≤0.010	

表 9-40　耐候钢的力学性能

牌 号	下屈服强度 R_{eL}/MPa	抗拉强度 R_m/MPa	断后伸长率 A/%
YQ450NQR1	450~510	570~650	≥22

冶炼技术：

（1）出钢温度不小于 1670℃，终点碳含量不大于 0.07%，终点硫含量按不大于 0.020% 控制。出钢过程中加入铝铁脱氧，加高碱度精炼渣控制磷硫含量。Cu、Ni 在转炉内合金化，Cr 在钢包内合金化。

（2）LF 炉精炼进站后化渣取钢样，同时进行氮含量分析。根据取样的检测结果喂铝线，Al_s 含量控制目标 0.020%~0.040%。对钢液碳含量调整后每炉钢喂 VTi 线，喂线全过程小气量氩气搅拌，喂完线后加大气量氩气吹氩搅拌（吹氩时严禁钢水大翻）。

（3）连铸使用覆盖剂和密封圈进行全程保护浇铸，生产时尽量采用恒速浇铸。

热处理工艺见表 9-41。

表 9-41 加热制度

总加热时间/h	各段炉温/℃			
	均热段	一加热段	二加热段	三加热段
4~5.5	1300~1280	1300~1270	1290~1240	1100~950
5.5~7.5	1280~1260	1280~1250	1290~1240	1100~950

9.3.11 冲压用（DX 系列）热镀锌钢板和钢带

冲压用热镀锌钢的质量要求见表 9-42。

表 9-42 冲压用热镀锌钢的牌号及化学成分

牌号	化学成分（质量分数）/%								
	C	Si	Mn	P	S	Al$_s$	Ti	N	Nb
DX53D+Z	≤0.0050	≤0.03	0.10~0.20	≤0.015	≤0.015	0.020~0.070	0.050~0.085	≤0.0025	—
	残余元素含量要求/%								
	Cr	Ni	Cu	As	Sn				
	≤0.08	≤0.08	≤0.10	≤0.05	≤0.05				
DX54D+Z	C	Si	Mn	P	S	Al$_s$	Ti	N	Nb
	≤0.0040	≤0.03	0.10~0.25	≤0.015	≤0.015	0.020~0.060	0.050~0.085	≤0.0025	≤0.0025
	残余元素含量要求/%								
	Cr	Ni	Cu	As	Sn				
	≤0.08	≤0.08	≤0.10	≤0.05	≤0.05				

冶炼技术：

（1）转炉终点碳含量按 0.03%~0.05%控制。红包出钢，出钢时挡渣，渣层厚度控制在 100mm 以内。出钢温度≥1670℃；出钢时间应不小于 3.5min。为保证成品 P 含量，造渣碱度按 CaO/SiO_2 = 4~5 控制。

（2）脱氧工艺按预脱氧+真空处理工艺进行。炉后先吹氩 4min，再定氧活度。当氧活度大于 $5×10^{-4}$ 时，根据每米降 $a_{[O]}$ = 10^{-6} 计算喂铝线量，进行喂铝线操作。将钢液中氧活度控制在 $2×10^{-4}$~$4×10^{-4}$。喂线后，继续吹氩 6min 以上。

（3）RH 真空处理。真空处理成分控制目标：C 0.010%~0.020%（无碳取样器），Al$_s$ 0.030%~0.060%，Mn 0.15%~0.20%。RH 出站温度按 1575~1590℃控制（中间包第一炉及大小修罐在此基础上提高 10℃）。真空脱碳结束后定氧，加铝脱氧，Al$_s$ 目标值按 0.020%~0.040%控制（因钛合金化后，加入的钛铁将使钢液 Al$_s$ 含量增加 0.01%~0.02%）。加铝循环 3min 后，DX53D 加钛铁，DX54D 加钛铁和铌铁，加入量按中限控制，钛收得率为 75%，铌收得率为 95%，脱氧合金化后循环时间应不小于 7min，若生产节奏不许可，其循环时间应不小于 5min。每炉钢真空处理结束后向钢包渣面加入 200kg 调渣剂。

(4) 连铸钢包长水口必须采用密封圈+吹氩全程保护浇铸，中间包采用无碳中间包覆盖剂，用量按 0.5kg/t 钢控制，以保证渣面不发红为原则。结晶器液面自动控制投用，结晶器小流量吹氩。

热处理工艺见表 9-43 和表 9-44。

表 9-43   板坯加热制度

板坯宽度/mm	加热温度/℃			板坯在炉时间/min
	预热段	加热段	均热段	
750~949	1000~1200	1200~1270	1190~1250	冷装铸坯 150min；热装铸坯 130min
950~1099	1050~1220	1210~1280	1200~1260	
1100~1249	1050~1240	1220~1290	1210~1270	
1250~1350	1050~1260	1230~1300	1220~1280	

表 9-44   精轧终轧温度、卷取温度和层流冷却方式

钢的牌号	带钢厚度/mm	终轧温度/℃	卷取温度/℃	冷却方式
DX53D+Z	2.0~2.5	860~920	720±20	前段冷却
	2.5~2.75	900±20	720±20	
	>2.75	920±20	750±20	
DX54D+Z	2.0~2.5	860~920	750±20	
	2.5~2.75	900±20	750±20	
	>2.75	920±20	780±20	

9.3.12   无缝气瓶钢

无缝气瓶钢的质量要求见表 9-45 和表 9-46。

表 9-45   无缝气瓶钢的牌号和化学成分

牌号	化学成分（质量分数）/%									
	C	Si	Mn	P	S	P+S	V	Cr	Cu	Ni
34Mn2V	0.30~0.37	0.17~0.37	1.40~1.80	≤0.020	≤0.020	≤0.030	0.07~0.12	≤0.030	≤0.020	≤0.020

表 9-46   无缝气瓶钢的力学性能

牌号	试样状态	下屈服强度 R_{eL}/MPa	抗拉强度 R_m/MPa	断后伸长率 A/%
34Mn2V	正火	≥510	≥745	≥16
	调质	≥550	≥780	≥12

冶炼技术：

(1) 转炉冶炼采用脱硫铁水或半钢冶炼，硫含量按不大于 0.020% 控制。采用增碳法炼钢，转炉终点碳含量控制范围 0.05%~0.20%。红包出钢，出钢时挡渣。出钢温度不低

于1670℃，出钢时间不小于3.5min。铬铁、钼铁在出钢过程中加入钢包内，采用P1脱氧剂或铝铁脱氧。

（2）LF精炼钢水进站化渣后取样分析成分，根据钢水硫含量，定加铝丸和高碱度精炼渣进行精炼，全程吹氩搅拌，氩气流量控制钢包液面有微波动即可，严禁出现钢液裸露或大翻现象。

（3）RH真空处理时间不小于12min（其中：真空度≤300Pa的时间不小于10min），合金化结束后的均匀化时间不小于5min。成分微调目标值均按钢种内控成分中限控制。

（4）连铸采用全程保护浇铸，严格控制塞棒吹氩流量及压力，防止卷渣及铸坯角部皮下气泡的产生。结晶器采用中低碳钢保护渣，保证结晶器液面无暴露，并均匀覆盖。

热处理工艺见表9-47。

表9-47 铸坯加热制度

铸坯规格/mm	正常加热时间/min		加热温度/℃				
	总计	均热	均热	Ⅰ加	Ⅱ加	Ⅲ加	预热
360×450	210～270	≥27	1200～1280	1220～1320	1200～1320	1000～1250	≤950
380×280	140～200		1200～1280	1240～1320	1220～1320	1000～1250	≤1000

9.3.13 工程机械结构钢

工程机械结构钢的质量要求见表9-48。

表9-48 工程机械结构钢的牌号及化学成分

牌号	化学成分（质量分数）/%									
	C	Si	Mn	P	S	Ti	Nb	Cr	Ni	Cu
PQ600	0.05～0.10	0.15～0.35	1.40～1.60	≤0.025	≤0.010	0.070～0.105	0.040～0.060	≤0.30	≤0.30	≤0.30

冶炼技术：

（1）转炉冶炼出钢温度不小于1685℃。根据终点碳含量，出钢前在钢包底部加入铝块，每炉钢加入铝铁脱氧。出钢1/3～2/3时加入合金，合金加入顺序：铝铁、中碳锰铁、硅铁、铌铁。加入合金时应考虑钢水增碳。出钢过程中加入高碱度精炼渣或加活性石灰和萤石。炉后小平台吹氩搅拌。

（2）LF炉钢水进站后吹氩，吹氩以钢水搅动而不大翻为原则。加热炉次在加热过程中视钢包来渣情况加入泡沫渣，以保证起弧时渣不裂开。根据钢中Al_s含量进行补喂铝线，要求边喂铝线边吹氩。

（3）RH真空处理真空度不大于300Pa；循环时间10～12min，其中真空度不大于300Pa的处理时间应不小于6min；合金化后的均匀化时间应不小于5min。

（4）连铸中间包目标钢液温度1535～1555℃，全程保护浇铸，结晶器保护渣采用低合金钢保护渣。

热处理与压力加工工艺见表9-49和表9-50。

表 9-49　板坯加热制度

板坯断面/mm	出钢目标温度/℃	加热温度/℃			
		均热段	加热段	预热段	炉尾
200×(750~949)	1230	1230~1280	1250~1310	1000~1200	<950
200×(950~1099)	1240	1240~1290	1260~1320	1000~1220	
200×(1100~1249)		1250~1300	1270~1330	1050~1230	
200×(1250~1350)		1250~1310	1280~1340	1050~1240	

表 9-50　终轧温度、卷取温度和层流冷却方式

终轧温度/℃	卷取温度/℃	层流冷却方式
870±20	650±20	前段冷却

9.4　含钒钛钢压力加工技术

9.4.1　含钒钢轨

9.4.1.1　生产工艺流程

钢轨作为轨道结构的重要组成部分，其质量直接影响铁路的行车安全和使用寿命；为了满足铁路高速化、高效化的发展。对钢轨综合性能要求越来越高。围绕高平直度、高纯净度、高表面质量以及高尺寸精度的要求，钢轨生产工艺在不断进步。目前，代表世界先进生产技术水平的厂家主要有新日铁、奥钢联、攀钢及 Corus 等，其生产工艺流程如图 9-7 所示。

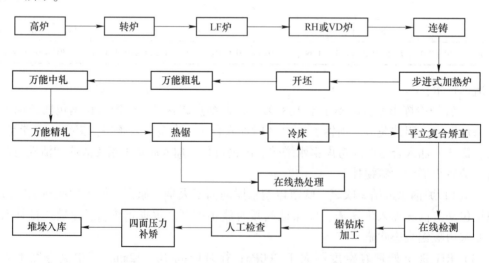

图 9-7　钢轨生产工艺流程

9.4.1.2　生产线布置形式

目前，以万能轧制法为核心的钢轨生产工艺已经成熟，并在钢轨生产中发挥着主导作

用。常见的钢轨生产线布置形式有五机架和七机架布置。

七机架布置方式是早期钢轨万能轧制法较为流行的一种布置形式，国内外有多条生产线采用类似的布置方式，如日本的八幡厂和我国的攀钢轨梁厂（二线）都采用了该布置形式。

七机架的布置形式是目前世界上生产高精度、高质量高速轨的最典型和最成功的方式；其主轧线由两架开坯机（BD1、BD2）、万能粗轧机组（U1、E1）、万能中轧机组（U2、E2）、万能精轧机（UF）组成，如图9-8所示。该布置方式各万能机组不形成连轧关系，避免了由于机架间张力作用造成产品尺寸波动，因为轧机数目较多，而且相互独立，可灵活安排孔型及道次，产品尺寸精度高，具有较强的、较灵活的新产品开发能力和较强的市场适应能力。同时，该布置方式有轧制线长，轧件终轧温度低，占地面积大等缺点。

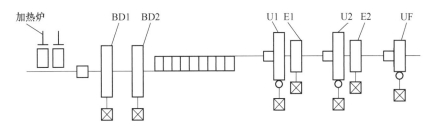

图 9-8 七机架布置形式

五机架布置方式的轧线主要设备由两架开坯机（BD1、BD2）和3架可逆式万能连轧机组（UR-E-UF）组成，如图9-9所示。该种布置方式具有轧制线短、占地面积小、轧制H型钢效率高等特点。

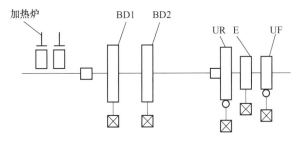

图 9-9 五机架布置形式

9.4.1.3 钢轨检测技术

钢轨人工表面质量检测存在漏检率高、劳动强度大、人工成本高等问题，已无法满足企业现代化、智能化的要求，为了适应高速铁路对钢轨质量越来越高的要求，表面质量自动检测技术不断发展，金属表面缺陷检测方法的研究越来越多，但在复杂断面的型材特别是钢轨表面质量检测方面成功应用的还不多。目前应用在钢轨表面检测的技术有2D视觉检测技术、3D激光检测技术、磁粉法检测、电涡流检测、超声波检测等。

2D检测技术又叫机器视觉检测技术，是用机器代替人眼进行目标对象的识别、判断和测量，研究计算机模拟人眼的视觉功能。目前采用的钢轨表面质量检测基本上都是2D

检测法，即通过成像系统采集钢轨表面的二维图形，然后提取缺陷形状，通过与预先设定的图片或缺陷值大小进行比较判断是否是缺陷。

3D 激光检测技术采用激光三角原理，将一束激光照在钢轨轮廓上，再通过 CCD 面阵相机不断的采集运动中的钢轨断面轮廓，然后将所有采集到的轮廓拼接成整支钢轨。通过与标准轮廓的对比，判断在钢轨表面是否存在异常的突出或凹入缺陷，因此 3D 检测又被称为触觉检测。由于其检测原理简单，后期研究投入少，尽管只能对一定大小范围内的缺陷进行检测，但仍有较多应用。

磁粉法检测技术原理是在基体材料中实现磁场，根据缺陷处的漏磁场与磁粉的相互作用，当表面和近表面有不连续或缺陷时，则在不连续处或缺陷处磁力线发生局部畸变产生磁极。不适合高速运动的钢轨表面质量检测。

电涡流技术有较多形式，常用的有常规涡流检测、远场涡流检测、多频涡流检测和脉冲涡流检测等，但都是建立在电磁感应原理上的方法。利用电涡流传感器对钢轨进行感应，钢轨表面不同缺陷类型和形状将产生不同类型的信号。

超声波检测技术是利用超声波能透入金属材料的内部，并且在界面边缘发生反射的特点来检测零件缺陷的方法；当超声波束自零件表面由探头通至金属内部，遇到缺陷与试样的界面时就会产生反射波束，在荧光屏上形成脉冲波形，根据这些脉冲波形来判断缺陷的位置和大小。

攀钢轨梁厂万能生产线钢轨检测中心从奥地利引进，主要设备包括钢轨断面形状激光检测装置、平直度激光检测装置、钢轨内部质量超声波检验装置以及钢轨表面质量涡流检测装置等，从而实现对钢轨的断面尺寸、平直度、内部质量及表面质量的综合检测和评定。

9.4.1.4 含钒钢轨及其生产技术的特点

钢轨按钢种可分为碳素轨、合金轨钢和热处理轨。目前，我国铁路线路上使用的钢轨钢种主要有 880MPa 级的 U71Mn、980MPa 级的 U75V 和 1180~1280MPa 级的重载铁路用 U77MnCr、U78CrV 等高强耐磨轨。现行的部分热轧钢轨化学成分及力学性能见表 9-51。

表 9-51 部分热轧钢轨化学成分及力学性能

钢种	化学成分（质量分数）/%						
	C	Si	Mn	S	P	Cr	V
U71Mn	0.65~0.76	0.15~0.35	1.10~1.40	≤0.030	≤0.030	≤0.15	≤0.030
U75V	0.71~0.80	0.50~0.80	0.70~1.05	≤0.030	≤0.030	≤0.15	0.04~0.12
U71MnG	0.65~0.75	0.15~0.58	0.70~1.20	≤0.025	≤0.025	≤0.15	≤0.030
U75VG	0.71~0.80	0.50~0.70	0.75~1.05	≤0.025	≤0.025	≤0.15	0.04~0.08
U78CrV	0.72~0.82	0.50~0.80	0.70~1.05	≤0.025	≤0.025	≤0.70	≤0.12

注：1. U75V（原 PD3）钢轨：由攀钢研制开发，与 U71Mn 钢轨相比，U75V 钢轨的碳、硅含量相对较高，锰含量较低，并添加了细化组织的合金元素钒，热轧后强度达到 980MPa 级。

2. U75VG 钢轨：为优化性能，在 U75V 钢轨的基础上，减小碳含量的波动范围以及钢中有害元素 P、S 等的含量，具有更高的断后伸长率和轨头踏面硬度。

3. U78CrV（原 PG4）钢轨：由中国铁道科学研究院与攀钢合作研发，为高强耐磨钢轨。采用铬、钒合金化，热轧钢轨强度达到 1080MPa 级。

为了满足我国铁路运输的高速化、高效化发展，对钢轨的表面质量、尺寸精度、平直度、性能等提出了更高的要求（"四高"）：

（1）高表面质量。钢轨的表面缺陷主要分为线纹、轧疤、划伤三大类，钢轨的表面缺陷会使其产生应力集中，降低钢轨塑性，严重时造成钢轨断裂或寿命缩短；要求形成的最大允许深度：钢轨走行面 0.5mm，钢轨其他部位 0.6mm。

由于重轨钢含碳量高，钢坯加热过程中氧化、脱碳现象严重，钢轨脱碳将使其机械性能下降、硬度降低、耐磨性差和疲劳强度降低等。随着铁路车速和轴重的不断提高，要求钢轨具有更大的刚度和更高的耐磨性，这对钢轨的脱碳层深度提出了更加严格的要求，要求钢轨脱碳层的深度不超过 0.5mm。

（2）高尺寸精度。钢轨外形公差尺寸对于平直度存在一定的影响，如果钢轨头尾尺寸差距太大会严重影响钢轨的焊接质量和焊接生产。同时直接影响焊缝区的金属熔合，降低金属结合力，严重者日后会成为焊缝断裂源。另外，因为错口的焊缝两侧钢轨底面不在一个平面上，故焊缝两侧一定范围内，轨底面与轨枕不是平行接触，钢轨与轨枕均处于不良受力状态，焊缝部位钢轨截面形状有突变，容易产生应力集中，加之列车动载冲击，焊缝很可能成为疲劳断裂源或发生突然断裂。表 9-52 为允许的尺寸偏差极限。

表 9-52 尺寸极限偏差

项　　目	极限偏差
	60、60N、75、75N
钢轨高度（H）	±0.6
轨头宽度（WH）	±0.5
轨冠饱满度（C）	+0.6 -0.5
断面不对称（As）	±1.2
轨腰厚度（WT）	±1.0 -0.5
轨底宽度（WF）	+1.0 -1.5
轨底边缘厚度（TF）	+0.75 -0.5
轨底凹入	≤0.4

（3）高平直度。钢轨平直度是影响行车速度、运行平稳性、旅客舒适性的主要因素。接头平直度超标时，在列车高速运行条件下能引起很大的轮轨作用力和冲击振动，对轨道和机车车辆造成很大的损坏，并产生很大的噪声，严重影响列车行车速度、运行平稳性和旅客乘坐舒适性。

扭曲不平顺将会引起车辆的侧滚和侧摆振动，以及两转向架四轮呈三点支撑状态，导致车轮悬浮脱轨的危险。轨向不平顺将会引起车辆的侧摆和摇头振动，降低车辆运行的平稳性和安全性。高低不平顺将会引起车辆的点头和浮沉振动，同时又会引起轮重波动，影响无缝线路的稳定性、平稳性与安全性。轨道的水平和轨向反向复合不平顺较单项不平顺或其他复合不平顺状态对行车安全影响更为严重。

表 9-53 为允许的平直度和扭曲。

表 9-53 平直度和扭曲

部 位	项 目		公 差
轨端 0~1.5m 部位	平直度	垂直方向（向上）	≤0.6mm/1.5m
		垂直方向（向下）	≤0.2mm/1.5m
		水平方向	≤0.7mm/1.5m
距轨端 1~2.5m 部位	平直度	垂直方向	≤0.5mm/1.5m
		水平方向	≤0.7mm/1.5m
轨身	平直度	垂直方向	≤0.5mm/3m 和 ≤0.4mm/1.5m
		水平方向	≤0.6mm/1.5m
钢轨全长	上弯曲和下弯曲		≤10mm
	侧弯曲		弯曲半径 $R>1500m$
	扭曲	全长	≤2.5mm
		轨端	≤0.6mm/1.5m

（4）高性能。提高钢轨性能，增强韧性主要有合金化和热处理两个途径。钒作为一种微合金化元素在亚共析钢中得到了广泛的应用，其作用机制主要是沉淀强化和晶粒细化。钢轨钢中加入适量的钒，可以降低珠光体转变温度，细化珠光体，有效地提高强度和韧性。

热处理是目前世界公认的最经济有效的方法。通过热处理可以显著改善钢轨微观组织结构，细化珠光体，有效提高钢强度及韧性，延长使用寿命；实际使用表明，热处理钢轨的寿命是普通钢轨的一倍以上。我国铁路要求弯道不大于 1km 和重载运输线路的 60kg/m 及以上的钢轨尽可能实现全长热处理。表 9-54 和表 9-55 为常见热轧钢轨与热处理钢轨力学性能指标。

表 9-54 常见热轧钢轨力学性能

钢种	力学性能指标		
	抗拉强度 R_m/MPa	断后伸长率 A/%	轨头踏面中心线硬度（HBW）
U71Mn	≥880	≥9	260~300
U75V	≥980	≥9	260~300
U71MnG	≥880	≥10	260~300
U75VG	≥980	≥10	280~320
U78CrV	≥1080	≥10	320~360

表 9-55 热处理钢轨力学性能

钢种	力学性能指标		
	抗拉强度 R_m/MPa	断后伸长率 A/%	轨头踏面中心线硬度（HBW）
U75V	≥1180	≥10	340~400
U78CrV	≥1280	≥10	370~420
U77MnCr	≥1180	≥10	360~410
U76CrRE	≥1280	≥10	370~420

9.4.1.5 含钒钢轨的应用

（1）在高寒地带的应用。青藏铁路地处高原，空气稀薄，缺氧严重，气候十分恶劣，最低气温超过零下40℃，因此要求钢轨具有耐低温、抗腐蚀、免维修等特点。针对青藏铁路的自然环境、运量、维护等实际情况，初建时在一般地段采用性价比较高的 U71Mn 热轧轨，在较小曲线半径或较大坡度地段采用了 PD3（现 U75V）高强热处理钢轨。

（2）在重载线路的应用。大秦铁路是中国西煤东运的主要通道之一。该线路是目前世界上年运量最大的铁路线。2010年之前，大秦铁路采用的是攀钢 75kg/m U75V 钢轨，在运营初期，U75V 钢轨能满足线路使用要求，但是随着运量的不断提高 U75V 钢轨逐渐不能适应愈加严苛的使用条件。2011年，大秦铁路开始采用攀钢开发的新一代大断面高强度 1300MPa 级 PG4（现 U78CrV）钢轨，并取得巨大成功，首批钢轨的通过总重达到了17亿吨，创世界同类铁路用轨运量之最。

（3）在高铁上的运用。自"十一五"以来，中国高铁技术飞速发展，最终走出国门，站在世界前列。高铁的建设对钢轨的质量提出了更高的要求。结合中国现有钢种的性能特点，要求客运线路采用 880MPa 级的 U71MnG 钢轨，客货混运线路采用 980MPa 级的 U75VG 钢轨。

（4）在地铁上的应用。近年来，地铁凭借其大运量、高速度、低能耗等优点飞速发展，逐渐成为城市交通中不可替代的一环。U75V 钢轨凭借其优良的性能在地铁用轨中扮演着重要角色。

9.4.2 高强耐候 310 乙字钢

310 乙字钢主要用于制造铁路货车中梁，乙字钢断面形状复杂（图 9-10），变形过程中存在严重的不均匀变形，生产难度大，目前国内仅有攀钢、包钢生产。由于铁路车辆构件长期暴露在大气中，以及铁路运输高速、重载、高效的发展趋势，对乙字钢的强度、耐大气腐蚀、低温冲击性能等要求也越来越高，其材质从 YQ295（09V）逐步发展到450MPa 级的 YQ450NQR1，采用钒氮微合金化，生产出的 YQ450NQR1 乙字钢不但具有较高的强度，低温冲击韧性也得到改善，同时还具有较好的焊接性能和耐大气腐蚀的能力。

万能线轧制乙字钢的流程为：从 BD1 到 UF 轧机共计 10 个孔型（图 9-11），其中 1 个箱形孔，1 个立压孔，8 个成型孔，长腿配置在轧机的操作侧，短腿配置在轧机的传动侧；首先从 BD1 轧机的 Ⅰ、Ⅱ、Ⅲ、Ⅳ孔分别轧 5、1、4、1 道次，再从 BD2 轧机的 3 个孔各轧一道次，最后万能轧机的三个孔各轧一道次。

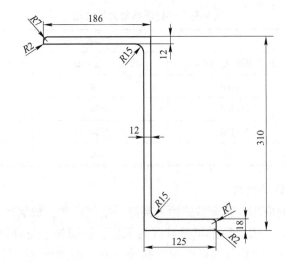

图 9-10　310 乙字钢断面

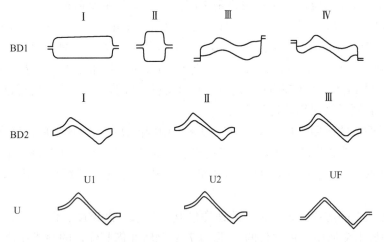

图 9-11　万能线生产乙字钢孔型

9.4.3　L216 履带板

履带板主要用于制作推土机、挖掘机、拖拉机等工程机械履带。按形状可以分为单齿履带和多齿履带。单齿履带（图 9-12）一般用于推土机，主要规格有 203mm、216mm、228mm 三种节距，多齿履带一般用于挖掘机。

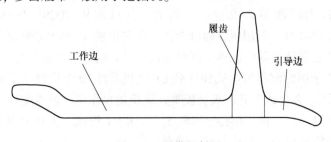

图 9-12　履带板断面

履带板由于其工作条件十分恶劣，很容易造成磨损、变形，甚至断裂，因此要求履带板具有较高的强度和良好的耐磨性、韧性。履带钢一般为含硼中低碳锰钢，该类合金具有成本低、性能优良的特点，牌号有23MnB、25MnB。履带钢中加入0.06%~0.10%的钒可以提高履带钢的淬透性同时保证良好的综合力学性能。

履带板属于x轴、y轴均不对称的特殊断面型钢。由于工作边、引导边、履齿形状差异较大，导致在履带钢轧制过程中容易出现扭转、上翘等，给履带钢轧制带来了极大困难。图9-13为攀钢原950线轧制履带板使用的孔型系统。

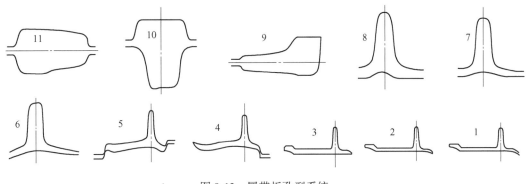

图9-13 履带板孔型系统

9.4.4 槽钢

槽钢（图9-14）是一种广泛应用于建筑、桥梁、车辆及其他工业结构的结构型钢材。槽钢的型号以其腰部宽度的1/10表示。按照断面的结构尺寸的不同，槽钢可以分为普通槽钢、轻型槽钢和集装箱专用槽钢三类。轻型槽钢壁厚比普通槽钢小，且型号越大壁厚减薄量也越大，使其重量更轻，更节约金属。

轧制槽钢的孔型系统主要有直轧、弯腰式、蝶式和大斜度式孔型系统四种，如图9-15所示。各孔型系统都有开口槽型孔、控制孔、切深孔三种孔型组成。

直轧孔型系统由于其腿部斜度小、切槽深、重车量大以及轧制时轧件不易脱槽、易缠辊等缺点，现已很少使用。

弯腰式孔型系统的特点是把槽钢腰部弯曲，从而加大腿部的倾斜和腰部进入孔型时的稳定性。对比直轧孔型系统，弯腰式孔型系统轧辊的磨损较小，重车量较小，轧辊强度增大，一定程度上可以加大道次的变形量。

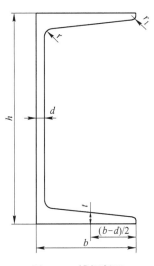

图9-14 槽钢断面

大斜度孔型系统保持了弯腰的结构，同时腿部侧壁斜度较大，使得轧辊重车量减小，延长了轧辊使用寿命，对腿部拉缩现象也有所改善，缠辊事故也大大减少。

蝶式孔型系统相比于其他三种孔型系统，具有更强的延伸能力，从而使轧制道次减少；切分孔和蝶式孔型切槽浅，对轧辊强度的削弱较小；孔型侧壁斜度大，易于脱槽，轧制时轧件与轧槽各点的速差小，轧制能耗低，轧辊磨损小，寿命长。

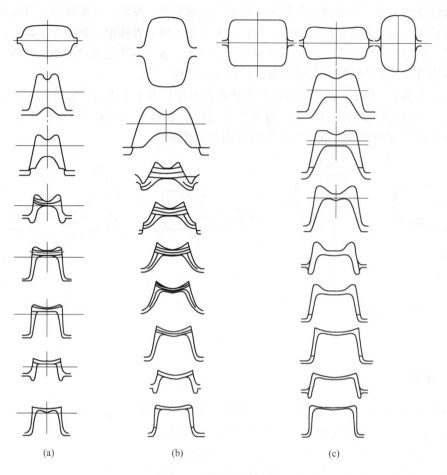

图 9-15 槽钢孔型系统

（a）弯腰式；（b）蝶式；（c）大斜度式

参 考 文 献

［1］刘嘉禾. 钒钛铌等微合金元素在低合金钢中应用基础的研究 ［M］. 北京：北京科学技术出版社，1992.

10 钛渣生产技术

10.1 钛渣的定义、分类及其应用

10.1.1 钛渣的定义

目前,尚无准确的钛渣的定义。但有两点获得业界共识:(1)钛渣既不是废渣也不是副产物,而是生产四氯化钛、钛白粉和海绵钛等钛产品的主要原料;(2)钛渣是由相对较低钛品位的含钛矿物(如钛铁矿)经过高温(或低温)物理化学变化过程而获得的富含氧化钛等钛化合物的人造矿物原料。

10.1.2 钛渣的分类及应用

根据工业用途不同,目前具有国家或行业标准的钛渣产品有酸溶性钛渣和高钛渣两种。这两种钛渣已在工业上获得大规模应用。

按钛渣中钛的品位高低不同,钛渣可分为高品位钛渣(含二氧化钛大于85%)、中品位钛渣(如酸溶性钛渣,含二氧化钛70%~85%)、低品位钛渣(如50钛渣,含二氧化钛45%~55%;高钛型高炉渣,含二氧化钛23%~25%)。其中,高钛渣、酸溶性钛渣是以钛精矿为原料获得的钛渣,低品位钛渣是以钒钛铁精矿为原料获得的钛渣。目前钛渣多指高钛渣和酸溶性钛渣。

2019年全国钛渣产能约为250万吨,其中四川攀枝花钛渣产能约为52万吨,约占国内钛渣产能的21%。

10.1.2.1 高钛型高炉渣

高钛型高炉渣是钒钛铁精矿进入高炉冶炼所得的含钛炉渣。它和普通的高炉渣不同,主要化学成分上除了含有 CaO、MgO、SiO_2、Al_2O_3 外,其还有大量的 TiO_2,是国家宝贵的二次资源。由于其冶炼技术及经济效益的原因,该类渣目前还无法大规模提钛利用,造成四川攀西地区累积堆存量达6000多万吨,并还在以每年约600万吨的速度递增,不仅严重破坏了当地生态环境,而且造成了钛资源的浪费。

由于该类型钛渣成分的特殊性,其在冷却过程中与其他高钛渣也不相同,高钛型高炉渣主要化学成分见表10-1,主要物相组成及含量见表10-2。其渣中 TiO_2 含量超过20%,是可用的钛资源。高钛型高炉渣中钛元素由于分布过于分散,主要含钛物相为钙钛矿、透辉石、尖晶石和碳化钛等,且颗粒尺寸特别小,矿物之间又相互固溶在一起,很难直接选矿得到钛的富集,其他方法成本较高。

表 10-1   攀钢高钛型高炉渣化学成分 （%）

TFe	MFe	CaO	MgO	SiO$_2$	Al$_2$O$_3$	MnO	V$_2$O$_5$	TiO$_2$	其他
1.91	0.73	26.11	9.13	23.81	14.24	0.86	0.20	22.88	0.13

表 10-2   高钛型高炉渣物相组成及含量 （%）

钙钛矿	攀钛透辉石	富钛透辉石	尖晶石	重钛酸镁	碳氮化钛
48~50	36~38	4~5	1	3~4	4

目前，高钛型高炉渣的主要用途：一是仍然以非提钛利用为主，如作为建筑材料用于铺路材料、混凝土骨料、微粉作混凝土掺和材料、制渣绵和高强度渣砖等；二是作为含钛二次资源进行提钛综合利用。针对高钛型高炉渣的提钛研究主要包括酸浸法、再冶再选及高温碳化-低温氯化工艺，目前的进展基本上处于实验室研究和工业试验研究阶段。如攀钢自主研发的高温碳化-低温氯化新工艺已进入工业试验阶段，该工艺是将熔融态高钛型高炉渣经过选择性碳化生成 TiC，获得碳化钛渣，然后对碳化钛渣进行低温氯化，制取 TiCl$_4$。TiCl$_4$ 是用于生产海绵钛和氯化钛白的优质原料。

10.1.2.2   50 钛渣

以钒钛铁精矿为原料，采用非高炉冶炼新工艺还原制取金属化球团，再对金属化球团进行熔分-深还原冶炼，获得二氧化钛含量在 50% 左右（45%~55%）的钛渣，称其为 50 钛渣（也称熔分钛渣）。进入 21 世纪以来，四川省先后有多家企业建成钒钛铁精矿非高炉冶炼新工艺流程生产线，最大规模达 10 万吨/年，所得到的金属化球团的金属化率达 75%~85% 甚至更高，经电炉熔分-深还原冶炼后所得钛渣中 TiO$_2$ 品位达到 50% 左右。典型的 50 钛渣主要化学成分见表 10-3，其主要物相组成及含量见表 10-4。

表 10-3   典型的 50 钛渣化学成分 （%）

TiO$_2$	Ti$_2$O$_3$	V$_2$O$_5$	CaO	MgO	SiO$_2$	Al$_2$O$_3$	FeO
49.57	7.50	0.23	4.71	13.12	12.71	15.33	2.83

表 10-4   50 钛渣物相组成及含量 （%）

黑钛石	硅酸盐	金红石	金属铁+硫化铁
29~32	62~65	4~7	0.8

50 钛渣可以作为硫酸钛白粉生产原料。从化学成分上看，50 钛渣中 TiO$_2$ 品位约为高钛型高炉渣的两倍，与攀西地区钛精矿的钛品位相当，但钙、镁、铝、硅等杂质较多，铁的含量较少。从物相组成来看，主要有黑钛石、硅酸盐、金红石等，钛元素主要富集在黑钛石相，黑钛石相主要是由 Fe、Mg、Ti、Al 等多种组分的固溶体组成，一定的杂质元素有利于黑钛石相的酸解。虽然 50 钛渣的杂质含量较高，总体上不影响硫酸钛白的生产过程，但形成的酸渣量较大，并且其中的钒氧化物（如 V$_2$O$_5$）影响钛白粉的白度等性能，所以在硫酸钛白粉生产流程中应设有除钒工序。

10.1.2.3   酸溶性钛渣

酸溶性钛渣是指钛铁矿（钛精矿）通过电炉高温碳热还原过程，使钛铁矿中铁氧化物还原生成生铁并与含 TiO$_2$ 为主的渣相分离，使 TiO$_2$ 得到富集，获得 TiO$_2$ 含量在 70%~

85%之间的含钛炉渣，因该钛渣易于被强酸（如硫酸等）所溶解，故称为酸溶性钛渣。

2012 年工业与信息化部颁布实施了由攀枝花钢铁（集团）公司、冶金工业信息标准研究院起草的黑色冶金行业标准 YB/T 5285—2011，该标准规定的酸溶性钛渣牌号及化学成分见表 10-5，产品水分不大于 1.0%。酸溶性钛渣一般状态为粉状，显黑色，粒度在 0.425~0.074mm(40~200 目)。

表 10-5　酸溶性钛渣的化学成分（YB/T 5285—2011）　（%）

牌号	总钛（以 TiO$_2$ 计）	低价钛（以 TiO$_2$ 计）	FeO	金属 Fe	P
TZ74	72.0~76.0	≤15.5	≥4.0	≤1.50	
TZ78	>76.0~80.0	≤25.5	≥4.2	≤1.50	≤0.50
TZ80	>80.0~84.0	≤30.0	≥4.5	≤1.50	

酸溶性钛渣是硫酸钛白粉生产的优质钛原料。硫酸法钛白生产虽然可以采用钛铁矿做原料，但存在耗酸量大、副产品硫酸亚铁多、不溶固体杂质质量增加和废酸废液难治理等问题。采用酸溶性钛渣可以减少酸耗量 30%并解决硫酸亚铁问题，从而减轻环保压力。目前国外越来越多的钛白生产企业都将其原料改成酸溶性钛渣和人造金红石等钛原料。

酸溶性钛渣作为硫酸法钛白的优质钛原料，早已受到国内外钛白行业的高度重视，并得到迅速发展，其优点是：能有效地减少硫酸法钛白"三废"产生量，是削减副产物绿矾产量的根本途径。随着国家环保监督要求日益严格，钛白粉行业如何更有效地利用钛资源实现可持续发展，正面临着新的挑战，迫使硫酸法钛白企业越来越重视钛原料及其生产工艺的改进。

酸溶性钛渣的典型化学成分见表 10-6。酸溶性钛渣中 TiO$_2$ 的含量约为钛铁矿的 1.6倍，铁含量比钛铁矿少，但杂质含量仍较多。

表 10-6　酸溶性钛渣化学成分　（%）

TiO$_2$	FeO	MgO	CaO	Al$_2$O$_3$	SiO$_2$	MnO
76.24	7.65	3.19	0.83	2.47	7.51	1.24

酸溶性钛渣的主要物相为黑钛石 M$_3$O$_5$ 型固溶体（包括 Ti$_3$O$_5$、FeTi$_2$O$_5$、Mg$_2$TiO$_5$ 等）、硅酸盐相和少量残存金属铁等（见表 10-7）。

表 10-7　酸溶性钛渣物相组成及含量（质量分数）　（%）

黑钛石	钛铁矿	锐钛矿	金属铁	脉石矿物
81.76	3.75	1.3	2.23	10.96

酸溶性钛渣直接应用于硫酸层钛白生产，是钛工业发展的优质钛原料，以其为原料所制备的钛白粉为锐钛型 TiO$_2$，具有较好的粒度、色度和白度，广泛应用于化工、建筑、机械等行业。

10.1.2.4　高钛渣

高钛渣是指含钛品位较高的钛铁矿（钛精矿）经电炉还原冶炼，其过程和原理与酸溶性钛渣基本相同，但所得钛渣中的 TiO$_2$ 品位较高，是较常见的一种高品位富钛料，一般 TiO$_2$ 含量大于 85%。冶炼高钛渣一般要求钛铁矿中 TiO$_2$ 品位高（50%以上）且杂质含量少，主要以海滨砂矿钛铁矿为主，这种钛铁矿来源非常有限。我国两广地区的高品位钛铁矿可直接冶炼高钛渣。高钛渣的化学成分见表 10-8，其物相组成及含量见表 10-9。

表 10-8 高钛渣化学成分 （%）

TiO$_2$	FeO	MgO	CaO	Al$_2$O$_3$	SiO$_2$
90.26	5.99	1.10	0.30	1.66	2.24

表 10-9 高钛渣物相组成及含量 （%）

黑钛石	金红石	硅酸盐	金属铁
78.1	14.4	6.87	1.15

2015 年工业与信息化部颁布实施了由云南新立有色金属有限公司、遵义钛业股份有限公司、中航天赫（唐山）钛业有限公司起草的高钛渣有色金属行业标准（YS/T 298—2015），该标准适用于以高品位钛铁矿为原料采用电炉还原熔炼生产的供四氯化钛、人造金红石及钛白粉使用的高钛渣，其中 TiO$_2$ 含量不小于 85%，水分不大于 0.30%。表 10-10 列出了 7 个牌号高钛渣的化学成分。

表 10-10 高钛渣的化学成分 （YS/T 298—2015） （%）

牌号	TiO$_2$（不小于）	杂质含量（不大于）								
		Fe	P	CaO	MgO	MnO	Cr$_2$O$_3$	V$_2$O$_5$	SiO$_2$	Al$_2$O$_3$
TZ94	94	3.0	0.02	0.15	0.9	2.0	0.25	0.40	1.5	1.5
TZ92-1	92	3.5	0.03	0.30	1.2	2.5	0.30	0.40	2.2	2.0
TZ92-2	92	3.5	0.03	0.50	2.5	2.5	0.30	0.60	2.2	2.0
TZ90-1	90	4.0	0.03	0.40	1.5	2.5	0.30	0.40	2.5	2.2
TZ90-2	90	4.5	0.03	0.60	2.4	2.5	0.30	0.60	2.5	2.2
TZ85-1	85	4.5	0.03	0.20	1.5	2.5	0.30	0.40	5.0	2.5
TZ85-2	85	4.5	0.03	0.80	2.7	3.0	0.30	0.60	5.0	2.5

将高钛渣分为 4 个等级 7 个牌号，其中对于生产氯化钛白的高钛渣要求 TiO$_2$ 品位大于 90%，CaO+MgO 含量小于 1.5%。由于四川攀西地区钛铁矿中氧化钙、氧化镁等杂质含量高，结合考虑经济效益，利用本土钛资源生产高钛渣的工业化道路还需要较长时间。

高钛渣一般又称为氯化钛渣，主要作为生产 TiCl$_4$ 的原料，也可以用作生产氯化法钛白的原料，还可以利用氧化焙烧-酸浸处理后得到人造金红石，再作为生产氯化法钛白的原料。

国产 TiO$_2$ 含量大于 92% 的高钛渣中的 50% 用于生产氯化钛白和海绵钛，另外 50% 用于生产人造金红石作为电焊条原料。

氯化法钛白和海绵钛生产的第一道工序是制取 TiCl$_4$，用钛铁矿生产 TiCl$_4$ 时由于钛铁矿杂质含量高，每生产 1t TiCl$_4$ 副产约 0.92t 氯化弃渣，使氯耗和"三废"量增加、产能降低、生产成本升高，所以国内外从不用 TiO$_2$ 品位低于 60% 的钛铁矿作为生产 TiCl$_4$ 原料，而主要采用高钛渣和金红石等富钛料。

10.2 钛铁矿冶炼钛渣基本原理

钛铁矿冶炼钛渣的过程主要是还原过程，即其中的铁氧化物等被还原为金属并在高温下形成液态生铁，未被还原的钛氧化物与硅铝钙镁氧化物形成炉渣（钛渣），液态生铁与液态炉渣因密度不同而分离开来。

10.2.1 钛铁矿还原反应热力学

10.2.1.1 碳还原钛氧化物热力学

实验研究证明，TiO_2 在高温下可能被固体碳或溶质碳还原为低价钛氧化物和碳化钛。生成钛的低价氧化物主要是 Ti_3O_5 和 Ti_2O_3。根据现有的热力学数据，CO 则不能还原 TiO_2。

根据逐级还原机理及其热力学数据，计算得出碳还原熔态 TiO_2 的标准自由能变化与温度的关系如图 10-1 所示。由此可知，标准状态下生成 Ti_3O_5、Ti_2O_3、TiO、TiC 的开始反应温度分别为 1335K、1570K、1843K 和 1451K，各还原产物随还原时间的变化如图 10-2 所示。

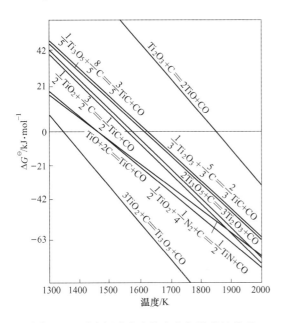

图 10-1 反应标准自由能变化与温度的关系

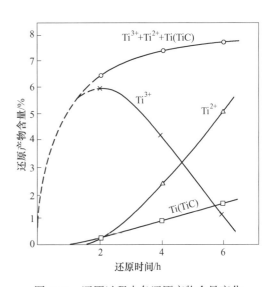

图 10-2 还原过程中各还原产物含量变化

在渣-铁界面还存在渣中 TiO_2 与铁液中溶质碳的还原反应：

$$(TiO_2) + 2[C] + \frac{1}{2}N_2 \xlongequal{\quad} TiN(s) + 2CO \qquad \Delta G^{\ominus} = 379189 - 257.54T \qquad (10-1)$$

$$(TiO_2) + 3[C] \xlongequal{\quad} TiC(s) + 2CO \qquad \Delta G^{\ominus} = 524130 - 333.55T \qquad (10-2)$$

$$(TiO_2) + [C] \xlongequal{\quad} (TiO) + CO \qquad \Delta G^{\ominus} = 312000 - 189.24T \qquad (10-3)$$

$$2(TiO_2) + [C] \xlongequal{\quad} (Ti_2O_3) + CO \qquad \Delta G^{\ominus} = 473516 - 179.24T \qquad (10-4)$$

$$(TiO_2) + 2[C] \Longrightarrow [Ti] + 2CO \qquad \Delta G^\ominus = 686263 - 397.62T \qquad (10-5)$$

10.2.1.2 钛的碳/氮化反应热力学

碳还原 TiO_2 生成 TiC 属于还原反应，相关反应如下：

$$TiO_2 + 2C \Longrightarrow Ti + 2CO \qquad \Delta G^\ominus = 715882 - 352.65T \qquad (10-6)$$

$$Ti + C \Longrightarrow TiC \qquad \Delta G^\ominus = -184096 + 13.14T \qquad (10-7)$$

$$TiO_2 + 3C \Longrightarrow TiC + 2CO \qquad \Delta G^\ominus = 531786 - 339.51T \qquad (10-8)$$

当反应体系中 CO 分压为 10^5Pa 时，还原反应平衡温度可由标准自由能 $\Delta G^\ominus = 0$ 求出，对还原生成 Ti 的反应开始温度为 2031K，还原生成 TiC 的反应开始温度为 1567K，说明还原产物生成 TiC 比生成金属钛容易，故此时无法用碳还原 TiO_2 制得金属钛。

一般而言，对于 d 电子层没有填满的元素，通常比较容易形成碳化合物；d 层电子数越少，形成碳化合物的能力也就越强。对于氮化物的形成，也存在着类似的规律性。属于第一类过渡元素的钛（原子序数 22），其 d 层电子数为 2，可以推断它与碳和氮的化学亲和力应当是较大的，即形成的碳化物和氮化物均较稳定。

在高温下特别是在 1500~1700℃范围内，生成碳化钛和氮化钛反应的自由能变化十分相近（见图 10-3），而在 1300~1400℃时，氮化反应的自由能变化比碳化反应的还更大一些（绝对值）。因此，从热力学观点出发，可以认为，在钛渣熔炼的高温还原过程中，在炉内存在大量固定的碳和氮势下，钛的碳、氮化物的生成是难以避免的。另外，由于 TiC 和 TiN 同属 NaCl 型立方晶系，而 N、C 的原子半径又很接近（N 原子半径为 0.07nm，C 的原子半径为 0.077nm），二者半径之差小于 15%，所以二者都可以互相取代，应形成连续固溶体。

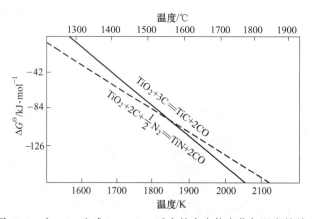

图 10-3 由 TiO_2 生成 TiN、TiC 反应的自由能变化与温度的关系

TiN 的生成取代反应：

$$(TiO_2) + 2C(石) + \frac{1}{2}N_2 \Longrightarrow TiN(s) + 2CO$$

$$\Delta G^\ominus = 311974 - 226.82T, \quad T_{开} = 1375K \qquad (10-9)$$

上述反应实际是在非标准态下进行的反应。这类反应的被还原氧化物和还原出来的单质都并非纯态，而是位于溶液中或其他物质形成的复杂化合物中，所以应利用等温方程来确定还原的温度条件。

从含钛的铁碳平衡图（见图 10-4）可知，在 1200℃以上 TiC 可溶于铁液中。在不同温度下铁液中与 TiC(s) 相平衡的钛的饱和溶解度可用热力学数据进行计算：

$$[Ti] + C(s) \Longrightarrow TiC(s)$$

$$\Delta G_{Ti}^{\ominus} = -155480 + 58.20T, \quad \Delta G_{Ti} = \Delta G_{Ti}^{\ominus} - RT\ln f_{Ti}(\%Ti) \quad (10\text{-}10)$$

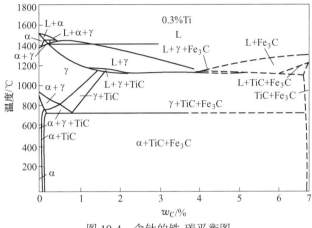

图 10-4　含钛的铁-碳平衡图

若只考虑碳的影响，$\lg f_{Ti} = e_{Ti}^{C}[\%C]$。设 $[\%C] = 4.3$，而 $e_{Ti}^{C} = 0.30$，则 $\lg f_{Ti} = 1.29$。所以不同温度下铁液中溶解钛的平衡浓度计算式：

$$\lg(\%Ti) = \frac{-8122}{T} + 4.33$$

可以看出，随着温度的提高，钛在铁液中的饱和溶解度增大，表明有利于还原钛进入铁液；相反，随温度降低则钛在铁液中的饱和溶解度减小，即只要铁液中钛浓度大于该温度下的饱和浓度，就会不断有固态 TiC 析出而悬浮于熔渣中。

10.2.1.3　铁钛复合氧化物还原反应热力学

A　钛氧化物直接还原反应及其热力学

在冶炼过程中，随着反应的不断进行，在一定的温度条件下，Ti 的不同价态氧化物也可能会与碳发生还原反应，生成低价态的钛化合物，这些化合物将会根据其自身状态进入渣中富集或进入铁水中。相关反应式、标准吉布斯自由能关系式及其反应开始温度见表 10-11。

表 10-11　钛氧化物直接还原反应及其热力学

反应式	$\Delta G^{\ominus}$ 与 T 的关系式	$T_{开}$/℃	编号
$3TiO_2 + C = Ti_3O_5 + CO$	$\Delta G^{\ominus} = 274989 - 198.73T$	1090.44	(1)
$2TiO_2 + C = Ti_2O_3 + CO$	$\Delta G^{\ominus} = 267031 - 183.58T$	1181.4	(2)
$TiO_2 + C = TiO + CO$	$\Delta G^{\ominus} = 313473 - 190.02T$	1376.48	(3)
$TiO_2 + 3C = TiC + 2CO$	$\Delta G^{\ominus} = 531786 - 339.51T$	1292.85	(4)
$TiO_2 + 2C = Ti + 2CO$	$\Delta G^{\ominus} = 654700 - 419T$	1290	(5)
$TiO_2 + 2C + 1/2N_2 = TiN + 2CO$	$\Delta G^{\ominus} = 378918 - 257.336T$	1191.31	(6)
$2Ti_3O_5 + C = 3Ti_2O_3 + CO$	$\Delta G^{\ominus} = 251115 - 153.29T$	1365	(7)

反应式	$\Delta G^{\ominus}$ 与 T 的关系式	$T_{开}/℃$	编号
$Ti_3O_5 + 2C = 3TiO + 2CO$	$\Delta G^{\ominus} = 665430 - 371.35T$	1518.77	(8)
$Ti_3O_5 + 8C = 3TiC + 5CO$	$\Delta G^{\ominus} = 1316400 - 827.958T$	1316.8	(9)
$Ti_3O_5 + 5C + 3/2N_2 = 3TiN + 5CO$	$\Delta G^{\ominus} = 861765 - 573.279T$	1230	(10)
$Ti_2O_3 + C = 2TiO + CO$	$\Delta G^{\ominus} = 359915 - 196.47T$	1558.76	(11)
$Ti_2O_3 + 5C = 2TiC + 3CO$	$\Delta G^{\ominus} = 793895 - 492.5T$	1338.82	(12)
$Ti_2O_3 + 3C + N_2 = 2TiN + 3CO$	$\Delta G^{\ominus} = 490805 - 331.1T$	1209.2	(13)
$TiO + 2C = TiC + CO$	$\Delta G^{\ominus} = 216990 - 148.1T$	1192	(14)
$TiO + C + 1/2N_2 = TiN + CO$	$\Delta G^{\ominus} = 65445 - 67.31T$	699.2	(15)

综上，根据试验温度，考虑配碳充分且试验时间一定的条件下，得到钛氧化物还原反应发生的可能性大小为：

$$Ti_2O_3 > Ti_3O_5 > TiO_2 > TiO$$

生成产物为 TiC 时，钛的各价氧化物发生还原反应的可能性大小为：

$$Ti_2O_3 > Ti_3O_5 > TiO_2 > TiO$$

生成产物为 TiN 时，钛的各价氧化物发生还原反应的可能性大小为：

$$Ti_3O_5 > Ti_2O_3 > TiO_2 > TiO$$

由上述反应式及其标准吉布斯自由能变化表达式可知，在炉内温度达到 1600℃ 左右时，这些反应的 ΔG 值为负，具有一定的反应驱动力，故上述反应在理论上是可行的，即上述化学反应在冶炼过程中均有可能发生。随着温度的升高，反应生成的钛化合物中钛的价态越低，其含量对后来的产品再加工生产有一定影响，故反应时应控制适当的温度。

此外，钛精矿及还原剂的灰分中含有 SiO_2、MgO、Al_2O_3、MnO、V_2O_5、CaO 等杂质，在一定的温度条件下，均有可能与 C 发生还原反应。其中主要的还原反应见表 10-12。

表 10-12 钛铁矿及还原剂中其他氧化物可能发生的还原反应及其热力学

反应式	$\Delta G^{\ominus}$ 与 T 的关系式	$T_{开}/℃$	编号
$MgO + C = Mg + CO$	$\Delta G^{\ominus} = 597500 - 277T$	1880	(1)
$CaO + C = Ca + CO$	$\Delta G^{\ominus} = 661900 - 269T$	2190	(2)
$SiO_2 + C = SiO + CO$	$\Delta G^{\ominus} = 667900 - 327T$	1770	(3)
$SiO_2 + 2C = Si + 2CO$	$\Delta G^{\ominus} = 353200 - 182T$	1671	(4)
$Al_2O_3 + 3C = 2Al + 3CO$	$\Delta G^{\ominus} = 443500 - 192T$	2050	(5)
$MnO + C = Mn + CO$	$\Delta G^{\ominus} = 285300 - 170T$	1408	(6)
$V_2O_5 + 2C = V_2O_3 + 2CO$	$\Delta G^{\ominus} = 165700 - 133T$	970	(7)
$V_2O_3 + 3C = 2V + 3CO$	$\Delta G^{\ominus} = 293800 - 167T$	889	(8)
$V_2O_3 + 5C = 2VC + 3CO$	$\Delta G^{\ominus} = 655500 - 475.68T$	1105	(9)

反应式	$\Delta G^{\ominus}$ 与 T 的关系式	$T_{开}/℃$	编号
$Cr_2O_3 + C = 2CrO + CO$	$\Delta G^{\ominus} = -0.54T + 1373.52(kJ/mol)$	2270	(10)
$CrO + C = Cr + CO$	$\Delta G^{\ominus} = 0.13T - 292.90(kJ/mol)$	1980	(11)
$Cr_2O_3 + 3C = 2Cr + 3CO$	$\Delta G^{\ominus} = -0.51T + 785.73(kJ/mol)$	1268	(12)

由此得出所有化合物在试验条件下的还原反应发生的可能性从小到大顺序为:

$CaO > Al_2O_3 > MgO > SiO_2 > Ti_2O_3 > Ti_3O_5 > TiO_2 > TiO > V_2O_5 > V_2O_3 > FeTiO_3 > FeO > Fe_2O_3$

通过对钛铁矿电炉冶炼钛渣热力学的分析,钛精矿电炉熔炼钛渣时,主要发生铁、钛氧化物还原。

B 固体碳还原 $FeTiO_3$ 的直接还原反应

钛渣的生产方法主要是钛铁矿($FeTiO_3$,即 $FeO \cdot TiO_2$)的电炉熔炼法。这种方法是使用还原剂,将钛精矿中的铁氧化物还原成金属铁并分离出去的选择性除铁,从而富集钛的火法冶金过程。其主要工艺是:以无烟煤、焦炭或石油焦作还原剂,与钛精矿经过配料或制团后,加入矿热式电弧炉内,于 1600~1800℃高温下还原熔炼,所得凝聚态产物为生铁和钛渣,根据生铁和钛渣的密度差别,使钛氧化物与铁分离,从而得到含 TiO_2 为 72%~95% 的钛渣。主要反应如下:

$$FeTiO_3 + C = Fe + TiO_2 + CO \qquad \Delta G^{\ominus} = 181404 - 164.45T \qquad (10\text{-}11)$$

计算得出,FeO 和 $FeTiO_3$ 被 C 还原出金属铁 Fe 的开始温度分别为 985K 和 1116K,表明复合氧化物中铁的还原温度升高、还原较为困难,因为复合氧化物还原多一个离解反应。

随着温度和配碳量的不同,固体 C 还原 $FeTiO_3$ 可能发生如下反应:

$$FeTiO_3 + C = Fe + TiO_2 + CO \qquad \Delta G^{\ominus} = 190900 - 161T \qquad (10\text{-}12)$$

$$\frac{3}{4}FeTiO_3 + C = \frac{3}{4}Fe + \frac{1}{4}Ti_3O_5 + CO \qquad \Delta G^{\ominus} = 209000 - 168T \qquad (10\text{-}13)$$

$$\frac{2}{3}FeTiO_3 + C = \frac{2}{3}Fe + \frac{1}{3}Ti_2O_3 + CO \qquad \Delta G^{\ominus} = 213000 - 171T \qquad (10\text{-}14)$$

$$\frac{1}{2}FeTiO_3 + C = \frac{1}{2}Fe + \frac{1}{2}TiO + CO \qquad \Delta G^{\ominus} = 252600 - 177T \qquad (10\text{-}15)$$

$$2FeTiO_3 + C = FeTi_2O_5 + Fe + CO \qquad \Delta G^{\ominus} = 185000 - 155T \qquad (10\text{-}16)$$

$$\frac{1}{3}FeTiO_3 + \frac{4}{3}C = \frac{1}{3}Fe + \frac{1}{3}TiC + CO \qquad \Delta G^{\ominus} = 182500 - 127T \qquad (10\text{-}17)$$

$$\frac{1}{3}FeTiO_3 + C = \frac{1}{3}Fe + \frac{1}{3}Ti + CO \qquad \Delta G^{\ominus} = 304600 - 173T \qquad (10\text{-}18)$$

钛铁矿中的三价铁氧化物可看作是游离 Fe_2O_3,其被还原的反应为:

$$\frac{1}{3}Fe_2O_3 + C = \frac{2}{3}Fe + CO \qquad \Delta G^{\ominus} = 164000 - 176T \qquad (10\text{-}19)$$

按上面给出的各反应的标准吉布斯自由能变化与温度的关系,计算出在不同温度下的标准吉布斯自由能变化值（$\Delta G^{\ominus}$），并将其绘制成 $\Delta G^{\ominus}$-T 关系图，如图 10-5 所示。

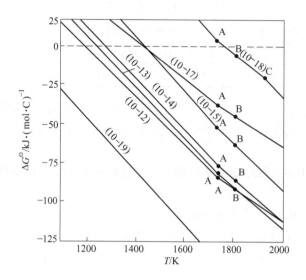

图 10-5　钛铁矿还原熔炼反应的 $\Delta G^{\ominus}$-T 关系图

A—FeTiO$_3$ 熔点 1743K；B—Fe 熔点 1809K；C—Ti 熔点 1933K

　　电炉还原熔炼钛铁矿的最高温度约达 2000K，由图 10-5 可见，在这样高的温度下，式（10-12）~式（10-19）反应的 $\Delta G^{\ominus}$ 均是负值，从热力学上表明这些反应均可进行，并随着温度升高反应趋势均增大。但以上各反应的开始温度（即 $\Delta G^{\ominus}=0$ 时的相应温度）是不同的，在同一温度下各反应进行的趋势大小也不一样，其反应顺序为：式（10-19）>式（10-12）>式（10-16）>式（10-13）>式（10-14）>式（10-15）>式（10-17）>式（10-18）。在低温（低于 1500K）固相还原中主要是铁氧化物的还原，TiO$_2$ 的还原量很少，即主要按式（10-19）、式（10-12）、式（10-16）进行还原反应生成金属铁和 TiO$_2$ 或 FeTi$_2$O$_5$；在中温（1500~1800K）液相还原中，除了铁氧化物被还原外，还有相当数量的 TiO$_2$ 被还原，即主要按式（10-13）、式（10-14）、式（10-15）进行还原反应生成金属铁和低价钛氧化物；在高温（1800~2000K）下按式（10-17）和式（10-18）进行反应生成 TiC 和金属 Ti（溶于铁中）的量增加。

　　虽然式（10-12）~式（10-15）在高温下能够进行反应，但对 1mol FeTiO$_3$ 而言，所消耗的还原剂碳量不同，其化学计量配碳量按反应式（10-12）~式（10-15）的顺序为 $1:\frac{4}{3}:\frac{3}{2}:2$，若控制一定配碳量，比如对 1mol C 而言，可还原 FeTiO$_2$ 的物质的量按顺序则为 $1:\frac{3}{4}:\frac{2}{3}:\frac{1}{2}$；因此，控制一定配碳量及在一定温度条件下反应主要按式（10-12）进行，生成 Fe 和 TiO$_2$，而式（10-13）~式（10-15）只能是部分进行；在足够高温度及过量还原剂存在条件下，TiO$_2$ 也能被还原为钛的低价氧化物及碳化物；在给定温度、压力下，当几个反应都可以进行时，配碳量就会影响到反应的最后结果，当控制配碳量时反应即具有选择性。

　　当温度高于 FeTiO$_3$ 的熔点（1743K）时，还原反应在液相中进行：

$$\frac{2}{3}(\text{FeO} \cdot \text{TiO}_2) + \text{C} = \frac{2}{3}\text{Fe} + \frac{1}{3}[\text{Ti}_2\text{O}_3]_{\text{FeO}\cdot\text{TiO}_2} + \text{CO} \quad \Delta G^\ominus = 121000 - 132.9T$$

$$(10\text{-}20)$$

$$2(\text{FeO} \cdot \text{TiO}_2) + \text{C} = \text{FeO} \cdot 2\text{TiO}_2 + \text{Fe} + \text{CO} \quad \Delta G^\ominus = 174000 - 157.2T \quad (10\text{-}21)$$

$$\frac{5}{6}(\text{FeO} \cdot \text{TiO}_2) + \text{C} = \frac{5}{6}\text{Fe} + \frac{1}{6}\text{Ti}_5\text{O}_9 + \text{CO} \quad \Delta G^\ominus = 177000 - 157.8T \quad (10\text{-}22)$$

$$\frac{2}{3}[\text{FeO} \cdot \text{TiO}_2]_{\text{Ti}_2\text{O}_3} + \text{C} = \frac{2}{3}\text{Fe} + \frac{1}{3}\text{Ti}_2\text{O}_3 + \text{CO} \quad \Delta G^\ominus = 156000 - 142.1T \quad (10\text{-}23)$$

因为（$\text{FeO} \cdot \text{TiO}_2$）和 Ti_2O_3 都是三方晶系的刚玉型结构，还原过程中不需要重建晶格而另外耗能，所以从热力学上反应最易进行。还原 $[\text{FeO} \cdot \text{TiO}_2]_{\text{Ti}_2\text{O}_3}$ 中 FeO 则由于需要重建新晶格而比较困难，因此，由于晶格相似性因素的影响，钛铁矿（$\text{FeO} \cdot \text{TiO}_2$）还原的顺序如下：

$$\text{FeO} \cdot \text{TiO}_2 \nearrow \begin{array}{l} [\text{Ti}_2\text{O}_3]_{\text{FeO}\cdot\text{TiO}_2} \longrightarrow [\text{FeO} \cdot \text{TiO}_2]_{\text{Ti}_2\text{O}_3} \longrightarrow \text{Ti}_2\text{O}_3 \longrightarrow \text{TiO} \\ \\ [\text{TiO}_2]_{\text{FeO}\cdot2\text{TiO}_2} \longrightarrow \text{TiO}_2 \longrightarrow \text{Ti}_5\text{O}_9 \longrightarrow \text{Ti}_2\text{O}_3 \longrightarrow \text{TiO} \end{array}$$

对上述反应的实验研究证明，在还原钛铁矿中铁氧化物的理论配碳量为 120% 以下，从 1000℃ 开始的固相还原阶段便在还原产物中发现有 Ti_2O_3 型固溶体——纤维钛石（塔基石，tagirovite），而且在液相还原时更是优先生成 Ti_2O_3 且反应激烈；在理论配碳量下，当温度高于 1100℃ 时还原产物主要是 $\text{FeO} \cdot 2\text{TiO}_2$，而未见有 Ti_2O_3，考虑到每个 $\text{FeO} \cdot 2\text{TiO}_2$ 分子能溶解达 10 个分子的 TiO_2，故钛铁矿的固体碳还原过程在 1100℃ 以上（尚处于固相）时反应如下：

$$12(\text{FeO} \cdot \text{TiO}_2) + 11\text{C} = (\text{FeO} \cdot 2\text{TiO}_2) \cdot 10\text{TiO}_2 + 11\text{Fe} + 11\text{CO} \quad (10\text{-}24)$$

因而，在固相还原阶段就形成了 Ti_3O_5 型固溶体——黑钛石（安诺石，anosovite）和少量 Ti_2O_3。因此，电炉还原熔炼钛铁矿时是否生成 Ti_2O_3 和 TiO，主要决定于配碳量大小。

钛精矿主要矿相钛铁矿（FeTiO_3）的直接还原反应、标准吉布斯自由能变化以及反应开始温度汇总见表 10-13。

表 10-13 钛精矿碳热还原过程中可能发生的还原反应

反 应 式	$\Delta G^\ominus$ 与 T 的关系式	$T_{\text{开}}$/℃	编号
$\text{FeTiO}_3 = \text{FeO} + \text{TiO}_2$	$\Delta G^\ominus = 56642 - 113.6T$	498.6	(1)
$2\text{FeTiO}_3 + \text{C} = \text{FeTi}_2\text{O}_5 + \text{Fe} + \text{CO}$	$\Delta G^\ominus = 185000 - 155T$	920.55	(2)
$\text{FeTiO}_3 + \text{C} = \text{Fe} + \text{TiO}_2 + \text{CO}$	$\Delta G^\ominus = 181404 - 164.45T$	830.10	(3)
$\text{FeTiO}_3 + 4/3\text{C} = \text{Fe} + 1/3\text{Ti}_3\text{O}_5 + 4/3\text{CO}$	$\Delta G^\ominus = 278666.67 - 224T$	970.85	(4)
$\text{FeTiO}_3 + 3/2\text{C} = 1/2\text{Ti}_2\text{O}_3 + \text{Fe} + 3/2\text{CO}$	$\Delta G^\ominus = 319500 - 256.5T$	972.46	(5)
$\text{FeTiO}_3 + 2\text{C} = \text{TiO} + \text{Fe} + 2\text{CO}$	$\Delta G^\ominus = 505200 - 354T$	1154.12	(6)

反 应 式	$\Delta G^{\ominus}$ 与 T 的关系式	$T_{\text{开}}$/℃	编号
$FeTiO_3 + 4C = Fe + TiC + 3CO$	$\Delta G^{\ominus} = 547500 - 381T$	1163.85	(7)
$FeTiO_3 + 3C + 1/2N_2 = Fe + TiN + 3CO$	$\Delta G^{\ominus} = 569818 - 418.35T$	1088.85	(8)
$FeTiO_3 + 3C = Ti + Fe + 3CO$	$\Delta G^{\ominus} = 913800 - 519T$	1487.69	(9)
$Fe_2O_3 + 3C = 2Fe + 3CO$	$\Delta G^{\ominus} = 492000 - 528T$	658.66	(10)
$FeO + C = Fe + CO$	$\Delta G^{\ominus} = 147904 - 152.22T$	698.49	(11)

从表 10-13 中可以看出：在标准状态下钛铁矿（$FeTiO_3$）发生直接还原反应的可能性大小顺序为：

$$(3) > (2) > (4) > (5) > (8) > (6) > (7) > (9)$$

上述还原反应均为吸热反应，根据反应的标准吉布斯自由能变化表达式可知，在一定的温度下，上述反应才可能开始反应，并且随着温度的升高，ΔG 值越负，反应的驱动力越大，对反应的顺利进行越有利，则铁氧化物才可能被还原，钛的各阶化合物也才可能生成。

在标准状态下钛铁矿（$FeTiO_3$）发生直接还原反应生成 TiO、TiC、TiN、Ti 的难易顺序是：

$$Ti > TiC > TiO > TiN$$

并且还原开始温度至少须在 1088.85℃ 以上。

C CO 还原 $FeTiO_3$ 及 FeO 的间接还原反应

$$FeTiO_3 + CO = Fe + TiO_2 + CO_2 \quad \Delta G^{\ominus} = 16550 + 8.51T \quad (10\text{-}25)$$

$$FeO + CO = Fe + CO_2 \quad \Delta G^{\ominus} = -16950 + 20.64T \quad (10\text{-}26)$$

计算得出，FeO 的开始还原温度为 821K，而 $FeTiO_3$ 为 1945K，说明 CO 还原 $FeTiO_3$ 较为困难。

同理，可得出 H_2 还原 $FeTiO_3$ 的反应：

$$FeTiO_3 + H_2 = TiO_2 + Fe + H_2O \quad \Delta G^{\ominus} = 5192 + 7.54T \quad (10\text{-}27)$$

CO、H_2 还原 $FeTiO_3$ 反应平衡气相组成与温度的关系如图 10-6 所示。与 FeO 的还原反应不同，图 10-6 中的反应 1 是吸热反应，其平衡气相曲线随温度升高而微向下弯曲，而且曲线大大上移，如 1300K、1400K、1500K 时的平衡气相组成分别为 93.0%CO、92.5%CO、92.1%CO，而平衡常数 K_p 分别为 0.074、0.080、0.085，如此高的 CO 浓度（CO/CO_2）和 $K_p < 1$ 表明，在一般熔炼温度下 CO 不能将 $FeTiO_3$ 还原出 Fe。由图 10-6 可知，布多尔反应的平衡曲线 3 和曲线 1 的交点所对应的温度是固体 C 还原 $FeTiO_3$ 的开始温度，而仅约 1160K 的温度则显示出这一反应容易进行。

H_2 还原 $FeTiO_3$ 的反应，虽然也是有较大的 $\Delta G^{\ominus}$ 正值和较高的平衡温度，但预示反应的趋势较小。据计算，在 1100K 以上，H_2 还原 FeO 和 $FeTiO_3$ 的 $(p_{H_2}/p_{H_2O})_{\text{平}} < (p_{CO}/p_{CO_2})_{\text{平}}$，说明高温下 H_2 还原的热力学条件优于 CO，而且 H_2 的还原能力和利用率都高于 CO。另外，在一定成分的 H_2-H_2O 或 CO-CO_2 混合气体中还原 $FeTiO_3$ 时，气体的还原势又是随温度升高而增大的，即温度越高离平衡越远。

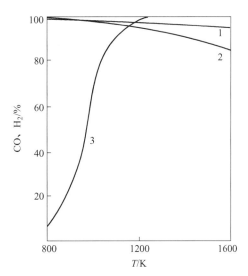

图 10-6 C、CO、H$_2$ 还原 FeTiO$_3$ 的平衡气相组成与温度的关系

1—FeTiO$_2$+CO ⟶Fe+TiO$_2$+CO$_2$；2—FeTiO$_3$+H$_2$ ⟶Fe+TiO$_2$+H$_2$O；3—2CO ⟶CO$_2$+C

D C-FeTiO$_3$ 的高温平衡体系

按纯钛铁矿在密闭炉内用碳还原，使铁水、熔渣与 $1×10^5$Pa 的 CO 分压达到平衡，反应体系是 Ti-Fe-O-C 四元系，铁水为 Fe-C 系，熔渣为 TiO$_x$-FeO 系。则本体系中各物质在 1600℃时存在下列平衡关系：

$$Ti(渣) + \frac{x}{2}O_2 ⟶ TiO_x(渣) \quad (1 < x < 2) \tag{10-28}$$

$$CO + \frac{1}{2}O_2 ⟶ CO_2 \qquad \Delta G^{\ominus} = -120203J \tag{10-29}$$

$$CO ⟶ C + \frac{1}{2}O_2 \quad \Delta G^{\ominus} = 276580J \tag{10-30}$$

$$C ⟶ [C] \qquad \Delta G^{\ominus} = -57066J \tag{10-31}$$

$$Ti(渣) + C ⟶ TiC \qquad \Delta G^{\ominus} = -163913J \tag{10-32}$$

根据这些反应式的热力学数据的计算结果如图 10-7 所示。

图 10-7 揭示了 FeTiO$_3$ 被 C 还原过程中在气相、渣相和铁相中各组分含量随体系中 O/Ti 的变化规律。表明除温度外，利用配碳量即控制氧势（p_{O_2}）能够达到控制钛铁矿（FeTiO$_3$）适度还原的目的。当 O/Ti≈1.924 时，铁相不能存在，表明在此条件下仅是矿石成渣过程，因没有达到既定的还原除铁与富集 TiO$_2$ 的目的，故不可取；当 O/Ti≈1.66（Ti$_3$O$_5$ 的组成附近）时，开始有 TiC 析出；当 O/Ti≈1.56 时，熔体中 TiO$_2$ 几乎全部转变为 TiC，成为制备 TiC 的过程。

根据上述分析可得，在碳还原钛铁矿熔炼钛渣过程中，应通过控制氧势（p_{O_2}）使 O/Ti = 1.56~1.924。为了保持钛渣必要的流动性，须将 O/Ti 控制在较少析出 TiC 的水平上。

在氧势不太强的条件下，由于熔体中碳对难、易还原氧化物分配上的选择性，易还原氧化物的存在会抑制难还原氧化物的还原，但随着易还原氧化物的还原、活度的逐渐下

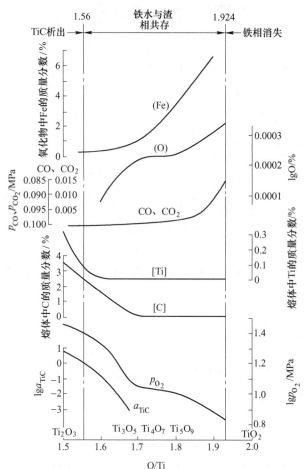

图 10-7 1600℃时 C-FeTiO₃ 体系的各物质在气相、
渣相和铁相中含量随 O/Ti 的变化

降，其抑制作用也将随之减弱直至消失。

用碳还原金属氧化物的熔炼过程，通过控制还原温度和碳的活度可进行选择性还原。根据钛铁矿中的多数氧化物是逐级还原的规律，对于 Ti-O-C 系，其还原反应为：

$$[Ti] + O_2 \Longrightarrow TiO_2 \qquad \Delta G^{\ominus} = -822360 + 191.52T \qquad (10\text{-}33)$$

$$\frac{6}{5}[Ti] + O_2 \Longrightarrow \frac{2}{5}Ti_3O_5 \qquad \Delta G^{\ominus} = -938280 + 152.46T \qquad (10\text{-}34)$$

$$[Ti] + [C] \Longrightarrow TiC \qquad \Delta G^{\ominus} = -141120 + 100.21T \qquad (10\text{-}35)$$

$$TiC + O_2 \Longrightarrow TiO_2 + [C] \qquad \Delta G^{\ominus} = -668640 + 91.31T \qquad (10\text{-}36)$$

$$\frac{6}{5}TiC + O_2 \Longrightarrow \frac{2}{5}Ti_3O_5 + \frac{6}{5}[C] \qquad \Delta G^{\ominus} = -6877 + 86.1T \qquad (10\text{-}37)$$

由此导出 $\lg a_{[C]}$-$\lg p_{O_2}$ 关系和 1450K、2300K 下的 Ti-O-C 系优势区图如图 10-8 所示。

通过上述热力学原理分析，可以得出在熔炼钛渣中更好地实现选择还原所需的重要结论：

（1）随着还原温度、氧势和碳势条件的不同，可以生成金属钛、TiO₂ 和 TiC，并各自有其稳定区域。

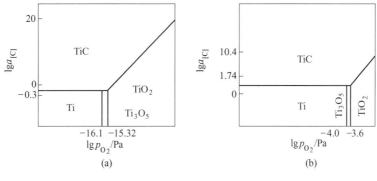

图 10-8 Ti-O-C 系优势区图
(a) 1450K；(b) 2300K

（2）在高温条件下还原钛氧化物生成金属钛比较容易，而生成 TiC 较难；反之，在较低温度下容易生成 TiC。

（3）高温下 Ti_3O_5 很不稳定（其稳定区很小），而在低温下其稳定区扩大。在高温 2300K 下，$p_{O_2} = 10^{-4}$Pa、$a_{[C]} = 54.95$；在低温 1450K 下由［Ti］形成 TiC 的条件是：$p_{O_2} = 10^{-16.1}$Pa、$a_{[C]} = 0.5$，即在加碳量大得多和更高铁水碳饱和度条件下可获得不含或少含 TiC 的钛渣，或在不生成或少生成 TiC 的前提下，也可采用高温（如等离子体）进行强化与深度还原熔炼。

10.2.2 钛铁矿还原反应动力学

10.2.2.1 钛铁矿固态还原反应动力学

A 钛铁矿 $FeO \cdot TiO_2$ 还原机理

用于生产钛渣的含钛原料主要是钛铁矿、红钛铁矿和钛磁铁矿，它们都是铁钛复合氧化物。钛铁矿是一种以偏钛酸亚铁晶格为基础的多组分复杂固溶体，一般表示为 $m[(Fe,Mg,Mn)]O \cdot TiO_2 \cdot n[(Fe,Al,Cr)_2O_3]$，它的基本成分是 $FeO \cdot TiO_2$。还原此类铁钛复合氧化物的物理-化学机理，之前得到普遍认同的理论是按照还原气体吸附-自动催化及固体碳还原的二步机理；熔融态还原则主要是电化学机理。

对钛铁矿还原的反应动力学证明了钛铁矿 $FeO \cdot TiO_2$ 并不是先离解成单一的 FeO 和 TiO_2 再进行还原的，而是直接从钛铁矿晶体中排出氧。用 H_2 或 CO 还原钛铁矿时，气相平衡成分显著高于还原 FeO，也证明钛铁矿的还原是从铁钛复合氧化物中还原。另外，从 FeO-TiO_2 系相图（见图 10-9）中还可看出，$FeO \cdot TiO_2$（或钛铁晶石（$2FeO \cdot TiO_2$）、铁板钛矿（$FeO \cdot 2TiO_2$）及钛磁铁矿）的熔点两边液相线呈尖峰状，不易离解成简单氧化物。

B 钛铁矿固态还原动力学特征

固体碳（如无烟煤）在不同温度下对钛铁矿还原率与还原时间的关系如图 10-10 所示。由图 10-10 可知，900℃和1000℃的线呈平直且倾角很小，这既说明反应处于动力学区域也显示出极低的反应速度，如 900℃还原 3h 的还原率仅达 3%~5%。1100℃时呈现出化学反应控速环节向扩散控速环节的过渡特征。当温度达到 1200℃和以上时，还原率与还原时间呈抛物线关系，表明此时的反应速度受扩散环节控制。当温度升至 1300℃时，

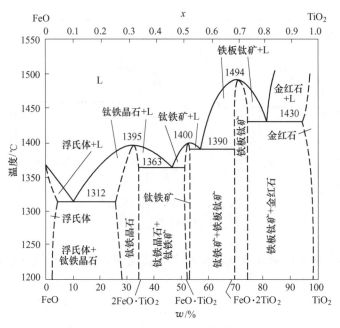

图 10-9　TiO_2-FeO 系相图

3h 内可使 80% 以上的铁氧化物还原成金属 Fe，同时速度变化也证实该过程的自动催化特征。另外，温度超过 1100℃、还原时间超过 1h 和温度超过 1200℃、还原时间超过 0.5h，速度便开始变缓，这可能是因生成铁板钛矿和出现液相所致。

　　钛铁矿还原中铁氧化物的反应速度与温度的关系如图 10-11 所示。由图 10-11 可知，以丙烷-丁烷（曲线 2）和无烟煤（曲线 3）为还原剂，它们是由三段斜率不同的直线组成，表明还原过程是由三个不同活化能的环节构成，即在约 1100℃（$1/T \times 10^4 = 7.3$）以下处于界面化学反应速度控制，大约在 1300℃（$1/T \times 10^4 = 6.36$）以上处于扩散速度控制，而在约 1100~1300℃ 之间属于混合控制范围。

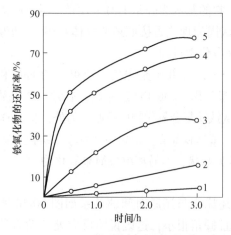

图 10-10　不同温度下内配无烟煤的
钛精矿团块的还原速度
1—900℃；2—1000℃；3—1100℃；
4—1200℃；5—1300℃

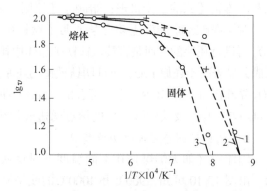

图 10-11　还原钛铁矿中铁氧化物的反应速度与温度的关系
1—氢；2—丙烷-丁烷；3—无烟煤

在化学反应控制范围，温度对反应速度的影响特别显著，由图 10-10 可知，当温度从 900℃升高到 1100℃时，还原时间 2h，铁的还原率由 2% 升高到 35%。在温度高于 1300℃ 时，反应受控于扩散速度，此时的化学反应速度已足够高，再进一步提高必须采取增大扩散、传质速度的措施。

在钛铁矿用固体或气体还原剂还原时，在固相还原阶段基本上为化学反应控制和混合控制，还原剂种类的作用差异显著，气体还原剂特别是氢具有比固体还原剂（无烟煤）高的还原速度。这主要得益于 H_2 的扩散能力强，如 760~1120℃ 范围内用 H_2 还原赤铁矿比 CO 快 7~10 倍，在 1000℃ 下 H_2 还原钒钛磁铁矿比 CO 快 6 倍；以致在 CO 还原气体中，即使含有少量 H_2 也能提高 CO 的还原能力和还原速度，并且 H_2 在还原过程中还可被多次利用（反应 $H_2O(g) + CO = CO_2 + H_2$）。

C 影响铁还原速度的因素

a 矿石粒度及形状对铁还原速度的影响

一般而言，无论固相反应物是否致密，反应速度都是随着固相反应物粒度的增加而减小，但对致密的固相反应物则由于反应仅能在宏观表面上进行，因此随着粒度的减小、宏观表面积增大，其上处于不饱和键（表面能）的原子或分子数增多，吸附气体分子的作用力强，反应速度加快，界面反应成为限制环节。但随着反应的进行，内扩散则成为控制环节。如果固相反应物是多孔的结构，而粒度又比较小时，或在反应的最初阶段反应的限制环节将是宏观表面和内部孔隙的微观表面共同参加的界面反应，仅当粒度超过某一临界值时，才转入扩散控制，如图 10-12 所示。

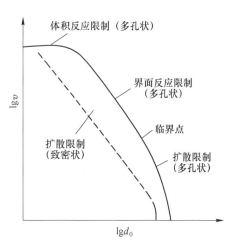

图 10-12 反应过程中速度与粒度的关系
v—反应速度；d_0—矿球的最初直径（粒度）

b 矿石类型对铁还原速度的影响

用于冶炼熔炼钛渣的钛铁矿主要有 3 种类型：氧化砂矿、普通砂矿和岩矿，同等条件下其还原性能是依次降低的，原因在于氧化砂矿钛铁矿是地质上经过长期风化（氧化）的，铁已有大部分氧化为三价，这种自然界的氧化作用破坏了钛铁矿的原生矿相结构。例如广西北海某砂矿是含 38.1% 钛铁矿（$FeO \cdot TiO_3$）、54% 红钛铁矿（$Fe_2O_3 \cdot nTiO_2$）和 0.69% 的磁铁矿、赤铁矿等矿物组成的矿石；普通砂矿钛铁矿系由岩矿风化后冲击形成，结构也比较疏松多孔，但不及氧化砂矿；岩矿钛铁矿则属于原生矿，结构坚硬致密且铁全以二价存在，故还原性能差。

图 10-13 所示为固体碳还原岩矿钛铁矿、氧化砂矿和赤铁矿时铁还原率与温度的关系，图 10-14 所示为流态化氢还原氧化砂矿和原生钛铁矿时铁还原率与温度的关系。从图 10-13 和图 10-14 中可看出：氧化砂矿可以获得比原生矿较高的还原速度。因此，使用氧化砂矿（或氧化熔烧矿）熔炼钛渣，强化固相还原或进行预还原处理的两段法熔炼，更能发挥其良好还原性能的优势；岩矿熔炼钛渣则较适宜采取高温熔融还原；由于氧化砂矿中的铁氧化物很大一部分是游离的赤铁矿和磁铁矿，因此在从游离的赤铁矿和磁铁矿还原除铁时，会比使用原生钛铁矿有更高的生产率和钛渣品位。

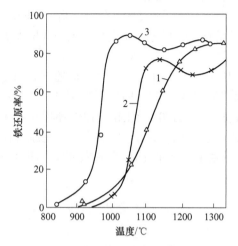

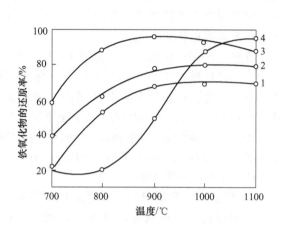

图 10-13　固体碳还原岩矿钛铁矿（1）、
氧化砂矿（2）和赤铁矿（3）时
铁还原率与温度的关系

图 10-14　流态化氢还原氧化砂矿和原生钛铁矿时
铁还原率与温度的关系

1~3—氧化砂矿，还原时间分别为 0.5h、1.0h、2.0h；
4—原生钛铁矿，还原时间 1h

在同等条件下，即使是由同一钛矿床选出的钒钛磁铁矿精矿和钛铁矿精矿，其还原性能也存在有明显的差异，前者比后者易于被碳还原，如图 10-15 所示。另外，即使同一矿种，但产地不同其还原性能也有差异。

c　入炉炉料形态对铁还原速度的影响

固体碳还原剂与钛精矿的接触状况即炉料入炉形态的不同，使钛铁矿还原的反应动力学行为产生差异，如图 10-16 所示，可见铁还原率由大到小依次是：含碳球团、白球-炭

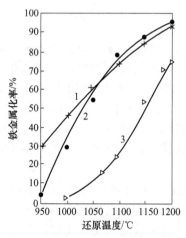

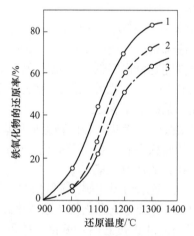

图 10-15　钛铁矿和钛磁铁矿用煤还原的
反应速度比较（还原时间 30min）

1—红格钒钛磁铁矿精矿；2—太和钒钛磁铁矿精矿；
3—太和钛铁矿精矿

图 10-16　炉料形态对无烟煤还原某
钛铁矿精矿反应速度的影响

1—含碳球团；2—白球-炭粉炉料；
3—精矿-炭粉炉料

粉炉料和精矿-炭粉炉料,如在 1300℃ 以下、还原时间 1h 的还原率分别为 83%、72% 和 64%。

粉料入炉后堆积的料层间隙少、透气性差,熔池下部还原生成的富 CO、H_2 炉气很难均匀地通过粉料堆积层,以致炉气大量地从电极周边和局部喷出(刺火),此时使固态钛铁矿失去了被 CO、H_2 还原的机会,这不仅造成了炉气化学能和热能没有得到充分利用,还会使粉料吹损增大。

使用含碳球团熔炼之所以比粉料入炉有较高的还原速度,一方面是这种炉料形态在熔炼过程中能形成和保持较好的料层结构,矿粉与炭粉借助于黏结剂及压制作用紧密接触,缩短固-固扩散距离,而黏结剂本身又能在温度逐渐升高后结焦化,球体内多孔透气,从而气体扩散不会成为或延缓成为限制性环节,为固相还原的发展创造较好的条件。同时,内配碳压制球团对矿-煤的固-固还原机理发展也提供有利条件,即对二步还原机理来说,既在气-固反应中充分利用了煤粉的表面积,也在 CO_2+C 的气-固反应中充分利用了煤粉表面积,因此使用含碳球团的还原动力学条件优越,可以比粉状配碳炉料和白球配碳炉料有更高的还原速度。至于氧化球团配碳炉料能够优于粉状配碳炉料,主要是因为球团经过氧化焙烧、固结,冶金性能提高及整粒的透气性改善等所致。

根据国内的生产经验,用氧化砂矿作为原料生产时,粉料和含碳球团料钛精矿对还原的影响不明显;用普通砂矿和岩矿钛精矿生产钛渣时,则更能显示出含碳球团料的优势。这主要是因为氧化砂矿钛精矿的还原性能本来就优于后两种钛铁矿,并且球团料层中扩散阻力小、传热速度高,以致含碳球团料在还原速度上优于粉料。

  d 配碳量对铁还原速度的影响

固体碳配入量对还原速度的影响如图 10-17 所示。从图 10-17 得出,随着碳矿比的减小,在相同时间内钛铁矿还原反应的还原率提高,但当碳矿比达到 1:3 时,再减小碳矿比几乎对还原率无影响。

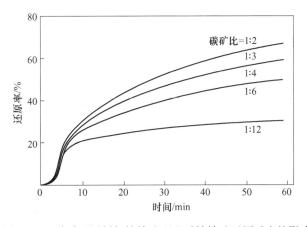

图 10-17 碳质还原剂与钛精矿配比对钛铁矿还原反应的影响

  e 碳质还原剂的反应性对铁还原速度的影响

碳质还原剂的活性即反应性,通常是以 $CO_2 + C = 2CO$ 反应在一定温度、一定时间内进行的程度即生成的 CO 量表示。反应性是评价碳质还原剂的一项重要指标，反应性高的碳质还原剂变成 CO 的能力强，故可加速固态直接还原过程，或者说还原反应可以在低的温度下进行。

常用碳质还原剂有焦粉石油焦、无烟煤、气煤、木炭等，同等条件下其反应性对钛铁矿铁还原反应速度的影响顺序为按焦粉石油焦、无烟煤、气煤、木炭的顺序递增。

f   矿石中杂质对铁还原速度的影响

钛精矿中的 MgO、CaO、SiO_2、MnO、Al_2O_3 等杂质基本上是与铁、钛氧化物形成复杂固溶体，随着这些杂质含量的增加，FeO 的还原速度降低，如图 10-18 所示。

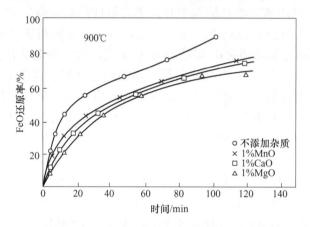

图 10-18   杂质对钛铁矿还原反应的影响

在高温还原过程中含镁、钙高的钛铁矿还会生成铁-镁假板钛矿，使钛铁矿中铁的还原速度减慢；锰也同样会形成 Fe-Mn-Ti-O 系假板钛矿结构；MgO 和 MnO 在钛铁矿还原过程中可富集于反应界面并形成一层屏障，妨碍反应物的扩散，因而阻止还原反应的进行。对钛铁矿进行预氧化处理可使钛铁矿颗粒变为细小铁板钛矿颗粒和金红石颗粒的复合体，因而有助于消除屏障对还原过程的影响。

g   添加剂对铁还原速度的影响

早在 20 世纪中叶，人们就试图通过固体碳低温还原钛铁矿中 FeO 生成金属 Fe，然后再经磨细、磁选分离而得到铁粉和富 TiO_2 料，以代替高能耗的高温还原熔炼钛渣的铁钛分离方法，但未获成功，原因在于：虽然 Fe 从钛铁矿中还原出来了，但还原产物却是微细粒度的金属 Fe 与 TiO_2 组成的致密集合体，以致无法磨细到使二者分离的程度。后来，在还原炉料中加入约 2% 的工业食盐，由于 NaCl 的催化作用使还原金属 Fe 微晶长大，从而使 Fe 和 TiO_2 的机械分离成为可能。

碱金属及碱金属化合物如 CaO、Na_2CO_3、K_2CO_3、$NaCl$、NaF、CaF_2 等作添加剂，可对钛铁矿中铁还原有催化作用。因为生成的气态金属（如金属钠）进入浮氏体（Fe_xO）的晶格，造成其晶格畸变，使还原的活化能降低，故加快其界面反应速度；同时，生成的气态金属（如金属钠）具有金属的性质，可为金属铁相的形成提供晶核，使金属铁首先形成；另外，由于 Na_2SO_4 分解使气相中的 SO_2 首先与 Mn^{2+} 作用形成 MnS，以降低或消除 Mn^{2+} 对亚铁板钛矿的稳定作用，故可促进铁氧化物的进一步还原。

当还原攀枝花钛精矿（温度1150℃，还原时间8h，内配无烟煤10%）时加入NaCl或Na$_2$SO$_4$作催化剂，使铁的金属化率（MFe/TFe）由82.0%提高到94.2%。

多项已有的研究结果证明，添加剂对铁收得率（还原分离后实际产出的铁块质量与内配煤球团中理论铁质量之比）和渣铁分离效果的影响，主要表现在矿种、添加剂种类及其添加量上。对于钒钛磁铁矿精矿，随着加入Na$_2$SO$_4$数量的增加，铁的收得率提高，同时尾渣中磁性物质含量减少；当加入5%硫酸钠和3%萤石组成的复合添加剂时，在1450℃下铁的收得率几乎达到100%；对钛精矿，当Na$_2$SO$_4$或Na$_2$SO$_4$/CaF$_2$的加入量达10%时，需要高于1550℃才能使钛精矿含碳球团还原分离后的铁收得率达90%以上。但钛精矿中加入某些复合添加剂时其还原效果更佳，如加入Na$_2$SO$_4$/Li$_2$CO$_3$时在1500℃还原温度下，铁收得率可接近100%。

10.2.2.2 钛铁矿熔态还原的动力学特征

A 熔融还原的优点

在熔融态下矿石、精矿粉被还原剂（固态、液态或气态）还原生成纯金属、合金或金属化合物的冶炼过程称熔融还原。

碳还原熔融态矿石中FeO的优点是它具有比固态还原高得多的反应速度。根据大量的动力学研究得出，不同条件下熔融态氧化铁与饱和铁水间的反应速度最快，在相同条件下，铁水中碳还原熔融FeO的速度比固体碳或CO还原固态铁矿石的速度快100~1000倍。

B TiO$_2$多元熔体中（FeO）还原动力学特征

东北大学杜鹤桂、杜钢研究TiO$_2$-FeO-SiO$_2$-CaO四元系熔体还原动力学行为，其实验得出如图10-19所示的一例结果，并给出如下的动力学方程：

$$-\frac{\mathrm{d}W_{\mathrm{FeO}}}{\mathrm{d}t} = \frac{S}{100}\left(-\frac{\mathrm{d}c_{\mathrm{FeO}}}{\mathrm{d}t}\right) = kA\left(c_{\mathrm{FeO}}\right)^{\alpha}\left(a_{\mathrm{C}}\right)^{\beta} \tag{10-38}$$

式中　　$-\dfrac{\mathrm{d}W_{\mathrm{FeO}}}{\mathrm{d}t}$——渣中FeO的还原速度，g/min；

　　　　S，A——分别表示渣量，g，和反应界面积，cm^2；

　　　　c_{FeO}，a_{C}——分别为渣中FeO的浓度，%，和铁液中碳的活度，实验的铁液为碳饱和，故$a_{\mathrm{C}} = 1$；

　　　　α，β——常数；

　　　　k——反应速度常数。

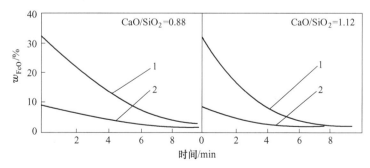

图10-19　渣中FeO含量变化与反应时间的关系（渣-碳反应）

1—FeO 32%；TiO$_2$ 32%；2—FeO 8%；TiO$_2$ 32%

将式 (10-38) 改写为:

$$\ln\left(-\frac{dc_{FeO}}{dt}\right) = \alpha \ln c_{FeO} + \ln\frac{100kA}{S} \qquad (10-39)$$

(FeO) 被固体碳还原和被铁水碳还原反应的 $\ln(-dc_{FeO}/dt)$ 与 $\ln c_{FeO}$ 的关系如图 10-20 和图 10-21 所示。由试验数据回归统计得到直线的斜率可以看到, α 值在 $0.7 \sim 1.4$ 之间, 即渣中 FeO 的还原速度与其浓度大约成 $0.7 \sim 1.4$ 次方关系, 但也看到反应初期和末期的数据有些偏离回归线, 并从图 10-21 中也可判断, 反应初期 FeO 的还原速度近似为常数, 故与渣中 FeO 浓度成零次方关系, 而在后期又为二次方的关系, 反应中期又成一次方关系。

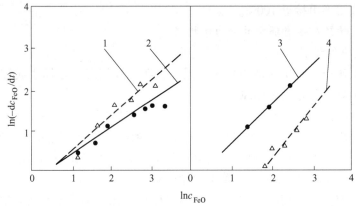

编号	TiO$_2$/%	FeO/%	SiO$_2$/%	CaO/%
1	32.0	32.0	19.0	17.0
2	32.0	32.0	16.9	19.2
3	20.0	20.0	25.0	35.0
4	20.0	20.0	33.3	26.7

图 10-20 固体碳还原熔体中 FeO 的 $\ln(-dc_{FeO}/dt)$ 与 $\ln c_{FeO}$ 关系

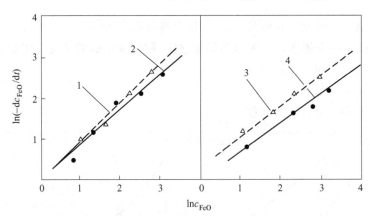

编号	TiO$_2$/%	FeO/%	SiO$_2$/%	CaO/%
1	8.0	32.0	31.7	28.3
2	32.0	32.0	19.0	17.0
3	8.0	32.0	28.1	31.9
4	32.0	32.0	16.9	19.2

图 10-21 铁水碳还原熔体中 FeO 的 $\ln(-dc_{FeO}/dt)$ 与 $\ln c_{FeO}$ 关系

实验同时得出，铁水碳还原（FeO）的反应速度比固体碳在同样条件下还原（FeO）的反应速度要快得多，如图 10-22 所示，而且从计算的表观活化能 $E_{(FeO)+C} = 354kJ/mol$、$E_{(FeO)+[C]} = 272kJ/mol$ 可知，固体碳还原（FeO）的反应对温度的依赖性小。

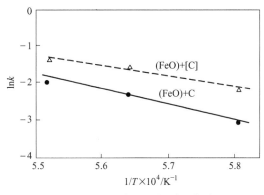

图 10-22　$\ln k$ 与 $1/T$ 的关系曲线

斯温敦（D. J. Swinden）等用 25kW 电弧炉熔炼西澳大利亚海滨砂矿钛铁矿，并测定矿料熔融后（FeO+脉石）含量随时间变化（见图 10-23）。结果表明，在还原初期 FeO 的还原速度很高，如开始 8min 内熔体中 FeO 浓度几乎呈直线下降，从 44%降至约 20%。随着反应进行，热力学和动力学条件逐渐恶化，使 FeO 还原速度急剧下降，如再使（FeO+脉石）含量从约 20%（渣中 TiO_2 品位约 80%）降到 8%（渣中 TiO_2 品位相应为 92%），即仅是还原初期一半的下降量却需两倍的时间，说明 TiO_2 品位从 80%再进一步提高，将要大大延长熔炼时间及增大电耗和降低产能。因此，利用此种精矿熔炼钛渣的 TiO_2 品位的经济临界点为 80%左右。

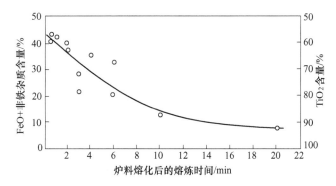

图 10-23　钛铁矿熔化后渣相中 FeO+非铁杂质含量与熔炼时间的关系

综上所述，铁钛复合氧化物熔体的还原反应动力学呈现出明显的两段性特征，能否在前段时间或稍长的时间里完成两段时间所应达到的目标，一靠提高熔炼温度，二靠强力的传质条件配合。如果后者不构成控制环节，那么提高熔炼温度便能达此目的。

铁钛复合氧化物熔体还原铁的动力学两段性特征，可以从下述几个方面进行分析。根据 $FeO-TiO_2$ 系相图（见图 10-9），钛铁矿（$FeO \cdot TiO_2$）的熔点为 1400℃，属于高熔点化合物，并且随着钛铁矿熔体中铁的不断还原，渣的熔点逐渐升高，特别是当 FeO 降至

20%以后，渣的熔化温度将随着渣中 FeO 的减少而急剧上升，即使还原难度产生突跃；再有就是 FeO-TiO$_2$ 系中 FeO 的活度与理想溶液（拉乌尔定律）出现偏差，由于熔体中 FeO 的还原速度与渣中 FeO 活度 a_{FeO} 和其平衡时的浓度差（$a_{FeO}-a_{FeO(平)}$）成正比，因此，如果 a_{FeO} 与理想溶液出现负偏差即 a_{FeO} 减小，则还原推动力（$a_{FeO}-a_{FeO(平)}$）的值减小，还原速度降低；如果呈现正偏差，则还原速度增大。由不同研究者的 3 组实验所测定的 FeO-TiO$_2$ 系中活度如图 10-24 所示。但也有的作者认为，当渣中 FeO 含量在 8%~2% 时 FeO 活度与理想溶液出现负偏差，而 FeO 含量在 24%~10% 时出现正偏差。

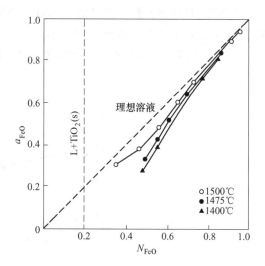

图 10-24　TiO$_2$-FeO 系 FeO 活度

熔融钛铁矿与普通熔渣一样是离子溶液，其中 FeO 最易电离成 Fe^{2+} 和 O^{2-}，而体系中最易氧化的 C 和 [C] 便会迅速与 O^{2-} 结合形成 CO 逸出体系外，使 Fe^{2+} 还原成金属的速度增大；此时，TiO$_2$ 吸收 O^{2-} 形成不同价态的钛络合阴离子，所以 TiO$_2$ 不会发生还原。当 FeO 活度降至某一值后，电离出的 O^{2-} 很少，加之要被碳夺走和形成钛络阴离子之需，此时若碳已耗尽则还原反应就会到此结束；若还有碳存在，当 FeO 电离出的 O^{2-} 不能满足与 C 结合需要时，C 便会夺取钛络阴离子中的氧使其逐渐"破网"直至解体，由于钛和铁同时还原，甚至钛先于铁还原，以致熔体中 FeO 的还原速度慢得多。

10.2.2.3　钛的还原和碳化钛的生成动力学

很多有利于 FeO 还原的动力学条件，对 TiO$_2$ 的还原和 Ti(C,N) 的生成也是促进因素。

A　TiO$_2$ 还原动力学

有人研究含 TiO$_2$ 约 35% 的合成渣中固体碳还原 TiO$_2$ 的反应速度，得出速度常数 k 与温度 T 的关系为：

$$\lg k = -\frac{16.0 \times 10^3}{T} + 6.320 \tag{10-40}$$

并绘成图，如图 10-25 所示，由此计算得出的表观活化能为 $E = 2.99 \times 10^5 kJ/mol$。

对比碳还原渣中 FeO 的反应活化能比 TiO$_2$ 的低得多，说明温度对 TiO$_2$ 还原的作用远较 FeO 大，所以控制适当低的温度就可控制钛的还原。

熔融态 TiO$_2$ 还原的钛离子迁移过程由 6 个步骤构成：（1）Ti^{4+} 从熔渣内部向渣-铁界面扩散；（2）[C] 从铁液内部向渣-铁界面扩散；（3）O^{2-} 在渣中扩散；（4）渣-铁界面化学反应；（5）CO 气体生成及离开反应界面逸出；（6）生成物 [Ti] 从反应界面向铁液内扩散。

由于搅拌改善了扩散条件，使得钛的还原量增加（见图 10-26），说明钛从熔渣向铁液内迁移过程属于扩散控制或扩散-化学反应混合控制。

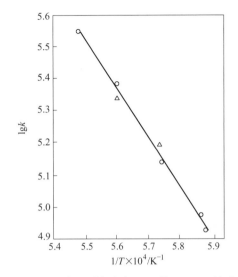

图 10-25 碳还原熔渣中 TiO_2 的 $\lg k$-$1/T$ 关系

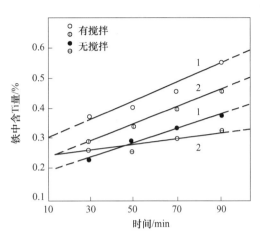

图 10-26 搅拌对钛还原的影响

$1—w_{TiO_2}=30\%$，$R=1.05$，$T=1540\,℃$；

$2—w_{TiO_2}=25\%$，$R=1.05$，$T=1540\,℃$

伴有化学反应的物质移动，其边界层内反应物——Ti^{z+} 的浓度变化为：

$$\partial c_{Ti^{z+}}/\partial t = D(\partial^2 c_{Ti^{z+}}/\partial y^2) - R_{Ti^{z+}} \tag{10-41}$$

式中，$c_{Ti^{z+}}$，D 分别为 Ti^{z+} 的浓度和扩散系数；t 为反应时间；y 为扩散方向的坐标；$R_{Ti^{z+}}$ 为化学反应消耗 Ti^{z+} 的速率，由于该过程受扩散控制，则 $R_{Ti^{z+}}=K$（常数）。

当反应达到稳定态时：

$$0 = D(\partial^2 c_{Ti^{z+}}/\partial^2 y) - K \tag{10-42}$$

式（10-42）中的边界条件如图 10-27 所示，即：

$$y = 0,\ c_{Ti^{z+}} = c_{Ti^{z+}}^0$$

$$y = \delta,\ c_{Ti^{z+}} = c_{Ti^{z+}}^\delta$$

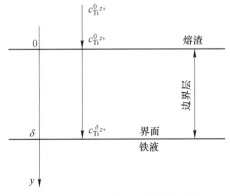

图 10-27 反应物 Ti^{z+} 扩散示意图

解出的 Ti^{z+} 在边界层内的浓度 $c_{Ti^{z+}}$ 分布为：

$$c_{Ti^{z+}} = [K'/(2D)]y^2 + \{c_{Ti^{z+}}^{\delta} - c_{Ti^{z+}}^0 - [K'\delta^2/(2D)]/\delta\}y + c_{Ti^{z+}}^0 \tag{10-43}$$

因此钛离子的扩散通量 $N_{Ti^{z+}}$ 为：

$$N_{Ti^{z+}} = -D[dc_{Ti^{z+}}/dy)_{y=0} = -D[c_{Ti^{z+}}^0 - c_{Ti^{z+}}^{\delta} - (K\delta^2)/(2D)]/\delta \tag{10-44}$$

式（10-44）说明，若渣中 TiO_2 含量增加即 $c_{Ti^{z+}}^0$ 增加，必然使 $N_{Ti^{z+}}$ 增加，所以提高渣中 TiO_2 含量将有利于钛的迁移。

B　Ti(C,N) 生成反应动力学

a　形核

在渣-炭和渣-铁反应中，Ti(C,N) 的生成反应可以进行，但欲结晶出 Ti(C,N) 还必须满足其生核的条件。对于 TiC 在铁液中的均相形核，其总吉布斯自由能变化为：

$$\Delta G = -\frac{4}{3}\pi r^3 \Delta G_V + 4\pi r^2 \sigma \tag{10-45}$$

式（10-45）中的单位体积新相核形成的自由能变化为：

$$\Delta G_V = \frac{\rho}{M}RT\ln\frac{K_S}{K} = \frac{\rho}{M}RT\ln\frac{a_C^S a_{Ti}^S}{a_C a_{Ti}} \tag{10-46}$$

式中，ρ，M 分别为 TiC 密度和相对分子量；K_S，K 分别为实际状态（S）、平衡状态时铁液中 [C] 和 [Ti] 的活度积；r 为均相形核的半径。

将 TiC 的密度（$\rho = 4738kg/m^3$）和相对分子质量（$M_{TiC} = 59.9$）、TiC 与铁液的界面能（$\sigma_{TiC/Fe} = 2.66kJ/m^2$）代入式（10-45）、式（10-46）中，得出晶胚吉布斯自由能变化与半径 r 的关系为：

$$\Delta G = 32672.6r^2 - 4.1888r^3 \Delta G_V \tag{10-47}$$

在 $a_{TiO_2} = 0.2$ 及 1500℃ 和 1550℃ 条件下，ΔG_V 的计算值是 1.831×10^{-10} 和 3.118×10^{-10}，再按 $\Delta G = 0$ 时所对应的晶胚半径即晶胚的临界半径与单位生核吉布斯自由能变化的关系 $r^* = 3\sigma/\Delta G_V$，如图 10-28 所示。TiC 晶胚的临界半径 r^* 与渣中 a_{TiO_2} 和温度的关系如图 10-29 所示。由图 10-28 和图 10-29 可知，升高温度和增大 a_{TiO_2} 有利于 TiC 的均相形核。但是，按均相形核速度即单位时间、单位体积内形核数目的计算公式 $I = A_0 e^{-\Delta G^*/kT}$ 计算，TiC 也只有在较高温度和 $a_{TiO_2} > 0$ 时才能以均相形核形式从铁液中结晶出来。例如

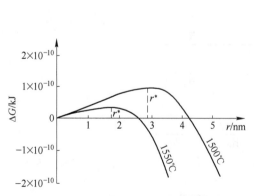

图 10-28　TiC 生核自由能与核半径的关系

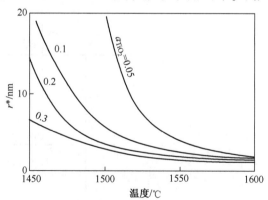

图 10-29　晶胚临界半径与温度的关系

在 $a_{TiO_2} = 0.3$ 的 I 值, 1450℃ 时为 4.35×10^{-616}, 1500℃ 时为 1.68×10^{-67}, 1550℃ 时为 6.27×10^{-11}, 1600℃ 时则可达 8.06×10^{6}。

TiC 的异相形核要比均相形核容易得多, 这是因为 $\Delta G_{异}^*$ 是 $\Delta G_{均}^*$ 的 $\dfrac{2 - 3\cos\theta + \cos^3\theta}{4}$ 倍, 而 $\theta < 180°$, 则 $\Delta G_{异}^* < \Delta G_{均}^*$, 表明在形核基体上形成晶核时, 形核能垒随接触角 θ 的减小而下降幅度增加; 同时, 异相形核能垒 $\Delta G_{异}^*$ 减小时按公式 $I = Ae^{-\Delta G_{异}^*/kT}$ 计算其形核速度将极大地增加。在碳热还原熔炼中, 炭粒是 TiC 形核的最好基体, 因为二者之间的接触角 θ 很小, 故具有很小的形核能垒 $\Delta G_{异}^*$。虽然 TiC 和石墨 C 在 1600℃ 时都是固相而相互不存在润湿现象, 但根据 "点阵类型相似理论" 观点, 在点阵类型相似和点阵常数相近条件下, 晶核与基底之间的界面具有低的单位表面自由能而有利于异相形核, 而石墨的密集六方晶格和晶格常数与 TiC 的相似, 因此 TiC 极易在石墨 (焦炭等) 表面上形核。

b Ti(C,N) 生成的动力学特征

Ti(C,N) 的生成是通过渣中 TiO₂ 被(C)和［C］还原这两条途径进行的, 而这两种途径形成 Ti(C,N) 的机理和状态是不同的。

研究表明, Ti(C,N) 生成过程是: 渣中 TiO₂ 在石墨表面被还原生成 TiC, 由于气相中 p_{N_2} 较高, 高温离解后 N 的原子半径比 Ti 原子小, 因此在 TiC 不断生成的同时, N 原子不断向 TiC 中扩散而形成 Ti(C,N); 在一定温度下, 随着还原时间增加, 渣中 Ti(C,N) 也增加, 但反应前期增加较快, 后期增加较慢。渣中 TiO₂ 含量对生成 Ti(C,N) 有影响。在前期一定时间内随着 TiO₂ 含量增加, 则渣中 Ti(C,N) 也随之增加, 特别是在渣中 TiO₂ 含量达 40% 时还原反应 20min 就可在反应容器石墨坩埚上形成一层金黄色的 Ti(C,N)。而在相同时间内当渣中 TiO₂ 含量为 26% 和 20% 时, 生成的 Ti(C,N) 则少得多。当渣中 TiO₂ 含量为 10% 时则几乎没有 Ti(C,N) 的生成。

c 还原剂的反应性对 Ti(C,N) 生成的影响

如粒度约 25mm 的焦炭同合成渣试样一起装入石墨坩埚进行还原, 并观察到还原后渣样的显微结构, 在凹凸不平的焦粒上形成 Ti(C,N) 层, 其厚度比在石墨表面形成的要厚得多 (>15μm); 另外由于焦粒是浸没在渣中, 使单位质量炉渣与焦炭的反应面积显著增加, 则 Ti(C,N) 的量增加近 10 倍。由此可知, 还原剂的反应性 (活性) 越好 (焦炭的反应性优于石墨), 渣-焦接触反应界面积越大, 则越有利于 Ti(C,N) 的生成。

由 ［C］ 和 (TiO₂) 反应生成 Ti(C,N) 的反应速度及其与渣中 (TiO₂) 和 (FeO) 含量的关系, 与固体碳的相似, 如图 10-30 和图 10-31 所示。

由图 10-30 可知, 随着 (TiO₂) 含量的增加, TiC 的生成量逐渐增加, 在反应 40min 以内时 TiC 的生成量随 (TiO₂) 含量的增加仅略为增加; 当反应时间较长时对于 (TiO₂) 为 15%~20% 的渣样, TiC 生成量随 (TiO₂) 含量的增加不明显, 而对于 (TiO₂) 为 20%~30% 的则增加明显。

由图 10-31 可知, TiC 的生成量随渣中 (FeO) 含量的增加而降低, 这是因为渣中 (FeO) 含量增加则氧势即熔渣氧化性提高, 故而会抑制渣中 (TiO₂) 还原生成 Ti, 进而生成 TiC; 此外, 还可氧化 TiC。

渣中 (FeO) 对 TiC、TiN 的抑制作用表示如下:

$$2(FeO) + TiC \Longrightarrow TiO_2 + 2Fe + C \qquad \Delta G^\ominus = -313800 + 87.195T \qquad (10\text{-}48)$$

$$TiC + \frac{1}{2}N_2 \Longrightarrow TiN + C \qquad \Delta G^\ominus = -331163 + 80.802T \qquad (10\text{-}49)$$

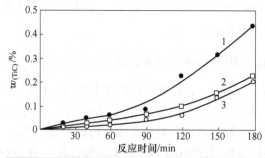

编号	TiO$_2$/%	FeO/%	SiO$_2$/%	MgO/%	CaO/%	Al$_2$O$_3$/%
1	30.00	5.00	20.94	9.56	20.94	13.57
2	20.00	5.00	24.16	11.03	24.16	15.65
3	15.00	5.00	25.77	11.76	25.77	16.70

图 10-30 渣中 TiO$_2$ 含量及反应时间对 TiC 生成的影响

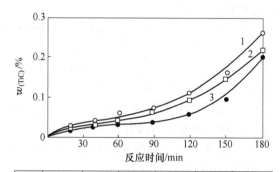

编号	TiO$_2$/%	FeO/%	SiO$_2$/%	MgO/%	CaO/%	Al$_2$O$_3$/%
1	20.00	0	25.77	11.76	25.77	16.70
2	20.00	5.00	24.16	11.03	24.16	15.65
3	20.00	10.00	22.50	10.29	22.55	14.61

图 10-31 渣中 FeO 含量及反应时间对 TiC 生成的影响

设 TiC、TiN 形成理想固溶体，则 $a_{TiC} = x_{TiC}$，$a_{TiN} = x_{TiN}$，其中 x_{TiC}、x_{TiN} 分别为固溶体中 TiC、TiN 的摩尔分数，$x_{TiC} + x_{TiN} = 1$，由此：

$$K_{(10-48)} = \frac{a_{TiO_2}}{a_{TiC} a_{FeO}^2} = \frac{a_{TiO_2}}{x_{TiC} a_{FeO}^2} \qquad (10\text{-}50)$$

$$K_{(10-49)} = \frac{a_{TiN}}{a_{TiC} P_{N_2}^{\frac{1}{2}}} = \frac{1 - x_{TiC}}{x_{TiC} P_{N_2}^{\frac{1}{2}}} \qquad (10\text{-}51)$$

由式（10-50）、式（10-51）联立解出 a_{FeO}，得：

$$a_{FeO} = \left[\frac{a_{TiO_2}(1 + K_{(10-49)} \sqrt{p_{N_2}})}{K_{(10-48)}} \right]^{\frac{1}{2}} \qquad (10\text{-}52)$$

当 $K_{(10-48)}$、$K_{(10-49)}$、p_{N_2} 一定时，渣中一定量的（%TiO$_2$）需要有一定的 FeO 才能使 TiC、TiN 氧化，并且 a_{TiO_2} 增加时须提高 a_{FeO} 才能使 TiC、TiN 氧化。由于反应平衡常数 $K_{(10-48)}$、$K_{(10-49)}$ 是温度的函数，即熔渣温度提高也要求相应地提高渣中 a_{FeO} 才能抑制

TiC、TiN 的生成。因此，在电炉熔炼钛渣的 TiO_2 品位和温度条件下，即使在（%FeO）含量较高的情况下，按热力学分析也会生成 TiC 和 TiN。

C 氧化方法破坏 Ti(C,N)

中科院过程工程所的科研人员曾在实验室用二硅化钼管插入含有大量 Ti(C,N) 渣的石墨坩埚内，向渣层表面吹氧、空气和水蒸气，得出石墨坩埚底部熔渣中 TiN 含量、（TiC+TiN）含量、$(Ti^{2+}+Ti^{3+})/Ti^{4+}$ 与吹入气体量的关系，如图 10-32 所示。

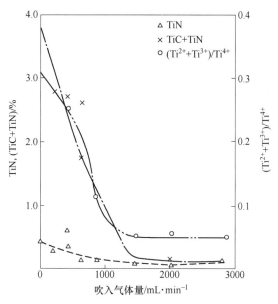

图 10-32 沿渣层高度上熔渣组成与吹入气体量的关系

从图 10-32 看出，当空气流量小于 1428mL/min 时，随空气流动量的减少，这 3 个数值都急剧上升，这说明在这个体系中存在有两类反应，一是石墨-渣界面上钛氧化物的还原反应：

$$n(TiO_2) + C = (Ti_nO_{2n-1}) + CO \tag{10-53}$$
$$(Ti_nO_{2n-1}) + (3n-1)C = nTiC + (2n-1)CO \tag{10-54}$$

二是所吹气体-渣界面上的氧化反应：

$$(Ti_nO_{2n-1}) + \frac{1}{2}O_2 = nTiO_2 \tag{10-55}$$

$$nTiC + \frac{3n-1}{2}O_2 = (Ti_nO_{2n-1}) + nCO \tag{10-56}$$

并在渣相中有反应：

$$TiC + (3n-1)TiO_2 = 3Ti_nO_{2n-1} + CO \tag{10-57}$$

式中，$n=1, 2, 3$。

这两类反应的总和是碳的燃烧反应，即吹入气体的氧通过钛的氧化物传递到石墨-渣界面上，对碳进行氧化反应。

D 动力学条件对 Ti(C,N) 的抑制作用

碳还原 TiO_2 反应时由于生成碳化物比生成金属容易，按照热力学原理必定生成 TiC。

从动力学上分析一切增大反应速度的措施不仅利于铁钛氧化物的选择性还原，而且可以有效地抑制碳化钛的生成。在配碳和温度等条件一定时碳还原二氧化钛，不仅温度升高缓慢时能促使碳化钛的生成，而且在迅速加热及之后的长时间保温也会促进碳化钛的生成，也就是说反应速度快慢会改变 Ti-C-O 系相图中钛还原生成金属和碳化钛的路径，即反应速度快时会使钛的还原向生成金属的方向进行而不生成碳化钛。这一点已从铁浴熔融还原钒钛磁铁矿的实验中得到证实。国外也有类似的研究报道。

国内利用等离子体感应电炉研究从含 TiO_2 渣中还原钒实验，发现感应熔炼时熔渣极为黏稠，当插入电极并通氩实施等离子熔炼时，熔渣会立刻变得和普通渣一样的清澈并有良好的流动性，此时渣中不含 TiC、TiN。

铁水中碳本身也是一种可以少生成 TiC 的熔炼还原剂。采用如图 10-33 所示的三种供碳方式，对含 TiO_2 为 20%、FeO 为 5% 的熔渣进行还原实验，图 10-34 所示为实验结果。

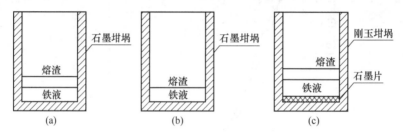

图 10-33　三种供碳方式的实验

(a) [C]+C(s)；(b) C(s)；(c) [C]

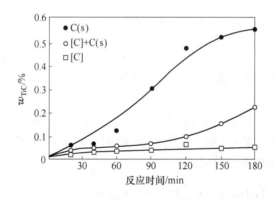

图 10-34　不同供碳方式以及反应时间对 TiC 生成的影响

从图 10-34 中看出，以铁水碳 [C] 还原 (TiO_2) 生成的 TiC 量最少，而且延长还原时间其增量也极少；随着还原时间的增加固体碳 C(s) 还原 (TiO_2) 生成 TiC 的数量则显著增加；而用 C(s) + [C] 的增速较小，但从曲线变化趋势看，如超过实验时间（3h）TiC 生成量会继续增大，直至与 C(s) 的曲线相汇合。由此可以说明，只要固体碳供应充足反应就能够进行到 (TiO_2) 全部转变为 TiC。

对上述生成 TiC 的动力学特征可以做如下的热力学分析。在 1500℃ 下生成 TiC 反应的趋势可由相关反应的标准生成吉布斯自由能做出比较。以固体碳为还原剂的反应：

$$(TiO_2) + 3C(s) \Longrightarrow TiC(s) + 2CO$$

$$\Delta G^{\ominus} = 527400 - 336.56T, \quad \Delta G^{\ominus}_{1773K} = -69320.88 \text{J/mol} \qquad (10\text{-}58)$$

$$[\text{Ti}] + \text{C(s)} =\!=\!= \text{TiC(s)}$$

$$\Delta G^{\ominus} = -144220 + 49.58T, \quad \Delta G^{\ominus}_{1773K} = -56314.66 \text{J/mol} \qquad (10\text{-}59)$$

$$\text{Ti(s)} + \text{C(s)} =\!=\!= \text{TiC(s)}$$

$$\Delta G^{\ominus} = -184800 + 12.55T, \quad \Delta G^{\ominus}_{1773K} = -163080.75 \text{J/mol} \qquad (10\text{-}60)$$

铁水中碳为还原剂的反应：

$$(\text{TiO}_2) + 3[\text{C}] =\!=\!= \text{TiC(s)} + 2\text{CO}$$

$$\Delta G^{\ominus} = 459630 - 209.78T, \quad \Delta G^{\ominus}_{1773K} = 8769.06 \text{J/mol} \qquad (10\text{-}61)$$

$$[\text{Ti}] + [\text{C}] =\!=\!= \text{TiC(s)}$$

$$\Delta G^{\ominus} = -166810 + 91.84T, \quad \Delta G^{\ominus}_{1773K} = -3977.69 \text{J/mol} \qquad (10\text{-}62)$$

$$\text{Ti(s)} + [\text{C}] =\!=\!= \text{TiC(s)}$$

$$\Delta G^{\ominus} = -207390 + 54.81T, \quad \Delta G^{\ominus}_{1773K} = -110211.87 \text{J/mol} \qquad (10\text{-}63)$$

由此可见，在1500℃（1773K）、以固体碳为还原剂条件下，TiC 的生成又可按反应式（10-58）~式（10-60）进行，反应式（10-60）最易发生，其次才是反应式（10-58），最后是反应式（10-59）。对于以铁水中碳 [C] 为还原剂条件下，反应式（10-61）不可能发生，即只能是按反应式（10-62）、反应式（10-63）进行且后者最易发生。

根据铁水中碳 [C] 生成 TiC 的速度曲线，可把还原时间分成两段进行分析：一是在还原开始后的较短时间里，被还原进入铁液中的钛含量较低，以致不能达到该温度的饱和溶解度，即 $[\%\text{Ti}] < [\%\text{Ti}](s)$，故生成 TiC 只能是按反应式（10-62）进行，但由于此反应进行的热力学趋势较小及 $[\%\text{Ti}]$ 值较小，所以 TiC 的生成量也较小；二是当还原时间继续延长时，$[\%\text{Ti}]$ 将会达到和超过其饱和溶解度，固相析出物也随时间的延长而增加，这时 TiC 生成反应不但有反应式（10-62），更有 $\Delta G^{\ominus}_{1773K}$ 负值极大的反应式（10-63）加入，再加上有较大的 $[\%\text{Ti}]$ 和 $[\%\text{Ti}](s)$，故 TiC 生成量也将增大。由此说明，缩短反应时间可以有效地减少 TiC 的生成，而在工艺上缩短熔炼时间主要是靠提高温度和强化传质，例如熔炼钛渣将炉料通过空心电极喷射加入熔池内，既利用了铁水浴还原，又有高温、搅拌和细粒度等条件，不但熔炼效率提高，又可有效地抑制 Ti(C,N) 的生成。

10.2.3　钛铁矿共（伴）生元素的还原

钛铁矿的理论组成是 $52.7\%\text{TiO}_2$ 和 $47.3\%\text{FeO}$，但一般都不是纯矿物 $\text{FeO} \cdot \text{TiO}_2$，而是含有 Mg、Ca、Si、Mn、Al、V、Cr 等化合物的复合矿物。与钛铁矿共生的有呈类质同象的元素和呈微细嵌布的伴生矿物。

10.2.3.1　镁、钙的还原与挥发

镁、钙杂质一部分与钛铁矿呈类质同象，一部分呈微细脉石矿物（如斜长石、钛辉石）存在于钛铁矿中，因此无法用机械选矿法将它们除去。随着氯化法钛白不断发展及生产金属钛和减少废料、降低物耗的需要，希望能尽量降低钛渣中 MgO、CaO 含量，而在熔炼中增大 MgO 和 CaO 还原与挥发及防止在炉内循环是一项重要的辅助措施。

按热力学分析，MgO 和 CaO 属于难还原氧化物，加之熔炼生成的铁液中含极微量 Mg、Ca，便误认为 MgO、CaO 是属于完全转入钛渣的杂质。

MgO 在钛铁矿中主要是以 $MgO \cdot TiO_2$ 形式存在，其被碳还原反应方程可表示为：

$$2(MgO \cdot TiO_2) + C \rightleftharpoons MgO \cdot 2TiO_2 + CO + Mg \tag{10-64}$$

$$(MgO \cdot TiO_2) + C \rightleftharpoons TiO_2 + CO + Mg \tag{10-65}$$

$$3/4(MgO \cdot TiO_2) + C \rightleftharpoons 1/4Ti_3O_5 + CO + 3/4Mg \tag{10-66}$$

$$2/3(MgO \cdot TiO_2) + C \rightleftharpoons 1/3Ti_2O_3 + CO + 2/3Mg \tag{10-67}$$

$$1/2(MgO \cdot TiO_2) + C \rightleftharpoons 1/2TiO + CO + 1/2Mg \tag{10-68}$$

$$(MgO \cdot 2TiO_2) + C \rightleftharpoons 2TiO_2 + CO + Mg \tag{10-69}$$

这 6 个反应在不同温度下的吉布斯自由能变化的计算结果见表 10-14。

表 10-14 反应式（10-64）~式（10-69）在不同温度下的 $\Delta G^\ominus$ 值 　　　（kJ）

反应式	式（10-64）	式（10-65）	式（10-66）	式（10-67）	式（10-68）	式（10-69）
$\Delta G^\ominus_{2000K}$	54	66.57	1.47	14.56	-7.54	79.13
$\Delta G^\ominus_{2500K}$	-92.53	-107.6	-100.06	-96.30	-105.93	-82.48
$\Delta G^\ominus_{3000K}$	-257.91	-198.45	-217.71	-244.09	-231.95	-136.91
$\Delta G^\ominus = 0$ 时的 温度/K	2170 (1897℃)	2180 (1907℃)	2020 (1747℃)	2070 (1797℃)	1960 (1687℃)	2240 (1967℃)

从表 10-14 中可见，在电炉熔炼钛渣温度下特别是在电弧高温区，钛铁矿中 $MgO \cdot TiO_2$ 是可以被碳还原成金属镁的。随着熔炼温度升高和熔体内 TiO_2 还原度增加，MgO 被 C 还原倾向增大，所以熔炼过程中 MgO 去除率是随着温度升高和 TiO_2 还原度增加而增大的。MgO 的还原过程很复杂，除被碳还原外，也可为 Ti、Si、Mn 等还原。

钛铁矿中的 CaO 与 MgO 有相似的还原反应，只不过 CaO 比 MgO 更难还原些。

MgO 熔点高达 2800℃，不还原就无法气化或熔化，即使与 FeO、SiO_2、CaO 等形成复杂化合物，在高温下气化也困难。只有当 MgO 还原成金属 Mg，Mg 在 700~800℃ 气化（见图 10-35）。与 MgO 相比，Ca 的蒸气压较 Mg 低，在一般熔炼温度下 Ca 难以气化。这已从日本学者的熔渣成分蒸发试验中得到证实。

对于熔炼钛渣中 MgO、CaO 的还原和挥发，外部加入的及钛铁矿中已有的 MgO、CaO 仅有 60% 进入钛渣。1975 年当时的宣钢五七厂和 1976 年阜新铁合金厂在 400kV·A 电炉熔炼西昌太和钛精矿时发现，原料中的 MgO 和 CaO 仅有 70% 进入钛渣。1976 年锦州铁合金厂在 1800kV·A 电炉熔炼太和钛精矿发现，原料中 MgO 和 CaO 仅有 50% 进入钛渣。1979 年攀钢钢研院和遵义钛厂等对攀枝花钛精矿工业试验中 27 炉物料平衡计算表明，原料中 MgO 有 55.3% 进入钛渣，约 37.6% 随烟气排出，微量进入铁水中；原料中 CaO 有 63.1% 进入钛渣、11.8% 进入烟尘、2.0% 进入铁水；其余未平衡部分，一方面是由于物料损失和测量误差，另一方面是敞口炉熔炼，有相当一部分炉气从烟罩四周逸出，这部分烟尘没有收集测定。

烟尘中存在物质的来源，一是由气流夹带，二是易挥发组分凝结。烟尘中 MgO/TiO_2 比值远高于炉料和钛渣，说明进入烟尘中 MgO 除了气流夹带外，还有含 MgO 组分的挥发物。烟尘中含 Mg 化合物除 $MgO \cdot 2TiO_2$ 外，还有 $2MgO \cdot TiO_2$ 和少量 MgO，还有 $FeO \cdot TiO_2$ 和 TiO_2。据实验测定，烟尘中 TiO_2 含量平均为 27.5%。即使 TiO_2 全部是以 $MgO \cdot 2TiO_2$ 形式存在，与 TiO_2 结合的 MgO 也不过 7%，而烟尘中 MgO 实测平均值为 19.4%，说明烟尘中 MgO 至少有 2/3 是以 $2MgO \cdot SiO_2$ 和 MgO 形式存在的。由此可见，含镁物质

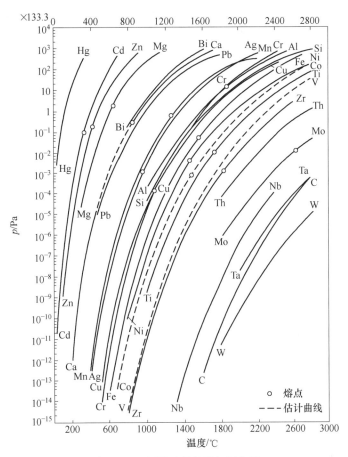

图 10-35　金属元素的蒸气压曲线

进入烟尘，少部分被气流夹带，大部分则是由于含镁物质的挥发。

有关热力学计算表明，钛铁矿中 $MgO \cdot TiO_2$ 在高温下可以被碳还原生成金属镁 Mg，SiO_2 可被碳还原生成 SiO 或 Si。由此，在电炉熔炼中生成的 Mg 和 SiO(Si) 从熔池逸出，在炉口处被氧化。

理论与实践均表明，可采用高温和敞开熔池方式实现镁的气化除杂。近年出现的直流-空心电极电炉即转移弧型等离子体熔炼钛渣，既可获得比一般交流矿热电炉更高的熔炼温度，同时又是渣面无料层覆盖的敞开熔池，还有直流特有的电解效应使 Mg 在阴极区析出而促进其气化。

10.2.3.2　硅的还原

熔炼钛渣中 SiO_2 一是来自钛铁矿中硅酸盐矿物，二是来自还原剂灰分。SiO_2 是比较稳定的化合物，通常熔炼条件下只有约 8% 的 SiO_2 得到还原。热力学数据表明，以 C 还原 SiO_2 生成 SiO 或 Si 几乎同样困难：

$$SiO_2(s) + 2C \rule[0.5ex]{2em}{0.4pt} Si(s) + 2CO \quad \Delta G^{\ominus} = 174300 - 90.6T \quad (10\text{-}70)$$

$$SiO_2(s) + C \rule[0.5ex]{2em}{0.4pt} SiO(g) + CO \quad \Delta G^{\ominus} = 159200 - 78.7T \quad (10\text{-}71)$$

有国外学者提出 Si 还原过程是通过气相 SiO 及 Si 等中间化合物进行的。

如前所述，由还原渣中（SiO_2）得到［Si］是比较困难的，在 $a_{SiO_2} = 1$、$p_{CO} = 0.1MPa$ 时，反应开始温度为 1770℃，实际上 a_{SiO_2} 远小于 1，但由于熔炼渣中有 Fe 存在，还原 Si 与 Fe 生成 FeSi 使还原变得容易：

$$SiO_2 + 2C \Longrightarrow 2CO + FeSi（含 Si 33\%） \quad T_{始} = 1420℃ \quad (10-72)$$

考虑到形成 FeSi 造成反应自由能差值的变化，以［Si］= 1% 为标准态，则（SiO_2）还原反应为：

$$（SiO_2）+ 2C（石墨）\Longrightarrow ［Si］+ 2CO \quad \Delta G^{\ominus} = 141525 - 93.58T \quad (10-73)$$

此反应的平衡常数表达式及其与温度的关系式分别为：

$$K_{Si} = \frac{［\%Si］\gamma_{Si} p_{CO}^2}{a_{(SiO_2)} a_{[C]}^2} \quad (10-74)$$

$$\lg K_{Si} = \frac{-30935}{T} + 20.45 \quad (10-75)$$

在 C 饱和的铁液中，可取 $a_{[C]} = 1$，$\gamma_{Si} = 15$，则上式可改写为：

$$\frac{［\%Si］}{（\%SiO_2）} p_{CO}^2 = 6.73 \times 10^{-2} K_{Si} \gamma_{(SiO_2)} \quad (10-76)$$

由以上的热力学公式可以看出，还原的［Si］量取决于温度、熔体（SiO_2）含量及 a_{SiO_2}。当其他条件一定时，铁液中［%Si］随（SiO_2）的增加而增大、随温度升高而增大。凡有降低渣中（SiO_2）活度的因素，将影响（SiO_2）的还原，如钛渣中（CaO）、（MgO）含量较高时与（SiO_2）结合生成硅酸盐而使（SiO_2）活度降低，从而使（SiO_2）还原增大难度，还原［Si］量减小。

铁液中［Si］含量对（TiO_2）的还原行为的影响，其平衡反应式为：

$$（TiO_2）+ ［Si］\Longrightarrow ［Ti］+（SiO_2）\quad \Delta G^{\ominus} = 106000 - 18.00T \quad (10-77)$$

式（10-77）中（TiO_2）和（SiO_2）以纯物质为标准态，［Ti］、［Si］以 1% 为标准态，则在 1500℃ 反应平衡常数为：

$$K_{Si-Ti} = \frac{［Ti］f_{Ti} a_{SiO_2}}{［Si］f_{Si} x_{TiO_2} \gamma_{TiO_2}} \quad (10-78)$$

或

$$\frac{［Si］}{［Ti］} = \frac{f_{Ti} a_{SiO_2}}{6.622 \times 10^{-3} f_{Si} x_{TiO_2} \gamma_{TiO_2}} \quad (10-79)$$

如取（SiO_2）= 25%、碱度为 1.05，整理计算后得出 1500℃ 下的 Si、Ti 平衡比为：

$$\frac{［Si］}{［Ti］} = 0.80 \sim 0.85 \quad (10-80)$$

这些因素的综合影响在生产实践中也得到体现。例如，用攀枝花和北海两地钛精矿熔炼的钛渣，前者含 SiO_2 为 3.88%，后者仅为 0.88%，由于攀枝花钛精矿熔炼 TiO_2 品位为 75% 的酸溶性钛渣，北海钛精矿熔炼 TiO_2 品位为 96% 的氯化钛渣，二者还原度（或温度）差别很大，以致前者产出的铁水含 Si、Ti 分别为 0.15% 和 0.16%，后者则为 0.66% 和 0.8%，说明北海矿中 SiO_2 在熔炼中得到充分还原，而攀枝花矿除了温度因素还因 MgO、CaO 含量高，使其 SiO_2 活度降低、还原很少且大量入渣。

10.2.3.3 钒的还原

在自然界中三价钒离子可以取代三价铁离子而类质同象地赋存于钛磁铁矿中。而与钛磁铁矿共生的钛铁矿则不能发生这样的类质同象作用，所以岩矿型钛铁矿含钒很低，如攀枝花矿中钛铁矿平均含 V_2O_5 只有 0.011% ~ 0.033%（钛精矿含 V_2O_5 0.095%）；加拿大 QIT 矿则不同，它是赤铁矿-钛铁矿复合体，共生有钒尖晶石 $FeO \cdot (Fe, V)_2O_3$，故含钒（V_2O_5）高达 0.36%；黑钒铁矿 $4FeO \cdot V_2O_3 \cdot 4V_2O_4$ 被认为是与钛铁矿和其他脉石矿物的共生矿物，所以一般含钒较高。如云南富民某钛精矿 V_2O_5 含量达 0.34%，南非 RBM 钛精矿 V_2O_5 含量达 0.27%。

钒氧化物较难还原，在铁氧化物还原完了之后才能开始还原。在通常熔炼钛渣条件下，钒在渣-铁间的分配率大约各为 50%。有的工厂钒还原入铁率为 45%，未还原入渣为 55%，说明钒和钒氧化物在熔炼过程中基本不挥发。

可以认为熔炼钛渣过程中钒是以钒尖晶石形态进行还原的：

$$FeO \cdot V_2O_3 + 2C =\!\!= Fe + V_2O_2 + 2CO \qquad \Delta G^{\ominus} = 107850 - 77T \qquad (10\text{-}81)$$

$$FeO \cdot V_2O_3 + 6C =\!\!= Fe + 2VC + 4CO \qquad \Delta G^{\ominus} = 194550 - 151.2T \qquad (10\text{-}82)$$

$$1/2V_2O_2 + C =\!\!= V + CO \qquad \Delta G^{\ominus} = 71300 - 38.7T \qquad (10\text{-}83)$$

如果假定 $p_{CO} = 1 \times 10^5 Pa$，固态物质活度 $a_{V_2O_2}$、a_{Fe}、a_{VC}、a_C 都假定为 1，取 $a_{FeO \cdot V_2O_3} = 0.1$ 时，则以上三式的反应温度分别为 1216℃、1053℃ 和 1569℃。

当有液态铁存在时，由于 V 与 Fe 能无限互溶，则可大大改善钒还原的热力学条件：

$$1/2V_2O_2 + C =\!\!= [V] + CO \qquad \Delta G^{\ominus} = 65200 - 48.31T \qquad (10\text{-}84)$$

$$VC =\!\!= [V] + C \qquad \Delta G^{\ominus} = 27000 - 21.21T \qquad (10\text{-}85)$$

$$FeO \cdot V_2O_3 + 4C =\!\!= Fe + 2[V] + 4CO \qquad \Delta G^{\ominus} = 238250 - 173.21T \qquad (10\text{-}86)$$

式（10-84）~ 式（10-86）在标准状态下反应开始温度分别为 1077℃、1000℃ 和 1099℃；如果取 $a_{FeO \cdot V_2O_3} = 0.1$、$a_{[V]} = 1$，则式（10-86）的开始反应温度也只有 1136℃。

钒从熔融渣中还原的反应可表示为：

$$(V^{2+}) + (O^{2-}) + [C] =\!\!= [V] + CO \qquad (10\text{-}87)$$

当碱度一定时 (O^{2-}) 离子浓度为定值。在碳饱和条件下 $[C]$ 浓度可视为常数。因此，氧化钒还原反应的速度为：

$$-\frac{\mathrm{d}c}{\mathrm{d}t} = \frac{100}{S}kAc \qquad (10\text{-}88)$$

式中，c 为渣中钒的浓度，%；S 为实验用渣量，g；t 为反应时间，min；A 为渣-铁界面积，cm^2；k 为反应速度常数，$g/(cm^2 \cdot min \cdot (\%V))$。

将式（10-88）积分得：

$$\ln\frac{c}{c_0} = \frac{100A}{S}kt \qquad (10\text{-}89)$$

式中，c_0 为反应开始时（$t=0$）渣中钒浓度，%。由此得出的含钛熔渣中还原钒量与反应时间的关系如图 10-36 所示。

图 10-37 所示为碱度对 $[C]$ 还原含钛熔渣中 (VO) 反应的反应平衡常数（以易达到平衡的耦合反应的表观平衡常数 K'_{Si-V} 表征）的影响。无论是采用感应加热还是等离子体加热熔炼，K'_{Si-V} 都随渣碱度的增加而增大；由于等离子弧具有能很快使熔渣过热和改

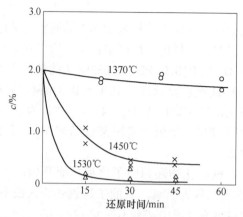

图 10-36 从 $CaO-SiO_2-Al_2O_3$（20%）渣系（$CaO/SiO_2 = 1.0 \sim 2.0$）中
还原的钒量与反应时间的关系

善渣流动性、加速渣-铁间的质量传递等动力学优势，可使反应很快达到平衡，且其 lgK'_{Si-V} 值较不用等离子时高出一个数量级。

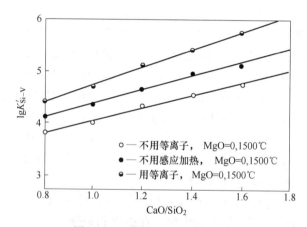

图 10-37 碱度对 lgK'_{Si-V} 的影响

钒对氯化钛渣来说是有害杂质，因为它会给四氯化钛净化除钒带来困难，而强化还原既减少钛渣中 V_2O_5 含量，又能回收钒（获得含钒生铁）。

钛渣中 V_2O_5 含量与熔炼还原度密切相关。对同样 V_2O_5 成分的原料，若熔炼低品位钛渣，由于还原度较低，渣中保留有较高（FeO），致使钒得不到充分还原而导致钛渣含钒较高，相反则钛渣含钒较低，铁水含钒较高。表 10-15 为国内外有关生产数据。加拿大钛渣含 V_2O_5 高达 0.58%（钛精矿 V_2O_5 为 0.27%，），挪威钛渣含 V_2O_5 为 0.25%（钛精矿 V_2O_5 为 0.17%，钛渣品位 75.40%），南非（RBM）钛渣含 V_2O_5 为 0.4%（钛精矿 V_2O_5 为 0.29%，钛渣品位 85%），独联体国家钛渣 V_2O_5 含量为 0.94%（钛精矿中 V_2O_5 为 0.6%，钛渣品位 88.24%），攀钢钛精矿熔炼的钛渣含 V_2O_5 为 0.07%（钛精矿中含 V_2O_5 为 0.064%，熔渣品位 77.2%），承德钛精矿熔炼的钛渣含 V_2O_5 为 0.18%（钛精矿中含 V_2O_5 为 0.098%，钛渣品位 74.91%）。

表 10-15 国内外钛渣中 V_2O_5 含量与钛渣品位（质量分数） （%）

钛渣种类	V_2O_5 含量	原料钛精矿中 V_2O_5	钛渣中 TiO_2 品位
加拿大钛渣	0.58	0.27	80.0
挪威钛渣	0.25	0.17	75.40
南非（RBM）钛渣	0.40	0.29	85.0
独联体国家钛渣	0.94	0.60	88.24
攀钢钛精矿熔炼的钛渣	0.07	0.064	77.2
承德钛精矿熔炼的钛渣	0.18	0.098	74.91

10.2.3.4 锰的还原

钛铁矿中锰呈类质同象形态存在。一般岩矿钛铁矿中含锰较低，而砂矿钛铁矿中锰不但未在长期风化中流失反而得到富集，故含量较高。如攀枝花钛精矿含 MnO 为 0.65%、北海钛精矿含 MnO 为 2.51%。

高价锰氧化物易被 C、H_2 和 CO 还原成 MnO，其分解压比 FeO 小得多，如 1400℃时为 6.3×10^{-11} Pa、1500℃时为 7.24×10^{-10} Pa。因此，锰的还原是在液相中进行：

$$(MnO) + C = [Mn] + CO \quad \Delta G^{\ominus} = 287440 - 179.08T \quad (10\text{-}90)$$

$$\Delta G = \Delta G^{\ominus} + RT \ln \frac{a_{[Mn]} p_{CO}}{a_{(MnO)} a_C} \quad (10\text{-}91)$$

当熔炼温度大于 1600℃时，$p_{CO} = 10^5$ Pa，$a_C = 1$，$a_{[Mn]} \approx [\%Mn] = 0.1$。当渣熔体温度为 1600℃时，$a_{(MnO)} > 0.123$，反应可自动进行。式（10-90）的平衡常数为：

$$K_{Mn} = \frac{[\%Mn] \gamma'_{[Mn]} p_{CO}}{a_{(MnO)}} \quad (10\text{-}92)$$

由式（10-90）可知，提高锰的还原率即分配比 $[\%Mn]/(\%MnO)$，则应：（1）提高温度，使平衡常数 K_{Mn} 值增大，同时提高反应速度，使实际分配比尽量接近平衡；（2）提高渣碱度，因为（MnO）为碱性组分，渣中碱性物增多可提高 MnO 在渣中的活度系数 $\gamma_{(MnO)}$；（3）提高铁液中 [Si]、[Ti] 等金属含量，以促进耦合反应（MnO）还原为 [Mn]。

（MnO）还能被 [Si]、[Ti] 等还原，如（MnO）和 [Si] 的反应：

$$2(MnO) + [Si] = 2[Mn] + (SiO_2) \quad \Delta G^{\ominus} = -132600 + 28.08T \quad (10\text{-}93)$$

$$\Delta G = -132600 + 28.08T + RT \ln \frac{a_{(SiO_2)} a^2_{[Mn]}}{a^2_{(MnO)} a_{[Si]}} \quad (10\text{-}94)$$

在 1600℃下 $\Delta G < 0$，反应可自动进行。

10.2.3.5 铬的还原

钛精矿中铬的存在形态有两种，一种是呈类质同象以三价铬离子 Cr^{3+} 取代钛铁矿同晶格的三价铁离子 Fe^{3+}，另一种是独立矿物的铬尖晶石 $FeO \cdot (Cr,Al)_2O_3$。铬在这两种矿物中的分布因不同产地而异。如乌克兰萨姆特坎斯克钛精矿中有 75% 的铬赋存在红钛铁矿中，故其化学式可表示为 $(Fe,Cr)_2O_3 \cdot 3TiO_2 \cdot 0.4H_2O$，此矿物中 Cr_2O_3 含量为 1.58%（钛精矿含 Cr_2O_3 为 1.46%）；南非 RBM 原矿和重选精矿中则主要是铬尖晶石，因此该地的磁选精矿就可通过焙烧、再磁选来除去铬尖晶石,使精矿含 Cr_2O_3 由 0.30% 降至 0.09%。

大多数砂矿钛精矿含铬都不高,如西澳大利亚钛精矿 Cr_2O_3 含量只有 0.03%。原生钛铁矿含铬较低,是因为铬主要赋存在钛磁铁矿中,如攀枝花红格矿的钛磁铁矿为 1.13%、钛铁矿中含 Cr_2O_3 仅 0.055%。攀枝花钛精矿中一般含 Cr<0.005%。

铬氧化物的还原行为与钒氧化物相似,在熔态下还原反应表示为:

$$(FeO \cdot Cr_2O_3) + C \rightleftharpoons [Fe] + (Cr_2O_3) + CO \qquad \Delta G^\ominus = 488179 - 412.64T \qquad (10\text{-}95)$$

$$(Cr_2O_3) + 3C \rightleftharpoons 2[Cr] + 3CO \qquad \Delta G^\ominus = 780961 - 520.02T \qquad (10\text{-}96)$$

铬在电炉熔炼钛渣中的分配:一般进入铁液 16.7%、进入熔渣 73.0%,即 Cr_2O_3 大部分留在钛渣中,这对氯化钛渣的使用价值的负面影响很大。Cr 还原进入铁相的比例虽还受工艺条件影响,但通常仍是钛精矿中 Cr_2O_3 含量起着决定性作用。如乌克兰萨姆特坎斯克钛精矿 Cr_2O_3 含量为 1.6%,钛渣中 Cr_2O_3 含量在 0.65%~2.63%、铁水含 Cr 约为 0.95%;而含铬较低的库森斯克钛精矿矿熔炼的钛渣中含 Cr_2O_3 仅为 0.42%、铁水含 Cr 为 0.19%;加拿大 QIT 钛精矿 Cr_2O_3 含量为 0.1%、钛渣中 Cr_2O_3 含量为 0.18%、铁水含 Cr 为 0.023%;攀枝花钛精矿含 Cr_2O_3<0.05%、钛渣含 Cr_2O_3 为 0.45%、铁水含 Cr 为 0.045%。

与钒还原的分析相似,一切强化还原的过程因素都能促进铬的还原及其进入生铁。

10.2.3.6　重金属的还原

攀枝花钒钛磁铁矿中与钛磁铁矿、钛铁矿伴生的有钴、镍、铜等矿物,它们多数以硫化物存在于矿石中且可采用机械选矿方法回收,而其余部分则是以微细夹杂物存在。钛精矿中的重金属含量取决于后者的含量和前者在选矿(硫)中的残留程度。攀枝花钛精矿中重金属含量为:Cu 0.0052%,Co 0.0013%,Ni 0.0087%,As 0.0077%。

重金属比铁更易还原,可以 100% 还原并进入生铁中。如加拿大 QIT 的铁水含 Ni 0.080%、Co 0.038%、Mo 0.001%、W 0.001%。

10.2.3.7　钪、镓、铌、钽及贵金属的还原

含钛矿物一般都有少量钪。钛铁矿中含有 0~0.003% 的 Sc_2O_3。Sc^{3+} 能够以异价类质同象方式替代钛铁矿的 Fe^{2+} 和 Mg^{2+}。攀枝花钛精矿含 Sc 为 0.00384%。Sc_2O_3 与钽、铌、钒、钛等氧化物具有相同数量级的生成热,见表 10-16。

表 10-16　几种氧化物的生成热　　　　　　　(kJ/mol)

TiO_2	V_2O_5	Nb_2O_5	Ta_2O_5	Sc_2O_3
926.0	1552.4	1896.5	2031.8	1710.5

Sc_2O_3 稳定性较高,沸点也较高(2836℃),熔炼中不易被还原而进入钛渣,并以类质同象地赋存在黑钛石相内。在钛渣氯化生产 $TiCl_4$ 时钪富集在氯化烟尘中,可将该烟尘作为提钪原料。用硫酸溶解钛渣时,由于钪和钛元素化学性质相近,钪、钛均进入酸解液中,溶液中钛含量大大高于钪含量,因而给分离提取造成困难。

镓主要赋存在钛磁铁矿中,因此钛铁矿中含镓较低。如攀枝花钛铁矿含镓为 0.0009%。镓具有强烈的亲铁性,熔炼中镓大部分与铁在一起被还原进入铁水,可以在铁水吹钒时将镓氧化而与钒一起富集在钒渣中。含镓的铝土矿在炼制电熔刚玉时,镓也将富集于底铁中,现已采用电解法将其进入阳极泥,从中再回收镓。

在砂矿钛矿床中除含有钛铁矿、金红石等钛矿物外，通常伴生有锆英石、钛钽矿等，而前者可能是含 $5\% \sim 10\% Nb_2O_5$ 和 $0.34\% \sim 1.5\% Ta_2O_5$ 的锆英石、烧绿石。有的钛精矿中含有 $0.12\% Nb_2O_5$ 和 $0.005\% \sim 0.010\% Ta_2O_5$。铌和钽的氧化物与 V_2O_5 性质相近，其还原反应的热力学和动力学条件也相差不大，如包钢高炉冶炼含铌铁矿时铌回收率约为 75%。可以利用钽铌的亲铁特性，将贫钽铌铁矿（尾矿）加铁屑、铁粉或铁矿石进行还原熔炼而得到低品位的钽铌铁合金。

砂矿钛铁矿中通常含有微量金，而岩矿钛铁矿通常含有微量的铂族元素。在熔炼钛渣过程中，金会气化挥发，而铂族元素因其极强亲铁性将全部进入铁水。由于铂族元素大部分以硫化矿物形式存在矿石中，以致在钛精矿中含量更微，虽能在熔炼时进入铁水中，但也只能在铂族元素富集程度大的条件下，采用从电解铁的阳极泥中进行回收。

10.3 钛渣生产主要工艺流程及主要装备

10.3.1 钛渣生产主要工艺流程

10.3.1.1 钛渣冶炼的原料

A 钛铁矿及其分类

钛铁矿基本有两类，即岩浆成矿的原生矿（也称岩矿）和钛铁矿在长期地质风化作用下生成的砂矿，而砂矿又可粗略地分为海滨砂矿和内陆砂矿。

美国、芬兰、挪威等国家的钛铁矿属磁铁矿-钛铁矿复合型，可分选出钛铁矿精矿和磁铁矿精矿；加拿大魁北克铁钛公司的矿石是赤铁矿-钛铁矿复合型，因二者呈微细嵌布而无法选矿分离，还因原矿中（$FeO+TiO_2$）高和 FeO/TiO_2 比值高，适合于火法熔炼钛渣，其选矿只为除去黄铁矿以保证钛渣和生铁两种产品中的含硫不超标；攀枝花型钒钛磁铁矿无法用选矿的办法将钛磁铁矿的主晶磁铁矿和客晶钛铁晶石、钛铁矿进行分离，选矿仅能回收从钛磁铁矿离溶并呈粒状进入脉石矿物中的那部分钛铁矿。

B 砂矿钛铁矿的采选

产于海洋岸滩的砂矿钛铁矿是利用采砂船开采并经选矿得到的钛精矿。地表堆积的内陆砂矿钛铁矿是先剥离表层泥土和清除林木等植被，再经过冲（淘）洗和选矿得到的钛精矿。钛铁矿的使用形式都是其精矿。

由于岩矿钛铁矿和砂矿钛铁矿的地质成矿条件不同，使两者的精矿在化学成分、物相组成、物理性质和冶金性能等有较大的差异。

C 钛精矿的化学成分

我国冶金行业标准规定的岩矿钛精矿化学成分见表10-17，我国有色金属行业标准（YS/T 351—1994）规定的砂矿钛精矿化学成分见表10-18。

D 钛精矿的导电性

有研究者测得岩矿钛精矿的电阻率为 $0.0138\Omega \cdot cm$，海滨砂矿的电阻率为 $0.08\Omega \cdot cm$，即后者是前者的 6.25 倍。造成两种钛精矿导电性存在差异的原因是钛铁矿晶体结构转型的结果。钛铁矿晶体结构属钛铁矿型而不是钙钛矿型和尖晶石型。钛铁矿型

表 10-17　岩矿钛精矿标准（化学成分）（YB/T 4031—2015） 　　　　（%）

牌号	化学成分/%				
	TiO₂	S		P	
		Ⅰ组	Ⅱ组	Ⅰ组	Ⅱ组
TJK47	≥47	≤0.30	≤0.30	≤0.05	≤0.05
TJK46	≥46	≤0.30	≤0.35	≤0.05	≤0.10
TJK45	≥45	≤0.30	≤0.40	≤0.05	≤0.20

表 10-18　砂矿钛精矿标准（化学成分）

品级		TiO₂/%	杂质含量/%	
			CaO+MgO	≤P
一级	一类	≥52	≤0.5	≤0.025
	二类	≥50	≤0.5	≤0.025
二级		≥50	≤0.5	≤0.030
三级		≥49	≤0.6	≤0.040
四级		≥49	≤0.6	≤0.050
五级		≥48	≤1.0	≤0.070

注：含金红石的钛精矿中 TiO₂ 含量不小于 57%，（CaO+MgO）含量不大于 0.6%，P 含量不大于 0.045% 的产品为一级品。

化合物的结合键含有较多的金属键成分，所以比其他一般矿物原料的电导率高。原生矿经过风化作用变成砂矿后，晶格类型也随之变化，即离子键成分增多，故其电阻率增大（电导率降低）。在电炉冶炼过程中炉料的高电阻主要在形成"坩埚"的埋弧制度下作用较大，在一次性加料的间断法熔炼钛渣工艺中都乐于使用砂矿，特别是深度风化的海滨砂矿。

E　钛精矿的软熔点

在一次性加料的间断法工艺和同时为炉料埋弧制度的熔炼过程中，钛精矿的冶金性能主要表现在对软熔性和结构疏松性有相对较高的要求。

有关钛铁矿软熔点的典型测试数据：海滨砂矿为 1350℃，岩矿仅为 850~900℃。由风化作用生成的砂矿具有良好的自然结构疏松性，因此使用砂矿特别是深度风化的海滨砂矿冶炼钛渣时可以取得较好的产量、质量及渣流动性指标。但是，对不经过固相还原阶段的熔融还原工艺，钛精矿除了化学成分外，某些物理和冶金性能上的优势将随之减弱乃至消失。软熔点高，则化料速度慢反而成为强化熔融还原的障碍。熔融状态的钛铁矿的熔融还原与矿料固相颗粒是否存在空隙无关。开弧冶炼制度对炉料电阻的高低无特别要求。

F　钛原料与钛渣品种

目前在工业上获得大规模应用的钛渣主要是高钛渣和酸溶性钛渣。酸溶性钛渣作为硫酸法钛白的专用钛原料，而高钛渣作为四氯化钛的主要钛原料。四氯化钛是制取氯化法钛白、金属钛和钛盐等的中间产品的原料。因对氯化有害的杂质 Al、Si、Cr、Mn、V 等氧化物在钛渣熔炼中大部分留在渣相，所以岩矿钛精矿不宜熔炼氯化用高钛渣。有关高钛渣标准详见第 20 章。

岩矿钛精矿中的钛铁矿与同晶型的镁铝尖晶石组成固溶体，氧化镁等非铁钛杂质含量较高，它虽然可以直接用于生产硫酸法钛白的原料，但存在酸耗高、附产物量大、环境污染重等缺点，使硫酸法钛白生产面临着要么采用酸溶性钛渣要么转向氯化法钛白的抉择。

岩矿钛精矿中的硫含量除了与原矿的含硫量有关外，主要取决于选矿的脱硫率。如加拿大 QIT 不但有专为矿石降硫而设的选矿，还要在入炉前进行氧化焙烧除硫；攀枝花型钒钛磁铁矿选钛前也设置浮选硫化物的工序，可回收赋存于硫化物中的钴和镍。

砂矿钛铁矿因经过了长期地质风化而使硫也被氧化，所以含硫很低。

钛铁矿中磷的主要赋存形态是磷灰石。在经历次生作用时，磷又不易被氧化而使砂矿的磷含量较高；岩矿则不同，磷灰石可以在浮选除硫的同时高效地进入硫精矿，故岩矿钛精矿的磷含量一般较低（如攀钢钛精矿磷含量仅为 0.006% 左右）。

对原生钛铁矿，在岩浆成矿过程中有某些微量金属元素进入钛铁矿晶体且未改变其晶格构型，这在地球化学上称为类质同象作用。这种含有类质同象混入物的晶体又被称为固溶体。

在钛铁矿结构中主要是 Fe^{2+} 部分被 Mg^{2+}、Ca^{2+}、Mn^{2+} 等所代替，所以岩矿中都含有较高的这类非铁杂质。砂矿是原生矿经过次生作用的产物，它不再是纯钛铁矿，而是部分或大部乃至全部为红钛铁矿（$Fe_2O_3 \cdot nTiO_2$），其晶格类型也发生变化，导致非变价金属离子 Mg^{2+}、Ca^{2+} 的离溶，其含量明显低于岩矿，加之被氧化成的 Fe^{3+} 又有部分被水溶出，这样使 TiO_2 得到富集，即砂矿的品位比岩矿要高。

在次生作用中，变价金属元素（都是过渡金属）如锰被氧化成较高价态，但它和 Fe^{3+} 一样能适应新晶格结构而保留下来，以致砂矿中锰含量通常高于岩矿；在原生矿中除了纯矿物内含有类质同象混入物外，还有硅铝酸盐（脉石）等机械夹杂，它们在矿石风化碎裂成砂过程中也被解离和冲离，从而使砂矿的化学纯洁性提高。

在成矿岩浆中，钒仅以 V^{3+} 存在并很专一、类质同象地置换磁铁矿中的 Fe^{3+}，因此不赋存于只有二价铁的钛铁矿中，使原生矿的含钒很低。如攀钢钛精矿 V_2O_5 含量仅 0.087%。但砂矿中钒含量普遍较高（原因可能跟锰含量较高相似），而且在砂矿钛精矿熔炼钛渣中又有约 55% 的入渣率，说明这是个极为不利的因素。海滨砂矿大多含有放射性元素铀和钍，现在一些用户企业拒采购含有（U+Th）>0.005% 的钛精矿，而岩矿钛精矿则基本不含或含（U+Th）<0.005%。

G 钛渣冶炼用还原剂

碳热熔炼钛铁矿生产钛渣与生铁所用的还原剂，可选用不同种类的含碳材料，主要为冶金焦、无烟煤、石油焦等。对含碳材料的选择主要注重其化学成分，并希望非铁钛杂质（包括硫、磷等）含量最少，以使产出的钛渣、生铁都能合格达标。含碳材料中的挥发分含量若偏高，既影响密闭电炉的正常运行，也容易造成塌料、翻渣事故，因此工厂生产实践中多采用煅烧无烟煤或其他煅炭、半焦等作还原剂。

熔炼钛渣一般不要求含碳材料的电阻率（即对应的反应性）。选择含碳材料的粒度主要考虑与矿料粒度相匹配，即应当是粉配粉、块配块。出于经济上考虑石油焦仅在某些需要熔炼特高品位的钛渣上使用。

10.3.1.2　钛渣品位与钛渣产量

钛精矿的化学组成对钛渣的产量和 TiO_2 品位的影响是比较复杂的，如不考虑工艺条件等可以用计算来阐述这种关系。

假设以 $w(TiO_2)$ 来表示钛精矿中的 TiO_2 百分含量，$w(TFe)$ 表示全铁百分含量并按 $1.32w(TFe)$ 换算成铁氧化物的含量，则钛精矿中 $w(TiO_2) + 1.32w(TFe) + w(非铁杂质) = 100$。

取钛、铁和非铁杂质的入渣率分别为 96%、8% 和 65%，设 Q 为 100kg 钛精矿的产渣量，钛铁比 $f = w(TiO_2)/w(TFe)$，钛精矿中铁和钛的氧化物总百分含量简称合量。则 100kg 钛精矿的产渣量：

$$Q = w(TiO_2) \times 0.96 + 1.32w(TFe) \times 0.08 + 0.65(100 - 合量) \tag{10-97}$$

而

$$f = w(TiO_2)/w(TFe) = (合量 - 1.32w(TFe))/w(TFe) \tag{10-98}$$

即

$$合量 = (1.32 + f)w(TFe) \tag{10-99}$$

将式（10-99）代入式（10-97）中得：

$$Q = f \times w(TFe) \times 0.96 + 1.32w(TFe) \times 0.08 + 0.65[100 - (1.32 + f) \times w(TFe)]$$
$$= w(TFe) \times (0.31f - 0.7524) + 65 \tag{10-100}$$

由式（10-100）可知，在钛精矿中铁钛氧化物总量一定的条件下，钛渣产量 Q 取决于钛精矿中的钛铁比 f，当 $f<2.43$ 时即钛精矿中 TFe 量相对高时，由于铁氧化物的大量还原使产渣量随之增大，因此产渣量随 f 呈正比增长，而且是产渣量随 f 值的减小而下降的幅度增大；相反，钛精矿中铁含量相对低时，当 $f>2.43$ 时呈反比增长，这是因为随着铁氧化物含量的降低，TiO_2 对产渣量的作用相应增强。另外还可以看出，铁钛氧化物合量也影响产渣量，合量越低即非铁杂质含量越高，则产渣量越高，但渣品位越低。此时，钛渣品位（$TiO_2\%$）：

$$(TiO_2\%) = TiO_2 \times 96\%/Q \tag{10-101}$$

式（10-101）表明，钛渣品位直接取决于钛精矿的品位，但产渣量 Q 既与 f 值有关也与合量有关。换言之，钛渣品位的影响因素除了钛精矿中 $w(TiO_2)$ 外，还与 $w(非铁杂质)$ 及 f 值有关。在钛渣熔炼过程中，钛精矿中 TiO_2 有 95% 以上进入渣相，因此精矿品位越高则钛渣品位越高，但是，钛精矿中铁氧化物的还原对 TiO_2 在渣中的富集也有很大作用，即钛精矿中 TFe 越高（或 f 值越低），渣量越少，TiO_2 富集程度越高。

对钛渣产量（或所对应的单位电耗）、品位等的影响，除了钛精矿化学成分外，还有它的某些物理性能和冶金性能。从理论上讲，物料粒度越小则反应动力学条件愈加改善，生产效率越高。但粒度越小（除非是制成球团或黏结料），扬尘和吹损会增大。在空心电极加料工艺中，粒度小的有益作用才能得到充分发挥。生产中通常都使用钛精矿的选后粒度，即砂矿较粗、岩矿较细。

另一种不同钛精矿冶炼钛渣品位的理论计算，见 10.6.5 钛渣理论品位计算表。

10.3.1.3　简易配料计算之一

熔炼钛渣的炉料一般只由钛精矿和碳还原剂组成。下面介绍简单的配料计算方法。

钛精矿成分为（质量分数）：50.86% TiO_2、36.40% FeO、7.86% Fe_2O_3、1.86% SiO_2、

1. $18\%\,Al_2O_3$、$0.69\%\,MgO$、$0.68\%\,MnO$、$0.18\%\,CaO$；无烟煤成分为（质量分数）：$87.08\%C$、7.58%灰分、2.37%挥发分、$1.20\%S$、$1.50\%H_2O$；灰分中SiO_2含量42%、Fe_2O_3含量27.7%。以100kg钛精矿为基准进行计算。为使计算简便，假定如下：

（1）钛精矿中全部铁氧化物还原为氧化亚铁，氧化亚铁有96%被还原成金属铁；

（2）生铁中含碳量为2.0%；

（3）假定炉内料面上还原剂碳的烧损由电极碳补偿。

无烟煤中的有效碳：100kg无烟煤中的碳用于还原自身灰分中的SiO_2（反应式$SiO_2+2C=Si+2CO$）需碳量为$7.58\times0.42\times24/60=1.32kg$，还原$Fe_2O_3$（反应式$Fe_2O_3+3C=2Fe+3CO$）需碳量为$7.58\times0.277\times36/160=0.49kg$，则100kg无烟煤中的有效碳量为$87.08-1.32-0.49=85.28kg$。

钛精矿中主要氧化物还原所需碳量：Fe_2O_3还原（反应式$Fe_2O_3+C=2FeO+CO$）需碳量为$7.86\times12/160=0.59kg$，FeO还原（反应式$FeO+C=Fe+CO$）需碳量为$(36.40+7.86\times144/160)\times12/72\times0.96=6.95kg$，$TiO_2$还原（$3TiO_2+C=Ti_3O_5+CO$）需碳量为$50.86\times12/239.7=2.55kg$，则还原需总碳量为$0.59+6.95+2.55=10.09kg$。

钛精矿还原得到的金属铁量：$(7.86\times144/160+36.40)\times56/72\times0.96=32.4kg$。

铁渗碳需碳量：$32.4\times0.02=0.65kg$。

需要的总碳量：$10.09+0.65=10.74kg$，换算成无烟煤量：$10.74/0.8528=12.62kg$。

炉料组成理论计算结果为：钛精矿100kg+无烟煤12.6kg。在实际操作中以此为基础乘一个取自实践经验的配碳过量系数即可。

10.3.1.4 简易配料计算之二

试验所用钛精矿为攀西某企业一提质钛精矿和企业二提质钛精矿，其化学成分见表10-19、表10-20。

表10-19 攀西某企业一提质钛精矿的化学成分　（%）

TFe	FeO	Fe₂O₃	CaO	MgO	SiO₂	Al₂O₃
32.65	37.42	4.95	0.313	4.62	0.729	0.398
TiO₂	V₂O₅	MnO	Cr₂O₃	P₂O₅	S	
49.97	0.265	0.668	0.078	<0.005	0.084	

表10-20 攀西某企业二提质钛精矿的化学成分　（%）

TFe	FeO	Fe₂O₃	CaO	MgO	SiO₂	Al₂O₃
34.45	39.77		0.340	2.680	0.840	0.684
TiO₂	V₂O₅	MnO	Cr₂O₃	P₂O₅	S	
48.56	0.074	0.940	0.038	0.021	0.467	

以无烟煤作还原剂，其化学成分见表10-21。

表10-21 还原剂（无烟煤）的化学成分　（%）

固定碳	挥发分	SiO₂①	Al₂O₃①	MgO①	CaO①	P	S	灰分
91.34	5.52	33.46	30.80	2.98	14.37	0.014	0.60	2.72

①灰分中的成分。

A　计算设定条件

（1）根据式 $Fe_2O_3 + C = 2FeO + CO$ 和 $FeO + C = Fe + CO$ 进行计算，且铁氧化物全部还原成金属铁。

（2）以还原100g钛精矿中铁氧化物所需碳量作为还原钛精矿所需碳量，即只考虑铁氧化物的还原不考虑 TiO_2 等其他元素还原。

（3）还原得到的生铁中含碳量按2%计。

（4）钛精矿中除了铁氧化物之外的其他氧化物不还原全部入渣。

（5）煤中的灰分全部入渣，挥发分和硫全部挥发进入尾气。

还原100g企业一提质钛精矿所需要的碳质量计算如下。

B　企业一提质钛精矿还原配碳（煤）量计算

试验所用原料为钛精矿（即主要成分为 $FeTiO_3(FeO \cdot TiO_2)$），还含有少量的 Fe_2O_3，故参与还原反应的铁氧化物主要为 FeO 和 Fe_2O_3。

（1）以100g企业一提质钛精矿为基准计算还原其中的铁氧化物所需要的总碳量。根据 $Fe_2O_3 + C = 2FeO + CO$ 和 $FeO + C = Fe + CO$ 以及原料钛精矿化学成分，计算还原100g钛精矿中所有 Fe_2O_3 和 FeO 需碳的质量：

$$C_\text{总} = 7.12g$$

即还原100g钛精矿中的所有铁氧化物生成金属铁时需碳量7.12g。当考虑生铁中含有2%碳时，则：

$$C_\text{总} = 7.12 + TFe \times 2\% = 7.12 + 32.65 \times 2\% = 7.77g$$

即还原100g钛精矿中的所有铁氧化物生成生铁时需碳量7.77g。32.65为100g钛精矿中的全铁量，g。

（2）理论钛渣品位和配碳（煤）量计算。由物料平衡列出方程式，化简并计算得出理论钛渣量和配碳量。

$$Z = \sum M_A = M_{CaO} + M_{MgO} + M_{SiO_2} + M_{Al_2O_3} + M_{TiO_2} + M_{MnO} + M_{V_2O_5} + M_{Cr_2O_3}$$
$$= 0.313 + 4.62 + 0.729 + 0.398 + 49.97 + 0.668 + 0.265 + 0.078$$
$$= 57.041g$$

$$C_\text{配} = C_\text{总}/91.34\% = 7.77/0.9134 = 8.507g$$

式中　Z——理论钛渣量，g；

M_A——100g钛精矿中 TiO_2、SiO_2、MgO、Al_2O_3、CaO、MnO、V_2O_5、Cr_2O_3 的质量，g；

A——TiO_2、SiO_2、MgO、Al_2O_3、CaO、MnO、V_2O_5、Cr_2O_3；

$C_\text{配}$——还原100g钛精矿的配煤量，g。

所以，钛渣的理论 TiO_2 品位 $= 49.97/57.041 \times 100\% = 87.61\%$。

（3）考虑钛渣中含有4%的 FeO 时钛渣量和配碳量计算：

$$Z = \sum M_A = M_{CaO} + M_{MgO} + M_{SiO_2} + M_{Al_2O_3} + M_{TiO_2} + M_{MnO} +$$
$$M_{V_2O_5} + M_{Cr_2O_3} + 2.72\% \times C_\text{配} + FeO_\text{余}$$
$$FeO_\text{余} = 4\% \times Z$$
$$C_\text{配} \times 91.34\% = C_\text{总} - 12 \times FeO_\text{余}/72$$

式中，$FeO_余$ 为钛渣中应余下的 FeO 的质量，g。

代入相关数值并化简得方程组：

$$\begin{cases} 0.96Z - 0.0272\ C_配 = 57.041 \\ 0.007Z + 0.9134\ C_配 = 7.77 \end{cases}$$

解得：$Z = 59.65g$，$C_配 = 8.05g$。

故理论上还原 100g 钛精矿且满足试验条件需要 8.05g 无烟煤，能够得到 59.65g 钛渣。

在冶炼过程中，因钛精矿中的 TiO_2、SiO_2、MgO、Al_2O_3、MnO、V_2O_5、CaO 等会有部分发生还原反应而消耗少量碳，但石墨电极消耗会补充部分碳（无法准确计量），故实际冶炼试验中配碳量可略少于理论配碳量。

C　企业二提质钛精矿还原配碳（煤）量计算

按同样的计算方法，计算出还原企业二提质钛精矿的理论配碳（煤）量、钛渣品位和钛渣量。

（1）以 100g 企业二提质钛精矿为基准计算还原其中的铁氧化物所需要的总碳量：

$$C_总 = 7.51g$$

（2）理论钛渣品位和配碳（煤）量计算：

$$钛渣的理论\ TiO_2\ 品位 = 89.67\%，C_配 = 8.98g$$

（3）考虑钛渣中含有 4% 的 FeO 时钛渣量和配碳量计算：

$$Z = 56.68g，C_配 = 8.54g$$

10.3.1.5　敞口或矮烟罩半密闭电炉间断法工艺

A　间断法熔炼钛渣的炉料形态及特点

间断法熔炼钛渣的特点是分炉次的周期性操作，即按捣炉—加料—送电—熔炼—出炉的作业程序周而复始地进行。其炉料的形态主要有：

（1）压球料，就是将矿粉、炭粉与有机黏结剂经混捏或混合后压制成球团；

（2）黏结料，就是将矿粉、炭粉与有机黏结剂混捏而不压制成球团；

（3）拌合料，主要是用粉碎的固体沥青与矿粉、炭粉混合搅拌成的散料。

压球料的料堆结构，假如按等径球体稳定密排堆积，料堆空隙率为 26.3%，说明压球料一入炉便有良好的透气性。随着炉温的升高，料面各个球粒会结成一个半烧结的拱体。

由于球粒特定的表面曲线在形成的拱体中保留着许多空隙，使还原反应生成的富含 CO 和少量 H_2 的炉气能在不受多大阻力的情况下可均匀地穿过料层，同时球体内的有机黏结剂受热焦化而形成多孔结构，也有利于还原气体组分的扩散，从而能加速还原反应，使钛铁矿能在固态时就完成大部分（可以达 80% 的还原率）FeO 的还原，使炉气的化学能得到充分利用。

由于料层透气性好，少有刺火或露弧，热损失也会降到最低，使电效率和热效率提高，电耗下降。

在 FeO 大部分已经完成固相还原且又"熟透"了的料堆拱体上，通过捣炉操作，将其捣落到渣铁排净的炉底上，再盖上新料，这样既保护炉底内衬又能立即点燃电弧，快速增大电流负荷和升温，缩短熔炼时间。

黏结料和拌合料的料堆结构，由于矿、炭的粒径不等，相互填充基本不存在空隙，加进黏结剂后更加密实难透气，不良透气性将导致电极周边刺火和局部塌料。

根据某厂的考查，同样是沥青黏结剂和承德钛精矿，使用压球料的钛渣 TiO_2 含量可以稳定在90%以上，而使用拌合料的钛渣 TiO_2 含量均低于90%；使用纸浆废液黏结剂和攀枝花钛精矿生产的钛渣 TiO_2 含量，压球料的钛渣 TiO_2 含量为84.75%（最高89.04%），黏结料的钛渣 TiO_2 含量为83.56%（最高85.52%）。

实际上，炉料形态对生产的影响较为复杂，还与其他因素如黏结剂种类和配加量及矿种有关。采用风化程度高的砂矿时，黏结料与压球料之间看不出有多大区别，只是压球料生产时配碳可以低些，飞扬损失少些，炉前渣成分较稳定，而产量和电耗的差别很小。但在使用岩矿和风化程度较低的砂矿时，压球料比黏结料的影响效果明显。

B　典型间断法工艺举例

某钛渣厂 10.5MVA 钛渣电炉的间断法工艺的熔炼过程为：加料（15min）、升至最高负荷（15min）、炉料熔化还原期（150~195min）、渣精炼期（75~90min）、渣铁过热期（10~30min）、出炉（9min）、开堵炉眼及捣炉（30min），每次总时间（5h 10min~6h 30min）。该工艺的熔炼周期电弧功率比例的变化如图10-38所示。

从图10-38可见，在0.5h内的电弧功率比例急剧上升，1h后达到86%，熔炼末期达到97%。按照马克西门柯对矿热熔炼的电热制度分类，0.5h前后应分别称为电阻过程和电弧过程。在我国钛渣电炉实践中常将二者分别称作埋弧过程和开弧过程，但这种按无渣熔池坩埚来描述钛渣冶炼过程是很不确切的，因为这里的"开弧"除包括有敞露弧即自由电弧外，更主要的是料埋和渣埋的埋弧。

有的间断法熔炼周期设置有渣精炼期，因为欲获得高品位钛渣，除了所处理的钛精矿应具有高（TiO_2+TFe）含量和低硅、钙、镁、铝等氧化物含量外，再有就是要多配碳以使铁有最大限度的还原，但一次性将碳配足将导致钛的大量还原，主要是生成低价钛和碳氮化物，从而恶化工艺进程。

设置渣精炼期的间断法工艺，即入炉炉料配碳不足，剩余碳在精炼期加入（加入量一般为总碳量的20%），其原理类似于电炉炼钢的"扩散脱氧"，即加炭粉于熔渣表面，则此处的（FeO）被碳还原而破坏了渣-铁相间氧浓度的平衡关系，造成氧的分配系数减小，从而达到降低渣中（FeO）目的。

我国某厂 6.3MVA 钛渣电炉的生产工艺具有代表性，如图10-39所示。

炉壳尺寸为 $\phi6000mm \times 4870mm$，炉膛为 $\phi4360mm \times 2200mm$。采用直径为750mm自焙电极，极心圆直径为2000mm。炉内衬为炭砖砌筑，炉底平砌两层，底糊砸缝，炉墙竖砌一层，磷酸盐泥浆粘缝。生产原料采用广西、海南等地钛精矿，品位高、杂质少，（CaO+Mg）含量小于2%，还原剂使用三级石油焦和煅烧焦。石油焦经颚式破碎机粗碎、反击式破碎机中碎和磨粉机磨细后装入料仓。沥青用颚式破碎机破碎加工至粒度小于15mm。配料比按钛精矿：石油焦：沥青=100：13：6。

物料按比例通过配料仓漏入皮带机上，输进料斗，再将料斗提升至炉顶的加料管装入炉内。采用间断式操作，即"捣炉—加料—降下电极—送电熔炼—出炉"的周期性作业，工作电压为120V。

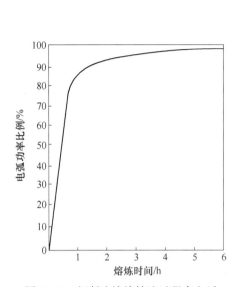

图 10-38　间断法熔炼钛渣过程中电弧
功率所占比例与熔炼时间的关系

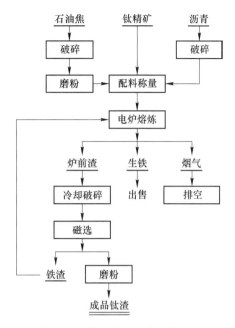

图 10-39　某厂钛渣生产工艺流程

按工作电流大小可将熔炼周期分为三个时期：

(1) 低电流稳定期。开始送电时电极间炉料电阻较大，受电困难，同时也为了控制焙烧电极的电负荷，使用电流为额定值的 0.3 倍，这一时期电流平稳、易调，故应尽量不移动电极，电流由小到大地自行升高，使电极周围炉料平稳升温和烧结，否则易破坏"坩埚"结构而造成塌料、翻渣。

(2) 电流波动期。此时"坩埚"发生熔融，随着炉料还原与熔化，塌料翻渣也频繁发生，以致电流波动加剧且极易发生过载跳闸，这就要求迅速准确地调整电流并选用较高工作电压使相间加快熔通，尽量缩短电流波动期。

(3) 高电流稳定期。趁"坩埚"壁烧结牢固、发生塌料减少的时机，加大电流负荷，强化炉料熔化，迅速达到三个"坩埚"的最后熔通，并在稳定负荷下保持至熔炼终点。

判断熔炼终点的主要依据：连续熔炼 3h 以上，用电量超过 8000kW·h，熔炼进入高电流稳定期约 1h，三相电流在额定值附近并趋于平稳，炉渣熔体中 TiO_2 含量 94%~96%。

掌握好熔炼终点并及时快速出炉。因为这段时间最易发生塌料、翻渣，且其危害和损失也大于前期。出炉时用圆耙将炉眼口处堵渣扒出，再用氧气烧穿，渣、铁流入铁水包内。渣铁排净后用碎渣堵眼。渣铁在包内经沉降分离和冷凝后吊出渣坨运往渣场，经破碎、粉碎、磁选、球磨，得到符合要求的成品钛渣。

主要生产指标（按每吨成品钛渣计）：钛精矿 2070~2080kg、石油焦 140~150kg，沥青 125~135kg、电 2800~3400kW·h。

10.3.1.6　半密闭电炉间断法工艺

对有料层堆积并形成"坩埚"的间断法熔炼钛渣工艺，由于钛精矿的软熔和烧结形成"穿顶"而使料层不能自动下沉，需要靠捣炉来实现炉料下降。但捣炉操作无法在有盖的密闭电炉上实施。密闭电炉与敞口电炉相比，不但能够回收煤气，还可以改善操作条件、根治环境污染、提高生产率和降低电耗。

乌克兰采用矮烟罩半密闭电炉冶炼钛渣（用石墨电极）。矮烟罩既不限制捣炉操作，又可以做到炉口烟气不外泄，并通过余热锅炉回收其物理热和化学热。钛精矿有深度风化的氧化砂矿和轻度风化的普通砂矿，还原剂为固定碳含量约87%的无烟煤，沥青为黏结剂，散料入炉。当炉料熔毕后分几次补加占总量20%~25%的无烟煤，进行末渣精炼。同时，按每吨钛渣加入80~100kg废钛屑深度还原FeO，并利用反应放热提高渣体温度。

我国承德地区某企业引进了乌克兰16.5MV·A半密闭电炉的成套技术，熔炼酸溶性钛渣或氯化钛渣。电炉主要技术参数：二次电压117.5~301.5V（共16级），二次电流31.6~38.1kA，电炉极心圆直径2000~2100mm，炉膛直径7100mm，炉膛高度3400mm，石墨电极直径610mm。车间的立面布置如图10-40所示。

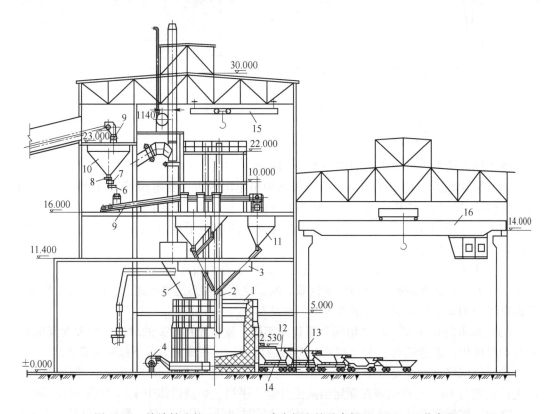

图10-40 熔炼钛渣的16.5MV·A半密闭电炉及车间（立面）工艺布置

1—电炉；2—石墨电极；3—烟罩；4—炉底冷却通风机；5—燃尽室；6—皮带秤；
7—圆盘给料机；8—手动闸板阀；9—皮带运输机；10—上部料仓；11—炉顶料仓；
12—渣铁分离器；13—渣槽；14—小车；15—悬挂式起重机；16—桥式起重机

在熔炼过程中，主要控制渣熔体中FeO含量来掌握熔炼进程及决定熔炼终点。在熔炼耗电量分别达到每炉次总耗电量的60%、70%、80%、90%时分四次各取渣样快速分析渣中FeO含量。当其化验结果达到酸溶性钛渣或氯化钛渣的规定要求时，熔炼周期结束并停电，每一熔炼周期大约为6~8h。

10.3.1.7　密闭电炉间断法工艺

A　密闭电炉装置

攀枝花西昌地区某钛渣生产企业的大型密闭电炉,采用散料入炉的间断法工艺熔炼酸溶性钛渣或氯化钛渣,其电炉的最大特点是装置带组合式把持器的自焙电极,图10-41所示为该电炉系统。主要技术参数:电极直径1000mm,极心圆直径3100mm,炉壳直径10044mm,

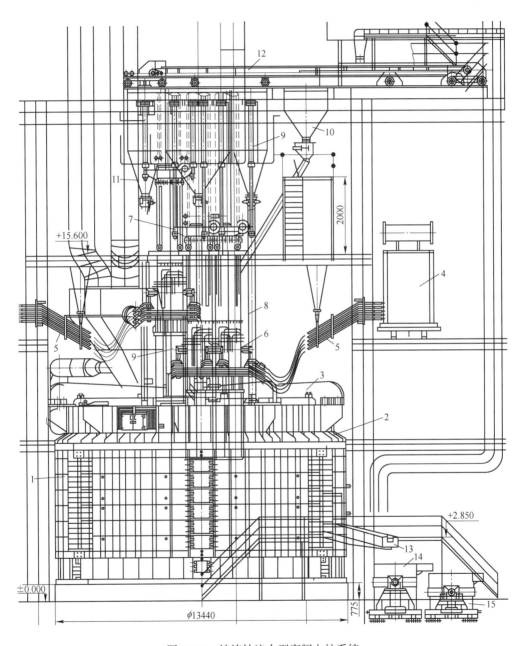

图 10-41　熔炼钛渣大型密闭电炉系统

1—炉体;2—炉盖;3—炉盖承重梁;4—变压器;5—短网;6—接触导电装置;
7—滑放装置;8—加料管;9—电极升降液压装置;10—精矿料仓;11—煤(焦)料仓;
12—移动加料皮带;13—流槽;14—渣铁分离器一;15—渣铁分离器二

炉壳高 6489mm，炉膛直径（上）8448.3mm、（下）7533mm，炉膛中心高 4784.84mm；二次电压 300~450V，二次电流 35~45kA。

炉衬采用镁砖，炉体各层设置热电偶，用于监测炉体温度。炉体下部留有死铁层，用于保护炉底。炉体中部面对 1 相电极设置出铁口（其中心线与炉底圆心处的距离为 1417mm）、出渣口（与出铁口在平面上呈 60°夹角，上下距离 304mm）。炉盖上有防爆孔和加料口，加料口原设计有 4 个，后改为 20 个左右，以便于物料在炉内均匀分布。

由于钛渣具有较强的腐蚀性，所以熔炼过程采用了挂渣操作，根据炉内位置的不同挂渣层厚度为 0.6~1.5m。

熔炼氯化钛渣时需用砂矿钛精矿为原料，熔炼酸溶性钛渣时则用岩矿钛精矿。使用攀枝花产钛精矿为原料生产酸溶性钛渣的典型化学成分见表 10-22。

表 10-22 攀枝花产钛精矿典型化学成分 （%）

TiO_2	FeO	MgO	SiO_2	Al_2O_3	CaO	MnO	S	Cu	P	V_2O_5
47.16	34.72	5.26	2.96	1.21	1.29	0.619	0.157	0.0044	0.0060	0.087

钛精矿的粒度组成见表 10-23。

表 10-23 攀枝花产钛精矿粒度组成

粒度/mm	+0.45	-0.45+0.28	-0.28+0.18	-0.18+0.154	-0.154+0.098	-0.098+0.074	-0.074
质量分数/%	0.25	4.37	7.5	20.05	35.26	25.22	7.3

B 冶炼工艺过程

还原剂采用固定碳含量（质量分数）为 80% 以上的冶金焦。钛精矿、焦炭按一定比例混合均匀后装入炉顶料仓，通过炉顶料管加入炉内。采用开弧熔炼制度。每炉次分 3~5 批加入共约 140~160t 炉料；熔炼持续时间约为 8~10h；通过取样快速分析渣中 FeO 含量来确定熔炼进程，FeO 含量达到要求时便应出炉，FeO 含量低于或高于要求时则补加钛精矿或焦炭进行调整。渣、铁采用分出方式，各需要时间约 60~90min，每炉次出渣量 60~80t，出铁量 25~40t，出渣温度 1650~1800℃，出铁温度 1400~1500℃。渣、铁口堵好后加料，开始下一炉次熔炼。

熔炼过程炉内控制微负压 0~20Pa，一旦发生大的塌料、翻渣现象，压力瞬间上升，将自动打开炉气系统上的钟罩阀或炉盖上的防爆孔。炉前渣经喷水强制冷却，吊出放置在渣场，再经一段时间自然冷却后粗破、细碎、磁选、筛分、包装等工序，得到成品钛渣。成品钛渣的粒度为 -0.84mm（20 目）占 95% 以上，其代表性主要成分见表 10-24。铁水直接进入铸铁机浇注成块。每吨成品钛渣的原料消耗指标见表 10-25。

表 10-24 成品钛渣的代表性主要成分 （%）

TiO_2	FeO	Al_2O_3	SiO_2	CaO	MgO	V_2O_5	P_2O_5	S
74.00	5.8	2.88	6.04	2.26	8.23	0.13	0.003	0.09

表 10-25 每吨成品钛渣的原料消耗指标

钛精矿/t	焦炭/t	电极糊/kg	电/kW·h
1.7	0.25	22	2355

钛渣电炉尾气是通过二次燃烧室燃烧后再经过除尘处理放空。

C　电炉系统改造

为了更好地适应以高钙镁钛精矿原料冶炼钛渣，针对钛渣电炉生产过程中存在的问题：钛渣电炉的内衬、料嘴、水冷壁、渣铁口等关键部件寿命较短，更换频繁；自焙电极的局部硬断后电炉恢复时间长、软断存在的安全风险无法消除、功率输送难以提升等固有缺陷，已无法胜任更高强度的冶炼要求且预焙烧、恢复时间长，更无法适应攀西微细粒级钛精矿冶炼技术和产品要求，故对自焙电极、电炉内衬材料结构、炉盖水冷悬臂、渣铁口材质结构等进行改造升级。自焙电极升级改造为石墨电极，加料系统改为多点布料。

上述改造实施后钛渣电炉关键部件运行效率显著提升，使钛渣电炉冶炼技术迈上新台阶，很大程度上解决了大型钛渣电炉冶炼微细颗粒钛精矿的适应性问题，破解了大型钛渣电炉输送功率低、装备使用寿命短等技术难题，促进了我国钛渣冶炼技术的进步。如电炉寿命由设计的 4 年提升至 8 年以上，电炉作业率由90%左右提升至95%以上，吨渣冶炼电耗由 2700kW·h 降低至 2400kW·h 左右，钛渣产能由 4.3 万吨/年提高至 5.1 万吨/年，增加 18% 以上。

自焙电极与石墨电极指标对比见表 10-26。

表 10-26　自焙电极与石墨电极指标对比

序号	性能指标	自焙电极	石墨电极
1	密度（假）/g·cm^{-3}	1.45	1.5~1.7
2	密度（真）/g·cm^{-3}	1.9	2.2~2.24
3	孔隙率/%	23	28~30
4	电阻率/Ω·m	$(55~80)×10^{-6}$	$(6~12)×10^{-6}$
5	线膨胀系数/℃$^{-1}$	$5×10^{-6}$	$(1.5~28)×10^{-6}$
6	热导率（20℃）/W·(m·℃)$^{-1}$	6.9~11.7	116~186
7	抗压强度/MPa	25.6~29.4	19.6~34.4
8	抗弯强度/MPa	6.4~12.6	14.7~27.5
9	抗拉强度/MPa	2.3~4.9	4.9~9.8
10	灰分含量/%	4~9	0.1~1.5

D　改造后技术经济指标

近几年我国石墨电极制造生产技术发展很快，石墨电极生产直径已经达到 ϕ800mm 以上，品种有普通功率、高功率、超高功率，而且质量稳定可靠，见表 10-27。

表 10-27　石墨电极的允许电流负荷和电流密度

公称直径/mm	普通功率		高功率		超高功率	
	电流负荷/A	电流密度/A·cm^{-2}	电流负荷/A	电流密度/A·cm^{-2}	电流负荷/A	电流密度/A·cm^{-2}
200	5000~6900	15~21	5500-9000	18~25	—	—
250	7000~10000	14~20	8000~13000	18~25	9200~15100	21~30
300	10000~13000	14~18	13000~17400	17~24	13000~22000	20~30

公称直径/mm	普通功率		高功率		超高功率	
	电流负荷/A	电流密度/A·cm^{-2}	电流负荷/A	电流密度/A·cm^{-2}	电流负荷/A	电流密度/A·cm^{-2}
350	13500~18000	14~18	17400~24000	17~24	20000~30000	20~30
400	18000~23500	14~18	21000~32000	16~24	25000~40000	19~30
450	22000~27000	13~17	25000~40000	15~24	32000~45000	19~27
500	25000~32000	13~16	30000~48000	15~24	38000~55000	18~27
550	32000~40000	13~16	37000~57000	15~23	48000~60000	18~24
600	38000~47000	13~16	44000~67000	15~23	52000~72000	18~24
700	45000~54000	13~16	54000~73000	15~23	62000~95000	18~24

目前，国外大型钛渣电炉基本上采用石墨电极。因为石墨电极允许通过的电流密度较自焙电极更大，对冶炼钛渣提高冶炼负荷可起到有力设备保障。

a　电极改造效果

该钛渣生产企业钛渣电炉的电极由自焙电极改为高功率石墨电极，电极直径 700mm、长度 2400~2700mm、允许电流负荷 50000~76000A、电流密度 15~24A/cm^2。高功率石墨电极的主要技术参数见表 10-28。

表 10-28　高功率石墨电极参数

公称直径/mm	允许电流负荷/A	电流密度/A·cm^{-2}
200	5500~9000	18~25
225	6500~10000	18~25
250	8000~13000	18~25
300	13000~17400	17~24
350	17400~24000	17~24
400	21000~31000	16~24
450	25000~40000	15~24
500	30000~48000	15~24
550	44000~58000	15~24
600	52000~67000	15~24
700	58000~92000	15~24

电极改为石墨电极后，其改造前后有关尺寸对比见表 10-29。

表 10-29　改造前后电极主要尺寸　　　　　　　　　（m）

序号	项　目	改造前	改造后
1	极心圆直径	3.1	2.8 2.7~2.9 可调
2	电极内侧圆直径	2.1	2.09
3	电极外侧圆直径	4.1	3.51
4	电极外侧与炉墙距离	2.6	2.895

其他电极系统技术参数：电极直径 φ700mm、每根电极总长度 14.5m（电极接长，单根长度 2400~2700mm）、电极最大工作行程 2300mm、液压系统工作压力 12MPa、液压系统工作流量 150L/min。石墨电极应用前后指标对比见表 10-30。

表 10-30　钛渣电炉石墨电极应用前后指标对比

序　号	指标名称	应用前	应用后
1	装机功率	8500kVA×3	8500 kVA×3
2	产能/万吨·年$^{-1}$	4.3	5.1
3	炉前电耗/kW·h·t^{-1}	2700	2400
4	设备作业率/%	90	95
5	TiO_2 收率/%	93	95
6	一代炉龄/年	4	8（设计值）

b　加料系统改造效果

目前国外先进的钛渣冶炼工艺一般采取连续加料连续冶炼的方式，在冶炼钛渣时边加料边熔化，可从根本上杜绝炉料塌落现象的发生。

原加料系统为四点加料，改造后为十三点加料，解决了布料不均匀、料堆积、化料慢、炉墙挂渣难等问题。依据电炉炉内温度场分布，设计改造了多点布料炉盖和加料管，其布置如图 10-42 所示。

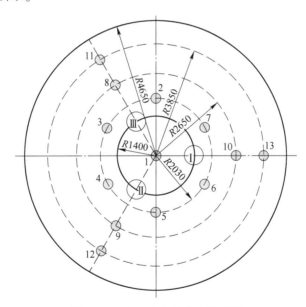

图 10-42　十三点布料分布示意图
Ⅰ~Ⅲ—电极编号

由四点布料改为十三点布料后，优化为分批次布料，采取少量多批次的原则，可快速形成冶炼熔池。图 10-43 所示为改造后的十三点布料自动化控制示意图。

c　炉衬改造效果

改造后炉衬结构更加合理，使用寿命更长。炉体中下部耐火材料采用 91%、93%、

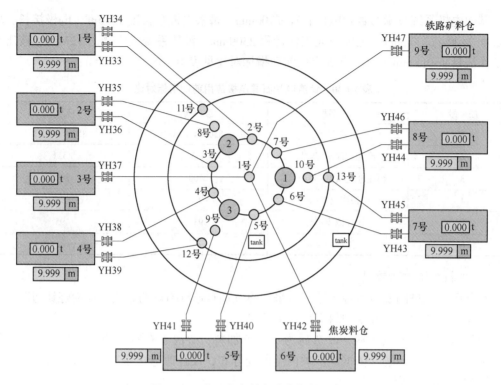

图 10-43 十三点布料自动化控制示意图

95%镁砖，炉体上部采用 75%高铝砖，渣、铁口采用带子母扣的 97%组合镁砖（其上方设置过梁砖），出渣、出铁溜槽采用 75%高铝砖结合碳化硅浇注料砌筑而成。图 10-44 所示为钛渣电炉改造后的长寿炉衬结构图。

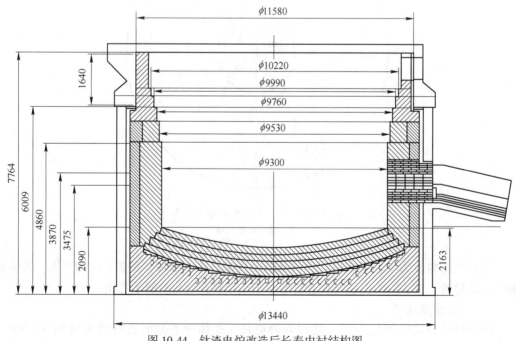

图 10-44 钛渣电炉改造后长寿内衬结构图

d 钛渣电炉改造后总体应用效果

改造后的钛渣电炉各项指标稳定良好。电炉作业率由 90% 左右提升至 95% 以上，吨渣冶炼电耗由 2700kW·h 降低至 2400kW·h 左右，减少 11% 以上；钛渣产能由 4.3 万吨/年提高至 5.1 万吨/年，增加 18% 以上。

10.3.1.8 矩形密闭电炉岩矿钛精矿薄料层连续法熔炼钛渣工艺

A 生产流程

该工艺为加拿大 QIT 公司最先采用，其生产流程如图 10-45 所示。QIT 熔炼钛渣的原料是一种原生矿，矿山采出的矿石就地进行粗碎和中碎，再经铁路和水路运至索雷尔选矿

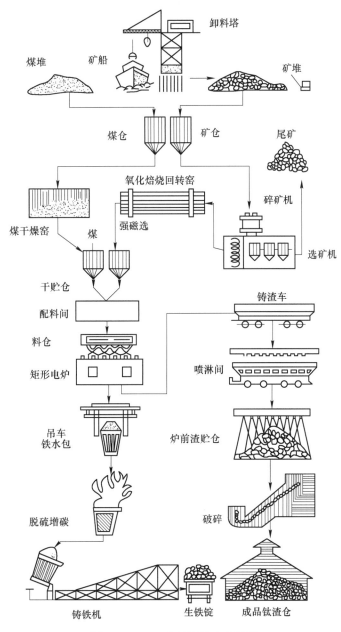

图 10-45 QIT 公司钛渣生产流程

厂。采用重选工艺除去脉石，使铁、钛品位提高，这种原生矿系钛铁矿-赤铁矿复合型。选矿过程不能脱除硫铁矿，因为其在钛铁矿和赤铁矿的微粒间呈包体存在。

B 原料及产品

QIT 的索雷尔冶炼厂投产初期曾直接使用重选钛精矿，其中含硫高达 0.25%~0.30%，产出的钛渣含硫 0.4%~0.5%，铁水含硫 0.5%~0.6%，不仅影响钛渣的应用，而且如此高的铁水含硫也给其后续加工带来很大的困难，甚至不能加工。为了脱硫，在炉前安装回转窑对重选精矿进行氧化焙烧，同时氧化焙烧能使钛铁矿磁化率提高（脉石矿物的磁化率则不变化），再加装干式强磁选机磁选除去脉石矿物，可降低约 3% 的非铁杂质，各级产品（未包括 UGS 产品）的化学成分见表 10-31。

表 10-31 QIT 各级产品的化学成分 (%)

成分	原料			钛渣	
	原矿	重选精矿	重焙磁精矿	重焙精矿熔炼	重焙磁精矿熔炼
ΣTiO_2	34.3	36.0	37.7	72.0	80.0
ΣFe	—	41.4	42.5	9.5	8.0
FeO	27.5	29.5	28.8	11.2	9.6
Fe_2O_3	25.2	26.5	28.9	—	—
MFe	—	—	—	0.8	0.6
Ti_2O_3	—	—	—	10.0	17.0
SiO_2	4.3	2.5	0.6	4.9	2.5
Al_2O_3	3.5	3.0	1.0	5.0	2.9
MgO	3.1	3.2	2.9	5.5	5.3
CaO	0.9	0.5	0.1	0.9	0.6
MnO	0.66	0.16	0.2	0.24	0.25
Cr_2O_3	0.10	0.10	0.10	0.18	0.17
V_2O_5	0.27	0.36	0.36	0.58	0.56
S	0.25~0.3	0.25~0.3	0.02~0.03	0.1	0.1
C	—	—	—	0.03~0.1	0.03~0.1
铁钛氧化物总量	87	92.6	95.4	—	—
非铁杂质总量	12.58	10.07	5.28	—	—

C 密闭式矩形电炉结构

QIT 采用的是三相六电极呈直线排列的密闭式矩形电炉，共计 9 台（2×20MV·A+4×36MV·A+2×45MV·A+1×60MV·A）。

不同容量电炉的外形尺寸为：长 18.3~21.3m、宽 6.1~7.6m、高 4.6m。炉衬砌筑镁砖，炉底厚 0.8m，炉壁厚 0.6~0.8m，炉顶（盖）是可拆卸的，便于检修的组合式吊挂拱形结构。

每台电炉有 6 根石墨电极，电极直径都是 610mm，电极间距 2m。每两根电极连接一台单相变压器，3 个单相变压器构成三相供电，二次电压 270~300V，二次电流 50kA。

D　QIT 采用连续薄料层操作法和开弧熔炼制度

这种方法既适用于高电导率钛渣熔炼，又可提高电炉生产能力。对于开弧熔炼电炉，布料点位置和加料速度控制是一项关键技术。作为 QIT 专利的电炉炉顶加料管布置如图 10-46 所示。

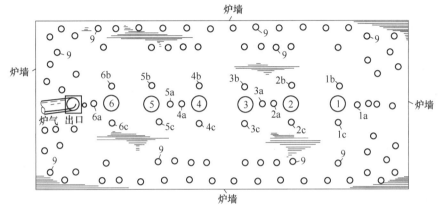

图 10-46　矩形电炉熔炼钛渣的炉顶加料口分布

约48%的炉料由不同相的电极间（2-3、4-5、1-6）的 6 个加料口 1a~6a 加入；另外约48%的炉料由每个电极两侧的 12 个加料口（1b~6b，1c~6c）加入；其余约为4%的炉料由炉周的多个加料口 9 加入，目的是使炉墙与熔池之间形成一定厚度的固体层，用于保护炉衬。

实际工作炉衬是挂渣层，溅渣挂衬及其维护技术也是 QIT 的专利，炉衬寿命相当长，据称投产后长达 40 多年仅有两台炉子更换过炉衬。

E　还原剂

以无烟煤作还原剂，其配加量按矿中所有 Fe_2O_3 还原为 FeO 和80%的 FeO 还原为金属铁计算。炉料通常由 100kg 重焙磁精矿配入 15kg 无烟煤混合组成。

F　冶炼主要参数

熔炼温度决定于渣的熔点及钛渣的还原度，炉内温度约高于钛渣熔点100℃。为保持出炉钛渣良好的流动性，要求较高的过热度（渣体实际温度与熔点之差），否则会使出炉困难。另外，钛渣的还原度过高即渣中（FeO）含量过低，会导致铁水纯度降低（主要是 Ti、Si、Mn、Cr、V 等的大量还原并入铁水），因此 QIT 不生产过还原钛渣。以钛渣中（Ti_2O_3）含量表示其表征还原度的高低。

1983 年以前，钛渣中 $\sum TiO_2$ 控制为70%~72%，表征还原度（Ti_2O_3）为10%左右，（FeO）为10%~13%。1984 年以后，改为生产既是酸溶性钛渣同时也能满足氯化钛渣要求的产品，将钛渣成分控制在（TiO_2）不低于80%、（Ti_2O_3）17%左右、（FeO）9%左右。

决定出炉的时间，一是根据加入炉料的累计数量，二是装设在炉盖下的测量炉内液面的高度计，大约在加入 60t 炉料时排一次渣，每次排渣量 25~30t，每次排渣需 15~20min。每放两次渣出一次铁水，每次出铁量 50~60t。采用钻孔加氧烧和喷铁粉的方法开炉眼，开渣口时要不停地用氧烧，出渣或出铁后用泥炮堵眼。

QIT 索雷尔冶炼厂 24MV·A 电炉的生产指标：钛渣 140~190t/d，生铁 100~140t/d，

钛精矿单耗 2.14t/t 渣，还原煤单耗 0.13~0.15t/t 渣，电极 15~20kg/t 渣，电耗 2200~2400kW·h/t 渣。出炉渣铁进行铸块和冷却，已不再采用图 10-45 所示的铸渣车而是排渣入渣包，再用吊车吊起渣包将渣水浇注在连续式铸渣机上铸成小块并淋水冷却，渣块加工成用户需要的粒度后出厂。

G　生铁的处理

QIT 索雷尔冶炼厂生铁年产量约 75 万吨，采用以下途径加工利用。一是在铸铁机上铸成每块 18kg 重的铁块，以"索雷尔金属"的品牌出售，这部分生铁大约 30 万吨；二是将铁水运至邻近的子公司——魁北克金属粉末公司（QMP），采用水雾化法生产铁粉出售。铁粉的年生产能力为 5.2 万吨。三是铁水送下属的钢铁厂用于顶底复吹氧气转炉炼钢，产能为 35.5 万吨/年。

10.3.1.9　矩形密闭电炉薄料层连续法熔炼砂矿钛精矿工艺

本工艺为南非里查兹湾矿业公司（简称 RBM）熔炼钛渣工艺，虽系引进加拿大 QIT 技术，却又独具特色。

A　钛原料

RBM 熔炼钛渣的钛原料是南非特产的海滨砂矿通过湿式强磁选机选出的低品级钛精矿。低品级钛精矿经干燥后流态化焙烧和干式强磁选，制得高品级钛精矿。RBM 砂矿钛精矿的各级工序产品的化学成分见表 10-32。

表 10-32　RBM 砂矿钛精矿的各级工序产品化学成分　　　　（%）

成分	ΣTiO_2	FeO	Fe_2O_3	SiO_2	Al_2O_3	MgO	CaO	MnO	Cr_2O_3	V_2O_5	铁钛氧化物总量	非铁杂质总量
磁选	47.0	34.4	12.4	2.3	0.96	0.80	0.30	1.30	0.30	0.27	93.8	6.23
磁焙	46.4	22.4	25.0	2.3	0.95	0.80	0.30	1.30	0.30	0.27	93.8	6.22
磁焙强磁	49.5	22.5	25.0	0.6	0.73	0.60	0.05	1.2	0.09	0.27	97.0	3.54

以煅烧无烟煤作还原剂。煅烧处理后使挥发分的质量分数降至 3% 以下，以减少电炉熔炼过程中的气体逸出量，从而有利于炉况的稳定。

B　工艺流程

RBM 熔炼钛渣的工艺流程如图 10-47 所示。该熔炼工艺的独具特点之处首先是电炉单容大，装有 1 台 90MV·A 电炉和 3 台 105MV·A 电炉，这在其他易密闭化电炉冶炼（如电石或某些铁合金）中也是绝无仅有的，其整体技术和管理水平之高可见一斑。

RBM 所用的原料虽是物理化学性能均优的海滨砂矿，却不生产（TiO_2）>90% 的高钛渣，而是控制（TiO_2）≈85%，这种钛渣既适于做四氯化钛原料，又适于做硫酸法钛白原料，因为这种钛渣品位是经济品位。

从含氧酸盐或复合氧化物的熔体中还原铁，具有明显的两段性特征，即前段反应速度快，后段反应速度慢。根据熔炼砂矿钛铁矿实验，FeO 和杂质含量从 44% 降至 20% 仅需 8min，而将其从 20% 降至 8% 则需 12min，表明（FeO）每降 1% 电耗量前段要比后段低得多，两段的拐点约在（FeO）含量为 9% 处，对应（TiO_2）≈85%，称此拐点为钛渣的经济品位。

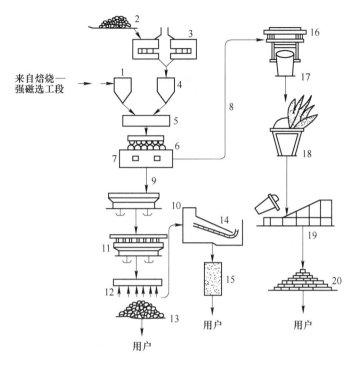

图 10-47　RBM 生产工艺流程示意图

1—钛精矿料仓；2—无烟煤；3—煅烧炉；4—煅煤料仓；5—配料间；6—加料装置；7—电炉；8—出铁；
9—出渣；10—浇渣车；11—喷淋间；12—破碎间；13—钛渣（粗粒）；14—粉碎筛分间；15—钛渣（细粒）筒仓；
16—吊车；17—铁水包；18—增碳、脱硫、调质等处理；19—铸铁机；20—球铁原料

C　冶炼工艺制度技术指标

采用开弧熔炼制度，周期性分口排放渣、铁。电炉给料分配系统由电脑控制，能保持炉料均衡加入与合理分布。炉前钛渣经过冷却后进行破碎和筛分，粗粒级作氯化工艺原料出售，细粒级作硫酸法钛白原料出售。

RBM 商品钛渣的典型成分为：85.5% TiO_2、25.0% Ti_2O_3、7.5% FeO、0.2% MFe、1.5% SiO_2、2.0% Al_2O_3、0.9% MgO、0.14% CaO、1.4% MnO、0.22% Cr_2O_3、0.40% V_2O_5 和 0.06% S。

按吨成品钛渣计的消耗：钛精矿 2.335t，煅烧无烟煤 1.4～1.6t，石墨电极 18～22kg，电能 2400～2600kW·h。

D　铁水的处理

按用户需要进行处理，通常采用向铁水包中加入石灰、电石煅煤或其他添加剂进行脱硫增碳，然后加工成低锰生铁或其他生铁产品出售。

10.3.1.10　钛精矿造球—预还原—密闭电炉熔炼钛渣的两段法工艺

对钛铁矿实施固相预还原，然后在电炉中二次还原熔炼，这种在两级反应器完成的钛渣熔炼称作两段法工艺。

一段反应器中的固相预还原可以在较低温度和不用电能条件下进行，从而耗能低且为低级能源，但独自一级还原无法经济地达到铁的高金属化率，同时生成的又是微细晶粒

铁，难于通过细磨、磁选得到铁粉和钛渣粉，因此只能用电炉再次熔炼得到熔融钛渣和铁水。

钛精矿的预还原方式多种多样：有采用裂化天然气或其他还原气作还原剂和燃料的，球团处理有竖炉和反应罐等，也有专门处理粉料的流化床；也有采用还原煤和燃煤或燃气（油）的回转窑，既能处理球团也能处理粉料，但回转窑不宜处理散料。

转底炉也是一种可将内配煤钛精矿球团在较高温度下进行预还原的反应装置，通常可喷吹燃煤、发生炉燃气、天然气等为热源；21 世纪初，国内四川龙蟒集团和攀钢集团等先后进行过以钛磁铁矿精矿和钛精矿内配碳球团为原料进行预还原—电炉二次熔炼制备钛渣的工业试验研究。

二段反应器（电炉）的电耗能否降低，主要取决于预还原铁的金属化率的高低，而后者的高低又决定着能耗的高低，就整体能耗而言，并不见得降低，甚至是增大。根据攀枝花钛精矿熔炼钛渣的两段法和一段法的试验研究，吨渣总耗能折合成标准煤，二段法工艺（预还原金属化球团冷装入电炉）为 2.827t，而一段法工艺（生精矿入炉）仅 1.077t，显然这是因为钛精矿造球、干燥、固结和还原铁氧化物耗能，以及热预还原球团未高温热装使其物理热散失所致，也就是说升高的那部分能耗需要从回收部分一段余热和利用预还原球团显热来置换。

挪威廷弗斯铁钛公司（TTI）是世界上首次采用两段法工艺熔炼钛渣的企业，于 1987 年建成投产。该公司所属矿山位于挪威西南部，矿石属岩浆型，矿物组成（体积百分比）为 30%钛铁矿和 2%磁铁矿，呈微细嵌布，钛精矿年产能为 90 万吨，其典型化学成分见表 10-33。

表 10-33　TTI 钛精矿典型化学成分　　　　　（%）

TiO$_2$	TFe	FeO	SiO$_2$	Al$_2$O$_3$	CaO	MgO	P	S	Na$_2$O	K$_2$O
44.27	34.73	26.00	3.05	1.17	0.28	4.71	0.023	0.011	0.24	0.06

根据原料中 TiO$_2$ 含量较低和 MgO 含量较高的特点生产酸溶性钛渣，其工艺流程的前段则是移植了在挪威有深厚技术基础的链箅机—回转窑装置，用以将钛精矿造球制成金属化球团，再经电炉熔分产出钛渣和生铁。这种装置的工作原理是将生球铺展在带式循环移动床上用回转窑尾气进行干燥和固结。因床底炉条是由多个箅子并以链相接而得名链箅机。

干燥固结后的球团进入还原气氛的回转窑。与氧化气氛回转窑的不同之处主要是窑头、窑尾实行密闭，经链箅机固结后的球团由窑尾给入，并随着窑身转动而向窑头排料端翻转、移动，在窑头设置燃煤和还原煤喷入装置。沿窑身长度方向还装有二次风管和还原煤或燃煤的喷嘴。

完成铁氧化物金属化的球团排入回转冷却筒，使其在隔绝空气条件下降至新生还原铁的钝化温度以下。冷却筒排出料通过格筛分出粒度大于 25mm 的由窑壁脱落的黏结物并再破碎，然后筛分成 -25mm+3mm 和 -3mm 两种粒级，并分别通过磁选滚筒得到两种磁性物，再进入电炉熔炼。而粒度为 -25mm+3mm 的非磁性物基本为残炭，可返回回转窑或作电炉熔炼还原剂，粒度为 -3mm 非磁性物不返回。

TTI 选矿厂、还原厂和熔炼厂分设在三地。熔炼厂电炉为 33MW（视在功率 34.5MV·A）

圆形密闭电炉，使用自焙电极，属世界著名电炉制造商埃肯公司的系列定型产品，其结构与该系列的炼铁电炉基本相同。一台电炉的年生产能力为 20 万吨酸溶性钛渣和 10.8 万吨生铁。

来自还原厂的金属化球团的铁金属化率控制在 60%~75%，经电炉熔炼生产的成品钛渣典型成分见表 10-34。

表 10-34　TTI 电炉成品钛渣典型成分　　　　　　　（%）

TiO$_2$	Ti$_2$O$_3$	TFe	MFe	FeO	SiO$_2$	Al$_2$O$_3$	CaO	MgO	MnO	V$_2$O$_5$	Cr$_2$O$_3$	P$_2$O$_5$	S
75.4	12.9	7.7	1.75	7.6	5.35	1.19	0.66	7.92	0.45	0.25	0.088	0.003	0.13

铁水通过精炼处理后得到精制生铁外售给铸造行业，作可锻铸铁和球墨铸铁原料。

我国在攀枝花曾进行过钛精矿两段法工艺熔炼钛渣的工业试验。钛精矿经再磨后配加黏结剂皂土造球，然后进入链箅机—回转窑干燥、固结和预还原，从窑头喷入和窑身加入褐煤作还原剂，窑尾加返煤，用具有碱性灰分的煤作燃煤（还可起脱硫剂作用）。球团的铁金属化率控制在 50% 左右，然后加入 250kV·A 电炉中以石油焦作还原剂进行二次还原熔炼，试验所得钛渣的平均成分见表 10-35，所得生铁成分见表 10-36。

表 10-35　试验所得钛渣的平均成分　　　　　　　（%）

ΣTiO$_2$	TFe	FeO	MFe	Fe$_2$O$_3$	SiO$_2$	Al$_2$O$_3$	CaO	MgO	V$_2$O$_5$	MnO	S	P	Ti$_2$O$_3$	TiO
77.88	4.64	2.52	1.32	2.46	5.02	2.34	2.29	8.51	0.133	0.01	0.099	<0.01	12.43	2.77

表 10-36　生铁成分　　　　　　　（%）

C	Si	Mn	V	Ti	S	P
3.01	0.116	0.089	0.034	0.069	0.116	0.015

按吨成品钛渣计算原料和电能消耗：预还原球团 1.55t/t 渣，石油焦 73.28kg/t 渣，石墨电极 16.02kg/t 渣，1862kW·h/t 渣，钛渣酸解率大于 94%。

10.3.1.11　直流-空心电极电炉熔炼钛渣工艺

A　钛原料

直流-空心电极电炉熔炼钛渣工艺，首先由南非纳马克瓦砂矿公司（NSL）研制开发和实现工业生产，并成为这类工艺的典型代表（简称 NSL 法）。该公司原料基地是地处开普敦省的一个钛铁矿、金红石、锆英石的砂矿矿床，矿砂储量约 4 亿吨，其选矿生产能力为 50 万吨/年钛精矿，所产钛精矿化学成分（质量分数）见表 10-37。

表 10-37　NSL 钛精矿的化学成分　　　　　　　（%）

TiO$_2$	FeO	Fe$_2$O$_3$	SiO$_2$	Al$_2$O$_3$	CaO	MgO	MnO	Cr$_2$O$_3$	V$_2$O$_5$
47.0	34.4	12.4	2.3	0.96	0.30	0.80	1.30	0.30	0.27

虽然钛精矿的 TiO$_2$ 品位不算高，但碱土金属 CaO、MgO 和放射性杂质的含量很低，特别适宜生产氯化钛渣。冶炼厂建在距沙尔旦哈湾港约 8km 的工业区，1995 年第一台 40MV·A 电炉投产，2001 年第二台同样容量的电炉投产，钛渣年产能从 9.5 万~10 万吨

提高到 23.5 万吨；试生产期钛渣质量分数为 86%TiO_2、10%FeO、1.8%SiO_2、1.8% Al_2O_3、1.5%MnO、0.85%MgO、0.16%CaO。

B 空心电极加料的直流矿热电炉结构

NSL 法熔炼钛渣的工艺流程具有独特的加料与熔炼系统，其主体结构如图 10-48 所示。

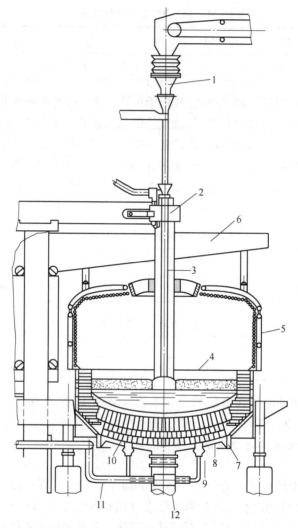

图 10-48 空心电极加料的直流矿热电炉结构示意图

1—加料系统；2—电极把持器；3—空心石墨电极；4—敞开熔池；5—水冷挂渣炉壁；6—炉盖吊挂壁；
7—绝缘环形槽；8—阳极炉底铜板；9—阳极接线端子；10—镁碳砖；11—阳极短网；12—冷风管

加料系统中从供料装置到电极中空出口（喷嘴）这段管路，是固体炉料颗粒悬浮于载气中的气力输送管道，从受料斗到电极端的距离为电极长度的两倍多；受料斗上端连接的软管长度可满足电极升降行程，在下端相接的是分成上、下两段的下料管，其中间设有可以快速拧开的连接器。下段管的下端装有密封垫，并能通过其螺纹与电极孔内螺纹相配与旋紧；在接续电极时，拧开上、下段下料管的连接器，再将喂料机构旋转至一边，然后拧开下段下料管接上新电极。由于下段下料管与单根电极的长度相同,能在接电极之前全部用掉单根电极。

在垂直向下的输送管道中,炉料运动则属于同流输送床,固体和气体的线速度大致相同,即可以保持炉料的悬浮状态。载气的压力仅需保持大于炉气压力,达到防止炉气倒灌即可。载气同时又是等离子工作气,一般都采用净化炉气,因为既可以就地取材又利用了炉气中 CO 和 H_2 等的化学能,同时还原气氛又可以减少电极消耗。

空心电极的加料能力取决于空心料管直径,其加入炉内的炉料数量以不堵塞料管为度,炉料应连续加入形成料流。在载气平衡压力下料管中不存在上升气流,炉料的运动为自由落体运动。

为迅速调整炉况需要,空心电极加入的炉料应能随时改变,而且每根电极加入的炉料应分别调整。当气-粉射流没有足够的动量吹开熔体时,则易在电极中空管内聚结或炉况恶化造成喷溅而堵塞中空管等,都会造成堵塞、炉料断流事故的发生,此时中空管内压力迅速上升,应采取加大载气压力的措施予以消除。

C 直流-空心电极电炉熔炼钛渣工艺优越性

被称为转移弧等离子体电炉的直流-空心电炉应用于钛渣熔炼,显示出一些独特的优越性。首先,不生成碳(氮)化钛,从而消除了恶化钛渣工艺性能的根源。长期以来,一直认为碳热还原熔炼含钛物料将“不可避免”地生成碳化钛,其实也主要发生在交流电弧炉和高炉中,直流-空心电极电炉的熔炼钛渣之所以能“避免”,主要缘于以下几个方面。

(1)弧柱受到电极空腔的约束(压缩),弧焰温度升高。按照热力学原理,将使碳还原二氧化钛的反应更趋向生成钛的低价钛氧化物和金属钛,而对较低温度下的碳还原二氧化钛反应则是沿着 $TiO_2 \rightarrow Ti_3O_5 \rightarrow TiC_{0.67}O_{0.33} \rightarrow TiC_xO_y$ 的途径进行。

(2)直流电弧炉的熔炼存在某种程度的电解效应,且不像典型电解槽那样显现出来。因为电解槽中两个半反应同时进行、保持电中性以及发生在同一部位即渣-铁界面上,另外就是电弧炉的工作电压高、能产生电弧,而电解槽中不产生电弧;电解中的阳极氧化反应是全方位的、与传热介质无关的、不存在动力学壁垒的过程,能破坏碳化钛的生成,已为生产电解钛的某些熔盐法所证实。如以钛白(TiO_2)为主组成电解质、用石墨阳极进行的电解钛过程,将碳氧钛物料制成可溶性阳极进行的电解精炼过程,并不因新生钛的活性及亲碳性特强而转向阴极形成碳化钛。

(3)矿料通过电极空腔发生熔融并喷射进入熔池内,被铁水中溶解的碳还原,而铁水中碳还原 TiO_2 比固体碳还原少生成碳化钛。相关的铁水浴熔融还原钛磁铁矿精矿的试验结果表明,渣相和铁相中都不存在碳化钛。不生成(或少生成)碳化钛等于消除或减轻了提高钛渣品位的障碍,在炉料中可多配碳,使铁能达到更大程度的还原。

其次,直流-空心电极电炉熔炼具有喷射冶金的特点,反应动力学条件优越,熔炼过程得到强化,典型标志就是反应器的小型化。与矩形电炉相比,同是 40MV·A 电炉,外形尺寸仅是矩形电炉的四分之一。

再次,直流-空心电极电炉的熔炼又属于高效的熔池熔炼,一是有动力学上的优势,二是占据电气条件的各有利方面,因为它的电极不属于熔池的组成部分,不遵循安德烈电极周边电阻法则,可以按通常导线那样选择直径并使其尽量小型化,这在电气制度上等于在相同功率下优选了高电压电流比,且无需考虑电极插入深度。

最后,将粉状炉料直接喷入渣层下的熔池熔炼,不仅取消了昂贵的造块(球团)工序,而且彻底根除了通常火法冶金无法避免的扬尘损失与污染,在处理微细粒级物料上有动力学优势。

熔池熔炼的电极浅插使熔池电阻不再取决于炉料的电阻,换言之,就是在此熔炼制度下仅需考虑原料的化学成分,对原料的选择范围变宽,砂矿钛精矿相对岩矿钛精矿的优势和高电阻炭素材料的优势等都将消失。

10.3.2 钛渣生产主要装备

10.3.2.1 钛渣矿热电炉的概念

目前以钛铁矿为原料熔炼钛渣与生铁的反应器均应用电弧炉,因其在冶金中应用最广泛而常被简称为电炉。电炉熔炼钛矿物原料生产钛渣时称为钛渣矿热电炉,简称钛渣电炉。

其他常见的矿热电炉主要包括:以铁矿物为原料的铁合金电炉、以石灰石为原料的电石电炉、以磷矿石为原料的黄磷电炉、以镁矿石为原料的电熔镁砂电炉、以铝土矿为原料的电熔刚玉电炉、以铜镍硫化矿为原料的铜镍锍电炉、以普通铁矿为原料的炼铁电炉等。

10.3.2.2 钛渣电炉结构

A 钛渣电炉主要结构类型

钛渣电炉与其他矿热电炉一样,都未沿袭炼钢电炉以吨位大小表示炉容大小的做法,而是以所选配的变压器额定容量(视在功率)大小来表示,单位为兆伏安(MV·A)或千伏安(kV·A)。

钛渣电炉由于没有必要倾翻炉体排放渣铁,因此一般都采用固定式。钛渣电炉按炉体是否密封分为敞口式(现仅见于个别小型电炉)、有盖密闭式或矮烟罩半密闭式。

钛渣电炉按炉体截面结构不同,可分为圆形钛渣电炉和矩形钛渣电炉。中国圆形钛渣电炉应用较多,国际上设计钛渣电炉多为40MV·A以下的矩形电炉。

B 圆形钛渣电炉及其特点

圆形电炉优点:结构紧凑、炉子体积小;电炉单位容量投资低,且炉底散热损失比矩形电炉低1.5%~2.6%;对于直流电炉更为合适采用一根电极或三根电极。

圆形电炉主体结构:钛渣电炉本体通常由炉壳、炉衬和炉顶(盖)等组成。炉壳既要承载炉衬、炉料和熔渣及铁水的全部重量,还要抵抗部分炉衬在受热膨胀时产生的膨胀力及其他冲击力,故炉壳要用一定厚度的锅炉钢板制作。为了增大强度和利于散热,炉壳外围常焊有翅状筋片,图10-49所示为25.5MV·A三相交流钛渣电炉(圆形熔池)的炉壳外观及主要尺寸。

炉衬结构:一般自炉壳向内分为绝热层、隔热层、保温层和工作层。绝热层材料为石棉板或耐火纤维毡等;隔热层即缓冲层,其内填充水渣、炉渣等散料,此层要求有一定压缩性以满足炉衬热膨胀需要,避免因热膨胀力直接传递给炉壳而使炉壳变形甚至开裂,此层也是一段空气隔热层,可起到一定隔热作用;保温层为黏土砖砌筑,具有一定隔热性和抗氧化性;工作层是直接抵御渣铁、炉气化学机械侵蚀和冲刷的耐火材料层。

目前,钛渣电炉炉衬的工作层有镁质、镁炭质、石墨质和炭质-高铝质复合材质等。

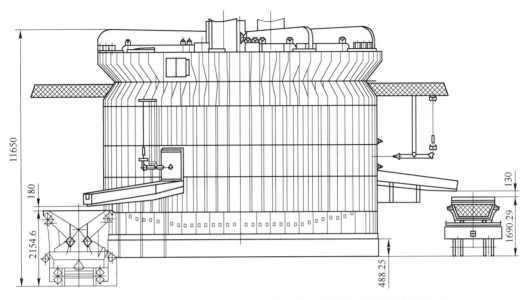

图 10-49　熔炼钛渣的 25.5MV·A 三相交流电炉的炉壳外观及主要尺寸

炭质材料具有极高的耐火度和机械强度，为大多数矿热电炉所采用，但对钛渣电炉，由于熔炼是亏碳过程，不可避免地要消耗氧化炉衬中的碳，造成炉衬寿命不长，因此仅在一些小型钛渣电炉上应用。图 10-50 所示为熔炼钛渣 25.5MV·A 圆形密闭电炉炉体（炉衬）结构。

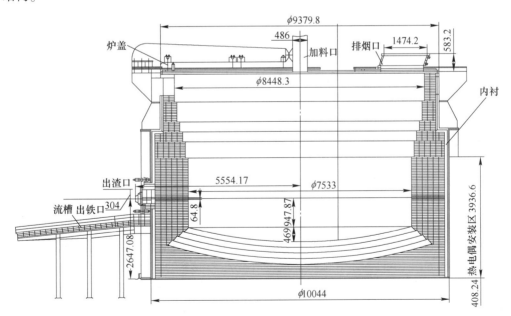

图 10-50　熔炼钛渣 25.5MV·A 圆形密闭电炉炉体结构

国内钛渣电炉冶炼实践证明，炭质-高铝质内衬的寿命长于炭质，镁质长于石墨质。

C 矩形钛渣电炉

当今钛渣电炉不断向大型化、高功率密度方向发展，圆形钛渣电炉便显出许多不适应。如三相电极间距相对较小，电极把持器等靠得过近，操作不便；炉顶大直径的下料管布置困难，熔料和布料不易协调；三相电极的电弧区特别集中，炉中心易过热，辐射等热损失较大，炉盖热负荷较大和热腐蚀严重，同时热效率下降；电弧偏向造成向炉壁的传热加剧，其中三角形排列电极造成的热点数目多于单列式电极，所以从减轻炉壁损坏和减少耐火材料消耗的角度考虑，矩形电炉占有一定优势。

圆形电炉一般有3根电极、1台变压器供电，而矩形电炉为6根电极、3台变压器供电。在设计相同功率电炉时，矩形电炉的电极直径和单台变压器功率都要比圆形电炉的小，这对于建造大型密闭电炉特别重要。

大直径石墨电极制造困难和价格昂贵，是制约电炉进一步大型化的一个重要因素。而矩形电炉如果要增大炉容积，就仅需增加电极根数及炉子沿纵向延长即可。同时，增加电极根数也意味着可以采用较小尺寸的电极。

虽然自焙电极直径可以"任意"扩大，但据对直径1200~2400mm的电极参数计算表明，电极电流增加到2.5倍时，电极把持器的质量将增加10倍以上，每千伏安的基建投资则增加15~20倍。

圆形密闭电炉在排放渣铁时，可能会在炉内出现负压而吸入空气，需要采取特别措施来防止这种情况的发生，这给操作和控制带来麻烦。矩形电炉则可在一相停电、另外两相工作情况下出炉，出炉过程中炉内反应基本不停，气体放出量基本不减，不会出现炉内负压，从而可使密闭熔炼过程不间断地进行。另外，矩形电炉连续加料熔炼，可以在炉子两端分别出渣、出铁，互不干扰，易于对渣、铁分别处理。矩形密闭电炉的炉盖结构比圆形电炉的简单，可以分块制造和维护，更换也比较容易。

矩形钛渣电炉是由熔炼铜镍锍的电炉移植过来的，移植前一种典型结构如图10-51所示。矩形电炉炉壳外围须用钢骨架进行补强，骨架由炉底的底梁和底板，侧墙和端墙的围板、立柱、横梁，拉紧装置的拉杆、弹簧、锁紧螺母及隔磁接头等组成。由图10-51（b）可见，炉底衬最下部为镁质捣打层，其上部为黏土砖层，炉底和炉墙的工作层为镁砖。

采用矩形电炉熔炼钛渣与熔炼铜镍锍的不同之处，主要是将自焙电极改为石墨电极。但随着装有组合式把持器的自焙电极在钛渣电炉上的推广使用，对其危害较大的电极软断事故也随之基本消除，熔炼钛渣的矩形电炉也就没必要使用石墨电极。

D 空心电极直流钛渣电炉

熔炼钛渣的空心电极直流电炉（图10-48）已在NSL钛渣厂、非洲南部（如莫桑比克）及我国云南得到实际应用。电炉的阴极顶电极设有喷吹加料的空腔，炉底为导电阳极，其炉底结构如图10-52所示。弧形炉底的外壳和渣线下的炉墙外壳为普通耐热钢板。炉底钢壳上叠置4块弧形铜板，并用螺栓紧固，在每块铜板下面都焊有铜接线端子。炉底的砌体：铜板上先用石墨膏抹平，其上立砌3层经过热处理的沥青或树脂结合的导电良好的镁碳质耐火砖和保温砖，其中上面两层为永久层。为保证充分的导电性能，每块砖的底面和侧面用一层"L"形薄钢片包起来，以增加炉底的导电性。

为了保证昂贵的炉底导电砖不受侵蚀，导电砖上面可加砌厚度约400mm的工作层（捣打层）。渣线以下部分的炉墙采用镁碳砖砌筑，渣线以上部分采用水冷挂渣炉壁。

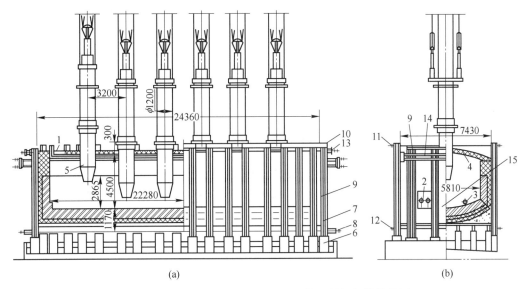

图 10-51 30MV·A 矩形矿热电炉炉体及其框架结构简图

1—排烟口；2—排渣口；3—金属排放口；4—加料口；5—电极；6—柱状基础；7—底板；
8—下部纵拉杆；9—立柱；10—炉顶上方钢梁；11—上部横拉杆；12—下部横拉杆；
13—上部纵拉杆；14—横梁；15—围板

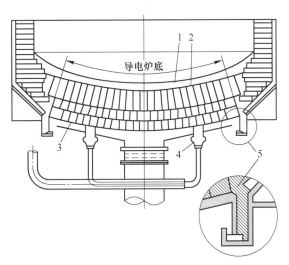

图 10-52 直流电炉导电炉底结构

1—工作层（MgO-C 质捣打料）；2—永久层（镁碳砖）；3—铜板钢板炉底外壳；4—接线端子；5—绝缘装置

导电炉底也是电炉的载电部件，必须与具有接地电位的炉壳进行绝缘，这对原料中含有铅的熔炼尤为必要，因为还原出的铅的密度大极易顺炉衬缝隙渗进炉底并在较冷的下部凝集，这可能破坏炉底电极和炉壳间的绝缘，形成炉壳和导电炉料（或铁水）间的阳极到阴极的通路，导致在水冷炉壁和导电炉料间发生放电。为此，采取将炉壳分成上下两段，如图 10-48 中 5 所示。在上段炉壳的下沿周边上焊有下垂形的环形沟槽，在沟槽内间隔地垫有纤维加陶瓷片，下段导电炉壳的上法兰坐在其上，沟槽内垫块与法兰的间隔处用不导电的耐火捣打料填实。

E 钛渣电炉的工作衬

钛渣熔炼不仅温度高，而且由于含有高浓度的活性极强的 TiO_2，使高温钛渣熔体具有非常强的侵蚀性，同时钛渣熔炼又是一个亏碳过程，有极高耐火度和抗渣性的炭砖也难以抵御高温钛渣的侵蚀。

研究发现，只有氮化硼制的耐火材料比较理想，但价格昂贵而无法利用。在长期实践中发现：无论温度多高和化学侵蚀多强的熔体，都会在一定冷却强度下转变成为侵蚀作用极小的固态，凝固的金属和炉渣所形成的假衬对高温熔体起着良好的防护作用。形成假衬的办法：一是减薄炉壁，强化冷却，降低炉壁温度；二是炉壁挂渣，稳定合理渣皮，减少热损失。

实际生产中钛渣电炉普遍采用挂渣炉衬，这才是真实的工作层。原苏联的 5MV·A 和 10.5MV·A 钛渣电炉溅渣挂衬的做法是：炉体烘烤完成后，加炉渣（最好是废钛渣）送电熔化进行渣洗；排除洗渣，加钛精矿和无烟煤用高档电压进行熔化，渣体涨泡和沸腾而溅射到周围炉壁上，剩余的炉渣会在沸腾结束时填充墙角和沉积在炉底；每次沸腾后都要加一批新料，这种加料沸腾一直重复进行到内衬挂上需要厚度的渣层为止。原苏联钛渣电炉的炉役期可达 10 年，而我国仅 2~3 年。

日本大阪钛公司的钛渣电炉炉衬挂渣的做法：把钛精矿、木炭、焦油按 60：20：20 的质量比制成团块，加入新炉熔炼使钛氧化合物过还原，生成难熔的低价氧化钛和碳氮化钛并被溅挂在炉壁和沉积在炉底。

加拿大 QIT 电炉的寿命，据称自投产一直未换过新衬，其措施也是尚在保密中的炉衬挂渣技术。在挂渣层与炉衬之间插有热电偶，用以监测挂渣层的工作情况，建立炉衬厚度的数学模型，即通过炉衬温度或热流量及相应的炉衬厚度，用数理统计方法建立炉衬厚度 L 与炉衬温度（或热流量）T 的关系 $L=f(T)$。我国新建的 25.5MV·A 钛渣电炉，也装设有炉衬热电偶监测系统。

10.3.2.3 密闭钛渣电炉炉盖

炉盖是密闭电炉的重要组成部分。炉盖在高温炉气作用下工作，正常时 $400 \sim 600℃$，有时高达 $1200℃$。对炉盖的要求：要有一定强度，使用寿命长，制造容易，更换方便；要与炉体、电极把持器、料管等应有较好的密封和绝缘；发生电极事故时处理方便。

炉盖可以分为热炉盖和冷炉盖两大类，前者是用耐热混凝土或耐火砖砌筑，后者则是由水冷金属骨架和水冷盖板、侧板为主体所构成，而由水冷金属骨架和耐火混凝土盖板组成的常称为混合型炉盖。

A 耐火混凝土炉盖

全耐热混凝土炉盖主要用于小型电炉，它由三相电极的中心板、边板和围梁等组成。这种炉盖的热损失少、节约钢材，但强度较低，在高温热侵蚀和炉气冲刷下容易产生裂纹和剥落，使用寿命较短。大型电炉采用如图 10-53 所示的钢筋混凝土炉盖，但也存在炉盖整体质量大、吊装困难等缺点。

B 金属水冷炉盖

这是应用较广的一种炉盖。除了矿热电炉，炼钢电炉为了适应功率水平提高和长弧操

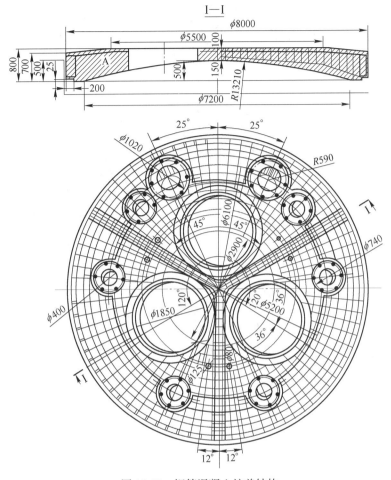

图 10-53　钢筋混凝土炉盖结构

作需要，砖砌炉盖纷纷"退役"。全水冷金属炉盖通常由水冷骨架、水冷盖板和水冷侧板等组成，炉盖多数为截圆锥形，顶面中央呈平面并采用防磁钢制作。炉盖内表面焊有固定喷涂料的锚固件。

　　德国克虏伯公司制造的 22.5MV·A 电炉水冷金属炉盖具有代表性，如图 10-54 所示。炉盖的承重骨架是由水冷钢管制作的两道支承圈，并构成一个高 0.65m 的截头圆锥体。该圆锥体做成三段，用螺栓和隔磁垫将其组装成一整体。上下两道支承圈之间用 24 根肋条连接。每隔一根，肋条向外伸出，做成地脚板，利用这 12 个地脚板使圆锥体支在操作平台上，在各肋条之间铺耐热混凝土板。在耐热混凝土板配置 22 个防爆阀孔和两个烟气引出孔。在上支承圈上，按等边三角形配置 3 根梁用以支承三个电极密封筒（采用活动水套）。有 12 个加料管布置在上支承圈范围内，炉中心布置一个中心加料管。

　　前苏联钛渣电炉曾采用如图 10-55 所示结构的水冷炉盖。由 9 块水冷板装配而成，其内腔高 50mm，冷却水顺着筋板在腔内流动。在水冷板下面焊有许多小钩，用于悬挂厚50mm 的耐热混凝土浇筑层；耐热混凝土的施工采用喷涂法，每块水冷板吊挂在悬臂上。

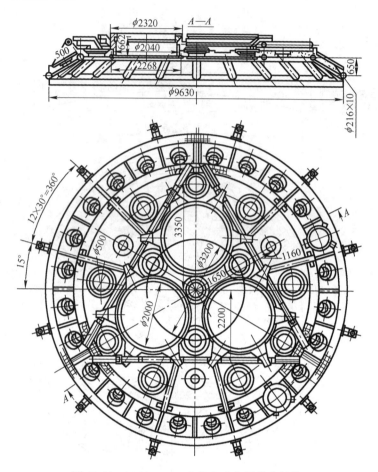

图 10-54 22.5MV·A 电炉水冷金属炉盖结构

C 混合型炉盖

混合型炉盖由水冷金属骨架和耐火混凝土盖板或砖砌体组成。图 10-56 所示为挪威埃肯公司设计制造的 34.5MV·A（炼铁）电炉的炉盖即属此种类型。沿炉盖径向配置 12 根不锈钢焊接的水冷骨架，它们固定在半径为 4m 和 5.5m 的两道环形梁上。径向梁的外端支在炉墙砌体上。在梁中部用 9 根拉杆将梁吊挂在楼板上，其中 6 根拉杆配置在直径 8m 的圆周上、3 根配置在 1.7m 的圆周上。在骨架上砌厚为 300mm 异形高铝砖。

D 矩形电炉炉盖（顶）

电极呈一字排列的矩形电炉炉体宽度小，故可以筑成拱形炉顶，这既便于砖砌也容易用

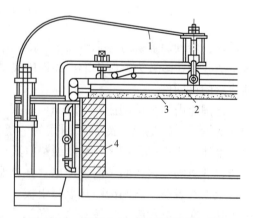

图 10-55 钛渣电炉水平式炉盖剖面图
1—吊挂悬臂；2—水冷板；
3—耐热混凝土；4—炉体砖墙

耐火混凝土成型，比圆形炉盖结构简单。但由于电炉炉顶开有许多孔洞，因此在砌筑上难度较大。

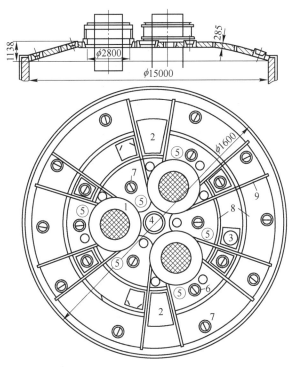

图 10-56 埃肯公司制造的 34.5MV·A 电炉炉盖

1—电极孔；2—炉气出口；3—炉气放散孔；4—中心加料孔；5—周边加料孔；

6—人口；7—防爆孔；8—环形钢梁；9—水冷骨架（径向梁）

采用耐火砖砌筑的拱形炉顶，拱高为炉内宽度的 1/10~1/12。炉顶的拱脚用拱脚砖支撑在拱脚梁上，拱脚梁沿侧墙布置并固定在立柱上。这种紧固拱顶的方法减少了拱顶对炉墙的压力，因为拱角梁承受了炉顶的全部质量。对矿热电炉炉顶下部空间温度不超过 400~600℃的炉顶，炉顶砖体可采用普通大型黏土砖。为了保证炉顶具有必需的拱度，砌筑时要用 300mm×150mm×65mm 直型砖和 300mm×150mm×75mm×50mm 楔形砖配合使用。根据拱度不同，可每隔 3~4 块直型砖夹砌一块楔形砖。多数情况下拱形炉顶沿模板干砌而不用灰浆。干砌时每块砖要彼此贴紧，炉顶的纵向砖缝为通缝，横向砖缝为错缝。有时炉顶砌筑用气硬性灰浆，故此种炉顶的强度和密封性都很好。

炉顶沿炉子的长度分成几段，每段 3~6m，段与段之间留 25~30mm 的膨胀缝，允许炉子加热时砖体沿长度方向膨胀。在炉顶中心线设置电极孔，而烟道孔一般设置在靠近端墙，加料孔则要根据电炉容量、炉料粒度、加料制度和布料制度等决定其直径和布置。QIT 钛渣电炉炉顶加料孔的布置是其一项关键技术，为便于对照，图 10-57 所示为熔炼冰铜 50MV·A 矩形电炉炉顶加料孔的布置。

电极孔可用异形砖砌成圆环，砌筑时该圆环应和炉顶砖体牢固结合；电极孔与电极之间的间隙为 50~80mm。对于炉顶上较大的孔洞，其周围宜采用耐热混凝土浇成整体，并以特殊的拉杆吊挂在炉顶上方梁上。

现在也有采用埋设有水冷铜管或不锈钢配筋的捣制或预制耐火混凝土炉顶的，要比砖砌炉顶具有更好的整体性和密封性。

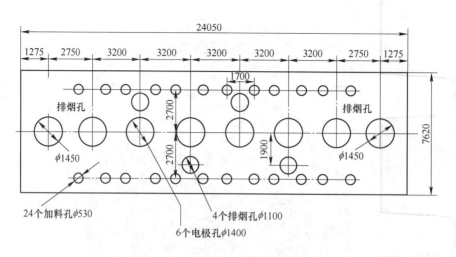

图 10-57　熔炼冰铜电炉炉顶加料孔的布置

QIT 的 24MV·A 钛渣电炉的内部尺寸长宽高为 16.5m×7.3m×4.9m，相对于熔炼铜镍矿的矩形炉显得长度小而宽度大，如 30MV·A 铜镍矿熔炼电炉的内部尺寸为 22.3m× 5.8m×4.5m，16.5MV·A 铜镍矿熔炼电炉的内部尺寸为 21.5m×5.5m×4.0m。钛渣电炉有较宽的跨度，用砖砌拱顶强度不够，所以 QIT 采用吊挂式炉顶。

吊挂炉顶通常的施工方法就是在 4~8 块砖之间嵌入 2~3mm 厚的钢板连接成一个砖组，炉顶受热时，钢板熔化，从而使各块砖彼此黏结。各砖组独立地挂在横梁钢架上，这样就可以用质量较大、耐火度较高的镁硅、铬镁或镁铝砖，电炉宽度也可以较大（达10~ 11m）。

吊挂式炉顶又分为普通吊顶炉顶和止推吊顶炉顶。普通式吊顶的主要缺点是：吊杆只起吊挂作用，不能限制炉顶上涨，炉子升温后往往有些吊杆失去吊挂作用，以致炉顶起伏不平；有时由于炉内压力突增，炉顶会在气流猛烈冲击下塌落；此外普通式吊顶结构复杂，吊挂密布，不便于检修和清扫。

止推式吊顶则克服了这些缺点，其结构如图 10-58 所示，每 7 块砖为一组，以中间一块较长的砖作为筋砖，砖与砖之间用直径为 16mm 渗铝销钉固定，形成砖组。砖组之间用同样规格的渗铝销钉固定。两砖之间夹一厚 0.5mm 的铁片，该铁片在炉顶受热时熔化，从而使砖彼此黏合。为了消除砖受热时所产生的热应力，在砖与砖之间还夹一层马粪纸，以留有自由膨胀余地。每一砖组通过筋砖上的吊环挂在轻型钢轨上，然后用铁楔打紧，再用电焊加以固定，钢轨用卡杆与梁固定，再用 ϕ50mm 的钢杆将压梁与工字钢大梁吊紧。这种结构的炉顶，实际上是拱式顶与吊式顶的结合，由于吊挂砖组的钢轨用卡杆与压梁固定，因此炉顶在热胀冷缩时受到很大约束，各砖组的变形不大，从而减少炉顶起伏，也延长了炉龄。

10.3.2.4　电极及其材质

A　电极的作用及要求

电极是电能转换成热能的终端，又是熔池的重要组成部分，因此其性能及工况将在很大程度上决定电炉熔炼的效果。

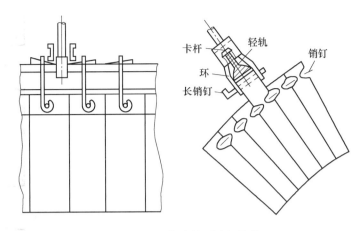

图 10-58 止推式吊顶砖组结构

矿热电炉熔炼都采用相对较低的电压和较高的电流，电极端产生的电弧焰有 3000℃ 以上的高温，所以电极材料必须具有高熔点、低电阻及较高的机械强度和热强度。在自然资源中具备这样条件又价廉易得的材料首推炭素材料。

B 电极种类及其特点

由低灰分无烟煤经煅烧、粉碎，再配入黏结剂沥青，通过压制成形、焙烧便可制成炭素电极；如果将煅烧料配加沥青也可制成电极糊。采用灰分含量更低的石油焦等炭材制成的电极坯经焙烧和石墨化，其产品为石墨电极。

在钛渣电炉中既使用石墨电极也使用自焙电极，极个别还使用炭素电极。石墨电极（不包括超高功率石墨电极）技术条件和电极糊的理化性能分别见表 10-38 和表 10-39。石墨电极的导电性能和机械强度、热强度最高，但价格昂贵，凡能用自焙电极或炭素电极的冶炼工艺尽量不用石墨电极。

表 10-38 石墨电极技术条件（YB/T 4088—2000）

项　目		公称直径/mm							
		75~130		150~225		230~300		350~500	
		优级	一级	优级	一级	优级	一级	优级	一级
电阻率/μΩ·m	电极	≤8.5	≤10.0	≤9.0	≤10.5	≤9.0	≤10.5	≤9.0	≤10.5
	接头	≤8.5		≤8.5		≤8.5		≤8.5	
抗折强度/MPa	电极	≥9.8		≥9.8		≥7.8		≥6.4	
	接头	≥13.0		≥13.0		≥13.0		≥13.0	
弹性模量/GPa	电极	≤9.3		≤9.3		≤9.3		≤9.3	
	接头	≤14.0		≤14.0		≤14.0		≤14.0	
体积密度 /g·cm^{-3}	电极	≥1.58		≥1.52		≥1.52		≥1.52	
	接头	≥1.63		≥1.63		≥1.68		≥1.68	
线膨胀系数 (100~600℃)/℃$^{-1}$	电极	≤2.9×10^{-6}		≤2.9×10^{-6}		≤2.9×10^{-6}		≤2.9×10^{-6}	
	接头	≤2.7×10^{-6}		≤2.7×10^{-6}		≤2.8×10^{-6}		≤2.8×10^{-6}	
灰分的质量分数/%		≤0.5		≤0.5		≤0.5		≤0.5	

表 10-39 电极糊的理化标准（YB/T 5215—1996）

项　　目	密闭糊		标准电极糊		
	1 号	2 号	1 号	2 号	3 号
灰分的质量分数/%	≤4.0	≤6.0	≤7.0	≤9.0	≤11.0
挥发分的质量分数/%	12.0~15.5	12.0~15.5	9.5~13.5	11.5~15.5	11.5~15.5
抗压强度/MPa	≥18.0	≥17.0	≥22.0	≥21.0	≥20.0
电阻率/μΩ·m	≤65	≤75	≤80	≤85	≤90
体积密度/g·cm^{-3}	≥1.38	≥1.38	≥1.38	≥1.38	≥1.38
伸长率/%	5~20	5~20	5~30	15~40	15~40

钛渣电炉使用自焙电极，既不存在自焙电极外壳熔铁污染产品，也不怕自焙电极比石墨电极更能导致产品增碳。但钛渣电炉特别是密闭式电炉和敞开式采用薄料层熔池工艺制度时，一旦发生自焙电极软断事故，流出的电极糊将会引起严重的渣沸腾甚至爆炸，事故的处理和恢复也尤为困难。这便是有的生产厂家宁愿使用价格昂贵的石墨电极的主要原因。

为了综合两种电极的优缺点，有的生产厂采用炭素电极，但从实践效果看，炭素电极的氧化和折断（主要是接头折断）消耗很高，而且导电铜瓦的打弧、烧穿、漏水事故严重。

对于自焙电极，尽管可以采取诸如提高电极糊质量和加强管理、改进操作等措施来减少软断，但无法根除软断。近年来，挪威埃肯公司为解决自焙电极易软断现象，研究出一种具有全新理念的组合式把持器，现已成功地用于我国的 25.5MV·A 钛渣电炉上。

　C　自焙电极的烧成

在电炉运行中装在电极壳内的电极糊，利用本身通过电流产生的电阻热、炉膛内的传导热和辐射热进行软化、挥发分逸出、烧结等一系列物理化学过程，软化了的电极糊靠糊柱自身压力自动成形，并不断烧结、焦化、强化，其烧成段便是电极的工作端。

工作端通常指接触导电体（如铜瓦）以下的电极区段。对密闭式电炉，工作端有两种运行方式：一是在电极升降范围以内、以接触导电体为标志运行于炉盖之上；二是运行于炉盖上、下。显然，如遇发生电极软断，则第一种运行方式流出的电极糊可以避免或不致全部灌入炉膛。

当黏结剂沥青经结焦、烧结后，电极糊才能具有较高的机械强度和较低的电阻率，也才能承重和导电，如图 10-59 所示。图 10-59（a）所示为电极工作端运行于炉盖上方，因受铜瓦限制其未烧结的电极区段质量和导电主要靠电极壳（包括筋片）来承担。如果使铜瓦也能运行于炉盖之下，则由于受炉膛高温和糊柱电阻热作用，铜瓦区的极柱温度也必须达如图 10-59（b）所示的水平。

　D　电极的导电性能

自焙电极工作端与石墨电极在使用过程中的性能差异不太突出，有的性能指标甚至还优于石墨电极。从导电性能看，普通石墨电极的室温电阻率为 6~10μΩ·m，自焙电极（烧结段）为 55~80μΩ·m，即前者仅相当于后者的 1/8~1/9。这是因为非晶碳与石墨碳的电阻率温度特性完全不同所致，如图 10-60 所示。

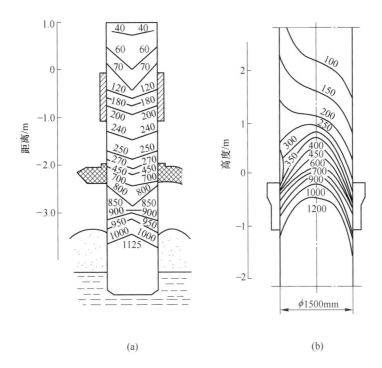

(a)   (b)

图 10-59　自焙电极运行方式及其温度分布

（a）电极工作端运行于炉盖上方；（b）自焙电极温度分布

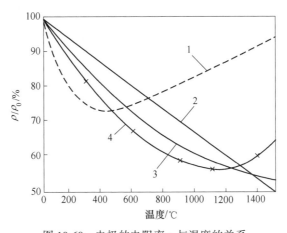

图 10-60　电极的电阻率 ρ 与温度的关系

1—石墨电极；2—炭素电极；3—自焙电极（焙烧至 1200℃）；4—自焙电极（焙烧至 2500℃）

从图 10-60 中看出：石墨电极（曲线 1）的电阻率 ρ 在低温时呈负性变化，约在 400℃ 达到最低。在大于 400℃ 时呈正性变化即电阻率随温度升高而大幅增加，约在 1700℃ 时将升至室温电阻率 ρ_0 的 1.26 倍；主要含非晶碳的自焙电极的电阻率随温度（曲线 3）基本呈线性下降，约 1500℃ 时电阻率仅为室温时的一半左右；炭素电极的电阻率随温度（曲线 2）呈线性下降。所以这三种电极在相同使用温度下其电阻率变化差异非常大。

E　电极的机械性能

在机械强度上石墨电极与烧结后自焙电极相差不大。如抗折强度分别为 5~18MPa 和 5~10MPa，抗压强度分别为 16~32MPa 和 17~28MPa，抗拉强度分别为 3~12MPa 和 3~5MPa；弹性模量 $E=\delta/\varepsilon$，E 值小则表示在一定应力 δ 下产生的应变 ε 大，即表征材料在经受剧烈温度变化时不易发生断裂。各类电极的弹性模量以自焙电极（1000℃焙烧后）为最小，一般为 3.5GPa，而石墨电极一般为 7.7GPa（标准规定小于 9.3GPa），高功率石墨电极为 10.7~12.2GPa（标准规定小于 12.0GPa）。

10.3.2.5　电极把持器和升降机构

A　电极把持器

电极把持器的基本功能是夹持和放松电极，以及将电流传给电极，并在升降机构配合下操纵电极上下移动。

电极把持器按总体结构可分为吊挂式和悬臂式。矿热电炉包括一些使用石墨电极（或炭素电极）的电炉，大都采用悬臂式电极把持器。悬臂式电极把持器多用于需要炉体倾翻和炉盖旋转的炼钢电炉上。使用石墨电极或炭素电极的矿热电炉既有悬臂式的也有吊挂式的。熔炼钛渣的直流-空心电极电炉的电极把持器即为悬臂式。

悬臂式电极把持器常被称为夹持器，由卡头、横臂、导电铜管、立柱和升降装置等组成。传统的横臂都是钢制的，其导电和支持电极两个功能分开设置，即卡头和夹紧机构固定在横臂上，导电铜管则安装在横臂上面。

吊挂式电极把持器的特点是所有承重都通过一个圆筒（称为把持筒）吊挂在卷扬机上或支承在液压缸上，从电极到系统的全部荷重都传递给上方的某一楼板上；悬臂式电极把持器的电极及其系统的全部荷重则传递给工作平台或特制的基础上。

吊挂式电极把持器一般是由电极夹紧环、导电管、铜瓦、吊挂装置、护板（对铜瓦运行于炉盖之上的电极则不需要）、把持筒、横梁或集线环、电极压放装置以及夹紧环提升装置等组成，其主要作用是将强大的电流通过铜瓦传递给电极并夹紧电极和控制电极糊的烧结。一种电极把持器的结构如图 10-61 所示。

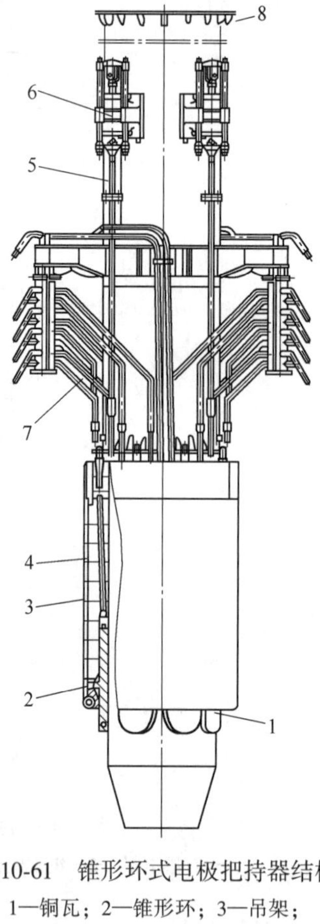

夹紧电极的方式是在铜瓦的外侧表面加工成斜面的凸台，锥形环的内表面加工成与铜瓦凸台斜度一样的倒斜面，靠油缸通过顶杆使锥形环的上升或下降来夹紧或松开电极。铜瓦与电极接触即导电也起一定的夹持电极作用。

图 10-61　锥形环式电极把持器结构
1—铜瓦；2—锥形环；3—吊架；
4—导向套；5—顶杆；6—松紧油缸；
7—导电管；8—把持筒

由于自焙电极在铜瓦处的电极糊尚未完全烧结变硬而能使两者接触（夹紧）良好，在锥形环上提时，两者又能较好地自找中心而达到每块铜瓦与电极表面压紧程度相近。

石墨电极和炭素电极是刚性体，采用锥形环不如螺丝与弹簧联合夹紧方式好。在夹紧电极的方式上，除了上述的锥形环夹紧和螺栓顶紧、弹簧压紧之外，尚有液压弹簧式和近年开发的波纹管式、胶囊式等。

自焙电极的组合式把持器。挪威埃肯公司从解决自焙电极多发的软断事故入手，建立起自焙电极三维解析模型，并与新研制的组合式把持器进行了仿真试验。这种全新理念的组合式把持器主要由滑放装置、电极壳、母线铜管、接触装置、罩（非磁性钢罩和铜罩）等部件组成，如图 10-62 所示。

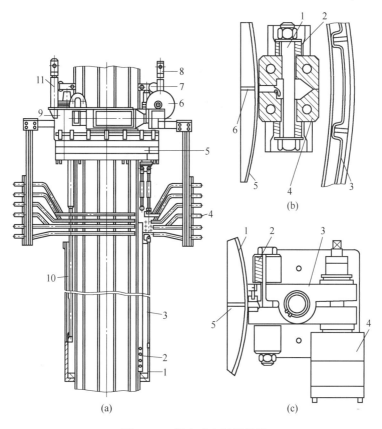

图 10-62　组合式电极把持器

（a）组合式电极把持器；（b）剖面图；（c）滑放装置

（a）组合式电极把持器：1—铜罩；2—接触装置；3—非磁性钢罩；4—母线铜管；5—冷却集合管；
6—风机；7—滑放装置；8—悬置；9—悬置架；10—铜罩悬置管；11—立缸；
（b）剖面图：1—螺栓；2—螺旋弹簧；3—水冷罩；4—接触装置；5—电极壳；6—电极壳筋板；
（c）滑放装置：1—电机壳；2—螺旋弹簧；3—夹钳；4—油缸；5—电极壳筋板

组合式电极设备和电极本体均由悬置架悬挂和升降，悬置架也用作空气（由风机供给）进入电极把持器下部的导管，空气导管对接触装置和铜防护罩起着必要的冷却作用。

接触装置是一种弹性负荷元件，起着夹紧电极壳筋板并传导电流至电极外壳的作用。筋板的数量取决于接触装置的数量，而接触装置的数量取决于电极直径和最大电流。

滑放装置为液压操作，滑放电极时夹紧缸动作，克服夹钳的弹簧力使夹钳松开筋板，液压缸上升使夹钳沿筋板向上滑动一段距离，提升到位、夹钳夹紧；电极壳上有若干个滑放装置，依次按此动作。全部动作完毕，液压提升缸将克服下部接触装置夹电极壳筋板的摩擦力，向下移动将电极相对于把持器下滑一段距离，即立缸复位，电极滑放结束。

    B 电极升降机构

现代化矿热电炉几乎都采用液压装置升降电极，它安装在把持筒的上端，如图 10-63 所示。将两个升降油缸缸体固定在单独的底座上，液压缸柱塞经万向节与把持筒横梁连接，压力油从缸体油口进出，柱塞即可上下运动而带动电极升降，升降同步靠装设液压随动阀、伺服阀调节。

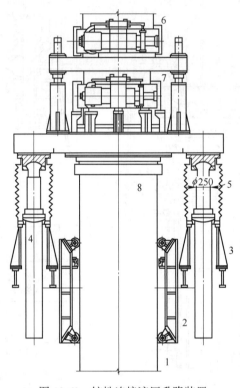

图 10-63 铰性连接液压升降装置

1—把持筒；2—挡轮装置；3—底座；4—电极升降油缸；5—防尘罩；6—上闸环；7—下闸环；8—导向柱

在图 10-63 中，上部是常规电极压放装置的上、下抱闸，两个抱闸之间有 2~3 个中间油缸，中间油缸固定在升降油缸的顶部构件上，油缸可带动上抱闸移动，其移动最大行程一般为一次最大的压放量。压放电极时，打开上抱闸，中间油缸带动上抱闸上移到要求的距离后，上抱闸抱紧电极，松开下抱闸，油缸带动上抱闸将电极向下压放，压放完毕后下抱闸再抱紧电极。如果电极需要倒拔，则操作程序是：下抱闸松开—上抱闸升起—下抱闸抱紧—上抱闸松开—上抱闸下降—上抱闸抱紧。

包括南非 NSL 公司在内的钛渣电炉普遍采用了将电极支持、升降和导电合为一体的所谓导电横臂，其中一种由铝合金板制作的箱式导电横臂如图 10-64 所示。横臂后端是卡箍，其内圆侧有铜制卡头（相当于自焙电极的导电铜瓦）与电极接触，夹紧电极靠碟形弹簧来完成。横臂下连接一个活动立柱（图中未表示），靠其下部的升降液压缸带动实现电极升降。

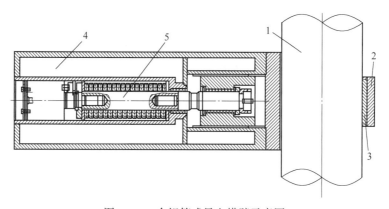

图 10-64　全铝箱式导电横臂示意图

1—电极；2—卡箍；3—卡头；4—通水冷却的铝臂箱体；5—碟形弹簧

10.4　钛铁矿生产钛渣技术特点及其评价

10.4.1　钛铁矿生产钛渣的技术特点

钛铁矿电炉碳热还原法冶炼钛渣的优点：

（1）对原料的适应性较强，原料来源广泛。既可冶炼岩矿钛铁矿（钛精矿），也可以冶炼砂矿钛铁矿；既可以冶炼钛精矿，也可以冶炼钒钛铁精矿，还可以冶炼钛精矿和钒钛铁精矿的混合矿；既可以冶炼低品位的钛精矿，也可以冶炼高品位的钛精矿。

（2）流程短、生产规模大、生产效率高。目前，四川攀西地区以高钙镁钛精矿为原料，进行电炉碳热还原法冶炼酸溶性工艺较为成熟，2019 年钛渣产能达 52 万吨。单台套电炉冶炼钛渣产能达 10 万吨/年。其副产品生铁（半钢）可作为炼钢及铸造原料，尾气可回收利用作为低热值燃料，在企业内部使用等，是一种高效、环保的钛渣生产方法。

（3）产品品质好、品种多。冶炼的钛渣有酸溶性钛渣、高钛渣，以及"50 钛渣""60 钛渣"等。生产的酸溶性钛渣可代替钛铁矿用于硫酸法钛白的钛原料，这是硫酸法钛白原料未来的发展方向。

（4）设备大型化。实现了生产过程自动化控制，操作简单，生产过程稳定。

钛铁矿电炉碳热还原法冶炼钛渣的缺点：

（1）除去非铁杂质能力差；

（2）电炉电耗和水耗较高；

（3）对还原剂的品质要求严格；

（4）适用于水电、煤炭资源充足的地区。

10.4.2　钛铁矿生产钛渣技术评价

10.4.2.1　国外钛铁矿生产钛渣技术

目前国外主要钛渣冶炼技术类型有加拿大魁北克铁钛公司（QIT）技术、挪威廷弗斯钛铁公司（Tinfos）技术、南非矿冶技术公司与纳马克瓦砂矿公司联合开发的（Mintek）技术、乌克兰（独联体）技术。其中加拿大和南非是全球2个主要钛渣生产国，产量约占全球产量的80%，国外钛渣冶炼技术类型与特征见表10-40。

表 10-40 国外钛渣冶炼的类型与特征

技术类型	QIT 技术	独联体技术	Tinfos 技术	Mintek	Pyromet 技术
炉型	密闭矩形	半密闭圆形	密闭圆形	密闭圆形	密闭圆形为主
变压器容量/MV·A	2~6	5~25	35	约36	多种
电流类型	交流	交流	交流	直流	交流、直流
预处理方式	氧化焙烧	无	氧化焙烧	加热	多种
排渣铁方式	渣铁口分开	渣铁口相同	渣铁口分开	渣铁口分开	渣铁口分开
电极	石墨	石墨	自焙	中空石墨	多种
电极单耗/kg·t^{-1}	18~21	18~24	~10	6	
电耗/kW·h·t^{-1}	2000~2200	2000~2400	~2000	1600	

加拿大魁北克铁钛公司的钛渣生产技术领先世界水平，钛渣生产能力为105万~110万吨/年，所生产的钛渣中TiO_2品位为80%。其采用矩形密闭电炉薄料层连续法工艺，能充分回收电炉烟气加以利用，副产品铁水可用于生产优质生铁、钢材等。该公司以亚拉尔德湖地区岩矿型钛铁矿为原料生产酸溶性钛渣（索雷尔渣），由于渣中钙、镁含量高，不能作为氯化钛白生产原料。经过多年的研究，1996年投资2.6亿美元建成UGS渣生产线，生产的钛渣中TiO_2品位高达94%，年产60万吨，可用于氯化法钛白生产。

南非里查兹湾矿业公司是全球最大的钛渣生产商，钛渣生产能力为130万吨/年，是全球最大的优质钛原料生产商，占全球的30%。该公司采用密闭矩形电炉连续加料、周期性分别排放液态钛渣和铁水，计算机精密性控制整个过程，操作简化。以理查兹湾地区海滨钛铁矿砂矿为原料生产钛渣，可获得含TiO_2高达85%的钛渣，此渣即可用于硫酸法又可作氯化法生产钛白粉。

挪威廷弗斯钛铁公司采用钛铁矿球团预还原技术，工艺流程包括制备钛铁矿球团—回转窑预还原—电炉连续熔炼。采用固定式电弧炉和可倾式电弧炉对金属化球团进一步还原熔炼，可以实现连续上料，铁水和钛渣分别排放。在预还原过程中球团金属化率可达到82%~85%，最终可得到TiO_2品位为85%的高钛渣。该高钛渣既可用于生产硫酸法钛白粉，又可作生产氯化法钛白粉。

乌克兰、俄罗斯、哈萨克斯坦等独联体国家采用的是半密闭间隙式电炉冶炼技术，具有设备大型化和自动化控制等特点，操作简化且稳定，缺点是炉气不能有效回收利用，造成环保问题。

上述国外先进钛渣冶炼技术对原料钛铁矿处理方式各不相同，挪威廷弗斯钛铁公司主要进行球团预还原工序，以提高球团金属化率。加拿大魁北克铁钛公司对原料钛铁矿进行造球，采用预氧化焙烧脱硫工艺，以达到改善还原动力学条件，同时焙烧环节降低了硫含量，更利于提升副产品生铁的品质，该工艺利用的原料钙镁杂质含量都很高，与我国攀西地区原料颇有相似之处。

10.4.2.2 我国冶炼钛渣以电炉电热还原工艺为主

早在 20 世纪 50 年代既对钛渣冶炼技术进行工业研究，当时多数企业采取 400kV·A 敞开式电炉进行冶炼，到 20 世纪 80 年代，应用 6300kV·A 电炉冶炼氯化钛渣工业试验，效果不是太理想。经过几十年的发展，虽然钛渣冶炼技术不断发展进步，但多数是敞开式电炉，采取一次加料，操作中出现翻渣、塌料、能耗高、收率低、自动化程度不高等问题。

21 世纪初，我国主要钛渣厂大规模进行技术改造升级。遵义钛厂新建 6300kV·A 自焙电极半密闭式电炉，采用较为先进的液压制动系统的电极装置，并实现原料的自动配料，并有效回收利用尾气，于 2004 年 5 月建成投产，各项生产技术经济指标处于国内领先水平。2005 年，攀钢集团引进乌克兰半密闭电炉钛渣冶炼技术，年产能达 18 万吨，是我国第一家采用大型化设备及先进钛渣冶炼技术的企业，该技术采用国际先进水平的组合式自焙电极（后改为石墨电极），可回收烟气加以利用，降低了生产成本。

2009 年，云南某钛渣厂引进国外全密闭直流电炉和中空电极给料连续冶炼技术，打破我国钛渣冶炼工艺的格局。该冶炼技术的经济指标已处于国际领先水平，对钛渣生产的发展方向具有划时代的意义。该工艺采取原料从中空电极的中央加入，再经中空电极底部的等离子体弧区，使常温炉料与高温等离子体弧之间传热效率提高，反应速率提高，同时具有良好的敞开熔池，不易塌料，反应过程稳定，电极在熔池内搅拌好，渣铁的流动性好，还原反应速率增加。直流电弧相比交流电弧更稳定，不易出现熄灭现象，且形成的离子弧都汇集在熔池中央，能耗降低。

攀钢集团有限公司曾于 2010 年前后采用钛精矿粉矿造球—转底炉预还原—电炉熔分工艺冶炼酸溶性钛渣，并进行工业试验研究，取得了电炉还原电耗降低、总体成本降低的初步效果。

2019 年，龙蟒佰利集团投资 20 亿元建设 50 万吨钛精矿升级转化氯化钛渣项目。2 月 26 日，龙蟒佰利集团公司与攀枝花市盐边县人民政府签署了《50 万吨钛精矿升级转化氯化钛渣创新工程项目投资协议》。该项目拟投资 20 亿元，新建 50 万吨钛精矿升级转化氯化钛渣生产线及配套设施，规划产能规模年产氯化钛渣 30 万吨，用于氯化法钛白及海绵钛生产。该项目旨在大幅提升攀西地区钛精矿的利用价值，获得满足氯化法钛白生产的优质氯化钛渣产品，打破我国长期高品质氯化钛渣依赖进口的不利局面，增强我国钛工业在国际上的竞争力；项目建成后，将促进我国钛产业的科技进步、提高钛白产品质量和钛白产品的升级换代，改变钛白工业以硫酸法为主的产业格局，对推动钛产业结构优化升级和促进攀西国家级战略资源创新开发试验区的发展具有重大的战略意义。

目前我国钛渣生产企业 40 余家，总产能约 250 万吨，钛渣生产企业主要集中在四川、云南、辽宁、河南、内蒙古等省区，其中四川攀西地区 2019 年钛渣年产能 52 万吨，约占全国产能 21%，产量为 29 万吨，约占全国总产量 70 万吨的 41.4%。

2019 年，我国产钛精矿总产量约 500 万吨，其中四川攀西地区钛精矿产量约 380 万吨，占全国的 76%。同年全国进口钛铁矿（钛精矿）约 250 万吨，即我国钛铁矿原料对国外的依存度为 50%。

我国钛渣冶炼企业多以粗粒级钛铁矿粉矿（10 钛精矿）为原料，但对产量占大多数的微细粒级浮选钛铁矿（20 钛精矿）还未能充分有效利用。由于四川攀西地区高钙镁钛精矿冶炼氯化钛渣技术尚未取得实质性突破，因此充分利用四川攀西地区高钙镁含量的微细粒级钛精矿冶炼高品质钛渣是今后的主要发展方向之一。

国外钛渣电炉功率多在 20~60MV·A，单位电耗为 1600~2400kW·h/t。而我国钛渣电炉功率多在 0.63~25.5MV·A，单位电耗为 2300~2500kW·h/t。所以，我国的钛渣冶炼生产技术总体上距国外还有不小的差距。

10.5　加拿大魁北克铁钛公司和中国冶炼氯化钛渣技术

10.5.1　魁北克铁钛公司 UGS 渣生产工艺

加拿大魁北克铁钛公司（QIT）于 1948 年在 Kennecott 铜业公司与新泽西锌业公司的合资公司基础上成立，主要从事钛渣冶炼业务，总部位于魁北克的 Tracy（距蒙特利尔约 80km），是世界上最大的钛渣企业，其生产工艺独特，设备先进，产品质量优异。1989 年以来，QIT 一直是里奥·庭托公司的全资子公司。

QIT 是第一家把 TiO_2 含量较低的钛铁矿富集提高品位的公司，该公司主要产品流程如图 10-65 所示。

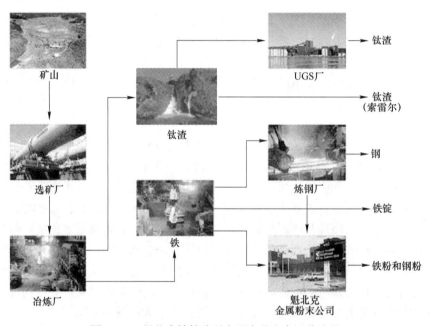

图 10-65　魁北克铁钛公司主要产品生产工艺流程

20 世纪 50 年代初期，该公司开发了一种工艺冶炼魁北克北部钛铁矿生产钛渣。最初钛渣 TiO_2 的品位为 72%，非常适合于硫酸法钛白生产。尽管索雷尔钛渣的 TiO_2 品位已提高到 78%~80%，但仍只能作为硫酸法钛白生产的原料，其钙镁含量过高不适于氯化法钛白的生产。

10.5.1.1　UGS 钛渣

QIT 已意识到硫酸法钛白在质量和环保上的劣势，其市场需求占有比逐年减少，并最终要被氯化法钛白取代，还有金属钛和钛盐等产品需求又与日俱增，适用于氯化法的富钛料将会统领天下，以生产酸溶性钛渣为主的 QIT 面临着挑战。

针对 QIT 所产钛精矿的钛低、铁高或二者合量较高以及矿石采选成本低和电价低廉的特点，如果采用酸浸法生产人造金红石则是不经济的。因为钛精矿中的大量铁将使酸耗剧增，而生成的酸盐的价值和用途又远不及生铁，所以采取将低品级钛渣再用湿法冶金工艺加工成化学组分相当于人造金红石的产品，但其并未转变成金红石晶格而仍是"渣"，称为高品级钛渣，简称 UGS。

关于 UGS 的制取方法，根据 QIT 发表的专利，我国学者认为可能采用的是钛渣-氧化和还原焙烧-盐酸高压浸出的工艺：将低品级钛渣粉碎至 0.075~0.85mm，用电炉煤气进行高温（950~1100℃）氧化焙烧和低温（900~950℃）还原焙烧，目的是改变钛渣的物相结构，以利于选择性浸出杂质。

这种较低还原度钛渣的物相组成（体积分数）：约 75% 的黑钛石（化学式可表示为 $(Ti_3O_5)_{0.31}(FeTi_2O_5)_{0.31}(MgTi_2O_5)_{0.30}(Al_2TiO_5)_{0.06}(MnTi_2O_5)_{0.008}(V_2TiO_5)_{0.012}$），约 5% 的硅酸盐（化学式可表示为 $(Ca,Al,Mg,Fe,Ti)SiO_3$）。然后用质量浓度 18%~20% 的盐酸进行二段加压浸取（浸出温度 ≥150℃）。为了进一步提高 UGS 品位，则需碱浸除硅，最后工序为煅烧。经酸浸和碱浸的 UGS 产品的化学成分见表 10-41。

表 10-41   经酸浸和碱浸的 UGS 化学成分   (%)

浸出方法	$\sum TiO_2$	Fe_2O_3	SiO_2	Al_2O_3	MgO	CaO	MnO	Cr_2O_3	V_2O_5
酸浸	93.93	1.09	2.77	0.69	0.74	0.12	0.05	0.06	0.35
碱浸	95.98	1.09	1.04	0.65	0.73	0.12	0.04	0.01	0.32

QIT 熔炼钛渣的同时也产出生铁，其碳含量基本处在半钢范围。由于原料和工艺特点，这种生铁的杂质含量很低，尤其是锰更低，因此特别适宜于水雾化法制取铁粉。但为了满足铸铁、铁粉应用和炼钢等下游深加工需要，应将其碳含量提高到生铁水平。铁水硫含量虽然低，但与铁粉中硫含量小于 0.008% 的要求相比仍有差距，所以出炉铁水还须喷吹电石粉和石油焦粉，进行脱硫增碳处理。

10.5.1.2   UGS 钛渣的生产

20 世纪 60 年代，第一个商业化氯化法钛白厂建成；20 世纪 70 年代，QIT 认识到氯化法工艺越来越流行，于是着手开发可直接氯化的钛渣产品以补充其酸溶渣；20 世纪 70 年代末，采用 QIT 的冶炼技术冶炼南非理查兹湾海滨砂达到了两个目的：一是为商业开发理查兹湾钛矿资源提供了基础，二是给 QIT 提供了生产氯化渣的机会。与此同时，QIT 继续研究如何将索雷尔钛渣转化成氯化法钛白的生产原料。1997 年 QIT 通过对部分索雷尔钛渣的处理，降低其 MgO 和 CaO 的含量，生产出首批 UGS 渣，其 TiO_2 品位从 80% 提高到 95%。1999 年底投资 3.1 亿美元的 UGS 渣生产装置全部投产，初始产能 20 万吨/年。

为适应全球氯化法钛白工艺的快速发展，1996 年初 QIT 宣布投资 26 亿美元在索雷尔建一座新厂，将常规索雷尔渣转化为 UGS 渣。从成分对比分析可以看出，UGS 渣 MgO 和 CaO 含量比普通渣低很多，完全适合做四氯化钛原料，可与天然金红石媲美。而天然金红石是曾经能得到的最高品位钛原料，此外 UGS 渣放射性元素 U+Th 的含量非常低。

新厂年生产能力为 20 万吨 UGS 渣，于 1997 年第三季度投产，1999 年第二季度 UGS

渣生产能力达到 20 万吨/年。此后进一步扩能达到 25 万吨/年。2005 年春季，QIT 公司投资 1.07 亿美元对 UGS 设备做进一步扩能，将 UGS 渣生产能力从 25 万吨/年提高到 32.5 万吨/年，2005 年 10 月再次宣布投资 9500 万美元对该设备扩能，将生产能力进一步提高到 37.5 万吨/年。

自 20 世纪 80 年代中期以来，QIT 一直在海外寻求新的钛资源，与马达加斯加政府合作，参加了马达加斯加钛砂矿勘探工作。已经探明马达加斯加钛资源储量至少有 2500 万吨钛铁矿，这种矿含 60% 的 TiO_2，碱土金属含量低，适合做氯化渣。QIT 在与马达加斯加政府合资项目中占 49% 的股份。

2005 年 8 月，力拓公司（Rio Tinto）明确马达加斯加钛矿砂勘探项目将继续进行。计划投资 7.75 亿美元，其中 5.85 亿美元用于马达加斯加采矿建设，1.90 亿美元用于索雷尔（Sorel-Tracy）冶金厂改建。索雷尔冶金厂 9 台还原熔炼电炉中的 2 台将完全用于冶炼马达加斯加钛矿，生产含 90% TiO_2 的钛渣，其余 7 台电炉将继续用于冶炼来自加拿大 Havre-Saint-Pierre 的矿石。

马达加斯加采矿项目生产能力到 2012 年达到年产 75 万吨钛铁矿，QIT 公司新增钛渣生产能力 47.5 万吨/年，总生产能力可达 150 万吨/年。

10.5.2 魁北克铁钛公司 UGS 渣生产工艺流程

QIT 是目前世界上唯一一家用酸溶性钛渣升级为适合氯化法钛白高品质钛原料的工业生产商，这是因为其电炉冶炼出酸溶性钛渣含有 4%~6% 的 CaO+MgO。为了进一步获得适合氯化法钛白高品质的钛原料，QIT 公司在寻求新钛矿源冶炼高品位钛渣的同时，将原生产线上生产的酸溶性钛渣进行再加工，生产品位达 95% 的高钛渣（up-grade slag，简称 UGS），主要用于生产氯化法钛白。其主要流程是先将其前面获得的酸溶性钛渣在高温下加入适当的添加剂进行氧化、还原焙烧，其目的是将钛氧化成盐酸不溶的金红石 TiO_2，同时改变 MgO、CaO 的存在形式，使 MgO、CaO 便于稀盐酸浸出，最后再用盐酸和碱浸出。

具体工艺为：36.6% 重选精矿→氧化焙烧→磁选→37.7% 磁选精矿→密闭电炉熔炼→80% 钛渣→高温氧化→高温还原→（浓）盐酸加压浸出（>150℃）→94% 富集钛渣→碱浸除硅→96% 品位 UGS。从原矿到 UGS 各工序产品组成列于表 10-42。

表 10-42 QIT 制造 UGS 各工序产品化学组成 （%）

化学组成	原矿	重选精矿	焙烧磁选精矿	钛渣	酸浸产品	碱浸产品
TiO_2	34.3	36.6	37.7	80.0	93.93	95.98
FeO	27.5	29.5	28.8	9.6	—	—
Fe_2O_3	25.2	26.5	28.9	—	1.09	1.09
FeO	—	—	—	0.6	—	—
Ti_2O_3	—	—	—	17.0	—	—
SiO_2	4.5	2.5	0.6	2.5	2.77	1.04
Al_2O_3	3.5	3.0	1.0	2.9	0.69	0.65

化学组成	原矿	重选精矿	焙烧磁选精矿	钛渣	酸浸产品	碱浸产品
MgO	0.16	3.2	2.9	5.3	0.74	0.73
CaO	0.10	0.5	0.1	0.6	0.12	0.12
MnO	0.27	0.16	0.2	0.25	0.05	0.04
Cr_2O_3	0.25	0.10	0.10	0.17	0.06	0.01
V_2O_5	—	0.36	0.36	0.56	0.35	0.32
S	—	0.25	0.02	0.1	—	—
C	—	—	—	0.1	—	—

10.5.3 中国升级钛渣生产工艺流程

攀枝花及其周边地区钛资源属钛铁矿岩矿类，用此冶炼出来的钛渣 CaO+MgO 含量高达 7%~11%，几乎是 QIT 酸溶性钛渣含量的 2 倍，显然这种钛渣不适合氯化法钛白工业的原料要求。为开发具有攀枝花资源特色的高品质富钛料，我国独立开发了升级钛渣技术。

升级钛渣流程如图 10-66 所示。

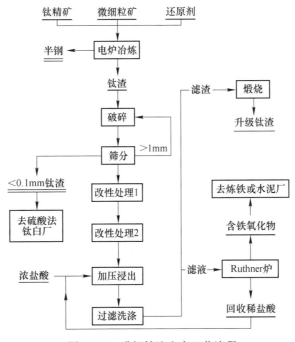

图 10-66　升级钛渣生产工艺流程

由图 10-66 可知，该工艺得到两种产品，一种是颗粒度在 0.1~1mm 的升级钛渣，另一种是颗粒度小于 0.1mm 的酸溶性钛渣。升级钛渣用作氯化法钛白的高级原料，酸溶性钛渣用作硫酸法钛白的高级原料。该工艺所得到的两种产品的质量见表 10-43、表 10-44，其中升级钛渣颗粒度分布见表 10-45。

表 10-43 升级钛渣工艺处理混合矿所得产品的化学成分 （%）

种类	TiO_2	Ti_2O_3	FeO	CaO	MgO	SiO_2	Al_2O_3	MnO
酸溶性钛渣	77.35	3.86	11.96	1.30	3.91	3.56	1.53	1.13
PUS 钛渣	89.74	<0.5	1.67	0.82	0.532	4.03	0.584	—

表 10-44 升级钛渣工艺处理全云南矿所得产品的化学成分 （%）

种类	TiO_2	Ti_2O_3	FeO	CaO	MgO	SiO_2	Al_2O_3	MnO
酸溶性钛渣	83.45	3.86	11.96	0.499	2.51	3.56	1.53	1.13
PUS 钛渣	92.33	—	<0.5	0.354	0.47	2.31	0.36	—

表 10-45 升级钛原料与产品物料粒度分布情况

粒度/mm	+0.83	−0.83+0.38	−0.38+0.18	−0.18+0.12	−0.12+0.096	−0.096+0.074
原料	1.60	29.49	33.26	26.40	4.11	5.14
PUS 钛渣/%	0.10	25.84	32.36	32.40	4.13	5.17

这个工艺最突出的优点就是升级钛渣的颗粒基本保持不变，其中 0.38mm 以上的有变细的趋势，这并不是化学作用造成的，而是流态化氧化工序加料螺旋机械作用的结果。产品达到了沸腾氯化指标要求，但总体上仍处于实验室研发阶段。

就两种工艺而言，其差别主要原因在于攀枝花矿与 QIT 矿在化学组成上有很大差别：

（1）QIT 所用的是含赤铁矿的钛铁矿，含钛低而含铁高，直接采用酸浸法制造人造金红石是不经济的，因此采用钛渣-酸浸制造 UGS 工艺路线。另外，QIT 所开采的是一种特有的富矿，采矿和选矿成本非常低，又有廉价的水电，因此生产钛渣和 UGS 利润很高。攀枝花矿含钛高而含铁低，可以直接采用酸浸法制造人造金红石，这是与 QIT 矿的重要区别。

（2）两种精矿中的 SiO_2 含量也有较大差别，QIT 入炉精矿中 SiO_2 含量只有 0.6%，而攀枝花矿中 SiO_2 含量高达 3.5%，如果采用原矿直接入炉冶炼炼钛渣其 SiO_2 含量将高达 5% 以上，用这种钛渣制造的 UGS 中 SiO_2 含量将高达 6% 以上，必须用碱浸除硅才可能获得较高品位的 UGS 产品。如果没有碱浸除硅工序，只能获得 90% 以下的产品。

10.6 钛渣前沿新技术

10.6.1 高钙镁钛精矿制取高钛渣技术

采用攀枝花某大型企业的提质钛精矿，其化学成分见表 10-46。

表 10-46 提质钛精矿的化学成分 （%）

TFe	FeO	Fe_2O_3	CaO	MgO	SiO_2	Al_2O_3
32.65	37.42	4.95	0.313	4.62	0.729	0.398
TiO_2	V_2O_5	MnO	Cr_2O_3	P_2O_5	S	
49.97	0.265	0.668	0.078	<0.005	0.084	

以无烟煤作还原剂（见表 10-47），在 50kV·A 中试电弧炉上进行碳热还原冶炼高钛渣，先后共进行了 7 炉次冶炼试验，试验总体上取得了成功，效果较好。

表 10-47　还原剂（无烟煤）的化学成分　　　　　（%）

固定 C	挥发分	$SiO_2$①	$Al_2O_3$①	MgO①	CaO①	P	S	灰分
91.34	5.52	33.46	30.80	2.98	14.37	0.014	0.60	2.72

①灰分中的成分。

10.6.1.1　试验参数

主要试验参数为：矿煤比、冶炼温度和冶炼时间。根据已有的有关试验研究工作经验以及经过理论计算后，选择提质钛精矿还原冶炼的矿煤比为 100：（8~9），还原冶炼温度取 1600~1750℃，每炉冶炼时间 60~70min。提质钛精矿为微细粒级，0.074mm（-200 目）粒度达 80%，预先在圆盘造球机在制成 3~5mm 的湿球团并烘干；无烟煤粒度 3~5mm。

10.6.1.2　结果及分析

冶炼所得高钛渣和生铁的化学成分分析分别见表 10-48、表 10-49。平均炉温 1705℃。

表 10-48　提质钛精矿冶炼钛渣化学成分分析　　　　　（%）

TiO_2	FeO	Ti_2O_3	CaO	MgO	SiO_2
97.80	1.61	59.52	0.842	3.09	0.162
Al_2O_3	C	TiC	V_2O_5	P	S
1.620	0.190	0.217	0.048	<0.005	0.710

表 10-49　生铁成分　　　　　（%）

C	Ti	V	P	S	Cr	Si	Mn
2.96	1.43	0.144	0.026	0.850	0.077	0.446	0.410

从表 10-48、表 10-49 中可以得出：（1）冶炼所得钛渣中二氧化钛含量高达 97.80%、SiO_2 含量为 0.162%。在钛精矿 TiO_2 品位达 48.56%、SiO_2 含量为 0.840% 的原料条件下，所得钛渣中 TiO_2 品位达 97.80%，已达到高钛渣的钛品位高位。（2）冶炼所得生铁中碳含量为 2.96%，达到转炉提钒-炼钢的化学成分要求，可以作为转炉炼钢原料，也可以作为铸造用原料。但是，生铁中硫含量偏高（0.850%），在实际应用时可进行预脱硫。

钛渣中二氧化钛含量高的原因分析：（1）还原温度偏高（平均温度达 1705℃），造成钛、硅、铁、钒、铬等的氧化物过多被还原，总渣量减少，因为钛的氧化物被还原的相对数量较小，所以造成钛渣中二氧化钛含量偏高。（2）被过度还原的钛、硅、铁、钒、铬等氧化物生成相应的金属，其中钛、硅、铁、钒、铬进入生铁中，与过剩的碳共同进入金属铁中形成了生铁。这从表 10-49 生铁成分中可得以验证，如其中钛、硅的含量分别达到了 1.43% 和 0.446%，明显高于一般情况下冶炼钛精矿附产生铁（半钢）中的钛和硅含量。特别值得一提的是，钛渣中二氧化硅含量（0.162%）反而低于钛精矿中的二氧化硅含量（0.840%），这更能说明钛渣中二氧化钛品位偏高的主要原因是钛精矿的过还原。（3）冶炼过程中硅氧化物可能被还原还生成气态的硅低价化物 SiO，镁氧化物可能被还原生成金属镁蒸气，并且两种气体进入烟气被带走了，从而减少了钛渣总质量，故造成钛渣中二氧化钛含量升高。(4) 冶炼之前在电弧炉内衬上已经粘有之前钛渣冶炼的钛渣（炉衬挂渣），因炉温偏高而熔化进入新生成的钛渣中，而且这些挂渣中二氧化钛含量较高，导致钛渣中二氧化钛品位偏高。

10.6.1.3　小结

以高质量的无烟煤（含固定碳 91.34%）为还原剂，在中试电弧炉中还原冶炼攀枝花提质钛精矿，工艺可行，其冶炼所得钛渣品位高达 97.80%；提质钛精矿中氧化镁、氧化钒含量低于非提质钛精矿，氧化钙、氧化铁含量二者相近或相当，而磷、硫含量前者较后者偏高 4~6 倍，所以作为冶炼钛渣的原料，提质钛精矿总体上优于非提质钛精矿。

10.6.2　微细粒级高钙镁钛精矿制取高品质酸溶性钛渣技术

钛精矿球团氧化后其主要物相为铁板钛矿，改变了钛铁矿的致密结构，很大程度上提高了其还原性能。为了避免外来物质带来杂质，降低钛渣的品位，在自然碱度条件下进行还原，系统研究钛精矿氧化球团在高温下碳热还原的工艺参数，包括冶炼温度、冶炼时间以及焦炭配比对渣铁分离、还原率、钛渣品位、钛渣物相变化的影响，并优化其工艺参数，为钛渣生产提供技术支撑。采取 50kV·A 中试电弧炉进行冶炼钛渣试验。

10.6.2.1　试验原料

以微细料级钛精矿酸性氧化球团为还原对象（见表 10-50 和图 10-67），球团的主要矿物为铁板钛矿即 Fe_2TiO_5（$Fe_2O_3 \cdot TiO_2$），可看作参与还原反应的铁氧化物主要为 Fe_2O_3。选择焦炭为还原剂（见表 10-51），焦炭不仅价格便宜，而且易获取，其灰分与硫含量都较低，对冶炼出的钛渣中 TiO_2 品位及生铁质量影响小。

表 10-50　钛铁矿氧化球团主要化学成分　　　　　　（%）

TiO_2	TFe	FeO	Fe_2O_3	SiO_2	S	MgO	Al_2O_3	MnO	V_2O_5	CaO
44.32	32.56	<0.5	45.75	2.87	0.01	5.74	1.13	0.60	0.07	0.908

表 10-51　焦炭主要化学成分　　　　　　（%）

固定碳	灰分	挥发分	硫	水分
83.83	13.46	0.99	0.56	4.5

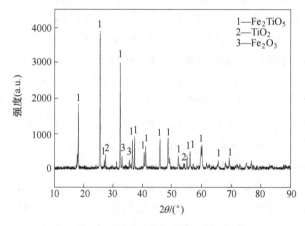

图 10-67　钛精矿氧化球团 XRD 图谱

10.6.2.2　工艺流程

工艺流程主要分为以下几步骤，配料、混料、电炉冶炼、冷却、破碎磁选，工艺流程如图 10-68 所示。

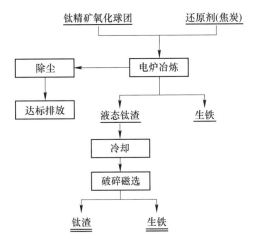

图 10-68　中试电炉冶炼高品质酸溶性钛渣工艺流程

10.6.2.3　结果及分析

A　冶炼温度对碳热还原的影响

在自然碱度球团、还原时间为 30min、配入 10% 焦炭条件下，取还原温度分别为 1500℃、1520℃、1540℃、1560℃、1580℃，不同的冶炼温度对渣铁分离效果如图 10-69 所示。从图 10-69 中可看出，随着冶炼温度的不断升高，渣铁分离效果得到加强。在冶炼温度为 1500℃ 时，部分球团矿有少许熔融状态，部分球团矿黏结，没有单独的铁块产生，渣中可清晰地看到许多小铁颗粒，渣铁不分。当温度提高到 1520℃ 时，明显能看到渣与铁块产生，但仅有少部分铁块能聚集，渣中仍带有大量小铁粒，形成的铁块不均匀且偏小，铁水的流动性较差。在温度为 1540℃ 时，渣铁分离较好，形成了大块铁块，但仍有少部分小铁粒夹杂在渣中。继续提高冶炼温度到 1560℃ 和 1580℃ 时，渣铁分离情况都较好，此时主要原因是高温的作用下增加了渣铁的流动性，小铁粒易聚集形成大块生铁，但不可避免渣中都还有少许铁粒。所以适宜的冶炼温度需达到 1540℃ 以上。

图 10-70 为冶炼温度对钛精矿氧化球团还原度 η、钛渣中 TiO_2 含量、Fe 回收率的影响。从图 10-70 可以看出，随着温度的不断提高，球团还原度 η、钛渣中 TiO_2 含量、Fe 回收率都显著增加，温度在 1500~1580℃ 时，还原度 η 从最低 70.32% 提高到 88.27%，钛渣中 TiO_2 含量从最低 64.26% 增加到 74.36%，Fe 回收率从最低 36.57% 到 72.29%。结合上述渣铁分离情况，可以看出，温度的升高改变了还原反应的动力学条件，有利于反应的正向进行，提高了各反应物分子的活化能；同时，温度的不断提高降低了渣的黏度，增加了渣铁的流动性，有利于小铁颗粒的不断聚集长大，形成大块生铁。冶炼温度对 Fe 回收率的影响较大，主要原因还是看渣铁分离的情况，总体来说铁的收率还是偏低。TiO_2 品位达到 70% 以上，可以作为酸溶性钛渣制备硫酸钛白。

图 10-71 所示为不同冶炼温度下所得钛渣的物相分析。从图 10-71 可以看出，钛渣的主要物相为含镁黑钛石（$Mg_{0.6}Ti_{2.4}$）O_5、金属 Fe 和钛铁矿 $FeTiO_3$。当冶炼温度为 1500℃

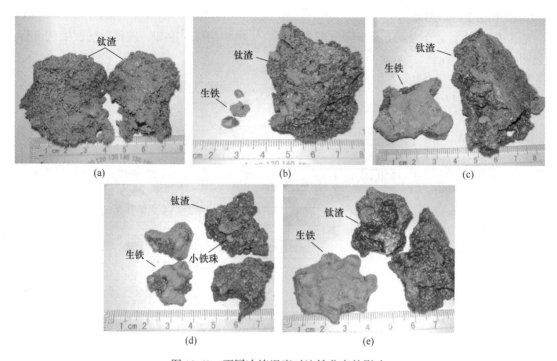

图 10-69 不同冶炼温度对渣铁分离的影响

（a）1500℃；（b）1520℃；（c）1540℃；（d）1560℃；（e）1580℃

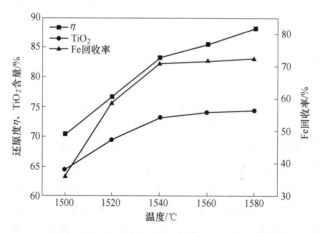

图 10-70 冶炼温度对钛铁矿氧化球团还原度 η、钛渣中 TiO_2 含量、Fe 回收率的影响

时，由于温度过低，出现少部分未还原 $FeTiO_3$ 相，随着温度提高到 1520℃时，$FeTiO_3$ 特征衍射峰消失。在不同的冶炼温度下，金属 Fe 特征衍射峰都存在，但是随着温度的增加，金属 Fe 衍射峰强度逐渐减弱和部分消失，这是因为温度的增加，提高了渣的流动性，渣铁分离得更好，金属铁夹杂在渣中的现象越来越少。根据 10.1 节所描述，酸溶性钛渣中黑钛石物相占钛渣物相的 80% 以上，为最主要物相，正因为黑钛石相里含有一定的 Mg^{2+}、Fe^{2+} 和 Ti^{3+}，它才有利于钛渣的酸解，才能成为硫酸钛白最佳原料。

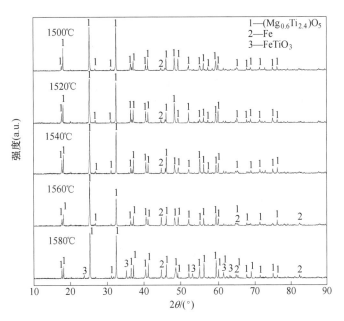

图 10-71 还原温度对钛渣物相的影响

B 冶炼时间对碳热还原的影响

在自然碱度球团、冶炼温度为 1540℃ 条件下，向球团中配入 10% 焦炭进行还原冶炼，还原时间分别为 5min、15min、30min、45min、60min，不同还原时间对渣铁分离效果如图 10-72 所示。从图 10-72 中看出，在还原时间为 5min 时，渣铁几乎不分离，渣中夹杂着许多小铁颗粒；延长还原时间到 15min 时，渣铁有部分分离，但是渣中仍夹杂着许多小铁粒；继续延长还原时间到 30min 时，渣铁分离较好，形成了大块铁块，但是渣中仍带有铁粒，且铁粒粗大；继续延长还原时间到 45min 时，渣铁分离不好，仅形成了小块生铁，渣中可清晰看见带有较大的铁粒；在还原时间为 60min 时，渣铁基本不分离，可见较大的铁粒仍存在于渣中。随着反应的进行，还原时间越长，有更多的 TiO_2 被过还原生成低价钛，同时也生成了一些高熔点物质碳（氮）化钛，直接导致渣中黏度升高，流动性变差，铁粒很难聚集一起形成大块生铁，所以适宜的还原时间为 30~45min。

图 10-73 为还原时间对钛铁矿氧化球团还原度 η、钛渣中 TiO_2 含量、Fe 回收率的影响。

从图 10-73 可以看出，随着还原时间的增加，球团的还原度 η、钛渣中 TiO_2 含量、Fe 回收率都呈现先增加后降低的过程，初期增长幅度较大。当还原时间在 5~30min 范围变化时，还原度 η 从 64.37% 提高到 83.32%，钛渣中 TiO_2 含量从 60.89% 增加到 73.23%，Fe 回收率从最低 28.14% 提高到 70.85%。在 30min 以前，随还原时间的延长，有利于还原反应的正向进行，小铁颗粒需要一定的时间才能聚集。在 30min 以后，球团还原度 η、钛渣中 TiO_2 含量、Fe 回收率都不同程度下降，在 60min 时，球团的还原度 η、钛渣中 TiO_2 含量、Fe 回收率分别下降到 72.17%、67.46%、54.62%，因为还原时间的延长，有更多的 TiO_2 被还原生成低价钛，导致渣的黏度升高，铁水流动性变差。

图 10-74 为还原时间对所得钛渣物相的影响。从图 10-74 可以看出，还原时间在 5~

图 10-72 不同还原时间对渣铁分离的影响

(a) 5min；(b) 15min；(c) 30min；(d) 45min；(e) 60min

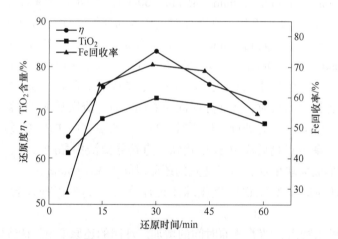

图 10-73 还原时间对钛铁矿氧化球团还原度 η、钛渣中 TiO_2 含量、Fe 回收率的影响

60min 时，钛渣的物相没有明显的变化，主要物相还是为含镁黑钛石（$Mg_{0.6}Ti_{2.4}$）O_5，少量的金属 Fe。

C 焦炭配比对碳热还原的影响

在冶炼的过程中，焦炭配比控制钛精矿氧化球团含 Fe、Ti 氧化物的还原程度主要是调节熔渣中 FeO 含量。适宜的焦炭配比有利于改善渣铁界面的动力学条件，使 Fe 氧化物快速进入渣铁界面进行还原，加速渣铁分离。在还原温度为 1540℃，还原时间为 30min，

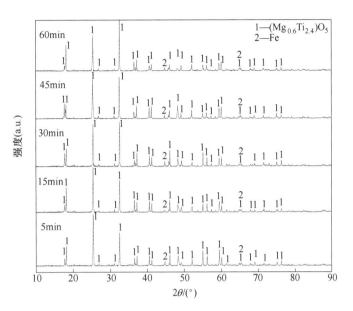

图 10-74 冶炼时间对钛渣物相的影响

同样按上述试验方法进行还原冶炼，向钛精矿氧化球团中配入焦炭量分别为 6%、8%、10%、12%、14%，不同的焦炭配比对渣铁分离效果如图 10-75 所示。

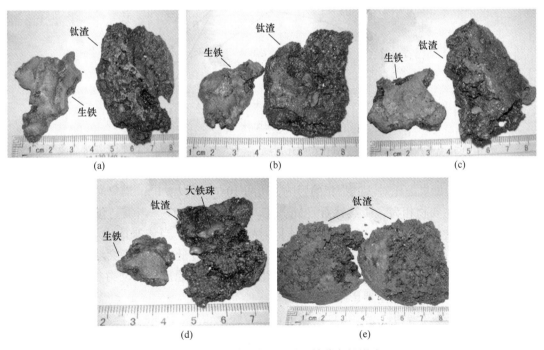

图 10-75 不同焦炭配比对渣铁分离的影响
(a) 6%；(b) 8%；(c) 10%；(d) 12%；(e) 14%

在焦炭配比为 10% 以下时，渣铁分离都较好，形成了大块生铁，但是渣中仍夹杂一些铁粒。继续提高焦炭配比到 12% 时，渣铁分离较差，分离的铁块明显比之前小。当焦炭配比为 14% 时，渣铁几乎不分离，有较多的大铁粒夹杂在渣中，同时渣中出现了一些黄色和褐红色物质。原因可能是随着焦炭配比的增加，在高温的作用下，TiO_2 被过还原生成较多低价钛，恶化了还原反应的动力学条件，同时渣中出现了高熔点物 TiC（或 TiN），直接导致渣的黏度进一步升高，铁水流动性变差，不利于渣铁的分离。因此，适宜的焦炭配比在 8% ~ 10%。

图 10-76 为还原时间对钛渣物相的影响。从图 10-76 可以看出，随着焦炭配比的增加，球团的还原度 η、钛渣中 TiO_2 含量、Fe 回收率都呈现先增加后降低的过程，初期 Fe 回收率增长缓慢。当焦炭配比为 6% 时，由于焦炭配比较低，钛渣中 TiO_2 含量、Fe 回收率分别为 69.27% 和 63.23%，当焦炭配比增加到 8% ~ 10% 时，钛渣中 TiO_2 含量、Fe 回收率都不同程度提高，这是由于在焦炭配比较低时随着焦炭配比的增加，促进了钛精矿氧化球团中铁的氧化物的还原，进一步提高了反应的还原度 η 和铁的回收率。焦炭配比继续提高到 14% 时，Fe 回收率迅速降低，仅为 27.74%，过量的焦炭使 TiO_2 过还原，相对提高了渣铁熔分温度和黏度，导致渣铁流动性变差。

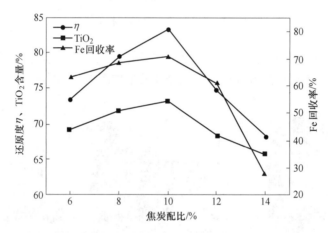

图 10-76 焦炭配比对钛精矿氧化球团还原度 η、钛渣中 TiO_2 含量、Fe 回收率的影响

图 10-77 为焦炭配比对钛渣物相的影响。从图 10-77 可以看出，当焦炭配比为 12% 以下时，钛渣的主要物相为含镁黑钛石（$Mg_{0.6}Ti_{2.4}$）O_5、金属 Fe。当提高焦炭配比到 14% 时，出现新的含钛物相 TiC，金属 Fe 特征衍射峰一直存在；当焦炭配比为 10% 以上时，金属 Fe 特征衍射峰强度较之前的有所增加。由此可知，过量的配焦炭会使渣中的钛氧化物活度增加，阻碍了还原反应的进行，TiC 的生成恶化了还原反应的动力学条件；不同焦炭配比对钛渣物相组成有重要影响。

D 钛渣的微观结构

图 10-78 所示为钛渣的扫描电镜照片（还原温度 1540℃、还原时间为 30min、焦炭配比为 10%）。从图 10-78 可以看出，钛渣是由大小不规则的颗粒组成，颗粒粒径范围为 8 ~ 80μm，且大小颗粒相互夹杂分布。同时可以明显看到渣中夹杂着许多亮白色颗粒，这是铁氧化物被还原出来的金属铁，金属铁在渣中分布不规则，多数是嵌布于矿物颗粒中，单独存在较少。由于生成的钛渣本身黏度大，渣铁分离时，渣中夹带小铁粒是必然的。

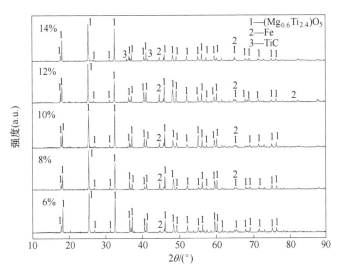

图 10-77　焦炭配比对钛渣物相的影响

图 10-78　钛渣的 SEM 形貌

10.6.2.4　正交试验结果及分析

根据前面的小试研究结果，为进一步研究各因素对其还原的综合影响，采用 3 因素 3 水平进行正交试验，以铁的回收率作为试验指标，因为铁的回收率越高，代表渣铁分离越好，渣中 TiO_2 含量也越高，还原度就越高。因素水平表和试验结果分别见表 10-52 和表 10-53。

表 10-52　正交因素水平表 L_9（3^3）

水平	A 冶炼温度/℃	B 冶炼时间/min	C 焦炭配比/%
1	1540	30	8
2	1550	38	9
3	1560	45	10

表 10-53 正交试验方案与极差分析结果

试验号	A	B	C	铁的回收率/%
1	1540	30	8	68.36
2	1540	38	9	70.67
3	1540	45	10	68.78
4	1550	30	9	68.41
5	1550	38	10	69.84
6	1550	45	8	70.96
7	1560	30	10	71.47
8	1560	38	8	73.34
9	1560	45	9	69.53
K1	69.27	69.41	70.89	
K2	69.74	71.28	69.54	
K3	71.45	69.67	70.03	
极差 R	2.18	1.87	1.35	
因素主次	A>B>C			
最优方案	$A_3B_2C_1$			

图 10-79 为各因素对钛精矿氧化球团还原后铁的回收率的影响。试验因素从主到次影响顺序为：冶炼温度（A）>冶炼时间（B）>焦炭配比（C），即冶炼温度的变化对铁的回收率影响最大，其次为冶炼时间，焦炭配比影响最小。应选择各个因素水平较好的组合为优化方案，即为 $A_3B_2C_1$，在此条件下铁的回收率可提高到 73.34%，钛渣中 TiO_2 含量为 74.86%，还原度为 89.34%。

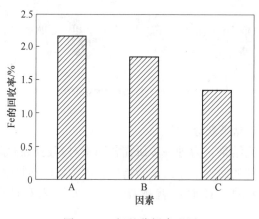

图 10-79 极差分析直观图

9 组正交实验所得的渣铁分离效果如图 10-80 所示。从图 10-80 看出，9 组实验在此条件下都可以实现较好的渣铁分离，但明显可以看到第 8 组渣铁分离较好，形成生铁块最大，提高了铁的回收率，再次说明冶炼温度越高有利于渣铁的分离，同时还需要适宜的冶炼时间和焦炭配比。

图 10-80 正交实验所得的渣铁分离

10.6.2.5 中试电弧炉冶炼钛渣试验

在冶炼钛渣过程中,球团中铁的氧化物是逐级被还原的,钛的氧化物部分被还原并富集在炉渣中,经渣铁分离获得高品质酸溶性钛渣和副产品铁水。

根据前面的小试结果可知,冶炼温度越高,越有利于提高渣铁的流动性,对渣铁分离更有益。结合焦炭配比理论计算,在适宜范围内提高焦炭配比,有利于提高各元素回收率,但过高会造成渣铁不分。同样,适宜的冶炼时间有利于促进还原反应进行,但冶炼时间过长也会造成渣铁不分。中试试验选择电弧炉冶炼温度 1500~1900℃,每炉冶炼用 15~20kg 钛精矿氧化球团,冶炼时间 90~120min,选取焦炭配比为 6%、8%、10%。

A 试验设备

主要试验设备为 50kV·A 中试电弧炉,如图 10-81 所示。

B 中试试验结果与讨论

所得渣铁分离效果如图 10-82 所示。从图 10-82 可以看出,当焦炭配比为 6% 和 8%

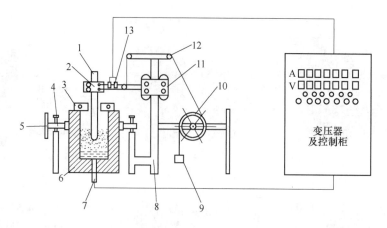

图 10-81 中试电弧炉结构示意图

1—电极；2—电极夹持器；3—水冷炉盖；4—耳轴；5—炉体转向盘；6—电弧炉炉体；7—底电极；
8—支架；9—配重；10—钢丝绳的卷筒及轮盘；11—电极升降滑轮架；12—滑轮；13—接线柱

图 10-82 焦炭配比对渣铁分离的影响

（a）渣铁出炉；（b）焦炭配比为 6%；（c）焦炭配比为 8%；（d）焦炭配比为 10%

时，渣铁顺利出炉，渣铁基本分离，形成了大块生铁，但渣中仍夹杂着许多小铁颗粒；当焦炭配比提高到10%时，渣铁分离效果不好，甚至出炉过程不顺利，其生铁大部分出炉，但钛渣只有一少部分与铁水同时出炉，大部分渣未能出炉。出现该现象的主要原因是焦炭配比的增加，在高温冶炼下多余的炭与钛氧化物发生过还原反应，生成高熔点物质TiC弥散在炉渣中，导致炉渣黏度过大，流动性差，还原铁也不易沉降，造成渣未能与铁分离。因此，采用中试电弧炉冶炼钛渣选择焦炭配比适宜的范围在6%~8%，不同焦炭配比所得钛渣化学成分见表10-54。

表10-54　不同焦炭配比还原后的钛渣化学成分　　（%）

焦炭配比	TiO$_2$	FeO	MFe	CaO	Al$_2$O$_3$	SiO$_2$	MgO	C
6%	74.21	7.26	1.20	2.20	2.28	3.89	6.45	0.15
8%	77.90	4.37	1.25	2.21	2.22	3.56	6.24	0.27
10%	82.43	2.06	0.80	2.06	2.05	2.82	5.97	1.05
平均	78.18	4.56	1.08	2.16	2.18	3.42	6.22	0.49

焦炭配比	MnO	V$_2$O$_5$	TiC	Cr$_2$O$_3$	Ni	Cu	P	S
6%	0.98	0.15	0.186	0.086	<0.01	0.01	<0.01	0.095
8%	0.78	0.12	<0.100	0.079	<0.01	0.01	<0.01	0.101
10%	0.63	0.06	0.501	0.037	<0.01	0.01	<0.01	0.124
平均	0.79	0.11	0.262	0.067	<0.01	0.01	<0.01	0.107

从表10-54可以看出，整体试验所得钛渣中TiO$_2$含量均较高，随着焦炭配比的逐渐增加，渣中TiO$_2$含量不断提高，当焦炭配比为10%时，钛渣中TiO$_2$含量高达82.43%，相比前面所述电阻炉试验提高了10%，这主要是因为炉衬和石墨电极增加了碳配比。因试验炉衬为碳质炉衬，同时石墨电极还消耗了大量的碳。按前面分析，焦炭配比过量会使渣的黏度增高，但由于电弧炉炉内温度一般都在1700℃以上，可增加渣铁的流动性。

钛渣中一定的FeO含量有利于还原反应的进行。FeO含量是控制钛氧化物过还原的关键因素，随着焦炭配比的增加，FeO含量逐渐减少。当焦炭配比为10%时，FeO仅为2.06%，容易造成钛氧化物的过还原，同时不能满足酸溶性钛渣对FeO含量的工业标准（FeO>4%）。不难发现其成分中所含有的有色金属V$_2$O$_5$、MnO、Cr$_2$O$_3$、Ni、Cu含量均较低，这对生产的钛白粉的性能，特别是白度是十分有益的。过量的C与Si、V、Mn等氧化物部分发生还原反应，使其进入铁水中，随着焦炭配比的升高它们被还原的程度加大，对生铁的品质造成了一定的影响。

不同焦炭配比时所得生铁形貌如图10-83所示。当焦炭配比为6%和8%时，生铁的表面非常平整，断口处金属光泽更好且更光滑，生铁中所夹杂的颗粒更少；当焦炭配比提高到10%时，生铁断口处金属光泽暗淡，且有不同程度的粗糙感。

(a)   (b)

(c)

图 10-83 生铁断口形貌图

焦炭配比：(a) 6%；(b) 8%；(c) 10%

不同焦炭配比所得生铁化学成分见表 10-55。生铁碳含量稍高，碳含量适当可提高生铁的强度和硬度，碳含量太高对生铁脆性有一定影响。钒含量为 0.088%，属于微合金化元素；锰含量为 0.083%，当生铁锰含量适当，可提高生铁的铸造性能和切削性能，过多则可以和有害杂质硫形成硫化锰而进入炉渣。硫是生铁中有害性元素，由于硫在熔融铁水中无限溶解，而在固体铁中溶解度很小，迫使含硫的铁水冷凝时要生成硫化铁，使生铁产生热脆性和降低铁液的流动性，导致晶粒间聚集使铸铁产生裂纹断裂和增大收缩性。本试验原料采用钛精矿氧化球团，球团在氧化过程中脱去大部分硫，所以生铁硫含量控制在 0.07% 以下，属于低硫生铁，有利于后续生铁进一步冶炼优质钢。

表 10-55 焦炭配比为 6%、8% 所得生铁化学成分   (%)

焦炭配比	C	Ti	V	Mn	Si	Cr	Co	Ni	S	P	Cu
6%	4.20	0.107	0.088	0.104	0.083	0.094	0.034	0.071	0.067	0.111	0.020
8%	4.20	0.064	0.069	0.083	0.060	0.084	0.034	0.072	0.068	0.112	0.019

10.6.2.6　小结

对钛精矿氧化球团进行电阻炉碳热还原试验及电弧炉中试试验，在自然碱度下研究了冶炼温度、冶炼时间、焦炭配比对还原过程及渣铁分离的影响。采用化学分析方法、X 射线衍射仪（XRD）、电镜扫描（SEM）等仪器方法表征并分析了不同工艺参数下冶炼钛渣的化学成分、物相组成及微观结构等，得出以下结论：

（1）冶炼温度范围为 1500~1580℃，随着冶炼温度的提高，渣铁分离趋势变好，但渣中仍夹杂着铁粒。还原度 η、渣中 TiO_2 含量及 Fe 回收率随冶炼温度升高而提高。XRD 测试表明，在高温作用下钛渣物相主要为含 Mg、Fe 及 Ti 的固溶体黑钛石物相和金属 Fe。适宜的冶炼温度需达 1540℃ 以上。

（2）不同冶炼时间和焦炭配比的钛精矿氧化球团碳热还原试验表明，随着冶炼时间的延长和焦炭配比的增加，渣铁分离趋势先变好，后变差；还原度 η、钛渣中 TiO_2 含量及 Fe 回收率也是先提高，后降低。主要原因都是在后期造成钛的氧化物过还原，同时部分高熔点物 TiC 生成，增加了渣的黏度，影响铁水的流动性。因此，适宜的冶炼时间为 30~45min，焦炭配比为 8%~10%。

（3）钛精矿氧化球团碳热还原正交试验得出，影响因素从主到次顺序为：冶炼温度>冶炼时间>焦炭配比，适宜的还原工艺参数为冶炼温度 1560℃，冶炼时间 38min，焦炭配比 8%。

（4）电弧炉中试试验结果表明：随焦炭配比的增加，钛渣中 TiO_2 含量增加，渣中 FeO 含量减少。当焦炭配比分别为 6%、8% 时，渣铁出炉顺利且分离较好，所得 TiO_2 品位分别为 74.2% 和 77.9%，符合国家/行业酸溶性钛渣的成分标准。从生铁化学成分上看，有 V、Mn 等微合金化元素，硫含量都控制在 0.07% 以下，都属于低硫生铁，有利于后续进一步冶炼优质钢。

10.6.3　低品位钛渣——50 钛渣酸解除杂提钛技术

目前钒钛磁铁矿主要采用高炉炼铁工艺，原矿中铁、钒都得到了比较充分的回收，但钛的利用率太低，特别是占原矿中 56% 的钛进入钛钒铁精矿再经高炉冶炼进入高钛型高炉渣中而没有回收利用。含 $TiO_2$20% 以上的高钛型高炉渣提钛利用是世界性难题，目前主要采用堆放和非提钛方式处理，占地面积大、处理费用高。

以转底炉（隧道窑、回转窑、气基竖炉等）预还原—电炉熔炼工艺为代表的处理钒钛磁铁矿非高炉新工艺，成为处理钒钛磁铁矿的主要战略发展方向，可以实现铁、钒、钛综合回收利用，所得产品为电炉熔分渣为低品位钛渣，其 TiO_2 品位可达到 50% 左右（可称为 50 钛渣）。50 钛渣可以作为硫酸法钛白及钛铁合金等的生产原料，但目前尚没有成熟和有经济效益的技术路线。本节介绍 50 钛渣提钛的相关探索性试验。

10.6.3.1　50 钛渣的物相组成

试验所用 50 钛渣是采用转底炉预还原—电炉熔分工艺生产的，对其物相进行了电镜扫描检测，如图 10-84 所示。从图 10-84 可以看出，熔分渣的物相主要由黑钛石、硅酸盐和金属铁组成，熔渣粒径范围为 0.002~0.5mm，85% 的熔渣粒径在 0.05mm 左右，因此黑钛石多呈破片状、短板状，渣中细粒铁珠比较干净，偶见碳氮化钛固溶体，有个别大铁珠，铁珠内有析出的粒状碳氮化钛、钒固溶体。表 10-56 为黑钛石物相的主要成分。

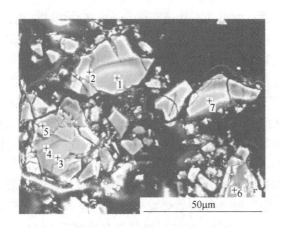

图 10-84　50 钛渣岩相图

1，3，7—黑钛石；2，4，6—硅酸盐相；5—包边钛铁矿

表 10-56　黑钛石电子探针元素分析　　　　　　　　（%）

样品编号	MgO	Al$_2$O$_3$	TiO$_2$	V$_2$O$_5$	FeO
1 号	11.78	3.76	75.54	4.43	4.47
2 号	9.95	2.81	78.25	2.50	6.46

10.6.3.2　50 钛渣硫酸酸解工艺试验

A　酸解试验

50 钛渣的化学成分见表 10-57。用硫酸对 50 钛渣进行酸解，试验参数：酸渣比=1.4~
1.85，硫酸浓度 82%~92%，加料温度 60~110℃，熟化温度 200℃，熟化时间 2h，浸取时
间 1.5h，浸取温度 70℃，加料量 100g~1kg，絮凝剂采用明胶。

表 10-57　50 钛渣的化学成分分析　　　　　　　　（%）

原样号	Al$_2$O$_3$	CaO	FeO	MgO	MnO	SiO$_2$	TFe	TiO$_2$	TV	P	S
筛下	10.92	5.27	16.85	12.33	1.01	11.12	13.1	41.44	0.909	<0.005	0.357

从反应现象来看，总反应时间为 6~8min，主反应时间为 3~4min，主反应开始温度约
为 190℃，反应最高温度约为 210℃，体积膨胀约为 4 倍，固化效果较好。酸解后的钛液
中无 Ti^{3+}，采用铁粉进行还原。酸解后的固相物呈龟鳞状，表面灰白，外表面上部为白
色，下部为蓝色，酸解后的固相物浸取时间较短，大约 15min 可完全溶解。

试验结果：50 钛渣的酸解率平均为 88.83%，较酸溶性钛渣（≥92%）和钛精矿
（≥94%）还有较大差距。酸解后的钛液指标见表 10-58，残渣分析见表 10-59，各杂质元
素的酸解收率情况见表 10-60。

表 10-58 酸解后钛液指标分析 （g/L）

编号	Al^{3+}	Ca^{2+}	Fe^{2+}	Mg^{2+}	Mn^{2+}	pH 值	F 值
1 号	13.57	0.641	32.25	17.06	1.80	0.98	2.367
2 号	13.57	0.713	41.50	17.99	2.58	0.68	2.051

编号	TiO$_2$	TV	有效酸	SiO$_3^{2-}$	TFe	Fe/TiO$_2$	
1 号	102.95	2.26	243.56	0.019	32.25	0.313	
2 号	126.90	2.74	260.29	0.124	41.50	0.327	

表 10-59 残渣化学成分分析 （%）

原样号	Al$_2$O$_3$	CaO	MgO	MnO	SiO$_2$	TFe	TiO$_2$	TV
XLCZ-1	7.63	12.56	5.32	0.577	36.42	4.30	13.45	0.334
XLCZ-2	7.74	13.46	5.96	0.569	37.16	4.25	13.56	0.312

表 10-60 其他元素的酸解收率情况 （%）

原样号	Al	Mg	Si	TFe	TV
XLCZ-1	0.784	0.889	0	0.890	0.870
XLCZ-2	0.791	0.879	0	0.889	0.932

B 除铝试验

酸解后的钛液放置一定时间后产生大量结晶，并形成"果冻"形式，基本不流动，加热后重新恢复流体状态，但冷却后又析出，并在过滤时常堵塞布氏漏斗滤液口。过滤过程中产生的胶体一般呈黄绿色晶体，经 200℃ 烘干后变为灰黑色，间杂白色，较脆。过滤后取部分胶体烘干送样检测，分析结果见表 10-61。

表 10-61 烘干样成分分析 （%）

原样号	Al$_2$O$_3$	CaO	FeO	MgO	MnO	SiO$_2$	TFe	TiO$_2$	TV
胶体	13.44	0.673	2.19	1.29	0.116	0.602	1.7	4.08	0.111

在过滤前加入硫酸铵，与硫酸铝反应生成硫酸铝铵沉淀（简称铵明矾），反应式如下：

$$Al_2(SO_4)_3 + (NH_4)_2SO_4 + 24H_2O \rightleftharpoons 2[NH_4Al(SO_4)_2 \cdot 12H_2O] \downarrow \quad (10\text{-}102)$$

反应温度控制在 30~40℃，反应时间 30min 左右，反应完毕后冷却至 3~5℃，铵明矾则从溶液中以结晶形式析出，经过滤从溶液中分离出铵明矾。脱铝后的钛液 Al$_2$O$_3$ 含量降至 10g/L 以下。

C 水解试验

酸解后的钛液在不除铝的情况下最多只能浓缩到 150g/L，除铝后可达到 180g/L 以上。水解采用外加晶种水解工艺，使用的原料见表 10-62。

表 10-62　水解用原料　　　　　　　　　　　　　　　　　　　（g/L）

样品名称	Al^{3+}	Ca^{2+}	Fe^{2+}	Mg^{2+}	Mn^{2+}	SiO_3^{2-}
钛液 1	9.49	<0.5	66.50	34.60	0.641	0.026
钛液 2	4.23	<0.5	28.25	22.06	0.672	0.021
样品名称	TV	有效酸	TFe	TiO_2	TFe/TiO_2	F 值
钛液 1	3.85	476.18	66.50	178.63	0.372	2.67
钛液 2	3.27	399.85	28.25	141.30	0.20	2.83

从试验现象来看，在高酸度情况下，以本身钛液制作的晶种加入 1~2h 后溶液并不变灰，改用酸渣钛液制备的晶种则可大大降低变灰时间；试验还考察了低浓度钛液（约70g/L）、一次浓缩液（141.30g/L）、二次浓缩液（178.63g/L）的水解情况。随着水解浓度的增加，钛液变灰时间延长，原始钛液变灰时间为 20min，一次浓缩钛液变灰时间为 2h。二次浓缩钛液加入 NaOH 50g 进行中和，调节溶液 F 值，控制最终溶液的 F 值为 1.83，变灰时间为 130min，同时随着钛液浓度的增加，从水解母液颜色可初步推断水解率降低的趋势。

D　洗涤试验

水解后的偏钛酸经过量酸水（pH<1）洗涤，以硫氰酸铵和铁氰化钾作为检测剂，然后加入 Ti^{3+}，尽量除去其中的铁；偏钛酸盐采用 H_3PO_4（以 P_2O_5 计）0.28%、K_2CO_3（以 K_2O 计）0.45%处理；煅烧曲线为 0.5h 升温至 600℃，保温 1h，然后 0.5h 内升温至 800℃，保温 0.5h，再 0.5h 内升温至 935℃，保温 1h，取出样品直接冷却，然后送样分析。样品分析结果见表 10-63。

表 10-63　钛白产品成分分析　　　　　　　　　　　　　　　　　（%）

原样号	TiO_2	Al_2O_3	CaO	MgO	MnO	SiO_2	TV	TFe
1 号	99.21	0.056	0.033	0.026	0.011	0.356	0.0078	0.0086
2 号	99.45	< 0.01	0.037	0.024	< 0.005	0.070	0.0088	0.0083
3 号	94.71	< 0.01	0.344	0.056	< 0.005	0.064	0.0060	0.0045
4 号	94.52	< 0.01	0.339	0.057	< 0.005	0.069	0.0059	0.0068
5 号	92.79	< 0.01	0.385	0.054	< 0.005	0.049	0.016	0.0066
6 号	90.2	< 0.01	0.59	0.082	< 0.005	0.056	0.011	0.0062

其中 1 号样水洗 pH 值呈酸性，颜色为灰绿色；2 号样水洗 pH 值呈中性，颜色为灰色，在 920℃下进行煅烧，产品颜色都呈灰相，并带少量红相；3 号样和 4 号样在水洗后再经过强碱溶液（pH>14）洗涤，偏钛酸呈白色，煅烧温度依次为 800℃、920℃，3 号和 4 号产品白度达到 R902 指标，但 3 号、4 号钛白粉的消色力都只约为 1000；5 号、6 号样经水洗后，先加入双氧水洗涤，再经过强碱（pH>14）洗涤，最终的偏钛酸呈黄色，然后于 920℃下进行煅烧，TV 含量依次为 0.016%和 0.011%，5 号白度为 92.5%，消色力为 300，6 号白度为 93.6%，消色力为 1000，R902 白度为 95.8%，消色力为 1950，普通锐钛型钛白白度为 100%，消色力为 1300~1400。

E　小结

（1）采用硫酸法酸解 50 钛渣在工艺上完全可行，其酸溶性较好，酸解率可达到 88%以上；使用硫酸铵进行除铝是完全可行的，溶液中的铝可除到 10g/L 以下；除铝后的钛液可浓缩至 180g/L 以上，从而满足水解钛液指标的要求；低浓度高杂质钛液水解在工艺上是完全可行的；通过水洗工艺的改进，钛白粉成品的白度可达到同类产品指标。

（2）通过硫酸法处理，完全可以将 50 钛渣中的钒、钛进行分离，钒基本进入水解母液和洗液中，收得率可达到 93% 以上，有利于钒的后续提取，但水解母液较高的酸度和杂质含量也为提钒带来了较高的难度。

（3）采用 98% 硫酸酸解 50 钛渣的酸解率和水解率还不够高，距同类原料还有较大的差距，且水解周期也较长，这是今后努力改进的方向。

10.6.4　50 钛渣选钛技术

大量研究表明，当高温工业炉窑冶炼所得炉渣原渣中的矿物晶粒微细小于 $10\mu m$ 时，是没有技术经济、合理的分离分选性的，50 钛渣也不例外。要想成功地对 50 钛渣中的钛矿物进行分离分选，从而实现对其中钛的回收利用，就必须改变其分离分选工艺性质，即使渣中钛矿物晶粒长大并优化渣中矿相组成。

10.6.4.1　50 钛渣矿物晶粒长大试验研究

技术思路：通过对 50 钛渣进行升温—保温，使其中的矿相特别是黑钛石结晶晶粒长大。工业试验在某矿冶有限公司工业钛渣电炉及特定的钛渣保温渣罐中进行。

50 钛渣晶粒长大试验选取的主要工艺参数：电炉出渣温度升高至 1780~1800℃，出渣入渣罐后保温 15min 后自然降温至 1300℃，再进行出渣并自然冷却。

A　50 钛渣工艺矿物学性质

50 钛渣的化学组成见表 10-64。

表 10-64　50 钛渣的化学成分　　　　　　　　　　　　　（%）

TiO_2	TFe	MFe	FeO	V_2O_5	Cr_2O_3	MnO	SiO_2	Al_2O_3	CaO	MgO	C	S	P
55.01	3.85	1.16	3.55	0.59	0.25	0.92	10.55	12.50	4.22	10.29	0.203	0.21	0.034

50 钛渣矿相成分如图 10-85 所示。由图 10-85 可以看出，50 钛渣中主要矿物均为黑钛石。由于黑钛石是复杂的固溶体系列矿物，因此导致同一面网的衍射峰值和强度有所不同；渣中辉石类矿物不仅比天然辉石结晶程度低，多数辉石呈微晶-隐晶质，比攀枝花高钛型高炉渣等其他冶炼渣的结晶程度还低，是高钛高铝硅酸盐矿物，其化学成分与天然辉石相差很大。

在正常冶炼条件下，50 钛渣中钛的化合物主要为黑钛石固溶体或微量塔基洛夫石，不生成或极少生成钙钛矿。钙钛矿生成于钙含量高的钛渣；不生成或极少生成碳化钛。碳化钛生成于残留碳极高的非正常冶炼钛渣；脉石矿物主要为钛辉石、高钛辉石，少量尖晶石、含钛硅酸盐玻璃、金属铁、硫化铁（磁黄铁矿、黄铁矿）等，见表 10-65。

50 钛渣中主要矿物含量见表 10-66。

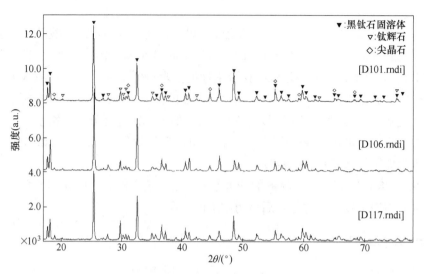

图 10-85 50 钛渣的 XRD 分析

表 10-65 50 钛渣的主要矿物成分

主要矿物	钛的矿物	其他矿物
主要矿物	黑钛石固溶体	钛辉石
次要矿物	塔基洛夫石，钙钛矿	尖晶石，玻璃质
少量微量矿物	碳化钛	金属铁，硫化物

表 10-66 50 钛渣中主要矿物含量 （%）

钛的氧化物		其 他 矿 物			
黑钛石	塔基洛夫石	辉石和玻璃质	尖晶石	金属铁	硫化物
61.53	<0.01	27.66	9.34	0.81	0.56

a 黑钛石的矿物学特征

黑钛石是 50 钛渣中的主要钛矿物，是可回收利用的钛矿物。研究表明，黑钛石通常主要是 $Ti_2^{3+}Ti^{4+}O_5$、$Al_2Ti^{4+}O_5$、$(Mg,Ti^{4+})_2Ti^{4+}O_5$、$(Fe^{2+},Ti^{4+})_2Ti^{4+}O_5$ 四个端元组分的固溶体。由于 V、Cr、Mn 等组分含量很低，由这些元素生成的端元组分一般居于次要地位。黑钛石在实体镜下呈斜方柱状—长柱状—针状自形晶；黑钛石呈黑色，玻璃光泽，不透明；黑钛石常被塔基洛夫石交代。

在电炉渣中，不仅 Al_2O_3 分子能够在很大程度上混溶于钛铁矿晶格中，许多其他三价离子也能够混溶于钛铁矿中，组成复杂的 $(M^{2+}TiO_3)-(M_2^{3+}O_3)$ 固溶体，这就是所谓的塔基洛夫石。塔基洛夫石在显微镜下的特征随化学成分变化而变化。一般说来，塔基洛夫石光学性质和天然钛铁矿非常相似。在 X 射线衍射图上塔基洛夫石和天然钛铁矿没有明显区别。塔基洛夫石的生成将导致钛渣中 TiO_2 赋存状态复杂化，元素分布分散。因此，塔基洛夫石的生成不利于钛渣生产，更不利于通过选矿工艺进一步富集 TiO_2。在电炉冶炼工艺过程中，应当极力避免该物相的生成。

b 黑钛石的化学成分

黑钛石电子探针分析结果列于表 10-67。

表 10-67 黑钛石固溶体组分含量电子探针分析 （%）

TiO$_2$	SiO$_2$	Al$_2$O$_3$	V$_2$O$_3$	Cr$_2$O$_3$	MgO	FeO	MnO	CaO	Na$_2$O	K$_2$O	合计
84.34	0.14	6.30	1.79	0.23	8.44	1.66	0.22	0.08	—	0.01	103.21

c 黑钛石和脉石的工艺粒度

黑钛石晶粒短径表示其工艺粒度，辉石、玻璃、尖晶石等硅酸盐和镁铝氧化物合称脉石。黑钛石和脉石矿物工艺粒度测定结果列于表 10-68。

表 10-68 50 钛渣中黑钛石与脉石的工艺粒度分布比较

矿物		粒度/μm						
		300~250	250~200	200~150	150~100	100~50	50~20	20~0
黑钛石	分布/%	3.34	5.61	12.94	27.53	40.58	8.79	1.19
	累计/%	3.36	8.97	21.91	49.44	90.02	98.81	100.00
脉石	分布/%	4.33	5.93	9.88	18.62	29.70	21.61	9.93
	累计/%	4.33	10.26	20.14	38.76	68.46	90.07	100.00

B 不同磨矿条件下黑钛石解离度

影响矿物在磨矿产品中解离的因素，除矿物工艺粒度外，还有矿物之间结合力和磨矿工艺等。研究表明，当样品磨矿粒度上限为 0.074mm 和 0.065mm 时，解离度较好，黑钛石解离度达 55% 和 65% 左右；当磨矿粒度上限细至 0.045mm 时，黑钛石单体解离度达到 80% 左右。

C 50 钛渣中钛的分布

根据 50 钛渣的化学成分、矿物成分、矿物化学成分计算渣中钛的分布率，列于表 10-69。在黑钛石中 Ti 的分布率达 96% 左右。

表 10-69 50 钛渣主要矿物中钛的分布率

矿物名称	矿物含量/%	Ti 品位/%	金属量	分布/%
黑钛石	61.53	50.57	3111.5721×10^{-4}	96.02
塔基洛夫石	< 0.01	31.91	0.3191×10^{-4}	0.01
钛辉石	27.66	4.08	112.8528×10^{-4}	3.48
尖晶石	9.34	1.70	15.878×10^{-4}	0.49
金属铁	0.81	—	—	—
硫化物	0.56	—	—	—
合 计	100.00	—	3240.622×10^{-4}	100.00

10.6.4.2 50 钛渣选钛试验研究

A 50 钛渣工艺矿物学性质

50 钛渣的化学组成和主要矿物含量见表 10-64 和表 10-66，渣中黑钛石工艺粒度分布见表 10-70，脉石矿物工艺粒度分布见表 10-71。

表 10-70　50 钛渣选钛试验样黑钛石工艺粒度分布

项目	粒度/μm								
	400~350	350~300	300~250	250~200	200~150	150~100	100~50	50~20	20~0
分布/%	0.18	1.04	2.14	5.61	12.94	27.53	40.58	8.79	1.19
累计/%	0.18	1.22	3.36	8.97	21.91	49.44	90.02	98.81	100.00

表 10-71　50 钛渣选钛试验样脉石矿物工艺粒度

项目	粒度/μm								
	450~400	400~350	350~300	300~250	250~200	200~150	150~100	100~50	50~20	20~0
分布/%	0.11	0.16	1.31	2.75	5.93	9.88	18.62	29.70	21.61	9.93
累计/%	0.11	0.27	1.58	4.33	10.26	20.14	38.76	68.46	90.07	100.00

B　选钛 50 钛渣磨矿解离试验

选钛 50 钛渣不同磨矿粒度条件下黑钛石解离度见表 10-72。

表 10-72　选钛电炉渣不同磨矿粒度条件下黑钛石的解离状况

磨矿粒度 /mm	单体 /%	≥3/4 /%	3/4~1/2 /%	1/2~1/4 /%	<1/4 /%	合计 /%
-0.074~0	55.06	29.54	8.45	4.16	2.79	100.00
-0.065~0	64.57	21.79	7.59	3.82	2.23	100.00
-0.045~0	80.02	19.98				100.00
-0.0385~0	82.78	9.57	3.71	2.89	1.05	100.00
-0.030~0	84.85	15.15				100.00

磨矿试验表明，以 -0.0385~0mm 粒度的磨矿物料分选效果最好，尽管粒度为 -0.030~0mm 的磨矿物料单体解离度（84.85%）高于粒度 -0.0385~0mm 的磨矿物料，但由于 -0.030~0mm 的磨矿物料中的泥级物料量显著提高。细泥在矿浆中既易覆盖于粗粒矿物表面，又易形成无选择性的凝结；矿泥微粒比表面积大，表面能大，对药剂吸附能力强，使药剂吸附失去选择性等，导致浮选严重恶化，诸如浮选速度变慢、选择性变坏、选矿技术指标严重下降、产品质量差、回收率低且药剂消耗大。为了减少矿泥的恶劣影响，磨矿粒度以 -0.0385~0mm 为宜。

C　50 钛渣选钛试验研究

黑钛石是 50 钛渣的主要钛矿物，是回收利用的目的矿物。黑钛石固溶体是一种化学成分复杂、多个端元组分的固溶体矿物。迄今为止，在地球上还没有发现天然黑钛石矿物。辉石和玻璃质是 50 钛渣的最主要脉石矿物（占脉石矿物总量的 73.62%），其次是尖晶石（占脉石矿物总量的 24.86%）。这些脉石矿物化学成分也是很复杂的；50 钛渣中矿物粒度要比天然矿物细得多，其磨矿解离性和可分选性比天然矿物差得多。因此，50 钛渣的选钛工艺技术难度非常大。

（1）浮选选钛捕收剂和调整剂的选择。选择对 50 钛渣浮选选钛性能好的捕收剂至关重要。为此，进行了大量的浮选选钛捕收剂对比试验。通过对比试验选择 F_{968} 系列中 F_{968}-

14-2、F_{968}-26 和中性油为选钛捕收剂；以硫酸、SSB、偏磷酸盐、改性纤维素、草酸和 FTA 为浮钛调整剂。

（2）50 钛渣选钛工艺流程。根据 50 钛渣工艺矿物学性质，经过大量系统的选钛试验研究，采用 50 钛渣—阶磨阶选除铁—Ⅲ 段磨矿产品浓缩、调浆、脱泥除杂—浮选选钛工艺流程，如图 10-86 所示。

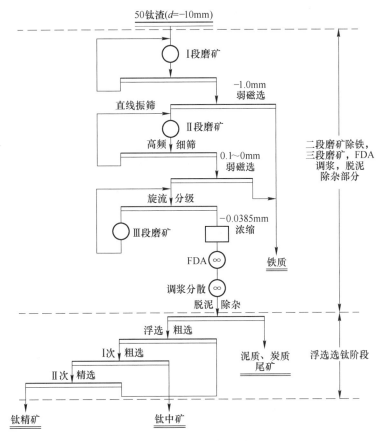

图 10-86　50 钛渣选钛工艺流程

（3）50 钛渣浮选选钛技术指标见表 10-73。

表 10-73　50 钛渣浮选选钛技术指标

产品名称	产品产率/%	TiO$_2$ 品位/%	TiO$_2$ 回收率/%	备　　注
金属铁	1.87	6.21	0.21	TFe 品位 6.24%
泥质炭质	6.88	6.24	0.78	—
钛精矿选后渣	57.70	72.07	75.59	TiO$_2$ 的总回收率
中矿	33.55	38.40	23.62	为 92.12%
入选物料	100.00	55.01	100.00	—

（4）50 钛渣浮选选钛产品指标。选钛产品主要化学组成见表 10-74。

表 10-74   50 钛渣选钛产品主要化学组成分析结果   （%）

产品名称	TFe	FeO	TiO₂	V₂O₅	SiO₂	Al₂O₃	CaO	MgO	S	P
钛精矿选后渣	1.62	2.06	72.11	0.68	3.51	9.91	1.39	9.21	0.055	0.020
中矿	1.50	1.94	38.41	0.34	21.02	16.57	7.66	10.57	0.27	0.012

选钛产品粒度分析分别见表 10-75、表 10-76。由表 10-75 和表 10-76 对比表明，浮选选钛入浮物料的有效浮选回收粒度下限为 0.006mm。

表 10-75   浮选钛入浮物料粒度分析结果

粒级/mm	>0.045	0.045~0.039	0.039~0.030	0.030~0.021	0.021~0.015	0.015~0.010	0.010~0.006	0.006~0.003	<0.003
含量/%	6.87	4.65	11.39	18.42	15.88	12.29	11.88	8.84	9.78
累计/%	6.87	11.52	22.91	41.33	57.21	69.50	81.38	90.22	100.00

表 10-76   浮选钛精矿选后渣粒度分析结果

粒级/mm	>0.045	0.045~0.039	0.039~0.030	0.030~0.021	0.021~0.015	0.015~0.010	0.010~0.006	0.006~0.003	<0.003
含量/%	13.43	8.25	11.83	21.87	18.69	10.92	11.37	3.00	0.64
累计/%	13.43	21.68	33.51	55.38	74.07	84.99	96.36	99.36	100.00

选钛产品的主要矿物组成见表 10-77。黑钛石在浮选选钛产品中的走向分布见表 10-78。

表 10-77   50 钛渣浮选选钛产品主要矿物组成   （%）

产品名称	黑钛石	辉石族矿物+尖晶石等	硫化物类
钛精矿选后渣	86.7	13.0	0.3
中矿	37.61	62.34	0.05

表 10-78   黑钛石在浮选选钛产品中的走向分布   （%）

产品名称	产品产率	黑钛石矿物含量	黑钛石走向分布
金属铁	1.87	—	—
泥质炭质	6.88	7.15	0.80
钛精矿选后渣	57.70	86.70	81.30
中矿	33.55	34.30	18.70
入选物料	100.00	61.53	100.00

10.6.5   钛渣理论品位计算表

钒钛铁精矿为原料制取 50 钛渣，其理论品位见表 10-79；钛精矿制取酸溶性钛渣，其标准品位见表 10-80~表 10-82。

表 10-79 50 钛渣理论品位速查表

（%）

TFe/%	TiO₂/%															
	5	6	7	8	9	10	11	12	13	14	15	16	17	18	19	20
45	13.04	15.65	18.25	20.86	23.47	26.08	28.68	31.29	33.90	36.51	39.11	41.72	44.33	46.94	49.54	52.15
46	13.52	16.22	18.93	21.63	24.34	27.04	29.75	32.45	35.15	37.86	40.56	43.27	45.97	48.67	51.38	54.08
47	14.04	16.85	19.66	22.47	25.27	28.08	30.89	33.70	36.51	39.31	42.12	44.93	47.74	50.55	53.36	56.16
48	14.60	17.52	20.44	23.36	26.29	29.21	32.13	35.05	37.97	40.89	43.81	46.73	49.65	52.57	55.49	58.41
49	15.21	18.25	21.30	24.34	27.38	30.42	33.47	36.51	39.55	42.59	45.63	48.68	51.72	54.76	57.80	60.85
50	15.87	19.05	22.22	25.40	28.57	31.75	34.92	38.10	41.27	44.44	47.62	50.79	53.97	57.14	60.32	63.49
51	16.59	19.91	23.23	26.55	29.88	33.19	36.51	39.83	43.17	46.47	49.78	53.10	56.42	59.74	63.06	66.38
52	17.39	20.86	24.34	27.82	31.29	34.77	38.25	41.72	45.20	48.68	52.16	55.63	59.11	62.59	66.06	69.54
53	18.25	21.91	25.56	29.21	32.86	36.51	40.16	43.81	47.46	51.11	54.76	58.42	62.07	65.72	69.37	73.02
54	19.22	23.06	26.90	30.75	34.59	38.43	42.28	46.12	49.96	53.80	57.65	61.49	65.34	69.18	73.02	76.86
55	20.28	24.34	28.40	32.45	36.51	40.57	44.62	48.68	52.74	56.80	60.85	64.91	68.97	73.02	77.08	81.14
56	21.48	25.77	30.07	34.36	38.66	42.96	47.25	51.55	55.84	60.14	64.43	68.73	73.02	77.32	81.62	85.91
57	22.82	27.38	31.95	36.51	41.08	45.64	50.21	54.77	59.33	63.90	68.46	73.03	77.59	82.15	86.72	91.28
58	24.34	29.21	34.08	38.95	43.82	48.69	53.55	58.42	63.29	68.16	73.03	77.90	82.77	87.63	92.50	97.37
59	26.08	31.30	36.52	41.73	46.95	52.16	57.38	62.60	67.81	73.03	78.25	83.46	88.68	93.90	99.11	104.33
60	28.09	33.71	39.33	44.94	50.56	56.18	61.80	67.42	73.03	78.65	84.27	89.89	95.51	101.12	106.74	112.36

注：1. 以钒钛铁精矿为原料生产钛渣，其中铁以 Fe₃O₄ 和钛铁晶石（2FeO·TiO₂）形式存在；未考虑还原剂中灰分对钛渣品位的影响。

2. 表中数据保留两位小数。

3. 钛渣理论品位计算公式：

$$\text{钛渣理论品位} = \frac{\text{铁精矿中二氧化钛含量 } TiO_2}{100 - \text{铁精矿中全铁含量 } TFe \times 1.37} \times 100\%$$

系数 1.37 的计算：由分子量可计算出，$1.0gFe \to 1.39g\ Fe_3O_4$，$1.0gFe \to 1.29g\ FeO$，在钒钛铁精矿中以 Fe_3O_4 形式存在的铁量约为以 FeO 形式存在的铁量的 3 倍，则（1.39×3+1.29）/4 = 1.37。

表 10-80 酸溶性钛渣标准（TZ74—FeO7%）品位速查表

（%）

TFe/%	TiO₂/%															
	35	36	37	38	39	40	41	42	43	44	45	46	47	48	49	50
25	46.82	48.16	49.50	50.84	52.17	53.51	54.85	56.19	57.53	58.86	60.20	61.54	62.88	64.21	65.55	66.89
26	47.64	49.01	50.37	51.73	53.09	54.45	55.81	57.17	58.54	59.90	61.26	62.62	63.98	65.34	66.70	68.06
27	48.50	49.88	51.27	52.65	54.04	55.42	56.81	58.20	59.58	60.97	62.35	63.74	65.12	66.51	67.90	69.28
28	49.38	50.79	52.20	53.61	55.02	56.43	57.84	59.26	60.67	62.08	63.49	64.90	66.31	67.72	69.13	70.54
29	50.29	51.73	53.17	54.61	56.04	57.48	58.92	60.35	61.79	63.23	64.66	66.10	67.54	68.98	70.41	71.85
30	51.24	52.71	54.17	55.64	57.10	58.57	60.03	61.49	62.96	64.42	65.89	67.35	68.81	70.28	71.74	73.21
31	52.23	53.72	55.22	56.71	58.20	59.69	61.18	62.68	64.17	65.66	67.15	68.65	70.14	71.63	73.12	74.62
32	53.26	54.78	56.30	57.82	59.34	60.86	62.39	63.91	65.43	66.95	68.47	69.99	71.52	73.04	74.56	76.08
33	54.32	55.87	57.43	58.98	60.53	62.08	63.63	65.19	66.74	68.29	69.84	71.40	72.95	74.50	76.05	77.60
34	55.43	57.02	58.60	60.18	61.77	63.35	64.94	66.52	68.10	69.69	71.27	72.85	74.44	76.02	77.61	79.19
35	56.59	58.21	59.82	61.44	63.06	64.67	66.29	67.91	69.52	71.14	72.76	74.37	75.99	77.61	79.22	80.84
36	57.79	59.45	61.10	62.75	64.40	66.05	67.70	69.35	71.00	72.66	74.31	75.96	77.61	79.26	80.91	82.56
37	59.05	60.74	62.43	64.11	65.80	67.49	69.17	70.86	72.55	74.24	75.92	77.61	79.30	80.99	82.67	84.36
38	60.37	62.09	63.82	65.54	67.26	68.99	70.71	72.44	74.16	75.89	77.61	79.34	81.06	82.79	84.51	86.24
39	61.74	63.50	65.27	67.03	68.80	70.56	72.32	74.09	75.85	77.62	79.38	81.14	82.91	84.67	86.43	88.20
40	63.18	64.98	66.79	68.59	70.40	72.20	74.01	75.81	77.62	79.42	81.23	83.03	84.84	86.64	88.45	90.25

注：1. 以钛精矿为原料生产钛渣，其中钛和铁均以钛酸铁（FeO·TiO₂）形式存在，未考虑还原剂中灰分入渣对 TiO₂ 品位的影响。

2. 表中数据保留两位小数。

3. 钛渣理论品位计算公式：

$$钛渣 TiO_2 标准品位 = \frac{钛精矿中二氧化钛含量 TiO_2}{100 - 钛精矿中全铁含量 TFe \times 1.29 + 7.0} \times 100\%$$

表10-81 酸溶性钛渣标准（TZ78—FeO10%）品位速查表

(%)

TFe/%	TiO₂/%															
	35	36	37	38	39	40	41	42	43	44	45	46	47	48	49	50
25	45.02	46.30	47.59	48.87	50.16	51.45	52.73	54.02	55.31	56.59	57.88	59.16	60.45	61.74	63.02	64.31
26	45.78	47.08	48.39	49.70	51.01	52.31	53.62	54.93	56.24	57.55	58.85	60.16	61.47	62.78	64.09	65.39
27	46.56	47.89	49.22	50.55	51.88	53.21	54.54	55.87	57.20	58.53	59.86	61.19	62.52	63.86	65.19	66.52
28	47.37	48.73	50.08	51.43	52.79	54.14	55.50	56.85	58.20	59.56	60.91	62.26	63.62	64.97	66.32	67.68
29	48.22	49.59	50.97	52.35	53.73	55.10	56.48	57.86	59.24	60.61	61.99	63.37	64.75	66.12	67.50	68.88
30	49.09	50.49	51.89	53.30	54.70	56.10	57.50	58.91	60.31	61.71	63.11	64.52	65.92	67.32	68.72	70.13
31	49.99	51.42	52.85	54.28	55.71	57.13	58.56	59.99	61.42	62.85	64.28	65.70	67.13	68.56	69.99	71.42
32	50.93	52.39	53.84	55.30	56.75	58.21	59.66	61.12	62.57	64.03	65.48	66.94	68.39	69.85	71.30	72.76
33	51.91	53.39	54.87	56.35	57.84	59.32	60.80	62.29	63.77	65.25	66.74	68.22	69.70	71.18	72.67	74.15
34	52.92	54.43	55.94	57.45	58.97	60.48	61.99	63.50	65.01	66.53	68.04	69.55	71.06	72.57	74.09	75.60
35	53.97	55.51	57.05	58.60	60.14	61.68	63.22	64.76	66.31	67.85	69.39	70.93	72.47	74.02	75.56	77.10
36	55.07	56.64	58.21	59.79	61.36	62.93	64.51	66.08	67.65	69.23	70.80	72.37	73.95	75.52	77.09	78.67
37	56.21	57.81	59.42	61.02	62.63	64.24	65.84	67.45	69.05	70.66	72.27	73.87	75.48	77.08	78.69	80.30
38	57.40	59.04	60.68	62.32	63.96	65.60	67.24	68.88	70.51	72.15	73.79	75.43	77.07	78.71	80.35	81.99
39	58.64	60.31	61.99	63.66	65.34	67.01	68.69	70.36	72.04	73.71	75.39	77.06	78.74	80.42	82.09	83.77
40	59.93	61.64	63.36	65.07	66.78	68.49	70.21	71.92	73.63	75.34	77.05	78.77	80.48	82.19	83.90	85.62

注：1. 以钛精矿为原料生产钛渣，其中钛和铁以钛酸铁（FeO·TiO₂）形式存在；未考虑还原剂中灰分入渣对TiO₂品位的影响。

2. 表中数据保留两位小数。

3. 钛渣理论品位计算公式：

$$\text{钛渣}TiO_2\text{标准品位} = \frac{\text{钛精矿中二氧化钛含量}TiO_2}{100 - \text{钛精矿中全铁含量}TFe \times 1.29 + 10} \times 100\%$$

表10-82 酸溶性钛渣标准（TZ80—FeO12%）品位速查表

（%）

TFe/%	TiO₂/% 35	36	37	38	39	40	41	42	43	44	45	46	47	48	49	50
25	43.89	45.14	46.39	47.65	48.90	50.16	51.41	52.66	53.92	55.17	56.43	57.68	58.93	60.19	61.44	62.70
26	44.61	45.88	47.16	48.43	49.71	50.98	52.26	53.53	54.80	56.08	57.35	58.63	59.90	61.18	62.45	63.73
27	45.35	46.65	47.95	49.24	50.54	51.83	53.13	54.43	55.72	57.02	58.31	59.61	60.90	62.20	63.50	64.79
28	46.13	47.44	48.76	50.08	51.40	52.71	54.03	55.35	56.67	57.99	59.30	60.62	61.94	63.26	64.58	65.89
29	46.92	48.26	49.60	50.95	52.29	53.63	54.97	56.31	57.65	58.99	60.33	61.67	63.01	64.35	65.69	67.03
30	47.75	49.11	50.48	51.84	53.21	54.57	55.93	57.30	58.66	60.03	61.39	62.76	64.12	65.48	66.85	68.21
31	48.60	49.99	51.38	52.77	54.16	55.55	56.94	58.33	59.71	61.10	62.49	63.88	65.27	66.66	68.05	69.43
32	49.49	50.90	52.32	53.73	55.15	56.56	57.98	59.39	60.80	62.22	63.63	65.05	66.46	67.87	69.29	70.70
33	50.41	51.85	53.29	54.73	56.17	57.61	59.05	60.49	61.93	63.37	64.81	66.25	67.69	69.13	70.57	72.01
34	51.36	52.83	54.30	55.77	57.24	58.70	60.17	61.64	63.11	64.57	66.04	67.51	68.98	70.44	71.91	73.38
35	52.36	53.85	55.35	56.84	58.34	59.84	61.33	62.83	64.32	65.82	67.31	68.81	70.31	71.80	73.30	74.79
36	53.39	54.91	56.44	57.96	59.49	61.01	62.54	64.06	65.59	67.11	68.64	70.16	71.69	73.22	74.74	76.27
37	54.46	56.01	57.57	59.13	60.68	62.24	63.79	65.35	66.91	68.46	70.02	71.57	73.13	74.68	76.24	77.80
38	55.57	57.16	58.75	60.34	61.92	63.51	65.10	66.69	68.28	69.86	71.45	73.04	74.63	76.21	77.80	79.39
39	56.74	58.36	59.98	61.60	63.22	64.84	66.46	68.08	69.70	71.32	72.95	74.57	76.19	77.81	79.43	81.05
40	57.95	59.60	61.26	62.91	64.57	66.23	67.88	69.54	71.19	72.85	74.50	76.16	77.81	79.47	81.13	82.78

注：1. 以钛精矿为原料生产钛渣，其中钛和铁以钛酸铁（FeO·TiO₂）形式存在；未考虑还原剂中灰分入渣对TiO₂品位的影响。

2. 表中数据保留两位小数。

3. 钛渣理论品位计算公式：

$$钛渣TiO_2标准品位 = \frac{钛精矿中二氧化钛含量TiO_2}{100 - 钛精矿中全铁含量TFe \times 1.29 + 12} \times 100\%$$

参 考 文 献

[1] 胡克俊，锡淦，姚娟，等．全球钛渣生产技术现状［J］．世界有色金属，2006（12）：26-32.

[2] 孙朝晖．攀枝花钛铁矿精矿制备高品质富钛料的比较［J］．矿产保护与利用，2007（6）：32-36.

[3] 洪流，丁跃华，谢洪恩．钒钛磁铁矿转底炉直接还原综合利用前景［J］．金属矿山，2007（5）：10-13.

[4] 王雪松．钒钛磁铁矿直接还原技术探讨［J］攀枝花科技与信息，2005（1）：3-8.

[5] 薛逊．钒钛磁铁矿直接还原实验研究［J］．钢铁钒钛，2007（3）：37-41.

[6] 攀枝花市科学技术局．钒钛磁铁矿直接还原新流程试验［J］．攀枝花科技与信息，2006（3）：1-3.

11 硫酸法钛白粉生产技术

钛白粉是以二氧化钛为主要成分并将二氧化钛经过化学加工成具有 200~350nm 微晶体粒度且连同一些其他无机物和有机物的多组分或少组分包覆的超细颗粒材料。它包含了二氧化钛固有的物理化学性质和经过化学加工达到最佳可见光散射效应两层技术含义上材料性能的化工产品，确切的定义应称之为颜料级二氧化钛，其英文名称为 Titanium Dioxide Pigment。

目前仅有两种商业化生产钛白粉方法：一种是硫酸法，另一种是氯化法。图 11-1 为硫酸法钛白粉的常规工艺流程。

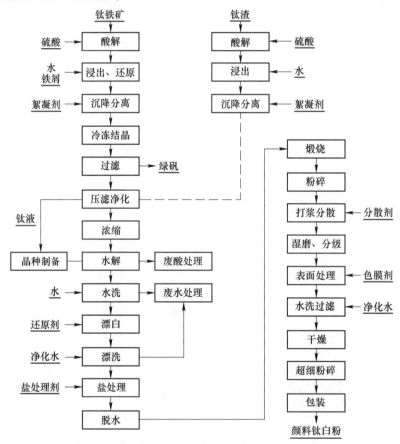

图 11-1　硫酸法钛白粉的常规工艺流程

11.1　硫酸法钛白粉生产原料及性质

硫酸法钛白粉生产原料可分为主要原料和次要原料，主要原料包括钛原料和硫酸原料，次要原料包括各种辅助原料。钛原料包括钛铁矿或经过冶炼加工富集的酸溶性钛渣，次要原料几乎来自于其他领域化工生产，使用时进行配制即可，无需进行特殊冗长的工艺制备。而主要原料钛原料需要在生产进料时对其进行磨粉制备，以满足酸解工艺需要的细度；作为用量最大的硫酸，除具有配套硫酸装置或外部供应外，现代先进的硫酸法钛白粉生产装置，均设有对副产稀硫酸的处理与循环利用辅助装置，需要与酸解系统及酸解工艺技术配合进行稀硫酸的专用制备和硫酸浓度的制备。

11.1.1 主要原料规格

钛原料包括钛铁矿（钛精矿）和酸溶性钛渣。

11.1.1.1 钛铁矿

我国钛铁矿精矿标准 YB/T 4031—2015 见表 11-1，典型的攀枝花钛铁矿化学成分见表 11-2。此处需要特别说明的是，因攀枝花岩矿选矿技术的进步，细粒级矿的回收率增高，再加上硫酸法钛白粉生产工艺技术进步，基于原料和生产商经济利益考量，尽管将岩矿分为 TJK47、TJK46、TJK45 三个等级，现有市场商品钛精矿钛含量多数均低于表中 45% TiO_2 等级数据，且云南砂矿型钛精矿也如此，市售几乎也低于二级品等级；这些不仅与市场的经济指标有关，更与钛矿的开采资源利用率有关，原有的标准需要随时补充修订或作为生产商家参考。现行我国钛铁矿精矿标准为《钛精矿（岩矿）》（YB/T 4031—2015，代替 YS/T 351—2007）。

表 11-1　我国钛铁矿精矿标准 YB/T 4031—2015

产品级别	TiO_2 含量（质量分数）/%不小于	TiO_2+Fe_2O_3+FeO 含量（质量分数）/%不小于	杂质含量（质量分数）/%，不大于[①]					
			CaO	MgO	P	Fe_2O_3	Al_2O_3	SiO_2
一级	52	94	0.1	0.4	0.030	27	1.5	1.5
二级	50	93	0.3	0.7	0.050	27	1.5	2.0
三级 A	49	92	0.6	0.9	0.050	17	2.0	2.0
三级 B	48	92	0.6	1.4	0.050	17	2.0	2.5
四级	47	90	1.0	1.5	0.050	17	2.5	2.5
五级	46	88	1.0	2.5	0.050	17	2.5	3.0
六级	45	88	1.0	3.5	0.080	17	3.0	4.0
七级	44	88	1.0	4.0	0.080	17	3.5	4.5
八级	42	88	1.5	4.5	0.080	17	4.0	5.0
九级	40	88	1.5	5.5	0.080	17	5.0	6.0

①U+Th 含量不大于 0.015%，Cr_2O_3 含量不大于 0.1%。S 含量 I 类不大于 0.02%，II 类不大于 0.2%，III 类不大于 0.5%。需方有要求时，由供需双方协商并在订货单（或合同）中注明。

表 11-2　典型的攀枝花钛铁矿化学成分　　　　　　　　　　　　　　　（%）

TiO_2	TFe	FeO	Fe_2O_3	MgO	CaO	V_2O_5
47.47	34.62	31.85	5.61	6.18	0.76	0.096

Cr_2O_3	MnO	Al_2O_3	Nb_2O_5	P_2O_5	ZrO_2	SiO_2
0.005	0.66	1.35	0.001	0.005	0.001	3.03

11.1.1.2　酸溶性钛渣

钛精矿的主要组成是 TiO_2 和 FeO，其余为 SiO_2、CaO、MgO、Al_2O_3 和 V_2O_5 等，钛渣冶炼就是在高温强还原性条件下使铁氧化物与碳组分反应形成熔融状态的钛渣和金属铁，由于密度和熔点差异实现钛渣与金属铁的有效分离。在电炉熔炼还原温度 1600 ~ 1800℃条件下，除铁氧化物被还原外，还有相当数量的 TiO_2 被还原为低价钛氧化物。在钛渣熔炼出炉后的冷却结晶过程中，大部分钛氧化物与其他碱性较强的金属氧化物化合形成二钛酸盐（如 $FeO \cdot 2TiO_2$、$MgO \cdot 2TiO_2$、$MnO \cdot 2TiO_2$）并与 $Al_2O_3 \cdot TiO_2$、Ti_3O_5 等形成黑钛石固溶体，也有少量偏钛酸盐等形成塔基石固溶体，还有少量钛氧化物进入硅酸盐玻璃体。

钛渣熔体在空气中冷却时，其中部分低价钛还会被氧化生成游离 TiO_2，当这种氧化发生在温度大于 750℃时，氧化产物主要是金红石型 TiO_2。金红石型 TiO_2 不能被硫酸溶解。因此，生产酸溶性钛渣时很重要的一点是在高温期尽量让其保持还原气氛，尽量不被空气氧化。

钛渣酸溶试验表明，黑钛石固溶体中的钛氧化物最易溶于硫酸，而金红石型 TiO_2 不溶于硫酸。因此酸溶性钛渣应满足以下几点要求：

（1）应含有适量的助溶杂质（主要是 FeO、CaO 和 MgO）以及一定量的 Ti_2O_3，以使钛氧化物尽可能存在于黑钛石固溶体中。

（2）在工艺上采取喷水冷却可防止钛渣与空气接触氧化生成不溶于硫酸的金红石型 TiO_2，同时也可加快冷却速度。一般在温度小于 750℃时钛氧化产物为锐钛型 TiO_2，而不是金红石型 TiO_2。

（3）在电炉熔炼后期加入废钛屑，可提高钛渣的还原度，避免钛氧化物被高温氧化成金红石型 TiO_2。

攀枝花产酸溶性钛渣物相分析表明，其中钛氧化物 90% 以上进入黑钛石固溶体中，有 4% ~ 7% 进入硅酸盐相，有 1% 左右以金红石型 TiO_2 形式存在。

钛渣中的 Fe^{2+}、Mg^{2+}、Mn^{2+}、Al^{3+} 为形成黑钛石固溶体提供了必要的二价和三价金属离子，它们具有稳定该固溶体的作用。其中 $FeO \cdot 2TiO_2$ 和 $MgO \cdot 2TiO_2$ 是最易溶于硫酸的，即 FeO 和 MgO 具有促进钛渣中钛氧化物溶于硫酸的作用，是酸溶性钛渣不可缺少的助溶杂质。这两种氧化物增加了钛渣与硫酸的反应热，反应式如下：

$$FeO + H_2SO_4 \Longrightarrow FeSO_4 + H_2O + 113.4kJ/mol \tag{11-1}$$

$$MgO + H_2SO_4 \Longrightarrow MgSO_4 + H_2O + 163.8kJ/mol \tag{11-2}$$

经计算，攀枝花酸溶性钛渣与硫酸的反应热比砂矿型钛铁矿（含 TiO_2 为 51%）只低 15% 左右。MgO 是攀枝花酸溶性钛渣与硫酸反应的重要热量来源，占全部反应热的 42% 左右。在酸解攀枝花酸溶性钛渣时，当加热蒸汽压力大于 0.6MPa 时其反应速率较快，反应最高温度可达 200℃左右。攀枝花酸溶性钛渣具有良好的反应性能，可满足硫酸法钛白粉生产的要求。

国内一些研究表明，当 TiO_2 含量达 75%~78% 时其酸溶性较好，当 TiO_2 含量超过 80% 时酸溶性会下降。一般使用品位高的酸溶性钛渣时，则需要更浓的硫酸才能使其酸解。用两广钛铁矿和用攀枝花钛精矿都能炼制出酸溶性好的钛渣。

国内外部分酸溶性钛渣组成见表 11-3。

表 11-3 国内外部分酸溶性钛渣组成 (%)

类别	TiO_2	FeO	CaO	MgO	SiO_2	V_2O_5	Al_2O_3	Cr_2O_3
攀西钛渣	74.37	8.85	1.48	7.32	5.11	0.12	2.32	0.013
云南钛渣	75.16	12.59	1.16	1.64	4.8	0.32	2.43	0.02
进口钛渣	79.2	10.7	0.45	5.3	2.8	0.59	3.2	0.18

用酸溶性钛渣作硫酸法钛白粉原料有以下特点：

（1）由于钛渣中的 TiO_2 含量高，产品总收率可提高 2%~3%，并可节约相应的储运、干燥、原矿粉碎的费用。

（2）由于钛渣中钛含量高、铁含量低，因此酸耗显著降低，每吨钛白粉的酸（H_2SO_4）耗可节约 25%~30%，但反应时硫酸浓度较高。

（3）无副产品硫酸亚铁，也不需要用铁屑来还原，避免废铁屑带进的杂质对成品质量的影响。

（4）能耗低，可节约 0.6t 蒸汽/t 钛白粉，节电 8%、节油或燃气 4%、节水 5%，节约制造成本 12%。

（5）工艺流程短，可省去还原、亚铁结晶分离和浓缩 3 个工艺操作过程。

（6）反应生成的钛液稳定性好，晶种添加量也较少。

（7）废酸、废水、废渣排放量以每吨钛白粉计要少得多，"三废"治理的费用相对少。

因为酸溶性钛渣在高温冶炼时要加入还原剂（无烟煤），因此产品中不含 Fe_2O_3 而含有二价的 FeO 和金属铁，所以在酸解过程中不仅不需要加入铁屑来还原高价铁，有时因为三价钛含量过高还要加入少量的氧化剂。另外，由于酸溶性钛渣中二氧化钛含量高、总铁含量低、不含有 Fe_2O_3，因此反应时放热少，需要蒸汽加热的时间较长，反应时的硫酸浓度要求较高（91%），熟化和浸取的时间较长。

图 11-2 为使用加拿大 QIT 索雷尔酸溶性钛渣的酸解反应过程。从图 11-2 中可以看出，反应前 60min 为加酸、投矿和搅拌过程，此时的压缩空气流量为 600m³/h（标态），随后加稀释水 7min，由于硫酸稀释放热温度从 50℃ 升至 80℃，然后通入蒸汽加热 25min 温度上升至 120℃，主反应立即开始，在 5min 内温度从 120℃ 猛增至 200℃ 左右。主反应期间维持约 15min，从加稀释水前 20min 到主反应期间压缩空气的流量增大至 800~1000m³/h（标态），保温吹气 0.5h，此时压缩空气量可降至 500m³/h，停止吹气熟化约 4h，在此期间温度从 190℃ 缓慢降至 85℃，接着在不超过 90℃ 的情况下浸取约 7h，浸取期间搅拌用的压缩空气流量约 800m³/h（标态），所得钛液的相对密度为 1.550g/cm³。

图 11-3 给出了加拿大 QIT 钛渣制钛白粉过程的物料平衡图。

11.1.1.3 硫酸原料

硫酸法钛白粉生产用的硫酸主要来自硫酸装置生产的硫酸，包括硫磺生产的硫酸

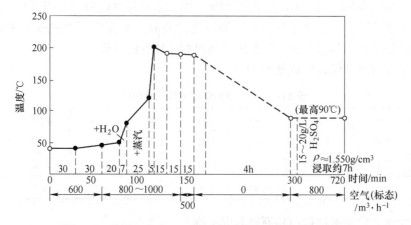

图 11-2 使用加拿大 QIT 索雷尔酸溶性钛渣的酸解反应过程

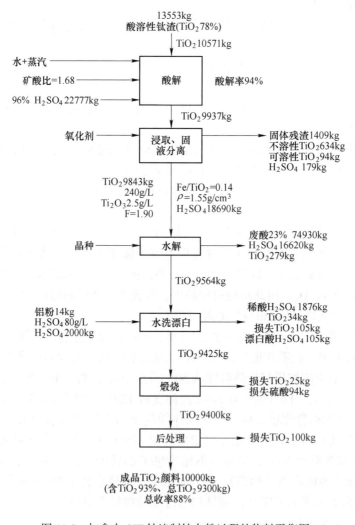

图 11-3 加拿大 QIT 钛渣制钛白粉过程的物料平衡图

（俗称磺酸）与硫铁矿生产的硫酸（俗称矿酸）。其工业硫酸国家标准（GB 534—2014）见表 11-4。

表 11-4 工业硫酸国家标准（GB 534—2014）

项 目	指 标		
	优等品	一等品	合格品
硫酸（H_2SO_4）含量/%	≥92.5 或 ≥98.0	≥92.5 或 ≥98.0	≥92.5 或 ≥98.0
灰分/%	≤0.02	≤0.03	≤0.10
铁（Fe）含量/%	≤0.005	≤0.010	
砷（As）含量/%	≤0.0001	≤0.005	≤0.01
汞（Hg）含量/%	≤0.001	≤0.01	
铅（Pb）含量/%	≤0.005	≤0.02	
透明度/mm	≥80	≥50	
色度	不深于标准色	不深于标准色	

11.1.1.4 主要辅助原料

硫酸法钛白粉生产主要辅助原料见表 11-5。生产中根据工艺要求进行配制与制备。

表 11-5 硫酸法钛白粉生产主要辅助原料

序号	名 称	规 格	备 注
1	铁粉	Fe≥92%还原铁粉	钛渣原料不用
2	石灰石粉	CaO≥40%	用于污水处理
3	石灰	CaO≥80%	用于污水处理
4	聚丙烯酰胺	固体相对分子质量≥$1.2×10^7$	
5	磷酸三钠	一级	
6	六偏磷酸钠	工业一级品	
7	工业盐	工业级	
8	铝粉	活性铝≥90%	
9	氢氧化钾	工业纯，一级品	
10	磷酸	工业纯，一级品	
11	浓碱	NaOH≥42%	液碱、固碱均可
12	盐酸	HCl≥30%	
13	硫酸铝	工业一级品	
14	偏铝酸钠	工业一级品	
15	硫酸锆	工业一级品	
16	硅酸钠	工业一级品	
17	氢氟酸	工业级 HF≥40%	

11.1.2 硫酸法钛白粉生产对钛原料的质量要求

硫酸法钛白粉生产对钛原料的要求，其核心是钛原料品质与规格的稳定（杂质含量变化波动范围尽可能小），能满足硫酸法生产工艺正常、平稳生产即可；但硫酸法以间歇生产为主，工艺冗长、固液分离为其核心技术之一。就现有硫酸法工艺技术而言，包括酸解、水解、煅烧等影响产量和质量的因素均与原料组成及其杂质指标有相关效应；生产技术的核心就是采用最高的效率将这些杂质元素除去。

钛原料的传统酸解工艺主要以间歇酸解为主，但随着国内独特资源优势的攀西钛精矿的应用，连续酸解已显现出其技术优势。硫酸法钛白粉生产对钛原料的品质要求主要有钛含量、钛原料的酸溶性、总铁含量（MFe）、杂质含量、粒度、放射性元素等。

11.1.2.1 钛原料中二氧化钛（TiO_2）含量

硫酸法钛白粉生产使用的钛原料中二氧化钛的含量多寡及品位要求，也是要从生产装置所在地的"广义资源出发"，即硫酸、能源和副产物的区域价值乃至环保法规和社会经济要求的比较优势进行取舍，不可一蹴而就。如中国东部与西部之间的差异，西部的云南和四川作为国内钛资源产地，硫酸价格相对较高，而主要副产物硫酸亚铁市场有限；而东部的山东、江苏和浙江进口钛资源方便，硫酸价格相对较低（进口硫黄与能源利用），硫酸亚铁市场容量大。再比如使用钛铁矿还是酸溶性钛渣，前者增加结晶与浓缩工序，虽然蒸汽耗量增加，但单位原料二氧化钛的价格相对低；后者没有结晶和浓缩工序，装置投资低、蒸汽耗量减少，但单位原料二氧化钛的价格高出1倍，其全生命周期能耗已包含在冶炼酸溶性钛渣中。所以，硫酸法钛白粉生产的钛原料选择需要从"全原料"成本与"全产物"市场的容量和环保法规进行统筹兼顾。

对传统硫酸法钛白粉生产工艺而言，生产使用的钛原料中二氧化钛的含量高有如下好处：

（1）减少磨矿的能耗，增大原矿粉碎的产能效率。

（2）从每吨矿中生产出更多的钛白粉，降低单位矿耗。

（3）提高酸解设备的单产能力，单位矿量的钛白粉产量高。

（4）可以避免多用硫酸来酸解那些非二氧化钛组分，降低单位产品的硫酸消耗。

（5）副产物七水硫酸亚铁相对减少，降低七水硫酸亚铁结晶与分离成本。

（6）可减少生产过程中的杂质含量，净化分离工作易于进行，有助于产品质量保证。

11.1.2.2 钛原料中酸溶性二氧化钛含量

普通钛铁矿中往往含有金红石成分，尽管在采选时已经分离了金红石，不过因选矿工艺的优劣总要留一部分在钛铁矿中。钛原料中所含的金红石型 TiO_2 是不溶于硫酸的，若钛铁矿中含金红石成分高，则金红石型二氧化钛依靠酸解溶解不出来而留存于残渣中，与残渣一起被排放掉，这样酸解率降低，即使钛精矿中总钛含量高但可利用部分少。另外，钛铁矿中二氧化钛含量过高，其反应的活性降低，即酸解活化能值高，酸解反应的诱导条件难以达到，影响酸解过程，也使酸解率降低。

同理，以酸溶性钛渣为原料，因其在冶炼加工时的不足，则造成少量金红石型 TiO_2 生成，在酸解时也不能被硫酸溶解，造成酸解率降低。这也是氯化高钛渣与酸溶性高钛渣的差别。

所以，硫酸法钛白粉生产的钛原料中酸溶性二氧化钛占的比值越高，则其酸解率越高。

11.1.2.3 钛原料中的铁含量

硫酸法钛白粉生产钛原料中的铁包括氧化亚铁（FeO）和三氧化二铁（Fe_2O_3），钛铁矿的分子式用 $FeO \cdot TiO_2$ 表示（也可表示为 $FeTiO_3$），其中的铁元素主要是氧化亚铁；因钛铁矿在自然过程中的风化作用而形成部分风化钛铁矿，分子式用 $Fe_2O_3 \cdot TiO_2$ 表示（也可表示为 Fe_2TiO_5）。两种钛铁矿中的氧化亚铁和三氧化二铁在生产过程中完全可溶解于硫酸并分离出去；因此，它们对生成过程的影响不是非常显著。但其高价铁含量高，则需要使用更多的铁粉或还原剂将其还原转化为低价铁才能在生产中除去；同时，对应的铁粉或还原剂还要增加硫酸的消耗，两者均带来生产费用增高。其化学反应原理如下：

$$Fe_2O_3 + 3H_2SO_4 \longrightarrow Fe_2(SO_4)_3 + 3H_2O \tag{11-3}$$

$$Fe_2(SO_4)_3 + Fe \longrightarrow 3FeSO_4 \tag{11-4}$$

假如钛铁矿含 Fe_2O_3 比正常值高 8%，经计算每吨钛白粉需要多消耗硫酸 105kg 和铁屑 77kg。所以，钛原料中的高价铁含量越低越好。若可选择，则应优先选择 FeO/Fe_2O_3 高比率的钛原料。通常砂矿型钛铁矿的高价铁含量较岩矿型钛铁矿高。

关于钛铁矿中 Fe_2O_3 含量高低带来生产过程的利弊，此处有必要进行更正。其传统解释（过去不少专业书籍）认为：钛铁矿中 Fe_2O_3 含量高对钛白粉生产有利也有弊，其对酸解反应起着举足轻重的影响。因为钛铁矿和硫酸的反应是放热反应，其反应式如下：

$$TiO_2 + H_2SO_4 \longrightarrow TiOSO_4 + H_2O + 24.13kJ/mol \tag{11-5}$$

$$FeO + H_2SO_4 \longrightarrow FeSO_4 + H_2O + 121.4kJ/mol \tag{11-6}$$

$$Fe_2O_3 + 3H_2SO_4 \longrightarrow Fe_2(SO_4)_3 + 3H_2O + 141.4kJ/mol \tag{11-7}$$

反应生成热的大小主要是三氧化二铁，其次是氧化亚铁，再次才是二氧化钛。一般说来，若钛铁矿中二氧化钛和三氧化二铁含量越高，即风化的比较严重的钛铁矿，则其反应放出的热量越高，反应性能越好、酸解率也越高；相反，二氧化钛和三氧化二铁越低、氧化亚铁越高的钛铁矿，因其放出热量少，则其反应性能越差、酸解率越低，常常需要外加蒸汽加热才能获得较好的酸解效果。但是钛铁矿中三氧化二铁含量太高，酸解反应放热太多，则会使反应太剧烈，以至于出现冒锅现象，这样会使浸出的钛液稳定性下降，甚至出现早期水解，大大地影响到酸解和沉降的效果以及钛液的质量。

以上对技术原理的解释有失偏颇，需予以更正。关于氧化亚铁与三氧化二铁在钛铁矿酸解中的反应热，反应式（11-6）为 121.4kJ/mol，反应式（11-7）为 141.4kJ/mol，由此得出 Fe_2O_3 的反应热较 FeO 的反应热高，并引申出后面的所有推论。但是，以钛铁矿中同等量 Fe_2O_3 和 FeO 计算，1mol Fe_2O_3 等于 158g（包含 2 个铁原子），而 1mol FeO 等于 71g；即 71g FeO 的反应热为 121.4kJ，而 158g Fe_2O_3 的反应热为 141.4kJ；对应的单位质量反应放热 1.7kJ/gFeO，而高价铁的反应放热 0.89kJ/gFe_2O_3。因为作为钛铁矿的酸解反应，不应以摩尔计算，应按其钛原料中的含量统计，Fe_2O_3 比 FeO 的单位质量反应热约低一半，所以不能说 Fe_2O_3 反应放出的热量较 FeO 反应热量高。进而"相反，二氧化钛和三氧化二铁都低、氧化亚铁偏高的钛铁矿，则因放出的反应热少，反应性能差，酸解率低，常常需要外加蒸汽加热，才能获得较好的酸解效果。"的结论也不妥。既然 FeO 反应热是 121.4kJ/mol（1.7kJ/gFeO），而 TiO_2 的反应热是 24.13kJ/mol（0.3kJ/$gTiO_2$），那么，钛铁矿中二氧化钛少、氧化亚铁多，其反应放热量应该更大，而不是更小。采用酸溶性钛渣酸解就是一个很好的实用例子，一是采用的硫酸浓度高，稀释放热量大；二是采用蒸汽加热引发才能完成酸解反应。

对于四川攀西地区的岩矿钛精矿就是钛含量低、高价铁（Fe_2O_3）含量低（见表11-1、表11-2），再加上因其中所含的镁高，其单位质量的反应放热量更大，见如下反应式：

$$MgO + H_2SO_4 \rule[0.5ex]{2em}{0.4pt} MgSO_4 + H_2O + 131.5kJ/mol \tag{11-8}$$

因氧化镁（MgO）相对分子质量小，换算成单位质量的反应放热为 3.26kJ/gMgO，单位质量的反应热是 Fe_2O_3（0.89kJ/gFe_2O_3）的 3.66 倍。所以，攀枝花钛铁矿反应热是全球现有钛铁矿中最高的。为此，在生产时引发酸浓度低、需要靠蒸发更多的水带走其反应的热量。这乃是攀西地区钛铁矿用于硫酸法钛白粉生产潜在的优势之一（见表11-2）。

11.1.2.4　钛原料中的其他杂质含量

钛原料中除了钛和铁元素之外，还含有其他一些矿物元素杂质（见表11-1 和表11-2）。硫酸法钛白粉生产除了主要将微晶型 TiO_2 按光学材料要求生产成粒度 200~350nm 的产品外，最为重要的就是将钛原料中所含的除钛元素之外的其他矿物元素杂质几乎全部分离和脱除。因硫酸法生产钛白粉的分离手段（工艺技术）几乎是采用液固分离（液体为半成品）和固液分离（固体为半成品）交替的化工单元操作，其分离技术的先进和优劣与否直接影响生产效率、经济成本和产品质量；同时杂质元素种类的多寡也影响分离效率与结果。钛原料中除铁元素杂质外，其他杂质元素对生产效率和产品质量的影响因素概括如下：

（1）磷、硫杂质。磷元素既是硫酸法钛白粉生产钛原料中的有害杂质元素，又是生产时需要的低量辅助原料。

钛铁矿杂质中的独居石、锆英石和一些重金属元素以磷酸盐形式存在，独居石的主要成分是稀土磷酸盐和其他磷酸盐；矿石开采后在化学选矿过程中还包含一些有机磷酸物质。在钛白粉生产的酸解过程中，独居石分解生成磷酸及磷酸盐留在钛液中。在偏钛酸水洗前由于体系酸度大，磷酸不容易与重金属和铁等金属离子起作用生成难溶的磷酸盐沉淀；但在磷酸含量较高时，由于磷酸根离子和钛离子的离子浓度积相对较小，会生成磷酸钛沉淀作为残渣被除去，而造成一定的钛损失，当然也会使磷酸根离子减少，达到其沉淀饱和浓度。剩余的磷酸在水解时被生成的偏钛酸吸附进入煅烧而留在钛白粉产品中。通常在煅烧时为了控制钛白粉颗粒的大小或颗粒之间的烧结，需要加入含磷酸盐的盐处理剂，进行偏钛酸的磷含量本底指标控制，以便进行补加控制的精确计量。所以，钛铁矿中杂质磷元素含量控制在转窑允许指标范围内，才不影响产品质量的控制。

采用两种办法降低钛原料中磷含量超标：一是从选矿着手提高选矿效率，把矿石中独居石等含磷的杂质除去，同时也可以将铀、钍放射性元素进一步除去；二是在化学选矿选择浮选剂时尽量少用含磷结构的浮选剂，或减少选钛矿产品中磷元素残留量。

硫元素在钛原料中通常以金属硫化物的形式存在，含硫高的钛原料在酸解时产生大量的硫化氢气体。首先，影响酸解、沉降工序操作环境；其次，因尾气硫含量大导致尾气处理净化的生产负荷大，需要大量的碱性物质吸收，以保证酸解尾气达标；第三，硫化氢气体在尾气排出管路及处理系统中被压缩空气的氧气氧化析出单质硫，易造成排气不畅或系统堵塞；第四，同时也因酸解中的氧化还原反应产生单质硫留在酸解液中形成胶体，不易絮凝沉降分离，影响生产效率，同时因生产的胶体溶液将加大控制过滤的生产负荷，带来生产控制不稳定。

（2）硅、铝杂质。硅和铝两种元素是土壤或泥沙的主要成分，在酸解时与硫酸作用会生成水合硅酸和铝酸盐胶体，影响酸解钛液的净化效率与质量，加大钛液沉降和控制过滤的生产负荷。表 11-6 中，攀枝花钛铁矿含硅达到 $3.03\%SiO_2$、含铝达到 $1.35\%Al_2O_3$，按目前最好收率87%计算，每吨钛白粉需要 2.3t 钛精矿，折合 SiO_2 约70kg，表 11-6 为代表性的酸解渣组成，渣中氧化硅含量为 35.35%。

表 11-6　典型攀枝花钛精矿酸解渣成分　　　　　　　　　　（%）

名　称	成　分	名　称	成　分	名　称	成　分
TiO_2	22~27	Na_2O	0.76	MgO	2.75
Al_2O_3	4.28	SiO_2	35.35	P_2O_5	0.073
SO_3	10.93	K_2O	0.058	CaO	7.26
MnO	0.18	Fe_2O_3	11.02	NiO	0.027
CuO	0.08	ZnO	0.032	GeO_2	0.005
As_2O_3	0.06	SeO_2	0.011	SrO	0.016
ZrO_2	0.035	Nb_2O_5	0.005	Cl	0.068

铝作为晶型转化促进剂，是硫酸法钛白粉生产的一个低量的辅助原料。传统的硫酸法钛白粉生产技术（目前国内某些装置还在用）是在煅烧时加入锌盐作为晶型转化促进剂，因锌对环境的影响且煅烧时不如铝盐的铝离子特性，不能弥补二氧化钛的晶格缺陷，提高耐候性；而现在的硫酸法与氯化法殊途同归，均是采用铝盐作为晶型转化促进剂。但钛原料中的杂质铝元素影响中间产品铝离子本底浓度与生产控制。

（3）钙、镁杂质。硫酸法钛白粉生产钛原料中的钙和镁这两种元素，如前所述，因酸解反应时放热量大（中和反应），不像氯化法在沸腾氯化时是对生产有阻碍的杂质元素；但在硫酸法酸解反应后，形成体积庞大的硫酸盐沉淀，影响残渣的沉降和钛液的回收，增大生成负荷。

攀枝花钛精矿酸解后的酸解渣（见表 11-6）中 CaO 含量为 7.26%，折合成二水硫酸钙 $CaSO_4 \cdot 2H_2O$ 含量为 22.30%；MgO 含量为 2.75%，折合成硫酸镁为 8.25%，还有不低含量的镁被硫酸酸解进入钛液中，最后进入七水硫酸亚铁中生成硫酸铁镁复盐。

所以，硫酸法钛白粉生产钛原料中所含碱土金属的钙、镁杂质元素对生产过程有利有弊。因反应放热量大，有利于提供酸解反应的热量；因产生硫酸盐沉淀，其弊在于钛液沉降负荷与酸解渣分离负荷增大，而废液中带走部分可溶钛，降低钛收率。在工业生产技术上应平衡利弊，并因钛原料中的含量大小调整生产控制。

（4）二价与更高价的过渡金属杂质。这些元素对钛白粉的颜色影响很大，同时在生产过程中又很难完全分离和脱除。这些元素在煅烧时会进入二氧化钛晶格并使晶格变形，从而使钛白粉呈现微黄、微红或微灰的色彩，直接影响钛白粉产品颜色指标质量。硫酸法钛白粉生产重要的一环水洗就是尽可能除去这些有色杂质元素离子。生产中沉淀偏钛酸经过一、二洗后滤饼中所含铁离子量为生产控制指标，过去因工艺技术落后系统技术没有解决，无法将铁含量控制下来，放宽控制 Fe 含量在 0.01%。因氯化法进行的气液精馏分离，中间产品中铁含量几乎为零，再加上后处理辅助原料带入的铁量总计为 0.0015% ~ 0.002%；硫酸法因受固液分离手段差异的局限，偏钛酸沉淀中产生毛细孔及封闭毛细孔吸附的铁离子很难洗涤除去，达不到氯化法同等铁含量水平。所以，现有先进的生产技术 Fe 含量控制在 0.002% 左右，加上后处理辅助原料带入约 0.0015% 的 Fe 含量，总计铁含量约 0.0035%，这也是氯化法与硫酸法钛白粉的颜色差异的因素之一。

除有色铁离子外，其他二价和更高价的过渡元素杂质离子对钛白粉产品的颜色影响更大。例如三氧化二铬是钛白粉生产中危害最大的有色杂质元素，当产品中三氧化二铬含量达 0.0001% 时，对产品颜色的影响相当于铁含量 0.002%；五氧化二钒对钛白粉质量的影响仅次于铬，在产品中钒含量 0.0001% 对产品颜色的影响相当于铁含量 0.0005%，将使钛白粉呈黄红色；其余氧化镍、氧化铌、氧化锰、氧化钴、氧化铈的含量高也会严重影响颜料钛白粉的白度。

有色金属离子铁、铬、铜、镍的含量高到一定程度时，还会使钛白粉呈现强烈的光色互变效应，即色变效应；产品在光照射下显现某种色调，离开光源后色调消失。

所以，硫酸法钛白粉生产钛原料中的有色与过渡金属杂质元素离子对钛白粉产品的颜色指标影响十分重要，过去的工艺技术曾提出因这些杂质元素含量过高不宜生产钛白粉，甚至某些仅能生产锐钛型而不能生产金红石型钛白粉。如"当钛铁矿中三氧化二铬含量超过 1.5mg/kg 时就会使钛白粉呈现微黄色，因此含量超过这个范围，就不能用作生产颜料级钛白粉"。从表 11-7 非洲市售用于硫酸法钛白粉生产的钛铁矿组成中，Cr_2O_3 含量在 0.07% 和 0.12%，远远超过传统的杂质指标含量 0.00015%，同样可生产出优质的钛白粉产品，这主要是生产技术指标的优化与提高的结果。

表 11-7 非洲市售硫酸法钛白粉生产的钛铁矿组成

产 地	肯尼亚钛矿 SP 矿	塞内加尔 SP 矿
TiO_2/%	48.2	54.5
FeO/%	29.2	14.70
Fe_2O_3/%	19.5	29.90
CaO/%	0.10	0.01
MgO/%	1.00	0.60
MnO/%	0.60	1.03
V_2O_5/%	0.20	0.27
Cr_2O_3/%	0.07	0.12
Al_2O_3/%	0.60	0.61
SiO_2/%	1.10	0.52
ZrO_2/%	0.30	0.10
Nb_2O_5/%	0.06	0.09
P_2O_5/%	0.01	0.04
CeO_2/%	—	0.02

产　地	肯尼亚钛矿 SP 矿	塞内加尔 SP 矿
S/%	0.01	<0.01
PbO/%	—	0.026
U/%	<0.0015	0.001
Th/%	0.005	0.005

11.1.2.5　放射性

不管是岩矿型还是砂矿型钛精矿，其中都会含有一定量的放射性物质，如 U、Th 等，要想完全除去是不可能的。在钛白粉生产过程中，钛原料中的放射性元素不会进入废物中，因此对从业人员和环境会带来潜在的威胁，这种威胁大于最终钛白粉消费者面临的威胁。由于不同的国家对放射性元素等级的限制不同，甚至可能没有限制，因此原料中容许的最高放射性元素的等级限定值变化很大。

从商业角度来看，钛原料消费者主要参考的是所用产品中放射性元素铀和钍的含量应等于或低于普遍接受的产品中铀和钍的含量。GB 20664—2006《有色金属矿产品的天然放射性限制》规定，有色金属矿产品天然放射性元素 ^{238}U、^{226}Ra、^{232}Th、^{40}K 的活度浓度限制值为：^{238}U、^{226}Ra、^{232}Th 衰变系中的任一元素 ≤1Bp/g；^{40}K ≤10Bp/g。由于钛白粉主要用于人们的日常生活中，因此每个钛白粉生产商规定的质量要求有一个共同的准则是低放射性（主要是铀和钍），各生产商制定的标准高低取决于所处国家或地区准许钛白粉厂向环境排放废弃物的标准，比如日本、新加坡就特别严格，根本不允许排放含放射性元素的废弃物。

攀枝花钛精矿具有产能大、成分和物相稳定的特点，钙镁含量高，发热元素适中，有利于酸解反应，适合硫酸法钛白粉生产需要。攀枝花钛精矿的主要物相见表11-8。

表 11-8　攀枝花钛精矿的物相组成及体积含量

名称	钛铁矿	硫铁矿	钛磁铁矿	脉石
含量/%	90~95	1.3	1~3	3~5

攀枝花钛精矿中钛铁矿的体积含量为 90%~95%，脉石物相含量为 5%~3%；其次为少量的硫铁矿及钛磁铁矿。各物相的扫描电镜能谱分析结果见表11-9。

表 11-9　攀枝花钛精矿中各物相扫描电镜能谱分析　　　　　　　　（%）

物相	O	Mg	Al	Si	S	Ca	Ti	Mn	Fe
钛铁矿	38.7	5.94					24.35		31.02
硫铁矿					35.74				64.26
钛磁铁矿	41.05	5.55	8.00	13.31		1.09	1.35		29.65
脉石	47.29	9.83	1.91	19.89		15.27			5.81

攀枝花钛精矿中的 TiO_2 主要赋存于钛铁矿物相中，因其表面疏松、活性高且几乎不含金红石，故具有良好的酸溶性能。将该矿与浓硫酸混合后，不需要通入蒸汽，只需注入

适量水即可引发反应，工业生产中平均酸解率在96%以上，比其他钛精矿一般高2~5个百分点。

实验室条件下各种钛精矿的酸解率见表11-10。

表11-10 钛精矿的实验室酸解率

矿种产地	攀枝花	云南	广西	澳洲	越南	印度
酸解率/%	89.71	86.9	87.1	82.64	86.2	85.8

攀枝花钛精矿与国内外钛精矿在硫酸法钛白粉生产中的应用技术、经济性、环保性、产品质量等方面的比较见表11-11。

表11-11 钛白粉生产中应用的部分钛精矿综合性能比较

项目	应用技术	经济性	环保性	产品质量
攀枝花钛精矿	酸矿比1.56，反应酸浓度86%，熟化时间2h	重金属元素含量低，偏钛酸水洗容易，每吨产品产生酸解残渣稍高，约340kg	放射性照射指数极低，重金属元素含量低；通过了环保部验收	可单独使用到高质量钛白产品
云南钛精矿	酸矿比1.52，反应酸浓度84.5%，熟化时间2h	多消耗铁屑或铁粉用于钛液三价钛的还原，每吨产品产生酸解残渣约250kg	副产物硫酸亚铁量较大	可单独使用到高质量钛白产品
越南钛精矿	酸矿比1.60，反应酸浓度87.5%，熟化时间2h	品位高，硫酸耗量少；偏钛酸的水洗量较大；每吨产品产生酸解残渣约160kg	铬和磷含量较高	可搭配使用，产品白度需要严格控制
莫桑比克钛精矿	酸矿比1.60，反应酸浓度87.5%，熟化时间2h	品位较高，硫酸耗量少；每吨产品产生酸解残渣约170kg	放射性元素含量较高	可搭配使用到高质量钛白产品
马达加斯加钛精矿	酸矿比1.58，反应酸浓度87.5%，熟化时间2h	品位偏低，生产成本偏高，会多消耗硫酸；每吨产品产生酸解残渣约220kg	副产物硫酸亚铁量较大	可搭配使用到高质量钛白产品

从表11-11可以得出，攀枝花钛精矿不仅性能优越，而且在硫酸法钛白粉生产中的应用技术成熟，完全能够生产出高质量的锐钛型或金红石型钛白产品；放射性照射指数极低，重金属元素含量低，是一种安全环保、性价比较高的优质原料。

11.2 硫酸法钛白粉生产基本原理

硫酸法钛白粉生产是以硫酸和含钛原料（包括钛铁矿或酸溶性钛渣）为原料，进行复杂的化学反应分离钛原料中的其他元素并按二氧化钛的颗粒尺寸生产钛白粉的方法。自1918年开始，迄今已有100余年的生产发展与技术进步历史。从表观上看其生产工艺技术已基本定型。但随着技术、材料与应用领域技术的不断进步和拓展，以及人类社会经济及生态环境的要求，必须跟上并满足低碳绿色可持续发展的现代化学工业前进的步伐，有许许多多的生产设备及工艺技术细节需要完善与发展，甚至创新某些颠覆性的技术。

硫酸法钛白粉生产技术因其工艺冗长，除了没有化工精馏单元操作外，几乎涵盖了所有无机化工生产的单元操作；钛白粉不是普通的无机化工产品，其加工不是单一的生产技术所能企及。如通常的无机化工产品或无机氧化物产品生产，仅需要其产品化学含量指标或杂质含量指标阈值；而钛白粉产品的质量指标需要体现在其光学和材料学性能上，其光学性能的核心是作为颜料的颜色，包括去除有色金属离子的影响与粒度大小对可见光不同波长的吸收与散射产生的色相优劣；后者既要讲究颗粒尺寸大小、分布对光的色散作用（遮盖力或消色力），切实展现其"粉"的风采，还要将其克服颗粒表面的晶格缺陷（光活化点），以确保抗光催化活性带来的耐候性等作为光学与材料学的性能指标。这些均要依靠先进的生产工艺技术与设备来解决和完成。

　　硫酸法生产钛白粉工艺过程，由原料准备、酸解与钛液的制备、水解与偏钛酸的制备、煅烧与煅烧中间产品的后处理以及"副产物"利用或"三废"治理五个大的生产单元联合构成。每个生产单元又包括若干工序和子项工序联合而成。也有习惯按加工物料流的直观颜色来分成黑区与白区，黑区包括磨矿、酸解、浸取还原、沉降、真空结晶、亚铁分离、钛液浓缩（若用酸溶钛渣省掉此前三个工序）、水解等工序；白区包括一洗、漂白、二洗、金红石晶种制备、盐处理、煅烧、湿磨、包膜、三洗、干燥、气流粉碎等。黑白两区有 19 个更为细分的工序，再加上所谓的"三废"治理或"副产物"的共整耦合加工，共有二十几道或更多工序或操作单元。如此众多的工序或化工操作单元，硫酸法钛白粉生产工艺技术可谓集无机化工生产技术之大成。

　　传统的"三废"治理是建立在过去被动的环保要求下所衍生出的技术内容；但绿色可持续发展目标要求将"三废"作为资源进行加工，以节约自然资源，满足可持续发展、达到"零排放"的生态文明更高要求，所以赋予了硫酸法钛白粉生产技术更深更高的技术内容与内涵。鉴于"一矿多用，取少做多"与创新技术产业领域，硫酸法钛白粉生产过程中的废副回收利用将有许多技术开发创新空间和发展前景。

　　要生产出优质的硫酸法钛白粉、获得优异的生产投资回报，硫酸法钛白粉生产装置的技术模式可以概括为四大关键，即酸解、水解、煅烧和后处理；三大灵魂，即固液分离、晶相控制和分散与解聚；两大命根，即产品质量与废副回收利用与环境保护；一个核心，即生产装置所具备广义资源条件下的最佳规模与应该获取的经济效益。前两项必须遵从化工过程的"三传一反"特征，即动量传递、热量传递、质量传递和化学反应过程，是决定生产装置技术经济性的市场竞争力指标；后两项直接关系钛白粉生产装置的经济效益与社会效益，是决定生产企业经济技术性的社会生存力指标。

11.2.1　酸解技术原理

　　酸解是要将硫酸与钛原料（包括钛铁矿或酸溶性钛渣）反应进行酸解，酸解是将钛原料中的成分转化为溶液后，适用于后续工艺从杂质中分离出 TiO_2 的过程。要达到最好的钛酸解率，分离钛矿带来的主要杂质和制备出合格的酸解钛液，必须满足水解需要的最佳钛液指标。其原料中各元素化合物发生的化学反应式如下：

$$TiO_2 + H_2SO_4 \longrightarrow TiOSO_4 + H_2O \tag{11-9}$$

$$Ti_2O_3 + 3H_2SO_4 \Longrightarrow Ti_2(SO_4)_3 + 3H_2O \tag{11-10}$$

$$FeO + H_2SO_4 \Longrightarrow FeSO_4 + H_2O \tag{11-11}$$

$$Fe_2O_3 + 3H_2SO_4 \Longrightarrow Fe_2(SO_4)_3 + 3H_2O \tag{11-12}$$

$$Al_2O_3 + 3H_2SO_4 \Longrightarrow Al_2(SO_4)_3 + 3H_2O \tag{11-13}$$

$$CaO + H_2SO_4 \xrightarrow{\quad} CaSO_4 + H_2O \qquad (11\text{-}14)$$

$$Cr_2O_3 + 3H_2SO_4 \xrightarrow{\quad} Cr_2(SO_4)_3 + 3H_2O \qquad (11\text{-}15)$$

$$MgO + H_2SO_4 \xrightarrow{\quad} MgSO_4 + H_2O \qquad (11\text{-}16)$$

$$MnO + H_2SO_4 \xrightarrow{\quad} MnSO_4 + H_2O \qquad (11\text{-}17)$$

$$Nb_2O_3 + 3H_2SO_4 \xrightarrow{\quad} Nb_2(SO_4)_3 + 3H_2O \qquad (11\text{-}18)$$

$$ZrO_2 + 2H_2SO_4 \xrightarrow{\quad} Zr(SO_4)_2 + 2H_2O \qquad (11\text{-}19)$$

$$P_2O_5 + 5H_2SO_4 \xrightarrow{\quad} P_2(SO_4)_5 + 5H_2O \qquad (11\text{-}20)$$

$$V_2O_5 + 5H_2SO_4 \xrightarrow{\quad} V_2(SO_4)_5 + 5H_2O \qquad (11\text{-}21)$$

同时，因酸解浸取之后生成的硫酸氧钛溶液中不允许有三价铁离子，因为它生成的氢氧化物沉淀 pH 值低和溶解度很小，对水解生成的偏钛酸的吸附能力很强，水洗无法除去。所以要用金属铁将三价铁离子还原成二价铁离子，以便于除去三价铁离子，并保证在漂白之前的加工过程中铁始终以亚铁的形式存在，其反应原理如下：

$$Fe_2(SO_4)_3 + Fe \xrightarrow{\quad} 3FeSO_4 \qquad (11\text{-}22)$$

$$2TiOSO_4 + Fe + 2H_2SO_4 \xrightarrow{\quad} Ti_2(SO_4)_3 + FeSO_4 + 2H_2O \qquad (11\text{-}23)$$

还原物质为金属铁粉。铁粉用量需要经过计算，分多次加入，否则将产生大量的副反应，既增加铁粉和硫酸的消耗，又产生大量不安全的氢气。

$$H_2SO_4 + Fe \xrightarrow{\quad} FeSO_4 + H_2\uparrow \qquad (11\text{-}24)$$

若用铁屑进行还原生产，则采用金属钛制作的吊篮放入酸解罐中进行循环溶解还原过程。

11.2.2　水解技术原理

水解是将酸解制备的合格钛液经过加热水解沉淀出超细的水合二氧化钛（偏钛酸）的聚集粒子，并利用水洗除去其中留在钛液中的有色杂质元素离子，将二氧化钛从钛原料杂质中分离出来，保证钛白粉产品的外观颜色及煅烧时进料需要的品质指标。硫酸法钛白粉生产水解的目的是为了从含杂质的钛液中将钛以 TiO_2 固体的形式从溶液中沉淀出来，以得到水合偏钛酸 $[Ti(OH)_4 \cdot nH_2O]$，也称为"水解产物"，其反应原理如下：

$$Ti(SO_4)_2(aq) + H_2O + 热量 + 晶种 \xrightarrow{\quad} TiOSO_4(aq) + H_2SO_4(aq) \qquad (11\text{-}25)$$

$$TiOSO_4(aq) + 3H_2O + 热量 \xrightarrow{\quad} Ti(OH)_4(s) + H_2SO_4(aq) \qquad (11\text{-}26)$$

按化学反应（11-25）和（11-26）有以下四种反应机理可使水解向右发生反应：

（1）稀释。加水稀释降低酸浓度，通过质量（浓度）作用原理使反应向右进行。

（2）低酸浓度。用碱进行中和作用，降低酸度，使反应向右进行，与水稀释具有相同的效果。

（3）提高钛液的温度。由于该反应是吸热反应，加热使反应向右进行，这就是钛白粉加热水解的基本原理。钛液处于过饱和状态，经水解加热后其分解反应被引发。当凝结和沉淀开始时结晶颗粒成长，直到形成胶状物。该过程将继续到大部分钛以不溶解的水合氧化物形式沉淀为止，当耗尽溶液中的硫酸氧钛时，再次达到平衡状态。

（4）添加晶种。为加速加热水解，需要加入成核剂。以一定的比例向钛液中加入晶种进行水解的工艺称为外加晶种技术；而在水解前加入一定量的底水作为最初加入钛液而成的稀释晶种工艺称为自身晶种技术。随着水解的进行，这些颗粒成为积聚的中心。

11.2.3 煅烧技术原理

煅烧是将水解沉淀的直径为 3~8nm 原级超细粒子聚集的胶团沉淀并经过水洗除去杂质元素的水合二氧化钛聚集体粒子，在加入晶相促进剂与颗粒控制剂（盐处理剂）后在回转窑中利用高温燃烧气体与物料进行逆流接触的煅烧过程，从物料脱水、脱硫到煅烧聚集粒子成长到 200~350nm 具有粉体性能的微晶颗粒产品的过程，产品性能达到基本粉体的品质。

煅烧反应的基本化学反应如反应式（11-27），颜料晶体颗粒是在盐处理和晶种的作用下，通过水解沉淀的约 5nm 基本晶体一次粒子，在胶化为二次粒子最后絮凝为约 1000nm 的胶团絮凝粒子，经过脱水排除其中约 70% 的水合体，在半熔融状态下小晶体絮凝团键合链接成长为粉体颗粒晶体；同时在煅烧中吸附在偏钛酸胶化絮凝胶团粒子水合与毛细孔中的硫酸在干燥脱水接近完时，达到硫酸的沸点温度 338℃，开始分解为 SO_3 和 H_2O，见反应式（11-28）；直至更高温度部分超细毛细管中的硫酸被分解为 SO_2 和 O_2，见反应式（11-29）。脱硫效果的好坏与小晶体半熔融晶体增长快慢有关，并影响钛白粉粗品的分散性能。

$$H_2TiO_3 \cdot H_2O \xrightarrow{\text{煅烧}} TiO_2 + 2H_2O \qquad (11\text{-}27)$$

$$H_2SO_4 \xrightarrow{\triangle} SO_3 \uparrow + H_2O \qquad (11\text{-}28)$$

$$2H_2SO_4 \xrightarrow{\triangle} SO_2 \uparrow + O_2 \uparrow + H_2O \qquad (11\text{-}29)$$

11.2.4 后处理技术原理

后处理是将回转窑煅烧出来的二氧化钛微晶颗粒，经过分散并解聚煅烧时黏结在一块的颗粒粒子，在单个颗粒表面包覆不同无机物以掩盖其微晶颗粒面上的光活化点，达到屏蔽紫外光阻止光催化作用；其后，包覆不同的包膜剂，以提高其产品的颜料性能和满足其不同的应用领域质量需求，进一步强化和提高回转窑煅烧产品的颜料性能。

11.2.4.1 二氧化钛的光催化技术原理

为提高钛白粉的耐候性，进行无机物包覆的目的就是屏蔽紫外光，阻止其中钛白粉的光催化活性反应，因此有必要了解光催化原理。无论硫酸法还是氯化法，在二氧化钛晶体形成和生长过程中均存在晶格缺陷，称为肖特基缺陷（Schottky defect），也称为"氧缺陷"。由于这些晶格缺陷，二氧化钛表面上存在许多光活化点，在紫外光（UV）的作用下产生光半导体催化化学反应。光催化反应分五个反应步骤来完成一个光催化循环过程，使空气中的水和氧被分解为氧化电势奇高的羟基自由基（·OH）和过氧羟基自由基（·O_2H），这些自由基可轻而易举地将有机物分子键打断或分解掉。光催化反应如图11-4所示。

第一步，二氧化钛颗粒吸收紫外光，在其颗粒中发生电荷分离，在导带的负电荷电子 e 和在价带的正电荷空穴 p^+ 形成激发态：

$$TiO_2 + h\nu == TiO_2(e + p^+) \qquad (11\text{-}30)$$

第二步，空穴正电子氧化二氧化钛颗粒表面的羟基离子，生成羟基自由基：

$$p^+ + OH^- == \cdot OH \qquad (11\text{-}31)$$

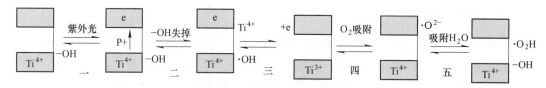

图 11-4   二氧化钛光催化示意图

第三步，四价钛得到电子还原成三价钛：

$$Ti^{4+} + e === Ti^{3+} \tag{11-32}$$

第四步，三价钛与新吸附的氧，氧化成四价钛，生成过氧阴离子自由基：

$$Ti^{3+} + O_2 === Ti^{4+} + \cdot O^{2-} \tag{11-33}$$

第五步，在氧化钛表面的过氧阴离子自由基与水反应，生成羟基离子和过氧羟基自由基：

$$Ti^{4+} + \cdot O^{2-} + H_2O === Ti^{4+} + OH^- + \cdot O_2H \tag{11-34}$$

经过此五步反应过程产生了 2 个自由基，二氧化钛又回到第一步的初始状态。

UV 光子、水和氧的反应是由总能量 3.1eV 以上的一个光子产生 2 个自由基（羟基和过氧羟基自由基），它们具有高度的活性，其氧化势能仅次于氟气（见表 11-12）达到 2.8V，可以使不同的有机聚合物氧化、降解，总反应式如下：

$$H_2O + O_2 + h\nu(UV) \longrightarrow \cdot OH + \cdot O_2H \tag{11-35}$$

$$3 \cdot HO + 3HO_2 \cdot + 2(-CH_2-) \longrightarrow 2CO_2 \uparrow + 5H_2O \tag{11-36}$$

光催化条件：UV、氧和一定的湿度。

表 11-12   不同氧化剂的氧化能力比较

氧化剂	化学反应式	氧化电势/V
氟气	$F_2 + 2e === 2F^-$	2.87
羟基自由基	$OH \cdot + H^+ + e === H_2O$	2.80
过氧	$O_3 + 2H^+ + 2e === H_2O + O_2$	2.07
过氧化氢	$H_2O_2 + 2H^+ + 2e === 2H_2O$	1.77
高锰酸根离子	$MnO_4^- + 8H^+ + 5e === Mn^{2+} + 4H_2O$	1.51
次氯酸	$HClO + H^+ + 2e === Cl^- + H_2O$	1.50
氯气	$Cl_2 + 2e === 2Cl^-$	1.36
氧气	$O_2 + 4H^+ + 4e === 2H_2O$	1.23

正是由于 TiO_2 具有的这一特殊的光催化特性，使钛白粉作为颜料在塑料、涂料等的应用中将加速老化。所以，除在晶体形成和生长过程中采取措施弥补和减少其晶格缺陷外，必须对其进行包覆（包膜）处理，以屏蔽紫外光造成的光催化作用。由于锐钛型钛白结构与金红石钛白结构的差异，其表面的光活化点更多，光催化作用更强。现代研究结果认为，锐钛型二氧化钛单位面积的光催化作用是金红石型二氧化钛的 800 倍；除少量专

门用途的锐钛型钛白粉外，所有颜料钛白粉几乎都是金红石型，二氧化钛晶体的直径越小、比表面积越大，所以纳米二氧化钛光催化材料成为研究的热点。

11.2.4.2 无机物包膜技术原理

用于无机物处理包覆膜的成膜剂通称为包膜剂。包膜剂既要颜色与二氧化钛的特征相符，又要在用途上如塑料、涂料的树脂之间具有相容性。所以，多以白色氢氧化物或氧化物及少量的难溶无机盐沉淀作为包膜剂。铝和硅的水合氧化物是应用最为广泛也是最经典和最重要的包膜剂。市场上的钛白粉绝大多数都含有这两种包膜剂。由于铝与树脂的相容性好，往往是先包硅后包铝，若仅进行单种无机物包膜，只能用铝。为了增加钛白粉的耐候性及产品的光泽，降低因包硅导致的松散膜颗粒粒径增大，使用锆的水合氧化物进行后处理的无机物包膜可制得高光泽高耐候的钛白粉特殊用途品种。无机物包膜主要化学反应原理如下：

$$Na_2SiO_3 + H_2SO_4 \longrightarrow SiO_2 \cdot nH_2O\downarrow + Na_2SO_4 + H_2O \tag{11-37}$$
$$Al_2(SO_4)_2 + 4NaOH \longrightarrow Al_2O_3 \cdot nH_2O\downarrow + 2Na_2SO_4 \tag{11-38}$$
$$2NaAlO_2 + H_2SO_4 \longrightarrow Al_2O_3 \cdot nH_2O\downarrow + Na_2SO_4 \tag{11-39}$$
$$Zr(SO_4)_2 + 4NaOH \longrightarrow ZrO_2 \cdot nH_2O\downarrow + 2Na_2SO_4 \tag{11-40}$$

生成物中的水合物因沉淀方式不同，水合物系数 n 也不一样，多数在干燥和高温气流粉碎解聚分散中被脱掉。由于纸张及装饰纸所用钛白粉与涂料、塑料用钛白粉的要求不同，通常采用磷酸铝沉淀形式作为包膜剂，反应原理如下：

$$Al_2(SO_4)_3 + NaH_2PO_4 \longrightarrow AlPO_4 \cdot nH_2O\downarrow + Na_2SO_4 \tag{11-41}$$

作为氯化法粗品，因多数采用盐酸进行酸碱调节，所使用的无机盐类可采用氯化物。

11.3 硫酸法钛白粉工艺流程及主要生产设备

11.3.1 原料制备工艺与设备

11.3.1.1 钛原料研磨工艺

钛原料的研磨通常是在锰钢衬的风扫球磨系统中进行，这种方法是干燥、粉碎研磨和分级同时在球磨系统中进行，由配套的热风炉提供热源。经过磨细后的矿粒伴随热风一道进入分级机，在分级机中将达到磨细合格的矿粉随风分出，进入矿粉贮仓贮存，为酸解备料。从分级机中分离的未合格的矿粒连同分离合格矿粉后的循环风一同回到球磨机中继续磨矿。其中也有部分热风经过滤袋后排入大气，以湿气的形式带走矿粒中的水分，循环风与排出风可以进行调节。矿粉中含水量要求控制在 0.50% 以下。现在中国仅存的一些小规模工厂仍旧采用悬辊式磨粉机（雷蒙磨），这种磨粉机虽然能对钛矿进行干燥，但产量低、噪声大、故障率相对较高，环境恶劣。

磨矿设备流程如图 11-5 所示。磨矿后矿粉细度：200 目（75μm 筛余）~ 325 目（45μm 筛余）筛余 10%~20%，矿粉水分≤0.50%。

矿粉细度是研磨工序最重要的技术经济指标，直接影响到酸解反应的速度和酸解率。各钛白粉厂规定的矿粉细度差别很大，从 200 目筛余 10% 到 325 目筛余 1%，这不仅取决于钛矿的种类、反应性能及反应热量，也和酸解的工艺技术、循环酸使用方式以及酸解罐

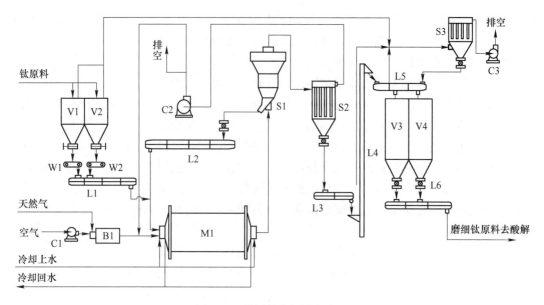

图 11-5　钛原料磨细设备流程

B1—热风燃烧器；C1—燃烧器助燃风机；C2—风扫磨循环风机；C3—卫生收尘风机；L1—进料刮板机；

L2—返料刮板机；L3—矿粉刮板机；L4—矿粉提升机；L5—进仓刮板机；L6—送料刮板机；

M1—球磨机；V1，V2—原料进料仓；V3，V4—矿粉出料仓；W1，W2—钛原料进料计量称

的设备尺寸有关，尤其是连续酸解工艺对矿的细度要求更高，否则酸解率大打折扣。所以，生产企业必须根据自身的设备和用矿条件选择制定适合的矿粉指标。

因酸溶性钛渣组成主要为黑钛石，与钛铁矿组成钛酸铁性质不同，加上钛渣生产粉磨颗粒较粗，相对于钛精矿的研磨要困难得多，单位生产能力也小得多，钛渣是钛铁矿的1.6倍左右，但以二氧化钛计算产能则不相上下。

11.3.1.2　钛原料研磨主要生产设备

现有硫酸法钛白粉钛原料磨粉设备主要是球磨机，以及分级选粉机、旋风分离器、布袋除尘器和系统中的引风机。作为研磨钛原料的球磨机因产量设计和矿源不同，所选规格也不同。

球磨机型号、转速、给矿量、钢球数量、钢球大小等参数，往往是球磨机制造厂商按通用条件给出的，且几乎是作为通用矿石经过传统的破碎、粉碎再进入球磨机进行研磨。现代研磨设备工艺为了节能降耗，已经采用多种粉碎磨粉方式进行串联生产。所谓的"多碎少磨"是对磨矿效率的经验总结。但是，因钛原料（钛渣、砂矿和岩矿）的特性各有不同，其研磨与传统的磨矿生产相差较大。其主要表现为：一是钛原料本身的粒度细小，如砂矿型钛铁矿细度为 0.25~0.07mm；二是因钛渣是冶炼加工产品，其出厂时已经磨细到近 200 目（0.075mm）；三是攀西钒钛磁铁矿是岩矿型，因其中的磁铁矿和钛铁矿嵌布致密，采取多次研磨才能进行细粒级解离，然后选出的钛精矿产品细度低于 200 目（0.075mm）。如此细小的产品颗粒按通用的球磨机装球配比、规格（长径比）和转速均不能达到最佳的效能比，甚至能耗量大。

早期钢球的装填量与级配（大小规格）均参照 20 世纪 90 年代引进球磨机和装填级配指标，产量低，单位研磨钛原料的电耗高、钢球消耗量大。钢球直径在 90~50mm。经

过生产摸索与实验筛选，将钢球直径缩小，收到了很好的生产效果，单位研磨钛原料产量提高了30%~50%，电耗和钢球消耗都大幅度下降，较欧美经典硫酸法钛白粉钛原料研磨技术前进一步。

某一传统球磨机研磨钛原料的生产结果如下：

(1) 球磨机规格：$\phi 2.6m \times 5.1m$，转速19.8r/min。

(2) 球磨机额定钢球加填量：31t。

(3) 第一次实际加填量：34t。

(4) 钢球级配，见表11-13。

表11-13 钢球级配

钢球直径/mm	50	40	30	20
重量配比/t	11.3	3.8	6	12.9

(5) 钢球补加与钢球消耗。球磨机原始加钢球后约经过半年运行时间补加一次钢球，补加量约2.5t，钢球直径50mm。磨钛精矿时，当球磨机电流减少2~3A时不加钢球；磨高钛渣时，球磨机电流减少4A时补加钢球。钢球消耗：0.05~0.1kg/t钛精矿（视钢球质量而定）。

(6) 钢球的质量。低铬钢球的化学成分见表11-14。

表11-14 低铬钢球的化学成分　　　　　　　　　（%）

C	Si	Mn	Cr	S	P
2.6~2.8	0.8~1.2	1.8~1.0	1.8~2.2	≤0.1	≤0.1

钢球硬度：表面硬度≥46；中心硬度≥44。

(7) 磨机能力。磨机能力见表11-15。

表11-15 磨机能力

钛原料来源	攀枝花10矿	攀枝花20矿	米易矿	太和矿
球磨机产量/t·h⁻¹	13~14	16~17	13~14	16~17

(8) 装填级配管理。每年分筛一次钢球，小于16mm的球不用，并按步骤(4)配球。

球磨机转速与直径（周长）的线速度密切相关，因钛原料入球磨机粒度太小，需要降低钢球直径，但其重量随之减轻。为了不形成"周转状态"，尽量按"泻落状态"和接近"抛落状态"的运动方式，则需要增大球磨机的直径，增加钢球的泻落高度，降低球磨机转速带来的圆周速度，使小钢球泻落，提高研磨钢球之间最大的挤压、碰撞、剪切和摩擦效果。

对攀西钒钛精矿，因为要提高选矿的钛收率，选矿分离粒度越来越小，其中有大部分已经满足酸解进料细度（45μm），毫无必要再进入球磨机研磨；因此，可采用进料前进行分级，省掉细粒钛原料的磨矿工序，起到节能降耗的功效。

11.3.2　酸解和钛液制备工艺与设备

硫酸法钛白粉的酸解与钛液制备是为了将钛原料中的钛元素与硫酸反应生成硫酸氧钛溶液并与其他元素或杂质元素分离。因酸解是一个复分解的化学反应过程，现有商业生产的酸解方法以间歇酸解为主，连续酸解在国外仅有三家工厂应用。国内因从不同的渠道引进酸解工艺技术，经过不断的摸索与改进，解决了连续酸解反应器故障率高和酸解率低等问题。目前全连续酸解的工厂有两家，既有间歇酸解又有连续酸解的工厂有三家。

11.3.2.1　酸解钛液的质量要求

实际生产中用于控制酸解钛液的质量指标通常有以下七项。

（1）酸度系数。酸度系数即生产上常用的 F 值，是钛液中有效酸浓度和 TiO_2 浓度的比值（H_2SO_4/TiO_2）。所谓有效酸是指钛液中的游离酸和与钛结合的酸，是钛液的七大指标中反映钛液本质的指标，直接影响水解速率与聚集粒子的聚集速率，从而影响钛白生产后工序的效率与质量。此外，酸度系数不同，则硫酸氧钛的聚合程度不同，直接影响水解产物的空间结构即聚集粒子的大小。

（2）钛液浓度。钛液浓度是指钛液中的二氧化钛的浓度，以 g/L 表示，主要影响水解产品聚集粒子的大小，以及后工序的水洗效率和煅烧工艺条件下的产品颜料性能。大量的研究工作和工业实践表明，钛液浓度高低可根据选取的水解条件确定。如自身晶种需要较高的钛液浓度，在 220~240g/L，而外加晶种则需要钛液浓度低一些，在 180~210g/L，甚至更低。

（3）钛液稳定性。硫酸氧钛液是亚稳定的。用 25℃ 水稀释 1.0mL 钛液至发生水解所需要的水量，称为"稳定性"。工业上要求用于水解的钛液的"稳定性"在 500mL 以上。

（4）铁钛比。铁钛比是钛液中铁离子浓度和二氧化钛浓度之比（Fe/TiO_2）。控制铁钛比的主要意义首先在于保证水解产物在冷却、存贮过程中不析出 $FeSO_4 \cdot 7H_2O$ 结晶。因为水解母液中游离酸浓度很高，亚铁溶解度降低容易析出，这种情况在冬季特别重要。

（5）澄清度。控制过滤的主要任务是保证钛液澄清度合格，使钛液中不溶性固体杂质降至最低。因为水解以后的净化作业只能除去可溶性杂质，如果钛液澄清度不合格，其中所含有的固体悬浮杂质将全部进入水解，恶化水解初期晶种的形成环境，影响水解产物的质量，造成后工序如过滤、洗涤效率下降、指标不稳定，甚至带到产品中影响产品的颜料性能。

（6）三价钛。钛液中要保持 1~3g/L 的三价钛离子（Ti^{3+}），是为了防止在水解、水洗过程中二价铁离子氧化成三价铁离子形成高价的铁氢氧化物（沉淀 pH 值低）而不能除去并吸附在水解产物上，影响最终产品的颜料性能。

（7）钛液密度。钛液密度是由酸度系数、钛液浓度、铁钛比和钛原料中的其他可溶性硫酸盐杂质（如硫酸镁、硫酸铝等）等主要指标决定，同时也互为依托，并决定水解条件的一致性。

11.3.2.2　间歇酸解工艺与设备

A　间歇酸解技术来源

现有间歇酸解商业生产技术最早是采用硫酸与矿混合，然后用外来热源进行直接或间接加热发生反应而得到固相反应物，后来原杜邦公司的 Oscar T. Coffelt 发明专利技术更为引人关注，将76%的硫酸加入钛铁矿中制成一个浆状混合物，然后加入95%的硫酸，利用酸的稀释热提高温度使其发生完全反应，得到一个多孔的易溶固体物。发明自身水解晶种工艺的法国人 J. Blumenfeld 在间歇酸解时在其中加入2%~10%的泥炭（Peat moss），得到易溶解的多孔固体物，泥炭还原 Fe^{3+} 为 Fe^{2+}，取消了金属铁做还原剂。全球现有的硫酸法钛白粉生产的间歇酸解工艺技术均是以此为起点发展而来的。

目前我国硫酸法钛白粉年产量300多万吨，其中采用间歇酸解工艺的约占92%，其余为连续酸解工艺。

B　间歇酸解技术工艺

酸解是制造硫酸氧钛溶液过程中最重要的一个关键工序。间歇酸解工艺包括钛原料与硫酸的混合、钛铁矿的分解反应，固相物的浸取，三价铁的还原，溶液的澄清等过程。间歇酸解生产工艺设备流程如图11-6所示。

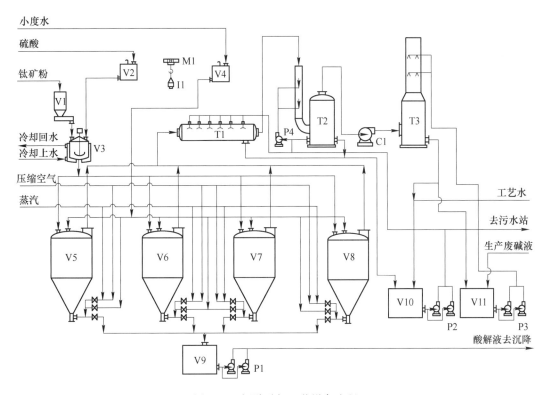

图 11-6　间歇酸解工艺设备流程

C1—尾气风机；I1—还原铁粉斗；M1—单梁车；P1—酸解液输送泵；P2—尾气喷淋循环水泵；P3—尾气喷碱液泵；P4—动力波循环喷淋泵；T1—尾气喷淋管；T2—尾气动力波洗涤塔；T3—尾气碱喷淋塔；V1—矿粉称量罐；V2—硫酸高位槽；V3—预酸解混草；V4—小度水槽；V5~V8—酸解锅；V9—酸解液转料槽；V10—尾气喷淋循环水池；V11—尾气碱液循环喷淋槽

预混：将矿粉计量仓送来的定量的研磨钛原料粉（钛铁矿或钛渣粉）与浓硫酸（根据工艺要求确定硫酸浓度为91%~98%），并按需要的矿酸比加入硫酸总量的80%，加入带搅拌并设置冷却夹套的钢制预混罐内进行预混合；在搅拌条件下加入计量的磨细合格的钛矿粉进行搅拌混合，同时冷却夹套通入冷水冷却，防止混合料浆温度升高产生早期反应，搅拌均匀后放入酸解罐中。剩余约20%的计量硫酸在放完混合料后用于冲洗预混罐，再放入酸解罐。

将经酸矿预混合均匀的物料放入酸解罐中，用压缩空气搅拌，加入计量的稀释水或稀酸（若是稀酸预混工艺则加入浓硫酸），把硫酸调到工艺要求的浓度，工艺上称之为初始反应浓度。浓硫酸和水（稀酸）发生的稀释效应放出大量的热量，可使反应物的温度升高到80~130℃。

当原始硫酸浓度较低或初始反应硫酸的浓度要求较高、稀释热还不能满足反应需要时，需补加蒸汽把反应物预热到80~90℃，酸解反应开始缓慢进行，温度逐步升高，料浆也逐步由稀变稠，继而变成膏状物。当温度达到160℃时发生激烈的放热反应，而反应一开始所释放出来的热量使温度迅速升高到180~200℃。

主反应是很激烈的，因此要精心操作，否则会变得过于剧烈而无法控制。在180~200℃的温度下反应物中所含水和反应生成的水在短时间内迅速蒸发，加上由底部吹入的压缩空气，在酸解罐内形成大量的泡沫，物料体积迅速增大。两股气体汇合后迅速膨胀，来不及从酸解烟囱排出而携带物料从人孔盖等处冲出，可造成安全事故，生产上常称为"冒锅"。

主反应结束后物料恢复到原来的体积，几分钟之后凝固成土黄色固相物。为了制成空气和水容易渗透的固相物，必须在固化期间向黏稠的反应物中压入强烈的空气流，否则会生成紧密而无孔的熔块，很难用酸性水浸取。因此，为了得到易为水和空气渗透的疏松而多孔的固相物，在反应物即将凝固之际吹入强烈的空气流是十分必要的。

反应物固化之后停止或减少吹入空气，放置2~3h，使物料"熟化"和冷却。钛铁矿的酸解率通常在94%~97%之间，其中85%~87%是在主反应期间完成的，其余7%~10%是在熟化期间实现的。

在固相物中钛既以 $Ti(SO_4)_2$ 形式存在，又以 $TiOSO_4$ 的形式存在。因为在主反应时180~200℃的温度下除反应物与硫酸盐水合生成的结晶水外，其余的水都已蒸发出去。具备生成 $Ti(SO_4)_2$ 的条件，但酸解工艺确定的酸矿比（1.5∶1~1.7∶1）不足以将钛全部变为钛的二价硫酸盐，所以在固相物中还存在 $TiOSO_4$。在硫酸法制钛白粉工艺过程中钛的二价硫酸盐即 $Ti(SO_4)_2$ 只存在于固相物体中，而在浸取以后的溶液中均以硫酸氧钛形式存在。在水溶液中硫酸氧钛（$TiOSO_4$）是四价钛化合物，能够以亚稳态形式存在。

在固相物经过熟化和冷却到90~110℃时，加入1%~2%的水洗废酸和洗水（洗硫酸亚铁和从下道工序的沉降泥浆中回收的含钛酸性水）进行浸取，酸性水是先从酸解罐的底部加入，逐步向上渗透直到把固相物浸没，然后再从酸解罐顶盖上的加水管加入，并用压缩空气进行搅拌。在浸取期间溶液的温度应该保持在55~65℃。浸取得到的溶液通常含 TiO_2 为110~150g/L，酸度系数在1.8~2.1。浓度过低会增加后续浓缩工序的负担，由于黏度和大量的硫酸亚铁存在，进一步提高钛液浓度会变得困难。而在用钛渣酸解时因硫酸亚铁的大量减少，浸取钛液的浓度可大幅度提高，而省略后续的浓缩工序。

酸解反应是硫酸氧钛溶液制备阶段最为重要的工序，即"四大关键"之一。为了严格掌握酸解反应，得到酸解率、酸度系数符合工艺要求的钛液，必须严加控制四个重要的工艺参数。

C　间歇酸解主要设备

（1）预混合槽。预混槽是一个带有搅拌装置、配有水冷夹套冷却功能、由碳钢制作的混合容器，与经典的酸解罐配套，其一般体积为 $43m^3$。

（2）酸解罐。酸解罐是碳钢制成并设有防腐衬里的圆筒加圆锥形底的反应罐，在罐底部专门设有压缩空气的分布器。国内最早开发较小体积的酸解罐仅有几立方米。随着规模的发展，经过 $15m^3$、$30m^3$、$50m^3$ 体积的演变，酸解罐最大已做到 $60m^3$。引进生产规模 1.5 万吨/年的酸解罐容积为 $130m^3$，每个罐产能仅为年产 5000t。后来在建设大规模生产装置时增加了圆筒体的高度，体积增大到 $150m^3$ 左右，年产能可达万吨，基本成为中国硫酸法钛白粉酸解工艺的定型设备。罐内现在是采取内衬耐酸橡胶+耐酸砖结构。

（3）沉降槽。澄清槽通常采用间歇沉降和连续沉降，国内多数为间歇沉降，规格为 10m×10m×4m 的方槽并联设置，轮流作业。其工艺设备流程如图 11-6 所示。

11.3.2.3　连续酸解工艺与设备

A　连续酸解生产技术来源与现状

全球采用连续酸解工艺技术生产装置的厂家屈指可数，目前可统计的仅有 8 家：国外 3 家，国内 5 家。

第一家安装连续酸解生产装置的工厂是位于巴西萨尔瓦多巴哈亚（Bahia）的原巴西钛业公司（Tibras），由原英国拉波特公司（Laporte，最初的硫酸法工艺技术提供商）于 1969 年开建，1972 年建成投产。1998 年巴西钛业公司被莱昂德尔公司的子公司美礼联公司收购，其中巴西钛业公司拥有 57% 的股份，另 43% 为拜耳所有。后来美利联公司退出钛白粉产业，现在属于美国特诺公司（Tronox）。巴西钛业公司开发的连续酸解技术来自英国拉波特公司，德国拜尔（Bayer 也是早期硫酸法钛白粉生产技术提供商）和一个欧洲钛白粉生产商共同进行技术支持。

第二家安装连续酸解生产装置的工厂在马来西亚的观丹（Teluk Kalung），于 1992 年建成，属原英国帝国化工（ICI）下属氧钛公司（Tioxide），因氧钛公司缺乏低成本氯化法钛白粉生产工艺，为巩固其钛产业地位而开建新的硫酸法钛白粉工厂，也是欧美钛白粉产业公司最后建立的一个硫酸法生产装置。其最初设计规模为 4 万吨/年，因比氧钛公司其他工厂环保与劳动力成本低，故效益较好，挖潜扩能实际生产能力达到 6 万吨/年。其技术来源是由原氧钛公司通过内部工程服务和自身努力而成功开发的连续酸解技术，该工厂现隶属于亨兹曼公司（Huntsman Tioxide）。

第三家安装连续酸解生产装置的工厂是韩国钛工业株式会社（Hankook Titanium），即现在的 Cosmo 公司，该公司于 1968 年开始经营钛白粉，1971 年经过两家日本咨询公司咨询后在仁川开始建设钛白粉生产装置（也有巴西钛业公司提供 1997 年蔚山工厂连续酸解装备图纸一说，只是没进行人员培训）。现拥有两个生产厂，均采用连续酸解工艺。一个老厂在仁川（Incheon），产能 3 万吨/年；另一个工厂在蔚山（Onsan），1997 年开车，产能 3 万吨/年。截至目前，也是国外最后一家使用硫酸法和连续酸解装置的工厂。

第四至第八家安装连续酸解生产装置的工厂为近几年国内从国外购买技术新建的连续酸解装置。自山东从日本富士钛（Fuji Titanium Industry Ltd）引进连续酸解工艺技术后，陆续又有三家从韩国（Cosmo）引进连续酸解工艺技术。全球连续酸解装置、生产能力及生产商列于表 11-16。

表 11-16 已知的国内外连续酸解生产装置表

项目	序号	所述公司与装置地点	装置能力/万吨	连续酸解器个数	备注
国外	1	克瑞斯托，巴西萨尔瓦多	6	6	一个工厂
	2	亨兹曼，马来西亚观丹	6	4	一个工厂
	3	韩国 COSMO，仁川、蔚山	3+3	2+2	两个工厂
国内	4	山东东佳，淄博博山	1.5	1	技术来源日本
	5	攀钛公司，渝港	8（10）	7	技术来源韩国
	6	广东惠云钛业，云浮	5	3	技术来源韩国（马来西亚）
	7	河南佰利联，焦作中站	6	3	技术来源韩国
	8	山东金海钛业，滨州无棣	10	7	—

B 连续酸解生产与工艺

连续酸解工艺流程如图 11-7 所示。从图 11-7 看出，连续酸解工艺可分为四个单独的操作单元或关键步骤，并在四个单独的运行装置完成。首先是混合，将钛矿粉与浓硫酸在混合罐中混合；然后是酸解反应，将混合好的料浆连续送入连续酸解器中部进行引发、连续反应、熟化及固化，经双螺旋捏合推动从反应器两端排出反应完全的固相物；第三是溶解，从酸解器排出的反应固相物连续进入溶解罐中进行浸取溶解；第四是连续还原，浸取溶解后的钛液再连续送入多级还原罐用铁屑还原而得到合格酸解液。

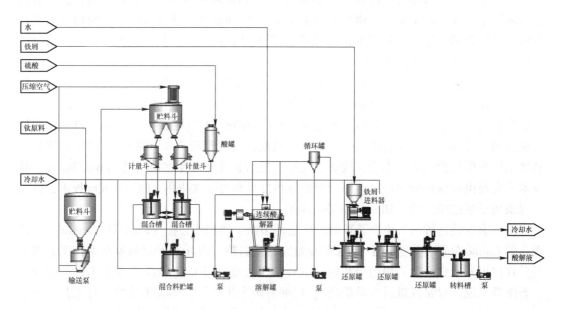

图 11-7 硫酸法钛白粉连续酸解工艺流程

连续酸解工艺与间歇酸解的差别是：将混合、反应、溶解或还原四步工序由一个或两个设备间歇完成的工作，分别由混合罐、酸解罐、溶解罐和还原罐 4 个（套）独立设备连续完成。

（1）混合：经矿粉仓用泵送入高位贮料斗，再经计量斗计量进入混合槽中，每一批的原料都经称重计量后加入到已知数量的酸中。连续酸解器需要至少 2 套计量料仓和混合罐。当一套计量料仓与混合罐向酸解器进料贮藏罐进料时，另一个则进行混料，这样就可以保持连续进料。为了在酸解反应时获得最佳的收率，所有原料颗粒都要求被硫酸完全润湿。如果原料颗粒聚集，就不会被硫酸完全润湿，在连续酸解器中就不会完全反应。为避免在混合罐中发生提前反应，采用冷却夹套对料浆的温度进行冷控制。实际温度由原料的细度和环境空气条件确定，34～36℃ 为典型液体温度。40℃ 应设定为高温警戒温度。

（2）连续酸解反应：在连续酸解反应器上料浆和回收的稀硫酸（约 15% H_2SO_4）一起进入反应器的中心。稀酸流量与料浆流量按一定比例混合，体积比一般为 0.20～0.25。反应物最初在反应器中心混合，稀释浓硫酸时产生的热量以引发料浆开始酸解反应。在反应过程中，原料中的金属氧化物形成金属硫酸盐，料浆开始增稠且固体量逐渐增加，同时多余的水分以蒸汽的形式释放溢出。在混合区形成的固体屑通过螺旋桨叶的旋转推动向前移动，因而更多的新鲜料浆进入反应段。在固体屑向反应器两端的移动过程中，经过熟化完成反应后进入溶解罐中。

通过钛原料组成确定酸的加入量，既保证在还原溶液中获得合格的酸钛比，又期望得到最大的钛矿酸解率。同样，反应器桨叶的更新替换计划生产制度也是为了满足酸解反应最好的生产工况，以期获得最佳的酸解率。连续酸解主要控制料浆进料速度，典型流量为 5.5m³/h，依据所使用原料的特性并通过生产测试后科学合理地确定。反应器中的酸矿比为预定的酸解条件，该比率由混合罐中的酸矿比加上进料料浆中稀酸的比率控制。要求对原料质量进行连续监测，以保证每次酸解时具有正确的反应条件。

（3）固相物的溶解：连续酸解工艺的第三个步骤是采用回收稀酸溶解在反应器中形成的固体金属硫酸盐，使其成为溶液。溶解罐的基本作用是将反应器排出的物料完全溶解制成钛液。需要几个小时才能完全溶解反应形成的固体，溶解时间与溶解罐的结构和搅拌方式密切相关。将溶解罐直接安装在酸解器的下方，固体沿着卸料槽直接进到溶解罐中。

搅拌器的作用是将固体保持悬浮状，并提高固体物的溶解速率。从溶解罐顶部溢出液体或用泵收集的液体送入存储槽。在溶解罐中有两个关键的控制参数：酸钛比和钛浓度。这两个参数可以通过计算加入到溶解罐中的溶解液体量确定。最大一部分溶解液为工艺水，它对上述的参数没有影响。为了提高钛回收率和降低成本，回收稀酸包括部分工艺水回收液（小度水）也加入到溶解罐。这些回收稀酸包括过滤偏钛酸的滤液、浓废酸和酸解沉降渣的滤液洗液。如果溶解钛液的浓度偏高、密度较大，固体物质就会在溶解罐底部沉积形成结垢性淤块，降低溶解效率；溶解钛液的浓度应当适中，并尽可能地减少后续蒸发工段的蒸汽能耗。如果钛液浓度太大，则造成后续钛液的净化效率下降，从而影响最终产品的质量。为保证钛液的稳定性不受影响，使用冷却盘管或冷却套使溶解液体温度保持在 65℃ 以下。

（4）溶解液的还原：连续酸解工艺的第四个步骤是将溶解得到的钛液进行还原，使其溶液中有一定量的三价钛存在。其目的和操作与间歇酸解连续还原类同，可参见间歇酸解还原过程。

连续加入金属铁屑是为了将三价铁还原成二价铁，以确保在后面的水解过程中铁不会发生沉淀并影响产品质量。测定三价钛是为了确保所有的三价铁被还原。三价钛先于三价铁氧化，并设定三价钛（Ti^{3+}）浓度为 2g/L，用于保证其中的亚铁不会被氧化而影响产品质量。

C 连续酸解主要设备

（1）预混合槽：它是一个带有搅拌装置、配有水冷夹套冷却功能由碳钢制作的混合容器，与间歇酸解相同，并联设置，轮流作业，体积43m³。

（2）连续酸解反应器：它是以双螺旋捏合机为基础设计，采用双螺旋布置，包括两套平行轴桨叶；螺旋搅拌轴中间对称，同一旋向产生正反螺旋，桨叶以合理的角度安装，便于物料从中间反应并往两端输送出固体物料。早期的酸解反应器仅从一端进一端出，生产能力小，其后改为中间进两端出的结构，单台酸解器的产能提高了1倍；若要再提高单台产能将酸解器直径加大，有不可逾越的技术经济障碍。将混合料贮罐中的料浆送入连续酸解器的中部进口，并加入回收稀酸引发反应。酸解器中的螺旋桨叶从中部推动反应物质到两端的卸料口。

（3）溶解槽：连续溶解罐是带有搅拌器的大型溶解槽。

（4）还原槽：连续还原槽有两个或两个以上带有搅拌器的还原槽构成。

（5）沉降槽：澄清槽通常采用连续沉降和半连续沉降。

D 钛原料对连续酸解的影响

钛原料组成及特性对连续酸解的影响与对间歇酸解的影响几乎相同，如前所述。但目前国外三家连续酸解工厂均是采用混合钛原料模式，见表11-17~表11-19。

表 11-17 巴西萨尔瓦多工厂连续酸解的混合原料模式 （%）

项目	本地钛精矿	钛渣（氯化渣超细弃粉）	混合料组成
混合占比	84	16	100
TiO_2	54.30	57.17	54.76
Ti_2O_3	—	21.47	3.43
FeO	24.50	10.50	22.26
Fe_2O_3	17.60	—	14.78
SiO_2	0.20	3.50	0.73
Fe^{2+}/Fe^{3+}	1.55	—	1.67

表 11-18 马来西亚观丹工厂连续酸解的混合原料模式 （%）

组成	澳大利亚钛精矿	本地钛精矿	混合料组成
占比	36	64	100
TiO_2	55.80	52.20	53.50
Ti_2O_3	—	—	—
FeO	18.00	31.30	26.51
Fe_2O_3	23.00	13.70	17.05
SiO_2	0.50	0.74	0.65
Fe^{2+}/Fe^{3+}	0.87	2.54	1.73

表 11-19　韩国蔚山工厂连续酸解的混合原料模式　　　　　　　　（%）

组成	印度 A 钛精矿	印度 B 钛精矿	混合料组成
占比	63	37	100
TiO_2	55.00	53.00	54.26
FeO	20.90	21.90	21.27
Fe_2O_3	18.90	19.90	19.27
SiO_2	0.90	0.90	0.90
Fe^{2+}/Fe^{3+}	1.23	1.22	1.23

由此可见，连续酸解工艺对矿的选择与搭配是比较固定的。这是建立在对原料适应的连续酸解器操作模式和特定装置基础上的，值得国内拥有同类连续生产装置的厂家借鉴。其控制的 Fe^{2+}/Fe^{3+} 在 1.2~1.73，而攀西钛精矿其比值为 4.8，再加上 6% 左右的 MgO 含量，其反应热更大，可完全用于节省一些工艺能耗，降低更多的生产成本。

E　连续酸解工艺技术的研究发展

由于现有经典的商业化酸解工艺技术，无论是多数生产装置的间歇酸解工艺，还是小部分的捏合连续酸解工艺，均存在上述不足，并需要挖掘更高的生产效率来弥补。所以，生产行业的专家与科学家没有停止过对新工艺技术的探索与研发，尤其是投资人为了降低生产成本、获取最大的收益，也投入巨资进行深入研究。硫酸法钛白粉酸解技术与其他无机矿物的湿法化学加工一样，完全可以有更连续的、更大型的、更诱人的且更简单的生产工艺和装置需要去开发、完善并产业化。以下介绍几种有代表性的连续酸解开发工艺。

a　钛铁矿多级循环多段连续酸解工艺

图 11-8 为克洛朗斯的母公司美国国立铅业公司（NL Industries，Inc.）开发的连续酸解工艺流程。

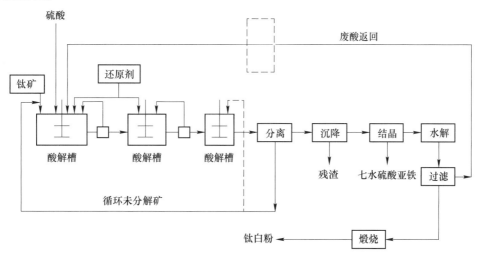

图 11-8　钛铁矿三级循环三段连续酸解工艺流程

钛铁矿从矿仓与新鲜浓硫酸和循环返回的约 25% 浓度废酸连续加到第一连续酸解罐中，维持温度在 110℃，反应生成的酸解物料连续进入旋流器 1，将反应物料进行旋流分离，重相以未反应的钛矿为主，经旋流器 1 的管线回到第一酸解罐中继续反应。旋流器 1

分离获得的轻相进入第二连续酸解罐，在第二连续酸解罐中继续酸解。其酸解温度较第一连续酸解罐的反应温度低，控制在100℃。从第二连续酸解罐中酸解后的物料进入旋流分离器2进行分离，重相经旋流器2的管线循环回到第二连续酸解罐中继续酸解，轻相进入第三连续酸解罐中，其温度维持在70℃。从第三酸解罐连续排出的反应物进入分离器，在分离器中未反应的钛矿经分离后一部分循环未分解矿返回第一连续酸解罐中，一部分（虚线）返回第三连续分解槽中。从分离器中分离的液体进入沉降槽沉降除去胶体残渣，再进入亚铁结晶器结晶七水硫酸亚铁并进行分离，分离得到的钛液进入水解槽中进行水解，以沉淀偏钛酸，过滤洗涤浓废酸返回第一连续酸解罐用于酸解钛矿，中间虚线为辅助稀酸浓缩工序（在需要浓缩时），其后按传统钛白生产进行煅烧。为维持酸解钛液中的三价钛离子含量，还原剂如铁粉从铁粉仓分别加入到第一和第二连续酸解罐中。

该工艺采用三级循环三段连续酸解工艺，经过三级分段回浆流程与三段温度和酸钛比逐级降低趋势提高酸解反应效率与钛矿粒度和反应时间的动力学关系，具有以较低浓度的硫酸完全分解钛铁矿的显著优点。

该连续酸解工艺获得的钛液指标为：酸钛比2.025，钛液浓度136.2g/L。

该技术采用稀酸连续液相酸解工艺，可全部利用水解产生的浓废酸，酸解收率达到95%，而且酸解硫酸浓度不能大于60%，一是因为酸浓度高酸解得到的钛液黏度大，不利钛液的净化，影响产品质量；二是水解分离浓废酸无需浓缩，降低能耗和节约生产成本；三是酸解酸浓度高易促成一水硫酸亚铁的形成，难以净化过滤并堵塞滤布。

b 钛铁矿双循环两段连续酸解工艺

图11-9为BHP公司提出的双循环两段连续酸解工艺流程。

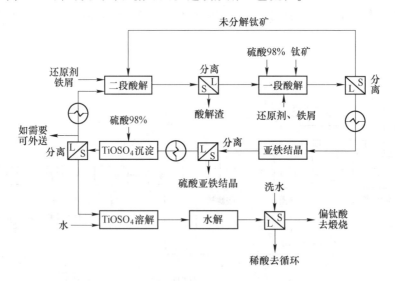

图11-9 钛铁矿双循环两段连续酸解工艺流程

将硫酸、钛铁矿和两段酸解罐分离酸解渣后的液体连续加入一段酸解罐进行酸解，并加入还原剂铁屑保持溶液处于还原态。酸解物料进入固液分离器分离，分离的固体为未分解钛矿循环到二段酸解罐，分离得到的液体经过换热器降温冷却结晶器结晶硫酸亚铁，再进入分离机分离，分离出硫酸亚铁；分离硫酸亚铁后的液体经换热器加热后进入硫酸氧钛沉淀器，加入浓硫酸沉淀硫酸氧钛。沉淀出的硫酸氧钛的物料经固液分离器分离，液体经过换热器加热后，与铁屑和从一段酸解罐中酸解后分离的固体未分解钛矿一并加入到二段酸解罐中进行连续酸解，在二段酸解罐中酸解后，再经过沉降分离出含硅的酸解渣，分离渣后的液体再进入一段连续酸解罐中完成矿与酸的两段双循环连续酸解工艺任务。另外，分离后的固体硫酸氧钛进入溶解罐中加入水进行溶解硫酸氧钛，溶解好的钛液进入水解罐中进行水解，水解产物按以后的工序过滤洗涤后送下部工序加工钛白粉。

该连续酸解工艺的特点是：钛铁矿进行一次循环两次酸解，硫酸分两次不同点加入，但按一个方向进行循环，一次加入硫酸用于直接酸解钛铁矿，二次加入是为了沉淀硫酸氧钛，完成沉淀后与一次加入的过量硫酸一道循环回到二段酸解罐分解钛铁矿，这样的目的是在高酸度系数条件下将钛分离出来，其原理如下：

钛铁矿分解：$\qquad$ $FeTiO_3 + 2H_2SO_4 \rule[0.5ex]{2em}{0.4pt} FeSO_4 + TiOSO_4 + 2H_2O$ $\qquad$ (11-42)

沉淀硫酸氧钛：$\qquad$ $TiOSO_4 + 2H_2O \rule[0.5ex]{2em}{0.4pt} TiOSO_4 \cdot 2H_2O \downarrow$ $\qquad$ (11-43)

在沉淀硫酸氧钛时加入硫酸氧钛晶种，得到的硫酸氧钛沉淀分离，并溶解得到钛液浓度为 160g/L Ti 和 8.3g/L Fe，容易用于自身晶种和外加晶种的水解合格钛液，其后去煅烧和后处理完成钛白粉的全流程生产。

c 钛铁矿连续两级循环一段酸解工艺

图 11-10 为英国 Kemicraft 公司提出的连续两级循环一段酸解工艺流程。

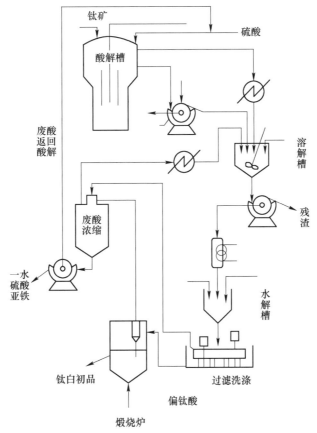

图 11-10 连续两级循环一段酸解工艺流程图

该工艺采用两级循环一段连续酸解工艺。第一级循环为分离硫酸氧钛沉淀后的过量酸溶液，第二级循环为经过脱出一水硫酸亚铁后的浓缩废酸，前者仅是连续酸解后经过一次固液分离就循环回连续酸解反应；后者几乎与现有的浓废酸浓缩除杂回用一样，进入到了生产工艺的水解、废酸浓缩、亚铁分离。其中废酸浓缩蒸发冷凝酸性水液在工艺中进行循环，用于硫酸氧钛滤饼的溶解有其独特的特点。

该工艺最大的特点：（1）克服了间歇酸解尾气处理难的缺点；（2）使用原料无论钛铁矿或钛渣均不需干燥和磨细，节约了磨矿成本与投资；（3）维持了生产体系的热平衡，没有钛液的浓缩与七水硫酸亚铁结晶消耗的能量；（4）使用的硫酸浓度为65%，大部分水解废酸不需要浓缩；（5）煅烧含氧化硫的尾气，热量予以利用，浓缩蒸发水也予以循环；（6）没有七水硫酸亚铁的分离，原料中的铁全部以一水硫酸铁形式从酸浓缩工艺移出。

该连续酸解工艺获得的钛液指标为：酸钛比1.90；钛液含 TiO_2 为14.3%，含 $FeSO_4$ 为4.4%；含 H_2SO_4 为26.5%。

11.3.2.4 酸解液的沉降与酸解渣的分离工艺及设备

A 连续沉降

连续沉降工艺流程如图11-11所示，其操作是将待沉淀的钛液从酸解罐或中间贮罐均匀地加入沉降的布液管中，同时按比例在管道中加入絮凝剂，使其混合后进入沉降器连续澄清。

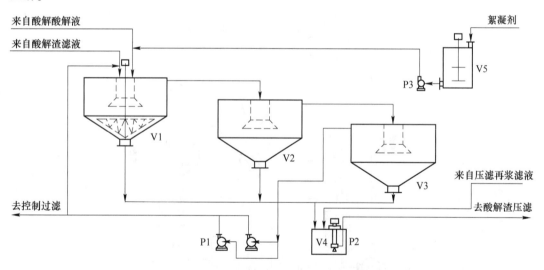

图11-11 酸解钛液连续沉降工艺

P1—澄清钛液送料泵；P2—沉降稠浆转料泵；P3—絮凝剂计量泵；V1~V3—连续沉降槽；
V4—沉降稠浆转料槽；V5—絮凝剂槽

从沉降槽上部连续溢出来的澄清液，多数厂家是直接将澄清的钛液送亚铁结晶的下一工段。有部分厂家将澄清钛液送入压滤机以除去残存在澄清中的细小分散的固体颗粒和部分胶体杂质。压滤机的操作是先上一层硅藻土作过滤助剂，然后过滤钛液，待压滤速率降低时，打开压滤机卸下残渣，这在生产上俗称为热过滤。但是在一些温差较大的地区，由于在过滤时钛液降温快，加之密度相对较大，过滤效率低，很容易在压滤机滤布上析出七水硫酸亚铁结晶，堵塞滤布使过滤无法进行。从工艺简化操作看，因后工序亚铁结晶之后还要进行控制过滤，以保证浓缩水解进料中细微胶体含量降到最低，不影响水解结晶晶种的操作。

但是，使用钛原料钛渣或渣矿混合原料酸解制备的酸解钛液，以及渣矿分别酸解后混合沉降的钛液，因没有后工序的亚铁结晶，在此进行的热过滤就是控制过滤，以保证直接用于水解钛液的质量，确保水解钛液指标合格。

从沉降器底部连续排出的沉降渣（泥浆），可按间歇酸解的分离渣进行过滤回收其中的可溶性钛。国外包括欧洲、日本甚至韩国的硫酸法钛白粉生产是串联的三次连续沉降回收酸解渣中的可溶性钛。第一级沉降槽最大，主要分离钛液后，其沉降渣送入第二级连续沉降槽，与第三级沉降分离的清液混合进行沉降，第二级沉降清液送入第一级沉降槽与酸解罐送来的钛液混合进行沉降，第二级沉降分离的渣送入第三级沉降槽与生产的工业水混合后进行沉降，沉降渣送入泥浆贮槽为沉降酸解渣的分离备用。

B　间歇沉降

间歇沉降工艺如图 11-12 所示，其操作是将待沉淀的钛液从酸解罐或中间贮罐均匀地加入沉降槽中；同时按比例在管道中加入 0.1% 的聚丙烯酰胺或一些专用牌号的絮凝剂，使其混合后进入沉降槽。根据沉降槽的体积大小，可放一个酸解罐钛液或依次多个酸解罐的钛液，进入沉降槽沉降，静置沉降 2~3h，待澄清后，由安装在沉降槽内的溢流胶管，溢流上层沉降清液，如连续沉降工艺一样，多数厂家将沉降的清钛液直接送去亚铁结晶的下一个工序。部分厂家有的如连续沉降工艺所述，进行热过滤。如酸解采用钛渣或渣矿混合酸解制取的钛液，以及分别酸解制取的钛液再混合后沉降的清液，必须进行热过滤，以保证水解钛液的质量。

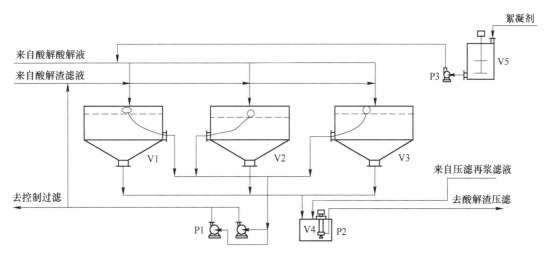

图 11-12　酸解钛液间歇沉降工艺

P1—澄清钛液送料泵；P2—沉降稠浆转料泵；P3—絮凝剂计量泵；V1~V3—间歇沉降槽；
V4—沉降稠浆转料槽；V5—絮凝剂槽

沉降在沉降槽底部的沉降渣，用水冲洗从沉降槽排出，送入泥浆贮槽为沉降酸解渣分离备用。

C　沉降酸解渣的过滤分离

无论是连续沉降的逆流再浆洗或浆化分离沉降渣，还是间歇沉降冲水排除分离的沉降渣，均送入酸浆渣（泥浆）贮槽，如图 11-13 所示，在泥浆贮槽贮备的沉降泥浆用压滤泵送入压滤机中进行压滤，分离出滤液送入小度水槽作为酸解浸取液备用。从压滤机分离出的滤饼，加入 2% 水解一洗后的废酸废水进行再浆化，再浆化后的料液再进压滤机进行固液分离；两次压滤分离的含钛约 60g/L 液体和后工序的结晶亚铁分离洗水合并，统称为小度水，返回酸解用于浸取。

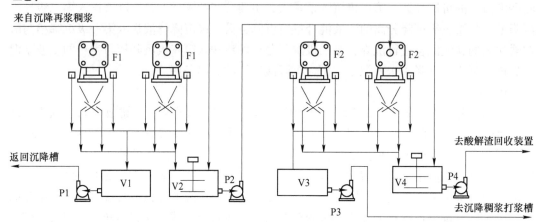

图 11-13　沉降酸解渣过滤分离流程

F1—酸解渣一次压滤机；F2—酸解渣二次再浆压滤机；P1—酸解渣一次转料滤液泵；P2—酸解渣再浆压滤泵；
P3—酸解渣二次滤液转料泵；P4—酸解渣二次再浆送料泵；V1—酸解渣一次滤液槽；V2—酸解渣再浆槽；
V3—酸解法二次再浆滤液槽；V4—酸解渣二次再浆转料泵

11.3.2.5　硫酸亚铁的结晶与分离工艺及设备

因采用钛铁矿作为硫酸法钛白粉的生产钛原料，通常钛铁矿中的 TiO_2 含量在 45%~54%，个别风化矿会更高。攀西钛铁矿的化学成分见表 11-2，TiO_2 含量 47.47%，全铁含量 34.62%，FeO 含量 31.85%，Fe_2O_3 含量 5.61%。用占比 2.3% 左右铁粉作还原剂时，计算酸解后钛液中的铁钛比（Fe/TiO_2）为 0.613，远高于水解钛液需要的（0.25~0.32）的铁钛比指标，为此需要在制取的酸解钛液中除去一部分铁，经典的方法是以七水硫酸亚铁的结晶形式分离除去多余的铁。七水硫酸亚铁的结晶与分离，包括从酸解钛液中结晶析出七水硫酸亚铁结晶的工艺技术和从结晶后钛液中分离出七水硫酸亚铁的工艺技术。

A　七水硫酸亚铁的结晶

纯净的硫酸亚铁在水中的溶解度取决于水溶液的温度，随温度的降低其溶解度减小；钛液中含有硫酸亚铁的结晶析出不仅随温度变化，而且与钛液中有效酸、TiO_2 含量、液体密度及其他杂质浓度有关。七水硫酸亚铁随温度变化在水中的溶解度曲线如图 11-14 所示，水溶液中硫酸亚铁浓度在 0~17.5% 范围，其结晶曲线在 0~-1.82℃，其后随温度升高则溶解度增大，结晶曲线上升至溶液温度为 64.4℃，溶液中硫酸亚铁浓度达到 40%；

不过在温度为61℃时已有少量二水和四水硫酸亚铁结晶析出；到达67.4℃时已有一水硫酸亚铁结晶析出；继续升高温度，则一水硫酸亚铁继续析出；直到100℃结晶析出曲线全为一水硫酸亚铁结晶。根据该原理，经过降低钛液的温度，使其中的七水硫酸亚铁结晶析出并分离获得符合水解需要的钛液指标铁钛比。

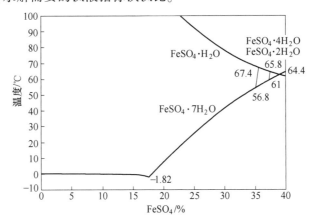

图 11-14 硫酸亚铁在不同温度下的溶解度

钛液中的 Fe/TiO_2 是按体积浓度测量计算，以及结晶分离获得的钛液中铁含量相对较低，表 11-20 为硫酸亚铁在30℃以下各温度的溶解度。从表 11-20 看出，硫酸亚铁的溶解度受温度的影响很大，降低温度可以把硫酸亚铁从钛液中结晶出来。在30℃时，硫酸亚铁溶解度为240g/L；在20℃时，硫酸亚铁溶解度为190g/L；在15℃时，硫酸亚铁的溶解度为130g/L。按钛精矿酸解、浸取与还原制取的钛液其 TiO_2 浓度在 125～135g/L，按前述 Fe/TiO_2 比为 0.613 计算的硫酸亚铁（$FeSO_4$）浓度为227g/L。由于钛液中含有大量的游离硫酸与硫酸氧钛存在，其溶解度还要降低；所以，对采用钛铁矿生产的沉降钛液进行热过滤降低胶体杂质含量，则需要相对较高的物料温度，否则在过滤中易结晶析出七水硫酸亚铁堵塞滤布，影响生产效率。

表 11-20 硫酸亚铁在不同温度下的溶解度

温度/℃	30	20	15	10	5	0	-2	-6
$FeSO_4/g \cdot L^{-1}$	240	190	130	117	95	79	59	38

根据水解钛液需要的 Fe/TiO_2 比为 0.25～0.36，可计算出需要将钛液降低到什么温度。

已知条件：Fe/TiO_2 = 0.25～0.36；酸解液 TiO_2 浓度 = 125～135g/L，则需要钛液中的 Fe = 0.25×(125～135) = 31.25～45g/L（下限）；或 Fe = 0.36×(125～135) = 33.75～48.6g/L（上限）；即 Fe = 31.25～48.6g/L。换算成硫酸亚铁（$FeSO_4$）含量 = 85.8～133.4g/L。

因此，对照表 11-20，要达到结晶钛液控制的 Fe/TiO_2 比，结晶温度需要降低到15℃以下。

B 真空结晶工艺与设备

真空结晶生产工艺流程如图 11-15 所示，生产装置是钢衬橡胶的圆柱形加圆锥底上带搅拌的真空蒸发结晶器，通常是间歇式的。

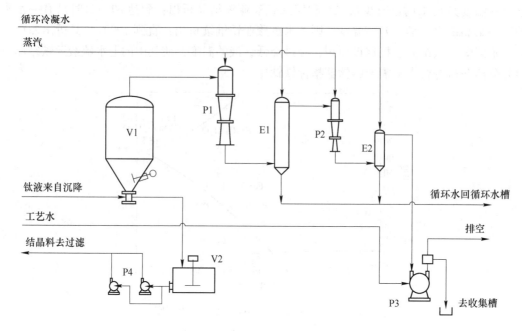

图 11-15 真空结晶生产工艺流程

E1——一级冷凝器；E2—二级冷凝器；P1——一级蒸汽喷射器；P2—二级蒸汽喷射器；P3—水环式真空泵；
P4—结晶转料泵；V1—真空结晶器；V2—结晶料浆槽

将 20~30m³ 的钛液送入真空结晶器中，开启搅拌器，用水环式真空泵进行抽真空，钛液沸腾降温到一定温度和真空度后，再开启蒸汽喷射真空系统，直至钛液温度降到 15~20℃，真空度在 1.2kPa（9mmHg）以下，达到钛液中理想的铁钛比时，关闭真空系统，放空后将真空结晶的钛液料浆送入硫酸亚铁分离过滤机贮槽，为分离七水硫酸亚铁备用。

真空结晶是依靠较低的真空度，使钛液沸点温度降低带走蒸发潜热而使其中的水分迅速蒸发，既降低了钛液的温度，又提高了钛液的浓度。致使钛液中七水硫酸亚铁的溶解度显著降低，钛液中的铁便以七水硫酸亚铁的形式结晶出来。结晶后的七水硫酸亚铁悬浮液用泵送到真空盘式过滤机进行固液分离。

在盘式过滤机上分离并用水进行逆流洗涤，尽量减少七水硫酸亚铁带走的钛液量。分离硫酸亚铁后的滤液去下道工序进行控制过滤，七水硫酸亚铁送成品库或包装出售或用作他途。由于水分的蒸发以及硫酸亚铁是以七水合物的形式结晶出现吸收一部分水，所以真空过滤分离后钛液中 TiO₂ 的浓度由 120~140g/L 提高到145~175g/L，有效酸浓度从 220~300g/L 提高到300~380g/L，铁钛比则降至 0.27~0.31。

真空结晶的最大优点：设备的生产效率高，容积为 50m³ 的真空结晶器足以满足年产1.5 万吨钛白粉的需要，而且能耗低、维修工作量极小。

C 冷冻结晶

冷冻结晶七水硫酸亚铁采用钢衬橡胶带有搅拌的圆锥形槽，内设盘管通入冷冻盐水或制冷剂构成的制冷装置，盘管采用紫铜管和钛管制成。

原有小规模生产装置采用间歇生产工艺。温度为 55℃以上钛液一次投入冷冻罐，温度降至 5~8℃放料，送入硫酸亚铁分离机进行钛液与结晶的七水硫酸亚铁分离。随着生产规模的扩大与技术进步，之后采用串联冷冻结晶生产工艺，流程如图 11-16 所示。

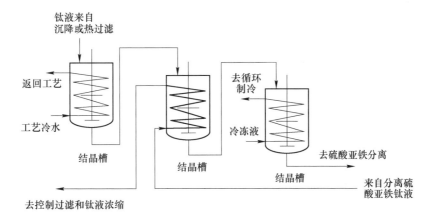

图 11-16 冷冻结晶生产工艺

高温钛液（温度 55℃）送入一级结晶槽，采用工艺冷水（常温）进行冷却降温；二级结晶槽采用分离结晶七水硫酸亚铁的冷钛液（约 8℃）进行冷冻降温结晶，也使冷钛液温度升高，便于净化控制过滤；最后一级采用冷冻剂（氯化铵-氯化钙冰盐水）进行冷冻结晶，结晶物料送硫酸亚铁分离工序进行七水硫酸亚铁的分离。

这种结晶方式的优点是操作简单，易于掌握；缺点是硫酸亚铁牢固地附着于盘管的外表面，设备的传热系数和生产效率迅速下降；钛制盘管造价昂贵，铜制盘管维修工作量大，且铜的腐蚀还会污染产品；钛液中的高温热能没有利用，不像真空结晶时 55℃ 钛液是依靠蒸发其中的钛液带走热量且提高了钛液的浓度。

随着现代制冷技术的进步，采用冷冻结晶钛液中的七水硫酸亚铁，从钛液中移走的热量用于硫酸法钛白粉生产其他低温热利用工序，有助于降低生产的能源消耗。

D 结晶七水硫酸亚铁的分离

对含有七水硫酸亚铁结晶颗粒的悬浮钛液，采用固液分离方式的过滤机进行分离，并洗涤过滤滤饼，以尽量减少分离七水硫酸亚铁时带走的钛液量。分离七水硫酸亚铁后的滤液去下道工序进行控制过滤，为钛液浓缩工艺备料；七水硫酸亚铁送成品库或包装出售。

a 真空过滤分离

商品化的真空过滤机已能实现连续过滤分离与洗涤，其种类有转台圆盘真空过滤机、转台翻盘真空过滤机、水平带式真空过滤机。

在硫酸法钛白粉生产中几乎全部采用真空圆盘过滤机来真空过滤分离七水硫酸亚铁，其过滤分离工艺流程如图 11-17 所示。

b 离心过滤分离

离心分离是利用离心惯性作用力将钛液中的结晶七水硫酸亚铁进行过滤分离，其过滤分离工艺流程如图 11-18 所示。

c 过滤复合分离

复合工艺过滤分离七水硫酸亚铁，是在现有真空过滤分离不变的工艺条件下，用转台

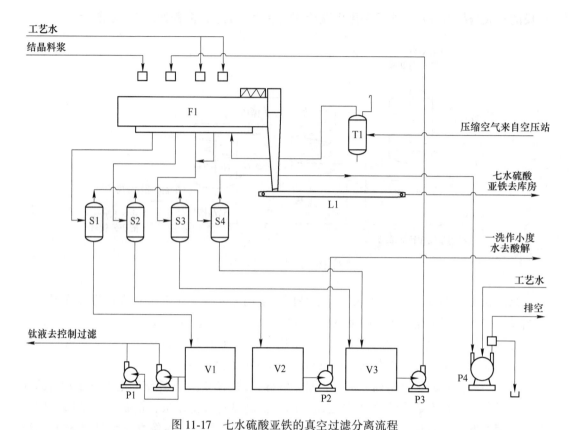

图 11-17 七水硫酸亚铁的真空过滤分离流程

F1—真空转台过滤机；L1—七水硫酸亚铁输送皮带机；P1—钛液输送泵；P2—洗液转料泵；
P3—二洗液送料泵；P4—水环式真空泵；S1~S3—气液分离器；S4—除沫器；
T1—压缩空气储罐；V1—滤液液封槽；V2—洗液液封槽；V3—二洗液液封槽

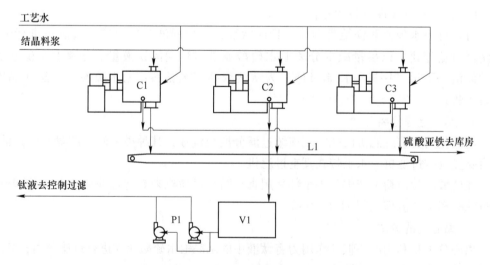

图 11-18 七水硫酸亚铁的离心过滤分离流程

C1~C3—自动离心机；L1—皮带输送机；P1—钛液转料泵；V1—钛液槽

过滤机经过过滤、逆流一洗和二洗处理使七水硫酸亚铁形成含游离水较高的滤饼，用螺旋卸料机卸下并经皮带机直接送入连续离心机中，再经离心机进行连续脱水和连续卸料，然后送入仓库贮存。其复合分离工艺流程如图 11-19 所示。

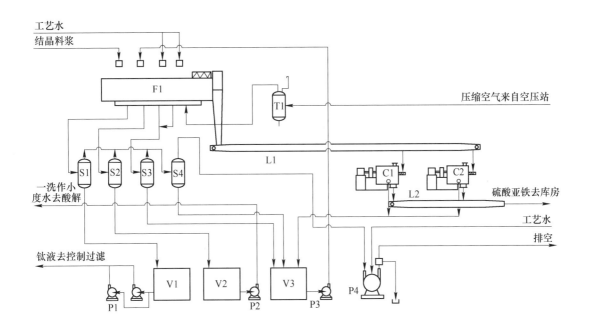

图 11-19　七水硫酸亚铁复合连续分离脱水流程

C1，C2—离心机；F1—真空转台过滤机；L1—转台亚铁皮带输送机；

L2—离心冶铁皮带输送机；P1—钛液输送泵；P2—洗液转料泵；P3—二洗液送料泵；

P4—水环式真空泵；S1~S3—气液分离器；S4—除沫器；T1—压缩空气储罐；

V1—滤液液封槽；V2—洗液液封槽；V3—二洗液液封槽

　　因传统硫酸法钛白粉生产中对七水硫酸亚铁的过滤分离不足，采取复合工艺过滤分离钛液中结晶的七水硫酸亚铁是国内硫酸法钛白粉生产技术的一大进步。首先，发挥了真空转台过滤机处理量大、运行平稳、易于滤饼洗涤的优点；其次，离心机只用于滤饼脱水，亚铁滤饼游离水几乎降低了 90%，其持液量中的钛不仅得到回收，同时七水硫酸亚铁产品纯度也大幅度提高；第三，离心脱水后的母液返回真空过滤并入洗水，也对应了真空转台过滤指标（真空过滤滤饼指标可适度降低）；第四，七水硫酸亚铁因游离水含量大幅度降低，极大减少了空气湿度潮解溶蚀现象，便于运输贮存。

　　d　主要生产设备

圆盘转台过滤机：型号 HDZP-T（S）18-00，括号内的 S 代表面积，从 12m² 到 380m²。

水环式真空泵：型号 2BEA-353-0，能力 70m³/min，电机 132kW。

分离器：容积 0.25m³，材质 FRP，数量 4 只。

空气缓冲包：容积 0.2m³，材质 Q235。

离心机：型号 Alfa-Laval，转鼓直径 φ2050mm，转速 650r/min，电机 90kW，液压系统油压，2.5~2.2MPa。

11.3.2.6 钛液的净化与浓缩工艺及设备

A 钛液净化生产工艺

经过真空结晶和过滤分离除去七水硫酸亚铁结晶后的钛液, 其中尚含有一些沉降不完全和热过滤时穿过滤布而存留在钛液中的微量胶体固相杂质, 为了将这些有害的固体杂质除去, 必须进行深度净化控制过滤。净化控制过滤工艺过程是先把助滤剂——硅藻土 (或木炭粉) 用钛液调成悬浮状, 搅拌均匀之后打入上好滤布的压滤机内, 进行循环过滤预敷助滤剂涂层, 在压力的作用下使助滤剂在滤布表面形成一层均匀的助滤层, 然后通入待过滤的钛液进行过滤, 即可得到澄清度合格的钛液, 送入合格钛液贮槽。

采用板框压滤机进行净化控制过滤的生产工艺流程如图 11-20 所示。将经过换热的钛液在硅藻土配制槽内配成一定的浓度, 送入压滤机中进行循环过滤预敷助滤剂涂层, 待循环滤液合格后, 停止预敷助滤剂; 将压滤机切换为钛液净化控制过滤, 直到压滤机压力升高到 0.5MPa 时, 说明过滤层阻力增大, 助滤剂层已被钛液中胶体微粒颗粒饱和需要重新更换助滤剂; 停止净化过滤, 用压缩空气吹出压滤机中积存的钛液, 最后卸除助滤剂层滤饼, 送去处置。清洗后重复预敷助滤剂层, 继续进行净化控制过滤操作。

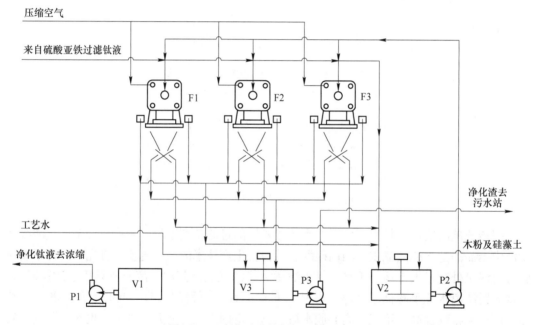

图 11-20 净化过滤的板框压滤机流程

F1~F3—控制过滤压滤机; P1—净化钛液转料泵; P2—助滤介质上料泵; P3—净化滤渣转料泵;
V1—净化钛液转料槽; V2—助滤剂配制与循环上料槽; V3—净化滤渣打浆输送槽

B 钛液净化主要设备与规格

硅藻土调浆槽: 规格 $\phi 2700mm \times 2600mm$, 容积 $15m^3$, 搅拌电机功率 $N = 7.5kW$。

硅藻土调浆泵: 型号 65FUH-30-40/42-UO/UO-K1, 流量 $40m^3/h$, 扬程 26m, 功率 7.5kW。

隔膜厢式过滤机: 型号 X06MGZF200/1250-UK, 过滤面积 $200m^2$, 滤板规格 1250mm× 1250mm, 明流。

C 钛液浓缩生产工艺

钛液的浓缩就是将经过净化控制过滤后的稀钛液进行浓缩，以达到最适宜水解沉淀偏钛酸生产指标的浓度条件。若水解沉淀采用自生晶种工艺进行，溶液中的 TiO_2 含量应浓缩到 $220\sim240g/L$；若水解采用外加晶种进行，溶液中的 TiO_2 含量应浓缩到 $185\sim200g/L$；三价钛离子浓度在 $1.4\sim4.0\ g/L$。同时，因生产产品类型不同，如锐钛型和金红石型，抑或水解技术的优劣，其浓度控制范围、生产装置各有特点。

钛液浓缩温度较高会对钛液的性质产生严重的不利影响，不仅会直接影响最终产品的质量，而且带来水洗效率低下。因此，为了在较低温度下提高钛液的浓度，通常是在真空条件降低沸点来完成蒸发，提高钛液的浓度。经典的钛液浓缩是采用真空薄膜蒸发浓缩器进行。

因此，为了利用蒸汽蒸发的相变潜热，低蒸发浓缩能耗的蒸发技术总在不断创新与优化，如双效蒸发浓缩工艺和机械蒸汽再压缩（MVR）浓缩工艺，利用了二次蒸汽的相变潜热，节约了能源与蒸汽用量。

a 单效蒸发浓缩工艺

工艺流程：

单套单效薄膜钛液蒸发浓缩工艺流程如图 11-21 所示。在电脑 DCS 自动控制系统的引导下，首先手动开启冷凝器的喷淋水阀门，然后手动开启蒸汽喷射器和真空泵，待系统真空度不大于 $-0.08MPa$ 时，启动清钛液进料泵和浓缩供料泵，清钛液经预热器后进入加热器，然后顺序启动加热蒸汽喷射泵开始升温。在系统一定的真空度和温度条件下，清钛液在较低的温度即达到沸腾状态。此时，经蒸发后的钛液及水蒸气等在分离器中进行分离，其中液体部分即提高浓度后的浓钛液通过液封收集并溢流至储罐备用。而气体部分则分为

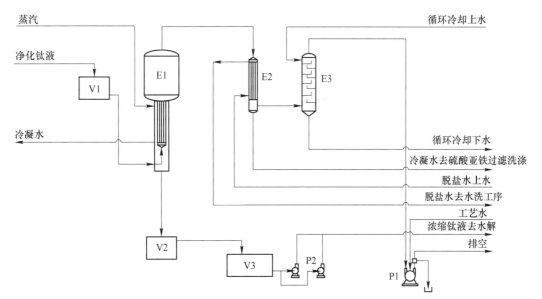

图 11-21 单效薄膜钛液蒸发浓缩工艺流程

E1—薄膜蒸发器；E2—脱盐水加热器；E3—混合冷凝器；P1—水环真空泵；P2—浓缩钛液转料泵；
V1—精钛液高位槽；V2—蒸发液封槽；V3—浓钛液转料槽

两个部分：第一部分的二次蒸汽被加热蒸汽喷射泵所产生的真空引导至加热器中综合利用其热能预热脱盐水后，经汽水分离器排放其液态水，而其不凝性气体回到冷凝器冷却；第二部分的二次蒸汽则直接进入大气冷凝器冷却。经过冷却后的不凝性气体被主蒸汽喷射泵抽出并与喷射泵出口蒸汽混合后送至预热器加热，再经汽水分离器分离后排放，蒸汽冷凝水通过分离器进入冷凝液槽收集。

主要设备：

预热器：ϕ273mm×2500mm，$F=5m^2$，管 ϕ30mm×2，$L=2500mm$，22 根，材质钛材。

加热器：ϕ1220mm×2500mm，$F=150m^2$，管 ϕ38mm×2，$L=2500mm$，516 根，材质钛材。

分离器：ϕ1828mm×4500mm，$V=14.3m^3$，材质 316L。

冷凝器：ϕ1200mm×3077mm，材质碳钢。

汽水分离器：ϕ325mm×750mm，$V=0.19m^3$，材质 316L。

蒸汽喷射泵：系列型号 X7401-X7405，PY40-0.02/0.04-0.4，PY86-0.04/0.12-0.4，PY436-0.02/0.04-0.4，PY1018-0.02/0.04-0.4，PY1455-0.02/0.04-0.4；材质均为316L/CS。

 b　双效钛液蒸发浓缩

浓缩生产工艺：双效钛液蒸发浓缩工艺流程如图 11-22 所示，由四部分组成。第一部分为钛液两级预热：一级热源是二效蒸发和闪蒸二次蒸汽，二级预热的热源是一效加热器出来的生蒸汽凝结水。第二部分为两级蒸发：一效蒸发热源是外来 0.4MPa 的生蒸汽，二效蒸发热源是一效蒸发系统提供的二次蒸汽；二效蒸发与闪蒸系统的真空由冷凝二次蒸汽的大气冷凝器及真空泵提供。第三部分为闪蒸系统：采用多级卧式闪蒸器，闪蒸面积大，效率高。第四部分为大气冷凝与真空系统。

主要生产设备：薄膜蒸发浓缩器与单效蒸发浓缩规格相当，其余相同。

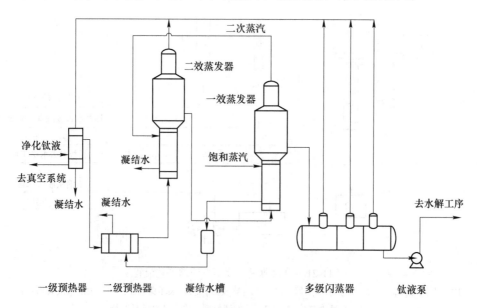

图 11-22　双效钛液蒸发浓缩工艺流程

c 钛液浓缩 MVR 工艺

MVR 工艺又称机械蒸汽再压缩技术（Mechanical Vapor Re-compression）。机械蒸汽再压缩时，通过机械驱动的压缩机将蒸发器蒸出的二次蒸汽压缩至较高压力；因此，再压缩机也作为热泵来工作，给蒸汽增加能量。钛液蒸发浓缩工艺流程如图 11-23 所示，净化控制过滤后的净化钛液经原料泵送入原料预热器中与蒸发器来的冷凝水进行预热，预热后的钛液送入加热器中用生蒸汽进行加热或作为补充蒸汽与开车启动加热蒸汽进行加热，也可以按图中所示进行电加热（这样可以不采用蒸汽）；加热后的钛液进入横管降膜蒸发器进行蒸发浓缩，蒸发浓缩获得的浓缩钛液进入成品贮槽后，送去水解工序。蒸发浓缩产生的二次蒸汽经罗茨风机进行二次蒸汽压缩，也可在压缩前喷入少量多水进行汽化；经罗茨风机压缩后的二次蒸汽，其温度与压力提高后，返回蒸发浓缩器与加热器加热的钛液进行热交换；产生的冷凝水进入气液分离器分离；气体进入真空泵后排空，热冷凝液进入预热器预热对原料泵送来的净化钛液进行换热预热，降温后的冷凝液进入废水槽，用废水泵送去偏钛酸水洗工序利用。

主要设备与规格：离心式高速蒸汽压缩机为罗茨风机，其余与图 11-21 单效薄膜钛液蒸发浓缩工艺流程设备雷同，但要求加热器混热面积要大得多，根据生产能力匹配与设计选型。

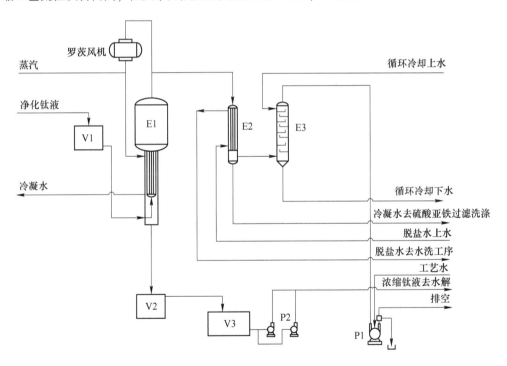

图 11-23 机械蒸汽再压缩钛液蒸发浓缩流程

E1—薄膜蒸发器；E2—脱盐水加热器；E3—混合冷凝器；P1—水环真空泵；P2—浓缩钛液转料泵；
V1—精钛液高位槽；V2—蒸发液封槽；V3—浓钛液转料槽

11.3.3 水解与偏钛酸的制备

硫酸法钛白粉生产过程中，水解与偏钛酸（水合二氧化钛）制备是将前述酸解净化制备的合格浓钛液经过水解沉淀出偏钛酸，再进行过滤分离与洗涤将钛液中其他元素或杂质元素近乎完全分离，以制取满足颜料性能合格的纯净中间产品偏钛酸的工艺过程。

为了在水解过程中获得理想的微晶沉淀的胶束化粒子产物，需要在水解沉淀反应中有成核剂，即水解晶种。现有商业生产水解方法包括外加晶种和自生晶种两种成核剂的水解工艺。顾名思义，外加晶种是在水解反应过程之外单独制备水解成核剂的水解工艺，而自生晶种是在水解反应过程同时制备晶种的水解工艺。此外，因钛白粉产品包含金红石型和锐钛型两种晶型的产品，晶种的加入与使用还要兼顾最终产品是金红石型还是锐钛型的两种晶型晶种选择与加入及制备方法。

自生晶种水解工艺由法国人布鲁门费尔德（J. Blumenfeld）在 1928 年提出，外加晶种水解工艺由德国人梅克仑勃格（Meklenburg）在 1930 年提出。这两种晶种的水解工艺方法几乎是按生产习惯或生产装置建设时参与者的个性认识所决定的，无论哪一种方法都不具备胜过对方的优势（尽管行业内各说法不一，也争论不休）。这两种方法生产出来的产品在质量上没有明显的差异，在市场上也没有不可选择的唯一性，更没有因水解工艺的不同作为产品市场广告的"噱头"，无论国内还是国外均是两种水解工艺生产的钛白粉产品相互共存。

水解与偏钛酸的制备工艺包括两大工序：一是水解沉淀偏钛酸的水解工艺和水解所需晶种与煅烧金红石晶种的制备工艺；二是水解沉淀制取的偏钛酸料浆的过滤与洗涤，并包含加入三价钛离子还原高价有色金属离子的漂白及漂白料浆的过滤与洗涤。

11.3.3.1 水解工艺

水解工艺包括外加晶种水解和自生晶种水解两种。外加晶种水解工艺包括两种：一是锐钛型外加晶种水解工艺，二是金红石型外加晶种水解工艺。

A 锐钛型外加晶种制备

a 制备工艺

将符合工艺要求的浓钛液在钛液预热槽中预热到设定的温度，将需要的碱液加入晶种制备槽并将碱液加热到设定的温度，然后在较短时间内将预热的浓钛液放入到晶种制备槽中，中和液碱生成溶胶，并对该溶胶体系进行保温和熟化，直至该体系的稳定性到达一定指标范围后即完成了水解晶种的制备。

b 主要设备

晶种钛液预热槽：$\phi1600\text{mm}\times1600\text{mm}$，$V=3\text{m}^3$；加热盘管：$F=4\text{m}^2$，钛管 DN25；搅拌电机：$N=3\text{kW}$。

晶种制备槽：$\phi1600\text{mm}\times2400\text{mm}$，$V=4.8\text{m}^3$。

碱预热槽：$\phi1400\text{mm}\times1600\text{mm}$，$V=2.4\text{m}^3$。

水预热槽：$\phi1000\text{mm}\times1200\text{mm}$，$V=0.9\text{m}^3$。

c 晶种加碱量的计算

（1）需加入氢氧化钠配制罐内的氢氧化钠固体质量 $G_1(\text{g})$：

$$G_1 = \frac{V_1 c_2}{c_1 c_3} \tag{11-44}$$

式中 V_1——氢氧化钠稀溶液配制体积，m^3；

c_1——氢氧化钠检测的浓度，g/L；

c_2——氢氧化钠配制设定的浓度，g/L；

c_3——氢氧化钠固体的百分含量，%。

（2）晶种浓钛液体积 V_2（m³）：

$$V_2 = V \times 2.2\% \tag{11-45}$$

式中 V——浓钛液水解预先设定的体积，m³；

2.2%——晶种加入比例，%。

（3）晶种制备所需氢氧化钠总量 G_2（kg）：

$$G_2 = \frac{V_2}{28.9 \times 1000} \tag{11-46}$$

式中 V_2——晶种浓钛液体积，m³；

28.9——比例常数，m³/kg；

1000——单位转换常数。

（4）晶种制备所需已配制好的液体氢氧化钠的体积 V_3（m³）：

$$V_3 = \frac{G_2}{8\% \times d} \tag{11-47}$$

或：

$$V_3 = \frac{G_2}{c_2} \tag{11-48}$$

式中 G_2——晶种制备所需氢氧化钠总量，kg；

8%——晶种制备所设定的氢氧化钠溶液的浓度，%；

d——8%氢氧化钠溶液的相对密度，g/cm³；

c_2——氢氧化钠配制设定的浓度，g/L。

（5）晶种制备所需的水的体积 V_4（m³）：

$$V_4 = \frac{G_2}{8\%} - V_3 \tag{11-49}$$

式中 G_2——晶种制备所需氢氧化钠总量，kg；

V_3——晶种制备所需已配制好的液体氢氧化钠的体积，m³；

8%——晶种制备时预先设定的氢氧化钠溶液质量分数，%。

早期克朗斯的 Edgar Klein、Reinhard Kracke 和 Walter Nespital 等采用氢氧化钾制备外加锐钛型晶种（US4073877），晶种活性可以保持一周时间不下降，而且水解加入的晶种量仅有 0.06%。

B　金红石型外加晶种制备

金红石型水解晶种中含有 30% 左右的金红石晶核，其余的为锐态型晶核，其中包含板钛和无定形 TiO_2（锐钛型）。按外加晶种水解工艺将这一晶种悬浮液加入到水解槽钛液中进行水解沉淀制备偏钛酸。锐钛型偏钛酸沉淀中含有金红石型晶核，这些金红石型晶核作为在回转窑煅烧中形成金红石产品的晶种。晶种加入量占每批水解沉淀偏钛酸总量的 2%（以 TiO_2 计），其中约 0.5% 是金红石晶种。经过物化检测分析，这种外加金红石晶种水解沉淀的偏钛酸的主要结构仍然是锐钛型。通过向钛液加入金红石晶种、加热沸腾水解和稀释过程进行控制，其预设温度与时间的水解偏钛酸沉淀速率为 1%~1.5%/min。

a 制备原理

一般采用四氯化钛（TiCl₄）与 NaOH 溶液反应分批制备晶种。通过提高 pH 值制备金红石型晶核，为获得可接受的沉淀率也可提高其 pH 值。因此，TiCl₄ 必须首先在碱性环境中生成金红石型晶核，然后转变为酸性环境促进晶核成长，最后在碱性状态终止晶核成长。

无水 TiCl₄ 进行水解是放热反应：

$$TiCl_4 + H_2O \Longrightarrow TiOCl_2 + 2HCl \tag{11-50}$$

反应获得"水合 TiCl₄"可与碱性溶液如苛性钠（NaOH）、碳酸钠（Na₂CO₃）或者氨（NH₃）混合物进行中和反应。因此，TiCl₄ 在严格的碱性条件下可制备成金红石型晶种。总反应式如下：

$$3TiCl_4 + 10NaOH \Longrightarrow 3TiO_2(s) + 10NaCl + 2HCl + 4H_2O \tag{11-51}$$

迅速高碱度混合将提高水解料中金红石型晶种的比例。

由反应式（11-50）产生的酸没有被完全中和，但是反应式（11-51）中残余的 HCl 会降低料浆的 pH 值，促进锐钛（板钛）型二氧化钛的沉淀和已经形成的金红石型晶种的长大。控制液体的加热和稀释促进了固体 TiO₂ 的沉淀。由于反应是放热反应，因此必须严格控制加热程度。

进一步加入碱性溶液提高料浆 pH 值到 8~10，使反应停止并获得最好的晶种活性，但形成的金红石型、锐钛型和板钛型晶种不再长大。

b 制备工艺

将四氯化钛慢慢加入到预先计量加入水的水解槽中进行水解制备 TiOCl₂ 溶液，开启冷却系统移走反应热，维持温度在 45℃，制得的氯氧化钛溶液含 TiO₂ 为 60g/L。得到的氯氧化钛溶液放入晶种制备槽，迅速加入 5% 的氢氧化钠溶液进行中和并加热到 80℃，沸腾进行胶溶形成胶溶浆料。胶溶结束后将体积为 1.0 倍胶溶料的纯水加入到胶溶浆料中冷却，同时开启循环水进行冷却，使胶溶料温度降至 30℃，再用碱液将胶溶浆料的 pH 值调节为 9.0。然后向调节了 pH 值的胶溶浆料中加入纯水，使浆料浓度为 20g/L，静置沉降 3h 后倾泻出上清液，得到浓度为 40g/L（以 TiO₂ 计）的晶种。

c 主要设备

含金红石型晶核的晶种制备装置如图 11-24 所示，包含一个带冷却系统的四氯化钛水解槽和一个带蒸汽加热、水解二氯氧钛的加料口、碱液加料和稀释水加料装置的晶种制备槽。四氯化钛与水加入水解槽进行水解反应，反应热量依靠冷却盘管循环冷却带走，水解生成的二氯氧钛和盐酸混合液放入到晶种制备槽中，用碱液进行中和并加热升温沸腾水解，其后加入稀释水。制备好晶种进行冷却贮存用于水解备用。

C 外加晶种水解工艺

a 工艺过程

外加晶种水解工艺如图 11-25 所示，包含带加热、晶种加料口、钛液加料和稀释水加料装置的水解槽。预热钛液加入后迅速加入晶种并进行加热升温沸腾水解，其后加热稀释水（根据控制可加可不加），水解完成后放入贮槽用于过滤洗涤备用。

已净化浓缩的钛液按计量送入钛液预热槽中，开启搅拌和加热盘管的蒸汽，将钛液提前预热至设定的温度后将预热浓钛液放料至已启动搅拌的水解槽内，同时准备放入预先制备和设定比例的晶种于水解浓钛液。当浓钛液放料结束后迅速将晶种直接放料至该水解槽

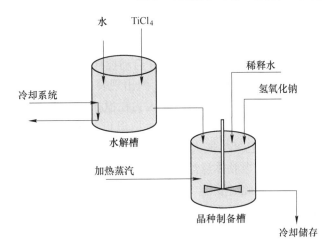

图 11-24 含金红石晶核水解晶种制备装置示意图

内。晶种放料结束后，搅拌 20~30min 后用
0.5MPa 蒸汽进行直接加热，蒸汽加热 20~
25min 后溶液开始沸腾。然后关闭蒸汽阀门
停止加热 30min（同时检验水解的一致性），
同时搅拌减速。30min 后再启动常规设定转
速搅拌，同时开启直接蒸汽阀门对物料加热
15~25min，物料再次沸腾。调节蒸汽阀门保
持体系呈一定的微沸腾状态，180min 后水解
过程结束，加入定量的纤维素（视过滤形式
决定），泵送至下一工序。送料结束后必须
严格清洗水解槽及晶种制备槽残余物料，以
备下一次使用。

　　b　主要设备

　　经典的水解槽体积在 110m³ 左右，每批
水解可投入 70m³ 净化浓缩钛液，日产钛白

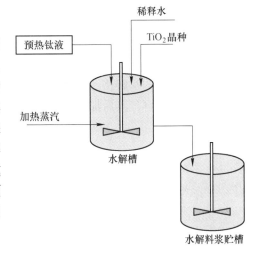

图 11-25 外加晶种水解工艺

40~50t，对于间歇操作通常采用并联组合；辅助的晶种与预热槽，因需要操作时间短，
与水解槽配套，往往采用 1+3 的方式间歇设备配置。

　　钛液预热槽：φ5.5m×4.0m，容积 94m³，Q235-A+橡胶+耐酸瓷砖；加热盘管钛管
DN50，换热面积 80m²；搅拌器电机功率 11kW，型号为 Y160L-6。

　　水解槽：φ5m×5.6m，容积 112m³，Q235-A+橡胶，底部耐酸瓷砖；搅拌转速 7.5~
60r/min，视搅拌桨径和蒸汽加热管分布而定；搅拌器电机功率 18.5kW，转速 1450r/min。

　　偏钛酸贮槽：φ5400mm×5400mm，容积 123.6m³，Q235-A+橡胶，底部耐酸瓷砖；搅
拌转速 8r/min；搅拌器电机功率 15kW，转速 1450r/min。

　　D　自生晶种水解工艺

　　a　工艺过程

　　如前所述，自生晶种水解工艺的晶种不在外部制备，而是在水解槽水解开始时因初期

加入的钛液被预先加入的水稀释而产生。

通常经典的自生晶种水解方法是预先将热水加入到水解槽中（生产上俗称底水），加入水和钛液的体积比为（5~30）∶（95~70），并启动搅拌。将净化预热的钛液在1~20min内加到水解槽中，在钛液加到水中的最初1min内出现轻微的白色浑浊，说明胶体二氧化钛已经生成；继续加入钛液则浑浊消失。这是因为在搅拌下胶体二氧化钛均匀分散在不断加入的钛液中，肉眼无法分辨，此时可适当地把温度提高到103℃左右，大约再经过10min浑浊又重新出现，说明已经生成大量的胶体二氧化钛晶种；随着钛液的加入使浓度升高，晶核的形成继续进行。当胶体悬浮液发出乳光而不产生沉淀时，胶体二氧化钛含量达到最高值，活性也最高。但此时胶体二氧化钛不是最稳定的，极易析出沉淀，必须继续连续加入待水解的主体钛液。由于反应是处于硫酸盐环境，因此水解晶体属锐钛型。直到水解计量的钛液加完并开启蒸汽进行加热水解结束，其后的控制过程与外加晶种水解并无多大的差别。选择加热TiO₂沉淀速度为1.0%~1.5%/min，最终得到锐钛型悬浮浆料。

还有一种自生晶种水解方法是：先在水解槽中加入总量为20%的在预热槽中加热到温度为96℃的钛液，然后与相同量的在预热槽中加热到96℃的水进行混合，通入蒸汽到混合液沸腾后再将剩余80%的钛液加入水解槽中，继续沸腾水解，水解速率为1%~2%/min；为提高总钛的收率，水解完后补充水至二氧化钛浓度110~160g/L。

自生晶种水解装置示意图如图11-26所示，包含带蒸汽加热、底水加料口、钛液加料和稀释水加料装置的水解槽。预热底水加热后，放入水解槽中，再加入预热的钛液，并进行加热升温沸腾水解，其后加热稀释水（根据控制可加可不加），水解完成后放入贮槽用于过滤洗涤备用。

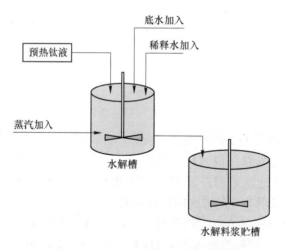

图11-26　自生晶种水解工艺示意图

在底水预热槽将计量的底水预热到96℃后，放入水解槽中，开启搅拌的同时将底水维持在96℃，将提前预热至设定温度96℃后的钛液放料至已启动搅拌的水解槽内，控制放料4min的钛液量，4min后开启蒸汽加热至所有钛液放料完时，水解槽中钛液温度为102℃，总放料时间约18min，开启蒸汽在20min内至钛液沸腾，保持沸腾状态，并观察变灰点，达到变灰点时停蒸汽30min，停搅拌或降低搅拌转数（同时检验水解的一致性）。

30min 后再启动搅拌常规设定转速，同时开启直接蒸汽阀门对物料加热 15~25min，物料再次沸腾。调节蒸汽阀门保持体系呈一定的微沸腾状态，加入稀释水（视浓度情况）时间控制在 20min，保持沸腾 120min 后开始水解过程结束，加入定量的纤维素（视过滤形式决定），泵送至下一工序。送料结束后必须严格清洗水解槽及晶种制备槽残余物料，以备下一次使用。

b 主要设备

水解槽与外加晶种几乎是同一个规格，其水解产量也相差不多。自生晶种要求钛液浓度较外加晶种高，TiO_2 浓度为 210~230g/L，而外加晶种时为 185~200g/L。所以，钛液投入体积有差别。同时，减少了外加水解晶种制备设备。

c 煅烧金红石晶种的制备

制备工艺：自生水解晶种和外加锐钛型水解晶种水解工艺制得的偏钛酸，属于锐钛型结构。这与水解环境中全是硫酸根离子存在相关，硫酸根离子团较氯离子的空间位置大，在水解初级晶体发育过程中对其空间影响较大。为了得到颜料性能更高的金红石型钛白粉，需要单独制备金红石晶种，并在煅烧前的偏钛酸中加入，故又称煅烧金红石晶种。在煅烧时因金红石晶种的诱导，锐钛型二氧化钛微晶体将转化成金红石型的产品微晶颗粒。煅烧金红石晶种的质量（活性）和加入偏钛酸中的比例，直接影响煅烧产品的金红石转化率和产品的颜料性能。除要与煅烧金红石产品需要的盐处理剂相互配合外，通常在净化后偏钛酸中加入制备金红石晶种占比为 5%~8%，较外加金红石水解晶种的偏钛酸比例要大一些。因为外加金红石水解晶种采用四氯化钛为原料制备，水解与加碱时处在氯离子环境中，产生的金红石晶种占 30%。而煅烧金红石晶种是采用净化的偏钛酸经过碱溶沉淀，分离洗涤后再用盐酸胶溶制得，其金红石晶种活性达到 98%。

主要生成设备：

偏钛酸预热槽：容积 15.4m³，φ2800mm×2500mm，功率 7.5kW。

碱溶槽：容积 19.7m³，φ2800mm×3200mm，功率 7.5kW。

厢式压滤机：过滤面积 305.4m²，滤板（厢式）外形尺寸 1500mm×1500mm，每台 82个腔室，电机功率 = 5.5+0.75+0.37+0.25 = 6.87kW。

再浆槽：容积 19.7m³，φ2800mm×3200mm，功率 11kW。

胶溶槽：容积 20m³，直段 φ3500mm×2200mm，功率 7.5kW，锥段高 1050mm，锥角 45°。

晶种贮槽：容积 19.2m³，φ3500mm×2000mm，功率 5.5kW。

11.3.3.2 过滤与水洗净化偏钛酸技术

过滤与水洗净化偏钛酸是将水解沉淀得到的偏钛酸料浆经过固液分离的方式从水解料浆中分离出来，并将酸解净化钛液中还残留在其中的杂质经过过滤与水洗方式，使偏钛酸中的所有杂质元素分离净化，几乎达到分离净化杂质的极限，满足后工序煅烧优质钛白粉产品的需要。

过滤与水洗净化偏钛酸，包括水解沉淀制得的偏钛酸料浆的过滤与洗涤，并进行加入三价钛离子补充和还原残余的高价有色金属离子漂白后的再次过滤与洗涤。

白度是钛白粉最重要的质量指标之一，除粒度及其分布外，产品中有色金属离子的含量也是影响白度的最重要因素。过滤与水洗净化偏钛酸是将水解偏钛酸中所有杂质除净的最关键工序。硫酸法钛白粉生产的固液分离是其生产的三大"灵魂"之首。

前已述及，水解工艺和操作对生成的偏钛酸的过滤性能和水洗速度有很大的影响。就水洗工艺本身而言，温度和酸度则是影响偏钛酸水洗速度和水洗质量的两个重要因素。同时，水洗工艺流程及采取的设备布置也是水洗效率不可忽略的影响因素。

在实际工业生产中，一洗通常用 40~60℃ 的普通工艺水洗涤，漂白用除盐水，漂白后的二洗则用 40~60℃ 的除盐水洗或含有 0.1%~2.0% 的酸性水洗涤。现有生产工艺为提高效率、降低水耗，多数采用洗水复用与梯级使用。如后处理洗水分段用于二洗，二洗水用于一洗。

现有生产水洗工序使用过滤与洗涤的固液分离机主要为两种，一种是真空叶滤机，因是外来的用音译名称习惯又叫作莫尔过滤机（Moore filter）；另一种是隔膜压滤机，即在厢式压滤机基础上增加了压榨橡胶隔膜，也称为厢式-隔膜压榨过滤机。因偏钛酸水洗速率低，通常操作时间在 2~4h，需要的过滤面积大，无论采用真空叶滤机还是厢式隔膜压滤机，因其结构是由若干滤片垂直紧靠并列排在一起，而一台厢式压滤机也是由若干滤板垂直排列在一起（立式压滤机为平行叠在一起），叠放并列组成的过滤面积大、占地小。真空叶滤机与隔膜压滤机在水洗过滤与洗涤偏钛酸中的综合性能比较见表 11-21。

表 11-21　水洗偏钛酸过滤机的综合性能比较

比较内容	真空叶滤机	隔膜压滤机	比较内容	真空叶滤机	隔膜压滤机
占地面积	同等	同等	生产可控性	好	一般
楼层高度	三层	三层	洗水量	适中	高
能量利用率	高	低	洗涤时间	适中	长
维修费用	低	高	滤布选择性	好	一般
辅助设施	少	多	滤布再生	简单	困难
投资费用	低	高	滤布使用寿命	长	中等

A　真空叶滤机的过滤与洗涤的生产技术

a　一洗生产工艺

真空叶滤机过滤与洗涤流程如图 11-27 所示，将水解料浆注入一洗上片槽（过滤槽）中，待料浆达到槽内体积 60% 左右，用行车将叶片过滤机放入槽中，至浆料浸漫过滤机至控制溢流液位处，开启料浆循环浆泵和真空抽滤系统；随着滤饼的增厚，偏钛酸很快覆盖过滤机滤布，而排出的滤液最初几分钟含有穿过滤布的细小偏钛酸的滤液，返回循环泵进入上片槽，其后的滤液经过气液分离器进入液封槽再转入滤液（废酸）收集槽后再送去沉降或增稠器回收其中残余的偏钛酸，清液作为废酸浓度在 20%~25% H_2SO_4，送废酸处理装置进行浓缩回用或其他方式的再用。

当过滤机叶片上滤饼达到足够厚度时，在真空条件下用行车将叶滤机吊起转入预先注有约 60% 体积二洗洗水的一洗洗涤槽中，至洗液漫过滤机至控制溢流液位处，开启洗水循环浆泵和真空抽滤系统对滤饼进行洗涤；洗液经过气液分离器进入液封槽再转入洗液收集槽后送去沉降或增稠器回收其中残余的偏钛酸，清液送污水处理站中和处理或其他应用处理。随着洗涤的进行，对洗涤液进行检测，洗涤液达到控制指标数值要求后，在保持真空条件下用行车将叶片过滤机转入卸片槽中。

在卸片槽中偏钛酸滤饼通过人工喷水方法从压滤机叶片上冲脱清除到卸料槽底部进入

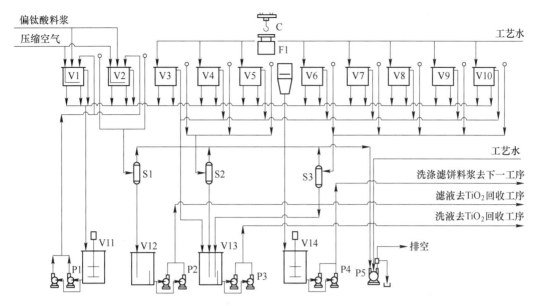

图 11-27 真空叶滤机过滤与洗涤流程

C—行车；F1—真空叶片过滤机；P1—上片清槽回料泵；P2—滤液废酸输送泵；P3——洗液输送泵；
P4——洗料浆转料泵；P5—水环式真空泵；V1，V2——洗上片槽；V3~V10——洗洗涤槽；
V11—清池受料槽；V12——洗滤液槽；V13——洗洗液槽；V14——洗料浆打浆槽；
S1~S3—气液分离器

打浆槽中打浆，并控制打浆加水量调整浆料浓度，为漂白工序供料。

由于随着过滤的进行，细小粒径的偏钛酸作为深层过滤进入滤布的纤维微孔，阻塞滤液与洗液通道，过滤效率下降。因此，经过一定次数过滤后的叶片过滤机需要在稀释的氢氟酸中清洗叶片（滤布）；氢氟酸清洗槽与洗涤槽同一个规格，在氢氟酸配置槽配制好的稀氢氟酸，根据需要量预先放入清洗槽中，将需要清洗的叶滤机用行车调入槽中，让稀氢氟酸溶液浸没过滤机，时间约 2h，并根据氢氟酸的消耗量定时补充或排到废液回收或处理站。

b 一洗主要生产设备

一洗上片槽：6290mm×2440mm×2200mm，容积 33.5m³。

一洗料浆收集槽：容积 120m³。

废酸收集槽：容积 200m³。

一洗水洗槽：6290mm×2440mm×2200mm，容积 33.5m³。

废水收集槽：6290mm×2440mm×2200 mm，容积 33.5m³。

一洗卸片槽：6250mm×2800mm，容积 54m³，功率 5.5+5.5kW。

一洗打浆槽：ϕ4200mm×5200mm，容积 72m³，功率 11kW，转速 31r/min。

HF 槽：6290mm×2440mm×2200mm，容积 33.5m³。

一洗叶滤机：2100mm×1600（30 片）mm，$F=200m^2$，叶片规格 2140mm×1630mm，转速 30r/min。

真空泵：20kPa，$Q=106m^3/min$，$N=160kW$，8.5kPa，$Q=5200m^3/h$，$p=3.3kPa$。

水分离器：$\phi1000\text{mm}\times2630\text{mm}$。

总分离器：$\phi1000\text{mm}\times2630\text{mm}$，$\phi1400\text{mm}$，$H=3050\text{mm}$。

双梁桥式起重机：$Q=2\times16\text{t}$，起吊高度6m。

c　漂白生产技术

漂白生产原理

在偏钛酸一洗的洗涤过程中，随着滤饼中持液量洗液被大量置换与硫酸浓度相应降低，跟随酸解钛液还原制得的三价钛离子逐渐消失，少量的硫酸亚铁易被水中的溶解氧氧化成高价铁离子，反应式如下：

$$4FeSO_4 + O_2 + 2H_2SO_4 \Longrightarrow 2Fe_2(SO_4)_3 + 2H_2O \qquad (11\text{-}52)$$

三价铁离子对偏钛酸的吸附能力强，洗涤无法将其除去；再加上絮凝偏钛酸粒子中存在大量的毛细孔，不仅吸附铁的高、低价两种离子，而且也吸附一些对产品颜色影响更大的有色金属离子，如 Cr、Cu、V、Mn、Ni 等。因此，在第一次洗涤结束后将偏钛酸滤饼重新打浆，并用三价钛溶液进行漂白，将所有高价有色金属离子还原成易溶易扩散的低价离子，如高价铁离子再次还原成硫酸亚铁，其反应式如下：

$$Fe_2(SO_4)_3 + Ti_2(SO_4)_3 + 2H_2O \Longrightarrow 2FeSO_4 + 2TiOSO_4 + 2H_2SO_4 \quad (11\text{-}53)$$

漂白是在带有搅拌和加热的衬有耐酸瓷砖的反应釜中进行。首先将一洗滤饼打浆，料浆浓度调整到 300~320g/L；然后按料浆含 40g/L 硫酸和 0.5g/L 三价钛的浓度量加入硫酸和制备的三价钛溶液，在 40~60℃ 温度下搅拌1~2h，漂白不仅是还原高价金属离子，而且也是让偏钛酸絮凝粒子中因毛细管吸附的有色金属离子在酸的作用下进行扩散和交换到漂白溶液中的再洗涤过程，同时经过二次洗涤达到去除有色金属离子浓度的工艺极限值，满足钛白粉白度颜料之一的质量指标。

制备三价钛溶液的来源主要有三种：一是经过水解、一洗的偏钛酸，其中的铁含量低，按一洗指标单质 Fe≤200mg/gTiO$_2$；二是分离七水硫酸亚铁后的净化钛液（包括钛渣原料净化钛液），其中 Fe/TiO$_2$（质量比）为 0.3 左右，铁含量高，达到以 TiO$_2$ 计含量的 30%；三是酸解未分离硫酸亚铁的沉降钛液，其中的铁含量最高，达到 60%（钛矿 TiO$_2$ 含量47%，FeO 含量包括高价铁离子还原使用铁粉共计在 36%）。为了不在漂白时随三价钛溶液加入过多的铁，影响洗涤效率，几乎采用第一种一洗偏钛酸制备三价钛溶液。特别说明的是，因漂白时偏钛酸浓度为 300g/L TiO$_2$，一洗偏钛酸中的铁含量为 200mg/kg，配成 300g/L 时浆料中的铁含量为 200×200/300=133mg/L，漂白还为偏钛酸再洗涤提供了条件。若采用第三种钛液作为三价钛原料，结果是漂白料浆中三价钛浓度为 0.6g/L，则带入的铁为 0.6×0.6=0.36g/L，即为 360mg/L；将漂白料浆中的铁含量提高到 3.7 倍，即（133+360）/133=3.7；为二洗除去铁增加了洗涤难度，还降低了漂白再浆的隐形洗涤优势。类推第二种钛液用作三价钛原料也是如此，漂白浆中铁含量提高了 2 倍多。

三价钛溶液制备工艺

根据一洗打浆的偏钛酸浓度（以 TiO$_2$ 计），计算设定的偏钛酸体积，向由标准规格搪瓷构成的三价钛溶液制备槽加入定量的偏钛酸，并启动搅拌。在搅拌 10min 后停止，取样分析料浆中 TiO$_2$ 含量，然后再启动搅拌。根据化验结果计算硫酸加入量，向三价钛溶液制备槽加入定量的硫酸。加完硫酸 15~20min 后用蒸汽将料浆间接加热至（140±5）℃，待溶液呈茶褐色透明后再保温搅拌 30min。10min 后用循环水将槽内反应物冷却至 60~

65℃,向三价钛溶液配制槽加入计算好的脱盐水量,用加入脱盐水将物料浓度调节至70.0~90.0g/L(以TiO_2计)。在10min时间内分3~4批向三价钛溶液制备槽内均匀加入计算量的铝粉进行还原,加完铝粉后保温30min。保温结束将反应物冷却到25~30℃。停止搅拌、取样送化验室分析溶液中Ti^{3+}含量、还原率。检验合格后,将制备好的三价钛溶液放入贮槽备用。

三价钛溶液制备主要设备

三价钛溶液制备槽:为夹套加热搪瓷反应釜,$V=5m^3$,$\phi 1750mm$,$L_总=4725mm$,$N=5.5kW$,加热面积13.8m^2。

三价钛溶液储槽:材料PP,容积10.5m^3,$\phi 2600mm \times 2200mm$。

三价钛溶液计量槽:材料PP,容积3.5m^3,$\phi 1500mm \times 2000mm$。

漂白生产工艺

将一洗料浆加入密度控制槽,当液位淹没下层桨叶时启动搅拌,在液位达到仪表高限时停止一洗料浆供料。搅拌30min后取样测TiO_2含量,并按料浆浓度300~320g/L计算工艺水加量,进行浓度的调整;加入计算量的工艺水,搅拌混合均匀。

漂白槽的进料:由控制器设定批加入量为40m^3,向漂白槽加入调好密度的偏钛酸料浆,当液位达到搅拌桨叶时启动搅拌,料浆放到40m^3后停止进料。

计算金红石煅烧晶种和硫酸的加入量:按设定好的硫酸加入量和金红石煅烧晶种加入量。若生产锐钛型钛白粉产品或非颜料级二氧化钛产品,在漂白时不加入煅烧金红石晶种。

硫酸的加入:向漂白槽中的料浆通入蒸汽,开始升温。将硫酸按设定量缓慢加入漂白槽中。

升温和晶种的加入:将加入硫酸后的漂白槽中料浆升温至60℃。设定并开启晶种批量控制阀,向漂白槽中加入煅烧金红石晶种。

三价钛溶液(Ti^{3+})的加入:保温搅拌10min后按0.3~0.5g/L计算三价钛溶液的加入量,向漂白槽中加入三价钛溶液。

保温取样:加入三价钛溶液后保温搅拌60min。取样送分析室测Ti^{3+}、TiO_2、游离酸的量。检测合格后将漂白的浆料送入二洗进料贮槽为二洗供料。

漂白主要生产设备

密度控制槽:$\phi 5400mm \times 5400mm$,全容积123.6$m^3$,搅拌电机15kW。

漂白槽:$\phi 4000mm \times 5400mm$,容积62.4$m^3$,搅拌器电机15kW。

Ti^{3+}溶液贮槽:$\phi 2800mm \times 3200mm$,全容积19.7$m^3$。

Ti^{3+}溶液计量槽:$\phi 1000mm \times 1800mm$,全容积1.4$m^3$。

d 二洗生产工艺

二洗的目的首先是过滤分离漂白后的偏钛酸料浆,分离获得的滤饼再进行洗涤。二洗工艺流程几乎与一洗工艺流程一样(见图11-27)。将漂白合格后的料浆注入二洗上片槽(过滤槽)中,待料浆达到槽内体积60%左右时用行车将叶片过滤机放入槽中,至浆料浸漫过滤机至控制溢流液位处,开启料浆循环浆泵和真空抽滤系统;随着滤饼的增厚偏钛酸很快覆盖过滤机滤布,而排出的滤液最初几分钟含有穿过滤布的细小偏钛酸的滤液,返回循环泵进入上片槽，其后的滤液经过气液分离器进入液封槽再转入滤液收集槽后送去沉降或增稠器，回收其中残余的偏钛酸，清液作为废液送污水处理站处理。

当过滤机叶片上滤饼达到控制的滤布厚度时，在真空条件下用行车将叶滤机吊起转入预先注有约60%体积洗水（可用后处理三洗水和工艺水）的二洗洗涤槽中，至洗液浸漫过滤机至控制溢流液位处，开启洗水循环浆泵和真空抽滤系统，对滤饼进行洗涤；洗液经过气液分离器进入液封槽再转入洗液收集槽后送去沉降或增稠器回收其中残余的偏钛酸，清液送一洗洗水供料槽。随着洗涤的进行，对洗涤液进行检测，洗涤液达到控制指标数值要求后，保持真空的条件下用行车将叶片过滤机转入卸片槽中。

在卸片槽中的偏钛酸滤饼通过喷水方法从压滤机叶片上冲掉清除到卸料槽底部，进入打浆槽中打浆，并控制打浆加水量调整浆料浓度；然后送入煅烧与制备钛白粉粗品工序，为盐处理备料。

由于随着过滤的进行，细小粒径的偏钛酸作为深层过滤进入滤布的纤维微孔，阻塞滤液与洗液通道，使过滤效率下降。按一洗稀释氢氟酸清洗叶片的操作进行，可以共用叶片清洗槽。

e 主要生产设备

二洗上片槽：6290mm×2440mm×2200mm，容积 33.5m³。

二洗料浆收集槽：容积 120m³。

二洗水洗槽：6290mm×2440mm×2200mm，容积 33.5m³。

洗水收集槽：容积 200m³。

二洗卸片槽：6250mm×2800mm，容积 54m³，功率 5.5+5.5kW。

二洗打浆槽：ϕ4200mm×5200mm，容积 72m³，功率 17 kW，转速 31r/min。

HF 槽：6290mm×2440mm×2200mm，容积 33.5m³。

二洗叶滤机：叶片 2140mm×1630mm，过滤面积 200m²，转速 30r/min。

真空泵：过滤能力 5200m³/h，真空度 3.3kPa，功率 160kW。

水分离器：ϕ1000mm×2630mm。

总分离器：ϕ1000mm×2630mm，ϕ1400mm，$H=3050$mm。

双梁桥式起重机：$Q=2×16$t，起吊高度 6m。

B 厢式隔膜压滤机的过滤与洗涤生产技术

厢式隔膜压滤机的过滤与洗涤生产操作原理，除一洗和二洗的叶滤机改为厢式隔膜压滤机外，其余水解料浆的备料、滤液与洗液、打浆、漂白等与叶滤机水洗工艺完全相同，此处不再赘述。

a 隔膜压滤机过滤与洗涤工艺概述

隔膜压滤机过滤与洗涤流程如图 11-28 所示。图 11-28 中为单台流程，通常根据生产装置能力的需要并联设置多台，除高压滤布洗涤供水泵、滤液与洗液收集转料槽和泵可共用外，进料泵尤其是洗水进料泵不能够共用。

b 一洗生产工艺

一洗的目的和任务与真空叶滤机一样（见图 11-27），将水解料浆用泵定量的经过厢式隔膜压滤机 F1 中心进料口送入压滤机中进行进料过滤，最初 1~2min 的滤液返回进料槽中，其后的滤液经过滤液收集槽 V1 后送去沉降或增稠器回收其中残余的偏钛酸，清液

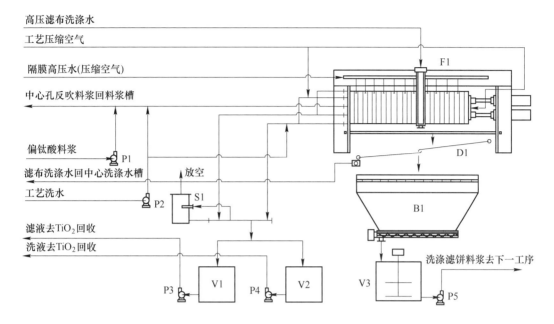

图 11-28 隔膜压滤机过滤与洗涤流程

B1—滤饼料斗；C1—螺旋输送机；D1—滤布洗水收集盘；F1—自动厢式隔膜压滤机；P1—过滤料浆进料压滤泵；
P2—工艺洗水进料泵；P3—滤液转料泵；P4—洗液转料泵；P5—洗涤滤饼浆转料泵；S1—气液分离器；
V1—滤液转料槽；V2—洗液转料槽；V3—滤饼打浆转料槽

作为废酸浓度在 20%~25% H_2SO，送废酸处理装置进行浓缩回用或其他处理方式的再用。

当预设定的进料量完成后，用压缩空气从反吹口对压滤机滤板中心孔（洗涤死区）进行反吹，反吹出来的料液返回进料槽。反吹结束后，洗水泵将洗水送入中心进料口进行中心洗涤，洗液经过滤饼后穿过滤布而流出压滤机进入洗液收集槽收集 V2。中心洗涤结束后，用压缩空气或压力水（因设备配置所定压榨介质）对隔膜滤板施压进行滤饼的预压，并维持预压压力，防止滤饼受重力影响变形产生洗涤短路现象；然后进行交叉侧水洗，即从滤板侧面上下分布的进水孔进入洗水，洗水经过本侧滤板的滤布后，穿过滤饼层，再经过滤饼另一侧板的滤布，进入另一侧滤板的对称侧面出水孔排出，洗液与中心洗液一并进入洗液收集槽收集后，送去沉降或增稠器回收其中残余的偏钛酸，清液送污水处理站中和处理或其他应用处理。随着洗涤的进行，对洗涤液进行检测，洗涤液达到控制指标数值要求后，关停洗水，在施加压缩空气或压力水对隔膜鼓压，挤压滤饼与压滤机腔室中的积水；压榨结束后，用压缩空气吹滤饼与滤板及中心孔和洗涤液死区的积水；吹饼结束后，松开压滤机压紧液压系统，压滤机滤板之间少量的积水，落入压滤机下面设置的托液盘 D1，收集液进入洗水收集槽 V2；卸液完毕，放下托液盘，开启压滤机机械拉板装置，板一拉开滤板与滤板之间的滤饼，掉落在托液盘放下后在下面的不锈钢格子栅，靠滤饼自身重力大块被破碎成小块，同时人工辅助清理滤布上残留或黏住的滤饼。滤饼掉进螺旋输送机送入打浆转料槽 V3，经过转料泵 P5 送漂白密度控制槽，控制其浆料固体浓度，为漂白供料。

随着过滤的进行，细小粒径的偏钛酸作为深层过滤，尤其是过滤压力较大和压榨作用，进入滤布的纤维微孔，阻塞滤液与洗液通道，过滤效率下降，以致滤布发硬。因此，经过一定次数过滤洗涤后用压滤机配置洗布装置，采用高压水对滤布进行洗涤再生，或定时拆换滤布。

c　一洗主要生产设备

厢式隔膜压滤机：

（1）进口（德国）厢式隔膜压滤机：型号 AEHIS M 1520；滤板尺寸 1500mm×1500mm；腔室数目 82；滤饼厚 40mm；过滤面积 305m^2。

（2）国产（景津）厢式隔膜压滤机：型号 XAZG320-1500×1500；滤板尺寸1500mm×1500mm；腔室数目 84；滤饼厚 40mm；过滤面积 320m^2。

洗布加压泵：型号 3DP-3，卧式高压泵 $Q=16.92m^3/h$，$P=7MPa$，$N=55kW$。

压榨水泵：型号 D46-30，$Q=46m^3/h$，$H=150m$，$N=37kW$。

一洗料浆收集槽：容积 120m^3。

废酸收集槽：容积 200m^3。

废水收集槽：容积 200m^3。

d　二洗生产工艺

二洗的目的与任务同样和真空叶滤机一样（见图 11-27），将漂白料浆用泵定量的经过二洗厢式隔膜压滤机中心进料口送入压滤机中进行进料过滤，最初 1~2min 的滤液返回进料槽中，其后的滤液经过滤液收集槽 V1 后送去沉降或增稠器回收其中残余的偏钛酸，清液经过洗液收集槽 V2 后，用转料泵 P3 送入一洗中心洗水供料槽，作为一洗中心洗水再用。

当预设定的进料量完成后，用压缩空气从反吹口对压滤机滤板中心孔（洗涤死去）进行反吹，反吹出来的料液返回进料槽。反吹结束后，洗水泵将洗水送入中心进料口进行中心洗涤，洗液经过滤饼后穿过滤布而流出压滤机进入中心洗液收集槽收集和回收其中穿滤的细小偏钛酸。中心洗涤结束后，用压缩空气或压力水对隔膜滤板施压进行滤饼的预压，并维持预压压力；然后进行交叉侧水洗，即从滤板侧面上下分布的进水孔进入洗水，洗水经过本侧滤板的滤布后，穿过滤饼层，再经过滤饼另一侧板的滤布，进入另一侧滤板的对称面出水孔排出，洗液进入洗液收集槽收集后，送去沉降或增稠器回收其中残余的偏钛酸，清液送一洗洗水供料槽作为一洗洗水复用。随着洗涤的进行，对洗涤液进行检测，洗涤液达到控制指标数值要求后，关停洗水，在施加压缩空气或压力水对隔膜鼓压，挤压滤饼与压滤机腔室中的积水；压榨结束后，用压缩空气吹滤饼与滤板及中心孔和洗涤液死区的积水；吹饼结束后，松开压滤机压紧液压系统，压滤机滤板之间的少量积水，落入压滤机下面设置的托液盘，收集液进入洗水收集槽；卸液完毕，放下托液盘，开启压滤机机械拉板装置，板一拉开滤板与滤板之间的滤饼，掉落在托液盘放下后在下面的不锈钢格子栅上，靠滤饼自身重力大块被破碎成小块，同时人工辅助清理滤布上残留或黏住的滤饼。滤饼从格子栅掉入打浆槽，配水进行打浆，控制其浆料固体浓度，为下一道煅烧与钛白粉粗品制备的盐处理工序供料。

滤布洗涤与一洗一样，依靠配置在厢式隔膜压滤机上的洗布装置，用高压水进行冲洗再生。直到滤布再生效率下降，停机拆卸更换新滤布。

主要生产设备与一洗同一配置。

　　e 采用压滤机与膜过滤结合的生产工艺

　　该技术对水解偏钛酸的一洗与二洗，采用压滤机进行过滤与再洗涤。再将洗涤液用反渗透膜进行膜分离；膜分离的浓液（硫酸和硫酸亚铁）与滤液20%左右的废酸合并去废酸处理，膜分离清液代替工艺洗水返回压滤滤饼进行再洗涤。

11.3.4 煅烧与钛白粉初级品的制备

　　通过水解与水洗制备的偏钛酸，仍然是由约5nm粒径的初生基本锐钛型微晶体颗粒胶化并絮凝成团的聚集体，要让其达到颜料性能的粒子与粒径范围的晶体颗粒，只有通过高温煅烧使初生微晶熔融，使晶体长大到200~350nm的微晶体颗粒，才是具有颜料性能的二氧化钛颗粒初级产品，也称为钛白粉粗品。粗品需再经过进一步的后处理加工，才能称为真正意义上的钛白粉产品。

　　煅烧是偏钛酸经过脱水、脱硫、晶体增长与晶型转化的固态化学反应结晶过程。为了控制获得单个晶体颗粒在200~350nm和需要的晶型品种及晶型转化率，除水解或漂白加入的金红石晶种外，还需要加入不同的晶体增长促进剂和晶体增长抑制剂，促使晶体按颜料性能要求的颗粒范围增长和防止晶体过快增长带来微晶体颗粒间熔融黏结（烧结），达到生产最佳颜料性能的钛白粉初级产品。

　　二洗净化制取的偏钛酸经过打浆加入盐处理剂处理后，尽可能地除去料浆中的水分，节约转窑煅烧的能耗。早期经典的方法是用转鼓真空过滤机脱水之后，再调浆用往复式泵送入内燃式回转煅烧窑进行煅烧，用液体或气体燃料作为煅烧能源。因能量利用率低，转鼓真空过滤机脱水后通常滤饼持液量还有70%~80%，即煅烧1t钛白粉需要3~4t料浆，在回转窑中要脱去2~3t水。现在优化应用非热力学脱水即机械脱水，采用厢式隔膜压滤机进行过滤压榨与挤压脱水，滤饼直接用送料螺旋送入回转窑进行煅烧，滤饼含水量可降到50%以下，转窑脱水负荷降低到40%~30%，同一规格的回转窑生产能力比传统的脱水方法提高2~3倍。

　　由于早期引进技术采用转鼓真空过滤机脱水，进回转窑的料浆游离水含量很高，加之其中的盐类或少量酸渗进窑尾干燥段耐火砖，因回转窑的周期旋转，产生耐火砖表面干燥与浸湿周期变化及汽化，造成耐火砖一层一层剥落和脱落，既影响产品质量又缩短耐火砖的使用寿命，其生产运行1~2年就需要重新更换耐火砖；改为隔膜压榨脱水后几乎杜绝了这些技术劣势。在全国首先使用的非热力学脱水的厢式隔膜压榨工艺技术，不仅吨产品煅烧能耗（天然气）下降40%，煅烧窑耐火砖16年没有更换过，这是我国硫酸法钛白粉生产技术继水解技术进步之后的又一标志性进步；不过，由于压滤机压榨与挤压造成滤布纤维过滤微孔被进入的偏钛酸堵塞，滤布的再生与过滤性能的衰减，造成滤饼水分的波动，引起盐处理剂量的变化，需要仔细控制压滤机及滤布效能的稳定性。

　　回转窑是钢壳内部衬有耐火砖的圆筒，早期也尝试过内衬两层衬砖，即与钢壳接触的第一层是绝热层，第二层为耐火砖及耐酸砖；目前已有为此目的而生产的复合衬砖，与钢壳接触层为隔热保温层，与煅烧料接触层为耐火层。在重力作用下含有盐处理剂和煅烧晶种的偏钛酸随着回转窑的旋转向窑头移动，从窑尾到窑头物料经历以下几个阶段：

　　（1）干燥阶段。物料依次脱去游离水和结晶水。

　　（2）脱硫阶段。水解沉淀生成的偏钛酸中含有大量的硫酸，硫酸大部分是游离的，通过水洗已经除去；但少量的尤其是毛细孔中的硫酸与偏钛酸结合得很牢固，系化学吸附，需要在高温煅烧下才能使其解吸与分解。

（3）晶型转化阶段。锐钛型微晶向金红石型微晶转化，可测得最低转化温度为700℃左右，这种转化不是突跃式的，而是渐进的不可逆的；转化时放出的能量为12.6kJ/mol。转化速度受温度和其他能加速或阻止转化的添加物影响较大。偏钛酸在煅烧之前加入盐处理剂正是为了控制转化的速度。

（4）晶体成长阶段。微晶体成长为粒径在200~350nm的二氧化钛微晶体粒子，这样的粒子才具备最佳的颜料性能，对光的衍射能最大，不透明度最好，遮盖力最强。

从窑尾排出的煅烧尾气温度为300~400℃，主要由水蒸气、氧气、氮气、一氧化碳、二氧化碳、三氧化硫和少量的二氧化硫组成，还有少量含偏钛酸、锐钛型或金红石型的二氧化钛固体细粉状物。尾气先通过干式收尘器回收部分固体物，然后通过多种方式回收尾气中的显热，再喷水洗涤，蒸汽被冷凝至45℃左右，其中未收完的夹带的固体二氧化钛再次被回收，最后气体再进入静电除雾器，将尾气中的三氧化硫除去，使排出的尾气达到排放标准。

煅烧与钛白粉粗品制备的工艺技术包括三大工序：一是盐处理与盐处理后的料浆脱水（压滤）；二是煅烧偏钛酸生产钛白粉初级产品；三是煅烧尾气的显热利用和排放处理。

11.3.4.1 偏钛酸盐处理与脱水

A 盐处理技术

a 盐处理的作用

现有硫酸法钛白粉生产使用的盐处理剂主要包括磷（P）、钾（K）和铝（Al）以及锌（Zn）、镁（Mg）等元素的盐类。有不少科学文献与发明专利技术在控制钛白粉颗粒粒径上进行了大量的研究，不仅硫酸法偏钛酸的煅烧，而且氯化法四氯化钛的氧化均要生产出粒度分布较窄的颗粒，其盐处理剂互为共性与借鉴。现有技术条件下硫酸法使用前三种盐处理剂所占比重最大，氯化法也是一样。国内不少钛白粉生产企业继续沿用锌盐，或使用铝与锌盐混合盐，或者分别盐处理煅烧再进行粗品混配。盐处理剂也可称为煅烧偏钛酸成颜料级颗粒二氧化钛的"颗粒控制剂"。

盐处理有以下作用：

首先为了保证煅烧粗品达到所需的粒径、晶型和颜色。如前所述，水解得到的偏钛酸是3~8nm的最原始偏钛酸初生粒子，经过胶化和絮凝聚集而成为1~2μm偏钛酸胶团粒子，即不是具有颜料性能的锐钛型和金红石型200~350nm的微晶体颗粒，需要使用煅烧工艺将初生的胶团粒子在"颗粒控制剂"的作用下变成为颜料级微晶体颗粒。在煅烧过程中包含脱去化合水的脱水过程、脱去毛细孔中吸附的硫酸的脱硫过程、锐钛型二氧化钛的晶体发育增长长大过程和锐钛型向金红石型晶型的转化过程。

在水解时加入的锐钛型晶种或金红石型晶种以及漂白加入的金红石煅烧晶种，使偏钛酸具有锐钛型或金红石型的潜在增长结构，但还不能保证煅烧所得产品全是金红石型或锐钛型，同时也是为了防止晶体颗粒增长过快和晶体间的互相烧结（这些均会导致产品变黄以致颜料性能降低）。因此，生产锐钛型钛白时要向水合二氧化钛中加入晶型转化抑制剂；生产金红石型钛白时则要向水合二氧化钛中加入晶型转化促进剂，如金红石型煅烧晶种等，以及颗粒增长及烧结抑制剂。过去用得最多的是氧化锌，而现在大部分产品采用铝盐。

其次，为了降低煅烧强度和温度。水洗合格的偏钛酸中除含有大量的游离水之外，还有结合得很牢的化合水和硫酸根离子。化合水在 200~300℃ 可以脱除，大部分硫酸根离子可以在 500~800℃ 除去。但在 800℃ 时还有大约 0.3% 的硫酸根离子没有除去，使产品呈酸性，只有在更高的温度下才能除去全部的硫酸根离子，得到完全中性的产品，但这样高的温度将使产品明显黄变并烧结，造成颜料性能低劣，分散性能差，烧出的半成品质量大打折扣。在偏钛酸中加入少量的盐类如 KOH 和 K_2CO_3 等，有利于从水合二氧化钛中脱除 SO_3，达到降低煅烧温度的目的。

金红石煅烧晶种除能促进晶型转化外，还能调整粒子形状及粒径大小，提高产品的消色力。

磷和钾的化合物虽能阻止锐钛型钛白向金红石型钛白转化，是良好的金红石晶型的调整剂，从而制得粒子较小、白度较高和吸油量偏低的锐钛型钛白。

氧化铝或水合铝不仅可在金红石晶型转化率、粒度分布、影响颜色等矛盾统一体中起到充分的调节作用，而且可大大提高金红石型颜料颗粒核心粒子的耐候性能。采用铝离子作为金红石钛白粉煅烧的添加剂，因其离子半径与钛离子更接近，更能弥补煅烧时二氧化钛微晶体颗粒表面的晶格缺陷，较过去使用锌盐减少光活化点（晶格缺陷）40%，从而可相对提高产品耐候性 40%。

颗粒控制剂中的抑制剂、促进剂和调整剂的合理选择和科学配比，能使晶型转化的速度和晶体成长速度以及产品颜色三者对立统一起来。

盐处理是比较简单的物理混合过程，以在偏钛酸浆中处理剂混合均匀为原则，工业上一般搅拌 2h 即可放料。盐处理尽管加料简单，但须精心控制、稳定指标操作，为煅烧提供有利条件，是生产优质钛白粉的保障因素。

需要说明的是，如果生产非颜料级二氧化钛就不需要加入盐处理剂；但是若生产纳米级如脱硝催化剂或其他专用超细粉体二氧化钛，可根据特殊用途配方加入催化剂成分。

b 盐处理原材料

工业氢氧化钾：符合 GB/T 1919—2014 标准，KOH≥85.0%。

碳酸钾：符合 GB/T 1587—2000 标准，K_2CO_3≥98.0%。

磷酸：符合 GB/T 2091—2008 标准，H_3PO_4≥85.0%。

硫酸铝：符合 HG/T 2225—2001 标准。

氧化锌：符合 GB/T 3185—1992 标准，ZnO≥99.5%。

c 盐处理剂液的配制

盐处理控制剂包括铝盐、钾盐和磷盐，按如下方法配制：

（1）铝盐的配制。以硫酸铝 [$Al_2(SO_4)_3 \cdot 18H_2O$] 配制成 100g/L（以 Al_2O_3 计）浓度为例，将脱盐水加入盐处理液配制槽，加入热脱盐水计算量的 2/3，开启盐液配制槽搅拌。将计量的固体 $Al_2(SO_4)_3 \cdot 18H_2O$ 经敞口漏斗加入盐液配制槽中搅拌 2h，待固体全部溶解。停止盐液配制槽搅拌，测量盐液的体积，加入所需量的热脱盐水，启动搅拌 30min 后，取样送化验室分析 Al_2O_3 浓度，检验合格后备用。

（2）钾盐的配制。钾盐采用原料产品直接称重加入，固体与液体氢氧化钾均可。

（3）磷盐的配制。磷盐采用工业磷酸直接称重加入，因是液体，可采用体积计量加入。

d　盐处理生产工艺

将二洗过滤洗涤净化的偏钛酸加入密度控制槽，在液位到淹没下层桨叶时启动搅拌，在液位达到设定的高限时停止加料。搅拌 30min 后取样送中控室分析 TiO_2 含量。加入脱盐水将浓度（密度）调整到控制的偏钛酸浓度指标。

设置偏钛酸的预设定量，向盐处理混合槽加入合格浓度的偏钛酸，至预设定量加完后，依据加入的 TiO_2 总量，再根据二洗偏钛酸料浆的本底盐分含量（特别是磷盐本底），计算加入的盐处理剂量。搅拌 20min 加入计算量的 KOH；加完 KOH 后搅拌 10min；加入计算量的 H_3PO_4 搅拌 30min；再向混合槽加入经过配制的铝盐处理液，在加完盐处理后剂搅拌 1.5h，通知窑前压滤岗位接料进行压滤脱水。

e　盐处理主要生产设备

密度控制槽：全容积 98m³，ϕ5000mm×5000mm，功率 30kW。

盐液配制槽：全容积 17.7m³，功率 7.5kW。

盐处理槽：全容积 44m³，ϕ3800mm×3900mm，功率 18.5kW。

B　盐处理后的偏钛酸料浆脱水技术

a　脱水生产原理

盐处理后的偏钛酸料浆进行脱水的目的是过滤除去料浆中的水分，减少进入转窑煅烧的游离水量和稳定偏钛酸中的盐处理剂量，达到稳定的进窑料指标，保证回转窑煅烧工艺参数稳定及煅烧钛白粉粗品质量稳定。

早期盐处理后的偏钛酸脱水基本是采用转鼓真空过滤机，进回转窑含水量大，盐处理剂含量不稳定，不仅造成煅烧生产能耗高和回转窑进料段耐火砖因浆料水分浸湿带来剥落及使用寿命短的缺陷，而且造成煅烧工艺指标难以稳定，煅烧钛白粉粗品质量低下等工艺技术问题。

现在钛白粉生产企业几乎全部使用厢式隔膜压滤压榨机，是因为脱水工艺不需要像水解偏钛酸过滤净化那样需要进行水洗，仅是对盐处理料浆过滤脱水后再进行压榨挤水，以最大限度减少进入回转窑的偏钛酸滤饼持液量。在国内使用"非热力学脱水"工艺技术有明显的优点，再次认证"固液分离之灵魂"的技术理念，是目前技术条件下盐处理偏钛酸脱水不可替代的分离技术与设备。

由于厢式隔膜压滤机在盐处理偏钛酸料浆脱水工艺中扮演的重要角色，因此在现代硫酸法钛白粉生产工艺技术中，其优点在生产与经济效率上得到充分证明。但其运行生产过程中，因挤压造成细微颗粒堵塞纤维孔引起的过滤性能衰减及指标下降、煅烧粗品质量波动与质量下降问题也不可忽视，生产技术人员不可掉以轻心。若要控制稳定的滤饼盐处理剂量，需要每个生产班 8~12h 高压清洗滤饼一次，一旦滤饼持液量发生 1%~2% 变化必须更换新滤饼，才能稳定煅烧钛白粉粗品的质量。

从表面看，盐处理后的偏钛酸料浆脱水是一个十分简单的固液分离过程，然而实际上其分离过滤压榨后滤饼中的游离水分（持液量）的稳定与否，不仅直接影响 5nm 的二氧化钛基本晶体在煅烧时发育成钛白粉微晶颗粒的质量，影响能否获得粒径为 200~350nm、具有最佳的颜料性的微晶体颗粒，还影响煅烧效率及能耗。

（1）含水量变化对能耗与产量的影响。假设滤饼含固量 54%，则含水量为 46%，回转窑煅烧 1t 钛白粉粗品需要 1/0.54 = 1.852t 滤饼，回转窑需要赶出 0.852t 水。

若含固量减少 2 个百分点，滤饼含固量 52%，则含水量 48%，回转窑煅烧 1t 钛白粉粗品需要 1/0.52 = 1.923t 滤饼，回转窑需要赶出 0.923t 水；

若含固量增加 2 个百分点，滤饼含固量 56%，则含水量 44%，回转窑煅烧 1t 钛白粉粗品需要 1/0.56 = 1.786t 滤饼，回转窑需要赶出 0.786t 水。

滤饼含固量减少 2 个百分点，回转窑 1t 钛白粉粗品需要多赶出滤饼游离水 0.923 - 0.852 = 0.071t 水，占 1t 粗品被赶出水的 0.071/0.852 ×100% = 8.33%；若按正负 2%、绝对值 4% 的含固量差别计算，回转窑 1t 钛白粉粗品需多赶出水分 1.923 - 1.786 = 0.136t 水，占高限干基滤饼水分的 17.43%，可节约烘干能耗也远不止 17.43%，因干燥热量传递速率发生变化；反之，可同样提高回转窑生产能力。所以，盐处理后的料浆压滤与压榨脱水非常重要，滤饼含固量的波动将带来生产工艺与效率的波动，滤饼再生洗涤因素切记不能忽略。

（2）含水量变化对盐处理剂剂量的影响。通常盐处理剂中的磷加入偏钛酸后几乎构成不溶物质，仅有少量留在滤饼持液量中，其余在过滤与压榨中留在滤饼上；盐处理剂中的钾盐因是可溶解性的，以持液量形式留在滤饼中；同样作为铝盐的硫酸铝也如钾盐一样是可溶的，也以持液量形式留在脱水滤饼中。假设配入的钾盐浓度一致，滤饼持液量的变化必会带来钾盐量的改变与不稳定。假如按配方钾盐含量以 TiO_2 计算为 0.23%，则因过滤压榨脱水带来的波动从 0.23% 降到 0.23%（1 - 17.43%）= 0.19%；反之，则达到 0.27%，严重影响煅烧的盐处理指标，不仅带来工艺生产操作的不稳定性，而且煅烧钛白粉粗品质量难以控制。脱水前后盐处理剂在偏钛酸中的含量见表 11-22，如 3 号样的 K_2O 含量从脱水前 0.30% 降到脱水后的 0.22%，同时 Al_2O_3 含量从 0.53% 降到 0.33%。

表 11-22 脱水前后盐处理剂在偏钛酸中的含量

序号	脱水前盐处理剂含量/%				脱水后盐处理剂含量/%			
	P_2O_5	K_2O	Al_2O_3	浆料中	P_2O_5	K_2O	Al_2O_3	含固量
1	0.21	0.33	0.60	—	0.21	0.22	0.33	56.82
2	0.21	0.27	0.50	—	0.21	0.22	0.33	56.43
3	0.22	0.30	0.53	—	0.22	0.21	0.33	56.82
4	0.21	0.32	0.58	—	0.21	0.22	0.33	56.91

b 脱水生产工艺

盐处理偏钛酸脱水工艺流程如图 11-29 所示（与图 11-28 一样，没有洗水工艺及设备），将盐处理料浆用泵定量地经过脱水厢式隔膜压滤机中心进料口送入压滤机中进行过滤，最初 1~2min 的滤液返回进料槽中，其后的滤液经过滤液收集槽后送去沉降或增稠器，回收其中残余的偏钛酸，清液作为偏钛酸过滤水洗的二洗洗水复用，送入二洗洗水供料槽。

当预设定的进料量完成后，用压缩空气从反吹口对压滤机滤板中心孔进行反吹，反吹出来的料液返回进料槽。反吹结束后再施加压缩空气或压力水对隔膜鼓压，挤压滤饼与压滤机腔室中的积水；压榨结束后，用压缩空气吹滤饼与滤板及中心孔和洗涤液死区的积水；吹饼结束后松开压滤机压紧液压系统，压滤机滤板之间的少量积水落入压滤机下面设

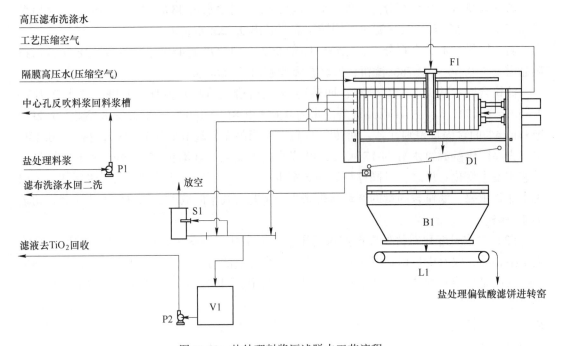

图 11-29 盐处理料浆压滤脱水工艺流程

B1—滤饼料斗；D1—滤布洗水收集盘；F1—自动厢式隔膜压滤机；L1—盐处理滤饼送料皮带机；
P1—过滤料浆进料压滤泵；P2—滤液转料泵；S1—气液分离器；V1—滤液转料槽

置的托液盘，收集液进入滤液收集槽；卸液完毕放下托液盘，开启压滤机机械拉板装置，板一拉开滤板与滤板之间的滤饼掉落在托液盘放下后的位于下面的不锈钢格子栅上，依靠滤饼自身重力大块被破碎成小块，同时人工辅助清理滤布上残留或黏住的滤饼。滤饼从格子栅掉入滤饼收集料斗，料斗下设有承重皮带运输机，缓慢向转窑进料螺旋机送料。

由于过滤挤压脱水的进行，过滤压力大和压榨作用，进入滤布的纤维微孔阻塞滤液与洗液通道，过滤压榨效率下降，以致滤布发硬，造成滤饼持液量（游离水）增高及盐处理剂变化。因此，经过一个生产班过滤脱水后，用压滤机配置洗布装置采用高压水对滤布进行洗涤再生，并定时拆换滤布。

现代厢式隔膜压滤机几乎是全自动脱水操作过程，操作程序设定好后，一经启动全过程进行自动操作。

c 主要生产设备

厢式隔膜压滤机，可采用国产和进口成套标准设备。

（1）进口（德国）厢式隔膜压滤机：型号 AEHIS M 1520；滤板尺寸 1500mm×1500mm；腔室数目 82；滤饼厚 40mm；过滤面积 305m²。

（2）国产（景津）厢式隔膜压滤机：型号 XAZG320-1500×1500；滤板尺寸 1500mm×1500mm；腔室数目 84；滤饼厚 40mm；过滤面积 320m²。

洗布加压泵：型号 3DP-3，卧式高压泵，额定流量 16.92m³/h，额定压力 7MPa，功率 55kW。

压榨水泵：型号 D46-30，额定流量 46m³/h，额定压力 150MPa，功率 37kW。

压滤泵：额定流量 58m³/h，扬程 70m。

11.3.4.2 煅烧偏钛酸生产钛白粉初级产品技术

A 煅烧及回转窑概述

盐处理脱水之后的偏钛酸滤饼物料，在回转窑煅烧过程中首先是干燥脱去游离水和结晶水阶段；其次是脱出大部分微孔吸附的硫酸或硫酸盐中的硫的脱硫阶段；第三是偏钛酸基本晶体经过表面聚合熔融成长为粒径在 200~350nm 具有颜料性能的二氧化钛微晶体粒子的固溶体结晶增长阶段。如果仅是生产锐钛型钛白粉，在水解或水解偏钛酸漂洗过程中没有利用或未加入金红石晶种，到此即结束煅烧工序，得到锐钛型钛白粉粗品。若要生产金红石型钛白粉粗品，即在水解或水解偏钛酸漂白过程中利用或加入了金红石晶种，煅烧物料还要包含第四个阶段。第四个阶段是锐钛型微晶向金红石微晶的转化阶段，可测得最低转化温度为 700℃ 左右，这种转化不是突跃式的而是渐进的不可逆的。转化时放出的能量为 12.6kJ/mol。

将偏钛酸基本晶体煅烧成为二氧化钛颜料级微晶颗粒的钛白粉粗品，是生产钛白粉"四大关键"之一，也是"三大灵魂"中晶体长大控制与晶相转化核心的灵魂之一。

煅烧回转窑与其他工业煅烧回转窑大同小异。由筒体、滚圈、托轮、大齿圈与小齿轮啮合的转动传动装置、窑头出料和窑尾进料的密封室（又称窑头窑尾灶）、燃烧室及混合室、热风系统与尾气处理系统等构成，筒体内和燃烧室及混合室内衬耐火材料。由于偏钛酸煅烧生成钛白粉粗品的最高温度在 1000℃ 左右，相较于其他工艺窑炉（如水泥回转窑最高温度要达到 1600℃，需要耐火材料熔融（挂窑皮）），钛白粉煅烧温度却相对要求较低，但是因其产品的价值与质量要求高，不能容许耐火材料剥落混入产品中。

煅烧偏钛酸中基本晶体熔融长大和金红石转化速度如前盐处理所述，受温度与盐处理剂组合颗粒控制剂的控制和影响；煅烧偏钛酸反应生成钛白粉粗品的回转窑生产操作，主要控制煅烧温度、物料在窑中的停留时间、窑中温度场（温度梯度分布）及风量风压等控制指标，最终以煅烧窑头出来的钛白粉粗品的颜料性能进行调节和控制。回转窑生产过程属于连续生产操作，现有生产采用自动控制。因物料在回转窑中停留时间长，不宜人工干预频繁调节。为了保证从回转窑出来的钛白粉粗品的物理化学变化充分而又恰到好处，确保煅烧产品具有最佳的颜料性能，物理化学性质稳定的指标，尤其是代表颜料优异性能的消色力、金红石转化率、白度指标三者的对立统一，煅烧操作必须对以下三个因素严加控制：

（1）窑内的温度和温度梯度。回转窑内的温度和温度梯度是根据品种来决定的，对同一品种而言温度及梯度要保持稳定，特别是窑头温度至关重要，因为只有在窑头附近的几米之内，金红石微晶才能达到最高的转化率与颜料性能。

（2）物料在窑内的停留时间。物料在窑内的停留时间要保持稳定，一般在 5~10h，这主要由配套设计的回转窑规格所决定，包括直径与长度、斜度（坡度）和转速。

1）转窑规格。回转窑的直径现在通常在 3.2~3.6m，年产量 4.0 万~5.0 万吨。

作为欧洲硫酸法钛白生产最好的装置，德国原沙哈立本工厂产钛白粉 10 万吨/年，仅有两条煅烧回转窑，即单台产量为 5 万吨/年，是全球现有产量较大回转窑，其产品质量是硫酸法生产中的佼佼者；但其回转窑直径是变径的，分大小筒体结合，大筒体窑头端直径约 3.6m，长度约占总长度的 2/3；小筒体窑尾端直径约 3.0m，长度约占总长度的 1/3。

应该说这是目前最先进的生产钛白粉回转窑，不仅能耗利用率高，且有利于干燥滤饼和金红石晶体长大与转化的质量传递和热量传递。其优点有：①回转窑后段直径变小，在偏钛酸脱水段窑内物料填充系数大，热风经过的截面积小，风速高，有利于提高干燥效率；②因偏钛酸脱水后视密度变小，物料体积缩小，在回转窑变径后物料料层在大直径窑体中（周长增大）变得更薄，有利于热传递及控制脱硫；③进入基本晶体聚合体熔融团聚长大高温煅烧段，也因料层变薄和窑体线速度加快（转数不变，周长增加），翻料均匀，物料受热更加均衡，可保证煅烧钛白粉粗品的消色力、转化率和白度之间的均衡统一，获得优异的产品质量。国内在早期的铬盐行业曾采用过变径回转窑，而在国内硫酸法钛白粉行业中，因各种原因目前尚无变径回转窑工业实践。

早年的英国钛奥赛公司（Tioxide Group Service Limited）开发的钛白粉煅烧回转窑专利技术，如图11-30所示。首先是采用耐火砖内衬，如图11-30（a）所示，采用中密度氧化铝耐火砖，每块砖留有一个三角形的凸台，而按图11-30（b）所示，三角形凸台砖的顶角4与回转窑转动方向一致；图11-30（c）所示为回转窑筒体用没有凸台的耐火砖做收口，并将回转窑分成三个区域。A区域作为偏钛酸干燥段，因进料偏钛酸水含量高，采用没有凸台的光滑面耐火砖；B区域是偏钛酸脱水后随温度升高发生锐钛型向金红石型转化的区域，有效的热转换非常重要，足热的二氧化钛有助于回转窑高温区具有最佳的时间周期达到锐钛型转化成金红石型钛白粉，此段采用具有三角形凸台的耐火砖；C区域采用没有凸台的光滑面耐火砖。沿回转窑长度方向，三个段的长度比例为：A段占总长度的65%，B段为20%~30%，C段约为10%。

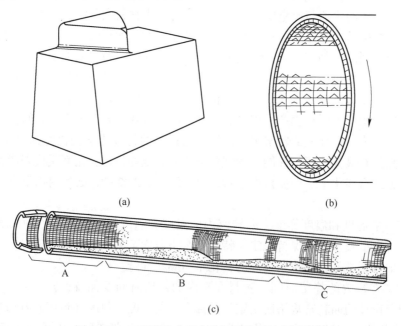

图11-30　三段带凸台耐火砖衬里的回转窑示意图

2）转窑的斜度。通常回转窑制作厂家是按钛白粉生产厂家的要求制作回转窑的斜度（坡度），斜度通常为2.0%~4.0%。回转窑斜度构成了偏钛酸煅烧物料在同一转速下向前翻滚的速度，相当于螺栓上的螺距大小，斜度大物料翻滚向前的螺距大，反之亦然。

3）转窑的转速。回转窑直径和斜度设定好之后，物料停留时间与投料量大小决定了其转速大小。同一投料量若转速快，则物料停留时间短。

（3）进料量与水分的稳定。被煅烧的偏钛酸的进料量及含水量必须保持稳定，这样才能保证给热量、空气量、盐处理剂的稳定控制。

上述三因素控制适宜，将给产品的物理化学性质打下良好的基础，对煅烧半成品进行检测的物理指标有 pH 值、颜色、底层色相和消色力、金红石转化率。在正常情况下窑头温度的调节幅度不宜太大，通常进入稳定操作后窑头温度的升高和降低往往只有几度之差。

煅烧料的冷却：从回转窑排出的煅烧钛白粉粗品，因处在高温条件下需要进行冷却和回收其中的热量。现在采用冷却窑（又称冷却机）强制空气换热回收出窑高温产品中的热量。

冷却窑与回转窑或回转干燥机外观类似，由进料箱、筒体、过料冷却筒、中心空气筒、出料箱及托轮和驱动装置构成。从冷却窑冷却后的煅烧钛白粉粗品，再送入后处理工序进行进一步加工。

B　煅烧生产工艺

煅烧工艺流程如图 11-31 所示。在煅烧工序所有准备就绪后，当窑头温度达 700~800℃（或窑尾温度达到 350℃左右）时，将盐处理压滤压榨脱水的偏钛酸经过皮带计量后进入喂料螺旋输送机 C1 送入回转煅烧窑 K1 窑内。进料后当靠近窑头的取样孔有样后，启动冷却窑 K2 冷却系统及煅烧钛白粉粗品转运螺旋输送机 C2 与贮存系统或中间粉碎系统进入生产状态。当窑头有料流出时取窑头和取样孔的样品进行样品的白度、消色力、pH 值、转化率的检测，每 1h 取样一次。当各指标合格稳定后按《半成品技术标准》规定取样分析。煅烧钛白粉粗品送中间粉系统贮仓储放。窑尾排出的尾气经过旋风分离器除尘后进入尾气处理系统；旋风除尘回收物料返回进料皮带运输机，送入进料螺旋机 C1。

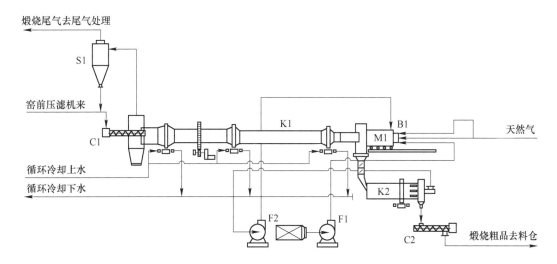

图 11-31　偏钛酸煅烧工艺流程

B1—燃烧器；C1—进料螺旋输送机；C2—煅烧粗品冷却螺旋输送机；F1—燃烧器助燃风机；F2—冷却风机；
K1—回转煅烧窑；K2—窑下粗品转筒冷却机；M1—燃烧混合室；S1—尾气旋风分离器

C 煅烧偏钛酸的主要设备

回转窑：$\phi 3.2m×55m$，转速 19.8r/min。

冷却窑：$\phi 2.6m×5.1m$，转速 19.8r/min。

D 煅烧尾气的显热利用和尾气排放处理技术

煅烧尾气的经济处理与其中能源和废物资源利用，是现代硫酸法钛白粉生产必须要解决的问题，也是钛白粉生产技术的创新研究课题之一。

a 煅烧尾气中废副资源量

煅烧尾气中的废副资源成分主要是煅烧时的脱硫物质，包括酸雾与氧化硫，如煅烧原理反应式（11-28）和反应式（11-29）。在脱水快结束时，由于338℃偏钛酸中吸附的硫酸开始分解，大部分分解成 SO_3 和 H_2O，小部分滞留在超细毛细孔中的硫酸继续被高温分解成 SO_2、O_2 和 H_2O。通常在水解净化偏钛酸中以 100% TiO_2 计，含有 7%～12%的硫酸根离子（视生产工艺技术而定），按 30%TiO_2 的净化偏钛酸浆料计，硫酸根离子含量为 2%～4%。这与前述水解钛液的 F 值、水解工艺滞留在毛细孔中的硫酸根离子等因素密切相关，同时与盐处理后脱水进回转窑的偏钛酸滤饼含固量有关，如传统的转鼓真空过滤的盐处理偏钛酸脱水，滤饼含固量30%，硫酸根离子含量为 4.0%，折计每吨煅烧钛白粉粗品需要脱硫酸根离子量为133kg，其中硫酸根离子以 SO_3 分解的酸雾形式占 90%左右，约有 120kg；而分解为 SO_2 约 13kg。最后生成煅烧尾中 SO_3 浓度在 10000～15000mg/m³，SO_2 浓度在 800～10000mg/m³（这与燃气耗量相关）。所以煅烧尾气中氧化硫的除去不仅要满足环保要求，而且应尽可能回收其中的硫酸资源。

b 煅烧尾气的热量

以普通直径3.2m×55m 的回转窑，年产 4 万吨/年钛白粉能力，其天然气每吨钛白粉产品消耗在 200～230Nm³，其热量平衡见表 11-23。约 30%热量用于偏钛酸水分蒸发，40%作为烟气中热量，回转窑热损失占 18%。

表 11-23 偏钛酸煅烧热平衡

序号	输　入			输　出		
	项目	热量/kJ	比例/%	项目	热量/kJ	比例/%
1	天然气燃烧热	8845800	93.76	偏钛酸水分蒸发	2898696	30.73
2	天然气显热	7164	0.08	烟气热量	4068264	43.12
3	空气显热	148768	1.58	成品热量	81866	0.87
4	偏钛酸中水显热	80583	0.85	煅烧窑热损	1710501	18.13
5	冷却窑回收热	351835	3.73	冷却窑回收热量	351835	3.73
6				冷却窑热损	322989	3.42
	合计	9434150	100	合计	9434150	100

c 尾气热回收利用需考虑的问题

一是尾气中含有大量 SO_2 和 SO_3 等硫酸成分，还有大量的水蒸气成分，它们对设备的腐蚀性很大，对换热器材质的选择要求高。

二是尾气中含有大量的钛白粉粉尘。由于钛白粉的颜料性能，其粉尘很容易黏结在设备上，类似于隔热层致使换热效率降低。尾气在进入换热器前需要进行除尘，存在除尘器的腐蚀与温度损失问题。

三是由于热回收导致系统阻力增大，在系统中增加设备一定要考虑风机的全压是否能满足整个系统的生产需要；原有设计风机参数要变化，同时功率要提高。

四是对生产中的非正常停车，通常设有尾气旁路系统即事故应急处理措施。尾气进行余热回收后，当温度降到露点以下时对换热翅片及热交换材料腐蚀带来的影响不可避免；同时，需切换到文丘里洗涤系统里进行水洗，因此管道多且需增加蝶阀将原系统的管道断开。

d　几种常用的煅烧尾气处理与热回收工艺

（1）传统尾气的处理工艺。传统经典的尾气处理方法如图11-32所示。从窑尾排除的高温尾气经过大气沉降室对尾气中粉尘进行沉降，在停车检修时依靠人力回收作为次品或非颜料级二氧化钛出售。除尘后的尾气进入文丘里吸收换热器，用循环水进行喷淋降温，降温后的气体再进入喷淋洗涤塔继续降温除沫，除沫后气体进入电除雾器，在电场作用下将尾气中 SO_3 酸雾除掉；从电除雾器出来的尾气中还含有大量的 SO_2，经过喷入碱液进行化学吸收尾气中氧化硫，使其低于环境排放标准后继续进入除沫塔除去尾气中的液沫，最后进风机送入烟囱排入大气。

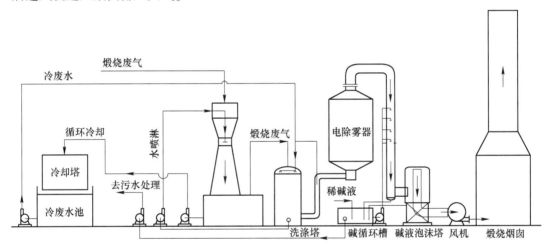

图 11-32　传统的煅烧尾气处理系统流程

这种尾气处理方式，尽管国内还有一些企业装置在使用，但已跟不上时代步伐。主要不足为：

1）尾气粉尘中的钛白粉回收工艺落后，回收产品质量低，因沉降室大量的气体死区，冷凝的水汽中的酸滴及沉降室砌筑材料腐蚀剥落全部污染回收品。

2）停车清理除产品污染外，劳动强度大、工人操作环境恶劣。

3）采用循环水喷淋降温，尾气中的热能没有利用，不仅浪费能源、增加生产成本，而且尾气中硫酸资源也没有利用。

4）电除雾器脱出的稀硫酸同样没有利用，连同循环喷淋的酸水送入污水站进行中和处理；每吨钛白粉约浪费133kg硫酸，需要消耗约100kg石灰，产生近400kg含水40%的钛石膏。

5）采用碱液中和电除雾后尾气中的 SO_2，因制备金红石晶种时沉淀钛酸钠还有部分碱液可循环利用，有时不够还需要补充新鲜碱液；若生产锐钛型产品则没有稀碱液利用，因使用纯碱价格相对较高也会增加生产成本。

6）为了回收尾气中的高温能源，可进行水解滤液稀硫酸的预浓缩，将 23% 浓度的硫酸浓缩到 27%（按前述简算）回收尾气中的能源，采用 23% 的稀硫酸代替循环喷淋冷却水。

（2）尾气热能回收生产蒸汽工艺。一种利用尾气热能生产蒸汽的工艺如图 11-33 所示，与传统尾气处理工艺的差别为：1）采用高温电除尘器回收尾气中的粉尘，除尘与收尘和生产同步，自动化机械操作，改变了落后的沉降室除尘与收尘和回收品质量污染问题，回收的钛白粉返回煅烧滤饼中减少了煅烧尾气中 TiO_2 的损失。2）从除尘器出来的高温气体进入换热器用导热油将尾气中的热量交换出来，再用脱盐水和增设的锅炉进行换热产生低压蒸汽，供钛白粉生产使用，回收了尾气中的显热。经过导热油换热降温的尾气再进入文丘里喷射换热器进行喷淋热交换降温，其后除沫、除酸雾、除 SO_2 工艺与传统处理工艺的一样。

采用高温导热油（热媒）介质进行换热，主要是避开烟气低温腐蚀问题，按每吨钛白粉可得到 0.5~0.7t 蒸汽，对某些因蒸汽不足的生产装置是一个利用能源的好办法。不过由于导热油换热器和粉尘回收袋滤器的增加，使系统阻力增大，需要增大系统风机的功率。

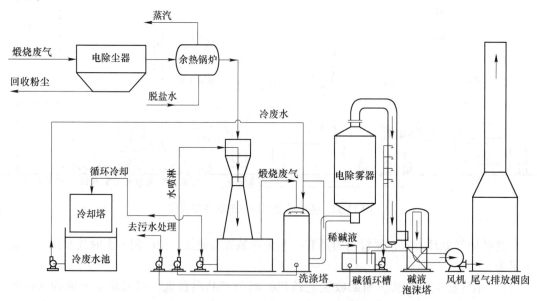

图 11-33 煅烧尾气热能回收蒸汽处理流程

（3）尾气热能用于预浓缩稀硫酸工艺。在水解与偏钛酸制备工序产生的稀硫酸，无论是钛白粉生产回用还是耦合其他产品再利用，均要对稀硫酸进行浓缩。浓缩的目的：1）浓缩后才能以一水硫酸亚铁沉淀的形式除去其中的硫酸亚铁等杂质，满足回用或再用对杂质限量的要求；2）浓缩蒸发分离一些水后才能维持回用与再用生产领域的工艺水的系统平衡。所以，浓缩需要消耗大量的能源，尾气中的能源用于稀硫酸的浓缩不失为一种最好的选择。但是，因尾气中潜在的能源远不够稀硫酸浓缩需要的能源，每吨钛白粉尾气的热量仅能提高自产稀硫酸浓度3%~5%，作为预浓缩是相对简便的可操作方式。

早期欧美硫酸法钛白粉发展的鼎盛时期均是采用传统尾气处理方式，将循环水文丘里喷雾混合降温方式用稀硫酸代替喷雾进行热量回收和稀硫酸预浓缩，如拜耳、英国帝国化工、美国氰胺、克朗斯等老牌钛白粉生产企业，甚至美国 NL 商品国际公司（Kronos）克朗斯早在 1988 年申请中国发明专利"硫酸法生产二氧化钛时伴生的稀废酸的处理方法"中，也是采用文丘里用钛白粉煅烧窑尾气将 20%~24% 的稀硫酸预浓缩至 26%~29%。其存在的问题如前述六个不足。

为此，开发出了旋风除尘回收尾气中的钛白粉和喷淋浓缩取代文丘里回收尾气中的热量进行稀硫酸预浓缩工艺，如图 11-34 所示。从回转窑出来的尾气在露点之上直接采用旋风分离器，回收粉尘中的钛白粉，回收的粉尘返回进入回转窑的脱水滤饼中，再次作为产品煅烧加工；从旋风器出来的高温尾气进入喷淋浓缩塔底部与塔顶喷洒的循环稀硫酸进行逆流接触，尾气中的热量与液滴进行热交换而蒸发液滴中的水分，使稀硫酸浓度从 20%~24% 蒸发浓缩到 24%~28%；同时尾气中的 SO_3 或酸雾被液滴吸收。塔顶排出的降温气体再进入喷淋塔用污循环水进一步降温后，进入电除雾器除去剩余未吸收的酸雾。从电除雾器出来的气体再用碱液吸收其中的二氧化硫，经过除沫器除沫后送入烟囱排入大气。

经过预浓缩的稀硫酸再送去进行深度浓缩或混配浓缩，使其中的含铁杂质沉淀分离，作为生产回用或送给其他需要硫酸原料的生产使用。尾气中的热量不采取其他换热方式而直接高效利用，其中大量的 SO_3 及酸雾也进入了预浓缩稀硫酸中，减少了中和产生的石膏量，不仅回收了尾气中的热量，也大部分回收了尾气中的硫酸资源，已成为我国硫酸法钛白粉生产的优势之一。

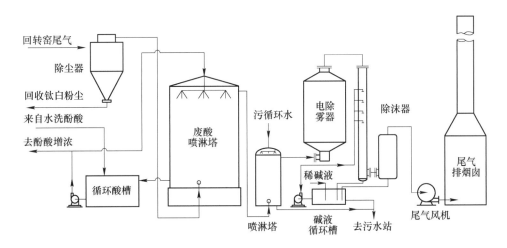

图 11-34 煅烧尾气喷淋塔预浓缩稀硫酸回收热量工艺

（4）活性炭催化尾气中 SO_2 生产硫酸工艺。活性炭催化氧化治理与回收尾气中的 SO_2 工艺，省去了尾气中采用碱液吸收 SO_2 的工艺，将 SO_2 催化氧化成30%左右的稀硫酸后回用与再用。德国杜塞尔多夫的萨奇宾工厂钛白粉尾气采用活性炭催化氧化 SO_2 气体生产硫酸装置，其工艺流程如图 11-35 所示。

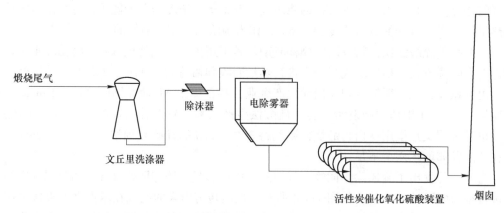

图 11-35　煅烧尾气活性炭催化氧化生产硫酸工艺

回转窑煅烧尾气通常将煅烧尾气在文丘里洗涤器中用循环水冷却，同时去除大部分遗留的 TiO_2 粉尘和 SO_3。尾气中的大量小水滴用水雾去除，然后将尾气通过静电滤尘器去除大部分剩余的 SO_3。除去 SO_3 后的尾气进入活性炭催化氧化制酸装置（所谓的 Sufacid^{TM} 系统），在活性炭作用下将尾气中的 SO_2 氧化为 SO_3，进而与水作用生成硫酸，并储存在活性炭孔内，吸附饱和了的活性炭通过水洗再生，重新进行吸附催化，所洗出的副产硫酸浓度一般在 30% 左右。德国工厂没有用于钛白粉生产，而是用于立德粉钡盐工业生产原料。其工艺方法为活性炭吸附塔四塔反应、二塔再生、六塔轮流切换的方式操作。尾气中 SO_2 的回收率达到 90% 以上，排放气体从处理回收前的 $1000mg/m^3$ SO_2 减少到 $100mg/m^3$ SO_2 以下，远低于排放标准。

（5）煅烧尾气作为二次风循环返回回转窑的能量回收工艺。煅烧尾气经电除尘除去其中的钛白粉粉尘后，循环返回至回转窑燃烧室作为二次混合风使用，回收尾气中的高温显热，这是德国拜耳公司 1990 年开发的专利技术，不仅在德国申请专利，而且也申请了美国专利。其发明人之一 Gunter Lailach 博士作为退休后的志愿者在国内推广了不少企业，目前仅有江苏某企业在应用，据介绍回转窑煅烧每吨钛白粉可节约 $20m^3$ 天然气。其工艺流程如图 11-33 和图 11-34 所示。

采用电除尘器或旋风除尘器将回转窑煅烧尾气中的钛白粉粉尘除去，直接分出一部分尾气返回煅烧窑窑头作为二次风送入混合室与燃烧器，燃烧产生的热烟气混合后进入回转窑煅烧钛白粉。其中，循环尾气量越多，则节约的显热能源就越多。但是不可能自闭循环，且回风量直接关系到尾气中元素成分的富集浓度对产品质量的影响，尤其是脱硫阶段的硫酸分解与气相中氧化硫的浓度。该技术要求气相中以 SO_2 计算的最佳氧化硫浓度在 $4\sim7g/m^3$。其早期拜耳的硫酸法钛白粉尾气 SO_2 浓度在 $1.7\sim4.3g/m^3$，且煅烧每吨钛白粉的天然气消耗量为 $294m^3$；可想而知，因燃气耗量高，已将尾气中的 SO_2 严重稀释。由于偏钛酸水解技术和窑前脱水技术的进步，钛白粉煅烧的天然气消耗量已经大幅度降低，尾气中的氧化硫浓度为 $10\sim15g/m^3$，已经远高于其开发专利的氧化硫权利要求浓度 $4\sim7g/m^3$。按国家标准 GB 32051—2015 要求，每吨钛白粉的天然气消耗量折合标准煤耗 1000kg，其中回转窑煅烧天然气耗量最好的已经接近 $200m^3$，而专利开发技术最好的天然气耗量是 $226m^3$。

（6）节约碱液的尾气处理工艺。由于硫酸法钛白粉生产酸解与煅烧尾气均有大量的酸性气体氧化硫产生，传统的多级喷水洗涤后残留的尾气氧化硫含量超标，均要采用碱液进行吸收洗涤，通常需要的碱液是碳酸钠，不仅价格偏高，每吨钛白粉需要几十千克碳酸钠，是一笔不小的成本，不仅增加生产处理费用；而且需要专门采购、储存、溶解等繁琐的管理与操作程序。为此，借鉴热电厂钙法脱硫的工艺与成本特点，加上所有硫酸法钛白粉生产装置均设有污水处理装置（站），且对收集的低浓度稀酸进行中和处理；需用大量的石灰及石灰的储运、化浆、贮浆等生产操作与现成管理系统。采取与污水站共享石灰生产系统，将污水站制取的石灰浆分出一小部分用于煅烧尾气脱硫处理的碱性吸收液，既节约了原有碳酸钠碱液用量与费用，又共用了污水处理中和的生产资源，减少了冗余的生产费用。

煅烧尾气石灰吸收脱硫生产工艺流程如图 11-36 所示，与图 11-34 尾气用于浓缩稀硫酸一样，用旋风除尘器分离回收煅烧尾气中的钛白粉粉尘。除尘后的尾气采用稀硫酸喷淋塔回收尾气中的热能及部分酸雾与 SO_3。经过预浓缩稀硫酸降温的尾气再用污循环水循环槽泵入冷却喷淋塔进行冷却后，进电除雾器除去余下的 SO_3，尾气中剩余的 SO_2 和 SO_3 用从污水站送来的石灰浆在循环槽泵入喷淋塔进行脱硫吸收，产生的亚硫酸钙和硫酸钙及没有反应完全的石灰浆返回到循环槽，并不断补充石灰浆和移走吸收后的混合硫酸钙浆，送回污水站一并中和沉淀；脱硫后的尾气经过烟囱排放。

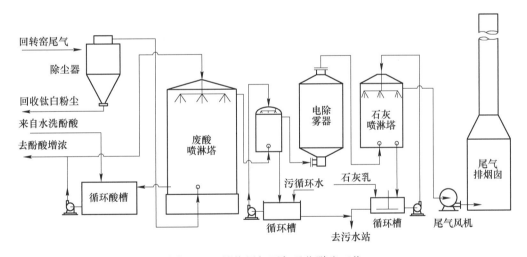

图 11-36 煅烧尾气石灰吸收脱硫工艺

这样可节约几十千克的碳酸钠原料，而且石灰的价格仅是碳酸钠价格的 1/6；同时，石灰浆脱硫不需要追求反应利用率，因过量的石灰最后进入污水站均可全部利用。

11.3.4.3 硫酸法钛白粉生产原料消耗及工艺特点

A 物料平衡

硫酸法钛白粉生产的 TiO_2 回收率在 82%～90%。钛精矿、钛渣、硫酸等主要原料消耗见表 11-24。

表 11-24　每吨钛白产品所需的主要原料消耗　　　　　　　　　　　（t）

硫酸（100%H₂SO₄）+钛精矿（45%TiO₂）	钛精矿（54%TiO₂）	钛精矿（59%TiO₂）	钛渣（75%TiO₂）	钛渣（85%TiO₂）	铁屑或铁粉
2.5~4.7	2.1~3.5	1.9~3.2	1.5~2.7	1.3~2.5	0.1~0.2

产生的主要废物是废酸（含洗水）和以钛铁矿为原料产出的七水硫酸亚铁；废酸中 H_2SO_4 含量一般低于 25%。废酸主要包括酸解时第一次过滤产生的强酸废物和随后过滤与水洗产生的弱酸废物等。硫酸法钛白粉生产每吨钛白产生的副产物及数量如下：

以钛铁矿为原料时：3~4t 七水硫酸亚铁，7~8t H_2SO_4 含量为 23% 的废酸；以钛渣原料时：4~6t H_2SO_4 含量为 25% 的废酸，在煅烧阶段产生 7~8kg SO_3。

B　工艺特点

硫酸法钛白粉生产技术成熟可靠，在中国占有主导地位，但产品质量处于中等水平，工艺对现有原料具有较强适应性；但工序较长，限制环节多，废副产品利用对外依赖性强，工艺中的物料循环和能源循环体系需要完善，以经验为主导的控制技术使产品质量保证体系难以持久地发挥作用，需要配套外在检测。

由于硫酸钛白粉生产属于间歇性周期操作，工序产能不均衡，需要在磨矿、酸解、分离和浓缩等几个限制环节进行高效规模化整合调整，在水解、洗涤、煅烧和后处理工序追求规模化与精细化的有机结合。

硫酸法钛白粉生产装置发展的总体趋势是追求高效节能、大规模化。

硫酸法生产钛白粉技术中的"三大灵魂"，即固液分离、晶相控制以及分散与解聚，从酸解沉降、泥浆分离、控制过滤、七水硫酸亚铁分离、一洗二洗（还包含滤、洗液中稀薄固体回收）、窑前压滤、包膜三洗、污水红泥等分离，无不体现出固液分离的重要以及产量与质量的统一。而每一步分离包括的功能和目的各不相同，形貌各一、结晶的与非结晶的、可压缩的与不可压缩的、固液比高的与低的等。

11.3.5　钛白粉后处理技术

11.3.5.1　概述

从回转窑煅烧出来已达到颜料级的二氧化钛颗粒，均是由较纯的微晶体聚集成的粗大钛白粉初级产品颗粒。在现代技术条件下钛白粉初级产品的一些性能欠佳，还不能作为优质的钛白粉产品使用。尽管少量锐钛型钛白粉初级产品仍在直接使用，但作为颜料级二氧化钛除个别专用产品外，其颜料性能还不能完全满足下游用户所需。因此，需要根据产品的不同用途（如涂料、油墨、塑料和造纸等下游应用领域）进行处理加工，因此这是在形成颜料级钛白粉颗粒之后进行加工处理，习惯称之为后处理，国际上通称为表面处理（Surface Treated）。这样，生产上将回转窑煅烧制取得到的具有颜料性能的二氧化钛称为初级产品或钛白粗品。

后处理的目的就是经过系列的表面处理来提高钛白粗品的使用性能，将粗品加工处理为满足市场使用要求的成品，既满足并达到技术用途性能又满足经济活动要求的最终钛白粉产品。后处理的目的可概括为如下四个：

（1）强化钛白粉产品的颗粒粒度分布。通过解聚与分散优化在煅烧或氧化时半成品颗粒粒子之间的烧结与黏结，降低粒度标准偏差，提高产品的遮盖力及光泽。

（2）提高钛白粉产品的耐候性。因在煅烧或氧化过程中微晶体二氧化钛颗粒表面产生固有的晶格缺陷，这些缺陷称为光活化点，具有光催化性质，影响下游产品的耐久性与耐候性。通过包覆无机物屏蔽紫外光进入钛白粉颗粒表面，克服二氧化钛固有的光催化性质。

（3）提高钛白粉产品的分散性。即通过分散与解聚煅烧或氧化时形成的半成品钛白粉颗粒，在无机物包覆后再进行有机物包覆，以增强其在不同介质溶剂、塑料、水溶性乳胶中的分散性，克服团聚现象，满足使用效果，强化钛白粉的颜料性能。

（4）提高钛白粉产品的加工性。如提高涂料使用加工的润湿性、塑料使用加工的流变性、纸张加工的留驻率等影响下游生产难度与生产效率的因素。

后处理改善钛白粉产品应用性能的手段是相互依赖且互为补充的。这是因为二氧化钛具有作为光学材料的性质，除了"高贵基因"的折射率外，最为核心的是经过硫酸法煅烧和氯化法氧化加工成的二氧化钛颗粒直径处于可见光半波长范围内，具有最大的光散射力。通过解聚与分散可以将硫酸法煅烧形成颜料颗粒时不牢靠的烧结集聚或连体颗粒分开，解聚分散成的单个颗粒再进行无机物包覆后，其产品质量性能更高，不会使下游用户再进行分散、与紫外光亲密接触而快速老化、耐候性能降低，即所谓的"大蒜效应"。但要说明的是，钛白粉颜料粒子是在回转窑中煅烧产生的，其颗粒粒径依靠机械粉磨或砂磨等手段是不可能磨出来的，所以钛白粉初品后处理的解聚与分散手段是其生产技术的"灵魂"之一。从包膜处理前的干磨与湿磨再到干燥后的最后气流磨工序，无不体现后处理解聚分散的重要性与必要性。

钛白粉后处理的主要工序有：预研磨解聚分散、无机物沉淀包膜、过滤洗涤、干燥和气流粉碎解聚与分散，主要工艺流程如图11-37所示。经过分散解聚的砂磨机料送入包膜槽（可以是间歇或连续包膜），按需要的钛白粉产品规格（如涂料、塑料、造纸和油墨等下游用户）需要进行无机物包膜，包膜后的料浆送入压滤机间歇过滤洗涤，将沉淀无机物后的水溶性盐类洗涤至具有可接受的电导率；洗涤滤饼送入旋转闪蒸干燥机中进行搅拌打散干燥，干燥后的粉末再送入蒸汽气流粉碎机（汽粉磨），同时加入有机包膜剂一道进行再次分散解聚，分散解聚后的钛白粉经过空气冷却后入仓进行包装。

11.3.5.2 窑下品预研磨解聚分散

硫酸法煅烧半成品在生产上通称为窑下品，进行的解聚分散俗称中间粉碎。早期基本上采用雷蒙磨研磨分散后直接进行无机物与有机物的包膜。20世纪80年代自欧美开发窑下品解聚分散（中间粉碎）的湿磨工艺诞生后，无疑大幅度提高了钛白粉的颜料性能。用硅石作为研磨体的湿式球磨机代替雷蒙磨并以旋流分级控制钛白颗粒度，虽需较低的分散解聚料浆浓度，但效率太低。湿式球磨机存在效率低的缺陷，随着技术的发展，为弥补分散能力与效果的不足，原德国拜耳、莎哈利本公司等在球磨机前串联增设辊压磨工序。

A 解聚分散工艺

解聚分散技术分为干法研磨解聚分散、湿法研磨解聚分散和干湿串联研磨解聚分散。同时，研磨解聚分散按是否有研磨介质分为：有介质磨研磨解聚分散，如球磨机、砂磨机和搅拌磨等；非介质磨研磨解聚分散，如雷蒙磨、辊压磨和气流磨等。后处理产品最后生产使用的气流磨又称为流能磨（Fluid Energy Mill）或气流粉碎机，用中压或高压蒸汽作

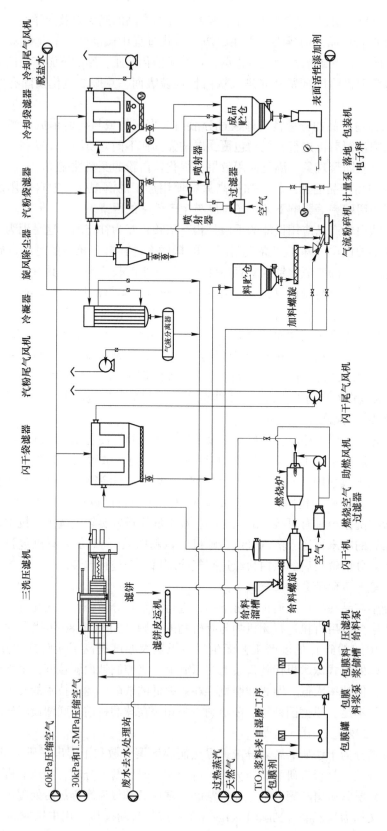

图 11-37　钛白粉后处理工艺流程

为研磨解聚分散能量，蒸汽从喷嘴口出来时的速度超过声速。目前可统计的硫酸法钛白粉回转窑初级品的解聚与分散技术有 10 种之多，其设备主要组合工艺流程见表 11-25。

表 11-25　窑下品解聚分散主要组合工艺

序号	工艺类型	使用企业类型	备注
1	雷蒙磨+砂磨机	大中型规模	国内
2	湿式球磨+砂磨机	大中型规模	国内
3	辊压磨+球磨机+砂磨机	大中型规模	国内
4	辊压磨+砂磨机	中小型规模	国内
5	辊压磨+胶体磨+砂磨机	中小型规模	国内
6	辊压磨+强力分散槽+砂磨机	中小型规模	国内
7	砂磨机+旋流分级器	小型规模	原引进
8	球磨机+砂磨机+旋流分级	中大型规模	
9	辊压磨+湿式球磨机+旋流分级器	中大型规模	欧洲企业
10	雷蒙磨+砂磨机+砂磨机+砂磨机	中大型规模	欧洲企业

B　解聚分散设备

雷蒙磨：型号 PM10U5，主电机功率 70kW，风机功率 160kW，分级机转速 200～650r/min。

砂磨机：型号 RTW HDM1000，电机功率 320kW，转速 200～650r/min。

11.3.5.3　无机物包膜

无机物包膜工艺分为间歇包膜和连续包膜两种工艺。

A　间歇包膜工艺

间歇包膜工艺流程如图 11-38 所示。将砂磨解聚分散后的料浆与工艺水按比例配制成需要的 TiO_2 料浆，计量后加入包膜槽中。根据需要包膜的品种用制备的碱或酸调整包膜槽中的稀释料浆 pH 值，并通入蒸汽对料浆进行加温至需要控制的温度。然后根据需要加入第一层无机物包覆物，保持混合均匀的时间，待混合均匀后加入碱或酸调整 pH 值，沉淀第一层无机包覆物，控制加酸或碱的速度。作为现代包膜技术产品，如果第一层包致密硅膜，除了控制温度与速度外，分多次控制沉淀的 pH 值和时间。待第一层无机物包覆完后进行第二次无机物包覆，通常为硅铝包覆。第二层包覆铝如前所述，先调整 pH 值然后加入铝酸钠无机包覆物，当 pH 值达到控制沉淀氧化铝的条件时，同时加入铝酸钠和中和的无机酸，维持恒定的 pH 值。最后熟化反应完全后再检测 pH 值，进行高低微调后送过滤与洗涤工序进行分离，并洗涤到产品要求的残留盐分含量（以电导率表示）。

B　连续包膜工艺

连续包膜工艺流程如图 11-39 所示。将砂磨解聚分散或某些氯化法打浆混合分散脱氯后的钛白粉粗品料浆，在调整 TiO_2 浓度和 pH 值后，对被包膜料浆进行加热后直接送入包膜管道反应器，同时加入硅酸钠或其他类的第一层无机包覆物，并同时加入酸进行包膜沉淀混合反应。反应料浆进入包膜槽（1）时调整 pH 值，在进入包膜槽（2）后调整 pH 值继续硅包膜，物料槽各级包膜反应中的停留时间根据产品生产而定，并计算使用槽体的

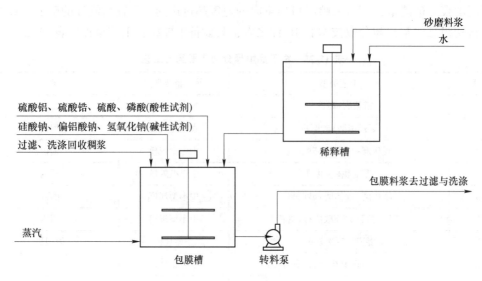

图 11-38　间歇包膜工艺流程

有效体积；从包膜槽（2）出来的反应料浆进入熟化槽，同样维持熟化的时间和槽体体积的关系；并通入蒸汽对料浆进行加温和保持需要包膜控制的温度。从第一熟化槽出来的料浆进入第二包膜管道反应器，若包铝膜则在管道反应器先加入酸（盐酸或硫酸）调低料浆 pH 值，然后再向包膜管道反应器中加入铝酸钠溶液进行快速混合沉淀，物料进入熟化槽，再根据包膜产品品种要求同时加入酸和铝酸钠，维持从包膜管道反应器出来的料浆 pH 值不变，继续测定无机铝膜并维持控制的反应料浆温度；从熟化槽出来的料浆用泵送过滤与洗涤工序进行分离，并洗涤到产品要求的残留盐分含量（以电导率表示）。

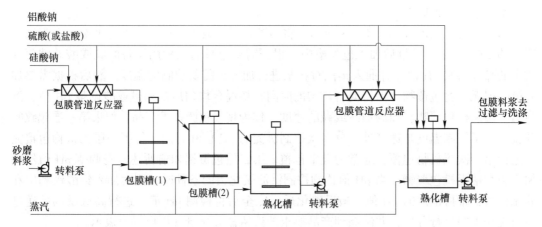

图 11-39　连续包膜工艺流程

C　无机物包膜设备

间歇包膜设备：（1）砂磨料浆储槽；（2）包膜槽：$\phi5500mm \times 5500mm$，$130m^3$；（3）稀液碱高位槽 $\phi1800mm \times 2200mm$，$5.6m^3$；（4）六偏磷酸钠高位槽：$\phi1800mm \times 2200mm$，$5.6m^3$；（5）偏铝酸钠高位槽：$\phi2200mm \times 2200mm$，$9.5m^3$；（6）稀硫酸高位槽：

ϕ1800mm×2200mm，5.6m³；（7）硫酸锆高位槽 ϕ1800mm×2200mm，5.6m³；（8）稠浆高位槽：ϕ3500mm×4000mm，38.4m³。

连续包膜设备：（1）砂磨料浆储槽：ϕ6000mm×8000mm，230m³；（2）加热器；（3）管道混合反应器：ϕ200mm×1550mm；（4）熟化槽：ϕ14000mm×16000mm，2460m³。

11.3.5.4　包膜料浆过滤与洗涤技术

经过无机物包膜后的钛白料浆，需要将其中包膜后的钛白固体分离出来，对其中含有的可溶性杂质进行洗涤。过去采用转鼓真空过滤机或叶片真空过滤机（摩尔过滤机）进行过滤和洗涤，现在多采用厢式压滤机进行过滤和洗涤，大大提高了过滤与洗涤效率，同时大幅度降低了滤饼含水率，节约了干燥能源。过滤洗涤的指标为：滤饼电导率不大于 80μS/cm，滤饼中 TiO_2 含量达到约 65%。

包膜料浆的过滤与洗涤采用隔膜压滤机流程与水解偏钛酸厢式隔膜压滤机的生产操作相同（工艺与设备相同）。过滤与洗涤流程如图 11-37 所示。水洗过程是通过 DCS 和 PLC 系统控制压滤机来共同完成的，其中压滤机的压紧、松开、翻板开闭、拉板车、洗布工作由压滤机的 PLC 控制；工艺过程的进料、水洗、压榨、吹饼等工作由 DCS 系统控制。PLC 和 DCS 依靠 MOBUS 来连接。过滤与洗涤的主要步骤参见 11.3.3.2B。经过隔膜压滤机过滤的滤液直接送污水站处理，洗涤液因含盐浓度低可与洗涤水混用。

11.3.5.5　无机包膜滤饼干燥

目前洗涤合格的滤饼的最佳干燥方法是采用旋转闪蒸干燥。因为过滤洗涤分离的方式相对落后，过去对这样的膏状物常用两种方法干燥：一种是将其挤压成条状，用不锈钢带式干燥器进行干燥，另一种是喷雾干燥。因膏状物含水分高，不利于节能，以及易重新黏结聚集，故现今已基本不用此类干燥方法。为了便于后工序气流粉碎，干燥成品的水分应控制在 0.5%~2.0%。

A　干燥工艺

干燥工艺见后处理工艺流程图 11-37，根据干燥器的生产能力，采用天然气及其他气体燃料作为热风加热源，根据钛白粉滤饼进料量来控制进风温度和出风温度，对无机包膜洗涤过滤的物料进行干燥，并控制干燥产品的水分含量。物料经过压滤机料斗进入承重皮带，再进入旋转闪蒸干燥机进料螺旋，经过螺旋送入干燥机内，物料掉到旋转搅拌耙上被迅速打碎分散并被高温热风带入干燥蒸发空间，迅速进行热交换蒸发干燥，干燥物料从干燥器顶部以旋转方式经过物料管送入袋滤器进行气固分离，气体排空或部分返回热风进口，减少新鲜空气进入量，节约显热。从袋滤器分离得到的干燥粉体送入中间料仓贮存，为下一工序气流粉碎备料。

洗涤过滤滤饼的进料方式有两种：第一种方式如前所述，采用滤饼直接送入进料螺旋料斗，且螺旋进料大于皮带进料，在料斗内不发生积料；否则易造成物料搭桥、进料螺旋空转，产生进料不均衡，波动大。第二种方式采用进料搅拌罐将过滤洗涤滤饼依靠高剪切力的搅拌罐进行强力搅拌打成半流状的膏状浆，再靠搅拌罐下设的螺旋送入旋转闪蒸干燥器内，这是旋转闪蒸干燥器的标配设计，也是世界著名的丹麦 APV 公司或 Niro 公司开发制造旋转闪蒸干燥器的初衷，是专用于干燥蠕变膏状物的设计。

作为钛白粉无机包膜后产生的过滤洗涤滤饼，因其钛白微晶颗粒比表面积小，尽管表面包覆了几个纳米的无定型氢氧化物或水合氧化物，含固量可达 75%，若将其搅拌蠕变成膏状，则破坏在过滤洗涤时形成的内部毛细孔通道，造成滤饼进入干燥器时干燥速率与打散效率下降；再者，还需增加搅拌罐，需要消耗大量电能，且增加投资。所以，建议在设计和改造钛白粉生产后处理装置时全部采用第一种进料方式。

B 干燥主要设备

闪蒸干燥机 $\phi1650mm$，$H=7200mm$；

尾气引风机 $Q=42221m^3/h$；

干燥袋滤器过滤面积 $520m^2$；

热风炉 $\phi1800mm$，$L=4100mm$；

助燃风机 $Q=3215m^3/h$。

11.3.5.6 气流粉碎

气流粉碎机是钛白粉后处理成品粉碎必备的设备，为各生产厂普遍采用。气流粉碎机是利用过热蒸汽的喷射所产生的质量流体的动能，旋转、碰撞连续综合完成的解聚与分散分级等作业。两个刚性物体以很大的速度相撞，其中一个或两个物体都会被碰碎成更小的颗粒。因此真正的气流粉碎机是没有运动部件的，其粉碎（解聚分散）作用是依靠蒸汽动能驱动钛白粉粒子之间的碰撞来完成的。

现有钛白粉生产气流粉碎工艺流程如图 11-40 所示。一个螺旋进料器将包膜干燥后的钛白粉从储料斗进入到气流粉碎机进料漏斗。喷射蒸汽产生的真空通过进料管道将钛白粉送入粉碎室中，同时加入有机包膜剂，切向设置环流分布的粉碎蒸汽同时将包膜的钛白粉进行解聚分散。解聚分散后的钛白粉通过高温袋滤器分离，将大部分粉碎颗粒从蒸汽混合物中分离出来。蒸汽进入冷凝器后在循环水作用下进行冷凝；冷凝水返回生产用作无机物包膜过滤时的滤饼洗涤，未冷凝气体经过抽风机排空。袋滤器中分离出的钛白粉在螺旋作用下被冷却空气送入冷却袋滤器，再进行固气分离后送入包装工序产品储罐后包装。

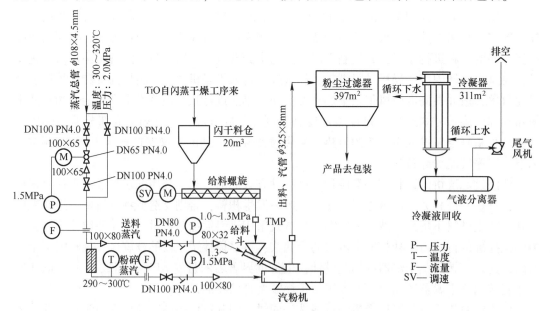

图 11-40 气流粉碎工艺流程

钛白粉在后处理加工过程中，表面上二氧化钛微晶体颗粒不再发生化学反应，颗粒大小不产生更大的变化，影响颜色的杂质元素离子也已除去，仅是强化提高其颜料性能。但是，随着下游材料技术的进步与发展，以表面处理为主的后处理技术必须跟进与配套发展，以满足对钛白粉性能日新月异的要求，适应新材料、新技术的发展需求。如以氟碳树脂带来的室外高耐候涂料、装饰纸抗黄变及高光泽随角异色的高档汽车装饰涂料等，均对钛白粉后处理提出了更高的要求。所以，在硫酸法煅烧生产和氯化法氧化生产制取的颜料级二氧化钛技术日臻完善的基础上，不仅需要研究开发进一步降低资源消耗、能量消耗及绿色发展的全资源利用新技术，而且还要在后处理工序上创新研发"与时俱进"的技术。后处理技术是目前钛白粉新技术中最为活跃的重大技术，目前全球有近3000项后处理加工技术专利。

11.4　硫酸法钛白粉新材料生产技术

钛白粉是将二氧化钛经过化学法加工成具有 $200 \sim 350nm$ 微晶粒度尺寸且用其他无机物和有机物包覆的超细颗粒材料。其化学加工的颗粒尺寸大于 $350nm$ 或小于 $200nm$ 的二氧化钛产品均不能称为钛白粉或颜料级二氧化钛。但是，因二氧化钛表面存在光活化点即晶格缺陷，具有光催化特性、纳米材料特性与效应，故其成为新材料技术的开发热点，且已有大量新产品新技术问世，如纳米级"脱硝钛白粉"、纳米"光催化钛白"，无颗粒尺寸要求或更大晶体颗粒的用于路标反光、陶瓷、电焊条等的"非涂料级钛白"，以及"电子级、高纯级钛白"等，本节的钛白指的是没有"颜料"含义二氧化钛，即钛白粉的"粉"的定义。

11.4.1　纳米（超细）二氧化钛

纳米 TiO_2 又称超细 TiO_2，是指颗粒粒经低于 $100nm$ 的 TiO_2。如果按米（m）、毫米（mm）、微米（μm）、纳米（nm）不同单位划分，粒径在 $200 \sim 350nm$ 的钛白粉不属于纳米级范畴。可采用不同的原料和工艺生产纳米 TiO_2。

11.4.1.1　采用不同的原料生产纳米 TiO_2 工艺

主要有以下几种工艺：

（1）通常在实验室中以醋酸或硝酸为催化剂、在乙醇或丙醇溶液中水解钛醇盐，在一定温度下生成的氢氧化钛溶胶首先转化成锐钛型/金红石型的混合物，到 $850℃$ 得到全金红石型结构的球形纳米 TiO_2 颗粒。

（2）中和被稀释的硫酸氧钛（$TiOSO_4$）得到水合氧化物沉淀，过滤洗涤后的固相物在 $350℃$ 转化为锐钛型纳米 TiO_2 颗粒。

（3）中和四氯化钛得到水合氧化物沉淀，过滤洗涤后在 $900℃$ 转化成金红石型纳米 TiO_2 颗粒，我国部分珠光颜料生产企业采用此工艺。

（4）采用"气溶胶法"（迪古萨法），气相四氯化钛与蒸汽反应生成由锐钛型和金红石型构成的混合 TiO_2 纳米颗粒。

（5）盐酸法（Altair Process），盐酸分解钛精矿，获得氯氧化钛（$TiOCl_2$）与氯化铁的混合溶液，经两级溶剂萃取分离，用喷雾热解得到水合氧化物，再经过加热处理得到

TiO$_2$ 纳米颗粒。

（6）在硫酸法钛白的金红石晶种生产中，从水解新鲜沉淀的水合氧化钛（偏钛酸），经过洗涤并与氢氧化钠反应生成钛酸钠（Na$_2$TiO$_3$），然后用盐酸进行胶溶，胶溶物即为晶种，再加入偏钛酸中在加热煅烧时转化成金红石型 TiO$_2$。

11.4.1.2　利用硫酸法纳米 TiO$_2$ 生产工艺

全球代表性硫酸法纳米 TiO$_2$ 生产工艺流程，如图 11-41 所示。

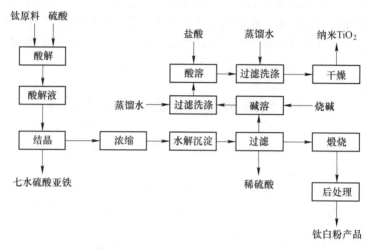

图 11-41　硫酸法纳米 TiO$_2$ 生产工艺流程

（1）德国沙哈立本公司开发工艺。德国沙哈立本公司纳米 TiO$_2$ 技术申请的美国专利名称为："高分散微晶二氧化钛的制备方法（US 8182602）"。其主要技术内容为：将硫酸法钛白粉生产的中间产品偏钛酸调制成 350g/L 的 TiO$_2$ 料浆，加入浓度为 700g/L 的 NaOH 碱液，在 60℃进行中和反应 2h，并将温度提高到 90℃，得到钛酸钠固体，将其过滤与洗涤至无硫酸根离子。将钛酸钠滤饼固体再进行调浆，配制成 TiO$_2$ 浓度为 180g/L 的料浆，加入 30%HCl 浓度的盐酸进行酸化反应，在温度 90℃下反应 2h，再用碳酸钠中和到 pH 值为 4.7 后，进行过滤并用 4 倍的蒸馏水进行洗涤，洗涤滤饼再打制成浆配入 0.2%~1%的 KH$_2$PO$_4$ 助剂，4h 后送入回转窑中在 720℃进行煅烧，得到 10~50nm 的 TiO$_2$ 煅烧品，再进行砂磨和后处理得到高分散的金红石型 60nm 的 TiO$_2$ 产品。

（2）美国美利联开发的工艺。美国美利联公司开发申请的美国专利名称为"光催化金红石二氧化钛（US 7521039）"。为了得到纳米催化 TiO$_2$，同样采用硫酸氧钛热水解得到的偏钛酸（水合二氧化钛）与氢氧化钠进行反应制取钛酸钠，然后进行钛酸钠过滤并用水洗涤后，用 pH 值为 3 的盐酸溶液洗涤至无硫酸根离子和钠离子；制得的钛酸钠滤饼再用 70g/L 的 HCl 溶液进行混合，加热温度 90℃反应 60min，冷却得到颗粒为（80~100）×10×10nm 的 TiO$_2$。另一种方法是将 TiOCl$_2$ 溶液加入氢氧化钠溶液中，溶液 pH 值达到 0.5，温度 80℃，反应 2h 后冷却，用去离子水洗涤后在 120℃下干燥，纳米 TiO$_2$ 的比表面积在 115~139m^2/g，具有高度催化性能。经过 600℃煅烧其产品比表面积为 32~44.7m^2/g。

（3）史蒂文斯技术研究所开发的工艺。美国史蒂文斯技术研究所申请的美国专利名称为"制备用于水处理工艺表面活性二氧化钛的方法（US 6919029）"。如前面两个专利一样，同是在硫酸法钛白粉生产中经过水解分离洗涤得到的偏钛酸料浆，用氢氧化钠中和到 pH 值为 4~9，然后进行过滤并洗涤，除去其中的盐分得到的固体滤饼在 105~700℃ 干燥 2h。经分析得到的二氧化钛颗粒粒径在 6.6~10.89nm 的聚集体，产品作为表面活性剂用于吸附水中的有害物及有害金属离子。

（4）日本石原开发工艺。日本石原公司是早期亚洲具有影响力的钛白粉公司，开发的纳米催化 TiO₂ 无论从粒径规格还是用途上均品种较多。其主要有两个工艺，一是烧结法，采用四氯化钛水解后烧结，即固相法；二是湿法，采用净化四氯化钛（除杂）并水解成偏钛酸，再进行碱溶、酸溶表面处理与过滤干燥。

（5）我国开发的工艺。国内少部分企业在现有钛白粉生产过程中将偏钛酸在回转窑进行低温煅烧，从回转窑脱水脱硫后看，控制锐钛型晶体颗粒不增长到颜料级的 200nm 以上，或者配入其他的钒、钨元素，直接生产脱硝级二氧化钛。

11.4.1.3 纳米二氧化钛的主要用途

纳米二氧化钛的主要用途包括：

（1）紫外光吸收剂。纳米（超细）二氧化钛具有优异的防有害紫外线辐射的功能，作为透明紫外线吸收剂，已经被越来越多的化妆品生产商接受，并用于高防晒系数的防晒化妆品配方。同时，透明的二氧化钛颜料广泛地应用于塑料行业，尤其在薄片和薄膜中，例如农用塑料薄膜、食品包装袋等，用于食品包装物，则食品的贮存期延长，维他命降解速度明显降低。

（2）特殊颜料。用于油漆和涂料工业的超细二氧化钛具有高透明度（这与钛白粉的遮盖力恰似相反）、均匀的粒径和良好的分散性。特殊超细二氧化钛产品则有特殊性能，如在汽车表面金属漆中，特殊超细二氧化钛与铝粉颜料配合使用可出现人们熟悉的随角异色效应。当正面观察这类涂层时看到的是黄色，而当逐渐转向侧面角度时观察涂膜的颜色则变成蓝色。

通过把黑色转变成深蓝色，把浅红色转变成深红色，在颜料体系中纳米（超细）二氧化钛能引起颜色转换。酞菁蓝颜料和透明超细钛白粉混合使用可以消除残余的黄色调。除了这些特殊的色彩效果外，通过稳定颜料体系以防止絮凝，超细二氧化钛可以增加涂膜亮度。细小的二氧化钛颗粒吸附在彩色颜料的表面，同时赋予颜料表面静电，这样就提高了表面光泽度，同时影像清晰度（DOI）也得到了提高，而且还有吸收紫外线的功能。

另外，还开发出木器专用纳米（超细）二氧化钛，应用形式包括上光蜡、着色剂、透明清漆、镶木地板涂层等。该产品采用 Al₂O₃ 包膜和其他的无机表面处理。由于晶格间掺杂其他元素而大大降低光催化性。紫外线辐射被纳米（超细）二氧化钛转化成热能，使黏结填料和基料的稳定性增强。

（3）化学催化剂。由于二氧化钛在所有 pH 值范围不溶解，无论作为催化剂本身还是作为载体都优于传统的催化剂，如氧化铝、滑石（硅酸镁）、沸石（2MgO·2Al₂O₃·5SiO₂）等。无论均相催化还是多相催化，二氧化钛均显现其独特的优点，但目前仅有锐钛型二氧化钛用作催化剂。催化剂组分与用途见表 11-26。

表 11-26　纳米二氧化钛催化剂组分与用途

反　应	用　途	催化剂组成
互成反应	燃烧炉尾气脱氮化物	TiO_2/V_2O_5
	发动机尾气脱氮化物	$TiO_2/Rh/Pt/Pd$
选择氧化	转化苯成羟基丁二酸酐	TiO_2/V_2O_5
	转化丁二烯成羟基丁二酸酐	
	转化丁烯成醋酸和乙醛	
	转化甲醇成甲醛	
	转化邻二甲苯成苯二甲酸酐	
	转化三甲基吡啶成三羧基吡啶	
	转化 CO 成 CO_2	TiO_2/Pt，TiO_2/Ru
	转化 H_2S 成单质硫	TiO_2/MoO_3
环氧化	氧化丙烯成环氧丙烷	TiO_2/Ag
加氢化	炭液化	TiO_2/MoO_3
	转化噻吩成 H_2S 和丁烷	
异构化	转化 α-蒎烯成莰烯	TiO_2
	转化丁烷成异丁烷	
醛醇缩合反应	乙醛缩合成 2-丁基乙醛	TiO_2

1）脱 NO_x 催化剂。反应原理：

$$N_2O_3 + 2NH_3 \Longrightarrow 2N_2 + 3H_2O \tag{11-54}$$

减少电厂和燃烧炉尾气中的 NO_x，使其雾霾发生率降低，并防止尾气中产生的硫酸铵沉积在催化剂表面上降低活性。

2）发动机催化剂。汽车发动机为提高效率应用过量的氧，降低了尾气中 CO 和碳氢化合物的含量，结果氧与空气中的 N_2 反应生成 NO，同时与汽车尾气中的 SO_2 生成硫酸铵，使催化剂和活性降低，甚至使其中毒。自 2000 年以来采用含 TiO_2 的催化剂产品已经市场化。

3）光催化剂。用于制作自清洁玻璃实现表面自洁，即在玻璃表面用水玻璃做黏结剂复合一层纳米 TiO_2，借助于 UV（紫外光）进行光催化分解细菌和脂肪，其后依靠雨水淋洗灰尘，减少了玻璃窗户的擦洗与维护。

11.4.2　纳米钛白脱 NO_x 催化剂

以煤为燃料的热电厂，在煤燃烧时空气中的氮气被高温分解，产生大量氮氧化物，排入大气造成雾霾和空气污染。因此，选择催化还原除去氮氧化物的技术应运而生，即 SCR（Selective Catalytic Reduction，脱硝催化剂）。在 SCR 反应中还原剂选择性地与烟气中的氮氧化物在一定温度下发生化学反应。最初的催化剂是 Pt-Rh 和 Pt 等贵金属类催化剂，以氧化铝等整体式陶瓷做载体，具有活性较高和反应温度较低的特点，但是昂贵的价格限制了其在发电厂的应用。经过科学家们的努力及研发工作，找到了纳米 TiO_2 为载体的相对低廉的催化剂，可选择还原尾气中的氮氧化物为氮气，有利于保护环境。目前最常用的催化剂为 V_2O_5-WO_3(MoO_3)/TiO_2 系列（TiO_2 作主要载体、V_2O_5 为主要活性催化成分）。

11.4.2.1 纳米钛白脱硝剂生产

目前 SCR 商用催化剂基本都是以 TiO_2 为基材，以 V_2O_5 为主要活性催化成分，以 WO_3、MoO_3 为抗氧化、抗毒化辅助成分。

其中基材纳米 TiO_2 的生产采用硫酸法钛白粉工艺至回转窑煅烧前的全部工艺流程与生产控制，改进回转窑煅烧工艺参数及盐处理剂使用，使其在脱硫温度之下生成的锐钛型二氧化钛微晶颗粒不再继续增大，即可生产出满足脱硝催化剂使用的纳米钛白。

11.4.2.2 催化剂成品制作

催化剂形式可分为板式、蜂窝式和波纹板式三种。

板式催化剂以不锈钢金属板压成的金属网为基材，将 TiO_2、V_2O_5 等混合物黏附在不锈钢网上，经过压制、煅烧后将催化剂板组装成催化剂模块。

蜂窝式催化剂一般为均质催化剂。将 TiO_2、V_2O_5、WO_3 等混合物通过一种陶瓷挤出设备制成截面为 150mm×150mm、长度不等的催化剂元件，然后组装成截面约为 2m×1m 的标准模块。

波纹板式催化剂的制造工艺一般以玻璃纤维加强的 TiO_2 为基材，将 WO_3、V_2O_5 等活性成分浸渍到催化剂表面，以达到提高催化剂活性、降低 SO_2 氧化率的目的。

催化剂是 SCR 技术的核心部分，决定了 SCR 系统的脱硝效率和经济性，其建设成本占烟气脱硝工程成本的 20%以上，运行成本占 30%以上。近年来，美、日、德等发达国家不断投入大量人力、物力和资金研究开发高效率、低成本的烟气脱硝催化剂，并重视在催化剂专利技术、技术转让、生产许可过程中的知识产权保护工作。

因此，从 20 世纪 60 年代末期开始，日本日立、三菱、武田化工三家公司通过不断的努力研制了 TiO_2 基材的催化剂，并逐渐取代了 Pt-Rh 和 Pt 系列催化剂。该类催化剂的成分主要由 V_2O_5（WO_3）、Fe_2O_3、CuO、CrO_x、MnO_x、MgO、MoO_3、NiO 等金属氧化物或起联合作用的混合物构成，通常以 TiO_2、Al_2O_3、ZrO_2、SiO_2、活性炭（AC）等为载体，与 SCR 系统中的液氨或尿素等还原剂发生还原反应，目前已成为电厂 SCR 脱硝工程应用的主流催化剂产品。

选择性催化还原 SCR 法脱硝是在催化剂存在条件下采用氨、CO 或碳氢化合物等作为还原剂，在氧气存在条件下将烟气中的 NO 还原为 N_2；可以作为 SCR 反应还原剂的有 NH_3、CO、H_2，还有甲烷、乙烯、丙烷、丙烯等。

11.4.3 新能源级电子级钛白

11.4.3.1 钛酸锂级钛白

由于现有燃油汽车带来的城市环境与大气污染问题，在新能源汽车领域，电动汽车新材料的开发与发展蒸蒸日上、轰轰烈烈。但是，因电池的充放电时间与续航能力缺陷，加之电池短路带来的安全问题，已成为现有电动汽车发展的瓶颈。

钛酸锂作为锂电池的"后起之秀"迅速吸引人们的眼球，钛酸锂负极材料电池具有"高安全、长寿命、可快充、全天候"的优点，恰恰顺应了我国新能源行业的发展趋势。在竞争激烈的锂电池大潮中，作为后起之秀的钛酸锂级纳米二氧化钛，未来市场潜力巨大，将是主力新材料。钛酸锂级纳米钛白是全球硫酸法钛白粉生产新技术开发的热点。

A 生产原理

反应如下：

$$FeTiO_3 + 2H_2SO_4 \Longrightarrow TiOSO_4 + FeSO_4 + 2H_2O \qquad (11\text{-}55)$$
$$TiOSO_4 + 2H_2O \Longrightarrow H_2TiO_3 + H_2SO_4 \qquad (11\text{-}56)$$
$$H_2TiO_3 \Longrightarrow TiO_2 + H_2O \qquad (11\text{-}57)$$
$$5TiO_2 + 2Li_2CO_3 \Longrightarrow Li_4Ti_5O_{12} + 2CO_2 \uparrow \qquad (11\text{-}58)$$

钛酸锂的生产需要大量的纳米级二氧化钛。

B 生产工艺

钛酸锂生产工艺流程如图 11-42 所示，钛铁矿和酸溶性钛渣经过磨矿、酸解、沉降、精滤、水解、洗涤、煅烧生产出纳米氧化钛，再经过粉碎，纳米氧化钛（可作为产品出售）再与电子级碳酸锂按 Li/Ti 为 0.81（摩尔比）进行混合，同时加入气流粉碎机产品返料进行混合均匀，混合均匀后送入气流粉碎机进行粉碎磨细到需要的细度，磨细合格的混合物料送入滚压机进行挤压，挤压后的混合料送入隧道窑在 700~800℃ 温度下进行焙烧，焙烧物料停留时间 3~5h，焙烧物料经过冷却，送入气流粉碎机粉碎磨细，得到钛酸锂电池材料。

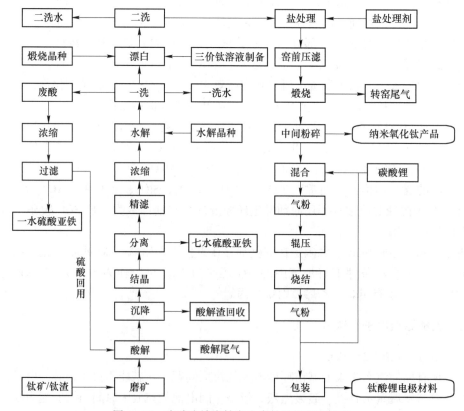

图 11-42 硫酸法纳米钛白生产钛酸锂工艺流程

11.4.3.2 钛酸钡级钛白

钛酸钡（BaTiO₃）有五种晶型：六方型、立方型、四方型、斜方型和三方型。以四方型最为重要，其相对密度为 6.0，具有较高的介电常数，是一种重要的铁电体。

钛酸钡既可作介电材料又可作压电材料。常用于制造非线性元件电介质放大器，电子计算机的记忆元件等，也用于制造体积很小、电容很大的微型电容器、超声波发生器、陶瓷电容器和各种换能、储能器件等的材料。

钛酸钡生产原理如下：

$$TiO_2 + BaCO_3 \stackrel{}{=\!=\!=\!=} BaTiO_3 + CO_2 \uparrow \qquad (11-59)$$

主要生产工艺：将纳米钛白与钛酸钡等按摩尔比混合后，进行混合、湿法研磨、过滤和干燥，再成型，在 1250~1350℃温度下煅烧，最后进行粉碎磨粉。

11.4.3.3　钛酸锶级钛白

钛酸锶（$SrTiO_3$）是陶瓷界层电容器材料，是高容量、高色散频率、低介电损耗、低温度系数的新型介电材料。

钛酸锶半导体陶瓷晶界阻挡层电容器是一种高电压、低电耗电容器，广泛应用于电子产品的高频旁路、稳压、稳流、耦合、滤波等电路中。

钛酸锶级纳米钛白的生产原理、合成工艺与钛酸钡的雷同。

11.4.3.4　钛酸铝级钛白

钛酸铝〔$Al_2(TiO_3)_3$〕（Aluminium Titanate，AT），具有良好的抗热冲击性、非常低的热膨胀系数和高的熔点，是一种用于汽车发动机排气管、排气道的相对隔热材料。钛酸铝制造的排气管、排气道组装于发动机上，可以保持排气的高温，防止热量流失，提高发动机的热效率。这对于沙漠车、军用越野车、坦克车具有特别重要的实际意义。

钛酸铝是一种集低热膨胀系数和高熔点为一体的新型材料，其熔点高（1860℃±10℃）、热膨胀系数小（$\alpha < 1.5 \times 10^{-6}℃^{-1}$），甚至可以出现负膨胀，是目前低膨胀材料中耐高温性能最好的一种。

钛酸铝主要以离子键和共价键作为结合键，从显微结构和状态上来看，内部有晶体相和气孔，这就决定了钛酸铝具有金属材料和高分子材料所不具备的导热系数低、抗渣、耐碱、耐蚀、对多种金属以及玻璃有不浸润的优点，因此在耐磨损、耐高温、抗碱、抗腐蚀等条件苛刻的环境下具有广泛的应用，尤其是要求高抗热震的场合。

钛酸铝材料在有色金属、钢铁、汽车、军工、化工、医学等方面具有广泛的应用，常被应用在金属切削刀具、模具、发动机零件、气缸内衬、排气管、缸盖排气道、增压器涡壳、涡轮叶片、涡轮转子以及各类隔热材料上。

钛酸铝生产工艺：钛酸铝合成方法主要有 3 种：一是 TiO_2 和 Al_2O_3 粉末混合物通过高温煅烧发生固相反应的固相法，与钛酸钡类似；二是金属醇盐或金属盐水解产物的液相法；三是使用 VCD 的气相法。

固相法的合成制备工艺简单、无需特殊的装备，虽然不能达到高纯超细，却是一种常见的制备方法；液相法可以制得纯度高的超细钛酸铝粉末，但工艺复杂；气相法制得的粉末纯度高、团聚少，粒径分布范围窄，化学反应时的气氛容易控制，但是需要消耗大量能量而且设备复杂。

11.5 硫酸法钛白副产物利用技术

硫酸法钛白粉作为钛矿资源的化学加工产品，离不开钛资源及参与化学加工反应的所有化学原料。硫酸法钛白以钛资源和硫酸为主要原料，钛白粉产品中仅有 TiO_2 和少量的无机氧化物包膜物质，其中参与生产的化学原料如硫酸、硫酸盐、铁元素及水和空气等都没有进入产品中，均作为副产物和废物被输出或弃掉。副产物没有可容量与接纳的庞大市场，按传统方法无法经济处理与处置的废物对环境的影响甚至引起环境灾难，同时浪费了大量的化学物质资源，既不能满足钛白粉生产的健康发展，更不能跟上现代生态文明社会发展步伐。因此，钛白粉生产技术"一矿多用，取少做多，全资源利用与循环利用"是绿色可持续发展的核心。"矿矿耦合，化学能量利用、再用与互用"，全生命周期能量消耗才是新技术开发理念与实施的基本原则。"环保、资源、效益""天人合一"的生产技术必将为钛白粉技术带来更新的活力与机会，满足人类对日益增长的钛白粉市场需要。

11.5.1 硫酸法钛白副产物种类、性质及产量

11.5.1.1 钛白废酸与废液（综合污水）

硫酸法钛白粉生产的副产液体因含有大量的硫酸，又称为副产废酸。废液即综合污水，经处理后的外排水。

废硫酸产生的主要来源分为六类。

第一类是水解偏钛酸过滤时排出的滤液，又称浓废酸，其单位钛白粉的产生量既依赖于生产工艺要求，比如酸钛比 F 值的高低（用矿种类、生产习惯），又依赖于所选用的过滤设备（如是压滤机还是摩尔过滤机等）的过滤效率。通常其硫酸浓度在 20%～23%，每吨钛白粉产生量在 5～8t，占废酸总量的 60%～70%。通常所述的浓缩与循环返用的钛白废酸仅指此部分废硫酸。国内以攀西地区岩矿型钛铁矿为原料生产钛白粉的浓废酸典型组成见表 11-27。不难看出，其中的氧化镁含量达到 0.36%，氧化钙含量达到 0.043%，液体密度为 $1.380g/cm^3$。国外以砂矿型钛精矿为原料生产钛白粉的浓废酸典型组成见表11-28。其中的氧化镁含量仅为 0.05%，氧化钙含量为 0.04%。

表 11-27 国内硫酸法钛白粉的浓废酸典型组成

组　分	含量/%	组　分	含量/%
H_2SO_4	23.5	Al_2O_3	0.20
FeO	5.20	TiO_2	0.68
MgO	0.36	Cr	0.005
V	0.02	Pb	0.013
Nb	0.004	CaO	0.043
P	0.004		

表 11-28   国外硫酸法钛白粉的浓废酸典型组成

组　分	含量/%	组　分	含量/%
H_2SO_4	20.5	Al_2O_3	0.25
Fe_2O_3	5.10	TiO_2	0.90
MgO	0.05	Cr	0.003
V	0.04	Pb	—
Nb	—	CaO	0.040
MnO	0.50		

第二类是一类水解偏钛酸过滤后偏钛酸滤饼洗涤后的洗涤液，又称一洗液，其产生量与第一类一样也取决于生产工艺的 F 值、过滤设备以及洗涤效率，废硫酸浓度在 1%~2%，每吨钛白粉产生 20~30t 废硫酸。

第三类是偏钛酸漂白时加入硫酸（以维持漂白还原高价金属离子的溶液酸度）在过滤时产生的滤液；其生产量由钛铁矿种类、工艺条件及产品质量决定，废硫酸浓度在 4%~6%，每吨钛白粉产生量 2~3t，没有经济的回收价值。

第四类是第三类漂白过滤后滤饼的洗涤液，又称二洗液。由钛铁矿种类和产品质量决定，废硫酸浓度 0.2%~0.3%，每吨钛白粉产生量 15~25t，可作为第二类洗液的进水。

第五类是后处理包膜料浆过滤与洗涤的滤洗液，又称三洗液，因中和到 pH 值为中性，几乎不含硫酸，但是含有中和产生的硫酸钠盐。过滤液单位产生量 2~3t，洗液单位产生量 5~8t。

第六类是生产装置中的酸性工艺废水，如带沫冷凝液、尾气吸收液、循环冷凝浓水和泄漏地坪水等的组织收集液，由生产装置与技术管理水平而定，其单位产生量 5~15t，浓度不确定，没有经济的回收价值。

除上述第一类含硫酸浓度较高可加工回用与再利用外，第五类的三洗液可套用于第四类的二洗，第四类的二洗液可套用于一洗，大幅度减少工艺水的用量。一洗液、二洗滤液、三洗滤液和第六类污水加在一起经过污水处理站石灰中和后，单位外排量 30~50t，具体视装置设计与管理水平而定，有些落后装置超过 50t，甚至 70t 的也有。

11.5.1.2　我国废硫酸的产生量

2019 年，我国硫酸法钛白粉产量的行业官方统计为 287 万吨，实际产生废硫酸的钛白粉产量仅有 280 万吨（包含非颜料级二氧化钛），因部分东部地区生产的钛白粉是来自西部地区的回转窑煅烧粗品（半成品），这一部分约 20 万吨进行了重复计算。所以，我国硫酸法钛白粉 2018 年同样按 F 值 1.8 计算，生产浓废酸折 100%H_2SO_4 约 500 万吨，按平均含 22% 的 H_2SO_4 计算达到 2300 万吨。多数厂家作为酸解返回 15%~20%，具有废酸除杂回用生产装置的企业废酸回用率达到 40% 左右，个别生产装置如用于磷化工生产可以全部利用。靠近东部市场的少数企业可全部利用废硫酸生产水处理剂聚合硫酸铁，余下的企业只能全部对废硫酸进行中和处理，生成的钛石膏外销或堆存。

11.5.2　废硫酸综合利用技术

解决废硫酸出路问题的技术可分为两种：一种是进行浓缩处理除去其中的硫酸亚铁主

要杂质后，作为钛白粉生产循环利用或其他以硫酸为原料的生产过程；另一种是直接用于其他产品的生产。

11.5.2.1 浓缩处理技术

如表 11-27 和表 11-28，废硫酸中的溶质有 1/3 是硫酸亚铁。硫酸亚铁在硫酸中的溶解度如图 11-43 所示，当硫酸浓度为 50%以上、温度为 55℃时，一水硫酸亚铁溶解度仅有约 1.5%，折合为氧化铁含量仅有 0.7%，此时可除去废硫酸中 98%以上的硫酸亚铁。因此，废硫酸经过浓缩分离析出一水硫酸亚铁后可作为钛白粉生产回用，以减少原料硫酸的使用量，或用于其他需要硫酸原料的产品生产。

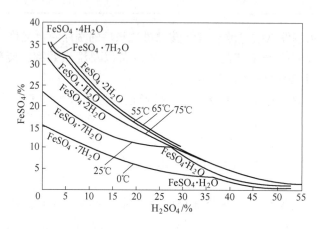

图 11-43 FeSO$_4$- H$_2$SO$_4$-H$_2$O 体系

主要浓缩处理技术如下：

（1）热交换蒸发浓缩。采用蒸汽热交换蒸发浓缩，因硫酸的沸点随着其浓度的升高而升高，通常是采用分段浓缩。根据钛白粉生产原料特性及来源确定浓缩后的浓度，以利于其循环返回钛白粉生产时建立酸解工序的热平衡与水平衡。

（2）混酸提浓除杂。将预浓缩废酸按比例加入 98%浓度的商品硫酸，进行稀酸与浓酸混合，将酸浓度配置到可接受的浓度，冷却、分离除杂，得到可满足循环或再利用浓度的清洁硫酸。

（3）喷雾浓缩。将预浓缩的废酸送入喷雾塔中，与燃烧燃料加热后的热空气进行逆流直接换热，以蒸发废酸中的水分。

11.5.2.2 浓缩酸再利用技术

浓缩酸再利用技术包括：

（1）取代商品硫酸，用于肥料磷酸一铵生产。与传统肥料磷酸一铵生产一样，钛白粉浓缩废酸代替原来使用的商品硫酸，根据需要的指标维持工艺水平，硫酸分解磷矿与磷矿中的钙元素生成硫酸钙（磷石膏），分离磷石膏得到湿法磷酸，加入氨进行反应浓缩，造粒干燥得到肥料磷铵产品。

（2）取代商品硫酸，用于饲料磷酸盐生产。与传统饲料磷酸盐生产一样，钛白粉浓缩废酸代替原来使用的商品硫酸，根据需要的指标维持工艺水平衡，硫酸分解磷矿与磷矿中的钙元素生成硫酸钙（磷石膏），分离磷石膏得到湿法磷酸，再进行脱氟、沉淀、分离和干燥，得到饲料磷酸盐产品。

（3）取代商品硫酸，生产肥料磷酸钙。钛白粉废酸加浓硫酸与磷矿反应生产肥料级过磷酸钙。废酸中铁含量较高影响产品磷的有效性，铁与磷生成磷酸铁致使产品中的磷（钝化）有效利用率降低。由于生产过磷酸钙需要较高的硫酸浓度，以及受过磷酸钙市场逐年缩小等因素影响，废酸在过磷酸钙生产中的用量有限。

11.5.2.3 废酸浓缩除杂渣一水硫酸亚铁的利用

硫酸法钛白粉产生的废硫酸在循环利用或再用时，经过浓缩除杂分离的渣也属于废酸利用的一个重要组成部分。按生产指标铁/钛比在 0.3 左右，留在废酸中的一水硫酸亚铁和加上其他杂质硫酸盐的量接近 1t。其中因偏钛酸过滤时持液量带走 30%~40%（属于第二类废酸）进入污水处理站，留下约 0.7t 进入浓缩除杂分离渣中，分离滤饼持液量中含有的水分和游离硫酸接近 1t。典型的废酸浓缩除杂渣组成见表 11-29，以一水硫酸亚铁计算占总含量的 65%。其主要利用方法有以下两种：

（1）掺烧硫磺或硫精砂矿生产硫酸。将浓缩除杂渣返回硫酸生产装置，作为生产原料掺入硫精砂或硫磺一并送入沸腾炉进行焙烧，生产商品硫酸，回收其中的硫资源和铁资源。

（2）生产聚合硫酸铁净水剂。废硫酸浓缩渣（见表 11-29）可直接使用，加入废硫酸稀酸中氧化生产聚合硫酸铁净水剂。

表 11-29　废酸浓缩渣的典型化学成分　（%）

以 $FeSO_4 \cdot H_2O$ 计	TFe	S	TiO_2	MgO	Al_2O_3	H_2SO_4	H_2O
64.52	21.0	13.5	1.5	2.3	0.2	10.1	12.2

11.5.2.4 废酸耦合其他产品直接生产利用

废硫酸的耦合产品使用，即不经过浓缩除去硫酸亚铁而直接使用。基本上是利用硫酸的化学能与硫酸根离子的化学资源属性进行加工，其酸性化学成分被碱性原料或碱性化学资源中和，生产硫酸盐无机化工产品。

加工硫酸盐：

（1）硫酸铵。钛白粉废硫酸与氨反应，加氧化剂除杂后过滤、浓缩结晶生产农用级硫酸铵。

（2）硫酸锰。钛白粉废硫酸与软锰矿反应，加氧化剂除杂后过滤、浓缩结晶生产硫酸锰。

（3）硫酸镁。钛白粉废硫酸与菱镁矿反应，除杂后过滤、浓缩结晶生产硫酸镁。

（4）硫酸钾。钛白粉废硫酸与氨或镁反应生成硫酸铵或硫酸镁，不经过结晶直接进行复分解反应生产硫酸钾和副产的氯化铵或氯化镁，取代高温商品硫酸钾与氯化钾的"曼海姆"硫酸钾生产方法。

加工生产净水剂与污水处理剂：

（1）聚合硫酸铁。钛白粉废硫酸加入副产七水硫酸亚铁或废酸浓缩除杂的一水硫酸亚铁，有催化剂存在下用氧气进行氧化生产聚合硫酸铁净水剂。

（2）加工有机与印染废水污水处理剂。采用钛白粉废硫酸中的硫酸氧钛及加入的钛元素，混合生产调配成自拟合纳米催化污水处理剂，分解污水中的有机物和燃料，节约过氧化氢高氧化试剂，改造芬顿法污水处理技术产品。

11.5.3 污水处理及钛石膏综合利用技术

11.5.3.1 污水处理生产原理

硫酸法钛白粉生产污水（废水）主要来自偏钛酸一洗滤液、二洗滤液和洗液、酸解气体洗涤酸性污水、煅烧尾气冲洗水、污循环水排水、地坪冲洗、设备冲洗、脱盐水站再生污水及零星污水。其中因一些厂家没有废酸浓缩回用装置，所包含一洗滤液（废酸）是采用中和分离含氧化铁石膏（钛石膏）排放。钛白污水中主要污染物为 H_2SO_4、TiO_2、Fe^{2+}、Fe^{3+} 及少量 HSO_3^-、F^- 和 Cl^- 等有害物质。污水中几乎无有机物，测试水中 COD 数据大多是 Fe^{2+} 干扰产生。

现生产采用石灰石（$CaCO_3$）加石灰或电石副产电石石灰渣即 $Ca(OH)_2$ 中和污水中的 H_2SO_4 和 $FeSO_4$，生成 $CaSO_4 \cdot 2H_2O$ 沉淀，并经过空气将 Fe^{2+} 氧化成 Fe^{3+} 的氢氧化物 $Fe(OH)_3$ 沉淀，以固体形式分离除去这些杂质，从而达到出口水 SS、pH 值、COD 达标。其生产污水处理的反应原理如下：

$$H_2SO_4 + CaCO_3 + H_2O == CaSO_4 \cdot 2H_2O \downarrow + CO_2 \uparrow \quad (11\text{-}60)$$
$$CaO + H_2O == Ca(OH)_2 \quad (11\text{-}61)$$
$$H_2SO_4 + Ca(OH)_2 == CaSO_4 \cdot 2H_2O \downarrow \quad (11\text{-}62)$$
$$FeSO_4 + Ca(OH)_2 + 2H_2O == CaSO_4 \cdot 2H_2O \downarrow + Fe(OH)_2 \downarrow \quad (11\text{-}63)$$
$$4FeSO_4 + 4Ca(OH)_2 + 10H_2O + O_2 == 4Fe(OH)_3 \downarrow + 4CaSO_4 \cdot 2H_2O \downarrow \quad (11\text{-}64)$$

11.5.3.2 污水处理生产工艺

钛白粉行业的酸性污水成分较单一，多是无机物，处理工艺简单，大多数污水处理工艺流程如图 11-44 所示，采用来自生产各工序不同类的酸性废水进入调节池进行缓冲调节，用泵送到空气鼓泡搅拌和氧化的中和槽，加入石灰浆进行中和氧化曝气。中和氧化后的料浆送入压滤机进行固液分离，分离的滤饼即为含有氧化铁和少量氧化钛的石膏-硫酸钙，习惯上称为"钛石膏"或"红泥"，送外利用或堆存处置。压滤滤液因含有少量的穿滤物进入澄清池澄清，少量清液返回石灰工序用于消化石灰，大量澄清液再进入 V 形滤池进一步过滤其中的细小悬浮物；V 形滤池排出的清液达标排放，澄清池和 V 形滤池的稠浆返回中和曝气槽，并入料浆中再进行固液分离。

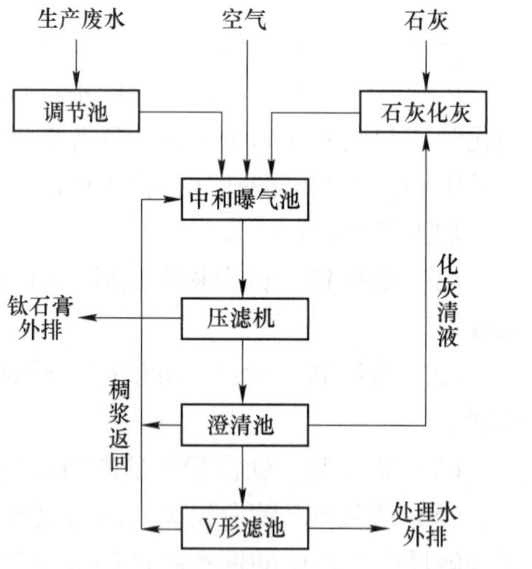

图 11-44 传统硫酸法钛白污水处理流程

11.5.3.3 钛白污水副产白石膏和红石膏技术

A 生产概况

由于污水中硫酸根离子除以硫酸钠形式存在外，还以稀硫酸和硫酸亚铁为主要存在形式，而中和沉淀为石膏的主要是这两类硫酸根离子。钛白粉污水中和分为两段，第一段控制较低的 pH 值，按反应式（11-60）和反应式（11-62）进行，以沉淀稀硫酸中的硫酸根离子，生成白石膏；第二段提高 pH 值沉淀硫酸亚铁中的硫酸根离子，按反应式（11-63）和反应式（11-64）进行，生成石膏的同时也生成氢氧化铁沉淀（红石膏）。

现有采用废酸生产白石膏与红石膏的工艺特点：由于只是简单的酸碱中和，白石膏结晶粒度过细，比表面积大，吸附大量的铁元素杂质，分离滤饼持液量大；干燥白石膏不仅能耗高，而且颜色低劣，对石膏的性能没有足够重视，对石膏结晶机理的研究甚少。因没有掌握核心生产技术，无法从"广义资源"上创新解决市场需要的价格较高的建材石膏产品的质量问题，仅作为廉价的二水石膏分流钛石膏堆场的压力，不仅没有达到回收资源利用与增加钛白粉生产的经济效益，也没有从根本上解决钛石膏对环境污染的压力。白石膏和红石膏的市场定位不准确，特别是红石膏，因含有氢氧化铁难于处置也没有找到广义资源下的市场，造成市场接受力不高。白石膏产品等同于一次中和处理的钛石膏，一些投资装置被搁置。对于中国东部人口密集的地区，建筑石膏胶凝材料市场需求量大，废硫酸生产附产的白石膏与红石膏回收利用技术有待进一步研发。

B　红石膏与白石膏分离的改进工艺

工艺流程如图 11-45 所示，钛白粉酸性污水与石灰石一道送入一段中和槽进行石膏沉淀反应，控制 pH 值为 2.0~2.5，物料停留时间 90min 并进入连续澄清槽进行澄清。

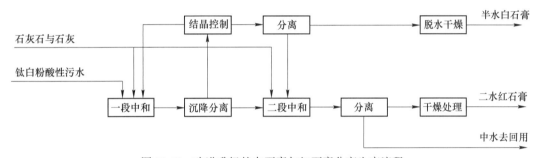

图 11-45　改进升级的白石膏与红石膏分离生产流程

澄清稠浆送入结晶控制槽中进行结晶体的增大，并将料浆的 pH 值控制在 2.0，分出回浆比为 2 的料返回一段中和槽作为晶种与污水和石灰石一并进行中和，从结晶控制槽结晶的物料送入离心机进行离心脱水，并用处理后的中水洗涤滤饼；分离的滤饼进行脱水干燥获得白石膏粉，用于市场的建筑石膏用途。

澄降清水与离心脱水的滤液一道送入二段中和槽，加入石灰进行二段中和沉淀，沉淀料浆经过沉降稠厚与压滤分离，滤饼送去烘干与再加工生产红石膏。

C　红白石膏产品开发

2018 年国内建筑石膏消耗量在 1.2 亿吨左右，其中有 2200 万吨来自天然石膏矿。所以，以硫酸法钛白粉副产的红白石膏为原料，开发市场上需要的建筑石膏不失为一个钛石膏综合利用的有效经济途径。

a　白石膏产品

根据石膏用途开发不同的品种：

（1）建筑石膏粉。

市场容量：抹灰石膏几乎由开采天然石膏矿生产；若采用钛白粉副产的白石膏，不仅可以减少天然石膏矿开采、节约资源，而且是钛白粉白石膏市场的新增长点。目前抹灰石膏市场正处于快速发展阶段，2017 年用量 340 万吨，预计 2022 年我国抹灰石膏的实际需求量将达到 600 万吨，抹灰石膏市场极限容量预估为 1200 万吨。

建筑石膏质量标准：抹面石膏可参照建筑石膏国家标准分标准 GB/T 977—2008。建筑石膏粉的物相组成为 β 半水石膏（β-CaSO$_4$·1/2H$_2$O），其 CaSO$_4$ 含量不低于 60%，主要物理性能指标见表 11-30。其放射性指标执行国家标准 GB 6566，杂质含量由供需双方约定。

表 11-30　石膏粉物理性能（GB/T 977—2008）

等级	细度（0.2mm 方孔筛余）/%	凝结时间/min		2h 强度/MPa	
		初凝	终凝	抗折强度	抗压强度
3.0				≥ 3.0	≥ 6.0
2.0	≤10	≥3	≤30	≥ 2.0	≥ 4.0
1.6				≥ 1.6	≥ 3.0

生产工艺：干燥脱水采用斯德煅烧炉，与后处理用的旋转闪蒸干燥机原理类似，只是需要脱水的温度更高，且产量能力更大。

（2）α-半水石膏。因胶水时的压力温度不同，二水石膏可以生成不同的晶型结构，即 α-半水石膏和 β-半水石膏。前者如二氧化钛的金红石晶型结构一样致密，后者如锐钛型结构一样，离子半径松散。两者的应用性能及胶凝材料性能差别较大，通常的建筑石膏粉因仅加热脱水生成的是 β-半水石膏（目前对其晶型结构差异还没有统一的认识）。半水石膏的性能比较见表 11-31。

表 11-31　半水石膏的性能比较

序号	性能		α-半水石膏	β-半水石膏
1	密度/g·cm^{-3}		2.74~2.76	2.60~2.64
2	折射率		Ng：1.584 Np：1.559	Ng：1.556 Np：1.550
3	比表面积/m^2·g^{-1}	透气法①	0.3490	0.5790
		BET 法②	1.0	8.2
4	平均粒径/μm		0.940	0.388
5	凝结膨胀率/%		0.30	0.26
6	25℃水化热/J·mol^{-1}		17200±85	19300±85
7	标准稠度用水量/%		30~45	65~85
8	凝结时间/min	初凝	7~18	5~8
		终凝	<30	<30
9	干抗折强度/MPa		7~12	4~6
10	干抗压强度/MPa		25~100	7~20

①透气法测定外表面积；②BET法测定总表面积。

α-半水石膏（α-HH）是高强度石膏，广泛应用于高强度石膏、自流平石膏、隧道加固、绷带石膏、牙科石膏、精密铸造石膏、轮胎石膏、陶瓷石膏、芯模石膏、船舶电缆密封等领域，并以高附加减值、高适应性著称。我国 α-半水石膏的产量及发展趋势如图11-46 所示。

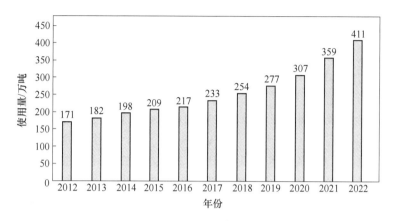

图 11-46　国内 α-半水石膏产量及发展趋势

传统 α-半水石膏生产是采用天然石膏矿经过两种工艺生产：一种是加压蒸煮工艺，用蒸汽加压蒸煮生石膏，再经干燥、粉碎而得；另一种是自压蒸煮工艺，利用生石膏脱水时产生的蒸汽压力蒸煮，然后经过干燥、粉碎而得。

作为钛白粉副产石膏，因来自于料浆，可直接向二水石膏浆料中注入蒸汽提高温度（这一点与七水硫酸亚铁的湿法转晶雷同）、维持压力，反应时间 3～10min 即可，蒸煮设备小，产量批次多、产量大，可控制晶体的特征，按要求制得针状或短柱状晶体，有时也可以加入一些结晶促进剂，其主要生产工艺流程如图 11-47 所示。

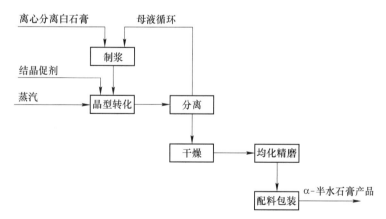

图 11-47　α-半水石膏生产工艺流程

b　红石膏产品

经石膏的生产工艺流程如图 11-45 所示。经过一段中和分离白石膏的母液，可直接进行二段中和生成红石膏，经过氧化干燥后可作为不同用途的产品。

根据钛白粉装置所处位置及"广义资源"优势，也可以将母液分为两部分处理：一部分用石灰中和生产红石膏，母液中水按污水循环利用工艺处理；一部分用碱中和得到氧化铁，滤液作为稀硫酸钠溶液同样返回污水循环利用制备硫酸盐产品。前者红石膏具有两个相对广阔的市场：一是用于建筑水泥制品的体质颜料，如行道砖、城市路肩、自行车道及满足红色色彩的水泥制品，代替现有昂贵的铁红、铁黄等高级无机颜料；二是用于污水处理用重金属吸附剂，除去污水中的重金属。后者氧化铁用于污水中 VOC 与氨氮的处理剂。

（1）红色石膏水泥制品。经过沉淀干燥的红石膏中含有 60% 的半水石膏和近 40% 的三氧化铁，经过磨细后按 40:60 的比例加入水泥制品中，可生产不同品种的红色水泥制品及作为红色路面材料。

（2）水中重金属吸附剂。红石膏因含有大量水合氧化铁，故能吸附水中的重金属。日本石原生产的红石膏产品（名称为 Fix-All-heave）用于吸附和固定水合土壤中的重金属。向含有重金属为 0.002% 污水中加入浓度为 200g/L 的红石膏，搅拌 2h 进行过滤分离，则滤饼中的重金属达 100mg/kg，试验结果见表 11-32，所有重金属含量下降到 0.01mg/L以下。因此，红石膏不仅作为污水中除去重金属的吸附剂，也可以作为重金属污染严重的土壤修复剂和吸附剂，减少土壤中重金属进入农作物和谷物中，如减少镉大米等对人体的危害。

表 11-32 红石膏吸附重金属处理结果

重金属名称	砷（As）	硒（Se）	镉（Cd）	铅（Pb）
处理前/mg·L⁻¹	20	20	20	20
处理后/mg·L⁻¹	<0.01	<0.01	<0.01	<0.01

（3）有机挥发物分解剂。将一段中和分离白石膏后的滤液加入氢氧化钠中进行中和，沉淀出水合氧化铁，可用于生产铁基有机挥发物 VOCs（Volatile Organic Compounds）的分解剂，滤液作为稀硫酸钠溶液用于污水循环利用与全资源利用工艺中。日本石原生产的有机挥发物分解剂商品名为 MTV-Ⅲ，其分解不同的有机挥发物的速率见表 11-33。

表 11-33 不同 VOCs 的分解速率

序号	VOCs 的分解物质	分解速率常数/h⁻¹
1	四氯化碳	1.1×10^{-1}
2	1,1 二氯乙烷	1.7×10^{-2}
3	顺式-1,2-二氯乙烷	2.7×10^{-2}
4	四氯乙烯	1.5×10^{-2}
5	1,1,1-三氯乙烷	7.6×10^{-2}
6	1,1,2-三氯乙烷	3.5×10^{-2}
7	三氯乙烯	2.3×10^{-2}

11.5.4 绿矾利用技术

硫酸法钛白粉副产固体硫酸亚铁是冷却结晶分离出来的七水硫酸亚铁，又称为绿矾，是硫酸法钛白粉生产中的主要副产品。根据钛铁原料不同，每吨钛白粉副产七水硫酸亚铁2.5~3.5t。鉴于钛白粉生产成本与我国钛资源特性，超过90%的生产企业采用钛铁矿为原料。钛铁矿中有45%左右 TiO_2，按平均副产 3.0t 七水硫酸亚铁（不包括水解废酸带走的硫酸亚铁）计算，在2019年全国硫酸法钛白粉产量（约287万吨）条件下，七水硫酸亚铁产生量约8400万吨/年。如此大量的副产物直接被市场消化是有困难的，同时也面临着巨大的环境问题，所以需要创新绿色可持续全资源利用的技术支撑，开拓更加广泛的七水硫酸亚铁市场。

尽管硫酸亚铁综合利用的渠道较多，相对如此大的产生量可谓"杯水车薪"。根据绿色可持续发展全资源利用要求，需要从两个方面着手：一是市场与硫酸亚铁资源，二是产品价格与加工价值。

目前技术与市场条件下，硫酸法钛白粉副产硫酸亚铁的主要利用技术如下。

11.5.4.1　直接销售使用

（1）做微量元素肥料使用。硫酸亚铁作为植物微量营养元素铁肥，在农业上可用作基肥、种肥或根外追肥，也可直接给树干注射。铁肥是微量元素肥料之一，能使植物充分吸收氮和磷，可以调节植物体内的氧化还原过程，加速土壤有机物的分解，用它与有机肥料混合环施，能防止植物缺绿病（如苹果树的黄叶病）。

硫酸亚铁与石灰制成合剂可防止稻热病、棉花炭疽病、角斑病等，也能防止蜗牛、种蝇等虫害。曾有报道用10%硫酸铵、40%硫酸亚铁和50%草木灰制成的复合肥可使玉米、春谷增产4.9%~37.1%；用硫酸亚铁溶液浸渍大麦、小麦种子可预防黑穗病和条纹病，某些花卉也需要硫酸亚铁作肥料。

由于硫酸亚铁属于酸性无机盐，其与绿肥制成的堆肥可改良盐碱地。在碱性土壤中二价铁离子会逐步氧化成三价铁离子被土壤固定住，我国北方许多地方属于石灰性土壤，缺铁问题突出，是使用铁肥的主要地区。日本专利 JK-61-252289 中曾介绍，用80%的 $FeSO_4 \cdot 7H_2O$ 与20%的煤灰混合，在65~85℃下加热0.5~1h，脱去水分后可作为土壤改良剂；美国专利 USP4077794 中也介绍过用硫酸亚铁作为土壤改良剂。

（2）做水处理剂。工业水处理剂硫酸亚铁本身就是一种混凝剂，在水中水解成胶体氢氧化铁与水中杂质发生共沉淀，可以代替明矾等处理工业废水。如硫酸亚铁-石灰法处理含铬废水，理论投药比为 Cr^{6+} ： $FeSO_4 \cdot 7H_2O = 1:16$，反应式如下：

$$H_2Cr_2O_7 + 6FeSO_4 + 6H_2SO_4 \Longrightarrow Cr_2(SO_4)_3 + 3Fe_2(SO_4)_3 + 7H_2O \tag{11-65}$$

$$Cr_2(SO_4)_3 + 3Ca(OH)_2 \Longrightarrow 2Cr(OH)_3 \downarrow + 3CaSO_4 \tag{11-66}$$

另外，硫酸亚铁也可作为络合剂用于处理含氰废水：含氰废水 30~5000mg/L 在 pH 值为4~10时加入硫酸亚铁，除去硫化物等杂质后，在 pH 值为6~10时再次加入硫酸亚铁脱氰络合，生成亚铁氰化物，进一步络合还可以生产铁蓝。

在焦化和印染行业也可以用硫酸亚铁处理焦化厂的有机废水和印染厂的硫化废液等，曾报道用10%硫酸亚铁溶液处理某色织厂染纱废液，脱硫率可达95%，使碱性废液从 pH 值为14降至中性。

（3）做混凝土添加剂。苏联和波兰都曾研究在水泥熟料焙烧时添加 2%~4%硫酸亚铁，可提高燃料中重油馏分的燃烧效率，或把硫酸亚铁与氢氧化钠一道作为混凝土中的复合添加剂，可以增强混凝土的强度。

与硫酸亚铁作水处理剂除铬一样，因水泥中含有6价铬离子，建筑工人使用水泥时因容易接触到皮肤，易患上皮肤癌，为此欧洲强行规定在水泥施工时加入硫酸亚铁，可将水泥中的六价铬离子还原为三价铬沉淀固化而不造成对工人健康的危害。

（4）做饲料添加剂。七水硫酸亚铁同样作为动物营养微量元素用于饲料工业。铁是构成血红蛋白、肌红蛋白、细胞色素和多种氧化酶的成分，铁还对猪、鸡食用的棉籽饼中所含的毒素棉酚具有脱毒作用，还可以使猪避免出现贫血、活力下降、毛质粗硬、皮肤松弛、呼吸急迫等症状。

因七水硫酸亚铁易潮解结块不宜使用，且运输成本高，饲料添加剂标准为一水硫酸亚铁。因攀西钛精矿中含镁较高，冷却结晶时产生七水硫酸亚铁和硫酸镁的复盐，致使产品中铁含量较低，为此需要提纯结晶后再干燥。

（5）其他直接用途。七水硫酸亚铁可直接用于制造缺铁性贫血患者用的葡萄糖酸亚铁，冰箱、洗手间除臭剂，蓝黑墨水，照相制版，木材防腐剂，泡沫灭火药中的添加剂，印染敏化剂等。

11.5.4.2 进行再加工使用

（1）制作触媒催化剂。给合成氨厂作制取铁触媒的原料，铁触媒可以促进水蒸气与一氧化碳反应生成氢，并能削弱氮、氢分子的化学键，降低合成氨的反应活化能，使反应能够快速进行。铁触媒的主要成分是氧化铁和铬酸酐，使用时将氧化铁还原成 Fe_3O_4，这是铁触媒主要活性成分。

铁触媒的制法：把硫酸亚铁溶液与碳酸铵（或碳酸钠）中和生成氧化物沉淀，热煮使晶体进一步成长，然后过滤、洗涤、烘干与铬酸酐等物碾压成型后，在300℃下焙烧、冷却、过筛即为合成氨的铁触媒。1t铁触媒需消耗3.5t硫酸亚铁，其反应式如下：

$$FeSO_4 + Na_2CO_3 === FeCO_3 \downarrow + Na_2SO_4 \tag{11-67}$$

$$FeCO_3 === FeO + CO_2 \uparrow \tag{11-68}$$

$$4FeO + O_2 === 2Fe_2O_3 \tag{11-69}$$

$$FeO + Fe_2O_3 === Fe_3O_4 \tag{11-70}$$

（2）用于制造聚合硫酸铁净水剂，参见11.5.2节聚合硫酸铁生产。

（3）生产一水硫酸亚铁。一水硫酸亚铁（$FeSO_4 \cdot H_2O$）的用途与七水硫酸亚铁差不多，但是一水硫酸亚铁的纯度、含量比七水硫酸亚铁高，不易潮解结块，便于长途运输和贮存，应用范围比七水硫酸亚铁广泛。

七水硫酸亚铁于56.8℃脱水生成 $FeSO_4 \cdot 4H_2O$。64~90℃时转变为一水硫酸亚铁，其中64℃时脱水成为 $FeSO_4 \cdot H_2O$，73℃时转变为白色，80℃时熔结，90℃时熔融。制备一水硫酸亚铁的方法主要有如下几种：

1）真空干燥脱水法。一般可采用真空耙式干燥机，使硫酸亚铁在真空下低温干燥脱水，产品质量好、外观颜色浅，但能耗高、生产效率低、成本也较高。

2）直接烘干法。一般可使用回转窑加热烘干，为了防止硫酸亚铁在高温下氧化，有时要通入氮气保护，脱水烘干后的一水硫酸亚铁需要粉碎。该法产品质量不太稳定、能耗也较高。

3）沸腾干燥法。以燃煤热风炉为热源，采用连续多室单层流化干燥床生产饲料级一水硫酸亚铁，可以只通过一步干燥就能达到国家标准。

4）湿法转晶法。湿法转晶法生产一水硫酸亚铁的原理见图11-14。从图11-14中得知，在64.4℃以上让硫酸亚铁达到饱和状态，即可在溶液中将七水硫酸亚铁转化成一水硫酸亚铁结晶。如前所述，因国内攀西钛精矿的特点是含镁高（约含6%氧化镁），生成的硫酸镁几乎与七水硫酸亚铁一同结晶出来，直接烘干时硫酸镁也一起可进入产品中，影响产品质量。所以，生产饲料级硫酸亚铁时若要提高硫酸亚铁的含量，应采用湿法转晶法工艺生产。

具体操作方法：在带搅拌器的反应槽中把硫酸亚铁调成55%左右浓度的晶浆，升温至100℃，维持30~50min然后停止加热，趁热进行离心过滤，滤饼采用气流干燥机进行干燥后粉碎包装。滤液净化后可返回用于溶解硫酸亚铁，维持加水溶解调浆的平衡。因七水硫酸亚铁留下的6个结晶水及钛白粉生产工序本身分离后带来的游离水，需要不断地移走母液以维持水平衡。母液中含有饱和的硫酸铁和硫酸镁等硫酸盐，可采用蒸发浓缩后再冷却结晶分离，得到硫酸铁和硫酸镁混合结晶物，作为含微量元素铁和重量元素镁的很有价值的矿物元素肥料。

（4）生产铁系颜料。铁系颜料也是七水硫酸亚铁进行再加工的产品，其与钛白粉下游用户密切相连。氧化铁系颜料是仅次于钛白粉销量的第二大无机颜料，也是第一大彩色颜料。因氧化铁中铁的化合价态有从高价到低价及混合价态的变化，再加上其结晶晶型的变化，可生产不同色彩的彩色颜料，通常还具有耐碱、耐晒、无毒、价廉等优点，故广泛应用于涂料、塑料、橡胶、建筑等行业。

氧化铁系颜料包括铁红、铁黄、铁黑、铁绿、铁蓝、铁橙、铁棕等，铁橙是铁红和铁黄的拼混产物，铁棕是铁红、铁黄、铁黑的拼混产物；铁绿是铁黄和酞青蓝的合成物。

根据国家"十三五"规划，至2020年我国钛白粉产量达330万吨，铁系颜料产量从近70万吨增长到80万吨。现有硫酸法钛白粉副产硫酸亚铁量达到800多万吨，但其全部用于市场的仅200万吨左右，况且钢铁工业酸洗副产物也有大量的硫酸亚铁及其他副产铁盐产品，加之七水硫酸亚铁的纯度及其杂质元素的不利影响，所以以钛白粉副产七水硫酸亚铁为原料生产铁系颜料，将面临不小的压力。

1）生产氧化铁红。氧化铁红（Red Iron Oxide）简称铁红，化学式α-Fe_2O_3。天然铁红具有鳞片状结构，防锈性能优越，但纯度低、颜色暗、基本没有着色力，一般用于防锈底漆。合成铁红广泛用于油漆、涂料、建材、塑胶、陶瓷、造纸、油墨和美术颜料等行业。

氧化铁红是铁系颜料中最重要的一种，用硫酸亚铁制备氧化铁红可分为干法和湿法两种工艺。

干法工艺：干法工艺生产氧化铁红有喷雾煅烧法、直接煅烧法、一水硫酸亚铁加炭煅烧法、一水硫酸亚铁加硫磺煅烧法、碱式硫酸铁热分解法等。最简单的办法是把硫酸亚铁先烘干、脱水生成$FeSO_4 \cdot H_2O$，然后在800℃下煅烧生成粗氧化铁红，把粗氧化铁红粉碎、水洗、干燥、再粉碎即为成品，废气SO_3可回收用于制硫酸。该法煅烧温度很重要，温度偏低色相带黄相、偏高带蓝相。

湿法工艺：湿法工艺中以氨中和法应用较多，其工艺过程是先把硫酸亚铁溶液用氨中和沉淀出氢氧化亚铁，然后通入空气氧化制成晶种，把晶种加到硫酸亚铁溶液中通蒸汽加热至80~90℃，同时吹入空气氧化，使氢氧化亚铁氧化成三氧化二铁并沉析在晶种上，再经过过滤、水洗、干燥、粉碎制成氧化铁红颜料，同时副产硫酸铵，可以通过蒸发回收氨。初始时该法氧化时间太长，后来在氧化时加入亚硝酸钠，利用它生成的NO作催化剂可明显加快氧化反应速度。除了用氨中和外，还可以用碱（NaOH、Na_2CO_3 等）中和，但以氨中和氧化法质量较好。

此外，可向硫酸亚铁溶液中加入硫酸和氯酸钠进行氧化，使硫酸亚铁转化生成硫酸铁，然后加入氢氧化钠，再加热、分离、水洗、干燥，每100份硫酸亚铁可以获得27.5份α-云母氧化铁和50份硫酸钠。不同湿法生产出来的氧化铁红由于其粒径大小的差异，其颜色深浅略有差别。

2）生产氧化铁黄。氧化铁黄也是铁系颜料中的一种，正确名称应为α-水合氧化铁，分子式 $Fe_2O_3 \cdot H_2O$，属于针铁矿型，温度超过177℃时开始逐步脱水，最后从黄色的α-水合氧化铁生成红色的三氧化二铁（氧化铁红）。

氧化铁黄的制备工艺与湿法制备氧化铁红的工艺相类似。第一步先把硫酸亚铁溶液用稀氨水中和生成墨绿色的胶状氢氧化亚铁，然后通入空气氧化形成晶种。第二步是把晶种加到硫酸亚铁溶液中，同时加入铁屑，通蒸汽加热至70~75℃，吹入空气氧化生成α-水合氧化铁和硫酸。反应中生成的硫酸与铁屑反应生成硫酸亚铁，硫酸亚铁又继续被氧化生成水合氧化铁，所生成的水合氧化铁沉析在晶种上逐步长大，颜色由浅至深，直至达到标准颜色为止。然后过滤、水洗、干燥、粉碎即为成品。

该工艺的关键，在于制备晶种时氨水的中和速度和氧化时硫酸亚铁的浓度，这两点对产品的质量有明显的影响。

除此以外也可以把硫酸亚铁溶液与碳酸钠反应，先生成碳酸亚铁沉淀，然后在20~25℃下用空气使沉淀物氧化，或在50~60℃下用氯酸钾氧化，可以制成氧化铁黄（也称玛斯黄 Mass Yellow-$Fe_2O_3 \cdot nH_2O$）。

3）生产铁蓝。铁蓝又称华蓝 [分子式 $FeNH_4Fe(CN)_6$]，是在涂料和油墨中被广泛使用的一种无机颜料，可以用硫酸亚铁与黄血酸盐（钾或钠）反应制得。

生产时把硫酸亚铁先用硫酸和铁屑净化，使硫酸亚铁中的三价铁还原成二价铁，把净化后的硫酸亚铁溶液加到黄血酸盐溶液中升温至90~100℃，加入硫酸铵同时加入硫酸熟化2h，随后冷却至70~75℃，缓慢加入氯酸钾溶液进行氧化，保温2~3h使二价铁氧化成高价铁变成蓝色，然后过滤、水洗，加入萘酸锌或环烷酸锌助剂，以提高研磨时的湿润性和分散性并能防止褪色，接着干燥、粉碎后即为铁蓝成品。由于铁蓝高温下容易燃烧，因此最好采用气流粉碎机粉碎。

4）生产氧化铁黑。将硫酸亚铁溶液与过量纯碱一起用水蒸气加热（95℃），然后过滤、水洗、烘干、粉碎后制得氧化铁黑。也可以用氢氧化铁和氢氧化亚铁加成反应后脱水制得。

还可以用硫酸亚铁与氢氧化钠反应生成氢氧化亚铁，然后高温脱水获得氧化亚铁，新生成的氧化亚铁再与三氧化二铁（氧化铁红）反应生成黑色的四氧化三铁。原料配比为：硫酸亚铁：三氧化二铁：液碱（30%）= 2.2：1.0：2.2，先把硫酸亚铁溶液加热到60℃左右，加入三氧化二铁升温至沸腾，缓慢加入液碱中和至 pH 值7~8，然后检查色光是否合格；色光可通过调整硫酸亚铁加入量来控制，色光达到要求后继续第二次按上述比例加入物料进行中和反应，反应接近终点时加入硝酸铵，使残存的二价铁转为三价铁。当色光达到标样以后停止搅拌放料，沉淀、水洗、压滤，滤饼在不高于 100℃ 情况下干燥、冷却、粉碎、包装。

5）生产透明氧化铁。透明氧化铁有红、黄、棕、黑等不同颜色，其中以透明氧化铁红和透明氧化铁黄颜料用途较广。

生产方法：先用浓硫酸和氯酸钠对硫酸亚铁进行氧化反应，然后在氧化反应物料中加入氢氧化钠使 $Fe_2(SO_4)_3$ 生成胶体氢氧化铁。生成的氢氧化铁胶体为无定型的化合物，在铁屑存在下生成晶型稳定的 α-水合氧化铁。然后用十二烷基苯磺酸钠进行表面处理，最后用二苯胍进行絮凝，再通过水洗、过滤、烘干、粉碎制得透明氧化铁黄颜料。

6）其他铁系颜料。将上述铁系颜料进一步深加工，还可以生产其他衍生铁系颜料，如将氧化铁红、氧化铁黑及少量氧化铁黄按一定比例混合分散，可以制得氧化铁棕颜料。氧化铁棕颜料也可以用硫酸亚铁和硫酸铝与碳酸钠反应，把其沉淀物在 400℃ 温度下煅烧后即为氧化铁棕。

将华蓝（铁蓝）与氧化铁黄按一定比例混合分散后，可以得到氧化铁绿颜料。

在生产氧化铁红时，控制 Fe_2O_3 结晶状态和粒子大小可以生产氧化铁橙和氧化铁紫，当粒子呈片状、粒径在 $0.25\mu m$ 时得到橙色的 Fe_2O_3；当粒子呈核状、粒径在 $0.75\mu m$ 时可获得紫色的 Fe_2O_3。

（5）生产磁性氧化铁。磁性氧化铁是一种有磁性的 Fe_3O_4 黑色粉末，可作为光电复印粉、激光喷墨打印油墨、录音磁带等；另一种磁性氧化铁是导磁性很强的 γ-Fe_2O_3 红棕色粉末，主要用于磁记录材料，一般都含有钴（Co-γ-Fe_2O_3），这样效果更好；还有一种是铁氧体用高纯氧化铁，属于 α-Fe_2O_3，是软磁铁氧体的主要原料（占其组成的 70% 以上）。三种磁性氧化铁都可以硫酸亚铁为原料来生产，其中铁氧体用高纯氧化铁在国内已有多家工厂生产。

铁氧体用氧化铁的原料来源，过去是钢铁厂酸洗钢材时废液中所提取的硫酸亚铁，著名的鲁氏纳（Ruthner）氧化铁就是把轧钢时的酸洗废液（HCl 或 H_2SO_4）先浓缩然后高温喷雾煅烧，使氯化亚铁或硫酸亚铁在高温下分解生成氧化铁（Fe_2O_3），产生的 HCl 气体和 SO_3 气体可以回收生产盐酸和硫酸，这种方法生产成本较低。我国宝钢、鞍钢等数家大型钢铁联合企业都有引进的生产 α-Fe_2O_3 的装置。

日本石原产业株式会社首先开发了用硫酸法钛白粉副产的硫酸亚铁来生产铁氧体用氧化铁技术。早期中国长沙矿冶研究院、南京油脂化工厂和化工部第三设计院曾于 1989 年共同在南京建立了国内第一套钛白粉副产硫酸亚铁生产铁氧体用氧化铁的中试车间。这种铁氧体用氧化铁是钛白粉厂硫酸亚铁综合利用中附加值较高的产品，其生产工艺流程如图 11-48 所示。

（6）硫酸亚铁用于生产硫酸。一个全流程的硫酸法钛白粉生产企业副产的硫酸亚

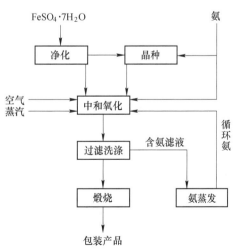

图 11-48 磁性铁氧体生产工艺流程

铁，包括结晶分离的七水硫酸亚铁和废酸浓缩分离的一水硫酸亚铁。除上述直接利用和再加工利用外，作为配套硫酸装置生产循环利用的硫酸、用于生产水泥和钢铁生产原料，不失为一个经济利用资源的方法。不过由于七水硫酸亚铁含水较高，难以直接焚烧分解，需要先脱出其中大部分结晶水并消耗大量能量。第二次世界大战后欧美经济发展迅速，硫酸法钛白粉生产经历了蓬勃发展，其硫酸亚铁用于硫酸生产的装置至今仍在使用。

德国克朗诺斯公司和意大利蒙特迪森公司等把硫酸亚铁在高温下脱水生成一水硫酸亚铁，然后与黄铁矿一同焙烧制取硫酸的工艺早已投入工业化生产。该工艺的特点是：充分利用黄铁矿氧化时所放热量使硫酸亚铁分解，从而降低焙烧温度、提高 SO_2 的浓度，同时还能除去部分砷等杂质，向含硫量 28%～30% 的黄铁矿中可掺入 30% 的 $FeSO_4 \cdot H_2O$，是比较经济合理的原料路线。

英国和前苏联把硫酸亚铁脱水后与煤粉一同高温焙烧，炉气中 SO_2 含量为 9.2%、SO_3 含量为 0.5%，可用于生产硫酸。

德国莎哈利本（过去译成萨其宾）公司的方法是将浓缩废酸分离的一水硫酸亚铁与硫铁矿一同焙烧生产硫酸。该方法的优点是：可以节省硫酸亚铁脱水时的能耗，综合利用了浓废酸，而且湿法脱结晶水污染较小。美国专利 US4163047 中介绍的利用废酸和硫酸亚铁联合制备硫酸的方法，也属于这一类型。

德国拜耳公司也是将一水硫酸亚铁掺入硫铁矿进行焚烧，同时也将浓缩硫酸经过高温热解制取硫酸，分离浓缩硫酸中的所有杂质。日本石原产业株式会社用硫铁矿与硫酸亚铁、石油精制残渣一道焙烧后生产硫酸。全球比较有代表性的硫酸亚铁与废酸生产硫酸工厂见表 11-34。

表 11-34　硫酸亚铁与废酸生产硫酸工厂

序号	公司名称	国家/地点	生产能力/t·d^{-1} （100%H$_2$SO$_4$）	进料
1	辛卡拉公司	斯罗维尼亚/Celje	235	硫酸亚铁、硫铁矿
2	氧钛公司	法国/Calais	270	硫酸亚铁、煤
3	罗蒙哈斯公司	德国/Wesseling	400	废酸
4	罗蒙哈斯公司	德国/Worms	650	废酸
5	莎哈利本公司	德国/Sachtleben	2000	硫酸亚铁、硫铁矿
6	科美基	德国/Krefeld	600	废酸、硫酸亚铁、硫铁矿
7	兰西斯	德国/Leverkusen	435	废酸
8	龙蟒佰利联	中国/绵竹	1×1000, 3×1250	一水硫酸亚铁、硫铁矿
9	龙蟒佰利联	中国/南漳	1250	一水硫酸亚铁、硫铁矿
10	攀东方钛业	中国/米易	1000	一水硫酸亚铁、硫铁矿
11	攀枝花东立	中国/攀枝花	700	一水硫酸亚铁、硫铁矿

1）生产原理。硫酸亚铁按下式进行分解：

$$FeSO_4 == FeO + SO_3 \tag{11-71}$$

$$SO_3 == SO_2 + 1/2O_2 \tag{11-72}$$

$$2FeO + 1/2O_2 \rightleftharpoons Fe_2O_3 \tag{11-73}$$

由于硫酸亚铁分解是吸热反应，生产时采取不同的方式提供热量和保持分解时反应气氛。

第一种方式加入燃料，如炭、天然气或重油等，分解化学反应为：

$$FeSO_4 \cdot H_2O + C \rightleftharpoons FeO + SO_3 + CO + H_2 \tag{11-74}$$

第二种方式加入硫黄，分解化学反应为：

$$2FeSO_4 \cdot H_2O + 2S \rightleftharpoons 2FeO + 2SO_3 + 2H_2O \tag{11-75}$$

第三种方式加入硫铁矿，分解化学反应为：

$$2FeSO_4 \cdot H_2O + 2FeS_2 + 7O_2 \rightleftharpoons 4FeO + 6SO_3 + 2H_2O \tag{11-76}$$

分解工艺主要影响因素有温度、气氛（氧气/CO/CO$_2$ 及其浓度）、氧化物种类、停留时间。

如图 11-49 为温度与气氛对硫酸亚铁分解的影响。700℃与1000℃时相比较，温度高则分解气浓度高，同时分解氧气浓度低则分解气浓度高，氧气浓度过低将产生硫化物。

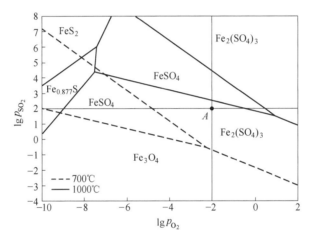

图 11-49　温度与气氛对硫酸亚铁分解的影响

2）国外掺烧工艺。前拜耳公司的 Lailach Guenter 和 Gerken Rudolf 开发的专利技术（US4824655），采用含酸的一水硫酸亚铁与浮选硫铁矿掺烧，沸腾分解制取三氧化硫生产硫酸。不加硫黄工艺则采用天然气作为补充燃料，添加硫黄的工艺则仅用天然气预热，沸腾分解时鼓入空气。

①不加硫黄的掺烧工艺。将持液量为 13%~15%（其中含 65%硫酸）的一水硫酸亚铁与浮选硫铁矿（含硫48%，水分5%，粒度 0.1mm）和砂石磨屑进行混合、造粒，造粒后送入贮仓。从贮仓送入具有沸腾层的沸腾炉中。

流量 19000m^3/h 的空气被喷进沸腾面积 12m^2 的流化床反应器中，同时喷入平均流量为 280m^3/h 的天然气到沸腾炉中燃烧，维持炉床温度在 950~970℃，天然气瞬时流量在 200~300m^3/h。

②加硫黄掺烧工艺。原料按不加硫黄工艺进行混合造粒，并进行同样的流化床沸腾分解。流量为 19000m^3/h 的空气被燃烧天然气预热到 210~330℃后，喷入 12m^2 沸腾面积的流化床反应器中，维持炉床温度在 950~970℃。

3) 国内掺烧工艺。国内现有工艺基本上是硫铁矿掺烧一水硫酸亚铁，有时因硫铁矿品位低适当补充一点硫黄。最高掺烧比例（按硫酸亚铁/硫酸产量计）达到 20%～30%，无需进行前处理，从废酸浓缩分离的半粉状一水硫酸亚铁直接与硫铁矿（硫精砂）混合入炉。

在攀西地区因七水硫酸亚铁难以处置，也将七水硫酸亚铁先风干脱出游离水和少部分结晶水，再进行转筒干燥器烘干成含有四个结晶水后再入炉分解，因没有游离硫酸及其他杂质硫酸盐，相对容易控制，且烧渣（红渣）的铁含量较高。

除混合配料工艺有所改变外，生产工艺与硫铁矿制酸大同小异。具体生产技术可参考硫铁矿制酸生产技术，主要工艺设备见表 11-35，主要运行参数见表 11-36。

表 11-35　30 万吨/年一水硫酸亚铁掺烧制酸装置主要设备

序号	设备名称	规　格	材质	数量	备注
1	炉底风机	$Q=60000m^3/h$，$\Delta p=16kPa$		2	一开一备
2	沸腾炉	$\phi9500mm$，$70m^2$	碳钢内衬耐火砖	1	
3	废热锅炉	38t/h，3.82MPa，450℃		1	
4	旋风除尘器	UH15 型，$\phi2700mm$（并联）	碳钢衬龟甲网	2	
5	电除尘器	$F=70m^2$，四电场		1	组合件
6	埋刮板输送机	RMS640 型，输送量 25t/h		2	组合件
7	动力波洗涤器	$\phi9500mm\times10700mm$	FRP+石墨	2	
8	气体冷却塔	$\phi5500mm\times16620mm$	FRP	1	
9	稀酸板式换热器	$323m^2$	254SMO	2	
10	电除雾器	$37.46m^2$，对边 300mm	C-FRP	2	
11	转化器（五段）	$\phi9200mm\times21000mm$	碳钢衬砖	1	
12	换热器	$\sum F=14110m^2$	Q235，20 钢	6	
13	SO_2 风机	$Q=114500m^3$，$\Delta p=55kPa$，10kV		2	一开一备
14	干燥塔	$\phi6000mm\times18045mm$	碳钢衬耐酸砖	1	
15	吸收塔	$\phi5250mm\times17420mm$	碳钢衬耐酸砖	2	
16	浓酸循环槽	$\phi3058mm\times8968mm$	碳钢衬耐酸砖	3	
17	干吸塔循环泵	$Q=600m^3/h$，$H=30m$	组合件	3	
18	阳极保护酸冷器	$\sum F=1300m^2$	316L，304	4	
19	复喷吸收管	$\phi1500mm$，$L=15500mm$	硬 PVC	1	
20	玻璃钢凉水塔	$Q=2000m^3/h$，$\Delta t=8℃$	组合件	4	

表 11-36　掺烧硫酸亚铁生产硫酸装置运行参数

序号	项　目	30 万吨/年	40 万吨/年
1	红渣残硫(S)/%	≤0.30	≤0.30
2	红渣铁含量（Fe）/%	≥60	≥60
3	进转化器气浓度(SO_2)/%	8.5	8.5

续表 11-36

序号	项　　目	30 万吨/年	40 万吨/年
4	转化率/%	99.82	99.9
5	吸收率/%	99.99	99.99
6	尾气硫浓度(SO_2)/mg·m^{-3}	500	330
7	尾气酸雾(SO_3)/mg·m^{-3}	28	26

参 考 文 献

[1] 龚家竹. 钛白粉生产工艺技术进展 [J]. 无机盐工业, 2003, 35 (6): 5-7.

[2] 龚家竹. 钛白粉生产工艺技术进展 [J]. 无机盐工业, 2012, 44 (8): 1-4.

[3] 龚家竹. 硫酸法钛白粉酸解工艺技术的回顾与展望 [J]. 无机盐工业, 2014, 46 (7): 4-7.

[4] 龚家竹. 硫酸法钛白生产废硫酸循环利用技术回顾与展望 [J]. 硫酸工业, 2016 (1): 67-72.

[5] Wolf-D Griebler, Klaus Schulte, Jorg Hocken. Sulfate route TiO₂ heading for the next millennium [J]. European Coatings Journal, 1998 (1): 34-39.

[6] Wolf-D Griebler, Klaus Schulte, Jorg Hocken (龚家竹, 王刚译). 硫酸法钛白工艺引领新千年 [J]. 涂料工业, 2004, 34 (4): 58-60.

[7] 龚家竹. 中国钛白粉行业三十年发展大记事 [C] //2010 中国无机盐行业学术与技术年会论文汇编, 2010: 83-95.

[8] 宁延生. 无机盐工艺学 [M]. 北京: 化学工业出版社, 2013.

[9] 朱骥良, 吴申年. 颜料工艺学 [M]. 北京: 化学工业出版社, 1989.

[10] 邓捷, 吴立峰. 钛白粉应用手册修订版 [M]. 北京: 化学工业出版社, 2004.

[11] 杨绍利, 盛继孚. 钛铁矿熔炼钛渣与生铁技术 [M]. 北京: 冶金工业出版社, 2006.

[12] 杨保祥, 胡鸿飞, 何金勇, 等. 钛基材料制造 [M]. 北京: 冶金工业出版社, 2015.

[13] 莫畏, 邓国珠, 罗方承. 钛冶金 [M]. 2 版. 北京: 冶金工业出版社, 1998.

[14] 刘国杰. 现代涂料与涂装技术 [M]. 北京: 轻工业出版社, 2002.

[15] 吴立峰, 陈信华, 陈德标, 等. 塑料着色配方设计 [M]. 北京: 化学工业出版社, 2002.

[16] 张益都. 硫酸法钛白粉生产技术创新 [M]. 北京: 化学工业出版社, 2010.

[17] 龚家竹, 于奇志. 纳米二氧化钛的现状与发展 [J]. 无机盐工业, 2006, 38 (7): 8-10.

[18] 龚家竹, 江秀英, 袁风波. 硫酸法钛白废酸浓缩技术研究现状与发展方向 [J]. 无机盐工业, 2008, 40 (8): 1-3.

[19] 龚家竹, 李欣. 硫酸法钛白粉生产技术面临循环经济促进法存在的问题与解决办法 [J]. 无机盐工业, 2009, 41 (8): 15-17.

[20] 龚家竹. 浅析我国钛白粉生产装置的进步与差距 [C] //2012 年第三届钛白粉生产装备技术研讨会, 2012: 17-26.

[21] 龚家竹. 论中国钛白粉生产技术绿色可持续发展之趋势与机会 [C] //首届中国钛白粉行业节能绿色制造论坛, 龙口: 中国涂料工业协会钛白粉行业分会, 2017.

[22] 龚家竹. 化解钛白粉产能的技术创新途径 [C] //2016 全国钛白粉行业年会论文集, 中国涂料工业协会钛白粉行业分会, 2016: 59-78.

[23] 吴坚懿. 硫酸钛低温水解中对原级粒子的控制研究 [J]. 无机盐工业, 2004, 36 (3): 29-30.

[24] 龚家竹. 中国钛白粉绿色生产发展前景 [C] //第 37 届中国化工学会无机酸碱盐学术与技术交流大会论文汇编, 2017: 14-23.

[25] 龚家竹, 吴宁兰, 陆祥芳, 等. 钛白粉废硫酸利用技术研究开发进展 [C] //第三十九届中国硫

酸技术年会论文集, 2019: 36-48.

[26] 龚家竹. 钛白粉生产现状与发展趋势 [C] //第十届中国钨钼钒钛产业年会会刊, 2017: 106-125.

[27] 龚家竹. 浅析我国钛白粉生产装置的进步与差距 [C] //2012 国家生产力促进中心钛白粉分中心大会论文集, 2012: 72-80.

[28] 龚家竹. 固液分离在硫酸法钛白粉生产中的应用 [C] //2010 全国钛白粉行业年会论文集, 中国涂料工业协会钛白粉行业分会, 2010: 49-57.

[29] 龚家竹. 硫酸法钛白废酸浓缩技术存在的问题与解决办法 [C] //第二届 (2010 年) 中国钛白粉制造及应用论坛论文集, 2010: 1-17.

[30] 龚家竹. 全球钛白粉生产现状与可持续发展技术 [C] //2014 中国昆明国际钛产业周会议论文集, 2014: 116-149.

[31] 龚家竹, 郝虎, 池济亨, 等. 一种金红石型钛白粉的制备方法 [P]. 中国: ZL 200410021800. 8.

[32] 彭涛, 吴洋宽, 夏君君. 5 万 t/a 钛白粉钛液 MVR 浓缩系统设计研究 [J]. 能源化工, 2016 (4): 74-77.

[33] 唐文骞, 杨同莲, 宋冬宝. 机械蒸汽再压缩技术在钛白黑液浓缩中的应用 [J]. 化学工程, 2015, 43 (9): 21-24.

[34] Oscar T, Coffelt. Treatment of titanium ores [P]. US 2138090, 1938-11-29.

[35] Blumenfeld J. Fabriques de produits chimiques de Thann et de Mulhous [P]. French 1129645.

[36] McBerty F H. Ball mill attack of titaniferous ores [P]. US 2098054, 1937-11-2.

[37] Andrews E W. Method and appartus for effecting continuous sulfuric acid digestion of titaniferous material [P]. US 2557528, 1951-6-19.

[38] Monroe S, Bilbao M, Enrique A R. Automated process for the hydrolysis of titanium sulfate solutions [P]. US 3706829, 1972-12-19.

[39] Oswin B. Method and means for commingling and reacting fluid substances [P]. US 2791449, 1957-5-7.

[40] Roberter B, Eric J. Production of high aspect ratio acicular rutile TiO_2 [P]. US 3728443, 1973-4-17.

[41] Benedetto C, Luigi P, Marcello G, et al. Process for the jonit production of sodium trpolyphospate and titanium dioxide [P]. US 4005175, 1977-1-25.

[42] Luigi P, Marcello G, Antonio P. Manufacture of titanium dioxide by the sulphate process using nuclei formed by steam hydrolysis of $TiCl_4$ [P]. US 4021533, 1977-5-3.

[43] Edgar K, Reinhard K, et al. Manufacture of titanium dioxide pigment seed from a titanium sulfate solution [P]. US 4073877, 1978-2-14.

[44] Brian R, Joseph A, et al. Process for maunfacturing titanium compound [P]. US 4288416, 1981-9-8.

[45] Joseph A, Brian R, et al. Process for maunfacturing titanium dioxide [P]. US 4288417, 1981-9-8.

[46] Brian R, Joseph A, et al. Process for maunfacturing titanium compound [P]. US 4288418, 1981-9-8.

[47] Hans-Günter Z, Horst B, Bernd-Michael H, et al. Process and device for micronizing solid matter in jet-mills [P]. US 4880169, 1989-11-14.

[48] Eckhard B, Günter L. Process for maunfacturing titanium dioxide pigment [P]. US 4288418, 1990-2-20.

[49] Bernd-Michael H, Peter B, et al. Process for the calcination of filter cake with hight solids contents being partly pre-dried in a directly heated rotary kiln [P]. US 5174817, 1992-12-29.

[50] Saila K. Method of preparing titanium dioxid [P]. US 5443811, 1995-8-22.

[51] John D, Kevan R. Kiln for calcination of a powder [P]. US 5623883, 1997-4-29.

[52] Lamminmaki, Latva-Nirva, Linho, et al. Method of preparing a well-dispersable microcrystalline titanium dioxide product, the product, and the use thereof [P]. US 8182602, 2012-5-22.

［53］ Eric G，Alan S，Philip G，et al. Production of titania ［P］. US 7326390，2008-2-5.

［54］ Jorge M，Brian D，Joseph R，et al. Continuous non-polluting liguid phase titanium dioxide process and apparatus ［P］. US 6048505，2000-4-11.

［55］ Gesenhues U，Rentschler T. Grystal growth and defect structure of Al^{3+}-doped rutile ［J］. Journal of State Chemistry，1999（143）：210-218.

［56］ Gesenhues U. Calcination of metatitanic acid to titanium dioxide white pigments ［J］. Chemical Engineering & Technology，2001，24（7）：685-694.

［57］ Gesenhues U. Rheology，Sedimentation，and filtration of TiO_2 susoensions ［J］. Chemical Engineering & Technology，2003，26（1）：25-33.

［58］ Gesenhues U. Coprecipitation of hydrous alumina and silica with TiO_2 pigment as substrate ［J］. Journal of Colloid and Interface Science，1994（168）：428-436.

［59］ Achim H. Process utilizing titanium dioxide as a catalyst for the hydrolysis of carbonyl sulfide ［P］. US 5948201，1999-8-24.

［60］ Narayanan S S，Richard P B，Hsu Yung-Hsing S，et al. Process for producing titanium dioxide ［P］. US 7476378，2009-1-13.

［61］ Scott F，William M，Jr Douglas. Lower-energy process for preparing passivated inorganic nanoparticles ［P］. US 7276231，2007-10-2.

［62］ Fadi S Mohammed，Chathangat G Cheroolilop. Titanium dioxide pigment composite and method of making same ［P］. US 7264672，2007-9-4.

［63］ Gerhard A，Dirk Weber，Werner Schuy，et al. Method for directly cooling fine-particle solid substances ［P］. US 7003965，2006-2-28.

［64］ Jurgen B，Siegfried B，Volker S，et al. Titanium dioxide pigment composition ［P］. US 6962622，2005-11-8.

［65］ Fu-Chu W，Duen-Wu H，Deborah E B. Inorganic particles and methods of making ［P］. US 6743286，2004-6-1.

［66］ Michael H，Yarw-Nan W，Les H，et al. Continuous processes for producing titanium dioxide pigments ［P］. US 6695906，2004-2-24.

［67］ Modasser S，Robert K，Charles W. Pigments treated with organosulfonic compounds ［P］. US 6646037，2003-11-11.

［68］ Stephen K，Anne C. Mathod for manufacturing high opacity，durable pigment ［P］. US 6528568，2003-3-4.

［69］ Michaeliew H，Yarw-Nan W，Les H，et al. Methods for producing titanium dioxide pigments having improved gloss at low temperatures ［P］. US 6395081，2002-5-28.

［70］ Saila K，Ralf-Johan L. Titanium dioxide producte method for make the same and its use as photocatalyst ［P］. US 7662359，2010-2-16.

［71］ 冯平仓，邵雷，徐亚兵. 钛白粉研磨工艺优化及研磨设备最新发展 ［C］//第三届钛白粉生产装备技术研讨会论文集，2012：52-60.

［72］ 冯平仓. 大型卧式砂磨机发展及在钛白粉生产中的应用 ［C］//2009 年中国钛白行业年会论文集，2009：448-452.

［73］ 徐真祥，徐利民，邬玮鼎，等. 陶瓷研磨珠的性能及选择 ［C］//2010 年第二届中国钛白粉制造及应用论坛论文集，2010：51-57.

［74］ 雷立猛. 纳米分散液之推动传统产业无机颜料之陶瓷喷墨技术交流 ［C］//2013 全国钛白行业年会论文集，2013：288-294.

［75］ Jelks Barksdale. Titanium: Its Occurrence, Chemistry, Andtechnology ［M］. The Ronald Press Company, Library of Congress Catalog Card Number: 66-20080: 1966.

［76］ 天津化工研究院. 无机盐工业手册（上下册）［M］. 2 版. 北京：化学工业出版社，1996.

［77］ 邝琳娜，周大利，刘舒，等. TiO$_2$ 表面致密包覆 SiO$_2$ 膜研究 ［J］. 四川有色金属，2016（2）：41-44.

［78］ 李大成，周大利，刘恒，等. 纳米 TiO$_2$ 的特性 ［J］. 四川有色金属，2002（3）：46-47.

［79］ 任成军，李大成，钟本和，等. 影响 TiO$_2$ 光催化活性的因素及提高其活性的措施 ［J］. 四川有色金属，2004（4）：36-39.

［80］ 任成军，钟本和，周大利，等. 水热法制备高活性 TiO$_2$ 光催化剂的研究进展 ［J］. 四川有色金属，2004（5）：42-44.

［81］ Louis B, Harry E M. Fluid energy milling process ［P］. US 3462086, 1969-8-19.

［82］ Thomas W R, Edmond O. Surface treated pigment ［P］. US 7935753, 2011-5-3.

［83］ David P F. Use of screening following micronizing to improvr TiO$_2$ dispersibility ［P］. US 3567138, 1971-3-2.

［84］ Jomeph Ross. Fluid energy steam mill collection system background of the invention ［P］. US 3622084, 1971-11-23.

［85］ George A S. Stepped fluid energy mill ［P］. US 3726484, 1973-4-10.

［86］ William A W. Process for the production of durable titanium dioxide pigment ［P］. US 4125412, 1978-11-14.

［87］ Brian B, William T L. Titanium dioxid pigment ［P］. US 4239548, 1980-12-16.

［88］ Joseph A R, Donald G C. Process for manufacturing titanium compunds using a reducing agent ［P］. US 4288415, 1981-9-8.

［89］ Andrew J H. Method of milling ［P］. US 5421524, 1995-1-6.

［90］ James W K, Phillip M S, John E H. Process for preparing an improved low-dusting, free-flowing pigment ［P］. US 5908498, 1999-1-1.

［91］ Michael P D, Charles R B, Phillip Martin N, et al. Continuous wet treatment process to prepare durable, high gloss titanium dioxide pigment ［P］. US 5993533, 1999-11-30.

［92］ William E, John D, Stephan C, et al. Fluid energy mill ［P］. US 6145765, 2000-11-14.

［93］ Robert J K, Fu-chu W. Very high solides TiO$_2$ slurries ［P］. US 6197104, 2001-3-6.

［94］ Robert J K, Fu-chu W. Very hige solids TiO$_2$ slurries ［P］. US 6558464, 2003-5-6.

［95］ Michael H, Yarw-Nan W, Les H, et al. Method for producing titanium dioxide pigment having improved gloss at low temperatures ［P］. US 6385081, 2002-5-28.

［96］ Hideo T, Masaki S, Toshihiko A. Titanium dioxide pigment, process for producing the same, and resin composition containing the same ［P］. US 6576052, 2003-7-10.

［97］ Hideo T, Eiji Y, Toshihiko A. Titanium dioxide pigment and method for productiontherof ［P］. US 6616746, 2003-9-9.

［98］ Brian T, John S, Robert B. Titanium dioxide pigment with improved gloss and/or durability ［P］. US 6656261, 2003-12-1.

［99］ William H, Brian W. Unfinished rutile titanium dioxide slurry for paints and paper ［P］. US 6790902, 2004-9-14.

［100］ Daniel H. Surface-treated pigments ［P］. US 7011703, 2006-3-17.

［101］ Daniel H. Surface-treated pigments ［P］. US 6958091, 2005-10-25.

［102］ Daniel H. Surface-treated pigments ［P］. US 6946028, 2005-9-20.

［103］William Louis B, Christopher S B. Process to reduce dusting and imporove flow properties of pigments and powders ［P］. US 6908675, 2005-6-21.

［104］Hartmut S. Decorative paper base with improveo opacity ［P］. US 6890652, 2005-5-10.

［105］Narayanan S S, Russell B D. Process for making durable rutile titanium dioxide pigment by vapor phase deposition of surface treatments ［P］. US 6852306, 2005-2-8.

［106］Xiaoguang M, Mazakhir D, George P K. Methods of Preparing surface-activeted titanium oxide product and of using same in water Treatment Processes ［P］. US 6919029, 2005-7-19.

［107］Modasser E, Kamal Akhtar M. Amino phpsphoryl treated titanium dioxide ［P］. US 7138010, 2006-11-21.

［108］Lydia D N, Siegfried B. Method for the post-treatment of titaniunm dioxide pigment ［P］. US 7135065, 2006-11-14.

［109］Daniel H C. Surface-treated pigments ［P］. US 7138011, 2006-11-21.

［110］Hiden T, Toshihiko A, Yuji S. Process for production of titanium dioxide pigment and resin composition containing the pigment ［P］. US 7144838, 2006-12-5.

［111］Lydia D N, Sigfride B, Volker J. Method for the surface treatment of a titanium dioxide pigment ［P］. US 7147702, 2006-12-12.

［112］Slegfried B, Volker J, Hans-Ulrich S, et al. Jet mill ［P］. US 7150421, 2006-12-19.

［113］Lydia D N, Siegfried B, Lothar E, et al. Method for the surface treatment of a titanium dioxide pigment ［P］. US 7166157, 2007-1-23.

［114］William H, Brian W. Unfinished rutile titanium dioxide slurry for paints and paper coatings ［P］. US 7186770, 2007-3-6.

［115］Russell B, Alan R E, Narayanan Sanlara S, et al. Titanium dioxide finishing process ［P］. US 7247200, 2007-7-14.

［116］Daniel H C, Jeffrey D E, Ray E. Process for manufaturing zirconla-treated titanium dioxide pigment ［P］. US 7238231, 2007-7-3.

［117］Fadi Mohammed S, Chathangat Vheroolil G. Titanium dioxide pigment composite and method of making same ［P］. US 7264272, 2007-9-4.

［118］Glenn R E. Cationic titaniumdioxide pigment ［P］. US 7452416, 2008-11-18.

［119］Latva-Nirva E, Linho R, Ninimaki J. Method of preparing a well-dispersable microcrystalline titanium dioxide product, the product, and the thereof ［P］. WO 2009/022061, 2009-2-19.

［120］Claire B, Michel R, Stephen P K. Photocatalytic Rutil Titanium Dioxide ［P］. US 7521039, 2009-4-21.

［121］Duen-Wh H, Fu-Chu W. Titanium dioxide pigment having improved light stability ［P］. US 7686882, 2010-3-30.

［122］Erik Sheoard T. Paper and paper laminates containing modifies titanium dioxide ［P］. US 8043715, 2011-10-25.

［123］Roger E A, Rajeev L G, Narayanan S S. Process for producing titanium dioxide particles having reduced chlorides ［P］. US 8114377, 2012-2-14.

［124］Erik Shepard T, John Davis B, Scott R M. Process for making a water dispersible titanium dioxide pigment useful in paper laminates ［P］. US 8475582, 2013-7-2.

［125］Velker J, Janine S, Siegfried B, et al. Method for surface treatment of a titanium dioxide pigment ［P］. US 8641870, 2014-2-4.

［126］Kamal Akhtar M, Sotiris Emmanuel P, Martin C H. Gas phase production of coated titania ［P］. US 8663380, 2014-3-4.

［127］ Venkata Rama Rao G, Michael L A. Titanium dioxide pigment and manufacturing method ［P］. US 8840719, 2014-9-23.

［128］ Wilkenboener U, Mersch F. Composite pigments comprising titaniumdioxide and carbonate and method for producing ［P］. US 8858701, 2014-10-14.

［129］ Venkata Rama Rao C, Marshall D F, Kazerooni V. Process for manufacturing titanium dioxide pigments using ultrasonication ［P］. US 9353266, 2016-5-31.

［130］ Velker J, Siegfried B, Achim A. Production of titanium dioxide pigment obtainable by the sulfate process with a narrow particle size distribution ［P］. US 10160862, 2018-12-25.

［131］ Karl-Heinz D, Georg D, Hago G, et al. Process for producing sulfuric acid from waste acid and iron sulfate ［P］. US 4163047, 1979-7-31.

［132］ Günter L, Rudolf G. Process for the prepartion of sulphur dioxide ［P］. US 4824655, 1989-4-25.

［133］ 罗修才. 硫磺掺烧硫酸亚铁制酸装置生产实践与装置特点 ［J］. 硫酸工业, 2014 (3): 39-41.

［134］ 钟文卓, 魏蜀刚, 张华, 等. 400kt/a 硫酸亚铁和硫磺、硫铁矿混合制酸工程设计 ［J］. 硫酸工业, 2014 (5): 10-13.

［135］ Garrett Palmquist. MECS® SULFOX™技术的应用 ［C］//第三十三届中国硫酸工业技术交流年会论文集, 2013: 50-53.

［136］ Axel Schulze. SAPNE——接近于零排放的硫酸生产工艺 ［J］. 硫酸工业, 2001 (5): 7-11.

［137］ Kurten M, Weber T, Erkes B, et al. SULFO$_2$BAY®——一种近零排放硫酸生产新工艺 ［J］. 硫酸工业, 2013 (1): 1-5.

［138］ Jochen Winkler. Titanium Dioxide ［M］. Hannover: Vincentz, 2003.

［139］ 方晓明. 四氯化钛强迫水解制备金红石型纳米二氧化钛 ［J］. 无机盐工业, 2003, 34 (6): 24-26.

［140］ 唐振宁. 钛白粉的生产与环境治理 ［M］. 北京: 化学工业出版社, 2001.

［141］ 龚家竹, 江秀英. 硫酸法生产钛白粉过程中稀硫酸的浓缩除杂方法 ［P］. 中国: ZL 200810045143. 3.

［142］ 冯圣君. 钛白生产过程中产生的废硫酸、废气的回收方法 ［P］. 中国: CN1608716A.

［143］ 毛明, 周晓东, 胡享烈, 等. 硫酸法钛白生产中废酸浓缩回收利用的工业化方法 ［P］. 中国: CN1724339.

［144］ 郝荣清, 孙鹏, 严永清. 一种去除钛白废酸中亚铁及其他金属盐的方法 ［P］. 中国: CN1608716A.

［145］ Duyvesteyn W, Sabacky B, Verhulst D, et al. Process titaniferous ore to titanium dioxide pigment ［P］. US 6375923, 2002-4-23.

［146］ Duyvesteyn W, Sabacky B, Verhulst D, et al. Process aqueous titanium chloride solution to ultrafine titanium Dioxide ［P］. US 6440383, 2002-8-27.

［147］ Sander U, Daradimos G. Regenerating spent acid ［J］. Chem. Eng. Progr. , 1978 (9): 57-67.

［148］ Pierre B. Phospates and Phosphoric acid ［M］. Marcel Dekker, Inc. , 1989.

［149］ 龚家竹. 饲料磷酸盐生产技术 ［M］. 北京: 化学工业出版社, 2016.

［150］ 龚家竹, 池济亨, 郝虎, 等. 一种稀硫酸的浓缩除杂方法 ［P］. 中国: ZL 02113704. 8.

［151］ Kranthi K A. Synthesis of TiO$_2$ based nanoparticles for photocatalytic applications ［M］. Cuvillier Verlag Gottingen, 2008.

［152］ 龚家竹. 一种石膏生产水泥联产硫酸的生产方法 ［P］. 中国: ZL 201310437466. 3.

［153］ 龚家竹. 一种自拟合纳米催化污水处理剂的生产方法 ［P］. 中国: 201910060630. 3.

［154］ Gong Jiazhu. Production method of self-fitting nano catalytic wastewater treatment agent ［P］. US Application Number: 16278728, 2019-2-19.

12 酸溶性钛渣熔盐氯化技术

$TiCl_4$ 是氯化钛白、海绵钛等钛产品生产的最重要的钛原料。目前工业上制备 $TiCl_4$ 的方法主要有两种，即沸腾氯化法和熔盐氯化法。欧洲、美国、日本 $TiCl_4$ 生产大多采用沸腾氯化工艺，如杜邦公司、美礼联化工、住友钛业、东邦钛业等大型氯化法钛白和海绵钛的公司，沸腾氯化与氯化法钛白的气相氧化炉进行对接。沸腾氯化反应温度高达 1000℃ 以上并且其对钛原料要求非常苛刻，原料主要是金红石、人造金红石和氯化渣，其中要求 TiO_2 含量在 90% 以上且氧化钙镁合量 <1.5%，CaO<0.2%，粒度均匀分布在 30~200 目占 85% 以上。苏联采用熔盐氯化法生产四氯化钛。

熔盐氯化是在较低温度（750℃）下以普通钛渣为原料，与石油焦一起悬浮在以氯化钠为主要成分的熔盐介质中和氯气反应生成 $TiCl_4$。其主要优点是：能处理高钙镁含量、TiO_2 品位较低的钛原料，生产四氯化钛的成本较低。

目前使用熔盐氯化技术的主要是哈萨克斯坦、乌克兰和中国的锦州钛业、攀钢钛业、云南新立钛业公司，熔盐氯化装置大型化生产能力为国外的 1.5~2.0 倍，均使用 90%~92% 的普通高钛渣为原料。中国锦州钛业成功实现熔盐氯化与氯化法钛白的气相氧化炉对接，为世界首创，拓宽了氯化法钛白生产技术的原料来源。

为充分利用攀枝花钛资源，某企业成功开发了攀枝花高钙镁酸溶性钛渣熔盐氯化制备粗四氯化钛-铝粉除钒制精 $TiCl_4$ 的全套熔盐氯化技术，并建设了一条 15kt/a 海绵钛生产线。该生产线生产出低硬度占 50% 以上的航空级海绵钛。

12.1 钛渣熔盐氯化基本原理及工艺流程

12.1.1 熔盐氯化反应及其热力学

以钛渣为氯化的原料，钛以二氧化钛（TiO_2）和各种低价氧化物（Ti_3O_5、Ti_2O_3、TiO）以及碳化物（TiC）、氮化物（TiN）的形态存在，所含杂质主要有 FeO、Fe_2O_3、CaO、MgO、MnO、Al_2O_3、SiO_2 等。氯化过程中发生的化学反应如下：

$$CaO(s) + 1/2C(s) + Cl_2(g) = CaCl_2(l) + 1/2CO_2(g) \tag{12-1}$$

$$CaO(s) + C(s) + Cl_2(g) = CaCl_2(l) + CO(g) \tag{12-2}$$

$$MnO(s) + 1/2C(s) + Cl_2(g) = MnCl_2(l) + 1/2CO_2(g) \tag{12-3}$$

$$MnO(s) + C(s) + Cl_2(g) = MnCl_2(l) + CO(g) \tag{12-4}$$

$$FeO(s) + C(s) + Cl_2(g) = FeCl_2(l) + CO(g) \tag{12-5}$$

$$FeO(s) + 1/2C(s) + Cl_2(g) = FeCl_2(l) + 1/2CO_2(g) \tag{12-6}$$

$$MgO(s) + 1/2C(s) + Cl_2(g) = MgCl_2(l) + 1/2CO_2(g) \tag{12-7}$$

$$MgO(s) + C(s) + Cl_2(g) = MgCl_2(l) + CO(g) \tag{12-8}$$

$$1/3V_2O_5(s) + C(s) + Cl_2(g) \Longrightarrow 2/3VOCl_3(l) + CO(g) \tag{12-9}$$

$$1/3V_2O_5(s) + 1/2C(s) + Cl_2(g) \Longrightarrow 2/3VOCl_3(l) + 1/2CO_2(g) \tag{12-10}$$

$$1/3Fe_2O_3(s) + 1/2C(s) + 3/2Cl_2(g) \Longrightarrow 2/3FeCl_3(l) + 1/2CO_2(g) \tag{12-11}$$

$$1/3Fe_2O_3(s) + C(s) + Cl_2(g) \Longrightarrow 2/3FeCl_3(l) + CO(g) \tag{12-12}$$

$$FeO(s) + 1/2C(s) + 3/2Cl_2(g) \Longrightarrow FeCl_3(l) + 1/2CO_2(g) \tag{12-13}$$

$$FeO(s) + C(s) + 3/2Cl_2(g) \Longrightarrow FeCl_3(l) + CO(g) \tag{12-14}$$

锐钛矿： $$TiO_2(s) + C(s) + 2Cl_2(g) \Longrightarrow TiCl_4(g) + CO_2(g) \tag{12-15}$$

锐钛矿： $$TiO_2(s) + 2C(s) + 2Cl_2(g) \Longrightarrow TiCl_4(g) + 2CO(g) \tag{12-16}$$

金红石： $$TiO_2(s) + C(s) + 2Cl_2(g) \Longrightarrow TiCl_4(g) + CO_2(g) \tag{12-17}$$

金红石： $$TiO_2(s) + 2C(s) + 2Cl_2(g) \Longrightarrow TiCl_4(g) + 2CO(g) \tag{12-18}$$

$$Al_2O_3(s) + 3/2C(s) + 3Cl_2(g) \Longrightarrow 2AlCl_3(l) + 3/2CO_2(g) \tag{12-19}$$

$$Al_2O_3(s) + 3C(s) + 3Cl_2(g) \Longrightarrow 2AlCl_3(l) + 3CO(g) \tag{12-20}$$

$$SiO_2(s) + C(s) + 2Cl_2(g) \Longrightarrow SiCl_4(g) + CO_2(g) \tag{12-21}$$

$$SiO_2(s) + 2C(s) + 2Cl_2(g) \Longrightarrow SiCl_4(g) + 2CO(g) \tag{12-22}$$

图 12-1 为钛渣中各组分加碳氯化反应的 $\Delta G_T^\ominus$ 与温度 T 的关系。不难看出，钛的氧化物和所含的杂质在有还原剂碳存在时与氯反应的 $\Delta G_T^\ominus$ 均为负值，也揭示了二氧化钛（TiO_2）和各组分氯化的难易程度，无论是熔盐氯化，还是沸腾氯化都是如此。其氯化顺序如下：

$CaO > MnO > FeO(FeCl_2) > MgO > V_2O_5 > Fe_2O_3 > FeO(FeCl_3) > TiO_2$（锐钛矿）$> TiO_2$（金红石）$> Al_2O_3 > SiO_2$

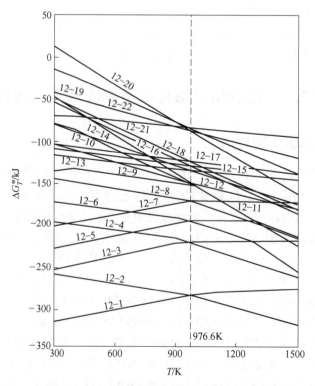

图 12-1 钛渣中各组分加碳氯化反应的 $\Delta G_T^\ominus$ 与温度 T 的关系

TiO_2 加碳氯化反应是放热反应，可以维持自身反应需要，主要发生式（12-15）~式（12-18）的反应，均为放热反应。

（1）铁在氯化过程中的作用。根据国内氯化工艺研究相关资料分析，在熔盐中 $FeCl_2$ 和 $FeCl_3$ 对 TiO_2 的氯化具有明显的催化作用，因此要求熔盐中 $FeCl_2$ 含量为 3%~12%，$FeCl_3$ 含量为 1%~5%，$FeCl_2 + FeCl_3$ 合量为 5%~20%。其催化机理分析如下：

$$2FeCl_2 + Cl_2 === 2FeCl_3 \tag{12-23}$$

$$4FeCl_3 + TiO_2 + 2C === 4FeCl_2 + TiCl_4 + 2CO \tag{12-24}$$

其中 $FeCl_2$ 的存在增加了和 Cl_2 反应的物质，加速了 Cl_2 消耗的速度，起到传递氯的作用，提高了氯的利用率；而 $FeCl_3$ 的存在则增加了和 TiO_2 反应的物质，加速了 TiO_2 的消耗和 $TiCl_4$ 的生成。因此在 $FeCl_2$ 和 $FeCl_3$ 的共同作用下，加速了 Cl_2、TiO_2 的消耗和 $TiCl_4$ 的生成速度，从而对 TiO_2 的氯化起到了催化作用。当熔盐中 $FeCl_2$ 和 $FeCl_3$ 含量过低时，将导致钛渣和 Cl_2 反应速率降低，尾气中的 Cl_2 含量增加。氯气过量会产生 $FeCl_3$，一部分氯化铁蒸发进入氯化气体混合物中，一部分会与氯化钠反应生成复盐存在于氯化炉熔盐中。

（2）碳含量和 TiO_2 含量的影响。热力学计算结果表明，在无碳存在时 TiO_2 不可能氯化，钛的低价氧化物的氯化率很低，如 TiO 的氯化率仅为 50%、Ti_2O_3 为 25%、Ti_3O_5 为 16.7%。在熔盐中碳含量为 2.0%~5.0% 时，二氯化钛浓度应控制在 1.5%~5.0% 范围内。在碳略微过剩的条件下低价钛的氧化物氯化反应放热更多，有利促进氯化反应进行。熔盐温度在 700~800℃ 条件下，熔盐中二氯化钛浓度低和氯气在熔盐中的分散受熔盐的阻碍，限制熔盐氯化的生产能力，不如沸腾氯化反应物料与氯气充分接触，生产能力高。熔盐的最佳组成如下：TiO_2 1.5%~5%、NaCl 15%~20%、KCl 30%~40%、$MgCl_2$ 10%~20%、$CaCl_2$<5%、（$FeCl_2 + FeCl_3$）>10%~12%、SiO_2<3%~6%、Al_2O_3<3%~6%。

氯化钾加入量增加会提高成本，可考虑适当降低并由氯化钠代之。维持最佳熔盐组分要在生产过程中及时补充新的氯化钠、氯化钾或镁电解的废电解质，并且要周期性排出废盐，以维持熔盐组分平稳，保证连续生产。

生产中熔盐的碳含量低于 1.8%、TiO_2 含量低于 1.0% 时，反应物成分的降低制约了氯化反应，四氯化钛产量降低。熔盐中 C 和 TiO_2 含量高超过容许值时熔盐会变干，当熔盐中的 $CaCl_2$、SiO_2、Al_2O_3、ZrO_2 含量高时其黏度增加，氯化炉熔盐的流体动力学循环被破坏，熔盐温度下降甚至可导致熔盐中氯化反应无法进行。

熔盐中碳与难以氯化的固相杂质成分积累含量超过 20% 时，会导致熔盐黏度增大。熔盐温度下降氯化效果不好时，要及时送电提温排出组成不适合的废盐，周期性排废盐并连续加入新盐，以调整熔盐成分和保持熔盐满足生产需要，是熔盐氯化操作的特点。

（3）氯化温度的影响。当有碳存在时，氯化温度高于 690℃ 就能进行氯化反应。当熔盐温度低于 690℃ 时会有氯气剩余，钛渣氯化的最佳温度范围是 700~800℃，当温度低于 700℃ 时二氯化钛的氯化速度会降低；当温度超过 800℃ 时会增加杂质的氯化率，污染四氯化钛增加其精制的难度。综合考虑，正常生产过程中氯化炉内反应温度控制在 760~780℃。反应温度低是熔盐氯化的主要特点。

（4）氯气浓度的影响。氯气浓度会影响氯化反应的进行，用于氯化反应的氯气浓度应控制在 80%~90%（体积），其余可为空气。氯气中的氧气会与碳发生如下反应：

$$O_2 + C === CO_2 \tag{12-25}$$

$$O_2 + 2C \rightleftharpoons 2CO \tag{12-26}$$

空气的存在会稀释氯气降低氯气分压,引起炉料氯化率降低,使生产能力下降,还原剂石油焦消耗增加。此外还会增加废气量,降低氯化炉气混合物中四氯化钛的浓度,增加氯化物杂质分离、四氯化钛冷凝难度并降低设备生产效率。

氯化反应产生热量多少取决于通入氯气的浓度、富钛料的成分和生产能力。氯气浓度太低则氯化炉中产生热量较少,难以维持氯化反应所需要温度;氯化温度高于780℃时生成的炉气温度高,使收尘系统和四氯化钛冷凝系统操作困难,甚至导致四氯化钛中含固量过高而无法生产。可通过向氯化炉中返回含泥浆的四氯化钛以调节控温。

锦州钛业在氯化法钛白技术攻关过程中,成功实现熔盐氯化炉与气相氧化炉对接,实现低浓度氯气(≥68%,体积分数)、高氧含量维持熔盐氯化稳定运行,为世界首创。

(5)氯化气体混合物的分离原理。氯化炉出口氯化气体混合物的温度控制在400～500℃,氯化气体混合物中含有镁、钾、钠、锰、铁、钙、铬和其他金属的氯化物液滴,这些氯化物的沸点远高于四氯化钛的沸点。

杂质氯化物与目标产物分离采用升华物冷却结晶和气相冷凝液化原理。冷凝是气态物质从气态转变成液态的现象,升华是指固态物质不经液态直接转变成气态的现象,这些过程转变伴随放热和吸热。氯化炉气体混合物中某成分从气态转变成液态或者固态的温度,取决于其在氯化炉气体混合物中的分压,理论上这种相变发生在露点温度。氯化反应的目标产物是四氯化钛,其沸点135.8℃,首先是高于135.8℃的高沸点氯化物冷凝,接着四氯化钛冷凝,最后是沸点低于135.8℃的氯化物冷凝。

氯化产物冷凝伴随放热,其成分发生气-液相变而得以分离。实现分离目的最有效方法是采用多台串联表面交换器使高沸点氯化物结晶、颗粒长大沉降捕集和冷凝沉降分离系统,其作用是除去氯化炉气体中主要的高沸点氯化物如氯化锰、氯化亚铁、三氯化铁、三氯化铝等,使其变为固态沉降除去并与四氯化钛气相分开;四氯化钛气相采用四氯化钛淋洗降温到沸点以下,变为液相,并同CO_2、CO分离。废气CO_2、CO进入尾气净化处理系统。

12.1.2　钛渣氯化技术流程及主要装备

12.1.2.1　氯化原料及其性能

(1)钛渣。采用攀枝花钛精矿生产的酸溶性钛渣,钛渣密度为3690kg/m³、堆密度为1720kg/m³。具体粒度要求:-80～180目占比不小于80%。设计值、实际值与其他几种钛渣的成分见表12-1。

表12-1　酸溶性钛渣化学成分　　　　　　　　　　　　　　　　　　　(%)

成　分	TiO_2	FeO	Al_2O_3	SiO_2	P_2O_5	CaO	MnO	MgO	V_2O_5	S	H_2O	其他	合计
设计值	77.3	2.07	2.57	4.18	0.01	2.37	1.06	9.38	0.1	0.06	0.49	0.41	100
实际值	79.63	5.89	2.51	5.48	—	1.76	1.44	3.28	0.33	—	—	—	
高钛渣	91.5	5.14	0.30	2.00		0.20	2.3	0.60	0.13		0.20	0.23	
T285	85.0	4.50	2.5	3.5	0.02	0.8	3.0	2.7	0.60				

注:高钛渣为大型沸腾氯化炉用料,T285是低品位高钛渣。酸溶性钛渣执行标准编号YB/T 5285—2011。

（2）石油焦。其成分及灰分要求见表 12-2。石油焦密度为 $1500kg/m^3$、堆密度为 $730kg/m^3$、安息角为 38°，其粒度要求不大于 10mm。

表 12-2　石油焦化学成分　　　　　　　　　　　　　　（%）

固定碳	挥发分	灰分	水分	灰分的成分						
				TiO_2	FeO	SiO_2	Al_2O_3	MgO	其他	合计
≥98	≤0.45	≤0.35	≤0.70	4.0	16.0	30.0	10.0	4.0	36.0	100.0

（3）氯化钠。工业氯化钠（执行标准 GB/T 5662—2003）为粉状原料，堆密度为 $800 \sim 1100kg/m^3$，粒度中小于 5mm 的含量大于 90%。

（4）液氯。液氯执行标准为 GB/T 5138—1996，要求 Cl_2 含量不小于 99.5%（体积分数），H_2O 含量不大于 0.06%（质量分数）。

（5）电解返回氯气。其中 Cl_2 含量不小于 80%（体积分数），H_2O 含量不大于 0.06%（质量分数）。

（6）铝粉。其典型性能见表 12-3。

表 12-3　铝粉典型性能

堆积密度/g·cm^{-3}	盖水面积/cm^2·g^{-1}	杂质含量/%	油脂添加剂/%	铝粉活性/%
0.8 ~ 1.1	7000 ~ 9000	<1.5	3.8	85 ~ 90

12.1.2.2　钛渣熔盐氯化工艺技术流程

熔盐氯化系统一般包括熔盐氯化炉系统、收尘系统、喷淋冷凝系统和尾气处理系统四部分。熔盐氯化工艺流程如图 12-2 所示。

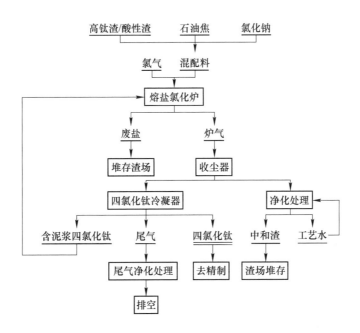

图 12-2　钛渣熔盐氯化工艺流程

12.1.2.3　钛渣熔盐氯化主要装备

（1）熔盐氯化炉。用于高钙镁钛渣（或普通钛渣）与氯气反应的主体设备，设计有3根电极可以送电对熔盐进行加热。熔盐氯化炉启动前的第一步就是熔化盐，把炉外熔化的熔盐或镁电解的废电解质加入氯化炉内淹没电极，送电升温后逐渐补加干燥固体盐，直到熔盐液位达到反应要求（4.5m），升温到720℃左右则可向炉内加入炉料并通入氯气进行正常氯化反应。炉顶设计有喷淋四氯化钛泥浆料控温的装置，炉体还设计有废盐排放口。

（2）收尘系统。它是将从氯化炉内排出来的炉气进行一定程度降温，使高沸点氯化物结晶，通过多级气-固分离方式收集固体杂质，达到初步净化产品目的。

（3）喷淋冷凝系统。该系统包括喷淋和冷凝两个子系统，其作用是洗涤四氯化钛中的固相杂质和收集回收炉气中的气相 $TiCl_4$ 成为液相的产品。首先，通过喷淋将高沸点化合物和部分粗 $TiCl_4$ 收集下来作为矿浆，减少炉气中的高沸点化合物。再将矿浆返回氯化炉内达到控制炉温并处理氯化系统中的泥浆、去除高沸点氯化物回收四氯化钛的目的；冷凝的主要作用是将冷冻盐水冷却过的低温四氯化钛液体喷淋气相四氯化钛，使之进一步冷凝成液相，并收集剩余的全部 $TiCl_4$。冷凝下来的 $TiCl_4$ 称为粗四氯化钛，再经过沉降或过滤含固体杂质少的粗 $TiCl_4$ 用于精制生产。沉降下来的高固含物 $TiCl_4$ 矿浆返回氯化炉处理，实现处理固含物和控制氯化炉温度的双重目的。

（4）尾气系统。其作用是净化经过收尘、淋洗、冷凝后剩余的炉气，主要成分是 N_2、O_2、CO_2、CO，包括一定量的 Cl_2、HCl、$SiCl_4$ 等低沸点氯化物以及少量未被冷凝下来的 $TiCl_4$；主要通过多级水洗和碱液洗涤除去有害成分，实现达标排放。

12.1.2.4　钛渣熔盐氯化工艺设备流程

钛渣熔盐氯化工艺设备流程如图12-3所示。

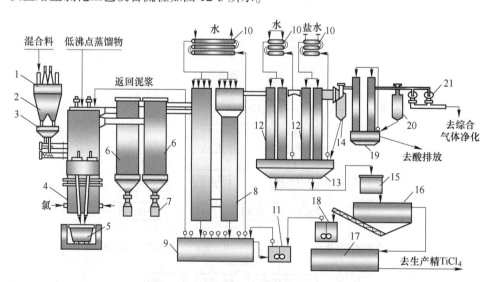

图12-3　钛渣熔盐氯化工艺设备流程

1—加料螺旋；2—炉前料仓；3—下料螺旋；4—氯化炉；5—废盐罐；6—收尘；7—收尘渣罐；8—淋洗塔；9—淋洗槽；
10—冷淋套管；11—收集罐；12—冷淋塔；13—冷淋槽；14—捕集器；15—高位槽；16—沉降槽；17—粗钛储罐；
18—泥浆收集罐；19—HCl 洗涤器；20—除沫器；21—风机

12.2　粗四氯化钛精制原理及工艺流程

12.2.1　精制工艺原理

粗四氯化钛中的杂质按照杂质相态可分为气体、液体和固体杂质；按照沸点高低可分为低沸点、高沸点和沸点与四氯化钛相近的杂质。

按照相态分类，粗四氯化钛中的杂质成分主要有：（1）气体杂质：HCl、Cl_2、$COCl_2$、COS、SO_2、CO、CO_2、N_2、O_2 等；（2）液体杂质：CS_2、$SiCl_4$、Si_2OCl_6、$Si_3O_2Cl_8$、$SOCl_2$、SO_2Cl_2、S_2Cl_2、CCl_3COCl、$CHCl_2COCl$、$CH_2ClCOCl$、$VOCl_3$ 和 CCl_4 等；（3）固体杂质：$FeCl_3$、$AlCl_3$、$ZrCl_4$、$MnCl_2$、C_6Cl_6 和 $Ti(OH)_nCl_{4-n}$ 等。

按照沸点分类，粗四氯化钛中的杂质成分主要有：

（1）高沸点杂质：$FeCl_3$、$AlCl_3$ 和 $TiOCl_2$，其性质见表 12-4，其中高沸点杂质在不同温度下的蒸气压和相对挥发度见表 12-5。

表 12-4　高沸点杂质主要性质

杂质名称	熔点/℃	沸点/℃	密度/g·cm⁻³	溶解度/%	分离系数	常温下特征
$FeCl_3$	282	315（分解）	2.804	0.0018（70℃）	≫1	棕褐色
$AlCl_3$	190	183（升华）	2.44	0.08（25℃）	27	无色
$TiOCl_2$	—	180（分解）	—	0.26（0℃）	≫1	亮黄-白色结晶

表 12-5　高沸点杂质在不同温度下蒸气压和相对挥发度

物质	蒸气压（136℃）/Pa	相对挥发度（136℃）	蒸气压（142℃）/Pa	相对挥发度（142℃）
$TiCl_4$	101325	1	116742	1
$FeCl_3$	0.28	362000	0.52	225000
$AlCl_3$	3784	26.8	6165	18.9
$TiOCl_2$	133.3	760	—	—

从表 12-4、表 12-5 可知，$FeCl_3$ 和 $AlCl_3$ 可利用其与四氯化钛在密度上的差异（四氯化钛沸点 136.4℃，密度 1.726g/cm³），在氯化工序通过沉降和过滤方法将其除去。进入精制系统的 $FeCl_3$、$AlCl_3$ 的沸点高于四氯化钛，因此采用蒸馏法可很好地将其除去；$TiOCl_2$ 在蒸馏过程中可与 $AlCl_3$ 反应，也可在蒸馏过程中将其除去。

（2）低沸点杂质主要有：$SiCl_4$、$SiHCl_3$、CCl_4、CCl_3COCl 等。其中以 $SiCl_4$ 含量最高，最具有代表性。$SiCl_4$ 与 $TiCl_4$ 可无限互溶，沸点为 57.6℃，与四氯化钛沸点 136℃ 相差较大，具有较高的分离系数。在工业上采用多级精馏的方法将其分离。

（3）沸点与四氯化钛相近的杂质主要有：$VOCl_3$、VCl_4 和 $SiOCl_6$ 等，其中以 $VOCl_3$ 含量最高。$VOCl_3$ 沸点 126.8℃，可与四氯化钛无限互溶，分离系数仅 1.29，物理方法分离极为困难。工业上采用化学反应的方法使 $VOCl_3$ 转变成沸点更高但不溶于四氯化钛的化合物，再用简单蒸馏的方法将其分离。国外已有把富含 $VOCl_3$ 的四氯化钛溶液，采用多次多级精馏的工艺把它们分开，并把 VOCl$_3$ 提纯到 99.5% 以上，可作为钒电池的原料。

12.2.2 粗四氯化钛精制工艺设备流程

粗四氯化钛精制工艺设备流程如图 12-4 所示。

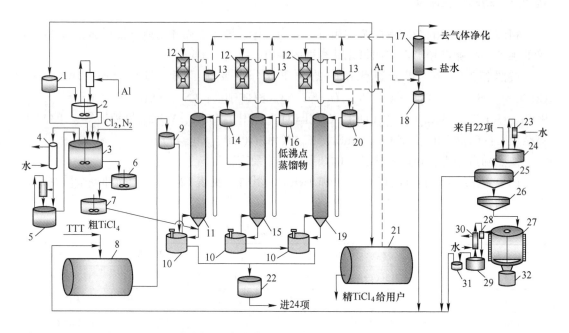

图 12-4 粗四氯化钛精制工艺设备流程

1—精钛高位槽；2—Al 粉混合罐；3—LTC 反应罐；4—冷却塔；5—冷却槽；6—LTC 收集槽；7—LTC 高位槽；
8—CTT 储罐；9—CTT 高位槽；10—蒸馏釜；11—蒸馏塔；12—空冷器；13—液封罐；14—次溜出物槽；
15——级精馏塔；16—低沸点收集罐；17—换热器；18—冷淋液槽；19—二级精馏塔；20—精钛收集罐；
21—精钛储槽；22—残渣收集罐；23、28—水力喷射泵；24—水解槽；25—沉降槽；26—矿浆槽；
27—矿浆蒸发炉；29—冷凝液槽；30—冷却器；31—泵槽；32—运料箱

12.2.3 铝粉除钒精制工艺流程

目前常用除钒方法有铜丝除钒法、铝粉除钒法、H$_2$S 除钒法和有机物除钒法（主要是矿物油）。综合比较并针对自身最终产品的质量要求、原料和工艺技术特点，确定采用哪种除钒方法。

铝粉除钒技术的工艺流程主要包括：TiCl$_3$ 浆液制备、蒸馏除钒、一级精馏除硅、二级精馏除高沸点物质和蒸馏残渣处理等过程。

12.2.3.1 TiCl$_3$ 矿浆制备

首先将铝粉与适量的精四氯化钛混合搅拌制成铝粉悬浮液，然后在氮气保护条件下通入少量氯气，让氯气与部分铝粉反应生成三氯化铝，该反应是放热反应，可提高反应体系温度；当体系温度达到 80℃ 时，在三氯化铝的催化作用下铝粉与四氯化钛反应生成三氯化钛，反应得到的三氯化钛不能单独存在，而是与三氯化铝形成无规则组成的化合物（mTiCl$_3$·AlCl$_3$，$m=1\sim3$），即以四氯化钛为主体、含有少量三氯化钛和三氯化铝固体的

浆液。主要的化学反应如下:

$$2Al + 3Cl_2(g) = 2AlCl_3 \downarrow \qquad (12-27)$$

$$3TiCl_4 + Al = 3TiCl_3(s) \downarrow + AlCl_3 \downarrow \qquad (12-28)$$

$$Al + mTiCl_4 + Cl_2 = mTiCl_3 \cdot AlCl_3 \downarrow \qquad (12-29)$$

12.2.3.2 蒸馏除钒和高沸点杂质

在蒸发釜中按比例同时加入低价钛浆液和粗 $TiCl_4$，加热混合物至 136~150℃，四氯化钛和低沸点物质气化从塔顶溢出，高沸点物质留在釜底，同时 $VOCl_3$ 和低价钛反应生成不溶于四氯化钛的固体 $VOCl_2$，从而达到除钒的效果。低价钛除钒的化学反应方程式如下:

$$VOCl_3(l) + TiCl_3(s) = TiCl_4(l) + VOCl_2(s) \downarrow \qquad (12-30)$$

粗 $TiCl_4$ 中含有较多微量杂质，蒸馏釜内环境复杂，存在很多副反应。

$$2TiCl_3(s) + Cl_2(g) = 2TiCl_4(l) \qquad (12-31)$$

$$AlCl_3(s) + TiOCl_2(s) = AlOCl(s) + TiCl_4(l) \qquad (12-32)$$

$$TiCl_3(s) + FeCl_3 = FeCl_2(l) + TiCl_4(l) \qquad (12-33)$$

$$TiCl_3(s) + CrCl_3 = CrCl_2(l) + TiCl_4(l) \qquad (12-34)$$

副反应的存在会增大低价钛的消耗，进而增加铝粉的消耗，在反应釜中 $AlCl_3$、$VOCl_2$ 等固相物易沉淀在 $TiCl_3$ 表面，减少其与 $VOCl_3$ 的接触机会，降低低价钛利用效率。因此在制备低价钛过程中应严格控制氯气通入量，以避免低价钛再氧化;另外，尽量降低粗 $TiCl_4$ 中 $FeCl_3$、$CrCl_3$ 等固体氧化物存在，以减少低价钛消耗。

12.2.3.3 精馏除 $SiCl_4$ 和低沸点杂质

粗 $TiCl_4$ 中含有 $SiCl_4$、$SiHCl_3$、CCl_4 等沸点较低的气体杂质，其中以 $SiCl_4$ 含量最高，且它们可以与 $TiCl_4$ 无限互溶，对海绵钛或氯化法钛白等后续产品影响较大。工业上利用精馏方法除去低沸点杂质。

精馏除硅装置主要由精馏塔、蒸馏釜、冷凝器和回流管组成。除钒后的物料从精馏塔中部加料板位置连续加入精馏塔内，并沿精馏塔流向蒸馏釜。蒸馏釜中液体被加热部分气化，蒸汽中易挥发组分中 $SiCl_4$ 含量大于液相中易挥发组分 $SiCl_4$ 含量，蒸气沿塔向上运动，气-液两相不断进行热量和物质传递，使上升气相物中易挥发组分含量逐渐增大，下降液相物中易挥发组分含量逐渐减小，使塔顶的 $SiCl_4$ 含量逐渐增大，塔底 $SiCl_4$ 含量逐渐降低，从而将 $SiCl_4$ 分离。

精馏塔分离的其他低沸点杂质主要有:HCl、Cl_2、$COCl_2$、CO、CO_2、N_2、O_2、$SiCl_4$、$SOCl_2$、S_2Cl_2、CCl_3COCl、$CHCl_2COCl$、$CH_2ClCOCl$ 和 CCl_4 等。

12.2.3.4 精馏除三氯化铁、三氯化铝

一级精馏釜底液体连续加入二级蒸馏釜，并在釜内气化上升，同时塔顶冷凝下来的物料部分回流至塔内，液相物料和气相物料在塔板上进行传热传质，气相中的高沸点物质含量逐渐降低，液相中高沸点物质逐渐富集在蒸馏釜中定期或连续排出，从而将其分离。排出的高含量高沸点氯化物的泥浆返回氯化泥浆罐，再返回氯化炉进行最终的分离处理。

表 12-6 为精 $TiCl_4$ 产品质量，表 12-7 为所得的精 $TiCl_4$ 杂质含量及其对比。

表 12-6 精 $TiCl_4$ 产品质量与行业标准（YS/T 655—2016）的对比

项目	含量/%					色 度
	$TiCl_4$	$SiCl_4$	$FeCl_3$	$VOCl_3$	$AlCl_3$	
标准要求	99.99	0.0012	0.0005	0.0005	0.001	$5mgK_2Cr_2O_7/L$
实际值	99.99	0.0010	0.0003	0.0004	0.0005	$5mgK_2Cr_2O_7/L$

表 12-7 精 $TiCl_4$ 杂质含量及其对比

项 目	化学成分（wt）/%						
	Si	V	Fe	O	光气+氯乙酰氯	CS_2	Al
独联体 0 级品标准	0.0002	0.0002	0.0002	0.0001	0.0002	0.00004	0.002
钢企海绵钛	0.0016	0.00035	0.0003	未检测	未检测	未检测	0.0010
攀钢海绵钛厂	0.0002	0.0001	0.0001	≤0.0001	0.0001	0.00004	0.0005

12.2.3.5 精制残渣处理系统

粗四氯化钛精制产出的含钒泥浆的主要成分是 $TiCl_4$、$VOCl_2$、$FeCl_3$ 和 $AlCl_3$。该系统主要包括残渣水解和矿浆蒸发两大部分。一部分是四氯化钛残渣首先加入水解槽，再加入精确计量的水，使 $AlCl_3$ 和 H_2O 反应生成 $AlOCl$，然后将水解液打入小沉降槽进行沉降，沉降的上清液返回粗四氯化钛储罐，沉降的浊液打入矿浆蒸发炉，加热使四氯化钛蒸发出来后向残渣中加入石灰中和。蒸发出来的四氯化钛经冷凝收集后返回粗四氯化钛储罐，残渣经无害化处理后堆存。另一部分是将含钒泥浆直接返回氯化炉进行蒸发，通过收尘器沉降回收固相高沸点氯化物，蒸发出来的四氯化钛进入冷凝系统进行回收。收尘器收集的固相氯化物在进行净化处理回收有价元素钒后，用石灰中和处理，并送渣场堆存待资源化利用。

总之，通过 30 多年创新发展，熔盐氯化技术在中国得到发展并实现大型化，用于海绵钛生产和氯化法钛白生产，将为有效地利用攀枝花钒钛磁铁矿发挥重要的作用。但是熔盐氯化产出的废盐综合利用、高含氯根离子的废盐水综合处理资源化利用技术，尚需加快研发。

12.3 技术发展现状及其展望

酸溶性钛渣熔盐氯化技术实现了多项关键技术突破：

（1）突破了攀西高钙镁酸溶性钛渣熔盐氯化技术。以攀西高钙镁酸溶性钛渣为原料用于熔盐氯化，打通了工艺流程，解决了攀西高钙镁酸溶性钛渣直接氯化的难题，简化了生产四氯化钛的工艺技术，降低了四氯化钛生产成本，生产出高质量的四氯化钛中间产品用于生产海绵钛和氯化法钛白发展空间广阔。

（2）熔盐炉氯化控制技术成熟。通过对氯化炉关键技术的控制优化及结构改进，实现了熔盐氯化炉加料系统、温度、负压和返炉泥浆喷淋受控及连续稳定运行水平的提升，并建立起一套熔盐成分预判体系，成功用于工业生产，使中国的熔盐氯化技术达到世界先进水平。

大型熔盐氯化系统实现双炉连续稳定运行 100 天，单炉产能 130t/d 且生产的粗钛固含量由 32.5g/L 降至 4.01g/L，碱液消耗由 1.37t/tCTT 降至 0.27t/tCTT。每吨粗 $TiCl_4$ 生产成本降低 2936 元，经济效益显著；精制系统实现连续稳定运行，产能实现连续 200t/d 以上，精制产出率达到 86.3% 以上。

（3）提升了铝粉蒸馏除钒系统控制技术水平。提出了降低蒸馏釜残渣排放比例、提高蒸馏过程稳定性的新模式，并形成了蒸馏除钒过程成套控制技术。

酸溶性钛渣熔盐氯化技术展望：

（1）酸溶性钛渣熔盐氯化-精制四氯化钛新技术，是用低品位高钙镁含量钛原料大型化生产四氯化钛的可靠途径，是钛渣熔盐氯化技术的创新发展。

（2）酸溶性钛渣熔盐氯化技术的特点是对钛原料适应性强、生产成本低、废熔盐可开发利用、设备投资少，发展速度快。酸溶性钛渣熔盐氯化产出的废盐是普通钛渣（TiO_2 90%）的 2 倍多，尚需下大气力研究解决废盐的资源化利用技术难题。

（3）熔盐氯化技术与氯化法钛白氧化工序实现对接，装备简化，开车难度较低，操作方便且达产容易。熔盐氯化装置的生产规模尚需要进一步大型化，在实践中参数控制自动化和清洁化须进一步加强攻关研究，在生产规模上满足氯化法钛白发展的需求，为提高中国氯化法钛白的竞争力创造条件。

（4）氯化法钛白粉工艺是今后中国产业政策鼓励类的重要的发展方向。目前的氯化法新项目都选择沸腾氯化的工艺技术，国产钛原料尚不能满足沸腾氯化法生产所需，而全球低钙镁高品位钛精矿、钛渣供应非常有限，从长远看将制约氯化法钛白粉生产的发展。所以，依靠国内低品位钛资源生产四氯化钛是可持续发展的方向。独具特色的酸溶性钛渣熔盐氯化技术具有自主知识产权，在氯化法工艺技术路线中具有较强的竞争力和发展应用潜力，可为海绵钛和氯化法钛白提供优质可靠的低成本原料保障。

参 考 文 献

[1] 刘佳媛. 熔盐氯化生产四氯化钛工艺研究 [J]. 现代矿业，2019（5）：221-225.

[2] 李开华，李亮，苗庆东，等，攀枝花钛渣熔盐氯化特性研究 [J]. 钢铁钒钛，2016，37（5）：9-14.

[3] 秦兴华. 全攀枝花钛精矿冶炼钛渣熔盐氯化技术应用分析 [J]. 钢铁钒钛，2015，35（5）：16-19.

[4] 李开华. 攀枝花 74%钛渣熔盐氯化研究 [J]. 钢铁钒钛，2015，36（2）：7-12.

[5] 李亮，陈爱祥，李开华，等. 钛渣熔盐氯化炉稳定运行影响因素 [J]. 轻金属，2016（5）：38-42.

[6] 苗庆东，李开华，李亮，等. 石油焦中硫含量对熔盐氯化过程的影响 [J]. 有色金属：冶炼部分，2016（2）：14-17.

[7] 苗庆东. 钛渣熔盐氯化生产 $TiCl_4$ 尾气处理 [J]. 轻金属，2017（5）：43-46.

[8] 冯宁，马锦红，曹坤. 熔盐氯化法生产粗四氯化钛应用研究 [J]. 辽宁工业大学学报（自然科学版），2017，6（37）：180-182.

[9] 王祥丁，雷霆，邹平，等. 熔盐氯化渣中氯化物的处理研究 [J]. 云南冶金，2009（3）：24-28.

[10] 张溅波，吴轩，缪辉俊，等. 熔盐氯化废渣回收氯化盐及其促进钛铁矿盐酸浸出研究 [J]. 钢铁钒钛，2015（4）：48-52.

[11] 王德英. 熔盐氯化炉氯化反应最高理论温度及其引热措施的探讨 [J]. 钢铁钒钛，1990，11（3）：74-79.

[12] 黄树杰. 高钙镁钛渣熔盐氯化技术的研究与熔盐氯化炉大型化的探讨 [J]. 钢铁钒钛, 1989, 10 (4): 45-54.

[13] 李雷权, 刘曼仁. 高钙镁钛渣熔盐氯化技术的研究与熔盐氯化炉大型化的探讨 [J]. 陕西工学院学报, 2002, 2 (18): 15-20.

[14] 李亚军, 孙虎民, 许伟春. 粗四氯化钛除钒工艺现状及发展趋势 [J]. 现代化工, 2007, 27 (6): 24-26.

[15] 胡元金. 粗四氯化钛铝粉除钒和有机物除钒工艺比较 [J]. 河南科技, 2016 (8): 126-128.

[16] 徐云旺, 李保金, 包兴柱, 等. 浅谈铝粉除钒工艺研究 [J]. 世界有色金属, 2016 (2): 128-129.

[17] 王富文, 杨易邦, 胡付立. 四氯化钛铝粉除钒工艺配置 [J]. 有色金属设计, 2014, 41 (1): 53-55.

13 钛铁矿盐酸法生产人造金红石及富钛料技术

13.1 背景及技术思路

13.1.1 富钛料制备技术分类

富钛料为钛白粉和海绵钛生产的主要原料，其制备技术是钛工业发展的关键，尤其是利用四川攀西地区微细粒级高钙镁含量的钛精矿制备人造金红石和高品质的酸溶性富钛料，是我国钛原料产业发展的最大技术难题，将其解决必将产生极大的经济效益和社会、生态效益。目前，国内外富钛料的制备技术主要有三种：第一种是电炉熔炼钛精矿制备高钛渣，其中高钛渣（也称氯化钛渣）可用于氯化法钛白和四氯化钛生产，酸溶性钛渣用于硫酸法钛白粉生产。但攀西地区细粒高钙镁含量钛精矿电炉熔炼的高钛渣无法满足沸腾氯化工艺要求，难以生产氯化钛渣，而且必须与其他粗粒钛精矿混合才能满足电炉熔炼原料的要求。同时，攀西钛精矿电炉熔炼生产高钙镁酸溶性钛渣用于硫酸法钛白粉生产存在杂质含量高、钛白粉质量差、酸解硫酸浓度高、酸解率低、废酸无法全部循环回用且处理成本高等缺陷。第二种是湿法冶金-盐酸或硫酸浸取钛精矿制备人造金红石，或采用锈蚀法或选择性氯化法制备人造金红石。但攀西地区高钙镁含量的钛精矿用现有盐酸浸取工艺制备人造金红石细化严重，回收率低，工业成本不合算。第三种是将电炉冶炼的钛渣用盐酸浸取进一步除杂提高 TiO_2 品位，制成所谓的 UGS 升级渣可用于氯化工艺。

13.1.2 技术研发及技术难题

我国"钛精矿盐酸法制人造金红石及富钛料"研究已有三十多年历史，但至今产业化应用效果不佳。国家"六五""七五"科技攻关曾开展过此项工作，并形成两大工艺流程：一是预氧化-流态化常压浸出工艺，在原重庆天原化工厂建成 5000t/a 试验生产线，采用常压浸出，但浸出时间长、产品质量不稳定。二是选-冶联合加压浸出工艺，在原自贡东升冶炼厂建成 1000t/a 试验生产线，采用较高浓度盐酸对原矿直接浸出，但存在物料细化严重、水解不完全，导致固-液分离困难。上述两种工艺均未实现浸出母液的循环回收利用，废酸过多、无法处理、严重污染环境，制约其产业化发展。

经过三十多年的研究攻关，对攀西钛精矿盐酸法制备人造金红石及富钛料的机理、工艺参数及产品质量有了相当多的认识与了解，并开展了浸出母液再生酸的工业试验，但主要精力都集中在浸出工艺及参数上，并没有将浸出工艺与盐酸再生有机结合起来，也没有考虑酸浸后粒度细化产品和 TiO_2 品位在 41%~43% 的攀西钛中矿的利用问题。因而，要实现攀西地区高钙镁钛精矿盐酸法制备人造金红石及富钛料的全面产业化，就必须解决以下几方面的技术难题：

一是实现盐酸全部再生闭路循环降低酸处理成本。现有工艺存在的问题有：（1）浸出盐酸浓度过大（>220g/L），使浸出盐酸浓度与再生盐酸浓度（<195g/L）不相匹配，无法达到浸出-酸再生循环平衡；（2）盐酸再生需处理浸出母液的量过大，导致生产成本与投资过高；（3）无法达到废水零排放的环境要求。因此，必须解决低成本盐酸循环问题。

二是提高设备产能满足工业化要求。现有工艺因：（1）过多的钛在浸出过程中的溶解、水解不完全使固-液分离困难，不能满足工业化生产要求；（2）浸出时间太长（5~8h）影响设备产能，所以要求提高工业化产能。

三是解决钛精矿浸出过程中粒度细化产品及细粒钛精矿浸出渣的应用问题。由于氯化钛白或四氯化钛生产所需人造金红石的钛原料粒度要求在-40~+200目，且粒度分布必须集中；而攀西地区钛精矿粒度较细并且随着深部开采及细磨工艺的应用更加细化，加之酸浸工艺水解细化及机械粉化，使得钛精矿经盐酸浸出后70%浸出渣的粒度小于200目，无法满足氯化法生产需要，影响人造金红石的产率。

四是低品位矿的利用。攀西地区钒钛磁铁矿在采选分离过程中会产生大量TiO_2品位在41%~43%的钛中矿，生产钛中矿的选矿成本最低及钛的回收率高，但却无法直接作为原料进行硫酸法钛白生产或难以电炉熔炼成高钛渣。若能开发出直接利用钛中矿制取富钛料制备技术及后续应用技术，则将对攀西地区钛资源的开发利用具有重大意义。

为了解决上述人造金红石及富钛料产业化问题，某钛企业在国内三十多年对攀西钛精矿盐酸浸出研究和盐酸法钛白粉生产技术基础上，结合攀西当地钛铁矿资源实际情况自主开发出盐酸加压浸出制备人造金红石及新型酸溶性富钛料新技术，建成了国内首条万吨级湿法人造金红石及富钛料工业生产线并达标生产，其产品在当地钛化工企业应用，以此产品为原料生产出的硫酸法钛白粉质量明显优于电炉熔炼钛渣，其质量超过国家 YS/T 298—2007 标准。

该新技术特点：（1）可同时生产酸溶性富钛料和人造金红石，其中细粒部分为新型酸溶性富钛料，用于硫酸法钛白粉生产，粗粒部分为人造金红石，用于氯化钛白或海绵钛生产。（2）实现了浸出母液平衡和盐酸循环回用，解决了过滤问题，大大降低了酸处理成本，不产生废酸、废水和固废。（3）广泛适用于各种钛原料生产多种档次的富钛料，既可选用攀西钛精矿、云南钛精矿、直接还原新流程钛渣、电炉钛渣生产新型酸溶性富钛料、人造金红石及 UGS 渣，还可有效利用TiO_2品位在41%~43%的攀西钛中矿。

13.1.3 技术思路

13.1.3.1 攀西高钙镁钛铁矿的特点及制备富钛料难点

四川攀西地区钒钛磁铁矿有几大特点：一是资源储量巨大，铁、钒、钛品位低，但利用成本高；二是多金属致密共生，易开采，难选冶，有价金属难分离。

由于攀西地区所产钛铁矿精矿（钛精矿）中钙镁与二价铁含量高且嵌布粒度细，其作为钛原料时有以下难点：

（1）仅适合于作硫酸法钛白和酸溶性钛渣生产原料，不能作为氯化法钛白和四氯化钛生产原料。

（2）以攀西钛铁矿为原料电炉熔炼生产酸溶性钛渣时，需要掺云南钛精矿、越南钛精矿或澳洲钛精矿，以提高其产品粒度和二氧化钛品位，降低粉尘污染，且电炉冶炼酸溶性钛渣用于硫酸法钛白粉生产时存在酸解硫酸浓度高、酸解率低、废酸难以浓缩循环回用、含杂质量高、钛白粉质量差等问题。

（3）无法用全攀西钛精矿电炉熔炼制备沸腾氯化钛渣，因其钙镁含量高，电炉熔炼难以除去，其产品无法满足氯化工艺对低钙镁含量的要求。

（4）盐酸或硫酸浸取制备人造金红石，因其粒度细化加之酸浸后粉化，有 70% 以上的产品粒度达不到沸腾氯化工艺要求，无法实现产业化，并且硫酸浸取的除杂效果较差。

（5）做直接还原新流程的原料时，所得直接还原铁中含硫高，需要脱硫，所得钛渣的二氧化钛品位较低，钛铁分离困难导致各自回收率较低，而且用其生产的钛白粉质量也不高。

13.1.3.2　攀西钛精矿制备高品质富钛料的工艺选择

由于攀西钛铁矿具有上述特点和制备富钛料的难点，采用电炉熔炼、直接还原或硫酸浸取工艺制备高品质富钛料时难以去除钙镁等杂质。因而，选择盐酸浸出法处理高钙镁含量的钛精矿是一种新的技术思路。采用此新技术思路可以实现如下目的：

（1）由于盐酸浸出是除去铁、钙、镁、锰、钒等杂质元素的最为有效方法，可以提供低杂质含量的优质富钛料。

（2）盐酸浸出渣并非金红石晶型，不经高温过程应该具有酸溶性，突破此误区，有可能形成新型的富钛料产品——湿法酸溶性富钛料，有效解决 70% 的微细粒级攀西钛精矿及其盐酸浸出细化产品的出路问题。

（3）依靠一条生产线同时生产人造金红石和新型酸溶性富钛料两种富钛产品，以满足硫酸法、氯化法钛白和海绵钛原料市场需要，在攀西钛精矿应用上取得新突破。

（4）借鉴加盐盐酸浸取经验，提高浸出速度和降低盐酸浸出浓度，从而提高产能。

（5）解决浸出母液与盐酸再生平衡循环，大大降低能耗和成本，减少污染。

13.1.3.3　盐酸浸出攀西钛精矿制备人造金红石及高品质富钛料技术思路

（1）含盐盐酸浸取以提高浸出速度、降低盐酸浸出浓度与温度，提高产能及实现酸与水的循环平衡。

（2）摆脱盐酸浸出渣为金红石晶型不溶于硫酸的误区，制备出具有良好酸溶性的新型酸溶性富钛料。

（3）将含盐盐酸浸出与酸再生循环相结合，采取浸出母液分流措施，一部分焚烧与另一部分循环有机配套，实现酸再生循环达成氯根离子与水的物料平衡，减少焚烧量，从而降低生产成本。

（4）浸出渣未经高温转型具有酸溶性，采取分级措施，其中粗粒部分经高温煅烧转型为人造金红石，实现一条生产线可同时生产人造金红石和高品质新型酸溶性富钛料两种钛原料产品。

图 13-1 为盐酸浸取钛精矿制备人造金红石及富钛料的技术思路对应的技术路线。

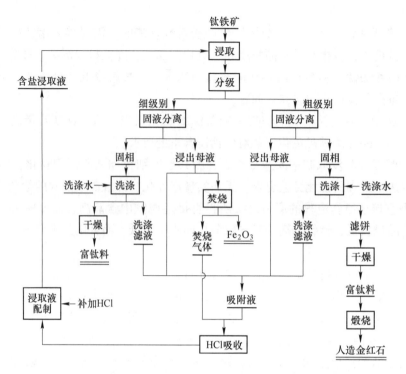

图 13-1　盐酸浸取钛精矿制备人造金红石及富钛料技术路线

13.2　基本原理及技术特点

13.2.1　基本反应

钛精矿盐酸加压浸出制取人造金红石分为浓盐酸法（华昌法）和稀盐酸法（贝利法或 BCA 法）两种方法。它们都是使钛精矿和盐酸在一定温度和压力下进行化学反应，钛精矿中的铁、钙、镁等氧化物转化成相应的氯化物进入溶液，而二氧化钛只有少量被盐酸溶解，并在一定条件下水解，工艺过程产生的细料主要是二氧化钛溶解后的水解产物。大部分 TiO_2 存留在固相中而得到富集，形成符合沸腾氯化需要的人造金红石产品。浸出母液在高温过程发生气、液、固三相反应，分解生成 HCl 气体和相应的氧化物，浸出过程和母液焙烧的主要反应为：

$$2FeO \cdot TiO_2 + 6HCl \Longrightarrow 2FeCl_2 + TiO_2 + TiOCl_2 + 3H_2O \tag{13-1}$$

$$2MgO \cdot TiO_2 + 6HCl \Longrightarrow 2MgCl_2 + TiO_2 + TiOCl_2 + 3H_2O \tag{13-2}$$

$$2CaO \cdot TiO_2 + 6HCl \Longrightarrow 2CaCl_2 + TiO_2 + TiOCl_2 + 3H_2O \tag{13-3}$$

$$2Fe_2O_3 \cdot TiO_2 + 14HCl \Longrightarrow 4FeCl_3 + TiO_2 + TiOCl_2 + 7H_2O \tag{13-4}$$

在稀盐酸浸出过程中有部分钛溶解后又水解，水解反应为：

$$TiOCl_2 + (x + 1)H_2O \Longrightarrow TiO_2 \cdot xH_2O \downarrow + 2HCl \uparrow \tag{13-5}$$

浸出母液焙烧发生的主要反应为：

$$7FeCl_2 + 7H_2O + 1.5O_2 \Longrightarrow 2Fe_2O_3 + Fe_3O_4 + 14HCl \tag{13-6}$$

$$2HCl + O_2 =\!=\!= H_2O + Cl_2 \uparrow \quad (O_2\ 过剩，H_2O\ 不足) \tag{13-7}$$
$$2FeCl_3 + 3H_2O =\!=\!= Fe_2O_3 + 6HCl \uparrow \tag{13-8}$$
$$MgCl_2 + H_2O =\!=\!= MgO + 2HCl \uparrow \tag{13-9}$$
$$2AlCl_3 + 3H_2O =\!=\!= Al_2O_3 + 6HCl \tag{13-10}$$
$$MnCl_2 + H_2O =\!=\!= MnO + 2HCl \uparrow \tag{13-11}$$

13.2.2 钛、铁氧化物的浸出反应动力学

稀盐酸浸出钛精矿的过程系液-固相非均相反应，反应过程至少同时进行下面五个过程：

（1）盐酸分子扩散到钛精矿颗粒表面的界面层。

（2）盐酸分子进一步扩散通过固体膜。

（3）盐酸分子与钛精矿颗粒发生化学反应。

（4）反应产生的可溶性化合物（如 $FeCl_2$ 等）扩散通过固体膜。

（5）反应产生的可溶性化合物（如 $FeCl_2$ 等）从颗粒表面的界面层向溶液内扩散。

而整个浸出过程的反应速度由上述五个步骤中最慢的一个控制。由反应式（13-1）可以看出，在反应开始时虽然有化学反应要耗去部分盐酸，但由于反应系统中酸矿比较大，因而溶液中盐酸浓度变化不大。而在钛精矿颗粒表面液膜中的盐酸由于参与化学反应不断消耗，从而在溶液和界面膜上盐酸浓度梯度大，所以盐酸分子扩散到钛精矿颗粒表面的速度是足够高的。又因反应生成的可溶性化合物 $FeCl_2$ 在盐酸溶液中具有较大的溶解度，其向溶液中的扩散速度也相当快，反应中形成的固体 TiO_2 残留在钛铁矿骨架中，因此在反应开始后的相当长一段时间内整个反应过程为化学反应控制，浸取液中盐酸活度主导了钛精矿浸出过程。

另外，在稀盐酸浸出钛精矿反应过程中反应生成的钛离子会按反应式（13-5）发生水解，水解产物 $TiO_2 \cdot xH_2O$ 以沉淀形式在溶液中析出，但也可能沉积在尚未反应完的钛精矿颗粒表面上，这样在钛精矿表面就形成了水解产物 $TiO_2 \cdot xH_2O$ 固体膜的可能性。若在钛精矿颗粒表面形成 $TiO_2 \cdot xH_2O$ 固体膜，则反应动力学将受这一层固体膜特性的影响。如果形成的固体膜是疏松多孔可透性薄膜，则盐酸进入界面将不受阻力，反应仍和不形成固体膜一样，为化学反应控制。若将矿粒近似看作球形，则反应过程应符合多相化学反应动力学方程式（13-12）：

$$1 - (1 - R)^{\frac{1}{3}} = k't \tag{13-12}$$

式中，R 为反应分数；k' 为该试验条件下的反应速度常数；t 为相应的浸出时间。

如果在矿粒表面上形成的固体膜不是疏松多孔的，而是比较致密的，则固体膜的阻力不能忽视，此时反应属于扩散控制，反应过程应符合简德尔动力学公式（13-13）：

$$\left[1 - (1 - R)^{\frac{1}{3}}\right]^2 = k't \tag{13-13}$$

或符合克兰克-金斯特林-布劳希特因动力学公式（13-14）：

$$1 - \frac{2}{3}R - (1 - R)^{\frac{2}{3}} = k't \tag{13-14}$$

式（13-13）和式（13-14）中 R、k'、t 的意义同式（13-12）。

图 13-2 为 110℃、120℃ 和 140℃ 等温条件下所得的氯化亚铁浸出试验数据，用上述公式进行数学分析后计算出的 $1 - \sqrt[3]{1-R}$ 和时间 t 的关系图。从图 13-2 看出，$1 - \sqrt[3]{1-R}$ 与 t 均呈直线关系；在所研究的温度范围内，氯化亚铁浸出率达 90% 以前（总铁浸出率 80% 以前），稀盐酸浸出攀枝花钛精矿的反应过程属于化学反应控制，基本上符合多相化学反应动力学方程式（13-12）。此时即使有水解产物 $TiO_2 \cdot xH_2O$ 在钛精矿颗粒表面上沉积，所形成的固体膜也属于疏松可透性薄膜。

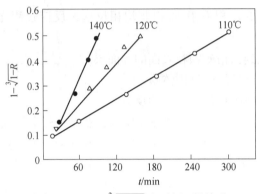

图 13-2 $1 - \sqrt[3]{1-R}$ 和时间 t 的关系

由图 13-2 可测出各条直线的斜率，通过斜率可计算出在该试验条件下的反应速度常数 k'。在 110℃ 时 k' 值为 1.47×10^{-3}；120℃ 时 k' 值为 2.86×10^{-3}；140℃ 时 k' 值为 5.33×10^{-3}。当温度由 110℃ 升高到 120℃ 时反应速度常数约增加 1 倍，温度由 110℃ 升高到 140℃ 时反应速度常数约增加 2.6 倍，反应速度常数随温度升高而增加十分明显。

由此可知，用浓度 20% 稀盐酸浸出攀枝花钛精矿时，在氯化亚铁浸出率 90%（总铁浸出率 80%）以前整个反应过程为化学反应控制，在此阶段用加压方式、升高反应温度十分有利，可以明显提高反应速度。根据此动力学的研究，将稀盐酸直接浸出攀枝花钛精矿由常压 110℃ 改为加压 120~140℃，可使反应时间缩短到原来的 1/2~1/3。

在以后的反应阶段里，一方面由于溶液中盐酸浓度降低，氯化亚铁（$FeCl_2$）浓度不断增高，所以盐酸向矿粒表面的扩散速度以及氯化亚铁由界面层向溶液的扩散速度均减缓；另一方面，由于大部分铁已被选择性浸出，盐酸必须通过保留在钛铁骨架中的 TiO_2 层继续向矿粒内部扩散与残留的铁发生反应，因而整个反应过程逐渐由化学反应控制过渡进入扩散控制。

13.2.3 微量磷在浸出过程中的行为及其影响

攀枝花钛精矿中磷含量为 0.006%~0.007%，是很微量的，一般以 $Ca_3(PO_4)_2$ 形式存在，在稀盐酸浸出过程中很快分解反应生成 H_3PO_4，反应方程如下：

$$Ca_3(PO_4)_2 + 6HCl = 3CaCl_2 + 2H_3PO_4 \tag{13-15}$$

当钛离子水解析出 $TiOCl_2$ 固相时又吸附了酸浸液中的磷，所以在产品中磷含量和 TiO_2 一样成倍地富集。为了解磷在浸出过程中对钛铁浸出的影响，在 132℃ 下用 20% 稀盐酸浸出不同磷含量的钛精矿，研究了不同磷含量下酸浸液中钛铁浓度随时间的变化，如图 13-3 所示。

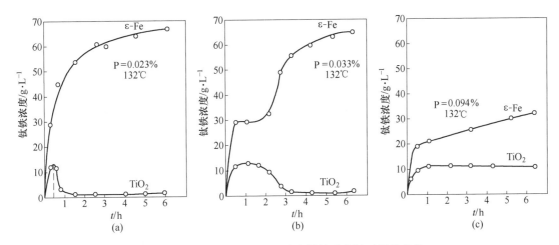

图 13-3 不同磷含量下酸浸液中钛铁浓度随时间的变化

(a) 产品中 TiO_2 89%; (b) 产品中 TiO_2 87%; (c) 产品中 TiO_2 52%

从图 13-3 中看出:

(1) 随着钛精矿中磷含量的提高,酸浸液中钛离子开始水解的时间延后,含 P = 0.023%时钛离子水解开始的时间为反应后 0.5h;含 P = 0.033%时为 2h,当 P 含量增至 0.094%时在 6h 内未发生明显水解现象。由此得出钛精矿中微量磷起着抑制、延缓钛离子水解的作用。磷含量达到 0.094%时,磷抑制、延缓钛离子水解作用已较显著。

(2) 当钛精矿中磷含量较低时 (图 13-3 (a)),酸浸液中钛离子在较短的时间内发生水解,则铁离子浓度随时间延长而有规律地增长,为一圆滑曲线,反应 6h 时产品中 TiO_2 达到约 90%。当钛离子受到微量磷的抑制而延长水解时,铁的浸出也受到阻滞,在铁浓度随时间变化曲线上出现折点。但当钛离子一旦开始水解,则铁的浓度又迅速增长如图 13-3 (b) 所示。当磷含量较高时 (图 13-3 (c)),在 6h 内钛离子未明显水解,则铁的浓度随时间延长提高很缓慢,故反应 6h 浸出渣中 TiO_2 仅 52%。以上钛离子的水解可促使铁的继续溶解这一现象,是由于钛离子水解时析出新生态的活化氢离子,并相应活化了整个盐酸中的氢离子,使降低了浓度的盐酸又具有了较强的反应能力。

去除磷的有害影响的方法有三种: (1) 预先将磷自钛精矿中除去,如用稀盐酸在室温下浸泡含磷钛精矿 1~2 天,可使磷溶解进入稀盐酸,使钛精矿中磷降至 0.02%以下。但这种方法需要增加庞大的设备,过滤困难,稀盐酸中也相应浸出了铁和钛,造成损失,在实际生产中不适用。(2) 设法破坏磷对钛离子水解的抑制作用,提高温度可在不同程度上去除磷的有害影响。研究发现,采用 P 含量 0.033%的钛精矿为原料,当浸出温度由 110℃提高至 140℃时,钛离子开始水解的时间由 6h 降至 0.5h 多,产品品位由 50%提高到 88%~90% (132℃),但是当磷量较高时 (如 0.094%~0.14%),要消除磷的影响则需要 140℃以上的更高温度。(3) 提高稀盐酸浓度也可去除磷的有害作用,如将盐酸浓度由 20%提高至 24%,在相同时间条件下反应 6h,产品中 TiO_2 含量由 52%提高至 88%~89%。

研究中发现,虽然磷抑制、延缓钛离子水解的作用,但是钛离子最终都会发生水解。钛离子水解受浸取液中离子强度、温度、HCl 浓度及磷(PO_4^{3-})浓度的影响。随着浸出过程的进行，溶液中离子强度增加钛离子水解也增加。为了克服钛精矿中磷对钛离子水解的影响，以便提高钛的回收率和解决固液分离问题，增加浸取液或浸出母液离子强度（如含盐浸取液）是有效方法之一。发现磷抑制与延缓钛离子水解的主要原因是磷阻止了钛水解晶种的生成与发育，由于 PO_4^{3-} 与新生成的 $TiO_2 \cdot xH_2O$ 有很强的亲和力并反应生成 $(TiO)_3(PO_4)_2$ 而阻止了晶种生成，当溶液中 PO_4^{3-} 降低至一定浓度时晶种才会生成。同时，PO_4^{3-} 是强分散剂，还会阻止 $TiO_2 \cdot xH_2O$ 晶种发育。在浸取液中添加偏钛酸会降低磷对钛离子水解的影响。

13.2.4 钙、镁、铝、锰、硅和硫在浸出过程中的行为

研究了在不同温度下用 20%稀盐酸浸出攀枝花钛精矿时 MgO、CaO 和 Al_2O_3 的浸出率随时间而变化的情况，重点考察了（MgO + CaO）总含量在浸出过程中的行为，如图 13-4 所示。从图 13-4 可以看出，（MgO + CaO）总含量浸出率随时间延长而增长较快，提高温度对（MgO + CaO）浸出率有较大的影响，如 110℃时反应 2h 浸出率为 59%，而 140℃时可达 90%；在 110℃下反应 6~8h（MgO + CaO）浸出率为 91%~92%，140℃反应 4~6h，（MgO + CaO）浸出率可在 95%以上。

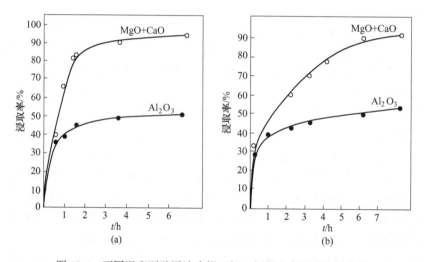

图 13-4 不同温度下酸浸液中镁、钙、铝浸出率随时间的变化
（a）140℃；（b）110℃

Al_2O_3 在开始反应 1h 内溶解较快，以后 Al_2O_3 浸出率随时间的延长溶解缓慢。提高温度对 Al_2O_3 浸出率的增长影响不明显。如在 110℃下反应 6~8h、140℃下反应 4~6h，Al_2O_3 浸出率均在 50%~60%范围。

Mn 在产品中分析为痕量，在酸浸过程中已基本全部浸出。

在酸浸液中用比色法测定 SiO_2 不显色，可认为 SiO_2 基本上不被稀盐酸浸出，因此在富钛料中 SiO_2 几乎成倍的富集。

硫以磁黄铁矿（Fe_2S_3）、黄铁矿（FeS_2）存在于钛精矿中，在浸出过程中基本不被稀盐酸浸出。

13.2.5 矿物浸出过程的细化机理

造成产品细化的原因有两方面：（1）物理细化。由于钛铁矿晶格中的铁被盐酸浸出后具有多孔疏松性，其硬度比钛铁矿小很多。钛铁矿浸出渣一方面由于外力作用，如搅拌、翻滚等造成颗粒之间或颗粒与其他物质之间的碰撞、摩擦等使颗粒破碎产生细化。另一方面是由于矿粒中有些部位溶解速度过快使正在结晶长大的 TiO_2 晶粒所依附的矿粒层溶解，从而使其上的 TiO_2 晶粒落入溶液中形成细化。（2）化学细化。钛精矿被盐酸浸出时由于不断溶解，当 $TiOCl_2$ 在酸浸液中溶解度达到一定浓度时，TiO_2 开始水解析出，有两种析出方式，当盐酸浓度大于 25% 时会有一部分 TiO_2 在溶液中形成晶核，并长大形成细小颗粒，另一部分 TiO_2 则在矿粒表面形核生长；当盐酸浓度小于 25% 时 TiO_2 水解几乎在矿粒表面形核长大，所以其主要在矿粒表面沉积。当 TiO_2 在矿粒表面沉积时，由于 TiO_2 晶格与钛精矿晶格的不同造成了两者结合多数情况下并不牢固，使得正在结晶长大的 TiO_2 晶粒极易从矿粒表面脱落而形成细化。图 13-5 为钛精矿盐酸浸出水解结晶颗粒的微观形貌。

图 13-5　钛精矿盐酸浸出水解结晶颗粒扫描电镜照片

稀盐酸直接浸出攀枝花钛精矿时，浸出反应的活化能对氧化铁为 88.32kJ/mol，对二氧化钛为 88.16kJ/mol，也就是说铁和钛的浸出速度非常接近，浸出反应缺乏选择性。攀枝花钛精矿酸溶性好，浸出过程中大量的二氧化钛被盐酸溶解进入溶液，在一定条件下发生非均相成核水解，这是造成细化的最主要的原因之一。

控制攀枝花钛精矿在盐酸直接浸出过程中化学细化的关键是：降低钛的溶解速度与增加钛的水解速度。当盐酸浓度小于 18% 时，钛的溶解度明显降低。从图 13-3 也证实了当溶液中 TFe>30g/L 时钛的水解就会发生。含盐浸取溶液能有效地加快钛的水解并使水解产物留在钛精矿晶格上。

13.3 实验室工艺技术研究

13.3.1 原料及性能

（1）钛精矿、钛渣。攀枝花钛精矿、钛渣化学成分及其粒度分析见表 13-1、表 13-2。

表 13-1　攀枝花钛精矿、钛渣化学成分 （%）

名　称	TiO_2	TFe	FeO	Fe_2O_3	CaO	MgO	Al_2O_3	P	SiO_2
黑石宝矿	46.50	33.14	36.10	7.37	0.81	2.41	0.90	0.03	3.41
攀 20 矿	46.5	30.95	36.02	4.90	0.86	5.84	1.02	0.03	3.31
中品位钛矿 1	43.00	33.62	33.51	10.84	1.08	3.12	1.37	0.04	5.05
中品位钛矿 2	41.00								
天禾矿	47.30	33.64	36.40	6.87	0.79	2.40	0.87	0.03	3.01

表 13-2　攀枝花钛精矿粒度分布 （%）

粒度/目	+40	−40+100	−100+160	−160+200	−200
黑石宝矿	3.60	32.50	34.20	17.70	12.00
攀 20 矿	0.1	0.1	4.1	18.0	77.7
中品位钛矿 1	0.87	20.80	25.66	28.16	24.50
中品位钛矿 2	0.87	20.80	25.66	28.16	24.50
粒度/目	+80	−80+120	−120+160	−160+200	−200
天何矿	21.34	40.06	10.98	15.32	12.30
谷田矿	−100 目 64.30%；+100 目 35.70%				

（2）盐酸。采用工业盐酸（由攀枝花某化工企业生产）和某海绵钛厂副产盐酸，其化学成分见表 13-3。

表 13-3　盐酸化学成分 （%）

产品名称	化学成分					
	HCl	Fe	SO_4^{2-}	As	氯化物（Cl^-）	灼烧残渣
工业盐酸	≥31	≤0.008	≤0.01	≤0.0001	≤0.008	≤0.1
恒为盐酸	34	Cu<5	—	—	—	较多

注：工业盐酸的波美度 19.5，密度 1.156g/cm^3；副产盐酸的波美度 21.0，密度 1.170g/cm^3。

表 13-4 列出了盐酸质量浓度、密度与体积浓度（g/L）之间的关系。

表 13-4　盐酸质量浓度、密度与体积浓度之间的关系

质量浓度/%	密度/g·cm^{-3}	体积浓度/g·L^{-1}
16	1.078	172
17	1.083	184
18	1.088	195
19	1.093	207.6
20	1.098	219.6
21	1.103	231.7
22	1.108	243.8
23	1.114	256.2

（3）浸出母液。浸出母液的化学成分等见表13-5。

表 13-5　浸出母液化学成分

HCl/g·L⁻¹	TFe/g·L⁻¹	Fe²⁺/g·L⁻¹	Fe³⁺/g·L⁻¹	TiO₂/g·L⁻¹	黏度/mPa·s	密度/g·cm⁻³
40~55	140~160	120~140	10~20	0.1~0.2	3.00~3.20	1.30~1.35

注：浸出母液的波美度37.0，密度1.345g/cm³。

（4）浸取液。浸取液由工业盐酸和浸出母液配制，19%盐酸浸取液波美度31.0，密度1.274g/cm³。

13.3.2　工艺流程

采用的原则工艺流程如图13-6所示。

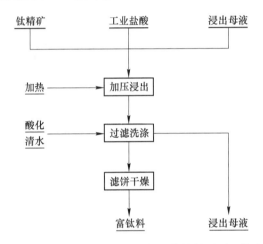

图 13-6　攀枝花钛精矿盐酸法制取富钛料原则工艺流程

13.3.3　试验结果及分析

实验室试验主要考察了浸出时间、铁离子浓度、晶种、浸取液盐酸浓度、固液比、温度对浸出效果的影响。

13.3.3.1　浸出时间对浸出效果的影响

表13-6、表13-7和图13-7列出了浸出时间对钛精矿盐酸浸出效果的影响。富钛料为钛精矿盐酸浸出渣，人造金红石为经950℃煅烧的 +200目盐酸浸出渣。

表 13-6　浸出时间对浸出效果的影响（富钛料）

浸出时间 /h	钛矿中 TiO₂ /%	钛精矿粒度 /目	盐酸/%	固液比	温度/℃	富钛料中 TiO₂ /%
1~5	46.50	−100	19	1：3.3	135	75.40~83.53 平均80.32

注：浸取液中 Fe²⁺ 浓度为35g/L。

表 13-7　浸出时间对浸出效果的影响（人造金红石）

浸出时间 /h	钛矿中 TiO$_2$ /%	钛矿粒度 /目	盐酸/%	固液比	温度/℃	人造金红石中 TiO$_2$ /%
1~5	48.2	−40+200	19	1:3.3	135	74.08~88.79 平均84.70

注：浸取液中 Fe^{2+} 浓度为 35g/L。

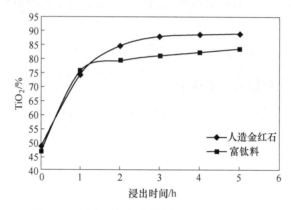

图 13-7　浸出时间与富钛料 TiO$_2$ 品位的关系

研究结果表明，浸出时间对浸出效果影响较大。浸出开始 1h 内浸出效果明显，即富钛料的 TiO$_2$ 品位急剧升高；随着浸出时间延长富钛料的 TiO$_2$ 品位升高缓慢，但随着浸出时间延长，浸出浆料的过滤速度逐渐提高。因此，如果浸出液盐酸浓度 19%，选择浸出时间 2~3h 为宜。

13.3.3.2　铁离子浓度对浸出效果的影响

在浸取液中加入一定量铁离子时，对浸出效果影响很大，结果见表 13-8 和表 13-9。

表 13-8　铁离子浓度对浸出效果的影响（富钛料）

铁离子浓度 /g·L^{-1}	钛精矿中 TiO$_2$ /%	盐酸/%	固液比	温度/℃	浸出时间 /h	富钛料中 TiO$_2$/%	室温析出晶体/g[①]
0	46.50	18	1:3.4	135	4	56.63	—
19	46.50	18	1:3.4	135	4	68.38	—
35	46.50	19	1:3.3	135	3	83.28	—
70	46.50	19	1:3.3	135	3	81.10	50
100	46.50	19	1:3.3	135	3	81.10	600

①室温析出晶体为浸出母液经冷却至室温后氯化亚铁的结晶量。

从表 13-8 与表 13-9 看出，在浸取液中如果不加入铁离子，则杂质元素的溶出速度缓慢，富钛料的 TiO$_2$ 品位很低；在浸取液中加入铁离子后明显提高了杂质元素的溶出速度，并随着铁离子浓度的增加而增加，TiO$_2$ 回收率也随之增加。铁离子（或氯化盐）可使钛的回收率增加 3.9%，间接证明了在浸取液中加入氯化盐有利于钛的水解。如果浸取液中铁离子浓度太高，当滤液冷至室温时有大量氯化亚铁晶体析出。因此，浸取液铁离子浓度控制在 25~60g/L 为宜。当浸取液的铁离子浓度大于 80g/L 时，浸出母液的铁离子浓度会大于 150g/L。随着浸出母液温度的降低将有大量氧化亚铁结晶出来，造成管道、阀门和储酸罐阻塞。当然，浸取液中的铁离子浓度与盐酸浓度在酸再生系统中互相制约。

表 13-9　铁离子浓度对浸出效果的影响（人造金红石）

铁离子浓度 /g·L^{-1}	盐酸体积浓度 /g·L^{-1}	固液比	浸出温度/℃	浸出时间 /h	人造金红石中 TiO$_2$/%	TiO$_2$ 回收率/%
0	192	1:3.4	135	3	80.60	96.03
15	190	1:3.4	135	3	83.19	99.27
32	197	1:3.3	135	3	87.73	99.98
50	195	1:3.3	135	3	87.73	99.98
61	196	1:3.3	135	3	87.75	99.92

注：浸出对象 TiO$_2$ 为 48.2%钛精矿。

图 13-8 显示在有盐与无盐条件下浸出时间与铁的浸出率之间的关系。在有盐条件下钛铁矿中铁的浸出速度明显快于无盐条件下铁的浸出速度，但当浸出时间大于 7h 时两者接近，即浸取液的盐只改变铁的浸出速度并不改变化学反应平衡常数。

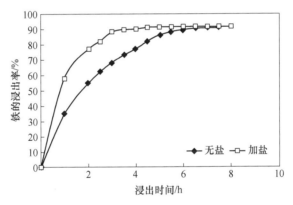

图 13-8　含盐与无盐条件下浸出时间与铁的浸出率之间的关系
（HCl 浓度 20%；温度 135℃；液固比 3.3；含盐 MgCl$_2$ 浓度 3mol/L）

13.3.3.3　晶种对浸出效果的影响

在硫酸法钛白行业中，晶种是决定水解产物粒子形状、大小和最终产品性能的关键，是诱导热水解正确进行的向导。加晶种有三方面的作用：一是保证制得的粒子大小适当和均匀，并且有一定结构的水合二氧化钛；二是能使水解速度加快，使水解作用进行得较完全，从而提高物料的过滤速度；三是吸附钛铁矿中的 PO$_4^{3-}$，消除磷对浸出的影响。

为了考察加入晶种对浸出效果的影响，考察了两种晶种（晶种 DL 与晶种 FEL）对浸出效果的影响。在 2.5L 锆制反应釜中分别不加晶种、加晶种 DL、加晶种 FEL 进行浸出试验，得到的浸出浆料分别进行过滤，从过滤试验结果看其过滤速度差别不明显。但当使用 50L 搪瓷玻璃反应釜浸出物料时，则加入晶种的作用就显示出来了，见表 13-10。从

表 13-10 看出，在浸出过程中加入晶种明显提高了浸出浆料的过滤速度。晶种 DL 增加了产品细化而晶种 FEL 降低了产品细化。晶种 DL 制作困难并加入不方便，晶种 FEL 制作容易并加入方便。因此，在富钛料厂试生产时采用晶种 FEL 为宜。

表 13-10　加入晶种对浸出效果的影响（富钛料）

加入晶种	钛精矿中 TiO$_2$/%	盐酸质量浓度/%	固液比	浸出时间 /h	细料量比例	过滤速度 /min	富钛料中 TiO$_2$/%
—	46.50	18	1:3.385	5	2/3	6	81.20
—	46.50	18	1:3.385	5	2/3	7	80.80
DL	46.50	18	1:3.385	5	3/3	4	82.0
DL	46.50	18	1:3.385	5	3/3	2	82.33
FEL	46.50	18	1:3.385	5	1/2	2	81.50
FEL	46.50	18	1:3.385	5	1/2	3	80.90

注：Fe^{2+}浓度 72g/L，采用 50L 搪瓷玻璃反应釜，钛精矿粒度 −100 目，加料 13kg，浸出温度均为 135℃。

13.3.3.4　浸取液盐酸浓度对浸出效果的影响

浸取液盐酸浓度对浸出效果的影响较大，提高盐酸浓度有利于杂质元素的溶出和提高过滤速度。但为了与盐酸回收系统相匹配，浸取液盐酸浓度必须控制在一个合理范围。在工业生产中由于采用蒸汽间接和直接加热相结合的方式，浸取液被稀释，真实浸取盐酸浓度很难超过 175g/L。不同浸取液盐酸浓度的浸出试验结果见表 13-11 和表 13-12。

表 13-11　浸取液盐酸浓度对浸出效果的影响（富钛料）

盐酸质量浓度/%	钛精矿中 TiO$_2$/%	浸出时间/h	固液比	温度/℃	富钛料中 TiO$_2$/%
18	46.50	6	1:3.4	135	82.48
19	46.50	5	1:3.3	135	82.91
20	46.50	6	1:3.4	135	84.80

注：Fe^{2+}浓度 72g/L。

表 13-12　浸取液盐酸浓度对浸出效果的影响（人造金红石）

盐酸体积浓度 /g·L^{-1}	钛精矿中 TiO$_2$/%	浸出时间 /h	固液比	温度/℃	人造金红石中 TiO$_2$/%
197	48.2	3	1:4.2	140	87.7
208	48.2	3	1:4.2	140	88.5
220	48.2	3	1:4.2	140	89.23

注：Fe^{2+}浓度 47g/L。

从表 13-11、表 13-12 中看出：（1）随着浸取液盐酸浓度增加，则富钛料中 TiO$_2$ 品位提高，过滤速度也提高，但是在氯化铁存在时浸取液盐酸浓度对富钛料 TiO$_2$ 品位的影响减弱了很多；（2）随着浸出时间的延长，富钛料 TiO$_2$ 品位提高，过滤速度也提高，同样，氯化铁使钛铁矿的浸出时间减至 2h 以内。因此，浸取液盐酸浓度在 18%～20%浸出钛精矿，均能使富钛料的 TiO_2 品位达到 80% 以上。在富钛料厂试生产时建议首先采用 19% 的盐酸浸出。

13.3.3.5 固液比对浸出效果的影响

从表 13-13 看出，随着浸出固液比降低，富钛料 TiO_2 品位提高。不像常规钛铁矿加压盐酸浸出，浸取液中盐酸浓度也是主要影响因素，含盐加压盐酸浸出时浸取液中盐酸总量是主要影响因素。

表 13-13　固液比对浸出效果的影响（富钛料）

盐酸体积浓度/g·L⁻¹	钛精矿中 TiO_2/%	浸出时间/h	固液比	温度/℃	富钛料中 TiO_2/%
197	48.2	3	1:3.6	140	83.07
197	48.2	3	1:3.8	140	85.6
197	48.2	3	1:4.0	140	86.04
197	48.2	3	1:4.2	140	87.80

注：Fe^{2+} 浓度 47g/L。

13.3.3.6 浸出温度对浸出效果的影响

从表 13-14 发现，随着浸出温度的升高，富钛料 TiO_2 品位提高，浸出温度对富钛料 TiO_2 品位影响比较明显。

表 13-14　浸出温度对浸出效果的影响（富钛料）

盐酸体积浓度 /g·L⁻¹	钛精矿中 TiO_2 /%	浸出时间 /h	固液比	浸出温度 /℃	富钛料中 TiO_2 /%
197	48.2	3	1:4.2	120	67.38
197	48.2	3	1:4.2	130	81.25
197	48.2	3	1:4.2	140	87.71

注：Fe^{2+} 浓度 72g/L。

13.3.3.7 扩大和稳定性试验

为了检验实验室条件试验工艺参数的可靠性，在 50L 搪瓷玻璃反应釜上进行了扩大和稳定性试验，8 组试验的结果见表 13-15。

表 13-15　50L 搪瓷玻璃反应釜扩大和稳定性试验

加矿量 /kg	钛精矿中 TiO_2 /%	盐酸质量浓度 /%	固液比	浸出时间/h	富钛料中 TiO_2 /%
13	46.50	18	1:3.39	5	80.80~82.33 平均 81.35

注：钛精矿粒度为-100 目，浸取液中铁离子浓度在 70g/L 左右。浆料 60℃，平均过滤速度 4min。

从表 13-15 看出，采用上述浸出条件，富钛料 TiO_2 品位均在 80% 以上，平均 81.35%，稳定性良好。通过降低浸取液酸浓度和浸出温度以及钛精矿预处理和加入晶种 FEL 促进了钛离子的水解，改变了水解产物的表面特性，明显地提高了浆料的过滤洗涤速度，有效地解决了浸出浆料过滤困难的问题，解决了一直困扰该工艺产业化的一个重大技术难题。

13.3.3.8 富钛料 TiO₂ 品位统计

在锆制反应釜内分别进行了高品位钛精矿、中品位钛矿 1、中品位钛矿 2、攀钢 20 矿和谷田钛精矿浸出试验，试验结果汇总见表 13-16。

表 13-16 不同钛铁矿浸出所得富钛料中 TiO₂ 品位汇总

矿种	钛精矿中 TiO₂/%	富钛料中 TiO₂/%
黑石宝矿	46.50	81.80~83.28，平均 82.31
钛中矿 1	43.00	75.88~77.50，平均 76.28
钛中矿 2	41.00	68.33~69.89，平均 69.00
攀钢 20 矿	47.00	83.43
谷田矿	46.50	84.54

从表 13-16 中看出，富钛料中 TiO₂ 品位最高的是谷田矿，最低的是中品位钛矿 2，依次排序为：谷田矿>攀钢 20 矿>黑石宝矿>钛中矿 1>钛中矿 2。钛中矿 1 和钛中矿 2 的浸出得到的富钛料品位可达到 69%~76%。

13.3.3.9 云南钛精矿制备人造金红石试验

攀西钛精矿的酸溶性好，无需预处理即可获得很高的杂质浸出率，但是攀西钛精矿较高的杂质限制了所得人造金红石的品位。而大部分云南钛精矿又因氧化程度较高杂质浸出率较低需氧化-还原预处理。但是，小部分云南钛精矿可采用盐酸直接浸出制备优质人造金红石，结果见表 13-17。

表 13-17 云南钛精矿制备人造金红石试验

浸出条件					细化率 /%	金红石中 TiO₂/%	
HCl 浓度 /g·L⁻¹	Fe²⁺浓度 /g·L⁻¹	浸出温度 /℃	液固比	时间/h		粗料	细料
198	54	140	4.2	3	6.31	92.37	89.66
198	54	140	4.2	3	4.94	92.30	90.07

13.3.3.10 攀枝花钛精矿盐酸浸出渣的物相组成

将制备的富钛料经筛分得到细粒级富钛料和粗粒级富钛料，再与澳大利亚天然金红石及硫酸法钛白生产的中间产品偏钛酸同时进行多晶 X 射线衍射分析，测定结果如图 13-9 所示。

从图 13-9 可以看出，三种类型的 TiO₂ 富集物所得的 X 衍射图基本是一致的（见图 13-9 (a)），均具有金红石型的特征衍射峰（d° A-3.245，2.489，2.188，1.687 处），但澳大利亚天然金红石的 X 衍射峰强度要高得多。将试验制得的富钛料分别置于 350℃、600℃ 和 900℃ 下煅烧 2h，则金红石的特征衍射峰强度随着煅烧温度的提高而增强（见图 13-9 (b)）。900℃ 的 X 衍射图和澳大利亚天然金红石的相近，而硫酸法制得的偏钛酸在 X 衍射图上衍射峰呈弥散状，说明其主要为非晶态物质。所以，钛铁矿盐酸浸出渣因未经高温过程，虽具有金红石型的特征峰，但也只是初具金红石雏形而非真正的金红石晶型结构，应该具有酸溶性。

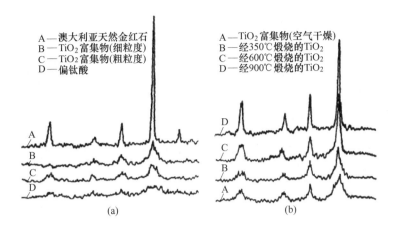

图 13-9　钛精矿盐酸浸出后富钛料与天然金红石和偏钛酸的 X 衍射图

（a）几种不同钛富集物的 X 衍射图；（b）不同煅烧温度下富钛料的 X 衍射图

13.3.4　钛铁矿盐酸高品位浸出渣硫酸酸解性能研究

为了进一步证实钛铁矿盐酸浸出渣可被硫酸酸解，研究了钛铁矿盐酸高品位浸出渣（高品位新型酸溶性富钛料）硫酸酸解试验，其主要化学组成见表 13-18。

表 13-18　钛铁矿盐酸浸出渣的主要化学组成　　　　　　（%）

TiO$_2$	TFe	CaO	MgO	Al$_2$O$_3$	MnO	SiO$_2$	V$_2$O$_5$	P$_2$O$_5$	SO$_2$	Nb$_2$O$_5$	Cl	K$_2$O
85.02	3.56	0.27	0.35	0.33	0.04	5.56	0.30	0.089	0.13	0.032	1.12	N/A

其硫酸酸解试验结果见表 13-19。

表 13-19　钛铁矿盐酸浸出渣硫酸酸解试验结果

试验编号	1	2	3	4	5
富钛料质量/g	200	140	200	200	200
硫酸浓度/%	98	98	98	89.1	84
硫酸体积/mL	194	160	166	198	207
酸解率/%	98.7	98.1	89.5	96.0	97.7

硫酸酸解试验结果证实，钛铁矿盐酸浸出渣具有与钛铁矿相同的硫酸酸解率，间接证明钛铁矿盐酸浸出渣不具有金红石晶型。

进一步对钛铁矿盐酸浸出渣做扫描电镜分析。取一定量钛铁矿盐酸浸出渣用 200 目筛进行筛分，筛下物料经 105℃烘烤 24h 后得到 3 号样品（200 目以下）；将 200 目筛上物用水洗去表面的细微物质后进行 40 目与 100 目筛分，各级别物料分别在 105℃下烘烤 24h，得 1 号样品（100~200 目）和 2 号样品（40~100 目）。对 1 号、2 号、3 号样品进行扫描电镜分析，如图 13-10~图 13-15 所示。

图 13-10 钛铁矿盐酸浸出渣 1 号样 SEM 照片
（100~200 目，35 倍分辨率）

图 13-11 钛铁矿盐酸浸出渣 1 号 SEM 照片
（100~200 目，100 倍分辨率）

图 13-12 钛铁矿盐酸浸出渣 2 号 SEM 照片
（40~100 目，35 倍分辨率）

图 13-13 钛铁矿盐酸浸出渣 2 号样 SEM 照片
（40~100 目，100 倍分辨率）

图 13-14 钛铁矿盐酸浸出渣 3 号样 SEM 照片
（-200 目，1000 倍分辨率）

图 13-15 钛铁矿盐酸浸出渣 3 号 SEM 照片
（-200 目，3500 倍分辨率）

由图 13-10~图 13-15 看出，钛铁矿盐酸浸出渣主要由钛铁矿（$FeTiO_3$）浸出晶格中铁以后的多孔疏松状的残渣和偏钛酸团聚物组成。1 号和 2 号样品主要由钛铁矿（$FeTiO_3$）

浸出晶格中铁以后的多孔疏松状的残渣组成,3 号样品主要由偏钛酸团聚物组成。

同时分别对钛铁矿与钛铁矿盐酸浸出渣进行了比表面积测定,分别为 $4.56m^2/g$ 和 $25m^2/g$。

由此充分证明,钛精矿盐酸浸出后的产物即经酸浸、过滤、洗涤得到的钛铁矿盐酸浸出渣,是由多孔疏松状残渣和偏钛酸团聚物组成,多孔疏松状残渣由盐酸选择性浸取钛铁矿中的铁而产生,是非晶型物质,具有比电炉钛渣更高的比表面积和反应活性,可以被硫酸酸解,是一种新型的酸溶性富钛料。

13.3.5 钛铁矿盐酸中品位浸出渣制取硫酸法金红石型钛白粉试验研究

13.3.5.1 硫酸酸解试验

以新型酸溶性富钛料为原料,采用固相法工艺制取硫酸法钛白。取品位为 76% 和 69% 的两种新型酸溶性富钛料各 200g,放入 1000mL 烧杯中,加入浓度为 89% 的硫酸。新型酸溶性富钛料与 100% 浓硫酸的质量比为 1:(1.6~1.75),搅拌均匀后开始加热。在搅拌条件下加热至 200℃ 左右使反应自发进行。继续搅拌约 15min 后反应物形成黏稠状固态混合物,将烧杯放置于 200℃ 烘箱中熟化并保持温度 4h,最后移出烘箱冷却至室温。加入温度 60℃、20% 浓度的稀硫酸 300mL 搅拌至反应生成物全部分散为止,然后稀释至 700mL,保持体系温度 70~85℃ 搅拌浸出 2h,然后用陶瓷漏斗抽滤。每次滤渣用 100mL 水洗涤 3 次,将滤渣烘干后进行酸解率分析。过滤的滤液为钛液,其组成分析试验结果见表 13-20。

表 13-20 新型酸溶性富钛料酸解试验结果

富钛料品位/%	料酸比	钛液指标				酸解率/%
		$TFe/g \cdot L^{-1}$	$TiO_2/g \cdot L^{-1}$	铁钛比	F 值	
69	1.6	7.5	215	0.085	2.05	95.23
76	1.6	4.8	191	0.055	2.06	93.53
69	1.65	4.8	188	0.090	2.13	96.98
76	1.65	7.0	205	0.064	2.07	94.12
69	1.70	7.5	237	0.080	2.20	93.45
76	1.70	5.5	224	0.055	2.23	96.71
69	1.75	6.1	205	0.080	2.36	94.76
76	1.75	7.0	205	0.064	2.27	95.98

由表 13-20 可以看出,采用品位为 76% 的新型酸溶性富钛料被硫酸浸取所得钛液的铁钛比为 0.055~0.064,品位为 69% 的富钛料被硫酸浸取所得钛液的铁钛比为 0.080~0.085。而钛精矿被硫酸浸取所得钛液中的铁钛比为 0.2~0.33,酸溶性钛渣被硫酸浸取所得钛液中的铁钛比一般为 0.1。较低的铁钛比更有利于后续的净化除铁。从酸解率指标也可以看出,由钛中矿盐酸法制备的富钛料具有良好的酸解性能,完全可以作为硫酸法钛原料。

13.3.5.2　钛液水解试验

采用外加晶种常压水解工艺进行试验，钛液控制指标为：TiO_2 浓度 230~240g/L，铁钛比 0.09~0.15（因用铁粉还原钛液中的三价铁离子，故使钛液中铁钛比有所升高），F 值 2.0~2.2，Ti^{3+} 浓度 1~3g/L。水解后偏钛酸粒径指标及水解率指标见表 13-21。

表 13-21　水解试验结果

编号	偏钛酸粒径指标					抽速/s	水解率/%
	D10	D50	D90	Dstokes	n		
1	0.26	0.50	1.10	0.60	1.74	60	96.60
2	0.33	0.56	1.84	0.84	1.36	89	96.64
3	0.32	0.64	1.95	0.92	1.29	50	96.55
4	0.35	0.56	1.88	0.87	1.29	150	95.41

从表 13-21 看出，用外加晶种常压水解工艺可以完全适用于该新型酸溶性富钛料的后续加工，且制备的偏钛酸粒子粒度合适、均匀度较高，为煅烧出高品质的金红石钛白粉奠定了良好的基础。

13.3.5.3　偏钛酸洗涤试验

对制备的各批水解后偏钛酸进行一次性水洗试验，以水洗后偏钛酸中铁含量来衡量洗涤效果，试验结果见表 13-22。从表 13-22 看出，一次洗涤效果非常理想，完全可以达到工艺控制要求，且不需再进行漂白及漂洗等后续除铁工序，为生产节约了一定的洗涤成本与耗水量。

表 13-22　偏钛酸洗涤后铁含量

编号	1	2	3	4	平均
铁含量/%	$45.34×10^{-4}$	$21.34×10^{-4}$	$34.5×10^{-4}$	$25.87×10^{-4}$	$31.75×10^{-4}$

13.3.5.4　盐处理及煅烧试验

对洗涤后的偏钛酸进行盐处理，工艺配方为：K_2O 0.48%、P_2O_5 0.05%、ZnO 0.23%、金红石晶种为 4.5%。煅烧温度控制曲线如图 13-16 所示，煅烧后样品的检测结果见表 13-23。

在表 13-23 中列出了杜邦 R-902 和石原 R-930 成品指标，试验得到的金红石初品钛白虽是未经后处理的样品，在亮度值和色调值上已达到这两种进口产品的水

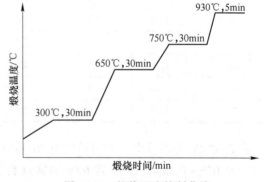

图 13-16　煅烧温度控制曲线

平，充分说明新型酸溶性富钛料用于硫酸法钛白生产不仅具有可行性，而且产品还可以接近氯化法产品（如杜邦 R-902）的颜料指标。

表 13-23 煅烧样品指标结果

样品	颜色指标				TCS	金红石率/%
	L	a	b	SCX		
煅烧后样品	95.24	−0.8	2.44	0.57	1707	98.9
石原 R-930	95.21	−1.34	1.89	3.14	1960	99.78
杜邦 R-902	95.67	−1.41	1.57	3.29	1950	99.95

13.3.6 盐酸法制备新型酸溶性富钛料的物料平衡计算

计算依据：根据在 2.5L 锆制反应釜浸出试验所确定的工艺参数，在 50L 搪瓷玻璃反应釜上进行放大浸出试验。再根据 50L 搪瓷玻璃反应釜浸出试验得到的试验结果进行二氧化钛、铁和盐酸的物料平衡计算，试验数据和结果见表 13-24。

表 13-24 二氧化钛、铁、盐酸投入和产出统计

项目	名 称	数量	含 量
投入	钛精矿	13.00kg	TiO_2 46.50%；TFe 33.14%
	浸取液	44L	HCl 195g/L；TFe 77.36g/L
	晶种		含 TiO_2 总量的2%
产出	酸化水	40L	HCl 10g/L
	富钛料	7.30kg	TiO_2 81.50%；TFe 3.00%
	浸出母液	36L	HCl 50g/L；TFe 165g/L
	洗涤水	40L	HCl 18g/L；TFe 34g/L

二氧化钛、铁物料和盐酸物料平衡计算见表 13-25～表 13-27。

表 13-25 二氧化钛的平衡计算

项 目	计算依据	计算结果	合计
投入二氧化钛量	钛精矿 13kg：13×46.50%	6.045kg	6.1659kg
	晶种加量 2%：6.045×2%	0.1209kg	
产出二氧化钛量	富钛料 7.3kg：7.3×81.5%	5.9495kg	5.9495kg
二氧化钛回收率	5.9495/6.1659	96.49%	
二氧化钛损失率	(6.1659−5.9495)/6.1659	3.51%	
损失原因分析	浸出母液含 TiO_2 1~2g/L，浆料过滤洗涤和干燥损失		

表 13-26 铁的平衡计算

项 目	计算依据	计算结果	合 计
投入铁量	钛精矿 13kg：13×33.14%	4.3082kg	7.7120kg
	浸取液 44L：44×77.36	3.4038kg	

项　目	计算依据	计算结果	合　计
产出铁量	富钛料 7.3kg：7.3×3.00%	0.2190kg	7.5190kg
	浸出母液 36L：36×165	5.9400kg	
	洗涤水 40L：40×34.00	1.3600kg	
铁总回收率	7.5190/7.7120	97.50%	
钛精矿铁浸出率	(4.3082-0.2190)/4.3082	94.92%	

表 13-27 盐酸的平衡计算

项　目	计算依据	计算结果	合　计
投入盐酸量	浸取液 44L：44×195	8.58kg	8.98kg
	酸化水 40L：40×10	0.4kg	
剩余盐酸量	浸出母液 36L：36×50	1.80kg	2.52kg
	洗涤水 40L：40×18	0.72kg	
浸出实际消耗盐酸	8.98-2.52	6.46kg	

用矿量、耗酸量计算：根据上述试验和计算结果，统计生产富钛料需要用钛精矿（TiO_2 品位 46.50%）耗量、盐酸（盐酸浓度按 31% 计）耗量，结果见表 13-28。

表 13-28 生产富钛料用矿量、耗酸量计算

项　目	计算依据	计算结果
	13kg 钛精矿浸出得到 7.3kg 富钛料	钛精矿 13kg；富钛料 7.3kg
计算依据	8.98/0.36=24.94 24.94×1.156=28.83 将加入的盐酸量折算成 31% 的盐酸（$\rho =$ 1.156g/cm³，195g/L），即加入 31% 的盐酸 28.83kg	盐酸 31%：28.83kg
计算依据	6.46/0.36=17.94 17.94×1.156=20.74 将浸出实际消耗盐酸量折算成 31% 的盐酸，即实际消耗 31% 的盐酸 20.73kg	盐酸 31%：20.74kg
计算用矿量	13kg/7.3kg	1.78，即生产 1t 富钛料需要钛精矿 1.78t
	7.3kg/13kg	0.56，即 1t 钛精矿能生产富钛料 0.56t
按盐酸加入量计算耗酸量	28.83kg/7.3kg	3.95，即生产 1t 富钛料需要加入 31% 的盐酸 3.95t
按盐酸实际消耗量计算耗酸量	20.74kg/7.3kg	2.84，即生产 1t 富钛料实际消耗 31% 的盐酸 2.84t

13.3.7 小结

（1）攀枝花钛精矿盐酸法含盐盐酸浸出技术制取人造金红石和新型酸溶性富钛料，

明显提高了化学反应速度，缩短了浸出时间，浸出液盐酸浓度（从20%~22%降低到18%或更低）同样能够得到较好的浸出效果，既可得到TiO_2品位较高的富钛料，又可减少盐酸回收系统的压力，降低盐酸回收成本，平衡整个系统的氯离子浓度。浸出工艺参数为：浸出液盐酸浓度18%~19%，浸出温度115~135℃，浸出时间2~4h，固液比3.3~4.2，浸出结束后浸出母液盐酸浓度40~50g/L为宜，浸出浆料温度在60~70℃过滤洗涤，洗涤用酸化水盐酸浓度1%并控制温度在60~70℃。

（2）在浸出试验中通过降低浸出液酸浓度和浸出温度、增加浸取液离子强度以及钛精矿预处理和加入晶种，促进了钛离子的水解，改变了水解产物的表面特性，明显地提高了浆料的过滤洗涤速度，圆满解决了浸出浆料过滤难题。

（3）钛铁矿盐酸浸出渣虽具有金红石型特征峰，也只是初具金红石雏形，还不是真正的金红石结构，但可作为硫酸法钛白粉原料。

13.4　工业试验研究

13.4.1　工业试验概述

为了证明实验室创新工艺的可行性，在四川省攀枝花市钒钛工业园建设了一条年产3万吨盐酸法富钛料生产线，于2011年6月建成投产。该生产工艺通过分级措施在一条生产线上同时生产人造金红石和新型酸溶性富钛料，并配套盐酸回收生产系统实现盐酸内部闭路循环，并副产氧化铁粉，整体技术达到国际领先水平，是我国盐酸法富钛料最大及最完整的生产线。通过工业试验生产证明，该工艺技术切实可行。

13.4.2　工业试验研究及其结果

13.4.2.1　富钛料工业试验生产线试验研究

试验生产线主要原料为微细粒级钛精矿、盐酸和水。微细粒级钛精矿成分见表13-29，工业盐酸含HCl大于31%，用浸出母液和再生酸及工业盐酸调配浸取液盐酸浓度为18%。

表13-29　钛精矿成分　　　　　　　　　　　　　（%）

TiO_2	FeO	Fe_2O_3	SiO_2	Al_2O_3	MnO	CaO	MgO	S	P	其他
46.5	37.74	5.52	3.95	1.7	0.35	0.93	3.9	0.178	0.013	2.06

主要生产工序包括浸出、分级、洗涤过滤、干燥或煅烧；盐酸回收工序包括焚烧、盐酸吸收。配套系统有废气处理系统、水设施、供配电设施、控制系统、除尘系统、锅炉配套公辅设施（包括给排、煤气发生炉等）。其生产工艺流程如图13-17所示。

产品为新型酸溶性富钛料、人造金红石和氧化铁粉，其质量指标见表13-30。工业试验结果表明，试验生产线的产品完全能够达到该质量指标。

副产品氧化铁粉的用户主要是当地球团厂，虽然其铁含量只有57%，但是在去除CaO和MgO后铁含量可达62.5%，是球团厂的良好原料。

A　工业试验生产线主要设备

该试验生产线主要设备包括浸出装置、酸再生装置、能源装置、环保装置、辅助设施等，均为国内成熟工业设备，仅在部分设备上根据工艺参数要求做了适当改进。

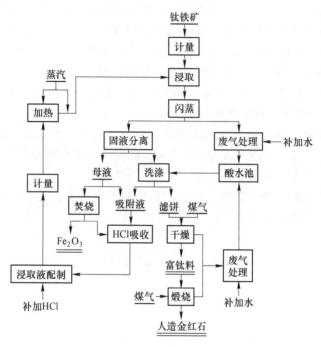

图 13-17　工业试验生产线工艺流程

表 13-30　富钛料、人造金红石和氧化铁粉产品质量指标　　　（%）

试样名称	TiO$_2$	TFe	SiO$_2$	CaO	MgO	Al$_2$O$_3$	MnO	V$_2$O$_5$	S	P	Cl$^-$
富钛料	76.40	8.10	6.35	<0.5	1.37	0.730	0.188	<0.1	0.166	0.010	0.754
	80.94	3.65	5.78	<0.5	0.806	<0.5	0.070	<0.1	0.198	0.006	1.11
人造金红石	89.37	2.70	5.52	0.589	0.505	0.244	<0.1	<0.1	0.034	0.034	—
	94.11	1.45	3.06	<0.1	<0.1	0.186	<0.1	<0.1	0.029	0.044	—
氧化铁粉	0.242	57.12	0.086	1.55	7.31	1.74	1.32	<0.1	0.375	<0.005	1.16

B　新型酸溶性富钛料工业生产结果及分析

通过试生产结果数据统计，充分证明了盐酸法富钛料生产工艺具有切实的可行性，具有示范作用。

由微细粒级钛精矿生产的新型酸溶性富钛料具有良好酸溶性并符合作为硫酸法生产钛白的原料要求，TiO$_2$ 回收率 98.2%，表 13-31 列出了生产的新型酸溶性富钛料产品统计数据，TiO$_2$ 含量均大于 80%，TFe 含量低于电炉冶炼的钛渣。

表 13-31　新型酸溶性富钛料产品生产统计数据

生产条件			含量/%		
HCl 浓度/%	液固比	浸出时间/h	TiO$_2$	TFe	Cl$^-$
18	3.3	2.5	80.2~82.3 平均 81.3	1.28~4.46 平均 2.78	0.47~1.48 平均 0.91

表 13-32 列出了盐酸浸出的各元素浸出率，其杂质元素 Fe、Ca、Mn、Al、Mg 都有很高的浸出率，而钛几乎不被浸出，其回收率达 99.8%。

表 13-32 盐酸浸出钛精矿各元素浸出率 (%)

Fe	Mn	V	Al	Nb	Ca	Ti	Mg
93.2	98.8	25.3	83.5	50.8	82.4	0.2	95.5

图 13-18 为盐酸回收再生酸中盐酸浓度与 Fe^{2+} 浓度的关系。从图 13-18 可以看出，再生酸中 Fe^{2+} 浓度越低则盐酸浓度越高，当 Fe^{2+} 为 45g/L 时再生酸中最大盐酸浓度约为 185g/L。

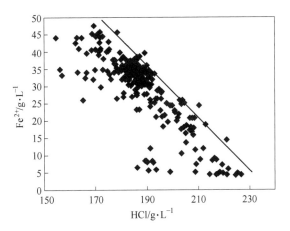

图 13-18 再生酸中盐酸浓度与 Fe^{2+} 浓度的关系

13.4.2.2 人造金红石工业试验生产线试验研究

原料为攀枝花钛精矿，其成分与粒度分析见表 13-33 和表 13-34。

表 13-33 攀枝花钛精矿成分分析 (%)

TiO_2	TFe	CaO	MgO	SiO_2	MnO	P
47.28	33.48	1.10	3.66	3.18	N/A	0.03

表 13-34 攀枝花钛精矿粒度分析

粒度/目	+80	−80+120	−120+160	−160+200	−200
质量占比/%	21.34	40.06	10.98	15.32	12.30

试验所得的产品人造金红石的统计数据：平均 TiO_2 含量为 88.08%，且质量稳定。由于本工艺是直接浸出，故人造金红石含铁（主要是三价铁）含量相对比较高。其主要工艺参数为：采用 18% 的盐酸浸取，液固比 4.2，浸出温度 135~140℃，浸出时间 2.5h，煅烧温度 900℃。

表 13-35 列出了攀枝花钛精矿生产的人造金红石（落窑品）产品粒度分析。攀枝花钛精矿生产的人造金红石产品大于 120 目的可达 77.18%，−200 目含量为 10.12%。

表 13-35　攀枝花钛精矿生产的人造金红石产品粒度分析（落窑品）

粒度/目	+80	-80+120	-120+160	-160+200	-200
质量占比/%	23.06	54.12	4.77	7.92	10.12

以云南某地区钛精矿为原料直接制取人造金红石工业试验，生产的人造金红石 TiO_2 平均品位为 91%。云南钛精矿成分与粒度分析见表 13-36 和表 13-37。

表 13-36　云南钛精矿成分分析　　　　　　　　　　　（%）

TiO_2	TFe	CaO	MgO	SiO_2	MnO	P
47.6	36.5	0.16	0.50	1.69	1.26	0.025

表 13-37　云南钛精矿粒度分析

粒度/目	+80	-80+120	-120+160	-160+200	-200
质量占比/%	41.42	31.8	6.7	10.42	9.66

攀枝花钛精矿相比于云南钛精矿粒度较粗，并且 SiO_2、MgO、CaO 含量较低，但是其氧化程度略高。

表 13-38 列出了生产所得的人造金红石产品 TiO_2 品位统计结果，人造金红石平均 TiO_2 含量 90.19%，且质量稳定。其主要工艺参数为：采用 18% 的盐酸浸取，液固比 4.2，浸出温度 135~140℃，浸出时间 2.5h，煅烧温度 900℃。由于是直接浸出，故人造金红石含铁（主要也是三价铁）较高。

表 13-38　人造金红石产品统计数据

干燥浸渣成分分析/%			900℃煅烧后 TiO_2 品位/%
水分	TiO_2	TFe	
0.44~5.13，平均 1.34	83.2~88.07，平均 86.01	3.04~5.71，平均 4.09	86.59~92.97，平均 90.19

表 13-39 列出了云南钛精矿生产的人造金红石产品粒度分析。云南钛精矿生产的人造金红石产品大于 120 目的可达 73.99%；当筛除 -200 目后，大于 120 目的可达 89.44%，完全符合沸腾氯化原料要求。

表 13-39　云南钛精矿生产的人造金红石产品粒度分析

粒度/目	+80	-80+120	-120+160	-160+200	-200
质量占比/%	36.01	37.98	4.67	4.07	17.27

表 13-40 列出了用攀枝花钛精矿生产的新型酸溶性富钛料与人造金红石产品的成分分析。富钛料中的有色杂质元素 Fe、Mn、V、Nb 含量都很低，有利于提高下游硫酸法钛白粉的产品质量。人造金红石中的关键成分指标 CaO<0.5%，（CaO + MgO）<1.5%，符合沸腾氯化对原料成分的要求，可作为氯化法钛白粉的良好原料。

表 13-40 新型酸溶性富钛料生产人造金红石成分分析（均值） （%）

产品名称	TiO$_2$	TFe	SiO$_2$	CaO	MgO	Al$_2$O$_3$	MnO	V$_2$O$_5$	S	P
人造金红石	91.74	2.08	4.29	0.34	0.30	0.22	<0.1	<0.1	0.032	0.039
浸出渣	78.67	5.88	6.07	<0.5	1.09	0.62	0.14	<0.1	0.182	0.008

表 13-41 为钛精矿（原料）与人造金红石（产品）粒度分析。当用攀枝花钛精矿生产人造金红石时，-200 目人造金红石占 19.5%；当用云南钛精矿生产人造金红石时，-200 目占 13.03%。两者-200 目含量都偏高，其主要原因是钛精矿-200 目含量均偏高。

表 13-41 钛精矿（原料）与人造金红石（产品）粒度分析

钛精矿产地	物料	质量分布/%				
		+80 目	-80+120 目	-120+160 目	-160+200 目	-200 目
四川攀枝花	钛精矿	21.34	40.06	10.98	15.32	12.30
	人造金红石	15.60	51.12	6.37	7.29	19.50
云南	钛精矿	37.00	32.40	9.60	10.40	10.60
	人造金红石	30.28	46.07	5.44	5.17	13.03

表 13-42 列出了副产品氧化铁粉的成分分析，氧化铁粉中炼铁杂质 TiO$_2$、Al$_2$O$_3$ 及 SiO$_2$ 含量都很低，是高炉炼铁球团的良好原料。

表 13-42 副产品铁粉成分分析 （%）

TFe	TiO$_2$	CaO	MgO	Al$_2$O$_3$	SiO$_2$	MnO	Cl	P	V$_2$O$_5$	S
57.12	0.24	1.55	7.31	1.74	0.09	1.32	0.5	<0.005	<0.1	0.38

13.4.2.3 生产人造金红石单位成本核算

生产规模为 3 万吨/年富钛料生产线，生产 TiO$_2$ 含量为 88%（或 92%）的人造金红石产品的单位生产成本为 5357.31 元，单位产品产值为 7909.95 元。

13.4.2.4 生产新型酸溶性富钛料单位成本核算

生产规模为 3 万吨/年富钛料生产线，生产 TiO$_2$ 含量为 80% 的新型酸溶性富钛料的单位生产成本为 4333.82 元，单位产品产值为 5922.22 元。

生产规模为 3 万吨/年富钛料生产线，生产 TiO$_2$ 含量为 70% 的新型酸溶性富钛料的单位生产成本为 3373.03 元，单位产品产值为 5462.39 元。

13.4.2.5 原料消耗指标核算

表 13-43 列出了新型酸溶性富钛料与人造金红石的生产技术经济指标。

表 13-43 新型酸溶性富钛料与人造金红石生产技术经济指标

序号	项目名称	人造金红石	富钛料 1	富钛料 2
1	钛精矿/t	1.95（48.2%）	1.79（46.1%）	1.79（40.5%）
2	蒸汽/t	1.42	1.12	1.12

序号	项目名称	人造金红石	富钛料1	富钛料2
3	盐酸（31%）/t	0.22	0.18	0.18
4	其他物料/kg	—	—	—
5	水/t	3.50	3.1	3.1
6	电/kW·h	370	350	350
7	煤（焚烧）/t	0.50	0.48	0.48
8	煤（干燥）/t	0.25	0.07	0.07
9	产品品位/%	88	80	70
10	TiO_2 回收率/%	>99	>99	>99

13.4.2.6　总成本核算

根据 2017 年国内外市场供求关系及价格，预测年营业收入为 17946 万元，副产氧化铁年营业收入为 1090 万元，达产年营业收入总计 19036 万元，年应缴纳增值税 3236万元。

13.4.3　工业试验研究小结

（1）以 TiO_2 品位为 46.5% 的攀枝花微细粒钛精矿为原料在已建生产线上生产新型酸溶性富钛料，其产品 TiO_2 品位为 80%，具有良好酸溶性并符合作为硫酸法生产钛白粉的原料的要求，工艺过程 TiO_2 回收率 98.2%，产品生产成本 4333.82 元/t。

（2）以攀枝花钛中矿为原料在已建生产线上生产新型酸溶性富钛料，其产品 TiO_2 品位为 70%，产品具有良好酸溶性并符合作为硫酸法生产钛白粉的原料要求，工艺过程 TiO_2 回收率 98.4%，产品生产成本 3373.03 元/t。

（3）以 TiO_2 品位为 47.2% 的攀枝花粗粒钛精矿为原料，在已建生产线上生产人造金红石，其产品 TiO_2 品位平均 88.1%，CaO 含量 0.59%，MgO 含量 0.51%，产品粒度基本保持了原矿粒度，符合沸腾氯化生产四氯化钛要求，工艺过程 TiO_2 回收率 95.56%，产品生产成本 5357.31 元/t。

（4）以 TiO_2 品位为 47.6% 的某云南钛精矿为原料，在已建生产线上生产人造金红石，其产品 TiO_2 品位平均 91%，产品粒度基本保持了原矿粒度，符合沸腾氯化生产四氯化钛的要求，工艺过程 TiO_2 回收率 96.73%，产品生产成本 5957 元/t。

（5）自从生产线建成以来，生产运行稳定可靠，操作简单，并实现了盐酸与水的循环平衡，无液废和固废排放。

（6）由于采用浸出母液分流技术，部分浸出母液在系统中循环，实现了钛精矿盐酸浸取液含盐的目的。同时，减少浸出母液处理量 42.2%，从而达到节能、降低成本及投资少的目的；实现了整个浸出-酸再生的水平衡，每吨产品耗水小于 3.1m³，并实现了不外排废酸水。

13.5 技术研发现状及其展望

13.5.1 钛铁矿盐酸浸出制备富钛料国内外技术研发状况

13.5.1.1 钛铁矿盐酸浸出制备富钛料国内技术研发状况

富钛料是指 TiO_2 含量在 65% 以上的含钛物料，主要包括天然金红石、人造金红石、酸溶性钛渣、氯化钛渣、UGS 升级渣。除天然金红石通过选矿获得外，其他富钛料均采用人工方法制备，其制备方法主要有：电炉熔炼钛精矿制备钛渣，包括氯化钛渣（高钛渣）和酸溶性钛渣；盐酸或硫酸浸取钛精矿制备人造金红石，或采用锈蚀法或选择性氯化法制备人造金红石；电炉高钛渣经盐酸浸取除杂制备 UGS 升级钛渣。

电炉熔炼钛精矿制备钛渣难以除去钙镁杂质，尤其是用高钙镁含量的攀西钛精矿无法生产高品质的氯化钛渣，只能生产酸溶性钛渣。电炉酸溶性钛渣 TiO_2 含量为 75%~80%，其中的铁被大部分还原除去，其他杂质无法或很少去除，且制备过程中存在需回收粉尘及有害气体排放等技术问题。电炉钛渣是硫酸法钛白生产的好原料。

盐酸浸取钛精矿制备人造金红石可有效除去铁钙镁等可溶性杂质，是制备高品质富钛料的较佳方法，尤其适合于处理攀西地区品位低、杂质多、粒度细的钛铁矿。盐酸浸取钛精矿制备人造金红石研究在我国已有三十多年历史，主要有预氧化-流态化常压浸出法、选冶联合加压浸出法、盐酸直接浸出法和氧化-还原常压浸出法。

（1）预氧化-流态化常压浸出法，即钛铁矿经流态化预氧化→筛分→盐酸浸取→过滤→洗涤→煅烧工艺获得人造金红石。该方法通过预氧化措施解决了原矿在浸出过程中的细化问题，但仍有 15% 左右的细化率，加上原矿石 50% 以上小于 200 目，因而有 60% 左右的人造金红石粒度小于 200 目。以目前技术水平来看，攀西地区钛精矿生产人造金红石应用于制备钛白粉的经济意义不大。

（2）预氧化-选冶联合加压浸出法，即钛铁矿经预氧化→磁选→盐酸浸取→过滤→洗涤→煅烧工艺，获得人造金红石。

（3）盐酸直接浸出法，即以钛铁矿盐酸直接浸取→过滤→洗涤→煅烧工艺获得人造金红石，分常压浸出和加压浸出。

（4）氧化-还原常压浸出法或称 BCA 盐酸浸取法，即将钛铁矿与 3%~6% 的还原剂（煤、石油焦等）连续加入回转窑中，在 870℃ 左右将矿中 Fe^{3+} 还原为 Fe^{2+}，然后用 18%~20% 盐酸在 130~143℃ 下浸取 4h，浸取过滤、洗涤及煅烧获得人造金红石。

上述方法均未实现产业化，其中主要原因：一是浸取盐酸浓度高、处理浸出母液的量太大，成本太高，无法循环回用；二是对盐酸浸出钛精矿产品的酸溶性的认识有误区，认为盐酸浸出渣具有金红石型结构不具有硫酸酸溶性，加之攀西原矿粒度细化和酸浸后粒度粉化，造成攀西钛精矿盐酸浸出后 60% 的金红石产品既不能用于氯化法钛白，也无法用于硫酸法钛白，无工业经济性。

多年来，我国钛白粉生产研究领域技术人员针对攀西地区钛精矿做了大量研究工作，长期致力于解决盐酸浸出法的粒度细化及浸出效果等难题，从未有研究将盐酸浸出法的中间产物即经酸浸、过滤、洗涤得到的钛渣（高钛盐酸浸出渣）直接用作钛白粉特别是硫酸法钛白粉生产原料。

国家"六五""七五"期间曾经开展过钛精矿盐酸法制人造金红石及富钛料的工业化研究，形成两大工艺流程：（1）预氧化-流态化常压浸出工艺。在原重庆天原化工厂建成5000t/a试验生产线，但该工艺采用常压浸出，浸出时间长（生产周期16h）、产品质量不稳定。（2）选冶联合加压浸出工艺。在原自贡东升冶炼厂建成1000t/a试验生产线，该工艺采用较高浓度盐酸原矿直接浸出，浸出过程中物料细化严重，水解不完全，导致固液分离困难。此外，为了保证盐酸浸出浓度，采用盐酸蒸汽加热反应物导致管网腐蚀严重、设备故障率高、作业率低。这两种工艺存在的突出问题是：均未能实现浸出母液的回收利用，废酸过多，无法处理，严重污染环境，制约其产业化发展。

2001年，科技部将攀枝花钛精矿盐酸法制取人造金红石产业化技术列为国家"十五"科技攻关计划，由攀钢（集团）公司牵头与北京有色金属研究总院、长沙矿冶研究院、贵阳铝镁设计研究院组成联合攻关组。针对上述流程存在的问题，于2002年分别进行了"选冶联合加压浸出""预氧化-流态化常压浸出"和"浸出母液回收盐酸"技术攻关。

2003年，在原自贡钛黄粉厂2000t/a装置（改造后）和攀钢冷轧厂废酸焙烧装置上分别进行了工业试验。经氧化→前磁选→浸出→后磁选工艺，取得TiO_2平均含量大于92%、$(CaO + MgO)$含量小于0.35%的优质人造金红石产品，证明攀西钛精矿采用预氧化-还原预处理也可取得良好的浸出效果。但该工艺也存在一些不足：一是浸出过程中水解不完全导致过滤困难；二是采用浸出盐酸浓度大于220g/L无法使盐酸达到闭路循环；三是工艺生产成本高，无法达到废水零排放要求。

13.5.1.2 钛铁矿盐酸浸出制备富钛料国外技术研发状况

A 还原锈蚀法

还原锈蚀法生产人造金红石的工艺流程如图13-19所示。

（1）氧化焙烧。钛铁矿氧化生成高铁板钛矿（Fe_2TiO_5）和金红石：

$$2FeTiO_3 + \frac{1}{2}O_2 \Longrightarrow Fe_2TiO_5 + TiO_2$$

澳大利亚在研究和工业化初期，还原之前进行预氧化处理。澳大利亚所用原料是半风化的钛铁矿（TiO_2含量为54%～55%，$Fe^{3+}/Fe^{2+} = 0.6～1.2$）。预氧化的主要目的是为了减少在固相还原过程中矿物的烧结，但现在工业生产中已取消了预氧化工序。

氧化焙烧在回转窑中进行，以重油为燃料，窑内最高温度为1030℃，氧化矿由铁板钛矿（以Fe_2TiO_5为主，有少量的$FeTi_2O_5$）和金红石的混合物组成。发现在空气中进行氧化焙烧的钛铁矿氧化是不完全的，氧化矿中含有3%～7%的FeO。氧化矿冷却至600℃左右进入还原窑。

（2）固相还原。固相还原大致可分为两个阶段，第一阶段是$Fe^{3+} \rightarrow Fe^{2+}$：

$$Fe_2Ti_3O_9 + CO \longrightarrow 2FeTiO_5 + TiO_2 + CO_2$$

$$Fe_2TiO_5 + 2TiO_2 + CO \Longrightarrow 2FeTiO_3 + CO_2$$

还原的第二阶段是$Fe^{2+} \rightarrow Fe$并伴随TiO_2的部分还原：

$$2Fe_2TiO_3 + CO \Longrightarrow FeTi_2O_5 + CO_2 + 4Fe$$

$$nTiO_2 + CO \Longrightarrow Ti_nO_{2n-1} + CO_2 \qquad (n>4)$$

$$FeTi_2O_5 + CO \longrightarrow Fe_{3-x}Ti_xO_5 + Fe + CO_2 \qquad (2 \leqslant x \leqslant 3)$$

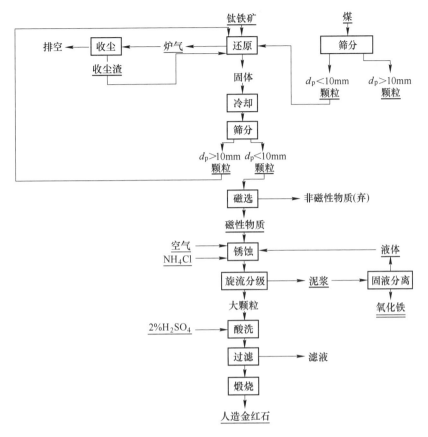

图 13-19 锈蚀法制取人造金红石工艺流程

还原钛铁矿由金属铁、Me_3O_5 型固溶体（Fe_2TiO_5 -Ti_3O_5）和还原金红石三相组成。

钛铁矿的还原在回转窑中进行，采用煤作为还原剂和燃料，澳大利亚利用廉价的次烟煤。还原温度在 1180~1200℃，当温度超过 1200℃时则会发生矿物的严重烧结使窑结圈，窑内温度是通过调节通风速度控制的。实践表明，严格控制窑温十分重要，要求测温和控温要准确。

为了减少锰杂质对还原过程的干扰，澳大利亚在还原过程中采用了加硫技术，使矿中的 MnO 优先生成硫化物以减少对钛铁矿还原的影响，而所生成锰的硫化物可在其后的酸浸过程中溶解而除去，从而可提高产品的品位。

从还原窑卸出的还原矿温度高达 1140~1170℃，必须冷却至 70~80℃方可进行筛分和磁选脱焦，分离出煤灰和余焦以便获得还原钛铁矿。

（3）还原钛铁矿的锈蚀。锈蚀过程是一个电化学腐蚀过程，在电解质溶液（含 1%的 NH_4Cl 或盐酸水溶液）中进行。还原钛铁矿颗粒内的金属铁微晶相当于原电池的阳极，颗粒外表面相当于阴极。在阳极区 Fe 失去电子变为 Fe^{2+} 进入溶液：

$$Fe \longrightarrow Fe^{2+} + 2e$$

在阴极区溶液中的氧接受电子生成 OH^-：

$$O_2 + 2H_2O + 4e \longrightarrow 4OH^-$$

颗粒内溶解下来的 Fe^{2+} 沿着微孔扩散到颗粒外表面的电解质溶液中，如溶液中含有氧则进一步氧化生成氧化铁细粒沉淀：

$$2Fe^{2+} + 4OH^- + \frac{1}{2}O_2 \Longrightarrow Fe_2O_3 \cdot H_2O\downarrow + H_2O$$

所生成的水合氧化铁粒子特别细，根据它与还原矿的物性差别，可将它们从还原矿的母体中分离出来，获得富钛料。

（4）富钛料的酸浸。采用 2% 的稀硫酸在常压 80℃ 下浸出锈蚀后获得的富钛料，其中残留的一部分铁和锰等杂质溶解出来，经过滤、干燥则可获得人造金红石产品。

与其他方法相比，还原锈蚀法生产人造金红石具有如下主要优点：

（1）人造金红石产品粒度均匀，含有少量低价钛氧化物，是沸腾氯化制取四氯化钛的优质原料。

（2）用电量和化学试剂量均少，主要原料是煤，并可利用廉价的褐煤，因此产品生产成本较低。

（3）"三废"容易治理，在锈蚀过程中排出的废水接近于中性（pH = 6 ~ 6.5）。赤泥可经干燥作为炼铁原料，也可进一步加工成铁红。

还原锈蚀法的局限性在于：必须以风化的高品位钛铁矿为原料，固相还原要求温度高、技术难度大。因攀枝花钛精矿是未风化的岩矿型钛铁矿，故还原锈蚀法不适合攀枝花钛精矿。

B　盐酸浸出法

国际上盐酸浸出制取人造金红石原有两种具体方法：一种是美国华昌（Hua Chang）公司研究成功的华昌法；另一种是美国毕尼莱特（Benilite）公司研究成功的 BCA 盐酸循环浸出法（简称 BCA 法）。

近年来国际上对盐酸浸出法进行了许多改进研究，其中一种是澳大利亚 Austpac 资源公司研发的强氧化-弱还原-盐酸常压浸出法（简称 ERMS 法），另一种是加拿大 Tiomin 资源公司研究的 TSR 法。

a　BCA 法

BCA 法是 20 世纪 70 年代初由美国 Benilite 公司研究成功的盐酸循环浸出法，工艺流程如图 13-20 所示。以风化的高品位砂矿型钛铁矿（TiO_2 54% ~ 65%）为原料，以重油为还原剂和燃料。

在回转窑中于 870℃ 高温下将钛铁矿中的 Fe^{3+} 还原为 Fe^{2+}（弱还原），还原料在冷却筒中缺氧保护气氛下冷却至 80℃ 以下出窑。还原钛铁矿在旋转的加压浸出球中用 18% ~ 20% 盐酸于 140℃（压力 0.25MPa）下浸出矿中的铁等可溶性杂质，浸出物经过滤洗涤后于 870℃ 下煅烧成产品。浸出母液含有残留盐酸和浸出铁等杂质氯化物，先预浓缩除去大约 1/4 的水分，然后采用喷雾焙烧法回收盐酸，再生盐酸返回浸出工序重用。喷雾焙烧法回收盐酸的反应方程式：

$$2FeCl_2 + \frac{1}{2}O_2 + 2H_2O \Longrightarrow Fe_2O_3 + 4HCl\uparrow$$

$$MgCl_2 + H_2O \Longrightarrow MgO + 2HCl\uparrow$$

其他氯化物 $FeCl_3$、$MnCl_2$ 等也发生类似反应。在喷雾焙烧时产生的铁氧化物用水打

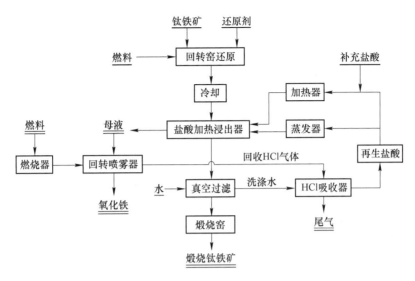

图 13-20　BCA 盐酸循环浸出法制取人造金红石工艺流程

浆作废料排放。在浸出过程中矿物中的 TiO_2 部分被溶解后水解产生细粒产品，细粒产品作为钛白的代用品（称为 Hitox）。

国际上在 20 世纪 70 年代中期 BCA 法应用出现了一个高潮，先后在美国、马来西亚、日本、印度、澳大利亚和我国台湾建立了一批工厂，总计年产能力达 40 万吨。在这些工厂中，美国 Kerr-McGee 年产 11 万吨工厂曾长期运转。印度在 20 世纪七八十年代共建设了 4 个盐酸法人造金红石工厂，总计年产能力达 60 万吨，但产量远未达到设计能力。其中最大的是印度稀土公司（IREL），该公司采用不同技术来源，大部分设备由国内制造，于 1986 年建成年产 10 万吨工厂，投产后出现了各种技术和设备问题，生产一直不正常。BCA 法在浸出过程中产生一部分细粒产品，使用粒度较粗的砂矿为原料时产生的细粒产品量占 4%~6%，加入少量硫酸或硫酸盐可减少细粒产品至 2%~4%。

BCA 法的优点：除杂质能力强（不仅除铁，还可除钙、镁和锰等杂质），可获得高品位的人造金红石，实现盐酸的再生和循环，产生废料较少。

BCA 法存在的缺点：以昂贵的重油为还原剂和燃料，而且还原时间较长（约 6h）；由于盐酸是一种强腐蚀性的酸，设备需用专门的防腐材料制造，所以加压浸出设备投资较大，特别是美国 Kerr-McGee 公司将进口钛铁矿用该法生产人造金红石比直接进口的人造金红石还贵，所以该公司 2005 年关闭了 Mobile 的 BCA 法人造金红石工厂。

b　ERMS 法

ERMS 法是属于盐酸浸出法的一种改进方法，其工艺流程是：钛铁矿→精选→强氧化→弱还原→流态化常压浸出→固液分离→烘干煅烧→后磁选和浸出母液焙烧回收盐酸循环使用。该工艺技术经过长期研究已完成实验工厂实验，据称已对世界上几十种钛铁矿进行了实验，都取得了较好结果。2000 年宣布在印度 IREL 公司建设年产 1 万吨的示范工厂，然后再建设年产 10 万吨工厂，但该计划并未实现。据称澳大利亚正在筹建年产 3 万吨人造金红石示范工厂。

ERMS 法的特点：一是强调作为浸出的原料矿必须精选；二是氧化、还原、浸出和母液焙烧均采用流态化技术；三是产品为超高品位人造金红石（TiO_2 质量分数大于 96%）；四是改进了回收盐酸的技术（称为 EARS 法）。

（1）钛铁矿的焙烧和精选。Austpac 资源公司研究两种钛铁矿磁化焙烧方法，分别叫 ERMS 焙烧法和 LTR 焙烧法。

ERMS 焙烧法是高温（750~950℃）下控制氧分压焙烧钛铁矿 60min 左右，焙烧矿在缺氧条件下冷却。焙烧使钛铁矿磁化率增加，其中的 TiO_2 被金红石化而具有酸不溶性。焙烧矿易于磁选除去脉石矿物从而提高钛精矿质量，这种焙烧钛精矿适用于制造人造金红石或熔炼钛渣。

LTR 焙烧法是在低于 650℃ 低温下焙烧钛铁矿 20~30min，焙烧使钛铁矿磁化率增加，矿中 TiO_2 未被金红石化而具有酸溶性，焙烧矿也易于磁选除去脉石矿物从而提高钛精矿质量，这种焙烧精矿适用于硫酸法钛白生产。

（2）制造人造金红石。以砂矿型钛铁矿为原料经过磁选精选，精矿经过强氧化-弱还原焙烧处理后采用流态化浸出，浸出原酸浓度为 25%，浸出时间 4~5h，浸出物经沉降、过滤和洗涤然后煅烧，煅烧品再经磁选除去未反应矿物和脉石矿物，获得超高品位人造金红石产品。

（3）EARS 法回收盐酸。BCA 法浸出母液浓度比较低，含有大量水分，这种稀母液直接喷雾高温焙烧产生的氯化氢气体被大量水蒸气和燃烧气中的氮气所稀释，体积膨胀，热损失大，热效率低，因此能耗高、回收盐酸浓度低。

Austpac 公司对强化酸再生系统（EARS）浸出母液中回收盐酸技术进行重大改进，浸出母液（$FeCl_2$ 浓度 310g/L）经过低温（130℃左右）预蒸发浓缩，使浓缩液 $FeCl_2$ 浓度达到 500g/L，然后再进入旋转干燥器中进一步蒸发水分，最终获得含水只有 12%~14% 的氯化物固体球粒；固体球粒进入沸腾床中焙烧产生氯化氢气体，吸收后称为再生盐酸，回收盐酸的浓度最高可达 33%。这种方法避免了大量水分在高温下蒸发而造成大量热损失，焙烧产生的过热气体用于预蒸发使热量得到充分利用。另外，焙烧时不仅可用气体和液体燃料，也可以用固体（如煤）燃料。据称这种回收盐酸的方法与 BCA 法喷雾方法比较，其设备投资可减少 1/2，操作成本可降低 1/3。

c　TSR 法（强氧化-弱还原-盐酸常压浸出法）

加拿大 Tiomin 资源公司从新西兰获得制造人造金红石专利技术，称为 TSR 法。这种方法也是属于盐酸浸出法的一种改进方法，与 ERMS 法有许多相似之处，其工艺流程是：钛铁矿强氧化→弱还原→流态化常压浸出→固体分离→烘干煅烧→后磁选和浸出母液焙烧回收盐酸循环使用。据称 TSR 法可处理多种低品位钛铁矿，其产品人造金红石品位可高达 96% 以上。

无论是还原锈蚀法、华昌法、BCA 盐酸循环浸出法，还是澳大利亚的 ERMS 法及加拿大的 TSR 法，它们都需对钛铁矿作氧化-还原预处理，而且都是为处理风化的矿砂型钛铁矿而研发的技术，实践证明这些技术并不适合处理攀西钛精矿。欲解决攀西地区钛精矿深加工问题，必须结合攀西地区钛铁矿粒度细、钙镁含量高、岩型矿及我国钛白粉工业等特点，研发出一种特有的钛精矿深加工技术。

13.5.2　钛铁矿盐酸浸出液处理国内外技术状况

有效处理与利用浸出液、降低焚烧量是盐酸浸取钛铁物料工艺工业化的关键问题之一。目前常采用或建议采用全浸出液喷雾焚烧法（或称 Ruther 法）来处理浸出液，这种喷雾焚烧法已被广泛用于钢板酸洗工艺中的废盐酸回收，需 650~730kcal/L（2720~3054kJ/L）的能量。如采用喷雾焚烧法来焚烧盐酸浸出液，焚烧工序能耗将占整个工艺能耗的 65%~75%。另外，在一定浸出条件下浸取液的体积加入量与浸取液中盐酸浓度成反比，即浸出母液的焚烧量主要取决于所选用浸取液的盐酸浓度，浸取液盐酸浓度越高，则浸出母液的焚烧量越少。但是，盐酸再生工艺受盐酸共沸点的限制，再生盐酸浓度一般不超过 22%，采用 Ruther 法回收盐酸的浓度理论最大值为 20%。在实际操作中，要实现浸取液中盐酸浓度大于 22%比较困难，通常选用浸取液中盐酸浓度为 18%~22%，故采用提高浸取液中盐酸浓度来降低浸出母液焚烧量的方法没有工业价值。

从目前国内外已公开的钛铁矿酸浸液处理技术（专利）来看，目前还没有工业上切实可行的处理技术方案。

13.5.3 钛铁矿盐酸浸出法制备富钛料的比较优势

（1）钛铁矿盐酸浸出法富钛料生产技术可选用 TiO_2 含量 42%的钛中矿为原料，生产出 TiO_2 含量为 75%的富钛料，且钛的回收率达 99.8%。攀西地区钛精矿由于钙镁含量高、结构复杂、嵌布粒度细，选矿生产 TiO_2 品位大于 46.5%的钛精矿，其钛的选矿回收率仅为 60%左右；若生产 TiO_2 品位为 42%的钛中矿，其钛的选矿回收率约为 85%。

目前，攀西地区 TiO_2 品位在 46.5%以上的钛精矿主要用于硫酸法钛白和电炉熔炼钛渣原料。直接用于硫酸法钛白生产会产生大量难处理的绿矾（$FeSO_4 \cdot 4H_2O$），对环境影响较大；而生产 TiO_2 含量为 75%的电炉钛渣，其钛的回收率仅为 85%，并且只能生产酸溶性钛渣，用其做原料生产出来的钛白粉质量较差。钛铁矿盐酸浸出法富钛料生产技术采用低品位钛中矿为原料，相当于使攀西地区钛精矿产量增加约 40%，以 2019 年攀枝花约 378 万吨钛精矿的年产量来计算，相当于增产 151.2 万吨钛精矿。

（2）钛铁矿盐酸浸出法富钛料生产技术采用盐酸浸取钛铁矿，可有效除去杂质铁和大部分 Ca、Mg、Al、Mn、V 等其他杂质，获得具有良好酸溶性的高品位富钛料，打破了盐酸浸出法不能生产酸溶性富钛料的误区。较电炉钛渣而言，该酸溶性富钛料-高钛盐酸浸出渣的硫酸酸解率更高，TiO_2 收率更高。

由于钛铁物料在一定温度与压力下被盐酸复合液体系浸取，Fe、Al、Mn、V、Nb、Ca、Mg 等杂质大部分溶于盐酸复合体系通过液相被除去，所形成的渣相染色杂质含量明显降低。由低杂质含量的高钛盐酸浸出渣生产钛白粉，其白度和亮度指标均明显高于由电炉酸溶性钛渣生产的产品。同时，采取分级干燥和煅烧措施，一条生产线可同时生产人造金红石和新型酸溶性富钛料，产品质量好、含杂量低、档次高，满足氯化法和硫酸法钛白的原料需要，为我国大型化盐酸法富钛料厂建设起到了一定示范作用。

（3）采取盐酸含盐浸取和母液循环利用工艺可显著提高浸出效率，有效缩短浸出时间，降低浸取液盐酸浓度，减少盐酸用量，降低运行成本。

（4）采取浸出母液分流措施减少了浸出母液的焚烧量，从而降低了工艺能耗，并可保持系统中铁的物料平衡，满足浸取液对氯化盐的要求，同时减少了水的用量。

13.5.4 钛铁矿盐酸浸出法新型酸溶性富钛料产品优势

新型酸溶性富钛料产品——高钛盐酸浸出渣是一种适用于硫酸法钛白粉的良好原料，

是由钛铁矿（$FeTiO_3$）经盐酸浸出晶格中铁以后的多孔疏松状残渣和偏钛酸团聚物组成，同时含有少量的金红石和钛辉石，其中 TiO_2 成分主要以非晶体状态存在，浸出渣为白色、浅黄或浅灰色颗粒或粉末，其中非晶型 TiO_2 含量为 65%~97%，全铁含量不大于 8%，密度为 2.9~3.6g/cm^3。90% 以上的 Ca、Mg、Fe、Mn 杂质及 50% 以上的 V、Al 杂质在盐酸浸出工艺中被除去。

表 13-44 列出了所得新型酸溶性富钛料与市场钛渣元素比较分析。从表 13-44 中可见，新型酸溶性富钛料的 TiO_2 品位高于电炉钛渣，Fe、Ca、Mg、Mn、V、Al、Nb 等杂质含量明显低于电炉钛渣和钛精矿，（CaO + MgO）含量低于 1%。

表 13-44　富钛料与市场钛渣元素分析　　　　　　（%）

项目	富钛料	钛渣 I	钛渣 II	钛精矿
TiO_2	85.02	75.56	75.6	46.5
Fe_2O_3	5.09	—	—	—
TFe	3.56	8.33	8.54	33.62
CaO	0.27	0.87	1.91	1.08
MgO	0.35	2.1	2.82	3.12
Al_2O_3	0.33	3.11	3.43	1.32
MnO	0.035	1.14	1.02	0.66
SiO_2	5.56	6.2	4.91	5.05
V_2O_5	0.3	0.53	0.63	0.22
P_2O_5	0.089	0.061	—	0.04
SO_3	0.13	0.32	0.63	0.38
Cr_2O_3	—	—	—	—
Nb_2O_5	0.032	0.059	0.047	—
Cl	1.12	—	—	—
K_2O	—	0.13	—	—
低价钛	无	15.86	—	—
金红石 R	无	5.45	7.81	—

新技术所得新型酸溶性富钛料与电炉钛渣相比，具有更高的比表面积和反应活性。经检测，通过球磨机粉碎到 325 目的电炉钛渣比表面积为 3~5m^2/g，而未经粉碎的新型酸溶性富钛料比表面积高达 25m^2/g，可以不经过粉碎直接酸解，省掉钛白粉生产粉碎工序，节约投资及能源。电炉钛渣酸解反应浓度为 92%~93%，废酸必须浓缩到 85% 才能实现全部返回酸解利用；新型酸溶性富钛料由于比表面积高，提高了反应活性，酸解反应浓度可降低至 88%~89%，废酸浓缩到 75%，一部分用于硫黄制酸补充水，一部分用于返回酸解使用，可实现全部回收利用，从而降低废酸浓缩的成本。电炉钛渣含 5%~8% 的金红石，

故酸解率只有 91%~93%，而新型酸溶性富钛料酸解率可达 96%以上。

13.5.5 富钛料制钛白粉技术成果比较

13.5.5.1 钛白粉生产国内外技术状况

硫酸法和氯化法为当今世界上生产钛白粉的两种主要工艺流程。从钛白粉生产原料路线而言，主要有钛精矿硫酸法钛白粉；电炉酸溶性钛渣硫酸法钛白粉；金红石氯化法钛白粉（包括天然金红石和人造金红石）三种工艺路线。此外，近年随着直接还原新流程技术和高钛型高炉渣利用的进步，也有采用直接还原新流程钛渣和高钛型高炉渣做钛白粉的尝试。

钛精矿硫酸法钛白粉：工艺流程长，将产生大量的硫酸亚铁（绿矾）废弃物，对环境影响较大。

电炉酸溶性钛渣硫酸法钛白粉：工艺流程中省略了冷冻除铁和钛液浓缩工序，虽然可以减少硫酸亚铁（绿矾）的产生，但是酸解时需要较高浓度的硫酸，限制了所产生的稀硫酸回用，大量稀硫酸只能经过中和后处理排放，污染环境。同时，需要将较难磨的电炉钛渣磨至-325 目，耗能较高。

近年为了减少硫酸亚铁产出量，多数钛白粉厂采用了电炉酸溶性钛渣与钛精矿混用的原料路线。由于酸溶性钛渣在电炉冶炼过程中杂质元素富集，以此钛渣为原料生产出来的钛白粉产品质量普遍呈现下降趋势。

金红石氯化法钛白粉：有沸腾氯化或熔盐氯化两种工艺，其工艺流程短，"三废"排放量较小，生产成本低，产品质量优于硫酸法，但不能生产锐钛型钛白粉。氯化法对原料要求较高，一般要求原料中二氧化钛含量在 92%以上、粒度须在 200 目以上、杂质含量低，所以氯化法原料以金红石为主。天然金红石的储量极低，仅占钛总储量的 0.3%~1.0%，故氯化法所用的原料主要是人造金红石。氯化法所导致的环境污染比硫酸法少得多，但是产生的氯化渣废弃物毒性作用更大，需经过深井填埋处理。

在国际上，除了一些专用品种（如化纤钛白）必须采用硫酸法以外，以氯化法钛白生产为主。

直接还原新流程钛渣硫酸法钛白粉：其工艺流程中需增加脱铝工序，将产生大量难以处理的铵明矾（$NH_4Al(SO_4)_2 \cdot 12H_2O$）废料，难以实现工业化。

高钛型高炉渣高温碳化-低温氯化制四氯化钛再进一步生产钛白粉：攀钢公司拥有该项技术的专利权，并已建立前端四氯化钛工业化试验生产线。

13.5.5.2 新型酸溶性富钛料复合法钛白粉生产工艺优势

新型酸溶性富钛料复合法钛白粉生产技术比硫酸法和氯化法更适合于攀西钛精矿，能够解决长期以来困扰攀西钛精矿在制造钛白粉中存在的产品质量和环保等技术难题，具有更高的经济价值和社会、环保效益，具有以下比较优势：

（1）资源利用率高。复合法钛白粉生产技术是采用盐酸法预处理钛精矿，将盐酸浸出所得新型酸溶性富钛料用于硫酸法制备钛白粉，无需考虑粒度细化问题，可几乎 100%有效利用细粒度的攀西钛精矿。同时，盐酸浸出时采用分级措施，粗粒级生产人造金红石，细粒级的生产用于硫酸法的酸溶性富钛料，可同时满足硫酸法和氯化法钛白生产需要，即可 100%利用攀西钛精矿。

（2）产品质量好。复合法钛白粉生产技术是将新型酸溶性富钛料应用于硫酸法钛白粉生产，使其原料中含杂量低，尤其是大部分铁、钙、镁、钒、铬、锰等染色杂质在盐酸浸取过程中除去（铁、镁、钙、锰、钒的浸出率可分别达到 90%、90%、85%、98%、50%），硫酸酸解后所得钛液杂质含量少，钛液的铁钛比低（新型酸溶性富钛料酸解钛液的铁钛比为 0.023~0.045，而常规钛精矿酸解钛液的铁钛比为 0.2~0.33），进一步通过有机萃取除铁，所获得高纯钛液质量明显优于传统硫酸法工艺。经水解后偏钛酸含杂量低，质量好，可显著提高钛白粉质量。试验表明，用复合法制备的金红石型钛白粉白度明显优于传统硫酸法，接近氯化法水平，可生产出高档金红石型钛白粉，同时还可以生产氯化法所不能生产的高档锐钛型钛白粉。

（3）TiO_2 回收率高。新技术盐酸浸出法钛精矿中 Fe、Ca、Mg 等杂质被盐酸浸出进入母液，浸出渣的 TiO_2 含量可达到 80% 以上。在浸出渣生产流程中没有高温反应过程，不产生酸不溶性 TiO_2，硫酸酸解率可达到 96%。而电炉熔炼方法不能除去钛精矿中非铁的 CaO、MgO 等杂质，以攀枝花钛精矿为原料制得的电炉酸溶性钛渣 TiO_2 含量一般只能达到 75%，并且在高温熔炼过程中容易生成酸不溶性的金红石型 TiO_2，硫酸酸解率一般只能达到 92%~94%。因此，以浸出渣为原料的复合法钛白生产流程具有更高的 TiO_2 收率和更低的硫酸酸耗。

（4）工艺符合环保要求。复合法钛白粉生产技术是将盐酸浸出法富钛料生产与硫酸法钛白粉生产工艺及钛液有机萃取工艺密切配合，特别是钛液有机萃取的反萃余液与盐酸浸出工艺联通，实现了盐酸溶液体系和硫酸溶液体系以及萃取有机剂的三个闭路循环，盐酸全部循环回用，硫酸仅有部分平衡排放，无萃取有机剂废水排放，也不产生硫酸亚铁（绿矾），其废弃物排放大大优于传统硫酸法钛白粉，且工业装置大型化，设备技术成熟，自动化程度高，适应性强，是一种清洁、环保、高效的生产工艺。

（5）能源消耗较低。新技术盐酸浸出钛精矿采取母液分流措施，部分焚烧、部分循环回用，使浸出母液的焚烧量大大降低，盐酸回收系统的能耗降低 30% 以上。硫酸酸解工艺中由于钛液中铁和其他杂质含量低，可省去耗能较大的冷冻除铁工序，并在后续采用低浓度钛液外加水水解工艺，无需钛液浓缩工序，可减少投资，降低蒸汽和能源消耗。同时，钛液经有机萃取进一步除杂后水解，其偏钛酸分离后的稀废硫酸中含杂量很低，大大降低了硫酸浓缩的工艺能耗，使系统整体能耗降低 15% 左右。此外，钛精矿无需细磨，省去磨矿工序高能耗，大大优于酸溶性钛渣生产钛白粉工艺（钛渣需细磨到 -325 目才能用于硫酸法钛白生产）。

（6）废酸全部循环回用。由于采用盐酸法预处理原料，用低杂质含量的高钛盐酸浸出渣进行硫酸酸解制取钛白，酸解硫酸浓度低，可使硫酸用量减少 50% 左右。稀废硫酸含杂量很低，尤其是铁、钙、镁杂质含量低，浓缩时不产生硫酸盐结晶，避免了废酸浓缩过程中换热器堵管问题，降低了废酸浓缩难度，使废酸浓缩工艺更顺畅，稀废硫酸除少量平衡排放外，可全部通过蒸发浓缩循环回用，明显优于传统硫酸法工艺。特别是与钛渣硫酸法钛白工艺相比具有明显优势，因钛渣硫酸法钛白需高浓度硫酸酸解，需浓缩回收的稀废硫酸量大，浓缩成本高，受浓缩工艺限制，废酸中大量杂质在浓缩时结晶析出，产生粥状物，无法进一步浓缩，废酸不能全部回收，需大量排放。

（7）副产物实现综合利用。在盐酸浸取工艺中利用部分浸出母液和洗涤滤液去吸附焚烧炉废气中的 HCl 气体，减少了补加水用量。硫酸酸解工艺中钛液含二价铁离子和三价铁离子极低，水解后偏钛酸中铁含量低，大大减少了偏钛酸水洗次数，缩短洗涤时间，减少了水洗、漂洗设备投资和酸性废水排放，并使整个系统用水量降低 40% 左右。同时，因高钛盐酸浸出渣是含铁量低的氧化性渣，酸解反应温和不产生 H_2S 与 SO_2，有利于酸解尾气处理达标排放。废酸浓缩产生的一水硫酸亚铁杂质含量低，可作为配套硫铁矿制酸的优质添加剂。洗涤产生的酸性废水，经石灰中和生成的石膏铁含量低，可以用于生产石膏板、水泥，实现回收利用。

（8）新型酸溶性富钛料与其他钛铁矿可混配酸解。特别是高钛盐酸浸出渣与酸溶性钛渣混配酸解制备低杂质钛液用于硫酸法钛白生产原料，其产品质量明显优于单独以电炉酸溶性钛渣为原料生产的硫酸法钛白，其白度、亮度高且酸解不冒锅，不产生硫酸亚铁。采用高钛盐酸浸出渣与其他钛铁矿分别酸解，将分别酸解制备的钛液混配后制取混合钛液，再将混合钛液生产钛白粉，其产品质量明显优于钛精矿单独生产的硫酸法钛白，且生产成本大幅降低，也不产生硫酸亚铁。

13.5.5.3 新型酸溶性富钛料生产的钛白粉质量比较

应用新型酸溶性富钛料生产技术，在原料准备阶段可将绝大部分可被酸溶的杂质除去，从而大大减轻了硫酸法钛白粉生产过程负担。采用新型酸溶性富钛料做原料的复合法钛白粉质量超过日本石原的产品，其产品质量接近于氯化法钛白粉产品（见表13-45）。

表 13-45　复合法钛白粉与其他钛白产品的质量指标比较

方法	厂家名称	油相白度			雷诺兹数
		L^*	a^*	b^*	
硫酸法	R-930（日本）	95.1	-0.54	2.56	2050
	攀钢钛业	94.84	-0.41	3.19	1921
	钛海科技	95.1	-0.56	2.55	1952
	大互通	95.1	-0.59	2.52	2022
	东方钛业	94.65	-0.54	2.69	2082
	宁波新福	95.36	-0.67	2.25	2029
	R-298（渝太白）	95.46	-0.69	2.28	1993
氯化法	美礼联	95.96	-0.76	1.83	2133
	杜邦 R-902	96.00	-0.76	1.91	1952
复合法		95.67	-0.88	2.11	2100

注：L^*、a^*、b^* 为表征白度的专用指标。L^* 代表着明度，从明亮（此时 $L^* = 100$）到黑暗（此时 $L^* = 0$）之间变化。a^* 值表示颜色从绿色（$-a^*$）到红色（$+a^*$）之间变化，而 b^* 值表示颜色从黄色（$+b^*$）到蓝色（$-b^*$）之间变化。

13.5.6　创造性、技术水平及成熟度

新技术创造性如下：

（1）钛精矿盐酸浸出含可溶性氯化盐循环回用工艺。未见国内外报道，属国内外首创，解决了困扰国内三十多年的"钛铁矿盐酸浸出生产人造金红石"技术难题。

使浸出钛铁矿盐酸浓度从22%降至18%以下，实现了浸出-盐酸再生系统的盐酸浓度与水平衡，实现了无废水处理与排放的清洁生产；浸取液中可溶性氯化盐增加了溶液的离子强度，使钛精矿盐酸浸出初期产生的 $TiOCl_2$ 水解加速并使其水解完全彻底，从而达到了浸出渣易过滤和增加钛回收率的目的；增加了钛铁矿盐酸浸出速度，使钛铁矿盐酸浸出时间从5h降至2h以内。

（2）浸出母液分流处理技术处于世界领先地位。浸出母液分流处理是将钛铁矿盐酸浸出含盐工艺与 Ruthner 盐酸再生工艺有机结合，在未增加任何工序前提下使再生盐酸达到浓度大于180g/L、Fe^{2+}浓度大于35g/L，达到浸取液要求。浸出母液分流处理技术打破了 Ruthner 常规盐酸再生技术的观念，使焚烧 $1m^3$ 浸出母液可获得大于 $1.7m^3$ 再生盐酸，不仅减少了盐酸再生能耗，而且节约了设备投资。

（3）打破了钛铁矿盐酸浸出制酸溶性渣的误区。在国内外学术界普遍认为钛铁矿盐酸浸出渣具有金红石型结构，从而推断钛铁矿盐酸浸出渣不被硫酸酸解。事实上钛铁矿盐酸浸出渣与其钛精矿具有相同的硫酸酸解率，这一发现对重新认识钛铁矿盐酸浸出渣的结构具有理论意义。同时，化学反应的中间产物比其化学分子式所表示的物质活性更高。如：钛铁矿盐酸浸出渣虽然主要是 TiO_2，但是其化学活性比 TiO_2 高，这一发现对储量巨大的攀枝花钛资源深加工意义重大。

技术水平和成熟度："钛精矿盐酸法制人造金红石及新型酸溶性富钛料"试验生产线所选设备都是工业化大型设备，工艺设备布置、生产制度都按工业生产标准设计。该生产线实现五年多连续生产，其生产量和系统作业率指标已是酸再生系统设计作业率，故该成果达到工业化生产世界领先水平。

13.5.7 成果运用推广前景

新技术成果可在全国范围内推广，尤其是四川攀西地区。攀西地区储藏着中国90.5%的钛资源，而且攀西钛精矿酸溶性好，非常适合作为本技术的原料，其30%可生产人造金红石，70%可生产新型酸溶性富钛料。

按国家硫酸法钛白法产业政策与环保法要求，攀西钛精矿必须走富钛料路线。由于攀西钛精矿高钙镁及粒度细等特点，新技术是富钛料路线的最佳选择之一，在攀西钛精矿深加工发展上的应用前景非常广阔。

新技术处理攀西钛精矿完全实现了盐酸和水的平衡及循环利用，无废水、废酸、废气、废固产生，是一种清洁、环保、节能的先进工艺，其综合产值效益和生态效益将非常可观，对攀西地区发展生态环保型高品质钛原料产业具有重大的现实意义。

云南、广东、广西及海南拥有品位高、粒度较粗的砂矿型钛铁矿，可采用本技术生产优质的人造金红石，使我国摆脱氯化法钛白与海绵钛优质钛原料主要依赖进口的局面。

13.6 结 论

（1）攀枝花钛精矿盐酸法制取人造金红石和新型酸溶性富钛料技术可降低浸出液盐

酸浓度（从 20%～22% 降低到 18% 或更低），同样能够得到较好的浸出效果，既可得到 TiO_2 品位较高的富钛料，又可减少盐酸回收系统的压力，降低盐酸回收成本，更重要的是平衡了整个系统的氯离子。浸出工艺参数确定为：浸出液盐酸浓度 18%～19%，浸出温度 115～135℃，浸出时间 2～4h，固液比 3.3～4.2，浸出结束后浸出母液盐酸浓度 40～50g/L 为宜，浸出浆料控制温度在 60～70℃ 过滤洗涤，洗涤用酸化水盐酸浓度 1% 为宜，并控制温度在 60～70℃。

（2）由于采用浸出母液分流技术，有机地实现了钛精矿盐酸浸取液含盐的手段，实现了整个浸出-酸再生回路完全水平衡，实现了不向外排放废酸水。

通过降低浸出液酸浓度和浸出温度、增加浸取液离子强度，以及钛精矿预处理和加入晶种，促进了钛离子的水解，改变了水解产物的表面特性，明显地提高了浆料的过滤洗涤速度，圆满解决了浸出浆料过滤困难的问题。

（3）含 TiO_2 品位为 47.2% 的攀枝花粗粒钛精矿作为原料，在已建生产线中生产了人造金红石产品 TiO_2 品位平均 88.1%，CaO 0.59%，MgO 0.51%；以 TiO_2 品位为 47.6% 的某云南钛精矿为原料生产人造金红石，其产品 TiO_2 品位平均 91%，产品粒度基本保持了原矿粒度，符合沸腾氯化生产四氯化钛的要求，工艺过程 TiO_2 回收率 95.56%～96.73%，产品粒度基本保持了原矿粒度符合沸腾氯化生产四氯化钛的要求，产品生产成本 5357.31 元/t。

以含 TiO_2 42%～46.5% 的攀枝花细粒钛精矿为原料，在已建生产线中生产了新型酸溶性富钛料的产品 TiO_2 品位达 70%～80%，产品具有良好酸溶性符合作为硫酸法生产钛白的原料要求，工艺过程 TiO_2 回收率 98.2%～98.4%，产品生产成本 3373.03～4333.82 元/t。

以试生产的新型酸溶性富钛料为原料用于硫酸法生产钛白，所得金红石初制钛白的质量好于钛精矿、酸溶性钛渣为原料生产的产品质量，接近甚至达到氯化法钛白产品的颜色指标。

（4）生产线实现了盐酸与水的循环平衡，全流程无废水和废渣排放，环境友好，钛铁资源得到全面有效的利用。生产运行稳定可靠，操作简单，易于控制，为我国钛铁矿资源特别是攀西地区细粒钛精矿和低品位钛精矿的综合利用提供了一条新的途径。

参 考 文 献

［1］自贡市煤炭冶金局，自贡东升冶炼厂. 攀矿选冶联合法稀盐酸加压浸取制取人造金红石——ϕ3000 浸取球研制 ［R］. 攀枝花资源综合利用科研报告汇编，第四卷（上册），1984：45-84.

［2］自贡市煤炭冶金局，自贡东升冶炼厂，北京有色金属研究总院，成都科技大学，贵阳铝镁设计研究院. 选冶联合法稀盐酸加压浸取攀枝花钛精矿制取人造金红石半工业试验报告 ［R］. 攀枝花资源综合利用科研报告汇编，第四卷（上册），1984：85-91.

［3］邓国珠，黄北卫，王雪飞. 制取人造金红石工艺技术的新进展 ［J］. 钢铁钒钛，2004（1）：44-50.

［4］邓国珠. 现代有色金属冶金科学技术丛书——钛冶金 ［M］. 北京：冶金工业出版社，2010：56-108，266-316.

［5］Jansz J J C. Estimation of ionic activities in chloride systems at ambient and elevated temperatures ［J］. Hydrometallurgy，1983（11）：13-31.

［6］Jansz J J C. Calculation of ionic activities and distribution data for chlorocomplexes ［C］//TMS，Warrendale，PA，1984：1-22.

［7］ Demopoulos G P. Aqueous processing and its role in production of inorganic materials and environmental protection ［J］. Can. Metall. Q. , 1998（37）：1-18.

［8］ Demopoulos G P, et al. New technologies for HCl regeneration in chloride hydrometallurgy ［J］. World of Metallurgy-ERZMETALL, 2008, 61（2）：89-98.

［9］ 峨眉矿产综合研究所，等 . 攀枝花铁矿中有益元素及其在生产过程中的分布和赋存状态的研究 ［R］. 1974.

［10］ 金作美，邱道常，段朝玉. 稀盐酸直接浸取攀枝花钛精矿反应动力学的研究 ［J］. 成都科技大学学报，1979（3）：11-16.

［11］ 金作美，邱道常，段朝玉. 稀盐酸直接浸取攀枝花钛精矿反应机理探讨 ［J］. 成都科技大学学报，1979（3）：1-10.

［12］ 周忠华，等 . 攀枝花钛精矿用预氧化-流态化酸浸法制取人造金红石实验室研究 ［R］. 攀枝花资源综合利用报告汇编，第四卷（上册），1984：109-116.

［13］ 董雍赓，马秀盘，孙藉 . 人造金红石工艺矿物学与选矿提纯的研究 ［J］. 稀有金属，1984（4）：16-23.

［14］ 裴润. 硫酸法钛白生产 ［M］. 北京：化学工业出版社，1982.

［15］ 陈朝华，刘长河. 钛白粉生产及应用技术 ［M］. 北京：化学工业出版社，2011.

14 金属钛生产技术

14.1 金属钛及钛合金特点及其用途

金属钛属于有色轻金属，具有密度低、强度高、比强度大、耐蚀性好、高低温性能好、无磁性等突出优点，同时也存在导热系数小、屈强比高、弹性模量低、抗阻尼性能低、高温易氧化等特点，是质轻、高强、耐腐蚀的结构材料，被誉为"第三金属""全能金属""太空金属""海洋金属""生命金属"。此外，部分钛合金材料还具有形状记忆、超导、贮氢等特殊功能。因此，金属钛及钛合金广泛应用于航空、航天、舰船、兵器、化工、石化、冶金、电力、轻工、制盐、建筑、海洋工程、医药、体育用品和日常生活器具等领域。2020 年中国金属钛及钛合金在不同领域的应用占比如图 14-1 所示。

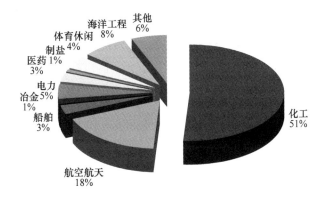

图 14-1　2020 年中国金属钛及钛合金在不同领域的应用占比

14.1.1　金属钛及钛合金特性

（1）密度小、强度高、比强度大。钛的密度是 $4.51g/cm^3$，是铝的密度的 167%，是钢的 57%，但强度比铝大 300%。同时钛合金的比强度是常用工业合金中最大的，是航空航天和军工行业不可或缺的结构材料。钛合金和其他合金主要性能比较见表 14-1。

表 14-1　钛合金和其他合金主要性能比较

材料类型	密度 $\rho/g \cdot cm^{-3}$	抗弯强度 δ_b/MPa	弹性模量/MPa	δ_b/ρ
高强度钛合金	4.5	1.646	11.76	366
超硬铝合金	2.8	1.88	7.154	526
耐热铝合金	2.8	4.61	7.154	165

材料类型	密度 $\rho/g \cdot cm^{-3}$	抗弯强度 δ_b/MPa	弹性模量/MPa	δ_b/ρ
高强度镁合金	1.8	3.134	4.41	174
高强度结构钢	8.0	1.421	20.58	178
超高强度结构钢	8.0	1.862	20.58	233

（2）耐蚀性好。钛在氧化性介质中腐蚀较慢，在还原性介质中腐蚀较快。如在海水、湿氯气、亚氯酸盐及次氯酸盐溶液、硝酸、铬酸、金属氯化物、硫化物以及有机酸等氧化性介质不被腐蚀，在与钛反应产生氢的介质（如盐酸和硫酸）中腐蚀较快。钛在没有水的强氧化性环境中也可发生自燃。

（3）耐热性好。钛合金在 500℃ 左右条件下仍可保持较好的机械性能，通常用作航空发动机压气机的盘、机匣、叶片和飞机后机身的蒙皮。

（4）低温性好。Ti-5Al-2.5SnELl 等部分钛合金的强度可随温度降低而提高，但塑性变化不大，其低温延性及韧性仍较好，适用于超低温环境，如液氢或液氧火箭发动机、载人飞船超低温容器和贮箱等。

（5）无磁性。金属钛及钛合金无磁性，用作潜艇壳体时可避免引发水雷爆炸。

（6）导热系数小。钛与其他金属的导热系数比较见表 14-2。从表 14-2 可以看出，钛的导热性较差，但也可用于某些特殊环境。

表 14-2　钛与其他金属的导热系数比较　　　　（W/(m·K)）

金属	纯钛	钛合金	铝合金	镁合金	普通钢	不锈钢
导热系数	17	7.5	121	159	63	16

（7）弹性模量低。钛与其他金属的弹性模量比较见表 14-1。从表 14-1 可以看出，钛的弹性模量仅为钢的 55%，作为结构材料时弹性模量偏低。

（8）抗拉强度与屈服强度相当。钛与其他金属抗拉强度与屈服强度的比较见表 14-3。从表 14-3 可以看出，Ti-6Al-4V 钛合金的抗拉强度与屈服强度非常接近，而铝合金和不锈钢的抗拉强度与屈服强度差值较大。

表 14-3　钛与其他金属抗拉强度与屈服强度比较

强度	钛合金（Ti-6Al-4V）	铝合金	不锈钢（18-8）
抗拉强度/MPa	960	470	608
屈服强度/MPa	892	294	255

（9）高温易氧化。钛材焊接需氩气保护，钛管与薄板热处理需在真空环境，钛锻件热处理需在微氧化性气氛中进行。在常温下钛合金表面可形成稳定的氧化膜而起保护作用。

（10）抗阻尼性低。研究发现，用钛、铜、钢等金属材料分别制成同规格的钟，在同样试验条件下钛钟的振荡声音持续时间更长，由此证明钛的阻尼性低。

14.1.2 部分钛合金的特殊功能

（1）形状记忆功能。Ti-50%Ni 合金在适宜的温度下具有恢复它加工前形状的性能，因此被称为形状记忆合金。

（2）超导功能。NbTi合金接近绝对零度时，其导线电阻为零，因此被称为超导材料。

（3）贮氢功能。Ti-50%Fe合金具有大量吸储氢气性能。利用此性能，可安全贮存氢，并在适宜条件下释放氢，因此被称为贮氢材料。

14.1.3　金属钛及钛合金用途

金属钛及钛合金在各领域的主要应用概况见表14-4。

表14-4　金属钛及钛合金在各领域的主要应用概况

应用领域	主要应用部位
航空装备	飞机机翼、管道、蒙皮和机身骨架、连接件、发动机、尾锥、喷管、弹射舱、防火壁、装配夹具、蜂窝结构、整流罩、隔框、主起落架大梁、力矩环主装置、紧固螺帽和锁紧部件
航天装备	飞船船舱、蒙皮、后舱壁和地板构件、结构骨架、液体燃料贮箱、高压容器、制动火箭主起落架、登月舱及推进系统、人造卫星外壳、翼、推力构件、油压配管用钛合金制造火箭的二级和三级发动机的机体、液体燃料的贮罐、喷嘴，极细的钛粉可用作火箭燃料等
兵器装备	火箭和导弹外壳、喷嘴、火箭发动机机体、高压容器、液体燃料贮箱、机翼、炮筒、车辆、装甲板、防弹背心、头盔、雷达三角支架、坦克天窗、钛制喷火器、防弹衣等
化工装备	乙醛设备（槽、热交换器和反应器）、丙酮设备（各种配管）、醇类、顺丁烯二酐生产设备，对酞酸设备（反应器、搅拌轴）、尿素肥料设备（合成塔），大化肥尿素生产CO_2汽提塔中的零部件，湿氯气冷却器、染料设备（换热器、废液处理装置）、氯碱工业中的钛泵、钛阀、钛风机及氯碱电解阳极板和离子膜电解槽。氯酸盐和次氯酸钠电解阳极板，纯碱生产中的蒸氨塔冷却器、醋酸生产设备（氧化塔、换热器、催化剂再生罐、精馏塔等）、硝酸生产设备（换热器、反应器、蒸馏装置），硫酸生产设备（接触含氧化性物质的稀硫酸设备，如换热器、高压釜）、盐酸生产用浓度小于5%的接触设备（泵、喷射器），真空制盐设备（预冷器、容积为200~400m^3的蒸发器、预热器，换热面积为700~1000m^2的加热室、泵等），炼焦设备（吸滤器、结晶器、冷凝器等），氯化铵浓缩器，石油精炼和脱丁烷、脱硫、脱丙烷等工艺设备（塔顶冷凝器和反应塔、蒸馏塔、冷却器及各种热交换器），我国石化工厂ϕ1200m、H20m的氧化塔、成酐釜、695m^2的冷凝器，156m^2和58.9m^2的冷却器等
造纸装备	搅拌器、漂白塔、加热锅、换热器、吸收塔塔板支撑件、漂白剂的制备设备
化纤纺织装备	丙烯基、密胺、精纺尼龙、涤纶等的生产设备，对苯二甲酸反应器、连续漂白机
冶金装备	铜电解、镍电解、铅锌冶炼、贵金属提炼中钛种板、钛加热器、钛反应釜、浸出槽、贮液槽、泵，以及电解锌、镉、铟的电解槽和换热器、烟气净化装置、除尘器、风机等，钒冶炼中输送钒酸铵液的泵和阀，高炉炉体周围的冷却系统（各种冷凝器、冷却器和热交换器），氧化铝生产用运输稀硫酸管道，二氧化锰电解用阳极，代替铅合金和石墨阳极。制取ZrO_2和$ZrOCl_2$设备（真空过滤器和搅拌器），电解铜箔用阴极辊和电解槽，电镀工业及铝表面处理设备（钛制板式热交换器、薄膜蒸发器、装入阳极顶端的网篮、电发热体、挂具和塔槽等），提取钨酸的蒸发锅、钛-钢复合板制造钼渣盐酸分解槽，湿法冶金提取贵金属设备（泵、加热盘及黄金氰化浸出容器、装硫酸和盐酸、硫脲溶液的树脂交换柱及换热器等），镁和钛氯化作业中烟气净化系统设备（风机、捕集器、洗涤器等），铜冶炼设备（电解槽、热交换器、洗涤塔、阴极母板和用于制备硫酸和硫酸盐的设备系统），镍冶炼设备（加热器、过滤设备、阴极母板等），钴电解用钛板作种板及钴冶炼烟气净化系统设备（风机叶轮、泵等），生产V_2O_5工艺中的加热器，汞冶炼的冷凝器，稀土和锆冶炼的反应器、萃取器。钛材制造的泵叶轮、泵壳、泵轴套、风机、搅拌器桨叶、喷嘴、钛阀、钛管、钛压滤机、钛筛板、钛丝阴极线、阴极板和始极片母板等

应用领域	主要应用部位
船舶装备	潜水艇和深海潜水调查船（耐压壳体、耐压容器、通气排气管、通海管路、甲板、热交换器、冷却器、发动机零部件、升降装置、发射装置、声学装置、阀、锚），制造船用海水淡化装置，救难艇（壳体、各种仪表装置），军舰、游艇和消防艇等船只（壳体、螺旋桨推进器等），油船和运输船（透平的主冷凝器和碳酸钠冷却器、蒸气喷射空调机和热交换器）
能源装备	火力发电厂和核电站用冷凝器、汽轮机叶片、地热开采用换热器和管道、废热回收用换热器、核反应堆泵用 TiNi 材，以及核原料贮罐，地热开发钻井用钛管
海水淡化装备	热交换器、管道、连接件、盐水加热器
海洋装备	海上石油用采集酸性气体管道、钻采海底石油用提升管和阀门、海洋温差发电用热交换器，海洋钻井平台的换热器和阀门、泵
体育休闲器材和生活用品	网球、羽毛球球拍；高尔夫球球杆长柄和棒头；垒球棒和曲棍球棒；击剑用的面罩；登山用冰杖、登山钉、螺钉；钓鱼用绕线架；滑雪用把手、滑雪板；旅行用自行车车身、各零部件；足球鞋底钉；赛车零部件等；仪表、钛手表、饰物外表的钛金和 TiN（金黄色）涂层、刻蚀金属画、打印机用打锤、打印轮、照相机的机身、快门；高档手机外壳和部分零件；计算机（硬盘盘片、指示器和显卡等）；音响器支架、拾音器支臂、振动板；眼镜架；剃须刀、钛烟缸、打火机、理发剪；装饰品、壁挂（蚀刻版面）、台历、领带别针、垂饰；厨具和餐具（刀、匙、叉、筷、锅、铲、器皿等）；钛酒具；文房用具（如全钛金属笔、钛笔筒）；拐杖、钛宝剑；工艺美术品方面的钛鸡、钛奖杯、钛球、钛雕塑品等
医疗器材	人工骨、人工关节头、金属缝线、心脏瓣膜、肾瓣膜、心脏起搏器等医疗和外科器械；镶牙、齿列矫正器，人造齿根；辅助器械的假手、假脚、轮椅；保健用的碱离子水制造装置用电极
环境卫生装备	污水污泥处理装置、废水废气处理装置、放射性废弃物贮藏装置、粪便处理装置等
渔业装备	浮动消波堤用的连接螺栓、螺母；用于水族馆中的水槽、温度计保护管、热交换器；养殖渔业用的养殖笼、热交换器；渔业加工用的蒸烤鱼盘、冷冻库
交通工具	汽车、摩托赛车用部件（曲轴、连杆、悬簧、螺栓、螺母等），磁悬浮列车、氢贮存器
建筑材料	室内管道、屋顶板材，照明器具的反射板等
食品装备	食品和医药加工设备和运输容器，食品、泡菜、番茄酱生产用换热器，咸奶酪容器，包括加盐和醋及调味汁的容器

14.2 海绵钛制备基本原理

14.2.1 富钛料氯化

14.2.1.1 氯化热力学

在一定温度下，用氯气或含氯化合物与富钛料中的金属铁、钛和铁氧化物、碳化物或其他化合物作用生成氯化物的反应，通常称为氯化。

A 富钛料无碳氯化

钛渣中的 TiO_2、Ti_3O_5、Ti_2O_3、TiO、TiC 及 TiN 等与 Cl_2 作用可能发生下列反应：

$$1/2TiO_2 + Cl_2 =\!=\!= 1/2TiCl_4 + 1/2O_2 \tag{14-1}$$

$$1/6Ti_3O_5 + Cl_2 =\!=\!= 1/2TiCl_4 + 5/12O_2 \tag{14-2}$$

$$1/4Ti_2O_3 + Cl_2 =\!=\!= 1/2TiCl_4 + 3/8O_2 \tag{14-3}$$

$$1/2TiO + Cl_2 \Longrightarrow 1/2TiCl_4 + 1/4O_2 \tag{14-4}$$

$$Ti_3O_5 + Cl_2 \Longrightarrow 1/2TiCl_4 + 5/2TiO_2 \tag{14-5}$$

$$Ti_2O_3 + Cl_2 \Longrightarrow 1/2TiCl_4 + 3/2TiO_2 \tag{14-6}$$

$$TiO + Cl_2 \Longrightarrow 1/2TiCl_4 + 1/2TiO_2 \tag{14-7}$$

$$1/2TiC + Cl_2 \Longrightarrow 1/2TiCl_4 + 1/2C \tag{14-8}$$

$$1/2TiN + Cl_2 \Longrightarrow 1/2TiCl_4 + 1/4N_2 \tag{14-9}$$

将上述反应式（14-1）~式（14-9）以 1mol Cl$_2$ 为基准计算，可得到 $\Delta G_T^\ominus$-T 数值，并在图 14-2 中示出各反应的 $\Delta G_T^\ominus$-T 关系。

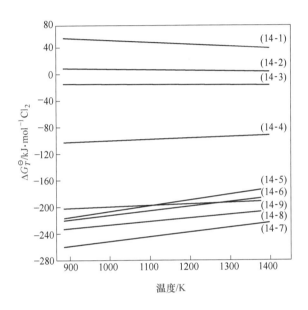

图 14-2　无碳存在时钛的氧化物、碳化物和氮化物氯化反应的 $\Delta G_T^\ominus$-T 关系

由以上计算可知：

（1）从式（14-1）~式（14-4）反应的 $\Delta G_T^\ominus$ 值可看出，随着钛的氧化物中氧含量的减少，$\Delta G_T^\ominus$ 值降低，即钛氧化物的热力学稳定性由 Ti^{4+} 到 Ti^{2+} 逐步降低，其被氯化的可能性则相应增加。

（2）在无碳存在时，TiO$_2$ 不可能氯化；钛的低价氧化物的氯化率很低，TiO 的氯化率仅为 50%；Ti$_2$O$_3$ 为 25%；而 Ti$_3$O$_5$ 低至 16.7%。未被氯化的钛以 TiO$_2$ 的形态残存下来。

（3）在 900~1400K 温度范围内，TiC 和 TiN 都容易被氯化而生成 TiCl$_4$。

B　富钛料加碳氯化

在无碳存在时，TiO$_2$ 不被氯化。在生产实践中是采用加还原剂的办法来实现含钛物料的氯化，常用的还原剂有石油焦、焦炭、炭黑、木炭、石墨粉，以及含碳（如 CO）的还原性气体等。在有还原剂碳的条件下，钛氧化物的氯化反应及其标准自由焓变化 $\Delta G_T^\ominus$-T 关系列于表 14-5。

表 14-5　钛氧化物加碳氯化反应的标准自由焓变化

加碳氯化反应及其标准自由焓变化 $\Delta G_T^{\ominus}$ /J·mol^{-1}·K^{-1}	反应式编号
$1/2TiO_2 + C + Cl_2 = 1/2TiCl_4 + CO$,　$\Delta G_T^{\ominus} = -18698 - 119.3T$	(14-10)
$1/2TiO_2 + 1/2C + Cl_2 = 1/2TiCl_4 + 1/2CO_2$,　$\Delta G_T^{\ominus} = -104914 - 31.02T$	(14-11)
$1/2TiO_2 + CO + Cl_2 = 1/2TiCl_4 + CO_2$,　$\Delta G_T^{\ominus} = -191138 + 57.38T$	(14-12)
$1/4TiO_2 + 1/2C + Cl_2 = 1/4TiCl_4 + 1/2COCl_2$,　$\Delta G_T^{\ominus} = -64630 + 7.5777T$	(14-13)
$1/6Ti_3O_5 + 5/6C + Cl_2 = 1/2TiCl_4 + 5/6CO$,　$\Delta G_T^{\ominus} = -62760 - 89.20T$	(14-14)
$1/6Ti_3O_5 + 5/12C + Cl_2 = 1/2TiCl_4 + 5/12CO_2$,　$\Delta G_T^{\ominus} = -13606 - 15.31T$	(14-15)
$1/4Ti_2O_3 + 3/4C + Cl_2 = 1/2TiCl_4 + 3/4CO$,　$\Delta G_T^{\ominus} = -83216 - 75.98T$	(14-16)
$1/4Ti_2O_3 + 3/8C + Cl_2 = 1/2TiCl_4 + 3/8CO_2$,　$\Delta G_T^{\ominus} = -147988 - 9.62T$	(14-17)
$1/2TiO + 1/2C + Cl_2 = 1/2TiCl_4 + 1/2CO$,　$\Delta G_T^{\ominus} = -175977 - 31.78T$	(14-18)
$1/2TiO + 1/4C + Cl_2 = 1/2TiCl_4 + 1/4CO_2$,　$\Delta G_T^{\ominus} = -219087 - 12.53T$	(14-19)

　　将上述反应式（14-10）~式（14-19）以 1mol Cl$_2$ 为基准，按摩尔自由焓法计算得到的 $\Delta G_T^{\ominus}$-T 数值作图如图 14-3 所示。

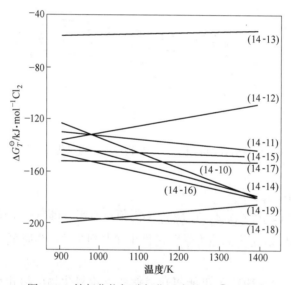

图 14-3　钛氧化物加碳氯化反应的 $\Delta G_T^{\ominus}$-T 关系

　　由上可知：

　　（1）在 900~1400K 温度范围内，钛氧化物在有还原剂碳存在时与氯反应的 $\Delta G_T^{\ominus}$ 均为负值，表明反应式（14-10）~式（14-19）均可向生成 TiCl$_4$ 的方向进行。

　　（2）有还原剂碳存在时，钛氧化物氯化也和无碳时氯化相似，随其中含氧量的降低，$\Delta G_T^{\ominus}$ 数值也降低。

　　（3）值得注意的是，将有碳存在时 Ti$_3$O$_5$、Ti$_2$O$_3$ 和 TiO 的氯化反应式（14-14）~式（14-19）与相应的式（14-5）~式（14-7）的无碳氯化反应进行比较，则发现：在上述工艺温度下，式（14-5）~式（14-7）的 $\Delta G_T^{\ominus}$ 值比式（14-14）~式（14-19）相应地更负些。根据热力学的观点，钛低价氧化物将首先按式（14-5）~式（14-7）被氯化，生成 $TiCl_4$ 与 TiO_2，而后，TiO_2 再与 C 和 Cl_2 作用，生成 $TiCl_4$ 和 CO 或 CO_2。

尽管低价氧化钛比 TiO_2 更易氯化，且价态越低，氯化反应的热力学趋势越大；另外，低价氧化钛氯化反应的放热量也比 TiO_2 氯化的放热量大，因此从反应的趋向性和热平衡角度看，钛渣的过还原度大对氯化是有利的。但过高要求高钛渣的过度还原也是不适宜的，因为这会增加电耗及钛渣熔炼操作的困难并增加钛渣的成本。

（4）反应式（14-13）的 $\Delta G^{\ominus}$ 虽为负值，但其绝对值较小，表明 TiO_2 加碳氯化生成 $COCl_2$ 的反应是次要的。

（5）图 14-3 中的式（14-10）与式（14-11）及式（14-12），式（14-14）与式（14-15），式（14-16）与式（14-17）和式（14-18）与式（14-19）等四组直线，均于 978K 处相交。此情况表明，上述四种钛氧化物氯化时，温度小于 978K，氯化反应主要是按式（14-11）、式（14-12）、式（14-15）、式（14-17）与式（14-19）进行；而当温度大于 978K，反应将以式（14-10）、式（14-14）、式（14-16）与式（14-18）为主。即在低于上述温度时，生成物的组成除 $TiCl_4$ 外主要是 CO_2，当高于上述温度时主要为 CO。

显然，上述情况是由于在平衡状态下，碳的气化反应（即布多尔反应）影响所致。由此可见，在钛的氧化物加碳氯化过程中，布多尔反应起着重要的作用，它决定了气相平衡组成中 CO 和 CO_2 之间的比例关系。

可按下列方法对 TiO_2 加碳氯化反应的气相平衡组成进行计算。

TiO_2 氯化的总反应式为：

$$TiO_2 + 2Cl_2 + C \Longrightarrow TiCl_4 + CO_2$$

可以写出该反应的平衡常数：

$$K_1 = \frac{p_{TiCl_4}p_{CO_2}}{p_{Cl_2}^2} \tag{a}$$

除上述反应外，还必须考虑碳的气化反应（布多尔反应）和生成光气的反应：

$$CO_2 + C \Longrightarrow 2CO$$

$$K_2 = \frac{p_{CO}^2}{p_{CO_2}} \tag{b}$$

$$CO + Cl_2 \Longrightarrow COCl_2$$

$$K_3 = \frac{p_{COCl_2}}{p_{CO}p_{Cl_2}} \tag{c}$$

上述三个反应同时进行，整个反应体系的气相平衡组成可通过解五元联立方程得到。除上面表示反应平衡条件的三个方程式外，在气相产物摩尔比关系和体系总压力为 1atm（0.1MPa）时，还可列出下面两个方程式：

$$p_{TiCl_4} = p_{CO_2} + \frac{p_{CO}}{2} + \frac{p_{COCl_2}}{2} \tag{d}$$

$$p_{TiCl_4} + p_{Cl_2} + p_{CO} + p_{CO_2} + p_{COCl_2} = 1 \tag{e}$$

解此五元联立方程（a）~（e），可以得到有碳存在时 TiO_2 氯化的气相平衡组成。在所采用的温度条件下，氯的平衡分压很低，说明有碳存在时，TiO_2 的氯化反应是很完全的。光气（$COCl_2$）的平衡分压更低，比氯气分压还要低 2~3 个数量级。随着温度的升高，气相平衡组成中 CO 含量增加，而 CO_2 减少。

　　C　含钛物料中杂质在加碳氯化过程中的行为

　　含钛物料中杂质氧化物的加碳氯化反应方程式如下：

$$2/3FeO + 2/3C + Cl_2 = 2/3FeCl_3 + 2/3CO \tag{14-20}$$
$$2/3FeO + 1/3C + Cl_2 = 2/3FeCl_3 + 1/3CO_2 \tag{14-21}$$
$$FeO + C + Cl_2 = FeCl_2 + CO \tag{14-22}$$
$$FeO + 1/2C + Cl_2 = FeCl_2 + 1/2CO_2 \tag{14-23}$$
$$1/3Fe_2O_3 + C + Cl_2 = 2/3FeCl_3 + CO \tag{14-24}$$
$$1/3Fe_2O_3 + 1/2C + Cl_2 = 2/3FeCl_3 + 1/2CO_2 \tag{14-25}$$
$$CaO + C + Cl_2 = CaCl_2 + CO \tag{14-26}$$
$$CaO + 1/2C + Cl_2 = CaCl_2 + 1/2CO_2 \tag{14-27}$$
$$MgO + C + Cl_2 = MgCl_2 + CO \tag{14-28}$$
$$MgO + 1/2C + Cl_2 = MgCl_2 + 1/2CO_2 \tag{14-29}$$
$$MnO + C + Cl_2 = MnCl_2 + CO \tag{14-30}$$
$$MnO + 1/2C + Cl_2 = MnCl_2 + 1/2CO_2 \tag{14-31}$$
$$1/3Al_2O_3 + C + Cl_2 = 2/3AlCl_3 + CO \tag{14-32}$$
$$1/3Al_2O_3 + 1/2C + Cl_2 = 2/3AlCl_3 + 1/2CO_2 \tag{14-33}$$
$$1/2SiO_2 + C + Cl_2 = 1/2SiCl_4 + CO \tag{14-34}$$
$$1/2SiO_2 + 1/2C + Cl_2 = 1/2SiCl_4 + 1/2CO_2 \tag{14-35}$$

　　将上述反应式以 1mol Cl_2 为基准，按物质的摩尔自由焓数据计算得到的 $\Delta G_T^\ominus$-T 数值作图如图 14-4 所示。

　　由以上计算可知：

　　（1）在 900~1400K 温度范围内，所有反应的 $\Delta G_T^\ominus$ 均为负值，且绝对值均较大，表明含钛物料中各种杂质氧化物在加碳条件下均可被氯化，生成相应的氯化物。

　　（2）与前述钛氧化物加碳氯化一样，含钛物料中各杂质氧化物的氯化反应式中生成 CO 与 CO_2 的相应的两条 $\Delta G_T^\ominus$-T 曲线均在 978K 处相交。这是由于在加碳氯化过程中（在平衡状态下）碳的气化反应影响所致。

　　（3）含钛物料中各种氧化物加碳氯化时各反应的 $\Delta G_T^\ominus$ 值，按其绝对值的大小或它们与 Cl_2 反应的先后顺序可排列如下：CaO>MnO>FeO（转变为 $FeCl_2$）>MgO ≈ Fe_2O_3>FeO（转变为 $FeCl_3$）>TiO_2>Al_2O_3>SiO_2。

　　此外，$FeCl_2$ 在氯气流中很容易被氯化生成 $FeCl_3$。若含钛物料在氯化过程中有水分存在，则又可能发生如下反应：

$$TiCl_4 + 2H_2O = TiO_2 + 4HCl \tag{14-36}$$

或
$$TiCl_4 + H_2O = TiOCl_2 + 2HCl \tag{14-37}$$

　　因此，在氯化炉内进行的反应，实际上是十分复杂的。

14.2.1.2　氯化动力学

富钛料的氯化过程是多相反应过程：沸腾床氯化为气-固相反应，熔盐氯化属于气-液-

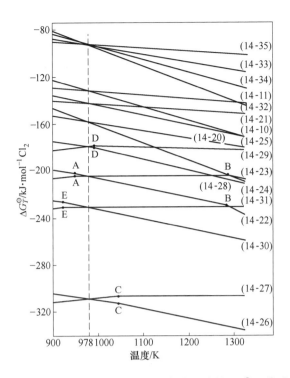

图 14-4 有碳存在时杂质氧化物氯化反应的 $\Delta G_T^{\ominus}$-T 关系

（为便于比较，图中也画出了 TiO_2 加碳氯化的 $\Delta G_T^{\ominus}$-T 关系线）

A—$FeCl_2$ 熔点 950K；B—$FeCl_2$ 沸点 1285K；C—$CaCl_2$ 熔点 1045K；

D—$MgCl_2$ 熔点 987K；E—$MnCl_2$ 熔点 923K

固多相反应，钛物料颗粒的反应过程属于颗粒缩核模型。它们都服从多相反应的规律，反应过程依次按以下步骤连续不断地进行：（氯化剂通过边界层向颗粒表面的）外扩散→（在钛物料颗粒表面上的）吸附→（经毛细微孔向颗粒内部的）内扩散→化学反应→（反应产物在颗粒内向表面的）内扩散→解吸→（产物分子通过边界层的）外扩散。

氯化过程的总速度实际上取决于其中最慢的一步，这最慢的一步就是氯化过程的瓶颈，称为速度控制步骤。吸附和解吸两步的速度一般都较快。因此，氯化过程的控制步骤就可归结为化学反应控制步骤（又称为动力学区）、扩散控制步骤（又称扩散区）或混合控制步骤（混合控制区）。

研究氯化过程的动力学就是要找出氯化过程的控制步骤，以便采取措施克服最慢的一步，达到强化过程速度、提高生产强度的目的。

在许多关于含钛物料沸腾床氯化动力学的研究中，N. Dieter、L. Sajal、K. Ottmar 的研究最为详细。他们在 620~1500K 温度范围内和氯化剂 0.05~0.35m/s 线速度下用不同的气体氯化剂：Cl_2 气、光气（$COCl_2$）、HCl、$CO+Cl_2$ 的混合物进行了沸腾氯化 TiO_2 和 Fe_2O_3 的动力学研究。

在研究数据基础上，提出了不同氯化剂氯化 TiO_2 和 Fe_2O_3 的速度方程式，见表 14-6 和图 14-5。

表 14-6　氯化 TiO₂ 和 Fe₂O₃ 的动力学方程

反应式	反应速度方程/mol·cm⁻²·s⁻¹	T/K
$[TiO_2] + 2(COCl_2) = (TiCl_4) + 2(CO_2)$	$u = 2.54 \times 10 \, p_{COCl_2} \times e^{-\frac{3302}{T}}$	620~720
$[TiO_2] + 2(CO) + 2Cl_2 = (TiCl_4) + 2(CO_2)$	$u = 8.55 \times 10^{-5} p_{CO} \times p_{Cl_2}^{0.5} \times e^{-\frac{29400}{T}}$	870~1400
$[TiO_2] + 4(HCl) = (TiCl_4) + 2(H_2O)$	$u = 8.53 \times 10^{-10} p_{HCl} \times e^{-\frac{7000}{T}}$	720~1200
$[TiO_2] + 2(Cl_2) = (TiCl_4) + (O_2)$	$u = 8.81 \times 10^{-4} p_{Cl_2} \times e^{-\frac{44000}{T}}$	1150~1380
$[Fe_2O_3] + 3(Cl_2) = 2(FeCl_3) + 3(O_2)$	$u = 2.5 \times 10^{-2} \times p_{Cl_2}^{0.5} \times e^{-\frac{37100}{T}}$	700~1200
$[Fe_2O_3] + 3(COCl_2) = 2(FeCl_3) + 3(CO_2)$	$u = 3.6 \times 10^{-3} \times p_{COCl_2}^{0.5} \times e^{-\frac{14500}{T}}$	700~1200
$[Fe_2O_3] + 6(HCl) = 2(FeCl_3) + 3(H_2O)$	$u = 5.1 \times 10^{-5} p_{HCl} \times e^{-\frac{7400}{T}}$	700~1200
$[Fe_2O_3] + 3(CO) + 3(Cl_2) = 2(FeCl_3) + 3(CO_2)$	$u = 1.4 \times 10^{-2} \times p_{Cl_2}^{0.5} p_{CO} \times e^{-\frac{24610}{T}}$	700~1200

注：（　）表示气态；［　］表示固态。

从图 14-5 可以看出，TiO₂ 的氯化反应是在相界面上进行的。用 HCl 和 Cl₂ 氯化 TiO₂ 的速度，在所采用的坐标系统中呈直线关系。而同时对于光气和 CO+Cl₂ 混合物作氯化剂来说，这种关系则区分为：温度小于 1000K 时由于 CO+Cl₂ 形成光气（COCl₂），而温度大于 1000K 时，光气发生分解，在 1200K 下光气实际上分解完全。高于 1200K 时，用光气氯化的动力学曲线的形状与用 CO+Cl₂ 混合物氯化的动力学曲线形状是一样的，只是用 CO+Cl₂ 混合物在 1500K 时的氯化速度与 780K 用光气氯化的速度相等。纯 Cl₂ 与 TiO₂ 反应速度的反应级数比 CO+Cl₂ 混合物的反应级数要小，而 HCl 的氯化速度直到 1073K 以前都比这种混合物要快。

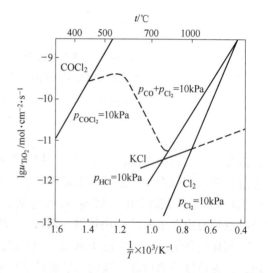

图 14-5　用纯氯气、光气、氯化氢及一氧化碳和氯的混合气体在有碳存在下氯化 TiO₂ 的反应速度曲线

在表 14-6 中列出的动力学方程式是从总反应方程式出发的表观速度。对于氯化反应速度所给出的数值比所期望的数值要低得多。这可解释为：氯化反应实际上不是按总反应，而是经过几个连续化合氯并析出氧的单元步骤方式进行的。

假设在每一步只有一个气体分子与固相发生反应，氯化反应是由几个连续步骤构成的，这样可得出如下的结论：决定整个过程最慢的一步是 TiO₂ 与中间产物 COCl 基的相互作用。

对经过氯化物料颗粒中孔隙的内扩散对氯化反应速度的影响所进行的计算证明，在大多数情况下，扩散影响并不显著。但温度在大于 700K 下光气对 TiO_2 的氯化是个例外。在这种条件下，不仅光气的热分解，而且 $COCl_2$ 在氯化物料孔隙中的扩散都会产生阻碍作用。

另外，E. И. 马奇卡索夫等对粒度为 1~5mm 的钛渣沸腾氯化也进行了研究，得到了反应速度的对数 $\lg v$ 与温度倒数的关系，如图 14-6 所示。

由图 14-6 可见，在 600~900K（300~650℃）温度范围内，TiO_2 的氯化反应处于动力学区域，表观活化能约为 36kJ/mol；在 900~1400K（650~1100℃）温度区间，处于扩散区，表观活化能约等于 8.86kJ/mol。在动力学区，提高温度是加快化学反应的有效措施；在扩散区时，改善扩散条件，如增大反应物 Cl_2 的浓度（或 Cl_2 的分压）、增加气流速度等，是强化扩散传质过程的有效途径。任何一个化学反应，其速度的快慢主要取决于活化能的大小。活化能越大，则反应速度常数越小；活化能越小，则反应速度常数越大。一般化学反应的活化能在 60~250kJ/mol（即 15~60kcal/mol）之间，钛渣氯化反应的活化能远低于 60kJ/mol，可见，这是一个快速化学反应。

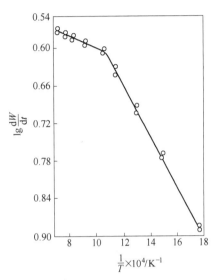

图 14-6 氯化反应速率与温度的关系

14.2.2 粗 $TiCl_4$ 精制

沸腾氯化或熔盐氯化生产的粗 $TiCl_4$，是一种含有许多杂质、成分十分复杂的浑浊液。各种杂质成分的含量是与氯化方法、氯化原料、氯化及冷凝温度制度有关的，随着杂质成分和含量的不同，粗 $TiCl_4$ 呈黄褐色或暗红色，见表 14-7。

表 14-7 粗 $TiCl_4$ 中杂质的大致含量

生产方法	$TiCl_4$	杂质成分（质量分数）/%						$COCl_2$ 和有机氯化物总量	固体悬浮物/g·L^{-1}
		Fe	Al	Mn	Si	V	游离 Cl_2		
熔盐氯化	>98	0.0002	0.001		0.0012	0.08	0.050	0.004	3.1
沸腾氯化	>98	0.01~0.04	0.01~0.04	0.01~0.02	$SiCl_4$ 0.1~0.6	0.005~0.1	0.05~0.3		

$TiCl_4$ 中的杂质在下一步还原工序中，会按 4 倍的量转移到海绵钛中去，这些杂质对海绵钛几乎都是有害的。特别是氧、氮、碳、铁、硅等杂质元素，会严重影响海绵钛的力学性能。例如，$TiCl_4$ 中含 0.2% $VOCl_3$ 时，可使海绵钛含氧量增加 0.0052%，布氏硬度增加 4。所以对粗 $TiCl_4$ 必须进行精制提纯，以提供生产海绵钛所需的合格原料。

14.2.2.1 精制原理和方法

A 粗四氯化钛中杂质的分类

粗 $TiCl_4$ 液体中杂质按存在的状态及其在 $TiCl_4$ 中溶解与否，可分为四类：

（1）溶解的气体杂质：O_2、N_2、Cl_2、HCl、$COCl_2$、COS、CO_2 等。大部分气体杂质在 $TiCl_4$ 中的溶解度不大，并且随温度升高而下降（见表 14-8）。

表 14-8　大气压下不同温度时气体杂质在 $TiCl_4$ 中的溶解度　　　　（%）

温度/℃	0	20	30	40	50	60	70	80	90	100	136
Cl_2	11.5	7.600		4.10		2.40		1.80		1.10	0.03
HCl		0.108		0.078		0.067		0.059		0.05	
$COCl_2$		65.50		24.80		5.60		2.00		0.01	
O_2	0.0148	0.0131	0.0128	0.0119	0.0113	0.0099	0.0085	0.0072	0.0038		
N_2	0.007	0.0063	0.0059	0.0054	0.005	0.0046	0.0042	0.0034	0.0019		
CO	0.0094	0.0082		0.0072	0.0069	0.0063	0.0052		0.0025		
CO_2		0.144		0.092	0.076	0.056	0.049		0.030	0.021	
COS	9.50	5.70		3050		2.20		1.40		1.10	

（2）溶解的液体杂质：S_2Cl_2、CCl_4、$VOCl_3$、$SiCl_4$、$CH_2ClCOCl$、CS_2、CCl_3COCl 等。这类杂质都可按任何比例与 $TiCl_4$ 互溶形成连续溶液。

（3）溶解的固体杂质：$AlCl_3$、$FeCl_3$、C_6Cl_6、$TiOCl_2$、Si_2OCl_6、$TaCl_5$、$NbCl_5$ 等。这类杂质在 $TiCl_4$ 中的溶解度都不大，随温度的升高而有所上升（见表 14-9）。

表 14-9　一些固体杂质在 $TiCl_4$ 中的溶解度　　　　（%）

温度/℃	0	10	25	40	50	60	70	75	80	90	100	105	120	130	136
$FeCl_3$			0.0009		0.0010	0.003			0.005	0.006			0.015	0.015	
$AlCl_3$						0.24			0.67			1.86	4.27	7.24	
$CrCl_3$					0.0008		0.0005				0.00052				
$TiOCl_2$	0.26	0.34	0.54	0.83		1.00		1.40		1.8			2.5		3.60
$NbCl_5$			1.50		3.0		6.0				14.0				
$TaCl_5$			1.60		2.9		5.8				14.0				

（4）不溶解的悬浮固体杂质：有 TiO_2、SiO_2、$TiOCl_2$、$VOCl_2$、$MgCl_2$、$FeCl_2$、$MnCl_2$、C 等。

溶解在 $TiCl_4$ 中的杂质，如按与 $TiCl_4$ 沸点的差别（见表 14-10），又可分为三类：

（1）低沸点杂质：如 $SiCl_4$ 和其他气体杂质。

（2）高沸点杂质：如 $FeCl_3$、$AlCl_3$ 等。

（3）和 $TiCl_4$ 沸点相近的杂质：如 $VOCl_3$、S_2Cl_2 和 CCl_3COCl 等。

表 14-10　$TiCl_4$ 和其他可溶杂质的沸点

化合物		CS_2	$SiCl_4$	CCl_4	VCl_4	$VOCl_3$	$TiCl_4$	S_2Cl_2	$AlCl_3$	$VOCl_2$	$FeCl_3$
沸点	℃	46.25	58	76.6	152	127	136	136.8	180.2	154	318
	K	319.4	331	349.75	425.15	400	409	409.95	453.35	427.15	591.15

从上述杂质的分类可以看出，对不溶于 $TiCl_4$ 中的固体悬浮物可用沉降、过滤等机械

方法除去。而对溶于 $TiCl_4$ 中的气体杂质，由于其溶解度随温度升高而迅速降低，也容易在除去其他杂质的加热过程中除去。只有溶于 $TiCl_4$ 中的液体和固体杂质是较难除去的，所以除去这部分杂质就成为精制 $TiCl_4$ 的主要任务。

溶解在 $TiCl_4$ 中的液体和固体杂质，沸点与 $TiCl_4$ 相差较大的低沸点杂质和高沸点杂质，可用蒸馏-精馏的方法进行分离。即通过严格控制精馏塔顶和塔底温度，将 $SiCl_4$ 和一些可溶性气体从塔顶分离；而 $FeCl_3$ 与 $AlCl_3$ 则留在釜内从而达到精制的目的。但与 $TiCl_4$ 沸点相近的杂质，如 $VOCl_3$ 用精馏方法分离就极不经济，通常采用化学方法。

图 14-7 为 $TiCl_4$-$VOCl_3$ 二元系的 t-x 图（沸点-组成图）。由于两者的沸点相近，且气-液两相共存区域很小，就可预见用蒸馏-精馏法分离它们的难度和成本。

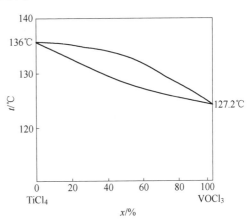

图 14-7　$TiCl_4$-$VOCl_3$ 二元系沸点-组成图

B　用蒸馏和精馏方法除去高沸点杂质和低沸点杂质的基本原理

液体混合物的蒸馏和精馏操作，都是基于组成混合物的各个组分具有不同的挥发度，即在同一温度下具有不同的蒸气压。利用这一原理，对于与 $TiCl_4$ 沸点相差较大的高沸点杂质例如 $FeCl_3$，只要控制蒸馏塔底温度略高于 $TiCl_4$ 的沸点（139~142℃），使之汽化分离，就能使 $FeCl_3$ 残留在蒸馏釜内，然后定期排出，此即为简单蒸馏。但对于与 $TiCl_4$ 互溶而且沸点又相差不太大的 $VOCl_3$ 等杂质，采用简单蒸馏操作或精馏的方法也很难达到预期的分离效果，而应采用化学还原的方法除钒。对于沸点差别较大的 $SiCl_4$，可采用多次反复的部分汽化和部分冷凝的精馏操作，即对需要分离的液体混合物加热至沸腾，使其部分汽化，分出生成的蒸气并使其冷凝，结果是所得到的冷凝液与原来液体的组成不同，其中易挥发组分的含量较前增多，若再将此冷凝液加热使其部分汽化，并使其蒸气冷凝，得到的冷凝液中易挥发组分更多。如此反复操作，则最后可将液体混合物中的易挥发组分以几乎纯净的形式分离出来。下面用沸点-组成图来说明精馏操作的原理。

图 14-8 为 $TiCl_4$-$SiCl_4$ 二元系的沸点-组成。它表示在一个大气压下，混合液达到气液平衡时，气相组成和液相组成与沸点的关系，图中上曲线为气相线（Y-t），下曲线为液相线（X-t）。

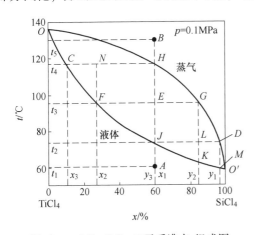

图 14-8　$TiCl_4$-$SiCl_4$ 二元系沸点-组成图

当混合液的组成为 x_1，而温度为 t_1 时（A 点），只有液相存在，将此混合液在恒定外压下加热，使其温度升到 t_2（J 点），则开始形成的蒸气相组成为 y_1（D 点），若继续加热使温度升到 t_3（E 点），这时液相组成为 x_2（F 点），气相组成为 y_2（G 点），温度继续升到 t_4（H 点），这时液相将全部转化为气相，液相

在消失前的组成为 x_3（C 点），蒸气相的组成为 y_3，并与最初物系的组成 x_1 相同。加热到 H 点以上时（B 点）为过热蒸气，组成不变仍为 y_3。若加热过程在 H 点以前停止，则称为部分汽化，若进行到 H 点或 H 点以上则称为全部汽化。显然只有用部分汽化的方法，才能从混合液中分出含易挥发组分 $SiCl_4$ 较多的蒸气，以达到分离的目的。反之，也可从混合液的蒸气出发，即从 B 点开始，用冷凝的方法，达到 J 点以前停止，则称为部分冷凝的过程，也可分出含难挥发组分 $TiCl_4$ 较多的液体。

采用简单蒸馏的方法不能使 $TiCl_4$-$SiCl_4$ 二元系达到完全分离的目的，而必须采用精馏的方法。精馏就是同时并多次地运用部分汽化和部分冷凝的方法，使混合液分离为其纯组分的操作。工业上实现这一操作的设备是精馏塔。

精馏塔塔底控制在稍高于 $TiCl_4$ 的沸点温度（139~142℃），塔顶控制在 $SiCl_4$ 的沸点温度（57℃）左右，使全塔温度从塔底到塔顶逐渐下降。精馏操作时，塔底含有 $SiCl_4$ 杂质的 $TiCl_4$ 蒸气向塔顶上升，穿过一层层塔板，并和塔顶的回流液以及从塔中部加入的料液逆向接触，在每一块塔板上，气液两相在热交换的同时，也进行传质作用。来自下一层塔板的蒸气和本层塔板上的液体接触，一方面蒸气发生部分冷凝，使下降的液体难挥发组分 $TiCl_4$ 增多，液体发生部分汽化，使上升的蒸气易挥发组分 $SiCl_4$ 增多。对整个塔而言，在上升的蒸气中，易挥发组分 $SiCl_4$ 的含量越来越多，而在下降的液体中，难挥发组分 $TiCl_4$ 的含量越来越多。因此，只要有一定数量的塔板，就能达到使 $TiCl_4$ 与 $SiCl_4$ 分离的目的。

C　除钒的原理和方法

粗 $TiCl_4$ 中的钒杂质主要是以 $VOCl_3$ 的形式存在，它使 $TiCl_4$ 呈黄色。在海绵钛及氯化法钛白生产中，$VOCl_3$ 都是一种很有害的杂质。因为它是影响钛白粉色度，也是使海绵钛硬度增加的氧和钒的载体。研究表明，当 $VOCl_3 \geq 0.003\%$（质量分数）时，精 $TiCl_4$ 便会着色，从而使生产的钛白粉白度变差，使海绵钛硬度增加。除钒的目的，不仅是为了除杂脱色，也是为了除氧。由表 14-10 可见，$VOCl_3$ 的沸点和 $TiCl_4$ 相接近，用精馏方法来分离就需要装有很多塔板的高塔，这在工业上是困难而又不经济的，因此一般采用化学方法来处理。化学除钒的方法很多，但目前在工业上采用的主要有下述几种方法：

（1）铜除钒法。此法是以铜作还原剂，将 $VOCl_3$ 选择性还原为 $VOCl_2$，生成的 $VOCl_2$ 是沸点较高又不溶于 $TiCl_4$ 的固体物质，它黏附在金属铜上，从而与 $TiCl_4$ 分离。

$$VOCl_3 + Cu \longrightarrow VOCl_2\downarrow + \frac{1}{2}Cu_2Cl_2 \tag{14-38}$$

最早是将铜粉直接加入 90~130℃ 的 $TiCl_4$ 溶液中。研究发现，铜粉在还原除钒的同时，还有除去溶解在粗 $TiCl_4$ 中 Cl_2 的作用。而且还发现，当 $AlCl_3$ 含量 $\geq 0.01\%$ 时，它会使铜粉钝化。为了消除这种不良影响，采取加入用水润湿过的活性炭或 $NaCl$ 颗粒带入水的办法，预先使之水解成 $AlOCl$ 沉淀将 $AlCl_3$ 除去：

$$AlCl_3 + H_2O \Longrightarrow AlOCl\downarrow + 2HCl \tag{14-39}$$

此法对失效铜粉的再生以及从失效铜粉中回收 $TiCl_4$ 都比较困难。另外，此法成本高，精制 1t $TiCl_4$ 要消耗 2.5~4.0kg 铜粉；钛损失较多，劳动卫生条件也差。

针对铜粉除钒法的缺点，我国工业生产中改用铜丝球气相除钒法，让 $TiCl_4$ 蒸气通过装有铜丝球的铜丝塔达到除钒目的。该法工艺简单，操作方便，失效铜丝球再生容易，而且还可以同时除去一部分高沸点杂质和有机氯化物，效果比用铜粉更好。

但铜是一种军工和电子工业必用的短缺物资，价格昂贵。另外，失效铜丝球的清洗麻烦，劳动强度大，劳动条件差，废水处理及铜、钒回收利用都较困难。

（2）有机物除钒法。此法是在粗 $TiCl_4$ 中加入某种有机物，一般加热到有机物的碳化温度（120～138℃）并恒温一段时间（1～3h），使有机物裂解，析出细而分散的碳颗粒，使 $VOCl_3$ 等杂质还原为不溶性或难挥发性化合物，然后分离除去。常用的有机物有白油、石蜡油、变压器油等，矿物油用量与选用的矿物油种类和钒杂质含量有关，一般为 $TiCl_4$ 量的 0.2%～0.3%。

有机物除钒的突出优点是试剂来源丰富，价格低廉，而且无毒，除钒效果较好。同时操作简便，流程简化，可连续操作。日本及美、澳等国家普遍采用，认为是一种理想的除钒方法。但在我国有些问题未能很好解决，就是由于有机物在加热过程中碳化并容易与 $TiCl_4$ 发生聚合反应，生成的残渣量多，不仅粘在器壁上结疤影响传热，而且除钒后的 $TiCl_4$ 在冷却时，可能析出沉淀物堵塞管道和冷凝器。另外，有少量有机物溶于 $TiCl_4$ 中，使 $TiCl_4$ 色度加深，分离不净也会污染产品。

（3）铝粉除钒法。铝粉除钒的实质是 $TiCl_3$ 除钒。在有 $AlCl_3$ 为催化剂的条件下，高活性的细铝粉可还原 $TiCl_4$ 为 $TiCl_3$，采用这种方法是先在一个专门的机械搅拌槽中，通入浓氯气和氩气或氮气（氩气或氮气起保护气氛和防爆作用），加入铝粉制备 $TiCl_3$-$AlCl_3$-$TiCl_4$ 除钒浆液，再把这种浆液加入到被净化的粗 $TiCl_4$ 中，在沸腾温度下接触 1～2h，$TiCl_3$ 与溶于 $TiCl_4$ 中的 $VOCl_3$ 反应生成 $VOCl_2$ 沉淀：

$$3TiCl_4 + Al(粉末) \xrightarrow{AlCl_3} 3TiCl_3 + AlCl_3 \tag{14-40}$$

$$TiCl_3 + VOCl_3 = VOCl_2 \downarrow + TiCl_4 \tag{14-41}$$

且 $AlCl_3$ 还可将溶于 $TiCl_4$ 中的 $TiOCl_2$ 转变为 $TiCl_4$：

$$AlCl_3 + TiOCl_2 = TiCl_4 + AlOCl \downarrow \tag{14-42}$$

铝粉除钒可将 $TiCl_4$ 中的 $TiOCl_2$ 与 $AlCl_3$ 反应转变为 $TiCl_4$，有利于提高钛回收率，除钒残渣易于从 $TiCl_4$ 中分离出来，并可从中回收钒。

14.2.2.2 镁热还原法生产海绵钛

镁热法海绵钛生产包括两个作业步骤，即四氯化钛的镁还原和还原产物的真空蒸馏，工厂中把这个车间称做"还原-蒸馏车间"。

A 镁还原 $TiCl_4$ 反应热力学

图 14-9 表示以 1mol Cl_2 为基准的氯化物的标准生成自由焓与温度的关系曲线。由图 14-9 可见，因为钠、钙、镧、铈、镁氯化物的 $\Delta G^\ominus$ 比 $TiCl_4$ 和 $TiCl_2$ 的负得多，从热力学角度，这几个金属对氯具有更大的亲和力，它们都可以作为 $TiCl_4$ 的金属热还原剂。但在工业上，实际应用的还原剂只有镁和钠，因为它们比较廉价、易得，也易精炼提纯，而且它们的还原产物可用蒸馏或浸洗的方法分离。

镁热还原法生产海绵钛，是大家熟知的"克劳尔"法。即在高温下用镁将 $TiCl_4$ 还原成金属钛，该反应过程涉及 $TiCl_4$-Mg-Ti-$MgCl_2$-$TiCl_3$-$TiCl_2$ 等多相体系，是一个复杂的物理化学过程。镁还原 $TiCl_4$ 的总反应式：

$$\frac{1}{2}TiCl_4 + Mg \Longrightarrow \frac{1}{2}Ti + MgCl_2 \qquad (14-43)$$

由于钛是一个典型的多价过渡元素，还原反应还会生成 $TiCl_3$ 和 $TiCl_2$，其反应为：

$$2TiCl_4 + Mg \Longrightarrow 2TiCl_3 + MgCl_2 \qquad (14-44)$$

$$TiCl_4 + Mg \Longrightarrow TiCl_2 + MgCl_2 \qquad (14-45)$$

$$2TiCl_3 + Mg \Longrightarrow 2TiCl_2 + MgCl_2 \qquad (14-46)$$

$$\frac{2}{3}TiCl_3 + Mg \Longrightarrow \frac{2}{3}Ti + MgCl_2 \qquad (14-47)$$

$$TiCl_2 + Mg \Longrightarrow Ti + MgCl_2 \qquad (14-48)$$

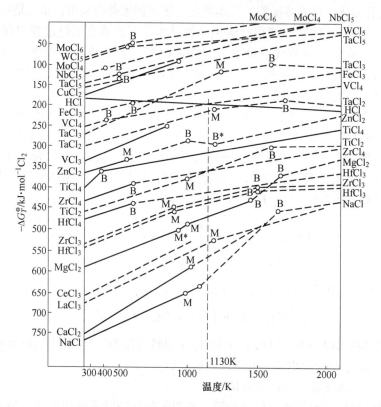

图 14-9　某些金属氯化物的 $\Delta G_T^{\ominus}$ 值与温度关系

M* —金属熔点；B* —金属沸点；M—氯化物熔点；B—氯化物沸点

（虚线表示计算值，实线表示实测值）

从热力学数据表中查出各反应所涉及的纯物质的摩尔自由焓 $G_i^{\ominus}(T)$ 值（见表 14-11），按如下公式计算上面六个反应的标准自由焓变化 $\Delta G_T^{\ominus}$：

$$\Delta G_T^{\ominus} = \sum [\nu_j G_j^{\ominus}(T)] - \sum [\nu_i G_i^{\ominus}(T)]$$

将计算结果作图如图 14-10 所示。

由图 14-10 可看出，反应式（14-43）~式（14-48）在所讨论温度范围内其自由焓变化均为负值，故反应均可进行。当限定镁量时，$TiCl_4$ 与 Mg 反应生成 $TiCl_3$ 和 $TiCl_2$ 均比

表 14-11 在绝热条件下，镁与 TiCl₄ 反应的理论最高温度

温度/K	反　应　式	热效应/kJ·mol⁻¹Mg	理论最高温度/K
1073	$2TiCl_4(g) + Mg(l) = 2TiCl_3(s\text{-}g) + MgCl_2(l)$	463.6	2530
	$TiCl_4(g) + Mg(l) = TiCl_2(s\text{-}g) + MgCl_2(l)$	327.2	1770
	$1/2TiCl_4(g) + Mg(l) = 1/2Ti(s) + MgCl_2(l)$	213.2	1691
1393	$2TiCl_4(g) + Mg(g) = 2TiCl_3(s\text{-}g) + MgCl_2(l)$	300.4	1993
	$TiCl_4(g) + Mg(g) = TiCl_2(s\text{-}g) + MgCl_2(l)$	413.4	1770
	$1/2TiCl_4(g) + Mg(g) = 1/2Ti(s) + MgCl_2(l)$	336.4	3533

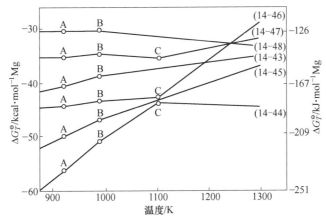

图 14-10 镁还原 TiCl₄ 反应的 $\Delta G_T^\ominus$-T 关系

A—Mg 熔点 923K；B—MgCl₂ 熔点 987K；C—TiCl₃ 升华点 1104K

TiCl₄ 与 Mg 反应生成 Ti 容易，故还原反应是分段进行的，即经过生成钛的低价氯化物再进一步还原生成金属钛。从热力学的观点来看，温度越低，还原反应自发进行的倾向性越大。

在进行上述反应的同时，在一定条件下还可能出现下列"二次"反应：

$$TiCl_4 + TiCl_2 = 2TiCl_3 \tag{14-49}$$

当 Mg 量不足时，也可能发生金属钛的"二次"反应：

$$3TiCl_4 + Ti = 4TiCl_3 \tag{14-50}$$

$$TiCl_4 + Ti = 2TiCl_2 \tag{14-51}$$

$$2TiCl_3 + Ti = 3TiCl_2 \tag{14-52}$$

式（14-49）~式（14-52）在不同温度下的 $\Delta G_T^\ominus$，根据热力学计算结果表明，均为负值，但与式（14-43）~式（14-48）反应比较，$\Delta G_T^\ominus$ 负值要小得多，说明反应的自发倾向性也小得多，它们仅是还原过程的副反应。但当镁量不足时或还原器内局部缺镁时，钛与其氯化物之间"二次"反应生成钛的低价氯化物是完全可能的。还原过程不希望发生上述"二次"反应，为了确保还原产物中钛的低价氯化物尽量减少，还原过程应加入过量镁，

镁的利用率一般为 65% ~ 70%。

镁还原 $TiCl_4$ 的总反应

$$TiCl_4 + 2Mg \rightleftharpoons Ti + 2MgCl_2$$

当温度低于 $TiCl_4$ 的沸点（409K）时，$\Delta H^{\ominus}$（反应热）= -478.650kJ/mol Ti；高于 409K 时，$\Delta H^{\ominus}$ = - 519.653kJ/mol Ti。

在钠热还原和镁热还原 $TiCl_4$ 制海绵钛的早期研究中，是一次性将 $TiCl_4$ 和还原剂钠或镁加入钢罐中进行的。反应启动后，由于大量热的放出而无法控制，都曾发生过热爆炸。克劳尔的主要功绩就在于：把一次性加料改成在整个还原过程中按一定的加料制度逐渐加注 $TiCl_4$，这样 $TiCl_4$ 的加料速度可以人为控制和调整，从而避免了爆炸的发生。

虽然缓慢加料可防止爆炸，但因为 $TiCl_4$ 的镁热还原是一个强放热反应，如果不排除余热，则温度仍会急剧升高，镁大量气化，致使工艺过程不能正常进行；温度过高时还会促使钛铁合金的生成。因而在 $TiCl_4$ 的镁热还原工艺中，当反应发生后，排除余热实为重要的工艺控制条件之一。

在还原过程中，$TiCl_4$ 中的微量杂质，如 $AlCl_3$、$FeCl_3$、$SiCl_4$、$VOCl_3$ 等，均被 Mg 还原生成相应的杂质元素，这些杂质全部混杂在海绵钛中。另外，混在镁中的杂质金属 K、Na、Ca 等也是还原剂，它们将分别还原 $TiCl_4$ 生成相应的杂质氯化物。这些杂质元素含量很少，对反应热力学和热平衡影响不大，可忽略不计，但对产品质量有很大影响。

B　还原反应的机理

对于镁还原 $TiCl_4$ 的过程，多数认为，反应占优势的是气态 $TiCl_4$ 与液体 Mg 反应生成固体金属钛，并呈海绵状聚集体。即在还原条件下一般按下式进行：

$$TiCl_4(g) + 2Mg(l) \rightleftharpoons Ti(s) + 2MgCl_2(l) \tag{14-53}$$

只有当镁的利用率达到 60% ~ 80% 后，也就是在过程的末期，气相还原反应才可能占优势。

在不同的还原反应阶段，还原反应过程的机理不尽相同，因此下面按不同的阶段来介绍还原反应过程和机理。

还原反应过程按照加料速度大小，即加料曲线，大致分为反应初期、中期和后期三个阶段，如图 14-11 所示。反应初期加料时间短、中期加料时间长，而且加料速度最大，后期加料速度要减小，时间也短。

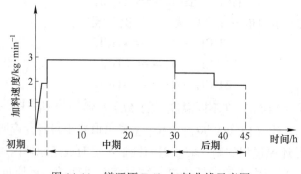

图 14-11　镁还原 $TiCl_4$ 加料曲线示意图

a 反应初期

在反应初期，反应器内液镁对反应器铁壁不湿润，液镁表面呈凸形。刚开始加 $TiCl_4$ 时，由于熔体表面温度还不高，液镁表面被一层 MgO 薄膜覆盖而阻碍着 $TiCl_4$ 和 Mg 的接触等，故反应缓慢。同时，反应初期生成的 $MgCl_2$ 存于液镁表面，改变液镁对反应器壁的湿润性能，此时液镁表面呈凹形，由于表面张力的支撑，凹形液镁表面又覆盖了一薄层 $MgCl_2$，这一层 $MgCl_2$ 也阻碍反应物 $TiCl_4$ 和 Mg 的接触。据观察，还原开始时，反应主要是在镁表面之上的反应器壁进行，生成的海绵钛黏结在壁上。由于毛细管的作用，镁被吸入海绵钛，反应便在海绵钛上进行。由于海绵钛的增长，增加了反应物接触面积，故反应速度也随之增加，通常镁的利用率达 5% 时，反应速度即可达到最大值。

有研究认为，海绵钛的细微结构具有自催化作用，海绵钛吸附 $TiCl_4$ 分子，并削弱分子内部的 Ti—Cl 键合力，这样可不经低价钛氯化物阶段而被直接还原成金属钛。

在反应初期，加入反应器内的液体 $TiCl_4$ 进入高温区会吸热，并大部分气化。在液镁表面上的反应器壁进行的是气($TiCl_4$)-液(Mg)反应。同时在反应器上的空间内进行气($TiCl_4$)-气(Mg)反应。另外，加进的液体 $TiCl_4$(未气化的)便坠落于熔体之中，吸热后逐渐上浮并气化。坠入熔体内的部分进行了液($TiCl_4$)-液(Mg)反应，气化的部分在液镁表面进行气($TiCl_4$)-液(Mg)反应。

b 反应中期

在反应中期，由于熔体内存在充足的镁，反应速度大。因此反应剧烈，使反应速度逐渐增高，尤以熔体表面料液集中的部位温度最高，甚至可超过 1200℃，产生很大的温度梯度。此时应该排出余热和控制加料速度，期间主要是在熔体表面粘壁的海绵钛上进行的气($TiCl_4$)-液(Mg)反应。在反应器上部空间也会出现气($TiCl_4$)-气(Mg)反应，此反应要尽量避免，故应降低反应器上部的温度，减少 Mg 蒸气的产生。

镁还原 $TiCl_4$ 过程中，大量热量的产生，对过程机理有很大影响。如果忽视了这点，可能会得出错误的结论。因此，在反应激烈期应通风冷却，使还原罐散热良好，且控制一定的加料速度，以控制还原过程速度和放热量，从而使罐内温度梯度得到保持，避免不稳定状态的发生。

根据反应器中的反应物和生成物的密度来看，例如，在 800℃ 时 Mg 为 $1.555g/cm^3$，$MgCl_2$ 为 $1.672g/cm^3$，Ti 为 $4.51g/cm^3$。反应过程中物料应发生分层现象，Mg 应浮在上面，而 Ti 应沉于反应器底部。但在早期的试验及生产中发现，在还原过程中容易生成海绵桥，尤其在小型反应器中（直径小于 0.8m）更为明显。熔体表面生成的海绵钛聚集在反应器壁上，依赖于器壁的黏附力和在熔体浮力的支撑下，逐渐增长并浮在熔体表面，而不沉降于熔体内，这一现象称为"搭桥"，生成的海绵桥结构示意图，如图 14-12 所示。生成海绵桥后，反应区域主要在海绵桥表面，随着反应进行海绵桥增厚，液镁通过海绵桥中的毛细孔向上吸附的阻力增大，使反应速度逐渐下降。现在使用的反应器直径一般均大于 0.8m，并在生产中采取周期性排放 $MgCl_2$，减少海绵钛聚集体的浮力，使海绵钛聚集体常发生崩塌，部分钛块沉降于熔体内，所以一般情况下只有钛块"搭桥"的趋势，基本能避免海绵桥的生成。这期间熔体表面始终暴露着液镁的自由表面，反应主要在液镁表面进行，反应区域随熔体表面的升降而变化。

反应中期过程持续到液镁自由表面消失为止，镁的利用率达到 40%~50%。

c 反应后期

到反应后期，还原过程进入衰减期，反应生成的海绵钛占据了反应器的大部分容积，液镁的自由表面消失，剩余的液镁已全部被海绵钛毛细孔吸收。这时，一方面加入的 $TiCl_4$ 可能被 Ti 还原，另一方面 $TiCl_4$ 被 Mg 还原的反应是在累积的海绵钛表面进行，此时反应是靠吸附在海绵体内的液镁，通过毛细孔作用升至表面和 $TiCl_4$ 接触进行反应。同时，反应生成的 $MgCl_2$ 也是通过毛细孔向下流的。因此，海绵钛毛细孔便成了 Mg 和 $MgCl_2$ 迁移的通道。

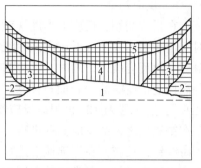

图 14-12 在小型反应器内海绵钛逐渐搭桥的情况（不放 $MgCl_2$）

1—初始液面；2—镁利用率达 5%的结构；
3—镁利用率达 30%的结构；
4—镁利用率达 45%的结构；
5—镁利用率达 60%的结构

还原后期有气($TiCl_4$)-气(Mg)间的反应。当镁量不足，镁的扩散速度小于 $TiCl_4$ 的加料速度时，则可生成 $TiCl_3$ 和 $TiCl_2$。为了使还原后期的反应能顺利进行，还原后期应逐渐减慢 $TiCl_4$ 的加料速度。当镁的利用率达到 65%~70%时，不仅反应速度缓慢，而且生成物中 $TiCl_3$ 和 $TiCl_2$ 量也增加，此时应结束还原过程。

上述情形如图 14-13 和图 14-14 所示。

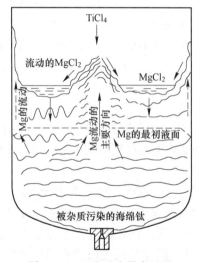

图 14-13 工业反应器中还原过程机理示意图

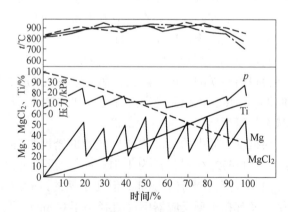

图 14-14 在还原过程期间反应器中温度、压力和 Mg、$MgCl_2$ 及 Ti 量的变化

C 还原动力学

在镁还原反应过程中，一般情况下化学反应速度都很大。由于此反应是一个放热的多相反应，因此要提高全过程的反应速度，必须加速反应区域的散热和改善反应物的扩散速度。影响还原过程的动力学因素主要有加料速度、反应温度、液面高低及反应压力，这些影响因素既互有联系又互相影响。

（1）加料速度。在 $TiCl_4$ 的镁还原工艺中，$TiCl_4$ 的加料速度控制着还原速度，并对反应温度和反应压力影响很大，它直接影响海绵钛的成长结构和质量。因此，在还原过程中，加料速度是一项重要的工艺参数。

由于还原过程具有多相催化作用，还原是在液镁上生成的海绵钛的一些活化点上（即没有被氯化镁液面覆盖的地方）进行。在那些活化点上的基本反应如下：

$$TiCl_4(g) \longrightarrow TiCl_4(ads.) \tag{14-54}$$

$$TiCl_4(ads.) + 2Mg(l) \longrightarrow Ti(s) + 2MgCl_2(l) \tag{14-55}$$

因为在还原初期，反应产物海绵钛未形成或形成量很少时反应速度慢，反应也不稳定，故还原反应初期加料速度不能太大，应逐渐增加，这种不稳定阶段约经 1h 便进入稳定阶段。在稳定阶段压力稳定，反应速度也大，加料速度逐渐提高到允许的最大值。稳定阶段持续时间较长，大部分产品在这阶段生成，因此这阶段应做到均匀加料，不然将影响产品质量。这阶段反应速度大，放热量也很大，反应器内温度会猛增，故这阶段加快反应区域的散热是保证反应速度，即加料速度稳定必不可少的措施。随着反应的进行，镁量逐渐减少，镁的扩散速度受到限制，反应速度降低，又逐渐进入不稳定阶段，此时压力波动较大，加料速度就应逐渐减少；否则压力增大，生成低价物 $TiCl_3$、$TiCl_2$ 量也增加。如后期加料速度已降低，反应压力上升还比较快，调整无效，应停止加料。

（2）反应温度。生产中 $TiCl_4$ 被镁还原的最低温度不能低于 $MgCl_2$ 的熔点（714℃），低于此温度生成物均为固相，开始能发生反应，生成物多了堵塞液镁上升的孔道，增加液镁上升的扩散阻力，此时仅有较小的反应速度。当温度高于 714℃ 时，Mg 和 $MgCl_2$ 均为液态，由于它们的密度不同，如在 750℃ 时 Mg 的密度为 $1.57g/cm^3$，$MgCl_2$ 为 $1.67g/cm^3$，它们会自动分层，密度较小的液镁浮在熔体表面，此时有较大的反应速度。在这种情况下随着反应温度继续升高，化学反应速度也会加快。所以还原工艺操作温度开始即应高于 714℃，而反应最高温度应低于 975℃，高于此温度时钛与铁即有明显熔合现象（钛铁共熔体的最低共熔点为 1085℃），致使海绵钛靠壁部分被铁污染。这部分污染的钛生产上称为"边皮"，必须从产品中除去，这就降低了产品合格率或等级率，同时反应器也将加速损坏。

（3）反应压力。反应器空间的压力，包括镁还原系统反应物和生成物及中间产物各组分的分压，以及保护气氛氩气的分压。因为 1000℃ 以下时，钛的分压很小，故反应器内总压力可简化为：

$$p_{总} = p_{Ar} + p_{TiCl_4} + p_{Mg} + p_{TiCl_3} + p_{TiCl_2} + p_{MgCl_2} \tag{14-56}$$

其中 p_{TiCl_4} 和 p_{Ar} 值较大时，对还原过程影响也很大。一般情况下反应物 p_{TiCl_4} 和 p_{Mg} 的增加对提高反应速度是有利的。但是，在正常反应过程中反应压力的增高，主要是由于反应器容积逐渐减小，氩气分压力的增加而造成。氩气分压太高会降低反应速度，此时，在操作中应放气以排出多余氩气。另外，加料不均匀，或加料速度太大，单纯由于反应物 $TiCl_4$ 过剩也会造成压力增加，这时应调整加料速度。尤其反应后期，液镁扩散阻力加大，造成反应速度减慢，应降低 $TiCl_4$ 加料速度。如降低无效，应适时停止加料。

（4）液面高低。在还原过程中，随着 $TiCl_4$ 的加入，反应器内的 Mg 逐渐消耗而累积起来大量 $MgCl_2$。根据反应方程式和液态 Mg、$MgCl_2$ 的密度，可算出每消耗 1L 液态镁约产生 3.5L 的 $MgCl_2$ 和 0.35L Ti，因此固体 Ti 与熔融 $MgCl_2$ 的体积比为 1:10，逐渐累积起来的 $MgCl_2$ 占据了反应器的工作容积，当 $MgCl_2$ 的液面高于海绵钛高度，将对反应过程起阻滞作用。为使 $TiCl_4$ 能与熔融金属镁起反应和有效利用反应器容积，可在还原过程中定期排放 $MgCl_2$（放盐）。每次放出 $MgCl_2$ 量应通过计算，使放出的 $MgCl_2$ 量少于它的生成量，目的是使 Mg 液面不断升高（使镁液面高于海绵钛），并始终保持一个较小波动的稳定的液面高度，以保证还原反应在镁液面上进行。

（5）镁利用率。$TiCl_4$ 被镁还原过程中，会或多或少地产生钛的低价氯化物，在海绵钛生产中，应尽量减少低价氯化物的生成。因为在拆卸设备时钛的低价氯化物与空气中的水分互相作用，会导致钛的含氧量增加，而且在以后的蒸馏过程中钛的低价氯化物发生歧化分解反应，生成易燃的细钛粉和 $TiCl_4$：

$$2TiCl_3 \rule[0.5ex]{1.5em}{0.4pt} TiCl_2 + TiCl_4 \tag{14-57}$$

$$2TiCl_2 \rule[0.5ex]{1.5em}{0.4pt} TiCl_4 + Ti \tag{14-58}$$

这些易燃的细钛粉，在从反应器内取出海绵钛时容易引起过热，而造成产品氧化和氮化，影响产品质量。严重过热还会引起火灾。因此，还原过程中应尽量避免产生低价氯化物。低价氯化物的产生主要是在还原反应末期，当大部分的镁已消耗，而还有过量的 $TiCl_4$ 存在所引起的。当然局部区域还原镁量不足也会发生。同时，从热力学数据可知，这些反应发生的有利条件是低温。因此，当反应器内存在低温区（如反应器的大盖内壁和反应器上壁）而镁量又不足时，就更有利于低价氯化物的生成。特别是 $TiCl_3$ 的饱和蒸气压大、易升华挥发，当反应器内存在低温区时，则 $TiCl_3$ 挥发到低温区冷凝，在此又缺镁，难以继续被还原为金属钛。因此，反应器的大盖内壁和反应器上部器壁上，会沉积一层紫黑色的低价氯化钛。

此外，存在过量 $TiCl_4$，还可在海绵钛上按反应式（14-50）~式（14-52）生成钛的低价氯化物，这些反应也易在缺镁低温下发生。

综上所述，钛的低价氯化物是由于缺镁而造成的，因此生产过程中应保证有过量的镁，一般比理论量过量 50%。根据操作过程的实际情况，镁的利用率控制在 65%~70%。过分提高镁的利用率，将使钛的低价氯化物增多，并会延长生产周期。

另外，钛的低价氯化物可部分溶于 $MgCl_2$ 中，当熔体下流时低价氯化物将被海绵钛孔隙中的镁还原，即进行式（14-46）~式（14-48）的反应。为此，在过程终了（停止加 $TiCl_4$）时，应将反应器在高温下恒温 1~2h，使镁与钛的低价氯化物充分反应，以消除海绵钛孔隙中的低价氯化物。

14.2.2.3　真空蒸馏基本原理

A　真空蒸馏原理

还原工序所得产物，其组成大约是 55%~60% Ti、25%~30% Mg、10%~15% $MgCl_2$ 和少量钛的低价氯化物 $TiCl_2$、$TiCl_3$。为了获得产品海绵钛，必须分离出 Mg 和 $MgCl_2$。分离方法除采取酸浸法外，通常采用真空蒸馏法。

真空蒸馏法是根据 Mg 和 $MgCl_2$ 在温度 700~1000℃下的蒸气压较高（见表 14-12 和图 14-15），而钛在同温度下蒸气压很低，在 900~1000℃下镁和二氯化镁对钛的相对挥发度（分离系数）$a_{Mg/Ti}$ 和 $a_{MgCl_2/Ti}$ 分别达 10^9 和 10^7 数量级，因而可利用它们在高温下蒸气压相差很大进行分离。

表 14-12 Mg、MgCl₂ 和 Ti 在不同温度下的蒸气压   （MPa）

物质名称	不同温度下的蒸气压							
	700℃	800℃	900℃	1000℃	1105℃	1418℃	1660℃	3302℃
Mg	6.67×10^{-4} (5)	3.33×10^{-3} (25)	1.07×10^{-2} (80)	3.33×10^{-2} (250)	0.1 (760)	—	—	—
MgCl₂	—	2×10^{-4} (1.5)	9.47×10^{-4} (7.1)	3.33×10^{-3} (25)	1.01×10^{-2} (76)	0.1 (760)		
Ti	—	—	9.73×10^{-12} (7.33×10^{-8})	3.03×10^{-11} (2.27×10^{-7})	—	—	6.13×10^{-8} (0.46×10^{-3})	0.1 (760)

注：括号内数据的单位是 mmHg。

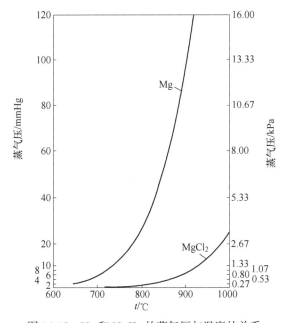

图 14-15 Mg 和 MgCl₂ 的蒸气压与温度的关系

在采用常压蒸馏时，由于 MgCl₂ 比镁的沸点高，分离 MgCl₂ 比镁困难。在这种情况下蒸馏温度必须更高些，这将导致海绵钛与铁质容器壁生成 Ti-Fe 合金而污染产品。更为重要的是，在常压高温下 Ti、Mg 和 MgCl₂ 与水蒸气以及 Mg 和产品钛与空气中氧、氮均易作用，所以在蒸馏 Mg 和 MgCl₂ 的生产实践中，不用常压而常采用在真空条件下的密闭钢质设备中进行。在真空蒸馏时，Mg 和 MgCl₂ 的沸点将大大降低（见表 13-13），挥发度比常压蒸馏时大很多倍。如蒸馏操作真空度达 1.01×10^{-5} MPa（0.076mmHg）时，Mg 和 MgCl₂ 的沸点温度分别降至 516℃ 和 677℃。因此，真空蒸馏可以降低蒸馏温度和提高 Mg、MgCl₂ 的挥发速度，还可以减少产品钛被罐体铁壁和空气中的氧、氮污染。

从表 14-13 数据还可看出，如果海绵钛坨中含有杂质 K、Na、Ca 及 NaCl、KCl 等，真空蒸馏时可蒸出它们；而 Al、Si、Cu、Fe 等则很难分离出去。

图 14-16 表示在不同压力下 MgCl₂ 从自由表面的蒸发速度与温度的关系。可以看出，蒸发速度随温度的升高和容器中残余压力的降低（即真空度的提高）而迅速增加。在海绵钛毛细孔蒸发情况下，图 14-16 仍具有参考价值。

表 14-13 一些金属和氯化物在不同蒸气压时的沸点

金属或盐	在不同蒸气压下对应的沸点/℃							熔点/℃
	0.1MPa	5.07×10⁻²MPa	2.53×10⁻²MPa	1×10⁻²MPa	1×10⁻³MPa	1×10⁻⁴MPa	1×10⁻⁵MPa	
	(760)	(380)	(190)	(76)	(7.6)	(0.76)	(0.076)	
K	774	704	638	565	429	332	261	64
Na	892	819	754	679	534	429	350	98
Mg	1105	1030	963	886	725	608	516	651
Ca	1487	1380	1281	1175	958	803	688	851
Al	2560	1940	1837	1713	1416	1363	1110	659
Si	2477	2217	2147	2057	1867	1647	1467	1410
Cu	2595	2450	2315	2162	1844	1603	1412	1084
Fe	2735	2595	2466	2316	2004	1760	1564	1539
Ti	3302						2500	1660
MgCl₂	1418	1310	1213	1112	907	763	677	714
KCl	1407	1317	1233	1136	948	806	704	775
NaCl	1465	1373	1290	1192	996	850	743	800

注：括号内数据的单位是 mmHg。

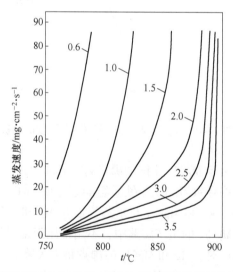

图 14-16 在不同压力下 MgCl₂ 从自由表面的蒸发速度与温度的关系

（曲线上数字的单位为 mmHg 柱）

真空蒸馏过程由下列几个步骤构成：（1）对反应物加热、抽空，使反应物排气、脱水；（2）Mg 和 MgCl₂ 在反应物的表面进行蒸发；（3）Mg 和 MgCl₂ 在海绵钛毛细管中蒸发；（4）Mg 和 MgCl₂ 的蒸气扩散到冷凝器中；（5）Mg 和 MgCl₂ 蒸气在冷凝器壁上的冷凝；（6）海绵钛的烧结。蒸馏过程的速度取决于最慢的步骤。一般情况下，Mg 和 MgCl₂ 在海绵钛孔隙中的扩散速度和蒸发速度常常成为控制步骤。

随着温度的升高，Mg 和 MgCl$_2$ 先从还原产物表面蒸发，待钛块表面的 Mg 和 MgCl$_2$ 蒸发完后，海绵钛毛细孔中的 Mg 和 MgCl$_2$ 再开始蒸发。毛细孔内的 Mg 和 MgCl$_2$ 必须扩散至表面，然后才能蒸发出去。此时蒸发速度取决于它们从毛细孔内扩散至表面的速度。Mg 和 MgCl$_2$ 的蒸发速度（g/(cm^2·s)）可用下式计算：

$$v_{蒸} = 7.78(p_0 - p)AM^{0.5}T^{-0.5} \tag{14-59}$$

式中　p_0——蒸发物质的饱和蒸气压，Pa；

　　　p——蒸发物质的表面蒸气压，Pa；

　　　A——蒸发表面积，cm^2；

　　　M——蒸发物质相对分子质量；

　　　T——蒸发温度，K。

在挥发分的主要部分蒸发掉以后，则从表面蒸发转到从毛细孔蒸发的阶段。由于毛细管阻力的影响，Mg 和 MgCl$_2$ 在毛细管中蒸发表面上的饱和蒸气压低于裸露表面上的饱和蒸气压，其值为：

$$p_0' = p_0 - 2\frac{\sigma\rho_0}{r\rho}\sin\theta(\text{mmHg}) = \left(p_0 - 2\frac{\sigma\rho_0}{r\rho}\sin\theta\right) \times 1.33 \times 10^{-4}(\text{MPa}) \tag{14-60}$$

式中　p_0'——蒸发物质在毛细孔中蒸发表面的饱和蒸气压，mmHg 或 MPa；

　　　σ——表面张力，N/m；

　　　r——毛细孔半径，cm；

　　　ρ_0——蒸发物质（这里就是 Mg 和 MgCl$_2$）的气体密度，g/cm^3；

　　　ρ——蒸发物质的液体密度，g/cm^3；

　　　θ——湿润角。

由此看来，毛细孔半径 r 越小，其内的挥发物在毛细孔中的蒸发表面上的饱和蒸气压也越低，蒸发速度也越小。因此，毛细孔中 Mg 和 MgCl$_2$ 的蒸发是先从粗孔中开始，然后转向细孔深部，此时蒸发速度已急剧地下降。由此可见，海绵钛产品毛细孔越多越细越难蒸馏。

在蒸馏过程中，存在少量的 TiCl$_3$ 和 TiCl$_2$ 发生分解反应（歧化反应）：

$$4TiCl_3 \rightleftharpoons Ti + 3TiCl_4 \tag{14-61}$$

$$2TiCl_2 \rightleftharpoons Ti + TiCl_4 \tag{14-62}$$

TiCl$_4$ 被真空泵抽到泵内与积存的水分发生水解反应，产生 HCl，对泵造成腐蚀。粉末钛沉积在海绵钛坨和爬壁钛上。粉末钛易着火，对蒸馏罐拆卸和产品取出带来麻烦。因此，应尽量减少还原时钛的低价氯化物的生成。

B　真空蒸馏动力学

（1）蒸馏温度。在真空蒸馏过程中，控制适宜的温度是很重要的。在其他条件相同的情况下，蒸馏温度越高，蒸发速度越快，蒸馏周期越短。但是蒸馏温度也不宜太高，以避免生成 Ti-Fe 合金。一般蒸馏温度为 950~1000℃，不宜超过 1020℃。事实上即使继续提高蒸馏温度，也不能降低产品中最终 Cl$^-$ 含量。产品中的 Cl$^-$ 主要是以 MgCl$_2$ 的形式存在，其次还可能来自 KCl、NaCl、CaCl$_2$ 等高沸点氯化物。

在真空蒸馏过程中，由于在真空条件下升温，海绵钛的热传导性较差，如果升温过快，则罐壁附近和表面的海绵钛将过早烧结，闭塞其毛细孔，致使产品中 Cl$^-$ 残留量增加。因此，在蒸馏生产中常采用比较缓慢的升温速度。图 14-17 表示真空蒸馏过程中温度和压力的变化曲线。

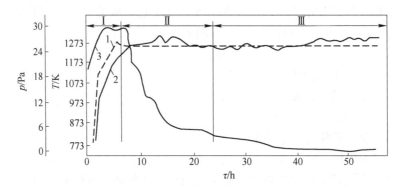

图 14-17 真空蒸馏过程中温度（曲线 1，2）和压力（曲线 3）的变化情况
（Ⅰ～Ⅲ分别为蒸馏过程的初期、中期和后期）

（2）蒸馏真空度。真空蒸馏过程中，真空度越高，Mg 和 $MgCl_2$ 的蒸发速度越快，蒸馏周期也相应缩短，同时可减少海绵钛被氧、氮污染。但真空度要求越高，所需真空设备费用也越大。兼顾两者，在钛蒸馏中通常采用的真空设备极限真空度为 $1.33 \times 10^{-1} \sim 1.33 \times 10^{-3}$ Pa（$10^{-3} \sim 10^{-5}$ mmHg）。在 $950 \sim 1000$℃ 温度和 $0.1 \sim 0.01$ Pa 真空度下，Mg 和 $MgCl_2$ 具有足够的蒸发速度。

影响真空度的因素较多，除与真空设备性能和排气速率有关外，还与排气管道的阻力和系统密封有关。如果真空设备性能好，极限真空度高，排气速率大，管道粗而直、阻力小，系统密封性能好，冷凝效果也好，则此真空系统可获得较高的真空度。选用排气速率大的油扩散泵（如排气速率为 $10000 \sim 12000$ L/s）是获得高真空的重要条件。

（3）冷凝效果。Mg 和 $MgCl_2$ 蒸气在冷凝器中冷凝是一个放热过程。如果冷凝效果差，冷凝物不能全部冷凝在冷凝区内，还有一部分会跑到真空管道内冷凝，这样就会堵塞真空管道，降低真空泵的排气速率。

因此，除冷凝器有足够冷凝面积外，还需有隔热性好的隔热板（又叫遮热屏），使加热区和冷凝区有较大的温度梯度。冷凝器中所通的冷却水温必须控制适当：一方面防止冷凝物在隔热装置的通道中冷凝，另一方面要防止冷凝区温度过高，冷凝物跑出冷凝区或重新熔化落入（或回升）至蒸馏罐内，影响蒸馏效果。

（4）海绵钛结构。海绵钛结构呈现出非均一性，其各部位的结构、孔隙率以及所含毛细孔的孔径、长度和曲折程度都是不同的（见图 14-18），这种性质对蒸馏过程影响很大。海绵钛的孔隙多，孔缝曲折、孔径小，真空蒸馏时对海绵钛中氯离子的蒸出就很困难。

蒸馏初期，即大量排除 Mg 和 $MgCl_2$ 阶段，蒸馏速度与海绵钛结构无关。蒸馏中后期，即排除少量残留 $MgCl_2$ 阶段，海绵钛结构便成为影响真空蒸馏过程的决定因素。它既影响海绵钛中 $MgCl_2$ 和 Mg 的蒸发速度，也影响产品中最终残留的 Cl^- 含量。

海绵钛结构取决于还原过程的工艺条件，如加料速度和反应温度等。因此，在还原过程中控制适当的加料速度、均匀加料以及稳定反应温度，则生成的海绵钛结构有利于真空蒸馏除去 Cl^-，获得质量好的产品。

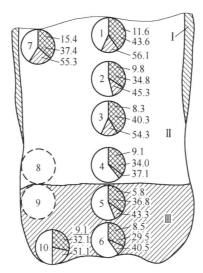

图 14-18 从海绵钛坨中取样（1~10）测量毛细管孔径位置的示意图[43]

Ⅰ—边皮料；Ⅱ—优质部分；Ⅲ—底部料

画线区的数字从上到下分别为不同半径：<25μm、<100μm 和大孔径孔的孔体积累积百分数

（5）蒸馏时间。蒸馏时间与蒸馏温度、真空度、冷凝效果、还原产物中剩余的 Mg 和 $MgCl_2$ 量以及海绵钛结构等多种因素有关，准确判断蒸馏终点是很重要的。蒸馏初期蒸发速度较大，随着蒸馏时间的延长，产品中 Cl^- 含量越来越低，蒸发速度也越来越小，继续延长蒸馏时间，蒸发速度变得更小，产品中 Cl^- 含量已趋向一个常数，继续延长蒸馏时间对降低 Cl^- 含量效果不大。蒸馏时间过长反而会引起产品中杂质含量的增加，布氏硬度增高，这样既影响了产品质量，又增加了电耗，故合理而准确地判定蒸馏终点、确定蒸馏时间是一项很重要的工艺制度。一般产量 1~2t 的炉子，蒸馏时间升温为 2.0~3.0h，高恒温时间为 45~65h。海绵钛坨越重延大，各期时间相应延长。如 5t 的总蒸馏时间为 4~5 天。整个蒸馏过程中在开始的约 30%时间可蒸馏出 90%~95%的 Mg 和 $MgCl_2$；约 70%的时间耗费在其余 5%~10%Mg 和 $MgCl_2$ 的排除上。

14.2.2.4 镁电解基本原理

无水氯化镁常温下是片状结晶体，熔点为 718℃，沸点为 1412℃。氯化镁在高温熔融状况下，会离解成阳离子和阴离子。

镁电解过程是将直流电通入含有 $MgCl_2$ 的氯盐熔体中，并在电极电化学变化的条件下实现。

在阴极上镁离子放电：$$Mg^{2+} + 2e \rightleftharpoons Mg(l)$$
在碳阳极上氯离子放电：$$2Cl^- + 2e \rightleftharpoons Cl_2(g)$$

14.2.2.5 粗镁精炼基本原理

熔剂精炼的过程包括熔化（当粗镁为固态镁锭时）、精炼、升温、静置等阶段。覆盖熔剂流动性好，密度比熔融镁的低，主要在熔化过程中使用，撒在熔镁表面，使镁与空气隔离，避免镁与空气中的氧气和水蒸气反应。精炼阶段使用精炼熔剂，要求其熔点低，流动性好，对氧化物、氮化物的湿润性好，密度比镁大，对镁的湿润性差，以便于杂质的分离。撒粉熔剂主要用在铸锭时，避免镁的燃烧。

熔剂中各成分除按一定比例配合使熔剂具有较低的熔点外，各成分还有其特殊作用。

$MgCl_2$ 具有除去 K、Na 等碱金属的作用：

$$MgCl_2 + 2Na(2K) \Longrightarrow Mg + 2NaCl(2KCl)$$

由于以下反应，$MgCl_2$ 使熔剂能够吸收 MgO、CaO 等杂质。

$$MgO(CaO) + MgCl_2 \Longrightarrow MgO(CaO) \cdot MgCl_2$$

或

$$5MgO + MgCl_2 \Longrightarrow Mg_6Cl_2O_5$$

KCl 和 NaCl 能提高熔剂对氧化物杂质的湿润性，促使熔剂对它们的吸收。

氟化钙能增大熔剂与熔镁之间的表面张力，促使非金属杂质与镁分离。此外 CaF_2 还能除掉粗镁中以 SiO_2 形式存在的硅：

$$2CaF_2 + SiO_2 \Longrightarrow SiF_4 + 2CaO$$

增稠剂 CaF_2 和 MgO 加入熔剂，能使熔剂变稠，熔镁表面若用黏稠熔剂覆盖，能形成黏性保护层。黏性保护层的好处是铸造时能很好地与镁分开，不会随镁流出，而且此种熔剂和所吸附的氧化物很容易除掉。

$BaCl_2$ 起加重剂的作用，能使金属镁和熔渣很好地分离。

以上反应中的副产物 $MgO(CaO) \cdot MgCl_2$、$Mg_6Cl_2O_5$、$NaCl(KCl)$、SiF_4 和 CaO 等与熔剂形成炉渣，在静置过程中沉入坩埚底部。

熔剂精炼不能除去 Na、K 以外的金属杂质。由于 Fe 在 Mg 中的溶解度随温度的降低而降低，适当控制静置温度，能使部分铁从镁中析出，随熔剂沉入坩埚底部，从而除去一部分铁。但静置降温作用有限，熔剂精炼法产生的镁一般含铁量在 0.035% ~ 0.02% 之间。

14.3　海绵钛生产工艺流程及其主要装备

14.3.1　氯化工艺及设备

A　原则工艺流程

目前工业上富钛料（钛渣和金红石）氯化制取 $TiCl_4$ 的方法有以下两种：

（1）沸腾氯化。富钛料与石油焦的混合料在沸腾炉内和 Cl_2 气体处于流态化的状态下进行氯化反应生成 $TiCl_4$。该工艺是流态化技术在钛生产中应用的新工艺，是国际上的主流工艺，具有传质、传热良好，单位面积产能可达 $TiCl_4$ 25~40t/($m^2 \cdot d$)，自动化程度高，操作简单，可连续生产，开停炉方便且时间短，但对原料要求高。沸腾氯化工艺流程如图 14-19 所示。

（2）熔盐氯化。将钛渣和石油焦悬浮在熔盐介质中，和 Cl_2 气体反应生成 $TiCl_4$。该工艺是前苏联开发的，能处理钙镁氧化物含量高、二氧化钛品位低的原料，但大量的废熔盐回收处理困难，炉衬材料因高温熔盐浸蚀寿命较短，开停炉时间长。熔盐氯化工艺流程如图 14-20 所示。

B　主要设备

沸腾氯化工艺主要设备包括沸腾氯化炉/熔盐氯化炉、加料装置、排渣装置、除尘装

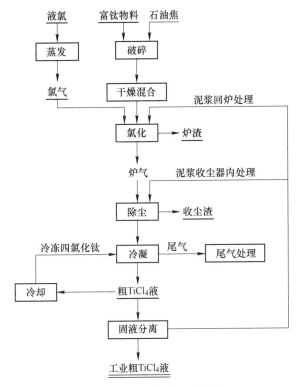

图 14-19 沸腾氯化工艺流程

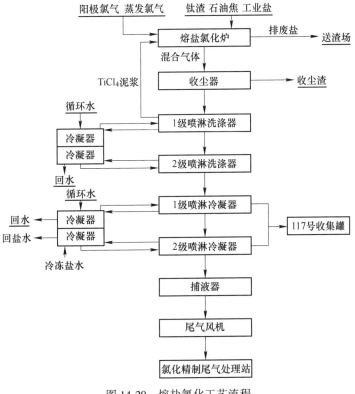

图 14-20 熔盐氯化工艺流程

置、冷凝和淋洗装置、固液分离装置、液氯蒸发装置、碱洗塔和碱液循环罐等，如图 14-21~图 14-26 所示。

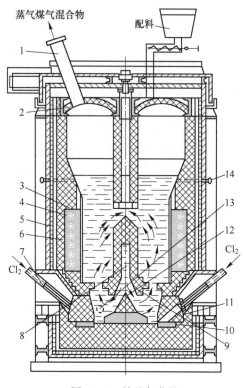

图 14-21 熔盐氯化炉

1—烟道；2—炉顶；3—电极；4—水冷塞杆；5—壳体；
6—石墨保护壁；7—通氯管；8—溢流道；9—循环隔墙；
10—热电偶；11—水冷填料箱；12—耐火黏土气体分布器；
13—下部排渣口；14—上部侧排料口

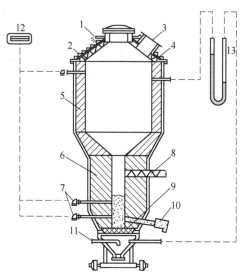

图 14-22 沸腾氯化炉

1—炉盖喷水管；2—水冷炉盖涂层；3—炉气出口；
4—挡水板；5—扩大段耐火砖；6—反应段耐火砖；
7—热电偶；8—加料器；9—筛板；10—放渣口；
11—Cl_2 气入口管（预分布器）；12—高温计；13—压力计

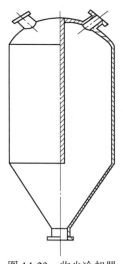

图 14-23 收尘冷却器

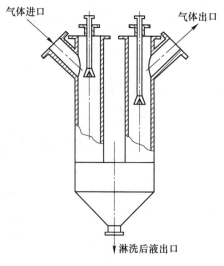

图 14-24 淋洗塔

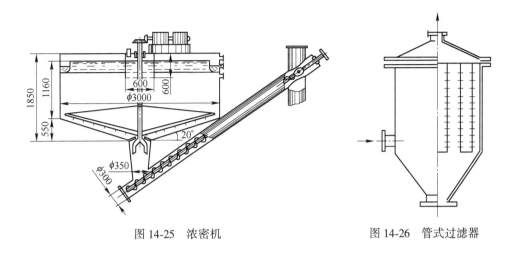

图 14-25 浓密机   图 14-26 管式过滤器

14.3.2 粗 TiCl₄ 精制工艺及主要设备

14.3.2.1 原则工艺流程

粗 $TiCl_4$ 的精制流程包括除高沸点杂质、除低沸点杂质及除钒三道工序，通常除钒可与除高沸点杂质同时进行。精制工艺流程的安排主要与选择的除钒方法有关，其次也与氯化工艺有关。国内精制除钒工艺主要有铜丝除钒、铝粉除钒、有机物除钒。

铜丝除钒、铝粉除钒、有机物除钒精制 $TiCl_4$ 工艺流程如图 14-27～图 14-29 所示。

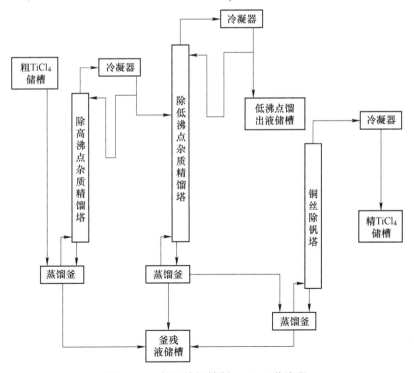

图 14-27 铜丝除钒精制 $TiCl_4$ 工艺流程

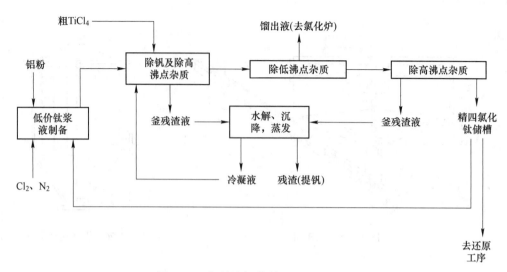

图 14-28 铝粉除钒精制 TiCl$_4$ 工艺流程

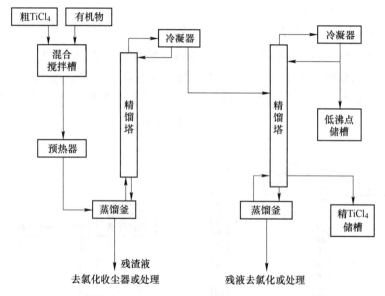

图 14-29 有机物除钒精制 TiCl$_4$ 工艺流程

14.3.2.2 主要设备

精制 TiCl$_4$ 的主要设备包括蒸馏釜、精馏塔、冷凝器和自动控制与仪器仪表系统等，如图 14-30~图 14-32 所示。

目前国内普遍使用浮阀塔作为精馏塔，如图 14-31 所示。

14.3.3 镁热法还原-蒸馏制备海绵钛工艺及主要设备

14.3.3.1 原则工艺流程

镁热法原则工艺流程如图 14-33 所示。

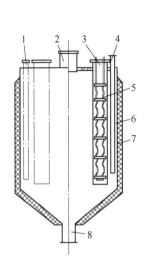

图 14-30　套筒式电加热蒸馏釜

1—加料管；2—蒸汽出口；3—套桶；4—回流管；

5—电阻丝；6—釜体；7—保温层；8—底流管

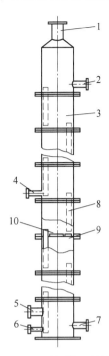

图 14-31　浮阀塔（精馏塔）

1—气体出口；2—塔顶口回流；3—塔节；

4—加料口；5—蒸汽入口；6—塔底回流口；

7—排料口；8—回流管；9—塔板；10—浮阀

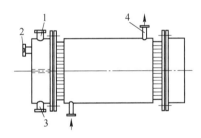

图 14-32　双程列管冷凝器

1—蒸汽进口；2—废气出口；3—四氯化钛液体出口；4—冷却水出口

14.3.3.2　主要设备

还原-蒸馏工序主要设备包括还原炉（"I"形炉和倒"U"形炉）、还原反应器、$TiCl_4$ 加料装置、公辅系统、自动控制与仪器仪表系统和真空系统等，如图 14-34~图 14-36 所示。

"I"形镁还原真空蒸馏装置有上冷式和下冷式两种形式，结构如图 14-34~图 14-36 所示。

倒"U"形联合法还原蒸馏设备组装如图 14-36 所示。

14.3.4　海绵钛成品加工工艺及主要设备

海绵钛成品加工主要由钛坨处理、顶出、切片、破碎、分拣、混料、风选、包装充氩、入库等工序组成。

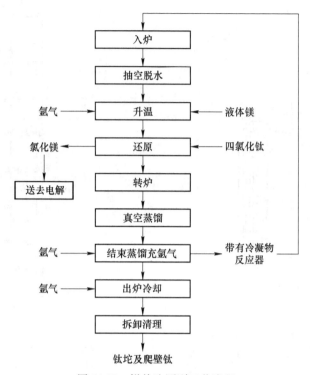

图 14-33　镁热法原则工艺流程

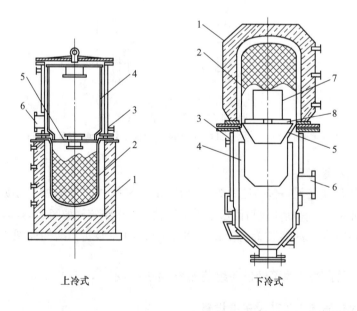

图 14-34　"I"形镁还原真空蒸馏装置结构示意图

1—蒸馏炉；2—蒸馏罐；3—冷凝器；4—冷凝套管；5—隔热板；
6—真空管道；7—支承桶；8—十字形支架

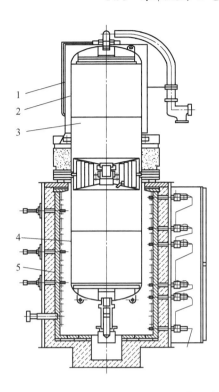

图 14-35 真空蒸馏设备总装图（苏式还原-蒸馏半联合法）
1—喷水器；2—上蒸馏罐（冷凝罐）；3—分离设备；4—下蒸馏罐；5—电炉

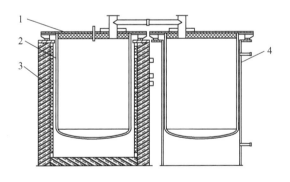

图 14-36 倒"U"形还原蒸馏设备组装示意图
1—大盖；2—反应器；3—还蒸炉；4—冷凝支桶

14.3.4.1 原则工艺流程

顶出工艺流程、破碎工艺流程如图 14-37 和图 14-38 所示。

14.3.4.2 主要设备

海绵钛成品加工主要设备包括液压顶出系统、钛坨预处理装置、切片装置、给料装置、破碎装置、风选与分拣装置、输送与包装系统、抽空冲氩装置和海绵钛灭火装置等，如图 14-39 所示。

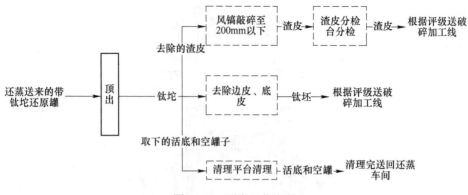

图 14-37 顶出工艺流程

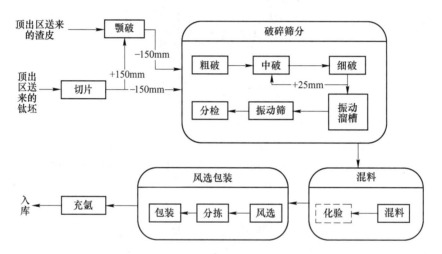

图 14-38 破碎工艺流程

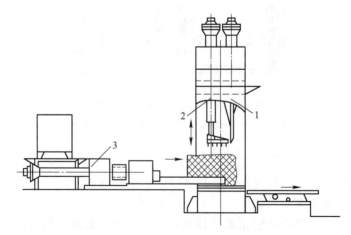

图 14-39 油压机切割钛坨工作示意图

1—主缸；2—副缸；3—顶出缸

14.3.5 镁电解及粗镁精炼工艺及主要设备

14.3.5.1 原则工艺流程

A 镁电解

镁电解精炼工艺流程如图 14-40 所示。

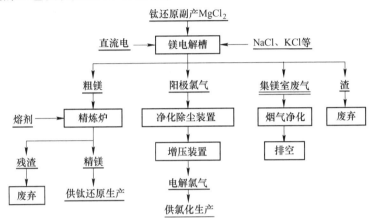

图 14-40 镁电解精炼工艺流程

B 粗镁精炼

粗镁熔剂精炼工艺流程如图 14-41 所示。

14.3.5.2 主要设备

镁电解及粗镁精炼主要设备包括无隔板镁电解槽、双极性镁电解槽、精炼坩埚炉、供电系统、输送系统和自动控制系统等，如图 14-42~图 14-44 所示。

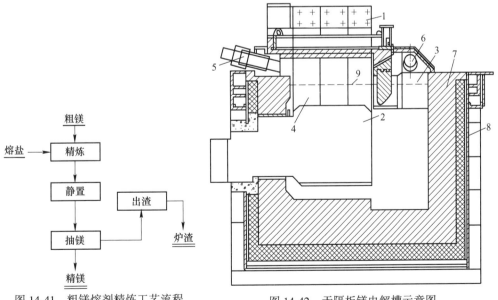

图 14-41 粗镁熔剂精炼工艺流程

图 14-42 无隔板镁电解槽示意图
1—阳极；2—阴极；3—集镁室；4—电解室；5—阳极氯气出口；
6—集镁室卫生排气口；7—隔墙；8—槽壳；9—电解质水平

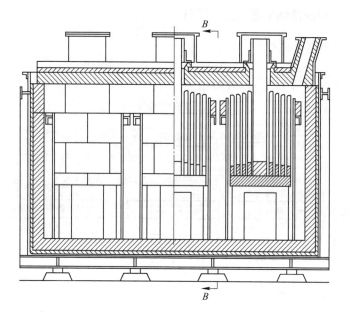

(a) 垂直截面

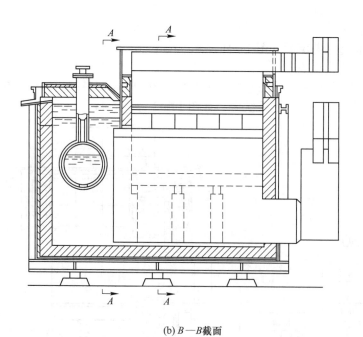

(b) B—B 截面

图 14-43 双极性镁电解槽

14.3.6 海绵钛生产主要技术指标

目前国内外海绵钛和电解镁生产主要技术经济指标见表 14-14 和表 14-15。

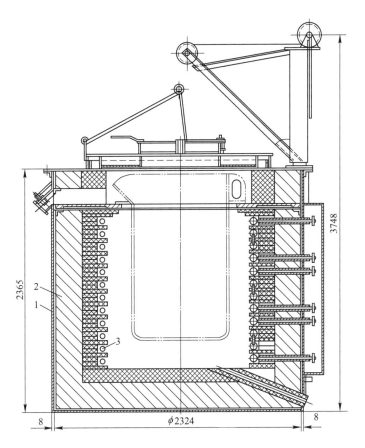

图 14-44 精炼坩埚炉示意图
1—坩埚；2—加热电阻丝；3—内衬

表 14-14 国内外海绵钛生产主要技术经济指标对照表

| 国家 | 每吨海绵钛单耗 | | | | | 金属实收率（以 TiCl$_4$ 计）/% | 海绵钛 HB 硬度值 |
	净镁耗/kg	还原蒸馏炉前电耗/kW·h	总能耗/kW·h	TiCl$_4$/t	液氯/t		
日本	20	一般 3000~4000 最佳 2500	15000~17000	4.07	3.3	97.4	5%<80 26%<85 45%<90
独联体	40	5500~6000	24850	4.0004	3.86	99.1	70%<100 30%<90 最佳 70~80
中国	46	5460	27600	4.07	4.8~5.8	97.4	5%<100 90%<120

注：日本海绵钛生产总能耗不含钛渣冶炼能耗。

表 14-15　镁电解主要技术指标表

国家和地区	电流强度 /kA	槽前直流电耗 /kW·h·t^{-1}Mg	槽前交流电耗 /kW·h·t^{-1}Mg	单槽产能 /tMg·d^{-1}	氯气回收率 /t·t^{-1}Mg	回收氯气浓度 /%	电解槽寿命 /月
日本、美国多极槽	90~165	9500~10500	1500	2.9~4.3	2.9	95	24
苏联无隔板电解槽	105/175	14500/13500	—	0.89/1.53	2.8/2.8	80/89	24~28

14.4　金属钛制备前沿新技术

目前世界上除镁、钠热法工业化生产海绵钛外，还在大力开发金属钛粉制备新工艺，如热还原法、熔盐电解法、雾化法和氢化法等，其中氢化脱氢法、Armstrong 法、雾化法实现了商业化生产，而电解法等其他方法还处于研究试验中，主要存在碳、氢、氧、氮等杂质元素含量较高和钛粉粒径较大、粉末粒度分布比较分散及颗粒形状控制困难等问题，离工业化还有很长的路。因此在相当长的时间内，镁热法生产海绵钛工艺仍将处于主导地位，亟待对现有海绵钛生产技术装备进行升级，如设备大型化、产品高质化、生产智能化、原料高质化、绿色清洁化。

14.4.1　热还原法

14.4.1.1　TiO$_2$ 热还原法

用金属钙、氢化钙、镁和氢气等为还原剂，在高温下还原 TiO$_2$ 制取钛粉。反应方程式如下：

$$TiO_2 + 2Ca/\text{氢化钙}/Mg + H_2 =\!=\!= Ti + 2CaO/MgO + H_2O$$

俄罗斯图拉化工冶金厂、我国真空冶金国家工程实验室、攀钢研究院、中南大学、中科院过程所等团队在实验室获得了不规则块体状、中位粒径 1~2μm、成分满足行业标准的钛粉。

14.4.1.2　TiCl$_4$ 金属热还原法

此法和金属热还原法生产海绵钛的情况类似，只要在反应过程中控制适当的反应条件，抑制初生钛的烧结，就可以生成细粉状的金属钛。

A　钠还原法

该法反应是分步进行的，总反应方程式为：

$$TiCl_4 + 4Na =\!=\!= Ti + 4NaCl$$

该工艺流程如图 14-45 所示。

该法是国际钛粉公司（International Titanium Powder）基于 Hunter 法进行改进所得的连续化生产工艺，可实现钠循环使用，钛粉连续还原，具有生产连续化、投资少、产品应用范围广、副产物钠和氯气可循环利用的特点。

B　镁还原法

为克服镁热法工艺间歇操作、生产成本高及劳动强度大的问题，澳大利亚联邦科学与工业研究组织（简称 CSIRO）开发了一种连续生产金属钛粉的工艺，称为 TiRO™ 工艺，总反应方程式为：

$$TiCl_4 + 2Mg =\!=\!= Ti + 2MgCl_2$$

TiRO™工艺流程如图 14-46 所示。

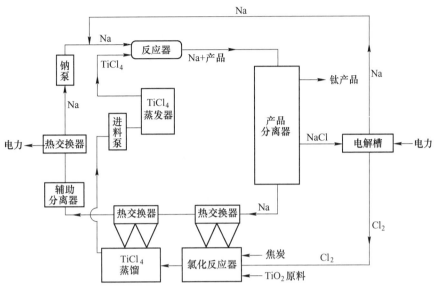

图 14-45 Armstrong 工艺流程

14.4.2 熔盐电解法

TiO$_2$ 直接电解提取工艺的基本思路是熔盐电解，电解液是熔融的 CaCl$_2$，阴极是制块后的金红石（TiO$_2$），阳极是石墨或惰性材料，反应温度为 800~1000℃，电解电压为 2.8~3.2V，氧气在阳极上产生，而阴极则富集钛。

14.4.2.1 FFC-Cambridge 工艺

由剑桥大学材料科学与冶金系 Derek J. Fray（DJF）、陈政博士（GZC）和 Tom W. Farthing（TWF）教授发明的 FFC-Cambridge 工艺最大优点是采用的原料不是钛盐，而是固体二氧化钛。

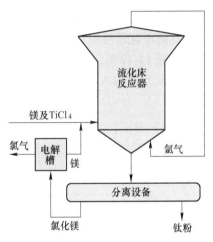

图 14-46 TiRO™工艺流程

该工艺将二氧化钛制成球团作为熔盐电解槽的阴极，碳之类的惰性材料作为阳极，氯化钙作为熔盐电解质。在通电的情况下，阴极的电子将二氧化钛分解成金属钛和氧离子，氧离子通过电解质迁移到阳极，生成氧气释放出来，金属钛留在阴极。在工艺过程的任何阶段，钛都不溶解在溶液中或处于离子化状态，这是与以前电解工艺主要不同之处。此外，钛的惰性较强，不易从熔盐中沉积出来。一旦有少量的氧气释放，二氧化钛就变成一种能够发生电化学过程的电导体，因此，尽管二氧化钛是绝缘体，但能作为一种有效的阴极。整个工艺过程是绝缘氧化物作电解槽的阴极，氧离子以氧气的形式离开氧化物，留下纯金属钛。由于 FFC 法采用烧结后的 TiO$_2$ 作阴极，因此还原与脱氧的时间较长。FFC-Cambridge 工艺的电解示意图及工艺流程图如图 14-47 和图 14-48 所示。目前，该工艺未见工业化生产的报道。

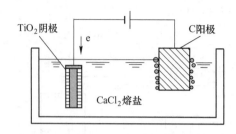

图 14-47   FFC-Cambridge 工艺的电解示意图

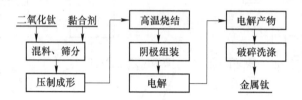

图 14-48   FFC-Cambridge 工艺流程图

14.4.2.2   OS 工艺

OS 工艺是日本京都大学基于 FFC 工艺提出来的。该方法是在熔融的 $CaCl_2$ 中将 Ca 热还原制取钛粉，还原反应中的副产物 CaO 可作为原料，连续生成 Ca，使 Ca 得到循环利用，吸热的电化学反应及放热反应的还原槽在空间上结合，有效利用了热能。其实验装置示意图如图 14-49 所示。与 FFC 工艺不同，OS 工艺的 TiO_2 和阴极之间不需用导线连接。TiO_2 以粒状形式加入，更适合于氧的转移。可以认为，OS 工艺是电解与热还原的联合工艺。

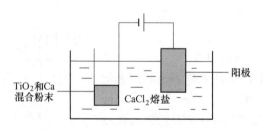

图 14-49   OS 工艺的电解示意图

据悉，美国 Olson、英国 Dring、澳大利亚 BHP Bilton 公司及电力中央研究所等用工业模拟试验设备进行了连续化生产试验，据称可大幅度降低生产成本。目前，该工艺未见工业化生产的报道。

14.4.2.3   EMR/MSE 工艺

EMR/MSE 工艺是 EMR 法和 MSE 法的联合，其中 EMR 法是日本东京大学为降低产品中的杂质含量而提出；MSE 法是日本京都大学在 OS 法基础上提出制取 Ca 的方法，即在金属氧化物的钙热还原和电解熔融 $CaCl_2$ 中加入 CaO。EMR/MSE 工艺是将在 $CaCl_2$ 熔盐中浸过的金属氧化物粉末或成型块盛在不锈钢容器中，由 EMR 法制取的还原剂 Ca 参与脱氧反应，生成金属钛，同时金属钛又与电解析出的 Ca 通过类似合金化过程蓄积，并在另一场所进行 Ca 氧化，制得金属产物。实验原理示意图如图 14-50 所示。可以认为，EMR/MSE 工艺实际上与 OS 工艺相似，区别在于 EMR/MSE 工艺用隔膜将电解槽与还原槽进行了分离。

EMR/MSE 工艺制备的钛粉避免了铁与碳污染的问题，可以有效降低产物中的杂质含量，但是生产设备和工艺复杂，存在钛与盐难分离的问题。目前，该工艺未见工业化生产的报道。

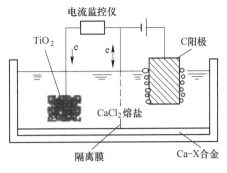

图 14-50　EMR/MSE 法实验原理示意图

14.4.2.4　TiCl$_4$ 熔盐电解法

该法主要电极反应如下：

阴极：

$$Ti^{n+} + ne = Ti \quad (n \text{ 一般取 2 或者 3})$$

阳极：

$$Cl^- - e = \frac{1}{2}Cl_2$$

1968 年 Timet 公司提出了当时最先进的无隔膜篮筐式阴极电解槽；20 世纪 80 年代，意大利 GTT 公司在前人无隔膜电解研究的基础上，进一步发展了无隔膜氯化电解法；20 世纪 90 年代，又提出了氟化法。受成本、规模化生产及技术层面问题的影响，TiCl$_4$ 熔盐电解法至今未实现工业化。

14.4.2.5　USTB 钛冶炼新技术

克劳尔（Kroll）法由于存在流程长、能耗大、污染重、间歇生产、周期长等问题，导致金属钛生产成本高、价格昂贵。熔盐电解法被认为是一种极具应用前景的低成本提取金属钛的清洁生产方法。2005 年，北京科技大学朱鸿民教授和焦树强教授团队提出了一种可溶性碳氧化钛阳极熔盐电解提取金属钛新方法，被称为"USTB 法"。

A　基本原理

USTB 法提取金属钛反应和电解过程如图 14-51 所示。即以二氧化钛和石墨为原料，真空碳热还原制备导电性良好的碳氧化钛（Ti-C-O）固溶体，并以其为可溶阳极进行熔盐电解，从阳极电化学溶解的钛离子迁移至阴极，电化学还原为金属钛，而阳极中的碳和氧则以 CO 或 CO$_2$ 气体形式自发分离。USTB 法可制备获得碳/氧含量均低于 0.1% 的金属钛产品。

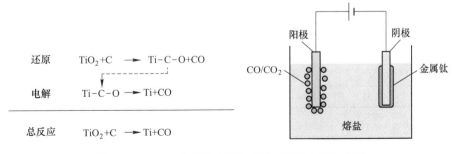

图 14-51　USTB 法提取金属钛反应过程和电解示意图

B 碳氧化钛阳极制备

碳氧化钛阳极是 USTB 法的核心，是一种由碳化钛（TiC）和一氧化钛（TiO）形成的连续固溶体。碳氧化钛固溶体主要是通过二氧化钛高温碳热还原制备，配碳量和温度是决定碳热还原程度和碳氧化钛固溶体组成的关键因素。当配碳量低时，二氧化钛还原不完全，产物中存在低价钛氧化物；当配碳量高时，则易生产碳化钛，造成电解时阳极产生残碳。同样，热还原温度较低时，产物中存在低价钛氧化物，在配碳比为 1.3，温度 1400℃以上，可获得单一相的碳氧化钛固溶体。

碳热还原获得的碳氧化钛固溶体为粉末状，无法直接用于电解，必须制备为致密结构的块状阳极。通过烧结工艺，可获得基本适于熔盐电解的碳氧化钛阳极。然而，仍然存在孔隙率大、溶解慢等问题。研究发现，致密度越大，碳氧化钛阳极溶解速率越大。鉴于此，提出了熔铸致密碳氧化钛阳极的方法，致密度可达到 97.5% 以上，显著加快了溶解速度，并且有利于控制阳极泥的产生。

C 阳极过程

电解过程中，可溶性碳氧化钛阳极中的钛元素以低价钛离子（Ti^{2+} 和/或 Ti^{3+}）形式电化学溶解进入熔盐。钛离子价态对阴极电沉积效率和产物纯度有明显影响。阳极电流密度是决定钛离子价态的主要因素。阳极电流密度低时，以 Ti^{2+} 为主，提高电流密度则 Ti^{3+} 比例增加。

碳氧化钛中的 C 和 O，以 CO/CO_2 形式排出。C/O 比对阳极气体组成有显著影响（表 14-16）。C/O 比大于 1，阳极气体为 CO，但存在碳残余问题，易导致阴阳极短路；C/O 比小于 1，阳极气体为 CO 和 CO_2，同时伴随有绝缘性 Ti_2O_3 的产生，导致阳极导电性降低，从而影响阳极溶解过程；当碳氧化钛（Ti-C-O）中碳/氧比为 1 时，具有良好的导电性，阳极仅产生 CO，且无阳极泥产生，是最佳的可溶性阳极。热力学研究表明，通过控制配碳量和温度，可以热还原制备碳氧比稳定的 $TiC_{0.5}O_{0.5}$（反应 1），1400℃ 下时反应率可达 90% 以上。$TiC_{0.5}O_{0.5}$ 阳极通过反应 2 进行电化学溶解。

$$TiO_2 + 2C = TiC_{0.5}O_{0.5} + 1.5CO \quad \Delta G^{\ominus} = -0.259T + 382.08 kJ/mol \tag{14-63}$$

$$TiC_{0.5}O_{0.5} \longrightarrow Ti^{n+} + 0.5CO(g) + ne \quad (n = 2 \text{ 或 } 3) \tag{14-64}$$

表 14-16 C/O 比对阳极气体组成的影响

阳极摩尔组成			阳极气体			
Ti	C	O	C	CO	CO_2	O_2
1	0.5~1	0~0.5	✓	✓	✗	✗
1	0.5	0.5	✗	✓	✗	✗
1	0.34~0.5	0.5~0.66	✗	✓	✓	✗
1	0.34	0.66	✗	✓	✓	✗
1	0~0.34	0.66~1	✗	✓	✓	✗

D 阴极过程

从阳极溶解进入熔盐中的低价钛离子，将迁移至阴极电化学还原为金属钛。

$$Ti^{n+} + ne \longrightarrow Ti \quad (n = 2 \text{ 或 } 3) \tag{14-65}$$

金属钛纯度和电流效率是两个关键指标。金属钛纯度与阴极沉积物的结构形貌（如颗粒尺寸、致密性等）密切相关。一般来说，阴极沉积物颗粒尺寸大，结构致密，可降低熔盐夹杂率和杂质含量，同时在电解产物清洗等后续处理中，引入杂质的几率也大大降低，因此产品氧含量低。因此，如何获得大颗粒、致密沉积钛是 USTB 法制备高质量钛产品的关键之一。凡是影响电位的因素对电结晶粒度，进而对产物纯度都有影响。适宜的电解温度、高浓度单一低价钛离子、低的阳极电流密度、适当的阴极电流密度和沉积时间，均有利于获得大颗粒沉积物。同样，上述因素也是调节电流效率的关键。

表 14-17 为电解钛产物杂质含量分析结果。气体元素 C、H、O、N 及主要金属杂质含量均远低于 GB/T 2524—2010 中 0 级海绵钛标准。USTB 法得到的金属钛纯度大于 99.9%。

表 14-17　USTB 新技术获得的金属钛产品杂质含量及其与 0 级海绵钛指标对比 （%）

样品编号	N	O	C	H	Fe	Cl	Si	Mn	Mg	Ti 纯度
1	0.005	0.008	0.011	0.003	0.002	0.035	0.001	0.005	<0.001	>99.9
2	0.0039	0.027	0.0072	0.0055	0.004	0.0002	0.0013	0.0002	<0.001	>99.9
3	0.0076	0.016	0.0053	0.003	0.0028	0.0068	0.0012	0.0023	<0.001	>99.9
0 级	0.01	0.06	0.02	0.003	0.05	0.06	0.02	0.01	0.02	>99.7

E　USTB 新技术优势

USTB 新技术由于其独特的"碳热还原—熔盐电解"工艺流程，具备一系列特有的优势。表 14-18 对 USTB 新技术与 Kroll 法进行了比较。显然，USTB 新技术在生产成本、环保等方面具有显著的竞争力，是一种可实现金属钛更大规模和低成本生产的新型金属钛冶炼工艺。

表 14-18　USTB 新技术与 Kroll 法对比

Kroll 法	USTB 新技术
中间产物多，流程长，冶炼周期长	仅有碳氧化钛一种中间产物，流程短，冶炼周期短
工艺复杂，能耗高	工艺精简，能耗低
产品纯度最大 99.8%，氧含量较高	产品纯度大于 99.9%，氧含量低
无法连续生产，生产效率低	可连续生产，生产效率高
使用 Cl_2，环境负荷大	仅产生 CO，环境相对友好
一般使用低钙镁含量的钛矿资源，原料适应性较差	可使用各种钙镁含量的钛矿资源，原料适应性好
成本昂贵	成本低廉

F　应用情况

USTB 新技术作为具有我国自主知识产权的金属钛冶炼新工艺，历经十余年的基础理论研究和工艺技术攻关，目前已成功完成中试规模试验，并设计建成 10kA 级半工业化示范线，可获得国标 0 级海绵钛，阴、阳极电流效率均可达到 85% 以上，初步完成了由实验室小试向工业化应用的过渡（图 14-52）。特别是，在前期以 TiO_2 为原料制备碳氧化钛的基础上，近年来正在开发以含钛矿物为原料的 USTB 钛冶炼新技术，即通过选择性碳热还原、渣金分离、湿法浸出等工艺，制备高品质碳氧化钛/碳氮氧化钛固溶体。目前碳氧化钛固溶体的纯度可达到 95% 以上，基本满足熔盐电解金属钛的要求。基于含钛矿物的 USTB 钛冶炼新技术的突破，有望形成以钛冶炼为核心的特色钒钛磁铁矿冶炼新流程，推动钛的低成本制备和大规模应用。

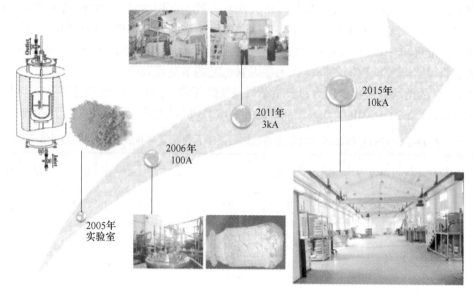

2015年
10kA

2011年
3kA

2006年
100A

2005年
实验室

图 14-52　USTB 新技术产业化发展历程

14.4.3　雾化法

雾化法是目前工业应用最广泛的球形钛粉制备技术。该技术是以金属钛（海绵钛、残钛等）为原料，在高温下熔融，借助于高速气流或机械力使熔融金属钛雾化，冷凝后即为钛粉。从能量消耗来说，雾化法是一种节能经济的粉末生产方法。

14.4.3.1　气体雾化法

气体雾化法原理是借助高速气流对熔融金属液流进行冲击破碎快冷形成金属粉末，该工艺可分为惰性气体雾化法、电极感应熔化气体雾化法（EIGA）和感应熔融气体雾化法（IAP）。传统意义上的气体雾化是采用坩埚雾化技术，此后又有冷坩埚和无坩埚雾化技术相继提出。

1988 年美国 Crucible Materials 公司利用自有专利建设了年产 11t 的氩气雾化装置，未见后续试验报道。1990 年，德国 Leybold AG 发明了电极感应熔化气体雾化（Electrode Induction Melting Gas Atomization，EIGA）工艺。EIGA 技术是以金属或预制合金棒为原料，棒材底部置于感应线圈中，其底端熔化产生的熔融液滴进入气体喷嘴中心而被惰性气体雾化，冷却固化后得到球形粉体。该工艺原理示意图如图 14-53 所示。

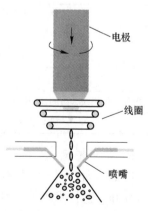

电极

线圈

喷嘴

图 14-53　EIGA 技术制备
球形钛粉原理示意图

接着，日本住友于 1994 年建成投产了 60t/a 的气体雾化装置，实现了小规模工业化生产。2010 年，美国能源部国家实验室开发出一种新试样热喷嘴，可以使高能的紧密耦合的雾化设备高效洁净地生产高质量的球形钛粉。

国内陕西鑫钛业科技有限公司、飞而康快速制造科技有限责任公司、中航迈特公司、英国 LPW Technology 公司、美国 Carpenter 技术公司、普莱克斯公司、日本大阪钛公司（Osaka Titanium）分别建设了不同规模的生产装置，产品获得了专业机构的认证。其中，日本大阪钛（Osaka Titanium）建成一条 150t 的雾化生产线，优质球形粉末命名为 TI-LOP64，据悉是目前全球生产能力最高的气雾化生产线之一。

目前，该气雾化技术较成熟，是获取球形粉体的主要方式。

14.4.3.2 等离子雾化法

等离子雾化（Plasma Atomization，PA）工艺以钛或合金丝为原料，以等离子为雾化流体，直接将丝状原料汇集至 3 个等离子枪形成的 3~4 倍声速的等离子射流下，使材料熔融与雾化同时进行，形成的微小液滴由于表面张力的作用在下落过程中冷却固化为球形颗粒，其工艺原理示意图如图 14-54 所示。

贵州省钛材料研发中心有限公司袁继维等人公开了一种打破传统等离子雾化制球形钛粉的生产方法。

AP&C 公司等离子雾化粉末产能达 150t/a。后来 GE 公司通过商业并购作为粉末供应商重新进入市场。

等离子雾化工艺是目前唯一能批量生产细小球形高活性金属粉末的方法，该生产设备不对外出售。

14.4.3.3 离心雾化法

离心雾化法制取钛粉实质上是借助旋转产生的离心力将熔融钛甩出，可以得到纯度高的球形钛粉，一般只能应用于航空航天领域。PREP 工艺的原理示意图如图 14-55 所示。

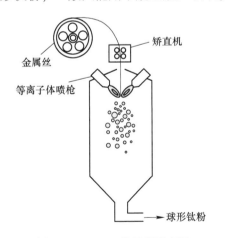

图 14-54　PA 工艺原理示意图

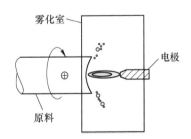

图 14-55　PREP 工艺的原理示意图

2016 年，刘军等人采用等离子旋转电极雾化法（PREP）制成 TC4 球形粉，球形率达95%，氧含量低，表面光滑。

2017 年，加拿大艾浦莱斯有限公司张庆麟等公开了一种高纯度微细球形钛粉制备装置和制备方法。

2011 年，机械科学研究总院郑州机械研究所承制的 DXD-50 型等离子旋转雾化制粉设备（PREP）投产。该设备能够制取粒度为 50~500μm 的高温合金粉，这标志着我国已自主研发出了可用于制备球形钛粉的等离子旋转电极设备。

中航迈特、西安欧中材料科技有限公司、钢铁研究总院、湖南顶立科技有限公司等均采用 PREP 技术生产球形钛粉。

目前，国内最大的钛粉生产企业陕西凤翔钛粉钛材有限公司（年产 1500t）采用旋转电极法生产用于 3D 打印的球形钛粉。

14.4.4　氢化法

氢化脱氢法（HDH）是利用钛与氢的可逆特性制备钛粉的一种工艺，钛吸氢后产生脆性，经机械破碎制成氢化钛粉，再将其在真空条件下高温脱氢制取钛粉。研究发现，金属钛在一定条件下能够迅速吸收氢气，氢气进入钛的结晶格子后，生成钛的氢化物，其反应式如下：

$$2/x\mathrm{Ti(s)} + \mathrm{H_2(g)} \Longrightarrow 2/x\mathrm{TiH_x(s)} + Q$$

HDH 法生产工艺流程如图 14-56 所示。

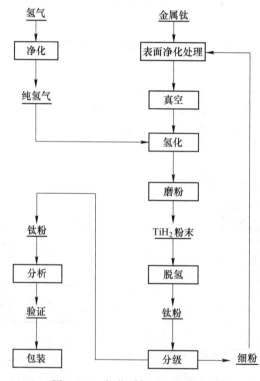

图 14-56　氢化脱氢法工艺流程图

宝鸡迈特钛业有限公司郑新科、攀枝花学院杨绍利、北京工业大学、北京康普锡威科技有限公司开发了新型钛粉制备工艺。

日本东邦钛利用改进的 HDH 工艺制备了粒度小于 150μm、氧含量小于 0.15% 的钛粉；美国雷丁合金公司（RAI）生产的 HDH 钛粉粒度范围为 45~25μm，广泛应用于粉末冶金加工（如热等静压、冷等静压/烧结、金属注射浇铸和等离子喷涂）以及航天航空、医疗植入和电子市场等领域。我国武邑凯美特公司采用 HDH 工艺以海绵钛为原料，年产高纯钛粉 600t。咸阳天成钛业有限公司以海绵钛为原料，采用氢化脱氢制备钛粉新工艺可生产粒度为 200~1000 目的钛粉，氢含量控制在 0.03% 以下。

目前氢化球磨法因具有操作简单、成本低等优点，已成为生产氢化钛粉、钛粉的主要方法。

参 考 文 献

[1] 邹武装. 钛手册 [M]. 北京：化学工业出版社，2012.

[2] 李大成，刘恒，周大利. 海绵钛冶金过程工艺及设备计算 [M]. 北京：冶金工业出版社，2008.

[3] 蒋仁贵，兰光铭，等. 钛金属及钛合金生产技术调研报告 [R]. 2015.

[4] 杨保祥，胡鸿飞，何金勇，等. 钛基材料制造 [M]. 北京：冶金工业出版社，2015.

[5] 莫畏，董鸿超，吴享南. 钛冶炼 [M]. 北京：冶金工业出版社，2011.

[6] 焦树强，王明涌. 钛电解提取与精炼 [M]. 北京：冶金工业出版社，2021.

[7] 田栋华. USTB 法熔铸致密固溶体阳极电化学提钛研究 [D]. 北京：北京科技大学，2020.

[8] 朱鸿民，焦树强，顾学范. 一氧化钛/碳化钛可溶性固溶体阳极电解生产纯钛的方法 [P]. 中国，200510011684.6，2005-05-08.

[9] Jiao S, Zhu H. Novel metallurgical process for titanium production [J]. Journal of Materials Research, 2006, 21: 2172-2175.

[10] Jiang B, Hou N, Huang S, et al. Structural studies of $TiC_{1-x}O_x$ solid solution by rietveld refinement and first-principles calculations [J]. Journal of Solid State Chemistry, 2013, 204: 1-8.

[11] Jiang B, Xiao J, Huang K, et al. Experimental and first-principles study of Ti-C-O system: Interplay of thermodynamic and structural properties [J]. Journal of the American Ceramic Society, 2017, 100: 2253-2265.

[12] Ning X, Xiao J, Jiao S, et al. Anodic dissolution of titanium oxycarbide TiC_xO_{1-x} with different O/C ratio [J]. Journal of the Electrochemical Society, 2019, 166 (2): E22-E28.

15 钒钛磁铁矿共伴生有价元素综合利用技术

15.1 共伴生有价元素赋存形态及其工艺矿物学

攀枝花铁矿经过 20 世纪 50 年代的地质勘探和 60 年代中期的补充勘探，完成了勘探任务。在此基础上许多单位在成矿规律、矿产预测、伴生元素研究、扩大远景、后备勘探基地选择等方面又陆续做了大量工作。到 1980 年，四川省攀枝花-西昌地区（简称攀西地区）已探明铁矿床 54 个，总储量 81 亿吨，其中钒钛磁铁矿床 23 个，总储量 77.6 亿吨。到 1985 年，攀西地区已探明钒钛磁铁矿储量达到 100 亿吨，占全国同类型铁矿储量的 80%以上，其中钒的储量占全国的 87%，钛的储量占全国的 92%。攀枝花市境内有攀枝花、白马、红格、安宁村、中干沟、白草 6 大矿区，总储量 75.3 亿吨。

15.1.1 稀有金属赋存形态及其分布

地质勘探结果表明，四川攀西地区钒钛磁铁矿中伴生矿物多、储量大。四大矿区中除含有铁、钛、钒元素外，还含有铬、钴、镍、镓、钪、铜、钨、锰以及钽、铌、钇、铀、钍、锆、铪、铂族、锗、铟等多种"三稀"类金属元素。

表 15-1 给出了攀枝花钒钛磁铁矿多元素典型分析，表 15-2 给出了攀枝花钒钛磁铁矿主要矿相。

表 15-1　钒钛磁铁矿多元素典型分析　　　　　　　　　　　　（%）

TFe	FeO	V_2O_5	SiO_2	Al_2O_3	CaO	MgO	S
30.55	22.82	0.30	22.36	7.90	6.80	6.35	0.64
P_2O_5	TiO_2	Cr_2O_3	Co	Ga	Ni	Cu	MnO
0.08	10.42	0.029	0.017	0.0044	0.014	0.022	0.294

表 15-2　钒钛磁铁矿主要矿相　　　　　　　　　　　　（%）

钛磁铁矿	钛铁矿	硫化物	钛普通辉石	斜长石
43~44	7.5~8.5	1~2	28~29	18~19

钒钛磁铁矿中除了上述伴生元素外，还含有硒、碲、钪等重要组分。硒、碲一般赋存于硫化物中，硒含量平均为 0.0041%，碲含量平均为 0.0004%。钪是一种高度分散的元素，在钒钛磁铁矿中一般不形成独立矿物，而是呈类质同象赋存于含钛普通辉石、含钛角闪石、黑云母及钛铁矿中。据红格矿区矿样分析，辉长岩相带中钛磁铁矿含钪为 2.89~5.39g/t，钛铁矿中为 18.2~22.2g/t，脉石矿物中为 17.6~27.1g/t；辉石岩-橄榄岩相带中钛磁铁矿含钪 3.4~7.16g/t，钛铁矿中为 24.5~28.4g/t，脉石矿物中为 37.0~56.2g/t。

在攀枝花矿区辉长岩型矿石钛铁矿中含钪为 40.9g/t；在白马矿区辉长岩型矿石钛铁矿中含钪为 50.6g/t。镓主要赋存于钛磁铁矿中，含量为 0.003% ~ 0.0058%。

攀西地区钒钛磁铁矿含矿岩体沿安宁河、攀枝花两条深断裂带断续分布，一般多浸入震旦系灯影组白云岩中，或震旦系与前震旦系不整合面之间。岩体由辉长岩、橄榄辉长岩和橄长岩组成，含矿岩体为海西晚期富铁矿，为高钙、贫硅、偏碱性的基性超基性岩体，矿床为典型的晚期岩浆结晶分凝成因，分异好，呈层状构造，其中大型矿床有攀枝花、太和、白马和红格等，矿体赋存于韵律层的下部，呈层状，似层状，透镜状，多层平行产出，单层矿体长达 1000m 以上，厚几十厘米至几百米。

攀西地区四大矿区中，攀枝花矿区矿石中 Fe 含量为 31% ~ 35%，TiO_2 含量为 8.98% ~ 17.05%，V_2O_5 含量为 0.28% ~ 0.34%，Co 含量为 0.014% ~ 0.023%，Ni 含量为 0.008% ~ 0.015%，与太和矿同属高钛高铁矿石；白马矿是低钛型矿石，TiO_2 含量为 5.98% ~ 8.17%，平均矿石品位 Fe 为 28.99%，V_2O_5 为 0.28%，Co 为 0.016%，Ni 为 0.025%；红格矿属高铁高钛型矿石，TiO_2 含量 9.12% ~ 14.04%，其他组元平均品位 Fe 36.39%，V_2O_5 为 0.33%，同时矿石中含镍量比较高，平均为 0.27%。

攀枝花、白马、太和三矿区矿石化学组元基本相同，只是含量有所变化。随矿石中铁品位的升高，TiO_2、V_2O_5、Co 和 NiO 的含量增加，SiO_2、Al_2O_3、CaO 的含量降低，MgO 的含量对于攀枝花、太和矿区，随铁品位增高而降低，但对于白马矿区则相反。

钒钛磁铁矿矿石中主要金属矿物有：钛磁铁矿（系磁铁矿、钛铁晶石、铝镁尖晶石和钛铁矿片晶的复合矿物相）和钛铁矿，其次为磁铁矿、褐铁矿、针铁矿、次生黄铁矿；硫化物以磁黄铁矿为主，另有钴镍黄铁矿、硫钴矿、硫镍钴矿、紫硫铁镍矿、黄铜矿、黄铁矿和墨铜矿等。

脉石矿物以钛普通辉石和斜长石为主，另有钛闪石、橄榄石、绿泥石、蛇纹石、伊丁石、透闪石、榍石、绢云母、绿帘石、葡萄石、黑云母、拓榴石、方解石和磷灰石等。

15.1.2 钒钛磁铁矿综合利用流程中稀有金属的去向分布

根据不同矿物特点属性，攀西地区钒钛磁铁矿资源配置及利用布局以铁、钒、钛资源利用为主线，兼顾回收有价元素，不断提升资源利用技术设备的适应性，优化系统整体工艺技术，分层次回收并提高铁、钒和钛的利用率，产品逐步由初级产品向中高级产品转变。

15.1.2.1 铁矿物

钛磁铁矿是攀西地区钒钛磁铁矿石中的主要铁矿物，由磁铁矿、钛铁晶石、铝镁尖晶石和钛铁矿片晶等组成，以磁铁矿为主。钛铁矿、次铁精矿和浮硫尾矿等也是主要的含铁矿物，钒钛铁精矿和次铁精矿全部进入钢铁生产现流程烧结工序，钛精矿在用作硫酸法钛白原料时铁转化成硫酸亚铁，后序以其为原料生产铁化合物和铁粉为主线的产品。若钛精矿冶炼酸溶性钛渣用作硫酸法钛白原料时，铁资源转化为半钢，作机械铸件原料。硫钴精矿中的铁可在制硫酸过程中形成硫酸渣铁红，与铁精矿配矿制球团用作高炉炉料。

15.1.2.2 钛矿物

钛矿物主要是钛铁矿和钛铁晶石，钛铁晶石的分子式为 $2FeO \cdot TiO_2$，具有强磁性，呈微晶片晶，与磁铁矿致密共生，形成磁铁矿-钛铁晶石连晶（即钛磁铁矿），在磁选过程中以钛磁铁矿进入精矿，大量的钛沿烧结→高炉流程进入高炉渣中。

钛铁矿是回收钛的主要矿物，主体为粒状，其次为板状或粒状集合体，晶度较粗，主要混存于磁选尾矿中，经过弱磁选→强磁选→螺旋、摇床重磁选→浮硫→干燥电选得到钛精矿、次铁精矿和浮硫尾矿。钛精矿用途包括硫酸法钛白粉生产原料，或冶炼钛渣并回收铁，钛渣作硫酸法钛白和氯化法钛白的生产原料，或用作冶炼含钛铁合金（或复合合金）的原料。

15.1.2.3　钒矿物

矿石中的金属钒绝大多数与铁矿物类质同象，在选矿过程中大部分进入铁精矿，经过烧结→高炉→含钒铁水提钒得到钒渣，钒渣经焙烧→浸出→沉淀→熔片→V_2O_5 成品，或还原生产 V_2O_3，以 V_2O_3 和 V_2O_5 为原料电铝热法生产高钒铁或生产钒氮合金；在高炉强还原过程中，钒在铁水与高炉渣之间依据温度和活度变化，按照平衡常数分配，以 V_2O_5 形式部分地存在于高炉渣中，可以在高炉渣提钛利用过程中回收；少量的钒进入钛精矿中，并在钛渣冶炼过程中部分进入铁水，部分进入酸溶性钛渣，在生产钛白过程中分散在绿矾（七水硫酸亚铁）和酸解渣中，没有得到利用；其他少部分钒进入尾矿中。

15.1.2.4　钴、镍矿物

钒钛磁铁矿中主要钴镍矿物有硫钴矿、钴镍黄铁矿、辉钴矿、紫硫铁镍矿和针镍矿等，其中攀枝花、太和矿区以钴镍黄铁矿和硫钴矿为主，白马矿区以镍黄铁矿为主，辉钴矿在三个矿区都存在。

钴镍金属除以硫化物的包裹体或细脉石状存在于钛磁铁矿、钛铁矿等矿物中以外，其余部分主要以含镍、钴的独立矿物存在于硫化矿物中，这种镍、钴矿物粒度微细，不能破碎解离，只能富集到硫化物精矿中。硫化物在矿石中分布不均、颗粒大小不等，但大部分可以单独回收。在回收钛精矿过程中以浮硫精选尾矿形式（硫钴精矿）存在，镍、钴品位达到工业利用标准，选钛后以浮硫形式部分回收。在冶炼过程中钛磁铁矿和钛铁矿中的钴镍分散存在于铁水、高炉渣、钒渣和钢渣中，无法利用。在硫钴精矿中除镍和钴外，还存在大量的硫、铜资源，在硫钴精矿深加工时通过制硫酸回收硫，并可考虑回收铜。

15.1.2.5　镓、钪矿物

由于镓和钪属稀有金属，按攀西地区钒磁铁矿资源利用流程，经过选矿冶炼后镓在提钒尾渣中有所富集，镓品位达到 0.012% ~ 0.015%，成为提镓主要原料；钪同样在高炉渣中得到富集达到 20g/t，成为提钪的重要原料之一。钪也存在于钛精矿中，在硫酸法制钛白过程分散于废酸中，可以考虑从中提钪；钛精矿在冶炼成钛渣后，在熔盐氯化时，钪富集在氯化烟尘中，是另一种提钪原料。

15.1.2.6　其他有益元素矿物

在钛磁铁矿中还存在有锰、铬；硫化物中还有硒、碲和铂族元素；在钛铁矿中还存在 Ta、Nb 等元素，这些有益元素均达到或接近工业利用水平。

15.2　钒钛磁铁矿共伴生有价元素综合利用价值评估

攀西地区钒钛磁铁矿中共伴生的有价金属种类较多，这些金属可用于制备半导体材料、电子光学材料、新型节能材料、特殊合金及有机金属化合物等，是支撑当代电子计算机、通信、宇航、能源、医药卫生及军工等高新技术的重要基础材料之一；其应用广泛，性能独特，有些上述材料是无可替代的。

15.2.1 攀西地区钒钛磁铁矿中已经或可能提取的共伴生有价金属元素

攀西地区钒钛磁铁矿中伴生矿物多、储量大。地质勘探结果表明，在红格矿区钒钛磁铁矿中伴生的铬（Cr_2O_3）平均达到 0.33%，三氧化二铬储量为 810.05 万吨。另外，钒钛磁铁矿中含有氧化钴 0.014% ~ 0.018%、镍 0.008% ~ 0.015%、钨 0.036%、锰 0.25%、钽（Ta_2O_5）0.0004%、铌（Nb_2O_5）0.0002% 等。

随着攀西地区铁、钒、钛加工产业链的延长和循环经济的发展，目前预测可以商品化的共伴生金属，除钒、钛外还有镓、钪、锗、铟、镉五种，它们都赋存于各种废液和废渣中。

攀枝花钒钛磁铁矿经过五十余年的开发，产业链不断延长以及科技手段不断的完善使共伴生金属在许多副产物中被发现，从而为我们提供了研究和开发的平台。

攀枝花矿产资源中已经或可能提取的五种共伴生金属的用途简述如下：

镓（Ga）主要用于手机电子器械，以及新型固体发光源（以氧化镓为代表的半导体照明光源节电 80%）。镓基太阳能电池，设计寿命可长达 15 年。

钪（Sc）是一种比黄金还昂贵的金属，主要用于大型光源（钪钠灯）和太阳能电池。钪是一种重要的掺杂元素（或称为变性材料），许多材料因为掺杂而获得意外的性能，如在铝中掺杂千分之几的钪，则可使铝的强度、焊接性和抗腐能力有极其明显的提高。

镉（Cd）主要用于高端轴承，以及体积小容量大的镉电池，镓（80%）-铟（15%）-镉（5%）合金可作原子反应堆中的控制棒。

铟（In）广泛用于电子及能源工业。铟锡氧化物 ITO（IndiunTin Oxide）是当今铟的最主要用途，用量占世界产量的 70% 以上，将 ITO 作为靶材蒸镀到玻璃上形成 ITO 薄膜，广泛用于液晶显示（LCD）、电子发光显示（ELD）、电子彩色显示（ECD）等平面显示器件上。In-Ag-Cd（铟-银-镉）、In-Bi-Cd（铟-铋-镉）合金可用作原子反应堆中吸收中子的控制棒。

锗（Ge）是著名的半导体材料，目前其主要用途已转至红外、光纤、超导与化工催化剂等方面。掺锗石英光纤具有传输容量大、光损小、色散低、传输距离长、保密性好、不受高压电磁场腐蚀等恶劣环境干扰等优点，可大大节约中继站数目，是唯一应用于工程化的光纤，也是锗的主要用途之一。如 1×10^4 km 掺 $GeCl_4$ 光纤需 $GeCl_4$ 25 ~ 100kg，我国光纤需求量为 15×10^6 km/a，总计消耗 $GeCl_4$ 37.5 ~ 150t。

15.2.2 攀枝花钒钛磁铁矿中的共伴生金属储量及走向

15.2.2.1 攀枝花钒钛磁铁矿中共伴生金属的存在状态

共伴生金属在自然界中主要以分散状态存在，多与有用金属矿物及煤伴生，全世界这种矿物总计达 298 种，其中钒钛磁铁矿是共伴生金属重要的依附矿种，据攀枝花市国土资源局 2007 年提供的资料，攀枝花钒钛磁铁矿中，含镓 11.36 万吨（全世界镓的储量为 17.2 万吨中，不含攀枝花储量），钪 11.39 万吨，折算矿中含量分别为 0.0015% 和 0.0017%。另据文献报道，攀枝花钒钛磁铁矿原矿含钪 0.0028% ~ 0.0032%，进入铁精矿为 0.0009% ~ 0.0015%，进入钛精矿为 0.0038% ~ 0.0043%，这说明钪是亲钛元素。

镓则相反，进入铁精矿中为 0.0039%，而进入钛精矿中为 0.0010%，说明镓为亲铁元素。攀枝花市某锌业公司提供化验数据表明，攀枝花市铁精矿中锗、铟、镉含量分别为 0.0029%、0.0069%、0.0066%。有关攀枝花钒钛磁铁矿中共伴生金属的储量及赋存状态资料极少，有待今后进一步研究补充完善。

（1）镓、钪在攀钢生产流程中走向。早在 1992 年，攀钢、攀矿曾联合进行过大型调查，查明了镓、钪及其他元素在攀钢生产流程中走向（见表 15-3），虽然数据与现在化验结果及其他文献报道的不尽相同（可能与化验手段和采样矿床不同有关），但仍清楚地表明它们在各工序中的分配关系，这对今后如何利用共伴生金属有重要参考作用。

表 15-3　镓、钪在攀钢生产流程中走向　　　　　　　　　　（%）

原料或产物	原矿	铁精矿	尾矿	钛精矿	烧结矿	铁水	瓦斯灰	瓦斯泥	钢水	钢渣	转炉泥	转炉烟尘
镓	0.0019	0.0038	0.0011	0.0010	0.0038	0.0088	0.0022	0.0033	0.0062	0.0051	0.020	0.020
钪	0.00023	0.00014	0.00032	0.00047	0.0012	0.0010	0.00089	0.00058	0.00010	0.00015	0.00015	0.00015

（2）工业废弃物中的共伴生金属。在钢铁、钒、钛复杂的工艺流程中会产生许多废弃物，原矿中的共伴生金属被富集其中，为其提取开发利用提供了机会。

1）固废：包括高炉瓦斯泥及其他工业炉烟尘灰。铁精矿中的共伴生金属随矿进入炼铁高炉中，在高温和强还原性气体作用下，共伴生金属氧化物被还原且挥发进入烟尘，在冷却过程中又被氧化，在水洗后进入瓦斯泥；虽然瓦斯泥含铁高达 31% ~ 33%，但因同时含锌 5% ~ 13%，锌会侵蚀高炉炉壁或结瘤，因此瓦斯泥不能作为烧结矿的添加剂再返回高炉，只能另作它用。高炉瓦斯泥中共伴生金属含量见表 15-4。

表 15-4　高炉瓦斯泥中共伴生金属含量

共伴生金属	铟	镉	锗	钪	镓
含量/%	0.03	0.033	0.005	0.00058	0.003

在攀钢转炉烟尘灰中镓和铟的含量达到 0.003% ~ 0.01%，而转炉钢渣中镓和铟含量分别为 0.0051% 和 0.0001%。

钪易进入钛精矿，在用钛精矿制取高品位钛渣时，渣中的 Sc_2O_3 在高温氯化时变成 $ScCl_3$ 并富集到氯化烟灰中，其 $ScCl_3$ 含量高达 0.03% ~ 0.12%，易于提取，是提钪重要原料之一。

另外，镓在提钒废渣中的品位可达 0.012% ~ 0.014%。据理论推测，冶炼钛渣时除尘器收集到的灰尘中共伴生金属含量也不会低。

2）废液：硫酸法制取钛白副产的废酸，由于共伴生金属易伴生在钛精矿中，无论硫酸法钛白采用钛精矿或酸溶性钛渣作原料，均需要硫酸在高温下浸泡，原料中的共伴生金属被部分富集到废酸中，而废酸目前大部分被用石灰中和变为废渣弃掉，浪费了资源，污染环境。废酸中的共伴生金属含量见表 15-5。

表 15-5　废酸中的共伴生金属含量

共伴生金属	镉	铟	锗	镓	钪
含量/mg·L^{-1}	254.0	42.2	1.54	0.14	未化验

值得指出的是，硫酸分解钛精矿制取钛白时，钛精矿中 80%~87% 的钪转入二氧化钛的水解母液中，氧化钪含量高达 0.05g/L，这通常是我国提钪的最主要途径。

15.2.2.2　攀枝花钒钛磁铁矿资源中共伴生金属的潜在价值

如果将攀枝花钒钛磁铁矿储量中共伴生金属成分均能有效地提出来，按目前市场价格计算，这个值将达到天文数。现将一年开采量 2000 万吨原矿中的共伴生金属粗略估计其潜在价值，见表 15-6。

表 15-6　每年开采 2000 万吨钒钛磁铁矿中的共伴生金属估算价值

共伴生金属	铟	锗	镓	钪	镉	总计
价值/亿元	241.5	15.95	59.00	720.00	2.20	118.20

按年产钛白粉 50 万吨计，产生的废酸超过 300 万吨，废酸中共伴生金属的潜在价值（未包括钪）为 5.95 亿元（废酸密度 1.26kg/L）见表 15-7。

表 15-7　钛白粉废酸中共伴生金属的潜在价值

共伴生金属	镉	铟	锗	镓	总计
价值/亿元	0.2	5.5	0.21	0.042	5.95

社会效益：废酸若不利用，则处理 1t 钛白粉的废酸需 1000 元左右，若处理 50 万吨钛白粉产的废酸则需 5 亿元。攀枝花市某公司用浓缩法回收废酸，回收硫酸的成本为 600 元/t。

15.2.3　攀枝花钒钛磁铁矿中共伴生金属提取途径分析

钒也属共伴生金属，尽管在矿中的品位比其他共伴生金属高得多，但仍无法直接从矿中提取。因为钒亲铁，在高炉冶炼时，大部分钒进入铁水，通过"吹钒"工艺，将其氧化进入渣中成为钒渣，此时 V_2O_5 已被富集到 13%~16%，变为提钒的优质原料，也可作为商品直接进入市场。随着技术进步由钒渣可生产出 V_2O_5 或 V_2O_3，钒铁、钒氮合金等高端产品。

目前攀枝花市共伴生金属的富集物——废酸及废渣中的共伴生金属含量极微，必须经过多次重复富集，做到"挤干榨尽"，方可获得可以商品化的各种共伴生金属渣进入市场，要获得共伴生金属的高端产品（其纯度为 99.99%~99.999%），仍需要有足够量的共伴生金属渣作为原料支撑。尽管如此，目前市场对共伴生金属渣的需求仍很强烈，价位很高，如含铟 10% 的铟渣市场价高达 220 万~250 万元/吨。

从另外角度看，例如利用废酸、瓦斯泥生产电解锌，几乎所有共伴生金属在电解液中都是有害元素，因为它们会损坏电极，提高电耗，降低电锌质量，所以在生产过程中必须尽可能把共伴生金属提取干净。

以攀枝花市某厂为例，利用废酸和瓦斯泥在提取 6000t 电锌同时，可获得铟 2.4t、镉

10t、锗 1.0t（镓、钪尚未提取）、含铁 60% 优质铁精矿 4400t。

攀枝花年产生 300 万吨废硫酸是硫酸法钛白生产时的重要污染物，但同时也是湿法冶金提取共伴生金属的重要原料。

假如全部用完 300 万吨废酸，可消耗掉全省 30 万吨瓦斯泥，攀钢 50 万吨含钒钢渣，周边地区 30 万吨低品位含锌原料，每年获得 5.5 万吨锌、500t 五氧化二钒、20~50t 共伴生金属、20 万吨铁精矿及 3000t 三氧化二铬，总产值近 20 亿元，攀枝花将成为我国重要的共伴生金属生产基地，同时也使攀枝花市产业及产品结构调整升级，锌、铬及共伴生金属的进一步深加工将为攀枝花市机械制造及其他重要高科技产业提供重要资源，为攀枝花资源综合利用和循环经济的发展作出重要贡献。

15.2.4 攀枝花钒钛磁铁矿有价金属价值测算评估

根据化学光谱分析表明，攀枝花钒钛磁铁矿含有各类化学元素 30 多种，有益元素 10 多种，资源价值链若按矿物含量高低进行排序，依次为：$Fe \rightarrow Ti \rightarrow S \rightarrow V \rightarrow Mn \rightarrow Cu \rightarrow Co \rightarrow Ni \rightarrow Cr \rightarrow Sc \rightarrow Ga \rightarrow Nb \rightarrow Ta \rightarrow Pt$。

若以矿物经济价值大小排列，则排序为：$Ti \rightarrow Sc \rightarrow Fe \rightarrow V \rightarrow Co \rightarrow Ni$。

15.3　共伴生有价元素分离提取技术

15.3.1 铬的分离提取技术

攀西地区的红格矿区 Cr_2O_3 品位约为 0.25%，高于国内其他矿区 0.029% 的 Cr_2O_3 品位，经过选矿最高可以达到 1%。

研究过的钒钛磁铁矿中分离提取铬的工艺主要有以下几种：

（1）成都矿产综合利用研究所（原峨眉综合利用研究所）工艺。主要艺流程：钒铁精矿→造球→回转窑无烟煤预还原→电炉冶炼→含钒铬铁水→感应炉吹炼→钒铬渣；钒铬渣品位：含 9.42% 的 V_2O_5、19.25% 的 Cr_2O_3。钒铬渣作为再提取钒、铬产品的原料。

（2）攀钢工艺。先提钒铬工艺：铁精矿+苏打+芒硝→造球→干燥→氧化焙烧→浸出→过滤→浸出液+提钒后球团，浸出液再分离钒铬；提钒后球团→通 H_2 和 CO 竖炉还原→金属化球团→破碎至 200 目→磁选→铁粉和钛精矿。工艺过程的 Fe 回收率 97.9%，Ti 回收率 83.12%。

后提钒铬工艺：铁精矿+苏打→造球→干燥→磁化焙烧→浸出→通 H_2 和 CO 竖炉还原→金属化球团→破碎至 200 目→磁选→铁粉和钛钒铬精矿；钛钒铬精矿→氧化焙烧→浸出→过滤→钛精矿+浸出液，浸出液再分离钒铬。

（3）基于上述两种工艺的钒铬金属走向趋同，攀钢还曾进行过铁精矿高炉冶炼流程试验，实现了钒铬铁水吹炼过程中钒铬一起富集回收。工艺流程：铁精矿→烧结矿→高炉冶炼→含钒铬铁水→氧气吹炼→钒铬渣+半钢。以钒铬渣为原料再分离提取钒铬，半钢再进行炼钢。

15.3.2 钴镍的分离提取技术

15.3.2.1 硫钴精矿选别

在攀西地区钒钛磁铁矿中，主要的硫钴矿物有钴镍黄铁矿、硫钴矿、硫镍钴矿、紫硫铁镍矿、钴铁黄铁矿、辉钴铁镍矿等。钴主要存在于硫化物和氧化物中，其中以硫化物形式存在的钴约占矿石中钴总量的33%~55%，这部分钴可以用机械选矿方法回收。另外存在于磁铁矿、钛铁矿以及钛普通辉石和橄榄石等氧化矿中的钴，主要以微细机械夹杂物存在，机械选矿不能单独回收。

硫钴矿（Co_3S_4）是主要的含钴矿物，包裹于磁黄铁矿中，当磁黄铁矿蚀变为黄铁矿或磁铁矿时，硫钴变化在其中。硫钴矿在磁黄铁矿中呈针状、片状分布于其边沿，粒径一般小于0.01mm，而在磁黄铁矿中呈粒状者，其粒径较大。

钴黄铁矿和镍黄铁矿的通式为（Co,Fe,Ni）$_9S_4$，也包裹于磁黄铁矿中，常呈粒状，粒度微细，不能破碎解离，只能富集在硫化物精矿中，硫化物在矿石中分布不均，颗粒大小不一，但大部分可以单独回收。

A 矿物性质

粗硫钴精矿筛分结果见表15-8。从筛分结果可以看出，粗硫钴精矿中硫和钴近乎均匀地分布在各个粒级中，整个粒级适合用浮选方法选别；S品位随着钴几乎均匀地分布在各个粒级中，整个粒级适合用浮选方法选别。S品位随着粒度的降低而降低，Co品位则相反，S和Co集中在+0.045mm和-0.045mm粒级的占有率分别为1.77%和2.93%。

表15-8 粗硫钴精矿筛分结果

粒级/μm	产率/%	S品位/%	Co品位/%	S占有率/%	Co占有率/%
+0.250	4.52	33.63	0.177	5.04	3.36
+0.154	15.08	32.10	0.189	16.06	13.55
+0.100	19.10	33.58	0.208	21.28	18.02
+0.074	23.62	33.11	0.231	25.95	24.75
+0.045	34.67	25.99	0.236	29.90	37.12
-0.045	3.01	17.69	0.221	1.77	2.93
合计	100.00	30.14	0.220	100.00	100.00

B 硫钴精矿选别

浮选是利用矿物表面的物理化学性能差异选别矿物。浮选矿粒因表面的疏水特性或经浮选药剂作用后产生的疏水性，从而在液-气或水-油界面发生聚合。硫化矿有较好的可浮性，一般在弱酸性至弱碱性介质中选别。用黄药湿润硫化物颗粒促使起浮，达到捕收的目的。

应用半工业试验浮选机，其浮选槽体积2m³，结构示意图如15-1所示。

将粗硫钴精矿和水按一定比例混合均匀后加入浮选机中，开动电源鼓气搅拌，加入酸或碱调节介质pH值，滴入黄药，加起浮剂，气动搅拌计时，计时合格后启动浮板开关，接出起浮的粗硫钴精矿，经过滤干燥然后称重、取样分析。浮出的粗硫钴精矿经再次浮选，方法同上。再次浮选得到的精选硫钴精矿根据要求可再选或直接成产品。

在工业规模浮选机上，根据实验室试验参数和工艺流程进行工业试验，图 15-2 给出了硫钴精矿选别工艺。

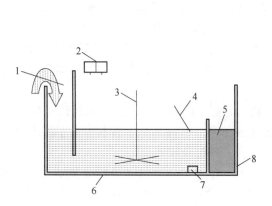

图 15-1 半工业和工业试验用浮选设备

1—矿浆入口；2—加药装置；3—搅拌；4—刮板；

5—精矿；6—浮选槽；7—尾矿排口；8—出料槽

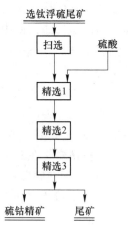

图 15-2 选矿工艺

硫钴精矿选矿分别进行了实验室试验、半工业试验和工业试验，研究分析了介质 pH 值、捕收剂用量、给矿浓度等对矿物收率和硫钴精矿品位的影响。实验室试验中研究分析了介质 pH 值、捕收剂用量、给矿浓度等对矿物回收率和硫钴精矿钴、硫品位的影响，并进行了物相和 Co、Ni、Cu、S、Fe 赋存状态鉴定。为焙烧试验制备原料 5kg，试验过程中硫钴精矿精选矿物中硫的作业回收率为 77.60%，矿物中钴元素的作业回收率为 87.04%，试验产品硫钴精矿的化学成分见表 15-9。

表 15-9 实验室试验硫钴精矿产品化学成分 （%）

Co	Cu	Ni	Fe	Zn	Pb	CaO
0.30	0.09	0.20	56.37	0.013	0.01	0.63
MgO	Al_2O_3	SiO_2	S	Mn	As	
0.79	1.40	2.49	36.98	0.007	<0.001	

经过电镜分析认定，在实验室试验的硫钴精矿产品中，粒度为 250~500μm 的粗颗粒占 25%，120~250μm 的中等颗粒占 55%，100~150μm 的细颗粒占 20%。

硫钴精矿中的主体矿物是硫铁矿，并含有少量的氧化物（主要在硫少的区域）和含 Si、Al、Mg、Ca 等元素的非金属矿物。硫铁矿含硫 30% 左右，个别颗粒含硫约 50%，这种颗粒有较平的解理面；钴元素大部分与铁共同存在于硫铁矿中，但也发现少数颗粒的局部区域上钴较富集，比平均数大 1 倍左右，而该处的硫含量不足平均含硫量的一半，此区域为硫化物和氧化物的混杂部位；铜元素的分布不均匀，只在少数矿粒上发现铜的富集区域，含铜比例接近 40%，个别细颗粒含铜可达 60%；镍的含量少，富集情况不明显。少数颗粒所含主要元素为 Ti-Fe、Ca-Ti、Zn-S、Si-Mg-Fe、Si-Ca-Mg-Al-Fe 等。

在开路试验流程，粗硫钴精矿精选一次获得的硫钴精矿含钴品位偏低，因此要精选两次以提高硫钴精矿的含钴品位；精选1的尾矿中含钴和含硫品位都偏高，因此增设1次扫选。按开路试验流程粗硫钴精矿矿浆加入硫酸、TNa和2号油第一次精选，较低品级的硫钴精矿加TNa和2号油经精选2得到扫选精矿和尾矿，高品级矿经精选3得到中矿和硫钴精矿。试验结果见表15-10。

表 15-10　开路流程试验结果　（％）

产品名称	产率	S品位	Co品位	S回收率	Co回收率
硫钴精矿	63.71	37.43	0.291	77.60	87.04
中矿	2.08	30.25	0.162	1.37	1.58
扫选精矿	7.56	19.36	0.109	4.76	5.64
尾矿	26.65	18.76	0.060	16.27	5.74
合计	100.00	30.73	0.213	100.00	100.00

在实验室试验的基础上采用多次浮选的办法为后步半工业试验准备原料，半工业试验共生产硫钴精矿2t，矿物含水矿物利用率80%左右，精选硫钴精矿化学成分见表15-11。

表 15-11　半工业试验硫钴精矿产品化学成分　（％）

Co	Cu	Ni	Fe	Zn	Pb	CaO
0.30	0.083	0.14	48.82	0.022	0.005	0.76
MgO	Al_2O_3	SiO_2	S	Mn	As	
1.62	3.10	4.05	30.79	0.033	<0.01	

批量硫钴精矿中钴元素的化学物相分析见表15-12，铁元素的化学物分析相见表15-13。

表 15-12　攀枝花硫钴精矿钴的化学物相分析

项　目	硫化物中Co	铁矿物中Co	脉石矿物中Co	总Co
含量/%	0.28	0.004	0.018	0.30
占有率/%	93.33	0.67	6.0	100.00

表 15-13　攀枝花硫钴精矿中铁的化学物相分析

项　目	磁铁矿	磁黄铁矿	黄铁矿	赤/褐铁矿	钛铁矿	硅酸盐	磁钛铁矿	总Fe
分子式	Fe_3O_4	Fe_nS_{n+1}	FeS_2	$Fe_2O_3/2Fe_2O_3 \cdot H_2O$	$FeTiO_3$	$(Fe,Mg)O \cdot SiO_2$	$FeTiO_3 \cdot Fe_3O_4$	
含量/%	4.20	22.18	6.16	16.2	0.43	0.09	1.29	50.37
占有率/%	8.34	44.03	11.23	31.80	0.85	0.19	2.56	100

工业试验共生产硫钴精矿125t，矿物利用率75%左右，精选硫钴精矿化学成分见表15-14。

表 15-14　工业试验精选硫钴精矿化学成分　（％）

Co	S	Fe	Ni	SiO_2	Al_2O_3	CaO	TiO_2	As	密度/$g \cdot cm^{-3}$
0.23~0.29	27~34	48.00	0.16	4.05	3.1	0.8	2.3	<0.01	2.9

在硫钴精矿精选过程中，硫钴精矿品级、收率和可选性与来矿特性、选矿介质碱度、介质矿物浓度、捕收剂用量等因素密切相关，通过选择单一因素固定其他条件，可以考察该因素的影响水平。

a　pH 值对浮选过程的影响

pH 值调节是浮选的关键，硫钴精矿的浮选适合在弱酸性至弱碱性矿浆中进行，在试验过程中选择了硫酸和碳酸钠作为粗硫钴精矿精选的介质调节剂，试验结果见表 15-15。

表 15-15　pH 值对粗硫钴精矿浮选的影响

调整剂及用量	产品名称	产率 /%	S 品位 /%	Co 品位 /%	S 回收率 /%	Co 回收率 /%
碳酸钠 5mL	硫钴精矿	43.27	35.03	0.296	59.39	63.82
	尾矿	56.73	18.27	0.128	40.61	36.18
	合计	100.00	25.52	0.201	100.00	100.00
硫酸 2.5mL	硫钴精矿	48.85	36.07	0.324	68.50	75.21
	尾矿	51.15	15.84	0.102	31.50	24.79
	合计	100.00	25.72	0.211	100.00	100.00
硫酸 7mL	硫钴精矿	58.29	35.53	0.278	51.73	50.00
	尾矿	61.71	20.57	0.160	48.27	50.00
	合计	100.00	26.30	0.198	100.00	100.00

由表 15-15 可以看出，硫钴精矿浮选过程中采用酸性介质和碱性介质生产的硫钴精矿的 Co 和 S 品位均能达到产品销售质量标准，但碱性介质条件下 Co 和 S 的矿物收得率偏低，在硫酸用量为 2.5mL 时 Co 和 S 的矿物收得率最高，分别达到 75.21% 和 68.50%。

b　捕收剂用量对浮选的影响

硫化物的天然可浮性虽然比氧化物好，但在一定的矿浆介质环境中也不能顺利上浮，需要加入合适的捕收剂，改变硫化物的表面性质，增强硫化物表面的疏水性。为此试验过程选择了丁基黄药为硫钴精矿的捕收剂，促使丁基黄药在硫钴精矿表面生成双黄药和金属黄原酸盐，以达到疏水的目的，试验结果见表 15-16。从表 15-16 可以看出，捕收剂丁基黄药的用量变化对硫钴精矿含硫品位和含钴品位影响较小，但对硫和钴的回收率影响显著，且规律性较强，丁基黄药的用量在 10.5mL 左右为宜。

表 15-16　捕收剂对浮选过程的影响

捕收剂用量 /mL	产品名称	产率 /%	含 S 品位 /%	含 Co 品位 /%	S 回收率 /%	Co 回收率 /%
5.0	硫钴精矿	60.32	37.83	0.284	74.60	77.44
	尾矿	39.68	19.58	0.126	25.40	22.56
	合计	100.00	30.59	0.222	100.00	100.00
7.5	硫钴精矿	63.79	37.98	0.280	75.42	79.13
	尾矿	36.21	21.80	0.130	24.58	20.87
	合计	100.00	32.12	0.226	100.00	100.00

捕收剂用量 /mL	产品名称	产率 /%	含 S 品位 /%	含 Co 品位 /%	S 回收率 /%	Co 回收率 /%
10.5	硫钴精矿	65.88	37.84	0.287	81.40	81.89
	尾矿	34.12	16.70	0.114	18.60	18.11
	合计	100.00	30.63	0.215	100.00	100.00

c 给矿浓度对浮选过程的影响

浮选给矿浓度也是影响浮选效果的重要因素，考虑到试验过程的实际情况和精选的需要，浮选给矿浓度有些小，试验结果见表 15-17。从表 15-17 可以看出，浮选给矿浓度增加，则硫钴精矿中含硫品位和含钴品位明显下降，回收率升高，适宜的给矿浓度应该为 30% 左右。

表 15-17　给矿浓度对浮选的影响

给矿浓度 /%	产品名称	产率 /%	含 S 品位 /%	含 Co 品位 /%	S 回收率 /%	Co 回收率 /%
25	硫钴精矿	58.31	39.14	0.321	74.27	85.41
	尾矿	41.69	18.97	0.075	25.73	14.59
	合计	100.00	30.73	0.213	100.00	100.00
30	硫钴精矿	63.98	37.98	0.298	79.07	89.51
	尾矿	36.02	17.85	0.062	20.93	10.49
	合计	100.00	30.51	0.204	100.00	100.00
35	硫钴精矿	65.16	34.73	0.235	73.64	71.89
	尾矿	34.84	23.25	0.172	26.36	28.11
	合计	100.00	30.68	0.214	100.00	100.00

从粗硫钴精矿精选条件试验和开路试验的情况看，采用二精一扫浮选流程可以获得理想指标，考虑到以后硫钴精矿生产和工序衔接等因素，建议采用三精一扫工艺流程；在必要时实施配矿和前置磨矿，以增加矿物的可选性水平，预计对硫钴精矿的焙烧制硫酸有好处。推荐硫钴精矿精选流程如图 15-3 所示。

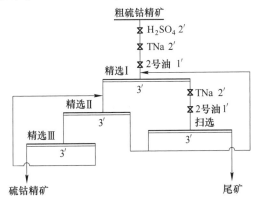

图 15-3　推荐的硫钴精矿精选流程

从粗硫钴精矿精选试验情况看，通过调节浮选介质 pH 值和配加黄药，在浮选设备上可以获得合格的硫钴精矿产品，其品级和质量满足要求，矿物中钴回收率 87%、硫回收率 77%，生产流程顺行，工艺条件可控制性好，技术指标稳定，可以实现批量硫钴精矿生产。

15.3.2.2　硫钴精矿提钴利用技术

硫钴精矿一般由 Co、Fe、Ni 和 Cu 的硫化物组成。用硫钴精矿提钴制硫酸首先要实现两个转化：一是其中的硫转化为 SO_2，用于硫酸生产；二是将有价金属元素（Co、Ni 和 Cu 等）转化为可溶性硫酸盐，并抑制较为大量的 Fe 元素的转化。当温度选择合适时对硫钴精矿进行硫酸化焙烧，可使 Co、Ni 和 Cu 等的硫化物进行硫酸化焙烧，转化形成可溶性硫酸盐，铁的硫化物氧化焙烧，铁以不可溶性氧化物存在，焙烧烟气进入制硫酸体系。其主要化学反应式如下：

$$(Cu,Ni,Co)S + O_2 \longrightarrow (Cu,Ni,Co)O + SO_2 \tag{15-1}$$

$$(Cu,Ni,Co)O + SO_2 + Na_2SO_4 \longrightarrow (Cu,Ni,Co)SO_4 \cdot Na_2SO_4 \tag{15-2}$$

由于硫钴精矿物形态缘故，以上化学反应仅代表反应变化趋势，具体过程相当复杂。

在含钴焙砂浸出过程中 $(Cu,Ni,Co)SO_4 \cdot Na_2SO_4$ 溶解进入液相，同时随着水溶液酸度的增加。一些杂质元素进入溶液中。

硫钴精矿原料化学成分见表 15-18。原料中 200 目占 20%，湿式球磨 0.5h 后粒度 200 目占 60%，原矿中有磁铁矿成分。

表 15-18　攀枝花硫钴精矿化学成分　　　　　　　　　　（%）

Co	Ni	Cu	Fe	S	CaO	MgO	Al_2O_3	SiO_2
0.31	0.14	0.076	50.31	32.66	1.0	1.70	2.10	3.57

由硫酸化沸腾焙烧稳定试验制备而得的焙砂，其化学成分见表 15-19。

表 15-19　焙砂化学成分　　　　　　　　　　（%）

序号	Co	Ni	Cu	Fe
1	0.31	0.12	0.089	52.72
2	0.30	0.11	0.087	53.71
3	0.31	0.12	0.089	53.72

分析纯化学药品（扩大试验不宜用分析纯），$Na_2SO_4 \geqslant 99.93\%$。

沸腾焙烧装置为 ϕ115mm 沸腾炉一台，加料量、温度、空气流量、压力等均可控制，如图 15-4 所示。

将硫钴精矿与一定比例的硫酸钠混合，通过上部螺旋加料机加入沸腾焙烧炉中进行硫酸化焙烧，通过对不同情况（几种影响参数变化，如过剩空气系数、线速度、焙烧温度、焙烧时间、排料方式、沸腾床高度和硫酸钠配比等）主金属铜、钴和镍的硫酸化率和烟气 SO_2 浓度的分析，确定对提钴制硫酸过程的影响程度。产品为钴焙砂和 SO_2 气体。

将含钴焙砂按一定的固液比加入浸出反应槽中，用水溶出主金属硫酸盐组分，浸出渣逆流水洗涤，最后得到含钴浸出液和浸出渣。影响因素包括浸出温度、浸出时间、酸度、固液比等。

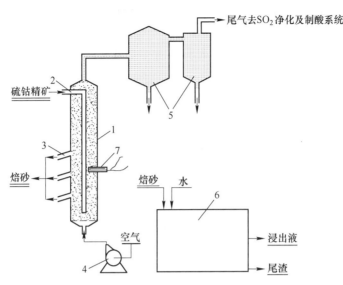

图 15-4　沸腾焙烧及焙砂浸出装置示意图

1—沸腾焙烧炉；2—进料口；3—出料口；4—鼓风机；5—气固分离；6—浸出系统；7—热电偶

在实验室试验基础上确定焙烧试验温度 550~640℃，过剩空气系数 1.5~1.9，沸腾床高 1.5~2.0m，线速度为 0.20~0.25m/s，加料速度 0.89~2.04kg/h，添加剂配比 1.0%~2.5%。

A　焙烧温度的影响

在硫钴精矿硫酸化沸腾焙烧过程中，温度升高有利于有价元素的硫酸化转化，但温度过高如超过 650℃，则容易使物料烧结，恶化流态化状态，特别是有硫酸钠添加剂时尤为明显。图 15-5 给出了随温度变化的金属钴的硫酸化转化浸出率和烟气 SO_2 浓度曲线。结果表明，当温度为 600℃±10℃ 时，金属钴的硫酸化转化浸出率和烟气 SO_2 浓度均比较高。

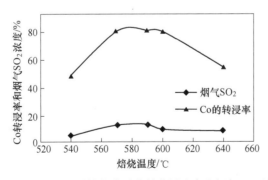

图 15-5　温度变化的金属钴的硫酸化转化浸出率和烟气 SO_2 浓度曲线

（试验条件：1% Na_2SO_4，$v = 0.2$m/s，$a = 1.7$，$H = 1.5$m，$t = 570$℃）

B　焙烧时间的影响

硫钴精矿的焙烧时间主要体现为加料速度大小，加料速度是调节炉内温度的重要手段，加料速度增加过快，焙烧时间减少，炉内负荷增大，会使炉内温度降低，焙烧效果变差；加料速度降低过快，焙烧时间加长，炉内负荷降低，同样会使炉内温度降低，焙烧效果变差，有流态化床死床的危险。图 15-6 给出了金属钴的硫酸化转化浸出率和烟气 SO_2 浓度随焙烧时间变化的曲线。试验结果表明，1h 焙烧效果最好。

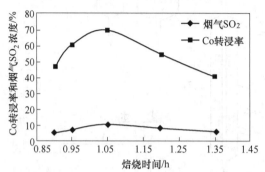

图 15-6　焙烧时间变化的金属钴的硫酸化转化浸出率和烟气 SO_2 浓度曲线

（试验条件：1%Na_2SO_4，$v=0.22m/s$，$a=1.7$，$H=1.5m$，$t=570℃$）

C　硫酸钠配比的影响

硫酸钠配比增加可明显改善硫酸化效果，传统经验认为硫酸钠配比超过 7%，可使物料的烧结概率增大，影响炉况顺行，增加消耗。焙烧过程的硫酸钠配比试验结果如图 15-7 所示。硫酸钠配比 1.5%~2.0% 均可保持较高的钴的硫酸化转化浸出率和烟气 SO_2 浓度。

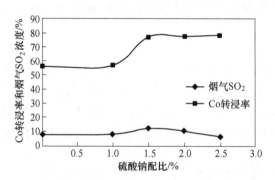

图 15-7　焙烧过程的硫酸钠配比试验结果

（试验条件：1%Na_2SO_4，$v=0.2m/s$，$a=1.7$，$H=1.5m$，$t=590℃$）

D　过剩空气系数的影响

过剩空气系数增大可加速硫酸化转化过程，有利于流态化的实现，同时可调节炉内温度；但过剩空气系数过大将会降低炉内的二氧化硫浓度，对制硫酸产生不利的影响。表 15-20 给出了 1%Na_2SO_4，$v=0.2m/s$，$H=1.5m$，$t=590℃$ 时的过剩空气系数对比试验结果。结果表明，保持过剩空气系数 1.7 效果比较好。

表 15-20　过剩空气系数对比

过剩空气系数	Co 转浸率/%	烟气 SO_2/%
1.5	53.53	6.5
1.7	71.04	8.8
1.9	61.67	6.0

E　线速度的影响

线速度是保持流态化的重要条件，一般取决于焙烧矿物的密度、粒度和设备条件。线速度增加，则烟尘量增加，线速度过小，则流态化效果变差，物料的沸腾焙烧目的不易达到。线速度对比试验（$1\%Na_2SO_4$，$a=1.7$，$H=1.5m$，$t=600℃$，加料速度 $1.16kg/h$）结果见表 15-21。可以看出，线速度保持 $0.22m/s$ 较好。

表 15-21　线速度对比

线速度/$m \cdot s^{-1}$	Co 的转浸率/%	烟气 SO_2/%
0.20	43.84	6.2
0.22	74.89	9.8
0.25	45.29	8.15

F　返烧渣比例的影响

返烧渣是平衡和稳定流态化过程的重要因素，可以在一定条件下平衡反应热、减缓反应速度，特别是硫含量较高的矿物。返烧渣比例升高，则反应趋稳，返烧渣比例降低，反应速度加快，反应热增加，炉温升高，有烧结的可能。表 15-22 给出了 $1.5\%Na_2SO_4$，$v=0.22m/s$，$a=1.7$，$H=1.5m$，$t=590℃$ 的试验结果。可见，22% 的返烧渣比例比较好。

表 15-22　返渣比例对比

返烧渣比例/%	Co 的转浸率/%	烟气 SO_2/%
20	53.47	5.2
21	76.50	9.8
23	74.07	9.3
40	46.04	5.8

G　沸腾床高度的影响

保持较高的沸腾床高度，则流态化效果较好，有利于提高有价元素的硫酸化转化率，$1.5m$ 和 $2.0m$ 床高的对比试验结果见表 15-23。当其他条件（$1.5\%Na_2SO_4$，$v=0.22m/s$，$a=1.7$，$t=590℃$，加料速度 $1.06kg/h$）保持一定时，$2.0m$ 床高优于 $1.5m$ 床高度。

表 15-23　沸腾床高对比

沸腾床高度/m	Co 的转浸率/%	烟气 SO_2/%
1.5	59.30	4.9
2.0	71.01	

焙砂浸出扩大试验共处理合格硫钴精矿焙砂 600kg，每浸出反应釜加入焙砂 200kg，加水 450L，保持温度 70℃，加入工业硫酸 2.5L，浸出时间 2.0h 后过滤，将滤液和洗液合并计量体积，得到含钴浸出液 1660L，浸出渣 468.02kg。

表 15-24 和表 15-25 分别给出了硫钴精矿焙砂浸出和有价元素浸出率计算结果。可以看出，在浸出过程中用经过实验室条件优化选取的扩大试验条件，结果令人满意。有价元素保持了较高的浸出率，特别是 Co 的渣计算浸出率与实验室小试验结果相当，而 Co 的液计浸出率（87.34%）高于实验室试验（71.01%）约 16 个百分点。

表 15-24　有价元素浸出率计算结果

槽数	浸出液/g·L⁻¹					浸出渣/%				
	V/L	Co	Ni	Cu	Fe	m/kg	Co	Ni	Cu	Fe
1	585	0.94	0.2	0.26	7.2	152.5	0.10	0.09	0.031	56.70
2	538	0.93	0.19	0.28	6.2	162.8	0.11	0.08	0.032	58.53
3	537	1.04	0.21	0.29	4.9	152.6	0.10	0.09	0.030	58.55

表 15-25　有价元素浸出率计算结果

槽数	浸出液计算浸出率/%				浸出渣计算浸出率/%			
	Co	Ni	Cu	Fe	Co	Ni	Cu	Fe
1	88.71	48.75	85.39	3.92	75.40	40.27	72.58	19.51
2	83.33	46.36	86.78	3.10	70.14	34.85	70.98	11.27
3	90.00	47.08	88.64	2.48	73.70	39.57	72.52	15.87
平均值	87.34	47.40	86.93	3.17	73.08	38.56	72.02	15.55

15.3.2.3　钴镍的回收利用技术情况

(1) 1970~1976 年，受冶金工业部和攀钢委托，攀枝花钢铁研究院（现攀钢集团研究院）与北京矿冶研究总院合作，用攀西地区的太和磁选尾矿再浮选得到的钴硫精矿进行了小型试验和焙烧的扩大试验，扩大试验在 φ100mm 的沸腾炉上进行。

从粗钛精矿浮选得到的硫钴精矿含钴 0.384%、镍 0.20%、硫 26.10%。研究采用流程：硫钴精矿硫酸化焙烧→萃取净化并富集→分离铜镍钴→草酸沉钴→氢还原→还原钴粉。其特点是用萃取法代替生产厂所用的反复酸溶→沉钴法除锰和镍的繁琐操作。焙烧产出的含 SO_2 烟气适于制取硫酸；从焙砂和烟尘中回收 65% 钴、40% 镍；浸出液中除硅、锰、铜、钴、镍，可回收纯钴、电镍、电铜、电锌、电锰五种金属及副产硫酸和硫酸钠；浸出渣可做炼铁原料，中和渣可做高炉渣水泥激发剂。唯有脂肪酸萃取时除钙不好，反萃时大量硫酸钙析出，设备操作复杂，溶剂消耗量也大，尚待改进。

根据国内外的技术发展情况，推荐了硫钴精矿硫酸化焙烧→焙砂浸出→萃取分离的技术路线，完成了试验并提出了焙烧和湿法回收试验研究，硫酸化焙烧实现钴的转化率达 82%。

(2) 重庆硅酸盐研究所研究用硫钴精矿焙烧得到的钴镍氧化物，不需提纯，配置搪瓷密着剂，代替原来以纯氧化钴、镍化钴配置搪瓷密着剂。由重庆搪瓷厂用这种新密着剂试制了 200 套口径为 20cm 的带盖搪瓷钵和工业搪瓷试块 20 件，其理化和外观质量均达到部颁标准。此工艺方法钴的回收利用率达 70%；由于省去多次净化工序，因而成本低 55.8%（钴镍氧化物已加 30% 利税）。在日用搪瓷上比当前使用的锑铜密着剂质量好，成本相当。

(3) 1998~2000 年，攀钢在冶金工业部支持下再次将钴硫精矿综合利用列入了"九五"攻关重点项目。北京矿冶研究总院与攀钢研究院合作再次针对攀西地区钴硫精矿综合利用进行了试验研究，共处理了 800kg 钴硫精矿。根据国内外的技术最新发展重新制定工艺流程，完成了小型试验和实验室扩大试验，优化了工艺流程，生产出了合格产品，为工业设计提供了依据。

（4）2006年，四川铜镍有限责任公司与攀枝花德铭化工有限责任公司联合组建攀枝花德铭有色有限公司，以攀枝花硫钴精矿和拉拉铜矿硫钴精矿结合使用，在攀枝花钒钛高新技术产业园区建成年产80t金属钴生产线，综合回收利用钴镍铜硫资源，取得了良好的经济和社会效益。

15.3.2.4 攀枝花硫钴精矿利用与富钴料结合生产工艺

攀枝花硫钴精矿经过硫酸化焙烧，使钴镍铜的硫化矿物脱硫，生成可溶性硫酸盐，焙砂浸出时进入溶液，SO_2进入制酸系统，钴镍铜的硫酸盐溶液经过净化处理后沉淀得到富钴产物，与富钴料生产结合。硫酸钴净化工艺如图15-8所示。

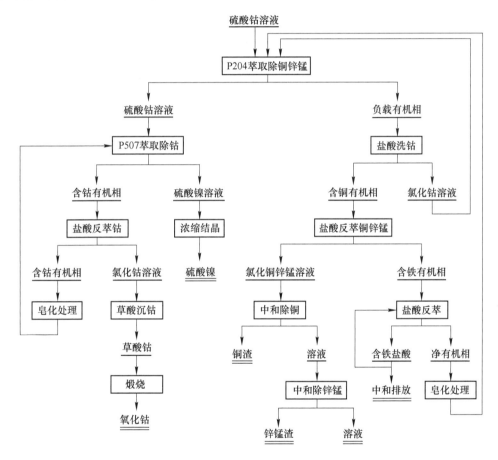

图 15-8 硫酸钴净化工艺

A 焙烧过程

富钴物料经自然风干后加入回转窑内进行氧化焙烧，焙烧温度600~700℃，高温停留时间20~40min，焙砂产率94.0%~96.0%，烟尘率8.0%~100%，焙烧各元素的直收率：Co 90.0%~92.0%，Cu 90.0%~92.0%，As 90.0%~92.0%，Zn 90.0%~92%，Ni 90.0%~92%。各元素的回收率：Co 99.0%~99.5%，Cu 99.0%~99.5%，As 99.0%~99.5%，Ni 99.0%~99.5%，Zn 99%~99.5%。

焙烧时物料可能在窑内结窑，因此需要清理回转窑。焙烧温度范围大，焙烧作业比较容易控制；焙烧的烟气和烟尘在收尘系统中进行收尘，所得的烟尘和焙砂一同进入浸出工序。含尘烟气经收尘系统收尘，烟气含尘达到国家排放标准。由于采用氧化焙烧，烟气中有害成分几乎为零，因此烟气对环境的污染很小。

富钴料生产工艺流程如图 15-9 所示。

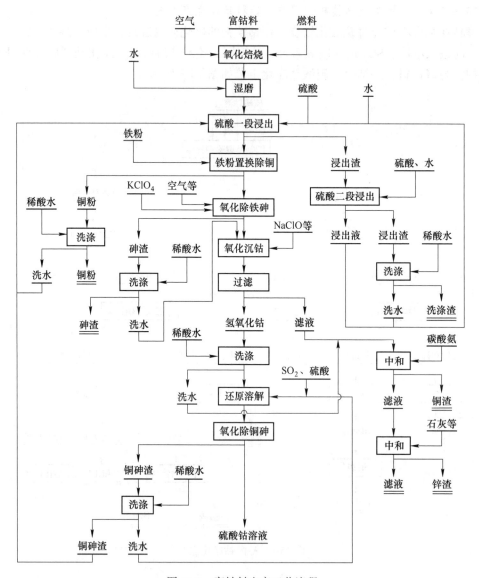

图 15-9　富钴料生产工艺流程

B　浸出过程

浸出过程由两段逆流浸出组成，各种洗涤水和二段浸出液为一段浸出的原液，并补充适量的酸、水进行浸出。浸出的上清液过滤进入置换沉铜，底流进入二段浸出。二段浸出类似一段浸出。

（1）一段浸出。浸出温度 50～70℃，浸出时间 60～90min，浸出原液酸度：游离 H_2SO_4 100～150g/L，浸出终点 pH = 1.5～2.0，液固比 4.0～4.5。各元素的浸出率：Cu

75.0% ~ 80.0%，Co 30.0% ~ 40.0%，As 35.0% ~ 45.0%，Ni 35.0% ~ 45.0%，Zn 30.0% ~ 40.0%。一段浸出渣率 55.0% ~ 60.0%。

（2）二段浸出。浸出温度 50 ~ 70℃，浸出时间 120 ~ 150min，浸出原液酸度：游离 H_2SO_4 250 ~ 300g/L，浸出终点 pH<0.5，液固比 4.0 ~ 4.5。各元素的浸出率（占焙砂即整个浸出过程）：Cu 20.0% ~ 25.0%，Co 60.0% ~ 70.0%，As 55.0% ~ 65.0%，Ni 55% ~ 65.0%，Zn 60.0% ~ 70.0%，浸出渣率 15.0% ~ 17.0%。

整个浸出过程各元素的浸出率：Cu 96.0% ~ 98.0%，Co 98.0% ~ 99.0%，As 98.5% ~ 99.5%，Ni 96.0% ~ 98.0%，Zn 98.5% ~ 99.5%。

二段浸出残渣用 pH = 2 ~ 3 的稀硫酸溶液进行浆化洗涤，或在过滤机上直接进行洗涤，该渣容易洗涤。洗涤水和二段浸出液一同返回一段浸出。二段浸出洗涤渣主要是硫酸铅和硫酸钙的混合物，可作为铅原料销售。

C 置换沉铜

置换沉铜温度：溶液为自然温度；铁粉用量：理论量的 110% ~ 120%；置换时间 120 ~ 150min。铜的置换率 92.0% ~ 95.0%，置换得到的海绵铜含 Cu 70% ~ 80%，置换沉铜时钴入海绵铜的损失率小于 0.03%。钴的直收率 95.0% ~ 98.0%，钴回收率 99.0% ~ 99.5%。铁粉在 120min 内均匀分段加入，铁粉加完后再搅拌 30min 即可。洗涤用 pH = 2.5 ~ 3.5 的稀硫酸溶液。置换产出的海绵铜产品含铜 70% ~ 85%，含 Co<0.03%，其他为 Fe 等。

D 氧化除铁砷

氧化除铁砷温度 60 ~ 70℃，空气氧化时间 150 ~ 180min，氯酸钾加入量为理论量的 5% ~ 10%，氯酸钾加入后氧化 10 ~ 20min，调整 pH 值至 2.5 ~ 3.5，再搅拌 20 ~ 30min。铁的脱除率 95.0% ~ 98.0%，砷的脱除率 98.0% ~ 99.5%。脱除铁砷后溶液含砷小于 0.3g/L，含铁小于 2g/L。钴的直收率 95.0% ~ 96.0%，钴的回收率 96% ~ 98%。铁砷渣用 pH = 2.0 ~ 3.0 的稀硫酸溶液进行浆化洗涤，或洗涤机上洗涤，洗涤水返回浸出或返回置换后液或和溶液一同进入氧化沉钴工序。铁砷渣基本上为砷酸铁（Ⅲ），其与自来水脱砷处理的工艺原理相同，形成的砷铁渣的物理化学性质相同，因此所得的砷铁渣对环境特别是水几乎没有污染。

砷铁渣进入专门的浸渣池浸泡，浸泡后的水作为浸出时补加的新水。浸泡池由两个逆流浸泡池组成，这样可保证将砷铁渣中未洗涤下来的含钴溶液完全洗涤下来，保证钴的回收率。

E 氧化沉钴

钴（Ⅱ）用氯气或漂水氧化成为氢氧化钴（Ⅲ）沉淀，氧化温度 40 ~ 50℃，氧化时间 120 ~ 150min。氧化沉钴的钴直收率 98.0% ~ 99.0%，回收率 98.0% ~ 99.0%。

氧化沉淀所得的氢氧化钴（Ⅲ）用 pH = 2.5 ~ 3.0 的稀硫酸溶液进行浆化洗涤，或在洗涤机上洗涤，洗涤水返回一段浸出。氧化沉钴后的溶液主要含 Zn、Ni，该溶液用石灰进行中和，中和至 pH = 7.5 ~ 8.0，沉淀出以锌为主的锌渣，其可作为锌冶炼厂焙砂浸出中和剂，回收其中的锌。溶液再中和至 pH = 10.0 ~ 11.0，使溶液中的 Ni 等沉淀入渣，该渣主要含 Ni，可以作为 Ni 冶金的原料或生产硫酸镍等产品。残液用酸调整 pH = 7.0 ~ 8.0 后作为废水排放。

F 氢氧化钴的还原溶解

沉淀的氢氧化钴（Ⅲ）调浆后加入还原剂 SO_2 或亚硫酸钠搅拌 120~150min，自热使氢氧化钴完全溶解于硫酸溶液中，溶出液固比 1：（10~12），终点 pH = 1.5~2.0。钴的溶出率 99.0%~99.5%，钴的直收率 99.0%~99.5%，钴的回收率 99.5%~99.8%。

G 深度除铁铜砷

如果化学净化工序杂质脱除不好，则氧化沉钴时进入氢氧化钴（Ⅲ）的杂质含量偏高，还原溶解溶液的杂质含量高，为保证萃取工序的正常进行必须将部分的杂质脱除。通常采用氧化中和的方法脱除铜铁砷，氧化温度 65~75℃，氧化时间 30~60min，中和时间 40~80min，中和终点 pH = 5.5~6.0。钴的直收率 97.0%~98.0%，钴的回收率 98.5%~99.5%。氧化中和渣返回一段浸出回收渣中的有价金属。

H 萃取净化

萃取剂用 P204 萃取时，稀释剂用优质煤油，有机相组成：10%~12%（体积比）+煤油，有机相用 500g/L 的 NaOH 皂化，皂化 30~60min，皂化率 50%~70%；混合时间 6min，相比（O/A）为 1.2：1，萃取共 10 级。有机相用稀盐酸洗涤，首先用 0.8~1.2mol/L 的盐酸洗涤钴，相比（O/A）为 12：1，洗钴共 5 级；2.8mol/L 盐酸洗涤铜锌锰，相比（O/A）为 24：1，洗铜等 4 级，最后用 6.0mol/L 盐酸洗涤铁，相比（O/A）为 3：1，沉铁 3 级；洗涤后静置 2 级。萃取洗涤为室温。钴的直收率和回收率 99.0%~99.5%。

洗涤铜锌锰的溶液用 Na_2S 沉铜锌锰，残液中和排放，沉淀物作为铜精矿外售。洗涤铁的溶液中和排放。

萃取剂用 P507 萃取时，稀释剂用优质煤油，有机相组成：18%~22%（体积比）煤油。有机相用 500g/L 的 NaOH 皂化，皂化 30~60min，皂化率 50%~60%，混合时间 6min，相比（O/A）为 1.5：1，萃取共 8 级。有机相用稀盐酸洗涤，首先用 0.3mol/L 的盐酸洗涤镍，相比（O/A）为 27：1，洗镍共 5 级；然后用 2.4~2.6mol/L 的盐酸反萃钴；相比（O/A）为（4.75~6.75）：1，反萃钴共 6 级，最后用 6.0mol/L 盐酸洗涤铁，相比（O/A）为 6.75：1，共 4 级；反萃后静置 1 级；萃取、反萃、洗涤为室温。钴的直收率和回收率 99.0%~99.5%。

P507 萃取工序的洗涤铁溶液中和后排放，萃取后的水相中和排放或蒸发浓缩生产硫酸镍，作为产品外售。在整个萃取过程中钴的直收率和回收率 98.0%~99.5%。

I 草酸沉淀

反萃氯化钴溶液用草酸沉淀，沉淀温度 45~55℃，沉淀终点 pH = 2.0~2.2。沉钴前液钴浓度 60~70g/L，沉钴后液含钴 0.08~0.30g/L。沉淀后液中和至 pH = 10.0~11.0，沉淀残余有价金属，残渣返回浸出，溶液酸化至 pH = 7.0~8.0 后排放。草酸钴用纯水洗涤，洗涤至 pH = 6.0~7.0，洗涤水排放。草酸沉钴时钴的直收率 99.5%~99.8%，回收率 99.7%~99.9%。

J 煅烧

草酸钴在 430~460℃ 下煅烧，在回转窑内总共停留时间 180~240min，烟尘率 10%~15%，烟尘回收后和煅烧产物一同作为产品销售。此时可根据需要对煅烧产物进行细磨。煅烧时钴的直收率和回收率为 99.5%~99.8%。

15.3.3 镓的分离提取技术

攀西地区钒钛磁铁矿中含有镓 0.0014% ~ 0.0028%，平均为 0.0019%，总储量 9.24 万吨金属镓。含镓 Ga 品位与铝土矿相近，其中 Ga 与 V、Fe、Ti 等元素伴生，在选矿、提钒炼钢过程中富集到提钒烟尘（含 Ga 0.048%）、炼钢烟尘（含 Ga 0.038%）和钒渣（含 Ga 0.030%）中，分别富集了 25 倍、20 倍和 16 倍，三者都是很有工业提 Ga 价值的生产原料。

钒钛磁铁矿经选矿、冶炼后，镓在钒渣中富集，含量达到 0.012% ~ 0.015%。1977 年攀钢对钒渣提钒后的尾渣用酸法提炼出了金属镓，但收率低。几经研究，对这种渣予以还原焙烧、酸浸除铁，再从酸浸液中萃取、电解得到金属镓，镓的回收率可达 95%，总收率达 64.4%。经过计算虽有赢利，但达不到氧化铝厂回收镓的经济效益，故未转入工业生产。

15.3.3.1 镓在生产中的流向及分布

攀枝花钒钛磁铁矿中的镓，在攀钢现生产工艺流程中的流向及分布如图 15-10 所示。图中数字的单位为 g/t，括号内数字为产率（%）。

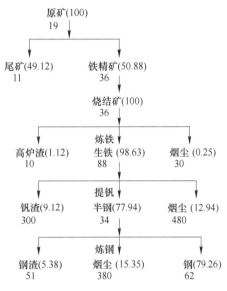

图 15-10 镓的流向及分布

从图 15-10 可见，原矿中的镓主要富集在提钒、炼钢过程的烟尘中和钒渣中。若按攀钢现有流程镓的富集产物计算，每年产出实物钒渣约 49 万吨（2019 年）、提钒烟尘约 15 万吨（2019 年）和炼钢烟尘约 15 万吨（2019 年），总计可以得到 276 ~ 306t/a 金属镓生产原料。

15.3.3.2 从攀西地区钒钛磁铁矿中提镓试验情况

1975 ~ 1990 年期间，针对攀西地区钒钛磁铁矿物理化学性质及镓在冶金工艺流程中的走向分布，攀钢钢研所、昆明工学院和攀枝花钢铁研究院曾进行过从提钒弃渣或钒渣中提取金属镓的实验研究工作。

北京科技大学等也曾进行过"用氯化法从铁水中提镓""钠化焙烧钒渣时氯化挥发镓的热力学分析"等基础理论研究工作。

1977 ~ 1980 年，攀钢完成了"从提钒弃渣中回收金属镓的试验研究总结"科研课题，提出提镓工艺流程如图 15-11 所示。昆明工学院在 1979 年 4 月完成了"从攀钢钒渣碱性浸出液中分离和提取 Ga、V、Cr"工艺流程，如图 15-12 所示。攀枝花钢铁研究院在 1991 年 10 月完成了"五氧化二钒弃渣提取金属镓新工艺试验研究"，工艺流程如图 15-13 所示。

针对上述镓的三种提取工艺，分析认为原攀钢钢研所的提镓工艺试验流程是以提钒弃渣为原料，采用还原焙烧、两步法酸浸、溶剂萃取、碱液电解镓、回收 Fe、Ti 的工艺流程是可行的，金属 Ga 的总收率为 64.4%。但由于提钒弃渣含铁量高约为 45%，酸浸时耗

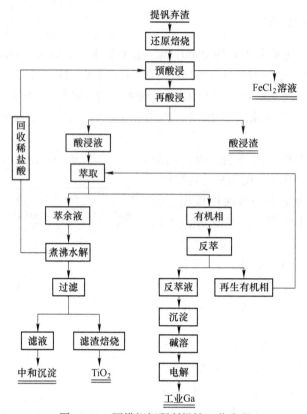

图 15-11　原攀钢钢研所提镓工艺流程

酸量高，产生大量的 $FeCl_2$ 副产品难以利用。

原昆明工学院的提镓工艺试验流程，以钒渣为原料，在钒渣中加入适量的 CaO、Na_2CO_3 在 950~1000℃ 的温度下进行焙烧、磨细后再经过水浸，镓的转浸率为 85%、钒和铬的转浸率超过 90%。浸出液作为提取 Ga、V、Cr 的原液，采用腐植酸钠溶液沉淀 Ga，沉淀物中的 Ga 得以富集，过滤液作为提取 V、Cr 的原液。此工艺的特点是通过钒渣的一次焙烧可同时提取 Ga、V、Cr。但由于焙烧温度较高，焙烧炉内的钒渣已呈熔融状态，容易粘窑影响生产，且产生烧结物不易破碎等问题，是影响其产业化的主要原因。

原攀枝花钢铁研究院的提镓工艺试验流程，采用提钒弃渣为原料，由还原熔炼、铁电解、酸浸、萃取、净化、电解 Ga 等工艺组成。实验室扩大试验结果证明，Fe 的收率为 83.9%，品位为 98%~99.5%；Ga 的收率为 64.9%，品位为 99.96%。该工艺采用火法、湿法联合生产电解 Fe 和金属 Ga 产品，工艺合理，经济效益显著，是目前攀西地区钒钛磁铁矿中镓提取最有前途的工艺技术之一。

若在实验室内继续完善此工艺，如萃取剂的选择、电解电极的改进等，可使该流程更加充满活力。建议不断完善提镓的工艺条件，同时根据现有设备条件进行改造和组合，适时进行工业化生产应用。

15.3.4　钪的分离提取技术

在攀西地区钒钛磁铁矿中钪主要分布在钛普通辉石、钛铁矿和钛磁铁矿中，在选矿产

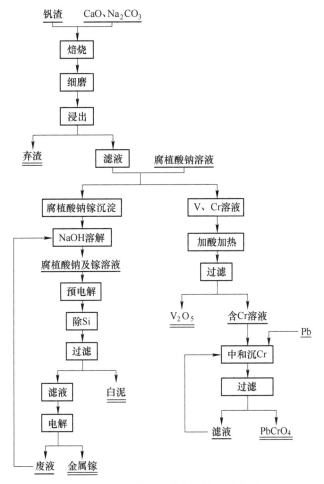

图 15-12　原昆明工学院提镓工艺流程

品中的分布随前两种矿物的含量而变化，钪以类质同象形式存在。在钛普通辉石中 Sc^{3+} 以异价类质同象方式置换 Fe^{2+} 与 Mg^{2+}，电价平衡依靠 Fe^{3+}、Al^{3+} 替代 Si^{4+} 实现。置换关系式为：

$$Sc^{3+} + Al^{3+} \longrightarrow (Fe^{2+}, Mg^{2+}) + Si^{4+} \tag{15-3}$$

钛铁矿中钪的类质同象置换关系式为：

$$Sc^{3+} + (Fe^{3+} + Al^{3+}) \longrightarrow (Fe^{2+}, Mg^{2+}) + Ti^{4+} \tag{15-4}$$

钛磁铁矿中钪的赋存主要与其中的钛铁矿、钛铁晶石熔出物有关。

选矿产品中最富含钪的是电选尾矿，含 Sc_2O_3 达 0.0077%，其次为铁精矿和重选尾矿，含 Sc_2O_3 分别为 0.0063% 和 0.00514%。从这几种原料中提取钪的常规方法概述如下。

15.3.4.1 电选尾矿及重选尾矿

钪主要富存于钛普通辉石中。关于辉石中钪的回收，目前大致有两种方法：

（1）酸法处理。用硫酸分解，加热搅拌 4~5h，直至完全排除 SO_2 蒸汽；或用盐酸（HCl+NaF）分解，温度 80~100℃，处理 4~5h。

（2）碱法处理。将矿物分别与 $NaHSO_4$ 和 NaOH 一起熔融 1h，温度 500~600℃。将碱熔法所得水合物过滤并沉淀除碱，然后在盐酸中加热溶解。用氨从溶液中沉淀水合物，过滤并煅烧成氧化物。

15.3.4.2　钛精矿中钪

在钛精矿电炉冶炼过程中钪主要富集在钛渣中，钛渣进一步在沸腾炉内进行高温氯化生产四氯化钛时，大部分钪被氯化成 $ScCl_3$ 挥发进入烟尘，冷却后被收尘器收集，Sc_2O_3 含量可达 0.0736%。

20 世纪 80 年代，随着世界市场钪价格的狂涨，国内掀起了分离钪的研究热潮，提取主要集中于含钛原料——生产钛白粉的硫酸废液、钛生产过程中的氯化烟尘以及选钛尾矿。国内生产单位有上海东昇钛白粉厂、广西平桂矿务局、湖南稀土金属材料研究所、江西赣州钴冶炼厂、广州钛白粉厂等。进入 90 年代以后，由于苏联大量出售其过去的存货以及国内的过度生产，世界钪市场呈现供大于求，钪的价格大幅度降低，直接影响了钪的生产。从含钛原料中提取钪的研究及生产状况介绍如下。

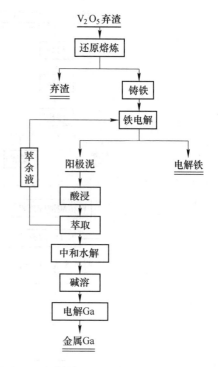

图 15-13　攀枝花钢铁研究院提 Ga 工艺流程

A　从钛白废酸中提取钪

以钛铁矿为原料进行硫酸法钛白粉生产时，水解酸性废液中含钪量约占钛铁矿中总含量的 80%。我国生产的氧化钪绝大部分来自钛白粉厂。上海东昇钛白粉厂、上海跃龙化工厂和广州钛白粉厂等都建立了氧化钪生产线。杭州硫酸厂投产了一套年产 30kg 氧化钪的工业装置，形成了"连续萃取→12 级逆流洗钛→化学精制"三级提钪工艺路线，产品含量稳定在 98%~99%。上海跃龙化工厂采用 P204-TBP-煤油协同萃取初期富集钪，NaOH 反萃，盐酸溶解，再经 55%~62%TBP（或 P350）萃淋树脂萃取，色谱分离净化钪，最后经草酸精制得纯度大于 99.9% 的 Sc_2O_3，整个方法钪的收率大于 70%。

苏联以 0.4mol/L P204 自钛白母液中提取钪，O/A = 1/100 时钪差不多能完全同钛、铁、钙等杂质分离，用固体 NaF 反萃钪，再用 3% H_2SO_4 溶解，扩大试验钪的收率为 85%~90%。

我国有研究者在用 P204-TBP 从钛白母液中提钪时，先加入抑制剂抑制 P204 对铁、钛的萃取，而后用混酸及硫酸洗涤萃取有机相，使有机相中 TiO_2 含量降至 0.1mg/L，Fe 含量降至 0.5mg/L。也有研究者以 P507-N7301-煤油混合萃取剂提钪，萃取率达 95% 以上，二次草酸沉淀 Sc_2O_3 产品纯度达 99% 以上；还有人采用两段提钪，第一段采用 P507-癸醇-煤油萃取，第二段用 P5709-TBP-煤油萃取，钪浓缩 50 多倍；先用 N1923 选择性萃钪，而后再加 TBP 萃钪进一步除杂，两段钪总共浓缩了 50 多倍，草酸精制后 Sc_2O_3 纯度为 99%，回收率为 84%。此外，离子交换法、乳状液膜法也已用于钛白废液提钪。

B 从氯化烟尘中提取钪

在钛铁矿进行电弧炉熔炼钛渣时由于 Sc_2O_3 与铌、铀、钒等氧化物一样生成热高，故很稳定，不会被还原而留在钛渣中。将此钛渣进行高温氯化生产 $TiCl_4$ 时钪在氯化烟尘中被富集。抚顺铝厂五一分厂建成的生产线年生产氧化钪 20~30kg。有研究者查明钪在氯化烟尘中含量可达 0.03%~0.12%，主要形式是 $ScCl_3$，并研究了湿法冶金提取 Sc_2O_3 的流程，包括水浸、TBP 煤油溶液萃取、草酸沉淀净化及灼烧等单元操作，先后进行了小型和扩大试验，得到纯度 99.5% 的 Sc_2O_3 产品；从氯化烟尘到产品钪的回收率为 60%。有人采用低浓度的烷基膦（磷）酸（P507、P204）在小相比下直接从存在大量 Fe^{3+} 的浸出液中萃取钪。采用乙醇为助反萃剂，可在室温下反萃钪；并使用 0.4%HF 洗锆使钪锆分离系数达 $\beta_{Sc/Zr} = 1893$。

有研究者采用 P5709-N235-煤油萃取钪，5mol/L HCl 60℃反萃，可使 Sc^{3+} 与 Fe^{3+}、Fe^{2+}、Ti^{3+}、Al^{3+}、Mn^{2+}、Ca^{2+} 等完全分离，较好解决了 Sc^{3+}/Fe^{3+} 分离及分相慢等问题；有人从氯化烟尘中提钪时采用 P204 萃取分离铁锰，NaOH 反萃，钪富集 83 倍；化学精制采用盐酸溶解，TBP-浓盐酸萃取钪分离 RE 和 Dowex50W-X8 交换树脂吸附钪，得到 Sc 纯度大于 99.5%，实收率大于 56%。还有研究者以一种有机多元弱酸沉淀剂沉淀氯化烟尘盐酸浸出液中的钪，经两次沉淀、两次酸解后浸出液中的铁锰去除率达 99.8% 以上，钪的沉淀率可达 100%；继而采用 P204+改质剂+磺化煤油为萃取剂，O/A = 1/20，室温下萃取钪，D_{Sc} 达 139，钪与铁、锰的分离系数分别达到 9270 和 10700；5%NaOH 反萃钪，反萃率达 99.6%。

C 从选钛尾矿中提取钪

攀枝花已建成设计规模 1350 万吨/年的选矿厂，年产铁精矿 588.3 万吨，年产尾矿达 745.53 万吨，亟待综合利用。在国家"八五"攻关项目"攀枝花钒钛磁铁矿综合提钪试验研究"中，检测当时铁选厂原矿含钪 27.00g/t。以含钪 63g/t 的选钛尾矿为原料，采用预处理磁选或加剂处理电选的工艺，可分选出尾矿中的钛辉石、长石，含钪分别为 114g/t、121g/t；采用加助溶剂盐酸浸钪，浸出率可达 93.64%；采用碱熔合水解盐酸浸出钪，浸出率可达 97.90%；用 TBP 萃取钪，萃取率可达 98.90%；用水反萃，反萃取率为 98.00%；再用草酸精制可得到品位为 99.95% 的 Sc_2O_3 产品。

15.3.4.3 钒铁精矿中钪

钒铁精矿中钪的品位为 Sc_2O_3 0.002%，钪在烧结、炼钢过程中主要富集在炼铁高炉渣中，可以考虑从中回收钪。苏联在 20 世纪 50 年代就开始了这方面的研究，采用碱-碳酸盐法从高炉渣中回收钪，即用硫酸分解高炉渣然后进行碱化处理析出氢氧化物，再用碳酸盐处理制取钪精矿，最后用硫代硫酸盐萃取和草酸盐沉淀，煅烧草酸盐而获得 Sc_2O_3。

综上所述，钛白母液中的钪呈离子态，提取工艺简单，故早期氧化钪的生产多以此为原料；但其中钪的含量低（0.001%~0.0025%），且受钛白粉生产的制约（年产 1000t 钛白粉可回收几十千克氧化钪）。氯化烟尘中的钪以 $ScCl_3$ 形式存在，回收难度也不大，问题是氯化烟尘的资源是否充足；假设其中的氧化钪含量平均为 0.05%，若要得到 50kg 氧化钪产品，至少要处理 100t 氯化烟尘，处理量是相当大的。钛尾矿中钪主要赋存在 $(Ca,Mg,Al,Ti)Si_2O_6$ 硅酸盐结构的辉石中，尾矿的分解是难点，往往要经过酸化或碱化高温（约 1000℃）熔融；但尾矿产出量很大，伴随采出的钪的绝对量相当可观，为钪的生产提供了充足的原料；不过，处理尾矿还必须兼顾其他资源的综合利用。

1987 年，攀钢钢研院从攀钢高炉渣高温碳化-低温氯化的氯化烟尘提取钪，将氯化烟尘中以氯化钪形式存在的钪洗涤进入溶液，通过萃取除杂处理提取 Sc_2O_3，或者制备形成富钪原料。由于当时攀钢高炉渣高温碳化-低温氯化试验规模小、氯化烟尘量小，加之分析方法欠缺，该项工作只进行了资料收集和溶解试验。

1988 年，攀钢钢研院用攀钢高炉渣作原料，采用酸解→熟化→溶解→过滤→滤液脱铝→水解除钛→除钛后液 P507 萃取→负载有机相→洗涤→反萃→沉淀 $Sc(OH)_3$→酸解→沉淀 $Sc_2(C_2O_4)_3$→煅烧→Sc_2O_3 工艺提钪，过程中的主要杂质为硅和镁，实验室试验得到品位为 91%~98% 的 Sc_2O_3，钪总收率 65.8%。

1990~1995 年，国家"九五"计划期间，攀钢在冶金工业部立项进行了高炉渣综合利用研究，并与中南工业大学、北京建材研究院合作进行了高炉渣硫酸法制钛白和提钪研究，试验在中南大学、北京建材研究院和株洲化工厂进行，成功提取了钛白和 Sc_2O_3，并实现了酸解渣制水泥。

15.3.5 铂族金属分离提取技术

铂族金属含量比较低，主要留存于硫化物中，在硫化物利用过程（如提钴）没有明显富集，利用难度较大。目前未见相关研究工作的报道。

四川攀枝花红格矿区磁黄铁矿中金和铂族元素含量总计为 0.299~0.5805g/t，已达综合利用指标。其他各矿区均有分布，但含量很低，其中承德黑山矿区铂族元素总含量为 0.01g/t。

15.3.6 非金属元素（硫磷等）分离提取技术

非金属元素主要包括硫和磷，硫主要以铁的硫化物以及铜钴镍的硫化物形式存在，可以在钛精矿浮硫过程中部分回收硫钴精矿。大部分硫在铁钒钛的提取冶炼过程中作为杂质去除。

15.3.6.1 硫元素分离提取技术

硫矿物回收的主体是硫钴精矿，一般由 Co、Fe、Ni 和 Cu 的硫化物组成。

有研究人员针对攀西钒钛磁铁矿硫钴粗精矿中硫、钴品位低的特点，通过工艺矿物学和选矿试验研究得出：钒钛磁铁矿中主要硫化矿物为黄铁矿和磁黄铁矿，钴在黄铁矿和钴镍黄铁矿中富集。以硫酸为调整剂，丁黄药为捕收剂，硫酸铜为活化剂，石灰为分离抑制剂，经过"精选-分离"流程可以同时得到 Co 品位 0.74%、S 品位 41.07% 的钴硫精矿和 S 品位 35.58% 的硫精矿，钴、硫的综合回收率分别达到 84.45% 和 91.14%，实现钒钛磁铁矿中钴、硫资源的综合利用。

硫钴精矿主要用于提钴制硫酸工艺的原料，该工艺首先要实现两个转化：

（1）其中的硫转化为 SO_2，用于硫酸生产。

（2）将有价金属元素 Co、Ni 和 Cu 等转化为可溶性硫酸盐，并抑制大量 Fe 元素的转化。

选择合适的温度对硫钴精矿中 Co、Ni 和 Cu 等的硫化物进行硫酸化焙烧，转化成可溶性硫酸盐，铁的硫化物氧化焙烧生成可溶性氧化物。主要化学反应式见反应式（15-1）、（15-2）。

由于硫钴精矿物形态结构复杂，以上化学反应仅代表反应趋势，实际反应过程是非常复杂的。

对焙烧后的含钴焙砂用硫酸进行浸出，$(Cu, Ni, Co)SO_4 \cdot Na_2SO_4$ 溶解进入液相，同时随着水溶液酸度的增加，一些杂质元素也进入溶液中。

焙烧后的烟气进入制硫酸系统，其工艺过程包括烟气净化、转化吸收等。

A 烟气净化

由电除尘出来的炉气温度 300~320℃，含尘量为 0.2g/Nm³，进入净化工段的文氏管洗涤器，用 0.5%浓度的稀酸进一步除尘和降温至 65℃ 左右，进入填料塔再次用 0.5%浓度的冷稀酸洗涤，进一步除去残存的粉尘和杂质，并把炉气温度降至 37℃ 以下进入电除雾器。除雾后的酸雾含量约 0.03g/Nm³，进入干燥塔并在干燥塔前补充一定的空气，控制炉气中 SO_2 浓度为 9%，用 94%浓度的硫酸吸收炉气中的水分，使炉气中的水分含量小于 0.1g/Nm³，经金属丝网除沫器除沫后由 SO_2 风机加压进入转化吸收工段。

B 转化吸收

自干燥塔来（含水小于 0.1g/Nm³；含酸雾小于 0.03g/Nm³；含尘小于 0.005g/Nm³；SO_2 浓度 9%）的炉气经 SO_2 风机加压，经第Ⅲ换热器、第Ⅰ换热器换热后，使炉气温度升至约 420℃ 进入转化的第一段催化剂床层进行转化反应。SO_2 转化反应方程为：

$$2SO_2 + O_2 \longrightarrow 2SO_3 + Q \tag{15-5}$$

SO_2 转化为 SO_3 为放热反应，使转化一段出口温度达 590℃ 左右，经第Ⅰ换热器换热后炉气温度降至 460℃ 左右，进入转化器第二段催化床层进行反应，反应后转化二段的出口温度升至 510℃ 左右，经第Ⅱ换热器换热后炉气温度降至 440℃ 左右，进入转化第三催化剂床层进行反应，反应后的第三段出口温度达 460℃ 左右，经第Ⅲ换热器和空气换热器换热后的炉气温度降至 160℃ 左右进入第一吸收塔，用浓硫酸吸收已经转化为 SO_3 的气体变成硫酸（本项目另一产品）。经第一吸收塔吸收 SO_3 后，仍有部分没有转化的 SO_2 炉气，经第Ⅳ换热器升温至 420℃ 进入转化器第四催化剂床层进行第二次转化，转化后的四段出口温度在 435℃ 左右，经第Ⅳ换热器降温至 160℃ 后进入第二吸收塔，用 98%浓硫酸再次吸收已转化的 SO_3 变成硫酸。尾气经尾吸塔用碱喷淋把残存的 SO_2 吸收后，尾气达标排放。

C 成品

由转化器三段转化后的炉气，经第Ⅲ和空气换热器冷却至 160℃ 后进入第一吸收塔，用温度约 75℃、浓度为 98%的硫酸从塔顶喷淋，吸收炉气中已转化的 SO_3 后，酸浓度升高，自塔底流出经酸冷器冷却后一部分进入循环槽，另一部分串入干燥循环槽用以维持由于干燥塔的喷淋酸吸收炉气中的水分后，使酸浓度不至于降低。同时，又把干燥塔吸收水分后浓度降低的部分酸串入第一吸收塔循环槽，使第一吸收塔的酸浓度不至于升得过高，维持 98%左右的酸浓度，这就是干吸塔的串酸工艺，都是为了维持吸收塔和干燥塔的喷淋酸浓度基本不变的措施。同样道理，第二吸收塔与第一吸收塔也必须进行串酸工艺，使生产维持正常运行。若炉气中的含水量不能维持干燥吸收的酸浓度时，就必须在吸收循环槽内加工艺水（或稀硫酸）来维持干燥和吸收的酸浓度，多余的吸收酸（浓度为 98%）

就是成品硫酸产品。

SO_3 吸收反应为：

$$SO_3 + H_2O =\!=\!= H_2SO_4 + Q \tag{15-6}$$

反应式（15-6）中的 H_2O 为浓度98%硫酸中的水分，反应为放热反应，用酸冷器维持干燥和吸收酸温以保持吸收酸基本不变。

15.3.6.2 磷元素分离提取技术

磷元素主要以磷灰石矿物形式存在，该矿物分离利用难度较大。钒钛磁铁矿中的大部分磷元素在铁钒钛的提取冶炼过程中作为杂质而除去。

王伟之对某地低品位钒钛磁铁矿中的铁及伴生磷进行了综合回收试验研究。结果表明，采用阶段磨矿、阶段选别的弱磁选-浮选联合工艺流程，不仅能有效选别磁铁矿，还可综合回收该资源中伴生的磷，可获得铁品位64.81%、回收率58.04%的铁精矿及产率（以浮选给矿为原矿计）8.38%、品位 P_2O_5 为33.50%、回收率92.18%左右的优质磷精矿。

参 考 文 献

[1] 杨保祥，胡鸿飞，唐鸿琴，等. 钒钛清洁生产 [M]. 北京：冶金工业出版社，2017.

[2] 朱俊士. 钒钛磁铁矿选矿 [M]. 北京：冶金工业出版社，1996.

[3] 攀枝花钒钛磁铁矿现流程中有效益元素的赋存状态及分布规律的研究 [R]. 1992（内部资料）.

[4] 攀枝花钒钛磁铁矿中稀有金属开发利用前景 [R]. 2012（内部资料）.

[5] 中国地质科学院矿产综合利用研究所，国土资源部钒钛磁铁矿综合利用重点实验室. 攀西钒钛磁铁矿资源及综合利用技术 [M]. 北京：冶金工业出版社，2015.

[6] 王茜，廖阮颖子，田小林，等. 四川省攀西地区钒钛磁铁矿 [M]. 北京：科学出版社，2015.

16　含钛冶金化工"三废"及其综合利用技术

16.1　冶金化工含钛"三废"产生点图及其汇总

16.1.1　冶金含钛"三废"产生点图及汇总

钒钛磁铁矿冶金过程主要有烧结、炼铁、提钒-炼钢、钛渣冶炼及钒合金冶炼等工艺环节，会产生含钛钒的粉尘等"固废"，其产生量及处理方式汇总见表 16-1。

表 16-1　冶金含钛"固废"产生点及产生量汇总

工序	烧结粉尘 /kg·t⁻¹ 烧结矿	炼铁固废 /kg·t⁻¹生铁	转炉提钒-炼钢固废 /kg·t⁻¹钢	冶炼钛渣灰尘/kg·t⁻¹钛渣	钒铁冶炼固废/kg·t⁻¹钒铁	氮化钒冶炼灰尘/kg·t⁻¹氮化钒	氮化钒铁冶炼灰尘/kg·t⁻¹氮化钒铁
产生量	约18	灰：20~25 泥：25~30 高钛型高炉渣：约360	提钒尘：约10 炼钢尘：约30 含钒钢渣：约45	约70	灰尘：6~15 尾渣：1.2~1.5	1~4	密闭容器反应，无灰尘排放
处理方式	返回烧结	返回烧结，当锌含量大于8%时外销	提钒灰尘返回作冷却剂，炼钢灰返回作造渣剂，含钒钢渣作提钒原料	粗颗粒返回原料，细颗粒排放渣场	返回作原料	返回作原料	返回作原料

16.1.2　钛白粉生产"三废"产生点图及汇总表

16.1.2.1　硫酸法钛白粉生产过程"三废"产生点与产生量

A　产生点

硫酸法钛白粉生产过程中"三废"的产生点如图 16-1 所示，其中的污水处理过程"三废"产生点如图 16-2 所示。

图 16-1 和图 16-2 中，A 表示废气，主要有 A1、A2 和 A3 三个产生点；D 表示粉尘，主要有 D1、D2、D3 和 D4 四个产生点；L 表示废液，主要有 L1、L2、L3 和 L4 四个产生点，最后汇入污水处理 L5 点外排；S 表示废渣，主要有 S1、S2、S3、S4 和 S5 五个产生点，其中一部分根据装置进行加工利用，一部分最后作为钛石膏废渣外排。

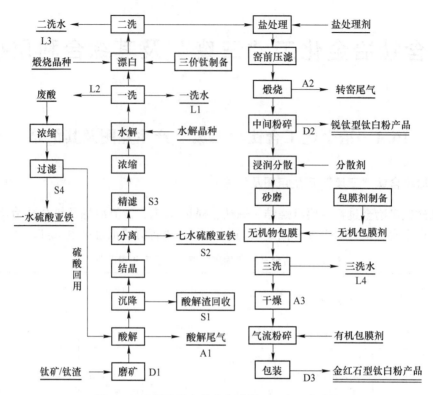

图 16-1 硫酸法钛白粉生产过程"三废"产生点

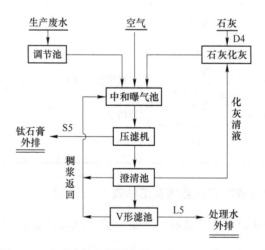

图 16-2 硫酸法钛白粉污水处理过程"三废"产生点

采用酸溶性钛渣为原料生产钛白粉，省去了结晶和浓缩两个工序 S2，不产生七水硫酸亚铁，其余排出的"三废"几乎一样。

B "三废"产生量汇总（以吨钛白粉计）

硫酸法钛白粉生产过程"三废"产生量汇总见表 16-2。

表 16-2 硫酸法钛白粉生产过程"三废"产生量汇总

序号	三废分类	名 称	主要特性组成	每吨钛白产生量	备 注
1	废气 A	酸解尾气 A1	酸性水蒸气与空气	2500Nm³	吸收处理排放
2		转窑尾气 A2	含氧化硫煅烧尾气	13000Nm³	吸收处理排放
3		干燥尾气 A3	燃烧尾气	12000Nm³	袋滤器后排放
4	粉尘 D	磨矿粉尘 D1	钛矿细分尘	0.2kg	袋滤器后排放
5		中间粉碎 D2	钛白粉粉尘	0.3kg	袋滤器后排放
6		包装粉尘 D3	钛白粉粉尘	0.1kg	袋滤器后排放
7		石灰消化 D4	石灰粉尘	0.4kg	
8	废液 L	一洗洗液 L1	稀废酸和硫酸亚铁	30m³	送污水站
9		一洗滤液 L2	浓废硫酸和硫酸亚铁	6m³	回收与加工利用或送污水站
10		二洗滤洗液 L3	稀废酸和硫酸亚铁	25m³	部分送污水站或套用一洗
11		三洗滤洗液 L4	硫酸钠盐	10m³	部分送污水站与二洗套用
12		中和污水 L5	饱和硫酸钙及稀硫酸钠溶液	55m³	中和处理污水外排或套用部分
13	废渣	酸解渣 S1	未分解钛矿、氧化硅等	240kg	再选利用或送污水站
14		绿矾 S2	七水硫酸亚铁	2500kg	外销与加工
15		精滤渣 S3	硅藻土及微量胶体	10kg	送污水站
16		亚铁渣 S4	一水硫酸铁和硫酸 (仅浓缩废酸工艺有)	750kg	加工利用或送污水站
17		中和红石膏 S5	硫酸钙和氢氧化铁 S5-1	11t（含水）	浓废酸无利用
			硫酸钙和氢氧化铁 S5-2	7t（含水）	浓废酸利用再用

16.1.2.2 氯化法钛白粉生产过程"三废"产生点与产生量

A "三废"产生点

如图 16-3 和图 16-4 所示，A 表示废气，主要有五个产生点；D 表示粉尘，主要有三个产生点；L 表示废液，主要有两个产生点，S 表示废渣，主要有两处产生点，其中一部分根据装置进行加工利用（因 S1 产生量大，通常专门处理或加工利用。同时因开停车产生的部分尾气，可回收成盐酸副产物），一部分作为石膏外排。

采用高钛渣为原料生产钛白粉，省去结晶和浓缩两个工序，不产生七水硫酸亚铁 S2，其余排出的"三废"几乎一样。

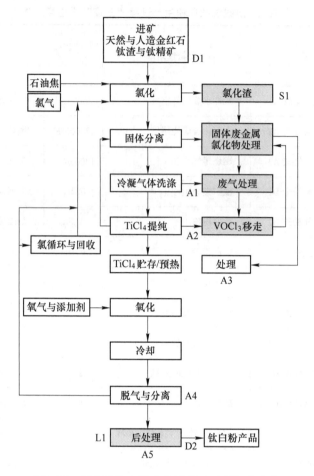

图 16-3 氯化法钛白粉生产过程"三废"产生点

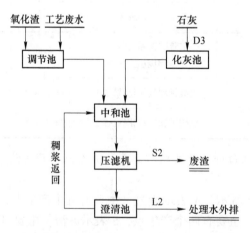

图 16-4 氯化法钛白粉生产过程污水处理"三废"产生点

B "三废"产生量汇总（以吨钛白粉计）

氯化法钛白粉生产过程"三废"产生点及产生量汇总见表 16-3。

表 16-3　氯化法钛白粉生产过程"三废"产生点及产生量汇总

序号	三废分类	名　称	主要特性组成	每吨钛白产生量	备　注
1	废气 A	氯化废气 A1	Cl_2、HCl、CO_2、SO_2、$TiCl_4$ 及其他杂质气体	$3000Nm^3$	进入氯化尾气处理系统
2		精制废气 A2	HCl 及低沸点杂质气体	$10Nm^3$	进入氯化尾气处理系统
3		氯化系统废气 A3	Cl_2、HCl、CO_2、SO_2、$TiCl_4$ 及其他杂质气体	$3500Nm^3$	尾气处理回收部分盐酸
4		氧化段废气 A4	预热与燃烧废气和开停车处理废气	$2000Nm^3$	燃烧废气直排，开停车废气进行处理
5		后处理干燥尾气 A5	N_2、CO_2 和 O_2 及微量粉尘	$5000Nm^3$	燃烧废气指排
6	粉尘 D	原料处理粉尘 D1	钛矿和石油焦微量粉尘	0.2kg	袋滤器后排放
7		包装粉尘 D2	钛白粉微量粉尘	0.1kg	袋滤器后排放
8		石灰消化 D3	石灰微量粉尘	0.4kg	
9	废液 L	后处理洗滤洗液 L1	氯化钠盐（或硫酸钠盐）	$8m^3$	送污水站或回收与加工利用
10		中和污水 L2	饱和硫酸钙及稀硫酸钠溶液	$2m^3$	中和处理污水外排或套用部分
11	废渣 S	氯化渣 S1	未分解钛矿、氧化硅等（低钛原料氯化）	150kg（1500kg）	再选利用或送污水站
12		中和氧化铁渣 S2	氯化钙和氢氧化铁（低钛原料氯化）	100kg（1000kg）	填埋

16.2　高钛型高炉渣高温碳化-低温氯化提钛工艺技术

　　攀钢从很早就开始了对高钛型高炉渣的提钛及综合利用研究，其间历经"六五"至"八五"国家级大规模的科技攻关，研究试验了多种工艺技术，但至今还没有哪项技术实现了大规模产业化。主要原因是高钛型高炉渣作为提钛原料含 TiO_2 太低，很难同时兼顾技术和经济可行性。攀钢高炉渣的提钛及综合利用已成为世界级的难题。

　　国内外科技工作者对攀钢高炉渣综合利用技术做了大量研究工作，主要技术方案有：

　　（1）高温碳化-低温氯化制取 $TiCl_4$-残渣制水泥工艺；

　　（2）高温碳化-碳化渣分选碳化钛工艺；

　　（3）硅热法还原直流电炉冶炼硅钛铁合金工艺；

　　（4）熔融电解法制取硅钛铝合金工艺；

　　（5）硫酸法制取 TiO_2 工艺；

　　（6）高温改性处理-选择性富集含钛矿物-选矿分离技术；

　　（7）直接选矿富集钙钛矿技术；

　　（8）碱处理渣相分离技术；

　　（9）有价组分提取及全资源化利用技术。

16.2.1 高钛型高炉渣的物理化学特性

用普通铁矿炼铁时,每生产1t生铁大约产生200~300kg的普通高炉渣。普通高炉渣的主要成分是CaO、SiO_2、Al_2O_3、Fe_2O_3、MgO等。

按照TiO_2含量高低,含钛高炉渣可以分为低钛型高炉渣($TiO_2 \leqslant 5\%$)、中钛型高炉渣($5\% < TiO_2 \leqslant 15\%$)和高钛型高炉渣($15\% < TiO_2 \leqslant 26\%$)3种。在攀钢钒钛磁铁矿高炉冶炼过程中形成的高炉渣TiO_2含量为20%~26%,为典型的高钛型高炉渣。含钛高炉渣与国内典型普通高炉渣主要成分对比见表16-4。高钛型高炉渣矿物组成和其中TiO_2的分布状况见表16-5。

表16-4　国内高炉渣的典型成分　　　　　　　　　　(%)

厂名	CaO	SiO$_2$	Al$_2$O$_3$	MgO	Fe$_2$O$_3$	MnO	TiO$_2$	S
宝钢	39.57	34.32	15.06	5.95	0.54	1.76	—	0.7
首钢	41.53	32.62	9.92	8.89	4.21	0.29	0.84	0.70
鞍钢	42.55	40.55	7.63	6.16	1.37	0.08	—	0.87
马钢	37.97	33.92	11.11	8.03	2.15	0.23	1.10	0.93
承钢①	34.18	24.35	14.28	5.19	2.63	—	14.21	0.90
攀钢②	24~30	22~25	13~14	8~10	2~4	<1	20~26	约0.3

①承钢高炉渣属中钛型高炉渣;

②攀钢高炉渣属高钛型高炉渣。

表16-5　高钛型高炉渣的主要矿物组成

矿物名称	含量/%	密度/g·cm^{-3}	TiO$_2$	
			品位/%	分布率/%
攀钛透辉石	58.9	3.34	15.47	37.87
钙钛矿	20.7	4.10	55.81	48.02
富钛透辉石	5.8	3.44	23.61	5.69
尖晶石	3.6	3.65	7.22	1.08
重钛酸镁	1.1	3.81	73.56	3.36
碳氮化钛	1.0	5.2	95.74	3.98
石墨	0.2	—		—
铁珠	8.7	—		—
原渣	100			

普通高炉渣矿物组成与高钛型高炉渣差异较大。前者以黄长石、假硅灰石和硅酸二钙等为主,后者以攀钛透辉石、钙钛矿等为主。攀钛透辉石是高炉渣的主要造渣矿物,以不规则粒状为主,一般为7~250μm,最大的可达500μm以上。其他矿物均匀嵌布其中或充填在其他矿物相间。钙钛矿一般呈粒状、雪花状、树枝状,粒度为10~40μm,一般均匀分布在硅铝酸盐矿物形成的基底上,并与尖晶石、富钛透辉石连生,甚至包裹于其中。两者的钛占渣中全钛85%左右,其余的钛分别赋存于富钛透辉石、重钛酸镁和碳氮化钛固

溶体中。

重庆大学裴鹤年等人研究了攀钢高钛型高炉渣的黏度、熔化温度、熔渣表面张力和密度等冶金物化学性质。根据对攀钢三座高炉多年热平衡测试结果,得出平均渣温只有1430℃,上渣平均温度1440℃,下渣平均温度1410℃,是典型的短渣。水淬渣的密度范围为 $2.70 \sim 2.90 g/cm^3$,重矿渣的密度范围在 $3.4 \sim 3.5 g/cm^3$。

16.2.2 高温碳化-低温氯化制取 $TiCl_4$ 工艺概述

高钛型高炉渣高温碳化-低温氯化制取 $TiCl_4$ 工艺,是在温度大于1500℃条件下高钛型高炉渣中 TiO_2 与碳反应生成 TiC,然后对碳化渣在 $350 \sim 800$℃下使氯气选择性地与 TiC 反应生成 $TiCl_4$ 气体而进入气相,而其他组分依然以固相形式存在。

碳化渣经选择氯化后得到 $TiCl_4$ 气体,通过精制除杂后即可成为生产金属钛、二氧化钛的中间原料,从而实现对高钛型高炉渣中 TiO_2 的提取。

根据反应特点不同,该工艺可以分为三个阶段:(1)高炉渣高温碳化阶段;(2)碳化渣低温氯化阶段;(3) $TiCl_4$ 制取 TiO_2 阶段。

16.2.3 高钛型高炉渣高温碳化基本原理及工艺

16.2.3.1 高钛型高炉渣高温碳化基本原理

A TiO_2 碳热还原生成 TiC 的反应过程

TiO_2 碳热还原生成 TiC 的过程是逐级进行的,即:

$$TiO_2 \rightarrow Ti_nO_{2n-1}(n>10) \rightarrow Ti_nO_{2n-1}(10>n>4) \rightarrow Ti_3O_5 \rightarrow Ti_2O_3 \rightarrow Ti_xO_y \rightarrow TiO \rightarrow TiC$$

同时,反应过程中不仅氧含量在变化,而且晶型也在变化。TiO_2、Ti_3O_5、Ti_2O_3、TiO、TiC 的晶体结构见表16-6。

表 16-6 TiO_2、Ti_3O_5、Ti_2O_3、TiO、TiC 的晶体结构

TiO_2	Ti_3O_5	Ti_2O_3	TiO	TiC
四方	菱方	斜方	面心立方	面心立方

关于 TiC 的反应机理有两种观点:一种认为还原剂 C 是借助于 CO/CO_2 两种气体与钛氧化物之间的传质来进行,是气-固反应;另一种则认为 TiO_2 和 C 直接接触反应,是固-固反应。

按第一种气-固反应观点,反应过程由反应(16-1)~(16-5)组成:

$$C + CO_2 = 2CO \qquad \Delta G_T^\ominus = 166550 - 171.00T \qquad (16-1)$$

$$3TiO_2 + CO = Ti_3O_5 + CO_2 \qquad \Delta G_T^\ominus = 106950 - 26.98T \qquad (16-2)$$

$$2Ti_3O_5 + CO = 3Ti_2O_3 + CO_2 \qquad \Delta G_T^\ominus = 82950 + 18.53T \qquad (16-3)$$

$$Ti_2O_3 + CO = 2TiO + CO_2 \qquad \Delta G_T^\ominus = 191950 - 24.67T \qquad (16-4)$$

$$TiO + 3CO = TiC + 2CO_2 \qquad \Delta G_T^\ominus = -117700 + 194.68T \qquad (16-5)$$

按第二种固-固反应的观点,反应过程由反应(16-6)~(16-9)组成:

$$3TiO_2 + C = Ti_3O_5 + CO \qquad \Delta G_T^\ominus = 73500 - 197.98T \qquad (16-6)$$

$$2Ti_3O_5 + C = 3Ti_2O_3 + CO \qquad \Delta G_T^\ominus = 249500 - 152.47T \qquad (16-7)$$

$$Ti_2O_3 + C = 2TiO + CO \qquad \Delta G_T^\ominus = 358500 - 195.67T \qquad (16-8)$$

$$TiO + 2C = TiC + CO \qquad \Delta G_T^\ominus = 215400 - 147.32T \qquad (16-9)$$

上述各式中 T 为热力学温度（K）。

对于高钛型高炉渣碳热还原过程而言，无论是固态还是熔融态，TiO_2 均以弥散态分布在渣中，TiO_2 和 C 颗粒间有一定的距离，其反应机理应为气-固反应机理。其反应过程中的 $\Delta G_T^\ominus$-T 关系如图 16-5 所示。

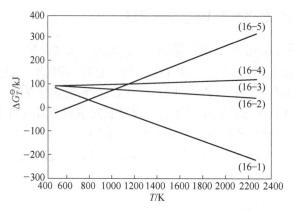

图 16-5 反应 (16-1)~(16-5) 的 $\Delta G_T^\ominus$-T 关系

B 高钛型高炉渣中其他组分的碳热还原反应

由表 16-4 可知，除 TiO_2 外，渣中还含有大量 SiO_2、CaO、MgO 和 Al_2O_3 等，这些组分在高温下同样可能与碳发生反应。图 16-6 为高钛型高炉渣中各组分在高温下 $\Delta G_T^\ominus$-T 关系图。

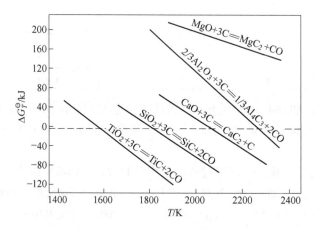

图 16-6 高钛型高炉渣中其他组分的碳热还原反应 $\Delta G_T^\ominus$-T 关系

由图 16-6 可见，当温度大于 1600K 时，TiO_2 首先被还原碳化生成 TiC；当温度大于 1850K 时 SiO_2 被还原碳化生成 SiC；当温度大于 2100K 时，CaO 被还原碳化生成 CaC_2。在上述反应体系中 CO 分压一定，因此要选择性生成 TiC 而尽量减少其他碳化物杂质生成，应将碳化反应温度控制在 1600~1850K 为宜。

此外，在 $T \geqslant 1700$K 时，体系中生成的 SiC 与 TiO_2 还可能发生反应，反应式如下：

$$SiC + TiO_2 === TiC + SiO_2 \tag{16-10}$$
$$\Delta G^{\ominus}(T) = -67550 - 4.41T = -75047J/mol(T = 1700K)$$

因此，即使高炉渣中部分 SiO_2 被碳化生成了 SiC，但是生成的 SiC 又很快可以与 TiO_2 反应生成 SiO_2 和 TiC。因此，高钛型高炉渣碳化反应温度一般可以控制在 $1600 \sim 2100K$。

16.2.3.2 高钛型高炉渣高温碳化工艺

高钛型高炉渣高温碳化是在一定条件下渣中 TiO_2 与碳优先发生碳热还原反应生成 TiC 的过程。高炉渣可以是熔融态也可以是固态。碳质还原剂可以是无烟煤、焦粉，也可以是其他形式的精煤。

高钛型高炉渣高温碳化反应主要在矿热炉中进行，通常采用埋弧式矿热电炉。在 $250kV \cdot A$ 和 $1800kV \cdot A$ 矿热炉上进行的试验，初步打通了工艺流程，但存在泡沫渣严重和炉底上涨以及高炉渣中 TiO_2 碳化效率低、产品质量不理想等问题。近年来，通过不断地改进和优化，攀钢在连续生产和提高碳化率方面取得了较好效果。

高钛型高炉渣高温碳化工艺设备流程如图 16-7 所示。流程的主要设备由预配还原剂系统、喷吹还原剂系统、高炉渣热装入炉系统、碳化炉冶炼系统（采用 60t 密闭碳化电炉）、烟气净化及煤气回收系统、碳化渣水淬粒化系统、成品立磨系统等组成。采用分批加料、间断冶炼操作工艺。

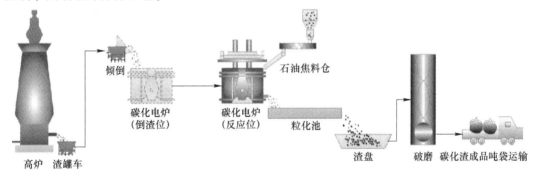

图 16-7　高钛型高炉渣高温碳化工艺设备流程

其基本过程如下：将来自高炉作业区的熔融高炉渣通过倾翻机倒入电炉后，通过吊车将电炉运输至反应平台。炉体进入工位后即采用电极通电供热，将熔池温度调整到反应温度，碳质还原剂则通过预配碳和喷吹系统分批次进入碳化炉。反应到达终点后打开渣口出渣进行水淬粒化处理，脱水后进入成品立磨系统加工至合格粒级后进入成品料仓，最终通过专用粉体罐车运输至低温氯化原料工序。

碳质还原剂加入量：首先按照反应式（16-11）计算出 TiO_2 碳化时碳的理论配入量，然后按照碳的理论配入量的 $100\% \sim 103\%$ 加入碳质还原剂。

$$3C + TiO_2 === TiC + 2CO \tag{16-11}$$

$$碳的理论配入量 = \frac{高炉渣的质量 \times TiO_2 品位 \times 碳原子量 \times 3}{TiO_2 的原子量}$$

矿热电炉的二次电压为 $100 \sim 135V$，二次电流为 $1000 \sim 25000kA$。电炉盖为水冷炉盖，炉墙为镁碳砖砌筑。使用石墨电极，电极直径为 $\phi200 \sim 450mm$；电极极心圆直径为 $\phi800 \sim 1400mm$。

影响高钛型高炉渣高温碳化过程的操作因素主要是电炉的电流电压比。电流电压比过小，电极插入深度浅，产生明弧，生产难操作；电流电压比过大，电极插入过深，生产产量低。生产中只有找到适当的电流电压比，使工作电流稳定、物料平衡、电极及时升降，才能取得最好的生产效果。一般认为电极插入深度 $h_0 = (1.2 \sim 2.5)d$ 是最理想的（d 为电极直径），此时电极深而稳地插入炉料中，炉温高而均匀。但当电极插入过浅时，则由于炉底功率密度不足，会造成结瘤和炉膛温度下降。反之电极位置过深，会引起炉底和熔体过热，导致其他元素的碳化。

电极的埋入深度可以通过改变二次电压、二次电流来调节，也可以通过改变炉料的准备方式、还原剂类型、炉料比电阻等方法来调节。当增加炉料中还原剂量或增大还原剂粒度时，炉料电阻下降，当电流和电压不变时，电极埋入深度减小。因为在电压恒定时，只有增大电弧电阻即提高电极高度增大电弧长度，则电流才能保持恒定。如果炉料中的碳不足或使用较细的还原剂时，炉料电阻相应增大，则电极埋入深度增加。

炉底上涨也是影响高钛型高炉渣高温碳化连续生产的重要工艺因素。炉底上涨主要是指熔池底部熔融物和半熔融物沉积造成反应区抬高上升，出炉时熔渣不能通畅地流出。造成炉底上涨的原因如下：

（1）形成泡沫渣。TiC 的生成和长大导致熔渣黏度急剧增大，熔渣逐渐失去流动性，而同时反应生成的 CO 不能顺利上升则形成泡沫渣，而熔渣沉积在炉底。关于 TiC 对熔渣黏度的影响研究已经很多，研究表明，随着渣中 TiC 颗粒的生成和集聚长大，渣的黏度出现数倍的增长，并且温度越高，则还原反应越激烈，熔渣中的固相质点越多，渣的流动性越差，甚至出现"热结"现象。

（2）电极插入深度不合理。如使用的二次电压过高，会造成电弧区的高度增加，热量和原料的损失增大，熔池内能量密度降低，电极不易下插深埋，因而炉底温度低、熔渣黏度变大，导致炉底容易上涨。

（3）使用原料的粒度不当。当原料粒度过小时，则炉料的电阻下降，不利于电极深埋。

此外，由于事故、故障使停炉次数增多，以及送电升温时间太短、加料后炉底温度低，也容易造成炉底上涨。

TiO_2 的碳化还原反应是强吸热反应，即使是利用液态炉渣的物理热，还须补充很多的热量，一般采用电炉加热的方式来补充。

影响高钛型高炉渣高温碳化过程的主要因素有输入功率、碳化温度、电极插入深度等。

（1）输入功率。碳化率是指渣中实际生成的 TiC 中钛量占渣中理论总钛量的百分比。碳化率受还原剂加料速度和输入功率的影响，如图 16-8 所示。输入功率与碳化率之间存在最佳值。加料速度一定时，输入功率较低，反应速度较慢，碳化率也较低；输入功率过大，则反应速度过快，生成的气体不能及时到达熔池表面排出，熔融渣液的气泡率增加，碳和液渣的接触几率降低，导致碳化速率降低。加料速度越高，则获得最高碳化率所需的输入功率越大。

（2）碳化温度。钛的碳化率随温度的升高而增加。当温度低于 1660℃时，碳化率增加明显；当温度高于 1660℃时，趋势变缓。碳化温度控制在 1660~1700℃为宜，如图 16-9 所示。

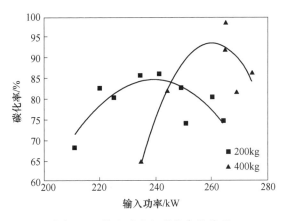

图 16-8 输入功率与碳化率的关系

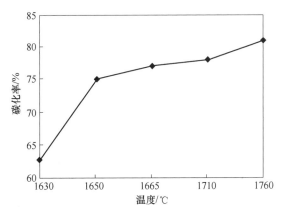

图 16-9 温度与碳化率的关系

（3）碳化率与电耗关系。高炉渣碳化所需单位电耗随钛的碳化率的提高而降低。当碳化率达到 65%时，单位电耗下降趋势变缓，如图 16-10 所示。实际生产中碳化率达到 80%时冶炼时间占总冶炼时间的 65%~75%，而当碳化率从 80%提高到 95%以上时一般需要多花费 25%~35%的冶炼时间。综合经济因素，一般冶炼过程中终点碳化率控制在 80%~85%。

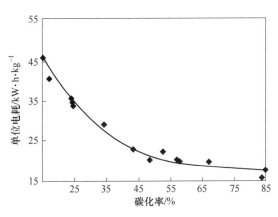

图 16-10 单位电耗与碳化率的关系

16.2.3.3　碳化渣的理化特性

在高温熔融体系中，TiO_2 逐级还原为低价钛氧化物，最终生成稳定态 TiC。含钛物相弥散在熔渣中，与其他成分共同构成碳化钛渣（碳化渣）。碳化渣中 TiC 含量在 10% ~ 15%，低价钛含量小于 1.0%，游离碳含量 1.0% ~ 3.0%。典型的碳化渣化学成分见表16-7。

表 16-7　碳化渣典型化学成分　　　　　　　　（%）

TiC	TiO	Al_2O_3	MgO	CaO	SiO_2	$C_{游离}$	V_2O_5
14.85	≤0.50	15.10	8.80	26.50	25.50	2.55	0.21

碳化渣岩相分析结果如图 16-11 所示。图 16-11 中灰白色 A 相为碳化渣中 TiC 颗粒，B 相为透辉石，C 相为硅酸钙，D 相为金属铁。TiC 颗粒以环状、絮团状、丝状聚积在一起，其直径为 100~600μm，且周围包裹黄长石、硅酸钙、透辉石等。

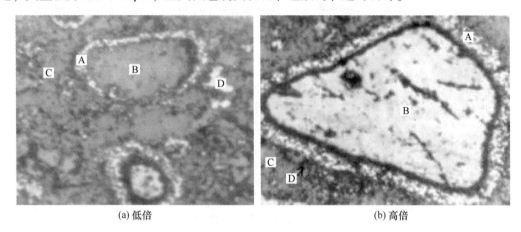

(a) 低倍　　　　　　　　　　　　　　(b) 高倍

图 16-11　碳化渣岩相分析

16.2.4　碳化渣低温氯化基本原理及工艺

低温氯化是美国 1982 年开发的一项氯化技术，在 600~800℃（一般低于 700℃）温度范围内，在沸腾床中将含钛矿物中的 TiO_2 在碳和氯气作用下，反应生成 $TiCl_4$，其实质仍是沸腾氯化。

16.2.4.1　碳化渣低温氯化原理

碳化渣低温选择性氯化，是利用 600~800℃ 低温条件下碳化渣主要组分 TiC 先于 Al_2O_3、SiO_2、CaO、MgO 等与氯气反应生成 $TiCl_4$，并且其氯化反应速率远高于其他氧化物的特点来达到 Ti 选择性分离的目的。

碳化渣的主要组分是 TiC、Al_2O_3、SiO_2、CaO、MgO，与氯气反应分别见反应（16-12）~（16-16）。当 $T=600℃$ 时，反应（16-12）和（16-13）可以发生，但式（16-12）的标准自由能远小于后者，可以实现碳化渣中 TiC 的选择性氯化。

$$\frac{1}{2}TiC(s) + Cl_2(g) = \frac{1}{2}TiCl_4(g) + \frac{1}{2}C(s) \qquad (16-12)$$

$$\Delta G_T^{\ominus} = -289530 + 54.855T, \quad \Delta G_{600℃}^{\ominus} = -242\text{kJ/mol}$$

$$CaO(s) + Cl_2(g) =\!=\!= CaCl_2(s) + \frac{1}{2}O_2(g) \tag{16-13}$$

$$\Delta G_T^{\ominus} = -161510 + 55.64T, \quad \Delta G_{600℃}^{\ominus} = -113\text{kJ/mol}$$

$$MgO(s) + Cl_2(g) =\!=\!= MgCl_2(s) + \frac{1}{2}O_2(g) \tag{16-14}$$

$$\Delta G_T^{\ominus} = -40166.2 + 119.16T, \quad \Delta G_{600℃}^{\ominus} = 63.86\text{kJ/mol}$$

$$\frac{1}{2}SiO_2(s) + Cl_2(g) =\!=\!= \frac{1}{2}SiCl_4(g) + \frac{1}{2}O_2(g) \tag{16-15}$$

$$\Delta G_T^{\ominus} = 125520 + 38.043T, \quad \Delta G_{600℃}^{\ominus} = 158.73\text{kJ/mol}$$

$$\frac{1}{3}Al_2O_3(s) + Cl_2(g) =\!=\!= \frac{2}{3}AlCl_3(g) + \frac{1}{2}O_2(g) \tag{16-16}$$

$$\Delta G_T^{\ominus} = 558034 - 10.78T, \quad \Delta G_{600℃}^{\ominus} = 548.86\text{kJ/mol}$$

同时，由于 TiC 的直接氯化反应速率很快且反应产物为碳，而这些碳活性极高，体系中碳化渣的主要组分有可能会发生加碳氯化反应，见反应（16-17）~（16-20）。

$$CaO(s) + Cl_2(g) + \frac{1}{2}C(s) =\!=\!= CaCl_2(s) + \frac{1}{2}CO_2(g) \tag{16-17}$$

$$\Delta G_T^{\ominus} = -328265 + 54.2T, \quad \Delta G_{600℃}^{\ominus} = -281\text{kJ/mol}$$

$$MgO(s) + Cl_2(g) + \frac{1}{2}C(s) =\!=\!= MgCl_2(s) + \frac{1}{2}CO_2(g) \tag{16-18}$$

$$\Delta G_T^{\ominus} = -236925 + 56.45T, \quad \Delta G_{600℃}^{\ominus} = -188\text{kJ/mol}$$

$$\frac{1}{2}SiO_2(s) + Cl_2(g) + \frac{1}{2}C(s) =\!=\!= \frac{1}{2}SiCl_4(g) + \frac{1}{2}CO_2(g) \tag{16-19}$$

$$\Delta G_T^{\ominus} = -116945 - 22.61T, \quad \Delta G_{600℃}^{\ominus} = -137\text{kJ/mol}$$

$$\frac{1}{3}Al_2O_3(s) + Cl_2(g) + \frac{1}{2}C(s) =\!=\!= \frac{2}{3}AlCl_3(g) + \frac{1}{2}CO_2(g) \tag{16-20}$$

$$\Delta G_T^{\ominus} = -27998 - 73.5T, \quad \Delta G_{600℃}^{\ominus} = -92\text{kJ/mol}$$

由热力学计算结果可知，当 $T = 600℃$ 时，碳化渣中的主要组分 CaO、MgO、Al_2O_3、SiO_2 的加碳氯化反应均可能进行，反应由易到难次序为：CaO>MgO>SiO_2>Al_2O_3。同时，比较 CaO 与 TiC 反应自由能可知，在低温氯化条件下 CaO 的加碳氯化反应比 TiC 的氯化反应更容易进行，MgO 加碳氯化反应与 TiC 氯化反应的标准自由能非常接近。

可见，碳化渣在纯氯气条件下氯化时，钙镁的氯化率将会较高，但 CaO、MgO 的加碳氯化反应受到 TiC 氯化反应的制约，只有在 TiC 先氯化生成碳之后，CaO 和 MgO 才能开始加碳氯化反应。因此，要更好地实现 TiC 的选择性氯化，必须抑制 CaO、MgO 等氧化物加碳氯化的发生。在反应体系中加入适当的氧气，使 TiC 氯化生成的 C 优先反应生成 CO_2 或 CO，不仅有利于 TiC 氯化反应的进行，而且能够有效抑制 CaO 等的加碳氯化反应。

16.2.4.2 碳化渣低温氯化生产工艺

将碳化渣粉碎至一定粒度，以浓度为 50%~100% 的氯气为氯化剂，在 400~600℃ 温度条件下，以连续加料、连续排渣的流化方式使碳化渣中 TiC 选择性氯化生成 $TiCl_4$，其中 TiCl$_4$ 以气体形式逸出，经过除尘、冷凝后变成粗 TiCl$_4$。氯化后残渣直接排出，冷却、洗涤后填埋或用作建筑材料原料。碳化渣低温氯化生产工艺流程如图 16-12 所示。

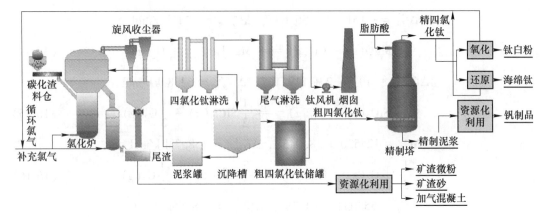

图 16-12 碳化渣低温氯化工艺流程

由图 16-12 可见，高钛型高炉渣中的 TiO$_2$ 经过高温碳化过程和低温氯化过程，实现了渣中钛与其他组分的分离，进而实现了在高炉渣中提钛的目的。

值得一提的是，由于碳化渣作为生产 TiCl$_4$ 原料与传统富钛料相比截然不同，因此，产品质量、生产设备和工艺操作也有很大差异，主要体现在粗 TiCl$_4$ 气体组分、氯化过程温度控制和残渣处理方面。

A 低温氯化工艺流程

碳化渣采用槽车装料后由高温碳化工序送至低温氯化车间，在卸车点用自带压空泵将其输送至 2 个大料仓，料仓满足原料 2 天储存需要。料仓底部采用圆盘给料机进行送料。后由溜槽送至斗提机后将碳化渣送至低温氯化炉进料系统给料仓。

氯化炉配置两套进料装置，采用一入料一送料切换方式将物料送入炉内，每个进料系统配置一台 30t 称量料仓、一台叶轮给料机、一台螺旋计量称及气封装置及 U 形阀。氯化炉系统设一个主炉和两个副炉，原料从氯化炉主炉反应段顶部加料口连续加入。循环氯气通入主、副炉，并补充部分氯气作为流化气体；主炉中部设两个排渣口，通过 U 形阀连续交替向 2 座副炉排渣，2 座副炉交替排渣、受渣和进行通氯反应；副炉通氯同时，也需要补充氯气作为流化气体。

氯气全部来自氧化循环的氯气，根据氧化情况，循环氯气含量可达到 80% 以上，氯气根据主、副炉需求设置流量计、调节阀进行分配，正常生产时循环氯气全部进主炉、副炉。为满足氯化炉气速要求，入炉前氯气还充入氮气进行配比。氧化停车时，氯化车间同时停止生产。氯化车间停产时，氯气可供海绵钛厂精钛生产。由于氧化车间氯气袋滤器出口能达到 0.22MPa，满足氯化炉使用要求。

主炉和副炉分别设置独立的旋风收尘器，旋风收尘器收集的收尘渣进入尾渣除杂流化床统一进行除杂。TiCl$_4$ 烟气经一级旋风收尘后进入淋洗系统。TiCl$_4$ 淋洗系统设两级淋洗装置，共 4 个洗涤塔，采用 3 级循环水冷却和 1 级冷冻盐水冷却收集 TiCl$_4$，淋洗塔循环槽设溢流口，由一级循环槽依次溢流至二级循环槽然后至沉降槽，冷冻盐水淋洗循环槽直接溢流至沉降槽，沉降槽沉降后清液溢流进入产品槽，高固液比 $TiCl_4$ 返回一级循环槽及底流槽；一级循环槽内的高固液比 $TiCl_4$ 作为返炉泥浆使用，直接送入氯化炉主炉、副炉使用。二级循环槽、产品槽均可向一级循环槽补料，返炉泥浆从氯化炉中部加入料层。

淋洗后的尾气经捕滴器，进入氯化工艺风机。工艺风机一用一备，专用于氯化炉系统及淋洗系统风量、风压调节。尾气处理系统设四级水洗和两级碱洗，其中碱洗采用填料塔，水洗系统主要除去烟气中 $TiCl_4$ 及粉尘杂质，碱洗主要除去烟气中的残留氯气等。处理后的尾气通过烟囱达标排放，水洗生成的盐酸和碱洗生成的次氯酸钠外销或送至废水处理站进行综合处理。

B 粗 $TiCl_4$ 精制工艺流程

来自低温氯化的粗 $TiCl_4$ 通过泵送至循环泵罐，送入过热器用蒸汽加热至合适温度，过热后的 $TiCl_4$ 液体通过孔板进入闪蒸罐减压闪蒸。闪蒸出的 $TiCl_4$ 气体进入精馏塔，未蒸发液体继续循环加热。

脂肪酸通过精确计量后由泵加入到精馏塔底部，在精馏塔内与粗 $TiCl_4$ 混合，并与 $TiCl_4$ 蒸气反应，达到除去钒固体杂质目的。精馏后的气体从精馏塔上部排出，经一级冷却塔和一级冷凝塔冷凝后在精 $TiCl_4$ 储槽中收集，其中部分液体 $TiCl_4$ 作为回流进入精馏塔顶部。

使用在线钒分析仪来监测精制的效率。脂肪酸需过量，以确保粗 $TiCl_4$ 中的钒完全反应。

含有除钒尾渣的 $TiCl_4$ 经过精馏塔底部排出，进入循环泵罐，循环泵罐出口的 $TiCl_4$ 经循环管线分流进入泥浆罐沉降，沉降后的下层液体送回粗钛储罐，上部除钒泥浆经搅拌器搅拌，最后送入蒸发炉处理。蒸发后的尾气经冷凝后返回粗钛储罐，尾渣作为钒渣使用。精制尾气主要为精馏 $TiCl_4$ 蒸气及矿浆蒸发 $TiCl_4$ 蒸气经冷凝后残留的 $TiCl_4$ 气体，尾气系统单独配置，采用两级水洗后送入烟囱排放。

精制泥浆主要采用矿浆蒸发工艺进行处理，泥浆连续送入矿浆蒸发炉，先在蒸发炉中沉淀，沉淀后开启电阻丝进行加热，加热温度不超过 250℃。蒸发炉采用 2 台同时工作的方式进行（备用一套），每台蒸发炉配置一套淋洗收集、冷却系统，喷淋塔采用文丘里设计，由泵送 $TiCl_4$ 产生负压将蒸发后的 $TiCl_4$ 气体负压抽入，再由冷凝器将液态 $TiCl_4$ 进行冷却。$TiCl_4$ 经冷凝器液化后返回粗钛储罐储存。

C 氯化尾渣处理系统

氯化炉系统两座副炉采用间断方式排渣，每 40min 排一次，每次排料约 8t，温度 550℃以上。渣直接排入焙烧炉，焙烧炉采用连续出料方式排渣，采用 U 形阀将渣送入冷渣机进行冷却。

D 碳化渣氯化的影响因素

影响碳化渣氯化的因素很多，主要有碳化渣粒度、氯化温度、氯化时间和气流速度。

研究表明，碳化渣粒度在 50~140 目时，TiC 的氯化率随着碳化渣粒度的减小而升高，当粒度小于 100 目后，碳化率逐渐降低。其主要原因是碳化渣中 TiC 以微细颗粒弥散在碳化渣颗粒中，颗粒越细，比表面积越大，颗粒中 TiC 暴露的概率就越大。与氯气充分接触反应的 TiC 越多，氯化率也就越大；而碳化渣粒度低于 120 目时，在相同气速下渣中微细颗粒来不及与氯气充分接触和反应就被排出体系之外，造成碳化渣中 TiC 的总氯化率降低。因此,适宜的碳化渣粒度应控制在 100~120 目。

在碳化渣粒度为−100 目、加料量 200g、通氯时间为 5min、氯气浓度为 100%、氯气流量为 2.5L/min 时,碳化渣中 TiC、CaO、MgO 的氯化率随氯化温度的升高而升高。当氯化温度达到 550℃时,TiC 的氯化率为 90%,CaO 和 MgO 的氯化率分别为 30%和 10%。因此,要实现 TiC 的选择性分离,氯化温度控制在 550℃为宜,具体如图 16-13 所示。

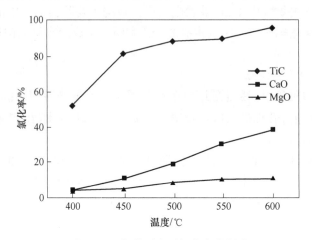

图 16-13 氯化温度对氯化率的影响

当其他条件不变只改变氯气通入时间时,其通气时间对 TiC 氯化率的影响如图 16-14 所示。由图 16-14 可见,TiC 的氯化率随时间的增加而增加,超过 15min 后上升幅度减缓,TiC 的氯化率达到 90%以上,适宜的氯化时间控制在 15min。

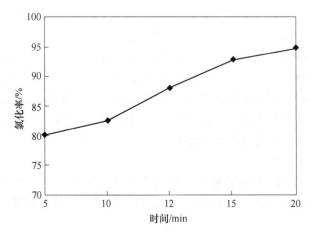

图 16-14 氯化时间对 TiC 氯化率的影响

当其他条件不变考察氯气体积浓度为 60%、碳化渣加料速度为 35kg/h 时,不同气体流速对 TiC 氯化率的影响,发现气流速度对 TiC 氯化率的影响非常明显:随着气流速度增加,钛的氯化率显著降低。气体流速控制在 0.25~0.30m/s 为宜,如图 16-15 所示。

表 16-8 列出了采用碳化渣和富钛料生产的粗 $TiCl_4$ 成分的对比。由表 16-8 可见,前者的 $TiCl_4$ 浓度为 1679.90g/L,与后者比较,Fe^{3+}、$SiCl_4$ 含量较低,$MgCl_2$、$CaCl_2$、TV、

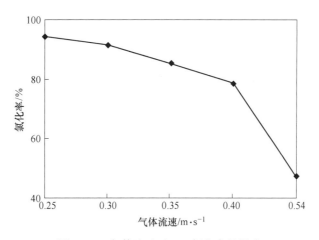

图 16-15　气体流速对 TiC 氯化率的影响

Al 的含量明显偏高。因此，碳化渣所得到的粗 $TiCl_4$ 必须经过针对性精制除杂才能够生产出合格的钛白粉。

表 16-8　不同原料制取的粗 $TiCl_4$ 成分　　　　　（g/L）

钛原料	$TiCl_4$	Fe^{3+}	$MgCl_2$	$CaCl_2$	$SiCl_4$	TV	Al
碳化渣	1679.90	<0.01	<0.5	<0.5	<0.01	<1.28	<0.5
富钛料	1833.13	<0.05	<0.1	<0.1	<0.1	<0.06	<0.01

国内外生产 $TiCl_4$ 一般以 TiO_2 含量 90% 左右的富钛料为原料，其氯化过程实质上是氧化物的加碳氯化过程，见反应式（16-21）。

$$TiO_2(s) + 2C(s) + 2Cl_2(g) \Longrightarrow TiCl_4(g) + 2CO(g) \qquad (16-21)$$

表 16-9 列出了单位质量的富钛料和碳化渣氯化过程的理论热平衡计算结果。

表 16-9　碳化渣和富钛料氯化体系的理论热平衡　　　　　（kJ）

反 应 体 系	$\Delta H_T^{\ominus}$	$Q_{T吸}$	$\sum Q_T$	计 算 依 据
碳化渣+100%Cl_2 （T=893K）	−3940	2233	−1707	碳化渣 1kg（成分见表 16-7），TiC 的氯化率 90%，钙镁的氯化率均为 5%
碳化渣+60%Cl_2+40%O_2 （T=893K）	−5217	2234	−2940	
富钛料+C+Cl_2 （T=1200K）	−1433	1902	469	富钛料 1kg（TiO_2=92%；CaO=0.5%；MgO=0.5%；FeO=5%），TiO_2、CaO、MgO、FeO 的氯化率为 100%

由表 16-9 可知，与富钛料相比，1kg 碳化渣在低温氯化过程中放出的热量远远高于富钛料，而要实现碳化渣中 TiC 的选择性氯化，必须将体系温度控制在较低水平。因此，如何实现体系温度控制是碳化渣氯化生产工艺控制最核心和难点的问题。

除此之外，与富钛料相比，碳化渣具有钛含量低、杂质含量高、排渣量大的特点，因此，氯化过程中的加排料方式与传统的富钛料高温氯化工艺也存在着巨大的差异。

E　氯化尾渣及其处理

传统的富钛料高温氯化工艺，加入 1000kg 富钛料，从氯化炉内排出的氯化尾渣一般只有 50kg 左右，而碳化渣的氯化尾渣则多达 800kg 以上，因此，低温选择性氯化过程不可能像富钛料高温氯化工艺那样采用连续加料、定期排渣，而应采用连续加料、连续排渣的操作方式。

氯化尾渣是一种新型粉状工业废渣，典型化学成分见表 16-10。由表 16-10 可见，氯化尾渣以 CaO-Al$_2$O$_3$-SiO$_2$ 系为主要矿物成分，Cl$^-$ 含量较高。为防止氯化尾渣产生二次污染、除氯等无害化处理技术外，建材资源化技术也是实现对高钛型高炉渣高温碳化-低温氯化提钛附产尾渣处理不可或缺的重要环节。

表 16-10　氯化残渣的化学成分　　　　　　　　　（％）

SiO$_2$	Al$_2$O$_3$	Fe$_2$O$_3$	K$_2$O	MgO	CaO	MnO	TiO$_2$	Cl$^-$	SO$_3$
26.64	18.43	2.58	0.04	7.98	28.57	0.48	7.79	2.55	0.34

由于 TiC 熔点高，导致碳化过程中微粒易在熔渣中形成富集带（见图 16-11）；同时 TiC 又是一种铁磁性物质，可以利用其铁磁特性采用磁选技术进行分选。

为解决低温氯化工艺排渣量大等问题，攀钢提出从碳化渣中分选 TiC 工艺，通过弱磁选-强磁选-10%盐酸浸出流程，控制碳化渣磨矿细度、磁场强度、浸出条件，得到了 TiC 含量为 36%~43%的精矿，但精矿的产率仅为 13.94%，而且产生了相当数量的酸性浸出液，带来了新的污染物。可见通过选矿工艺来提高 TiC 品位、减少氯化残渣量虽技术可行，但经济和环保均不可行。

16.3　高钛型高炉渣选择性富集分离提钛技术

16.3.1　含钛高炉渣及其特征

现行选冶工艺是针对富矿中金属提取设计的，用它处理多元复合矿时，主体金属的提取有效、合理，但共伴生的有价组分却难回收。原因是复合矿中共伴生有价组分多为过渡族或稀土族元素，与氧（或硫）亲和力强，生成的氧（或硫）化物化学稳定性高，在火法还原熔炼过程不易被还原进入金属相，大部分随同脉石成分进入渣相，成为富含共伴生有价组分的复合矿冶金渣。如攀钢普通高炉冶炼钒钛铁精矿时，95%的钛进入炉渣（渣中约含 22%~25%TiO$_2$），即钒钛磁铁原矿中一多半的钛留在高炉渣中，其余 5%的钛和 76%的钒溶入铁水。国内仅攀钢、承钢等六家高炉冶炼钒钛磁铁矿的钢铁企业每年生产近 2500 万吨含钒铁水，同时排放含钛高炉渣 1200 余万吨，按 TiO$_2$ 含量 23%计，则其中含 TiO$_2$ 约 280 万吨，约占全国一年钛白粉产量的 90%以上（2019 年全国钛白产量 305 万吨）。这样大宗"固废"白白地扔掉，既浪费资源又污染环境。

复合矿冶金渣是二次资源，也是一种富含战略性关键矿产资源的人造矿。目前国内有多家钢铁企业排放含钛高炉渣，但各家使用的钒钛铁精矿因产地不同成分各异，排放的含钛高炉渣中 TiO$_2$ 含量也不相同。如攀钢产含钛高炉渣中钛含量高，属高钛型高炉渣；承钢产含钛高炉渣中钛含量较低，属低钛型；原西昌新钢业炼铁厂、四川德胜集团、云南昆钢等所产含钛高炉渣中钛含量介于两者之间，属中钛型。三类含钛高炉渣的化学成分见表16-11。

表 16-11 不同类型含钛高炉渣的化学成分 （%）

项目	CaO	SiO₂	Al₂O₃	MgO	MnO	TiO₂	V₂O₅	FeO	TFe	渣类型
攀钢	26.8	13.2	16.8	7.39	0.67	20.9	0.31	2.62	4.25	高钛型
承钢	29.6	24.2	11.8	12.8		13.4	0.21		6.69	低钛型
西昌	26.7	28.4	12.6	5.87	1.55	16.3	0.33	3.51	5.51	中钛型

含钛高炉渣作为人造矿，性质与形态十分独特，可归纳为分散、细小和连体三个特征：

（1）分散，指炉渣中钛通常不是赋存于一种矿物相中，而是分散地分布在多种矿相中。

（2）细小，指炉渣中这些含钛物相的嵌布粒度非常细小，通常在 $10\mu m$ 左右。

（3）连体，指炉渣中这些含钛物相与基体脉石相的连接致密，相界不清晰。当磨矿破碎时含钛物相往往不是沿相界面撕开，而是穿晶断裂，这样的连体造成含钛物相的可选性差，属极难处理矿。所以用单一的选矿方法去分离人造矿中的钛，效果差，同样也是个难题。

综上，天然矿（复合矿）与人造矿（复合矿冶金渣）与现行选矿工艺都不适应，即矿与选之间"水土不服"，这是选矿效果差的共同原因。但值得庆幸的是，人造矿的性质可人为地改变，即有机会用人工方法改变它的性质，去适应选矿工艺对矿石性质与状态的要求，这是解决"水土不服"的根本出路。含钛高炉渣选择性析出分离钛技术就是一个出路。

16.3.2 含钛高炉渣选择性析出分离钛技术

16.3.2.1 技术思路

技术出路原于技术思路，解决问题的思路就是问题出在哪儿就去哪儿找。既然人造矿的性质可人为地改变，那就从人造矿的矿物性质与状态切入，扬长补短。扬长就是充分发扬液态高炉熔渣处于高温、高活性、高能量的"三高"有利时机；补短就是弥补渣中钛组分分散、细小和连体之"三短"，抓住扬长的机会，人为地改变它的短，使之适应选矿工艺的要求。据此，本手册首次提出了"复合矿冶金渣中有价组分选择性析出"的学术思想，并且研发出处理复合矿冶金渣的选择性析出分离技术。

16.3.2.2 具体做法

充分利用熔渣从炉内刚刚放出时"三高"的机会，通过调控热渣的温度、成分与环境压力等物理化学因素，在化学位梯度驱动下促使有价组分选择性地转移到人工预设的"富集相（钙钛矿）"中，完成"选择性富集"；再进一步人为地调节、优化熔渣降温过程的冷却速度、气氛及热处理制度，促进渣中富集相晶体"选择性长大"，并弱化其与渣基体相间的连接，弥补渣的"三短"；最后将经历了上述富集、长大改性处理的凝渣，经破碎、磨矿、解离、分级与选别，完成渣中富集相的选择性分离，得到两种产物，富集了有价组分的"精矿"和剩余的"尾矿"。

选择性析出分离技术是选-冶联合处理复合矿冶金渣的方法，也就是先用冶金工艺完成熔渣"富集-长大"的功能转换之后，再用选矿工艺将改性渣中的有价组分选出来。

16.3.2.3 冶炼渣冶金功能的转换

在高炉冶炼复合矿时，炉内冶炼渣的冶金功能是：吸纳脉石、杂质（硫），保护金属不受环境污染，减少金属散热损失，捕集有价组分等。当熔渣由炉内排出后，冶金功能自然就终结了，紧接着就应该促进熔渣向材料功能转换，将排出的热渣转变成适合选矿工艺要求的可用材料。功能转换目的是改变渣中有价组分细小、分散和连体的"三短"，转变为粗大、集中和非连体的"三长"，使得功能转换的改性渣成为适合选矿分离、可用又好用的新型人造矿。显然，在熔渣完成材料功能转换之后，再用选矿工艺去分离有价组分，其回收的效果将会明显的改善。所以，功能转换（即熔渣的改性处理）是抓住有利机会、扬长补短的一种手段，而实现渣中有价组分的选择性分离才是最终的目标。

16.3.2.4 三个运作步骤

实施选择性析出分离技术的运作过程，可分为三个连接的步骤：

（1）选择性富集。用化学冶金方法转变熔渣中钛的赋存状态，从分散到集中，促使分散在各含钛物相中的钛富集到一种人工预设的含钛物相-富集相（即目标相）里，实现钛的富集。

（2）选择性长大。用物理冶金方法促进熔渣中富集相结晶粒度从细小到粗大的转变，实现富集相晶粒的长大并粗化，同时渣中夹带的金属铁也获得聚集-沉降的机会。

（3）选择性分离。完成渣中钛富集、长大两个功能转换之后的改性渣，再采用选矿工艺从改性凝渣中分离出富集相，同时得到人造钛精矿、金属铁与尾矿 3 种产品。

选择性富集、长大与分离三步骤的技术目标与实施条件虽然各不相同，但三者之间相互关联，构成选冶联合的统一整体。从学科角度理解，富集与长大涉及冶金范畴，分离则属于选矿领域；从技术角度看，用选矿工艺分离出富含有用组分的精矿是主要目的，而富集与长大是为选矿分离创造有利条件的辅助环节。以下分别阐述富集、长大与分离三个步骤的理论依据与运行的实际效果。

16.3.3 含钛高炉渣选择性富集的原理与实践

选择性富集的目标是富集，即有选择地调整熔渣的物理化学性质及外部环境状态，促使分散在多种矿物相中的有价组分向预设的目标相（富集相）定向地转移，实现有用组分由"分散"变为"集中"的转变，达到选择性富集的目标。

16.3.3.1 影响选择性富集的因素

影响渣中含钛物相赋存状态的因素，至少包括以下 4 方面：

（1）渣中生成含钛物相的化学反应与含钛物相的赋存形态之间密切相关。化学反应越单一，反应产物越简单，则含钛物相的赋存形态就越简单；相反，化学反应越曲折（多重、多元、多相反应），反应产物越复杂，则含钛物相的赋存形态也越复杂多样。

（2）渣中含钛物相的种类取决于渣的化学组成及含量。若渣的化学组成不同，则渣中含钛物相的种类也不可能完全相同；组成渣的化学成分越多，则渣中含钛物相的种类也越多、越复杂；若渣的化学成分中钛的含量越高，渣中含钛物相的种类可能越多，钛就越分散，构成渣的物相种类也越多，越复杂多样。

（3）含钛物相中钛的价态决定含钛物相的种类与分布。若渣中钛的价态单一，仅存在一种价态时，则含钛物相的种类就简单。若渣中钛呈现多种价态共存，即多种价态同时存在，则含钛物相的种类就复杂多样。这是因为价态不同的钛离子将分布于不同种类的含钛物相中。

（4）含钛物相中钛的价态受反应体系所处环境、气氛中的氧势控制。若气氛的氧势高，渣中钛的价态就高；反之，氧势低，价态也低。反应体系氧势与环境氧气分压之间关系可表述为

$$\mu = \mu^{\ominus} + RT\lg p_{O_2}$$

式中　p_{O_2}——反应体系所处环境中氧气分压力；

　　　$\mu^{\ominus}$——标准状态下氧的化学势。

通常火法冶炼过程反应体系所处的环境可简化为氧化、还原与碳化 3 种情况，各情况对应的氧气分压力 p_{O_2} 见表 16-12。

表 16-12　4 种状态对应的氧分压 p_{O_2}

$p_{O_2} = 1\text{bar}$	标准状态（$p_{O_2} = 10^5\text{Pa} = 1\text{bar} = 1\text{atm}$）
$p_{O_2} = 0.21 \times 10^0\text{bar}$	氧化状态（适用于选择性析出分离技术要求的条件）
$p_{O_2} = 10^{-10}\text{bar}$	还原状态（即现行高炉炼铁工艺的还原条件）
$p_{O_2} = 10^{-20}\text{bar}$	碳化状态（适用于高温碳化-低温氯化技术要求的条件）

例如，高炉冶炼钒钛磁铁矿是处于还原状态，高炉渣属于还原性渣，渣中钛离子存在 Ti^0、Ti^{2+}、Ti^{3+}、Ti^{4+} 4 种价态，且同时共存，故渣中钛赋存于 5 种不同种类的含钛物相中，见表 16-13。

采用 XED 技术检测高炉渣矿物相组成为钙钛矿、钛辉石、富钛透辉石、镁铝尖晶石及少量碳（氮）化钛 5 种含钛相，此外还有少量铁珠和石墨（见图 16-16），碱度低时还可能存在黑钛石相。渣中含钛物相以钛辉石和钙钛矿为主，其余含钛物少，它们在渣中的结晶顺序大致为：

Ti（C, N）固溶体→少量一期镁铝尖晶石→钙钛矿→二期镁铝尖晶石→富钛透辉石→钛辉石

表 16-13　5 种含钛物相及其化学式

钙钛矿	$CaTiO_3$
钛辉石	$m(CaO \cdot MgO \cdot 2SiO_2) \cdot n[CaO \cdot (Al, Ti)_2O_3 \cdot SiO_2]$
富钛透辉石	$(Ca_{0.84}Mg_{0.87})(Ti_{0.41}Fe_{0.14}V_{0.02})(Si_{0.85}Al_{0.95})_2O_6$
镁铝尖晶石	$(Mg, Fe, Ca)(Al, Ti)_2O_4$
碳（氮）化钛	$Ti(C, N)$

渣中大部分含钛矿物相为结晶性强的高熔点矿物，其组成也比较复杂。钙钛矿（Prv）呈鱼刺状、串珠状嵌布于钛辉石（Aug）基底上，富钛透辉石（Ht）呈长柱状穿切钛辉石。

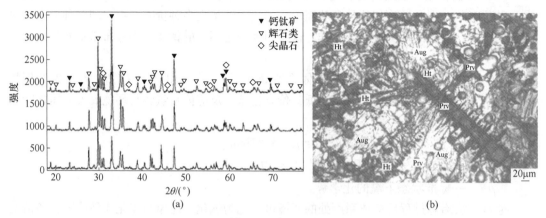

图 16-16 攀钢含钛高炉渣的物相组成

（a）XRD 图谱；（b）透射单偏光照片

综上可知，还原态高炉渣中多种价态的钛离子共存，致使含钛物相种类多，并且各含钛物相的钛含量又各不相同，这是造成用选矿工艺去分离渣中钛时效率低下的主要原因。但氧化态时渣的状况截然不同，渣中只存在一种价态的钛离子 Ti^{4+}，故渣的物相组成变得简单，仅存在 3 种物相：钙钛矿、钛辉石和尖晶石。绝大部分钛赋存于钙钛矿相中，钛辉石和尖晶石中钛含量很低。这时采用选矿工艺只需分离出渣中钙钛矿一种物相，分选效果自然会好。因此，分析渣中钛赋存于钙钛矿相的理论依据，调控钛选择性富集的工艺条件则十分必要。

16.3.3.2 调控氧化状态的热力学参数

钙钛矿（$CaTiO_3$）生成反应（16-22）的热力学驱动力为生成反应的吉布斯自由能变化 ΔG：

$$(TiO_2) + (CaO) \rightleftharpoons CaTiO_3(s) \qquad (16\text{-}22)$$

$$\Delta G^{\ominus} = -79900 - 3.35T, \ J/mol \qquad (16\text{-}23)$$

$$\Delta G = \Delta G^{\ominus} + RT\ln J = -RT[\ln K + \ln(a_{CaO} \cdot a_{TiO_2})] \qquad (16\text{-}24)$$

式中，$K = \exp(-\Delta G^{\ominus}/RT)$，为标准状态的平衡常数。在常压、给定温度时，由活度积 $a_{CaO} \cdot a_{TiO_2}$ 决定渣中钙钛矿生成反应的热力学趋势 ΔG。因此，凡是促使 $a_{CaO} \cdot a_{TiO_2}$ 增大的热力学条件均促进钙钛矿生成反应的正向进行；反之，不利于渣中钛的富集。以下从理论层面阐述压力、温度与组成三个热力学参数与生成反应的关系。按实验渣中矿物相的钛含量衡算，还原渣中低价钛含量在 7.6% 左右，约占渣中钛总量 30%，这部分低价钛氧化为 Ti^{4+} 必然会大幅度提高钙钛矿相的钛富集度 w_{CaTiO_3}：

$$w_{CaTiO_3} = 钙钛矿相的钛含量 / 渣中钛的总含量$$

A 体系中的氧分压 p_{O_2}

如前所述，氧分压（p_{O_2}）在 $10^{-10} \sim 10^{-8}$bar 范围，体系处于还原状态，熔渣中钛分散地赋存于 5 种含钛物相中。

氧分压（p_{O_2}）在 $0.21 \times 10^0 \sim 10^0$bar 范围，体系处于氧化状态，渣中钛走向：$Ti^{2+} \rightarrow$

$Ti^{4+}\rightarrow(TiO_2)$，低价钛 Ti^{2+} 氧化为高价钛 Ti^{4+} 进入钙钛矿相，相关反应 $\Delta G^{\ominus}$ 为：

$$TiO + 1/2O_2 \xrightarrow{\quad\quad} TiO_2 \qquad \Delta G^{\ominus} = -425942 + 103.4T, \text{J/mol} \qquad (16\text{-}25)$$

渣中钛走向：$Ti^{3+}\rightarrow Ti^{4+}\rightarrow(TiO_2)$，低价钛 Ti^{3+} 氧化为高价钛 Ti^{4+} 也进入钙钛矿相，相关反应 $\Delta G^{\ominus}$ 为：

$$Ti_2O_3 + 1/2O_2 \xrightarrow{\quad\quad} 2TiO_2 \qquad \Delta G^{\ominus} = -379544 + 97T, \text{J/mol} \qquad (16\text{-}26)$$

渣中钛走向：$Ti^{4+}\rightarrow Ti^{4+}\rightarrow(TiO_2)$，生成的 TiO_2 与渣中 CaO 反应生成钙钛矿相，相关反应 $\Delta G^{\ominus}$ 为：

$$CaO + TiO_2 \xrightarrow{\quad\quad} CaTiO_3 \qquad \Delta G^{\ominus} = -79900 + 3.35T, \text{J/mol} \qquad (16\text{-}27)$$

由 $\Delta G^{\ominus}$-T 关系式可知，提高体系氧分压（p_{O_2}）促使反应平衡向低价钛氧化为 TiO_2 方向移动，而 TiO_2 的生成又促进反应向生成 $CaTiO_3$ 的方向移动，净效果是促进了渣中钛向生成钙钛矿相方向转移，推进渣中钛选择性富集的进程。

图 16-17 中两条实验曲线分别代表氧化渣和还原渣的碱度与钙钛矿析出量（体积分数）的关系。由于所检测为缓冷（1K/min）试样，体系可视作热力学准平衡状态，样品中钙钛矿的析出量可近似认为是最大析出量。由两曲线可知，氧化后渣样中钙钛矿析出量较氧化前提高 5~8 个百分点，占氧化前析出总量的 30% 左右。表明氧化后渣样中 TiO_2 在钙钛矿相的富集程度显著增大，且这种趋势随渣碱度的升高而增大，即提高渣碱度，将促进反应向生成 $CaTiO_3$ 的方向移动，氧化有助于选择性富集的进程。

B　体系的温度

由熔渣中钙钛矿相生成反应的 $\Delta G^{\ominus}$-T 关系式（16-25）可知，钙钛矿生成反应为放热反应，温度升高，正向反应趋势减弱。但式（16-23）中的标准熔变 $\Delta H^{\ominus}$ 负值很大，意味着在很宽的温度范围内 $\Delta G^{\ominus}$ 的负值仍然很大，钙钛矿生成反应仍将正向进行。从反应动力学方面考虑，温度越高反应速度越快，传质的动力学阻力越小，升高温度的净效果是有利于钙钛矿相的生成，有利于选择性富集的进程。

C　调控体系的成分（C_i 及 R）

熔渣组成包括渣中各组分的含量 C_i 及渣碱度 R，渣中 C_i 及 R 对钙钛矿生成反应的作用由式（16-24）可知，提高渣中 CaO 活度 a_{CaO}，即增大渣碱度 R，将推动钙钛矿相生成反应正向进行；提高 TiO_2 活度 a_{TiO_2}，即增大渣中 TiO_2 有效含量，同样促使钙钛矿相生成向正向进行，有利于选择性富集的进程。

综上，推动钙钛矿生成反应正向进行的有利因素是：提高 p_{O_2}、升高 T 及增大 a_{CaO} 和 a_{TiO_2}，即促进钙钛矿生成反应的热力学条件为：高温度、高氧势、高钛含量及高碱度。

图 16-18 表示增大渣碱度 R，则钙钛矿相钛富集度 w_{CaTiO_3} 升高。当钢渣中 CaO 含量大于 50%，使用钢渣作为添加剂，既可增大渣碱度 R、提高钛富集度 w_{CaTiO_3}，又有利于实现固废（钢渣）的利用。

同样，添加萤石对钙钛矿晶体形貌的影响如图 16-19 所示。实验表明，加入 CaF_2 可有效降低渣黏度及熔化性温度，改善熔渣传质的动力学阻力，有利推进钙钛矿相生成反应。在 1450℃ 下加入萤石量 0~3%，黏度减小、钙钛矿晶粒变大；萤石加入量大于 3% 时，熔化性温度降低 12℃，晶粒更粗大。

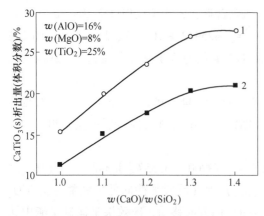

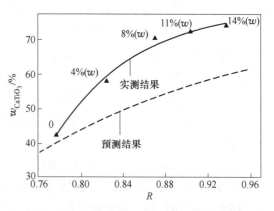

图 16-17 氧化前后钙钛矿析出量比较
1—充分氧化试样；2—未氧化的还原渣试样

图 16-18 添加钢渣提高碱度与钛富集度关系

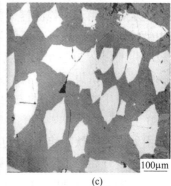

(a) (b) (c)

图 16-19 萤石含量对晶体形貌的影响
(a) 2%萤石；(b) 4%萤石；(c) 6%萤石

16.3.3.3 渣中金属铁的沉降

高炉冶炼钒钛磁铁矿时，铁损约占生铁量的 6%~7%，而渣中夹带铁又占铁损的 90% 左右。铁损高的原因是还原性渣中生成的 $Ti(C,N)$ 固体颗粒聚集、附着在小铁珠的渣/铁界面上（见图 16-20），使得渣/铁间由不润湿转为润湿，阻碍小铁珠的相互聚集、长大和沉降。但是，氧化反应使得还原渣中生成的 $Ti(C,N)$ 固体颗粒被氧化而消失，有利于渣中小铁珠间相互碰撞聚合成大液滴沉降（见图 16-21），沉降铁珠直径为 2~3cm，可磁选分离并回收利用，降低铁损。

16.3.4 选择性长大的原理与实践

16.3.4.1 选择性长大

富集相的选择性长大包括形核、长大与粗化的物理过程，其目标是人为、有选择地优化熔渣的状态及外部环境的条件，促进渣中生成的富集相-钙钛矿的晶核形成、长大与粗化，实现富集相从细小到粗大的转变，满足后续选矿工艺对富集相颗粒解离的要求（颗粒直径大于 $40\mu m$）。熔渣中富集相的形核指渣中生成钙钛矿相晶核的析出，长大指熔渣中生成的钙钛矿相晶核不断地长大；粗化指熔渣中已长大的钙钛矿晶体颗粒变得更粗大。

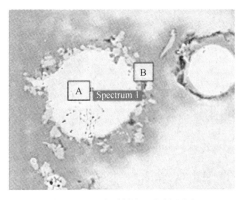

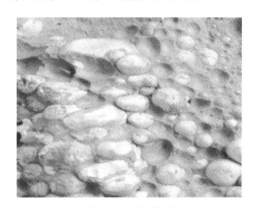

图 16-20　渣/铁界面电镜照片　　　　　　图 16-21　沉铁珠
A—铁珠；B—Ti(C,N)固体颗粒

16.3.4.2　粗化原理

熔渣中微细 $CaTiO_3$ 晶体颗粒的曲率半径小，熔点下降较大，不可能稳定存在，即发生重新熔化分解反应 $CaTiO_3 \rightarrow (Ca^{2+}) + (TiO_3^{2-})$。释放出的 Ca^{2+} 和 TiO_3^{2-} 离子向邻近较大 $CaTiO_3$ 晶体颗粒扩散并析出在较大晶体上，使较大晶体颗粒变得更粗大，此即粗化现象。这种大颗粒吞并细小晶体的现象称为粗化（Ostwald ripening）。粗化可伴随在钙钛矿相形核与长大的全过程。当向熔渣喷吹氧化性气体（空气或富氧空气）实施氧化操作时，熔渣温度升高、黏度减小，促进 Ca^{2+} 和 TiO_3^{2-} 离子扩散；同时，氧化放热又促进渣熔化性温度降低，扩大了 $CaTiO_3$ 相晶体析出的温度区间，延长了 $CaTiO_3$ 相析出长大的时间范围，其结果是明显地推动了渣中钙钛矿相选择性长大、粗化的进程。

16.3.4.3　降温过程钙钛矿相的生长

图 16-22 为降温过程钙钛矿相形貌的变化。图 16-22（a）为熔渣由 1450℃冷却到 1370℃时开始有钙钛矿相晶体析出，这些枝晶呈絮状、网状，枝晶间距离很小，晶体析出呈现很强的方向性，即在某些方向上析出稍快，晶体尺寸增大较快，呈现微观不均匀的特征。图 16-22（b）为随着熔渣温度继续降低钙钛矿析出量明显增加，局部区域开始呈现尺寸较大的枝晶，枝晶间距离也增大，但大部分区域钙钛矿枝晶仍呈细小树枝状的网状晶。图 16-22（c）为当熔渣温度降到 1290℃时约半数的钙钛矿相已长成较粗大的枝晶段，枝晶间距较大，细小网状晶几近消失。图 16-22（d）为当熔渣冷却到 1230℃时绝大多数钙钛矿相已经发育成较粗大的晶体，树枝状不再明显，呈现排列整齐的块状等轴晶，同时仍然有部分细小的枝晶残存。

16.3.4.4　降温过程钙钛矿相的体积转变分数 χ

渣中钙钛矿相的体积转变分数为：

$$\chi(t, T) = f(T, t)/f(T, \infty)$$

式中，$f = f(T, t)$，为 t 时刻析出钙钛矿的体积分数；$f(T, \infty)$ 为体系达到平衡态时钙钛矿析出的体积分数。

图 16-23 为实验测定的熔渣中钙钛矿相体积转变分数 $\chi(t, T)$ 的时效变化。由图16-23 可见，当熔渣分别由不同温度开始降温时，渣中钙钛矿相的体积转变分数 χ 均不为零，这表明钙钛矿相在快速降温过程已有晶体析出，但 χ 较小。当降温时段在 $0 \sim 60 min$ 之间时，钙钛矿晶粒生成较快，但降温后期 χ 趋近常数，这是接近平衡态时钙钛矿晶体颗粒粗化的特征。当降温时间超过 $60 min$ 之后 χ 几乎为 1，此刻即熔渣体系几近达平衡态的表征。

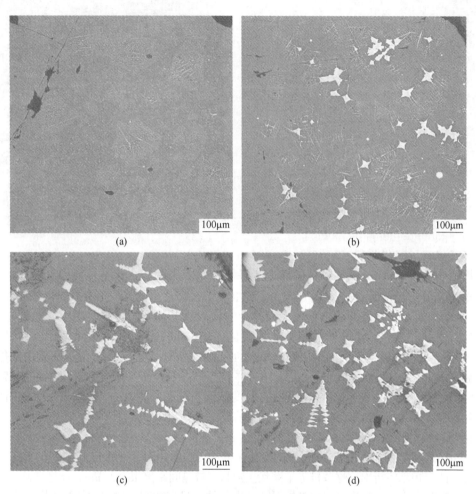

图 16-22 降温过程钙钛矿相形貌

(a) 1370℃；(b) 1320℃；(c) 1290℃；(d) 1230℃

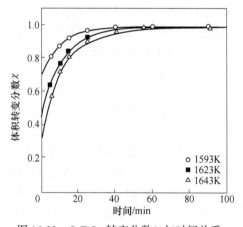

图 16-23 CaTiO$_3$ 转变分数 χ 与时间关系

16.3.4.5 降温速率与钙钛矿结晶行为的关系

晶体生长速度显著影响晶体的大小和形貌。快速生长时，晶体往往较小，形貌呈细长、极度弯曲的片状或针状、树枝状晶体及骸晶，这是因为熔渣远离平衡态时晶体的表面能较大。相反，缓慢生长时，生长过程充分，晶体可以长得很大，表面能较小，熔渣处于接近平衡状态。晶体的生长速度受过冷度影响，而过冷度又与降温速率相关。降温速率大时则过冷度大，速率小时则过冷度小。实际固相线对平衡固相线的偏离程度可随降温速率加快而扩大。

降温速率不仅影响晶体大小、形貌，而且也影响各物相的结晶量。为促进钙钛矿析出量增加，获得粗大、晶形完整的钙钛矿晶体，须研究降温速率对钙钛矿结晶行为的影响，实验结果如图 16-24 和图 16-25 所示。

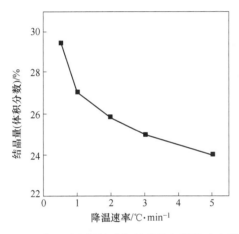 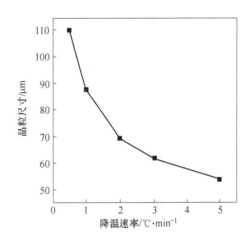

图 16-24　降温过程钙钛矿相结晶量与降温速率关系　图 16-25　钙钛矿相平均晶粒尺寸与降温速率关系

图 16-24 为从 1470℃ 连续降温时钙钛矿相结晶量与降温速率间关系。可以看出，随降温速率增大，钙钛矿结晶量的体积分数减小。降温速率为 0.5℃/min 时钙钛矿结晶量体积分数可达 29%~30%，而降温速率为 2℃/min 时结晶量体积分数减小到 25%~26%，降温速率为 5℃/min 时体积分数仅 24%。

图 16-25 为钙钛矿相平均晶粒尺寸与降温速率间关系。可以看出，钙钛矿的平均晶粒尺寸随降温速率的增大而显著减小，当降温速率为 0.5℃/min 时平均晶粒可达 110 μm，降温速率超过 1℃/min 后平均晶粒尺寸减小的幅度增大，而降温速率为 5℃/min 时平均晶粒尺寸仅为 54 μm。

图 16-26 为从 1470℃ 快速降温（10℃/min）至 1430℃、1420℃、1400℃ 后再以 0.5℃/min 速率缓慢冷却渣样的显微形貌。由图可见，快冷至 1430℃ 再缓冷的渣样中钙钛矿晶粒尺寸较粗大，随着快冷温度的降低钙钛矿晶粒尺寸不断减小，快冷至 1400℃ 再缓冷时，钙钛矿晶粒尺寸减小更明显。原因是钙钛矿在 1430℃ 附近开始析出，晶粒尺寸相近；当降温速率减缓后，晶体粗化温度范围展宽，粗化时间延长，粗化充分，晶粒呈现粗大状，相反则细化。因此，快冷达到的最低温度应不低于钙钛矿开始析出的温度，否则引起晶粒细化。

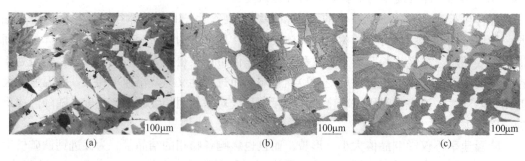

图 16-26　先快冷、再缓冷时渣样的显微形貌
(a) 1430℃；(b) 1420℃；(c) 1400℃

16.3.5　选择性分离的原理与实践

16.3.5.1　选择性分离目标

在熔渣选择性富集与长大过程中，人造矿的工艺矿物特征也随之改变，在之后实施选择性分离时人造矿的工艺矿物、解离与选别这三个环节相互关联、缺一不可。也就是说在解离与选别之前，需要准确地识别人造矿的工艺矿物特征，并据此研究和确定渣中富集相的磨矿解离条件，制定富集相分选工艺的流程，最终从人造矿中将富集相分离出来，获得精矿。

16.3.5.2　人造矿的工艺矿物

借助化学成分分析、显微镜下观察、X 射线衍射分析、矿物定量分析、矿物能谱分析和电子探针分析以及矿物结晶粒度测定等手段，开展基础工艺矿物研究，查明人造矿的物相组成，有价组分的赋存状态和分布。

人造矿与天然矿间差异明显：（1）相界面。人造矿的成矿时间相对于天然矿极短（前者数小时，后者数万年），故人造矿距离平衡态较远，矿物相晶化不充分，它与基体相间界面欠清晰，在破碎、磨矿作业时呈沿晶界断裂的几率小，穿晶断裂的机会大。（2）组成、晶体结构及性质。基于 XED 衍射谱线的鉴别，人造矿中无论钙钛矿或辉石相的化学成分、晶体结构及相应的光学性质等均呈现变化，与已知的天然同类矿物比较，其化学成分复杂，磨矿解离难，可分选性差。

人造矿与未改性原渣间的差异明显：（1）物相组成及数量。经选择性富集与长大处理后的改性渣中，物相组成及数量均发生变化。例如含钛高炉原渣中含钛物相包括钙钛矿、钛辉石、富钛透辉石、尖晶石及碳氮化钛 5 相，而改性渣中含钛物相只有钙钛矿、钛辉石和尖晶石 3 相，富钛透辉石与碳氮化钛相均消失，尖晶石相仍然存在但数量明显减少。（2）赋存状态和分布。在人造矿中，分散的有价组分已大部分转移到富集相，有价组分含量增高，嵌布粒度增大，均有利于后续的磨矿、分级与单体解离。例如含钛高炉原渣中钙钛矿相的钛富集度约 48%，平均粒径 18.4μm，而人造矿中钙钛矿相的钛富集度接近 80%，平均粒径增大至 46.7μm；渣中脉石矿物相的结晶粒度也从改性前的 0.070mm 增大至 0.155mm。（3）脉石中辉石族矿物约占 60%，但改性后渣中钛辉石的 TiO_2 含量降至 6%，使得钙钛矿中钛的富集度增至 80%，这表示选择性富集环节已产生明显的富集效果。

人造矿的结构特点：（1）人造矿的钙钛矿中，钛以（TiO_6）八面体彼此共顶构成架状，由 Ca 为主的大半径阳离子以 1 次配位充填于架状空隙中；（2）钛辉石中的少量钛，绝大部分以 $Ti^{4+}+2Al^{3+}$ 异价类质同象取代 $Mg^{2+}+2Si^{4+}$，充填于辉石型单链之间的八面体空隙中，配位数 6。

16.3.5.3 人造矿的磨矿解离工艺

基于对人造矿工艺矿物特征的检测，结合粒度分布的结果，可以确定磨矿解离工艺的条件。

人造矿的磨矿解离：人造矿中钙钛矿结晶粒度相对较粗，粒度较均匀，平均粒径比改性前提高了 2.5 倍，众数值提高了约 3.4 倍，d_{75} 提高了约 2.5 倍。

磨矿粒度上限：（1）可磨解离性。天然钙钛矿的磨矿解离难易程度属于中等可磨解离性，但人造矿中钙钛矿工艺矿物的特殊性，使得其可磨解离性降至低等。经计算预测，倘若使原渣和人造矿的磨矿解离均达到 80% 的单体，则磨矿粒度上限应分别为 $10\mu m$ 和 $30\mu m$，两者差异较大。（2）磨矿解离试验。实验测定原渣磨矿粒度上限为 $10\mu m$ 时，解离出的钙钛矿单体为 41.7%；人造矿磨矿粒度上限为 $30\mu m$ 时，解离出钙钛矿的单体为 80.9%，两者差异明显。

磨矿粒度组成：人造矿的磨矿粒度上限为 $30\mu m$ 时，$4\mu m$ 以上粒级物料的产率为 85.5%，$4\mu m$ 以下粒级物料的产率为 14.5%，其磨矿产品中的泥级含量为 33.3%，显然矿泥物料量较少。但是，原渣磨矿粒度上限为 $20\mu m$ 时，$4\mu m$ 以上粒级物料的产率为 63.1%，$4\mu m$ 以下粒级物料的产率为 36.9%，其磨矿产品中的泥级含量达 73.0%，矿泥物料量相当多。

16.3.5.4 人造矿的分离分选工艺

选择性分离人造矿中的有价组分钙钛矿，必须从其基本物质组成及工艺性质出发，既要参考天然钙钛矿的分离分选工艺，又与其有所区别。基于此，研发出适合人造矿物质组成及性质的分离分选工艺。

矿物组成及性质的差异：（1）磁性差异。含钛高炉渣中夹带数量不等金属铁，粒径由几毫米到几微米；渣中不同矿物组分间也存在磁性差异，采用磁分选技术选出铁和相对比磁化系数较高的脉石矿物相。（2）细泥。细泥在矿浆中易覆盖于粗粒矿物表面形成无选择性凝结；矿泥微粒比表面积大，吸附药剂能力强，造成吸附的药剂无选择性，从而导致浮选状况的恶化，浮选速度的减慢，选择性变差，技术指标下降，回收率减低，药剂消耗量增大。为了减少矿泥的负面作用，对人造矿采用不同磁场选别后，在物料入浮选钛前进行了脱泥（$-3\mu m$ 微粒）处理。

阶段磨矿-阶段磁选-脱泥流程：（1）一段闭路磨矿分级，$d=-0.5mm$，一段磁选回收铁。（2）二段闭路磨矿分级，$d=-0.07mm$，二段磁选。（3）三段闭路磨矿分级，$d=0.03mm$，磨至钙钛矿单体解离度 80% 左右，三段磁选。

浮选工艺：（1）对入浮物料进行浮选药剂（捕收剂、调整剂、抑制剂等）种类与用量的选择与优化；（2）入浮物料浮选粗选-解絮分散处理，浮选药剂有选择絮凝作用，形成絮团使粗精矿粒度组成"上移"，故采取解絮脱泥；（3）浮选粗精矿精选解絮-选择性脱泥处理，得到粗精矿和尾矿两种产品：粗精矿产率 75.6%、TiO_2 品位为 31.1%、TiO_2 回收率 91.4%；脱泥除杂尾矿产率 24.4%、TiO_2 品位 9.12%、TiO_2 分布率为

8.63%，这表明解絮-选择性脱泥的效果明显。（4）浮选精选的选钛试验结果，从入浮物料中选出的钛精矿产率为 20.8%，TiO_2 品位为 45.3%，TiO_2 回收率为 51.0%。

人造矿选钛工艺技术流程为：阶段磨矿→阶段磁选→选择性脱泥→浮选粗选→解絮分散处理→选择性脱泥→浮选精选。

试验研究表明，在浮选精选试验基础上，随着浮钛精选技术条件的适当调整，还有可能进一步提高钛精矿的 TiO_2 品位达到 46%~48% 范围。高炉改性渣选钛工艺流程如图 16-27 所示。

钛中矿处理：钛中矿的钙钛矿绝大部分是以不同程度的连生体存在，所以，在后续的中试和工业生产时，建议采用返回三段磨矿、闭路循环，可进一步提高选钛的回收率。

16.3.5.5 分离分选产物的使用

经选择性富集、长大处理的人造矿中，钙钛矿相可富集渣中 80% 以上的钛，并且晶体颗粒尺寸大于 40μm 的占大部分，基本满足分选解离的要求，采用选矿方法可以从人造矿中分选出"富钛精矿"和"贫钛尾矿"两种产物，其主要化学成分见表 16-14。

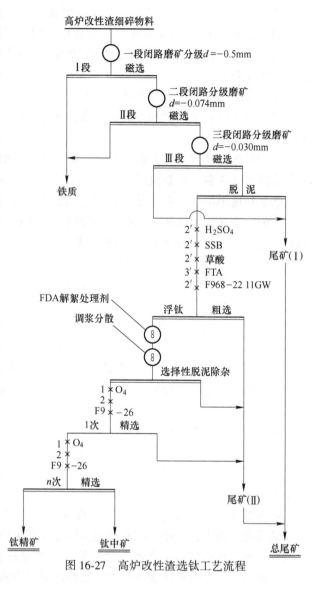

图 16-27 高炉改性渣选钛工艺流程

表 16-14 富钛精矿与贫钛尾矿主要化学组成 （%）

名　称	TFe	FeO	TiO_2	Cr_2O_3	SiO_2	Al_2O_3	CaO	MgO	S	P
钛精矿	2.23	2.43	45.3	0.087	5.92	8.77	33.9	2.01	0.15	0.0002
尾矿	3.23	4.27	9.84	0.023	33.0	10.4	27.6	7.30	0.04	0.0130

实验室研究表明，对选择性分离得到的富钛精矿（45.3%TiO_2）采用湿法冶金方法可制备出用于生产氯化法钛白粉需要的富钛料，其中 TiO_2 含量大于 92%，杂质（CaO+MgO）含量小于 0.1%，钛的总回收率大于 80%，富钛料中 TiO_2 为金红石型（见表 16-15）。

表 16-15　富钛料产品的主要化学成分　　　（%）

TiO$_2$	CaO	MgO	Al$_2$O$_3$	SiO$_2$	Fe$_2$O$_3$
95.23	0.071	0.054	2.65	0.82	1.17

实验室研究表明，用贫钛尾矿（9.84%TiO$_2$）可以制备墙体砖与水泥掺合料等建筑辅助材料。渣中夹带金属铁数量占渣量的 3%~8%，其波动范围受制于高炉冶炼的操作状况，渣中夹带金属铁总量的 60% 以上可以沉降回收。

16.3.5.6　半工业规模扩大试验

应用选择性析出分离技术开展半工业规模扩大实验，其目的是通过实践检验理论分析的正确性及工程实施的可行性。在上述冶金、选矿与使用三个方面的获得的试验结果如下：

（1）选择性富集环节可使高炉渣中钛总量的 80% 富集到钙钛矿一种矿物相中，富集有效。

（2）选择性长大环节可使钙钛矿相的平均晶粒尺寸达到 40~50μm 范围，长大有效。

（3）选择性分离环节，冶金改性渣经过阶段磨矿→阶段磁选→选择性脱泥→浮选粗选→解絮分散处理、选择性脱泥除杂→浮选精选的选钛工艺处理后，得到富钛精矿的产率为 20.9%，品位为 45.3%TiO$_2$，TiO$_2$ 回收率为 51.0%。在浮选精选试验基础上，若进一步适当调整浮钛精选的技术条件，有可能提高富钛精矿的 TiO$_2$ 品位达到 46%~48%，分离有效。

对选择性析出分离技术的理论分析正确，该技术在工业规模实施可行，产业化前景明朗。

16.3.5.7　技术适应性

对高、中、低三种含钛高炉渣（见表 16-11）均开展了应用选择性析出分离技术的实验研究，基于实验数据，其适应性可归纳如下：

（1）检验高、中、低三类含钛高炉渣的矿物工艺相似，均由钙钛矿、钛辉石、富钛透辉石、尖晶石及碳氮化钛五种含钛矿物相组成，其余为不含钛的脉石（基体）相；在三类渣中五种含钛矿物相之间的相对比例随含钛量高、中、低的不同略有差异，但差异不大。

（2）经选择性富集与长大改性处理后的三类含钛高炉渣中，物相组成均变得简单，只有钙钛矿、钛辉石与尖晶石三个物相，而且渣中钛总量的 80% 左右均富集到钙钛矿一相中，其余的钛则赋存于钛辉石中，尖晶石几乎不含钛；改性渣中大部分钙钛矿相的平均晶粒尺寸在 40~60μm。显然，高、中、低三类含钛量高炉渣经选择性富集与长大改性处理的效果基本一致。

（3）选矿工艺处理中钛型改性渣由中国地质科学院矿产综合利用研究所的选矿专家参与完成，取得的主要技术指标：钛精矿产率为 20.8%，TiO$_2$ 品位为 45.3%，TiO$_2$ 回收率为 51.0%。其余高、低两种含钛类型改性渣的选矿工艺处理由非选矿专业团队参照前者的选钛工艺流程（见图 16-27）完成，相比较技术指标略低些，但得到的钛精矿 TiO$_2$ 品位仍然在 40% 以上。

（4）对高、中、低三类含钛高炉渣的改性实验规模有所不同。西昌中钛型高炉渣的改性实验为半工业规模，是在实验平台、保温渣罐与浸入式喷枪等特制设备上完成的，每罐盛渣量约 1.5t；攀钢高钛型高炉渣的实验渣罐盛渣量约 100kg，承钢低钛型高炉渣的实验渣罐盛渣量约 1kg，后两部分试验在实验室完成。

16.3.5.8 工艺应用分析

目前国内冶炼钒钛磁铁矿的钢铁企业没有含 TiO_2 量低于 10% 的低钛型高炉渣排放，也未曾探索选择性析出分离技术应用于超低含钛量高炉渣的可能性，因为这是一个关于成本、投资与效益的问题，并非技术性问题。例如应用选择性析出分离技术处理 1t 20.9% TiO_2 高钛型高炉渣与处理 1t 13.4% TiO_2 低钛型高炉渣的成本相差不多，但产出的钛精矿数量则相差近一倍。考察一项技术的可行性时，其经济价值的评估应该是首先要考虑的，这是先决条件。为此，不建议研发选择性析出分离技术应用于超低含钛量高炉渣的可行性。

16.3.6 含钛高炉渣绿色分离清洁技术

选择性析出分离技术的科学依据是：人为创造适宜的物理化学条件，对含钛渣中的钛相经过"选择性富集、长大与分离"三个技术步骤处理，将其转变为可利用的富钛精矿，流程如图 16-28 所示。

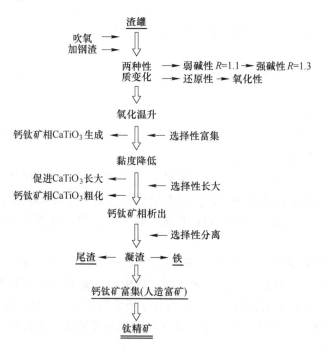

图 16-28 选择性富集、长大与分离工艺流程

实施"选择性析出分离技术"展现出的特点是：

（1）可回收复合矿冶金渣中的有价组分，处理规模与工业化生产规模可同步且匹配。

（2）技术实施过程中不干扰现行高炉冶炼工艺流程，也无需构建特殊处理设备，资金投入少，操作简单，稳定安全，熔渣的潜热还可以利用。

（3）作为大宗复合矿冶金渣资源化增值利用的关键技术，实施后可还原渣场占地，对自然环境无污染，同时可兼顾经济与社会两种效益。

选择性析出分离技术作为一种辅助技术，与现行选-冶主体分离技术联合，将构建成一种无污染、零排放、全组分综合回收复合矿中有价元素的绿色分离清洁技术。绿色分离清洁技术可以实现多元复合矿全组分、高效回收利用其中宝贵的战略性关键矿产资源的目标，其工艺流程如图16-29所示，虚线框内为绿色分离清洁技术。

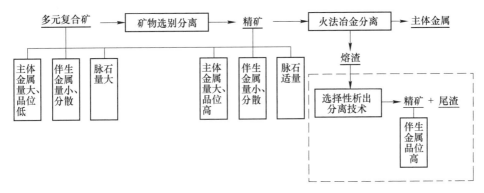

图16-29　多元复合矿全组分绿色分离清洁技术流程

16.3.7　应用前景分析

含钛高炉渣选择性析出分离技术的研发经历了扬长补短的研究过程，扬炉渣三高优势之长，补炉渣三特征之短，完成了熔渣性能转换，得到一种新材料，也是一种全新的人造矿。新人造矿与选矿工艺之间也由原来的矿-选"水土不服"转变为矿-选"水土相容"，可用选矿工艺从新人造矿中分离出富含有价组分的精矿，实现了复合矿冶金渣的资源化，变废为宝，为我国丰富的多元复合矿全组分回收利用提供了一种创新的绿色分离清洁技术，既是增值技术，也是多元复合矿综合利用的关键技术。

含钛高炉渣选择性析出分离技术是一个宽广的平台技术，既可以处理黑色冶金的复合矿冶金渣，也可以处理有色冶金各种类型的复合矿冶金渣，从而拓宽了现行选-冶分离技术的应用范围，展现了更为广阔的发展空间。在更广泛的意义上，这也为国家经济发展与科技进步急需的战略性关键矿产资源提供了更充沛的来源。

复合矿冶金渣的数量巨大，性质多样，成分复杂，不可能只依托某一种技术形成一个单一化的产业就可能全部消化、回收利用，还必须构建一个多元化的产业链，在这个产业链中需要也必须有几种能大宗处理复合矿冶金渣的支撑技术，只有这样才能产生规模效应，达到既综合利用固态二次资源，又有利于环境保护的目标，实现产业的可持续发展。

16.4　高钛型高炉渣选矿技术

16.4.1　高钛型高炉渣的性质

我国钛资源丰富，但是主要以钒钛磁铁矿的形式存在，在高炉冶炼钒钛磁铁矿过程中未被还原的钛、钙、镁、铝等金属氧化物夹杂着少量铁（珠）和早期结晶的高温物相等，从渣口流出后冷却形成灰黑色固体，即含钛高炉渣。根据高炉渣中 TiO_2 含量高低将含钛高炉渣被分为 3 类：（1）低钛型高炉渣（$TiO_2 \leqslant 10\%$）；（2）中钛型高炉渣（$10\% \leqslant TiO_2 \leqslant 15\%$）；（3）高钛型高炉渣（$TiO_2 \geqslant 15\%$），其中高钛型高炉渣主要由攀钢集团产生。

典型高钛型高炉渣的化学成分及矿物组成，见表 16-16、表 16-17。

表 16-16　攀枝花高炉钛渣的主要化学分析　　　　　　　　　　　　　（%）

TiO_2	CaO	SiO_2	Al_2O_3	Fe	MgO	V_2O_5	Co	Ta	Nb
22.86	26.60	22.74	12.67	2.0	8.78	0.35	< 0.005	0.0014	< 0.001

表 16-17　典型攀枝花高炉钛渣的矿物组成　　　　　　　　　　　　（%）

矿物名称	含量/%	密度/g·cm⁻³	TiO_2		V_2O_5	
			品位/%	分布率/%	品位/%	分布率/%
攀钛透辉石	58.9	3.34	15.47	37.87	0.07	23.84
钙钛矿	20.7	4.10	55.81	48.02	0.08	9.88
富钛透辉石	5.8	3.44	23.61	5.69	0.09	2.91
尖晶石	3.6	3.65	7.22	1.08	0.53	11.05
重钛酸镁	1.1	3.81	73.56	3.36	2.83	18.02
碳氮化钛	1.0	5.2	95.74（Ti）	3.98	5.90	34.30
石墨	0.2	—	—	—	—	—
铁珠	8.7	—	—	—	—	—
原渣	100.00	—	24.38	100.00	0.22	100.00

在高钛型高炉渣中，除了 CaO、SiO_2、MgO 和 FeO 等大量常见的杂质以外，还含有宝贵的 TiO_2 和 V_2O_5 等资源。以攀枝花高钛型高炉渣为例，构成炉渣的绝大部分矿物中都含钛，在该炉渣中已发现的含钛矿物多达 12 种，其中主要的含钛矿物为钙钛矿、攀钛透辉石、富钛透辉石、碳氮化钛和重钛酸镁。其中，钙钛矿含量达 20.7%，其 TiO_2 品位为 55.81%，在该矿物中 TiO_2 的分布率占 48.02%。虽然重钛酸镁和碳氮化钛中 TiO_2 品位较高，但它们在高炉渣中分布较少，其他的矿物也含钛但品位不高，故只能将其作为脉石处理。最终确定钙钛矿作为高钛型高炉渣选矿的目的矿物。

钙钛矿的理论化学式为 $CaTiO_3$，为金属氧化矿，等轴晶系，实为斜方晶系，晶体呈假立方体或八面体，常有 Nb^{2+}、Ce^{2+} 及少量 Fe^{2+} 类质同像取代 Ti 元素。

在钙钛矿晶体被破碎时，最容易沿晶面（100）发生解理，且此面上 Ca 与 Ti 的数目几乎相同。在自然冷却或水冷高炉渣中，钙钛矿晶体粒度细微且呈树枝状、网状、针状，常与尖晶石、富钛透辉石和攀钛透辉石等连生，甚至包裹在其中。对于这样的高炉渣，采用常规的浮选等物理选矿方法分离富集钙钛矿是非常困难的。

16.4.2　我国高钛型高炉渣选矿的难点

中国高钛型高炉渣选矿的难点可以概括为下列 4 方面：

（1）钛分布不集中，其广泛地存在于高钛型高炉渣内的多种矿物中，在钙钛矿、富钛透辉石、攀钛透辉石、尖晶石和碳氮化钛等多种矿物相中都含钛。

（2）钙钛矿作为高钛型高炉渣中主要的含钛矿物，其晶体结构细微，嵌布关系复杂，相互连生甚至包裹，单体解离困难，使得矿物各组分间表面活性及化学性质发生融合。

（3）高钛型高炉渣泥化严重，而且存在大量的 Ca^{2+}、Mg^{2+} 等难免离子。

（4）高钛型高炉渣中钙钛矿的物理化学性质与攀钛透辉石等脉石性质接近，重选和磁选很难将其分离，脉石矿物本身也含有大量与钙钛矿相同的活性质点，在浮选时钙钛矿与脉石常同抑同浮，增加了从高钛型高炉渣中选别钙钛矿的难度。

16.4.3　高钛型高炉渣选钛的基本原理

为了回收高钛型高炉渣中的钛资源，很多单位进行了广泛且深入的研究，提出了很多高钛型高炉渣选钛的方法，主要是湿法冶金和物理分选两个方向。湿法冶金可以被细分为酸法浸出和碱法浸出，物理分选以浮选为主。

目前，主流观点认为采用冶金方法从源头上对高钛型高炉渣进行改性，不仅将钛定向富集到钙钛矿中，而且能促进钙钛矿的晶粒生长，为后续选矿创造更好条件。因此，对高钛型高炉渣的选矿工艺可以被细分为：定向富集—酸法浸出、定向富集—浮选回收和定向富集—表面预处理—浮选回收等工艺。这些工艺中的一些基本作用原理被概括如下。

16.4.3.1　定向富集晶体改性

为了充分利用高炉渣中的钛资源，并且降低从高炉渣中分离富集钙钛矿的难度和生产成本，有研究学者提出采用冶金的方法对高炉渣进行改性，不仅将原本广泛分布在高炉渣中的钛选择性地富集到钙钛矿中，并且促进钙钛矿晶体生长。

（1）选择性富集。改性前，含钛高炉渣中的钛存在于多种物相中，通过提高氧分压、适当提高温度、增加渣中 CaO 和 TiO_2 的活度等促进低价钛向高价转变，有利于高钛型高炉渣中钙钛矿相的形成。改性处理后，高钛型高炉渣中主要含钛物相是钙钛矿，实现了钛向钙钛矿的选择性富集（见 16.3 节）。

（2）促进晶粒长大。通常，钙钛矿结晶粒度越粗，则选矿回收越容易。自然冷却的炉渣中钙钛矿的结晶粒度是 $5\sim50\mu m$，且大部分集中在 $10\sim20\mu m$，其粒度仍然很细；水冷炉渣中钙钛矿结晶粒度仅为 $3\sim15\mu m$，对于这些微细粒的钙钛矿要回收是非常困难的。而缓冷炉渣中钙钛矿的结晶粒度是 $20\sim100\mu m$，不仅单体解离容易，而且利于浮选分离。根据马俊伟等人的研究，通过冶金缓冷方法改变高炉渣中钙钛矿结晶特性，使高炉渣中钙钛矿的结晶粒度增长到 $80\mu m$ 以上，使得钙钛矿的结晶粒度尽量达到较大粒度，以满足选矿的需要。

在高钛型高炉渣中，钙钛矿相由 Ca^{2+} 和 TiO_3^{2-} 缔合而成，在其凝固过程中钙钛矿相的析出遵循晶体结晶规律。由于钙钛矿相熔点较高，随着其较早析出，枝晶周围的 Ca^{2+} 和 TiO_3^{2-} 浓度降低，而其他较低熔点矿物的离子或离子集团浓度相对增高，使得钙钛矿枝晶生长受阻。随着熔体继续冷却，钙钛矿枝晶会穿过 Ca^{2+} 和 TiO_3^{2-} 的贫化层继续正常生长，结果在枝晶生长受阻处形成缩颈。由于颈缩部位曲率半径较小，表面张力使其熔点下降，易于重熔而变得更细。与之相邻、曲率半径较大的枝晶比较稳定，缩颈熔化产生的离子向其内部扩散，使之长大和变粗，形成树枝节。因此，通过缓冷处理的高钛型高炉渣长时间处于析晶温度范围，有利于缩颈重熔和枝晶粗化。

钙钛矿晶体的形貌由雪花状、树枝状的雏晶长成解离面较光滑的粒状和棒状晶体,主要脉石矿相攀钛透辉石由结晶大小不等的粒状变为细丝状和羽毛状。

通过对高钛型高炉渣的改性,可为高钛型高炉渣选钛提供必要条件。

16.4.3.2 湿法冶金

A 酸法浸出

硫酸浸出工艺由攀钢研究院和中南大学合作研究提出。由于高钛型高炉渣中的钛主要存在于钙钛矿相中,因此硫酸法浸出炉渣中钛的原理可由化学式(16-28)表示。通常,渣酸比越小、反应温度越高、炉渣粒度较小而且 H_2SO_4 浓度控制在 90% 左右时,浸出效果最好。但是硫酸浸出工艺复杂、生产效率低、耗酸较多,酸浸后会产生大量的废酸和绿矾等酸浸残渣,不仅造成二次污染,而且酸浸渣更难利用。

$$CaTiO_3 + 2H_2SO_4 = CaSO_4 + TiOSO_4 + 2H_2O \tag{16-28}$$

此外,也有学者提出盐酸浸出,其原理如化学式(16-29)和式(16-30)所示。随着盐酸浓度的提高、反应时间的延长、浸出温度的提高、渣酸比的降低、高炉渣粒度的减小和适当搅拌等,可以提高钛的浸出率。

$$CaTiO_3 + 6HCl = CaCl_2 + TiCl_4 + 3H_2O \tag{16-29}$$

$$CaTiO_3 + 4HCl = CaCl_2 + TiOCl_2 + 2H_2O \tag{16-30}$$

在盐酸浸出高钛型高炉渣过程中尖晶石和钛透辉石的浸出速率更快,从而导致钛富集到浸出渣中,以钙钛矿相和偏钛酸的形式出现。因此,盐酸浸出可以作为预先富集钛的手段,而后再进一步分离提纯钛。

盐酸法富集高钛型高炉渣中的 TiO_2 具有流程简单、污染小、盐酸可循环利用的优点,但是由于酸耗量大,盐酸对反应容器腐蚀严重等原因,一直未能实现工业化。

B 碱法浸出

碱法浸出工艺由重庆大学周志明等人提出。通过将碱性分离剂(NaOH)添加到高钛型高炉渣中,在高温(1200~1300℃)下渣中的钙钛矿结构被破坏,钛与钠形成共熔渣。高温时高钛型高炉渣中的钛与 NaOH 发生的主要反应如式(16-31)~式(16-33)。

$$2NaOH + TiO_2 = Na_2O \cdot TiO_2 + H_2O \tag{16-31}$$

$$2NaOH + 2TiO_2 = Na_2O \cdot 2TiO_2 + H_2O \tag{16-32}$$

$$2NaOH + 3TiO_2 = Na_2O \cdot 3TiO_2 + H_2O \tag{16-33}$$

由于共熔渣的结构及化学组成与原高炉渣相比已发生了根本变化,钠与钛形成的钠盐可以被水浸出,水浸后浸渣中 TiO_2 含量小于 10%,其主要的反应如式(16-34)~式(16-36)。

$$Na_2O \cdot TiO_2 + nH_2O = 2NaOH + TiO_2 \cdot (n-1)H_2O \tag{16-34}$$

$$Na_2O \cdot 2TiO_2 + nH_2O = 2NaOH + 2TiO_2 \cdot (n-1)H_2O \tag{16-35}$$

$$Na_2O \cdot 3TiO_2 + nH_2O = 2NaOH + 3TiO_2 \cdot (n-1)H_2O \tag{16-36}$$

碱法浸出的效果主要受到碱性分离剂的用量、分离剂与高钛型高炉渣的反应温度以及含钠共熔渣的冷却速度等因素影响。每 100g 高炉渣添加分离剂 20~25g,共熔反应温度控制在 1200~1300℃,对共熔渣采用缓冷处理可以获得最好的浸出效果。但是该技术耗碱量大,而且高温下 NaOH 容易挥发,对空气的污染大。

16.4.3.3 浮选分离

通常,钙钛矿表面被酸处理后,更容易被有效浮选富集。而且,被冶金改性的高炉渣中的矿物表面的化学反应活性很高，脉石矿物表面存在大量与钙钛矿相同的活性位点，导致钙钛矿与脉石同浮同抑。适当的预处理可以将覆盖在有用矿物表面的矿泥洗掉，暴露出目的矿物的新鲜表面，增加捕收剂与矿物的结合机率。

A　预处理强化分离

根据陈名洁的研究，高钛型高炉渣中的钙钛矿与攀钛透辉石等脉石表面均含有 Ca^{2+} 和 Ti^{4+}，导致多数捕收剂难以体现出良好的选择性，不利于钙钛矿与脉石浮选分离。采用 YZ 试剂对含钛高炉渣进行表面预处理以后，浮选指标显著改善。YZ 试剂对高炉渣表面化学预处理是一种表面化学反应，由于 YZ 试剂中的有效组分与矿物表面不同离子结合时所需的活化能大小不同，因此 YZ 试剂对矿物表面化学预处理具有一定的选择性。作为 YZ 试剂中有效组分的阴离子更容易与亲石元素 Ca、Mg 结合，而 Ti 作为亲铁元素，与该阴离子结合的趋势较小，可保留在矿物表面。YZ 混合试剂溶解钙钛矿表面的 Ca^{2+}、Ti^{4+} 的化学反应分别如下（YZ 试剂中有效组分的阴离子用 A^{n-} 表示）：

$$（矿物表面）—O—Ca + A^{n-} + H_2O \longrightarrow （矿物表面）—OH + Ca_nA_2$$
$$\Delta G_1 = -120.85kJ/mol \tag{16-37}$$
$$（矿物表面）—O—Ti + A^{n-} + H_2O \rightarrow （矿物表面）—OH + Ti_nA_4$$
$$\Delta G_2 = 228.5kJ/mol \tag{16-38}$$

从反应的吉布斯自由能可看出，反应（16-37）的 ΔG_1 小于 0，这表明该反应能自发进行，而反应（16-38）不能自发进行，故实际高炉渣的矿浆中只进行反应（16-37），而且 Ca_nA_2 和 Ti_nA_4 均易溶，在预处理后矿物表面的 Ca 被选择性地溶解掉。对以钙钛矿为主要含钛矿相的炉渣被化学预处理后，不同矿石表面的特征的模型如图 16-30 所示。

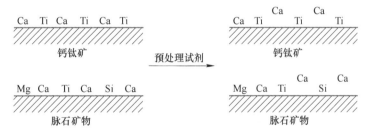

图 16-30　经化学预处理后的钙钛矿和脉石矿物的表面离子分布特征

高钛型高炉渣经 YZ 试剂预处理后，使得矿物表面的离子分布特征发生了很大的变化，YZ 试剂可选择性溶解矿物表面的 Ca^{2+}，对于目的矿物，即钙钛矿表面 Ti^{4+} 的相对数量增加，Ca^{2+} 的相对数量减少；而攀钛透辉石等脉石矿物表面的 Ca^{2+} 虽也减少，但由于原来的总量较多而使得处理后 Ca^{2+} 质点密度仍保持在较高的水平。因此，增强了钙钛矿与脉石矿物表面的化学组成，在加入捕收剂时，因为钙钛矿表面 Ti^{4+} 的数量相对增加而加大了与脉石矿物的可浮性差异。

预处理的最终目的是改变钙钛矿与脉石矿物的表面化学组成，强化表面性质差异，为从高钛型高炉渣中浮选分离钙钛矿创造更好的化学环境。

B　捕收剂的作用机理

由于钙钛矿是氧化矿，常见的氧化矿捕收剂有脂肪酸类（油酸、氧化石蜡皂、妥尔油等)、烃基硫酸酯类、烃基磺酸类、磷酸酯类、烃基膦酸类和羟肟酸类等,均可作为钙钛矿的捕收剂。有研究认为,油酸钠对钙钛矿和脉石矿物的选择性和捕收能力较差;十二烷基硫酸钠的捕收能力较强但选择性较弱;羟肟酸对钛矿和脉石矿物的分离富集表现出一定的捕收能力和选择性。因此,以羟肟酸与钙钛矿表面作用模型为例,阐明捕收剂对钙钛矿的作用机理。

羟肟酸也称氧肟酸、异羟肟酸,具有如下两种互变异构体(见图 16-31)。两种异构体中对金属离子有配位能力的基团是羰基($\diagdown C = O$)和肟基($\diagdown NOH$),肟基主要以在失去质子 H^+ 后的带负电荷的氧($\diagdown NO^-$)与金属离子配位。羟肟酸式异构体中有配位能力的基团包括羟基(—OH)和肟基(==NOH),其中的羟基多以未解离的形式去与金属离子配位,但在一定的条件下,也可以在失去质子后,用—O^- 的形式与金属离子配位;肟基的配位形式更为繁多,它可以酸性基团的形式在失去质子后通过带负电荷的氧(==NO^-)与金属离子配位,也可以未解离的形式通过其中的三价氮去与金属离子配位。

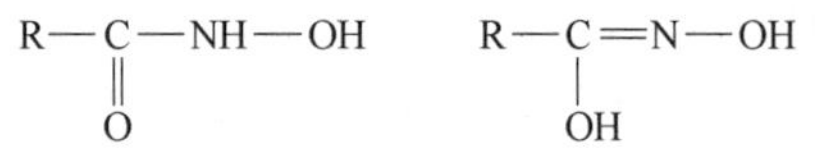

$$R - \underset{\underset{O}{\|}}{C} - NH - OH \qquad R - \underset{\underset{OH}{|}}{C} = N - OH$$

图 16-31　羟肟酸的二种互变异构体

羟肟酸与钙钛矿表面的金属离子反应生成的螯合物稳定地附着在钙钛矿表面,烃基疏水而使矿物上浮。对螯合物的结构有两种观点:一种认为羟肟酸是 O,O 型键合络合剂,矿物表面金属阳离子首先水解,然后羟肟酸吸附矿物表面,生成 O,O 五元环络合物;另一种认为,羟肟酸是 O,N 型络合剂,与矿物表面的作用机理是矿物表面阳离子与捕收剂形成 O,N 四元环。

羟肟酸能与钙钛矿表面的 Ti^{4+} 形成稳定的环状络合物,在羟肟酸与 Ti 形成的络合环中,以四元环为主,五元环次之。这是因为 Ti 为亲铁元素,易与 C、N、P 化合,因此,Ti 更易与羟肟酸分子中 N 元素结合形成 O,N 四元环,而不是 O,O 五元环。其次,从环的稳定性考虑,稳定性决定于动力学和热力学两个因素。从动力学来说,随着环的增大,则环的稳定性下降;从热力学因素来说,对于全碳原子环来说,四元环很不易生成,因为其环构象张力很大,而五元环最易生成。但是,当 N、O 等较小原子取代碳原子后,环的构象张力大大减小且由于其他取代基的存在,也会使环的稳定性提高。综合作用下四元环更容易生成,因此,羟肟酸最容易与钙钛矿表面的 Ti 形成稳定的四元环状络合物。羟肟酸与 Ti 形成四元环和五元环示意图如图 16-32 所示。

从溶液化学的角度分析,钙钛矿表面的 Ca 和 Ti 质点在水溶液中发生溶解和水化反应,生成各种羟基络合物。在 pH 值为 4~6 范围内,Ti^{4+} 主要以 $Ti(OH)_3^+$ 及 $Ti(OH)_2^{2+}$ 的形式存在。而羟肟酸为阴离子捕收剂,故在 pH 值为 4~6 范围内其活性基团很易与带正电的 $Ti(OH)_3^+$ 及 $Ti(OH)_2^{2+}$ 结合。可以认为羟肟酸与钙钛矿表面的作用方式为:矿物表面 Ti^{4+} 首先水解成 $Ti(OH)_3^+$ 和 $Ti(OH)_2^{2+}$,然后羟肟酸再与之作用,生成羟肟酸钛表面螯合物。

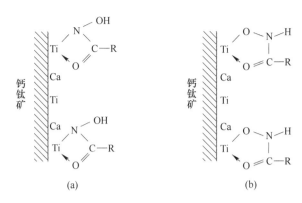

图 16-32　羟肟酸与钙钛矿表面 Ti 质点形成四元环和五元环的示意图

(a) 四元环; (b) 五元环

正如前所述, 羟肟酸与碱土金属 Ca^{2+}、Mg^{2+} 形成的络合物稳定性较差, 而与 Ti^{4+}、Fe^{3+} 和 Al^{3+} 等高价金属离子形成的络合物稳定性较强。钙钛矿表面主要为 Ti^{4+} 和 Ca^{2+}, 而钛辉石表面主要为 Ca^{2+} 和 Mg^{2+}, 因此, 羟肟酸对钙钛矿具有选择捕收作用。

C　抑制剂的作用机理

由于脉石与钙钛矿存在相同的活性质点, 浮选捕收剂选择性难以体现出来。因此, 对高钛型高炉渣中的脉石矿物 (攀钛透辉石和富钛透辉石) 进行选择性抑制是非常有必要的。据浮选理论、钛矿物的实践和多年来选矿工作者积累的经验, 对改性高钛型高炉渣中脉石矿物的抑制剂有: 水玻璃、硅氟酸钠、硅酸钠、六偏磷酸钠、糊精、淀粉及羧甲基纤维素。通常, 为了针对性地降低脉石矿物的可浮性, 抑制剂选择性地对脉石矿物表面的最多的 Ca^{2+} 和 Mg^{2+} 等质点作用实现抑制, 然而钙钛矿因其表面 Ca^{2+} 也较多, 也会受到抑制作用。

对高钛型高炉渣进行表面化学预处理后, 钙钛矿表面的 Ca^{2+} 相对含量减少, 故与未经预处理的钙钛矿相比, 所受的抑制作用大大减弱。而脉石表面的 Ca^{2+}、Mg^{2+} 质点的量仍很多, 且还有很多的 Si 和 Al 等, 因此脉石仍会受到很强选择性抑制。其作用模型如图 16-33 所示。

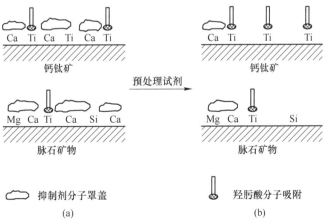

图 16-33　表面化学预处理对抑制剂作用的影响

(a) 处理前; (b) 处理后

16.4.4 工艺流程及技术指标

16.4.4.1 浸出提钛工艺流程

硫酸浸出工艺可细分为高炉渣直接硫酸浸出和高炉渣经定向富集再硫酸浸出。直接硫酸浸出工艺流程如图 16-34 所示,采用硫酸直接浸取高炉渣,经过水解、萃取、沉淀等生产出钛白粉和 Sc_2O_3,并得到硫酸铝铵或 Al_2O_3、MgO 等副产物。

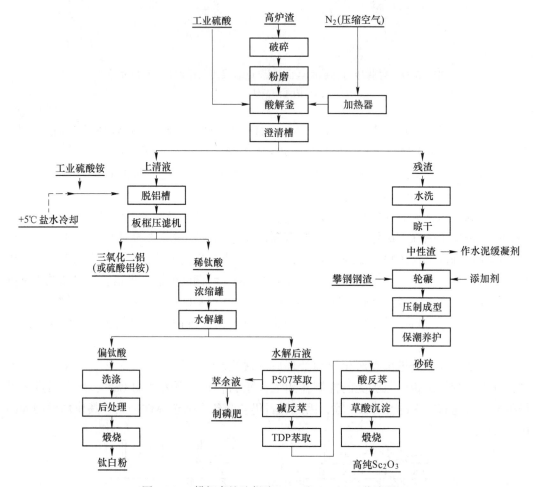

图 16-34 攀钢高炉渣提取 TiO_2 和 Sc_2O_3 工艺流程

采用此工艺,钛的回收率为 73.4%,钪的回收率为 60%,制取的钛白粉质量达到了 BA01-01 国家标准,Sc_2O_3 纯度大于 99.99%,残渣制成的渣砖质量达国家标准 GB 5101—2017。

但是该工艺流程复杂、生产效率低(设备利用率不到硫酸法钛白工艺的 20%)、耗硫酸量大(约 6t 浓硫酸/$tTiO_2$)、造成大量酸浸液和酸浸残渣二次污染,而且酸浸残渣更难以利用。虽然提钪是一大亮点,但每吨渣含钪不到 40g,且全球的钪需求量非常有限。

为了减少酸的排放和酸的用量,将高钛型高炉渣和 CaO 按比例混合均匀,然后在马弗炉中进行焙烧,使原本广泛分布的钛定向富集在钙钛矿中。随后对改性的高钛型高炉渣磨矿，再进行酸解熟化和浸出。高钛型高炉渣先定向富集钛再硫酸浸出的工艺流程如图 16-35 所示。当改性温度在 1200~1300℃、高炉渣与 CaO、Na_2NO_3 加入量的比为 10：8：3、焙烧时间为 120min 时，高炉渣中 TiO_2 和 CaO 的反应接近完全，即钙钛矿的生成量最多。当浸出温度为 60℃、浸出时间 90min、液固比 4.5：1 时，浸出率最高可达到 96.23%。

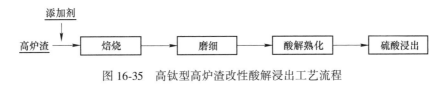

图 16-35　高钛型高炉渣改性酸解浸出工艺流程

16.4.4.2　浮选分离

A　预处理强化分离—浮选回收钛

昆明理工大学贺成红和梁从顺提出了预处理强化分离—浮选回收钛的工艺路线。为了增加钙钛矿与钛透辉石的表面性质差异，选择混合的表面化学预处理试剂 Hc 对矿物进行表面预处理，高钛型高炉渣表面经 Hc 预处理、洗矿、脱泥，改变了炉渣中钙钛矿与脉石矿物的表面性质差异，为高炉渣中钙钛矿的浮选创造了良好的条件。

实验结果表明，经 Hc 表面预处理后的高炉渣，用羟肟酸为捕收剂具有良好的浮选效果，在自然 pH 值条件下，羟肟酸用量为 700g/t、水玻璃用量为 2500g/t、CMC 用量为 100g/t 时，获得的粗选指标为 TiO_2 品位 30% 左右，TiO_2 回收率 36% 左右。若经"磨矿—预处理——粗三精二扫—粗精矿再磨—再预处理—再一粗三精二扫"的闭路流程，可得到的钛精矿指标为：TiO_2 品位 40.33%，TiO_2 回收率 30.02%。若采用四次精选，即采用"磨矿—预处理——粗四精二扫—粗精矿再磨—再预处理—再一粗四精二扫"闭路流程（见图 16-36），可继续提高钛精矿的质量，获得 TiO_2 品位 43.01%，回收率 29.89% 的钛精矿。

B　定向富集—浮选回收钛

清华大学马俊伟等人提出了含钛高炉渣中定向富集—直接浮选回收钛的工艺。试样原料为攀钢高钛型高炉渣，炉渣中主要含钛物相为钙钛矿、攀钛透辉石、富钛透辉石和尖晶石，TiO_2 弥散于各矿物相中，即使含钛量最多的钙钛矿相中 TiO_2 含量也只占渣中总 TiO_2 量的 50%，而且钙钛矿晶粒细小。通过将原炉渣破碎成粉末，加入适量添加剂，调整炉渣组成，在钼丝炉中熔化并以一定速度降温，优化热处理条件使 TiO_2 富集在钙钛矿相并使钙钛矿相选择性析出并长大，得到改性渣。改性渣中 80% 的 TiO_2 富集在钙钛矿中，钙钛矿晶粒尺寸平均达 80μm 左右，为选别分离提供了条件。

改性渣浮选试验结果表明，在适宜的 pH 值条件下（pH＝4~6），以 $C_{5~9}$ 羟肟酸为捕收剂，水玻璃为抑制剂，对含 TiO_2 为 22.40% 改性高钛型高炉渣经"一次粗选——一次扫选—三次精选"的开路试验流程（见图 16-37），可获得 TiO_2 品位 38.93% 的精矿，钛回收率为 29.29%，尾矿品位可降至 9.96%，含 TiO_2 仅 7.33%，实现改性渣中钙钛矿与钛辉石等其他脉石矿物的浮选分离。

C　定向富集—预处理强化分离—浮选回收钛

昆明理工大学的陈名洁与东北大学隋智通合作，针对西昌新钢业有限公司含钛高炉渣中

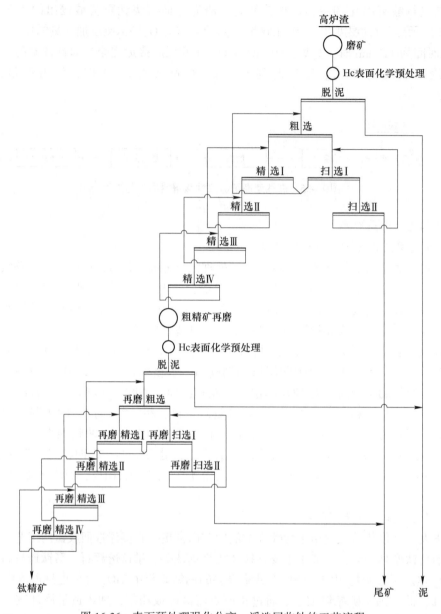

图 16-36　表面预处理强化分离—浮选回收钛的工艺流程

钙钛矿结晶粒度细等问题，采用冶金缓冷方法改变高炉渣中钙钛矿结晶，改性后的高炉渣中钙钛矿平均粒度大于 $80\mu m$，单体发育良好，晶体形貌由原来弥散的星点状、云雾状变为柱状、块状，为选矿创造了有利的条件。但是，改性后的含钛高炉渣中矿物表面的化学反应活性很高，为防止脉石和钙钛矿同浮同抑，采用 YZ 试剂对粗精矿进行预处理，选择性地溶解矿物表面的 Ca^{2+}，使矿物表面与捕收剂作用的质点发生改变。浮选流程如图 16-38 所示，在 YZ 试剂预处理前对改性的含钛高炉渣粗选时，捕收剂采用羟肟酸，用量 500g/t；抑制剂为 CMC，用量为 120g/t。预处理后的粗精矿最佳精选条件为：YZ 混合试剂用量 10mL，预处理搅拌 15min；抑制剂羧甲基纤维素 80g/t，捕收剂羟肟酸 150g/t，松醇油 60g/t。

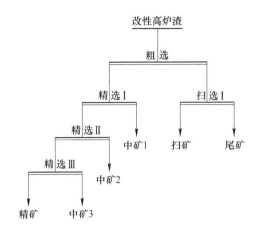

图 16-37 改性高钛型高炉渣浮选回收钛的开路工艺流程

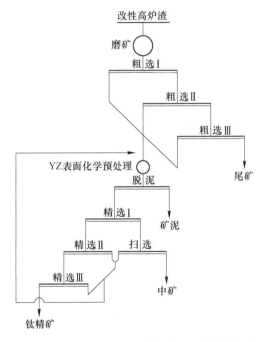

图 16-38 冶金定向富集预处理强化分离浮选回收钛的闭路工艺流程

试验结果表明，改性高炉渣经三次粗选，合并的粗精矿经 YZ 混合试剂预处理、洗矿脱泥，再经三次精选、一次扫选的预处理闭路试验，精二和精三的尾矿与扫选的精矿返回到预处理前再进行预处理，最终使钛精矿 TiO_2 品位达到 40.04%，钛回收率达 38.54%，尾矿品位达 9.84%。

该技术的优点是：成本较低和处理能力大。但是钙钛矿晶粒大小不一，而且钙钛矿与脉石矿物共生导致单体解体效果差。此外，高钛型高炉渣冶金改性设备的大型化较为困难，从而制约了该技术的工业应用。

16.4.4.3　其他联合分选流程

熊瑶等人对自然冷却的高钛型高炉渣中钛的提取与分离进行了研究，提出了先用盐酸浸出，将含钛高炉渣的钛和硅与镁和铝等可溶性杂质初步分离。获得的含钛酸浸渣再做高温热处理结晶分离硅与钛，最后通过重选分离提纯 Ti_3O_5 相与富含硅物相，工艺流程如图16-39 所示。

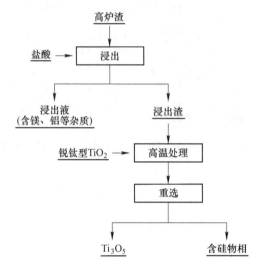

图 16-39　盐酸浸出高温热处理重选回收钛的工艺流程

研究结果表明，盐酸浸出可获得含 TiO_2 约 33%、SiO_2 约 36%的一次浸渣，TiO_2 主要来自钛液水解生成的偏钛酸（H_2TiO_3）与原渣中未反应的钙钛矿。高温热处理过程中，偏钛酸中的 TiO_2 被还原为 Ti_3O_5 并从熔体中结晶析出，Ti_3O_5 含量约 85%，平均粒径为 20μm，添加少量锐钛型 TiO_2 可使 Ti_3O_5 的晶体尺寸增大，平均粒径达 36μm，因此可以计算出钛的理论收率约为 39%。

16.4.5　应用前景

高钛型高炉渣是高炉冶炼钒钛磁铁矿过程中必然形成的副产品，在这些炉渣中蕴含着宝贵的钛和钒等资源。大量堆存的高炉渣不仅浪费资源，而且污染环境，对高型钛高炉渣综合利用的研究具有重要的经济意义和社会价值。相比国外对高炉渣的利用，我国还有很大的进步空间。

近年来，我国针对高钛型高炉渣综合利用特别是选矿法分离钛资源开展了大量的研究工作，但是多数研究还停留实验室阶段，很难实现工业化生产。判断高钛型高炉渣的选矿工艺能否在工业生产中得到使用并得到企业认可，应该重点关注以下三个方面：

（1）钛的分选效果好；

（2）安全环保，二次污染小；

（3）处理效率高，经济效益好。

以现有的技术进行比较，浮选法处理高钛型高炉渣能力大于湿法冶金法，且污染小，工业应用前景广阔。但是，浮选法获得的钙钛矿精矿还需进行化学处理才能作为生产钛白粉的原料。这反映了单一的浸出或浮选工艺无法高效利用高钛型高炉渣中的钛资源。

随着研究的不断深入和技术水平的不断突破，未来对高钛型高炉渣选矿工艺应该是结合冶金法的定向富集、浮选分离、化学提纯等多维度和多方向的综合工艺，以低能耗、低污染和高产出的模式回收高炉渣中的钛资源，以助于最终解决高钛型高炉渣中钛资源的综合利用难题。

16.5　熔融还原提钛制取钛硅合金技术

在钢中加入微量如铌、钛、钒等强碳氮化形成元素，可起到使钢基体晶粒细化和沉淀硬化的作用，这种钢称之为微合金钢。微合金钢目前可用屈服强度范围为 400~600MPa，应用范围为建筑用钢材、重型工程结构（起重机、载重车辆等）、高压输送管道、桥梁、高压容器、汽车、集装箱、船舶等领域，占社会对钢材总需求量的 60% 左右，是现代钢铁工业中的主力产品。

在 Nb、V、Ti 三种微合金元素中，由于钛铁的经济性，采用 Ti 微合金化具有更低的成本。因此，钛作为钢微合金化元素使用有较大发展前景。

为适应钢微合金化的需要，法国、日本生产的钛硅铁合金成分见表 16-18。中国目前除用铝热法生产钛铁外，无其他钛合金生产方法。为充分利用攀枝花丰富的钛资源发展钛合金，开展了对钛硅铁合金的研制。

表 16-18　钛硅铁合金化学成分表　　　　　　　　　　（%）

生 产 厂	Ti	Si	Al	C
法国 Sofrem 厂	18~22	35~40	≤1.5	≤0.15
法国 Penchiney 公司	15~20	35~40	≤1.0	—
日本电工公司	10~20	50~60	—	—
中国	20~50	35~40	≤1.5	≤1.0

16.5.1　高钛型高炉渣制取钛硅铁合金技术现状

20 世纪 60 年代末，为配合四川攀西地区钒钛磁铁矿开发利用，重庆大学开发了钛精矿冶炼硅钛铁合金工艺。在攀钢未投产情况下，用承德钛精矿配制成工业试验的近似炉渣（TiO_2 含量 41.70%）、75% 的硅铁为还原剂、工业石灰作熔剂在 50kV·A 试验室电炉上冶炼硅钛铁合金获得成功。然后在重庆铁合金厂 650kV·A 电炉上进行工业试验，获得 Ti 19%~23%、Si 42%~44%、Fe<20.2% 的硅钛铁合金 1.54t。经重钢平炉车间试用，表明可以代替钛铁，而且还可节约硅铁用量。

1977 年，重庆铁合金厂直接采用含 TiO_2 24.18% 的攀钢高钛型高炉渣进行试验，获得 Ti 27.08%、Si 31.05%、Fe 20.20% 的硅钛铁合金，钛回收率为 76.70%。

"八五"期间，攀钢研究院与重庆大学、重钢、中国建筑材料科学研究院等单位合作，开展了攀钢高钛型高炉渣直接制取钛硅铁合金及水泥的研究，进行了"钛硅铁合金等级研究""钛硅铁合金应用试验""攀钢高炉渣直流电炉制取钛硅铁合金冶炼工艺研究""还原残渣制水泥研究"等多项专题研究。在 200kV·A 单电极直流电弧炉上，采用含 TiO_2 含量为 22.57% 的攀钢高钛型高炉渣为原料，以 Si 含量 75% 的硅铁作还原剂进行冶炼硅钛铁合金试验，共得到钛硅铁合金 2.996t，合金中含 Ti 23.45%、Si 44.06%，钛的回收率为 54.03%，还原残渣含 TiO_2 为 7.09%。在重钢 20t 转炉上试用钛硅铁合金成功冶炼了 16MnR 和 15MnTi 等钢种共 1000 多吨，证明用硅钛铁合金代替钛铁是可行的。水淬还原残渣可作为水泥活性混合料。

1983 年 11 月至 1984 年 11 月期间，由重钢研究所、重庆铝厂承担的 "攀枝花高炉渣熔融电解硅钛铝合金工业性试验"，在经过技术鉴定的实验室试验和扩大试验成果基础上，在重庆铝厂 1 号工业电解槽（20kA）上进行了长达一年的连续电解试验。共使用攀钢高钛型高炉渣 6.5t，一步熔融电解制取硅钛铝合金 33.365t，销售了 27.188t 给红山铸造厂等企业，效果良好。但该技术应用范围也同样受到高钛型高炉渣用量少的限制。

2006 年以来，攀枝花环业冶金渣开发有限责任公司与武汉科技大学合作，采用高温等离子体熔融还原工艺处理攀钢高钛型高炉渣，获得的钛硅合金含钛 44% 以上，提钛残渣中 TiO_2 小于 2%，高炉渣中 TiO_2 回收率达到 90%，每吨钛硅合金的电消耗在 1000kW·h 以下。但该工艺存在两个主要缺陷：一是由于同时需要钛和硅作为合金剂的钢种很少，合金的应用范围窄、用量小，无法解决攀钢高钛型高炉渣数量大的问题；二是残渣虽然具有潜在的水硬性，但市场的推广还需大量工作。

16.5.2 高钛型高炉渣熔融还原制取钛硅铁合金热力学原理

金属热还原法是利用亲氧能力强的金属去还原亲氧能力弱的金属氧化物，制取不含碳的纯金属或合金的方法。根据所用还原剂不同，可分为硅热法、铝热法、铝镁电热法等。

（1）硅热法反应式：

$$2/yM_xO_y(s) + Si(s) === (2x/y)M(s) + SiO_2 \tag{16-39}$$

（2）铝热法反应式：

$$1/yM_xO_y(s) + 2/3Al(s) === x/yM(s) + 1/3Al_2O_3 \tag{16-40}$$

式中，M 为金属元素。

还原反应生成所需的金属元素及 SiO_2 和 Al_2O_3，是强放热反应，所放热能可使反应达到金-渣熔化及其分离所需的温度。

铁合金冶炼中最常用的是硅热法和铝热法。下面以硅热还原法为例进行介绍。

在电炉中利用硅对高钛型高炉渣中的 TiO_2 进行硅热还原，将 TiO_2 逐级还原成 Ti。其反应式及标准自由能变化分别见反应（16-41）~（16-44）。当加有造渣剂 CaO 时其反应过程及标准自由能变化见反应（16-45）~（16-50）。

$$TiO_2 + Si === Ti + SiO_2 \qquad \Delta G^\ominus = -10868 + 25.50T \tag{16-41}$$

$$TiO_2 + \frac{1}{2}Si === TiO + \frac{1}{2}SiO_2 \qquad \Delta G^\ominus = -46189 + 12.75T \tag{16-42}$$

$$TiO_2 + 3Si === TiSi_2 + SiO_2 \qquad \Delta G^\ominus = -145046 + 32.69T \tag{16-43}$$

$$TiO_2 + \frac{8}{5}Si === \frac{1}{5}Ti_5Si_3 + SiO_2 \qquad \Delta G^\ominus = -126654 + 23.83T \tag{16-44}$$

$$TiO_2 + Si + 2CaO === Ti + Ca_2SiO_4 \qquad \Delta G^\ominus = -137104 + 20.48T \tag{16-45}$$

$$TiO_2 + Si + CaO === Ti + CaSiO_3 \qquad \Delta G^\ominus = -94050 + 22.07T \tag{16-46}$$

$$TiO_2 + 3Si + CaO === TiSi_2 + CaSiO_3 \qquad \Delta G^\ominus = -228228 + 29.26T \tag{16-47}$$

$$TiO_2 + 3Si + 2CaO \rightleftharpoons TiSi_2 + Ca_2SiO_4 \qquad \Delta G^{\ominus} = -271282 + 29.26T \qquad (16\text{-}48)$$

$$TiO_2 + \frac{8}{5}Si + CaO \rightleftharpoons \frac{1}{5}Ti_5Si_3 + CaSiO_3 \qquad \Delta G^{\ominus} = -209836 + 24.40T \qquad (16\text{-}49)$$

$$TiO_2 + \frac{8}{5}Si + 2CaO \rightleftharpoons \frac{1}{5}Ti_5Si_3 + Ca_2SiO_4 \qquad \Delta G^{\ominus} = -252890 + 18.80T \qquad (16\text{-}50)$$

从反应的标准自由能变化与温度的关系可得，在硅量相同的条件下，还原 1mol TiO_2 加入一定量的氧化钙有利于还原反应进行；在熔融状态下当氧化钙配量相同时，增加硅量有利于还原反应的进行。随着反应的进行，生成钛硅合金的趋势逐渐减弱，最终反应趋于平衡。

金属硅热还原法冶炼钛硅铁合金时，高钛型高炉渣中 TiO_2 的还原与渣-金分离主要是通过金属热还原、电解还原、碳热还原、重力沉降、金属液滴电泳沉降及熔池对流运动实现的，如图 16-40 所示。

16.5.3 高钛型高炉渣硅热熔融还原法制取钛硅铁合金工艺

硅热法熔融还原高钛型高炉渣制取钛硅铁合金，是在渣中有一定含量的 TiO_2 和 SiO_2 等条件下与还原剂反应生成相应金属的过程。反应一般在埋弧式矿热炉、电弧炉或等离子炉中进行。高钛型高炉渣可以是熔融态也可以是固态，还原剂可以是块状也可以是粉状，视反应过程中原料加入方式而定。其工艺流程如图 16-41 所示。

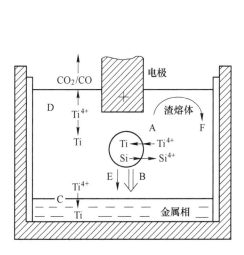

图 16-40 金属硅热还原过程

A—硅热还原；B—电泳；C—电解还原；
D—碳热还原；E—重力沉降；F—对流运动

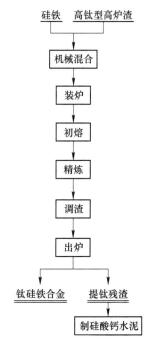

图 16-41 高钛型高炉渣熔融还原制取
钛硅铁合金工艺流程

16.5.3.1 试验过程

以高钛型高炉渣为原料、硅铁和石灰作还原剂和调渣剂，在 200kV·A 直流电炉中还原，制取钛硅铁合金和还原低钛渣。钛硅铁合金已在重钢成功用于含钛钢种的合金化添加剂，还原低钛渣可用作水泥混合料。

试验原材料化学成分见表16-19。试验原料粒度范围为：高钛型高炉渣 10~20mm，还原剂硅铁 5~10mm，石灰 20~25mm。200kV·A 直流电炉炉膛直径 600mm，炉膛深 600mm，镁砖炉衬，石墨底电极。

表 16-19　原料化学成分　（%）

原料种类	TiO$_2$	Al$_2$O$_3$	SiO$_2$	CaO	MgO	TFe	Si
高炉渣	23.14	13.85	24.30	27.36	8.22	1.55	
硅铁						21.55	75.86
石灰				83.55			

按还原高钛型高炉渣中所有 TiO$_2$ 需要的金属硅量来确定硅铁加入量。高钛型高炉渣与还原剂硅铁按化学计算比加入，石灰按配料碱度要求加入。高钛型高炉渣、石灰和硅铁混合均匀后盛入容器桶内，待电炉送电起弧后将炉料缓缓加入电炉内，炉料慢慢熔化。当炉料全部熔融约 40min 后完成反应。从开始加料到出炉全过程约 70min。在试验过程中测定了出炉温度，研究了反应过程中诸因素对渣-金间反应平衡的影响。

16.5.3.2　试验结果与分析

试验所得钛硅铁合金的理化性能见表16-20。

表 16-20　钛硅铁合金的化学成分、密度及熔化温度

试样号	合金回收率/%	化学成分/%					密度/g·cm^{-3}	熔化温度范围/℃
		Ti	Si	P	S	C		
1	49.57	25.41	47.09	0.030	0.005	0.051	4.86	1456~1477
2	75.36	27.03	45.59	0.029	0.006	0.154	4.86	1421~1460
3	71.61	26.57	44.31	0.029	0.007	0.12	—	1485~1580

用 APD-10 型 X 射线衍射仪在 CuK、40kV-35mA 下作钛硅铁合金的 X 射线粉晶衍射，测定钛硅铁合金矿物组成。结果表明，钛硅铁合金的主要物相为 Fe$_2$Ti、TiSi$_2$、Ti$_5$Si$_3$、FeSi、SiC 等。在含碳稍高的试样中出现了 TiC 相。所得试验残渣的化学成分见表 16-21。由表 16-21 可见，残渣中 TiO$_2$ 可以达到 6% 以下，钛的回收率达到 75.7%~82.4%。

表 16-21　提钛残渣化学分析　（%）

试样号	TiO$_2$	SiO$_2$	CaO	MgO	Al$_2$O$_3$	MnO	V$_2$O$_5$
1	5.62	28.14	40.49	7.94	15.18	0.128	0.038
2	4.08	27.04	43.46	7.02	16.47	0.057	0.018
3	4.21	27.12	43.07	6.85	16.91	0.052	0.021

而残渣 XRD 衍射分析结果表明，残渣中的主要矿相为硅酸钙、硅酸二钙、钙铝黄长石等。

将残渣磨细后用作水泥混合料，当掺量达到 20%~30% 时，可以生产标号为 425 的硅酸盐水泥。

影响制取钛硅铁合金的因素有温度、石灰、硅铁配比、渣相活度等。

（1）温度。出炉温度和合金中 Ti 含量及 Ti 回收率间的关系如图 16-42 所示。从图 16-42 中看出，随出炉温度升高，合金中 Ti 含量和 Ti 回收率均呈递增趋势，这说明温度较高有利于反应进行，同时体系温度升高使得渣黏度下降，有利于生成的钛硅铁沉降分离进入合金相，提高钛回收率，并使还原后渣中残留的 TiO_2 含量降低。由于硅热反应属放热过程，在渣-金界面反应放出的热使反应生成物能够向两相扩散，避免了渣包裹和渣夹杂，达到了分离的目的，最大限度地回收了钛硅铁合金。

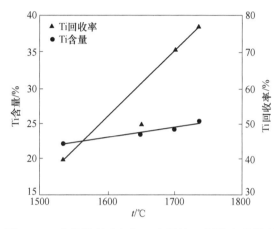

图 16-42　出炉温度对合金 Ti 含量及 Ti 回收率的影响

（2）石灰。随着反应的进行，硅还原反应生成的 SiO_2 使渣碱度下降且黏度增加，阻碍还原生成的 Ti 向合金相进行扩散。若在炉料中配加石灰，加入量为入炉高钛型高炉渣量的 20%~30%，配料碱度范围为 1.8~2.3，当硅铁配入量相同时，随着配料碱度的增加，则钛的回收率随之增加，但当加入量超过 25% 时，则钛的回收率开始下降（见图 16-43），并造成操作困难。这是因为石灰的加入虽有利于反应进行（见式（16-45）~式（16-50）），但石灰过量后会使炉料熔点升高，引起渣中 TiO_2 的稀释。

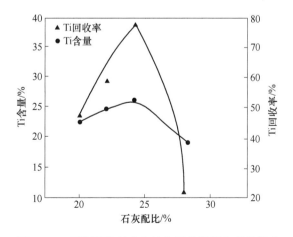

图 16-43　石灰配比对合金钛含量及钛回收率的影响

（3）硅铁配比。图 16-44 为在碱度相同（配料碱度 1.9）的条件下，硅铁配比与合金中钛含量及钛回收率的影响。随着硅铁配比增加，则合金中钛含量缓慢增加，当硅铁配比大于 25% 时合金中钛含量开始下降；钛的回收率随硅铁配比的增加而增加，渣中 TiO_2 含量随硅铁配比的增加而下降。

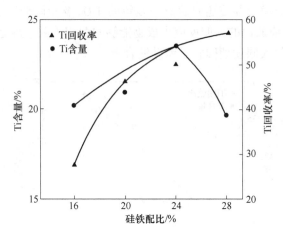

图 16-44　硅铁配比对合金钛含量及钛回收率的影响

（4）渣相活度。以高钛型高炉渣为主要原料，含 Si 75% 的硅铁为还原剂，石灰作熔剂，在炉料初始碱度为 1.9 的 TiO_2-CaO-MgO-SiO_2-Al_2O_3 五元系中，以液态纯物质为标准状态时其组元 TiO_2 的活度 a_{TiO_2} 和 SiO_2 的活度 a_{SiO_2} 分别为：

$$a_{TiO_2} = \gamma_{TiO_2} x_{TiO_2}; \quad a_{SiO_2} = \gamma_{SiO_2} x_{SiO_2}$$

式中　　γ_{TiO_2}，x_{TiO_2} ——TiO_2 的活度系数和摩尔分数；

γ_{SiO_2}，x_{SiO_2} ——SiO_2 的活度系数和摩尔分数。

可以看出，在标准状态下组元活度与摩尔分数成正比。据计算，初始炉料中 TiO_2 和 SiO_2 的活度为：$a_{TiO_2} = 2.0597 \times 10^{-2}$，$a_{SiO_2} = 0.1742$，$a_{SiO_2}/a_{TiO_2} = 8.4554$。

反应开始时金属熔体中 Ti 浓度很低，Si 占主导地位，合金熔体中钛的活度 $a_{[Ti]}$ 很低，有利于反应向生成 Ti 的方向进行。随着反应的进行，渣相中 TiO_2 被还原成 Ti 进入合金相，摩尔分数降低，合金中的 Ti 含量迅速增加，Si 含量明显降低，渣中 SiO_2 含量上升。渣相和合金相中组元活度比发生变化，直至反应趋于平衡。

熔融还原过程中，炉渣中 TiO_2 主要是在渣-金界面处被合金中的 Si 还原，其反应式为：

$$TiO_2 + Si \Longrightarrow Ti + SiO_2 \tag{16-51}$$

式（16-51）的 $\Delta G_T = \Delta G_T^{\ominus} + RT\ln K$，其中 $\Delta G_T^{\ominus} = -2000 + 5.17T$，则反应式的平衡常数可表示为：

$$K = \frac{a_{[Ti]} a_{(SiO_2)}}{a_{[Si]} a_{(TiO_2)}}$$

式中，$a_{[Ti]}$、$a_{[Si]}$ 和 $a_{(SiO_2)}$、$a_{(TiO_2)}$ 分别为合金中 Ti、Si 和渣中 SiO_2、TiO_2 的活度。

在一定温度下反应的平衡常数为定值，当炉渣中 TiO_2 含量升高时则 $a_{(TiO_2)}$ 升高，从而使得合金中 Ti 含量增加。图 16-45 为不同 Ti/TiO_2 对合金中钛含量及钛回收率的影响。

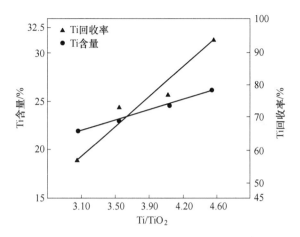

图 16-45　Ti/TiO_2 对合金钛含量及钛回收率的影响

16.5.4　高钛型高炉渣铝热还原法制取钛硅铁合金

研究表明，钛硅铁合金中钛硅比越高，其在钢铁行业应用范围越广。为此，国内有关单位进行了铝热还原法制取钛硅铁合金的试验研究，并取得良好进展。下面介绍 5t 电弧炉铝热还原法制取钛硅铁合金试验。

16.5.4.1　试验过程及结果

试验用高钛型高炉渣化学成分见表 16-22，配比见表 16-23。试验在 5t 炼钢电弧炉上进行。电弧炉主要技术参数：额定电压 80～140V，额定电流 0～4000A，炉口直径 1300mm，炉膛深度 1000mm，炉衬采用水冷炉壳，采用石墨电极。

表 16-22　高钛型高炉渣化学成分　　　（%）

TiO_2	SiO_2	Al_2O_3	MnO	MgO	CaO	Fe_2O_3	TFe	K_2O	Na_2O
21.61	25.14	13.84	0.650	7.42	26.74	<0.5	2.50	0.62	0.42

表 16-23　试验配比　　　（%）

原材料	高钛型高炉渣	还原剂 1	还原剂 2	外加剂 3
配比	80.2	12.0	5.3	2.5

将高钛型高炉渣和还原剂混合均匀后铺在炉底，送电起弧后将剩余炉料缓缓加入电炉内，炉料慢慢熔化，全部熔融约 40min，精炼期 30min。在试验结束后人工凿出合金，取样并称量合金和残渣重量。

表 16-24 和表 16-25 分别为试验所得的合金及残渣成分。由表 16-24 可见，钛硅铁合金中 Ti 含量波动在 38%～52% 之间，Si 含量波动在 31%～38% 之间，Fe 含量波动在 9%～13% 之间。急冷残渣（熔炼过程中从炉口吹制的急冷空心小球）和缓冷渣（炉中自然冷却得到的渣）成分波动不大，渣中 TiO_2 的回收率在 90.3%～97.7% 之间，提钛后残渣中 TiO_2 含量小于 2%。

用比重法测量合金表观密度为 4.25～4.28g/cm³。用耐火度测试法测得残渣耐火度为 1430～1520℃。

表 16-24　钛硅铁合金成分　　　　　　　　　　（%）

试样	Ti	Si	Al	Fe	Mn	V	S	P	C
01	44.35	34.86	3.49	11.66	1.59	0.522	0.009	0.013	1.94
02	38.76	32.23	8.27	9.69	1.37	0.440	0.063	0.011	1.12
03	42.00	34.68	7.31	10.06	1.50	0.474	0.022	0.013	1.52
04	42.32	38.10	4.36	12.51	1.65	0.441	0.009	0.012	0.76
06	40.95	36.69	5.60	12.32	1.60	0.470	0.010	0.012	0.88
07	52.17	31.10	2.43	12.54	2.84	0.54	0.019	0.012	1.12

表 16-25　提钛残渣化学分析结果　　　　　　　　（%）

成分	TiO_2	SiO_2	Al_2O_3	MgO	MnO	V_2O_5	TFe	CaO	S	FeO
缓冷	1.45	5.86	56.35	7.65	0.12	0.009	0.53	26.6	0.22	—
急冷	0.48	3.11	57.13	5.40	0.16	0.016	0.63	32.21	0.23	0.41

16.5.4.2　分析与讨论

A　还原剂掺入量

用 XRD 对熔炼后残渣与钛硅铁合金物相组成进行分析。当还原剂过量系数分别为 0%、3%和 6%时，残渣和合金的物相组成的变化如图 16-46 所示。

由图 16-46（a）可知，随着还原剂加入量的不同，炉渣相主要由 $CaAl_2O_4$、$CaAl_4O_7$、$MgAl_2O_4$、$Ca_2Al_2SiO_7$ 等组成，并无新相产生，仅相对含量有所变化。加入当量还原剂时，因为残渣中尚有一定量的 Si，易形成稳定的钙铝黄长石相（$Ca_2Al_2SiO_7$）而成为主晶相，其次为 $CaAl_2O_4$、$MgAl_2O_4$、$CaAl_4O_7$ 相；随着还原剂不断过量，残渣中硅含量减少，$CaAl_2O_4$ 相的含量增加明显，至 3%时即成为主晶相。

由图 16-46（b）可知，随着还原剂加入量的不同，合金相主要由 $TiSi_2$、$TiFeSi_2$、Ti_5Si_3 及少量的 α-MnTi、TiO 等组成，并无新相产生，仅相对含量有所变化。加入当量还原剂时 $TiSi_2$ 相最为显著，其次为 $TiFeSi_2$、Ti_5Si_3、α-MnTi、TiO 等；而随着还原剂增加，Ti_5Si_3 相的相对含量递增，至还原剂过量 6%时超过 $TiSi_2$ 相成为主晶相。

改变还原剂加入量对熔融还原的金属回收率、合金品位、炉渣成分等均有较大影响。

还原剂加入量根据还原剂过量系数 K 而定。K 的定义如下：

$$K = \frac{实际加入还原剂量 - 理论当量还原剂量}{理论当量还原剂量}$$

其中理论当量还原剂量为高钛型高炉渣中 TiO_2、SiO_2 等组分 100%还原成相应金属态所需的还原剂量。

不同还原剂掺入量下合金收得率变化情况见表 16-26。其中，合金质量与残渣质量之比的理论值 θ_{th} 定义为：假设其中有价金属全部还原并完全进入合金且金属还原剂全部被氧化而进入残渣中时，所得合金质量与残渣质量之比。

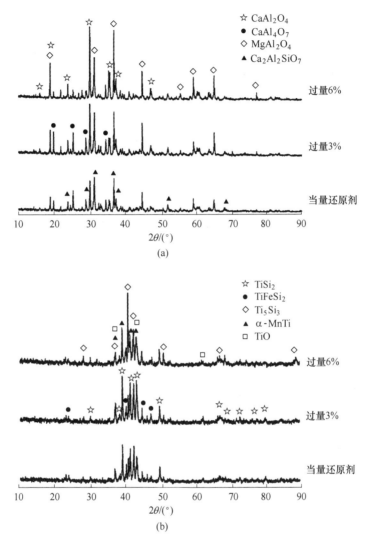

图 16-46 残渣和合金的物相组成的变化

（a）各次试验残渣的 XRD 比较；（b）各次试验合金的 XRD 比较

$$\theta_{th} = \frac{\text{理论合金质量}}{\text{理论残渣质量}} \times 100\%$$

表 16-26 试验指标值 （%）

试验号	θ_{th}	θ_{tr}	φ	ψ_{Ti}	ψ_{Si}	ψ_{Fe}
k_0	28.77	20.57	63.49	72.17	70.75	49.06
k_3	28.53	20.39	72.13	75.59	70.70	50.84
k_6	28.31	21.20	76.85	79.14	72.23	49.37

合金质量与残渣质量之比的实际值 θ_{tr} 定义为：实际熔炼后所得到的合金质量与残渣质量之比。

$$\theta_{tr} = \frac{实际合金质量}{实际残渣质量} \times 100\%$$

合金回收率 φ 定义为：实际得到合金质量与理论假设全部有价金属均被还原并完全进入合金相而得到的理论合金质量的比值。

$$\varphi = \frac{实际合金质量}{理论合金质量} \times 100\%$$

有价金属收得率 ψ 定义为：实际得到合金相中某元素的质量与原高钛型高炉渣中该元素质量的比值。

$$\psi_i = \frac{实际合金中元素\,i\,的质量}{高钛型高炉原渣中元素\,i\,的质量} \times 100\%$$

由图 16-47（a）可知，还原剂过量系数 K 在 0~3 之间波动时，各试验指标差别不大，因此，还原剂过量系数以不超过 3 为宜。

熔融还原的目标金属（主要为钛、硅、铁等）的收得率是试验效果的重要指标。图 16-47（b）为不同还原剂过量系数下所得有价金属的收得率情况。

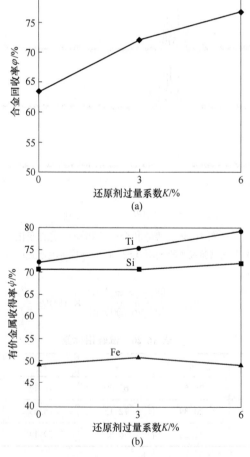

图 16-47 不同还原剂过量系数对金属收得率的影响

（a）合金回收率；（b）有价金属收得率

由图 16-47 可知，随着还原剂加入量的增加，钛、硅、铁等主要目标金属的收得率有所增加，故总的合金回收率呈递增趋势。还原剂的过量会使炉膛中形成还原气氛，使有价金属还原率增加，其中以钛的增加趋势最为明显；而硅的增加较小，主要是炉渣中较高的钙含量，钙氧化物与硅氧化物易形成较稳定复杂氧化物（硅酸盐）而抑制了硅的还原。

B 渣中残留元素

图 16-48 为不同还原剂掺量时提钛残渣中 Ti、Si 等有价元素的残留情况。由图 16-48 可知，随着还原剂的过量，残渣中的 TiO_2、SiO_2 等含量不断降低；当还原剂过量系数为 3% 时残渣中 TiO_2 含量达到较低水平（小于 1%），此时 TiO_2 的降低趋势明显变缓，故可认为已接近理想的还原极限。

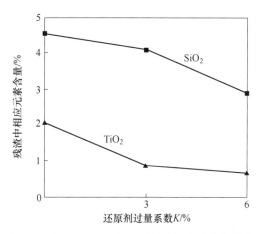

图 16-48 还原剂过量系数对残渣元素含量的影响

C 冶炼时间对还原过程的影响

当固定还原剂掺入量时，在实验室考察熔炼时间对还原过程的影响。表 16-27 为冶炼时间 t 分别为 4min、6min、10min、15min 时提钛残渣和合金的化学成分，其中 15min 为半工业试验结果。

表 16-27 残渣及合金化学全分析 （%）

残渣	TiO_2	SiO_2	Al_2O_3	MnO	V_2O_5	MgO	CaO	Na_2O	S	TFe	总和
t_4	1.11	4.2	54.99	0.15	—	10.4	27.2	0.009	0.79	0.6	99.419
t_6	0.9	4.08	58.69	0.04	0.002	5.56	29.5	0.07	0.32	0.27	99.402
t_{10}	0.66	3.63	59.31	0.03	0.004	5.76	29.7	0.11	0.33	0.22	99.734
t_{15}	1.39	4.94	57.8	0.093	0.01	6.27	28.8	0.11	0.34	0.24	99.963
合金	Ti	Si	Al	Fe	Mn	V	Mg	总和			
t_4	47.35	37.39	2.47	8.82	1.76	0.61	0.89	99.29			
t_6	46.07	39.1	2.62	8.96	2.44	0.56	0.04	99.79			
t_{10}	45.81	39.73	2.37	8.7	2.62	0.53	0.05	99.81			
t_{15}	44.35	41.16	1.81	9.42	2.09	0.6	<0.01	99.43			

根据以上分析结果及残渣、合金的质量，分别计算合金收得情况，见表16-28。

表 16-28 合金收得情况   （%）

试 验	θ_{th}	θ_{tr}	φ	ψ_{Ti}	ψ_{Si}	ψ_{Fe}
t_4	28.31	22.49	75.70	80.34	69.92	51.75
t_6	28.53	20.39	72.13	75.59	70.70	50.84
t_{10}	28.56	20.12	74.15	76.17	72.81	50.03
t_{15}	28.30	25.25	86.69	86.13	88.10	63.27

由表16-28可知，合金质量与残渣质量之比的理论值 θ_{th} 基本一致；合金质量与残渣质量之比实际值 θ_{tr} 相比较低，主要是因为高钛型高炉渣中有价金属元素不能完全及时有效沉降、聚集；合金回收率随时间的增加有所降低但并不显著，说明炉内反应可以在较短时间完成。而15min半工业试验时，实际合金收得率接近理论值，是因为半工业试验中炉况好、功率大，有利于合金沉降，故呈现较高的合金回收率，说明工业生产条件更有利于高钛型高炉渣熔融还原提钛过程的进行，精炼过程的控制对合金收得率的影响大于对冶炼时间的控制。

16.5.5 高钛型高炉渣等离子熔融还原法制取钛硅铁合金技术简介

16.5.5.1 等离子体技术简介

如果给予气体原子和分子足够的能量，电子可脱离原子核形成自由电子，而原子则成为正离子。当电离达到一定程度时，则呈现明显的电磁特性，成为区别于固体、液体、气体物质的第四态物质——等离子体。由于等离子体自由电子负电荷和正离子正电荷总量相等，电特性呈中性，故将其按物理意义定名为"等离子"。

冶金用的等离子体是用直流电或交流电在两个或多个电极间放电，有时也用高频电场放电获得。放电中电离的实质就是产生电子"雪崩"，这种"雪崩"具有连锁反应特性，原理如图16-49所示。

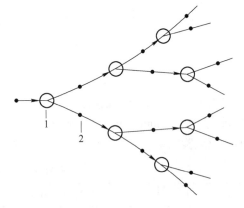

图 16-49 电子雪崩示意图
1—原子；2—电子

16.5.5.2 等离子体特性及其在冶金中的应用

等离子体具有如下特点：等离子弧温度高，氩气等离子体弧的温度最高可达30000K；等离子体弧的导电能力强，当温度高于6000K时，Ar、N_2 和 H_2 等离子体的行为类似于金属导体；等离子体弧焰流速高；等离子体弧燃烧稳定。

普通电弧实质上是一种等离子体，只是电弧区内气体被电离的程度不大，其电离度远小于1，电弧的温度最高也不过5000K。而等离子体的电离度则接近于1，其温度达到5000~30000K。

等离子体在冶金工业上有着很大的发展前景。发展等离子冶金的关键是充分发挥等离子弧作为冶金热源的潜在优势，其主要具体为：

（1）能量集中，温度高，熔化速度快，可以提高生产率。

（2）在高温下高速等离子流对气-固-液相反应动力学条件有利。

（3）气体处于离子状态，反应活性强，并可根据工作需要选择气体。用氮气作工作气体时可使合金增氮，用氩气作工作气体可脱氧、脱气。

（4）工作时电弧稳定，噪声小，电流及电压波动小，功率调节简便、范围广。

（5）在惰性气氛保护下合金烧失相当小，合金收得率高，适合熔炼活泼金属。

16.5.5.3 高钛型高炉渣等离子熔融还原提钛基本原理

攀钢高钛型高炉渣中 TiO_2 含量为 20%~26%，其典型成分见表 16-29。

表 16-29 攀钢高钛型高炉渣典型化学成分范围 （%）

CaO	SiO_2	Al_2O_3	MgO	Fe_2O_3	MnO	TiO_2	S
24~30	22~25	13~14	8~10	2~4	<1	20~26	约0.3

从热力学上讲，可以采用适当的还原剂及还原工艺，将除 Al_2O_3、CaO、MgO 外的所有金属氧化物还原为金属并形成合金，使熔渣中 TiO_2 含量降低到一个合理的、可接受的水平（TiO_2<4%）。另一方面，从技术上讲，可采取适当的措施促进金属与熔渣分离。

由于等离子体弧具有超高温的特性，在高钛型高炉渣熔融还原过程中可迅速提高熔渣的温度，降低熔渣的黏度，改善熔渣的流动性；另一方面，采用适当的工作气体可以形成较强的还原性气氛，同时由于等离子体弧具有高流速、高冲击力等特点，对熔渣有很强的搅拌作用，可强化传质过程，改善反应动力学条件，提高还原反应效率，加快反应进程，促进渣-金分离。

从理论上讲，分离金属后的熔渣应该是一种富含 Al_2O_3、CaO 的铝酸盐熔体，对这些铝酸盐熔体进行成分调整，可用于生产铝酸盐水泥、铝酸盐类钢水精炼脱硫剂及水泥活性掺和料等产品。

16.5.5.4 高钛型高炉渣等离子熔融还原提钛工艺

基于以上分析，采用一步还原工艺，在实验室等离子炉中进行高钛型高炉渣熔融还原。先将高钛型高炉渣与还原剂按化学反应计量配料并充分混合，然后将混合物料置于等离子炉中，采用等离子焰对物料进行熔炼。在 10kg 级试验基础上进行了 100kg 级的半工业试验。表 16-30 为试验所用攀钢高钛型高炉渣的化学成分。表 16-31 给出了高钛型高炉渣等离子熔融还原半工业试验所得部分产物的化学成分。

表 16-30 攀钢高钛型高炉渣的化学成分 （%）

SiO_2	Al_2O_3	CaO	TiO_2	MgO	Fe_2O_3	FeO	MnO	V_2O_5	K_2O	Na_2O	TFe	S
24.72	13.64	28.39	21.40	7.05	0.66	2.76	0.54	0.29	0.56	0.26	2.40	0.39

表 16-31 半工业试验所得产物的化学分析 （平均） （%）

残渣	TiO_2	SiO_2	Al_2O_3	MnO	V_2O_5	MgO	CaO	Na_2O	S	TFe
	1.25	5.22	57.55	0.077	0.03	6.25	43.83	0.11	0.27	0.27
合金	Ti	Si	Al	Fe	Mn	V				
	46.86	37.56	1.98	10.36	2.38	0.53				

从表 16-31 可见，合金中 Ti 元素的含量均高达 44% 以上，而提钛后的残渣中 TiO_2 则降到了 2% 甚至 1% 左右，说明采用等离子熔融还原的工艺可以有效地将高钛型高炉渣中有价元素还原成金属，残渣中的 TiO_2 含量可以降至较低水平。

图 16-50 给出了熔炼时间与残渣中 TiO_2 及 SiO_2 含量的关系。从图中看出，随熔炼时间的延长，残渣中 TiO_2 及 SiO_2 含量呈下降趋势。

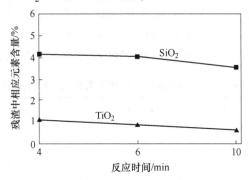

图 16-50 不同反应时间对残渣中相应元素含量的影响

图 16-51 为合金扫描电镜图，图中点+为合金能谱分析结果。结果表明，标记点的 Ti 含量约为 97.38%，Si 为 2.62%，说明合金中还有少量高纯金属钛存在。

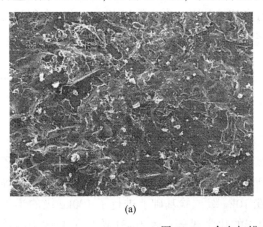
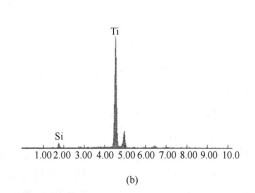

(a) (b)

图 16-51 合金扫描电镜及能谱分析结果

从以上试验研究结果可以看出，采用等离子还原焰并辅以适当的还原剂可有效地将含钛高炉渣中的钛还原并分离出来，所得合金产物主要为 Ti-Si 合金；提钛后的残渣中的 TiO_2 已降至 1.5% 以下，若进一步优化还原工艺及还原剂组合，残渣中的 TiO_2、SiO_2 等杂质氧化物还有进一步降低的可能。提钛后残渣的主要物相组成为 $C_{12}A_7$、CA、MA，通过将其成分调整完全可用于生产铝酸盐水泥、铝酸盐类钢水精炼脱硫剂以及水泥活性掺和料。

16.5.6 钛硅铁合金的应用研究

16.5.6.1 钛硅铁合金替代钛铁炼钢试验研究

钛硅铁合金是一种新型合金。试验所用钛硅铁合金的主要化学成分见表 16-32。钛硅铁合金的钛含量与 40 钛铁（FeTi40）基本相同，所以钛硅合金应与钛铁具有相同的用途。

钛铁是最主要的炼钢用铁合金产品，是合金化钢中钛元素所必备的合金，其主要化学成分见表 16-33。

表 16-32　钛硅合金主要化学成分 （%）

Ti	Si	Al	V	P	S	C	N	Cu	Mn	O
41.38	40.86	4.20	0.74	0.0045	0.005	1.05	0.22	0.016	0.15	0.43

表 16-33　炼钢用 40 钛铁化学成分 （%）

牌号	Ti	Si	C	P	S	Al	Mn	Cu	标准号
FeTi40-A	>35~45	≤3.5	≤0.10	≤0.05	≤0.03	≤9.0	≤2.5	≤0.2	GB T 3282—2012
FeTi40-B	>35~45	≤4.0	≤0.20	≤0.08	≤0.04	≤9.5	≤3.0	≤0.4	GB T 3282—2012

由表 16-32、表 16-33 可知，钛硅铁合金与 40 钛铁（FeTi40）的钛含量相当，但其他化学成分存在较大差异。根据钛铁在钢中的应用推定，钛硅铁合金的应用应该从提高钢材性能、改善铸坯质量以及保证钢中有效硼等方面进行研究。另外，由于钛硅铁合金中的硅含量远高于钛铁，故其密度小于钛铁，这些对冶金效果的影响均需要研究。下面简单介绍以钛硅铁合金取代钛铁在某钢厂的炼钢应用试验。

本次试验在不改变钢厂现场生产操作规程的前提下，采用钛硅铁合金取代（钛铁+硅铁+硅钙合金）合金组合，其他辅料不变进行合金成分微调。

试验生产工艺为：

$$电炉 \rightarrow LF 炉 \rightarrow VD 炉 \rightarrow 连铸$$

合金化路线如下：

$$SiFe \rightarrow Mn、Cr \rightarrow Al 线 \rightarrow FeTi30 线 \rightarrow SiCa 线$$

16.5.6.2　试验结果

A　所炼钢的化学成分

试验炉次钢坯主要化学成分及 GB/T 5216 标准、技术要求对比见表 16-34。

表 16-34　试验炉次钢坯主要化学成分 （%）

钢　号	C	Si	Mn	P	S	Cr	Cu	Ti
5605	0.207	0.217	0.830	0.018	0.0097	0.993	0.022	0.035
5606	0.221	0.302	0.874	0.014	0.0044	1.07	0.013	0.048
GB/T 5216 标准要求	0.17~0.23	0.17~0.37	0.80~1.15			1.00~1.35		0.04~0.10
技术要求	0.20	0.27						0.04~0.07

钢　号	Ni	Mo	V	Nb	Al$_s$
5605	0.011	<0.010	<0.01	<0.005	<0.010
5606	0.011	<0.005	0.007	<0.005	<0.008

从表 16-34 看出，试验炉次 5605 和 5606 号钢产品的主要化学成分指标满足 GB/T 5216 标准要求。

B　杂质控制以及组织结构

试验炉次钢中 O、N 含量、夹杂物级别及形貌、高倍和低倍组织情况分别见表 16-35~表 16-38 和图 16-52~图 16-59。结果表明，采用钛硅合金取代钛铁生产齿轮钢完全能够满足国家标准和钢厂技术内控指标要求，能够生产出性能优越的钢材。

表 16-35　试验炉次钢中 O、N 含量　　　　　　（%）

钢　号	O	N
5605	0.0016	0.0066
5606	0.0013	0.0066
标准要求	≤0.002	—

表 16-36　夹杂物级别

钢　号	夹杂物级别			
	A	B	C	D
5605	0.5	0.5	—	0.5
5606	0.5	0.5	—	1.0
GB/T 5216 标准要求	≤2.5	≤2.5	≤2.0	≤2.0

表 16-37　高倍组织

钢　号	组织	带状评级	晶粒度级别
5605	P+F	B0.5 级	8.0 级
5606	P+F	B0.5 级	7.0 级

注：P—珠光体；F—铁素体。

表 16-38　低倍组织

钢　号	一般疏松（级）	中心偏析（级）	中心疏松（级）
5605	0.5	0.5	0.5
5606	0.5	0.5	0.5
GB/T 5216 标准要求	≤3	≤3	≤3

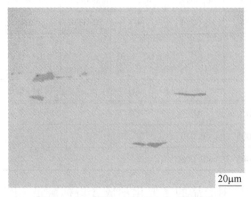

图 16-52　5605-1 号的夹杂物形貌

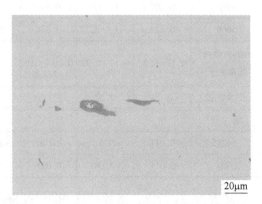

图 16-53　5606-2 号的 A 类及 D 类夹杂物形貌

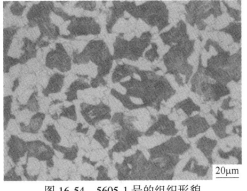

图 16-54 5605-1 号的组织形貌

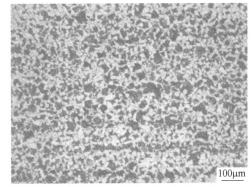

图 16-55 5605-1 号带状形貌

图 16-56 5606-2 号组织形貌

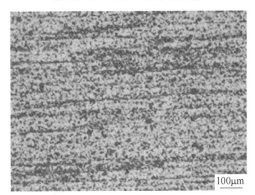

图 16-57 5606-2 号带状形貌

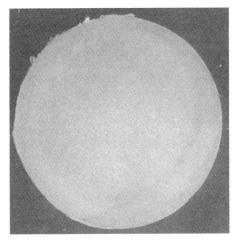

图 16-58 5605-1 号低倍形貌

图 16-59 5606-2 号低倍形貌

16.5.6.3 提钛后残渣制作铝酸盐水泥试验研究

经等离子熔炼后残渣的成分主要以 Al_2O_3、CaO、SiO_2、MgO 为主。对提钛残渣进行衍射分析，其物相有 CA、CA_2、MA 尖晶石以及少量 C_2AS，以 CA 和 CA_2 为主晶相。其中 CA 和 CA_2 为具有水化活性的物相，而 MA 尖晶石和 C_2AS 不具有水化活性。

由于原始物相的结构会影响到其水化活性以及后期强度的发展，对提钛残渣（下部）

进行了 SEM 分析，如图 16-60 所示。由图 16-60 可知，尖晶石结晶粗大，尺寸在 $100\mu m$ 左右，而 CA 和 CA_2 晶粒尺寸较小，约 $10\mu m$。熔炼时间可能对残渣中物相晶粒大小、形貌有一定的影响，从而影响其水化活性。

为了检验提钛残渣的水化性能，对其比表面积、凝结时间、标准稠度需水量等进行了检验。

（1）水泥细度检验。在振动磨中对提钛残渣进行粉磨，按照标准 GB/T 1345—1991 中所述方法，用 0.088mm 方孔筛对粉磨不同时间后的渣过筛检测筛余，筛余小于 5%。用激光粒度分布仪检测的中位径为 $11.5\mu m$，如图 16-61 所示。

图 16-60　提钛残渣电镜分析

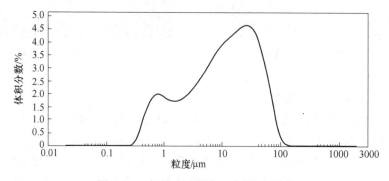

图 16-61　提钛残渣粉磨 4h 后粒度分布

（2）凝结时间测定。根据标准 GB/T 1346—2001 对提钛残渣的凝结时间、标准稠度需水量进行了检测，见表 16-39。残渣水泥初凝时间最大为 3h，终凝时间最长为 4.3h，而国家标准中高铝水泥初凝时间一般在 3h 左右，终凝时间小于 10h。拉法基铝酸盐水泥 Secar71 的初凝时间约 65min，终凝时间约 170min。和拉法基 Secar71 相比，初凝时间较长，但均在标准范围内。

表 16-39 提钛残渣的水灰比和凝结时间

水灰比	初凝时间/min	终凝时间/min
0.283	150	230

（3）净浆强度测定。按照国家标准，在恒温恒湿条件下养护，从表 16-40 可见，水泥水化速度很快。1 天强度和 7 天强度差别不大。

表 16-40 拉法基铝酸盐水泥 Secar71 与残渣制作铝酸盐水泥净浆强度对比

项 目	水灰比	1 天净浆强度/MPa		7 天净浆强度/MPa		28 天净浆强度/MPa	
		抗折	耐压	抗折	耐压	抗折	耐压
残渣制作铝酸盐水泥	0.285	8.4	98.3	12.1	87	9.9	128
拉法基铝酸盐水泥 Secar71	0.306	5.6	70	15.4	95.1	13.5	94

以上结果表明，采用残渣制作的铝酸盐水泥性能完全符合国家标准要求，同时可以替代拉法基铝酸盐水泥公司 Secar71 水泥在耐火材料行业中应用。其他方面的应用有待更深入地研究。

16.6 高钛型高炉渣 SOM 新工艺

固体透氧膜技术（Solid Oxygen-ion-conducting Membrane Technology），简称 SOM 技术，是一种基于熔盐电化学的绿色可控、短流程提取新工艺。SOM 技术是以渣-金间带电粒子迁移控制理论为基础发展起来的，是以钢铁冶炼过程中钢液的无污染脱氧为起点，逐步拓展到熔盐电解制备高熔点金属及合金粉材料。

众所周知，冶金反应是一个复杂的高温多相反应体系，其原理为利用还原剂直接将矿石中的氧脱除，从而提炼出金属。但为了得到纯净的金属，往往需要进一步的精炼处理。比如在炼钢过程中首先需引入氧以脱除炼铁中残留的杂质元素（如 C、S、P 以及 Si 等），然后再引入脱氧剂将钢液中多余的氧去除。可见，从氧状态的变化和氧迁移的观点来看，钢铁冶炼过程实际上就是控制氧的迁移。

氧的反复使用和脱除是传统冶金反应的一个特点，也是造成一系列问题的根源。传统的脱氧方法包括沉淀脱氧和真空脱氧。由于真空脱氧设备复杂、工艺成本高，所以只有在生产高品质钢时才采用。大部分钢都依赖沉淀脱氧来控制钢的氧位，但使用脱氧剂脱氧的一个致命缺点就是脱氧剂（如 Al）和产物（氧化物夹杂）都混于熔体中，即使经过二次精炼也很难完全脱除，从而造成对钢液的污染。为了解决这一问题，必须从控制氧的迁移方面入手。因此，可控氧流冶金被提出——将钢液中的氧可控地、有方向地去除。

16.6.1 界面氧传递的电化学机制

冶金体系中的界面反应过程大都具有电化学的反应机制。如 $CO\text{-}CO_2$ 气体与熔渣间的氧化还原反应可以考虑为

$$CO + O^{2-} = CO_2 + 2e \tag{16-52}$$

$$Fe^{3+} + e = Fe^{2+}(Fe^{2+} + 2e = Fe) \tag{16-53}$$

钢液通过炉渣的氧化脱碳反应可以考虑为

$$C + O^{2-} = CO + 2e \tag{16-54}$$

$$Fe^{3+} + e = Fe^{2+}(Fe^{2+} + 2e = Fe) \tag{16-55}$$

此外,渣-钢间其他的脱氧(如 $M+O^{2-} = MO+2e$(M 代表用于脱氧的金属))或者脱硫反应($S+2e = S^{2-}$)都具有以上类似的电化学反应机制。

可见,反应过程在界面处有连续的电子得失反应。一般情况下,在连续的反应过程中不会存在电子的积累。但是在某些情况下,如果得失电子的两个半反应不匹配,则会影响整个反应的连续进行。也就是说,反应过程中存在的电子积累情况会阻碍整个反应的进一步进行。一个经典的现象就是含 Fe^{2+} 的熔渣与含 Fe-C 微粒的反应远不能达到热力学上的脱碳极限。

改善此类情况的方法之一就是引入电子导电材料,如此,便可以将碳脱除到较低的水平。基于氧传递的电化学机制,利用氧定向迁移的规律可以将熔体中的氧引导到熔体外部(比如钢渣)去进行反应。在此过程中需要借助于电解质(包括固体电解质和液体电解质),然后通过外加电场控制氧和电子定向流动,从而控制整个脱氧反应,即电化学可控氧流冶金技术。

16.6.2 电化学脱氧方法及其基本原理

电化学脱氧方法可以分为电解法、原电池法和脱氧体法,其原理如图 16-62 所示。三者均采用氧化锆固体电解质来控制熔体中氧流的传递方向。

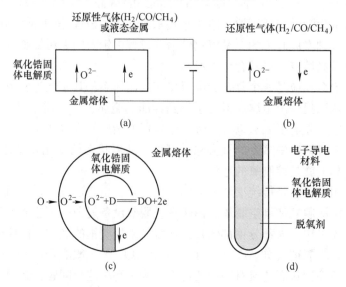

图 16-62 电解法(a)、原电池法(b)、脱氧体法(c)脱氧原理及脱氧体结构(d)

电解法是用外电源通过电解质把氧从金属液中抽出，其原理如图 16-62（a）所示。此方法在实际生产中能否得以利用，固体电解质的电流效率至关重要。当钢水中氧含量低于 0.03% 时，固体电解质中电子导电能力降低，电流效率相应降低，仅能达到 30%。此外，当施加的外电势较大时，电解质也会发生解离。所以，这种脱氧方法受制于苛刻的电极条件和外电路连接，从而在炼钢的条件下难以实施。

原电池法是依靠氧位差作动力，使氧通过电解质脱离金属液，其原理如图 16-62（b）所示。在化学位的驱动下，氧由金属液（高氧位处）传递到固体电解质内部的还原气体（低氧位处）。由于依靠氧位差作动力，所以不存在电解法中的电流效率问题。但是，由于该脱氧体系是依靠电子的反向传递来获得整个体系的电中性，因而当电子的传递速度较慢时，整个系统的脱氧速率就会降低。此外，电解质中的电子电导与温度呈指数关系，所以这一技术无法用于低温下金属液（如铜液）的脱氧。

针对以上利用固体电解质脱氧方法的不足之处，一种全新的脱氧方法——无污染脱氧体法应运而生。脱氧体法以氧离子传导的固体电解质和高温电子导电材料构成脱氧体，脱氧体内装有液态脱氧剂，其原理及脱氧体构成如图 16-62（c）和（d）所示。当脱氧体浸入金属液后，根据电化学原理，金属液中的氧在氧位差的推动下将通过固体电解质进入脱氧体内与脱氧剂反应，从而达到脱氧的目的。由于反应产物不在金属液中生成，解决了采用脱氧剂沉淀脱氧所带来的污染问题。但是，在此脱氧过程中，固体电解质的内/外层表面会发生正/负电荷的不断积累。由于电子的积累，它们将形成一个电场并阻碍氧离子的继续迁移，进而影响整个脱氧过程，使脱氧过程无法继续进行。因此，必须引入高温电子导电材料来解决这一问题。

高温电子导电材料不但有封堵脱氧体填料口的功能，同时也把固体电解质-脱氧剂界面所积累的自由电子传递到钢液-固体电解质界面，使两个界面所积累的电荷中和，从而保证了脱氧过程的继续进行。

与其他脱氧方法相比，脱氧体脱氧法具有一系列优点，如不产生任何气体和氧化物夹杂；使用简单、方便；脱氧体可以做得很小，从而具有更大的比表面积使脱氧速度加快等。

16.6.3 SOM 技术

随着渣-金间带电粒子迁移理论及脱氧体脱氧法的发展，可控氧流冶金技术逐渐拓展到了用于固体金属氧化物的直接还原。2001 年，美国波士顿大学的 Pal 教授提出了以固态金属氧化物为原料、透氧膜为氧离子固体电解质，在外加电压下的电化学绿色提取方法，即 SOM 技术，并首先进行了由氧化镁直接提取镁的研究。与近年来其他新兴方法如 FFC（Fray-Farthing-Chen process）法、OS（Ono-Suzuki）法、EMR（Electronically Mediated Reaction）法以及 MOE（Molten Oxide Electrolysis）等相比，SOM 法是一种可控氧流熔盐电解方法，其电解装置及原理如图 16-63 所示。

SOM 方法利用固体电解质的氧离子选择透过特性达到对氧离子（O^{2-}）流的控制，在外加电场下直接去除固体金属氧化物中氧离子而实现金属/合金的制备。在电解过程中，阴极金属氧化物（MO_x）中的氧在外加电场下直接离子化并通过熔盐电解质和透氧膜管，然后与透氧膜内的还原剂（一般为碳粉）反应生成 CO 或 CO_2，其电极反应为阴极反应：
$$MO_x + 2xe === M + xO^{2-}$$
$$(16-56)$$

阳极反应：
$$C + O^{2-}/2O^{2-} === CO/CO_2 + 2e/4e$$
$$(16-57)$$

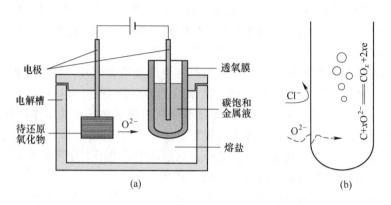

图 16-63　SOM 技术电解装置(a)及氧化锆基透氧膜阳极控氧反应原理(b)

值得注意的是，为了实现零碳排放以达到真正的绿色环保，可以通过透氧膜管内部镀银直接生成氧气而导出利用。在透氧膜法中非氧离子（如 Ca^{2+}、Cl^- 等）无法进入阳极反应区，所以能有效地提高电解效率。此外，固体透氧膜有限的电子电导将极大地限制电解过程的背景电流，有效提高电流效率。此外，SOM 法由于实现了阳极反应区的有效隔离，因此能避免阴极产物被污染。

16.6.4　固体透氧膜制备技术

高质量固体透氧膜是 SOM 技术的关键，SOM 法采用氧化钇稳定氧化锆（YSZ）为透氧膜。透氧膜管制备主要包括冲压成型和注浆成型两种方法。冲压成型采用固体石蜡和适量油酸，在 110~125℃ 温度下将配制形成的具有适当流动性的浆料通过压缩空气进行冲压成型。注浆成型则将预配的浆料通过石膏模具在常温下进行浇注。尽管两种方法均可用于制备透氧膜管，但是相较于冲压成型，注浆成型所制备的透氧膜管尺寸规格可控、性能更稳定、成品率更高，所以一般采用注浆成型工艺进行透氧膜管的制备。

目前制备的各种尺寸规格的透氧膜管如图 16-64 所示，制备的透氧膜管具有足够的强度和抗熔盐腐蚀性。

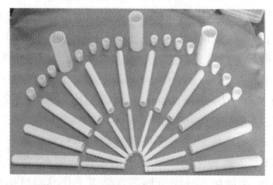

图 16-64　注浆成型工艺制备的各种尺寸规格的氧化锆透氧膜管

16.6.5 高钛型高炉渣 SOM 提取新工艺

目前，SOM 技术已成功用于从金属氧化物制备钛、钽、铬、硅等金属粉及 $TiFe_x$、Ti_5Si_3 合金粉和各类碳化物（如 TaC、SiC、TiC 等）等材料。

SOM 法可在较高电压（如 4.0V）条件下工作，因此，该法可用于含钛复合矿物的直接电解。由于高钛型高炉渣、高钛渣等含钛复合矿主要具有多元素伴生共存的特点，因此，采用 SOM 技术将有潜力实现直接从高钛型高炉渣、高钛渣等含钛料中直接提取钛合金粉，其原理如图 16-65 所示。

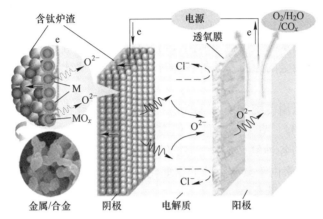

图 16-65 含钛炉渣直接电解制备钛金属/合金的 SOM 技术原理

含钛炉渣（包括高钛型高炉渣、酸溶性钛渣和高钛渣等）中所包含的各种金属氧化物可在电解过程中逐渐脱氧形成单质金属/合金，而电离出的氧离子则在电场作用下直接通过固体透氧膜与其内的还原剂（如 C 或 H_2）反应形成 CO/H_2O 等气体直接排出。

高钛型高炉渣主要含钙钛矿（$CaTiO_3$）、斜辉石（$Ca(Ti,Mg,Al)(Si,Al)_2O_6$）以及透辉石（$Ca(Mg,Al)(Si,Al)_2O_6$）等；高钛渣主要含金红石（TiO_2）、铁板钛矿（Fe_2TiO_5）以及少量 SiO_2 等。电解过程中涉及复杂的物相变化，主要包括复合氧化物的分解、中间物相的电解还原以及钛合金的形成等过程。电解初期，复和氧化物如斜辉石（$Ca(Ti,Mg,Al)(Si,Al)_2O_6$）和透辉石（$Ca(Mg,Al)(Si,Al)_2O_6$）首先分解为 $Ca_{12}Al_{14}O_{33}$、$CaSiO_3$、$CaTiO_3$、$MgAl_2O_4$ 等化合物。然后这些中间物相逐渐被还原为低价氧化物或者金属单质。在此过程中熔盐的作用将使 Ca、Mg、Al 等杂质去除，最后获得相应的钛合金（如 Ti_5Si_3）。

氧化物理论分解电压可根据热力学公式 $\Delta G = -nFE$（n 为得失电子数，法拉第常数 $F = 96485.3383C/mol$）计算得到。高钛型高炉渣和高钛渣电解过程所涉及的电化学还原反应主要包含如下：

$$CaTiO_3 + 4e === CaO + Ti + 2O^{2-} \tag{16-58}$$

$$CaSiO_3 + 4e === CaO + Si + 2O^{2-} \tag{16-59}$$

$$Ca_{12}Al_{14}O_{33} + 4e === 12CaO + 14Al + 21O^{2-} \tag{16-60}$$

$$MgAl_2O_4 + 6e === MgO + 2Al + 3O^{2-} \tag{16-61}$$

$$CaO + 2e \Longrightarrow Ca + O^{2-} \tag{16-62}$$

$$MgO + 2e \Longrightarrow Mg + O^{2-} \tag{16-63}$$

反应（16-58）~（16-63）的理论分解电压（温度为1000℃）分别为：2.07V、1.99V、2.27V、2.23V、2.58V、2.37V。SOM法中外加电压一般为3.5~4.0V，所以以上反应在电解中均能发生。

为了得到目标产物，比如Ti_5Si_3，需要在高钛型高炉渣中配加一定量的SiO_2以满足最终形成Ti_5Si_3的化学计量比，然后压制成多孔阴极。阳极由氧化钇稳定的氧化锆透氧膜管以及内含碳饱和的金属液（铜液或者锡液）构成。电解过程在惰性气氛中进行，电解温度一般为950~1150℃，熔盐体系一般选用$CaCl_2$。$CaCl_2$具有廉价、溶氧和传氧能力强、易溶于水等优点。此外，$LiCl_2$以及$CaCl_2$-NaCl、LiCl-KCl等复合熔盐也常用于熔盐电解过程。电解结束后，用水洗去熔盐便从阴极得到钛合金。电解产物很容易被破碎成钛合金粉，可直接作为粉末冶金的原料。此外，通过电解装置的优化设计，该法可达到连续生产的目的。

含钛复合矿物难以用传统方法处理的一个主要原因，就在于其多种元素共生，尤其是其中含量较高的Ca、Mg、Al难以去除。但在SOM法熔盐电解过程中，施加的电解电压足以分解含钛矿物中的各种复杂矿物，实现氧组分的完全脱除，从而形成金属元素及合金，而Ca、Mg、Al元素由于具有特殊的物理化学性质，在电解过程中能有效通过熔盐去除，使得最终获得产物为钛合金。

实验证明，含钛复合矿物中所含杂质尤其是碱土金属杂质在电解过程中基本得以完全去除。由反应（16-56）~（16-61）以及图16-66可知，还原产生的CaO在$CaCl_2$熔盐中具有很高的溶解度（摩尔分数约21%），所以生成的CaO几乎全部溶解于熔盐中；另外，CaO在后续的电解过程中逐渐在阴极析出液态金属钙（熔点为839℃），金属钙在$CaCl_2$熔盐中有4%~6%（摩尔分数）的溶解度，因此，金属钙一方面可以通过钙热还原反应促进阴

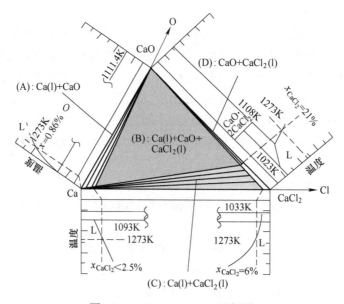

图 16-66 Ca-CaO-CaCl 三元相图

极的还原，另一方面由于密度小于熔盐密度（金属钙密度为 1.55g/cm³，CaCl₂ 熔盐密度为 2.00g/cm³），故会浮于熔盐表面而达到去除的效果。同样地，还原生成的液态金属 Mg 和 Al 也由于与熔盐的密度差（Mg 密度为 1.73g/cm³，熔点为 649°C；Al 密度为 2.70g/cm³，熔点为 660°C）而被去除。

目前，通过 SOM 法已经成功从含钛炉渣（包括高钛型高炉渣和高钛渣）中制备出了 Ti_5Si_3、Ti_5Si_3/TiC、Ti_5Si_3/Ti_3SiC_2 等合金及复合材料，其产物颗粒均表现为典型的海绵态微观形貌（见图 16-67）。除了含钛炉渣，其他矿物如钒钛磁铁矿、钛铁矿等都可以利用 SOM 法直接进行金属或合金的电化学提取。因此，SOM 法有潜力提供一条从含钛矿物中直接提取高值钛合金粉的全新工艺路线。

图 16-67 以攀枝花含钛炉渣为主要原料进行电解后的产物形貌图
（a）高钛型高炉渣电解制备的 Ti_5Si_3 粉；（b）高钛型高炉渣配加 TiO_2 和 C 制备的 Ti_5Si_3/TiC 粉；
（c）高钛渣配加 SiO_2 和 C 制备的 Ti_5Si_3/TiC 粉；（d）高钛型高炉渣配加 TiO_2 和 C 制备的 Ti_5Si_3/Ti_3SiC_2 粉

16.6.6 复杂含钛矿物电化学还原过程的动力学解析

复杂含钛矿物的电化学还原可以分为四个基本步骤：（1）多组分复合氧化物分解为简单的复合氧化物或单一氧化物；（2）简单复合氧化物或单一氧化物的脱氧还原；（3）电解形成单一金属和杂质元素的去除；（4）合金/复合材料的最终形成。

针对电解过程的动力学的推导发现：电解过程可以分为两个阶段，分别为初始阶段对应于阴极片表面部分的脱氧；第二阶段对应于阴极片内部的脱氧。两个阶段对应的动力学模型分别为：

第一阶段，电流-过电势：

$$i = k_7 Q C_O^{b^{k_4}} (k_8^{\eta_{ct}} - k_9^{\eta_{ct}})$$

电流-时间：

$$i = k_{10} r(t)^2 C_O^{b^{k_4}} (k_8^{\eta_{ct}} - k_9^{\eta_{ct}})$$

式中，i 为电流；k 为常数；Q 为总耗电量；C_O^b 为氧离子在熔盐中的浓度，η_{ct} 为电荷转移过电势，$r(t)$ 为与反应时间相关的反应点半径。

阴极片表面的脱氧主要受控于电子传递有效性和氧离子在熔盐中的浓度等因素。

第二阶段，电流-过电势：

$$i = \frac{k_{12} xy (k_8^{\eta_2} - k_9^{\eta_2}) Q^{2/3}}{x - y k_9^{\eta_2}}$$

电流-时间：

$$i = \frac{k_{13} xy (k_8^{\eta_2} - k_9^{\eta_2}) r(t)^2}{x - y k_9^{\eta_2}}, \quad x = m_O(\varepsilon r_e) C_O^r, \quad y = k_3 C_O^{b^{k_4}}$$

式中，ε 为孔隙率；r_e 为厚度；m_O 为氧离子传递系数；C_O^r 为氧离子在反应区域的浓度；η_2 为电荷转移过电势。

阴极片内部的脱氧主要受控于物质传递有效性和外部金属导电性以及孔隙率等因素。

总体来说，SOM 技术在电流效率、还原速率以及产物成分控制等方面具有良好的优势。其独特的可控氧流技术将有潜力用于复杂含钛矿物的直接电解。

SOM 技术的研究和发展，将继续围绕如下几个方面开展：

（1）深入研究氧化锆基透氧膜管的腐蚀机理及优化机制；

（2）开发廉价和性能稳定的透氧膜管材料以降低整个过程的生产成本；

（3）寻找合适的氧离子传导熔渣体系以替代固体透氧膜作为氧离子的传输通道，扩大实验规模，向工业化应用靠近。

16.7　高钛型高炉渣非提钛综合利用技术

攀钢高炉渣大多是自然缓冷产生的重矿渣，仅有很少一部分是采用水池浸泡处理所得的水淬渣，类似膨胀矿渣。

1973 年以来，冶建总院和十九冶建研所对攀钢高钛型高炉渣进行了试验研究。1977~1979 年，十九冶生产分级高钛型高炉渣碎石 30 余万立方米，用作 300 号及 300 号以下的混凝土骨料，近 30 万立方米混合渣用于填土、垫层、道渣、道路等工程，降低了工程成本，加快了施工进度。1979 年，为配合二滩电站选择地方材料，十九冶建研所对高钛型高炉渣及其配制的混凝土性能进行了全面系统的试验，并对生产和应用进行了总结，结论是：

（1）攀钢高钛型高炉渣稳定性良好，基本物理力学性能达到或接近《普通混凝土用碎石或卵石质量标准》(JGJ 53—79)、《高炉重矿渣应用暂行规程》的技术指标，可以替代天然石材用作普通混凝土骨料、道渣、路渣及垫层。

（2）高钛型高炉渣混凝土的主要物理力学性能满足《钢筋混凝土设计规范》的要求，

可用于 400 号及 400 号以下的普通混凝土、钢筋混凝土及预应力钢筋混凝土构件（工程），包括重级工作制吊梁等架空动载构件等。

在 20 世纪 80 年代后期，攀钢高钛型高炉渣作混凝土骨料的应用曾逐渐停止。但近年来，再次对攀钢高钛型高炉渣用作混凝土骨料进行了试验研究，其结论与十九冶建研所的研究结论类似：攀钢高钛型高炉渣满足国家标准《建筑用卵石、碎石》（GB/T 14685—93）、冶金部标准《混凝土用高炉重矿渣碎石技术条件》（YBJ 205—84）和攀枝花市标准《混凝土用高钛重矿渣碎石技术条件》（DB/5104QB001—88），同时经攀枝花市卫生防疫站检测，γ 照射率为 $1.21 \times 10^{-9} C/(kg \cdot h)$，符合《建筑材料放射卫生标准》（GB 6566—96）及《建筑材料用工业废渣放射性物质限制标准》（GB 6763—86）要求。可见攀钢高钛型高炉渣完全可以作为混凝土骨料替代天然石材，可在一般工业与民用建筑工程、道路路面工程中广泛使用，也可用作路基、填方区的填料使用，但应严格遵守冶金部标准《混凝土用高炉重矿渣碎石技术条件》（YBJ 205—84）的第 102 条有关使用范围的规定。在 20 多年的使用中，未发现因矿渣不稳定而发生的爆裂现象，所有构件仍完好无损，质量可靠。

攀枝花环业冶金渣公司也对攀钢高钛型高炉渣的力学性能进行了研究，其结论同样表明：攀钢特有的高钛型高炉渣的力学性能较好，渣中不含 C_2S，不会出现硅酸盐分解，不含游离 CaO，多次蒸压无粉化、不胀裂，稳定性好、含硫量低，没有铁锰分解趋向，而且长期堆存在露天渣场十分稳定、没有破裂粉化或其他分解现象，具有 2~3 级石料的力学强度，耐磨性不亚于石灰岩。该公司用攀钢西渣场的高钛型高炉渣生产碎石和渣砂，大量用于攀枝花各项工程建设，既盘活了西渣场，又减少了采伐天然石材所带来的环境破坏。

16.7.1　渣-砂配制混凝土砂浆

攀钢高钛型高炉渣的 TiO_2 含量高，渣中 CaO 基本上与 TiO_2 结合，所以无论冷却方式如何都不能生成 C_2S，渣的活性极低，不存在 β-C_2S 多晶型矿物，也不存在由 β-C_2S 转变为 γ-C_2S 的硅酸盐分解现象，是非常稳定的矿渣，这是攀钢高炉高钛型高炉渣水淬渣区别于普通高炉水淬渣的特性。

利用这个特性，攀钢高炉高钛型高炉渣水淬渣可以用于替代天然砂用作混凝土的细骨料。1984 年，攀钢建安公司对攀钢高钛型高炉渣水淬渣代替天然砂配制混凝土和砂浆技术性能进行了试验研究和应用，实践证明是成功的，配制的各种标号混凝土和砂浆与普通混凝土与普通砂浆相比具有容重轻、强度高、隔热性好、抗裂纹收缩等优点，对建筑结构自重减轻效果显著，同时降低了工程成本。

攀枝花环业冶金渣公司的产品也有渣砂，但其主要是高钛型高炉渣破碎后的细渣粒，在实际应用中性能优良，供不应求。这些都表明攀钢高钛型高炉渣用作混凝土的粗、细骨料是非常成功的，是除水泥行业外的一个能够大量应用的领域。

16.7.2　在水泥行业中的应用研究

（1）高钛型高炉渣用作烧制水泥的非活性混合材料。在原冶金部、四川省科委、四川省冶金厅的领导及支持下，重庆大学、攀钢、建材院水泥所和重庆水泥厂对钛矿渣和钛矿渣硅酸盐水泥进行了全面深入系统的研究。结果表明，攀钢高钛型高炉渣的活性很低，但可以用作非活性混合材烧制水泥，并掺入 30%~40% 的该炉渣试生产了 800 余吨钛矿渣硅酸盐水泥。在工民用建筑工程中的应用表明，水泥性能、混凝土和钢筋混凝土均符合国家要求。

工程应用实践证实，高钛型高炉渣作水泥混合材料无毒、无害，对水泥性能无有害影响，可作为非活性材料使用。

水泥是关系到人民生命、国家财产的大事，必须有国家标准方能合法生产。经过大量的研究工作，1991 年 11 月我国颁布了《用于水泥中的粒化高炉钛矿渣》行业标准（JC 418—91），该标准适用于 $TiO_2 < 25\%$ 的含钛矿渣。同时，又颁布了国标《复合硅酸盐》，该标准指出可使用非活性混合材，如含钛矿渣等，其掺入量在 15% 以内，从而恢复了含钛矿渣作为水泥混合材料的合法生产地位，开拓了含钛矿渣在水泥工业中应用的前景。

由于含钛矿渣中的主要矿物为钙钛矿，而普通高炉渣中为黄长石，在水泥生产的磨矿工艺中能耗较普通矿渣高。但只要从冶金和建材两方面采用适当措施，采用相关技术对策，生产企业的效益仍可接近用普通高炉渣的水平。

新的研究表明，攀钢高钛型高炉渣采用通常的外加剂难以激发其活性，但如果采用特殊的外加剂仍可以激发出一定的活性，用于配制高性能混凝土。

（2）含钛矿渣与钢渣和普通高炉水淬渣及水泥熟料按一定比例配合磨细后，可生产强度等级达 525 号的复合水泥。如含钛矿渣还可用于生产道路水泥和大坝水泥。道路水泥除要具有一般硅酸水泥的物理力学性能外，还要适于道路要求的特殊性能，即抗折强度高、脆性系数小、胀缩性小、耐磨、抗冻和抗冲击等。要求水泥中熟料及混合材具有耐磨特性，并含有一定的铁氧化物，钛矿渣中的钙钛矿正好具有这一特性，渣中也含有较多的铁氧化物，是生产道路水泥的良好原料。

重庆大学曾在小规模上进行了用含 TiO_2 为 24% 的高钛型高炉渣生产道路水泥的系统研究，试验结果表明，采用适宜的工艺技术和配方，水泥中保持较高 C_3S 含量，严格限制 C_3A 的数量，适当增加 C_4AF 含量，在高钛型高炉渣掺量 20% 时，28 天抗折强度为 7.1MPa，抗压强度为 51.1MPa，干缩率小于 0.10%，耐磨性为磨损量小于 $3.6kg/m^3$，达到道路水泥国家标准要求，并达到或超过国外道路水泥标准。国家道路硅酸盐水泥标准规定，活性混合量掺量为 0~10%。当使用高钛型高炉渣时掺量却提高一倍多，充分显示了该炉渣作道路水泥混合材的优点。

大坝水泥主要用于水库大坝混凝土工程，要求水泥的水化热低、钾钠含量低，水泥中矿物组分要控制适当，而用高钛型高炉渣作混合材时就有低水化热的特性，适于大体积混凝土工程和永久性处于水下的工程。国内已有用矿渣水泥作大坝水泥的实践和标准。高钛型高炉渣具有水化热低、钾钠含量低和矿物在水化过程中十分稳定的特点，作为大坝水泥混合材是比较适宜的。重庆大学掺用高钛型高炉渣 30%~40% 试制大坝水泥，28 天抗折强度为 7.0~7.65MPa，抗压强度为 44.0~51.0MPa，3 天水化热为 230kJ/kg，7 天水化热为 259kJ/kg，含 $SO_3 < 2.5\%$，抗蚀系数为 0.60，达到国内大坝水泥要求。

对高钛型高炉渣大坝水泥来说，更重要的是其混凝土性能。重庆大学对该混凝土的抗拉、抗折、抗压、弹性模量、混凝土与钢筋黏结力、钢筋锈蚀、抗渗透水深度、抗冻碳化等特性均进行了系统测定，结果同普通矿渣水泥相似，均符合要求。这就证实高钛型高炉渣作水泥混合材生产大坝水泥，在一般性能和特殊性能上均满足大坝水泥要求，技术上是可行的。

16.7.3 制作混凝土彩色路面砖

攀枝花环业公司以高钛型高炉水淬渣为主要原料，粉煤灰、石灰为胶凝材料，研制出了强度等级为 MU10 的建筑免烧砖，可用于一般工业与民用建筑的墙体和基础。还建成了一条彩色路面砖生产线，有西班牙纹、枫叶形、扇形、波浪形等红、黄、蓝、绿、灰和白等各形各色产品，规格为 300mm×300mm×50mm、250mm×250mm×50mm，烧成的路面砖吸水率较大，是水泥预制块的 2 倍，使用后可减少路面上积水，对提高城市环境水平有利。其彩面平整光亮、色彩丰富自然，各项技术指标均符合或超过 JC 446—91 要求。产品已在攀枝花市区的人行道、公园、住宅小区广泛应用，深受用户的好评。

西南建筑科技大学用高钛型高炉渣取代砂、石和部分水泥后，可以生产出性能满足《普通混凝土小型空心砌块》（GB 8239—1997）要求的混凝土空心砌块，所开发的砌块强度达到 MU10 等级。此外，还开发出 MU15 等级以上的高钛型高炉渣实心砖制品，可投入实际应用。

16.7.4 制作肥料新技术

利用含钛高炉渣制备用于提高农作物生产的固态复合肥和叶面肥，其目的在于通过简单、实用的工艺对含钛高炉渣进行处理，同时一次性整体利用含钛高炉渣，使其有效成分转化为易溶于水的化合物，提高其溶解性能，充分有效地合理增值利用炉渣中的钛资源，并有望解决炉渣大量排放造成的环境污染问题。通过大地种植系统考察了以含钛高炉渣为原料制备的复合肥对多种农作物生长的影响。

16.7.4.1 基本原理

硫酸铵与含钛高炉渣中的钙、镁、铁和钛的氧化物反应，生成金属的硫酸盐和氨气（氨气可回收），过量的硫酸铵可提高反应速率并存在于反应产物中，作为植物营养元素氮和硫的来源。

$$(NH_4)_2SO_4 + MgO \Longrightarrow MgSO_4 + H_2O\uparrow + 2NH_3\uparrow \qquad (16\text{-}64)$$

$$(NH_4)_2SO_4 + FeO \Longrightarrow FeSO_4 + H_2O\uparrow + 2NH_3\uparrow \qquad (16\text{-}65)$$

$$(NH_4)_2SO_4 + TiO_2 \Longrightarrow TiOSO_4 + H_2O\uparrow + 2NH_3\uparrow \qquad (16\text{-}66)$$

$$(NH_4)_2SO_4 + CaO \Longrightarrow CaSO_4 + H_2O\uparrow + 2NH_3\uparrow \qquad (16\text{-}67)$$

该方法制得的复合肥料中可被植物有效利用的元素有氮、硅、硫、钙、镁、铁和钛，其中氮、钛、镁、铁和大部分硫以水溶性物质的形式存在，可作为速效成分；硅酸钙和硫酸钙分别以枸溶和微溶性物质的形式存在，其营养成分可在植物根系分泌物和土壤溶液的作用下缓慢释放，供植物长期吸收利用，作为缓效长效成分；此外，长期施用硫酸铵、普钙等化肥会造成土壤酸化，而硅酸钙的存在可以抑制土壤酸化，调节土壤的酸碱平衡，从而改良土壤，也可以减轻盐害。因此该固态复合肥是一种速效且有后劲的固态复合肥，同时兼有速效和缓效肥料的优点，可满足植物不同生长期对营养元素的需要，而且该固态复合肥性质稳定，易长期保存，使用方法简单，易于掌握施用量，适用于基肥或追肥。

由于钛的无机化合物例如硫酸氧钛在水溶液的 pH 值大于 3 时水解为难溶物，不能被作物叶面吸收，故不能将其作为叶面肥。但考虑到钛为过渡金属元素，根据配位化学的基本理论，其在溶液中易与配体例如柠檬酸、乙二胺四乙酸二钠（Na$_2$-EDTA）等形成化学性质稳定的螯合物，在 pH 值为 5~8 时可溶于水并稳定存在，较硫酸氧钛等无机化合物具有更强的稳定性和生物有效性，有利于植物营养材料的保存和施用。表 16-41 为叶面肥的化学组成及溶出率。

表 16-41 叶面肥的化学组成及溶出率

成 分	含量/$g \cdot L^{-1}$	溶出率 / %
K	22.2	
N	17.6	
SO_4^{2-}	91.9	
Fe	0.22	74.9
Mg	0.61	88.4
Si	0.41	23.2
Ti	1.57	84.2

含钛高炉渣中 80% 以上的铁、镁、钛和部分硅以水溶性物质的形式存在于叶面肥中，这是由于含钛高炉渣中钙钛矿等含钛物相中的钛与硫酸铵作用转化为硫酸氧钛；镁和铁与硫酸铵作用转化为硫酸镁和硫酸亚铁；部分硅在熔融及溶解过程中转化为水溶性物质硅酸。该过程发生的化学反应如下：

$$CaTiO_3 + 2(NH_4)_2SO_4 \Longrightarrow CaSO_4 + TiOSO_4 + 2H_2O + 4NH_3 \uparrow \quad (16\text{-}68)$$

$$CaMgSi_2O_6 + 2(NH_4)_2SO_4 \Longrightarrow CaSO_4 + MgSO_4 + 2H_2SiO_3 + 4NH_3 \uparrow$$
$$(16\text{-}69)$$

$$CaFeSi_2O_6 + 2(NH_4)_2SO_4 \Longrightarrow CaSO_4 + FeSO_4 + 2H_2SiO_3 + 4NH_3 \uparrow \quad (16\text{-}70)$$

$$MgTi_2O_4 + 3(NH_4)_2SO_4 + 0.5O_2 \Longrightarrow 2TiOSO_4 + MgSO_4 + 3H_2O + 6NH_3 \uparrow \quad (16\text{-}71)$$

肥料性质稳定，易于存储，有效期在一年以上，重金属元素未检出，符合叶面肥理化性质的要求。我国目前生产销售的叶面肥主要有 891 钛制剂和 NKP 植物营养素等，此类钛肥大多由有毒有害的 $TiCl_4$ 纯品和抗坏血酸为原料制备，成本高、营养元素种类少且大多不含硅。用含钛高炉渣制备氮-硅-硫-钾-镁-铁-钛叶面肥和钙硫硅肥，避开了现有工艺及其产品的缺点。

16.7.4.2 工艺流程

A 固态复合肥

将含钛高炉渣细粉和硫酸铵按不同的配比称量、混匀，置于高温炉内加热并恒温反应，得到合成产物。

在工艺条件相同时，水淬渣中 Mg、Ti 和 Fe 的溶出率均明显高于缓冷渣。这是由于含钛高炉渣经水淬后其晶体的无序度增加，除 $CaTiO_3$ 结晶相以外的大部分物质处于非晶态甚至无定形化，其结构和物理化学性质发生了很大的变化。从结构上讲，其粒度细小并且疏松多孔、易碎、比表面积大、与硫酸铵接触面积大。从热力学上看，非晶态物质具有更大的吉布斯生成自由能，化学反应的反应自由能将变得更负，平衡常数更大。因此水淬渣的反应活性比缓冷渣有很大的提高，较缓冷渣更易于发生熔融反应，反应速率更快，反应进行得更彻底，能够在相同工艺条件下生成更多的可溶性物质，这说明水淬是强化含钛高炉渣反应活性的有效手段。

图 16-68 为叶面肥的 XRD 分析。由图 16-68 可以看出，叶面肥主要含硫酸铵、硫酸氧

钛、硫酸镁、硫酸亚铁、硅酸（均易溶于水）、钙钛矿（难溶于水）、硅酸钙（枸溶性物质，指难溶于水，但可溶于以 2% 柠檬酸为代表的植物根系分泌物的化学物质）和硫酸钙（微溶于水）。硫酸铵和硫酸钙出现于主峰等多个峰中，说明其含量较高。其中含有硫酸钙和硅酸，这是由于渣中的部分硅酸盐与硫酸铵作用而转化为硅酸，钙钛矿与硫酸铵作用而转化为硫酸钙；钙钛矿仅出现于个别的小峰，说明其含量很小，表明钙钛矿大部分已发生转化；钛、镁和铁 3 种营养元素的存在形式及状态发生明显变化，由难溶变为易溶，这是由于钙钛矿等含钛物相中的钛与硫酸铵作用而转化为硫酸氧钛；含钛高炉渣中的镁和铁与硫酸铵作用而转化为硫酸镁和硫酸亚铁。

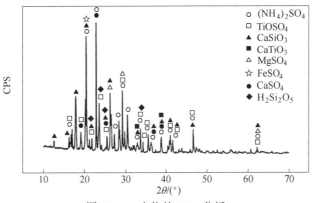

图 16-68 产物的 XRD 分析

物相分析结果与上文钛、镁和铁的溶出率相符合，由此进一步证明了营养元素钛、镁和铁的存在形式及状态发生了明显变化，由难溶物质转化为易溶于水、易被植物吸收利用的物质，渣中的钛等资源得到了有效利用。

B 叶面肥

叶面肥生产工艺流程如图 16-69 所示。

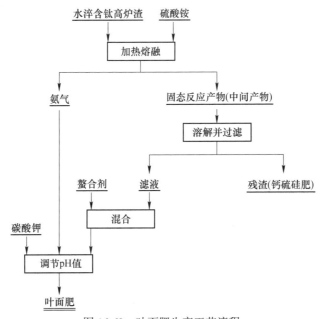

图 16-69 叶面肥生产工艺流程

16.7.4.3 主要技术指标

A 固态复合肥的大豆栽培实验

大豆施氮可增加种子蛋白质和各氨基酸组分含量；施硫能较明显地增加大豆蛋白质含量，使含硫氨基酸含量有增加的趋势；施镁可以提高蛋白质和脂肪含量；施硅能增强幼苗光合作用，提高光能利用率，加快碳源积累速度，并具有增产作用。大豆为喜钙作物，钙促进大豆植株生长，增加大豆植株各器官干重，提高大豆产量，生长前期供钙充足可以促进大豆营养生长，利于种子萌发，促进胚根生长，提高叶绿素含量，增强光合作用，促进根瘤形成，缓解水分胁迫、盐胁迫等逆境对大豆的影响；后期供钙充足会显著促进籽粒形成。

大豆施钛可促进光合作用和碳水化合物的合成，促进植株生长发育，增加产量、植株叶绿素含量和叶质干重，增加根瘤数，提高固氮能力和酶活性。

施用该固态复合肥的大豆与对照组的大豆相比，其成熟时间较早，生育期缩短 2 天，说明该固态复合肥促进了大豆植株的生长发育，发挥了钛对农作物的早熟和早产作用。表16-42 为不同肥料处理的大豆产量对比。

表 16-42 不同肥料处理的大豆产量 （kg）

处 理	重复 1	重复 2	重复 3
CK	1.34	1.43	1.38
CK1	1.98	1.94	1.82
NS1	1.86	2.04	1.98
CK2	1.60	1.46	1.64
NS2	2.10	1.94	1.98

注：CK：未追肥。CK1：追施固态复合肥的基体（非炉渣的成分，以下同）硫酸铵 44g/小区（低量）。NS1：追施固态复合肥 55g/小区（低量）。CK2：追施固态复合肥的基体硫酸铵 88g/小区（高量）。NS2：追施固态复合肥 110g/小区（高量）。

从表 16-42 可看出，不同肥料处理的大豆产量差异显著，各重复之间差异不显著，说明实验结果可信；追施固态复合肥的大豆较追施固态复合肥基体硫酸铵的大豆及未追肥的大豆均有一定的增产，说明该固态复合肥中的硫酸铵和炉渣中的钛等成分均对大豆有增产作用。

表 16-43 为对应的大豆的性状指标。从表 16-43 可看出，施用该固态复合肥的大豆与对照组的大豆相比，百粒重和叶片的叶绿素含量明显增加，表明该固态复合肥对大豆叶片的生长有促进作用，使大豆合成更多的有机物，进而使大豆的百粒重明显增加，由于大豆的百粒重是产量的构成因子，大豆的百粒重与产量呈正相关，故对大豆有增产作用。

表 16-43 大豆的性状指标

处理	株高/cm	节数/个	叶干重/g	百粒重/g	叶绿素含量/SPAD
CK	73.5	17.0	0.3949	22.28	42.9
CK1	67.1	15.2	0.3709	21.29	43.3
NS1	71.7	16.2	0.4037	24.11	45.7
CK2	72.9	17.5	0.4064	21.91	44.2
NS2	74.3	17.7	0.3774	23.75	46.5

大豆籽粒和叶片的大量元素含量见表 16-44 和表 16-45。

表 16-44 大豆籽粒的大量元素含量 （mg/g）

处 理	氮含量	磷含量	钾含量
CK	62.5	4.20	18.31
CK2	62.2	5.31	19.10
NS2	62.8	5.62	19.34

表 16-45 大豆叶片的大量元素含量 （mg/g）

处 理	氮含量	磷含量	钾含量
CK	17.6	1.77	9.81
CK2	17.8	1.06	6.38
NS2	14.0	1.11	4.53

从表 16-44 和表 16-45 可以看出，施用该固态复合肥的大豆与对照组的大豆相比，其叶片的氮、磷和钾含量明显减少，籽粒的氮、磷和钾含量显著增加，表明该固态复合肥提高了植物对氮、磷和钾的吸收利用能力，并加速营养物质向籽实转运（大豆属高蛋白作物，籽实是营养物质的重要富集部位），从而使土壤中的肥料能更好地发挥作用。

对大豆进行营养成分测定，选取了蛋白质和淀粉作为考察指标，采用国家标准方法的测定结果见表 16-46。

表 16-46 大豆的营养成分 （%）

处 理	蛋白质含量	淀粉含量
CK	39.06	12.72
CK2	38.88	12.76
NS2	39.25	12.95

从表 16-46 可见，施用该固态复合肥的大豆与对照组的大豆相比，其蛋白质和淀粉含量有一定的增加。该肥料提供硫，硫和氮均为蛋白质的重要组成成分，从而促进了蛋白质的合成；钛加速了氮等营养元素和蛋白质等物质向籽粒转运，提高了大豆总氮和蛋白质的水平。另外，籽粒中的淀粉主要来源于籽粒附近叶片的光合作用产物，钛加速光合作用产物向籽粒转运，进而使淀粉含量增加。表 16-47 为大豆中钛、钒和铬含量的测定结果。

表 16-47 大豆中钛、钒和铬含量的测定结果 （μg/g）

处 理	钛含量	钒含量	铬含量
CK	5.7	0.5	1.3
CK2	6.8	1.0	0.7
NS2	5.1	0.8	0.6

从表 16-47 可见，施用该固态复合肥的大豆与对照组的大豆相比，其钛、钒和铬含量无明显变化规律；重金属钒和铬含量符合国家标准。从该角度讲，通过适度的、合理的施肥提高农产品产量被认为是一种可持续的、安全的和经济的方案，值得继续深入研究。

　　B　固态复合肥的甜菜栽培实验

　　固态复合肥中的硫酸铵和炉渣中的钛等成分均对甜菜有增产作用，发挥了钛对甜菜的增产增糖作用。

　　施用该固态复合肥的甜菜与对照组甜菜相比，其株高、块根长度、叶片鲜重和叶绿素含量均明显增加，表明该固态复合肥对甜菜的生长具有促进作用。该固态复合肥中的硅提高了甜菜植株上层叶片的透光性，增加甜菜植株中、下层叶片对阳光的吸收，进而提高甜菜植株中、下层叶片的光合作用强度，有利于通风透光以及糖类物质的合成和积累。

　　施用该固态复合肥的甜菜与对照组的甜菜相比，其叶片的氮、磷和钾含量明显增加。这是因为钛促进植物对土壤中氮、磷、钾等营养元素的吸收及由根部向叶片的转运（叶片是甜菜植株内营养元素的重要富集部位）。

　　C　由高炉渣合成氮-硅-硫-钾-镁-铁-钛叶面肥及栽培实验

　　追施叶面肥基体的大豆与未追肥的大豆相比，追施叶面肥的大豆较追施叶面肥基体的大豆明显增产，且高浓度处理优于低浓度处理，说明炉渣的钛等成分对大豆有显著的增产作用。

　　施用该叶面肥的大豆与对照组的大豆相比，其株高、节数、叶干重、百粒重和大豆叶片的叶绿素含量明显增加，表明该叶面肥对大豆植株的生长有促进作用，硅增加了植物中、下层叶片对阳光的吸收，提高了叶片的光合作用强度，有利于通风透光和有机物的积累。

　　施用该叶面肥的大豆与对照组的大豆相比，其叶片的氮、磷和钾含量无明显规律，籽粒的氮、磷和钾含量显著增加。说明该叶面肥提高了植物对氮、磷和钾的吸收利用能力，加速营养物质向籽实转运（大豆属高蛋白作物，籽实是营养元素的重要富集部位），从而使土壤中的肥料能更好地发挥作用。施用该叶面肥的大豆与对照组的大豆相比，其蛋白质和淀粉含量有一定的增加。

　　施用该叶面肥的大豆与对照组的大豆相比，其钛含量明显增加。从该角度讲，通过适度的、合理的施肥提高农产品产量被认为是一种可持续的、安全的和经济的方案，值得继续深入研究。

16.7.4.4　应用情况

　　根据辽宁省农业科学研究院三年大田试验的结果发现，制备的复合肥使大豆产量增加5%；追施该复合肥的甜菜比追施基体硫酸铵肥料的甜菜亩产量增加10.9%，含糖率增加8.3%，亩产糖量增加20.2%；追施含钛高炉渣、硫酸铵、柠檬酸和碳酸钾为原料制备的叶面肥的甜菜比追施基体硫酸铵肥料的甜菜亩产量增加20.7%，含糖率增加11.7%，亩产糖量增加34.8%；含钛高炉渣、硫酸氢钾、柠檬酸、尿素和氧化镁为原料制备的钙硫硅肥使蓖麻总产量提高21.3%。

16.8　高钛型高炉渣其他利用技术研究

16.8.1　高钛型高炉渣碱处理提钛技术

　　重庆大学周志明等人研究了在1200~1300℃温度范围用NaOH处理攀枝花高钛型高炉

渣，然后用水浸取产物进行渣钛分离的技术。该法加入 NaOH 的量为高炉渣的 20% ~ 25%，水浸残渣中 TiO_2 含量不超过 10%。由于碱耗量较大，考虑回收钠盐将大大增加成本和工艺的复杂程度，并且钛的富集效果也并不理想，同时高温下处理高炉渣会产生较严重的空气污染。

东北大学孙康等研究了用 Na_2CO_3 处理攀钢高炉渣进行相分离的技术，产物根据颜色分为上下两层，TiO_2 含量分别为 4.85% 和 18.03%，但 Na_2CO_3 的耗量很大，而且渣中的钠盐也难以处理。

16.8.1.1 基本原理

攀钢高钛型高炉渣主要由 TiO_2、SiO_2、CaO、Al_2O_3、MgO 等组成。根据热力学分析，Na_2CO_3 和 SiO_2、TiO_2 反应的热力学趋势远大于其他组分。参照 $Na_2O\text{-}TiO_2$、$Na_2O\text{-}SiO_2$ 系相图可知，$2Na_2O \cdot TiO_2\text{-}Na_2O \cdot TiO_2$ 与 $Na_2O \cdot SiO_2\text{-}Na_2O \cdot 2SiO_2$ 的共晶温度分别为 862℃ 和 846℃。对于 $Na_2O\text{-}TiO_2\text{-}SiO_2$ 三元系，其最低共晶温度则低于 786℃，而炉渣中其余组分的熔化温度则远高于 1000℃。因此，只要使体系中的有价成分硅和钛转化为相应的含钠复合氧化物（以下简称钠盐）并形成共晶体，若控制体系的温度为 1000℃，就可以使硅和钛以熔融物的形式与其余组分分离。这一步称为"熔渣分离"。

经"熔渣分离"后所得残渣，只要其中钛含量小于 10%，就可用作制矿渣水泥的原料。研究指出，一定含量的钠等碱金属成分有助于提高水泥的性能。硅和钛的钠盐混合物可进一步采用相分离法分离。据介绍，硅酸钠与水蒸气作用可生成水玻璃进入液相，而钛酸钠与水蒸气作用后则水解为偏钛酸成为固相。经固液分离后可实现硅与钛的分离。这一步称为"水固分离"。

偏钛酸经高温脱水后可制成 TiO_2 富集物，根据 TiO_2 的纯度可用作颜料、电焊条涂料等。根据水玻璃的纯度，可将其用作钢材除锈剂、钛白粉包膜剂或耐火材料等。

16.8.1.2 碱处理相分离技术工艺流程

碱处理相分离技术工艺流程如图 16-70 所示。

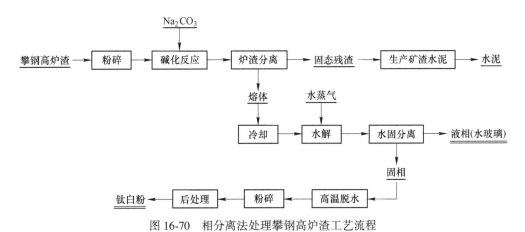

图 16-70 相分离法处理攀钢高炉渣工艺流程

16.8.1.3 处理后的产物组成

攀钢高钛型高炉渣中各组分可能发生的主要碱化反应汇总于表 16-48。为简化分析，此处仅考虑游离态各组分碱化反应的标准自由能变化。为便于比较，将各反应式中

Na_2CO_3 的化学计量系数均设化为 1，计算结果列于表 16-49。实现"熔渣分离"的先决条件是各组分（及其作用产物）的熔化温度存在明显差别。通过查阅相图可以发现，钛和硅的钠盐与其他氧化物相熔化温度相差超过 200℃。因此，从热力学角度采用相分离法可以实现钠盐与其余氧化物分离。

表 16-48 碱化过程主要反应

序 号	反 应
1	$Na_2CO_3 + SiO_2 = Na_2O \cdot SiO_2 + CO_2 \uparrow$
2	$Na_2CO_3 + 1/2SiO_2 = 1/2(2Na_2O \cdot SiO_2) + CO_2 \uparrow$
3	$Na_2CO_3 + 2/3SiO_2 = 1/3(3Na_2O \cdot 2SiO_2) + CO_2 \uparrow$
4	$Na_2CO_3 + 2SiO_2 = Na_2O \cdot 2SiO_2 + CO_2 \uparrow$
5	$Na_2CO_3 + TiO_2 = Na_2O \cdot TiO_2 + CO_2 \uparrow$
6	$Na_2CO_3 + 2TiO_2 = Na_2O \cdot 2TiO_2 + CO_2 \uparrow$
7	$Na_2CO_3 + 3TiO_2 = Na_2O \cdot 3TiO_2 + CO_2 \uparrow$
8	$Na_2CO_3 + 1/2TiO_2 = 1/2(2Na_2O \cdot TiO_2) + CO_2 \uparrow$
9	$Na_2CO_3 + Al_2O_3 = 2NaAlO_2 + CO_2 \uparrow$
10	$Na_2CO_3 + Fe_2O_3 = Na_2O \cdot Fe_2O_3 + CO_2 \uparrow$
11	$Na_2CO_3 + V_2O_5 = Na_2O \cdot V_2O_5 + CO_2 \uparrow$

表 16-49 各反应标准自由能变化

反 应	不同温度下自由能变化/kJ			
	600K	800K	1000K	1200K
1	-3.48	-29.19	-53.72	-75.12
2	48.18	20.36	-1.59	-21.82
3	64.30	38.61		
4	-9.60	-36.61	-63.51	-90.49
5	18.35	-9.26	-35.86	-59.65
6	-1.87	-29.61	-55.91	-78.65
7	-13.04	-42.95	-71.41	-96.33
8	125.04	117.84	112.70	111.31
9	49.02	19.66	-8.28	-32.37
10	132.62	101.50	73.00	48.75
11	-109.96	-141.09	-166.69	

由表 16-49 可见，与 SiO_2 和 TiO_2 相比，体系中 Al_2O_3 和 Fe_2O_3 与 Na_2CO_3 的反应比较困难。另外，尽管 V_2O_5 与 Na_2CO_3 反应的热力学趋势较大，但由于其含量较少，因此，最终所得熔体主要为硅和钛的混合钠盐。

SiO_2 比 TiO_2 更易与 Na_2CO_3 反应。为保证体系中 TiO_2 转变为相应的钠盐，在反应物中配入 Na_2CO_3 占总质量的 46%、高炉渣磨至 -0.071mm 的条件下，反应产物的 X 线衍射分析结果表明，渣中钛和硅主要以 Na_2TiO_3 和 $Na_2SiO_3 \cdot 6H_2O$ 存在，有一部分硅以 Fe_2SiO_2 等形态存在，有部分 $NaAlO_2$ 生成，这些结果与热力学分析相吻合。

16.8.1.4 高炉渣粒度对反应的影响

将 6.5g 高炉渣细粉在 20MPa 压力下压成 $\phi11.5mm \times 2cm$ 的圆柱状试样。除高炉渣外，其他原料均为分析纯试剂。由于碱化反应为固-固反应，因此，高炉渣粒度可以反映出反应接触面积。实验在高炉渣与 Na_2CO_3 配比为 3.1 : 1（质量比，下同）、反应温度为 800℃、反应气氛为 N_2 的条件下进行。实验结果如图 16-71 所示。由图 16-71 可见，高炉渣粒度对反应影响很大。为使反应易于进行，高炉渣的粒度应小于 0.071mm。

16.8.1.5 渣碱比对反应的影响

高炉渣粒度小于 0.071mm、渣碱比为 1.57 : 1、反应温度 800℃、反应时间 90min，其他条件相同时，仅改变渣碱配比，所得实验结果如图 16-72 所示。由图 16-72 可见，在满足化学计量关系前提下，渣碱比对碱化反应影响较大。

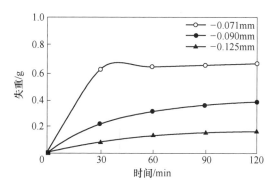

图 16-71 高炉渣粒度对反应的影响

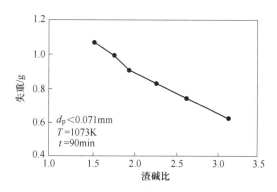

图 16-72 渣碱比对反应的影响

16.8.2 高钛型高炉渣硫酸浸取制钛白及提钪工艺

北京科技大学的王秀文和杨智芳研究了用"磁选-硫酸法"联合选冶流程处理高钛型高炉渣。通过磁选除去渣中的磁性铁，磁选产物含铁 80%，用于炼钢，回收率为 77%。然后用硫酸浸出磁选后的高炉渣，钛、钪的浸出率大于 85%，残渣中的 TiO_2 低于 3%。

湖南大学彭兵、易文质等研究了用硫酸法处理攀钢高钛型高炉渣生产钛白，钛的水解率为 95.18%，制得符合国家标准的钛白粉。但由于高炉渣中钛品位低，高炉渣单耗和硫酸的单耗分别达到 5.7t/t 钛白和 5.5t/t 钛白，产品成本仍然很高，钛的回收率偏低。

东北大学的刘晓华、隋智通研究了用稀硫酸加压浸出攀钢高钛型高炉渣制取 TiO_2 工艺，得到的产品含 $TiO_2 > 90\%$。

攀钢（集团）钢铁研究院与中南工业大学于"八五"期间合作开展了硫酸浸取高炉渣制钛白及提钪的研究工作。其主要方法是用硫酸浸取高炉渣，经过水解、萃取、沉淀等生产出钛白粉、Sc_2O_3、并得到硫酸铝铵或三氧化二铝、氧化镁等副产物。其中钛的直接收率达到 73.4%，钪的收率达到 60%。该技术路线用高炉渣中的 TiO_2 生产出钛白粉，回收了钪。但钛的收率不高，生产效率低，且要消耗大量的硫酸（浓硫酸约 6t/t TiO_2），生产效率低（使用硫酸法钛白工艺，设备利用率不到 20%），造成大量酸浸液和酸浸残渣二次污染（高浓度废酸约 15t/tTiO$_2$），而且酸浸残渣更难以利用。虽然提钪是一大亮点，但吨渣含钪不到 40g，且全球的需求非常有限。

另外，中国核动力研究设计院的王道奎等人研究了用盐酸浸出攀钢高钛型高炉渣技术，并获得了中国发明专利；重庆硅酸盐研究所杨大为等也获得了另一项盐酸处理攀钢高炉渣的中国发明专利。

东北大学的王明华研究了用硫酸处理经过高温改性-选择性分离技术处理得到的富钛精矿（TiO$_2$ 含量 35.47%）技术，探讨了人工合成钙钛矿直接酸解为水溶性钛盐，然后不加晶种水解制取 TiO$_2$ 含量为 75.08% 的初级富钛料。然后再用稀硫酸处理初级富钛料，制备出 TiO$_2$ 品位为 95.23% 及 CaO、MgO 含量均小于 0.1%，适用于作氯化法钛白原料的高级富钛料。整个技术分为酸解、水洗、水解、酸洗四个主要步骤，但整个工艺流程太长、成本高、"三废"量大。

原西昌新钢业公司研究了硫酸法钛白废酸处理含钛高炉渣技术，实现了含钛高炉渣和废酸的资源化利用。该工艺在"三废"综合利用方面独辟蹊径，"以废治废"，工业试验连续进行了 6 个多月，完成了产业技术设备的开发，具备良好的技术基础。

16.8.2.1　基本原理

以钙钛矿为主要矿相的高钛型高炉渣为原料，通过硫酸法制取钛白工艺，其主要酸解反应如下：

$$CaTiO_3 + 2H_2SO_4 \Longrightarrow CaSO_4 + TiOSO_4 + 2H_2O$$
$$CaO + H_2SO_4 \Longrightarrow CaSO_4 + H_2O$$
$$Al_2O_3 + 3H_2SO_4 \Longrightarrow Al_2(SO_4)_3 + 3H_2O$$

酸解获得的溶液经过水解、过滤、焙烧，即得到钛白粉。

16.8.2.2　主要工艺因素对 TiO$_2$ 酸解率的影响

（1）矿酸比对 TiO$_2$ 酸解率的影响。图 16-73 为采用从高钛型高炉渣中分选出来的以钙钛矿为主矿相的富钛精矿（以下简称富钛精矿）在 200℃、-60 目、浓 H$_2$SO$_4$ 中的酸解情况。试验结果表明，增加矿酸比则反应硫酸化速度降低；如果达到相同的酸解率则必须延长反应时间。当矿酸比为 1:20 时，反应 2h 后钛酸解率可达 92%；当矿酸比为 3:20 时，则 5h 以上才能使钛提取率达到 92%；矿酸比为 5:20 和 8:20 时则需要更长时间。

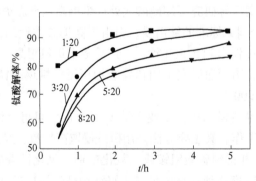

图 16-73　矿酸比对 TiO$_2$ 酸解率的影响

渣酸比增加，则酸解后得到的溶液中钛离子浓度增大，该溶液用于制取钛白时浓缩时间缩短，但溶液稳定性变差，易出现早期水解，溶液澄清度低、过滤困难。实验发现：矿酸比在 1：25 时较好，此时钛液稳定性大于 350，并且钛离子浓度较高。

（2）温度对 TiO_2 酸解率的影响。图 16-74 为矿酸比 1：20、粒度−200 目、浓 H_2SO_4 条件时不同温度下富钛精矿的酸解情况。由图 16-74 可见，随着温度增加，则酸解速率明显增大，酸解反应时间缩短。当酸解率达到 90% 时，200℃ 时需要的反应时间为 60min，250℃ 时则需要的反应时间为 40min，而 300℃ 时则为 15min。

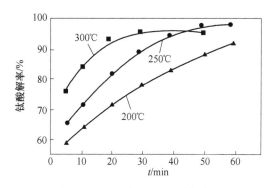

图 16-74　温度对 TiO_2 酸解率

试验同时表明，当温度超过 300℃ 时浓 H_2SO_4 溶液开始沸腾并溅出，反应不易控制。温度过高还会造成 SO_3 气体挥发、矿粉凝结成块、钛离子提前水解等不利因素。尽管温度越高越有利于酸解反应，但实际上为避免其他因素影响，得到较高的酸解率，一般控制反应温度在 200℃ 以下，通过延长反应时间来实现。

（3）粉磨粒度对 TiO_2 酸解率的影响。图 16-75 为 30 目、100 目和 350 目的富钛精矿在 200℃ 条件时精矿粒度对 TiO_2 酸解率的影响。

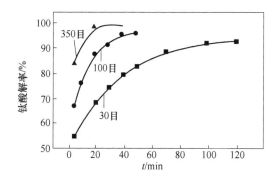

图 16-75　粒度对 TiO_2 酸解率的影响

由图 16-75 可见，同等条件下分别采用 30 目、100 目和 350 目粒度的富钛精矿，得到的钛元素最高酸解率分别为 91%、95% 和 98%，同时达到最高酸解率所需时间随着富钛精矿颗粒目数的增大而减小。对于 30 目、100 目和 350 目的富钛精矿，其硫酸化时间分别为 100min、40min 和 20min。

富钛精矿粒度的减小增加了钛元素的最高酸解率并且提高了酸解速度，这是因为酸解

·1000· 16 含钛冶金化工"三废"及其综合利用技术

反应为液-固异相反应，反应在富钛精矿颗粒表面进行。按照收缩未反应核模型理论，富钛精矿粒度的减小使颗粒界面液膜扩散层的厚度减小，离子通过扩散层的速度增加，同时也增加了反应的接触面积，因而加快了反应速度。

（4）H_2SO_4 浓度对 TiO_2 酸解率的影响。在矿酸比为 $1:20$、富钛精矿粒度 -200 目、$100℃$ 下恒温 $100h$ 时，考察硫酸浓度对 TiO_2 酸解反应的影响。试验结果如图 16-76 所示。

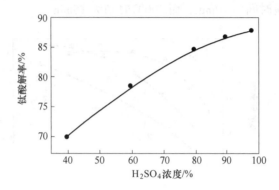

图 16-76 H_2SO_4 浓度对 TiO_2 酸解率的影响

由图 16-76 可见，H_2SO_4 浓度增大，则钛元素酸解速率越快。当浓度大于 90% 时，钛元素酸解速度增加幅度变小。这是因为 H_2SO_4 浓度的提高增加了单位表面积上参加反应的 H_2SO_4 分子数，因而加快了反应速度。但 H_2SO_4 浓度过高时，反应产生的离子不能迅速扩散到溶液中，阻碍了钛元素酸解速率增加。采用 90% 的 H_2SO_4 不仅保持了较高的化学反应速度，而且可以充分利用稀释浓 H_2SO_4 产生的热量来引发反应。

实验还发现，不同浓度的 H_2SO_4 均可以和富钛精矿发生酸解反应。20% 的 H_2SO_4 能将钛元素在室温下于 25 天内完全浸取出来，将富钛精矿浸泡成灰色絮状物。这也是原西昌新钢业用钛白废酸提取高钛型高炉渣中 TiO_2 的原因。

上述研究都是着眼于将攀钢高钛型高炉渣作为一种含钛原料来考虑，尽可能地从中提取出 TiO_2，产品包括钛白粉、钛黄粉或富钛料。但很显然，把 TiO_2 含量在 22% ~ 25% 的高炉渣直接当成硫酸法制钛白的良好原料来考虑，是不现实的，因为其附产的废酸和绿矾问题至今仍是世界级的难题。世界各国的研究和生产实践已经证明：用硫酸法进行钛白生产必须尽可能提高钛原料的品位，以减少三废对环境带来的污染，因此可以说上述技术的产业化前景非常受限。

16.8.3 高钛型高炉渣熔盐焙烧提取钛铝镁工艺技术

16.8.3.1 基本原理

高钛高炉渣资源化利用难度较大的一个主要原因是渣中各有价元素的品位都较低，无法采用传统的相应组分提取法进行处理，故为了提取利用渣中的 Ti 元素，科研工作者们研究了使高钛高炉渣在高温下与硫酸盐或硫酸氢盐焙烧，使其中含量较多的 Mg、Al 组分发生反应生成相应的可溶性硫酸镁和硫酸铝，再通过溶液浸取将硫酸镁和硫酸铝提取出来，Ti 组分则残留在渣中实现富集，后续采用传统硫酸提钛法对富钛渣进行处理提取钛白。主要化学反应如下：

$$6(NH_4)_2SO_4 + Al_2O_3 \Longrightarrow 2(NH_4)_3Al(SO_4)_3 + 6NH_3\uparrow + 3H_2O$$

$$2(NH_4)_2SO_4 \Longrightarrow (NH_4)_3H(SO_4)_2 + NH_3$$

$$6(NH_4)_3H(SO_4)_2 + Al_2O_3 \Longrightarrow 2(NH_4)_3Al(SO_4)_3 + 12NH_3\uparrow + 9H_2O + 6SO_3\uparrow$$

$$CaO + (NH_4)_3H(SO_4)_2 \Longrightarrow CaSO_4 + 3NH_3\uparrow + SO_3\uparrow + 2H_2O$$

$$(NH_4)_3Al(SO_4)_3 \Longrightarrow Al(OH)_3\downarrow + 3NH_3\uparrow + 3SO_3\uparrow$$

$$2(NH_4)_2SO_4 + MgO \Longrightarrow (NH_4)_2Mg(SO_4)_2 + 2NH_3\uparrow + H_2O$$

$$(NH_4)_2Mg(SO_4)_2 \Longrightarrow Mg(OH)_2\downarrow + 2NH_3\uparrow + 2SO_3$$

16.8.3.2 工艺流程

熔盐焙烧高钛高炉渣分离组分的工艺流程如图 16-77 所示。硫酸铵或硫酸氢铵在 400℃左右熔融条件下对高钛高炉渣进行处理，焙烧一段时间后采用水浸的方式提取出焙烧渣中的硫酸铝、硫酸镁，钛组分则获得富集，留待后续硫酸法处理；富含镁铝的水浸液则采用氨水调节溶液的 pH 值，使其中的镁铝组分分别在不同的 pH 值范围内沉淀，从而实现硫酸镁、硫酸铝的提取分离。

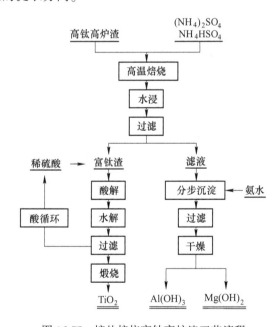

图 16-77　熔盐焙烧高钛高炉渣工艺流程

16.8.3.3 主要技术指标

在 350~450℃下焙烧 60min 可实现 MgO 和 Al_2O_3 的提取率分别达到 88.14% 和 86.45%，固相中钛含量由 20% 富集到 35%。水浸液和水浸渣分别经后续分步沉淀和硫酸提钛处理后可获得结晶度高、纯度高的 $Mg(OH)_2$、$Al(OH)_3$、TiO_2 粉体，提钛率高达 91.21%。

图 16-78 为 pH 值为 5 时沉淀分离得到氢氧化铝粉体照片，图 16-79 为其 XRD 图谱。

图 16-78　氢氧化铝煅烧粉体照片

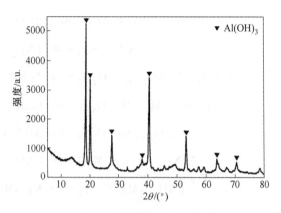

图 16-79　氢氧化铝 XRD 图谱

图 16-80 为 pH 值为 11 时沉淀分离得到氢氧化镁产物照片，图 16-81 为其 XRD 图谱。

图 16-80　氢氧化镁粉体产物照片

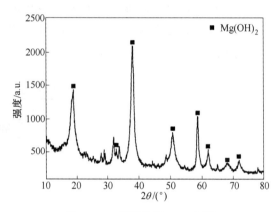

图 16-81　氢氧化镁 XRD 图谱

图 16-82 为所得偏钛酸煅烧产物照片，图 16-83 为偏钛酸煅烧产物的 XRD 图谱。

图 16-82　偏钛酸煅烧产物照片

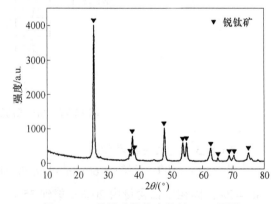

图 16-83　偏钛酸煅烧产物的 XRD 图谱

16.8.3.4　应用前景分析

该工艺实现了高钛型高炉渣中多种有价组分的提取，与已有的直接酸解工艺相比，该工艺具备有价组分提取率高、产品多样化、助剂可循环、二次污染小、终渣无危害等优点；与碱焙烧法相比，所需反应温度较低，富钛效果好，但焙烧助剂的用量过大。目前这些技术的成熟度还比较低，工业可行性暂时停留在理论层面。熔盐焙烧工艺若能得到工业应用，则可有效解决从高钛型高炉渣中实现多种有价组分的高效回收，对高钛型高炉渣的资源化利用具有重要的理论和实际意义。

16.9　钢铁尘泥综合利用技术

炼铁、炼钢环节所产生的尘泥主要有烧结尘泥、高炉瓦斯灰泥及转炉尘泥。

烧结是钢铁生产工艺中的一个重要环节，它是将有用的铁矿粉末（包括铁矿粉、焦煤粉、熔剂粉等）等按一定配比混匀，经烧结而成的有足够强度和粒度的烧结矿，可作为炼铁熟料。利用烧结熟料炼铁对于提高高炉利用系数、降低焦比、提高高炉透气性、保证高炉运行均有一定意义。

烧结尘泥主要是烧结生产过程中由于熔剂和燃料的破碎、烧结机抽风、成品矿筛分各种除尘设施所产生的大量粉尘。我国钢铁生产以高炉—转炉长流程为主，烧结矿约占高炉炉料的 70%~75%，烧结工序粉尘产生量为 20~40kg/t 烧结矿，粉尘排放量占钢铁企业总排放量的 40% 左右。烧结粉尘的合理利用是烧结及钢铁行业绿色发展的重要内容。

我国钢铁工业规模庞大，不同钢铁厂烧结配料不同，产生的烧结尘泥成分也不尽相同，但基本类似。某钢铁厂烧结除尘灰的成分见表 16-50，三项主要除尘灰中，机头除尘灰从一电场到三电场全铁含量逐渐降低，有害元素 Pb、K、Na 含量则逐渐增加，尤其是二电场和三电场除尘灰中 K 含量非常高。目前，国内烧结机头大部分以电除尘为主，电场数量从 3 个到 5 个不等，但电场除尘灰中 K、Na 等有害元素含量的规律是越往后越高。烧结机尾除尘灰与环境除尘灰中有害杂质含量较少，全铁含量较高。研究表明，烧结机头除尘灰中的 K、Na 多以 KCl、NaCl 的形式存在；此外，很多厂家的烧结除尘灰（尤其是机头除尘灰）中还含有 Cu、Pb 等元素。

表 16-50　烧结除尘灰的化学成分　（%）

固废名称	TFe	SiO_2	CaO	MgO	Al_2O_3	PbO	Na_2O	K_2O	S
机头一电场	43.98	4.80	7.08	1.97	1.46	1.06	1.87	8.25	1.09
机头二电场	25.13	3.04	3.86	1.37	1.46	2.71	1.80	17.00	1.27
机头三电场	13.54	2.00	4.42	1.62	1.37	3.56	3.23	18.95	1.21
机尾除尘灰	49.14	6.91	15.20	3.40	3.46	0.016	<0.10	0.40	0.45
环境除尘灰	51.16	7.10	15.18	3.63	3.69	0.0088	<0.10	0.24	0.11

16.9.1　烧结尘泥回收利用技术

16.9.1.1　烧结尘（泥）直接回用于烧结技术

烧结除尘灰中含有大量的铁元素，因此将其作为烧结配料直接返回烧结使用是目前最主要的利用途径。各钢铁企业根据生产实际采用了不同的配用工艺，可分为提前润湿法、混匀造堆法和小球团/提前制粒法，表 16-51 列出了这些方法的主要特点。

表 16-51　烧结尘（泥）直接回用于烧结技术特点

工　艺	投资	成分稳定性	烧结矿质量	二次扬尘污染
混匀造堆法	较小	好	一般	大
提前润湿法	小	不好	一般	中
小球提前制粒法	较大	较好	好	小

A　混匀造堆法

由于烧结机头电除尘灰的产量和成分存在一定的波动，若直接配入烧结料容易导致配料不准、水分难以控制等问题，不利于烧结矿成分的稳定和成球性能。为此，部分钢铁企业采用了混匀造堆法。该方法主要是将除尘灰外运，与其他一些冶金废料如高炉瓦斯灰、转炉污泥、电炉尘、转炉尘、轧钢皮等一起集中造堆，充分混匀。将除尘灰按系统产生量平衡后，按固定比例参加预配料，然后进行人字形堆料，使除尘灰和其他原料充分润湿，再送去烧结。该方法具有工艺简单、操作容易、可稳定烧结生产等优点。但也存在诸多不足之处，体现在：

（1）在物料集中过程中需要大量车辆运力；

（2）集中造堆需要大量场地；

（3）在混匀过程中产生大量二次扬尘，严重污染环境。

B　提前润湿法

提前润湿法是将烧结机头、机尾除尘灰及烧结冷返矿提前加水充分润湿，使水分控制在 5%左右，以改善其成球性能，然后加入配料皮带与其他配料一起混匀。该方法可改善混合料成球性能，工艺简单、设备少、投资少、操作管理简单。与混匀造堆法相比，该方法省去了将大量冶金废弃物运输集中的过程，仅使用了烧结厂内废弃物，节省了运费和场地。但是由于烧结机头电除尘灰产量和成分的波动性，给烧结矿配料带来困扰。

上述两种方法虽然具有工艺简单、投资少等优点，但是直接将粉状除尘灰作为烧结配料使用也对烧结矿质量造成一定的影响。这主要是由于除尘灰粒度细、疏水性强，从而降低了烧结料层的透气性和烧结矿的强度。因此，在上述方法的基础上，可进一步将除尘灰预先制成小球团再作为原料配入烧结使用，从而消除直接配用粉状除尘灰对烧结矿质量的不利影响；另外，直接配用除尘灰的过程极易产生二次扬尘，损失物料且污染环境，而采用小球团/提前制粒法则可降低二次扬尘的产生。

C　小球提前制粒法

将烧结尘（泥）预制粒后回用烧结是提高除尘灰利用效果的一种方式，可避免直接回用烧结造成配料不准、制粒性差等负面影响，通常需要加入石灰类的黏结剂，以提高制粒效果。首钢曾将烧结电除尘灰等混合灰配入 JF 添加剂，利用造球盘机构进行制粒，制粒后的除尘灰球配入混合料后能够提高烧结料层透气性，烧结机利用系数和成品率均有所提高。宝钢采用生石灰作为黏结剂，将烧结电除尘灰等 7 个炼铁过程中产生的除尘灰作为原料，建设 100 万吨/年的粉尘造粒工艺，通过强力混合、润磨和造球工艺后输送到烧结制粒皮带进行烧结。

当前，国内烧结尘（泥）绝大部分还是返回烧结利用，除尘灰直接返回烧结配料循环利用的方式简单、铁利用率高，但存在的问题是有害元素循环富集，导致其中的碱金属、重金属等有害元素无法离开烧结工序，造成循环富集，以致烧结矿中有害元素含量过高，进入高炉后造成一系列危害。

因而，采取专门的处理工艺进行无害化处理，将是未来烧结除尘灰资源化利用的发展方向。

16.9.1.2 烧结尘（泥）制备氯化钾技术

我国是一个钾资源匮乏的国家，经济储量仅为800万吨（K_2O），约占世界储量的2.5%，自给率不足60%。鉴于烧结除尘灰（尤其是机头除尘灰）中钾含量较高，有研究者提出采用烧结除尘灰制备氯化钾肥料的研究思路，并进行了一系列实验研究。首先用水对烧结除尘灰浸出，浸出液经过沉降分离后加入硫化钠、SDD或Na_2CO_3去除溶液中的重金属离子，净化后的溶液通过蒸发、分步结晶，得到纯度超过90%的氯化钾，结晶后的母液循环利用作为浸出溶剂。

由于氯化钾易溶于水，采用烧结除尘灰制备氯化钾工艺流程简单、设备投资规模小、能耗少、无废水废气排放，产品能够弥补我国钾资源紧缺的现状，因此具有良好的发展前景。但由于烧结除尘灰中重金属离子含量较高，用其制备氯化钾肥料存在的主要问题是如果残留铅、铜等重金属过高，达不到农业用钾肥的标准，就只能作为生产钾肥的原料；另一方面，氯化钾易溶于水，在中性或盐碱土壤中易形成氯化钙，氯化钙在多雨地区、多雨季节或灌溉条件下易流失而导致土壤板结，造成土壤逐步酸化，因此氯化钾肥的施用也存在限制。

16.9.1.3 烧结尘（泥）制备硫酸钾肥及复合肥技术

相对而言，硫酸钾肥比氯化钾肥有更高的使用价值，因此一些研究者在分析研究烧结机头除尘灰基本组成与化学性质的基础上，提出了利用其中的钾元素生产制备硫酸钾的工艺。由于烧结机头除尘灰中的钾是以氯化钾形式存在，因此，首先通过水洗对烧结除尘灰脱钾，钾液经NH_4HCO_3除杂后，加入$(NH_4)_2SO_4$进行复分解反应获得K_2SO_4，溶液再经两级蒸发浓缩、结晶后，可分别制得工业级硫酸钾、农用硫酸钾和$(K，NH_4)Cl$农用复合肥等产品。另外，在浸出分离后的浓缩液中加入甲酰胺，能够显著提高钾盐的收得率，并降低硫酸钾的结晶温度，减少结晶蒸发量，从而降低能耗。甲酰胺还可以回收利用，因此消耗并不高。

实验研究表明，采用烧结机头除尘灰制备农用硫酸钾和$(K，NH_4)SO_4+(K，NH_4)Cl$混合结晶等产品，在工艺上是可行的。除尘灰中钾元素的脱除率和钾资源的回收利用率均在92%以上，所制得的硫酸钾产品质量可以达到GB 20406标准中农用硫酸钾合格指标要求。并且还可进一步与优等品磷肥P_2O_5进行复配，生产高钾、含氯的高浓度$N+P_2O_5+K_2O$复合肥。

16.9.1.4 烧结尘（泥）制备氯化铅技术

烧结原料中的一些铁矿石和厂内循环物料中含有铅。铅以及铅化合物的特点是熔点低、密度大，因此在抽风烧结过程中还原出的铅或铅化合物极易向料层底部移动，并随烟气进入烧结机头除尘系统中。分析表明，烧结机头除尘灰中铅的存在形式有$PbCl_2$、$Pb_4Cl_2O_4$、PbO。机头除尘灰返回烧结配料使用无法将其中的铅化合物排出，会造成铅的循环富集，从而引起更大的危害。

由于铅对农作物而言是一种有害元素，因此采用烧结除尘灰制备钾肥的资源化利用方式也必须将其中的铅分离出去。

根据烧结除尘灰中铅的赋存形式，一些学者研究了提取分离烧结除尘灰中铅的工艺技术，其工艺路线如下：首先将烧结除尘灰在加入适量分散剂的水中进行溶解，搅拌形成悬浮液，随后通过磁选选出其中的铁；向磁选后的尾泥中加入盐酸与氯化钠的混合溶液，通过氯化浸提方式回收其中的氯化铅；提取的氯化铅晶体用氯化钠溶液溶解，并加入碳酸钠除去其中的 Ca^{2+}、Mg^{2+} 离子，然后对溶液进行过滤、洗涤、干燥、焙烧，最后获得质量较高的氧化铅。在该工艺路线中，除杂产生的废渣再返回烧结配料使用。

由于烧结除尘灰中铅含量并不是很高，因此单独采用烧结除尘灰制备一氧化铅工艺路线的经济性有待进一步评价。若结合烧结除尘灰制备钾肥的工艺，分别提取其中的钾与铅，达到综合利用的目的，可获得更好的经济效益。

16.9.1.5　烧结尘（泥）回收金属银技术

在钢铁生产的烧结过程中，伴生于铁矿石中的银化合物会随其他伴生金属化合物（如铜、锌、铅、铋、钾、钠等化合物）一起气化或升华，进入烧结烟气（粉尘）并被设置在烧结机头的电除尘器捕集下来。由此产生的含银烧结除尘灰在多次重新配入烧结料的循环回用过程中，银元素逐步得到富集并最终达到较高的含量。

当前，国内外开发和广泛应用的从工业固体废弃物中提取和回收银的工艺方法，主要是湿法浸取-电解或湿法浸取-化学还原/沉淀等联合工艺。在湿法浸取-电解工艺中，工业固废中的单质银先通过酸浸转化为银离子，溶液中的银离子经富集、浓缩，再通过电解即可得到单质银；在湿法浸取-化学还原/沉淀工艺中，酸浸后所得的含银溶液经络合萃取，再经化学沉淀或化学还原将银离子从溶液中沉淀或置换出来，从而得到银化合物或单质银。在提取银的过程中，化学性质与银相似的其他金属元素（如铜、锌等）可以一并得到回收利用。

目前研究烧结烟尘中银、铷、铯等稀贵资源的回收仍处于起步阶段，仅有少量学者对部分钢铁企业的烧结烟尘进行了银、铷、铯的检测分析，而这些稀贵金属资源的来源、从铁矿烧结原料迁移到烧结烟尘中的规律、从烧结烟尘中高效回收的技术等方面的内容，都亟待开展更基础、更全面的研究。

16.9.1.6　烧结尘（泥）用作水泥生产原料技术

烧结烟尘粒度小、质软易磨且有一定的助磨作用，并含有较高的铁可作为铁质校正原料。同样来自钢铁企业的高炉除尘灰中含有较高的 Al_2O_3，但是 SiO_2 含量低，可作为水泥熟料的铝质校正原料。上海五钢集团及甘肃河西堡铁厂水泥厂将利用烧结烟尘、高炉除尘灰等作为生产水泥的添加剂，这些除尘灰的粒度比原先所用的炉渣和镍渣等更细，显著提高了生料磨的生产效率，也降低了熟料的标准煤耗。

16.9.2　高炉瓦斯灰泥综合利用技术

高炉瓦斯灰（泥）是炼铁高炉在炼铁过程中随高炉煤气（又称瓦斯）带出的原燃料的粉尘以及高温区激烈反应而产生的微粒，其主要成分为炭粒、单质铁及锌、SiO_2、Al_2O_3 等。高炉瓦斯灰（泥）的产量约为粗钢产量的 $1\% \sim 3\%$，是钢铁企业主要固体排放物之一。

高炉煤气经重力除尘器分离得到的干式粗粒粉尘为瓦斯灰，而通过煤气洗涤由污水排放于沉淀池中经沉淀处理得到的是瓦斯泥。瓦斯泥包括由煤气洗涤塔、二级文氏管清洗等得到的细粒尘泥。

因为高炉瓦斯灰泥中含有一定量的锌，也是锌的二次资源。近年来高炉瓦斯灰泥中的锌资源开发利用受到了人们重视。由于地球上锌矿资源有限，国内外钢铁企业越来越重视对二次锌资源的回收和利用。现在，世界上发达国家对高炉瓦斯灰泥等含锌固废的综合利用都呈现积极态度。1976 年，美国环保机构 EPA 制定法律，将含铅锌的钢铁厂粉尘划归为 K061 类物质（有毒固体废物），要求对其中铅、锌等进行回收或钝化处理，否则须密封堆放于指定场地。继美国之后，西方各国及日韩等国都制定了类似的法律。德国和日本的高炉瓦斯灰泥处理比例已接近 100%。国外大多数钢铁企业多以集中管理和处理的原则选择工艺，某些相近的钢铁厂将此类粉尘集中到某一环保公司统一处理。

我国是世界第一钢铁生产国和消费大国，从钢铁冶炼产生的固体废料中回收锌，将成为巨大的锌资源。美国、西欧和日本等从钢铁行业含锌烟尘中回收的锌已占其锌循环利用中的最大份额。实践发现，从高炉瓦斯灰泥等含锌固废中回收锌、铅等有价元素在国内具有巨大的市场和广阔的前景。

我国高炉瓦斯灰泥有少部分配加进入烧结料中加以利用，大多数被填埋或者无回收利用。近年来，随着我国矿产资源的日益减少和国家环保工作的要求，一些钢铁企业已重视对高炉瓦斯尘泥中锌等有价元素的处理回收利用，并加大了力度。处理好高炉瓦斯尘泥，即以金属或氧化物的形式回收锌，能实现变有害废料为有价产品。

16.9.2.1 高炉瓦斯灰泥产量及其理化性能

我国每生产 1t 钢，大约副产 20kg 高炉瓦斯泥，其中锌含量为 10%~20%。若按年产 10 亿吨钢计算，则瓦斯泥的产量为 2000 万吨左右，其中含锌量为 200 万~400 万吨，相当于开采 3800 万~7700 万吨的锌矿石。

高炉瓦斯尘泥中包含的组分比较多，其中占比最大的是铁、锌、碳等成分，还含有少量硅、铝、钙、镁等元素，也有部分高炉尘泥中含有铅、砷等有害元素。部分钢厂高炉瓦斯灰（泥）的化学组成见表 16-52，其全铁含量为 38% 以上，碳含量约为 20%，均具有回收价值。高炉瓦斯灰（泥）中含有一定量的锌、铅、铋等重金属，随炉料和矿石不同而有所差异。锌在高炉内循环富集会给高炉冶炼带来不利影响，锌在炉内的循环会使热量发生转移，导致渣铁温度降低，渣的黏度升高，不利于高炉顺行和脱硫；炉喉的锌瘤会破坏炉料和气流的分布，管道中的锌瘤会影响煤气流，而渗入到炉衬砌缝和孔隙中的锌沉积，会破坏炉墙而影响高炉寿命。如何高效利用高炉瓦斯泥并提高其综合附加值，减少环境污染，成为冶金企业面临的重大课题。

表 16-52 部分钢厂高炉瓦斯灰（泥）主要成分　　　　　（%）

成　分	TFe	FeO	Fe₂O₃	SiO₂	CaO	MgO	P	S	C	Al₂O₃	烧损
武钢	37.89	3.90	39.71	9.20	3.80	1.10		0.45	22.21	3~5	25.13
鞍钢	42.22	11.50	46.88	18.36	7.13	1.29		0.104	18.20	1.17	10.79
包钢	45.45	10.56	53.26	6.70	5.10	1.73	0.142	0.347		2.71	
凌钢	39.43			10.29	2.03	1.21			21.97	4.59	
邯钢	38.95	11.07	43.28	9.02	6.80	1.69	0.04	0.53	17.20	2.85	7.44
新余钢铁	36.57	5.66		6.02	1.92	0.84	0.06	0.723	24.68	2.56	28.19

高炉瓦斯灰泥的主要构成为入炉原料在高炉下行过程中产生的铁矿石（烧结矿、球团矿）粉、焦炭粉等原生态粉尘颗粒，且这些颗粒作为基体黏附着在高温冶炼过程中烟化产生的大量的更为细小的颗粒上，随高炉煤气一起排出高炉。其中大部分毫米级的粗颗粒经旋风重力除尘器捕集。部分毫米级、大部分亚毫米级、微米级和亚微米级的细颗粒经布袋除尘器或湿式除尘系统收集。高炉瓦斯灰泥中锌主要以 ZnO 的形式赋存，细颗粒粉尘的 ZnO 含量较高，通常在 7%左右。

攀枝花钒钛磁铁矿高炉冶炼副产的高炉瓦斯尘泥，主要由铁氧化物、锌氧化物、CaO、MgO、SiO_2、Al_2O_3、C 等组成，呈暗红色泥浆状或灰红色粉末状，粒度较细，表面粗糙，有孔隙，呈不规则形状。该瓦斯尘泥含铁品位范围一般为 30%~40%，铁矿物以含钛 Fe_3O_4 和 Fe_2O_3 为主，约占 85%。高炉尘泥归类于细小颗粒物（−200 目含量一般为 50%~65%），密度特别小（堆密度小于 $0.5g/cm^3$），水分蒸发后容易产生灰尘，造成大气环境污染。

攀钢高炉瓦斯泥的典型化学成分见表 16-53。

表 16-53　攀钢高炉瓦斯泥化学成分　（%）

TFe	Zn	C	Al_2O_3	SiO_2	CaO	MgO	TiO_2	S	P
33.84	7.47	15.43	3.68	11.12	4.78	1.91	3.52	0.53	0.07

攀枝花高炉产生的瓦斯尘泥中铁主要以假象赤铁矿物存在，部分以含钛磁铁矿物、铁铝硅酸盐形式存在。假象赤铁矿颗粒边缘粘连有部分铁铝硅酸盐，而含钛磁铁矿边缘主要是假象赤铁矿和铁的硅酸盐矿物。锌主要以氧化锌的形式存在，氧化锌含量约为 12%，少部分氧化锌与赤铁矿连接。焦炭含量约为 16%，脉石含量约占 25%~30%，主要为细粒的辉石类、斜长石类、石英等矿物。

高炉尘泥具有以下一些特点：

（1）分选难度大。高炉瓦斯泥属于一种高温产品，晶相独特，细粒矿物易熔化成团，包裹脉石矿物，从而增大了选矿难度。

（2）容易反应。高炉瓦斯尘泥中含有不少的碱金属，沸点较低、颗粒小，可以与空气中的 O_2 发生作用，如 CaO、K_2O、Na_2O 和 MgO 等物质，与水反应后会生成氢氧化物，具有强烈的腐蚀性。

（3）含有重金属。高炉瓦斯尘泥中还含有铬、铅、铜和砷等重金属，但含量较低，提取分离难度大。

由于瓦斯泥发生量大，铁、碳含量较高，因此，最合理的利用途径是经综合处理脱锌后返回钢铁生产工艺中。

16.9.2.2　高炉瓦斯灰泥提锌方法和基本原理

高炉尘泥提锌方法主要有物理法、化学浸出法以及直接还原法。

（1）物理法。物理法处理工艺主要有磁选分离和机械分离两种。机械分离按分离状态可分为湿式分离和干式分离。该工艺原理是利用锌富集粒度较小和磁性较弱的特性，采用离心或磁选的方式富集锌元素。磁选分离是基于瓦斯尘泥中的铁矿物具有一定的磁性，而含锌矿物的磁性较弱，可通过适宜的磁选工艺使二者分离。

锌主要存在于细粒矿物中，进一步使用摇床、旋流分离等方法分选细粒矿物，可实现锌的富集。磁选分离方法用于高炉瓦斯粉尘泥时，要增加浮选除碳工艺，以提高磁性分离效率。磁性分离工艺较简单、易行，主要缺点是锌的富集率较低。机械分离除锌工艺简单易行，处理后的粗粒可直接用于炼铁，但该方法的操作费用较高，富锌产品的锌含量很低，价值较小。故物理法一般只作为湿法或火法工艺的预处理工艺。

宝钢、武钢、鞍钢、湘钢、邯钢等单位在有关科研院所的合作配合下，对高炉瓦斯灰（泥）采取了选矿的方法进行处理，如浮选-磁选、重选-磁选-浮选联合的流程等方法，建成投产了相当数量的较成熟的选矿装置。多数生产线可获得铁品位在50%以上的铁精矿，有的还能达到60%左右，更有甚者还能同时获得含碳量为65%左右的碳精粉，虽然其瓦斯灰泥的年处理能力有限（年处理量在2万~10万吨），但具有显著的经济效益。

梅钢采用弱磁、强磁流程选别，得到综合铁精矿含铁50%以上，回收率达90%以上，除锌率达65%以上。周渝生等采用浮选-磁选流程和磁选-浮选流程方法能获得全铁含量大于60%的铁精矿。

不论是采用浮选、磁选、重选等单一选矿，还是多级联合，都体现了工艺简单且操作性强的优势，能获得一定品位的铁精矿。不足之处是锌含量高的高炉瓦斯灰（泥）无法返回高炉进行冶炼，同时铁精矿回收率比较低。

（2）湿法。湿法处理用于含锌量较高的尘泥。氧化锌是一种两性氧化物，不溶于水或乙醇，可溶于酸、氢氧化钠或氯化铵等溶液中。湿法回收技术就是利用氧化锌的这种性质，用不同的浸出液，将锌从混合物中分离出来。一般有酸浸、碱浸、氨与一氧化碳联合浸出方法。

湿法工艺主要有西班牙 Tecnicas Reunidas 公司开发的 Zincex 工艺和意大利发明的 Ezinex 工艺，均可有效处理含锌烟尘。

Zincex 工艺包括浸出、萃取、反萃和电解等步骤。首先，二次锌物料在40℃和常压下用稀硫酸浸出过滤，浸出液用石灰或石灰石中和净化除铝和铁。其次，将中和浸出液与DEHPA的煤油在 pH = 2.5 的条件下进行混合，进行溶剂萃取，锌进入有机相。负载有机相经水洗和电解废液反萃后得到电解前液，送电解车间用传统方法电解生产锌，反萃后的有机相返回萃取过程。

Ezinex 工艺包括浸出、渣分离、净化、电解及结晶等步骤。含锌烟尘采用氯化铵为主要成分的废电解液与氯化钠混合液为浸出剂，浸出温度为 70~80℃，浸出时间 1h，主要反应为

$$ZnO + 2NH_4Cl \Longrightarrow Zn(NH_3)_2Cl_2 + H_2O$$

浸渣与作为还原剂的碳混合，磨匀后返回。浸出液用金属锌置换存在于其中的 Cu、Cd、Pb 等金属杂质，置换渣送铅精炼厂以回收铅和其他金属。净化后的溶液以钛板为阴极、石墨为阳极进行电解，从中回收锌，废电解液返回浸出。

（3）火法。火法适用于处理低锌尘灰（锌含量一般在8%左右）。该工艺提锌的原理是利用锌的沸点低，在高温还原条件下锌的氧化物被还原并气化挥发变成金属蒸气，随新旧烟气一起排出，使得锌与固相分离。在气化相中锌蒸气又很容易被氧化而形成锌的氧化颗粒，同烟尘一起在处理系统中被收集。

使用高温加热炉（如回转窑）处理高炉瓦斯灰泥时，由其固有碳量提供整个冶金过程所需的热量和还原剂，可不额外配加煤炭。在1000℃左右料温下，料层内存在以碳气

化反应为核心的一系列冶金气-固反应，物料中的氧化锌被还原为金属锌。由于金属锌的沸点只有907℃，因此能以金属锌蒸气的形式存在。逸出料层后锌蒸气会很快接触到 O_2 等氧化性气体又被瞬间氧化为 ZnO 分子（在炉内高温条件下，分子会因"热团聚"很快形成分子团及纳米级细小的固体粒子），氧化锌熔点高达1975℃，因此新生成的氧化锌为分子、分子团及纳米级细小的固体粒子，黏附在原生态粉尘颗粒基体上，并随烟气一同离开加热炉进入收尘系统。

依据经典冶金热力学原理，用 C 作还原剂时，以铁矿物为主的物料中铁化合物在固态下（温度通常在800~1000℃）被还原的相关主要化学反应方程式如下：

$$3Fe_2O_3 + C \Longrightarrow 2Fe_3O_4 + CO - 110.1kJ/mol \tag{16-72}$$

$$6Fe_2O_3 + C \Longrightarrow 4Fe_3O_4 + CO_2 - 46.0kJ/mol \tag{16-73}$$

$$Fe_3O_4 + 4C \Longrightarrow 3Fe + 4CO - 643.3kJ/mol \tag{16-74}$$

$$2Fe_3O_4 + C \Longrightarrow 6FeO + CO_2 - 216.8kJ/mol \tag{16-75}$$

$$Fe_3O_4 + C \Longrightarrow 3FeO + CO - 186.7kJ/mol \tag{16-76}$$

$$2FeO + 2C \Longrightarrow 2Fe + 2CO - 152.2kJ/mol \tag{16-77}$$

$$2FeO + C \Longrightarrow 2Fe + CO_2 - 145.6kJ/mol \tag{16-78}$$

$$3FeCO_3 \Longrightarrow Fe_3O_4 + CO + 2CO_2 - 68.4kJ/mol \tag{16-79}$$

$$3Fe_2O_3 + CO \Longrightarrow 2Fe_3O_4 + CO_2 + 37.1kJ/mol \tag{16-80}$$

$$Fe_3O_4 + CO \Longrightarrow 3FeO + CO_2 - 20.9kJ/mol \tag{16-81}$$

$$FeO + CO \Longrightarrow Fe + CO_2 + 13.6kJ/mol \tag{16-82}$$

$$CO_2 + C \Longrightarrow 2CO - 165.8kJ/mol \tag{16-83}$$

生产中，反应（16-72）在280℃时反应明显进行，反应（16-73）在390℃时反应明显进行，反应（16-74）在500℃时反应明显进行，反应（16-75）在750~800℃时反应明显进行，反应（16-76）在750~800℃时反应明显进行，反应（16-77）在800~850℃时反应明显进行，反应（16-78）在850~900℃时反应明显进行，反应（16-79）在392℃时反应明显进行，反应（16-80）在141℃时反应明显进行，反应（16-81）在240℃时反应明显进行，反应（16-82）在300℃时反应明显进行，CO_2 与碳产生气化反应（16-83）在600℃时反应明显进行。

考虑到用煤炭作还原剂时，煤炭受热干馏及轻质碳氢可燃物受热裂解会产生 H_2，也要还原铁矿物中的铁氧化物，其反应的热力学原理与 CO 还原铁氧化物相似，其相关反应方程式如下：

$$3Fe_2O_3 + H_2 \Longrightarrow 2Fe_3O_4 + H_2O + 21.8kJ/mol \tag{16-84}$$

$$Fe_3O_4 + 4H_2 \Longrightarrow 3Fe + 4H_2O - 147.6kJ/mol \tag{16-85}$$

$$Fe_3O_4 + H_2 \Longrightarrow 3FeO + H_2O - 63.6 kJ/mol \tag{16-86}$$

$$FeO + H_2 \Longrightarrow Fe + H_2O - 27.7kJ/mol \tag{16-87}$$

$$H_2O + C \Longrightarrow H_2 + CO - 124.5kJ/mol \tag{16-88}$$

$$H_2O + CO \Longrightarrow H_2 + CO_2 + 41.3kJ/mol \tag{16-89}$$

反应（16-84）在390℃时反应明显进行，反应（16-85）在400~500℃时反应明显进行，反应（16-86）在240℃时反应明显进行，反应（16-87）在300℃时反应明显进行，反应（16-88）在500℃时反应明显进行，反应（16-89）在400~500℃时反应明显进行。

从冶金热力学角度来看，固态碳和固态铁氧化物的反应是完全可行的，但是从动力学角度看，由于固体颗粒之间的不完全接触，两个固相之间的接触面小，各类固态铁氧化物和碳直接反应（16-72）~（16-78）是很有限的。

各类固态铁氧化物和碳直接反应（16-72）~（16-78）对还原铁矿石最大的贡献是产出了 CO。在一定温度条件下，由于 CO_2 的存在，混合物料（铁矿石和还原用煤炭）中的 C 被气化产生了 CO，新的气体还原剂使铁氧化物被逐级还原成金属 Fe 的反应（16-80）~（16-82）持续下去，产生典型的"耦合效应"。在各类固态铁氧化物还原过程中，CO 在中间起着传递氧的重要作用，气相平衡组分是受碳的气化反应控制的，也就是说，各类固态铁氧化物的还原过程受碳的气化反应（16-83）控制。

在热加工过程中，高炉瓦斯灰泥中的 ZnO 会被料层中的 CO 或 H_2 气体还原，生成金属 Zn 蒸气，在逸出料层后又被 O_2 等氧化性气体氧化生成固体 ZnO，高温还原性气相环境下 Zn 蒸气、ZnO 形成的主要反应方程式有：

$$ZnO + CO === Zn(g) + CO_2 \qquad (16-90)$$

$$ZnO + H_2 === Zn + H_2O \qquad (16-91)$$

$$2Zn + O_2 === 2ZnO \qquad (16-92)$$

$$Zn + CO_2 === ZnO + CO \qquad (16-93)$$

$$Zn + H_2O === ZnO + H_2 \qquad (16-94)$$

16.9.2.3 高炉瓦斯灰泥提锌工艺技术

高炉瓦斯灰泥使用的处理工艺主要有湿法工艺、火法工艺。根据使用的焙烧炉划分，正在使用和提出的高炉瓦斯灰（泥）火法提锌工艺包括有回转窑工艺、转底炉工艺、平炉（韦氏炉）工艺和高炉贮铁式主沟工艺等。

A 湿法工艺

高锌和中锌瓦斯泥适合于湿法工艺进行处理。其原理是氧化锌为典型的两性氧化物，易溶于酸、碱溶液，这样就可以与其他物质分离，不同的浸取溶液可以获得不同产物。硫酸体系是最常用的一种湿法冶金体系，高炉瓦斯灰中所含的锌主要以氧化物、部分以硫酸盐和铁酸盐的形式存在，锌的硫酸盐和氧化物易溶于稀酸，用硫酸浸出效果好。同时铁、铜、镍和铋等金属被同时溶解于浸出液，常规的净化流程是加入氧化剂，将浸出液中的铁全部氧化成三价铁，然后加入氨水调节 pH 值，形成氨型黄钾铁矾沉淀除去铁。该方法的优点是易于沉淀和过滤，缺点是得到的废渣量大。其他除铁方法有针铁矿法和赤铁矿法。除铁后，根据锌化学性质活泼的特点，浸出液中加入锌粉，置换出铜、镉等杂质。也有人研究用溶剂萃取或离子交换法方法净化溶液。净化后，在硫酸锌浸液中加碳铵得沉淀，得到的碳酸锌沉淀经烘干或直接送高温炉焙烧，热解制取氧化锌产品。

湿法处理高炉瓦斯灰泥典型代表是澳大利亚的氯化湿法冶炼技术，是极具市场前景的氯化湿法冶炼工艺。该工艺包括浸取、除硫、除铁、低酸浸取、硫化除铅、碱化沉锌、酸再生等工序。相比于其他湿法冶炼工艺，该工艺具有极高的金属回收率，锌和铁的回收率均可达 98%。铅的回收率可达 99%，其他金属元素的回收率也可达 95% 以上。

传统湿法冶炼工艺会产生大量残渣，这些残渣一般采用填埋方式处理。由于浸取率不高，残渣中可能含有部分未浸取的有毒物质，填埋后不能自然转化，对土壤有一定的毒害作用。但当提高湿法工艺的浸取率时能解决上述问题，而且残渣中不含有毒物质，可做成耐火砖或安全填埋。

B 火法工艺

a 回转窑工艺

回转窑工艺利用回转窑对高炉瓦斯灰（泥）进行焙烧和还原处理，通过烟气处理回收烟气中的锌等元素，实现高炉瓦斯灰（泥）的再资源化，而通过对炉渣处理，可回收铁元素。高炉瓦斯灰（泥）回转窑法回收锌工艺流程为：（1）将除尘灰与还原剂按一定配比混合后，加入回转炉内。（2）回转炉挥发反应区温度为 1100~1300℃，排出烟气温度超过 400℃，原料中金属锌、铅、锡等被还原，进入气相中并被氧化成氧化物，随后进入烟尘处理系统收集。（3）窑渣水碎后送炉渣处理系统。

国内某企业采用的高炉瓦斯灰泥回转窑煤基直接还原工艺流程如图 16-84 所示。

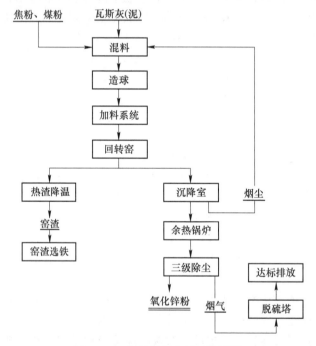

图 16-84   回转窑回收锌工艺流程

该工艺采用三级收锌系统，其中重力沉降室、U 形管烟气冷却器所收集的低 ZnO 含量的粉尘返回原料系统参加配料，从而提高入窑物料中的 ZnO 含量，实现入窑物料 ZnO 的自富集；充分利用粉尘表面黏附机理，U 形管烟气冷却器采用多组 U 形管，确保布袋收集到的 ZnO 粉品位达到 60% 以上。

窑内的含碳物料在热加工过程中，在煤的热解（干馏）、碳氢联合还原和以碳气化反应为核心的系列冶金还原反应中产生了大量的冶金煤气，并从料层内逸出到窑内空间燃烧，该冶金煤气的热值高、温度高，通过窑头鼓风及窑背风机往窑内配入适量的空气助燃，冶金煤气燃烧所放出的热量足以满足回转窑自身的热量需求，不用外供气体燃料即能达到自热平衡。

回转窑高温火法处理高炉瓦斯灰泥主要目的为了提取锌等有用金属，对废料的锌含量有一定要求，回转窑排出的尾渣或外卖或对其进行球磨磁选。

昆钢、湘钢、邯钢等企业均使用回转窑法处理瓦斯灰泥。回转窑法采用机械转动，物料反应更充分，反应时间较短，但在高温和还原性气氛下处理低锌高铁物料时易发生结圈。

针对回转窑法结圈的问题，攀枝花钢城集团有限公司向瓦斯泥中添加约 20% 的焦粉并混匀，在混合料发热量为 6.7~8.4kJ/kg、还原温度为 1000~1100℃ 条件下，得到含锌45% 以上的氧化锌微粒和含铁大于 50%、含氧化锌低于 1% 的金属化炉渣，有效解决了回转窑法结圈的问题，并缩短了窑期。

b 转底炉工艺

转底炉工艺先是将含铁尘泥、炭粉和黏结剂经过一定的配比压制成球团，然后将球团干燥后装入转底炉加热。由于在高温条件下还原剂炭粉可很容易地将铅、锌等氧化物还原成相对应的金属蒸气，并随同烟气排出转底炉。烟气离开转底炉后经过冷却处理后，锌、铅金属蒸气被氧化成固体颗粒，在重力作用下沉积在重力除尘器中，从沉积中的灰尘中回收锌。

我国有部分钢铁企业采用转底炉工艺处理含锌尘泥，目前该工艺技术较成熟，处理钢铁厂高炉瓦斯尘泥等含锌铁料具有一定的优势。大高炉对入炉原料中锌的控制要求高，转底炉高温火法主要解决了脱锌问题。但该方法也存在着不足：由于球团抗压强度普遍偏低，对原料要求较为苛刻，如锌含量较低和全铁含量较高的瓦斯泥就不适于该方法；在固态下处理产生的半还原铁球团，铁与渣未分离，还需磁选出铁粉或熔分出金属铁；钢铁厂需要有足量的富余煤气资源用于转底炉的燃料；投资较大（年处理 30 万吨尘泥需投资 2亿~3 亿元），运行成本较高；另外可能会面临着与烧结球团同样的除尘脱硫、脱硝环保及成本问题。转底炉处理含锌尘泥工艺主要流程如图 16-85 所示。

c 平炉（韦氏炉）工艺

平炉（韦氏炉）处理高炉含锌尘泥工艺流程如图 16-86 所示。

该工艺流程的主要工序有尘泥配料、混料、压团、韦氏炉还原氧化、氧化锌粉回收等。尘泥配料前经圆盘给料机给入球磨机进行磨矿，再经斗提进入配料仓。还原煤经皮带机送至反击式破碎机后运至斗提机，提升到煤粉仓。煤经圆盘给料机控制给料量与瓦斯灰泥在皮带上进行配料，给入双轴螺旋机。将经消化的石灰膏加入石灰浆槽，然后按一定比例给入双轴螺旋机与尘泥、煤进行搅拌，混合均匀。混匀后的物料由皮带机给入压密机进行压密，经压密后的物料约有 2/3 块料，1/3 的散料经斗提机给入压团机压制球团。湿团矿堆放自然干燥。未成球的碎料经提升返至压密机再压制球团。球团经自然干燥后送往韦氏炉内冶炼。

从韦氏炉底加入无烟煤，自燃或鼓微风燃烧，待炉温升至 900℃ 以上，加团球入炉并保持炉内料层平整，随即启动炉底鼓风机鼓风。在炉温达 1000~1500℃ 情况下，锌氧化物被还原挥发成锌蒸气。锌蒸气在氧化室氧化成氧化锌后随炉气依次进入并沉积于烟巷、聚尘室、冷却器、除尘器、布袋收尘器中。经收尘后的炉气由抽风机抽出经烟囱排空。待韦氏炉冶炼结束，炉渣由人工扒出、堆存。由除尘器、布袋收尘器回收的合格氧化锌，经配粉、包装后待售。

在烟巷、聚尘室中沉积的次氧化锌，返回团矿工序压制球团或经配粉后出售。

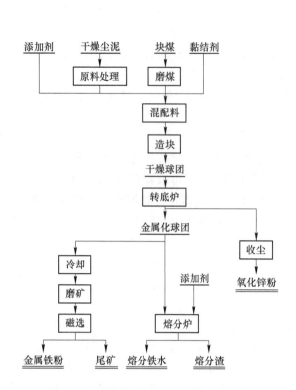

图 16-85　转底炉处理含锌尘泥工艺流程

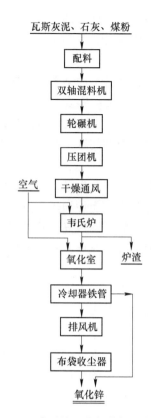

图 16-86　韦氏炉回收氧化锌工艺流程

d　高炉贮铁式主沟回收锌工艺

其工艺主要流程如图 16-87 所示。它利用高炉贮铁式主沟高温铁水和熔渣两个热载体,对含锌瓦斯尘泥进行高温熔融还原处理,还原出来的金属铁进入主沟铁水中,锌还原出来挥发进入烟尘,由除尘器收集。残渣进入冲渣沟变成水渣。

e　循环流化床工艺

该工艺的原理是在锌还原挥发的同时,控制气氛和温度,能够抑制氧化铁的还原,从而降低处理过程的能耗。该工艺的特点:由于粉尘非常细小,锌灰纯度会被降低;操作状态不够稳定;较低的温度能够有利于炉料黏结,同时生产效率会相应地降低。

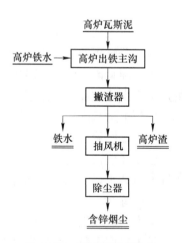

图 16-87　高炉贮铁式主沟
回收锌工艺流程

16.9.2.4　高炉瓦斯灰泥提锌工艺技术应用前景

高炉瓦斯尘泥中锌含量高,直接返回炼铁会增加高炉锌负荷,对高炉冶炼造成不利影响。选用合适的处理方法是瓦斯泥综合利用的关键。湿法工艺、火法工艺等技术已日趋成熟,但各自具有不同的优势与不足。

湿法工艺使锌进入溶液而其他矿物不溶或微溶,分离效果较好,但处理量小,后续处理难度大。

火法工艺（如直接还原法）是在高温下使瓦斯泥中的金属还原，锌蒸发后进入烟气，最终可得到含氧化锌较高的烟尘和含金属铁的脱锌瓦斯泥。该法适应性强、处理量大、分离效果好，是目前应用较为广泛的瓦斯泥处理方法之一，但其设备投资较大。

同时选矿法也是处理瓦斯泥的工艺，根据碳、锌、铁的性质及赋存状态的差异分离出各种物质，具有工艺简单、投资小等优点，但分离效果差。

各企业可根据各自企业的实际情况选用经济合理的工艺。

16.9.2.5 高炉瓦斯灰（泥）其他利用技术

（1）高炉瓦斯灰（泥）用于烧结技术。将高炉瓦斯灰（泥）直接配入烧结混合料中是一种简易处理高炉瓦斯灰（泥）的方法。其前提是高炉瓦斯灰（泥）锌含量较低，可以直接配入烧结作为炼铁的原料。这种方法的优点是：成本低、见效较快、工艺较简单。但是，该法存在无法脱除瓦斯泥中锌等有价金属的问题。

（2）从高炉瓦斯灰（泥）中回收固定碳技术。我国高炉瓦斯灰（泥）的平均碳含量为 8%~20%。且碳主要以焦粉形式存在。由于碳表面疏水而亲油、密度小、可浮性强而易于浮选。

由于高炉瓦斯灰成分比较复杂、粒度比较细、灰分比较高、矿物结构比较复杂，可利用起泡剂柴油（或煤油）作捕收剂，采用粗、精两段浮选碳和两段反浮选硅等工艺流程，直接对瓦斯泥原浆进行碳的富集回收，其回收率可达 90% 以上。

如山西运城某炼铁厂年产生铁约为 50 万吨，而附产高炉瓦斯灰约为生铁产量的 2.4%，即每年高炉瓦斯灰的产量约为 1.2 万吨，其所含的固定碳达到了 1.2×17.06% = 0.205 万吨。若按 90% 的回收率计算，可从高炉瓦斯灰中回收得到 0.18 万吨的碳精粉产品。因此，回收高炉瓦斯灰不仅可以减少固废物的排放量，而且能够降低对环境的污染，具有良好的经济效益。

（3）高炉瓦斯灰（泥）与煤粉混合喷吹技术。混合喷吹又称综合喷吹、复合喷吹等，是指在高炉喷吹煤粉的基础上再将一种或一种以上的燃料或其他物料与煤粉混合后喷入高炉，以达到降低生铁成本、调节物料性质、改善生铁质量、提高生产率、合理利用资源及保护环境的目的。

近年来，日本住友金属、日本神户等钢铁企业均在混合喷吹技术方面做了大量研究工作。我国鞍钢和首钢均进行了高炉单喷矿粉的实验，并取得了一定效果。唐山建龙炼铁厂于 2004 年 1 月起将布袋除尘箱体回收的细粒灰尘（≤0.074mm 的粒度占 70%）与煤粉混合喷吹，吨铁喷灰量 5kg，炉况顺行良好，未产生任何负面影响。

（4）高炉瓦斯灰（泥）制备絮凝剂技术。山东大学根据高炉瓦斯灰的特点，以其为主要原料研制具有优良絮凝性能的聚合铝铁（APFC）絮凝剂，通过大量实验确定了高炉瓦斯灰中铁、铝的最佳溶出条件。在此基础上，根据铁、铝的不同水解特性，控制发生水解聚合反应条件，合成了具有优良絮凝性能的复合型无机高分子絮凝剂——聚合氯化铝铁（APFC），并将其应用于高岭土浊度水和酿造废水的处理。

（5）高炉瓦斯灰（泥）能应用于废水、皂化废水等预处理技术。这主要是因为高炉瓦斯灰（泥）本身的物理性质决定的，如具有很高的活性、比较大的比表面积、细小的粒度等，其次还含有一些能够吸附废水中有机物质的成分，如硅酸盐、活性炭及其他氧化物等。

（6）利用高炉瓦斯灰（泥）制备瓦斯泥粉煤灰砖技术。其原理是在高炉瓦斯灰（泥）中加入炉渣、石灰和砂等成分，经过蒸养便可获得砖。其工艺较为成熟、简单，并具有可观的经济效益。

（7）高炉瓦斯灰（泥）作为制备锰锌软磁铁氧体材料的原料技术。其原理是由高炉瓦斯灰（泥）、软锰矿、废铁屑组成的原料，首先进行浸出然后除杂，最后经过深度净化和共沉淀便可获得锰锌软磁铁氧体材料。所得产品完全符合高档锰锌软磁铁氧体材料对粉料的要求。

（8）高炉瓦斯灰（泥）用作水泥生产原料技术。这也是目前高炉瓦斯灰（泥）处理利用中采用较多和较成熟、普遍的方法。如广州军区黄石水泥厂将高炉瓦斯泥用于水泥生产，取得了很好的经济和社会效益。

此外，高炉瓦斯灰（泥）还可用于制备吸附剂、玻璃陶瓷、混凝土缓凝剂的原料，还可回收其中的铟、铋等金属元素。

16.9.3　转炉尘泥综合利用技术

转炉吹钢时生铁中的碳与吹入的氧反应，产生了含一氧化碳烟气流，部分铁和其他伴随元素以烟气形式从转炉排出，这些粉尘经湿式除尘后，随烟气洗涤污水进入了污水处理循环系统。洗涤污水经沉淀、脱水后，成为含水率约为27%~30%的尘泥。

转炉尘泥含有 Fe、Ca、Mg、Al、Si、P、S、C、Pb、Zn 等多种元素。根据地区和生产工艺的差异，元素含量和物化性质也有一定差别，但是都具有含铁高、含钙高、粒度细、黏度高、杂质多、孔隙大的基本特点。我国部分钢铁企业的转炉尘（泥）的主要成分见表 16-54。

表 16-54　我国部分钢厂转炉尘（泥）的化学成分　　　　　　（%）

钢厂	TFe	FeO	CaO	MgO	Al$_2$O$_3$	SiO$_2$	S	P	C	Zn
马钢	42.71	52.05	19.92	4.20	0.60	2.36	0.179	0.056		
宝钢	48.59	12.9	9.23	4.44	1.17	3.47			4.2	3.00
新钢	48.84	18.77	11.58	5.89	1.01	3.59	0.343	0.079	2.01	
柳钢	55.36	50.37	4.63	6.61	2.02	3.34			3.01	0.47
唐钢	50.76	54.17	9.58	1.23	0.83	4.23	0.096	0.065		
鞍钢	56.46	48.11	12.00		0.087	3.10	0.108	0.082	3.51	0.094
济钢	55.99	22.80	12.30	1.13	0.70	4.10	0.010	0.025	0.15	

16.9.3.1　转炉尘（泥）用于烧结和球团技术

在有烧结厂的企业中，将转炉尘（泥）作为原料直接与烧结原料混合进入烧结，是最简单的一种方法。这种方法国内外的许多企业都在使用，其优点是投入少、见效快。烧结工艺配加转炉尘（泥），要求尘泥的化学成分稳定，混合均匀松散，水分为10%，粒度小于10mm。

对于含水较高的尘泥可与石灰窑炉气净化下来的干石灰粉尘混合，可使水分下降至3%~11%，再与烧结矿配料一起利用，每吨烧结矿中尘泥的利用量可达140~180kg。平均每利用1t含铁尘泥可节约铁矿精矿740kg、石灰石150kg、锰矿石33kg、烧结燃料37kg。

但是转炉尘（泥）用于烧结同时也带来一些不利因素。转炉尘（泥）具有含铁高、含水高、粒度细的特点。加入一定量的转炉尘泥有利于混合料制粒，但随着尘泥量的增加，因其粒度细而易黏糊成块，经过一次与二次混合机后，仍不能分散与其他原料均匀混合，而是各自成团，影响混合料制粒和烧结效果。转炉尘泥返回烧结工艺存在混合后的尘泥化学成分波动较大、质量不稳定，尘泥在贮运、加工、混合过程中占地大，受季节因素影响大（冬季、雨季不能生产）等问题。因此，这种方法只能属粗放利用。

首钢将湿法除尘泥与生石灰按 1：（0.3~0.7）的配比进行破碎混匀，经消化后使其产生松散的、无扬尘的粉状物料直接配入烧结拌和料中。

宝钢、济钢将湿尘泥加水制成浓度为 15%~20% 的泥浆，作为烧结配料水在一次混料工序中直接加入到圆筒混料机中料面上。

上钢一厂将炼钢粗尘泥通过螺旋给料机与钢渣、高炉灰、烧结灰、轧钢氧化铁皮、白云石等按一定比例混合、搅拌后作为烧结料参与烧结矿生产。上述方法均能将炼钢湿尘泥有效地用于烧结。

在保证球团矿品位不降低或降低很小的情况下，球团配加转炉尘（泥）可提高球团矿的产量及强度。球团配加转炉尘（泥），不仅开辟了污泥综合利用的新途径，而且可大幅度降低球团矿成本，不仅有较大的经济效益，而且有很好的社会效益。

16.9.3.2 转炉尘（泥）用于炼钢技术

将转炉尘（泥）造块返回炼钢工艺，用做炼钢的冷却剂、造渣剂，是转炉尘泥回收利用的又一途径，国内许多企业已使用该方法。炼钢工艺的特点是对尘泥块的强度要求相对较低，因此，用于炼钢的尘泥造块多选用冷固结、加黏结剂压团、热压团或中温固结压团等工艺。

转炉尘泥的主要成分是铁和铁的氧化物以及氧化钙、二氧化硅等，有害成分 P、S 含量较低，一般来讲，对冶炼钢种的硫含量影响不大。从尘泥的特性分析可知，尘泥中含铁较高，且有相当数量的碱性氧化物。在炼钢生产中为了除去铁水中的杂质，要添加类似成分的熔剂。因此，从尘泥的化学成分看，它本身具备转化成炼钢生产的"初级合成渣剂"的条件。如果能去除尘泥中的水分（物理水和化学水），并制成适合转炉生产粒度和强度的球团作为炼钢辅助材料加入到转炉中，可代替熔剂中的部分石灰、萤石及氧化铁皮，同时，可直接从尘泥中回收铁，变废物为资源，这样可达到保护和延长原生资源寿命、降低生产成本、减少对环境污染的目的。另外，尘泥在炼钢生产中利用，比作为烧结原料少了烧结、高炉生产等多个工序，使资源回收利用的流程更短，既减少了存放、运输环节，减少了二次污染，又节省烧结、高炉生产环节中的能源消耗。

16.9.3.3 转炉尘（泥）用于炼铁技术

将转炉尘（泥）造块用来生产金属化球团并返回高炉，是国外处理转炉尘泥较为普遍的一种方法。这种方法的优点是能全面利用转炉尘泥，同时可去除尘泥中的有色金属（如铅、锌），氧化锌去除率可达 90% 以上。炼铁工艺要求入高炉的原料必须为块状，须有一定的机械强度且金属化率高。生产金属化球团的典型工艺为：转炉尘泥经浓缩、过滤、干燥后，再粉碎、磨细，加入添加剂造球、干燥后，由回转窑焙烧制成金属化球团。转炉尘（泥）制成金属化球团，既能脱锌，又能保证一定的机械强度；用于高炉生产，可降低高炉焦比，增加铁的回收量。

其主要技术指标：金属化率 65% ~ 95%，TFe 68% ~ 90%，脱锌率 60% ~ 90%，粒度 14~

70mm，还原温度 1050~1150℃。

高炉用转炉尘泥金属化球团的生产，也有用冷固结法或加黏结剂压团法，这些方法均需加入含碳物（焦粉、煤炭），以减少冶金焦的消耗。

16.9.3.4 转炉尘（泥）其他应用技术

（1）转炉尘（泥）制备铁粉技术。晁月盛等研究将转炉尘泥先与浓度为 3.5mol/L 的浓硫酸以 14:1 的比例混合，在 75℃下溶解浸出 1.5h，在 85℃滴定，然后再在 900℃温度下灼烧 2.5h，冷却至室温。经过如此一系列提纯处理后的尘泥经过 2h 球磨处理，在 550℃温度下进行还原 2h，再在 $NH_3/H_2 = 3/4$ 气氛下做 3h 氮化处理，可得到氮化铁磁粉 γ-Fe_4N。

高家诚等将转炉烟尘先进行强力球磨，以将其中的铁、氧化铁与包裹的杂质分开；再用水进行重力沉降分选，将铁及其氧化物杂质分离，以获得含铁量为 90% 左右的铁粉末。然后对 90% 铁粉末进行脱硫、改性、还原等处理，获得高质量的还原铁粉。铁粉的化学成分和工艺性能基本上能满足粉末冶金使用的要求。

（2）转炉尘（泥）制备改性水玻璃技术。用转炉尘泥颗粒高度的表面效应和潜在水化活性，采用水力漂洗处理分离粗颗粒组分后，将其过滤脱水浓缩成含水量在 40% ~ 50% 悬浊液浆，按水玻璃浆液与尘泥 100:（70~100）混合，改性后的水玻璃胶凝能力没有明显下降，耐高温性能却得到很大提高。

（3）转炉尘（泥）制备脱硫剂技术。张小敏等利用炼钢尘泥的悬浮液进行脱硫实验，并与石灰石脱硫效果进行了对比。结果表明，炼钢尘泥的悬浮液是一种性能较好的铁系列脱硫剂，可以作为常用脱硫剂的替代品。

（4）转炉尘（泥）制备铁氧体技术。以炼钢烟尘为原料制备硬磁铁氧体材料，将主要晶相为 Fe_3O_4 和 FeO 的氧化铁转化为主晶相为 α-Fe_2O_3，它具有较高活性，次晶相为 Fe_3O_4，可以作为制备铁氧体的优质材料。

（5）转炉尘（泥）制备氧化铁红技术。对转炉尘泥进行煅烧除碳，然后经酸浸除杂、过滤、燃烧氧化后制得铁红，产品符合一级铁红的要求。氧化铁红可用于磁性材料。有许多企业利用钢厂除尘灰制备氧化铁红的研究，并且取得了一定的成果，攀钢、武钢等一些大型钢铁公司对除尘灰在铁系颜料方面的利用有不少研究，尤其是在铁红的制备上，不仅技术成熟，而且已有多项专利成果。

（6）转炉尘（泥）去除水中重离子技术。由于地球环境日益恶化，人们对于环境问题的重视度逐渐提高，其中重金属离子对水环境的危害更是和动植物的生存与人类的身体健康息息相关。所以，各种矿物材料和固体废弃物吸附重金属离子的研究从来就没有间断过。鞍钢环保研究所早在 1985 年就对该方法进行了深入仔细的研究，利用铁及其氧化物的化学特性与水中的重金属发生一系列的反应，然后在一定 pH 值下使重金属与未溶的尘泥及生成的氢氧化物一起从水中分离出来。韩国延世大学曾研究利用氧气顶吹转炉尘泥去除砷，将砷由 25mg/L 降低到了不到 0.5mg/L，效果非常好。

16.9.4 钢铁厂含铁尘泥综合利用技术

含铁尘泥是钢铁生产各工序除尘系统中排出的以铁为主要成分的粉尘和泥浆的统称。

根据冶炼工艺，含铁尘泥主要来源于烧结、炼铁、炼钢和轧钢等工序，主要品种有：烧结除尘灰、高炉瓦斯灰（泥）、转炉尘（泥）、轧钢铁鳞、钢渣磁选粉等。这些尘泥含铁较高，有的含碳也相当高，是宝贵的二次资源，根据其成分特点可合理配比后进行综合利用。

16.9.4.1　含铁尘泥合预处理后用于烧结技术

各种含铁尘泥的化学成分、粒度、水分、黏度各不相同，尤其是转炉污泥和轧钢铁鳞黏度大，难以混匀，不宜直接用于烧结配料。为克服瓦斯泥硬度大、转炉污泥与轧钢铁鳞黏度大不易混匀以及各种含铁废料成分波动大等缺点，鞍钢首先采用大型机械搅拌混匀设备，根据各种废料的化学成分按一定比例混合；在各种含铁废料初步混匀后，再采用强力混合机进一步混匀。各种废料经处理后形成一种物化性能相对稳定的含铁原料，称为"混料"，混料直接参与烧结配料。

尘泥预处理再参与烧结配料的工艺具有流程简单、设备少、投资省、处理量大等优点，经过二次预处理后，混料化学成分相对稳定。在处理过程中，将瓦斯灰、高炉除尘灰等干粉均匀铺布在水分较高的瓦斯泥、转炉污泥以及黏度较大的轧钢铁鳞上层，经大型机械强行碾压，干颗粒能均匀地压入湿颗粒内部，保证混料水分均匀；同时，消除了瓦斯灰的静电，也减轻了铁鳞、转炉污泥的黏性。通过大型机械数次翻倒，达到使"混料"成分、水分、粒度均匀的目的，基本能满足烧结配料要求，同时最大限度地利用了瓦斯灰、瓦斯泥中的碳，有利于降低烧结固体燃耗和原料成本。

16.9.4.2　含铁尘泥生产球团技术

A　含铁尘泥生产冷固球团技术

利用含碳废料生产既含铁氧化物又含碳的铁碳球团。利用转炉或铁水罐余热促进废料中的碳与铁氧化物发生还原反应，回收废料中的铁，同时有效脱出混料中的 Zn、K、Na等有害元素。该回收工艺既不影响转炉或铁水罐温度，又能解决高锌、高碱金属废料的处理或堆存问题，提高了废弃物循环利用率。

鞍钢生产冷固球团工艺流程：首先按瓦斯灰、瓦斯泥、转炉污泥的成分进行配料，然后采用大型机械搅拌混匀；在各种含铁废料初步混匀后，再加入一定比例的膨润土，采用强力混合机进一步混匀；混匀料放置 30min 后开始造球。造球采用圆盘造球机和对辊压球机，要求混合料水分不超过 10%。造球结束后进行筛分，粒度在 10~16mm 的生球为合格；要求生球落下强度不小于 3 次/球、干球抗压强度大于 100N/球。合格生球送入专门料场养护、固化。成品铁碳球可加入铁水罐或转炉中应用。

B　含铁尘泥生产氧化球团技术

烧结除尘灰、高炉瓦斯灰（泥）、转炉尘（泥）、轧钢铁鳞、钢渣磁选粉等含铁尘泥生产的冷固球团强度低，特别是在转炉应用中高温强度不足、易粉化、使用效果不佳。

钢铁研究总院工程技术中心通过科学配料，采用氧化焙烧工艺，开发了含铁尘泥生产氧化球团新技术。该工艺技术充分利用含铁尘泥中 Fe、C 等成分，经氧化焙烧后球团强度可达到 3000N/球以上，铁品位可提升 10% 以上。含铁尘泥氧化球团产品可用于转炉冷料或高炉炼铁，具有较好的应用效果，并有较好的经济效益。

参 考 文 献

[1] 杨绍利，盛继孚，敖进清. 钛铁矿富集 [M]. 北京：冶金工业出版社，2012.

［2］陈启福．攀钢高炉渣提取 TiO_2 及 Sc_2O_3 扩大试验［J］．钢铁钒钛，1995，16（3）：64-68.

［3］周志明，张丙怀，朱子宗．高钛型高炉渣的渣钛分离试验［J］．钢铁钒钛，1999，20（4）：3-5.

［4］刘松利，杨绍利，高仕忠．攀枝花高钛型高炉渣提钛技术进展和发展趋势［J］．攀枝花科技与信息，2006，31（4）：10-12.

［5］周志明．高钛型高炉渣渣钛分离研究［D］．重庆：重庆大学，2004.

［6］裴鹤年，白晨光，周培土．高钛型高炉渣泡沫化机制探讨［J］．钢铁，1989（12）：7-12.

［7］张朝晖，莫涛．高炉渣综合利用技术的发展［J］．中国资源综合利用，2006（5）：18-21.

［8］吴胜利．高钛高炉渣综合利用的研究进展［J］．中国资源综合利用，2013，31（2）：39-43.

［9］贺成红．攀枝花高炉渣中钙钛矿选矿试验研究［D］．昆明：昆明理工大学，2002.

［10］梁崇顺．攀枝花高炉渣选矿工艺矿物学性质研究［D］．昆明：昆明理工大学，2001.

［11］马俊伟，隋智通，陈炳辰．钛渣中钙钛矿浮选性能的研究［J］．金属矿山，2001（9）：21-24.

［12］付念新，娄太平，都兴红，等．攀枝花钒钛磁铁矿衍生炉渣绿色分离新技术［C］//2012钛资源综合利用新技术交流会，2012.

［13］马俊伟，隋智通，陈炳辰．用重选或浮选方法从改性炉渣中分离钛的研究［J］．有色金属，2000，52（2）：26-31.

［14］付念新，卢玲．高钛高炉渣中钙钛矿相的析出行为［J］．钢铁研究学报，1998（3）：70-73.

［15］廖荣华，陈德明，周玉昌．攀钢高炉渣综合利用研究进展及产业化建议［J］．攀枝花科技与信息，2006（4）：1-9.

［16］曹洪杨．改性含钛高炉渣盐酸浸出制备富钛料的研究［D］．沈阳：东北大学，2007.

［17］周志明，张丙怀，朱子宗．高钛型高炉渣的渣钛分离试验［J］．钢铁钒钛，1999（4）：35.

［18］陈名洁．西昌改性高炉钛渣选钛试验研究［D］．昆明：昆明理工大学，2006.

［19］马俊伟，隋智通，陈炳辰，等．钛渣中钙钛矿的浮选分离及其机理［J］．中国有色金属学报，2002（1）：171-177.

［20］熊瑶，李春，梁斌，等．盐酸浸出自然冷却含钛高炉渣［J］．中国有色金属学报，2008（3）：557-563.

［21］胡晓军，鲁雄刚，张捷宇，等．冶金反应过程中氧定向迁移的理论和应用研究［C］//2006中国金属学会青年学术年会论文集，2006.

［22］李福燊，鲁雄刚，金从进，等．钢液的固体电解质无污染脱氧［J］．金属学报，2003（3）：287-292.

［23］鲁雄刚，李福燊，李丽芬，等．炉渣中氧离子迁移的电化学模型［J］．金属学报，1999（7）：743-747.

［24］高运明，郭兴敏，周国治．熔渣中氧传递机理的研究［J］．钢铁研究学报，2004（4）：1-6.

［25］鲁雄刚，李福燊，胡晓军，等．Fe-C熔体与熔渣反应的电化学机理［J］．化工冶金，1999（3）：278-282.

［26］鲁雄刚，李福燊，李丽芬，等．外加电势与电极对钢渣反应的影响［J］．化工冶金，1999（4）：402-404.

［27］鲁雄刚，梁小伟，袁威，等．渣金间外加电场无污染脱氧方法的研究［J］．金属学报，2005（2）：113-117.

［28］鲁雄刚，周国治，丁伟中，等．带电粒子流控制技术在冶金过程中的应用及前景［J］．钢铁研究学报，2003（5）：69-73.

［29］鲁雄刚，邹星礼．熔盐电解制备难熔金属及合金的回顾与展望［J］．自然，2013（2）：97-104.

［30］Pal U B, Woolley D E, Kenney G B. Emerging SOM technology for the green synthesis of metals from oxides［J］. JOM, 2001, 53：32-35.

［31］Chen G Z, Fray D J, Farthing T W. Direct electrochemical reduction of titanium dioxide to titanium in molten calcium chloride [J]. Nature, 2000, 407: 361-364.

[32] Ono K, Suzuki R O. A new concept for producing Ti sponge: calciothermic reduction [J]. JOM, 2002, 54: 59-61.

[33] Tanaka J, Okabe T H, Sakai N, et al. New titanium production process with molten salt mediator [J]. Journal of the Japan Institute of Metals (Japan), 2001, 65: 659-667.

[34] Sadoway D R. New opportunities for metals extraction and waste treatment by electrochemical processing in molten salts [J]. Journal of Materials Research, 1995, 10: 487-492.

[35] 陈朝轶, 鲁雄刚. 固体透氧膜法与熔盐电解法制备金属铬的对比 [J]. 金属学报, 2008 (2): 145-149.

[36] 邹星礼. 含钛复合矿直接选择性提取制备 TiM$_x$(M=Si, Fe)合金研究 [D]. 上海: 上海大学, 2012.

[37] Zou X, Lu X, Zhou Z, et al. Direct selective extraction of titanium silicide Ti$_5$Si$_3$ from multi-component Ti-bearing compounds in molten salt by an electrochemical process [J]. Electrochimica Acta, 2011, 56: 8430-8437.

[38] Lu X, Zou X, Li C, et al. Green electrochemical process solid-oxide oxygen-ion-conducting membrane (SOM): direct extraction of Ti-Fe alloys from natural ilmenite [J]. Metallurgical and Materials Transactions B, 2012, 43: 503-512.

[39] Zou X, Lu X, Zhou Z, et al. Electrochemical extraction of Ti$_5$Si$_3$ silicide from multicomponent Ti/Si-containing metal oxide compounds in molten salt [J]. Journal of Materials Chemistry A, 2014 (2): 7421-7430.

[40] Zou X, Lu X. Direct electrochemical reduction of titanium-bearing compounds to titanium-silicon alloys in molten calcium chloride [J]. Journal for Manufacturing Science & Production, 2013, 13: 55-59.

[41] Suzuki R O, Aizawa M, Ono K. Calcium-deoxidation of niobium and titanium in Ca-saturated CaCl$_2$ molten salt [J]. Journal of Alloys and Compounds, 1999, 288: 173-182.

[42] 蒋新民. 钢铁厂烧结机头电除尘灰综合利用 [D]. 湘潭: 湘潭大学, 2010.

[43] 喻荣高. 涟钢烧结除尘灰资源化利用关键技术研究 [D]. 武汉: 武汉科技大学, 2011.

[44] 郭玉华, 马忠民, 王东锋, 等. 烧结除尘灰资源化利用新进展 [J]. 烧结球团, 2014, 39 (1): 56-59.

[45] 刘宪. 烧结机头电除尘灰制取一氧化铅试验研究 [J]. 烧结球团, 2012, 37 (4): 71.

[46] 康凌晨, 张垒, 张大华, 等. 烧结机头电除尘灰的处理与利用 [J]. 工业安全与环保, 2015, 41 (3): 42.

[47] 安钢, 徐景海, 李洪革, 等. 烧结除尘灰的提前制粒工艺 [J]. 烧结球团, 2001 (4): 45.

[48] 谢学荣. 宝钢烧结环保控制实践 [N]. 世界金属导报, 2016-12-20 (B10).

[49] 马鸿文, 苏双青, 刘浩, 等. 中国钾资源与钾盐工业可持续发展 [J]. 地学前缘, 2010, 17 (1): 294.

[50] 郭占成, 彭翠, 张福利, 等. 利用钢铁企业烧结电除尘灰生产氯化钾的方法 [P]. 200810101269.3, 2008.

[51] 张福利, 彭翠, 郭占成. 烧结电除尘灰提取氯化钾实验研究 [J]. 环境工程, 2009, 27 (S): 337.

[52] Peng C, Zhang F L, Guo Z C. Separation and recovery of potassium chloride from sintering dust of iron-making works [J]. ISIJ Int., 2009, 49: 735.

[53] 刘宪, 杨运泉, 杨帆, 等. 从钢铁厂烧结灰中回收钾元素及制备硫酸钾的方法 [P]. 200910227180. 6, 2009.

[54] 李志峰, 艾仕云, 郭怀功, 等. 烧结除尘灰合成复合肥及其制备方法 [P]. 200810158359.6, 2008.

[55] 刘宪, 杨运泉. 钢铁厂烧结灰综合处理方法 [P]. 200910227173.6, 2009.

[56] 刘宪, 蒋新民, 杨余, 等. 烧结机头电除尘灰中钾的脱除及利用其制备硫酸钾 [J]. 金属材料与冶金工程, 2011, 39 (3): 40-45.

[57] 吴滨, 张梅, 付志刚. 钢铁冶金烧结除尘灰中银、铜、锌的浸提回收工艺研究 [J]. 稀有金属, 2015, 39 (12): 1108-1114.

[58] 徐雪峰, 田玉洪. 电炉除尘灰作为铁质原料在水泥生产中的应用 [J]. 钢铁, 1998 (6): 63-66.

[59] 卢红军. 利用铁厂除尘灰作原料优化配料生产水泥熟料 [J]. 水泥, 1999 (12): 19-20.

[60] 张汉泉. 高炉瓦斯泥综合利用评述 [J]. 金属矿山, 2008 (11): 131.

[61] 罗文群. 低锌高炉瓦斯泥的资源化研究 [D]. 湘潭: 湘潭大学, 2011.

[62] 周渝生, 张美芳, 陈亮, 等. 用高炉瓦斯泥生产铁精矿的试验研究 [J]. 安徽工业大学学报, 2003, 20 (4): 142-146.

[63] 彭开玉, 周云. 钢铁厂高锌含铁尘泥二次利用的发展趋势 [J]. 安徽工业大学学报, 2006, 23 (2): 127-131.

[64] Puta W D. The recovery of zinc from EAF dust by the Waltz process [J]. Steel Times, 1989, 217 (3): 194-195.

[65] 汪文生, 冯莲君, 潘旭方, 等. 用浮选法综合回收高炉瓦斯泥中碳、铁试验研究 [J]. 金属矿山, 2004 (8): 498-500.

[66] 金文生. 唐山建龙高炉布袋灰混喷入炉取得成效 [R]. 唐山: 建龙新闻, 2004.

[67] 张彦丽. 钢厂废物高炉瓦斯灰的综合利用 [D]. 济南: 山东大学, 2005.

[68] 李静. 济钢烧结除尘灰制浆及炼钢炼铁 [D]. 西安: 西安建筑科技大学, 2006.

[69] West N G. Recycling ferriginous waste practise and trends [J]. Steel Times, 1976 (7): 17-20.

[70] 李明辉. 转炉尘泥分选利用及吸附铜离子的研究 [D]. 武汉: 武汉理工大学, 2010.

[71] 朱贺民. 转炉炼钢尘泥烧结利用技术的开发与实践 [J]. 节能技术, 2006, 136 (2): 173.

[72] 晁月盛, 李敬民, 胡创朋, 等. 转炉烟尘制备氮化铁磁粉的研究 [J]. 功能材料, 2006, 37 (12): 1879-1880.

[73] 高家诚, 方民宪, 王勇, 等. 从转炉烟尘中提取铁粉的研究 [J]. 粉末冶金技术, 2002, 20 (4): 24-27.

[74] 李祥兴. 利用炼钢炉尘改性水玻璃 [J]. 莱钢科技, 2006 (6): 72-74.

[75] 张小敏, 梁鹏. 利用转炉未燃法炼钢尘泥进行烟气脱硫的实验研究 [J]. 干旱环境监测, 2008, 22 (2): 77-79.

[76] 张永祥. 用炼钢烟尘制备硬磁铁氧体 [J]. 天津大学学报, 1995, 28 (6): 848.

[77] 徐嘉峰. 冶金企业含铁尘泥的基本特征与综合利用 [J]. 甘肃科技纵横, 2005, 34 (6): 120.

[78] 沈腊珍, 谭俊茹, 颜秀茹, 等. 利用钢厂除尘灰制备铁系颜料等的方法及现状 [J]. 现代涂料与涂装, 2003 (3): 18-20.

[79] 郭大陆. 应用转炉除尘尘泥去除化验废水中的重金属 [J]. 鞍钢技术, 1985 (6): 30-33.

[80] Joo S-A., Moon H-S. Arsenic rernoval using steel manufacturing by Products as penneable reactive materials in mine tailing containment systems [J]. Water Research. 2003 (37): 2478-2488.

[81] 郑金星. 鞍钢含铁尘泥的循环利用 [J]. 烧结球团, 2013, 38 (3): 47-50.

[82] 孙俊波, 张晓雷, 江治飞, 等. 鞍钢鲅鱼圈生产工序固体废物的综合利用 [J]. 烧结球团, 2012, 37 (3): 67-70.

[83] 刘秉国, 彭金辉, 张利波, 等. 高炉瓦斯泥 (灰) 资源化循环利用研究现状 [J]. 矿业快报, 2007 (5): 14-19.

[84] 张祖光. 攀枝花钒钛磁铁矿中稀有金属开发利用前景 [J]. 攀枝花科技与信息, 2011 (3): 20-23.

[85] 张鑫, 丁跃华, 罗志俊, 等. 攀钢瓦斯泥脱锌还原工艺研究 [J]. 云南冶金, 2008 (3): 32-36.

［86］佟志芳，杨光华，康立武．利用高炉瓦斯泥制备金属化球团工艺实验研究［C］//中国金属学会．第十三届（2009年）冶金反应工程学会议论文集，2009：159-165.

［87］谢洪恩．攀钢高炉瓦斯泥综合利用研究［D］．昆明：昆明理工大学，2006.

［88］曾冠武．高炉瓦斯泥综合利用技术述评［J］．化工环保，2015（3）：279-283.

［89］高仑．锌与锌合金及应用［M］．北京：化学工业出版社，2011.

［90］He Siqi，Sun Hongjuan，Tan D G，et al. Recovery of titanium compounds from Ti-enriched product of alkali melting Ti-bearing blast furnace slag by dilute sulfuric acid leaching［J］．Procedia Environ. Sci，2016，31：977-984.

［91］He Siqi，Peng Tongjiang，Sun Hongjuan. Titanium recovery from Ti-bearing blast furnace slag by alkali Calcination and acidolysis［J］．JOM，2019，71（9）：3196-3201.

［92］周国彪，彭同江，孙红娟，等．高钛型高炉渣与硫酸铵焙烧过程中反应产物的变化与形成机理研究［J］．岩石矿物学杂志，2013，32（6）：893-898.

［93］周国彪．攀钢高钛型高炉渣有价组分的提取及综合利用研究［D］．成都：西南科技大学，2014.

［94］何思祺．攀西高钛型高炉渣提钛及系列化工粉体的制备［D］．成都：西南科技大学，2016.

［95］Sneha Samal. Preparation of synthetic rutile from pre-treated ilmenite/Ti-rich slag with phenol and resorcinol leaching solutions［J］．Hydrometallurgy，2013，137：8-12.

［96］Rachel A Pepper，Sara J Couperthwaite，Graeme J Millar. Comprehensive examination of acid leaching behaviour of mineral phases from red mud：Recovery of Fe，Al，Ti，and Si［J］．Minerals Engineering，2016，99：8-18.

［97］Wu Feixiang，Li Xinhai，Wang Zhixing，et al. Preparation of high-value TiO_2 nanowires by leaching of hydrolyzed titania residue from natural ilmenite［J］．Hydrometallurgy，2013，140：82-88.

［98］陈朝华，刘长河．钛白粉生产及应用技术［M］．北京：化学工业出版社，2005：227.

［99］陈启福，张燕秋，方民宪，等．攀钢高炉渣提取二氧化钛及三氧化二钪的研究［J］．钢铁钒钛，1991（3）：30-35.

［100］何思祺．攀枝花高钛高炉渣有价组分提取分离原理与化学动力学研究［D］．成都：西南科技大学，2020.

［101］龚银春．含钛高炉渣及其盐酸浸取液中主要组分的分离提取［D］．成都：成都理工大学，2010.

［102］苏庆平，龙小玲．含钛高炉渣的综合利用方法［P］．CN102312102A，2010.

17 钒化工冶金"三废"综合利用技术

17.1 钒化工冶金"三废"概述

17.1.1 钒化工冶金"三废"分类

钒化工冶金"三废"是指钒工业企业特征生产工艺和装置在生产过程中产出的废气、废水、固废的简称。这里钒工业企业是指以钒钛磁铁矿及其深加工产出的钒渣为原料生产钒制品的工业企业。特征生产工艺和装置是指采用钠化焙烧提钒或钙化焙烧提钒生产氧化钒的生产工艺和装置;以氧化钒等富钒物料为原料采用硅热法、铝热法、电热还原氮化法生产钒铁、钒氮、钒铝合金的生产工艺和装置。

狭义的"三废"是指经过生产使用而退出常规生产流程的废气、废水、固废。由于氧化钒制品属于危险化学品,因此钒工业企业所生产的"三废"需要经过更严格的合法、合规界定才能实施生产和处置,需要尽可能将被界定的危险"三废"返回本企业生产流程再利用,需要将退出本企业(而不是退出生产流程)的"三废"尽可能转化为一般"三废"。

广义的"三废"是指经过生产使用而退出"企业"合法合规处置流程的"三废"。

钒化工冶金"三废"按照流程可分为钠化提钒"三废"、钙化提钒"三废"和钒合金冶炼"三废";按照"三废"属性可分为一般"三废"和危险"三废"。

17.1.2 钒化工冶金"三废"产生节点分布

钒化工冶金流程特征生产工艺"三废"在生产流程中的产出位置节点如图 17-1~图 17-3所示。钒化工冶金流程主要"三废"、分类、产出节点、污染因子及防治措施见表 17-1。

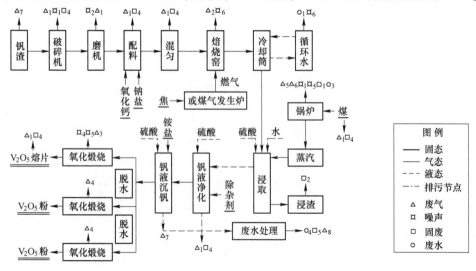

图 17-1 氧化钒生产工艺流程及"三废"排出节点

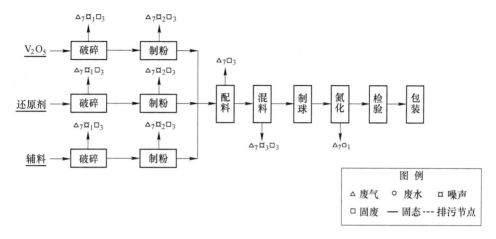

图 17-2 氮化钒生产工艺流程及排污节点

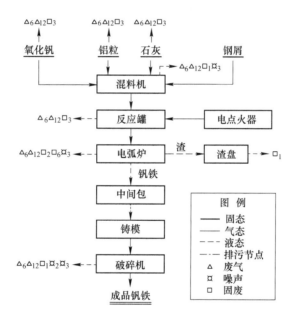

图 17-3 铝热法钒铁生产工艺流程及排污节点

表 17-1 钒化工冶金生产流程主要"三废"排污节点汇总一览表

类别	序号	污染源名称	污染因子	当前防治措施	排放特征
化工废气	G1	钒渣堆存、破碎、转运、配料粉尘	颗粒物	袋式除尘器	点源、连续
	G2	石灰石系统粉尘（钙法）		袋式除尘器	点源、连续
	G3	窑头熟料卸料及湿球磨运转废气		湿法流化床	点源、连续
	G3	回转窑、多膛炉外排烟气	烟尘、SO_2、NO_x	静电（或配加袋式除尘器组合）除尘器，如配加 NaCl 做添加剂需增加湿式盐酸吸收塔	点源、连续

类别	序号	污染源名称	污染因子	当前防治措施	排放特征
化工废气	G4	五氧化二钒煅烧及干燥废气	烟尘、NH₃、NOₓ	湿式硫酸溶液吸收塔	点源、连续
	G5	五氧化二钒熔化制片及卸料废气	烟尘、NH₃、NOₓ	袋式除尘器	点源、连续
	G6	三氧化二钒干燥废气	烟尘、NOₓ	袋式除尘器	点源、连续
	G7	三氧化二钒脱氨、还原废气	烟尘、SO₂、NH₃、NOₓ	湿式硫酸溶液吸收塔	点源、连续
	G8	三氧化二钒造粒废气	氧化钒颗粒物	袋式除尘器	点源、连续
	G9	浸出工序浸出系统排汽（钙法）	硫酸雾、水雾	湿式（硫酸）溶液吸收塔	点源、连续
	G10	沉钒工序沉淀系统排汽			点源、间断
	G11	浸出工序渣液分离过滤系统排汽			面源、连续
	G12	废水处理工序 SO₂	SO₂	湿式（硫酸、氨、SO₂）溶液吸收塔	点源、连续
	G13	废水处理工序无组织氨气	氨		面源、连续
	G14	硫酸罐区呼吸废气	硫酸雾		面源、间断
冶炼废气	G15	钒铁石灰石系统粉尘	颗粒物	袋式除尘器	点源、间断
	G16	钒铁、钒氮配料、混料系统粉尘	颗粒物	袋式除尘器	点源、间断
	G17	钒铁冶炼系统烟尘	颗粒物	袋式除尘器	点源、间断
	G18	钒铁产品破碎系统粉尘	颗粒物	袋式除尘器	点源、间断
	G19	钒铁炉衬打结系统粉尘	颗粒物	袋式除尘器	点源、间断
	G20	钒铁炉渣破碎系统粉尘	颗粒物	袋式除尘器	点源、间断
	G21	钒氮合金炉窑外排烟尘	颗粒物、钠盐	袋式除尘器+湿式溶液吸收塔	点源、连续
废水	W1	钠化提钒工艺沉钒废水	SS、COD、pH 值、Cr⁶⁺、NH₃-N、总钒	硫酸亚铁和二氧化硫还原+碱中和+脱氨精馏+蒸发制盐	连续
	W2	钙化提钒工艺沉钒废水	NH₃-N、Mn²⁺	石灰中和法+纤维束过滤后返回浸出回用	连续
	W3	钒酸铵分解窑气洗涤水	NH₃ 或铵盐	定期返回沉钒工序	间断
	W4	钒氮炉窑、合金炉窑烟尘洗涤水	颗粒物、钠盐	定期返回入窑炉料配水	间断
	W5	冷却系统排污水	SS、COD	补充浸出用水	间断
化工固废	S1	钒渣（磁选）金属铁、铁渣	一般工业固废，返回炼钢流程回用		间断
	S2	钒液净化除杂钒泥（渣）	危险固废，返回钒化工流程工艺利用		间断
	S3	焙烧浸后钒渣（钠法提钒尾渣）	大部分返回钢铁流程做烧结辅料，部分外售做陶瓷颜料或太阳能吸热涂料（一般工业固废）		连续
	S4	污水处理站钒泥（钠法）	危险固废，返回钒化工流程工艺利用		间断
	S5	污水处理站铬泥（钠法）	危险固废，外售或用于炼钢工序调节钢材成分		间断
	S6	沉钒废水蒸发钠盐（钠法）	一般工业固废，直接外售或精制成硫酸钠外售		间断
	S7	除尘灰	一般工业固废，返回钒化工流程工艺利用		连续
	S8	含钒废耐火材料	危险固废，返回钒渣破碎工序化工流程工艺利用		间断

类别	序号	污染源名称	污染因子	当前防治措施	排放特征
化工固废	S9	焙烧浸后钒渣（钙法提钒尾渣）	一般工业固废，大部分外售做再提钒原料		连续
	S10	废水处理泥饼（钙法）	一般工业固废、填埋处理		间断
	S11	浸出底流渣（钙法）	危险固废，交有资质单位处理		间断
冶金固废	S12	电硅热法钒铁冶炼贫渣及除尘灰	一般工业固废，建材原料外售		间断
	S13	铝热法钒铁冶炼贫渣	一般工业固废，炼钢厂耐材利用		间断
	S14	铝热法钒铁冶炼刚玉渣	一般工业固废，外售或炼钢厂耐材利用		间断
	S15	废耐火材料	一般工业固废，电硅热法钒铁冶炼补炉料或炼钢厂耐材利用		间断
	S16	铝热法钒铁冶炼除尘灰	一般工业固废，造粒返回钒铁冶炼流程利用		间断

17.2 钒化工冶金"三废"相关法规、标准及参考实例

17.2.1 钒化工冶金"三废"相关法规、标准

钒化工冶金"三废"的管控首先要按照"三废"属性划分，鉴定为一般"三废"和危险"三废"之后，再依法、依规实施处理及排放。具体来讲，钒化工冶金"三废"的管控要在严格遵守国家环境及危险化学品相关管理法规、标准的基础上，依据生产企业"环评"报告的具体规定进行实施。钒化工冶金生产相关生态环保法律法规、生态环保技术规范及文件见表 17-2、表 17-3。

表 17-2 钒化工冶金生产相关生态环保法律法规一览表

类别	序号	名　　称	备　　注
环保法律	F1	中华人民共和国环境保护法	修正（自 2015 年 1 月 1 日起施行）
	F2	中华人民共和国大气污染防治法	修正（2018 年 10 月 26 日）
	F3	中华人民共和国水污染防治法	修正（2017 年 6 月 27 日）
	F4	中华人民共和国固体废物污染环境防治法	修订（2020 年 4 月 29 日）
	F5	中华人民共和国土壤污染防治法	自 2019 年 1 月 1 日起施行
	F6	中华人民共和国环境噪声污染防治法	修正（2018 年 12 月 29 日）
	F7	中华人民共和国环境影响评价法	修正（2018 年 12 月 29 日）
	F8	中华人民共和国安全生产法	修改（自 2021 年 9 月 1 日起施行）
	F9	中华人民共和国清洁生产促进法	修正（自 2012 年 7 月 1 日起施行）
	F10	中华人民共和国节约能源法	修正（2018 年 10 月 26 日）
	F11	中华人民共和国循环经济促进法	修正（2018 年 10 月 26 日）
	F12	中华人民共和国消防法	修正（2019 年 4 月 23 日）
	F13	中华人民共和国长江保护法	自 2021 年 3 月 1 日起施行

类别	序号	名　　称	备　　注
行政法规	G1	建设项目环境保护管理条例	修改（自 2017 年 10 月 1 日起施行）
	G2	危险化学品安全管理条例	修改（2013 年 12 月 4 日）
	G3	危险废物经营许可证管理办法	修改（2013 年 12 月 4 日）
	G4	中华人民共和国进出口商品检验法实施条例	修改（2013 年 5 月 31 日）
	G5	生产安全事故应急条例	自 2019 年 4 月 1 日起施行
	G6	排污许可管理条例	自 2021 年 3 月 1 日起施行
国务院、部委文件、规章	Z1	水污染防治行动计划	国发 2015 年第 17 号
	Z2	大气污染防治行动计划	国发 2013 年第 37 号
	Z3	土壤污染防治行动计划	国发 2016 年第 31 号
	Z4	建设项目环境影响评价分类管理名录	修改（2018 年 4 月 28 日）
	Z5	建设项目危险废物环境影响评价指南	自 2017 年 10 月 1 日起施行
	Z6	国家危险废物名录	修订（自 2021 年 1 月 1 日起施行）
	Z7	固定污染源排污许可分类管理名录	（2017 年版）
	Z8	排污许可管理办法	修改（2019 年 8 月 22 日）
	Z9	建设项目环境影响后评价管理办法（试行）	自 2016 年 1 月 1 日起施行
	Z10	突发环境事件应急管理办法	自 2015 年 6 月 5 日起施行
	Z11	环境保护主管部门实施限制生产、停产整治办法	自 2015 年 1 月 1 日起施行
	Z12	危险化学品环境管理登记办法（试行）	自 2013 年 3 月 1 日起施行
	Z13	危险废物经营单位记录和报告经营情况指南	应急公告 2009 年第 55 号
	Z14	强化危险废物监管和利用处置能力改革实施方案	国办函 2021 年第 47 号
	Z15	危险化学品企业重大危险源安全包保责任制方法（试行）	应急公告 2021 年第 12 号
	Z16	危险化学品企业安全分类整治目录〔2020〕	应急 2020 年第 84 号
	Z17	开展大宗固体废弃物综合利用示范的通知	发改办环资 2021 年第 438 号
	Z18	危险废物经营单位审查和许可指南	应急公告 2009 年第 65 号
	Z19	污染源自动监控管理办法	自 2005 年 11 月 1 日起施行
	Z20	废弃危险化学品污染环境防治办法	自 2005 年 10 月 1 日起施行
	Z21	危险废物转移联单管理办法	自 1999 年 10 月 1 日起施行
	Z22	化学品首次进口及有毒化学品进出口环境管理规定	自 1994 年 5 月 1 日起施行

表 17-3　钒化工冶金生产相关生态环保技术规范及文件一览表

类别	序号	名　　称	备　　注
国家、行业标准、导则和规范	B1	建设项目环境影响评价技术导则　总纲	HJ/T 2.1—2016
	B2	环境影响评价技术导则大气环境	HJ 2.2—2018
	B3	环境影响评价技术导则　地表水环境	HJ 2.3—2018
	B4	环境影响评价技术导则　地下水环境	HJ 610—2016
	B5	环境影响评价技术导则　土壤环境（试行）	HJ 964—2018
	B6	环境影响评价技术导则　声环境	HJ 2.4—2009
	B7	环境影响评价技术导则　生态影响	HJ 19—2011
	B8	建设项目环境风险评价技术导则	HJ/T 169—2018

类别	序号	名　　称	备　　注
国家、行业标准、导则和规范	B9	生态环境健康风险评估技术指南　总纲	HJ1111—2020
	B10	大气污染治理工程技术导则	HJ 2000—2010
	B11	水污染治理工程技术导则	HJ 2015—2012
	B12	环境噪声与振动工程技术导则	HJ 2034—2013
	B13	排污许可证申请与核发技术规范　总则	HJ 942—2018
	B14	排污许可证申请与核发技术规范　稀有稀土金属冶炼	HJ 1125—2020
	B15	企业突发环境事件风险分级方法	HJ 941—2018
	B16	清洁生产标准　钢铁行业（铁合金）	HJ 470—2009
	B17	固体废物处理处置工程技术导则	HJ 2035—2013
	B18	危险废物收集、贮存、运输技术规范	HJ 2025—2012
	B19	固体废物再利用污染防治技术导则	HJ1091—2020
	B20	工业锅炉污染防治可行技术指南	HJ 1178—2021
	B21	危险废物转移联单管理办法	国家环境保护总局令第5号
	B22	危险废物处置工程技术导则	HJ 2042—2014
	B23	危险废物鉴别技术规范	HJ 298—2019
	B24	危险废物贮存污染控制标准	GB 18597—2001
	B25	危险废物填埋污染控制标准	GB 18598—2019
	B26	危险废物鉴别标准　通则	GB 5085.7—2019
	B27	危险废物储运单元编码要求	GB/T 38920—2020
	B28	危险废物焚烧污染控制标准	GB 18484—2020
	B29	危险废物鉴别标准　腐蚀性鉴别	GB 5085.1—2007
	B30	危险废物鉴别标准　急性毒性初筛	GB 5085.2—2007
	B31	危险废物鉴别标准　浸出毒性鉴别	GB 5085.3—2007
	B32	危险废物鉴别标准　易燃性鉴别	GB 5085.4—2007
	B33	危险废物鉴别标准　反应性鉴别	GB 5082.5—2007
	B34	危险化学品重大危险源辨识	GB 18218—2009
	B35	一般工业固体废物贮存、处置场污染控制标准	GB 18599—2020
	B36	钒工业污染物排放标准	GB 26452—2011
	B37	化工建设项目环境保护设计标准	GB/T 50483—2019
	B38	恶臭污染物排放标准	GB 14554—93
	B39	工业炉窑大气污染物排放标准	GB 9078—1996

　　钒化工行业属于危险化学品生产，国家对危险化学品生产的整个生产及经营流程都有严格、特殊的法规及技术规范要求。因此，钒化工行业树立依法依规生产的行为规范极为必要。

　　钒化工企业的"三废""管控"只执行《钒工业污染物排放标准》（GB 26452—2011）是远远不够的。首先就标准而言，《钒工业污染物排放标准》只提供了钒工业企业特征生产工艺和装置的水污染物、大气污染物排放限值、监测和监控要求，以及标准的实施与监督等相关规定；对钒工业企业建设项目的环境影响评价、环境保护设施设计、竣工环境保护验收及其投产后的水污染物、大气污染物排放给出管理参考。但该标准并未对钒工业固体污染物的排放、管控提出"标准"要求，并未对钒工业污染物的存储、转移提出"标准"要求，"标准"的部分条款已经不能满足当前国家、地方相关法规，环评的要求（如钒工业废水目前已规定必须做到零排放）。

该标准适用于法律允许的污染物排放行为，标准规定的水污染物排放控制要求适用于企业直接或间接向其法定边界外排放水污染物的行为，对水污染物、大气污染物排放要求见表17-4～表17-8。

表 17-4　现有企业水污染物排放浓度限值（mg/L，pH 值除外）及单位产品基准排水量

序号	污染物项目	排放限值		污染物排放监控位置
		直接排放	间接排放	
1	pH 值	6~9	6~9	企业废水总排放口
2	悬浮物	70	70	
3	化学需氧量（COD_{Cr}）	80	100	
4	硫化物	1.0	1.0	
5	氨氮	25	40	
6	总氮	40	60	
7	总磷	1.0	2.0	
8	氯化物（以 Cl^- 计）	500	500	
9	石油类	10	10	
10	总锌	2.0	2.0	
11	总铜	0.5	0.5	
12	总镉	0.1		车间或生产设施废水排放口
13	总铬	1.5		
14	六价铬	0.5		
15	总钒	2.0		
16	总铅	1.0		
17	总砷	0.5		
18	总汞	0.05		
单位产品（V_2O_5 或 V_2O_3）基准排水量/$m^3 \cdot t^{-1}$		20		排水量计量位置与污染物排放监控位置一致

表 17-5　新建企业水污染物排放浓度限值（mg/L，pH 值除外）及单位产品基准排水量

序号	污染物项目	排放限值		污染物排放监控位置
		直接排放	间接排放	
1	pH 值	6~9	6~9	企业废水总排放口
2	悬浮物	50	70	

序号	污染物项目	排放限值		污染物排放监控位置
		直接排放	间接排放	
3	化学需氧量（COD_{Cr}）	60	100	企业废水总排放口
4	硫化物	1.0	1.0	
5	氨氮	10	40	
6	总氮	20	60	
7	总磷	1.0	2.0	
8	氯化物（以 Cl^- 计）	300	300	
9	石油类	5	5	
10	总锌	2.0	2.0	
11	总铜	0.3	0.3	
12	总镉	0.1		车间或生产设施废水排放口
13	总铬	1.5		
14	六价铬	0.5		
15	总钒	1.0		
16	总铅	0.5		
17	总砷	0.2		
18	总汞	0.03		
	单位产品（V_2O_5 或 V_2O_3）基准排水量/$m^3 \cdot t^{-1}$	10		排水量计量位置与污染物排放监控位置一致

表 17-6　水污染物特别排放限值（mg/L，pH 值除外）

序号	污染物项目	排放限值		污染物排放监控位置
		直接排放	间接排放	
1	pH 值	6~9	6~9	企业废水总排放口
2	悬浮物	20	50	
3	化学需氧量（COD_{Cr}）	30	60	
4	硫化物	1.0	1.0	
5	氨氮	8	10	
6	总氮	15	20	
7	总磷	0.5	1.0	
8	氯化物（以 Cl^- 计）	200	200	
9	石油类	1	1	
10	总锌	1.0	1.0	
11	总铜	0.2	0.2	

序号	污染物项目	排放限值		污染物排放监控位置
		直接排放	间接排放	
12	总镉	0.1		车间或生产设施废水排放口
13	总铬	1.5		
14	六价铬	0.5		
15	总钒	0.3		
16	总铅	0.1		
17	总砷	0.1		
18	总汞	0.01		
单位产品（V_2O_5 或 V_2O_3）基准排水量/$m^3 \cdot t^{-1}$		3		排水量计量位置与污染物排放监控位置一致

表 17-7　现有企业大气污染物排放浓度限值（mg/m^3）及单位产品基准排气量

序号	生产过程	工艺或工序	污染物名称及排放限值						污染物排放监控位置
			二氧化硫	颗粒物	氯化氢	硫酸雾	氯气	铅及其化合物	
1	原料预处理	破碎、筛分、混配料、球磨、制球、原料输送等装置及料仓	—	100	—	—	—	0.7	车间或生产设施排气筒
2	焙烧	焙烧炉/窑	700	100	100	—	65	1.5	
3	沉淀	沉淀池/罐	—	—	—	35	—	0.7	
4	熔化（制取 V_2O_5）	熔化炉	700	100	100	—	65	1.5	
5	干燥（制取 V_2O_3）	干燥炉/窑	700	100	—	—	—	1.5	
6	还原（制取 V_2O_3）	还原炉/窑	700	100	—	—	—	1.5	
7	熟料输送及储运	熟料仓、卸料点等	—	100	—	—	—	0.7	
8	其他		—	100	—	—	—	0.7	
单位产品（V_2O_5 或 V_2O_3）基准排气量/$m^3 \cdot t^{-1}$			150000						车间或生产设施排气筒

注：浸出过程产生的含碱蒸气必须经过吸收净化，吸收液循环利用后进入废水处理系统。

表 17-8 新建企业大气污染物排放浓度限值（mg/m³）及单位产品基准排气量

序号	生产过程	工艺或工序	污染物名称及排放限值						污染物排放监控位置
			二氧化硫	颗粒物	氯化氢	硫酸雾	氯气	铅及其化合物	
1	原料预处理	破碎、筛分、混配料、球磨、制球、原料输送等装置及料仓	—	50	—	—	—	0.5	车间或生产设施排气筒
2	焙烧	焙烧炉/窑	400	50	80	—	50	1.0	
3	沉淀	沉淀池/罐	—	—	—	20	—	0.5	
4	熔化（制取 V_2O_5）	熔化炉	400	50	80	—	50	1.0	
5	干燥（制取 V_2O_3）	干燥炉/窑	400	50	—	—	—	1.0	
6	还原（制取 V_2O_3）	还原炉/窑	400	50	—	—	—	1.0	
7	熟料输送及储运	熟料仓、卸料点等	—	50	—	—	—	0.5	
8	其他		—	50	—	—	—	0.7	
单位产品（V_2O_5 或 V_2O_3）基准排气量/m³·t⁻¹			130000						车间或生产设施排气筒

注：浸出过程产生的含碱蒸气必须经过吸收净化，吸收液循环利用后进入废水处理系统。

17.2.2 钒化工冶金"三废"排放环评标准参考实例

钒化工企业的三废排放与处理、转移一定要在依法、依规的基础上，严格按照企业环评要求实施运行。企业的技术改造与工艺、生产条件变更也必须向政府相关管理部门申报、获批之后方可进行。表 17-9～表 17-11 是近年国内钒化工生产企业的环评水污染物、大气污染物的控制要求实例，仅供参考。

表 17-9 钒化工生产企业污染物排放环评标准参考实例 1

类别	污染源	污染物名称	标准值	单位	标准来源
废气	原料预处理	颗粒物	50	mg/m³	《钒工业污染物排放标准》（GB 26452—2011）表 5、表 6 标准
	焙烧	SO_2	400		
		颗粒物	50		
	熔化、干燥、还原	SO_2	400		
		颗粒物	50		
	熟料运输及储运	颗粒物	50		
	其他	颗粒物	50		

类别	污染源	污染物名称		标准值	单位	标 准 来 源
废气	厂界浓度	SO_2		0.3	mg/m³	《钒工业污染物排放标准》（GB 26452—2011）表5、表6标准
		颗粒物		0.5		
		硫酸雾		0.3		
	脱氨、煅烧、干燥、熔化等	氮氧化物（以 NO_2 计）		400		《工业炉窑大气污染物排放标准》（DB 13/1640—2012）表2标准
	脱氨、煅烧、熔化	NH_3	速率	20	kg/h	《恶臭污染物排放标准》（GB 14554—93）表1、表2标准
			高度	30	m	
			厂界	1.5	mg/m³	
废水		pH 值		6~9	mg/L	《钒工业污染物排放标准》（GB 26452—2011）表2标准
		SS		70		
		COD		100		
		NH_3-N		40		
		Cr^{6+}		0.5		
		总铬		1.5		
		总钒		1.0		
声环境	等效连续声级	昼间		65	dB（A）	《工业企业厂界环境噪声排放标准》（GB 12348—2008）3类区标准限值
		夜间		55		
		昼间		70	dB（A）	《建筑施工场界环境噪声排放标准》（GB 12523—2011）

表 17-10　钒化工生产企业污染物排放环评标准参考实例 2

标准类别		执行标准名称	标准代号	执行级别
污染物	废气	《钒工业污染物排放标准》（大气污染物排放浓度限值）	GB 26452—2011	新建企业大气污染物排放浓度限值
		《锅炉大气污染物排放标准》	GB 13271—2014	新建锅炉大气污染物排放浓度限值
	废水	《污水综合排放标准》	GB 8978—1996	一级
		《钒工业污染物排放标准》（水污染物排放控制要求）	GB 26452—2011	新建企业直接排放限值
	厂界噪声	《工业企业厂界环境噪声排放标准》	GB 12348—2008	3类
	施工噪声	《建筑施工场界环境噪声排放标准》	GB 12523—2011	—
	工业固废	《危险废物贮存污染控制标准》	GB 18597—2001	—
		《一般工业固体废物贮存、处置场污染控制标准》及其修改单	GB 18599—2001	—

表 17-11　钒化工生产企业污染物排放环评标准参考实例 3

标准名称及代号	执行级别	标准限值/mg·L⁻¹					
《钒工业污染物排放标准》GB 26452—2011（大气污染物排放浓度限值）	新建企业大气污染物排放浓度限值	生产过程	工艺或工序	SO₂	颗粒物	硫酸雾	
		原料预处理	破碎、筛分、混配料、球磨、制球、原料输送等装置及料仓	—	50	—	
		焙烧	焙烧炉、窑	400	50	—	
		沉淀	沉淀池/罐	—	—	20	
		熔化	熔化炉	400	50	—	
		干燥	干燥炉/窑	400	50	—	
		还原	还原炉/窑	400	50	—	
		熟料输送机储运	熟料仓、卸料点等	—	50	—	
		其他		—	50	—	
		边界大气污染物浓度限值		0.3	0.5	0.3	
《锅炉大气污染物排放标准》GB 13271—2014	燃气锅炉	颗粒物：20mg/m³ SO₂：50mg/m³ NOₓ：200mg/m³					
《钒工业污染物排放标准》GB 26452—2011（水污染物排放控制要求）	新建企业排放限值	污染物项目	排放限值/mg·L⁻¹（pH 值除外）		污染物排放监控位置		
			直接排放	间接排放			
		pH 值	6~9	6~9	企业废水总排口		
		SS	50	70			
		CODCr	60	100			
		硫化物	1.0	1.0			
		NH₃-N	10	40			
		总氮	20	60			
		总磷	1.0	2.0			
		氯化物（以 Cl⁻计）	300	300			
		石油类	5	5			
		总锌	2.0	2.0			
		总铜	0.3	0.3			
		总镉	0.1		车间或生产设施废水排放口		
		总铬	1.5				
		Cr⁶⁺	0.5				
		总钒	1.0				
		总铅	0.5				
		总砷	0.2				
		总汞	0.03				

标准名称及代号	执行级别	标准限值/mg·L⁻¹			
《钒工业污染物排放标准》GB 26452—2011（水污染物排放控制要求）	新建企业排放限值	污染物项目	排放限值/mg·L⁻¹（pH值除外）		污染物排放监控位置
			直接排放	间接排放	
		单位产品（V_2O_5 或 V_2O_3）基准排水量 /m³·t⁻¹	10		排水量计量位置与污染物排放监控位置一致
《污水综合排放标准》GB 8978—1996	一级	pH：6~9；SS≤70mg/L；氨氮≤15mg/L COD≤100mg/L；BOD_5≤20mg/L			
《工业企业厂界环境噪声排放标准》GB 12348—2008	3 类	昼间：65dB；夜间：55dB			
《建筑施工场界环境噪声排放标准》（GB 12523—2011）	—	昼间：70dB；夜间：55dB			

表 17-12 为钒化工企业环评监测方法、方法来源、使用仪器及检出限。图 17-4 为环境影响评价工作程序，图 17-5 为钒化工企业环境风险评价流程。

表 17-12　钒化工企业环评监测方法、方法来源、使用仪器及检出限

项　目	监测方法	方法来源	使用仪器	检出限
pH 值	便携式 pH 计法	《水和废水监测分析方法》（第 4 版）	便携 S2-Standard pH 计	—
悬浮物	重量法	GB/T 11901—1989	101-2AB 电热鼓风干燥箱、ME204E 电子天平	4mg/L
化学需氧量	重铬酸盐法	GB/T 11914—2017	50ml 滴定管	4mg/L
溶解氧	便携式溶解氧仪法	《水和废水监测分析方法》（第 4 版）	F4-Standard 溶解氧测定仪	—
五日生化需氧量	稀释与接种法	HJ 505—2009	HWS-250 智能恒温恒湿箱	0.5mg/L
氨氮	纳氏试剂分光光度法	HJ 535—2009	T6 新世纪 紫外可见分光光度计	0.025mg/L
总磷	钼酸铵分光光度法	GB/T 11893—1989	T6 新世纪 紫外可见分光光度计	0.01mg/L
石油类	紫外分光光度法（试行）	HJ 970—2018	紫外/可见分光光度计 UV-1100	0.01mg/L
氰化物	容量法和分光光度法	HJ 484—2009	T6 新世纪 紫外可见分光光度计	0.004mg/L
硫酸盐	离子色谱法	HJ 84—2016	ICS-600 离子色谱仪	0.018mg/L
氯化物	离子色谱法	HJ 84—2016	ICS-600 离子色谱仪	0.007mg/L

续表 17-12

项 目	监测方法	方法来源	使用仪器	检出限
氟化物	离子色谱法	HJ 84—2016	ICS-600 离子色谱仪	0.006mg/L
铜	电感耦合等离子体质谱法	HJ 700—2014	7800 电感耦合等离子体质谱仪	0.08μg/L
锰				0.12μg/L
锌				0.67μg/L
镉				0.05μg/L
铅				0.09μg/L
砷				0.12μg/L
镍				0.06μg/L
硒				0.41μg/L
钒				0.08μg/L
六价铬	二苯碳酰二肼分光光度法	GB/T 7467—1987	T6 新世纪紫外可见分光光度计	0.004mg/L
汞	原子荧光法	HJ 694—2014	AFS-8500 原子荧光光谱仪	0.04μg/L

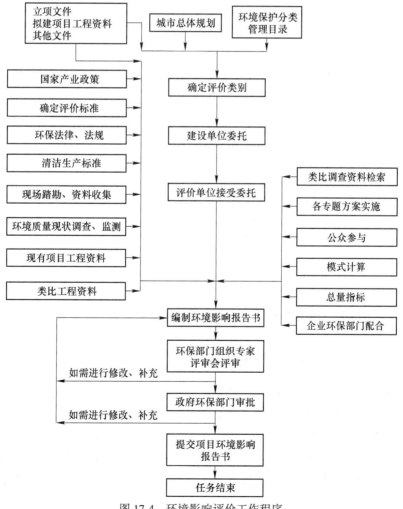

图 17-4 环境影响评价工作程序

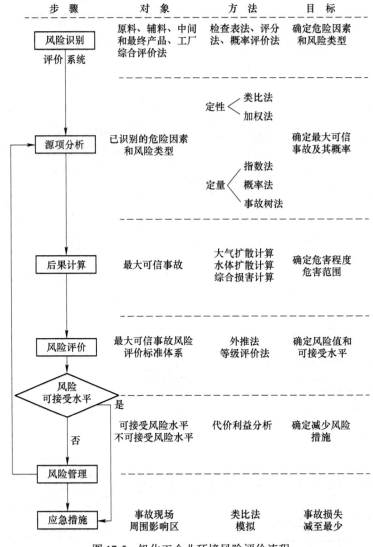

图 17-5 钒化工企业环境风险评价流程

17.3 钒化工冶金烟气除尘治理技术与装备

17.3.1 化工冶金企业"废气"减排管控模式

钒化工冶金"废气"由炉窑"废气"和作业场所环境"废气"构成,其"废气"治理的主要目的是实现达标排放。因此,企业应针对流程"废气"污染源和污染因子特点,一体化设计选用成熟、先进、适宜的"废气"装置实施"废气"治理。钒化工冶金生产流程主要"废气"的污染源、排污节点、污染因子、排放特征、当前防治措施及技术装备见表 17-1,治理与排放标准参见表 17-3。钒化工冶金企业"废气"减排管控模式如图 17-6 所示。

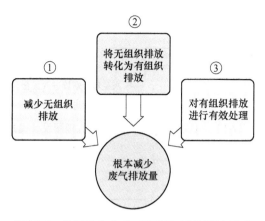

图 17-6 化工冶金企业"废气"减排管控模式

17.3.2 化工冶金企业废气尘排放系统流程图设计模式

钒化工冶金各除尘系统流程图设计模式如图 17-7~图 17-12 所示。

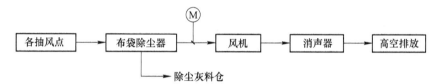

图 17-7 环境除尘系统流程图设计模式

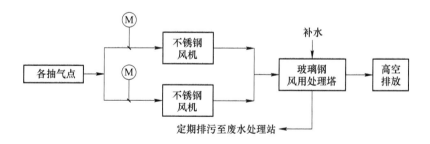

图 17-8 环境除尘排气系统流程图设计模式

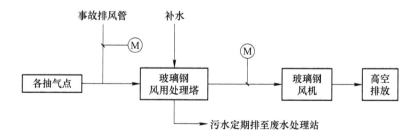

图 17-9 环境除尘排酸气系统流程图设计模式

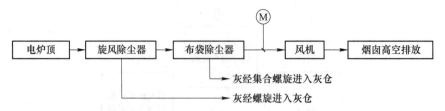

图 17-10 钒铁冶炼电炉除尘系统流程图设计模式

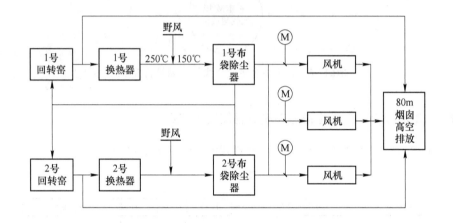

图 17-11 钙法提钒回转窑外排烟气除尘系统流程图设计模式

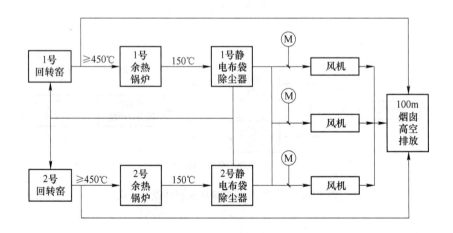

图 17-12 钠法提钒回转窑外排烟气除尘系统流程图设计模式
（如焙烧时配加 NaCl 做添加剂需在静电除尘器后增加湿式盐酸吸收塔装置）

17.3.3 除尘设备概览

国内焙烧回转窑典型流程除尘系统，见表 17-13。

目前钒化工冶金产业除尘主流的技术有两种，分别是袋式除尘、静电除尘，在此二者基础上又衍生出了电袋复合除尘。三种除尘器技术经济性能比较见表 17-14。

表 17-13 国内焙烧回转窑典型流程除尘系统概览

序号	项 目	除尘方式	大窑引风机参数/m³·h⁻¹ （每套）	排放浓度/mg·Nm⁻³	排气筒高度/m
1	钠法焙烧工序 φ4.5m×100m 回转窑除尘系统	静电（布袋）除尘器	流量 126000m³/h、全压 3500Pa、工作温度 140℃，配套变频电机 Y315M1-4、185kW	粉尘≤50；SO_2≤50；NO_x≤100	100
2	钙法焙烧工序 φ3.6m×90m 回转窑除尘系统	烟气换热器+布袋除尘器	115000m³/h、全压约 10900Pa（$t=20℃$，0.1MPa）、工作温度 150℃，配套变频电机型号：YKK450-4/450kW/10kV	粉尘≤50；SO_2≤70；NO_x≤120	80

表 17-14 国内除尘系统器技术经济性能对比概览表

项 目	袋式除尘器	静电除尘器	电袋复合除尘器
出口排放浓度/mg·Nm⁻³	≤20	40~50	≤20
运行阻力/Pa	800~1000	约 250	前期 800~1000，中后期 1500
滤袋寿命	2~4 年	元件寿命最高	极限情况≤数月
占地面积	小	比袋式大 30%~40%	比袋式大 30%
投资	少	多	较少
运行费用	较小	小	较小
操作维护	较简便	简便	复杂
PM2.5 去除率	高	低	高
汞去除率	高	低	高
钢材消耗量	较小	大	较大
设备制造、安装难易	简易，关键必须用工装保证	较复杂、专用工装多	复杂、专用工装多

目前我国电除尘技术已进入应用成熟阶段，袋式除尘技术正处于快速发展时期，但是随着国家对工业烟气污染控制要求的不断提高，超低排放电除尘技术已经不能完全满足要求（仍适用于特定场合），袋式除尘技术和电袋复合除尘替代电除尘技术已经成为主流。电袋复合除尘的工作原理如图 17-13 所示。

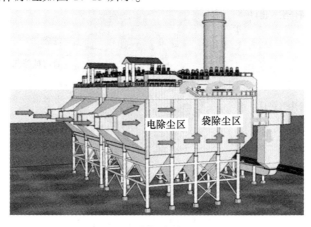

图 17-13 电袋复合除尘工作原理

17.3.3.1 布袋除尘器

布袋除尘器是钒化工冶金生产应用最广泛的"废气"治理装备,其应用范围涵盖工厂作业场所设备、环境"废气"除尘、炉窑"废气"治理的方方面面。图 17-14 为布袋除尘器工作原理示意图。

布袋除尘器是含尘气体通过滤袋滤去其中粉尘粒子的分离净化装置,是一种干式高效过滤式除尘器,净化效率高,投资少。袋式除尘作用机理是将含尘气体喷入特种纤维制成的滤袋中,用滤袋过滤和捕集粉尘。过滤效果取决于滤袋的质量。图 17-15 为袋式除尘器内部结构。

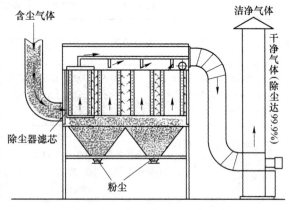

图 17-14 布袋除尘器工作原理

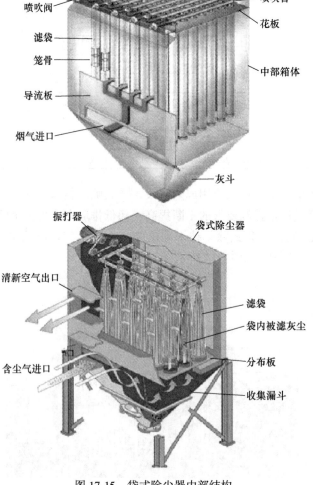

图 17-15 袋式除尘器内部结构

A 高温滤料

高温滤料是袋式除尘器的核心材料，袋式除尘器的过滤作用是通过滤料实现，可以通过配备耐常温（130℃以下）、耐高温（130℃以上）、耐腐蚀、拒水防油、防燃防爆、长寿命（2~4 年）等不同性能的各种滤袋来实现不同的过滤效果，袋式除尘技术的变化与革新与滤料的变革也具有较强的相关性。

目前，国内外用于烟气治理的高温滤料纤维主要有 PPS（聚苯硫醚）、Nomex（芳香族聚酰胺）、P84（聚酰亚胺）、PTFE（聚四氟乙烯）、玻璃纤维及 PSA（芳砜纶）纤维等，实际应用中往往采用多种纤维配合。制作工艺有针刺毡、表面覆膜、乳液浸渍等，能达到表面过滤、梯度过滤的效果，不仅提高了粉尘捕集能力，而且减少了压力损失，易于清灰，节约能耗。由于滤料是袋式除尘器效能达标的关键设施，是实现烟气超低排放的保障，因此布袋除尘器的滤料选择至关重要。表 17-15 为布袋除尘器常用滤料性能对比，表 17-16 为耐高温纤维滤料性能对比。

表 17-15 布袋除尘器常用滤料性能对比一览表

分类	名称（简称）	工作温度/℃	抗无机酸	抗有机酸	抗碱	抗水解	抗氧化	适合行业领域
常温滤料	聚丙烯针刺毡覆膜滤料（PP/丙纶）	90	很好	很好	很好	好	一般	化工、食品
	涤纶针刺毡覆膜滤料（PET）	130	一般	一般	较差	较差	好	水泥、电镀、钢铁、食品、塑料
	抗静电涤纶针刺毡覆膜滤料（PET/E）	130	一般	一般	较差	较差	好	水泥、电镀、钢铁、采矿、铸造
	涤纶滤纸覆膜滤料	130	很好	很好	好	较差	好	焊接、烟草
	亚克力、均聚丙烯腈覆膜滤料（DT）	125	很好	很好	一般	好	好	煤磨、矿渣磨
高温滤料	聚苯硫醚覆膜滤料（PPS）	180	很好	很好	很好	好	一般	垃圾焚烧、化工、电力
	芳纶针刺毡覆膜滤料（TM/Nomex）	190	一般	一般	好	一般	一般	垃圾焚烧、冶金、水泥、硬焦炭、重油锅炉
	聚酰亚胺覆膜滤料（P84）	240	很好	很好	一般	好	好	水泥、垃圾焚烧、采矿、电力
	玻纤机织布覆膜滤料	260	很好	一般	一般	好	好	水泥、垃圾焚烧、采矿业、稀有金属冶炼
	聚四氟乙烯覆膜滤料（PTFE）	260	很好	很好	很好	很好	很好	垃圾焚烧、化工、采矿业

表 17-16　耐高温纤维滤料性能对比一览表

项　目	聚苯硫醚覆膜滤料（PPS）	聚酰亚胺覆膜滤料（P84）	聚四氟乙烯覆膜滤料（PTFE）	芳纶针刺毡覆膜滤料（TM/Nomex）	玻纤机织布覆膜滤料
过滤效果	好	最佳	好	好	一般
使用寿命	较短	较长	最长	较长	最短
耐温性能	较好	最佳	较好	较好	好
耐酸碱	好	耐酸、不耐碱	最好	一般	好
耐氧化性	差	好	好	差	好
耐折性	好	好	好	好	差
售价	较低	较高	最高	中等	最低

近年来，由于新型合成纤维滤料的推陈出新，脉冲清灰及滤袋自动检漏等新技术的应用，滤袋与花板间密封措施的加强，除尘单元离线检修的实现，应用领域与定制设计的拓展和细化，使袋式除尘器得到了更大的发展和应用，其主要特点如下：（1）布袋除尘器对净化含微米或亚微米数量级的粒尘粒子的气体效率较高，一般可达 99%，能有效去除废气中的 PM10 微细粉尘。（2）除尘效率不受粉尘比电阻、浓度、粒度等性质的影响；负荷变化、废气量波动对布袋除尘器出口排放浓度的影响较小。（3）布袋除尘器采用分室结构后，除尘器布袋可轮换检修而不影响除尘系统的运行。（4）布袋除尘器结构和维护均较简单。（5）作为布袋除尘器的关键问题——滤料材质目前已获得突破，耐蚀、耐温、耐用性能有效提升，使用寿命一般在 2 年以上，有的可达 4~6 年。

目前，在冶金、矿山、水泥、化工等行业广泛地应用布袋除尘器，各企业物料破碎转运等扬尘净化设施绝大部分采用布袋除尘器，从各企业所设置的布袋除尘器实际运行效果来看，净化的外排废气粉尘浓度均可控制在 50mg/m³ 以内。

实现钒化工冶金项目烟气超低排放，布袋除尘器可设计选用覆膜滤袋聚四氟乙烯微孔覆膜滤袋（ePTFE），该滤袋综合性能最佳，具有高达 99.999% 的除尘效率，采用该滤袋净化，可确保粉尘排放浓度低于 20mg/Nm³。聚四氟乙烯除尘滤袋有两种形式：一种是聚四氟乙烯纤维覆膜于其他滤料（聚苯硫醚纤维、P84 聚酰亚胺纤维、玻纤等）制成的基布上，另一种是覆膜和基布均采用聚四氟乙烯纤维，加工制成针刺毡。100% 聚四氟乙烯纤维滤袋的性能更佳。尽管性能优越，但聚四氟乙烯纤维偏高的价格是制约其大范围推广的障碍。图 17-16 为 PTFE 纤维及 PTFE 滤袋。

覆膜滤袋生产是根据一套严格的生产技术而单独制造出由经纬向拉伸的 PTFE 微孔薄膜，并利用压力和高温贴合于不同的针刺毡表面。在与热塑性纤维毡贴合

图 17-16　PTFE 纤维及 PTFE 滤袋

时，用特殊表面处理技术将毡的表面先做处理，然后再与 PTFE 薄膜覆合。非热塑性纤维毡必须先对其进行表面化学、Teflon 处理后再与 PTFE 覆合。此外，一些特殊纤维需通过特殊的化学方法进行表面处理，以达到最强的贴合效果。

PTFE 薄膜具有从 0.1～3.5μm 的微孔孔径，微孔孔隙率达到 75%～90%。如此高的微孔孔隙率足以使大量稠密的水蒸气自由通过，这是由于微小的水气分子能自由地扩散并通过薄膜的空隙。然而 Vablue 的 PTFE 是极端疏水的，水是无法渗透过微孔薄膜的。由于 PTFE 对任何化学品具有极好的抗腐蚀性能，所以 PTFE 薄膜可用于各种不同的化工生产工艺上。

PTFE 薄膜滤料具有以下优点：它集中了玻璃纤维的高强低伸、耐高温、耐腐蚀等优点和 ePTFE 薄膜的表面光滑、憎水透气、化学稳定性好等优良特性。与普通玻纤滤料通过粉饼层过滤的深层过滤机理不同，覆膜滤料主要是通过微孔 ePTFE 薄膜进行表面过滤。同时具有以下特点：（1）防水防油性好，清灰效果显著。表面不透水，能将水拒之膜外，却让完全汽化的水雾即过热蒸汽自由通过。相对湿度接近饱和的粉尘可轻易抖落，而且防水防油效果好。（2）使用寿命长。由于 PTFE 膜无黏性，表面光滑，减少了粉尘的聚集，因而清灰量减少。清灰量减少，就减少了滤袋的维护量，延长了使用寿命。在采用脉冲气流清灰的场合，还可以减少压缩空气的用量，降低收尘系统的操作成本。（3）尺寸稳定。高温下玻纤滤袋的伸长率不会超过 2%，因此比较适合做长径比大的滤袋，也不会因为温度高使滤袋收缩变形。（4）耐腐蚀。玻纤滤料可以在酸性及碱性工况中正常运行，氢氟酸和浓磷酸除外。（5）耐水解。具有一级耐水解性能，可以在相对湿度 95% 的极端工况正常运行。（6）耐高温。玻纤可在 260℃ 工况下连续使用。（7）抗静电。在玻纤滤袋的织造过程中加入不锈钢丝。（8）抗氧化。玻纤具有极强的抗氧化性能，几乎不被氧化。（9）高性价比。玻纤原料价位低廉，性能优越。（10）强力高。玻纤滤料的强力一般都在用 4000N/50mm 以上，大大高于化纤滤料和复合滤料，没有经过针刺工序对基布的人为破坏，更加适合制作长的滤袋。（11）高效率。玻纤覆膜滤袋表面的 ePTFE 薄膜的平均孔径是 1μm 以下，粒子沉降在覆膜表面和粒子表面，很少有粒子能进入基材内部，同时它的孔隙率可以达到 80%～90%，如此大的空隙率可以提供相对高的气体过滤流量，除尘效率可高达 99.999%。

布袋除尘器属于过滤式除尘设备，为使布袋除尘设施在钒化工冶金产线达到最佳收尘、除尘、处理效果，工程设计、配置还应注意以下问题：

（1）在不影响生产操作的条件下，收尘罩要尽可能地接近产尘点，收尘罩的规格、形状应按产尘点的面积、罩与产尘点的距离等参数进行设计；布袋滤料的选择要针对系统烟气成分、理化性能、温度、尘量、粒度构成等参数综合设计，使设备在保持最佳处理效果的同时，达到最优使用寿命。

（2）除尘器的设计要根据服务设施、设备特点、是否需要在线检修等情况有针对性地设计、配置，同时要考虑滤料的适用性能（如收缩变形性），更换的便利性。

（3）由于除尘系统涉及多个产尘点共用 1 台风机和 1 套布袋除尘器，因此在除尘系统设计时要注意风量的随时合理分配，使各部分粉尘最大限度地被收集，并最好配备变频电机与参数自动检测、控制系统。

（4）建立巡检制度，对除尘系统实施科学、档案化管理，确保其正常、稳定运行，并及时对破损的布袋进行更换，尽量避免设备故障运行及事故的发生。

　　B　焙烧回转窑烟气治理

　　回转窑烟气所含尘量大、尘粒粒径细小，且属于高温气体，气流不稳定，不适合采用重力沉降室，如选用布袋除尘器除建议采用 PTFE 滤袋之外，推荐图 17-17 配置模式，在布袋除尘器之前配置热交换降温装置。

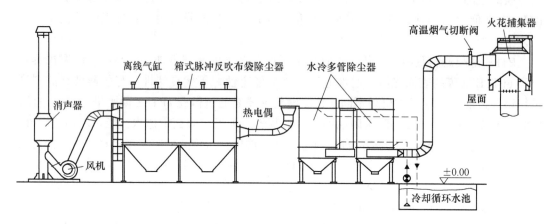

图 17-17　焙烧回转窑烟气布袋除尘设计模式

　　C　钒（铁）合金烟气治理

　　在钒铁冶炼过程及出炉时将产生冶炼烟气，主要污染物为烟气粉尘。电硅热法钒铁冶炼粉尘含有 $CaSiO_3$，$CaSiO_3$ 属一种强力水泥，遇水即凝固；电铝热法钒铁冶炼粉尘含有铝酸钙、氧化铝等成分。电炉烟气具有烟气阵发性强、烟气量波动大、烟尘浓度高、烟尘颗粒细、电炉烟气散发点多、烟气收集难度大的特点，需设置全密闭罩（或集气室）捕集，全密闭罩烟气捕集率高，且可大大降低除尘系统风量。

　　常规电炉布袋除尘器主要组成有捕集罩、烟道、火花捕集器、除尘器本体、滤袋及喷吹装置、卸灰装置、电控系统、风机和烟囱等，如图 17-18 所示。

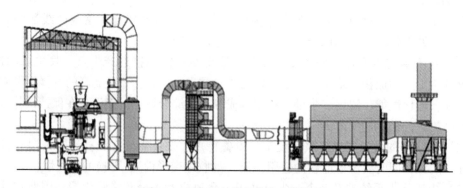

图 17-18　常规电炉布袋除尘器配置

　　含尘气体从除尘器的进风均流管进入各室灰斗，并在灰斗导流装置引导下大颗粒粉尘被分离，直接落入灰斗，而较细粉尘均匀地落入中部箱体而吸附在滤袋的外表面上，干净气体穿过滤袋进入上箱体，并经各离线阀和排风管进入大气。随着过滤工况的运行，滤袋上的粉尘会越积越多，当除尘设备阻力达到限定的阻力值（一般设定为 1500Pa）时，由清灰控制装置按压差设定值或时间设定值自动关闭一室离线阀，再按设定程序打开电控脉冲阀，进行停风喷吹，利用压缩空气瞬间喷吹滤袋，使滤袋膨胀，将滤袋上的粉尘进行抖落（即使粘细粉尘也能较很好的清理至灰斗中，由排灰机构排出）。

钒铁、钒铝合金电炉烟气除尘系统设计如图 17-19 所示。目前广泛采用的是离线清灰脉冲长袋除尘器，它具有如下特点：（1）过滤风速大、体积小、占地面积少、重量轻；（2）能耗低，运行阻力损失（1000~1500Pa）只有大型正压（负压）反吹内滤式袋式除尘器压力损失（2000~2500Pa）的 3/4；（3）滤袋使用寿命长，维护管理方便，一般使用寿命可达三年以上。因此，离线清灰脉冲长袋除尘器已广泛应用于电炉烟气除尘，并采用变频电机配置。

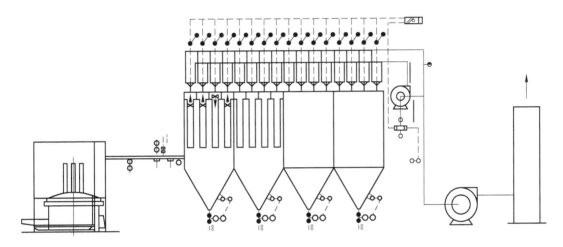

图 17-19 钒铁合金电炉布袋除尘设计模式

17.3.3.2 高压静电除尘器

静电除尘是气体除尘方法的一种。含尘气体经过高压静电场时被电离，尘粒与负离子结合带上负电后，趋向阳极表面放电而沉积。在冶金、化学等工业中用以净化气体或回收有用尘粒。在强电场中，空气分子被电离为正离子和电子，电子奔向正极过程中遇到尘粒，使尘粒带负电吸附到正极被收集。当然通过技术创新，也有采用负极板集尘的方式，常用于建材、冶金、化工、电力等行业进行治理污染、回收物料。图 17-20 为静电式除尘器原理示意图，图 17-21 为静电除尘器常规配置与工作原理示意图。

目前国内常见的静电除尘器形式可概略地分为以下几类：按气流方向分为立式和卧式；按沉淀极形式分为板式和管式；按沉淀极板上粉尘的清除方法分为干式、湿式等。静电除尘技术特点见表 17-17。

高压静电除尘器在钒化工焙烧回转窑烟气治理应用中具有特殊意义：

（1）除尘效果稳定可靠。北方某钒厂大型回转窑（燃烧转炉煤气）常年监测数据，经计算外排废气中烟尘浓度基本稳定在 40mg/m³，排放速率为 4.96kg/h；氮氧化物浓度约为 49mg/m³，排放速率为 6.08kg/h；外排烟尘满足《钒工业污染物排放标准》

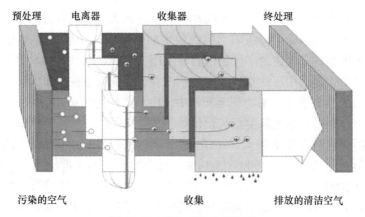

预处理　　电离器　　　收集器　　　　终处理

污染的空气　　　　　　　　收集　　　　排放的清洁空气

图 17-20　静电式除尘器原理

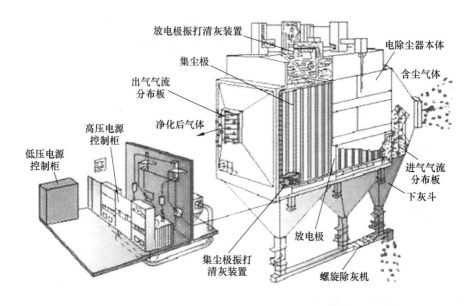

放电极振打清灰装置

集尘极

出气气流
分布板

净化后气体

高压电源
控制柜

低压电源
控制柜

电除尘器本体

含尘气体

进气气流
分布板

下灰斗

放电极

集尘极振打
清灰装置

螺旋除灰机

图 17-21　静电除尘器常规配置与工作原理

表 17-17　静电除尘技术特点一览表

静电除尘器优点	静电除尘器缺点
（1）处理气量大、净化效率高，能够捕集 0.01μm 以上的细粒粉尘，去除的粒子粒径范围较宽；在设计中可以通过不同的操作参数，来满足所要求的净化效率； （2）气流速度低，阻力损失小，一般在 200Pa 以下，和旋风除尘器比较，即使考虑供电机组和振打机构耗电，其总能量消耗仍比其他类型除尘器低； （3）允许操作温度高，如 SHWB 型电路除尘器允许操作温度 250℃，其他类型可以达到 350~450℃ 或者更高温度； （4）处理气体范围量大； （5）可以完全实现操作自动控制	（1）设备比较复杂，要求设备调运和安装以及维护管理水平高； （2）对粉尘比电阻有一定要求，所以对粉尘有一定的选择性，不能使所有粉尘都获得很高的净化效率； （3）受气体温、湿度等的操作条件影响较大，同是一种粉尘如在不同温度、湿度下操作，所得的效果不同，有的粉尘在某一个温度、湿度下使用效果很好，而在另一个温度、湿度下由于粉尘电阻的变化导致几乎不能使用电除尘器

（GB 26452—2011）表 5 中标准值的要求，氮氧化物满足《工业炉窑大气污染物排放标准》（DB 13/1640—2012）表 2 中标准要求。南京铁合金厂有文献报道，其焙烧回转窑烟尘浓度经过静电除尘器处理可由平均 5301.6mg/m³（进口）降至平均 19mg/m³（出口）。

（2）高波动范围、高粉尘浓度（4000~7000mg/m³）处理效果达标、稳定。

（3）对高温、高碱、高腐蚀性烟气设备耐受性良好，极少故障停用，可实现定修。

（4）远程自动化操作，现场无人值守。

（5）可实现能源梯次利用（净化后的气体可配置余热锅炉，实现余热利用）。

（6）适合未来超低排放改造。超低排放可将焙烧回转窑烟气治理工艺路线调整为：380~450℃高温烟气依次进入高温电除尘器、SCR 脱硝反应器、余热锅炉、降温塔、湿法脱硫塔，经除尘、脱硝、脱硫获得洁净烟气最后由烟囱排入大气，实现清洁生产（这是布袋除尘配置所无法做到的）。其工艺流程如图 17-22 所示，图 17-23 为静电除尘器外形。

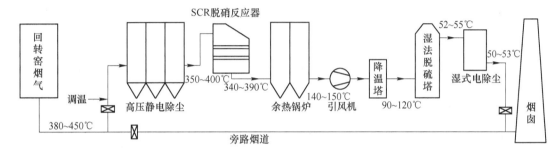

图 17-22　焙烧回转窑烟气超低排放工艺流程

图 17-23　静电除尘器

17.3.4　烟气湿法处理设备

钒化工生产在多钒酸铵沉钒及多钒酸铵分解制备氧化钒工序，会排放出硫酸雾及含氨尾气，需要对其处理回收后达标排放，其处理设备常采用喷淋式吸附塔。

喷淋吸附塔工作原理：喷淋吸附塔采用微分接触逆流式。工艺气体从塔体下方进气口沿切向进入净化塔,在通风机的动力作用下迅速充满进气段空间,然后均匀地通过均流段上升到一级填料吸收段。在填料表面上,气相中酸、碱性物质与液相中碱性(酸性)物质发生化学反应,生成可回收利用的物质(如硫酸铵)随吸收液流入下部贮液槽。未全部吸收的工艺气体继续上升进入一级喷淋段。在喷淋段中,吸收液从均布的喷嘴高速喷出,形成无数细小雾滴,与气体充分混合接触,继续发生化学反应,然后工艺气体上升到二级填料段、喷淋段进行与一级类似的吸收过程。二级与一级喷嘴密度不同,喷液压力不同则吸收工艺气体浓度范围也有所不同。喷淋段及填料段两相接触的过程也是传热与传质的过程,通过控制空塔流速与滞留时间使这一过程进行得充分与稳定。塔体上部是除雾段,气体中所夹的吸收液雾滴在这里被清理下来,而经过处理后的洁净空气从净化塔上端排气管排入大气。

喷淋吸附塔处理的主要有害气体为酸雾(H_2SO_4)、氯化氢(HCl)气体、二氧化硫(SO_2)气体、氨气(NH_3)。酸性气体采用氢氧化钠为吸收中和液(溶液浓度为2%~6%),碱性气体采用硫酸为吸收中和液(溶液浓度为2%~10%),净化效率均为95%以上。

喷淋吸附塔吸收工业废气处理设备对酸雾、碱雾的吸收、吸附、氧化、中和有特殊功效,达到工业废气排放标准,已在钒化工行业广泛应用。

喷淋吸附塔构造:环保喷淋吸附塔分单塔体和双塔体。采用圆形塔体,用法兰分段连接而成。洗涤塔是由贮液箱、塔体、进风段、喷淋层、填料层、旋流除雾层、出风锥帽、观检孔等组成。废气洗涤塔本身包含有本体、填充层、除雾层、循环洒水管路及循环水槽等,其工艺流程如图 17-24 所示,图 17-25 为其内部结构,图 17-26 为其设备外貌,表 17-18 为其技术参数。

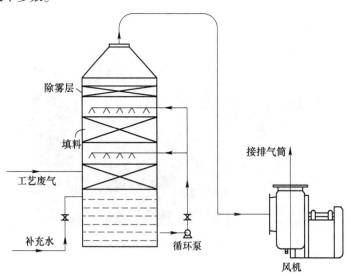

图 17-24 工艺气体喷淋吸附处理工艺流程

表 17-19 为国内某钒制品生产线大气污染源与治理装置、运行参数一览表。

未来钒化工冶金"废气"升级治理的重点任务是:(1)按照国家冶金行业超低排放标准设计、更新"废气"处理装置,全面实现超低排放;(2)对高温炉窑燃烧"废气"

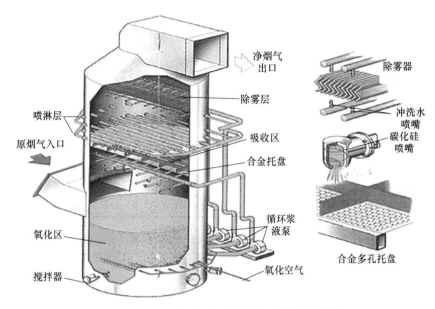

图 17-25 工艺气体多功能喷淋吸附塔内部结构

图 17-26 工艺气体喷淋吸附塔设备

表 17-18 喷淋吸附塔技术参数（仅供参考）

处理风量 /m³·h⁻¹	净化塔尺寸 /mm	材质	配风机/ PP 离心风机	配风机/玻璃钢 离心风机	配套循环泵	进出风口 尺寸/mm
3000	φ800×3600	PP-A	5A-2.2kW	5C-3kW	SLB-32-0.75kW	φ315
5000	φ1000×3600	PP-A	6A-4kW	6C-5.5kW	SLB-32-1.5kW	φ400
8000	φ1200×4200	PP-A	6C-4kW	6C-7.5kW	SLB-32-2.2kW	φ450
10000	φ1400×4200	PP-A	6C-7.5kW	6C-11kW	SLB-32-3kW	φ500
15000	φ1650×4200	PP-A	7C-11kW	7C-11kW	SLB-40-4kW	φ600
20000	φ2000×4500	PP-A	8C-15kW	8C-15kW	SLB-40-5.5kW	φ700

处理风量 /m³·h⁻¹	净化塔尺寸 /mm	材质	配风机/ PP 离心风机	配风机/玻璃钢 离心风机	配套循环泵	进出风口 尺寸/mm
22000	φ2200×4500	PP-A	—	10C-15kW	SLB-40-5.5kW	φ800
25000	φ2400×5000	PP-A	—	10C-18.5kW	SLB-40-7.5kW	φ800
30000	φ2600×5000	PP-A	—	12C-18.5kW	SLB-40-7.5kW	φ1000
35000	φ2800×5000	PP-A	—	12C-30kW	SLB-50-7.5kW	φ1000
40000	φ3000×5000	PP-A	—	12C-37kW	SLB-50-11kW	φ1000
45000	φ3300×5500	PP-A	—	14C-30kW	SLB-50-11kW	φ1200
50000	φ3600×5500	PP-A	—	14C-45kW	SLB-60-11kW	φ1200

表 17-19   国内某钒制品生产线大气污染源与治理装置、运行参数一览表

序号	污染源名称	烟囱 高度 /m	烟囱 内径 /m	标况 烟气量 /Nm³·h⁻¹	烟气 温度 /℃	年工作 时间 /h	污染物 种类	治理 措施	排放 浓度 /mg·m⁻¹	排放 速率 /kg·h⁻¹	排放量 /t·a⁻¹
1	备料、配料废气	30	3.5	160000	常温	3960	粉尘	袋式除尘器	25.0	4.00	15.84
2	窑头卸料废气	30	0.6	4500	40	7920	粉尘	湿法流化床	25.0	0.12	0.89
3	回转窑窑尾 烟气	100	2	102400	140	7920	烟尘	静电除尘器	40.0	4.10	32.47
							SO₂		11.8	1.21	9.56
							NOₓ		41.0	4.20	33.26
4	三氧化二钒干 燥废气	30	0.8	5100	120	3960	烟尘	袋式除尘器	30.0	0.15	0.61
							NOₓ		49.0	0.25	0.99
5	三氧化二钒脱 氨、还原废气	30	0.5	3200	60	7920	NH₃	湿式硫酸溶 液吸收塔	10.2	0.03	0.26
							烟尘		30.0	0.10	0.76
							SO₂		28.4	0.09	0.72
							NOₓ		42.0	0.13	1.06
6	三氧化二钒 造粒废气	30	0.8	9000	常温	7920	粉尘	袋式除尘器	30.0	0.27	2.14
7	五氧化二钒煅 烧及干燥废气	30	0.5	9800	70	7920	NH₃	湿式硫酸溶 液吸收塔	10.2	0.10	0.79
							烟尘		24.5	0.24	1.90
							NOₓ		49.0	0.48	3.80
8	五氧化二钒熔 化炉及卸料废气	30	0.8	3300	50	5940	粉尘	袋式除尘器	16.0	0.05	0.31
							NH₃		16.9	0.06	0.33
							NOₓ		49.0	0.16	0.96
9		30	0.8	3300	50	5940	粉尘	袋式除尘器	16.0	0.05	0.31
							NH₃		16.9	0.06	0.33
							NOₓ		49.0	0.16	0.96

序号	污染源名称	烟囱高度/m	烟囱内径/m	标况烟气量/Nm³·h⁻¹	烟气温度/℃	年工作时间/h	污染物种类	治理措施	排放浓度/mg·m⁻¹	排放速率/kg·h⁻¹	排放量/t·a⁻¹
10	钒渣破碎粉尘无组织排放					3960	粉尘	—	—	2.10	8.30
11	钒渣配料粉尘无组织排放					3960	粉尘	—	—	1.40	5.55
12	废水处理工序氨无组织外排					7920	NH₃	—	—	0.03	0.24
13	储罐区硫酸雾无组织外排					8760	硫酸雾	—	—	0.001	0.005
14	单位产品排气量 107118m³/tV₂O₅，小于单位产品基准排气量（130000m³/tV₂O₅）										

增加脱硝处理装置，实现炉窑尾气氮污染物的消缺治理与达标排放；（3）通过工艺升级或采用"密闭"设计与系统整体优化技术从源头消减或降低工业"废气"及污染因子的排放数量（如"废气"循环与梯次利用技术）；（4）对"废气"处理设施在线监测并与生产流程实施"一体化"智能控制；（5）行业标杆企业应以国家工业卫生标准治理员工（长时间）"涉钒"作业环境，全面实现企业安全健康目标。其具体控制指标可参照原国标 GB 11722—89 对车间空气中钒及其化合物的最高容许浓度（金属钒、钒铁合金、碳化钒≤1.0mg/m³；钒化合物尘≤0.1mg/m³；钒化合物烟≤0.02mg/m³）执行。

特别注意的是，钒的毒性一般随钒的化合价数增加而增强，五价钒毒性最强（约为三价钒的 3~5 倍）且溶解度最大，其毒性还可因毒物侵入途径不同而不同，一般是注射>呼吸道>口服>皮肤接触。因此，在钒化工厂作业者最易发生的职业中毒途径就是经呼吸道吸入含钒粉尘。

中毒临床表现：

（1）急性中毒，吸入 V_2O_5 粉尘 0.3~1.0mg/m³ 8h 可引起咳嗽；接触 10mg/m³ 的 V_2O_5 粉尘可引起急性中毒，轻度中毒类似于上呼吸道感染，接触半小时可出现眼、鼻、咽刺激症状，6~12h 出现干咳、胸痛、乏力，偶可腹泻，停止接触后 2~3 天症状消失；及时检测尿钒，可见排出增加。正常人尿钒多小于 0.006μmol/L（0.3μg/24h），接触低浓度钒时作业人员的尿钒为 0.06~0.6μmol/L，急性钒中毒人员近期（两周内）的尿钒水平多大于 1.2μmol/L。严重者除出现上述表现外，尚有头痛、恶心、心悸、出汗、双手震颤、墨绿色苔、瘙痒性皮疹或湿疹等全身症状及呼吸困难、持续性哮喘等肺部表现，并伴有腹痛、腹泻、呕吐；胸部 X 射线摄片检查可见肺纹理增强或两个肺出现斑片状不规则阴影。

（2）慢性中毒，接触钒化合物粉尘数月至数年，可出现头晕、乏力、失眠、耳鸣、恶心、食欲不振，并有慢性结膜炎、慢性咽炎、慢性鼻炎等表现，如眼结膜充血、咽充血、鼻塞、鼻干、鼻出血、嗅觉减退、鼻黏膜糜烂溃疡等，少数可有鼻中隔穿孔。长期接触者可发生慢性支气管炎、支气管扩张，出现持续性咳嗽、胸痛、胸闷、气短，有时可咯血；胸部 X 射线摄片检查可见肺纹理增重；肺功能检查可见最大呼吸气终端流量（MMEF）下降，或有最大呼吸气流量-容积曲线（MEFV）异常；及时检测尿钒可见增加（大于 0.60μmol/L），过敏者在接触高浓度钒烟尘时可诱发哮喘，停止接触后数月症状可渐消失。

17.4　钒化工冶金废水治理技术与装备

钒化工冶金废水由炉窑废气洗涤水、化工沉钒废水和各冷却循环水系统排污水（含雨水搜集池汇聚水）构成。废水治理与废气治理的最大区别就是必须实现"零"排放，这也是整个钒化工行业实现清洁生产的难点所在。因此，企业应针对各自流程废水污染源和污染因子特点，一体化设计选用成熟、先进、适宜的废水处理工艺与装置实施废水治理。钒化工冶金生产流程主要废水的污染源、排污节点、污染因子、排放特征、当前防治措施及所采用的技术、装备参见表17-20。

表 17-20　钒化工冶金生产流程主要废水概况一览表

类别	序号	污染源名称	污染因子	当前防治措施	排放特征
废水	W1	钠化提钒工艺沉钒废水	SS、COD、pH 值、Cr^{6+}、NH_3-N、总钒	硫酸亚铁和二氧化硫还原+碱中和+脱氨精馏+蒸发制盐	连续
	W2	钙化提钒工艺沉钒废水	NH_3-N、Mn^{2+}	石灰中和法+纤维束过滤后返回浸出回用	连续
	W3	钒酸铵热分解窑气洗涤水	NH_3 或铵盐	定期返回沉钒工序	间断
	W4	钒氮炉窑、合金炉窑烟尘洗涤水	颗粒物、钠盐	定期返回入窑炉料配水	间断
	W5	冷却系统排污水	SS、COD	补充焙烧熟料浸出用水	间断

从表17-20可知：（1）钒化工冶金废水中的冷却系统排污水（含雨水搜集池汇聚水）可全部返回钒化工系统，作为补充焙烧熟料浸出用水被流程自行利用；（2）钒酸铵热分解窑气（NH_3-N）洗涤水可全部返回钒化工沉钒工序，实现沉钒铵盐资源化利用；（3）钒氮炉窑、合金炉窑烟尘洗涤水（数量极少）可全部返回钒化工系统，作为入窑炉料（钠化提钒）配料用水或补充焙烧熟料浸出用水（钙化提钒），被流程自行利用。因此，对上述废水的治理本节不再赘述，只针对钒化工沉钒废水的治理工艺与技术、装置进行阐述。

17.4.1　钙化焙烧-酸浸提钒工艺沉钒废水治理工艺及装备

俄罗斯图拉钒厂与攀钢集团西昌钒制品厂所实施的钒渣钙化焙烧酸浸提钒工艺，采用的是钒渣外配石灰石钙化焙烧+稀硫酸浸出+水解沉钒的技术路线。其工艺特点是：（1）采用氧化钙（替代钠盐）作焙烧添加剂；（2）焙烧熟料稀酸浸出（替代水浸）；（3）可实现高浓度沉钒（钒液浓度可控制在32~40g/L实施沉钒，可大幅降低沉钒废水数量及沉钒成本）；（4）沉淀废水采用石灰中和法处理，处理后的废水返回焙烧熟料浸出工序循环使用，实现了废水零排放。表17-21为钙化焙烧提钒产线沉钒废水水质设计指标。

表 17-21　钙化焙烧提钒产线沉钒废水水质设计指标

序号	指标名称	单位	数　量
1	废水流量	m^3/h	（100~130 间断）

序号	指标名称	单位	数　量
2	钒（V^{5+}）	g/L	0.10~0.40
3	铬（Cr^{6+}）	g/L	0.10~0.2
4	锰（Mn^{2+}）	g/L	10~15
5	镁（Mg^{2+}）	g/L	1.0~3.0
6	钙（Ca^{2+}）	g/L	0.5~1.5
7	铁（Fe^{2+}）	g/L	0.1~0.3
8	SO$_4^{2-}$	g/L	30~40
9	P	g/L	0.01~0.03
10	悬浮物（SS）	g/L	2.0~4.0
11	pH 值		2.0~2.5
12	温度	℃	70~80

17.4.1.1 生产废水处理工艺流程

由沉淀工序排出的酸性沉钒废水（成分见表 17-21），首先重力流入废水调节贮存池中，再经设在废水泵站内的废水泵送入还原槽进行还原处理，在还原槽中投加还原剂硫酸亚铁（20%左右的溶液，要求硫酸亚铁纯度≥94%），将 V^{5+} 还原为 V^{4+}，Cr^{6+} 还原为 Cr^{3+}。经还原后的废水重力流入中和槽，在中和槽中投加石灰乳（要求原料生石灰 CaO≥75%）溶液进行中和反应。经还原、中和后的废水流入浓缩池进行浓缩澄清，浓缩池澄清水流入废水中间水池，再经提升泵加压送至纤维束过滤器进行过滤处理。废水经过滤处理后，一部分回用水直接送废水站作为石灰乳、硫酸亚铁溶液制备用水；另一部分回用水直接排入回用水池作为过滤器反冲洗用水；其余部分回用水排入调酸罐。根据回用水对 pH 值控制要求，通过加酸装置投加稀硫酸对回用水 pH 值进行自动调节，经加酸调节后的回用水排入回用水池，再用泵送至本厂浸出工序循环使用。浓缩池沉淀的污泥（主要为钒、铬、硫酸钙、氢氧化镁、氢氧化锰等沉淀物）排入浓缩池下部泥浆槽内，泥浆经泥浆泵送至压滤机进行压滤脱水，滤液返回浓缩池重新处理，泥饼（含水率 50%~60%）外运。表 17-22 为回用水水质设计指标一览表。

表 17-22　回用水水质设计指标一览表

序号	指标名称	单位	数　量
1	pH 值		4~6
2	锰（Mn^{2+}）	g/L	1~2
3	镁（Mg^{2+}）	g/L	1~2
4	SO$_4^{2-}$	g/L	15~25
5	悬浮物（SS）	g/L	0.1~0.4

图 17-27 为攀钢钙法提钒化产废水循环回用氧化钒生产工艺流程。其沉钒废水经过处理后得到循环利用，但在实际生产运行过程中发现，由于回用废水的 pH 值、悬浮物 SS、

Mn^{2+}、NH_4^+浓度等指标波动较大，沉钒废水的直接循环利用，将会造成在浸出过滤洗涤工序出现浸出剂沉钒、残渣沉钒等现象，造成浸出生产不顺行，钒收率偏低等突出问题，对钙化焙烧熟料酸浸效果产生不利影响。

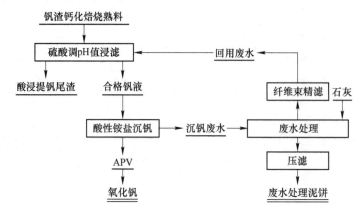

图 17-27 攀钢钙法提钒化产废水循环回用氧化钒生产工艺流程

表 17-23 为废水投产监测时间段水质指标。

表 17-23 废水投产监测时间段水质指标

水质指标	进 水	回用水
SS/mg·L^{-1}	2051.2~3975.3	106.9~394.4
V^{5+}/mg·L^{-1}	109.6~395.8	0.01~0.06
Cr^{6+}/mg·L^{-1}	106.2~186.9	0.01~0.07
Mg^{2+}/mg·L^{-1}	1048.6~2915.6	1025.4~1497.5
Mn^{2+}/mg·L^{-1}	11987.3~14896.7	1039.1~1943.5
SO$_4^{2+}$/mg·L^{-1}	31178.8~39458.6	15136.2~24876.1
pH 值	2.1~2.4	4.2~5.8

为解决上述问题，攀钢进行了系统的优化试验研究，图 17-28~图 17-31 为试验研究结果。

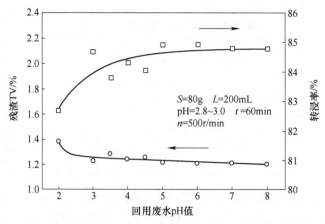

图 17-28 回用废水 pH 值对酸浸残渣 TV、转浸率的影响

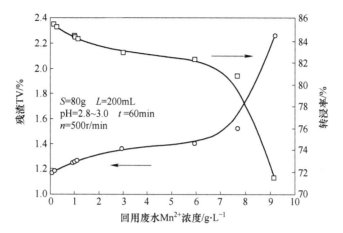

图 17-29　回用废水 Mn²⁺ 浓度对酸浸残渣 TV、转浸率的影响

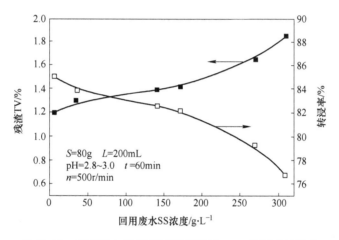

图 17-30　回用废水 SS 浓度对酸浸残渣 TV、转浸率的影响

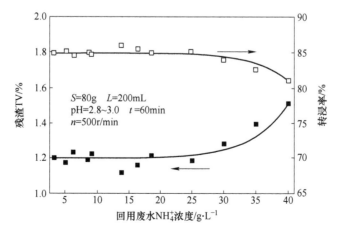

图 17-31　回用废水 NH₄⁺ 浓度对酸浸残渣 TV、转浸率的影响

攀钢钙法提钒化产废水循环回用控制要点如下：工业生产回用废水的工艺指标要求 $pH = 6.5 \sim 7.5$，$Mn^{2+} < 3g/L$，$NH_4^+ \leqslant 25g/L$，$SS \leqslant 30g/L$。其中 NH_4^+ 浓度通过下式调控：

$$NH_4^+(过量) + H_2V_{10}O_{28} = (NH_4)_x(V_mO_n)_y \cdot kH_2O\downarrow + NH_4^+(剩余)$$

$NH_4^+(补充) \xrightarrow{\text{维持一定浓度}}$

表 17-24 为钙法提钒化产废水循环回用水质控制指标。

表 17-24 钙法提钒化产废水循环回用水质控制指标

序号	指标名称	单位	数量
1	pH 值		$6.5 \sim 7.5$
2	锰（Mn^{2+}）	g/L	<3
3	镁（Mg^{2+}）	g/L	$\leqslant 2$
4	铵（NH_4^+）	g/L	$\leqslant 25$
5	SO_4^{2-}	g/L	$\leqslant 25$
6	悬浮物（SS）	g/L	$\leqslant 30$

图 17-32 为钙法提钒化产废水处理工艺流程，表 17-25 为攀钢西昌钢钒回用废水成分。

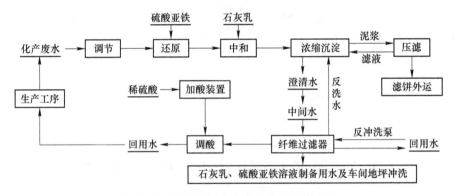

图 17-32 钙法提钒化产废水处理工艺流程

表 17-25 攀钢西昌钢钒回用废水成分（g/L，pH 值除外）

NH_4^+	SS	Mn^{2+}	Mg	Ca^{2+}	P	Fe	Cr^{6+}	V^{5+}	pH 值
18.58	29.0	2.54	1.51	0.54	<0.01	<0.01	<0.01	<0.01	6.73

17.4.1.2 生产废水的处理装备

废水处理装备为常规反应罐（防腐）、板框压滤机、纤维束过滤器（使 SS 处理达标）及其泵、阀、管路等系统附属装备，见表 17-26。

表 17-26 钙法提钒化产废水处理系统主要设备概览表

序号	设备名称	型号、规格
1	厢式压滤机（含配套污泥斗、贮气罐、气动阀及自控系统等）	XAKG200/1250-U 型，$L \times B \times H = 9.20m \times 3.0m \times 3.19m$，$N \approx 11kW$，$V = 380V$

序号	设备名称	型号、规格
2	浓缩刮泥机	NZ-12 型
3	泥浆搅拌槽	$\phi=2.0m$, $H=2.5m$, $N=7.5kW$, $V=380V$
4	纤维束过滤器	$Q=150m^3/h$, $\phi=3.0m$
5	中和槽（钢质内衬氯丁橡胶）	$\phi=2.2m$, $H=2.5m$, $N=7.5kW$, $V=380V$
6	石灰干粉储罐（含配套给料机）	$\phi=4.0m$, 有效容积 $10m^3$
7	石灰浆槽（含搅拌器）	$\phi=2.0m$, 有效容积 $8m^3$
8	石灰乳搅拌槽（钢质内衬玻璃钢）	$\phi=2.2m$, 有效容积 $8m^3$
9	石灰乳溶液箱	$L\times B\times H=2.5m\times2.5m\times2.0m$, 有效容积 $10m^3$
10	还原剂、混凝剂投加装置	含搅拌槽、溶液箱、加药泵、控制柜等全套

该处理设备工程废水处理水量约 120m³/h，占地面积约 9000m²，总投资约 5000 万元。运行成本约 25.19 元/m³，其中电费为 4.3 元/m³，能源介质（气、水）费为 3.64 元/m³，药剂（石灰、硫酸亚铁、浓硫酸等）费为 13.35 元/m³，人工费为 3.9 元/m³。图 17-33 为钙法提钒化产废水处理车间总平面布置情况。

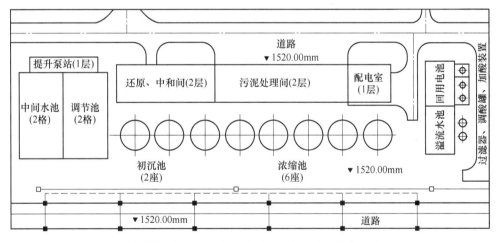

图 17-33　钙法提钒化产废水处理车间总平面布置图

17.4.2　钠化焙烧-水浸提钒工艺沉钒"废水"治理工艺及装备

钒渣钠化氧化焙烧-水浸提钒工艺是目前国内外钒产业应用的主流提钒工艺，其优点是技术成熟、钒金属收率较高、水做浸出溶剂，提钒尾渣可做陶瓷颜料、太阳能光热涂料、钢铁原料，可被全部资源化利用。存在的关键问题是：沉钒所形成的大量高浓度铵、钠化工废水（30~40m³/t 氧化钒）需要经过重金属脱除、脱氨、蒸干脱盐（攀钢+承钢合计形成超过 5 万吨固体废盐/年）等复杂、高成本（超过 4000 元/t 氧化钒）、高能耗的处理工序才能实现零排放。当前，影响钠化氧化焙烧-水浸提钒工艺的关键问题是沉钒所形成的大量高浓度铵、钠化工废水如何处理、如何实现清洁利用。

17.4.2.1　钠化提钒工艺沉钒废水概况

"钠化焙烧-水浸提钒"沉钒废水是在氧化钒生产过程中对水浸富钒溶液按照 M^+ 离子选择性顺序（K^+>NH_4^+>Na^+>H^+>Li^+）采用铵盐沉淀法进行（结晶）沉钒，以实现钒与水溶液、钠离子分离的行业经典工艺方法，其所形成的钒酸铵沉钒母液即为沉钒废水。

目前，钒工业所采用的常规铵盐沉钒方法有两种：

（1）偏钒酸铵沉淀法。在 20~30℃ 的室温条件下向净化后的钒酸钠溶液（调控 pH 值在 8 左右）加入过量的氯化铵或硫酸铵等水溶性铵盐，使"钒"结晶形成白色偏钒酸铵（NH_4VO_3）沉淀。这种方法的特点是要求钒液含钒浓度较高（30~50g/L），但该方法因铵盐消耗量大（化学结合氨 0.187kgNH_3/kgV_2O_5）、沉淀周期长、结晶速度慢、母液余钒较高而未被钒渣提钒工业选用。其沉钒体系反应为

$$Na_4V_4O_{12}+NH_4OH + 5NH_4^+ \longrightarrow 4NH_4VO_3\downarrow + NH_4^+ + 4Na^+ + NH_3 \cdot H_2O \quad (17\text{-}1)$$

（2）酸性铵盐沉钒法。这是目前钒渣提钒工业普遍采用的铵盐沉钒方法，其工艺流程是在加热升温、搅拌的同时，向净化后的钒酸钠溶液（含 V 15~30g/L）加入硫酸调节 pH 值至 4~5，按加铵系数 1~1.5 加入铵盐，再用硫酸调节 pH 值至 2~2.5，继续提温超过 90℃ 即可结晶出橘黄色多钒酸铵（APV）沉淀（黄饼），沉淀后母液含钒约 0.15g/L。其特点是操作简单、沉钒结晶速度快（20~40min）、铵盐消耗量少（化学结合氨 0.062kgNH_3/kgV_2O_5，只相当于偏钒酸铵耗氨量的 1/3，利于沉钒废水脱氨处理）、产品纯度高。其沉钒体系反应为：

$$3Na_4V_4O_{12} + 5NH_4^+ + 4H_2SO_4 \longrightarrow (NH_4)_4(VO_2)_2V_{10}O_{28}\downarrow +$$
$$NH_4^+ + 4Na^+ +4Na_2SO_4 + 4H_2O \quad (17\text{-}2)$$

$$\frac{5}{2}Na_4V_4O_{12} + 5NH_4^+ + 4H_2SO_4 \longrightarrow (NH_4)_4H_2V_{10}O_{28}\downarrow +2H^+ +NH_4^+ +2Na^+ +$$
$$4Na_2SO_4 + 2H_2O \quad (17\text{-}3)$$

$$3Na_4H_2V_{10}O_{28} + 10NH_4^+ + H_2SO_4 \longrightarrow 5(NH_4)_2V_6O_{16}\downarrow +6Na_2SO_4 + 4H_2O \quad (17\text{-}4)$$

$$3(VO_2)_2SO_4 + (NH_4)_2SO_4 + 4H_2O \longrightarrow (NH_4)_2V_6O_{16}\downarrow +4H_2SO_4 \quad (17\text{-}5)$$

表 17-27 为钠化焙烧水浸提钒工艺沉钒废水主要化学成分。

表 17-27　钠化焙烧水浸提钒工艺沉钒废水主要化学成分　　　(g/L)

企业名称	化 学 成 分							
	Na_2O	V^{5+}	Cr^{6+}	SiO_2	NH_4^+	SO_4^{2-}	SS	pH 值
攀钢钒厂	17~27	0.10~0.19	0.1~0.9	0.2~1.5	2.2~3.6	32~51	0.3~0.5	2.0~2.5
承钢钒厂	15~18	0.12~0.15	0.2~1.5	0.2~0.3	2.5~4.0	32~44	0.2~0.4	2.0~2.5
峨眉钒厂	24~32	0.10~0.25	0.9~1.3	0.5~06	1.4~4.5	—	—	2.0

多钒酸铵（APV）结晶过滤后的酸性、高铵、钠盐母液即为沉钒废水，这也是全球钒渣提钒工业涉及最多、影响最广泛的废水（见图 17-34）。常规情况每生产一吨五氧化二钒就要产生 35~50m³ 沉钒废水，废水其主要污染因子由 H^+、SS、COD_{Cr}、Cr^{6+}、NH_3-N、Cl^-、Na^+、V^{5+}、总钒和 SO_4^{2-} 等构成。

特别注意的是，钠化提钒工艺沉钒废水因有高价态 V^{5+}、Cr^{6+} 存在（并且 Cr^{6+} 的毒性与含量均大于 V^{5+}），属于危险化学品化产废水，铬作为"五毒元素"（Hg、Cd、Pb、Cr、

图 17-34 酸性铵盐法多钒酸铵沉钒废水及平流沉淀池

As）之一，是国家水污染物严格控制的一项重要指标，必须严格治理，严禁不达标排放（现已不准排放）。表 17-28 为钒化合物的毒性，表 17-29 为铬化合物的毒性。

表 17-28 钒化合物的毒性

化合物	千克体重口服半致死量 $LD_{50}(14d)/mg$		吸入半致死量 $LD_{50}(14d)/mg \cdot L^{-1}$		千克体重表皮半致死量 $LD_{50}(14d)/mg$	
	雄	雌	雄	雌	雄	雌
分析纯 V_2O_5	470	467	11.09	4.3	>2500	>2500
工业纯 V_2O_5	8713	5639	>6.65	>6.65	>2500	>2500
偏钒酸铵	218	141	2.61	2.43	>2500	>2500
偏钒酸钾	318	314	1.85	4.16	>2500	>2500

表 17-29 铬化合物的毒性

化 合 物		动物种类	染毒途径	毒性指标 $LD_{50}/mg \cdot kg^{-1}$
六价铬	$CdCrO_4$	家兔	肌肉	11
	K_2CrO_4	家兔	肌肉	11
	$PdCrO_4$	豚鼠	腹腔	400
	CrO_3	狗	皮下	330
三价铬	$Cr(NO_3)_3$	大鼠	皮下	3250
	$CrCl_3$	大鼠	经口	1870
	$CrCl_3$	小鼠	腹腔	140

六价铬（具有致癌性）的毒性达到三价铬毒性的 100 倍甚至更高。六价铬对人体的危害，因进入途径不同，中毒表现也不同：

（1）对人体皮肤的损害。六价铬化合物对皮肤有刺激和过敏作用。在接触铬酸盐、铬酸雾的部位，如手、腕、前臂、颈部等处可能出现皮炎；六价铬经过切口和擦伤处进入皮肤，会因腐蚀作用而引起铬溃疡（又称铬疮）。

（2）对呼吸系统的损害。六价铬对呼吸系统的损害主要是鼻中隔膜穿孔、咽喉炎和肺炎。

（3）对内脏的损害。六价铬经消化道侵入会造成味觉和嗅觉减退，以至消失。剂量小时也会腐蚀内脏；引起肠胃功能降低，出现胃痛甚至肠胃道溃疡，对肝脏还可能造成不良影响。

17.4.2.2　钠化提钒工艺沉钒废水处理技术

钒渣钠化提钒工艺多钒酸铵沉钒废水主要有以下特点：（1）沉钒废水呈酸性；（2）废水中的危险污染因子为 V^{5+}、Cr^{6+}，其含量远远高于排放标准；（3）废水中的水体环境污染因子为 NH_3-N；（4）废水中的宏量污染因子为钠盐（通常为 Na_2SO_4 或 $Na_2SO_4 + NaCl$），含量通常在 5%~8%，高含量钠盐是造成沉钒废水不能被工艺回用的根本原因。

目前，全球钒产业对该沉钒废水的处理技术基本是按照图 17-35 的模式由外向内逐层展开、顺序实施；其中，钠盐处理工艺是钠化提钒沉钒废水处理的核心与关键。表 17-30 为钠化提钒多钒酸铵沉钒废水钒、铬处理技术一览表。

图 17-35　钠化提钒多钒酸铵沉钒废水水处理技术模式

表 17-30　钠化提钒多钒酸铵沉钒废水钒、铬处理技术一览表

类别	序号	技术名称	技 术 概 要	备 注
钒铬处理	C1	铁粒还原沉淀法（铁屑微电解法）	该法利用腐蚀微电池原理形成电极反应，金属 Fe 及产物 Fe^{2+} 将酸性废水中的 V^{5+}、Cr^{6+} 还原为 V^{4+}、Cr^{3+}，水解并与铁的氢氧化物水解形成共沉淀与废水分离；钒去除率大于 90%，铬去除率大于 99%	处理成本低，操作简便，能力大，不受废水含钒浓度的影响，但 V^{4+}、Cr^{3+} 水解沉淀不完全
	C2	铁粒-碱法（金属-碱法）	（1）先用金属 Fe 及产物 Fe^{2+} 将酸性废水中的 V^{5+}、Cr^{6+} 还原为 V^{4+}、Cr^{3+}；（2）加碱（烧碱或石灰）形成、促进水解沉淀分离	费效比高，V^{4+}、Cr^{3+} 水解沉淀完全，已工业应用
	C3	还原-中和法	（1）先用 SO_2、$Na_2S_2O_5$、Fe^{2+} 等还原剂将酸性废水中的 V^{5+}、Cr^{6+} 还原为 V^{4+}、Cr^{3+}；（2）加碱（烧碱或石灰）形成、促进水解沉淀分离	费效比适中，钒产业常用方法
	C4	钒酸铁沉淀法	该法利用 Fe^{3+} 将酸性废水中的 V^{5+} 直接沉淀为钒酸铁回收，实现 V^{5+} 与 Cr^{6+} 及废水分离；高效分离需要采用间歇式反应器，药剂定量、精准控制，加入絮凝剂及良好过滤	钒酸铁可作为钒铁冶炼配料直接利用，并有利于废水提铬产物铬品位的提升与资源化利用
	C5	钡盐沉淀法	根据溶度积原理，铬酸钡 $K_{sp} = 2.3×10^{-10}$，向酸性废水中直接投加 $BaCO_3$、$BaCl_2$ 直接与 Cr^{6+} 反应生成 $BaCrO_4$ 沉淀与钒及废水分离	剩余钡盐有毒且硫酸根体系消耗量大，现已退出应用
	C6	离子交换法	该法通常采用强碱性阴离子交换树脂，通过调控 pH 值将酸性废水中的 V^{5+}、Cr^{6+} 离子交换富集、分离，再通过 NaOH 等洗脱实现 V^{5+} 与 Cr^{6+} 及树脂分离、回收。离子交换法还可以通过解析过程实现 V^{5+} 与 Cr^{6+} 的价态变化。铬、钒在树脂上的吸附是可逆的	V^{5+}、Cr^{6+} 在特定树脂上吸附、分离效果较好、产品纯度较高；需多柱串联，生产周期较长，方法很有前景

图 17-35 图中文字：沉钒废水水质界定；钒铬处理工艺；氨氮处理工艺；钠盐处理工艺

类别	序号	技术名称	技术概要	备注
钒铬处理	C7	溶剂萃取法	该法利用萃取剂对钒、铬离子的亲和力不同，在两种互不相溶（或微溶）的溶剂中通过液相间的离子交换、相比调节和选择性反萃实现钒、铬的分离、转移和富集；含钒废水常用的萃取剂有二（2-乙基己基）磷酸（D2EHPA）、叔烷基伯胺（Primene81R）、三辛胺（Alamine308）、三甲基三辛基氯化铵（Aliquat336）、磷酸三丁酯（TBP）等	萃取法具有可连续操作、产量高、设备简单、富集比高、成本较低等优点；缺点是在水相形成有机相残留，尚未在钒废水处理中形成产业化应用
	C8	络合分离法	该法采用络合剂（二烷基二硫代氨基甲酸盐），通过调控 pH 值将酸性废水中的 V^{5+}、Cr^{6+} 离子分别沉淀分离；络合物的组成分别为 $Cr(CS_2NR_2)_3$、$VO(CS_2NR_2)_3$，之后再在碱性条件下完成络合物解离及络合剂再生	铬、钒回收率超过 85%，所得产品 Cr_2O_3 的纯度可达 98%；已完成工业示范
	C9	吸附法	该法通过吸附剂选择及废水 pH 值调控实现 $V(V)$ 和 $Cr(VI)$ 的选择吸附与分离	吸附法的设备简单，操作方便；但吸附剂成本与废树脂处理在制约应用
	C10	电解法	该法将直流电源通入装载废水的电解槽中，阳极析出金属离子，阴极析出 H_2，可使 V^{5+}、Cr^{6+} 还原为 V^{4+}、V^{3+}、Cr^{3+}，由于电解过程中不断析出 H_2，使溶液 pH 值逐渐升高促使金属离子形成氢氧化物沉淀析出，从而达到分离回收贵金属的目的	电解周期较长，金属收率尚不能满足生产要求（钒的金属收率在 62% 左右）；聚丙烯化合物可改善凝聚
	C11	生物法	特定微生物利用细胞壁特殊的化学结构和细胞表面活性基团的作用，使得重金属离子同活性基团进行离子交换或相互结合，从而定向实现去除废水中的重金属离子（微生物处理含钒废水中的实验研究）	该法具有高效、低能耗等特点；但特定微生物的培养规模及对复杂废水的净化效果和稳定性尚不能满足生产要求

表 17-31 为钠化提钒多钒酸铵沉钒废水氨氮处理技术一览表。

表 17-31 钠化提钒多钒酸铵沉钒废水氨氮处理技术一览表

类别	序号	技术名称	技术概要	备注
氨氮处理	A1	吹脱法	在碱性（烧碱或石灰石调 pH 值）条件下，铵离子转化为氨分子，再向水中通入气体，使其与液体充分接触，废水中溶解的气体和挥发性氨分子穿过气液界面，转至气相，是利用氨氮的气相浓度和液相浓度之间的气液平衡关系进行脱氨分离的一种方法；控制吹脱效率高低的关键因素是温度、气液比（常采用超声波助脱技术）和 pH 值；但常规吹脱法分散度不够，冬季低温运行时，无法克服 NH_3 向溶解度方向移动的动力，因而冬季基本没有去除效果。升级版的吹脱法采用 Comeon® 脱氨技术（采用特殊分散设备，在特制分散剂的作用下，大幅度增加单位体积废水总表面积，强化氨的逸出与迁移），可经济有效地除去废水中氨氮，去除效率可达 99% 以上，可处理至 15mg/L 以下	常用于对高浓度氨氮废水进行预处理，在水温超过 25℃，气液比控制在约 3500，pH 值控制在约 10.5 条件下，对氨氮 2000~4000mg/L 的废水进行处理；去除率超过 90%。如采用 Comeon® 脱氨技术（空塔吹脱）可在低温时有效去除氨氮；并且气量小、可回收氨产品，可用石灰调整 pH 值，不堵塔，成本大幅降低

类别	序号	技术名称	技 术 概 要	备 注
氨氮处理	A2	汽提法	属于强化吹脱法，在碱性（烧碱或石灰调 pH 值）条件下，铵离子转化为氨分子，再向水中通入热蒸汽，使其与液体充分接触，在温度与气体的双重作用下，使废水中溶解的气体和挥发性氨分子更快、更彻底的穿过气液界面，转至气相，是利用蒸汽加热强化氨氮的气相浓度和液相浓度之间的气液平衡关系进行脱氨分离的一种方法；蒸汽加热汽提法更适用于 10000mg/L 以上的超高浓度氨氮处理	蒸汽吹脱法处理能力大、效率高，氨氮去除率超过 90%，可回收到氨质量分数超过 30%的氨水，抵消蒸汽费用。但能耗较大，易产生水垢堵塔；在钒化工企业应用最广泛
	A3	膜分离技术	膜分离是利用膜的选择透过性进行氨氮脱除的一种方法：（1）反渗透技术是在高于溶液渗透压的压力作用下，借助于半透膜对溶质的选择截留作用，将溶质与溶剂分离的技术，利用反渗透技术处理氨氮废水的过程中，设备给予足够的压力，水通过选择性膜析出，可用作工业纯水，而膜另一侧氨氮溶液的浓度则相应增高，成为可以被再次处理和利用的浓缩液。（2）气态膜法脱氨原理是利用（耐酸、碱）疏水微孔膜（PP、PTFE 中空纤维微孔疏水膜）分隔含氨水溶液（料液或废水）和酸吸收液，其脱氨过程是料液或废水（调节料液 pH 值使料液中的 NH_3-N 处于游离态 NH_3）中挥发性 NH_3 分子从水相中扩散至料液-膜界面，再汽化扩散通过微孔至膜-酸性吸收液界面并反应（与 H^+ 离子）、快速不可逆生成不挥发性 NH_4^+ 离子、溶解进入吸收液完成脱氨；该项技术可将工业废水中氨氮从 100～30000mg/L 脱除至 15mg/L 甚至 3mg/L 以下，回收的硫酸铵浓度在 25%以上。（3）乳化液膜是种以乳液形式存在的液膜，具有选择透过性，可用于液-液分离。分离过程通常是以乳化液膜（例如煤油膜）或微乳液膜为分离介质，在油膜两侧通过 NH_3 的浓度差和扩散传递为推动力，使 NH_3 进入膜内，从而达到分离的目的。该法的技术关键是具有适宜特定废水氨氮分离的液膜体系，可适用于中、低氨氮废水处理，脱氨效率超过 90%	（1）反渗透技术不消耗药剂、装备操作维护简便；在实际操作中，电耗与溶液的氨氮浓度成正比，与脱除效率成反比；该法一般只适用于低浓度氨氮废水。（2）气态膜法脱氨将氨的解吸和化学吸收两个单元过程合二为一，直接用酸-碱中和的化学位做推动力，而且由于膜的吸收侧游离氨的近乎浓度为零，极限浓差使得该脱氨过程常无需热能消耗，只需消耗少量电力使料液流通过膜组件，因而大大减化流程配置与费用。（3）乳化液膜法具有选择性高、反应速度快、成本低等优点；缺点是在水相形成有机相残留
	A4	电渗析法	电渗析法的原理是在外加直流电场的作用下，利用离子交换膜的选择透过性，使离子从电解质溶液中分离出来的过程。电渗析法可高效地分离废水中的氨氮，例如采用电渗析设备对进水电导率为 2920μS/cm，氨氮质量浓度为 534.59mg/L 的氨氮废水进行处理，通过实验得到在电渗析电压为 55V，进水流量为 24L/h 这一最佳工艺实验参数的条件下，可将出水氨氮浓度降为 13mg/L	电渗析法属于电场强化膜分离技术，该法具有前期投入较小，能量和药剂消耗低，操作简单，水利用率高，无二次污染副产物等优点。不足是废水需要预处理，并需达到工业处理规模

类别	序号	技术名称	技 术 概 要	备 注
氨氮处理	A5	吸附法	吸附法是处理低浓度氨氮废水较有发展前景的方法之一，利用多孔性固体作为吸附剂，根据吸附原理可分为物理吸附、化学吸附和交换吸附。处理低浓度氨氮废水较为理想的是离子交换吸附法，利用吸附剂上的可交换离子与废水中的 NH_4^+ 发生交换并吸附 NH_3 分子以达到去除水中氨的目的，是一个可逆过程，离子间的浓度差和吸附剂对离子的亲和力为吸附过程提供动力。 具有良好吸附性能且常用的吸附剂有：沸石、活性炭、煤炭、离子交换树脂等，传统的吸附剂如沸石、交换树脂等，其对氨氮的处理率较高，一般能达到80%~90%或更高	该法一般只适用于低浓度氨氮废水，对较高浓度的氨氮废水，使用吸附法会因吸附剂更换频繁而造成操作困难，常需要结合其他工艺来协同完成脱氮过程。应用该法脱氮必须考虑吸附剂的再生（通常有再生液法和焚烧法）及其后续处理
	A6	MAP 沉淀法	鸟粪石法（磷酸铵镁沉淀法），其原理是向氨氮污水中投加含 Mg^{2+} 和 PO_4^{3-} 的药剂，使污水中的氨氮和磷以磷酸铵镁的形式（$Mg^{2+} + NH_4^+ + PO_4^{3-} \rightleftharpoons MgNH_4PO_4 \downarrow$）沉淀出来，适宜条件是 pH≈9.0，$n(P):n(N):n(Mg)$ ≈1:1:1.2，同时回收污水中的氮和磷，生成的磷酸铵镁可作为无机复合肥使用，解决氮的回收和二次污染的问题。脱氨率普遍能够达到 90%以上	特点是设计操作相对简单；反应稳定，脱氮率较高，适用于处理氨氮浓度较高的工业废水；对没有重金属污染的废水，肥料回收可具有良好的经济和环境效益
	A7	化学氧化法	（1）折点氯化法是污水处理工程中常用的一种脱氮工艺，其原理是将氯气通入氨氮废水中达到某一临界点，使氨氮氧化为氮气的化学过程，其反应方程式为： $$NH_4^+ + 1.5HOCl \rightarrow 0.5N_2 + 1.5H_2O + 2.5H^+ + 1.5Cl^-$$ 折点氯化法的优点为：处理效率高且效果稳定，去除率可达 100%；该方法不受盐含量干扰，不受水温影响，操作方便；有机物含量越少时氨氮处理效果越好，不产生沉淀；初期投资少，反应迅速完全；能对水体起到杀菌消毒的作用。 （2）在溴化物存在的情况下，臭氧与氨氮会发生如下类似折点加氯的反应： $$Br^- + O_3 + H^+ \rightarrow HBrO + O_2$$ $$NH_3 + HBrO \rightarrow NH_2Br + H_2O$$ $$NH_2Br + HBrO \rightarrow NHBr_2 + H_2O$$ $$NH_2Br + NHBr_2 \rightarrow N_2 \uparrow + 3Br^- + 3H^+$$ 影响因素为 Br/N、pH 值，出水 pH = 6.0 时，NFR 和 BrO-Br（有毒副产物）最少，BrO-Br 可由 Na_2SO_3 定量分解	折点氯化法仅适用于低浓度废水的处理，对于氨氮浓度低（小于 50mg/L）的废水来说，用这种方法较为经济，因此多用于氨氮废水的深度处理。该方法的缺点是：液氯消耗量大，费用较高，且对液氯的贮存和使用的安全要求较高，且必须附设除余氯设施，反应副产物氯胺和氯代有机物会对环境造成二次污染

类别	序号	技术名称	技 术 概 要	备 注
氨氮处理	A8	生物脱氮法	生物法是指废水中的氨氮在各种微生物作用下，通过硝化反硝化、短程硝化反硝化、厌氧氨氧化等一系列技术反应途径最终生成氮气，从而达到废水脱氮的目的。 　　(1) 传统生物硝化反硝化技术。其脱氮处理过程包括硝化和反硝化两个阶段。硝化过程是指在好氧条件下，在硝酸盐和亚硝酸盐菌的作用下，氨氮可被氧化成硝酸盐氮和亚硝酸盐氮；再通过缺氧条件，反硝化菌将硝酸盐氮和亚硝酸盐氮还原成氮气，从而达到脱氮的目的。传统生物硝化反硝化法中，较成熟的方法有 A/O 法、A^2/O 法、SBR 序批式处理法、接触氧化法等。 　　(2) 新型生物脱氮技术。1) 短程硝化反硝化技术是在同一个反应器中，先在有氧的条件下，利用氨氧化细菌将氨氧化成亚硝酸盐，阻止亚硝酸盐进一步氧化，然后直接在缺氧的条件下，以有机物或外加碳源作为电子供体，将亚硝酸盐进行反硝化生成氮气。与传统生物脱氮相比它具有以下优点：对于活性污泥法，可节省 25% 的供氧量，降低能耗；节省碳源，一定情况下可提高总氮的去除率；提高了反应速率，缩短了反应时间，减少反应器容积。但由于亚硝化细菌和硝化细菌之间关系紧密，每个影响因素的变化都同时影响到两类细菌，而且各个因素之间也存在着相互影响的关系，这使得短程硝化反硝化的条件难以控制。2) 同时硝化反硝化技术 (SND)。硝化与反硝化在同一个反应器中同时进行时，废水中溶解氧受扩散速度限制，在微生物絮体或者生物膜的表面，溶解氧浓度较高，利于好氧硝化菌和氨化菌的生长繁殖，越深入絮体或膜内部，溶解氧浓度越低，形成缺氧区，反硝化细菌占优势，从而形成同时硝化反硝化。该法节省反应器、反应时间缩短、能耗低、投资省，代表工艺是 MBBR。有实验证明 COD、NH_4^+、TN 去除率分别为 96%、95%、92%。3) 厌氧氨氧化技术 (ANAMMOX) 是指在缺氧或厌氧条件下，微生物以 NH_4^+ 为电子受体，以 NO_2^- 或 NO_3^- 为电子供体将 NH_4^+ 直接氧化成氮气的技术。大幅度地降低硝化反应的充氧能耗，免去反硝化反应的外源电子供体，可节省传统硝化反硝化过程中所需的中和试剂，产生的污泥量少。厌氧氨氧化的应用主要有两种：CANON 工艺与中温亚硝化 (SHARON) 结合，构成 SHARON-ANAMMOX 联合工艺。但目前其反应机理、参与菌种均不明确	生物法具有操作简单、效果稳定、不产生二次污染且经济的优点，其缺点为占地面积大，处理效率易受温度和有毒物质等的影响且对运行管理要求较高。同时，在工业运用中应考虑某些物质对微生物活动和繁殖的抑制作用。此外，高浓度的氨氮对生物法硝化过程具有抑制作用，因此当处理氨氮废水的初始质量浓度小于 300mg/L 时，采用生物法效果较好。此外： 　　(1) 传统生物硝化反硝化技术也存在必须补充碳源来配合实现氨氮的脱除，使运行费用增加；碳源比较小时，需进行消化液回流，增加了反应池容积和动力消耗；以及硝化细菌浓度低，系统投碱量大等弊端。 　　(2) 新型生物脱氮技术特点：1) 短程硝化-反硝化技术可明显提高总氮去除效率，氨氮和硝态氮处理负荷可提高近 1 倍。2) ANAMMOX 菌是专性厌氧自养菌，非常适合处理含 NO_2^-、低 C/N 的氨氮废水；厌氧氨氧化的脱氮方式工艺流程简单，不需要外加有机碳源，没有二次污染，应用前景较好
	A8	联合法	根据废水中的氨氮浓度、废水构成及水质处理要求，设计、选择上述脱氮方法组合，联合处理；在实际应用中氨氮浓度大于 0.05% 的废水（称为高氨氮废水），往往需要先经过氨氮预脱除，然后再配合低氨氮废水的处理工艺进行最后的深度脱氮	有针对性的方法组合，可以实现高效、经济、环保的脱氮效果

表 17-32 为不同浓度的工业氨氮废水的处理方法及其优缺点，表 17-33 为主要氨氮废水处理工艺比较，表 17-34 为钠化提钒多钒酸铵沉钒废水钠盐处理技术一览表。

表 17-32 不同浓度的工业氨氮废水的处理方法及其优缺点（参考评价一）

使用范围	处理方法	优　点	缺　点
高浓度工业氨氮废水	吹脱法	工艺简单、效果稳定、适用性强、投资较低	能耗大、有二次污染，出水氨氮仍偏高
	化学沉淀法	工艺简单、操作简便、反应快、影响因素少、节能高效，能充分回收氨，实现废水资源化	用药量大、成本较高、用途有限，有待开发
低浓度工业氨氮废水	吸附法	工艺简单、操作方便、投资较低	交换容量有限，解析频繁，需与其他方法联用或作为深度处理的一部分
	折点氯化法	设备少、操作方便、反应速度快、能高效脱氮	折点难以掌控，成本较高且水中有机物易与氯气生成三卤甲烷
	生物法	工艺成熟、脱氮效果好	初期投资大、流程长、反应器大、占地多，常需外加碳源，能耗大、成本高
	膜技术	投资少、操作方便，回收的氨氮可重复利用，无二次污染	废水质量浓度要求较高；电渗析法易发生浓差极化而产生结垢，与反渗透相比，脱盐率较低

表 17-33 主要氨氮废水处理工艺比较（参考评价二）

处理方法	原　理	优　点	缺　点	适用范围
传统吹脱法	亨利定律	简单易行、去除效率较高、技术成熟	能耗较高、吹脱塔易结垢、易造成二次污染	各种浓度废水，多用于中、高浓度废水
蒸氨汽提法	氨与水分子相对挥发度的差异以及气液相间平衡	氨氮脱除效率高、无二次污染、可回收利用氨氮资源	能源耗费量大	高浓度氨氮废水
化学沉淀法	利用化学药剂使氨氮转化为沉淀物质	工艺简单、反应快、具有废水资源化价值	沉淀药剂用量较大、成本高、易造成二次污染	各种浓度废水，多用于高浓度氨氮废水
折点氯化法	利用次氯酸将氨氮转化为氮气	效果稳定、设备少、投资省、可用于高效深度脱氮	操作要求高、氯胺和氯代有机物会造成二次污染	较低浓度氨氮废水
离子交换法	利用固相对氨氮的吸附并释放出等价离子的原理	工艺简单、操作方便、占地面积小	原水需进行预处理、吸附相再生困难、再生液难处理	低浓度氨氮废水

处理方法	原　理	优　点	缺　点	适用范围
膜分离法	利用特定膜的透过性能对成分进行选择性分离	效率高、耗能少、处理结果稳定	膜易被污染、易渗漏、需定期对膜进行反洗、成本高	高浓度氨氮废水
生物法	利用微生物的硝化、反硝化等反应使氨氮转化为氮气	处理结果稳定、成本低、不产生二次污染	受温度影响较大、同步硝化反硝化等处理高浓度废水机理不明确	各种浓度废水，常用来处理有机物多但氨氮浓度相对较低的废水
微波-活性炭法	利用微波反应器对加入活性炭的氨氮溶液进行高温脱氨	脱氨效果好	技术不成熟、影响因素尚不明确	常用于模拟水样的处理
MVR 法	利用氨与水相对挥发度不同，通过多次汽化和冷凝实现高纯度分离	脱氨效率高、MVR浓缩液可带来循环经济效益	能源耗费量大、收集装置不合理易造成二次污染、工艺条件尚需完善	适用于含盐量较高且有机物难于降解的氨氮废水

表 17-34　钠化提钒多钒酸铵沉钒废水钠盐处理技术一览表

类别	序号	技术名称	技术概要	备　注
钠盐处理	N1	代盐再生树脂法	将高钠盐废水作为工业软化水钠型阳离子树脂的再生液使用；试验表明，采用高钠盐废水作再生液时，控制硫酸根离子浓度（20~25g/L）、高流速（8~10m/h）和逆流再生操作，可有效防止硫酸钙的析出，不影响树脂再生；高钠废水代盐再生时其盐耗在150g/mol 左右，树脂工作交换容量在1mol/L 以上，与常规树脂的工作交换容量相符	高钠废水代盐再生钠型阳离子树脂技术可行，既可免除废水环保处理，实现废水中大量钠资源的直接利用，又可节约工业用盐消耗，具有经济、社会、环保多重效益
	N2	钠盐制碱法1	德国 RuPp 法：利用硫酸钠溶液制碱，方法原理是：$Na_2SO_4 + 2CO_2 + 2NH_3 + 2H_2O = 2NaHCO_3 + (NH_4)_2SO_4$　分离出来的碳酸氢钠经加热分解，即得到纯碱，母液中的硫酸铵可加石灰将氨蒸出供制碱循环使用或返回沉钒工序使用。CO_2 可利用工业窑炉烟气经吸收塔由废水吸收，或改用碳酸氢氨 NH_4HCO_3 代替二氧化碳和氨	该钠盐制碱法技术可行，但须配套、一体化建设专门的制碱工厂，投资、占地较大，尚未有产业化应用
	N3	钠盐制碱法2	原化工部大连制碱研究所经试验后，提出采取废液先加入氯化钙，使硫酸钠转化为氯化钠，再溶入固体食盐按索尔维法制碱；使硫酸根与钙结合转化为石膏（采用有机酸钙盐作晶种，$CaSO_4 \cdot 2H_2O$ 石膏沉淀晶粒均匀、纯净容易过滤分离）	该法制碱技术可行，但须配套、一体化建设专门的制碱工厂，投资、占地较大，石膏产出量大，尚未有产业化应用

类别	序号	技术名称	技术概要	备注
钠盐处理	N4	蒸发制混盐法	沉钒废水经还原沉淀去除钒、铬之后，不经脱氨处理即采用蒸发（三效蒸发或 MVR 蒸发）浓缩（配加冷却结晶）方式处理化产废水；蒸发热源有 3 种：（1）专用燃气热风炉高温燃气；（2）工业炉窑高温外排烟气；（3）工业蒸汽。蒸发产物：（1）蒸发冷凝水；（2）铵、钠复盐；（3）富铵结晶母液（只涉及蒸发+结晶工艺）；（4）换热后的外排尾气	蒸发制混盐法投资较小、效率高；缺点是存在污染转化：把水污染转化成固废（混盐）污染和碳污染（能耗）；蒸发器结垢、寿命低；只简单解决化产废水的零排放问题
	N5	蒸发制精盐法	沉钒废水经还原沉淀去除钒、铬；铵盐脱除；除杂、精滤等预处理之后；采用分布蒸发（三效蒸发或 MVR 蒸发）、按相图浓缩分盐（配加冷却结晶）的方式精制处理化产废水；蒸发热源为工业蒸汽。蒸发产品有：（1）蒸发冷凝水；（2）氨水或硫酸铵；（3）工业氯化钠；（4）工业硫酸钠	蒸发制精盐法工艺稳定、效率满足生产要求；沉钒废水全部资源化利用、零排放。缺点：投资大、运行成本高、能耗高、仍属于末端治理

17.4.2.3 钠化提钒工艺沉钒废水工业处理技术流程与装置

A 德国 GFE 公司钠化提钒与沉钒废水处理流程

德国 GFE 公司全称：GFE-Gesellschaftfür Elektrometallurgiembh（电冶金有限公司），其电冶金厂工厂地址在纽伦堡。纽伦堡厂建于 1911 年，技术比较先进。占地面积 8 万平方米，其中钒生产车间总占地约 2 万平方米，是火法冶金和湿法冶金的综合性特殊合金厂。该厂的产品如果按照元素分，主要有 V、Ti、Cr、Nb、Ta、Zr、W、Mo、Ni、Ca、Mg、Mn、Si、Al、B、C、N、H 等制成的高纯金属、合金、复合中间合金、化合物等制品；按照用途分有特种合金、精密合金、涂层材料、粉末冶金材料、氢氮碳的金属化合物及合金、钢铁及铸造用的合金等。其产品广泛用于钢铁、航天航空、石油化工、自动化电子、仪器仪表、铸造、机械刀具、金属陶瓷、塑料、精密光学玻璃、汽车、医学等工业和部门。

GFE 公司主要以南非和苏联钒渣为原料。氧化钒生产采用钠化提钒工艺，以连续沉钒法生产多钒酸铵（APV），其钒产品生产工艺流程如图 17-36 所示，钒产品生产曾长期保持全球领先水平。图 17-37 为德国 GFE 公司钒渣钠化提钒与沉钒废水处理工艺流程。

GFE 公司的沉钒废水设置有专门的处理系统，厂房大楼高 20 余米，当年投资 600 万马克，每小时废水处理量为 20m³。具体处理工艺为：（1）废水使用二氧化硫还原，采用 TWT-30 型快速反应器进行还原反应，SO_2 还原设有红外线监测，使废水中的 Cr^{6+} 转变为 Cr^{3+}（控制只使 Cr^{6+} 还原，而不使 V^{5+} 还原，以利于下道工序回收钒）；（2）还原溶液再用氢氧化钠中和，沉淀析出 $Cr(OH)_3$ 渣，过滤干燥后外售；（3）除铬后的废水约含 Na_2SO_4 150g/L，用浓度为 60% 的硫酸调整 pH 值后进入真空蒸发系统处理，蒸发器为低温工作的七级 MESSO 型标准蒸发器，真空度为 20Torr（1Torr = 133.322Pa），蒸发温度为 75~85℃，控制蒸发过程使约有 50% 的 Na_2SO_4 以十水硫酸钠的形式结晶析出；析出晶体用卧式离心机甩干、刮刀卸料，过滤母液（沉钒剩余的硫酸铵因溶解度大继续保留在母

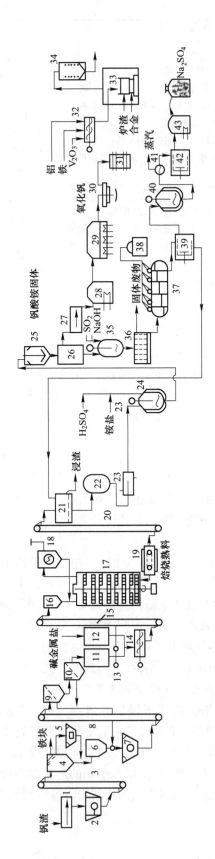

图 17-36　GFE 公司钒产品生产工艺流程

1—进料；2—颚式破碎机；3,8,15,20—斗式输送机；4,9—筛分；5—冲击式粉碎机；6—带放料装置的容器；7—粉磨机；10—空气分级机；11—细粉原料容器；12—碱金属盐容器；13—计量称量机；14,32—混合器；16—带卸料装置的容器；17—多膛炉；18—静电除尘器；19—带冷却的链式输送机；21—过滤浸出；22—存储容器；23—双管换热器；24—沉淀容器；25—浓缩容器；26—板式过滤器；27—连续给料机；28,43—干燥器；29—熔化炉；30—冷却转台；31—包装；33—铝热还原炉；34—螺杆离心机；35—袋式过滤器；36—压滤机；37—结晶收集机；38—蒸汽采集；39—螺杆离心机；40—熔化器；41—热交换器；42—螺杆离心机

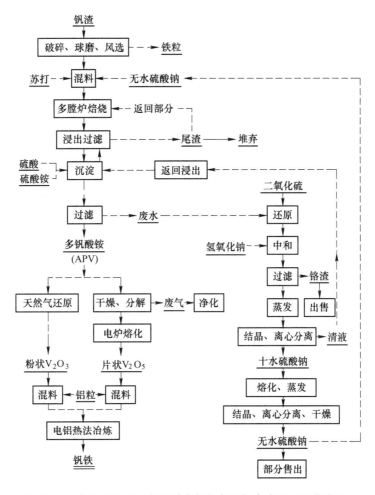

图 17-37　德国 GFE 公司钒渣钠化提钒与沉钒废水处理工艺流程

液中）返回钒渣熟料浸出工序循环利用（可以节约流程用水量的 90%），做到废水零排放；（4）十水硫酸钠加热熔化继续蒸发至产出无水硫酸钠，离心甩干再经干燥，Na_2SO_4 纯度超过 99%，部分返回焙烧工序做配料钠盐添加剂循环利用，其余部分外售供给合成洗涤剂厂做原料使用。该套废水处理设施占地面积较大，处理的成本为数百马克/吨 V_2O_5。该套废水处理工艺技术也被奥地利特雷巴赫公司（Treibacher Industrie AG）同等采纳。我国锦州铁合金厂于 1985 年用 40 万元从 GFE 公司只引进了这套废水处理的 SO_2 还原装置，使用效果很好。

　　B　攀钢钒制品厂钠化提钒沉钒废水处理技术流程与装置

　　攀钢钒制品厂沉钒废水处理经历了 3 个阶段：（1）铁屑还原-石灰中和处理-达标排放；（2）硫酸亚铁还原-石灰中和处理-达标排放；（3）焦亚硫酸钠还原-氢氧化钠中和处理-滤液蒸发制混盐-废水零排放。这 3 个阶段也基本代表了中国钒产业沉钒废水处理所经历的主要历程。

　　阶段（1）属于治理排放工艺，在满足生产要求的同时还存在钒铬还原效果不稳定、石灰中和导致铬钒不能回收利用（形成固废）、钠盐随水排放等问题。

阶段（2）硫酸亚铁还原-石灰中和处理-达标排放工艺流程如图 17-38 所示，废水处理站由调节池、废水泵房、还原槽、中和槽、浓缩沉淀池、过滤器、压滤间、化验室、石灰乳制备系统等部分组成。

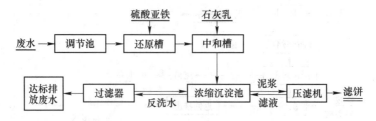

图 17-38　硫酸亚铁还原-石灰中和处理-达标排放工艺流程

硫酸亚铁处理含铬废水运行条件：六价铬与硫酸亚铁发生还原反应，生成三价铬，用石灰调节、提高废水 pH 值至 7.5~8.5 时，即生成氢氧化铬沉淀；当 pH>3 时还原伴生形成的 Fe^{3+} 即水解生成大量沉淀，生成的氢氧化铁有凝聚作用，有利于促进氢氧化铬等其他沉淀物的沉降；连续处理时反应时间应大于 30min，间歇处理时反应时间宜为 2~4h。表 17-35 为硫酸亚铁处理含铬废水的运行条件。

表 17-35　硫酸亚铁处理含铬废水的运行条件

六价铬浓度 /mg·L⁻¹	加药前调 pH 值	投药量(质量比) 六价铬：硫酸亚铁	反应后 调 pH 值	通气时间 /min	备　注
≤25		1：40~1：50		搅拌混匀即可	
25~50	<4	1：35~1：40	7.5~8.5	5~10	所需压缩空气量为 0.2m³/(min·m³)(废水)，压力 80~120kPa
50~100		1：30~1：35		10~20	
≥100		1：30		20	

表 17-36 为硫酸亚铁作还原剂不同 pH 值时六价铬的还原结果。由表 17-36 可知，硫酸亚铁还原剂具有不受 pH 值影响的优点，利用这一特点在排放废水的 pH≤6.5 的情况下，不用加酸调低 pH 值，直接加硫酸亚铁将六价铬还原成三价铬。二价铁氧化成三价铁后在三价铁与各种重金属离子同时存在的情况下，重金属离子沉淀的 pH 值范围相应降低；氢氧化铁具有絮凝作用，为下一步絮凝沉淀创造条件。利用硫酸亚铁和三价铁的两大特点，可以将还原反应和絮凝沉淀的 pH 值范围缩小到 6~8（车间排水口废水的 pH 值），以符合废水排放国家标准。

表 17-36　硫酸亚铁作还原剂不同 pH 值时六价铬的还原结果

水样号	pH 值	处理后废水中 Cr 的含量/mg·L⁻¹
1	6.0	0.002
2	6.5	0.004
3	7.0	0.016
4	7.5	0.006

水样号	pH 值	处理后废水中 Cr 的含量/mg·L⁻¹
5	8.0	0.005
6	9.0	0.007

还原与沉淀整个过程在压缩空气搅拌下进行。为了加速沉淀、提高沉淀效率，合理地选用絮凝剂是非常必要的。通过对比试验，选用由聚合氯化铝（PAC）和聚丙烯酰胺（PAM）组成的混合絮凝剂，参考用量聚合氯化铝为 0.1~0.2g/L，聚丙烯酰胺为 0.002~0.004g/L。聚合氯化铝具有用量小、形成沉淀快、破坏的絮凝物能再次絮凝、滤渣脱水性好的特点。

而硫酸亚铁-石灰法处理含铬废水的特点是除铬效果好，当使用酸洗废液的硫酸亚铁时成本较低、处理工艺成熟，但产生的污泥量大、占地面积大、出水色度偏高。

表 17-37 为硫酸亚铁还原-石灰中和处理-达标排放处理技术、设备情况。

表 17-37 硫酸亚铁还原-石灰中和处理-达标排放处理技术、设备一览表

工序	技术、设施概要
均化调节	由钒厂沉淀工段排出的酸性废水，其流量和水质是不连续、不均匀的，需经调节池（均化池）调节，废水停留时间约 15h。调节池总尺寸为 16.5m×4.5m×2.5m，有效容积 350m³，内分 2 格，采用钢筋混凝土结构，池内壁作玻璃钢防腐处理
废水还原	设计还原槽 2 座，规格：ϕ1200mm、H1500mm，钢质内衬氯丁橡胶，并联运行；废水由调节池送入还原槽进行还原处理，还原槽采用中心进水、周边出水，每座还原槽设计废水停留时间约 30min；硫酸亚铁（FeSO₄·7H₂O，GB 10531—89）经搅拌槽配制成浓度为 100kg/m³ 的溶液（压缩空气搅拌），重力投加到还原槽，将 V^{5+} 还原为 V^{3+}，Cr^{6+} 还原为 Cr^{3+}；还原槽设有 pH 值测量仪表，通过流量调节阀自动控制硫酸亚铁溶液投加量，硫酸亚铁用量约 120kg/h；为使还原反应充分进行，还原槽出口废水 pH 值应控制在 2.6~3.1，该还原过程的主要反应为： $$VO_2^+ + Fe^{2+} + 2H^+ = VO^{2+} + Fe^{3+} + H_2O$$ $$VO_2^+ + 2Fe^{2+} + 4H^+ = V^{3+} + 2Fe^{3+} + 2H_2O$$ $$Cr_2O_7^{2-} + 6Fe^{2+} + 14H^+ = 2Cr^{3+} + 6Fe^{3+} + 7H_2O$$
中和处理	设计中和槽 2 座，串联运行，每座中和槽内废水停留时间约 15min。中和槽规格：ϕ2600mm、H2500mm，钢质内衬氯丁橡胶。为防止悬浮物沉淀，每座中和槽均设有电动搅拌机；废水经还原后重力流入 1 号和 2 号中和槽，在两个中和槽中投加浓度为 10% 的石灰乳（以 Ca(OH)₂ 计）进行中和反应，使废水中的 Cr^{3+} 生成氢氧化铬沉淀，钒生成难溶性钙盐沉淀，中和槽设有 pH 值测量仪表，通过流量调节阀自动控制石灰乳投加量：1 号中和槽石灰乳投加量为 1600~2500kg/h，2 号中和槽石灰乳投加量为 400~500kg/h。 为保证废水中的 Cr^{6+}、V^{5+} 去除充分、达标排放，借鉴德国废水处理经验，V₂O₃ 废水处理采用石灰乳两段中和工艺，1 号中和槽出口废水 pH 值控制在 7.5~8.5，2 号中和槽出口废水 pH 值控制在 8~9 之间。该中和过程的主要反应为： $$Cr^{3+} + 3OH^- = Cr(OH)_3 \downarrow$$ $$Fe^{3+} + 3OH^- = Fe(OH)_3 \downarrow$$ $$V^{3+} + Ca^{2+} + SO_4^{2-} + nH_2O = 络合物沉淀 \downarrow$$

工序	技术、设施概要
浓缩沉淀过滤	设计浓缩沉淀池 2 座，并联运行，每座尺寸为 ϕ9000mm、H3000mm，配置浓缩刮泥机 NZ-9 型 2 台。经中和后的废水重力流入浓缩沉淀池进行浓缩澄清，废水中的钒、铬和铁的氢氧化物以及硫酸钙等沉淀物被浓缩沉入池底，浓缩沉淀的污泥排入浓缩池下的泥浆槽内（浓缩机底流量 3~5m³/h；固体物含量约 15%），经泥浆泵送至压滤间进行压滤脱水（滤液返回浓缩池）。通过浓缩机的沉降作用，浓缩沉淀池澄清水送过滤器进行过滤处理，过滤器采用 1 台 SAF-A 型自清洗过滤器，$Q=50m^3/h$，过滤精度为 0.1mm；滤后水经检测达到国家有关排放标准后排放
污泥处理	压滤间内设 XAJZ60/1000 型厢式压滤机 3 台，2 用 1 备，同时预留 1 台厢式压滤机位置；压滤机过滤面积 64m²，装料容积 1m³，内腔准许压缩空气压力小于 0.6MPa，压滤机日产泥饼（含水率 50% 左右）约 24t，由于泥饼中含有较多钒，具有很高的回收价值，返回提钒工序重新利用；滤液返回浓缩池重新处理
石灰制乳	石灰干粉由专用罐车运送至干粉储罐内贮存，通过给料机定量将石灰粉送入石灰浆槽加水制成浓度为 20% 左右的石灰浆，再用泵将石灰浆提升至石灰乳槽，加水机械搅拌配制成浓度为 10% 左右的石灰乳，再用泵送至中和槽。石灰用量（以 CaO 纯度 70% 计）约为 320kg/h
运行情况	废水站在试运行初期 COD 有时超标。经分析，在还原过程中，为使废水中的 Cr^{6+}，V^{5+} 能达标排放，加入的还原剂硫酸亚铁需略过量，由于 Fe^{2+} 对 COD 测定的影响，从而造成了废水排放中 COD 超标的现象。通过曝气处理可将废水中 Fe^{2+} 氧化为 Fe^{3+}，为此，又在还原槽之后中和槽之前，设计增加了 2 座曝气槽，利用压缩空气进行充分曝气，通过空气中的氧将废水中的 Fe^{2+} 氧化，然后再通过中和、沉淀将 Fe^{3+} 去除，保证了废水中 COD 的达标排放。 该设计通过 pH 值自动监测、控制石灰乳、硫酸亚铁投加量以及石灰乳两段中和等方式，保证了出水水质达标排放（见下表），并实现废水中钒资源的回收利用。 表格见下

项　　目	pH 值	悬浮物/mg · L⁻¹	COD/mg · L⁻¹	Cr⁶⁺/mg · L⁻¹	总钒/mg · L⁻¹
处理后水质	7~9	50~60	60~70	<0.1	<0.1
排放标准	6~9	70	100	0.5	1.0

工序	技术、设施概要
存在问题	采用硫酸亚铁还原-石灰乳中和法处理高浓度含钒废水时，铬去除效果较好；但对钒的处理效果不稳定，处理后废水中钒浓度时常大于排放标准。同时由于处理过程中未加入絮凝剂或加入量不够，使得废水中悬浮物治理效果不理想，去除率仅约 40%。中和槽及其管道结垢严重；产生的滤渣含水硫酸钙、钒酸钙、铬和铁的氢氧化物，综合利用困难，渣量大，需要专用渣场堆存；钠盐随水排放

　　C　焦亚硫酸钠还原-氢氧化钠中和处理-滤液蒸发制混盐-废水零排放工艺与装置

　　国标《钒工业污染物排放标准》（GB 26452—2011）的颁布实施，使沉钒废水继续延续传统处理模式之路已被彻底封闭（排放指标多，技术、设计、处理难度巨大，工程投资、耗能、运行成本奇高）；实施废水零排放已是必然选择。2005 年攀钢就开始在国内率先开发实施还原-氢氧化钠中和处理-滤液蒸发浓缩-废水零排放工艺（见图 17-39）。

　　表 17-38 为废水处理系统水质指标，表 17-39、图 17-40 为废水处理设施设备情况。

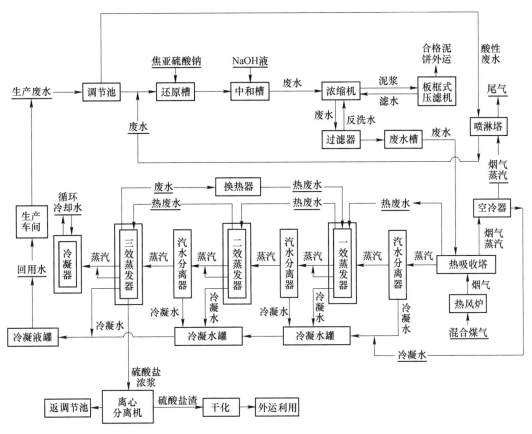

图 17-39 攀钢沉钒废水还原-中和-蒸发-废水零排放工艺流程

表 17-38 废水处理系统设计进水（70m³/h）及回用水水质指标

水质指标	进水水质	回用水标准
$SS/mg \cdot L^{-1}$	400~500	40~70
$COD_{Cr}/mg \cdot L^{-1}$	120~150	50~100
$V^{5+}/mg \cdot L^{-1}$	100~130	0.01~0.1
$Cr^{6+}/mg \cdot L^{-1}$	100~250	0.01~0.1
$(NH_4)_2SO_4/mg \cdot L^{-1}$	8000~13000	
$Na_2SO_4/mg \cdot L^{-1}$	40000~60000	
$NH_3\text{-}N/mg \cdot L^{-1}$		100~200
pH 值	2~2.5	6~9
温度/℃	70~80	

表 17-39　还原-中和-蒸发浓缩-废水零排放处理技术、设施、设备一览表

工序	技术、设施概要
均化调节	由钒厂沉淀工段排出的酸性废水，其流量和水质是不连续、不均匀且含有多钒酸铵悬浮物，需先经过调节、均化及初沉处理。设施包括： （1）调节池 1 座，尺寸 27.0m×16.0m×4.2m，有效容积 1600m³，内分 2 格，停留时间约 23h，采用钢筋混凝土结构，池内壁内衬做 8mm 乙烯基酯树脂防腐处理。 （2）中间水池 1 座，尺寸 27.0m×8.0m×4.2m，有效容积 800m³，停留时间约 11h，采用钢筋混凝土结构，池内壁内衬做 8mm 乙烯基酯树脂防腐处理。 （3）提升泵站 1 座，尺寸 15.0m×6.0m×7.8m，半地下式，地下 3.9m，钢筋混凝土结构，内衬耐腐砖。泵站内设：提升泵 3 台、中间水泵 3 台（均为 2 用 1 备）、泥浆泵 1 台等。 （4）初沉池 1 座，单座直径 12.0m，高 3.3m，沉淀时间约 4h，下部为泥浆泵站；初沉池为钢筋混凝土结构，内衬做 8mm 乙烯基酯树脂防腐，内设浓缩机 1 台；泵站内设泥浆搅拌槽（ϕ2.0m，H2.5m，带搅拌机）1 座、泥浆泵 2 台（1 用 1 备）

还原中和工序部分：

设施包括：

（1）还原槽 4 座（规格：ϕ1.2m、H1.5m），顶部设搅拌机 1 台，停留时间约 5min；槽体为碳钢，内衬 5mm 氯丁橡胶。

（2）中和槽 4 座（规格：ϕ2.2m、H2.5m），顶部设搅拌机 1 台，停留时间约 15min；槽体为碳钢，内衬 5mm 氯丁橡胶。

（3）还原剂配制罐 2 座（规格：ϕ3.0m、H2.4m），顶部设搅拌机 1 台；槽体为碳钢，内衬 8mm 乙烯基酯树脂，配泵 2 台，1 用 1 备。

（4）混凝剂装置 1 套，包括不锈钢搅拌槽（2×2m³）、储液槽（2×4m³）、计量泵（4 台，2 用 2 备）等。

（5）氢氧化钠储液池 1 座，尺寸 6.0m×6.0m×3.0m，有效容积约 90m³，钢筋混凝土结构（防腐），氢氧化钠溶液（浓度 30%，投加量约 2000kg/h）泵 2 台，1 用 1 备。

还原剂为焦亚硫酸钠 $Na_2S_2O_5$，在配制罐内完成配制（必须现配现用），要求浓度控制在 15%~20%，每立方米废水的还原药剂加入量按下表执行：

原水 $Cr^{6+}+V^{5+}/mg \cdot L^{-1}$	500	1000	1500	2000	2500
GBS 加入量/kg	3~4	4~5	5~6	6~7	7~8

运行时用废水泵将沉降后的沉钒废水打入还原槽，同时开启还原剂放液阀，连续、均匀地将还原剂溶液打入还原槽；还原处理后的废水进入中和槽，在中和槽底部出料管道中加入碱液后放入 1 号浓缩池，要求浓缩池中溶液 pH＝7~8。

该过程的主要还原反应为：

$$2H_2V_{10}O_{28}^{4-} + 38H^+ + 5S_2O_3^{2-} = 20VO^{2+} + 10SO_4^{2-} + 21H_2O$$
$$2Cr_2O_7^{2-} + 3S_2O_5^{2-} + 10H^+ = 4Cr^{3+} + 6SO_4^{2-} + 5H_2O$$

主要中和反应为：

$$Cr^{3+} + 3OH^- \rightarrow Cr(OH)_3 \downarrow$$
$$VO^{2+} + 2OH^- \rightarrow VO(OH)_2 \downarrow$$

浓缩沉淀过滤工序部分：

设施包括：

（1）浓缩池 3 座（规格：ϕ12.0m、H3.3m），沉淀时间约 10h，下部为泥浆泵站。浓缩池为钢筋混凝土结构，内衬 8mm 乙烯基酯树脂，内设浓缩机 1 台；泵站内设泥浆搅拌槽（ϕ2.0m，H2.5m，带搅拌机）1 座、泥浆泵 2 台（1 用 1 备）。

（2）污泥处理间 1 座，尺寸 39.0m×13.2m×13.5m，2 层框架结构，内设：板框压滤机 6 台，单台外形尺寸 7.87m×1.83m×1.92m，过滤面积 140m²；泥饼外运，滤液返回浓缩池重新处理。

（3）溢流水池 1 座，尺寸 15.0m×7.5m×3.9m，有效容积约 380m³，停留时间约 5.5h；钢筋混凝土结构，内衬 8mm 乙烯基酯树脂。

（4）过滤器 1 台，处理量 100m³/h（过滤精度 0.2mm），过滤器反洗水排入废水调节池。

运行时将经中和处理后的废水在 1 号浓缩池内进行初步固液分离，开启耙机，将废水打入板框压滤机进行压滤，滤液进入压滤水槽，经泵打入 2 号浓缩池；2 号浓缩池内溶液上清液通过溢流排往原水罐；溢流液要求清澈透明；2 号浓缩池底流要求每班定时返回 1 号浓缩池；经中和后的废水流入浓缩池进行浓缩澄清，澄清水流入溢流水池，再由泵加压经过滤器送至蒸发浓缩处理系统；还原中和后的废水在进入蒸发浓缩系统前必须经过曝气处理，尽可能将残留的过量还原药剂氧化；当废水进入原水罐时，开启压缩空气阀门进行曝气，以溶液搅动充分、不发生溢流为准

工序	技术、设施概要
蒸发浓缩	设施包括: (1) 蒸发浓缩系统 1 套,处理能力为 70m³/h(操作负荷弹性区间 40%~110%),占地面积约 1600m²;系统主要由热吸收塔、一效蒸发器、二效蒸发器、三效蒸发器、(四效蒸发器、)换热器、冷凝罐等组成;废水在回收塔中完成初步换热后进入热吸收塔,并与热风炉(热风炉设计燃气消耗流量为 2300~2800Nm³/h,燃气燃烧化学热值不低于 16.244MJ/Nm³;输出烟气温度控制在 550~700℃)热烟道气直接进行热交换,热交换后的高温废水在分离器中闪蒸,水分被蒸发,废水得到浓缩;在热吸收塔中被浓缩的废水,进入二效蒸发器,以降膜形式循环加热蒸发,水分在分离器中分离排出,从而使废水得到浓缩;在二效蒸发器中被浓缩的废水,由泵打入第三效蒸发器,以降膜形式循环加热蒸发,水分在分离器中分离排出,在三效蒸发器中被浓缩的废水,由泵打入废气换热器后进入第一效蒸发器,以强制循环形式循环加热蒸发,水分在分离器中分离排出,从而使废水得以浓缩,达到浓度的硫酸钠、硫酸铵等浓浆送至冷却结晶池回收;蒸发冷凝水(约 70m³/h,要求冷凝水无色透明,若发现有发黑现象,及时检查 GBS 还原剂液和碱液加入是否过量并及时加以调整,同时将发黑的冷凝水打回原水罐重新处理)返回钒生产系统循环使用。浓缩母液中约含 24% 硫酸铵和 21% 硫酸钠,可直接回用于 APV 沉钒流程,以节省部分铵盐。 (2) 结晶池 2 座,单座尺寸 30.0m×12.0m×3.3m,钢筋混凝土结构,上部设电动抓斗起重机 1 台,池内设上清液提升泵 2 台,1 用 1 备。池内结晶体主要为硫酸钠及少量硫酸铵;池内温度 60~70℃,温度波动较大。池内结晶体需定时外运,防止结坨。 (3) 回用水池 1 座,尺寸 9.0m×9.0m×3.9m,有效容积约 270m³,停留时间约 3.9h,钢筋混凝土结构;回用废水送车间循环使用
运行情况	系统(废水处理水量 70m³/h,占地面积 12000m²,总投资约 6000 万元,自动化水平较高)生产运行效果良好,实现了沉钒废水处理的零排放。GBS 对 Cr⁶⁺ 的去除率达 99.99%,是较好的除铬药剂,对 V 的去除率大于 98%,还原、中和产渣量少(平均产渣率为 16.2kg/m³ 废水,约为 FeSO₄·7H₂O 还原量的 1/2),蒸发处理能力大,结晶混盐得到有效处置。处理运行成本约 131.3 元/m³ 废水,其中电费为 32.4 元/m³,能源介质(煤气、压缩空气、水)费为 70.3 元/m³,药剂费为 21.4 元/m³,人工费为 7.2 元/m³。处理后的出水水质满足生产线回用指标要求,监测时间段水质指标见下表。 <table><tr><td>项 目</td><td>pH 值</td><td>悬浮物/mg·L⁻¹</td><td>硫酸钠/mg·L⁻¹</td><td>Cr⁶⁺/mg·L⁻¹</td><td>总钒/mg·L⁻¹</td></tr><tr><td>进水水质</td><td>2.1~2.5</td><td>405~499</td><td>40100~60000</td><td>104~249</td><td>102~131</td></tr><tr><td>回用水质</td><td>6~9</td><td>54.3~68.6</td><td>103.7~197.6</td><td>0.01~0.07</td><td>0.01~0.08</td></tr></table>
存在问题	蒸发结晶技术的关键和难点在于设备易结垢堵塞、废水腐蚀性强和投资高等问题: (1) 结垢:高盐废水经蒸发浓缩后,很快达到饱和,容易析出在蒸发器内部的列管上,导致传热系数及蒸发效率下降,甚至堵塞列管;MEE 装置的清洗周期为 2~4 周。 (2) 腐蚀与投资:沉钒废水常含有 Cl⁻ 等腐蚀性离子,因此对设备选材和制造的要求较高。通常选用的材质包括 Ti、Ti 合金、316L 等,设备投资极高、寿命周期较短。 (3) 能效有待提高:并流四效蒸发器的煤气能效为 36.93%,如采用 MVR 蒸发器,系统可实现低温差蒸发、介质停留时间短、不易结垢、能效提高等效果优化。 (4) 固废:处理技术属于污染转化,把水污染转化成固废(混盐)污染和碳污染(能耗);产生的滤渣(钒、铬的氢氧化物)综合利用困难;每年数万吨的结晶混盐无法经济利用,需要专用渣场堆存,形成二次环境污染隐患

图 17-40　攀钢沉钒废水蒸发结晶系统

17.4.3　钠化提钒沉钒废水资源化利用技术流程与装置

钒化工化产废水资源化利用技术、流程体现三个特点：（1）沉钒废水中的主要污染物在治理之后，被转化成为工业产品或者工业原料被直接增值利用（废水中的钒被转化成钒酸铁用于冶炼钒铁；铬被转化为铬化工、冶金原料出售；氨氮被转化为硫酸铵返回沉钒流程自用；钠盐被转化为硫酸钠、氯化钠工业品外销或自用；水被转化为工业用水，替代生产补充水流程回用）；（2）整个废水处理过程没有形成二次污染、没有新的液体与固体废物产生；（3）整个废水处理流程与技术依然属于末端治理，是以投入和成本为代价，仍不能列入清洁生产技术范畴。代表性的钒化工化产废水资源化利用处理工艺流程如图17-41 所示。

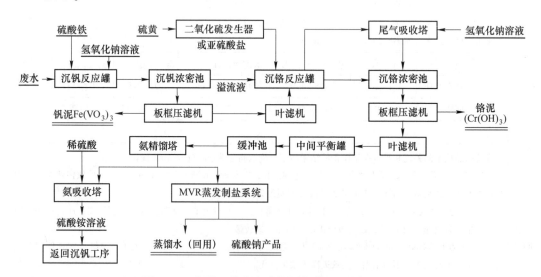

图 17-41　钒化工化产废水资源化利用处理工艺流程

下面将依次对钒化工化产废水资源化利用处理技术与工艺进行介绍。

17.4.3.1 钒、铬资源化利用技术

由表 17-40 中国内钒化工废水化学成分行业统计数值可知，每吨 98% 五氧化二钒产品所产出的沉钒废水（按 $40m^3/t$ 计）中约含 V_2O_5（$7\sim14kg$）、Na_2CrO_4（$12.5\sim187kg$），相当于年产万吨氧化钒的工厂每年要在沉钒废水中损失氧化钒 $70\sim140t$、铬酸钠 $125\sim1870t$。在触目惊心的数字背后，为了避免环境污染，企业每年还要再花费数千万元进行废水的无害化处理。在钒化工绿色、清洁生产技术尚未开发实施之前，为了改变上述状况，近年以来国内骨干提钒企业对沉钒废水有价元素的资源化利用工作已经按照图 17-41 的技术路线陆续开展实施。

表 17-40　钠化焙烧水浸提钒工艺沉钒废水化学成分行业统计

化学成分/$g \cdot L^{-1}$							pH 值
Na_2O	V^{5+}	Cr^{6+}	SiO_2	NH_4^+	SO_4^{2-}	SS	
$15\sim27$	$0.10\sim0.19$	$0.1\sim1.5$	$0.2\sim1.5$	$2.2\sim4.0$	$32\sim51$	$0.2\sim0.5$	$2.0\sim2.5$

钠化提钒沉钒废水钒、铬资源化利用的首要技术问题就是钒、铬的分离、提取。

A　钒、铬的化学沉淀分离（铁盐沉钒）基本原理

表 17-41 为沉钒废水氧化还原电极反应的标准电极电位，表 17-42 为金属离子氢氧化物沉淀 pH 值，表 17-43 为难溶化合物在水溶液中的溶度积。

表 17-41　沉钒废水氧化还原电极反应的标准电极电位（按电位 $E^{\ominus}$ 顺序排列）

pH 值	电偶氧化态	电极反应	$E^{\ominus}/V$
酸性溶液	$V^{(2+)-(0)}$	$V^{2+} + 2e = V$	-1.18
	$Cr^{(3+)-(0)}$	$Cr^{3+} + 3e = Cr$	$-0.74\ (-0.71)$
	$Cr^{(2+)-(0)}$	$Cr^{2+} + 2e = Cr$	-0.90
	$Fe^{(2+)-(0)}$	$Fe^{2+} + 2e = Fe$	-0.440
	$Cr^{(3+)-(2+)}$	$Cr^{3+} + e = Cr^{2+}$	-0.41
	$V^{(3+)-(2+)}$	$V^{3+} + e = V^{2+}$	-0.255
	$V^{(5+)-(0)}$	$VO_2^+ + 4H^+ + 5e = V + 2H_2O$	-0.253
	$Fe^{(3+)-(0)}$	$Fe^{3+} + 3e = Fe$	-0.036
	$H^{(1+)-(0)}$	$2H^+ + 2e = H_2$	0.000
	$S^{(0)-(2-)}$	$S + 2H^+ + 2e = H_2S$	0.141
	$S^{(6+)-(4+)}$	$SO_4^{2-} + 4H^+ + 2e = H_2SO_3 + H_2O$	$0.17\ (0.20)$
	$V^{(4+)-(3+)}$	$VO^{2+} + 2H^+ + e = V^{3+} + H_2O$	$0.361\ (0.314)$
	$Fe^{(3+)-(2+)}$	$Fe^{3+} + e = Fe^{2+}$	0.771
	$V^{(5+)-(4+)}$	$VO_2^+ + 2H^+ + e = VO^{2+} + H_2O$	1.00
	$V^{(5+)-(4+)}$	$HVO_3 + 3H^+ + e = VO^{2+} + 2H_2O$	1.1
	$O^{(0)-(2-)}$	$O_2 + 4H^+ + 4e = 2H_2O$	1.229
	$Cr^{(6+)-(3+)}$	$Cr_2O_7^{2-} + 14H^+ + 6e = 2Cr^{3+} + 7H_2O$	1.33

pH 值	电偶氧化态	电 极 反 应	$E^{\ominus}/V$
碱性溶液	$Cr^{(3+)-(0)}$	$Cr(OH)_3 + 3e = Cr + 3OH^-$	-1.3
	$Cr^{(3+)-(0)}$	$CrO_2^- + 2H_2O + 3e = Cr + 4OH^-$	-1.2
	$V^{(5+)-(0)}$	$HV_6O_{17}^{3-} + 16H_2O + 30e = 6V + 33OH^-$	-1.15
	$S^{(6+)-(4+)}$	$SO_4^{2-} + H_2O + 2e = SO_3^{2-} + 2OH^-$	-0.93 (-0.90)
	$Fe^{(2+)-(0)}$	$Fe(OH)_2 + 2e = Fe + 2OH^-$	-0.877
	$Fe^{(3+)-(2+)}$	$Fe(OH)_3 + e = Fe(OH)_2 + OH^-$	-0.56
	$S^{(0)-(2-)}$	$S + 2e = S^{2-}$	-0.48 (-0.508)
	$Cr^{(6+)-(3+)}$	$CrO_4^{2-} + 4H_2O + 3e = Cr(OH)_3 + 5OH^-$	-0.13 (-0.12)
	$O^{(0)-(2-)}$	$O_2 + H_2O + 4e = 4OH^-$	0.401

表 17-42　金属离子氢氧化物沉淀 pH 值

金属离子	氢氧化物	沉淀开始时的 pH 值		沉淀完全 pH 值（残留浓度小于 10^{-5} mol/L）	沉淀开始重新溶解的 pH 值	沉淀完全溶解的 pH 值
		初始 M^{n+} 1mol/L	初始 M^{n+} 0.01mol/L			
Cr^{3+}	$Cr(OH)_3$	4.0	4.9	6.8	>11	15
Fe^{2+}	$Fe(OH)_2$	6.5	7.5	9.7	13.5	—
Fe^{3+}	$Fe(OH)_3$	1.5	2.3	4.1	14	>15
Al^{3+}	$Al(OH)_3$	3.3	4.0	5.2	7.8	10.8

注：沉淀剂用氢氧化钠。

表 17-43　难溶化合物在水溶液中的溶度积

化 合 物	K_{sp}
$Fe(OH)_2$	8×10^{-16}（18℃）
$Fe(OH)_3$	4×10^{-38}（18℃）
$FePO_4$	1.3×10^{-22}（25℃）
$Cr(OH)_2$	1.0×10^{-17}（18℃）
$Cr(OH)_3$	6.3×10^{-31}（25℃）
$CrPO_4 \cdot 4H_2O$	2.4×10^{-23}（25℃）
$Ca_3(PO_4)_2$	2.0×10^{-29}（25℃）
$CaSO_4$	9.1×10^{-6}（25℃）
$Ca(OH)_2$	5.5×10^{-6}（25℃）

　　沉钒废水中钒、铬的化学沉淀分离需要考虑两个前提条件：沉淀剂的选择（沉淀效果、分离效果、经济性）；沉淀产物（钒、铬的有效含量高，满足下游使用要求）。

　　沉钒废水由于含有大量的硫酸根离子，常规的沉淀剂如钙盐、钡盐均不宜采用。因此，铁盐沉钒因其对钒、铬的选择性沉淀与分离效果及钒沉淀产物为钒酸铁，可直接用做钒铁、氮化钒铁的生产原料，而被国内钒产业普遍采用。常用的铁盐沉淀剂有氯化物铁盐、硫酸类铁盐、二价铁盐、三价铁盐、聚合态铁盐等。

　　（1）二价铁盐做沉淀剂。由表 17-41 可知，在酸性沉钒废水体系中由于 Cr^{6+}、V^{5+} 的存在，电位差将使体系中加入的 Fe^{2+} 被氧化为 Fe^{3+}，同时将有相等化学当量的 Cr^{6+}（优先反应）、V^{5+} 被还原为 Cr^{3+}、V^{4+}：

$$VO_2^+ + 2H^+ + Fe^{2+} \Longrightarrow VO^{2+} + Fe^{3+} + H_2O \tag{17-6}$$

$$Cr_2O_7^{2-} + 14H^+ + 6Fe^{2+} \Longrightarrow 2Cr^{3+} + 6Fe^{3+} + 7H_2O \tag{17-7}$$

由反应（17-6）与反应（17-7）可知，上述还原反应（在形成大量 Fe^{3+} 的同时）由于需要同期消耗 2~7 倍化学当量的 H^+ 离子，因此，反应将导致沉钒废水（pH=2~3）pH 值的升高，并形成 Fe^{3+}、Cr^{3+}、V^{4+} 的混合氢氧化物沉淀（参照表 17-42、表 17-43），其钒、铬共沉淀的反应结果将导致钒、铬不能实现选择性分离，达不到钒、铬资源化利用的效果与目的；因此，沉钒废水中的钒、铬分离不能采用二价铁盐做沉淀剂。

（2）三价铁盐沉钒。常用的三价铁盐沉淀剂有氯化物铁盐、硫酸类铁盐、聚合态铁盐等，具体选择时，企业可根据上述铁盐在当地的经济比价、后续废水蒸发对产出钠盐品种的设计选择（如果只产出硫酸钠产品，就只可选择硫酸类铁盐做钒沉淀剂）。

向钒酸钠溶液中加入三价铁盐如 $FeCl_3$ 或 $Fe_2(SO_4)_3$，就会有黄色的组成不确定的钒酸铁 $xFe_2O_3 \cdot yV_2O_5 \cdot zH_2O$ 沉淀析出。其沉淀物中的钒含量随原液中钒浓度的高低和溶液 pH 值的变化而有较大波动。钒酸铁沉淀法（并非是如下单一 $Fe^{3+} + 3VO_3^- \rightarrow Fe(VO_3)_3$）可从钒溶液中沉淀出 99%~100% 的钒，如图 17-42 所示。

选用 $Fe_2(SO_4)_3$ 作为铁盐进行钒脱除的研究试验溶液浓度如下：$Na_2Cr_2O_7 \cdot 2H_2O$ 200g/L，V_2O_5 0.4~1g/L，硫酸铁加入量以硫酸铁 $n(Fe)/n(V)$ 计（硫酸铁中铁以 Fe 计，无论溶液中钒以何种形式存在，钒量均以单质 V 计）。研究认为，影响钒脱除率的主要因素有铁盐加入量、pH 值、反应温度等。从图 17-43 可知，pH 值是铬酸钠溶液中实现钒脱除较为重要的因素，在 pH>5 时可实现钒的高效脱除。

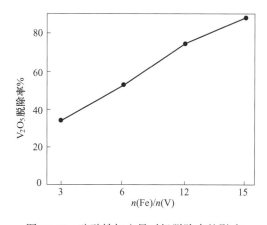

图 17-42 硫酸铁加入量对钒脱除率的影响

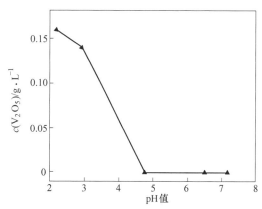

图 17-43 不同 pH 值终液钒的浓度

研究认为，在低钒浓度下三价铁盐的沉钒的机理为：氢氧化铁对钒的（化学）吸附，氢氧化铁对钒的吸附为钒酸根通过内层络合方式被吸附在氢氧化铁表面。氢氧化铁对钒的吸附行为可表示为

$$[Fe(OH)_3]_m \cdot xFe^{3+} \cdot yOH^- + y/nA^{n-} \Longrightarrow [Fe(OH)_3]_m \cdot xFe^{3+} \cdot y/nA^{n-} + yOH^-$$

$$\tag{17-8}$$

式中，A 为钒酸根；x、y、m、n 分别为不同数值。

沉钒废水采用三价铁盐沉钒所形成的产物不是化学式钒酸铁 $Fe(VO_3)_3$，是由以下原因导致：（1）由图 17-44 可知，在沉钒废水的 pH 值在 2~4 范围内 V^{5+} 具有多种共存的分子形态，并且各分子形态的比例随 V^{5+} 浓度和具体 pH 值的变化均有不同；（2）由图 17-45 可知，在沉钒废水的 pH 值为 2~4 范围内，Fe^{3+} 同样具有多种共存的分子形态（Fe^{3+} 水解与聚合），并且各分子形态的比例随 Fe^{3+} 浓度和具体 pH 值的变化也是均有不同；（3）在沉钒废水的 pH 值为 2~4 范围内，V^{5+} 与 Fe^{3+} 的共沉淀具有相当多的排列组合形式，并且在其沉淀过程中体系的 V^{5+} 与 Fe^{3+} 浓度与 pH 值均处在动态变化之中，同一体系在不同的反应时空区段其反应产物中的铁、钒比例各有不同；其最终产物"钒酸铁"中的铁、钒比例只是一个统计结果（被反应体系的搅拌所均化），其微观产物"钒酸铁"并不存在相同的分子形态。

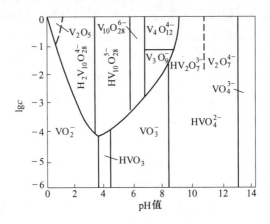

图 17-44 不同 pH 值及钒浓度下的钒酸根和钒氧根离子所存在形态

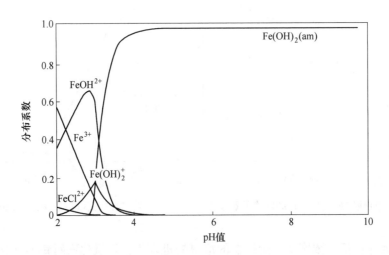

图 17-45 铁（Ⅲ）总浓度为 1mmol/L 时 $Fe(OH)_3$ 胶体沉淀的出现及其比例随 pH 值的变化

（$[Fe^{3+}]_{TOT}=1.00mmol/L$，$[Cl^-]_{TOT}=3.00mmol/L$）

综合考虑溶液（沉钒废水）中钒的浓度及铁的浓度，沉钒废水硫酸铁沉钒（实现钒、铬分离）的推荐工艺条件如下：采用间歇式反应器（带搅拌）；控制反应终点 pH 值为

4.5~5.5（向废水中加入硫酸铁并搅拌均匀、5min 之后再将沉淀反应终点 pH 值调控到 5 左右）；$n(Fe)/n(V) = 14 \sim 15$；温度为 60~80℃；沉淀反应完毕后是否加入絮凝剂 PAM 助沉由试验确定；压滤后对滤饼在线洗涤。

国内骨干钒企业采用钒酸铁沉淀法处理沉钒废水，钒的工序回收率为 80%~90%；"钒酸铁"回收品的 V_2O_5 含量范围一般在 8%~17%，Fe_2O_3 含量范围一般在 32%~43%，经济、环境效益显著。

B 还原沉铬

沉钒废水经过三价铁盐沉钒处理之后转化为含铬废水（Cr^{6+} 含量一般在 100~1500mg/L）。根据表 17-44，含铬废水虽然有多种处理方法可供选择，但由于沉钒废水还伴存有高浓度的氨氮与钠盐，目前只有还原-沉淀法与离子交换法被行业采用。在工业流

表 17-44 当前 Cr(Ⅵ) 废水处理技术优缺点一览表

技术种类	基本原理	优 点	缺 点
还原-沉淀	化学或电化学还原+碱（调 pH 值）形成沉淀	操作简单、易控，适合混合型废水	效率低、产生大量铬污泥，沉淀剂有残留
吸附	吸附剂的表面特性	效率高、出水水质好	吸附速率慢，饱和吸附剂难再生（二次污染）
离子交换	树脂中的活性基团与溶液中的离子选择性交换	适于低浓度（Cr^{6+}）废水，出水水质好，可将 Cr(Ⅵ) 富集回收	需多种化学药剂洗脱、再生，操作复杂
反渗透	力差驱动的膜分离	能浓缩回收 Cr(Ⅵ)	浓缩比不高，不适于低 Cr(Ⅵ) 浓度废水
电渗析	电势差驱动的膜分离	可回收高浓度铬酸，可去除杂质离子	能耗较高，不适于低 Cr(Ⅵ) 浓度废水

程中，国内骨干钒化企业目前均采用先还原（将 Cr^{6+} 还原为 Cr^{3+}）、再沉铬（将 Cr^{3+} 转化为 $Cr(OH)_3$）的处理方式将废水中的铬富集、分离、回收利用。

由图 17-46 可知，Cr(Ⅵ) 离子在水中主要有三种形态，即 $HCrO_4^-$、CrO_4^{2-}、$Cr_2O_7^{2-}$；在酸性及低 Cr(Ⅵ) 浓度条件下，Cr(Ⅵ) 离子的主要形态是 $HCrO_4^-$。在酸性水溶液中，如果 Cr(Ⅵ) 的总浓度较高（≥1g/L），$Cr_2O_7^{2-}$ 成为主导形态。当溶液为中性或碱性时，CrO_4^{2-} 是优势 Cr(Ⅵ) 离子。Cr(Ⅵ) 在水中的电离反应及其平衡常数见表 17-45。

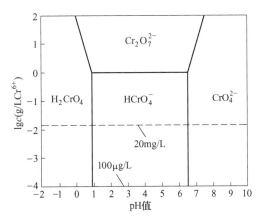

图 17-46 不同 pH 值及 Cr(Ⅵ) 浓度下水溶液中 Cr(Ⅵ) 离子形态分布

表 17-45　Cr(Ⅵ) 在水中的电离反应及其平衡常数

反 应 式	$\lg K(25℃)$
$H_2CrO_4 \rightleftharpoons H^+ + HCrO_4^-$	-0.8
$HCrO_4^- \rightleftharpoons H^+ + CrO_4^{2-}$	-6.5
$2HCrO_4^- \rightleftharpoons H_2O + Cr_2O_7^{2-}$	1.52

由于二价铁盐硫酸亚铁还原处理含铬废水所产生的污泥量是亚硫酸盐的数倍，"铬泥"产物中铁含量的增加非常不利于回收"铬泥"中 Cr_2O_3 品位及产品价值的提升；因此，在实际生产中含铬废水的还原均采用亚硫酸盐或二氧化硫做还原剂。

河钢承钢及原锦州铁合金厂采用 SO_2 做还原剂处理含铬废水，其还原反应式为：

$$3SO_2 + 2H^+ + Cr_2O_7^{2-} === 3SO_4^{2-} + 2Cr^{3+} + H_2O \qquad (17-9)$$

由硫黄炉（见图 17-47）氧化燃烧产生的气体 SO_2 经文丘里式吸收塔负压连续吸入，与同期进入该吸收塔的含铬（Cr^{6+}）废水充分接触、完成反应（17-9）、吸收塔溢流液加碱液连续中和，进入 $Cr(OH)_3$ 浓密池完成"铬泥"的析出沉降，底浆"铬泥"由厢式板框压滤机过滤回收。

图 17-47　气体 SO_2 燃烧发生器——硫黄炉

采用 SO_2 做还原剂处理含铬废水的特点是还原反应迅速、彻底、运行费用较低、不引入钠盐，过程连续易实现自动控制，还原、沉铬现场可无人值守；不足之处是硫黄炉、吸收塔建设需要专项投入，废水 Cr^{6+} 含量范围需稳定，现场易有 SO_2 尾气泄漏。

采用亚硫酸盐做含铬（Cr^{6+}）废水的还原剂时，常用的还原剂主要是亚硫酸氢钠、亚硫酸钠和焦亚硫酸钠，三种不同的还原剂与 Cr(Ⅵ) 作用的化学反应式如下：

$$2H_2Cr_2O_7 + 6NaHSO_3 + 3H_2SO_4 \longrightarrow 2Cr_2(SO_4)_3 + 3Na_2SO_4 + 8H_2O \qquad (17-10)$$
$$H_2Cr_2O_7 + 3Na_2SO_3 + 3H_2SO_4 \longrightarrow Cr_2(SO)_3 + 3Na_2SO_4 + 4H_2O \qquad (17-11)$$
$$2H_2Cr_2O_7 + 3Na_2S_2O_5 + 3H_2SO_4 \longrightarrow 2Cr_2(SO_4)_3 + 3Na_2SO_4 + 5H_2O \qquad (17-12)$$

根据图 17-48，三种还原剂在理论加入质量条件下，当 pH<4.0 时，$NaHSO_3$ 的还原效果优于 Na_2SO_3；当 pH>4.0 时，Na_2SO_3 的还原效果优于 $NaHSO_3$；在 pH=1~7 时，$Na_2S_2O_5$ 的还原效果优于 $NaHSO_3$ 及 Na_2SO_3，反应后水样中的 Cr(Ⅵ) 都低于污水排放标准。

根据图 17-49，随着反应时间的增加，$NaHSO_3$ 及 Na_2SO_3 处理含铬废水的效果没有明显的变化，而 Na_2SO_3 的处理效果随反应时间增加明显下降；从处理效果看，$Na_2S_2O_5$ 的处理效果明显优于其他两种药剂，当 $Na_2S_2O_5$ 的反应时间为 2min 时，反应后水样中的 Cr(Ⅵ)已经低于国家规定的排放标准，说明其反应时间对处理效果影响不大，即 $Na_2S_2O_5$ 还原 Cr(Ⅵ) 的速度很快。而 $NaHSO_3$ 和 Na_2SO_3 在实验反应时间内 Cr(Ⅵ) 仍略有超标，需补加少量还原剂后才能达到国家规定的排放标准。

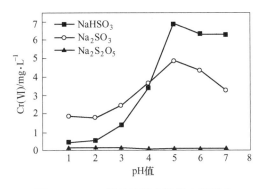
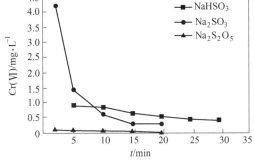

图 17-48　pH 值对处理含铬废水的影响　　　图 17-49　反应时间对处理含铬废水的影响

对于沉钒废水处理，由于沉钒后的含铬废水的 pH 值在 5~6，综合对三种亚硫酸盐还原效果的上述分析，采用 $Na_2S_2O_5$ 做还原剂效果最佳。经攀钢、成渝钒钛等大型钒企沉钒废水处理的运行实践，证明采用 $Na_2S_2O_5$ 做含铬废水的还原剂，其技术及经济运行指标效果优异。

根据亚硫酸盐还原法处理含铬废水标准《电镀废水治理工程技术规范》（HJ 2002—2010）规定，用亚硫酸盐还原法处理含铬废水，宜采用图 17-50 所示的基本工艺流程。

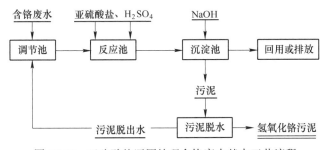

图 17-50　亚硫酸盐还原处理含铬废水基本工艺流程

用亚硫酸盐还原法处理含铬废水应满足的技术条件和要求：（1）可采用间歇式及连续式处理，采用间歇式处理时，调节池容积应按每小时废水流量的 4~8h 计算；采用连续式处理时，可适当减小调节池容量，并设置自动检测及投药装置；（2）亚硫酸盐宜选用亚硫酸氢钠、亚硫酸钠、焦亚硫酸钠等；（3）进水 pH 值宜控制在 2.5~3.0，ORP 宜控制在 230~270mV；反应时间宜为 20~30min；（4）亚硫酸盐的投加量应通过试验确定，也可按表 17-46 给出的参考值选择。（5）废水经还原反应后，宜加碱（氢氧化钠）调废水 pH 值至 7~8，使三价铬沉淀，中和反应时间应大于 20min，中和反应后的沉淀时间宜为 1.0~1.5h。

含铬废水处理的工业流程设计可参照图 17-51。

表 17-46 亚硫酸盐与六价铬的投量比（质量比）

亚硫酸盐种类	理论值投量比	实际使用量
六价铬：亚硫酸氢钠	1：3	1：(4~5)
六价铬：亚硫酸钠	1：3.6	1：(4~5)
六价铬：焦亚硫酸钠	1：2.74	1：(3.5~4)

注：应对集水均衡浓度后进入反应池的废水先分析六价铬含量，再按焦亚硫酸钠与六价铬比值准确投药。若投药比过小，还原不充分，排水六价铬会超标；若投药比过大，一是浪费药料，二是废水 COD_{Cr} 易超标；若投药比大于8，还易形成 $[Cr_2(OH)_2SO_3]^{2+}$ 配合离子，加碱也难于沉淀去除，最终导致废水总铬超标。

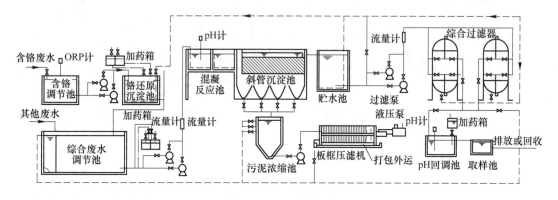

图 17-51 含铬废水处理的工艺流程

沉淀池是废水处理中的关键设备（见表 17-47），常规沉淀池有平流式沉淀池、辐流式沉淀池、竖流式沉淀池、斜管（板）式沉淀池等四种形式。对于沉钒废水沉淀池，在废水钒、铬分离之前的预处理阶段（由于细颗粒、浮游多，钒酸铵的延迟沉淀与再结晶情况存在）应选用平流式沉淀池做沉钒废水处理的预沉淀池。对于含铬废水，$Cr(OH)_3$ 沉淀宜选用能高效沉淀及可自动排泥的沉淀池。

表 17-47 各种沉淀池的特点及适用条件

池 型	优 点	缺 点	适用条件
平流式	(1) 沉淀效果好；(2) 对冲击负荷和温度变化适应能力较强；(3) 设计、施工简易；(4) 布局紧凑；(5) 排泥设备基本定型	(1) 配水不宜均匀；(2) 采用多抓斗排泥时，每个泥斗需单独设置排泥管各自排泥，操作量大，管理复杂；(3) 机械排泥设备复杂，对施工质量要求高	适用于大、中、小型污水处理
竖流式	(1) 排泥方便，管理简单；(2) 占地面积较小	(1) 池深大，施工困难；(2) 对冲击负荷和温度变化的适应能力较差；(3) 池径过大时影响布水均匀	适用于小型污水处理
辐流式	(1) 多为机械排泥，运行可靠，管理较简单；(2) 排泥设备基本定型	机械排泥设备复杂，对施工质量要求高	适用于小型污水处理
斜管(板)式	(1) 沉淀效率高；(2) 停留时间短；(3) 占地少	(1) 当固体泥量负荷过大时，处理效果不太稳定，耐冲击负荷能力较差；(2) 较易滋生菌藻、黏附，给维护管理带来困难	常用做初次沉淀池或扩能改造选用

采用碱中和沉淀回收铬反应：

$$Cr^{3+} + 3OH^- \longrightarrow Cr(OH)_3\downarrow \qquad (17\text{-}13)$$

$$Cr(OH)_3\downarrow + OH^- \longrightarrow Cr(OH)_4^- \qquad (17\text{-}14)$$

图 17-52 为铬的水系形态相图。

对于中和沉铬，要注意控制沉铬终点 pH 值稳定在 8~9 的范围为最佳，由反应（17-13）可知：Cr^{3+} 的沉淀析出（或水解析出）将要消耗水溶液中的 OH^-，将导致废水 pH 值降低，不补碱调整 pH 值就会致使 Cr^{3+} 的沉淀不完全；$Cr(OH)_3$ 属于两性氢氧化物，开始复溶的 pH>11.0（也有手册标为大于 9.0），因此，要注意控制沉铬终点 pH≤10。铬沉淀物在相同 pH 值条件下，加入混凝物助沉淀之后，其沉降速度可提高数倍以上。

国内采用亚硫酸盐或二氧化硫做还原剂+碱中和处理含铬废水的生产企业，其回收品"铬泥饼"中的 Cr_2O_3 含量以一般在 40%~60%，出售给铬化工企业做生产原料。

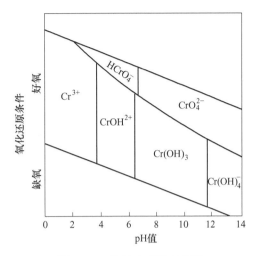

图 17-52　铬的水系形态相图

C　含铬废水铬回收品利用

（1）作铬化工原料。将"铬泥"回收品直接出售给铬化工企业做生产原料（示范企业：四川川威集团成渝钒钛成渝钒钛科技有限公司）。我国铬资源的对外依存度高达 90%，"铬泥"回收品对铬化工行业是一种易加工利用的宝贵原料。

（2）作"制革"化学品——碱式硫酸铬的生产原料。在皮革工业制造中，制革最常用的鞣剂是三价铬盐，三价铬是目前鞣制剂的主要成分；鞣革的作用就是鞣剂与胶原蛋白废水反应，使动物皮的机械性能得到改善，并能够防止皮革制品微生物的生长，起到防腐抗菌作用。

东北大学与阜新安兴科技有限公司联合开发出利用沉钒废水生产钒酸铁及制革化学品——碱式硫酸铬的生产工艺（见图 17-53），将沉钒废水中的铬盐直接转化为皮革加工行业使用的鞣革剂-碱式硫酸铬产品，并已完成工业试验及产品应用检验，流程指标测算显示出明显的经济效益。

（3）炼钢合金化应用。将回收品"铬泥"烘干压制成球，利用"铬泥"部分替代外购铬铁合金，作为含钒高强抗震钢筋合金添加剂组分，采用直接合金技术用于炼钢生产高强钢筋坯料（见图 17-54），每年可以降低炼钢成本数百万元。示范企业有河钢承钢等。

17.4.3.2　沉钒废水中氨氮资源化利用技术

沉钒废水中的氨氮是以 NH_4^+ 离子形态存在，是钒酸铵沉钒过程中所加入的过量无机铵盐的余留产物，其剩余浓度在 2500~4000mg/L，属于高浓度工业氨氮废水。根据表 17-33，在众多氨氮废水的处理方法之中，对于高浓度的工业氨氮废水的处理方法常采用吹脱法、化学沉淀法、气态膜法脱氨技术，如图 17-55 所示。

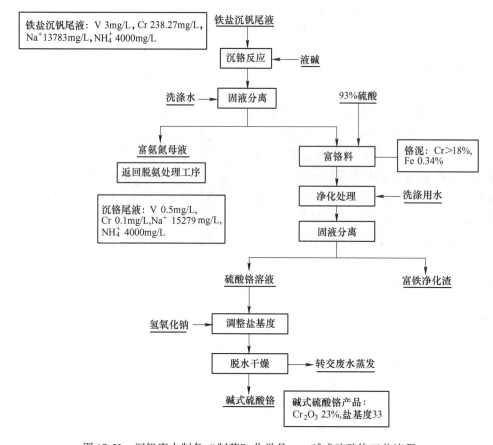

图 17-53   沉钒废水制备"制革"化学品——碱式硫酸铬工艺流程

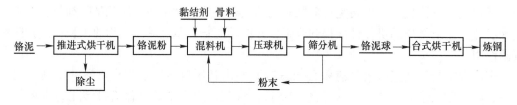

图 17-54   "铬泥"炼钢回用工艺流程

由于沉钒废水属于危险化学品生产废水，如采用化学沉淀法去除氨氮，其产出的沉淀化学产品需要经过严格检控及国家权威认证才能作为商品外售，并且化学沉淀所外加的化学药剂对沉钒废水后续的钠盐回收也会产生不利影响，因此，工业沉钒废水的氨氮处理基本上都采用吹脱法，并且以蒸汽吹脱为主。气态膜法脱氨技术是发展前景非常好的新型绿色脱氨技术，氨氮废水处理浓度上限已达到 35000mg/L，并可实现常温深度脱氨，目前在沉钒废水的氨氮处理中用于吹脱法脱氨的配套技术使用。

虽然蒸汽吹脱法处理沉钒废水可以有效脱除废水中的氨氮并将其绝大部分回收利用，但其运行成本很高，由于回收品无机铵盐的价值所限，一般情况下，只有当来水中的氨氮含量在 10000mg/L 以上时，汽提工艺才能形成处理效益。因此，沉钒废水脱除氨氮的处

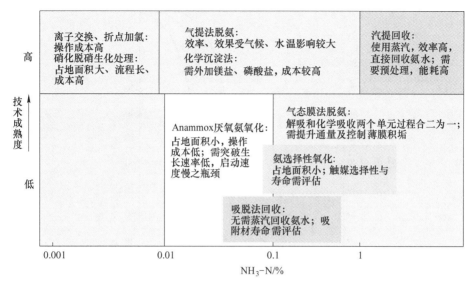

图 17-55 废水中氨氮浓度与处理回收技术分布

理过程并不像钒、铬回收那样具有经济效益产出，往往只是为了下一步的钠盐商品化回收打好基础。

A 吹脱法工艺原理简述

吹脱法的基本原理是气液相平衡和传质速度理论，是利用废水中所含的氨氮等挥发性物质的实际浓度与平衡浓度之间存在的差异，在碱性条件下使用空气吹脱。在吹脱过程中不断排出气体，改变了气相中的氨气浓度，从而使其实际浓度始终小于该条件下的平衡浓度，最终使废水中溶解的氨不断穿过气液界面，使废水中的 NH_3-N 得以脱除，常以空气作为载体。氨吹脱是一个传质过程，推动力来自空气中氨的分压与废水中氨浓度相当的平衡分压之间的差，气体组分在液面的分压和液体内的浓度符合亨利定理，即成正比关系。此法也叫氨解析法，解析速率与温度、气液比有关。

水中的无机氨 NH_3-N 通常以铵离子（NH_4^+）和游离氨（NH_3）两种形态平衡存在：

$$NH_4^+ + OH^- \Longleftrightarrow NH_3 \uparrow + H_2O \tag{17-15}$$

水中 NH_3 和氨氮的关系式为：

$$[NH_3] = \frac{[NH_3 + NH_4^+]}{1 + \dfrac{[H^+]}{K_a}} = \frac{[NH_3 + NH_4^+]}{1 + 10^{pK_a - pH}} \tag{17-16}$$

氨与氨离子之间的分配率可用下式进行计算：

$$K_a = K_w / K_b = (c_{NH_3} c_{H^+}) / c_{NH_4^+} \tag{17-17}$$

$$K_b = \frac{[NH_4^+][OH^-]}{[NH_3]} = 1.8 \times 10^{-5} (25℃) \tag{17-18}$$

式中，K_a 为氨离子的电离常数；K_w 为水的电离常数；K_b 为氨水的电离常数；c 为物质浓度。

图 17-56 为不同 pH 值与温度下 NH_4^+ 与自由 NH_3 分配比例关系。

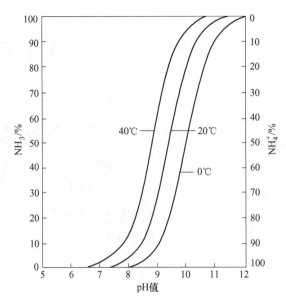

图 17-56　不同 pH 值与温度下 NH_4^+ 与自由 NH_3 分配比例

　　从图 17-56 可知，当 pH 值为中性时，NH_3-N 主要以铵离子（NH_4^+）形式存在，当 pH 值为碱性时 NH_3-N 主要以游离氨（NH_3）状态存在；水中 NH_3 占总氨氮（$NH_4^+ + NH_3$）的比值，主要以水溶液的 pH 值以及温度影响最大。通常来说，pH 值越高、温度越高则氨 NH_3 占的比例就会越高，如 pH 值为 11、水温为 20℃ 时，其分子氨的比例可达 99% 以上。因此，在室温条件下调整 pH 值 在 11 以上，水中的 NH_4^+ 就基本转化为游离氨（NH_3），这时就已具备将氨从液相转移至气相基本条件，通过吹脱等手段就可以达到去除水溶液中氨氮的目的。

　　吹脱法是在废水中加入碱，将废水 pH 值调节至碱性，使水中的 NH_4^+ 转化为 NH_3，然后通入空气或蒸汽进行解吸，将水中的 NH_3 转化为气相，从而将 NH_3-N 从水中去除。常用空气或水蒸气作载气，前者称为空气吹脱，后者称为蒸汽吹脱（汽提法）。汽提法工作原理与吹脱法相同，只是使用的介质不同。汽提法使用的介质是水蒸气，载气与废水充分接触，可通过温升与吹脱的协同作用促使废水中的溶解性气体和某些挥发性物质更充分的向气相转移，从而达到脱除水中 NH_3-N 等污染物的目的。

　　B　汽提法脱 NH_3-N 工艺技术与装备

　　吹脱法一般采用吹脱池（也称曝气池，占地面积大，而且易污染周围环境）和吹脱塔两类设备。有毒及可回收气体的吹脱都采用塔式设备，塔式设备是目前吹脱法脱氨的核心装置，它基本采用填料吹脱塔及板式塔两种装备形式。

　　（1）填料吹脱塔是在塔内设置有 N 层设定高度的填料层，常用的填料有瓷质蜂窝、拉西环、聚丙烯鲍尔环、聚烯多面空心球等。废水从塔顶喷下沿填料表面下行流动，气（汽）体由塔底鼓入，呈连续相由下而上同废水逆流接触。填料塔具有生产能力大、分离效率高、压降小、持液量少和操作弹性大等优点。

　　（2）板式塔根据塔板结构不同又分为：泡罩塔、浮阀塔、筛板塔。板式塔的效率比填料塔高，塔内安装一定数量的塔板，废水与空气在塔板上相互接触并传质。塔内气相和液相的氨氮组成沿塔高呈阶梯变化。板式塔的处理能力较大、塔板效率稳定、操作弹性大，且造价低，检修、清洗方便，工业上应用较为广泛。表 17-48 为吹脱塔设计计算公式。

表 17-48　吹脱塔设计计算公式

名　　称	公　　式	符　号　说　明
吹脱塔的气液比	$$\left(\frac{G}{L}\right)_{\min} = \frac{X_1 - X_2}{Y_2 - Y_1}$$ $$\frac{G}{L} = (1.1 \sim 2) \times \left(\frac{G}{L}\right)_{\min}$$	X_1——进水氨氮含量，mg/L； X_2——出水氨氮含量，mg/L；
理论板数	$$A = \frac{L}{mG}$$ $$\frac{X_1 - X_2}{X_1 - 0} = \frac{S^{N+1} - S}{S^{N+1} - 1}$$	Y_1——进入空气的量； Y_2——吹脱后空气的量，mg； L——液体流量，m³/s； A——吸收因子； N——理论板数；
吹脱塔有效高度	$$E_T = 0.17 - 0.616\lg\mu$$ $$N = \frac{N_T}{E_T}$$	μ——液体的摩尔黏度

汽提法是利用蒸汽与废水接触，将废水中游离氨蒸馏出来，以达到去除氨氮的目的。当向废水中通入蒸汽时，蒸汽与废水在填料表面上逆流接触进行热、质交换，当废水的蒸汽压超过外界压力时，废水开始沸腾，氨加速转入气相，废水中的氨不断向气泡内蒸发扩散，当气泡上升到液面时，破裂释放出其中的氨，大量的气泡扩大了蒸发表面，强化了传质过程。由于通入的蒸汽升高了废水的温度，使得氨分子易于脱除。

汽提脱氨的简易过程是：废水（加碱调高 pH 值）被提升到塔顶，经布水器分布到填料（塔板）的各个表面、回转下行，与上行气流逆向交流；废水在离开塔前，氨组分被梯次汽提（但需保持水相的 pH 值不降低）；气相中氨的分压随氨的脱除程度增大而增加，随气（汽）水比增大而减少。在正常作业状态下，影响吹脱装置氨氮脱除率主要因素是：废水 pH 值、吹脱温度、气（汽）液比、吹脱水位深度、吹脱时间等。

相关研究表明：（1）吹脱法氨氮脱除率随废水 pH 值的增大而增大，最适宜的废水 pH 值为 11 左右；（2）吹脱温度越高，则氨氮脱除率越高，通过提高吹脱温度也可以缩短吹脱时间。废水初始 pH 值越低，则吹脱温度对氨氮脱除率的影响越显著，吹脱温度在 20~40℃时，氨氮脱除率增加的幅度较大，但当温度超过 40℃时，氨氮脱除率增加的幅度较小；（3）对于浓度、种类不同的废水，不同的汽提塔选择恰当的气液比，增加气液界面的表面张力，是提高氨氮脱除率的重要途径；（4）随吹脱时间的延长，则出水氨氮质量浓度降低。但吹脱时间与废水 pH 值、吹脱温度、气液比等因素相互关联，在最佳的废水 pH 值、吹脱温度、气液比条件下，可缩短吹脱时间。吹脱时间还与采用的塔形、填料、装置设计的合理性等有关。

汽提法脱 NH_3-N 工艺具有流程简单、实用性强、可处理连续排放的氨氮废水、氨氮处理浓度范围宽（1000~70000mg/L）、处理效果稳定（对高浓度氨氮废水经汽提法脱

NH$_3$-N 工艺一次性处理后，其出水 NH$_3$-N≤15mg/L，甚至低到 5~10mg/L）、基建费和运行费较低等优点。其缺点是：进、出水均需要调整 pH 值；吹脱出的氨气如果没有酸性吸收，不但收率降低而且还会因氨气溢出引起二次污染；易在汽提塔设备及管路中生成水垢。浊度大、硬度高的废水在工业规模的氨吹脱汽提塔中形成水垢是一个非常严重的作业事件。尤其是在填料层生成水垢，无论其是软质水垢还是硬质水垢，轻则使脱氨效率、效果大幅降低，重则需要停产清理、更换填料、塔件及管路，并且现场清理作业极其困难。另外，汽提法脱 NH$_3$-N 工艺根据回收产品不同分为氨水回收流程（见图 17-57，回收氨水浓度为 15%~22%）与铵盐回收流程（见图 17-58）。为了提高 NH$_3$-N 回收率、防止二次污染，沉钒废水的汽提脱氨均选择铵盐回收流程。

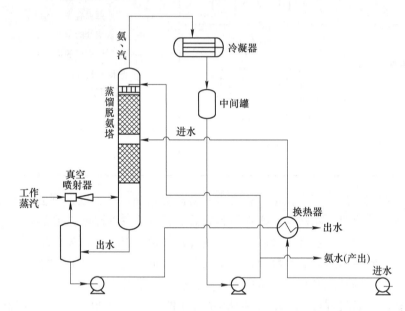

图 17-57 汽提法脱 NH$_3$-N 回收氨水工艺流程

针对吹脱流程中的上述问题，沉钒废水汽提脱氨时要对进水进行预处理（降低浊度、硬度）；碱源禁用石灰，选择 NaOH 做废水 pH 值调整药剂；吹脱出的氨气采用稀硫酸做吸收介质（产品硫酸铵溶液回用于化产沉钒工序使用）。

国内北方某大型钢铁钒钛联合企业于 2013 年建设投产一套沉钒废水汽提脱氨-铵盐回收项目，其进塔脱氨废水为沉钒废水经铁盐沉钒、二氧化硫还原+液碱调 pH 值沉铬后的高氨氮、高钠盐废水。项目投产之后几经改造，装置至 2020 年仍在产线使用（出水 NH$_3$-N 浓度不高于 40mg/L，回收硫酸铵产品浓度为 20%~25%）。该项目汽提脱 NH$_3$-N 回收铵盐工艺流程如图 17-58 所示，项目主要设计参数、主要设备规格、型号见表 17-49。

工艺流程说明：废水由泵提升至管道混合器，同时加液碱使废水 pH 值在 12 以上，进预热器后进入汽提脱氨塔。汽提脱氨塔采用常压操作，操作温度 110℃；利用蒸汽循环工艺对含氨废水进行汽提脱氨。在汽提脱氨塔内含氨废水向下流动，与来自塔底循环蒸汽及补充蒸汽逆流接触，使水相中的氨含量自上而下逐次降低，最终在塔内汽提段底部得到氨含量不大于 10mg/L 的达标脱氨水；该脱氨废水自塔釜液排出，并经与汽提塔进口废水换热后排出脱氨系统;气相中的氨含量自下而上逐次升高,最终在汽提脱氨塔顶部排出,排出的高含量氨蒸汽经过蒸汽循环风机送入氨气吸收塔的底部,与塔内喷淋下行的稀硫酸逆流接触反应生成硫酸铵水溶液;脱氨净化后的蒸汽由吸收塔塔顶排出,被送回汽提脱氨塔循环使用。氨气吸收塔产生的硫酸铵溶液(达到规定浓度后)被送到钒厂沉钒工序生产使用。

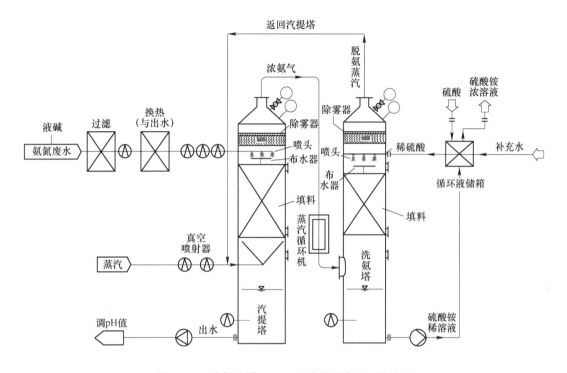

图 17-58 汽提法脱 NH_3-N 回收铵盐溶液工艺流程

表 17-49 某大型钒厂汽提法脱 NH_3-N 项目主要设计参数及主要设备规格型号

主要设计参数	主要设备规格、型号
(1) 废水处理量:≥120m³/h; (2) 脱氨后废水:氨氮浓度<10mg/L,SS<50mg/L,pH=6~9; (3) 吨(废)水蒸气消耗≤100kg,吨(废)水综合能耗≤13.75kgce; (4) 系统氨回收率≥98%,副产硫酸铵溶液浓度 25%~30%; (5) 汽提脱氨塔、氨吸收塔使用寿命≥10 年;换热器使用寿命≥3 年; (6) 工作蒸汽压力 0.5MPa±0.1MPa,温度 120~150℃,总装机功率≤600kW·h	(1) 汽提脱氨塔设计塔高 64m,塔直径 3m,3 段填料(每段填料高 15m),塔身内衬采用 316L 不锈钢(厚度不小于 3mm)材质,外壳采用强度符合要求的碳钢材料; (2) 氨吸收塔设计塔高 45m,塔直径 3m,2 段填料(每段填料高 15m),塔身内衬采用 316L 不锈钢(厚度不小于 3mm)材质,外壳采用强度符合要求的碳钢材料; (3) 增压风机型号 YGXH120-110,316L 不锈钢材质(电机除外); (4) 蒸汽再沸器:换热面积≥400m²,预热器:换热面积≥180m²,316L 不锈钢材质; (5) 纤维球过滤器(两台),单台处理能力 130m³/h,钢制罐体内喷涂钛防腐涂层

图 17-59 为 H_2O-$(NH_4)_2SO_4$ 相图。

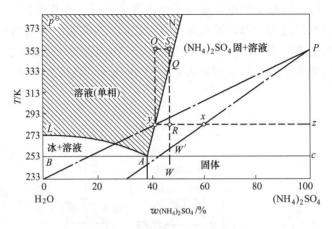

图 17-59　H_2O-$(NH_4)_2SO_4$ 相图

　　该项目装置在正常状态下可以达到设计指标，但存在的主要问题是：（1）纤维球过滤器选型错误，不能在线实现清洗、排污，使过滤器常被堵塞停用；（2）汽提脱氨塔结垢严重，需定期停产清理、更换填料（清理作业极其困难）；（3）吸收塔金属塔身及塔件被酸性吸收液腐蚀，需定期更换。表 17-50 为商品汽提法脱 NH_3-N 装置设计参数情况。

表 17-50　商品汽提法脱 NH_3-N 装置主要设计参数一览表

处理量 /$m^3 \cdot h^{-1}$	装置占地面积 /m×m	进水 NH_3-N 浓度/mg·L^{-1}	出水 NH_3-N 浓度/mg·L^{-1}	氨水法 NH_3 回收率/%	氨水浓度 /%	铵盐法 NH_3 回收率/%
1~2	4.0×4.0	≤70000	≤15	75~95	15~22	95~98
4~6	8.0×8.0	≤70000	≤15	75~95	15~22	95~98
8~10	12.0×8.0	≤70000	≤15	75~95	15~22	95~98
15~20	14.0×12.0	≤70000	≤15	75~95	15~22	95~98
30~40	20.0×16.0	≤70000	≤15	75~95	15~22	95~98
40~50	20.0×18.0	≤70000	≤15	75~95	15~22	95~98

　　图 17-60 为某企业高效内循环氨氮吹脱塔（塔板）+洗氨塔装置。其特点是氨氮废水（物料）在一定温度、pH 值条件下，由塔顶进水，空气由下部进入，通过多级 Z 型曲叠式塔板喷射、高频空化作用，使游离氨从废水中遂层分离出来（一次处理，出水 NH_3-N≤60mg/L）。溢出氨气经多级酸洗吸收，回收铵盐副产品，净化气体从高空排放。

　　Z 型专用曲叠式塔板在空气动力作用下使废水中的游离氨进入气相，单级氨氮处理率达 90%~95%；装置模块化管理，方便操作、维护及系统管理。吹脱出的氨气进入回收塔，可回收氯化铵、硫酸铵等铵盐副产品。整套吹脱工艺气水逆向接触运行，进水到出水只需几分钟，氨氮去除率稳定，连续进水，无须回流和循环。

　　采用 Z 型曲叠式塔板代替填料，喷射效果好，气水接触比表面积增加，气水比低（1000 : 1），蒸汽用量 20~40kg/t，节省动能（吨水电耗不高于 4.5kW/t），大大降低运行费用。塔板采用不锈钢材质经防垢处理，耐腐蚀、不结垢、无须维护，可使用 15 年以上。

采用横向瀑布式布水代替喷嘴或穿孔布水，使布水更均匀，从而解决堵塞和结垢问题，无须进塔维修或更换部件保证运行效率稳定。

图 17-60 高效内循环氨氮吹脱塔（塔板）+洗氨塔装置

C 气态膜法脱氨技术原理与装备

气态膜法脱氨是 20 世纪 80 年代末期开发出的新型绿色脱氨技术，其原理是利用耐酸、碱疏水微孔膜分隔含氨水溶液（料液或废水）和酸吸收液，其脱氨过程是料液或废水（调节料液 pH 值使料液中的 NH_3-N 处于游离态 NH_3）中挥发性的 NH_3 分子从水相中扩散至料液-膜界面，再气化扩散通过微孔至膜-酸性吸收液界面并反应（与氢离子）、快速不可逆生成不挥发性 NH_4^+ 离子并溶解进入吸收液完成脱除。

该膜法过程将氨的解吸和化学吸收两个单元过程合二为一，直接用酸碱中和的化学位做推动力，而且由于膜的吸收侧游离氨的浓度近乎为零，提供了脱氨过程的最大推动力，因而使得该脱氨过程（在近常温下运行）常无需热能消耗、无需空气循环的电力，只需消耗少量电力使料液或废水流通过膜组件，因而大大减化流程配置与操作费用。该膜法过程提供了最大的（氨）浓差推动力，使其可以更容易通过配置设计把废水中的氨氮降至国家二级排放标准甚至一级排放标准以下，实现深度、高效、零放散脱氨。

气态膜法脱氨传质机理（见图 17-61）包括以下几步：（1）NH_3 在浓度差推动下由管程中料液主体经浓度边界层向微孔膜壁传递；（2）NH_3 在气-液界面处挥发；（3）气态 NH_3 在料液侧膜壁微孔内扩散；（4）NH_3 在壳侧停滞空气层内横向扩散；（5）NH_3 在吸收液侧膜壁微孔内扩散；（6）NH_3 进入吸收液侧被酸不可逆吸收。

经过对膜吸收法中膜的渗漏问题研究发现，料液中较高的氨氮和盐量能有效抑制水的渗透蒸馏通量。在影响整个脱氨过程众多因素中，同传统的单膜组件类似，温度仍然是主要影响因素，K、K_M、K_L 及 R 均随温度的升高显著增加，温度通过影响料液扩散系数、溶解度及溶液黏度左右 K_L 的大小；在膜及组件确定的条件下，K_M 也仅是温度的函数，当温度为 50℃时单次脱除率最大可达 95% 以上；在双膜组件传质过程中，膜侧总传质阻力占主要部分，因此总传质系数与膜侧传质系数相接近。实验数据表明，料液初始浓度基本对传质无影响，且当使用的膜丝足够细而且膜组件足够长时，料液流速也基本对传质无影响；相同条件下双膜组件减少渗透蒸馏对副产品铵盐的稀释，所得副产物硫酸铵浓度较

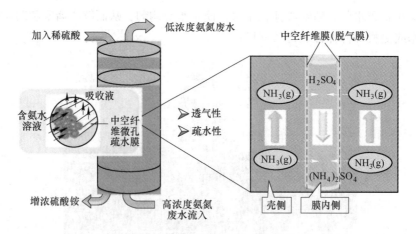

图 17-61 气态膜法脱氨技术原理

单膜组件高约 29%，其长期操作稳定性也提高 20 倍以上，提高了膜接触器使用寿命，从而把膜接触器大规模工业化应用明显地向前推进。

气态膜脱氨技术可将工业废水中氨氮从 100~30000mg/L 脱除至 15mg/L 甚至 3mg/L 以下。该技术现已规模化应用于制药、精细化工、冶金、垃圾渗滤液、电池材料、热电厂等行业的氨氮废水处理当中。其特点为：氨氮脱除、分离效率高，国产化的 PP、PTFE 中空纤维微孔疏水膜组件，传质系数高、比表面积高，过程推动力大；近常压操作，过程能耗低，扩散与吸收过程连续，解析与吸收在膜的两侧同时完成，一个膜组件相当于解吸和吸收两个塔，相应地省去了吹脱用电力和汽提用蒸汽的消耗，能耗降低约 95%；操作费用少，可采用石灰法调节料液 pH 值，节省约 2/3 药剂费用；氨回收产品品质高、种类多（副产品铵盐的质量浓度可达 25%~35%），硫酸铵、氯化铵、硝酸铵、磷酸氢二铵、氨水等可根据企业需求定制设计；应用范围广，已形成一系列经济有效的预处理技术，可应用于多种行业含氨氮废水处理；传质面积大，反应不可逆，没有雾沫夹带、液泛、沟流、鼓泡等现象发生；过程清洁、无二次污染，膜组件与装置是封闭体系，可保证系统无氨气泄漏，避免了料液中有毒有害气体与大量空气接触，氨回收率最高；模块化设计，移动、扩容方便，装置操作弹性大（膜设备出水的氨氮浓度随废水温度、进口氨氮浓度以及废水流量的波动变化相对较小），工程易放大。

当要求的副产物为铵盐时，膜法处理每立方米废水的投资成本为 0.3~0.6 万元，电耗小于 1kW·h，而传统吹脱-吸收的电耗为 15~45kW·h；当副产物为氨水时，膜法处理每立方米废水的投资成本为 0.6~1.2 万元，蒸汽消耗小于 0.06t 甚至小于 0.04t，而传统汽提（精馏）的汽耗为 0.12~0.18t。气态膜法用于废水中氨氮的脱除回收，具有良好的环保和经济效益。

17.4.3.3 沉钒废水中"钠盐"资源化利用技术

A 沉钒废水中可回收的资源

沉钒废水中"钠盐"处理与利用是整个钒渣钠化提钒工艺是否能够实现可持续发展的最重要环节。之前，沉钒废水的钒、铬回收与脱氨处理，除了其各自的工序功能之外，主要目的都是为下一步废水中"钠盐"的资源化利用打好基础、做好预处理。

表 17-51 为某钒厂除铬、脱氨前后废水主要成分。参照表 17-51 可知，沉钒废水经过脱钒、脱铬、脱氨处理之后，废水中可主要回收利用 4 种资源：

（1）反渗透产出中水。依据设计处理水量计算，反渗透产出中水（含盐总量不高于 500mg/L）可直接回用于提钒流程做生产补充用水，产水量一般占废水处理量的 30%~45%。

（2）废水蒸发冷凝水。是由废水蒸发器产出的蒸发冷凝水，水质大大优于反渗透中水，产水量一般占废水处理量的 45%~55%。

（3）无水硫酸钠（元明粉）。由于市场竞争需要，由废水蒸发结晶产出的无水硫酸钠必须达到国家标准（GB/T 6009—2014）规定的 I 类硫酸钠质量指标（详见表 17-53），才能满足市场商品销售要求；根据国内目前钒行业生产情况，无水硫酸钠的产出量一般占钠盐回收总量的 70%~90%。

（4）工业盐。由废水蒸发结晶产出的工业盐，其商品质量按照国家标准 GB/T 5462—2015 中日晒工业盐质量指标控制（详见表 17-52）。由于工艺和生产原料配比的区别，现有产线的实产工业盐的氯化钠含量一般在 85%~96%，不达标的产出工业盐基本都返回本企业提钒产线，做焙烧钠盐添加剂资源化利用。根据国内目前钒行业生产情况，工业盐产出量一般占钠盐回收总量的 10%~30%。

表 17-51 某钒厂除铬、脱氨前后废水主要成分

项　目	单　位	处理前	处理后
pH 值	—	3.62	12.3
电导率	mS/cm	51.4	62.3
氯化物	mg/L	3800	3750
总硬度	mg/L	—	未检出
总碱度	mg/L	—	3125
硝酸根	mg/L	—	70
硫酸根	mg/L	28680	33640
氨氮	mg/L	2624	4.38
六价铬	mg/L	135	未检出
钠	mg/L	14500	17900

表 17-52 工业盐的理化指标

项　目	指　标								
	精制工业盐						日晒工业盐		
	工业干盐			工业湿盐					
	优级	一级	二级	优级	一级	二级	优级	一级	二级
氯化钠/g·100g⁻¹	≥99.1	≥98.5	≥97.5	≥96.0	≥95.0	≥93.3	≥96.2	≥94.80	≥92.00
水分/g·100g⁻¹	≤0.30	≤0.50	≤0.80	≤3.00	≤3.50	≤4.00	≤2.80	≤3.80	≤6.00
水不溶物/g·100g⁻¹	≤0.05	≤0.10	≤0.20	≤0.05	≤0.10	≤0.20	≤0.20	≤0.30	≤0.40

续表 17-52

项　　目	指　　标								
	精制工业盐						日晒工业盐		
	工业干盐			工业湿盐					
	优级	一级	二级	优级	一级	二级	优级	一级	二级
钙镁离子总量/g·100g^{-1}	≤0.25	≤0.40	≤0.60	≤0.30	≤0.50	≤0.70	≤0.30	≤0.40	≤0.60
硫酸根离子/g·100g^{-1}	≤0.30	≤0.50	≤0.90	≤0.50	≤0.70	≤1.00	≤0.50	≤0.70	≤1.00

国家标准 GB/T 6009—2014 中规定的无水硫酸钠产品技术要求见表 17-53。

表 17-53　工业无水硫酸钠技术要求

项　　目	指　　标					
	Ⅰ类		Ⅱ类		Ⅲ类	
	优等品	一等品	一等品	合格品	一等品	合格品
硫酸钠（Na$_2$SO$_4$）/%	≥99.6	≥99.0	≥98.0	≥97.0	≥95.0	≥92.0
水不溶物/%	≤0.005	≤0.05	≤0.10	≤0.20	—	—
钙和镁（以 Mg 计）/%	—	≤0.15	≤0.30	≤0.40	≤0.60	—
钙（Ca）/%	≤0.01	—	—	—	—	—
镁（Mg）/%	≤0.01	—	—	—	—	—
氯化物（以 Cl 计）/%	≤0.05	≤0.35	≤0.70	≤0.90	≤2.0	—
铁（Fe）/%	≤0.0005	≤0.002	≤0.010	≤0.040	—	—
水分/%	≤0.05	≤0.20	≤0.50	≤1.0	≤1.5	—
白度（R457）/%	≥88	≥82	≥82	—	—	—
pH 值（50g/L 水溶液，25℃）	6~8	—	—	—	—	—

钠化提钒采用废水蒸发工艺实现化产沉钒废水的零排放始于 20 世纪 60 年代中期，其发展历程见表 17-54。

表 17-54　钠化沉钒废水蒸发脱盐零排放发展历程

实施企业	预处理	零排放技术	起始时间	钠盐用途
德国 GFE 公司	SO$_2$ + NaOH	多效蒸发器	1965 年	硫酸钠，商品+回用
南非 Vantra	SO$_2$ + CaO	多效蒸发器	1975 年	硫酸钠，商品+回用
南非 Rhovan	SO$_2$ + CaO	多效蒸发器	1990 年	硫酸钠，商品+回用
鞍钢攀钢	Na$_2$S$_2$O$_5$ + NaOH	四效蒸发器	2005 年	混盐堆放
巴西 Largo Resources Ltd	SO$_2$ + CaO	MVR 蒸发器	2014 年	硫酸钠，商品+回用
攀枝花卓越钒业	FeSO$_4$ + NaOH 脱氨	MVR 蒸发器	2019 年	硫酸钠商品，NaCl 回用
河钢承钢	SO$_2$ + NaOH 脱氨	MVR 蒸发器	2020 年	硫酸钠商品，NaCl 回用

B　沉钒废水钠盐资源化利用技术原理与路线图

从表 17-54 可知，到目前为止，国内外钒产业实现钠化提钒沉钒废水零排放的关键措施和技术手段，就是将废水进行蒸发处理，通过蒸发脱水实现盐、水分离；通过废水预处理及结晶技术实现盐、硝分离，生产出商品级硫酸钠与氯化钠。

图 17-62 为钠化提钒沉钒废水钠盐资源化利用技术路线图。根据图 17-62，钠化提钒沉钒废水钠盐资源化利用工艺由废水预处理-盐硝分离-蒸发制盐等三部分构成。

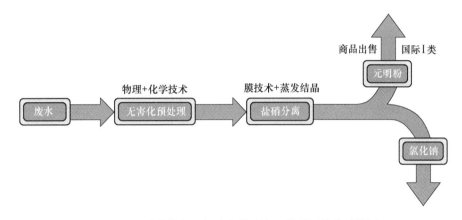

图 17-62　钠化提钒沉钒废水钠盐资源化利用技术路线图

图 17-63 为 Na_2SO_4-$NaCl$-H_2O 三元相图。

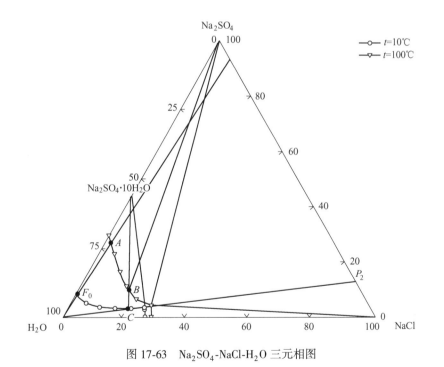

图 17-63　Na_2SO_4-$NaCl$-H_2O 三元相图

a　废水预处理

表 17-55 为某钒厂沉钒废水脱除钒、铬、氨氮后的理化指标，图 17-64 为工业沉钒废水蒸发脱水回收芒硝时杂质的变化。

表 17-55 某钒厂沉钒废水脱除钒、铬、氨氮后的理化指标

序 号	项 目	单 位	数 值
1	流量	m³/h	60
2	温度	℃	80
3	pH 值	—	7.79
4	电导率	μS/cm	73600
5	全盐量	mg/L	57000
6	化学需氧量	mg/L	276
7	五日生化需氧量	mg/L	52.8
8	二氧化硅	mg/L	42.8
9	硫酸盐	mg/L	33500
10	氯化物	mg/L	5220
11	氟化物	mg/L	1.30
12	硝酸盐（以 N 计）	mg/L	0.22
13	磷酸盐（以 PO_4^{3-} 计）	mg/L	4.84
14	钾	mg/L	161
15	钠	mg/L	17900
16	铝	mg/L	1.68
17	铁	mg/L	29.1
18	亚铁	mg/L	0.03
19	锰	mg/L	1.18
20	钡	mg/L	0.02
21	锶	mg/L	0.18
22	钒	mg/L	11.3
23	六价铬	mg/L	0.004
24	总铬	mg/L	146
25	总有机碳	mg/L	45.9
26	石油类	mg/L	0.04
27	动植物油	mg/L	0.68
28	甲基橙碱度	mg/L	178
29	酚酞碱度	mg/L	0
30	氨氮	mg/L	2.08
31	钙	mg/L	54.3
32	镁	mg/L	8.47

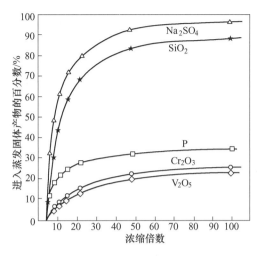

图 17-64 工业沉钒废水蒸发脱水回收芒硝时杂质的变化

由表 17-55 及图 17-64 可知，即使是脱除钒、铬、氨氮后的沉钒废水，除钠盐之外，其中仍然含有一定数量的铁、钙、镁、钒、铬（氢氧化铬悬浮物）、硅等杂质。对这些杂质如不进行深度脱除，其将随水的蒸发浓缩一同进入钠盐产品，导致钠盐质量不达标，不但不能形成商品出售，还将成为新的固废。因此，沉钒废水的预处理对废水中钠盐的商品化与资源化至关重要。

沉钒废水预处理的主要目的就是对废水中残留金属元素、SS、硬度等杂质污染物进一步去除，以保证后续钠盐产品质量达标及钠盐分离系统的稳定运行。

根据图 17-65 及表 17-55，脱氨废水预处理所选择的处理系统包含超滤系统、砂滤系统及树脂系统，脱氨出水进入砂滤系统，去除水中较大颗粒的悬浮物。随后出水进入超滤储水池，通过泵送至超滤装置中，通过超滤的过滤、拦截去除废水中的分散胶体、大分子有机物、SS 等污染物，超滤系统滤除收率约 90%。超滤出水通过树脂系统的交换、吸附能力去除废水中硬度及残留金属离子，使出水水质满足下道工序膜处理进水要求。

b 膜法盐硝分离

从表 17-55 可知，脱钒、脱铬、脱氨之后的沉钒废水基本上是由 Na_2SO_4（80%~90%）和 NaCl（10%~20%）组成的高钠盐废水（并且在各批次废水中 Na_2SO_4 与 NaCl 的构成比例波动较大）。根据图 17-64，在工业生产中要通过常规的蒸发结晶分离 Na_2SO_4 与 NaCl，分别得到商品高纯度 Na_2SO_4 与 NaCl 是极其困难和不经济的。

膜分离技术被称为"21 世纪的水处理技术"，随着科技进步，废水膜法分盐技术的应用与优势日益显现。膜是具有选择性分离功能的新材料，以膜为分离介质，通过在膜两边施加一个推动力（如浓度差、压力差或电位差）时，使溶液原料侧分组选择性的通过膜，以达到分离的目的。根据压差驱动膜分类或根据孔径大小及可通过溶质大小的不同，膜材料可分为微滤（MF）、超滤（UF）、纳滤（NF）和反渗透（RO）膜 4 种。

由膜制备的膜元件，其作用是用膜的选择性分离实现料液中不同组分的分离、纯化、浓缩。膜元件制作分为平板式、卷式、管式、中空纤维式 4 种。由若干膜元件与自控系统

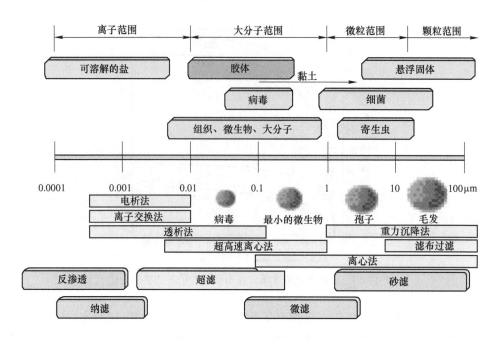

图 17-65　水预处理及过滤净化工艺选择—过滤方法图谱

组成的设备集合体为膜组件系统。膜组件及其系统是实现膜分离作用的主要载体。图 17-66 为 4 种主要的膜过滤工艺技术原理。

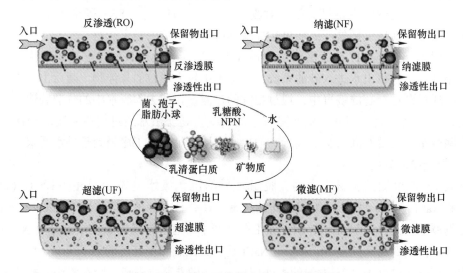

图 17-66　4 种主要的膜过滤工艺技术原理

膜及膜技术分类、功能、应用与技术特点优势见表 17-56～表 17-58。反渗透和纳滤是膜技术构成的核心，其原理与功能将在下文中做重点介绍。

　　c　反渗透和纳滤原理

渗透：指稀溶液中的溶剂（水分子）自发地透过半透膜（反渗透膜或纳滤膜）进入浓溶液（浓水）侧的溶剂（水分子）流动现象。

表 17-56 膜的分类、功能

微滤（MF）	微滤能截留 0.1~1μm 之间的颗粒，微滤膜允许大分子有机物和溶解性固体（无机盐）等通过，但能阻挡住悬浮物、细菌、部分病毒及大尺度的胶体的透过，微滤膜两侧的运行压差（有效推动力）一般为 70kPa
超滤（UF）	超滤能截留 0.002~0.1μm 之间的颗粒和杂质，超滤膜允许小分子物质和溶解性固体（无机盐）等通过，但将有效阻挡住胶体、蛋白质、微生物和大分子有机物，用于表征超滤膜的切割分子量一般介于 1000~100000 之间，超滤膜两侧的运行压差一般为 0.1~0.7MPa
纳滤（NF）	纳滤是一种特殊而又很有前途的分离膜品种，它因能截留物质的大小约为 1nm（0.001μm）而得名，纳滤的操作区间介于超滤和反渗透之间，它截留有机物的分子量为 200~400，截留溶解性盐的能力为 20%~98%，对单价阴离子盐溶液的脱除率低于高价阴离子盐溶液，如氯化钠及氯化钙的脱除率为 20%~80%，而硫酸镁及硫酸钠的脱除率为 90%~98%。纳滤膜一般用于去除地表水的有机物和色度，脱除井水的硬度及放射性镭，部分去除溶解性盐，浓缩食品以及分离药品中的有用物质等，纳滤膜运行压力一般为 0.35~1.6MPa
反渗透（RO）	反渗透是最精密的膜法液体分离技术，它能阻挡所有溶解性盐及分子量大于 100 的有机物，但允许水分子透过，醋酸纤维素反渗透膜脱盐率一般可大于 95%，反渗透复合膜脱盐率一般大于 98%。它们广泛用于海水及苦咸水淡化、锅炉给水、工业纯水及电子级超纯水制备，饮用纯净水生产，废水处理及特种分离等过程，在离子交换前使用反渗透可大幅度地降低操作费用和废水排放量。反渗透膜的运行压力当进水为苦咸水时一般大于 0.5MPa，当进水为海水时，一般低于 8.4MPa

表 17-57 多种膜技术的实际应用

应用领域	进水水质	出水水质要求	膜工艺要求
超纯水制备	一般，需前端处理	高	前端用微滤/超滤，后端用反渗透/纳滤
纯净水制备	好	高	微滤/超滤
市政污水处理	差	中	微滤/超滤
工业污水处理	一般，需前端处理	视用途为回用还是排放	前端用微滤/超滤，后端用反渗透/纳滤
海水/苦咸水淡化	差	视用途为回用还是供水	前端用微滤/超滤，后端用反渗透/纳滤/电渗析

表 17-58 膜技术与核心优势

优 势	说 明
工艺简单	膜技术操作维护简单，易于实现自动控制管理。以典型应用领域电镀行业为例，由于膜分离技术具有低能耗、无相变、无污染、分离效率高、浓缩倍数高等优点，采用合适的膜类型来浓缩电镀漂洗水，浓缩倍数可以达到 100 倍（以体积计），并无需增加其他处理工艺
污染少	膜集成技术用于电镀废水资源化不仅不会造成二次污染，而且还可回收废水中的有害重金属，变害为宝，并同时使水资源得到再利用
出水水质好	对于难降解的有机物具有很好的截留作用；对于细菌、病毒和重金属等有害物质具有较高截留率。这使得膜技术在海水淡化、净水器制造、工业纯水制备、超纯水制备和污水二级深度处理等方面的应用具有不可替代的作用
占地少	由于膜处理过程中可以维持 2.5~5 倍于传统污水处理技术的污泥量，并同时省去二次沉淀池，可大量节省占地面积
污泥产量少	膜技术产生的剩余污泥量比传统活性污泥技术产生的污泥量少 30% 左右，可节约污泥处理处置费用

渗透压：定义为某溶液在自然渗透过程中，浓溶液侧液面不断升高，稀溶液侧液面相应降低，直到两侧形成的水柱压力抵消了溶剂分子的迁移，溶液两侧的液面不再变化，渗透过程达到平衡点，此时的液柱高差称为该浓溶液的渗透压。

反渗透原理：在进水（浓溶液）侧施加操作压力以克服自然渗透压，当高于自然渗透压的操作压力施加于浓溶液侧时，水分子自然渗透的流动方向就会逆转，进水（浓溶液）中的水分子部分通过膜成为稀溶液侧的净化产水（见图17-67）。

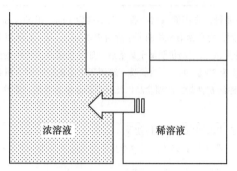

水分子扩散经过半透膜进入浓溶液侧以平衡溶液的离子强度，在平衡点，浓溶液和稀溶液间的高度差对应两侧间的渗透压差

（a）

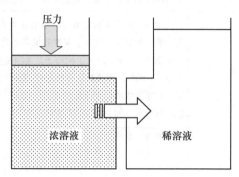

施加超过渗透压的压力反向于水分子的流动方向，因而定义为反渗透

（b）

图 17-67 渗透、反渗透原理

（a）渗透；（b）反渗透

纳滤原理：纳滤与反渗透没有明显的界限。纳滤膜对溶解性盐或溶质不是完美的阻挡层，这些溶质透过纳滤膜的高低取决于盐分或溶质及纳滤膜的种类。透过率越低，则纳滤膜两侧的渗透压就越高，也就越接近反渗透过程。相反，如果透过率越高，则纳滤膜两侧的渗透压就越低，渗透压对纳滤过程的影响就越小。

根据反渗透和纳滤原理可知，渗透和反渗透及纳滤必须与具有允许溶剂（水分子）透过的半透膜（反渗透膜或纳滤膜）联系在一起才有意义，才会出现渗透现象和反渗透或纳滤操作。

反渗透膜：允许溶剂分子透过而不允许溶质分子透过的一种功能性半透膜称为反渗透膜。

纳滤膜：允许溶剂分子或某些低分子量溶质或低价离子透过的一种功能性的半透膜称为纳滤膜。

膜元件：将反渗透或纳滤膜膜片与进水流道网格、产水流道材料、产水中心管和抗应力器等用胶黏剂等组装在一起，能实现进水与产水分开的反渗透或纳滤过程的最小单元称为膜元件（见图17-68）。

膜组件：膜元件安装在受压力的压力容器外壳内构成膜组件；在纳滤系统中多使用中空纤维式或卷式膜组件。

膜装置：由膜组件、仪表、管道、阀门、高压泵、保安滤器、就地控制盘柜和机架组成的可独立运行的成套单元膜设备称为膜装置。反渗透和纳滤过程通过该膜装置来实现。

膜系统：针对特定水源条件和产水要求设计的，由预处理、加药装置、增压泵、水箱、膜装置和电气仪表连锁控制的完整膜法水处理工艺过程称为膜系统。如图17-69所

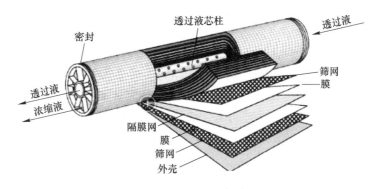

图 17-68 卷式膜元件结构

示，待处理的进水经过高压泵被连续升压泵入膜装置内，在膜元件内进水被分成浓度低的或更纯的产水，称为透过液和浓度高的浓水。

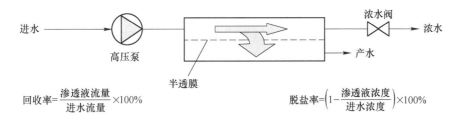

$$回收率=\frac{渗透液流量}{进水流量}\times100\% \qquad 脱盐率=\left(1-\frac{渗透液浓度}{进水浓度}\right)\times100\%$$

图 17-69 膜法水处理工艺过程

回收率：指膜系统中给水转化成为产水或透过液的百分率。膜系统的设计是基于预设的进水水质而定的，设置在浓水管道上的浓水阀可以调节并设定回收率。回收率常常被希望最大化以便获得最大的产水量，但是应该以膜系统内不会因盐类等杂质的过饱和发生沉淀为极限值。

脱盐率：即通过反渗透膜从系统进水中除去总可溶性杂质浓度的百分率，或通过纳滤膜脱除特定组分如二价离子或有机物的百分数。

透盐率：脱盐率的相反值，是进水中溶解性杂质成分透过膜的百分率。

渗透液：经过膜系统产生的净化水。

流量：进水流量是指进入膜元件的水流量；浓水流量是指离开膜元件系统的未透过膜的那部分的"进水"流量，这部分浓水含有从原水水源带入的可溶性组分。流量常以 m^3/h 计。

通量：单位膜面积透过液的流率，通常以 $L/(m^2 \cdot h)$ 计。

稀溶液：净化后的水溶液，为反渗透或纳滤系统的产水。

浓溶液：未透过膜的那部分溶液，如反渗透或纳滤系统的浓缩水。

d 纳滤技术

纳滤是一种介于反渗透和超滤之间的压力驱动膜分离过程，纳滤膜的孔径范围在几个纳米左右，因此称纳滤，又称为低压反渗透。纳滤（NF）是 20 世纪 80 年代后期发展起来的一种介于反渗透和超滤之间的新型膜分离技术，早期称为"低压反渗透"或"疏松反渗透",其分离性能介于反渗透和超滤之间,允许一些无机盐和某些溶剂透过膜,从而达到分离的效果。纳滤膜大多从反渗透膜衍化而来,如 CA、CTA 膜、芳族聚酰胺复合膜和磺化聚醚砜膜等。

纳滤膜是荷电膜,能进行电性吸附。一般认为,纳滤膜存在着纳米级的细孔,且截留率大于95%的最小分子约为1nm,所以近几年来这种膜分离技术被命名为纳滤(Nanofiltration,NF)。在过去的很长一段时间里,纳滤膜被称为超低压反渗透膜(LPRO:Low Pressure Reverse Osmosis),或称选择性反渗透膜或松散反渗透膜(LooseRO:Loose Reverse Osmosis)。

在相同的水质及环境下制水,纳滤膜所需的压力小于反渗透膜所需的压力。所以从分离原理上讲,纳滤和反渗透有相似的一面,又有不同的一面。纳滤膜的孔径和表面特征决定了其独特的性能,对不同电荷和不同价数的离子又具有不同的 Donann 电位。纳滤膜的分离机理为筛分和溶解扩散并存,同时又具有电荷排斥效应。物料的荷电性、离子价数和浓度对膜的分离效应有很大影响,可以有效地去除二价和多价离子、分子量大于200的各类物质,可部分去除单价离子和分子量低于200的物质。纳滤膜的分离性能明显优于超滤和微滤,而与反渗透膜相比具有部分去除单价离子、过程渗透压低、膜通量高、操作压力低,可在高温、酸、碱等苛刻条件下运行,膜耐受的条件范围宽、浓缩倍数高、耐污染;装置运行费用低、能耗极低(唯一驱动力是压力)的特点。

纳滤膜的孔径范围介于反渗透膜和超滤膜之间,其对二价和多价离子及分子量在200~1000的有机物有较高的脱除性能,而对单价离子和小分子的脱除率则较低。而且,与反渗透过程相比,纳滤过程的操作压力更低(一般在1.0MPa左右)。同时由于纳滤膜对单价离子和小分子的脱除率低,过程渗透压较小,所以在相同条件下纳滤与反渗透相比可节能15%左右;与超滤或反渗透相比,纳滤过程主要应用于水的软化、净化(脱除饮用水中 Ca、Mg 离子等硬度成分)以及相对分子质量在百级的物质的分离、分级、浓缩(如染料、抗生素、多肽、多糖等化工和生物工程产物的分级和浓缩)、脱色和去异味等。

纳滤膜的特点:纳滤膜的荷电效应是指离子与膜所带电荷的静电相互作用。大多数纳滤膜的表面带有负电荷,通过静电相互作用阻碍多价态离子的渗透,这是纳滤膜在较低压力下仍具有较高脱盐性能的重要原因。同时纳滤膜对不同价态的离子截留效果不同,可进行不同价态离子的分离。对单价盐分离的截留率低,对二价和高价离子的截留率明显高于单价离子。对阴离子的截留率按下列顺序递增:$NO_3^- > Cl^- > OH^- > SO_4^{2-} > CO_3^{2-}$。对阳离子的截留率按下列顺序递增:$H^+ > Na^+ > K^+ > Mg^{2+} > Ca^{2+} > Cu^{2+}$。纳滤膜对离子的截留受离子半径的影响。在分离同种离子时,离子价数相等时离子半径越小,则膜对该离子的截留率越小,离子价数越大,则膜对该离子的截留率越高。纳滤膜还适合有机物和无机物的浓缩和分离。截留相对分子质量在200~1000的无机物和有机物的分离,可对高分子量有机物与低分子量有机物进行分离。

e 纳滤"分盐"技术

纳滤分离技术原理近似机械筛分,但是由于纳滤膜本体自带电荷,这是它在很低压力下仍具有较高脱盐性能的重要原因。日本学者大谷敏郎曾对纳滤膜的分离性能进行了具体的定义:操作压力不高于1.50MPa,截留分子量为200~1000,NaCl 的截留率不高于90%的膜可以认为是纳滤膜。

纳滤膜对 NaCl 的截留率不高于90%（对硫酸钠的脱除率为90%~98%）这一特性就是纳滤"分盐"的技术基础。纳滤"分盐"技术原理如图 17-70(a) 所示，卷式纳滤膜分离设备工艺流程如图 17-70(b) 所示。

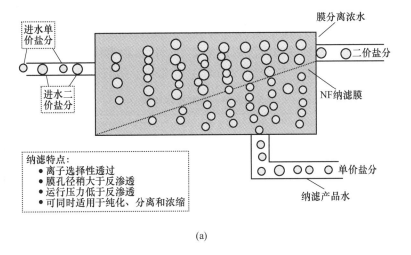

(a)

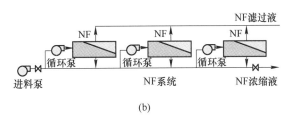

(b)

图 17-70　纳滤"分盐"技术原理(a)和卷式纳滤膜分离设备工艺流程(b)

纳滤膜对 NaCl 的高选择性透过以及对 Na_2SO_4 的高选择性截留，再加上按图 17-70 模式将纳滤膜分离设备通过排列组合设计，对出水进行逐级梯次强化处理，最终把盐水混盐中的氯化钠和硫酸钠实现高度分离及各自浓缩。

据介绍，成分类似表 17-51 中的废水经过纳滤"分盐"技术处理之后，产生的高纯度硫酸钠浓缩液的 Na_2SO_4 含量约为 12%，产生的高纯度氯化钠浓缩液的 NaCl 含量约为6%。二者再经过各自的蒸发浓缩，即可得到高品级的固体氯化钠和硫酸钠产品。

C　钠盐蒸发结晶技术

钠盐蒸发结晶是钒产业废水实现零排放与资源化利用的最后一道工序，同时也是关键工序。该过程主要是采用蒸发结晶技术浓缩盐分，即将经过预处理，并完成纳滤分盐、预浓缩的高钠盐沉钒废水，先通过蒸发结晶、再进入结晶器冷却分离产出商品钠盐；混合盐循环利用或进一步处理，冷凝水返回钒化产线使用，从而实现沉钒废水的零排放与钠盐的资源化利用。

物料的蒸发结晶在技术与工程层面需要考虑两大关键要素：待蒸发物料的特性（见图 17-71）和拟采

图 17-71　待蒸发物料的特性构成

用的蒸发技术与装置。

表 17-59 对目前已有的蒸发结晶技术与装置进行了比较,MVR 与 MEE 多效蒸发(或将 MVR 与 MEE 组合使用)是目前最节能、先进,也是企业应用的首选技术。从应用实践来看,沉钒废水蒸发结晶产线所遇到的关键技术和难点是:设备易结垢堵塞(高盐废水经蒸发浓缩后,很快达到饱和,容易析出在蒸发器列管上,导致传热系数下降,甚至堵塞列管并加重腐蚀;MEE 装置的清洗周期为 2~4 周),影响作业周期与效率;设备易腐蚀(通常选用的材质包括 Ti、Ti 合金、316L);投资高、运行费用较高等。

表 17-59 蒸发技术比较

科目/类型	反应釜	单效蒸发器	MEE 多效蒸发器	MVR 蒸发器
能耗	能耗极高,蒸发 1t 水大约需要 1.5~2t 的鲜蒸汽	能耗较高,蒸发 1t 水大约需要 1t 的鲜蒸汽	能耗较低,随效数增加能耗降低,四效蒸发器蒸发 1t 水约需要 0.3t 鲜蒸汽	能耗低,蒸发 1t 水约需要 15~55kW·h 电耗,是目前最节能的蒸发技术
能源	鲜蒸汽	鲜蒸汽	鲜蒸汽	工业用电
运行成本	极高	高	较低	低
存在问题及对产品影响	物料停留时间长,产物质量不稳定,对产品质量影响大,设备易结垢	物料停留时间短,温差大,对产品质量影响小,设备易结垢	物料停留时间较长,温差较大,对产品质量影响小,设备易结垢	物料停留时间短,低温蒸发,对产品质量影响小,设备不易结垢
控制方式	人工操作	半自动	半自动	全自动
出料方式	间断	间断	间断	连续/间断
占地面积	小	小	大	小

a 多效蒸发

多效蒸发(Multiple Effect Evaporator,MEE)是较为成熟、传统的节能蒸发工艺,是将若干个蒸发器串联组合、一体化运行的蒸发操作,可使蒸汽热能得到梯次利用,从而提高蒸汽热能的利用效率。在多效蒸发操作流程中,第一个蒸发器(称为第一效)以外供生蒸汽作为加热蒸汽,其余的蒸发器(顺序称为第二效、第三效、…、第 N 效)均以其前一效产出的二次蒸汽作为加热蒸汽,从而大幅度减少生蒸汽的用量;后效的操作压力和沸点均低于前效,以此引入前效蒸发出来的二次蒸汽作为后效的加热介质,即后效的加热室成为前效蒸发出蒸汽的冷凝器,因此,操作过程中仅"首效"需要消耗生蒸汽(通常多效蒸发的效数越多,则蒸汽消耗越少),但总蒸发量可达到数倍于新鲜蒸汽的消耗量,这就是多效蒸发器的节能原理(如增配蒸汽喷射泵即是 TVR 蒸发器,可更节省蒸汽)。图 17-72 为二次直接加热蒸发器的热流图,图 17-73 为多效蒸发原理示意图。

料液在加热器的换热管内被换热管外的蒸汽加热升温,在循环泵作用下物料上升到蒸发分离器中,由于物料静压下降使料液发生蒸发,蒸发产生二次蒸汽从料液中溢出,使料液被浓缩至过饱和、形成结晶及生长,解除过饱和的浆料在强制循环泵作用下进入下一级换热器。物料如此循环往复不断蒸发结晶,从而实现预期的物料分离,达到提纯化学物质和获得化学产品的目的。图 17-74 为多效连续结晶蒸发器工艺流程。

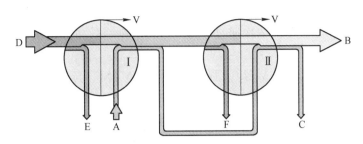

图 17-72 二次直接加热蒸发器的热流图

A—产品；B—残余蒸汽；C—浓缩液；D—动力蒸汽；
E—动力蒸汽冷凝水；F—二次蒸汽冷凝水；V—热损失

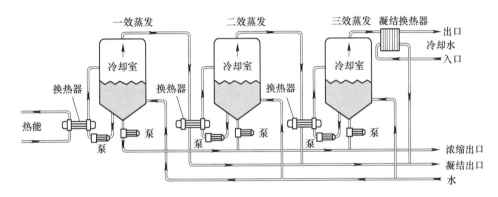

图 17-73 多效蒸发原理

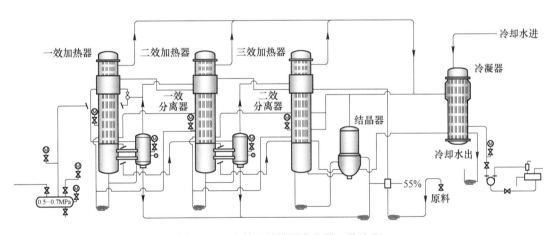

图 17-74 多效连续结晶蒸发器工艺流程

依据二次蒸汽和溶液的流向，多效蒸发的工艺流程可分为顺流、逆流、错流、并流等多种形式。

（1）并流流程，溶液和二次蒸汽同向依次通过各效。由于前效压力高于后效，料液可借压差流动，但末效溶液浓度高而温度低，溶液黏度大，因此传热系数低。

（2）逆流流程，溶液与二次蒸汽流动方向相反，需用泵将溶液送至压力较高的前一效,各效溶液的浓度和温度对黏度的影响大致抵消,各效传热条件基本相同。

(3) 错流流程,二次蒸汽依次通过各效,但料液则每效单独进出,这种流程适用于有晶体析出的料液。

多效蒸发装置由加热器 (N台)、强制循环泵 (N台)、蒸发分离器 (N台)、结晶器、冷凝器、各种物料泵、冷凝水泵、真空泵、操作平台、电器仪表控制柜及界内管道、阀门等设备附件构成。多效蒸发系统装置可根据物料的特性及蒸发量大小,设计成强制循环、降膜、自然循环、升膜等多种选择形式。不同的进料温度和不同的工艺过程,其蒸汽消耗量也有所区别。装置操作负荷弹性较大 (40%~110%)。

在鲜蒸汽温度与末效冷凝器温度相同 (即总温度差相同) 条件下,将单效蒸发改为多效蒸发,蒸发器效数增加,则生蒸汽用量减少,但总蒸发量不仅不增加,反而因温度差损失增加而有所下降。多效蒸发节省能耗,但同时也降低了设备的生产强度,增加了设备投资。因此,在实际应用中应综合考虑能耗和设备投资,设计选定最佳的蒸发效数。如烧碱等电解质溶液的蒸发,因其温度差损失大,通常只采用2~3效;食糖等非电解质溶液温度差损失小,可用到4~6效;海水淡化所蒸发的水量大,在采取了各种减少温度差损失的措施后,可采用20~30效;提钒废水处理通常采用3~4效蒸发装置。

表 17-60 为多效蒸发装置规格/型号/设备主要参数情况。

表 17-60　多效蒸发装置规格/型号/设备主要参数

规格/型号	单效	双效	三效	四效	五效
蒸发量/kg·h^{-1}	300~2000	1200~4000	3000~15000	8000~50000	10000~100000
进料浓度/%	根据物料确定				
出料浓度/%	根据物料与工艺要求确定				
蒸汽压力/MPa	≥0.3				
蒸汽耗量/蒸发量 (带热泵)	0.65	0.38	0.28	0.23	0.19
蒸汽耗量/蒸发量 (顺流)	1.12	0.61	0.46	0.40	0.375
蒸汽耗量/蒸发量 (逆流)	1.12	0.57	0.40	0.31	0.26
冷却水耗量/蒸发量 (进水 20℃,出水 40℃)	28	11	8	7	6
蒸发温度/℃	45~90				

注:具体装置可根据用户工艺要求专门设计。

多效蒸发器主要适用于有结晶体析出溶液的蒸发、浓缩与结晶,广泛应用于化工、制药、冶金、火电、废水处理、食品加工等领域中的溶液浓缩、蒸发结晶,以及因沸点升高太高而无法采用 MVR 蒸发器的工况应用。

b　MVR 蒸发

MVR 蒸发器 (Mechanical Vapour Recompressor, MVR),被称为"机械式蒸汽再压缩"蒸发器,是采用低温、低压汽蒸技术和清洁能源 (电能),去产生并重复利用再生蒸汽的能量，将被处理媒介中的水分分离出来的一种新型高效节能蒸发装置。目前 MVR 是国际上最先进的蒸发技术，是替代传统蒸发器的升级换代产品。

MVR 蒸发器的工作过程，是将引入蒸发器中产生的低温位二次蒸汽经压缩机压缩，使其温度、压力提高，热焓增加，然后再送回蒸发器做加热蒸汽使用（对介质进行加热、浓缩、蒸发、蒸馏处理，蒸发出的水分最终变成冷凝水排出，所产出的二次蒸汽返回 MVR 压缩机）。如此反复，使系统内蒸汽的潜热得到充分、高效利用。

MVR 蒸发器将工作介质和传热介质合二为一，是以水作为导热剂、由蒸发器的换热器兼作低温蒸发吸热器与高温冷凝放热器共同合并使用的"换热器"的热泵机组。蒸发器蒸发过程本身并不消耗能量，加热蒸汽在使物料蒸发出二次蒸汽后，其中大量的能量即通过自然传导进入二次蒸汽中。另外，输入系统的冷料在进入蒸发器前，通过热交换器吸收了输出冷凝水的热量，使之温度升高，同时也冷却了冷凝液（或浓缩液），进一步提高了装置热效率。除开车启动之外，运行后的 MVR 系统的整个蒸发过程中无需再外供生蒸汽，从根本上减少了对外部加热及冷却资源的需求，清洁、绿色。

MVR 的电能消耗是用来提升二次蒸汽的品位，通过压缩升温将本来已经没有使用价值的废弃二次蒸汽变得可以再利用，而不是将电能作为驱动蒸发的能源，也不是用电来加热蒸汽。

机械蒸汽再压缩时，通过机械驱动的压缩机将蒸发器蒸出的蒸汽压缩至较高压力。因此再压缩机也作为热泵来工作，给蒸汽增加能量。与用循环工艺流体（即封闭系统，制冷循环）的压缩热泵相反，蒸汽再压缩机是作为开放系统来工作的，故可将其视为特殊的压缩热泵。在蒸汽压缩和随后的加热蒸汽冷凝之后，冷凝液离开循环。加热蒸汽（热的一侧）与二次蒸汽（冷的一侧）被蒸发器的换热表面分隔开来。

开放式压缩热泵与封闭式压缩热泵的对比表明，在开放系统中的蒸发器表面基本上取代了封闭系统中工艺流体膨胀阀的功能。通过使用相对少的能量，即在压缩热泵工况情况下的压缩机叶轮的机械能，被加入工艺加热介质中并进入连续循环。在此情况下，不需要一次蒸汽作为加热介质。图 17-75 为机械蒸汽再压缩加热蒸发器的热流图，图 17-76 为 MVR 蒸发器系统构成，表 17-61 为多效浓缩蒸发器与 MVR 浓缩蒸发器年均能耗费用比较。

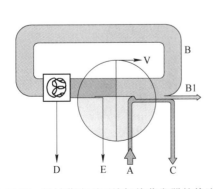

图 17-75 机械蒸汽再压缩加热蒸发器的热流图
A—产品；B—二次蒸汽；B1—残余蒸汽；C—浓缩液；
D—电能；E—动力、蒸汽、冷凝水；V—热损失

图 17-76 MVR 蒸发器系统构成

表 17-61　多效浓缩蒸发器与 MVR 浓缩蒸发器年均能耗费用比较

科目/类型	MEE 多效（或 TRV）浓缩蒸发器	MVR 浓缩蒸发器
能耗（蒸发 1t 水所消耗的能源）	0.22~0.60t（蒸汽）	12~30kW·h（电）
能源	原生蒸汽	电力
能耗比较（例证）：蒸发量 40t/h，蒸汽单价 170 元/t，电单价 0.6 元/kW·h，年运转 330d/a，24h/d		
类　型	四效浓缩蒸发器	MVR 浓缩蒸发器
装置能耗	12.5t/h（蒸汽）	700kW·h（电）
能耗费用（年）	16830000 元	3326400 元
费用节约（年）	—	13503600 元

MVR 蒸发器构成与工作原理如图 17-77 所示。MVR 蒸发器系统包括：

（1）预热器。实现能源梯次利用，多数情况下待蒸发溶液在进入蒸发器前需要预热。

（2）蒸发器。将需要蒸发的溶液在蒸发器里与热源蒸汽进行热交换，完成蒸发、蒸馏、浓缩处理；根据待处理溶液的性质来选择不同类型的蒸发器。

（3）分离器。用于蒸汽和液体的分离，根据所处理溶液的性质可以选择不同的分离器，一般有离心分离器，重力分离器或者特殊结构的分离器。

（4）各种泵。输送待蒸发溶液及浓缩后的溶液（浆料）；根据所输送介质选择不同类型的泵，一般使用离心泵、容积泵、螺杆泵。

（5）压缩机。通过压缩二次蒸汽提供蒸发热源，提高二次蒸汽的热焓。根据不同流量和压缩比的要求可以选择多种压缩机；在实际应用时，系统经常采用单效离心再压缩器

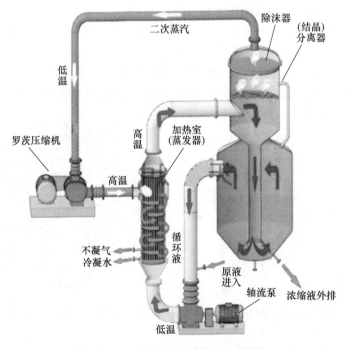

图 17-77　MVR 蒸发器构成与工作原理

（或高压风机或透平压缩器）；对于低的蒸发速率，也可用活塞式压缩机、滑片压缩机或是螺杆压缩机；对于压升加大的情况，可以采用多级压缩机串联使用。

（6）控制系统。MVR蒸发系统控制中心，通过PLC、工业计算机（FA）、组态等形式设定完成电控、气控调节，实现对装置阀门、流量、温度、压力的协同控制，以达到自动蒸发、运行、清洗、报警、保护、停机等一体化操作，保持系统动态平衡。

（7）清洗系统。不同的溶液蒸发、运行一定周期后，常可能发生结垢现象，一般来说约99%的结垢都可以通过化学溶剂去除，设计清洗系统可以实现在线清洗、免拆除清洗。使MVR蒸发装置维护、检修方便。

MVR蒸发器的技术参数为：（1）蒸发1t水需要耗电23~70kW·h；理论上可比传统蒸发器节省60%~80%以上的能源，节省95%以上的冷却水；（2）蒸发温度范围为35~100℃，可以实现蒸发温度在17~40℃的低温蒸发（无需冷冻水系统）。

MVR蒸发器的技术特点为：（1）运行采用清洁电能，无需原生蒸汽，传热系数高，单位能量消耗低；（2）因温差低使产品的蒸发温和，可实现低温蒸发（特别适合于热敏性物料），不易结垢；（3）由于常用单效，产品停留时间短；（4）工艺简单，运行平稳，系统采用变频控制电机，负荷变动运转特性优异，自动化程度高，实用性强；（5）运行安全可靠、故障率低、作业成本低；（6）装置占地面积小，公用工程配套少，工程总投资少。

MVR蒸发器的应用范围为：蒸发浓缩，蒸发结晶，低温蒸发（热敏性物料的浓缩）。

D 沉钒废水"钠盐"资源化利用技术实例

攀枝花卓越钒业科技股份有限公司（新三板上市公司）位于四川省攀枝花市钒钛产业园区，成立于2011年，由攀枝花钢城集团有限公司（控股股东）、四川省红鲸投资管理有限公司、四川柱宇投资有限公司共同组建，是攀枝花第二大钒业生产公司，以钒渣、提钒二次渣为原料，采用钠化焙烧提钒工艺，主要产品V_2O_5（片状），设计产能8000t/a，产线拥有$\phi 2.5m \times 45m$焙烧回转窑4座。

该公司实施的"含钒废水资源综合利用升级改造项目"于2018年11月竣工，在中国钠化焙烧提钒产业首家实现"废水资源循环利用"。该项目工艺主要由预（前）处理系统、分盐系统、硫酸钠、氯化钠浓缩、蒸发、结晶系统等组成。工程规模为：改造两个钒作业区预处理系统（2套），实现卓越钒作业区和柱宇钒作业区沉钒废水全部综合利用零排放，采用的工艺包含"膜处理+分步结晶"等，达到日处理总量（两个钒作业区）1000m³，每套系统设计废水处理量500m³/d（处理后废水达到生产回用水标准，全部返回甲方生产线，实现零排放），产出硫酸钠6t/d、氯化钠12t/d、硫酸铵6t/d。项目工艺流程如图17-78所示，表17-62为其沉废废水成分，表17-63为处理技术及设施设备一览表。

a 废水处理标准要求

生产回用水达到《钒工业污染物排放标准》（GB 26452—2011）表2"新建企业水污染物排放浓度限值及单位产品基准排水量"中间接排放标准要求，且回用水中总盐（TDS）含量低于3g/L。

b 结晶固体物标准

硫酸钠达到国家标准（GB/T 6009—2014）规定的Ⅰ类硫酸钠质量指标；氯化钠中NaCl≥97.5%，H_2O≤0.8%，TCr≤0.5%，铵含量（以N计）≤0.3%，水不溶物≤0.5%，Na_2SO_4≤2%，产品不能受潮结块；氯化铵达到国标GB/T 2946—2008工业氯化铵一级品标准。固体硫酸铵达到国标 GB 535—1995 硫酸铵优等品标准，液体硫酸铵（NH_4）$_2SO_4 \geqslant$ 25%，其他满足产线沉钒质量要求。

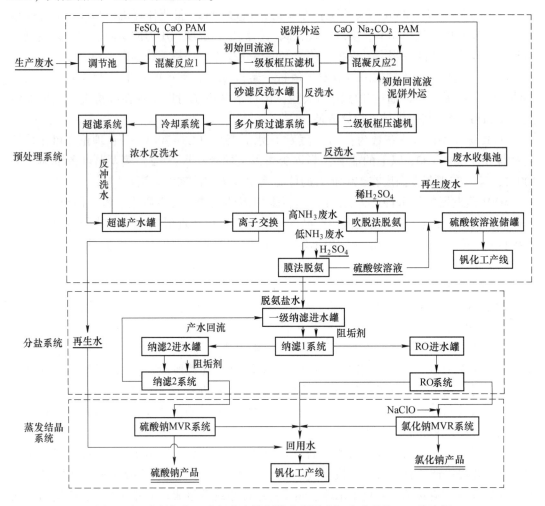

图 17-78　卓越钒业"含钒废水资源综合利用升级改造项目"工艺流程

表 17-62　卓越钒业沉废废水成分　　　　　　　　　　　　（g/L）

V^{5+}	Cr^{6+}	NH_4^+	pH 值（—）	Na^+	Cl^-
≤0.1	≤2	≤3	1.5~3.5	≤20	≤15
SO_4^{2-}	Si	Fe	Ca^{2+}	P	
≤20	≤0.2	≤0.2	≤0.2	<0.1	

表 17-63　卓越钒业"含钒废水资源综合利用升级改造项目"处理技术及设施设备一览表

工序	技术、设施概要
预(前)处理系统	预（前）处理系统的主要目的是去除沉钒废水中的钒铬等重金属离子、氨氮、悬浮固体 SS 及水硬度。 （1）钒铬等重金属离子去除采用硫酸亚铁还原、碱（石灰、碳酸钠、烧碱）中和沉淀法，设施利旧改造（这里不再赘述）。

工序	技术、设施概要
预(前)处理系统	（2）脱氨采用两级脱氨+硫酸吸收的组合工艺：先采用废水加碱吹脱工艺将浓氨氮废水中的无机氨 NH_3-N 从 $2000 \sim 3000mg/L$ 降至 $200 \sim 300mg/L$；吹脱系统设施为双塔四级串联吹脱装置（脱氨塔 1、2 进水泵 2 台，设计 $Q=30m^3/h$，$H=32m$；脱氨塔 3、4 进水泵 2 台，设计 $Q=25m^3/h$，$H=18m$）；脱除氨气由硫酸吸收（硫酸循环泵设计 $Q=15m^3/h$，$H=32m$，4 台）转化为硫酸铵溶液回用沉钒。第二步稀氨氮废水采用气态膜法脱氨技术深度脱氨，将废水中的 NH_3-N 从 $200 \sim 300mg/L$ 降至不高于 $40mg/L$。 （3）脱氨出水进入梯级过滤系统，目的是对废水中的 SS、硬度进行深度去除，以保证后续膜处理系统的安全、稳定运行；过滤、脱硬系统包括：砂滤系统、超滤系统及树脂系统。 　　脱氨出水首先进入砂滤系统，去除水中的颗粒物与悬浮物；砂滤出水经储水池用泵打入超滤装置，通过超滤将废水中的大分子污染物去除，超滤系统设计回收率 90%；砂滤进水泵 2 台，设计 $Q=50m^3/h$，$H=50m$；变频配水泵 2 台，设计 $Q=20m^3/h$，$H=30m$；反洗水泵 1 台，设计 $Q=220m^3/h$，$H=20m$。 　　超滤出水经储水罐用泵打入离子交换树脂系统，深度去除水中的硬度与重金属离子，使水质达到纳滤及反渗透膜的工业运行要求；离子交换树脂进水泵 2 台，设计 $Q=32m^3/h$，$H=25m$。 　　砂滤、超滤系统均设置有反洗装置，以保障过滤系统的运行周期、过滤效果及膜通量稳定，超滤反洗水泵 2 台，设计 $Q=50m^3/h$，$H=23m$；离子交换树脂系统设置有再生、反洗装置，以确保树脂系统具有持续稳定的交换脱除能力，树脂再生/冲洗泵 2 台，设计 $Q=20m^3/h$，$H=20m$
分盐系统	"分盐"在纳滤系统完成，是利用纳滤膜对单价态离子的选择性透过、对高价态离子的选择性截留功能，再通过纳滤膜组件的串级设计、梯次强化，使水中的混盐 Na_2SO_4 与 NaCl 被纳滤系统高效分离；其纳滤滤出液为 NaCl 溶液，浓液为 Na_2SO_4 溶液。 　　浓缩系统：为了降低后续 MVR 系统的蒸发水量，浓缩设备应用了特殊的膜工艺，通过高压浓缩和反渗透超高压浓缩装置，对"分盐"之后的 NaCl 与 Na_2SO_4 溶液分别进行深度脱水浓缩，进一步降低其各自的浓盐水水量（可减少 70%以上水量）；所产生的硫酸钠浓缩液 Na_2SO_4 含量约 12%，进入 MVR 蒸发结晶系统，生产达到标准的 Na_2SO_4 产品（为了保证硫酸钠产品的高纯度，在硫酸钠浓缩的过程中，需加入一定量的透析稀释液，其滤出液返回到分盐系统进水端，纯化浓水进入硫酸钠蒸发结晶系统）；氯化钠浓缩液 NaCl 含量约 6%，进入 MVR 蒸发结晶系统，生产达到标准的 NaCl 产品；膜分离出的合格淡水工业回用。 　　因分盐与浓缩需要，纳滤系统分为二级：（1）一级纳滤系统设计进水泵 2 台，$Q=20m^3/h$，$H=34m$；高压泵 2 台，$Q=18m^3/h$，$H=220m$；二段循环泵 2 台，$Q=17m^3/h$，$H=35m$。（2）二级纳滤系统设计进水泵 1 台，$Q=8m^3/h$，$H=34m$；高压泵 1 台，$Q=10m^3/h$，$H=600m$。（3）反渗透超高压系统设计进水泵 2 台，$Q=15m^3/h$，$H=35m$；高压泵 2 台，$Q=16m^3/h$，$H=380m$；膜冲洗水泵 1 台，$Q=20m^3/h$，$H=30m$；回用水泵 1 台，$Q=28m^3/h$，$H=20m$
浓缩、蒸发、结晶系统	蒸发系统采用当前最先进、能耗最低的 MVR 蒸发装置与工艺技术，设计采用 Na_2SO_4 蒸发系统，NaCl 蒸发系统各一套，分别实施 Na_2SO_4 与 NaCl 的浓缩、蒸发、结晶。 　　（1）NaCl 蒸发浓缩系统：经分盐、浓缩系统产生的 NaCl 浓缩液，含量约 6%，进入 NaCl MVR 蒸发结晶系统，脱水产生达到标准的 NaCl 产品；冷凝液钒产线回用。系统设计进料泵 2 台，$Q=20m^3/h$，$H=45m$；酸洗泵 1 台，$Q=25m^3/h$，$H=32m$；事故泵（开式叶轮）1 台，$Q=25m^3/h$，$H=25m$；循环水泵 1 台，$Q=50m^3/h$，$H=40m$；降膜冷凝水泵 1 台，$Q=15m^3/h$，$H=40m$；降膜循环泵 1 台，$Q=43m^3/h$，$H=15m$；转料泵 1 台，$Q=5m^3/h$，$H=32m$；强制循环泵 1 台，$Q=1900m^3/h$，$H=2.5m$；晶浆泵（开式叶轮）1 台，$Q=5m^3/h$，$H=24m$；母液泵（开式叶轮）1 台，$Q=5m^3/h$，$H=40m$；湿式除尘循环水泵 1 台，$Q=15m^3/h$，$H=40m$；降膜压缩机蜗壳排水泵 1 台，$Q=1m^3/h$，$H=32m$；强制循环压缩机蜗壳排水泵 1 台，$Q=1m^3/h$，$H=32m$；降膜蒸发压缩机 1 台，$Q=9t/h$，$97 \sim 109℃$；强制循环蒸发压缩机 1 台，$Q=2.8t/h$，$92 \sim 110℃$；离心机主机 1 台，$Q=1.8t/h$。 　　（2）Na_2SO_4 蒸发结晶系统：经分盐、浓缩系统产生的 Na_2SO_4 浓缩液，含量约 12%，进入 Na_2SO_4 MVR 蒸发结晶系统，脱水产生达到标准的 Na_2SO_4 产品；冷凝液钒产线回用。系统设计进料泵 2 台，$Q=6m^3/h$，$H=60m$；事故泵（开式叶轮）1 台，$Q=25m^3/h$，$H=25m$；强制循环冷凝水泵 1 台，$Q=5m^3/h$，$H=40m$；晶浆泵（开式叶轮）1 台，$Q=5m^3/h$，$H=24m$；母液泵（开式叶轮）1 台，$Q=5m^3/h$，$H=40m$；湿式除尘循环水泵 1 台，$Q=5m^3/h$，$H=45m$；压缩机蜗壳排水泵 1 台，$Q=1m^3/h$，$H=32m$；强制循环蒸发压缩机 1 台，$Q=3.2t/h$，$94 \sim 110℃$；离心机主机 1 台，$Q=1.5t/h$。 　　（3）Na_2SO_4 和 NaCl 干化系统：Na_2SO_4 和 NaCl 的蒸发结晶产品通过干化系统干燥除水将 Na_2SO_4、NaCl 最终加工成高纯度的脱水固体产品

工序	技术、设施概要
运行情况	该项目是世界首家钒渣提钒产线全面实现沉钒废水资源化利用的样板性工程，首次采用纳滤膜法分盐技术实现钠盐产品的高品质商品产出与市场销售；处理后的出水水质满足生产线回用指标要求，产线自 2018 年 12 月投产以来，系统运行稳定，生产技术指标全面达到并超出设计要求，达到行业领先水平
存在问题	项目本身仍属于末端治理，并且运行成本较高（4000~5000 元/吨钒产品）

17.4.4　钒化工清洁生产流程技术与装备特点

迄今为止，国内外基于钒钛磁铁矿综合利用的化工冶金提钒，已形成两种主流生产工艺：（1）钠化氧化焙烧-水浸提钒工艺；（2）钙化氧化焙烧-酸浸提钒工艺。上述两种工艺技术分别原创于 20 世纪的美国及苏联，目前均已在全球范围内推广使用，成为国际行业标配技术。

在 2012 年之前，我国全部采用钠化氧化焙烧-水浸提钒工艺。2009 年攀钢研发、推出钙化氧化焙烧-酸浸提钒工艺技术，2012 年开始在攀钢西昌基地独家应用，填补了我国钒化工钙法生产技术空白。

按照清洁生产要求，上述两种提钒工艺尚存在缺陷与不足：

（1）钠化氧化焙烧-水浸提钒工艺的优点是技术成熟、钒金属收率较高，提钒尾渣可做陶瓷颜料、太阳能光热涂料，钢铁原料被全部资源化利用。存在的关键问题是：沉钒所形成的大量高浓度铵、钠化工废水（30~40m³/t 氧化钒）需要经过重金属脱除、脱氨、蒸干脱盐（攀钢+承钢每年形成 5 万吨以上的固体废盐）等复杂、高成本（≥4000 元/吨氧化钒）、高能耗的处理工序才能实现零排放。

（2）钙化氧化焙烧-酸浸提钒工艺的优点是技术成熟、生产成本较低、沉钒废水处理后可被流程再利用（无废水产出）。存在的关键问题是：化工固废硫酸浸出形成的高硫（≥5%）尾渣（攀钢产不低于 20 万吨/年）难以再被资源化利用；沉钒废水石灰中和、脱锰形成新的化工固废无法利用（攀钢产不低于 5 万吨/年），需填埋处理。目前国内外钒产业仍处于高效、绿色生产技术空缺状态，产品品种、档次也处于提升、完善阶段，产业急需节能、清洁、实用技术突破与产品升级。

钒化工绿色、清洁提钒技术应需具备以下几项特点：（1）源头清洁（化工废水可直接资源化利用或产线循环回用），"零排放"，不需要末端治理；（2）能耗低于或等于现有流程；（3）流程、投资及运行成本低于或等于现有流程；（4）产品质量优于或等于现有流程。

依据上述原则，河钢承钢以数十年技术积累、研发出一种钒渣（钒钛磁铁矿）清洁提钒产业化工艺技术流程（见图 17-79），该技术以"一种钒液钙法沉钒、母液与固废自循环利用的清洁提钒方法"（发明专利号 ZL201510148091.8）为基础推出，并自 2016 年起在承钢高纯钒产线成功应用，现年产 99%~99.6% 高纯氧化钒不低于 400t/a。该项清洁提钒流程的产品是高纯氧化钒、铬酸钠、氢氧化钠（或碳酸氢钠），中间产品为偏钒酸铵、钒酸钙。

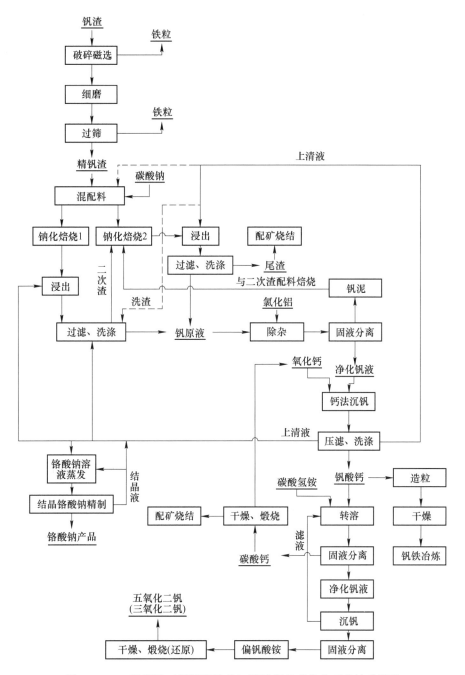

图 17-79 一种钒渣（钒钛磁铁矿）清洁提钒产业化工艺技术流程

该流程的特点及优势是：氧化钒产品高端化，商品增值；钒流程收率提高（无废水带钒流失）；钙法"沉钒母液"中的 Cr^{6+} 不需还原沉铬处理，直接以铬酸钠的形式从回用氢氧化钠浓缩结晶回收，再经重结晶处理制备出商品铬酸钠出售，为流程化增效；流程无酸沉钒，无沉钒废水产出，沉钒母液全面资源化利用（钠盐以氢氧化钠或碳酸氢钠形式直接产线回用）；无钠铵盐沉钒、铵盐直接循环高效回用；介质循环；全面实现高浓度

（30~80g/L）沉钒，从源头降低沉钒废水产出数量（见表17-64）；中间产品钒酸钙（金属钒含量在21%左右），干燥后可直接作为钒铁冶炼配料使用（替代石灰），并可减少冶炼渣量，降低生产成本；氧化钒生产综合成本（包括废水处理）比现有工艺至少低3000元/吨；提钒尾渣状态、成分与现有钠化提钒工艺尾渣完全一致，可回用钢铁流程或外售做陶瓷颜料；流程建设、改造费用较低（不需要建设废水处理流程），全面实现化产提钒流程的清洁生产。

表 17-64　沉钒（工业）废水数量对应表

钒液浓度/g·L^{-1}	20	25	30	40
沉钒废水量/m^3	28.01	22.43	18.67	14.01
洗涤水用量/m^3	5~10	5~10	5~10	5~10
工艺废水合计/m^3	≤38	≤32	≤29	≤24

17.5　含钒固废综合利用技术

17.5.1　含钒钢渣综合利用技术

17.5.1.1　含钒钢渣的来源及其特点

A　含钒钢渣的来源

含钒钢渣产生于含钒铁水吹炼提钒后所得半钢的炼钢过程。高钙含钒钢渣可作为提钒的原料。

无论采用哪种方法（摇包提钒、雾化提钒、转炉提钒等），对含钒铁水吹炼提钒时，都会有或多或少的残钒进入半钢，并最终形成 V_2O_5 品位1%~5%的含钒钢渣。以攀钢为例，含钒铁水采用转炉提钒工艺，将其中大部分的钒以钒渣（V_2O_5>10%）的方式加以提取回收。不但提钒后所得的半钢中仍含有一定残钒量，而且含钒钢渣中 V_2O_5 含量在1.2%~2.3%，甚至高达5%左右；南非摇包提钒和新西兰铁水包吹钒后的半钢中也含有一定的残钒，有时可高达0.20%。同时，转炉提钒时半钢和钒渣难以完全分离。俄罗斯下塔吉尔钢铁公司发现，160t 氧化转炉提钒吹炼结束后，从转炉倒出半钢过程中5%~10%的钒渣随半钢流出，这也是含钒钢渣中钒含量较高的原因之一。

另一方面，过去十年随着钢铁工业的扩张与发展，许多以普通铁矿为主要原料的高炉配加钒钛磁铁精矿的比例逐年上升，所得铁水含钒量逐渐增加，但由于缺乏含钒铁水吹炼钒渣的设备与工艺，这部分含钒铁水未经提钒而直接进入了炼钢工序，从而产生了大量的含钒钢渣。

目前，南非、俄罗斯、新西兰、澳大利亚、瑞典等产出含钒钢渣；我国攀钢集团、河钢承钢、川威集团、四川德胜集团、昆钢、建龙集团、朝阳钢铁等企业产出含钒钢渣，每年总排量达数百万吨，仅攀钢一家的转炉含钒钢渣就已积累了近千万吨。同时，由于资源配置等方面的原因，还有部分钢企产出的含钒钢渣尚未纳入统计，实际的资源量更大。可以预见，随着世界尤其是中国、南非、俄罗斯等国家钢产量的增加，还将产出更多的含钒钢渣。

B 含钒钢渣的特点

含钒钢渣来源广、总量大，尽管其钒含量很低，仅 1%~5%（以 V_2O_5 计，下同），但仍比含钒石煤（含钒 0.3%~1.0%）要高，仍是很有价值的二次钒资源，可作为提钒的重要原料。如能实现含钒钢渣提钒，既可避免其对环境的二次污染，又可提高钢铁工业和含钒固废的综合利用水平，符合国家建设资源节约型和环境友好型社会的要求。

作为一种含钒固废资源，含钒钢渣有其固有的特点。首先它是废弃资源，量大价低；其次，含钒量不高；第三，钒在渣中的存在形态比其他含钒矿物复杂得多，其主要特征是分散、细小。渣中钒弥散于多种矿物相中，并且主要含钒矿物相晶粒细小，平均在 $10\mu m$ 左右。这种既分散又细小的人造矿属极难处理矿，单一选矿方法不能把渣中的钒有效分离出来。

含钒钢渣的矿相组成完全不同于普通钒渣，尽管各钢企的含钒钢渣成分有所差异，但矿相结构基本上由硅酸钙（主要为硅酸三钙、硅酸二钙，有时也有铝硅酸钙）、钙钛氧化物（钛酸钙）、铁镁相（RO 相，有文献称之为镁方铁石，系 FeO、CaO、MgO、MnO 等构成的固溶体系列）、碳酸盐、铁酸钙、金属铁、f-CaO 等组成。虽然作为酸性氧化物的 V_2O_5 会不可避免地与碱性的 CaO 结合生成稳定的矿物相，但由于钢渣中的钒含量低，氧化物活度和化学势相对较小，很难形成稳定而独立的 $Ca_3(VO_4)_2$ 矿物相，而是以固溶物形式存在于硅酸钙、钙钛氧化物等矿物中。表 17-65 列出了我国含钒钢渣的典型化学成分。

表 17-65 含钒钢渣的典型化学成分　　　　　　　　　　（%）

CaO	TFe	V_2O_5	MgO	SiO_2	TiO_2	P_2O_5	MnO	S	Cr_2O_3
40~60	11~22	1~5	2~11	7~18	1~5	1~3	0.5~3	0.1~0.3	0.2~0.6

表 17-65 显示，含钒钢渣碱度高、品位低，成分复杂、波动性大，主要是由 CaO、FeO、SiO_2、MgO、V_2O_5 等组分构成，其中 V_2O_5 含量较低，一般为 1%~5%，而 CaO 含量极高，达 40%~60%，TFe 含量也高达 11%~22%。根据 Mason 的碱度分类方法，含钒钢渣属硅酸三钙渣或硅酸二钙渣。

与常规钒矿中钒多以 V(Ⅲ) 为主不同，V(Ⅳ) 是钒在含钒钢渣中存在的主体价态形式，其次是 V(Ⅲ) 和 V(Ⅴ)。众所周知，三价钒难溶于水和酸，四价钒和五价钒则易溶于酸。由于含钒钢渣中钒大部分以+4、+5 价的酸溶钒形式存在，因此，含钒钢渣可不经高温焙烧处理而直接酸浸溶出提钒。

含钒钢渣产生于含钒铁水及半钢的炼钢过程，在冶炼过程中有两种途径使钒进入钢渣形成含钒钢渣：一种是钒作为一种杂质吹入钢渣，在对含钒铁水进行吹炼钒渣时，5%~10%的钒进入钢渣，并最终形成品位较低（0.8%~3%）的含钒钢渣；另一种是将含钒铁水直接吹炼成钢而未经过吹炼钒渣的过程，生成含钒钢渣。

含钒钢渣的工艺矿物学特点是钙和铁的含量高、钒含量低，钒主要以相对高价的酸溶钒形式存在，结晶完整、质地密实、解离度差。此外，钒赋存状态复杂，弥散分布于多种矿物相中，难以直接选冶分离，提钒难度相当大。正因如此，含钒钢渣提钒在我国乃至全世界至今未能形成规模化工业生产，除了小部分钢渣返回烧结利用外，大量的含钒钢渣一直被视为固废，处于堆存状态。

17.5.1.2　含钒钢渣提钒技术现状

含钒钢渣是一种宝贵的二次钒资源。目前，从含钒钢渣中提钒的方法较多，但可概括为以下火法提钒和湿法提钒两种。火法提钒是将低钒钢渣添加在烧结矿中作为熔剂进入高炉冶炼，钒在铁水中得以富集，使铁水含钒 2%～3%，再吹炼得到高品位（V_2O_5 品位为 30%～40%）的钒渣，以此制取 V_2O_5 或钒铁合金。俄罗斯下塔吉尔钢铁联合公司曾对该法进行了有益探索，但未见成功报道。

攀钢在 20 世纪 80 年代开展了矿热炉熔炼含钒钢渣试验，取得了初步成功。大量试验结果表明，采用矿热炉对含钒转炉钢渣进行冶炼，通过控制矿热炉内的还原气氛将钢渣中的 V_2O_5 还原富集到铁水中，得到高钒铁水。在感应炉内通过控制氧化气氛，将高钒生铁中的钒氧化进入渣中，得到 V_2O_5 含量较高的钒渣，然后利用现有的钒渣处理工艺进行钒制品的生产，实现了钒资源的有效提取和综合回收。由于含钒钢渣中 SiO_2 含量低，需配加河沙作为熔剂，并以河沙和焦炭调整碱度。在矿热炉内经过深度还原后，含钒钢渣中残钒进入铁相中，获得含钒 2.5%～3.6% 的高钒铁水，钒回收率可达 60% 以上，而还原渣可作白色水泥和钢渣水泥原料。高钒铁水可再进行氧化吹炼，生产高品位钒渣，该工艺流程如图 17-80 所示。矿热炉每还原 1t 含钒钢渣耗电 1600kW·h，同时可生产出 0.2t 的高钒生铁和 0.6t 的还原渣。该工艺技术先进、工艺合理、有价元素被充分利用。

湿法提钒一般将含钒钢渣作为原料经过湿法冶金化学过程直接提钒。含钒钢渣湿法提钒工艺主要有直接酸浸法预处理-酸浸法、含钒钢渣熔炼含钒生铁、钠化焙烧提钒法。

通过对含钒钢渣中钒的价态分析发现，V^{3+}、V^{4+} 和 V^{5+} 的比例分别为 10.52%、83.67%、5.81%，可采用高浓度酸液进行直接浸出提钒。研究表明，常温常压下硫酸用量 90%、时间 2h、含钒钢渣粒度 −74μm>60%、液固比 4：1、搅拌强度 200r/min 时，钒浸出率高达 94.10%。但该方法存在酸耗大、浸出液钒浓度低、杂质浓度高、钒产品回收困难、副产大量的酸浸尾渣治理困难等问题。

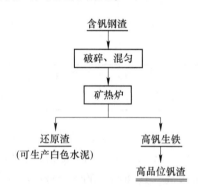

图 17-80　矿热炉处理含钒钢渣工艺流程

将含钒钢渣作为原料进行提钒，过去一般认为需要经过一个焙烧加浸出的过程。其中，钠化焙烧-浸出工艺是目前较为成熟的提钒技术方法，该法对设备要求不高、技术简单、投资不大且开发较早。世界上多数钒生产厂家也多采用此法进行提钒，经过长期的发展，现已比较成熟。但该法焙烧时除了钒生成钠盐之外，部分铁、硅和铝等杂质也相应生成钠盐，在水浸过程中这部分钠盐水解后分别生成 $Fe(OH)_3$、H_2SiO_4 和 $Al(OH)_3$ 等胶体。胶体的显著特性是具有吸附作用，使得溶液浑浊不清，钒难以沉降，有不同程度的损失；同时，该法从水浸液到取得精钒工艺流程较长、生产过程复杂、机械化程度差、劳动强度大，且钠盐耗量大、消耗材料多、生产成本高，特别是在焙烧过程中所产生的 Cl_2、HCl 严重污染空气、难于处理。此外，该法 V_2O_5 的转浸率和回收率较低、资源浪费严重，而且该法并不适合于含 V_2O_5 低、含 CaO 高的转炉钢渣，使得其应用受到了限制。

在传统钠化焙烧工艺基础上，人们对焙烧添加剂进行了改进，提出了一些其他方式焙烧再浸出的技术方法。钙化焙烧-浸出工艺是将石灰等作熔剂添加到含钒钢渣中焙烧，由于钙化焙烧使钒转化成难溶于水的钒酸钙，如 $Ca(VO_3)_2$、$Ca_2V_2O_7$，因此需要采用特殊的浸出方法，如碳酸化浸出等。此法废气中不含 HCl、Cl_2 等有害气体，消除了钠化焙烧工艺的含氯废气污染问题，并解决了 CaO 的危害。焙烧后的浸出渣不含钠盐、富含钙，有利于综合利用。但钙化焙烧-浸出技术对物料有一定的选择性，对一般钢渣存在转化率偏低、成本偏高等问题，不适于大量生产。钙化焙烧-浸出工艺最早应用于俄罗斯的 Vanady-Tula 提钒厂，其提钒效果并不好。

含钒钢渣中 CaO 含量很高，如果用传统焙烧工艺，将有大量的钒转化为钒酸钙，在后续的酸浸过程中钒酸钙会与酸结合，酸耗较大。M. C. Amiri 提出了磷酸盐降钙钠化焙烧法，即将含钒钢渣与一定量的 Na_3PO_4、Na_2CO_3 混合，焙烧一定时间后使 Na_3PO_4 与 CaO 结合形成 $Ca_3(PO_4)_2$，钒与 Na_2CO_3 反应生成水溶性的 Na_3VO_4，然后水浸即可。但该法只是停留在实验室研究阶段，而且该法磷酸盐的配比大、成本高，目前还没有在工业化上的推广。智利 CAP 钢厂用碱性吹氧转炉精炼钢得到含钒钢渣，由于渣中 CaO 和 P 含量高，所以钒主要以 $CaO \cdot P_2O_5 \cdot V_2O_5$ 及 $CaO \cdot V_2O_5$ 形态存在，为减少浸出时的酸耗，须先将渣中的 CaO 转化为硫酸钙，故焙烧时向含钒钢渣中加入大量的黄铁矿（72% 品位的 FeS_2），从转炉渣到沉钒红饼钒，总回收率约 80%。同样，该法污染重、成本高，只是进行了初步探索与尝试。

另外，针对矿冶二次尾渣资源品位低、数量大的特性，近几十年来出现了一些其他新技术，如矿浆电解、微生物浸出、选择性析出等技术，其原理与方法都具有普遍适用性，部分已用于含钒钢渣提钒的研究。但这些技术能否移植于含钒钢渣提钒以及具体效果如何等，尚不明确，有待进一步完善和发展，预计将有相当长的路要走。

总之，现行的湿法提钒技术方法虽多，特点也不同，但普遍存在污染重、回收率低等缺点，而且不适于含钒钢渣的物性特点，大规模推广应用困难。下面介绍几种主要的提钒技术。

17.5.1.3 含钒钢渣无焙烧酸浸提钒新技术

A 技术的提出

不管采用何种焙烧技术，其过程都不可避免会产生烟气污染，能耗大，环保成本高，且焙烧-浸出法不适于含钒钢渣高钙的特点，工艺复杂，V_2O_5 回收率低。针对焙烧-浸出法的不足，近年来人们提出了无焙烧酸浸提钒技术，即在强酸条件下取消焙烧工序直接用酸浸取提钒。无焙烧酸浸是目前较为先进的方法，不需焙烧环节，流程简化、作业环境好，并可获得理想的浸出率，是提钒研究的热点和方向。

目前，无焙烧酸浸法已受到国内外专家学者、提钒厂家的高度重视。作为一种清洁高效技术，含钒钢渣无焙烧酸浸提钒技术具有浸出率高、流程简便、无焙烧污染等系列优势，但其技术优势目前还未能真正地转化为经济优势。尽管原因很多，其关键技术问题尚未解决是最主要的因素。

首先，含钒钢渣中的钙含量非常高，而钒含量很低，要回收其中的钒，其难度可想而知。虽然无焙烧酸浸可防止焙烧污染、避免钢渣中的钙对转化率的不利影响，但在酸浸过程中钙会与酸反应消耗大量的酸，造成酸耗过大、成本过高，而且还会影响钒的溶解和妨碍钒的浸出。因此，若要实现无焙烧酸浸提钒，必须首先解决钙含量极高所引起的酸耗过高、阻碍浸出的难题。

此外，现今提钒成本高、能耗大，最主要的原因还是钒品位太低，如果能够通过新的技术手段在解决"高钙"难题的同时来提高含钒钢渣中的钒品位无疑将具有重要的现实意义。

其次，含钒钢渣中铁含量也很高。若无焙烧酸浸，为提高浸出指标，往往须进行强酸浸出，此时由于酸度高，钢渣中的许多组分都被溶解，所得到的浸出液杂质较多，净化富集十分困难，尤其是大量铁离子也被溶解而进入了浸出液，不仅影响精钒质量，也给后续萃取带来了麻烦，严重地影响后续工艺。因此，如何实现钒与铁等主要杂质的分离、实现含钒酸浸液的净化与富集，是含钒钢渣无焙烧酸浸提钒技术开发的关键之一。

将钒与铁等杂质分离，可采用常规水解沉淀法、溶剂萃取法或离子交换法。但常规法水解除铁的同时，钒因共沉淀而损失较大，而且调节溶液酸度需消耗大量的碱性物质，加之含钒钢渣酸浸液中钒浓度较低，除杂后溶液还必须浓缩，故生产成本高、工艺过程难以控制。当浸出液中铁离子含量较高时，萃取法或离子交换法等都存在选择性不高、铁钒易被同步萃取的问题。总体来说，目前关于净化除铁的技术方法虽不少，但这些技术方法主要是针对含钒浸出液，多致力于净化的选择性，往往忽视了从铁杂质产生的源头即浸出工序来除铁。如能在浸出阶段实现钒与铁的分离，则在净化除杂等方面更具优势，其技术前景更加广阔。

长期以来含钒酸浸液的净化与富集，一直是一项重要的技术内容。在传统技术工艺中多采用直接沉钒后再碱溶提纯，但该法对浸出液的要求较高，且流程长、试剂消耗量大、钒损失大、操作复杂、所得产品纯度低。目前开发最多的是离子交换法和溶剂萃取法。对于离子交换，目前尚难找到合适的大容量树脂。而溶剂萃取则具有选择性好、分离效率优、金属回收率高、提取速度快等优点，已成为生产高纯钒的有效方法。因此，一般而言，溶剂萃取法更适合于从复杂酸浸液中净化富集钒。

但是，每种方法都有其适用性和局限性。由于含钒钢渣无焙烧酸浸液（即使是选择性分段酸浸所得到的含钒浸出液）较一般的含钒溶液杂质更多（尤其是铁和磷），常规萃取工艺净化富集钒时部分杂质会随钒一起进入负载相并最终进入反萃液，影响沉钒操作与精钒质量。为此，不能简单地认为只要采用萃取法就可实现含钒酸浸液的净化与富集，还须对现阶段尚不成熟的钒的萃取技术进行深入开发，以求改进与创新。

综上分析可见，要想实现含钒钢渣提钒，绝不是照搬照抄常规的无焙烧酸浸技术就可完成的，而是要必须结合含钒钢渣实际特点，解决因钙、铁含量高、钒含量低而导致的酸耗过高、钒与铁无法分离、酸浸液难以净化富集的技术难题。鉴于此，基于大量的研究工作，针对含钒钢渣的特点，中国科学院过程工程研究所自主开发了一种含钒钢渣无焙烧酸浸提钒新技术，即"选矿预处理或选择性氯铵浸钙-选择性分段酸浸-选择性萃取-洗涤-反萃"技术，通过选矿预处理或无添加选择性浸钙可实现脱钙富钒，通过选择性分段酸浸可实现钒与铁的分离，通过选择性萃取-洗涤-反萃并研发出高效洗涤剂，实现复杂含钒酸浸液的净化与富集，并最终获得了理想的经济技术指标，具有良好的推广应用前景。

此外，还需着重提到的是，离子液体是绿色化工的新宠、未来化工的绿色溶剂，拥有不易挥发、电导率高、易于功能化设计以及选择性高、萃取性能好等优点，如能将其功能化设计用作一种新型萃取剂引入至含钒酸浸液的净化与富集作业，无疑将具有十分重要的意义。

鉴于此，在选择性萃取-洗涤-反萃的基础上，基于前期研究工作，以优化的有机胺和酸性磷类为原料，定向设计合成出新型功能化离子液体（task-specific ionic liquids, TSILs）萃取剂，并自主开发出新型功能化离子液体离心强化萃钒技术，可取代上述的选择性萃取-洗涤-反萃工序，并有其无可比拟的系列优点。

B 基本原理

a 选矿预处理

工艺矿物学研究发现，f-CaO 不含钒，硅酸三钙各晶粒间含钒差异较大且含钒量低于钢渣钒品位，若能通过成熟的选矿法预先抛除掉 f-CaO 和部分解离的硅酸三钙，使钒得到初步富集，选矿处理后的含钒钢渣再作为酸浸提钒的原料，则必将有利于降低浸出酸耗和提高浸出指标。为此，依据钢渣的工艺矿物学特征，简单探讨了重选脱钙的可行性。首先，从相关文献内查出了含钒钢渣中主要矿物的密度并列于表 17-66。

表 17-66 含钒钢渣主要矿物的密度 （g/cm³）

硅酸三钙	钙钛氧化物	铁镁相	f-CaO
2.6	3.97~4.04	5.5~5.7	1.2~1.5

由表 17-66 可以看出，钙钛氧化物、铁镁相的密度不仅大大高于 f-CaO，也高于常见的硅酸三钙。对于重选法处理钢渣，可根据分选系数公式预先近似地评价钢渣中矿物间分选的难易。即：

$$\eta = (\delta_2 - \Delta)/(\delta_1 - \Delta)$$

式中 η——分选系数；

δ_1——轻矿物密度；

δ_2——重矿物密度；

Δ——分选介质密度。

将硅酸三钙、f-CaO 视作预抛除的轻矿物，根据表 17-66 中数据，可得出含钒钢渣重选时的分选系数 $\eta > 1.75$，表明较易选。可见，采用选矿（重选）预处理法脱除掉 f-CaO 和部分解离的硅酸三钙在理论上应是可行的。

但上述重选可行性及难易度判断主要考虑的是待分选的轻重矿物的密度差，而没有具体地考虑含钒钢渣中矿物的嵌布粒度和连生特性等的影响。实际上含钒钢渣的重选过程要复杂得多。考虑到含钒钢渣中各主要矿物嵌布粒度细、解离度很差，选矿（重选）预处理法抛掉的钙不会太多。

选矿（重选）预处理法难以实现钒的有效富集，但它毕竟可抛掉不含钒的金属铁、f-CaO 和部分含钒较低的硅酸三钙。经选矿（重选）预处理后，尽管钒富集程度不高，但仍会有所富集，含钒钢渣的经济利用水平也将随之提高。

b 选择性氯铵浸钙

选择性氯铵浸钙（见图 17-81），包括无添加选择性浸钙、快速高效沉钙制备高纯碳酸钙、沉钙液简单再生后无补加循环浸出三道工序。

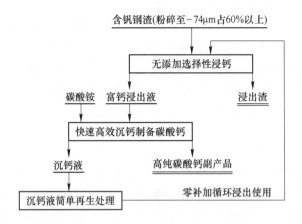

图 17-81　选择性氯铵浸钙原则工艺流程

（1）无添加选择性浸钙。浸出时所用溶液为简单再生后的沉钙液，该溶液的成分为 NH_4^+、Cl^-，相当于有氯化铵存在。铵盐浸钙的主要反应方程式：

$$3CaO \cdot SiO_2 + 6NH_4Cl === 3CaCl_2 + 6NH_3 \uparrow + SiO_2 \cdot 3H_2O$$
$$2CaO \cdot SiO_2 + 4NH_4Cl === 2CaCl_2 + 4NH_3 \uparrow + SiO_2 \cdot 2H_2O$$
$$CaO \cdot TiO_2 + 2NH_4Cl === CaCl_2 + 2NH_3 \uparrow + H_2TiO_3$$
$$CaO + H_2O === Ca(OH)_2$$
$$Ca(OH)_2 + 2NH_4Cl === 2NH_3 \uparrow + 2H_2O + CaCl_2$$
$$CaO \cdot Fe_2O_3 + 2NH_4Cl + 2H_2O === CaCl_2 + 2NH_3 \uparrow + 2Fe(OH)_3 \downarrow$$
$$2CaO \cdot Fe_2O_3 + 4NH_4Cl + H_2O === 2CaCl_2 + 4NH_3 \uparrow + 2Fe(OH)_3 \downarrow$$
$$CaO + MgO + 2NH_4Cl === CaCl_2 + 2NH_3 \uparrow + Mg(OH)_2 \downarrow$$

由热力学计算和 X 射线衍射图谱综合分析发现，温度在 298~368K 范围内含钒钢渣中的硅酸钙和 f-CaO 及部分 RO 相中的钙盐能与氯化铵反应，而钙钛氧化物（钛酸钙/钙钛矿，提钒的主要对象）不能与氯化铵反应，也就是说钙能被氯化铵浸出而钒不被浸出，而且大部分反应为吸热反应，所以铵盐浸出过程中应尽可能提高反应温度，以增大反应进行程度。

选择性浸钙实际上是钙组元不断溶解、含钒钢渣质量不断减少的过程，钒既然不被浸出而含钒钢渣质量又有所减少，其品位自然随之提高。

（2）快速高效沉钙并制备碳酸钙。已有的技术方法对于含钙浸出液中钙的回收手段较为单一，均是采用"向浸出液中通入 CO_2 气体将 Ca^{2+} 碳化并加入氨水维持碱性环境以制备碳酸钙"的方式：

$$CO_2 + CaCl_2 + 2NH_3 + H_2O === CaCO_3 \downarrow + 2NH_4Cl$$

这种方式 CO_2 作用效率低、碳酸钙制备速度慢、氯化铵分解挥发损失大。

而新技术是以碳酸氢铵为沉淀剂，可即时、快速、高效沉钙并制备出高纯碳酸钙副产品：

$$CaCl_2 + 2NH_4HCO_3 === CaCO_3 \downarrow + 2NH_4Cl + CO_2 + H_2O$$

由于是即时、快速完成，基本避免了铵盐的分解挥发，具有作用效率高、制备速度快的优点。

（3）沉钙液简单再生后无补加循环浸出。已有的技术方法很少考虑循环浸出的问题，个别文献虽提到沉钙液在电炉上加热使沉钙滤液中的氨水充分挥发后浸出剂氯化铵可循环使用，但是在加热过程中不仅氨水易于挥发，氯化铵同样易于挥发而损失（$NH_4Cl \rightarrow NH_3 \uparrow + HCl \uparrow$），所以循环浸出时就必然要求再补加大量的浸出剂氯化铵，而且加热挥发产物均为有刺激性气味、严重污染环境的气体。

而新技术对沉钙液进行简单再生处理，除去残存的 CO_3^{2-}、HCO_3^- 后，其成分为 NH_4^+、Cl^-，基本不会热解挥发损失，相当于有完整的氯化铵存在，依然保持着良好的浸钙性能，无需补加浸出剂即可实现零添加循环浸出。

c 选择性分段酸浸

选择性分段酸浸（见图 17-82），即浸出分两段进行，Ⅰ段稀酸预浸除杂（主要是浸出铁、镁等杂质）、Ⅱ段强酸浸出提钒。热力学计算结果表明，当终酸浓度即使是 0.0001mol/L（pH = 4），FeO、MgO 理论上也能全部被酸浸出，而钒在 0.0001mol/L 酸浓度条件下基本不被浸出，从而从理论上说明对含钒钢渣采用稀酸预浸可很好地将渣中的 FeO、MgO 等杂质分离出来，而钒极少被浸出，这为Ⅰ段预浸除杂流程的制定提供了理论依据。

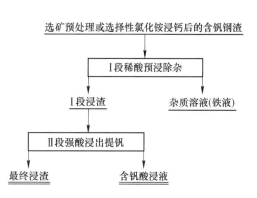

图 17-82　选择性分段酸浸原则工艺流程

Ⅰ段浸出的二次渣即Ⅰ段浸渣中可溶性杂质大大降低，再进入Ⅱ段浸出工序进行强酸浸出提钒。含钒钢渣中钒主要赋存于钙钛氧化物中，含钒化合物的分子式可简单地表示为 $CaVO_3$。在一定浸出条件下（酸浓度大于 0.0001mol/L，即 pH<4 时），硫酸可以破坏矿物结构而溶出其中的钒，主要反应为：

$$CaVO_3 + 2H_2SO_4 = CaSO_4 + VOSO_4 + 2H_2O$$

d 选择性萃取-洗涤-反萃

在含钒钢渣酸浸液中钒以 VO^{2+} 形式存在，而铁则以 Fe^{2+} 形式存在。由于胺类萃取剂 N235 对酸性介质中的钒氧根阴离子有极强的萃取能力，而对 VO^{2+} 不萃取，因为只有五价钒才能形成钒氧根阴离子，因此浸出液在萃取之前必须进行预处理，使溶液中的钒全部以 +5 价存在，以提高钒的萃取率；同时浸出液中 Fe^{2+} 也被氧化成 Fe^{3+}。

氧化预处理时 VO_2^+ 中的 O^{2-} 离子可被双氧水（H_2O_2）中的过氧根离子 O_2^{2-} 取代，生成一种稳定的、红棕色的、以 $VO(O_2)^+$ 为主的过氧钒的络合物（过氧钒阳离子），阻止钒氧阳离子与溶液中的水通过羟基的"架桥"作用而络合，从而阻止 VO_2^+ 离子在 pH 值变化时生成水合 V_2O_5 沉淀。

含钒酸浸液经氧化、中和后，溶液中的钒以十钒酸二氢根配阴离子 $H_2V_{10}O_{28}^{4-}$ 形式存在，铁以 Fe^{3+} 形式存在，故可达到较好萃取效果。

用 10%N235 + 5%TBP 的磺化煤油体系进行萃取，反应为

$$4R_3N_{(O)} + H_2V_{10}O_{28}^{4-} + 4H_2O = [R_3NH]_4H_2V_{10}O_{28(O)} + 4OH^-$$

式中，R_3N 为 N235；R 为 $C_8 \sim C_{10}$ 的混合物；下角（O）为有机相，未加下标者为水相。

由萃取时的反应式可以看出萃取过程中有 OH^- 产生，因此随着萃取过程的进行，水相 pH 值有所升高，经几级萃取后有时要适当调整 pH 值。萃取母液中除钒外，其他金属离子基本不形成络阴离子，故钒与其他金属杂质的分离系数特别大，萃取过程只需考虑分配比。被萃物 $H_2V_{10}O_{28}^{4-}$ 具有较大的量荷比：

$$\frac{n}{|z|} = \frac{10}{4} = 2.5$$

式中，n 为每摩尔配阴离子 $H_2V_{10}O_{28}^{4-}$ 中所含 V 的摩尔数；z 为络阴离子的价数。

量荷比越大，理论萃取量越大。可见，控制萃取液的钒浓度和 pH 值，使溶液中的钒以适宜的形式存在，对萃取过程是十分重要的。

由于萃取母液中 Fe^{3+} 等杂质含量相对较高，且 Fe^{3+} 具有较强的形成配合物的能力，因而在硫酸介质中，不可避免地会有部分铁以络合阴离子如 $[Fe(SO_4)_2]^-$ 的形式存在，这部分铁也被同步萃取而进入了有机相，故需要对负载有机相进行洗涤以除去杂质，洗涤采用 0.3mol/L 的活性 Na_2SO_4 溶液。洗涤后的负载有机相用 0.7mol/L 的 Na_2CO_3 溶液反萃取，使钒从有机相转入水相，反萃液 pH 值为 8 左右：

$$2[R_3NH]_4H_2V_{10}O_{28(O)} + 10Na_2CO_3 \Longleftrightarrow 8R_3N_{(O)} + 5Na_4V_4O_{12} + 10CO_2 + 6H_2O$$

含钒有机相经碳酸钠反萃后，有机相中的萃取剂已再生为 R_3N，可直接返回使用。反萃液中的钒是以五价形式存在，大多数杂质被除去，可直接进行酸性铵盐沉钒。将沉淀的多聚钒酸铵进行煅烧脱氨，即可得到工业五氧化二钒产品。

C　工艺流程

通过选矿预处理或选择性氯化铵浸钙、选择性分段酸浸、选择性萃取-洗涤-反萃等单一技术的科学集成及有机结合，构建出含钒钢渣提钒新技术。根据脱钙富钒工序的不同（选矿预处理或选择性氯化铵浸钙），将含钒钢渣提钒新技术分为两种工艺流程，分别如图 17-83 和图 17-84 所示。

D　主要技术指标

a　选矿预处理指标

以川威集团含钒钢渣为例，通过选矿（重选）预处理，可预先抛除 26.23% 的钙；选矿预处理后钒的回收率为 88.11%。可见，选矿预处理脱钙的同时并未造成钒的大量损失。同时，选矿预处理抛掉了不含钒的金属铁、f-CaO 和含钒较低的硅酸三钙等。预处理后尽管钒富集程度不高，但仍有富集，品位可由 1.77% 预富集至 1.88%，这为后续湿法提钒创造了便利。

选矿（重选）预处理可抛除部分耗酸杂质，避免这些杂质对浸出的有害影响，更有利于后续浸出和节省浸出酸耗。相对于含钒钢渣直接酸浸，选矿预处理后再酸浸，浸出率提高了 11 个百分点，浸出效率也大大提高。较高的浸出指标和浸出效率在一定程度上抵消了常规酸浸法中较高的酸成本。

在经济性方面，采用选矿预处理，在总回收率较高的前提下，每处理 1t 钢渣，可节省浸出酸耗 0.17t，经济效益显著。

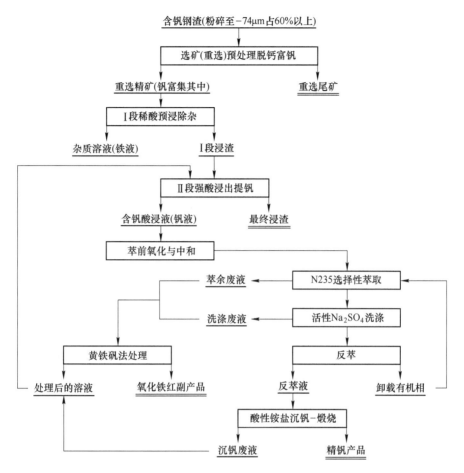

图 17-83　含钒钢渣提钒新技术工艺流程
（选矿预处理、选择性分段酸浸、选择性萃取-洗涤-反萃）

b　选择性氯化铵浸钙指标

以河钢承钢、朝阳钢铁含钒钢渣为例。

（1）无添加选择性浸钙：在优化的工艺条件下，两类含钒钢渣无添加选择性浸钙（浸出所用溶液为简单再生后的沉钙液），均获得了良好的技术指标，在不损失钒的情况下（其他元素均不被浸出）钙的脱除率可达 60% 以上。与此同时，这一浸出是钙组元不断溶解、含钒钢渣质量不断减少的过程。钒既然不被浸出而钢渣质量又有所减少，其品位自然随之提高，浸出后钒在浸出渣中可富集达 1.2 倍或以上，含钒钢渣的经济利用水平随之提高。

（2）快速高效沉钙并制备碳酸钙：以碳酸铵为沉淀剂，用量为含钒钢渣原料质量的 36%~41%，向富钙浸出液中加入碳酸铵，可即时、快速、高效沉钙。固液分离得碳酸钙副产品和沉钙液，碳酸钙产率为 33%~36%，钙沉淀转化率 99% 以上，碳酸钙纯度为 99% 以上，由于是即时、快速过程，基本无铵盐分解挥发损失，高效地实现了含钒钢渣中钙的综合回收。

常温下沉钙滤液经简单再生处理后，可除去残存的 CO_3^{2-}、HCO_3^-，依然保持着良好的浸出性能，在不补加浸出剂的情况下返回至选择性浸钙工序使用，钙的浸出率依然高达

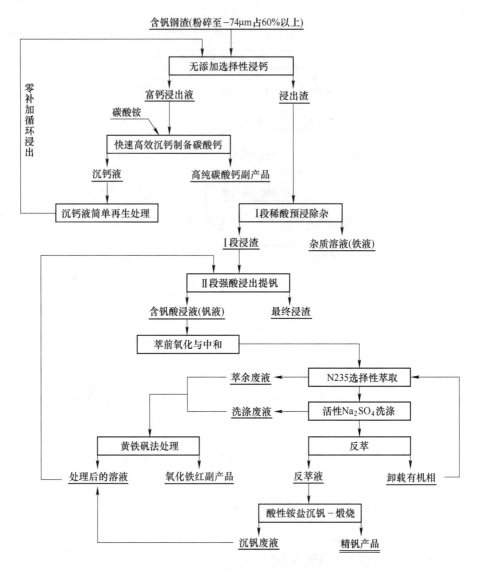

图 17-84　含钒钢渣提钒新技术工艺流程
（选择性氯化铵浸钙、选择性分段酸浸、选择性萃取-洗涤-反萃）

60%以上。如此循环浸出数十次，钙的净化率基本维持在60%以上，而钒及其他组元基本不被浸出，实现了简单再生后的无补加循环浸出。

　　相对于选矿预处理以及常规的钙处理技术，选择性氯化铵浸钙法优势明显：无需添加浸出剂，脱钙率高、选择性好，不损失钒并使钒得以富集；可快速高效沉钙并制备出高纯碳酸钙产品，基本避免了铵盐的热解挥发损失，具有作用效率高、制备速度快的优点；沉钙滤液经简单再生处理，可零补加循环浸出，具有节约环保效果。

　　c　选择性分段酸浸指标

　　以川威集团含钒钢渣为例，选择性分段酸浸新方法，钒浸出率达94.68%。Ⅰ段预浸除杂，在不损失钒的情况下可预先抛除44.99%的铁，很大程度上实现了铁与钒的浸取分离；经 I 段预浸除杂后，钢渣再浸出提钒获得了较为纯净的钒液（含钒酸浸液），溶液中杂质铁浓度可由常规工艺时的 28.38g/L 明显减少至 11.09g/L，铁钒质量浓度比由 7.99 降至 3.12，减轻了后续除杂的负担。同时，与常规酸浸相比，在钒浸出指标相同的情况下新方法还可节省 5% 的酸耗。而且新方法采用的是分段分批加酸方式，降低了酸解反应的剧烈程度，使生产过程更容易操作控制。

分段浸出新方法所得钒液的酸度相对常规工艺的浸出液要低，这可减少萃前中和时所消耗的氨水量，节约生产成本。

d 选择性萃取-洗涤-反萃指标

以川威集团含钒钢渣为例，采用 N235＋TBP＋磺化煤油从钒液（含钒酸浸液）中萃取钒是可行的，具有选择性好、萃取速度快、回收率高等优点。

在优化的萃取工艺条件下，经 4 级逆流萃取后萃余液中 V 浓度为 0.04g/L、Fe 浓度为 9.71g/L，V 的萃取率为 98.86%，Fe 的萃取率为 11%，获得了很好的萃钒和钒-铁分离效果。

研发出专门的洗涤剂活性 Na_2SO_4 溶液。在优化工艺条件下主要杂质铁的洗脱率可高达 97% 以上，而钒损失率可控制在 1.16%，洗涤除杂效果明显。洗涤后的负载有机相中 V 浓度为 6.84g/L、Fe 浓度为 0.07g/L，钒铁质量浓度比达 97.7。洗涤时不仅洗去了部分铁，而且洗去了其他杂质，净化了负载有机相，使得反萃时分相速度快，且界面清晰、反萃率高。

经萃取-洗涤-反萃后，不仅 V 由 3.5g/L 富集到 20.37g/L，而且大多数杂质被除去，该溶液可直接用于沉钒。经酸性铵盐沉钒，可沉淀出球形多钒酸铵；经煅烧，精钒产品质量达到国家标准。

采用黄铁矾法处理萃余液与洗涤液，在优化条件下废水的除铁率达 97%、除铬率达 96%。黄铁矾法沉淀物处理后可得 Fe_2O_3 品位为 72.01% 的铁红产品，处理后的溶液返回浸出使用，对浸出和过滤无不利影响，并可节省浸出酸耗 5%。

E 推广应用前景

通过多项工艺方法的科学集成、有机结合，含钒钢渣提钒新技术，使钒总回收率达 80% 以上，与传统技术从含钒固废中提钒时总回收率不足 70% 相比，提钒指标大幅提升。

含钒钢渣提钒新技术取消了焙烧工序，突破了传统火法冶炼的局限，既消除焙烧污染、降低成本和投资，又提高提钒指标。选矿预处理可抛除部分耗酸的钙杂质，避免这些杂质对浸出的危害，节省酸耗并利于后续浸出，同时预处理后钒有所富集，为后续湿法提钒创造了便利。

选择性氯化铵浸钙优势更加明显，无需添加浸出剂、脱钙率高、选择性好、不损失钒并使钒得以富集，富集程度高达 1.2 倍以上，可快速高效沉钙并制备出高纯碳酸钙产品，基本避免了铵盐的热解挥发损失，作用效率高、制备速度快；沉钙滤液经简单再生处理，可零补加循环浸出，具有节约环保效果。经选择性萃取-洗涤-反萃后，不仅钒得以有效富集，而且杂质被基本除去，经沉钒-煅烧便可获得高质量精钒产品。黄铁矾法处理废液，处理后的溶液返回浸出使用，既实现废水循环利用，又节省酸耗，沉钒废渣还可制取铁红副产品。新技术使用的原料是废弃的含钒钢渣，属于废弃物的综合利用，对充分利用钒资源具有重要意义。

17.5.1.4　含钒钢渣直接还原制取高钒生铁新技术

攀枝花学院在火法提钒工艺技术方面也进行了有益的探索试验。含钒钢渣碳热还原制取高钒含量生铁是一种新的提钒技术途径，所制取的高钒含量生铁可作为后续吹炼高品位钒渣的重要原料，所副产的还原炉渣可作为制取无机非金属材料的原料。该新技术途径的优点是工艺流程短、成本较低且不产生废水和废液。

A　试验原料及设备

试验原料主要有还原剂焦炭（丁）及含钒钢渣。表 17-67、表 17-68 分别为含钒钢渣和还原剂焦炭（丁）的化学成分。

表 17-67　含钒钢渣的化学成分　　　　　　　　（%）

CaO	MgO	Al$_2$O$_3$	SiO$_2$	TFe	MFe	FeO	Fe$_2$O$_3$
33.65	8.33	3.02	8.70	20.28	2.77	17.50	5.57
TiO$_2$	TV	V$_2$O$_5$	P$_2$O$_5$	Cr$_2$O$_3$	MnO	S	As
3.15	2.01	3.54	3.22	1.62	4.73	0.23	<0.01

表 17-68　焦炭（丁）的化学成分　　　　　　　　（%）

固定碳	挥发分	灰分的成分				P	S	灰分
		SiO$_2$	Al$_2$O$_3$	MgO	CaO			
83.65	1.78	45.56	26.35	2.70	3.95	0.16	0.51	14.08

试验研究还原冶炼含钒钢渣采用 50kV·A 中试电弧炉。主要试验工艺参数为渣炭比、电炉冶炼温度和冶炼时间。理论配碳比取 10∶（1.0~1.5）。根据还原热力学理论计算以及以往的电弧炉冶炼经验，电弧炉温度取 1600~1700℃，还原时间取 40~60min，试验过程采用测温枪检测温度。将含钒钢渣进行预破碎和筛分，选出粒度为 5mm 左右的部分备用；焦炭也进行适当破碎和筛分，选出粒度 3~5mm 的部分（焦炭丁）备用。按所选粒度的含钒钢渣和焦炭按设定的配比，进行充分混匀后，可直接加入电弧炉中进行还原冶炼。

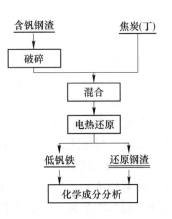

图 17-85　试验研究工艺路线

B　试验研究工艺路线

试验研究工艺路线如图 17-85 所示。

C　试验结果及分析

含钒钢渣电弧炉还原冶炼所得的低钒铁、还原渣的化学成分见表 17-69、表 17-70。

表 17-69　含钒钢渣还原冶炼所得低钒铁化学成分分析　　（%）

V	Ti	C	P	S	Cr	Si	Mn
5.88	0.16	4.70	5.23	0.0071	3.38	0.045	4.89

表 17-70 还原钢渣化学成分 （%）

TV	TiO$_2$	MFe	FeO	CaO	MgO	SiO$_2$	Al$_2$O$_3$	Cr$_2$O$_3$	MnO	P$_2$O$_5$	S	C
0.599	8.02	<0.50	4.05	41.98	17.86	18.21	7.04	0.303	1.72	0.559	0.71	0.40

含钒钢渣还原冶炼所得低钒铁中金属钒含量平均为 5.88%，表明在还原工艺条件下含钒钢渣中钒氧化物的还原完全可行。同时，低钒铁中 Ti、Cr、Mn、Si 的含量较高，分别为 0.16%、3.38%、4.89% 和 0.045%，表明冶炼过程中其他氧化物也得到了一定程度的还原，特别是 Cr、Mn 的还原。

随着温度的不断降低，出炉后的还原钢渣和残留在炉内的少许还原钢渣均很快发生自行粉化现象、变成淡黄色的粉末。特别是出炉后的钢渣，出炉后约 1h，还原钢渣即已开始自行粉化，至 24h 绝大部分已经粉化；粉化后的还原钢渣颜色不尽相同，有灰白色、淡灰色及褐黄色等多种颜色。

还原钢渣粉化原因分析：因为含钒钢渣为高碱度炉渣，氧化钙含量高达 33.65%（见表 17-67），氧化硅为 8.70%，二元碱度为 3.86。在技术还原条件下氧化钙是不能被还原的，去除了部分被还原的金属氧化物（含二氧化硅）后，致使还原钢渣中二元碱度再度升高，同时还原钢渣中游离氧化钙质量再度增加。游离氧化钙在空气中吸收水气后生成氢氧化钙，因氢氧化钙的晶格尺寸大于氧化钙，故导致还原钢渣产生内应力，发生自行膨胀而粉化。

D 研究结论

以焦炭为还原剂在中试电弧炉中还原冶炼含钒钢渣制取低钒铁，其工艺是可行的。在试验研究条件下还原含钒钢渣制取低钒铁的适宜工艺参数为：含钒钢渣与还原剂焦炭的配比为 10：（0.8～1.0）、炉内冶炼温度 1640℃、冶炼时间 65min，所得低钒铁产率为 24.4%～26.0%、金属钒回收率为 65.42%～71.07%、低钒铁中钒含量为 4.87%～5.88%。还原含钒钢渣制取低钒铁时，还原钢渣出炉后很快出现自行粉化现象，这有利于渣和铁的分离。

17.5.1.5 含钒钢渣其他利用技术

含钒钢渣除钙技术：有专利报道，采用盐酸浸出脱除含钒钢渣中的钙，得到富钒的精渣，对该精渣再进焙烧提钒，获得 V$_2$O$_5$ 产品。向盐酸浸出后的含氯化钙溶液中加入硫酸，沉淀出硫酸钙，可用于生产石膏、建材等的原料。转浸后的溶液为盐酸溶液，再循环返回到盐酸浸出工序。

含钒钢渣返回炼铁使用：将含钒钢渣先进行磁选预处理，使渣中的铁含量从 18.6% 降低至 15.5%，获得的铁精矿品位达到 72.8%，可返回炼铁使用。磁选后的含钒钢渣在渣与硫酸质量比为 1：1 时，钒浸出率可达 94%，与直接浸出相比提高了 11%，且降低了浸出液中铁含量。

有研究者通过分析含钒钢渣在盐酸体系下的分解行为，考察了酸度、反应温度、粒度及液固比等因素对溶出过程的影响，并探讨了反应机理。结果表明，含钒钢渣最优预处理工艺条件为初始酸度 2mol/L、反应温度 40℃、液固比 8：1、含钒钢渣粒度 74～124μm、反应时间 10 min。在此最优条件下，CaO 含量（质量分数）由 41.09% 降至 14.28%，CaO/V$_2$O$_5$ 由 16 降至 3，MnO$_2$、MgO、FeO、SiO$_2$ 的溶出率分别达到 39%、47%、39% 和 55%。随着反应的进行，游离氧化钙、氧化铁、铁酸钙等矿相被破坏，但富集钒的硅酸二钙和硅酸三钙等矿相无变化。经碳酸钠浸出后，钒的提取率由 80% 提高到 85% 以上。

也有企业采用含钒钢渣配加钒渣钠化提钒尾渣进行焙烧提钒的生产，最终可将尾渣中钒含量降低至 0.35%~0.45%，钒综合收率约为 60%。

有研究报道以 3.0% 的 CaF_2 为助剂，在 700℃ 下焙烧 1h，焙烧熟料中钒浸出率达 68%。

17.5.2 提钒尾渣综合利用技术

17.5.2.1 提钒尾渣及其主要性质

对含钒铁水经吹炼后得到的钒渣进行氧化-钠化（钙化）焙烧，将焙烧料进行湿法浸取并提取钒盐（钒化合物）后，所剩余的残渣即为提钒尾渣。目前我国每年产生提钒尾渣超百万吨，主要产地是四川、河北、辽宁等，代表性企业是攀钢、承钢等企业。

提钒尾渣中的铁含量较高，全铁含量为 30%~40%，且富含第四周期过渡金属元素，如 V、Ti、Cr、Mn 及 Si、Al、Ca、Mg、K、Na 等元素复杂化合物（见表 17-71），其中 Fe、Cr、Mn、V、Ti 等第四周期元素复杂化合物含量占总重量的 80% 左右，综合利用价值高。

表 17-71   提钒尾渣典型化学成分   （%）

Fe_2O_3+FeO	V_2O_5	TiO_2	Cr_2O_3	MnO	SiO_2	Al_2O_3	CaO	MgO	K_2O	Na_2O
50~70	0.2~2.0	5~9	0.02~3.0	4.0~7.0	12~26	2.0~4.0	0.9~2.0	0.2~2.0	0.012~0.12	2.0~6.0

提钒尾渣经历各种冶金过程，形成十分复杂而稳定的矿物组成和晶体结构，在常温下和经不同温度的高温焙烧直至经熔融过程，始终为纯黑色，其产品的成分、结构、性能相当稳定。

17.5.2.2 提钒尾渣制取钒钛黑瓷技术

光线的吸收和发射与物质的外层电子状况相关，目前普遍使用的太阳能涂层、远红外辐射涂层多为黑色，多数由第四周期过渡元素组成。由于制造方法的原因，其阳光吸收率、远红外辐射率容易衰减，影响寿命和效率。陶瓷是高键能矿物，性能十分稳定，但是以前生产黑色陶瓷必须加入 Co、Cr、Ni、Mn、Fe 等第四周期过渡元素，价格十分昂贵，长期以来人工配制的 Co 系陶瓷黑色着色剂的制造必须经过严格的配方、精细复杂的加工才能得到呈色稳定的陶瓷黑色着色剂。以提钒尾渣为主要原料之一生产的各种黑色陶瓷制品，称作钒钛黑瓷。

A 钒钛黑瓷的性质

黑色物体具有较高的光热吸收率、红外辐射率和较高的光、热转换效率，但是通常所见的大多数黑色物体在温度、时间、气候、水、光的作用下会发生氧化、分解、腐蚀、老化、褪色等破坏性变化。而黑色陶瓷在相当宽的温度范围内和上述相应条件下能长期保持原有的基本性能和纯正的黑色，从而使得黑色陶瓷在能源利用、节能、红外、建筑等领域具有广泛的用途。

提钒尾渣是一种十分特殊的工业废弃物，其中任何一种成分的提取和利用的经济性均远不如相应天然矿物，但它们的集合体却是一种十分稳定的陶瓷黑色着色剂，也是优良的黑色瓷器原料。百分之百的提钒尾渣就可以生产理化性能优良、光热转换性能突出的钒钛黑瓷制品，其阳光吸收率约0.9，远红外辐射率0.83~0.95。其价格也低于最平常的陶瓷原料。

提钒尾渣为黑色粉状物，在常温到1400℃熔融温度区间始终保持黑色，并且单独的提钒尾渣也可制得致密的黑色陶瓷。在普通陶瓷原料中加入25%以上的提钒尾渣即可使陶瓷呈现黑色。

钒钛黑瓷的基本原料是提钒尾渣，已有研究结果表明其具有很宽的黑色呈色温度范围和烧结温度范围，具有很强的黑色着色作用和良好的成瓷性能。

国外对钒钛黑瓷鲜有报道，国内主要有山东省科学院新材料研究所曹树梁研究员所领导的课题小组从事这方面研发工作。其研究小组申报了一系列相关的国内外专利，但其中大部分是申报于20世纪80年代和90年代，目前绝大部分专利有效期已过。其开发的钒钛黑瓷产品主要仅集中在太阳能集能器及用于建筑行业的陶瓷装饰材料。

因提钒尾渣中含有铁、钒、钛、锰等多种金属元素，从而使得钒钛黑瓷具有一系列特殊优点，如强度比普通陶瓷几乎高一倍，抗弯强度高达60~100MPa；不易破碎和龟裂；光泽度高，镜面效果好；耐磨性好，不易磨损；耐酸碱、抗腐蚀、防风化，不需另加着色剂而能保持色泽纯正稳定，其色泽系工业废渣中金属元素在特定条件下的自然显色，无任何放射性污染；其阳光吸收率和远红外辐射率均高达0.9，吸水率小于0.3%，且历经10年而未见性能衰减，是典型的功能材料和能源材料；提钒尾渣中的可溶性铬盐、钒盐经高温分解生成的矿物进入晶相和玻璃相，从而使得钒钛黑瓷的使用完全安全。这些性能均通过了国家权威部门的检测，其相关产品被中国室内装饰协会评为"绿色环保产品"和国家节能推广产品。

钒钛黑瓷呈黑色外观，具有优良的光-热转化特性。充分利用钒钛黑瓷的光-热转换特性，钒钛黑瓷就能成为规模化生产和应用的光-热转换材料、功能材料、能源材料。

钒钛黑瓷是一种长寿命的光热转换材料，具有不腐蚀、不老化、不褪色、高硬度、高强度、高刚性、不氧化、耐高温的特性，可用于多种工作场合。由于其巨大的潜在产量和低廉的制造成本，可以开发许多有用的产品，如钒钛黑瓷太阳板集热系统、钒钛黑瓷太阳能房顶和热水容器、钒钛黑瓷太阳能集热场发电系统、钒钛黑瓷太阳能风道发电系统、钒钛黑瓷远红外辐射板、钒钛黑瓷建筑暖气散热板等。钒钛黑瓷还可以用于制造艺术品、建筑装饰板。钒钛黑瓷太阳能集热体具有良好的集热性能，制造成本低、寿命长，可以组合为与建筑物同寿命的太阳能集热系统。钒钛黑瓷远红外辐射体制造成本较低，辐射率几乎不衰减，具有很长的使用寿命。

B 钒钛黑瓷太阳板制备工艺

一般黑色陶瓷生产工艺为：粉碎→球磨→滤泥→炼泥→陈腐→真空挤制成型→干燥→喷涂黑瓷素坯层→烧成→磨（切）边→检验→成品。

钒钛黑色陶瓷是在通常陶瓷原料中加入提钒尾渣而制造的陶瓷。其中提钒尾渣加入量为25%~100%，一般为40%~70%，不同的配方可以具有不同的性能，用于不同的用途。最基本的配方是提钒尾渣50%，黏土50%。提钒尾渣一般预烧后使用，以减少烧成收缩，预烧温度为1000~1300℃，时间5min左右。黑瓷烧结温度为1000~1200℃，一般在1100℃，烧结0.5~2h。钒钛黑瓷生产工艺与通常陶瓷的生产工艺基本相同，如图17-86所示。

上述生产工艺各部分都是传统陶瓷基本的生产工艺。其关键之处是要尽量减小成型应

力、干燥应力、烧成应力和结合应力。减小结合
剂与瓷质材料的膨胀系数尽量接近，或采用柔性、弹性结合剂。
除太阳板连续成型模具、自动耐压检测设备外，所用设备均为陶
瓷业传统设备。

17.5.2.3　提钒尾渣返回炼铁原料技术

提钒尾渣中除含有铁钒等有益元素外，还含有 3% ~ 6% 的氧
化钠，直接返回高炉流程时必须考虑所增加的碱负荷对高炉冶炼
的不利影响。在高炉冶炼过程中碱负荷允许含量大小目前尚无统
一标准，我国高炉生产过程中大都考虑采用碱负荷在 5.0kg/t 以
内，高炉生产大都不受影响，超过 5.0kg/t 以后根据超过界限的
多少，需要采取不同的处理手段。由于钒钛磁铁矿高炉冶炼过程
中的还原粉化现象远比普通磁铁矿冶炼情况严重，因此钒钛磁铁
矿高炉冶炼的碱负荷限制应低于普通高炉冶炼标准，如河钢承钢
选用 3.0kg/t 作为冶炼碱负荷界限标准。

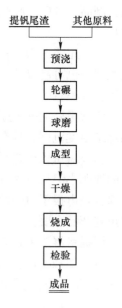

图 17-86　钒钛黑瓷
生产工艺流程

提钒尾渣中的碱金属含量在 3% ~ 6%（平均 4.5%）。以河钢
承钢为例，年产 800 万吨铁，产生提钒尾渣 30 万吨，高炉矿耗为
1.85t/t 铁，机烧比为 70%，则所需机烧矿量 = 800 万吨×1.85×
70% = 1036 万吨，吨机烧矿加入尾渣量 = 30 万吨/1035 万吨 = 0.028t/t。如将尾渣全部配
入烧结流程，则高炉增加的碱金属负荷 = 1×1.85×70%×0.028×1.3% = 0.47kg/t 铁（1.3%
为提钒尾渣经脱钠后碱金属的平均含量），所以对高炉内的碱负荷影响较小。若提钒尾渣
不经过脱钠处理，则高炉增加的碱金属负荷 = 1×1.85×70%×0.028×4.5% = 1.63kg/吨铁
（4.5% 为提钒尾渣中碱金属的平均含量），所以对高炉内的碱负荷影响较大。

根据攀钢高炉生产实践，高炉内碱金属主要通过高炉渣排出炉外，约占排除总量
的 94%。

承钢烧结矿吨矿配加 20kg 的提钒尾渣后，铁水含钒由配加前的 0.30% 提高到
0.315%，钒回收率由 75% 提高到 75.7%。由于钒钛铁精矿中 SiO_2 的含量较低，烧结过程
中形成的液相较少，配加提钒尾渣后工艺参数发生变化，机烧矿中 SiO_2 含量有所提高，
成品烧结矿指标发生明显改善（见表 17-72、表 17-73）。其中机烧矿转鼓指数提高了
0.6%，效果较为明显，对烧结矿质量改善有利。

表 17-72　提钒尾渣配加前后主要工艺参数的变化

| 参数 | 机速 /m·min⁻¹ | 垂直烧结速度 /m·min⁻¹ | 负压/kPa | | 烟道温度/℃ | | 终点温度 /℃ | 料层厚度 /mm |
			北	南	北	南		
使用前	1.28	0.015	14.6	15.4	170	175	380~450	700
使用后	1.26	0.012	15.2	14.9	164	171	380~450	700

对钒渣钙化提钒尾渣，将提钒尾渣与烧结返矿按 1∶5 的比例均匀混合后，以 6% ~
12% 的比例配入混合料中进行烧结试验。试验结果表明，配加提钒尾渣后烧结矿转鼓指数
降低了 0.59 个百分点，成品率提高 0.85 个百分点，燃料消耗略有增加，烧结脱硫率由

88.35%提高到90.22%，脱除了提钒尾渣中的大部分硫，具有较好的环保与社会效益。

表 17-73　提钒尾渣配加前后烧结矿质量指标的变化　　　　　　（%）

指　标	TFe	SiO$_2$	转鼓指数	粒度小于10mm 含量
尾渣配加前	53.8	5.01	74.98	7.09
尾渣配加后	51.9	5.28	76.12	7.17

已开展钒渣钠化提钒后的尾渣返回高炉工业试验或短时间生产，没有发现明显的不利影响，但由于应用时间不够长，对高炉的影响尚无法做出准确判断。

钙化提钒后的尾渣返回烧结、再返回高炉炼铁，在技术上可行，烧结过程可对尾渣进行脱硫，不会影响高炉冶炼过程的脱硫。由于提钒尾渣中的铁含量比钒钛铁精矿低，故将降低烧结矿的铁品位，对高炉的经济指标有一定影响。

17.5.2.4　提钒尾渣其他利用新技术

采用电炉碳热法熔炼提钒尾渣，控制碱度在0.6以上，在高温条件下用焦粉作还原剂还原渣中的全部铁的氧化物和部分钒的氧化物，用硅铁渣作贫化期的还原剂，还原渣中的钒氧化物，可生产出含钒为1.5%以上的高钒生铁。熔炼渣可作水泥的原料。

参 考 文 献

[1] 沈友廉，王云龙. 高压静电除尘器在钒焙烧窑上的应用 [J]. 江苏冶金，1989（2）：51-52.

[2] 江泉观，纪云晶，常元勋. 环境化学毒物防治手册 [M]. 北京：化学工业出版社，2004.

[3] 陈燕. 从提钒废水中回收金属锰的试验研究 [J]. 钢铁钒钛，2019，40（4）：90-94.

[4] 张奎. 还原-中和工艺处理氧化钒废水 [J]. 冶金动力，2018（4）：52-55.

[5] 王进. 回用废水对酸浸生产清洁钒的影响 [J]. 钢铁钒钛. 2017，38（2）：87-92.

[6] 张奎. 还原-中和蒸发浓缩工艺处理沉钒废水 [J]. 四川化工，2018，21（1）：52-55.

[7] 陈家庸. 湿法冶金手册 [M]. 北京：冶金工业出版社，2005：936-967，984.

[8] 王丽娜，张志华. 高氨氮重金属废水处理工艺研究现状 [J]. 矿冶工程，2016（8）：296-300.

[9] 高航. 五氧化二钒生产中钠盐的排放与回收利用 [J]. 铁合金，2000（3）：40-44.

[10] 杨兴华. 三氧化二钒废水处理设计 [J]. 给水排水，2002，128（3）：41-42.

[11] 伍后英. 钒工业废水处理系统效果评价 [J]. 攀枝花学院学报，2014，31（2）：105-107.

[12] 吉鸿安. 高钠度水代盐再生树脂的研究 [J]. 甘肃冶金，2008（2）：6-8.

[13] 廖世明，柏谈论. 国外钒冶金 [M]. 北京：冶金工业出版社，1985.

[14] 张向宇. 实用化学手册 [M]. 北京：国防业出版社，1986.

[15] 孙玉凤，赵春英，赵平. 还原法处理含铬电镀废水的工艺研究 [J]. 电镀与精饰，2012，34（5）：43-46.

[16] 杨得军，王少娜，陈晓芳，等. 铬盐无钙焙烧工艺铬酸钠中性液铁盐除钒 [J]. 中国有色金属学报，2014，24（1）：279-285.

[17] Greenwood N N, Earnshaw A. Chemistry of the Elements [M]. 2nd ed. Oxford：Butterworth Heinemann，1997.

[18] Sengupta A K, Clifrord D. Important process variables in chromate ion exchange [J]. Environ. Sci.，Technol.，1986，9（20）：149-155.

[19] 吴文，电镀废水化学综合处理 [J]. 电镀与精饰，2001，23（3）：43-45.

[20] 奥斯曼·吐尔地，杨令，安迪，等. 吹脱法处理氨氮废水的研究和应用进展 [J]. 石油化工，

2014, 43 (11): 1348-1353.

[21] 孙华, 申哲民. 吹脱法去除氨氮的模型研究 [J]. 环境科学与技术, 2009 (8): 84-87.

[22] 张宗阳, 郝兴阁, 赵建敏, 等. 双套型中空纤维膜接触器用于脱除水溶液中氨氮 [J]. 高校化学工程学报, 2016, 30 (5): 1213-1221.

[23] 谢禹, 叶国华, 左琪, 等. 含钒钢渣提钒新工艺研究 [J]. 钢铁钒钛, 2019, 40 (1): 69-77.

[24] 中华人民共和国国土资源部. 中国矿产资源报告 (2019) [M]. 北京: 地质出版社, 2019.

[25] Li Jia, Zhang Yimin, Liu Tao, et al. A methodology for assessing cleaner production in the vanadium extraction industry [J]. Journal of Cleaner Production, 2014, 84: 598-605.

[26] Désirée E Polyak. 2016 Minerals Yearbook: Vanadium, United State Government Printing Office [M]. Washington, 2017.

[27] 胡艺博, 叶国华, 左琪, 等. 钒市场分析与石煤提钒工艺进展 [J]. 钢铁钒钛, 2019, 40 (2): 31-39.

[28] Aylor R R, Shuey S A, Vidal E E, et al. Extractive metallurgy of vanadium-containing titaniferous magnetite ores: A review [J]. Minerals & Metallurgical Processing, 2006, 23 (2): 80-86.

[29] Preblinger H. Vanadium in converter slag [J]. Steel Research International, 2002, 73 (12): 522-525.

[30] Xiang Junyi, Huang Qingyun, Lv Xuewei, et al. Multistage utilization process for the gradient-recovery of V, Fe, and Ti from vanadium-bearing converter slag [J]. Journal of Hazardous Materials, 2017, 336: 1-7.

[31] Zhang Yimin, Bao Shenxu, Liu Tao, et al. The technology of extracting vanadium from stone coal in China: History, current status and future prospects [J]. Hydrometallurgy, 2011, 109: 116-124.

[32] 叶国华, 童雄, 路璐. 含钒钢渣资源特性及其提钒的研究进展 [J]. 稀有金属, 2010, 37 (5): 769-775.

[33] 叶国华, 童雄, 路璐. 含钒钢渣的选矿预处理及其对后续浸出的影响 [J]. 中国有色金属学报, 2010, 20 (11): 2233-2238.

[34] 叶国华, 何伟, 路璐, 等. 常温常压下含钒钢渣直接硫酸浸钒的研究 [J]. 稀有金属, 2013, 37 (5): 813-819.

[35] 张豪, 叶国华, 路璐, 等. 含钒钢渣硫酸浸出提钒的热力学研究 [J]. 钢铁钒钛, 2020, 41 (1): 2-6.

[36] 张鹏科, 李光强, 朱诚意, 等. 含钒钢渣的成分调整和碳热还原富集含钒组分 [J]. 中国稀土学报, 2008, 26: 685-689.

[37] 杨素波, 罗泽中, 文永才, 等. 含钒转炉钢渣中钒的提取与回收 [J]. 钢铁, 2005, 40 (4): 72.

[38] Waligora J, Bulteel D, Degrugilliers P, et al. Chemical and mineralogical characterizations of LD converter steel slag: A multi-analytical techniques approach [J]. Materials Characterization, 2010, 61 (1): 39-48.

[39] Monakhov L N, Khromov S V, Chernousov P I. The Flow of vanadium-bearing materials in industry [J]. Metallurgist, 2004, 48 (7): 381-385.

[40] 叶国华, 张爽, 何伟, 等. 石煤的工艺矿物学特性及其与提钒的关系 [J]. 稀有金属, 2014, 38 (1): 146-157.

[41] 叶国华, 谢禹, 胡艺博, 等. 低品位石煤钒矿低温硫酸化焙烧-水浸提钒研究 [J]. 稀有金属, 2020, 44 (7): 753-761.

[42] 叶国华, 何伟, 童雄, 等. 黏土钒矿不磨不焙烧直接酸浸提钒的研究 [J]. 稀有金属, 2013, 37 (4): 621-627.

[43] Zhu Xiaobo, Li Wang, Guan Xuemao. Vanadium extraction from titano-magnetite by hydrofluoric acid [J]. International Journal of Mineral Processing, 2016, 157: 55-59.

[44] Chen Xiangyang, Lan Xinzhe, Zhang Qiuli. Leaching vanadium by high concentration sulfuric acid from

stone coal [J]. Transactions of Nonferrous Metals Society of China, 2010, 20: s123-s126.

[45] 王晨. 含钒钢渣中钙与钒的回收利用研究 [D]. 沈阳：东北大学，2012：29-38.

[46] Sang Moon Lee, Sang Hyun Lee, Soon Kwan Jeong, et al. Calcium extraction from steelmaking slag and production of precipitated calcium carbonate from calcium oxide for carbon dioxide fixation [J]. Journal of Industrial and Engineering Chemistry, 2017, 53: 233-240.

[47] Satoshi Kodama, Taiki Nishimoto, Naoki Yamamoto, et al. Development of a new pH-swing CO_2 mineralization process with a recyclable reaction solution [J]. Energy, 2008, 33 (5): 776-784.

[48] Hall C, Large D J, Adderley B, et al. Calcium leaching from waste steelmaking slag: Significance of leachate chemistry and effects on slag grain mineralogy [J]. Minerals Engineering, 2014, 65: 156-162.

[49] Owais M, Järvinen M, Taskinen P, et al. Experimental study on the extraction of calcium, magnesium, vanadium and silicon from steelmaking slags for improved mineral carbonation of CO_2 [J]. Journal of CO_2 Utilization, 2019, 31: 1-7.

[50] 陈子杨，叶国华，左琪，等. 有机胺类萃取剂构效关系及其萃钒的研究进展 [J]. 钢铁钒钛，2020，41 (3): 8-15.

[51] Ye Guohua, Hu Yibo, Tong Xiong, et al. Extraction of vanadium from direct acid leaching solution of clay vanadium ore using solvent extraction with N235 [J]. Hydrometallurgy, 2018, 177: 27-33.

[52] Chen J. Application of ionic liquids on rare earth green separation and utilization [M]. Springer-Verlag Berlin Heidelberg, 2016: 9-10.

[53] Gras M, Papaiconomou N, Schaeffer N, et al. Novel ionic liquid based acidic aqueous biphasic systems for simultaneous leaching and extraction of metallic ions [J]. Angewandte Chemie International Edition, 2018, 57 (6): 1563-1566.

[54] Dong Yuanchi, Yu Liang, Li Liaosha. A clean technique to recover vanadium from converter slag [J]. Steel Research, 2005, 76 (10): 733.

[55] 董元篪，武杏荣，余亮，等. 含钒钢渣中钒再资源化的基础研究 [J]. 中国工程科学，2007，9 (1): 63-68.

[56] 邱会东，杨治立，田仙丽，等. 低钒转炉钢渣提钒湿法工艺的动力学研究 [J]. 稀有金属材料与工程，2011，40 (7): 1198.

[57] 朱光俊，邱会东，杨治立，等. 钢渣氯化浸取提钒工艺的动力学研究 [J]. 材料导报，2011，25: 258-260.

[58] 高明磊，陈东辉，李兰杰，等. 含钒钢渣中钒在KOH亚熔盐介质中溶出行为 [J]. 过程工程学报，2011，11 (5): 761.

[59] Aarabi-karasgani M, Rashchi F, Mostoufi N, et al. Leaching of vanadium from LD converter slag using sulfuric acid [J]. Hydrometallurgy, 2010, 102: 14-21.

[60] 杜维玲，陈华. 提钒尾渣返回钢铁流程的资源化利用 [J]. 北方钒钛，2001 (1), 22-24.

[61] 刘义，李兰杰，王春梅，等. 提钒尾渣资源化利用技术 [J]. 河北冶金，2020，294 (6): 79-82.

[62] 胡鹏，饶家庭，谢洪恩，等. 烧结配加钙法提钒尾渣试验研究 [J]. 烧结球团，2015，40 (4): 44-47.

[63] 王洁，刘树根，宁平，等. 含钒钢渣低温钠化焙烧钒浸出效果及其焙砂湿法脱硫作用 [J]. 环境工程学报，2018，12 (11): 3124-3130.

[64] 高明磊，周欣，王海旭，等. 含钒钢渣选择性预处理及提钒工艺 [J]. 中国有色金属学报，2019，29 (11): 2635-2644.

[65] 程殿祥. 利用提钒尾渣生产高钒生铁 [J]. 铁合金，1990 (2): 40-42.

[66] 郝建璋，刘安强. 钒产品生产废渣的综合利用 [J]. 中国资源综合利用，2009，27 (10): 7-9.

18 钒新材料及其技术

18.1 VOSO$_4$ 技术

18.1.1 VOSO$_4$ 晶体制备 VOSO$_4$ 溶液

VOSO$_4$ 电解液的制备最早是将 VOSO$_4$ 晶体溶解到 H$_2$SO$_4$ 溶液中制得的。但是 VOSO$_4$ 晶体价格昂贵，使得这种方法制备的 VOSO$_4$ 溶液成本过高，不利于工业化生产。

18.1.2 钒氧化物制备 VOSO$_4$ 溶液

18.1.2.1 V$_2$O$_5$ 为原料制备 VOSO$_4$ 溶液

A H$_2$O$_2$ 还原剂法

以 V$_2$O$_5$ 为原料，H$_2$SO$_4$ 溶液为溶剂，H$_2$O$_2$ 作还原剂制备 VOSO$_4$ 溶液。主要流程如下，即向 V$_2$O$_5$ 中依次加入少量的水、不同比例的浓硫酸和双氧水，在 230℃ 恒温加热，蒸发硫酸溶液直到得到固体，然后溶于 2mol/L 的硫酸溶液中。整个制备过程是先通过 H$_2$SO$_4$ 溶液的加入，将 V$_2$O$_5$ 转浸到溶液中，然后加 H$_2$O$_2$ 将溶液中的 V（V）还原为 V（Ⅳ），从而制得 VOSO$_4$ 溶液。可能涉及的反应如下：

$$V_2O_5 + H_2O \longrightarrow 2HVO_3 \tag{18-1}$$

在 pH≤1 的情况下，V（V）主要存在形式为 VO$_2^+$，因此加入 H$_2$SO$_4$ 后的反应为

$$H^+ + HVO_3 \longrightarrow VO_2^+ + H_2O \tag{18-2}$$

加入双氧水之后，其可能的反应为

$$2VO_2^+ + 2H^+ + H_2O_2 \Longrightarrow 2VO^{2+} + 2H_2O + O_2 \tag{18-3}$$

故其总反应为

$$V_2O_5 + 4H^+ + H_2O_2 \Longrightarrow 2VO^{2+} + 3H_2O + O_2 \tag{18-4}$$

B SO$_2$ 还原剂法

以 V$_2$O$_5$ 为原料，SO$_2$ 为还原剂制备 VOSO$_4$ 溶液的工艺。从 V$_2$O$_5$ 溶解于硫酸的温度为着手点，V$_2$O$_5$ 在 H$_2$SO$_4$ 中溶解的实质即为活化 V$_2$O$_5$，为了既保证 V$_2$O$_5$ 能完全被溶解活化并还原成 VOSO$_4$，又能最大限度地降低 H$_2$SO$_4$ 用量，改变在较低温度（90~100℃）下用过量 H$_2$SO$_4$ 溶解 V$_2$O$_5$ 的做法，采用在较高温度（150~200℃）条件下，用少量 H$_2$SO$_4$ 使 V$_2$O$_5$ 活化。主要流程如图 18-1 所示。V$_2$O$_5$ 在 H$_2$SO$_4$ 溶液中活化溶解后，通入还原剂 SO$_2$，从而制得 VOSO$_4$ 溶液，反应式如下：

$$V_2O_5 + H_2SO_4 \Longrightarrow (VO_2)_2SO_4 + H_2O \tag{18-5}$$

$$(VO_2)_2SO_4 + H_2SO_3 \Longrightarrow 2VOSO_4 + H_2O \tag{18-6}$$

该法还原能力强，反应速度快，SO$_2$ 能以 H$_2$SO$_3$ 形式存在，操作简便，过量的 SO$_2$

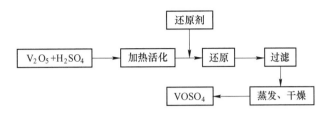

图 18-1 V₂O₅ 为原料制备 VOSO₄

可在脱水过程中排出。相比高温溶解，低温溶解 V₂O₅ 制备 VOSO₄ 耗酸量大，溶解时间长，效率偏低。

C　联胺或羟胺还原剂法

以 V₂O₅（纯度大于98%）为原料制备 VOSO₄ 溶液，选择的还原剂为联胺或羟胺。制备过程也是需要先将 V₂O₅ 溶解在硫酸溶液中，V₂O₅ 的溶解是在常温下进行。溶解完成后，加入还原剂，搅拌一定时间，再经过蒸发、浓缩、结晶、再结晶，即可制备出蓝色 VOSO₄ 晶体，V(Ⅳ) 占总钒的99%。其制备过程中涉及的反应如下所示：

$$V_2O_5 + H_2SO_4 \longrightarrow (VO_2)_2SO_4 + H_2O \quad (18\text{-}7)$$

$$2(VO_2)_2SO_4 + H_2N\text{-}NH_2\text{-}H_2SO_4 + H_2SO_4 \longrightarrow 4VOSO_4 + 4H_2O + N_2\uparrow \quad (18\text{-}8)$$

或者

$$(VO_2)_2SO_4 + (H_2NOH)_2H_2SO_4 \longrightarrow 2VOSO_4 + 4H_2O + N_2\uparrow \quad (18\text{-}9)$$

该方法以 V₂O₅ 为原料，溶解过程未加热，少了冷却稀释步骤，反应条件温和，工艺简单，产品质量好。但是，由于常温下溶解 V₂O₅，溶解速度慢，还原反应未加热，还原速度较慢，整体来看，生产的效率比较低，对于工业生产来讲效率不够。

D　盐酸还原法

V₂O₅ 为原料制备 VOSO₄ 溶液，以盐酸作为溶剂。首先将 V₂O₅ 用盐酸加热溶解，溶解后冷却，然后向冷却液加入四氯化碳，混合静置分层，下层为黄绿色的有机相，上层为蓝色的含水相。取上层溶液，继续加入四氯化碳，混合静置分层，取上层水相加入硫酸溶液混合均匀，加入氢氧化钙/氧化钙粉末，调节 pH 值为 6~7，过滤分离固液两相。最后将滤液蒸发浓缩，得到绿色晶体，其纯度高于95%。以盐酸作溶剂，不仅可以溶解 V₂O₅ 还可以将 V(Ⅴ) 还原成 V(Ⅳ)，充当了溶剂和还原剂的角色。相比于以硫酸做溶剂，省去了额外添加还原剂的过程，但是在整个过程中产生的 Cl₂ 对设备以及操作环境有巨大的影响，为了除去 Cl₂ 增加了四氯化碳萃取的过程，流程依然没有缩短。

E　各有机物还原法

采用稀硫酸溶解 V₂O₅，其溶解过程没有加热，仅靠稀释浓硫酸时放热用于 V₂O₅ 的溶解，然后加入还原剂，还原剂选自黄烷醇类化合物、花色苷类化合物、黄酮类化合物、黄酮醇类化合物、酚酸类化合物、维生素类物质中的任意一种或多种，冷却过滤得到 VOSO₄ 溶液，将滤液蒸发结晶，脱去结晶水，得到 VOSO₄ 粉末。涉及的主要反应如下：

$$V_2O_5 + H_2SO_4 = (VO_2)_2SO_4 + H_2O \quad (18\text{-}10)$$

$$(VO_2)_2SO_4 + H_2C_2O_4 + H_2SO_4 = 2VOSO_4 + 2CO_2 + 2H_2O \quad (18\text{-}11)$$

在这种方法中使用的还原剂完全为纯天然产物，还原能力强，对人体无毒害作用，能够解决现有技术中还原剂消耗大，以及还原剂残留所造成的各种污染问题。并且，这种制备方法还能够解决相关技术中存在的制备得到的 $VOSO_4$ 溶液浓度不高，工艺流程复杂，对设备的要求较高而导致的生产成本增加问题。但是在 V_2O_5 溶解的过程中单靠浓硫酸稀释放热，无法满足高效的生产需求。

有学者以 V_2O_5 为原料，采用化学还原法制备钒电池电解液。对比草酸、抗坏血酸、酒石酸、柠檬酸、双氧水、甲酸、乙酸制备所得钒电池电解液的转化率、还原率及电化学性能，发现草酸制得的电解液转化率及还原率较高，且其电化学活性明显优于其他还原剂，反应方程式如下：

$$(VO_2)_2SO_4 + H_2C_2O_4 + H_2SO_4 \Longrightarrow 2VOSO_4 + 2CO_2\uparrow + 2H_2O \qquad (18\text{-}12)$$

对草酸制备电解液的反应动力学进行分析，发现该反应为放热反应且在常温下能自发进行。对制备过程中的各项参数进行优化，在 $n(H_2C_2O_4) : n(V_2O_5) = 1:1$、反应温度 $90℃$、反应时间 $100min$、$n(H_2SO_4) : n(V_2O_5) = 5:1$ 的条件下，电解液的转化率与还原率达到了 94.80% 和 93.55%。说明在 $VOSO_4$ 的制备过程中，用草酸做还原剂是具有一定优势的，给广大科研工作者提供了理论依据。

18.1.2.2 V_2O_3 为原料制备 $VOSO_4$ 溶液

V_2O_3 为原料，用硫酸溶解得到的悬浮液加入 H_2O_2，双氧水作为氧化剂可将 $V(Ⅲ)$ 氧化成 $V(Ⅳ)$，从而得到 $VOSO_4$ 溶液。$VOSO_4$ 溶液的生成机理如式（18-13）。H_2O_2 相比其他氧化剂主要的优点在于不会引入杂质，且不会将 $V(Ⅲ)$ 氧化为 $V(Ⅴ)$，这是因为电位的差异，也说明了 H_2O_2 是非常合适的氧化剂，对 $VOSO_4$ 溶液有一定的稳定作用。相比于以 V_2O_5 为原料制备 $VOSO_4$ 溶液的工艺，该工艺没有杂质的引进，也不会产生污染气体，相对绿色环保。不足之处在于，V_2O_3 的质量不好控制，制得的 $VOSO_4$ 溶液纯度不稳定。

$$2V_2O_3 + 4H_2SO_4 + H_2O_2 \longrightarrow 4VOSO_4 + 4H_2O + H_2\uparrow \qquad (18\text{-}13)$$

18.1.2.3 V_2O_3 和 V_2O_5 为原料制备 $VOSO_4$ 溶液

V_2O_5 和 V_2O_3 混合反应制备 $VOSO_4$ 溶液：先加入 V_2O_3 于硫酸反应釜中，后加入 V_2O_5 进行反应，反应结束过滤分离滤渣，得到 $VOSO_4$ 溶液，将滤液蒸发结晶，得到 $VOSO_4$ 晶体。将这种晶体溶解在一定浓度的硫酸溶液中，就得到了 $VOSO_4$ 电解液。该自氧化还原反应如式（18-14）所示。主要制备流程如图 18-2 所示。

$$V_2O_5 + V_2O_3 + 4H_2SO_4 \Longrightarrow 4VOSO_4 + 4H_2O \qquad (18\text{-}14)$$

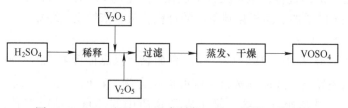

图 18-2　V_2O_5 和 V_2O_3 混合制备 $VOSO_4$ 溶液工艺流程

通过与目前制备的一般工艺对比，该工艺采用钒氧化物的归一反应，减少了硫酸加热溶解、冷却稀释以及还原剂还原三个步骤，可降低能耗，减少还原剂的费用，因而可降低成本。

还有学者以 V_2O_5 和 V_2O_3 作为原料制备 $VOSO_4$ 溶液，与前述方法主要的区别在于原料的加入顺序和启动热量。该方法主要的流程为：浓硫酸和水按照一定比例反应作为启动热量，混合的五氧化二钒与三氧化二钒加入酸液中，反应制备 $VOSO_4$ 溶液。该方法实际上是利用 V(Ⅲ) 和 V(Ⅴ) 发生归一反应生成 V(Ⅳ)，实际得到的溶液中也几乎是 V(Ⅳ)。由于不需要加热维持反应，降低了能源消耗，也降低了制备成本。但是五氧化二钒与三氧化二钒本身作为一种钒制品，价格较高，直接用于制备 $VOSO_4$ 溶液，使得 $VOSO_4$ 溶液的成本增大。

18.1.2.4 钒盐或钒化合物为原料制备 $VOSO_4$ 溶液

用强碱性溶液（5%~30%的氢氧化钠溶液或10%~28%的氨水溶液）充分溶解钒盐或钒化合物（五氧化二钒、钒酸钠、钒酸钾或钒酸铵），将上述过滤后的溶液调 pH 值为 1.5~5.0，然后加入强还原性硫酸盐（硫代硫酸钠、硫酸亚铁或者硫酸亚铁铵）和磷酸双酯阻沉淀剂，获得四价钒化合物溶液。采用适量的明矾溶液与四价钒化合物溶液充分反应，得到 $VOSO_4$ 溶液，然后加热浓缩结晶，得到 $VOSO_4$ 固体粉末；或者，采用适量的明矾溶液与四价钒化合物溶液充分反应，得到 $VOSO_4$ 溶液，然后加入纯硫酸铵，得到 $VOSO_4$ 固体粉末。采用去离子水或蒸馏水洗涤所述四价钒化合物固体粉末，使其固液分离。将洗涤后的所述四价钒化合物固体粉末（$VOSO_4$ 的纯度达98.5%）烘干、灼烧，再溶于稀硫酸溶液中，即获得高纯 $VOSO_4$ 溶液。

该方法获得高纯度的 $VOSO_4$ 溶液，钒利用率高，工艺流程短，成本低，无副产物，易于实现大规模化。但是，采用的原料均为纯度较高的钒产品，这些含钒物料都经历过提纯的过程，已经产生了大量的三废，价格也比较高。用这些原料去制备 $VOSO_4$ 溶液，其成本无法降低。如果想要降低成本，就需要重新选择原料。

18.1.3 含钒溶液制备 $VOSO_4$ 溶液

18.1.3.1 化学法

A 钒渣浸出液为原料

以钒渣浸出液为原料，制备 $VOSO_4$ 溶液。实际制备流程如下：浸出液（pH = 9 ~ 10.5）与水溶性钙盐沉淀钒酸钙，反应条件为：提钒浸出液中的钒与水溶性钙盐中的钙的摩尔比为 1 : (1.1~2)，温度 50~105℃，时间 50~180min。固液分离得到固体，将固体用硫酸溶解，该料浆的 pH 值为 2.5~3.5，再继续将料浆与 SO_2 气体进行还原，反应条件为：温度 20~60℃，时间 30~120 min，二氧化硫气体通气速度 500~3000mL/min，得到的混合物经固液分离后，就获得了 $VOSO_4$ 溶液，再经蒸发浓缩，可得到 $VOSO_4$ 晶体，在该方法下得到晶体的纯度可达97%以上。主要工艺流程如图 18-3 所示。

涉及的化学反应方程如下：

沉淀钒酸钙反应：

$$2VO_3^- + 2Ca^{2+} + 2OH^- \longrightarrow Ca_2V_2O_7 \downarrow + H_2O \tag{18-15}$$

硫酸溶解钒酸钙反应：

$$5Ca_2V_2O_7 + 13H_2O + 16H^+ + 10SO_4^{2-} \longrightarrow 10CaSO_4 \cdot 2H_2O \downarrow + H_2V_{10}O_{28}^{4-}$$

$$\tag{18-16}$$

钒溶液还原反应：

$$H_2V_{10}O_{28}^{4-} + 5SO_2 + 5SO_4^{2-} + 14H^+ \longrightarrow 10VOSO_4 + 8H_2O \qquad (18-17)$$

溶解与还原总反应：

$$Ca_2V_2O_7 + 3H_2SO_4 + SO_2 + H_2O \longrightarrow 2CaSO_4 \cdot 2H_2O\downarrow + 2VOSO_4 \qquad (18-18)$$

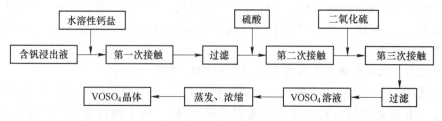

图 18-3　以含钒浸出液为原料制备 $VOSO_4$ 溶液技术流程

该方法无需经过 V_2O_5 生产的中间环节，生产工艺简单；避免了酸性含铵废水的产生；将钒酸钙的硫酸浸出和二氧化硫还原过程同时进行，有利于钒酸钙的溶解，提高了钒浸出率，原料为钠化提钒浸出液，使用到的试剂钙盐，硫酸和二氧化硫，生产成本低。但是这种方法过滤时间相对较长，且浸出液中的杂质会伴随整个生产流程，二氧化硫为有毒性气体，对反应器以及防护措施有更高的要求。

B　粗 $VOSO_4$ 溶液为原料

以粗 $VOSO_4$ 溶液为原料，制备高纯 $VOSO_4$ 溶液。向粗 $VOSO_4$ 加入 V（V）离子，在 40~60℃条件下加热反应，使得 Fe（Ⅱ）氧化成 Fe（Ⅲ），调节溶液的 pH 值至 1.0~1.5，于 80~90℃下反应 3~4h，Fe（Ⅲ）以沉淀的形式析出，静置过滤，Fe 被去除，从而得到 $VOSO_4$ 溶液。将 $VOSO_4$ 溶液的 pH 值调节至 7~9，常温搅拌 1~1.5h，钒以氢氧化氧钒的形式充分沉淀，而铬保留在水相，过滤，钒铬实现了分离，固体洗涤烘干。将氢氧化氧钒溶解于稀硫酸，控制 pH 值为 1~2，得到高纯度的 $VOSO_4$ 溶液。

这种方法使用的除杂方法与目前制备 $VOSO_4$ 的方法相比较（高纯 V_2O_5 为原料制备 $VOSO_4$），不用制备高纯五氧化二钒，而是直接从溶液中除杂获得电池级的 $VOSO_4$。与制备高纯五氧化二钒除杂过程相比，用氨水调节 pH 值除杂方法简单，除杂效果好，条件易控制，且不会向溶液中引入新的杂质。但是这种方法的原料为粗 $VOSO_4$ 溶液，需要先经历还原过程，使得除杂过程延长，这里去除的杂质元素只有铁和铬，而对于其他杂质元素的去除并未交代，如果粗 $VOSO_4$ 中不含其他杂质元素，那么说明制备 $VOSO_4$ 溶液时，对粗 $VOSO_4$ 有一定预处理除杂。从整体来看看，杂质元素越多，生产流程越长。该方法对原料杂质含量依赖很高，稳定性不足。

18.1.3.2　萃取法

A　DEHPA/磺化煤油体系

石煤为原料，H_2SO_4 为浸出液，添加剂为氟化钠，固液分离得到含钒浸出液。浸出液中加入硫代硫酸钠，将其中的 Fe（Ⅲ）还原成 Fe（Ⅱ），用氨水调节料液 pH 值至 2.2。以磷酸二异辛酯（DEHPA）和磺化煤油的混合物为作萃取体系，与水相进行混合萃取。经萃取两相分离之后，负载有机相用硫酸溶液进行反萃，反萃得到的 $VOSO_4$ 溶液，用氢氧化钠调节 pH 值至 2.2，采用 DEHPA 和磺化煤油体系进行二次重复萃取，负载相通过硫酸反萃得到高纯 VOSO₄ 溶液。主要技术路线如图 18-4 所示。其中，氟化钠作为添加剂是为了将石煤中的钒更大限度的浸出到溶液中，其机理是氟离子有利于钒浸出，原因是氟离子与硅、铝生成配合物 AlF_5^{2-} 和 SiF_6^{2-}，从而降低酸与云母反应的自由能变，使平衡向正反应方向移动，增大了浸出率。硫代硫酸钠充当还原剂的角色，目的是将浸出液中的 Fe(Ⅲ) 还原成 Fe(Ⅱ)，V(Ⅴ) 还原成 V(Ⅳ) 从而使得萃取剂 DEHPA 只萃取钒而不萃取铁，因为 DEHPA 对 Fe(Ⅲ) 的亲和力大于 Fe(Ⅱ)。

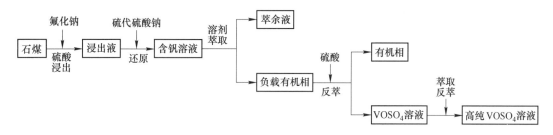

图 18-4　石煤为原料制备 VOSO₄ 技术路线

通过两次萃取与反萃能够得到高纯度的 VOSO₄ 溶液，且是以石煤为原料，相比上述方法省去了 V_2O_5 的制备和溶解的过程，可以直接从浸出液中提取制备 VOSO₄ 溶液。但是这种方法经历了两次萃取与反萃过程，其中酸碱以及水消耗量大，如果能够实现废物内部循环利用也不失为一种好的制备 VOSO₄ 溶液的方法。

DEHPA/磺化煤油体系也应用于转炉钒渣酸性浸出液，制备 VOSO₄ 溶液。采用萃取剂 DEHPA 萃取浸出液中的 V(Ⅳ)，而该萃取体系对 Fe(Ⅲ) 和 V(Ⅳ) 均有较高的选择性，经硫酸溶液反萃后，反萃液中铁含量较高，在 $0.2\sim0.7g/L$ 之间。为了提高纯度去除 Fe(Ⅲ)，采用 EDTA 去络合 Fe(Ⅲ)，生成的络合物 Fe(Ⅲ)-EDTA 为沉淀，经过滤后，得到高纯度的 VOSO₄ 溶液。在这项工作中，还研究了不同络合剂 EDTA、SSA 和柠檬酸分别对铁的络合效果，并计算了每个配合物中的配体数。其中，EDTA 与 Fe(Ⅲ) 的摩尔比为 1.5，其中与 Fe(Ⅲ) 的络合率高达 98% 以上。最终 VOSO₄ 中 Fe、Cr、Al 杂质含量均低于 2ppm。该方法能够成功制得高纯度 VOSO₄ 溶液，且直接以转炉钒渣为原料，跳过了制备 V_2O_5 的环节，为工业化的应用提供了实验基础。不足之处在于流程过长，可能会导致成本偏高。

B　DEHPA/TBP/磺化煤油萃取体系

还有学者以硫酸浸取石煤获得的含钒溶液为原料，增加了 TBP 与 DEHPA 萃取构成协同萃取体系，采用三级逆流萃取及二级逆流反萃，除铁、锰、铬杂质以制备超纯 VOSO₄。其中，实验条件为：初始 pH = 2.6，相比 2:1，反萃硫酸浓度 0.6mol/L，相比 2:1。通过逆流萃取反萃后，铁、锰、铬杂质的去除率为 99.1%，钒直接回收率为 41.3%。当采用二段联合协同萃取深度除杂，对铁、锰、铬的总除杂率为 99.87%，萃取全过程钒直收率为 24.7%。该方法验证了含钒溶液直接除杂制备超纯 VOSO₄ 溶液的可行性。但是，该方法流程过长，采取的二段联合萃取深度除杂工艺，对杂质的去除率高的同时，钒的回收率降低，极其不利于工业生产。

C　两段萃取法

两段萃取制备高纯度 VOSO₄ 溶液方法，其主要流程如图 18-5 所示。用钒厂生产的五价合格钒液，经过初步添加除杂剂除杂净化后，采用胺类萃取剂（季铵盐）萃取五价钒，氯化铵为反萃溶剂→加入还原剂（羟氨联氨或者草酸）还原成四价钒→酸性萃取剂（磷酸二异辛酯和磷酸三丁酯）萃取四价钒，硫酸反萃→活性炭吸附除油一系列步骤的方法，无需经过固态过程，直接将五价钒酸钠溶液制备成为高纯的四价 $VOSO_4$ 溶液。得到浓度为 1~4mol/L 的高纯度、高浓度的 $VOSO_4$ 电解液。

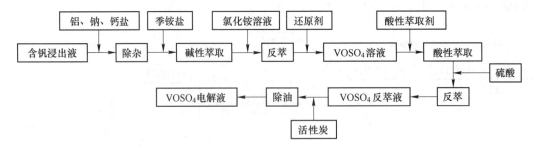

图 18-5　含钒浸出液两段萃取制备 $VOSO_4$ 溶液工艺流程

此方法以合格五价钒液为原料，制备过程中消耗的均为常用试剂，价格低廉；制备过程中应用的萃取剂可反复应用，成本低；且具有制备步骤简单，反应条件温和，无需高温，得到电解液产品纯度高的优点。但是初步除杂过程繁琐，且过滤困难，采用两种体系萃取不同价态的钒离子会不可避免地相互污染，不利于萃取剂的循环使用，且该工艺流程冗长，寄希望于工业应用，还有很长的路要走。

D　P507/TBP/磺化煤油萃取体系

以钒渣和石煤为原料，通过浸出得到含钒溶液，调节其 pH 值至 3.0~4.0。按三价铬所需还原剂量 35 倍的硫酸亚铁加入到含钒溶液中，采用 P507/TBP/磺化煤油萃取体系，在相比 O/A=4：1 条件下进行多级逆流萃取，萃取级数为 3~6 级。两相分离之后，去离子水洗涤负载有机相，使用 100g/L 的硫酸溶液进行 3~6 级逆流反萃取，相比为（10~5）：1，两相分离后得到反萃液。利用氨水调节反萃液的 pH 值至 2，加入草酸调整溶液电位值低于100mV，用上述 P507/TBP/磺化煤油萃取体系萃取，萃取级数为 3~6 级，相比为（5~1）：1，两相分离后，用 3g/L 的硫酸溶液洗涤有机相，然后用 50g/L 的硫酸溶液多级逆流萃取，级数为 3~6 级，相比为（10~5）：1，两相分离后得到 $VOSO_4$ 溶液前体，蒸馏浓度至全其质量的 70%，即得本 $VOSO_4$ 电解液。该方法能够得到纯度较高的 $VOSO_4$ 电解液，但是多级的逆流萃取和反萃取不仅增加了流程，也降低了效率，使得整个工艺成本增加，无法应用于工业生产。

该萃取体系也应用于钒渣钠化焙烧后的含钒浸出液为原料，通过"酸化-还原-萃取-反萃"过程，一步纯化制备高纯钒电解液。首先将含钒浸出液酸化，浸出液用硫酸酸化至 pH 值为 0.5，再加入还原剂还原 V（Ⅴ）为 V（Ⅳ），调节溶液终点 pH 值为 1.0，添加萃取剂进行萃取，其中萃取剂（P507）浓度为 30%，萃取过程中，钒与铝硅分离效果好，经过两级萃取，钒的萃取率可达 98%。5mol/L 的硫酸作为反萃剂，相比为 O/A=5：1，通过两级反萃，反萃率可达 99.5%以上。该方法比起一般的萃取法制备 $VOSO_4$ 溶液，其萃取级数有所降低，对于大生产来说是有积极意义的。

E HDEHP/TBP/磺化煤油体系

以钒渣或石煤浸出液为原料，调节其 pH 值至 3.0~4.0，将按二价氧化物所需还原剂量 9~11 倍的聚乙烯亚胺加入浸出液进行还原。向还原后的浸出液加 HDEHP/TBP/磺化煤油体系进行萃取，萃取条件：相比 O/A=2:1，萃取时间为 60min，萃取级数为 6~8 级。得到的负载有机相去离子水洗涤后，用 50g/L 的硫酸溶液进行 6~8 级多级逆流反萃，反萃条件为：相比 O/A=15:1，反萃时间为 20min。两相分离后，得到 VOSO₄ 反萃液。用氨水调节反萃液 pH 值至 3，加入柠檬酸调整溶液电位值低于 100mV。然后采用上述萃取体系继续萃取，级数为 6~8 级，相比 O/A=8:1，萃取时间为 10min。两相分离后，用 3g/L 硫酸溶液洗涤，洗涤后的负载相用 30g/L 的硫酸溶液进行反萃，级数为 6~8 级，O/A=8:1，反萃时间为 30min，即得到 VOSO₄ 电解液前驱体，通过蒸馏浓度至全其质量的 60%，即得 VOSO₄ 电解液。该方法可以制得高纯度的 VOSO₄，也不需要制备 V₂O₅ 的中间过程。但是这种方法经历了两次还原，两次萃取，两次反萃，其流程过于冗长，整个产线的时间过长，还不满足工业高效生产的要求。

该萃取体系也可用于萃取含铁、铝杂质的硫酸盐钒溶液，制备高纯 VOSO₄ 溶液。在萃取的过程中，最佳条件下，钒和铁的萃取率分别为 68% 和 53%，而铝的萃取率仅为 2%，表明钒和铝分离效果好。3.8mol/L 的硫酸用于负载有机相的反萃，相比为 3:1 或者 4:1，钒、铝、铁的反萃率分别为 100%、95%、10%。反萃阶段，钒与铁的分离效果良好。经过 5 级的萃取与反萃过程，得到了高纯 VOSO₄ 溶液，V(Ⅳ) 浓度为 76.5g/L，Fe 的浓度为 12mg/L，Al 的浓度为 10mg/L，满足了电解液的要求。反萃后的有机相可用草酸去除赋存的铁，以达到有机相循环使用的目的。该方法能够制备出符合要求的电解液，但是流程冗长，5 级萃取和反萃取，需要消耗大量的水以及降低了效率，且萃取率不够高，实际钒的利用率较低。

18.1.3.3 离子交换树脂法

用硫酸转型后的阴离子交换树脂（可以是 D816、D815、D201、D290、D301 型的任意一种）吸附富集传统钒渣提钒或石煤提钒过程中浸出液中的五价钒，或用硫酸转型后的萃取剂萃取富集浸出液中的五价钒，直接用还原剂（SO₂ 气体、抗坏血酸或含 V³⁺ 的硫酸水溶液）还原解吸或还原反萃五价钒，得到 VOSO₄ 溶液。该方法省去了传统工艺中氢氧化钠溶液解析、除杂、铵盐沉钒、干燥、煅烧脱氨、粉钒溶解等工艺过程，简化了生产工艺，节约了生产时间，生产成本大幅降低，工作环境大幅改善，而且制备过程不引入其他杂质，产品纯度大幅提高，且得到的 VOSO₄ 溶液中的 V⁴⁺ 的浓度大于 1 mol/L。但是采用树脂吸附富集钒制备 VOSO₄ 溶液主要的问题是：树脂的吸附容量小，脱附以及再生过程会产生大量的废水，树脂如果中毒后就无法循环利用，就目前来看，未见树脂用于工业生产 VOSO₄ 溶液。

一些学者以钠化焙烧含钒熟料通过浸出工艺或钒酸铵溶解制备得到的钒溶液为原料，调节其 pH 值至 8.0~10.0，制备 VOSO₄ 溶液，其技术流程如图 18-6 所示。用于选择性吸附钒的离子交换树脂装入离子交换柱中形成树脂床层，将上述钒溶液以 1~6 倍床体积/小时的流速，顺流通过树脂床层。然后用解吸剂（解析剂组成：2%~8% H₂SO₃+4%~15% H₂SO₄ 的混合液）对负载离子交换柱进行解吸，用量为 2~6 倍树脂床层体积数，解吸速度为 1~5 倍树脂床层体积/小时，经解吸后得到高纯 VOSO₄ 溶液，经浓缩得到 VOSO₄ 溶

液或 $VOSO_4$ 晶体。该工艺以钒溶液为原料，避免了制备 V_2O_5 的中间过程，操作简单，节能环保，得到的 $VOSO_4$ 纯度高，钒的回收率在 92.8% 以上，且 V（Ⅳ）含量大于 99.9%，满足电解液的要求。但是树脂的吸附容量有限，在吸附与脱附之间的转换，会使得部分树脂失效，对于工业应用还有待更全面的研究。

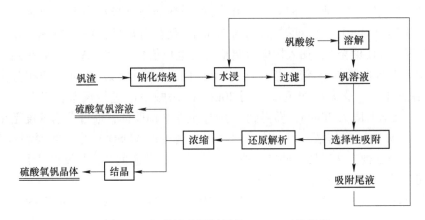

图 18-6　钒溶液为原料制备 $VOSO_4$ 工艺流程

18.1.4　总结与展望

$VOSO_4$ 电解液的制备，从原料来分，一种是高纯度的钒氧化物或者钒盐，另一种则为含钒溶液。前者制备 $VOSO_4$ 溶液的方法，主要还是通过溶解、还原的方法，主要的不同之处在于溶剂，溶解的条件（温度、酸的浓度等），以及还原剂的选择。后者的制备方法一般有 3 种：第一种是通过化学的方法，一般需要经历多次除杂和还原的步骤。第二种是溶剂萃取法，依据溶液中钒的价态选择不同的萃取剂，通过溶剂萃取的方法达到提纯的目的。如果负载相中的钒为 V（Ⅳ），反萃过程则不需要添加还原剂；如果负载相中的钒为 V（Ⅴ），反萃过程则需要添加还原剂将 V（Ⅴ）还原成 V（Ⅳ）。第三种为离子树脂交换法，一般是将树脂用于选择性吸附溶液中的 V（Ⅴ），然后在脱附的过程中添加还原剂将 V（Ⅴ）还原成 V（Ⅳ），从而制得 $VOSO_4$ 溶液。总的来说，以含钒溶液为原料制备 $VOSO_4$ 电解液更具有研究价值，且其相对低的成本在工业应用中更具前景。

18.2　钒电池电解液制备技术

18.2.1　全钒液流电池简介

全钒氧化还原液流电池（VRB）的构成主要是电极、隔膜和电解液 3 个部分，而电解液是整个电池电化学反应中的核心材料，为体系提供活性物质和能量来源，主要由活性材料和支持电解质组成。在 VRB 体系中正极主要由 V（Ⅴ）和 V（Ⅳ）两种活性物质组成电解质溶液，而负极是由 V（Ⅲ）和 V（Ⅱ）两种活性物质组成电解质溶液，这些不同价态的钒盐在硫酸溶液中都有非常好的溶解性，因此支持电解质的选择上通常以硫酸为最佳。在 VRB 的电化学反应过程中，将正负极电解液分别放在两个储存罐中，以硫酸作为支持电解质，那么此时正极为 VO_2^+/VO^{2+} 电对，负极为 V^{3+}/V^{2+} 电对，通过动力泵将电解液压进电池中。

电池正负极用专业离子膜相互隔开，充放电时，电池体系内部主要通过 H^+ 的定向迁移而连通。电池放电时，正极电解液中的 VO_2^+ 和负极电解液中的 V^{2+} 流动到电极表面发生氧化反应对外释放电能，此时正极电解液的 VO_2^+ 离子被还原为 VO^{2+}，而负极电解液中的 V^{2+} 被氧化为 V^{3+}，当放电过程结束的时候，整个电池体系中 V 的存在形式就变为 V(Ⅳ) 和 V(Ⅲ)。

当为电池充电时，相当于放电的逆向过程，负极的 V^{3+} 由于电势差值的存在自发得到电子变为 V^{2+}，正极的 VO^{2+} 失于电子又转化为 VO_2^+。总的来说，VRB 的充放电过程是一个高度可逆的氧化还原反应，电解液只是作为传导离子的导体，因此理论上来讲 VRB 拥有超高的使用寿命，只需要定期更换电池组和隔膜即可。

电解液作为整个 VRB 体系中的核心部分，为充放电过程的正常进行提供活性物质，同时也决定着 VRB 的性能高低。通常，电解液的浓度和体积决定了电池容量的大小，电解液的稳定性和温度适应性决定了电池的寿命和使用范围。因此制备具有高稳定性、高耐温性、高纯度和高浓度的电解液仍然是目前研究 VRB 的重要任务之一，同时也要考虑到如何在实现以上优点的时候尽量压缩成本。

通常，VRB 正极电解液是以 H_2SO_4 作为支持电解质的 V(Ⅴ)/V(Ⅳ) 混合溶液，充电完全状态时 V 离子主要是呈五价，完全放电时则呈四价。在这个强酸性环境中，V^{5+} 常被认为是以淡黄色 VO_2^+ 形式存在，而 V^{4+} 则以亮蓝色的 VO^{2+} 形式存在，但 V^{5+} 的稳定性一直以来都比较差，因此正极电解液目前是人们研究的重点。

由于 V(Ⅴ) 和 V(Ⅱ) 溶液在制得后相对较难保存，因此在制备 VRB 用电解液时，通常是制备 V(Ⅳ) 或 V(Ⅲ) 溶液。最早人们是将 $VOSO_4$ 直接溶解于 H_2SO_4 获得了浓度为 1.5~2.0mol/L 的 V(Ⅳ) 电解液。但是 $VOSO_4$ 价格过于昂贵，因此此种方法一直停留在实验室层面，并没有大规模产业化运用。

研究人员把目光投向了一些更加低廉的含钒化合物原料，比如石煤、V_2O_5、V_2O_3、偏钒酸铵（NH_4VO_3）。改用以上这些活性物质作为原料溶解在硫酸溶液中制备电解液，虽然可以有效降低成本，但是它们在硫酸中的溶解性太差，始终无法获得高浓度的 VRB 电解液，严重降低了整个电池的性能。比如说在常温环境中，V_2O_5 溶解于 2mol/L 的稀硫酸中，浓度最高只能达到 0.1mol/L；NH_4VO_3 溶解在同样浓度的稀硫酸中，浓度最高只能达到 0.27mol/L。曾有研究者试过先将 NH_4VO_3 溶解于稀硫酸中，然后多次反复交替添加 NH_4VO_3 和浓硫酸最后制备出了 3.4mol/L 的 VRB 电解液，但是此种方法太过于繁琐和耗时，不适合于用作产业化生产。因此，目前 VRB 电解液较为常见的制备方法是化学还原法和电化学电解法两种。

18.2.2 化学还原法

化学还原法的原理是将钒氧化物或者钒酸盐等蕴含高价钒的化合物利用相应的氧化还原反应，在合适的硫酸溶液中，通过加热或者加入还原剂将一些高价难溶钒化合物还原为低价易溶解的钒化合物，从而制备得到具有一定浓度的钒电解液。

为了降低 VRB 电解液的制备成本，国外的研究人员最早放弃了直接使用 $VOSO_4$ 作为原料,而是选用廉价的 V_2O_5 和 NH_4VO_3 等以钒作为基体的化合物为原料来制备,并做出了一些开创性的研究。他们详细研究了 V_2O_5、NH_4VO_3 等钒化合物在硫酸中的溶解过程,并向其硫酸溶液中通入 SO_2 气体、S 单质或草酸等还原剂制备各种价态的 VRB 电解液,见表 18-1,这样可以极大节省制备成本。不仅如此,他们还通过控制 V_2O_3 和 V_2O_5 粉末的表面积和粒度,将 V_2O_3 和 V_2O_5 直接混合溶于硫酸中,利用它们之间的氧化还原反应制备了 1~6mol/L 的 V(Ⅲ) 和 V(Ⅳ) 混合电解液。该方法直接以 V_2O_3 为还原剂,避免了因使用其他类型的还原剂而引入杂质,有望直接应用于 VRB 电解液的产业化应用。

表 18-1 常用化学还原法

原 料	还原剂	产 物
V_2O_5	H_2SO_3	V(Ⅳ) 电解液
V_2O_5	S 单质	V(Ⅲ) 和 V(Ⅳ) 混合电解液
V_2O_5	SO_2	V(Ⅳ) 电解液
V_2O_5	V_2O_3	V(Ⅲ) 和 V(Ⅳ) 混合电解液

石煤作为一种丰富的资源可以提取许多含钒原料,我国率先用从石煤中提取的 V_2O_5 为原料制备 VRB 专用电解液,选用草酸作为还原剂,将溶解于硫酸中的 V_2O_5 还原制备了 V(Ⅳ) 电解液,此种方法又进一步地降低了生产 VRB 电解液的成本。还有研究人员通过煅烧 V_2O_3 和 H_2SO_4 混合物再溶解的方法制得了 V(Ⅲ) 和 V(Ⅳ) 离子浓度之比正好为 1:1 的电解液。此外有学者考虑到有毒的 SO_2 作为还原剂容易污染环境和危害人体健康,因此提出利用 H_2O_2 作为还原剂去还原溶解于硫酸的 V_2O_5,该方法虽然也制备出了 1.6~2mol/L 的 VRB 电解液,但是 H_2O_2 还原性较弱,不能再进一步提高电解液的浓度,局限性较大。

近年来,我国国内的一些研究人员在利用化学还原法还原 V_2O_5 制备 VRB 电解液方面进行了大量深入研究,有人分别使用草酸、抗坏血酸、酒石酸、柠檬酸、双氧水、甲酸和乙酸作为还原剂,并通过对电解液的转化率、还原率及电化学性能进行测试,发现草酸在这些还原剂中效果是最好的,且最后测得的电化学性能明显高于其他还原剂。不仅如此,通过对比实验,发现在草酸与 V_2O_5 的摩尔比为 1:1,硫酸与 V_2O_5 的摩尔比为 5:1 时,反应温度为 90℃,反应时间为 100min 的条件下,电解液的转化率和还原率达到最佳。以冶金用 V_2O_5 为原料,用醛类作为还原剂,加以水热反应制备钒电解液,制得的 V(Ⅳ) 电解液具有较好的电化学活性。而以 S 粉为还原剂时,由 V_2O_5 制备了 V(Ⅳ)、V(Ⅲ) 离子硫酸溶液,但通过所得溶液的颜色去进行判断时发现,大部分是 V(Ⅳ) 电解液。

利用化学合成法制备 VRB 电解液的方法十分简单,对于设备的要求也不高,且能快速合成制备出具有较高浓度的电解液,但也存在一定缺点,例如合成量少、制备周期长、有时加入的还原剂不能全部去除,难以得到高纯度的 VRB 电解液。虽然目前基于前期一系列化学合成法的工作,研究人员不断去优化改进,也取得了一些令人满意的成果,但是至今为止尚未报道过最佳的、适合产业化生产的化学合成法。因此,基于化学合成法不能应用于大规模生产的局限性,人们研发出了电解法来持续且大规模地制备 VRB 电解液。

18.2.3 电解法

电解法一般是以 V_2O_5 或者是偏钒酸盐（一般都是 NH_4VO_3）为原始材料，在中间有隔膜的 VRB 电池体系阳极区中加入含 V_2O_5 或者偏钒酸盐的硫酸溶液，阴极区加入相同浓度的硫酸溶液，在电解池两极加上适当的直流电，V_2O_5 或偏钒酸盐粉末与阳极接触后在阳极表面被还原，阳极半电池的反应为

$$V(V) + e \longrightarrow V(IV) \tag{18-19}$$

$$V(V) + 2e \longrightarrow V(III) \tag{18-20}$$

$$V(V) + 3e \longrightarrow V(II) \tag{18-21}$$

$$V(IV) + V(II) \longrightarrow V(III) \tag{18-22}$$

电解液中的 V(II) 和 V(III) 也可将 V_2O_5 或偏钒酸盐粉末还原而加速其溶解：

$$V(II) + \frac{1}{2}V_2O_5 \longrightarrow V(III) / V(IV) \tag{18-23}$$

$$V(III) + \frac{1}{2}V_2O_5 \longrightarrow V(IV) \tag{18-24}$$

也可以用 $VOSO_4$ 为原料电解制备电解液，但是 $VOSO_4$ 价格过于昂贵，一般是结合化学合成法先把 V_2O_5 或偏钒酸盐原料还原为 $VOSO_4$，再进一步电解制备 VRB 电解液。电解法最早是由国外的研究人员通过电解钒化合物的硫酸溶液制了不同价态的钒电解液。他们通过评估以 NH_4VO_3 为原料制备的电解液用于 VRB 电池体系的可能性，然后电解 NH_4VO_3 溶于硫酸后的溶液制备出了 V(III)/V(IV) 混合电解液，极大地节约了成本。

基于此，1995 年，日本的科学家采用电解槽的方法生产出 VRB 用电解液，而后又有人采用直接将稳定剂与 V_2O_5 和 H_2SO_4 加入电解槽用电解的方法，制备出性能相对稳定的各价态钒电解液，电解液中钒离子浓度也可达到 $0.25 \sim 10$ mol/L，满足不同浓度的钒电池需求。2004 年的一项专利提供了一种不对称的钒电解槽，使用该电解槽制备钒电解液和使工作态电解液的充电状态重新平衡。即通过使电解液流过多个串联、高度不对称的电解槽反复循环的方法，使 V_2O_5 在 H_2SO_4 中被不同的阴阳极电解成 V^{3+} 和 V^{4+} 酸性钒电解液。随着钒电解液制备技术的发展，电解法已经成为越来越被认可和采用的方法。

近年来，我国研究人员也在电解法制备 VRB 电解液领域提出了一些新的见解。有人以导电石墨板为阴极，分别以铂片、含碳聚乙烯、含碳聚乙烯/石墨毡、石墨毡、石墨板、钛基体镀铱-钽（Ir-Ta/Ti）为阳极，以 $VOSO_4$ 为原料进行电解试验。结果表明，铂片、含碳聚乙烯、含碳聚乙烯/石墨毡在电解过程中无变化，石墨毡、石墨板在电解过程中都发生了不同程度的变化，主要是因为阳极析出的氧气与石墨毡、石墨板中的活性炭粉发生反应，导致石墨粉脱落；由于含碳聚乙烯、含碳聚乙烯/石墨毡电阻较大，导致电解过程中能耗较高；铂片价格昂贵，Ir-Ta/Ti 阳极不但电极稳定，能耗低，而且价格适中，适合作为电解阳极。

还有人采用流动型电解槽电解还原法，研究了相对廉价的 V_2O_5 代替价格昂贵的 $VOSO_4$ 为原料制备全钒液流电池电解液的制备技术。分别考察了以钛基钌铱涂层电极（Ru-Ir/Ti）和钛基铱钽涂层电极（Ir-Ta/Ti）作为阳极，Pb 板作为阴极，不同电流密度等对制备电解液的影响因素。通过循环伏安、交流阻抗和充放电测试分析表明，以 Ru-Ir/Ti

为阳极，多孔铅板为阴极，在电流密度为 $40mA/cm^2$ 恒流电解得到的电解液不但具有良好的电化学活性和可逆性，且电流效率高、电能损耗低。

电解法是能够持续制备大量高浓度的钒电解液，操作简单，易于工业化生产，但也存在一定的缺点，例如生产速率慢、对于设备有较高的要求、耗能高、整体成本高。总的来说，化学法与电解法各有优缺点，要根据具体情况择优选择。一般而言，化学合成法主要用于 VRB 电解液的实验室理论研究，而电解法则多用于工业实际应用。

18.2.4　钒电池电解液的优化

对于 VRB 电解液的要求是比能量高、稳定性好、电化学活性高。VRB 电解液是电池的能量载体，电池比能量是由电解液中钒离子浓度决定。为了获得比能量、充电效率等数据，需知道电解液中不同价态的钒浓度。理论上，增加钒离子的浓度就可提高钒电池的比能量。但是，钒元素在周期表中属第四周期，第五副族，价电子结构为 $3s^34d^2$。由于钒原子有空余 d 轨道，容易与配位体相结合，钒原子之间也易发生缔合。若增加溶液中钒离子浓度，将会增加缔合度，使钒在溶液中以复杂大粒子形式存在，导致参加反应时需要克服的能量增加、电解液电化学活性降低。同时，会使正极电解液中的 V(V) 以沉淀形式析出，影响电池的正常使用。

钒电池的容量是由电解液中钒的浓度和电解液量的多少决定，对充放电状态下 VRB 电解液浓度及价态的现场分析，可以检测运行情况，如正负极是否窜液、充放电溶液是否匹配等，也可为 VRB 充电机理和电池体构成材料（隔膜、电极和集电极）在充电过程中性能变化的研究提供依据。因此，为优化 VRB 电解液的性能，一方面要适当地提高电解液中钒离子的浓度、提升比能量。另一方面要避免由于钒离子浓度过高，致使电解液电化学活性降低。另外，为保证电解液的稳定性，可在钒溶液中加入添加剂，既可增加溶液的稳定性，又能提高溶液的电导率和电化学性能。

添加剂，也叫稳定剂，是为了提高钒电解液的稳定性而向其中加入的除各种钒离子活性物质和支持电解质以外的其他物质。这种方法用来提高钒电解液的浓度和稳定性，进而提高钒电池的总体性能，已被人们广泛采用。不同种类的添加剂会对钒电解液产生不同的稳定作用。目前主要以添加剂是对正极还是负极电解液产生作用进行分类，下面对这些添加剂进行一些介绍。

18.2.4.1　正极添加剂

分别采用甲基磺酸和氨基甲磺酸作为正极电解液的添加剂，通过对正极电解液进行稳定性测试、循环伏安和塔菲尔极化曲线的分析，得出的结论为：甲基磺酸和氨基甲磺酸均可提高正极电解液的稳定性，两种添加剂对钒离子液相传质和电子转移均有提升的效果，其中氨基甲磺酸对正极电解液性能提升最大。添加剂的加入可以减少钒离子之间以及钒离子和硫酸根之间的缔合作用，从而降低了电解液的黏度，黏度的降低提高了电解液活性物质的传质速度，并提升了电解液的稳定性；甲基磺酸和氨基甲磺酸的官能团—SO_3H 和—NH_2 增强了电解液在石墨电极上的润湿性能，增大了钒离子在电极表面的有效浓度。

分别以葡萄糖、果糖、甘露醇和山梨醇作为正极电解液添加剂，通过循环伏安、充放电测试、交流阻抗测试和拉曼光谱的测试得出，加入山梨醇的正极电解液不但稳定性好，还表现出最佳的电化学性能，电池的能效达到 81.8%。对 $MgSO_4$、K_2SO_4、Na_2SO_4、

（NH₄）₂SO₄ 等硫酸盐作为正极添加剂进行了一系列试验，试验的结果为 MgSO₄ 的加入对钒离子的电化学反应起到抑制作用，而 K₂SO₄、Na₂SO₄、（NH₄）₂SO₄ 硫酸盐促进了钒离子的电化学反应，其中 3% 的（NH₄）₂SO₄ 效果最佳。分别以 L-赖氨酸和 L-丝氨酸作为正极电解液的添加剂，对电解液进行了一系列考察，结果表明：L-赖氨酸的加入会降低正极电解液的电化学活性，L-丝氨酸使得正极电解液的活性有所提高。采用钼酸钠作为正极电解液的添加剂，测试表明，钼酸钠的加入提高了电解液的电化学活性，增加了 V(Ⅴ) 溶液的稳定性，但是会加速电池容量的衰减。

有研究人员选取了一些无机物、有机物作为添加剂考察了 V(Ⅴ) 溶液的稳定性，结果表明：加入一定量的甜菜碱、葡萄糖、甘油、Na₂SO₄ 等提高了 V(Ⅴ) 溶液的稳定性，其中葡萄糖可以提升电池的充放电容量；甜菜碱不适宜单独作为正极电解液的添加剂，是因为其虽然提高了 V(Ⅴ) 溶液的稳定性，但由于甜菜碱在电极表面形成一层双电层结构，导致降低了钒离子的电化学反应活性。

18.2.4.2　负极添加剂

分别以磷酸、硫酸铵、磺基水杨酸作为负极电解液的添加剂，考察了不同添加剂下电解液的稳定性和电化学活性，试验结果表明：3 种添加剂均能一定程度地提升负极电解液的电化学活性，磷酸、硫酸铵还能提升负极电解液的稳定性。通过 XRD、红外等手段对负极电解液析出的沉淀进行检测，经分析，负极析出的沉淀可能是 $V_2(SO_4)_3 \cdot 6H_2O$。分别以十四烷基三甲基溴化铵（TTAB）、十二烷基硫酸钠（SDS）、十二烷基磺酸钠（SDS′）作为负极电解液添加剂，考察了电解液的稳定性和电化学活性，试验结果表明，TTAB、SDS 的加入对负极电解液的稳定性无促进效果，并且会降低 V(Ⅱ)/V(Ⅲ) 对电极的反应活性和可逆性；SDS′ 的加入提高了负极电解液的稳定性，SDS′ 最为合适的用量为 0.2% ~ 0.4%，此用量对负极电解液的活性和电池的充放电性能基本无影响。

分别以草酸、草酸铵、乙二胺四乙酸、葡萄糖、D-果糖、α-乳糖作为负极电解液添加剂，考察对 V(Ⅲ) 电解液稳定性的影响，通过循环伏安、交流阻抗、电导率和充放电的测试，研究以上添加剂影响负极电解液电化学性能的程度。结果表明：上述添加剂对负极电解液的稳定性有正面作用，含有羧基的草酸、草酸铵、乙二胺四乙酸比葡萄糖、D-果糖、α-乳糖对负极电解液的电化学活性有更好的改善作用。原因是草酸、草酸铵、乙二胺四乙酸含有的 -COOH 比葡萄糖、D-果糖、α-乳糖含有的 —C—OH 更容易脱氢，有利于 V(Ⅱ)/V(Ⅲ) 电极反应的进行。

有研究人员考察了不同种类添加剂对负极电解液的稳定性和电化学活性的影响，结果表明：加入 2% 的磷酸和乙酰丙酮增加了电解液的稳定性，添加剂的加入对电解液电导率的影响较小。添加剂提升了负极电解液的稳定性，其机理可能是有机添加剂与 $V_2(SO_4)_3$ 络合形成 $V_2(SO_4)_3L_x$，此种络合物增大了基团的体积，由于空间效应，$V_2(SO_4)_3$ 基团之间不能相互结合，从而提升了负极电解液的稳定性。李彦龙等考察了尿素和酒石酸对负极电解液稳定性和电化学活性的影响。结果发现，两者可以在一定程度上提高负极电解液的稳定性，尿素的质量分数为 0.5% 时可以有效提升负极电解液的反应速率，酒石酸作为添加剂的最佳浓度为 0.8%。

18.2.5　电解质对钒电池电解液的影响

活性物质钒离子在不同浓度的支持电解质（一般为硫酸）中的溶解性和存在形式不

同，导致钒电解液的稳定性不同。为了提高钒电解液的稳定性，获得钒离子与硫酸浓度的最佳配比，人们进行了大量的探索和优化实验。

国外最早研究发现，钒离子浓度在 3.0mol/L 以下时，硫酸浓度在 3～4mol/L 比在 2mol/L 更好，不仅增加了溶液的稳定性，而且提高了电解液的电导率和电池循环的电压效率。他们报道了 $VOSO_4$ 在 H_2SO_4 溶液中的溶解度。在 0～9mol/L 调整 H_2SO_4 浓度，同时在 10～50℃改变温度，来寻找 $VOSO_4$ 的最大溶解度，结果表明，$VOSO_4$ 的溶解度随硫酸浓度的增加而减小，在低温时溶解度随硫酸浓度的增加而减小的趋势更为明显。因而他们从 Debye-Hückel 方程式出发，推导出了一个多变量的模型，作为温度和总 SO_4^{2-}/HSO_4^- 浓度的函数来预测溶解度。将此模型用于实验预测，所得溶解度数值的平均绝对偏差为 4.5%，将 H_2SO_4 浓度缩小到更有用的范围 3～7mol/L，则相关溶解度的平均绝对偏差仅有 3%。

研究还发现，硫酸浓度对过饱和 V(V) 电解液的稳定性影响很大。硫酸浓度的改变会导致电解液中 H^+、HSO_4^-、SO_4^{2-} 浓度的改变，进而直接影响这些离子与 V(V) 离子的相互作用和 V(V) 离子的沉淀过程。硫酸的浓度越大，V(V) 电解液越稳定。40℃时，3mol/L V(V) +6mol/L H_2SO_4 电解液放置 1000h 后浓度只有 8% 的降解。因此有人认为可以通过增加酸的浓度来阻止去质子化过程，进而提高 V(V) 电解液的稳定性。他们发现高的质子浓度和硫酸 V(Ⅲ) 配合物的形成不利于 V(Ⅲ) 电解液的稳定。V(Ⅲ) 电解液中的中性离子通过去质子化和构成离子对成核结晶，最终产生粉末沉淀。该沉淀的产生主要与硫酸 V(Ⅲ) 配合物的形成过程有关。沉淀的多相特性导致产生沉淀的路径不唯一。通过控制 V(Ⅲ) 溶剂化离子的组成和质子浓度，可以获得相对稳定的 V(Ⅲ) 混酸电解液。可以看出，不同价态的钒电解液在不同硫酸中的溶解性和稳定性不尽相同，钒离子与硫酸浓度的最佳配比需要综合考虑才能确定。

除了优化硫酸的浓度，人们还尝试用盐酸、混酸（盐酸和硫酸等）或有机物等作为新的支持电解质。采用盐酸作为支持电解质，研究结果表明，2.3mol/L 的各种价态钒电解液可以在 0～50℃的范围内保持长期的稳定，与硫酸体系相比，电解液的黏度降低了，且电池的能量效率和能量密度有了大幅度提高。但是，盐酸体系存在充电过程中容易产生氯气不足。

随后，还有人采用硫酸和盐酸作为混合支持电解质，结果表明，电解液中钒离子的浓度可达到 2.5mol/L，电解液可以在−5～50℃之间保持稳定，同时，电解液的电化学活性也有了一定的提高，其容量比目前只用硫酸作支持电解质的电池系统高出 70%。而采用硫酸和甲基磺酸作为正极电解液的支持电解质时，与硫酸体系相比，混合体系的电解液具有更好的电化学活性，在大电流密度下，能量密度有了显著地提高。用混酸作为支持电解质是人们为了解决钒电解液稳定性问题的一种新思路。虽然已经取得了一些进展，但由于处于起步阶段，大多仅限于实验室研究。

18.2.6　展望

全钒液流电池在大规模储能领域有着突出的优势，前景非常可观。钒电解液成本的高低直接影响到全钒液流电池的最终成本和全钒液流电池的推广使用。钒原料的纯度对钒电解液和电池的性能影响很大，因此往往采用高纯度的钒原料，这就增加了全钒液流电池的成本。如何使用价格低廉的钒原料获得高性能的钒电解液，将是今后全钒液流电池电解液研究的方向。

18.3 钒催化剂制备技术

近年来，层状过渡金属氧化物因其低廉的价格和出色的催化性能被广泛应用于各种催化反应当中。其中，过渡金属钒的化合物具有非常好的催化性能，是常见催化剂的有效组分。它本身不参加任何化学反应，但是它的催化作用可以加速反应的进程。将这类化合物与相应载体合成的试剂称为催化剂。钒可与氧形成众多具有独特性质的钒氧化合物，其钒氧化合物体系主要有 VO、VO_2、V_2O_3、V_2O_5、$V_{2n}O_{5n}$ 和 V_nO_{2n-1} 等，其中 V_2O_5 的化学性质稳定，空间结构整体是由 V-O 结构构成，再由平行波浪状的菱形晶格单元整齐排列所组成，这样的结构一方面可以增加其催化的比表面积，另一方面也使掺杂的金属有利于进入晶体中，非常有利于催化反应，是一种重要的无机材料。

18.3.1 钒催化剂的常见应用范围

18.3.1.1 选择性催化还原脱硝

煤燃烧产生的烟气中含烟尘、SO_2 和 NO_x 等有害物质，其中 NO_x 是引起酸雨和光化学烟雾等破坏地球生态环境和损害人体健康的主要污染物，也是目前大气环境保护中的重点和难点，因此，烟气 NO_x 治理日益受到世界各国的广泛重视。

目前，主要采用燃烧后控制技术，即烟气脱硝技术，它是将烟气中已生成的 NO_x 固定下来，通过选择性催化还原（selective catalytic reduction，SCR）技术还原为 N_2，SCR 技术具有高效性、高选择性和经济性等特点，是一种比较有潜力的固定源 NO_x 脱除技术。当前国内外 SCR 工艺的主流催化剂是以 V_2O_5 为活性组分的脱硝催化剂，它通常以 TiO_2、ZrO_2、SiO_2 或碳基材料等为载体，载体的主要作用是提供大比表面积的微孔结构，在反应中具有的活性极小。

SCR 技术的基本原理是用还原剂在催化剂的作用下有选择地将 NO_x 还原为 N_2，其中应用最广泛的还原剂是 NH_3-SCR，通过将 NH_3 喷入燃煤烟气中，含有 NH_3 的烟气通过一个含有专用催化剂的反应器，在反应器中的化学反应机理很复杂，但主要的反应是 NH_3 在催化剂的作用下有选择地将 NO_x 还原为 N_2 和 H_2O，而不是被 O_2 所氧化，因此反应被称为"选择性"。

18.3.1.2 生产硫酸

硫酸是一种重要的无机化工原料，根据原料路线大致可分为硫铁矿制酸、硫黄制酸和冶炼烟气制酸等。各种路线条件差异性较大，但其核心部分都是 SO_2 的转化，其工艺中 SO_2 氧化的催化剂是生产的关键。它的发展经历了以氮氧化合物催化作用的气-液反应，以铂为催化剂，石棉、硫酸镁或硅胶为载体的气-固反应，但是铂价格昂贵，对毒物（砷、氟）敏感，易中毒失活，使用受到限制，因此它被活性好、抗毒性强、价廉易得的钒催化剂取代。

目前，全世界的硫酸工业生产都使用钒系固体催化剂，通过研制低温型、长寿命和高性能钒催化剂，以满足硫酸原料结构的变化和 SO_2 排放控制标准提高的要求。工业上使

用的钒催化剂是以 V_2O_5 为活性组分、以碱金属的硫酸盐（K_2SO_4 或 Na_2SO_4）为助催化剂、以硅藻土为载体的多组分催化剂。

18.3.1.3 合成苯酚

苯酚是一种重要的有机化工原料中间体，主要应用于酚醛树脂、医药中间体、农药、香料和染料等精细化学品的合成。目前，苯酚的制备工艺技术主要是异丙苯法，该方法存在步骤多、工艺条件苛刻以及整体效率低等不足，相比于传统的苯酚制备方法，氧气直接氧化苯制备苯酚具有无法比拟的优势，它不仅副产物为水，而且具有环境友好、反应步骤少、原子利用率高、成本低等优势，符合绿色化学的基本要求。钒作为过渡金属，可提供主要的活性位点，在氧气氧化苯制苯酚方面有着显著的效果；还可以以氧化氢、分子氧或氧化二氮为绿色氧化剂，以苯为原料经一步氧化直接羟基化生产苯酚。

18.3.1.4 氧化脱氢

"接受体"夺取烃分子中的氢，使其转变为相应的不饱和烃而氢被氧化，这种烃类脱氢反应称为氧化脱氢。负载型钒基催化剂作为一种传统的过渡金属氧化物催化剂，由于具有机械强度高，热稳定性好，催化活性高等优点可应用于氧化脱氢，如丙烷氧化脱氢制丙烯、乙苯氧化脱氢制苯乙烯等。

18.3.1.5 降解二噁英

二噁英的排放主要来自人为源，特别是焚烧等燃烧过程。自从在飞灰中检测到二噁英以来，大量的工作投入到研究二噁英的生成机理中。活性炭吸附是目前应用最广泛的二噁英末端控制技术。在绝大多数情况下，该技术可以成功实现二噁英达标排放。

但是，吸附只能将二噁英转移到飞灰中，增加了飞灰的处理负担，甚至会造成二噁英排放总量的增加。催化降解技术因能弥补吸附法的缺陷，破坏二噁英的分子结构，而成为最具潜力的二噁英末端控制技术，其中，钒氧化物催化剂表面形成的 VO_x 单原子层和亚单原子层的界面通常分布有特殊的位点，易于发生反应，活性组分钒氧化物与还原性载体之间的电荷转移则有利于增强催化剂的反应活性。

18.3.2 用于脱硝的钒催化剂的常用制备方法

18.3.2.1 浸渍法

浸渍法制备用于脱硝的钒催化剂是将载体浸渍（浸泡）在含有钒活性组分（助催化剂）的化合物溶液中，其原理是通过毛细管压力使活性组分以盐溶液的形态浸渍到多孔载体上，并能够渗透到载体的空隙内表面，经过一段时间后使活性组分在载体表面吸附直到平衡，去除剩余的活性组分液体，再经过干燥、焙烧和活化处理即得到成品催化剂。

用浸渍法制备钒系催化剂的具体制备流程通常包括载体预处理、浸渍液配置、浸渍、除去过量液体、干燥、焙烧和活化等过程，而浸渍过程主要包括渗透、扩散、吸附、沉积和离子交换等方式：

（1）原料：硅藻土，工业级；V_2O_5、KOH、无水 Na_2SO_4、K_2SO_4、H_2SO_4、$H_2C_2O_4$ 和碘等，分析纯；SO_2、干空气，99.99%高纯气。

（2）载体预处理：硅藻土载体经预处理除去杂质并改善物性结构。

（3）浸渍液配置：将一定量$H_2C_2O_4$溶于水中加热，待温度上升至70℃时加入 V_2O_5、无水 Na_2SO_4 和 K_2SO_4 搅拌均匀，使其完全溶解。

（4）浸渍：将硅藻土载体与配置好的浸渍液均匀的混合并静置一段时间。

（5）除去过量液体：将浸渍好的溶液过滤得到钒催化坯样，放入条形成型机中压制成型。

（6）后处理：在80℃的烘箱中干燥2h，再以5℃/min的速率升温至550℃进行焙烧2h，即得到钒催化剂，记为V/SiO₂-Imp。

浸渍法制备钒催化剂的优点是可以使用已经制成的各种形状尺寸的催化剂载体，以省去催化剂成型的步骤；可以选择具有合适比表面积、孔径、强度和导热性能的载体；被负载组分分布在载体表面，且利用率高，用量少，成本较低；生产方法比较简单易行，生产能力较高。缺点是载体横断面的催化活性物质分布不均匀，浸渍在载体吸附活性组分的同时也吸附其余组分，且在焙烧时会产生废气，造成环境的污染，干燥过程中也会造成活性组分发生迁移。

18.3.2.2　溶胶-凝胶法

溶胶-凝胶法制备用于脱硝的钒催化剂，是利用含高化学活性组分的化合物作为前驱体，将原料在液相下均匀的混合，通过水解和缩合化学反应在溶液中会形成稳定的透明溶胶体系，溶胶经过陈化，胶粒间缓慢聚合，形成三维网络结构的凝胶，凝胶网络间充满了失去流动性的溶剂，形成凝胶，然后经过老化、干燥等后处理得到所需材料的方法。

采用溶胶-凝胶法制备用于脱硝钒催化剂的具体操作流程为：

（1）预处理：将无水乙醇、乙酸和钛酸四丁酯混合后搅拌30min，记作溶液A以作备用；再将适量的草酸和偏钒酸铵加入到去离子水中，搅拌至偏钒酸铵完全溶解，记作溶液B。

（2）溶胶-凝胶处理：将溶液B逐滴加入到溶液A中，整个过程在不断搅拌的情况下进行，先形成溶胶，继续搅拌直到形成凝胶。

（3）干燥：将得到的凝胶先在室温下静置12h，再转移到干燥箱中，在105℃下进行干燥。

（4）焙烧：将干燥好的样品研磨后在空气氛围、温度为450℃的条件下焙烧3h，即得到钒催化剂。

溶胶-凝胶法的优点是制备催化剂的粒径较小、纯度较高，反应过程的条件易于控制，设备简单，操作容易，且焙烧的温度较低，由于溶胶-凝胶法中所用的原料首先被分散到溶剂中而形成低黏度的溶液，因此，就可以在很短的时间内获得分子水平的均匀性，在形成凝胶时，反应物之间很可能是在分子水平上被均匀的混合，且溶胶-凝胶法可显著增加催化剂酸性位点和弱酸性位点的总量，酸性越高，则催化活性中心越多，越有利于催化反应的进行，因此受到了广泛的关注。

但是这种方法的缺点是在制备过程中需要使用大量的溶剂，且使用的原料价格比较昂贵，有些原料为有机物，对健康有害；整个溶胶-凝胶过程所需时间较长，有的需要几天或者几周；溶胶中存在大量的微孔，在干燥过程中会逸出许多气体及有机物，并产生收缩。

18.3.2.3　自蔓延高温合成法

自蔓延高温合成法（简称SHS）是一种利用反应物之间高化学反应热的自加热和自传导过程来合成材料的一种新技术。即利用外部热源将原料粉或预先压制成一定密度的坯件进行局部或整体加热，当温度达到点燃温度时，撤掉外部热源，利用原料颗粒发生的固体与固体反应或者固体与气体反应放出的大量反应热，使反应得以继续进行，最后所有原料反应完毕，原位生成所需材料。

采用 SHS 方法来制备脱硝钒基 SCR 催化剂，其主要制备流程为：

（1）配料：以钛酸四丁酯作为前驱体，在搅拌的条件下先后加入无水乙醇醇解和加入去离子水水解，生成 $TiO(OH)_2$，再加入适量的硝酸溶解沉淀生成 $TiO(NO_3)$，然后依照配比加入适量的偏钒酸铵并同时加入草酸促进溶解，记为溶液 A；将适量金属硝酸盐加热搅拌的条件下溶于去离子水得到金属硝酸溶液，记作溶液 B。将得到的溶液 A 和溶液 B 均匀混合后加入甘氨酸作为液相燃烧燃料，在 50℃ 下充分加热搅拌 1h，得到混合液备用。

（2）SHS 反应：根据所需的不同液相合成燃烧温度调节马弗炉，然后将配置好的混合液在空气氛围中进行液相自蔓延高温合成，在初始的几分钟内溶液发生沸腾、汽化，以甘氨酸作为燃料冒烟燃烧。燃烧完成后仍以该液相点燃温度将催化剂继续焙烧 1h。

（3）后处理：将焙烧好的样品冷却后研磨过筛，即得到 SHS 催化剂粉末。

与传统的浸渍法相比，采用 SHS 法制备的钒基催化剂，其活性窗口大大拓宽，尤其是低温活性明显得到提高，其本身制备工艺相对简单，使用的设备也比较简单，生产效率高，制造成本低廉，得到的催化剂纯度较高。SHS 技术目前主要的缺点是不易获得高密度产品，以及不能严格控制其反应过程和产品性能，此外 SHS 法所用原料往往是可燃、易爆或有毒的物质，需要采取特殊的安全措施。

18.3.3 用于硫酸生产的钒催化剂的常用制备方法

硫酸生产用钒催化剂主要由混碾法制备，其原理是将含钒活性物质、助剂以及载体经过机械作用混合碾压、挤条、干燥及焙烧等工序来制备催化剂的方法。

混碾法工业制备硫酸钒系催化剂的主要操作过程如图 18-7 所示。

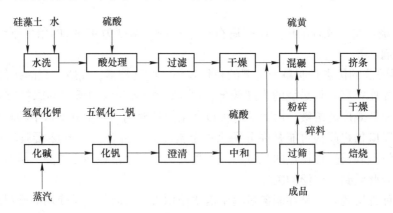

图 18-7 混碾法制备钒催化剂示意图

混碾法工业制备硫酸钒系催化剂的具体工艺流程为：

（1）原料：V_2O_5，活性组分；碱金属硫酸盐（Na_2SO_4 或 K_2SO_4），助催化剂；硅藻土，载体。

（2）预处理：将天然硅藻土经过水洗、酸处理、过滤、干燥和除杂等预处理，并改善物质结构后即得到精制硅藻土；将原料中五氧化二钒经过氢氧化钾溶解净化处理，再经过沉淀去除杂质后得到钒盐，加入一定量的 H_2SO_4 中和处理得到 $V_2O_5\text{-}K_2SO_4$ 的混合料浆。

（3）混碾处理：将准确称量的精制硅藻土与一定比例中和好的 $V_2O_5\text{-}K_2SO_4$ 混合料浆倒入轮碾机，加入适量的水进行混碾处理，碾压成可塑型物料。

（4）挤条：将碾压好的物料加入到螺旋挤条机成型，得到 5mm 的圆柱体。

（5）后处理：经过在链板干燥器上干燥处理后放入储斗，在焙烧炉中 500~550℃ 的焙烧温度下焙烧 90min 左右，再经过冷却及过筛的处理即得到钒催化剂。

混碾法制备的钒系催化剂具有方法简便、易于操作的优点，可用于自动化生产，但是这种方法缺点也很明显，这种混碾的处理会致使混料不均匀，继而影响催化剂的整体性能。近年来，由于载体硅藻土质量下滑，新型催化剂的研发力度不够以及活性评价结果与工业使用效果不一致等原因，传统技术生产的钒催化剂在使用中凸显出起燃温度高、热稳定性较差、总转化率达不到环保要求等问题，采用新工艺，改善载体处理技术制备催化剂势在必行。

18.3.4 用于合成苯酚的钒催化剂的常用制备方法

18.3.4.1 浸渍法

采用浸渍法制备用于合成苯酚的钒/β-沸石催化剂，其具体制备流程为：称取 NH_4VO_3 固体 1.1g 于 100mL 烧杯中，加入 25mL 去离子水溶解，再加入 10g 粒度 200 目的 β-沸石。将其混合物于常温下搅拌 2h，蒸干溶剂，将样品放入干燥箱中在 100℃ 下过夜干燥，然后转入马弗炉中在 500℃ 下活化 4h，得到钒/β-沸石催化剂成品，它具有较高的催化活性，用于苯合成苯酚时，苯的转化率为 9.7%，苯酚的选择性为 96%。

18.3.4.2 水热法

水热合成是指在密封体系（如高压釜）中，以水作为溶剂，在一定的温度和水的自身压力下，原始混合物进行反应的一种合成方法。在水热反应中，水既可以作为一种化学组分起作用并参加反应，又可以是溶剂和膨化促进剂，利用高温高压的水溶液使那些在大气条件下不溶或难溶的物质溶解，同时又是压力传递介质，通过加速渗透反应和控制其过程的物理化学因素，实现无机化合物的形成和改进。

将蔗糖、葡萄糖、果糖、抗坏血酸等生物质作为碳源，以偏钒酸铵作为钒源，通过一锅水热法制备出 $V_xO_y@C$ 催化剂，其具体制备流程如下：将 0.050g 偏钒酸铵与一定量的生物质混合加入 30mL 的蒸馏水中，搅拌使其完全溶解，将溶液加入水热釜中在 180℃ 下加热发生水热反应 24h，得到碳化物；然后将得到的碳化物依次经乙醇和蒸馏水洗至滤液为无色透明后，在 100℃ 下过夜烘干，即得到蔗糖作载体的负载型钒基催化剂，记作 V_xO_y @C-n，其中 n 表示不同的生物质（S 表示蔗糖，G 表示葡萄糖，F 表示果糖，Vc 表示抗坏血酸）。

采用一锅法水热法合成了不同生物质做碳源的一系列 $V_xO_y@C$ 催化剂，催化剂中的 V 物种在抗坏血酸协助下可以活化分子氧产生活性氧而进攻苯环生成苯酚，且催化剂的活性主要取决于催化剂上的钒物种。水热合成法是最常用的一种制备钒系催化剂的方法，可以明显降低反应的温度，操作流程简便，生产成本较低，能够很好地控制产物的理想配比，得到取向好，纯度高且更加完整的晶体。

水热法也存在着一些缺点，主要是因为水热反应需要在高温高压下进行，所以对高压反应釜进行良好的密封成为了水热反应的先决条件，这也造成了水热反应的一个缺点，及水热反应的非可视性，只有通过对反应产物的检测才能决定是否需要调整各种反应的参数。除此之外，设备要求高且安全性能较差。

18.3.4.3　化学还原法

化学还原法是运用化学试剂通过得失离子的方法进行化学反应的方法。采用化学还原法，以氧化石墨做前驱体，偏钒酸铵为钒源，制备钒氧化物/石墨烯（VO_x/G）催化剂，其主要的制备流程为：

（1）氧化石墨的制备：以石墨粉为原料，先将 2g 石墨粉和 50mL 浓硫酸加入到单口反应瓶中，反应体系于 0℃ 快速搅拌条件下，不断加入高锰酸钾（6g），反应 30min 后将反应混合物升温至 35℃ 继续反应 2h，再向固液混合物中加入去离子水 350mL 和 30% 的过氧化氢 10mL。将反应混合物减压抽滤，并用盐酸水溶液（1mol/L）淋洗滤饼，去离子水洗固体，所得胶状产品低温干燥 24h，得到棕黄色产物。

（2）VO_x/G 催化剂合成：采用液相一步还原方法制备 VO_x/G 催化剂，首先将 50mg 氧化石墨加入到 30mL 水中，超声分散 30min 制备氧化石墨烯水溶液 A。再向上述 A 溶液中加入 10mL 浓度为 0.01mol/L 的 NH_4VO_3 水溶液，超声 15min 制备混合液 B。向上述混合液 B 中加入水合肼 1L，搅拌条件下，于 35℃ 水浴中进行还原反应 4h。将固液混合物抽滤，滤饼用乙醇淋洗、室温干燥，固体于氮气氛下 350℃ 焙烧 4h，再经空气气氛于 300℃ 焙烧 2h（升温速率 2.5℃/min），制得还原剂还原液相合成的 VO_x/G 催化剂。

以氧化石墨作为载体，水合肼做还原剂能够很好地将催化活性 V 物质成功地引入到石墨烯载体上，所制备的 VO_x/G 催化剂均具有苯羟基化制备苯酚的催化反应活性，且将 VO_x 物种高分散于石墨化程度更好的石墨烯载体上，更有利于提高 VO_x/G 催化剂对苯羟基化反应的催化性能。

18.3.5　用于氧化脱氢的钒催化剂的制备方法

18.3.5.1　浸渍法

采用浸渍法来制备 VO_x/SiO_2 催化剂，具体流程为：称取一定量的 NH_4VO_3，溶解到热的去离子水中；浸渍一定量的 40~60 目的硅胶载体，水浴蒸发至干；然后在 120℃ 下恒温干燥箱中过夜，再将其转移至马弗炉中，在 550℃ 下焙烧 4h，即得到活化后的 VO_x/SiO_2 催化剂，可用于正丁烷氧化脱氢，且随着 VO_x 负载量的增加，催化剂中活性钒物种表面酸性位增多，从而提高催化剂的活性，实现正丁烷的深度氧化。

18.3.5.2　一步法

一步法是指将多步反应合并到一步完成。通过简单的一步法合成钒掺杂的多孔硅材料，其具体的合成过程为：首先，称量一定质量比（1∶1）的 NH_4VO_3 和无水草酸，将它们溶解在乙醇中（20.00g）并在 45℃ 下搅拌 1h 至完全溶解。之后待混合溶液冷却到室温，将 P123（EO20PO70EO20，$M_w = 5800g/mol$；4.0g）加入该溶液，并搅拌 1h，接着分别加入 TEOS（8.64g）和 0.8mol HCl 溶液（1.0g），继续搅拌，至得到澄清透明的溶液为止。然后，将这些溶液倒入瓷坩埚中，并 30℃ 下进行凝胶 20h，形成钒掺杂的硅凝胶。这些凝胶需要通过 2~3mm 厚的液体石蜡层进行密封，并且在 60℃下加热 18h 至大部分的乙醇溶剂被去除，之后形成透明的和呈刚性的钒掺杂的硅凝胶。另外，这个加热处理后，液体石蜡可以进行回收和再利用。最后，这些固体样品在空气中和 550℃ 的反应温度下煅烧 6h，去消除嵌段共聚物表面活性剂，在此过程中升温速率是 0.5℃/min，主要是为了避免材料形貌的破坏。

不同钒掺杂的 VO_x-SiO_2 催化剂通过一步法被成功制备，并应用于丙烷直接脱氢制丙烯（PDH）。合成的催化剂在 PDH 上表现出了优越的催化活性和稳定性，这个结果可以扩展 VO_x-SiO_2 催化剂在催化反应中的进一步应用。VO_x-SiO_2 催化剂通过合适的钒掺杂，其表面和孔道的钒物种高度分散。四面体协同的孤立的和低聚的钒物种是 PDH 反应的主要活性位。一步法的优点是投资成本低，所有工序可在一台机器中完成，其制备方法具有简单、环保和易于操作的特点，重要的是在制备过程中几乎没有钒前驱体（NH_4VO_3）的损失。

18.3.5.3 共沉淀法

共沉淀是指在溶液中含有两种或多种阳离子，它们以均相存在于溶液中，当加入沉淀剂时，经过沉淀反应后，可以得到各种成分均一的沉淀，再将沉淀物进行干燥或煅烧来制备材料的一种方法。

采用微波草酸盐共沉淀法制备了焦钒酸镍（$Ni_2V_2O_7$）催化剂，其制备流程如下：

取等摩尔的硝酸镍和偏钒酸铵溶液与适量草酸溶液混合，将混合液置于微波仪中，在 600W、100℃和强烈搅拌下进行微波共沉淀反应 20min，后于 60℃ 水浴蒸干，冷却、研磨后置于高温炉中，在 350℃ 下焙烧 2h，冷却研磨后，在 700℃ 下再焙烧 2h 即得到钒催化剂。

共沉淀法制备钒系催化剂具有制备工艺简单，成本较低，制备条件易于控制，合成周期短等优点，不仅可以使原料细化和均匀混合，而且煅烧温度较低、反应时间较短，得到的催化剂性能较好，非常有利于工艺化。但是这种方法的缺点是由于沉淀剂的加入，可能会使溶液的局部浓度过高，产生团聚或者组分不够均匀，对催化剂的性能也有一定的影响。

18.3.5.4 离子交换法

离子交换反应发生在交换剂表面固定而有限的基团上，是化学计量的、可逆的和温和的过程。主要是利用载体表面上存在着可进行交换的离子，将活性组分通过离子交换（通常是阳离子交换）至载体上，然后再经过适当的后处理，例如洗涤、干燥、焙烧以及还原最后得到金属负载型催化剂。

采用离子交换法制备钒催化剂 MgAlVO 的操作流程为：

（1）载体的制备：以分析纯的 $Mg(NO_3)_2 \cdot 6H_2O$ 和 Na_2CO_3 为原料，采用恒定 pH 值共沉淀法制备出 MgAl-CO_3-LDHs（LDH 是层状双羟基金属氢氧化物）作为载体备用。

（2）配料：称取 1g 的 MgAl-CO_3-LDHs，加入 100mL 的去离子水，在 60℃下搅拌 1h 得到载体悬浮液；称取一定量的偏钒酸钠（$NaVO_3$）并溶解于 100mL 的去离子水中，再用 0.1mol/L 的 HNO_3 调节 $NaVO_3$ 溶液的 pH 值恒定在 4.5 左右，可得到钒柱撑剂。

（3）离子交换反应：将钒柱撑剂加入到载体悬浮液中，同时用 0.1mol/L 的 HNO_3 调节体系的 pH 值在 4.5 左右，继续在 60℃下搅拌 3h 直到反应完全。

（4）后处理：将离子交换完全的溶液进行离心分离、水洗 3~5 次后置于 0.06MPa 下的真空干燥箱中 50℃进行干燥处理，即得到钒柱撑 LDHs 样品。将该样品放入马弗炉中，在 550℃下焙烧 4h，即可得到钒催化剂样品 MgAlVO。

利用 LDHs 的阴离子交换特性可以将钒的前驱体 NaVO₃ 成功地插层柱撑到不同层板组成的碳酸根型 LDHs 的层间，制备出钒基催化剂样品，LDHs 的层板阳离子组成对催化剂样品中钒氧物种的存在状态及其丙烷氧化脱氢催化性能有较为明显的影响。通过离子交换法制备的钒催化剂分散度好，活性非常高，反应介质中，聚合物骨架会发生溶胀，有利于反应物接近于催化活性部位，其催化性能介于低分子量的酸、碱均相体系与无机酸、碱体系之间。适用于气、液相，也适用于非水体系，且使用大孔的离子交换树脂具有固定的结构，体积受溶剂作用的影响很小，适用于填充柱操作，也便于保存和运输。同一催化剂可以进行反复使用，但是这种方法也有一些缺点，例如其热稳定性较差，最高为 120℃左右，耐磨性差，机械强度低，成本价格也比较昂贵。

18.3.6　用于二噁英降解的钒催化剂的制备方法

二噁英降解用钒催化剂的常用制备方法为球磨法。球磨法是利用球磨机的转动或振动，使下落的研磨体（如钢球、鹅卵石等）对固体原料进行强烈的撞击、研磨和搅拌产生一系列机械能，以及研磨体与球磨内壁的研磨作用而将物料粉碎并混合，从而使受力物料的物理化学性质和结构发生变化，使其反应活性发生变化的方法。

用球磨法制备 VO_x/TiO_2 催化剂具体的操作流程如下：

（1）装料：将偏钒酸铵或五氧化二钒与 TiO_2 粉末物理混合均匀后，置于球磨罐中，球磨罐中不锈钢球分别选择直径为 10mm 和 5mm 的，且这两个尺寸的不锈钢球质量比为 1:1，不锈钢球与催化剂粉末的质量比为 20:1。

（2）球磨处理：将球磨机的转速调整到 550r/min，设置好球磨所需时间，开始运行仪器进行球磨处理。

（3）焙烧：将球磨得到的粉末置于马弗炉中，在空气气氛、温度 450℃下煅烧 3h，即得到 VO_x/TiO_2 催化剂。

采用球磨法制备的 VO_x/TiO_2 催化剂，在 160~300℃温度范围内，催化氧化气相二噁英的脱除效率可以达到 97% 以上。球磨法制备钒催化剂的优点是操作条件良好，粉碎在密闭机内进行，没有尘灰飞扬，运转可靠，研磨体成本低廉，非常便于更换，可以间歇操作也可以连续操作；但是球磨机整体体积庞大且笨重，运转时有强烈的振动和噪声，工作效率低且消耗能量较大，研磨体与机体的摩擦损耗很大，会对催化剂产品造成污染，且球磨法制备的催化剂性能稳定性较差，球磨完的材料当天测和放置几天再测的性能差别较大。

18.4　钒基储氢合金制备技术

18.4.1　钒金属结构及储氢特性

金属钒的空间群为 $Im3m$，具有体心立方（BBC）结构，晶格参数 $a = 0.3028$nm，单位晶胞的原子数为 2。当纯钒吸氢时，氢占据四面体间隙位置，由于每个晶胞中存在 12 个四面体间隙，这样适合原子进入的间隙位置较多，因此，此类固溶体的理论储氢量较高。如果所有的四面体间隙都被占满，那么理论储氢量可达到 3.8%。

钒氢反应所需的温度较低，故在常温常压条件下钒是唯一可以吸氢放氢的元素，但纯钒表面易钝化形成钝化膜，增加了氢化过程的难度，且生产成本较高，极大地阻碍了其实际应用。近年来，人们通过向金属钒中添加其他元素形成二元、三元及多元固溶体合金来降低成本，还可以改善金属钒储氢性能。

18.4.1.1 二元钒基储氢合金

纯钒较难活化，添加 Co、Fe、Ni 等合金元素可以使活化性能提高，并且在较短的时间内获得很高的吸氢量，但形成的二元合金容量远低于纯钒的容量，这可能是由于添加了小原子半径的元素，从而导致钒的吸氢容量降低。Ti 和 V 这两种元素各自都很容易吸收大量的氢，且 Ti-V 二元体系中无论两种元素以任何比例混合都形成 BCC 固溶体。有研究表明，$Ti_{0.2}V_{0.8}$ 合金具有 BCC 结构，当吸氢量 H/M≈1 时具有 BTC 结构，当吸氢量 H/M ≈2 时具有 FCC 结构，说明该合金的点阵结构变化与纯钒的一致。

18.4.1.2 三元钒基储氢合金

在 V-Ti 二元合金中添加 Fe、Mn 等元素后，能极大地改善合金的吸放氢性能，不仅可以获得极好的动力学性能，而且具有较高的吸放氢容量，所以研究者们开始对三元 V 基合金开展了大量的研究，开发出了许多具有良好吸放氢性能的合金。

（1）V-Ti-Fe 系合金。V-Ti-Fe 系合金是人们很关心的一类合金，由于纯钒的价格很贵，该类合金有潜力使用廉价的中间合金做原料制备廉价的 V 基 BCC 合金。在对 $(V_{0.9}Ti_{0.1})_{1-x}Fe_x$ 合金的研究中发现，当 x 从 0 增加到 0.07 时，二氢化物的平台压可以在 1 个数量级内变化；合金与氢反应时具有很高的速率，其中 $(V_{0.9}Ti_{0.1})_{0.95}Fe_{0.05}$ 合金的吸氢量可达到 3.7%。

（2）V-Ti-Cr 系合金。Ti/Cr 比对 V-Ti-Cr 合金的结构和性能具有显著影响，而钒含量的影响较小。随着 Ti/Cr 比的增大，合金的吸氢量先增大，Ti/Cr 比达到 0.75 后，吸氢量的变化趋于平缓；合金的放氢量随着 Ti/Cr 比增大，先增加后减小，在 Ti/Cr 比为 0.75 时达到最大值。合金的晶格常数随着 Ti/Cr 比的增大呈线性增大趋势，并认为晶格常数在 0.302~0.304nm 之间时合金具有较好的吸放氢性能。由于 Ti 的原子半径大于 V，Cr 的原子半径小于 V，通过调整 Ti/Cr 比可以对合金的平台压进行调节。

（3）V-Ti-Mn 系合金。V-Ti-Mn 合金由 BCC 相和 C14Laves 相构成。BCC 相是主要吸氢相，Laves 相具有良好的活性，二者良好的相互协同作用，起到了改善合金性能的作用。对于合金 $V_xTi_{1.0}Mn_{2-x}$（$x=1.4~0.6$），当 $x=0.6$ 时，合金为 BCC 单相结构，$x>0.6$ 时，合金中逐渐析出 Laves 相，并随着 Mn 的增加 Laves 相的含量增加，当 $x=1.4$ 时，合金中 BCC 相消失，合金为 C14Laves 单相。随着 C14Laves 相的增加，合金的活化性能提高，孕育期减少；但是合金的吸放氢容量随着 Laves 相的增加而降低。

（4）V-Ti-Ni 系合金。对 V-Ti-Ni 合金的研究主要针对其在电化学方面的应用。在对 V_3TiNi_x（$x=0~0.75$）合金的研究中发现：无 Ni 的 V_3Ti 合金为单相 BCC 结构，在碱液中不具备电化学活性。Ni 含量 x 低于 0.25 时，合金为 BCC 单相，x 达到 0.25 时，合金中开始析出 TiNi 第二相，当 Ni 含量增加至 $x>0.5$ 时，由于大量析出 TiNi 基第二相覆盖了 V

基固溶体的晶界，合金形成了由 V 基固溶体主相和呈三维网状分布的 TiNi 基第二相组成的组织结构，使得合金具有良好的充放电能力。在上述合金中，V 基固溶体相是合金的吸氢相，而 TiNi 相在充放电过程中起着导电集流和电催化的作用，构成了进行电极反应所需的氢原子和电子的进出通道。

18.4.1.3 多元钒基储氢合金

在三元钒基合金的基础上，通过其他元素的添加或替代，形成了四元和多元 BCC 相储氢合金。例如利用 Zr 替代 V-Ti-Cr 合金中的 Ti，发现 Zr 部分替代 Ti 后导致合金的吸放氢平台压力降低、滞后减小，但是合金的平台斜率增大、容量降低。通过退火处理可以改善合金的 PCT 性能。通过调节 Ti/Zr 比，获得的 $Ti_{0.16}Zr_{0.05}Cr_{0.22}V_{0.57}$ 合金的吸放氢容量为 3.55% 和 2.14%。

18.4.2 钒基储氢合金的常用制备方法

18.4.2.1 熔炼法

熔炼法是指将几种金属粉末或金属块按照成分比例配合，经过熔炼后即可制得单相或多相金属间化合物。目前，熔炼法已经趋于成熟，是一种常用的制备钒基固溶体储氢合金的方法。实验室常用纯度为 99% 以上的电解金属钒作为原料，这是因为电解产物可以减少杂质对合金的储氢性能的影响，然后用真空（或氩气气氛下）感应熔炼法或电弧熔炼法来制备钒基固溶体储氢合金。

A 真空感应熔炼法

真空感应熔炼法的原理是在真空条件下，在金属导体内利用电磁感应产生涡流，从而对炉料进行加热熔炼的方法。其基本原理可分为感应加热和真空环境。感应加热的原理主要依据法拉第电磁感应定律和焦耳-楞次定律两则电学基本定律。而在真空环境下，是通过改变外界压力对冶炼过程中有气相参加的化学反应产生直接影响，当反应物的气体摩尔数大于生成物的气体摩尔数时，增加真空度（减小系统压力）会使反应平衡向增加气态物质的方向移动，以使反应进行得更加彻底。

用真空感应熔炼法制备钒基固溶体储氢合金，以 $Ti_{0.096}V_{0.864}Fe_{0.04}$ 合金为例，制备过程主要包括以下步骤：

（1）配料：选取纯度大于 99.9% 的金属纯钒、纯度大于 99% 的金属钛粉和铁粉作为原料，按质量百分含量计算，原料中各元素百分含量为：Ti 9%，V 87%，Fe 4%。

（2）装炉：将原材料搅拌 5min，混合后倒入坩埚中，再装入感应线圈内部准备进行熔炼。

（3）抽真空：采用高纯氩气作为保护气氛，待真空室压强到达 0.05MPa 时，便可送电加热炉料。

（4）熔炼：反复熔炼 3 次。

（5）浇注。

采用真空感应熔炼法制备钒基储氢合金，由于加热方式为电磁感应加热，不使用电弧加热所需的石墨电极，从而避免了电极增碳的可能；熔炼过程中未使用明火，故无燃烧产物的产生，对环境更加友好。但是，这种方法的一个缺点是会造成某些组分发生偏析，最终对合金的储氢性能产生不利的影响。

B 电弧熔炼法

电弧熔炼法的原理是将熔融金属作为电极之一，与另一电极之间产生的电弧所发出的热量来熔炼金属和使熔融金属过热。另一电极可由所熔炼的同种金属制成，也可由其他熔点较高的金属如钨制成，其中，由与熔炼金属相同的金属制成的称为自耗电极熔炼。

以电弧熔炼法制备 $V_{30}Ti_{35}Cr_{25}Fe_{10}$ 合金为例，主要制备过程如下：

（1）配料：将原料按照质量百分含量计算，各元素百分含量为：V 30%，Ti 33%，Cr 26%，Fe 11%。

（2）装炉：将配备好的样品混合搅拌均匀，装入坩埚内。

（3）抽真空：在熔炼之前，先使用机械泵抽真空至 5Pa，然后再用扩散泵抽真空到 5×10^{-3} Pa。使用高纯氩气（纯度大于 99.99%）对真空腔体进行洗气，反复进行 3 次。继续启动机械泵抽真空至 5Pa，用扩散泵抽真空到 5×10^{-3} Pa，最后向真空腔体内部充入 0.05MPa 氩气作为保护气氛。

（4）熔炼：开始熔炼，熔炼电流设为 100A，将试样反复熔炼 4 次，每次约 30s，以此来保证成分和组织的均匀性。

（5）浇注。

电弧熔炼法熔化固体炉料的能力较强，适用于实验及少量生产，制备的钒基储氢合金组织接近平衡相，且偏析较少，但仍有部分偏析现象，在一定程度上将影响合金的吸氢性能。由于显微组织的晶粒很细的缘故，合金具有优良的机械性能。

C 磁悬浮熔炼法

磁悬浮熔炼法是指在熔炼过程中使熔融金属物料在外加磁场的作用下呈现悬浮或准悬浮状态的一种真空感应熔炼技术。在加热的过程中，产生的交变磁场会在金属物料表面形成涡流并产生焦耳热，随着电流强度的不断增加，金属物料可被迅速熔化。此外，在物料熔炼过程中存在电磁搅拌作用，使物料的熔炼更加彻底，组分更加均匀，有利于杂质的去除。

采用磁悬浮熔炼法制备钒基固溶体储氢合金 $Ti_{27.25}Cr_{28.05}V_{37.25}Fe_{7.45}$ 的具体流程为：

（1）选料：选择原料为纯度大于 99.6% 的纯 Ti 和 Cr，含量为：V 83.89%、Fe 13.52%，以及少量 Al、Si、O 的中间合金 VFe。

（2）配料：按照质量百分含量配比称取金属及合金，进行原料配制。

（3）熔炼：将配制好的原料均匀混合，加入到磁悬浮真空熔炼炉中并设置好参数，开始对原料进行熔炼，反复熔炼 4 次以保证组分的均匀性。待熔炼结束后以温度每 2s 降低 3~5℃ 的速率对其进行空冷处理，最终得到铸态合金。

（4）锻造：设置锻造温度为 1000~2000℃，对铸态合金进行三向锻造，之后在空气下自然冷却。

（5）退火：将锻造之后的钒基储氢合金放入退火炉中进行退火处理，设置退火温度为 1673K，保温时间 2~4h 后在炉体中冷却至室温，得到 $Ti_{27.25}Cr_{28.05}V_{37.25}Fe_{7.45}$ 合金。

磁悬浮熔炼法因炉料与坩埚无接触或只有部分接触，故可以得到纯度较高且无夹杂的钒基固溶体储氢合金。此外，此方法可以对物料进行充分的过热，非常有利于难熔金属的浇注；在熔炼过程中还可以对合金进行适当的添料来保证化学成分的比例，熔炼可以在任何保护气体和真空中工作，且熔化速度快，操作方便，熔炼试样可以是任何形状，不需要压制电极。

18.4.2.2 熔体急冷法

熔体急冷技术也可叫作动力学急冷快速凝固技术,其技术核心原理是通过提高凝固过程中的冷却速率来实现快速凝固,而熔体的冷却速率主要取决于系统在单位时间内产生的热量和传出系统的热量。对于金属凝固来讲,要提高系统冷却速率需要满足两个必要条件:一是要减小单位时间内金属凝固产生的熔化潜热;二是要提高凝固过程中的传热速率,即一方面要尽力减小同一时间的凝固熔体体积与其散热表面积之比,另一方面要减小熔体与热传导性能良好的冷却介质的界面热阻,并主要通过传导的方式来散热。

通过电弧熔炼和熔体急冷的方法来制备 $Ti_{0.32}Cr_{0.345}V_{0.25}Fe_{0.03}Mn_{0.055}$ 储氢合金,其具体制备流程如下:

(1) 配料:配料时要先将原料块体表面打磨干净,按照合金化学计量比配制合金原料。

(2) 电弧熔炼:将混合原料装入到坩埚中,通入高纯氩气保护,反复熔炼 4 次以保证合金成分均匀。

(3) 单辊急冷:将熔体浇注在铸造模中,在冷却速率为 10^6 K/s 下进行熔体急冷处理,得到合金。

经过熔体急冷凝固技术制备的钒基储氢合金的晶粒得到了细化,吸放氢滞后性相对减小,放氢量相对增加,可通过改变储氢合金的组织结构来提高储氢合金的综合性能。熔体急冷法得到的合金组织通常为非平衡相、非晶相以及微晶粒柱状晶组织,且偏析较少,合金易于粉碎。

18.4.2.3 机械合金化法

机械合金化法的原理是通过高能球磨使粉末经受反复的变形、冷焊和破碎,最终使元素间原子水平合金化达到一个复杂的物理化学过程。首先,在球磨的初期通过反复的挤压变形,经过破碎、焊合和再挤压,形成层状的复合颗粒。复合颗粒在球磨机械力的不断作用下产生新生原子面,层状结构会不断细化。

在机械合金化过程中,层状结构的形成标志着元素间合金化的开始,层片间距的减小缩短了固态原子间的扩散路径,使元素间合金化过程加速。在球磨过程中,粉末越硬则回复过程越难进行,球磨所能达到的晶粒度就越小。并且材料硬度越高,位错滑移越难以进行,晶格中的位错密度就越大,这些又为合金化的进行提供了快扩散通道,使合金化过程进一步加快,且球磨过程中在球与粉末球之间会发生大量的碰撞,被捕获的粉末在碰撞之下会发生严重的塑性变形,使粉末受到两个碰撞球的"微型"锻造作用。

球磨产生的高密度缺陷和纳米界面大大促进了自蔓延高温合成反应的进行,且起到了主导作用。当反应完成后,继续进行机械球磨,强制反复进行粉末的冷焊-断裂-冷焊过程,细化粉末,可得到纳米晶。

用机械合金化法来制备新型钒基储氢合金 $V_3TiNi_{0.56}Mn_{0.1}Y_{0.1}$,原料选用工业级纯金属钒、钛、镍、锰和钇,制备工艺流程如图 18-8 所示。首先将原料按比例称量混合,分别进行两次球磨,球磨的球料比为 10:1,球磨时要加入氩气作为保护气氛,且添加一定量的四氢呋喃。球磨结束冷压成型后,在真空度为 1.0×10^{-4} Pa 下进行真空烧结,在炉冷后便得到 $V_3TiNi_{0.56}Mn_{0.1}Y_{0.1}$ 合金。

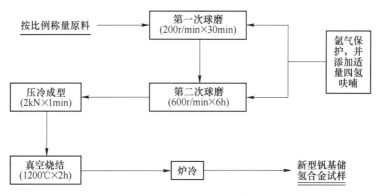

图 18-8 V₃TiNi₀.₅₆Mn₀.₁Y₀.₁合金制备流程

用机械合金化法制备的钒基储氢合金的组织较为均匀，晶粒较为细小，没有明显的孔洞、气孔等缺陷，具有优秀的吸放氢性能和循环稳定性。与常规熔炼法不同，机械合金化法不需要任何加热手段，可在室温下进行合金化。仅利用机械能，固相反应在合金组元熔点的温度下完成合金的制备，制备出的合金在室温下易活化，且抗粉化性能较金属钒优越。常规的熔炼法制备的钒基储氢合金大约在充放电循环 15 次后放电容量下降 95.4%，而经机械合金化法制备的 V₃TiNi₀.₅₆Mn₀.₁Y₀.₁合金在充放电循环 15 次后放电容量仅仅下降了 5.6%。但是，由于机械合金化发展的历史较短，且机械合金化过程的复杂性，目前尚未有一个令人满意的理论模型可以描述它。所以，在以后的工作中还应该深入的研究机械合金化的过程机理与球磨工艺条件之间的规律，通过进一步优化工艺参数条件来提高合金储氢的性能。

18.4.2.4 自蔓延高温合成法

自蔓延高温合成法又叫作燃烧合成法，是利用反应物间产生的较高反应热的自加热和自传导的作用来合成材料的一种方法。当反应物一旦被引燃，便会自动向尚未反应的区域传播，直到反应完全。

采用自蔓延高温合成法合成 V₃TiNi₀.₅₆Al₀.₂储氢合金，制备过程如下：

（1）配料：因在反应过程中会发生中间相的变化和气体挥发等现象，所以对于原料的配比则不能用标准化学配比。将称量好的 V₂O₅、TiO₂、Ni 粉、Al 粉和 CaO 在球磨中均匀的混合。

（2）预热：预热电炉至点火温度。

（3）自蔓延高温反应（SHS）：将配比混合好的一部分原料装入预热好的坩埚中，点燃坩埚中的原料后，再将剩余粉末加入坩埚，实现 SHS（点火剂为 KClO₃ 和金属 Mg）。

（4）保温：待 SHS 反应结束后，将坩埚放入感应炉中进行 650℃×30min 保温处理。

（5）水冷、去熔渣。

由 SHS 技术制备的 V₃TiNi₀.₅₆Al₀.₂储氢合金，其钒源为 V₂O₅，价格是纯金属钒的 20%，极大地降低了钒基储氢合金的制备成本，可以实现大规模的生产。且 SHS 反应的合成过程发生在数分钟之内，环境提供温度不超过 900℃，最后燃烧温度可达 2000℃，能够充分利用内部释放的热量；对生产面积要求小，劳动投入相对减少。但是，这个方法得到的钒基固溶体合金的吸氢容量较低，这主要是因为合金在测试时成分和组织的偏析，以及合金中存在一定量的夹杂，导致了吸氢容量低的结果。

18.4.2.5 还原扩散法

还原扩散法制备钒基储氢合金的原理是将金属元素的还原过程与金属元素间的反应扩散过程结合在同一操作过程中，使用金属钙或 CaH_2 作为还原剂将所需金属氧化物进行还原，并使还原出的金属元素相互扩散，直接制取合金。

还原扩散法制备 V-Ti 二元系储氢合金，具体的工艺流程为：

（1）配料：使用高纯度（≥99%）和亚微米级的氧化物 TiO_2、V_2O_5 和 V_2O_3 作为原料；纯度大于99%的 Ca 块用作还原剂，纯度为99%的水和 $CaCl_2$ 颗粒用作熔融介质。按元素摩尔百分含量计算，分别为：V 70%，Ti 30%。在摩尔比为 30%~70%Ti 的砂浆中，氧化物可以很好地混合在砂浆中。

（2）还原扩散合金化：将反应物配比混合后，放入共还原装置炉内，加入还原剂，在1173K的净化气气氛中进行加热，反应结束后在1173K温度下冷却。

（3）洗涤：先用蒸馏水冲洗样品，除去固化盐，随后分别用乙酸、水和乙醇洗涤几次，过滤或离心分离，然后在真空下进行干燥。

采用还原扩散法制备的钒基储氢合金，原料为氧化物，可降低制备成本，且合金的化学成分较易控制，但是在制备合金的过程中，还原出的金属元素始终是固体状态，形成合金需要靠钛、钒之间的接触扩散来实现；被还原的金属钛周围常常有氧化钙的存在，所以给合金化带来了很大的困难。通常需要在900℃以上的高温下连续反应4~5h，得到较大的合金颗粒。

18.4.2.6 共沉淀还原法

共沉淀还原法是基于还原扩散法而发展起来的一种软化学合成法，它是以盐类作为原料来制备颗粒状储氢合金。相比于传统制备合金的熔炼法来讲，共沉淀还原法可以克服熔炼法中制备工艺冗长、原料要求高、设备要求复杂以及合成合金活性差和比表面积小等缺点。

共沉淀还原法的原理是通过将沉淀剂加入到合金各组分的混合盐溶液中先进行共沉淀，沉淀再经过灼烧生成相应的氧化物，然后用还原剂（金属钙或 CaH_2）进行还原处理得到合金。

用共沉淀还原法制备 $(V_{0.9}Ti_{0.1})_{0.96}Fe_{0.04}$ 储氢合金的主要流程为：

（1）配料：原料选取 NH_4VO_3、TiO_2 和 Fe_2O_3 粉末，分别制备出各自的盐溶液，以此引入合金组分 V、Ti 和 Fe 元素。将 VO^{2+}、TiO^{2+} 和 Fe^{3+} 的各自盐溶液按配比混合。

（2）共沉淀反应：在混合盐溶液中加入 Na_2CO_3 做沉淀剂进行共沉淀，反应过程中需加入表面活性剂或分散剂以及 pH 值调节剂，反应结束后得到混合共沉淀物。

（3）洗涤干燥：将混合沉淀物陈化后，过滤洗涤并在低温下干燥，再将合金化合物灼烧得到前驱体。

（4）还原反应：将氧化物前驱体装入还原装置炉中，加入 CaH_2 在900℃以上高温条件下进行还原。

（5）冷却：经过冷却和后处理得到钒基固溶体储氢合金粉末。

最初，共沉淀还原法主要应用于制备稀土系以及钛系储氢合金，具有很多优势。由此得到启发，应用于钒基固溶体储氢合金的制备。其主要的优点有：原料可选用工业级的金属盐，不需要昂贵的高纯金属，大大降低了储氢合金的制作成本；使用设备要求不高，合成方法简单，且得到的产物无偏析现象，成分均匀能耗低；所得到的合金比表面积较大、易活化，是具有一定粒度的粉末，不需要后续粉碎；在共沉淀过程中各组分之间可以高度混合均匀，达到原子或分子的水平，非常有利于金属的合金化，也使得各组分之间的扩散过程更易完成，大大缩短了反应的时长；可在温和条件下操作，这是使用纯金属机械混合和各组分沉淀所难以达到的。

18.4.2.7 金属铝热还原法

用金属铝热还原法制备钒基固溶体储氢合金的原理是 TiO_2 和 V_2O_5 等氧化物与金属铝反应并放出大量的热，热量使反应后形成的钒、钛或其他合金以及 Al_2O_3 化合物熔化，最终得到液态合金熔体以及化合物熔渣，将熔渣过滤即得到相应合金。

用金属铝热还原法制备钒基固溶体储氢合金 $V_3TiNi_{0.56}Al_{0.2}$ 的制备流程为：

（1）选料：原料选用化学纯级的 V_2O_5、TiO_2、金属镍、金属铝和添加剂等，点火剂为金属镁和 $KClO_3$；添加剂为氧化钙，不仅可降低反应副产物 Al_2O_3 的熔点，还可以调节反应的热效应。

（2）配料：首先将所有原料破碎至 100~200 目，分别将二氧化钛粉、五氧化二钒粉、纯金属铝粉、纯金属镍粉以及石灰粉按合金比例称量后均匀地搅拌混合。

（3）金属铝热还原反应：先将反应器内衬加热到 600~800℃，然后将混合原料加入到反应器中，用金属镁和 $KClO_3$ 点火进行铝热还原反应。

（4）冷却及后处理：反应结束后将反应生成物静置冷却到室温，将渣体破碎后取出合金。合金继续用真空感应炉进行精炼可以降低合金中的杂质，使合金成分均匀化。

用工业 V_2O_5 作为原料比用电解金属钒价格更加便宜，所以，金属铝热还原法制备的钒基固溶体储氢合金可使价格降低，且此工艺具有低能耗和工业设备简单的优点。虽然用五氧化二钒作为原料可以降低成本，但是铝热还原法本身的生产成本较高，所得产品的纯度较低，故难以实现大量工业化生产。

18.4.2.8 脉冲电流烧结法

脉冲电流烧结是由热压烧结发展而来的一种特殊的利用开-关式直流脉冲电流通电的烧结技术，它的工艺原理是在石墨等材质制成的模具中加入金属粉末，对其同时进行加压和通电，以模冲为加压体和通电电极，产生的电流会直接流过模具和烧结粉末，使压制和烧结能够同时进行。

在电极通入直流脉冲电流的瞬间会产生放电等离子体，从而使烧结体内部的颗粒可以自身均匀地产生焦耳热，并通过活化颗粒的表面在颗粒的接触点上形成颈部。颈部的电流密度要大于颗粒内部的电流密度，故烧结颈会迅速长大，使烧结迅速形成。整个工艺过程可以看作是导电加热、颗粒放电和加压的综合效果。

用脉冲电流烧结法制备钒基储氢合金 $Ti_{0.32}Cr_{0.43}V_{0.25}$ 的工艺流程如下：

（1）配料：将原料按照合金成分质量百分比来配料，分别为：Ti 36.985%，Cr 40.147%，V 22.868%，C 22.726%。

（2）球磨：将 7.077g TiO_2，9.374g V_2O_5，6.731g Cr_2O_3 和 6.818g C 与 100mL 正己烷混合加入到不锈钢容器中，加入硬质合金球，并将混合物一起放入水平球磨机中，设置转速为 120r/min，研磨 24h 成细粉。

（3）脉冲电流反应：将研磨好的混合细粉放入到石墨模具中，施加脉冲电流将混合物加热到 1573~1723K 烧结合金化，并在这一温度下保温 3~5min，烧结压力为 30MPa。

利用脉冲电流烧结法制备钒基固溶体储氢合金，可以选择各种金属、非金属及各种粒度粉末作为烧结原料；以石墨为模具可以降低生产成本，且加热速度可以高达 $10^6℃/s$，可快速升温，烧结过程可以在几分钟内完成，大大缩短反应时间，热效率高省电能，非常节约能源。

18.5　钒基电极材料制备技术

风能、太阳能等再生能源的出现极大地缓解了能源危机，要解决可再生能源的大规模使用，就必须开发高效的能量储存系统。当前，以锂电池、钠电池为主的二次电池，以及高功率密度的超级电容器成为研究热点。钒作为过渡族金属具有的多价态特性，具备成为优秀电极材料的潜能。

目前针对钒基电极材料进行了广泛的研究，电极材料的性能很大程度上受材料的形貌、尺度、表界面等因素的影响，因此将电极材料纳米化的设计构筑已成为当今的一大研究热点，在钒基电极材料中大都借助于纳米化技术。另外，改善钒基纳米材料的导电性是进一步提高其电化学性能的关键之一，结合钒基纳米材料与石墨烯、碳纳米管、导电聚合物等材料进行复合有效地获得了许多性能优异的钒基复合纳米材料。

18.5.1　钒的氧化物

钒的氧化物具有高能量密度、储量丰富、价格低廉等优点被广泛应用于制备锂离子电池正极材料、超级电容器电极材料，极具研发和应用前景。同时由于其电子电导率不高、离子扩散系数低以及离子嵌入脱出的过程，材料会发生一系列的结构相变和体积膨胀等缺陷，极大地限制了这类材料的应用。

因此，目前该类材料的研究热点主要集中在利用纳米化、表面修饰和离子掺杂等手段来改善其电化学性能。研究最多的是以下几种材料。

18.5.1.1　V_2O_5 电极材料

A　结构特征

V_2O_5 存在晶态和非晶态两种结构形式，不管是晶态的 V_2O_5 和还是非晶态的 V_2O_5 凝胶都是层状结构，层与层之间只靠微弱的范德华力相互作用，有利于离子或电子嵌入和脱出，因此具有较高的理论比容量。V_2O_5 晶体属于斜方晶系（$a=1.151nm$，$b=0.356nm$，$c=0.437nm$），相对密度为 3.35。在 V_2O_5 中每个 V 原子周围有 5 个氧原子，共同构成一个畸变的 [VO_5] 三方双锥，V 原子处于中心位置。

B　V_2O_5 在锂电池中的应用

a　V_2O_5 在锂电中的工作原理

V_2O_5 中钒为+5 价，是一个比较稳定的价态，放电价位高，资源丰富。在锂电池中，在 2~4V 的电压区间下，该材料的每一个晶胞可以嵌入两个锂离子。此时，V_2O_5 的理论容量为 $294mA·h/g$。其中锂离子嵌入原理如下：随着嵌入数的变化，晶体结构发生不同相变，只要离子嵌入量小于 2 时，材料的结构变化仍能保持可逆。如果离子嵌入量继续增大，那么会生成岩盐结构的四方相 ω-$Li_3V_2O_5$，其循环结构不稳定。

b 常见制备方法

水热法是指在一定温度（100~1000℃）和压强（1~100MPa）下，溶液中的物质发生化学反应来合成材料的方法。水热晶体生长的过程可以如下描述：首先是反应物溶解，以离子、离子团或者分子团的形式进入水溶液中；然后由于釜内存在很强的扩散驱动力，可以将这些离子、离子团或者分子团运送到相对低温区形成过饱和溶液；接着这些离子、离子团或者分子团被运输到生长界面上，进行吸附、分解、脱附；最后溶解的物质进行结晶，晶体生长。

溶胶-凝胶法是指无机盐或金属醇盐经过溶液、溶胶、凝胶而固化，再经过热处理形成氧化物或其他化合物固体的方法。其具体过程是：把无机盐或金属醇盐溶于水或有机溶剂中形成稳定的溶胶，溶胶经胶凝化作用形成具有网络骨架的凝胶，同时骨架间隙中的溶剂由于被定格而充满了失去流动性，再经脱水、干燥、热处理、烧结得到特定的材料。

c 性能指标

在一维尺度，利用静电纺丝技术合成的超长分级 V_2O_5 纳米线，直径在 100~200nm，长度在几个毫米以上，纳米棒搭接而成的超长纳米线大大减少了材料本身的自团聚，其作为锂离子电池正极材料时，在 1.75~4.0V 电压窗口下，初始容量高达 390mA·h/g，50 圈后容量剩余 201mA·h/g。

在二维尺度，通过溶剂热法制备了超薄 V_2O_5 纳米片，厚度低于 10nm，其作为锂离子电池正极材料时，显示出了优异的倍率性能，在 10C 倍率下，其放电容量达到 108mA·h/g，循环 200 圈后容量基本没衰减。

在三维尺度，通过简单的溶剂热制备的三维 V_2O_5 中空微球，该微球由纳米片组装而成，能够提供较短的锂离子运输通道，为电极材料与电解液和导电剂之间提供了更大的接触面积，作为锂离子电池正极材料时，展现出比容量高、循环寿命长、倍率性能好等优异的电化学性能。

在复合材料方面，将 V_2O_5 量子点与石墨烯复合，平均尺寸 2~3nm 的 V_2O_5 量子点均匀的附在二维石墨烯上，其用于锂电池正极材料时，在 100mA/g 的电流密度下循环 100 圈，容量保持为 212mA·h/g，在大电流密度下循环 300 圈，容量保持率达 89%。用石墨烯改性的 V_2O_5 纳米带复合材料，该复合材料的石墨烯含量仅有 2%，但展示出了大大增强的电化学性能。其初始比容量高达 438mA·h/g，几乎接近 V_2O_5 的理论容量 443mA·h/g，同时具有长的循环寿命和优异的倍率性能。此外 V_2O_5 量子点与碳纳米管、碳纳米线等复合以及制备核壳结构的方法都比较常见。

C V_2O_5 在钠电池中的应用

a V_2O_5 在钠电池中的工作原理

V_2O_5 在钠离子电池（SIBs）作为正极材料时，研究发现在钠离子电池放电过程中随着钠离子的转移 α-V_2O_5 相变为 NaV_2O_5，由于钠离子的离子半径更大，SIBs 正极材料需要更加开放的晶体结构与更短的离子迁移路径，而 V_2O_5 层间距较小不利于钠离子传输，目前包括调整晶体结构、形貌控制等手段用来提升 V_2O_5 在 SIBs 的性能。

b 制备方法

制备方法与锂电极材料类似，详见 18.5.1.1 节。

c　性能指标

利用 PVP 在乙二醇中的诱导效应以及后续煅烧制备 α-V_2O_5 空心微球结构。该空心微球具有均一的直径（约 800nm），厚约 50nm，在 20mA/g 的电流密度下，其首次放电比容量高达 229.7mA·h/g，但第二次循环放电比容量大约只有 159mA·h/g。

纳米带具有非常短的离子扩散路径，研究人员制备出了厚度为 50nm 的单晶双层纳米带，在 1~4V 的电压范围与 80mA/g 的电流密度下其首次放电比容量为 206.3mA·h/g，100 次循环之后仍然保持有 170mA·h/g 的放电比容量，展示出极好的稳定性与优异倍率性能。

D　V_2O_5 在超级电容器中的应用

a　V_2O_5 在超级电容器中的工作原理

超级电容器能实现高比容，高功率，因此近年来作为一种新型储能材料受到广泛关注，尤其是赝电容超级电容器，以及含有赝电容的混合超级电容器。在超级电容器中利用其过渡族金属多价态的特点，在材料表面附近发生快速可逆的氧化还原反应来储存能量与实现高功率密度，V_2O_5 理论比容量为 2120F/g。

b　制备方法

静电纺丝法：静电纺丝法是一种简单高效的生产纳米纤维的技术，在构筑一维材料方面起到了非常重要的作用。在强电场的作用下，注射器针头处的液滴会由球形变成圆锥（泰勒锥），从而延展得到泰勒丝。

其他制备方法与锂电极材料类似，详见 18.5.1.1 节。

c　性能指标

利用水热法将商业 V_2O_5 粉末制备得到二维纳米层，将其用作超级电容器电极材料时比容量达 405F/g。水热法制备出纳米多孔的 V_2O_5 网状结构，其最高比容量能够达到 316F/g。利用静电纺丝法制备的 V_2O_5 纳米线、纳米纤维在有机电解质中比容量为 250F/g，同时利用纳米纤维与活性炭纳米棒分别作非对称超级电容器的电极材料，在 10000 圈之后比容基本保持百分之百。通过旋涂溶胶凝胶法制备的 V_2O_5 薄膜在 5mV/s 的扫速下比容量为 346F/g。

此外，表面活性剂也扮演着重要的作用，利用 PEG-6000 作表面活性剂制备出的 V_2O_5 纳米线在 5mV/s 的扫速下表现出 349F/g 的比容量。

18.5.1.2　VO_2 电极材料

A　结构特征与储能原理

VO_2 材料具有多达 10 余种的晶体结构，在这些结构之中，VO_2(B) 具有单斜金红石结构，VO_2(B) 最多可以嵌入一个锂离子，生成 $Li_{1.0}VO_2$，理论容量可以达到 320mA·h/g，但 VO_2(B) 属于亚稳态结构，在高于 300℃ 时很容易转变成更稳定的 VO_2(R) 和 VO_2(M) 相，根据研究表明，VO_2(R) 和 VO_2(M) 的容量低于 200mA·h/g 并且伴随着结构的不可逆转变。因此与 V_2O_5 相比，VO_2 不具备区别与传统电极材料的优势。

B　VO_2 在锂电中应用

a　制备方法

其他制备方法与锂电极材料类似，水热法是加入复合物基底即可，详见 18.5.1.1 节。

b 性能指标

利用石墨烯量子点（GQDs）包覆的方法，设计了一种双界面 $VO_2(B)$/石墨烯阵列（VO_2@GF），该阵列由 $VO_2(B)$ 自石墨烯泡沫（GF）底部向上生长，并且通过 GQDs 包覆在 VO_2 表面得到最终产物。这种无黏结剂的正极复合材料可直接应用于钠离子电池，在 1.5~3.5V 的电压范围与 100mA/g 的电流密度下，其首次放电比容量高达 306mA·h/g，在循环 5 圈的电流密度下容量为 247mA·h/g，并且循环 500 圈后其容量保持率仍高达 91%。

C VO_2 在超电中的应用

a 制备方法

静电喷雾法：通过高压静电装置使溶液变成带电雾滴，带电雾滴在静电场的作用下，根据靶标作物带电不同，进行沉积。

其他制备方法与锂电极材料类似，详见 18.5.1.1 节。

b 性能指标

通过 H_2 处理可将 VO_2 电阻降低近 3 个数量级，可提高其在超级电容器中的电导率，比放电电容为 300F/g，比能量密度为 17W·h/kg，速率为 1A/g，具有长期循环稳定性，比未处理样品高 4 倍。

利用 VO_2 纳米带与超大的氧化石墨烯复合，组成混合超级电容器，混合电极的比电容高达 769F/g。

通过静电喷雾沉积的方法合成了 VO_2/TiO_2 纳米海绵，使纳米结构和组成易于定制，可作为超级电容器的无黏结电极。得益于 VO_2/TiO_2 电极独特的互联孔网络，以及高容量 VO_2 与稳定 TiO_2 的协同作用，形成的无黏结 VO_2/TiO_2 电极具有 548F/g 的高容量和良好的循环性能，1000 次循环后保持率为 84.3%。

18.5.1.3 V_6O_{13} 电极材料

A 结构特征与储能原理

V_6O_{13} 属于单斜晶系，其中每一个 V 与周围 6 个氧组成一个 ［VO_6］ 正八面体，这些正八面体会形成厚度不同的两种链层，一种是单层的 ［VO_6］ 正八面体，另一种有两层 ［VO_6］ 正八面体，两种链层交替堆叠，链层之间靠微弱的范德华力连接。该结构为离子或电子的嵌入提供了更多的位点。假设嵌入的是 Li^+，理论上每一个 V_6O_{13} 分子中可以插入 8 个 Li^+，然后所有的 V 离子都变为 V^{3+}，理论上能提供比容量为 417mA·h/g，能量密度为 900W·h/kg。

B V_6O_{13} 的应用

a 制备方法

制备方法与锂电极材料类似，详见 18.5.1.1 节。

b 性能指标

V_6O_{13} 在室温下具有金属特性，有利于进行快速充放电。因此，V_6O_{13} 被认为是一种优异的电极材料。采用热分解淬火法制备了形态为 V（Ⅴ） 和 V（Ⅳ） 的混合价的 V_6O_{13} 薄片，产品形貌平均尺寸为 2mm，厚度约为 2nm，在 1mol/L $NaNO_3$ 电解液的 0.2~0.8V 电压范围内，V_6O_{13} 电极表现出明显的电容性能。电流密度为 50mA/g 时，该材料的比电容值为 285F/g，循环 300 圈之后比容量保持 215F/g。

18.5.1.4　$H_2V_3O_8$ 电极材料

A　结构特征与储能原理

$H_2V_3O_8$ 中 V 的价态为+4 和+5 的混合价态，其比例为 1∶2。材料中的钒氧层是由 ［VO_6］正八面体和［VO_5］三角双锥构成。相较于 $VO_2(B)$，$H_2V_3O_8$ 中 V 的平均价态更高可以提供更多的电化学容量并且其在空气中更加的稳定。

B　$H_2V_3O_8$ 的应用

a　制备方法

采用溶胶-凝胶法，制备方法与锂电极材料类似，详见 18.5.1.1 节。

b　性能指标

以 V_2O_5 溶胶为原料，通过水热反应中利用聚乙二醇（PEG4000）的诱导作用得到了 $H_2V_3O_8$ 纳米线束，该线束由直径约 100nm，长数百微米的纳米线构成，目前报道出其首圈放电容量最高可以达到 373mA·h/g，然而循环过程中的不可逆相变和较差的电子导电率极大地制约了其应用。

18.5.2　钒的硫化物

钒的硫化物拥有较高的理论比容量、电导率、离子扩散系数，很好地弥补了钒的氧化物的不足，因此近年来以 VS_2、VS_4、V_3S_4 以及相应的复合物为主的硫化物成为一种热门的电极材料。其储能机理主要是导电粒子的嵌入，得益于较大的层间距，导电粒子在嵌入脱出时不会引起严重的晶格畸变，循环性能好。

18.5.2.1　VS_2 电极材料

A　结构特征与储能原理

受石墨烯材料飞速发展的影响，同样具有二维层状结构的过渡族金属硫化物（TMDs）开始备受人们的关注。VS_2 是一种类石墨材料，为六方晶系，每一层有两个 S 层夹着一个金属 V 层，形成 S-V-S 的三明治结构，若干 S-V-S 层堆叠在一起就形成了 VS_2 层状晶体，此外，VS_2 的层间距（0.576nm）较大，允许 Li^+（0.069nm）、Na^+（0.102nm）和 K^+（0.138nm）等轻易地进入层间，层与层间靠微弱的范德华力相互作用。研究发现：不论是块状的 VS_2 还是单层 VS_2 都具有金属性，电导率远远高于氧化物，Li^+ 在 VS_2 单层上有两个稳定的吸附位点，即位于六角中心上方的 H 位点和 V 原子上方的 T 位点，当 Li^+ 从一个 T 位点经过 H 位点迁移到另一个 T 位点时，其迁移阻碍仅为 0.22eV。

B　制备方法

由于 VS_2 传统的制备方法需要在有毒气体氛围进行，相应的研究一直停滞不前。自从 2011 年研究者成功通过无毒简便的水热法成功制备并获得超薄层状 VS_2 纳米材料之后，VS_2 的潜在应用不断被发掘。

由于 VS_2 晶体层间只有微弱的范德华力，这为剥离出超薄 VS_2 纳米片提供了可能性，就好像从石墨中剥离出石墨烯一样，单层或超薄的 VS_2 纳米片如石墨烯一样拥有较大的比表面积，同时还具有金属导电性，极具应用前景。目前常见的剥离方法有机械法，液相剥离法，气相沉积法等等。

超声剥离法是将层状结构的样品溶于溶剂中，通过一定的添加剂，增大层间距或者改善表面活性，然后在超声环境下分离，超声后的溶液用定性滤纸进行过滤，得到澄清溶液。

其他制备方法与锂电极材料类似，详见 18.5.1.1 节。

C VS$_2$ 在二次电池中的应用

a VS$_2$ 在二次电池中的工作原理

将 VS$_2$ 用于二次电池电极材料时，电解质中的碱金属阳离子进入 VS$_2$ 层间，形成插层化合物，比如两个锂离子嵌入，也能形成稳定的 Li$_2$VS$_2$，依此计算的容量为 466mA·h/g，可见 VS$_2$ 非常适合作为一种离子存储的载体。另外，VS$_2$ 具有较高得到电导率，并且能够在锂硫电池中对多硫化锂起到化学吸附作用，能够加快反应动力学速率并且抑制多硫化锂的穿梭效应，因此也能适用于锂硫电池。

b 性能指标

在锂电中，通过合成一种分级结构的 VS$_2$/石墨烯纳米片（VS$_2$/GNS）复合材料，并将其用于 LIBs 正极。VS$_2$/GNS 的平均工作电压为 2.3V，表现出了较好的倍率性能和循环性能。在 0.2C 的电流密度下循环 200 圈后，VS$_2$/GNS 容量还有 180.1mA·h/g，为初始容量的 89.3%。

在钠电中，通过合成一种层层堆积的 VS$_2$ 纳米片（VS$_2$-SNSs），并将其用于 SIBs 负极。VS$_2$-SNSs 表现出了较好的倍率性能和循环性能。在 5A/g 的电流密度下循环 100 圈后，VS$_2$-SNSs 的容量不但没有衰减，反而出现了一定程度的上升，容量从 210mA·h/g 上升到 220mA·h/g。利用其层状晶体结构可以嵌入有机物的特点，比如纳米片与聚合物复合，从而制备出锂离子阴极材料。与 PEDOT 复合用于钠离子材料，又或是与 NTO 纳米线复合后用于钠离子阳极材料都表现出良好的性能。

在锂硫电池中，采用水热法制备了一种柔性的三明治型的 rGO-VS$_2$/S 复合材料。与 rGO/S 相比，rGO-VS$_2$/S 具有更为出色的电化学性能，且硫的占比能达到 89%。

D VS$_2$ 在超级电容器中的应用

a VS$_2$ 在超级电容器中的工作原理

VS$_2$ 作为电极材料时，导电离子在电极表面或者体相中进行欠电位沉积，发生高度可逆的氧化还原反应或者电化学吸附，纳米状的 VS$_2$ 不但具有较大的比表面积，同时具有大的电导率，产生于充电电位有关的电容。电容器的电压随着电荷的转移呈线性关系，表现出电容特性，故称为"赝电容"。

b 性能指标

利用气相沉积法制备得到 VS$_2$ 纳米片，这种纳米片的比容量达到 860F/g，将纳米片与活性炭组成非对称超级电容器在 1A/g 电流密度下获得了 155F/g。

将 VS$_2$ 纳米片与 ZnO 纳米球结合成的复合物很好地防止了纳米片的堆叠，比容量达到 2695.7F/g，且循环 5000 圈后有 92.7% 的电容保持率。

利用水热法制备了有纳米片组成的纳米花，发现在 0.3A/g 时其比容量能达到 211F/g，高于其他层状过渡族金属硫化物，并与乙炔黑复合探索其电化学性能。实验发现 VS$_2$ 与聚苯胺复合后容量能达到 440F/g。

利用其层状晶体结构可以嵌入有机物的特点，比如纳米片与聚合物复合，从而制备出锂离子阴极材料。与 PEDOT 复合用于钠离子材料，又或是与 NTO 纳米线复合后用于钠离子阳极材料。

18.5.2.2　VS_4 电极材料

A　结构特征与储能原理

VS_4 晶体具有独特的隧道型结构，由平行排列的准一维链构成，S_2^{2-} 二聚体的存在，加上链状晶体间间距为 $5.83×10^{-10}m$，可以很好存储电解质离子，从而可以提供充足的空间进行钠离子的脱嵌。同时，S_2^{2-} 二聚体的存在，在转换过程中使更多的钠离子参与转化，从而具有更高的理论比容量，四硫化钒在钠离子电池中具有高达 $1197mA·h/g$ 的比容量。

B　VS_4 的应用

a　制备方法

制备方法与锂电极材料类似，详见 18.5.1.1 节。

b　性能指标

在电池领域研究者尝试将其与石墨烯复合后用于锂离子电池、硫离子电池，发现产生良好的电化学性能。也有研究者尝试制备不同形貌纳米状 VS_4 并应用于锂离子电池，发现在海胆状的样品中得到的性能最好。由于 VS_4 富硫特性，目前用于硫离子电池的研究更多一些。在超级电容器方面，有研究者制备出绣球状的纳米微球，发现其最大的能量密度为 $60W·h/kg$，最大功率密度为 $125W/kg$。

18.5.2.3　SVS 电极材料

A　结构特征与储能原理

硫化银钒（SVS）是以硝酸银为银源，将银元素引入钒的硫化物，作为电极材料主要是利用其硫化物特有的高导电性与离子迁移速率，在应用上往往与其他元素复合，解决部分材料的导电性的缺陷。

B　SVS 的应用

a　制备方法

制备方法与锂电极材料类似，详见 18.5.1.1 节。

b　性能指标

通过原位聚合苯胺技术将前驱体苯胺、硝酸银、偏钒酸铵和 TU 等转化为硫化银钒（SVS）纳米晶粒（10~20nm）固定在聚合苯胺基质中，形成复合物，硫化银钒的存在极大地提高了聚合苯胺作为电极材料的容量。相较于聚苯胺 $128F/g$ 的容量，硫化银钒的引入，使得其容量提高到 $440F/g$。

18.5.3　钒的氮化物

18.5.3.1　VN 电极材料的结构特征与储能原理

过渡族金属氮化物由于自身超高的电导率、环境可持续好、反应选择率高等优势成为潜在的电极材料。其中最典型的就是 VN。其具有面心立方晶体结构，用于电极材料时得益于多孔 VN 致密的填料结构和极性表面，保证锂离子顺利迁移。

18.5.3.2　VN 在超电中的应用

A　制备方法

制备方法与锂电极材料类似，详见 18.5.1.1 节。

B　性能指标

采用低温法在无水氯仿中对 VCl_4 进行两步氨解反应合成纳米晶 VN，纳米晶增加了表面氧化的敏感性，而氮化物的高比表面积提供了更多的氧化还原反应位点。在 2mV/s 的扫速下最高容量达到 1340F/g，在高达 2V/s 的扫速下依旧能够保持 190F/g 的容量。制备 VN 多孔纳米线作为混合离子电容器的负极时，展现出优异的锂离子存储的容量、倍率与循环稳定性。进一步结合还原氧化石墨烯（rGO），通过利用高导电的石墨烯和多孔纳米线的结合，大大减低了离子与电子的扩散路径，实现了离子与电子的双连续运输。

在非对称超级电容器中，常用碳基材料作为阳极材料，但是碳基材料始终受限于比容量小的特点，而 VN 具有高比容量（1340F/g）、高电导率、大电位窗口等特点，自然成为非对称超级电容器阳极材料的潜在替代材料，同时 VN 作为非对称超级电容器阳极材料时容易被氧化，稳定性不高，因此目前研究主要集中在提高 VN 的稳定性。利用 VN 多孔纳米线做阳极材料制备了高能量密度的全固态非对称超级电容器（ASC）。在这项工作中，首次展示了基于多孔 VN 纳米线阳极和 VO_x 纳米线阴极的高能量密度、稳定的准固态 ASC 器件。VO_x/VN-ASC 器件具有稳定的 1.8V 电化学窗口和良好的循环稳定性，10000 次循环后电容仅下降 12.5%。更重要的是，VO_x/VN-ASC 器件在电流密度为 0.5mA/cm^2 时实现了 0.61mW·h/cm^3 的高能量密度，在电流密度为 5mA/cm^2 时实现了 0.85W/cm^3 的高功率密度。

VN 薄膜电极与其他类型的电极相比具有许多优点，因为不需要添加添加剂来增加导电性，也不需要添加黏结剂来提高机械稳定性。研究者利用直流反应磁控管制备不同厚度 VN 薄膜溅射晶体获得了在（111）方向上具有优先生长的薄膜。厚度为 25nm 的薄膜在 1m KOH 电解液中表现出最高的比电容。

VN 电化学稳定性差，充放电循环过程中电容损耗大。最终，这个问题可以通过形成纳米复合材料来解决，最有利的是通过同时生成和控制所有合成成分的并行合成方法生成碳。从以往的经验来看，高纯度碳纳米管的存在可以改善 VN 在超级电容器中的电化学性能。研究者通过溶胶-凝胶法合成有机或无机氧化钒前驱体，然后进行程序升温氨还原，制备了用于赝电容的纳米结构氮化钒/多壁碳纳米管（VN/CNTs）复合材料，它的一个明显的优势是在高电流密度条件下比容保持率为 58%。

18.5.3.3　VN 在 Li-S 电池中的应用

采用一步水热法利用氧化石墨烯作为四硫化钒生长模板，制备四硫化钒-还原氧化石墨烯（VS$_4$-rGO）复合材料，通过控制氧化石墨烯前驱体浓度，来控制 VS$_4$ 形貌，成功制备具有规则形貌的立方体形状 VS$_4$ 纳米颗粒复合石墨烯材料，该电极具有最高的可逆比容量（580mA·h/g）。

18.5.4　钒酸盐

钒酸盐作为电极材料具有结构稳定、高放电比容量、廉价等优点被广泛研究。通过将锂、钠离子等预嵌入到过渡金属氧化物层间可以起到增强纳米材料电化学性能的效果。同时，其他的混合金属钒酸盐类也在储能、催化等领域扮演着重要作用。

18.5.4.1　$Li_{1+x}V_3O_8$ 电极材料

A　结构特征与储能原理

LiV_3O_8 具有层状结构，其钒氧层是由 VO_6 正八面体和扭曲的 VO_5 三角双锥构成。根据理论计算，每个晶胞最多可以嵌入 3 个锂离子，其理论容量可以达到 280mA·h/g。然

而无定形的 LV_3O_8 在小电流密度下每个晶胞可以嵌入 4.5 个锂离子,比容量高达 419mA·h/g。该材料具有与其他钒基材料相似的缺点,电子电导率和离子电导率较差。同时,材料中的 Li 元素使得其成本与其他的钒基氧化物相比更高。

B $Li_{1+x}V_3O_8$ 的应用

a   制备方法

制备方法主要利用了微波与溶胶-凝胶法,与锂电极材料类似,详见 18.5.1.1 节。

b   性能指标

以一水氢氧化锂(LiOH·H₂O)和 NH_4VO_3 为锂源和钒源,以草酸为络合剂,在经过微波辅助水热处理后得到了蓝色前驱体溶液,随后经过干燥得到了混合物凝胶,最后在空气中 350℃下煅烧后获得了长 0.5~3μm,宽 100~500nm,厚 50~100nm 的 LiV_3O_8 纳米片。

18.5.4.2 Li_3VO_4 电极材料

A   结构特征与储能原理

Li_3VO_4 的比容量使其有望成为替代石墨和钛酸锂的下一代锂离子电池负极材料。但是 Li_3VO_4 也面临电子和离子导电性差,动力学缓慢的缺点,离子掺杂能够改变宿主材料晶体结构中原子配位环境,从根本上调节其物理化学性质从而达到改善电化学性能的目的。

B Li_3VO_4 的应用

a   制备方法

元素掺杂法:是将一种或几种其他元素(原子、离子)等引入样品的晶体结构,通过原子尺度的掺杂来调控性能是目前比较常见的材料制备方法。制备方法与锂电极材料类似,详见 18.5.1.1 节。

b   性能指标

用镁离子占据部分锂离子的位置,合成 $Li_{2.97}Mg_{0.03}VO_4$,可以使 Li_3VO_4 的电导率提升两个数量级。也有研究者选用 Ni 掺杂,用 Ni 占据五价钒的位置,通过增加材料的表面能,加速电极与电解质之间的界面反应动力学。除了阳离子掺杂,Li_3VO_4 作为一种新型的负极材料被广泛研究,合适的嵌锂电位和较高的理位进行阴离子掺杂,以 Li_3N 作为氮源对 Li_3VO_4 进行 N 掺杂,N^{3-} 取代 O^{2-} 的位置,产生了间隙 Li^+,掺杂后材料的离子电导率提升了两个数量级。还有研究者通过 Si 掺杂将 Li_3VO_4 从室温下稳定的 β 相转变成高温 γ 相,电化学性能测试表明 Si 掺杂提高了 Li_3VO_4 电极的反应动力学,这是因为 Si 掺杂引入了间隙 Li^+ 的结构缺陷,使材料的晶格无序度增加,更利于 Li^+ 的扩散和传输。

18.5.4.3 $Na_{1+x}V_3O_8$ 电极材料

A   结构特征与储能原理

与 $Li_{1+x}V_3O_8$ 类似,$Na_{1+x}V_3O_8$ 因其具有多种氧化态、结构稳定性好、低成本和安全特性被认为是一种很有潜力的正极材料。

B $Na_{1+x}V_3O_8$ 的应用

a   制备方法

制备方法与锂电极材料类似,详见 18.5.1.1 节。

b 性能指标

NaV_3O_8 纳米线应用于钠电池的工作，循环 50 圈后的容量保持率由原来的 51.9% 提高到了 91.1%。然而，为实现 NaV_3O_8 材料在钠离子电池中的实际使用，其储钠性能仍有待进一步提高。

为此，研究者通过一种简单的拓扑定向嵌入的方法合成了由细小的纳米棒搭接构成的 $Na_{1.25}V_3O_8$ 锯齿形的分级纳米线，在 1.5~4V 的电压范围与 200mA/g 电流密度下，具有优化纳米结构的 $Na_{1.25}V_3O_8$ 比容量可达 158.7mA·h/g，循环 200 圈后仍具有 95% 的容量保持率。研究者以偏钒酸铵（NH_4VO_3）、草酸（$H_2C_2O_4$）以及氢氧化钠（NaOH）为原料，通过水热结合煅烧的方法制备了 $Na_{1.08}V_3O_8$ 超薄纳米片，该纳米片宽为 150~300nm，长 0.3~1.0μm，厚度小于 10nm，表现出优异的储能特性。

18.5.4.4 其他钒酸盐电极材料

通过简单的无模板法，研究者制备了 ZnV_2O_4 纳米球，用作超级电容器电极时在 1A/g 电流密度下比容量为 360F/g，且循环稳定性高，1000 转以后依旧能够保持 89% 的比容量。

通过简单水热法，研究者制备了 $Zn_3V_2O_8$ 纳米片，在 5mV/s 的扫速下，最高比容能达到 302F/g，循环 2000 圈以后，比容量依旧保持 98%。相似的研究者还比较了 $Ni_3V_2O_8$ 纳米花与 $Co_3V_2O_8$ 纳米粒子以及二者的复合物，复合物的性质表现为 0.5A/g 电流密度下容量为 739F/g，循环 2000 圈之后比容量依旧保持 702F/g。

通过水热法，研究者制备了中空 $Ni_3(VO_4)_2$ 的中空纳米球，在 1A/g 电流密度下容量为 402.8C/g，循环 1000 圈以后，比容量依旧保持 88%。该材料作阴极，活性炭作阳极组成的非对称超级电容器在电压窗口为 0~1.6V 时，最高比容为 114C/g，最高能量密度为 25.3W·h/kg，功率密度为 240W/kg。

18.5.5 钒的磷酸盐

18.5.5.1 $M_3V_2(PO_4)_3$(M = Na，Li) 电极材料

A 结构特征与储能原理

$Li_3V_2(PO_4)_3$ 拥有菱方相和单斜相两种结构，单斜相整体三维结构由八面体（VO_6）和四面体（PO_4）以共点的形式交替连接而成，在每个四面体 PO_4 的周围均有 4 个八面体 VO_6 规则排列，相应的 VO_6 周围也环绕着 6 个四面体 PO_4，这种简单的排布构成 $Li_3V_2(PO_4)_3$ 的基本框架 $V_2(PO_4)_3$。

此外，晶体结构中 Li 存在有 3 种不同的位点，不同位点的 Li 在外电场的作用下均能可逆地嵌入/脱出，表现出三维的锂离子迁移通道，因此 $Li_3V_2(PO_4)_3$ 具有高的锂离子扩散系数，不过菱方相是典型的快离子导体结构，其结构框架比单斜相更开放，具有更高的离子迁移能力，而且具有单一稳定的放电平台，因此菱方相比单斜相更适合用作电极材料。其储能原理主要是利用其拥有三维 Li+ 扩散通道，改善电池低温动力学条件，从而提升储能效率。

B 在钠离子电池中的应用

a 制备方法

制备方法与锂电极材料类似，详见 18.5.1.1 节。

b　性能指标

$Li_2NaV_2(PO_4)_3$ 作为钠离子电池正极材料，在室温下能够达到的可逆容量为 $115mA \cdot h/g$，同时低温环境下倍率性能良好，在零下 30℃ 依旧能保持 58% 的容量，原因在于钠离子在一定程度上能够稳定菱方相结构。

其中 $Na_3V_2(PO_4)_3$ 在钠离子电池中有着广泛的应用，并且该材料具备同时成为钠离子阴阳极材料的潜力，目前研究主要是作为钠离子阴极材料，此时得益于 P—O 键的稳定性与强度，材料在高达 450℃ 依旧具有高稳定性。

18.5.5.2　$VOPO_4$ 电极材料

A　结构特征与储能原理

磷酸氧钒（$VOPO_4$）为层状结构，电化学性能优异，具有广阔的应用前景。由于磷酸根离子的引入，$VOPO_4$ 中的 V^{4+}/V^{5+} 氧化还原对具有比氧化钒更高的电位。然而，由于本身具有很高的电阻，并且其层状结构具有有限的比表面积，降低了电化学器件的功率密度，所以很少用于赝电容中。

B　$VOPO_4$ 在超电中的应用

a　制备方法

制备方法与锂电极材料类似，详见 18.5.1.1 节。

b　性能指标

研究者开发了一种简单的自组装工艺，用于制备具有高比表面积和高导电性的层状钒磷酸盐和石墨烯纳米片的三维垂直多孔纳米复合材料，在 $0.5A/g$ 的电流密度下电容量为 $528F/g$。此外不同的制备对其性能也有着影响，结果表明，回流法制备的 $VOPO_4$ 水合物材料比水热法制备的材料具有更好的电容性能。将 $VOPO_4$ 与氧化石墨烯复合也获得了良好的性能。

18.6　钒薄膜及钒发光材料制备技术

18.6.1　简介

钒氧化物在金属化合物中是属于成分较为复杂的，自从国外有人发现氧化钒具有金属-绝缘相变特性后，钒-氧化物体系便获得了科研工作者大量的深入研究。至今为止已经被研究人员所发现的钒氧化物包含 V_2O_5、VO_2、V_2O_3、VO 等至少 13 种不同的类型，并且存在着 V_nO_{2n-1}（$3 \leqslant n \leqslant 9$）和 V_nO_{2n+1}（$3 \leqslant n \leqslant 6$）的中间相。研究表明，具有金属-绝缘体相变特性的钒-氧化合物有 8 种。表 18-2 所示的是常见的几种钒-氧化合物的相变温度 T_c。每种氧化钒相都会在一个特定的相变温度 T_c 发生相变，在相变过程中，材料的晶体结构、电学性质和光学性能等都会发生显著的变化。

表 18-2　常见氧化钒的相变温度

氧化钒种类	V_2O_5	VO_2	V_2O_3	VO
相变温度/℃	258	68	−139	−163

由于钒氧化物存在较多化合价与非常复杂的物相特点，其样品制备和分析都存在较大

困难。在多种钒氧化合物中，VO_2 晶体的相变温度为 68℃，接近室温，且相变前后具有优异的电学性能，即电阻率突变最高可达 10^5。自然界中的钒-氧化合物体系通常以 V_2O_5 的形式存在，这是因为 V_2O_5 中的 V 是以+5 价的形式存在，十分稳定。

目前，由于微机械技术和半导体技术已经愈发成熟，将其与氧化钒薄膜制备技术相结合，可以使其在众多前沿领域具有重要的应用前景，特别是 V_2O_5 薄膜和 VO_2 薄膜获得了广泛的研究与应用。

18.6.2 V_2O_5 晶体结构与性质

V_2O_5 是一种最具有代表性的钒氧化物，作为电极材料在储能领域具有重要的价值。V_2O_5 中 V 是 5 价，是一个比较稳定的价态，其放电电位高，来源广泛。研究发现，V_2O_5 存在晶态和非晶态两种结构形式。

V_2O_5 晶体属于斜方晶系（$a = 1.151nm$，$b = 0.356nm$，$c = 0.437nm$），相对密度为 3.35。在 V_2O_5 中每个 V 原子周围有五个氧原子，共同构成一个畸变的 $[VO_5]$ 三方双锥，V 原子处于中心位置。根据与 V 连接的方式，把五个氧原子分为三类：一个（O），与 V 单独连接，类似形成一个 V=O 键，键长为 0.154nm；三个（O′），每个以桥式氧与三个 V 原子连接，其中有两个的键长为 0.188nm，另一个为 0.204nm；一个（O″），与两个 V 连接，键长为 0.177nm。V_2O_5 的晶体结构例如 $[VO_4]$ 单元通过氧桥结合，两两共用一边形成一条链，两条这样的链通过第五氧原子形成的氧桥连接形成复链，从而形成一种波形的层状结构。层与层之间通过第六个氧原子连接，键长为 0.281nm。层间的相互作用力是微弱的范德华力。

V_2O_5 对众多化学反应具有较好的催化作用，如氧化 SO_2 为 SO_3 制备硫酸的化学反应。此外，V_2O_5 由于存在数量较少的氧空位，表现出 n 型半导体的特性，使其可以作为一种优异的化学传感器材料。近年来发现 V_2O_5 具有金属-绝缘体转变特性，其相变温度为 258℃，远远高于室温，不利于实际应用。而研究者发现通过对 V_2O_5 薄膜进行热处理可以获得具有接近室温相变温度的 VO_2 薄膜，这也是制备 VO_2 薄膜常用的方法之一。

18.6.3 VO_2 晶体结构与性质

相变温度最为靠近室温的 VO_2 材料，在相转变发生时，其电阻率可达到最高 $10^4 \sim 10^5$ 数量级的可逆改变，近红外透过率和反射率也发生重大改变，这一优异的特性使 VO_2 在智能窗户、光电开关、激光武器防护和多功能存储材料等领域展现出广阔的应用前景。同其他钒氧化物一样，VO_2 也存在着多种同素异构体，如 $VO_2(M1)$、$VO_2(M2)$、$VO_2(B)$ 和 $VO_2(R)$ 等。

通常所说的 VO_2 金属-绝缘相变是指低温单斜绝缘态的 $VO_2(M1)$ 经过相变温度 T_c 后转变为高温四方金属态的 $VO_2(R)$。然而 VO_2 不同相结构之间也可以彼此转化，如 $VO_2(B)$ 是一种层状结构，水热法制备 $VO_2(M1)$ 时，中间产物通常为 $VO_2(B)$，其在保护气氛中大于 500℃ 退火可转变为 $VO_2(R)$，冷却后从 $VO_2(R)$ 转变为 $VO_2(M1)$。在 $VO_2(M1)$结构中，沿着 c_t 轴 V 原子形成的 V—V 对呈现出 Z 字形的链状结构。

$VO_2(M2)$ 通常作为一种比较常见的相，在其结构中，沿着 c_t 轴 V 原子呈现出两种形态，即一种为 V 原子之间形成倾斜的 V—V 链，然而不存在 V—V 对；另一种是 V 原子形成成对的 V—V 键，然而其 V—V 对之间不存在倾斜。将 VO_2(M1) 沿着 [110] 方向施加应力或者引入+3 价离子，可以使 VO_2(M1) 转变成 VO_2(M2)。

18.6.4　VO_2 的相变特征

VO_2(M1) 在外界诱导作用下发生 MIT 相转变，相变前后其电阻和光学性质发生巨大改变。VO_2(M1) 薄膜在温度诱导下其电阻和红外透过率发生变化。VO_2(M1) 薄膜相变具有以下特点。

18.6.4.1　相变温度

化学计量比的 VO_2 发生相变时温度为 68℃，若将氧空位引入 VO_2 薄膜中，则会有利于相变的发生。然而在加热和冷却过程中不同的相变温度致使其存在一定程度的滞后特征。此外，VO_2(M1) 和 VO_2(R) 的晶格参数和体积有着一定的差异，当 VO_2(M1) 块体单晶发生相变时，引起体积膨胀导致块体单晶碎裂，不利于其实际应用。然而 VO_2 薄膜则能克服单晶态时出现的碎裂现象，使其可以循环发生相变，达到反复使用的目的。

18.6.4.2　电阻突变

VO_2 在相变过程中，电阻从单斜的低温绝缘态转变为四方的高温金属态，电阻值变化通常在 $10^3 \sim 10^5$ 范围内。对于化学计量比的 VO_2 单晶材料，电阻突变数量级可达到 10^5，且热滞回线宽度低于 1℃，但相变前后出现的裂缝，限制了其实际应用。通常薄膜态的 VO_2 单晶相变前后电阻突变可达 $10^3 \sim 10^4$ 的变化，热滞回线宽度在 $2 \sim 5$℃ 范围内。然而 VO_2 多晶薄膜相变前后电阻通常大约有 2 个数量级的改变，相应的热滞回线宽度在 $10 \sim 20$℃之间，而 Zhang H X 课题组在 ITO 玻璃基片制备出的 VO_2 多晶薄膜的热滞回线宽度可高达 40℃。不同的基片类型及制备方法都会影响电阻突变数量级及热滞回线宽度。

18.6.4.3　晶体结构改变

低温时 VO_2 晶体结构为单斜相，沿着 a 轴方向 V 原子之间形成曲折的 V—V 对链，相变后晶体结构改变为四方金红石相，V 原子沿 a 轴方向的 V—V 对消失。对于单斜 VO_2(M1) 绝缘相，由于 V 原子之间成对，它的 $3d^1$ 电子自旋相反，具有反铁磁性，而 VO_2(R) 相中不存在成对 V 原子，则呈现出顺磁性。

18.6.4.4　光学性能变化

在低温时，VO_2(M) 绝缘相对红外光有着较高的光学透过率，当相转变之后，VO_2(R) 金属相的红外光透过率却明显降低，这是因为具有金属性 VO_2(R) 内部电子存在等离振荡现象，并且存在特定的截止频率，当 VO_2(R) 中电子等离振荡的频率大于入射光的频率时，则会对入射光反射。同时在相变前后 VO_2 薄膜对可见光透过率的影响较小，这一特性使得 VO_2 薄膜在节能材料领域，尤其是在智能窗户方面具有极好的应用前景。

18.6.5　VO_2 的相变机理

VO_2 由于金属-绝缘转变的相变温度接近室温，引起科研工作者的广泛关注，然而对其相变过程的微观机制阐述仍旧有待完善。目前关于 VO_2(M) 金属-绝缘相变的解释主要有 3 种：(1) Mott 转变；(2) Peierls 转变；(3) Mott-Peierls 两种转变协同作用。

18.6.5.1 VO₂(M1)的 Mott 转变

由于电子之间强烈的彼此作用引起金属-绝缘相转变为 Mott 相变。2005 年和 2006 年，韩国有研究者利用外加电场和光辐照引起 $VO_2(M1)$ 金属-绝缘相转变并结合变温 Raman 和 X 射线衍射技术观测结构变化，结果表明，$VO_2(M1)$ 的 MIT 相变优先于单斜结构到四方金红石结构之间的转变，而且相转变过程中单斜 $VO_2(M)$ 相呈现出金属态。

VO_2 单斜结构金属态的存在，证明金属-绝缘相转变和晶体结构转变并不是同时进行，因此他们认为 VO_2 的金属-绝缘相转变为 Mott 相变。2012 年，美国的研究人员采用变温 TEM 以及光学显微镜来研究 $VO_2(M1)$ 金属-绝缘相转变和结构转变之间联系。结果表明，在不同材料表面的 $VO_2(M1)$，晶体结构之间转变的温度存在较大的差异，而其金属-绝缘相变温度则较一致，证明 $VO_2(M1)$ 金属-绝缘体相变发生时晶体结构未必发生转变。此外，研究发现掺杂或者应力诱导的 VO_2 相变发生时，通常会存在 $VO_2(M2)$ 相，而它是典型的 Mott 相转变。

18.6.5.2 VO₂(M1)Peieris 转变

由晶格参数之间转变而导致发生金属-绝缘体相变称之为 Peierls 相变。最早人们认为 $VO_2(M1)$ 的金属-绝缘体相变是因为晶体结构参数发生改变而引起的。1994 年，英国 Wentzconvitch 课题组过能带理论分析 $VO_2(M)$ 金属-绝缘相变，发现相邻的 V—V 键的加强引起 $VO_2(M)$ 带隙的出现，因此认为 $VO_2(M)$ 应该是 Peierls 绝缘体。

2012 年有人发现钨的掺杂可以有效降低 VO_2 相变温度，并用 Peierls 相变理论成功解释了其原因。他们认为这是由于钨的引入替代了钒的位置，形成了局域的四方金属结构，而此结构有利于相变的发生，因此相变温度越来越低。

18.6.5.3 VO₂(M1)协同作用相变

早在 1980 年，国外就有研究者考虑电子-晶格和电子-电子相互作用共同引起 $VO_2(M)$ 的金属-绝缘体相转变。他们认为金属-绝缘体相转变主要是电子-电子相互作用驱动，然而晶格结构的改变会影响电子-电子之间的这种相互作用。

2005 年，法国的研究人员利用密度泛函理论和团簇动力学平均场理论模拟 VO_2 的相转变，结果发现 V—V 二聚体在相转变过程中起到重大作用，因此认为 VO_2 金属-绝缘体相转变是以 Peierls 转变为主并以电子相关性作用为辅助。而后更有人深入研究利用密度泛函理论结合变温 X 射线精细结构吸收谱研究 $VO_2(1)$ 微观相变机理，结果表明 V—V 链结构的调整和单斜金属相出现几乎同时发生，因此认为结构变化是 $VO_2(M)$ 现金属相的主要原因。

18.6.6 VO₂ 薄膜制备方法

随着人们对 VO_2 薄膜的深入研究，其制备方法也得到广泛的探索。在众多制备薄膜的方法中，溶胶-凝胶法、化学气相沉积法、脉冲激光沉积法和磁控溅射法等被用来主要制备 VO_2 薄膜。

18.6.6.1 磁控溅射法

磁控溅射法通常利用氩离子轰击 V 或 V_2O_5 靶产生溅射效应，使 V 粒子或离子从靶表面射出，运动过程中再与氧气接触反应，继而在衬底表面沉积形成氧化钒薄膜。该方法成膜质量较好，膜厚均匀且易控性和重复性强，是目前最常用的制备 VO_2 薄膜方法。磁控溅射法按溅射方式包括单靶或双靶形式的直流溅射法、射频溅射法等，根据制备过程又可分为氧化法和还原法。

溅射过程中，影响成膜质量的因素很多，主要有氧分压、溅射时间、溅射功率、基底温度、退火时间、退火温度、基底材料等，选择合适的制备参数对薄膜性能的提高至关重要。有人在硅底上用磁控溅射制备氧化钒薄膜，经快速热处理后电学相变幅度最大超过 2 个数量级，光学相变透过率最大为 57.9%。

除此之外，还有人通过溅射得到电阻变化达 3 个数量级的相变薄膜，THz 透过率变化 70%。兰州物理研究所采用射频磁控溅射法，用金属钒为靶材，在玻璃和单晶硅基片上分别成功制备了 VO_2 薄膜。由于制备条件的差异，其相变温度在 58~68℃ 范围之间，电阻突变大小为 10^2~10^3，而且薄膜在红外波段（2μm）时，其透过率变化最高可达到 40%。同时他们采用钒靶与钨靶共溅射制备钨掺杂的 VO_2 薄膜，实验结果表明钨掺杂可以改善 VO_2 薄膜的相变温度，但同时也改变了其红外光透过率。

18.6.6.2　脉冲激光沉积法

脉冲激光沉积是利用脉冲激光加热 V 或 V_2O_5 靶材至熔融状态，促使靶材中的原子、电子甚至离子喷射出来与反应气体接触反应，并在一定距离外的基底上沉积形成氧化钒薄膜。需要掺杂时，可在靶材中加入预掺杂材料，也可将靶材与掺杂材料分开，同时进行双靶溅射沉积。

PLD 法制备二氧化钒薄膜，环境纯净，可低温沉积，易掺杂元素且沉积速度快，具有纯度高、结晶好、附着性好、可控性强等优点。由于该方法对激光器的参数设置要求较高，激光的频率、功率以及基靶间的距离都直接影响沉积速度和薄膜质量，另外对喷射粒子的方向性要求也较高，难以进行大面积成膜，同时实验系统价格昂贵等也限制了该方法的普及应用。

有研究人员采用 PLD 法分别在 C-sapphire（C 相氧化铝）和 R-sapphire（R 相氧化铝）基底上沉积的薄膜电阻变化分别达到 4~5 个数量级。而后还有人在硅基底上沉积得到相变温度为 68℃ 的 VO_2 薄膜，在 75~110GHz 随温度升高薄膜透过率降低 20%，折射率和消光系数增大 25% 以上。

18.6.6.3　溶胶-凝胶法

溶胶-凝胶法是化学法制备氧化钒薄膜的常用方法，根据制备过程不同可以分为无机溶胶-凝胶法和有机溶胶-凝胶法。无机溶胶-凝胶法是以 V_2O_5 为前驱体，高温熔融后迅速加入到蒸馏水中。搅拌溶胶、凝胶，然后旋涂到基底上，再经热处理得到 VO_2 薄膜。有机溶胶-凝胶法是将 V 的有机或无机化合物与醇类溶液水解合成烃氧基化合物，然后利用无机盐类（如氯化物、硝酸盐、乙酸盐等）和乙酰丙酮等有机溶剂对成膜物质进行凝胶、涂层，再进行固化和热处理制得 VO_2 薄膜。常用原料有四丁氧基钒金属配合物、偏钒酸铵等。

该方法的优点：过程简单、用量比易于控制、成品均匀纯度高、可用于大面积成膜。主要缺点在于膜厚不易控制，致密性、复现性差且热处理时容易出现气泡和开裂。比较两种方法，有机法更易于掺杂以改善薄膜性能，但相对无机法过程复杂、原料昂贵且涂覆时须干燥无水；而无机法虽然热处理容易出现气泡且工艺不易控制，但原料易得、工艺简单因而更为常用。

1983 年便有人首次采用溶胶-凝胶的方法合成 VO_2 薄膜。最近，以 $VO(OC_3H_7)_3$ 为前驱体，采用溶胶-凝胶方法结合真空烧蚀的方法在以蓝宝石为基片制备 VO_2 薄膜，获得的 VO_2 薄膜呈现出清晰的颗粒结构且具有明显的相变特性，并探究烧蚀时间对 VO_2 薄膜相变性能及结构的影响。实验结果表明烧蚀时间分别为 4h 和 7h 时 VO_2 薄膜具有较好热致相变特性，其电阻突变高达 3 个数量级，相变宽度分别为 7.4℃ 和 6.5℃。

因此，研究者们认为延长烧蚀时间可以提高 VO_2 薄膜的质量。有研究人员采用无机溶胶-凝胶法在云母表面得到厚 120nm 的 VO_2 薄膜，中红外波段最大透过率变化为 70.5%。在包覆 TiO_2 薄膜的云母片上制备的 VO_2/TiO_2 复合薄膜，在中红外（$\lambda = 4\mu m$）的透过率变化增加到 75.5%，迟滞温宽从 20℃ 降低到 8℃。除此之外还有人采用有机溶胶-凝胶法在云母表面制得迟滞温宽为 8℃ 的 VO_2 薄膜，红外波段的透过率变化最大达 73%。

18.6.6.4 真空蒸发法

真空蒸发法是在真空腔体内，对成薄原料进行加热蒸发，使原材料的原子或分子从表面气化并逸出，逐步沉积到衬底表面，附着凝结或发生化学反应从而形成氧化物薄膜。

真空蒸发法按工艺不同分为真空热蒸发、电子束蒸发和离子辅助蒸发法。制备 VO_2 薄膜的主要蒸发源为 VO_x 粉末或钒金属，主要加热方式有电阻式加热、电子束加热、电弧加热、激光加热和高频感应加热等，所得薄膜附着性及致密性都较好。由于蒸发法必须在真空室内进行，对基底温度、沉积时间、气体压强以及后续退火工艺等都有较高要求，且装置复杂成本高，限制了这种方法的广泛使用。

通过蒸发法可以制得相变温度为 30℃，电学相变 2 个数量级以上的 VO_2 薄膜。2.6μm 处光学调制深度为 85%，可应用于光开关。通过常温蒸发 VO_2 粉体还可以分别在玻璃和 Si 基底上得到相变温度 68℃ 的 VO_2 薄膜，其中玻璃基底上的 VO_2 薄膜相变前后可见光波段透过率对比度 30% 以上，Si 基底上的 VO_2 薄膜表面光滑形态良好，迟滞温宽仅 8℃ 左右，光学相变在 25%。

18.6.6.5 化学气相沉积法

化学气相沉积法是利用载气将气态反应物送入反应腔，在基底上发生化学反应、沉积生成 VO_2 薄膜的方法，根据压力不同分为常压 CVD 法和低压金属有机 CVD 法。制备 VO_2 薄膜的前驱体主要为 V 的氯化物、氯氧化物以及有机化合物，如 VCl_4、$VOCl_3$、$(C_5H_7O_2)_3V$、$VO-(C_5H_7O_2)_2$ 等，采用 CVD 法制得的 VO_2 薄膜的性能主要受基底温度、沉积时间、沉积气压等因素的影响。

18.6.6.6 激光直写法

天津大学运用一种新的方法制备氧化钒薄膜，即激光直写法，原理是通过激光直写系统中的激光照射并氧化 V 金属膜，得到 VO_2 薄膜。该系统由刻写激光调制模块（A）、聚焦伺服模块（B）、样品扫描模块（C）三个模块组成。直写过程操作简单，激光功率连续可调，氧化条件容易控制，可制得各种功能图案的氧化钒薄膜，薄膜性能与基底温度和激光功率有关。由于激光照射受热不均匀，无法获得单一成分的氧化钒薄膜。

18.6.7 VO_2 薄膜的应用

尽管目前研究者对二氧化钒的金属-绝缘体相变机理仍有困惑与争议，但是其相变前后显示出优越的光学和电学性质已得到广泛认可。在科学技术不断进步的驱动下，美国和俄罗斯等一些发达国家已将展示出巨大应用潜力和优越商业价值的二氧化钒材料应用于通信、环保和军事等领域。二氧化钒薄膜拓展了其在电学和光学等众多领域的应用，采用半导体制备技术和微电子与微加工技术相结合制备 VO_2 薄膜器件将会开辟出许多崭新的领域，如智能光学器件和光电转换器件。

18.6.7.1 智能窗户

VO_2 薄膜最为广泛的应用就是其在智能窗户中的使用。VO_2 薄膜材料在相变前后其可见光透过率变化较小，几乎不影响室内采光，但其近红外透过率化较大，可以利用 VO_2 薄膜材料的这一特性研发智能调节窗户。当相变温度高于房间内温度时，VO_2 薄膜处于单斜绝缘相，对红外光具有较大的透过率，从而提高房间内温度；当相变温度低于房间内温度时，VO_2 薄膜处于四方金属相，此时智能阻止红外光透过，进而可以降低房间内温度。

由于 VO_2 薄膜既能够维持室内环境温度又可以满足室内采光，因此非常适合作为建筑物、汽车等自动调节温度的理想材料。有研究者采用四方相 SnO_2 对 VO_2 进行表面改性，然后将改性后的粉末成功应用于智能玻璃涂层中。

此外还有人通过超声分散和高速搅拌制备了一种单斜相 VO_2 浆料，然后采用自旋涂覆法将其制备成为 VO_2 薄膜，该薄膜具有较高的可见光透过率（67.7%）、太阳能调控能力（12.5%）和较低的雾度（5.8%）。为了提高 VO_2 薄膜的光学性能，有研究者在有效介质理论的基础上，首次将双靶磁控溅射法引入到石英表面制备了 VO_2/SiO_2 复合膜，发现其最小晶粒尺寸为 45nm，复合薄膜的可见光透过率为 50%，在半导体相中对 $2\mu m$ 波长红外光的透过率为 65%，在金属相中对红外光的透过率下降到 24%，开关效率为 63%。不仅如此，如果将 22nm 的 VO_2 纳米颗粒制备成薄膜，发现这种薄膜的雾度可下降到 1.9%，太阳能调控能力达到 12.4%，可见光透过率达到 62.7%，具有良好的热致变色性能。

18.6.7.2 电致光开关器件

电致光开关是 VO_2 电致相变理论的具体体现，在电场或脉冲电压诱导下，VO_2 同样会发生半导体-金属相变（SMT），基于 VO_2 金属-绝缘体过程中电阻发生突变的特性，可将其研发成电学开关。若相变温度高于环境温度时，VO_2 处于单斜绝缘相，电路关闭；若相变温度低于环境温度时，VO_2 处于四方金属相，电路打开。利用 VO_2 电阻随温度改变的特性，可实现对电路的智能控制。若基于相变前后 VO_2 对红外光透过率的调节特性，可将其应用于光转换器件。

18.6.7.3 红外辐射探测器

由热力学知识可知，任何物质都存在热辐射，当热敏材料吸收红外辐射，则会导致温度升高，从而引起电学特性发生变化，从而达到探测的目的。常用的红外探测器尽管其具有响应时间短、灵敏度及探测效率高等优点，但其需要在低温环境下工作，不利于日常生活中的使用。

然而 VO_2 薄膜具有较高的电阻温度系数，非常适合作为热敏材料，制备成非制冷红外探测器。受到红外辐射的 VO_2 薄膜，吸收红外光温度升高，当温度超过相变温度时，发生金属-绝缘体相转变，且电阻也发生改变，数值变化可用电路信号探测器来检测。这种非制冷红外探测器具有无需在低温环境工作、且其生产成本低、制备工艺简单、可靠性高和使用寿命长等优点，被广泛应用于红外摄像以及目标搜索等，在军事上具有极好的应用价值。

18.6.7.4 激光防护材料

在军事领域，VO_2 薄膜材料可作为防止激光武器的保护层。当强激光攻击卫星或者光学检测设备，可使敌方通讯和侦测设备失效，在未来将是战争中争取主动权、获得战略优势的重要方法。利用 VO_2 薄膜的光致相变特性，将其镀制在卫星和光学设备的玻璃盖片上，可以有效保护卫星和光学设备。

工作原理：VO_2 薄膜在受到强激光照射时发生相变，红外波段透过率将会发生剧减，从而直接阻止了光能量，达到保护光学设备的目的。综上所述，VO_2 薄膜对激光具有防护作用，若将其对激光的防护能力应用到上转换发光领域，即将 VO_2 薄膜与上转换发光材料复合制备成光学器件，可以实现上转换发光强度的智能可逆调控。而这种具有智能可逆调控特性的上转换发光器件将会在医学检测、生物传感、化学检测以及生物分析等领域产生重要的应用价值。

18.6.7.5 记忆功能材料

VO_2 的相变过程是可逆的，但相变前后，单斜相结构与金红石结构的 VO_2 在晶格体积以及结构特性上存在差异，将产生相变阻力，相变曲线上表现为迟滞回线的产生。利用这一特性，有研究者使用脉冲电压和激光激励 VO_2/SiO_2 薄膜，作用区域发生 SMT 相变，保持该区域温度不变（持续相变状态），再用脉冲电压或激光作用于该区域，则能以电阻或透过率的形式读出这一信号，即此时的 VO_2 薄膜具有记忆功能。

还有人根据 VO_2 的记忆功能设计出一套激光投影装置，$1.55\mu m$ 激光经扩束后通过低温高透 VO_2 薄膜投射在探测面上，经帕尔贴加热器加热的 VO_2 薄膜处于相变边缘，扫描激光经程序控制在 VO_2 表面描写，由于其对 VO_2 的热效应，使扫过区域发生相变，促使投影激光透过率降低，从而在探测表面形成"扫描阴影"，达到投影目的。

18.6.7.6 其他应用

利用 VO_2 的相变特性，研究人员还制作了耦合张弛振荡器、热敏电阻、光纤温度计、负差热发射器等器件以及电致变色材料等。此外，据新华网报道美国加州伯克利大学、劳伦斯伯克利国家实验室利用二氧化钒制造出了一种新型机械肌肉，通过微型的双线圈双层压电片给二氧化钒的相变提供能量，相变过程就像从"塑料"（半导体态）变成"铁"（金属态）的过程一样，使它可以在不到 60 ms 的时间内提起 50 倍自身重量的物体，将 VO_2 的应用领域进一步扩展。

18.6.8 展望

目前，VO_2 薄膜的制备方法多样且相当成熟，包括磁控溅射法、脉冲激光沉积法、溶胶-凝胶法、热蒸发法等，都能取得较好的结果，但由于钒氧化物种类较为复杂且各种氧化物都包含多相，因而制备单一相、性能稳定的 VO_2 薄膜依然是一个难题。这也限制了 VO_2 薄膜的应用，尽管 VO_2 薄膜在光学智能窗、电致光开关、激光防护薄膜、红外自适应隐身材料等领域的应用研究较早，但不少领域仍停留在实验室阶段，部分应用还有待进一步探索。希望在不久的将来可以有更多制备性能良好的 VO_2 薄膜的方法，并且能应用在更多的领域。

18.7 钒系颜料/釉料制备技术

18.7.1 钒系颜料/釉料简介

18.7.1.1 钒系颜料

钒系颜料具备无毒、色泽良好等优势。钒系颜料主要有铋钒氧系颜料、锆钒基颜料等。其中，铋黄是铋钒氧系颜料的一种，其是传统铅、铬、镉等有毒颜料的理想替代品。因此，可以看出钒系颜料具有重要的社会意义和显著的经济效益。经过大量的研究调查发现，各种颜色的无机陶瓷色料均是基于过渡金属、稀土元素及其他元素如 V 为发色剂，并在特定晶型中固溶掺杂或被包裹所形成的有色物质。

18.7.1.2 钒系釉料

无机色料按其使用的方向可以分为坯体色料和釉用色料。坯体色料是指直接和制成陶瓷粉原料混合，烧结成型后使坯体带有一定色彩的色料。釉用色料是指直接添加到基础釉料中，经过混合和烧制后，形成色釉的色料。釉用色料又可分为釉上、釉中和釉下彩色料。

釉上彩色料是指将装饰色料用在已经烧制好的陶瓷釉面上，主要是指低温色料；釉中彩色料是指在釉面上进行彩绘，经过二次烧成，渗透至釉中形成装饰效果的色料；釉下彩色料是指在经过素烧或未烧过的陶瓷坯体上进行着色装饰后再施釉，烧制成釉层下装饰效果，通常使用高温色料。锆钒蓝釉料是应用最广泛的一种釉料。

18.7.2 铋钒氧系颜料

铋钒氧系颜料是主要成分含有铋、钒、氧元素的一系列颜料，其中包括红色的 α-$Bi_4V_2O_{11}$、棕色的 β-$Bi_4V_2O_{11}$、褐色的 γ-$Bi_4V_2O_{11}$、绿黄色的 $Bi_8V_2O_{17}$ 等颜料。铋钒氧系颜料是一种性能非常好的无机颜料，其制备方法主要包括固相法、液相法和球磨法。

18.7.2.1 固相法

固相法是指将含铋的氧化物（或盐）与含钒的氧化物（或盐）按一定比例经机械方法混合后，在特定温度下进行煅烧而得到的产物。

将 $Bi(NO_3)_3 \cdot 5H_2O$、NH_4VO_3 为原料，在室温下经研磨，120℃ 干燥后再研磨，700℃ 下煅烧，得到单斜的 $BiVO_4$ 粉末，产物呈棕黄色，产物颗粒形状不规则，有明显团聚，大的颗粒直径达 10~15μm。另外也可以硝酸铋、钒酸氨和氧化物等为原料，通过机械球磨法混合，将混合物在 650℃ 煅烧 10h 后，再经过中间研磨，重复上述步骤 2~3 次，即可得到产物。

或者选择将 Bi_2O_3、V_2O_5 按计量比（Bi/V = 4∶1）混合，在 800℃ 下煅烧 20 天，得到黄色单斜的 $Bi_8V_2O_{17}$。也可以在 650~700℃ 下将 Bi_2O_3 和 V_2O_5 混合物煅烧 15h，通过控制冷却速度，研磨之后即可获得黄色的 $Bi_8V_2O_{17}$ 颜料。还可以将 Bi_2O_3 和 V_2O_5 预混物在 700℃ 下煅烧，经中间研磨，800℃ 二次煅烧后，于一定速度下冷却，细磨后得到红色的 $Bi_4V_2O_{11}$ 颜料。

固相法制备铋钒氧系颜料的最大优点是工艺简单，产物颜色明亮，容易操作和成本低廉。缺点是煅烧时间一般较长，而且粒径粗大，最终产物中常混有未完全反应的反应物。

18.7.2.2　液相法

通过液相制备铋钒氧系颜料的主要方法有：沉淀法、悬浮液法和水热法等。

A　沉淀法

沉淀法是指将含铋的溶液与含钒的溶液以某种方式混合，通过调节溶液的 pH 值后得到沉淀物；将沉淀物过滤，清洗，干燥后，在一定温度下煅烧得到颜料产物的方法。

沉淀法制备铋钒氧系颜料可以选择往含铋的酸性溶液中滴加含钒的碱性溶液，控制混合液的 pH 值为 3.8 和 4.5，然后将混合液加热至 90℃，冷却至室温。将冷却后得到的沉淀物过滤，用去离子水清洗，在 130℃下干燥，进行一次或多次高温煅烧后得到粉末产物。或者把 NH_4VO_3 和 $Bi(NO_3)_3 \cdot 5H_2O$ 分别制成水溶液后混合，通过控制混合溶液的温度、pH 值，可得到沉淀物。将沉淀物洗涤、干燥、煅烧后，得到 Bi/V 比例不同的一系列颜料产物，其中包括橘黄色的 $BiVO_4$、砖红色的 $Bi_4V_2O_{11}$ 和黄色的 $Bi_8V_2O_{17}$。

沉淀法制备铋钒氧系颜料的优点是产物纯度高，粒径很小；缺点是反应过程较为复杂。

B　悬浮液法

悬浮液法是指将含铋或含钒的化合物或它们的混合液制成悬浮液，然后通过蒸发或水洗去除悬浮液中的液体，把所得残留物进行后处理后得到产物的方法。

悬浮液法制备铋钒氧系颜料是按计量比（Bi/V = 4 : 1）进行配料，把 $Bi(NO_3)_3 \cdot 5H_2O$ 结晶物研磨后制成水溶液，然后往溶液中加入 V_2O_5 粉末，得到悬浮液。对悬浮液进行长时间加热搅拌，直至其中的水分蒸发掉。将残留物干燥、研磨后，放置于电阻炉中煅烧，以一定速度冷却后得到球状、色泽明亮的黄色粉末，经检测为 $Bi_8V_2O_{17}$ 颜料。

悬浮液制备的铋钒氧系颜料优点是产物颜色十分明亮。缺点是生产工序较为复杂，可控性差。

C　水热法

水热法是将含铋和钒的前驱体放置于高压釜水溶液中，在高温高压条件下进行水热反应，再经分离、洗涤、干燥等处理后得到粉末的方法。

水热法制备铋钒氧系颜料是将 V_2O_5 溶液（或 V_2O_5 粉末）与 NaOH 制备成标准液，然后与 $Bi(NO_3)_3 \cdot 5H_2O$ 溶液混合，同时调节 pH 值为 7.0。把得到的混合液置于高压反应釜中，加热至 100~200℃，加热 12h 后冷却，把冷却得到的沉淀物过滤、清洗，80℃真空干燥 1h 后可得到粒度小于 5μm 的粉末产物。通过检测发现，颜料产物性能与反应物种类和反应温度有关：当开始反应物为 V_2O_5 时，在 200℃的反应温度下可得到纯相单斜的 $BiVO_4$；而当反应物是 $NaVO_3$ 时，在 100℃的反应温度下产物是四方结构的 $BiVO_4$；当反应物是 $NaVO_3$ 时，将反应温度升至 140℃，所得产物则为纯相单斜结构的 $BiVO_4$。

水热法制备铋钒氧系颜料的优点是产物纯度较高，杂质含量少；缺点是一般要经过多道生产工序，产物有时会发生团聚现象。

18.7.2.3　机械球磨法

机械球磨法是指将含铋和钒的物料放入球磨机中，在磨球和物料的反复作用下，使这些含铋和含钒的氧化物（或盐）反应生成铋钒氧系颜料的方法。

机械球磨法是以 V_2O_5、VO_2、V_2O_3、Bi_2O_3、Bi_2O_4 等为反应物，通过行星球磨机球磨，制备出一系列的铋钒氧系产物。它实际上是通过高能球磨，使粉末颗粒发生反复冷焊、破碎、再冷焊的过程，从而实现最大程度的混合。

其反应过程及产物的颜色、晶体结构如下：

$$Bi_2O_3 + V_2O_5 \longrightarrow 2BiVO_4(单斜，橘黄) \tag{18-25}$$

$$2Bi_2O_3 + 3V_2O_5 \longrightarrow BiVO_4(单斜，绿黄色) \tag{18-26}$$

$$4Bi_2O_3 + V_2O_5 \longrightarrow Bi_2(Bi_{4.4}V_{1.6})O_{16-x}(仿萤石结构，橘黄色) \tag{18-27}$$

$$2Bi_2O_3 + VO_2 \longrightarrow Bi_2(Bi_{4.4}V_{1.6})O_{16-x}(仿萤石结构，黄色) \tag{18-28}$$

$$3Bi_2O_3 + VO_2 \longrightarrow BiVO_4(萤石结构，黄色) \tag{18-29}$$

$$2Bi_2O_4 + V_2O_3 \longrightarrow BiVO_4(萤石结构，棕色) \tag{18-30}$$

通过机械球磨法制备铋钒氧系颜料的优点是可以制备得到粒度很小的颜料粉末。缺点是由于实际工艺条件与粉末的性质、磨球、粉末与磨球的相互作用有关，所以控制起来很困难，而且生产过程中也非常容易引起噪声与空气污染。

18.7.3 铋黄颜料

铋黄颜料主要有单相钒酸铋黄颜料、包核型铋黄颜料、掺杂型铋黄颜料、表面处理型铋黄颜料等。而且铋黄色彩鲜艳，色调齐全，耐光耐候性好，分散性好，遮盖力强。可满足各种涂料、塑料及橡胶制品等生产的要求，通常用于较高档产品或对颜料性能要求较高的着色领域。主要用于黄色汽车外壳最后工序的喷涂、粉末涂料、卷钢涂料、水性涂料、耐晒涂料、耐候涂料、抗紫外线涂料、耐高温涂料、电气线圈用涂料、各种建筑涂料、陶瓷、搪瓷、玻璃、工程塑料着色、橡胶制品、色母粒、印刷油墨（彩色油墨、水印油墨、凹凸油墨）、高温示温元件等。

无毒新型颜料铋黄既可代替铅铬黄用于建筑装饰和聚烯烃等塑料染色，还可代替镉黄用于高温元件防护及汽车喷涂等。随着安全环保和卫生法律法规逐渐强化，铋黄应用日益广泛。我国的铋矿资源相对丰富，铋黄附加值较高，因此，研发生产铋黄用于进出口，具有非常重要的社会效益和经济效益。

18.7.3.1 单相钒酸铋黄颜料

铋黄颜料可分为单相纯钒酸铋和多相取代型钒酸铋，后者可分为 $(Bi,E)VO_4$ 和 $(Bi,E)(V,G)O_4$ 两种，其中 E 为碱土金属 Ca、Ba 及 Zn 等，G 为 Mo、W 等。单相钒酸铋颜料的合成方法众多，较为常用的主要有固相法和水热法。

A 固相法

采用固相法制备 $BiVO_4$ 工艺流程如图 18-9 所示。以 NH_4VO_3、$Bi(NO_3)_3 \cdot 5H_2O$ 和 C_3H_6O 为原料，其中 NH_4VO_3 与 $Bi(NO_3)_3 \cdot 5H_2O$ 按摩尔比 Bi:V = 1:1，再加入适量的 C_3H_6O 进行混合研磨，之后将混合物放在马弗炉中在 500℃下煅烧 12h，之后再进行研磨，即可得到 $BiVO_4$。

固相法制备钒酸铋的优点是制备流程较为简单便捷，而且制备过程中并不会产生大规模的污染气体和有害物质，对环境比较友好。缺点是制备所需反应的温度高，这就会使得制备的技术成本提高，而且在反应过程当中有可能会出现产品烧结现象。

　　B　水热法

　　水热法制备 $BiVO_4$ 的反应原理为：将 $Bi(NO_3)_3 \cdot 5H_2O$ 溶解于浓 HNO_3 以抑制 $Bi(NO_3)_3$ 的水解，$Bi(NO_3)_3$ 与 H_2O 反应生成微溶物 $BiONO_3$，$BiONO_3$ 再与 VO_3^- 反应生成黄色沉淀 $BiVO_4$，足量的 $BiONO_3$ 与 VO_3^- 反应易得到热力学稳定的单斜产物。

　　水热法制备 $BiVO_4$ 的反应方程为：

$$Bi(NO_3)_3 + H_2O \xrightarrow{\hspace{1cm}} BiONO_3 + 2HNO_3 \tag{18-31}$$

$$BiONO_3 + VO_3^- \xrightarrow{\hspace{1cm}} BiVO_4 + NO_3^- \tag{18-32}$$

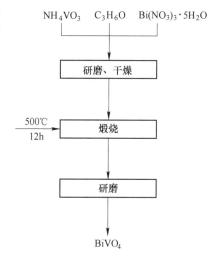

图 18-9　固相煅烧法制备
$BiVO_4$ 工艺流程

　　水热法制备 $BiVO_4$ 流程为：将 $Bi(NO_3)_3 \cdot 5H_2O$ 和 $Na_3VO_4 \cdot 12H_2O$ 分别溶解在 13% 的硝酸溶液和水中，然后在室温下将溶解了 $Bi(NO_3)_3 \cdot 5H_2O$ 的硝酸溶液加入到相应量溶解了 $Na_3VO_4 \cdot 12H_2O$ 的溶液中（控制 $n(Bi)/n(V)=1$），边搅拌边滴加 NaOH 或 HNO_3 调节溶液 pH 值为 7，待 pH 值稳定后继续搅拌 30min，然后将其混合装入水热罐中，放置在恒温箱中固定好后进行反应，在大于 100℃ 的温度下反应 6h 以上后关闭反应器电源，自然冷却。取出物料后将所得沉淀过滤，以去离子水和无水乙醇分别洗涤 3 次，并在 80℃ 恒温箱中干燥 4h 得到 $BiVO_4$ 产物。

　　采用水热法制备 $BiVO_4$ 的优点是原料成本低，制备的产物纯度较高，分散性好等等。缺点是制备流程较为烦琐，而且在制备过程当中会产生大量的废水，对环境造成一定的污染。

18.7.3.2　其他类型铋黄颜料的制备方法

　　A　包核型铋黄颜料的制备方法

　　包核型颜料是以惰性物质为核心，以具有颜料特性的物质为外包覆层，用不同的键合方式或吸附方式制备的颜料。由于颜料实际被利用和发挥作用的仅仅只是颜料粒子的外表面，与内核几乎无关，所以包核型颜料与普通颜料在性能方面是没有明显区别的。鉴于此，诸多研究者近期将目光锁定于包核型铋黄颜料的制备，以低成本的无机惰性粒子作为内核，常用的有碳酸钙、高岭土、二氧化硅等，其体积占颜料总体积的 30%~60%，在核外包覆足够厚度的铋黄颜料，这将大大提高铋黄颜料的资源利用率，并使成本降低。

　　有学者用正硅酸乙酯和硅酸钠两种不同物质对其包覆，需进行 2 次包覆才可耐 1000℃ 高温，而采用硅锆复合包覆法，仅需一次包覆。利用正硅酸乙酯和氧氯化锆的水解反应在钒酸铋表面包覆二氧化硅和硅酸锆，由于这两种物质的惰性与耐久性，使包覆后的钒酸铋黄色颜料经过 1000℃ 高温煅烧后，依然保持鲜艳的黄色。该颜料不但比传统黄色陶瓷颜料色泽鲜艳，而且解决了传统陶瓷颜料的毒性问题。

B 掺杂型铋黄颜料的制备方法

掺杂型铋黄颜料是在制备铋黄颜料时引入其他成分的一种颜料。目的是为了降低颜料成本或为改善铋黄颜料的耐光性、耐候性等性能。

制备掺杂型铋黄颜料以 30~70℃ 的热水作为沉淀剂，以浓氨水调节反应酸度（$1.5 \leqslant pH \leqslant 3.5$），将所得沉淀物在 450~700℃ 下煅烧，同时以含 Fe_2O_3 为 0.1% 以下的 TiO_2 作填充剂，制得 $Bi_{1-(x+y)/3}Mo_xM_yV_{1-(x+y)}O_4$（$0.1 \leqslant x + y \leqslant 0.35$）钼钨钒酸铋颜料，显著提高了颜料的遮盖力，同时降低了颜料成本。另外以磷酸盐为掺杂介质，所得掺杂钒酸铋黄色颜料亮度得到明显改善。

Bayer 公司研发了一种具有良好色调及耐光性，不含镉、铅和铬的铋黄颜料。以 1mol 钒酸铋计，其含有 0.1~0.3mol 氧化锆，具有白钨矿的四方晶系结构。BASF 公司将三价铋的钒酸盐、钼酸盐和钨酸盐的水溶液进行混合，在 300~800℃ 煅烧得到沉淀产物。还可选用硝酸铋、钒酸铋或钒酸铵和钼酸钠制成四面体斜方晶颜料 $BiVO_4 \cdot 0.175Bi_2MoO_6$。

日本大日精化公司研发了一种含锆铋黄，为提高其耐热、耐候性需要包覆二氧化硅。美国 Ferro 公司制得了含钛的铋黄颜料，是由五水硝酸铋、硫酸氧钛和钒酸铵反应制备，在特殊条件下，还可包覆一层保护膜。CibaGeigy 公司研发了 $(Bi, A)VO_4$ 类铋黄，其中 A 为碱土金属、锌及其混合物，A 与 Bi 的物质的量比为 （0.05~0.66）∶1，是通过混合氧化物或盐形式的母体材料，在 500~950℃ 煅烧混合物，然后冷却，研磨煅烧产物而制成的。这种煅烧产物再用无机保护膜进行包覆。

Montedison 公司将硝酸铋、钒酸铵（钒酸钠）与氧化镁、氧化钙、氧化钡和氧化锌一起煅烧制得了含钒酸铋的颜料。也可以将硝酸铋、钒酸钠、硅酸钠在水中于 70℃ 混合，添加氢氧化钠保持 pH 值为 4.5，过滤、洗涤、干燥，在 620℃ 下煅烧得到亮黄色含硅铋黄颜料。

C 表面处理型铋黄颜料的制备

Ciba-Geigy 公司通过表面处理改进铋黄颜料的抗盐酸性，将颜料悬浮液与 2%~20%（以颜料质量计）钙、镁、铝、锆、钛或锌的磷酸盐，在 20~100℃ 和 pH 值为 2~8 的条件下搅拌，沉积出磷酸盐。还可用磷酸处理铋黄颜料，使颜料的着色力和抗化学腐蚀性都很强。

18.7.4 锆钒基颜料

在陶瓷色料中，锆钒基型色料还是占据非常大的位置的。这主要是由于锆钒基色料的合成原料资源丰富而且廉价。锆钒基色料的合成原料主要是 ZrO_2 和 SiO_2 及少量的着色剂和添加剂。ZrO_2 和 SiO_2 在地壳中的含量极其丰富，而制备 ZrO_2 的锆英砂（$ZrSiO_4$）价格便宜，工艺处理过程相对简单，处理成本较低，同时对环境污染小，这些特点为人们积极开发锆钒基色料提供了明显的优势。

另外，锆钒基陶瓷颜料具有高温稳定，呈色鲜艳，并能适应较宽的烧成范围而适用于陶瓷的各种釉料，还能与大多数陶瓷颜料混合使用而不相互影响等特点，受到国内外陶瓷工作者的重视，并在陶瓷工业中获得了广泛的应用。近几年，国际上卫生洁具，建筑陶瓷的流行色大多是由锆钒基颜料和其他颜料混合而成。这说明，锆钒基颜料在建筑、卫生陶瓷领域里面是最具有发展前景的颜料之一。

锆钒基颜料主要包括锆钒绿、锆钒蓝和锆钒黄。这是由于锆硅系色料中钒离子价态不同而呈现出不同的颜色，如果硅酸锆结构中含有 V^{3+}，则显绿色，为锆钒绿；若晶格中含有 V^{4+} 离子，则应显蓝色，为锆钒蓝；若含有 V^{5+}，则显黄色，为锆钒黄颜料。

锆钒基色料的制备方法主要是利用固相烧结反应原理制备的，即将一定化学配比的原料均匀混合，在一定的高温和气氛条件下，在给定的烧成时间内，通过各组分间的扩散反应而得到块状色料体，这些块状色料体经过粉碎、洗涤、干燥、细磨，就得到可供陶瓷工业使用的各种色料；有时为提高色料的稳定性及呈色强度等性能，还要进行二次烧成、三次烧成、甚至更多次的再烧结过程，但这样的色料价格昂贵。一般用于高附加值的陶瓷制品装饰上。

18.7.4.1 锆钒绿颜料

锆钒绿颜料是钒离子在硅酸锆晶格中，V 以 V^{3+} 存在，使晶体呈绿色，因此叫做锆钒绿颜料。

制备锆钒绿颜料制备流程是将单独 ZrO_2 和 SiO_2 细磨过 320 目筛后烘干至水分含量小于 0.1%，再和其他料按配方比例称量后加入球磨机，其中料：球 = 1：1.5，干法研磨，8h 后过筛、入磨。将研磨后的产物用还原焰烧成，烧成温度为 1050℃后得到锆钒绿。

18.7.4.2 锆钒蓝颜料

锆钒蓝之所以呈蓝色，就是 V^{4+} 进入 $ZrSiO_4$ 晶格中生成蓝色的 $V-ZrSiO_4$ 固熔体颜料。该颜料具有很高的化学稳定性和强的着色能力，能和大多数陶瓷颜料混合制得复合色颜料而称著。锆钒蓝颜料是锆英石型颜料中比较有代表性的一种。锆钒蓝的制备方法主要有固相烧结法、溶胶-凝胶法、沉淀法、低温燃烧合成法等，其中最常用的是固相烧结法和低温燃烧合成法。

A 固相烧结法

采用固相烧结法制备锆钒蓝颜料，可以采用天然锆英石、无水碳酸钠、工业二氧化钒、五氧化二钒、氟化钠等为原料，将锆英砂、无水碳酸钠分别细磨通过 200 目筛后，按重量为 1：1 的比例进行称量，干法混料，混合料放置陶瓷坩埚内，在马弗炉中烧至 1100℃，保温 2h。将上述焙烧产物 100g 与 V_2O_5、NaF 等原料按设定的比例称量，加水充分混合细磨后，在边搅拌的同时加入一定量的浓硫酸中和至黏稠状，置于烘箱内干燥。干燥后研磨过 100~200 目筛，装入瓷坩埚并密封在电阻炉中按设定的条件煅烧。待冷却后取出研磨过 200 目筛，水洗数次后烘干即得成品颜料。

采用固相烧结法制备锆钒蓝颜料的优点是产品纯度较高；缺点是制备流程较为烦琐。

B 低温燃烧合成法

低温燃烧合成锆钒蓝颜料母体 $ZrSiO_4$ 的燃烧反应方程式为：

$$7Zr(NO_3)_4 \cdot 3H_2O + 7SiO_2 + 20CH_3COONH_4 + 20O_2 \xrightarrow{\text{点燃}}$$
$$7ZrSiO_4 + 24N_2 + 40CO_2 + 31H_2O \tag{18-33}$$

低温燃烧合成锆钒蓝颜料可以用乙酸铵、硝酸锆、超细二氧化硅、偏钒酸铵及复合矿化剂为原料，其中，乙酸铵、硝酸锆按照乙酸铵与硝酸锆的质量比为 1：1.60，其余按照化学计量比称取，将原料均匀混合后，放入设定好点火温度为 500℃ 的电炉中，使其发生燃烧反应。待反应完成后得到锆钒蓝陶瓷色料前驱物。为了提高其呈色性能，把前驱物放入电炉中在900℃的氧化气氛下煅烧后得到V-ZrSiO₄。

采用低温燃烧合成锆钒蓝颜料的优点是制备工艺简单；缺点是产品纯度不高。

18.7.4.3 锆钒黄颜料

锆钒黄色料作为陶瓷色料的基本颜料之一，可广泛应用于艺术陶瓷和建筑装饰陶瓷的制备。根据采用原料不同，可制备铀黄、钛黄、锆钒黄、钒锡黄、锆镨黄等多个系列。但铀黄、锆镨黄色料由于资源较少而导致成本昂贵；钛黄呈色不鲜艳，且着色易受烧成气氛的影响而变色；钒锡黄着色也不稳定。所以铀黄、锆镨黄、钛黄、钒锡黄色料的应用开发受到限制。近年来，锆钒黄应用非常广泛。同时，锆钒黄色料也是烤瓷粉进行配色的原料之一，它的应用可使牙齿的修复体达到与自然牙相近的美观效果。另外，黄色色料在建筑装饰中有富贵的象征，深受人们喜爱，因此锆钒黄色料作为传统及现代陶瓷装饰色系将会有很好的市场。

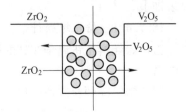

图 18-10 ZrO₂ 和 V₂O₅ 的反应过程

可以通过固相法制备锆钒黄色料。锆钒黄属于萤石型固溶体，钒离子取代锆离子固溶在主晶格中。图18-10描述了 ZrO₂ 和 V₂O₅ 进行化学反应生成 ZrO₂·nV₂O₅ 的反应历程。首先，反应物颗粒之间混合接触，并在表面发生化学反应形成薄细且含大量结构缺陷的新相，随后发生新相的结构调整和晶体长大。当两反应产物达到一定厚度后，反应通过产物层在晶体晶格内部、表面、晶界、位错或晶体裂纹处进行扩散。反应速度受化学反应本身、晶格缺陷调整速率、晶粒生长速率、反应体系中物质和能量的输送速率控制。最后，由于 ZrO₂ 活性较低，钒离子进入主晶格困难，钒离子被吸附在 ZrO₂ 晶体的六角形边缘上而形成锆钒黄吸附型色料，ZrO₂ 的表面活性可提高锆钒黄产品的性能。

制备锆钒黄颜料的流程如图18-11所示。以 ZrO₂、V₂O₅ 等原料，经配料、研磨、混合后在1100℃，并在伴有氧化气氛的条件下煅烧20~30min，然后进行细磨、洗涤、烘干、细碎工艺后，即可得到锆钒黄颜料成品。

18.7.5 锆钒蓝釉料

锆钒蓝釉料是采用普通熔块釉作为基础釉料，锆钒蓝色料的加入量为2%~10%。将施过高白化妆土的坯体清洁干净，然后施釉，厚度控制在0.6~0.8mm。施釉后的坯体经充分干燥后入炉烧成。焙烧流程为：前10min升温至250℃，然后在250℃保温10min，而后将温度升至1130℃，之后在1130℃保温完成后随炉冷却至800℃左右，再直接拿出来空冷一段时间后用水冲洗冷却，快速冷却有利于提高熔块釉的釉面质量，也有利于色料的正常发色。经过900℃煅烧后的陶瓷色料在透明熔块釉中呈色稳定、均匀、发色正常。

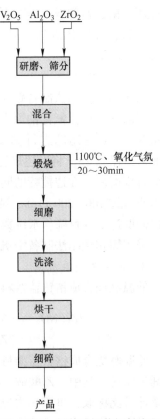

图 18-11 制备锆钒黄颜料流程

虽然钒蓝颜料可适用于多种釉，而且呈色较稳定。但生产实践表明，釉的成分对其呈色是有一些影响的。锆钒蓝在 SiO_2、Al_2O_3 较多的高温釉中具有很好的稳定性，但若釉烧温度不足，釉未充分熔融时，釉色会变浅。对锆钒蓝颜料而言，在固定颜料用量的情况下，若保持釉的 SiO_2、Al_2O_3 不变，改变熔剂氧化物时发现：以 ZnO 取代 CaO 时釉色变浅，而以 BaO 取代 CaO 时釉色变暗，并使釉色偏于绿色；当增加碱性氧化物时釉色增强；含有 PbO 的釉会呈现较强的蓝绿色，另外对锆质乳浊釉来说，由于其中的 ZrO_2 或 $ZrSiO_4$ 可以补偿着色剂中 $ZrSiO_4$ 在釉中的溶解，所以有助于钒蓝颜料的着色稳定性。

18.7.6 展望

虽然众多研究者对钒系颜料和钒系釉料的制备方法、反应原理、工艺改进等方面做了大量研究，为钒系颜料和钒系釉料的工业化提供了较强的理论基础，但目前仍然存在较多问题有待解决，其中有一些方面还需做进一步的研究，例如虽然目前钒系颜料和钒系釉料的合成方法多种多样，但是由于大多数方法并不适合工业生产，因此，要想实现钒系颜料和钒系釉料的大规模工业化生产，还需要进一步探索出新的颜料和釉料制备方法。色泽也是评价钒系颜料和钒系釉料的重要指标，但目前国内外并没有一套具体的评价标准，故还需对钒系颜料和钒系釉料的颜色进行精确测量与精准评价。

钒系颜料和钒系釉料的颜色不仅与其晶型及粒度有关，也与制备过程及工艺参数（如初始反应物的配比）密切相关，但目前还未能找到准确定量控制钒系颜料和钒系釉料颜色的方法。因此，需对钒系颜料和钒系釉料的显色机理深入研究，找出制备工艺与颜料和釉料颜色之间的关系，为定量控制提供理论基础。

18.8 钒 医 药

钒是一种人体必需微量元素，在体内总量约为 $100\sim200\mu g$。在生理条件下，钒主要以阴离子（$H_2VO_4^-$）、氧化状态（+4 价或+5 价）的钒酸根阳离子形式存在。在某种程度上，生命体内钒的阴离子形式类似磷酸盐（PO_4^{3-}），而钒酸根阳离子类似于镁离子（Mg^{2+}），和生物系统中的其他金属离子一样，钒在生物体内最初是以复杂的结合状态存在，很容易与转铁蛋白、球蛋白和血红蛋白以及小分子量化合物谷胱甘肽等蛋白质结合。

1876 年，钒进入生命科学的研究领域。早期对钒化合物的研究集中于无机钒盐，但无机钒盐脂溶性小，不易吸收，毒性较大，限制了其进一步的研究。经过一个多世纪的研究，在 1978 年学者发现了钒酸根对三磷酸腺苷（ATP）酶的抑制作用，引起了大家对钒酸根抑制或促进磷酸根代谢酶的作用的兴趣，从而钒被确定为人和动物的必需微量元素。其后有学者报道了钒酸根盐具有类胰岛素的作用，该工作开创了研究钒的激素样效应的新领域。

20 世纪 80 年代，人们开始用钒的化合物治疗糖尿病、心血管疾病、哮喘等疾病，钒越来越受到人们的重视，但因其消化道副作用较大而未普遍运用在临床上。近 20 年来随着对钒类化合物的深入研究，人们发现钒具有广泛复杂的生物学作用，其中最具有吸引力的是它的胰岛素样作用，而具有降糖作用的有机钒化合物的合成与运用已成为目前钒医药研究的一个热点。

18.8.1　钒治疗糖尿病的发展

早在 19 世纪，人们就发现钒元素可以治疗糖尿病。1899 年，一个法国医生发现，偏钒酸钠可以降低糖尿病人的血糖水平，使病人身体状态得到改善。除此之外，还有一些金属元素也显示出类胰岛素活性，如铬、钨等，也可能开发成抗糖尿病药物。但对这些元素的研究还不是很深入，尤其是汞、硒、镉，虽然也表现出很高的类胰岛素活性，但同时也是剧毒元素。

钒化合物用于胰岛素模拟物和抗糖尿病的实验室研究始于 20 世纪 80 年代。一位以色列生物学家首先研究了钒元素的模拟胰岛素活性，当时的医学界对胰岛素的生理功能的研究还在进行之中，而常用的研究方法是利用一些能模拟胰岛素行为的物质作用于胰岛素的靶细胞。钒盐被用于模拟胰岛素行为的研究并表现出明显的活性，这使得 1977 年发现的钒酸盐对 Na^+/K^+ ATP 酶的抑制活性历史性地和钒的胰岛素活性联系了起来。尽管后来的实验证明，钒的胰岛素模拟物行为与钒对 Na^+/K^+ ATP 酶的抑制作用没有联系。

钒元素的类胰岛素活性最早是在大鼠的脂肪细胞中被发现，即四价或五价钒元素及其化合物能够模拟胰岛素的功能。研究表明，无机钒化合物钒酸钠能促进实验动物脂肪细胞中葡萄糖的转运、氧化分解和抑制脂肪的水解。这表明钒元素具有类胰岛素活性。同年，日本的科学家发现钒酸钠中的钒元素的化合价在实验动物体内发生变化，它容易被还原，由正五价转变为正四价。之后，又有科学家首次报道钒酸钠可以降低实验动物的血糖水平，利用 STZ 诱导糖尿病，然后给患病大鼠口服灌胃钒酸钠溶液，能够使其血糖降低并最终恢复正常。但是钒酸钠也有一定的副作用，因为只有很少的一部分无机钒化合物进入血液循环中，为了达到降血糖的治疗效果，必须大量灌胃，但这也使药量达到了中毒水平。之后人们发现硫酸氧钒除了降血糖作用外还可以防止诸如心脏病和白内障等糖尿病并发症的发生，但仍然存在着毒副作用的问题。显然，进入临床应用的钒化合物药剂的毒性必须更低、更易于身体的吸收。

尽管人们在很早以前就发现无机钒化合物可以用来治疗糖尿病，但其毒副作用十分的明显，这一缺点限制了无机钒化合物作物临床药物的实际应用。

对于 2 型糖尿病的治疗，钒元素的生物学活性也是非常有利的。因为 2 型糖尿病是不依赖于胰岛素的，它是由于靶细胞对胰岛素不敏感造成胰岛素抵抗从而使得胰岛素不能行使正常的功能。实际上患者体内胰岛素水平与正常值相比相差不多，而钒化合物在促进糖类物质吸收的同时却不会增加胰岛素的水平，这可能是由于钒元素增强了细胞膜表面受体对胰岛素的敏感性。值得注意的是，钒元素的生物活性并不能完全复制胰岛素的生理功能，它只能部分的模拟胰岛素的生物活性。实验表明在体内完全没有胰岛素的情况下，钒元素不能体现出类胰岛素的活性。

无机钒化合物是人们最先研究的，其中钒酸钠和硫酸氧钒研究的最多。20 世纪 80 年代，科学家就对这两种无机钒化合物的类胰岛素活性做了系统的研究。结果发现这两种化合物能起到降血糖的作用。初步人体试验表明，通过无机钒化合物的治疗，患者对胰岛素的需求量明显减少，并且提高了患者的糖耐量水平。使用钒酸盐治疗的 STZ 诱导的糖尿病大鼠血糖明显下降，而对胰岛素水平没有明显的影响，并且降糖效应与钒酸盐浓度成正比，当使钒酸盐与胰岛素同时使用时，降糖作用比两者单独使用时明显增强，说明二者具有协同性。

有机钒化合物有一定的脂溶性、易吸收，因此所需要的剂量更小，更为安全。于是，近年来人们的研究热点逐渐转变到有机钒配合物的合成及改造。麦芽酚氧钒是目前研究比较多的有机钒复合物。实验证明麦芽酚氧钒的治疗效果比硫酸氧钒高出一倍多，并且在给药的第一天麦芽酚氧钒就能将血糖恢复到正常水平。过氧化钒酸盐复合物也是近来新合成有机钒化合物，研究结果表明这种复合物的类胰岛素活性是钒酸盐的 50 倍。此外，人们还合成了乙酰丙酮氧钒并进行了研究，其降糖效果要优于无机钒化合物及麦芽酚氧钒，而且没有观察到明显的毒副作用。

18.8.2　钒治疗糖尿病的机制

钒的降血糖作用与许多酶有关，尤其是在糖代谢的各个环节。肠道葡萄糖的吸收是一个耗能的主动运输过程，需要 Na^+、K^+、-ATPase 的参与。抑制葡萄糖的吸收对于糖尿病患者改善餐后的高血糖状态具有显著意义。K. L. Madsen 等人通过实验证明，钒能够抑制糖尿病 SD 大鼠空肠和回肠的 Na^+、K^+、-ATPase 活性，使葡萄糖转运率恢复正常，从而改善了高血糖状态。在葡萄糖通过肌肉和脂肪组织的细胞膜时，钒能够抑制 Ca^{2+}、Mg^{2+}、-ATPase 的活性，使胞浆中 Ca^{2+} 的浓度提高，从而促进葡萄糖进入细胞内进行糖代谢。钒化合物对各类 ATPase 存在广泛的抑制，这可能与它具有磷酸盐类似的结构有关。

钒可以促进葡萄糖氧化。葡萄糖进入细胞后的首要反应是磷酸化，在肝脏中由葡萄糖激酶催化，在其他各组织中由己糖激酶催化。

实验证明，钒可以使糖尿病体内下降的葡萄糖激酶、己糖激酶活性及它们的 mRNA 水平得以恢复。在糖酵解途径中，磷酸果糖激酶和丙酮酸激酶是糖酵解途径的两个重要的调节酶，钒可提高这两种酶的活性，并诱导它们的 mRNA 合成。在三羧酸循环中，苹果酸酶是催化苹果酸 β 氧化脱羧生成 CO_2 和丙酮酸的一个关键酶。有研究发现，糖尿病鼠肝内的苹果酸酶活性下降，但在给予 0.6mg/mL SOV 15 天后，该酶的活性由 44%恢复至接近正常。葡萄糖的代谢旁路之一是磷酸戊糖途径，其第一阶段的氧化反应由 6-磷酸葡萄糖脱氢酶催化。之后也有学者证实钒可使该酶的活性基本恢复正常，并使其下降的 mRNA 水平提高。

钒可以促进糖原合成。研究人员用钒化合物喂饲切除了 90%胰腺的大鼠，能使大鼠体内下降的糖原合成酶 a 活性升高，糖原合成的数量增加。在实验中，用钒酸盐治疗糖尿病可使糖原合成酶 a 在总的糖原合成酶（即具有活性的糖原合成酶 a 与不具有活性的糖原合成酶 b 之和）中所占比例增加。

之后还有学者证明了在培养的大鼠肝细胞中，SOV 可使因糖尿病导致下降的糖原合成酶磷酸酶的数量得以恢复，从而使糖原合成酶 a 的数量及活性加强。在抑制糖异生方面有 3 种关键酶，即磷酸烯醇型丙酮酸羧激酶、葡萄糖-6-磷酸酶以及 1,6-果糖二磷酸酶。在糖尿病鼠、离体肝组织及培养的肝细胞内，这 3 种酶的活性及 mRNA 水平均明显升高。用钒化合物治疗后，上述指标可恢复正常。此外钒化合物还可通过提高 2,6-二磷酸果糖的水平，来抑制 1,6-果糖二磷酸酶，从而减少糖异生，促进糖酵解。

钒的降血糖作用还可能与它对胰岛的保护作用有关。有学者对钒化合物保护胰岛 β 细胞进行了研究：他们在给予 Wistar 大鼠 STZ 前，先给予 VS1 周，在用 STZ 诱导大鼠成为糖尿病之后，VS 再分别续用 3~14 天。前者称为 DT3 组，后者称为 DT14 组。给予 STZ

诱导4~5周后，即使VS已停药数周，DT14组的血糖值、饮水量、糖耐量均与正常对照无明显区别，但DT3组和非治疗的D组却与正常对照组有明显的差异。DT14组、DT3组和D组，这3组中血糖恢复正常（餐后血糖小于9.0mmol/L）的比值分别是5/10、1/10和0/10。所有血糖恢复正常的糖尿病大鼠，其胰岛素水平均有提高。尽管提高的胰岛素水平仍只有正常大鼠的12%，但已能使它们的血糖维持正常。由此学者们推测，虽然钒化合物未能改变STZ的细胞毒性，但却保护了一小部分胰岛β细胞免受STZ的破坏。虽然这部分微小增长的β细胞产生的胰岛素较正常少得多，但对糖尿病的恢复和逆转却起到了关键的作用。

在钒对胰岛的保护方面，有研究人员做了另一个实验，他们对STZ诱导的糖尿病BALB/c小鼠经腹膜内给予VS治疗6日，结果血糖恢复正常。重要的是，他们观察到氧钒离子抑制了糖尿病BALB/c小鼠腹膜巨噬细胞产生一氧化氮（NO）。研究表明，巨噬细胞产生的NO在破坏胰岛β细胞中起到了中介作用。由此推测，氧钒离子对NO的抑制作用可能是钒具有降血糖作用的又一新机制。我国也有专家给实验性糖尿病小鼠口服钒酸盐，1个月后对小鼠胰腺进行了PPA法免疫，组织化学观察结果也显示钒对糖尿病小鼠胰岛形态结构的恢复有积极的作用。

18.8.3　钒在其他医药领域中的应用

18.8.3.1　脂代谢

钒化合物对脂代谢也有影响，它有助于脂肪和胆固醇的新陈代谢。糖尿病动物的脂代谢发生紊乱，血脂水平和胆固醇水平显著升高，研究发现，钒酸盐通过可以促进脂质的合成和抑制脂质的分解和胆固醇的合成来维持血脂的正常水平。

有学者对鸡进行实验，结果表明缺钒的鸡血清胆固醇浓度升高。又有报道：家兔饲料中添加100μg/g的五氧化二钒后，肝脏内胆固醇和磷脂含量有所下降，但血浆中胆固醇的含量变化不大，当钒的含量改为50μg/g饲料时，即使饲料中含有1%的胆固醇，血浆胆固醇也不升高，肝脏内的磷脂含量有明显的降低。在鼠和人用钒治疗时，体内胆固醇合成受阻，并伴有血浆磷脂和胆固醇的下降。综合其他资料得出，钒可明显抑制肝脏内胆固醇的合成，并降低肝脏内磷脂和胆固醇的含量。钒对脂肪代谢的影响已引起医学界的广泛注意，因为它与治疗动脉硬化和冠心病有关。

18.8.3.2　心血管

钒酸盐对心血管的作用与强心苷的作用相似，低浓度（0.05~1.00mmol/L）的钒酸盐可以使心室收缩力增强，而高浓度的钒酸盐，对心肌的收缩力则有抑制作用。钒酸盐能对血管有收缩作用，能增加各种血管床的阻力。

研究人员选用WisTa大鼠为实验对象，向其腹腔内注射链脲佐菌素制备糖尿病性心肌病模型，合成联麦氧钒溶于水中（浓度1g/L）治疗糖尿病大鼠12W，结果表明联麦氧钒能治疗由糖尿病诱发的心肌病。其机理可能是：（1）联麦氧钒可提高受体后酪氨酸激酶活性和/或胰岛素样受体酪氨酸蛋白激酶的活性；（2）提高脂蛋白脂酶活性，促进脂肪的形成抑制激素依赖的脂肪的分解，降低血糖；（3）增加葡萄糖转运蛋白-4mRNA水平表达和转位过程。转糖活性增加葡萄糖跨膜运动，改善糖尿病时由于胰岛素的缺乏所导致心肌细胞对葡萄糖的摄取、利用减少。

18.8.3.3　生殖

钒对生物生殖方面存在影响，该影响是两方面的，生物体内钒含量过高或者过低对生殖都不利。研究人员用五氧化二钒给雄性大鼠灌胃的试验表明：大鼠的每日精子生成量下降，交配后的受精率下降，吸收胎数增加，同时还表明钒对生殖的影响具有时效性。钒对雄鼠生殖的影响主要是对生精细胞和支持细胞的毒害，而对睾丸间质细胞的破坏作用不明显。

我国进行了钒对睾丸生精细胞的体外毒性研究也显示了五氧化二钒对雄性生殖的毒性。"灌胃染毒"试验还表明五氧化二钒对雌性大鼠的动情周期，卵泡成熟，以及胎儿数都有较强的负面影响。

有资料表明，饲料含钒量小于 $10\mu g/kg$ 时，对第一、二代大鼠的繁殖功能影响不大，但对第三、四代母鼠繁殖产率影响很大，主要表现为受胎率下降，胎儿成活率降低，幼鼠死亡率增加。Anke 等报道：缺钒使青年母羊第一次人工授精的受胎率明显下降，怀孕母羊的流产率增加。

18.8.3.4　机体造血功能的刺激

据报道，钒还有刺激机体造血的功能，而且机理可能也是由于阻碍体内氧化还原系统引起缺氧，从而刺激骨髓的造血功能。

有资料显示：钒可促进哺乳动物的造血功能，还可增强铁对红细胞的再生作用，临床上已将其应用于治疗出血性贫血和败血病。动物喂给葡萄糖酸钒后，可使网织红细胞和红细胞的数量明显增加，每天给家兔饲喂 $0.3\sim0.5mg/kg$ 钒，40 天后发现网织红细胞明显增加，停用钒后，网织红细胞迅速恢复正常，而红细胞仍缓慢上升。钒对血红蛋白的影响不是太大，用偏钒酸喂养大鼠，血红蛋白的增加量不明显。

又有试验显示，用含钒小于 $100\mu g/kg$ 的饲料喂鼠，然后再与补充 $0.5mg/kg$、$2.5mg/kg$、$5.0mg/kg$ 钒的大鼠相比较，喂低钒饲料的鼠的红细胞压积下降，补充钒后红细胞压积增加，血液及骨骼中铁浓度提高。鸡喂给 $30\sim35\mu g/kg$ 钒的饲料，补充钒后，血细胞比容也明显增加。以上试验都说明钒有较强的刺激机体造血的功能。

18.8.3.5　白内障

有学者试验证明，硫酸氧钒对糖尿病大鼠白内障有积极的治疗作用。其机理主要是：一是降低血糖，减少晶体内葡萄糖浓度，抑制山梨醇在晶体内的生成和堆积，从而维持晶体上皮细胞的渗透压，使晶体细胞水肿，变性等病理改变得到预防和避免；二是通过减少晶体细胞内过氧化氢含量，预防和减轻上皮细胞的过氧化损伤。

参　考　文　献

[1] 吴雄伟. 全钒电池关键材料和能量效率的研究 [D]. 长沙：中南大学，2011.

[2] 彭声谦，许国镇，杨华栓，等. 用从石煤中提取的 V_2O_5 制备钒电池用 $VOSO_4$ 的研究 [J]. 无机盐工业，1997（1）：3-6.

[3] 杨亚东，张一敏，黄晶，等. 化学还原法制备钒电池电解液中还原剂选择及性能 [J]. 化工进展，2017（1）：281-288.

［4］陈建军，许小弟，陈鑫，等.高纯硫酸氧钒溶液制备方法［P］.中国，201010140475.2，2017-03-31.

［5］陈亮，李千文，王永钢，等.一种硫酸氧钒的制备方法中国［P］.201710031190.7，2012-05-30.

［6］郭秋松，刘志强，朱薇，等.D2EHPA/TBP协同萃取除铁铬锰制备超纯硫酸氧钒［J］.材料研究与应用，2013，7（2）：77-81.

［7］徐艳，文越华，程杰，等.一种高纯度硫酸氧钒溶液的两段萃取制备方法中国［P］.201210209648.0，2014-01-15.

［8］张健，朱兆武，陈德胜，等.P507萃取纯化V（Ⅳ）制备高纯钒电解液的研究［J］.稀有金属，2019，43（3）：303-311.

［9］白云龙，段彦凯，王鸿飞，等.用含钒浸出液制备钒电池电解液的方法中国［P］.201310351570.0，2013-12-4.

［10］周祥友，苗强，李培佑，等.一种制造硫酸氧钒的方法中国［P］.201410520503.1，2015-01-28.

［11］王刚，陈金伟，汪雪芹，等.全钒氧化还原液流电池电解液［J］.化学进展，2013，25（7）：1102-1112.

［12］Rychcik M，Skyllas-Kazacos M. Characteristics of a new all-vanadium redox flow battery［J］. Journal of Power Source，1988，2（1）：59-66.

［13］陈孝娥，崔旭梅，王军，等.V（Ⅲ）-V（Ⅳ）电解液的化学合成及性能［J］.化工进展.2012，31（6）：1330-1332.

［14］吴雄伟，李厦，黄可龙，等.钒电解液的制备及其电化学和热力学分析［J］.化学学报，2011，69（16）：535-539.

［15］何章兴.全钒液流电池电解液添加剂和电极改性方法研究［D］.长沙：中南大学，2013.

［16］Li Sha，Huang Kelong，Liu Suqin，et al. Effect of organic additives on positive electrolyte for vanadium redox battery［J］. Electrochimica Acta，2011，56（5）：5483-5487.

［17］李小山.全钒液流电池用稳定的高浓度电解液研究［D］.北京：北京化工大学，2012.

［18］桑玉.钒电池用电解液的制备及负极电解液稳定性研究［D］.长沙：中南大学，2006.

［19］Kacacos M，Cheng M，Skyllas-Kazacos M. Vanadium redox cell electrolyte optimization studies［J］. Journal of Applied Electrochemistry，1990，20（3）：463-467.

［20］Kim S，Vijayakumar M，Wang W，et al. Chloride supporting electrolytes for all-vanadium redox flow batteries［J］. Physical Chemistry Chemical Physics，2011，13（40）：18186-18193.

［21］陈金发，宋文吉，冯自平，等.钒基脱硝催化剂载体与助剂的研究进展［J］.工业催化，2012（2）：7-10.

［22］范鑫，林倩，潘红艳，等.超声浸渍制备钒催化剂催化氧化SO₂性能的研究［J］.应用化工，2019，48（7）：1629-1634.

［23］林赫.SHS方法制备SCR催化剂的研究［C］//能源高效清洁利用及新能源技术——2012动力工程青年学术论坛论文集，中国动力工程学会，2013：35-40.

［24］陆宇剑，李硕，陈昌洲，等.钒掺杂β-沸石分子筛催化剂催化苯羟基化制备苯酚反应［J］.广州化工，2014.

［25］杨鹏昆.正丁烷氧化脱氢VOₓ/SiO₂催化剂及其改性研究［D］.乌鲁木齐：新疆大学，2009.

［26］胡平.一步法制备钒负载介孔硅块状催化剂及其在丙烷脱氢反应中应用［D］.上海：上海师范学，2018.

［27］霍彦杉.纳米金在LDHs上的液相插层组装及其催化活性研究［D］.昆明：昆明理工大学，2013.

［28］祝琳华，贺召宏，司甜，等.柱撑型钒基催化剂的制备及其丙烷氧化脱氢催化性能［J］.化工进展，2019，38（8）：3711-3719.

［29］Kabutomori T，Takeda H，Wakisaka Y，et al. Hydrogen absorption properties of Ti-Cr-A（A-V，Mo or other transition metal）BCC solid solution alloys ［J］. J. Alloys Compd.，1995，231（1）：528-532.

［30］ Iba H，Akiba E. Hydrogen adsorption and modulated structure in Ti-V-Mn alloys ［J］. J. Alloys Compd.，1997，253-254：21-24.

［31］ Tsukahara M，Takahashi K，Mishima T，et al. Metal hydride electrodes based on solid solution type alloys TiV$_3$Ni$_x$ ［J］. J. Alloys Compd.，1995，226：203.

［32］ Cho S-W，Han C-S，Park C-N，et al. Hydrogen storage characteristics of Ti-Zr-Cr-V ［J］. J. Alloys Compd.，1999，289：244.

［33］ 王宏博，王树茂，武媛方，等. 氢等离子体电弧熔炼法制备低 C 高纯 LaNi$_5$ 合金的研究 ［J］. 稀土，2019，40（5）：24-31.

［34］ 梁浩. V-Ti-Cr-Fe 合金吸放氢性能的研究 ［D］. 成都：四川大学，2006.

［35］ 祁豆豆. Ti-Cr-V 系储氢合金的制备及改性研究 ［D］. 太原：太原理工大学，2017.

［36］ 胡以君. 新型钒基储氢合金的机械合金化制备工艺研究 ［J］. 加热工工艺，2017，46（2）：47-49.

［37］ 李荣，周上祺，刘守平，等. 自蔓延高温合成 V$_3$TiNi$_{0.56}$Al$_{0.2}$ 贮氢材料 ［J］. 重庆大学学报，2005，28（4）：53.

［38］ Suzuki R O，Tatemoto K，Kitagawa H. Direct synthesis of the hydrogen storage V-Ti alloy powder from the oxides by calcium co-reduction ［J］. Journal of Alloys & Compounds，2004，385（1-2）：180.

［39］ 张静娴. AB$_5$ 型多元贮氢合金的化学制备及其性能的研究 ［D］. 广州：暨南大学，2003.

［40］ 陈立东，王士维. 脉冲电流烧结的现状与展望 ［J］. 陶瓷学报，2001（3）：204-207.

［41］ Feng J，Sun X，Wu C，et al. Metallic few-layered VS$_2$ ultrathin nanosheets：high two-dimensional conductivity for in-plane supercapacitors ［J］. Journal of the American Chemical Society，2011，133（44）：17832-17838.

［42］ Liu H，Wang Y，Li H，et al. Flowerlike vanadium sesquioxide：solvothermal preparation and electrochemical properties ［J］. Chem. Phys. Chem.，2010，11（15）：3273-3280.

［43］ 赵龙. 新型钒基锂离子电池电极材料的制备及电化学性能研究 ［D］. 广州：华南理工大学，2019.

［44］ Wang，Q H. Research progress on vanadium-based cathode materials for sodium ion batteries ［J］. Journal of materials chemistry，2018（1）：37-50.

［45］ 汪亮. 超级电容器用钒基纳米材料制备及其电化学性能研究 ［D］. 重庆：重庆大学，2015.

［46］ Wang F，Liu Y，Liu C Y. Hydrothermal synthesis of carbon/vanadium dioxide core-shell microspheres with good cycling performance in both organic and aqueous electrolytes ［J］. Electrochimica Acta，2010，55（8）：2662-2666.

［47］ 魏闯. VO$_x$、VS$_2$ 三维纳米材料的制备及其超电容性能研究 ［D］. 重庆：重庆大学，2017.

［48］ Lu Xihong，Yu Minghao，et al. High energy density asymmetric quasi-solid-state supercapacitor based on porous vanadium nitride nanowire anode ［J］. Nanolett.，2013，13（5）：2628-2633.

［49］ Lee M-H，Kim M-G，Song H-K. Thermochremism of rapid thermal annealed VO$_2$ and Sn-doped VO$_2$ thin films ［J］. Thin Solid Films，1996，290-291：30-33.

［50］ Quackenbush N F，Paik H，Wahila M J，et al. Stability of the M2 phase of vanadium dioxide induced by coherent epitaxial strain ［J］. Physical Review B，2016，94（8）：085105.

［51］ Fan L L，Chen S，Wu Y F，et al. Growth and phase transition characteristics of pure M-phase VO$_2$ epitaxial film prepared by oxide molecular beam epitaxy ［J］. Applied Physics Letters，2013，103（13）：131914-131918.

［52］ Yang T H，Mal S，Jin C，et al. Epitaxial VO$_2$/Cr$_2$O$_3$/Sapphire Heterostructure for Multifunctional Applications ［J］. Applied Physics Letters，2011，98（2）：022105-022107.

［53］ Goodenough J B. The two components of the crystallographic transition in VO$_2$ ［J］. Journal of Solid State

Chemistry, 1971, 3 (4): 490 -500.

[54] Kim H T, Chae B G, Youn D H, et al. Raman study of electric-field-induced first-order metal-insulator transition in VO$_2$-based devices [J]. Applied Physics Letters, 2005, 86 (24): 242101-242103.

[55] Tao Z, Han T R T, Mahanti S D, et al. Decoupling of structural and electronic phase transitions in VO$_2$ [J]. Physical Review Letters, 2012, 109 (16): 166406-166410.

[56] Wentzcovitch R M, Schulz W W, Allen P B. VO$_2$: Peierls or Mott-Hubbard? A view from band theory [J]. Physical Review Letters, 1994, 72 (21): 389-3392.

[57] Tan X, Yao T, Long R, et al. Unraveling metal-insulator transition mechanism of VO$_2$ riggered by Tungsten doping [J]. Scientific Reports, 2012, 2: 6-471.

[58] Paquet D, Leroux-Hugon P. Electron correlations and electron-lattice interactions in the metal-insulator, ferroelastic transition in VO$_2$: A thermodynamical study [J]. Physical Review B, 1980, 22 (11): 5284-5301.

[59] Biermann S, Poteryaev A, Lichtenstein A I, et al. Dynamical singlets and correlation-assisted peierls transition in VO$_2$ [J]. Physical Review Letters, 2005, 94 (2): 026404.

[60] Mohammed Reza M Hashemi, Christopher W Berry, Emmanuelle Merced, et al. Direct measurement of vanadium dioxide dielectric properties in W-band [J]. Infrared Milli Terahz Waves. 2014, 35: 486-492.

[61] Marvel R E, Appavoo K, Choi B K, et al. Electron-beam deposition of vanadium dioxide thin films [J]. Applied Physics A, 2013, 111: 975-981.

[62] Chang T C, Cao X, Dedon L R, et al. Optical design and stability study for ultrahigh-performance and long-lived vanadium dioxide-based thermochromic coatings [J]. Nano Energy, 2018, 44: 256-264.

[63] Duan X, Huang Y, Cui Y, et al. Indium phosphide nanowires as building blocks for nanoscale electronic and optoelectronic devices [J]. Nature, 2001, 409 (6816): 66-69.

[64] 何启民. 釉上彩料及陶瓷绘练作业 [M]. 台北: 台湾商务印书馆, 1979.

[65] Zyryanov V V. Mechanochemical synthesis of crystalline compounds in the Bi-V-O system [J]. Inorganic Mater., 2005, 41 (2): 156-163.

[66] 郭雪梅, 王少娜, 聂瑶, 等. 均相反应法制备钒酸铋颜料 [J]. 过程工程学报, 2018, 18 (1): 202-209.

[67] 邢占军, 郝乐, 仇洁楠, 等. 包覆型超细黄色颜料 BiVO$_4$ 的制备研究 [J]. 石家庄学院学报, 2008 (3): 16-19.

[68] 王凡. 钒酸铋颜料的合成、结构及性能研究 [D]. 北京: 北京师范大学, 2000.

[69] 林蔚, 李晓生, 徐媛斐, 等. 钒锆黄色料制备及色度分析 [J]. 齐齐哈尔大学学报 (自然科学版), 2015 (31): 14.

[70] Mukherjee B, Patra B, Mahapatra PJ, et al. Vanadium—An element of atypical biological significance [J]. Toxicol Letters, 2004, 150 (2): 135-143.

[71] Venter J C, Adams M D, Myers E W. The Sequence of the Human Genome [J]. Science, 2001, 291 (5507): 1304-1351.

[72] Neckers L. Development of small molecule Hsp90 inhibitors: Utilizing both forward and reverse chemical genomics for drug identification [J]. Current Medical Chemistry, 2003, 10 (9): 733-739.

[73] Reul B A, Sean S Amin, Jean-Pierre, et al. Effects of vanadium complexes with organic ligands on glucose metabolism: a comparison study in diabetic rats. Br J Pharmacol, 1999, 126 (2): 467.

[74] Tsuji A, Sakurai H. Vanadyl ion suppresses nitric oxide production from peritoneal macrophages of streptozotocin-induced diabetic mice [J]. Biochemical & Biophysical Research Communications, 1996, 226 (2): 0-511.

［75］李宏霞，杨在昌，张天宝，等. 钒对睾丸生精细胞的体外毒性研究［J］. 毒理学杂志，1995（3）：171-172.

［76］王秋利，苏淑清，李杰，等. 硫酸氧钒对糖尿病大鼠白内障的治疗作用［J］. 吉林大学学报（医学版）1999，25（4）：507-509.

19　钛新材料及其技术

19.1　碳氮化钒钛基耐磨材料

碳化物及氮化物材料是指碳、氮元素与电负性比它小的其他元素所形成的化合物。根据组成元素属性，可以将其分为金属碳氮化物和非金属碳氮化物。在金属碳氮化物中，如碳化钛（TiC）、氮化钛（TiN）、碳化钨（WC）、碳化锆（ZrC）等，因存在离子键、金属键和化学键混合键型，使其具有高熔点、高强硬性、高耐腐蚀性等，从而成为耐磨器件、切削刀具和高温组件的首选材料。在一些精密的电子器件中，碳氮化物也发挥着不可取代的作用。而在非金属碳氮化物中，键合以共价键为主，结构与金刚石类似，如碳化硅（SiC）和碳化硼（BC）等，所以非金属碳氮化物往往具有极高的硬度并存在半导体特性。随着碳氮化物研究的不断深入，碳氮化物材料也成为热门的催化剂、核工业材料等。

TiC 是最常见、应用最广泛的过渡金属碳化物之一，其中 Ti 和 C 在 TiC 晶格中占位是等价的，即 Ti 或 C 任一原子都能形成面心立方结构，而另一原子则填入到该面心立方结构八面体间隙，如图 19-1 所示。

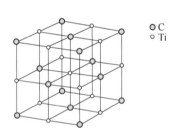

○ C
○ Ti

图 19-1　TiC 晶体结构

与 TiC 的结构类似，过渡金属钛晶格中插入氮元素形成 TiN，插入氮原子后金属钛的晶格就会扩张，钛原子之间的距离就会增大，从而钛表观密度也会随之增加，最终形成金属 TiN。相较于 TiC，TiN 有金黄色金属光泽，现在已被广泛应用于耐高温材料、光电子行业中的电极材料、防腐耐磨保护层、催化领域以及代金装饰材料等。

碳氮化钛分子式为 $Ti(C_x, N_{1-x})$，被认为是以 TiC、TiN 形成的无限固溶体。TiC 与 TiN 都是 NaCl 型面心立方结构，TiC 的晶格常数略大于 TiN。在 Ti 点阵中 N 原子可以任意比例替代 C 原子，从而形成连续固溶体 $Ti(C_x, N_{1-x})$（$0 \leqslant x \leqslant 1$）。$Ti(C,N)$ 兼具 TiC 和 TiN 的优点，在保持 TiC 特点基础上，由于 N 的引入，TiC 脆性特点得到明显改善。在 $Ti(C_x, N_{1-x})$ 中随着 N 含量增加，$Ti(C_x, N_{1-x})$ 硬度降低、韧性提高。正是由于其优良的综合性能，使得 $Ti(C_x, N_{1-x})$ 基陶瓷在切削领域、耐高温材料、量具、石油和化工、钟表外观等领域有了广泛的应用。

目前，关于碳氮化钛的合成方法有很多，例如碳热还原法、溶胶-凝胶法、气相法、金属热还原法、高温合成法、机械合金化诱导自蔓延反应法、等离子体辅助球磨法等，本节对碳氮化钛的合成技术及研究进展进行综合介绍。

19.1.1 TiC 合成技术

19.1.1.1 碳热还原法

碳热还原法一般是使用管式炉或电阻炉为加热源，在惰性气体保护下加热 C 和 TiO_2 的混合物，用 C 还原 TiO_2 从而得到 TiC 粉末，其反应式为：

$$TiO_2 + 3C = 2CO + TiC \tag{19-1}$$

以纳米 TiO_2 和炭黑为原料，通过低能球磨混粉，然后在流动 Ar 气氛保护下，于 1550℃ 保温 4h 得到粒度为 0.3~0.6μm 的 TiC 微粉。通过热力学计算并结合具体实验研究，得出真空热处理条件下可以降低 TiO_2 碳热还原温度，并在 1450℃、1~60Pa 真空系统下热处理 8h 获得粒径约 2.05μm 的 TiC 粉末。也可以通过高能球磨机械能激活纳米 TiO_2 炭黑混合粉末，在 1300℃ 真空保温 2h 合成球形纳米 TiC 粉末。采用球磨激活结合真空烧结技术可有效地降低碳化还原温度，并能得到颗粒细小的 TiC 产物，从而优化了传统的 TiO_2 碳热还原过程。

19.1.1.2 溶胶-凝胶法

溶胶-凝胶法是采用高活性液相混合、分散原料，再经过水解、缩合等系列反应得到产物凝胶，最后烧结得到所需产物。将纳米 TiO_2 颗粒和甲基纤维素在液相下混合，干燥后得到复合薄膜，随后在 1300℃ 下热处理便可得到含氧量极低的 TiC 粉末，制备温度较传统碳热还原法（1550℃）显著降低；使用 TiO_2、NaOH、乙二醇和 NH_4NO_3 制备含 Ti 凝胶并以纯净黄油燃烧后的煤烟作为碳源，在 Ar 气氛下于 1300~1580℃ 保温 2h，得到纳米 TiC 粉末。溶胶-凝胶法制备的 TiC 粉体颗粒小且纯度高，但由于工艺复杂，大批量商业化生产的工艺还有待完善。

19.1.1.3 化学气相沉积法

化学气相沉积法是指以气相形式提供碳源或钛源来合成 TiC 的工艺，但该方法设备工艺复杂，往往用来合成纯度很高的特殊功能材料，适合于表面改性用 TiC 薄层的生产。以 $TiCl_4$、CH_4 和 H_2 为原料，从热力学理论及实际实验探究化学气相沉积合成 TiC 涂层过程，并得出 $TiCl_4$ 和 CH_4 反应沉积 TiC 的所需温度大于 1060K，且随着温度的升高反应平衡常数 K_p 迅速增大；通过直流电弧等离子体化学气相沉积法，在 CH_4 和 H_2 混合气氛下起弧并使钛粉气化，成功合成碳包覆纳米碳化钛结构粒子，且该材料显示出良好的电催化性能。

19.1.1.4 金属热还原法

简单的金属热还原法是在碳热还原法的基础上引入 Ca、Mg 等活泼金属，通过所引入金属的强还原性将 TiO_2 还原从而得到 TiC 粉末。因为整个反应是放热过程，降低了还原所需的温度，能耗也随之下降。如以 TiO_2 微粉、球状 Ca 和石墨为原材料，在 Ar 气氛下于 950℃ 保温 2h 得到初始混合相产物，最终经酸洗干燥后得到 TiC 粉末；将 $(MgCO_3)_4$·$Mg(OH)_2$·$5H_2O$、TiO_2 和 Mg 均匀混合，然后将混合粉末置于 Ar 保护下的高压反应釜中，加热至 550℃ 便可发生还原反应得到 TiC，产物经多次酸洗并干燥，最终得到粒度为 30nm 左右的 TiC 粉末，其反应式为：

$$(MgCO_3)_4 \cdot Mg(OH)_2 \cdot 5H_2O + 4TiO_2 + 22Mg = 4TiC + 27MgO + 6H_2 \tag{19-2}$$

尽管金属热还原法可以显著降低碳化温度，但该方法存在着活泼金属成本高、产物需用酸洗去金属氧化物等问题，从而制约其商业化推广。

19.1.1.5 高温诱导自蔓延反应合成法

自蔓延反应指依靠反应放热可继续维持反应持续进行的一类化学反应，反应一旦被"点燃"，便会以燃烧波形式向未反应区域推进直至反应结束。TiC 可以由 Ti 和 C 自蔓延反应生成，反应式为：

$$\text{Ti} + \text{C} = \text{TiC} \tag{19-3}$$

如利用自蔓延反应成功合成 TiC 粉末，且通过稀释剂来吸收自蔓延反应放出的部分热量从而降低反应体系温度，采用控制不同碳源（石墨与活性炭）来影响 TiC 产物微观形貌；当采用石墨为碳源进行 Ti-C 自蔓延反应合成 TiC 时，较采用炭黑和活性炭为碳源所得到的 TiC 产物晶型更完整。

19.1.1.6 机械合金化诱导自蔓延反应合成法

传统的高温诱导自蔓延反应中，需要外界能量"点燃"反应。而在机械合金化诱导自蔓延反应中，机械能的输入就相当于一种特殊的点火方式，机械合金化诱导自蔓延反应过程一般包括三个阶段：最初的孕育期，反应物均匀混合并不断活化；接着为机械能输入的"点燃"阶段，即当复合粒子达到某一临界状态后，自蔓延反应开始并持续进行；最后阶段主要就是剩余未反应颗粒反应完全和已合成产物的继续细化过程。

如按 Ti/C = 1∶1 的摩尔比球磨 Ti 和 C 的混合物，使用红外测温仪测定球磨罐外壁温度变化，并结合对应阶段下的物相分析确定反应类型为自蔓延反应，球磨 120min 便合成纳米晶 TiC 粉末，延长球磨时间至 10h 成功地将晶粒细化到 7nm 左右；在 He 气氛下使用磁场辅助球磨技术，分别球磨三种化学计量比为 $\text{Ti}_{100-x}\text{C}_x$（$x = 50$，40，30）的粉末，当含碳量 $x = 50$ 或 40 时，反应机制为瞬间温升的自蔓延反应机制；含碳量 $x = 30$ 时，TiC 合成反应则是逐步进行的。

19.1.2 TiN 合成技术

19.1.2.1 气-固燃烧合成法

该合成方法一般是将纯 Ti 粉与 TiN 粉末混合压制成坯状（也可松装于坩埚内）置于高压反应器中，通入 N_2，并用钨丝点火，最终燃烧生成 TiN，其反应式为：

$$2\text{Ti} + \text{N}_2 = 2\text{TiN} \tag{19-4}$$

有人利用 Ti 粉与稀释剂 TiN 混合在高压 N_2 中燃烧，通过点燃诱导自蔓延反应制备了含氮量较高（最高可达 17.26wt%）的 TiN 粉末。还有人创新性地尝试将 Ti 粉与稀释剂 TiN 混合粉末置于液氮中，用钨丝从外部对其加热，使其与液氮开始合成反应，液氮中 TiN 合成反应放出的反应热将与之相邻未反应的 Ti 粉和气化的 N_2"点燃"，最终实现液氮下 Ti 粉合成 TiN，相较于高压气-固燃烧技术，在液氮中燃烧合成 TiN 不再要求高的 N_2 的压力。

19.1.2.2 化学气相沉积法

等离子体化学气相沉积 TiN（Plasma Chemical Vaper Deposition TiN，PCVDTiN）是一种在相当高温度下，利用含 Ti 混合气体与工件的表面相互作用，从而在工件的基体材料表面形成一层固态 TiN 薄膜或涂层的技术。有人以 H_2 为载体的 $TiCl_4$ 反应气和 N_2 通过 PCVDTiN 技术获得了超高硬度 TiN 膜，其反应式为：

$$2\text{TiCl}_4 + 4\text{H}_2 + \text{N}_2 = 2\text{TiN} + 8\text{HCl} \tag{19-5}$$

19.1.2.3 TiO₂还原氮化法

TiO₂的还原氮化反应在现代钛铁矿的处理、含钛铁精矿的高炉还原以及硬质合金的制备过程中得到广泛的应用。李洪桂对 TiO₂还原氮化反应的热力学做了系统的探究，得出 Ti 的各种氧化物用碳还原的起始温度，发现了不同条件下还原的最终产物及各种反应的热力学条件。刘盼等用乙醇作为氧供体，采用非水解溶胶-凝胶法制得到具有介孔结构的 TiO₂ 粉体，在 900℃的管式炉中经通入 NH₃ 还原氮化得到 TiN 粉体，其物相较纯、晶粒细小。陶东源等则直接以粒径为 40nm 的锐钛矿相 TiO₂ 纳米颗粒，不经过预热处理，直接放入真空管式炉中通以 NH₃ 加热到 800℃，保温 5h，得到颗粒直径约为 90nm 的 TiN 粉末。

19.1.2.4 碳热合成法

传统的 TiN 多孔陶瓷材料的制备方法主要以直接氮化法（气-固燃烧合成法）为主。为了克服氮化过程中 Ti 粉表面形成的 TiN 薄膜阻碍 Ti 粉的持续氮化过程，有必要在 Ti 粉氮化反应前对其进行表面处理进而实现完全氮化。鲁元等利用碳热还原法的优点，以廉价的炭黑和 TiO₂ 为原料用行星球磨湿磨混合，之后压块烘干置于 1600℃下烧结 2h，制备出气孔率为 78.6% 的多孔 TiN 陶瓷。碳热还原法制备 TiN 反应式为：

$$TiO_2 + 2C + \frac{1}{2}N_2 \rule[0.5ex]{1.5em}{0.4pt} TiN + 2CO \tag{19-6}$$

19.1.2.5 高能球磨法

高能球磨法是将 Ti 粉在 N₂ 气氛下进行球磨并与之发生反应，通常来说通过 100h 球磨，TiN 反应基本完全。石青娟等通过第一性原理计算研究了 TiNₓ 的结构和性质，并以 Ti 粉和尿素为原料，采用高能球磨的方法制备了非化学计量比的 TiNₓ 粉末，与采用未球磨的纯 TiN 烧结体相比，球磨 50h 的 TiN 所制备的烧结体性能最优，烧结体晶粒细小、结合良好、没有明显气孔，其密度、硬度、抗折强度分别达到 5.16g/cm³、21.9GPa 和 307.6MPa，表明高能球磨与非化学计量比的成分设计降低了 TiNₓ 粉末的合成时间。周丽等通过优化工艺，同样采用非化学计量比的成分设计在 Spex 型振动式球磨机中反应 9h 制备了 fcc 结构的纳米 TiNₓ 粉体。

19.1.3 Ti(C,N)合成技术

19.1.3.1 高温固溶法

高温固溶法是制备 Ti(C,N) 粉末的传统方法，通常由一定量的 TiN 和 TiC 粉末均匀混合于 1700~1800℃高温下热压固溶形成，或于 Ar 或 N₂ 气氛中在更高的温度下通过固溶而获得。为了抑制晶粒长大，同时提高粉末活性和烧结性能，也可以适当降低固溶温度。即使降低固溶温度，高温固溶法也存在反应温度过高、能耗大、难以获得高纯粉末、N/C 比不易准确控制等缺点。

19.1.3.2 TiN 和炭粉高温氮化法

高温氮化法通常是以 TiN 粉末和炭粉为原料，混合后在高温和 N₂ 或 Ar 气氛下进行长时间碳氮化处理，从而获得 Ti(C,N) 粉体。Frederic 等用纳米尺寸的 TiN 粉末+10wt% 的炭黑在 Ar 气流中于 1430℃保温 3h，固相合成了 Ti(C,N) 粉末，展现出规则形状的亚微米颗粒。同样，高温氮化法存在反应温度过高、生产效率低、能耗大、生产成本高等缺点。

19.1.3.3 TiO$_2$ 碳热还原氮化法

碳热还原氮化法是以 TiO$_2$ 和炭粉为原料，在 N$_2$ 中高温还原合成 Ti(C,N) 粉末的工艺，碳热还原法产物的大小及形貌可通过工艺参数控制，广泛应用于工业大规模生产。于仁红等将摩尔比为 1∶2.5 的 TiO$_2$ 粉和活性炭粉为原料，于 N$_2$ 气氛下采用碳热还原氮化法保温 3h 后获得了 Ti(C,N) 粉末，并且提高合成温度和降低 N$_2$ 压力有利于合成碳含量高的 Ti(C,N) 粉末。王辉平等在 N$_2$ 压力为 0.1MPa 的条件下，于 1700℃ 保温 3h 后获得平均粒径为 2μm 的 Ti(C,N) 粉末。向道平等以纳米 TiO$_2$ 和纳米炭黑为原料，在 N$_2$ 气氛于 1500℃ 加热 4h，得到了纳米 Ti(C,N) 粉末。李喜坤等利用 TiH$_2$ 和淀粉分别作为 Ti 源和 C 源，在 N$_2$ 流量为 5L/min 的条件下于 1750℃ 保温 2h，获得了 40~80nm 的单相 Ti(C,N) 粉末。

19.1.3.4 溶胶-凝胶法

溶胶-凝胶法是采用 TiO(OH)$_2$ 溶胶为 Ti 源，在液相中将炭黑混合、分散，经过系列反应得到的凝胶在 N$_2$ 下高温热处理得到 Ti(C,N) 粉末。向军辉等以 TiO(OH)$_2$ 溶胶与纳米级炭黑混合后形成的凝胶，经干燥后在 N$_2$ 气氛下 1400~1600℃ 高温反应得到 Ti(C$_x$,N$_{1-x}$)，其中 1-x=0.2~0.7，Ti(C$_x$,N$_{1-x}$) 超细粉末的平均粒径小于 100nm。通过提高原料 C/Ti 比、提高反应温度、延长保温时间、降低氮气流量等工艺有利于提高 x 值。

19.1.3.5 氨解法

氨解法通常是在常温下，将 TiCl$_4$ 溶入适当的溶剂中并加入添加剂，混合均匀后与 NH$_3$ 反应，生成 Ti 的胺基化合物与添加剂的均匀混合中间体，然后中间体与 NH$_4$Cl 溶液混合沉淀并除去中间体中的胺，再在真空或 Ar 气氛下于 1200~1600℃ 热解获得 Ti(C,N) 粉末。氨解法的特点是制备温度比传统制备方法（高温固溶法，1800℃）低，得到的 Ti(C,N) 粉末具有比表面积高、粒度小、粒度分布集中和纯度高等优点，但成本较高，工艺过程复杂。黄向东等在氨解法的研究中发现随着氨解温度升高，产物氮含量减少，碳含量增加，并在 1200℃ 下制得了高比表面积、小的粒度、窄粒度分布的高纯 Ti(C,N) 粉末。

19.1.3.6 高温自蔓延反应法

高温自蔓延反应法是将 Ti 粉、炭粉均匀混合，预压成型得到压坯，然后在含 N$_2$ 的装置中高温"点燃"反应，从而得到块体产物，通过破碎细化可得到 Ti(C,N) 粉末。康志军等将 Ti 粉、炭黑和稀释剂混合压坯，在自制的高压气-固高温诱导自蔓延（SHS）合成装置中，在 10MPa 的 N$_2$ 压力下高温诱导自蔓延反应批量制备了性能优良、质量稳定的 Ti(C,N) 粉末。

19.1.3.7 等离子体化学气相沉积法

Ti(C,N) 等离子体化学气相沉积法通常是用等离子体激活 TiCl$_4$ 反应气体，促进其在基体表面或近表面空间进行化学反应，生成 Ti(C,N) 固态膜的技术。后来为了避免 TiCl$_4$ 对反应容器的腐蚀和对环境造成污染，常采用无氯的含 Ti 有机物来取代 TiCl$_4$。这类含 Ti 有机物主要包括钛酸四甲脂、钛酸四乙脂、四异丙基钛、钛酸四丁脂及氨基钛等。石玉龙等采用等离子体化学气相沉积法在一定比例 H$_2$ 和 N$_2$ 下进行等离子体放电，放电后通入低沸点的钛酸四乙酯（TiO(C$_2$H$_5$)$_4$）作为 Ti 源，得到了厚度约为 1μm 的 Ti(C,N) 涂层。

19.1.3.8 高能球磨诱导自蔓延合成法

高能球磨作为一种粉体加工方法，不仅可以均匀混合并活化粉末从而降低烧结反应温度、促进合金化，还可以在室温下诱导自蔓延反应合成纳米 Ti(C，N) 粉体。高能球磨诱导自蔓延合成 Ti(C，N) 技术集粉末混合和反应于一体，克服了传统的高温条件，可直接得到 Ti(C，N) 粉末。Zhang 等使用行星球磨不同配比的 TiC 和 TiN，通过测定球磨过程中粉末晶格常数的变化，确认采用 TiC 与 TiN 固溶的方法成功合成了 Ti(C，N)。Xiang 等以纳米 TiO_2 和纳米炭黑为原材料，球磨 8h 后再通过碳热还原氮化工艺，在 1250℃ 成功合成纳米 Ti(C，N) 粉末。Bhaskar 等以 α-Ti 和石墨为原材料通过间隔补气方式补充 N_2，使用行星式球磨成分为 Ti(C_x，N_{1-x})（$x = 0.1 \sim 0.5$）的 Ti-C 混合物，球磨 5~7h 后成功合成 Ti(C，N) 粉体。Yuan 等采用行星球磨技术，在 0.4MPa N_2 下按 Ti/C = 1：0.7 球磨 Ti 和石墨混合物，球磨 8h 得到 Ti(C，N) 粉体，并确认其反应类型为自蔓延反应。Chen 等以三聚氰胺（$C_3H_6N_6$）作为 C 源及 N 源和过程控制剂，在高纯 Ar 气下与 Ti 粉球磨，球磨 100h 合成了 Ti($C_{0.37}N_{0.63}$)$_{0.94}$ 粉末，其研究还表明通过降低 $C_3H_6N_6$ 相对含量，可提高 Ti(C_x，N_{1-x}) 合成速率，Ti(C_x，N_{1-x}) 粉体内的 C、N 含量也随之变化。

19.1.4 外场辅助球磨技术

球磨技术自应用以来，人们利用其机械能可在固态下实现粉体变形、细化、原子扩散、固态反应或相变等过程。在高能球磨设备基础上，Calka 又成功地发明了放电辅助球磨，即通过控制输入电压的大小，调整球磨过程中的放电强度，在电火花放电模式下其放电区域小但热量极高，可以显著促进粉末的细化以及固-固反应。在该模式下 Al_2O_3 粉末球磨仅 1min，其粒度就从 300μm 细化至 1~10μm；在 Ar 气氛下先普通球磨 B 粉与 Fe 粉 200h，再放电球磨 15min 后便成功地合成 FeB，而普通球磨即使球磨 500h 仍然没有 B 粉与 Fe 粉的固-固反应发生。

在辉光放电模式下放电弥散且均匀，并且作用区域热量较低，可明显促进固-气反应。在该模式中，Ti 粉在 N_2 下球磨 30min 就能合成晶粒大小为 30nm 的 TiN，在同样的条件下 Si 粉也能快速地氮化从而合成 Si_3N_4，外场辅助球磨技术在氮化物合成上的优势也逐渐凸显出来。

2005 年，朱敏课题组提出将冷场等离子体引入到高能球磨过程中，就是将至少一块绝缘介质插入两个金属电极之间，从而阻挡气体间隙的放电通路，发展了一种介质阻挡放电等离子体辅助球磨（diebeetric barrier discharge plasma assisted ball milling，DBDP 辅助球磨）技术及其装备。值得指出的是介质阻挡放电产生的冷场等离子体中的电子温度极高，但其整体宏观温度却不高（可以控制在金属相变点以下乃至室温），其介质阻挡层又能抑制微放电的无限增加，使得介质阻挡放电不会转化为电火花放电或电弧放电，避免热等离子体对球磨体系的烧损。对具有介质阻挡结构的放电球磨罐的两端电极施加高频高压交流电，根据球磨罐内激发气体（Ar、N_2、O_2、NH_3 等）的种类调控放电负载等离子体电源的放电参数，产生低温放电等离子体。

随着球磨机的振动频率或转速的变化，从而改变电极棒与磨球的相对位置，进行电晕放电或辉光放电等离子体辅助球磨。在等离子体辅助球磨过程中，电荷的移动产生电子轰击、球磨罐中的气体电离产生等离子体，与机械能共同作用于球磨粉体，促进原始粉末的细化及合金化过程。

　　基于 DBDP 等离子体辅助球磨技术，陈祖健利用该技术成功制备了 TiC、TiN 及 Ti(C,N) 粉体。在制备 TiC 过程中，以 Ti 粉和石墨为原料，按球料比 50：1 加入 Ar 气氛等离子体辅助球磨罐中，发现在等离子体辅助球磨 3.5h 后，Ti 与 C 的自蔓延反应开始发生并生成 TiC，4h 后 TiC 自蔓延反应完全并得到 $23\mu m$ 左右的 TiC 粉体。利用 DBDP 辅助球磨制备 TiN 过程中，在 0.05MPa 持续供应的 N_2 气氛下，将 Ti 粉与磨球 1：100 的质量比混合，等离子体辅助球磨 5h 后，Ti 的特征峰发生宽化。当继续延长球磨时间至 10h 时，粉末中出现明显的 TiN 特征峰。当球磨时间延长至 20h 后，Ti 粉与 N_2 通过受扩散控制的反应完全生成 TiN。对比普通球磨，普通球磨 20h 后，Ti 的特征峰出现宽化，仅有微弱的 TiN 特征峰出现。利用 DBDP 辅助球磨制备 Ti(C,N) 时，以 Ti 粉和石墨为原料，按照 Ti/C=1：0.5 的摩尔比，球料比为 50：1，在 0.05MPa 的持续供应的 N_2 气氛下采用等离子体辅助球磨合成 Ti$(C_{0.5},N_{0.5})$。通过红外测温仪监测球磨罐外壁温度的变化，Ti-C-N_2 自蔓延反应在 1~2.5h 之间发生。球磨 2.5h 后出现 Ti$(C_{0.5},N_{0.5})$ 特征峰。继续延长球磨时间到 8h，自蔓延反应结束，完全形成 Ti$(C_{0.5},N_{0.5})$。在 Ti(C_x,N_{1-x}) 成分控制及反应过程研究中发现，在 0.05MPa 持续供应的 N_2 气氛下，原始粉末中 Ti：C 摩尔比越大，即复合粉末中石墨含量越低，Ti-C-N_2 自蔓延反应孕育期越短，并且反应过程中形成高氮 Ti(C_x,N_{1-x}) 过渡相。

　　研究表明了介质阻挡放电等离子体辅助球磨技术在碳、氮化钛粉体制备中的成功应用，并能精确控制产物化学计量比、制备纳米级高纯 Ti(C,N)。同时该技术也成功应用于其他碳化物的制备与合成，在 WC 硬质合金研究中，使用等离子体辅助球磨预处理 W 和石墨混合粉末，仅球磨 3h 后复合粉末便可在 1100℃ 完全反应得到无缺碳相的纳米 WC 粉体，远远低于工业生产中的所需要的 1400℃ 以上的碳化条件。以 W、C 和 Co 粉为原料，使用等离子体辅助球磨技术和高温烧结一步法，成功制备力学性能（硬度、断裂韧性等）良好的 WC-8Co 板状硬质合金块体。在等离子体辅助球磨诱导原位气-固反应研究中，在流动 NH_3 气氛下等离子体辅助球磨 Mg 粉和 Ti 粉，球磨 10h 后反应就能完全进行，而普通球磨在相同的时间内反应并不发生。

　　TiC、TiN 及 Ti(C,N) 的合成技术有很多，各种合成技术及其产物的质量各有特点。而随着现代工业化进程的加速，其对材料的要求也日渐苛刻，如材料尺寸纳米化、高纯化、精确的化学计量比以及可控的形貌等。这些往往是单一碳、氮化钛合成方法所不能全部顾及的，因此发展一种经济高效、能适应现代工业需求、适合实现工业化的合成的技术一直是科学工作者努力的目标。

　　在碳化物、氮化物和碳氮化物材料合成中，等离子体辅助球磨可以有效地细化及活化粉体，从而促进合金化或自蔓延反应过程，可有效避免长时间球磨带来的污染问题，值得关注。

19.1.5　氮化钒铁合成技术

　　氮是含钒微合金钢中的重要元素，含钒钢中增氮有助于热处理过程中铁素体晶粒组织的细化和更有效地析出 V(C,N)，从而增加钢的强度和韧性。虽然在钢中增加钒的含量同样可以增加钢的强度，但是效果没有增氮好且成本较高。碳氮化钒、氮化钒和氮化钒铁均可用于生产微合金钢。碳氮化钒因其熔点过高（超过 2400℃）及压块密度低（约 3g/cm³），应用时较为复杂。氮化钒铁与氮化钒相比，使用量较少即可获得更好的强化效果，而且钒收得率较高，因此具有良好的应用前景。

目前氮化钒铁的生产方法主要有固相渗氮法、熔体渗氮法和自蔓延高温合成法（SHS）。等离子法因过于昂贵且产品中氮含量太低（0.3%~0.5%）而很少采用。本节对近年来氮化钒铁的制备方法进行了综述，并指出了氮化钒铁制备技术的发展方向。

19.1.5.1 固相渗氮法

固相渗氮法是以钒铁为原料在高温条件下向反应炉或隧道窑内通入氮气进行渗氮，从而得到氮化钒铁。

张明远等以钒铁细粉（-80 目）为原料、以水玻璃为黏结剂，经液压机挤压成型并干燥后的料球在真空感应炉（100kW）中通入氮气获得氮化钒铁产品。研究表明：FeV_{50} 细粉在 1250~1300℃ 条件下氮化 1h 以上得到的氮化钒铁中含钒 40.15%~42.26%、含氮 5.7%~8.2%；FeV_{80} 细粉在 1350~1400℃ 条件下氮化 1h 以上得到的氮化钒铁中含钒 60.70%~63.87%、含氮 12.1%~12.8%。

胡力等提出了以 FeV_{80} 和 FeV_{50} 为原料在高温区温度为 1200~1500℃ 条件下往推板式隧道窑内通入氮气渗氮 15~27h，分别得到含氮 8.6%~12.4%、含钒 68.3%~69.7% 和含氮 10.0%~11.2%、含钒 46.3%~46.5% 的氮化钒铁。

李秀雷等发明了以钒铁、氧化钒和碳的混合物或氧化钒、炭粉和铁粉的混合物为原料生产氮化钒铁的方法。此工艺将混合料细磨至 20~200 目后放入涂有防粘剂的反应容器中，然后再置于推板窑或隧道窑内。往推板窑或隧道窑内通入氮气后粉状物料在高温区 1200~1500℃ 条件下渗氮 12~28h，得到含钒 42.0%~72.0%、含氮 8.0%~15.0% 的氮化钒铁。

孙武等将粒度为 5~20mm 的 FeV50 连续输送至推板窑内，氮气输入压力为 0.2~0.4MPa，依次经过预热区（550~650℃）、氮化区（1150~1250℃）、降温区（550~650℃）和冷却区（70~170℃）四个区域，相应处理时间分别为 5h、10h、5h 和 3.3h，可以得到含钒 45%~50%、含氮 10%~14% 的氮化钒铁。

固相渗氮得到的氮化钒铁的密度一般为 4.0~4.5g/cm³，不易加入钢液中，也不利于合金元素的吸收（氮和钒的吸收率分别高于 50% 和 80%）。

19.1.5.2 熔体渗氮法

熔体渗氮法是在钒铁冶炼中对冶炼炉底吹氮气进行液相渗氮生产钒氮合金的方法。刘文娟等在温度 1650℃、氮气流量 225mL/min 的条件下，通过管式炉对液态 FeV50 渗氮 120min，制备出的氮化钒铁样品中氮含量为 4.34%。虽然氮在钒铁熔体中的溶解度较高，如 FeV50 在 1600~1650℃ 温度区间内合金中理论氮含量高达 10%，但是考虑到含氮钒铁熔体的高黏度，目前研究也仅处于实验室阶段，工业上并未采用熔体渗氮制取氮化钒铁。

19.1.5.3 自蔓延高温合成法

由于钒铁氮化过程为放热反应，所以反应所需热量可以完全由反应热提供，燃烧合成可持续进行。自蔓延高温合成法生产氮化钒铁具有能耗低、反应速度快的优点，国内外已进行了大量的研究。

刘克忠等将 FeV50 破碎至一定粒度组成后散装于石墨坩埚中然后置于高压合成炉内

充入 7~12MPa 高纯氮气后进行燃烧反应合成 FeV45N10。当合成炉内压力下降至 6.5MPa 后，补充氮气以恢复压力直至合成反应完成。为了确保反应成功，可在钒铁原料中加入 0.8%~1.6% 炉料重量的铝粉，也可以使用 FeV80 和 FeV50 混合原料生产 FeV65N13。

Ziatdinov 等研究了 SHS 法生产氮化钒铁，用于冶炼 HSLA 钢的添加剂。研究表明，在氮气压力为 12MPa 条件下，FeV50 在 0.15m³ 反应容器中持续燃烧 5~8min，对应的燃烧速率为 0.2~0.3m/s，钒铁的氮气吸收速率约为 0.1m³/s。所得的氮化钒铁成分为含钒 44.0%~48.0%、含氮 9.0%~11.0%，密度为 6.0~6.5g/cm³，在钢液中氮和钒的吸收率分别高于 85% 和 95%。

Braverman 等开展了在接近大气压力条件下粒化后的钒铁细粉在氮气流中燃烧合成无黏结氮化钒铁的研究。此工艺特点是：粒度级别 0~40μm、40~80μm、80~100μm 所占比例分别为 41.4%、42.1%、16.5% 的 FVD-55 钒铁细粉经粒化后（黏结剂为丙酮），在直径为 22mm 的反应器中进行燃烧合成反应。进料端额外氮气压力不超过 4kPa。反应得到的氮化钒铁颗粒的渗氮深度达到 300mm，而且相互之间没有出现熔合，从而为连续生产氮化钒铁创造了可能性。

目前，SHS 法制备氮化钒铁通常在高压容器中进行，生产效率较低，并且当钒含量低于 53% 时不能持续反应。

氮化钒铁制备技术主要有固相渗氮法、熔体渗氮法和自蔓延高温合成法三种方法。因在冶炼炉中获得高氮含量的难度大，熔体渗氮难以在工业生产中应用。尽管氮气的活性较差，并且对含氧量要求很高，但是以钒铁作为反应物、氮气作为氮化剂，采用固相渗氮和 SHS 法生产氮化钒铁的方法将继续为工业界普遍采用，而且工艺流程将不断改进。对于氮化钒铁制备技术来说，具有低能耗、连续性生产的 SHS 法是未来重点发展方向。

19.2　钛铁合金

钛合金因其特有的耐蚀性、耐热性、强度方面的优越性以及良好的生物相容性而被广泛应用于航天、舰船、生物医学等领域。钛铁合金是钛与铁中间合金的一种，除钛、铁外，还含有少量的铝、硅、碳等。按照含钛质量分数的不同，主要分为 3 类：低钛铁（含钛 25%~35%）、中钛铁（含钛 35%~45%）、高钛铁（含钛 65%~75%）。

纯钛熔点为 1668℃，而含钛 67% 的钛铁合金熔点仅为 1100℃，较低的熔点和相对高的含钛量对缩短冶炼周期和减少中间合金添加量具有显著效果，进而降低冶炼成本。优质钛铁合金的主要用途有：

（1）用于炼钢脱氧合金剂。在炼钢过程中钛与钢液中的氧生成更加稳定、密度低、易于上浮的氧化物，起到脱氧作用。在镇静钢的冶炼中，钛铁合金可以改善铸锭的上部偏析，均匀结晶组织，提高铸锭效率。此外，对铁基合金中非金属杂质元素硫、氮等的脱除也有一定效果。

不同牌号的钢中加入适量的钛铁合金可达到控制成分和改善钢的性能的目的，合金中的钛与钢液中的碳生成 TiC，能够提升钢的强度。

我国钛铁产品以低、中钛铁等低端产品为主，生产的高钛铁产品由于氧含量偏高等问题，达不到出口要求且优质高钛铁尚需进口。据报道，若要满足国内市场钛铁合金需求，保守估计每年将有超过 35 万吨的高钛铁缺口。因此，有必要发展一种具有中国特色的优质高钛铁合金冶炼方法，满足国内需求，达到出口质量水平，加快我国钛铁合金工业化进程。

（2）用于储氢合金制备原料。钛铁合金是 AB 型储氢合金的典型代表，经活化处理后在室温下能够可逆地吸放氢，因其分解压力适中、储氢量较大和原料来源丰富，在材料领域一直备受关注。

按照原理不同，制备钛铁合金方法主要分为 4 种，分别为金属热还原法（铝热法）、碳热法、重熔法和熔盐电解法。本节主要介绍钛铁合金的制备方法原理、特点及目前发展状况。

19.2.1 铝热还原法

国内最常用的制备钛铁合金的方法为铝热法，该法以储藏丰富的金红石或钛铁精矿等富钛料为原料，铝为还原剂，CaO、CaF_2 为造渣剂，发热剂为 $KClO_3$，在常压或真空下还原得到钛铁合金。

其基本原理是：金属铝与钛相比，前者跟氧的亲和力大于后者且价格低廉，铝将富钛料中的钛还原出来并与适量的熔融铁合金化得到目标产物，同时放出大量热，反应放出的热量能够维持反应的持续进行，反应在短时间内可完成，其生产流程如图 19-2 所示。此法具有原料来源广、成本低、过程简单、工艺成熟等优点，生产的钛铁合金杂质含量较少，应用范围广泛。

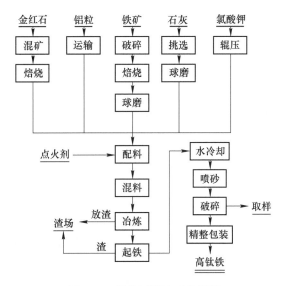

图 19-2　铝热还原法工艺流程

目前，国内铝热法主要能生产中、低钛铁产品，而高端钛铁产品尚需进口。铝热法制备钛铁合金过程中，由 TiO_2 还原至金属钛是一个高价到低价的过程，中间存在诸多钛的低价氧化物，还原产物 Al_2O_3 易与强碱性中间产物 TiO 形成 $TiO \cdot Al_2O_3$ 而残留在渣中。碱性造渣剂 CaO 的添加虽有效抑制了该副反应的发生，但还原反应不完全、渣金分离效果不好，使铝热法制备高钛铁合金同样存在以下问题：

（1）合金中金属钛的收得率较低；

（2）铝、硅元素含量不稳定；

（3）铝消耗量过大；

（4）氧含量高达 5% ~ 10% 以上，但优质高钛铁合金对氧含量要求极为严格，铝热法生产钛铁合金过程中氧元素极易与钛形成固溶体，使得氧与钛的含量成正比，造成氧含量居高不下。

据报道，国内外多个厂家均尝试以铝热法为基础，选用合适原料、使用不同的设备还原制备高钛铁合金，但都存在氧含量超标的问题。南非 Mintek 公司认为，低氧含量的高钛铁合金无法通过单一还原步骤制得。

针对铝热法制备高钛铁合金中氧含量高的问题，国内多位学者对铝热法制备高钛铁合金的可行性研究结果表明，无论从热力学还是动力学方面，该法都是可行的，并探究了单位炉料发热量、还原剂和造渣剂等对冶炼效果的影响。

宋雪静等针对铝热法生产高钛铁合金中氧含量高和去除困难的问题，对氧在钛铁合金中的组织结构进行了观察和分析，明确了其在合金中的存在形态，分析了含氧相的形成机理，并提出铝热还原精炼法制备高钛铁，加入 Al-Mg 或 Al-Ca 合金为复合还原剂，与造渣剂等混合均匀后，在感应炉中熔炼 10 ~ 30min，熔炼温度为 1350 ~ 1550℃，熔炼后钛含量可提升至 88.75%，且氧含量降至 3.278%。

豆志河等对复合还原剂（含少量镁的 Al-Mg）的使用进行了更深层次的研究，发现在熔炼过程中生成的 MgO 可降低 Al_2O_3 渣的黏度、提高渣金分离效果。金属镁相对于铝而言其金属性更强，还原产生的 MgO 不会与中间产物 TiO 发生反应，抑制了副反应的发生，使 TiO_2 的还原更彻底。因此，复合还原剂的使用能够提升传统铝热法生产的高钛铁合金产品质量。提出以 CaO-Al_2O_3 为精炼渣、铝热法制备粗钛铁为原料，再进行二次精炼制备低氧高钛铁合金，精炼后合金中的钛含量为 69% ~ 71%，铝、硅、氧含量分别降至 2.50%、2.63%、3.52%。此后，该课题组进一步开发出分步深度还原直接制备低氧、低残留高钛铁的新方法，制备的高钛铁氧含量由一步强化还原的 0.59% 降低到 0.23%，铝含量由 7.80% 降低到 1.5%，合金中夹杂物被有效去除，合金的微观结构变得均匀致密。

19.2.2　碳热还原法

传统铝热法生产钛铁合金，每生产 1t 含钛 20% 的钛铁合金消耗 405kg 铝粉。为了减少钛铁合金生产中铝粉的消耗量，研究人员提出碳热法生产钛铁合金的新工艺。该法生产的钛铁合金价格低廉、有色金属杂质含量低，但产品中相对高的碳含量对产品的应用范围有一定限制。熔炼过程通常在具有石墨电极的电弧炉中进行，将钛铁矿精矿与石油焦按一定质量比配制仔细混料，得到的合金平均化学成分为含钛 54.1%、含铝 2.4%、含硅 0.7%、含碳 3.3%，余量为铁。

包钢集团矿山研究院提出一种碳热还原冶炼钛铁合金的方法，原料为普通的钛精矿，采用廉价的半焦、煤粉或焦粉等为还原剂，在一炉冶炼过程中分两个阶段配碳，即一阶段配碳初还原，按照 FeO 全部还原为金属铁进行配碳，二阶段分批次深还原，按照 TiO_2 全部还原为金属钛进行配碳，在加入炭质还原剂的同时加入适量沉淀剂，有助于钛铁合金的生成以及提高钛回收率，该法可得到含钛 17.5% ~ 28.6%、含碳 5% 以下的钛铁合金。

19.2.3 重熔法

重熔法作为工业上生产优质高钛铁的唯一方法，在日本、西欧等发达国家和地区得到推广及应用。该法以海绵钛或废钛材为原料与钢液重熔生产高钛铁，熔炼设备主要分为感应炉、通有保护气的电炉和自耗电极电弧炉等，生产流程如图 19-3 所示。20 世纪 90 年代，欧美各国以钛屑为原材料在真空感应炉中以辐射热重熔法成功生产了钛含量 30% ~ 70% 的钛铁合金，且产品达到相应牌号钛铁要求，同时还生产了钛含量 55% ~ 60%、铝含量 35% ~ 40% 的优质钛铝合金，高品质钛铁合金的主要生产方法由此渐渐形成。

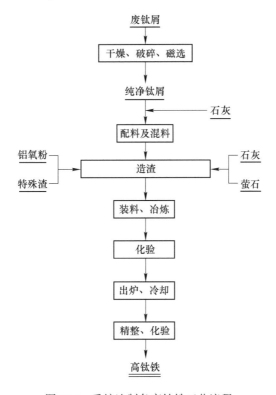

图 19-3　重熔法制备高钛铁工艺流程

近年来，随着有衬电渣炉冶炼技术的出现，重熔法工艺有了新进展。该法以电渣重熔为基础，将感应电炉炉衬的制作经验与电渣重熔能够生产优质钢水的优点相结合，并且没有自耗电弧炉和感应炉需要的真空系统，优化了重熔工艺，精简了操作流程并极大地控制了工业成本。

据报道，该法制备的高钛铁氧含量可有效限定在 0.1% 及以下，完全能够满足航天、汽车等各领域对优质高钛铁的产品需求，但该工艺目前并没工业化推广应用。

目前，俄罗斯、西欧等国高钛铁的生产方法主要为真空重熔法，俄罗斯生产的高钛铁中氧含量控制较好，但由于真空重熔精炼过程中加入铝进行脱氧，故铝含量偏高。我国重熔法生产的高钛铁中氧、铝含量均偏高，无法达到出口质量要求，并且重熔法的原料主要以废钛材为主，原料价格高、来源有限，但国内市场的高钛铁受其质量的影响，价格较国际市场偏低。

19.2.4　熔盐电解法

2000 年，CHEN 等以 TiO_2 粉末压制成固体阴极、$CaCl_2$ 为熔盐、石墨碳棒为阳极，在通氩气保护下在 800~1000℃、外加电压 2.8~3.2V 条件下进行电解，得到金属钛，人们称这种方法为 FFC 剑桥法。与传统熔盐电解相比，此方法能够直接从固态氧化物中还原金属，无需金属氧化物在熔盐中有一定的溶解度，且电解温度可低于金属熔点，该法的提出使得熔盐电解的发展迈入了新的时代。

熔盐电解法制备钛铁合金的原理：将原料（富含钛铁元素）压制成阴极，碳棒为可消耗阳极，选用合适的氯化物或氟化物作为熔盐体系，电解温度高于固体熔盐熔点，电解电压高于氧化铁、氧化钛分解电压，低于熔盐分解电压，全程在氩气保护下进行，在电流作用下钛铁氧化物混合阴极中的氧逐渐离子化形成 O^{2-} 并迁移至阳极放电，与碳生成 CO 或 CO_2 气体析出，而阴极的氧化钛、氧化铁失氧还原成相应的金属，最终合金化得到钛铁合金。该法还可用于 Ti、Cr、Si、Ni 等金属及合金的制备。

阴极反应：

$$TiO_2 + 4e = Ti + 2O^{2-} \tag{19-7}$$

$$FeO + 2e = Fe + O^{2-} \tag{19-8}$$

阳极反应：

$$2O^{2-} + C = CO_2 + 4e \tag{19-9}$$

总反应：

$$2FeO + TiO_2 + 2C = Ti + 2Fe + 2CO_2 \tag{19-10}$$

$$Ti + Fe = TiFe \tag{19-11}$$

熔盐电解法具有流程简单、便于操作、反应温度低、节能环保等优点，一直是制备钛合金的研究热点。

还有研究者以二氧化钛和过氧化铁的混合粉末压制的块体为阴极，在电解温度 900℃、电解电压 3.1V、氯化钙作为熔盐条件下还原制备钛铁合金。经 10h 恒压电解后，合金的氧含量可下降至 0.43%。电解过程分为两阶段，初期铁优先于钛还原出来，钛以 $CaTiO_3$ 的形式存在。随着电解时间的延长，阴极出现明显的分层现象，疏松的 TiFe 相为外层主要产物，而内层则由 Fe 和 $CaTiO_3$ 组成。制备的钛铁合金经电化学性能测试，放电容量较好，优于传统方法制备的钛铁合金。电解装置如图 19-4 所示。

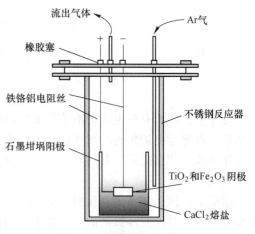

图 19-4　电解装置示意图

有研究者分别以二氧化钛、氧化铁的混合粉末和钛铁矿为原料制备阴极，以 $CaCl_2$ 为熔盐，电解温度 920℃、电解电压 3~3.2V，熔盐电解制备 TiFe 合金。钛铁矿电解 14h、混合氧化物电解 8h 后，钛含量分别达到 52.16%、47.84%，符合 FeTi40-A（钛含量在 35%~45%）钛铁合金国标要求，其各自电流效率为 38% 和 55%。由于钛铁矿中各种杂质颗粒较大且以固溶体的形式存在于钛铁矿中，故相同条件下混合氧化物的电流效率高于钛铁矿。

以钛铁矿为原料熔盐电解法制备钛铁合金，从热力学角度对熔盐电解钛铁矿还原制备钛铁合金粉末进行了分析，分别研究了熔盐成分、熔盐中 CaO 添加量、孔隙率、电解时间、温度、槽电压等对电解还原的影响。以预烧结的钛铁矿为阴极、石墨棒为阳极、摩尔比 1∶1 的 $CaCl_2$-NaCl 熔盐为电解质，槽电压 3.0V 左右，得到多孔的 TiFe 合金。根据钛铁矿中间产物物相变化和形貌转变，电解过程可大致分为 5 个阶段：

（1）钛铁矿优先在电解质反应界面处生成 Fe/$CaTiO_3$ 混合物。

（2）表面的 $CaTiO_3$ 在 Fe 相附近发生还原，生成 $TiFe_2$ 和 TiFe。

（3）表面钛铁合金化基本结束后，熔盐通过孔隙迁移至阴极块体内部，内部颗粒与熔盐在接触界面处发生反应。

（4）当反应进行到块体内部 $CaTiO_3$ 开始还原，因 $CaTiO_3$ 还原电位更负，内部反应界面较小，反应速度变缓。

（5）溶于熔盐中的 O^{2-} 在电场力作用下迁移至阳极，与碳生成 CO 或 CO_2。

剑桥法熔盐电解制备难熔金属及其合金过程中一直存在电解时间长、电解效率低等问题。主要原因是：阳极碳棒虽名义上是可消耗惰性电极，但实际制备过程中会有碳的循环副反应发生，导致电流空耗和产物中碳污染；若阴极孔隙率足够，以氯化钙为熔盐制备过程中会有 $CaTiO_3$ 等中间产物产生，但内部反应界面小，$CaTiO_3$ 还原电位更负，造成反应时间长；熔融电解质为良性导体，要使电解产物氧含量低，延长电解时间不可避免地会造成电能的损失。针对这些问题，SCHWANDT 等对致密阴极的反应机理进行了研究，该阴极可有效限制含钙中间产物的产生，并提出了使用惰性阳极——$CaTiO_3$/$CaRuO_3$，以避免碳的影响，另外合理控制阴极电势和极化制度，使电流效率得到明显提升。

美国波士顿大学学者于 2001 年提出一种新的、绿色的电化学冶金方法——固体透氧膜法（SOM）。该法和 FFC 剑桥法的主要区别是一个固体透氧膜将阳极材料与电解质分隔开。固体透氧膜是固体电解质，其特征是在一定温度条件下将熔盐体系的导电离子与阳极隔离，仅能够通过并在阳极放电析出。由于熔盐体系离子无法到达阳极，故没有剑桥法中电解电压低于熔盐分解电压的限制，不用担心熔盐的分解，相对高的电解电压可以加快电解反应速率，提高电流效率；可在阳极通入氢气，迁移至阳极的氧离子放电与氢气直接生成水。目前，该方法已在电解镁、钛、钽及合金方面取得了成就。SOM 法电解原理如图 19-5 所示。

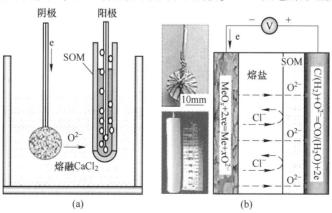

图 19-5　SOM 法电解池和原理示意图

邹星礼等采用固体透氧膜法，以二氧化钛和氧化铁的混合物制成阴极，氯化钙为熔盐，氧化钇稳定氧化锆（YSZ）内的碳饱和铜液为阳极，在 1100℃、槽电压 3.5V、整个过程在氩气保护下，电解 2~6h 得到钛铁合金，证明采用固体透氧膜法（SOM）制备钛铁合金是可行的。

熔盐电解制备钛铁合金在实验室阶段均取得了成功，但由于电流效率问题，长时间电解会造成固体透氧膜氧化钇层的消耗，以及多孔金属陶瓷涂层制备有待改进等问题，工业化生产仍有很多问题需要解决。

19.2.5　展望

目前国内钛铁合金的制备方法主要有铝热法、重熔法、碳热法和熔盐电解法。铝热法主要生产中、低钛铁合金；碳热法生产的钛铁合金产品中碳含量偏高，只适合于普通牌号合金钢生产；重熔法能够生产高钛铁，但原料来源有限、价格高，其产品质量较发达国家还有一定差距；熔盐电解发展时间短，工业化还有一些需要解决的问题。每个方法都有自己的特点和机理，也有各自尚需解决的问题，在持续不断的努力下，希望实现短流程、绿色节能、连续化的优质高钛铁合金的生产，提高钛铁合金工业化水平，以满足国内不断增长的需求。

19.3　钛　黑

钛黑是指黑色的低价氧化钛（Ti_nO_{2n-1}，$1 \leqslant n \leqslant 20$）或氮氧化钛（$TiO_xN_y$，$0.3 < x+y < 1~7$）粉末，日本于 1983 年进行工业化生产，商品牌号为 12S 和 20M，两种产品的基本参数见表 19-1。

钛黑由于无毒，热稳定性高，在水和树脂中的分散性好，并可提供不同范围的电阻值，不仅可代替炭黑和铁黑作为黑色颜料用于涂料、油漆、化妆品、印刷油墨、食品业用塑料着色剂、触媒，而且还可作为优良的导电材料、抗静电材料。

钛黑一般是以 TiO_2 为主要原料，在还原介质中加热还原制得，还原介质主要有金属钛、TiH_2、硼及其化合物、还原性气体（H_2、NH_3、CO、甲胺等）。随还原程度的不同，钛黑的色调可呈青黑色、黑色、紫黑色等。

表 19-1　钛黑 12S 和 20M 的基本参数

牌号	一次粒径 /μm	密度 /g·cm⁻³	比表面积 /m²·g⁻¹	吸油量 /mL·100g⁻¹	电阻率 /Ω·cm	遮盖力 /cm²·g⁻¹
12S	0.05	4.3	20~25	62	$10^{-1}~10^1$	4500
20M	0~2	4.3	6~10	39	$10^{-1}~10^1$	3000

制备上述黑色粉末颜料，采用二氧化钛或氢氧化钛为原料，以此为原料制造出的产品成本低，具有一定社会效益和经济效益。

19.3.1　氢气还原法制低价氧化钛

将氢氧化钛在 900~1400℃ 温度下，在氢气氮气中加热 4h 左右，冷却至 200℃ 以下制得，其生产路线如图 19-6 所示。

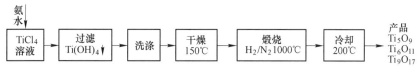

图 19-6 氢气还原法制低价氧化钛

若上述制作过程控制温升速率在 80℃/min，升温至 800℃，可使产品性能得到进一步改善。

日本的 SUMD 公司制造出了化学式为 Ti_nO_{2n-1}（$1 \leqslant n \leqslant 10$）的低价氧化钛微粉（一般粒径低于 0.1μm 的称为超微粒子）其分散性好，且温度高达 500℃时，其热稳定性仍然良好，相对密度为 4.5，比表面积约 50m²/g，无致癌物质。

具体的制备方法是：在 H_2/N_2 混合气氛中还原二氧化钛微粉，整个反应在钛管反应器中进行，温度控制在 600~1000℃，反应器内装有 0.01~9mm 钛球和螺旋桨。

该公司还提出了制造超微粒子低价氧化钛的方法：以超微粒子二氧化钛为原料，其粒径约 0.02~0.05μm，晶型为锐钛型或金红石型，产品功能特性取决于二氧化钛的粒径、晶型，反应温度，还原气 H_2/N_2 气中氢含量及混合气流量等。

19.3.2 氨还原法

19.3.2.1 传统方法

具有立方晶系结晶的超微粒子二氧化钛粉末粒径为 0.01~0.04μm，可以促进还原反应使烧成时间缩短 2~3h，其能耗大幅度下降、成本降低，同时使还原温度下降，可以防止结晶粒子变大，粒径也易控制在 0.02~0.05mm，一般在 H_2/N_2 混合气氛下还原 TiO_2 控制温度为 700~1000℃为好，若温度高于 1000℃则引起粒子烧结，造成结晶粗大，得不到微细分散性良好的粉末，作为颜料，粒径大于 1.0μm 是不适宜的，而且会造成反应时间增长，成本相应提高。此外，若作为化妆品颜料，对原料 TiO_2 要求重金属含量低于 0.005%。

日本 MITV 公司提出采用氨气还原法制造本产品，具体方法：首先将高纯度 TiO_2 粉末在 NaOH 或 KOH 水溶液中加热煮沸 2h，冷却后过滤出沉淀，用倾析法水洗至上清液比电阻达到 300Ω·cm 以上，将滤饼干燥粉碎后置入氨气气氛中，在 600~950℃下加热 2h，获得黑度高的氮氧化钛。进行碱处理可以促进反应进行，大多数研究者认为这是由于通过碱处理使得 TiO_2 粒子表面活化的缘故。实施碱处理之后的产品物性见表 19-2。

表 19-2 碱处理后氮氧化钛物性

原始材料	碱液处理	还原温度 /℃	收率/%	O₂ 含量 /%	N₂ 含量 /%	黑度（L）值	Pb 含量 /%
高纯度 TiO_2	NaOH（10mol/L）	750	18.85	20	13	12.7	0.0008
通用品位 TiO_2	NaOH（10mol/L）	750	10.33	16	17	10.3	0.0082
通用品位 TiO_2	未处理	750	10.24	26	8	10.1	0.0083

由表 19-2 可知，用碱液处理可以提高产品黑度，特别是高纯度的 TiO_2 粉末与通常品位的 TiO_2 粉末相比，黑度明显提高。

此外，采用盐酸处理还原产物以便降低重金属含量，即将 TiO_2 或 $Ti(OH)_4$ 在氨气气氛中加热至 600~950℃，还原物再用盐酸水溶液处理。大多数研究者认为吸附在还原物表面的重金属被氢离子所置换，从而使还原物粒子表面重金属含量降低。对于还原产物使用酸的品种具有一定的选择性，若采用硝酸，由于它是强氧化剂，在还原过程中会导致黑色粉末返白。同样，采用硫酸会导致生成硫酸钛，也会使黑度下降；而醋酸由于酸度太弱，不能完全除掉重金属；若使用浓度过低的盐酸，清除重金属效果也差，见表 19-3。由表 19-3 可知，用 2% 盐酸处理时还原产物的含铅量仅降低 0.0001%。

表 19-3   盐酸处理除重金属效果

原　料	还原后黑度（L 值）	还原后 Pb 含量/%	盐酸浓度/%	盐酸处理后黑度（L 值）	盐酸处理后 Pb 含量/%
TiO_2	11.6	0.0055	10	11.9	0.0010
氧化钛粉末	12.6	0.0095	10	12.9	0.0005
氢氧化钛粉末	12.6	0.0095	2	12.8	0.0094

19.3.2.2   改进方法

将比表面积为 $4m^2/g$ 以上的 TiO_2 粉末加水或水溶性有机溶剂，制成 0.1~5mm 的颗粒，放入圆筒状的反应器内，将氨气通过气体分散板向上吹入反应器，同时搅拌，保持原料处于流动状态，于 700~900℃ 加热还原，粉碎后即得粒径与原料相当的黑色氧化钛粉末。该法的氨气流量较大，在炉内的线速度为 6~8cm/s，可加快反应速度。TiO_2 粉末的比表面积要求在 $4m^2/g$ 以上，否则做成颗粒时强度小，加热还原时易破裂、粉化。颗粒粒度应在 0.1~5mm，最好为 1~4mm，小于 0.1mm 时会被氨气带出而损失掉，大于 5mm 时其内部难以被还原。如比表面积为 $40m^2/g$ 的 TiO_2，用 0.3% 的聚乙烯醇水溶液润湿制成 1~4mm 的颗粒，干燥后取 15kg 装入反应器（内径 30cm，高 80cm）内，炉内氨气的线速度为 6cm/s，搅拌器的搅拌速度为 15r/min，控制流动层的最高温度在 750℃ 加热 8h，得黑色产物 12.3kg，该产物用球磨机湿法粉碎，得比表面积为 $28m^2/g$、L 值（Hunter 明度指数）为 10 的青黑色粉末。

19.3.2.3   甲胺还原法

将粒径为 0.01~0.04μm 的 TiO_2 粉末在甲胺气氛中，于 700~1100℃ 加热还原，得粒径为 0.01~0.05μm 的黑色粉末，使用锐钛型 TiO_2 时可得到黑色粉末；使用金红石型 TiO_2 时所得产品为带绿色的黑色粉末。

使用甲胺气体作还原剂时，TiO_2 中的 O 元素在甲胺组成元素 H 和 C 的作用下脱离，可促进还原反应，与氨作还原剂相比还原时间缩短 1~2h，还原率也比较高，用该法制得的黑色粉末与炭黑、铁黑及氨还原（氨流速 2L/min、反应时间 3h、温度 800℃）粒径为 0.02μm 的锐钛型 TiO_2 所得黑色粉末的特性比较，见表 19-4。

表 19-4 钛黑、炭黑、铁黑特性比较

指　标	钛黑 (甲胺法)	炭黑	铁黑	钛黑 (氨法)
分子式	TiO	C	Fe_3O_4	TiO_2
粒径/μm	0.01~0.05	0.005~0.01	0.5	0.02~0.05
密度/g·cm^{-3}	4.5	1.9	5.1	4.6
色调（L 值）	8~10	8~10	11~13	10~11
电阻率/Ω·cm	10^1	10^{-1}	8.4×10^4	4.1×10^1
磁性	无	无	有	无
耐热温度/℃	500	550	150	500
比表面积/m^2·g^{-1}	45	200	5	45

19.3.2.4　低温等离子体还原法

这种方法是将 TiO_2 粉末置于还原性气体的等离子气氛中，于400℃以上、TiO_2 的烧结温度以下保持一定的时间，可得黑色的低价氧化钛。TiO_2 粉末的粒径可为 0.01~10μm，反应过程中气氛的压力是等离子体能发生的压力，可维持在 0.1~100MPa，还原气体可用 H_2、N_2、NH_3、CO、CH_4 或其混合气体，还原时间为 0.1~1.0h。

该法的反应机理是：金属氧化物和还原性气体发生反应时，其中的氧可以从金属氧化物中脱离，还原气体受等离子体作用而活化，在上述温度范围内金属氧化物的晶体常数变大，其中的氧原子容易移动，这样还原性气体与氧的反应被加速，能在短时间内完成反应。

可采用高频放电、电晕放电、辉光放电、微波放电等手段来形成还原气体的低温等离子状态，微波放电与调频放电相比，实验装置简单，易于工业化和系列化，不存在电波干扰问题，处理效率也较高。

19.3.3　具有特殊性能的钛黑

钛黑除了具有上述性能之外，还可根据需要制成针状或片状钛黑、具有负温度系统的钛黑以及具有 Magneli 相的钛黑。

19.3.3.1　针状或片状钛黑

针状或片状钛黑可表示为 TiO_x（$x<2$），它具有几何各向异性，粒子纵横径比大于或等于 3 时，在相同的还原程度下具有较大的比表面积和较高的几何异向性，混合了针状或片状钛黑的树脂介质，具有良好的电性能和更高的机械强度。

针状或片状钛黑的制法：首先在针状或片状 TiO_2 原料中加入以 SiO_2 计质量分数为 3%~20%的硅化合物，硅化合物可用无机硅化合物如硅酸钠、硅酸钾和硅溶胶，或用有机硅化合物如硅化剂、硅油等。硅化合物加入方式有以下几种：

（1）将硅化合物加入 TiO_2 浆中，然后中和或水解该混合物，使硅化合物沉淀在 TiO_2 微粒表面。

（2）将硅溶液加入 TiO_2 浆中，蒸发此浆至干。

（3）将硅化合物加入 TiO_2 并混匀。

为了使硅化合物沉积在 TiO_2 微粒表面并形成高密度的硅涂层,一般采用方法(1)。这样包裹了一层高密度硅涂层的针状或片状 TiO_2 就可以用还原剂进行还原,上述还原剂均可使用,还原温度在 700~1000℃。用该法制得的针状或片状钛黑,其粉末的导电性与不含硅化合物的钛黑粉末一样,但用该法制得的钛黑作为介质的涂层具有更高的导电性,特别是将其加入树脂中能使其导电性能改进许多。

19.3.3.2　具有负温度系数电阻特性的钛黑

将 TiO_2 与重量为其 3~6 倍的无水氯化钙(或无水氯化镁)充分混合,在石墨坩埚内加热熔融,然后在 950℃时以石墨坩埚作阴级、石墨棒作阳极通入直流电,分解电压为5~7V,电流密度为 80~120A/dm^2,在此电解池中进行下列化学反应:

$$CaCl_2 == Ca + Cl_2$$
$$2TiO_2 + Ca == Ti_2O_3 + CaO$$
$$Ti_2O_3 + Ca == 2TiO + CaO$$

这样,从坩埚中得到 Ti_2O_3 和 TiO 及杂质的混合物,将该混合物磨成细粒,然后溶解在 20% 的盐酸中并过滤、洗涤,直到杂质全部除去,最后剩下高纯 Ti_2O_3,用上述方法制得的 Ti_2O_3 具有恒定的原子比,即 Ti 为 2.000,O 为 2.920~2.940,且具有负温度系数的电阻特性。

19.3.3.3　具有 Magneli 相的钛黑

Magneli 相钛黑的通式为 Ti_nO_{2n-1} ($n>4$),它是由 TiO_2 八面体构成,这些八面体共用边和角形成平板,这样的结构在二维方面无限重复,在八面体一定的 n 层,氧原子被迫沿剪切欠缺面共用,以适应第三维方向上 Ti_nO_{2n-1} 中氧原子缺乏的情况,例如 Ti_4O_7 有三层 TiO_2,八面体在第四层仅剩下 TiO,这样就产生了剪切面,这样的剪切面提供了传递电子的导电通路,对于 Magneli 相的钛黑,起着导电作用的剪切面由充分氧化的原子保护着,因此,具有更大的热力学稳定性。

将任何形式的 TiO_2 粉末在 1000℃以上温度于氢气气氛中还原,其反应式为:

$$4TiO_2 + H_2 == Ti_4O_7 + H_2O$$

在反应过程中氢气溶于粉末微孔中与 TiO_2 反应并以水的形式溶出,将熔炉里氢气中的水分除去,即可控制氧化钛的还原程度和速度。为保持没有非 Magneli 相氧化物的形成,应将已还原的微粒进行后处理,即将微粒保持在 1100℃的含 1%~5% 氢气的惰性气氛(如 Ar)中,任何过度还原的微粒将由于氧离子从含氧更丰富的 Mageli 相迁移过来而氧化。

Magneli 相钛黑为蓝黑色,特别适用于在腐蚀性介质中用作导电辅助材料,可应用于蓄电池、抗腐蚀性薄膜以及大规模的工业金属制取电极上。

19.4　钛粉及钛合金粉

由于钛的提取、熔炼和加工困难,钛锭的生产成本约为同质量钢锭的 30 倍、铝锭的 6 倍,而再加工成航空航天用零部件费用更高。因此,降低钛及钛合金成本是进一步扩大钛的应用领域的重要途径。

用粉末冶金方法制造零部件是一种少切屑或无切屑的近净形加工工艺,金属的利用率可以达到近乎 100%，是降低钛及钛合金零部件成本的一个重要途径。钛及钛合金粉末冶金致密件已用于汽车、医疗和体育休闲等领域，高孔隙度多孔零部件也在医药、化工、纺织等行业发挥着重要作用。随着钛及钛合金粉末冶金零部件制造技术的发展，钛及钛合金粉末制造技术也得到了迅速发展。现介绍钛及钛合金粉末的主要制备方法。

19.4.1 纯钛粉的制备方法

纯钛粉的制备方法可归纳分为机械法和物理化学法两大类。机械法又可分为机械研磨法、气体雾化法、旋转电极法；物理化学法又可分为还原法、熔盐电解法。

纯钛粉制备最早是将海绵钛机械粉碎制得，但该方法很难得到粒度较细的粉末。之后又发展了 HDH 法，该方法可制得粒度较细的钛粉末且成本较低，但是钛粉的氧含量难以控制。目前氢化脱氢法（HDH 法）和雾化法已成为工业应用钛粉的主要生产方法。

随着钛粉末冶金制备技术的研究和发展，近几年又出现了一些钛粉制备新技术，如还原法直接生产钛粉和以 TiO_2 为原料的熔盐电解法生产钛粉等。由于该方法生产出的粉末具有质量高、价格低的优势，因此有望在工业化生产中获得推广应用。

19.4.2 机械粉碎法

机械粉碎法主要是靠压碎、击碎和磨削等作用将块状金属机械地粉碎成粉末。可分为粗碎和细碎两类。

用钠还原的方法制得的海绵钛经球磨机磨碎后，可以得到氯含量和氧含量约为 2% 的不规则钛粉，且粒度较粗；用镁还原制得的海绵钛多为较大的钛坨，只能进行粗碎，要直接将其机械粉碎制得钛粉比较困难。

19.4.3 氢化脱氢法

由于纯度较高的海绵钛在常温常压下比较软而且韧性较大，要直接将其机械粉碎制得较细的钛粉比较困难，而钛吸氢后会脆化容易破碎。因此，美国、日本、德国、荷兰等国家利用钛在一定温度下能快速大量吸氢且变脆的特点，开发了制取纯钛细粉的氢化脱氢法（HDH 法）。

在 HDH 法制取钛工艺过程中海绵钛的氢化过程为放热反应，当温度升至约 350℃ 时反应最剧烈，产物增重达到约 4% 时即可停止反应。吸氢后的海绵钛成为脆性很高的氢化钛，冷却后在常温下极易破碎。但是由于粉末状的氢化钛活性很高，为了防止污染和确保安全生产，破碎要在惰性气体保护下于密封的装置中进行，然后再在高真空下将氢化物加热即可脱出氢气得到钛粉。脱氢过程为吸热反应，一般要把氢化钛加热至 500℃ 以上才能进行。细的氢化钛粉因在高温脱氢过程中容易结块，需根据脱氢原料的粒度选择适当温度。

用 HDH 法生产钛粉要求原料海绵钛具有较高的纯度，通常要求氧含量应小于 0.1%。生产过程中为了防止氧和氮气与海绵钛反应，要求生产装置的真空度要达到一定值并保证装置不漏气。

美国 ADMA Products 公司利用陆军研究实验室小型商业创新研究（SBIR）基金，与爱达荷大学合作开发的以洗净的残钛（机加工车屑）为原料氢化脱氢生产钛粉的方法，大幅度降低了钛粉的生产成本。HDH 法生产的钛粉粒形不规则、有棱角、变形能力强，氯化物含量可小于 0.001%，但氧含量处于高端。因此，在对产品性能要求较高且生产成本较低的领域，多采用 HDH 法制得钛粉。

19.4.4 雾化法

雾化法是通过一定的手段直接将液体金属击碎得到金属粉末的一种方法，主要有气体雾化法和离心雾化法。

19.4.4.1 气体雾化法

气体雾化法是借助高速气流来击碎金属液流，只需克服液体金属原子间的键合力就能使之分散；机械粉碎是借助机械作用来破坏固体金属原子间的结合。因此雾化制粉所需的外力要比机械粉碎制粉小得多。从能量消耗这一点来说，雾化法是一种节能耗、经济的粉末生产方法。钛粉生产需采用惰性气体雾化，以防止氧化和污染。

1985 年美国 Crucible Research Center 发表了用水冷铜坩埚氩气雾化制取钛及钛合金粉末的第一项专利，1988 年建立了年产 11t 的氩气雾化装置。1990 年德国 Leybold AG 发表了无坩埚熔化雾化钛及钛合金粉末的专利，称为 EIGA（电极感应熔化气体雾化）工艺。接着日本住友采用相似的方法建立了年产 60t 的气体雾化装置，并于 1994 年投入生产。从此，气体雾化钛及钛合金粉末实现了小规模工业化生产。

气体雾化法生产钛粉具有冷却速度快、粉末颗粒细、粉末收得率高、成本低等优点。

气体雾化钛及钛合金粉末的化学性能与等离子旋转电极（PREP）工艺的粉末性能相当，粒度分布优于 PREP 工艺粉末。

19.4.4.2 离心雾化法

离心雾化法制取钛粉实质上是借助旋转所产生的离心力将熔融钛甩出，可以得到纯度高的球形钛粉。离心雾化法包括旋转电极法（REP）、等离子旋转电极法（PREP）和电子束旋转盘法（EBRD）等。离心雾化法制得的钛粉为球形，较为致密，流动性好，粒度分布较窄，且粉末粒度可通过旋转电极的转速来调整，如转动的线速度为 35m/s 时可得到粒度 150~250μm 的钛粉。

以旋转电极法生产的钛粉为原料可以制得相对密度高、机械性能好的钛合金部件。但采用此法生产的钛粉成本高，所以一般只能用于航空航天领域。

19.4.5 还原法

19.4.5.1 传统还原法

制取钛粉的传统还原法有 TiO_2 钙热还原法和 $TiCl_4$ 金属热还原法。TiO_2 钙热还原法是采用金属钙作为还原剂，在高温下还原 TiO_2 制取钛粉；$TiCl_4$ 金属热还原法包括钠还原法和镁还原法两种。到目前为止，钠还原法已停止生产，镁还原法是工业上生产海绵钛的主要工艺。

19.4.5.2 新兴还原法

随着还原法生产钛粉工艺研究的不断深入，目前有可能工业化生产的新兴的还原法有 Armstrong 钠还原法和 MHR 法。

Armstrong 钠还原法实际上是将钠还原法改进为连续化生产的一种工艺方法。该方法是在连续的熔融钠液流中直接还原 $TiCl_4$ 蒸气，然后除去钠和盐即可得到钛粉。通过控制 $TiCl_4$ 蒸气的连续送入量可控制反应速度。Armstrong 钠还原法实现了钠的循环使用，且可以连续还原 $TiCl_4$ 制得钛粉，具有生产连续化、投资少、产品应用范围广、副产物分解为钠和氯气可循环利用等优点，有效地降低了成本。另外，利用该方法还可以直接生产钛合金，如 Ti-6Al-4V、TiAl 合金等。目前 ITP 公司已建有工业规模的反应器，正试图将其规模化生产，但进一步降低氧含量和产品成本是该工艺面临的主要问题。

MHR 法是用金属氢化物直接还原 TiO_2 来制取钛粉。由于该法不涉及四氯化钛的中间生产，氯化物含量极低，氧含量可小于 0.1%，氢含量介于 0.001% 和 0.4% 之间。该法生产的钛粉成本较低，仅为 HDH 粉的 2/3 左右，且烧结时易于固结。表 19-5 和表 19-6 给出了 HDH 法（西北有色金属研究院）和 MHR 法（美国）生产的钛粉的化学成分和两种粉末的烧结性能。目前，俄罗斯 Polema Tu Lachermet 冶金厂正在采用 MHR 法制取钛粉。利用该方法再混以相关元素的氧化物，还可还原制取钛合金粉。

表 19-5　HDH 法和 MHR 法纯 Ti 粉末的化学成分　　　　　（质量分数,%）

成分	Ti	Fe	Ni	C	N	O	H	Ca	Si	Cl
HDH 法	余量	0.02		0.02	0.06	0.16	0.04	0.06	0.04	0.02
MHR 法	余量	0.11	0.07	0.03	0.06	0.19	0.34	0.04	0.05	0.002

表 19-6　HDH 和 MHR 法 Ti 粉烧结试样的气孔率　　　　　（体积分数,%）

烧结温度/℃	HDH 纯 Ti 气孔率	MHR 纯 Ti 气孔率
1093	7.8	7.6
1150	5.3	3.4
1204	2.0	2.3

19.4.6　熔盐电解法

19.4.6.1　传统的熔盐电解法

传统的熔盐电解法即在熔盐（如氯化钠）中溶解钛盐，由于 $TiCl_4$ 在熔盐中的溶解度很低，为实现正常的电解过程，首先应使 $TiCl_4$ 转变为钛的低价氯化物然后再进一步反应生成金属钛，主要反应如下：

$$\text{阴极:} \qquad Ti^{n+} + ne \longrightarrow Ti \ (n = 2, 3) \qquad (19\text{-}12)$$

$$\text{阳极:} \qquad 2Cl^- - 2e \longrightarrow Cl_2 \qquad (19\text{-}13)$$

多年来，世界各国对 $TiCl_4$ 熔盐电解生产海绵钛的工艺研究是几起几落，都未能实现工业化生产。20 世纪 80 年代初美国 Dow- Howmet 和 Timet 分别建立了基于不同熔盐的电解装置，但都因不能控制钛与氯的逆反应而中止。意大利的 Ginatta 一直致力于 $TiCl_4$ 电解法的研究。意大利的 GTT 公司发展了无隔膜氯化电解法。20 世纪 90 年代意大利的 GTT 又提出了氟化法。电解法制取钛粉的工艺研究虽然仍在继续，但能否实现工业化生产尚难预料。

19.4.6.2　新的熔盐电解法

新的熔盐电解法不断提出，但基本上都是以 TiO_2 为原料，如 FFC 剑桥工艺、OS 工艺、EMR/MSE 工艺等。

A FFC 剑桥法 (EDO 法)

剑桥大学的 Fray、Farthing 和 G. Z. Chen 在熔融 $CaCl_2$ 中用电化学方法直接还原 TiO_2 制取钛粉。这是一个 TiO_2 呈固态电解的过程。将 TiO_2 粉制成团块置入备有石墨阳极的 $CaCl_2$ 熔盐内使 TiO_2 阴极化，氧被电离溶入熔盐中并在阳极析出，而纯钛则留在阴极上。整个过程实际上为 TiO_2（固）电化学脱氧过程。钙在阴极化的 TiO_2 表面的反应为：

$$Ca^{2+} + 2e == Ca \tag{19-14}$$

$$TiO_x + xCa == Ti + xCaO \tag{19-15}$$

当阴极电位稍正时还可能出现反应为：

$$TiO_x + 2xe == Ti + xO^{2-} \tag{19-16}$$

而氧则在石墨阳极上析出。

FFC 法工艺流程：钛矿粉→二氧化钛粉→混合黏结剂并烧结→阴极预成形团块→FFC 熔盐电解（钛坩埚）→海绵钛→破碎、水洗→FFC 钛粉。

在原理上，FFC 法摒弃了过去 50 年来电解法将纯钛沉积在阴极上的陈旧观念（这些方法在经济上都不合算），而代之以电解脱氧的过程将 TiO_2 直接转变为金属钛，因此该法又叫电脱氧法（EDO 法）。其优点是：

（1）原料为低成本的 TiO_2（如用硫酸处理钛铁矿形成的 TiO_2 酸性粉浆制成预成形团块即可），不是费用高的 $TiCl_4$。

（2）$CaCl_2$ 便宜、无毒、易购。

（3）生产周期大为缩短，仅为镁还原法 1/5 的时间。

（4）混入其他相关的金属氧化物即可直接生产钛合金粉末，所生产的高纯钛粉和钛合金粉氧含量低于 0.006%，氮含量低于 0.002%，而镁还原制取的海绵钛氧含量为 0.05%~0.07%。

（5）用该方法得到的粉末可通过粉末冶金工艺生产出价格合理的钛及钛合金近净形件。

（6）能实现连续化生产，从而大大降低成本。

目前，英国已建设了小型生产厂，可生产 $100\mu m$ 的钛粉。英国在 2003 年进行了千克级至吨级的工业试验，2004 年开始钛粉的商业生产，用该法生产钛可将成本降低 50% 或 50% 以上。FFC 剑桥法要解决的问题主要有钛与盐的分离、C 与 Fe 的污染等。

B OS 法

2002 年 Kyoto 大学提出了 OS 法。该方法是在熔融 $CaCl_2$ 中钙热还原制取钛粉。还原反应中的副产物 CaO 可作为原料连续生成 Ca，使 Ca 得到了循环利用，且放热反应释放的热量还可被吸热反应有效利用。其反应可表示为：

$$TiO_2 + 2Ca \longrightarrow Ti + 2O^{2-} + Ca^{2+} \tag{19-17}$$

阴极：

$$Ca^{2+} + 2e \longrightarrow Ca \tag{19-18}$$

阳极：

$$C + 2O^{2+} \longrightarrow CO_2 + 4e \tag{19-19}$$

美国 Olson 和 Mishra 等人、英国 Dring 等人和澳大利亚 BHP Bilton 公司等正在用工业模拟试验设备进行连续化生产试验，据称可大幅度降低生产成本。

C　EMR/MSE 法

日本东京大学提出了原料可以是 $TiCl_4$ 或 TiO_2 的 EMR/MSE 法。其还原槽（EMR）反应为：

阴极：

$$TiO + 4e \longrightarrow Ti + 2O^{2-} \tag{19-20}$$

阳极：

$$Ca \longrightarrow Ca^{2+} + 2e \tag{19-21}$$

电解槽（MSE）反应为：

阴极：

$$C + 2O^{2-} \longrightarrow CO^{2+} + 4e \tag{19-22}$$

阳极：

$$Ca^{2+} + 2e \longrightarrow Ca \tag{19-23}$$

EMR/MSE 法的优点：得到的钛粉没有 Fe 和 C 污染，是一种半连续的生产工艺，还原和电解可以分开进行，但是生产设备和工艺复杂，且存在钛与盐分离难的问题。

此外，还有许多以 TiO_2 为原料的新的制粉方法不断提出，如丰桥技术大学提出了电渣熔融还原法、北京科技大学发明了 USTB 钛冶炼技术等。

19.4.7　钛合金粉末的制备方法

工业中钛合金粉末的制备方法主要有元素粉末混合法和预合金化法两种。

19.4.7.1　元素粉末混合法

元素粉末混合法是将元素粉末按合金成分配比直接混合而制得合金粉的一种方法。用该方法制得的合金粉经压力机冷压成形、高温真空烧结，可得到相对密度为 95%~99% 的钛合金烧结体。再通过固溶和 HIP 处理可改善烧结钛合金的疲劳性能，相对密度也可达到 99.8%，拉伸强度与熔铸材相当或更好。该方法对于合金元素的密度与钛相差较大的效果会更好。

元素粉末混合法的特点：成本低且元素粉相对预合金粉屈服强度要低，容易成形。因此，该方法很可能会成为生产钛合金粉冶制品成本最低的方法，有着广泛的市场前景。

丰田汽车公司已用元素粉末混合法生产 Altezza 家用轿车的阀门。另有公司则用该方法来生产高尔夫球球头和垒球棒，这表明用该方法生产的钛合金制品其成本和性能均与熔铸生产的制品具有竞争力。特别是采用元素粉末混合法制取生物植入件，由于可以制造几何形状复杂的近净成形件，具有成本低的特点而备受关注。

19.4.7.2　预合金化法

预合金化法主要有旋转电极法和气体雾化法等，其实质是将合金熔滴快速凝固，从而获得预合金粉，所以又称"快速凝固法"。其中相对低廉且可规模化生产的方法是气体雾化法。该方法是将棒状合金的一端在高频感应炉中加热熔化，并向熔融的合金液喷射高速流动的惰性气体，得到与原合金组成相同的球状粉末。

预合金化法适宜于热成形，获得的粉末粒度分布很窄。如用该方法制得的 Ti-6Al-4V 合金粉末的平均粒度一般约为 30.1μm。德国 Krupp 公司采用电子束枪或激光对高速旋转（转速为 25000r/min）的钛合金棒料尖端进行熔化制得钛合金粉。用该合金粉末制得的粉末冶金件，其疲劳强度可以达到熔炼制品的水平，其他性能也与熔炼制品相当。

19.4.7.3　机械合金化（MA）法

机械合金化法是将钛合金元素粉按配比在高能球磨机中强行混熔，从而得到合金化粉末。该方法可以使添加的合金元素超过固溶度，得到非平衡状态的钛合金粉末。

该方法的优点是操作简单，设备投资小。存在的问题是：

（1）只可小批量生产；

（2）受环境污染严重，特别是氧污染严重。

英国 DERA 公司开发了一种将氧含量控制在 0.11%、一次操作就可获得 1~2kg 合金的 MA 法生产技术。目前该方法的发展方向是制备超细纳米粉，德国使用的高能球磨设备也已生产出多种超细金属粉末。

19.4.8　展望

目前，HDH 钛粉和雾化法生产的钛粉已成为工业中主要应用的钛粉。伴随着钛粉制备技术的成熟与发展，还原法直接生产钛粉（如 Armstrong 钠还原法、MHR 法）和新兴 TiO_2 熔盐电解法生产钛粉（如 FFC 剑桥法、OS 法、EMR/MSE 法、USTB 法）或将成为制备低成本、高性能钛粉末冶金件新的发展方向。

另外，元素混合法制备的钛合金粉末，因其生产的零部件较预合金化方法成本低廉、工艺比较成熟且性能优越，将成为钛合金粉末冶金零件生产的主要原料，具有广泛的市场前景。

19.5　3D 打印用球形钛粉

高性能球形钛粉具有球形度高、流动性好、松装密度高、氧含量低（<0.15%）和粒度细小等特点，主要应用于先进粉末冶金技术、激光增材制造技术、热喷涂技术等领域。

3D 打印（3D printing，3DP）也被称作增材制造技术，是一种以数字三维模型为基础通过"分层制造、逐层叠加"的方式将可粘合性材料构造成三维实体的技术。与传统制造技术相比，3D 打印技术在制造灵活性、复杂零件成型以及节省原材料等方面具有独特的优势。目前，3D 打印技术在航空航天、汽车制造、生物医疗、数字艺术、建筑设计等领域得到了广泛应用，并随着技术的发展，其应用领域将不断拓展。3D 打印制备高性能钛合金零件及其应用成为研究热点和重点之一。

适用于制备高性能 3D 打印件的钛粉，要求具有纯净度高、氧含量低、球形度好、粒度小且分布均匀等特征。3D 打印金属粉末一般要求球形度在 98% 以上，利于打印时送粉和铺粉。根据金属打印技术的不同，所使用的粉末粒径分布范围为 0~150μm，其中微细粉末（≤45μm）对于打印高性能零件尤为重要。

为了保证打印件的质量，粉末中杂质元素的含量必须控制在一定范围内，尤其是氧元素含量一般应控制在 0.15%（质量分数）以下，氧含量过高会严重损害打印件的延展性和断裂韧性。当前，制备高品质、低成本的钛合金粉末是发展钛合金 3D 打印技术所面临的一个主要挑战，也是 3D 打印材料领域的重要内容和研究热点。

热喷涂技术是一种将涂层材料送入热源中熔化，并利用高速气流将其喷射到基体材料表面形成涂层的工艺，主要应用于航空航天、机械制造、石油化工等领域广泛应用。热喷涂钛涂层具有耐高温、耐磨损、耐腐蚀、修复表面缺陷等优点，解决了钛加工工艺难题，节约材料降低成本。不同粒度、形貌的粉末会影响热喷涂涂层的结构，从而会表现出不同的性能，郭双全等研究了钛粉末粒径对等离子体喷涂钛涂层的影响。球形钛粉流动性好，可以形成堆砌致密性能优良的涂层。

随着球形钛粉应用领域越来越广泛，高性能球形钛粉需求量不断增加，高性能球形钛粉制备技术成为国内外制粉技术研究者关注重点。

球形钛粉主要制备技术包括雾化法及球化法，雾化法包括气体雾化法、离心雾化法和超声雾化法。目前工业应用最广泛的球形钛粉制备技术是雾化法。

19.5.1 气体雾化法

19.5.1.1 惰性气体雾化法

气体雾化法是目前制备球形钛粉最普遍的制备方法。其原理是借助高速气流对熔融金属液流进行冲击破碎、快冷形成金属粉末。1985 年美国坩埚材料公司（Crucible Materials Corporation）发表了用水冷铜坩埚熔炼 Ar 气雾化钛及钛合金的第一项专利，1988 年该公司建立了年产 11t 的 Ar 气雾化装置。1994 年日本住友 Sitick 公司建立了一个年产 120t 钛粉的 Ar 气雾化装置。目前气雾化钛粉研究主要集中于钛料纯净化熔炼和雾化喷嘴结构参数设计。

目前较为普遍的做法是采用水冷铜坩埚对钛进行熔炼，英国雾化设备制造厂商 PSI 设计制造出一种悬浮式水冷坩埚，提高了钛液的纯净度。robert 等发明了一种冷壁感应喷嘴，该发明利用电磁感应原理在水冷铜坩埚下方产生一定的磁场力使熔化的钛液悬浮于坩埚中，减少液态金属对于雾化喷嘴的接触，防止喷嘴被腐蚀，延长了雾化喷嘴的使用寿命，具有一定的经济效益。日本大同特殊钢技术开发研究所 Teppei Okumura 等发明一种新型气雾化钛粉的方法，该方法采用悬浮熔炼技术，喷嘴装备感应线圈，这种方法使雾化钛粉时钛液具有较高的过热度，雾化粉末不被污染，雾化粉末粒度细小，平均粒度为 85μm。气雾化的喷嘴主要有两类：自由落体式（free-fall）喷嘴和紧耦合式（close-coupled）喷嘴，如图 19-7 所示。

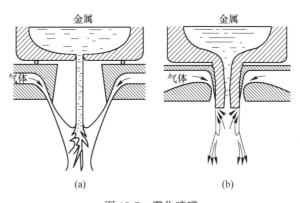

图 19-7 雾化喷嘴

（a）自由落体式；（b）紧耦合式

自由落体式喷嘴设计比较简单，喷嘴不易堵塞，控制过程比较简单，但是雾化效率低。紧凑耦合式喷嘴设计结构紧凑，缩短了气体的飞行距离，气体雾化过程中能量损耗少，流体介质可以对金属液流进行充分粉碎，喷嘴雾化效率高。Heidloff 等设计了一种新型复合导流管，采用紧耦合式雾化喷嘴高压气体雾化钛粉，钛粉细粉（<45μm）收得率约为 85%。国内对气雾化钛粉制备技术也进行了研究并取得了一定进展。北京航空材料研究院刘娜等采用英国 PSI 冷壁坩埚真空感应熔炼氩气雾化装置制备 TiAl 金属间化合物粉末，采用底注的方式进行倒流雾化，钛合金粉末具有球形度高、细粉收得率高、粉末气体含量少等特点。

19.5.1.2 等离子惰性气体雾化

PIGA（plasma inert gas atomization，PIGA）是一种制备无机陶瓷（Inorganic ceramics）钛粉的气雾化法，该法是由德国 GKSS 研究所发明。原料钛被制成预合金棒材，利用等离子弧热在水冷铜坩埚中进行熔炼，水冷铜坩埚的底部与感应加热漏嘴相连，该无机陶瓷漏嘴系统将熔化金属液体流引入气体雾化喷嘴进行雾化，如图 19-8 所示。

PIGA 技术的优点在于熔化过程中等离子枪不与原料棒材接触，保持了钛液的纯净度。美国材料和电化学研究公司（ME Corporation）以海绵钛为原料利用 PIGA 技术制备出低成本 Ti-6Al-4V 合金粉末，其成本仅为同类钛合金粉末的

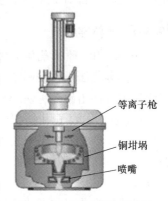

图 19-8 PIGA 装置示意图

等离子枪
铜坩埚
喷嘴

1/15~1/10。Gerhard 等利用 EIGA、PIGA、CA3 种制粉方法分别制备了 TiAl 粉末，并对粉末中闭孔夹杂的氩气含量进行对比，研究表明，利用 PIGA 法制备的 TiAl 粉中夹杂的氩气含量最少，一般为 0.2~0.5μg/g。Tonner 等利用 PIGA 法和 EIGA 法分别制备 Ti-48Al-2Nb-2Cr 粉末，并测试其中杂质含量并对粉末相关应用进行研究。结果表明，PIGA 制备的 TiAl 粉相较于 EIGA 法制备的粉末中氧含量较少，其粉末制备的热等静压制坯具有较好的力学性能，PIGA 粉中氮含量随粉末粒度变化基本不变，氧含量随粉末粒度减小而显著增加。

我国也对 PIGA 技术进行研究，徐广发明了一种等离子超声气体雾化钛基粉的制备方法。该方法以等离子电源加热熔化方式，雾化气喷嘴采用两组并向设置的拉瓦尔管，使气流速度达到 1~3 马赫，钛基粉末的粒度控制在 75μm 以内，45μm 粉末占 35%~55%，具有较高的细粉收得率。

19.5.1.3 电极感应熔化气体雾化

1990 年德国 Leybold AG 公司发表了无坩埚熔炼雾化 Ti 及 Ti 合金粉末的专利，称为 EIGA（electrode induction melting gas atomization）。EIGA 技术采用无坩埚技术，原料钛被加工成棒状直接放置于感应线圈中加热熔化，这种设计避免了熔化过程中钛与坩埚的接触，避免了污染，从而保持雾化粉末的纯净度，其装置如图 19-9 所示。

Henrik 等对 EIGA 各项工艺参数进行研究，利用 EIGA 技术制备 Ti 粉，通过优化实验参数提高金属的熔化速率，实验结果表明，原料直径最大可达 150mm，金属熔化速率最大可达 90kg/h，最大细粉收得率达到 33.5%。Rainer 和 Michael 等利用电极感应熔炼气雾化法制备钛粉和铌粉等高熔点粉末，通过优化工艺提高原料棒材的熔化速率对粉末的粒度

分布进行研究，原料棒材的熔化速率由 26kg/h 提高到 50kg/h，增大熔化速率对粉末的粒度分布影响不大。王衍行等利用无坩埚感应 Ar 雾化的方法制备 Ti-45Al-8.5Nb-0.2W-0.2B-0.02Y 合金粉末，并对其特性进行研究，高 Nb-TiAl 合金粉的粒度主要分布在 $100 \sim 200\mu m$，随着粒度变细，偏析细化。李少强等利用无坩埚感应熔炼气雾化法制备了 Ti-5.8Al-4.8Sn-2Zr-1Mo-0.35Si-xNd（$x = 0.17$, 0.7, 1.23）合金粉末，研究了快速凝固粉末冶金高温钛合金的显微组织及其影响因素。实验结果表明，粉末粒度越小，热等静压（HIP）成形后的显微组织越细小，稀土 Nb 含量增加，显微组织的组成没有

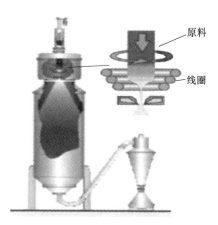

图 19-9　EIGA 装置示意图

发生改变，但基体中弥散析出的稀土相数量增加，原始的 β 晶粒尺寸明显减小。

与传统采用坩埚气雾化技术相比较，EIGA 技术具有的优势：原料无污染、加热速率快、工艺简单、设备清洗方便等。但是目前 EIGA 技术还存在诸多问题：

（1）感应线圈限制感应电极原料棒材的直径，大直径电极要求更高的感应加热电源和感应线圈，成本较高，从而制约大直径钛棒雾化的发展。

（2）为保证电极稳定停留于线圈中，垂直送料速度和电极自转速度如何配合也是一个复杂的问题，问题仍需解决。

（3）电极感应加热熔化后流入气雾化喷嘴，金属液滴应保持稳定持续的流态而不间断，实际雾化过程中会出现液滴状，或者电极未完全熔化而断裂掉入导流管中，从而造成阻塞，因此保持液流的稳定性也是目前 EIGA 技术的难点。

19.5.2　离心雾化法

19.5.2.1　等离子旋转电极法

美国 Nuclear 公司于 20 世纪 70 年代发明等离子旋转电极法（PREP, plasma rotating electrod process），该技术装置如图 19-10 所示。阳极金属棒放置于高速旋转（转速约 15000r/min）的旋转轴上，在等离子热弧作用下熔化，熔融金属液滴在离心力作用下沿切

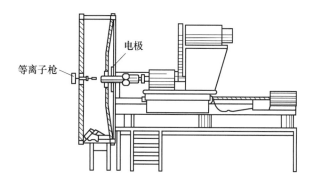

图 19-10　PREP 装置示意图

线方向上发散成小液滴,最终凝固球化成粉,整个过程在真空或者惰性气体保护气氛下进行。日本在20世纪90年代利用等离子旋转电极法制备人工骨头和过滤器用大颗粒(几百微米)钛合金粉末。

中国对 PREP 技术制备钛粉也进行了研究,西北有色金属研究院研制成功 PREP 设备,可以生产 47~381μm 的钛及钛合金粉末。蔡学章和 Eylon 在 He 气保护气氛下采用 PREP 工艺制取 Ti-48Al-1V 合金粉末,该法制备的粉末具有较高的冷却速度。中南大学杨鑫等采用等离子束旋转电极法制备了 Ti-43Al-2Cr-2Nb 粉末,研究表明,合金粉末球形度为 99.6%,氧含量为 0.05%(质量分数),颗粒内合金成分和合金棒成分相近,只有少量Al 挥发,约为 2%(摩尔分数)。2010 年机械研究总院郑州机械所自主制备了国内首家等离子旋转雾化制粉设备,并投入生产低含氧量钛粉和高温合金粉末。

PREP 具有以下优点:

(1)粉末纯净度高,无污染,含氧量低,流程简单;

(2)金属液滴球化时间长,粉末球形度高,粒度分布窄,细粉收得率高;

(3)与气雾化相比,PREP 不需要高速气体流,因此避免出现因"伞效应"而产生的空心粉,无"卫星球"产生。

等离子旋转电极法也有自身的局限:

(1)电极棒必须制作成特定尺寸的棒材(直径约 30mm),因此成本较高;

(2)电极棒是定长的,因此不能保证雾化的连续性,雾化效率低;

(3)电极转速较快,在高速旋转的过程中,转轴容易磨损,因此如何保持高速旋转电极的真空密封性和清洁度仍是 PREP 技术的关键问题。

19.5.2.2 旋转盘离心雾化法

离心雾化法是将熔化的金属液在高速旋转的旋转盘中沿切线方向剪切,球化冷凝成粉的一种雾化方法。离心雾化制备的粉末平均粒度在 100μm 以上,粉末粒度大小与旋转盘离心速率有关。日立金属 Hediki 等发明了一种新的制备钛合金粉末的方法,其装置图如图 19-11 所示。离子束加热电源下加热熔化,熔化的液滴滴入高速旋转的旋转盘中破碎,在离心力作用下球化凝固成粉。利用这种方法制备出 Ti-6Al-4V 合金粉末,粉末平均粒度为 130μm,粒度小于 150μm 的粉末占 75%。何安西等发明了一种超细钛粉和钛合金粉末的制备方法,其装置图如图 19-12 所示,其主要原理是将原料钛及钛合金熔化成钛及钛合

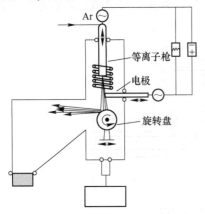

图 19-11 新型钛合金粉末制备装置

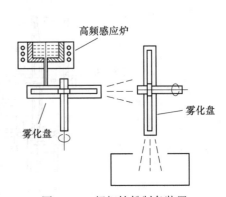

图 19-12 超细钛粉制备装置

金液，钛及钛合金液经过一次离心雾化后再进行第二次离心雾化，最后冷却成粉末，这种制备方法具有生产效率高、能耗低等特点，制备的粉末呈球状，氧含量低，流动性好，粉末粒度细，其细粉（<45μm）收得率为90%。

19.5.3 等离子雾化法

等离子雾化法是利用等离子热源雾化制备球形钛粉的方法。等离子雾化技术（PA, plasma atomization）由加拿大 Pegasus Refractory Materials 发明，该装置如图19-13所示。

等离子雾化技术是一种双流雾化技术，加热源由3个等离子喷枪组成，原料丝材被等离子弧加热熔化，在高温雾化气体作用下充分球化凝固成粉。等离子雾化技术使熔化和雾化过程同时进行，粉末平均粒度为40μm，粒度较细，粉末球形度高。Kim 等分别用 PA 法和氢化脱氢法

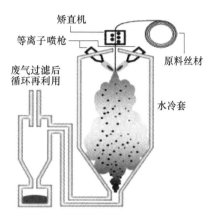

图19-13 等离子雾化法装置示意图

（HDH）制备 Ti-6Al-4V 粉末，通过等静压方法对其性能进行对比，实验表明，PA 法制备的粉末等静压后力学性能优于氢化脱氢法制备的粉末。Oana 等对等离子雾化过程进行研究，从热力学的角度研究等离子雾化过程中的热平衡关系，并推导出雾化粉末直径数学关系式以及雾化过程中的热平衡关系式，研究表明粉末颗粒直径大小与金属液滴流速、雾化气体流速等因素有关。

利用 PA 制备钛粉具有以下优势：

（1）雾化过程无需坩埚，因此制备的粉末无污染，纯净度高，这点与等离子旋转电极相似。

（2）粉末粒度细，约40μm，气体雾化平均粒度为80μm，等离子旋转电极雾化法粒度为150μm。

（3）金属熔化和雾化过程同时进行，雾化效率高。

（4）雾化气体（Ar）具有较高的动能和温度，高温的雾化气体可以减少雾化颗粒间热量传递，从而延迟颗粒的凝固，使得表面张力球化充分进行。

等离子雾化技术的关键工艺参数包括金属丝的送丝速度、等离子喷枪的工作功率、等离子喷枪位置等。因此，各个工艺参数的合理配合是等离子雾化技术制备高性能钛粉的研究重点。

19.5.4 超声雾化法

超声雾化制粉技术最早由美国麻省理工学院教授 Grant 改进发明，其喷嘴由拉瓦尔管和 Hartman 振动管组成，在产生 2.0~2.5MPa 超声速气流的同时产生 80~100kHz 的脉冲频率，超声气雾化技术制备的粉末细小、冷速快、表面光滑、几乎无"卫星"颗粒。超声气雾化制粉技术是利用超声振动能量和气流冲击动能使液流破碎，制粉效率显著提高，但仍需消耗大量惰性气体。

20世纪80年代，Ruthardt 等提出单纯利用高频超声振动直接雾化液态金属的设想。

其原理是利用高频超声振动能量使雾化熔融金属液体激起毛细现象，当振动面的幅度达到一定值（不小于 20μm），熔化的金属液体从驻波峰上飞出形成雾滴，经冷却后形成粉末。随着压电陶瓷材料、换能器制作技术、超声功率电源及其信号跟踪技术的发展，金属超声振动雾化技术相继在中、低熔点金属粉末制备领域得到应用，由于不需要气体作为破碎成粉的动力，所制备的粉末中空心球及卫星球比气雾化法的少。

国外在金属超声雾化理论与应用的研究较早，处于领先地位，我国对于超声雾化制粉技术起步较晚，但也取得一定成果。陕西师范大学声学研究所制备出功率超声振动雾化装置，并利用此装置成功制备出钛金属粉末，钛金属粉末平均粒度约 100μm，粉末球形率为 94%。超声雾化制粉技术目前主要应用于低熔点金属粉末制备，对于高熔点金属粉末的制备工业化生产还未普及。

19.5.5　球化法

球化法是指以激光束、等离子体或其他热源形式将异形金属粉末熔化并在表面张力作用下球化，最后冷却凝固成球形颗粒的方法。目前，球化法制备球形钛粉主要包括激光球化法和射频等离子球化法，其中射频等离子球化法是应用广泛且相对成熟的技术。

19.5.5.1　激光球化法

激光球化（laser spheroidization，LS）制粉是利用"球化效应"将不规则金属粉末转变成球形粉末的技术。"球化效应"是金属粉末选区激光烧结（selective laser sintering，SLS）和选区激光熔化（selective laser melting，SLM）过程中存在的一个现象，即当激光束扫过金属粉末表面时，粉末迅速升温熔化，为了使熔融金属液表面与其接触的介质表面形成的体系具有最小自由能，在重力以及界面张力共同作用下，熔融金属液表面收缩成球形的现象。

欧阳鸿武等利用"球化效应"在 SLS 设备上探索将异形钛粉转化为球形粉末的可行途径，探明了形成"球化效应"的工艺条件并在激光功率为 600W、扫描速度为 30mm/s 时获得了较为理想的球形钛粉。黄卫东等发明了一种激光球化稀有难熔金属及硬质合金非球形粉末的方法。具体制备过程为：（1）金属粉末在 −0.1MPa 真空条件下烘干处理；（2）根据金属熔点设定激光球化参数：激光器功率 5~8kW，光斑直径 4~8mm，送粉率 10~30g/min，载粉气流量 150~400L/h；（3）在氩气纯度不小于 99.999% 的氛围中球化金属粉末，可一次获得球化率大于 70% 的球形金属粉末。

激光球化法的优点在于激光是一种高能束流，其能量和方向精确可控，能避免球化过程中粉末元素发生烧损，同时激光加工不会引入外来杂质。

目前采用激光球化法制备的粉末球形度不高，原因在于金属粉末的球化能力除了与激光扫描速度、激光功率等工艺参数有关外，还与金属粉末自身性能（如粒径、导热性、熔点和激光吸收率等）相关，因此很大程度上限制了激光球化法的应用和发展。

19.5.5.2　等离子球化法

等离子球化法（plasma spheroidization，PS）是将不规则金属粉末利用携带气体通过加料枪喷入等离子炬中，颗粒迅速吸热后整体（或表面）熔融并在表面张力作用下缩聚成球形液滴，然后在极高的温度梯度下迅速冷却固化获得球形粉末的方法，其原理如图 19-14 所示。

热等离子体具有温度高（3000～10000K）、体积大、冷却速率快（10^4～10^5K/s）等特征，非常适合于高熔点金属及合金粉末的球化。热等离子体可以通过直流等离子弧火炬和射频感应耦合放电等方式产生，其中射频等离子体因电极腐蚀造成污染的可能性低（无内电极）且停留或反应时间更长（等离子体速度相对较低），因而是球化和致密化金属粉末的首选方法。采用热等离子体处理金属粉末可显著提高粉末球形度，改善流动性，消除内部孔隙，提高体积密度，降低杂质含量，获得了越来越广泛的关注。

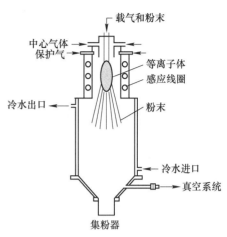

图 19-14　等离子球化制粉原理示意图

研究表明，在 PS 工艺中合理控制工艺参数（如进料速率、等离子体功率、气体流量等）对于提高粉末球化率具有重要意义，通常在较低的进料速率下可获得较好的球化效果，甚至球化率可达到 100%。除了工艺参数，原料粒径对球化率也有重要影响。Bissett 等用 PS 法分别处理了不同粒径范围（<75μm、75～125μm、125～250μm、250～425μm）的不规则钛粉，结果表明，粒径小于 125μm 的粉末能够被很好地球化，而粒径在 125μm 以上的颗粒则无法球化或球化效果不理想。

一直以来，关于粉末球化率问题都是基于实验研究，没有一个理论模型能够预测实际的球化效率。鉴于不同粉末的热物理性质不同，以及等离子体与粒子相互作用时传热机制的复杂性，要提出一个统一的模型难度极大。Dignard 等在已知传热机理和等离子体性质的基础上提出了一个半经验模型来预测射频等离子体模型的球化率，该模型适用于各种金属粉末。盛艳伟等以粒径为 100～150μm 的不规则 TiH_2 粉为原料，采用 PS 法制备出了粒径为 20～50μm 的球形钛粉，球化率达到 100%，但是钛粉中含有残余 TiH 相，需要后续脱氢处理才能得到单相钛粉。王建军等利用计算流体力学软件 FLUENT 建立了球化制粉过程的数值模型，计算了流场、温度场和颗粒运行轨迹，研究表明，小颗粒粉末运动轨迹主要受流场影响，颗粒运动轨迹杂乱；大颗粒粉末运动轨迹主要受重力场影响，颗粒沿轴向快速穿过等离子区。由此可知，合理的粉末粒度、搭配合理的送粉速率是获得最佳球化效果的关键。

与传统球形粉末制备技术相比，PS 工艺在制备难熔金属高性能球形粉末方面更有优势，但也存在产率相对较低的问题，比如采用 60kW 的等离子设备生产钛粉，在保证球化率大于 80% 的情况下每小时产量 4.5～6.6kg。目前提高粉末产量的唯一方法就是增大等离子设备功率，如 Tekna 公司 400kW 工业粉末球化装置根据所需球化程度每小时产量可达 20～40kg 或更高。

为了实现等离子球化率和生产率的进一步提高，研究粒子在热场中的运动行为尤为必要，但是目前除了数值模拟外还没有有效的手段能够在上万摄氏度的高温下实现粒子运行轨迹和温度变化的精确测量。

19.5.6 造粒烧结脱氧法

造粒烧结脱氧（granulation sintering deoxygenation，GSD）工艺是一种无熔炼制备球形钛粉的新方法，该方法主要包括 3 道工序：（1）造粒：将钛合金氢化物或具有母合金的钛氢化物（由海绵钛或钛合金废料氢化而成）研磨成细颗粒，然后用喷雾干燥法将颗粒制成所需粒度范围的球形小颗粒。（2）烧结：将球形小颗粒烧结成致密的球形钛颗粒。（3）脱氧：采用新型的 Mg 或 Ca 低温脱氧工艺对球形 Ti 颗粒进行脱氧。GSD 工艺制备钛粉的工艺流程如图 19-15 所示。

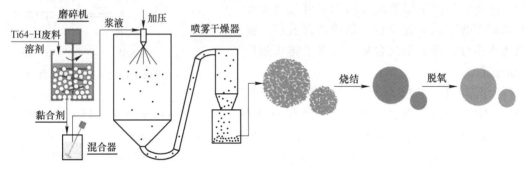

图 19-15　GSD 工艺制备钛/钛合金球粉工艺流程

GSD 工艺的特点在于：集成了低成本的造粒、烧结和脱氧工艺，而不依赖于昂贵的熔炼和雾化工艺；可以使用低成本的粉末（如钛粉废料等）作为原料，几乎没有原料浪费，不合格的粉末还可以再循环生产。GSD 工艺的一个关键问题在于，虽然原始粉末粒度越细其烧结性能和成形颗粒的光洁度越好，但是粉末粒度细小必然会导致含氧量和间隙元素增加，因此 GSD 工艺的一个关键创新是可以通过除氧步骤将粉末中的氧含量降到较低水平（0.08%~0.20%）。

GSD 工艺制备的粉末还存在一个问题就是其内部可能存在孔隙，但是在增材制造过程中由于没有惰性气体被困在气孔中，造成熔化过程发生坍塌，因而不会对成型零件性能产生较大危害。

采用传统熔炼技术制备熔点和密度相差较大的多元合金时容易发生成分偏析，而具有无熔炼制备特征的 GSD 工艺就克服了这一难题。例如 Xia 等采用 GSD 工艺制备了球形 Ti-30Ta 合金粉末，成功解决了由于 TiTa 合金熔点相差大而导致的成分偏析问题，而且通过对粒径小于 75μm 的粉末进行脱氧处理可使其氧含量控制在 0.035% 以下。

19.6　钛　镍　合　金

19.6.1　TiNi 合金的微观结构

钛镍合金存在两种不同的晶体结构状态，其结构图如图 19-16 所示。高温时称为母相 P（奥氏体相），是一种 CsCl 型的体心立方 B2 结构（$a_0 = 0.301 \sim 0.302\text{nm}$），体心原子可以为 Ti，也可以为 Ni，当 Ti、Ni 原子接近等原子比（质量比为 Ti∶Ni≈45%∶55%）时，才具有形状记忆效应，形状比较稳定；低温时称为马氏体相（M），是一种低对称性的单斜晶体结构，晶格常数为：$a = 0.2889nm$，$b = 0.412nm$，$c = 0.4622nm$，$\beta = 96.80°$，具有延展性和反复性，不太稳定，较易变形。

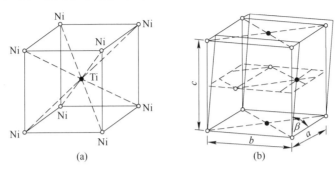

图 19-16　TiNi 合金的晶体结构

（a）奥氏体相；（b）马氏体相

Ni 含量在 50.5%（摩尔分数）以上的 TiNi 合金，从高温淬火或从高温逐渐冷却后，再在 800℃ 以上的某温度时效，都会发生相分解。贝沼等对 Ti-52%Ni、Ti-54%Ni、Ti-56%Ni（摩尔分数）合金进行了研究，提出了如图 19-17 所示的 TiNi 合金等原子比附近的状态图。

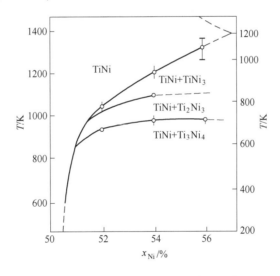

图 19-17　等原子比附近的 TiNi 合金状态图

由图 19-17 可知，在不同的温度范围内，成分分解的方式不同。但根据 TiNi 合金相图（见图 19-18）可知，三种分解方式的最终结果均为 TiNi 和 $TiNi_3$ 的混合物，分解途中产生的 Ti_3Ni_4 和 Ti_2Ni_3 均为亚稳相。

母相 P 在向马氏体 M 转变的过程中，一般会出现一种中间相（R 相），这种相变称为 R 相转变，点阵从立方变到了菱面体，因为它还伴随着小的温度滞后，所以 R 相转变对驱动器的应用十分有用。如图 19-19 所示，P 相结构中沿 [111] 方向拉长便可得到新的点阵，R 相结构没有几何对称中心，与 AuCd 合金中马氏体的结构极为相似。

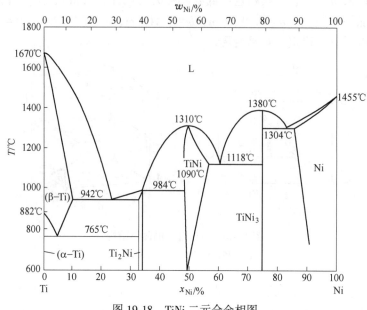

图 19-18 TiNi 二元合金相图

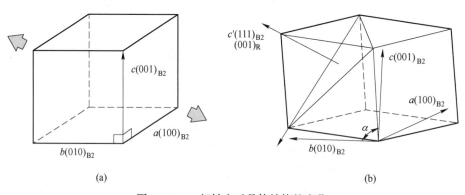

图 19-19 R 相转变时晶体结构的变化

（a）P 相；（b）R 相

19.6.2 TiNi 合金的基本特性

19.6.2.1 物理力学性能

TiNi 合金不仅具有记忆功能，还具有优异的物理性能和力学性能，该合金的物理力学性能参数见表 19-7、表 19-8。

表 19-7 TiNi 形状记忆合金的物理性能

性 能 指 标	参　　　数
熔点/℃	1270~1350
硬度（RA）	65~68
密度/g·cm^{-3}	6.0~6.5
热导率 W·(m·℃)$^{-1}$	12.84

性 能 指 标	参　　数
电导率/Ω·cm(80℃)	8×10^{-5}
相对磁导率	<1.002
线膨胀系数 (24~900℃)/℃$^{-1}$	1.04×10^{-5}

表 19-8　TiNi 形状记忆合金的力学性能

性 能 指 标	参　　数
抗拉强度/MPa	200~250（热处理后）
	700~1100（未处理）
屈服强度/MPa	50~200（马氏体相）
	100~600（奥氏体相）
延伸率/%	20~60
断面收缩率/%	> 20
疲劳强度/MPa	558+（循环周期 > 10^7）
弹性模量/MPa	61740
最大回复应力/MPa	400

19.6.2.2　形状记忆效应

金属发生塑性变形以后，将其加热到特定温度以上时，金属产生形状恢复现象，恢复到了变形前的形状，这类现象被叫做形状记忆效应。TiNi 合金具有良好的形状记忆效应，这归功于合金中发生的热弹性或应力诱发马氏体相变，此相变具有热滞效应，晶体结构变化如图 19-20 所示。该合金的形状记忆性能参数见表 19-9。

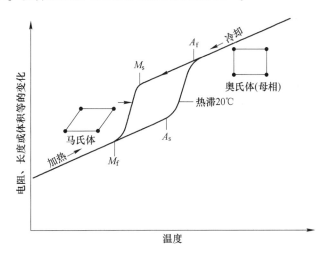

图 19-20　钛镍合金冷热循环中的热滞效应

M_s—马氏体转变开始温度；M_f—马氏体转变终了温度；A_s—奥氏体转变开始温度；A_f—奥氏体转变终了温度

表 19-9　TiNi 形状记忆合金的记忆性能

性 能 指 标	参　　数
相变温度范围/℃	−10~100

性 能 指 标	参　　数
温度滞后/℃	2~30
最大回复应力/MPa	400
形变回复量	（循环次数较少时）8%以下
	（循环次数较多时 $N=10^5$）2.0%以下
热循环寿命/次	$10^5 \sim 10^7$
耐热性/℃	约250

19.6.2.3　超弹性及热弹性

在外力加载时，TiNi 合金能发生远超出其弹性极限应变量的应变，并且卸载外力后应变自动恢复。外加应力诱发马氏体相变，使其表现出弹性极限远优于普通材料的性能，此时胡克定律不再适用。TiNi 合金超弹性具有线性和非线性两种。其中，线性超弹性应力-应变曲线近似满足线性关系；非线性超弹性（即相变伪弹性）是在加载和卸载时发生的应力诱发马氏体相变及其逆相变过程，发生在 A_f 以上温度。TiNi 合金相变伪弹性大约8%，并受热处理等因素影响。

19.6.2.4　低弹性模量

相关研究表明，TiNi 马氏体的弹性模量为 20~50GPa，奥氏体的弹性模量为 40~90GPa，与人体骨弹性模量约 30GPa 非常接近。而医用不锈钢的弹性模量则为 200GPa，这种弹性模量的不匹配经常导致不锈钢植入的失效。在整形外科领域，这种弹性模量的匹配有助于植入体和人体骨组织之间互相传递应力而不会对骨头造成二次损伤。所以具有高强度并且弹性模量与人体骨头非常接近的 TiNi 合金是一种可以忽略植入强度失效的理想植入体。与医用不锈钢相比，TiNi 可以在人体服役更长的时间，免除了二次修正手术的风险。

19.6.2.5　高阻尼特性

阻尼的本质是将材料机械振动的能量通过内部耗散机制转化为热能或声能而释放出来，从而抑制材料产生或传递应力冲击。热弹性马氏体的存在使 TiNi 形状记忆合金具有十分优异的减振能力，热弹性马氏体发生相变，使合金内部产生孪晶界面，进而发生位错迁移运动，合金呈现出高阻尼特性从而减少振动的产生，降低了疲劳破坏发生的可能性。形状记忆合金主要通过三种机制将机械能转化为热能，分别为内耗机制、马氏体孪晶再取向机制和应力诱发马氏体机制。这三种机制又分别对应不同的应用情况，可以据此制作不同的阻尼元件。

19.6.2.6　生物相容性

近等原子比 TiNi 形状记忆合金中的镍具有致癌作用，能够引起细胞中毒反应，但钛的氧化作用能够遮挡镍的释放，所以 TiNi 合金具有较好的生物相容性，体现在组织和血液两个方面。TiNi 合金与人骨摩擦时摩擦系数较小，磨损量也不大，并且具有较高的强度及疲劳性能，接近人骨的低弹性模量，减少了其使用过程的应力遮挡问题，降低了植入体周围骨骼的弱化和吸收，非常适合骨质生长。

19.6.2.7　良好的耐蚀性

与医用高分子材料和医用陶瓷材料相比，医用金属材料的耐蚀性一直都是一个短板，耐蚀性的缺陷会使一些金属离子溶出，存在潜在的风险。而医用金属材料的生物相容性就是由金属材料的耐蚀性和其组员的毒性决定的，所以金属材料的耐蚀性一直都是限制其应用的瓶颈。大量的试管和体内实验表明，TiNi 合金具有良好的耐蚀性，这主要归功于 TiNi 表面形成的一层致密的 TiO_2 钝化膜一直保护着 TiNi 表面。

学者对 TiNi 合金进行了各种腐蚀实验，其中包括模拟人体液、人造胃液、新鲜人体尿液等浸泡实验及动物体内埋片实验，见表 19-10、表 19-11。

表 19-10　TiNi 合金在模拟人体液中耐蚀性能

模拟人体液	温度/℃	腐蚀时间/h	最大年腐蚀率/mm·a^{-1}	试样形状/mm
人工唾液	—	—	2.9×10^{-5}	—
人工汗	—	—	2.8×10^{-5}	—
Hank's 溶液	37	72	0	薄板
1%NaCl	—	—	5.5×10^{-5}	—
1%乳酸	—	—	5.7×10^{-5}	20×15×0.5
0.05%HCl	—	—	0	—
0.1%Na$_2$S	—	—	5.9×10^{-5}	—
5%葡萄糖	37±1	840	<1×10^{-4}	10×10×2
林格森溶液	—	—	<1×10^{-4}	板片
人造胃液	室温	7680	<1×10^{-5}	弹簧 ϕ8×15

表 19-11　TiNi 合金在人体尿液中的耐蚀性

pH 值	温度/℃	腐蚀时间/d	年腐蚀率/mm·a^{-1}	试样形状/mm
7.5~8.2	室温	12	2.03×10^{-4}	弹簧
5.5~7.5	室温	54	4.27×10^{-5}	ϕ7×15
5.5~7.5	室温	152	2.6×10^{-5}	—

19.6.2.8　无铁磁性

TiNi 合金不像医用不锈钢那样具备铁磁性，这意味着当由 TiNi 合金制成的医疗装置植入人体后，在以后的诊断检测中，植入体不会对检测结果造成影响。尤其在核磁共振检测下可以得到清晰的图像，这对准确了解患者的病情具有重大意义。所以在现代医疗中 TiNi 合金的应用正在迅速增加。

19.6.3　TiNi 合金体材的制备技术

19.6.3.1　钛镍合金致密体的制备技术

A　真空熔炼法

真空熔炼法是制备钛镍合金致密体最常规的方法，主要有高频感应熔炼、电弧熔炼、电子束熔炼及等离子体熔炼 4 种方法。合金成分和杂质含量对于钛镍合金的性能有着显著的影响，因此熔炼过程中应注意控制组成成分和杂质元素的含量，并保证成分均匀分布。工业规模的熔炼多采用真空熔炼和等离子体熔炼。真空感应水冷铜坩埚熔炼是近年来发展的新技术，铸锭成分均匀、夹杂少，但由于造价昂贵，所以目前在我国熔炼 TiNi 合金的主要方法还是采用石墨（或氧化物）坩埚真空感应熔炼法。实践表明，只要工艺适当，同样能得到高品质钛镍合金铸锭。

按照最终使用要求，真空熔炼法制得的钛镍合金体材经锻造、挤压、热轧、旋锻、拉拔、斜轧等冷热加工过程和相应的热处理过程，可获得各种规格性能的板、棒、丝材等。

B 精密铸造法

精密铸造法可用于制备形状复杂的元件，如用来制备精密的齿科元件牙冠等，大致过程如下：先依据传统方法准备好所需制备元件的模具，将适量的钛镍合金块置于模具上方，用氩弧加热，当钛镍块熔化后，在氩气作用下挤压进模具中，合金凝固后将模具打破，取出合金铸件并在1023K下进行热处理。由此得到的铸件形状恢复率大体约为冷加工态合金的一半。

C 固相扩散法

该方法的原理是将紧密压合后的纯钛、纯镍在高温下长时扩散以制备钛镍合金。日本学者采用钛镍叠层周相扩散技术成功制备出钛镍合金，并对其性能进行了分析。将清洗后钛板（纯度为99.9%，厚0.20mm）以及镍板（纯度为99.7%，厚0.10~0.15mm）依次堆垛成的180层，放入钢盒内抽真空至10^{-2}Pa后，将抽真空口焊合。钢盒置于热处理炉中，将其升温到1123K，保温30min，然后热轧使厚度减薄90%，去除表面钢层后再冷轧使厚度减薄70%。把冷轧板材切成片放入不锈钢盒内，抽真空度至小于5Pa，在炉中1163K、6~240h下退火，在773K、1h下退火后淬火即可。试样成分取决于钛板和镍板的厚度及堆垛层数，通过采用叠层轧制及不同的退火时间可控制富钛和富镍区域的比率，从而获得宽温度范围的阻尼效果。

19.6.3.2 钛镍合金多孔体的制备技术

A 燃烧合成法

燃烧合成法是近年来发展的新技术，它通过自身反应热来合成合金。将钛粉和镍粉在坩埚中以一定比例混合加压后点燃，整个过程可在几秒到几分钟之内完成，无需外界再提供热量，利用反应自身产生的反应热即可延续整个粉末完成反应，故又称为自蔓延合成法。

自蔓延合成法过程有两种模式：燃烧模式和热爆炸模式。以燃烧模式反应时，在样品的一端点燃反应剂压块，反应的前缘以自维持方式通过样品，同时在反应前缘后面留下反应产物。由于燃烧温度较低，这种方式得到的反应产物孔隙度较大。热爆炸模式则将整个样品在炉内加热直到发生反应为止，燃烧温度高于合金熔点，得到的反应产物一般较致密。这两种方法都已制备出多孔钛镍记忆合金材料。

自蔓延高温合成法制取钛镍合金具有工艺设备简单、成分均匀和制造周期短等优点。该方法制得的合金成分均匀，但具有一定的孔隙，所以需要借助电弧重熔或热等静压的方法致密化，以期得到所需孔隙度的合金材料。自蔓延合成的多孔钛镍材料可用于过滤器、骨科材料，应用前景广阔。

B 粉末冶金法

用粉末冶金法制备钛镍合金有两种工艺：纯金属粉末烧结和合金粉末烧结。前者是事先将一定比例的纯钛、镍粉末混合加压，然后在真空下进行烧结。采用此方法不可避免地存在成分不均的问题。后者是采用预先合金化的粉末进行烧结，所制得的合金成分均匀性得到了一定程度的提高。可以采用等离子旋转电极法来制得供烧结的合金粉末电极，其原理是将合金制成电极，在高能的等离子弧的加热下做高速旋转，熔融的合金在离心力的作用下呈雾状飘洒后凝结成微细粉末，合金粉末经烧结和热等静压成型。经该工艺制得的合金具有与真空熔炼法制得的合金类似的良好形状记忆效应。

即便粉末冶金过程中因缺少熔炼过程而存在成分不均现象，仍可实现精确控制相变温度，即将几种具有不同相变温度的合金粉末按精确计算的比例混合后烧结，可获得所需的相变温度。该方法在应用中需严格控制原料粉末的杂质含量和烧结周期，以防出现烧结坯中氧含量过高而导致加工塑性差的现象。

19.6.4 TiNi 合金薄膜的制备技术

19.6.4.1 溅射沉积法

钛镍合金薄膜可用来制作有着广泛应用前景的微驱动器，厚度小于 $20\mu m$ 的钛镍合金薄膜可以用气相沉积法来制备，离子镀法则因无法很好地控制化学成分而不适合钛镍合金薄膜的制备。溅射沉积法是制备钛镍合金薄膜最具前景的方法，其基本原理是经电场加速的氩离子轰击钛镍靶材表面，溅射出的合金原子沉积在对极基底上而形成薄膜。制备钛镍薄膜时，可用玻璃或岩盐作为沉积基底材料。然而直接使用钛镍合金作为靶材制得的薄膜由于在沉积过程中钛的氧化，成分通常会呈现贫钛富镍的现象。因此，可通过在钛镍合金靶材的表面覆盖数片纯钛片来调整薄膜成分。

当沉积基底的温度保持在 423K 之下时，沉积的钛镍合金薄膜呈非晶态，并不具有记忆效应，只有将薄膜在 673K 以上温度退火后，非晶态薄膜才会结晶化，结晶化通过在非晶相中形核并长大成 B2 相晶粒，才具有良好的形状记忆效应。钛镍合金薄膜的相变温度除与溅射参数、靶材成分有关外，还与随后的时效制度、外加载荷及热循环次数有密切关系。

19.6.4.2 急冷凝固法

急冷凝固法是将熔融状态的合金直接喷射在处于水冷的滚筒上，使熔融的合金在瞬间凝固。该方法原先是用来制备非晶材料的，现也可应用于钛镍合金薄带材（约数十微米厚）的制备。特别地，该方法可用来制备用常规方法难以制备的新型合金，如采用传统方法制备钛镍铜合金时，当铜含量超过 10% 时，合金由于很脆而难以热轧成薄带材，现可由该法直接制得钛镍铜合金薄带。随着铜含量的增加，钛镍铜合金薄带的相变滞后逐渐减小，这与体材所表现出来的趋势是一致的，但所具有的可恢复应变要大得多。这得益于钛镍合金薄带所具有的独特组织：在急冷凝固过程中引入的织构和高密度位错。该方法制备工艺简单，恢复力大，但目前其脆性问题尚未得到很好的解决。

19.6.4.3 脉冲激光沉积法

脉冲激光沉积法又称激光蒸发沉积法，是利用准分子激光轰击材料表面，由于准分子激光波长短、频率高、能量密度大，可以将材料表面化学键打断，从而使材料气化蒸发。与溅射法相比，这种方法沉积速度快，沉积方式灵活，已成功地制备出了钛镍合金薄膜，但如何实现成分的精确控制仍有待于进一步研究。

19.6.5 TiNi 合金纤维的制备技术

制备钛镍合金纤维除了可以利用体材逐次加工得到外，集束拉丝法是一种比较特殊的加工方法。

日本精线公司利用不锈钢纤维丝制造的集束拉丝法及将 NiTi 合金化的固相扩散法研制成功线径 25μm 的 NiTi 合金纤维丝。具体方法是：先将 Ni 带卷缠在铁丝上，制备 Ni 和 Ti 的比例为 1:1 的 NiTi 双金属线，将这种 NiTi 线数十根至数百根捆扎成束，其外部用其他材料包覆，将直径 5~10mm 的集束线通过拉线模拉丝，加工成 0.1~0.5mm 的集束线。然后，再将数十至数百根捆扎，外面包覆其他材料，再次拉制成 0.1~0.5mm 的二次集束线，将二次集束线在低于 Ni 和 Ti 熔点约 1000℃ 下热处理，使得 Ni 和 Ti 在固相状态扩散合金化，最后将外面包覆层去掉，从而获得虎毛状的 NiTi 合金纤维。

19.6.6　TiNi 合金粉末的制备技术

19.6.6.1　还原扩散法

以化学反应式 $TiO_2 + 2Ca + Ni = TiNi + 2CaO$ 为基础，原料混料后在氩气保护下、在 1000℃ 高温下保温一定的时间，使反应充分进行，然后将产物用氯化铵溶液浸泡使得试样中的氧化钙和残余的金属钙转化成氯化钙溶入溶液中，合金则呈粉末态分散在溶液中，再经过滤、洗涤、干燥，最终制得钛镍合金粉末。该方法由于使用廉价的二氧化钛替代高纯钛作原料，可以直接获得金属粉末，其成本大大下降。

19.6.6.2　高温熔盐法

高温熔盐法充分利用了近年来出现的原位合成颗粒增强复合材料工艺及高温熔盐技术的特点，即将经球磨的 Ni 和 Ti 粉压制成素坯后放入高温（NaCl+KCl）熔盐中，Ni 和 Ti 粉进行化学反应合成粒子。保温一定时间后冷却，NaCl 和 KCl 不参与化学反应，细小的产物粒子分布于熔盐中，经过水洗、过滤、去除盐得到纯净的 NiTi 粒子，粒子的尺寸可以控制在 50~100nm 范围。

TiNi 合金是一种新型的功能材料，具有很全面的优点，但制备和加工比较困难，且成本较高。目前的研究热点和开发动向是：（1）宽滞后 TiNi 形状记忆合金；（2）高温型添加 Nb 的 TiNi 形状记忆合金；（3）形状记忆复合材料；（4）非晶微晶的形状记忆合金；（5）TiNi 复合智能材料；（6）内嵌式 TiNi 形状记忆合金驱动器。

TiNi 合金材料新的制造工艺开发，主要以微型化和低成本化为当前的开发主流。重点是：（1）用轧制法制造厚度小于 100μm 的薄板；（2）拉拔加工制取直径小于 50μm 的丝材；（3）外径小于 350μm 的微型细管；（4）厚度为 20~30μm 的薄带；（5）厚度小于 10μm 的薄膜。为此，近年来开发了一系列新的制造工艺（见表 19-12）。

表 19-12　钛镍材料新的制造工艺

方　法	目　的	概　要
粉末冶金	降低成本	利用雾化法等制粉，近终成形
自蔓延法	降低成本	将原料镍、钛粉混合后，使之自燃放热、扩散而合金化
集束拔丝法	降低成本	把成束镍丝和钛丝进行拔丝加工，使之扩散而形成合金
回转液中纺丝法	降低成本并赋予新功能	把熔融合金喷射入回转冷却液中，直接制取丝材

方　法	目　的	概　　要
急冷薄带法	降低成本并赋予新功能	把熔融合金熔液喷射到旋转冷却辊上，直接凝固成薄带
溅射法	获得新功能	将合金和原料靶加以溅射，从而形成形状记忆合金薄带

19. 6. 7　TiNi 合金表面改性技术

钛镍合金凭借其优异的性能，在很多领域获得广泛的应用，但是 TiNi 合金硬度低、耐磨性差、高温下易氧化以及作为生物植入体材料时 Ni 离子的析出毒性问题，极大地限制了 TiNi 合金在各个领域的发展应用。目前 TiNi SMAs 所采用的表面处理主要有等离子注入、等离子注入与沉积、氧化处理、涂覆涂层、等离子体表面合金化、低温去合金化、电化学抛光等。

19. 6. 7. 1　等离子体注入技术

等离子注入（PIII）不会影响 TiNi SMAs 的形状记忆效应，且形成合金过渡层，能有效防止改性层脱落。目前 TiNi SMAs 基体中注入的主要元素包括 O、C、N、Ta、Cr、Hf、B 和 P 等。

TiO_2 有良好的血液相容性和生物惰性，能够有效地阻止 Ni^+ 析出，故 TiO_2 薄膜是一种理想的医用保护薄膜。L. Tan 等对 TiNi SMAs 进行 O 离子注入，发现合金的抗点蚀性和耐磨性得到提高，$1×10^{17} cm^{-2}$ 注入处理时有最好的抗点蚀性和耐磨性，而 $3×10^{17} cm^{-2}$ 注入时抗点蚀性降低。德国的 S. Mandl 等进行氧离子注入，表面得到 TiO_2 层，且离子注入温度越高改性层越厚、Ni 含量越少。

K. W. K. Yeung 等进行 N、C 和 O 离子注入，在合金表面分别得到梯度的 TiN、TiC 和 TiO 层，合金耐磨耐蚀性和细胞相容性得到提高，Ni 析出减少，其中 N 离子注入后合金产生了最好的生物效应。M. R. Gorji 等进行了 N、C、Ar 离子注入，发现 N 和 C 注入后耐蚀性提高，而 Ar 注入后性能降低。TiN 具有良好的耐磨耐蚀和生物相容性，但残余应力的产生和原子溅射会对 TiNi SMAs 的力学性能和 SME 产生影响。

Yan Li 等对 TiNi SMAs 进行 Ta-PIII，得到纳米结构的 Ta_2O_5/TiO_2 层和 Ni 的贫瘠区，提高了合金抗蚀和生物相容性。

除上述元素外，H_2O 和 Ag 也可以注入到 TiNi SMAs 中。H_2O-PIII 能够把多种形式存在的氧（例如 H_2O^+、HO^+ 和 O^+）注入到 TiNi SMAs 中，使得 H_2O-PIII 处理后产生更好的电化学性能。X. M. Liu 等采用此法在 TiNi SMAs 表面制备的氧化钛层，击穿电压从未处理的 250mV 升高到处理后的 1000mV，钝化电流密度降低了 10 倍。已知 TiNiAg 三元合金 Ni^+ 析出量少和抗菌性好，对 TiNi SMAs 进行 Ag 离子注入，在 TiNi SMAs 表面得到一个三元合金区，既具有 TiNiAg 三元合金的优良性能又不影响基体良好的形状记忆效应，Ag 离子注入是发展 TiNi 抗菌性的一个有潜力的方法。

19. 6. 7. 2　等离子体注入与沉积技术

等离子体注入与沉积技术（PIIID）是一种新颖的表面处理方法，该技术利用膜层与基体间的原子混杂区，避免明显分界区域的产生，既能提高膜基结合力，又能减少缺陷产生。目前，PIIID 技术已被应用到医用材料上。

R. W. Y. Poon 等利用 PIII 法和 PIIID 法在 TiNi SMAs 表面分别制备了碳化物层和梯度的 C/TiNi 层，耐蚀性提高。其中 PIIID 法更能促进细胞的增殖，细胞相容性更好，但 PIIID 和 PIII 都增大了合金表面粗糙度。

H. F. Zhang 等采用 PIIID 在 TiNi SMAs 表面制备了 TiC/Ti 层。TiC 层表面致密平滑，硬度和弹性模量都高于基体，血液相容性也得到提高。J. H. Sui 等采用 PIIID 在 TiNi SMAs 表面制备了成分梯度分布的类金刚石（DLC）膜，合金 Ni^+ 析出量极少，血液相容性和耐蚀性提高，且基体的 SME 没有受到影响。Tao Sun 等采用 PIIID 制备了无 Ni 的 (Ti, O)/Ti、(Ti, N)/Ti 和 (Ti, O, N)/Ti 复合层。纳米级晶粒的复合层有良好耐磨性，不具有细胞毒性。(Ti, O, N)/Ti 复合层兼备 (Ti, O)/Ti 层的生物相容性和 (Ti, N)/Ti 层的力学性能，故 (Ti, O, N)/Ti 复合层是一种具有潜在价值的生物涂层材料。

19.6.7.3　氧化处理

A　热氧化法

Stuart D. Plant 等采用大气热氧化法在合金表面得到 TiO_2 层，发现 600℃ 为最佳处理温度，Ni^+ 析出明显减少，内皮细胞能够在 TiO_2 层上生长。Y. W. Gu 等发现在大气中 600℃ 以上加热合金时，合金表面得到由锐钛矿和金红石组成的 TiO_2 层，Ni 含量几乎为零，此时的 TiO_2 具有良好的生物活性。但 Ni 和 Ti 氧化混合物的出现使得合金的抗腐蚀性能降低，于是 A. Michiardi 等在 3Pa 氧分压环境中把 TiNi SMAs 在 400℃ 加热，在合金表面避免了 Ni 氧化物的产生而得到高纯 TiO_2，提高了基体的抗腐蚀性和耐磨性，降低了摩擦系数，其与纯 Ti 表面自然形成的 TiO_2 有相近的结构和电化学性能。M. Pohl 等控制氧分压在 $7×10^{-15}$Pa 以下，在 600℃ 对合金进行 Ti 选择性氧化，在合金表面制备了几纳米厚高纯度的 TiO_2 层。在 NaCl 溶液中浸泡 168h 后，Ni^+ 析出量为 $0.19\mu mol/cm^2$，TiO_2 层有效地阻止 Ni^+ 析出。

高温氧分子束氧化法（HOMB）能够在金属表面制备氧化层。Michio Okada 等采用 HOMB 法在 TiNi SMAs 表面制备了无 Ni 的 TiO_2 层。在整个 HOMB 过程中，Ti 原子脱离与 Ni 原子扩散的过程起着关键作用。HOMB 法与表面退火处理结合，能够制备出较厚的无 Ni 金红石层。

B　阳极氧化

众所周知，纳米材料具有优良的综合性能，TiO_2 具有良好的生物相容性，故在 TiNi SMAs 表面制备 TiO_2 纳米管成为近年来研究热点之一。R. Qin 等在丙三醇电解液中采用阳极氧化法在合金表面得到 Ni 掺杂的 TiO_2 纳米管，发现氧化电压和温度是纳米管生长的主要影响因素，高电压加速纳米管的生长，高温促使两端开口的纳米管大面积生长。Ruiqiang Hang 等对 TiNi SMAs 进行 35V、40℃、10min 阳极氧化处理后，在表面得到掺杂少量 Ni_2O_3 的 TiO_2 纳米管。进行 450℃ 和 600℃ 退火处理后，发现 450℃ 退火时消除了 Ni 元素，提高了抗腐蚀性能和可湿性，降低了钙化风险，适合作为心血管植入材料。而 600℃ 退火时表面得到 Ti-OH 团和金红石，有良好的抗腐蚀性和生物活性，适合作为整形材料应用。

C. L. Chu 等发现化学抛光后的 TiNi SMAs 表面 Ni 含量仍高达 11.4at%，经后续氧化处理后合金表面得到多孔 TiO_2 层，几乎没有 Ni 的存在，提高了其血液相容性、可湿性和抗凝血性。N. Bayat 等采用不同阳极电压 2~10V 对纳米结晶态和退火态 TiNi SMAs 进行氧化处理，发现随着电压增加，纳米结晶态 TiNi SMAs 抗腐蚀性优于退火态 TiNi SMAs，且在 6V 时达到最好，其原因是高密度的晶界导致钝化膜快速形成。F. T Cheng 等利用阳极氧化在 TiNi SMAs 表面制备了超过 $10\mu m$ 厚的均匀的氧化层，此层结构严密没有裂纹，晶粒细小，其表面由钛酸镍构成，内部由 TiO_2 和金属 Ni 构成，具有好的室温延展性。

C Fenton 氧化法

Chenglin Chu、Tao Hu 课题组采用 Fenton（H_2O_2 5%，pH=3.0）氧化法对 TiNi SMAs 进行氧化，合金表面原位生成无 Ni 的纳米 TiO_2 层，提高了合金的抗腐蚀性能，阻碍了 Ni^+ 析出。另外在 30% H_2O_2 溶液中经过长时间的氧化后，合金的可湿性和血液相容性得到明显提高。

19.6.7.4 涂层制备

涂层把基体与细胞组织分离开，能够有效地抑制 N^+ 析出，提高生物相容性。但其与 TiNi 基体的结合力较弱，在循环应力的作用下容易与基体产生裂纹，甚至脱离，限制了涂层的应用。

羟基磷灰石（HA）具有良好的生物相容性和化学稳定性，植入人体后会与骨组织紧密结合，能保持人体正常代谢。在 TiNi SMAs 表面制备 HA 层，可集金属材料的强韧性与陶瓷材料的耐磨耐蚀性和生物相容性为一体，具有重要的临床应用价值。M. F. Chen 等把经酸碱处理后的 TiNi SMAs 浸泡到模拟体液中，表面得到 HA 层。植入兔股骨后，发现 HA 层能够促进成骨细胞的快速增殖，6 周后表面被骨组织覆盖，13 周后 HA 层直接与骨键合。

D. Bogdanski 等把 TiNi SMAs 浸泡在过饱和磷酸钙溶液中，获得了磷酸钙涂层（OCP/HAP）。OCP/HAP 涂层促进细胞激活和细胞因子的分泌，其细胞吸附量多于 HA 涂覆的 TiNi SMAs，其原因为合金表面形貌的变化，说明表面形貌对生物相容性有很大的影响。OCP/HAP 涂层有效地抑制 Ni^+ 析出，提高合金生物相容性。

HA 虽然具有优良的生物相容性，但是其力学性能较差，强度较低，不能直接作为骨的替代材料，而碳纳米管有好的力学性能，可以作为增强体，而且也具有良好的生物相容性。Catherine Kealley、J. L. Xu 和 Kantesh Balani 等制备了羟基磷灰石/碳纳米管的复合材料，提高了 HA 的强度和韧性，且没有产生细胞毒性。溶胶-凝胶法制备 TiO_2 和 HA 涂层的方法简便易行且合成温度低，避免了杂质引入。C. Y. Zheng 采用溶胶凝胶法在合金表面制备了 $SrO-SiO_2-TiO_2$ 涂层，抑制了 Ni 析出，提高了成骨细胞的吸附和增殖速率，合金的电化学性能也得到明显改善。

19.6.7.5 其他处理方法

由于 PIII 法在 TiNi SMAs 上制备的表面改性层厚度非常薄（$<0.2\mu m$），在一些应用中很容易遭到破坏，而热氧化法在较低温时要产生厚且结合力好的氧化物层需要较长时间，而且空气湿度的变化又会影响氧化物的质量。X. Ju 等采用等离子体合金化法（PSA）对 TiNi 进行表面处理，表面得到 TiO_2 层，与基体有好的结合力，有效地减少了表面 Ni 的含量，使表面硬度从 2.5GPa 提高到 11~23GPa，耐磨耐蚀性得到提高。

苏向东等采用低温去合金化法对 TiNi SMAs 进行了表面处理，合金表面得到纳米结构的 TiO_2 层，在距表面约 130nm 深度内 Ni 被完全消除。结合羟基后，合金表面具有诱导 Ca/P 沉积的能力，提高了 TiNi SMAs 的生物相容性，合金溶血率降低，血小板黏附减少，动态凝血时间延长，血液相容性得到明显改善。

C. L. Chu 等对 TiNi SMAs 进行了电解抛光和化学抛光，发现电解抛光后合金表面得到一个约 10nm 厚的无 Ni 的氧化钛薄膜，有效地抑制 Ni 析出，可湿性、血液相容性和抗血栓性能都得到改善，而化学抛光后表面 Ni 含量增加。

19.6.8　TiNi 合金的形状记忆处理

为了能够获得具有 SME 的元件，需要根据其用途和外形等因素对 SMA 进行记忆处理，处理方法主要分为单程记忆处理和双程记忆处理两种方法。

19.6.8.1　TiNi 合金的单程形状记忆处理

TiNi 合金的单程形状记忆处理方法又分为中温、低温、时效三种处理方式。

（1）中温处理。中温处理是将冷加工态的合金根据所需要的形状加工成型，然后放入 400~500℃ 温度下保温一段时间使之成型的方法。研究发现经 400℃×1h、500℃×1h 处理后的 Ti-49.8at%Ni 合金都表现出优异的形状记忆功能和超弹性性能。然而经 400℃×1h 处理的合金，在高温时超弹性的回复力比 500℃×1h 处理时大得多，且疲劳寿命也较长，因此在制作频繁做功的执行元件时，用 400℃ 处理较好。经 500℃×1h 处理的合金在马氏体相变开始时的屈服强度很小，且高温时的回复力与低温时的变形力相差较大，因此用它来制作偏压式双程记忆合金元件效果最好。

（2）低温处理。低温处理是在 800℃ 以上使合金充分退火，再在室温下根据所需要的形状加工成型，然后放入 200~300℃ 温度下保温一段时间使之成型的方法。合金经完全退火后变软，易于加工，适宜制成形状复杂、尺寸较小的产品。经过低温处理的合金总体性能要比中温处理的差。

（3）时效处理。时效处理是将合金在 800~1000℃ 温度下固溶，然后进行淬火，再放入 400℃ 下保温一段时间的方法。当合金中 Ni 含量在 50.5at% 以上时有第二相析出硬化现象，这种合金适合使用时效处理。时效处理和中温处理的效果相当，但是时效处理的工艺比较复杂，成本也较高。

19.6.8.2　TiNi 合金的双程形状记忆处理

双程形状记忆处理就是使合金的形状反复地在升、降温中发生可逆变化，升温变为高温奥氏体时的形状，降温变成低温马氏体时的形状。双程形状记忆处理的主要方法有：

（1）约束加热。约束加热是在低温下使处于马氏体状态的合金发生形变，并将其形状约束固定下来，然后将合金加热到 A_f 温度以上的处理方法。

（2）记忆训练。将合金在母相奥氏体状态下加工成型，然后在 M_s 点附近进行受力变形，变形量约为 10%，再对其加热使其恢复到原状。反复地进行上述的变形和加热，即可得到双程记忆效应。

19.6.9　TiNi 合金的应用

目前发现具有 SME 的合金系大约有十多种，但真正具有实际价值的只有 TiNi 合金系和 CuZnAl 合金系。由于二者组成元素的不同，因此性能也有较大的差异。表 19-13 对这两种合金的各种性能进行了比较。TiNi 合金具有良好的力学性能和记忆性能，在一些要求反复使用、安全系数要求高的装置中几乎都使用 TiNi 合金。由于 CuZnAl 合金成本低，所以在一些使用率低、性能要求不太高、价格较便宜的装置中一般都使用 CuZnAl 合金。

表 19-13　TiNi 合金和 CuZnAl 合金性能的对比

性　能	TiNi 合金	CuZnAl 合金
恢复应变/%	最大 8	最大 4
恢复应力/MPa	最大 400	最大 200
循环寿命/次	10^5 ($\varepsilon = 0.02$)	10^2 ($\varepsilon = 0.02$)
	10^7 ($\varepsilon = 0.005$)	10^5 ($\varepsilon = 0.005$)
耐腐蚀性	良好	不好，有应力腐蚀破坏
加工性	较差	差
记忆性能	较容易	相当难

钛镍合金凭借良好的形状记忆效应、超弹性、优异的生物相容性以及优良的抗腐蚀性能，广泛应用于工程、民用和医学领域。

（1）工程领域。在航空航天领域主要用于减振机构、管接头、超弹性防松构件及智能结构控制件等。在能源、交通、电子等领域主要用于内燃机车蒸汽自动调节器、大功率电缆连接插头及电子微动开关灯等。另外还用于制作一些驱动器件，如线圈弹簧、汽车用节温器、汽车风扇离合器、洒水灭火装置、汽车雾灯保护罩等。石油化工领域主要用于油井封隔器、油井套管记忆合金整形器等。

（2）民用领域。在民用领域主要用于制作超弹性眼镜架、高弹高韧性钓鱼丝线、耳机头套、消防水龙头等。

（3）医学领域。TiNi 合金在医学领域应用广泛，除了因为其优异的生物相容性，更重要的是它集感知与驱动成一体的优势，见表 19-14。

表 19-14　TiNi 合金的医学应用

应用领域	举　例
整形外科	脊椎侧弯症矫形器械、人工颈椎椎间关节、加压骑缝钉、人工关节、髌骨整复器、颅骨板、颅骨铆钉、接骨板、髓内钉、髓内鞘、接骨超弹性丝、关节接头等
口腔科	齿列矫正用唇弓丝、齿冠、托环、牙髓针、凿根固定器、颌骨固定、齿根种植体、正畸用拉簧推簧等
心血管	血栓过滤器、血管扩张支架、血管成形架、封堵器、脑动脉瘤夹、血管栓塞器、人工心脏等
其他方面	前列腺扩张固定支架、气管支架、食道支架、尿道支架、节育环、结扎装置、带人工鼓膜外耳假体、人工脏器用微泵等

当 TiNi 构件从外界束缚环境植入体内无约束的环境时，构件感知到环境变化，并对材料内部微观结构进行调整或改变，在宏观上产生形状记忆效应或超弹性。另外 TiNi 合金还具有良好的低生物蜕变性、耐磨耐蚀性，常用作腔道内支架，如食道支架、呼吸道支架、胆道支架、尿道支架、直肠支架和十二指肠支架等。

由于 TiNi 合金具有较小的致血栓性，常用于制作血管支架。为了生物体植物材料与生物体有更高的契合度，利用 TiNi 合金的超弹性和形状记忆效应，常用来制作超弹性自膨胀型支架和记忆效应自膨胀型支架。TiNi 合金还用于制作整形外科的人工关节、接骨板等硬组织植入体，齿腔矫正丝等。

19.7 高 纯 钛

19.7.1 晶体结构及相变

钛有两种同素异构体，即 α 相和 β 相，其同素异构的转变温度为 882.5℃。纯钛室温下为密排六方（hcp）结构，通常称为 α 钛；当温度升高到 882℃时会发生同素异构相变转变为体心立方（bcc）结构，通常称为 β 钛，如图 19-21 所示。室温时 α 钛的晶格常数为：$a=0.295$nm，$c=0.468$nm，轴比 $c/a=1.587$。通常情况下具有 α 单相结构的金属纯钛被广泛应用于不需要特别高的强度要求，但对耐腐蚀性要求高的领域。

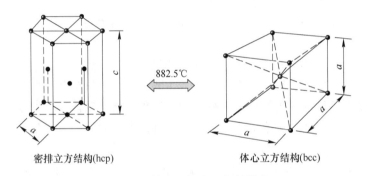

密排立方结构(hcp)　　　体心立方结构(bcc)

图 19-21　钛中 α 相和 β 相的转变

19.7.2 基本性质

高纯金属的纯度表示。常将主金属含量的"9"用 N 来表示，如 3N 代表纯度为 99.9%，4N8 代表纯度为 99.998%。高纯钛一般指纯度达到 4N 级（99.99%）甚至更高的钛，而电子级高纯钛是指钛纯度为 4N5 以上的产品。

高纯钛具有银白色金属光泽，除了金属钛本身的性质（高熔点、低密度、耐腐蚀、无磁性等）以外，还具有强度低、塑性好（延伸率可达 50%~60%，断面收缩率可达 70%~80%）的特点，但强度较低，不宜用作结构材料。

高纯金属钛的断裂强度极限为 0.22~0.26GPa。高纯钛中的间隙杂质 C、N、O 以及金属杂质 Fe 等对其物理化学性质影响显著。尤其是氧元素，钛在高温下和氧的亲和力特别强，它们之间不仅会生成化合物，而且还能形成多种固溶体，从而使硬度显著增高、可塑性明显降低，同时也会使钛的电阻率增加。当同时存在几种杂质时对钛硬度的影响是加和性的，过多的杂质甚至会影响钛的铸锭以及胚料的成型。

表 19-15、表 19-16 为日本 JIS-1 级钛与日本东芝公司生产的 3N（TSB 3N-Ti）、4N（TSB 4N-Ti）级别高纯钛的化学成分和机械性能的比较。可以看出，钛的伸长率和断面收缩率随

着杂质含量降低而提高，极限抗拉强度、屈服强度以及硬度则随杂质含量降低而下降。

表 19-15 三种不同级别钛材的化学成分 （ppm）

材　料	N	H	O	Fe	Ni	Cr	Cu	Na	K
JIS 1 级 Ti	65	<20	950	570	120	<10	65	<1.0	<1.0
TSB 3N-Ti	<3	<20	340	60	20	<10	10	<0.1	<0.1
TSB 4N-Ti	<3	<20	80	<5	<5	<5	<10	<0.1	<0.1

注：$1ppm = 10^{-6}$。

表 19-16 三种不同级别钛材的机械性能

材　料	极限抗拉强度 /kg·cm^{-2}	屈服强度 /kg·cm^{-2}	伸长率 /%	断面收缩率/%	维氏硬度 （载荷500g）
JIS 1 级 Ti	44.4	33.3	20.5	56.7	147.8
TSB 3N-Ti	32.9	22.6	44.0	79.5	116.4
TSB 4N-Ti	27.4	10.6	47.0	82.6	84

19.7.3 制备方法

高纯钛的制备方法可分为化学精制和物理精制。化学精制主要是借助氧化、还原、络合等化学反应分离杂质，物理精制则是利用主体金属与杂质的物理性质的差异达到主体金属的高纯度化。

为获得高纯度金属钛，通常先采用化学方法获得一定纯度的金属，然后用物理方法达到更高的纯度。目前，国内外得到广泛应用的制备高纯钛的工艺有 Kroll 法（Mg 热还原法）、碘化钛热分解法、熔盐电解法以及电子束熔融精炼法等。其中，电子束熔融精炼法属于物理精制方法。图 19-22 为制备高纯钛的可能途径。

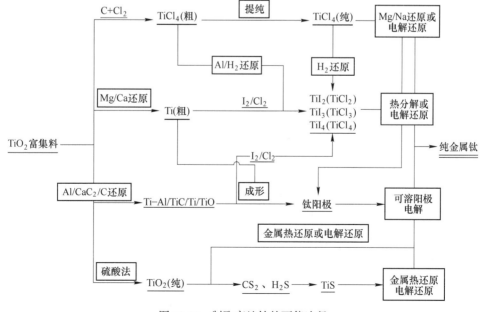

图 19-22 制取高纯钛的可能途径

19.7.3.1　镁热还原法

Mg 热还原法（Kroll 法）是 1938 年由卢森堡科学家 W. J. Kroll 提出并于 1948 年在美国杜邦公司成功实现了钛的工业规模生产，是目前应用最广的生产海绵钛的方法。该方法采用纯金属 Mg 作为还原剂，将 $TiCl_4$ 还原得到海绵状的纯金属钛。其反应装置和主要工艺流程如图 19-23、图 19-24 所示。

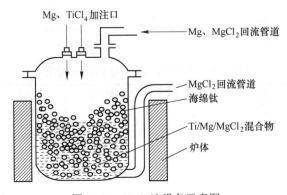

图 19-23　Kroll 法设备示意图

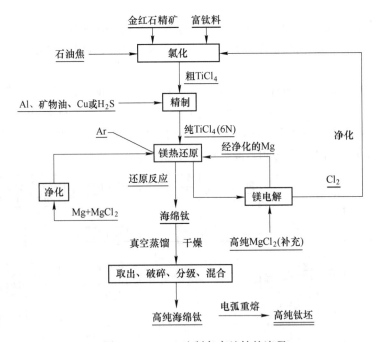

图 19-24　Kroll 法制备高纯钛的流程

Mg 热还原工艺中，Mg 与 $TiCl_4$ 的还原反应是在密闭的钢制反应器中进行的。首先将纯金属镁放入反应器中并充满惰性气体，加热使镁熔化，在 800~900℃下以一定的流速通入 $TiCl_4$，使之与熔融的镁反应，主要反应式：

$$TiCl_4 + 2Mg \rightleftharpoons Ti + 2MgCl_2 \qquad (19\text{-}24)$$

由 Kroll 法制备金属钛的流程可知，若要用该方法制得高纯度的金属钛，必须首先获

得高纯度的 $TiCl_4$ 和高纯 Mg，因为其一半以上的杂质来源于原材料，$TiCl_4$ 中的杂质在下一步还原工序中会按 4 倍的量转移到海绵钛中去。通常，为了获得普通海绵钛只需 $TiCl_4$ 纯度达到 3N 以上，5N 级的高纯钛需要 $TiCl_4$ 纯度达到 6N，而要获得更高纯钛则需纯度达到 7N 以上。

为了获得高纯度的 $TiCl_4$，通常采用多级精馏的方法除去其中高沸点和低沸点的杂质，如 $SiCl_4$、$FeCl_3$、$AlCl_3$ 等，而对于与 $TiCl_4$ 沸点相近的杂质 $VOCl_3$ 则需用化学方法除去，常用除钒方法见表 19-17。

表 19-17　常用除钒工艺比较

比较项目	铜丝除钒	铝粉除钒	H_2S 除钒	有机物除钒
除钒效果	较好	好	好	最好
操作连续否	间歇	间歇	可连续	可连续
分离残渣难度	麻烦	较易	较难	较难
钒回收难度	难以回收	可回收	可回收	可回收
应用范围	含钒低的原料	含钒低的原料	含钒高的原料	含钒高的原料
应用国家	中国	原苏联/俄罗斯	日本、美国	日本、美国

此外，还原工序中反应容器等因素都会对海绵钛的杂质含量有较大影响，比如杂质铁主要来源于反应器壁，越靠近器壁的部分杂质铁含量越高；氧、氮等杂质则来源于空气、反应器内铁锈、原料 $TiCl_4$ 及 Mg 中溶解的氧及氧化物等。

国内目前为止没有采用镁热还原法制备高纯钛的报道，其根本原因是 $TiCl_4$ 的精制工艺复杂，反应容器材质要求高等。国际上有日本大阪钛、东邦钛采用 Kroll 法生产高纯钛。产品以通过电弧重熔法将高纯海绵钛制成高纯钛胚，主要用于生产溅射靶材。表 19-18 为日本采用 Kroll 法制备的不同级别高纯钛的杂质含量。

表 19-18　日本采用 Kroll 法制备的不同级别高纯钛杂质含量　　　　（%）

级　别	Fe	Ni	Cr	Al	Si	As	Sn	Sb	O	N
ASTM 1 级	2	—	—	—	—	—	—	—	1.8	0.3
3N8	0.045	0.01	0.01	0.01	0.01	—	0.01	—	0.45	0.05
4N5	0.01	0.003	0.003	0.003	0.003	0.003	0.003	0.001	0.3	0.03
5N	0.005	0.005	0.005	0.001	0.001	0.005	0.001	0.005	0.25	0.03

19.7.3.2　碘化法

碘化法又名钛卤化盐热裂解法或者卤化盐 CVD 沉积法。利用钛卤盐在不同温度下会发生卤化和热分解反应，其具体过程就是钛在低温区域与 I_2 发生反应生成碘化钛，然后碘化钛升华并迁移到反应容器的高温区域热分解为纯钛和碘蒸气，从而分离杂质。

碘化法是目前生产超高纯度钛的主要方法之一。其发展经历了传统碘化法和新碘化法两个阶段。传统碘化法的基本原理是把纯度较低的钛原料（粗钛）与碘一起充填于密闭容器中（见图 19-25），在一定温度下发生碘化反应生成 TiI_4，再把 TiI_4 通入加热的钛细丝上进行热分解反应，析出高纯钛，游离的碘再扩散到碘化反应区继续进行反应。整个过程中发生了如下反应：

$$Ti(粗) + 2I_2 \longrightarrow TiI_4(200 \sim 400℃) \qquad (19\text{-}25)$$

$$TiI_4 \longrightarrow Ti(高纯) + 2I_2(1300 \sim 1500℃) \qquad (19\text{-}26)$$

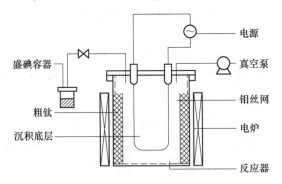

图 19-25　传统碘化法装置原理图

传统碘化法可以生产出高纯钛，且在工业生产中有着重要的地位。目前国内生产纯度要求不是太高的高纯钛时采用此方法。但是，传统碘化法尚存在如下问题：

（1）反应在电热丝上进行，容器盛放粗钛量有限，反应速度慢，生产效率低。

（2）由于是通电加热，沉积层导致电加热丝电阻变化，致使温度控制困难，甚至导致加热丝熔断。

（3）容易受到来自反应容器的污染。

为了解决传统碘化法存在的问题，日本住友钛公司发明了一项新的碘化法。该方法可以生产出纯度达到6N级的高纯钛。其基本原理是将气化的四碘化钛通入反应容器内把粗钛还原成低级的二碘化钛，二碘化钛再在沉积表面被加热分解，同时除去过剩的碘化物，使得反应连续进行，最后析出高纯钛。图19-26为新碘化法装置原理图。整个过程中发生的反应如下：

$$Ti(粗) + 2I_2 \longrightarrow TiI_4(200 \sim 400℃) \qquad (19\text{-}27)$$

$$Ti + TiI_4 \longrightarrow 2TiI_2(700 \sim 900℃) \qquad (19\text{-}28)$$

$$2TiI_2 \longrightarrow Ti(高纯) + TiI_4(1100 \sim 1300℃) \qquad (19\text{-}29)$$

与传统碘化法相比，新的碘化法降低了分解温度（约200℃），使得工艺变得简单。此外，新的碘化法还有以下优点：

（1）以钛管代替了钛丝作为高纯钛的析出表面，大大提高了生产效率。

（2）采用间接加热方式，不受沉积速度的影响，有利于温度控制。

（3）粗钛压制成块，容器可以放入更多钛原料。

（4）容器与反应气体接触的部分采用 Au、Pt、Ta 镀层，相比 Mo 镀层具有更高的耐腐蚀性能和良好的抗破裂能力。

（5）减少了杂质元素的污染。

19.7.3.3　电子束熔炼

电子束熔炼是在高真空炉腔内以加速电子的动能作为加热源熔融金属原料，根据不同元素的蒸气压和密度的差别，部分杂质直接蒸发，而部分密度大的杂质元素则沉积到坩埚底部，从而达到精炼目的，其过程如图19-27所示。

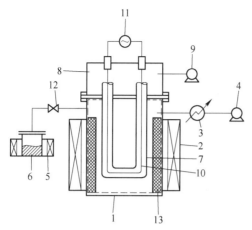 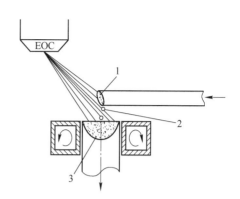

图 19-26　新碘化法装置原理图

1—密封容器；2—加热炉；3—阀门；
4—真空泵；5—电加热炉；6—TiI$_4$ 盛放容器；
7—钛管；8—排气室；9—真空泵；
10—棒加热器；11—电源；12—阀门；13—粗钛

图 19-27　电子束熔融精炼示意图

1—原料；2—熔融金属液滴；3—水冷坩埚

近年来，电子束熔炼受到人们的广泛关注，通过多次电子束熔炼可以不断提高金属的纯度，这是制取超高纯钛的发展方向。美国 Honeywell International 公司通过多次电子束熔炼炉，已能够生产出 6N 级的超高纯钛。

电子束熔炼方法的主要优点有：

（1）可对熔炼材料和熔池表面同时加热，因此脱气、精炼可同时进行；

（2）采用的是水冷铜坩埚，因此与炉材的反应和污染少；

（3）由于电子束易控制，熔炼速度和能量可任意选择，因此提纯效果相当好。

缺点是除 Fe、Ni、O 效果不佳，而且重金属必须在电子束熔炼前用熔盐电解法或碘化法除去。

19.7.3.4　区域熔炼法

区域熔炼法是 20 世纪 50 年代为了提高半导体用金属的纯度而发展起来的一种金属提纯方法。其原理是利用杂质在金属凝固态和熔融态的溶解度差别，使杂质析出或改变其分布而得到高纯金属。基本操作过程是先在原材料一端建立熔区，熔区由一端缓慢移向另一端，使杂质元素分布在局部小区域内，反复操作此过程，可以得到纯度很高的金属，如提纯硅锗时可以达到 8N 级（99.999999%）以上。

采用此方法生产高纯钛的最大优点是没有来自容器的污染，缺点是生产效率低。相关资料表明，目前西北有色金属研究院提供的普通高纯钛产品均采用此方法。图 19-28 为区域熔炼原理示意图。

19.7.3.5　熔盐电解法

钛的熔盐电解精炼法是利用钛的卤化物的电化学特征获得高纯钛的方法。该方法采用低品位的、含杂质的钛及钛合金或具有足够导电率的钛的化合物作为可溶阳极，含有钛离子的熔盐作为电解介质，通过控制电解电压或电流密度在阴极得到高纯钛，如图 19-29 所示。

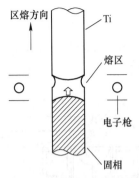

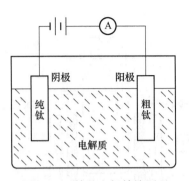

图 19-28　区域熔炼原理示意图　　　　　图 19-29　熔盐电解精炼原理

电解精炼一般采用 NaCl-KCl 作为电解质，可以获得大晶粒钛和粉末钛。在氯化物熔盐中通直流电，金属钛阳极在电流作用下以 Ti^{3+}、Ti^{2+} 离子形式溶出进入熔融电解质中，溶出电位比钛高的杂质留在阳极上或沉淀在电解液中，溶出电位比钛低的杂质则同钛一起溶入电解液中，但不参加阴极反应，Ti^{3+}、Ti^{2+} 则在阴极 $Ti^{3+}{\rightarrow}Ti^{2+}{\rightarrow}Ti$ 或 $Ti^{2+}{\rightarrow}Ti$ 的反应过程析出，在阴极得到纯钛，从而达到精炼提纯的目的。电极过程的主要反应如下：

阳极：$$Ti - ne \longrightarrow Ti^{n+} \tag{19-30}$$

阴极：$$Ti^{n+} + ne \longrightarrow Ti(n = 2 \sim 3) \tag{19-31}$$

钛电解时的总反应为：$$Ti(粗) \longrightarrow Ti(纯) \tag{19-32}$$

图 19-30 为美国的 Eiji Nishimura 等人发明制备高纯钛的设备，该装置可以生产至少 4N 级的高纯钛，产品经过电子束熔炼后甚至可以达到 6N。图 19-31 则是日本的发明，采用该电解精炼装置可生产 5N 级纯钛。

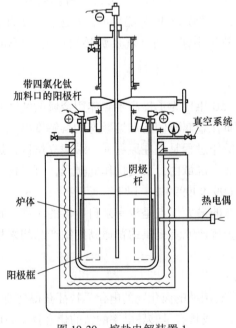

图 19-30　熔盐电解装置 1

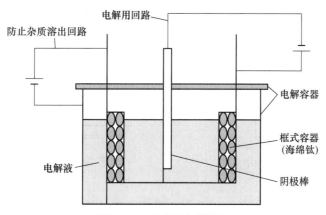

图 19-31 熔盐电解装置 2

表 19-19 为不同的电解装置采用熔盐电解精炼后的杂质含量对比。从表 19-19 中可以看到，电解精炼对 Fe、Ni、Cr、Al 等以及非金属杂质氧有很好的去除效果，能够起到很好的提纯作用。

表 19-19 不同电解装置电解前后杂质含量的对比 （ppm）

杂　　质		Fe	Ni	Cr	Al	Cu	O
Eiji Nishimura	原料	100	20	10	10	6	250
	电解后	0.05	0.05	0.1	0.1	0.1	80
山本仁	原料	55	5	4	5	1	440
	电解后	1.9	0.3	1.0	0.5	0.8	33

注：1ppm = 10^{-6}。

熔盐电解法采用的熔盐系虽有差异，但目前主要以 NaCl-LiCl-KCl 熔盐系为主。熔盐电解法制备高纯钛具有操作连续、成本低、除重金属杂质元素效果好等优点。但也存在熔体易污染、电解槽结构复杂、产量低等缺点。

总体而言，采用熔盐电解法不易大规模制取高纯钛，实际生产中熔盐电解法主要作为一种精炼方法，即利用海绵钛作为阳极进行熔盐电解。近年来，虽然各国科学家想直接利用钛的化合物直接生产高纯钛，但进展缓慢。

19.7.3.6 其他新型提纯工艺技术

近些年来，开发了许多新的提纯工艺，比如固相电解法、激光精馏电解法、离子交换膜电解法等。

（1）固相电解法又称离子迁移法，图 19-32 为其原理示意图。该法是在超高真空或惰性气氛保护下，对金属试样通入大的直流电流，利用杂质元素在电场作用下迁移速率的不同，使杂质离子产生顺序迁移，实现提纯。由于间隙杂质的迁移速率比金属离子迁移快得多，因此能把间隙杂质降低到一个极低值，是目前除去间隙杂质 C、H、O、N 最有效的方法，美国利用该法已经将 N、O 含量降低到 0.001%。固相电解的缺点是周期长、产量低。

（2）激光精馏电解法是目前被认为最先进的方法，可能成为提纯钛的最有效途径，其原理示意如图 19-33 所示。该法是利用电子束使真空室内金属挥发，然后利用激光照射金属蒸气，不同原子的电子能量不同，金属会发生选择性激励从而使其离子化，之后将其捕集分离到电极上，达到分离提纯的目的。

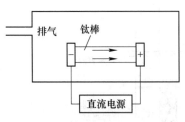

图 19-32 固相电解法原理示意图

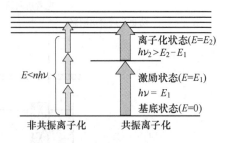

图 19-33 激光精馏电解法

（3）离子交换膜电解法制备高纯金属，是把电渗透技术和电解技术结合在一起的高纯金属制备方法。图 19-34 为电解槽示意图。其中，离子交换膜将电解槽分隔成阳极反应区和阴极反应区，反应物和产物分开，避免了反应物对产品的二次污染。该法是一种高效的高纯金属材料制备方法。将不纯的金属铸成阳极或者置于阳极框中，在阳极室内通直流电电解，得到的阳极溶液经净化后循环到阴极室中，在阴极上沉积出高纯金属。阴极膜只允许重金属离子穿过，阻挡阳极液杂质迁移到阴极液中，从而实现电解精炼。

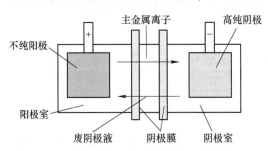

图 19-34 离子交换膜电解法原理图

随着科学技术的进步，生产金属钛的方法也在不断发展，为了克服 Kroll 法的成本高、不能连续化生产的缺点发展起来一些方法，如二氧化钛直接电化学还原法、钙热还原法、ITP 法、导电体介入反应法以及金属氢化物还原法，得到了较大发展。但这些方法离工业生产还有很长的路要走，目前也没有文献表明这些方法能够生产出纯度极高的高纯钛。

为了克服传统单一方法除去杂质元素种类有限和重复污染的问题，采用联合方法和多阶段熔炼法可达到更好的除杂效果。联合方法应用较多的是熔盐电解—电子束熔炼法、电子束熔炼—区域熔炼法、区域熔炼—高真空退火法等。

熔盐电解—电子束熔炼法结合了熔盐电解法除 Fe、Cr、Ni 元素容易和电子束熔炼法除 K、Na 和气体元素容易的特点，可以制造出 6N 级高纯钛。电子束熔炼—区域熔炼法可以除去大量气体杂质元素，区域熔炼前进行电子束熔炼可以减少区域熔炼的次数，提高生产效率。区域熔炼—高真空退火法可以进一步除去 O、N 等气体元素。有资料表明，采用集成的亨特法和熔盐电解法，结合碘化法或电子束熔炼法可以生产出 7N 级（99.99999%）超高纯钛。

今后，高纯钛的制备将向两个方面发展：（1）采用联合法和多阶段熔炼法制取高纯钛，以克服传统单一方法除去杂质元素种类有限和重要污染的问题，达到更好的除杂效果；（2）开发新的制备方法，以克服老制备工艺的复杂性，提高生产效率，降低生产成本。

19.7.4 常用分析检测方法

金属的纯度是相对于杂质而言的，广义上杂质包括化学杂质和物理杂质（晶体缺陷）。只有当金属纯度极高时，物理杂质的概念才是有意义的。因此一般以化学杂质的含量作为评价金属纯度的标准，即以主金属减去杂质总含量的百分数表示，常用 N（Nine 的第一字母代表），如 99.9999% 写为 6N。

对于高纯金属，杂质含量具有 10^{-6}（ppm）、10^{-9}（ppb）甚至更低的量级，对这些超微量杂质，分析的方法有多种，如光谱分析、质谱分析、极谱分析、光电比色分析、活化分析、原子吸收光谱分析、剩余电阻率分析等，并且具有各自的特点，见表 19-20。

表 19-20 常用分析检测方法

方 法	特 点
发射光谱	用于同时测定含量在 ppm 范围或更高的金属元素
质谱	用于测定 ppb 范围的金属元素，测试结果的准确度与参照的标准试样相同
中子活化	用于测定 ppm 范围的金属，特别可以测定氧含量
原子吸收光谱	用于连续测定 ppb 范围的金属元素
剩余电阻率	可对杂质含量整体进行表征，但不能确定所测定的是哪一种杂质元素，可对 5N 或更高纯度的金属进行快速测定

上述几类方法中具有代表性的、应用较广的分析方法有电感耦合高频等离子体发射光谱法（ICP-AES）、电感耦合高频等离子体质谱（ICP-MS）、辉光放电质谱法（GD-MS）、剩余电阻率法（RRR）等。

ICP-AES 是目前各分析方法中分析元素范围最广、含量跨度最大的多元素同时分析的方法。检测样品需经化学处理变成溶液，一些低沸点杂质在化学处理、分离过程已经损失，因此存在误差。

ICP-MS 分析试样速度快，分析元素多达 70 多个，检出限低达 10^{-9} 量级，测量精度高，稳定性好。但同 ICP-AES 一样存在制样污染、样品损失等缺点，并且一些元素无法分析，如 As、Se、Sb、Cl 等。

GD-MS 是目前对固体导电材料直接进行痕量或超痕量元素分析的最有效的手段，可以直接对固体试样分析，因而可以避免试样制备过程中的污染。该方法分析速度快，并可多元素同时测定，几乎可以检测周期表中所有元素，对于某些元素其检出限可达 10^{-11} 量级。

RRR 法是一种超高纯金属纯度的物理检测方法。以探测器级的超纯锗为例，其纯度需达到 13N 级别，其中杂质含量已低于现有化学分析仪器的分析灵敏度限量，因此需用物理方法来测定，剩余电阻率法即是这样一种方法，其可对杂质含量整体进行表征，但不能确定所测定的是哪一种杂质元素。

19.7.5 应用

相比一般的工业纯钛，高纯钛价格昂贵，因此其主要来满足一些特殊行业的使用。

高纯钛主要运用于电子工业中的高纯钛靶材，原子能工业中制冷器材料，高真空、超高真空系统的吸气材料。纯钛及钛合金与人体骨质有相近似的弹性模量、良好的生物相容性、无磁性、在生物体环境下良好的抗腐蚀性等优点，因此在临床上运用越来越广泛，为了防止钛中杂质的溶出，医用钛材纯度也在追求高纯。

（1）高纯钛靶材。高纯钛靶材（见图 19-35）广泛用于制造大规模集成电路的晶体管栅极材料、布线材料以及扩散阻挡层材料，原子能工业中的氘钛靶以及一般工业的磁控溅射阴极靶等。

以集成电路中的扩散阻挡层材料为例，目前集成电路布线技术主要有 Al、Cu 以及 Ag 布线，作为布线金属的 Al、Cu、Ag 向介质层 Si 或 SiO_2 中扩散速度很快，它们进入 Si 或 SiO_2 中使得器件的性能大幅度下降，因此必须采取有效措施阻止这样的扩散。即在介质层和布线金属之间引入一层扩散阻挡层，如图 19-36 所示。理想的扩散阻挡层材料需满足一系列条件，如能抑制布线金属与介质层的混合并且呈惰性、与布线金属以及介质层材料有较好的黏附性、具有很好的导热性和导电性等。高纯金属钛及其化合物如 TiN、TiW、TiSi 则是一类能较好满足上述条件的材料。

图 19-35　高纯钛靶材

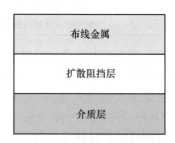

图 19-36　扩散阻挡层示意图

为了使电子器件性能稳定可靠，用于制备扩散阻挡层的钛靶材必须将某些杂质元素含量（如 Na、K、Li、U、Th、Fe、Cr、O 等）控制在极低的范围，因为 Na、K、Li 这类杂质很容易扩散至介质层界面从而影响器件性能；Fe、Cr 等重金属杂质会使界面的结合变差；U、Th 等放射性杂质会造成器件软失效，即晶体管由"关闭"到"启动"状态的偶然转换，从而引起数据储存元件储存量的变化；杂质 O 则会使 Ti 的电阻增加并且变硬变脆。

（2）吸气材料。高纯钛具有良好的塑性和吸气性且无磁性，是真空及高真空设备中理想的结构材料。尤其是对活性气体（如 O_2、N_2、CO、CO_2、650℃ 以上的水蒸气等）的吸附能力很强，蒸发在器壁上的新鲜 Ti 膜能形成一个高吸附能力的表面，几乎能和除惰性气体以外的所有气体发生化学反应。这一性质使得高纯钛在超高真空抽气系统中作为吸气剂而得到广泛使用，如钛升华泵、溅射离子泵等。高纯钛用作吸气材料时必须除去 C、N、O 等杂质，而 Ta、Nb 等同样具有吸气性能的金属杂质问题不是很大。

（3）生物材料。钛是无磁性金属，在很强的磁场中也不会被磁化，且与人体有良好的相容性，无毒副作用，可以用来制造人体植入器件。一般医用钛材并没有达到高纯钛的级别，但是考虑到钛中不纯物的溶出问题，植入件用钛的纯度应尽可能高。高纯钛丝可用做生物捆扎材料，内埋导管的钛制注入式针头也达到了高纯钛级别。

（4）装饰材料。高纯钛具有优异的耐大气腐蚀性能，在大气中长期使用也不变色，保证钛原有的本色。因此，高纯度钛还可以用作建筑装饰材料。此外，近年来部分高档装饰品以及部分佩戴物，如手链、手表及眼镜架等用钛制作，利用了钛耐腐蚀、不变色、能长久保持良好的光泽以及与人体皮肤接触不致敏等特性。某些装饰品用钛的纯度已经达到5N级别。

（5）其他。除以上提到几个应用领域外，高纯钛在特殊合金、功能材料领域也有应用。如制备钛镍形状记忆合金和钛铝金属间化合物时要求钛的纯度在5N以上。而在海水净化、污水处理、制药等方面，高纯钛可以用来制造水净化装置的滤芯。

19.8 钛铝基合金

19.8.1 发展进程

钛铝基合金是一种新兴的金属化合物结构材料，作为优异的轻质高温合金，其具有较好的抗氧化能力和抗高温能力，在汽车、航空航天领域已得到重要应用，如飞行器件、汽车等发动机的涡轮叶片。

钛铝基合金也称钛铝基金属间化合物，主要有 δ-TiAl$_3$、α_2-Ti$_3$Al、γ-TiAl 等金属间化合物。其中，具有实用前景的是由 α_2 和 γ 两相组成的钛铝基合金。δ-TiAl$_3$ 基合金因其在室温下很脆，目前还没有进行多少研究与应用。α_2-Ti$_3$Al 基合金作为一种高温结构材料，因存在结构不稳定且容易开裂等缺陷，其应用研究较少。而 γ-TiAl 基合金为双相结构，其具有极好的耐高温、抗氧化性能，以及有很好的弹性模量和抗蠕变性能，这使其成为航天、航空及汽车用发动机耐热结构件极具竞争力的材料，从而得到国内外研究者的深入研究。

20世纪50年代中期开始了对 γ-TiAl 基合金的科学研究，80年代后，γ-TiAl 基合金的合金化程度越来越高，通过加工工艺及合金化的双重作用，进行组织控制，钛铝基合金的室温塑性、断裂韧性、强度、抗氧化性、拉伸性能、抗蠕变性能等都有了一定的提高。表19-21列出了钛铝基合金发展历程。

表 19-21 钛铝基合金发展进程

代别	合金组成（摩尔分数）/%	制备工艺	开发者	使用温度/℃
第一代	Ti-48Al-1V-0.3C	铸造	M. Blackburn	<760
第二代	Ti-47Al-2(Cr,Mn)-2Nb	铸造	S. C. Huang	760~800
	Ti-(45~47)Al-2Nb-2Mn+(0.5~0.8)vol%TiB$_2$	铸造（XD）	Howmet	
	Ti-47Al-3.5(Nb,Cr,Mn)-0.8(B,Si)	铸造	GKSS	
	Ti-47Al-2W-0.5Si	铸造	ABB	
	Ti-46.2Al-2Cr-3Nb-0.2W(K5合金)	锻造	Y. W. Kim	
	Ti-47Al-5(Cr,Nb,Ta)	铸造	GE	

代别	合金组成（摩尔分数）/%	制备工艺	开发者	使用温度/℃
第三代	Ti-$(45\sim47)$Al-$(1\sim2)$Cr-$(1\sim5)$Nb-$(0\sim2)$B-$(0.03\sim0.3)$C-$(0.03\sim0.2)$Si-$(0.1\sim0.25)$O	锻造	Y. W. Kim	$800\sim840$
	Ti-45Al-$(8\sim9)$Nb-(W,B,Y)	铸造	陈国良	$840\sim900$

19.8.2 结构与组织

19.8.2.1 结构与物理性质

Ti-Al 系中有 Ti_3Al、TiAl、$TiAl_2$ 和 $TiAl_3$ 等金属间化合物存在，其中 Ti_3Al、TiAl 和 $TiAl_3$ 晶体结构分别为 DO_{19}、$L1_0$ 和 DO_{22} 有序结构，其物理性质见表 19-22。

表 19-22　Ti-Al 金属间化合物的物理性质

金属间化合物	成分 Al（摩尔分数）/%	结构符号	所属晶系	密度/g·cm⁻³	熔点/K	硬度 HV$_{100}$
α_2-Ti_3Al	$22\sim39$	DO_{19}	六角	4.183	1933	$260\sim380$
γ-TiAl	$48\sim69$	$L1_0$	四方	3.837	1753	$240\sim260$
θ-$TiAl_3$	75	DO_{22}	四方	3.369	1623	$660\sim750$

工程上应用的 TiAl 基合金主要以 γ-TiAl 相为基体，并含有少量 α_2-Ti_3Al 相。γ-TiAl 具有面心正方结构，Ti 原子占据四个面心位置；α_2-Ti_3Al 相具有六方结构，晶体结构中 Ti 原子与 Al 原子占位比较复杂，其晶体结构如图 19-37 所示。

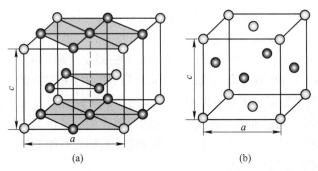

(a)　　　　　　　　　　　(b)

图 19-37　γ 相和 α_2 相的晶体结构

（a）α_2-Ti_3Al 相；（b）γ-TiAl 相

由图 19-37 可知，γ-TiAl 相 Ti 原子面和 Al 原子面在 [001] 方向上交替排布，六方结构的点阵堆垛次序为 ABAB 型，γ-TiAl 与 α_2-Ti_3Al 都是密排结构，γ-TiAl 存在轻微的畸变，α_2-Ti_3Al 相比 γ 相脆，所以 α_2-Ti_3Al 的存在对合金的力学性能和变形行为有着显著的影响。

19.8.2.2 相图

TiAl 合金的二元相图如图 19-38 所示。从图 19-38 中可以看出，对于具有任意 Al 原子百分比含量的 TiAl 基合金而言，其垂直线与 α 相和 $\alpha+\gamma$ 相界的交点温度和共晶温度分别

为 T_a 和 T_e (为 1120℃)。$Ti_3Al(\alpha_2)$ 相的铝含量在 22% 到 39%（摩尔百分比）之间，而 $TiAl(\gamma)$ 相的铝含量在 48.5% 到 66% 之间。铝含量介于 37% 和 49% 之间的钛铝化合物具有 $Ti_3Al(\alpha_2)$ 和 $TiAl(\gamma)$ 混合物的双相。

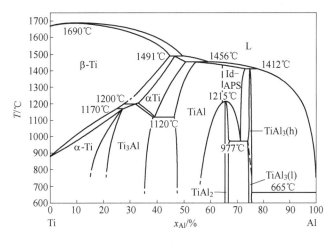

图 19-38　TiAl 合金二元系相图

为了便于分析，在 T_a 至 T_e 的线段上划分为上段、中段和下段 3 个部分。在下段温度区间热处理时（即退火热处理温度在共析温度的 $\alpha+\gamma$ 两相区以上），TiAl 基合金通常可以得到近 γ 组织，主要包括 γ 等轴晶和少量分布在 γ 等轴晶晶界的 α_2 相组成；在中段温度区间热处理时，TiAl 基合金组织会产生非常大的变化，在 Ti-Al 二元相图中，近 γ 组织在体积分数大致相等的 $\alpha+\gamma$ 两相区进行退火热处理，并随后冷却至室温之后，TiAl 基合金的组织将会由近 γ 组织转变为 γ 晶粒和 α_2/γ 层片所组成的双态组织，此时 γ 相和 α 相的体积分数基本相同，其竞争生长机制会导致 TiAl 基合金中产生较细小的晶粒。

在 Ti-Al 二元相图中，通过上段温度区间热处理可以得到近片层 TiAl 基合金组织，随着退火温度的升高或退火时间的延长，TiAl 基合金中的片层组织的分数增加。当退火温度进一步升高到 α 转变温度以下 10℃ 左右时，TiAl 基合金经空冷或炉冷后可以形成近片层组织，这时近片层组织中 γ 晶粒体积分数逐渐减少，并转变为粗大 α 片层晶粒和少量 γ 晶粒；TiAl 基合金在高于 T_a 热处理温度短时间退火热处理后，粗大 α 片层晶粒和少量 γ 晶粒将转变为全片层的 $\gamma+\alpha_2$ 两相组织。有文献说明，α_2 相的片层面基面平行于 γ 相的 $\{111\}$ 面，当 γ 相从 α 相中析出时，其相位关系符合 Blackburn 位相关系。相图中的特殊点的类型见表 19-23。

表 19-23　Ti-Al 系的特殊点及反应类型

反　　应	Al(摩尔分数)/%			温度/℃	反应类型
L $\rightleftharpoons$ β-Ti	0			1670	熔点
β-Ti $\rightleftharpoons$ α-Ti	0			882	同素异形转变
L + (β-Ti) $\rightleftharpoons$ (α-Ti)	49.4	44.8	47.3	1490	包晶
(α-Ti)	Ti_3Al		30.9	1164	最大转变

反　　应	Al(摩尔分数)/%			温度/℃	反应类型
$(\alpha\text{-Ti}) \rightleftharpoons Ti_3Al + TiAl$	39.6	38.2	46.7	1118.5	共析
$L + (\alpha\text{-Ti}) \rightleftharpoons TiAl$	55.1	51.4	55	1462.8	共晶
$L + TiAl \rightleftharpoons Ti_2Al_5$	72.5	66.5	71.4	1415.9	共晶
$TiAl + Ti_2Al_5 \rightleftharpoons TiAl_2$	64.5	71.4	66.7	1199.4	包析
$Ti_2Al_5 \rightleftharpoons TiAl_2 + TiAl_3$	71.4	66.7	74.2	990	共析
$L + Ti_2Al_5 \rightleftharpoons TiAl_3$	79.1	71.4	75	1392.9	包晶
$L + TiAl_3 \rightleftharpoons (Al)$	99.9	75	99.4	664.2	包晶
$L \rightleftharpoons Al$		100		660.5	熔点

19.8.2.3　显微组织

　　TiAl 基合金中双相 γ-TiAl 的力学性能明显比单相的 α_2 和 γ 好。不同的热处理工艺下具有不同的组织形貌，主要为全片层（RL）、近片层（NL）、双态（Duplex）和近γ(NG)组织四种。图 19-39 和图 19-40 分别表示双相钛铝合金的显微组织和两相钛铝基合金形成的热处理温度范围。

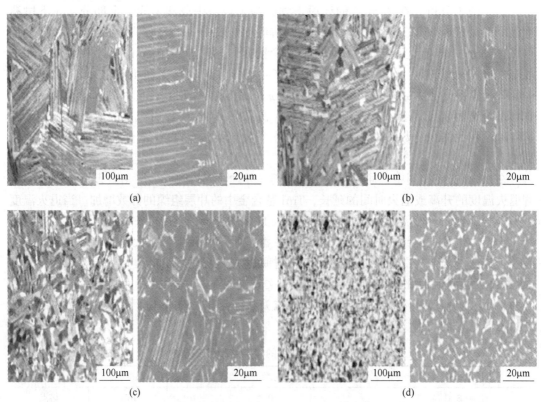

图 19-39　TiAl 合金四种典型的组织形貌

(a) 全片层（RL）组织；(b) 近片层（NL）组织；

(c) 双态（Duplex）组织；(d) 近 γ(NG)组织

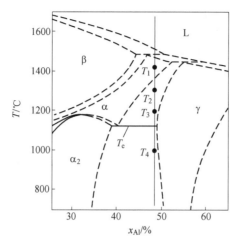

图 19-40　Ti-Al 相图的中心部分及其两相 TiAl 基合金形成的热处理温度范围

T_1—在 T_α 以上退火，随后以中等速度冷却形成全片层显微结构；T_2—略低于 T_α 上形成近片层微观结构；

T_3—在共析温度 T_e 和 T_α 之间形成双态微观结构；T_4—小于 T_e 范围内形成近 γ 组织

Al 含量多少一定程度上决定着铸态 TiAl 合金的显微组织。TiAl 基体组织一般是 γ-TiAl 和 α_2-Ti$_3$Al 的片层组织，γ-TiAl 随着 Al 含量的减少而减少；室温组织中一般只会有很小体积分数的等轴 γ 相晶粒组成；Al 含量减小到一定程度后，γ 相几乎不存在，显微组织为仅仅由片层状组织组成的片层团组成。

（1）全片层组织：在纯 α 相稳定区域中，通过热处理（图 19-40 中 T_1）可获得全片层微观结构。当合金冷却到室温时，从 α-Ti 相析出成 α_2 和 γ 板的交替板状，形成全片层结构。显微组织的粗晶粒大小一般在 200~1000μm 之间。

（2）双态组织：双态组织通常由 γ 等轴晶粒和 γ+α_2 片层相间的晶团组成，这种组织一般是在 α_2+γ 两相区的温度条件（图 19-40 中 T_3）下获得，α/γ 相体积比近似等于 1。双态组织由细小的全层状晶粒和等轴 γ 晶粒组成。这两种晶粒形态的混合物形成了一种非常精细的微观结构。γ 等轴晶粒一般约为 10~35μm，γ+α_2 片层厚度为 0.1~2μm，平均晶粒尺寸在 10μm 范围内。高温条件下 α 相是无序相，重新形核并生长成 γ 晶粒或与 γ 晶粒相间构成片层，冷却至室温，最终形成典型的双态组织。在高温条件下，α 和 γ 两相由于彼此之间的限制和钉扎作用，限制晶粒长大的速度，使最终获得相对细小的组织。

（3）近片层组织：近片层组织一般是在 α+γ 相区的温度条件下（图 19-40 中 T_2）获得，α/γ 相体积比大于 1。主近片层组织通常是由粗大的 α_2+γ 片层结构为主，伴有少量的 γ 晶粒分散在其间的混合组织，α_2+γ 片层团的尺寸一般在 100~200μm，γ 晶粒一般不超过 20μm。

（4）近 γ 组织：近 γ 组织是在 α_2+γ 相区中，在较低温度（图 19-40 中 T_4）下进行热处理形成的。这种显微组织的特征是在等轴组织 γ 相晶界处形成 α_2 相晶粒，这种微观结构的平均晶粒度通常在 30~50μm。

19.8.3　合金化研究

γ-TiAl 基合金不仅高温性能高，而且抗氧化能力比普通钛合金、α_2-Ti$_3$Al 基合金高，是理想的高温结构材料。几种常见的高温合金性能见表 19-24，TiAl 合金与其他高温合金性能比较如图 19-41 所示。然而，TiAl 合金还存在着一些缺点：（1）拉伸性能与断裂蠕变抗力呈反比关系；（2）高温强度在 1000℃ 以上时相对较低；（3）温度高于 800℃ 时抗氧化能力不足；（4）室温下延展性及变形加工性较差；（5）较高摩擦系数，耐磨性能差等。为了克服上述缺陷，研究人员常添加合金化元素来改变 TiAl 合金的微观组织结构与变形特性，从而提高 TiAl 合金的综合力学性能。

表 19-24 几种常见的高温合金性能

性　能	Ti 基合金	Ti$_3$Al 基合金	TiAl 基合金	Ni 基合金
密度/g·cm^{-3}	4.5	4.2~4.7	3.7~4.1	8.3~8.5
弹性模量/GPa	96~115	100~145	160~180	207
断裂韧性 K_{IC}/MN·m$^{-3/2}$	高	13~43	10~20	25
屈服强度/MPa	380~1150	700~900	400~800	800~1200
抗拉强度/MPa	480~1200	800~1140	450~1000	1250~1450
室温塑性/%	10~25	2~10	1~3	3~10
高温塑性/%	高	10~20	10~60	80~125
蠕变极限/℃	600	760	1000	1090
抗氧化极限/℃	600	650	900~1000	1090
结构	hcp/bcc	DO$_{19}$	L1$_0$	fcc/L1$_2$

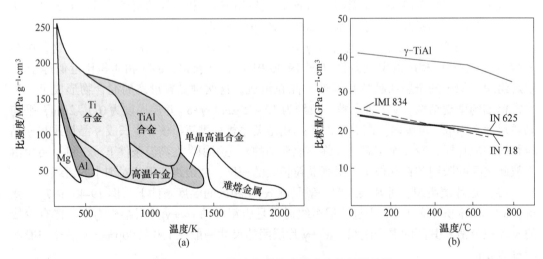

图 19-41　TiAl 合金与其他高温合金的性能比较
（a）比强度-温度；（b）比模量-温度

19.8.3.1　合金元素的分类及原子占位

钛铝基合金中添加合金元素主要影响分为以下几个方面：提高晶体结构对称性、减小层错能、细化晶粒、弥散强化、吸收合金中的有害元素、改善表面氧化膜致密度等。合金化元素一般会占据 γ-TiAl 点阵结构的 Al 位或 Ti 位，根据占位情况可以将合金元素分为 3 类：

（1）合金元素占据 Ti 位的有 Nb、Ta、W、Mo、Zr、Y、Sb、Ge；

（2）合金元素占据 Al 位的有 Ni、Ga、Sn、In、Cr、Cu；

（3）合金元素主要取代 Al 位或 Ti 和 Al 两种位置都可以取代的元素有 V、Mn、Cr、Fe、Co。

由于原子大小等参数的不同，合金元素的添加一定程度上会带来晶格畸变。一般 γ-TiAl 晶胞的轴比为 $c/a = 1.01 \sim 1.03$，c/a 的降低及晶胞体积的减小有利于合金塑性的增加，其原理是：c/a 值减小，晶体各向同性增加，超位错 $\langle 101 \rangle$ 与普通位错 $1/2 \langle 110 \rangle$ 之间的可动性差异降低；单胞体积降低使晶胞中 Ti 原子和 Al 原子间的相互作用增强，减弱共价键性。另外，随着 Al 含量升高，导致晶格常数 a 降低，c 则升高，从而 c/a 升高，其原因可能是形成了换位缺陷。

合金中元素间的相互作用是极其复杂的，某一合金元素的添加带来多种优化效果的同时可能会使某一性能变差，多种元素添加时，合金元素间的相互作用可能会带来意想不到的结果。合金元素的添加、作用机理、带来的组织与性能的变化、组织与性能之间的关系都需要再深入地研究与探讨，研究新元素的添加及作用机理也是合金化的新方向。

部分合金元素的作用见表 19-25，其在钛铝合金中的占位情况标于元素后面的括号中。

表 19-25　TiAl 合金中部分合金元素作用及原子占位情况

作用效果	合　金　元　素
提高塑性	Co（$x_{Ti}/x_{Al} < 1$ 时占据 Ti 位，$x_{Ti}/x_{Al} \geqslant 1$ 占据 Al 位）
	Fe（$x_{Ti}/x_{Al} < 1$ 时占据 Ti 位，$x_{Ti}/x_{Al} \geqslant 1$ 占据 Al 位）
	Mn（$x_{Ti}/x_{Al} < 1$ 时占据 Ti 位，$x_{Ti}/x_{Al} \geqslant 1$ 占据 Al 位）
	V（$x_{Ti}/x_{Al} \leqslant 1$ 时占据 Ti 位，$x_{Ti}/x_{Al} \geqslant 1$ 占据 Al 位）
	Mo(Ti)、Cr(Al)、Ni(Al)、Sn(Al)、B、C、RE、Si
提高抗氧化性	Nb(Ti)、Mo(Ti)、Sb(Ti)、Ta(Ti)、Cr(Al)、Si、P、W
提高抗蠕变性能	Nb(Ti)、Ta(Ti)、Er、O、Si、W
固溶强化	Zr(Ti)、Mo(Ti)、Nb(Ti)、Ta(Ti)、W、B、C、N
提高断裂韧性	Cr(Al)、C、N
提高强度	Mo(Ti)、Nb(Ti)、W、B、C、N
稳定 β 相	Mo(Ti)、Nb(Ti)、W(Ti)、V(Al)、Cr(Al)
提高组织稳定性	Nb(Ti)、W、Si
提高显微硬度	W、C、N
改善铸造性能	Fe（$x_{Ti}/x_{Al} < 1$ 时占据 Ti 位，$x_{Ti}/x_{Al} \geqslant 1$ 占据 Al 位）、Ni(Al)、P、Si、B、C、N

19.8.3.2　元素对 TiAl 合金组织和性能的影响

合金元素对 TiAl 的性能有一定的影响，见表 19-26。添加合金元素后，TiAl 合金可基本表示为：

$$\text{Ti-}(42 \sim 48)\text{Al-}(0 \sim 10)\text{X-}(0 \sim 1)\text{Y-}(0 \sim 0.5)\text{RE}$$

式中，X 代表 Nb、Cr、Mo、Mn 和 V 等副族元素；Y 代表 B、C、Si、O 和 N 等主族元素；RE 代表 Y、Ce 和 Nd 等稀土元素。

表 19-26 合金元素对 TiAl 基合金性能的影响

合金元素	作　用
Al	改变合金组织，影响合金塑性，铝含量在 48%时具有最佳室温塑性
C	提高蠕变性能，但会降低塑性
N	经过沉淀强化，显著提高合金抗蠕变性能及高温强度
O	对铸造合金而言，增加氧含量能提高蠕变性能且对塑性无影响
Si	增强合金抗氧化、蠕变能力，提高浇铸流动性，降低热裂敏感性，1%~5%
V	提高双态合金塑性，1%~3%
Mn	提高双态合金塑性，1%~3%
Fe	提高浇铸流动性、降低热裂敏感性
B	细化晶粒，提高强度和热加工性能
Mo	提高合金的塑性及强度，增强合金抗氧化性能
Nb	显著提高合金的抗氧化性能、高温强度及抗蠕变性能
W	提高合金抗氧化和抗蠕变性能
Ta	改善合金的抗氧化及抗蠕变性能，但合金的热裂敏感性也随之增加
Er	改变变形亚结构，提高单相 γ 的塑性
La	合金的强度和延性随 La 的含量增加而增加，在 1.0%和 2.0%处达到最大值
Cr	1%~3%的添加量将提高双态合金的塑性，大于 2%可改善热加工性及超塑，大于 8%将极大改善抗氧化性
Y	对合金晶粒尺寸和层片间距也有较强的细化作用，提高合金强度及塑性

Al 含量的多少对 TiAl 基合金的组织和性能影响比较大，Al 含量的不同可能带来凝固路径的不同。理想的工程应用合金为：$50 \sim 250 \mu m$ 的晶粒尺寸、片层间距 $0.05 \sim 0.5 \mu m$、存在 $5\% \sim 25\%$ 体积分数的 α 相、最好是晶界互锁的全片层组织。所以工程用合金一般将 Al 含量控制在 42%~48%之间，并根据情况加入适量的合金元素来引入少量的 α_2 相和 B2 相，控制合适的片层间距及晶粒尺寸，Al 含量对晶粒尺寸、片层间距、α_2 相体积分数的影响关系如图 19-42、图 19-43 所示。

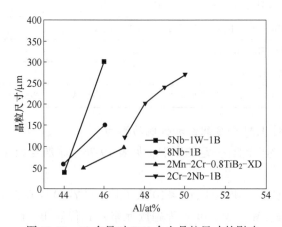

图 19-42 Al 含量对 TiAl 合金晶粒尺寸的影响

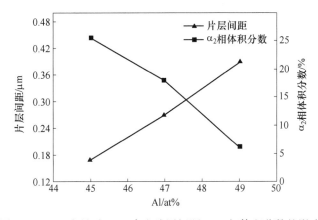

图 19-43　Al 含量对 TiAl 合金片层间距、α_2 相体积分数的影响

随着 Al 含量的降低，包晶反应带来的偏析减小或者消失，即由 Al 元素带来的显微偏析随之降低，使得晶粒尺寸和片层间距降低，最终带来 α_2 相体积分数的增加。α_2 相会吸收合金中的 O，使 γ 相中的 O 含量降低，提高了室温变形能力。

B2 相为 CsCl 结构，由不能完全转化为 α 相的剩余高温无序 β 转化而来。添加 β 稳定性元素能促使 TiAl 基合金在常温下获得 B2 相。常见的 β 稳定型元素有 Cr、Fe、Mn、Mo、Nb、Ta、V、W 等，其中 Mo、Ta、V 为 β 同晶型元素，在 β 相中有非常高的溶解度，其余为 β 共析型元素，易于与 β 相形成金属间化合物。常见的几种含 B2 相的 γ-TiAl 基合金显微组织如图 19-44 所示。

B2 相在室温下呈现出一定的脆性，高温下则具有一定的软韧性，对 TiAl 基合金的室温塑性、高温强度不太有利，然而 B2 相的存在却能够细化晶粒、减小片层间距，所以应该采取工艺或者控制合金元素的添加量，实现 B2 相的适当添加，达到组织、性能的较佳状态。

19.8.3.3　研究现状

Oehring M 等人设计了合金成分 Ti-(44 ~ 45)Al-(5 ~ 7)Nb-(0.5 ~ 1)Mo-(0 ~ 0.2)B，研究 B 在该合金中的影响，最终结果表明，经过一定的热处理后，合金可以得到明显的晶粒细化，硼化物会析出作为 α 相的形核中心，并且促成了等轴 α 相的形成。

Sun F S 等人设计研究了合金成分 $Ti_{52}Al_{48-x}M_x$，研究 Fe、Cr、V、Nb 对合金的作用及机理。实验结果表明，合金中均形成了富 Al 的 B2 相，B2 相的稳定效果 Fe>Cr>V>Nb，由于 B2 相室温下硬而脆，高温下软而韧，使合金的室温塑性降低、高温强度降低，应当控制 B2 相的析出，或者通过后续的热处理手段来改善 B2 相的作用效果。

Kim S W 等人设计研究了合金 Ti-44Al-6Nb-2Cr-0.3Si-0.1C，该合金在室温、900℃ 下均表现出优异的力学性能，在 900℃ 时具有非常好的抗氧化性，铸造性能也优于普通合金。

Mayev V 等人设计了合金 Ti-43.7Al-3.2(Nb,Cr,Mo)-0.2B、Ti-45Al-8Nb-0.2C，并对比分析了两种合金的组织与性能，Ti-45Al-8Nb-0.2C 的室温塑性、室温下的强度比，Ti-43.7Al-3.2(Nb,Cr,Mo)-0.2B 的室温塑性要高，然而两种合金 750℃ 时的拉伸强度、延伸率却相当。

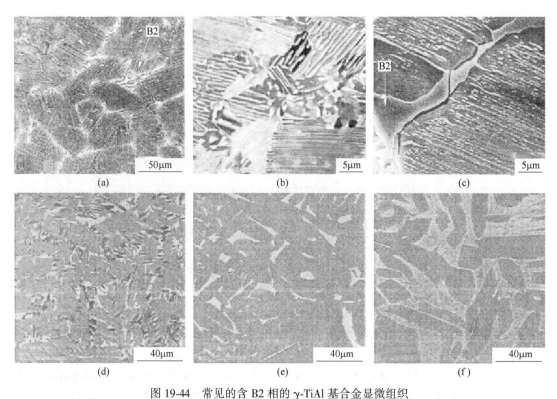

图 19-44　常见的含 B2 相的 γ-TiAl 基合金显微组织
（a）Ti-44Al-8Nb-1B；（b）Ti-(40~44)Al-8.5Nb；（c）Ti-47Al-2W；（d）~(f）Ti-43.5Al-4Nb-1Mo-0.1B
（d）1170℃，α+β+γ 相区退火；（e）1270℃，α+β 相区退火；（f）1350℃，α+β 相区退火

Qiu C 等人设计了合金 Ti-45Al-3Fe-2Mo，研究合金的显微组织演变及变形行为，由于 Mo、Fe 的加入，形成了 B2 相，B2 相的细化效果得到了非常良好的组织，该合金在 750℃以上的变形度非常高，并且在 790℃的时候实现了超塑性。超塑性变形过程中的动态再结晶发生在 β(B2) 相的位置，很大程度上减少了变形过程中的应力集中。

19.8.4　制备工艺

钛铝基合金的制备工艺主要有铸造、粉末冶金和铸锭冶金，其工艺流程如图 19-45 所示。此外，还有铝热还原法、激光增材制造、超重力辅助冶金等先进制备技术。

19.8.4.1　铸造

铸造工艺制备钛铝合金具有成本低，工艺灵活性大，可直接成形复杂形状和大型零部件的特点，因而在机械零部件制造领域占有很大的比重。其中一种是将熔融金属浇注于陶瓷铸模中，之后进行热等静压处理消除铸造气孔，再进行化学精磨及矫正；另外一种是对高质量的铸锭材料进行热轧成形热处理、涂层处理等。随着社会发展的需要，目前铸造技术向着精密化、大型化、高质量、自动化和清洁化的方向发展，例如精密铸造技术、连续铸造技术、特种铸造技术等。

虽然铸造工艺相对简单，但由于铸造 TiAl 基合金显微组织粗大，存在偏析、缩孔、晶粒尺寸不均匀等缺陷，所以铸造 TiAl 基合金力学性能较差。而且，TiAl 基合金具有很

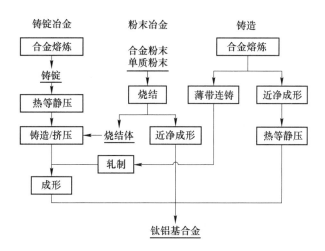

图 19-45　钛铝基合金制备工艺流程

高的活性，易与铸造模具发生反应，故也不适用于生产形状复杂零件等。

19.8.4.2　粉末冶金

粉末冶金法是以金属粉末或合金粉末为原料，经过成形和烧结，制取金属材料、复合材料以及各种类型制品的工艺技术。该工艺是一种少切削或无切削，且能生产形状复杂零件的材料制备方法。根据原料粉末的不同，制备 TiAl 基合金的粉末冶金方法可分为元素粉末法和预合金粉末法。

元素粉末法是将合金所需各元素粉末进行混合，再通过成形工艺（如压制成形、冷等静压成形等）预压成形，然后进行烧结，使压坯在高温下实现致密化，从而制备 TiAl 基合金。该方法避免了成分偏析，相比于预合金粉末法，其制备合金的成本大大降低。但该方法制的 TiAl 基合金杂质含量较高，且烧结性能较差。预合金粉末法是采用部分合金化或完全合金化的合金粉末为原料，经压制成形、烧结后获得合金制品的工艺方法。预合金粉末的成分均匀性好、氧及杂质含量低，所以制备的材料力学性能好，但该方法制备合金的成本较高。

19.8.4.3　铸锭冶金

铸锭冶金是将合金经过冶金熔炼后获得合金铸锭，再进行热等静压处理（为了消除枝晶偏析以及合金铸锭中的缩孔）或均匀化处理后进行热加工从而获得所需样品的一种加工工艺。采用铸锭冶金方法制备的钛铝基合金能够得到均匀细小的组织，合金性能较好，但是此方法工艺较为复杂、后续加工量大、材料浪费严重，成本高。

由铸锭冶金的工艺流程可知，铸锭冶金技术制备 TiAl 基合金关键在于合金的熔炼和合金铸锭的后续热加工。常用的热加工工艺有锻造、挤压、轧制和板材成形等。由于 TiAl 基合金极易氧化，目前普遍采用的熔炼主要有真空自耗电极电弧熔炼（VAR）、等离子束熔炼（PBM）、凝壳感应熔炼（ISM）和电子束熔炼（EBM）等。

TiAl 合金熔炼的关键是合金元素分布均匀和纯净度高，需要注意的几个方面：一是 TiAl 合金比普通钛合金中 Al 要高出许多，而钛的熔点比铝高 900℃ 左右，熔炼过程中 Al 会先熔化导致合金成分的偏析；二是 Al 与其他元素如 Nb、V 等元素熔点及密度相差较大，熔炼工艺不当，会造成高熔点、大比重的合金元素偏析。消除此类偏析的方法有：采用中间合金（如 NbAl 和 VAl 中间合金）的形式加入；或者通过反复熔炼来消除偏析，但这会造成 Al 的严重烧损和挥发。目前随着磁悬浮技术的发展，普遍认为 TiAl 合金最好采用水冷铜坩埚感应磁悬浮熔炼设备和工艺进行熔炼。主要原理是将若干切缝的水冷铜坩埚置于交变磁场中，利用电磁斥力使炉料熔体与坩埚非接触的悬浮翻滚状态，从而保证了合金的纯净度和成分均匀性，其效果明显优于真空自耗电弧炉和凝壳炉，主要特点为：

（1）能够熔化高熔点活泼金属，如高熔点金属 Nb、Ta、V、Mo 等和高活泼的金属 Ti、Zr、Cr 等；

（2）水冷铜坩埚不污染合金，从而保证高纯净度；

（3）合金均匀混合，成分准确；

（4）不需制备电极，微量合金元素的添加控制方便；

（5）能够急速熔化，生产效率高；

（6）返回料可以再利用，材料收得率高。

19.8.4.4 铝热还原法

铝热还原法是利用铝的强还原性来获得高熔点金属或合金的一种方法，氧化铝的生成熔极低，因此铝热还原反应过程中将会放出大量的热量，使金属以熔融态呈现，铝将金属氧化物还原后可直接得到分离好的合金与还原渣。该方法的特点在于工艺流程短、原料易得、成本低，铝热还原的基本流程如图 19-46 所示。

19.8.5 应用

随着航空动力装置的更新换代，航空航天发动机内部环境温度逐渐提升，当下成熟应用的镍基合金已经不能满足高温的工作要求，由于钛铝合金具有优异的耐高温、耐腐蚀性，使其在高温结构材料中具有很大的优势和发展潜力。

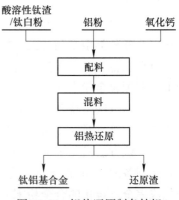

图 19-46　铝热还原制备钛铝
基合金工艺流程

目前，TiAl 基合金材料已经在航空、航天、汽车等领域得到应用，可以代替镍基合金作为航空航天、汽车、精密制造领域的轻质高强度结构零件。钛铝基金属间化合物具有规整的原子排列、较强的金属键共价键结合力，并且具有质量轻、高温抗氧化性能、抗蠕变性能良好，可以作为耐高温、耐腐蚀特种涂层的原材料，应对各种严苛的使用条件。

（1）耐高温抗氧化结构材料：中科院金属所、钢铁研究总院使用熔炼-铸造方法制备出应用于汽车发动机尾管的钛铝合金汽车零配件、汽车发动机的车用增压器涡轮，使用热模锻压方式制备出应用于航空发动机的涡轮叶片。利用钛铝合金高温条件下抗氧化的性质，制备出发动机导向叶片、涡轮盘、燃烧室等高温部件。

（2）耐高温抗氧化涂层材料：在零件表面通过高温渗铝的方式增加钛合金表面铝含量，从而制得钛铝合金层，经过高温氧化后在钛铝合金表面形成致密的耐腐蚀三氧化二铝薄膜。但耐高温抗氧化涂层的制备工艺，对操作技术要求高，涂层在高温氧化后需进行急速冷却避免产生裂纹，同时增强涂层与基体的结合力。

另外，由于 TiAl 合金的优异综合性能，使其在微机电领域有着巨大的应用潜力。微机电系统全称 Micro Electromechanical System（MEMS），通过自身传感器感知外界环境的变化（如力、热、声、光等），随后转化成电信号，电信号经过放大及模拟或数字转化处理后给出指令信号，微机电系统的微执行器做出相应的动作。目前，MEMS 系统已经成功应用于生物、交通、航空航天等领域，其组成器件需要能够适应日益复杂化的工作环境，如耐蚀、抗氧化、耐载荷冲击等。

19.9　含钒钛微合金铁粉

铁粉的制备方法主要有还原法、雾化法、机械粉碎法、羰基法和电解法，而用铁精矿和铁鳞为原料生产铁粉普遍采用还原法。工业上普遍采用的还原铁粉生产工艺有：（1）用氢还原铁氧化物和铁鳞；（2）转化天然气还原铁矿和铁鳞；（3）煤气还原铁鳞与铁矿；（4）联合还原法；（5）氢还原氯化亚铁法；（6）固体碳还原铁鳞和铁矿（赫格纳斯法）。

赫格纳斯法是当今还原铁粉工业生产的主要工艺，该工艺经历了坑式窑和隧道窑两个阶段，目前用于生产的主要是燃重油加热的隧道窑法。其实质是：首先将提纯的铁精矿（TFe 品位大于 70%）与固体还原剂（焦炭粉末或掺混 10%～15% 石灰粉的无烟煤）以相互并不混合的间层式装填于耐火坩埚中，然后在隧道窑内加热到 1150～1250℃，经过相当长时间还原后冷却到 200℃ 左右取出卸罐，经破碎磨选及干燥后所获得的海绵铁粉用氨分解气在耐热的钢带式炉内进行还原退火（退火温度为 800～900℃），便得到还原铁粉。

随着矿产资源不断被开采和利用，高品位矿已经逐渐减少，低品位复杂矿产资源越来越多。铁精矿制取还原铁粉的赫格纳斯法所采用的原料主要是通过普通铁精矿提纯的超级铁精矿（TFe≥70%），而对于 TFe 含量低（52%～62%），固溶有钒（V）、钛（Ti）、钴（Co）、镍（Ni）、铬（Cr）、钪（Sc）、镓（Ga）等多种元素的钒钛铁精矿制取还原铁粉是否能照搬该工艺进行产业化，还有待深入研究。

苏联于 1951 年报道向钒钛铁精矿添加 15% 的钠盐，在 1050℃ 下还原，然后磨细、磁选，获得含铁 98% 以上的铁粉和含 TiO_2 75%～80% 的富钛料；日本专利曾提出在大量钠盐存在下还原钒钛磁铁矿，可同时获得铁粉和水溶性钒酸钠和钛酸钠；20 世纪 80 年代，波兰和新西兰等国也相继报道了还原磨选分离钒钛磁铁精矿的试验结果，但铁、钛分离效果不理想；1978 年苏联报道了用乌拉尔南部和中部地区的含钛、钒、铬、镍等元素的矿物制得优质铁粉，称为天然合金铁粉。但目前还无一例成功应用钒钛铁精矿生产还原铁粉的生产实例。

我国四川攀西地区蕴藏着丰富的钒钛磁铁矿，是一种含有铁、钒、钛、铬、钴、镍、铜、锰、镓以及铂族元素等多种有益元素的多金属共生矿，国家十分重视攀枝花钒钛磁铁矿资源的综合利用。国内采用钒钛铁精矿制取还原铁粉主要有长沙矿冶研究院所提供的隧道窑还原—磨选法生产粉末冶金铁粉，中南大学回转窑还原—磨选法生产炼钢铁粉。此外，湖南省冶金材料研究所和长沙市东新科技开发有限公司联合开展了钒钛磁铁矿还原—磨选制备微合金铁粉，昆明理工大学开展了微波加热钒钛磁铁矿制备微合金铁粉研究等。

19.9.1 隧道窑还原-磨选法

20世纪90年代,长沙矿冶研究院在实验室进行了钒钛铁精矿制取还原铁粉的研究,并相继在攀钢集团钛业公司(当时的攀枝花矿山公司)进行3000吨/年规模的工业性试验,所采用的工艺流程如图19-47所示。

该工艺的适宜工艺条件及产品指标为:

还原工艺:还原温度1150℃,还原时间4h(在实验室采用400g料还原),焦炭总用量(焦/矿)50%~55%;

磨选工艺:破碎之后采用两磨两选,一段磨矿粒度-75μm占65%,二段磨矿粒度-75μm占55%,两端选别均采用重选;

退火工艺:退火温度800℃,保温时间2.5h。

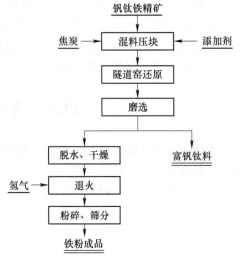

图 19-47 隧道窑还原-磨选法制备铁粉

铁粉的化学成分见表19-27。铁粉的通用性能见表19-28。

表 19-27 铁粉的化学成分 (%)

TFe	Mn	Si	C	S	P	盐酸不溶物	氢损
98.61	0.019	0.093	0.014	0.017	0.012	0.62	0.27

表 19-28 铁粉的通用性能指标

松装密度/g·cm^{-3}	流动性/s·g^{-1}	压缩性/g·cm^{-3}	+100目粒级含量/%	-325目粒级含量/%
2.112	43.13	6.67	1.1	44

根据实验室试验所提供的工艺条件,随后在隧道窑中进行了3000吨/年的工业试验,除了生产时间(从进料到出料)为18h外,其余工艺条件与产品质量指标与小试结果基本一致,但铁粉产率由实验室的37%(相对钒钛铁精矿)降到20%左右。

采用该工艺生产的还原铁粉,从小试与工业试验的情况来看,可以得出如下一些结论:

(1)从化学成分来看,除了盐酸不溶物超标以外,其余指标均达到国家同类铁粉一级标准,并且该铁粉中还含有有利于提高铁基制品强度的多种微量元素。

(2)从通用性能来看,松装密度、流动性、-45μm粒级含量等指标未达国家同类铁粉一级标准,主要原因是-45μm粒级含量偏高。

(3)从工业试验所得到的合格铁粉产率较低的情况来看,主要是由于隧道窑加热不均匀,还原时间不够,导致压块料内层未达到还原所要求的热工制度。

另外,在工业试验中还反映出该工艺耐火材料消耗大、能耗大、成品率低等弊端,因此最终由于成本太高而被迫停产。

19.9.2　回转窑还原-磨选法

在1995年左右，中南大学采用冷固结球团直接在回转窑中还原，通过磨选分离铁、钛进行了制取铁粉的实验室扩大试验研究，其工艺流程如图19-48所示。

该工艺的适宜工艺条件为：

还原工序：还原温度1100℃、还原时间3h、煤总用量（碳/铁）68%；

磨选工序：破碎之后采用两段磨矿、两次选别。一段磨矿粒度-75μm占99%，二段磨矿粒度-75μm占96%，两次选别均采用磁选。

产品指标为：TFe 92.78%，TiO₂ 3.68%。

从该工艺的扩大试验结果来看，可以初步得出如下结论：

（1）采用该工艺具有投资省、能耗低、准备作业（冷固结球团）简单易行等优点。

（2）回转窑传热、传质快，还原球团均匀，相对该工艺所要求的产品合格率高。

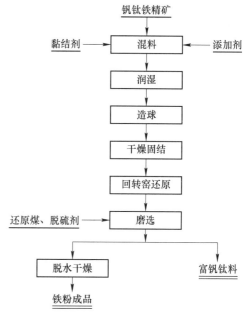

图19-48　回转窑还原-磨选法制备铁粉

（3）该工艺最大的弱点是基于回转窑结圈的原因，还原温度最好不高于1100℃，从而导致在常规加热下铁晶粒长大不理想，其结果是产品粒度细、TFe含量低、TiO₂含量高，难以生产高附加值的粉末冶金用还原铁粉，从而减弱了该工艺的生命力。

19.9.3　直接还原-磨选法

19.9.3.1　工艺流程

湖南省冶金材料研究所和长沙市东新科技开发有限公司采用还原-磨选法制备了钒钛微合金铁粉，利用低品位钒钛铁精矿或含钛、铁物料与还原剂和添加剂混合、压块、直接还原、粉碎、重磁选、脱水干燥及退火等工艺，获得微合金铁粉和富钒钛料。其主要原理是将钒钛磁铁精矿在固态条件下进行选择性还原，矿中的铁氧化物还原成金属铁，而钒钛仍保持氧化物形态，将所得产品细磨后分选可得微合金铁粉和富钒钛料。还原铁粉中以固溶形式存在的Ti、V、Co、Ni等元素溶入固溶体溶质原子铁中造成晶格畸变，增大了位错运动的阻力，使滑移难以进行，从而使合金固溶体的强度与硬度提高。其工艺流程如图19-49所示。

19.9.3.2　微合金铁粉的化学分析结果

还原铁粉的元素分析结果见表19-29。粉末元素含量与瑞典铁粉接近，且完全符合国家一级铁粉标准。

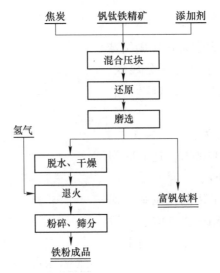

图 19-49 直接还原-磨选工艺流程

表 19-29 铁粉元素分析结果 (%)

元素名称	试验铁粉	国家一级铁粉[①]	瑞典铁粉	元素名称	试验铁粉
TFe	98.80	≥98.5	98.93	Co	0.035
S	0.02	≤0.02	0.008	Ni	0.036
P	0.013	0.03	0.005	V	0.048
C	0.016	≤0.05	0.02	Ti	0.17
Mn	0.0027	≤0.35	0.02	MFe	98.42
Si	0.09	≤0.1	0.15	金属化率	99.61
盐酸不溶物	0.24	≤0.30	0.23	Na_2O	0.015
氢损	0.32	0.35	0.20		

① 2009 年发布的国家标准。

19.9.3.3 微合金铁粉的工艺性能

还原铁粉的流动性、松装密度和压缩性见表 19-30。可以看出，还原铁粉的性能优于瑞典赫格纳斯铁粉，且符合国家标准。

表 19-30 铁粉工艺性能检测结果

铁粉名称	流动/$s \cdot (50g)^{-1}$	松装密度/$g \cdot cm^{-3}$	压缩性/$g \cdot cm^{-3}$
试验铁粉	31	2.50	6.868
瑞典铁粉	31.8	2.48	6.86
国家标准	≤35	2.4~2.6	6.6

铁粉压坯密度的大小和一致性对铁基粉末冶金材料的烧结密度、烧结组织和性能、产品尺寸的稳定性具有重要的影响。粉末流动性能与很多因素有关，如粉末颗粒尺寸、形状和粗糙度、比表面等。一般来说，增加颗粒间的摩擦系数会使粉末流动困难。通常球形颗

粒的粉末流动性最好，而颗粒形状不规则、尺寸小、表面粗糙的粉末，其流动性差。该工艺获得的还原铁粉流动性接近国家标准，压缩性能超过国家标准，该性能有利于后续的压制、烧结工艺，为制备高性能的铁基粉末冶金材料奠定基础。

19.10 钛钢复合材料制备新技术

以钛或钛合金为覆材、普通碳钢为基材的钛钢复合板，不仅具备复层材料的耐蚀性，同时还具备基层材料的强度和塑性，减少贵重金属钛的使用量，同时降低了材料的生产成本，在不同领域都有应用需求。钛钢复合板有许多生产方法，目前应用较广泛的有爆炸复合法、爆炸-轧制复合法、扩散焊接复合法及真空制坯热轧复合法。

19.10.1 轧制法

热轧法是金属板重叠组坯，利用轧机的轧制力在热状态下使板材复合的一种技术，是大规模生产大面积钛-钢复合材料的方法。

19.10.1.1 轧制机理

(1) 机械啮合说：认为主要是两种金属在接触面上相互嵌入而形成强固的机械啮合。爆炸焊接中波形界面的结合最初主要是以该学说来解释的，后来则认为爆炸焊接的主要原因在于金属之间的冶金结合，当然并不排除机械啮合的作用。机械啮合的学说被应用于钛钢复合板生产工艺中，通过扩大结合界面面积和提高界面间机械啮合的方式来提高钛钢复合板的剪切强度和剥离强度。

(2) 再结晶说：认为主要是结合界面两侧金属在热轧过程中，产生再结晶黏结。同基的两种材料之间复合，在热动力条件满足的情况下通过元素间的相互扩散，易于形成再结晶结合，比如钢-不锈钢之间的复合。

(3) 热扩散说：认为由于结合界面两侧的金属元素浓度差，热轧时发生原子相互扩散使之结合。相互固溶度较大的不同种金属之间易于实现扩散结合。

(4) 能量结合说：认为热轧制过程中，金属的内能大大升高，在两种金属之间形成了金属键使之结合。这种学说和现在常讲的冶金结合实质上相同。目前，大多数研究者认为钛钢复合板主要的结合机理属于冶金结合，不排除有其他的结合机理仍在发挥作用。

19.10.1.2 钛钢复合板轧制工艺

(1) 基板和复板及中间层的准备。影响钛钢复合板结合质量的主要因素是界面上形成的 TiC 和 Ti-Fe 金属间化合物。因此，轧制钛钢复合板原料的选择，主要控制基板和中间层材料的成分。按照成分控制的主要目的可以分为三类：一是抑制 C 和 Fe 的扩散；二是利用加热过程中由低温共晶反应生成的液相，首道次轧制时将液相挤出得到新鲜的金属界面，从而得到良好的冶金结合；三是为了提高加工温度挖掘现有设备的能力。

(2) 隔离材料的选择。在对称轧制的场合，复板的背靠面上需要涂刷隔离材料，以避免在轧制过程中复板的背靠面黏合和表面起皱。通常使用的隔离材料为 Al_2O_3、SiO_2、TiO_2、Cr_2O_3、Fe_2O_3、水玻璃，混合剂为有机树脂，涂刷的厚度一般为 $10\sim35\mu m$。为了易于轧后的掀板操作，有的工艺方法采用碳钢做中间材料，但后续的表面清理操作繁杂。

(3) 表面处理。为了增大结合界面的面积，改善结合质量，提高结合强度，防止由界面上的龟裂引起沿界面大面积的剥离，在组料之前，把待贴合表面加工成 0.01~3mm 齿状。另外还可在钢的待贴合面上，加工出 30~90μm 的粗糙度。有的文献中为了促进两者之间的协调变形，规定表面处理的加工方向应与轧制方向垂直。

（4）组料方式。图 19-50 为轧制钛-钢复合板生产中典型的组料方式。通常，对具这种结构的坯料所进行轧制称对称轧制或板叠轧制。爆炸焊接所得原料一般情况下也是按图 19-50 组坯的，因为这样的组坯方式可以避免由于两种材料变形不协调产生的翘曲，提高轧机的作业率，减少劳动强度，提高复合板的质量和成材率。

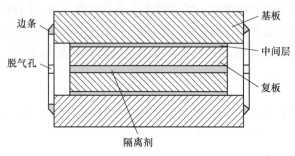

图 19-50　轧制钛钢复合板的组料

（5）加热。加热温度一般低于 900℃，温度低于 700℃不利于结合和加工硬化严重使弯曲、拉伸性能恶化。采用 Ti 合金做中间层的坯料，可以根据下式计算加热温度。

$$890℃ \leqslant T \leqslant 885℃ + 150[O] + 160[C] + 300[N] + 20[Al] - 20[Fe] \quad (19-33)$$

式中，T 为加热温度，℃；[O]，[N]，[Al]，[Fe] 分别为 O、N、Al、Fe 的质量分数，%。

液相挤出类的轧制温度的选择取决于 Ti 与中间材料的共晶反应温度，一般要高出共晶温度 50~100℃。以金属网做中间材料或留有空隙的，可以适当提高加热温度。在均匀加热的基础上，加热时间应尽量缩短，抑制有害的扩散和组织粗大化。具体的加热时间要根据坯料的大小、加热炉的效率、中间层材料的性质而定。

（6）轧制。以金属薄片做中间层的，道次压下率一般要大于 10%，累积变形量为 70%~90%或更大（比如 97%）。液相挤出类的轧制，第一道次变形量必须大于 10%，使共晶反应生成的液相被全部挤出，获得新鲜的金属界面，另外由于这类轧制有污染和危险，对第一道次要做下地处理，其余道次压下率一般也要大于 10%。

（7）热处理。轧制方式、坯料尺寸、加热温度等因素影响终轧温度的高低。终轧温度过低，加工硬化严重，材料的机械性能变差，需要退火来改善，而且轧机能耗大；终轧温度过高，在冷却过程中有脆性化合物生成，界面附近的组织粗大，使结合质量恶化。因此必须对复合板的终轧温度或者轧后冷却速度进行控制，减少界面上脆性化合物的生成和减轻组织的粗大化。

（8）矫平处理。出于钛和钢的热膨胀系数差别较大，复合板会弯向钢的一侧，使用或出厂之前必须对复合板加以平整处理。

19.10.1.3　轧制钛钢复合板的优缺点

通过轧制方式可以得到大尺寸的钛钢复合板，也可以生产薄复合板，使钛以美化生活的面目出现在人们熟悉的装饰领域，在满足工业生产需要的同时满足人们审美的需求。与爆炸焊接相比污染较少，有利于环境保护，可以得到的产品尺寸精确，有利于节约贵重金属，降低生产成本，提高经济效益和社会效益。

但是，工艺的各环节要求严格，操作水平要求较高。

19.10.2 真空制坯热轧复合法

热轧复合有一个基础理论，即热轧过程的三阶段理论。

第一阶段是开始物理接触的阶段，即依靠轧制力使得复合界面上的原子发生塑性变形，极大减小了复合界面上原子的距离，在这个距离以内，复合界面上的原子引起了物理作用而弱化了化学作用。物理接触过程中，相互作用的物质之间产生了电子交换，这是任何化学反应的必备条件。

现代科学认为，金属固态结合的过程属于化学反应中的一种，这种化学反应使得复合表面的原子之间形成较为稳定的外层电子。由此可见，固相复合中必不可少的条件就是物理接触。

第二阶段是接触表面的激活阶段，由于在热轧时产生了塑性变形，生成了界面激活能，在两者的作用下，物理接触表面形成物理和化学的相互作用，最后形成了化学键，所以也称为化学相互作用阶段。在第一阶段形成的物理接触为金属键连接，这种连接的结合力不足以使表面原子产生牢固结合。为了使两金属表面达到冶金结合，还需要一个扩散的阶段。

第三阶段为扩散阶段，是物理接触表面实现激活之后，金属材料通过结合面向周围扩散的阶段。这一阶段会使缺陷（孔洞、夹杂等）消失，在接触处形成共同的晶粒，形成冶金结合，并导致内应力的松弛，使结合强度升高。但对于可产生金属间化合物的异种金属，在扩散过程中会形成脆性的金属间化合物，使界面结合性能大为降低。在轧制复合时，对其生成的控制是一个极其复杂的课题。

采用真空制坯热轧复合技术，可将强度、熔点、热膨胀系数差异较大的金属冶金结合，形成金属层状复合板，使其具有不同金属的优异性能，满足不同环境的要求。

目前，国内主要采用小孔抽真空制坯热轧法，首先对复合的板材进行表面清理，然后将界面四周进行密封焊接，且留下一个抽气小孔，并在抽气小孔处焊接一段钢管，此钢管用来连接真空机组进行抽真空，抽取真空完毕后对钢管进行密封，随之进行热轧复合，其流程如图 19-51 所示。此种方法的四周密封焊接采取手工电弧焊或气体保护焊，工艺简单，生产成本相对低廉，但焊接过程在大气压下完成，界面在焊接过程中易氧化，且界面真空度不高，因此界面强度较低且成材率低。

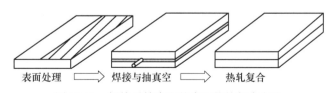

表面处理 ⟹ 焊接与抽真空 ⟹ 热轧复合

图 19-51　焊接后抽真空的真空热轧复合方法

为保证待复合表面间形成高真空状态，避免界面在焊接过程中氧化，提高复合板界面结合强度，在制坯过程中引进在航空航天领域广泛应用的大规格真空电子束焊接（EBW）装置，在结合传统热轧复合基础上发明了真空制坯热轧复合技术（VRC），其工艺路线如

图 19-52 所示。与常规热轧复合法不同，轧制之前需要在高真空条件下对复合板界面四周进行电子束焊接（EBW）封装，然后加热和低速大压下轧制，保证焊接、加热及轧制过程中界面高真空，防止界面氧化，实现复合界面优异的冶金结合。

　　真空制坯热轧法中最重要的一步就是对复合材料进行真空电子束焊接。真空电子束焊接（EBW）是在真空下把高速的电子束打到焊缝上，把电子束的动能转换成热能，对金属进行熔化焊接。

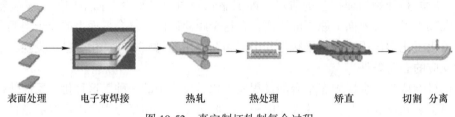

表面处理　　电子束焊接　　　热轧　　　热处理　　　矫直　　　　切割　分离

图 19-52　真空制坯轧制复合过程

　　电子束焊接技术经过多年的发展已经趋向成熟，不只在外国有大型电子束焊机公司，国内一些公司已经完全具备生产大型电子束焊机的能力。

　　东北大学采用真空制坯热轧复合法制备了钛钢复合板。试验所用材料为 TA2 工业纯钛板材和 Q345R 钢板材，其成分见表 19-31。真空制坯热轧复合法的工艺流程如图 19-53 所示，由于钛板和钢板直接焊接时易生成脆性化合物，影响密封性，如何保证界面处于高真空状态显得尤为重要。

表 19-31　试验材料的化学成分　　　　　　　　　　　　　　　　　　（%）

材料	Ti	C	N	H	O	Fe	Mn	P	S	Si	Al	V
TA2	余量	0.01	0.02	0.002	0.14	0.07	—	—	—	—	—	—
Q345R	—	0.20	—	—	—	余量	1.2	0.025	0.015	0.55	0.02	0.05

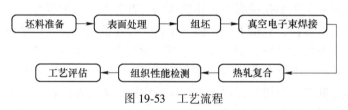

坯料准备 → 表面处理 → 组坯 → 真空电子束焊接

工艺评估 ← 组织性能检测 ← 热轧复合

图 19-53　工艺流程

　　将尺寸为 150mm×100mm×18mm 的 Q345 钢板和尺寸为 126mm×76mm×12mm 的钛板以及尺寸为 150mm×24mm×12mm 和 76mm×24mm×12mm 的钢边条进行表面清理，然后将坯料 4 层组坯，将钛板包裹于钢板之中，其组坯方式如图 19-54 所示。将板坯置于 THDW-15 型真空电子束焊机真空室中，抽取真空至 0.01Pa 后进行焊接密封，以保证贴合面中间处于高真空状态。将焊接完成后的复合坯置于加热炉中加热，加热温度为 850℃，保温 2h 后进行轧制，总压下率为 85%，轧后空冷至室温。在组坯时，钛板间涂抹隔离剂，轧后复合板切边后可顺利分成 2 块钛钢复合板。

　　对轧制完成后的钛钢复合板按轧制方向选取试样，并进行剪切强度试验，试样尺寸为 25mm×100mm，拉剪断口的 SEM 照片如图 19-55 所示。从图 19-55 中可以看出，钛钢复合

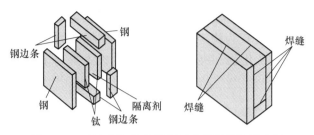

图 19-54 真空制坯热轧钛钢复合板的组坯示意图

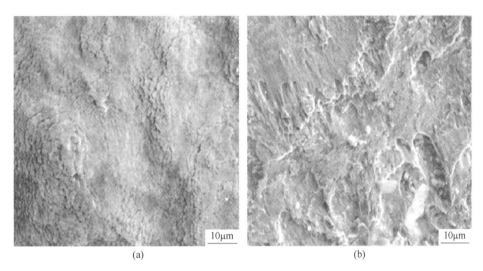

(a) (b)

图 19-55 剪切断口 SEM 图像

（a）钛侧；（b）钢侧

板的剪切断口略显粗糙，撕裂痕迹较为明显，并有韧窝生成，满足韧性断裂特征。这说明复合板在轧制过程中受力均匀且元素扩散较为充分，无氧化夹杂物生成。为研究断口生成物，选取钛钢复合板钛侧及钢侧剪切断口进行 XRD 分析（图 19-56），发现断口钛侧与钢侧均生成 α-Fe、α-Ti、β-Ti 和 TiC，说明断裂符合混合型断裂特征，断裂位置处于界面与基体之间。

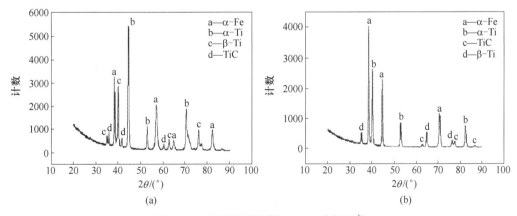

(a) (b)

图 19-56 复合板剪切断口 XRD 分析图像

（a）钛侧；（b）钢侧

对 6 组钛钢复合板的中部选取试样并进行剪切试验,剪切强度结果见表 19-32。从表 19-32 中可以看出,剪切强度较为稳定,均已超过国家标准的 140MPa,说明真空制坯热轧复合法有效抑制了界面氧化物和夹杂物的形成,极大提高了钛钢复合板界面的结合强度。

表 19-32 剪切强度检测结果

试样	位置	剪切强度/MPa						平均剪切强度/MPa
1	中部	243.5	224.5	210.4	241.1	260.7	248.4	238.1
2	中部	226.5	238.5	192.8	242.3	251.5	232.4	230.7
3	中部	229.7	204.5	230.9	238.1	256.9	237.4	232.9
4	中部	249.8	230.6	224.8	245.5	274.6	247.4	245.5
5	中部	254.2	237.6	225.8	253.2	278.7	259.7	251.5
6	中部	244.9	229.2	216.2	243.7	264.8	249.6	241.4

在钢厂进行了钛钢复合板中试试验,其流程分为坯料准备、表面处理、组坯、真空电子束焊接、热轧复合和组织性能检测 6 个部分,中试所需的钢种及规格见表 19-33。轧后宽度为 3800mm,切边分离后,钛钢复合板成品宽度达 3500mm。

表 19-33 钢厂中试轧制钢种及规格

牌 号	复合坯规格/mm	轧制规格/mm	数量/套	备 注
TA2/Q345R	224×2540×3150	44×3800×10300	2	4 层组坯

表面处理阶段:将钛板表面薄膜去掉后,用钢丝刷打磨掉钛板和钢板的金属表面氧化皮,并用丙酮将钛板、钢板的表面油污去掉,如图 19-57 所示。

(a)　　　　　　　　　　　　　　　　　(b)

图 19-57 表面处理阶段

(a) 打磨;(b) 去污

TA2/Q345R 复合板现场中试试验采用 4 层钢—钛—钛—钢组坯方式。将内侧钛板表面涂抹隔离剂，如图 19-58（a）所示，目的是为了保证后续加热及轧制过程中钛板接触面之间不会相互结合，使得 4 层组坯复合板轧制完成切边后，可以分成 2 块 TA2/Q345R 复合板。操作台如图 19-58（b）所示。

(a)   (b)

图 19-58 钛板焊接阶段

（a）钛板均匀涂抹隔离剂；（b）真空电子束焊接操作台

用真空吸盘吊车将钢板、钛板运送到焊接平台上，进行组坯。将组坯完成后的 TA2/Q345R 复合坯放入真空室中进行密封焊接。利用龙门吊将焊接完的复合板坯料运到加热炉中进行随炉加热、保温，然后将复合板坯进行轧制。将轧完后的钛-钢复合板空冷至室温，对空冷至室温的钛钢复合板四周进行切边，使其分成上下 2 块复合板。

从轧后的复合板上取试样，观察复合界面是否含有氧化物及其他杂质，界面金相照片和 SEM 照片如图 19-59（a）和（b）所示。由图 19-59 可知，轧后复合板的界面连续，未发现未复合部分。界面无裂纹、氧化物和杂质。界面的平直度较好，近复合界面钢侧，形

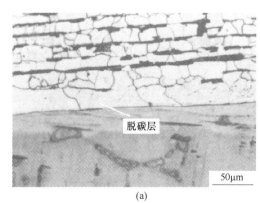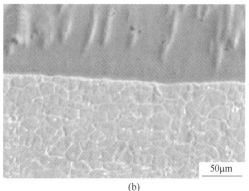

(a)   (b)

图 19-59 界面金相照片和 SEM 照片

（a）金相照片；（b）SEM 照片

成非常明显的脱碳层, 近复合界面 Ti 侧形成一条连续的 β-Ti 层。钢侧组织主要为铁素体+珠光体, 晶粒尺寸为 $10\sim20\mu m$。经能谱检测, 复合界面形成连续的 TiC 层。

根据国家标准, 从钛钢复合板上选取拉伸和弯曲样品进行拉伸和弯曲性能的检测, 结果见表 19-34 和表 19-35。经试验检测发现, 钛钢复合板拉伸和弯曲性能均满足国家标准。

表 19-34   拉伸试验结果

取样方向/位置	屈服强度/MPa	最大力/kN	抗拉强度/MPa	伸长率/%
横向/全板厚	314	246.6	441	31.5
	308	244.3	438	30.5
纵向/全板厚	322	253.3	456	32.0
	309	246.7	444	31.5

表 19-35   弯曲试验结果

弯曲类型	试样厚度/mm	弯曲直径/mm	支座间距/mm	弯曲角/(°)	弯曲结果
外弯曲	22.15	66	113	180	未见裂纹
内弯曲	22.11	44	92	180	未见裂纹
侧弯曲	10.13	40	63	180	未见裂纹

根据 GB/T 8547—2006, 从样品上取剪切样品, 对复合板的结合强度进行检测, 见表 19-36, 其剪切强度均已超过 140MPa, 满足国家标准。对剪切后的样品进行断口检测, 发现大量韧性断裂痕迹, 属于韧性断裂, 如图 19-60 所示。

表 19-36   剪切试验结果

试样材质	取样方向	受剪面积/mm²	最大力/kN	抗剪强度/MPa
TA2+Q345 复合板	纵向	25.07×3.49	17.3	198
TA2+Q345 复合板	纵向	25.03×3.57	18.2	204

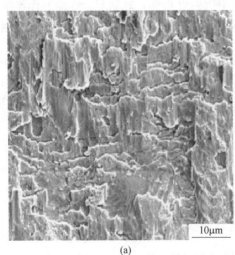 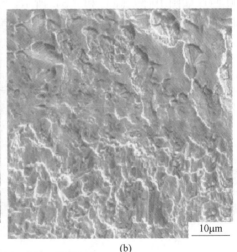

(a)   (b)

图 19-60   剪切断口图片

(a) 钛侧; (b) 钢侧

19.10.3　爆炸复合法

爆炸焊接也称爆炸复合，它是利用炸药产生的能量，使被焊金属表面发生高速倾斜碰撞，在撞击面上形成一薄层的金属塑性变形以及适量的熔化和原子间的相互扩散等过程而形成冶金结合。爆炸焊接最先由美国的 L. R. Carl 提出，自从 Phillipchuk 第一次利用爆炸焊接技术成功实现了钢-铝之间的连接，人们逐渐认识到了爆炸焊接技术的潜在实用性。随后，美国、日本、英国、德国、前苏联等国相继开展了大量的理论和试验研究，使爆炸焊接技术日趋走向成熟。

20 世纪 60 年代末，我国大连造船厂的陈火金等人采用爆炸焊接方法成功地制备出第一块爆炸复合板。到 20 世纪 80 年代，爆炸焊接的理论研究和工程应用在国内得到了快速发展，目前爆炸焊接技术已广泛应用于石油化工、压力容器、船舶制造、海洋工程及核工业等领域中。

19.10.3.1　爆炸焊接原理

爆炸焊接是一个以炸药为能源的动态焊接过程，图 19-61 为爆炸焊接原理示意图。当置于复板上的炸药被雷管引爆后，复板在炸药的推动下以一定角度高速与基板相碰撞。由于碰撞压力远远超过基复板的动态屈服极限，因而产生急剧的塑性变形，并伴随有大量的热产生。此时，碰撞点处的金属类似于流体，将形成两股运动方向相反的金属射流。一股是在碰撞点前的自由射流，该射流向未结合的板间高速喷出，冲刷金属内表面的表面膜，起到清洁表面的作用，为两种金属之间的结合提供了条件；另一股是碰撞点后的凸角射流，它被凝固在两金属板之间，使两金属之间产生冶金结合。总体上说，爆炸焊接包括四个相互的力学过程，即爆炸载荷作用下的复板运动，再入射流的形成条件及过程，碰撞区的压力场、速度场、应变场及温度场和波状界面的形成。

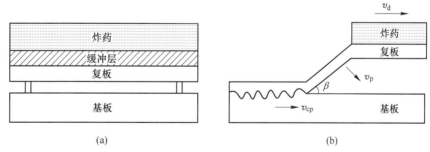

图 19-61　爆炸焊接原理示意图
（a）平行安装；（b）爆炸过程瞬间示意图
β—碰撞角；v_d—炸药爆炸速度；v_p—复板速度；v_{cp}—碰撞点速度

19.10.3.2　爆炸焊接的特点

在爆炸焊接过程中，爆炸结合界面既受到热的作用，又受到爆炸载荷产生的力的作用。因此，界面结合区通常存在金属的塑性变形、局部熔化及原子之间的相互扩散现象。由此可见，爆炸焊接综合了压力焊、熔化焊及扩散焊的特点。与其他焊接方法相比，爆炸焊接技术具有如下特点：

（1）焊接工艺简便，且不需要专门的成套设备，以来源丰富、价格低廉的炸药为能源。

（2）适用于各种材料组合。例如熔点相差较大的铅和钽、热膨胀系数相差较大的钛和不锈钢以及各种物理化学性能差异较大的材料之间，都可采用爆炸焊接技术进行连接。此外，甚至还可以实现非金属与金属之间的连接。

（3）具有很大的灵活性。爆炸焊接组元材料的尺寸和规格基本不受限制，其复合比及尺寸具有较大的灵活性。既适用于薄板也适用于厚板，还适合于不同形状的复合板焊接；既适用于双层板的焊接，也适用于多层板的焊接。

（4）复合板的结合强度及后续加工性能良好。采用爆炸焊接的复合板，其结合界面质量较高，从而使爆炸复合板在后续的热处理、压力加工及二次焊接中，能保持其原有的性能而不会产生界面分离现象。

当然，爆炸焊接也存在一些缺陷和局限性。例如，爆炸焊接大多在野外露天进行，劳动条件较差，机械化程度低，并受气候条件限制。此外，炸药爆炸时产生的噪声和振动对周围环境也有一定影响。相比于其缺点，爆炸焊接是一种工艺简便、能源丰富、性能优良、成本低廉、用途广泛的焊接技术，使其在工业领域中获得了广泛应用。

19.10.3.3　爆炸焊接工艺过程

（1）焊前准备。爆炸焊接过程中的冲击波及金属射流虽然有清除氧化膜的作用，但只限于厚度 $1\sim10\mu m$ 的氧化膜，因此焊前对试样表面的清理仍然十分重要。首先用砂轮机对基复板表面进行打磨，以去除表面的氧化层，然后用钢丝刷及砂纸对打磨后的板材进行再次清理，以获得光洁平整的表面。最后用丙酮、酒精等对其表面及周围区域进行清洗，在阴凉处晾干备用。此外，还需将爆炸焊接用的炸药、雷管、硬纸盒等准备好。

（2）焊接过程。爆炸焊接工艺过程主要包括安置板材、涂刷黄油、布置炸药、安装雷管及引爆等。其焊接流程示意图如图 19-62 所示。

图 19-62　爆炸焊接工艺流程

1）安置板材。在钛钢复合板爆炸焊接时，先将基板平整放置在经过压实的地基上，其中光洁的被焊面朝上且与地面平行。然后，在基板的四周边缘及中心位置放置铝制圆形间隙柱，各间隙柱的高度应保持一致。最后，再将复板放置在间隙柱上，使其被焊面朝下。适当左右调整位置，使基复板对齐且相互平行。

2）涂刷黄油。由于爆炸焊接过程中，炸药爆炸会产生巨大的载荷及热量。为防止烧伤、压痕等缺陷，炸药与复板之间需要用黄油等作为缓冲层，通常涂刷黄油的厚度为 1mm。在涂刷过程中应确保黄油层厚度均匀。

3）炸药布置。在布置炸药前，将用牛皮纸做成的矩形药框平行放置在复板上，并与复板用胶带粘连，保证炸药与大气隔绝。然后仔细称量炸药，将其均匀布置在复板上面。为了保证炸药厚度均匀，必要时需用刮板刮平炸药，并随时用钢尺测量炸药的厚度。

4）雷管安装。炸药布置结束后，在炸药边部插放雷管，应注意雷管不能与复板表面直接接触。

5）引爆。连接起爆线，待所有人员撤离到爆炸安全距离后，引爆电雷管，完成复合板爆炸焊接。

（3）焊后检测。爆炸焊接完成后，将复合板放置一段时间，使其充分冷却，采用超声波检测方法对复合板的结合情况进行检验。对结合率合格的产品进行校平，然后切割四周得到复合板成品。

19.10.3.4　爆炸复合板性能测试分析

A　力学性能测试

（1）拉伸试验。按照《复合钢板力学及工艺性能试验方法》（GB/T 6396—2008）和《金属材料室温拉伸试验方法》（GB/T 228—2000），沿钛钢复合板爆炸方向进行线切割取样，制备钛钢复合板拉伸试样，每种复合板均制备三个拉伸试样。利用电子万能拉伸试验机进行拉伸试验，测试复合板试样的拉伸强度，以三次试验的平均值作为测量结果。测试条件为：加载载荷 10kN，加载速度 5mm/min。分别测量复合板拉伸前后的标距长度，根据下述公式计算钛-钢爆炸复合板的延伸率。

$$\delta = \frac{l_1 - l_0}{l_0} \times 100\% \tag{19-34}$$

式中　δ——延伸率，%；

　　　l_1——断裂后标距长度，mm

　　　l_0——断裂前标距长度，mm。

（2）剪切试验。根据国家标准《复合钢板力学及工艺性能试验方法》（GB/T 6396—2008），沿爆炸方向切割制备剪切试样，测定钛钢爆炸复合板结合界面的剪切强度。剪切试样的形状尺寸如图 19-63 所示。采用电子万能拉伸试验机进行剪切强度试验，两种复合板试样分别测试三次，取其平均值。记录剪切试验中复合板结合界面发生断裂或者分离时的试验力，计算钛钢复合板的剪切强度：

$$\tau = \frac{F}{S} \tag{19-35}$$

式中　τ——剪切强度，单位 MPa；

　　　F——界面断裂时的试验力，N；

　　　S——结合界面处的面积，mm^2。

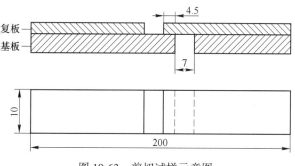

图 19-63　剪切试样示意图

（3）弯曲试验。参照技术标准《压力容器用爆炸焊接复合板》（NB/T 47002—2009），沿爆炸方向线切割制备弯曲试样，其中 TA10-Q345R 试样尺寸为 200mm×20mm×13mm，TA10-Q245R 试样尺寸为 200mm×20mm×15mm。采用液压万能材料试验机分别进行外弯曲和内弯曲试验，如图 19-64 所示，试验中加载速度为 1mm/min，加载直至界面产生裂纹或试样弯曲 180°。

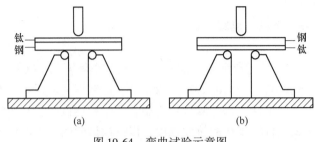

图 19-64 弯曲试验示意图

(a) 内弯曲；(b) 外弯曲

(4) 显微硬度测试。沿爆炸方向切割样品，对试样截面进行打磨抛光处理，制备硬度测试试样。在数显维氏硬度计进行硬度测定，测试条件为：加载载荷 100g，持续时间 15s。具体试验方法如下：以复合板结合界面为基准，即以界面为中心，垂直于界面沿两侧母材分别进行测试，测试点之间的间隔约 0.2mm。为了保证试验数据的准确性，每个测试点均测量三次，取其平均值作为测量结果。

B 微观结构分析

(1) 金相组织观察。采用线切割方法，沿爆炸方向切割制备复合板金相观察试样。依次采用不同粒度的砂纸对试样截面进行打磨，然后进行抛光处理直至试样表面呈镜面，无明显划痕和变形层。由于组成复合板的两种材料物理化学性能差异较大，因此应采用不同的腐蚀剂分别进行腐蚀。先腐蚀钢侧，采用的腐蚀剂为 4%硝酸酒精溶液，然后腐蚀钛侧，使用的腐蚀剂为 Kroll 试剂，其化学成分配比为 $HF:HNO_3:H_2O=3:2:95$。在腐蚀过程中应严格控制腐蚀时间，腐蚀至暗灰色为准。若腐蚀时间过长或过短，均难以获得清晰的界面微观组织形貌。试样腐蚀完成后，采用光学显微镜观察复合板各区域的显微组织。

(2) X 衍射射线物相分析。在异种金属的爆炸焊接过程中，结合界面处的金属受到复杂的热循环作用，界面处有可能产生局部熔化、形成脆性相，导致降低结合强度甚至引起开裂，因此有必要对界面处的相结构组成进行分析。采用 X 射线衍射仪分别对两种钛-钢爆炸复合板结合界面区域进行物相分析。

(3) 结合界面合金元素线扫描分析。利用 EDS 能谱分析仪，分别对两种钛-钢爆炸复合板界面两侧进行合金元素线扫描分析，分析研究爆炸焊接过程中各合金元素的扩散规律及其对复合板结合质量的影响。

(4) 断口扫描观察与分析。利用扫描电镜分别对两种钛-钢爆炸复合板的拉伸断口和剪切断口进行扫描观察，分析其断口形貌特征，探讨复合板的断裂机制。在断口扫描前应使用超声波清洗机对断口表面进行清洗，然后用扫描电镜观察。

(5) 透射电镜亚结构分析。采用透射电镜观察分析两种钛-钢爆炸复合板结合界面区域的组织形貌及微观亚结构。复合板 TEM 观察试样制备主要包括试样切割、机械减薄及离子减薄等。

1) 试样切割。采用线切割方法沿爆炸方向切割试样，试样尺寸为 10mm×8mm×0.5mm。

2）机械减薄。将薄片用胶水胶粘在平整的较大金属块上，依次用粗、细砂纸进行打磨抛光；将薄片放在丙酮溶液中浸泡，使胶水分解脱落，取下薄片，然后对试样另一面进行同样处理，直至厚度减小为 $40 \sim 60 \mu m$，再次放入丙酮溶液中浸泡，得到样品薄片。最后将厚度为 $40 \sim 60 \mu m$ 的薄片用大块橡皮轻压，并用细砂纸进行精细打磨直至薄片厚度为 $20 \mu m$，然后放入酒精中冲洗。对上述制得的厚度为 $20 \mu m$ 薄片进行冲片处理，得到直径为 3mm 的圆薄片。其中，应确保界面位于薄片的中心区域，然后对界面处进行凹坑处理。

3）离子减薄。由于异种金属爆炸复合板结合界面两侧金属的物理化学性能差异较大，采用常规的双喷法制备 TEM 观察试样较为困难，故采用氩离子减薄方法对凹坑处理后的薄片进行最终减薄，获得可供观察的薄区。

C 耐蚀性能评价

（1）化学浸泡法。化学浸泡法也叫静态失重法，是工业生产中常用于测试材料耐腐蚀性能的一种试验方法。以人工配置的海水作为介质，将复合板试样浸泡其中，每隔一段时间进行称重，通过计算复合板的失重腐蚀速率来评价其耐蚀性，通常按下式计算试样的平均腐蚀速率：

$$v_{\text{corr}} = \frac{m_0 - m_1}{St} \tag{19-36}$$

式中 v_{corr}——试样的腐蚀速率，$g/(m^2 \cdot h)$；

m_0，m_1——分别为腐蚀前后试样的质量，g；

S——试样在溶液中的表面积，m^2；

t——为腐蚀时间，h。

在室温条件下，分别将两种复合板、母材侧试样浸泡 3 天、6 天、9 天、12 天、15 天及 18 天。在上述试验时间段浸泡后，对腐蚀试样进行清洗、干燥、称量，计算并记录试样的质量损失。

（2）动电位极化曲线。采用电化学工作站分别测定 TA10/Q345R 复合板、TA10/Q245R 复合板以及 TA10 钛板（母材）的动电位极化曲线。电极系统采用三电极体系，参比电极为饱和甘汞电极，辅助电极为铂电极，工作电极为待测试样，腐蚀介质为人工海水，溶液的化学成分为：$H_2O(100mL) + Mg_2SO_4(0.33g) + MgCl_2(0.23g) + NaCl(2.67g)$。

采用线切割方法制备电化学腐蚀试样，试样的工作面积为 $1cm^2$，其余非工作面用 A/B 胶密封，制备好的电化学腐蚀试样如图 19-65 所示。

试验前先将要测试的样品浸入人工海水中 40min，使整个体系稳定。在未加电压的情况下，测试其开路电位。电位稳定后以 0.01V/s 的扫描速度进行测试，测定电流的变化情况。对实验数据进行处理，得到电流与电位之间的变化曲线，即极化曲线。试验中所采用的参数如下：

Init E（V）= -1.5V

Final E（V）= +1.0V

Segment = 1

Hold Time at Ef（sec）= 0

Scan Rate （V/S）= 0.01

Quiet Time （sec）= 2s

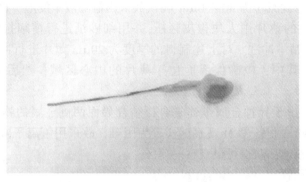

图 19-65   电化学腐蚀试样

（3）交流阻抗谱。将经过动电位极化曲线测试的各腐蚀试样重新清理，得到清洁的表面，进行电化学阻抗谱测试。试验前先将试样在介质溶液中浸泡 40min，使系统稳定。对试样施加交流正弦激励信号，幅值为 5mV，扫描频率范围为 $10^5 \sim 10^{-2}$ Hz，扫描速度 0.01V/s，记录实验数据，对测试结果进行数据处理，得到反映阻抗信息的 Nyquist 图和 Bode 图。

19.10.4   爆炸-轧制复合法

采用爆炸复合法制备的金属复合板虽然具有较高的结合强度，但由于受到工艺技术的限制，对板材的厚度和面积有一定的要求，尤其是当复板尺寸不大于 2mm 时或者是大幅面的金属复合板时，采用爆炸复合的方法很难生产。因此，该方法在生产薄规格和板面尺寸较大的金属复合板方面处于劣势地位。

从复合板的发展趋势上来看，生产复层更薄（成本更低）、板面尺寸更大的金属复合板将是未来的研究方向。采用轧制复合法正好可以满足这一要求，薄复层或者大板面尺寸的金属复合板，具有更加广阔的应用领域。例如在石油管道应用中若要使用钛钢复合板，需要将复合板卷成管状，采用爆炸复合法难以达到幅面尺寸要求。国外在金属复合板制备技术的研究方面比我国早，如今爆炸复合和轧制复合制备金属复合板的技术比较成熟。

在爆炸复合技术上，美国和日本均处于世界领先地位，可生产单张面积达 $20m^2$ 的复合板。在轧制复合技术上，日本可生产单张面积达 $60m^2$ 的金属复合板。而我国对轧制复合法的研究起步较晚，特别是在薄规格和大幅面的钛钢复合板生产技术上目前还有待开发。为增大复合板的尺寸，可以在爆炸复合得到金属复合板基础之上，再采用轧制的方法增加复合板的面积，即采用爆炸+轧制的方法。国内诸多学者对爆炸-轧制制备钛钢复合板工艺做了许多相关研究工作。

刘润生等人添加纯铁中间层，采用爆炸-轧制复合法制备出面积超过 $35m^2$、复层厚度不大于 2mm 的钛钢复合板，其复合界面的结合强度超过 210MPa，且内弯和外弯实验均没有发生开裂。

王敬忠先采用爆炸复合法使钛板与纯铁相结合，再采用热轧的方式使钛/纯铁与碳钢相结合，从而得到钛/碳钢复合板。在830℃轧制时复合界面的剪切强度最高为265MPa，随着轧制温度的升高，复合界面的Ti-Fe化合物增多导致结合强度降低。

李平仓以爆炸钛钢复合板为研究对象，研究了不同轧制工艺对复合板力学性能的影响。结果表明，当开轧温度为800~850℃时复合板结合性能最好，复合板复合界面剪切强度约为217MPa，但开轧温度在850~900℃时平均剪切强度降低至141MPa。

Jiang使用爆炸-轧制复合法制备了钛钢复合板，并研究了热处理对复合板性能的影响，研究发现在850℃或以下的热处理温度时，TiC在交界面的钛侧形成；在950℃时在交界面上生成的TiC、FeTi和Fe_2Ti化合物降低了复合强度。

19.10.5 扩散焊接复合法

19.10.5.1 扩散焊接基本原理

扩散焊接是在一定温度和压力下使待焊表面相互接触，通过微观塑性变形或通过在待焊表面上产生的微量液相而扩大待焊表面积的物理接触，然后经较长时间的原子相互扩散来实现结合的一种焊接方法。

在金属不熔化的情况下，要形成焊接接头就必须使两待焊表面紧密接触，使其距离达到0.1~0.5nm以内。在这种条件下，金属原子间的引力开始起作用，开始形成金属键，获得有一定强度的复合金属接头。

实际上，金属表面无论经过如何精密的加工，在微观上总还是起伏不平的（见图19-66）。经微细磨削加工的金属表面，其轮廓算术平均偏差为0.8~1.6μm。在零压力下接触时，其实际接触面积只占全部表面积的百万之一，在施加一般压力时，实际紧密接触面积仅占全部表面积的1%左右，其余表面之间的距离均大于原子引力起作用的范围。

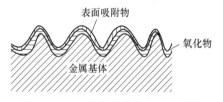

图 19-66 金属微观真实表面示意图

即使少数接触点形成了金属键连接，其连接强度在宏观上也微不足道。此外，实际表面上还存在氧化膜、污染物及表面吸附层，均会影响接触点上金属原子间形成金属键。所以，扩散焊接时要采取适当工艺措施来解决上述问题。

金属表面的微观结构决定了扩散焊接模型分三个阶段。对于同种金属的扩散焊接而言，第一阶段为变形和交界面的形成；第二阶段为晶界迁移和微孔收缩消除；第三阶段为体积扩散、微孔消除和界面消失。对于异种金属间的扩散焊接而言，中间层不熔化的扩散焊接，仍可用三阶段模型来描述，只是扩散过程更复杂，原子扩散中包含异种元素间的扩散问题、浓度梯度和化学作用的影响，有时需要限制第三阶段进程，防止脆性相产生。在异种金属A与B扩散焊接时，A中某些元素在B中的扩散速度较大，会向B中大量扩散，而B中的元素在A中的扩散系数小，向A中扩散的少，因此，在A中就容易出现空穴，这些空穴的形成达到一定程度会使结合强度恶化。

19.10.5.2 工艺过程

钛和钢的性能差异较大，相互之间的固溶度较小，Fe在α-Ti中的扩散速度较在β-Ti中的扩散速度小得多，钢中的C易于扩散至界面上与Ti形成脆性化合物，另外在高温情况下Ti-Fe之间形成脆性金属间化合物TiFe、$TiFe_2$。这些化合物分布在界面上使结合性能恶化。由于上述的原因，在扩散焊接钛钢复合板工艺中加中间层扩散焊接应用广泛，液相挤出扩散焊接近几年也有利用。扩散焊接的工艺流程如图 19-67 所示。

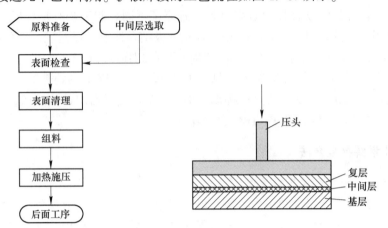

图 19-67　扩散焊接工艺流程及安装简图

19.10.5.3　扩散焊接钛钢复合板的优缺点

优点：（1）扩散焊接对设备的要求严格，工艺参数的控制容易，产品质量稳定；（2）制件的变形小，尺寸精度高；（3）材料的收得率高，有利于节约贵重金属；（4）和爆炸焊接相比，对环境污染少。

缺点：（1）待焊表面的制备和装置要求较高；（2）焊接热循环时间长，生产效率低；（3）一般需专用设备，一次性投资大；（4）制件的尺寸受设备的限制。

参 考 文 献

[1] Jung I J, Kang S, Jhi S H, et al. A study of the formation of Ti(C,N) solid solutions [J]. Acta Materialia, 1999, 47 (11): 3241-3245.

[2] Borbo H, Bernier C L, Hophis H B, et al. Indexing Concepts and Methods [M]. New York: Academic Press, 1978.

[3] Mastri A R. Neuropathy of diabetic neurogenlc bladder [J]. Ann. Intern. Med., 1980, 92 (2): 316-318.

[4] 李薰. 十年来中国冶金科学技术的发展 [J]. 金属学报, 1964 (7): 442.

[5] 李伟, 蒋明学, 谢毕强, 等. 碳氮化钛的制备与应用 [J]. 山东陶瓷, 2009, 32 (3): 18-21.

[6] 黄金昌. 碳氮化钛基金属陶瓷 [J]. 稀有金属与硬质合金, 1994 (4): 43-48.

[7] Koc R. Kinetics and phase evolution during carbothermal synthesis of titanium carbide from ultrafine titania/carbon mixture [J]. Journal of Materials Science, 1998, 33 (4): 1049-1055.

[8] Sen W, Sun H, Yang B, et al. Preparation of titanium carbide powders by carbothermal reduction of titania/charcoal at vacuum condition [J]. International Journal of Refractory Metals and Hard Materials, 2010, 28 (5): 628-632.

[9] 向道平, 李元元. 机械激活工艺对 TiO_2 碳热还原合成纳米 TiC 的影响 [J]. 热加工工艺, 2009, 38 (14): 55-57.

[10] Gotoh Y, Fujimura K, Koike M, et al. Synthesis of titanium carbide from a composite of TiO_2 nanoparticles/methyl cellulose by carbothermal reduction [J]. Materials Research Bulletin, 2001, 36 (13-14):

2263-2275.

[11] Chandra N, Sharma M, Singh D K, et al. Synthesisof nano-TiC powder using titanium gel precursor and carbon particles [J]. Materials Letters, 2009, 63 (12): 1051-1053.

[12] Harbuck D D. 气相法生产氮化钛和碳化钛粉 [J]. 稀有金属材料与工程, 1987 (4): 44-48.

[13] Pan J, Cao R, Yuan Y. A new approach to the mass production of titanium carbide, nitride and carbonitride whiskers by spouted bed chemical vapor deposition [J]. Materials Letters, 2006, 60 (5): 626-629.

[14] 郭海明, 舒武炳, 乔生儒, 等. 化学气相沉积碳化钛的热力学和动力学研究 [J]. 材料工程, 1998 (10): 25-29.

[15] 于瀛秀, 董星龙, 薛方红, 等. 碳包覆碳化钛壳/核型纳米材料制备及其电催化 [J]. 纳米科技, 2013 (1): 59-63.

[16] Bavbande D V, Mishra R, Juneja J M. Studies on the kinetics of synthesis of TiC by calciothermic reduction of TiO$_2$ in presence of carbon [J]. Journal of Thermal Analysis and Calorimetry, 2004, 78 (3): 775-780.

[17] Ma J, Wu M, Du Y, et al. Synthesis of nanocrystal-line titanium carbide with a new convenient route at lowtemperature and its thermal stability [J]. Materials Science and Engineering B, 2008, 153 (1): 96-99.

[18] 王金淑, 周美玲. 自蔓延法制备 TiC 粉末的研究 [J]. 北京工业大学学报, 1998, 24 (3): 29-33.

[19] 陈怡元, 邹正光, 龙飞. 碳源对自蔓延高温合成 TiC 粉末的影响 [J]. 桂林理工大学学报, 2006, 26 (4): 534-537.

[20] Takacs L. Self-sustaining reactions induced by ball milling [J]. Progress in Materials Science, 2002, 47 (4): 355-414.

[21] Zhu X, Zhao K, Cheng B, et al. Synthesis of nanocrystalline TiC powder by mechanical alloying [J]. Materials Science and Engineering, 2001, 16 (1-2): 103-105.

[22] Lohse B H, Calka A, Wexler D. Effect of starting composition on the synthesis of nanocrystalline TiC during milling of titanium and carbon [J]. Journal of Alloys and Compounds, 2005, 394 (1-2): 148-151.

[23] 康新婷, 蒋纪麟, 刘素英. 氮化钛粉的自燃烧合成技术 [J]. 稀有金属材料与工程, 1995 (1): 7-14.

[24] 邬渊文, 庄汉锐, 张宝林. 高压氮气中自蔓延燃烧合成氮化钛 [J]. 无机材料学报, 1993 (4): 441-446.

[25] 李世直, 赵程, 石玉龙, 等. 直流等离子体化学气相沉积氮化钛及其应用 [J]. 青岛化工学院学报, 1987 (3): 1-7.

[26] 郑秋麟, 佟向鹏. 气相沉积技术在产品中的应用及发展 [J]. 航空精密制造技术, 2013, 49 (2): 23-27.

[27] 李洪桂. 二氧化钛还原碳化及还原氮化的热力学探讨 [J]. 稀有金属, 1979 (5): 1-5.

[28] 刘盼, 魏恒勇, 卜景龙, 等. 还原氮化法制备多孔氮化钛粉体及其电化学性能 [J]. 材料导报, 2017, 31 (21): 146-150.

[29] 陶冬源, 杨修春. 氨气热还原法制备氮化钛纳米颗粒 [J]. 化工管理, 2017 (5): 180.

[30] 鲁元, 龚楠, 荆强征, 等. 碳热还原法制备多孔氮化钛陶瓷 [J]. 陶瓷学报, 2014, 35 (2): 177-181.

[31] Wexler D, Calka A, Mosbah A Y. Ti-TiN hardmetals prepared by in situ formation of TiN during reactive ballmilling of Ti in ammonia [J]. Journal of alloys and Compounds, 2000, 309 (1-2): 201-207.

[32] Zhang F, Kaczmarek W A, Lu L, et al. Formation of titanium nitrides via wet reaction ball milling [J].

Journal of alloys and Compounds, 2000, 307 (1-2): 249-253.

[33] 刘志坚, 曲选辉, 黄伯云. 机械合金化反应合成 TiN [J]. 粉末冶金技术, 1997 (2): 30-32.

[34] 石青娟. 非化学计量比 TiN$_x$ 的制备及相稳定性研究 [D]. 秦皇岛: 燕山大学, 2010.

[35] 周丽, 殷凤仕, 柳玉英. 在氮气中球磨 Ti 粉制备纳米 TiN$_x$ [J]. 硅酸盐通报, 2004 (6): 75-77.

[36] Frederic Monteverde, Valentina Medri, Alida Bellosi. Synthesis of ultrafine titanium carbonitride powders [J]. Applied Organometallic Chemistry, 2001, 15: 421-429.

[37] 于仁红, 王宝玉, 蒋明学, 等. 碳热还原氮化法制备碳氮化钛粉末 [J]. 耐火材料, 2006 (1): 9-11.

[38] 王辉平, 周书助. TiO$_2$ 在 N$_2$ 气氛中碳热还原直接合成 TiCN 固溶体的研究 [J]. 稀有金属与硬质合金, 1996 (4): 25-29.

[39] 向道平, 刘颖, 赵志伟, 等. 纳米晶 Ti($C_{0.45}$,$N_{0.55}$) 固溶体粉末的合成及表征 [J]. 稀有金属材料与工程, 2006 (S2): 339-342.

[40] 李喜坤, 修稚萌, 孙旭东, 等. 淀粉还原氢化钛制备 Ti(C,N) 纳米粉 [J]. 东北大学学报, 2003 (3): 272-275.

[41] 向军辉, 肖汉宁. 溶胶-凝胶工艺合成 Ti(C,N) 超细粉末 [J]. 无机材料学报, 1998 (5): 739-744.

[42] 黄向东, 葛昌纯, 夏元洛. 氨解法制备的 Ti(C,N) 粉末及其性能 [J]. 耐火材料, 1998 (2): 63-65.

[43] 康志君, 李明怡, 白淑珍, 等. Ti(C_xN_{1-x}) 粉末 SHS 工艺研究 [J]. 硬质合金, 1996 (2): 82-85.

[44] 石玉龙, 彭红瑞, 李世直, 等. 离子体金属有机物化学气相沉积碳氮化钛 [J]. 表面技术, 1997 (5): 4-6.

[45] Zhang S, Tam S C. Mechanical alloying of a TiC-TiN ceramic system [J]. Journal of Materials Processing Technology, 1997, 67 (1-3): 112-116.

[46] Xiang D P, Liu Y, Tu M J, et al. Synthesis of nano Ti(C,N) powder by mechanical activation and subsequent carbothermal reduction-nitridation reaction [J]. International Journal of Refractory Metals and Hard Materials, 2009, 27 (1): 111-114.

[47] Bhaskar U K, Pradhan S K. One-step mechanosynthe-sis of nano structured Ti(C_xN_{1-x}) cermets at room temperature and their microstructure characterization [J]. Materials Chemistry and Physics, 2012, 134 (2-3): 1088-1096.

[48] Yuan Q, Zheng Y, Yu H Z. Rapid synthesis of Ti(C,N) powders by mechanical alloying and subsequent arc discharging [J]. Transactions of Nonferrous Metals Society of China, 2011, 21 (7): 1545-1549.

[49] Chen X, Xu J, Xiong W, et al. Mechanochemical synthesis of Ti(C,N) nanopowder from titanium and melamine [J]. International Journal of Refractory Metals and Hard Materials, 2015, 50: 152-156.

[50] 朱敏, 鲁忠臣, 胡仁宗, 等. 介质阻挡放电等离子体辅助球磨及其在材料制备中的应用 [J]. 金属学报, 2016, 52 (10): 1239-1248.

[51] Calka A, Wexler D. Mechanical milling assisted by electrical discharge [J]. Nature, 2002, 419 (9): 147-151.

[52] Aksenczuk A, Calka A. Plasma assisted absorption and reversible desorption of hydrogen gas in zirconium powder using electric discharge assisted mechanical milling method [J]. Journal of Alloys and Compounds, 2016, 681: 434-443.

[53] 陈祖健. 等离子体辅助球磨制备碳化物和碳氮化物 [D]. 广州: 华南理工大学, 2019.

[54] Zhu M, Dai L Y, Gu N S, et al. Synergism of mechanical milling and dielectric barrier discharge plasma

on the fabrication of nano-powders of pure metals and tungsten carbide [J]. Journal of Alloys and Compounds, 2009, 478 (1-2): 624-629.

[55] 王为. WC-Co 硬质合金中 WC 的形态和双尺度结构对其力学性能的影响 [D]. 广州: 华南理工大学, 2018.

[56] Wang W, Lu Z, Zeng M, et al. Achieving high transverse rupture strength of WC-8Co hardmetals through forming plate-like WC grains by plasma assisted milling [J]. Materials Chemistry and Physics, 2017, 190: 128-135.

[57] 陈志鸿. 放电等离子体辅助球磨机的改进及其效能的研究 [D]. 广州: 华南理工大学, 2016.

[58] 陈振华. 钛与钛合金 [M]. 北京: 化学工业出版社, 2005.

[59] 喻岚, 李益民, 邓忠勇, 等. 粉末冶金钛合金的制备 [J]. 轻金属, 2003 (9): 43-47.

[60] 黄培云. 粉末冶金原理 [M]. 北京: 冶金工业出版社, 2004.

[61] 曾立英. 形状复杂的高孔隙度多孔钛的制备工艺研究 [J]. 稀有金属快报, 2004, 23 (12): 40.

[62] 晓松. 粉末冶金钛合金在医用人工种植牙用材料领域中应用的探索 [J]. 粉末冶金工业, 2004 (6): 43.

[63] 廖际常. 纳米结晶钛合金多孔植入件 [J]. 稀有金属快报, 2002, 21 (2): 20-21.

[64] 杨遇春. 钛材降低成本的途径 [J]. 宇航材料工艺, 2004 (1): 26-29.

[65] 刘学晖, 徐广. 惰性气体雾化法制取钛和钛合金粉末 [J]. 粉末冶金工业, 2000 (3): 18-22.

[66] 韩明臣, 段庆文. 降低钛成本的方法概述 [J]. 稀有金属快报, 2004, 23 (8): 6-10.

[67] 吴引江. 低成本粉末钛及其合金的发展 [J]. 钛工业进展, 1998, 12 (6): 10-11.

[68] 王志, 袁章福, 郭占成. 金属钛生产工艺研究进展 [J]. 过程工程学报, 2004, 4 (1): 90-96.

[69] Azevedo C R F, Rodrigues D, Beneduce Neto F. Ti-Al-V powder metallurgy (PM) via the hydrogenation-dehydrogenation (HDH) process [J]. Journal of Alloys and Compounds, 2003, 353 (1-2): 217-227.

[70] 刘延昌. 钛粉末冶金进展 [J]. 稀有金属快报, 2003, 22 (5): 14-16.

[71] Henriques V A R, Bellinati C E, Cosme R M. Production of Ti-6%Al-7%Nb alloy by powder metallurgy [J]. Journal of Materials Processing Technology, 2001, 118 (1-3): 212-215.

[72] 冯颖芳. 提高钛粉末冶金制品机械性能的途径 [J]. 钛工业进展, 1998, 12 (5): 25-27.

[73] 吴引江. 国内外粉末冶金技术发展概况 [J]. Rare Metals Letters (稀有金属快报), 2001, 20 (6): 1-5.

[74] 吴引江, 梁永仁. 钛粉末及其粉末冶金制品的发展现状 [J]. 中国材料进展, 2011, 30 (6): 45.

[75] 路新, 刘程程, 曲选辉. 钛及钛合金粉末注射成形技术研究进展 [J]. 粉末冶金技术, 2013, 31 (2): 139.

[76] German R M, 黄坤祥. 美国 MIN、PIM 及相关 PM 技术之现状 [J]. 粉末冶金技术, 2006, 24 (5): 384.

[77] 曾光, 韩志宇, 梁书锦, 等. 金属零件 3D 打印技术的应用研究 [J]. 中国材料进展, 2014, 33 (6): 377.

[78] 王华明, 张述泉, 王向明. 大型钛合金结构件激光直接制造的进展与挑战 [J]. 中国激光, 2009, 36 (12): 4.

[79] 黄卫东, 林鑫. 激光立体成形高性能金属零件研究进展 [J]. 中国材料进展, 2010, 29 (6): 12.

[80] 郭双全, 冯云彪, 葛昌纯, 等. 热喷涂粉末的制备技术 [J]. 材料导报, 2010, 24 (16): 196.

[81] 季珩, 黄利平, 黄山松, 等. 粉末粒径对真空等离子体喷涂钛涂层的影响 [J]. 热喷涂技术, 2013, 5 (1): 22.

[82] Shang Q L, Liu J, Fang S M, Zhou L. Thepreparation techndogy of titanium metal powder [J]. Materials Reviews, 2013, 27 (21): 97.

[83] 冯春. TiNi 基记忆合金的组织、形变特性及扭转记忆行为的研究 [D]. 沈阳：沈阳大学，2016.

[84] 李健. TiNi 合金表面激光合金化抗菌金属改性层的结构与性能 [D]. 哈尔滨：哈尔滨工业大学，2016.

[85] 单小林. TiNi 合金表面 Zr、Mo 合金层的制备及其性能研究 [D]. 太原：太原理工大学，2016.

[86] 王振霞. 钛合金表面 Ni 改性层韧性及耐磨性的研究 [D]. 太原：太原理工大学，2012.

[87] 裴丽丽. 生物医用 TiNi 形状记忆合金的制备及性能研究 [D]. 沈阳：东北大学，2008.

[88] 缪卫东. 钛镍形状记忆合金电化学抛光研究 [D]. 北京：北京有色金属研究总院，2004.

[89] 吴昊. 高纯钛板轧制和退火过程中孪生变形行为及组织织构特征演变 [D]. 重庆：重庆理工大学，2019.

[90] 任毅. 高纯金属钛在动态塑性变形时的微观组织演变及精细结构研究 [D]. 重庆：重庆大学，2017.

[91] 李健. 熔盐电解制备高纯钛粉过程中离子价态、杂质含量及粉末特性研究 [D]. 长沙：中南大学，2012.

[92] 周志辉. 熔盐电解精炼制备高纯钛的工艺研究 [D]. 长沙：中南大学，2011.

[93] 张偌雨. 高纯钛板材冷轧及退火过程中的组织和织构演变 [D]. 重庆：重庆大学，2011.

[94] 李斗良，赵以容，杨国军. 熔盐电解法制取高纯钛的技术及产业化研究 [J]. 中国锰业，2016，34（3）：91-94.

[95] 林洪波，李瑞迪，袁铁锤. 熔盐电解法制备高纯钛的质量控制及工业化研究 [J]. 湖南有色金属，2015，31（6）：30-33.

[96] 刘正红，陈志强. 高纯钛的应用及其生产方法 [J]. 稀有金属快报，2008（2）：1-8.

[97] 努力做好中国自己的低氧超高纯钛 [J]. 钛工业进展，2015，32（6）：43.

[98] 吴全兴. 电解法制取高纯钛 [J]. 钛工业进展，1995（4）：20-21.

[99] 吴全兴. 电子束熔炼制取高纯钛及其应用 [J]. 钛工业进展，1995（4）：21-22.

[100] 李伟. 冷坩埚定向凝固 TiAl 合金组织与疲劳性能 [D]. 哈尔滨：哈尔滨工业大学，2019.

[101] 王鑫. 不同熔炼工艺对钛铝金属间化合物组织及性能的影响 [D]. 哈尔滨：哈尔滨工业大学，2019.

[102] 李军. 电铝热还原钛原料制备钛基材料（Ti_nO_{2n-1}，TiAl-M）研究 [D]. 上海：上海大学，2018.

[103] 李伟. 激光选区熔化成形钛铝合金微观组织与性能演变规律研究 [D]. 武汉：华中科技大学，2017.

[104] 赵晓叶. Zr 和 Co 对 TiAl 基合金组织和性能的影响 [D]. 哈尔滨：哈尔滨工业大学，2016.

[105] 闫蓓蕾. 熔盐电解法制备钛及钛铝合金 [D]. 哈尔滨：哈尔滨工程大学，2016.

[106] 李彬彬. 铝热还原钛渣制备钛铝基合金渣-金分离研究 [D]. 成都：西华大学，2016.

[107] 王涛. 真空感应磁悬浮精炼钛铝基多元合金研究 [D]. 成都：成都理工大学，2017.

[108] 黄栋. 超重力条件下钛渣铝热还原制备钛铝基多元合金工艺研究 [D]. 成都：西华大学，2019.

[109] 陈玉勇. 钛铝合金球形粉末制备板材轧制及电子束增材制造技术 [C] //2019 中国铸造活动周论文集，2019：430.

[110] 阚文斌，林均品. 增材制造技术制备钛铝合金的研究进展 [J]. 中国材料进展，2015，34（2）：111-119，135.

[111] 贾均. 钛铝合金及其熔炼技术 [J]. 特种铸造及有色合金，1998（4）：8-13.

[112] 林安川，杨雪峰，王涛，等. 利用攀西铁矿制备微合金铁粉的中试生产 [J]. 钢铁研究，2017，45（1）：10-16.

[113] 李上，鲍瑞，李凤仙，等. 退火温度对微合金铁粉压缩性的影响 [J]. 热加工工艺，2016，45（12）：167-169.

[114] 李凤仙，李韶雨，李上，等．天然微合金铁粉与碳粉在机械合金化过程中显微组织的演变（英文）[J]．稀有金属材料与工程，2016，45（S1）：68-71．

[115] 刘东华，钱晓泰，梁毅，等．钒钛微合金铁粉的应用及展望 [J]．金属材料与冶金工程，2014，42（4）：3-7．

[116] 刘琼芳，吴照金．利用转炉污泥制备微合金化铁粉 [J]．广东化工，2013，40（9）：16-17，9．

[117] 汪云华，彭金辉，杨卜，等．钒钛铁精矿制取还原铁粉工艺及改进途径探讨 [J]．金属矿山，2006（1）：94-97．

[118] 柴希阳，师仲然，柴锋，等．加热温度对轧制钛/钢复合板组织与性能的影响 [J]．稀有金属材料与工程，2019，48（8）：2701-2710．

[119] 骆宗安，杨德翰，谢广明，等．真空制坯热轧钛/钢复合板工艺及性能 [J]．钢铁研究学报，2019，31（2）：213-220．

[120] 杨哲，杨晗，李桂．钛钢复合板的轧制复合工艺 [J]．金属世界，2019（1）：66-68．

[121] 余超，吴宗河，郭子楦，等．热轧钛/钢复合板显微组织和性能 [J]．钢铁，2018，53（4）：42-47．

[122] 黎旭，冯中学，史庆南．钛-钢复合材料制备技术及性能研究进展 [J]．稀有金属，2018，42（10）：1103-1113．

[123] 许哲峰．热压扩散法制备钛钢复合板的研究进展 [J]．热加工工艺，2017，46（10）：14-17．

[124] 王宽，朱海平，宋振莉，等．钛钢复合板界面特征研究述评 [J]．功能材料，2017，48（4）：4025-4032．

[125] 李龙，毕建华，周德敬．我国金属复合板带材的生产及应用 [J]．轧钢，2017，34（2）：43-47．

[126] 赵佳祥．真空制坯热轧复合法制备钛/钢复合板的组织与性能研究 [D]．沈阳：东北大学，2015．

[127] 李平仓，赵惠，马东康，等．爆炸复合+轧制法制备钛钢复合板工艺研究 [J]．四川兵工学报，2014，35（12）：130-132．

[128] 翟伟国．钛-钢和铜-钢爆炸复合板的性能及界面微观组织结构 [D]．南京：南京航空航天大学，2013．

[129] 闫力．钛钢复合板的特点及应用领域 [J]．中国钛业，2011（3）：12-14．

[130] 余超．热轧制备钛/钢复合板显微组织和界面性能研究 [D]．秦皇岛：燕山大学，2019．

[131] 韩小敏．钛-钢复合板爆炸焊接工艺及组织与性能研究 [D]．南京：南京航空航天大学，2016．

[132] 赵佳祥．真空制坯热轧复合法制备钛/钢复合板的组织与性能研究 [D]．沈阳：东北大学，2015．

[133] 王敬忠．爆炸焊接-轧制钛钢复合板工艺和断口形貌研究 [D]．西安：西安建筑科技大学，2004．

[134] 焦树强，王明涌．钛电解提取与精炼 [M]．北京：冶金工业出版社，2021．

20 主要钒钛原料产品标准目录

20.1 主要钒原料产品标准目录

表 20-1 主要钒原料产品标准目录表

产品名称	标准编号	制订/修订日期	备 注
钒钛铁精矿	YB/T 4695—2018	发布：2018-10-22 实施：2019-04-01	
钒钛铁球团矿	Q/LM 5104-TQL.001—2013	发布：2013-12-05 实施：2014-01-01	
高钛冷固球团矿	YB/T 106—2007	发布：2007-01-25 实施：2007-07-01	
含钒钛生铁	YB/T 5125—2019	发布：2019-05-02 实施：2019-11-01	1985 年制订，1993 年第一次修订，2006 年第二次修订
钒渣	YB/T 008—2006	发布：2006-08-16 实施：2007-02-01	1985 年制订，1997 年第一次修订，2006 年第二次修订
五氧化二钒	YB/T 5304—2017	发布：2017-07-07 实施：2018-01-01	2006 制订，2011 年第一次修订，2017 年第二次修订
化学试剂五氧化二钒	HGT 3485—2003	发布：2004-01-09 实施：2018-05-01	
三氧化二钒	YS/T 1304—2019	发布：2019-08-27 实施：2020-01-01	
钒氮合金	GB/T 20567—2006	发布：2006-11-01 实施：2007-02-01	
氮化钒铁	GB/T 30896—2014	发布：2014-09-30 实施：2015-05-01	
钒铁	GB/T 4139—2012	发布：2012-12-31 实施：2013-10-01	1984 年制订，1987 年第一次修订，2004 年第二次修订，2012 年第三次修订
偏钒酸铵	YS/T 1022—2015	发布：2015-04-30 实施：2015-10-01	
钒铝中间合金	YS/T 579—2006	发布：1985-04-17 实施：1986-01-01	
钒	GB/T 4310—2016	发布：2016-12-30 实施：2017-11-01	1984 年制订，2016 年第一次修订
硫酸氧钒	YS/T 1303—2019	发布：2019-08-27 实施：2020-01-01	

20.2 主要钛产品标准目录

表 20-2 主要钛产品标准目录表

产品名称	标准编号	制订/修订日期	备 注
钛精矿（岩矿）	YB/T 4031—2015	发布：2015-04-30 实施：2015-10-01	1991 年制订，2006 年第一次修订，2015 年第二次修订
钛铁矿精矿	YS/T 351—2015	发布：2015-04-30 实施：2015-10-01	1975 年制订，1987 年第一次修订，1994 年第二次修订，2007 年第三次修订，2015 年第四次修订
钛铁	GB/T 3282—2012	发布：2012-12-31 实施：2013-10-01	1982 年制订，1987 年第一次修订，2006 年第二次修订，2012 年第三次修订，2012 年第四次修订
高钛渣	YS/T 298—2015	发布：2015-04-30 实施：2015-10-01	1978 年制订，1994 年第一次修订，2007 年第二次修订，2015 年第三次修订
酸溶性钛渣	YB/T 5285—2011	发布：2011-12-22 实施：2012-07-01	1999 年制订，2007 年第一次修订，2011 年第二次修订
人造金红石	YS/T 299—2010	发布：2010-11-22 实施：2011-03-01	1994 年制订，2010 年第一次修订
四氯化钛	YS/T 655—2016	发布：2016-07-11 实施：2017-01-01	2007 年制订，2016 年第一次修订
二氧化钛颜料	GB/T 1706—2006	发布：2006-09-01 实施：2007-02-01	1979 年制订，1988 年第一次修订，1993 年第二次修订，2006 年第三次修订
海绵钛	GB/T 2524—2019	发布：2019-06-04 实施：2020-05-01	1981 年制订，2002 年第一次修订，2010 年第二次修订，2019 年第三次修订
铸造钛及钛合金	GB/T 15073—2014	发布：2014-09-03 实施：2015-06-01	1994 年制订，2014 年第一次修订
钛及钛合金锻件	GB/T 25137—2010	发布：2010-09-26 实施：2011-02-01	
钛及钛合金铸件	GB/T 6614—2014	发布：2014-09-03 实施：2015-06-01	1986 年制订，1994 年第一次修订，2014 年第二次修订
钛及钛合金铸锭	GB/T 26060—2010	发布：2011-01-10 实施：2011-10-01	
钛及钛合金锻造板坯	YS/T 885—2013	发布：2013-04-25 实施：2013-09-01	
钛及钛合金板材	GB/T 3621—2007	发布：2007-04-30 实施：2007-11-01	1983 年制订，1994 年第一次修订；2007 年第二次修订

产品名称	标准编号	制订/修订日期	备　注
板式换热器用钛板	GB/T 14845—2007	发布：2007-04-30 实施：2007-11-01	1993 年制订，2007 年第一次修订
TC4 ELI 钛合金板材	GB/T 31297—2014	发布：2014-12-05 实施：2015-05-01	
TC4 钛合金厚板	GB/T 31298—2014	发布：2014-12-05 实施：2015-05-01	
潜水器用钛合金板材	GB/T 31910—2015	发布：2015-09-11 实施：2016-06-01	
钛种板	YS/T 794—2012	发布：2012-05-24 实施：2012-11-01	
外科植入物用钛及钛合金加工材	GB/T 13810—2017	发布：2017-10-14 实施：2018-05-01	1992 年制订，1997 年第一次修订，2007 年第二次修订，2017 年第三次修订
高尔夫球头用钛及钛合金板材	YS/T 795—2012	发布：2012-05-24 实施：2012-11-01	
钛-钢复合板	GB/T 8547—2019	发布：2019-06-04 实施：2020-05-01	1987 年制订，2006 年第一次修订，2019 年第二次修订
钛-不锈钢复合板	GB/T 8546—2017	发布：2017-10-14 实施：2018-05-01	1987 年制订，2007 年第一次修订，2017 年第二次修订
钛及钛合金网板	GB/T 26059—2010	发布：2011-01-10 实施：2011-10-01	
钛及钛合金网篮	YS/T 577—2006	发布：2006-03-07 实施：2006-08-01	
钛及钛合金棒材	GB/T 2965—2007	发布：2007-11-23 实施：2008-06-01	1987 年制订，1996 年第一次修订，2007 年第二次修订
钛合金大规格棒材	GB/T 32185—2015	发布：2015-12-10 实施：2016-11-01	
钛铜复合棒	GB/T 12769—2015	发布：2015-09-11 实施：2016-04-01	1991 年制订，2003 年第一次修订，2015 年第二次修订
超导用 Nb-Ti 合金棒坯、粗棒和细棒	GB/T 25080—2010	发布：2010-09-02 实施：2011-04-01	
钛及钛合金焊接管	GB/T 26057—2010	发布：2011-01-10 实施：2011-10-01	
钛及钛合金无缝管	GB/T 3624—2010	发布：2011-01-10 实施：2011-10-01	1983 年制订，1995 年第一次修订，2010 年第二次修订
钛及钛合金挤压管	GB/T 26058—2010	发布：2011-01-10 实施：2011-10-01	
石油天然气用钛及钛合金管材	YS/T 1143—2016	发布：2016-07-11 实施：2017-01-01	

产品名称	标准编号	制订/修订日期	备 注
工业流体用钛及钛合金管	YS/T 576—2006	发布：2006-03-07 实施：2006-08-01	
换热器及冷凝器用钛及钛合金管	GB/T 3625—2007	发布：2007-04-30 实施：2007-11-01	1983 年制订，1995 年第一次修订，2007 年第二次修订
钛及钛合金丝	GB/T 3623—2007	发布：2007-04-30 实施：2007-11-01	1970 年制订，1983 年第一次修订，1998 年第二次修订，2007 年第三次修订
钛及钛合金焊丝	GB/T 30562—2014	发布：2014-05-06 实施：2014-12-01	
眼镜架用 TB13 钛合金棒丝材	YS/T 1077—2015	发布：2015-04-30 实施：2015-10-01	
钛及钛合金带、箔材	GB/T 3622—2012	发布：2012-12-31 实施：2013-10-01	1983 年制订，1999 年第一次修订，2012 年第二次修订
焊管用钛带	YS/T 658—2020	发布：2020-12-09 实施：2021-04-01	2007 年制订，2020 年第一次修订
钛及钛合金饼和环	GB/T 16598—2013	发布：2013-09-06 实施：2014-05-01	1983 年制订，1996 年第一次修订，2013 年第二次修订
外科植入物骨关节假体锻、铸件 Ti6A14V 钛合金锻件	YY 0117.1—2005	发布：2005-12-07 实施：2006-12-01	1993 年制订，2005 年第一次修订
外科植入物骨关节假体锻、铸件 ZTi6A14V 钛合金铸件	YY 0117.2—2005	发布：2005-12-07 实施：2006-12-01	1993 年制订，2005 年第一次修订
冷轧钛带卷	GB/T 26723—2011	发布：2011-06-16 实施：2012-02-01	
热轧钛带卷	YS/T 750—2011	发布：2011-12-20 实施：2012-07-01	
钛粉	YS/T 654—2018	发布：2018-04-30 实施：2018-09-01	2007 年制订，2018 年第一次修订
球形钛铝粉末	YS/T 1296—2019	发布：2019-08-02 实施：2020-01-01	
激光成型用钛及钛合金粉	GB/T 34486—2017	发布：2017-10-14 实施：2018-05-01	

附 录

附录 1 钒钛热力学数据表

表中主要函数的物理化学意义：

（1）s、g、l 分别表示固、气、液态。

（2）A、B 等表示 α、β 等相。

（3）T 代表温度，单位为 K。

（4）C_p 为标准恒压摩尔热容，单位为 J/（K·mol），表达式为：

$$C_p = a + b \times 10^{-3}T + c \times 10^5 T^{-2} + d \times 10^{-6}T^2$$

式中，a、b、c、d 表示物质的特性常数，称为物质的热容温度系数，其单位分别为 J/（K·mol）、J/（K^2·mol）、J·K/mol 和 J/（K^3·mol）。

（5）H 为标准摩尔焓，单位为 kJ/mol。

（6）S 为标准摩尔熵，单位为 J/（K·mol）。

（7）G 为标准摩尔自由能，单位为 kJ/mol。

附录 1.1 钛化合物的热力学函数（C_p、H、S、G）

附表 1.1-1　单质 Ti 的热力学函数值

C_p	a	b	c	d
s-A	22.158	10.284		
	298.15~1155K			
s-B	19.828	7.924		
	1155~1933K			
l	35.564			
	1933~3000K			
T	C_p	H	S	G
298	25.22	0.00	30.65	-9.14
400	26.27	2.62	38.21	-12.66
600	28.33	8.08	49.25	-21.47
800	30.39	13.95	57.68	-3219
1000	32.44	20.24	64.68	-44.44
	34.04	25.39	69.47	-54.85
1155		4.14	3.59	
	28.98	29.53	73.05	-54.85

T	C_p	H	S	G
1200	29. 34	30. 84	74. 17	-58. 16
1400	30. 92	36. 87	78. 81	-73. 47
1600	32. 51	43. 21	83. 04	-89. 66
1800	34. 09	49. 87	86. 96	-106. 66
	35. 15	54. 48	89. 43	-118. 39
1933		18. 62	9. 63	
	35. 56	73. 10	99. 06	-118. 39
2000	35. 56	75. 48	100. 27	-125. 07
2200	35. 56	82. 59	103. 66	-145. 47
2400	35. 56	89. 70	106. 76	-166. 52
2600	35. 56	96. 82	109. 61	-188. 16
2800	35. 56	103. 93	112. 24	-210. 34
3000	35. 56	111. 04	114. 69	-233. 04

附表 1. 1-2　TiF(g)化合物的热力学函数值

C_p	a	b	c	d
	43. 484	0. 335	-7. 565	
g	298. 15~2000K			
T	C_p	H	S	G
298	35. 07	-66. 94	237. 23	-137. 67
400	38. 89	-63. 15	248. 15	-162. 41
600	41. 85	-55. 05	264. 54	-213. 77
800	42. 57	-46. 62	276. 66	-267. 95
1000	43. 06	-38. 05	286. 21	-324. 27
1200	43. 36	-29. 41	294. 09	-382. 32
1400	43. 57	-20. 71	300. 79	-441. 83
1600	43. 72	-11. 98	306. 62	-502. 58
1800	43. 85	-3. 23	311. 78	-564. 43
2000	43. 96	5. 56	316. 41	-627. 26

附表 1. 1-3　TiF$_2$(g)化合物的热力学函数值

C_p	a	b	c	d
	59. 467	2. 561	-6. 485	
g	298. 15~2000K			
T	C_p	H	S	G
298	52. 94	-688. 27	255. 64	-764. 49
400	56. 44	-682. 67	271. 76	-791. 38

T	C_p	H	S	G
600	59. 20	−671. 07	295. 26	−848. 22
800	60. 50	−659. 08	312. 48	−909. 07
1000	61. 38	−646. 89	326. 08	−972. 97
1200	62. 09	−634. 54	337. 34	−1039. 35
1400	62. 72	−622. 06	346. 96	−1107. 80
1600	63. 31	−609. 46	355. 37	−1178. 05
1800	63. 88	−596. 74	362. 86	−1249. 88
2000	64. 43	−583. 91	369. 62	−1323. 14

附表 1. 1-4　$TiF_3(g)$ 化合物的热力学函数值

C_p	a	b	c	d
s	79. 391	29. 619	3. 397	
	298. 15~1310K			
T	C_p	H	S	G
298	92. 04	−1435. 53	87. 86	−1461. 73
400	93. 36	−1426. 10	115. 06	−1472. 13
600	98. 11	−1406. 98	153. 76	−1499. 24
800	103. 62	−1386. 81	182. 73	−1533. 00
1000	109. 35	−1365. 52	206. 47	−1571. 99
1200	115. 17	−1343. 07	226. 92	−1615. 37
1310	118. 39	−1330. 22	237. 16	−1640. 90

附表 1. 1-5　$TiF_3(g)$ 化合物的热力学函数值

C_p	a	b	c	d
g	85. 546		−18. 179	
	298. 15~2000K			
T	C_p	H	S	G
298	65. 10	−1188. 67	291. 21	−1273. 50
400	74. 18	−1181. 51	311. 80	−1306. 23
600	80. 50	−1165. 92	343. 33	−1371. 92
800	82. 71	−1149. 57	366. 84	−1443. 04
1000	83. 73	−1132. 91	385. 41	−1518. 33
1200	84. 28	−1116. 11	400. 73	−1596. 99
1400	84. 62	−1099. 21	413. 75	−1678. 47
1600	84. 84	−1082. 27	425. 07	−1762. 38
1800	84. 98	−1065. 28	435. 07	−1848. 41
2000	85. 09	−1048. 28	444. 03	−1936. 33

附表 1.1-6　TiF$_4$化合物的热力学函数值

C_p	a	b	c	d
s	123. 315	36. 238	−17. 640	
	298. 15~559K			
T	C_p	H	S	G
298	114. 28	−1649. 33	133. 97	−1689. 28
400	126. 79	−1636. 99	169. 49	−1704. 79
559	137. 93	−1615. 88	213. 83	−1735. 41

附表 1.1-7　TiF$_4$(g)化合物的热力学函数值

C_p	a	b	c	d
g	104. 249	1. 979	−18. 041	
	298. 15~2000K			
T	C_p	H	S	G
298	84. 54	−1551. 43	314. 80	−1645. 29
400	91. 76	−1542. 28	341. 13	−1678. 73
600	100. 42	−1522. 74	380. 66	−1751. 13
800	103. 01	−1502. 36	409. 95	−1830. 32
1000	104. 42	−1481. 61	433. 10	−1914. 71
1200	105. 37	−1460. 62	452. 23	−2003. 30
1400	106. 10	−1439. 47	468. 53	−2095. 42
1600	106. 71	−1418. 19	482. 74	−2190. 57
1800	107. 25	−1396. 79	495. 34	−2288. 40
2000	107. 76	−1375. 29	506. 67	−2388. 52

附表 1.1-8　TiCl(g)化合物的热力学函数值

C_p	a	b	c	d
g	44. 062	0. 126	−6. 418	
	298. 15~2000K			
T	C_p	H	S	G
298	36. 88	154. 39	248. 78	80. 32
400	40. 10	158. 33	260. 14	54. 28
600	42. 35	166. 62	276. 91	0. 48
800	43. 16	175. 19	289. 22	−56. 19
1000	43. 55	183. 86	298. 90	−115. 04
1200	43. 77	192. 59	306. 86	−175. 64
1400	43. 91	201. 36	313. 62	−237. 71
1600	44. 01	210. 15	319. 49	−301. 03
1800	44. 09	218. 97	324. 68	−365. 46
2000	44. 15	227. 79	329. 33	−430. 86

附表 1.1-9 TiCl₂化合物的热力学函数值

C_p	a	b	c	d
s	68.382	18.025	−3.456	
	298.15~1582K			
g	60.128	2.218	−2.770	
	1582~2000K			
T	C_p	H	S	G
298	69.85	−515.47	87.36	−541.52
400	73.41	−508.16	108.42	−551.53
600	78.22	−492.97	139.15	−576.46
800	82.24	−476.92	162.21	−606.69
1000	86.04	−460.09	180.97	−641.06
1200	89.75	−442.51	196.99	−678.89
1400	93.42	−424.19	211.10	−719.73
1582	96.74	−406.89	222.71	−759.22
		248.53	157.10	
	63.53	−158.36	379.81	−759.22
1600	63.57	−157.21	380.53	−766.07
1800	64.03	−144.45	388.05	−842.94
2000	64.49	−131.60	394.82	−921.23

附表 1.1-10 TiCl₂(g)化合物的热力学函数值

C_p	a	b	c	d
g	60.128	2.218	−2.770	
	298.15~2000K			
T	C_p	H	S	G
298	57.67	−282.42	278.24	−365.38
400	59.28	−276.45	295.44	−394.63
600	60.69	−264.44	319.78	−456.31
800	61.47	−252.22	337.35	−522.10
1000	62.07	−239.86	351.14	−591.00
1200	62.60	−227.39	362.50	−662.40
1400	63.09	−214.82	372.19	−735.89
1600	63.57	−202.16	380.64	−811.19
1800	64.03	−189.40	388.16	−888.08
2000	64.49	−176.54	394.93	−966.40

附表 1.1-11　TiCl₃化合物的热力学函数值

C_p	a	b	c	d
s	95.814	11.062	-1.791	
	298.15~1104K			
T	C_p	H	S	G
298	97.10	-721.74	139.75	-763.41
400	99.12	-711.74	168.58	-779.17
600	101.95	-691.62	209.33	-817.22
800	104.38	-670.98	239.00	-862.18
1000	106.70	-649.88	262.54	-912.42
1104	107.88	-638.72	273.16	-940.28

附表 1.1-12　TiCl₃(g)化合物的热力学函数值

C_p	a	b	c	d
g	87.257	-0.715	-12.937	
	298.15~2000K			
T	C_p	H	S	G
298	72.49	-539.32	316.73	-633.75
400	78.89	-531.56	339.06	-667.19
600	83.23	-515.26	372.05	-738.49
800	84.66	-498.45	396.23	-815.43
1000	85.25	-481.45	415.19	-896.64
1200	85.50	-464.37	430.76	-981.28
1400	85.60	-447.26	443.95	-1068.79
1600	85.61	-430.14	455.38	-1158.74
1800	85.57	-413.02	465.46	-1250.85
2000	85.S0	-395.91	474.47	-1344.86

附表 1.1-13　Ti₂Cl₆(g)化合物的热力学函数值

C_p	a	b	c	d
g	134.616	4.435	5.540	
	298.15~2000K			
T	C_p	H	S	G
298	142.17	-1248.51	481.16	-1391.96
400	139.85	-1234.16	522.56	-1443.19
600	138.82	-1206.34	578.99	-1553.73
800	139.03	-1178.56	618.94	-1673.71
1000	139.61	-1150.70	650.02	-1800.72

T	C_p	H	S	G
1200	140. 32	−1122. 71	675. 53	−1933. 35
1400	141. 11	−1094. 57	697. 22	−2070. 68
1600	141. 93	−1066. 26	716. 12	−2212. 05
1800	142. 77	−1037. 79	732. 88	−2356. 98
2000	143. 62	−1009. 16	747. 97	−2505. 10

附表 1. 1-14　TiCl$_4$化合物的热力学函数值

C_p	a	b	c	d
l	142. 787	8. 711	−0. 163	
	298. 15~409K			

T	C_p	H	S	G
298	145. 20	−804. 16	252. 40	−879. 42
400	146. 17	−789. 33	295. 21	−907. 41
409	146. 25	−788. 01	298. 46	−910. 08

附表 1. 1-15　TiCl$_4$(g) 化合物的热力学函数值

C_p	a	b	c	d
g	107. 177	0. 473	−10. 552	
	298. 15~2000K			

T	C_p	H	S	G
298	95. 45	−763. 16	354. 80	−868. 95
400	100. 77	−753. 13	383. 71	−906. 61
600	104. 53	−732. 53	425. 43	−987. 78
800	105. 91	−711. 46	455. 72	−1076. 04
1000	106. 59	−690. 21	479. 43	−1169. 64
1200	107. 01	−668. 84	498. 90	−1267. 53
1400	107. 30	−647. 41	515. 42	−1369. 00
1600	107. 52	−625. 93	529. 76	−1473. 55
1800	107. 70	−604. 41	542. 44	−1580. 80
2000	107. 86	−582. 85	553. 80	−1690. 44

附表 1. 1-16　TiBr(g) 化合物的热力学函数值

C_p	a	b	c	d
g	43. 915	0. 343	−5. 502	
	298. 15~2000K			

T	C_p	H	S	G
298	37. 83	212. 56	260. 16	134. 98

T	C_p	H	S	G
400	40.61	216.56	271.73	107.87
600	42.59	224.92	288.65	51.73
800	43.33	233.52	301.01	−7.29
1000	43.71	242.23	310.73	−68.50
1200	43.94	251.00	318.72	−131.46
1400	44.11	259.80	325.51	−195.90
1600	44.25	268.64	331.41	−261.61
1800	44.36	277.50	336.62	−328.42
2000	44.46	286.39	341.30	−396.22

附表 1.1-17　TiBr$_2$化合物的热力学函数值

C_p	a	b	c	d
s	76.086	10.757	−0.510	
	298.15~1209K			
T	C_p	H	S	G
298	78.72	−405.43	108.37	−437.74
400	80.07	−397.34	131.69	−450.02
600	82.40	−381.09	164.61	−479.85
800	84.61	−364.39	188.61	−515.28
1000	86.79	−347.25	207.73	−554.98
1200	88.96	−329.67	223.75	−598.17
1209	89.06	−328.87	224.41	−600.18

附表 1.1-18　TiBr$_2$(g)化合物的热力学函数值

C_p	a	b	c	d
g	60.279	2.138	−0.615	
	298.15~2000K			
T	C_p	H	S	G
298	60.22	−179.08	308.78	−271.14
400	60.75	−172.91	326.56	−303.54
600	61.39	−160.69	351.32	−371.49
800	61.89	−148.36	369.05	−443.60
1000	62.36	−135.94	382.91	−518.85
1200	62.80	−123.42	394.32	−596.61
1400	63.24	−110.82	404.03	−676.47
1600	63.68	−98.13	412.51	−758.14
1800	64.11	−85.35	420.03	−841.41
2000	64.54	−72.48	426.81	−926.10

附表 1.1-19　TiBr$_3$化合物的热力学函数值

C_p	a	b	c	d
s	−10.803	284.340	34.179	−119.286
	298.15~1067K			
T	C_p	H	S	G
298	101.82	−550.20	176.56	−602.84
400	105.21	−539.76	206.65	−622.42
600	126.35	−516.68	253.15	−668.57
800	145.67	−489.38	292.28	−723.21
1000	157.67	−458.91	326.23	−785.14
1067	159.78	−448.27	336.53	−807.34

附表 1.1-20　TiBr$_3$(g)化合物的热力学函数值

C_p	a	b	c	d
g	88.190	−1.197	−7.481	
	298.15~2000K			
T	C_p	H	S	G
298	79.42	−374.89	358.99	−481.92
400	83.04	−366.59	382.91	−519.75
600	85.39	−349.69	417.13	−599.97
800	86.06	−332.53	441.81	−685.98
1000	86.25	−315.30	461.04	−776.33
1200	86.23	−298.05	476.76	−870.16
1400	86.13	−280.81	490.05	−966.88
1600	85.98	−263.60	501.54	−1066.06
1800	85.81	−246.42	511.66	−1167.40
2000	85.61	−229.27	520.69	−1270.65

附表 1.1-21　TiBr$_4$化合物的热力学函数值

C_p	a	b	c	d
s	80.931	169.624		
	298.15~311K			
l	151.879			
	311~504K			
T	C_p	H	S	G
298	131.50	−617.98	243.51	−690.58
	133.68	−616.27	249.10	−693.74
311		12.89	41.44	
	151.88	−603.39	290.54	−693.74

T	C_p	H	S	G
400	151.88	−589.87	328.76	−721.37
504	151.88	−574.07	363.86	−757.46

附表 1.1-22　TiBr$_4$(g)化合物的热力学函数值

C_p	a	b	c	d
g	107.763	0.167	−6.364	
	298.15~2000K			
T	C_p	H	S	G
298	100.65	−550.20	398.53	−669.02
400	103.85	−539.76	428.62	−711.21
600	106.10	−518.72	471.24	−801.46
800	106.90	−497.41	501.89	−898.92
1000	107.29	−475.98	525.79	−1001.78
1200	107.52	−454.50	545.38	−1108.95
1400	107.67	−432.98	561.96	−1219.73
1600	107.78	−411.43	576.35	−1333.59
1800	107.87	−389.87	589.05	−1450.15
2000	107.94	−368.29	600.42	−1569.12

附表 1.1-23　TiI(g)化合物的热力学函数值

C_p	a	b	c	d
g	43.932	0.469	−5.155	
	298.15~2000K			
T	C_p	H	S	G
298	38.27	274.05	268.70	193.94
400	40.90	278.10	280.37	165.96
600	42.78	286.51	297.38	108.08
800	43.50	295.14	309.80	47.31
1000	43.89	303.89	319.55	−15.66
1200	44.14	312.69	327.57	−80.40
1400	44.33	321.54	334.39	−146.61
1600	44.48	330.42	340.32	−214.10
1800	44.62	339.33	345.57	−282.69
2000	44.74	348.26	350.28	−352.29

附表 1. 1-24　TiI$_2$化合物的热力学函数值

C_p	a	b	c	d
s	84. 057	7. 280	0. 004	
	298. 15~1359K			
g	60. 191	2. 197		
	1359~2000K			
T	C_p	H	S	G
298	88. 62	−266. 10	122. 59	−302. 65
400	86. 97	−257. 28	148. 04	−316. 50
600	88. 43	−239. 74	183. 57	−349. 89
800	89. 88	−221. 91	209. 21	−389. 28
1000	91. 34	−203. 79	229. 42	−433. 21
1200	92. 79	−185. 38	246. 21	−480. 82
1359	93. 95	−170. 53	257. 82	−520. 91
		216. 73	159. 48	
	63. 18	46. 20	417. 30	−520. 91
1400	61. 27	48. 79	419. 18	−538. 06
1600	63. 71	61. 49	427. 66	−622. 76
1800	64. 14	74. 27	435. 19	−709. 06
2000	64. 58	87. 15	441. 97	−796. 79

附表 1. 1-25　TiI$_2$(g)化合物的热力学函数值

C_p	a	b	c	d
g	62. 321	0. 021	−1. 565	
	298. 15~2000K			
T	C_p	H	S	G
298	60. 57	−57. 74	329. 32	−155. 93
400	61. 35	−51. 52	347. 25	−190. 42
600	61. 90	−39. 19	372. 25	−262. 54
800	62. 09	−26. 79	390. 09	−338. 86
1000	62. 19	−14. 36	403. 95	−418. 31
1200	62. 24	−1. 92	415. 30	−500. 27
1400	62. 27	10. 54	424. 89	−584. 31
1600	62. 29	22. 99	433. 21	−670. 14
1800	62. 31	35. 45	440. 55	−757. 53
2000	62. 32	47. 92	447. 11	−846. 31

附表 1. 1-26 TiI₃ 化合物的热力学函数值

C_p	a	b	c	d
s	114.600	7.280		
	298.15~1000K			
g	86.768	−0.481		
	1000~2000K			
T	C_p	H	S	G
298	116.77	−322.17	192.46	−379.55
400	117.51	−310.24	226.88	−400.99
600	118.97	−286.59	274.80	−451.47
800	120.42	−262.65	309.23	−510.03
1000	121.88	−238.42	336.26	−574.68
		148.66	148.66	
	86.29	−89.76	484.92	−574.68
1200	86.19	−72.51	500.64	−673.28
1400	86.09	−55.28	513.92	−774.77
1600	86.00	−38.07	525.41	−878.73
1800	85.90	−20.88	535.54	−984.85
2000	85.81	−3.71	544.58	−1092.87

附表 1. 1-27 TiI₃(g) 化合物的热力学函数值

C_p	a	b	c	d
g	89.521	−2.540	−7.088	
	298.15~800K			
	86.768	−0.481		
	800~2000K			
T	C_p	H	S	G
298	80.79	−149.76	382.00	−263.66
400	84.08	−141.34	406.28	−303.85
600	86.03	−124.28	440.84	−388.78
800	86.38	−107.03	465.65	−479.55
1000	86.29	−89.76	484.92	−574.68
1200	86.19	−72.51	500.64	−673.28
1400	86.09	−55.28	513.92	−774.77
1600	86.00	−38.07	525.41	−878.73
1800	85.90	−20.88	535.53	−984.84
2000	85.81	−3.71	544.58	−1092.87

附表 1.1-28 TiI₄化合物的热力学函数值

C_p	a	b	c	d
s-A	78.249	158.992		
	298.15~379K			
s-B	148.114			
	379~428K			
l	156.482			
	428~653K			
g	108.014	0.042	-3.360	
	653~2000K			
T	C_p	H	S	G
298	125.65	-375.72	246.02	-449.07
379	138.51	-365.04	277.65	-470.27
		9.92	26.16	
400	148.11	-355.13	303.81	-470.27
	148.11	-352.02	311.80	-476.74
428	148.11	-347.87	321.82	-485.61
		19.83	46.34	
600	156.48	-328.04	368.16	-485.61
	156.48	-301.12	421.02	-953.74
653	156.48	-292.83	434.26	-576.40
		56.48	86.50	
800	107.25	-236.35	520.76	-576.40
	107.52	-220.56	542.57	-654.61
1000	107.72	-199.03	566.59	-765.62
1200	107.83	-177.48	586.24	-880.96
1400	107.90	-155.90	602.86	-999.91
1600	107.95	-134.32	617.28	-1121.96
1800	107.99	-112.72	629.99	-1246.71
2000	108.01	-91.12	641.37	-1373.87

附表 1.1-29 TiI₄(g)化合物的热力学函数值

C_p	a	b	c	d
g	108.014	0.042	-3.360	
	298.15~2000K			
T	C_p	H	S	G
298	104.25	-287.02	432.96	-416.11
400	105.93	-276.31	463.87	-461.85

T	C_p	H	S	G
600	107.11	−254.98	507.09	−559.23
800	107.52	−233.51	537.97	−663.88
1000	107.72	−211.98	561.98	−773.97
1200	107.83	−190.43	581.63	−888.39
1400	107.90	−168.85	598.26	−1006.42
1600	107.95	−147.27	612.67	−1127.54
1800	107.99	−125.68	625.39	−1251.38
2000	108.01	−104.08	636.77	−1377.61

附表 1.1-30　TiOF(g)化合物的热力学函数值

C_p	a	b	c	d
g	59.735	1.351	−10.736	
	298.15~2000K			

T	C_p	H	S	G
298	48.06	−433.04	250.57	−507.75
400	53.57	−427.83	265.58	−534.06
600	57.56	−416.64	288.20	−589.56
800	59.14	−404.95	305.00	−648.96
1000	60.01	−393.03	318.30	−711.33
1200	60.61	−380.97	329.30	−776.13
1400	61.08	−368.79	338.68	−842.95
1600	61.48	−356.54	346.86	−911.52
1800	61.48	−344.21	354.12	−981.63
2000	62.17	−331.81	360.66	−1053.12

附表 1.1-31　TiOF$_2$(g)化合物的热力学函数值

C_p	a	b	c	d
g	79.977	1.632	−16.175	
	298.15~2000K			

T	C_p	H	S	G
298	62.27	−924.66	284.58	−1009.51
400	70.52	−917.84	304.20	−1039.52
600	76.46	−903.03	334.15	−1103.52
800	78.76	−887.48	356.50	−1172.68
1000	79.99	−871.60	374.22	−1245.82
1200	80.81	−855.51	388.88	−1322.17
1400	81.44	−839.28	401.39	−1401.23

T	C_p	H	S	G
1600	81.96	−822.94	412.30	−1482.62
1800	82.42	−806.51	421.98	−1566.06
2000	82.84	−789.98	430.68	−1651.34

附表 1.1-32 TiOCl(g)化合物的热力学函数值

C_p	a	b	c	d
	60.501	0.954	−8.372	
g	298.15~2000K			
T	C_p	H	S	G
298	51.37	−244.35	263.56	−322.93
400	55.65	−238.86	279.34	−350.60
600	58.75	−227.37	302.61	−408.93
800	59.96	−215.48	319.70	−471.24
1000	60.62	−203.42	333.15	−536.57
1200	61.06	−191.25	344.25	−604.34
1400	61.41	−179.00	353.69	−674.16
1600	61.70	−166.69	361.91	−745.74
1800	61.96	−154.32	369.19	−818.86
2000	62.20	−141.91	375.73	−893.36

附表 1.1-33 TiOCl$_2$(g)化合物的热力学函数值

C_p	a	b	c	d
	81.475	0.862	−8.929	
g	298.15~2000K			
T	C_p	H	S	G
298	71.69	−545.59	320.90	−641.27
400	76.24	−538.03	342.70	−675.11
600	79.51	−522.39	374.36	−747.00
800	80.77	−506.35	397.43	−824.29
1000	81.44	−490.12	415.53	−905.65
1200	81.89	−473.78	430.42	−990.29
1400	82.23	−457.37	443.07	−1077.67
1600	82.51	−440.90	454.07	−1167.40
1800	82.75	−424.37	463.80	−1259.21
2000	82.98	−407.80	472.53	−1352.86

附表 1.1-34　TiO 化合物的热力学函数值

C_p	a	b	c	d
s-A	44. 225	15. 062	−7. 782	
	298. 15~1264K			
s-B	56. 480	8. 326		
	1264~2023K			
l	54. 392			
	2023~3000K			
T	C_p	H	S	G
298	39. 96	−519. 61	34. 27	−529. 83
400	45. 39	−515. 23	46. 86	−533. 98
600	51. 10	−505. 53	66. 45	−545. 40
800	55. 06	−494. 90	81. 71	−560. 27
1000	58. 51	−483. 54	94. 37	−577. 91
1200	61. 76	−471. 51	105. 33	−597. 91
1264	62. 78	−467. 53	108. 56	−604. 75
		3. 47	2. 75	
	67. 00	−464. 06	111. 31	−604. 75
1400	68. 14	−454. 87	118. 21	−620. 37
1600	69. 80	−441. 07	127. 42	−644. 95
1800	71. 47	−426. 95	135. 74	−671. 28
2000	73. 17	−412. 49	143. 55	−699. 30
2023	73. 32	−410. 80	144. 19	−702. 50
		54. 39	26. 89	
	54. 39	−356. 41	171. 08	−702. 50
2200	54. 39	−346. 79	175. 64	−733. 19
2400	54. 39	−335. 91	180. 37	−768. 80
2600	54. 39	−325. 03	184. 73	−805. 32
2800	54. 39	−314. 15	188. 76	−842. 67
3000	54. 39	−303. 27	192. 51	−880. 80

附表 1.1-35　TiO(g)化合物的热力学函数值

C_p	a	b	c	d
g	36. 677	0. 862	−3. 941	
	298. 15~3000K			
T	C_p	H	S	G
298	32. 50	15. 69	234. 30	−54. 17
400	34. 56	19. 12	244. 18	−78. 35

T	C_p	H	S	G
600	36.10	26.21	258.54	−128.91
800	36.75	33.50	269.03	−181.72
1000	37.14	40.90	277.27	−236.38
1200	37.44	48.36	284.07	−292.53
1400	37.68	55.87	289.86	−349.94
1600	37.90	63.64	294.91	−408.43
1800	38.11	71.03	299.39	−467.87
2000	38.30	78.67	303.41	−528.15
2200	38.49	86.35	307.07	−589.21
2400	38.68	94.07	310.43	−650.96
2600	38.86	101.82	313.53	−713.36
2800	39.04	109.61	316.42	−776.36
3000	39.22	117.44	319.12	−839.91

附表 1.1-36　Ti_2O_3 化合物的热力学函数值

C_p	a	b	c	d
s−A	152.431		−50.041	
		298.15~473K		
s−B	145.109	5.439	−42.706	
		473~2112K		
l	156.900			
		2112~3000K		

T	C_p	H	S	G
298	96.14	−1520.84	78.78	−1544.33
400	121.16	−1509.59	111.07	−1554.02
473	130.06	−1500.39	132.17	−1562.91
		0.90	1.90	
	128.59	−1499.49	134.07	−1562.91
600	136.51	−1482.61	165.66	−1582.00
800	142.79	−1454.60	205.90	−1619.32
1000	146.28	−1425.67	238.17	−1663.83
1200	148.67	−1396.16	265.06	−1714.23
1400	150.55	−1366.23	288.12	−1769.60
1600	152.14	−1335.96	308.33	−1829.29
1800	153.58	−1305.39	326.33	−1892.79
2000	154.92	−1274.54	342.59	−1959.71

T	C_p	H	S	G
	155.64	−1257.14	351.05	−1998.55
2112		110.46	52.30	
	156.90	−1146.69	403.35	−1998.55
2200	156.90	−1132.88	409.75	−2034.33
2400	156.90	−1101.30	423.40	−2117.67
2600	156.90	−1070.12	435.96	−2203.62
2800	156.90	−1038.74	447.59	−2291.99
3000	156.90	−1007.36	458.41	−2382.60

附表 1.1-37　Ti_3O_5化合物的热力学函数值

C_p	a	b	c	d
s−A	231.028	−24.773	−61.254	
	298.15~450K			
s−B	174.699	33.740	0.025	
	450~2047K			
l	234.304			
	2047~3000K			
T	C_p	H	S	G
298	154.73	−2459.15	129.43	−2497.74
400	182.83	−2441.73	179.49	−2513.52
	189.63	−2432.40	201.44	−2523.05
450		11.76	26.13	
	189.89	−2420.65	227.57	−2523.05
600	194.95	−2391.78	282.89	−2561.52
800	201.69	−2352.12	339.90	−2624.04
1000	208.44	−2311.11	385.63	−2696.74
1200	215.19	−2268.74	424.23	−2777.82
1400	221.94	−2225.03	457.91	−2866.10
1600	228.68	−2179.97	487.98	−2960.74
1800	235.43	−2133.56	515.31	−3061.11
2000	242.18	−2085.80	540.46	−3166.72
	243.67	−2074.38	546.11	−3192.26
2047		138.07	67.45	
	234.30	−1936.30	613.56	−3192.26
2200	234.30	−1900.46	630.45	−3287.44
2400	234.30	−1853.60	650.83	−3415.60

续附表 1.1-37

T	C_p	H	S	G
2600	234.30	−1806.73	669.59	−3547.66
2800	234.30	−1759.87	686.95	−3683.34
3000	234.30	−1713.01	703.12	−3822.37

附表 1.1-38　TiO_2（金红石型）化合物的热力学函数值

C_p	a	b	c	d
s	62.856	11.360	−9.958	
	298.15~2143K			
l	87.864			
	2143~3000K			

T	C_p	H	S	G
298	55.04	−944.75	50.33	−959.75
400	61.18	−938.79	67.47	−965.78
600	66.91	−925.91	93.50	−982.02
800	70.39	−912.17	113.25	−1002.77
1000	73.32	−897.80	129.27	−1027.07
1200	75.80	−882.90	142.85	−1054.32
1400	78.25	−867.49	254.72	−1084.10
1600	80.64	−851.60	165.32	−1116.12
1800	83.00	−835.24	174.96	−1150.16
2000	85.33	−818.40	183.82	−1186.05
2143	86.98	−806.08	189.77	−1212.77
		66.94	31.24	
	87.86	−739.14	221.01	−1212.77
2200	87.86	−734.13	223.32	−1225.43
2400	87.86	−716.56	230.96	−1270.87
2600	87.86	−698.99	238.00	−1317.77
2800	87.86	−681.41	244.51	−1366.03
3000	87.86	−663.84	250.57	−1415.55

附表 1.1-39　TiO_2（锐钛型）化合物的热力学函数值

C_p	a	b	c	d
s	75.036		−17.627	
	298.15~2000K			

T	C_p	H	S	G
298	55.21	−933.03	49.92	−947.91
400	64.02	−926.90	67.56	−953.92

T	C_p	H	S	G
600	70.14	−913.36	94.92	−970.31
800	72.28	−899.08	115.44	−991.44
1000	73.27	−884.52	131.69	−1016.20
1200	73.81	−869.80	145.10	−1043.92
1400	74.14	−855.01	156.50	−1074.11
1600	74.35	−840.16	166.42	−1106.42
1800	74.49	−825.27	175.18	−1140.60
2000	74.60	−810.36	183.04	−1176.44

附表 1.1-40 TiS 化合物的热力学函数值

C_p	a	b	c	d
s	45.898	7.364		
	298.15~2200K			
T	C_p	H	S	G
298	48.09	−271.96	56.48	−288.80
400	48.84	−267.02	70.72	−295.31
600	50.32	−257.11	90.81	−311.59
800	51.79	−246.90	105.48	−331.28
1000	53.26	−236.39	117.20	−353.59
1200	54.74	−225.59	127.04	−378.04
1400	56.21	−214.50	135.59	−404.32
1600	57.68	−203.11	143.19	−432.21
1800	59.15	−191.43	150.07	−461.54
2000	60.63	−179.45	156.37	−492.20
2200	62.10	−167.17	162.22	−524.06

附表 1.1-41 TiS(g) 化合物的热力学函数值

C_p	a	b	c	d
s	36.995	0.222	−2.954	
	298.15~2200K			
T	C_p	H	S	G
298	33.74	330.54	246.40	257.07
400	35.24	334.06	256.55	231.44
600	36.31	341.23	271.08	178.58
800	36.71	348.54	281.59	123.27
1000	36.92	355.91	289.81	66.10
1200	37.06	363.31	296.55	7.44

T	C_p	H	S	G
1400	37.15	370.73	302.27	−52.45
1600	37.23	378.17	307.24	−113.42
1800	37.30	385.62	311.63	−175.31
2000	37.36	393.09	315.56	−238.04
2200	37.42	400.57	319.13	−301.51

附表 1.1-42　TiS_2 化合物的热力学函数值

C_p	a	b	c	d
s−A	33.807	114.391		
	298.15~420K			
s−B	62.718	21.506		
	420~1000K			
T	C_p	H	S	G
298	67.91	−407.10	78.37	−430.47
400	79.56	−399.59	99.95	−439.57
420	81.85	−397.98	103.89	−441.61
	71.75	−397.98	103.89	−441.61
600	75.62	−384.72	130.13	−462.79
800	79.92	−369.16	152.47	−491.14
1000	84.22	−352.75	170.77	−523.52

附表 1.1-43　TiN 化合物的热力学函数值

C_p	a	b	c	d
s	49.831	3.933	−12.385	
	298.15~3223K			
l	66.944			
	3223~3500K			
T	C_p	H	S	G
298	37.07	−337.86	30.29	−346.89
400	43.66	−333.70	42.24	−350.60
600	48.75	−324.37	61.08	−361.02
800	51.04	−314.37	75.45	−374.73
1000	52.53	−304.01	87.01	−391.02
1200	53.69	−293.38	96.69	−409.41
1400	54.71	−282.54	105.05	−429.61
1600	55.64	−271.51	112.41	−451.37
1800	56.53	−260.29	119.02	−474.52

T	C_p	H	S	G
2000	57.39	−248.90	125.02	−498.93
2200	58.23	−237.33	130.53	−524.50
2400	59.06	−225.61	135.63	−551.12
2600	59.87	−213.71	140.39	−578.72
2800	60.69	−201.66	144.86	−607.25
3000	61.49	−189.44	149.07	−636.65
3200	62.30	−177.06	153.06	−666.87
	62.39	−175.63	153.51	−670.39
3223		62.76	19.47	
	66.94	−112.87	172.98	−670.39
3400	66.94	−101.02	176.56	−701.33
3500	66.94	−94.32	178.50	−719.08

附表 1.1-44 TiC 化合物的热力学函数值

C_p	a	b	c	d
s	49.953	0.979	−14.774	
	298.15~3290K			
l	62.760			
	3290~3500K			
T	C_p	H	S	G
298	33.79	−184.10	24.23	−191.32
400	41.41	−180.21	35.38	−194.36
600	47.12	−171.26	53.45	−203.33
800	49.64	−161.56	67.39	−215.47
1000	51.34	−151.46	78.65	−230.11
1200	52.82	−141.04	88.14	−246.81
1400	54.27	−130.33	96.40	−265.28
1600	55.77	−119.33	103.74	−258.31
1800	57.37	−108.01	110.40	−306.73
2000	59.09	−96.37	116.53	−329.43
2200	60.93	−84.37	122.25	−353.32
2400	62.92	−71.99	127.64	−378.31
2600	65.04	−59.19	132.75	−404.35
2800	67.30	−45.96	137.66	−431.40
3000	69.71	−32.27	142.38	−459.41
3200	72.26	−18.07	146.96	−488.34

T	C_p	H	S	G
	73. 46	−11. 51	148. 98	−501. 66
3290		71. 13	21. 62	
	62. 76	59. 61	170. 60	−501. 66
3400	62. 76	66. 52	172. 66	−520. 54
3500	62. 76	72. 79	174. 48	−537. 90

附表 1.1-45　Ti₅S₃ 化合物的热力学函数值

C_p	a	b	c	d
	196. 439	44. 769	−20. 083	
s		298. 15~2300K		
T	C_p	H	S	G
298	187. 19	−579. 07	217. 99	−644. 06
400	201. 79	−559. 18	275. 25	−669. 28
600	217. 72	−517. 09	360. 37	−733. 31
800	229. 12	−472. 37	424. 61	−812. 06
1000	239. 20	−425. 53	476. 84	−902. 37
1200	248. 77	−376. 73	521. 30	−1002. 29
1400	258. 09	−326. 04	560. 35	−1110. 53
1600	267. 28	−273. 50	595. 41	−1226. 11
1800	276. 40	−219. 13	627. 42	−1348. 49
2000	285. 47	−162. 94	657. 01	−1476. 97
2200	294. 52	−104. 94	684. 65	−1611. 16
2300	299. 03	−75. 26	697. 84	−1680. 29

附表 1.1-46　TiSi 化合物的热力学函数值

C_p	a	b	c	d
	48. 116	11. 422	−5. 439	
s		298. 15~2000K		
T	C_p	H	S	G
298	45. 40	−129. 70	48. 95	−144. 30
400	49. 29	−124. 86	62. 90	−150. 02
600	53. 46	−114. 55	83. 75	−164. 80
800	56. 40	−103. 55	99. 54	−183. 19
1000	58. 99	−92. 01	112. 41	−204. 42
1200	61. 45	−79. 97	123. 38	−228. 03
1400	63. 83	−67. 44	133. 04	−253. 69
1600	66. 18	−54. 44	141. 71	−281. 18

T	C_p	H	S	G
1800	68.51	−40.97	149.64	−310.32
2000	70.82	−27.03	156.98	−340.99

附表 1.1-47 TiSi$_2$ 化合物的热力学函数值

C_p	a	b	c	d
s	70.417	17.573	−9.037	
	298.15~1800K			
T	C_p	H	S	G
298	65.49	−134.31	61.09	−152.52
400	71.80	−127.28	81.31	−159.81
600	78.45	−112.19	111.81	−179.28
800	83.06	−96.03	135.03	−204.05
1000	87.09	−79.01	154.00	−233.01
1200	90.88	−61.21	170.22	−265.47
1400	94.56	−42.66	184.50	−300.97
1600	98.18	−23.39	197.37	−339.18
1800	101.77	−3.39	209.14	−379.84

附表 1.1-48 TiB 化合物的热力学函数值

C_p	a	b	c	d
s	54.066	−0.033	−21.631	
	298.15~2500K			
T	C_p	H	S	G
298	29.72	−160.25	34.73	−170.60
400	40.53	−156.59	45.20	−174.67
600	48.04	−147.58	63.36	−185.60
800	50.66	−137.67	77.60	−199.75
1000	51.87	−127.41	89.05	−216.45
1200	52.52	−116.96	98.57	−235.24
1400	52.92	−106.42	106.69	−255.79
1600	53.17	−95.81	113.78	−277.85
1800	53.34	−85.15	120.05	−301.25
2000	53.46	−74.47	125.68	−325.83
2200	53.55	−63.77	130.78	−351.48
2400	53.61	−53.06	135.44	−378.11
2500	53.64	−47.70	137.63	−391.76

附表 1.1-49 TiB₂ 化合物的热力学函数值

C_p	a	b	c	d
s	56. 379	25. 857	−17. 464	−3. 347
	298. 15~3193K			
l	108. 784			
	3193~3500K			
T	C_p	H	S	G
298	44. 15	−323. 84	28. 49	−332. 34
400	55. 27	−318. 71	43. 21	−336. 00
600	65. 84	−306. 48	67. 87	−347. 20
800	72. 19	−292. 64	87. 74	−362. 83
1000	77. 14	−277. 69	104. 39	−382. 08
1200	81. 38	−261. 83	118. 84	−404. 44
1400	85. 13	−245. 17	131. 67	−429. 51
1600	88. 50	−227. 80	143. 26	−457. 03
1800	91. 54	−209. 79	153. 87	−486. 75
2000	94. 27	−191. 21	163. 65	−518. 52
2200	96. 70	−17211	172. 76	−552. 17
2400	98. 85	−152. 55	181. 26	−587. 58
2600	700. 72	−132. 58	189. 25	−624. 64
2800	102. 31	−112. 27	196. 78	−663. 25
3000	103. 63	−91. 68	203. 88	−703. 32
3193	104. 64	−71. 57	210. 38	−743. 30
		100. 42	31. 45	
	108. 78	28. 84	241. 83	−743. 30
3200	108. 78	29. 60	242. 06	−745. 00
3400	108. 78	51. 36	248. 66	−794. 08
3500	108. 78	62. 24	251. 81	−819. 10

附表 1.1-50 TiAl 化合物的热力学函数值

C_p	a	b	c	d
s	55. 940	5. 941	−7. 531	
	298. 15~1733K			
T	C_p	H	S	G
298	49. 24	−72. 80	52. 30	−88. 39
400	53. 61	−67. 54	67. 46	−94. 52
600	57. 41	−56. 38	90. 02	−110. 40
800	59. 52	−44. 68	106. 85	−130. 15

T	C_p	H	S	G
1000	61.13	−32.61	120.31	−152.91
1200	62.55	−20.24	131.58	−178.13
1400	63.87	−7.59	141.32	−205.44
1600	65.15	5.31	149.93	−234.59
1733	65.99	14.03	155.17	−254.88

附表 1.1-51　TiAl$_3$化合物的热力学函数值

C_p	a	b	c	d
s	103.512	16.736	−8.996	
	298.15~1613K			
T	C_p	H	S	G
298	98.38	−14226	94.56	−170.45
400	104.58	−131.89	124.43	−181.66
600	111.05	−110.26	16819	−211.17
800	115.50	−87.59	200.77	−248.20
1000	119.35	−64.10	226.96	−291.06
1200	12297	−39.87	249.04	−338.72
1400	126.48	−14.92	268.26	−390.49
1600	12994	10.72	285.38	−445.88
1613	130.16	12.42	286.43	−449.60

附录 1.2　钒化合物的热力学函数（C_p、H、S、G）

附表 1.2-1　单质 V 的热力学函数值

C_p	a	b	c	d
	26.489	2.632	−2.113	
	298.15~600K			
	16.711	12.669	11.431	
s	600~1400K			
	95.320	−50.459	−362.887	14.690
	1400~2175K			
l	41.840			
	2175~3200K			
T	C_p	H	S	G
298	24.90	0.00	28.91	−8.62
400	26.22	2.61	36.44	−11.96

T	C_p	H	S	G
600	27.48	8.00	47.34	−20.41
	27.49	8.00	47.34	−20.41
800	28.63	13.59	55.37	−30.17
1000	30.52	19.50	61.69	−41.26
1200	32.71	25.82	67.71	−55.44
1400	35.03	32.59	72.93	−69.51
	34.96	32.59	72.93	−69.51
1600	38.02	39.90	77.80	−84.58
1800	40.89	47.78	82.44	−100.6
2000	44.09	56.27	86.91	−117.55
2175	47.39	64.27	90.74	−133.09
		20.93	9.62	
	41.84	85.20	100.36	−133.09
2200	41.84	86.24	100.84	−135.61
2400	41.84	94.61	104.48	−156.15
2600	41.84	102.98	107.83	−177.38
2800	41.84	111.35	110.93	−199.26
3000	41.84	119.72	113.82	−221.74
3200	41.84	128.08	116.52	−244.78

附表 1.2-2　VF_3 化合物的热力学函数值

C_p	a	b	c	d
s	82.425	26.861		
	298.15~1000K			
T	C_p	H	S	G
298	90.43	−1150.60	96.99	−1179.92
400	93.17	−1141.25	123.94	−1190.83
600	98.54	−1122.08	162.74	−1219.72
800	103.91	−1101.83	191.82	−1255.29
1000	109.29	−1080.51	215.58	−1296.10

附表 1.2-3　VF_4 化合物的热力学函数值

C_p	a	b	c	d
s	95.186	39.748		
	298.15~1000K			
T	C_p	H	S	G
298	107.04	−1403.31	121.34	−1439.49

T	C_p	H	S	G
400	111.09	−1392.21	153.36	−1453.55
600	119.03	−1369.19	199.90	−1489.13
800	126.98	−1344.59	235.23	−1532.78
1000	134.93	−1318.40	264.42	−1582.82

附表 1.2-4 $VF_5(g)$ 化合物的热力学函数值

C_p	a	b	c	d
	130.457	0.628	−28.744	
s	298.15~2000K			
T	C_p	H	S	G
298	98.31	−1433.86	320.79	−1529.50
400	112.74	−1423.00	352.00	−1563.80
600	122.85	−1399.24	400.03	−1639.26
800	126.47	−1374.26	435.94	−1723.02
1000	128.21	−1348.78	464.37	−1813.15
1200	129.21	−1323.03	487.84	−1908.44
1400	129.87	−1297.11	507.81	−2008.05
1600	130.34	−1271.09	525.19	−2111.39
1800	130.70	−1244.98	540.56	−2217.99
2000	130.99	−1218.81	554.35	−2327.51

附表 1.2-5 VCl_2 化合物的热力学函数值

C_p	a	b	c	d
	72.174	11.380	−2.971	
s	298.15~1300K			
T	C_p	H	S	G
298	72.23	−460.24	97.07	−489.18
400	74.87	−452.74	118.69	−500.22
600	78.18	−437.41	149.72	−527.24
800	80.81	−421.51	172.58	−559.57
1000	83.26	−405.10	190.88	−595.98
1200	85.62	−388.21	206.27	−635.73
1300	86.79	−379.59	213.17	−656.70

附表 1.2-6　VCl$_3$化合物的热力学函数值

C_p	a	b	c	d
s	96.190	16.401	−7.029	
	298.15~900K			
T	C_p	H	S	G
298	93.17	−560.66	130.36	−599.70
400	98.36	−550.88	159.14	−614.53
600	104.08	−530.58	200.20	−650.70
800	108.21	−509.34	230.73	−693.92
900	110.08	−498.43	243.58	−717.65

附表 1.2-7　VCl$_4$化合物的热力学函数值

C_p	a	b	c	d
s	161.712			
	298.15~425K			
g	96.399	8.870	−5.690	
	425~2000K			
T	C_p	H	S	G
298	161.71	−569.86	221.75	−635.98
400	161.71	−553.39	269.27	−661.10
425	161.71	−549.35	279.08	−667.96
		38.07	89.59	
	97.02	−511.27	368.66	−667.96
600	100.14	−494.00	402.67	−735.60
800	102.61	−473.71	431.83	−819.18
1000	104.70	−452.98	454.96	−907.94
1200	106.65	−431.84	474.22	−1000.91
1400	108.53	−410.32	490.80	−1097.45
1600	110.37	−388.43	505.42	−1197.10
1800	112.19	−366.18	518.52	−1299.52
2000	114.00	−343.56	530.44	−1404.43

附表 1.2-8　VBr$_2$化合物的热力学函数值

C_p	a	b	c	d
s	73.638	12.552		
	298.15~900K			
T	C_p	H	S	G
298	77.38	−347.27	125.52	−384.70
400	78.66	−339.33	148.44	−398.70

T	C_p	H	S	G
600	81.17	−323.34	180.81	−431.83
800	83.68	−306.86	204.50	−470.46
900	84.94	−298.43	214.43	−491.41

附表 1.2-9　VBr₃ 化合物的热力学函数值

C_p	a	b	c	d
	92.048	32.217		
s	298.15~1000K			
T	C_p	H	S	G
298	101.65	−447.69	142.26	−490.10
400	104.93	−437.17	172.59	−506.20
600	111.38	−415.54	216.35	−545.35
800	117.82	−392.62	249.28	−592.04
1000	124.26	−368.41	276.26	−644.67

附表 1.2-10　VBr₄(g) 化合物的热力学函数值

C_p	a	b	c	d
	107.738	0.837	−7.322	
g	298.15~1000K			
T	C_p	H	S	G
298	99.75	−393.30	334.72	−493.09
400	103.50	−382.92	364.64	−528.77
600	106.21	−361.90	407.22	−606.23
800	107.26	−340.54	437.93	−690.88
1000	107.84	−319.02	461.94	−780.96

附表 1.2-11　VI₂ 化合物的热力学函数值

C_p	a	b	c	d
	72.341	8.368		
s	298.15~1100K			
T	C_p	H	S	G
298	74.84	−263.59	146.44	−307.25
400	75.69	−255.93	168.55	−323.35
600	77.36	−240.62	199.56	−360.36
800	79.04	−224.98	222.04	−402.61
1000	80.71	−209.01	239.86	−448.86
1100	81.55	−200.89	247.59	−473.24

附表 1.2-12 VI$_3$化合物的热力学函数值

C_p	a	b	c	d
s	97.236	8.368		
	298.15~600K			
T	C_p	H	S	G
298	99.73	−280.33	202.92	−340.83
400	100.58	−270.13	232.35	−363.07
600	102.26	−249.84	273.45	−413.91

附表 1.2-13 VOCl$_3$化合物的热力学函数值

C_p	a	b	c	d
l	150.624			
	298.15~400K			
g	107.947		−8.368	
	400~1000K			
T	C_p	H	S	G
298	150.62	−719.65	205.02	−780.77
	150.62	−704.31	249.28	−804.02
400		33.47	83.68	
	102.72	−670.83	332.96	−804.02
600	105.62	−649.94	375.28	−875.11
800	106.64	−628.70	405.82	−953.36
1000	107.11	−607.32	429.67	−1037.00

附表 1.2-14 VO 化合物的热力学函数值

C_p	a	b	c	d
s	47.363	13.472	−5.272	
	298.15~1973K			
T	C_p	H	S	G
298	45.45	−430.95	38.91	−442.55
400	49.46	−426.10	52.88	−447.25
600	53.98	−415.72	73.87	−460.04
800	57.32	−404.58	89.87	−476.47
1000	60.31	−392.81	102.98	−495.80
1200	63.16	−380.47	114.23	−517.54
1400	65.96	−367.55	124.18	−541.40
1600	68.71	−354.09	133.17	−567.15
1800	71.45	−340.07	141.42	−594.62
1973	73.81	−327.50	148.08	−619.67

附表 1. 2-15 V_2O_3 化合物的热力学函数值

C_p	a	b	c	d
s	122. 800	19. 916	−22. 677	
	298. 15~2200K			
T	C_p	H	S	G
298	103. 23	−1225. 91	98. 32	−1255. 23
400	116. 59	−1214. 63	130. 77	−1266. 94
600	128. 45	−1189. 97	180. 61	−1298. 34
800	135. 19	−1163. 57	218. 54	−1338. 40
1000	140. 45	−1135. 99	249. 29	−1385. 28
1200	145. 12	−1107. 43	275. 31	−1437. 80
1400	149. 53	−1077. 96	298. 02	−1495. 18
1600	153. 78	−1047. 63	318. 26	−1556. 85
1800	157. 95	−1016. 45	336. 62	−1622. 36
2000	162. 07	−984. 45	353. 47	−1691. 40
2200	166. 15	−951. 63	369. 11	−1763. 67

附表 1. 2-16 VO_2 化合物的热力学函数值

C_p	a	b	c	d
s−A	62. 593			
	298. 15~345K			
s−B	74. 684	7. 113	−16. 527	
	345~1633K			
l	106. 692			
	1633~2200K			
T	C_p	H	S	G
298	62. 59	−717. 56	51. 46	−732. 90
	62. 59	−714. 62	60. 60	−735. 53
345		4. 31	12. 49	
	63. 25	−710. 31	73. 09	−735. 53
400	67. 20	−706. 72	82. 75	−739. 82
600	74. 36	−692. 45	111. 59	−759. 40
800	77. 79	−677. 20	133. 49	−784. 00
1000	80. 14	−661. 40	151. 11	−812. 51
1200	82. 07	−645. 17	165. 90	−844. 25
1400	83. 80	−628. 58	178. 68	−878. 74
1600	85. 42	−611. 66	189. 98	−915. 63

T	C_p	H	S	G
	85.68	−608.84	191.72	−921.93
1633		56.90	34.85	
	106.69	−551.94	226.57	−921.93
1800	106.69	−534.12	236.96	−960.64
2000	106.69	−512.78	248.20	−1009.18
2200	106.69	−491.44	258.37	−1059.85

附表 1.2-17　V_2O_5 化合物的热力学函数值

C_p	a	b	c	d
s	194.723	−16.318	−55.312	
		298.15~943K		
l	190.790			
		943~3000K		

T	C_p	H	S	G
298	127.63	−1557.70	130.96	−1596.75
400	153.63	−1543.17	172.69	−1612.25
600	169.57	−1510.47	238.78	−1653.74
800	173.03	−1476.12	288.17	−1706.66
	173.12	−1451.35	316.65	−1749.96
943		65.27	69.22	
	190.79	−1386.08	385.87	−1749.96
1000	190.79	−1375.21	397.07	−1772.27
1200	190.79	−1337.05	431.85	−1855.27
1400	190.79	−1298.89	461.26	−1944.66
1600	19079	−1260.73	486.74	−2039.51
1800	190.79	−1222.57	509.21	−2139.15
2000	190.79	−1184.42	529.31	−2243.04
2200	190.79	−1146.26	547.50	−2350.75
2400	190.79	−1108.10	564.10	−2461.93
2600	190.79	−1069.94	579.37	−2576.30
2800	190.79	−1031.78	593.51	−2693.61
3000	190.79	−993.63	606.67	−2813.64

附表 1.2-18　$VN_{0.465}$ 化合物的热力学函数值

C_p	a	b	c	d
s	31.526	11.397	−5.402	
		298.15~2000K		

T	C_p	H	S	G
298	28.85	−132.21	26.71	−140.18
400	32.71	−129.06	35.79	−143.37
600	36.86	−122.06	49.91	−152.01
800	39.80	−114.39	60.93	−163.13
1000	42.38	−106.37	70.09	−176.26
1200	44.83	−97.44	78.04	−191.09
1400	47.21	−88.24	85.13	−207.42
1600	49.55	−78.56	91.58	−225.10
1800	51.87	−68.42	97.56	−244.02
2000	54.19	−57.81	103.14	−264.10

附表 1.2-19 VN 化合物的热力学函数值

C_p	a	b	c	d
s	45.773	8.786	−9.247	
	298.15~1600K			
T	C_p	H	S	G
298	37.99	−217.15	37.24	−228.25
400	43.51	−212.96	49.27	−232.67
600	48.48	−203.70	67.98	−244.49
800	51.36	−193.70	82.35	−259.58
1000	53.63	−183.20	94.06	−277.26
1200	55.67	−172.26	104.02	−297.09
1400	57.60	−160.94	112.75	−318.78
1600	59.47	−149.23	12056	−342.13

附表 1.2-20 V_2C 化合物的热力学函数值

C_p	a	b	c	d
s	62.342	21.004	−8.786	
	298.15~2000K			
T	C_p	H	S	G
298	58.72	−147.28	59.83	−165.12
400	65.25	−140.93	78.09	−172.17
600	72.50	−127.09	106.05	−190.72
800	77.77	−112.05	127.65	−214.17
1000	82.47	−96.02	145.51	−241.54
1200	86.94	−79.08	160.95	−272.21
1400	91.30	−61.26	174.68	−306.80

T	C_p	H	S	G
1600	95.60	−42.56	187.15	−342.00
1800	99.88	−23.02	198.66	−380.60
2000	104.13	−2.61	209.40	−421.41

附表 1.2-21　$VC_{0.8}$ 化合物的热力学函数值

C_p	a	b	c	d
s	34.518	12.426	−7.343	
	298.15~1700K			

T	C_p	H	S	G
298	29.96	−102.51	28.45	−110.99
400	34.90	−99.18	38.03	−114.39
600	39.93	−91.64	53.23	−123.58
800	43.31	−83.31	65.20	−135.47
1000	46.21	−74.35	75.18	−149.53
1200	48.92	−64.83	83.85	−165.45
1400	51.54	−54.79	91.59	−183.01
1600	54.11	−44.22	98.64	−202.04
1700	55.39	−38.75	101.96	−212.07

附表 1.2-22　VC 化合物的热力学函数值

C_p	a	b	c	d
s	36.401	13.389	−7.113	
	298.15~2000K			

T	C_p	H	S	G
298	32.39	−100.83	27.61	−109.07
400	37.31	−97.26	37.90	−112.42
600	42.46	−89.23	54.10	−121.69
800	46.00	−80.37	66.82	−133.83
1000	49.08	−70.86	77.42	−148.28
1200	51.97	−60.75	86.62	−164.70
1400	54.78	−50.08	94.85	−182.86
1600	57.55	−38.84	102.34	−202.59
1800	60.28	−27.06	109.28	−223.76
2000	63.00	−14.73	115.77	−246.27

附表 1.2-23 V_3Si 化合物的热力学函数值

C_p	a	b	c	d
s	93.755	18.276	−6.950	
	298.15~1400K			
T	C_p	H	S	G
298	91.39	−150.62	101.46	−180.87
400	96.72	−141.02	129.14	−192.67
600	102.79	−121.02	169.60	−222.78
800	107.29	−100.00	199.81	−259.84
1000	111.34	−78.13	224.19	−302.32
1200	115.20	−55.48	244.83	−349.27
1400	118.99	−32.06	262.87	−400.08

附表 1.2-24 V_5Si_3 化合物的热力学函数值

C_p	a	b	c	d
s	188.447	118.826	−17.280	
	298.15~1800K			
T	C_p	H	S	G
298	204.44	−461.91	208.78	−524.16
400	225.18	−439.97	271.94	−548.75
600	254.94	−391.84	369.12	−613.31
800	280.81	−338.23	446.05	−695.07
1000	305.54	−279.59	511.38	−790.96
1200	329.84	−216.05	569.23	−899.13
1400	353.92	−147.67	621.89	−1018.31
1600	377.89	−74.48	670.71	−1147.63
1800	401.80	−3.49	716.61	−1286.40

附表 1.2-25 VSi_2 化合物的热力学函数值

C_p	a	b	c	d
s	71.459	11.657	−9.414	
	298.15~1950K			
l	119.244			
	1950~2100K			
T	C_p	H	S	G
298	64.34	−125.52	80.26	−149.45
400	70.24	−118.63	100.10	−158.67
600	75.84	−103.96	129.77	−181.82
800	79.31	−88.43	15208	−210.09

T	C_p	H	S	G
1000	82.17	−72.27	170.09	−242.37
1200	84.79	−55.57	185.31	−277.95
1400	87.30	−38.36	198.57	−316.36
1600	89.74	−20.66	210.39	−357.28
1800	92.15	−2.47	221.10	−400.44
	93.94	11.49	228.54	−434.17
1950		158.28	81.17	−
	119.24	169.77	309.71	−434.17
2000	119.24	175.73	312.73	−449.73
2100	119.24	187.66	318.55	−481.30

附表 1.2-26　VB 化合物的热力学函数值

C_p	a	b	c	d
	37.886	22.615	−7.335	−4.033
s	298.15~1200K			
	44.589	6.799	−1.117	4.280
	1200~2500K			

T	C_p	H	S	G
298	36.02	−138.49	29.29	−147.22
400	41.70	−134.50	40.75	−150.80
600	47.97	−125.48	58.96	−160.85
800	52.25	−115.44	73.37	−174.14
1000	55.73	−104.63	85.41	−190.05
1200	58.71	−93.18	95.84	−208.19
	58.83	−93.18	95.84	−208.19
1400	62.44	−81.06	105.18	−228.31
1600	66.38	−68.18	113.77	−250.22
1800	70.66	−54.49	121.83	−273.78
2000	75.28	−39.90	129.51	−298.92
2200	80.24	−24.35	136.92	−325.57
2400	85.54	−7.78	144.12	−353.68
2500	88.32	0.91	147.67	−368.27

附表 1.2-27　VB$_2$化合物的热力学函数值

C_p	a	b	c	d
	50.053	44.497	−13.548	−12.347
s	298.15~1200K			
	63.459	12.866	−1.117	4.280
	1200~2500K			
T	C_p	H	S	G
298	46.98	−203.67	30.12	−212.74
400	57.41	−198.39	45.54	−216.61
600	68.54	−185.69	71.15	−228.38
800	75.63	−171.23	91.89	−244.74
1000	80.85	−155.56	109.36	−264.92
1200	84.73	−138.98	124.46	−288.33
	84.98	−138.98	124.46	−288.33
1400	89.80	−121.50	137.92	−314.59
1600	94.96	−103.03	150.24	−343.42
1800	100.45	−83.50	161.74	−374.63
2000	106.28	−62.83	172.62	−408.08
2200	112.46	−40.96	183.04	−443.65
2400	118.97	−17.83	193.10	−481.27
2500	122.36	−5.76	198.03	−500.83

附表 1.2-28　V$_3$B$_2$化合物的热力学函数值

C_p	a	b	c	d
	101.491	45.965	−15.790	−3.787
s	298.15~1200K			
	114.897	14.334	−3.360	12.841
	1200~2500K			
T	C_p	H	S	G
298	97.10	−303.76	86.94	−329.68
400	109.40	−293.18	117.37	−340.13
600	123.32	−269.80	164.59	−368.55
800	133.37	−244.09	201.49	−405.29
1000	142.09	−216.53	232.21	−448.74
1200	150.10	−187.30	258.83	−497.90
	150.10	−187.30	258.83	−497.90
1400	159.96	−156.29	282.72	−552.09
1600	170.57	−123.25	304.76	−610.87

T	C_p	H	S	G
1800	182.20	-87.99	325.51	-673.91
2000	194.84	-50.31	345.35	-741.01
2200	208.51	-9.99	364.56	-812.01
2400	223.20	33.17	383.32	-886.80
2500	230.93	55.87	392.59	-925.60

附表 1.2-29　V_2B_3 化合物的热力学函数值

C_p	a	b	c	d
	87.939	67.116	-20.887	-16.380
	298.15~1200K			
s	108.048	19.669	-2.238	8.560
	1200~2500K			

T	C_p	H	S	G
298	83.00	-345.18	59.41	-362.89
400	99.11	-335.83	86.29	-370.34
600	116.51	-314.10	130.10	-392.16
800	127.88	-289.60	165.26	-421.81
1000	136.59	-263.12	194.77	-457.89
1200	143.44	-235.09	220.31	-499.45
	143.82	-235.09	220.31	-499.45
1400	152.25	-205.49	243.10	-545.83
1600	161.35	-174.14	264.02	-596.57
1800	171.12	-140.91	283.58	-651.35
2000	181.57	-105.65	302.14	-709.93
2200	192.71	-68.23	319.96	-772.16
2400	204.52	-28.52	337.23	-837.88
2500	210.69	-7.76	345.71	-872.03

附表 1.2-30　V_3B_4 化合物的热力学函数值

C_p	a	b	c	d
	125.825	89.734	-28.225	-20.414
	298.15~1200K			
s	152.637	26.468	-3.360	12.841
	1200~2500K			

T	C_p	H	S	G
298	119.01	-486.60	88.66	-513.03
400	140.81	-473.26	126.99	-524.06

T	C_p	H	S	G
600	164.48	−442.51	189.02	−555.92
800	180.14	−407.97	238.59	−598.84
1000	192.32	−370.68	280.14	−650.82
1200	202.15	−331.20	316.11	−710.53
	202.66	−331.20	316.11	−710.53
1400	214.69	−289.48	348.24	−777.01
1600	227.73	−245.25	377.75	−849.65
1800	241.78	−198.32	405.37	−927.99
2000	256.85	−148.47	431.62	−1011.70
2200	272.95	−95.51	456.84	−1100.57
2400	290.06	−39.23	481.32	−1194.39
2500	299.01	−9.78	493.34	−1243.13

附表 1.2-31　V_5B_6 化合物的热力学函数值

C_p	a	b	c	d
	201.598	134.967	−42.894	−28.480
s	298.15~1200K			
	241.814	40.074	−5.602	21.401
	1200~2500K			

T	C_p	H	S	G
298	191.05	−763.58	76.15	−786.28
400	224.22	−742.27	137.40	−797.23
600	260.41	−693.47	235.84	−834.97
800	284.64	−638.85	314.24	−890.24
1000	303.80	−579.94	379.88	−959.83
1200	319.57	−517.56	436.71	−1041.61
	320.33	−517.56	436.71	−1041.61
1400	339.58	−451.59	487.52	−1134.12
1600	360.50	−381.61	534.21	−1236.35
1800	383.11	−307.28	577.96	−1347.60
2000	407.43	−228.25	619.57	−1467.39
2200	433.44	−144.20	659.60	−1595.33
2400	461.17	−54.76	698.50	−1731.15
2500	475.67	−7.92	717.61	−1801.96

附录 1.3 钒钛复合化合物的热力学函数 (C_p、H、S、G)

附表 1.3-1   Al$_2$O$_3$ · TiO$_2$化合物的热力学函数值

C_p	a	b	c	d
s	152. 548	22. 175	−46. 903	
	298. 15~2133K			
T	C_p	H	S	G
298	136. 40	−2625. 46	109. 62	−2658. 14
400	162. 10	−2610. 08	153. 80	−2671. 60
600	182. 82	−2575. 27	224. 11	−2709. 73
800	192. 96	−2537. 61	278. 21	−2760. 17
1000	200. 03	−2498. 28	322. 06	−2820. 34
1200	205. 90	−2457. 67	359. 06	−2888. 54
1400	211. 20	−2415. 95	391. 20	−2963. 64
1600	216. 20	−2373. 21	419. 73	−3044. 79
1800	221. 02	−2329. 49	445. 48	−3131. 35
2000	225. 73	−2284. 81	469. 01	−3222. 83
2133	228. 82	−2254. 58	483. 64	−3286. 19

附表 1.3-2   BaO · TiO$_2$化合物的热力学函数值

C_p	a	b	c	d
s−A	125. 855	5. 523	−26. 501	
	298. 15~393K			
s−B	125. 855	5. 523	−26. 501	
	393~1978K			
T	C_p	H	S	G
298	97. 69	−1651. 84	107. 95	−1684. 03
393	110. 87	−1641. 87	136. 91	−1695. 67
		0. 20	0. 50	
	110. 87	−1641. 67	137. 41	−1695. 67
400	111. 50	−1640. 90	139. 37	−1696. 64
600	121. 81	−1617. 38	186. 90	−1729. 52
800	126. 13	−1592. 54	222. 60	−1770. 62
1000	128. 73	−1567. 04	251. 05	−1818. 08
1200	130. 64	−1541. 09	274. 69	−1870. 72
1400	132. 23	−1514. 80	294. 95	−1927. 74
1600	133. 66	−1488. 21	312. 71	−1988. 54

T	C_p	H	S	G
1800	134.98	−1461.35	328.52	−2052.69
1978	136.10	−1437.22	341.31	−2112.32

附表 1.3-3　2BaO·TiO$_2$化合物的热力学函数值

C_p	a	b	c	d
s	181.795	9.874	−34.803	
	298.15~2133K			
T	C_p	H	S	G
298	145.59	−2243.04	196.65	−2301.67
400	163.99	−2227.15	242.38	−2324.10
600	178.05	−2192.70	312.02	−2379.91
80	184.26	−2156.41	364.18	−2447.76
1000	188.19	−2119.14	405.74	−2524.89
1200	191.23	−2081.19	440.33	−2609.59
1400	193.84	−2042.68	470.01	−2700.69
1600	196.23	−2003.67	496.05	−2797.35
1800	198.49	−1964.20	519.30	−2898.93
2000	200.67	−1924.28	540.32	−3004.42
2133	202.09	−1897.49	553.29	−3077.66

附表 1.3-4　CaO·TiO$_2$化合物的热力学函数值

C_p	a	b	c	d
s−A	127.486	5.690	−27.991	
	298.15~1530K			
s−B	134.014			
	1530~2243K			
T	C_p	H	S	G
298	97.69	−1658.54	93.72	−1686.48
400	112.27	−1647.74	124.77	−1697.65
600	123.12	−1624.01	172.74	−1727.65
800	127.66	−1598.88	208.85	−1765.96
1000	130.38	−1573.06	237.65	−1810.71
1200	132.37	−1546.78	261.60	−1860.70
1400	134.02	−1520.14	282.13	−1915.12
1530	135.00	−1502.65	294.08	−1952.59
		2.30	1.50	
	134.01	−1500.35	295.58	−1952.59

T	C_p	H	S	G
1600	134.01	−1490.97	301.58	−1973.49
1800	134.01	−1464.16	317.36	−2035.41
2000	134.01	−1437.36	331.48	−2100.32
2200	134.01	−1410.56	344.25	−2167.91
2243	134.01	−1404.80	346.85	−2182.77

附表 1.3-5　3CaO·2TiO₂化合物的热力学函数值

C_p	a	b	c	d
	299.240	15.899	−57.237	
s	298.15~1998K			

T	C_p	H	S	G
298	239.59	−3999.07	234.72	−4069.05
400	269.83	−3972.91	309.97	−4096.90
600	292.88	−3916.24	424.55	−4170.97
800	303.02	−3856.56	510.33	−4264.82
1000	309.42	−3795.28	578.68	−4373.95
1200	314.34	−3732.88	635.54	−4495.53
1400	318.58	−3669.58	684.32	−4627.63
1600	322.44	−3605.48	727.12	−4768.86
1800	326.09	−3540.62	765.31	−4918.17
1998	329.57	−3475.71	799.52	−5073.14

附表 1.3-6　4CaO·3TiO₂化合物的热力学函数值

C_p	a	b	c	d
	424.048	21.589	−82.383	
s	298.15~2028K			

T	C_p	H	S	G
298	337.81	−5664.72	328.44	−5762.64
400	381.19	−5627.80	434.66	−5801.66
600	414.12	−5547.69	596.62	−5905.66
800	428.45	−5463.29	717.92	−6037.63
1000	437.40	−5376.66	814.54	−6191.20
1200	444.23	−5288.47	894.92	−6362.37
1400	450.07	−5199.03	963.84	−6548.41
1600	455.37	−5108.48	1024.29	−6747.34
1800	460.37	−5016.90	1078.22	−6957.69
2000	465.17	−4924.34	1126.97	−7178.29
2028	465.83	−4911.31	1133.44	−7209.93

附表 1.3-7　CaO · V$_2$O$_5$化合物的热力学函数值

C_p	a	b	c	d
s	135. 227	119. 106		
	298. 15~1051K			
T	C_p	H	S	G
298	170. 75	−2335. 51	179. 08	−2388. 90
400	182. 89	−2317. 50	230. 95	−2409. 88
600	206. 72	−2278. 54	309. 61	−2464. 31
800	230. 56	−2234. 81	372. 35	−2532. 69
1000	254. 39	−2186. 32	426. 35	−2612. 67
1051	260. 46	−2173. 19	439. 16	−2634. 74

附表 1.3-8　2CaO · V$_2$O$_5$化合物的热力学函数值

C_p	a	b	c	d
s	177. 820	121. 001		
	298. 15~1288K			
T	C_p	H	S	G
298	213. 90	−3088. 63	220. 50	−3154. 37
400	226. 22	−3066. 22	285. 08	−3180. 25
600	250. 42	−3018. 55	381. 38	−3247. 38
800	274. 62	−2966. 05	456. 73	−3331. 43
1000	298. 82	−2908. 70	520. 61	−3429. 32
1200	323. 02	−2846. 52	577. 23	−3539. 20
1288	333. 67	−2817. 62	600. 46	−3591. 02

附表 1.3-9　3CaO · V$_2$O$_5$化合物的热力学函数值

C_p	a	b	c	d
s	226. 815	101. 336		
	298. 15~1653K			
T	C_p	H	S	G
298	257. 03	−3782. 55	274. 89	−3864. 50
400	267. 35	−3755. 84	351. 86	−3896. 59
600	287. 62	−3700. 34	464. 10	−3978. 80
800	307. 88	−3640. 79	549. 61	−4080. 49
1000	328. 15	−3577. 19	620. 49	−4197. 68
1200	348. 42	−3509. 53	682. 11	−4328. 07
1400	368. 69	−3437. 82	737. 34	−4470. 11
1600	388. 95	−3362. 06	787. 90	−4622. 70
1653	394. 32	−3341. 30	800. 66	−4664. 80

附表 1.3-10　CdO · TiO₂化合物的热力学函数值

C_p	a	b	c	d
s-A	116. 106	9. 623	−18. 200	
	298. 15~1100K			
s-B	116. 106	9. 623	−18. 200	
	1100~1600K			
T	C_p	H	S	G
298	98. 50	−1231. 85	105. 02	−1263. 16
400	108. 58	−1221. 24	135. 57	−1275. 47
600	116. 82	−1198. 57	181. 41	−1307. 42
800	120. 96	−1174. 76	215. 63	−1347. 27
1000	123. 91	−1150. 26	242. 95	−1393. 22
1100	125. 19	−1137. 81	254. 82	−1418. 11
		14. 98	13. 62	
	125. 19	−1122. 83	268. 44	−1418. 11
1200	126. 39	−1110. 55	279. 38	−1445. 51
1400	128. 65	−1084. 74	299. 04	−1503. 40
1600	130. 79	−1058. 80	316. 36	−1567. 97

附表 1.3-11　CoO · TiO₂化合物的热力学函数值

C_p	a	b	c	d
s	123. 470	9. 707	−16. 527	
	298. 15~1700K			
T	C_p	H	S	G
298	107. 77	−1219. 64	96. 86	−1248. 51
400	117. 02	−1208. 13	130. 00	−1260. 13
600	124. 70	−1183. 84	179. 14	−1291. 32
800	128. 65	−1158. 48	215. 59	−1330. 95
1000	131. 52	−1132. 45	244. 62	−1377. 07
1200	133. 97	−1105. 89	268. 82	−1428. 48
1400	136. 22	−1078. 87	289. 64	−1484. 37
1600	138. 36	−1051. 41	307. 97	−1544. 17
1700	139. 40	−1037. 53	316. 39	−1575. 39

附表 1.3-12　FeTi 化合物的热力学函数值

C_p	a	b	c	d
s	53. 011	9. 623	−8. 117	
	298. 15~1590K			

T	C_p	H	S	G
298	46. 75	−40. 58	52. 72	−56. 30
400	51. 79	−35. 54	67. 25	−62. 44
600	56. 53	−24. 65	89. 26	−78. 20
800	59. 44	−13. 04	105. 94	−97. 79
1000	61. 82	−0. 91	119. 46	−120. 37
1200	64. 00	11. 68	130. 93	−145. 44
1400	66. 07	24. 69	140. 95	−172. 65
1590	67. 99	37. 42	149. 48	−200. 25

附表 1.3-13　$FeO \cdot TiO_2$ 化合物的热力学函数值

C_p	a	b	c	d
s	116. 608	18. 242	−20. 041	
	298. 15~1743K			
l	199. 158			
	1743~2000K			

T	C_p	H	S	G
298	99. 50	−1235. 46	105. 86	−1267. 02
400	111. 38	−1224. 65	136. 97	−1279. 43
600	121. 99	−1201. 17	184. 42	−1311. 82
800	128. 07	−1176. 13	220. 40	−1352. 45
1000	132. 85	−1150. 03	249. 50	−1399. 53
1200	137. 11	−1123. 03	274. 10	−1451. 95
1400	141. 12	−1095. 20	295. 54	−1508. 96
1600	145. 01	−1066. 58	314. 64	−1570. 01
1743	147. 74	−1045. 65	327. 17	−1615. 91
		90. 79	52. 09	
	199. 16	−954. 86	379. 26	−1615. 91
1800	199. 16	−943. 51	385. 67	−1637. 71
2000	199. 16	−903. 67	406. 65	−1716. 98

附表 1.3-14　$Li_2O \cdot TiO_2$ 化合物的热力学函数值

C_p	a	b	c	d
s−A	143. 377	13. 226	−33. 485	
	298. 15~1485K			
s−B	126. 357	33. 472		
	1485~1820K			

C_p	a	b	c	d
l	200.832			
	1820~2220K			
T	C_p	H	S	G
298	109.65	−1670.67	91.76	−1698.03
400	127.74	−1658.46	126.87	−1709.20
600	142.01	−1631.25	181.83	−1740.35
800	148.73	−1602.12	223.69	−1781.07
1000	153.25	−1571.90	257.39	−1829.29
1200	156.92	−1540.87	285.66	−1883.67
1400	160.18	−1509.16	310.10	−1943.30
1485	161.50	−1495.48	319.58	−1970.06
		11.51	7.75	
	176.06	−1483.98	327.33	−1970.06
1600	179.91	−1463.51	340.60	−2008.47
1800	186.61	−1426.86	362.18	−2078.78
1820	187.28	−1423.12	364.24	−2086.05
		110.04	60.46	
1820	200.83	−1313.08	424.71	−2086.05
2000	200.83	−1276.93	443.65	−2164.22
2220	200.83	−1236.76	462.79	−2254.90

附表 1.3-15　MgO·TiO$_2$化合物的热力学函数值

C_p	a	b	c	d
s	118.537	13.590	−27.899	
	298.15~1903K			
l	163.176			
	1903~3000K			
T	C_p	H	S	G
298	91.20	−1571.09	74.48	−1593.30
400	106.54	−1550.92	103.72	−1602.41
600	118.94	−1538.18	149.66	−1627.97
800	125.05	−1513.73	184.78	−1661.55
1000	129.34	−1488.27	213.16	−1701.44
1200	132.91	−1462.04	237.07	−1746.52
1400	136.14	−1435.13	257.80	−1796.05
1600	139.19	−1407.60	276.18	−1849.49

T	C_p	H	S	G
1800	142.14	−1379.46	292.75	−1906.41
	143.63	−1364.75	300.70	−1936.97
1903		90.37	47.49	
	163.18	−1274.37	348.19	−1936.97
2000	163.18	−1258.54	356.30	−1971.14
2200	163.18	−1225.91	371.85	−2043.98
2400	163.18	−1193.27	386.05	−2119.79
2600	163.18	−1160.64	399.11	−2198.33
2800	163.18	−1128.00	411.20	−2279.37
3000	163.18	−1095.37	422.46	−2362.75

附表 1.3-16 MgO·2TiO$_2$ 化合物的热力学函数值

C_p	a	b	c	d
s	170.414	38.371	−31.309	
	298.15~1963K			
l	261.082			
	1963~3000K			

T	C_p	H	S	G
298	146.63	−2509.35	135.60	−2549.78
400	166.19	−2493.31	181.76	−2566.01
600	184.74	−2458.00	253.10	−2609.86
800	196.22	−2419.85	307.90	−2666.16
1000	205.65	−2379.64	352.72	−2732.36
1200	214.29	−2337.64	390.98	−2806.82
1400	222.54	−2293.95	424.64	−2888.44
1600	230.59	−2248.63	454.88	−2976.45
1800	238.52	−2201.72	482.50	−3070.22
	244.93	−2162.32	503.45	−3150.60
1963		146.44	74.60	
	261.08	−2015.88	578.05	−3150.60
2000	261.08	−2006.22	582.93	−3172.07
2200	261.08	−1954.01	607.81	−3291.19
2400	261.08	−1901.79	630.53	−3415.05
2600	261.08	−1849.57	651.42	−3543.28
2800	261.08	−1797.36	670.77	−3675.52
3000	261.08	−1745.14	688.79	−3811.50

附表 1.3-17　2MgO·TiO₂化合物的热力学函数值

C_p	a	b	c	d
s	152. 369	34. 049	−30. 526	
	298. 15~2005K			
l	228. 446			
	2005~3000K			
T	C_p	H	S	G
298	128. 18	−2164. 38	115. 10	−2198. 70
400	146. 91	−2150. 26	155. 72	−2212. 55
600	164. 32	−2118. 93	219. 01	−2250. 33
800	174. 84	−2084. 96	267. 79	−2299. 19
1000	183. 37	−2049. 12	307. 75	−2356. 86
1200	191. 11	−2011. 66	341. 87	−2421. 91
1400	198. 48	−1972. 70	371. 89	−2493. 34
1600	205. 66	−1932. 28	398. 86	−2570. 46
1800	212. 72	−1890. 44	423. 49	−2652. 73
2000	219. 70	−1847. 20	446. 26	−2739. 73
2005	219. 88	−1846. 10	446. 81	−2741. 96
		129. 70	64. 69	
	228. 45	−1716. 40	511. 50	−2741. 96
2200	228. 45	−1671. 85	532. 71	−2843. 81
2400	228. 45	−1626. 16	552. 58	−2952. 36
2600	228. 45	−1580. 47	570. 87	−3064. 73
2800	228. 45	−1534. 78	587. 80	−3180. 62
3000	228. 45	−1489. 09	603. 56	−3299. 77

附表 1.3-18　MgO·V₂O₅化合物的热力学函数值

C_p	a	b	c	d
s	231. 292	−6. 130	−64. 777	−2. 908
	298. 15~1500K			
T	C_p	H	S	G
298	156. 34	−2208. 32	160. 67	−2256. 22
400	187. 89	−2190. 54	211. 71	−2275. 23
600	208. 57	−2150. 44	292. 73	−2326. 08
800	214. 41	−2108. 03	353. 70	−2390. 99
1000	215. 78	−2064. 97	401. 74	−2466. 71
1200	215. 25	−2021. 84	441. 06	−2551. 11
1400	213. 71	−1978. 93	474. 13	−2642. 72
1500	212. 68	−1957. 61	488. 84	−2690. 88

附表 1.3-19　2MgO·V$_2$O$_5$化合物的热力学函数值

C_p	a	b	c	d
	284.596	4.058	−74.241	
s	298.15~1500K			
T	C_p	H	S	G
298	201.77	−2842.19	200.00	−2901.82
400	238.89	−2819.47	265.28	−2925.58
600	264.31	−2768.63	368.01	−2989.44
800	272.52	−2714.68	445.37	−3071.11
1000	275.41	−2659.96	506.55	−3166.52
1200	275.94	−2604.80	556.84	−3273.01
1400	275.09	−2549.68	599.33	−3383.73
1500	274.30	−2522.21	618.28	−3449.63

附表 1.3-20　MnO·TiO$_2$化合物的热力学函数值

C_p	a	b	c	d
	121.671	9.288	−21.882	
s	298.15~1633K			
T	C_p	H	S	G
298	99.82	−1355.62	105.86	−1387.18
400	111.71	−1344.76	137.09	−1399.60
600	121.17	−1321.32	184.48	−1432.01
800	125.68	−1296.60	220.01	−1472.61
1000	128.77	−1271.17	248.40	−1519.54
1200	131.30	−1245.13	272.11	−1571.66
1400	133.56	−1218.64	292.52	−1628.17
1600	135.68	−1191.71	310.49	−1688.50
1633	136.02	−1187.23	313.27	−1698.80

附表 1.3-21　2MnO·TiO$_2$化合物的热力学函数值

C_p	a	b	c	d
	168.155	17.405	−25.564	
s	298.15~1723K			
T	C_p	H	S	G
298	144.59	−1753.10	169.45	−1803.62
400	159.14	−1737.53	214.25	−1823.23
600	171.50	−1704.29	281.47	−1873.18
800	178.08	−1669.29	331.78	−1934.71
1000	183.00	−1633.17	372.06	−2005.23

T	C_p	H	S	G
1200	187.27	−1596.13	405.81	−2083.10
1400	191.22	−1558.28	434.98	−2167.25
1600	195.01	−1519.65	460.76	−2256.87
1723	197.28	−1495.53	475.29	−2314.45

附表 1.3-22　$Na_2O \cdot TiO_2$化合物的热力学函数值

C_p	a	b	c	d
s−A	105.353	86.730		
	298.15~560K			
s−B	108.575	71.128		
	560~1303K			
l	196.230			
	1303~2000K			

T	C_p	H	S	G
298	131.21	−1576.11	121.75	−1612.41
400	140.05	−1562.30	161.55	−1626.92
	153.92	−1538.78	210.87	−1656.87
560		1.67	2.99	
	148.41	−1537.11	213.86	−1656.87
600	151.25	−1531.12	224.20	−1665.63
800	165.48	−1499.44	269.66	−1715.17
1000	179.70	−1464.92	308.11	−1773.04
1200	193.93	−1427.56	342.13	−1838.12
	201.25	−1407.21	358.40	−1874.20
1303		70.29	53.95	
	196.23	1336.92	412.35	−1874.20
1400	196.23	−1317.88	426.44	−1914.89
1600	196.23	−1278.64	452.64	−2002.86
1800	196.23	−1239.39	475.75	−2095.74
2000	196.23	−1200.15	496.43	−2193.00

附表 1.3-23　$Na_2O \cdot 2TiO_2$化合物的热力学函数值

C_p	a	b	c	d
s	206.335	29.539	−19.246	
	298.15~1258K			
l	286.604			
	1258~2000K			

T	C_p	H	S	G
298	193.51	−2539.69	173.64	−2591.46
400	206.14	−2519.26	232.47	−2612.25
600	218.73	−2476.64	318.71	−2667.87
800	226.98	−2432.04	382.81	−2738.29
1000	233.97	−2386.93	434.23	−2820.16
1200	240.47	−2339.48	477.46	−2911.44
1258	242.30	−2324.48	488.86	−2939.46
		109.62	87.14	
	286.60	−2214.86	576.00	−2939.46
1400	286.60	−2174.16	606.65	−3023.47
1600	286.60	−2116.84	644.92	−3148.71
1800	286.60	−2059.52	678.68	−3281.14
2000	286.60	−2002.20	708.87	−3419.95

附表 1.3-24　$Na_2O \cdot 3TiO_2$ 化合物的热力学函数值

C_p	a	b	c	d
s	265.517	44.518	−23.598	
	298.15~1401K			
l	393.924			
	1401~2000K			

T	C_p	H	S	G
298	252.24	−3489.46	233.89	−3559.19
400	268.58	−3462.85	310.55	−3587.07
600	285.67	−3407.26	423.01	−3661.06
800	297.44	−3348.90	506.87	−3754.40
1000	307.67	−3288.38	574.35	−3862.73
1200	317.30	−3225.87	631.31	−3983.44
1400	326.64	−3161.48	680.92	−4114.77
1401	326.68	−3161.15	681.16	−4115.45
		155.23	110.86	
	393.92	−3005.92	791.95	−4115.45
1600	393.92	−2927.53	844.27	−4278.37
1800	393.92	−2848.75	890.67	−4451.95
2000	393.92	−2769.96	932.17	−4634.31

附表 1.3-25　Na$_2$O · V$_2$O$_5$化合物的热力学函数值

C_p	a	b	c	d
	260.412	6.276	−55.312	
s	298.15~1000K			
T	C_p	H	S	G
298	200.06	−2302.87	227.61	−2370.74
400	228.35	−2280.85	290.95	−2397.23
600	248.81	−2232.75	388.19	−2465.66
800	256.79	−2182.09	461.00	−2550.89
1000	261.16	−2130.27	518.81	−2649.07

附表 1.3-26　2NaO · V$_2$O$_5$化合物的热力学函数值

C_p	a	b	c	d
	326.101	28.870	−55.312	
s	298.15~800K			
T	C_p	H	S	G
298	272.49	−2934.66	318.40	−3029.59
400	303.08	−2905.14	403.35	−3066.48
600	328.06	−2841.64	531.74	−3160.69
800	340.55	−2774.69	627.97	−3277.06

附表 1.3-27　3Na$_2$O · V$_2$O$_5$化合物的热力学函数值

C_p	a	b	c	d
	391.790	51.463	−55.312	
s	298.15~800K			
T	C_p	H	S	G
298	344.91	−3535.90	379.07	−3648.92
400	377.80	−3498.89	485.62	−3693.14
600	407.30	−3419.99	645.17	−3807.09
800	424.32	−3336.74	764.81	−3948.58

附表 1.3-28　Ni$_3$Ti 化合物的热力学函数值

C_p	a	b	c	d
	108.951	16.862	−18.200	
s	298.15~1651K			
T	C_p	H	S	G
298	93.50	−140.16	104.60	−171.35
400	104.32	−130.02	133.79	−183.54
600	114.01	−108.06	178.17	−214.97

T	C_p	H	S	G
800	119.60	−84.67	211.78	−254.10
1000	123.99	−60.30	238.96	−299.26
1200	127.92	−35.10	261.91	−349.40
1400	131.63	−9.15	281.91	−403.82
1600	135.22	17.54	299.73	−462.02
1651	136.12	24.46	303.98	−477.41

附表 1.3-29　NiTi 化合物的热力学函数值

C_p	a	b	c	d
	53.011	9.623	−8.117	
s	298.15~1513K			
T	C_p	H	S	G
298	46.75	−66.53	53.14	−82.37
400	51.79	−61.48	67.67	−88.54
600	56.53	−50.59	89.68	−104.39
800	59.44	−38.98	106.36	−124.06
1000	61.82	−26.85	119.88	−146.73
1200	64.00	−14.26	131.35	−171.88
1400	66.07	−1.25	141.37	−199.17
1513	67.22	6.28	146.54	−215.44

附表 1.3-30　$NiTi_2$ 化合物的热力学函数值

C_p	a	b	c	d
	67.990	23.430		
s	298.15~1288K			
T	C_p	H	S	G
298	74.98	−83.68	83.68	−108.63
400	77.36	−75.92	106.05	−118.34
600	82.05	−59.98	138.30	−124.96
800	86.73	−43.10	162.55	−173.14
1000	91.42	−25.29	182.40	−207.69
1200	96.11	−6.53	199.49	−245.92
1288	98.17	2.01	206.36	−263.78

附表 1.3-31　NiO · TiO$_2$化合物的热力学函数值

C_p	a	b	c	d
s	115.102	15.983	-18.326	
	298.15~1700K			
T	C_p	H	S	G
298	99.25	-1202.27	99.30	-1231.88
400	110.04	-1191.55	130.17	-1243.61
600	119.60	-1168.45	176.86	-1274.57
800	125.02	-1143.96	212.05	-1313.60
1000	129.25	-1118.52	240.42	-1358.94
1200	133.01	-1092.29	264.32	-1409.47
1400	136.54	-1065.33	285.09	-1464.46
1600	139.96	-1037.68	303.55	-1523.35
1700	141.64	-1023.60	312.08	-1554.14

附表 1.3-32　PbO · TiO$_2$化合物的热力学函数值

C_p	a	b	c	d
s-A	119.537	17.908	-18.200	
	298.15~763K			
s-B	109.077	22.803	-13.347	
	763~1443K			
T	C_p	H	S	G
298	104.40	-1198.72	111.92	-1232.09
400	115.32	-1187.46	144.32	-1245.19
600	125.23	-1163.28	193.21	-1279.21
763	130.07	-1142.45	223.90	-1313.28
		4.81	6.31	
	124.18	-1137.64	230.20	-1313.28
800	125.23	-1133.03	236.11	-1321.91
1000	130.54	-1107.44	264.63	-1372.07
1200	135.51	-1080.83	288.83	-1427.48
1400	140.32	-1053.24	310.13	-1487.42
1443	141.34	-1047.19	314.39	-1500.85

附表 1.3-33　SrO · TiO$_2$化合物的热力学函数值

C_p	a	b	c	d
s	122.005	5.858	-25.757	
	298.15~2183K			

T	C_p	H	S	G
298	94.78	−1680.71	108.37	−1713.02
400	108.25	−1670.28	138.38	−1725.63
600	118.37	−1647.44	184.55	−1758.17
800	122.67	−1623.29	219.25	−1798.69
1000	125.29	−1598.48	246.92	−1845.4
1200	127.25	−1573.22	269.95	−1897.15
1400	128.89	−1547.6	289.69	−1953.16
1600	130.37	−1521.67	307.00	−2012.87
1800	131.75	−1495.46	322.43	−2075.84
2000	133.08	−1468.97	336.38	−2141.74
2183	134.25	−1444.51	348.08	−2204.38

附表1.3-34 2SrO·TiO$_2$化合物的热力学函数值

C_p	a	b	c	d
s	169.034	10.544	−33.313	
	298.15~2128K			
T	C_p	H	S	G
298	134.70	−2309.15	163.72	−2357.96
400	152.43	−2294.40	206.14	−2376.86
600	166.11	−2262.32	271.00	−2424.92
800	172.26	−2228.42	319.71	−2484.20
1000	176.25	−2193.55	358.61	−2552.16
1200	179.37	−2157.98	391.02	−2627.21
1400	182.10	−2121.83	418.88	−2708.26
1600	184.60	−2085.16	443.36	−2794.54
1800	186.98	−2048.00	465.24	−2885.44
2000	189.29	−2010.37	485.07	−2980.50
2128	190.73	−1986.05	496.85	−3043.35

附表1.3-35 4SrO·3TiO$_2$化合物的热力学函数值

C_p	a	b	c	d
s	432.082	22.259	−84.826	
	298.15~2000K			
T	C_p	H	S	G
298	343.29	−5690.24	376.56	−5802.51
400	387.97	−5652.69	484.60	−5846.52
600	421.87	−5571.11	649.52	−5960.82

T	C_p	H	S	G
800	436. 63	−5485. 11	773. 12	−6103. 61
1000	445. 86	−5396. 81	871. 60	−6268. 41
1200	452. 90	−5306. 91	953. 53	−6451. 15
1400	458. 92	−5215. 72	1023. 81	−6649. 05
1600	464. 38	−5123. 38	1085. 45	−6860. 10
1800	469. 53	−5029. 99	1140. 45	−7082. 79
2000	474. 48	−4935. 58	1190. 17	−7315. 93

附表 1.3-36   2ZnO · TiO$_2$ 化合物的热力学函数值

C_p	a	b	c	d
	166. 607	23. 179	−32. 175	
s		298. 15~2000K		

T	C_p	H	S	G
298	137. 32	−1644. 73	144. 77	−1687. 89
400	155. 77	−1629. 69	188. 04	−1704. 52
600	171. 58	−1596. 73	254. 65	−1749. 52
800	180. 12	−1561. 50	305. 26	−1805. 57
1000	186. 57	−1524. 81	346. 17	−1870. 98
1200	192. 19	−1486. 93	380. 69	−1943. 75
1400	197. 42	−1447. 96	410. 71	−2022. 96
1600	202. 44	−1407. 97	437. 40	−2107. 81
1800	207. 34	−1367. 00	461. 53	−2197. 75
2000	212. 16	−1325. 04	483. 62	−2292. 29

附录1.4   钒钛化学反应的 $\Delta G^{\ominus} = A + BT$ 关系式

下列表中，m 为熔点，b 为沸点，d 为分解温度。s、l、g 分别表示固体、液体和气体。α 表示 α 相，β 表示 β 相。

附表 1.4-1   涉钛主要化学反应及其 $\Delta G^{\ominus} = A + BT$ 关系式

化 学 反 应	A	B	误差	温度范围
	$J \cdot mol^{-1}$	$J \cdot (mol \cdot K)^{-1}$	±kJ	℃
Ti(s) = Ti(l)	15480	−7. 95	—	1670m
Ti(l) = Ti(g)	426800	−120. 0	—	1670~3290b
Ti(s) +2Br$_2$(g) = TiBr$_4$(g)	−614600	123. 30	12	25~1670
Ti(s) +2Cl$_2$(g) = TiCl$_4$(g)	−764000	121. 46	12	25~1670
Ti(s) +Cl$_2$(g) = TiCl$_2$(g)	−512500	140. 2		25~927
Ti(s) +1. 5Cl$_2$(g) = TiCl$_3$(s)	−712300	208. 4		25~927

化 学 反 应	A	B	误差	温度范围
	$J \cdot mol^{-1}$	$J \cdot (mol \cdot K)^{-1}$	$\pm kJ$	℃
$Ti(s) + 2F_2(g) = TiF_4(g)$	-1553900	124.14	12	286b~1670
$Ti(s) + 2I_2(g) = TiI_4(g)$	-401700	117.6	20	380b~1670
$Ti(s) + B(s) = TiB(s)$	-163200	5.9	40	25~1670
$Ti(s) + 2B(s) = TiB_2(s)$	-284500	20.5	20	25~1670
$Ti(s) + C(s) = TiC(s)$	-184800	12.55	6	25~1670
$Ti(s) + 0.5N_2(g) = TiN(s)$	-336300	93.26	6	25~1670
$Ti(s) + 0.5O_2(s) = TiO(s, \beta)$	-514600	74.1	20	25~1670
$Ti(s) + O_2(g) = TiO_2(s, 金红石型)$	-941000	177.57	2	25~1670
$2Ti(s) + 1.5O_2(g) = Ti_2O_3(s)$	-1502100	258.1	10	25~1670
$3Ti(s) + 2.5O_2(g) = Ti_3O_5(s)$	-2435100	420.5	20	25~1670
$Al_2O_3(s) + TiO_2(s) = Al_2O_3 \cdot TiO_2(s)$	-25300	3.93	—	25~1860m
$2BaO(s) + TiO_2(s) = 2BaO \cdot TiO_2(s)$	-194600	-5.02	16	25~1860m
$BaO(s) + TiO_2(s) = BaO \cdot TiO_2(s)$	-156500	15.69	12	25~1705m
$3CaO(s) + 2TiO_2(s) = 3CaO \cdot 2TiO_2(s)$	-207100	-11.51	10	25~1400
$4CaO(s) + 3TiO_2(s) = 4CaO \cdot 3TiO_2(s)$	-292900	-17.57	8	25~1400
$CaO(s) + TiO_2(s) = CaO \cdot TiO_2(s)$	-79900	-3.35	3.2	25~1400
$CdO(s) + TiO_2(s) = CdO \cdot TiO_2(s, \alpha)$	-28000	0.8	20	25~827
$CdO \cdot TiO_2(s, \alpha) = CdO \cdot TiO_2(s, \beta)$	15000	-13.64	2	827
$2CoO(s) + TiO_2(s) = 2CoO \cdot TiO_2(s)$	-22300	-1.1	12	25~1575m
$CoO(s) + TiO_2(s) = CoO \cdot TiO_2(s)$	-24700	6.28	3.2	500~1400
$2FeO(s) + TiO_2(s) = 2FeO \cdot TiO_2(s)$	-33900	5.86	8	25~1100
$FeO(s) + TiO_2(s) = FeO \cdot TiO_2(s)$	-33500	12.13	4	25~1300
$Li_2O(s) + TiO_2(s) = Li_2O \cdot TiO_2(s)$	-129700	-3.35	10	25~900
$2MgO(s) + TiO_2(s) = 2MgO \cdot TiO_2(s)$	-25500	1.26	2	25~1500
$MgO(s) + TiO_2(s) = MgO \cdot TiO_2(s)$	-26400	3.14	3	25~1500
$2MnO(s) + TiO_2(s) = 2MnO \cdot TiO_2(s)$	-37700	-1.7	20	25~1450
$MnO(s) + TiO_2(s) = MnO \cdot TiO_2(s)$	-24700	1.25	20	25~1360
$Na_2O(s) + TiO_2(s) = Na_2O \cdot TiO_2(s)$	-209200	-1.26	20	25~1030m
$Na_2O \cdot TiO_2(s) = Na_2O \cdot TiO_2(l)$	70300	-53.93	—	1030m
$Na_2O \cdot 2TiO_2(s) = Na_2O \cdot 2TiO_2(l)$	109600	-87.15	—	985m
$Na_2O(s) + 2TiO_2(s) = Na_2O \cdot 2TiO_2(s)$	-230100	-1.7	20	25~985m
$Na_2O(s) + 3TiO_2(s) = Na_2O \cdot 3TiO_2(s)$	-234300	-11.7	20	25~1128m
$Na_2O \cdot 3TiO_2(s) = Na_2O \cdot 3TiO_2(l)$	155200	-110.8	—	1128m
$3Ni(s) + Ti(s) = Ni_3Ti(s)$	-146400	26.4	20	25~1378m
$Ni(s) + Ti(s) = NiTi(s)$	-66900	11.7	20	25~1240m

化 学 反 应	A	B	误差	温度范围
	$J \cdot mol^{-1}$	$J \cdot (mol \cdot K)^{-1}$	$\pm kJ$	℃
$NiO(s)+TiO_2(s)=NiO \cdot TiO_2(s)$	-18000	8.4	3.3	477~1427
$PbO(s)+TiO_2(s)=PbO \cdot TiO_2(s)$	-30500	-4.6	—	25~885
$SrO(s)+TiO_2(s)=SrO \cdot TiO_2(s)$	-137200	2.1	10	25~900
$2SrO(s)+TiO_2(s)=2SrO \cdot TiO_2(s)$	-165300	11.5	10	25~1200
$4SrO(s)+TiO_2(s)=4SrO \cdot TiO_2(s)$	-456100	15.7	14	25~1200
$2ZnO(s)+TiO_2(s)=2ZnO \cdot TiO_2(s)$	-840	-13.22	12	25~1700
$1/2TiO_2(s)+C(s)=1/2Ti(s)+CO(g)$	349820	171.42		1500~1940
$3TiO_2(s)+C(s)=Ti_3O_5(s)+CO(g)$	274989	-198.73		25~1670
$2TiO_2(s)+C(s)=Ti_2O_3(s)+CO(g)$	267031	-183.58		25~1670
$TiO_2(s)+C(s)=TiO(s)+CO(g)$	313473	-190.03		25~1670
$2Ti_3O_5(s)+C(s)=3Ti_2O_3(s)+CO(g)$	251115	-153.29		25~1670
$Ti_3O_5(s)+2C(s)=3TiO(s)+2CO(g)$	665430	-371.35		25~1670
$Ti_2O_3(s)+C(s)=2TiO(s)+CO(g)$	359915	-196.47		25~1670
$1/3Ti_2O_3(s)+C(s)=2/3Ti(s)+CO(g)$	375990	165.85		1500~1940
$TiO(s)+C(s)=Ti(s)+CO(g)$	384760	167.44		1500~1940
$4Al(l)+3TiO_2(s)=2Al_2O_3(s)+3Ti(s)$	-542770	113.4		
$8Al(l)+6TiO_2(s)+3N_2(g)=4Al_2O_3(s)+6TiN(s)$	-3110100	802.6		400~2400
$4AlN(s)+3TiO_2(s)=2Al_2O_3(s)+3TiN(s)+1/2N_2(g)$	-251782	-69.8		400~2000
$2TiO_2(s)+N_2(g)=2TiN(s)+2O_2(g)$	730406	-532.32		1000~2400
$2TiO_2(s)+2CO(g)=2TiC(s)+3O_2(g)$	1025500	-691.66		1000~2000
$2Al(l)+TiO_2(s)+CO(g)=Al_2O_3(s)+TiC(s)$	-815140	255		400~2400
$TiC(s)+1/2N_2(g)=TiN(s)+C(s)$	-150330	81.2		400~2400
$TiC(s)+2Cl_2(g)=TiCl_4(s)+C(s)$	-289530	54.85		

附表 1.4-2 有钒参与的 $\Delta G^{\ominus}=A+BT$ 关系式

化 学 反 应	A	B	误差	温度范围
	$J \cdot mol^{-1}$	$J \cdot (mol \cdot K)^{-1}$	$\pm kJ$	℃
$V(s)=V(l)$	22840	-10.42	—	1920m
$V(l)=V(g)$	463300	-125.77	12	1920~3420b
$V(s)+B(s)=VB(s)$	-138100	5.86	—	25~2000
$2V(s)+C(s)=V_2C(s)$	-146400	3.35	—	25~1700
$V(s)+C(s)=VC(s)$	-102100	9.58	12	25~2000
$V(s)+0.73C(s)=VC_{0.73}$	-97000	6.79	—	620~832
$V(s)+0.5N_2(g)=VN(s)$	-214640	82.43	—	25~2346d
$V(s)+0.5O_2(g)=VO(s)$	-424700	80.04	8	25~1800

化 学 反 应	A	B	误差	温度范围
	$J \cdot mol^{-1}$	$J \cdot (mol \cdot K)^{-1}$	$\pm kJ$	℃
$2V(s) + 1.5O_2(g) = V_2O_3(s)$	-1202900	237.53	8	$20 \sim 2070m$
$V(s) + O_2(g) = VO_2(s)$	-706300	155.31	12	$25 \sim 1360m$
$V_2O_5(s) = V_2O_5(l)$	64430	-68.32	3.3	$670m$
$2V(s) + 2.5O_2(g) = V_2O_5(l)$	-1447400	321.58	8	$670 \sim 2000$
$V(s) + Cl_2(g) = VCl_2(s)$	-451900	144.8	—	$25 \sim 1000$
$V(s) + Cl_2(g) = VCl_2(l)$	-403300	106.7	—	$1000 \sim 1373$
$V(s) + Cl_2(g) = VCl_2(g)$	-243100	9.2	—	$1377 \sim 1917$
$V(l) + Cl_2(g) = VCl_2(g)$	-258150	16.3	—	$1971 \sim 2000$
$V(s) + 1.5Cl_2(g) = VCl_3(s)$	-402900	219.7	—	$25 \sim 627$
$3CaO(s) + V_2O_5(s) = 3CaO \cdot V_2O_5(s)$	-332200	0.0	5	$25 \sim 670$
$2CaO(s) + V_2O_5(s) = 2CaO \cdot V_2O_5(s)$	-264850	0.0	5	$25 \sim 670$
$CaO(s) + V_2O_5(s) = CaO \cdot V_2O_5(s)$	-146000	0.0	5	$25 \sim 670$
$CoO(s) + V_2O_3(s) = CoO \cdot V_2O_3(s)$	-18830	0.0	—	$927 \sim 1127$
$Fe(s) + 0.5O_2 + V_2O_3(s) = FeO \cdot V_2O_3(s)$	-288700	62.34	1.2	$750 \sim 1536$
$Fe(l) + 0.5O_2 + V_2O_3(s) = FeO \cdot V_2O_3(s)$	-301250	70.0	1.2	$1536 \sim 1700$
$2MgO(s) + V_2O_5(s) = 2MgO \cdot V_2O_5(s)$	-721740	0	6	$25 \sim 670$
$MgO(s) + V_2O_5(s) = MgO \cdot V_2O_5(s)$	-53350	8.4	6	$25 \sim 670$
$MnO(s) + V_2O_5(s) = MnO \cdot V_2O_5(s)$	-65900	0	6	$25 \sim 670$
$Na_2O(s) + V_2O_5(s) = Na_2O \cdot V_2O_5(s)$	-325500	-15.06	16	$25 \sim 527$
$2Na_2O(s) + V_2O_5(s) = 2Na_2O \cdot V_2O_5(s)$	-536000	-29.3	20	$25 \sim 627$
$3Na_2O(s) + V_2O_5(s) = 3Na_2O \cdot V_2O_5(s)$	-721740	0	20	$25 \sim 670$
$PbO(s) + V_2O_5(s) = 3PbO \cdot V_2O_5(s)$	-177820	0	10	$25 \sim 670$
$2/3[V] + CO(g) = 1/3(V_2O_3) + [C]$	-879462.3	502.05		
$V_2O_5(s) + 5C(s) = 2V(s) + 5CO(g)$	1004070	867.74		
$V_2O_3(s) + 3C(s) = 2V(s) + 3CO(g)$	859700	-495.64		
$VO(s) + C(s) = V(s) + CO(g)$	288787	-160.90		
$V_2O_5(s) + C(s) = 2VO_2(s) + CO(g)$	49070	-213.42		
$2VO_2(s) + C(s) = V_2O_3(s) + CO(g)$	95300	-158.68		
$V_2O_3(s) + C(s) = 2VO(s) + CO(g)$	239100	-163.22		
$V_2O_3(s) + 5C(s) = 2VC(s) + 3CO(g)$	655520	-476.06		
$VO(s) + 2C(s) = VC(s) + CO(g)$	186697	-151.32		
$V_2O_5(s) + 5C(s) + N_2(g) = 2VN(s) + 5CO(g)$	510552	-653.9		
$V_2O_4(s) + 4C(s) + N_2(g) = 2VN(s) + 4CO(g)$	525722	-488.85		
$V_2O_3(s) + 3C(s) + N_2(g) = 2VN(s) + 3CO(g)$	430422	-329.99		
$VO(s) + C(s) + 1/2N_2(g) = VN(s) + CO(g)$	-64830	7.36		

化 学 反 应	A	B	误差	温度范围
	$J \cdot mol^{-1}$	$J \cdot (mol \cdot K)^{-1}$	$\pm kJ$	℃
$VC(s)+1/2N_2(g) = VN(s)+C(g)$	−112549	72.84		

参 考 文 献

[1] 叶大伦，胡建华. 实用无机物热力学数据手册（第2版）[M]. 北京：冶金工业出版社，2002.

[2] 邹建新，崔旭梅，彭富昌. 钒钛化合物及热力学 [M]. 北京：冶金工业出版社，2019.

[3] 李远兵，李楠，阮国智. 还原性气氛下铝热还原法制备 Al_2O_3/TiB_2 复合陶瓷的热力学分析 [J]. 武汉科技大学学报（自然科学版），2004，30（3）：227-233.

附录 2　攀西国家级战略资源创新开发试验区简介

2013 年 3 月，国家发展和改革委员会批准设立攀西国家级战略资源创新开发试验区（简称攀西试验区）。攀西试验区的建设是国家《钒钛资源综合利用和产业发展"十二五"规划》的任务之一，攀西试验区是目前国家层面唯一一个战略矿产资源开发试验区。

本附录主要介绍有关攀西试验区的立项、建设相关规划及重大科技攻关项目的情况。

附录 2.1　攀西试验区立项情况

一、背景

四川攀枝花—西昌（简称攀西）地区是我国重要的战略资源富集区，钒钛磁铁矿储量巨大，稀土、碲铋等资源具有独特优势。尤其是钒钛磁铁矿中伴生铬、钴、镍、镓等稀贵元素，是国防军工和现代化建设必不可少的重要资源，战略地位十分突出。根据国家发展改革委《关于设立攀西战略资源创新开发试验区有关问题的复函（发改办产业〔2010〕2882 号）》和《钒钛资源综合利用和产业发展"十二五"规划》有关精神，须加快推进结构调整和发展方式转变，提高资源科学开发和综合利用水平，加快建设攀西国家级战略资源创新开发试验区（简称攀西试验区），增强攀西地区和民族地区可持续发展能力。

试验区范围包括：攀枝花市东区、西区、仁和区、米易县、盐边县，凉山州西昌市、冕宁县、德昌县、会理县、会东县、宁南县及汉源县、石棉县，总面积 3.1 万平方公里。

四川攀西地处长江上游川滇黔三省结合部，面积 8.2 万平方公里，人口 653 万，2011 年实现地区生产总值 1735.2 亿元，占全省经济总量的 9%，是我国重要的水电、新材料、精品钢材和亚热带农业生产基地。其中，试验区人口、生产总值、工业增加值、财政收入分别为 60%、83%、88%、76%，是攀西的资源富集地和产业聚集区。

二、目的意义

我国钒钛资源储量分别居世界第三和世界第一，集中分布在攀西和承德地区。钛产品主要有钛白粉、金属钛及钛合金等。目前，全球钛白产量约 500 万吨，钛材约 15 万吨。2011 年，我国生产钛白粉约 180 万吨、钛材约 3 万吨，钛白粉多为低端产品，高端产品年需进口 30 万吨左右，钛精矿对外依存度约 50%。随着应用技术提升，钛材应用逐渐从航空航天等军工为主向石化装备、海洋工程、高档消费品等工业和民用领域扩展，海绵钛和钛材需求将快速增长。

钒产品主要是钒渣、钒氧化物（V_2O_5、V_2O_3）、钒氮合金、钒铁等，钢铁用钒约占钒总消耗量的 85%。目前，发达国家钢铁平均耗钒量为 80g/t 钢，我国平均约为 25g/t 钢。2012 年 1 月 4 日，住建部、工信部出台的《关于加快应用高强钢筋的指导意见》提出，到 2015 年底，高强钢筋产量占螺纹钢筋总产量比重达到 80%，在建筑工程中使用量达到建筑用钢筋总量的 65% 以上，预计我国钢铁用钒将加速向世界水平靠拢。同时，随着汽车、建材等方面低合金高强度钢的应用发展，以及太阳能、风电等新能源加快发展，钒电池产业化应用将拉动钒需求大幅增长。

稀土被誉为"工业味精"，是新材料的宝库，随着技术进步和新兴产业发展，其应用领域不断扩大。2011年，我国生产稀土矿产品约12万吨，占全球产量的90%左右，大部分出口美国、日本等发达国家。预计未来几年全球稀土需求量年均增长10%以上，2015年达到20万吨左右。

推进攀西试验区建设，加强战略资源科学开发综合利用，对于加快推进结构调整和发展方式转变、带动欠发达地区和民族地区实现跨越式发展，具有十分重要的意义。同时，为国内资源富集地区科学开发利用资源探索积累经验，具有积极的示范作用。

（1）有利于支持国防建设和经济安全。我国是稀贵金属的生产和消费大国，但相关技术极度匮乏。打破发达国家技术封锁，强化战略资源科学开发和保护，迅速提高技术水平和应用领域，满足国防建设及国民经济发展需要，是国家赋予攀西开发的历史使命。我国铁矿石严重依赖国际市场，加强攀西钒钛磁铁矿整装勘探和综合利用，有利于提高我国钢铁工业的资源保障能力。

（2）有利于提升相关产业国际竞争力。钒钛、稀土是稀缺的军工材料和高性能的民用材料，在新能源、新材料、航空航天、军工科技等领域的应用不断扩大，建设攀西试验区，加快推进钒钛稀土等重大技术科技攻关，推动产业调整升级，将为我国战略性新兴产业及相关产业发展提供有力的材料支撑。

（3）深入推进西部大开发战略的重要举措。攀西是国家西部大开发"十二五"规划确定的重要资源富集区，也是全国主体功能区规划和钒钛资源综合利用规划确定的全国重要的钒钛产业基地。将资源优势转化为经济优势，积极构建特色产业体系，是深入实施西部大开发战略，推进攀西地区跨越式发展，实现全面建设小康社会宏伟目标的有效途径。

（4）有利于带动民族地区经济发展。攀西是全国最大的彝族聚集区，加快攀西资源开发利用，培育打造一批先进产业，有利于增强民族地区自我发展能力，改善民族地区生产生活条件，促进民族团结和社会和谐稳定，实现区域协调发展。

（5）有利于促进生态建设和环境保护。攀西地区地处长江上游，是我国重要的水土涵养生态保护区。加快推进攀西资源创新开发，建立完善矿山环境保护与恢复治理责任机制和补偿机制，对于加快建设长江上游生态安全屏障具有十分重要的作用。

（6）推进创新开发有利于探索和积累经验。攀西是典型的资源型地区，试验区建设，将坚持创新开发，科学开发，在打破行政区划限制，统筹产业园区与生产力布局，推进要素配置、利益分配、资源补偿和生态环保等新机制，促进资源开发与保护、技术创新与产业升级、经济发展与生态环境保护相结合等方面，大胆探索，先行先试，为西部和其他资源地区科学开发利用资源提供借鉴和示范。

三、基本原则

指导思想：攀西试验区建设须以科学发展观为指导，加快结构调整和发展方式转变，扩大开放合作，创新体制机制，坚持自主创新和技术引进相结合，突破核心技术，提高资源综合利用水平。大力调整产业产品和布局结构，提高产业核心竞争力。切实加强战略资源保护，增强可持续发展能力。努力把攀西打造为产业发展水平高、经济社会效益好、资源能源消耗低、生态环境保护好的战略资源开发基地，努力构建国内资源富集区科学、集约化开发利用资源的示范区。

攀西试验区遵循以下基本原则：

（1）坚持综合利用。加快推进"以钢为纲"的传统开发利用方式向铁、钒、钛等多种元素综合利用的转变，实现共伴生稀有金属产业化、规模化回收利用，提高资源综合利用率。

（2）坚持结构调整。大力调整产业产品结构，增强产业国际竞争力。科学统筹产业园区布局，调整搬迁布局不合理的工业园区。推动企业联合重组，淘汰落后产能。

（3）坚持科技引领。坚持自主创新和技术引进相结合，加强创新能力建设，推进产、学、研、用协同配合，突破关键核心技术，加快科技成果转化，提升产品质量、档次，扩大应用领域，满足高端需求。

（4）坚持改革创新。发挥市场配置资源的基础性作用，加强规划和产业政策引导，破除阻碍科学发展的观念和体制机制束缚，探索试验有利于资源综合利用、结构调整和发展方式转变的体制机制。

（5）坚持可持续发展。按照绿色低碳发展的要求，节约集约利用资源，合理控制矿产品生产规模，加强战略资源保护。加强生态建设和环境保护，深入推进节能降耗、循环经济和清洁生产，实现资源开发与生态环境相协调。

四、主要任务

（1）调整产业产品结构。充分发挥比较优势，以延伸产业链、提升价值链为目标，大力调整产业产品结构，改变"以钢为纲"的传统增长方式，大力发展钒钛、稀土深加工和高端产品，推进钢铁企业联合重组，提高产业集中度。

钛产业重点发展氯化法钛白、高档专用钛白等终端产品，加快发展海绵钛、金属钛、钛材等，积极开发航空航天、船舶、医用等军民用钛合金材料及深加工制品。钒产业稳步提高冶金用钒规模水平，重点发展钒电池、钒铝合金、氧化钒薄膜材料等。提高钒钛磁铁矿伴生金属的分离、提取及深加工规模化、产业化水平。积极推进稀土冶炼企业兼并重组，发挥攀西水电优势，建设规模化、现代化火法冶炼生产装置，提高稀土深加工和应用水平。严格控制钢铁产能总量，大力发展以汽车零部件为代表的钒钛铸造及装备制造等。推进碲铋矿开发利用，重点发展碲化镉薄膜太阳能电池等。

（2）提高资源综合利用水平。大力发展循环经济，积极引导上下游产业及配套企业、废弃物产生及利用企业在园区关联布局，形成专业化分工和综合利用协作互动的现代生产体系。在确保生态和安全的前提下，鼓励对表外矿实行科学开发利用，鼓励开发利用低品位矿。落实有利于资源综合利用和促进循环经济发展的税收政策，促进尾矿、废渣、废液、废气的循环利用，提高资源综合利用水平。支持攀钢、川威集团、达钢等重点，抓好高钛型高炉渣综合利用。

（3）优化产业布局。按照合作办园、共享办园的原则，打破行政区划限制，建立利益共享机制，调整优化园区布局，促进试验区内资源、要素合理流动和优化配置，推进产业布局调整。

（4）调整优化园区布局。清理规范试验区现有工业园区，关闭搬迁产业承载条件差、与主体功能不符合、布局不合理的园区。打破行政区划限制，整合归并相关同类园区，推进产业、企业集中布局。攀枝花市整合现有钒钛产业园区和安宁工业园区，打造攀枝花钒钛产业园；凉山州整合现有太和工业园、经久工业园，打造西昌钒钛工业园。稀土冶炼及深加工集中布局到冕宁工业园，碲铋矿加工集中布局到石棉工业园。积极引导现有冶炼分离及深加工企业通过搬迁调整逐步进入相关产业园区。推进攀枝花钒钛产业园区扩区调位，积极创建国家级开发区。其他园区抓紧完善发展规划和基础设施，提高产业承载力。

（5）做强做大攀枝花钒钛铬钴产业基地。"十二五"期间，加快推进攀钢集团高钛渣扩建及钒氮合金生产、龙蟒集团矿山采选扩建、昆钢云钛实业钛锭及钛材深加工、富邦公司汽车钒钛制动鼓等一批重大产业化项目建设，形成年产钒制品 3.65 万吨、钛白粉 60 万吨、海绵钛 4 万吨、钛锭 3 万吨的综合生产能力。加强重大科技攻关，完成非高炉流程综合利用钒钛磁铁矿工艺技术产业化，将单体规模提高到 50 万吨以上的装置水平，铬、镍、钴资源回收利用达到千吨级水平，实现金属钛、高档钛白和钒电池、钒功能材料等高技术钒钛产品产业化。调整优化产品结构，严格控制普通钢铁产能，大力发展含钒钛特种材料、钒钛铸造及深加工产品等。

（6）加快建设凉山钒钛稀土产业基地。依托攀钢集团西昌钒钛资源综合利用项目，布局建设一批综合利用和关联产业，大力发展钒钛深加工产品，提高附加值和产业竞争力。加快建设重钢太和铁矿扩建、会理财通低品位表外矿开发利用等，增强资源保障能力。"十二五"期间，建成钒制品 1 万吨、钛白粉 20 万吨生产能力。关闭淘汰西昌新钢业公司落后钢铁产能，积极发展含钒钛特种铸锻件及机械铸造等接续替代产业。推进稀土矿科学开发利用，重点发展稀土火法冶炼、稀土金属、电池级材料等，提高稀土深加工规模水平，加快建设江铜集团稀土采选及钕铁硼薄片生产、万凯丰稀土贮氢电池、志能公司高精度稀土抛光粉等重点项目，建成国内重要的稀土产业基地。

（7）积极打造石棉碲铋产业园。加强汉源、石棉碲铋矿资源的保护性开发，整合区域内相关开发企业，推进两地合作共建碲铋产业园，实现集中布局。加快采、选、冶产业化技术开发，大力发展深加工。到 2020 年，初步实现碲铋及伴生金属的规模化回收利用。

（8）推进重大技术创新。采取自主创新和技术引进相结合的方式，针对资源开发利用主要技术瓶颈，整合科研力量，加强研发创新体系建设，加强产业技术攻关，突出应用技术开发，攻克一批对攀西资源开发利用和产业发展具有战略意义的重大技术，提高产业竞争力。

1）加强创新能力建设。加快推进钒钛稀土创新体系建设，促进产学研结合。搭建多层次、多方式的技术创新平台。以攀钢、川威、达钢、龙蟒等重点企业为骨干，建设一批国家级企业技术中心。整合各方科技资源，加快建设国家钒钛工程研究中心和重点实验室。加强与国内外科研机构交流合作，鼓励多种形式的联合攻关，试点重大科技攻关全球招标，吸引优秀人才创业发展。发展技术成果交易，促进科研成果转化。

2）支持重大技术攻关。进一步加大投入力度，支持纳入科技攻关和产业化的重点项目建设。发挥四川省同科技部、中科院等部门合作优势，加强与国防军工等有关单位合作，推进重大技术攻关和新产品研发。着眼于支持战略性新兴产业发展和国家重大工程，加强钒钛、稀土等应用技术开发。鼓励企业增加研发投入，落实国家鼓励自主创新扶持政策，建设创新型产业区。

3）创新资源开发模式。加大资源和产业整合力度，积极推进企业兼并重组，提高产业集中度和核心竞争力，努力实现资源的集约高效利用和价值最大化，提升攀西战略资源开发利用的整体水平。

4）推进企业兼并重组。以市场为导向，以资本为纽带，以企业为主体，通过外引内联，推进强强联合，发展一批有实力的大型企业和企业集团。淘汰落后产能，积极发展接续替代产业，做好职工安置等相关工作。支持大型企业集团延伸产业链，重组上下游关联企业。按照国家总体部署，大力推进稀土企业兼并重组，组建稀土产业集团。

5）加快矿区规范整合。切实加强试验区内小矿山、小选厂清理规范，关闭整顿不具备安全生产条件和生态环保不达标的采选企业。完成攀枝花钒钛磁铁矿矿区选厂整合，重点加快红格北矿区选矿企业整合，将现有 19 家企业整合为 2 家规模化现代化采选集团。凉山州要重点规范整合会东、会理铁矿资源，将现有 7 家矿山企业整合为 1~2 家。进一步加强稀土矿山清理整顿，将稀土矿山开发企业整合到 3~5 家，提高可持续发展能力。

6）优化资源配置。按照国家批复的矿权设置方案，坚持资源配置的市场化取向，提高资源开发利用的进入门槛和准入条件，对试验区内资源开发企业强化技术水平和资源综合利用等指标激励约束，建立矿产资源开发的进入和退出机制。重要战略矿区要配置给有实力的大型企业，提高资源开发利用的集约化水平。

7）加强战略资源保护。充分利用好现有矿山，严格限制新开矿区。加快推进钒钛磁铁矿资源整装勘查，提高铁矿石资源保障度和钒钛产业可持续发展能力。严格按照国家批复的矿区规划，切实加强资源科学开发利用和保护。做好稀土矿、碲铋矿等资源勘查和保护。

8）实施开放开发战略。实施充分开放合作，引导各类投资主体和资本要素在试验区聚集发展。重点加强与央企和国家级科研机构合作，在战略资源开发利用和重大科技攻关等领域优先支持有实力的大集团和国家级科研机构进入。支持引导多种所有制企业重点发展下游产业和深加工应用。加强战略资源开发利用的薄弱环节和关键领域招商引资，重点引进深加工及制品、尾矿及废弃物综合利用项目等。

（9）加强生态环保建设。

1）高度重视生态建设，实行严格的环境保护。建立矿区生态和环保监测预警机制，完善生态环境事故应急预案。根据各主要矿区资源特点和生态特质，制定各矿区采选综合回收利用指标和生态保护、生态恢复指标。依据资源开发生态环境破坏的修复治理成本，合理确定提取矿石资源开发环境治理与生态恢复保证金以及征收矿山生态补偿基金的标准，建立资源开发生态补偿机制。实施攀枝花、白马、红格、太和等矿区生态修复工程，与重大产业化项目同步规划、同步实施。抓好稀土行业环保专项检查，加强牦牛坪矿山污染治理和环境整治，加强德昌稀土矿生态环境规范治理。

2）抓好工业污染防治，推进节能减排。严格执行国家钒钛产业准入政策和重点行业环境准入及排放标准，把重金属污染物排放和主要污染物排放总量控制指标作为项目建设的必要条件。以推进资源节约、综合利用和清洁生产为重点，大幅度降低"三废"排放，实施一批"三废"利用工程，重点是合理利用和安全处置含重金属的固体废物，着力加强矿山废水循环利用，提高工业用水效率。全面完成淘汰落后产能目标任务。

五、攀西试验区建设目标

总体目标是把攀西试验区建成世界级钒钛产业基地、中国重要的稀土研发制造中心和有色金属深加工基地,打造中国资源富集地科学开发利用资源的示范区。

(1) 结构调整目标。2015 年,钒钛、稀土、碲铋材料等战略资源综合利用产业销售收入达到 1500 亿元以上。大力发展钒钛、稀贵金属产品及深加工等,形成钒钛铁精矿 2500 万吨、钛精矿 240 万吨、钒制品(V_2O_5)4.65 万吨、钛白粉 80 万吨、钛材 1.5 万吨生产能力。稀土矿开采控制在 5 万吨以内,冶炼控制在 2.5 万吨左右,大力发展深加工及应用。年处理碲铋矿 1.5 万吨,形成年产高纯碲 60 吨,高纯铋 80 吨,建成碲化镉材料基地。

到 2020 年,全面实现铬、钪、镍、钴、镓、铜等伴生金属的产业化、规模化回收利用,稀土、碲、铋深加工及应用达到国际先进水平。试验区内建设形成 2~3 个千亿级产业园区。

(2) 科技攻关自主创新目标。重点突破攀西矿制取富钛料、氯化法钛白、低品位矿高效利用、资源综合利用新流程等一批核心关键技术,实现钒电池、高钛型高炉渣回收利用技术等产业化。稀土应用技术开发取得新突破。

(3) 资源综合利用目标。铁资源综合利用率提高到 75%,钒资源综合利用率提高到 50%,钛资源综合利用率提高到 20% 以上,实现铬、钴、镍等主要伴生金属的产业化、规模化回收利用。钒钛磁铁矿尾矿回收利用率达到 70% 以上。

(4) 节能减排生态建设目标。全面完成小钢铁、小采选、小冶炼关闭淘汰任务,矿区生态保护进一步加强,环境质量显著改善,节能减排达到国内先进水平,重点企业达到国际先进水平。2015 年,园区产业集中度提高到 80% 以上。

六、攀西试验区战略矿产资源及其开发概况

(一) 资源概况

攀西地区矿产资源分布较为集中。钒钛磁铁矿主要分布在太和、白马、红格、攀枝花等矿区,其中,白马、红格和攀枝花铁矿位于攀枝花市,太和铁矿位于西昌市。稀土资源主要分布在冕宁县和德昌县。碲铋矿主要分布在石棉县和汉源县。攀西资源具有以下特点:

(1) 钒钛资源储量大。资源保有储量约 90 亿吨(目前正在开展的整装勘查工作表明,可新增资源量 147.43 亿吨),其中,钛资源(以二氧化钛计)储量 6.18 亿吨,约占全国储量的 90%,钒资源(以五氧化二钒计)储量 1862 万吨,约占全国储量的 52%。矿石中伴生的铬、钴、钪、镍、镓等稀贵金属,其储量均达到相应元素的特大型矿山等级。

(2) 稀土资源品质优。资源保有储量 278.18 万吨(REO),远景储量约 1000 万吨,资源量居全国第二位。攀西稀土杂质含量少、易采选、易冶炼,是全国最大的单一氟碳铈稀土矿。

(3) 资源开发条件好。攀西钒钛磁铁矿资源分布集中,矿山水文、工程地质条件较好,大多宜于露天开采。水能资源丰富,可开发水能资源超过 8000 万千瓦。资源匹配条件好,综合利用潜力大,组合优势突出,是攀西资源的显著特征。

(4) 钒钛磁铁矿选冶难度大。攀西钒钛磁铁矿规模大、品位低,丰而不富。矿石结

构复杂，多金属共生，仅靠选矿手段难以分离，铁精矿中钛含量高，回收利用率低。

碲铋矿资源独特，已探明石棉县大水沟碲铋矿石量 70703 吨，碲金属量 553.16 吨，铋金属量 829.92 吨。金属碲资源远景储量大于 2000 吨。

附表 2.1-1 攀西重点矿区钒钛磁铁矿、稀土、碲铋矿资源分布表

矿 区	资源储量	主要元素和平均地质品位
攀枝花矿区	11.91 亿吨	$TFe30.64\%$，$TiO_2 11.64\%$，$V_2O_5 0.29\%$
红格矿区	36 亿吨	$TFe27.5\%$，$TiO_2 10.69\%$，$V_2O_5 0.24\%$，$Cr_2O_3 0.34\%$
白马矿区	17.6 亿吨	$TFe26.62\%$，$TiO_2 6.09\%$，$V_2O_5 0.26\%$
太和矿区	17.18 亿吨	$TFe30.31\%$，$TiO_2 11.76\%$，$V_2O_5 0.27\%$
其他中小型钒钛磁铁矿	14.66 亿吨	$TFe27.8\%$，$TiO_2 10.6\%$，$V_2O_5 0.25\%$
攀西普通铁矿	4.83 亿吨	$TFe30\% \sim 50\%$
德昌县大陆槽稀土矿	80 万吨	镧、镨、铈
冕宁县牦牛坪稀土矿	240 万吨	镧、镨、铈
石棉县大水沟碲铋矿	7.07 万吨	含碲一般在 1% 到 12%，最高达 36.6%；含铋一般在 3% 到 20%，最高达 40%

（二）资源开发利用概况

在国家的大力支持下，经过多年的开发建设，特别是近年来的快速发展，攀西资源开发和综合利用取得较大进展，在产业发展、科技创新、生态环保建设等方面成效显著。目前（2011 年），攀西地区已形成年产钒钛铁精矿 2000 万吨、标准钒渣 30 万吨、钒制品（以 V_2O_5 计）3.5 万吨、钛精矿 200 万吨、钛白粉 60 万吨、海绵钛 2.75 万吨、稀土精矿（REO）3 万吨、稀土冶炼分离产品（REO）1 万吨的生产能力。

2011 年，试验区生产钒钛铁精矿 1900 万吨、标准钒渣 31 万吨、钒制品 3.3 万吨、钛精矿 195 万吨、钛白粉 32 万吨、海绵钛 0.16 万吨、钛材 0.2 万吨、稀土精矿 2.44 万吨、稀土冶炼分离产品 1.09 万吨。

（1）矿区开发秩序得到规范。制定实施了红格矿区的整顿、整合方案，取消 8 个小矿山采矿权，对南矿区实行封闭保护，将北矿区 10 个小矿山整合为一家，实行集中规范开发。将红格矿区 19 家选厂整合为两家大型选厂，已启动实施。冕宁县牦牛坪稀土矿权由 12 个整合为 5 个，德昌县稀土矿山整合方案正在制定。目前，攀西地区共有钒钛磁铁矿采矿权 22 个，稀土采矿权 7 个，碲铋矿采矿权 2 个。

（2）矿山采选技术不断进步。开发了安全高效的采选技术，钒钛磁铁矿入选品位逐步降低，剥离矿岩、表外矿和尾矿开始得到有效利用，资源综合回收率得到提高。2011 年，开采原矿约 5500 万吨，铁资源综合利用率约 70%，钒资源综合利用率约 47%，钛资源综合利用率约 14%，年产铁精矿约 1900 万吨、钛精矿约 195 万吨。

（3）资源深加工水平提高。通过技术引进和自主创新，掌握了从提钒到钒氮合金等一系列世界领先的钒产业技术，建成年产 30 万吨钒渣、3.3 万吨钒制品（折五氧化二钒）的生产能力，初步形成以攀钢为龙头的钒产业集群。钛渣生产技术水平国内领先，基本形

成钛原料—钛冶金—钛化工—钛金属加工的钛产业链，具备钛精矿 195 万吨、钛渣 25 万吨、钛白粉 60 万吨、海绵钛 2.75 万吨、钛锭 2000 吨的生产能力。钛白粉生产企业基本实现废酸浓缩利用，龙蟒集团实现硫磷钛综合循环利用。稀土矿山监管水平进一步提高，严格按照国家生产计划组织生产，2011 年生产稀土精矿（折 REO）20884 吨，生产冶炼分离产品（折 REO）10869.49 吨。钕铁硼、稀土合金、抛光粉、催化材料等稀土深加工和应用产品加快发展。

（4）钢铁行业结构调整取得成效。在坚持严格控制总量的前提下，大力推进钢铁工业结构调整和布局优化，钢铁品种结构由普钢为主向重轨、汽车板、管线用钢等专用钢调整升级。汽车零部件、挖掘机铲齿等钒钛特色产品开发应用不断扩大。关闭淘汰了一大批小铁厂、小轧钢、小焦炉等落后产能。

（5）技术创新能力不断增强。针对攀西钒钛磁铁矿资源综合利用存在的主要技术瓶颈，把关键技术、共性技术、前瞻性技术等作为科技攻关重点，加强创新体系和创新能力建设。目前，已建成国家级企业技术中心 4 个、国家重点实验室 2 个，省级工程技术研究中心 5 个、省级重点实验室 2 个，建成国家钒钛制品监督检验中心，建立了钒钛资源综合利用产业技术创新战略联盟。

（6）生态环境明显改善。组织实施了矿山生态环境恢复、重金属污染治理等一批重大环保工程。积极推广节能减排新工艺新技术，攀钢、川威、达钢等钢铁企业建成了干式 TRT 余压发电、捣固焦、干熄焦等，烧结烟气脱硫、转炉煤气回收利用等全面推广。"十一五"期间，全省冶金工业万元产值能耗降低到 1.08 吨标煤，年节约标煤约 20 万吨，减排二氧化碳 46 万吨、二氧化硫 0.7 万吨。

当前，攀西资源开发还存在一些突出问题：（1）综合利用水平不高，存在大矿小开、采富弃贫等现象，共伴生稀有金属未实现规模化回收。（2）技术创新不够，一些关键技术仍未突破，制约产业向高端发展。（3）体制机制不活，攀西资源长期在封闭环境下进行开发，在要素配置、技术引进和区域合作等方面受到制约。（4）传统的开发利用技术和方式对资源、能源依赖重、消耗高，也带来生态建设和环境保护等方面的问题，节能减排任务艰巨。此外，部分钒钛磁铁矿当做普通铁矿利用、产业链条短、产品档次低等问题还依然存在。

附录 2.2　攀西试验区建设有关规划

附录 2.2.1　攀西试验区建设国家规划

《钒钛资源综合利用和产业发展"十二五"规划》
（摘选）

前言

钒和钛是重要的战略资源，主要用于钢铁、有色及化工的原材料生产。钒 90% 用于钢铁生产，可以提高钢材的强度、硬度和耐磨性，是发展新型微合金化钢材必不可少的元素之一。钛有强烈的钝化倾向，具有优异的抗腐蚀特性。含钒和钛的材料广泛应用与建筑、汽车、铁路、医疗、国防军工、航空航天等行业。加强钒钛资源综合开发利用，促进钒钛产业可持续发展，对我国工业发展和国防建设具有重要意义。

《钒钛资源综合利用和产业发展"十二五"规划》是我国钒钛资源高效配置、产业布局调整、技术升级改造的重要指南，也是钒钛产业基地建设的重要依据。规划期到2015年。

一、规划基础和背景

（一）发展基础

"十一五"期间，在国民经济快速增长带动下，我国钒钛资源综合利用及产业集约型发展取得了明显成效。资源保障、产品质量、冶炼深加工、技术及装备等方面显著提升，为进一步转变发展方式、推动产业升级奠定了坚实基础。

资源储量分布进一步探明。截至2010年底，探明钒资源储量（以五氧化二钒计，下同）4290万吨，比2005年增加1990万吨，占世界总储量的21%；探明钛资源储量（以二氧化钛计，下同）7.22亿吨，比2005年增加2.32亿吨，占世界总储量的37%。

我国钒钛资源主要赋存于钒钛磁铁矿和含钒石煤中。钒钛磁铁矿中钒资源占总储量的53%，集中分布在四川攀西和河北承德地区。含钒石煤中钒资源占总储量的47%，主要分布在陕西、湖南、湖北、安徽、浙江、江西、贵州等地。

我国钛资源主要赋存于钒钛磁铁矿、钛铁矿和金红石矿中。钒钛磁铁矿钛资源占总储量的95%。钛铁矿中钛资源约占总储量的5%，主要分布在云南、海南、广东、广西等地。金红石矿储量较少，主要分布在湖北、河南、山西等地。

产业基地雏形初步形成。长期以来，国家对钒钛资源综合利用和产业发展给予了大力支持。依据资源优势，初步建成了以攀钢、承钢为主的四川攀西、河北承德地区钒钛资源综合利用产业基地，形成了攀钢钒钛、河北承德、山东东佳、河南佰利联、遵义钛厂、宝鸡钛业、宝钢特钢等一批钒钛产品深加工骨干企业。

综合利用取得新突破。"十一五"期间，钒钛企业技术创新能力不断增强，依靠自主研发，创新了超细粒级钛铁矿回收技术、钙法焙烧制取氧化钒清洁生产技术、复合磁选-高效浮选分离钒钛磁铁矿新工艺、氯化法钛白生产工艺等多项关键技术，推动了我国钒钛资源综合利用和产业升级。

产品基本满足国内需求。2010年，我国钒制品（以五氧化二钒计，下同）产量6.5万吨、表观消费量4.99万吨，比2005年分别增加3.6万吨和3.34万吨；钛白粉产量147.2万吨、表观消费147.2万吨，比2005年分别增加77.2万吨和69.9万吨；海绵钛产量5.78万吨、表观消费量5.76万吨，比2005年分别增加4.83万吨和4.72万吨；钛及钛合金材料产量3.83万吨、表观消费量3.69万吨，比2005年分别增加2.82万吨和2.36万吨，钒钛产品基本满足国内市场需求。

（二）主要问题

我国钒钛产品发展虽然取得了长足进步，但在资源保障、综合利用、产品档次和技术装备水平等方面，问题依然突出。

资源开发粗放，利用水平不高。资源开采仍存在一矿多采、大矿小开、采富弃贫等现象。钒钛磁铁矿中钒资源综合利用率仅 47%。钛资源回收率不足 14%，甚至还有将宝贵的钒钛铁精矿作为铁精矿用于钢铁生产的现象。石煤提钒、钛铁矿提钛水平较低，共伴生稀有金属未实现规模化回收。

深度加工不足，未形成集聚优势。攀西、承德及滇中等钒钛资源优势地区钛精矿产量占全国的 95%，但深加工产品钛白粉、海绵钛的产量仅占全国的 17% 和 3%。国内上海、山东、陕西、贵州、河南等钒钛资源深加工地资源保障程度地，难以形成规模经济，布局分散，物流成本高，产业链短。

产品档次较低，创新能力不强。钒钛产品多属于中低档次，附加值较低。钒功能材料、高档金红石型和专用钛白粉、大飞机用钛及钛合金等高端产品的研发和生产尚处于起步阶段，多数企业自主创新基础薄弱，至今没有引领全球钒钛产业的龙头企业。

工艺装备落后，环境污染严重。产业还在大量使用敞口式高钛渣电炉、硫酸法钛白粉生产线和半流程海绵钛生产线，装备水平低，生产工艺落后，资源、能源消耗高，污染物排放不达标。

（三）发展形势

从国际看，其他国家钒钛产品生产消费量基本保持稳定，我国钒钛生产大幅提高，对国际市场的影响力不断上升。2010 年，我国钒制品、钛白粉、海绵钛、钛及钛合金材料产量占全球的比重分别由 2005 年的 27%、15%、9%、11% 提高到 45%、28%、37%、33%，钒制品、硫酸法钛白粉、海绵钛、钛及钛合金材料的产量已居世界首位。同时，国际竞争日趋激烈，西方发达国家一方面利用技术优势，集中发展高附加值产品，在氯化法钛白粉、钛及钛合金冶炼、钒基合金、钒功能材料等尖端技术方面对我国实行封锁；另一方面通过直接出口或在我国合资、独资建厂，扩大在我国钒钛产品市场的份额。

从国内看，"十二五"期间，随着我国经济结构转型，传统产业升级加快，战略性新兴产业、国防军工、航空航天、海洋工程等迅速发展，对钒基合金、钒功能材料、高档钛白粉、大飞机和海洋工程用钛及钛合金等关键品种的需求量将大幅增长，对企业的研发能力和品种质量要求越来越高。同时，随着建设资源节约型、环境友好型社会战略的推进，迫切要求钒钛产业加快转变方式，实现产业升级。

二、指导方针和目标

（一）指导思想

以邓小平理论和"三个代表"重要思想为指导，深入贯彻落实科学发展观，以加快转变钒钛产业发展方式为主线，立足国内市场，坚持控制开发总量，以优化资源配置、调整产业布局、增强技术创新、淘汰落后为重点，推动产业结构调整与升级，提高钒钛资源综合利用水平，走出一条科技含量高、资源消耗低、环境污染小的新型钒钛产业发展道路，实现我国由钒钛资源大国走向强国的转变。

（二）基本原则

坚持总量控制与结构调整相结合。立足国内市场，控制资源开发总量，依法合规建设产能，严禁以开发钒钛资源为名，扩大钢铁产能。推动企业联合重组、淘汰落后产能、延长产业链，提高资源的综合利用率。

坚持市场引导与宏观调控相结合。充分发挥市场配置资源的基础性作用，加强规划、产业政策标准的引导，依法整合矿山资源，支持符合先进生产力条件的市场主体发展。

坚持技术创新与产业升级相结合。培育企业原始创新、集成创新和引进吸收再创新能力，推进产、学、研、用协同合作。着力突破关键技术瓶颈，加速创新成果转化，提高资源利用和技术装备水平，提升产品档次和质量，满足高端领域市场需求，促进产业升级。

坚持合理开发与资源生态保护相结合。钒钛资源开发要与主要共伴生稀有金属产业化、规模化回收同步，切实做好资源封闭保护和战略储备。注重节能降耗、循环经济和清洁生产，加大污染治理、矿区生态修复，实现产业与社会、环境的和谐发展。

坚持国内开发与"走出去"相结合。充分利用国际、国内两个市场、两种资源，在合理开发利用国内资源的同时，支持企业通过各种形式开发利用海外资源，形成参与国际产业竞争的新格局。

（三）发展目标

到 2015 年，钒钛产业结构调整取得明显成效，在布局调整、提高资源利用率、增加经济效益、减少环境污染等建设可持续发展钒钛产业体系方面取得明显进展。

产业布局形成集聚效应。结合国土资源部《矿产资源节约与综合利用"十二五"规划》矿产资源综合利用示范基地建设，积极推进四川攀西、河北承德等产业基地的深加工产业发展，基地内钛白粉、海绵钛和钛材产量占全国消费需求的 50%以上，培育 1~2 个集资源开发、冶炼、深加工于一体的具有国际竞争力的企业集团。

钒钛生产平稳增长。结合市场需求和国内外资源供给能力，到 2015 年，全国形成钒制品 9.5 万吨、钛白粉 210 万吨、海绵钛 15 万吨、钛材 6 万吨生产总量。产业基地形成钒制品 9 万吨、钛白粉 104 万吨、海绵钛 8.5 万吨、钛材 4.5 万吨生产能力。

资源利用水平显著提高。钒钛磁铁矿中钒资源综合利用率达到 50%以上，钛资源回收率达到 20%以上，铬、钴、镍等主要共伴生稀有金属实现规模化回收利用。钛铁矿钛资源回收率达到 70%以上，高钛渣冶炼钛回收率达到 93%以上，海绵钛生产钛回收率达到 89%以上，含钒石煤钒资源利用率达到 80%以上。

自主创新实现新的突破。通过自主研发、引进、消化、吸收和再创新，提高技术装备水平，力争在"直接还原-电炉熔分"工艺、氧化钒清洁生产、高钛渣冶炼、氯化法钛白粉生产、海绵钛生产、含钒石煤资源开发利用等关键生产工艺和技术装备上取得新突破，在高端产品研发、生产和应用上有重大进展。

高档产品比例大幅提升。钒铝合金、大飞机和海洋工程用钛及钛合金等产品实现自主化，关键品种自给率达到 90%以上，氯化法钛白粉产量占钛白粉总产量的比例达到 15%以上，产品结构明显优化。

节能减排取得明显成效。减少废物生产量和排放量，提高废物回收利用率。到 2015年，企业环保设施配套完善，污染物 100%达标排放；能效水平大幅提高，万元产值能耗比 2010 年下降 20%。

三、重点任务

（一）严格控制提钒钢总量

严格执行钢铁产业宏观调控政策，在不新增加钢铁产能的前提下，依托产业基地内具有资源和技术优势的企业，统筹规划发展周边提钒钢铁企业。提钒炼钢产能保持在 2800 万吨规模，其中：攀西基地保持 1500 万吨提钒钢规模，承德基地保持 1300 万吨提钒钢规模，严禁提钒名义新增炼钢产能。

（二）推进产业基地建设

综合产业基础、技术水平、资源、能源、物流、环境、市场等条件，重点开发攀西地区钒钛磁铁矿资源，建设攀西国家级战略资源创新开发试验区；整顿开发承德地区钒钛磁铁矿资源；适度开发滇中地区钛铁矿资源；择优在湖北选择一家企业合作为含钒石煤提钒清洁生产试点。推进钒钛深加工产业链进一步拓展和延伸，扶持部分钒钛产品深加工骨干企业做精做强。

攀西基地立足于已有的攀钢集团、重钢集团西昌矿业公司、四川达钢等企业，统筹基地内其他企业的发展，形成钒钛铁精矿 2500 万吨、标准钒渣 60 万吨、钒制品 4.65 万吨、钛精矿 240 万吨、钛白粉 80 万吨、海绵钛 4 万吨、钛材 1.5 万吨生产能力。

承德基地立足于已有的河北钢铁集团承钢公司，统筹基地内其他企业的发展，形成钒钛铁精矿 1800 万吨、标准钒渣 55 万吨、钒制品 4.35 万吨、钛精矿 78 万吨、钛白粉 12 万吨、海绵钛 2 万吨、钛材 1 万吨生产能力。

滇中基地立足于已有的云冶新立、云铜钛业、云南钛业等企业，统筹基地内其他企业的发展，形成钛精矿 43 万吨、钛白粉 12 万吨、海绵钛 2.5 万吨，钛材 2 万吨生产能力。

（三）加强资源保护和综合利用

积极推进产业基地资源整合和企业重组，实现资源优化配置、有序开发、合理利用。进一步加大钒钛资源勘查力度，做好钒钛资源储备工作。攀枝花红格南矿区主要共伴生稀有金属（铬等）尚未实现规模化回收利用，作为国家重要战略资源储备，暂实行封闭保护。严禁将钒钛铁精矿作为普通铁精矿用于钢铁生产。鼓励企业利用新技术、新工艺适度开发利用低品位难选冶矿。加强对钒钛生产废弃物的综合利用，推广尾矿中残余有价金属元素高效分离回收的产业化技术，鼓励企业对废钒催化剂等二次钒资源、废石、废酸、废渣、废气等进行治理与回收利用

（四）加快淘汰落后产能

力争 2015 年末淘汰下列落后产能：

1. 年采选钒钛磁铁矿原矿规模 100 万吨及以下和没有配套选钛工艺的选矿项目；

2. 年生产能力 1000 吨及以下五氧化二钒生产线；

3. 平窑焙烧石煤提钒生产线；

4. 敞口式高钛渣电炉；

5. 单产 5 吨/炉以下的钛铁熔炼炉；

6. 单线年生产能力 2 万吨及以下硫酸法钛白粉生产线；

7. 生产能力 1.5 万吨及以下氯化法钛白粉生产线；

8. 年生产能力 5000 吨以下海绵钛生产线；

9. 无完善三废处理或处理装置不能正常运行的钒钛生产设备。

（五）培育高端产品市场

鼓励产业基地内企业进一步延伸钒钛产业链，提高产品附加值，打造一批产品档次高、技术创新力强、具有品牌优势的钒钛产品加工企业。开展钒电池开发、高品质钒钢和海洋工程、大飞机制造、医疗器械用钛及钛合金材料等关键技术研究，拓展国内钒钛产品市场空间。完善工程建设标准体系，推广和普及 400 兆帕及以上高强度含钒螺纹钢筋，扩大高效钒基合金消费，促进消费结构和产业结构升级。

（六）加速技术创新和产业化应用

建立以企业为主体的钒钛资源综合利用技术研发和创新体系，支持企业加大研发投入。鼓励企业与科研院所、高等院校合作，实现优势互补，推动氧化钒清洁生产工艺、高品质富钛料生产工艺、新型氧化反应器、沸腾氯化工艺及装备、金属钛提取新工艺、高炉渣中钛提取与相关技术、直接还原—电炉熔分工艺提钒提钛技术、高品质钛及钛合金材料制备、红格矿铬的开发利用等一批重大核心技术研究，实现重大技术突破。加速创新成果转化，支持企业实现资金变技术、技术变资金、资金变为高层次技术的良性循环。

（七）强化节能减排和环境保护

大力推动钒钛生产节能减排新技术的研发应用，降低开发、生产过程中资源、能源消耗。建立健全企业能源管控体系，提高能源利用水平。建立减排监控体系，加大对重点污染源执法检查力度，减少污染物排放，改善生态环境。依法严格节能评估审查和环境影响评价。

四、规划实施

（一）严格市场准入

钒钛资源综合利用产业基地项目要满足以下条件：

钒钛磁铁矿利用。年采选能力不低于 300 万吨且必须配套相应规模的选钛工序，选矿钒资源回收率不低于 90%（低品位难选冶矿不低于 50%），钛资源回收率不低于 20%，铬、钴、镍等主要共伴生稀有金属实现规模化回收利用。使用钒钛铁精矿必须以钒资源回收为前提。采用"高炉炼铁—转炉提钒"工艺，高炉有效容积达到 1200 立方米、吨铁钒钛铁精矿配比 70% 以上，提钒转炉公称容量达到 100 吨、钒回收率 80% 以上；采用"直接还原—电炉熔分"工艺，年处理钒钛铁精矿达到 60 万吨，资源综合利用水平不低于"高炉炼铁—转炉提钒"流程。

五氧化二钒生产。新建五氧化二钒生产装置单线年生产能力不低于 3000 吨，钒回收率 80% 以上，实现废水零排放和尾渣综合利用。

高钛渣生产。新建高钛渣生产线须采用 25000 千伏安以上封闭式/半封闭式电炉，酸溶渣吨渣电耗 2300 千瓦时以下，氯化渣吨渣电耗 2800 千瓦时以下。

钛白粉生产。氯化法钛白粉生产企业年生产能力达到 6 万吨及以上，单线年生产能力 3 万吨及以上。鼓励新建、改扩建氯化法钛白粉项目，配套建设大型氯碱装置、空分装置、钛回收率不低于 92%。在严格控制新增产能的前提下，改造升级现有硫酸法钛白粉生产线，配套建设硫酸制备装置和废酸及亚铁综合利用装置，符合清洁生产技术要求，钛回收率不低于 83%。

海绵钛生产。新建海绵钛装置年生产能力 1 万吨及以上，须采用全流程工艺，配套镁电解多极槽及镁氯闭路循环等先进工艺技术，吨产品能耗 7 吨标准煤以下。

（二）实施有保有压融资政策

加大对产业基地金融支持，对规划内项目以及实施资源整合、企业重组、发展高端产品深加工的企业，在发行股票、企业（公司）债券、中期票据、短期融资券、银行贷款以及吸收私募股权投资等方面给予支持。对违规建设和产能落后企业，实施融资限制。

（三）严格供地用地管理

大力推进集约用地，严格土地供应管理。依据《产业结构调整指导目录（2011 年本）》，对鼓励类项目，予以重点保障用地；对限制类项目，一律不得供应土地。支持企业积极做好矿损土地复垦、闲置土地利用，对土地利用集约化程度高的企业，优先审批建设用地指标。

（四）鼓励尾矿废弃物综合利用

研究制定尾矿、废弃资源的综合利用和先进技术产业化的专项扶持政策，对利用效率高的企业或项目在专项资金安排、资源配置等方面给予鼓励。对暂不具备回收技术、经济成本高的尾矿和废弃物做好安全存放，严禁作为普通尾矿和废弃物处理。完善矿山环境治理和生态恢复责任机制，加强尾矿库治理及环境修复。

（五）推进直购电交易试点

推进符合条件的钒钛生产加工企业与发电企业开展直购电交易试点，优化配置要素资源，促进节能降耗，实现资源与能源的协调发展。

（六）加强宏观引导和行业管理

政府部门及时制、修订和颁布钒钛产业规划、产业政策和标准，加强产业先进生产力发展方向的指导；建立健全信息发布制度和行业预警制度，积极发挥协会在信息交流、行业自律、企业维权、科技创新等方面的作用，引导产业发展。

（七）及时总结和宣传推广

注重产业基地建设成效，提炼好的经验和做法，加快形成一批技术标准和规范，总结科学合理的生产管理模式，加大宣传力度，及时报道基地建设的进展情况和取得的突出成绩，切实发挥示范带动作用。

国家发展改革委将会用有关部门尽快制定相关政策和实施范围，并加强指导和监督检查。产业基地所在省、市的有关部门要按照各自职责，结合实际，明确责任主体，细化落实本规划提出的主要目标和重要任务，制定具体落实方案，报国家发展改革委确认后实施。

附录2.2.2　国家钒钛"十二五"规划对攀西试验区的解读（钒钛部分）

为便于理解国家钒钛"十二五"规划中有关攀西试验区的内容，在发布规划的同时国家发改委还特别给出了对相关内容的解读，其中涉及钒钛部分摘录如下。

（1）制定并颁布《规划》有什么重大意义？

钒钛是重要的战略资源，广泛应用于钢铁、有色和化工等行业，大部分作为合金元素和添加剂使用，可再生能力弱。加强钒钛资源综合开发利用，促进钒钛产业可持续发展，对我国工业发展和国防建设具有重要意义。近年来，随着钒钛消费量的快速增长，钒钛产业发展中也出现了诸多问题，主要表现在：资源开发粗放、产品档次低、产业集中度低、低水平能力过大等。由于长期缺乏政策的引导，造成了资源的极大浪费和环境污染，制约了钒钛产业以及钢铁、有色等相关行业的进一步发展，亟待予以规范引导。

针对钒钛产业发展中的问题，尤其是红格多元素共生矿的综合利用难题，国务院非常重视。2010年7月，为落实国务院有关领导的批示精神，国家发改委会同有关单位，经认真研究后，提出了要组织力量编制钒钛资源综合开发利用和产业发展规划。当年10月，我委在京组织召开了规划编制工作启动会，成立了由政府、企业、咨询公司、科研院所组成的规划编制小组，正式启动了规划编制工作。启动会后，规划编制小组进行了广泛座谈和深入调研，规划初稿形成后，又多次征求有关方面的意见和建议，召开专题会议，数易其稿，不断修改和完善，最终于2012年7月29日正式行文下发执行。

值得一提的是，规划编制过程中得到了各有关单位的大力支持，科技部、工业和信息化部、财政部、国土资源部、住房城乡建设部、质检总局、银监会和电监会对规划编制提出了宝贵的建议和意见；河北、四川、云南、湖北等省发展改革委，承德市、攀枝花市、凉山州、昆明市、楚雄州、十堰市、咸宁市等地市、钢铁协会钒业分会、有色协会钛锆铪分会、涂料协会钛白粉分会等行业协会，以及众多企业、科研院所积极配合和参与规划编制工作，多位业内专家也对规划编制工作给予指导。可以说，规划编制的过程是一个各方参与、形成共识的过程；同时，编制小组通过深入调研，理清了思路，准确把握了钒钛产业的发展趋势，比如承德、攀枝花、西昌等地在钒钛资源利用方面都探索了一些技术路线和管理办法，规划将各地的做法梳理后，上升到国家层面加以推广和产业引导。

《钒钛资源综合利用和产业发展"十二五"规划》是钒钛资源产业发展首个上升到国家层面的规划，它以深入贯彻落实科学发展观、加快转变钒钛产业发展方式作为主线，是加强和改善宏观调控的重要依据和手段。规划注重和"十二五"规划《纲要》以及国家发布的一些重大规划相衔接，紧密结合行业发展现状。规划着重强调综合利用，明确提出了资源回收率等一系列资源综合利用指标；重点突出自主创新，鼓励企业建立产学研用相结合的创新体系；明确提出准入门槛，包括技术经济、工艺装备、节能环保等标准和要求；着力加强资源保护，严格控制资源开发总量及多伴生资源的封存保护；保障措施切实到位，金融、土地、电力等一系列政策措施得到了有关主管部门的大力支持。

此外，规划还明确规定了鼓励什么、禁止什么、发展什么，对限制盲目增加产能和淘汰落后也有具体的要求。可以肯定，《规划》的颁布将会对钒钛资源综合利用和产业健康有序发展起到重要的指导作用，对强化全行业转变增长方式，推动产业结构调整与升级，提高钒钛资源综合利用水平，走出一条科技含量高、资源消耗低、环境污染小的新型钒钛产业发展道路，实现我国由钒钛资源大国向强国的转变具有重要意义。

(2) 如何理解钒钛产业的发展目标？

综合分析我国钒钛产业现有发展基础、存在问题和"十二五"期间钒钛产业面临的国内外形势，《规划》提出"到 2015 年，钒钛产业结构调整取得明显成效，在布局调整、提高资源利用率、增加经济效益、减少环境污染等建设可持续发展钒钛产业体系方面取得明显进展"的总目标，并在产业布局、产业规模、发展方式、节能环保等方面提出了具体发展目标：

产业布局方面。当前，攀西、承德地区以资源为依托初步形成基地雏形，在此基础上，"十二五"期间要建成四川攀西、河北承德、云南滇中三个钒钛资源综合利用和产业发展基地，并依托基地内已有企业，加大创新转化，延长产业链，培育出具有国际竞争力的企业集团，引领行业发展。对基地外的企业本着择优扶强的原则，有选择的支持。

产业规模和产品结构方面。基于资源、生态环境、市场需求等条件，产业发展以满足国内需求为主，三大基地内钒钛制品的产量占全国的比例大幅度上升，均超过 50%。产品结构调整以满足下游行业高端产品需求为重点，发展钒基合金、钒功能材料、高档钛白粉、大飞机和海洋工程用钛及钛合金等，提高关键品种自给率。

产业发展方式方面。针对当前钒钛资源利用率不高、将钒钛磁铁矿用作普通铁精矿的情况普遍、矿物中的大量伴生稀贵金属未回收利用等现象，《规划》突出提高资源利用水平和自主创新能力。根据先进企业实际生产水平并考虑技术进步等因素，提出钒钛磁铁矿中钒资源综合利用率达到 50% 以上、钛资源回收率达到 20% 以上、主要共伴生金属实现规模化回收利用，同时对钛铁矿、高钛渣、海绵钛、含钒石煤等提出了具体的综合利用指标要求，这是钒钛资源利用的基本指标，也是政府核准备案项目的重要依据。与此同时，力争在影响我国钒钛产业发展关键生产工艺和技术装备上取得新突破，打破国外对尖端技术的封锁和垄断。

节能减排方面。钒钛产业涉及钢铁、有色等多个行业，属资源密集型产业，在生产过程中不仅要消耗大量资源，而且还产生大量废渣、废气、废液体。为此，《规划》要求，"十二五"末期，实现污染物 100% 达标排放，万元产值能耗比 2010 年下降 20%，这是所有钒钛企业发展必须落实的约束性目标，也是我国建设节约型社会、发展循环经济的具体体现。

总之，《规划》提出的总目标与各分项目标是一个有机整体，不可偏废，为此，需要各相关企业、行业协会、地方政府、有关部门各负其责，形成合力，为实现目标共同努力。

(3) 为什么选择建设攀西、承德和滇中三大钒钛产业基地？

"钒钛资源综合利用产业基地"是指具有钒钛资源优势，拥有较强的科研开发力量和技术实力，已具备一定产业基础的地区。《规划》提出建设攀西、承德和滇中三大钒钛产业基地，主要基于以下考虑：

攀西地区钒钛磁铁矿资源丰富，经过多年的开发建设，资源综合利用水平有了较大提高，已形成一定的技术优势和产业基础，是国内第一、世界第二的钒制品生产基地和国内最大的钛产业基地，特别是攀钢集团已成长为行业领头企业。2011年，攀西地区生产钒钛磁铁矿原矿5700万吨、钒钛铁精矿1900万吨、钛精矿195万吨、钒渣31万吨、钒制品3.3万吨、钛白粉25万吨、海绵钛0.16万吨。

承德地区钒钛磁铁矿以贫矿为主，储量巨大，其资源开发和产业发展已形成一定基础，承钢成为国内外有一定影响力的钒钛生产企业。2011年，承德地区生产钒钛磁铁矿原矿2.983亿吨（含2.833亿吨超贫矿）、钒钛铁精矿2449万吨、钛精矿29万吨、钒渣21.8万吨、钒制品1.68万吨、高钛渣3.7万吨。

云南省滇中地区资源主要是钛铁矿，区域内云冶新立、云铜钛业、昆钢云南钛业等企业通过引进国外先进技术和关键设备，已建成或即将建成世界先进水平的钛产品生产线，具有较强的竞争力。2011年，滇中地区生产钛铁矿原矿475万吨、钛精矿20.3万吨、高钛渣9.5万吨、钛白粉5.6万吨、海绵钛0.05万吨、钛材0.2万吨。

上述三个地区是目前我国钒钛资源开发和产业发展比较好的地区，由于长期缺乏政策引导，存在资源开发粗放、大矿小开、一矿多开、采富弃贫、水土流失、环境破坏及安全隐患等问题。区域内资源回收率偏低，部分企业没有回收钛；没有形成与资源开发相适应的钒钛产业规模；部分钒钛铁精矿被销往没有提钒能力的企业当作普通铁精矿使用，造成资源浪费；出现了一批工艺装备落后、环境污染严重的落后产能。因此，为进一步加强钒钛资源科学开发和高效利用、优化产业布局、推动结构升级、促进钒钛产业可持续发展，综合考虑钒钛产业基础、技术水平、资源、能源、物流、环境、市场等因素，《规划》提出重点开发攀西地区钒钛磁铁矿资源、建设攀西国家级战略资源创新开发试验区，整顿开发承德地区钒钛磁铁矿资源，适度开发滇中地区钛铁矿资源，建成攀西、承德、滇中三大产业基地。

三大基地的产业规模分别为：攀西基地立足于已有的攀钢集团、重钢集团西昌矿业公司、四川达钢等企业，统筹基地内其他企业的发展，形成钒钛铁精矿2500万吨、标准钒渣60万吨、钒制品4.65万吨、钛精矿240万吨、钛白粉80万吨、海绵钛4万吨、钛材1.5万吨生产能力。承德基地立足于已有的河北钢铁集团承钢公司，统筹基地内其他企业的发展，形成钒钛铁精矿1800万吨、标准钒渣55万吨、钒制品4.35万吨、钛精矿78万吨、钛白粉12万吨、海绵钛2万吨、钛材1万吨生产能力。滇中基地立足于已有的云冶新立、云铜钛业、云南钛业等企业，统筹基地内其他企业的发展，形成钛精矿43万吨、钛白粉12万吨、海绵钛2.5万吨、钛材2万吨生产能力。这里需要指出的是，产业基地并非完全意义上的地域概念，以基地资源为依托、由基地资源开发企业投资或控股的区域外资源利用与深加工企业也属于产业基地范畴。

通过基地建设，有利于规范钒钛资源合理开发和高效利用，整合重组基地内企业；有利于形成与资源开发规模相适应的产业集群，延伸产业链，将资源优势转变为产业优势、经济优势；有利于培育集资源开发、冶炼、深加工于一体的具有国际竞争力的企业集团，引领钒钛产业发展。

（4）为何考虑选择湖北一家企业作为含钒石煤清洁生产试点？

我国47%的钒资源赋存在石煤中，主要分布在陕西、湖南、湖北、安徽、浙江、江西、贵州等地，含钒石煤的开发利用对我国钒资源的保障和储备具有重要意义。

我国含钒石煤的利用起步较早，传统石煤提钒采用氯化钠焙烧酸浸工艺，生产过程中产生氯气、氨气、废酸、废渣，对生态环境破坏严重，甚至造成厂区附近寸草不生，因此，各地纷纷出台政策禁止采用钠化提钒。

近年来，我国湖北、湖南、江西、浙江等地相继开发探索了石煤提钒新工艺，特别是湖北省一些企业通过产学研合作，在钒清洁生产方面取得了一定进展，部分工艺实现产业化，具备了一定的技术积累。但存在生产成本高、钒回收率偏低等问题，废渣废酸综合利用也有待进一步改进完善，工艺尚不成熟。因此，《规划》提出在湖北省选择一家企业作为含钒石煤提钒清洁生产试点，给予重点支持，待工艺成熟后向全国推广。

（5）《规划》为什么强调钒钛产业要重点突出自主创新？

经过多年发展，我国在钒钛资源综合利用和产业发展已经取得长足进步，但在部分关键产品生产、技术研发、重大装备设计制造等方面，并没有随着生产规模的扩大而明显提升，与发达国家相比仍然存在较大差距。钒功能材料、高档金红石型和专用钛白粉、高品质钛及钛合金等高端产品的生产能力不足，实物质量不高，有的还处在研发起步阶段；大量冶炼及产品深加工核心技术装备仍然依靠进口；一批适应我国资源特点的关键生产工艺尚不成熟，如红格矿、含钒石煤资源的开发利用仍未掌握，这些都严重滞约了我国钒钛产业的发展。

随着世界经济一体化的深入，钒钛产业国际竞争日趋激烈，西方发达国家一方面利用其技术优势，集中发展高附加值产品，提高市场竞争力；另一方面通过直接出口或在我国合资、独资建厂，扩大在我国钒钛产品市场的份额。在尖端技术方面，一些国外公司人为设置技术壁垒，对我国实行封锁或限制，想依靠引进核心技术来带动我国钒钛产业发展的希望渺茫，钒钛产业发展面临严峻挑战，只有自力更生，通过技术创新，形成自主知识产权，才能提高核心竞争力。

因此，《规划》把自主创新作为一项重要内容，提出要培育企业原始创新、集成创新和引进吸收再创新能力。鼓励企业加强与科研院所、高等院校合作，实现优势互补，推动一批重大核心技术的研究，加速创新成果转化，力争突破钒钛资源高端产品关键生产技术和钒钛材料应用技术的瓶颈。可以说，《规划》明确了走自主创新的政策导向，这是提高我国钒钛产业国际竞争力的关键，也是实现由钒钛资源优势向产业优势转变的主要标志。

（6）为什么要严格控制提钒钢总量？

受我国资源特点和技术现状影响，我国钒制品加工所需的钒资源主要是通过钒钛磁铁矿—高炉炼铁—转炉提钒以及后续加工实现，即钒主要作为钢铁冶炼过程中的伴生金属加以回收利用。目前，攀西和承德钒钛资源综合利用产业基地已形成2800万吨提钒炼钢能力（其中攀西地区1500万吨、承德地区1300万吨），可以满足9万吨钒制品对钒渣（115万吨）的需求。预计到2015年，我国钒制品表观消费量将达到9.5万吨，因此，现有提钒钢能力即可满足90%以上的钒制品需求，无需再新增提钒钢产能。

当前，我国已形成9亿多吨粗钢生产能力，产能严重过剩，同质化竞争激烈，企业效益不景气。近年来，国家相继出台了《钢铁产业发展政策》《钢铁产业结构调整和振兴规划》《国务院批转发展改革委等部门关于抑制部分行业产能过剩和重复建设引导产业健康发展若干意见的通知》（国发〔2009〕38 号）等一系列政策文件，引导钢铁产业健康发展，严格控制钢铁生产能力，要在不新增产能的前提下进行钢铁产业调整和结构优化。

因此，根据提钒工艺技术现状和钢铁产业政策要求，《规划》对钒钛磁铁矿的开采和提钒钢生产规模都有明确的总量限制，其目的就是依托基地内现有企业已形成的提钒钢生产能力实现钒制品的规划目标，不布新点，严禁借提钒名义新增炼钢产能，切实引导钒钛产业及钢铁工业的健康发展。

（7）为什么要加强综合利用和资源保护？

我国钒钛资源多以钒钛磁铁矿等共伴生矿形式存在，部分还伴生铬、钴、镍等大量其他有价金属元素。但长期以来，钒钛产业发展过程中，存在资源开发采富弃贫、伴生金属回收率低甚至不回收、钒钛磁铁矿未进行提钒处理等问题，资源未能得到合理开发和高效利用，产业粗放发展特征明显。

近年来，随着钒钛制品应用领域的不断扩大，表观消费量大幅上升，资源保障能力逐渐降低，资源优势正在不断削弱。加之钒钛制品很多作为添加剂使用，钒制品 90% 用于钢铁生产的合金元素，钛制品大部分以钛白粉的形式添加到涂料、燃料、医药和食品中，基本不具备可再生性。如果不注重资源保护，我国钒钛资源产业将难以实现可持续发展。当前，受我国资源禀赋条件的制约，承德超贫钒钛磁铁矿和云南等地的钛铁矿砂矿都是8～10 吨原矿生产 1 吨精矿，尾矿及废弃物产生量大，对植被及生态的破坏严重，资源开发保护和环境友好的矛盾日益突出。此外，攀枝花红格矿共伴生的有价金属元素，尚未实现规模化回收应用，在目前的技术条件下开发红格矿将是巨大的资源浪费。

针对这一现状，规划明确提出了如钒钛磁铁矿中钒资源综合利用率达到 50% 以上、钛资源回收率达到 20% 以上等一系列资源综合利用目标，鼓励企业利用新技术、新工艺适度开发利用低品位难选冶矿，加强对尾矿和钒钛生产废弃物的综合利用等，这些目标、任务和措施必将有效提高钒钛产业的资源综合利用效率。规划还要求在加强资源综合利用的同时，着力做好资源保护工作，立足国内市场，控制资源开发总量，严格控制提钒钢规模，部分矿区实行封闭保护。在合理开发利用国内资源的同时，支持企业通过各种形式开发利用海外资源。这些举措对保护宝贵的钒钛资源、实现钒钛资源产业可持续发展具有重要意义。

（8）《规划》对使用钒钛铁精矿提出哪些要求？

根据《产业结构调整指导目录（2011 年本）》的政策要求，结合国内钒钛铁精矿冶炼企业的实际生产情况，《规划》对采用"高炉炼铁—转炉提钒"冶炼提钒工艺给予明确规定，即高炉有效容积达到 1200 立方米、吨铁钒钛铁精矿配比 70% 以上，提钒转炉公称容量达到 100 吨、钒回收率 80% 以上；对采用"直接还原—电炉熔分"工艺处理钒钛铁精矿的提钒企业，其资源利用水平不低于高炉—转炉流程，这些标准的制定对规范钒钛铁精矿使用，在当前技术条件下最大限度回收金属资源，引导涉钒钛钢铁企业健康发展具有重要意义。

此外，由于近年来钢铁产能释放较快，铁矿石需求旺盛，攀西和承德地区均有部分钒钛铁精矿流向钢铁企业用作普通铁精矿使用，对尾矿和废弃物也未进行有效处理，造成钒资源的严重浪费。据统计，2011 年攀西和承德地区生产钒钛铁精矿 4349 万吨，其中流向攀钢、承钢、达钢等具有提钒能力的钢铁企业实现提钒的仅 2198 万吨，其余 2151 万吨均作为普通铁精矿流向不具备提钒能力的钢铁企业使用，造成了钒资源的损失，折算每年浪费钒资源（以五氧化二钒计）约 5 万吨。

因此，为保护珍贵的钒资源，《规划》要求严禁将钒钛铁精矿作为普通铁精矿用于钢铁生产，对共伴生铬、钴、镍等稀有金属的钒钛铁精矿，要实现规模化回收利用。同时，要做好尾矿和废弃物的安全存放，待回收技术成熟后，再回收其中的有价值金属资源。

（9）《规划》对产业基地项目准入提出了哪些技术标准？

长期以来，钒钛产业没有准入门槛，开发利用不受条件约束，急功近利现象普遍，从而出现资源开发粗放、产业布局不合理、落后产能比重高、产品深加工不足、产品档次低等一系列问题。因此，我国钒钛产业要贯彻落实科学发展观，走新型工业化道路，制定一个严格的技术准入标准是十分必要的。

《规划》在总结和借鉴国外钒钛产业发达国家的发展经验、结合我国钒钛产业发展特点、兼顾与现有相关行业准入条件相衔接的基础上，提出了钒钛产业技术经济指标和技术装备准入标准，体现了产业进步的要求，符合当今世界钒钛产业的发展趋势。准入要求主要包括：1）钒钛磁铁矿利用项目年采选能力不低于 300 万吨且必须配套相应规模的选钛工序，选矿钒资源回收率不低于 90%（低品位难选冶矿不低于 50%），钛资源回收率不低于 20%，铬、钴、镍等主要共伴生稀有金属实现规模化回收利用。使用钒钛铁精矿必须以钒资源回收为前提。采用"高炉炼铁—转炉提钒"工艺，高炉有效容积达到 1200 立方米、吨铁钒钛铁精矿配比 70% 以上，提钒转炉公称容量达到 100 吨、钒回收率 80% 以上；采用"直接还原—电炉熔分"工艺，年处理钒钛铁精矿达到 60 万吨，资源综合利用水平不低于"高炉炼铁—转炉提钒"流程。2）新建五氧化二钒生产装置单线年生产能力不低于 3000 吨，钒回收率80% 以上，实现废水零排放和尾渣综合利用。3）新建高钛渣生产线须采用 25000 千伏安以上封闭式/半封闭式电炉，酸溶渣吨渣电耗 2300 千瓦时以下，氯化渣吨渣电耗 2800 千瓦时以下。4）氯化法钛白粉生产企业年生产能力达到 6 万吨及以上，单线年生产能力 3 万吨及以上。鼓励新建、改扩建氯化法钛白粉项目，配套建设大型氯碱装置、空分装置，钛回收率不低于 92%。在严格控制新增产能的前提下，改造升级现有硫酸法钛白粉生产线，配套建设硫酸制备装置和废酸及亚铁综合利用装置，符合清洁生产技术要求，钛回收率不低于 83%。5）新建海绵钛装置年生产能力 1 万吨及以上，须采用全流程工艺，配套镁电解多级槽及镁氯闭路循环等先进工艺技术，吨产品能耗 7 吨标准煤以下。

应该说，《规划》确定的钒钛资源开发和后部加工的生产规模、设备选型、技术经济指标、综合利用和节能环保要求都是行业准入的最基本要求，新建、改扩建项目必须符合准入标准，这对防止低水平重复建设，推进产业结构调整与升级，提高钒钛资源有效利用水平具有重要的指导意义。

（10）《规划》允许改造升级现有硫酸法钛白粉生产线与《产业结构调整指导目录》限制新建硫酸法钛白粉生产线是否矛盾？

2011 年，我国钛白粉表观消费量 164.2 万吨，其中国产 181.2 万吨，进口 22.8 万吨，出口 39.8 万吨，预计到 2015 年我国钛白粉表观消费量为 210 万吨。根据统计，我国现已形成钛白粉产能 262 万吨/年，在建产能 200 万吨/年，合计超过 460 万吨/年，未来一段时间内钛白粉产能将呈严重过剩局面。

受高钙镁的资源禀赋特征以及尚未完全掌握氯化法钛白粉工艺技术等因素的影响，当前我国钛白粉生产以硫酸法工艺为主，其产能占钛白粉总产能的 98% 以上。硫酸法钛白粉生产产品档次不高，质量不稳定，现有生产线中存在大量的落后装置，很多没有配套废酸处理装置，废渣利用困难，环境污染严重，在国家发改委下发的《产业结构调整指导目录（2011 年本）》中，明确将"新建硫酸法钛白粉生产装置"列为产业结构调整限制类，不允许新建硫酸法钛白粉生产线项目。

《规划》在市场准入中提出"在严格控制新增产能的前提下，改造升级现有硫酸法钛白粉生产线"，主要考虑到国外在氯化法钛白粉工艺技术上对我国实行封锁，我国自主研发尚需一段时间，并不具备普及的条件基础，加之现有硫酸法生产线在循环经济、清洁生产方面仍有很大的提升空间，因此，《规划》允许企业通过整合重组，加大投入，在不新增产能的前提下，对现有硫酸法钛白粉生产线进行升级改造，配套建设硫酸制备装置和废酸、硫酸亚铁综合利用装置，使其符合清洁生产的要求。

综上，《规划》在设置条件的前提下允许对已有硫酸法钛白粉生产线改造升级与《产业结构调整指导目录（2011 年本）》限制新建硫酸法钛白粉生产线并不矛盾，是对后者的进一步补充和完善。

（11）攀枝花红格矿南矿区暂实行封闭保护的原因？

红格矿是攀西地区资源储量最大的钒钛磁铁矿，分为南、北两个矿区。与周边的攀枝花矿、白马矿等资源不同，红格矿除富含铁、钒、钛等金属外，还共伴生铬、镍、钴等金属，是我国为数不多的特大型多元素共生矿，具有很高的综合利用价值。以伴生的铬元素为例，红格南矿区 Cr_2O_3 品位达 0.34%，铬资源储量十分可观，对我们这样一个不锈钢消费量大、铬资源短缺的国家而言，实现南矿区铬资源的规模化回收具有十分重要的经济价值和战略意义。

红格矿矿物种类多，矿石结构复杂，选冶分离矿石中的铁、钒、钛、铬、镍、钴等金属技术难度大，是一项待攻克的世界性技术难题，其综合开发利用也引起了国家有关领导的高度重视。红格矿的开发利用始于上世纪 80 年代，期间随着资源价格的上涨，矿区内小采矿企业和小选矿厂一度超过 30 家。由于小企业工艺装备落后，乱采滥挖、无序开采现象严重，其中伴生金属除部分钛元素回收外，钒、铬、镍、钴等基本没有进行回收利用，资源浪费、环境污染、安全隐患等粗放开发问题日益突出。2003 年，四川省和攀枝花市对红格矿的开发进行了清理整顿，对矿权加以集中整合。北矿区交由龙蟒矿冶公司整合矿区内其他采矿企业后，独家进行开采；南矿区由当地政府收购已有采矿权后，停止开采，实行封闭性保护。

随着资源战略价值的日趋凸显，近年来，攀钢、龙蟒矿冶公司等企业加快对红格矿选冶分离工艺技术的研究和攻关，国家也给予大力支持，安排了多个专项资金。目前已攻克多个技术难题，但距产业化还有不少的关键技术瓶颈，工艺技术尚不成熟。因此，为了确保红格矿南矿区规模化、集约化开发，最大限度地回收利用各种金属资源，《规划》提出在铬、镍、钴等共伴生金属资源实现规模化回收之前，南矿区作为国家重要战略资源储备，暂实行封闭性保护。

（12）如何落实加快淘汰落后产能的要求？

综合考虑国内外钒钛产业发展、资源综合利用、节能环保、循环经济的现状和发展趋势，《规划》提出了"十二五"末要力争淘汰的技术和装备，包括：1）年采选钒钛磁铁矿原矿规模100万吨及以下和没有配套选钛工艺的选矿项目；2）年生产能力1000吨及以下五氧化二钒生产线；3）平窑焙烧石煤提钒生产线；4）敞口式高钛渣电炉；5）单产5吨/炉以下的钛铁熔炼炉；6）单线年生产能力2万吨及以下硫酸法钛白粉生产线；7）年生产能力1.5万吨及以下氯化法钛白粉生产线；8）年生产能力5000吨以下海绵钛生产线；9）无完善三废处理或处理装置不能正常运行的钒钛生产设备。

除上述要求外，钒钛制品生产加工企业还应按照《产业结构调整指导目录（2011年本）》《钢铁产业发展政策》等文件的相关要求，对涉及的落后技术和装备一并予以淘汰，如："高炉炼铁-转炉提钒"工艺中需考虑淘汰90平方米以下烧结机、400立方米及以下炼铁高炉、30吨及以下炼钢转炉和电炉等落后装备。限期淘汰这些落后产能是规范市场秩序，提高资源利用水平，改善产品质量，降低能源消耗，保护生态环境，实现产业升级的重要举措。

"十二五"期间，国家将统筹安排、有序推进落后产能淘汰工作，进一步细化落实规划内容。《规划》在制定过程中，已广泛征求有关部门意见，对落后产能和不符合准入条件的建设项目，国土主管部门不予办理土地使用手续、金融机构不提供贷款或其他形式的授权支持、环保部门不予审批项目环境影响评价文件、节能审核部门不予出具节能审查意见、投资管理部门不得核准或备案。同时，要充分发挥要素资源的配置作用，在供电、用水、融资等方面对合规优势企业予以支持，进一步提高其市场竞争力；对落后产能企业取消各方面的优惠政策，提高电力、水资源的供应价格，形成市场倒逼机制，促使其改造升级或退出市场。

因此，国家有关部门将密切配合，加强土地、环保、节能、安全、产品质量、职业健康等方面的执法力度，切实将淘汰落后产能的政策要求落到实处。

(13）为什么提出要建设攀西国家级战略资源创新开发试验区？

攀西地区资源富集，搞好资源的综合开发和高效利用，有利于带动和促进整个西部地区经济发展，在政治上、经济上都具有重要意义。随着西部大开发战略的深入推进和资源瓶颈约束的日益加剧，攀西地区的资源优势进一步凸显。

长期以来，国家高度重视攀西地区资源综合利用，从产业布局到基础设施配套建设，进行了总体部署，在技术、资金和政策等方面给予了大力支持。2009年2月颁布的《钢铁产业调整和振兴规划》（国发〔2009〕6号）明确指出要鼓励四川攀西地区钒钛资源综合利用。2010年6月，中共中央国务院发布的《关于深入实施西部大开发战略的若干意见》（中发〔2010〕11号）提出建设攀枝花钒钛钢铁综合利用基地。2010年12月，国务院发布的《全国主体功能区规划》（国发〔2010〕46号）进一步提出把攀西建设成为全国重要的钒钛产业基地，并对开发方向提出了原则要求。经过多年的开发建设，特别是近年来的快速发展，攀西资源开发利用已经初具规模，为将来在更宽领域、更高层次上进行资源深度开发、综合利用打下了较好的基础。

为了推动攀西战略资源创新开发试验区的建设，2010年8月，四川省人民政府向国家发展改革委报送了《关于恳请批准设立中国攀西战略资源创新开发试验区的请示》，国家发展改革委综合考虑区域的资源禀赋、产业基础和技术优势，复函同意四川省开展"攀西战略资源创新开发试验区"的前期工作，要求对试验区开发进一步调研论证、制定详细规划、细化政策建议、开展矿产资源环境评价和生态评价等工作。四川省、攀枝花市、凉山州以及区域内重点企业根据要求，积极开展有关工作，包括：加强战略资源保护，组织实施重点矿区规范整顿和整装勘探；加强生态建设和环境保护，积极开展区域规划环评；加强创新能力建设，协调推进科技攻关；推进重大项目建设，着力推动资源开发利用上档升级；改善试验区发展环境，大力加强基础设施建设等，试验区前期工作取得显著成果。

四川省人民政府在申报建设国家级试验区的同时，已初步制定了建设规划方案。下一步，试验区要按照《规划》的要求，进一步深入开展工作，特别是攀枝花市和凉山州两地政府要打破地理区域限制，积极研究探索资源开发模式、要素优化配置、利益协调分配、资源补偿和生态环保机制，共同合作开发，互惠互利，待试验区正式获批后，积极做好矿产资源的开发和利用，先试先行，切实起到带动示范作用。

综上，《规划》统筹考虑了攀西地区钒钛资源开发利用现状和试验区前期工作开展情况，明确提出：重点开发攀西地区钒钛磁铁矿资源，建设攀西国家级战略资源创新开发试验区。

（14）为什么要培育发展高端产品市场？

我国是钒钛生产和消费大国，产品数量基本能够满足国内市场需求，但所生产的品种大多数属中低档，产品附加值低。究其原因，一方面是技术创新能力基础薄弱，粗放型发展明显；另一方面，建筑工程、海洋工程、大飞机制造、医疗器械等下游行业对高端产品的需求有限，长期以来，这部分需求很多依赖进口解决。但近年来，随着战略性新兴产业的迅速发展，对高端钒制品、钛及钛合金材料的需求与日俱增，迫切要求企业加大研发力度，实现高端产品规模化、集约化生产。反过来，钒钛产业能为下游行业提供高端产品，也必将促进下游新兴产业的发展，进一步扩大市场。可以说，二者相辅相成，相互促进。

发展培育高端产品市场，要求钒钛产业加大技术和新产品开发力度，降低成本，替代低档、落后产品，减少资源、能源消耗，如使用Ⅲ级钢筋比Ⅱ级钢筋可降低钢材消耗15%左右，Ⅳ级螺纹钢筋比Ⅱ级钢筋可节约钢材30%左右。为此，《规划》提出：培育高端产品市场，开展钒电池开发、高品质钒钢和海洋工程、大飞机制造、医疗器械用钛及钛合金材料等关键技术研究，推广和普及400MPa以上高强度螺纹钢筋，扩大钒基合金消费，促进消费结构和产业结构升级。

附录 2.2.3　攀西试验区建设四川省规划（钒钛部分）

《2013 年 9 月 5 日，四川省人民政府办公厅关于印发攀西国家级战略资源创新开发试验区建设规划（2013—2017 年）的通知》（川办发〔2013〕65 号）发布，相关钒钛部分摘选如下。

《攀西国家级战略资源创新开发试验区建设四川省规划（2013—2017 年）》（摘选）

四川攀西地区是我国重要的战略资源富集区，钒钛磁铁矿储量巨大，稀土、碲铋等资源具有独特优势。尤其是钒钛磁铁矿中伴生铬、钴、镍、镓等稀贵元素，是国防军工和现代化建设必不可少的重要资源，战略地位十分突出。根据国家发展改革委《关于同意设立攀西战略资源创新开发试验区的复函（发改办产业〔2013〕534 号）》和《钒钛资源综合利用和产业发展"十二五"规划》有关精神，为加快推进结构调整和发展方式转变，提高资源科学开发和综合利用水平，加快建设攀西国家级战略资源创新开发试验区，推动攀西地区和民族地区跨越式发展，特制定本规划。规划期为 2013—2017 年，展望至 2020 年。

试验区范围包括：攀枝花市东区、西区、仁和区、米易县、盐边县，凉山州西昌市、冕宁县、德昌县、会理县、会东县、宁南县，雅安市汉源县、石棉县，总面积 3.1 万平方公里。

一、试验区发展目标

总体目标是把攀西试验区建设成为世界级钒钛产业基地，打造国内资源富集地科学开发利用资源的示范区。到 2020 年，实现以下主要目标：

——结构调整目标。大力发展钒钛、稀贵金属产品及深加工等，形成钛精矿 300 万吨、钒制品（V_2O_5）6 万吨、钛白粉 100 万吨、钛材 1.5 万吨年生产能力。

——科技攻关自主创新目标。重点突破攀西矿制取富钛料、氯化法钛白、低品位矿高效利用、非高炉冶炼等一批核心关键技术，实现钒电池、高钛型高炉渣回收利用技术等产业化。

——资源综合利用目标。铁资源综合利用率提高到 75%，钒资源综合利用率提高到 50%，钛资源综合利用率提高到 20% 以上，规模化回收利用铬、钴、镍等主要伴生金属。钒钛磁铁矿尾矿回收利用率达到 30% 以上。

——节能减排和生态建设目标。全面完成小钢铁、小采选、小冶炼关闭淘汰任务，节能减排达到国内先进水平，重点企业达到国际先进水平。建成一批矿区生态修复和污染治理重大工程，矿区生态保护进一步得到加强，环境质量显著改善。园区产业集中度提高到 80% 以上。

——全面实现铬、钪、镍、钴、镓、铜等伴生金属的产业化开发。

二、发展重点和主要任务

（一）调整产业产品结构

充分发挥比较优势，以延伸产业链、提升价值链为目标，大力调整产业产品结构，改变"以钢为纲"的传统增长方式，大力发展钒钛、稀土深加工和高端产品，推进钢铁钒钛、稀土企业联合重组，提高产业集中度。

——调整产业产品结构。钛产业重点发展氯化法钛白、高档专用钛白等高端产品，加快发展钛合金及钛材等，积极开发大飞机制造及航空航天、海洋工程及船舶制造、医疗器械、高端消费品等系列钛合金材料及深加工制品。钒产业稳步提高冶金用钒规模水平，重点开发钒电池、高品质钒钢等，大力发展钒铝合金、氧化钒薄膜材料等。提高钒钛磁铁矿伴生金属的分离、提取及深加工规模化、产业化水平。积极推进稀土冶炼企业兼并重组，发挥攀西水电优势，建设规模化现代化火法冶炼生产装置，大力提高稀土深加工和应用水平。提钒钢控制在国家核定的规模内（国家规划攀西地区 2015 年为 1500 万吨）。大力发展以汽车零部件为代表的钒钛铸造及装备制造等。推进碲铋矿开发利用，重点发展碲化镉薄膜太阳能电池等。

——提高资源综合利用水平。大力发展循环经济，积极引导上下游产业及配套企业、废弃物产生及利用企业在园区关联布局，形成专业化分工和综合利用协作互动的现代生产体系。在确保生态和安全的前提下，鼓励对表外矿、风化矿、极贫矿实行科学开发利用。落实有利于资源综合利用和促进循环经济发展的税收政策，促进尾矿、废渣、废液、废气的循环利用，提高资源综合利用水平，支持攀钢等重点抓好高钛型高炉渣综合利用。

（二）优化产业布局

按照合作办园、共享发展的原则，试验区要打破行政区划限制，建立利益共享机制，调整优化园区布局，促进试区内资源、要素合理流动和优化配置，推进产业布局调整。清理规范试验区现有工业园区，关闭搬迁产业承载条件差、与主体功能不符合、布局不合理的园区，整合归并相关同类园区，抓紧完善园区规划和基础设施，推进产业、企业集中布局。重点建设三大基地、六大园区。

——做大做强攀枝花钒钛铬钴产业基地。加快推进攀钢集团高钛渣扩建及钒氮合金生产、红格北矿区采选扩建、盐边钛锭及钛材深加工、仁和汽车钒钛制动鼓等一批重大产业化项目建设，形成年产钒制品4.5万吨、钛白粉80万吨、钛锭3万吨、钛材1.5万吨的综合生产能力。加强重大科技攻关，完成非高炉流程综合利用钒钛磁铁矿工艺技术产业化，将单体规模装置提高到60万吨以上水平，铬、钴、镍资源回收利用达到千吨级水平，实现金属钛、高档钛白和钒电池、钒功能材料等高技术钒钛产品产业化。

攀枝花钒钛产业园区。推进园区扩区调位，整合安宁工业园区、经河工业园区，创建国家级开发区。大力发展含钒钛特种材料、稀贵金属综合利用、钒钛铸造及深加工产品，综合利用"三废"，发展循环经济，推进产业调整升级，着力打造千亿级产业园区。

攀枝花高新技术产业园区（注：现为国家级攀枝花钒钛高新技术产业园区）。有序转移淘汰高能耗、高排放的传统产业，大力发展钒功能材料、高端钛制品，积聚钒钛综合利用研发机构，建设科技孵化中心，推进科技成果转化，打造试验区重要的钒钛技术研发中心。

——加快建设凉山钒钛稀土产业基地。依托攀钢集团西昌钒钛资源综合利用项目，布局建设一批综合利用和关联产业，大力发展钒钛深加工产品，提高附加值和产业竞争力。加快建设太和铁矿扩建工程、会理矿山扩建及低品位表外矿开发利用等，增强资源保障能力。力争到2017年，建成钒制品1.5万吨、钛白粉20万吨生产能力。

西昌钒钛产业园。整合现有经久工业园、太和工业园，调整钢铁产品结构，发展深加工产品，建设精品钢基地，延伸钒钛产业链，发展高档钛白、钒氮合金、钒铝合金等，着力打造千亿级产业园区。

德昌循环经济产业园。发展含钒钛特种合金和特色铸造产品，引进发展机械制造及零部件产业，加强资源综合利用，发展循环经济，力争建成千亿级产业园区。

（三）推进重大技术创新

采取自主创新和技术引进相结合的方式，针对资源开发利用主要技术瓶颈，整合科研力量，加强研发创新体系建设，加强产业技术攻关，突出应用技术开发，攻克一批对攀西资源开发利用和产业发展具有战略意义的重大技术，提高产业竞争力。

——加强创新能力建设。加快推进钒钛稀土创新体系建设，促进产学研结合。搭建多层次、多方式的技术创新平台。以攀钢、川威、达钢、龙蟒、宏达等重点企业为骨干，建设一批国家级企业技术中心。整合各方科技资源，加快建设国家钒钛工程技术研究中心和重点实验室、工程实验室。加强与国内外科研机构交流合作，深化产、学、研、用合作，鼓励多种形式的联合攻关，试点重大科技攻关全球招标，吸引优秀人才创业发展。发展技术成果交易，促进科研成果转化。

▲科技创新平台建设。1. 国家级企业技术中心：攀钢、龙蟒、川威、达钢、宏达技术中心。2. 国家重点实验室：钒钛资源综合利用国家重点实验室、CNAS 检验认可国家实验室（攀钢），规划建设钢煤联产综合利用国家重点实验室（达钢）、资源综合利用节能环保国家实验室（川威）、钒钛综合利用核心技术实验室（宏达）。3. 国家产业技术创新联盟：钒钛资源综合利用产业技术创新战略联盟，规划建设钒钛资源综合利用产业技术创新联盟（科技部试点）。国家地方联合工程实验室。4. 省级重点实验室：CMA 计量认证省级实验室（攀钢），钒钛资源综合利用四川省重点实验室（攀枝花学院），规划建设铌钽资源综合利用四川省重点实验室（川威）。5. 四川省工程技术研究中心：四川省高钛型高炉渣工程技术研究中心（攀钢）、四川省钒钛材料工程技术研究中心（龙蟒）、四川省有色金属矿产资源开发工程技术研究中心（四川省有色冶金研究院）、四川省磁性材料工程技术研究中心（西南应用磁学研究所、电子科技大学）、四川省矿产资源综合利用工程技术研究中心（地矿部矿产资源研究所）。6. 其他：国家钒钛制品监督检验中心、四川省院士专家工作站（攀钢）、四川钒钛产业技术研究院。龙蟒、川威等省级企业技术中心。

▲扶持重大技术攻关。积极争取国家支持，进一步加大省级财政投入力度，支持重大科技攻关及产业化重点项目，筛选一批核心关键技术攻关项目争取纳入国家相关科技专项。发挥四川省同科技部等的部省合作优势，建立钒钛产业专家指导委员会。加强与中科院及国防军工等有关科研单位合作，推进重大技术攻关和新产品研发。着眼于支持战略性新兴产业发展和国家重大工程，加强钒钛、稀土等应用技术开发。鼓励企业增加研发投入，落实国家鼓励自主创新扶持政策，建设创新型产业区。

（四）创新资源开发模式

加大资源和产业整合力度，积极推进企业兼并重组，提高产业集中度和核心竞争力，努力实现资源的集约高效利用和价值最大化，提升攀西战略资源开发利用的整体水平。

——推进企业兼并重组。以市场为导向，以资本为纽带，以企业为主体，通过外引内联，推进强强联合，发展一批有实力的大型企业和企业集团。关停淘汰区域内落后产能。研究西昌新钢业环保搬迁结构调整，建设接续替代项目，做好职工安置等相关工作。支持有实力的大企业集团延伸产品链，兼并重组上下游关联企业，重点推进四川钒钛钢铁集团组建工作。

——加快矿区规范整合。切实加强试验区内小矿山、小选厂清理规范，关闭整顿不具备安全生产条件和生态环保不达标的采选企业。完成攀枝花钒钛磁铁矿矿区选厂整合，重点加快红格北矿区选矿企业整合，将现有 19 家企业整合为 2 家规模化现代化采选集团。凉山州重点规范整合会东、会理铁矿资源，将现有 7 家矿山企业整合为 1~2 家。进一步加强稀土矿山清理整顿，将稀土矿山开发企业整合到 3~5 家，提高可持续发展能力。

——优化资源配置。按照国家批复的矿业权设置方案，坚持资源配置的市场化取向，提高资源开发利用的进入门槛和准入条件，对试验区内资源开发企业根据资源及条件制定技术水平和资源综合利用等激励约束指标，建立矿产资源开发的进入和退出机制。资源配置要与技术创新成果、环境保护成效挂钩，重要矿区要配置给有研发创新实力的优势企业集团，提高资源综合利用和产业技术水平。

——加强战略资源保护。严格按照国家批复的矿区规划，切实加强资源科学开发利用和保护。充分利用好现有矿山和资源，严格限制新开矿区。在铬、镍、钪、镓等共伴生稀有金属规模化综合利用技术取得突破前，对红格南矿区实行封闭性保护。加快推进钒钛磁铁矿资源整装勘查，提高铁矿石资源保障度和钒钛产业可持续发展能力。

——实施开放开发战略。实施充分开放合作，以开放促开发。引导境内外各类投资主体和资本要素在试验区聚集发展。重点加强与央企和国家级科研机构合作，在战略资源开发利用和重大科技攻关等领域优先支持有实力的大集团和国家级科研机构进入。支持引导多种所有制企业重点发展下游产业和深加工应用。加强战略资源科学开发综合利用的薄弱环节和关键领域招商引资，重点加强深加工及高端制品、尾矿及废弃物综合利用等项目引进。加强与周边区域优势资源及产业的协作合作。

（五）加强生态建设和环境保护

高度重视生态建设，实行严格的环境保护。建立矿区生态和环保监测预警机制，完善生态环境和安全生产事故应急预案。根据各主要矿区资源特点和生态特质，制定各矿区采选综合回收利用指标和生态保护、生态恢复指标。依据资源开发生态环境破坏的修复治理成本，合理确定提取矿石资源开发环境治理与生态恢复保证金以及征收矿山生态补偿基金的标准，建立资源开发生态补偿机制。实施攀枝花、白马、红格、太和等矿区生态修复工程，与重大产业化项目同步规划、同步实施。抓好稀土行业环保专项检查，加强牦牛坪矿山污染治理和环境整治，加强德昌稀土矿生态环境规范治理。

抓好工业污染防治，推进节能减排。严格执行国家钒钛产业准入政策和重点行业环境准入及排放标准，把重金属污染物排放和主要污染物排放总量控制指标作为项目建设的必要条件。以推进资源节约、综合利用和清洁生产为重点，大幅度减少"三废"排放，实施一批"三废"利用工程，重点是合理利用和安全处置含重金属的固体废物，着力加强矿山废水循环利用，提高工业用水效率。全面完成淘汰落后产能目标任务。

（六）加快基础设施建设

加快以交通为重点的基础设施建设，着力改善试验区发展环境。开工建设成昆铁路扩能改造工程米易至攀枝花段，适时启动全线改造工程，开工建设泸沽至黄联关高速公路加宽改造等项目。加快建设丽攀高速公路、区域内国省干道改造工程、农村公路等，推进铁路、公路客货站点及内河航道等基础设施建设。争取国家支持将丽攀昭遵铁路纳入"十二五"铁路建设中期调整规划，开展西昌至宜宾铁路的前期研究等工作。加快宜宾至攀枝花沿江高速、攀枝花至大理、西昌经盐源至香格里拉、西昌至昭通、攀枝花城市过境快速通道等高速公路前期工作，适时开工建设。加快建设完成中缅天然气管道攀枝花支线工程，并尽快延伸至西昌。加快建设一批输变电工程，进一步完善输配电网络，增强试验区电力保障。

三、规划实施

（一）加强组织领导。在国家发展改革委等部委支持指导下，建立部省联席会议制度，每年召开一次会议，研究解决试验区建设重大问题。四川省攀西战略资源创新开发试验区建设工作领导小组要加强协调领导，推进试验区建设各项工作。省直相关部门要按照职能分工，研究制定相关工作推进方案和具体措施，协同推进试验区加快建设。

（二）制定扶持政策。按照"创新开发、先行先试"的试验区定位，围绕国家批复明确的财税、供地用地、直供电、资源配置管理、生态补偿等政策范围，加强与国家相关部委衔接，落实国家支持政策，制定省级支持试验区建设的政策意见。

（三）明确目标责任。试验区各市（州）政府是规划实施的责任主体和工作主体，要建立工作协调机制和机构，结合各自实际，细化落实本规划提出的发展目标和主要任务，制定具体实施方案和规划期内分年度的工作行动计划，确保各项工作推进落实。

（四）强化考核评估。建立试验区建设发展的绩效评价考核体系和考核办法，把战略资源开发利用、科技创新、产业发展、生态环境保护等作为对试验区各级政府考核评价的重要内容。省发展改革委要会同省直有关部门，加强规划实施的跟踪评估，并及时报告国家发展改革委等部委。

附录2.2.4 四川省人民政府关于支持攀西国家级战略资源创新开发试验区建设的政策意见

各市（州）人民政府，省政府各部门、各直属机构：

攀西国家级战略资源创新开发试验区是全国唯一获准设立的资源开发综合利用试验区。为充分发挥政策的支持和引导作用，加快推进试验结构调整和产业发展方式转变，提高资源科学开发和综合利用水平，现提出以下意见：

一、省财政设立攀西战略资源创新开发专项资金

省财政从2014年起设立攀西战略资源创新开发专项资金，重点支持试验区重大科技攻关及产业化项目、重点人才培养引进项目。在省级科技、战略性新兴产业、工业发展等专项资金安排上，对试验区建设项目予以倾斜支持。

二、对试验区鼓励类产业企业给予所得税优惠

落实西部大开发税收优惠政策，对试验区鼓励类产业企业，按15%的税率征收企业所得税。

三、加大对试验区建设的融资支持

地方政府债券资金的分配向试验区倾斜，用于区域交通、电力、油气管网等重大基础设施项目。鼓励保险资金探索参与攀西地区交通、能源、水利、市政公用及电网改造等基础设施和重点产业项目建设。

四、支持试验区金融业发展

支持和鼓励试验区内各类金融机构、准金融机构规范健康发展。省财政在安排金融发

展专项资金时，对试验区符合奖补政策条件的金融机构予以激励。引导银行业金融机构在攀西试验区设立科技支行，加大对科技创新和科技企业的支持力度。

五、保障试验区建设用地

对试验区内符合国家产业政策的建设项目，在土地规划和年度用地计划上优先保障、及时供地。优先安排试验区增减挂钩项目。选择采矿后易于复垦为耕地或者恢复原农业用途、且完成采矿和土地复垦的周期不超过 5 年的矿种和矿体，开展采矿用地方式改革试点。省投资土地开发整理项目安排上对试验区适当倾斜。

六、鼓励合理使用未利用地

对使用土地利用总体规划确定的城镇建设用地范围外的国有未利用地，且土地前期开发由土地使用者自行完成的工业项目用地，在确定土地出让价格时可按不低于所在地土地等别相对应《全国工业用地出让最低价标准》的 15% 执行。使用土地利用总体规划确定的城镇建设用地范围内的国有未利用地，可按不低于所在地土地等别相对应《全国工业用地出让最低价标准》的 50% 执行。

七、支持试验区矿产资源勘探开发

加大省地勘基金对试验区的风险勘查投入力度，促进找矿突破。鼓励有实力的民营企业开展试验区的风险找矿和对已设探矿权、采矿权的兼并重组，促成矿产资源的整装勘查、规模化开发和综合利用。对试验区战略资源勘查和开发项目，优先依法审批探矿权、采矿权。

八、支持试验区产业结构调整升级

加大节能减排投入力度，试验区淘汰落后产能、关闭小企业，争取国家相关政策补贴，对未享受到国家相关政策补贴的企业，省级财政按规定给予适当补助。试验区发展循环经济相关项目，优先申报国家相关专项支持，省级相关专项资金予以配套。

九、下放投资项目审批权限。

对纳入《攀西国家级战略资源创新开发试验区建设规划》的项目，可作为开展前期工作的依据。对试验区内属省级核准、备案权限的鼓励类产业投资项目，由市（州）政府投资主管部门核准、备案。

十、支持试验区创新平台建设

支持试验区高校、科研机构和企业建立省级工程（技术）研究中心、重点实验室、工程实验室、企业技术中心、博士后科研工作站和创新实践基地，支持各类创新平台加大创新能力建设。

十一、实行电力和电价支持政策

支持试验区内电网建设，鼓励区内中小水电直接接入地方电网，就地消纳。区域内水电开发企业要为地方电力输出和下载预留接口。在试验区实行电力用户和发电企业直接交易的直购电试点。区域内的凉山、雅安实行留存电量政策。制定完善可再生能源发电定价政策。

十二、加大试验区生态环保建设投入力度。

天然林资源保护、退耕还林、水土保持、石漠化综合治理、环境保护等项目安排对试验区倾斜。

十三、实施人才引进特殊政策

对试验区紧缺急需的高层次、高技能人才，其住房、户籍、就医、配偶就业、子女入学等享受我省人才引进有关优惠政策。对试验区范围内政府机关紧缺急需的高层次人才，经省公务员主管部门批准后可按特殊职务考录办法招录，或经国家公务员局同意后按聘任制公务员管理试点办法实行聘任。省实施的"千人计划""百人计划""西部之光访问学者""博士服务团""新世纪百千万人才工程"和"优秀企业家培育计划"等人才和引智项目向试验区倾斜。

四川省人民政府
2013 年 9 月 5 日

附录 2.3　攀西试验区重大科技攻关项目

附录 2.3.1　攀西试验区"十二五"重大科技攻关技术方向

攀西试验区于 2013 年 3 月经国家发展改革委批准设立，是目前国内唯一一个资源综合利用试验区。区内钒钛、稀土和碲铋矿等资源高度富集，是国内最大的钒钛产业基地、重要的稀土生产基地和铁矿石资源保障基地、最大的碲铋独立原生矿带。

但攀西资源开发面临核心技术瓶颈制约，资源开发利用水平不高，大规模产业化应用亟待技术破题。区内铁资源综合利用率约 70%，钒资源综合利用率约 47%，钛资源综合利用率仅 14%，蕴藏的巨大经济价值和重要的战略意义未得到充分发挥。

对此，四川省提出要把重大科技攻关作为攀西开发试验区建设的首要任务，采取市场化方式聚集各方力量，推进重大关键技术取得实质性突破。根据需要推出更多的科技攻关项目，面向国内外科研单位、高等院校和企业招标。

重大科技攻关项目均为当前生产环节中迫切需要解决的重大技术问题。招标项目将纳入省级重大科技攻关计划以及产业化等专项扶持范围，省级财政给予支持。力争通过对关键技术的重大科技攻关，按照预期目标，于 2017 年实现铁资源综合利用率达到 75%，钒资源综合利用率达到 50%，钛资源综合利用率达到 30%。通过科技攻关，使区内战略资源的合理利用拓展更加广阔的视野和市场，实现集聚更多的人才、更好的技术，以逐步形成面向市场、以企业为主体、以政府为引导的机制，让区内丰富的矿产资源得到高品质、低成本、低能耗、低污染的综合开发利用。

附表 2.3-1 攀西试验区"十二五"重大科技攻关技术方向（钒钛部分）

序号	技术方向	攻关及产业化重点	主要承担单位	资金估算/亿元	起止日期
1	低品位钒钛磁铁矿高效利用技术	实现对低品位的表外矿和极贫矿的综合利用	攀钢、重钢太和矿、会理财通、龙蟒、德胜等	3.5	2011~2013
2	钒钛磁铁矿非高炉冶炼技术	非高炉冶炼技术及装备，综合回收利用铁、钒、钛	攀钢、龙蟒、川威等	10	2009~2015
3	高钛型炉渣提钛及残渣综合利用技术	高钛型高炉渣中钛的富集、分离和提取，综合利用提钛后的残渣	攀钢、川威、达钢等	5	2009~2014
4	钒清洁生产技术	含钒铁水吹炼高钙钒渣及深度脱磷技术、普通钒渣钙化焙烧技术、二次废渣综合利用、多钒酸铵流态化制取 V_2O_3 产业化技术研究	攀钢、达钢等	5	2009~2014
5	高品质富钛料生产技术	研发完善高品质富钛料生产技术，人造金红石制备技术	攀钢、川威等	5.5	2009~2013
6	钒电池电解液技术	研发大容量及超大容量蓄能钒电池用电解液技术	攀钢、川威、达钢、工程物理研究院	1.5	2011~2015
7	钒钛磁铁矿伴生金属提取利用技术	伴生金属清洁高效利用关键技术及产业化，实现铁、钒钛、铬的分离、提取及深加工	攀钢、川威、达钢、龙蟒、德胜等	4.5	2011~2015
8	节能环保制备海绵钛技术	低成本、节能环保钛金属生产的关键工艺技术开发	攀钢	1	2011~2015
9	高档专用钛白技术	实现高档专用钛白产业化生产	攀钢、龙蟒等	0.5	2010~2015
10	硫酸法钛白清洁生产技术	废酸浓缩高效回收，硫酸亚铁综合利用等	龙蟒	0.5	2012~2015
11	钛材深加工	实现热轧、冷轧钛板卷规模化生产等钛材加工	攀钢、攀枝花云钛等	1	2012~2015
12	钒铝合金产业化技术	钒铝合金的制备及其在军用民用航空航天器材上的应用	攀钢、川威、达钢德胜等	1.5	2012~2014
13	钒功能材料的开发	开发二氧化钒膜等军民用功能材料	川威、达钢	0.2	2012~2015
14	钒精细化工产品开发	开发硫酸氧钒、钒酸钾精细化工产品	攀钢、达钢等	0.1	2012~2015
15	二氧化钛功能材料开发	开发光触媒等功能材料	攀钢、川威	0.2	2012~2015
16	含钛高炉渣生产钒钛催化剂技术	实现废弃高炉渣的资源化、高值化利用	达钢	4.3	2013~2015
合计				42.3	

附录2.3.2　2014年攀西试验区首批重大科技攻关（钒钛）项目

附表 2.3-2　2014 年攀西试验区首批重大科技攻关（钒钛）项目

序号	项 目 名 称
1	攀西钒钛磁铁矿高效选矿技术
2	高钛型高炉渣提钛及综合利用技术
3	硫酸法钛白清洁生产工艺与关键技术
4	钛及钛合金制品及装备开发关键技术
5	钒钛微合金化钢种及制品开发关键技术
6	钒铝合金产业化技术
7	氯化法钛白生产技术
8	钒电池产业化

附录2.3.3　2015年攀西试验区重大科技攻关（钒钛）项目

2015 年攀西试验区重大科技攻关招标中标项目共 23 项，其中涉钒钛项目 20 项。涉钒钛项目的主要特点是侧重于产业链下游高端、高附加值含钒钛材料新技术研发及其应用。

附表 2.3-3　2015 年（第二批）四川省攀西试验区科技攻关招标中标的（钒钛）项目

序号	项 目 名 称
1	高性能铁路轨道用钒钛微合金化新产品研制及应用项目
2	高铬型钒钛磁铁矿高效清洁利用关键技术研究项目
3	输油（气）管线用钛—钢复合板产业化技术研究项目
4	输油（气）管线用钛—钢复合板产业化技术研究项目
5	海洋工程用 1200MPa 级超厚高强高韧耐蚀钛合金材料生产技术研究与应用示范项目
6	高纯偏钒酸盐制备与应用技术项目
7	钙化清洁提钒工艺技术推广应用研究项目
8	汽车面板全流程工艺控制集成技术研究项目
9	100 吨级低氧钛及氢化钛粉关键制备技术研究项目
10	基于焦炉煤气的钒钛磁铁矿竖炉还原熔分一体化工艺开发项目
11	钛复合板复合技术及应用项目
12	高品质纯钛带卷热轧、退火酸洗技术研究及应用项目

序号	项 目 名 称
13	钒、钛及稀土在特高压导线中应用的研究项目
14	高档汽车电泳漆专用钛白粉开发项目
15	钙化焙烧提钒专用粉体制备工艺技术攻关项目
16	年产100吨碳氮化钛基固溶体粉关键技术开发项目
17	脱硫石膏（钛石膏）—钾长石矿化CO_2联产钾肥关键技术及中间试验重大科技攻关项目
18	钒钛微合金化高强度钢丝绳用钢开发重大科技攻关项目
19	多元复式（Ti,V,W,M）（C,N）基硬质合金的制备及其应用重大科技攻关项目
20	攀西海绵钛用于军工产品的研究开发重大科技攻关项目

附录2.3.4 2016年攀西试验区重大科技攻关（钒钛）项目

2016年攀西试验区重大科技攻关招标中标项目共13项，其中钒钛项目8项。

附表 2.3-4 2016年攀西试验区科技攻关招标中标（钒钛）项目

序号	项 目 名 称
1	新型含钒绝缘耐蚀钢轨研发应用示范及产业化推广
2	超深冲薄规格冷轧钛卷产业化技术研究
3	舰船管路系统用钛产品研制
4	航空用钛合金薄壁复杂结构件精密制造技术研究
5	高性价比钒钛基梯度材料耐磨件的3D制备产业化开发
6	新型微细粒级钛精矿氧化球团制备及年产19万吨高钛渣产业化技术
7	汽车用高强度弹簧钢盘条制造技术
8	基于攀西钛资源的耐磨蚀硬质材料及制品关键技术开发

附录2.3.5 2018年攀西试验区重大科技攻关（钒钛）项目

附表 2.3-5 2018年（第四批）攀西试验区重大科技攻关（钒钛）项目

序号	项 目 名 称
1	航空航天用钛及钛合金系列产品开发及应用
2	钛合金化高强、高韧钢低成本制备及应用技术研究
3	微细粒级钛铁矿强化回收新技术开发研究
4	钛及钛合金材料应用于康养康复产品的关键技术研究
5	锂电池负极材料钛酸锂大规模连续化生产技术开发

附录 3　钒钛技术主要研发和检测单位

附表 3-1　我国涉钒钛技术主要研发/检测单位简况

单位名称	具体联系单位	主要研发方向	地　址
东北大学	冶金学院	1. 含钛混合熔渣清洁高效利用关键技术 2. 钒钛磁铁矿高炉冶炼新技术 3. 钒钛磁铁矿高炉冶炼新技术 4. 涉钒钛二次资源综合利用新技术	辽宁省沈阳市文化路 3 号巷 11 号
重庆大学	材料学院，教育部钒钛资源综合利用研究所	1. 钒钛矿冶炼及综合利用新工艺 2. 提钒新技术 3. 提钛新技术 4. 高性能钛合金技术	重庆市沙中路 83 号 B 区
中南大学	资源学院，冶金学院	1. 粉末冶金钛合金技术及应用 2. 钒钛球团技术及应用 3. 钒钛磁铁矿直接还原冶炼技术 4. 钒钛材料应用开发研究	湖南省长沙市岳麓区
北京科技大学	冶金学院，材料学院	1. 钒钛铌等微合金元素在低合金钢中应用技术 2. 钒钛磁铁精矿直接还原反应行为及其强化还原研究 3. 提钒技术 4. 钛合金材料新技术	北京市海淀区学院路 30 号
上海大学	材料学院	1. 含钛高炉渣制备高温合金 2. 钛合金技术	上海市宝山区上大路 99 号
昆明理工大学	冶金学院，资源学院	1. 钒钛磁铁矿选矿技术 2. 钒钛磁铁精矿碳热还原铝热强化 3. 钒钛磁铁矿中有价元素高效浸出富钛料技术 4. 提钒新技术	云南省昆明市一二一大街文昌路 68 号
攀枝花学院	钒钛学院，生化学院	1. 钒钛磁铁矿非高炉冶炼新工艺技术 2. 钛渣冶炼新技术 3. 钛白冶炼技术 4. 钒钛合金新材料技术 5. 涉钒钛二次资源综合利用新技术	四川省攀枝花市东区机场路 10 号
攀钢集团研究院（鞍钢集团钒钛研究院）	钒研究所，钛研究所，化工研究所，材料研究所，检测中心，信息中心	1. 钒钛磁铁矿的冶金分离 2. 钢铁材料、钒钛产品的开发与应用 3. 涉钒钛"三废"治理与节能减排 4. 钒钛钢冶炼技术 5. 钛渣及钛白技术	四川省攀枝花市东区桃源街 90 号
中国地质科学院矿产综合利用研究	国土资源部钒钛磁铁矿综合利用重点实验室	1. 钒钛磁铁矿选矿技术 2. 二次资源高效综合利用新工艺新技术	四川省成都市武侯区人南大厦 a 座 1012 室

续附表 3-1

单位名称	具体联系单位	主要研发方向	地 址
河钢集团承钢	钒技术中心	1. 钒钛磁铁矿高炉强化冶炼技术 2. 钒铁合金，氮化钒铁技术 3. 钒电池技术	河北省承德市河北省承德市双滦区
中国科学院	过程工程研究所	1. 钛白清洁生产技术 2. 亚熔盐法提钒提钛新工艺技术 3. 三废综合利用新技术	北京市海淀区中关村北二街 1 号
长沙矿冶研究院		1. 钒钛磁铁矿选矿工程技术 2. 微细粒钛铁矿强磁—浮选流程技术	湖南省长沙市麓山南路 966 号
北京有色金属研究院		1. 钛及钛合金技术 2. 钛白技术	北京市西城区新街口外大街 2 号
北京钢铁研究总院	钒技术中心	1. 钒钛铁矿在冶炼过程中铁、钛、钒分离 2. 提钒后半钢炼钢工艺	北京市海淀区学院南路 76 号
西北有色金属研究院		1. 钛合金材料新技术研发及应用 2. 高端钛合金技术	陕西省西安市未央路 96 号
四川省钒钛资源综合利用重点实验室		1. 钒钛资源综合开发利用新技术 2. 钒钛材料新技术 3. 涉钒钛"三废"综合开发利用新技术	四川省攀枝花市东区机场路 10 号
四川省钒钛材料工程技术研究中心		1. 钒钛材料新技术研发 2. 钒钛功能材料技术	四川省攀枝花市东区机场路 10 号
四川钒钛产业技术研究院	技术部，成果部	1. 钒钛资源利用生产技术 2. 钒钛材料新技术及应用 3. 钒钛化工技术及应用	四川省攀枝花市东区机场路 10 号
国家钒钛制品监督检验中心	攀西钒钛检测院	1. 钒钛及相关原料、制品/产品分析检测	四川省攀枝花市东区机场路 106 号